U0326236

现代焦化生产技术手册

中冶焦耐工程技术有限公司　编

于振东　郑文华　主编

北　京

冶 金 工 业 出 版 社

2022

内容简介

本书全面系统地介绍了现代焦化生产的工艺技术及其生产过程，涵盖了从炼焦原料煤到生产出焦炭的各个生产过程、煤气净化及焦化产品的深加工，涉及焦化生产的各个专业技术，对焦化生产过程中的煤化工、给排水、通风采暖、电气与自动化、环境保护等专章进行叙述，其中对代表和反映了现代焦化技术发展方向和趋势的工艺、设备、技术在各相应章节进行阐述，使本手册既有实用性，又有指导性。在编写过程中，力求焦化理论与生产实践相结合，以生产实践为主；国内技术与国外技术相结合，以国内技术为主；力求成为一本“系统、全面、实用、先进”的焦化行业科技人员的必备工具书。

本手册主要供焦化行业的工程和生产技术人员参考使用，也可供科研、设计和教学方面的有关人员参考。

图书在版编目(CIP)数据

现代焦化生产技术手册/中冶焦耐工程技术有限公司编. —北京：冶金工业出版社，2010. 7(2022. 4 重印)

ISBN 978-7-5024-5088-5

Ⅰ. ①现… Ⅱ. ①中… Ⅲ. ①炼焦—生产工艺—技术手册 Ⅳ. ①TQ520. 6-62

中国版本图书馆 CIP 数据核字(2010)第 067968 号

现代焦化生产技术手册

出版发行 冶金工业出版社 **电　话** (010)64027926
地　址 北京市东城区嵩祝院北巷 39 号 **邮　编** 100009
网　址 www. mip1953. com **电子信箱** service@ mip1953. com

策　划 曹胜利 责任编辑 张熙莹 美术编辑 彭子赫
版式设计 孙跃红 责任校对 王贺兰 责任印制 禹 蕊
北京虎彩文化传播有限公司印刷
2010 年 7 月第 1 版，2022 年 4 月第 2 次印刷
787mm×1092mm 1/16；76 印张；1841 千字；1192 页
定价 298. 00 元

投稿电话 (010)64027932 投稿信箱 tougao@cnmip. com. cn
营销中心电话 (010)64044283
冶金工业出版社天猫旗舰店 yjgycbs. tmall. com
(本书如有印装质量问题，本社营销中心负责退换)

《现代焦化生产技术手册》
编辑委员会

主　编　于振东　郑文华

副主编　陶益新　陈惠民　钱理业　高克宣
伊修洋　刘　冰　高兴锁

编委会成员名单(按姓名笔画顺序排列)

于义林　于振东　丰恒夫　王　充
王英丽　王明登　王晓东　王高峰
王　满　尹君贤　叶　煌　白　玮
邢　进　吕　成　伊修洋　刘光武
刘　冰　刘承智　刘洪春　刘晓东
刘家洪　刘海东　关宏宇　孙　虹
杜连喜　李　刚　李军生　李振国
李　超　杨　华　杨建华　杨贵宝
杨雪松　何永吉　张兴柱　张春华
张素利　张晓光　陈本成　陈惠民
郑卫军　郑文华　郑秀珍　郑国舟
孟祥荣　姜　宁　姜　秋　赵刚山
胡　倩　钱理业　高兴锁　高克宣
高家生　陶益新　董维红　程乐意

序

钢铁工业是我国国民经济的重要基础产业和实现工业化的支撑产业。由于废钢资源的限制,我国钢铁工业以高炉—转炉流程为主,焦炭是高炉过程得以不断发展的重要支撑因素。高炉—转炉流程的能源以煤炭为主,以炼焦形式输入的能量占总能量的60%左右。现在,炼1 t生铁约需消耗焦炭300~400 kg左右,而生产1 t焦炭需要消耗1.33~1.35 t炼焦煤。我国已是世界第一焦炭生产大国、消费大国和出口大国,现有800多家焦化厂,2000多座焦炉,焦炭年产能高达4.5亿t/a。2009年,我国生产焦炭3.53亿t,占世界总产量的60%以上,年消耗炼焦煤近4.80亿t;焦化产业年总产值约8000亿元人民币,在我国国民经济中占有重要地位。

21世纪,全球面临资源能源紧张、环境—生态约束日益严峻的时代性命题,因此,焦化厂不仅要进一步发挥为钢铁生产提供性能更好的焦炭和更好地开发深加工产品的功能,而且还要高度重视焦化过程中能源转化功能和充分发挥废弃物消纳—处理及再资源化的功能。

从钢铁制造流程的整体看,焦化厂的焦化过程实质是根据铁素物质流这一被加工主体的要求(为高炉冶炼提供优质焦炭),而相应地发生的碳素流能源转换过程。焦化厂是钢铁制造流程中碳素能量流的重要组成部分,是钢铁制造流程中将一次能源煤炭经过焦炉的高温干馏转变成二次能源焦炭、焦炉煤气、焦油和粗苯等的高效"能量转换器"。因此,21世纪以来,人们更加注重焦化厂的能源转化功能及其效率,即"㶲"效率,注重"㶲"的效率和价值,以实现焦化过程价值最大化,在能量高效转化过程中实现节能、减排和消纳废弃物。

21世纪以来,我国炼焦技术有了飞跃进步。诸如:开发了适应大型高炉的超大容积顶装焦炉；开发了符合清洁生产要求的现代大型捣固焦炉；特别是采用国产技术和设备的干熄焦工艺已在国内广泛推广，其产能已位居世界第一；多套具有节能环保功能的煤调湿装置已经投产并正常运行；开发了焦炉煤气高效脱硫技术；中国的炼焦技术已开始全面走向世界！

2005 年底，冶金工业出版社组织国内焦化界的 50 多位专家，经过 4 年多的辛勤劳动，终于写成了涵盖整个焦化过程，即从备煤、炼焦煤气净化、粗苯精制到煤焦油加工等工艺，涉及煤化工、设备、给排水、通风采暖、电气、自动化和环境保护等专业和学科，长达近 180 万字的《现代焦化生产技术手册》。这是件好事，很必要。相信本书的问世将对焦化生产企业的技术人员和企业家、从事焦化设计或科研工作者、高等院校的师生等有重要的参考价值，并将进而推动我国焦化工程技术的不断进步。

殷瑞钰

2009 年 10 月于北京

前言

进入21世纪以来,伴随着钢铁工业的快速发展,我国焦化行业取得了辉煌成就,已成为全球焦炭生产、消费和出口第一大国。截至2009年底,我国有焦化厂842家,焦炭总产能达4.5亿t,当年生产焦炭3.53亿t,占世界焦炭总产量的60%以上。我国的焦化技术也取得了很大进步,在国际焦化领域占有举足轻重的地位,从焦化技术的引进国发展成为输出国。由我国设计建设的焦炉或焦化厂已在南非、土耳其、哈萨克斯坦、巴西、伊朗、日本和印度顺利投产。

但是,我国仍有约3000多万t炼焦产能是由不符合国家产业政策的落后小机焦构成的,必须予以淘汰;由于管理不严格,一些焦化厂没有齐全的环保措施,仍在污染环境;由于优质焦煤日益紧缺,必须研发和完善捣固炼焦和煤调湿技术;不少焦化厂煤气脱硫装置尚有不少问题;还有许多节能减排的课题需要开发……摆在我国焦化工作者面前的任务还很多很多。为此,急需一些实用的焦化生产技术书籍,以推广现代焦化生产技术,推动我国焦化行业的科技创新。

2005年11月初,冶金工业出版社邀请中冶焦耐工程技术有限公司为主编单位,组织编写反映当代焦化生产技术水平的大型专业工具书——《现代焦化生产技术手册》。因此,成立了以中冶焦耐工程技术有限公司为主,邀请宝钢、武钢、马钢和大连重工起重集团等单位参加的共50多位专家组成的编委会,认真制定编写大纲,分工编写各个有关章节。

本书的主要读者是焦化行业的工程技术人员,兼顾科研、设计和教学的需要。本书以整理和总结焦化生产实用技术为主,提供焦化领域的基本原理和工艺技术。主要内容包括:炼焦用煤与焦炭、炼焦生产、干熄焦、焦炉煤气净化、粗苯精制和煤焦油加工的基本原理、工艺、设备、生产技术(操作)、自动化、环保与安全和生产管理等。

本书的特点是：内容丰富，涉及范围广泛，涵盖从炼焦原料煤到生产出焦炭的各个生产过程、煤气净化及焦化产品的深加工，涉及焦化生产的各个专业技术；焦化理论与生产实践相结合，以生产实践为主；国内技术与国外技术相结合，以国内技术为主；力求成为一本“系统、全面、实用、先进”的焦化行业科技人员的必备工具书。

本书论述充分，数据详实，图文并茂，是许多专家在完成自己繁忙本职工作的同时，利用宝贵的业余时间，劳心劳力，一丝不苟，潜心钻研和辛勤劳动的结果。

由于工作量大、时间所限，书中尚有许多待改进之处，欢迎大家提出宝贵意见。

在本书编写过程中，上海宝钢股份公司炼铁厂、武汉平煤武钢联合焦化公司、马钢股份有限公司煤焦化公司和大连重工起重集团给予了大力支持，特表示衷心感谢！很多同志为本书的编写和出版做出了无私奉献，在此一并致谢！

于振东　郑文华

2010年3月

目　　录

1 炼焦用煤与焦炭

1.1 炼焦用煤

1.1.1 我国煤炭分类

我国根据煤炭资源和煤质特征并按煤的使用性能制订的煤炭分类，是地质勘探部门评价煤炭资源、计算储量，煤炭生产部门确定煤矿开采、洗选方案，供销部门制订供应计划和价格，用户制定采购计划，焦化工业指导炼焦配煤等的依据。

我国煤炭分类的完整体系由《中国煤炭分类》（GB5751—86）、《中国煤炭编码系统》（GB/T 16772—1997）和《中国煤层煤分类》（GB/T17607—1998）3 个国家标准组成。前两个标准属实用分类，第三个属煤炭科研成因分类。三者形成一个完整体系，互为补充，同时执行。

现行的《中国煤炭分类》（GB 5751—86）是前冶金工业部和煤炭工业部所属单位从 1978 年起协同试验，在采集 400 多种煤样，测得 1 万多个数据的基础上，于 1984 年制定的国家标准。自 1986 年 10 月 1 日起试行。2009 年，该标准在 1986 年版基础上进行了局部修改，由强制性标准改为推荐性标准，即《中国煤炭分类》（GB/T 5751—2009）2010 年 1 月 1 日实施。《中国煤炭分类》以加工和利用为目的，根据煤炭的煤化程度及工艺性质两种参数进行技术分类，适用于无烟煤、烟煤和褐煤的分类。对焦化生产中的炼焦用煤具有重要的指导意义。《中国煤炭分类》有关主要内容分述如下。

1.1.1.1 分类参数

（1）本标准按煤的煤化程度及工艺性能进行分类。

（2）本标准采用煤化程度参数来区分无烟煤、烟煤和褐煤（见表 1-1-1）。

表 1-1-1 煤炭分类总表

类 别	符 号	数 码	分类指标	
			V_{daf}/%	P_M/%
无烟煤	WY	01， 02， 03	≤10.0	
烟 煤	YM	11， 12， 13， 14， 15， 16 21， 22， 23， 24， 25， 26， 31， 32， 33， 34， 35， 36 41， 42， 43， 44， 45， 46	>10.0	
褐 煤	HM	51， 52	>37.0①	≤50.0②

① $V_{daf}>37.0\%$、$G\leq5$ 时，用透光率 P_M 来区分烟煤和褐煤（在地质勘探中，$V_{daf}>37.0\%$ 在不压饼的条件下测定的焦渣特征为 1～2 号的煤，再用透光率 P_M 来区分烟煤和褐煤）。

② 凡 $V_{daf}>37.0\%$、$P_M>50\%$ 者，为烟煤；$30\%<P_M\leq50\%$ 的煤，如恒湿无灰基高位发热量 $Q_{gr,maf}$ 大于 24 MJ/kg，则划为长焰煤，否则为褐煤。

（3）无烟煤煤化程度参数采用干燥无灰基挥发分 V_{daf} 和干燥无灰基氢含量[1] H_{daf} 作为指标，以此来区分无烟煤3个小类（见表1-1-2）。

表1-1-2　无烟煤的分类表

类　别	符　号	数　码	分类指标	
			V_{daf}/%	H_{daf}/%
无烟煤1号	WY1	01	≤3.5	≤2.0
无烟煤2号	WY2	02	3.5～6.5	2.0～3.0
无烟煤3号	WY3	03	6.5～10.0	>3.0

（4）采用两个参数来确定烟煤的类别，一个是表征烟煤煤化程度的参数；另一个是表征烟煤黏结性的参数。烟煤煤化程度参数采用干燥无灰基挥发分 V_{daf} 作为指标；烟煤黏结性参数，根据其黏结性的强弱不同采用黏结指数 G、胶质层最大厚度 Y（或奥亚膨胀度 b）作为指标，以此来区分烟煤中的类别。烟煤分为12大类，见表1-1-3。

表1-1-3　烟煤的分类

类　别	符　号	数　码	分类指标			
			V_{daf}/%	G	Y/mm	b②/%
贫　煤	PM	11	10.0～20.0	≤5		
贫瘦煤	PS	12	10.0～20.0	5～20		
瘦　煤	SM	13 14	10.0～20.0 10.0～20.0	20～50 50～65		
焦　煤	JM	15 24 25	10.0～20.0 20.0～28.0 20.0～28.0	>65① 50～65 >65①	≤25.0 ≤25.0	≤150 ≤150
肥　煤	FM	16 26 36	10.0～20.0 20.0～28.0 28.0～37.0	>85① >85① >85①	>25.0 >25.0 >25.0	>150 >150 >220
1/3焦煤	1/3JM	35	28.0～37.0	>65①	≤25.0	≤220
气肥煤	QF	46	>37.0	>85①	>25.0	>220
气　煤	QM	34 43 44 45	28.0～37.0 >37.0 >37.0 >37.0	50～65 35～50 50～65 >65①	 ≤25.0	 ≤220
1/2中黏煤	1/2ZN	23 33	20.0～28.0 28.0～37.0	30～50 30～50		
弱黏煤	RN	22 32	20.0～28.0 28.0～37.0	5～30 5～30		
不黏煤	BN	21 31	20.0～28.0 28.0～37.0	≤5 ≤5		
长焰煤	CY	41 42	>37.0 >37.0	≤5 5～35		

① 当烟煤的黏结指数测值 G≤85时，用干燥无灰基挥发分 V_{daf} 和黏结指数 G 来划分煤类。当黏结指数测值 G>85时，用干燥无灰基挥发分 V_{daf} 和胶质层最大厚度 Y，或用干燥无灰基挥发分 V_{daf} 和奥亚膨胀度 b 来划分煤类。在 G>85情况下，Y>25时，根据 V_{daf} 的大小可划分为肥煤或气煤；当 Y<25时，则根据 V_{daf} 的大小可划分为焦煤，1/3焦煤或气煤。

② 当 G>85时，用 Y 和 b 并列作为分类指标。当 V_{daf}<28.0%时，b 暂定为150%；V_{daf}>28.0%时，b 暂定为220%。当 b 值和 Y 值有矛盾时，以 Y 值划分的类别为准。

[1] 本书中“含量”，如无特殊说明，即为“质量分数”。

（5）褐煤煤化程度参数采用透光率 P_M 作为指标，用以区分褐煤、烟煤以及褐煤中划分小类，并采用恒湿无灰基高位发热量 $Q_{gr,maf}$（MJ/kg）作为辅助指标来区分烟煤与褐煤。褐煤分为两小类，见表1-1-4。

表1-1-4 褐煤的分类

类别	符号	数码	分类指标	
			P_M/%	$Q^{①}_{gr,maf}$/MJ·kg^{-1}
褐煤1号	HM1	51	0～30	
褐煤2号	HM2	52	30～50	≤24

① 凡 V_{daf}>37.0%，P_M>30%～50%的煤，如恒湿无灰基高位发热量 $Q_{gr,maf}$大于24 MJ/kg，则划分为长焰煤。

1.1.1.2 煤炭的划分和编码

各类煤用两位阿拉伯数码表示。其中：十位数系按煤的挥发分分组，无烟煤为0，烟煤为1～4，褐烟煤为5；个位数系无烟煤类为1～3，表示煤化程度，烟煤类为1～6，表示黏结性，褐煤类为1～2，表示煤化程度。

1.1.1.3 我国煤炭分类图

我国煤炭分类图如图1-1-1所示。

1.1.1.4 煤炭分析试验结果部分符号

采用分析试验项目的英文名词第一个字母或缩略字，以及各化学成分的元素符号或分子式作为它们的代表符号。

（1）常用项目符号：

MHC——最高内在水分含量，%；

M——水分含量，%；

A——灰分含量，%；

V——挥发分含量，%；

FC——固定碳含量，%；

S——硫分含量，%；

H——氢含量，%；

G——黏结指数；

Y——胶质层最大厚度，mm；

X——焦块最终收缩度，mm；

b——奥亚膨胀度，%；

a——收缩度，%；

CSN——坩埚膨胀序数；

R_{max}——镜质组最大反射率；

P_M——透光度，%；

Q——发热量，MJ /kg。

（2）常用下标符号：

f——外在或游离；

inh——内在；

t——全。

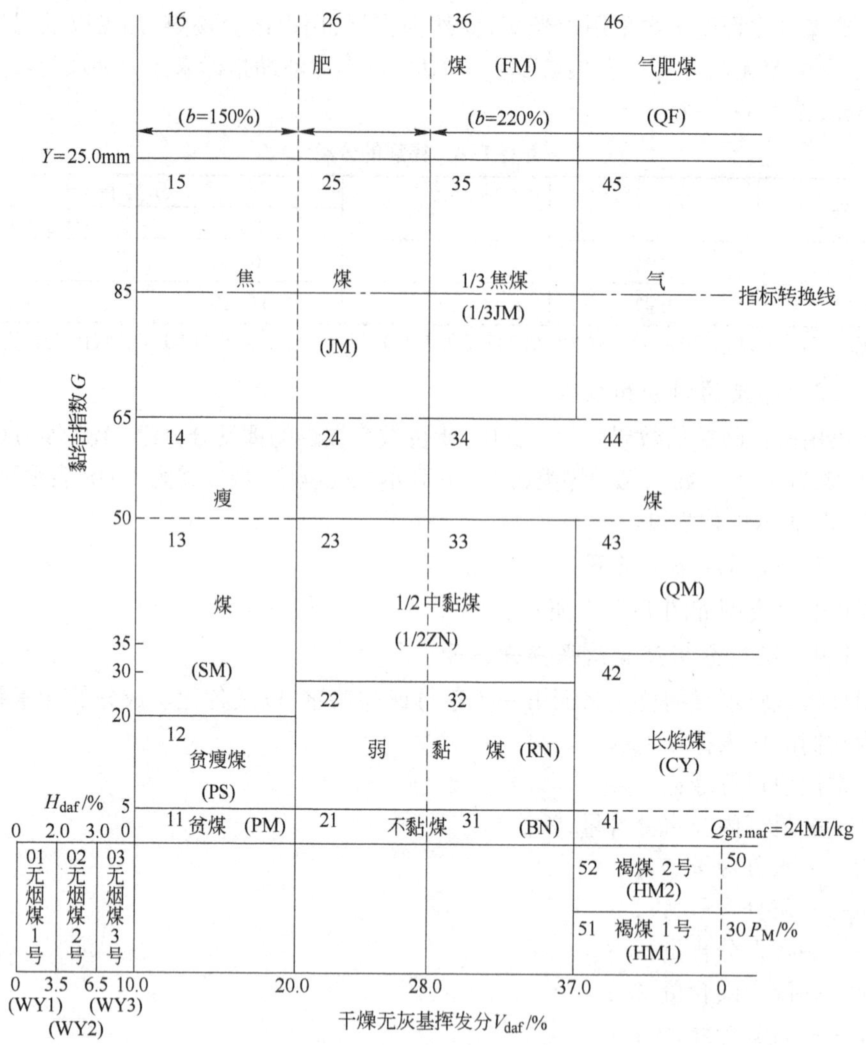

图 1-1-1　我国煤炭分类图

说明：(1) 分类用煤样的缩制按 GB 474—2008 进行。原煤样灰分不大于 10% 的不需分选减灰。灰分大于 10% 的煤样需用规定的氯化锌重液减灰后再分类(对易泥化的低煤化度褐煤，可采用灰分尽量低的原煤)。

(2) $G=85$ 为指标转换线。当 $G>85$ 时，用 Y 与 b 值并列作为分类指标，以划分肥煤或气肥煤与其他煤类。$Y>25.0$ mm 者，划为肥煤或气肥煤。当 $V_{daf}<28.0\%$ 时，$b>150\%$，为肥煤；当 $V_{daf}>28.0\%$ 时，$b>220\%$，为肥煤或气肥煤。当 b 值和 Y 值划分煤类有矛盾时，以 Y 值为准。

(3) 无烟煤划分小类按 H_{daf} 与 V_{daf} 划分结果有矛盾时，以 H_{daf} 划分的小类为准。

(4) $V_{daf}>37.0\%$、$P_M>50\%$ 者为烟煤；透光率 P_M 为 30% ~50% 时，以 $Q_{gr,maf}>24$ MJ/kg 者为长焰煤，否则为褐煤。

(3) 常用基的符号：

ad——空气干燥基；

d——干燥基；

ar——收到基；

daf——干燥无灰基；

dmmf——干燥无矿物质灰基；

maf——恒湿无灰基；

m，mmf——恒湿无矿物质基。

举例：如干燥无灰基挥发分以 V_{daf}表示；干燥基全硫以 $S_{t,d}$表示。

1.1.2 评价煤炭基本方法

煤炭是我国的主要能源和重要的工业原料，广泛用于电力、冶金、化工、建材、城市煤气等国民经济各部门。各种各样的用煤设备对煤炭的质量都有不同的要求，为了确定煤的性质、评价煤的质量以便合理地利用煤炭资源，国家制定了一系列衡量和评价煤质的分析试验方法、标准等。工业分析和元素分析是评价煤炭的基本方法，其分析的数据可以初步判定煤的性质、种类和工业用途。根据煤的不同用途，还需进行煤的各种工艺性质的测定，比如炼焦用煤必须进行黏结性和结焦性测定；燃烧和气化等用煤必须进行煤的反应性、热稳定性、机械强度、结渣性、灰熔性、发热量等测定。

1.1.2.1 煤的工业分析

煤的工业分析包括煤的水分、灰分、挥发分和固定碳四项内容。水分和灰分可反映出煤中的无机质的数量；而挥发分和固定碳则初步表明煤中有机质的数量与性质。工业分析可大致了解煤的基本性质，是衡量、评价煤质最重要的指标。

A 煤的水分

按其在煤中存在的状态不同，可分为外在水分、内在水分和化合水分三类。

a 外在水分

外在水分指煤在开采、运输、储存和洗选过程中附着在颗粒表面以及直径大于 10^{-5}cm 的大毛细孔中的水分（简记符号为 M_f）。当煤在室温下空气中放置时，外在水分不断蒸发，直到与空气的相对湿度达到平衡为止，此时失去的水分是外在水分（简记符号为 M_f）。含有外在水分的煤为收到煤（简记符号为 M_{ar}）。

b 内在水分

内在水分指煤在一定条件下达到空气干燥状态时保持的水分（简记符号为 M_{inh}）。将空气干燥煤样加热至105～110℃时所失去的水分即为内在水分。

煤的外在水分和内在水分的总和称为煤的全水分（简记符号为 M_t）。因为测定煤样的外在水分 M_f 和内在水分 M_{inh}时所用的煤样不同，计算的基准也不同，故全水分不等于内在、外在水分直接相加，而需用式1-1-1计算。

$$M_t = M_f + M_{inh} \times \frac{100 - M_f}{100} \qquad (1-1-1)$$

c 化合水

化合水指以化学方式与矿物质结合的水，如石膏 $CaSO_4 \cdot 2H_2O$、高岭土 $Al_2O_3 \cdot SO_2 \cdot 2H_2O$ 等，即通常所说的结晶水和结合水，必须在高温下才能失去。因此，在工业分析中一般不考虑化合水。

在焦化生产实际应用中，经常测定的是来煤煤样收到基水分（以符号 M_{ar}表示）和空气干燥基水分（以符号 M_{ad}表示）。

d　水分与煤质的关系

煤中的内在水分与煤化程度密切相关，低化度的煤结构疏松，内部毛细管发达，内表面极大，因此水分大。例如，褐煤内在水分高达20%以上。随着煤化程度提高，内在水分减少。在烟煤中，肥煤与焦煤变质阶段内在水分达到最小值（小于1%）。到无烟煤变质阶段，内在水分又有所增加，可达到4%左右。煤中水分多少在一定程度上反映了煤质状况。最高内在水分 *MHC* 与干燥无灰基挥发分 V_{daf} 的关系如图1-1-2所示。

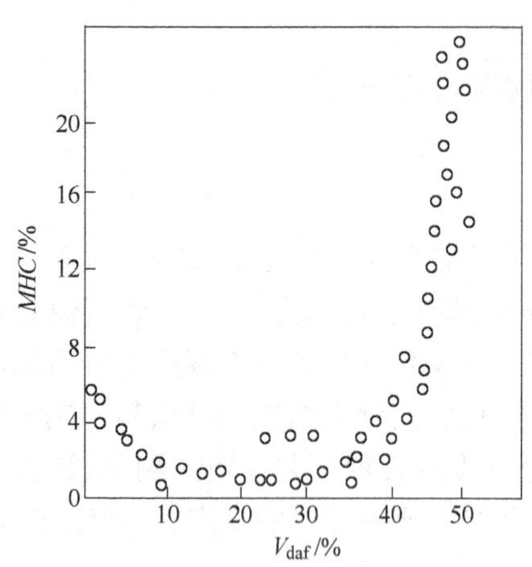

图1-1-2　最高内在水分 *MHC* 与干燥无灰基挥发分 V_{daf} 的关系

e　水分对煤利用的影响

一般说来，水分是煤中有害无益的无机物质。煤中水分高，会增加运输负荷；在煤进行机械加工时，煤中水分过多会造成粉碎、筛分设备运行困难，可降低生产效率，损坏设备；炼焦时，煤的水分大，会增加焦炉耗热量，延长结焦时间，降低焦炉生产能力；水分过大时，还会损坏焦炉炉体，使焦炉使用年限缩短。此外，炼焦时，煤中的各种水分（包括热解水）全部转入焦化剩余氨水中，会增加焦化废水处理量；气化与燃烧时，煤中的水分会降低煤的有效发热量。

B　煤的灰分

煤的灰分是指煤中所有可燃物质完全燃烧时，煤中矿物质在一定温度下经过一系列分解、化合等复杂反应后剩余的残渣。它基本上是煤中矿物质的氧化物。煤灰分中成分有 SiO_2、Al_2O_3、Fe_2O_3、CaO 及少量的 MgO、TiO_2、K_2O、Na_2O、P_2O_5 和 SO_3 等化合物。煤灰分的成分含量波动很大，主要成分为 SiO_2 和 Al_2O_3。煤的灰分一般采用干燥基灰分含量（符号为 A_d）表示。

煤炭的灰分是衡量煤质的一项极为重要的指标，无论是作为能源还是作为原料加工，灰分都是有害杂质。

炼焦时煤中的灰分全部转入焦炭。炼焦装炉煤灰分高，生产的焦炭灰分就高。灰分高的焦炭用于炼铁时，要多消耗焦炭和助熔剂石灰石。一般认为焦炭灰分每增加1%，炼铁焦比将增加1%～2%，石灰石增加4%，高炉产量下降2%～3%。炼焦装炉煤灰分高还影响焦炭强度。如果炼焦用煤灰分中碱金属氧化物（K_2O、Na_2O）含量高，炼制的焦炭灰分中碱金属含量也高。炼铁时，碱金属的催化作用可降低焦炭的强度。所以，炼焦用煤一般都用洗精煤。洗精煤是将原煤经过洗煤厂洗选后降低其灰分含量的煤。

煤燃烧和气化时，煤灰分高造成灰渣增加，带走一部分热量，降低热效率。一般煤灰分每增加1%，煤消耗量增加2%～2.5%。

C　煤的挥发分

煤的挥发分是指煤在规定的条件下，隔绝空气加热时逸出的挥发物减去水分后得到的数值，即挥发性有机物质的产率。挥发分随着煤化程度的加深而有规律地降低，它是煤炭分类的重要指标。炼焦时，可以根据煤的挥发分预测焦化产品的产率。通常用干燥无灰基挥发分表示（符号为 V_{daf}）。

D 固定碳

从测定煤样的挥发分后的焦渣中减去灰分后的残留物称为固定碳 FC_{ad}。通常用空气干燥基表示（符号为 FC_{daf}）。按照工业分析的基本思想，煤的固定碳应为除去水分、挥发分和灰分后的残留物，其产率可按减量法计算，即

$$FC_{ad} = 100 - (M_{ad} + A_{ad} + V_{ad}) \tag{1-1-2}$$

式中 FC_{ad}——空气干燥基煤样固定碳含量，%；

M_{ad}——空气干燥基煤样水分含量，%；

A_{ad}——空气干燥基煤样灰分含量，%；

V_{ad}——空气干燥基煤样挥发分含量，%。

固定碳是煤质分析的一项重要指标，固定碳含量随着煤化程度的加深而增加。

煤的水分、灰分、挥发分及固定碳的测定详见《煤的工业分析方法》（GB 212—2008）。

1.1.2.2 煤的元素分析

煤的有机质主要由碳、氢、氧、氮和硫五种元素组成，一些很少的元素如磷、氯和砷等一般不列入元素组成之内。通常讲煤的元素组成仅指有机的元素组成，它对研究煤的成因、类型、结构性质及利用都有十分重要的意义。

A 碳和氢

碳和氢是煤中的主要元素，两者加在一起占有机质的95%以上，主要以芳香族和脂肪族碳氢化合物的形式存在。随着煤化程度的提高，煤中的碳含量逐渐增加，而氢含量逐渐减少。到无烟煤阶段，氢/碳急剧下降。无烟煤中氢含量只有1%～3%。

煤中碳和氢通常采用燃烧法测定。煤样在氧气流中燃烧，煤中碳生成二氧化碳，氢生成水。生成的二氧化碳和水分别用二氧化碳吸收剂和吸水剂吸收，根据各吸收剂的增量，计算出煤中碳和氢的含量。

B 氮

氮在煤中主要以有机状态存在。煤中氮主要是由成煤植物中的蛋白质转化而来的。煤中氮含量一般为0.5%～2%，与煤化程度没有规律性关系。在炼焦过程中，一部分氮转变成 N_2、HN_3、HCN 和其他一些有机氮化物逸出，另一部分氮则进入煤焦油中或残留在焦炭中。

用开式法测定煤中的氮。煤样在催化剂存在下用浓硫酸消化，煤中大部分氮转化为硫酸氢铵；然后加入过量的氢氧化钠加热蒸馏，使氨排出，并用硼酸或硫酸吸收；最后用酸或碱滴定测出。

C 硫

煤中硫的存在形式可分为有机硫和无机硫两种。煤中的硫对炼焦、气化、燃烧及储运都十分有害，因此，硫的含量是评价煤质的重要指标之一。煤作为炼焦原料，煤中的硫分60%～70%转入焦炭，30%～40%转入焦炉煤气，焦炭及焦炉煤气含硫高影响其质量和利用价值。煤作为气化原料，硫生成二氧化硫严重腐蚀设备及管道。煤作为燃料，硫转化为二氧化硫排入大气造成公害，严重污染环境。煤中的硫通常用全硫含量表示。

煤的碳和氢测定详见《煤中碳和氢的测定方法》（GB/T 476—2008）。

1.1.3　煤炭性质

1.1.3.1　煤的物理性质

煤的物理性质包括煤的颜色、光泽、密度、机械强度、热性质、光学性质等。

A　煤的密度

煤的密度为单位体积煤的质量，单位为 g/cm^3，工程中一般采用 kg/m^3。

煤的真密度指在0℃时单个煤粒的质量与其中固态物质的实体积（不包括煤的孔隙体积）之比。它反映了煤的分子空间结构的物理性质。不同煤化程度的煤真密度差异较大，并随煤化程度成规律性变化，褐煤为1.28～1.42 g/cm^3；烟煤为1.27～1.33 g/cm^3；无烟煤为1.40～1.80 g/cm^3。从褐煤到烟煤真密度变化不明显，至无烟煤阶段真密度随煤化度加深而急剧增加。

煤的视密度指20℃时单个煤粒（块）的质量与其外观体积（包括煤的孔隙体积）之比，又称煤的假密度。在计算煤的埋藏量及煤的运输、粉碎等过程中需用此数据。不同煤化程度的煤其视密度相差很大，褐煤为1.05～1.30 g/cm^3；烟煤为1.15～1.50 g/cm^3；无烟煤为1.40～1.70 g/cm^3。

煤的散密度指用自由堆积方法装满容器的煤粒总质量与容器容积（包括煤的孔隙体积）之比。以 t/m^3 表示，又称堆积密度。在工程设计中应用广泛，如设计煤储仓、计算煤堆质量、车船装载量以及焦炉、气化炉设备的装煤量等，都需要使用煤的散密度。在生产实际中，煤的散密度一般为0.500～0.800 t/m^3。

B　煤的机械性质

煤的机械性质是指煤在外来机械力作用下表现出的各种特性。其中比较重要的是煤的硬度、脆度、可磨性等。

（1）煤的硬度反应煤抵抗外来机械力作用的能力。煤的硬度影响采煤机械的工作效率、采煤机械的应用范围、机械和截齿的磨损情况，同时还决定破碎加工的难易程度。

（2）煤的脆度是表征煤的机械坚固性的指标，即煤被破碎的难易程度。煤化程度高的煤和煤化程度低的煤的脆性都较小；中等煤化程度的焦煤、肥煤脆性最大；挥发分小于10%的无烟煤脆性比高挥发分的褐煤低。煤的脆度还与煤的岩相组分有关，丝炭最脆，镜煤、亮煤居中，而暗煤最韧。炼焦生产中，应根据所用各单种煤的脆性大小，采用不同的配煤粉碎工艺，确保装炉煤细度均匀，利于改善焦炭质量。

（3）煤的可磨性指煤被磨碎成煤粉的难易程度。现在，一些焦化厂配合煤中会配入2%～5%的无烟煤（粒度<1 mm），应根据无烟煤的可磨性来选择合适的磨粉设备。

C　煤的热性质

煤的热性质包括煤的质量热容（比热容）、导热性和热稳定性等。

（1）煤的质量热容指单位质量的煤温度升高1 K所需的热量，室温下煤的质量热容为1.00～1.26 kJ/(kg·K)。煤的质量热容因煤化程度、水分、灰分及温度而变化。

（2）煤的热导率指热量从煤高温部位向低温部位传递时单位距离上温差为1 K的传热速率，以W/(m·K)表示。室温下煤的热导率 λ 为0.21～0.27 W/(m·K)。煤的这一指标受煤化程度、密度、粒度、水分和灰分等因素影响。

（3）煤的热稳定性指煤在高温作用下保持原来粒度的能力。作为原料，块煤在锅炉燃烧、固定床气化和干馏等过程中,要求保持比较稳定的块度。热稳定差的煤受热爆裂,碎成小块或粉状会增加炉内气流阻力,降低燃烧、气化和干馏的效率。用热稳定差的煤压制的型煤,在燃烧、气化和炭化时爆裂,会破坏型块,影响工况。在炼焦生产中,由于黏结性的烟煤经历高温热解熔融过程,一般不考虑热稳定性问题。

D 煤的光学性质

a 煤的反射率

用煤的反射光强度与入射光强度的百分比表示煤的反射率(符号为 R)。

煤的镜质组反射率是表征煤化程度的重要指标,也反映了煤的内部由芳香稠环化合物组成的核的缩聚程度。在炼焦生产中煤的镜质组反射率可用来评价煤质、指导配煤和预测焦炭强度。

反射率参数是作为判定煤化度的较好指标,许多发达国家都用反射率作为煤的分类中煤化程度的指标。

b 煤的透光度

煤样与混合酸(硝酸:磷酸:水 =1:1:9)的稀硝酸反应后生成的有色溶液,对一定波长(475 nm)的光透过的百分率称煤的透光度(符号为 P_M)。在《中国煤炭分类》(GB 5751—2009)中,煤的透光度是区分褐煤和长焰煤的重要指标。

1.1.3.2 煤的化学性质

煤的化学性质是指煤与各种化学试剂在一定条件下产生不同化学反应的性质,包括氧化、加氢、水解以及与 CO_2 反应性等。这里只介绍煤的风化和低温氧化及煤的反应性。

A 煤的风化和低温氧化

煤的风化和低温氧化指煤在大气因素(空气中的氧、水分和温度变化等)的综合影响下产生的一系列变化。各种煤抗风化和低温氧化能力不同,煤化程度越低的煤越容易氧化。风化和氧化会使煤变质,使煤的黏结性和燃点显著下降,甚至导致自燃。

焦化厂露天储煤场的炼焦用煤储存时间不宜过长,以防止煤氧化变质和煤结焦性能的降低。

B 煤的反应性

煤的反应性指煤在一定温度条件下与各种气体介质(如 CO_2、O_2、空气、水蒸气等)发生化学反应的能力。煤的反应性主要取决于煤化程度。煤化程度越低,反应能力越强。

1.1.3.3 煤的工艺性质

煤的工艺性质是指煤在一定加工条件下或转化过程中所呈现的特性,如煤的塑性、可选性、黏结性、结焦性、结渣性、发热量、灰融性等。煤的黏结性、结焦性参见本书第 1.1.4 节。

A 煤的可选性

煤的可选性指从原煤中分选出符合质量要求的精煤的难易程度。原煤是指煤矿生产出来的经初选除去规定粒度矸石的煤。煤的可选性是确定和设计洗煤厂的主要依据。通过煤的可选性研究,可估计精煤产品的灰分和产率。炼焦用煤对灰分和硫分均有一定的要求,都要用经过洗选的精煤。

B 煤的发热量

煤的发热量指单位质量的煤完全燃烧时所放出的热量,以符号 Q 表示。发热量的国际单位是 J/g。过去使用 cal/g(1 J/g = 0.239 cal/g)。

煤的发热量是评价煤质和热工计算的重要指标。在煤的燃烧或转化过程中，常用煤的发热量来计算热平衡、耗热量和热效率。对动力煤，其发热量是确定价格的主要依据。在国际和中国煤炭分类中，煤的发热量还是低煤化程度煤的分类指标之一。

煤的发热量随其挥发分呈抛物线的变化趋势，V_{daf}在20%～30%时，相当于焦煤阶段，其发热量最高；V_{daf}小于20%时，发热量随V_{daf}的减少而略有下降；当V_{daf}大于30%时，发热量随V_{daf}的增加而显著下降。

1.1.4　炼焦用煤工艺特性

1.1.4.1　炼焦用煤基本要求

炼焦用煤指在常规焦炉炼焦条件下，用以生产一定质量焦炭的原料煤。为了保证焦炭质量，选择炼焦用煤的最基本要求是考虑煤的挥发分、黏结性与结焦性，保证尽可能低的灰分、硫分和磷分的含量。因此，绝大部分炼焦用煤必须经过洗选。在选择炼焦用煤时，还必须考虑煤在炼焦过程中的膨胀压力。中低挥发分的煤因胶质体黏度大，炼焦时容易产生高膨胀压力，会对焦炉砌体造成损坏，这需要从配煤方面加以解决。此外，在焦化厂的成本中，炼焦用煤占很大比重，还应考虑煤的运输距离、价格等经济因素。

煤按其在炼焦过程中的性能和状态，可分为炼焦煤和非炼焦煤。

炼焦煤是指用单种煤炼焦时，可以生成具有一定块度和机械强度焦炭的煤。表1-1-3中的瘦煤(SM)、焦煤(JM)、肥煤(FM)、1/3焦煤(1/3JM)、气肥煤(QF)和气煤(QM)都属炼焦煤。这类煤有一定的黏结性与结焦性，主要供炼焦用。炼焦煤在隔绝空气加热时，能够软化熔融形成可塑体(胶质体)再固化黏结成焦炭。炼焦煤中的焦煤可以单独炼焦，生产出高质量的高炉用焦炭。但是，世界各国和我国焦煤都是极其缺乏的，必须将两种以上的炼焦煤按适当的比例进行配合，使各种煤取长补短，确保生产出满足用户要求、质量合格的焦炭。配煤炼焦对合理地利用炼焦煤炭资源、节约优质的炼焦煤、扩大炼焦煤源、降低生产成本等有重要意义。我国的焦化厂全部采用配煤炼焦。

非炼焦煤在单独炼焦时不软化、不熔融、不能生成块状焦炭，如无烟煤、长焰煤和贫煤等这类煤没有或仅有极弱的黏结性，一般不作为炼焦用煤。但当配合煤中黏结组分过剩或生产特殊焦炭(如铸造焦)时，可以配入少量的无烟煤，作为瘦化剂用。非炼焦煤也可以作为型煤和型焦的原料。

装炉煤的性质是决定焦炭质量的基本因素。选择适当的炼焦煤种和恰当的配比是提高焦炭质量的首要措施。在满足用户焦炭质量要求的前提下，大力开展多配入低灰、低硫的气煤及配优质无烟煤、焦粉、废塑料等炼焦配煤试验的研究，对于降低焦炭的灰、硫含量，扩大炼焦用煤资源，节约优质炼焦煤及保护环境有重要意义。近年来，许多焦化生产企业已经采用了配无烟煤进行炼焦生产。如三明钢厂、马钢、神华乌海(一期，二期)、唐山佳华一期等。

1.1.4.2　煤的黏结性与结焦性

煤的黏结性和结焦性是烟煤重要的工艺性质，在炼焦生产中，煤的黏结性是评价炼焦用煤的主要指标。

煤的黏结性是指烟煤干馏时黏结其本身或外来的惰性物质的能力。它反映煤在干馏过程中能够软化熔融形成胶质体并固化黏结的能力。在烟煤中显示软化熔融性质的煤称黏结煤;不显示软化熔融性质的煤为非黏结煤。黏结性是评价炼焦用煤的一项主要指标,还是评价低温干馏、气化和动力煤的一个重要指标。煤的黏结性是煤结焦的必要条件,与煤的结焦性密切相关。炼焦煤中以肥煤的黏结性为最好。

煤的结焦性是指烟煤在焦炉或模拟焦炉的炼焦条件下,形成具有一定块度和强度焦炭的能力。它反映烟煤在干馏过程中软化熔融黏结成半焦,以及半焦进一步热解、收缩最终形成焦炭全过程的能力。煤的结焦性也是评价炼焦煤的一项主要指标。炼焦煤必须兼有黏结性和结焦性,两者密切相关。炼焦煤中以焦煤的结焦性最好。

世界各国测定煤的黏结性和结焦性的试验室方法很多,如坩埚膨胀序数、罗加指数、黏结指数、胶质层指数、基氏流动度和奥亚膨胀度测定方法等。我国通常采用测定黏结指数 G 值和胶质层最大厚度 Y 值的方法。

我国各类烟煤的黏结性与结焦性见表 1-1-3 中的 G、Y 及 b 值。

1.1.4.3 煤的成焦过程

烟煤在焦炉内隔绝空气加热到 1000℃ 左右,可获得焦炭、煤气和化学产品。此过程称高温干馏或高温炼焦,一般简称炼焦。

A 烟煤成焦基本概念

烟煤高温干馏转变焦炭的过程是一个复杂的过程,它受到化学、物理和物理化学等因素的制约。烟煤是复杂的高分子有机化合物的混合物。它的基本单元结构是聚合的芳核,在芳核的周边带有侧链。年青烟煤的芳核小,侧链多;年老烟煤则与此相反。在炼焦过程中,随着温度的升高,连在核上的侧链不脱落分解,芳核本身则缩合并稠环化,反应最终形成煤气、化学产品和焦炭。在化学反应的同时,伴有煤的软化形成胶质体,胶质体固化黏结,并且有膨胀、收缩和裂纹等现象产生。

B 炭化室内结焦过程

煤由常温开始受热,温度逐渐上升,煤料中的水分及吸附气体首先析出,然后开始发生分解。当温度在 350 ~ 480℃ 左右时,煤热解发生软化熔融,而形成黏稠状的气态、液态和固态三相共存混合物,即胶质体。胶质体对煤黏结成焦很重要。由于胶质体透气性不好,气体不易析出,产生对炉墙的膨胀压力。当超过胶质体固化温度时,则发生黏结现象,生成半焦。在半焦形成焦炭的阶段,还有气体析出而收缩出现裂纹。当温度超过 650℃ 左右时,半焦阶段结束,开始由半焦形成焦炭,一直到 950 ~ 1050℃ 时焦炭成熟,结焦过程进行完毕。

结焦过程可分为煤的干燥预热阶段(小于 350℃)、胶质体形成阶段(350 ~ 480℃)、半焦形成阶段(480 ~ 650℃)和焦炭形成阶段(650 ~ 1000℃)。

1.1.4.4 单种炼焦煤结焦特性

瘦煤(SM)是变质程度高的烟煤。单独炼焦时生成的胶质体少,所得焦炭块度大,裂纹少,但熔融较差,耐磨强度差。在炼焦配合煤中,配入瘦煤可以起到骨架作用和缓和半焦收缩应力,增大焦炭块度。

焦煤(JM)也是变质程度较高的烟煤。单独炼焦时生成的胶质体热稳定性好,所得焦炭块度大,裂纹少,机械强度高;但由于收缩度小,膨胀压力大,可能造成推焦困难,甚至引起炉体损坏。在炼焦配煤中,配入焦煤可以起到骨架作用和缓和收缩应力,提高焦炭机械强度,是优质炼焦原料。从世界范围来说,焦煤的资源都比较匮乏,是必须加以保护的宝贵资源。

所以不能用焦煤单独炼焦。

肥煤(FM)是变质程度中等黏结性极强的烟煤。单独炼焦时能产生大量的胶质体,生成的焦炭熔融性良好;但焦炭横裂纹多,气孔率高,焦根部分有蜂窝状焦。配入肥煤可使焦炭熔融良好,提高焦炭耐磨强度。肥煤是炼焦配合煤的重要组分,属优质炼焦原料,是必须加以保护的煤炭资源。

1/3 焦煤(1/3JM)是介于焦煤和气煤之间含有中高挥发分的烟煤。其 G 值大于 75 ,单独炼焦时能产生较多的胶质体,结焦性好,能炼出强度较高的焦炭。1/3 焦煤资源比较丰富,在炼焦工业中使用较为广泛。

气肥煤(QF)是介于气煤和肥煤之间高挥发分的烟煤。煤化程度低,挥发分特别高,黏结性强。单独炼焦时能产生大量的煤气和胶质体,但胶质体稳定性差,不能生成强度高的焦炭。气肥煤可以作为炼焦配煤的组分。

气煤(QM)是变质程度低、挥发分高、黏结性中等的烟煤。高温干馏时,产生的胶质体热稳定性差,气体析出量大。单独炼焦时能形成块焦,但焦饼收缩大,焦炭多细长、易碎,并有较多的纵裂纹,气孔率大,反应性高。在配合煤中配入气煤,焦炭块度变小,机械强度变差;但可以降低炼焦过程中的膨胀压力,增加焦饼收缩度,并能增加煤气和化工产品的产率。单独用气煤可以生产铁合金焦或气化焦。

1.1.4.5　烟煤黏结性指标

A　黏结指数

黏结指数(符号 G,%),是 1976 年由中国煤炭科学研究院北京煤化学研究所提出的,1985 年制定了国家标准(GB 5447),1986 年作为中国煤炭分类国家标准中确定烟煤工艺类别的主要指标之一。黏结指数的测定方法是用一定质量的试验样煤和专用无烟煤在规定的条件下混合,快速加热成焦,所得的块焦在规定的转鼓内进行强度检验,以块焦的耐磨强度,即抗破坏力的大小来表示试验样煤的黏结能力。因此,烟煤黏结指数实质是试验烟煤样在受热后煤颗粒之间或煤粒与惰性组分颗粒间结合牢固程度的一种度量,它是各种物理和化学变化过程的最终结果。

黏结指数的测定原理与罗加指数的测定原理相似,在测定方法上克服了罗加指数存在的不足,做了下述五个方面的改进:

(1) 为了使测验时的外加惰性物质标准化,采用宁夏汝箕沟西沟平峒二层的煤以相同的加工生产方式制作的专用无烟煤,统一发售;

(2) 专用无烟煤粒度由罗加指数为 0.3 ~ 0.4 mm 改为 0.1 ~ 0.2 mm,与试验煤样粒度相同,以便于混合均匀,减小试验误差;

(3) 对 $G<18$ 的弱黏煤,将无烟煤与烟煤配比改为 3∶3,以提高对弱黏结煤的区分能力和测定的准确度;

(4) 实现了煤样的机械搅拌混合,改善了试验条件,减少了人为误差;

(5) 转鼓的次数由罗加法的 3 次改为 2 次,并改变计算公式,简化了操作与计算。

黏结指数不仅能较好地表征单种煤的黏结性,成为煤炭分类的较好指标,而且焦化行业普遍将其作为指导配煤炼焦、预测焦炭强度的指标。

B　胶质层指数

胶质层指数(符号 Y,mm)测定是模拟工业焦炉的炭化室,通过对特制煤杯中煤样进行单侧加热形成一系列等温层面，各层面温度由加热端开始依次递降，使煤杯中煤样相应形成半焦层、胶质体层和未软化层三个层面（见图 1-1-3）。在温度相当于固化点的层面以下的煤结成半焦；在温度相当于软化点的层面以下形成胶质体；在软化点的层面以上是未软化的煤。用探针测定软化点与固化点两个层面之间的胶质体的最大厚度 Y，用它来表示烟煤的黏结性；根据试验过程中体积曲线（见图 1-1-4）可以看出胶质体的厚度、黏度、透气性以及气体析出情况和温度间隔。在试验结束时测得的体积收缩度 X 可用来表示试验结束时半焦收缩的程度。

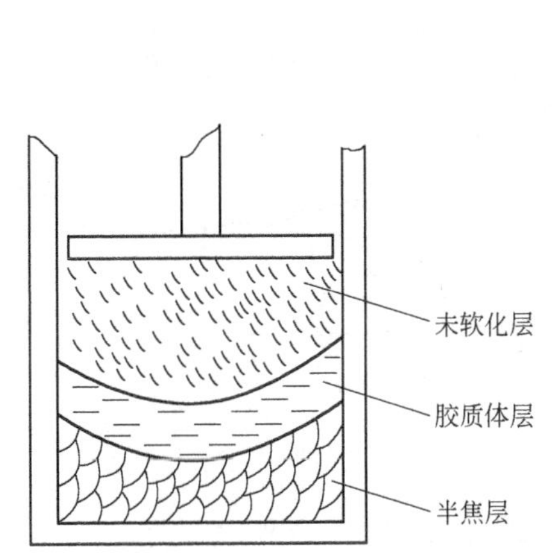

图 1-1-3 单侧加热后特制煤杯中煤样

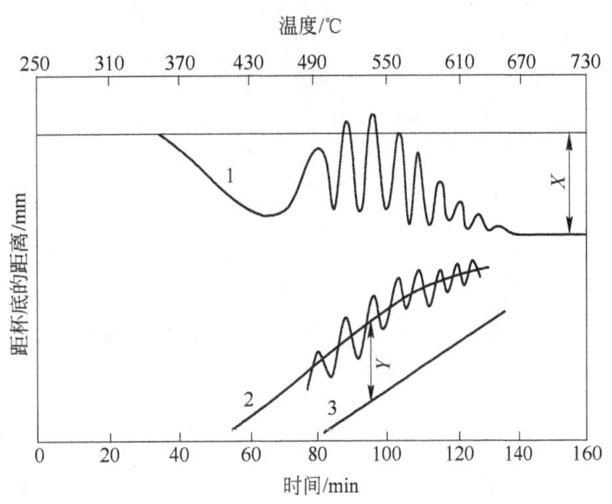

图 1-1-4 胶质体曲线示意图

1—体积曲线；2—胶质层上部层面；3—胶质层下部层面

胶质层指数测定中会有多种不同的体积曲线产生，一般分为 8 个类型（见图 1-1-5）。

根据体积曲线类型可以大致估计出煤的牌号，例如：

（1）平滑下降形的煤可能是 1/2 中黏煤、弱黏煤、不黏煤、长焰煤或气煤等；

（2）平滑斜降形的煤可能是弱黏煤或不黏煤，也可能是无烟煤或贫煤、瘦煤等；

（3）波形、微波形的煤可能是气煤、气肥煤和焦煤；

（4）之字形的煤可能是气肥煤、焦煤，之字形很大的有可能是肥煤；

（5）山形、之山混合形的煤可能是肥煤。

胶质层指数 Y 值具有一定的可加性，可以用于选择经济合理的配煤方案。

胶质层指数的不足之处在于它不能反映胶质体的质，故不能全面评价煤的黏结性和对黏结性差或黏结性特强的煤缺乏鉴别能力。当 Y 值小于 10 mm 和大于 25 mm 时，数据的重现性差。另外，胶质层指数 Y 值测定主观因素大，煤样用量大，测量仪器规范性强。

1954 年和 1958 年我国制定的中国煤分类方案都将胶质层指数 Y 值作为烟煤分类的工艺指标。1986 年颁布的中国煤炭分类国家标准中，胶质层指数 Y 值被选定为区分强黏结性烟煤的辅助指标之一。我国焦化厂普遍将其作为指导配煤炼焦、预测焦炭强度的指标。

C 奥亚膨胀度

奥亚膨胀度（符号 b，%）试验是直接测定烟煤黏结性的一种重要方法。它无需添加任何惰性物，在区分中等以上黏结性煤，特别是强黏结性煤方面具有其他指标无法比拟的优点。

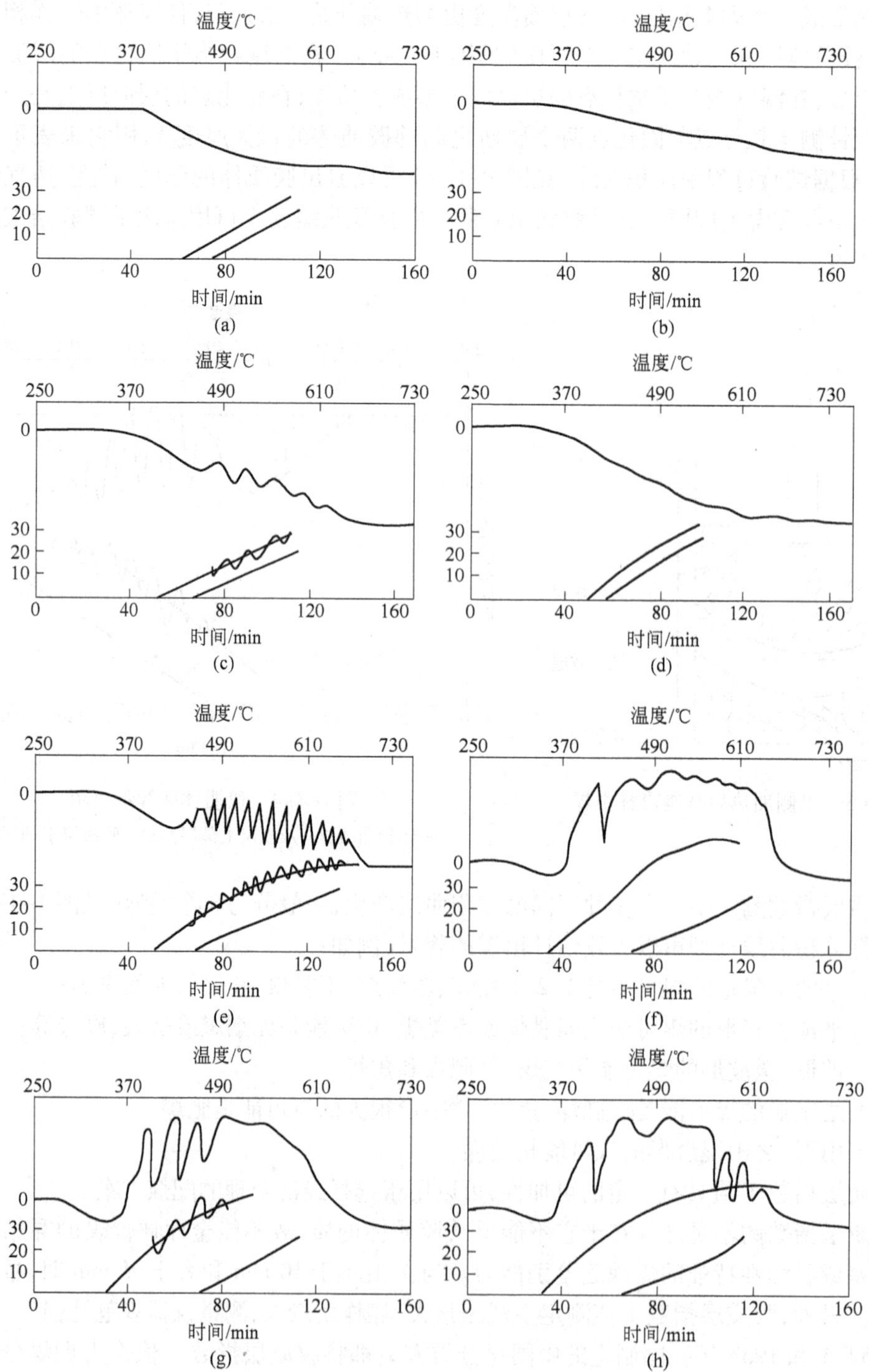

图 1-1-5　胶质层指数测定所得体积曲线类型图

(a) 平滑下降形;(b) 平滑斜降形;(c) 波形;(d) 微波形;(e) 之字形;(f) 山形;(g),(h) 之山混合形

它不仅能反映胶质体的量,还能反映胶质体的质。1953 年,奥亚膨胀度试验被列为国际煤炭分类的重要指标。1986 年颁布的中国煤炭分类国家标准中,奥亚膨胀度被选定为区分强黏

结性烟煤的辅助指标之一。

奥亚膨胀度测定的要点是:将试验煤样按规定方法制成一定规格的煤笔,放入内径为 8 mm 的膨胀管中,煤的上面放置 1 根能在管内自由滑动的膨胀杆,将上述装置放入专用的电加热炉内,以 3℃/min 的升温速度加热,记录膨胀杆的位移曲线。以位移曲线上升的最大距离占煤笔原始长度的百分数表示煤的膨胀度 b;以膨胀杆下降的最大距离占煤笔长度的百分数表示最大收缩度 α。试验中规定膨胀杆下降 0.5 mm 时的温度为软化温度 T_1,膨胀杆下降到最低点后开始上升的温度为开始膨胀温度 T_2,膨胀杆停止移动时的温度为固化温度 T_3。图 1-1-6 是煤的一组典型的奥亚膨胀度曲线。

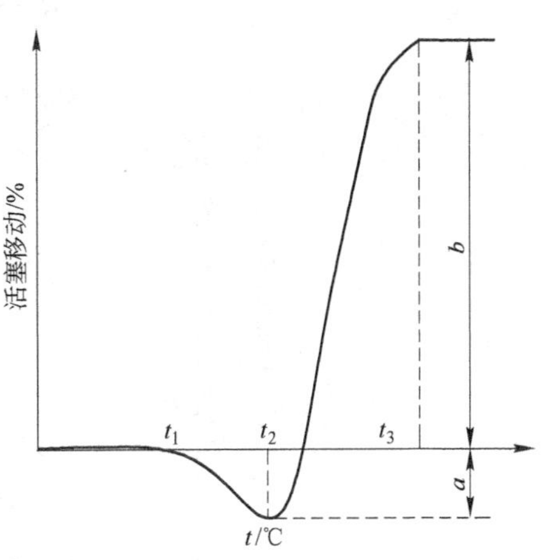

图 1-1-6 奥亚膨胀度曲线示意图

D 坩埚膨胀序数

坩埚膨胀序数(*CSN*)又称自由膨胀序数,是把煤在坩埚中加热所得焦块的膨胀程度编成序号,表征煤的膨胀性和黏结性的一种指标。把一定量的煤样放入坩埚中,在特定的煤气灯或电炉上快速加热(加热速度约为 400℃/min)到 800℃,将所得焦块与一组带有序号的标准焦块侧形比较,取其最接近的焦型序号作为结果。此序号是从 0 ~ 9,以 1/2 为一个间隔,共分 17 种。

1942 年,英国首先把坩埚膨胀序数定为标准(BS 1016)。1956 年,在硬煤国际分类中,把坩埚膨胀序数作为确定组别的一个指标。1985 年,中国也把坩埚膨胀序数定为国家标准(GB 5448)。坩埚膨胀序数的测定方法简单易行,所以在国际上应用比较广泛。其缺点是仅能定性地给出序号,且由于所得焦块形状不规则,较难对测值给予确切评价。

欧洲、印度等一些国家习惯用坩埚膨胀序数(*CSN*)指标,对外技术交流文件提供的煤样中经常出现。应了解坩埚膨胀序数(*CSN*)与我国常用指标的对应关系。

E 镜质组最大反射率

煤的镜质组主要是由植物的木质和纤维组织在成煤过程中受腐化作用和胶凝化作用转化而成的煤岩纤维组分组,是烟煤中最主要的煤岩纤维组分组。煤的镜质组反射率是不受煤岩石成分含量的影响但却能反映煤化程度的一个重要指标。煤的镜质组反射率随它的有机组分中碳含量的增加而增加;随挥发分产率的增高而减少,如图 1-1-7 所示。也就是说,同一显微组分在不同的变质阶段反射率不同,它能较好地反应煤的变质程度。镜质组的平均最大反射率作为煤化程度指标已应用于一些国家的煤炭分类中,在国际煤炭编码系统中也被正式采用。在炼焦生产中,它可以用来评价煤质,根据镜质组反射率分布图可以判别混煤的种类。如日本、欧洲一些国家用镜质组反射率来指导炼焦配煤、预测焦炭强度和控制来煤质量等。英国炼焦配煤采用镜质组最大反射率指标为 1.25。我国也有不少焦化厂用镜质组反射率来指导炼焦配煤、预测焦炭强度。

反射率是指反射光强度相对于垂直入射光强度的百分比值,一般用 R 表示。

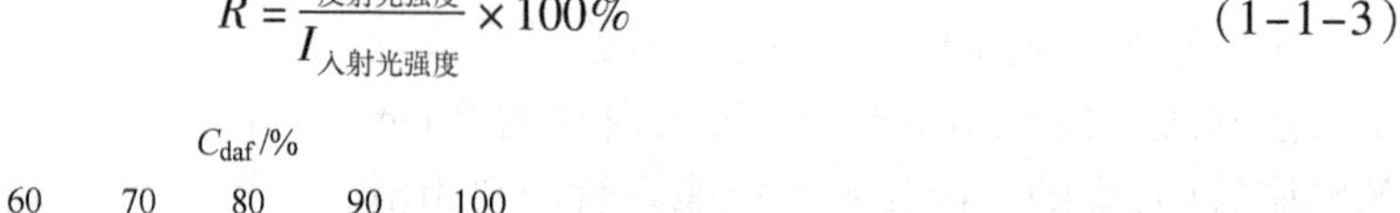

$$R = \frac{r_{反射光强度}}{I_{入射光强度}} \times 100\% \tag{1-1-3}$$

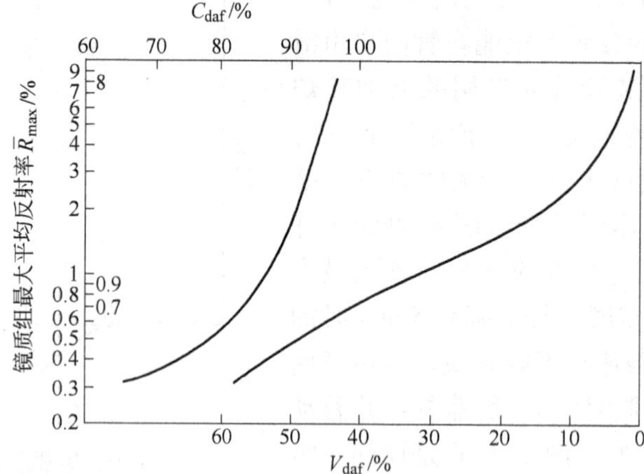

图 1-1-7　煤的镜质组反射率与干燥无灰基挥发分 V_{daf}和碳含量 C_{daf}的关系

测定煤的镜质组反射率是将已知反射率的标准片和煤样(镜质组)放在显微镜下,在一定强度的入射光中,它们反射出的微弱光流通过光电倍增管转变为电流并放大成较强的电信号,然后将电信号输入并馈入到记录装置。根据记录装置刻度盘上标准片的反射光强度值和煤的镜质组反射光强度值,按式 1-1-4 求出煤的镜质组反射率:

$$R_{镜} = \frac{I_{镜}}{I_{标}} R_{标} \tag{1-1-4}$$

式中　$R_{镜}$——煤样镜质组反射率;

$I_{标}$——标准片反射光电流强度;

$I_{镜}$——煤样的镜质组反射光电流强度;

$R_{标}$——标准片反射率。

标准片反射率 $R_{标}$按式 1-1-5 计算:

$$R_{标} = \frac{(n - n_0)^2}{(n + n_0)^2} \tag{1-1-5}$$

式中　n——标准片的折射率;

n_0——样品和物镜之间介质的折射率,空气为 1。

我国不同牌号煤的镜质组最大反射率范围见表 1-1-5。

表 1-1-5　不同牌号煤的镜质组最大反射率范围

煤分类	褐煤	长焰煤	不黏煤	弱黏煤	气煤	气肥煤	肥煤	焦煤	瘦煤	贫煤	无烟煤
反射率 R_{max}/%	<0.5	0.5~0.71	0.64~0.84	0.74~1.29	0.6~0.9	0.8~1.2	0.9~1.3	1.2~1.7	1.6~1.9	1.7~2.5	2.5~11

F　黏结指数 G 值与其他常用黏结指标的关系

除黏结指数 G 外,胶质层指数 Y、奥亚膨胀度 b 及坩埚膨胀序数 CSN 等也能反映煤的结焦性能的某一或某些环节,但它们的影响因素(f)及作用范围却是各不相同的,如图 1-1-8 和图 1-1-9 所示。

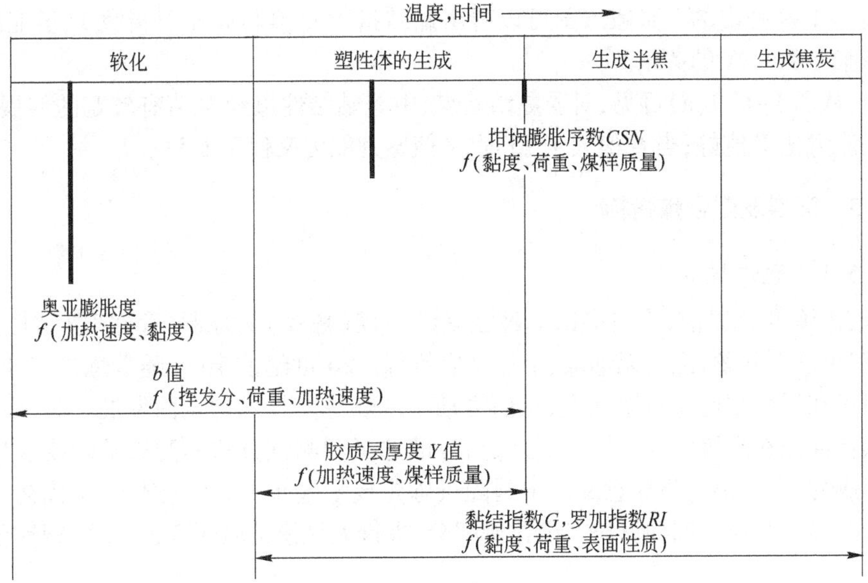

图 1-1-8 各种黏结性指标影响因素(f)及作用范围

由图 1-1-8 可见,黏结指数 G 值有最大的作用范围,同时涉及较多的因素,如煤受热后胶质体的量、黏度、荷重、表面性质等。

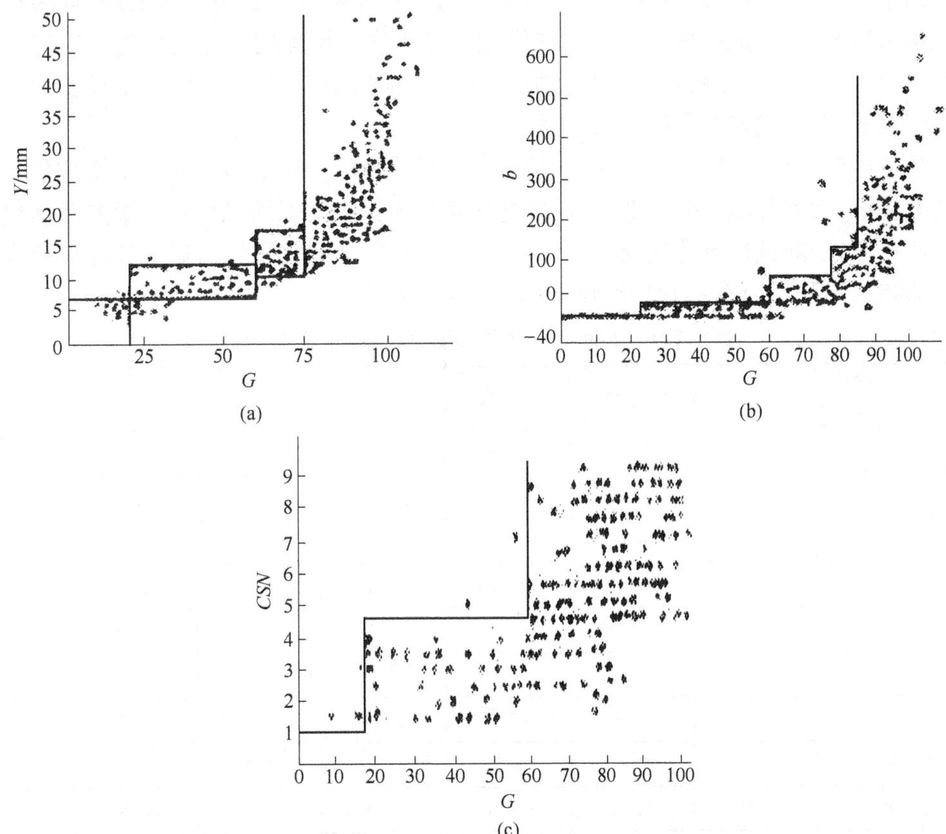

图 1-1-9 煤的黏结指数 G 值与胶质层指数 Y(a)、奥亚膨胀度 b(b)及坩埚膨胀序数 CSN(c)的关系

从图 1-1-9 列出的 3 张散点图可以看出黏结指数 G 值与胶质层指数 Y、奥亚膨胀度 b 及坩埚膨胀序数 CSN 的关系。

另外，从图 1-1-9(a)可见，对弱黏结性煤、中等黏结性煤和 G 值有较宽的伸展范围，表明其鉴别能力比 Y 值好；当 G 值大于 75 时，Y 值鉴别能力又优于 G 法。

1.1.5　配煤及配合煤指标

1.1.5.1　配煤炼焦

19 世纪 50 年代以前，炼焦多以单种强黏结性煤(焦煤)为原料，存在“黏结性过剩”现象，为了解决这个问题，配入无烟煤、半焦及焦粉等。20 世纪前半叶，随着炼焦工业的发展，出现了焦煤和强黏结性煤短缺问题，从而推动了配煤炼焦技术的全面发展。高、中、低挥发分煤结焦特性及在配煤中的作用，配合煤指标的选择和测试方法等配煤基础技术都是在这一时期形成的，至今仍有指导意义。中国配煤炼焦技术起步于 20 世纪 50 年代初。主要以气煤、肥煤、焦煤和瘦煤四种煤按一定比例配合，进行大规模试验研究，为主要钢铁公司确定配煤方案。

配煤炼焦是将两种以上不同牌号的炼焦用煤按适当的比例均匀配合在一起，使各种煤取长补短，保证生产出满足用户要求的焦炭质量。配煤炼焦对于合理利用煤炭资源、节约优质炼焦煤、扩大炼焦用煤资源、降低生产成本有着重要意义。

我国是优质炼焦煤资源极其缺乏的国家。随着我国钢铁工业的迅速发展，近些年炼焦煤供应越来越紧张，各地焦化厂非常重视优化配煤工作。炼焦装炉煤的性质是决定焦炭质量的基本因素。对炼焦原料煤进行全面质量分析和炼焦特性的评价，根据焦炭质量目标进行优化配煤研究，以确定科学的配煤方案。

选择适当的炼焦煤种和恰当的配比是提高焦炭质量的首要措施。在满足用户焦炭质量要求的前提下，大力开展多配入低灰、低硫的气煤及配优质无烟煤、焦粉、废塑料等炼焦配煤试验的研究，对于降低焦炭的灰、硫含量，扩大炼焦煤源，节约优质炼焦煤及环境保护有重要意义。2006 ~ 2007 年部分焦化厂配煤配比见表 1-1-6。

表 1-1-6　2006 ~ 2007 年我国部分焦化厂配煤配比　　(%)

厂名＼煤种	气　煤	1/3 焦煤	焦　煤	肥　煤	气肥煤	瘦　煤	其　他
宝　钢	34.01	8.62	25.39	23.36		5.23	3.49
鞍　钢		16.40	40.00	28.30		10.00	5.3
武　钢	1.39	36.19	38.09	1.65	5.97	15.78	
首　钢		20.62	36.67	19.63		10.42	12.64
本　钢		21.30	41.5	30.2		7.00	
包　钢		22.70	39.22	18.16	4.83	11.4	3.69
马　钢		27.50	37.5	22.5		12.5	
攀　钢		10.77	45.28		43.95		
太　钢	7.36	16.8	38.97	32.49		4.38	
唐　钢		10.33	49.00	29.33		11.33	

续表 1-1-6

厂名＼煤种	气 煤	1/3 焦煤	焦 煤	肥 煤	气肥煤	瘦 煤	其 他
安 钢		26.21	36.68	23.98		13.13	
济 钢	2.01	29.89	39.94	17.22	2.42	9.32	
韶 钢		29.84	57.21	2.9		10.03	
柳 钢		30.00	53.92	16.07			
天津铁厂	0.72	28.3	31.51	13.11		26.36	

1.1.5.2 配煤试验

配煤试验是根据炼焦用煤资源情况，结合焦炭的质量要求，将各种煤按一定比例配合后进行炼焦的试验。配煤试验用于：

（1）为新建焦化厂寻找供煤基地，确定经济合理的用煤方案。根据拟生产的焦炭品质，结合供煤基地的煤源和煤质情况，通过配煤试验确定多种配煤方案。配煤炼焦试验报告用来指导炼焦生产的配煤操作。

（2）对新投产煤矿的煤或新使用的煤种进行煤质鉴定，评定其结焦性和单种煤在炼焦过程中的作用，以便合理地利用煤炭资源和扩大炼焦用煤基地。

（3）焦化厂根据煤源供应情况，调整炼焦生产配煤方案，以保证生产的焦炭满足用户的质量要求。

（4）用于检验备煤工艺和炼焦工艺采用新技术、新设备的炼焦效果。如捣固炼焦、配型煤炼焦及配其他物料炼焦的焦炭质量预测等。

中国煤炭科学研究院、鞍山热能研究院及一些大型钢铁企业焦化厂都有 200 kg 焦炉半工业配煤试验装置。

1.1.5.3 装炉煤指标

A 水分 M_{ad}(%)

水分是装炉煤质量指标之一。炼焦过程中，煤中的水分在吸收大量热能后变成水蒸气，随粗煤气离开焦炉炭化室，通过上升管、集气管及吸煤气管道进入煤气净化车间。

装炉煤水分过高，会对焦炉生产和环境治理产生一系列不利影响，主要有：延长结焦时间（当煤水分在 8% 左右时，每增加 1 个百分点，结焦时间延长 10～15 min），使焦炉的生产能力下降；煤料水分蒸发，吸收大量气化潜热（2.49 kJ/kg）和升温显热（1.2 kJ/kg），致使炼焦耗热量大幅度增加，煤料水分每增加 1 个百分点，炼焦耗热量增加 30 kJ/kg；剩余氨水处理量增大，导致焦化厂含酚污水大量增加，处理焦化污水费用增加；装煤后炭化室炉墙面温度下降幅度过大，损伤炉体，甚至缩短炉龄。装炉煤堆积密度与水分的关系如图 1-1-10 所示。

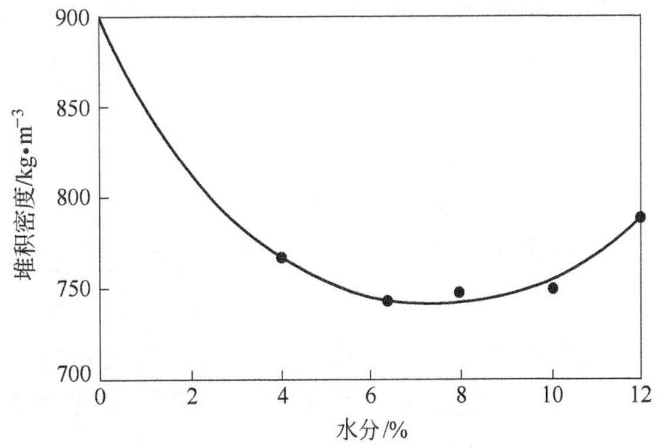

图 1-1-10 装炉煤堆积密度与水分的关系

装炉煤水分来源于原料煤，根据目前我国洗煤厂脱水设备情况，洗煤厂出厂精煤水分M_{ad}控制在10%左右。焦化厂装炉煤水分控制指标见表1-1-7。

表1-1-7　装炉煤质量基本要求

序　号	项　　目	指　　标	
		顶装焦炉	捣固焦炉
1	水分 M_t/%	≤10	9～11
2	细度（<3 mm）/%	76～80	≥90
3	灰分 A_d/%	≤10	≤10
4	硫分 $S_{t,d}$/%	<0.9	<0.9
5	挥发分 V_{daf}/%	24～31	30～33
6	黏结指数 G	58～82	55～72
7	胶质层指数 Y/mm	14～22	12～15

为了降低和稳定装炉煤水分，多雨地区焦化厂可设储煤棚和室内储煤设施，也可采用煤调湿装置，将装炉煤水分控制在6%～9%。

B　灰分A_d（%）

在炼焦过程中，煤的灰分全部转入焦炭。1 t干煤可炼制约0.75 t焦炭，因此焦炭灰分约为煤灰分的1.3倍。灰分是有害杂质，焦炭的灰分高则有效成分少，对焦炭使用很不利（参见本书第1.2.3节）。灰分是惰性物质，装炉煤灰分高，则黏结性减弱，焦炭强度降低。

装炉煤灰分与焦炭灰分的关系可用式1-1-6和式1-1-7表示：

$$A_{d装炉煤} = KA_{d焦炭} \tag{1-1-6}$$

$$K = \frac{100\% - V_{d装炉煤}}{100\% - V_{d焦炭}} + a \tag{1-1-7}$$

式中　$A_{d装炉煤}$，$V_{d装炉煤}$——分别为煤的干基灰分和干基挥发分，%；

$A_{d焦炭}$，$V_{d焦炭}$——分别为焦炭的干基灰分和干基挥发分，%；

K——产出焦炭质量与装炉煤质量之比，称为干全焦率，%；

a——校正值，为1.0%～1.5%。

根据焦炭不同的用途，应严格控制装炉煤灰分的上限。装炉煤灰分来源于配合煤中各单种原料煤灰分，装炉煤灰分可按式1-1-8加和近似计算。

$$A_d = \sum X_i A_{di} \tag{1-1-8}$$

式中　A_d——装炉煤的灰分，%；

X_i——单种原料煤的配比，%；

A_{di}——单种原料煤灰分，%。

我国炼焦煤资源特点之一是强黏结性的焦煤、肥煤大多灰分高且难洗选，而高挥发分气煤大多灰分低且易洗选。从我国实际情况出发，炼焦配合煤中尽量多用高挥发分气煤，这样可降低配煤的灰分。焦化厂一般装炉煤灰分控制指标见表1-1-7。国标GB/T 1996—2003规定一级冶金焦的灰分小于12%。若按全焦率75%计算，生产一级冶金焦要求装炉煤的灰分A_d≤9%。

C　硫分$S_{t,d}$（%）

煤中硫分是有害杂质（参见本书第1.2.6节）。炼焦过程中煤的硫分60%～70%转入焦炭,30% ~40%转入焦炉煤气。不同用途焦炭对硫分含量指标上限都有严格的要求(参见本书第1.2.3节)。进入焦炉煤气中的硫以 H_2S 形式存在,焦炉煤气作为燃料燃烧时生成 SO_2 同废气一起排放,严重污染大气。国家相关环保标准严格控制焦炉煤气中 H_2S 指标,要求焦炉煤气必须进行脱硫。所以,必须严格控制装炉煤硫分上限。装炉煤硫分来源于配合煤中各单种原料煤硫分,装炉煤硫分可按式1-1-9加和近似计算。

$$S_{t,d} = \sum X_i S_{t,d,i} \tag{1-1-9}$$

式中 $S_{t,d}$——装炉煤的硫分,%;

X_i——单种原料煤的配比,%;

$S_{t,d,i}$——单种原料煤硫分,%。

装炉煤硫分与焦炭硫分关系:

$$S_{t,d焦炭} = \frac{\Delta S}{K} S_{t,d装炉煤} \tag{1-1-10}$$

式中 $S_{t,d焦炭}$——焦炭的干基全硫含量,%;

$S_{t,d装炉煤}$——配合煤的干基全硫含量,%;

ΔS——硫在焦炭中的残留系数,一般取0.6 ~0.7;

K——煤的全焦率,一般取0.74 ~0.76。

焦化厂装炉煤硫分控制指标见表1-1-7。

D 挥发分 V_{daf}

装炉煤的挥发分高低决定煤气和化学产品的产率,同时对焦炭质量也有影响。一般情况下,配合煤的挥发分过高,焦炭机械强度下降。装炉煤的挥发分控制指标见表1-1-7。

装炉煤的挥发分也可按单种煤加和近似计算。装炉煤硫分可按式1-1-11加和近似计算。

$$V_{daf} = \sum X_i V_{daf,i} \tag{1-1-11}$$

式中 V_{daf}——装炉煤干燥无灰基挥发分,%;

X_i——单种原料煤的配比,%;

$V_{daf,i}$——单种原料煤干燥无灰基挥发分,%。

E 黏结性

装炉煤的黏结性是影响焦炭机械强度的主要因素。煤在结焦过程的黏结阶段和半焦收缩阶段中的行为受煤的黏结性和煤化程度共同影响。只有当黏结性和煤化程度的指标值都处于适宜范围以内时,才能炼出合格的焦炭。因此,装炉煤的黏结性和煤化程度指标值必须同时控制。我国焦化厂通常采用黏结指数 G 和胶质层指数 Y 值表征装炉煤的黏结性。控制指标见表1-1-7。

F 细度(%)

细度是度量装炉煤粉碎程度的一种指标,用不大于3 mm粒级占全部煤料的质量分数来表示。装炉煤细度控制指标见表1-1-7。顶装焦炉装炉煤的细度不宜过低(其中小于1 mm的粒级不得少于50%),否则,将降低煤料的堆积密度和黏结性,影响焦炭的产量和质量,还会给焦炉装煤操作带来困难。为了力求装炉煤粒度均匀,配煤前宜对煤质较硬的煤(气煤)进行预粉碎。

2006～2007年我国部分钢铁企业焦化厂的装炉煤质量指标见表1-1-8。

表1-1-8　2006～2007年我国部分钢铁企业焦化厂的装炉煤质量指标

厂名	水分 M_{ad} /%	灰分 A_d /%	挥发分 V_{daf} /%	硫分 $S_{t,d}$ /%	结焦性能				细度/%
					X/mm	Y/mm	G	b/%	
宝钢	10.48	8.64	27.8	0.63	32.7	15.83	72.0	48.33	84.07
鞍钢	11.98	9.01	26.78	0.72		15.4	70.5		77.23
武钢	11.54	9.65	27.91	0.58		17.0	80.0		
首钢	11.69	9.36	23.64	0.73	29.9	17.5	71.3	19	76.64
本钢	11.09	9.46	30.08	0.65	23.1	15.4	83.3		81.69
包钢	10.36	11.15	27.13	0.69	22.2	18.65	80.0		78.46
马钢	10.33	9.35	29.43	0.77	48.3	17.3	77.0		76.0
攀钢	11.6	10.10	24.23	0.47	26.9	14.4	75.7	12.5	80.23
酒钢	8.29	10.4	27.3	0.97	30.5	16.8			78.34
太钢	10.25	9.36	27.18	0.68	29.2	18.7			77.15
邯钢	10.35	9.05	25.27	0.50	33.9	14.0	69.3		76.43

1.1.6　我国炼焦煤资源概况

我国煤炭资源丰富,但是优质炼焦煤资源相对短缺。炼焦煤资源品种比较齐全,但是炼焦煤储量比例和分布不均匀,其中气煤占51.4%;肥煤占12.6%;焦煤占18.8%;瘦煤占14.9%;未定牌号煤占2.3%。强黏结性的肥煤和焦煤仅占炼焦煤总储量的31.4%,而弱黏结性气煤占50%以上。所以,我国是优质炼焦煤资源相当缺乏的国家。

我国炼焦煤资源的地区分布很不均匀。在全国各省(市、区)中,山西省炼焦煤的可采储量占50%。安徽、贵州、山东、河北、黑龙江和河南六省炼焦煤的可采储量稍多,但其中储量最多的安徽也不到全国的10%。2001年各省探明的炼焦煤储量和可采量见表1-1-9。

表1-1-9　2001年各省探明的炼焦煤储量和可采量

地区	可采储量		查明资源储量	
	数量/亿t	比例/%	数量/亿t	比例/%
全国	661.66	100.00	2765.00	100.00
山西	331.14	50.05	1550.73	56.08
内蒙古	20.74	3.13	53.47	1.93
河北	27.71	4.19	91.52	3.31
黑龙江	26.06	3.94	97.17	3.51
江苏	15.64	2.36	38.52	1.39
安徽	65.10	9.84	234.93	8.50
山东	30.51	4.61	168.00	6.08
河南	24.50	3.70	89.50	3.24
贵州	39.26	5.93	99.93	3.61

续表 1-1-9

地　区	可采储量		查明资源储量	
	数量/亿 t	比例/%	数量/亿 t	比例/%
云　南	18.33	2.77	42.05	1.52
陕　西	12.31	1.86	52.63	1.90
新　疆	10.92	1.65	79.58	2.88

注：表中数据为北京煤炭科学院数据，摘自中国炼焦行业协会 2005 年煤资源、焦炭质量预测及备煤新工艺技术研讨会论文集。

我国炼焦煤资源与焦炭生产的实际需求很不匹配，气煤和 1/3 焦煤储量大，而肥煤和焦煤储量少，且在地域分布方面过于集中，长期造成西煤东运、北煤南运的困难局面。

随着钢铁工业结构调整以及高炉大型化的发展趋势，对高炉用焦炭质量要求越来越高。一些钢铁企业焦化厂片面追求焦炭质量，强黏结性的焦煤、肥煤用量达 60% 以上，炼焦煤资源的缺乏与需求不相适应的矛盾越来越突出。

我国焦化工作者应积极开发炼焦新工艺、新技术，如优化配煤炼焦技术；开发多配气煤或弱黏结煤炼焦工艺技术；继续完善捣固炼焦、配型煤炼焦、装炉煤调湿等成熟技术，实现工业化广泛推广；开展配废塑料炼焦等研究等。扩大炼焦用煤资源、节约优质炼焦煤、减少环境污染应是长期的研究课题。

1.2 焦炭

焦炭是烟煤经过高温干馏获得的可燃固体产物。焦炭是一种质地坚硬、多孔、呈银灰色、有不同粗细裂纹的碳质固体块状材料。炼焦生产中，煤料在焦炉炭化室中隔绝空气加热至 950 ~ 1050℃，经过热解、熔融、黏结、固化和收缩等一系列结焦过程制成焦炭。焦炭的质量主要取决于装炉煤性质、备煤工艺和炼焦工艺。

焦炭广泛用于高炉炼铁、化铁炉熔铁、铁合金冶炼和有色金属冶炼等，也是生产电石、发生炉煤气及合成化学等领域的原料。炼焦生产时，可根据用户的要求调整装炉煤性质和干馏条件等，生产不同品质的焦炭，如高炉焦、铸造焦、铁合金焦、气化焦等。高炉用焦占焦炭总产量的 90% 以上。

1.2.1 焦炭结构

1.2.1.1 焦炭裂纹

在焦炉炭化室内结焦过程中，由于半焦的不均匀收缩产生的应力超过焦炭多孔体强度，导致焦炭出现裂纹。垂直于炭化室内热流方向的焦炭裂纹称横裂纹；平行于炭化室内热流方向的焦炭裂纹称纵裂纹。这两种裂纹的产生使焦饼分割成大小不同的焦块，并影响焦炭的块度和机械强度。

减少裂纹的措施有：合理配煤，使装炉煤的收缩曲线接近中等挥发分煤单独的收缩曲线；添加适量的惰性物料，如在挥发分高的煤料中添加适当数量的 0.1 ~ 0.5 mm 细颗粒的焦粉或无烟煤等惰性物质，减少半焦收缩裂纹；采用装预热煤或煤调湿等工艺，降低半焦层的温度梯度也可减少焦炭裂纹，提高焦炭块度和强度。

1.2.1.2　焦炭气孔结构

焦炭是一多孔体，由气孔、气孔壁及微裂纹组成，可用气孔的形状、大小、数量、分布和气孔壁厚等描述气孔结构。气孔结构主要取决于装炉煤性质、密度及加热速度等因素。气孔结构直接影响焦炭的强度和反应性。

1.2.1.3　焦炭光学组织

焦炭气孔壁在反光偏光显微镜下，可以观察到它是由不同的结构形态和等色区尺寸所组成，不同煤炼成的焦炭，在反光偏光显微镜下呈现不同的光学特征，焦炭气孔壁的这种不同光学特征按其结构形态和等色区尺寸可分成不同的组分，称为光学显微组分，简称光学组织。

煤在干馏过程中，煤中活性组分软化和熔融是形成焦炭光学各向异性组织的基本条件；惰性组分不软化、不熔融，其干馏后固体产物大多呈光学各向同性。在现代焦炉中，装炉煤配入50%以上的中等变质程度、强黏结性的焦煤和肥煤，炼制的冶金焦的光学显微组织各向异性占绝对优势。

影响焦炭光学组织的因素有：

（1）煤化程度。对焦炭光学组织影响最大的是煤的变质程度，黏结性弱、高挥发分、低煤化程度的煤多形成各向同性的焦炭。随着煤化程度的提高，所得焦炭中各向同性组织逐渐减少，各向异性组织含量逐渐增加。

（2）煤岩组成。焦炭中各向异性组织来源于煤料中的镜质组和稳定组，因为它们在干馏时能产生软化熔融的塑性状态，有利于中间相的形成和发展。煤中的惰性组分不发生软化熔融，故最终产生和保持各向同性的丝质体和破片体。

（3）添加物。添加活性物质如沥青等，可使焦炭各向异性程度明显提高。

（4）改善炼焦条件。采用煤预热、煤调湿、配型煤炼焦和提高炼焦加热速度、延长维温时间等措施有利于焦炭各向异性程度的增强。但炭化条件对焦炭光学组织的影响不及煤质本身的影响大。

研究焦炭光学组织的意义是：

（1）推断煤质。不同煤化程度的煤所炼制的焦炭中存在着与之相对应的光学组织结构，因此，可由焦炭推断煤的变质程度和惰性组织含量。

（2）计算焦炭光学组织指数。评定焦炭各向异性程度。

（3）深入了解焦炭的反应性。焦炭与 CO_2 反应过程中，各光学组织反应程度不同。通过光学组织研究可进一步加深对焦炭反应性的认识。

（4）预测焦炭的机械强度。优质冶金焦的光学组织主要由粗粒镶嵌组织、纤维组织及少量片状组织、适量的丝质状和破片状组织组成，这说明焦炭机械强度与其光学组织间存在着有机的联系。

（5）观察装炉煤的改质效果。通过焦炭各光学组织的含量变化，了解各类添加物对炼焦煤料的改质能力。

1.2.2　评价焦炭基本方法

1.2.2.1　焦炭工业分析

按固定碳、挥发分、灰分和水分测定焦炭化学组成的方法称工业分析。详见《焦炭工业分析测定方法》(GB/T 2001—1991)的规定。

A　水分

一定质量的焦炭试样置于干燥箱中,在规定的温度下干燥至质量恒定,以焦炭试样的质量损失计算水的含量。焦炭的水分含量分全水分 M_t(%)和空气干燥基(分析基)水分 M_{ad}(%)测定。焦炭水分含量主要与炼焦生产的熄焦方式有关。采用湿法熄焦,大于 25 mm 块焦水分一般在 4% 左右,碎焦和粉焦水分为 10% ~14%;干法熄焦,焦炭在运输和储存过程中吸附大气中的水汽,水分一般小于 1.0%。

焦炭水分过大引起热耗增加。高炉用焦的水分要求稳定,以免引起炉况波动。

B　灰分

一定质量的焦炭试样在箱型高温炉中在 815℃ ±10℃下灰化,其残留物质量占焦炭试样的质量分数作为灰分含量。焦炭的灰分含量测定分空气干燥基(分析基)灰分 A_{ad}(%)和干燥基灰分 A_d(%)测定。我国冶金焦炭技术指标(GB/T 1996—2003)中常用干燥基灰分 A_d(%)表示。

灰分是焦炭中的惰性物质,为有害杂质,是评价焦炭质量的一项重要参数。灰分的主要成分是高熔点的 SiO_2 和 Al_2O_3,在高炉冶炼过程中要同 $CaCO_3$ 等溶剂生成低熔点的化合物以熔渣形式排出。灰分高时,溶剂消耗量大,炉渣碱度提高,不利于高炉生产。此外,焦炭的灰分高时,其机械强度和热强度均降低,削弱了焦炭在高炉中的骨架作用。焦炭在高炉中加热到高于炼焦温度时,由于焦质和灰分膨胀性不同,焦炭会加速碎裂和粉化;灰分中的碱性成分(K_2O、Na_2O)还会加速焦炭同 CO_2 的反应,加剧焦炭的破坏,严重降低焦炭强度。我国大型高炉用焦的灰分 A_d 在 12% 左右。

焦炭的灰分全部来源于炼焦煤料。炼焦生产中,在满足用户要求焦炭强度的条件下,应尽量降低装炉煤的灰分含量。

C　挥发分

焦炭试样置于坩埚中,在 900℃ ±10℃下隔绝空气加热 7 min,以减少的质量占试样质量的百分数减去试样的水分含量为挥发分含量。焦炭的挥发分含量测定分空气干燥基(分析基)挥发分 V_{ad}(%)和干燥无灰基挥发分 V_{daf}(%)测定。我国冶金焦炭技术指标(GB/T 1996—2003)中用干燥无灰基挥发分 V_{daf}(%)表示。挥发分是鉴别焦炭成熟度的一个重要指标,它与装炉煤的挥发分和炼焦最终温度有关。冶金焦炭技术指标中规定焦炭的挥发分为不大于 1.8%。

D　固定碳

煤经高温干馏后残留的固态可燃性物质的固定碳含量可由已测得的水分含量、灰分含量、挥发分含量进行计算求得。

空气干燥基(分析基)固定碳含量按式 1-2-1 计算:

$$FC_{ad} = 100\% - M_{ad} - A_{ad} - V_{ad} \tag{1-2-1}$$

焦炭工业分析数值均以空气干燥基(分析基)为基准,可通过式 1-2-2 和式 1-2-3 换算成干燥基或干燥无灰基。式中各量单位均为%。

$$X_d = \frac{X_{ad}}{100\% - M_{ad}} \tag{1-2-2}$$

$$X_{daf} = \frac{X_{ad}}{100\% - M_{ad} - A_{ad}} \tag{1-2-3}$$

式中　X——某个换算指标；

M——水分；

A——灰分。

右下角的符号 ad 为空气干燥基；d 为干燥基；daf 为干燥无灰基。

1.2.2.2　焦炭的元素分析

按碳、氢、氧、氮、硫、磷等元素组成测定焦炭的化学组成的方法称元素分析。国家标准(GB/T 2286—2008)规定了焦炭全硫含量的测定方法，其他元素分析沿用煤的元素分析(GB/T 476—2008)方法。

A　碳和氢的测定

焦炭试样在氧气流中燃烧，生成的水和二氧化碳分别用吸收剂吸收。由吸收剂的增重计算出焦样的碳和氢的含量。碳是构成焦炭气孔壁的主要成分，而氢存在于焦炭的挥发分中。由不同煤化程度的煤炼制的焦炭，其碳含量基本相同，但碳结构有差异，各种结构形式的碳同 CO_2 反应能力也不相同。煤结焦过程中氢含量随温度升高而降低的变化比挥发分随温度升高而降低的变化大，同时测量误差也小，因此以氢含量作为判断焦炭成熟程度的标志更为可靠。

B　氮的测定

焦炭试样中加入混合催化剂和硫酸，加热分解，使其中的氮转化为硫酸氢铵；加入适量的氢氧化钠后，把氨蒸发出并吸收到硼酸溶液中，再用硫酸溶液滴定。根据硫酸耗量计算出焦样的氮含量。焦炭中的氮在焦炭燃烧时会生成氮氧化物污染环境。

C　硫的测定

焦炭中的硫包括无机硫化物硫、硫酸盐硫和有机硫三种形态，这些硫的总和称全硫，用 $S_t(\%)$ 表示。国家标准《冶金焦炭》(GB/T 1996—2003)中用干燥基全硫 $S_{t,d}(\%)$ 表示。全硫含量的测定方法有艾式卡法和高温燃烧法，详见国家标准《焦炭全硫含量的测定方法》(GB/T 2286—2008)。

硫是焦炭中主要有害杂质。在炼焦过程中煤料所含硫的 70% ~80% 转入焦炭中，其余进入焦炉煤气中。高炉焦中的硫含量约占高炉炉料全部硫的 80% ~95%。

铸造焦的含硫量对铸铁件的质量有明显影响。焦炭在化铁炉内燃烧时，部分硫生成 SO_2 随炉气上升，同金属炉料作用生成硫化亚铁和氧化亚铁，使铁料增硫，影响铸铁件的质量。用于气化的焦炭含硫高，增加煤气脱硫负荷。

焦炭的硫来源于炼焦煤料，所以应尽量选用含硫低的煤炼焦。我国低硫的炼焦煤资源缺乏，应通过开发煤预处理技术，多配用含硫低的气煤炼焦，以降低焦炭的硫分。

D　氧的测定

焦炭中氧的含量(%)很少，一般通过减差法计算得到，即

$$w(O) = 100\% - w(C) - w(H) - w(N) - w(S) - w(M) - w(A) \tag{1-2-4}$$

1.2.2.3　焦炭灰成分

焦炭灰成分是焦炭灰化后，其固体残留物中各种氧化物的含量。它基本与炼焦装炉煤的灰成分相同，是焦炭质量的一项重要指标。烧结矿配料的碱度计算、高炉操作中炉渣

碱度和碱负荷控制以及焦炭作为气化原料的发生炉中灰渣熔点等都与焦炭灰成分有关。

国家标准《煤灰成分分析方法》(GB/T 1574—2007)中包括 SiO_2、Fe_2O_3、Al_2O_3、CaO、MgO、SO_3、P_2O_5、TiO_2、K_2O 和 Na_2O 的测定方法。

高炉焦灰分中 K_2O、Na_2O 碱性金属化合物是高炉炉料中的有害杂质。在1000℃左右对碳熔反应具有催化剂作用,会加速焦炭同 CO_2 的反应,使焦炭气孔壁更快地减薄、气孔率增大,焦炭强度降低、容易破碎和粉化,致使高炉料柱透气性变坏、煤气和温度分布不均,导致高炉操作恶化。

冶炼硅铁合金时,铁合金焦的灰分全部进入硅铁中,灰分中的 Al_2O_3 有55%以上被还原,使硅铁的含硅量相应降低。而硅铁中的铝含量要求在1.5%以下,因此,铁合金焦中的 Al_2O_3 含量应低于3%。

气化焦的灰熔点是一个重要指标,而灰分的熔点和它的成分紧密相关,酸性成分高的灰分具有较高的熔点。灰分的熔点同 $(SiO_2 + Al_2O_3)/(Fe_2O_3 + CaO + MgO)$ 值大致成正比。在固体排渣的气化炉中,为了避免炉渣结瘤和堵塞风帽,要求焦炭或煤有较高的灰熔点。

1.2.3 焦炭化学性质

1.2.3.1 焦炭反应性及反应后强度

焦炭反应性指焦炭在高温下与二氧化碳、氧和水蒸气等进行化学反应的能力。它是评价焦炭质量的重要指标。焦炭在高炉炼铁、化铁炉熔铁和发生炉气化过程中主要有以下三种反应:

$$C + O_2 = CO_2$$

$$C + H_2O = CO + H_2$$

$$C + CO_2 = 2CO$$

由于焦炭与 O_2 和 H_2O 的反应与 CO_2 反应有类似的规律,所以通常用焦炭与 CO_2 的反应特性评定焦炭的反应性。

焦炭的反应性(*CRI*,%)与反应后强度(*CSR*,%)测定的试验方法见国标 GB/T 4000—2008 相关规定。

称取一定质量的焦炭试样置于反应器中,在1000℃ ±5℃时与二氧化碳反应2 h后,以焦炭质量损失的百分率表示焦炭的反应性。反应后的焦炭经过I型转鼓试验后,大于10 mm粒级焦炭占入鼓的反应后焦炭质量的百分率表示焦炭的反应后强度。

焦炭的反应性主要受装炉煤性质、炼焦工艺、焦炭结构及焦炭灰分成分的影响。

(1) 装炉煤性质是影响焦炭反应性的重要因素。用低煤化程度的煤料炼制的焦炭反应性高;随着煤化程度加深,所得的焦炭反应性逐渐降低。煤料中多配用低挥发分和中挥发分的煤,少用高挥发分煤,这是降低焦炭的反应性的有效途径。气化焦和铁合金焦需要较高的反应性,因此,生产气化焦和铁合金焦应配用较多的高挥发分的煤。生产铸造焦时,在炼焦装炉煤有足够黏结性的条件下,配入10%左右延迟焦可以降低焦炭的反应性。

(2) 在煤料性质相近的条件下,提高炼焦终结温度可以降低焦炭的反应性;采用干法熄焦,避免了湿法熄焦的水蒸气对焦炭气孔率表面的反应,也有助于降低焦炭的反应性。

(3) 焦炭灰成分中的碱金属对焦炭同 CO_2 反应性有催化作用,尤以 K_2O、Na_2O 对焦炭的破坏作用大。因此,应选择煤灰成分中含碱金属低的煤料炼焦。

(4) 焦炭光学组织与反应性有直接关系。焦炭光学各向异性组织含量多,焦炭反应降低。

(5) 对焦炭反应性要求因用途不同而异。用于气化的焦炭,为了加速气化反应,要求气化焦的反应性高;用于铸造的焦炭,为使铁水温度高,反应性要低些;随着高炉容积增大和富氧喷吹煤粉技术的发展,要求高炉用焦炭的反应性低,反应后强度高。我国一些焦化厂冶金焦反应性(*CRI*)与反应后强度(*CSR*)见表 1-2-1。

表 1-2-1　我国一些焦化厂冶金焦反应性(*CRI*)与反应后强度(*CSR*)

厂　名	*CRI*/%	*CSR*/%
宝钢(干熄焦、配型煤)	24.1	70.43
武钢 7 号、8 号焦炉(湿熄焦)	26.2	61.21
首钢 1 号焦炉(湿熄焦)	24.2	65.20
马钢新系统(湿熄焦)	25.52	66.12

1.2.3.2　焦炭燃烧性

焦炭燃烧性是焦炭与空气或氧气进行燃烧反应的能力。由于焦炭中挥发分和易热解组分含量少,焦炭与空气或氧气进行的反应和燃烧主要发生在焦炭的表面。

焦炭中碳、氢、硫和氮都能与氧化合,由其反应热可以计算出焦炭的发热量,其值在 33400～33900 kJ/kg。

焦炭燃烧性同焦炭与二氧化碳反应有相同的特征,对焦炭同二氧化碳反应有影响的因素对焦炭燃烧性也具有相同的影响。焦炭灰分中钾、钠碱金属氧化物对焦炭的燃烧具有明显的催化作用。对焦炭燃烧性的要求因用途不同而异。用于气化的焦炭,为了加速气化反应,提高气化炉的生产能力,要求燃烧性高些;用于铸造的焦炭,为使铁水有足够高的温度,提高铸件的成品率,要求焦炭的燃烧性低,发热量要高。

1.2.3.3　焦炭抗碱性

焦炭抗碱性是焦炭在高炉冶炼过程中抵抗碱金属及其盐类作用的能力。焦炭本身的钾、钠等碱金属含量很低,约 0.1%～0.3%,如此少量的碱金属不足以对焦炭产生有害影响。但是在高炉冶炼过程中,由矿石带入的大量钾和钠,在高炉内形成液滴或蒸气,造成碱的循环,并富集在焦炭中,使炉内焦炭的钾和钠含量远比入炉焦高,可达 3% 以上,这足以对焦炭产生有害影响。随着高炉容积增加和富氧喷吹技术的发展,焦炭在高炉内停留时间加长,其碱侵蚀程度也有所加深。

碱金属对焦炭的劣化作用主要有两个方面:

(1) 对焦炭机械强度的影响。钾、钠在焦炭中存在形态为表面吸附、水溶性盐类、碳的化学结合。对焦炭质量影响较大的是与碳的化学结合。进入碳晶体内部的碱金属,使得石墨碳层间距被拉开,产生剧烈的体积膨胀,导致焦炭的气孔壁疏松,裂纹增多,机械强度下降。

(2) 对焦炭的反应性影响。碱金属对碳溶反应有催化作用,焦炭的反应性大幅度提高,焦炭与 CO_2 反应速度加剧,同时降低了焦炭与 CO_2 开始反应的温度。

提高焦炭抗碱能力的措施有：

(1) 配合煤中增加低挥发分煤用量，降低焦炭反应性，提高反应后强度，从根本上缓解焦炭强度在高炉中过早恶化；

(2) 提高装炉煤密度，增加焦炭气孔壁厚度，提高抵抗 CO_2 的侵蚀能力。

1.2.4 焦炭物理性质

1.2.4.1 焦炭比热容

焦炭比热容是单位质量的焦炭温度升高 1 K 所需要的热量，单位为 kJ/(kg·K)。它是分析评价焦炉热工时重要的热物理参数。影响焦炭比热容的因素有温度、装炉煤的煤化程度、焦炭的挥发分和灰分等。焦炭平均比热容为：100℃时，0.808 kJ/(kg·K)；1000℃时，1.465 kJ/(kg·K)。

1.2.4.2 焦炭热导率

焦炭热导率是热量从焦炭的高温部位向低温部位传递时，单位距离上温差为1℃时的传热速率，单位为 W/(m·K)。室温下块焦的热导率为 0.60～0.81 W/(m·K)，随温度升高近似直线增加。

1.2.4.3 焦炭电阻率

电阻率以 $\rho = R\dfrac{S}{L}$，单位为 Ω·m 表示。式中，R 为材料电阻，Ω；S 为被测电阻率试样的截面积，m^2；L 为试样长度，m。电阻率大小取决于炼焦用煤的煤化程度、焦炭灰分含量及焦炭结构等。电阻率是焦炭重要特性之一，用于评价焦炭的成熟率及微观结构。铁合金焦要求常温下粉焦电阻率大于 $2\times10^{-3}\Omega\cdot m$。

1.2.4.4 焦炭真密度

焦炭真密度是焦炭排除孔隙后单位体积的质量。焦炭的真密度主要受炭化温度、结焦时间等因素影响。焦炭的真密度一般为 1.80～1.95 t/cm^3。

1.2.4.5 焦炭视密度

焦炭视密度是干燥块焦单位体积的质量。焦炭视密度为 0.88～1.08 t/m^3。

1.2.4.6 焦炭堆积密度

焦炭堆积密度是单位体积内块焦堆积体的质量。焦炭堆积密度取决于焦炭视密度和块焦之间的空隙体积，其值为 0.4～0.5 t/m^3。

1.2.4.7 焦炭气孔率

块焦的气孔体积与块焦的体积之比称焦炭气孔率。它分为总气孔率和显气孔率两种。总气孔率为块焦的开气孔与闭气孔体积之和与总体积的比率；显气孔率是块焦的开气孔与总体积的比率，均用%表示。大多数块焦的总气孔率为41%～56%。

1.2.4.8 焦炭筛分组成

焦炭筛分组成是用来表述焦炉生产的混合焦粒度分布状况的物理性质，是评价焦炭块度大小和均匀性的一项指标。焦炭试样采用标准规格筛孔的振动筛（五级振动筛）进行筛分，然后分别称量各级筛上焦炭和最小筛孔筛下焦炭的质量，计算出各级焦炭的质量分数或各筛级以上焦炭质量的累计百分率即焦炭的筛分组成。混合焦筛分组成与装炉煤性质、备煤工艺和炼焦工艺有关。表1-2-2为顶装焦炉湿法熄焦混合焦筛分组成。

采用干法熄焦时，各级焦炭筛分组成略有变化，焦炭块度趋于均匀。大于80 mm大块焦率减少；大于25 mm块焦达91%～91.5%。

我国冶金焦炭依据国家标准《冶金焦炭的焦末含量及筛分组成的测定方法》（GB/T 2005—1994）规定进行测定。

表1-2-2　顶装焦炉湿法熄焦混合焦筛分组成

粒级/mm	质量分数/%
>80	约20
80～60	约25
60～40	约41
40～25	约7
<25	约7

1.2.5　焦炭机械强度

焦炭机械强度是焦炭在外部机械力和热应力作用下抵抗碎裂和磨损的能力。焦炭是由气孔、气孔壁及微裂纹组成，破坏过程受多孔脆性碳质体材料抗断裂能力及气孔壁抗粉碎能力影响。焦炭的破坏过程伴随着其粒度的减小和新表面的产生。因此，焦炭机械强度一般用一定的机械功作用后焦炭中大于（或小于）一定粒级的焦炭数量百分比来表示。世界各国对焦炭强度测定原理基本相同，有一定的可比性，参见表1-2-6。

我国焦炭机械强度测定方法分冷态和热态两种。

1.2.5.1　焦炭冷态强度

A　转鼓强度

我国冶金焦通常采用转鼓试验评定焦炭机械强度。原理是：常温块焦在转动的鼓中不断反复地被提料板提起后跌落在钢板上，在此过程中，焦炭由于受机械力的作用，产生撞击、摩擦，焦块延裂纹破裂开及表面被磨损，用以测定焦炭的抗碎强度和耐磨强度。详见国家标准《冶金焦炭》（GB/T 1996—2003）及《焦炭机械强度的测定方法》（GB/T 2006—2008）。

鼓体是由钢板制成的密封圆筒，无穿心轴。转鼓直径为ϕ1000 mm ± 5 mm，鼓内长为1000 mm ± 5 mm。转鼓有电动机带动，经减速机以每分钟25转的恒定转数运转100转。测定抗碎强度M_{40}指标时，转鼓试样为大于60 mm块焦50 kg；测定抗碎强度M_{25}指标时，焦样为大于80 mm、80～60 mm、60～40 mm和40～25 mm块焦的各粒级百分比含量组成的试样50 kg。经转鼓机试验后，将出鼓焦炭依次用直径40 mm（25 mm）和10 mm的专用圆孔筛进行筛分，大于40 mm（25 mm）的焦炭质量占入鼓焦样的质量分数为抗碎强度指标，用M_{40}（M_{25}）表示；小于10 mm粉焦质量占入鼓焦样的质量分数为耐磨强度指标，用M_{10}表示。

B　焦炭落下强度

焦炭落下强度是表征焦炭在常温下抗碎裂能力的焦炭机械强度的指标。它是用一定块度以上一定数量的焦炭试样，按规定高度重复落下4次后，块度大于50 mm（或大于25 mm）的焦炭质量占焦炭试样总质量的百分比表示。落下强度仅检验焦炭经受冲击作用的抗破碎能力，由于铸造焦在溶铁炉内主要经受铁块的冲击力，故落下强度特别适用评定铸造焦的强度。

1.2.5.2　焦炭热态强度

焦炭热态强度指焦炭在高温下测得的强度或经高温处理后在室温下测得的强度。焦炭机械强度M_{40}和M_{10}仅反映焦炭的冷态特性，而焦炭恰恰是在高达1000℃以上的热态下使用。我国冶金焦的热强度用反应后强度（*CSR*）指标表示。详见第1.2.3节。

1.2.6 焦炭的用途

1.2.6.1 高炉用焦

A 焦炭在高炉冶炼过程中的作用

(1) 热源。矿石还原、熔化需要大量热量,这些热量主要由焦炭燃烧提供。当高炉风口富氧喷吹煤粉时,焦炭提供的热量约占全部热量的70% ~80%。焦炭灰分低,并在下降至风口前仍保持一定块度是保证燃烧状态良好的重要条件。

(2) 还原剂。高炉中的铁矿石还原铁是通过间接还原和直接还原完成的。不论是间接还原还是直接还原,都是以焦炭提供的还原气体 CO 来完成的。为了不断补充 CO,要求焦炭有一定的反应性。

(3) 料柱骨架。高炉中风口以上始终保持块状的物料只有焦炭,尤其在滴落带,铁矿石和溶剂都已熔化,只有焦炭是对高炉炉料起支撑作用的骨架,承受着液铁、液渣的冲刷。同时,焦炭在高炉中比其他物料的堆积密度小,有很大空隙度,所以起到疏松作用,使高炉中上升气体流动阻力小,气流均匀,是高炉顺行的必要条件。要求高炉用焦炭具有一定的块度组成和较高的冷态、热态强度,就是为了在高炉中有良好的透气性。

B 高炉用焦炭质量要求

高炉用焦炭要求低灰、低硫、机械强度高、块度适当且均匀、致密、气孔均匀、反应性适度、反应后强度高、抗碱性能强。

a 灰分

焦炭灰分高意味着含碳量少,增加熔剂造渣量。实践证明,焦炭灰分每增加1%,将使高炉焦比升高1% ~2%,产量减少2% ~3%;如果焦炭灰分高,硫分也高,则焦炭灰分每增加1%,焦比将增加2%以上,高炉产量下降2% ~3%。

b 硫分

焦炭中硫分每增加0.1%,焦比会增加1% ~3%,生铁减产2% ~5%。

c 水分

焦炭水分对高炉生产的影响表现在水分波动而引起的炉况波动,从而使焦比升高。每增加1%的水分约增加焦炭用量1.1% ~1.3%。采用干法熄焦的焦炭,对高炉生产的负面影响基本消除。

d 焦炭块度

焦炭块度均匀使高炉透气性良好,块度稳定与否主要决定焦炭强度。我国高炉用焦块度一般在25 ~75 mm。

e 焦炭强度

转鼓强度 M_{40} 和 M_{10} 对高炉冶炼过程影响是毋庸置疑的。M_{40} 指标每升高1%,高炉利用系数增加0.04,综合焦比下降5.6 kg;M_{10} 指标改善0.2%,利用系数增加0.05,综合焦比下降7 kg。一般情况下,冷态强度好的高炉焦,特别是 M_{10} 指标好的焦炭,其反应后热强度和反应性指标也好。

近年有学者研究认为,在高炉中,根据温度和物料状态不同,可分为块状带、软融带、滴落带和风口区。在块状带时,M_{40}、M_{10} 具有一定的模拟性;而进入软融带后,高炉内 CO_2 能度升高,且富集循环碱。此时的焦炭与冷态时测定的 M_{40} 和 M_{10} 不再具有模拟性,故 M_{40} 和 M_{10}

的指标不能很好地反应焦炭在高温下的性能。考虑到高炉中实际存在循环碱，建议增加高炉用焦在高温状态下抗碱性能指标的测试。

f　我国高炉用焦炭质量标准

我国高炉用焦炭质量标准有：

（1）《焦炭试样的采取和制备》（GB/T 1997—2008）；

（2）《冶金焦炭》（GB/T 1996—2003）；

（3）《焦炭机械强度的测定方法》（GB/T 2006—2008）；

（4）《冶金焦炭的焦末含量及筛分组成的测定方法》（GB/T 2005—1994）；

（5）《焦炭全硫含量的测定方法》（GB/T 2286—2008）；

（6）《焦炭的反应性及反应后强度试验方法》（GB/T 4000—2008）；

（7）《焦炭工业分析测定方法》（GB/T 2001—1991）；

（8）《焦化产品术语》（GB/T 9977—2008）；

（9）《数值修约规则与极限数值的表示和判定》（GB/T 8170—2008）。

《冶金焦炭》（GB/T 1996—2003）见表 1-2-3，我国十几家钢铁企业焦化厂 2005～2006 年冶金焦炭质量指标见表 1-2-4。不同容积要求的高炉焦炭质量指标见表1-2-5。一些国家冶金焦炭质量标准见表 1-2-6。

表 1-2-3　冶金焦炭技术指标（GB/T 1996—2003）

<table>
<tr><th colspan="3" rowspan="2">指　标</th><th rowspan="2">等　级</th><th colspan="3">粒度/mm</th></tr>
<tr><th>>40</th><th>>25</th><th>25～40</th></tr>
<tr><td colspan="3">灰分 A_d/%</td><td>一级
二级
三级</td><td colspan="3">≤12.00
≤13.50
≤15.00</td></tr>
<tr><td colspan="3">硫分 $S_{t,d}$/%</td><td>一级
二级
三级</td><td colspan="3">≤0.60
≤0.80
≤1.00</td></tr>
<tr><td rowspan="3">机械强度</td><td rowspan="2">抗碎强度</td><td>M_{25}/%</td><td>一级
二级
三级</td><td colspan="2">≥92.0
≥88.0
≥83.0</td><td rowspan="5">按供需
双方协议</td></tr>
<tr><td>M_{40}/%</td><td>一级
二级
三级</td><td colspan="2">≥80.0
≥76.0
≥72.0</td></tr>
<tr><td>耐磨强度</td><td>M_{10}/%</td><td>一级
二级
三级</td><td colspan="2">M_{25}时：≤7.0；M_{40}时：≤7.5
≤8.5
≤10.5</td></tr>
<tr><td colspan="3">反应性 CRI/%</td><td>一级
二级
三级</td><td colspan="2">≤30
≤35</td></tr>
<tr><td colspan="3">反应后强度 CSR/%</td><td>一级
二级
三级</td><td colspan="2">≥55
≥50</td></tr>
<tr><td colspan="4">挥发分 V_{daf}/%</td><td colspan="3">≤1.8</td></tr>
<tr><td colspan="4">水分含量 M_t/%</td><td>4.0</td><td>5.0</td><td>≤12.0</td></tr>
<tr><td colspan="4">焦末含量/%</td><td>≤4.0</td><td>≤5.0</td><td>≤12.0</td></tr>
</table>

注：含量为质量分数。

表 1-2-4　我国十几家钢铁企业焦化厂 2005～2006 年冶金焦炭质量指标

厂　名	冶金焦炭质量指标						
	水分 M_{ad}/%	挥发分 V_{daf}/%	灰分 A_d/%	硫分 S_t/%	M_{40}/%	M_{25}/%	M_{10}/%
宝　钢	0.23	1.02	11.37	0.56	87.87		5.73
鞍　钢	4.1	1.16	12.39	0.63	83.34		7.09
武　钢	1.27	1.29	12.57	0.50	81.43		7.08
首　钢	3.35	1.36	12.12	0.77	82.18		7.09
本　钢	7.0	1.25	12.81	0.58	81.17		6.64
包　钢	3.56	1.12	13.29	0.85	79.41		7.75
马　钢	2.67	1.16	12.54	0.67	83.87		6.47
攀　钢	1.90	1.12	12.38	0.53	83.60		6.30
太　钢	4.85	1.33	11.80	0.63	80.90		6.80
酒　钢	3.41	1.1	13.23	0.91	80.61		7.31
济　钢	2.62	0.81	12.19	0.78	81.56		7.09
邯　钢	4.40	1.36	12.40	0.56	83.02		6.95
安　钢	5.05	1.19	13.08	0.53	81.52		7.32
柳　钢	4.99	1.02	13.06	0.57	81.68		6.96
韶　钢	9.23	1.35	11.15	0.57	81.79		6.98
重　钢	3.13	1.25	13.44	0.89	80.19		7.36

注：此表中焦炭质量指标是钢铁企业焦化厂提供的，由于取样点不同，可比性较差。

表 1-2-5　不同容积要求的高炉焦炭质量指标

高炉容积/m^3	1000	2000	3000	4000	5000
M_{40}/%	≥78	≥82	≥84	≥85	≥86
M_{10}/%	≤8.0	≤7.5	≤7.0	≤6.5	≤6.0
反应后强度（*CSR*）/%	≥58.0	≥60.0	≥62.0	≥64.0	≥65.0
反应性指数（*CRI*）/%	≤28.0	≤26.0	≤25.0	≤25.0	≤25.0
灰分 A_d/%	≤13.0	≤13.0	≤12.5	≤12.0	≤12.0
硫分 $S_{t,d}$/%	≤0.70	≤0.70	≤0.70	≤0.60	≤0.60
焦炭粒度范围/mm	20～75	25～75	25～75	25～75	30～75
大于上限/%	≤10				
小于下限/%	≤8				

注：资料来源于《高炉炼铁工艺设计规范》（GB 50427—2008）。

表 1-2-6　一些国家冶金焦炭质量标准

指　标	中　国			美国	德国	法国	英国	日本	俄罗斯
	一级	二级	三级						
灰分 A_d/%	≤12.0	≤13.5	≤15.0	7.0	8.0	9.0	8.0	9.0	10.0
硫 S_d/%	≤0.6	≤0.8	≤1.00	0.6	0.9	0.80	0.6	0.6	0.6
抗碎强度 M_{40}/% 抗碎强度 M_{25}/%	≥80.0 ≥92.0	≥76.0 ≥88.0	≥72.0 ≥83.0	≥80.0	≥80.0	≥75.0	≥75.0	$DI^{150}_{15}>80.0$ 或 $DI^{30}_{15}>93.0$	$M_{25}\geq 90.0$
耐磨强度 M_{10}/%	$M_{10}\leq 7.0$ $M_{25}\leq 7.5$	≤8.5	≤10.5	≤8.0	≤7.0	≤6.0	≤7.0		≤6.0
焦炭块度/mm	25～75			25～70	25～70	25～70	25～70	25～70	25～60

1.2.6.2　铸造焦

铸造焦是根据化铁炉熔铁对焦炭质量的要求而生产的铸造专用焦炭。

铸造焦是化铁炉熔铁的主要燃料，用于熔化炉料并使铁水过热，还起支撑料柱、保证良好透气性和渗碳作用。因此，铸造焦应具备块度大，强度、发热量和含碳量高，反应性、灰分、硫分、挥发分低的特点。

铸造焦的质量要求是：

(1) 块度。块度大且均匀的铸造焦可以保证化铁炉内料柱良好的透气性，还有利于增大送风深度，对炉内料柱和气体分布有重大影响。因此铸造焦块度应大于60 mm。

(2) 强度。强度是铸造焦的重要指标。铸造焦在化铁炉内要承受金属炉料的冲击和破坏，强度高的焦炭可以减少在炉内的破碎，从而降低焦炭消耗，提高铁水温度和化铁炉的热效率。

(3) 灰分。在化铁炉中，炉料熔化和铁水过热的热量全部是由焦炭燃烧提供的。焦炭的灰分高，固定碳含量低，发热量下降，化铁炉焦比增加。焦炭的灰分每减少1%，焦炭消耗降低约4%，铁水温度提高约10℃。

(4) 硫分。化铁炉熔炼过程中，铁水的硫分浓度对铸件的质量影响很大。焦炭硫分的30%～40%要转移到铁水中，特别是炉料中废钢用量增加时，铁水增硫很多，直接影响铸件质量。因此，铸造焦要求比高炉焦有更低的硫含量。

(5) 气孔率与反应性。铸造焦要求气孔率小、反应性低，可以减少CO生成，制约化铁炉内的氧化还原反应，提高焦炭燃烧效率和铁水温度。

一些国家铸造焦炭质量标准见表1-2-7。

表1-2-7　一些国家铸造焦炭质量标准

指　标	中　国			美国	德国	法国	英国	日本	俄罗斯
	特级	一级	二级						
焦炭块度/mm	>80,80～60,>60			76～230	>100, >80, 80～120	>100, 90～152	76～150, 60～90	100～75, 75～50, 50～35	>80,>60, 80～60, >>40, 60～40
灰分 A_d /%	≤8.0	8.01～10.0	10.01～12.0	<7.0	7.5～8.5	9.0～10.0	<7.0	6～14	9.5～12.5
硫 $S_{d,t}$ /%	≤0.60	≤0.80	≤0.80	<0.6	0.8～0.95	<0.70	<0.6	<0.8	0.45～1.4
挥发分 V_{daf} /%	1.5	1.5	1.5	<1.0		<1.0	<1.0	<2.0	<1.2
转鼓强度 M_{40} /%	≥85.0	≥81.0	≥77.0				>80.0		73～84
转鼓强度 M_{80} /%					60～75	60～70			
落下强度 SI_4^{50} /%	≥92.0	≥88.0	≥84.0	>95			>90	70.1～90.1	
显气孔率 P_S /%	≤40	≤45	≤45	45～50		45～52	45～50	24～40	42
碎焦率(<40 mm)/%	<4.0	<4.0	<4.0						
视密度/g·cm^{-3}				0.85～1.1		0.9～1.1	0.95～1.4		

1.2.6.3　铁合金焦

铁合金焦是供冶炼铁合金的矿热炉用焦炭，在炉中作为固态还原剂参与还原反应。冶炼不同品种的铁合金，对焦炭质量要求不同。生产硅铁合金时对焦炭要求最高，所以满足硅铁合金生产的铁合金焦,一般也能满足生产其他铁合金的要求。

硅铁合金生产对焦炭的要求是:固定碳含量高,灰分低,灰分中有害杂质 Al_2O_3 和 P_2O_5 等的含量要少,焦炭反应性好,焦炭电阻率特别是高温电阻率要大,挥发分要低,有适当的强度和适宜的块度,水分少而稳定等。《铁合金用焦炭》(YB/T 034—92)见表 1-2-8。

表 1-2-8 铁合金用焦炭技术指标(YB/T 034—92)

指 标	级 别		
	优 级	一 级	二 级
灰分 A_d/%	≤10.00	≤13.00	≤16.00
氧化铝含量/%	≤2.0	≤3.0	≤5.0
磷含量/%	≤0.025	≤0.035	≤0.045
电阻率 $\rho/\Omega \cdot m$	2200×10^{-6}	2000×10^{-6}	1100×10^{-6}
挥发分 V_{daf}/%	≤4.0	≤4.0	≤4.0
硫分 $S_{t,d}$/%	≤0.8	≤0.9	≤1.3
水分 M_t/%	≤8.0	≤8.0	≤8.0
粒度/mm	2~8,8~20,8~25		

1.2.6.4 其他用途

A 气化焦

用于生产发生炉煤气或水煤气的焦炭。焦炭的气化是一热化学过程,以氧气、空气、水蒸气作气化剂,当其通过焦炭的高温层时,转变为以 H_2 和 CO 为主要可燃成分的煤气。气化过程主要反应有:

$$C + O_2 \longrightarrow CO_2$$
$$CO_2 + C \longrightarrow 2CO$$
$$C + H_2O \longrightarrow CO + H_2$$
$$C + 2H_2O \longrightarrow CO_2 + 2H_2$$

为了提高气化效率,气化焦应有较高的反应能力。一般气化焦的技术要求为:固定碳大于 80%,灰分小于 15%,灰熔点大于 1250℃,挥发分小于 3%,粒度为 15~35 mm。

B 电石用焦

电石用焦是生产电石的原料,每生产 1 t 电石约需焦炭 0.5 t。电石生产过程是在电炉内将生石灰熔融,并与焦炭发生下列反应:

$$CaO + 3C \xrightarrow{1800 \sim 2200℃} CaC_2 + CO$$

电石用焦化学成分和粒度的一般要求为:固定碳大于 84%,灰分小于 14.0%,挥发分小于 2.0%,硫分小于 1.5%,磷小于 0.04%,水分小于 10.0%。

1.2.7 改善焦炭质量的技术措施

1.2.7.1 炼焦煤料预处理

A 开展炼焦配煤试验研究,优化配煤方案

装炉煤的性质是决定焦炭质量的基本因素,选择适当的炼焦煤种和恰当的配比是提高焦炭质量的首要措施。如在保证焦炭强度前提下，适当增加低灰、低硫的气煤配比可以降低焦炭的灰、硫含量；配合煤挥发分较高时，配入少量的优质无烟煤（ <1 mm）可提高焦炭块度；选择灰成分含碱金属低的煤炼焦可提高焦炭的抗碱性。

加强焦炭在高炉中行为的研究，应用煤岩学观点和方法指导配煤炼焦试验，预测焦炭质量。

完善和改进配煤操作。在自动配煤的基础上实现专家配煤系统。可根据焦炭各项质量指标来优选煤种及配比，保证装炉煤各项质量指标准确和稳定，有利于改善焦炭质量。

B　风选粉碎

装炉煤的粒度组成直接影响焦炭的质量。装炉煤中黏结性好的煤和活性组分应粗粉碎，以防黏结性降低；黏结性较差的煤和惰性组分应细粉碎，减少结焦时形成裂纹中心。风力选择粉碎工艺是将配合煤的粉碎与筛分及风力分离相结合，按煤种和岩相组分分别粉碎成不同粒度，即能消除惰性组分的大颗粒，又能防止活性组分过细粉碎，使装炉煤的粒度组成均匀合理，提高焦炭强度。实验证明，采用风力选择粉碎工艺炼焦，可使焦炭 M_{40} 提高 1 ~ 2 个百分点；M_{10} 改善 0.5 个百分点。

将风力选择粉碎装置通入热风与煤调湿技术联合在一起，将水分控制在 6%，不仅提高焦炭质量，还可以降低炼焦耗热量。

C　配型煤炼焦

将装炉煤取出 25% ~30%，添加 6% ~7% 的黏结剂，压制成型煤后混合到装炉煤中，同步输送至煤塔装炉炼焦。配型煤炼焦能够改善焦炭质量，在配煤比相同的条件下，配型煤炼焦生产的焦炭与常规配煤生产的焦炭比较，其机械强度明显改善，抗碎强度 M_{40} 提高 2 ~ 3 个百分点；耐磨强度 M_{10} 改善 0.5 ~ 1 个百分点；如果维持原来的焦炭质量水平，则可多用 10% ~15% 的弱黏结性煤。

D　装炉煤调湿

装炉煤调湿（CMC）是将装炉煤在装炉前除掉一部分水分，确保装炉煤水分稳定的一项技术。煤调湿过程有严格的水分控制手段，确保装炉煤水分达到预选的目标值(6% 左右)。装炉煤调湿可保证焦炉操作稳定，能达到节能、增产和改善焦炭质量的效果。生产实践证明，由于调湿后的装炉煤水分由 10% 降到约 6%，干馏时间缩短，装炉煤的堆积密度增大，焦炉生产能力提高约 7% ~11%，炼焦耗热量节省 12%，焦炭质量改善，其 DI_{15}^{150} 和 CSR 可分别增加 1 ~1.5 和 1 ~3 个百分点。如果维持原来的焦炭质量水平，则可多用 8% ~10% 的弱黏结性煤。装炉煤的水分低且稳定，有利于焦炉生产操作，可延长焦炉的寿命、减少污水量等。

1.2.7.2　改进炼焦工艺条件

A　捣固炼焦

捣固炼焦是将装炉煤在入炉前采用捣固机械捣实成略小于炭化室的煤饼，然后推入炭化室内炼焦。煤饼捣实后的堆密度可由原来散装煤的 0.7 ~0.75 t/m³ 提高到 0.95 ~1.15 t/m³。生产实践证明，采用捣固焦炉炼焦同常规顶装焦炉炼焦相比，焦炭 M_{40} 提高 1 ~6 个百分点，M_{10} 改善 1.0 个百分点；在焦炭强度相同条件下，采用捣固炼焦可使装炉煤中气煤的配比增加 15% ~ 20%。我国炼焦煤资源中 50% 以上的煤属气煤，气煤的灰分通常低于其他种类的炼焦煤，所以多用气煤炼焦也有利于降低焦炭的灰分。

B 大容积焦炉

大容积焦炉装炉煤堆积密度增大，焦炉的装备水平和自动化操作水平高，有利于焦炭质量的稳定和提高。一般情况下 6 m 焦炉比 4.3 m 焦炉的焦炭 M_{40} 提高 3% ~4%，M_{10} 降低 0.5%左右。

C 干法熄焦

干法熄焦是用惰性气体作热载体。惰性气体由循环风机鼓入干熄炉冷却室与 950 ~ 1050℃的红焦直接进行热交换，使焦炭冷却至 200℃以下，便于运输和储存。同湿法熄焦比较，干法熄焦不仅能够回收红焦显热和减少环境污染，还明显地改善焦炭质量。干熄后的焦炭 M_{40} 提高 3 ~8 个百分点，M_{10} 改善 0.3 ~0.8 个百分点。同时经干熄后的焦炭水分小于 1%而且稳定，有利于高炉生产。

参考文献

[1] 中国冶金百科全书总编辑委员会《炼焦化工》卷编辑委员会. 中国冶金百科全书(炼焦化工)[M]. 北京:冶金工业出版社,1992.

[2] 周传典. 高炉炼铁生产技术手册[M]. 北京:冶金工业出版社,2008.

[3] 姚昭章,郑明东. 炼焦学(第 3 版)[M]. 北京:冶金工业出版社,2008.

2 炼焦用煤的准备

为了给焦炉提供足够数量和质量合格的煤料，炼焦用煤需在备煤车间进行一系列的处理，使之达到装炉煤的质量要求，送到储煤塔供焦炉使用。

2.1 配煤炼焦及扩大炼焦煤源

2.1.1 配煤炼焦的目的和意义

配煤是指将两种以上的单种煤料按适当比例配合，以求制得各种用途所要求质量的焦炭。采用配煤炼焦，根本的目的是既要保证焦炭质量符合要求，又要合理利用煤炭资源，同时增加炼焦化学产品的产量，降低炼焦成本。

从单种煤结焦特性可知，大多数单种煤在炼焦炉内不易炼出机械强度较高的优质冶金焦，而且只用单种焦煤炼焦还存在着焦饼收缩小，推焦困难；焦煤膨胀压力很大，容易胀坏炉体；焦煤挥发分少，炼焦化学产品产率小等缺点。而选择几种煤进行配合，可以达到生产优质焦炭的目的。从表 2-1-1 中可以看出，配合煤炼焦得到的焦炭质量优于单种煤炼焦时的焦炭质量。

表 2-1-1 配合煤及单种煤炼焦时焦炭质量

配煤比/%		煤质分析		焦炭强度/%	
肥煤(孙村)	瘦煤(邯郸)	V_{daf}	Y/mm	M_{40}	M_{10}
100	0	41.69	23	59.2	14.4
0	100	18.17	12	63.7	22.7
60	40	32.18	19	75.6	10.2

根据我国煤炭资源的具体情况，采用配煤炼焦既可以合理利用各地区炼焦煤资源，又扩大了炼焦煤范围。将不能炼成合格冶金焦的单种煤，经几种煤配合可以炼出优质焦炭，同时还能够：(1) 调整炼焦煤料中的灰分、硫分和挥发分的含量，提高焦炭质量；(2) 减少运费，降低生产成本；(3) 降低煤料的膨胀压力，增加收缩，利于推焦，并可提高化学产品产率。

为了保证焦炭质量，又利于生产操作，在确定配煤方案时，应考虑以下几项原则：

(1) 采用的配煤比应保证焦炭质量达到规定的技术质量指标，满足用户的要求；

(2) 在保证焦炭质量的前提下，应尽量少用焦煤等优质煤，多用气煤和弱黏结性煤；

(3) 应尽量降低煤的灰分和提高化学产品产率；

(4) 控制煤料受热所产生的膨胀压力，以免损坏焦炉炉体和引起推焦困难；

(5) 充分利用本地区资源，做到运输合理，尽可能缩短来煤的平均距离，物流流向合理，在特殊情况下有调节余地；

(6) 主要用煤煤种来煤数量稳定，质量均匀；

(7) 降低生产成本,增加经济效益。

2.1.2 配煤炼焦试验

配煤炼焦试验是以较少量煤样用实验室设备或半工业设备来精确地测试煤的结焦性能,主要用于评定新煤种在炼焦配煤中的效果,测定某单种煤或配合煤的最大膨胀压力,扩大煤资源的利用;对于新建焦化厂则用以寻找供煤基地,试验确定经济合理的用煤方案;对于已投产的焦化厂除进行煤料预处理等新工艺研究外,当煤种变更或配煤比有较大范围调整时,也应做配煤炼焦试验,以验证新配煤比是否有利于炼焦操作及生产质量合格的焦炭。

2.1.2.1 配煤炼焦试验的目的

(1) 为新建炼焦厂寻找供煤基地,通过试验确定经济合理的用煤方案;

(2) 经常性试验新建煤矿的煤质情况、评定其在炼焦配煤中的效果、测定某些煤种或配合煤的最大膨胀压力,不断扩大煤的资源利用;

(3) 对于生产上已使用的炼焦煤料,进行加热制度、煤料干燥、预热处理、破碎加工、掺入添加物等工艺试验,提供提高产量、改善质量的措施、方案。

2.1.2.2 配煤炼焦的试验设备

由于试验目的不同,其设备也不同,大致有以下几种:

(1) 以预测焦炭质量为主要目的的设备有 2 kg 试验焦炉、20 kg 试验焦炉、40 kg 试验焦炉、铁箱试验焦炉及 200 kg 试验焦炉;

(2) 以预测炼焦煤在炼焦过程中的膨胀压力为目的的设备有 4.5 kg 膨胀压力炉、带活动墙的 200 kg 试验焦炉;

(3) 以测定炼焦化工产品回收率为目的的设备有 5 kg 化工产品回收测定炉。

目前,带活动墙的 200 kg 试验焦炉的应用最普遍,既可以测定膨胀压力,也可将活动墙固定专做配煤试验用。

A 200 kg 试验焦炉

20 世纪 60 年代初,为了适应炼焦事业的快速发展,我国工程技术人员研制出带活动墙、煤气加热、镁铝砖炭化室、炉宽 450 mm 的 200 kg 试验焦炉,陆续在包钢、首钢、鞍钢、武钢、重钢、本钢和太钢等地建成使用。从 20 世纪 70 年代初开始,我国启动煤分类方案的制订工作,为了制订出新的中国煤分类方案,从全国各煤矿采集了 176 个煤样,在 200 kg 试验焦炉上进行了炼焦试验,据此确定各煤种的炼焦特性。200 kg 试验焦炉的炼焦结果对我国进行的煤炭分类(炼焦用煤)起到了举足轻重的作用。

200 kg 试验焦炉炉体由 1 个不带锥度的炭化室和 2 个燃烧室构成。活动墙砌在一个平放在双轨上面的可移动小车上。每个燃烧室有 3 个立火道,1 个水平道及 1 个烟道管。每个立火道设有上、中、下 3 个测温孔,炭化室两端各有 1 个折页式泥封炉门,炉顶有 1 个装煤孔和 1 个荒煤气放散管。焦炉的活动墙侧装有 1 套测定装炉煤膨胀压力的装置,如在试验时不需测定膨胀压力,可把活动墙改为固定墙。200 kg 试验焦炉专为顶装式焦炉做单种煤或配煤的炼焦试验和测定膨胀压力。如配置有煤饼捣固机则可进行捣固炼焦试验。

200 kg 试验焦炉的燃烧室及炭化室均用具有导热性良好、无晶形转化点、抗急冷急热性强、弹性模量大、受压变形小等优点的铝镁砖砌筑,其余部分用黏土砖和轻质黏土砖砌筑。

配合焦炉操作还配有1台推焦机、1台熄焦车和1个提升装煤斗的单轨吊车。

焦炉的主要尺寸及操作技术指标：(1)炭化室全长1640 mm，有效长800 mm；(2)全高1050 mm，有效高900 mm；(3)宽度450 mm；(4)有效容积0.32 m^3；(5)结焦时间16 h；(7)立火道标准温度1050℃。

由于试验焦炉尺寸小，煤料堆密度以及加热状态与生产焦炉存在差异，所以焦炭质量也有差别。用4种配煤比进行试验的结果见表2-1-2。由表2-1-2可见，试验焦炉所得焦炭的M_{40}比生产焦炉低2～3个百分点，而M_{10}则高3～4个百分点，但其优劣次序与生产焦炉是一致的，所以仍为一项能够评定配煤优劣的试验方法，并得到了普遍应用。

表2-1-2　生产焦炉与试验焦炉焦炭强度对比　(%)

序　号	M_{40}		M_{10}		备　注
	生产焦炉	试验焦炉	生产焦炉	试验焦炉	
1	74.0	70.6	7.1	9.8	3个试样
2	72.2	70.0	7.6	11.1	6个试样
3	67.8	65.8	8.1	11.5	6个试样
4	64.4	62.2	8.5	13.2	2个试样

B　40 kg试验焦炉

近年来，40 kg试验焦炉越来越受到焦化企业的青睐。它是一种介于200 kg半工业性试验焦炉和试验室20 kg小焦炉之间的试验焦炉。40 kg试验焦炉既保留了200 kg试验焦炉的优点，又克服了其投资大、煤量大、炼焦周期长、劳动强度大、煤气加热无法自动控温的不足，而且在区分配合煤质量、提高与大焦炉相关性上比20 kg试验焦炉具有明显优势，是200 kg试验焦炉的更新换代产品。

40 kg试验焦炉模拟工业焦炉的单孔炭化室，采用前后炉门，两侧加热，顶部导出荒煤气的结构，多采用非金属加热元件进行电加热，铁箱装煤，从炉底或侧面出焦，炭化室多采用碳化硅砖砌筑，以降低能耗、提高传热效率，确保温度调节的灵敏性。40 kg试验焦炉有底装式和侧装式两种。工业生产为捣固式炼焦的企业，底装式40 kg试验焦炉更具有优势。

40 kg试验焦炉具有如下技术特点：(1)炉墙采用整体碳化硅砖，抗急冷急热性好，操作、维护简便；(2)煤气经燃烧或回收净化后排放，改善了劳动环境，降低了污染；(3)炉温控制采用计算机监控，控温精度高，温度波动可控制在1～2℃范围内；(4)铁箱装煤，铁箱与炭化室墙间有一定的间隙；(5)电加热，能耗小；(6)投资少，试验费用低；(7)劳动强度低；(8)既可鉴定M_{40}和M_{10}，也可测定M_{25}和M_{10}，可直观反映焦炭强度，与工业焦炉相关性好。

主要技术参数：(1)炭化室内部尺寸500 mm×400 mm×500 mm；(2)炭化室一次装煤量(干煤)40～50 kg；(3)装煤时炭化室墙温度750℃或800℃；(4)加热最终温度1050～1200℃；(5)焦饼中心温度900～1050℃；(6)结焦时间16～24 h(可任意设定)；(7)相关系数$r_1 \geq 0.95$(焦炭强度M_{40})，$r_2 \geq 0.90$(焦炭强度M_{10})；(8)炼焦速度1～3℃/min。

2.1.2.3　配煤炼焦工业试验

在200 kg试验焦炉取得的试验结果一般已能满足需求，但在必要时还需根据试验焦炉选出的方案在现有的生产焦炉上进行工业试验。

工业试验的目的是：

(1) 取得半工业试验不可能得到的数据或操作情况;

(2) 在特殊情况下,需要验证半工业试验的结果是否符合工业生产。

工业试验可分炉孔试验(大炉试验)和炉组试验,它们的试验范围和要求介绍如下。

A 炉孔试验

取生产焦炉温度正常、炉墙无显著变形、属于一个顺序的4~10孔焦炉。预先将煤塔的某一格放空,扫净积煤,送入配好经粉碎的试验煤。试验煤的水分和粒度应按规定严格掌握。

按正常顺序将试验煤加入预先选定好的炉孔内,观察并记录装煤出焦时间、装煤量、焦饼中心温度、焦饼收缩情况和推焦电流。

焦炭推出前应扫清一部分卸焦台,准备卸焦。如需取得计量数据应扫清焦仓,转空运输皮带。

焦炭推出后,除第一炉防止混有杂煤和粒度偏析不取试验样以外,其他均取试样做工业分析、筛分分析和转鼓试验等。

炉孔试验的结焦时间应参考焦饼中心温度,防止"过火"及"推生焦"。

炉孔试验应主要观察推焦是否顺利,决定煤料能否在焦炉中使用;其次是焦炭质量能否达到预期要求。如有可能应做必要的计量测定。

B 炉组试验

在一般情况下,经炉孔试验已达到要求,但在下列情况下,可进行全炉组的炼焦试验:

(1) 由于没有精确测得结焦率、块焦率和化工产品回收率等参数而不能进行焦化厂设计时,在这种情况下应根据炉孔试验结果选择最可行方案,在现有焦化厂取能单独测定回收率的炉组进行一定时期的试验,取得数据。

(2) 焦炭性质特殊,例如强度、灰分成分、硫含量等,不经高炉冶炼试验无法取得高炉设计数据,在这种情况下应准备充足的煤料,使焦炭能满足高炉试验需要。

(3) 对于炼焦工艺有较大变更,例如含湿煤料入炉还是干燥、预热装炉,如缺少慎重比较则不能最后决定。在这种情况下,也应进行较长时期的炉组试验。

炉组试验应记录全部生产技术操作指标,必要时应有经济对比,以便进行核算。

2.1.3 配合煤指标及对焦炭质量的影响

在进行炼焦配煤操作时,对配合煤的主要质量指标要求包括:化学成分指标,即灰分、硫分和矿物质组成;工艺性质指标,即挥发分、细度和黏结性等;煤岩组分指标和工艺条件指标,即水分、细度、堆密度等。高炉冶炼要求焦炭低灰、低硫、高强度、热性能稳定,为了保证焦炭的质量,配合煤的质量应该符合以下质量指标。

2.1.3.1 水分

装炉煤水分多少和其稳定与否,对焦炭产量、质量以及焦炉寿命有很大影响。

因水分汽化热大,煤料导热性差,不能迅速将热量传给煤料内层。随配合煤水分每增加1%,结焦时间将延长10~15 min,炼焦耗热量增加约30 kJ/kg,使炼焦耗热量增加、产量降低;其次装炉煤水分过高,产生的酚水量增加,增大了酚氰污水处理装置的生产负荷。

此外在装煤初期,由于炭化室墙面与煤料温度差很大,炉墙向煤料迅速传热,而本身温度剧降,煤料水分越大,炭化室墙面温度下降越多,当炉头的炭化室墙面温度降到600℃以下，就会显著地损坏硅砖、影响炉体使用寿命。但煤料水分过低会使操作条件恶化，装煤时冒烟、着火加剧，上升管与集气管焦油渣含量增加，炭化室墙面石墨沉积加快，所以入炉煤料水分控制在7%～10%左右为好，并且要保持稳定。

由此可见，生产中装炉煤水分波动大时，造成炉温调节困难，焦饼温度过高或过低。因此为稳定焦炭质量，相邻班组的配合煤水分波动应不大于1%。

2.1.3.2　灰分

焦炭的灰分来自配合煤，因此要严格控制配煤灰分。

配合煤中灰分在炼焦后全部残留于焦炭中，一般炼焦的全焦率约为75%，因此焦炭灰分是配煤灰分的1.3倍左右。配合煤的灰分高，炼出的焦炭强度低。高灰分的焦炭在高炉冶炼中，一方面在热作用下裂纹继续扩展，焦炭粉化，影响高炉透气性；另一方面高温下焦炭结构强度降低，热强度差，使焦炭在高炉中进一步破坏。焦炭灰分增高会使炼铁时焦炭及石灰石消耗量增大，导致高炉的生产能力降低。一般焦炭灰分每增加1%，高炉中焦炭用量增加2%～2.5%，石灰石增加4%，生铁产量降低2.2%～3.0%，同时灰分中的大颗粒在焦炭中形成裂纹中心，使焦炭的抗碎强度降低，也使焦炭的耐磨性变坏。所以配合煤的灰分应控制在一定范围之内，如配合煤中部分煤种灰分较高，则其余成分必须选配较低灰分的煤种，这样才能保证焦炭的灰分符合要求。

我国配合煤灰分普遍较高，所以焦炭中灰分也较高，一般在13%以上。我国配合煤灰分高的原因是洗精煤灰分偏高，尤其是焦煤、肥煤含灰高且难洗。而高挥发分弱黏结煤不仅储量多，且灰分低又易洗。所以多配高挥发分低灰分煤，适量少配高灰煤，采用预热煤炼焦或配型煤炼焦技术是降低配合煤灰分的一条有效途径。

若按全焦率75%计算，生产一级冶金焦要求装炉煤的灰分$A_d \leqslant 9\%$。

2.1.3.3　硫分

硫在煤中以黄铁矿、硫酸盐及硫的有机化合物三种形态存在。

煤中硫分约60%～70%转入焦炭，所以焦炭硫分约为配合煤硫分的80%～90%。据此可以算出配合煤硫分的上限值。配合煤硫分可由单种煤按加和性计算。

硫分也是有害杂质，焦炭中的硫在高炉冶炼时转入铁中，焦炭含硫量高，将使生铁的质量降低，此外还会增加炉渣碱度；特别是焦炭含硫量波动较大时对高炉操作指标影响很大。当焦炭硫分每增加0.1%，炼铁焦比增加1.2%～2.0%，生铁产量减少2%以上。当焦炭作为燃料时，硫燃烧后生成的硫氧化物气体会对金属产生腐蚀作用。当焦炭用于汽化时，所生成气体需要脱除硫化物才能使用。因此配合煤中的硫分应严格控制。

一般要求配合煤的硫分$S_{t,d}$应小于0.9%。为降低配合煤中的硫分可采用洗选法、萃取法等脱硫技术，但均未形成经济实用的工业规模。因此目前常用的方法是通过配入含硫量较低的煤种来降低配合煤的硫分。

2.1.3.4　磷含量

含磷高的焦炭将使生铁冷脆性变大，因此生产中要求配合煤的含磷量低于0.05%。我国的冶金焦和铸造焦出口时，外商对磷含量的要求十分严格，气化焦对磷含量一般没有特殊要求。

2.1.3.5　挥发分

配合煤的挥发分对焦炭的最终收缩量、裂纹度、焦炭质量及煤气和化学产品的产率均有直接影响。挥发分过高使炼焦煤料的收缩系数增大，焦炭的平均粒度变小，抗碎强度降低。从兼顾焦炭质量以及焦炉煤气和炼焦化学产品产率出发，各国通常将装炉煤挥发分控制在24% ~31%范围内，大型高炉用焦的常规炼焦配合煤的挥发分指标控制在26% ~28%为宜。配合煤的挥发分可以按加和性近似计算，也可直接测定。

2.1.3.6 黏结性

黏结性是煤在炼焦时形成塑性物黏结其本身或外加惰性物质的能力，配合煤的黏结性指标是影响焦炭强度的重要因素。煤加热生成胶质体中的液态部分多少决定了煤黏结性的好坏。为了获得熔融良好、耐磨性能好的焦炭，配合煤应有足够的黏结性。常用的黏结性指标有奥亚膨胀度 b、胶质层指数 Y、X 和黏结指数 G，这些指数值大，表示黏结性强。多数室式炼焦配合煤黏结性指标的适宜范围有以下数值：胶质层厚度 Y 为 14 ~22 mm，G 为 58 ~82。

各国用来表征黏结性的指标各不相同，国际煤分类中用罗加指数和标准坩埚观察焦饼形态的方法，我国采用胶质层最大厚度 Y 值和黏结指数 G 值的方法。配煤的 Y 值和 G 值均可按加和性计算得出，也可直接测定。

膨胀压力是黏结性煤成焦的特征，非黏结性煤没有膨胀压力。膨胀压力可以使胶质体均匀地分布于煤粒之间，有助于煤料的黏结作用。膨胀压力和 Y 值可以作为胶质体的质量指标，结焦性好的煤其膨胀压力为 8 ~15 kPa，Y 值为 16 ~18 mm。

配合煤的膨胀压力不能从各单种煤的膨胀压力按可加性计算，所以配合煤的膨胀压力只能用实验测定。在确定配煤方案时，有两点可以作参考：一是常规炼焦配煤的范围内，煤的变质程度高的则膨胀压力大；二是增大配合煤的堆密度，则膨胀压力增大。

2.1.3.7 细度

细度是度量炼焦煤粉碎程度的一种指标，用小于 3 mm 粒级煤占全部配合煤的质量分数来表示。各国焦化厂都根据本厂煤源的煤质和装炉煤的工艺特征确定细度控制目标。目前我国焦化厂一般控制炼焦煤细度为80%左右，相邻班组配合煤细度波动不应大于1%。

细度过低，煤种之间混合不均匀，势必影响焦炭内部结构不均一，使焦炭强度降低。但细度过高不仅增加了粉碎机的动力消耗，生产能力降低；还使得装炉操作困难，因为煤尘的增多，加速上升管堵塞，焦油渣量增大，使焦油质量不合格；更重要的是由于细度过高，黏结性煤会产生“破黏”现象，导致装炉煤的黏结性和堆密度下降，使得焦炭的质量和产量降低。

在配合煤中，弱黏结性煤应细粉碎（如气煤预破碎或选择粉碎工艺），强黏结性煤细度不要过高，有利于提高焦炭的质量和产量。一般对配合煤细度控制范围为：常规炼焦（顶装煤）时，小于 3 mm 粒级量为 76% ~80%；配型煤炼焦时为85%左右；捣固炼焦时为90%以上。在此前提下，尽量减少小于 0.5 mm 的细煤粉含量，以减轻装炉时的烟尘逸散。控制配合煤细度的措施主要有：正确选用煤粉碎机；在粉碎前分离出粒度小于 3 mm 的煤，以免影响粉碎。

2.1.3.8 配合煤的煤岩组分

配合煤中煤岩组分的比例要恰当，其显微组分中的活性组分占主要部分，但也应有适当的惰性组分作为骨架，以利于形成致密的焦炭，同时也可缓解收缩应力，减少裂纹的形成。惰性组分的适宜比例因煤化度不同而异，当配合煤的最大反射率 $R_{max} < 1.3$ 时，惰性组分为30% ~32%较好；当最大反射率 $R_{max} > 1.3$ 时，惰性组分为25% ~30%为好。采用高挥发分煤时，需考虑稳定组含量。

2.1.3.9 配合煤的堆密度

该质量控制指标是指焦炉炭化室中单位容积煤的质量，常以 kg/m^3 表示。配合煤堆密度大，不仅可以增加焦炭产率，而且有利于改善焦炭质量。但随着堆密度的增加，膨胀压力也增大，而配合煤膨胀压力过大会引起焦炉炉体损坏。因此，提高配合煤堆密度以改善焦炭质量的同时，要严格防止膨胀压力超过极限值，一些国家对膨胀压力极限值视试验条件不同而不同，其范围波动在 10 ~ 24 kPa 范围内。提高堆密度的途径主要有：合理控制煤的水分和粒度分布、采用煤捣固工艺、煤压实工艺、煤调湿工艺、煤预热工艺或配型煤工艺等。

2.1.4 我国重点钢铁企业焦化厂装炉煤质量指标

表 2-1-3 为我国重点钢铁企业焦化厂装炉煤质量指标。

2.1.5 扩大配煤炼焦资源的技术措施

据统计，我国煤炭资源保有储量为 10070 亿 t，其中可开采储量为 1891 亿 t，但炼焦煤的储量占全国煤炭储量的 25.28%，主要炼焦煤种（焦煤和肥煤）的储量又在炼焦煤储量的 40% 以下。所以，仅靠提高主焦煤的配比来提高焦炭质量是不科学、不经济的。现在我国焦炭生产能力已超过 3 亿 t，2008 年共生产焦炭 3.2359 亿 t。虽然中国的焦炭高增长期（2002 ~ 2006 年，年均增长 20% 以上）已经过去，但预计未来中国焦炭产量的年增长幅度仍可能在 4% ~ 5% 之间。按这种发展态势估计，我国炼焦煤资源很快就会出现供应紧张的局面。因此，改善焦炭质量或者降低优质炼焦煤配比的新工艺研究在我国日趋受到重视。

对于室式炼焦工艺，焦炭质量主要取决于炼焦煤质量、配煤或预处理工艺和炼焦生产过程三个方面。在炼焦煤资源一定的情况下，炼焦煤料的预处理对改善焦炭质量具有十分重要的意义。在满足用户焦炭质量要求的前提下，扩大配煤炼焦资源的主要技术措施有配型煤炼焦、捣固炼焦、添加瘦化剂炼焦、装炉煤调湿、风力选择粉碎等新工艺。

2.1.5.1 配型煤炼焦

配型煤炼焦是将 30% ~ 40% 装炉煤添加一定量的黏结剂（一般占需成型煤量的 6% ~ 7%）压制成型煤，然后再与散状装炉煤按比例混合同步输送到煤塔装炉的一种炼焦煤准备的特殊技术措施。

配型煤炼焦最早的工业生产装置起始于联邦德国，早在 20 世纪 50 年代末联邦德国 Still 公司在 40 孔 6 m 高的焦炉上就应用了此种技术，以增加装炉煤的堆积密度，提高焦炭质量。20 世纪 50 年代，前苏联也研究过这项技术，但在 1960 ~ 1970 年期间前苏联国内炼焦煤源较好，因而停止了这项技术研究。70 年代，日本加速了这方面的研究，1971 年日本八幡钢铁厂建成第一套部分煤料压块装置。1976 年，日本利用这项技术制取的焦炭占日本总焦炭产量的 44%。80 年代，前苏联、韩国、中国等相继从日本引进配型煤炼焦技术和设备，在原有炼焦配煤的基础上来提高焦炭质量，满足大型高炉对焦炭质量的要求。但 90 年代以后，日本开始大力发展煤调湿技术，很少再建设配型煤装置。至 2000 年 10 月，在日本现有的 15 家焦化厂的 47 座焦炉中，尚有 6 座焦炉采用配型煤炼焦技术。日本配型煤炼焦应用实例见表 2-1-4。

表 2-1-3 我国重点钢铁企业焦化厂装炉煤质量指标

厂名	配合煤配比/%							装炉煤质量									
	气煤	1/3 焦煤	焦煤	肥煤	气肥煤	瘦煤	其他	水分 M_{ad}/%	灰分 A_d/%	挥发分 V_{daf}/%	硫分 S_t/%	结焦性能				R_{max}	细度/%
												X/mm	Y/mm	G	b/%		
安钢		20.11	45.41	23.11		11.36		12.67	10.25	27.15	0.75	33.64	16.95	80.78	10.59	72.14	74.67
鞍钢	0.51	16.24	40.02	25.93		9.46	3.32	11.6	9.11	25.42	0.789						77.31
包钢		27.11	35.12	15.36	1.3	20.06		10.15	9.87	25.93	0.82	34.97	18.97	80.57			70.83
本钢		15.61	33.39	23.5		9.66	17.82	10.43	10.21	25.57	0.899	35.3	14.3	67.6			54.92
鄂城	12.46	30.98	34.25	9.48		12.78		8.84	9.83	27.35	0.695						81.75
广钢	2.6	40.13	48.46	3.01		5.77		11.91	10.69	28.02	0.766	37.6	13.1	74			73.25
济钢	2.5	27	37.5	21	2.25	10		9.35	10.25	28.65	0.972	33.4	18.7	77.2			72.35
莱钢	12.06	13.44	39.71	25.06		9.51		10.3	9.96	25.73	0.99	31	18	76			76
临钢			40	59.34			0.63	7.09	10.18	30.93	0.619						76.58
马钢		32.93	36.05	19.21	1.6	9.58	0.6	10.3	9.66	28.47	0.852	48.3	17.2	79.5			74.2
梅山	25.9	12.22	36.25	23.96	0.15	1.53		10.15	9.51	30.27	0.816	36.6	14.6	83.4	24.2		77.66
南昌		41.57	39.19	19.03		0.17		10.42	9.16	30.21	0.791	35.4	14.1	83.1			73.92
南京		27.86	38.74	22.28		10.69	0.4	10.35	9.95	26.09	0.833	36.4	18.2	76.4	1.2		79.84
攀钢		7.59	41.53		44.22			11.9	9.66	26.63	0.62	37.53	14.52	80.01	15.13		81.2
三明		26.81	46.34	23.24			2.58	10.86	10.25	28.26	0.737	28.4	18.9	80			77.65
石家庄		13	62.05	12.5		12.45		11	10.06	23.72	0.816	36.1	19.3	76.1			76.94
首钢		28.56	35.84	23.43		6.9	2	10.2	9.88	24.88	0.867	29	18	77	15.1		74.23
太钢	2	8.48	49.54	29.8		10.16		9.65	9.62	24.71	0.737	29.3	20.1	81.1			79.34
唐钢		2	45	43		10		12.89	9.85	26.5	0.93						78
天津铁	4.72	23.66	37.39	12.67		21.54		9.41	9.8	26.64	0.746	26.8	17.8	72.4	-6.1		68.75
武钢	0.51	34.17	38.98	7.99	4.99	13.32		10.86	9.75	27.84	0.709		16.5	78.7			
湘钢	2.05	29.43	48.98	15.07		4.44		11.61	9.77	26.86	0.864			81.1			79.81
新余钢	2.79	28.8	41.73	22.45		4.23		10.19	9.755	28.65	0.835	39	13.6	76.8			
重钢		48.91	42.75			8.34		10.48	10.96	25.2	1.1	23.2	17.7	76			79.2

注：数据摘自中国金属学会炼焦化学专业委员会及中冶焦耐工程技术有限公司联合发布的2008年《焦化工业生产技术专业月报》。

表 2-1-4　日本配型煤炼焦应用实例

公　司	厂　名	炼焦能力/t·d⁻¹	型煤能力/t·d⁻¹	型煤配比/%
新日铁	八幡 3、4 炉	2700	2400	43
	八幡 1、2 炉	2900		
	君津 4、5 炉	7100	2900	41
	君津 3、4 炉	5900	2400	
日本钢管	京　滨	2500	800	32
	福　山	7400	3000	41
住友金属	和歌山	3700	1700	46
	鹿　岛	11100	4700	42
神　户	加谷川	7300	3000	41
合　计		46300	20900	45

A　配型煤炼焦工艺流程

目前，工业生产上广泛应用的配型煤炼焦工艺主要流程有三种。

a　日本新日铁配型煤炼焦流程

通常它是从配合、粉碎好的煤料中取出约 30% 送入成形工段的原料槽，煤从槽下定量放出，在混煤机中与黏结剂(6% ~7% 软沥青)混合后，进入混捏机。煤在混捏机中被喷入的蒸汽加热至 100℃左右，充分混捏后进入双辊成形机压制成形。热型煤在网式带式输送机上冷却后送入成品槽，再转运到煤塔内单独储存，用煤时型煤在煤塔下与剩余的约 70% 未成形粉煤配合装炉。其流程如图 2-1-1 所示。

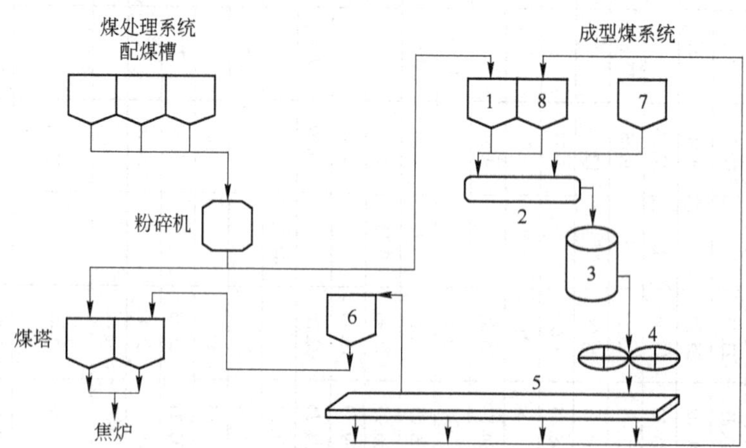

图 2-1-1　日本新日铁配型煤炼焦流程

1—缓冲槽；2—混煤机；3—立式混捏机；4—成形机；5—型煤冷却装置；
6—成品槽；7—黏结剂添加装置；8—粉料槽

我国宝钢一期的配型煤炼焦工艺采用的就是这种流程。由于成型煤原料与入炉粉煤相同，煤处理系统较为简单，不需另建配煤粉碎系统，因此在原有的煤处理车间改建较为容易。但采用这种流程，型煤在炭化室内产生偏析会引起焦炭质量的波动，为减小偏析，需在煤塔下将型煤与粉煤配合,这样型煤就需要单独储存并且需要较高的强度。

该工艺流程的主要缺点为:

(1) 为使型煤抗压强度达到 784 ~ 980 N/球(80 ~ 100 kgf/球),需设复杂的成形系统并将型煤进行冷却,宝钢一期型煤仅冷却装置设备重量就达 1725 t,不仅投资大、动力消耗大,而且设备故障率也高。

(2) 型煤的单独输送及储存使其破碎率特别高,煤塔下 10 mm 以下的碎型煤占 55%,降低了配型煤的效果。

b 日本住友配型煤炼焦流程

黏结性煤经配合、粉碎后,大部分(约占总煤量的 70%)直接送煤塔,小部分(约占总煤量的 8%)留待与非黏结性煤配合。占总煤量的约 20% 的非黏结性煤单独粉碎,然后与小部分的黏结性煤一同进入混捏机,并喷入约为总煤量 2% 的黏结剂。煤料在混捏机中加热并充分混捏后,进入双辊成形机压制成形,约 30% 的型煤与约 70% 的未成形粉煤混合同步送到煤塔装炉。其流程如图 2-1-2 所示。

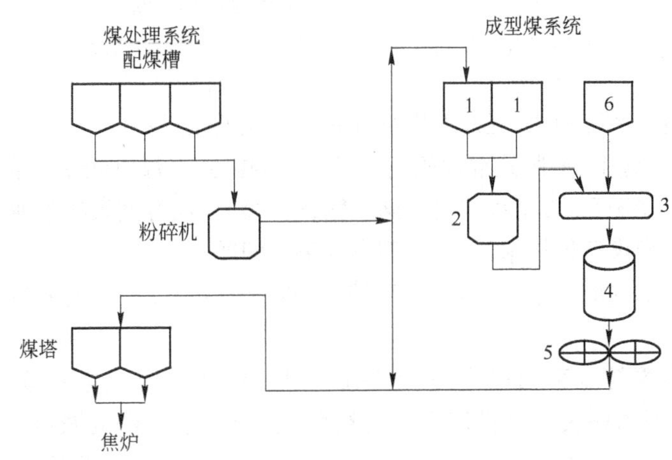

图 2-1-2 日本住友配型煤炼焦流程

1—弱黏煤槽;2—粉碎机;3—混煤机;4—立式混捏机;5—成形机;6—黏结剂添加装置

住友流程成形所用的煤料中配有较多的弱黏煤或不黏煤,需要单独增设一套粉碎系统,在原有的煤处理车间改建较为困难。但此流程可以多用一些非炼焦煤,即使在同样煤料配比的条件下,比新日铁流程对改善煤料的结焦性能的效果要好一些。另外,由于型煤的偏析对焦炭质量影响不大,可采用混合输送,对型煤质量要求不高,抗压强度约 58.8 N/球(6 kgf/球)即可,因而不用冷却,工艺流程较为简单。

c 我国宝钢三期配型煤炼焦流程

20 世纪末,我国的工程技术人员在剖析、总结国内外配型煤工艺的基础上进行了试验研究和大胆创新,自主开发出了更加适合我国国情的配型煤炼焦新工艺,并于 1997 年 12 月在宝钢三期配型煤炼焦工程建成投产。其流程如图 2-1-3 所示。

从煤处理系统运来的配合后粉煤,通过带式输送机首先进入缓冲槽内暂时储存。在缓冲槽下,将其中的 30% 用带式输送机送到成形机室的分配槽内,然后用带式给料器将粉煤送到卧式混捏机。在混捏机的入口处,设有黏结剂喷洒装置,并通入蒸汽加热,使煤和黏结剂混合均匀,然后送入成形机成形。成形后的型煤直接落到从缓冲槽来的其余70%的粉煤上,同步输送到煤塔。

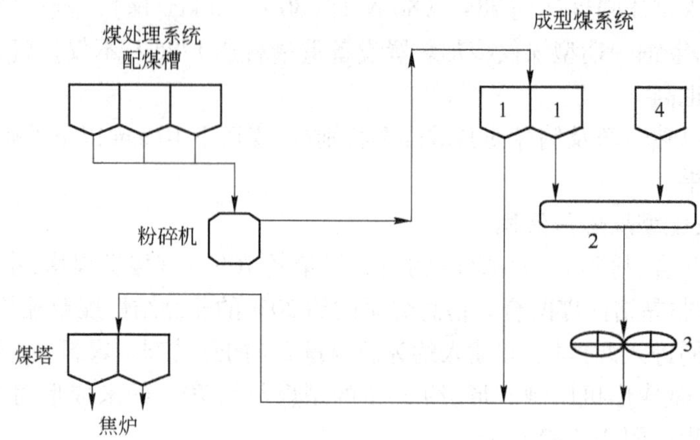

图 2-1-3　我国宝钢三期配型煤炼焦流程

1—缓冲槽;2—卧式混捏机;3—成形机;4—黏结剂添加装置

同宝钢一期型煤系统相比,三期型煤系统有了较大的改进:

(1) 采用了“二合一”的卧式混捏机代替了一期的卧式混煤机和立式混捏机;

(2) 采用同步输送系统,型煤与粉煤同步输送到煤塔,代替型煤的单独输送;

(3) 采用防止型煤偏析技术,解决了型煤的偏析问题;

(4) 取消了一期的成品槽、粉料返回系统、型煤冷却装置,不仅工艺简单、设备少,而且占地小,投资省。

宝钢三期型煤系统全部由国内设计,除成形机、卧式混捏机等关键设备从日本引进外,其余设备全由国内解决。自投产以来运行稳定可靠,动力消耗及维修费用大幅降低。该工艺具有流程短、投资省、占地面积小的优点,适合常规焦化厂的配型煤炼焦工艺改造项目。

B　配型煤炼焦基本原理

在炼焦过程中,型煤块与粉状煤料配合时,之所以能提高焦炭的质量,或在不降低焦炭质量的前提下少配用一些强黏结性煤,是因为它能改善煤料的黏结性和炼焦时的结焦性能。基本原理为:

(1) 配入型煤提高了装炉煤的密度,装炉煤的散密度约增加10%,这样能降低炭化过程中半焦阶段的收缩,从而减少焦块裂纹;

(2) 型煤块中配有一定的煤沥青作黏结剂,从而改善了煤料的黏结性能,如图2-1-4所示,在相同入炉堆密度时,配型煤可以提高焦炭质量;

(3) 高密度的型煤与粉煤混合炼焦时,在软化熔融阶段型煤块体积膨胀,一方面是型煤自身产生膨胀;另一方面是型煤产生的大量气体压缩周围的散煤,其膨胀压力较散状煤料明显提高,使煤粒间的接触更加紧密,促进了煤料颗粒间的胶结,形成更加结实的焦炭。从图2-1-5可以看出,入炉堆密度超过1000 kg/m^3 时,膨胀度明显增加,而型煤的堆密度为1100～1200 kg/m^3,因而型煤本身体积膨胀明显。

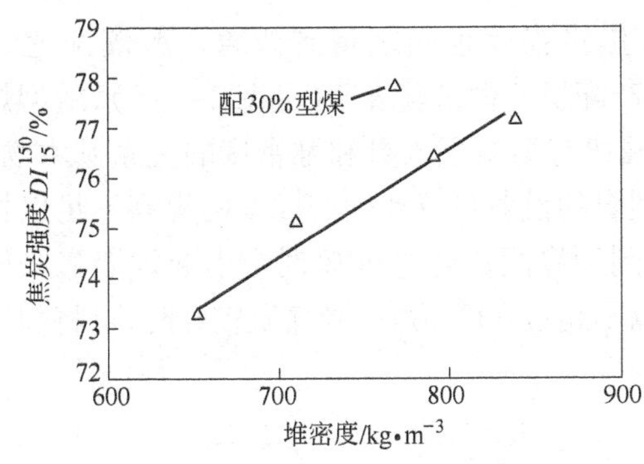

图 2-1-4 不同堆密度及配型煤对焦炭强度影响比较

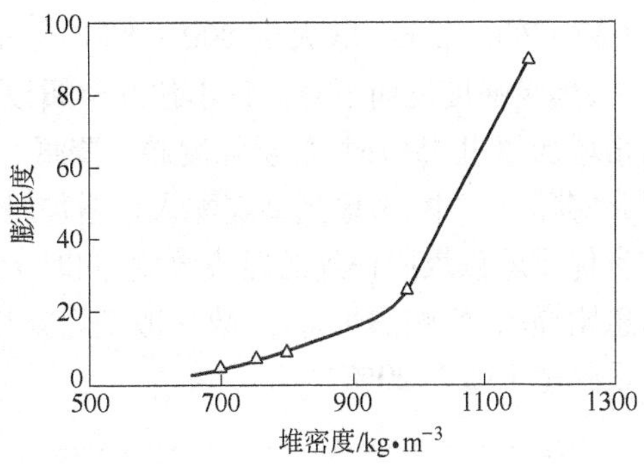

图 2-1-5 体积膨胀与堆密度之间的关系

(4) 型煤块的视密度为 1100 ~ 1200 kg/m^3，而一般粉煤装炉仅 700 ~ 750 kg/m^3。型煤中煤粒互相接触远比粉煤紧密，在软化熔融阶段，煤料中的黏结组分和惰性组分的胶结作用可以得到改善，从而显著地提高了煤料的结焦性能。

(5) 配有型煤的装炉煤中，由于型煤致密，其导热性比粉煤好，所以升温速度快，较早达到开始软化温度，且处于软化熔融的时间长，从而有助于与型煤中的未软化颗粒及周围粉煤相互作用，当型煤中的熔融成分流到粉煤间隙中时，可增强粉煤粒间的表面结合，并延长粉煤的塑性温度区间。

C 型煤原料和操作条件对型煤质量的影响

型煤原料和操作条件对型煤质量以及成型煤炼焦的影响，要确切定量地掌握很困难，只能在特定的条件下做定性说明。

a 煤料性质

型煤炼焦效果受原料煤性质影响较大，当采用常规炼焦所得焦炭强度较高时，配型煤炼焦的效果降低。这是因为黏结性较强的煤，配型煤炼焦过程中黏结性过强，半焦收缩应力较大，使焦炭龟裂增多，反而降低焦炭强度。如日本以各种配煤组成在型煤配比均为 20% 的条件下，试验配型煤效果表明，当采用常规炼焦所得焦炭 DI_{15}^{150} 强度超过 94% 时，配型煤炼焦对焦炭质量的改善效果即消失。即高煤化度和低黏结性的煤配型煤炼焦效果好；偏低煤化度和强黏结性煤配型煤炼焦效果差，甚至呈负效果。

鞍山热能研究院曾在 200 kg 焦炉上做过不同挥发分的单种煤配型煤炼焦效果的试验。数据表明，黏结性好的煤配型煤炼焦效果较差，罗加指数愈低的煤配型煤效果愈好；肥煤当挥发分超过 28% 时，配型煤炼焦呈负效果。总体而言，挥发分越低、黏结性越差的煤，配型煤炼焦效果越好。国内外所进行的很多配型煤炼焦试验均获得类似的结果。

b 型煤配入量

虽然型煤具有较高的密度，但型煤配入量影响整体入炉煤的堆密度，如图 2-1-6 所示。当型煤配入量超过 50% 时，进一步增加型煤配入量，入炉煤的堆密度反而降低。可以认为，当型煤配比达到 50% 时，型煤之间的空隙已被粉煤充分填满，进一步提高型煤配比，粉煤不足以填满型煤间空隙，装炉煤堆密度反而降低。可以预见，型煤量超过 50% 时，由于入炉煤堆密度的降低，其焦炭强度必然减小。

在新日铁工艺中，型煤配比低于 50% 左右的煤料，其散密度最高；型煤配比为 50% 左右时，配型煤的效果随型煤配入比的增加和煤料散密度的提高而增大，一般可从常规粉碎煤料的650～700 kg/m^3 增大到800～850 kg/m^3，焦炭强度也随之得到改善。型煤配比超过50%，焦炭强度反而下降。日本住友金属以生产配煤所做试验表明(见图2-1-7)，随型煤配入量增加超过45%时，焦炭强度趋于降低，其规律与型煤配入量和堆密度的关系基本吻合。因此实际生产中，考虑到型煤配入量增加时，型煤的设备投资和生产成本的提高不足以抵消节省优质炼焦煤所得到的经济效益，同时考虑到型煤配比超过40%时会引起炉墙膨胀压力的急剧提高，影响焦炉寿命，故一般型煤配比以不超过30%为宜，当煤质较好时，可将型煤配入量降至15%～20%。

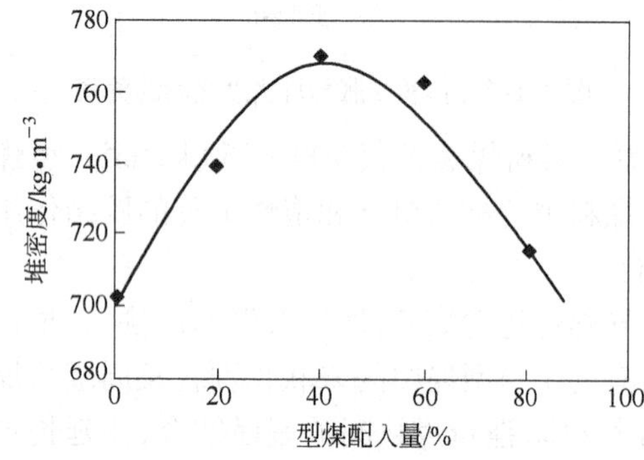

图2-1-6　型煤配入量与堆密度的关系

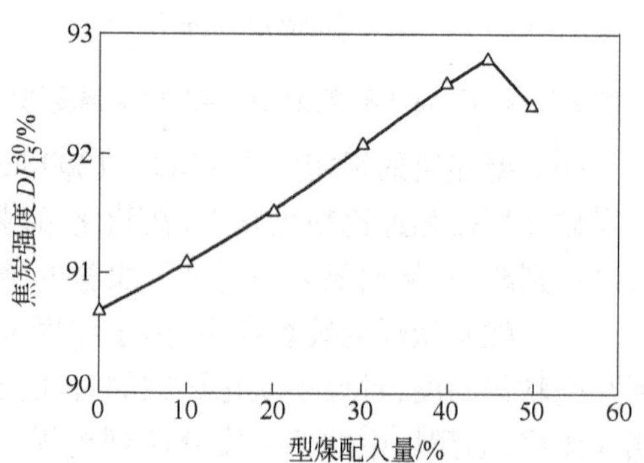

图2-1-7　型煤配入量与焦炭强度的关系

c　水分含量的影响

原料煤水分含量过高和过低均有不利的影响。水分过高，成形时，煤料的啮合量减少，型煤的紧密度差，直接影响它的视密度和压溃强度。另外，焦油沥青一类黏结剂是疏水性物质，水分过高对黏结剂的黏合性能不利。水分过低，则影响压球时脱模，降低型煤的成品率。新日铁的成型煤工艺要求原料的水分控制在14%±1%，这有利于提高其成品率。

d　粉碎粒度的影响

原料煤粉碎度过粗和过细也对成形产生不良影响。粒度过粗，型煤容易出现裂纹，影响压溃强度。粒度过细，不仅混合困难，而且必须增大黏结剂的使用量，否则，黏结剂不能完全在煤粒表面形成薄膜，也会降低型煤的压溃强度。同时，粒度过细，对改善操作环境也是不利的。一般成形原料煤的粉碎粒度以小于3 mm粒级的占80%～85%为宜，对于硬度大的煤种，应采取预破碎，防止出现大颗粒。

e　黏结剂的影响

成型煤使用的黏结剂，主要来自煤焦油产品，如沥青、焦油等煤的衍生产品，因而它容易很好地与煤料起胶结亲和作用。一般来说，黏结剂添加量适当增多可以改善型煤的强度和密度，提高成品率。但是，焦油沥青的来源有限，价格较贵，添加量增多，生产成本提高，经济上不合算，成形时黏结剂的添加率一般为6%～7%。另外，有一些成型煤工艺采用改质石油沥青作黏结剂，其效果也较为理想。

f　混捏操作参数的影响

为使黏结剂充分而均匀地熔融扩散，在煤粒表面形成薄膜，混捏操作时的加热温度和混捏时间至关重要。加热温度必须高于黏结剂的熔融温度，以提高其流动性。但是，加热温度过高，势必要增加蒸汽的使用量，对降低生产成本不利。加热温度过低，不仅影响型煤质量，而且会使混捏机负荷增大,甚至造成设备损坏。软沥青作黏结剂时的混捏温度一般控制在约100℃。混捏时间是指在特定的蒸汽温度、压力、使用量以及吹入方式等条件下,煤料在混捏机内从常温加热到黏结剂的熔融状态,并进一步加热、混捏均匀的总的停留时间。宝钢成型煤料的混捏时间约为6 min。

成形辊速与型煤的加压时间密切相关,而加压时间又影响型煤质量。辊速越快,加压时间越短,型煤的压溃强度越低,紧密性越差,成品率越低。但是,过分地降低辊速,成形机的生产能力下降,也不利于成形设备发挥作用。因此,一般成形机的压辊转速以控制在0.5~0.8 m/s范围较合适。

成形反压力与压辊的啮合角及煤料啮合量有关。反压力以线压力(N/cm或kgf/cm)表示,即成形反压力与有效辊长之比。压力过高,煤粒碎裂并容易形成半球,成品率降低。压力过低,型煤的紧密性差,压溃强度和视密度下降,均影响型煤质量。宝钢成形机操作时,成形线压力一般在6860~7840 N/cm(700~800 kgf/cm)的范围。当然,对成形反压力还要根据辊径、辊速以及球碗形状、大小来进行调节,在特定的条件下,找出合适的成形反压力。

D 配型煤炼焦对焦炭和化工产品产量的影响

装炉煤料的散密度随型煤配比的增加而提高,但随型煤配比的增加,结焦时间也相应延长。所以,配型煤炼焦对增产焦炭的效果不明显。由于型煤添加了黏结剂,炼焦过程产生的焦油和煤气的产率比常规粉煤炼焦有不同程度的改变,当软沥青的添加量为6.5%、型煤配比为30%时,则按每吨干煤折算的焦油产量可增加7~8 kg,每吨干煤的煤气产量约减少4~5 m^3。

配型煤炼焦工艺在工业生产上的效果(以配入比30%为例)主要表现在三个方面:

(1) 在配煤比相同的条件下,配型煤工艺所生产的焦炭与常规配煤生产的焦炭比较,其焦炭质量明显改善,抗碎强度M_{40}提高2%~3%,耐磨强度M_{10}改善1%~2%,JIS转鼓试验指标DI_{15}^{150}值提高1%~3%,焦炭反应性CRI降低3%~6%,反应后强度CSR提高3%~8%;

(2) 如果维持原来的焦炭质量水平,则可多配用10%~15%低灰、低硫的弱黏结性煤,能够降低焦炭的灰分、硫分和焦炭成本;

(3) 焦炭筛分组成也有所改善,鞍钢的试验结果表明,配煤炼焦试验中,焦炭大于80 mm级产率有所降低,25~80 mm级产率显著增加(一般可增加5%~10%),小于25 mm级产率变化不大,因而提高了焦炭的粒度均匀系数。

2.1.5.2 捣固炼焦

捣固炼焦,一般是用高挥发分弱黏结性或中等黏结性煤作为炼焦的主要配煤组分,将煤料粉碎至一定细度后,采用捣固机械捣实成体积略小于炭化室的煤饼,然后由侧面推入炭化室进行高温炭化的一种特殊炼焦工艺。

A 工艺流程

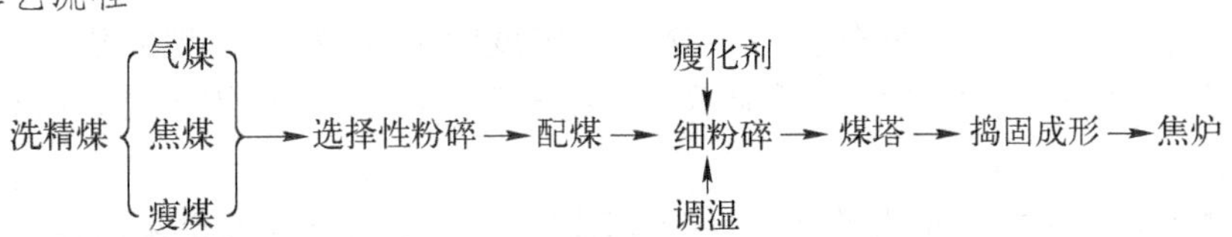

洗精煤{气煤、焦煤、瘦煤} → 选择性粉碎 → 配煤 → 细粉碎(瘦化剂↓,调湿↑) → 煤塔 → 捣固成形 → 焦炉

B 基本原理

煤料捣成煤饼后,使捣固煤饼中煤颗粒间的间距比常规顶装煤料颗粒的间距缩小28%~33%,因煤料颗粒间距缩小,接触致密,其体积密度可由原来散装煤的700~750 kg/m^3提

高到 950～1150 kg/m^3。煤料体积密度的增大和煤粒间隙的减少均有利于改善煤料的黏结性。

煤料颗粒间距缩小后，在结焦过程中煤料的胶质体很容易在不同性质的煤粒表面均匀分布浸润，煤粒间的间隙越小，填充间隙所需胶质体液相产物的数量也就越少，因此较少的胶质体液相产物就可以在煤粒间形成较强的界面结合。另外，煤料颗粒的紧密接触会使煤料的膨胀压力增大，同时煤饼堆密度增加，其透气性则变差，结焦过程中产生的干馏气体不易析出，进一步增大了煤料的膨胀压力，使变形煤粒受压挤紧，煤粒间的接触面积加大，这有利于煤热解产物的游离基和不饱和化合物进行缩合反应。同时热解气体中带自由基的原子团或热解的中间产物有更充分的时间相互作用，增加胶质体内部挥发的液相产物，使胶质体更加稳定，从而改善煤料的黏结性，达到提高焦炭质量或多配入高挥发分煤和弱黏结性煤的目的。

实践证明，在保证焦炭质量不变的情况下，捣固炼焦可多用 20%～25% 的高挥发分弱黏结性煤，使弱黏结性煤的用量增加到 50%，从而扩大炼焦用煤的范围，有效地节约主焦煤资源，降低生产成本。而弱黏结性气煤的灰、硫含量低，所以多用气煤炼焦也有利于降低焦炭的灰分和硫分。

C　捣固炼焦对焦炭质量的影响

a　捣固炼焦可以提高焦炭的冷态强度

捣固炼焦对焦炭冷态强度的改善程度取决于配合煤质量。配合煤黏结性较差时，焦炭冷态强度改善明显；配合煤质量好，即主焦煤和肥煤配入量多、配合煤黏结性好时，捣固工艺对焦炭冷态强度的改善不明显，尤其是 M_{40} 指标几乎没有改善，个别情况还略有下降。

实践证明，在原料煤同样的配煤比下，利用捣固炼焦所生产的焦炭无论从耐磨强度，还是抗碎强度，都比常规顶装焦炉所生产出的焦炭有很大程度的改善。捣固炼焦生产的焦炭块度均匀，大块焦炭较少，粉焦（小于 10 mm）减少，其抗碎强度 M_{40} 提高 1%～6%，耐磨指标 M_{10} 改善 2%～4%。

b　捣固炼焦可以提高焦炭反应后强度

焦炭的热性质，尤其是焦炭的反应性主要取决于焦炭的光学组织——焦炭光学显微结构，而焦炭光学显微结构又主要取决于原料煤的性质，因此，捣固炼焦工艺对焦炭的反应性影响不大；然而，焦炭的反应后强度不仅与焦炭的光学显微结构有关，还与焦炭的孔隙结构和焦炭的基质强度密切相关。捣固炼焦工艺不能改善焦炭的化学性质，但可以改善焦炭的孔隙结构，提高焦炭的基质强度。因为在捣固煤饼中煤颗粒间的间距比常规顶装煤粒子的间距缩小 28%～33%。而且，结焦过程中产生的干馏气体又不易析出，增大了煤料的膨胀压力，使煤料进一步受压挤紧，煤粒间的接触面积增加，从而使焦炭孔壁厚度增大、气孔直径变小、气孔率降低。焦炭孔壁厚度的增大，较少出现因焦炭孔壁局部气化消失、气孔融进而严重影响焦炭反应后强度的现象，这就是捣固炼焦可以改善焦炭反应后强度的原因。

因此，捣固炼焦工艺对焦炭的反应性影响不大，但可以明显提高焦炭的反应后强度，一般 CSR 可提高 1%～6%。

c　捣固炼焦可以提高焦炭视密度和堆积密度

捣固炼焦提高了装炉煤堆积密度，进而提高了焦炭的视密度和堆积密度。据生产实测值,捣固焦炭的堆积密度比顶装焦炭提高近18%,这使得同样重量的焦炭在高炉冶炼过程中形成的气体通道变小,尤其是在软融带形成的焦炭窗口变小,使高炉炉料的透气性变差,对高炉冶炼不利。

D 技术要点

(1) 捣固可以将煤料压实到1100 kg/m^3,这样可以往配合煤中加入大量结焦性能差的煤。捣固为整个配合煤或者它的选定组分进行细粉碎创造了更大的可能性,这也是扩大炼焦煤源的一个组成部分。由于细粉碎的配合煤散密度下降,用顶装法装煤是困难的,特别是当水分高于7%时,装煤时能形成悬料,影响煤料顺利装炉。在捣固装煤时就没有这种限制。

(2) 炉煤的压实有利于用结焦性能差的煤生产强度较好的焦炭。但是,对塑性期膨胀压力很大的主焦煤不宜进行煤料捣固。已经证实,对焦炉炭化室墙面的压力不应超过100 kPa,当超过240 kPa时会给耐火砖体造成永久性损坏。用60% ~70%的高挥发分气煤或1/3焦煤,配以适量的焦煤、瘦煤,使其挥发分在30%左右、胶质层厚度 Y 值为11 ~ 14 mm,这样的煤料捣固效果最好。煤料的粉碎细度应保持在:粒度不超过3 mm的占90% ~93%,其中不超过2 mm的应在85% ~88%之间,粒度不超过0.5 mm的应在40% ~50%之间。对难于粉碎煤料要在配煤前先行预粉碎。

(3) 捣固有效的基本条件是在配合煤中保持合适的水分,这样才可能得到紧密性足够的煤饼。捣固煤料最合适的水分为8% ~11%,最好控制在9% ~10%。水分不足时,要在运煤带式输送机上增加喷水设备。为保证雨季时煤料水分过大,应设置防雨煤棚。另外捣固炼焦时应尽量保持配煤煤种的稳定,频繁变换煤种容易影响焦炭质量和生产操作。

(4) 多年实践的结果确立了一种观点,认为捣固装煤时,焦炉炭化室宽度与高度比不应超过1∶9。在炭化室平均宽度450 mm时,它的最大高度是4 m,煤饼再高些就有坍塌的危险。但经过试验研究表明这一比例可以提高:在提高煤料的捣固强度和力量,把散密度提高到1100 kg/m^3 的情况下,有可能将炭化室高度提高到6 m,炭化室宽高比可达到1∶(12 ~15)。

(5) 煤料捣固技术的缺点是必须使用湿煤,以便得到致密性好的煤饼,而湿煤中的水分蒸发会延长结焦时间、增加炼焦耗热量。

捣固炼焦与顶装炼焦对比见表2-1-5。

表2-1-5 捣固炼焦与顶装炼焦对比

项 目	捣固炼焦	顶装炼焦
入炉煤水分	严格控制在8% ~11%。需配置煤棚或煤干燥、煤加湿装置。当煤水分接近14%时,煤饼倒塌率大大增加	相对不严格,8% ~14%
配煤的煤种	必须依据所需的焦炭质量,对原料煤的资源情况和经济性综合评估,进行配煤试验,选择适宜的配煤比	相对不严格
入炉煤粒度	捣固焦炉越高,其对入炉煤粒度和粒级分布要求越严格。为了得到足够强度的煤饼,必须将煤料细度粉碎至小于3 mm级含量为90%左右,同时细粒级的含量(小于0.5 mm)在45% ~50%	相对不严格,一般小于3 mm的占73% ~82%
装煤操作	有时出现煤饼掉角、倒塌等事故,处理复杂,影响产量。为此,在机侧操作台设置刮板机和胶带机,用以将机侧操作台上的余煤输送至煤塔。当煤饼掉角或倒塌时,将有一部分煤饼推不进去,为此特设置煤饼切割机	简单

续表 2-1-5

项　目	捣固炼焦	顶装炼焦
焦炉机械	重量大（5.5 m 捣固焦炉 CP 机 740 t/台；6.25 m 捣固焦炉 SCP 机 1350 t/台，需引进），结构复杂，备品车几乎无法设置，维修费用高；捣固机出现问题会影响装煤操作和焦炭质量	重量小、简单，维修费用低
装煤环保	敞开机侧炉门推送煤饼，产生大量烟尘，其中又含大量荒煤气、焦油和炭黑等可燃物，给烟尘治理带来极大困难	基本解决
炉体寿命	短（一般为 20 多年）	长（可达 35 年以上）
多用弱黏煤	可多用 20% ~25% 弱黏煤；当为大型高炉生产高质量焦炭时，弱黏煤的配入量不能太多	必须增加型煤、煤调湿等煤预处理措施才可多用 10% ~15% 弱黏煤
同配比时焦炭质量	M_{40} 提高 3% ~5%，M_{10} 改善 2% ~4%，CSR 提高 1% ~6%	不变
入炉煤成本	低（吨焦入炉煤成本可低 20 ~30 元）	高
吨焦投资	比顶装高 20 ~30 元	低

E　应用与开发

近几年，我国捣固炼焦发展很快，已投产和在建的捣固焦炉已超过 360 座，炼焦生产能力超过 8000 万 t。2000 年我国开发了炭化室高 4.3 m、宽 500 mm 的 JNDK43 - 99D 型捣固焦炉，近几年已在全国建设了几十座。2005 年 8 月，景德镇煤气厂炭化室高 4.3 m、宽 450 mm 的 80 型顶装焦炉改造成捣固焦炉；2006 年 2 月，邯郸裕泰焦化厂炭化室高 4.3 m、宽 500 mm 的顶装焦炉改造成捣固焦炉。

2005 年底，我国又开发出炭化室高 5.5 m、宽 550 mm 的大型捣固焦炉，这大大推进了我国捣固技术的发展，在全国掀起了建设 5.5 m 捣固焦炉的热潮。至 2009 年初，我国已有云南曲靖（4 座）、山东铁雄（2 座）、河南金马（1 座）、河北旭阳（3 座）和攀钢煤化工厂（1 座）共 11 座 5.5 m 捣固焦炉投产；2009 年 3 月，中冶焦耐公司总承包的炭化室高 6.25 m 捣固焦炉也在唐山佳华煤化工有限公司建成投产，这说明我国的捣固炼焦技术已实现大型化。

2.1.5.3　添加瘦化剂炼焦

炼焦煤料瘦化是改善焦炭强度指标的一种方法。瘦化剂主要有瘦煤、无烟煤和人造添加剂——由烟煤和褐煤制造的焦粉、用流化床生产的焦炭和半焦以及石油焦。人造添加剂可以扩大炼焦煤资源，降低煤料成本，而且在很多情况下其作用要比短缺的瘦煤更有效。

A　作用机理

使用瘦化剂的目的是为了降低炼焦煤的膨胀压力，以避免损坏焦炉炭化室炉墙（特别是在捣固煤料炼焦时）。随着配合煤中加入的气煤和挥发分很高的气焦煤数量的增加，煤料的瘦化在某种情况下就成为获得所要求强度指标焦炭必不可少的因素。

瘦化剂的作用在于，它可以减少煤料在炼焦过程中的体积变化，缓和能够引起焦炭碎裂的内应力；另外，在煤转变为塑性状态前瘦化剂可吸收多余的液相，因此可以增加塑性状态煤的黏度和减少塑性相中析出挥发分的含量，提高挥发分高的煤的热稳定性。这样，在挥发物质大量析出时和焦炭结构形成时，可降低收缩作用，从而减少焦炭中产生裂纹的可能性，降低焦炭的裂纹率。

焦炭裂纹是由内应力造成的，这种内应力的产生是在塑性体固化温度和炼焦终了温度（470 ~1000℃）之间因碳素收缩速度不均造成的。瘦化添加剂的作用效果取决于入炉煤料收缩过程发生变化的特点。当煤的挥发分含量高时，含挥发分 V_{daf} 为 15% ~20% 的流化床半焦作用最有效。它可以使固化期的收缩速度降低，而在高温时又不会使收缩曲线发生变化，这些都影响到焦炭质量的改善。

在煤的塑性期，惰性添加剂对沥青质的吸附以及在塑性体固化温度范围内的放热反应对焦炭质量也有影响，这时往煤料中加入流化床半焦和焦炭混合物要比只加两种添加剂中的一种得到的焦炭质量好些。在英国进行的实验室和半工业规模试验研究工作也证实了这一事实，研究中用焦炭、半焦和瘦煤对挥发分 V_{daf} 为 33% ~35%、膨胀指数 W_w 为 6.5 ~7 的煤进行瘦化。在煤料中加入焦炭和瘦煤（焦炭和瘦煤比为 1:2）时，得到了质量最好的焦炭。因此为防止焦炭的裂纹生成，理想的瘦化剂应是在 500℃下不收缩，而在 600℃收缩最快，到 650℃时收缩完全结束的惰性物质。

虽然添加瘦化剂炼焦能减少焦炭的裂纹率，从而改善机械强度指标 M_{40}，焦炭块度增大，但一般情况下对焦炭的耐磨性指标 M_{10} 却是不利的。只有在胶质体液相产生较多的情况下，挥发分偏大的煤料才适当配入瘦化剂，当瘦化剂的配入量适当的时候，焦炭质量才不会变差。例如在采用捣固侧装焦炉炼焦时，由于捣固炼焦配合煤中气煤配入量达 60% ~80%，在其结焦过程中形成半焦之后，热缩聚剧烈，收缩程度大，焦炭裂纹多而深，易碎，所以需要在配合煤中添加适量的瘦化剂；而通过煤料捣固能够降低焦炭的磨损性，可以改善因添加瘦化剂对焦炭耐磨性指标的不利影响。因此，在捣固炼焦时经常采用焦粉回配的炼焦工艺：将自产的粉焦经干燥并全部粉碎到 0.5 mm 以下的细粉作为瘦化剂添加到捣固煤料中。捣固炼焦时的焦粉回配率一般在 5% 左右。

由此可见，配加瘦化剂可以减少收缩系数，并使收缩系数随温度的变化也有所减缓。此外，在炭化室内结焦的过程中，由于瘦化剂具有较好的导热性，因此可以降低装炉煤相邻层的温度梯度，减少相邻半焦层间存在的收缩差所引起的层间应力。而当层间应力超过半焦层强度时，会在半焦层内产生裂纹。所以在配合煤中添加适量的瘦化剂，可降低配合煤的挥发分，减缓结焦过程的收缩速度，减少焦炭裂纹，增大焦炭块度，提高焦炭强度。

B 瘦化剂的选择

使用瘦化剂取得好效果的条件是：

(1) 配合煤中基础组分的塑性和黏结性要足够高；

(2) 瘦化添加剂粉碎得当，越是惰性的添加剂，它的细度也应越细。

对瘦化添加剂粉碎程度的要求也不是不变的，要取决于它们的使用条件。一般认为，传统的粉焦应当粉碎得很细，通常要求 100% 的颗粒应低于 0.5 mm 或者 0.2 mm。粒度越细，焦炭的磨损性也越低，但对 M_{40} 指标则存在着一定的所用添加剂细度最佳点——100% 的颗粒小于 0.5 mm。半焦应粉碎得粗一些，虽说许多试验中半焦的粒度为 0.2 ~0.5 mm 时，也可以得到质量指标 M_{40}、M_{10} 近似的焦炭，但半焦一般还是应粉碎到低于 1 mm。

应根据配合煤性质的不同而选择不同的惰性添加剂，即瘦化剂，一般可以从以下三方面来考虑：

(1) 当装炉煤的挥发分和流动度均很高，添加瘦化剂的目的主要是降低配合煤的挥发分，减少气体析出量以降低焦炭气孔率、增大块度和抗碎强度时，可选用焦粉。

(2) 当装炉煤的流动度中等偏高，而且还希望焦炭有较好的耐磨性时，可选用无烟煤或半焦粉。

(3) 若要求降低焦炭气孔率、提高焦炭块度和抗碎强度的同时，还希望降低焦炭的灰分、反应性，可选用延迟焦粉。

瘦化添加剂的配比取决于添加剂种类、挥发分含量以及煤料的性质，并且应根据所要求的焦炭质量选定。

2.1.5.4　装炉煤调湿

"煤调湿"(CMC)是"装炉煤水分控制工艺"(coal moisture control process)的简称，是将炼焦煤料在装炉前去除一部分水分，保持装炉煤水分稳定在6%左右，然后装炉炼焦的一种煤预处理工艺。

煤调湿不同于煤预热和煤干燥：煤预热是将入炉煤在装炉前用气体热载体或固体热载体快速加热到热分解开始前温度(150～250℃)，此时煤的水分为零，然后再装炉炼焦；而煤干燥没有严格的水分控制措施，干燥后的水分随来煤水分的变化而改变；煤调湿有严格的水分控制措施，能确保入炉煤水分恒定。煤调湿以其显著的节能、环保和经济效益受到普遍重视。美国、前苏联、德国、法国、日本和英国等都进行了不同形式的煤调湿试验和生产，尤其是日本发展最为迅速。截至2007年，在日本现有的15家焦化厂的48组焦炉中，有33组焦炉配套有煤调湿装置。煤调湿技术应用实例见表2-1-6。

表2-1-6　煤调湿技术应用实例

年份	厂　名	生产能力 /$t \cdot h^{-1}$	工艺介质	设　备	干燥机尺寸(直径×长度，面积) /mm×mm，m^2
1982	日本新日铁	284	蒸汽	多管回转	3800×24000，3950
1992	日本川崎制铁	440	蒸汽	多管回转	4200×35500，3502
1995	中国重钢	140	导热油	多管回转	3600×22000，1620
1996	日本北海制铁	120	烟道气	流化床	
1997	韩国浦项	480	蒸汽	多管回转	4200×35500，3502
2007	中国济钢	300	烟道气	隔板流化床	床箱尺寸12500×5200×3000，流化床面积32 m^2
2008	中国宝钢	330	蒸汽	多管回转	4200×21000，2063
2008	中国太钢	400	蒸汽	多管回转	4200×28000，2800
2009	中国攀钢	350	蒸汽	多管回转	4200×21000，2063

A　工艺原理

煤调湿的基本原理是利用外加热能将炼焦煤料在炼焦炉外进行干燥、脱水以降低入炉煤的水分或对入炉煤的水分进行调节，以控制炼焦能耗量、改善焦炉操作、提高焦炭质量或扩大弱黏结性煤用量的炼焦技术。

煤经过调湿后，装炉煤水分降低而且稳定。由于焦炉在正常操作下的单位时间内供热量是稳定的，一定量煤的结焦热是一定的，所以装炉煤水分稳定有利于焦炉操作稳定，避免焦炭不熟或过火；装炉煤水分降低，使炭化室中心的煤料和焦饼中心温度在100℃左右的停留时间缩短，从而可以缩短结焦时间、提高加热速度、减少炼焦耗热量。

装炉煤水分降低到6%以下时，煤颗粒表面的水膜变得不完整，表面张力降低；水分越低，水膜越少越不完整，表面张力也就越低。同时，由于煤颗粒表面水膜阻碍煤颗粒间的相对位移，所以调湿后装炉煤的流动性改善，煤颗粒间的间隙容易相互填满，于是装炉煤密度增大。装炉煤密度增大和结焦速度加快可使焦炉生产能力提高,改善焦炭质量或者多用高挥发分弱黏结性煤炼焦。

B 工艺概况

煤调湿工艺是炼焦煤准备工艺流程的一个组成部分,包括煤干燥器、除尘装置和输送装置。除尘装置大都采用脉冲布袋除尘器,输送装置大都采用皮带输送机,而湿煤干燥机却有多种结构,工艺流程也因此略有变化。目前,世界上主要有三种煤调湿流程。

a 导热油调湿

最早的第一代煤调湿是采用导热油干燥煤。利用导热油回收焦炉烟道气的余热和焦炉上升管的显热,然后在多管回转式干燥机中导热油对煤料进行间接加热,从而使煤料干燥。1983 年 9 月,第一套导热油煤调湿装置在日本大分厂建成投产。日本新能源·产业技术开发机构(简称 NEDO)于 1993~1996 年在我国重庆钢铁(集团)公司实施的"煤炭调湿设备示范事业"就是这种导热油调湿技术。重钢煤调湿流程如图 2-1-8 所示。

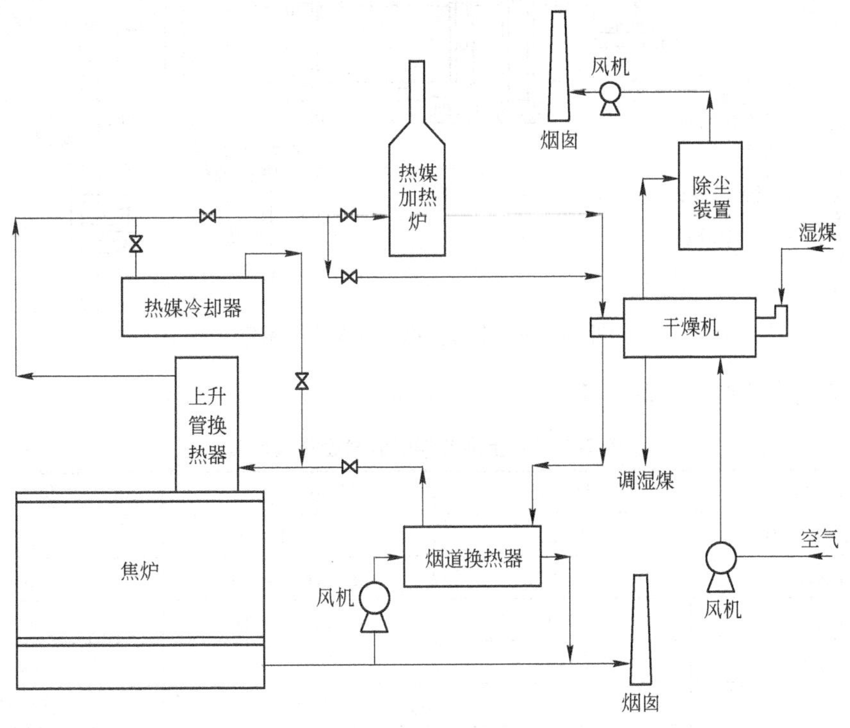

图 2-1-8 重钢煤调湿流程

导热油为热媒油,通过烟道换热器和上升管换热器吸收焦炉烟道气和荒煤气显热后温度提高至约 210℃,然后在多管回转干燥机内与湿煤进行间接热交换(热媒油走管内,湿煤走管外)。与湿煤换热后的热媒油温度降至约 80℃,再送到烟道换热器和上升管换热器循环运行。通过调节热媒油温度、干燥机转数、给煤量等措施使煤料水分达到目标值。

重钢煤调湿装置因种种原因,只断断续续运行了 1 年多就停产至今。导热油煤调湿流程复杂,设备庞大,操作环节多,投资较高,现在已很少建设。

b 蒸汽调湿

第二代煤调湿采用蒸汽干燥煤料。利用干熄焦蒸汽发电后的背压汽或工厂内的其他低压蒸汽作为热源,在蒸汽多管回转式干燥机中,蒸汽对煤料间接加热干燥。这种煤调湿技术最早于20世纪90年代初在日本君津厂和福山厂投产。目前,在日本运行的煤调湿绝大多数为此种形式,我国的宝钢、太钢及攀钢的煤调湿采用的也是这种流程。

上海宝钢蒸汽煤调湿流程如图2-1-9所示。

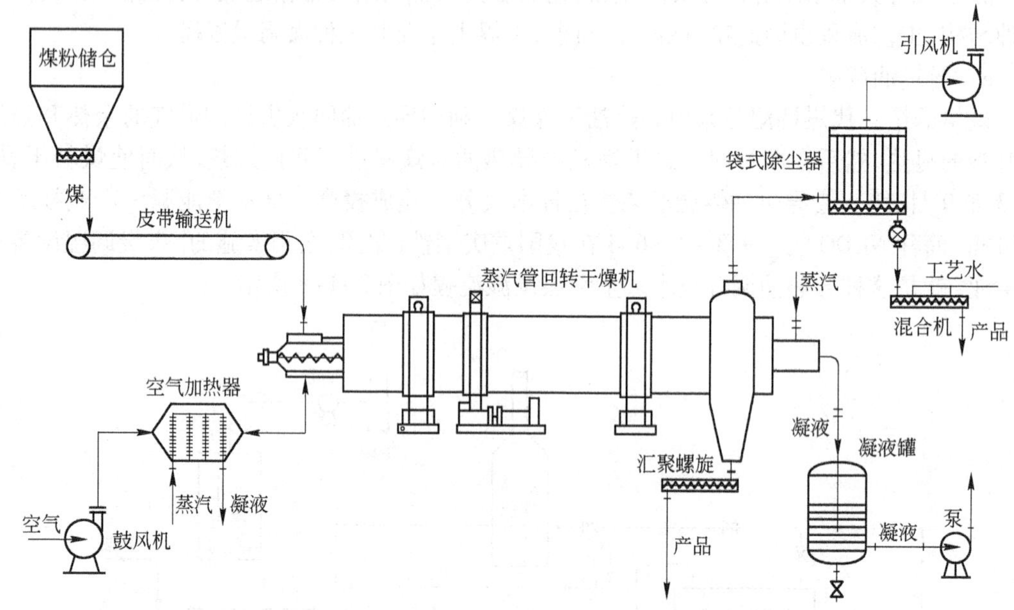

图2-1-9　上海宝钢蒸汽煤调湿流程

其设备规格参数见表2-1-7。

表2-1-7　上海宝钢煤调湿设备规格表

项　目	规　格	项　目	规　格
调湿前水分/%	10.26	传热管径	125、100、90、80、65A、100A
调湿后水分/%	6.5	传热管长度/ m	20
装炉时水分/%	6.0	传热管数量/根	297
调湿能力/$t \cdot h^{-1}$	330(湿基)	传热面积/m^2	2063
干燥机本体尺寸/m×m	4.2×21	传热系数/$kJ \cdot (m^2 \cdot h \cdot ℃)^{-1}$	251.04
本体倾斜	9/100	蒸汽压力/ MPa	1.2~1.6
收集灰尘机	布袋型除尘机(1650 m^3/h)		

来自煤粉储仓的湿煤粉经带式输送机均匀地加入到蒸汽多管回转式干燥机内,湿煤粉在进料螺旋的输送下进入干燥机回转筒体内,在此,煤粒与干燥机内布置的通有过热蒸汽的蒸汽管充分接触干燥,物料中的湿分被不断蒸发,物料从干燥机入口向出口方向运动,当物料到达干燥机出口时成为湿含量不超过6.5%的产品,产品从干燥机下料口经汇聚螺旋汇合后输送至焦炉煤塔。

蒸汽调湿工艺具有设备紧凑、流程简单、占地面积小、运转平稳、操作运行费用较低、能量利用率高、处理能力大等优点。煤料与蒸汽间接换热,煤调湿装置本身不需设置庞大的除尘设施。但蒸汽多管回转式干燥机结构复杂,加工设计难度大,一次性投资大。

c 焦炉烟道气调湿

焦炉烟道气调湿工艺因采用的工艺设备不同还可具体分为若干种,其工艺效果也有很大差别。从国内外专利及相关技术研发状况看,焦炉烟道气调湿工艺主要有如下三种类型:

(1) 流化床调湿。1996 年 10 月日本在其北海制铁(株)室兰厂投产了第三代采用焦炉烟道气对煤料调湿的流化床煤调湿装置。其流程如图 2-1-10 所示。

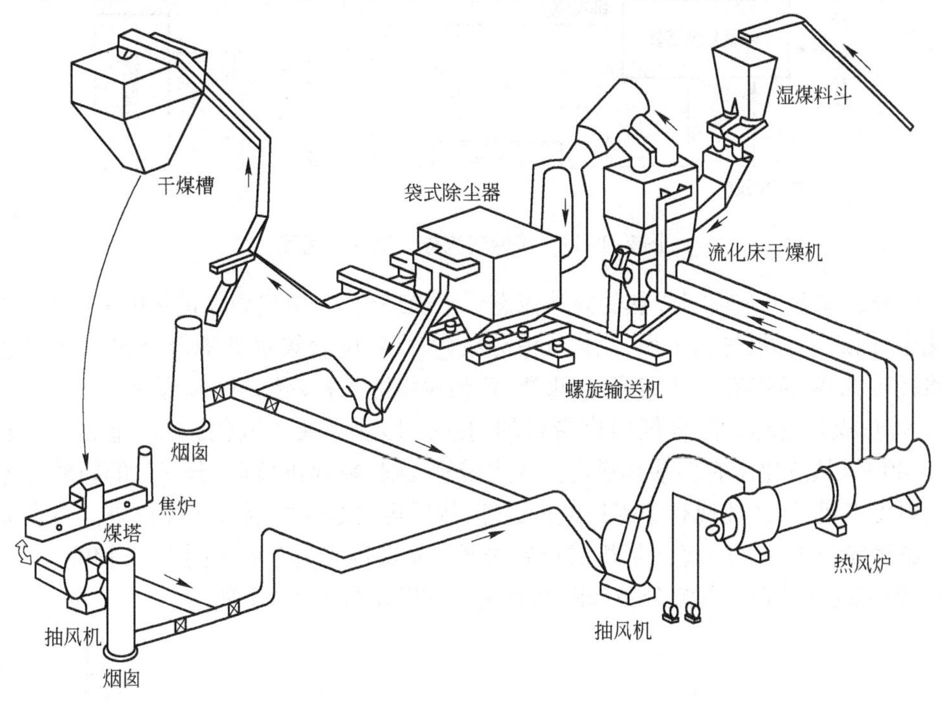

图 2-1-10 室兰厂流化床煤调湿流程

水分为 10% ~11% 的煤料由湿煤料仓送往两个室组成的流化床干燥机,煤料在气体分布板上由 1 室移向 2 室,从分布板进入的热风直接与煤料接触,对煤料进行加热干燥,使煤料水分降至 6.6% 。干燥后,煤料温度为 55 ~60℃ 的 70% ~90% 的粗粒煤(相对而言)从干燥机排入螺旋输送机,剩下的 10% ~30% 粉煤随 70℃ 的干燥气体进入袋式除尘器,回收的粉煤排入螺旋输送机。粉煤和粗粒煤混合后经管状带式机输送至焦炉煤塔。

干燥用的热源是焦炉烟道废气,其温度为 180 ~230℃。抽风机抽吸焦炉烟道废气,送往流化床干燥机。与湿煤料直接换热后的含细煤粉的废气入袋式除尘器过滤,然后由抽风机送至烟囱外排。

这种采用烟道废气的流化床煤调湿装置工艺流程短,设备少且结构简单,便于制造,维修方便,具有投资省、操作成本低、占地面积小等优点。煤料与烟道废气直接换热,效率高。但是,因有 10% ~30% 的细煤粉被废气携带出,所以必须设置庞大的除尘设施;并且操作和粒度控制较严,存在粉尘爆炸的危险,对易结壁和结块的物料,易产生设备结壁和堵床现象。

(2) 气流分级调湿。气流分级调湿工艺由济南钢铁公司与清华大学、大连理工大学联合开发设计。2007 年 5 月份开工建设,10 月份建成投产,设计处理能力为 300 t/h,处理后的煤供济钢 5 座 4. 3 m 焦炉使用。其流程如图 2-1-11 所示。

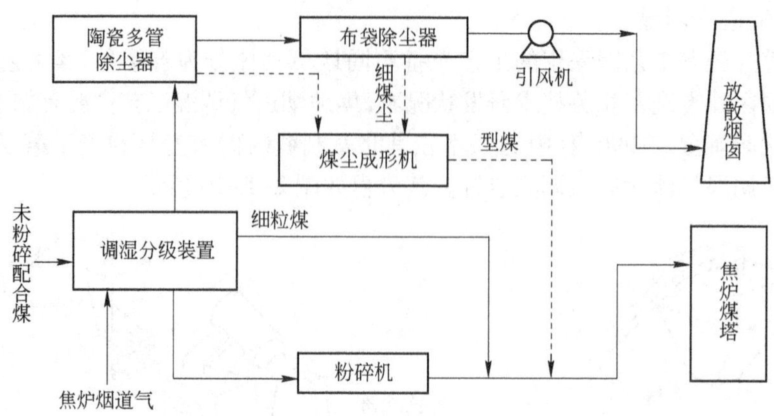

图 2-1-11　济钢气流分级煤调湿流程

气流分级调湿工艺根据成熟的固体流态化干燥理论,利用焦炉烟道热废气在“移动隔板式流化床”内对配合煤进行干燥、流化气流分级,实现将配合煤水分降低至 6%,并通过流化作用将轻质、细颗粒煤直接分离炼焦,重质、粗颗粒煤进入粉碎机粉碎后炼焦。

1）炼焦煤料流程。配合煤经皮带机均匀送入移动隔板式流化床,风选出来的细煤料(30% ~40%)从流化床底部落到煤塔上煤皮带机,减轻粉碎机负荷;分离出的粗颗粒煤料进入粗煤料皮带机,被送往现有破碎机进行破碎,然后再与细煤料混合送往煤塔。布袋除尘器排出的细煤粉(3% ~5%)经成形机成形后送至成品煤带式输送机一同入炉炼焦。

2）烟道废气流程。气流分级调湿烟道废气流程如图 2-1-12 所示。

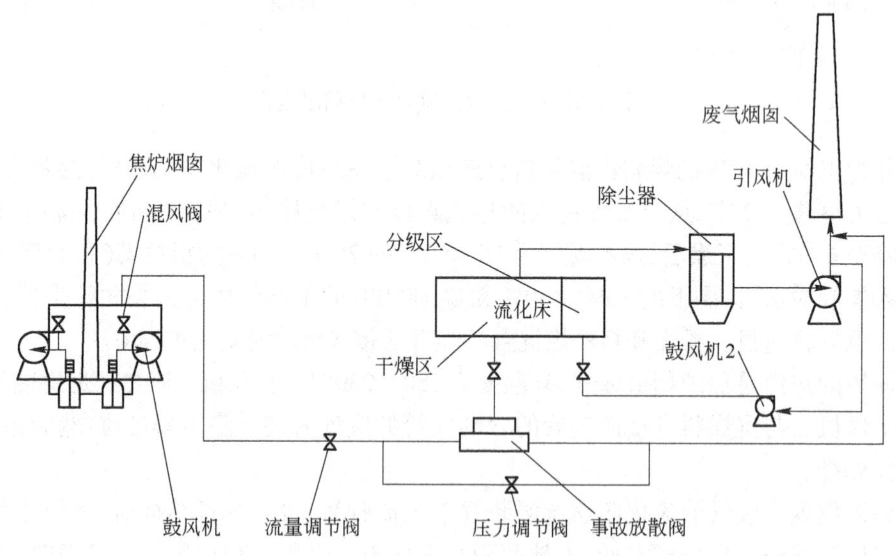

图 2-1-12　气流分级调湿烟道废气流程

焦炉烟道废气经引风机引出,通过管道送至移动隔板式流化床下部,从管道两侧分别引出支管进入移动隔板式流化床。烟道废气在流化床内使煤料形成流化层,带出部分煤料水分,并将煤料分级分离后从设备顶部排出,经布袋除尘器除尘后由除尘风机排出。为避免煤料在调湿阶段过分干燥，在烟道废气引风机入口设置空气管道及调节阀门，以补充部分冷空气进行温度调节；为避免煤料在分级阶段过分干燥，在布袋除尘器后引出废气经循环风机送至移动隔板式流化床分级使用。

3）移动隔板式流化床结构。流化床体采用长方形结构，长×宽×高为12.5 m×5.2 m×3 m，流化床有效面积为32 m^2，内开设有直径为2.5 mm小孔的筛板。床体内部安装移动式隔板装置保证原料煤的移动与流化效果，移动式隔板距离筛板顶面20 mm，移动式隔板的间距为400 mm；两个区域的移动式隔板由一套传动机械带动。

气流分级调湿的特点是：煤料与烟道废气直接换热，烟气余热利用率高，且可实现煤的调湿、分离一体化，工艺流程短，设备少，投资省，操作成本低，占地面积小。

但采用移动隔板可能产生的问题主要有：①隔板刮送煤块，使细粒煤挤压入布风板风眼，容易造成布风板堵塞和漏料；②布风不均，隔板的移动方向侧大块煤堆积，刮板背面侧煤料少、颗粒小，易导致流化不均，热气流短路，造成干燥效果变差和热效率降低；③穿过半流化大颗粒煤料间的气速大小不均匀，造成高速处大颗粒弹跳，流化床分层差，分离精度低；④移动隔板装置结构相对复杂，运动件多，故障率高。

（3）新型煤炭风力分离及调湿。我国的工程技术人员在总结国内外焦炉烟道气调湿工艺的基础上，进行了试验研究和大胆创新，自主开发出了更加适合我国国情的、具有自主知识产权的新型煤炭风力分离及调湿技术，该技术具有风力选择粉碎和煤调湿双重效果。

该技术采用振动流化床煤炭分离调湿机组，其流程如图2-1-13所示。

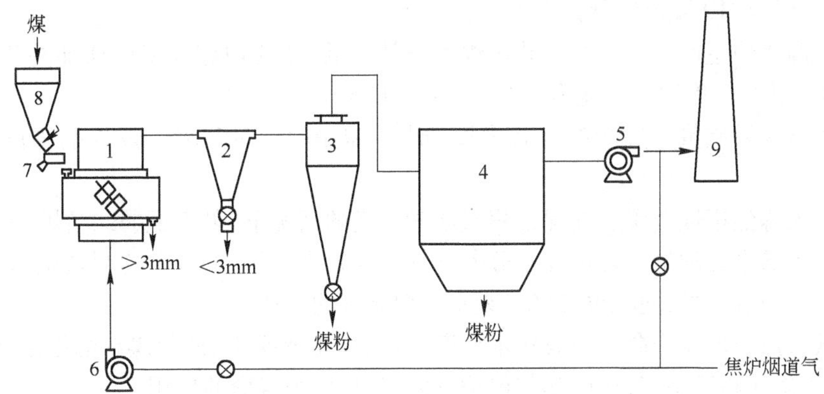

图2-1-13 新型煤炭风力分离及调湿流程

1—振动流化床分级干燥机；2—细粒分级器；3—旋风除尘器；4—袋式除尘器；5—引风机；6—循环风机；7—给煤机；8—煤仓；9—烟囱

其实现高效分离的工作原理是：煤炭通过播撒装置被连续地抛撒到振动流化床分离调湿机的床面上，在振动力和高速气流作用下，所有煤料都处于剧烈运动中：大颗粒煤料（如大于3 mm的或重组分较小颗粒煤料）在振动的布风板上跳动，快速移向出料口排出，然后经粗煤料皮带机送往粉碎机，粉碎后再与细煤料混合送往煤塔；中颗粒煤料（如接近3 mm的）从布风板中心区随气流快速上升，沿两侧壁下滑回落或从低速处回落，如此循环几次后，即可到达出料端，经由一组倾斜隔板隔出的不同高度的出料口溢出；小颗粒煤料（如不大于3 mm的或轻组分较大颗粒煤料）则随气流一起上升，随气流带出，由除尘系统收集。

在分离的同时，因不同粒径的煤料的运动状态不同，呈现不同的调湿方式，即：小颗粒煤料（或轻组分较大颗粒煤料）呈气流床调湿；中颗粒煤料呈内循环流化床调湿；大颗粒煤料（或重组分较小颗粒煤料）呈振动流化床调湿。另外，此工艺对同粒级煤粒干燥均匀，对不同粒级煤粒干燥具有选择性：小于 3 mm 的煤料的水分干燥至 6.5%，大于 3 mm 的煤料不干燥，以避免其破碎后水分过低。

新型煤炭风力分离及调湿技术的特点是：由于振动流化床下部气速大，且附加振动，因此该工艺的分离效率高，调湿效果好且快速高效、有选择性，系统安全性好、可靠性高，投资和运行费用低，占地面积小。

焦炉烟道废气调湿三种工艺对比见表 2-1-8。

表 2-1-8　焦炉烟道废气调湿三种工艺对比

项　目	位　置	干 燥 机	煤 料 移 动	功　能
日本室兰	粉碎机后	流化床	高速斜向气流推动	调　湿
中国济南钢铁	粉碎机前	气流床分级	回转式移动刮板推动	调湿、风选和型煤
中冶焦耐	粉碎机前	振动流化床分级	振动力和高速气流作用	调湿和风选

C　煤调湿的特点

经过多年生产实践，煤调湿技术的效果是：

（1）降低炼焦耗热量、节约能源。采用煤调湿技术后，煤料含水量每降低 1%，炼焦耗热量相应降低 62.0 MJ/t（干煤）。当煤料水分从 11% 下降至 6% 时，炼焦耗热量相当于节省了 62.0 × (11 − 6) = 310 MJ/t（干煤）。

（2）提高焦炉生产能力。由于装炉煤水分的降低，使装炉煤堆密度增加约 7%，干馏时间缩短约 4%，因此，焦炉生产能力可提高 7% ~ 11%。

（3）改善焦炭质量。焦炭的冷态强度 DI_{15}^{150} 可提高 1% ~ 1.5%，反应后强度 CSR 提高 1% ~ 3%。

（4）扩大炼焦用煤资源。在保证焦炭质量不变的情况下，可多配弱黏结煤 8% ~ 10%。

（5）减少氨水处理量。装炉煤水分若降低约 5%，则可减少 1/3 的剩余氨水量，相应减少 1/3 的蒸氨用蒸汽量，同时也减轻了废水处理装置的生产负荷。

（6）延长焦炉炉体寿命。因煤料水分稳定在 6% 的水平上，使得煤料的堆密度和干馏速度稳定，焦炉操作趋于稳定，从而起到保护炉体、延长焦炉寿命的作用。

（7）节能的社会效益。减少温室效应，平均每吨入炉煤可减少约 35.8 kg 的 CO_2 排放量。

采用煤调湿需注意的问题是：

（1）煤料水分的降低使炭化室荒煤气中的夹带物增加，造成粗焦油中的渣量增加 2 ~ 3 倍，必须设置三相超级离心机来保证焦油质量；

（2）炭化室炉墙和上升管结石墨有所增加，需设置除石墨设施来保证正常生产；

（3）调湿后煤料用带式输送机送至煤塔过程中散发的粉尘量较湿煤增加了 1.5 倍，需加强运煤系统的严密性和除尘设施；

（4）调湿后，煤料在装炉时因含水分低很容易扬尘，必须设置装煤除尘地面站。因此，对已投产的焦炉而言，若因总图布置紧张或其他原因不能设置装煤除尘设施的，则不易补建煤调湿。

2.1.5.5 风力选择粉碎

A 选择粉碎工艺

选择粉碎工艺(selective grinding process)是根据炼焦煤料中煤种和岩相组成在硬度上的差异,按不同粉碎粒度要求,将粉碎和筛分(或风力分离)结合在一起的一种炼焦煤粉碎流程,又称岩相粉碎流程。采用这种工艺可使煤料粒度更加均匀,既消除了大颗粒又防止过细粉碎,并使惰性组分达到适当细度。

工艺原理:煤中含有镜煤、亮煤、暗煤和丝炭等岩相组分,镜煤和亮煤是煤的活性组分,在炼焦时起黏结作用;而暗煤和丝炭是惰性组分,不起黏结作用。由于硬度不同,在采用常规粉碎工艺时,暗煤、硬丝炭、矿化镜煤和页岩等集中在煤料的粗粒级中,而镜煤、亮煤和软丝炭则集中在细粒级中。在粉碎时,易粉碎的镜煤、亮煤往往过细粉碎,而惰性物质则仍存在于粗粒级中。这样,活性组分和惰性组分在煤料运输、储存和装炉时都容易产生偏析,导致装炉煤料质量不均匀;此外,粗粒的惰性物质因与其他岩相组分收缩不一致,从而使焦炭产生裂纹。根据煤的岩相组分在硬度上的明显差别进行选择粉碎,就可以使难粉碎的惰性组分(特别是暗煤)粉碎得较细,而又能防止镜煤和亮煤过细粉碎。同时,采用适当的粉碎分离流程,可使煤中各岩相组分分别富集,达到岩相配煤的目的。

选择粉碎工艺流程主要有索瓦克法、风力分离法和立式圆筒筛法等。

选择粉碎对岩相不均一的煤料可明显改善焦炭质量;但索瓦克法中筛分细粒级湿煤的电热筛生产能力小,筛分效率低,动力消耗多,投资大,因此,20 世纪 60 年代后期就不再采用这种方法。

B 风力选择粉碎工艺流程

20 世纪 60 ~70 年代,苏联东方化学研究所(现为俄罗斯联邦工业科技部东方煤化学研究所)等单位研究开发出沸腾床风选分级选择破碎工艺,简称风力选择粉碎。

风力选择粉碎是将配合煤送入流化床风选机内进行分级。首先配合煤经粉碎机初粉碎至小于3 mm 的煤料占 60% ~70% ,然后经带式输送机送入沸腾流化床风选机。在风选机中煤料在气体流化介质作用下呈流化或半流化状态,细颗粒、轻质的煤粒呈流化状态,经沸腾床内的溢流板上方流出,作为最终产品——装炉煤送往煤塔炼焦。粗粒、重质的煤粒呈半流化状态,沉浮在气体分布板上,经刮板运输机从风选机中带出,送入粉碎机粉碎至小于3 mm 的占 75% ~80% ,然后再重新送入风选机风选。气体流化介质用风机加压送入风选机,从风选机出来的气体可闭路循环使用。

C 风力选择粉碎工艺特点

(1) 该工艺将小于 3 mm 的细颗粒先从配合煤中分离出来,大颗粒进入粉碎机粉碎,减低了粉碎机负荷。

(2) 可避免软质煤的过细粉碎,装炉煤中 0 ~0.5 mm 粒级煤比常规粉碎工艺减少 4% ~6% ,装炉煤堆密度提高 3% ~5% 。

(3) 大颗粒较难破碎成分和矿物质成分只要达不到较轻质小颗粒成分要求,就必须在"破碎—风选"过程中反复循环。该过程极大地消除了煤岩相成分、矿物质浓缩成分、密度成分及不同聚合性成分的不均匀性对焦炭质量的影响,使焦炭质量得以改善:M_{40} 提高 1% ~2% ,M_{10} 改善 0.5% ~1.0% 。

(4) 装炉煤经风力选择破碎后,无论是粗粒煤还是细粒煤中,其灰分、黏结性等指标按粒级分布的情况都比常规粉碎工艺要更加均匀。

(5) 气体流化介质可闭路循环使用,不用除尘设备,无粉尘污染环境。

(6) 为了保证煤料按粒度和密度的分级效果,要求配合煤水分不超过 9.0% ~9.5%;粗粒级煤经粉碎后与配合煤混合进入风选机,混合煤料的水分不宜超过 8.5%。

D　我国风力选择粉碎技术应用概况

我国炼焦配煤中难粉碎的气煤配比较高,风力选择粉碎工艺非常适应这一煤质特点。2003 年底,酒泉钢铁集团公司焦化厂从俄罗斯引进的我国第一套风动选择性粉碎工艺装置,其生产能力为 500 t/h。该套装置 2004 年 7 月通过考核验收,现已运行多年。

该装置的实施保证了配合煤的充分粉碎,也避免了一些不该细粉碎的煤过粉碎,所生产的焦炭与之前常规工艺相比强度 M_{40} 提高了 1.5% ~2%,M_{10} 改善了 0.8% ~1.0%,焦炉装煤能力提高了 2%。

2.1.5.6　其他

A　DAPS(炼焦煤深度干燥与粉煤成形技术)

日本新日铁在煤调湿的基础上,开发出新的煤预处理技术,即炼焦煤深度干燥与粉煤成形技术,也称 DAPS(dry and agglomerated precompaction system)技术。DAPS 工序是采用流化床干燥分级机将装炉煤干燥到 2%,并分成粉煤(30%)和粗粒煤(70%),然后将粗粒煤直接装入焦炉;粉煤送到成形工序,进行成形加工。在成形工序中,干燥过的粉煤被连续送入成形机中,以焦油作黏结剂制成巧克力状,随后将其与粗粒煤混合后装入焦炉中炼焦。

DAPS 的工业装置于 1992 年 7 月在日本大分厂的 3、4 号焦炉投产,一直稳定运行至今。DAPS 工艺比传统煤调湿工艺生产率提高 10%,节约热能 2.75×10^8 J/t。在提高焦炉生产能力、改善焦炭质量、降低炼焦耗热量等方面都有更显著的效果,见表 2-1-9。

表 2-1-9　DAPS 工艺效果

效　果	DAPS 比湿煤炼焦	DAPS 比煤调湿
提高焦炉生产能力	21%	10%
降低炼焦耗热量	27%	15%
改善焦炭质量	DI_{15}^{150} 提高 3.0%,*CSR* 提高 4.5%	DI_{15}^{150} 提高 3.0%,*CSR* 提高 4.5%

DAPS 工艺的另一个优点是废气含量减少。例如 NO_x 和 SO_x 量减少 30%,CO_2 量也减少,因而 DAPS 新工艺更加经济可靠。

DAPS = 流化床调湿 + 筛分 + 冷压型煤,其流程如图 2-1-14 所示。

DAPS 采用流化床调湿装置,将煤炭从含水 9% ~12% 干燥至 2% ~3%。热源采用 COG 和 BFG 的燃烧废气。一般这种流化床调湿装置的加工能力较大,为 250 ~600 t/h。月岛机械株式会社(TSK)从 1990 ~1997 年至少加工过 6 套用于 DAPS 的流化床调湿装置。目前日本只有大分厂还有 1 套在生产。

B　配废塑料炼焦

随着石油化工的迅速发展,各种塑料制品大量进入生活之中。然而,随之而来的大量废弃塑料严重地污染环境,成为社会的一大公害,因此废塑料的处理和回收利用越来越引起人们的关注。

国内外研究成果表明,利用现有的焦炉及其煤气处理设备实现废塑料与煤共焦化,生产工业用焦炭及其副产品煤焦油、焦炉煤气技术是可行的,可实现废塑料的资源化利用和无害化处理。

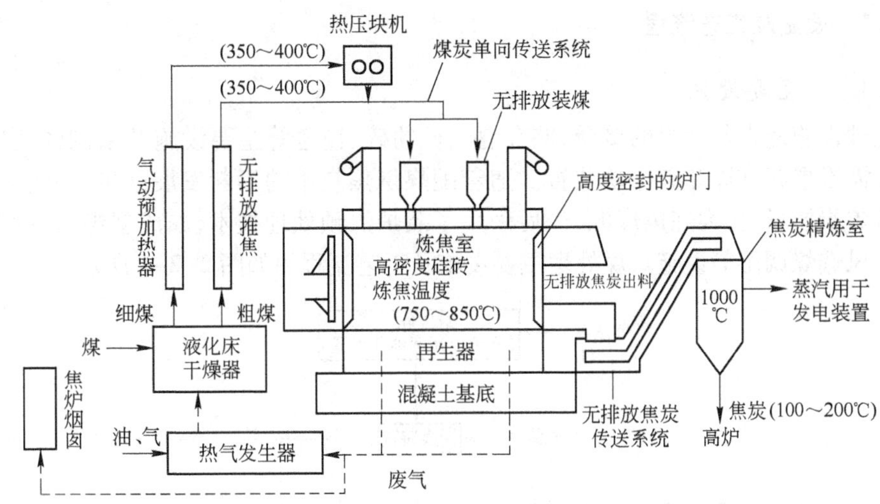

图 2-1-14 炼焦煤深度干燥与粉煤成形技术流程

2000 年,日本新日铁首台处理废塑料炼焦设备在名古屋和君津钢铁厂投产,2005 年又将此项技术扩大至 6 个焦化厂,年处理废塑料达到 19 万 t。

新日铁配塑料炼焦处理工艺为:先将收集来的废塑料经过清洗除去杂质,再经破碎、挤压制成 2 ~3 mm 小颗粒,按比例加入配合煤中炼焦。在焦炉内经 1100℃左右高温干馏分解,生成约 20% 焦炭、40% 焦油和 40% 粗苯、煤气。实践证明,煤料中掺混 1% ~2% 比例的塑料炼焦不至影响焦炭强度,炼出的焦炭可用于高炉炼铁。从炼焦技术上来看,可以掺入更多的废塑料炼焦,但对焦炭的产率和强度有影响。

我国关于废塑料与炼焦配煤共焦化试验研究已经取得了阶段性成果。首钢技术研究院和山东科技大学等通过采用焦化厂生产用煤和生活垃圾废塑料配煤炼焦试验研究,结论是:炼焦煤料中废塑料添加量从 1% 增加到 5% ,所产焦炭的反应性和反应后强度总体呈现劣化趋势;添加 3% 以内废塑料代替瘦煤不会影响焦炭质量,其热强度、灰分及挥发分优于纯煤焦化所得的焦炭,硫含量变化不大。

国外资料介绍,废塑料对配煤的添加率为 0.5% ~1.0% 。试验显示,当废塑料对配煤的添加率为 0.5% ~1.0% 时,焦炉推焦时电流峰值与未添加废塑料时没有差异,另外炉墙和上升管内壁石墨的附着量与未添加时基本相同,焦炉装煤及推焦时粉尘和烟尘没有增加;焦炭的冷态强度 DI_{15}^{150} 及与 CO_2 反应后的强度 S_{ar},不添加废塑料和添加废塑料都是相同的;添加废塑料后焦油、轻油及煤气分别有所增加。

2.2 煤处理

煤处理是把各种炼焦原料煤加工制备成符合质量要求的炼焦装炉煤的工艺过程,它是焦化厂不可分割的重要组成部分。从炼焦生产过程和成焦机理分析,在焦炉炉型和操作条件相同的条件下,焦炭质量主要取决于装炉煤质量。所以,焦化厂应根据煤源、煤质情况,采用合理的工艺流程和适宜的煤预处理技术,不断提高设施装备水平和操作自动控制水平，这对于改善焦炭质量、减少焦化外排废水量、降低生产成本、提高企业经济效益等有重要意义。

2.2.1　设施及工艺流程

2.2.1.1　主要设施

煤处理设施通常包括煤的接受、储存、配合、粉碎、输送等主要设施及采制样装置等；寒冷地区还需设置解冻库和破冻块装置。随着配煤炼焦技术的不断发展进步，一些焦化企业为了改善焦炭质量、扩大炼焦煤源，先后采用了装炉煤预处理技术，如成型煤、煤调湿、风选粉碎以及风选煤调湿等设施。煤处理主要设施及工艺流程图如图 2-2-1 所示。

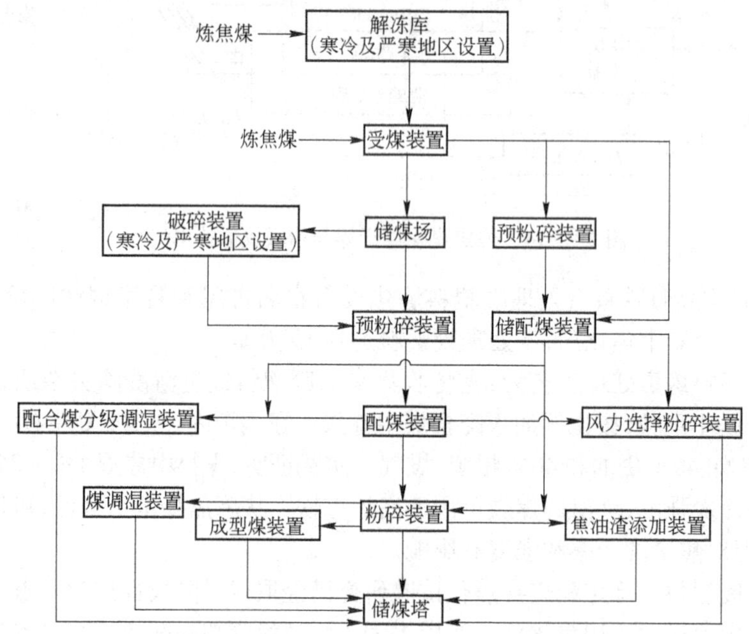

图 2-2-1　煤处理主要设施及工艺流程图

2.2.1.2　工艺流程

选择合适的工艺流程能够长期稳定焦炭质量。各种工艺流程的主要区别在于煤料的配合装置和粉碎装置工艺布置和加工方式不同。下面介绍几种常用的工艺流程。

A　先配煤后粉碎工艺流程

这种工艺流程是将组成炼焦煤料的各单种煤按规定的比例配合后进行粉碎处理，如图 2-2-2 所示。其优点是工艺过程简单，设备较少，布置紧凑，操作方便等。缺点是不能根据不同的煤种进行不同粉碎细度的处理，在煤料中硬度较大的煤往往得不到细粉碎，煤质较脆的组分则易过细粉碎从而降低了煤料的黏结性。因此，该流程适用于黏结性较好、煤质较均匀的煤料。

先配煤后粉碎工艺流程生产过程一般由受煤装置至储煤场、储煤场至配煤装置、配煤装置至焦炉煤塔（或受煤装置至储配煤装置、储配煤装置至焦炉煤塔）系统组成，每一系统生产线上的设备均为连锁操作。连锁线终点为料仓时，其启、停均由料仓料位计进行控制。配煤装置根据配煤比控制相应配煤槽给料设备的运行,配合煤经粉碎机粉碎处理后送至煤塔。过去我国焦化厂普遍采用先配煤后粉碎的工艺流程。

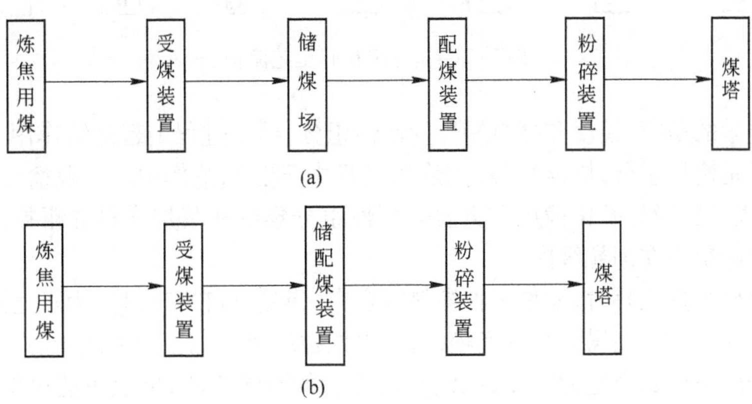

图 2-2-2 先配煤后粉碎工艺流程

B 先粉碎后配煤的工艺流程

这种工艺流程是将各单种煤根据其煤质的差异进行不同细度的粉碎处理,然后按一定的比例配合并充分混合的工艺流程,如图 2-2-3 所示。优点是单种煤的粉碎细度可按其性质及要求进行调节,保证装炉煤粒度较为均匀、合理;可避免大颗粒集中和黏结性好的煤过细粉碎,对提高配煤准确度、多用弱黏结性煤和改善焦炭质量有一定的作用。缺点是:(1)由于粉碎机转速及锤头与反击板间隙必须根据不同煤种进行调节,且调节频繁,所以,要求其调节机构和检测装置必须准确可靠;(2)为了保证装炉煤质量均匀,在配煤装置后还需设专门的混合装置;(3)工艺较为复杂,设备多,投资大。目前,国内焦化厂基本未采用该流程,国外部分地区焦化厂大多采用该流程。采用先粉碎后配煤的工艺流程时,需在储煤设施与粉碎机之间设置中间槽,其储量与配煤装置储槽的操作容量相匹配。粉碎机转速及锤头与反击板的间隙遥控可调,并灵活可靠。在实际生产中,根据煤种调节粉碎机的转速和锤头与反击板的间隙,调整到位后相应的连锁线才能启动运行。粉碎后的单种煤在配煤室按配煤比配合后必须经混合装置充分混合后才能送煤塔供焦炉炼焦生产。

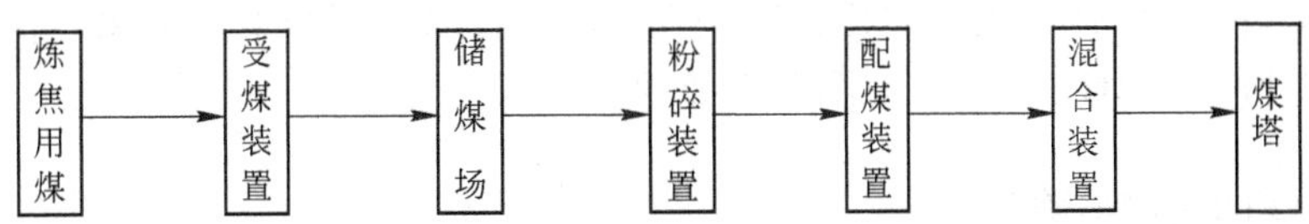

图 2-2-3 先粉碎后配煤工艺流程

C 分组粉碎的工艺流程

这种工艺流程是单种煤按比例配合后,将煤质相近的单种煤分组粉碎到不同细度再进行混合。如图 2-2-4 所示。优点:可根据煤质实现不同细度的粉碎处理,避免了有些不需要细粉碎的煤过细粉碎,同时也避免了有些需要细粉碎的组分得不到细粉碎而形成焦炭的裂纹中心。采用分组粉碎工艺流程有利于改善焦炭质量及多用弱黏结性煤。

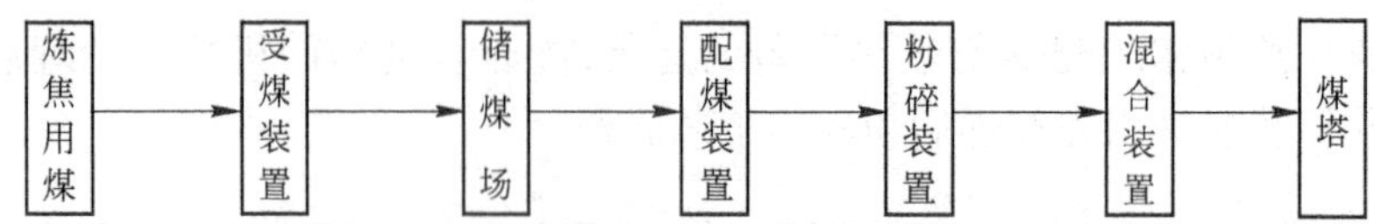

图 2-2-4　分组粉碎工艺流程

根据煤岩学的研究,镜煤和亮煤属煤的活性组分,结焦过程中起黏结作用,但抗碎性差;而丝炭和暗煤是惰性组分,抗碎性强,在炼焦过程中不起黏结作用。一般情况下,在配煤生产过程中,暗煤、硬丝炭、矿化镜煤和页岩等惰性组分集中在装炉煤料的粗粒级内,而镜煤、亮煤和软丝炭则集中在细粒级内。

在粉碎处理炼焦煤料时,如果多种煤料混合在一起进行粉碎处理,为了达到规定的粉碎细度,抗碎性差的镜煤、亮煤就会过度粉碎,而惰性物质仍存在于大粒级中。根据炼焦原理,这些惰性组分应粉碎到合适的粒度,以消除成焦后的裂纹中心,但也不能过度粉碎,因为粉碎过细会使煤料表面积增大,结焦过程中需要较多的黏结组分进行黏合;对于黏结组分来说,也不宜过细粉碎。所以,分组粉碎工艺就是根据炼焦煤的煤质及粉碎性的差异进行分组,根据每组煤质选择合适的粉碎细度,确保装炉煤粒度、粒级分布均匀合理,以利于提高焦炭质量和多配弱黏结性煤炼焦。

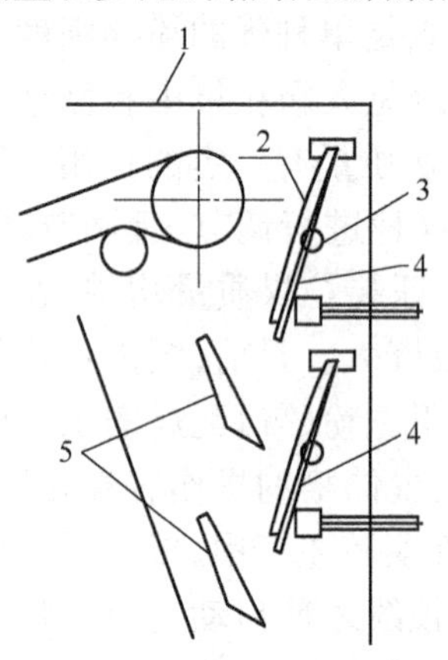

图 2-2-5　混合溜槽结构
1—混合溜槽本体;2—不锈钢衬板;3—振动器;4—上下可调节折流板;5—上下固定折流板

该流程在实际生产中,根据同种煤不同矿点煤质的差异进行配煤及粉碎处理,可确保装炉煤质量长期均衡、稳定,从而保证焦炭质量稳定。分组粉碎后的炼焦煤必须经混合装置充分混合后才能送煤塔供焦炉炼焦生产。

采用分组粉碎工艺流程,粉碎后的煤料呈分层状态,为了生产质量均匀的焦炭,就必须设置混合装置,混合装置建议采用混合溜槽。混合溜槽内设有 4 块斜板式的折流板,上下交错排列,分层送来的煤料通过混合溜槽时,自上而下反复折流从而达到混匀效果。经测定,混合溜槽前混合度为 21.7%,经过混合溜槽混合后,混合度可达 96.7%,完全达到甚至超过机械混合机的效果。混合溜槽结构简单,运行可靠,与机械混合机相比,可以节省投资及操作费用,国内已有多个项目采用,取得了很好的效果。混合溜槽结构如图 2-2-5 所示。

2.2.2　煤的解冻与破碎

2.2.2.1　煤的解冻

A　解冻的必要性

地处寒冷、严寒地区的焦化厂,冬季采用铁路运输的炼焦煤往往在运输途中冻结。冻结一般发生在车辆的底部、侧部和顶部,其冻层厚度视煤种、水分、粒度、运输时间和气温等因素而异。为了保证企业用煤和车辆周转,处于该地域的焦化厂大都建立了解冻库,将来煤被冻结的车辆推入解冻库解冻,解冻后再进行卸车。这样就能做到:

(1) 来煤及时卸车,满足生产用煤的需要,保证焦炉生产的连续和稳定;

(2) 缩短卸车时间,加快车辆周转,提高运输效率;

(3) 减轻工人的劳动强度,改善工人的操作条件;

(4) 充分利用卸车设备,提高生产效率,降低生产费用。

B 解冻库的形式

解冻过程是利用焦炉煤气或高炉煤气燃烧产生热量,以传导、对流和辐射的方式传给车辆内被冻结的煤料,使煤料温度升高、冻层融化,从而达到解冻的目的。我国焦化厂采用的解冻库形式主要有:热风式解冻库和煤气红外线解冻库。

a 热风式解冻库

热风式解冻库是将煤气在燃烧炉内燃烧产生的600~800℃热废气与部分冷空气及从库内循环回来的约110℃的废气混合,使气体温度降到180~250℃后,由鼓风机送入密闭的解冻库房内,依靠强制对流的方式传热,解冻车辆中的冻煤。

热风式解冻库主要由燃烧炉、鼓风机室、仪表室、解冻库房以及热风管道和废气循环管道等组成。其布置如图2-2-6所示。

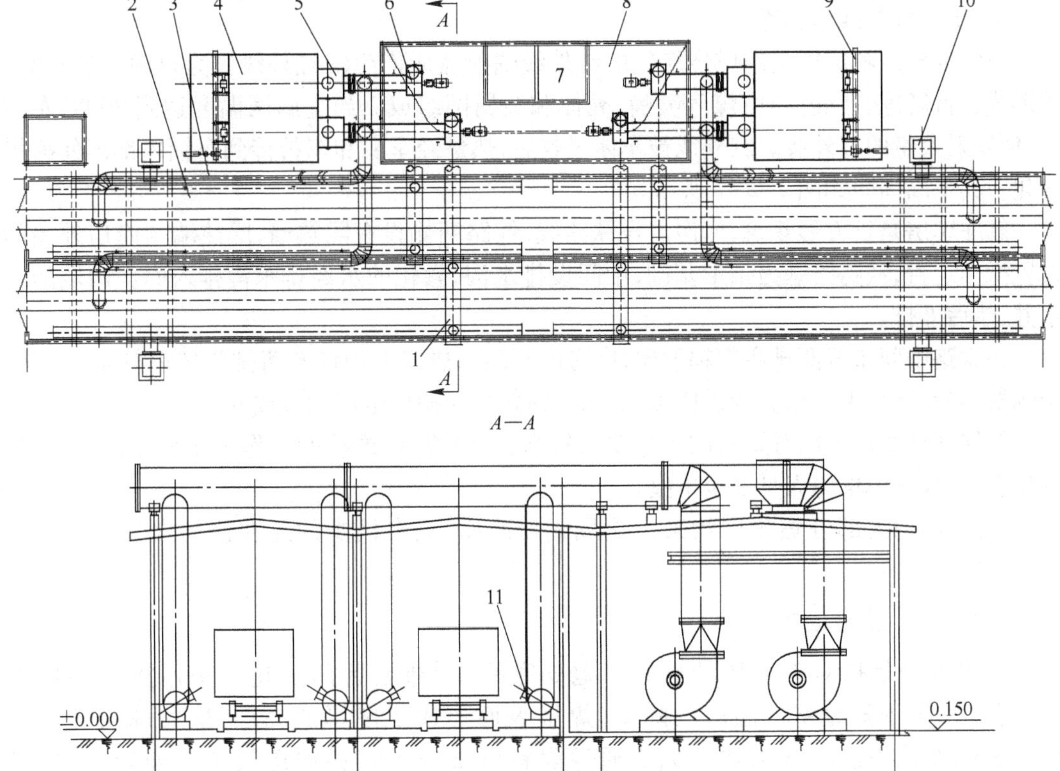

图2-2-6 热风式解冻库平断面图

1—热风管;2—解冻库房;3—废气循环管;4—燃烧炉;5—混合室;6—鼓风机;7—仪表操作室;8—鼓风机室;9—煤气引入管;10—废气放散烟囱;11—热风嘴

大部分解冻库的燃烧炉都是由黏土砖和隔热砖砌成，配有煤气管道及喷嘴，煤气经喷嘴与空气混合后在炉内燃烧产生高温废气。煤气量由烧嘴阀门调节，空气量由风门开度及鼓风机的风量调节阀门进行调节。燃烧室温度应不大于900℃，燃烧室产生温度为600～900℃的热废气在燃烧室后部的混合室与库房来的约110℃的循环废气混合成180～250℃热废气送入库房，废气温度可由送入燃烧炉的煤气量、循环废气量来调节。新建热风式解冻库大都采用热风炉代替燃烧炉产生高温废气，既节能、环保又满足安全生产的要求。

鼓风机的作用是将空气吸入燃烧室保证煤气充分燃烧，并将循环废气吸入混合室与燃烧炉产生的高温烟气混合、加压后通过管道送入库房内形成强制对流解冻。实际生产中，应保证鼓风机出口温度在180℃以上，这样才能尽快解冻。鼓风机出口设有废气流量调节阀门，通过调节阀门开度调整送入库房内的热风量。废气流量调节阀门是一个灵活控制解冻库温度的手段，但一般操作时极易遗忘而只注意燃烧炉温的调节，特别是当炉温已达900℃而库房内温度偏低时，只有加大送风量才能解决问题。

热风式解冻库房内温度不能太高，因为热风管正对车辆下侧部，且库内温度基本一致，车辆上的软管、制动器、三通阀、油箱等不耐热部件被加热容易损坏。因此，铁路部门要求热风式解冻库房内的最高温度不超过110℃。

b　煤气红外线解冻库

煤气红外线解冻库是用燃烧煤气的红外线辐射器所产生的红外线作为热源，以热辐射的形式进行解冻。辐射器由煤气喷嘴、壳体和金属网组成。当金属网温度达到800℃左右时，便发射大量的红外线。红外线被车体吸收后，热量经车底和车帮传到车辆内部而使冻煤融化。其平断面图如图2-2-7所示。

解冻库房是长方形建筑，库房内设铁路线，铁路两侧设有隔热墙，隔热墙与库房外墙间设置操作走台，铁路路基为条形基础，中间设排水沟，融化的水经排水沟排入库房两端的集水井，然后外排。

在铁路中间布置两排底部辐射器，库房内两侧隔热墙上均设有两排侧部辐射器，一般4个辐射器为一组，由一根支管供应煤气，每组辐射器在操作走廊调节或开关煤气。

煤气红外线解冻库对煤气的质量要求较高，库内检修、维护的工作量较大，特别是极易发生着火、煤气中毒等人身安全事故。

目前，国内大部分焦化厂均采用热风式解冻库，只有极少的还在使用煤气红外线解冻库。

2.2.2.2　煤的破碎

煤的破碎是指对冻煤块的破碎。地处寒冷、严寒地区的焦化厂采用露天煤场堆存炼焦煤，冬季随着室外温度的降低，煤堆表面形成了厚厚的冻层，这些冻层在人工或机械的作用下破碎成冻块。冻块通过取料设备进入煤料输送及加工处理工序，极易堵塞输煤系统带式输送机溜槽及斗槽箅子，还会影响配煤系统的准确性，造成煤处理系统不能正常运行。因此，处于该地区的焦化厂需在储煤场后设置破碎装置。破碎装置的主要设备为双齿辊破碎机，如图2-2-8所示。图2-2-8所示设备为一台电机带动两个齿辊相对旋转，还有两台电机各带一个齿辊相对旋转的破碎机，其功能作用也是一样的。

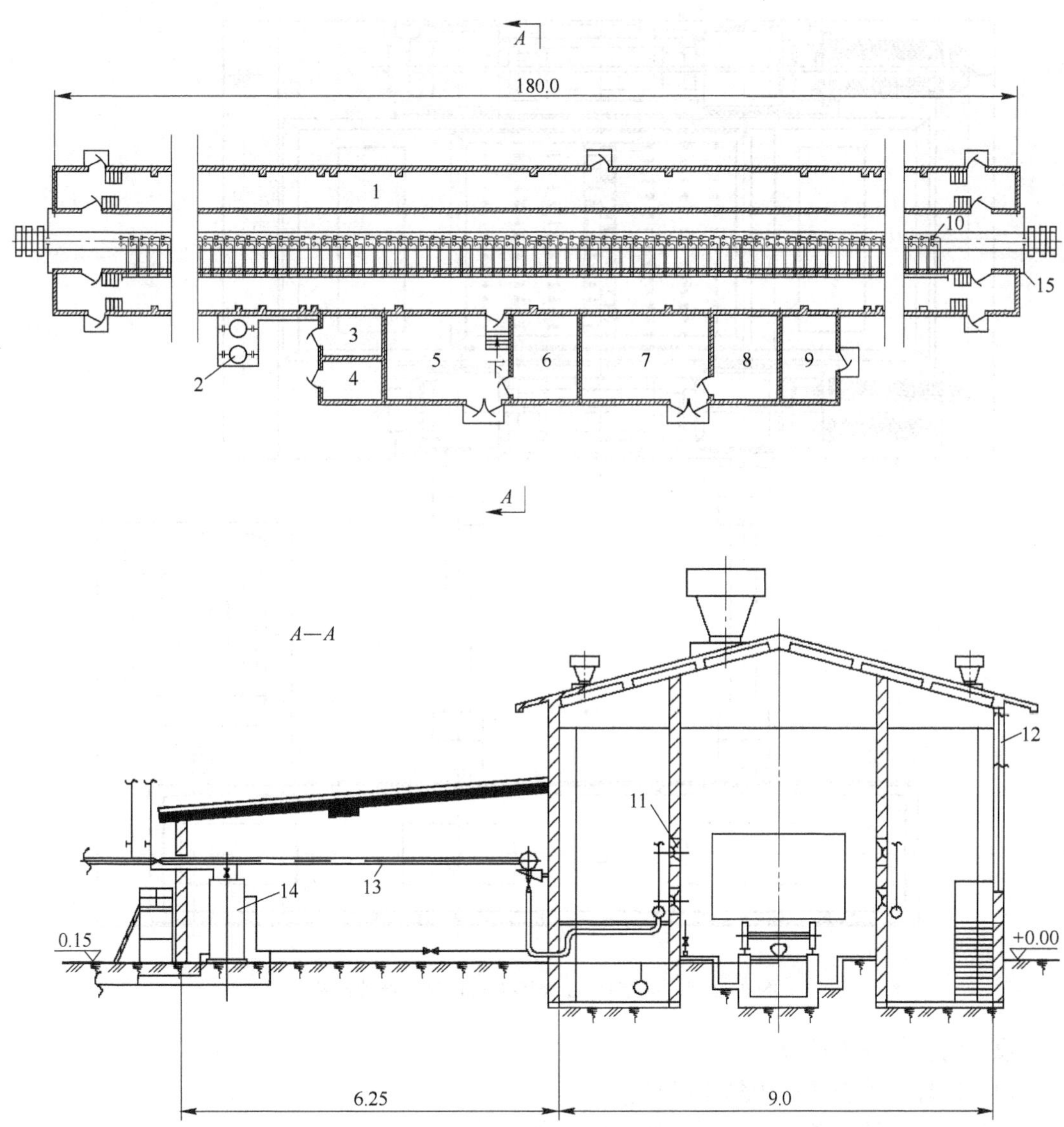

图 2-2-7 煤气红外线解冻库平断面图

1—操作走廊;2—储气罐;3—空气压缩机室;4—配电室;5—仪表操作室;6—煤气操作室;7—维修间;8—备品间;9—工人休息室;10—底部辐射器;11—侧部辐射器;12—可调节百叶窗;13—煤气主管;14—水封槽;15—库房大门

生产中,混有冻块的煤料经除铁器吸净铁件并通过双齿辊破碎机上部箅条筛筛分,其中粒度不小于 80 mm 的冻块进入破碎机,通过双齿辊的挤压达到破碎的目的。破碎机齿辊直径一般不小于 900 mm,入料粒度为 500 ~ 900mm,破碎量按来煤的冻块率确定,约为输煤系统能力的 20% ~30% 。

破碎机启动前应详细检查设备是否处于良好状态和有无障碍,彻底清扫破碎机和溜槽内的残煤、杂物,并确认箅条筛处于工作位置,下游输送系统运行正常后才能启动破碎机,只有破碎机运行正常后其上游设备才能启动并输送煤料。

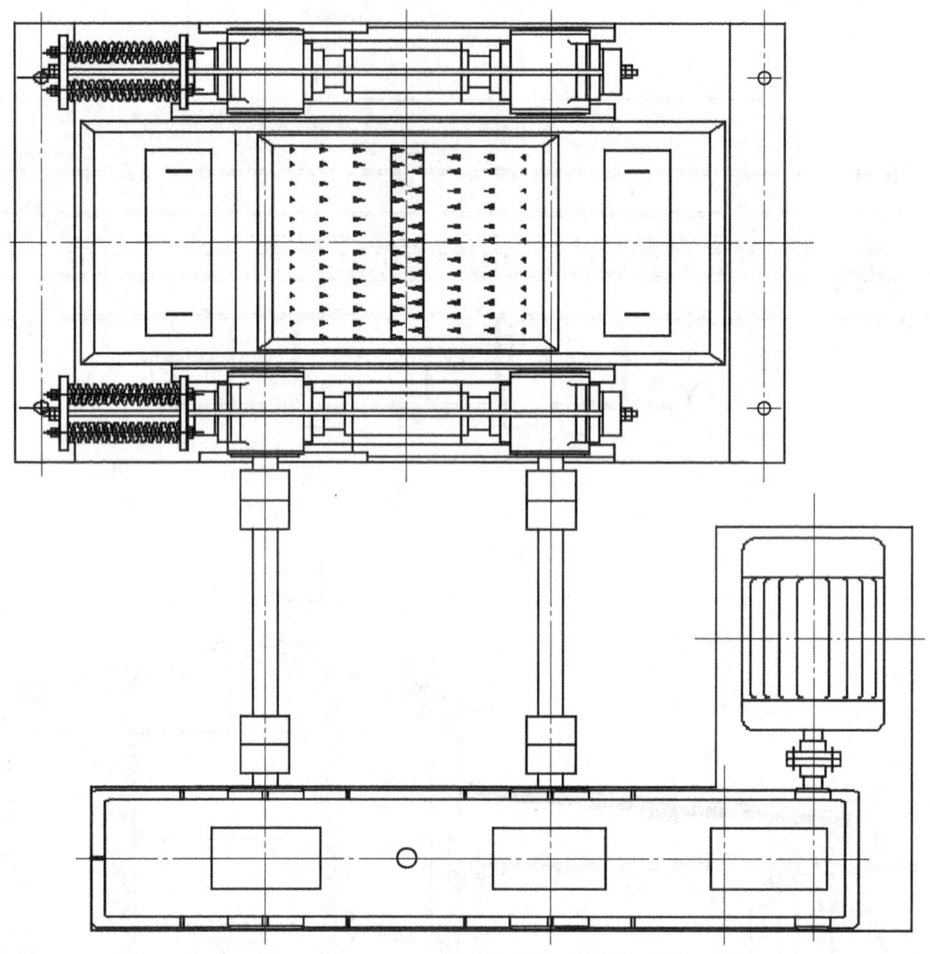

图 2-2-8　ϕ1000 mm × 1000 mm 双齿辊破碎机

设备的检修与维护包括：

(1) 破碎机外壳和溜槽禁止敲打；

(2) 停止运转的破碎机必须做到一班一净；

(3) 破碎机内有煤和杂物时，未清除前禁止启动；

(4) 破碎机未达到正常运转时不准进料；

(5) 电动机温升为 65℃，轴承温升为 45℃；

(6) 电动机在冷态下启动不准超过 2 次，在热态下启动不准超过 1 次；

(7) 检查破碎机转动部件的润滑情况，如有问题应立即修好；

(8) 检查破碎机弹簧、滑板是否灵活，发现问题及时维修，不能带病运行；

(9) 设备检修后必须进行空负荷试车。

2.2.3　煤的接受及其设备

2.2.3.1　原料煤接受

煤的接受是煤处理的第一道工序，由受煤装置完成卸车任务。受煤装置的卸车能力根据工厂生产规模、一次最多进厂车辆数及铁路(公路)允许卸车时间(由厂方与当地铁路局协议确定)等相关数据确定。受煤装置内设来煤在线自动采制样装置,与卸车设备连锁操作。卸下来的煤料通过带式输送机送至储煤设施堆存。来煤在卸车前应做好下列工作:

(1) 来煤车辆的计量;

(2) 调度室根据运输部门提供的来煤批次、数量,通知质量检验部门进行采样;

(3) 质量检验部门按《商品煤样采取方法》(GB 475)和《煤炭机械化采样第 1 部分:采样方法》(GB 19494.1)标准的要求进行采样,按《煤样的制备方法》(GB 474)和《煤炭机械化采样第 2 部分:煤样的制备》(GB 19494.2)标准的要求进行制样,再按《煤中全水分的测定方法》(GB/T 211)、《煤的工业分析方法》(GB/T 212)、《煤中全硫的测定方法》(GB/T 214)标准进行化验分析,确认来煤的水分、灰分、挥发分、硫分等是否符合合同要求;

(4) 若来煤质量相对稳定或属大型煤矿供应,采样后即可安排卸车;若来煤质量波动较大或属小矿点采购,则应待质检部门检验合格后方可卸车;

(5) 翻车机受煤斗槽或受煤坑在每次更换煤种时,必须彻底清扫干净;

(6) 各单种煤的堆存场地必须清洁,煤场的存煤用完后在堆存新煤前必须将陈煤清扫干净;

(7) 采用大型筒仓储煤更换煤种时,必须将筒仓放空并清扫干净;

(8) 卸车前一定要核对货票、车号是否一致,以免卸错混质。

炼焦用煤大都采用铁路、公路的运输方式,部分企业采用水路的方式运输。水路运输时,卸船装置由航运部门进行设计。在此重点介绍铁路、公路运输时受煤装置的工艺及设备。铁路来煤时采用翻车机自动卸车作业线或螺旋卸车机受煤坑进行卸车,汽车来煤时若是自卸车可到受煤坑自动翻卸,非自卸车采用汽车螺旋卸车机受煤坑进行卸车。

2.2.3.2 受煤装置

A 翻车机自动卸车作业线

翻车机自动卸车作业线可布置为通过式(见图 2-2-9(a))和折返式(见图 2-2-9(b))两种形式。

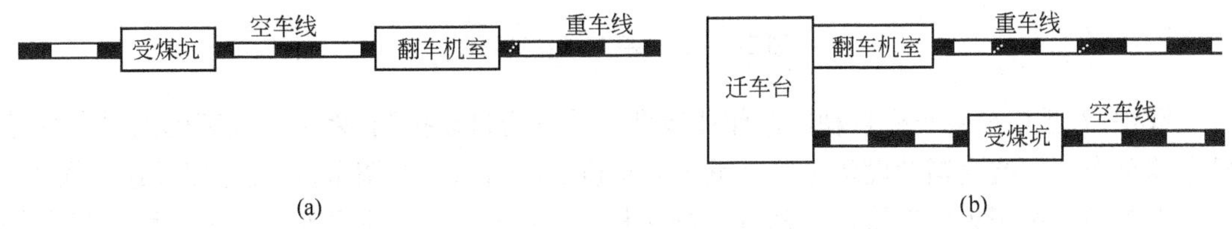

图 2-2-9 翻车机自动卸车作业线布置形式

(a) 通过式;(b) 折返式

通过式翻车机自动卸车作业线如图 2-2-9(a)所示,其重车线和空车线布置在翻车机室的前后。这种配置形式占地宽度小,但所需卸车线较长,特别适用于多车翻卸和专用车翻卸。目前,国内焦化厂基本未采用该种方式布置翻车机自动卸车作业线。

折返式翻车机自动卸车作业线如图 2-2-9(b)所示,其重车线和空车线并排布置在翻车机室进车侧,重车卸车后由迁车台将空车送至空车线。这种配置形式占用线路长度较短,工艺配置灵活方便。

FZ1 -2 型 C 形翻车机自动卸车作业线平面图如图 2-2-10 所示，翻车机室剖面图如图 2-2-11 所示。

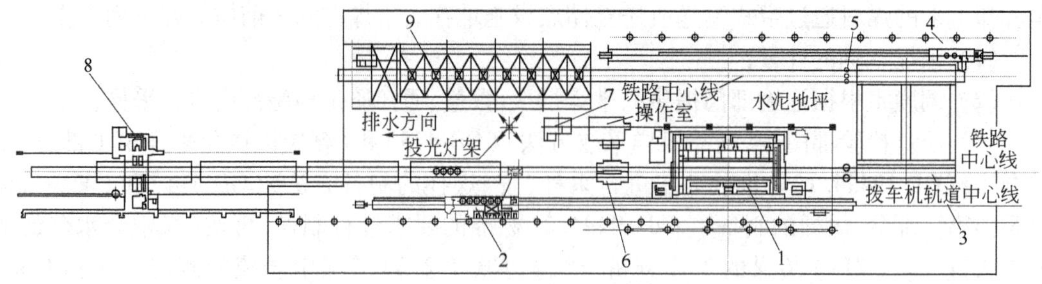

图 2-2-10　FZ1 -2 型 C 形翻车机自动卸车作业线平面图

1—翻车机；2—重车调车机；3—迁车台；4—空车调车机；5—单向止挡器；
6—夹轮器；7—囊式除尘器；8—入厂煤采制样装置；9—受煤坑

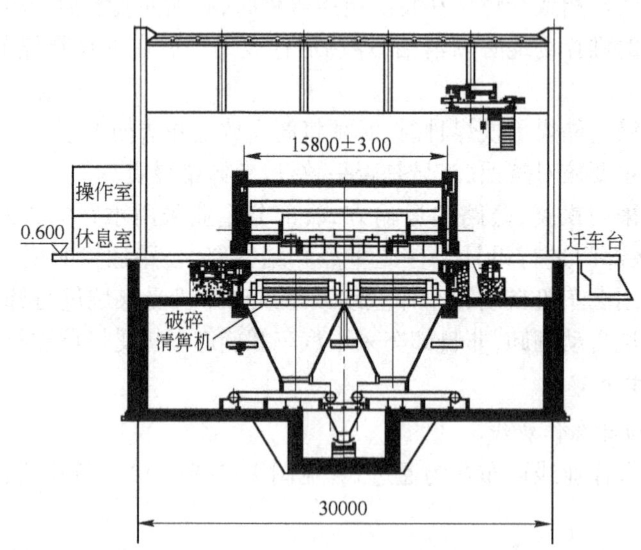

图 2-2-11　翻车机室剖面图

FZ1 -2 型 C 形翻车机自动卸车作业线调车系统为自动控制，采用一整套辅助设备代替机车调车作业。这套辅助设备主要有重车调车机、迁车台、空车调车机、夹轮器及逆止器等。

重车调车机用来拨送铁路车辆进入翻车机，并使其在规定的位置上定位。翻车机翻卸后，调车机再将空车辆推出翻车机送入迁车台定位。

迁车台把空车辆（或翻车机无法翻卸的车辆）从重车线移送至空车线上。

空车调车机与迁车台配合作业。当迁车台运载的空车辆进入空车线后，空车调车机把空车辆（或无法翻卸车辆）推出迁车台在空车线上集结成列并送至受煤坑清扫车底或用螺旋卸车机进行无法翻卸车辆的卸车作业。

翻车机卸车作业线卸车能力为 20 辆/h，适用车型为 C60、C62、C70、C70H、C80 等铁路现行车辆。车辆长度为 11938 ~ 14038 mm；车辆宽度为 3100 ~ 3243 mm；车辆高度为 2993 ~ 3793 mm。

翻车机、重车调车机、迁车台、空车调车机、夹轨器共用一个操作室，内设冷暖空调。操作室用于PLC的集中手动、单机自动、全线自动操作和监视，所有的自动操作、单机自动操作、集中手动操作均有各自的动作状态指示，可使操作人员全面了解操作情况。机侧操作箱在应急和调试操作时使用，操作箱内设有操作PLC集中手动、自动操作的选择开关，为防止误操作，这个选择操作开关必须用钥匙控制。机侧操作和集中手动操作时各设备动作都有终点限位保护。翻车机的进出端设有光电检测开关。重车调车机自动控制时，各定点位置受光电编码器的数值和接近开关的双重控制。整列车中可能会有长、中、短不同类型车辆，自动控制时重车调车机可检测出车辆类型，并能准确地将车辆与翻车机对位，防止翻车机两端载荷不均。在卸车线上，除具有各设备连锁保护控制外，各单机设备动作机构也具备连锁保护。各设备除设故障声光报警外，还设有启动声光提示，以保证安全。

FZ1－2型C形翻车机自动卸车作业线设备组成主要有下列几种：

（1）FZ1－2型C形翻车机。FZ1－2型C形翻车机主要由转子、托辊、驱动装置、夹紧装置、靠板装置、振动器和液压系统等组成。翻车机采用固定平台、液压驱动的靠车及压车装置，活动靠车板上设有振动器，以振掉车厢内的余煤。带有喷雾嘴的除尘水管安装在翻车机转子上，由设于地面上的高压软管供水，与转子翻车周期同步作业。

主要参数为：

额定翻转质量	110 t
最大翻转质量	130 t
最大回转角度	175°
正常回转角	约165°
回转周期	<60 s
转子环轨中心距	15800 mm
平台形式	固定式

电源为三相380 V、50 Hz，电动机防护等级为IP54，装机总容量约为155 kW。采用变频调速。压车机构为液压压车；靠车机构为液压靠车（侧墙立柱内倾总弯矩）；振动器数量为4个；除尘装置用水量为16 m^3/h。

（2）重车调车机。重车调车机主要由车体、牵车臂、提销装置、驱动系统、行走导向系统、地面齿条装置和电气系统等组成，它通过光、电信号自动定位，定位精度为±50 mm。牵车臂上设有2个车钩，牵车臂的升降为液压驱动，牵车臂头部振幅为－5～＋5 mm。重车调车机走行为交流变频调速，采用悬挂电缆供电、齿轮齿条传动。

车轮摘钩方式为液压自动摘钩，调车臂起落方式为液压驱动。

（3）空车调车机。空车调车机主要由车架、驱动装置、推车臂、提销机构、行走导向系统、地面齿条装置、电气系统和液压装置等组成。

主要参数为：

传动形式	齿轮齿条
调速方式	变频调速
调车臂起落方式	固定方式
供电方式	软电缆

（4）迁车台。迁车台主要由走行部分、车架、胀轮器、缓冲装置、对位装置、滚动止挡和

液压系统组成。迁车台在重车线、空车线停车对轨时要求平稳、可靠、无冲击。

主要参数为：

形式	销齿传动
对空车线股道	单股道
额定载质量	30 t
最大载质量	130 t
迁车行程	按工艺布置确定
调速方式	变频调速
供电方式	软电缆

（5）夹轮器。夹轮器是翻车机卸车系统的主要设备之一，用以夹紧重车线上待翻卸车辆的前轮组，防止整列车溜车和重车调车机后钩对车辆的挂钩冲击，是实现自动运行的重要设备。

主要参数为：

形式	浅基坑式
适用车辆	C60、C62、C70、C70H、C80 等
适用轨道型号	50 kg/m
允许进车速度	0.7 m/s

（6）逆止器。逆止器采用随动式结构，允许车辆在迁车台到达重、空车线时在规定的方向运行，反之则挡住车轮，逆止器在迁车台到达重、空车线时可以满足车辆逆向运行的特殊需要。逆止器适用轨道型号为 50 kg/m，安装位置为迁车台重车线进车端、空车线出车端。

（7）入厂煤采制样装置。为了减轻质检部门采制样的工作量，在翻车机室入口处设有入厂煤在线自动采制样装置（详见 2.2.8 节），与翻车机自动卸车作业线连锁作业。自动采制样装置完成采样后，重车调车机才能拨送车量进入翻车机，在重车调车机作业时，自动采制样装置必须停止采样，但可继续完成制样的工作。

（8）破碎清算机。翻车机卸下的煤料直接入斗槽储存，斗槽入口设有破碎清算机。该设备与翻车机连锁作业，翻车机完成翻卸空车回转时，破碎清算机沿轨道前进，将停留在槽口箅子上的大块煤及各种柔性杂物破碎、剪切，使之下落，从而彻底清理煤箅，避免煤箅被堵塞，影响翻车机卸车作业。当重车调车机拨送重车进入翻车机时，破碎清算机快速退回机窝，避免被翻卸下来的煤料埋没。该机的主要性能为：

被破碎物料	冻煤、块煤及草绳、编织袋等柔性物料
最大破碎粒度	煤块 <950 mm
破碎辊直径	ϕ1000 mm

装机总功率为 105 kW，电源为 380 V、50 Hz，电动机防护等级为 IP54，在封闭厂房内工作。箅子孔尺寸为 300 mm × 300 mm（上小下大）。操作方式为自动 + 手动。

破碎辊上圆周均布 3 个破碎头及破碎刀片，破碎头及破碎刀片均可更换。机内设有固定刀座和回转刀片，由固定刀座和回转刀片相对运动进行撕裂、剪切柔性杂物。清算破碎机设有轨道清扫装置清除轨道上堆积的煤料，防止机器被卡阻。为避免设备在轨道上打滑，清算破碎机走行机构为机械销齿驱动方式，采用变频调速控制设备前进和后退的行走速度。

在破碎辊的传动系统中采用限矩型液力耦合器对电机及破切辊进行过载保护,轨道两端设置保险缓冲器确保设备运行安全。清算破碎机还设有手动回退装置,设备运行故障时,可通过人工手动将设备退回到起始位置,不会影响翻车机卸车作业。

(9) 钻松机。通过钻松机的钻杆机构钻进火车车厢内的冻煤,松动冻煤并把冻块破碎,或钻进板结严重的煤料使其松动,以方便卸车。钻松机可与翻车机自动卸车作业线和螺旋卸车机配合作业,上述设备不能直接卸下的车辆,通过该机松动后再进行卸车,可实现全部机械化作业,减轻工人劳动强度,缩短车辆周转时间。TSD－H1 钻松机如图 2-2-12 所示。

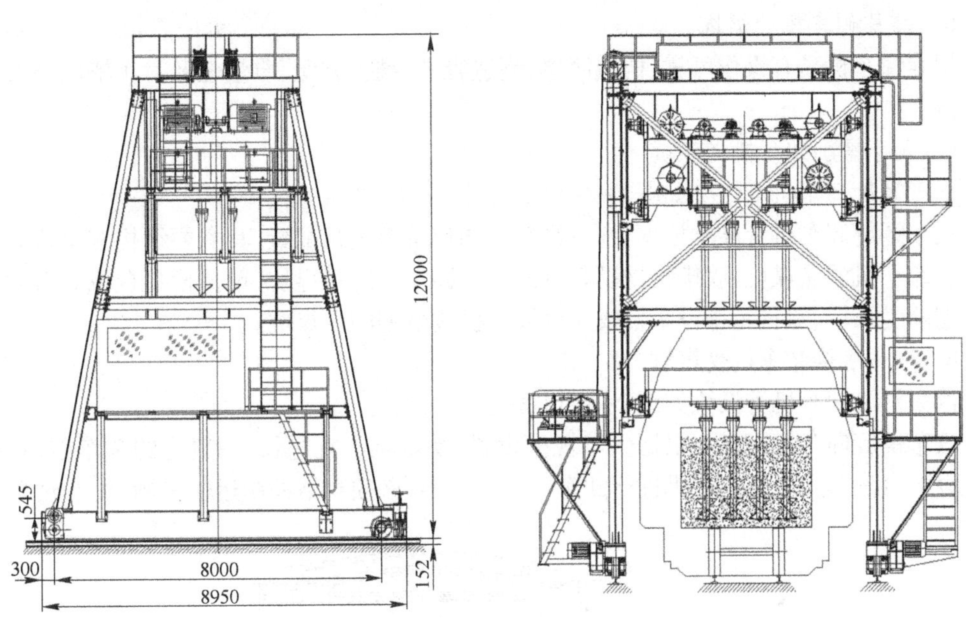

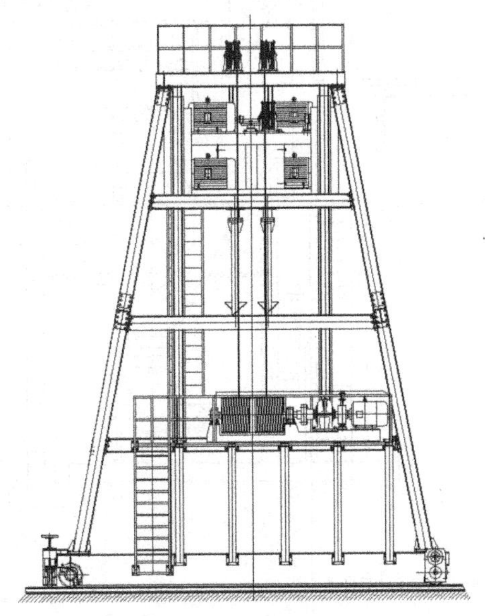

图 2-2-12　TSD－H1 钻松机

钻松机主要由大车及走行机构、小车及升降机构（钻杆进钻机构）、传动齿轮箱、钻杆机构及电气控制系统组成。设备主要性能为：

结构及外形尺寸	门式跨单股道，轨距 6 m
适用车型	C61、C62、C64、C64K、C70、C70H、C80 等铁路现行车辆
系统能力	深度冻结的车辆松动每节车皮约 30 min，其他板结车厢 10 ~ 15 min
最大松动深度	≥2000 mm
控制方式	手动

B　螺旋卸车机受煤坑

螺旋卸车机具有操作可靠、构造简单、制造容易、维护方便、质量轻及对车辆的适应性好等特点。

a　火车螺旋卸车机受煤坑

火车螺旋卸车机受煤坑如图 2-2-13 所示。

火车螺旋卸车机受煤坑根据生产规模、总图位置等进行配置，其主要结构有单排设 2 台或 3 台卸车机的受煤坑、双排每排设 2 台或 3 台卸车机的受煤坑、单排设 2 台或 3 台卸车机浅槽型的受煤坑、双排每排设 2 台或 3 台卸车机浅槽型的受煤坑。

b　汽车螺旋卸车机受煤坑

汽车螺旋卸车机受煤坑如图 2-2-14 所示。

汽车螺旋卸车机受煤坑根据生产规模设置，受煤坑不宜过长，一般为约 2 车位，每排受煤坑设 1 台汽车用螺旋卸车机进行卸车。在生产中，必须严格控制运输车辆，决不允许超重

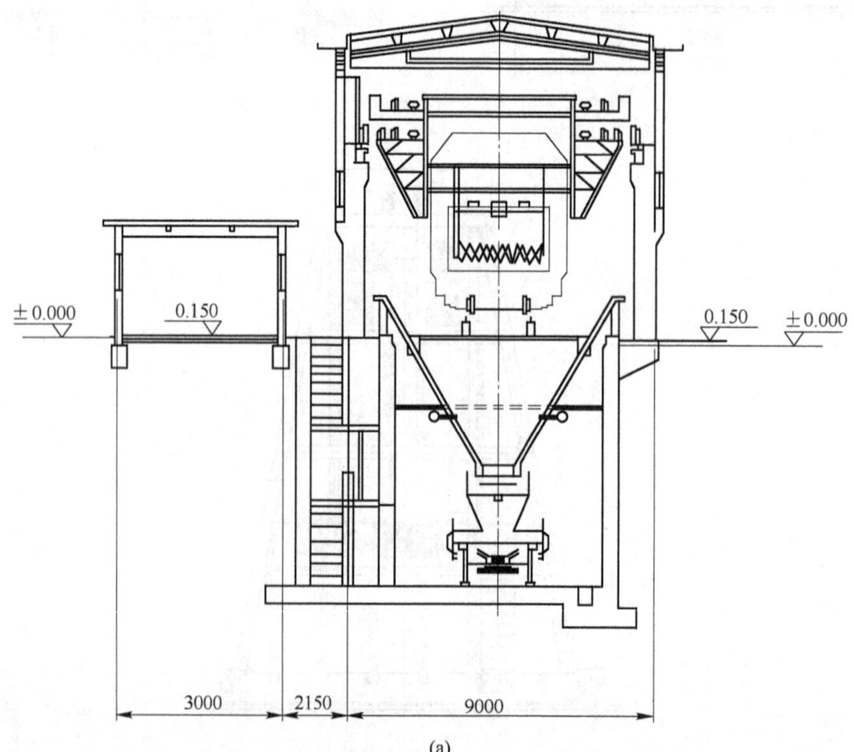

(a)

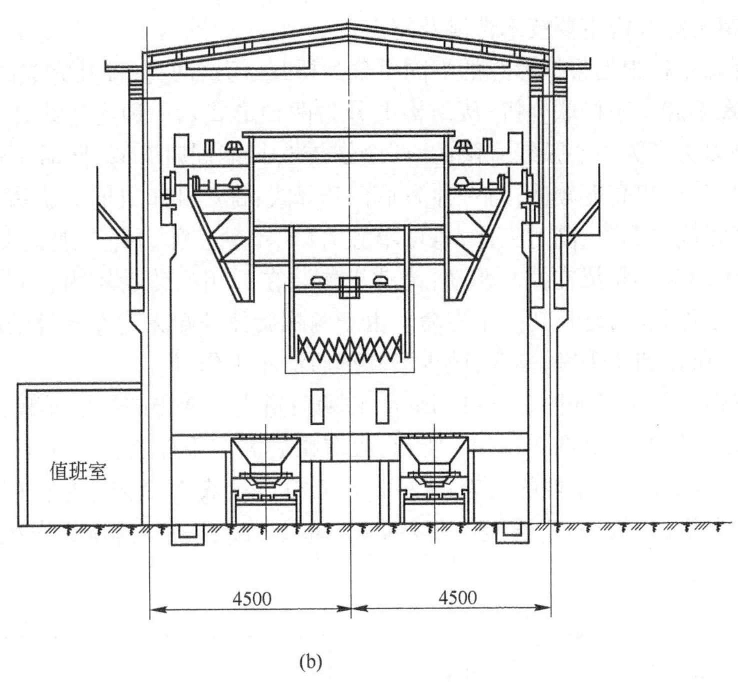

(b)

图 2-2-13　火车螺旋卸车机受煤坑

(a) 常规受煤坑;(b) 浅槽形受煤坑

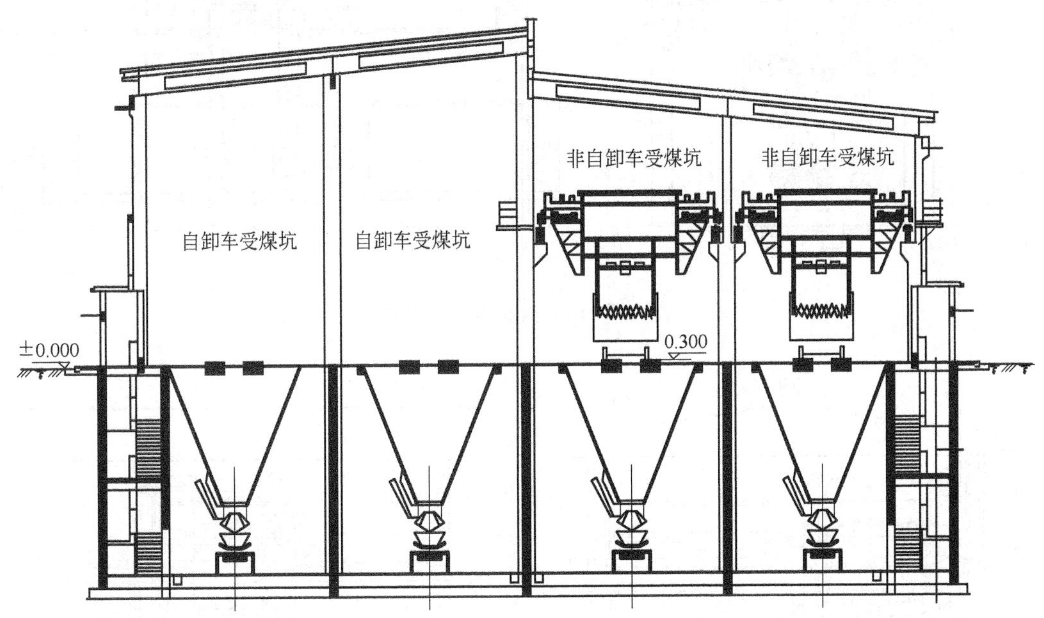

图 2-2-14　汽车螺旋卸车机受煤坑

的车辆进入受煤坑,以免造成安全事故。

运煤车辆进厂后先到汽车采制样装置(详见 2.2.8 节)按 GB 475、GB 19494.1、GB 474、GB 19494.2、GB/T 211、GB/T 212、GB/T 214 等标准进行采样、检验,质量合格后方可过秤、卸车。

c　螺旋卸车机主要技术性能及特点

螺旋卸车机根据整体形式的不同可分为桥式、门式两类；按其完成的工作任务分为螺旋卸车机、螺旋卸车采样联合机；从结构上分为两种形式。一种为弧线升降式：螺旋卸车机的螺旋头是以大车为中心弧线升降的，两个螺旋头只能同时升降、同时工作，此种螺旋卸车机结构简单，其厂房高度较低；另一种为垂直升降式：螺旋卸车机的螺旋头是垂直升降的，两个螺旋头既能同时升降、同时工作，也可单独升降、单独工作。每个螺旋头由正反螺旋呈对称布置，由中间T形箱梁支撑并驱动，传动机构装在封闭的传动箱内，不与被卸物料接触，改善了传动工作状况，延长其使用寿命。由于两螺旋体外端无支撑臂及轴承阻挡，螺旋的有效长度增长，所以卸车干净、彻底，减少了卸车后清车工作量。

汽车螺旋卸车机如图2-2-15所示，跨两股道火车螺旋卸车采样联合机如图2-2-16所示，火车螺旋卸车机如图2-2-17所示，火车螺旋卸车采样联合机如图2-2-18所示。弧线升降式螺旋卸车机技术性能见表2-2-1，垂直升降式火车螺旋卸车机（桥式）及火车螺旋卸车采样联合机（桥式）技术性能见表2-2-2，垂直升降式汽车螺旋卸车机（桥式）技术性能见表2-2-3。

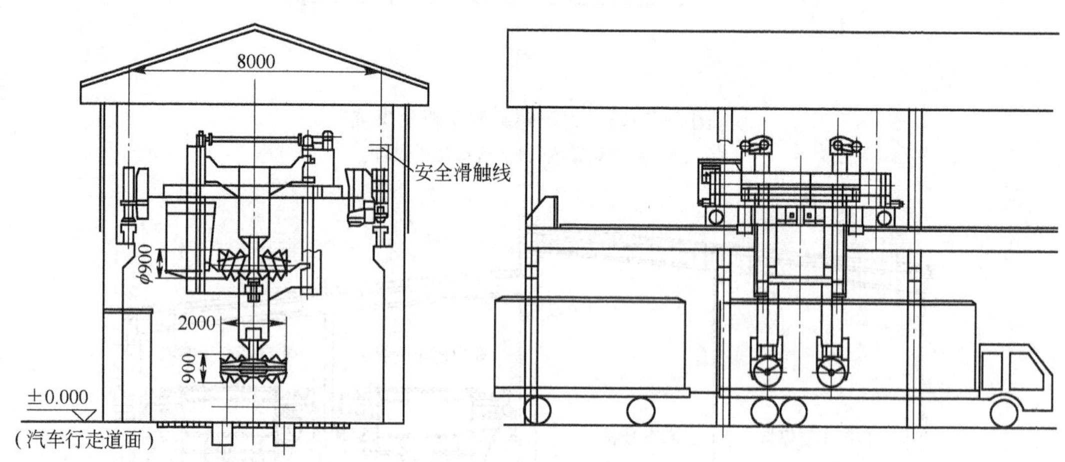

图2-2-15　汽车螺旋卸车机

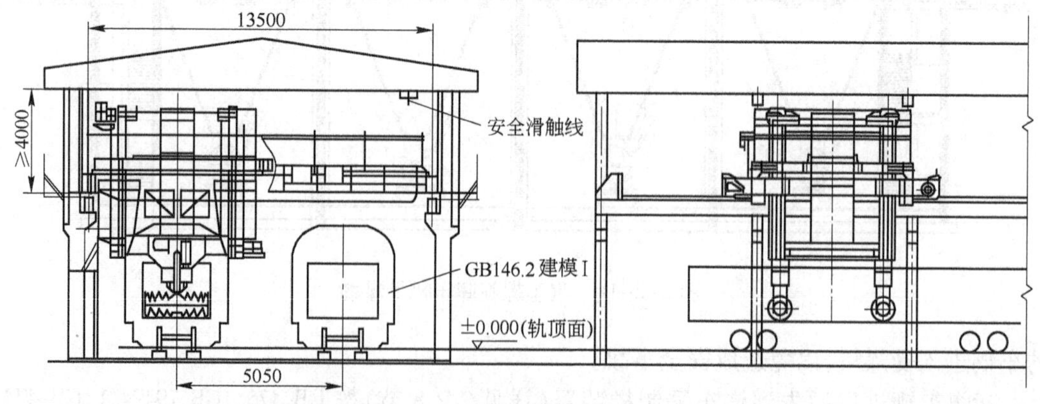

图2-2-16　跨两股道火车螺旋卸车采样联合机

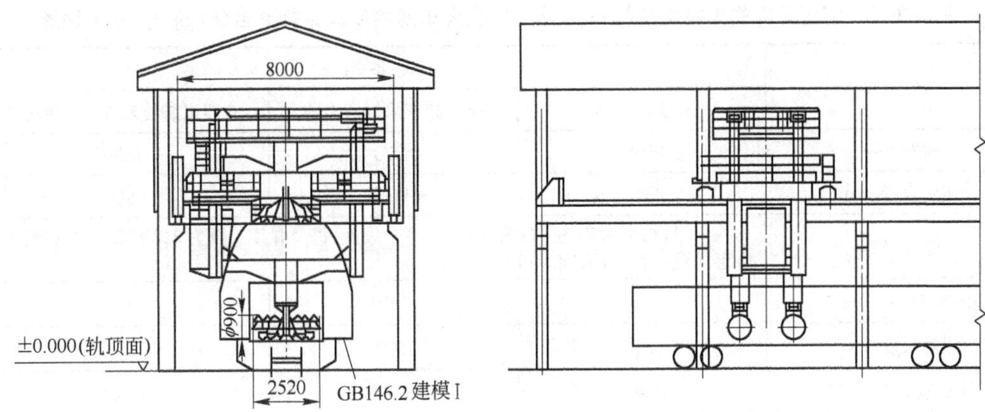

图 2-2-17 火车螺旋卸车机

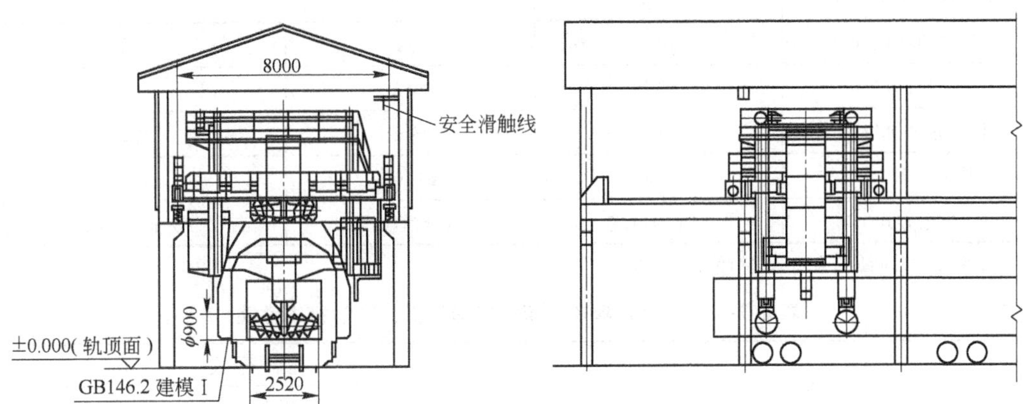

图 2-2-18 火车螺旋卸车采样联合机

表 2-2-1 弧线升降式螺旋卸车机技术性能

名 称	卸车机形式	
	L_k =8000 mm(桥式)	L_k =8000 mm(门式)
轨距/mm	8000	8000
螺旋直径/mm	900	900
螺旋头数	3	3
螺旋转速/r·min^{-1}	约 100	约 100
螺旋长度/mm	2000	2000
卸车能力/t·h^{-1}	约 350	约 350
车箱余煤/kg	约 200	约 200
卸一辆车时间/min	6~7	6~7
开车门时间/min	约 2	约 2
关车门时间/min	约 2	约 2
清车底时间/min	约 4	约 4
大车行走速度/m·min^{-1}	13.65/27.12	17.7/35.8
装机功率/kW	约 63	约 63

注：清车底时间是按配 4 人进行清扫计算的。

表 2-2-2　垂直升降式火车螺旋卸车机(桥式)及火车螺旋卸车采样联合机(桥式)技术性能

名　称	设备形式		
	螺旋卸车机	螺旋卸车采样联合机	双股道螺旋卸车采样联合机
轨距/mm	8000	8000	13500
螺旋直径/mm	900	900	900
螺旋结构	共2组,每组为2(左、右螺旋各1个)个螺旋,每个螺旋头数为3,2组螺旋的旋转及升降可单独运行,也可同时运行		
螺旋转速/r·min⁻¹	130	130	130
螺旋长度/mm	2520	2520	2520
卸车能力/t·h⁻¹	约400	约400	约400
车箱余煤/kg	约70	约70	约70
卸一辆车时间/min	3~5	3~5	3~5
开车门时间/min	约2	约2	约2
关车门时间/min	约2	约2	约2
清车底时间/min	约2	约2	约2
装机功率/kW	约80	约100	约175
供电方式	安全滑触线	安全滑触线	安全滑触线

注：清车底时间是按配2人进行清扫计算的。

表 2-2-3　垂直升降式汽车螺旋卸车机(桥式)技术性能

名　称	设备形式
	螺旋卸车机
轨距/mm	8000
螺旋直径/mm	900
螺旋结构	共2组或1组,每组为2(左、右螺旋各1个)个螺旋,每个螺旋头数为3,2组螺旋的旋转及升降可单独运行,也可同时运行
螺旋转速/r·min⁻¹	120
螺旋长度/mm	2000
卸车能力/t·h⁻¹	约400
装机功率/kW	约80
供电方式	安全滑触线

垂直升降式螺旋卸车机、螺旋卸车采样联合机日常的维护与润滑包括：

(1) 开机前检查各连接螺栓是否有松动,开机后注意运转有无异常,是否有异响,发现问题及时紧固或维修。

(2) 开机前检查电控系统各种传感器(光电编码器、接近开关、行程开关等)的安装紧固情况,发现松动或位置变化,及时调整并紧固。

(3) 开机前检查减速机油面高度及有无漏油现象。

(4) 注意大车、螺旋卸车机构、起升机构及其他各种设备运行是否平稳,有无异常振动,声音是否正常,大车有无啃轨现象。

(5) 运转1个月后,更换减速机齿轮油。以后每6个月换油一次,轴承按要求填充适量润滑脂。

(6) 每运行3000 h打开制动电机风扇罩,检查工作间隙,按要求进行调整或更换。

(7) 检查与调整制动器:定期用塞尺检查制动器衔铁间隙,间隙控制在0.3~0.6 mm,最大不超过1 mm,调整时要求各处间隙相等。

2.2.4 煤的储存及其设备

2.2.4.1 储煤基本要求

焦化厂每天要使用大量的各种牌号的炼焦用煤,为了保证焦炉的连续、均衡生产和焦炭质量的长期稳定,焦化厂必须设置储煤设施储存一定量的各种牌号的原料煤。另外,通过露天储煤场中的混匀作业,可使煤质稳定。煤在露天储存期间还能脱去一部分水分。

A 储煤形式

储煤设施基本有3种形式:斗轮堆取料机露天储煤场、大直径筒仓室内煤库和圆形料场。我国焦化厂大部分采用露天储煤场。近几年,由于受场地限制及环保要求,老企业新建了大直径筒仓室内煤库和圆形料场。采用大型室内煤库可节省场地,有利于环境保护。大直径筒仓室内煤库不利于煤料脱水,应采用有效脱水设施。

B 储煤容量

储煤设施应具有一定的容量,其容量大小与焦化厂的生产规模、煤源基地至焦化厂的距离、来煤运输方式等有关。其中以运输方式为主要因素。一般储煤场的操作容量:铁路运输按焦炉15~20天用煤量考虑;公路运输按15~30天用煤量考虑;水路运输按30~40天用煤量考虑。

炼焦用煤储存时间不宜过长,否则容易氧化变质,导致结焦性能降低,甚至引起自燃。炼焦用煤的允许储存时间见表2-2-4。

表2-2-4 炼焦用煤的允许储存时间 (d)

季节与地区		气 煤	肥 煤	焦 煤	瘦 煤
夏 季	北 方	50	80	90	90
	南 方	50	50	90	90
冬 季	北 方	60	80	100	100
	南 方	60	60	100	100

为了避免引起煤的氧化和自燃,应加强储煤堆的管理,做到先储存的煤先用;同时定期检查煤堆温度,当温度高于规定值时,必须及时处理。

C 储煤场操作系数

储煤场操作系数指在正常生产操作情况下,储煤场所能储存的容量。操作容量与总容量之比为储煤场操作系数。储煤场的机械化装备水平直接影响其操作系数的大小。根据某些焦化厂大型机械化储煤场的实际生产数据分析,在来煤供应比较及时的情况下,储煤场操作容量一般按0.65~0.70考虑。

露天储煤场可根据操作容量、煤堆高度和操作容量系数大致确定煤场的储煤面积和总面积。煤场的储煤面积计算式为：

$$F_{\mathrm{H}} = \frac{W}{KH_{\mathrm{m}}\gamma_0} \tag{2-2-1}$$

式中 F_{H}——煤场的储煤面积，m^2；

W——操作容量，t；

H_{m}——实际可能的最大堆煤高度，m；

K——与煤堆形状有关的系数，梯形断面的煤堆 K 为 0.75～0.8，三角形断面的煤堆 K 为 0.45；

γ_0——煤的堆积密度，$\mathrm{t/m^{-3}}$。

煤场的总面积 $F(\mathrm{m}^2)$ 可按下式计算：

$$F = \frac{F_{\mathrm{H}}}{0.65 \sim 0.7} \tag{2-2-2}$$

2.2.4.2　常用储煤设施及设备

A　斗轮堆取料机储煤场

斗轮堆取料机储煤场是我国焦化厂普遍采用的露天储煤形式。它具有储量大、投资省、便于煤料均匀化作业和脱水等优点。随着堆取料机技术性能和自动控制水平的不断完善，堆煤、取煤及更换煤种操作日趋灵活方便，生产过程中可完全避免混煤现象发生，这对于保证配合煤准确性、改善焦炭质量有重要作用。

a　基本要求

(1) 一般平行并列布置 2 台及以上，采用通过式流程。如图 2-2-19 和图 2-2-20 所示。

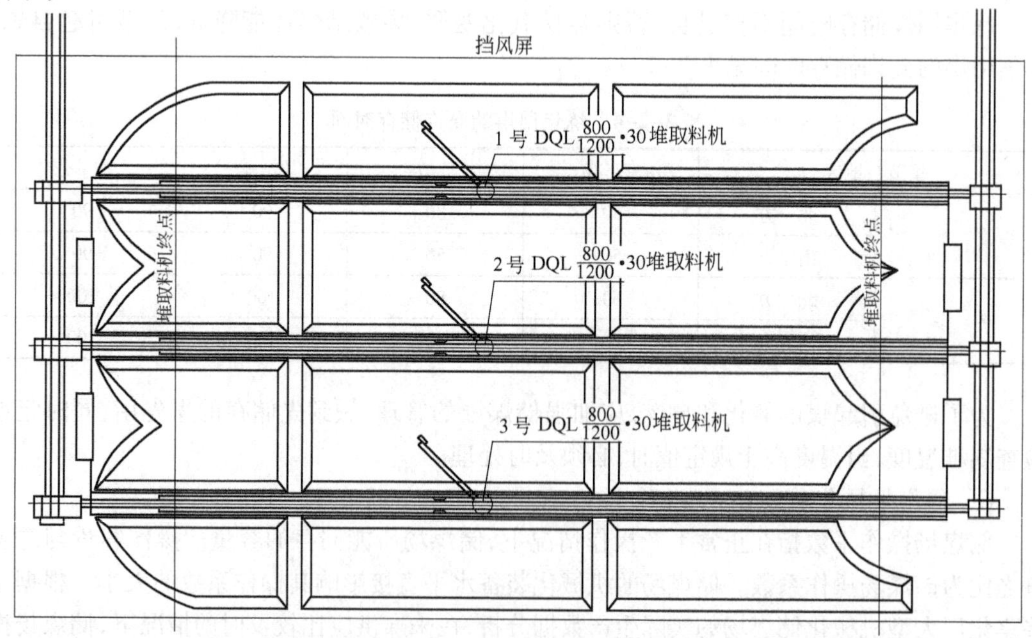

图 2-2-19　斗轮堆取料机储煤场布置

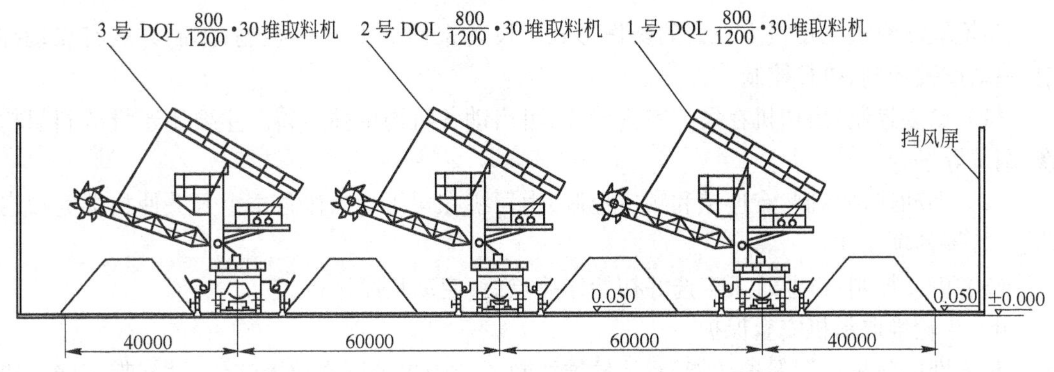

图 2-2-20 斗轮堆取料机储煤场断面

（2）两台斗轮堆取料机的中心距离一般等于或稍大于臂架长度的 2 倍，两侧副煤堆的最外边缘与堆取料机的中心距离一般不大于臂架长度与煤堆高度之和。

（3）每种牌号的炼焦煤单独存放，至少 2 堆。一堆用于受煤装置运来煤料的堆存，另一堆用于取煤送往配煤装置。煤堆间距不得小于 2 m。

（4）斗轮堆取料机走行轨道的轨面标高应高出煤场地坪约 1.5 m（即堆取料机轨面下的堆料高度值）。根据斗轮堆取料机结构性能，煤料既可堆往煤场，也可直通送往后续生产设施，储煤场煤堆两侧留有 2 m 宽推土机通道，通道外侧设挡风屏。

（5）斗轮堆取料机的供电及通信方式通常采用软电缆或安全滑线，电压等级有低压（380 V）、高压（10 kV）。

（6）煤场地坪一般采用混凝土地坪，地坪高出周围地面约 50 mm，同时考虑有排水坡度。

b 煤场堆取作业

每台斗轮堆取料机具有堆煤、取煤两个功能。

堆煤操作是将受煤装置卸下的煤通过煤场带式输送机和堆取料机的悬臂带式输送机直接抛入煤堆储存。各种牌号的煤料在煤场按组别划片、固定堆放，不能轻易变动，每个煤堆都必须标明煤种和编码。堆取料机堆煤时，对主煤堆场采取定点走行堆料，对副煤堆场采取回转走行堆料。堆煤时不能有尖峰和低谷，堆煤必须做到平铺，同一场地堆煤要在已取空的一端开始堆放。每种牌号的炼焦用煤单独堆存 2～3 堆，堆与堆间距不得小于 2 m。即使同一牌号的炼焦煤，因来自不同矿点，也需单独堆存。堆煤操作过程严禁混煤现象发生，以便控制和稳定配合煤的各项指标，保证焦炭质量长期稳定。

当煤场仅安装两台斗轮堆取料机时，正常情况下一台用于堆煤另一台用于取煤。在特殊情况下（一台设备出现事故或检修时），受煤装置卸下的煤可通过煤场带式输送机直接送往下道工序（配煤室），但应确认卸车设备能力与下道工序（配煤室）接受煤的设备能力相匹配。

取煤作业是斗轮堆取料机的斗轮从煤堆取出的煤经逆向旋转的悬臂输送机和煤场带式输送机送往下道工序（配煤室）。下道工序（配煤室）接受煤的设备能力必须不小于堆取料机的斗轮取煤能力。从煤堆取煤时斗轮必须由上而下地直取，做到层次分明。取煤采用回转走行方式，做到取煤均匀、不超负荷。调度人员必须向堆取料机司机明确下达所取煤种、场号和数量，经双方确认后方可取煤作业。

c 斗轮堆取料机控制方式

斗轮堆取料机采用机上有人的操作形式。设备采用 PLC 集中控制，控制方式有点动控制、手动连锁控制、PLC 控制。

（1）点动控制：由司机在司机室内操作，可启动各机构单独运转。主要用于堆取料机检修、调试等场合。

（2）手动连锁控制：有连锁和顺序控制，由司机在司机室操作各主令开关使机器完成启动、运行等各项动作。

（3）PLC 控制：作业时人工选好初始作业点后，启动程序运行。

d　斗轮堆取料机安全保护

斗轮堆取料机连锁保护功能为：斗轮堆取料机与中央控制室故障连锁；臂架带式输送机与地面带式输送机连锁；大车行走与夹轨器、锚定装置连锁；斗轮机构与臂架带式输送机连锁；回转机构与俯仰安全高度连锁（跨皮带保护）等。

斗轮堆取料机安全保护措施有：急停按钮；主电源具有短路、过载保护；电控系统中的主要操作指令开关设零位保护；检修电源总开关设漏电保护；各电机具有断相、过载、短路保护；臂架输送机设跑偏保护、双向拉绳开关、堵料信号开关；尾车上设打滑检测装置；臂架设有碰料堆保护；所有需要极限位置保护的装置均设两极极限位置保护；有超大风报警，自动夹轨保护；机上设有走行声光报警器等。

几种常用斗轮堆取料机的主要技术性能见表 2-2-5。

表 2-2-5　几种常用斗轮堆取料机的主要技术性能

斗轮堆取料机		型号			
		DQL200/450 · 20	DQL300/600 · 25	DQL630/1000 · 30	DQL800/1200 · 30
生产能力	堆料/$t \cdot h^{-1}$	450	600	1000	1200
	取料/$t \cdot h^{-1}$	200	300	630	800
堆取高度	轨面上/m	8	10	12	12.5
	轨面下/m	1.8	2.0	1.8	1.8
回转机构	回转半径/m	20	25	30	30
	回转角度/(°)	±110	堆 ±110； 取 ±135	堆 ±110； 取 ±135	±110
进料皮带机	带宽/m	1000	1000	1200	1400
	带速/$m \cdot s^{-1}$	1.6	2.0	2.0	2.5
悬臂皮带机	带宽/m	800	1000	1200	1200
	带速/$m \cdot s^{-1}$	2.5	2.0	2.5	3.15
荐用钢轨/$kg \cdot m^{-1}$		43 或 50	50	50	50

e　煤堆测温

储存在煤场的炼焦煤应做到用旧存新，每年 6 ~ 9 月份应对已储存 50 天以上的煤料进行测温。方法是：沿煤堆纵向间距 10 m 定位，每点从煤堆底部向上垂直高度 4 m 处水平插入测温仪器进行测温，主煤堆在顶部每隔 10 m 垂直插入测温仪器进行测温。当煤堆温度达 50℃时，应派专人监视；当煤堆温度达 60℃时，增加测温次数随时检测温度变化；当煤堆温度达 70℃时，必须采取紧急措施进行降温处理，防止煤料变质与自燃。

f 生产辅助设施

储煤场一般由推土机或装载机配合作业，并在煤场附近设推土机库及检修设施。推土机或装载机平整场地时，将煤场边缘余煤推向煤场中部，以方便堆取料机取煤，但推土机或装载机作业时应精心操作，以避免损坏煤场地坪。

g 环保设施

为了减少露天堆放的煤料污染环境，储煤场采用喷洒水装置及挡风屏防止煤的风损。根据露天料堆粉尘扩散规律的试验研究，料堆起尘量与风速之间的关系为：

$$Q = a(v - v_0)^n \tag{2-2-3}$$

式中 Q——料堆起尘量；

v——风速；

v_0——起尘风速；

a——与粉尘粒度分布有关的系数；

n——指数，$n > 1.2$。

从式2-2-3可以看出，降低煤堆的实际风速是减少起尘量的最有效方法。挡风屏就是利用这一原理将 v 降低，喷洒工业水或覆盖剂的目的就是将 v_0 增大，从而达到减少 Q 的目的。

煤场两端设置煤泥沉淀池，防止煤料被雨水冲刷流失，煤泥沉淀池设有挖泥机械，应定期清理煤泥。

露天堆放的煤料在储存过程中的散失量见表2-2-6(仅供参考)。由于煤的散失变化较大且不连续，所以表2-2-6中数值与实际值会有出入，如阵风或风速很高时，煤的实际散失量比表中值高出约10倍。

表2-2-6 煤料在储存过程中的散失量

项 目	堆放储存煤量/t	煤尘散失量/t·d^{-1}
煤炭在储存过程中煤尘散失量	16000	0.001~0.003
	32000	0.003~0.005
	64000	0.005~0.008
煤炭在倒运过程中煤尘散失量	400	0.20~0.27
	800	0.40~0.55
	1200	0.70~0.85

表2-2-7为年降雨量为1095~1389 mm时不同煤堆的流失量(仅供参考)。

表2-2-7 年降雨量为1095~1389 mm时不同煤堆的流失量

每天处理煤量/kt	煤堆面积/m^2	煤堆高度/m	平均年降雨量/mm	每年煤堆流失量/m^3
6.52	8.5×10^4	7.6	1095	6.4×10^4
6.82	10.1×10^4	12.2	1118	7.6×10^4
6.82	30.4×10^4	5.2	1389	9.5×10^4
9.36	7.3×10^4	12.2	1163	9.5×10^4
16.27	10.1×10^4	12.2		10.0×10^4
21.64	10.1×10^4		1128	8.3×10^4

在煤堆两侧采用洒水喷枪向煤堆喷洒工业水或覆盖剂，在煤堆表面形成硬壳，避免煤料被风刮走，既保护了环境，又减少了煤料损失。

挡风屏的特点是：

(1) 开孔率为30%左右的挡风板抑尘效果最好，理想挡风距离为屏高的约13倍，有效挡风庇护距离可以达到屏高的约16倍。

(2) 单层单一孔型的挡风屏的综合抑尘效果可达70%～85%，单层复合开孔挡风屏的综合抑尘效果能达到80%～90%。双层单一孔型的挡风屏的综合抑尘效果可达80%～90%，双层复合开孔挡风屏的综合抑尘效果能达到85%～95%

目前，国内挡风屏的支护结构主要分为桁架和网架两种。网架结构具有稳定的空间结构形式，但造价偏高。桁架结构分为空间形式和平面形式两种，与檩条等其他次结构共同组成稳定的结构体系。

B 大直径筒仓室内煤库

露天储煤设施占地面积大、污染周边环境。为解决这些矛盾，近几年，一些新建企业和老厂改造项目已经采用了大直径筒仓室内煤库作为储煤设施。大型筒仓直径一般为ϕ15 m、ϕ18 m、ϕ21 m。筒仓顶部采用卸料车自动布料，筒仓下部为2×2个或2×3个双曲线斗嘴，并配有自动配煤装置。

筒仓室内煤库的储量按2.2.4.1B炼焦煤储量的确定原则进行计算确定。筒仓室内煤库在生产操作中应注意：焦炉未投产前不能装入煤料，一般焦炉投产前5～15天装煤较为适宜，存煤时间长，很容易蓬料，即使采用高能破拱助流器也无法疏通，只能采取其他方式进行破拱、疏通。在配煤生产过程中，由自动配煤装置自动控制筒仓室内煤库槽嘴的给料设备，在每班配煤操作中均应给料运行，可避免蓬料保持配煤生产顺畅。正常生产情况下，筒仓不得放空。更换煤种时，放空后的筒仓再装煤时一定将平板闸门关闭，防止煤料对筒仓槽嘴给料设备(圆盘给料机)的冲击。

筒仓室内煤库顶要多点布料，提高筒仓装满系数。采用布料车位置检测控制系统，实现自动布料。

大直径筒仓室内煤库的优点是工艺布置紧凑，实现储煤配煤合一、减少环境污染和煤料损耗。缺点是各种炼焦煤缺少煤质均匀化及脱水的过程，配合煤的水分较高。

C 圆形煤场

圆形煤场主要由圆形煤场堆取料机、土建结构、带式输送机系统、振动给料机、通风系统、水冲洗及其他辅助设施组成。如图2-2-21所示。

圆形煤场土建结构是由圆拱球冠形钢结构网架屋盖和环形筋板式钢筋混凝土挡煤墙及其基础组成。网架屋盖采用空间双层钢网壳结构，周边支撑，外壁围护均采用单层彩色特殊压形钢板和加密阳光板采光带，可保证白天在场内的正常作业。

受煤装置运来的炼焦煤进入圆形料场内的带式输送机，通过圆形料场内的堆料机堆成环锥形料堆，刮板取料机沿料堆斜面将煤料刮至中心立柱下圆锥料斗内，通过振动给料机和地下带式输送机将煤料运出储煤设施。在煤场的圆形挡料墙及堆取料机中心柱上均设有消防设施。

圆形煤场的主要特点是：

(1) 圆形煤场中的煤料由圆拱球冠形钢结构网架屋盖和环形筋板式钢筋混凝土挡煤墙

将其封闭起来,进入圆形煤场的带式输送机通廊为封闭结构,可以保证煤料在输送和堆存过程中均处于封闭状态,彻底解决了煤尘对周围环境的污染。

(a)

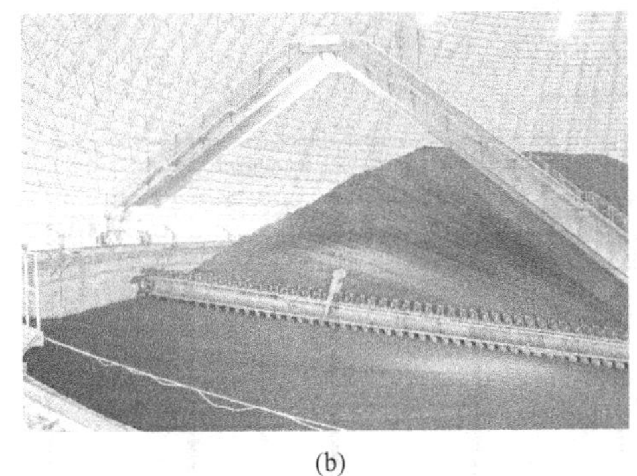

(b)

(c)

图 2-2-21 圆形煤场

(2) 圆形煤场顶部有圆拱球冠形钢结构网架屋盖,可使煤堆免受大雨冲刷,可避免煤料流失及水分增加。

(3) 通过特殊结构的堆取料机完成堆、取煤作业,机械化水平较高。

(4) 圆形煤场采用自然通风方式,排风口设在网架屋盖的顶部中央,进风口为网架屋盖根部与环形挡煤墙之间的环形口。

(5) 圆形煤场占地面积小,储量大。圆形煤场直径为 90 ~ 120 m。

圆形煤场在我国焦化厂应用较少,还有待生产实践检验,但从其设备结构和操作分析可知,它缺少煤质均匀化的过程。

2.2.5 配煤及其设备

2.2.5.1 配煤装置

配煤装置分为独立配煤室和储配合一室内煤库。这两种形式的配煤装置除了储槽储量多少不同外,配煤操作和系统组成基本相同,主要由槽体、槽体下料斗嘴、给料设备、称量带式输送机、电子秤及控制系统等组成。下料斗嘴上还设有高能破拱助流器及压缩空气管道等辅助系统。我国焦化厂过去基本采用独立配煤室。近几年,一些新建企业和老厂改造项目已经采用了大直径筒仓室内煤库作为储配合一的配煤设施。

A　配煤室

配煤室槽体为圆形结构,槽体直径为7 m、8 m、10 m、11 m。槽体个数根据生产规模和所使用的煤种数确定,一般一种煤用一个槽,配用量大的煤种用2～3个斗槽。条件允许的情况下,还可设备用槽,供清扫和更换煤种时使用。为了使配煤生产操作稳定,配煤槽储量一般按焦炉一昼夜用煤量计算。

配煤槽的布置形式应根据工厂规模及所要采用的粉碎流程灵活设置,可单排、双排及多排布置。

槽嘴为双曲线结构,内衬耐磨材料。槽嘴部分还设有两层5个(或两层6个)高能破拱助流器及压缩空气管道。每个槽口设有给料设备、自动配煤装置等。自动配煤控制室设在配煤槽一侧的中部、一端,或与车间控制室合并。

直径为8 m的配煤槽示意图如图2-2-22所示,直径为21 m的配煤槽示意图如图2-2-23所示。

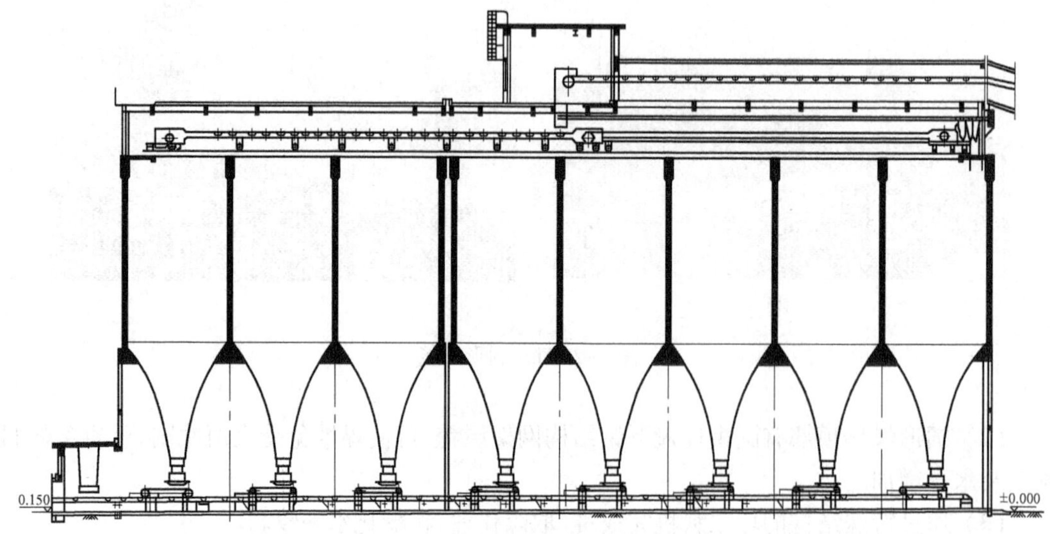

图2-2-22　直径为8 m的配煤槽示意图

B　储配合一室内煤库

由于槽体直径大、储量大,储配合一室内煤库配煤装置每个槽的槽体斗嘴分为两排,每排2～3个。斗嘴部分为双曲线结构形式,内衬耐磨材料,如不锈钢衬板、大理石板、高分子聚乙烯板、压延微晶板等。在斗嘴部分还设有两层5个(或一层3个)高能破拱助流器及压缩空气管道。部分厂家采用液压疏通机防止蓬料,但使用效果不如高能破拱助流器。

每个槽口均设有电液动平板闸门、给料设备、自动配煤装置等。

在配煤生产过程中,配量最少的煤种采用一个嘴给料,其他煤种每排槽嘴同时给料。

自动配煤控制室的位置根据筒仓的布置及变频器供电范围确定。一般的自动配煤系统操作室为一个,但自动配煤装置的配电室可分为多个。

2.2.5.2　给料设备

A　圆盘给料机

圆盘给料机是一种连续的给料设备,经常用于配煤给料。优点是调解手段多,操作方便,维护简单,对水分大的黏性煤适应性较强。图盘给料机示意图如图 2-2-24 所示。

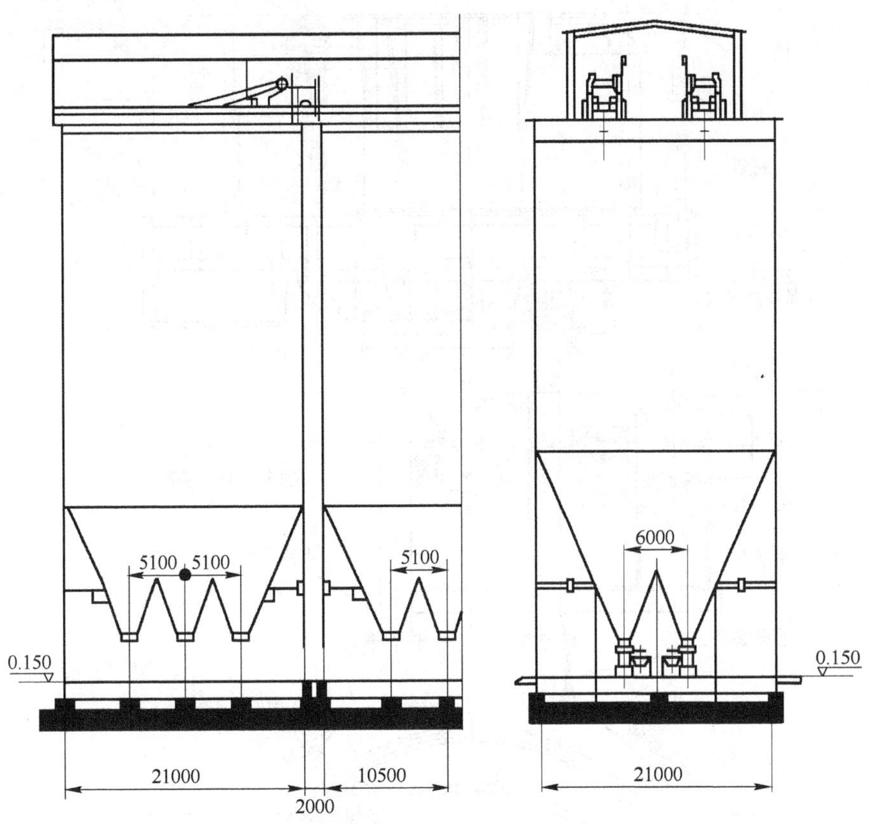

图 2-2-23 直径为 21 m 的配煤槽示意图

a 圆盘给料机组成

圆盘给料机主要由短管、圆盘、底架、传动部件、扇形门组件、刮刀组件、润滑装置等组成。

(1) 短管安装在配煤槽口,它是圆盘给料机的原料供给口,短管内表面安装有耐磨衬板。在短管上安装有扇形门装置和刮刀装置。

(2) 圆盘在电机驱动下做回转运动,圆盘上的物料被短管上的刮刀装置卸下盘面。在盘面下设有可调整清扫刮刀,使漏入底架间的物料全部从底架出料口排入下一输送设备。

(3) 底架是安装于圆盘外围的设备,它可以防止圆盘输送的物料外流,阻止粉尘侵入传动部位,防止圆盘四周及下侧撒料,对于起尘量很大的物料,底架上安装防尘罩。在底架上位于圆盘刮刀的下侧开有检查孔。

(4) 传动部件包括变频调速(或普通)电动机、联轴器、联轴器防护罩及支架、减速机、小齿轮、回转支撑等。由传动部件驱动圆盘转动。

(5) 扇形门组装。操作手轮来调节扇形门高度,使出料口流出的煤料厚度随之而变化,从而调节圆盘给料机的实际出料量。扇形门上直接与物料接触的部件衬有耐磨衬板。

(6) 刮刀组装可以调整煤料落料位置,煤料随圆盘转动时,刮刀将煤料卸到下一设备上,刮刀上直接接触煤料的部位衬有耐磨衬板。

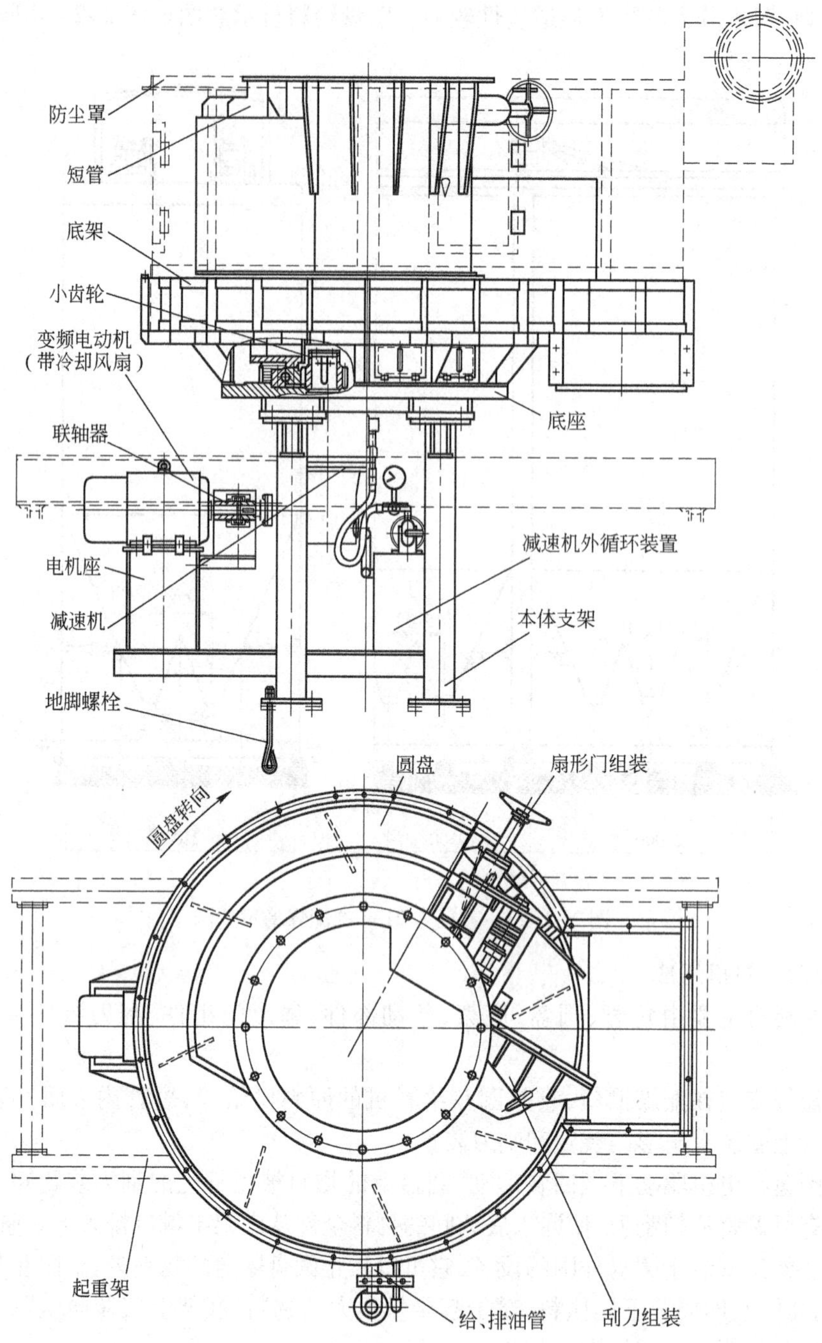

图2-2-24　圆盘给料机示意图

（7）润滑装置是对减速机、回转支撑和小齿轮进行润滑的构件。减速机的润滑和回转支撑及小齿轮的润滑是独立的两个部分。回转支撑及小齿轮的润滑采用油浸式润滑，减速机用专用油箱进行外循环润滑。

b　圆盘给料机特点

（1）短管采用蜗壳结构，不易堵料、挂料，可使煤料顺利卸出。

(2) 可调节料层厚度的控制闸门,可以方便地设置给料量的大小,调节方便、范围宽。设有可调整角度的刮刀装置,可将煤料转卸到下一设备,并对物料起到一定的导向作用。

(3) 采用大直径回转支撑结构,承载能力强,使用寿命长,回转支撑抗倾翻力矩大,回转阻力小,运转平稳。

(4) 传动系统全部采用硬齿面齿轮,减速机采用倒装式弧齿传动行星齿轮减速机,并自带外循环润滑系统,传动力矩大,可靠性、传动效率高,使用寿命长,维修方便。驱动电机采用先进的变频调速电机,并配有独立的冷却风扇。传动机构采用独特的密封结构,传动部件润滑、密封良好,无异物进入润滑部分,可保证圆盘无故障运行。

(5) 采用全封闭结构,特别是盘下采用独有的密封结构,可使物料全部从出料口落下,而不会散落在圆盘四周。

(6) 短管、圆盘、刮刀和扇形门组装中与物料直接接触部位采用耐磨衬板,可减少维护量。

(7) 减速机、电机安装在盘面下,设备整体结构紧凑,布局合理,占用空间小,基础简单。

(8) 圆盘中心线至出料口中心线不小于1200 mm,最大可达1350 mm。

B 带式给料机

带式给料机是一种比较短、有特殊用途的带式输送机,一般为平形布置。与普通带式输送机相比,带式给料机上托辊为平形上托辊,承载段的支撑托辊布置得较密,其间距为0.25~0.3 m,大多采用环形输送带,带速较低,一般为0.05~0.45 m/s。储槽内的煤料直接压在输送带上,靠输送带与煤料间的摩擦力带动煤料随输送带移动,从而完成将煤料从储槽拖出达到给料的目的。带式给料机示意图如图2-2-25所示。

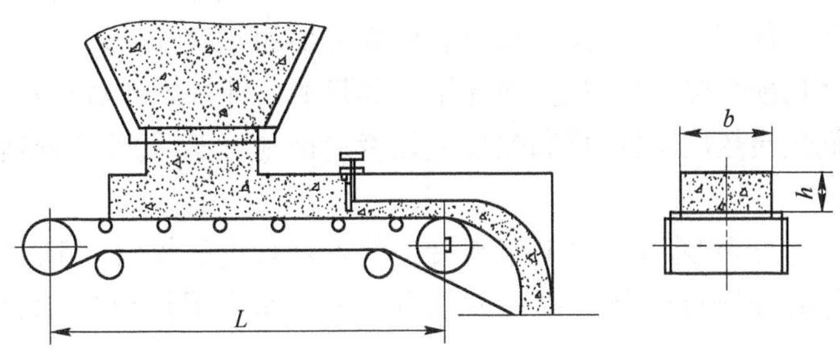

图2-2-25 带式给料机示意图

带式给料机主要由驱动装置、传动滚筒、平形上托辊、平形下托辊、改向滚筒拉紧装置、输送带、中间架及支腿等组成。

带式给料机的应用有其局限性,当煤料水分偏大时会出现打滑给不出料,或出料一团一团不均匀的现象,经常发生因其给料不均自动配煤系统无法正常运行的现象,大直径筒仓室内煤库更应慎重采用该设备。带式给料机故障较多,输送带检修、维护、更换较麻烦,运行费用较高。

2.2.5.3 配煤自动化

为了有效合理地利用煤炭资源,保证各种用途的焦炭的质量,我国焦化厂均采用配煤炼焦工艺。随着科学技术的发展、计算机技术和网络系统的普及应用,焦化厂的配煤炼焦工艺已经全部实现自动化操作。

自动配煤装置主要由给料设备、称量设备和计算机控制系统三部分组成。

给料设备是将配煤槽中的煤料连续稳定地送到称量设备上。设计中常用的给料设备有圆盘给料机、带式给料机等。

称量设备一般采用称量皮带机。称量皮带机上安装电子秤(核子秤)和测速装置,用来自动测量给料机的瞬时流量并反馈给计算机控制系统,计算机控制系统按照给定的配比流量自动调节给料机的给料量,组成一个闭环配料系统,如图 2-2-26 所示。

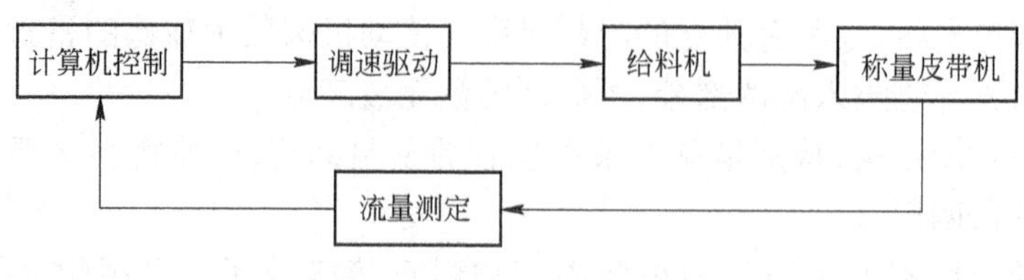

图 2-2-26　闭环配料系统

自动配煤系统调节灵活,操作方便,配煤比稳定,数据显示直观,自动化水平高,工人劳动强度大大降低。其配煤误差小于1%。

自动配煤装置的计量秤一般采用电子秤、核子秤两类。其中,核子秤因其放射源需到当地公安机关备案、年检等,手续较繁琐,现在工程中较少采用。

2.2.5.4　优化配煤专家系统

炼焦配煤优化系统是由计算机控制、数据库支持、多学科和多专业紧密架构为一体的炼焦配煤新方法,是炼焦生产中的一种新工艺。炼焦配煤优化系统安装于焦化厂配煤系统,与自动配煤装置连接。炼焦配煤优化系统通过最优决策和专家知识库,在保证焦炭质量、现有煤种和库存限量等条件下,尽量少配主焦煤和紧缺的煤种,多配高挥发分、弱黏性煤,自动优化出最低成本的炼焦配合煤方案,达到节能增效的目的。针对炼铁对焦炭质量的要求,本系统将特别加大降低焦炭热反应性、提高热反应强度的控制力度,优化选择适合于炼铁生产需求的最佳配煤模型。

炼焦配煤优化系统将国内外数十年来沿用的宏观理论配煤、模糊估算配煤、人工经验配煤科学化、数值化、精确化,既提高焦炭质量,降低炼焦用煤成本,又可监控配煤生产作业。

优化系统由煤资源管理系统、原料煤采购计划、煤场管理系统、焦炭质量预测系统、配煤优化系统、生产数据管理系统、自动配煤作业监控系统、小焦炉试验系统、信息系统和网络系统等组成。

A　煤资源管理系统

供应炼焦用煤的煤资源数据库包括供煤点所供煤的一般信息、煤质化验指标、煤岩检验指标、单种煤炼焦指标。

B　原料煤采购计划

根据焦炭质量要求,从已经过生产验证的最优配煤方案库中和煤资源数据库中选择两相适宜的配煤方案和原料煤采购计划数学模型,通过特定的数学模型对来煤、储煤、配煤进行动态平衡计算;最优决策制定半年或一年最优原料煤采购计划。既可保证煤场货位储煤动态平衡切换,又可满足煤场各煤种储量趋于生产需求最小量(15～20 天生产用煤量);既可保证炼焦用煤质量,又可实现全年采购炼焦用煤成本最低。

C 煤场管理系统

(1) 科学堆放。根据镜质组反射率和分布曲线进行科学分堆。

(2) 煤场货位管理。煤场货位管理为配煤技术人员提供直观的煤场货位分布图,通过该分布图可以浏览、查询煤的入库、出库、质量指标等信息。

(3) 煤场库存管理。包括入库、出库、盘库、报表。

D 焦炭质量预测系统

从煤的岩相分析、煤岩组成、黏结性、结焦性等诸因素来分析这些因素与焦炭质量指标的定性和定量关系,寻找它们之间的数据模型,为优化配煤、科学组织炼焦生产提供依据。

E 配煤优化系统

根据国内外数十年的配煤炼焦经验,选用焦、肥、气、瘦等煤种按不同比例组成配合煤炼焦仍是本系统优化配煤的主体思想。在炼焦煤种和比例优化中,系统考虑了下述条件:

(1) 配合煤能炼制出满足要求的焦炭质量。

(2) 所选定的各煤种的配煤量应在煤场现有煤种库存量之限度内。

(3) 所选配合煤的总成本在诸方案中最低。

(4) 尽量多用气煤、瘦煤、弱黏性煤,尽量少用主焦煤。

炼焦配煤优化系统在优化决策配煤方案时,对于优选出的最佳配煤方案,进一步将配合煤中的各单种煤镜质组最大反射率分布图自动合成配合煤镜质组最大反射率分布图,检查其合理性。通过调整配煤方案,使配合煤最大镜质组反射率分布图的曲线均匀、连续、无大的凹口,且最高峰在设定值之间。

F 生产数据管理系统

生产数据管理系统利用生产数据库实时记录生产实际状况的有关数据,生产数据库实时更新、动态跟进。

生产数据库是焦化厂的设备运转状况、生产工艺流程、原料煤供配、生产管理等综合指标的表征,它内含了焦炭与配合煤、焦炭与生产工艺、焦炭与设备状态的相依关系,是厂领导与生产技术人员分析本厂生产运行状态的依据,也是焦炭质量预测的数据基础。生产管理系统通过动态跟踪生产数据,自动分析配合煤中各单种煤的各项质量指标、配合煤的各质量指标与所对应的焦炭质量指标的数据对应关系。

生产数据管理系统对生产数据进行模糊检查,处理录入错误和尖峰异常数据,确保生产管理数据的正确性和均匀性。

G 自动配煤作业监控系统

将自动配煤系统和配煤优化控制柜通过网络相连接。配煤优化控制柜自动采集自动配煤系统上的实时操作信息;网络中的其他计算机可以向配煤优化控制柜请求这些信息;优化配煤控制柜可以将配煤比变更通知单发送到自动配煤系统中,从而实现对自动配煤系统的监控,自动形成监控画面。

H 小焦炉试验系统

(1) 利用多因素、多水平的试验特征,建立小焦炉试验设计,以最少试验次数寻求最佳配煤方案;

(2) 建立小焦炉试验数据分析系统,指导大焦炉生产。

I 信息系统和网络系统

根据焦化厂计算机网络的实际情况进行相应的完善，达到信息互传和共享。

2.2.5.5 自动配煤实物标定装置

为了确保自动配煤装置长期稳定运行，必须按规定计划进行检修维护。一般采用链码对配料系统的电子秤进行标定，或设置实物标定装置进行标定。实物标定装置设在配煤装置后，所有配料秤均能通过实物标定装置进行标定，通过实物标定装置的料斗秤信号修正配料系统电子秤，标定后的煤料由汽车运至煤场。

实物标定装置主要由千斤顶、料斗秤、砝码、放料闸门及控制系统等组成。

2.2.6 煤的粉碎及其设备

2.2.6.1 煤的粉碎

炼焦用煤一般是由气煤、肥煤、焦煤、瘦煤四种牌号煤组成，因其黏结性、结焦性及粒度组成的差异，必须将其按配煤试验确定的配比进行配合，并根据炼焦工艺要求确定其最佳细度控制目标，制备成合格的装炉煤。配合煤通过粉碎工艺过程处理后（见 2.2.1.2 节所述），保证各组分之间混合均匀，使结焦过程中各种不同组分的煤颗粒及软化熔融的变形粒子之间能够相互作用，相互充填粒子间隙，相互结合而生成结构均匀的焦炭。表 2-2-8 为某装炉煤粒级性质。

表 2-2-8 某装炉煤粒级性质

粒级/mm	筛分组成/%	工业分析/%			罗加指数/%	黏结指数/%
		A_d	M_t	V_{daf}		
>5	12.0	9.11	1.43	34.04	63	56.5
5~3	14.4	8.77	1.23	33.89	66	60
3~2	12.5	8.84	1.98	33.26	68	62
2~1	8.4				70	65
1~0.5	14.6	8.82	1.41	31.92	71	66
<0.5	38.1	12.04	2.13	33.06	66	59

表 2-2-8 中数据表明，粗粒级（大于 5 mm）和细粒级（小于 0.5 mm）煤的罗加指数和黏结指数均较低，配合煤炼焦过程中黏结性煤应充分发挥其活性粒子的黏结作用，弱黏结煤作为非活性粒子应承担松弛收缩作用，因此，过细粉碎不仅降低黏结煤的活性粒子作用，而且增加非活性粒子的比表面，两者均使煤料的黏结性降低，所以必须控制煤料粒度的下限。

根据我国焦化厂多年生产实践经验，一般顶装焦炉装炉煤的细度（小于 3 mm）为 76% ~ 80%，捣固焦炉装炉煤的细度（小于 3 mm）不小于 90%。

2.2.6.2 粉碎原理

散状物料在外力的作用下克服其内聚力使之破碎的过程称为粉碎。粉碎分为破碎和粉磨两种，大块物料碎裂成小块物料的加工过程称为破碎；小块物料碎裂成细粉末状物料的加工过程称为粉磨。

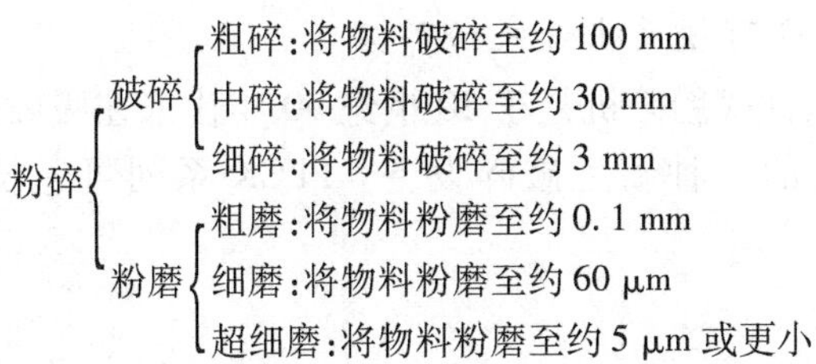

炼焦装炉煤粒度要求小于3 mm左右,所以属细碎过程。在物料粉碎的过程中,一般是通过挤压、冲击、磨削和劈裂几种方式进行的。

粉碎的基本方式为:挤压粉碎、冲击粉碎、摩擦剪切粉碎、劈裂粉碎。

A 挤压粉碎

物料在两个工作面之间受到相对缓慢的压力而被破碎。因压力缓慢、均匀,所以,物料粉碎过程较均匀。挤压磨、颚式破碎机就是通过工作部件对物料施加挤压作用而使物料发生粉碎的设备。

B 挤压—剪切粉碎

挤压—剪切粉碎是挤压和剪切两种粉碎方式相结合的粉碎方式,雷蒙磨及各种立式磨就是采用挤压—剪切粉碎方式的设备。

C 冲击粉碎

冲击粉碎包括高速运动的粉碎体对被粉碎物料的冲击和高速运动的物料向固定壁的冲击。这种粉碎过程可在较短的时间内发生多次冲击碰撞,每次冲击碰撞是在瞬间完成的,所有粉碎机均是利用冲击粉碎方式,煤料的粉碎都是通过粉碎机完成的。

D 研磨、磨削粉碎

研磨和磨削均属剪切摩擦粉碎,包括研磨介质对物料的粉碎和物料相互间的摩擦作用。振动磨、搅拌磨以及球磨机等就是利用研磨、磨削粉碎方式的设备。

2.2.6.3 粉碎机室布置

(1) 向粉碎机进料的带式输送机应与粉碎机转子的长度方向垂直布置。这种布置可以使进入粉碎机的煤料在转子长度方向上均匀分布,使锤头受料磨损均匀,提高粉碎机的粉碎效率。

(2) 送往粉碎机的煤料必须经过除铁器,以除掉煤料中的铁质杂物。

(3) 当采用一备一用两台粉碎机时,给料方式采用分叉溜槽给料,溜槽倾角不得小于65°,溜槽斜壁衬光滑衬板并设置振动器;与粉碎机进口相连接的溜槽至少有0.8 m直段。

(4) 粉碎机下部出料口的带式输送机,在厂房内应呈水平段,并设置中部自动取样装置。

(5) 为改善操作环境,粉碎机应安装在离地面高3.5~4.0 m的二层楼板上。粉碎机设计单独基础与厂房分开,以减轻厂房的震动。基础面与厂房楼板面取平,缝隙处应填实。

(6) 粉碎机室内设操作室、粉碎细度分析间。操作室内安装每台粉碎机的电流表、电压表和操作开关等。

(7) 粉碎机室设计要充分考虑吊装检修设备的空间。粉碎机和电动机上部安装电动葫芦。

(8) 粉碎机室设置机械除尘装置,确保厂房内粉尘含量达到国家标准。

2.2.6.4　PFCK 系列可逆反击锤式粉碎机

PFCK 系列可逆反击锤式粉碎机是于 20 世纪 90 年代末在吸收德国和日本同类产品先进技术的基础上研制出的一种新型破碎设备。PFCK 系列可逆反击锤式粉碎机结构如图 2-2-27 所示。

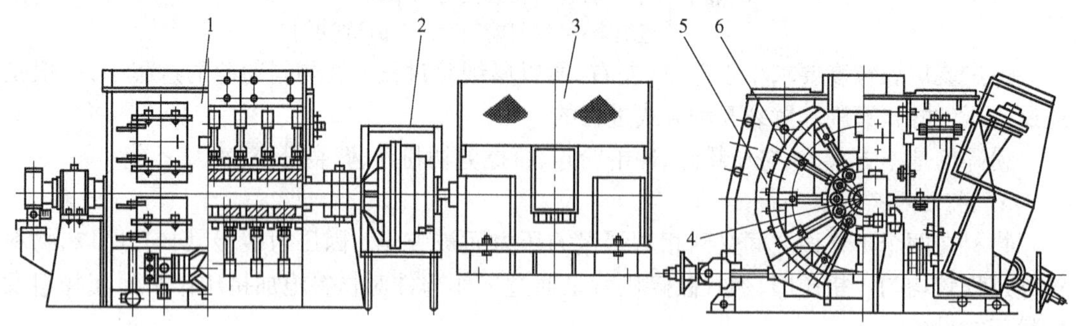

图 2-2-27　PFCK 系列可逆反击锤式粉碎机

1—粉碎机本体;2—液力耦合器;3—电动机;4—转子;5—反击板;6—锤头

破碎过程为:落下的煤料均匀布满粉碎机转子后,受到高速旋转的锤头进行首次破碎,获得动能的物料高速冲向反击腔内齿形反击板,经过齿形反击板的反弹再次被锤头破碎,如此反复,在反击腔内多次破碎,与此同时,物料还受到彼此间的撞击而破碎。产品粒度控制通过调整锤头与齿形反击板的间隙和改变锤头的排列来实现,被破碎的物料从出料口排出。如图 2-2-28 所示。

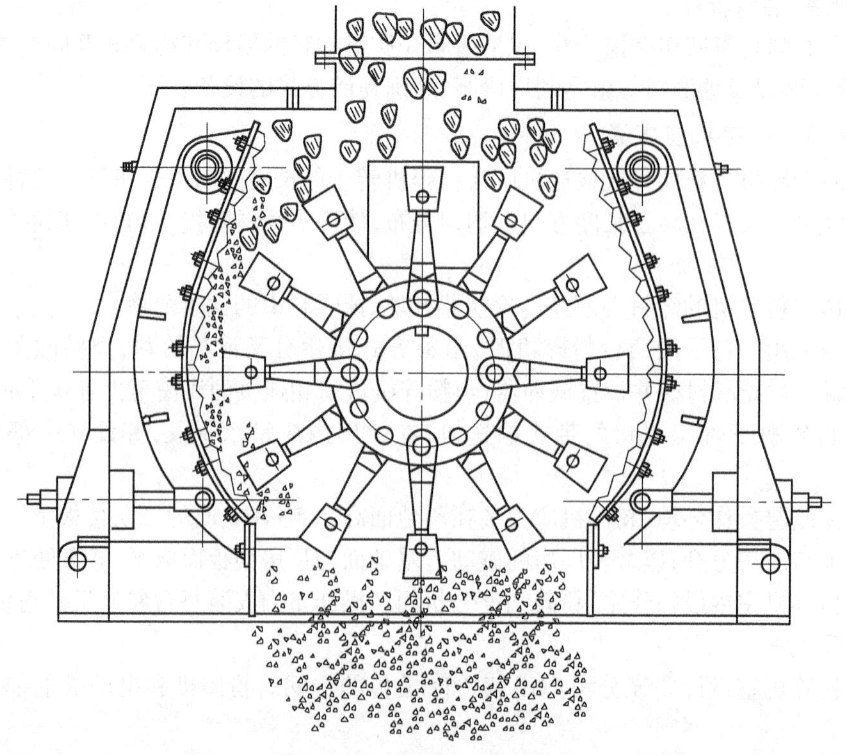

图 2-2-28　破碎过程示意图

A PFCK 系列可逆反击锤式粉碎机构成及其特点

PFCK 系列可逆反击锤式破碎机主要由破碎机主体、液力耦合器、电机、液压开启装置组成。其中,破碎机主体主要由壳体、反击板体、转子组成。

a 壳体

壳体由上下两部分组成,下机体主要支撑转子体,上机体由中间和左右两瓣机体组成,中间部分支撑进料斗,左右机体通过液压开启装置在两组油缸作用下可以单独打开,大大方便了破碎机的检修与维护,左右机体内固定有反击板,外部有弹簧箱,壳体由厚度为 20 mm 并有加强筋板的钢板制造,壳体各结合面加工有凹槽,凹槽内设置防尘橡胶条,用螺钉将橡胶条与壳体各法面固定,上壳体左右由快卸螺栓紧固。

b 反击板

反击板是由钢板焊接的框架为基体,其上固定有 30 ~ 50 mm 的抗耐磨合金衬板,衬板为锯齿形,反击板左右对称设置,反击板上部有悬挂心轴,该心轴固定在可滑移的支座上,反击板下部通过拉杆与弹簧连接,弹簧箱可以调节预压力的大小和反击板与锤头间隙的大小。由于反击板是固定在开启的左右两瓣壳体内,所以检修、更换方便。

c 转子

转子为破碎机的核心部件,钢制的轴承座固定双列滚柱球面自动调心轴承,它的两端采用双舌丁形橡胶密封,两只双舌密封中间有隔环储存油脂,这种两道双舌橡胶中间加一道注入油脂的油封可以达到非常有效密封的目的。轴承座上盖装有透气螺塞,以便将高速转动的热气流排放,这样轴承内温度高的气体不会产生冷凝,有效地保护了油脂中的承载油膜。主轴由 42CrMo 优质合金钢锻造,固定于锤盘上的销轴为合金钢,它由短销轴组成。锤头是组合式的,采用高抗耐磨损合金材料制造,并按螺旋线排列,这对提高打击度、降低风量和降堵都是有利的。锤柄两侧由凸舌限位,能够消除启动、停机的撞击振动。

d 传动装置

传动装置采用直联方式,电机与破碎机转子由液力耦合器连接,它可以有效吸收启动冲击负荷和降低安装误差增加的附加载荷。

e 结构特点

粉碎机采用大转子、小锤头、低转速,锤头呈螺旋线排列,打击力度大、效率高,转子两侧增设凸凹不平的锯齿形可调节反击板,物料在高速旋转锤头的打击和反击的共同作用下瞬间粉碎且粉碎细度高;取消了老式粉碎机的箅子板,对物料水分适应性强,排料畅通;物料粉碎细度任意调节;克服了老式粉碎机因转速高而形成的空压大,有效地降低了粉尘的飞扬。

B PFCK 系列可逆反击锤式粉碎机的主要规格性能

PFCK 系列可逆反击锤式粉碎机的主要规格性能见表 2-2-9。

表 2-2-9 PFCK 系列可逆反击锤式粉碎机的主要规格性能

名称 \ 规格	型号				
	PFCK1616	PFCK1618	PFCK1820	PFCK1825	PFCK1828
转子直径/mm	1600	1600	1800	1800	1800
转子长度/mm	1600	1800	2000	2500	2800
锤头线速度/m · s^{-1}	62	62	70	70	70

续表 2-2-9

名称 \ 规格		型号				
		PFCK1616	PFCK1618	PFCK1820	PFCK1825	PFCK1828
最大进料粒度/mm		≤80	≤80	≤80	≤80	≤80
出料粒度/mm		≤3	≤3	≤3	≤3	≤3
粉碎率≤3 mm占的比例	预粉碎/%	70 ~ 75	70 ~ 75	70 ~ 75	70 ~ 75	70 ~ 75
	配合煤(顶装)/%	76 ~ 80	76 ~ 80	76 ~ 80	76 ~ 80	76 ~ 80
	配合煤(捣固)/%	≥90	≥90	≥90	≥90	≥90
生产能力	预粉碎/$t \cdot h^{-1}$	180 ~ 240	220 ~ 280	320 ~ 380	380 ~ 450	450 ~ 500
	配合煤(顶装)/$t \cdot h^{-1}$	250 ~ 280	300 ~ 350	350 ~ 450	450 ~ 550	530 ~ 600
	配合煤(捣固)/$t \cdot h^{-1}$	200 ~ 250	250 ~ 320	350 ~ 400	420 ~ 460	480 ~ 520
装机功率/kW		450、560	560、630、710	710、800	800、900、1000	900、1000、1120
主机质量(不包括电机)/t		约 18.6	约 21.8	约 27.2	约 34.2	约 38.8

C　粉碎机的运行操作

设备运转前应做好下述各项工作：

(1) 检查轴承座内润滑脂是否适量。

(2) 检查锤头与齿形反击板间隙是否合适，特别是换上新锤头后更应详细检查。

(3) 检查所有紧固件是否松动，如有松动立即紧固。

(4) 检查破碎腔内是否有异物，若有必须清理干净。

(5) 人工盘车 2 ~ 3 转，确保转子无卡阻现象。

设备运行注意事项为：

(1) 粉碎机空载运转 1 ~ 2 min 且运转正常后，方可投料生产，给料应连续均匀。

(2) 要定时检查电机电流及轴承温度，检查电机及轴承有无异常振动，并做好运行记录。

(3) 粉碎机运转时，工作人员不得站在转子惯性力作用线内，并严禁任何清理、调整、检查等工作，以免发生危险。

(4) 轴承工作温度一般不超过 70℃，极限温度为 80℃，否则立即停车，查明原因，妥善处理正常后，才能按程序开车。

(5) 设备运行 1 个月左右后，需用洁净的煤油或柴油清洗主轴承，换上新的润滑脂。

设备停车注意事项为：

(1) 必须首先停止给料设备。

(2) 停止给料后，粉碎机继续运转，直至将破碎腔内的煤料处理完毕后方可停车。

(3) 粉碎机下部带式输送机将煤料运完后方可停车。

D　粉碎机的润滑

(1) 粉碎机应根据使用地点、大气温度等条件确定润滑脂的牌号，一般情况下建议使用二硫化钼 3 号锂基润滑脂。

(2) 加入轴承座内的润滑脂为其容积的 1/3 ~ 1/2，每 2 ~ 3 个月更换润滑脂一次。换油时，应用洁净的汽油、煤油或柴油清洗干净后再加注新的润滑脂。

(3) 正确的油位对液力耦合器的安全运行是非常重要的,因此,必须定期进行油位检查。液力耦合器最大充油量为工作腔满容量的80%,不允许充油过多,更不能充满,否则会在运转中引起升温,产生压力,致使耦合器损坏;最少充油量为工作腔的40%,否则会使轴承得不到充分润滑而缩短使用寿命。推荐使用22号透平油或6号液力传动油。

2.2.7 优化配煤粉碎技术设施

通过优化配合煤粉碎工艺技术优化装炉煤的粉碎细度及粒度组成,提高装炉煤堆积密度,这样有利于改善煤料的结焦性能,提高焦炭质量。

2.2.7.1 单种煤预粉碎工艺

在配煤装置前设置单种煤预粉碎装置,将气煤等煤质较硬的煤先进行一次粉碎,然后送入配煤室与其他煤种配合后进入二次粉碎。采用该流程能够确保装炉煤粒度、粒级分布均匀合理,有利于提高焦炭质量和多配弱黏结性煤炼焦。三种单种煤预粉碎工艺流程如图2-2-29所示。

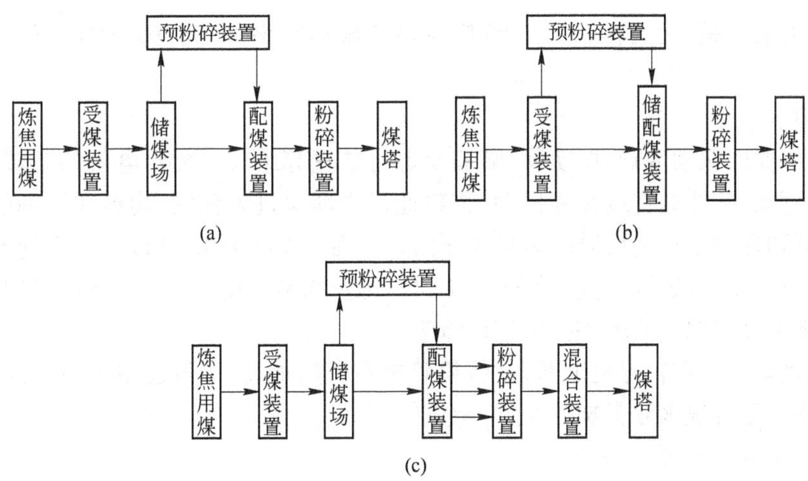

图2-2-29 三种单种煤预粉碎工艺流程

上述三种单种煤预粉碎工艺流程在我国焦化厂均有应用,达到了提高焦炭质量和多配弱黏结性煤炼焦的目的。

2.2.7.2 粉碎前预筛分

随着我国采煤机械化水平的提高和原煤入洗率的增加,入厂炼焦用煤中小于3 mm的颗粒的含量逐年增加,其含量达到50% ~60%。一般煤处理工艺流程中不设煤料预筛分设施,小于3 mm的颗粒随煤料一起进入粉碎机进行粉碎处理。这种处理方法一方面增加粉碎机负荷,使动力消耗增大,设备磨损快,使用寿命减少;另一方面易造成小颗粒煤料的过细粉碎,对装炉操作及焦炭质量造成不利影响。采用粉碎前预筛分的设施先将配合煤中小于3 mm的颗粒筛分出去不进入粉碎机,筛上大于3 mm的煤料进入粉碎机粉碎到要求的粒度,然后与筛下小于3 mm的颗粒混合后送焦炉煤塔。

采用粉碎前预筛分工艺时,应在筛分设备前设置必要的除杂物装置,清除煤料中的编织袋等柔性杂物,否则会严重影响设备的筛分效率,甚至造成筛分设备无法运行。

我国焦化厂煤处理工艺粉碎前预筛分所用的设备有钢弦筛、悬臂振动筛、双层直线振动琴弦筛。

A 钢弦筛

钢弦筛又称为琴弦筛或张弛筛，它是一种长方形箅条筛，采用不锈钢丝做筛条。生产中要调整不锈钢丝的松紧度，煤料落到筛面上时利用煤料本身下滑的速度及重量，促使不锈钢丝振动，以实现配合煤的筛分和筛面自清洗的过程。采用钢弦筛制备装炉煤的粒级组成见表 2-2-10。

表 2-2-10 采用钢弦筛制备装炉煤的粒级组成

粒级/mm	>8	8~6	6~5	5~3	3~1	1~0.5	<0.5
采用前/%	6.4	4.8	4.0	12.2	22.1	12.3	38.2
采用后/%	3.4	4.3	4.8	14.7	24.3	11.7	36.8

钢弦筛的优点是：设备无需任何动力，现有设施无需进行较大改造即可安装钢弦筛对配合煤进行预筛分。

钢弦筛的缺点是：无法保证所有钢弦振幅和振动频率，因此，筛下物混有较多的筛上物料。

B 悬臂振动筛

该设备主要由驱动装置、振动器、筛箱及走行装置等组成。两台电机的旋转方向相反，电机不参与振动，筛体做直线往复振动，物料通过受料口进入筛网，物料在筛网的作用下充分筛分，筛下物通过不锈钢材质的集灰斗导出。筛面宽度约为 1500 mm，长度约为2000 mm，高度约为 3200 mm（含走行装置），筛子为 1 层。筛上物料粒度大于 3.2 mm。处理能力约为 400 t/h，上下波动 10%，筛分效率不小于 85%。

悬臂振动筛安装在粉碎机上部，需将粉碎机室厂房加高，一般适用于新厂同步设计、建设，筛分效率受配合煤水分影响较大。

C 双层直线振动琴弦筛

该筛机采用重心偏移式双电机同步带强制同步振动新原理。每个激振器的 2 组偏心块通过三爪挠性盘联轴器与中间轴相连，并由 2 台电机通过瓣形胶带联轴器分别带动回转，而在电机对侧安装了同步带传动装置，以确保 2 个激振器偏心块在任何情况下均做同步反向回转，从而形成单一的沿振动方向的激振力，驱动筛箱做往复直线运动。煤料在筛面上被连续斜上抛起而松散，在与筛面碰撞中使小颗粒煤料透筛。

双层直线振动琴弦筛的结构特点是：

（1）由于采用了筛机重心偏移式双电机同步带强制同步激振器，而且配置在上、下筛网之间，并直接安装在筛框的两个侧板上，从而使偏心块所产生的强大激振力直接作用在框架结构的筛箱上而不受弯矩作用，因此，筛框的侧板高度明显降低，提高了其强度和刚度。

（2）上层为焊接筛网或粗钢丝绳琴弦网，其安装倾角为 27.5°，用钩紧装置横向弧形张紧。

（3）下层为具有等厚筛分特性、入料段的抛射强度比出料段大的折线型细琴弦网。

经试验，双层直线振动琴弦筛在处理小于 3 mm 的细粒煤含量达 62.85%、小于 0.5 mm 的粉煤含量达 24.1%、外在水分为 6% ~7% 的煤料时，处理量为 70 t/h，筛分效率为 61% ~70%。

2.2.7.3 配焦粉炼焦工艺

配焦粉炼焦工艺主要是采用捣固炼焦时，由于配合装炉煤中气煤配入量达60% ~70%左右，在其结焦过程中形成半焦之后，热缩聚剧烈、收缩程度大，生成的焦炭裂纹多而深，强度低易碎，所以需要在配合煤中添加适量的焦粉作为瘦化剂降低配合煤的挥发分，以减缓结焦过程的收缩速度，减少焦炭裂纹、增大焦炭块度、提高焦炭强度。当采用顶装焦炉炼焦时，若肥煤和气煤配入量达50% ~60%，那么配合煤中添加适量的细焦粉也有利于提高焦炭强度质量。

通过生产试验，在配煤比不变的情况下，将水分10%左右的焦粉细磨破碎至0.15 mm再回配到炼焦煤中炼焦，M_{40}提高2% ~3.5%，M_{10}降低2% ~3%。生产铸造焦时，掺入适量的细焦粉可显著提高焦炭块度。

部分采用常规顶装焦炉生产的焦化厂，根据生产试验在装炉煤中配入一定量制备合格的焦粉代替瘦煤，焦炭质量基本不变。

焦粉制备工艺主要有干法制备焦粉、湿法制备焦粉、润磨法制备焦粉。

A 干法制备焦粉

小于10 mm级粉焦均匀给到干式球磨机内，同时吹入由焦炉烟道送来的热废气(200 ~250℃)，粉焦经球磨机研磨后，粒度满足要求的焦粉由热废气带出，大颗粒的粉焦继续在球磨机内研磨直至满足要求。由热废气带出的焦粉送至成品焦粉储槽，热废气经袋式除尘器捕集粉尘后经烟囱排放。成品焦粉经槽口定量给料装置按配煤试验确定的配比连续均匀加入到配合煤中，与配合煤一起经粉碎机或混合装置混匀后运至煤塔，供焦炉炼焦。

B 湿法制备焦粉

小于10 mm级粉焦送入球磨机，并加入一定量的水，经球磨机混合研磨后，焦粉以浓度为40% ~50%料浆的形式排出，经自流管进入泵池，经渣浆泵送入浓缩机进行固液分离，然后送入袋式真空过滤机，滤去料浆中的水分，使水分降至15% ~17%。滤饼通过带式输送机送至焦粉棚储存；滤液自流入滤液回收槽，经由循环泵进入制粉系统循环使用。储存在焦粉棚的焦粉经自然脱水后送入焦粉储槽，按配煤试验确定的配比连续均匀加入到配合煤中，与配合煤一起经粉碎机或混合装置混匀后运至煤塔，供焦炉炼焦。

C 润磨法制备焦粉

a 振动磨机制备焦粉

小于10 mm级粉焦通过定量给料装置送入振动磨机进行制粉，从振动磨机排出的合格焦粉通过带式输送机及斗式提升机运至焦粉储槽，按配煤试验确定的配比连续均匀加入到配合煤中，与配合煤一起经粉碎机或混合装置混匀后运至煤塔，供焦炉炼焦。

b 挤压磨机制备焦粉

小于10 mm级粉焦通过定量给料装置送入挤压磨机，通过高压对辊对粉焦进行挤压制粉，挤压磨机2台串联工作后，排出的焦粉细度小于0.246 mm(60目)的达到约80%，满足生产要求。从挤压磨机排出的合格焦粉通过带式输送机及斗式提升机运至焦粉储槽，按配煤试验确定的配比连续均匀加入到配合煤中，与配合煤一起经粉碎机或混合装置混匀后运至煤塔，供焦炉炼焦。

2.2.8 焦油渣成形回配

将煤气净化车间在生产过程中产生的固体废渣—焦油渣与装炉煤混合、压球，再回送。

焦油渣添加装置主要由煤料系统、焦油渣添加系统、保温系统及控制系统等组成。

（1）煤料系统。从粉碎后装炉煤的运输系统切取一定量的煤料直接进入储槽储存，通过槽口螺旋输送机将煤料定量送入混合机内，与焦油渣添加系统按比例加入的焦油渣进行充分混合、混捏，经成形机压制成形，再通过型煤输送机送入装炉煤运输系统。

（2）焦油渣添加系统。煤气净化车间生产过程中产生的焦油渣装入储槽，由叉车运来通过单斗提升机送入焦油渣储槽进行储存，通过槽口电动管夹阀控制焦油渣定量添加到混合机内与煤料进行混合、混捏。

（3）保温系统。为了降低焦油渣的黏度，提高其流动性，焦油渣储槽、焦油渣添加系统的管道、设备等，均设有保温装置。保温可采用蒸汽直接保温，也可采用由蒸汽在热水槽内加热产生的热水进行保温。热水保温时控制热水的温度为75～85℃，由循环泵进行循环加热。

2.2.9　取样、制样及其设备

取样、制样是焦化厂接受原料煤质量控制的重要环节。采样按《商品煤样采取方法》（GB475）和《煤炭机械化采样第1部分：采样方法》（GB19494.1）标准进行，制样按《煤样的制备方法》（GB474）和《煤炭机械化采样第2部分：煤样的制备》（GB19494.2）标准进行，按《煤中全水分的测定方法》（GB/T211）、《煤的工业分析方法》（GB/T212）、《煤中全硫的测定方法》（GB/T214）标准化验来煤的水分、灰分、挥发分、硫分等。为了减少车辆等候时间，也可在入厂煤采制样设备上增加水分、灰分在线检测仪。

2.2.9.1　入厂煤采样设备

入厂煤采样设备有门式火车采样机（见图2-2-30），桥式火车、汽车采样机（见图2-2-31），桥式火车、汽车螺旋卸车采样联合机等形式。

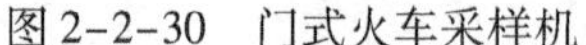

图2-2-30　门式火车采样机

图2-2-31　桥式火车、汽车采样机

A　设备组成

入厂煤采样设备必须满足国家标准对来煤车辆实行三维采样的要求，采样设备由在 Y 方向（运输设备长度方向）运行的门式、桥式、悬臂式（塔式）大车及走行机构，在 X 方向（运输设备宽度方向）运行的小车及走行机构和在 Z 方向运行的采样装置（驱动电机、减速传动箱、钻杆、采样头组成）及电控系统组成。

B　采样头

深度分层（长、短柱状采样头）为螺旋切割式采样器（见图2-2-32）。它们由圆周切割器

(外筒)、螺旋提升器(内螺旋)、破碎头组成。采样时,采样头旋转进入煤层的同时,外筒旋转将周边的煤切割分开,大块煤料经外筒切割,由外筒与破碎头挤压破碎后进入采样器,破碎后的粒度小于采样器内的通流截面,由于采样器在旋转下行的过程中,煤从底端进入,又从锥形上端部的排料口排回原位,由煤料通过采样头时的摩擦作用而达到自清洗目的,到达电控系统随机设定的采样深度时,采样器停止旋转和下行,欲采子样留在采样器内,然后外筒反转提升退出煤层,到达卸料点后,内螺旋高速反转强行将样品从采样器底部卸出,完成该点采样过程。

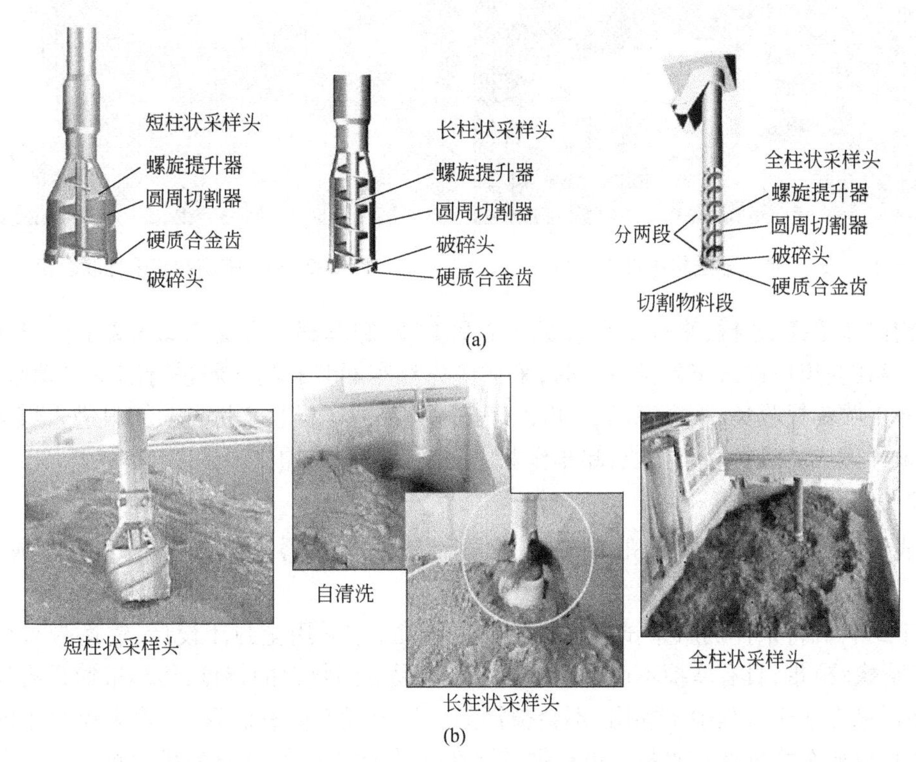

图 2-2-32 三种采样头

全深度柱状(俗称全断面)采样头为螺旋切割式全柱状采样器,由圆周切割器(外筒)、螺旋提升器(内螺旋)、破碎头、集样斗、弃料溜管组成。采样时,外筒旋转将周边的煤切割分开,大块煤料经外筒切割,由外筒与破碎头挤压破碎后进入采样器,破碎后的煤料粒度小于采样器内的通流截面。进入采样器的煤样由内螺旋不断提升至采样头上端从外筒排料孔排出。由于外筒旋转,旋转的排料孔排出的样品煤料不断交替进入集料斗和弃料溜管,从而将试样分为两份,一份存于集料斗,另一份经弃料溜管返回车厢。采样器下行到煤层底部后完成全断面采样,采样器提升并向卸料点运行,到达卸料点后集样斗卸料完成采样过程。

2.2.9.2 带式输送机中部采样机

带式输送机中部采样机主要用于配合煤、装炉煤煤样的采集,为固定旋转刮板式,其外形轮廓如图 2-2-33 所示。采样头为扇形状刮斗,旋转刮取完整的全斜横截断面的煤样至受料斗。扇形状刮斗采样器底部与输送带软接触,斗内的容积能收集整个子样,不损失、不溢出。采样机固定在带式输送机中部机架上,通过调节高度使采样器底部接触输送带。采样机设有物料检测装置，由电控系统自动控制设备的运行，不会出现空采、漏采的现象。

2.2.9.3　桥式火车、汽车螺旋卸车采样联合机

桥式火车、汽车螺旋卸车采样联合机（见图2-2-34）是把入厂煤采样设备与桥式螺旋卸车机联合成一体，一机两用，既可以采样，又可以卸车。

图2-2-33　带式输送机中部采样机

图2-2-34　螺旋卸车采样联合机

螺旋卸车采样联合机采样部分参见2.2.9.1节，卸车部分参见2.2.3.2节。当火车车厢、汽车停在受煤坑或汽车采样室内时，采样机先对车厢装载的煤料进行随机自动采样，采集的子样由收集机收集，采样完成后，由人工提取样品或子样收集机自动卸料进入煤样制备工序。采样完成后进行卸车作业，卸车作业由手动控制完成操作。

2.2.9.4　在线制样设备

在线制样设备由皮带给料机、破碎机、缩分器、试样收集器及自动控制系统等组成。

A　皮带给料机

皮带给料机将采样机所采试样输送给下一设备，它采用全封闭设计，输送带采用绿色PVC（丁腈橡胶）带，具有摩擦不产生静电、耐油、不易黏附物料的特点，传动滚筒设有清扫装置，确保样品在输送过程中不黏附，不会被污染。机上设有除铁装置，可除去煤料中的铁质杂物，防止铁质杂物损坏破碎机。可根据需要在此处增加水分、灰分在线检测装置。

B　锤式和对辊式破碎机

锤式破碎机能把试样破碎至粒度小于13 mm（水分样）或小于6 mm（水分、分析共用样）。锤头为活动锤头，由耐磨材料制造。破碎机进料口的迎击面侧装清除黏附装置，可清除黏附物，防止样品交叉污染和堵塞。机壳上半部可以翻开，筛板为抽插式。

对辊式破碎机能把试样破碎至粒度小于3 mm（分析样）。机壳上半部设有检查孔，即使在水分较大产生堵煤时，也能方便地打开进行处理，以保证系统能正常运行。破碎机的辊体采用耐磨材料制造，辊下设有刮除黏附物装置。

C　缩分器

缩分器有皮带刮扫式、多级震动二分器式和振动旋转筒式等多种。

皮带刮扫式缩分器是在试样皮带输送机上进行2次或3次采样的小型旋转刮扫式采样机，能刮取皮带上煤流的一个完整的横截段试样。该机旋转速度快，后板倾角大，不易黏附，接料斗及落料溜管均采用不锈钢制作。缩分比通过调节采样头的采样时间间隔来调节。

多级震动二分器式缩分器的箱体封闭，并设有检查门检查维护方便。二分器由不锈钢

制作。由于采用了震动装置，其水分适应性较高。缩分比视二分器的级数而定，最大缩分比为1/64。

振动旋转筒式缩分器的箱体封闭，并开有检查门检查维护方便。旋转筒由不锈钢制作。缩分比通过调节双层旋转筒的开口缝隙大小来改变。旋转筒内外设有刮扫装置。由于采用了振动装置，其水分适应性相对较高。

D 试样收集器

试样收集器有子样、留样分矿收集器两种。均为不锈钢材质自动换桶的电动集样器。

E 弃料系统

弃料系统为封闭式结构，由弃料皮带机、大倾角皮带机、梭式皮带机、弃料仓等组成。根据制备设备配置和现场条件进行布置。

2.2.9.5 采制样设备自动控制系统

A 自动控制系统构成

采制样设备的自动控制系统是由上、下位机组成的两级计算机控制系统，分为上位机(IPC)和下位机(PLC)两部分。上位机显示储存打印工况信息，操作人员通过人机界面发出操作指令，下位机接收工况信息并执行操作指令，并按照国家标准随机采样的要求进行编程。上位机与下位机之间高速、稳定的数据交换采用PROFIBUS现场总线技术实现，并通过PROFIBUS - DP协议保证通信的实时性和可靠性。

B 自动控制系统功能

(1) 车厢位置和料流识别。汽车采样机采用摄像数字图像处理技术实现车厢位置快速无接触识别；火车采样机采用对射光电传感器或超声波传感器实现车厢位置快速无接触识别；带式输送机中部采样机采样时采用来料检测装置实现料流识别。

(2) 入厂煤三维坐标采样点的精确定位。采用变频调速与脉冲实时测距技术通过反馈控制，实现入厂煤采样机三维坐标采样点精确定位。

(3) 利用随机函数编程，实现采样点按照国家标准随机采样的要求，进行随机分布，确保有效采样区内的每一点都有被采到的可能，并且可能性相等。

(4) 系统报警及保护功能。系统设有相序保护、断相保护、过载保护、边界保护、受阻保护、通信异常保护、接地保护等措施，以确保系统的长期安全稳定运行。

(5) 故障自诊断功能。系统具有异常报警和必要的连锁以及故障自诊断功能，当发生故障报警时，系统会自动停机报警并提示故障原因，给出修复建议。

(6) 远程监控。通过"远程监控中心"，对设备进行24 h监护。当设备出现故障时，可以通过远程监控实现远程故障诊断和修复，大大缩短故障处理时间，降低故障处理成本。同时也可实现程序的远程升级。

(7) 可与企业ERP(企业资源计划)系统联网。系统可与厂内ERP系统联网，可从ERP系统获取原始采样信息(汽车的车牌号、运量、煤种、矿名等；火车的运单、车厢排序、运量、煤种、矿名等；带式输送机的运量、煤种、矿名等)。采样结束后，可将采样过程中产生的数据回馈给ERP系统，实现数据共享，并可进行查询统计、打印及数据导出、保存。

参考文献

[1] 魏松波. 炼焦设备检修与维护[M]. 北京：冶金工业出版社，2008.

[2]　徐一．炼焦与煤气精制[M]．北京:冶金工业出版社,1985.
[3]　郑明东,水恒福,崔平．炼焦新工艺与技术[M]．北京:化学工业出版社,2006.
[4]　谢振安．试验焦炉的评述[J]．燃料与化工,2004,35(4):4~6.
[5]　张晓光．一种新型煤炭风力分离及调湿技术[J]．燃料与化工,2009,40(2):1~3.
[6]　赵业明．备煤工艺与设备[M]．北京：化学工业出版社，2005.
[7]　《焦化设计参考资料》编写组．焦化设计参考资料[M]．北京：冶金工业出版社，1980.
[8]　张立功．受卸系统工艺设计——翻车机自动卸车线工艺设计[J]．钢铁设计,2003(3):10~12.
[9]　钱理业,蔡承祜．新技术新设备在备煤设计中的应用[J]．燃料与化工,1997,28(1):8~13.

3 炉体与设备

3.1 焦炉结构与炉型简介

3.1.1 焦炉的概况

炼焦是用适合炼焦的煤，经高温干馏而转化成焦炭和煤气的过程。自古以来炼焦的生产装置很多，历史上曾出现过蜂巢式焦炉（成堆干馏式窑）、倒焰炉、废热式焦炉及现代的蓄热式焦炉。下面介绍各个历史时期炼焦炉的基本特征。

1765～1850 年期间的炼焦装置基本形式为蜂巢式焦炉，外形呈圆形，直径 4 m 左右，每炉装煤量 5 t 左右，炼焦时间 2～3 天，每炉处理煤能力为 2 t/d。其工艺特点为：成焦和加热（炼焦需要的热量）合在一起，靠干馏煤气和一部分煤的燃烧直接加热煤而干馏成焦炭，所以焦炭产率低，灰分高，焦炭质量不均匀，煤资源得不到综合利用，对周围环境污染严重。在我国也存在这一类型的窑和炉，如：圆窑、萍乡窑、固定窑顶的圆窑和萍乡窑、改良炉、连体炉和无回收焦炉等，从炼焦加热方式来说均属此范畴。

1850～1883 年倒焰炉时期，这种炉型的工艺特点为：炭化室和燃烧室分开设置，炭化室的两侧为燃烧室，炭化室内产生的粗煤气经炭化室顶部两侧炉墙上的孔道直接进入燃烧室的垂直焰道，同时从炉顶空气口吸入空气，使粗煤气燃烧，火焰由垂直焰道上部倒焰而下，干馏所需热量通过炭化室的墙传给炭化室中的煤料。由于煤气由上而下燃烧，因此称倒焰炉。煤气燃烧生成的废气和未燃烧完的气体进入炭化室下面的炉底焰道继续燃烧，一部分热量经炭化室底部炉砖传给煤料，废气由炉底焰道排入烟道和烟囱。这种焦炉已使用装煤车和推焦机，炭化室长约 8 m，高为 1.2 m，宽为 0.9 m，每炉可装煤料 7 t，结焦时间约 40 h。这些炉子曾流行一时，但终因热工效率低、不能回收炼焦化学产品而被淘汰。

19 世纪 70 年代末，德国人奥托在倒焰炉的基础上建立了废热式焦炉。其特点是燃烧室与炭化室完全分开，在燃烧室内设置了上升气流通道和下降气流通道，粗煤气用抽气机抽出，回收粗焦油后再送到燃烧室燃烧，燃烧后热废气直接外排进入烟道和烟囱，不回收废热，称之废热式焦炉。这种焦炉耗热量很高，焦炉所产生的煤气几乎全部用于自身加热。1938 年在北京石景山铁厂建造的 100 孔煤气侧入的水平火道的索尔威式废热焦炉和我国在 1958 年建造的简易焦炉——红旗 2 号，均属于废热式焦炉。

1883 年在欧洲创建了带有一个大纵蓄热室的蓄热式焦炉，即奥托—霍夫曼焦炉。它的特点是纵蓄热室位于炭化室下面，沿纵向分成机、焦侧两格，分别从机焦两侧进气和排气，定时交换，进入燃烧室的空气在此得到预热，排出的废气温度大幅度降低，废热得到有效的利用。我国曾在石家庄和太原钢铁公司建造过名为亨塞尔曼的焦炉，以及 1958 年曾建造过一批“红旗 3 号”简易焦炉，均属于纵蓄热室两分火道焦炉。这种焦炉因采用纵蓄热室预热空气，可有效利用废热，因此自身产生的煤气可满足炼焦耗热的需要，并且略有富余。但纵蓄热室气流分布不均匀，不便于调节。

1904 年，德国人考柏斯改进创建了第一座横蓄热室式焦炉，即在每个炭化室下设一个单独的横蓄热室。1906 年，又创建了双联火道系统的复热室焦炉。这些焦炉便成了至今大家一致采用的模式。自从炭化室与燃烧室分开后，为化工产品的回收创造了条件。1856 年，法国人克纳布第一个创建了回收焦油和氨水的副产焦炉。在 19 世纪 80 年代 ~ 20 世纪 20 年代，副产焦炉就达十余种，20 世纪 30 年代后，基本上都采用副产焦炉，因此，副产焦炉的名字也就较少应用了。

在用蓄热室预热空气的同时，人们也曾用换热方式预热空气。换热式焦炉是靠耐火砖砌成的相邻通道及隔墙将废气热量通过隔墙传给空气，它不需要换向，但易漏气，且传热效率低，回收废热效率差，试验证明，这种换热方式只能将空气预热到 500℃左右，而采用蓄热室方式可将空气预热到 700℃以上，故近代焦炉均采用蓄热室。

3.1.2　焦炉结构

3.1.2.1　焦炉砌体的基本结构

焦炉一般分成四个部分：蓄热室、斜道、炭化室和燃烧室、炉顶。如图 3-1-1 所示。

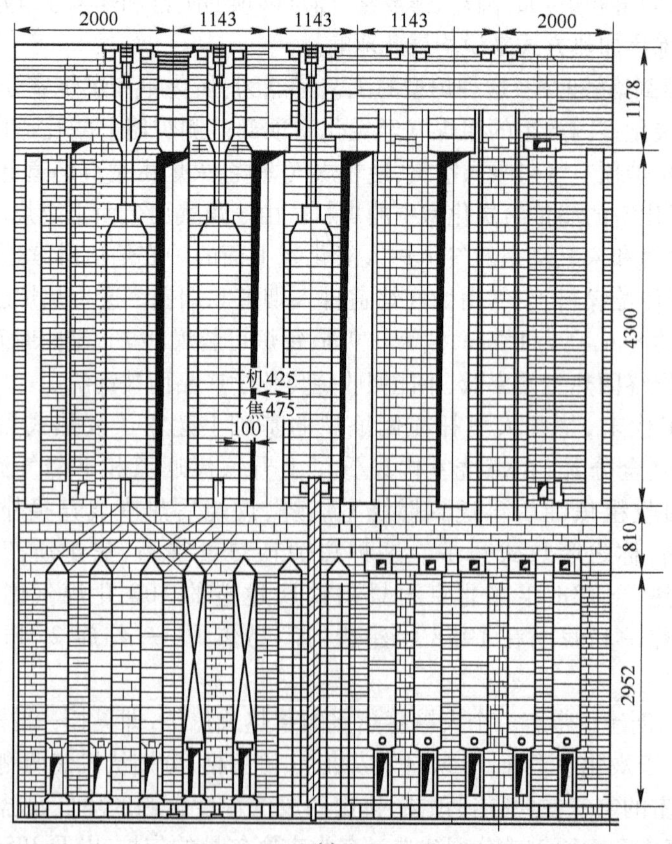

(a)

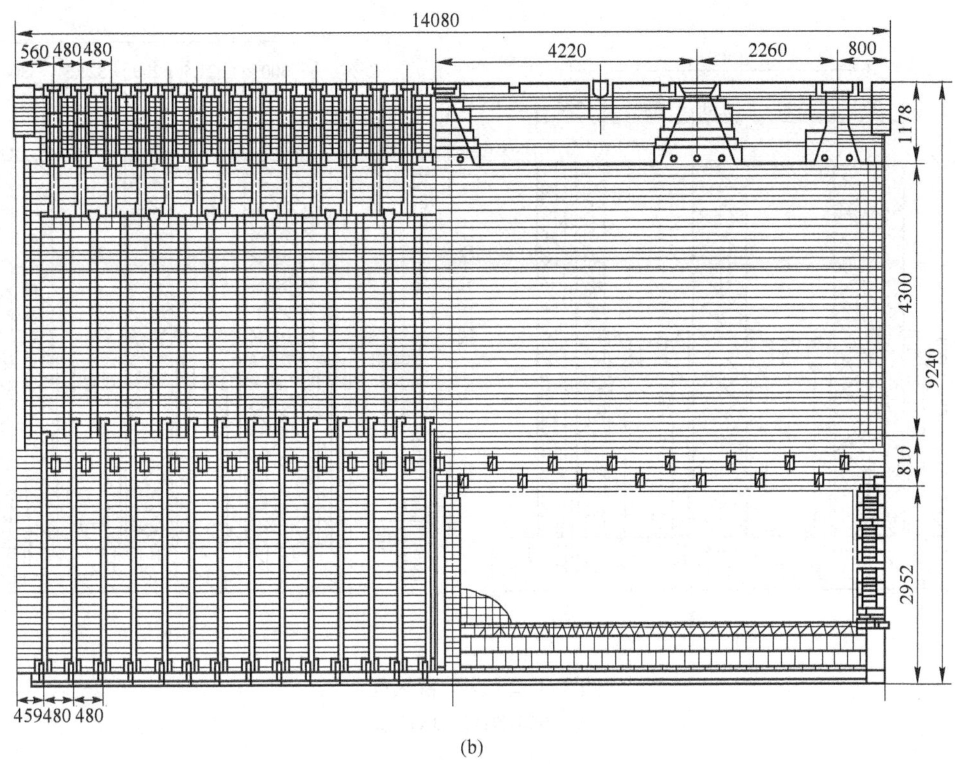

(b)

图 3-1-1 双联下喷复热式焦炉

(a) 纵剖视图;(b) 炭化室—燃烧室剖视图

A 蓄热室

蓄热室位于焦炉的下部,其上经斜道同燃烧室相连,其下经废气交换开闭器分别与分烟道、贫煤气管以及大气相通。蓄热室用来回收焦炉燃烧废气的热量,并预热贫煤气和空气。蓄热室自下而上分小烟道、箅子砖、格子砖和顶部空间,如图 3-1-2 所示。

a 小烟道

小烟道和废气交换开闭器连接,它向蓄热室交替地导入冷煤气、空气或排出热废气,冷热气流交替变化,因此,用硅砖砌筑隔墙的小烟道应内衬黏土砖。小烟道内最大流速不超过 2.5 m/s,小烟道的高度应不小于 200 mm。

b 箅子砖

为了适应上升与下降气流均匀分配的要求,提高蓄热室内格子砖的有效利用系数,在格子砖和小烟道之间设置了箅子砖。根据小烟道内流体阻力的计算和测试,无论是上升气流还是下降气流,小烟道内里侧的静压大于外侧的静压,如图 3-1-3 所示。利用锥孔上下底面积之比小于 0.4 时,扩散孔的阻力系数大于收缩孔的阻力系数的特点,将小烟道外侧箅子砖孔设计成上小下大,而小烟道里侧箅子砖孔设计成上大下小。因此,箅子砖孔排列为:小烟道入口处为上小下大,炉中间处为上大下小,分段排列,大小孔逐步过渡,使流经格子砖的气流均匀分配。我国 JN43 型和 JN60 型焦炉扩散型箅子砖孔尺寸排列见表 3-1-1。

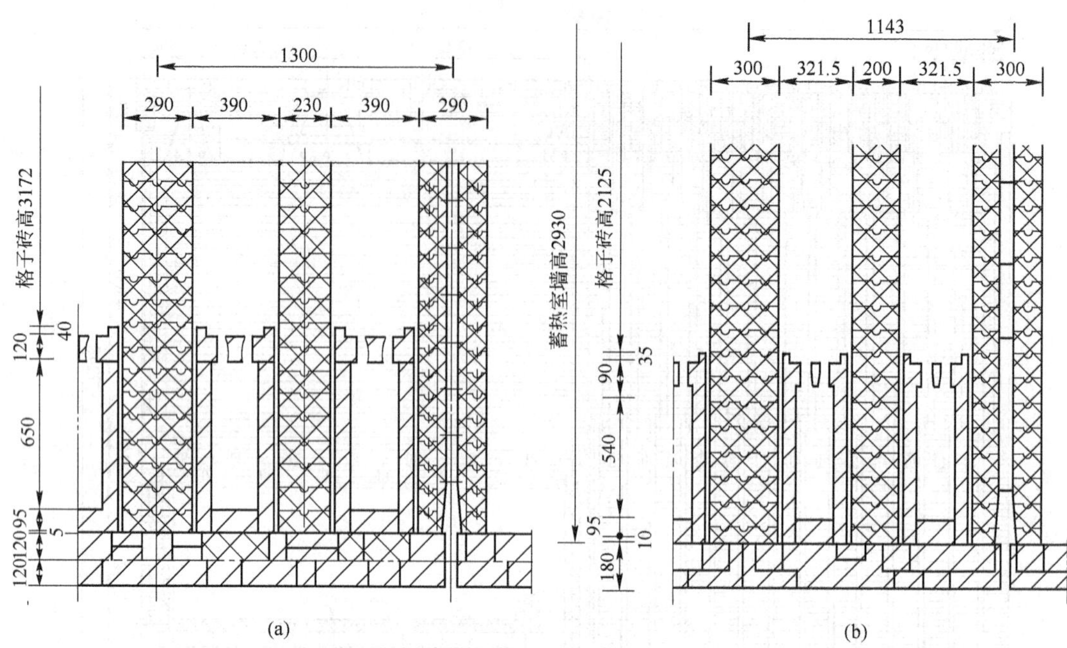

图 3-1-2　焦炉蓄热室

（a）JN60 型；（b）JN43 型

表 3-1-1　JN43 型焦炉扩散型箅子砖孔尺寸排列

箅子砖段(孔数)		1(2×7)		2(2×8)		3(2×8)		4(2×8)		5(2×8)		6(2×7)		7(2×7)	
蓄热室		煤	空	煤	空	煤	空	煤	空	煤	空	煤	空	煤	空
尺寸/mm	上孔	32	32	35	30	35	35	40	40	75	65	65	65	65	65
	下孔	68	68	60	65	60	70	60	60	40	40	40	40	35	35

c　格子砖

格子砖架设在箅子砖上，下降气流时，用它来吸收热废气的热量，上升气流时，将蓄热量传给空气或贫煤气。因格子砖的环境温度变化大，故采用黏土砖。要求格子砖的单位体积内有较大的蓄热面，现行使用的 9 孔格子砖 1 m³ 有 64 m² 换热面。

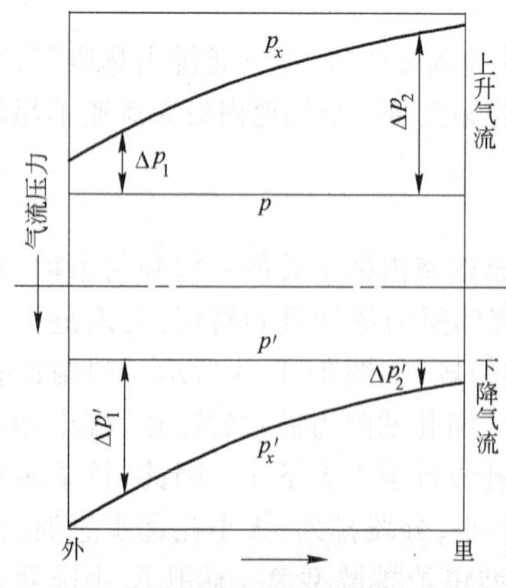

图 3-1-3　箅子砖上下静压差沿蓄热室长向分布

格子砖高度的估算，一般用经验数据进行估算：

（1）每小时内每 4187 kJ（1000 kcal）换热量所需之蓄热面按表 3-1-2 选用。

表 3-1-2　蓄热面估算指标

废气温度/℃	每小时内每 4187 kJ(1000 kcal)换热量所需要的蓄热面/m²	
	高炉煤气加热	焦炉煤气加热
400	0.49	1.15
350	0.59	1.53
300	0.76	1.92
250	0.97	

(2) 1 m^3 格子砖的蓄热面：壁厚为 21 mm 的 6 孔格子砖的单位蓄热面为 53 m^2/m^3；壁厚为 15 mm 的 9 孔格子砖的单位蓄热面为 64 m^2/m^3（9 孔格子砖见图 3-1-4）。

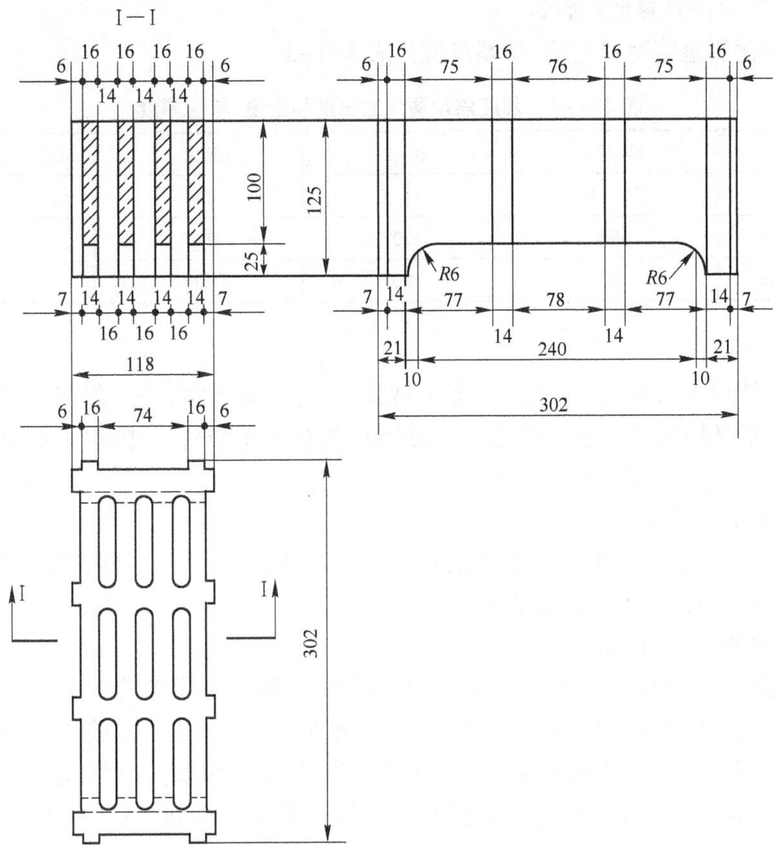

图 3-1-4　9 孔格子砖

(3) 蓄热室内格子砖高度的估算。

以 JN43 型焦炉为例：当用高炉煤气加热焦炉，废气温度为 300℃时，格子砖蓄热面估算指标，每小时内每 1000 kJ 换热量所需的蓄热面为 0.1815 m^2。采用 9 孔格子砖的换热面为 64 m^2/m^3，焦侧煤气蓄热室的换热量为 157 ×10^4 kJ/h，蓄热室断面为 2.091 m^2，格子砖高度 H(m) 为：

$$H=\frac{157\times 0.1815\times 10^4}{64\times 2.091\times 1000}=2.129(\text{m})$$

格子砖层数：

$$\frac{2.129}{0.127}=16.7(\text{层})$$

取 17 层。式中，0.127 为一层格子砖的高度，m。

d　蓄热室主墙

蓄热室主墙是上升气流与下降气流的隔墙，也是异向气流之间的隔墙，称之为主墙，因此要求墙要厚些，一般为 300 mm 左右。下喷式焦炉的主墙中还有砖煤气道穿过。因而主墙采用三沟舌异型砖砌筑。

e　蓄热室单墙

蓄热室单墙是同向气流之间的隔墙，称之为单墙，可以薄一些。如 JN43 型焦炉，采用厚度为 200 mm 的双沟舌异型砖砌筑。

几座焦炉蓄热室宽度和主墙、单墙厚度见表 3-1-3。

表 3-1-3　几座焦炉蓄热室宽度和主墙、单墙厚度

项　目	鞍-71	JN43	JN55	JN60
宽度/mm	230/140	311.5	440	390
主墙厚度/mm	350	320	270	290
单墙厚度/mm	120	200	200	230

f　蓄热室封墙

蓄热室封墙位于蓄热室机、焦侧端部，主要用来封堵蓄热室，并起隔热、保温作用，以减少热损失和降低环境温度。它内部用黏土砖（6 m 焦炉采用硅砖），中间为保温砖，最外层可涂以保温涂料。封墙厚度一般为 400 mm 左右。

g　蓄热室中心隔墙

蓄热室中心隔墙是机、焦侧蓄热室之间的隔墙，一般位于焦炉中间，在焦炉纵长方向是一个连续的实体，因此要求设置膨胀缝。

h　蓄热室各部分的材质

目前我国的大、中型焦炉的蓄热室主、单墙和中心隔墙都用硅砖砌筑，小烟道衬砖、箅子砖、格子砖和封墙用黏土砖砌筑。过去国内有部分焦炉（侧喷式和单热式下喷焦炉）的蓄热室主墙和单墙曾用黏土砖砌筑，实际生产中带来较多麻烦，故现在已不再采用，但在国外很多大型焦炉的蓄热室主墙下部仍然用高质量黏土砖砌筑，在硅砖与黏土砖之间设置滑动缝。

i　几座焦炉蓄热室主要参数（见表 3-1-4）

表 3-1-4　几座焦炉蓄热室主要参数

项　目	OTTO	ПВР-56	JN43	JN55	二分捣固
炭化室主要尺寸（长×高×宽）/mm×mm×mm	13590×4030×450	14080×4300×407	14080×4300×450	15980×5500×450	12560×3800×460
每个炭化室每小时炭化煤量/$t \cdot h^{-1}$	1.01	1.165	1.13	1.61	0.863
加热煤气种类	高炉煤气	高炉煤气	高炉煤气	高炉煤气	发生炉煤气
煤气热值/$kJ \cdot m^{-3}$	3637	3637	3637	3637	1182
高炉煤气（空气）预热温度/℃	1070	1065	1070	1070	1060
废气出口温度/℃	300	300	300	300	300
蓄热室蓄热量/$MJ \cdot h^{-1}$	1442	1655	1601	2341	1994
总蓄热面积/m^2	207	240	241	374	414
计算格子砖高度/m	1.892	2.198	2.17	1.845	1.49
实际格子砖高度/m	1.892	2.198	2.17	2.091	1.754

续表 3-1-4

项目		OTTO	ПВР-56	JN43	JN55	二分捣固
每小时每1000 kJ换热量的蓄热面	计算值/m^2	$\frac{0.6}{4.18}=0.1435$	$\frac{0.606}{4.18}=0.145$	$\frac{0.63}{4.18}=0.150$	$\frac{0.668}{4.18}=0.160$	$\frac{0.868}{4.18}=0.208$
	实际值/m^2	0.1435	0.145	0.150	$\frac{0.768}{4.18}=0.184$	
蓄热室宽度/mm		230	311.5	311.5	440	792
一块格子砖的蓄热面积/m^2		0.376	0.282	0.2752	0.3774	0.345
格子砖壁厚/mm		13	21	21	15	15

B 斜道

斜道位于蓄热室与燃烧室之间，是连接两者的通道。

a 斜道结构图

几种焦炉的斜道结构如图 3-1-5 ~ 图 3-1-10 所示。斜道区内布置着数量众多的通道（斜道、砖煤气道），它们距离很接近，而且流过压力不同的各种气体，容易窜漏，因此，必须保证结构严密。它在焦炉纵长方向是一个实体，为了吸收炉体纵长方向的热膨胀，在该区内每层砌体必须设置膨胀缝，上下膨胀缝之间的水平缝应做成滑动缝，以利于砖层的膨胀。

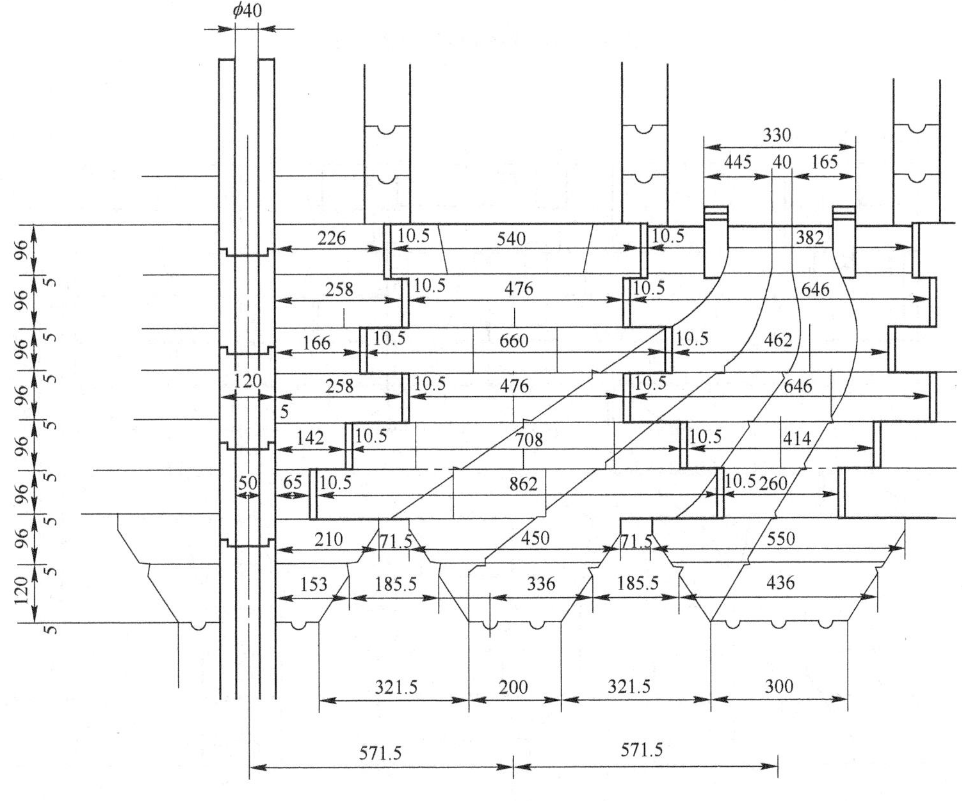

图 3-1-5 JN43 型焦炉斜道大样

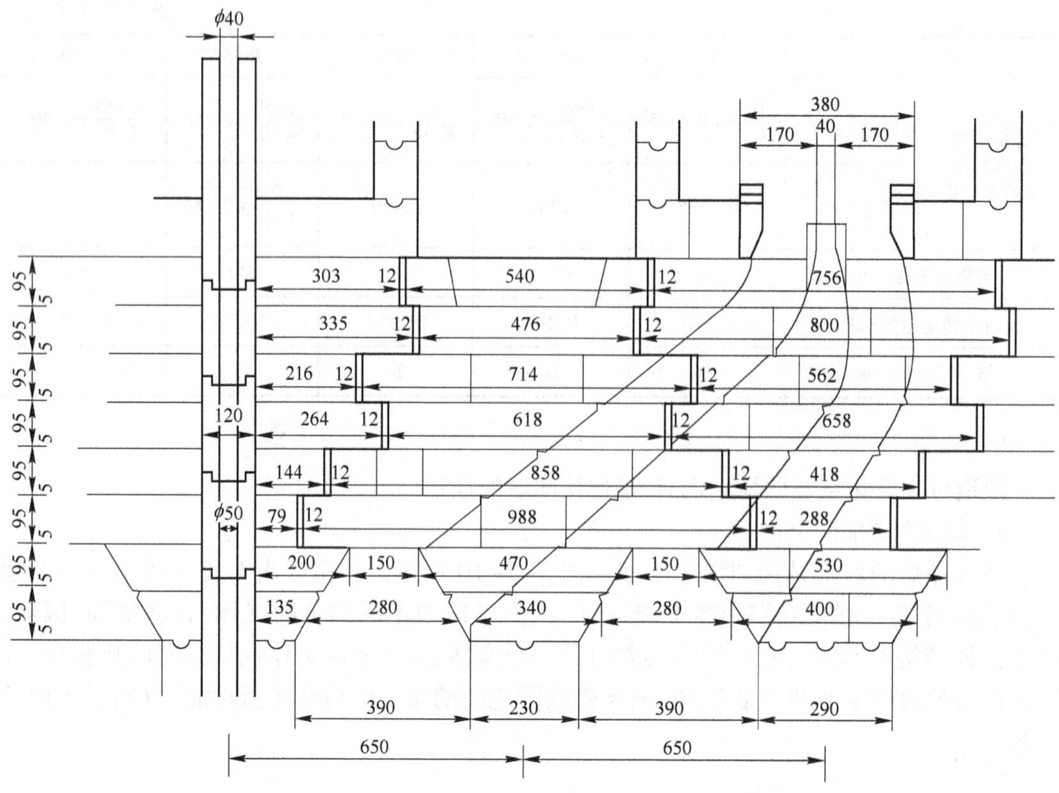

图 3-1-6　JN60 焦炉斜道大样

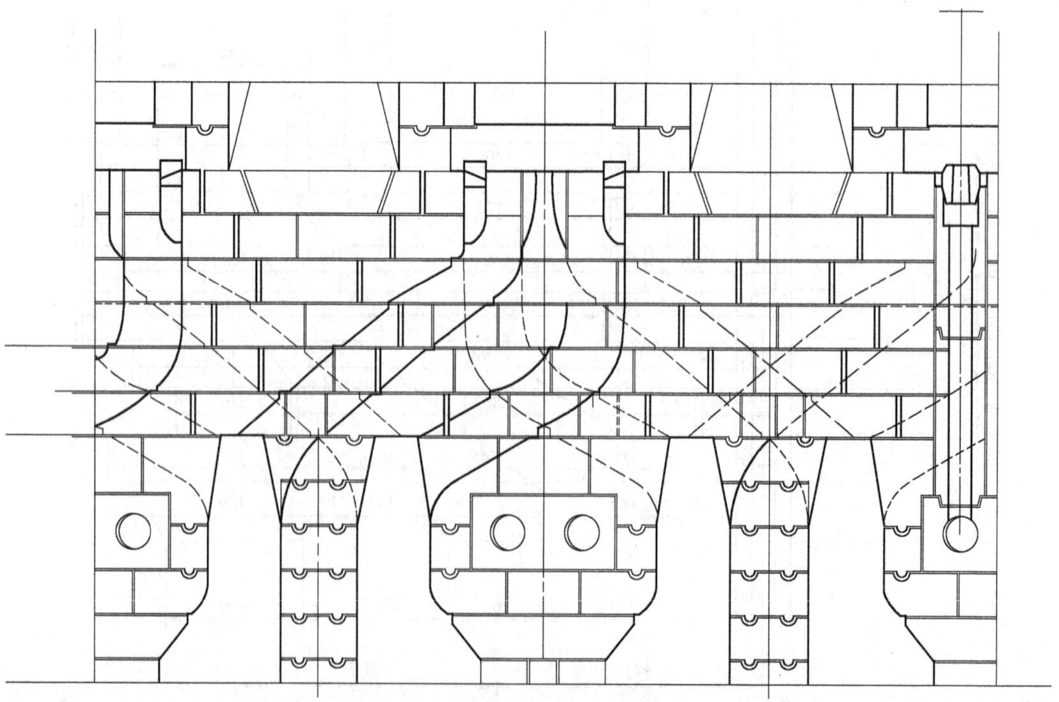

图 3-1-7　双联火道侧喷式焦炉斜道大样

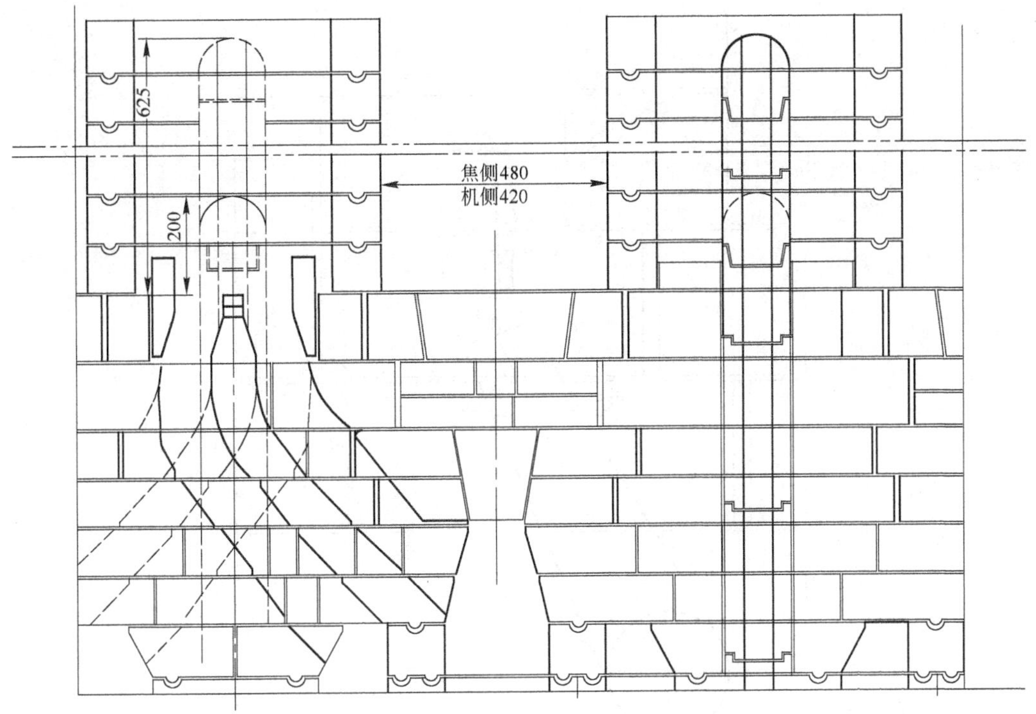

图 3-1-8 双联火道下喷高低灯头焦炉斜道大样

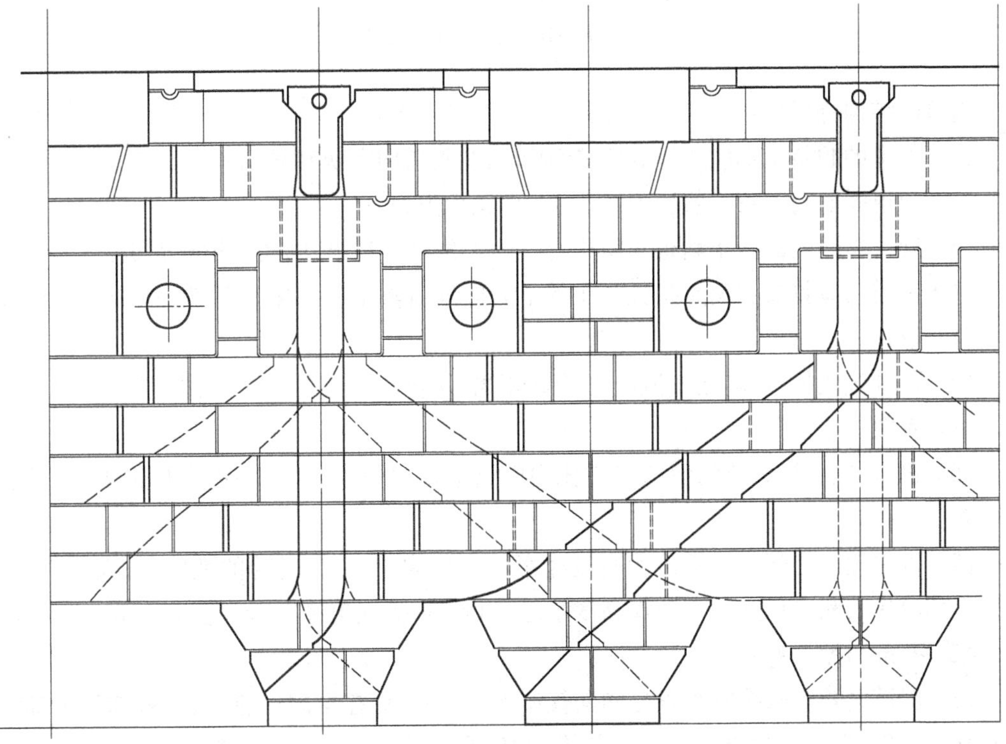

图 3-1-9 ПВР 焦炉斜道大样

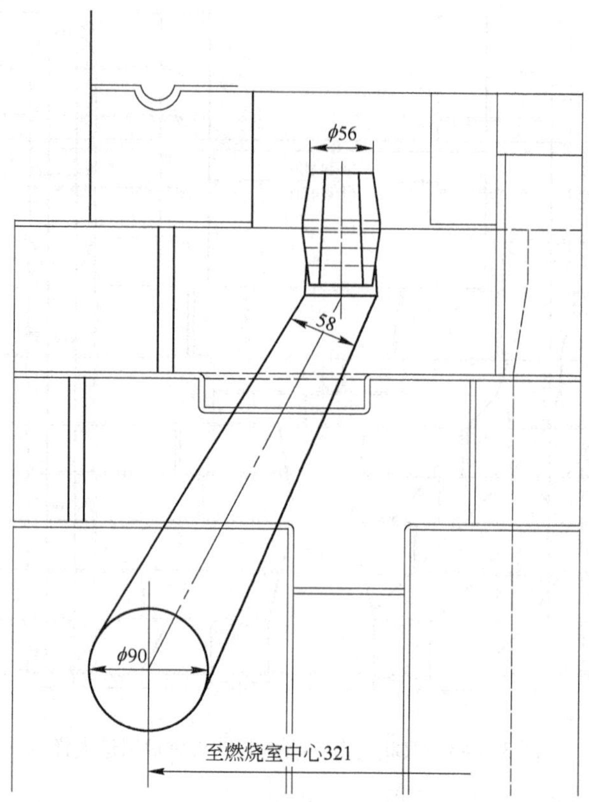

图 3-1-10　ПВР 焦炉斜道横砖煤气道

斜道区结构特征为：

(1) 斜道的倾斜角不应小于 30°，否则容易在斜道内存灰和异物；

(2) 斜道断面收缩角一般应不大于 7°，以减少阻力；

(3) 同一火道内的两条斜道出口中心线的夹角尽量减小，以利于拉长火焰；

(4) 斜道出口收缩和突然扩大产生的阻力应约占整个斜道阻力的 75%，以便有效地调节出口气量；

(5) 同种气流长、短斜道气流阻力最好相当，这样易于控制每一火道中煤气、空气量及空气过剩系数；

(6) 机、焦侧炉头火道的斜道口应比中间火道斜道口大，因炉头火道热损失大，需要热量较多；

(7) 两斜道口之间的鼻梁砖的宽度也影响火焰的长短，鼻梁砖的宽度大，火焰长，炉头火道下部散热大和炭化室端部装煤高度不足，因此，炉头火道鼻梁砖（宽为 25 mm）比中间火道（宽为 40 mm）窄一些；

(8) 斜道区的膨胀缝应布置在同向气流上，不要设计在异向气流上，膨胀缝如果都集中在炭化室底部，则对抵抗墙的推力较小，但易于漏气。

砌筑斜道用的耐火材料一般均用硅砖。

b 焦炉斜道口开度的计算

在正常情况下，焦炉用贫煤气加热时，横排温度的合理分布取决于进入各火道燃烧用的煤气量和空气量，以及排出的废气量的分配，即主要取决于斜道口开度的排列。所以确定合理的斜道口开度排列是保证焦炉正常生产的重要条件之一。关于焦炉斜道口开度的计算方法较多，但其原理基本相同。现介绍几种计算方法。

计算方法之一：

$$\left[(1-\eta)+\eta\frac{K_2}{K_1}\left(\frac{F_1}{F_2}\right)^2\right]\left(\frac{V_2}{V_1}\right)^2\frac{\sum\Delta p_1}{\sum\Delta p_2}=1 \tag{3-1-1}$$

式中 η——斜道口阻力占计算系统总阻力的比例，%；

K_1,K_2——两对火道系统阻力系数；

F_1,F_2——不同两对火道斜道口断面；

V_1,V_2——不同两对火道中气体流量；

$\sum\Delta p_1,\sum\Delta p_2$——不同两对火道的蓄热室顶空上升和下降气流之间压差。

例：JN43 型焦炉炭化室平均宽 450 mm，若焦侧 15 号火道斜道口开度为 88 mm × 80 mm，计算 26 号火道的斜道口开度。

解：已知 η 为 75%；K_{26}/K_{15} 为 0.99；$\sum\Delta p_{15}$、$\sum\Delta p_{26}$ 分别为 52 Pa、55 Pa。

$$\frac{V_1}{V_2}=\frac{S_1}{S_2}\cdot\frac{q_1}{q_2}=1.05\frac{S_1}{S_2}\approx\left(\frac{S_1}{S_2}\right)^{1.8}$$

式中 S,q——对应火道的炭化室平均宽度和炼焦耗热量。

$$\frac{V_{26}}{V_{15}}=\left(\frac{S_{26}}{S_{15}}\right)^{1.8}=\left(\frac{470}{450}\right)^{1.8}=1.08$$

将上述已知数据代入式 3-1-1 中，得到：

$$\left[\frac{1}{4}+\frac{3}{4}\times0.99\left(\frac{F_{15}}{F_{26}}\right)^2\right]\times1.08^2\times\frac{52}{55}=1$$

$$F_{26}=1.061\times F_{15}=93.5\times80(\text{mm}^2)$$

炉头火道计算：

$$\frac{V_{头}}{V_{中}}=\left(\frac{S_{头}}{S_{中}}\right)^{1.8}\cdot\frac{L_{头}}{L_{中}}+14\times\frac{4.5}{100}$$

式中 L——火道长度（一般焦炉炉头火道长度与中部火道长度不同）；

14——机侧或焦侧火道数总额（JN43 型焦炉机侧、焦侧火道各有 14 个）；

$\frac{4.5}{100}$——由实践经验和计算确定的焦炉侧面的散热占该侧全部供热的百分比（焦炉容积越大该值越小，反之则越大）；

$14\times\frac{4.5}{100}$——由于侧面散热要求提供的流量比。

将上述已知数据代入式 3-1-1 中，若已知 $F_{中}$ 即可计算出炉头斜道口断面 $F_{头}$。

第 15 ~ 26 火道斜道口断面（开度）可按内插法确定，也可按上述方法进行计算确定。炭化室平均宽 450 mm 的 JN43 型焦炉的斜道口开度计算结果见表 3-1-5。

表 3-1-5　JN43 型焦炉的斜道口开度计算结果

火道号		1	2	3,4	5~7	8,9	10,11	12,13	14	15~17	18~23	24~26	27	28
调节砖厚/mm	煤气	40	85	60	57	54	51	48	45	57	54	51	80	35
	空气	50	60										55	45
斜道开度/mm	煤气	105	60	85	88	91	94	97	100	88	91	94	65	110
	空气	96	83										90	100

注：机侧、焦侧 1,2 火道的斜道口宽度为 120 mm,其他火道的斜道口宽度为 80 mm。

计算方法之二：

斜道口断面计算公式：

$$AK_i^2 + BK_i + C = 0 \tag{3-1-2}$$

其中

$$A = \frac{\Delta q_i}{m_i^2} - \frac{D^2 \Delta q_{出}}{(1-D)^2} + \frac{D^2 \Delta q_{入}}{1-D^2} \tag{3-1-3}$$

$$B = \frac{2D\Delta q_{出}}{(1-D)^2} \tag{3-1-4}$$

$$C = -\left(\frac{\Delta q_{出}}{(1-D)^2} + \frac{\Delta q_{入}}{1-D^2}\right) \tag{3-1-5}$$

式中　Δq_i——第 i 对火道斜道出入口阻力,Pa；

m_i——第 i 对火道与焦中(21、22)或机中火道的气量比；

i——焦、机侧双联火道对数,58-Ⅱ型焦炉 $i=1,2,3,4,5,6,7$；

$\Delta q_{出}$,$\Delta q_{入}$——已选定斜道口断面的焦侧或机侧中部火道的斜道出入口阻力,Pa。

$$D = \frac{F_{中}}{F_i} \tag{3-1-6}$$

式中　$F_{中}$——已选定焦侧或机侧中部火道的斜道断面,mm^2；

F_i——所求斜道口断面,mm^2。

式 3-1-3 中

$$\Delta q_i = \frac{\Delta p_{焦}(\Delta p_{机})}{6}(i - N_{中}) + \Delta p - \Delta r m_i^2 \tag{3-1-7}$$

式中　$\frac{\Delta p_{焦}(\Delta p_{机})}{6}(i - N_{中})$——蓄热室顶空上升气流与下降气流压差沿炉长方向的修正值；

$\Delta p_{焦}(\Delta p_{机})$——焦侧(机侧)炉头火道(第 1 对)蓄热室顶空上升气流与下降气流压差与焦炉中部火道(第 7 对)蓄热室顶空上升气流与下降气流压差值之差,根据 58-Ⅱ型焦炉标定结果：$\Delta p_{焦}$ 为 3.924 Pa、$\Delta p_{机}$ 为 2.943 Pa；

6——焦侧第 7 对火道与焦侧第 1 对火道之间相隔的双联火道对数；

$N_{中}$——焦、机侧中部双联火道对数,58-Ⅱ型焦炉 $N_{中}=4$,(即焦侧中部第 21、第 22 号火道、机侧中部第 7、第 8 号火道)；

Δp——已选定斜道口断面的焦侧或机侧中部火道(如 JN43 型焦炉第 21、第 22 火道)的上升、下降气流斜道总阻力,Pa；

Δr——已选定斜道口断面的焦侧或机侧中部火道的斜道阻力（不包括出入口阻力），Pa。

在计算炉头火道（机侧、焦侧第1、2火道）时，还应考虑炉头与中火道部对应煤料长度不同和担负着焦炉侧面散热的热负荷。因此每对炉头火道气量与对应的每个中部火道的气量之比 $m_{头}$ 应为：

$$m_{头}=\frac{V_{头}}{V_{中}}=\frac{L_{头}}{L_{中}}\cdot\left(\frac{S_{头}}{S_{中}}\right)^{1.8}+K \tag{3-1-8}$$

式中　$V_{头}$，$V_{中}$——分别为炉头火道气量和中部火道的气量；

$L_{头}$，$L_{中}$——分别为炉头和中部火道对应煤料长度；

$S_{头}$，$S_{中}$——分别为炉头和中部火道对应炭化室宽度；

K——焦炉每侧侧面散热为每侧总供热的4.5%，参见计算方法之一。

例1：58－Ⅱ型焦炉设计参数如下：炭化室长14080 mm，平均宽450 mm，焦侧宽475 mm，机侧宽425 mm，锥度50 mm，立火道中心距480 mm，炉头火道中心距本侧焦炉正面线560 mm，炉门衬砖伸入焦炉正面线396 mm。

58－Ⅱ型焦炉各部阻力（Pa）：

	上升气流	下降气流	合　计
斜道总阻力（包括立火道）	25.394	20.336	45.685
其中斜道出入口阻力	17.364	11.811	29.175
阻力系数不变部阻力	7.985	8.525	16.510

立火道断面 $F=0.1638\ m^2$，焦侧或机侧中部火道的斜道断面 $F_{中}=0.00728\ m^2$。

根据式3-1-2计算斜道口断面之比见表3-1-6。

表3-1-6　58－Ⅱ型斜道口开度计算结果

火道号	炭化室宽/mm	热负荷比	斜道口断面比	阻力系数不变部阻力/Pa	斜道出入口阻力/Pa
1,2	427.014	1.186	1.287	18.570	19.444
3,4	430.608	0.971	0.938	12.440	25.083
5,6	434.202	0.985	0.968	12.818	24.215
7,8	437.796	1.000	1.000	13.204	23.238
9,10	441.390	1.015	1.034	13.599	22.453
11,12	444.984	1.030	1.069	14.002	21.560
13,14	448.577	1.045	1.107	14.413	20.658
15,16	452.171	0.958	0.965	15.167	28.840
17,18	455.765	0.972	0.977	15.606	28.961
19,20	459.359	0.986	0.988	16.053	29.073
21,22	462.953	1.000	1.000	16.510	29.175
23,24	466.547	1.014	1.012	16.976	29.268
25,26	470.141	1.028	1.024	17.452	29.352
27,28	473.735	1.263	1.466	26.339	21.023

例2:有一座单侧烟道焦炉,其外形和燃烧室立火道结构尺寸与58-Ⅱ型焦炉相同,同为28个双联火道。贫煤气从机侧供入,废气从焦侧排出。

机侧第二对火道蓄热室顶部上升气流与下降气流压差值与焦侧第二对火道蓄热室顶部上升气流与下降气流压差值相差-10.399 Pa,两对火道之间相隔11对火道;焦侧第四对火道(21,22火道)处斜道上升气流与下降气流总阻力为45.685 Pa,其中阻力系数不变部阻力为16.51 Pa;斜道出口阻力为17.364 Pa,入口阻力为11.811 Pa。

各斜道出入阻力之和:

$$\Delta q_i = \frac{-10.399}{11}(i-11) + \Delta p - \Delta r m_i^2 \tag{3-1-9}$$

式中 i——取1,2,3,…,14。

计算结果见表3-1-7。

表3-1-7 单侧烟道焦炉斜道口开度计算结果

火道号	炭化室宽/mm	热负荷比	斜道口断面比	阻力系数不变部阻力/Pa	斜道出入口阻力/Pa
1,2	427.014	1.072	1.378	18.989	17.243
3,4	430.608	0.878	0.960	12.721	24.456
5,6	434.202	0.891	0.963	13.107	25.015
7,8	437.796	0.904	0.967	13.502	25.566
9,10	441.390	0.918	0.971	13.905	26.108
11,12	444.984	0.931	0.975	14.317	26.641
13,14	448.577	0.945	0.980	14.738	27.166
15,16	452.171	0.958	0.984	15.167	27.682
17,18	455.765	0.972	0.989	15.606	28.189
19,20	459.359	0.986	0.995	16.053	28.686
21,22	462.953	1.000	1.000	16.510	29.175
23,24	466.547	1.014	1.006	16.976	29.654
25,26	470.141	1.028	1.011	17.452	30.124
27,28	473.735	1.263	1.429	26.339	22.182

经原作者对58-Ⅱ型焦炉斜道口开度与调节砖排列计算,得出结果见表3-1-8。

表3-1-8 58-Ⅱ型焦炉(炭化室高4.3 m)斜道口开度与调节砖排列 (mm)

立火道号 机→焦	中部燃烧室				边部燃烧室			
	设计值		计算值		设计值		计算值	
	调节砖排列	斜道口开度	调节砖排列	斜道口开度	调节砖排列	斜道口开度	调节砖排列	斜道口开度
1	30×2	92.5×120	煤52 空77	100.5×120 75.5×120	90	62.5×120	煤72 空97	80.5×120 55.5×120
2	30×2	92.5×120	煤77 空52	75.5×120 100.5×120	90	62.5×120	煤97 空72	55.5×120 80.5×120

续表 3-1-8

立火道号 机→焦	中部燃烧室				边部燃烧室			
	设计值		计算值		设计值		计算值	
	调节砖排列	斜道口开度	调节砖排列	斜道口开度	调节砖排列	斜道口开度	调节砖排列	斜道口开度
3	66	89×80	66	89×80	96	59×80	86	69
4	66	89×80	61	94×80	96	59×80	81	74
5	61	94×80	61	94×80	91	64×80	81	74
6	61	94×80	58	97×80	91	64×80	78	77
7	61	94×80	58	97×80	91	64×80	78	77
8	61	94×80	55	100×80	91	64×80	75	80
9	56	99×80	55	100×80	86	69×80	75	80
10	56	99×80	52	103×80	86	69×80	72	83
11	56	99×80	52	103×80	86	69×80	72	83
12	56	99×80	48	107×80	86	69×80	68	87
13	50	105×80	48	107×80	80	75×80	68	87
14	50	105×80	44	111×80	80	75×80	64	91
15	66	89×80	58	97×80	96	59×80	78	77
16	66	89×80	58	97×80	96	59×80	78	77
17	64	91×80	58	97×80	94	61×80	78	77
18	64	91×80	55	100×80	94	61×8	75	80
19	64	91×80	55	100×80	94	61×80	75	80
20	64	91×80	55	100×80	94	61×80	75	80
21	61	94×80	55	100×80	91	64×80	75	80
22	61	94×80	52	103×80	91	64×80	72	83
23	66	89×80	52	103×80	96	59×80	72	83
24	66	89×80	52	103×80	96	59×80	72	83
25	61	94×80	52	103×80	91	64×80	72	83
26	61	94×80	48	107×80	91	64×80	68	87
27	30×2	92.5×120	煤 42 空 67	110.5×120 85.5×120	90	62.5×120	煤 62 空 87	90.5×120 65.5×120
28	30×2	92.5×120	煤 67 空 42	85.5×120 110.5×120	90	62.5×120	煤 87 空 62	65.5×120 90.5×120

注：鼻梁砖厚度为 20 mm，若为 40 mm 时，调节砖厚度减薄 10 mm。

C 炭化室与燃烧室

炭化室与燃烧室两者依次相间，炭化室设在两个燃烧室之间。焦炉生产时，燃烧室墙面平均温度约 1300℃，炭化室墙面平均温度约 1100℃，局部区域温度还要高一些。在此温度下，墙体承受炉顶机械和上部砌体的重力以及煤料的膨胀压力和推焦时的侧压力，墙面还要经受干馏煤气和灰渣的侵蚀，因此要求墙体荷重软化温度高，导热性好，透气性低，高温抗蚀性强，整体结构强度高，如图 3-1-11 和图 3-1-12 所示。

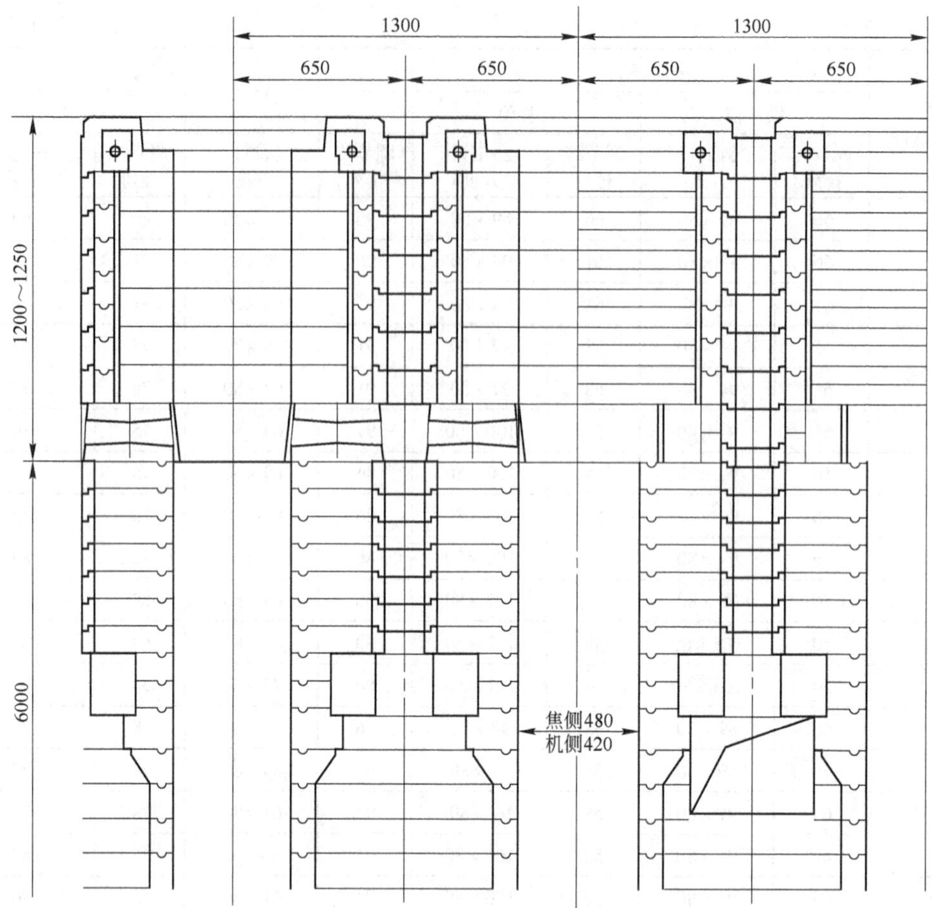

图 3-1-11　JN60 型焦炉燃烧室

a　炭化室宽度

按传统理论,炭化室宽度与煤料的结焦性和焦炭的用途有关,黏结性强的煤料应采用宽炭化室为宜,黏结性差的煤料宜采用快速炼焦,故用窄炭化室为宜,炼铸造焦,要求结焦速度慢,焦块大,故应用宽炭化室为宜。

炭化室宽度与结焦时间的关系式为

$$\frac{t_1}{t_2}=\left(\frac{B_1}{B_2}\right)^n \tag{3-1-10}$$

式中　t_1, t_2——结焦时间;

B_1, B_2——炭化室宽度;

n——指数。

根据德国专家试验,结果如图 3-1-13 所示。

从图 3-1-13 中可以看出,在火道温度 1200 ~ 1400℃的情况下,n 值为 1.2 ~ 1.5。德国普罗斯佩尔焦化厂 3 座宽炭化室焦炉的操作经验表明:600 mm 宽的炭化室与 450 mm 宽的炭化室相比,结焦时间延长指数(n)为 1.3 ~ 1.4 的是正确的。

b　炭化室锥度

它与煤料性质有关,挥发分低的配煤应采用锥度大的炭化室;如煤的收缩性大,则锥度

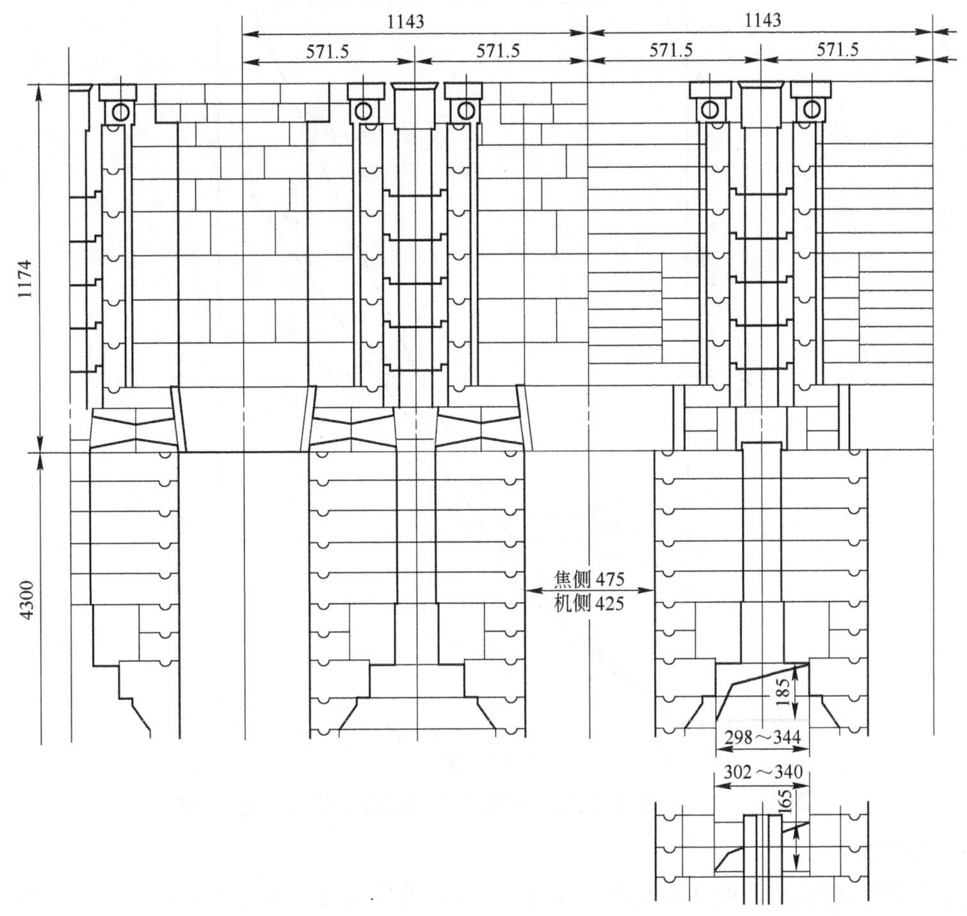

图 3-1-12 JN43 型焦炉燃烧室

可以小一些;捣固焦炉炭化室的锥度应减小,甚至可以无锥度;炭化室长,锥度适当大一些;宽炭化室焦炉的锥度因焦饼收缩较大从而可减小。顶装焦炉炭化室每米长度的锥度波动在 4.1 ~5.3 mm 之间。我国大、中型焦炉炭化室锥度一般为 50 ~70 mm。国内常用焦炉的锥度参见表 3-1-18。

c 炭化室高度

它与炭化室高向加热均匀性和炉体强度密切相关。利用废气循环、分段加热等措施可提高焦炉高向加热的均匀性。炭化室加高后,它要求的炉体强度也要加大,即燃烧室宽度和炉顶厚度相应加大。目前世界上最高的炭化室高度已达 8 m。

d 炭化室长度

一般受到推焦机的推焦杆和平煤杆结构长度的限制,同时也受到炭化室锥度的额外限制,目前认为炭化室的最大有效长度为 17 ~18 m。

e 燃烧室宽度

它与炭化室的高度密切相关,炭化室愈高,墙面受到的膨胀压力愈大,相应的燃烧室宽度也需加大。燃烧室宽度愈大,承受来自炼焦过程中产生的膨胀压力愈大。燃烧室宽度也与煤种膨胀压力有关,煤膨胀压力大,燃烧室宽度也需要大。

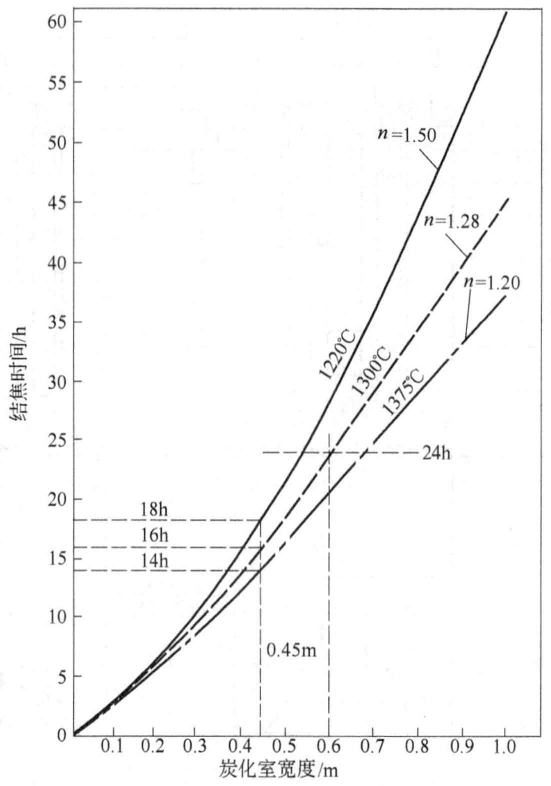

图 3-1-13　结焦时间、炭化室宽度、结焦温度和指数 n 之间关系

f　燃烧室高度

通常情况，燃烧室高度比炭化室高度矮一些，两者顶盖之差称为焦炉加热水平高度。其值过大，焦饼上部温度低，不利于焦饼上下均匀成熟。过小，炉顶空间温度高，影响焦化产品的质量和产量，也使炉顶空间易结石墨，影响推焦，同时，由于炉顶空间温度高，导致炉顶面温度高，恶化了炉顶操作环境。

加热水平高度 H(mm)可按下列经验式确定：

$$H = h + \Delta h + (200 \sim 300) \tag{3-1-11}$$

式中　H——加热水平高度，mm；

h——煤线距炭化室顶的距离（炭化室顶部空间高度），mm；

Δh——装炉煤炼焦时产生的垂直收缩量（一般为有效高的 5% ~7%），mm；

200 ~ 300——考虑燃烧室的辐射传热允许降低的高度，mm。

g　立火道中心距

一般为 480 mm、460 mm、438(470) mm 等几种。JN43 型、JN60 型焦炉均采用 480 mm，M 型焦炉为 500 mm。中心距小一些有利于焦炉的结构强度，但影响较小。

h　炉墙砖的厚度

炉墙砖太厚从传热来说不经济，热阻大，延长结焦时间。一般炉墙砖减薄 10 mm，结焦时间大约缩短 1 h。炉墙砖太薄，受到砖本身的强度和炉体结构稳定性的限制。目前大、中型焦炉的炉墙砖厚度基本控制在 95 ~ 100 mm，当然大型焦炉在燃烧室下部几层砖可采用较厚尺寸的砖，也有小型焦炉采用 80 mm 厚的炉墙砖。单个的炉墙砖承受压力与弯曲力的负荷能力直接与其厚度有关。有关炉墙砖厚度及其负荷能力与火道中心距的关系如图 3-1-14 所示。

i　炭化室高向加热

解决炭化室高向均匀加热的措施有高低灯头、分段加热和废气循环等。高低灯头用于相邻火道内设置不同高度的煤气烧嘴,以改变相邻火道内燃烧点的高度,从而使高向加热均匀,这种措施只限于富煤气。分段加热是将贫煤气和空气沿立火道隔墙中的孔道上升,在不同高度处进入火道燃烧,使燃烧分段进行,如宝钢一期 M 型焦炉将贫煤气和空气分成三段燃烧,上、中、下三段分配比为 30%、10%、60%。生产实践结果表明:用贫煤气加热时,炉顶空间温度过高,故将贫煤气上部出口关闭。废气循环是通过立火道隔墙下部的循环孔,将下降气流火道的部分燃烧废气,抽入上升气流立火道底部,形成炉内循环,以稀释煤气和降低氧的浓度,从而减缓燃烧速度,提高气流速度,拉长火焰,这种方法简单,效果明显。在现代化的大型焦炉上,如德国凯泽斯图尔焦化厂的 7.63 m 焦炉和史威尔根焦化厂 8.4 m 焦炉,均采用废气循环和空气分段加热。这样既满足高向均匀加热的要求,又抑制了 NO_x 的生成。日本在"21 世纪高产无污染大型焦炉"(简称 SCOPE21)项目开发试验中,开发了既能分段供气、高向均匀加热,又能降低 NO_x 的焦炉燃烧室新结构。该文用较多试验数据论述了高向均匀加热和降低 NO_x 的措施。详见本书第 3.1.4 节。

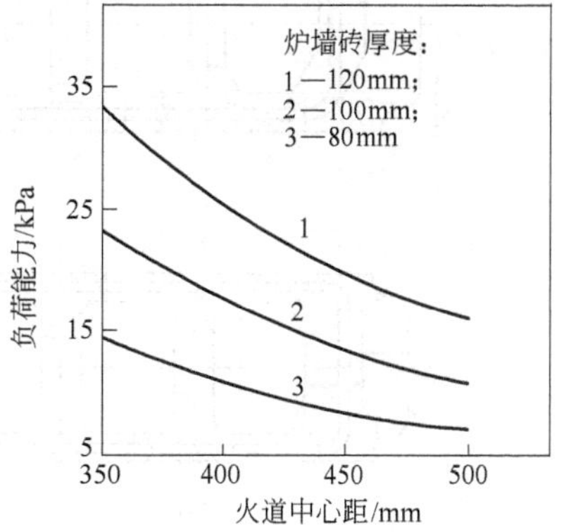

图 3-1-14　有关炉墙砖厚度及其负荷能力与火道中心距的关系

j　炭化室长向均匀加热措施

因炭化室有锥度,故与立火道对应的炭化室内煤量是变化的。因而各个立火道的温度是不同的,需要的加热煤气量、空气量和排出废气量也不同。当用焦炉煤气加热时,对于下喷式焦炉而言,可通过更换地下室焦炉煤气下喷管上的煤气喷嘴直径来调节各火道的燃烧煤气量。对于侧喷式焦炉,则靠更换立火道底部的煤气烧嘴直径来调节各火道的燃烧煤气量,侧喷焦炉在生产期间更换烧嘴比较困难。空气和废气的长向分配办法:空气是通过小烟道上的箅子砖和斜道口的调节砖来调节燃烧室长向的合理分配;废气是通过箅子砖的不同孔径的排列达到长向合理分配。在用贫煤气加热时,贫煤气和空气一样,通过箅子砖和斜道口的调节砖的合理排列达到煤气量的合理分配。

k　炉头结构和炉头火道

在焦炉生产期间,由于出焦启闭炉门,炉头砖温度波动较大,硅砖易于碎裂,因此,在设计中常采用直缝炉头,炉头砖材质改为耐急冷急热性能较好的高铝砖。由于炉头火道散热较多,相应要供应较多的热量,否则炉头火道温度不易提高,容易形成炭化室炉头生焦,在设计中炉头火道断面小一些,这样与其对应的煤量也小一些,从而减轻了炉头火道的热负荷,它的热负荷约为中间火道的 85%。国内常用的炉头结构如图 3-1-15 所示。

l　炉墙结构

炉墙结构要求严密坚固,砖便于制造。国内几种炉墙结构的优缺点见表 3-1-9。

我国大型焦炉都用宝塔砖结构的炉墙。

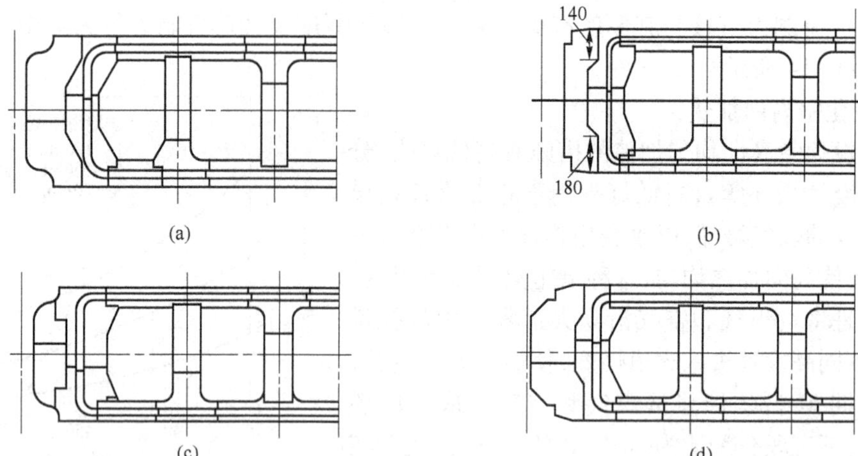

图 3-1-15　几种焦炉炉头结构

(a) 大保护板大炉头直缝结构;(b)大保护板直缝结构;(c) 大保护板小炉头直缝结构;(d)小保护板直缝结构

表 3-1-9　几种炉墙结构的优缺点

丁字砖	酒瓶砖	锤头砖	宝塔砖
(1) 上下层错缝大而均匀; (2) 结构强度较好,长期生产未见脱缝; (3) 沿垂直缝有拉断现象; (4) 炭化室燃烧室有直通缝; (5) 大修时剔茬困难	(1) 上下层错缝仅 45 mm,长期生产容易沿灰缝脱开,并出现酒瓶砖掉头现象; (2) 大修时剔茬甚易; (3) 炭化室燃烧室无直通缝	(1) 炭化室墙面的立缝比丁字砖和酒瓶砖少 1/3,适用于立火道中心距较小的焦炉,如沥青焦炉; (2) 锤头砖较长,长期生产砖易断裂; (3) 炭化室燃烧室无直通缝	(1) 在酒瓶砖的基础上改进而成,错缝介于丁字砖和酒瓶砖之间; (2) 大修时剔茬比丁字砖稍易; (3) 炭化室和燃烧室无直通缝

m　耐火材料

燃烧室和炭化室所用的耐火材料,一般均为硅砖。只在燃烧室炉头部分用一些耐急冷急热性能较好的高铝砖。

D　炉顶区

炉顶区是指炭化室盖顶砖以上的部位,设有装煤孔、上升管孔、看火孔、烘炉孔、拉条沟和装煤车轨道座。炉顶区的总高取决于炉体强度和炉顶操作环境的温度。我国大、中型焦炉的炉顶区的厚度为 1000 ~ 1250 mm。现代大型焦炉的炉顶区厚度已达 1700 mm。

装煤孔的数量:炭化室有效长度在 10 m 以下时设置 2 个装煤孔;11 ~ 14 m 应设置 3 ~ 4 个装煤孔;15 m 以上应设 4 个装煤孔。孔数多,装煤快,炉内煤峰较多,煤峰高差小,易于平煤,但炉顶面散热多,操作环境差。装煤孔下口应设计成喇叭口,如图 3-1-16 所示。

看火孔的内径应考虑能容易更换灯头砖和调节砖。装煤车轨道座应压在炭化室顶部黏土砖砌筑的基础上,其位置应与纵拉条、看火孔、装煤孔错开。

烘炉孔的设置位置要便于烘炉结束时堵塞。一般在烘炉时炉头火道散热大,不易升温,故在机焦侧两端部,相当于上升管孔下部位置各设 2 个烘炉孔,烘炉完了,打开炉门进行堵塞。每个装煤孔下部喇叭口处各设 2 ~ 3 个烘炉孔,烘炉完了,打开装煤孔盖进行堵塞。实践证明,烘炉孔数可以少于看火孔数,烘炉热气体不一定进入所有看火孔,不通气的火道温度比横墙平均温度低 4 ~ 13℃,这个温差小于通气火道的最高温度与最低温度之差。

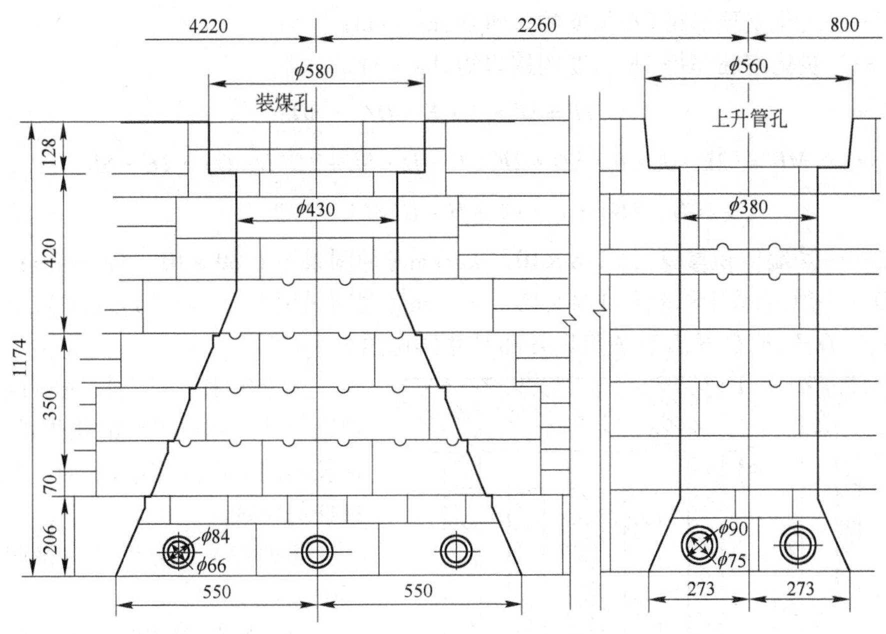

图 3-1-16 JN43 型焦炉炉顶

炉顶区所用耐火材料种类较多。炭化室盖顶砖一般用硅砖,但在机焦两侧端部及与装煤孔相接处用黏土砖,装煤孔及轨道座基础应用黏土砖砌筑,炭化室盖顶砖以上部分的看火孔用黏土砖砌筑(炉顶滑动缝以上部分),两装煤孔之间可砌黏土砖和轻质黏土砖(隔热砖),炭化室顶面铺砌耐磨的缸砖。

3.1.2.2 焦炉砌体的强度

在设计新焦炉时,应该要计算炉墙强度。但精确计算炉墙承受由炉料所施加的膨胀压力是困难的,因为无法精确地计算煤料的膨胀压力,也无法计算焦炉砖之间的黏结力。1959 年,德国 Ahlers 首先发表了计算焦炉炉墙稳定性的规则,取垂直炉墙的断面作炉墙模型,从理论上将其作为一个整体均质材料来考虑。当水平荷载作用在此炉墙上时会产生弯矩,因此,在炉墙的一侧会产生压应力,而在水平断面的另一侧会产生拉应力。由于焦炉的炉墙是一个砖砌体,火泥缝并不能承受拉应力。当炉墙各层间的水平砖缝被部分拉开时,只有受压应力的部分承受弯矩,最大弯矩产生在炉墙的上下端部和中间部位,当煤料的膨胀压力形成的水平荷载越来越大,直至达到临界膨胀压力时,被拉裂的水平砖缝也越来越大。当压应力达到无穷大时,炉墙上、中、下部的承载断面趋于零,则此时炉墙的上、中、下水平砖缝已全部裂开,整个炉墙被破坏。临界“Ahlers 荷载”是用来评价的理论值,Ahlers 指出,取此临界理论值的 90% 就可得到允许的膨胀压力。在此压力下,炉墙上下端和中间断面的压应力不超过 1 MPa,并把此应力假定为焦炉操作温度下硅质材料的安全值。1970 年新日本钢铁公司的须贺及下川(Suga,苏嘉)在 Ahlers(德国人)1959 年发表的焦炉炉墙稳定性的计算规则的基础上,提出了简化公式:

$$W=\frac{2[\sqrt{MT}+\sqrt{MB}]^2}{E\cdot L^2} \tag{3-1-12}$$

式中 W——炉墙的负荷极限(即由于炉墙两侧负荷不一样,所产生的负荷差使墙结构近于破裂的点),kg/cm^2,1 kg/cm^2 =0.1 MPa;

MT——炭化室顶部每 2*E* 长度的抗弯矩,kg · cm;

MB——炭化室底部每 2*E* 长度的抗弯矩,kg · cm。

$$MT = 2E \cdot A \cdot B \cdot D/2 \cdot SD \tag{3-1-13}$$

$$MB = \{2E \cdot A \cdot B \cdot SD + 2E \cdot C \cdot D \cdot SL + 2G(L - C) \cdot 2E \cdot SL + 2(D - 2G) \cdot F \cdot (L - H - C)SL\} \cdot D/2 \tag{3-1-14}$$

式中　*SL*——炉墙体积重量,约 1.8×10^{-3} kg/cm³(德国采用 1.89×10^{-3} kg/cm³);

SD——炉顶体积重量,约 1.4×10^{-3} kg/cm³(德国采用 1.6×10^{-3} kg/cm³)。

A、*B*、*C*、*D*、*E*、*F*、*G*、*H*、*L* 有关焦炉各部尺寸详见图 3-1-17。

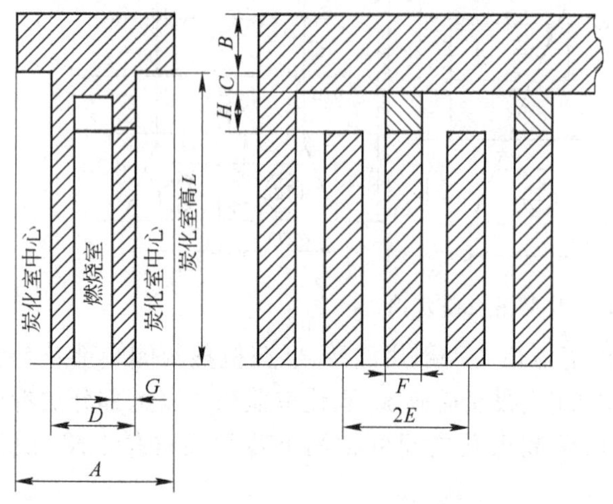

图 3-1-17　炉墙主要结构尺寸图

几十年来一直沿用 Ahlers 的基本规则设计了数以千计的焦炉炉墙,并且在长期的生产操作中,未对此规则产生过任何质疑。

焦炉有关部分尺寸对极限负荷的影响为:

(1) 炭化室高度对炉墙的强度影响最大,炭化室越高,炉墙的强度越差;

(2) 燃烧室的宽度对炉墙强度影响很大,燃烧室越宽,炉墙强度越大;

(3) 炉顶越重,炉墙强度越大。

在大容积焦炉燃烧室炉墙上产生的弯曲应力是随炭化室高度的平方增大的。因此在建设大容积焦炉时,首先应当加大燃烧室的宽度,就是要加大炭化室的中心距。改变燃烧室炉墙砖的厚度对极限负荷影响不大。然而,为了保持炉墙的稳定性,减少炉墙砖的厚度就要缩小立火道的间距。上述关系如图 3-1-18 ~ 图 3-1-21 所示。

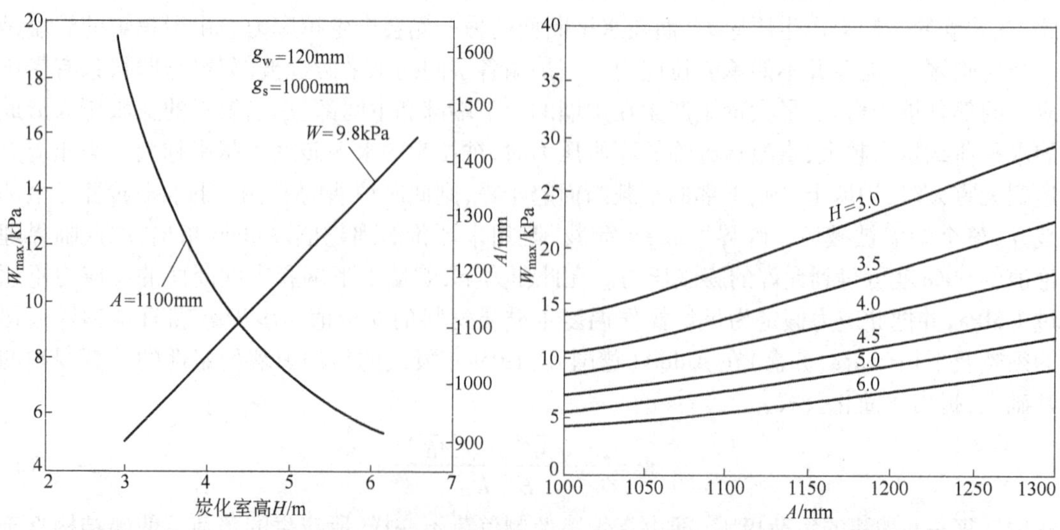

图 3-1-18　极限负荷 *W* 与炭化室高 *H* 之间关系

图 3-1-19　*W* 与 *A* 的关系

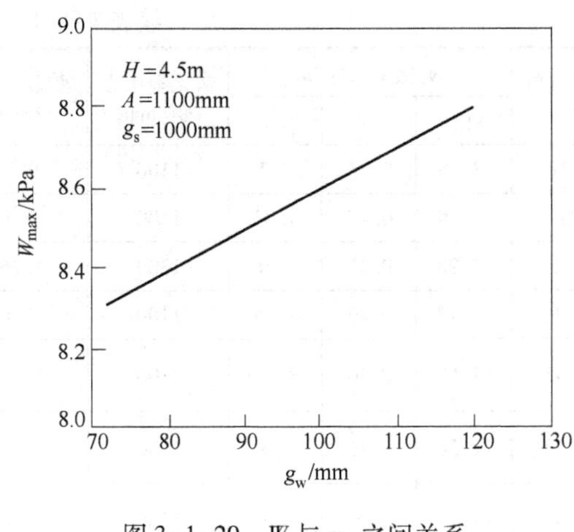

图 3-1-20 W 与 g_w 之间关系

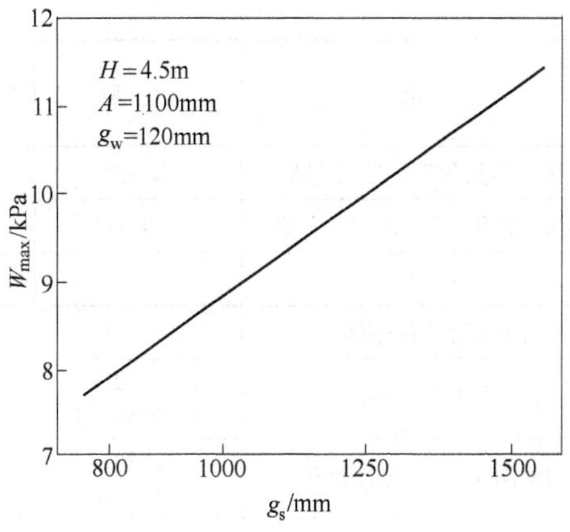

图 3-1-21 W 与 g_s 之间关系

几种焦炉炉墙负荷极限计算值见表 3-1-10。

表 3-1-10 几种焦炉炉墙负荷极限计算值

厂 名		炉 型	极限负荷/kPa	炭化室尺寸/m			炭化室中心距/mm	炉顶厚度/mm
				长	宽	高		
日本室兰厂	1 号炉	日 铁	8.6	13.2	0.4	4.0	1100	90
	3 号炉	日 铁	7.0	13.2	0.41	4.5	1100	90
	5 号炉	日 铁	8.0	14.2	0.43	5.0	1200	
日本釜石厂	1 号炉	日 铁	8.7	12.0	0.4	4.0	1100	900
	4 号炉	黑 田	9.0	12.0	0.4	4.0	1100	900
	5 号炉	日 铁	7.8	13.2	0.41	5.0	1100	
日本名古屋厂	1 号炉	迪迪尔	7.5	13.59	0.45	5.0	1200	
	3 号炉	史梯尔	10.1	15.9	0.435	6.0	1375	
	4 号炉	富 士	9.6	15.9	0.435	6.0	1375	1350
日本广畑厂 3 号炉		日 铁	8.9	13.2	0.41	4.3	1100	
日本君津厂 1 号炉		新日铁	8.9	15.7	0.45	5.50	1300	
日本千叶厂 5 号炉		史梯尔	8.5		0.45	5.91		
日本扇岛(1974 年投产)			10.6		0.435	7.65	1550	
德国奥斯特费尔德厂(1973 年)			11.7	16.53	0.45	7.0	1500	
德国胡金根厂(1984 年投产)			8.9	18.0(热)	0.55	7.85	1500	1700
德国普罗斯佩尔厂(1985 年)		1 号 Still 四联火道多段供空气加热	9.1	16.5	0.6	7.015	1450	1700
德国凯泽斯图尔三厂(1992 年)			11	18.56	0.623(冷)	7.63(热)	1650	1750
中国攀钢焦化厂 1~4 号炉		JN55	10.06	15.98	0.45	5.5	1350	1174
58-2(450)			9.67	14.08	0.45	4.3	1143	1178
中国山西省清徐东盛焦化厂		JNK43-98D	9.16	14.08	0.50	4.3	1143	1318

续表 3-1-10

厂 名	炉 型	极限负荷/kPa	炭化室尺寸/m			炭化室中心距/mm	炉顶厚度/mm
			长	宽	高		
中国本钢焦化厂1号、2号炉	本-54	7.71	13.59	0.45	4.3	1100	967
中国鞍钢化工厂15~18号炉	OTTO	8.54	13.59	0.45	4.03	1100	996
JN60		8.07	15.98	0.45	6.0	1300	1225
中国武钢沥青焦炉		18.26	10.77	0.46	2.65	1100	1000
中国大连化学公司厂	JN32（捣固焦炉）	12.45	12.67	0.46	3.23	1100	1182
中国淮南化肥厂、镇江焦化厂	JN38（捣固焦炉）	10.23	12.56	0.46	3.8	1100	1182
中国山西省茂盛厂	JNDK43-99D（捣固焦炉）	9.8	14.08	0.5	4.3	1200	1178
中国河北省旭阳煤化工集团有限公司	JND55（捣固焦炉）	9.44	15.98	0.554	5.55	1350	1404

由表3-1-10可以看出：通常的和现有的焦炉炉墙极限负荷范围是在6.86~9.8 kPa（0.07~0.10 kg/cm^2）。自从20世纪80年代德国普罗斯佩尔厂1号、2号宽炭化室大容积焦炉投产后，引起专家们对大容积焦炉的炉墙稳定性的关注。宽炭化室大容积焦炉使用常规焦炉粉碎粒度的装炉煤时，炭化室内产生过高的膨胀压力，有可能导致炉墙损坏，这要求人们再次去考虑宽炭化室大容积焦炉炉墙承受应力问题。专家们回顾了大容积焦炉的发展情况，发现最近15年来，随着焦炉炭化室容积的增大，负荷值明显地减小了，见表3-1-11。

表3-1-11 最近15年建造的7 m焦炉极限负荷情况

焦 化 厂	德国奥斯特费尔德	日本扇岛	德国普罗斯佩尔	德国胡金根	德国凯泽斯图尔
建设时间	1972年	1974年	1985年	1984年	1992年
炭化室高/m	7.1	7.65	7.1	7.85	7.63
炭化室宽/mm	450	435	600	550	610
燃烧室宽/mm	1050	1115	860	950	1030
炭化室中心距/mm	1500	1550	1460	1500	1640
苏嘉负荷/kPa	11.7	10.6	9.1	8.9	11.0

近年来获悉：萨尔中心焦化公司迪林根厂1984年投产的6 m捣固焦炉，经过20年的生产，有的炉已经停产进行原地大修改造。该厂经过认真研究后，提出将炭化室中心距由1350 mm改为1500 mm，以提高焦炉的极限负荷。前苏联1975年投产的有效容积41.6 m^3、炭化室高7 m的焦炉，在20世纪90年代改造时，将炭化室中心距由1400 mm改为1570 mm，炭化室宽度由410 mm改为480 mm，而其高度7 mm保持不变。德国专家1989年在"宽炭化室大容积焦炉"一文中指出"……前些年为了适应激烈的竞争，从结构上已降低了炉墙的稳定性。"还指出："降低炉墙的稳定性意味着减少了原料的灵活性和生产能力，但是这些原料的灵活性和生产能力正是当初建造大容积焦炉想要得到的。应该必须考虑焦炉尺寸对负荷能力的影响，至少应回到70年代初的建炉状态。因此首先要扩大炉墙（燃烧室）的宽度或在炭化室宽度不变的情况下，改变结构。"

3.1.2.3 分格蓄热室和可调式箅子砖焦炉

随着焦炉的大型化，在德国、日本、前苏联等国建造了相当多的高炭化室大型焦炉，面对这样的大型焦炉，用传统的办法站在焦炉顶面上，来调节每个立火道底部燃烧用的空气和贫煤气是很困难的。几个焦炉设计公司都推出了下调和下喷式焦炉，相应的将蓄热室和箅子砖分成数格，箅子砖上的箅子孔面积可调节，与传统的斜道口调节砖一样，但小烟道不分格，从而产生了蓄热室分格下调焦炉。国内使用蓄热室分格下调焦炉的焦化厂见表3-1-12。

表3-1-12 国内使用蓄热室分隔下调焦炉焦化厂

厂 名	炉 号	炉孔数	炭化室主要尺寸（长×高×宽）/mm	投产时间	备 注
湘钢焦化厂	1号、2号	42×2	14080×4300×450	1号，1988年7月；2号，1987年4月	JNX43
宝钢焦化厂	3A、3B	50×2	15980×6000×450	3A，1991年6月；3B，1991年5月	JNX60
	4A、4B	50×2	15980×6000×450	1991年7月和12月	
	5A、5B	50×2	15980×6000×450	5A，2002年7月	
	6A、6B	50×2	15980×6000×450	6A，1997年12月；6B，1998年3月	
	1A、1B，2A、2B	50×4	15700×6000×450	1985年8月；1985年5月；1985年9月；1986年1月	日本，M型（蓄热室分格下喷）
梅山焦化厂	3号	65	14080×4300×450	1996年11月	JNX43

JNX型下调焦炉示意图如图3-1-22所示，箅子砖结构示意图如图3-1-23所示。

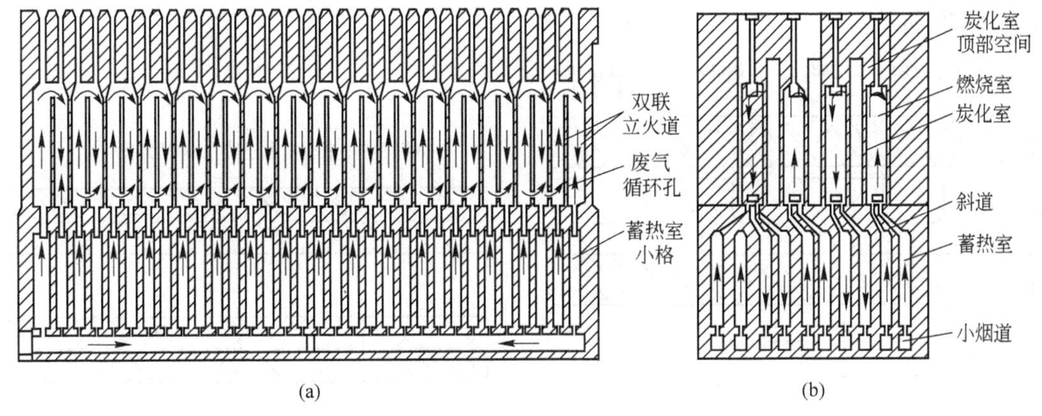

图3-1-22 JNX型焦炉结构示意图

（a）燃烧室剖面；（b）炭化室剖面

A JNX83型下调焦炉结构设计特点

（1）焦炉加热系统除与下调焦炉有关部分外与58型焦炉基本相同。不同的是，仅蓄热室增设小隔墙，分为28格，相当于每1个立火道1格小蓄热室，机侧与焦侧仍是2个气流系统；箅子砖设计有固定孔和可调孔，通过焦炉基础顶板埋设的专用钢管下调孔，更换可调孔中的调节砖（如斜道口中的牛舌砖）来调节蓄热长向的气量分配。在燃烧室立火道内照例设置调节砖（牛舌砖），按现有的经验计算，利用斜道口牛舌砖的计算排列，可使燃烧室长向气量分布的准确性达到95%以上，剩下的偏差部分利用箅子砖孔中的调节砖进行调节。

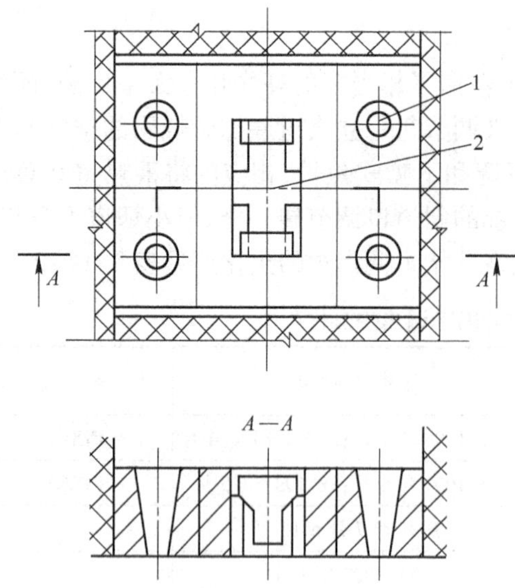

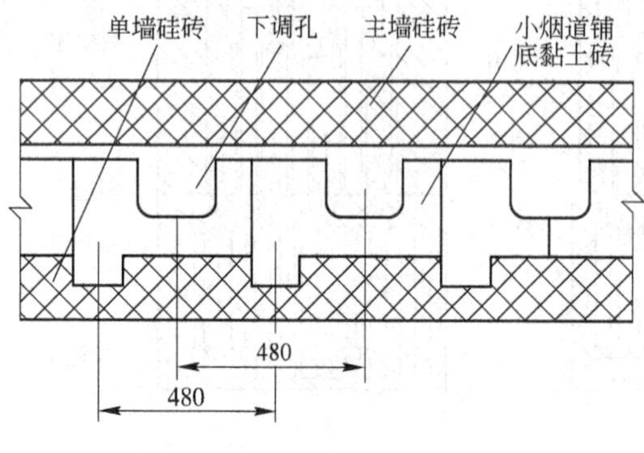

图 3-1-23　箅子砖结构示意图
1—不可调节孔;2—可调节孔

(2) 下调焦炉燃烧用空气的供给方式,仍采用自然通风;高炉煤气仍经废气交换开闭器的两叉部进入小烟道。

(3) 下调焦炉蓄热室分格设计解决了箅子砖、小烟道铺底砖、蓄热室分格墙砖等与主墙、单墙的同步膨胀问题,又保持了各分格的砌体严密性,JNX43 型下调焦炉设计不同于前苏联下调焦炉的设计,其特点为:

1) 下调结构各部位的材质:蓄热室主墙、单墙及中心隔墙从小烟道底开始全部采用硅砖;蓄热室内分格隔墙从箅子砖以上用硅砖;小烟道铺底、内衬及箅子砖用黏土砖。

2) 小烟道铺底砖每隔 480 mm 开一个调节孔。每隔 480 mm 距离使铺底黏土砖镶在单墙硅砖内,这样可使黏土砖随着硅砖一起膨胀,如图 3-1-24 所示。

3) 小烟道两侧黏土砖衬砖坐在主墙和单墙的铺底砖上,并将两侧黏土砖衬砖每隔 480 mm 镶嵌砌筑在主墙和单墙的硅砖内,使小烟道两侧黏土砖衬砖随主墙和单墙的硅砖一起膨胀,这样不会在小烟道两侧黏土砖衬砖中因硅砖与黏土砖的膨胀差而拉开成大裂缝,如图 3-1-25 所示。

图 3-1-24　小烟道铺底砖配置图

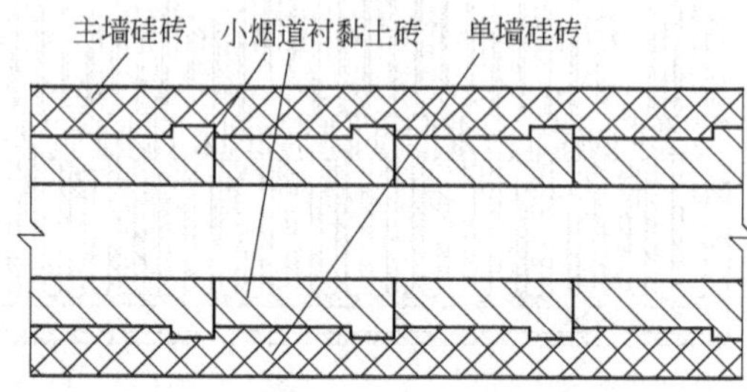

图 3-1-25　小烟道衬砖配置图

4) 箅子砖铺设在小烟道的衬砖顶面,不咬砌在主墙和单墙内。分格隔墙底楔在箅子砖顶面的凹槽内,分格隔墙的两端又镶在主墙和单墙内,如图 3-1-26 所示。在烘炉膨胀时,箅子砖底部由小烟道衬砖驮着移动,顶部由小隔墙推着或拉着移动,形成了箅子砖与小隔墙、主墙及单墙、小烟道衬砖沿着水平方向同步位移。

5) 箅子砖与箅子砖之间设计成咬合搭接的结构,膨胀造成的拉开缝也只能位于咬合搭接的范围内,因此不能产生直通缝,对箅子砖间的严密性不会造成影响。

6) 下调结构整体高向膨胀的问题。由于分格的小隔墙卧砌在箅子砖层的凹槽内,其两端架在硅砖墙上,故膨胀时硅砖小隔墙与主墙、单墙一起向上位移,箅子砖则不然,其膨胀向上位移取决于黏土砖高度。小隔墙与箅子砖不能形成一体,产生膨胀差从而拉开缝隙,但是该缝仍在凹槽内,不会形成直通缝,分格的严密性不会被破坏。如图 3-1-27 所示。

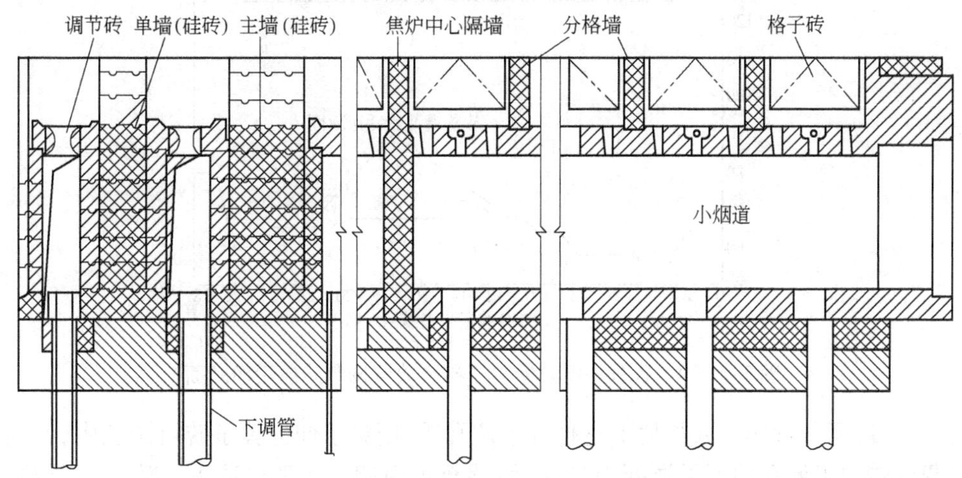

图 3-1-26 JNX43-83 型焦炉下调结构

7)箅子砖上的孔分为两种,一种是固定孔,另一种是可调节孔。1 个蓄热室分隔内布置 4 个锥形固定孔及 1 个可调节孔,如图 3-1-28 所示。锥形孔小直径端朝下,可调节孔为长方形,内设有调节砖座台,有座台部分为可调断面,无座台部分为不可调断面。第 3 ~26 分格内的可调孔及固定孔断面相同,蓄热室头部两格即第 1、2、27、28 的固定孔断面比中部大 53%,其可调孔断面与中部相同。中部分格拥有固定孔断面为 12.56 cm^2,可调孔断面为 111.6 cm^2,合计 124.16 cm^2,其中可调断面为 78 cm^2,占总断面的 63%。放置调节砖后,每一格的流通断面是不等的,如图 3-1-29 所示。调节砖排列由计算确定,按图 3-1-29 排列断面计算,气体调节量可达 10% 以上。

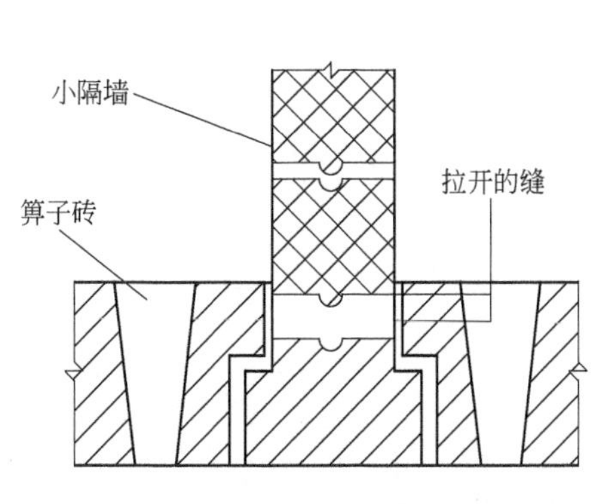

图 3-1-27 箅子砖与分格小隔墙高向膨胀前后状态

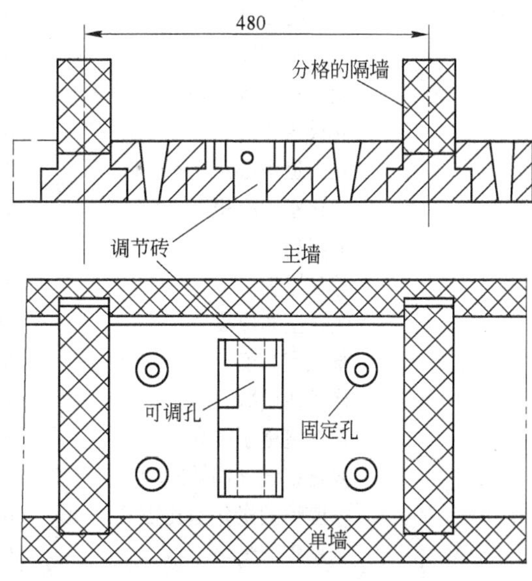

图 3-1-28 箅子砖孔布置图

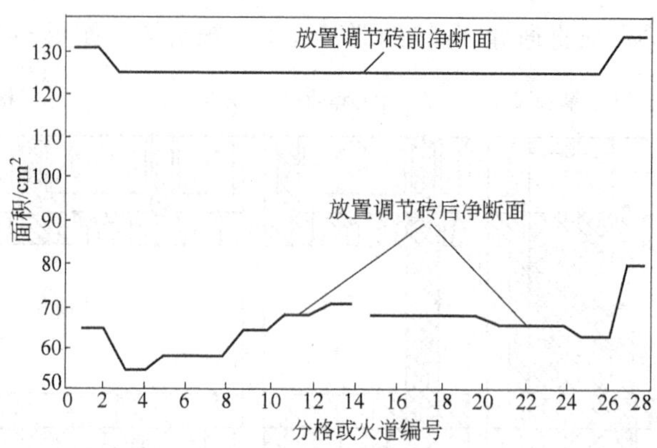

图 3-1-29　各分格蓄热室箅子砖孔放置调节砖前后净断面

（4）下部调节操作。人从地下室打开下调孔盖，用钩子伸进箅子砖可调孔中，钩住调节砖，将调节砖向可调孔的不可调断面处移动，移至正中调节砖即可取下。放入调节砖时，不需预热调节砖，打开地下室下调孔盖，用钩子钩好调节砖，向上穿过地下室下调孔和小烟道空间，伸入箅子砖可调孔中的不可调断面向左或向右略移动，即可安装在座位上。实践证明，调整箅子砖孔尺寸的全部操作时间约需 5 min。更换操作时，工人应戴防护眼镜或面具，以保护眼睛和脸部，确保操作安全。

B　前苏联下调分格蓄热室大容积焦炉箅子砖的调节情况

查波罗什焦化厂的复热式焦炉（No. 2 – A）的技术特征为：

炭化室尺寸（冷态）	
总　长	16000 mm
有效长	15160 mm
总　高	7000 mm
有效高	6700 mm
平均宽	410 mm
炭化室有效容积	41.6 m^3
立火道数	32
立火道中心距	480 mm
炭化室中心距	1400 mm
加热高度	900 mm
炉顶厚度	1036 mm
炭化室墙厚度	105 mm
蓄热室高度	3920 mm
格子砖层数	20 层
蓄热室格子砖高度	3080 mm
炭化室设计周转时间	15 h
一座炉的炭化室孔数	65
全焦年产量	91 万 t/a

双联火道，焦炉煤气下喷，贫煤气和空气侧入。每个炭化室下有 2 个窄蓄热室，各宽 440 mm，主墙厚 290 mm，蓄热室按立火道数进行分格，共 32 格，间距 480 mm。每格蓄热室对应 1

个立火道。一对双联火道与其相应的斜道、蓄热室小格及箅子砖组成一个独立控制的加热单元。箅子砖上设有固定孔径的扩散式孔洞和可调节的方孔，如图 3-1-30 和图 3-1-31 所示，斜道口照例放置厚度合适的调节砖。该厂焦炉的箅子砖和斜道调节砖的布置见表 3-1-13。

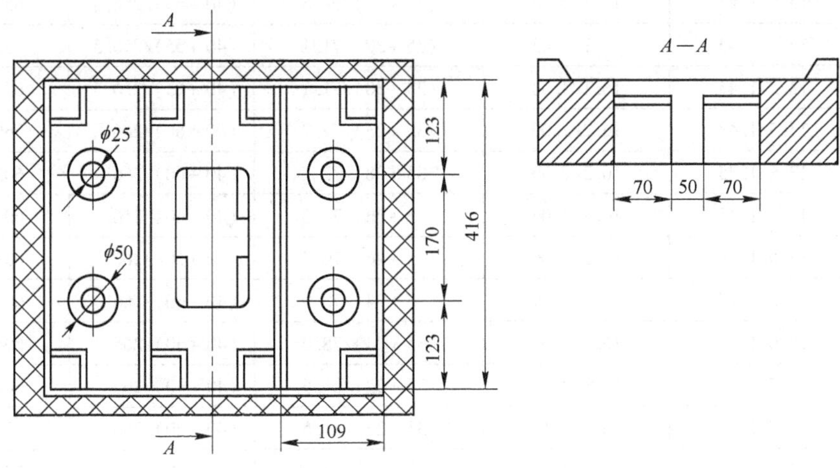

图 3-1-30 中间火道箅子砖结构

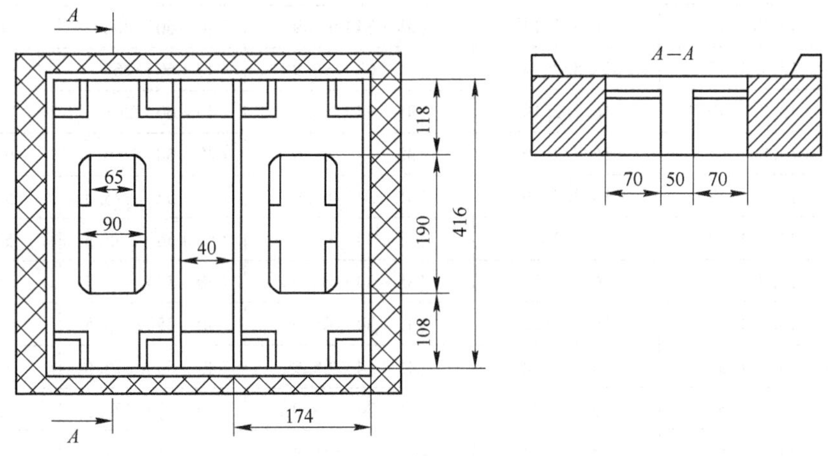

图 3-1-31 炭化室端火道箅子砖结构

表 3-1-13 查波罗什焦化厂 No. 1 – A 焦炉的箅子砖和斜道调节砖的布置

立火道号	富煤气调节孔板直径和断面积/mm · cm^{-2}		102 ~ 166 燃烧室箅子砖的调节砖厚度和断面积/mm · cm^{-2}	斜道口调节砖厚度和断面积/mm · cm^{-2}	
	101 和 166 边燃烧室	102 ~ 165 中间燃烧室		101 和 106 边燃烧室	102 ~ 165 中间燃烧室
1	17.9/2.52	21.1/3.49	—/414.8	(40 + 85)/228	65/342
2	15.0/1.77	17.9/2.52	—/414.8	(40 + 65)/266	65/342
3	13.4/1.41	16.0/2.01	(35 + 34)/65.9	(40 + 65)/256.5	65/332.5
4	13.4/1.41	16.0/2.01	(35 + 34)/65.9	(40 + 65)/256.5	65/332.5
5	13.5/1.43	16.1/2.03	(35 + 32)/68.5	(40 + 65)/256.5	65/332.5

续表 3-1-13

立火道号	富煤气调节孔板直径和断面积/mm · cm⁻²		102 ~ 166 燃烧室箅子砖的调节砖厚度和断面积/mm · cm⁻²	斜道口调节砖厚度和断面积/mm · cm⁻²	
	101 和 166 边燃烧室	102 ~ 165 中间燃烧室		101 和 106 边燃烧室	102 ~ 165 中间燃烧室
6	13.5/1.43	16.1/2.03	(35 +32)/68.5	(40 +65)/256.5	65/332.5
7	13.5/1.43	16.1/2.03	(35 +30)/71.1	(40 +65)/256.5	65/332.5
8	13.5/1.43	16.1/2.03	(35 +30)/71.1	(40 +65)/256.5	65/332.5
9	13.5/1.43	16.2/2.06	(35 +28)/73.7	(40 +60)/266	560/342
10	13.6/1.45	16.2/2.06	(35 +28)/73.7	(40 +60)/266	60/342
11	13.6/1.45	16.2/2.06	(35 +26)/76.3	(40 +60)/266	60/342
12	13.6/1.45	16.2/2.06	(35 +26)/76.3	(40 +60/)266	60/342
13	13.6/1.45	16.3/2.09	(35 +24)/78.9	(40 +60)/266	60/342
14	13.6/1.45	16.3/2.09	(35 +24)/78.9	(40 +60)/266	60/342
15	13.7/1.47	16.3/2.09	(35 +22)/81.5	(40 +60)/266	60/342
16	13.7/1.47	16.4/2.11	(35 +22)/81.5	(40 +60)/266	60/342
17	13.7/1.47	16.4/2.11	(35 +34)/65.9	(40 +60)/266	60/342
18	13.7/1.47	16.5/2.14	(35 +34)/65.9	(40 +60)/266	60/342
19	13.7/1.47	16.5/2.14	(35 +34)/65.9	(40 +60)/266	60/342
20	13.7/1.47	16.5/2.14	(35 +60)/65.9	(40 +60)/266	60/342
21	13.8/1.49	16.7/2.19	(35 +34)/65.9	(40 +60)/266	60/342
22	13.8/1.49	16.7/2.19	(35 +34)/65.9	(40 +60)/266	60/342
23	13.8/1.49	16.7/2.19	(35 +34)/65.9	(40 +55)/275.5	55/351.5
24	13.8/1.49	16.7/2.19	(35 +34)/65.9	(40 +55)/275.5	55/351.5
25	13.9/1.52	16.8/2.22	(35 +34)/65.9	(40 +55)/275.5	55/351.5
26	13.9/1.52	16.8/2.22	(35 +34)/65.9	(40 +55)/275.5	55/351.5
27	13.9/1.52	16.8/2.22	(35 +34)/65.9	(40 +55)/275.5	55/351.5
28	13.9/1.52	16.8/2.22	(35 +34)/65.9	(40 +55)/275.5	55/351.5
29	14.0/1.54	16.9/2.24	(35 +34)/65.9	(40 +55)/275.5	55/351.5
30	14.0/1.54	16.9/2.24	(35 +34)/65.9	(40 +55)/275.5	55/351.5
31	15.6/1.91	18.6/2.72	—/414.8	(40 +55)/285	55/361
32	18.7/2.75	21.8/3.73	—/414.8	(40 +55)/285	55/361
合计/cm²	48.09	71.82	3613.6	8531	10995

注:分子为调节砖厚度,分母为气体通道断面积。

a　空气分配调节试验

据报道,在 3 个燃烧室(148,149,150)的机侧进行了空气分配调节试验:

机侧箅子砖孔总面积与小烟道断面积的关系如下:

小烟道断面积/cm²	2388
一个格的箅子砖孔的总面积/cm²	

中间立火道	157
炉头立火道	414.8
一个格的可调断面积/cm²	92.4
可调断面积与总面积之比/%	58.9
一个小烟道的箅子砖孔的总面积/cm²	
按表3-1-13设计布置调节砖	1863
箅子砖调节孔全打开	3027.6
箅子砖开孔总面积与小烟道断面积之比/%	
按表3-1-13设计布置调节砖	78
箅子砖调节孔全打开	127

调节试验表明：

(1) 在斜道口和箅子砖孔的调节砖厚度按表3-1-13布置时，箅子砖孔的阻力在加热系统总阻力中所占的份额约为50%，此时利用箅子砖孔的调节砖可以对中间加热火道的煤气量和空气量进行调节，其调节范围可达20%。

(2) 若敞开斜道口会使箅子砖的阻力份额提高到50%，此时调节范围则可提高到30%。

(3) 将斜道的调节砖厚度从65 mm加厚到95 mm时，可将箅子砖的阻力份额降低到43%，而箅子砖孔调节砖的调节范围降低到12%。

(4) 由炉头火道的斜道中去掉调节砖会使空气进入量大为增加(30.5%)，此时在箅子砖上装上50%(30 mm)的调节砖，实际上不会对最边一对加热火道的空气进入量产生影响。

b　箅子砖可调孔的断面积的改变对各燃烧室立火道温度的影响

在41.6 m³焦炉上用高炉煤气加热时研究情况如图3-1-32所示。

图中曲线1～3为222～231燃烧室的试验区域；曲线4～7为242～251燃烧室的试验区域。

曲线1为设计排列状况下焦炉使用高炉煤气加热时横墙曲线，10～30火道温度明显降低。

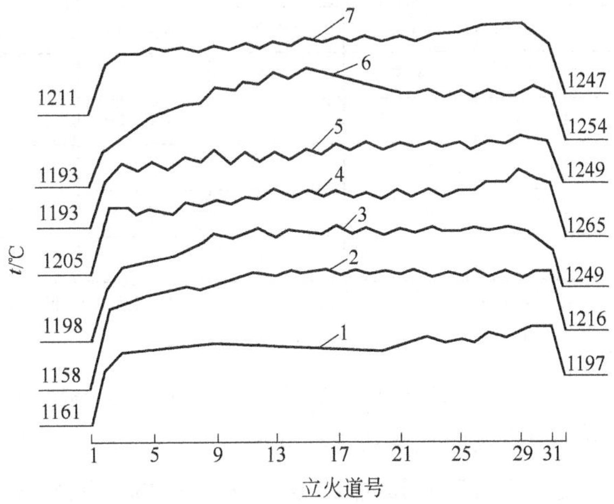

图3-1-32　改变箅子砖可调孔断面积对立火道温度的影响

曲线2是经过调整后的情况，调整情况为：5、7、9、11、13各蓄热室分隔的箅子砖可调孔的断面积分别缩小了3 cm²、5.2 cm²、7.8 cm²、10.4 cm²和13 cm²。在20、22和24三格中，在可调孔的每侧各去掉一块厚34 mm的调节砖，通过断面积相应为110.78 cm²(原为65.9 cm²)，即增加了44.88 cm²。在6、8、10、12、14的偶数格的断面积分别增加了13.2 cm²、39.6 cm²、9.24 cm²、9.24 cm²和9.24 cm²，通过断面积共增加175.76 cm²，它相当于箅子砖可调通过断面积总和的9%。

曲线3经过进一步的调节后,燃烧室长向的温度得到了提高,特别是进行过箅子砖调整过的相关格的温度。调整情况为:进一步扩大了10、12、14、16、26、28各格的箅子砖上可调孔的断面积,通过更换箅子砖孔调节砖的厚度,上述6格的气体通过断面积相应达到了119.9 cm^2、122.5 cm^2、122.5 cm^2、119.9 cm^2、110.78 cm^2和110.78 cm^2。这和原来的断面积是大不相同了。曲线3的调整又扩大了箅子砖总通过断面积233.64 cm^2,占可调通过断面积总数的12%,两次试验共计扩大了21%。调整后各分隔箅子砖孔的流通断面见表3-1-14。

表3-1-14　222~231燃烧室调整后蓄热室各分格箅子砖孔的流通断面　(cm^2)

火道号	蓄热室分隔箅子砖孔的流通断面			火道号	蓄热室分隔箅子砖孔的流通断面		
	曲线1	曲线2	曲线3		曲线1	曲线2	曲线3
1				18	65.9		
2				19	65.9		
3	65.9			20	65.9	+44.88	
4	65.9			21	65.9		
5	68.5	-3		22	65.9	+44.88	
6	68.5	+13.2		23	65.9		
7	71.1	-5.2		24	65.9	+44.88	
8	71.1	+39.6		25	65.9		
9	73.7	-7.8		26	65.9		+44.88
10	73.7	+9.24	+36.96	27	65.9		
11	76.3	-10.4		28	65.9		+44.88
12	76.3	+9.24	+36.96	29	65.9		
13	78.9	-13		30	65.9		
14	78.9	+9.24	+34.36	31			
15	81.5			32			
16	81.5		+38.4	累　计	1954.4	+175.76	+236.64
17	65.9						

注:1954.4 cm^2是设计值面积,+175.76 cm^2是曲线2比曲线1增加的面积,+ 236.64 cm^2是曲线3比曲线2增加的面积。

曲线4~7是242~251号燃烧室(用高炉煤气加热)试验情况,调整后蓄热室各分格箅子砖孔的流通断面见表3-1-15。

表3-1-15显示:曲线6箅子砖孔的流通断面积累计有2369 cm^2,是原有设计面积的1.212倍。在选定箅子砖调节砖的最佳布置和对整个炉组进行了调节之后,所有燃烧室长向的全炉组平均温度曲线如图3-1-32中曲线7所示。试验成果已用于设计院的焦炉设计之中。

德国凯泽斯图尔新焦化厂的7.63 mm焦炉及以后拆迁至中国兖州矿务局焦化厂的7.63 m焦炉,太钢、马钢等焦化厂从德国引进的7.63 m焦炉,均属于蓄热室分格、贫煤气下调、富煤气下喷的焦炉。这些焦炉与JNX型焦炉不同的地方是:7.63 m焦炉蓄热室1个小分格对2个立火道,现有的JNX型焦炉蓄热室1个小分格对1个立火道(新设计的JNX70-2型焦炉蓄热室1个小分格也对2个立火道);7.63 m焦炉用金属箅子板来调节箅子孔的流通断面,而不是用箅子砖的调节砖来调节箅子孔的流通断面。

表3-1-15 242~251号燃烧室调整后蓄热室各分格箅子砖孔的流通断面 (cm^2)

火道号	蓄热室分隔箅子砖孔的流通断面			火道号	蓄热室分隔箅子砖孔的流通断面		
	曲线4	曲线5	曲线6		曲线4	曲线5	曲线6
1				18	65.9	+15.8	+31.2
2				19	65.9		
3	65.9			20	65.9	+7.9	+37
4	65.9			21	65.9		
5	68.5		+11.9	22	65.9	+11.9	+33
6	68.5	+5.3	+8.0	23	65.9		
7	71.1		-13.9	24	65.9	+10.6	+34.3
8	71.1	+5.3	+34.3	25	65.9		
9	73.7		-7.9	26	65.9	+7.9	
10	73.7	+14.5	+31.7	27	65.9		
11	76.3		-6.6	28	65.9	+7.9	+18.5
12	76.3	+14.5	+31.2	29	65.9		
13	78.9		-7.9	30	65.9		
14	78.9	+14.5	+31.2	31			
15	81.5		-7.9	32			
16	81.5	+9.2	+31.2	累计	1954.4	+125.3	+289.3
17	65.9						

注:曲线5箅子砖孔的流通断面比曲线4箅子砖孔的流通断面增加了125.3 cm^2;曲线6箅子砖孔的流通断面比曲线5箅子砖孔的流通断面增加了289.3 cm^2。

3.1.2.4 德国宽炭化室大容积焦炉

在20世纪70年代,由于炼焦技术的进步,出现了一批大容积焦炉,如日本钢管京滨焦化厂1号、2号焦炉,炭化室宽450 mm,长17 m,高7.55 m。这些焦炉在某些情况下,即使用标准的配合煤有时也会发生操作困难,主要问题是煤料不能与炉墙很好地脱离,因推焦困难而不得不使用大的推焦力,使炉墙和炉底承受大的挤压力,导致炉墙过早损坏,维修费用增加,操作不正常,环境污染增加,即使热工调节很好的大容积焦炉,它对装炉煤成分的变化还是较敏感的,因此需要正确选择配合煤的成分。这样就使煤料的选用受到了限制。

专家们分析主要原因是:在窄炭化室大容积焦炉正常运行过程中,炼焦过程中煤料收缩太小,炭化室宽长之比及高宽之比不当,加剧了推焦过程中焦饼的不稳定性。经过多年的实验室和工业试验证明:当炭化室宽度增大时,结焦时间并不成二次方的比例增加,而是其增加的比值略高于宽度增加的比值。这个试验结果使建造工业化宽炭化室大容积焦炉成为可能。炭化室加宽后,在单孔产量不变情况下,炭化室出焦次数大为减少,有利于环保和有助于保护炉墙,推焦力也减少了2/3。20世纪80年代中期,胡金根和普罗斯佩尔焦化厂的宽炭化室大容积焦炉相继投产,20 世纪 90 年代凯泽斯图尔焦化厂和 21 世纪初史威尔根焦化厂等特大型的宽炭化室大容积焦炉也相继投产,德国先后已有 9 座宽炭化室大容积焦炉相继投产,积累了很多经验:

(1) 扩大了炼焦煤源,不能单独炼焦的低挥发分贫瘦煤(挥发分 V_{daf} 为 16.5%、最终收缩率仅为 2%)配入量达 42%。

(2) 配合煤的挥发分下降到 V_{daf} 为 22.5%(V_{ad} 为 21.5%),从而增加了焦炭产率。

(3) 使用上述配合煤炼焦,焦饼横向收缩好,推焦顺利,推焦电流小。

(4) 单孔炭化室产量大,焦化厂规模相同时,单位时间出焦次数减少,有利于环境保护。

(5) 焦化厂规模相同时,单位时间出焦次数减少,炉墙受到挤压和摩擦的次数减少,有利于延长炉体寿命。

(6) 炭化室内装炉煤堆积密度增加,但应控制在 830 kg/m³ 比较合适。

(7) 德国人认为:宽炭化室焦炉炼制的焦炭质量不降低。日本专家在 250 kg 试验炉上模拟工业焦炉试验结论:在同一炉温条件下,如果加大炉宽,每孔炉的焦炭生产速度(单位时间产量)下降;焦炭质量在现行配合煤质量前提下,即使加大炉宽也没有多大差别;在黏结性较低的配合煤情况下,由于最终干馏温度下降,显微强度降低,由于胶质层升温速度下降,气孔率增加而引起焦炭强度下降。

(8) 值得注意的事:宽炭化室大容积焦炉的焦饼在炭化室内横向和纵向收缩大,因而弱黏结性的气煤(普罗煤)配入量必须予以限制,仅有 15%,配多了会使炉墙和炉顶空间生成大量石墨。

(9) 同样值得注意的事:普罗斯佩尔焦化厂的配煤挥发分一直比较低,详见表 3-1-16。

表 3-1-16　1985～1990 年的普罗斯佩尔焦化厂配煤情况

煤　种	挥发分/%	配比/%											
		1985 年		1986 年		1987 年		1988 年		1989 年		1990 年	
		上半年	下半年	上半年	下半年	上半年	下半年	上半年	下半年	上半年	下半年	上半年	下半年
胡戈	25	30	28	25	24	19	13	10	8	12	10		
海因里奇(低挥发分煤)	16		5	15	25	31	38	39	33	39	36	40	
海因里奇(烟煤)	23									11	7	4	
奥斯勒费尔德	27					8	5	5	4				
威斯特法伦	23										6		
莫诺波尔	16										3	8	
豪斯阿登	29								6	13	2	5	
尼德贝格	11										1	5	
普罗斯佩尔2号	36	19	16	15	18	16	16	14	12	10	10	5	
莱茵兰	29	51	51	45	33	26	28	32	30	15	25	33	
配煤挥发分(daf)/%		29.13	27.55	27.1	26.05	25.17	24.56	24.41	24.73	23.49	23.27	21.97	

由表3-1-16可以看到,该厂配煤挥发分逐年减少,从1985年的27.55%减少到1990年的21.97%。文献[8]中解说:"焦炭收缩性得到改善和加热火道跨越孔的结构,使炭化室具有较大自由空间。导致炉顶空间温度升高和炉顶区石墨积累,因此必须改变配合煤成分。"

宽炭化室和立火道双层跨越孔结构促使炉顶空间温度高,宽炭化室内焦饼横向收缩大,焦饼与炉墙间隙大,因此,如果使用高挥发分配煤炼焦时,炉顶区和炉墙上易于积石墨。德国设计的普罗斯佩尔焦化厂宽炭化室大容积焦炉长期使用的配煤比:不能单独炼焦的、低挥发分贫、瘦煤(V_{daf}为16.5%)约40%,无烟煤5%,焦粉2%,弱黏结性高挥发分的气煤5%,其余是中偏上的肥煤(如莱茵兰煤V_{daf}为29%)。1990年左右配合煤主要技术数据为:

水分/%	约9
灰分(干基)/%	约7
挥发分 V_{daf}/%	22.5
V_{ad}/%	21.5
G值(德国配煤成焦能力指数)	≥7
软化温度/℃	395
固化温度/℃	491
收缩值	26
膨胀值	-5

(10) 文献指出:很瘦的配煤其膨胀度对煤料粒度的改变及波动非常敏感。含挥发分20%~24%的配合煤,由于其膨胀与收缩值大致相当,会产生高的膨胀压力,尤其当不大于0.5 mm的粒级占30%或30%以下时,情况更为突出。德国的普罗斯佩尔焦化厂宽炭化室大容积焦炉连续生产时,将煤粉碎到0.5 mm以下的占36%~38%,堆密度约840 kg/m^3,干馏时间为24.5~25 h。

(11) 化学产品产量变化(与煤在窄炭化室内干馏相比):煤气产量约增加5%~7%,煤气中CH_4含量下降,CO、H_2含量上升,煤气热值变低,密度减小;粗焦油减少20%;粗苯产量降低10%。

(12) 在宽炭化室大容积焦炉的炭化室中,使用通常的装炉煤粒度,可使煤料堆密度达到或超过900 kg/m^3(湿基),这样高的堆密度可使炉内气体压力达到炉墙负荷容许极限,如普罗斯佩尔焦化厂试验情况见表3-1-17。

表3-1-17　普罗斯佩尔焦化厂装炉煤粒度与堆密度、炭化室内气体压力的关系

试　验	粒度小于0.5 mm/%	装炉煤中添加物/%		堆密度/kg·m^{-3}	内部气体压力/kPa	收缩率/%
		油	焦粉			
A	27			886	371	5.5
B	45			819	88	8.5
C	43	0.15		860	88	8.2
D	41		2	821	50	9.5

在堆密度达到900 kg/m^{3}时,膨胀压力达到了炉墙稳定性极限值,致使炉墙凸出,水平缝裂开,这与使用宽炭化室大容积焦炉的胡金根焦化厂(炭化室宽550 mm)所取得的经验很相似,由于很快发现这种现象,及时地将煤料堆密度降到830 kg/m^{3}的正常值,从而避免了炉墙

的永久变形。这些试验已表明：宽炭化室使膨胀压力降低的假设尚未被完全证实。宽炭化室推焦操作容易，也不一定能避开临界的内部气体压力（膨胀压力）的发生。同时也证明这两种宽炭化室大容积焦炉的炉墙稳定性不足，应该加宽燃烧室，提高炉墙的稳定性，这在凯泽斯图尔焦化厂的 7.63 m 焦炉上得到实现。

（13）操作经验表明，600 mm 宽的炭化室与 450 mm 宽的炭化室相比，经多次试验和工业使用后，确定的 1.3 ~ 1.4 的结焦时间延长指数是正确的。因而在一定的结焦速率下可采用较大的炭化室容积，从而减少了炉孔数，而又不影响炼焦的经济效益。同时也减少装煤和推焦次数，减少了烟尘的排放量。

3.1.2.5 国内部分焦炉结构尺寸

国内部分焦炉结构尺寸如表 3-1-18 所示。

表 3-1-18 国内部分焦炉结构尺寸

项 目	宝钢 M 型	JNX60－87 型	JN60－82 型	JN55(攀钢)型	JN43－80 型	58 型	JND38－89 型	ПВР－56（鞍钢 5K）型	本－54（本－76）型	鞍钢 OTTO(鞍 71－1)型
炭化室全长/mm	15700	15980	15980	15980	14080	14080	12560	14080	13590	13590
有效长/mm	14800	15140	15140	15140	13350	13350	11840	13350	12760	12760 (12750)
炭化室宽度/mm	450	450	450	450	450	450	460	407	450	450
炭化室锥度/mm	60	60	60	70	50	50	10	50	50	60
炭化室全高/mm	6000	6000	6000	5500	4300	4300	3800	4300	4300	4030
有效高/mm	5650	5650	5650	5200	4000	4000	3600	4000	4000	3730
炭化室有效容积/m^3	37.6	38.5	38.5	35.4	23.9	23.9	19.6	21.6	23	21.4
结焦时间/h	20.7	19	19	18	18	18	19	16	18	18
炭化室中心距/mm	1300	1300	1300	1350	1143	1143	1100	1143	1100	1100
立火道中心距/mm	500	480	480	480	480	480	460	480	460	460(457)
立火道数量/个	30	32	32	32	28	28	26	28	28	28
加热水平高度/mm	755	900	900 (1000)	900	700	800(原为 600)	663	600	600	650(700)
炉顶厚度/mm	1250/1200	1250/1200	1250/1200	1174	1174	1174	1178	1174	967	1000
炭化室墙厚度/mm	120(1 ~ 19 层)；100(20 层以上)	100	100	105	100	105	100	105	105	100
立火道隔墙厚度/mm	240(25 层以下)；150(26 层以上)	151	151	150	131	130	130	140	130	130
跨越孔(高×宽) /mm	324×(460 ~520)	330×(420 ~476)	330×(420 ~476)	284×(350 ~363)	185×(298 ~344)	184×(294 ~306)	215×(263 ~273)	184×300	180×271	230×(300 ~240)
循环孔(高×宽)/mm		240×(182 ~208)	224×(350 ~360)	164×(350 ~360)	165×(302 ~340)	164×(294 ~306)	165×(264 ~272)	164×300	164×271	300×164 (8 号炉)
蓄热室宽度/mm	900	390	390	440	321.5	311.5	300	311.5	230/140	230/140 (300)

续表 3-1-18

项 目	宝钢 M 型	JNX60 - 87 型	JN60 - 82 型	JN55(攀钢)型	JN43 - 80 型	58 型	JND38 - 89 型	ПВР - 56(鞍钢 5K)型	本 - 54(本 - 76)型	鞍钢 OTTO(鞍 71 - 1)型
蓄热室主墙厚度/mm	400	290	290	270	300	320	270	290	350	350(270)
蓄热室单墙厚度/mm		230	230	200	200	200	230	230	120	120(230)
蓄热室格子砖高度/mm	2850	3018	3172	2091	2125	2170	1905	2170	1870/1700	1870/1700 (1905)
斜道出口长×宽 /mm×mm	130×70 (火道隔墙内 90)	120×96	120×96	130×80	120×80	100×80	120×80	145×80	100×80	110×80
边斜道宽度(出口) /mm	130 (130)	120 (120)	120 (120)	130	120	130	120 (120)	120	100	120×130 (120)
砖煤气道直径/mm	ϕ50	ϕ50	ϕ50	ϕ50	ϕ50	ϕ50	ϕ50	ϕ90	ϕ50/30	ϕ50
看火孔尺寸/mm	ϕ120	ϕ130	ϕ130	ϕ130/ ϕ110/ ϕ120	ϕ120	122×122	ϕ120	122×122	122×122	ϕ90/ϕ122 (ϕ120)
装煤孔直径×个数 /mm·个	ϕ410×5	ϕ410×5	ϕ450×4	ϕ450×4	ϕ430×3	ϕ430×3	ϕ320×3	ϕ430×3	ϕ350×5	ϕ350×4
焦炉炉体砖型总数/个	1242	673	530	395		331	302	391	345	369(300 含衬砖)
每昼夜干馏吨煤所需耐火材料量/t	7.79	7.46	6.69	650	6.95	6.95	6.47	7.15	6.23	6.95 (6.06)

注:1. 本 - 54 型焦炉在 1976 年改为本 - 76 型焦炉,将三格蓄热室改为两格蓄热室,高炉煤气下喷改为侧入;
2. 鞍钢 2K(OTTO 型)焦炉在 1971 年改为鞍 - 71 型焦炉,将三格蓄热室改为两格蓄热室,增设废气循环孔。

3.1.3 炉型简介

3.1.3.1 国内目前常用炉型

国内目前常用炉型见表 3-1-19。

表 3-1-19 国内目前常用焦炉基本尺寸

炉 型		炭化室有效容积/m^3	炭化室主要尺寸							立火道		加热水平高度/mm	结焦时间/h	结构特征
			全长/mm	有效长/mm	全高/mm	有效高/mm	平均宽/mm	锥度/mm	中心距/mm	中心距/mm	个数/个			
顶装焦炉	JNX70	48	16960	16100	6980	6630	450	50	1400	480	34	1050	19	双联,下喷,复热,废气循环,下调
	JN60	38.5	15980	15140	6000	5650	450	60	1300	480	32	900;1000	19	双联,下喷,复热,废气循环
	JNX60 - 87	38.5	15980	15140	6000	5650	450	60	1300	480	32	900	19	双联,下喷,复热,废气循环,下调
	宝钢 M 型(从日本新日铁公司引进)	37.6	15700	14800	6000	5650	450	60	1300	500	30	755	20.7	双联,全下喷,三段加热,复热

续表 3-1-19

炉型		炭化室有效容积/m³	炭化室主要尺寸							立火道		加热水平高度/mm	结焦时间/h	结构特征
			全长/mm	有效长/mm	全高/mm	有效高/mm	平均宽/mm	锥度/mm	中心距/mm	中心距/mm	个数/个			
顶装焦炉	JN43	23.9	14080	13280	4300	4000	450	50	1143	480	28	700	18	双联，下喷，复热，废气循环
顶装焦炉	JNX43－80	23.9	14080	13280	4300	4000	450	50	1143	480	28	700	18	双联，下喷，复热，废气循环，下调
顶装焦炉	JNK43－98	26.6	14080	13280	4300	4000	500	50	1143	480	28	700	20.5	双联，下喷，复热，废气循环
顶装焦炉	JN50－81	26.8	14080	13280	5000	4700	430	50	1143	480	28	799	16.7	双联，侧入，单热，废气循环
顶装焦炉	JN55	35.4	15980	15140	5500	5200	450	70	1350	480	32	900	18	双联，下喷，复热，废气循环
捣固焦炉	JNDK55	44.7，煤饼体积40.26	15980	15220，煤饼长约15100	5550	煤饼高约5370	554，煤饼宽500	20	1350	480	32	808	25.5	双联，下喷，复热，废气循环
捣固焦炉	JNDK43－D(F)	27.2，煤饼体积24.67	14080	13280，煤饼长约13150	4300	煤饼高4000～4100	500，煤饼宽450	10	1200	480	28	700	22.5	双联，下喷（复热），废气循环
捣固焦炉	JND38	19.6（17.05）	12560	11840（煤饼长）	3800	3600	460（煤饼400）	一般为10，只有淮南化工厂较特殊，为0	1100	460	26	663	19	双联，下喷，复热，废气循环
捣固焦炉	JND32	14.6（14.43）	12670	11910（11876）	3230	3030（煤饼）	460（煤饼400）	20或10	1100	460	26	600	19	双联，下喷，复热，废气循环
捣固焦炉	太钢、马钢、武钢、首钢7.63 m焦炉（从德国Uhd公司引进）	2×70孔有效容积76.25 m³，与凯泽斯图尔厂基本相同	18.56（18.8热态）	17.77（18热态）	7.54（冷态）；7.63（热态）	7.09（冷态）；7.18（热态）	0.603（冷态）；0.59（热态）	50	1650		36		25.2	双联，下喷，复热，空气分三段供入
捣固焦炉	台湾中钢（Still式）	49.75	16.42		7.34		0.437							2×50孔

注：1. 括号内尺寸为捣固焦炉的煤饼尺寸；

2. 炉型代号JN是由鞍山焦耐院设计的炉型，20世纪90年代化工部二院、山西省化工院也设计了部分焦炉，其炉型与JN炉型相同，即炭化室高为4.3 m的顶装焦炉、捣固焦炉和3.2 m、3.8 m的捣固焦炉，因其基本尺寸相同，故未列入表内。

3.1.3.2　国外大型焦炉（≥7 m以上大型焦炉）

国外大型焦炉见表3-1-20。

表 3-1-20 国外大型焦炉(≥7 m 以上大型焦炉)

企业名	炉型	炉孔数	炭化室主要尺寸/m				有效容积/m^3	结焦时间/h	投产时间	备注
			长	宽	高	中心距				
前苏联国立焦化设计院设计①	双联,下喷,废气循环	34 座共 1566 孔	16	0.41	7.0	1.4	41.6	14	1975 ~ 1994 年	其中复热式 833 孔
(俄)阿尔泰焦化厂	双联,下喷,废气循环,单热	2×41	16.82	0.48	7.0	1.57	51			
(俄)切列波维茨钢厂	双联,下喷,废气循环,单热	2×41	16.82	0.48	7.0	1.57	51			
(日)钢管公司扇岛钢厂	Still,复热,6 段加热	2×62+74	17(16.2)	0.45	7.55(7.2)	1550	52.3	18.75 (1222℃)	1976 ~ 1979 年	
(日)鹿岛	住友 Kippers,复热	72+36+46+92+46	16.5 (15.73)	0.46 (495/425)	7.125 (6.725)	1400		19.57 (1252℃)	1971 ~ 1974 年	Suga:10.6 kPa (106mbar)
(日)鹿岛	住友 Koppers,复热	41	16.5 (15.73)	0.45 (485/415)	7.125 (6.725)	1400			1981 年	
(日)三菱坂出	Still,单热	2×50+2×50+23	16.88 (16.08)	0.432 (0.47/0.394)	7.0 (6.65)		45.25	15.95 (1218℃)	1971 ~ 1975 年	
(日)三井北九州	住友 Koppers,单热	2×46+2×54	16.5 (15.73)	0.43 (0.465/0.395)	7.125 (6.675)			17.53 (1207℃)	1973 ~ 1977 年	
(瑞典)Lulea 焦化厂	Koppers	1×54	16.5	0.45	7.125		48	16	1975 年 6 月	气候:-35 ~ +35℃
(法)海岸钢厂 FOS 焦厂	Otto,复热,下喷,4 段加热	72+36	15.6	0.45	7.5	1400	48	17.3	1974	1991 年 9 月大修
(德)奥斯特费尔德厂		2×48	16.53	0.45	7.0	1500	46.5	20 (1295℃)	1973 年 3 月,1973 年 8 月	Suga:11.7 kPa (117mbar)
(德)曼内斯曼焦化厂	Koppers,侧喷,复热,废气循环	70	18.0 (热态)	0.55 (热态)	7.85 (热态)	1500	70 (热态)	22.4 (1320℃)	1985 年 1 月	Suga:8.9 kPa (89mbar)
(德)普罗斯佩尔焦化厂	1 号 Still,侧喷,复热,四联火道,多段加热	50	16.5 (16.6 热态)	0.6 (0.59 热态)	7.015 (7.10 热态)	1450	62.3 (热态)	24.5 (1310℃)	1985 年 9 月	Suga:9.1 kPa (91mbar);堆密度 880 kg/m^3

续表 3-1-20

企业名	炉型	炉孔数	炭化室主要尺寸/m				有效容积/m^3	结焦时间/h	投产时间	备注
			长	宽	高	中心距				
	2 号 Otto,双联,下喷,复热,分段供空气	50	16.5（16.6 热态）	0.6（0.59 热态）	7.015（7.10 热态）	1450	62.3（热态）	24.5（1310℃）	1985 年 11 月	Suga:9.1 kPa（91mbar）；堆密度 880 kg/m^3
	3 号 Still,侧喷,复热,四联火道,多段加热	46	16.6（15.8 有效）	0.6（0.59 热态）	7.1（热态）（6.68 有效）	1450	62.3（热态）	24.5（设计 1350℃）	1989 年 4 月 6 日烘炉 81 天后装煤	燃烧室空气道结构有改进
（德）凯泽斯图尔炼焦厂	Koppers,双联,下喷,复热,分三段供空气,废气循环	2×60（200 万 t 焦/a）	18（热态）	0.61（热态）	7.63（热态）	1650	78.84（热态）	25（1340℃）	1992 年 12 月（2000 年 11 月停产,2002 年 12 月售给中国兖州矿务局）	Suga:11.0 kPa（110mbar）；单侧烟道
（德）斯韦尔根焦化厂	双联,侧喷,复热,分三段供空气,废气循环	2×70	20.8（热态）	0.59（热态）	8.43（热态）	1720	93（热态）	24.9（1320℃）	2 号炉 2003 年 3 月 13 日;1 号炉 2003 年 5 月 21 日	Suga:11.0 kPa（110mbar）；单侧烟道；PROven②
（德）Dillingen	Didier,复热,下喷,四联火道,捣固焦炉	2×45	17.22（热态）（煤饼 16250）	0.49（热态）480/500（煤饼 450）	6.25（热态）（煤饼 6000）	1350	煤饼重 50 t；干基密度：1.1 t/m^3；水分含量：10.5%～11%	20 h（1325/1330）	1984 年 4 月	③

① 前苏联国立焦化设计院设计的 7 m 焦炉分别建设在：俄罗斯、乌克兰、哈萨克、匈牙利的多瑙河冶金厂、芬兰拉赫厂、捷克俄斯特拉发钢厂和科希特钢厂、印度比莱和维莎卡帕特南钢厂、罗马尼亚加拉茨钢厂等；

② PROven 系统即单炭化室压力控制系统（pressure regulated oven）；

③ 2005 年赴德访问者反映该厂已有多孔炭化室填死，2006 年该厂业主已发出大修改造招标书：新建 3 号炉 50 孔，大修 1 号炉由 45 孔改为 40 孔，炭化室中心距由 1350 mm 改为 1500 mm，炭化室锥度由 20 mm 改为 40 mm，将来由 3 号炉与新 1 号炉组成一个生产炉组。

3.1.3.3 国内已淘汰炉型

国内曾应用过相当长时间,因不符合目前产业政策而被淘汰,或被要求停止建设的炉型如表3-1-21所示。

表3-1-21 目前已被淘汰的炉型

炉 型	炭化室有效容积/m^3	炭化室尺寸							立火道		结焦时间/h	炉体结构特征
		全长/mm	有效长/mm	全高/mm	有效高/mm	平均宽/mm	锥度/mm	中心距/mm	中心距/mm	个数/个		
鞍-71	21.4	13590	12750	4030	3730	450	60	1100	457	28	18	双联,下喷,复热,废气循环
焦炉煤气侧喷式	16.7	1200	1130	4000	3700	400	40	1050	480	24	16	双联,焦炉煤气侧喷,复热,废气循环
JN33-89	16.8	12670	11910	3334	3084	460		1100	460	26	18.5	双联,下喷,复热
两分下喷式	11.7	11680	10910	2800	2550	420	40	1000	480	23	17	两分,下喷,复热
JN28-89	11.27	11200	10520	2800	2550	420	40	1000	480	22	17	双联,下喷,复热
66-3	5.25	7170	6470	2520	2320	350	20	878	470	14	12	两分,侧喷
66-4	5.25	7170	6470	2520	2320	350	20	878	438	15	12	两分,下喷
66-5	5.85	7170	6470	2520	2320	390	20	878	438	15	12	两分,侧喷,复热(单热)
66-7	4.57	5850	5170	2525	2325	380	20	878	351	15	12.5	两分,侧喷,单热
70	3.34	5850	5170	2380	2180	296	20	876	351	15	14	两分,侧喷(黏土砖)
61	2.81	5500	4800	2090	1940	302	24	810	351	14,15	10	两分,侧喷,单热
红旗3号	2.7	5497	4977	2035	1835	296	20	876	351	14	14	两分,侧喷(黏土砖),单热

3.1.4 焦炉发展动向

在钢铁工业中,高炉炼铁工艺在今后相当长的时期内仍将占主导地位。炼铁所需的焦炭是必不可少的。生产这些焦炭的焦炉已经历了一个世纪的历史,尽管进行了多次重大改革,似乎已完备,但是随着社会发展与科技进步,传统的水平室式焦炉面临新的挑战:

(1) 随着焦炭需求的增加,优质炼焦煤资源严重短缺;

(2) 随着高炉冶炼技术的进步,焦比下降,对焦炭质量的要求越来越高;

(3) 现行的焦炭生产作业被称为脏、累、险的工作,生产一线劳动力补充相当困难;

(4) 粉尘、焦油煤气漏失,水质污染,SO_2、NO_x 对周围大气的污染等治理要求越来越严;

(5) 由于石油化学工业和天然气工业发展迅速,焦化产品中除焦炭和少数化学产品外,大多数产品被廉价的石油化工产品所代替,焦化产品竞争能力下降,焦化产品的回收与利用必将寻找新的出路。

炼焦技术的科研部门和焦化厂已经意识到这一挑战,并在近20年里做了大量的研究和试验工作。下面介绍其成果。

3.1.4.1 目前常规焦炉的发展趋势

(1) 焦炉大型化,增大炭化室容积,增加每孔炭化室每年的产焦量。德国近年来的发展情况见表3-1-22。

表 3-1-22　德国 6 家有代表性焦化厂的焦炉情况

厂　名	投产时间	炭化室尺寸			炉孔数	焦炭产量			
		高/m	宽/m	容积/m^3		万 t/a	t/(a·m^3)	t/(a·孔)	t/(a·人)
Thyssen	1971 年	6.0	0.4	35	104	136	369	13080	5490
Salzgitter	1985 年	6.2	0.47	43	108	142	309	13150	10600
Prosper	1985 年	7.0	0.60	61	146	200	219	13700	12800
HKM	1984 年	7.8	0.56	70	70	108	224	15430	10600
Kaiserstuhl	1992 年	7.63	0.62	79	120	200	211	16670	13100
TKS Schwelgen	2003 年	8.43	0.60	93	140	264	203	18860	17900

从表 3-1-22 可以看到：

1）1971 年投产的炭化室宽度为 400 mm 的焦炉是处于短结焦时间时代，其主要目的是追求高结焦率，不注重 NO_x 排放量和焦炭反应后的强度。

2）15 年来炭化室的宽度在不断增加，单位有效容积的焦炭产量在下降，炭化室宽 600 mm 的焦炉，单位有效容积的焦炭产量比炭化室宽 400 mm 的焦炉低 45%。

3）15 年来炭化室的有效容积在不断增加，每孔炭化室每年的产焦量明显增加，Schwelgen 厂的每孔炭化室每年的产焦量比 Thyssen 厂增加 44%，生产 100 万 t 焦炭所需要的炭化室孔数，Thyssen 厂需要 76.4 孔，Salzgitter 厂需要 53 孔，S 厂孔数是 *T* 厂的 70%，可明显地看出大容积焦炉的炼焦生产有利于环境保护。

4）宽炭化室大容积焦炉炭化室内焦饼收缩好，推焦阻力小，适合德国的国情，即炼焦用煤已逐渐被低挥发分的进口煤所取代的状况。使用宽炭化室大容积焦炉，可使装炉煤挥发分降到 22% 左右也不会发生推焦困难，同时还能增加焦炭产率，且不会降低焦炭质量。

（2）环境保护要求日趋严格，措施越来越完善，随着焦炉的大型化，可减少装煤、推焦和熄焦的次数，减少炉门、上升管和装煤孔数量，缩短密封面的总长度，从而可明显降低焦炉外排的烟尘量；弹簧门栓、弹性刀边和悬挂式炉门的应用，使密封性能大为提高，可使炉门基本不冒烟；装煤和出焦除尘地面站的应用，低水分熄焦和稳定法熄焦技术的开发与应用等，这些措施使焦炉环保越来越完善。

近年来德国开发的单炭化室压力控制系统（PROven）应用在焦炉集气管和桥管上，如图 3-1-33 所示，可单独控制每个炭化室中的煤气压力，在集气管内维持适当的负压，当炭化室内煤料处于结焦中期，大量发生煤气时，固定杯阀迅速开大，使炭化室中煤气快速流入集气管，降低炭化室中煤气压力，减少炉门、小炉门、装煤孔、上升管等处煤气泄漏。在结焦末期，固定杯阀关小，使炭化室保持足够压力，防止空气经炉门不严密处进入炭化室内。

焦炉烟尘治理的另一个重要方面是焦炉排放的废气，其中的主要有害成分是 SO_2 和 NO_x。为了使 SO_2 的排放值达标，必须降低加热用的焦炉煤气中硫含量，规定：加热用焦炉煤气中 H_2S 含量≤300 mg/m^3。NO_x 的生成量与煤气燃烧方式和温度有关，最近有人测试证明：用混合煤气加热时，当废气循环量超过 50% 时，在废气中 NO_x 的含量一般不会大于 500 mg/m^3（以 NO_2 计，废气中 O_2 含量 5%；500mg/m^3 约等于 0.0245%），但用焦炉煤气加热时则不然，只使用废气循环措施一般不能达到小于 500 mg/m^3 的标准。近年来已有德国专利称采用废气循环与分段供空气的加热方式相结合，可使废气中的 NO_x 含量降到最低。此法已用于宽炭化室大容积焦炉中，如凯泽斯图尔焦化厂 7.63 m 焦炉和史威尔根焦化厂 8.43 m 焦炉。降低燃烧区域的氧气含量和加热煤气中氮化合物的含量，均能减少 NO_x 的生成；当火道温度小于 1300℃时也能降低 NO_x 的生成。

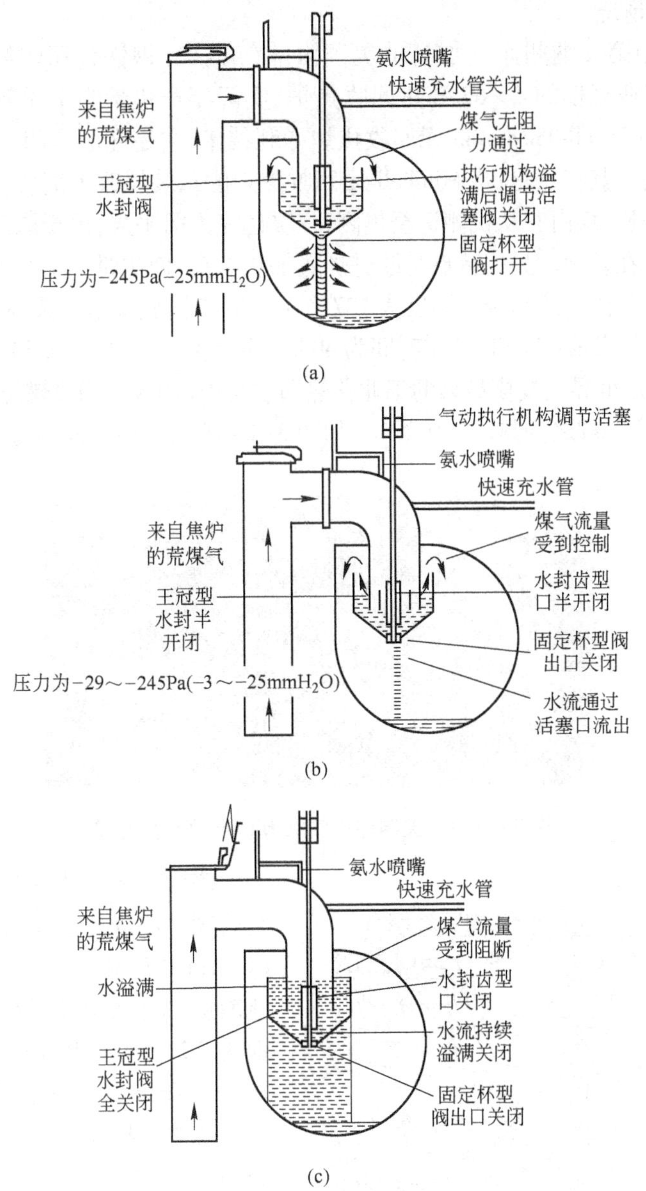

图 3-1-33 PROven 单炭化室压力控制系统

(a) 装煤时的情况；(b) 结焦过程中；(c) 推焦过程中与焦炉断开连接

3.1.4.2 将来新技术

A 无回收焦炉（热回收焦炉）

无回收焦炉原本是一种古老的技术，煤的炭化及提供炭化需要的热量均在同一炉室内进行，炭化过程中产生的荒煤气在煤层上面直接燃烧，为煤层炭化提供热量，整个炭化过程在负压下进行,炭化过程状似土焦窑炉,但又不同于土窑"冷装冷出",无回收焦炉(热回收焦炉)是"热装热出",有较完备的焦炉机械。由于它的操作环境好,基本上可满足美国净化空气法的特定要求,才引起了炼焦界的重视。目前的状况介绍如下。

a　国外发展情况

首先在美国印第安纳州东芝加哥的美国内陆(Inland)钢铁公司印第安纳 Harbor 炼焦厂,1998 年建设工业规模的 4×67 孔热回收焦炉,实际年产焦量为 133 万 t/a。它采用了美国阳光煤焦公司的 Jewell-Thompson 无回收焦炉专利技术,它是在原有的 Mitchell 无回收焦炉基础上改进而成的。其特点是:将 Mitchell 无回收焦炉的顶装煤改为侧装煤;在推焦机上装有可移动的刮板运输机,煤由它从机侧送至焦侧,一次送完无需平煤;由于取消了炉顶装煤车,废气集合管由地下改在炉顶。另一特点是改进炉底加热烟道,使焦饼上下两方面加热,缩短结焦时间。据悉该炉上部拱顶最高控制温度为 1371℃(2500 ℉),底部烟道最高控制温度为 1480℃(2700 ℉),当单孔装煤量 42 t 时,结焦时间为 48 h。炭化室主要尺寸:长 14.3 m,宽 3.7 m,煤料高度为 1 m。该厂是世界上规模最大的工业化热回收焦炉(因该厂回收燃烧废气中的热量用于发电,故将无回收焦炉称之为热回收焦炉)。如图 3-1-34 ~ 图 3-1-36 所示。

图 3-1-34　美国印第安纳 Harbor 炼焦厂全景

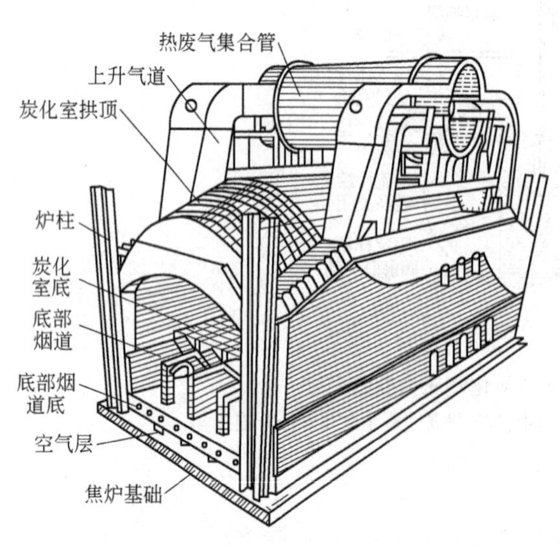

图 3-1-35　Jewell-Thompson 无回收焦炉

澳大利亚的伊拉瓦拉(Illawarra)焦炭公司(ICC)有 2 个无回收焦炉炼焦厂(Corrimal 厂和 Coalcliff 厂),它们均位于新南威尔士州的伍伦贡附近,年产量分别为 12 万 t/a 和 13 万 t/a。近几年来 TKEC(Thyssen Krupp EnCoke)也看上热回收焦炉,先后与宾夕法尼亚焦炭技术公司(PACTI)签订特许协议,利用常规焦炉的设计经验对 PACTI 设计的无回收焦炉进行改进,后与 ICC 共同改建了 Coalcliff 炼焦厂的两孔炭化室,于 2001 年 6 月 4 日达到满负荷操作,装煤量 26 t,结焦时间 48 h,结焦速率约 25 mm/h,与原炭化室相比,产量提高约 30%,火道温度 1300℃,底部烟道温度 900 ~ 1250℃。其结构如图 3-1-37 ~ 图 3-1-41 所示。

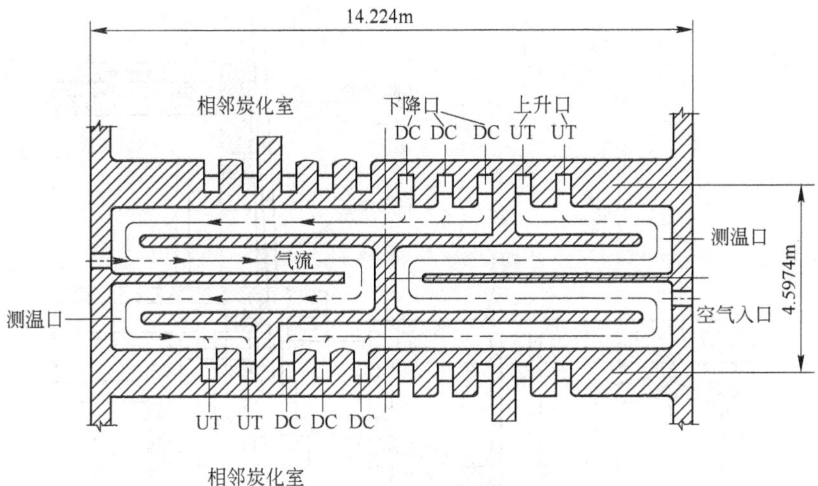

图 3-1-36 Jewell-Thompson 焦炉底部烟道

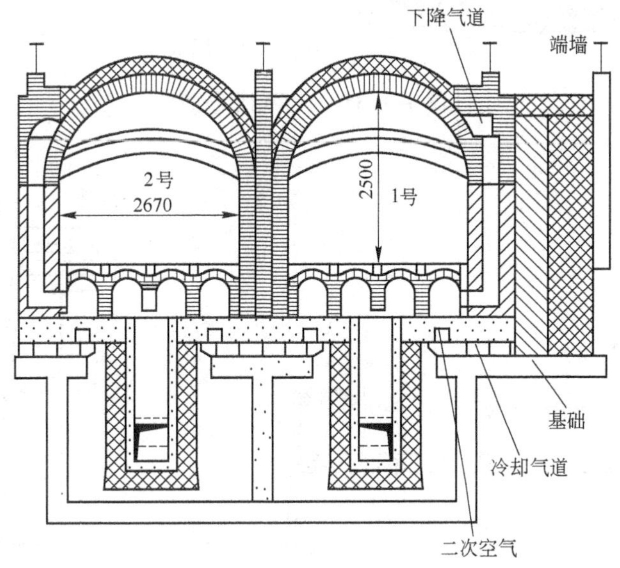

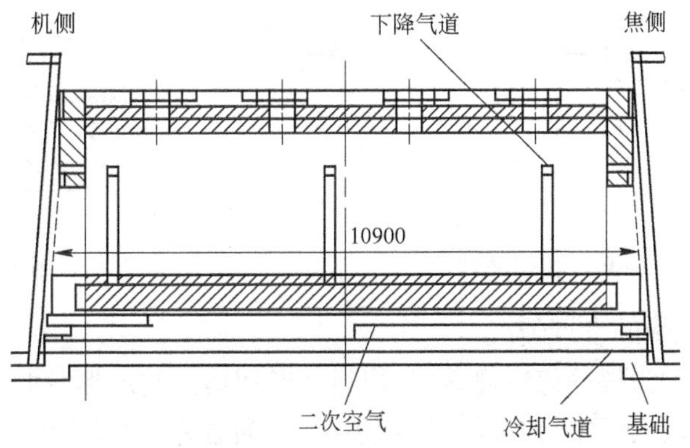

图 3-1-37 新焦炉的断面图

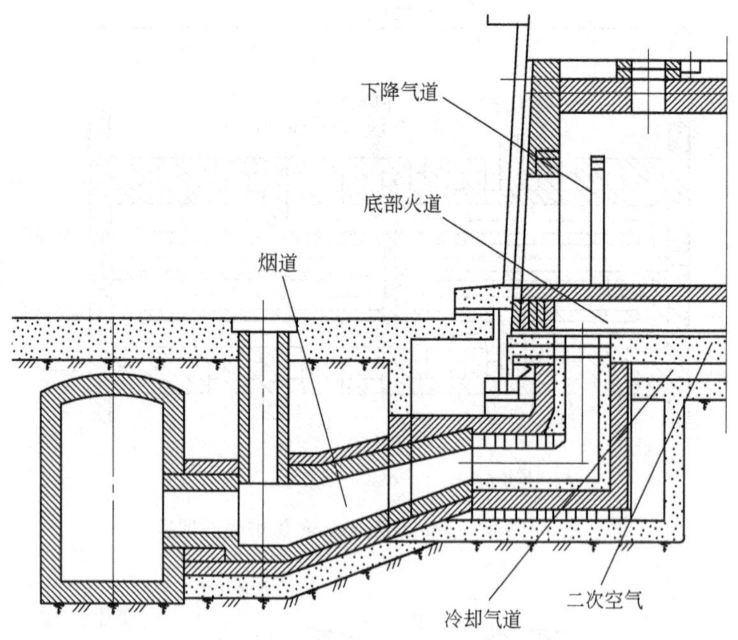

图 3-1-38　机侧烟道断面

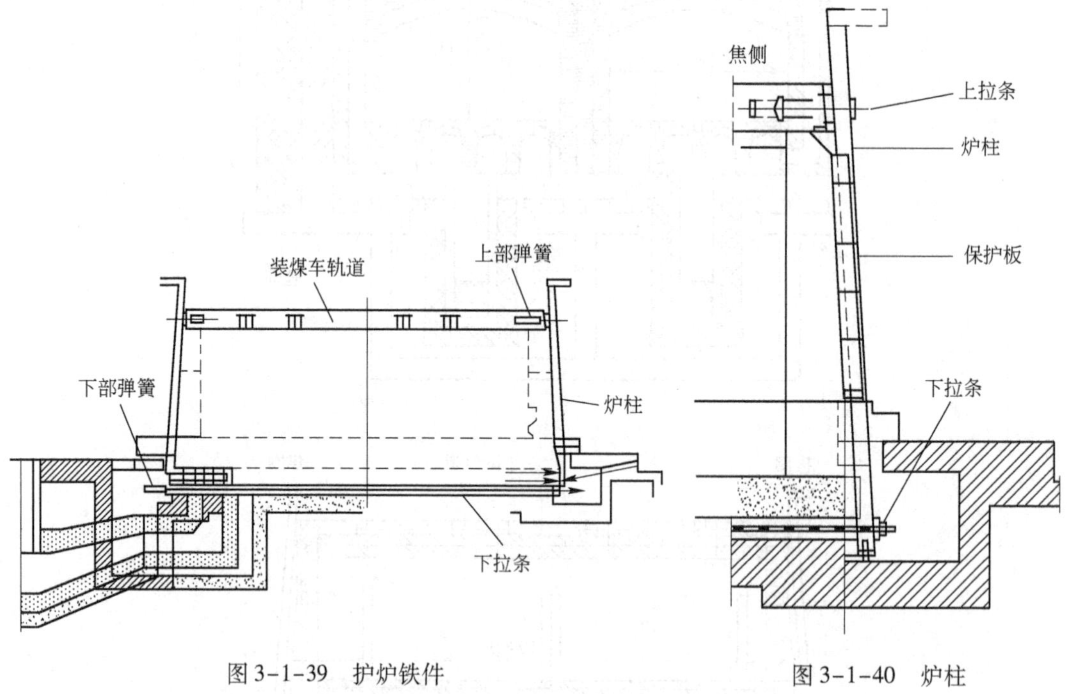

图 3-1-39　护炉铁件

图 3-1-40　炉柱

b　中国热回收焦炉的发展情况

我国热回收焦炉均为捣固煤饼侧装式，煤饼在专用捣固站成形，用专门推焦装煤机从机侧送入炭化室内。燃烧废气集合烟道设在炉顶，炉底烟道为双 C 字形，炭化室拱顶的燃烧废气通过下降烟道进入炉底烟道，炉底烟道内的废气通过上升火道，进入炉顶废气集合烟道，下降烟道和上升烟道均设置在相邻炭化室之间隔墙内，每个隔墙内设有 6 个下降烟道和 6 个

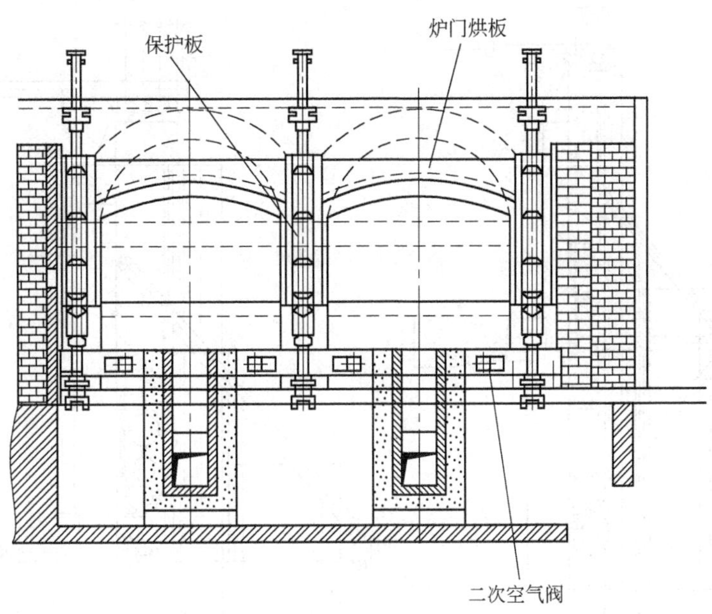

图 3-1-41 炭化室炉门框

上升烟道，分别与两个炭化室的拱顶和炉底烟道相连通。第一座 19 孔 DQJ－50 型捣固热回收焦炉于 2000 年 6 月在山西省侯马市寰达实业有限公司投产，试验成功，后因炉体采用高铝砖而损坏严重。2001 年经鞍山焦耐总院重新设计，炉体改用硅砖，配备铸铁泥封炉门和保护板，炉柱与纵横拉条，改造炉底加热烟道后，再建 5 孔炉并于 2002 年 7 月投产。以后经多个设计单位改造成几种型号，在山西省广泛推广，下面介绍两种形式捣固热回收焦炉，如图 3-1-42 所示。

捣固热回收焦炉主要技术数据：JNR－1 型热回收焦炉的炭化室高 2888 mm，宽 3598 mm，长 13334 mm，炭化室中心距 4530 mm，每孔炭化室煤饼重 50 t（湿），结焦时间约 70 h，单孔年产焦量 4280 t/a，一般 2×12 孔组成一个小炉组，年产焦量约 10 万 t/a。拱顶温度约 1300℃，炉底烟道温度不大于 1350℃。目前山西省侯马市寰达实业有限公司拥有 104 孔捣固热回收焦炉，配备一套焦炉机械和一个捣固站，生产能力约 45 万 t/a。它是目前国内生产时间最长，实际产量较大的热回收焦炉，并配套了废热锅炉、石灰乳脱硫、发电和铁合金等，工艺流程比较完备。目前国内最大的设计规模为 2×144 孔，生产能力为 120 万 t/a，配备 2 套焦炉机械，4 个捣固站，2 个熄焦系统。已知的国内外几种无回收焦炉的技术性能见表 3-1-23。

c 发展前景

热回收焦炉的炭化室在负压下进行炼焦，荒煤气不会因外泄而污染环境，炭化过程中产生的气（汽）物质全部在炉内烧掉，没有焦化废水生成，也无煤气和焦油等化工产品污染周围环境。这样可满足美国净化空气法的特定要求，这是美国 Harbor 厂建设热回收焦炉的根本原因。国内大量实践也证明了这一点。

对原料适应性较大，凡是膨胀压力大或收缩小的可炼焦的煤，均可在热回收焦炉里炼焦，不必担心推不出焦。煤料经捣固后装炉炼焦均可得到质量较好的焦炭。因无焦化产品回收，故除了熄焦、废热锅炉、脱硫之外，工业用水量极小。

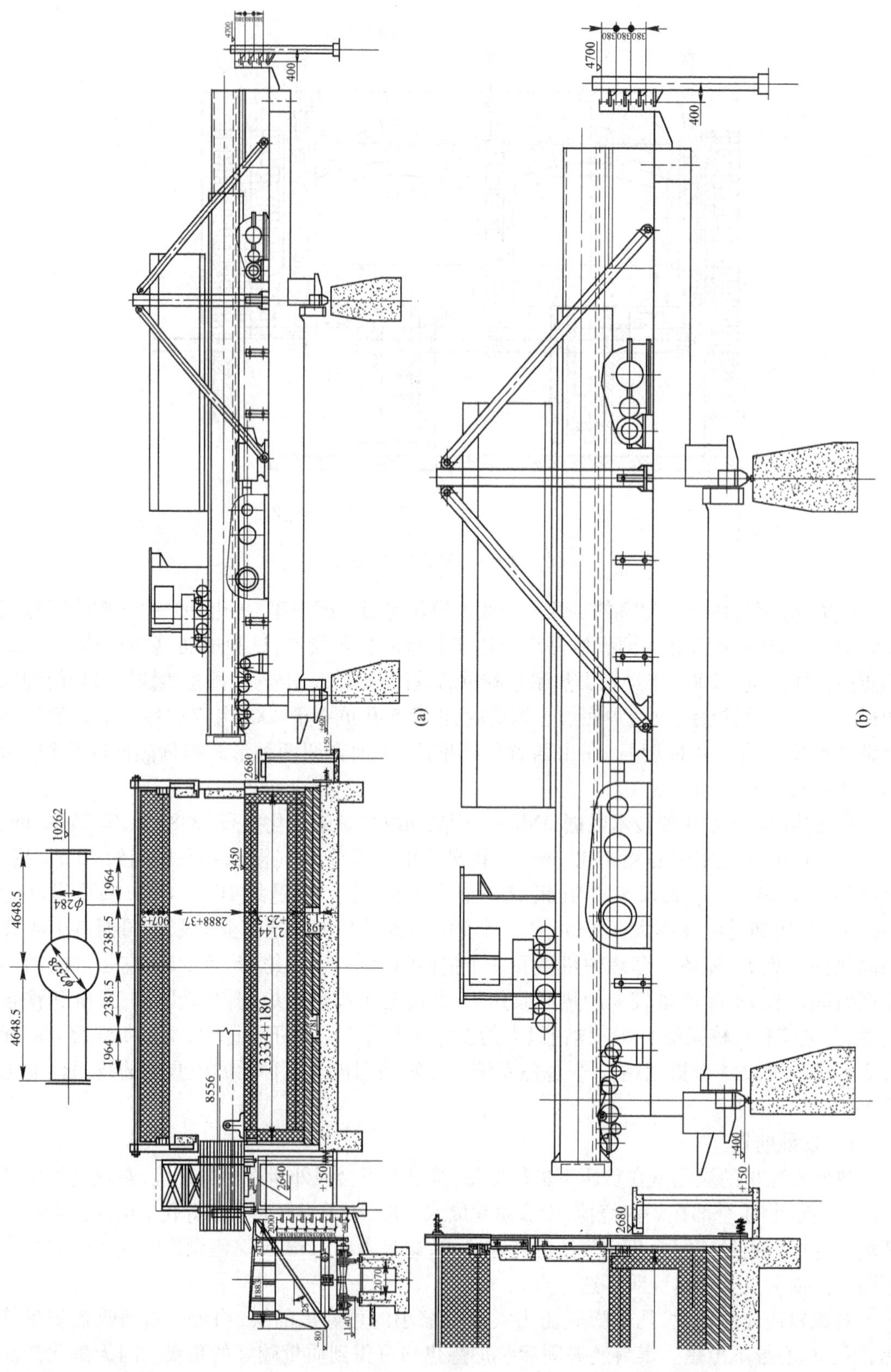

(a)

(b)

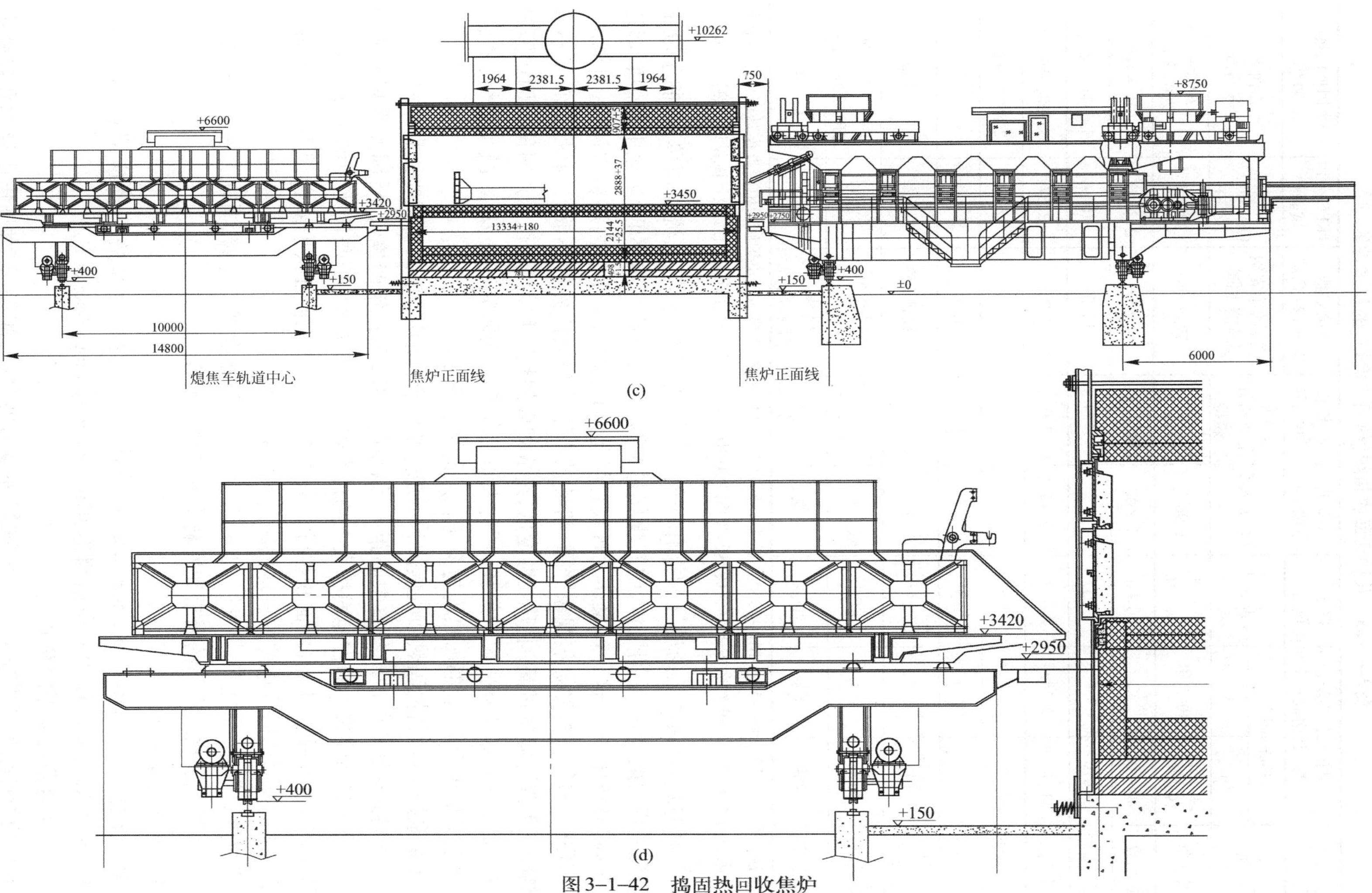

图 3-1-42　捣固热回收焦炉

(a) A 型捣固热回收焦炉；(b) A 型捣固热回收焦炉装煤推焦机放大；(c) B 型捣固热回收焦炉；(d) B 型捣固热回收焦炉平接焦车放大

表 3-1-23　几种无回收焦炉(热回收焦炉)的技术性能

公司名	伊拉瓦拉焦炭公司(ICC)(澳)新南威尔士州伍伦贡			塞萨肯布拉公司	杰韦尔煤焦公司	印第安纳 Harbor 炼焦厂	TKEC 公司试验炉	中国捣固热回收焦炉
厂　址	Corrimal 厂		Coalcliff 厂	(印)果阿	(美)弗吉尼亚州万森特	(美)印第安纳州东芝加哥	Coalcliff 厂	山西省侯马市
	C_1	C_2						
开工日期	1912 年,1930 年	1962 年	1914 年,1960 年	1996 年	1972 ~ 1990 年	1998 年	2001 年	2000 ~ 2004 年
焦炉孔数	40 + 10	32	50 + 8	2 × 42	150(4 座)	4 × 67	2(试验)	104(8 座)
炭化室长/m	9.476	9.6	11.37	10.7	11.4	14.3	10.9	13.334(13456)①
炭化室宽/m	1.94	2.743	2.743	2.75	3.0	3.7	2.67	3.598(3596)①
炭化室高/m	1.83	2.0	2.5				2.5	2.888(2800)①
煤料高度/m	1.3	1.3	1.3	1.2	1.0	1.0		1.0
年产焦/万 $t \cdot a^{-1}$	12		13	30	63	120(设计 133)		约 45
焦炉类型	KCC	KCC	KCC	KCC 改良	Jewell-Thompson	Jewell-Thompson	TKEC	JNR-1(DQJ-50、QRD-2000-Ⅲ)①
装煤方式	顶装	顶装	顶装	顶装	侧装(非捣固)	侧装(非捣固)	顶装	捣固侧装

① 括号内尺寸属于 DQJ－50;QRD－2000－Ⅲ 型热回收焦炉,DQJ－50 型热回收焦炉属于山西省侯马市寰达实业有限公司 2000 年 6 月投产的 19 孔高铝砖热回收焦炉,QRD－2000－Ⅲ 型是山西省化工设计院设计的热回收焦炉。

目前的热回收焦炉无论设计和操作均处于初始开发状态,工艺流程简单,控制手段很少,炭化过程前期烧煤,后期烧焦,中间煤气过剩烧不完,致使产焦率低,炭化中期炉底烟道温度过高,易烧坏炉子,这种现象还无现代化措施给以控制;炭化室内煤料焦侧少,机侧多,造成结焦时间延长,焦侧烧焦现象严重,机侧的中下部焦炭成熟度不够;炉底烟道布置不合理,热废气下降处温度过高,上升处温度低,造成炉底加热不均匀,延长结焦时间。因此围绕着缩短结焦时间,提高单孔炉产焦量,还有大量工作需要去研究和开发,如减少烧煤、烧焦、使煤饼上下加热均匀、底部加热均匀又防止局部过热等工作。

有专家提出:如将捣固热回收焦炉和干熄焦相结合,则其经济效益就要提高一大块。

由于捣固热回收焦炉炭化室中心距大,结焦时间长,单孔年产焦量小,因此在规模相同情况下,捣固热回收焦炉的占地面积大大超过常规大、中型焦炉,但与同规模的焦化厂相比,捣固热回收焦炉的炼焦厂占地面积要比同规模的焦化厂占地面积小或者相当。初步估计 120 万 t/a 的捣固热回收焦炉的占地面积约 40 hm^2(含发电)。

捣固热回收焦炉的生存与发展,首先取决于它的技术发展与完善,其次是社会对炼焦的副产品,如煤气和化工产品的需求和原料煤的价格等因素。

B　单炭化室系统

单炭化室系统(single chamber system,简称 SCS),曾称巨型炼焦反应器(Grossraum-Vekokungs Raktor,简称 GVR),英语简称 JCR(Jumbo Coking Reactor)。

a　巨型炼焦反应器的简介

JCR 的设计是为了提高生产效率、减轻环境污染、减少能耗、扩大炼焦用煤源和提高焦炭质量。为此应增加单孔炭化室的装煤量、产焦量,并减少出焦次数。应将炭化室长、宽、高三向尺寸增加到设计的极限值,并结合预热煤炼焦,因预热煤炼焦可减少炭化室孔数1/3,并能扩大炼焦用煤源和提高焦炭质量。在设计凯泽斯图尔厂的7.63 m焦炉后,感到传统焦炉炭化室尺寸再扩大,在炉体强度和平煤操作等方面会发生很多问题,再加上预热煤炼焦出现问题的可能性更多,因此,唯一的解决方法是废弃传统的多炭化室系统,设计一种单一而独立的炼焦单元。在20世纪80年代后期提出了单室式巨型反应器,并在1985~1987年和1989~1990年进行了两次工业性试验,1990年为推动新型炼焦系统的开发工作,并使其工业化,由德、法、意、荷、奥等8个欧洲国家的13家公司共同组成了欧洲炼焦技术中心,简称ECTC,由德国鲁尔煤业公司提供4000万马克的试验资金,德国的Krupp-Koppers、Still-Otto和Didier等3家焦炉设计公司提供技术,合作设计,该项目被命名为“尤里卡”(Eureka)工程,设计了巨型炼焦反应器示范装置。

b 巨型炼焦反应器示范装置

它建在德国埃森(Essen)市普罗斯佩尔(Prosper)焦化厂内,示范装置由2个JCR组成,左侧为B型,右侧为S型,2个炭化室尺寸相同:高10 m,宽850 mm,长10 m(工业规模长度的1/2),设计结焦时间25 h,炭化室锥度为0,炭化室与燃烧室之间隔墙厚度为60 mm。B型、S型和全景图如图3-1-43和图3-1-44所示。

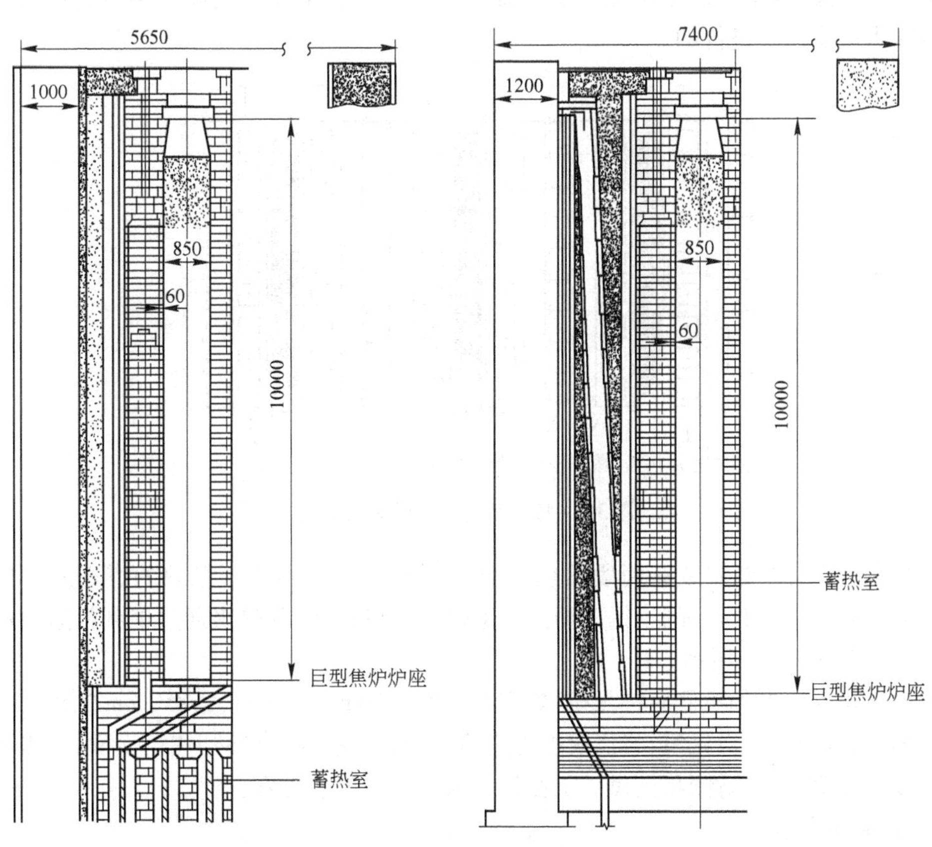

B型巨型炼焦反应器 S型巨型炼焦反应器

图3-1-43 巨型炼焦反应器

B 型的蓄热室位于炭化室的底部,其布置与常规焦炉相似,炭化室两侧各有一个燃烧室,为保证加热均匀,立火道设计成三段供入空气燃烧,分别是火道底部、3.5 m 处和 6.25 m 处。燃烧室外侧是隔热层,在隔热层外是由 H 型钢构成的钢结构抵抗墙,对应于每个立火道隔墙设 1 根 H 型钢,共 20 根,H 型钢高为 1 m,其排列示意如图 3-1-45 所示。

图 3-1-44　JCR 示范装置的全景图

S 型的蓄热室位于炭化室的侧面,炭化室两侧是燃烧室。为使燃烧达到最好,立火道设计成两段供热,左侧燃烧室的外侧是蓄热室,蓄热室的外侧和右侧燃烧室的外侧是 1.2 m 厚的钢筋混凝土抵抗墙。S 型巨型炼焦反应器在烘炉温度 1000℃时,发现蓄热室出现大裂缝,使 1.2 m 厚的钢筋混凝土抵抗墙产生高达 25 mm 的变形量,蓄热室两个边墙向蓄热室中间倾斜,燃烧室与蓄热室发生窜漏,致使 S 型巨型炼焦反应器无法进行试验工作。因此三年多的试验全在 B 型巨型炼焦反应器上进行的。

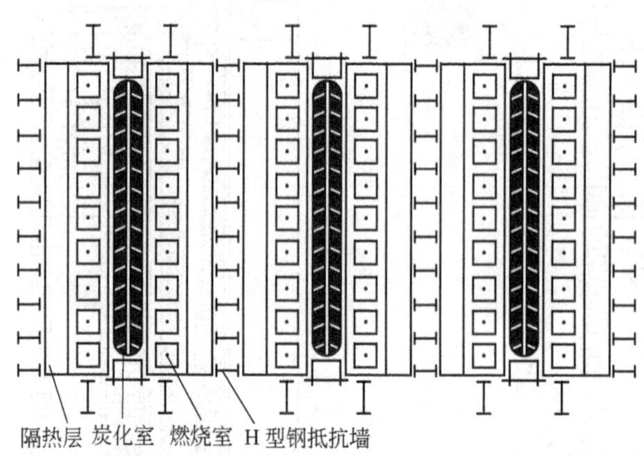

图 3-1-45　巨型炼焦反应器结构

B 型反应器的左侧安装有两段预热的 Precarbon 煤预热装置。预热的煤送入炉顶热煤料斗,热煤料斗出口与密封的不锈钢埋刮板运输机入口相连,预热煤通过埋刮板运输机进入炭化室。如图 3-1-46 所示。

巨型炼焦反应器的机侧有推焦机,焦侧有 2 个长 10 m、高 10 m、宽 850 mm 的钢结构接焦箱。出焦时,焦箱对准炭化室,将焦饼推入焦箱后密封,直接喷水冷却焦箱表面,红焦被闷在箱内间接冷却 20 h,然后倾箱倒焦。工业化后采用干法熄焦更好。

c　试验概况

具体的试验工作主要是:

(1) 验证全部试验装置在满负荷操作下的可靠性;

(2) 探索其生产特性,找出结焦时间与加热火道温度之间的关系;

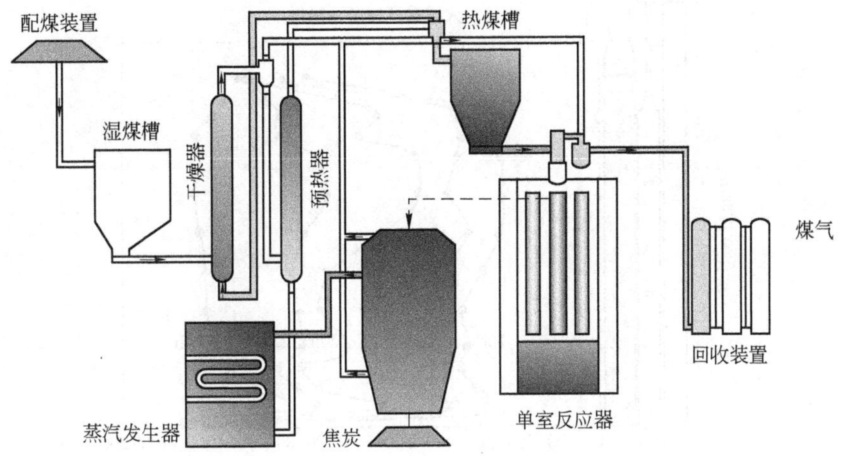

图 3-1-46　干熄焦与煤预热联合的单室系统流程

(3) 测定炼焦耗热量及其降低措施；

(4) 在装炉煤对炉墙产生高膨胀压力的情况下，考察 60 mm 厚炉墙的承载能力；

(5) 采用常规配煤进行传统焦炉炼焦和 JCR 炼焦的对比试验，测定并比较其焦炭质量和荒煤气组成；

(6) 利用德国和海外多种煤的配合，进行炼焦试验，找出降低配合煤成本的途径；

(7) 利用高膨胀性、强黏结性焦煤炼焦，使其产生高膨胀压力作用在炉墙上，进行破坏性试验。

d　试验结果

试验进行了三年多时间，于 1996 年结束，共试验 650 炉，生产了近 3 万 t 焦炭，取得了满意的结果：

(1) JCR 装置的 Precarbon 煤预热系统及装煤系统、JCR-B 型炼焦反应器炉门和推焦机等生产设备均在满负荷条件下平稳安全地操作。

(2) 在加热火道温度为 1380℃时，结焦时间为 24 ~ 26 h，达到了试验目标，两者关系如图 3-1-47 所示。由于在立火道内采用分三段供应空气的燃烧措施，故焦饼中心温度均匀，如图 3-1-48 所示。

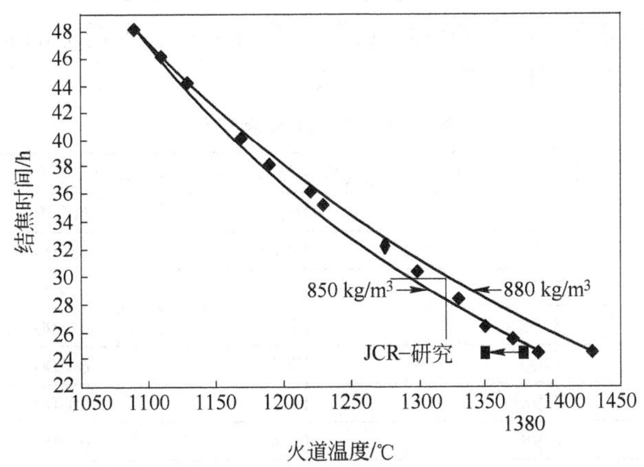

图 3-1-47　结焦时间与立火道温度的关系

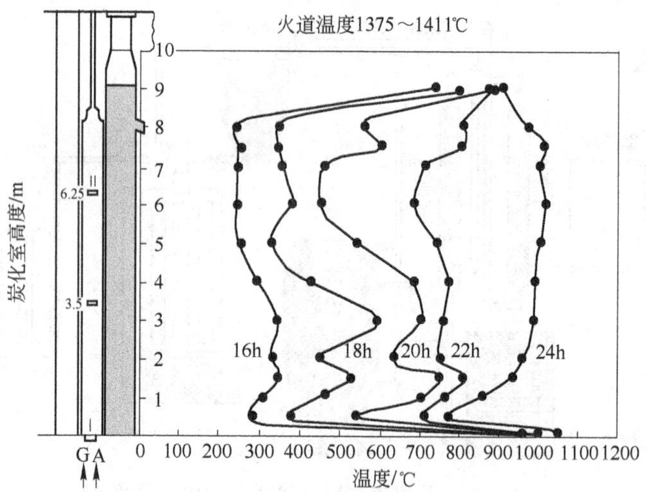

图 3-1-48　JCR 焦饼中心温度

（3）可明显改善焦炭质量，见图 3-1-49 和表 3-1-28。

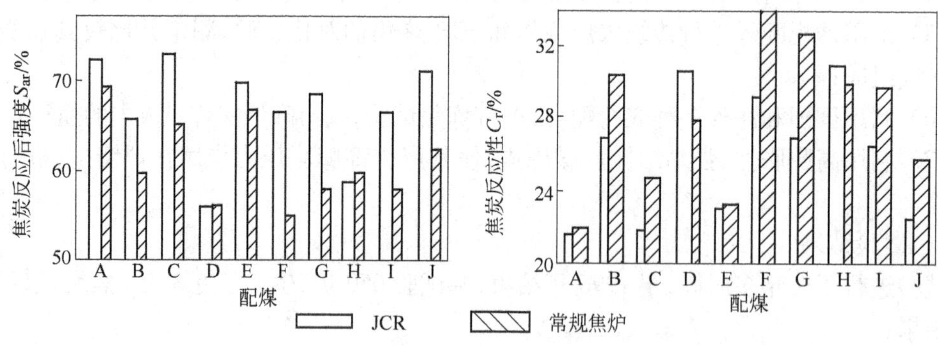

图 3-1-49　不同焦炭的反应性和反应后强度

（4）可明显降低炼焦耗热量。与常规焦炉的固定加热方式不同，JCR 采用了程序加热，可根据不同炼焦阶段所需热量进行供热，从而更有效地利用热量，如图 3-1-50 所示。

另外，JCR 采用预热煤炼焦，也能大幅度降低能耗。当配煤水分为 10% 时，采用预热煤炼焦和贫煤气加热，JCR 的平均炼焦耗热量为 2510 kJ/kg（含预热煤耗热量），大大低于湿煤（水分 10%）炼焦耗热量 2600～2680 kJ/kg，除了补偿 JCR 装置增加的表面散热损失外，还可节省 8% 的热量，见图 3-1-51 和表 3-1-24、表 3-1-25。

表 3-1-24　JCR 耗热量

装煤次数号	富煤气供应量/$m^3 \cdot h^{-1}$	煤气低热值/$kJ \cdot m^{-3}$	装煤量（干）/kg	耗热量/$kJ \cdot kg^{-1}$
288	7330	16819	60270	2047
289	7230	17263	59700	2089
290	7300	17056	61400	2026
291	7271	17184	61500	2030
292	7400	17075	60200	2097
293	7198	17330	60900	2047
294	7398	16840	61600	2022
平均	7304	17079	60800	2051

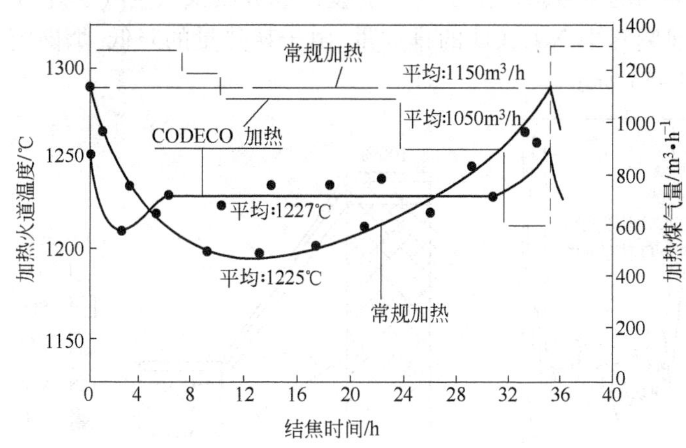

图 3-1-50 CODECO 加热和常规加热的比较

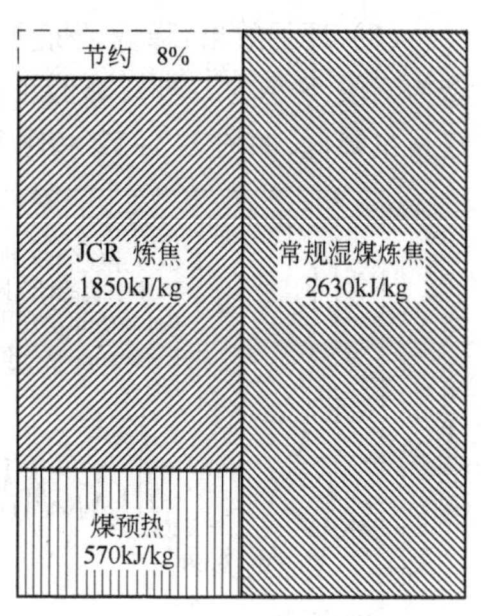

图 3-1-51 JCR 系统与常规炼焦耗热量的节能情况

表 3-1-25 JCR 装置炼焦试验结果

配煤序号	堆密度(干)/kg · m^{-3}	炼焦耗热量/kJ · kg^{-1}	S_{ar}/%
A	858	2638	73.1
B	859	2408	66.1
C	831	2442	73.6
D	875	2416	56
E	876	2456	70
F	847	未定	66.7
G	856	未定	69.2
H	873	2630	59.1
I	878	2630	66.7
J	812	2563	71.7
平均	860	2524	

注:耗热量按湿煤水分 10% 计(贫煤气加热)。

按表 3-1-24,用富煤气加热时,1 kg 预热煤在 JCR 装置内炼焦时,耗热量为 2051 kJ/kg 煤(干),则 1 kg(水分 10%)的湿煤经过预热并在 JCR 装置内炼成焦后,总耗热量 Q 为:

$$Q = Q_1 + Q_2 = 569 + 1846 = 2415 \text{ kJ/kg(湿)} \tag{3-1-15}$$

式中 Q_1——1 kg 湿煤(水分 10%)预热时耗热量,取 569 kJ/kg;

Q_2——1 kg 湿煤(水分 10%)经预热后在 JCR 装置内炼焦所需的热量:$Q_2 = \dfrac{2051\text{ kJ}\times 0.9\text{ kg}}{1\text{ kg}} = 1846\text{ kJ}$。

按表 3-1-25,用贫煤气加热时,1 kg(水分 10%)湿煤经预热和炼焦后,总耗热量为 2524 kJ/kg(湿)。

(5) 装炉煤的堆积密度增加,由于采用了煤预热技术,增加了装炉煤的堆积密度,其平均值可达 860 kg/m^3,有时可高达 880 kg/m^3,这将提高焦炭的产量和质量。详见表 3-1-25。

（6）环保效果：降低了炼焦污染物的排放量。由于立火道设计成分段供入空气燃烧（B型为三段，S型为二段），降低了烟囱废气中 NO_x、CO 的排放量；由于耗热量的降低，烟囱废气量也降低，如图 3-1-52 和图 3-1-53 所示。

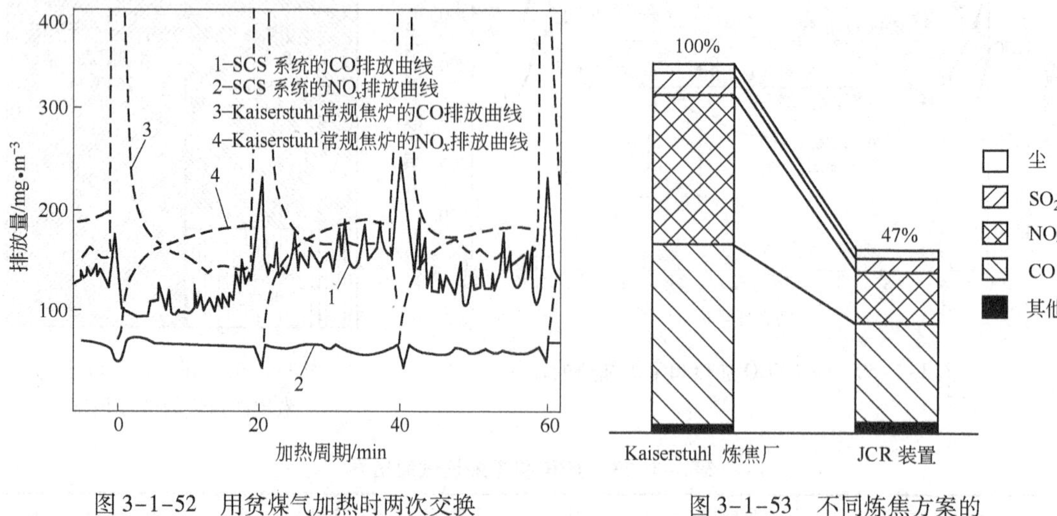

图 3-1-52　用贫煤气加热时两次交换间的 NO_x 和 CO 的排放量

图 3-1-53　不同炼焦方案的烟尘排放量比较

JCR 装置采取了多种形式的环保措施：炉门采用了宽炉门衬和两道薄膜密封（硅塑料密封带），如图 3-1-54 所示，经改进后炉门密封很好，推焦打开炉门时，有吸尘罩抽吸放散物，故炉门极为密封（但要经常清扫炉门与炉框）；预热煤装炉采用固定连接的埋刮板运输机，可做到完全密封，不会有烟尘泄漏。预热煤装炉不需要打开小炉门进行平煤，减少了烟尘泄漏点。煤预热装置的废气引入焦炉集气管，减少了污染源。由于采取了从炭化室推出的焦炭直接进入与炭化室相连并用压力密封装置密封的焦箱中，减少了烟尘的排放。

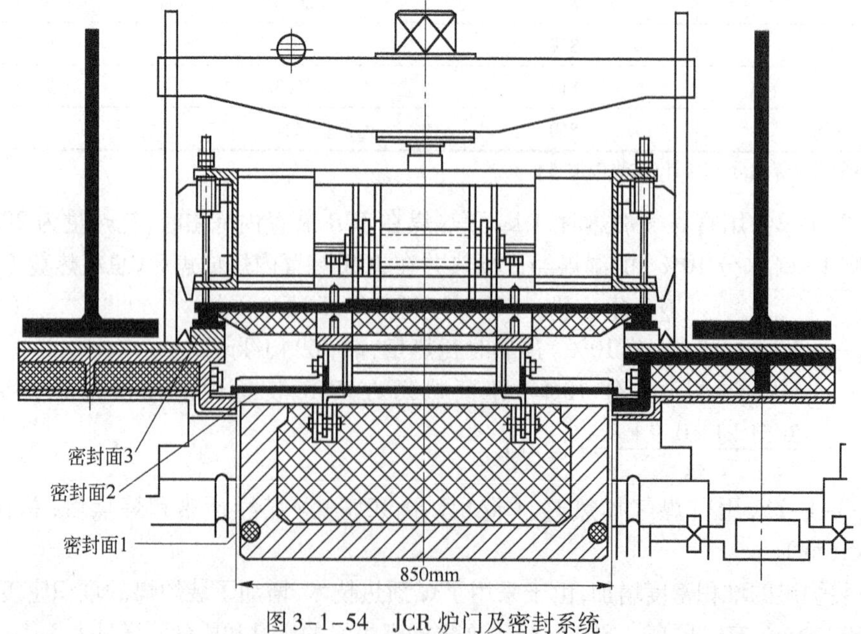

图 3-1-54　JCR 炉门及密封系统

(7) 扩大了炼焦煤种的选择范围。配煤试验的结果表明,JCR 可比常规焦炉配用更多的高膨胀性、低挥发分煤和弱黏结性或非黏结性高挥发分煤,从而扩大了煤种的选择范围。炼焦试验分两部分,第一部分:利用德国本土煤进行试验,其结果见表 3-1-26 ~ 表 3-1-28 和图 3-1-55。

表 3-1-26 两种德国煤的膨胀度试验

指 标	D 煤	E 煤
灰分/%	8.5	5.5
挥发分/%	27.5	34.9
流动度/ddpm	460	440
膨胀度/%	134	15
Fe_2O_3 含量(灰)/%	8.3	12.8

注:D 煤为中等挥发分主焦煤,E 煤为高挥发分煤。

表 3-1-27 两种不同配比的德国煤炼焦试验

配煤比	D 煤/%	50	40	30
	E 煤/%	50	60	70
指标	灰分/%	6.6	8.7	6.1
	挥发分/%	31.7	32.3	32.3
	流动度/ddpm	567	301	47
	膨胀度/%	44	15	-2
	Fe_2O_3 含量(灰)/%	11.0	8.9	11.7
焦炭质量	米库姆斜率	0.6411	0.8207	0.8271
	无裂纹粒度/mm	51.1	48.5	48.0
	平均粒度/mm	70.6	73.3	60.9
	稳定度/%	72.4	66.2	78.8

表 3-1-28 传统焦炉焦炭和 JCR 焦炭特性的比较

配煤序号		A	B	C	D	E	F	G	H	I	J
C_r	传统焦炉	21.9	30.5	24.8	28.0	23.2	34.0	32.8	29.9	29.8	26.0
	JCR	21.6	27.1	21.9	30.8	23.1	29.4	27.1	31.1	26.6	22.6
S_{ar}	传统焦炉	69.8	60.0	65.3	56.1	67.1	55.0	57.9	59.7	58.1	62.3
	JCR	73.0	66.0	73.6	56.0	70.0	66.7	69.2	59.2	66.7	71.7

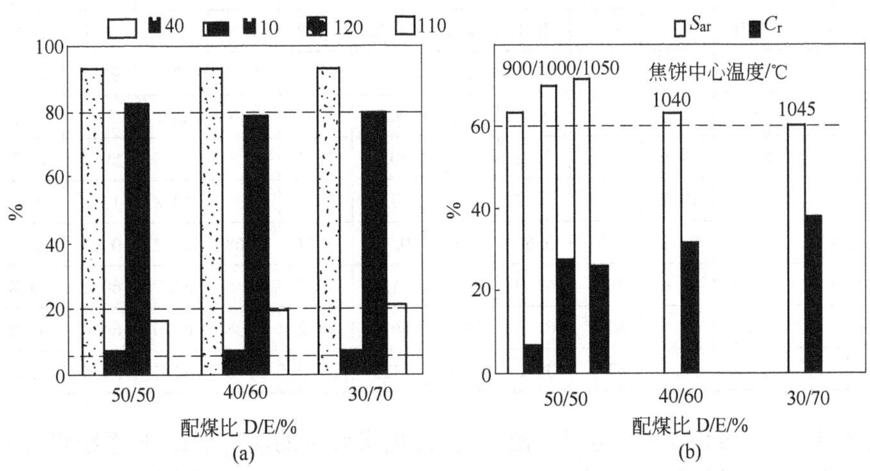

图 3-1-55 用两种德国煤的不同配比配煤所得的焦炭性能

第二部分是用 5 种海外煤配成 8 种配煤后进行炼焦试验,结果见表 3-1-29 ~ 表 3-1-31。

表 3-1-29　5 种海外单种煤的特性

煤　种	Blue Creek 7 中挥发分上 等焦煤(美国)	Pinnacle 低挥发分中 等焦煤(美国)	Curragh HCC 中挥发分弱黏结 性煤(澳大利亚)	Kromdraai 高挥发分不 结焦煤(南非)	Primero 高挥发分不结 焦煤(哥伦比亚)
灰分/%	7.8～8.4	6.1	7.0～7.5	14.9	3.3
挥发分/%	22.1～23.7	18.3	24.1～25.5	28.3	38.2
流动性/ddpm	301～764	19	16～85		3
膨胀度/%	46～115	27	-11～+16	只收缩	只收缩
Fe_2O_3 含量/%	7.8～9.8	9.7	9.9～11.5	3.8	9.74

表 3-1-30　用 5 种海外煤配成的 8 种炼焦配煤特性

炼焦配煤号		1	2	3	4	5	6	7	8
单种煤配比/%	Blue Creek 7	20	20	20	20		70	60	50
	Pinnacle	20	20	20					
	Curragh HCC	30	50	60	80	100			
	Kromdraai	30	10						
	Primero						30	40	50
配煤特性	灰分/%	9.8	8.0	7.2	7.6	7.0	6.6	6.2	10.2
	挥发分/%	24.5	23.7	23.3	25.3	24.1	28.5	29.7	30.6
	流动性/ddpm	2	5	25	65	85	8	5	3
	膨胀度/%	只收缩	-18	8	27	3	-4	-14	只收缩
	Fe_2O_3 含量/%	7.5	9.5	10.0	9.9	9.9	9.0	9.2	8.5

表 3-1-31　用 5 种海外煤配成的 8 种炼焦煤在不同试验炉中炼制的焦炭特性

配煤序号	1	2	3	4		5		6		7		8
试验焦炉	JCR	JCR	JCR	JCR	常规	JCR	常规	JCR	常规	JCR	常规	JCR
M_{20}/%	86.0	93.8	93.5	93.0	92.3	94.2	92.3	92.7	92.6	93.5	91.5	88.8
M_{10}/%	13.2	6.1	5.3	5.4	6.2	5.7	6.6	6.0	6.0	5.6	7.2	9.3
I_{20}/%	67.9	79.6	80.8	79.8	77.7	80.9	77.2	79.9	79.3	80.3	78.0	71.5
I_{10}/%	29.7	18.5	17.4	17.9	20.4	17.6	20.8	18.1	18.8	18.3	20.1	25.3
米库姆斜率	1.25	0.73	0.68	0.66	0.74	0.47	0.74	0.68	0.72	0.76	0.82	1.23
无裂纹粒度/mm	39.4	44.4	48.4	47.9	51.7	51.1	50.3	49.6	52.7	60.1	49.8	45.7
S_{ar}/%	55.3	62.0	60.8	65.8	58.2	66.0	56.2	63.8	60.0	64.0	61.0	55.3
C_r/%	33.2	32.3	33.2	30.2	34.4	31.3	35.3	30.8	32.5	34.4	32.6	37.4

从表 3-1-29～表 3-1-31 可以看出：在保证焦炭质量的前提下，JCR 系统可比常规焦炉较多地增加弱黏结性煤或不结焦煤的配入量，但在生产冶金焦时，弱黏结煤和不结焦煤的配入量不应高于 30%。从第 1 号配煤的焦炭质量来看，南非的不结焦煤的配入量必须控制在 30%以下。第 4、第 5 号配煤的炼焦试验表明，JCR 产出的焦炭质量是常规焦炉中难以达到的。第 7、第 8 号配煤炼焦试验表明，用大量的不结焦煤和主焦煤组成的配煤也可炼出质量

合格的焦炭。总之,试验表明,JCR系统对弱黏结性煤和不结焦煤的配用量有很大的灵活性。在相同的配煤条件下,JCR系统可明显改善焦炭的质量。

(8)用预热煤炼焦对炉墙产生膨胀压力的测试,JCR示范装置的试验期间,在炉墙内安装有很多传感器,以测定预热煤在炼焦过程中产生的压力,同时鉴定炉墙能否承受此压力。实测结果,炭化室的内部压力一般小于0.3 MPa,个别情况稍高于0.3 MPa,但没有发现炉墙和H型钢抵抗墙的永久变形。

通常,在装煤后煤料的静压力可使抵抗墙的有些部位变形达到0.8～1.0 mm,随后此值缓慢增大。当达到结焦时间30%左右时,因炭化室内部气体压力增大而使抵抗墙的变形值增至2.5 mm。当两侧胶质层汇合形成裂缝时,变形值再次增大至2.7 mm,最大处可达5.6 mm。在形成半焦后,变形逐渐减少,推焦结束后又恢复至原来的状态。试验期间,曾用挥发分为17%的德国煤进行炼焦试验,抵抗墙的变形量达到7 mm,如图3-1-56所示。

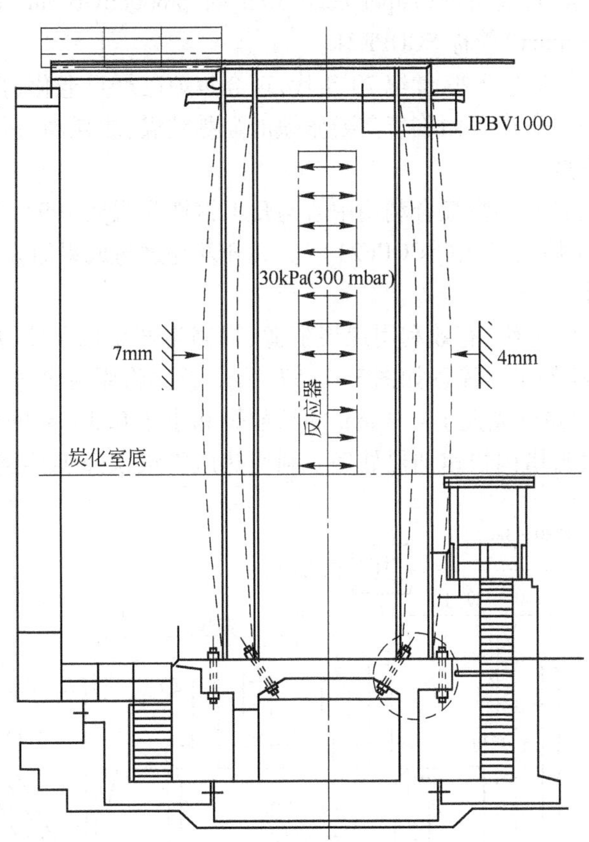

图3-1-56　由炉墙压力造成的工字钢变形情况

最后一炉进行破坏性试验,采用了100%的强黏结性煤装炉,终于因膨胀压力太大,收缩太小,抵抗墙的变形值达16 mm,焦饼几乎全贴靠在炉墙上而无法推焦。试验表明,JCR示范装置抵抗墙的变形值在3 mm左右是允许的。实际上,燃烧室、隔热层和H型钢抵抗墙组成一个有弹性的整体。实践证明:JCR的炉墙能承受预热煤炼焦时产生的高膨胀压力。

(9) 降低生产成本约10%,其中一半是由于人员、能源、环保和劳动保护等操作费用的降低;另一半是由于JCR可更多地使用廉价的结焦性差或不结焦煤料所节约的费用。

(10) 投资有所增加。以德国凯泽斯图尔焦化厂的投资额作参考,JCR装置的投资额要比相同规模的常规焦炉有所增加。

e　应用前景

试验已于1996年全部结束,欧洲炼焦技术中心与当时的Krupp-Koppers和Still-Otto公司的专家一致认为JCR工艺是可行的。但正式用于工业生产,将单个JCR装置变成多个单元组成的工业炉组,还需要做大量工作。如焦炉机械的大型化;煤预热装置能力扩大及其系统可靠性的提高;干熄焦与煤预热联合的大型工业装置的开发等。这些工作均要投入大量资金,因此国际上焦炉工程公司对JCR的商业化仍持谨慎态度。

C　21世纪高产无污染大型焦炉炼焦工艺

21世纪高产无污染大型焦炉(super coke oven for productivity and environment enhancement toward the 21st century)简称SCOPE21。

日本的焦炉大部分建造于20世纪70年代,现今焦炉已严重老化,直接影响到日本的焦炭供给。另外,现行焦炉生产还面临着需要紧缺的强黏结煤、能耗高、污染严重等问题,难以适应21世纪的社会发展。

为解决这些问题,日本煤炭综合利用中心与日本钢铁联盟从1994年至2003年,历时10年共同开发了"21世纪炼焦工艺(SCOPE21)"。其开发经过与成果简介如下。

a　SCOPE21简述

SCOPE21是面向21世纪、有效利用煤炭资源、提高生产率以及实现环保和节能的炼焦新工艺技术。SCOPE21的工艺流程如图3-1-57所示,首先将原料煤送入流化床干燥器进行干燥,并预热到250℃,并分成大于0.3 mm的粗粒煤和小于0.3 mm的微粉煤,然后分别送到气流塔加料斗,在气流塔内快速加热处理。利用热风将煤快速加热到330~380℃,细粒

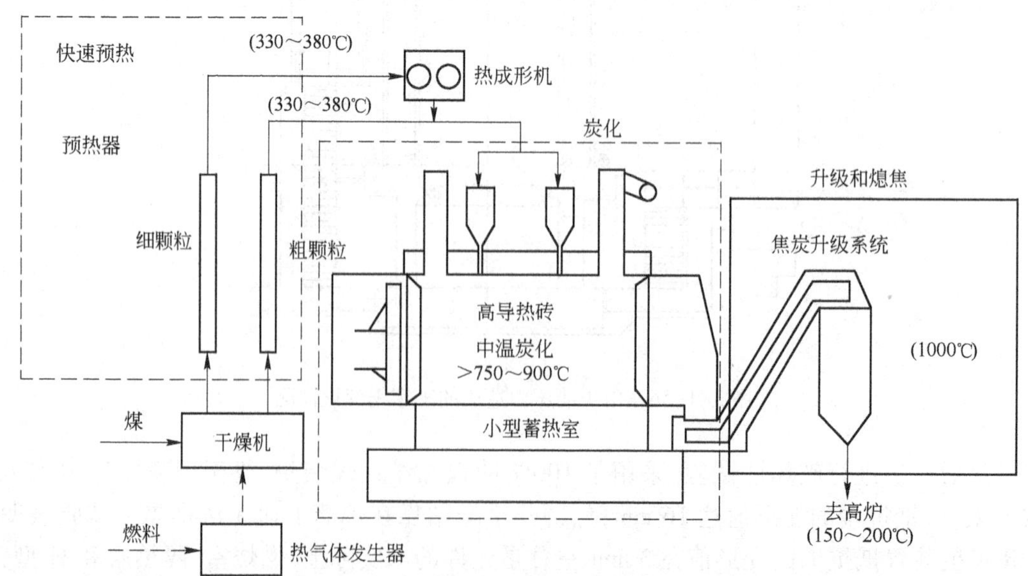

图3-1-57　SCOPE21工艺流程

煤送到成形机压成型煤，并用混煤机与已预热的粗粒煤相混合，成为预热装炉煤，送到炉顶预热装炉煤仓。干馏炉状似常规焦炉的炭化室，其炉墙用薄壁高热导率的耐火材料砌筑。采用中温干馏：燃烧室温度为1250℃，焦饼中心温度必须大于750℃，达到800～900℃时进行推焦。出炉红焦在干熄焦装置内，利用高温燃烧气体热风加热法，将红焦再加热到1000℃，并保温0.5～1 h，这样可将800℃左右的中低温干馏焦炭强度提高到1000℃高温干馏焦炭的强度水平。这样可得到所需的焦炭质量，达到提高生产率、改善环境的目的。

b SCOPE21 的具体开发目标及实现方法

(1) 有效利用弱黏结煤。SCOPE21 通过快速预热煤和细粒煤热压成形技术，提高煤的黏结性和装炉煤堆积密度，将弱黏结煤的配比率从现有炼焦技术的20%左右提高到50%。

(2) 提高生产率。为大幅度提高生产率，通过高温快速预热入炉煤、提高炭化室炉墙砖的热导率、减小炉墙砖的厚度以及采用燃烧室均匀加热，并采用中低温干馏，以大幅度缩短结焦时间。并在CDQ(干熄焦)装置内实行红焦再次加热，确保焦炭质量。

(3) 改善环境。采用阻流输送方式密闭输送入炉煤，通过调整焦炉压力和推焦时密闭除尘等措施防止焦炉烟气泄漏，彻底杜绝炼焦生产中的冒烟、扬尘、异味等。另外，改进干馏炉的煤气燃烧系统，以减少 NO_x 的排放。

(4) 节能。对入炉煤进行高温预热，提高装炉煤干馏初始温度。通过中低温干馏降低出炉焦炭温度，以减少焦炉的耗热量。对产生的煤气和燃烧废气的显热进行回收。

c 研发构想

在1994～1995年的调研阶段，构设了 SCOPE21 的基本工艺(见图3-1-57)，并制定了研发计划。构想中的工业焦炉以适应1座4000 m^3 大型高炉出铁量1万 t/d 为前提，生产能力必须达到约4000 t/d 焦(换算成煤约为240 t/h)。煤预处理设备和干馏炉(焦炉)设备的规模见表3-1-32。

表3-1-32 SCOPE21 工艺的开发阶段

试验规模		煤预处理	焦 炉
第一阶段	实验室	0.6 t/h(1/200×能力)	燃烧室(按现行规模试验)
第二阶段	中 试	6.0 t/h(1/20×能力)	1座焦炉(1/2长)
第三阶段	工业化	240 t/h(120 t/h×2套)	N个34 t/焦炉

d 关键技术的研究与开发

(1) 实验室试验。为确认 SCOPE21 工艺煤预处理装置(干燥分级、快速加热、热态成形、高温输送)的设备性能和收集中试装置设计所需的放大数据，在新日铁公司名古屋钢铁厂建设了试验室装置，如图3-1-58所示。规模为中试装置的1/10，设备能力为煤处理量0.6 t/h。1998年10月～2000年3月进行了试验操作，试验结果如图3-1-59和图3-1-60所示。

图3-1-59是采用流化床干燥分级设备，可通过控制气体流速按规定粒度进行分级。同时确认了煤的加热特性，其升温特性与模型解析结果基本相同，可实现300℃的加热目标。

图3-1-60为风热加热设备的高度与煤粒温度关系特性，如果热风温度能达到要求，不同直径煤粒的温差控制在50℃以内。即使是加热困难的粗粒煤(0.5～6 mm)也能加热到380℃左右。

图 3-1-58　SCOPE21 炼焦工艺的试验设备

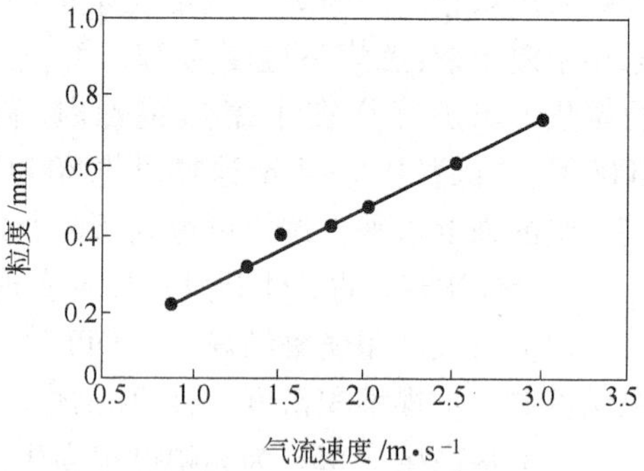

图 3-1-59　气流速度与煤炭粒度的关系

（2）试验焦炉燃烧室的开发。采用与工业焦炉（高 7.5 m、宽 450 mm、炭化室中心距 1500 mm）相当的试验焦炉（12 个立火道、2 个虚拟炭化室、2 个蓄热室），用试验炉墙砖的热导率和炉墙砖减薄的效果，同时开发了高向均匀加热和减少 NO_x 生成的燃烧技术。NO_x 的减少效果如图 3-1-61 所示。

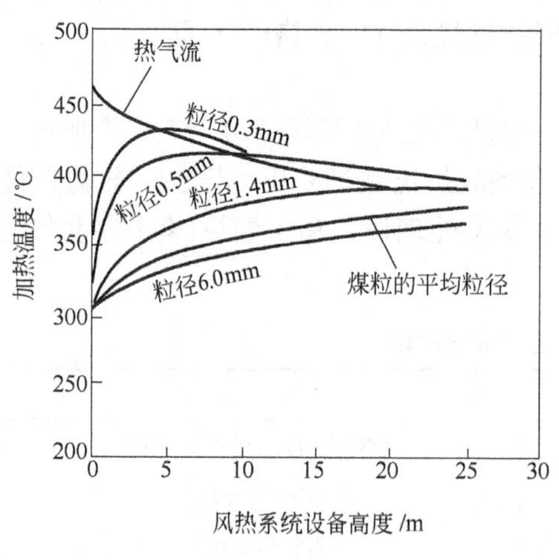

图 3-1-60　风热设备高度与粗粒煤温度的关系

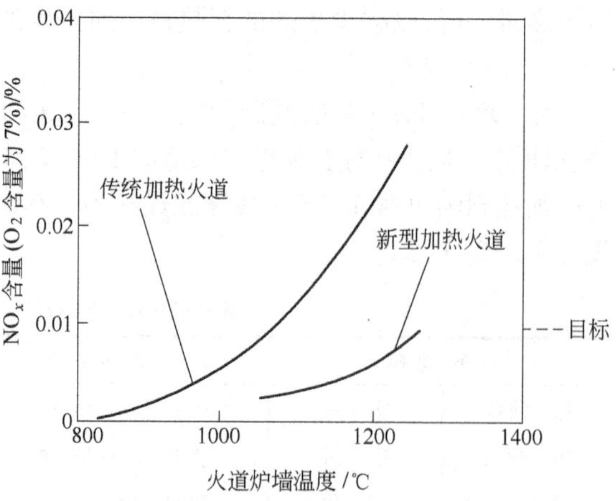

图 3-1-61　火道炉墙温度与 NO_x 含量的关系

焦炉用 1200℃以上的高温加热时，也可将废气中的 NO_x 含量控制在 0.01% 以下，燃烧室结构大大优于现有焦炉。

e　中试

作为开发步骤的最后阶段，在新日铁公司名古屋钢铁厂建设了包括煤预处理和焦炉在内的中试装置（见图 3-1-62），于 2002 年 3 月 ~2003 年 3 月进行了试验操作。中试装置的试验目的是验证开发概念及获得工业设备设计所需的工程技术数据。

（1）中试装置。中试装置的基本规格见表 3-1-33，工艺流程如图 3-1-62 所示，由煤预处理设备和焦炉组成。

1）煤预处理设备：处理能力 6 t/h，约为工业装置的 1/20，根据试验室试验的成果确定其基本规格。

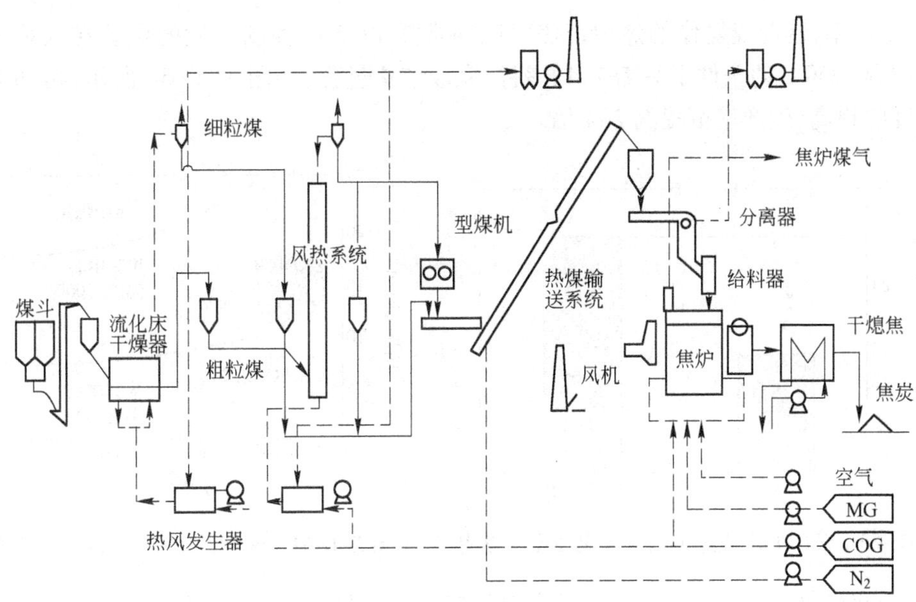

图 3-1-62 试验工厂的整体工艺流程图

表 3-1-33 中试装置的基本规格

主要设备	基本规格
流化床	处理能力:6.0 t/h(干基)
煤预热装置	处理能力:6.0 t/h(粗粒、干基),2.4 t/h(细粒、干基)
型煤机	类　型:双辊 模　式:massec 型(18 mL) 处理能力:2.4 t/h
焦　炉	尺　寸:$H7.5\ m \times L8.0\ m \times W0.45\ m$ 砖　质:超薄致密耐火砖 热导率:9.66 kJ/(m · ℃)

2）焦炉:1 座,炉长为工业焦炉的一半,炉高、炉宽与工业焦炉相同。需能体现上述燃烧室的最佳试验结果,并能收集环保所需的设计数据。

（2）中试操作。中试操作大体分为1100～1150℃的低温一次操作和1200～1280℃的高温二次操作两个阶段,操作约进行了 1 年,总干馏试验数 440 次,基本达到了开发目标。

1）焦炭质量。配合煤为 3 种,见表 3-1-34,黏结煤和弱黏结煤各配合 50%。煤预处理是用流动床加热到 300℃后,再用气流塔将粗粒煤和细粒煤加热到 380℃。操作一年的平均焦炭强度为 $DI_{15}^{150}=84.8$,比按现行工艺操作时的推测值 82.3 高 2.5(见图 3-1-63)。焦炭强度的提高受益于入炉煤堆密度的提高和快速加热。

表 3-1-34 试验煤的质量

项　目	质量指标/%		流动度 MF (log/ddpm)	配比/%
	挥发分(干基)	灰分(干基)		
煤 A(炼焦煤)	24.6	9.0	2.70	25
煤 B(炼焦煤)	26.3	9.0	1.77	25
煤 C(弱黏煤)	34.6	9.2	1.70	50

2）生产率，装湿煤操作的焦炉结焦时间通常需 17.5 h，而新开发的焦炉在入炉煤温度 330℃、炉温 1250℃的条件下只需 7.4 h 就能完成结焦过程，如图 3-1-64 所示，再加上入炉煤堆密度的提高，生产率可提高 2.4 倍。

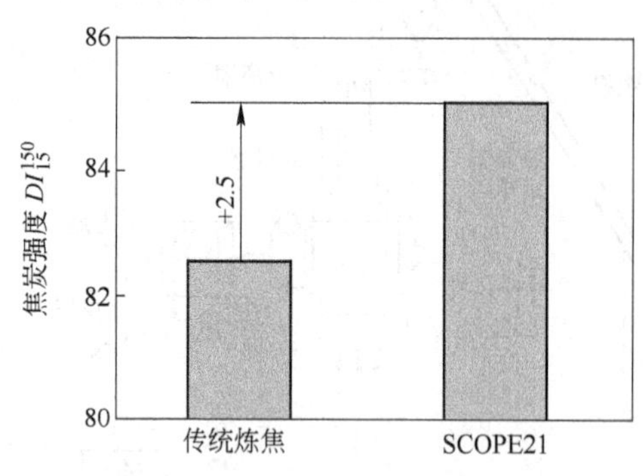

图 3-1-63　SCOPE21 炼焦工艺对焦炭强度的影响

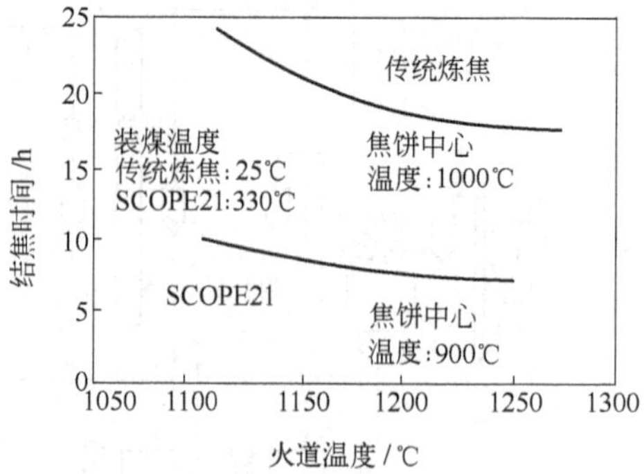

图 3-1-64　SCOPE21 炼焦工艺的结焦时间

中试同时表明，新开发焦炉虽然是高温快速干馏，但焦炉生产中的石墨附着则与以往一样。细粒煤的成形有助于抑制石墨的生成，可有效地促进焦炭强度的提高，如图 3-1-65 所示。

3）环境改善。采用阻流输送方式进行高温输送煤，可以实现 350 t/h 以上的稳定输送目标；焦炉燃烧废气中的 NO_x 与图 3-1-61 的试验结果完全一致，实现了炉温 1250℃下 NO_x 低于 0.01% 的排放目标；关于焦炉煤气防漏措施，验证了干馏过程中调整炉内压力所具有的效果，同时收集了出焦时除尘的数据。

f　节能效果

与 1990 年现行工艺（湿煤炼焦操作能耗 + CDQ 热回收）进行比较，发电效率 38.2%（9450 kJ/kW · h）。

评价结果如图 3-1-66 所示。煤预处理工程中虽增加了电力消费，但焦炉的燃气消耗大幅度下降，SCOPE21 工艺能耗比现行工艺下降 21%。

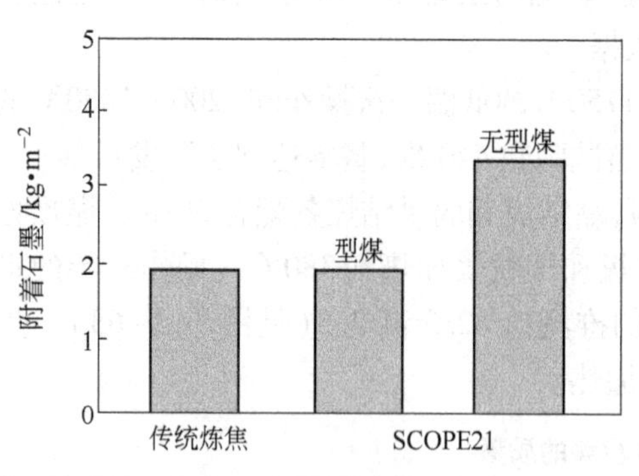

图 3-1-65　SCOPE21 炼焦工艺中型煤技术对石墨附着的影响

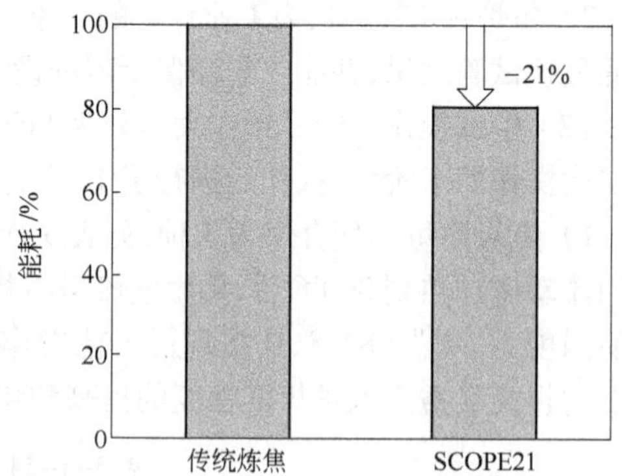

图 3-1-66　SCOPE21 炼焦工艺的低能耗

g　工业设备的设计与经济性

（1）前提。新建场地；焦炭生产能力对应大型高炉（出铁量 1 万 t/d）为 4000 t/d（1.5

万 t/a);研究范围包括煤粉碎、煤预处理、高温输煤、焦炉、CDQ;不考虑备用设备和设备富余。

(2) 主要设备的性能(设想),见表 3-1-35。依据中试装置的试验结果,确定煤预处理设备、高温设备、高温输煤设备和焦炉的操作条件。焦炉孔数根据中试的实际成果,将工业设备的生产率确定为现行工艺的 2.4 倍。

表 3-1-35 4000 t/d 工业焦炉的主要参数(设想)

项 目	指 标		传统工艺	SCOPE21
入炉煤	水分/%		9.0	
	温度/℃		25	330
	型煤添加率/%			30
煤预热	流化床干燥器/$t \cdot h^{-1}$			240
	热风炉/$t \cdot h^{-1}$			160(粗粒)、80(细粒)
	成形设备/$t \cdot h^{-1}$			80
高温输煤				阻流输煤机 400 t/h ×2 套
干 馏	火道温度/℃		1250	1250
	结焦时间/h		17.5	7.4
焦炉特点	尺 寸	高/m	7.5	7.5
		长/m	16.0	16.0
		宽/m	0.45	0.45
	容积/m^3		47.0	47.0
	炭化室炉墙砖	厚度/mm	100	70
		热导率/$kJ \cdot (m \cdot ℃)^{-1}$	7.14(致密砖)	9.66(超薄致密砖)
	孔数		126	53

SCOPE21 工艺设备布置与现行工艺相比,焦炉孔数由 126 孔减少到 53 孔,虽然增加了煤预处理设备,但占地面积仅为传统工艺的一半,如图 3-1-67 所示,煤预处理设备的组成如图 3-1-68 所示。

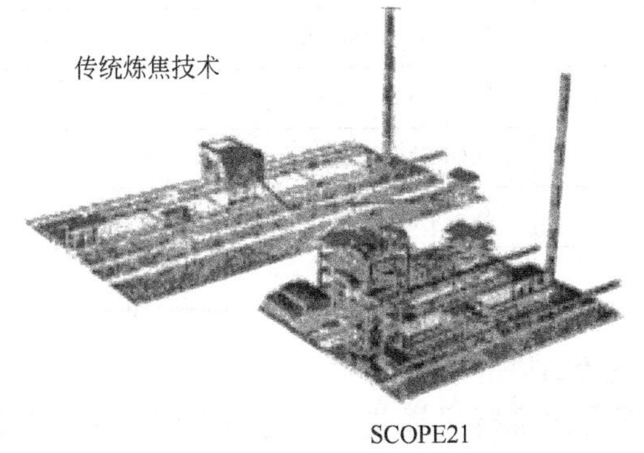

图 3-1-67 SCOPE21 炼焦技术与传统炼焦技术装置对比图

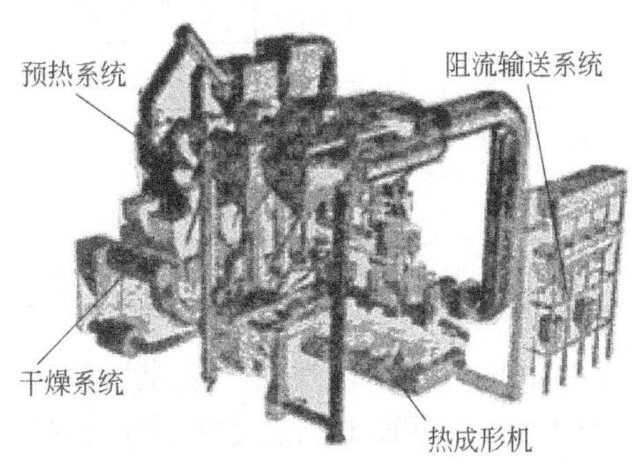

图 3-1-68 煤预热工艺装置图

(3) 经济性。按表 3-1-35 的条件对建设费用及焦炭生产成本进行了评价。SCOPE21 工艺的建设费用与现行工艺相比,尽管增加了煤预处理设备和环保设备,但由于焦炉设备大幅度减少,估计建设费用减少 16%,如图 3-1-69 所示。

在SCOPE21工艺的煤预处理中，电力和燃气等费用虽有所增加，但由于配合了大量的弱黏结性煤，原料费用低于现行工艺，焦炭生产成本可降低18%，如图3-1-70所示。

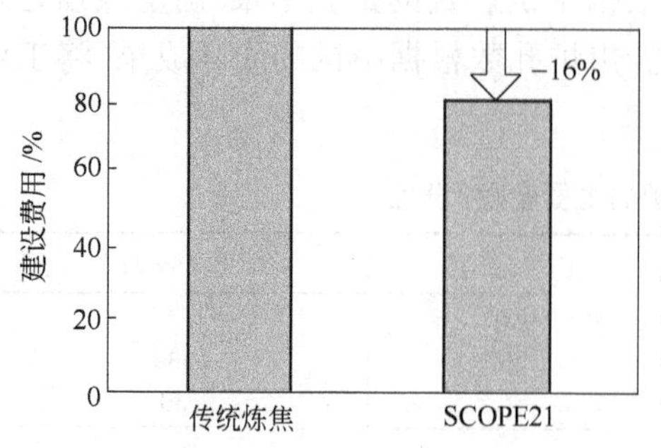

图3-1-69　SCOPE21炼焦技术与传统炼焦技术建设费用的对比

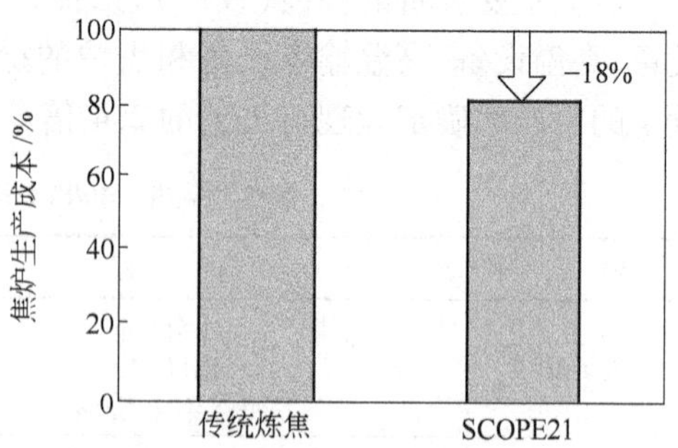

图3-1-70　SCOPE21炼焦技术与传统炼焦技术焦炭生产成本的对比

h　结语

由新日铁公司提出的新一代炼焦技术(SCOPE21)作为国家研究开发项目，经过自1994～2003年的10年时间，完成了最后阶段的中试工作，基本实现了预期目标。新日铁公司于2006年4月在大分厂开工建设第一套工业装置，2008年2月完成建设，焦炉首次装煤出焦，2008年5月30日开始包括煤预处理和干熄焦设备的综合试车。2009年1月焦炉作业率达到184.5%(相当结焦时间13 h)，可以应用50%或更多的弱黏煤。大分厂5号焦炉工业装置的工艺流程及主要设备参数见表3-1-36和图3-1-71。

表3-1-36　大分厂5号焦炉主要设备参数

主要设备		参　数
煤预处理设备	基本工艺	SCOPE21工艺
	流化床干燥分级机	煤处理量:155 t/h(干)
	气流加热塔	煤处理量:106 t/h(干)
	热压成形机	煤处理量:34 t/h
焦　炉	形　式	SCOPE21型低NO_x排放炉
	炭化室	高6.7 m,宽0.45 m,长16.6 m,共64孔
CDQ	焦炭处理设备	120 t/h

i　日本SCOPE21炼焦工艺试验焦炉燃烧室新结构的开发

日本的SCOPE21炼焦工艺目标是将生产能力比现行湿煤装入法提高3倍。为实现这一目标，炭化室需要采用70 mm厚的超高致密硅砖，将煤高温预热到350℃，干馏约7 h，以800℃左右的中低温出炉。为缩短干馏时间，从炭化室墙到煤的单位时间的传热量需增加2倍左右。单位时间的传热量增加2倍相当于燃烧室内单位时间的燃气量增加2倍。一般而言，燃气量增加时，局部燃烧显著，不仅高向不能达到均匀加热，而且燃烧废气中的NO_x含量也会升高，不利于环保。因此为实现SCOPE21的开发目标，需要在燃气量增加2倍的条件下，用现有焦炉开发能均匀加热并减少NO_x的新型燃烧室结构。

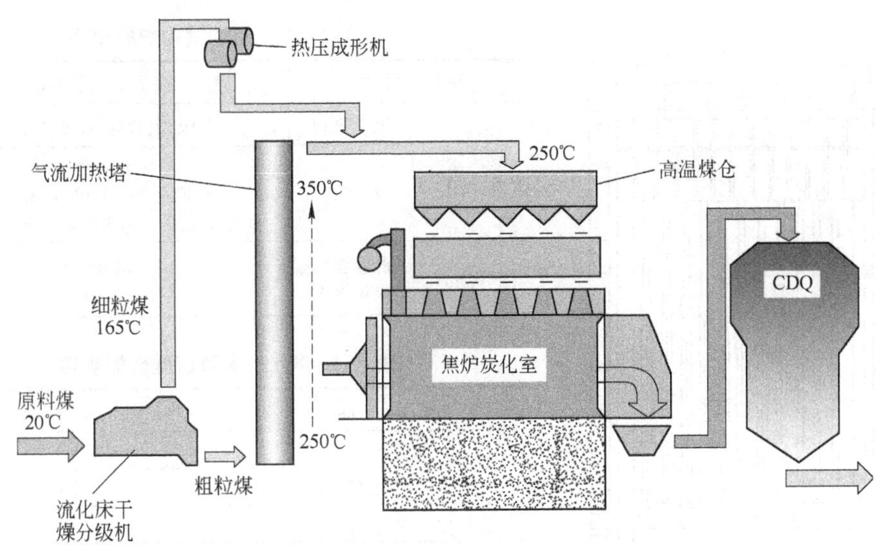

图 3-1-71 大分厂 5 号焦炉工艺流程

j 燃烧试验炉

开发燃烧试验炉的目标为:

(1) 均匀加热,高向温差小于50℃(推焦时炉门附近温度大于700℃)。以800℃左右的中低温出焦,焦饼中心温度高向温差 ±25℃,来确定高向加热温差 50℃。

(2) NO_x 含量,低于 0.01%(炉温 1250℃)。日本规定新建焦炉排放废气中 NO_x 含量为 0.017%,并考虑到今后日益严格,故定为 0.01%。

燃烧试验炉的高度与日本最高炭化室高度 7.5 m 相对应,燃烧室高度为 6.6 m(原文为 7.1 m),燃烧试验炉设置 1 个燃烧室(有 12 个立火道,其中 6 个为新开发炉型的燃烧结构,另外 6 个为现有焦炉的结构)、2 个虚拟炭化室、2 个蓄热室。

燃烧装置的煤气从立火道底部煤气出口喷出,空气采用高向分三段或四段喷出,并实行强制通风。立火道底部设置 2 个废气循环孔,立火道底部煤气口与空气口的配置是可变更的,可以平行配置也可以交错配置,出口断面均为矩形。见表 3-1-37 和图 3-1-72。

燃烧试验炉炉墙为新结构,采用超高致密硅砖,传输热量是现有焦炉硅砖的 2 倍,见表 3-1-38。

散热量调整。在燃烧室墙外侧设置水冷散热钢板,调整隔热材料厚度可得到规定的散热量。

燃烧试验炉的试验项目见表 3-1-39。

试验结果为:

(1) 火道底部煤气口和空气口形状变化产生的影响。按图 3-1-73 布置两种出口断面形式:(a)为煤气口和空气口均为矩形,且平行布置;(b)为煤气口和空气口均为矩形,但两口交错布置。经测定结果:形式(b)比形式(a)好,由于采用交错布置,煤气与空气在火道底部不能进行充分混合,防止了局部高温,控制了 NO_x 的生成,达到了 NO_x 含量低于 0.01% 的目标。而(a)形式的平行布置,使得两股接近气流在其相邻的界面上发生充分混合和燃烧,形成局部高温,NO_x 的含量高达 0.0268%。即使采用三段供给空气,其燃烧情况还是因出口布置差别而有很大差异。

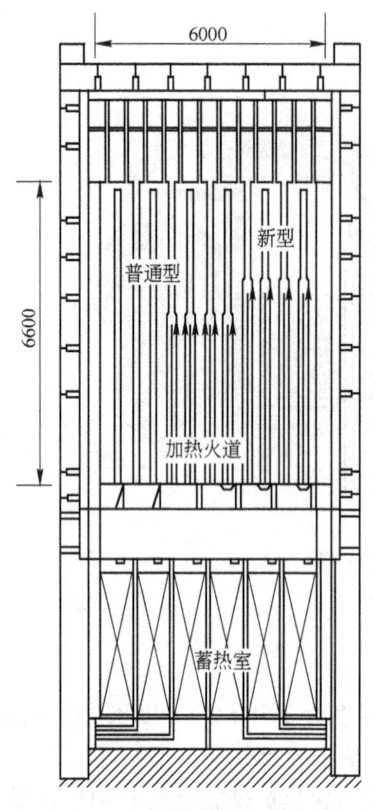

图 3-1-72　燃烧试验炉

表 3-1-37　燃烧试验炉的规格

试验炉尺寸		高 7.5 m、长 6 m
燃烧室（立火道）	煤气进口	1 级，混合煤气/焦炉煤气
	空气口	3(4)级 距炉底 0 m、1.66 m、3.5 m （距炉底 0 m、1.3 m、2.6 m、4.3 m）
煤气热值	混合煤气 焦炉煤气	4620 kJ/m^3 19320 kJ/m^3

表 3-1-38　超高致密硅砖的规格

真密度/g · cm^{-3}	2.28
气孔率/%	13.1
耐压强度/MPa	124
热导率①/W · (m · K)$^{-1}$	2.94

①为 1073 K。

表 3-1-39　燃烧试验炉的试验项目

煤气温度① 炉墙温度②	距底 0.8 m、2.8 m、4.1 m、4.8 m、6.2 m③
NO_x 含量 O_2 含量	在废气区距炉底 2.8 m③
循环比	测定：He 示踪
热通量	用水的体积和水的温差计算

①连续测量；②距墙表面 15 mm；③距炉底。

(2) 加热均匀性。在火道底部，煤气口和空气口采用交错布置，废气循环率为 13%，空气按三段分别供应，其比例是：底部∶二段∶三段为 40∶22∶38。图 3-1-74(a) 显示了炉温 1250℃时高向炉温分布。高向温差 27℃，小于目标 50℃。调试中发现高向的空气分配对燃烧状况影响很大。

(3) NO_x 含量。如图 3-1-75 所示，NO_x 含量随燃烧室温度而变化，在 1250℃时，下降到 0.0075%，这是立火道底部局部燃烧得到有效控制的结果。但在用焦炉煤气燃烧时，在第二段空气供给口附近有局部燃烧现象，如不加以控制，则炉温高向温差变大，NO_x 含量上升。见表 3-1-40，当二段空气供给量由 11% 下降到 3.5% 时情况就变好。

表 3-1-40　燃烧焦炉煤气时的试验结果

项　目	第 2 风道的空气量/%	
	11	3.5
炉温高向温差/℃	123	61
NO_x 含量（O_2 含量为 7%）/%	0.0143	0.0098

加热煤气流量对高向加热的均匀性和 NO_x 含量的影响。以炉温 1250℃时的煤气流量为 100%（此时炉温能实现高向均匀加热和降低 NO_x），当煤气流量减少到 85% 和 70% 时，炉温分别为 1177℃ 和 1082℃。如图 3-1-74(b) 所示，煤气流量降到 70% 和炉温 1082℃的条件下，高向温差仅为 37℃，完全达到了 50℃以内的设定目标值。由于从一段到三段的空气分配量不变，处于缓慢燃烧状态，保证了均匀加热。

(4) 试验结果证明，燃烧试验炉能保证上下加热均匀和降低 NO_x 含量，并对生产波动适应性好，可应用于下阶段试验中。

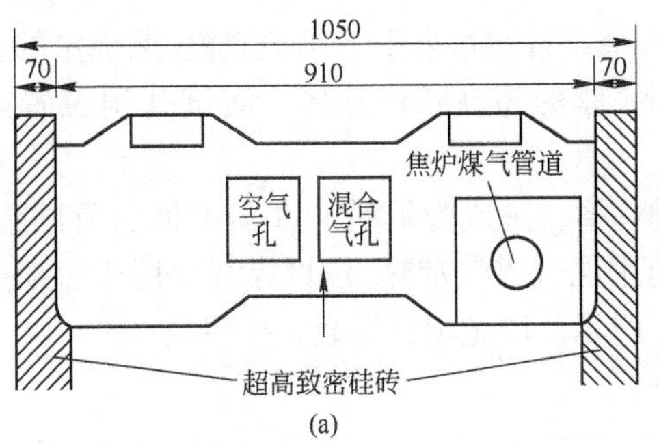

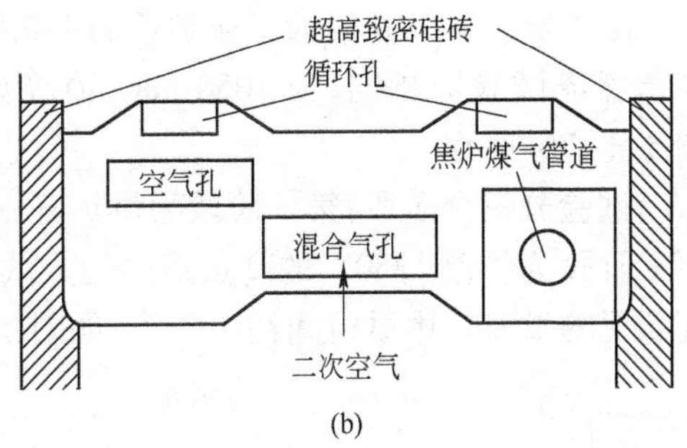

图 3-1-73 立火道底部空气孔布置图

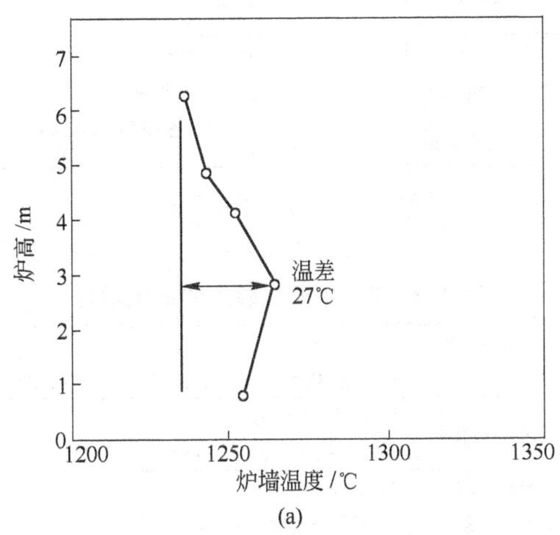

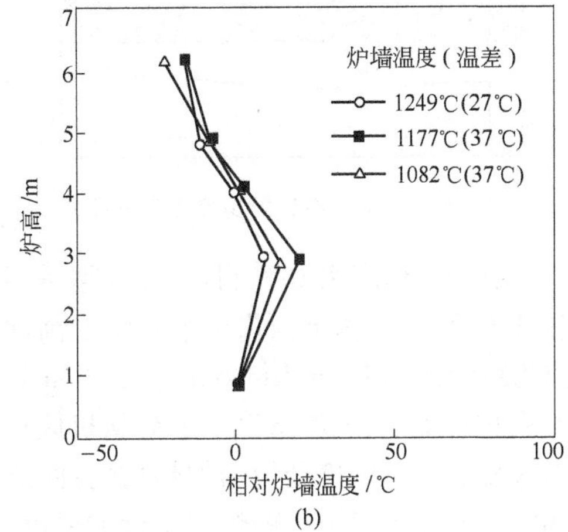

图 3-1-74 燃烧试验炉高向炉墙温度分布(混合煤气)

中试的试验装置与测试为:

根据燃烧试验炉的试验结果,中试干馏炉的燃烧室采用火道底部煤气口与空气口交错布置结构,空气分三段供给。中试试验炉的主要数据见表 3-1-41。

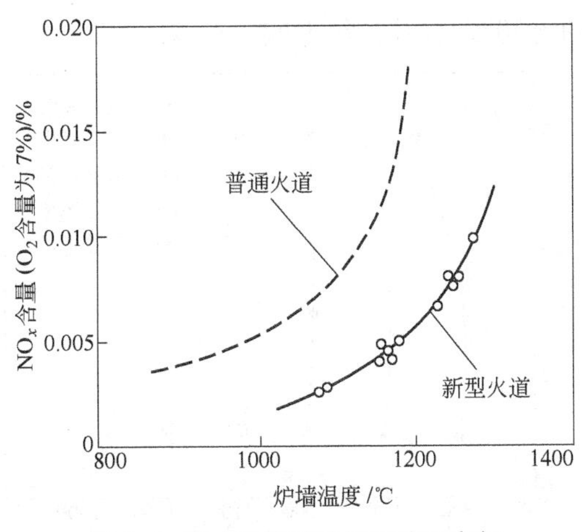

图 3-1-75 燃烧试验炉炉墙温度与 NO_x 含量的关系(混合煤气)

表 3-1-41 中试试验炉的规格

炭化室尺寸		高 7.5 m、长 8 m、宽 0.45 m
燃烧室(立火道)	煤气进口	1 级, 混合煤气/焦炉煤气
	空气进口	3 级,距炉底 0 m、1.66 m、3.5 m
煤气热值	混合煤气 焦炉煤气	4620 kJ/m³ 17220 ~ 18480 kJ/m³

除了炭化室的长度为工业炉长的1/2之外，其余设备均相当于工业炉规模，燃烧室的宽度与燃烧试验炉相同，为1050 mm，炉墙为70 mm厚的超高致密硅砖。测试孔洞位置如图3-1-76所示。

试验分三个阶段：第一阶段为烘炉开工与调整；第二阶段为炉温1100℃的低负荷试验；第三阶段为炉温1250℃的高负荷试验。试验期间用混合煤气加热，焦炉煤气只用于短期燃烧状况的试验。中试时间约为1年，如图3-1-77所示。测试项目见表3-1-42。

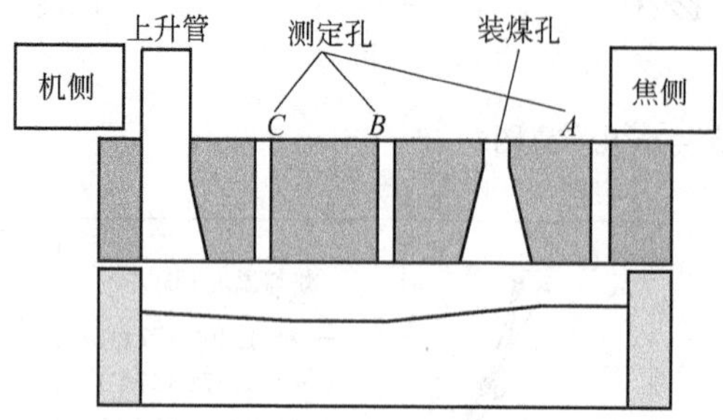

图3-1-76　中试试验炉炉顶测定孔的布置

项目		2001年	2002年	2003年
施工烘炉		→	↔	
试验	开工		4个月 ↔	
	第一步		2、3个月 ↔	
	第二步		5个月 ↔	

图3-1-77　中试进度

焦饼中心温度用C孔测定，并根据需要可从A孔和B孔测定。焦饼中心温度高向测点为距炉底1.19 m、3 m、6 m三处，6 m处从C孔进行测定，1.19 m和3 m处从机侧炉门插入测定。为评价全炉的加热均匀性，还在相同高度处测定了机侧炉门附近的温度。燃烧废气每隔1 min连续进行测温，以其平均值表示，废气中NO_x含量每隔2～3 min测定1次，以其平均值表示。

表3-1-42　中试试验炉的试验项目

气体温度 炉墙温度①	11立火道 距炉底0.5 m、1 m、2 m、3 m、4 m、6 m②
焦饼中心温度	测孔A、B和C 距炉底1.19 m、3.6 m②
NO_x浓度 O_2含量	11立火道 在废气区距炉底3 m②

①为距炉墙表面15 mm；②为距炉底。

中试试验结果为：

(1) 高向温度分布。图3-1-78为第一步试验(1次作业)时燃烧室断面上的气体温度分布。图3-1-79是包括焦饼中心温度在内的高向温度分布。燃烧室的气体温度高向温差约100℃，炉墙表面温差为36℃，当焦饼温度达1000℃时，温差约为10℃，达到了均匀加热的效果。

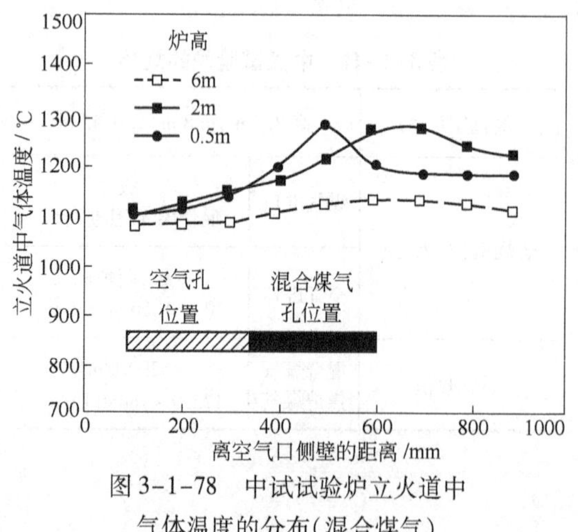

图3-1-78　中试试验炉立火道中气体温度的分布(混合煤气)

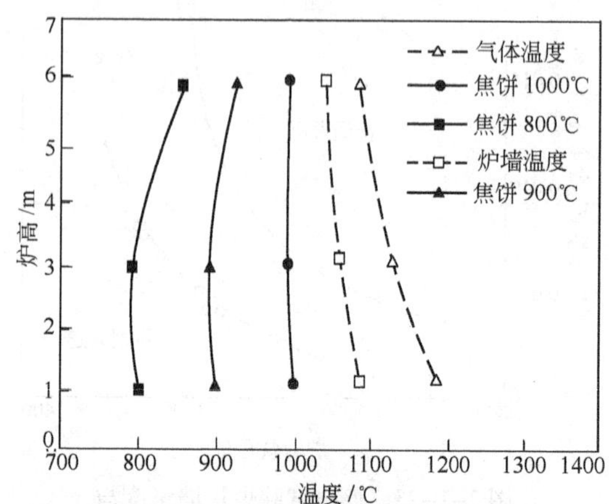

图3-1-79　中试1次作业时炉高向的温度分布(混合煤气)

在炉温较高的第二步试验(2 次作业)中,如图 3-1-80 所示,燃烧温度和焦饼中心温度均实现了均匀加热。从图 3-1-80 中可以看出,即使在中低温度出炉的焦饼中心温度 800℃时,其温差也在 50℃以内,由此看来,煤气口与空气口交错布置对均匀加热极为有利。

确认了空气高向的分配:炉底一段空气量占全部空气量的 70%。由于炉底空气量的增加,废气循环率也相应增加,高达 28%,这个量是燃烧试验炉的 2 倍。

(2) 炉门附近的焦饼中心温度。一般来说,该处的温度会低一些,如图 3-1-81 所示,中试时没有发现此种现象,显示了炉头加热均匀。

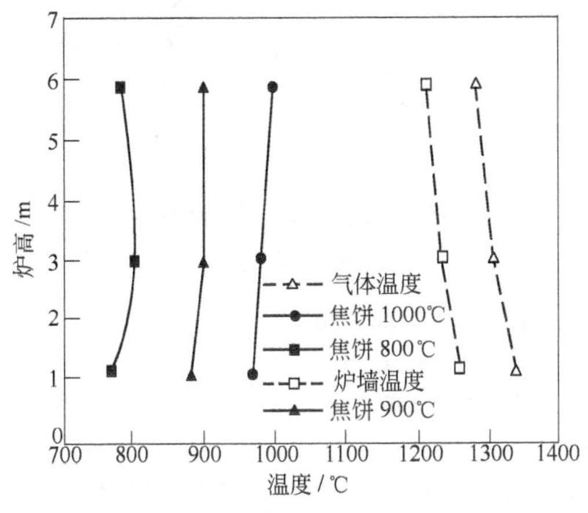

图 3-1-80　中试炉 2 次作业时炉高向的温度分布(混合煤气)

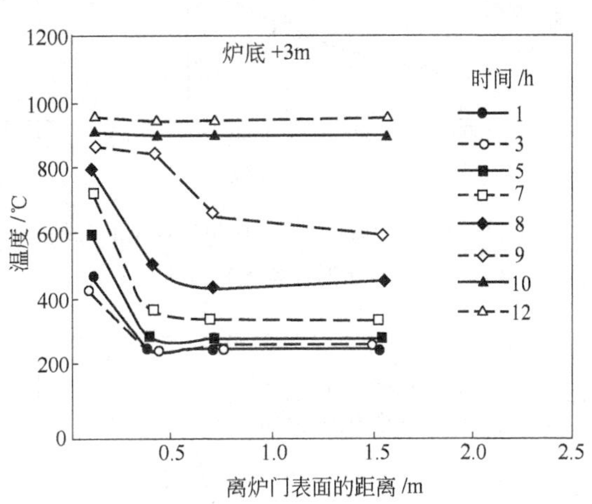

图 3-1-81　中试试验炉炉门附近的焦饼中心温度

计划设想,在推焦时炉门处焦饼温度应大于 700℃。中试表明:当焦侧第二火道(A 孔)处焦饼中心温度在 1000℃时,炉门附近的焦饼中心温度也已达到 1000℃,即使在中低温度炼焦时,焦饼中心温度 800℃出炉的情况下,炉门附近的焦饼中心温度也已达到 700℃以上。其原因是炉门衬砖增厚了 30 mm。

综上所述,采用空气三段供给、立火道底部空气口与煤气口交错排列、适当增厚炉门衬砖厚度等三项措施,可以实现炉内焦饼均匀加热。即使采用中低温炼焦,也能满足均匀加热要求。

(3) NO_x 含量。图 3-1-82 是燃烧试验炉的炉温与 NO_x 含量的关系。

中试时与试验炉情况相同,当炉温为 1250℃时,NO_x 含量可降到 0.01% 以内。

(4) 废气循环效果。为验证废气循环的效果,在炉温为 1250℃时,关闭废气循环(循环率为 0%),测温结果如图 3-1-83 所示,NO_x 含量变化如图 3-1-84 所示。当循环率为 0% 时,燃烧室内气体温差从 54℃上升到 118℃,NO_x 含量从 0.0075% 上升到 0.0125%,约增加了 70%。因此,为达到开发目的,必须要有废气循环。

(5) 用焦炉煤气加热时情况。在改用焦炉煤气加热时,来自立火道底部的空气量约占全部空气量的 88%(空气来自混合煤气口喷出),加上废气中氧含量比燃烧混合煤气时高(含氧量 8% ~10%),如图 3-1-85 所示,在炉下部发生了局部燃烧,NO_x 含量比燃烧混合煤气时高。据此推测,如果调低立火道下部的空气量,调整第二段和第三段的空气量,就能实现接近表 3-1-39 燃烧试验炉的均匀加热和降低 NO_x 的含量。

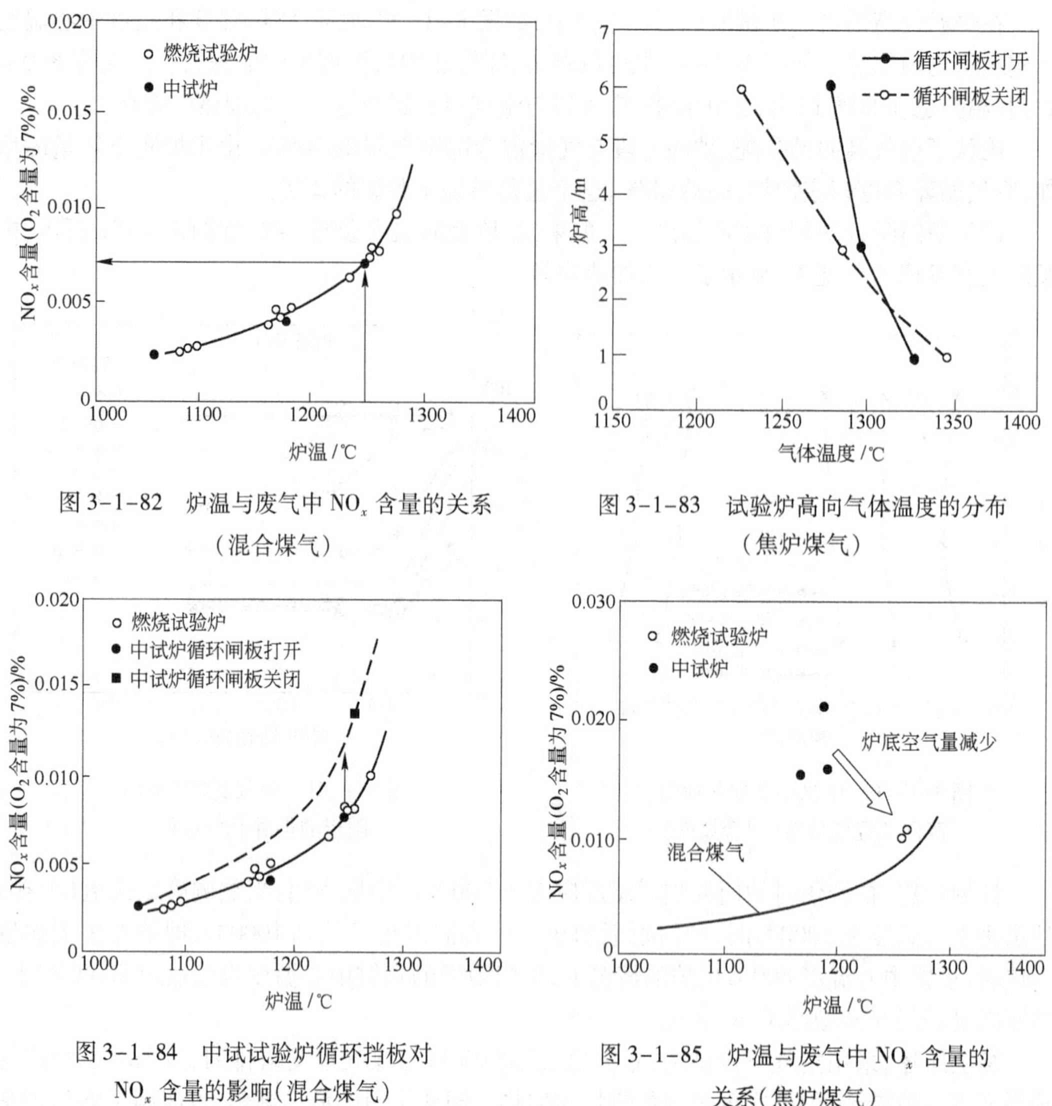

图 3-1-82　炉温与废气中 NO_x 含量的关系（混合煤气）

图 3-1-83　试验炉高向气体温度的分布（焦炉煤气）

图 3-1-84　中试试验炉循环挡板对 NO_x 含量的影响（混合煤气）

图 3-1-85　炉温与废气中 NO_x 含量的关系（焦炉煤气）

用工业炉大小的燃烧试验炉研究证明，在用混合煤气加热时，采用三段供给空气，煤气口和空气口交错布置和废气循环，可实现均匀加热和降低 NO_x 含量。在用焦炉煤气加热时，控制第二段空气供应量可取得较理想的燃烧状况。中试表明，与燃烧试验炉一样，用混合煤气加热可实现均匀加热和降低 NO_x，确认了采用三段燃烧、煤气口与空气口交错配置这种燃烧结构的有效性。为了达到开发目标，必须要有废气循环。另外，为了实现炭化室干馏均匀化，使炉头部位的焦炭同时成熟，应适当加厚炉门衬砖。

3.1.5　焦炉用耐火材料

焦炉用耐火材料属普通耐火材料，其耐火度在 1580 ~ 1770℃ 范围之内。焦炉用主要耐火材料有硅砖、黏土砖、高铝砖等。它们都有相应的质量标准，随着焦炉工艺要求的提高和制砖技术的进步，这些质量标准也在不断的提高。现行的焦炉用耐火材料标准有：焦炉硅砖：YB/T 5013—2005；黏土砖：YB/T 5106—1993；硅火泥：YB/T 384—1991；黏土火泥：GB/T

14982—1994 等。这些砖均是 $Al_2O_3-SiO_2$ 系的耐火制品,其化学矿物组成及其化学性质见表 3-1-43。

表 3-1-43 $Al_2O_3-SiO_2$ 系耐火制品的化学矿物组成及其化学性质

制品名称		化学组成/%	原料名称	主要矿物相	化学性质
硅质		$SiO_2>93$	硅石	鳞石英、方石英、残存石英、玻璃相	酸性
半硅质		Al_2O_3 15~30	半硅黏土、叶蜡石黏土加石英	莫来石、石英变体、玻璃相	半酸性
黏土质		Al_2O_3 30~48	耐火黏土	莫来石(约 50%)、玻璃相	弱酸性
高铝质	Ⅲ等	Al_2O_3 48~60	高铝矾土加黏土	莫来石(60%~70%)、玻璃相	弱酸性,近似中性
	Ⅱ等	Al_2O_3 60~75	高铝矾土加黏土		
	Ⅰ等	$Al_2O_3>75$	高铝矾土加黏土		

3.1.5.1 硅砖

硅砖是砌筑焦炉的主要耐火材料,它的用量约占焦炉砌体重量的 60% 以上,1 座 45 孔 80 型焦炉的硅砖用量达 5000 t 以上。由于硅砖的荷重软化温度高,导热性和抗酸性渣蚀能力强,以及在焦炉炭化室工作温度区间热稳定性好,故现代大、中型焦炉的主要部位,如燃烧室与炭化室、炭化室顶部、斜道、蓄热室单墙、主墙、中心隔墙等,都用硅砖砌筑。

硅砖的基本性质取决于原料性质、晶型转化情况、加入物种类和数量以及烧成等因素。

A 硅砖的理化性能

(1) 化学成分:主要成分是 SiO_2,焦炉硅砖的 SiO_2 含量不小于 93%,新标准要求为不小于 94%,硅砖内含有的杂质有 Al_2O_3、Fe_2O_3、CaO、MgO、K_2O、Na_2O,其中危害最大的杂质是 Al_2O_3、Na_2O、K_2O。一般要求 Al_2O_3 不大于 2.8%,CaO 不大于 1.5%。

(2) 耐火度:它的高低主要由砖内 SiO_2 含量和杂质含量及杂质种类而定,如:SiO_2 含量愈高,则耐火度也愈高。硅砖耐火度一般于 1690~1710℃之间波动。

(3) 荷重软化温度:硅砖荷重软化开始点一般为 1620~1650℃,与其耐火度很接近,这是硅砖的独特性质。因为硅砖有明显的结晶结构。影响荷重软化温度的因素主要是砖内杂质含量的多少及种类,Al_2O_3、K_2O、Na_2O 的影响最明显。

(4) 抗渣性:硅砖是酸性耐火材料,因此对酸性熔渣的抗侵蚀性最强,对碱性熔渣的抗侵蚀性最差。硅砖抗渣性的好坏取决于 SiO_2 含量、气孔率和颗粒组成。SiO_2 含量愈高,气孔率愈低,颗粒较粗的硅砖,其抗渣性就强。

(5) 真密度:硅砖真密度的大小是表示石英转化程度的重要指标之一,可以判断硅砖的矿物组成。真密度小说明转化完全,鳞石英含量高,硅砖的热导率也高,如图 3-1-86 所示,利于降低焦炉耗热量,同时也减少了焦炉在使用过程中产生的残余膨胀。

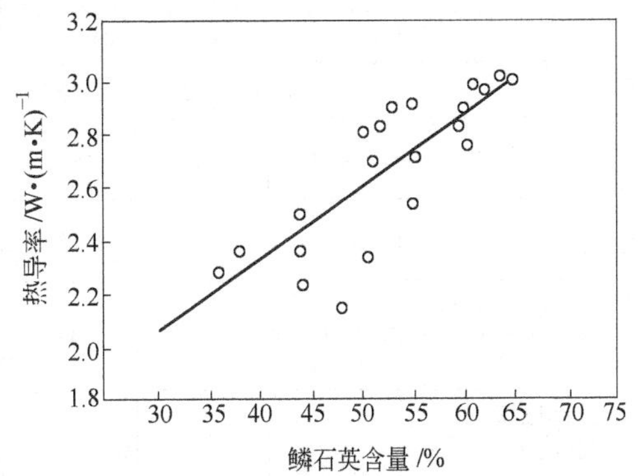

图 3-1-86 硅砖的热导率(1000℃)与其鳞石英含量的关系

（6）残余膨胀：硅砖经过再次煅烧后所发生的不可逆的体积膨胀，称为残余膨胀。引起残余膨胀的原因是砖中尚有未转化的石英或残存石英继续转化所致。硅砖残余膨胀愈小愈好，否则砌体由于残余膨胀过大会损坏。真密度小的硅砖，残余膨胀也会小。

（7）气孔率和体积密度：它们是砖体组织致密性的指标，气孔率是指砖内气孔的总体积占砖体积的百分率。体积密度是指砖单位体积的重量，气孔率愈小，体积密度愈高，愈致密。硅砖显气孔率一般为21% ~25%，焦炉用硅砖新标准显气孔率为22% ~24%。

（8）常温耐压强度：它是确定砖体组织结构好坏的重要指标之一，它与气孔率、体积密度有密切关系。气孔率小，体积密度高，则耐压强度也高。硅砖常温耐压强度一般为19.6 ~29.4 MPa。焦炉用硅砖规定常温耐压强度为35 ~40 MPa（YB/T 5013—2005）。

（9）焦炉用硅砖的理化指标和外形尺寸均有严格要求指标，详见附录1《焦炉用硅砖标准》（YB/T 5013—2005）的各项规定。

B　国内焦炉硅砖标准历年来修改情况

国内焦炉硅砖标准历年来修改情况见表3-1-44。

表3-1-44　焦炉硅砖标准历年来修改情况

<table>
<tr><th colspan="2" rowspan="2">项　目</th><th colspan="8">指　　标</th></tr>
<tr><th>重工业部标准重27—55</th><th>冶金部标准（草案）1958年6月</th><th>冶金部标准YB 383—63</th><th colspan="2">国家标准GB 2605—81</th><th>国家标准GB 2605—87</th><th>黑色冶金行业标准YB/T 5013—1993</th><th>黑色冶金行业标准YB/T 5013—1997</th></tr>
<tr><td rowspan="6">砖的理化指标</td><td rowspan="2">SiO_2 含量/%</td><td rowspan="2">≥93</td><td rowspan="2">≥93</td><td rowspan="2">≥93</td><td>致密砖</td><td>一般砖</td><td rowspan="2">≥94</td><td rowspan="2">≥94</td><td rowspan="2">≥94</td></tr>
<tr><td colspan="2">≥93</td></tr>
<tr><td>CaO 含量/%</td><td>≥3</td><td></td><td></td><td></td><td></td><td></td><td></td><td></td></tr>
<tr><td>耐火度/℃</td><td>≥1690</td><td>≥1690</td><td>≥1690</td><td colspan="2">≥1690</td><td>≥1690</td><td>≥1690</td><td>≥1690</td></tr>
<tr><td>0.2 MPa 荷重软化开始温度/℃</td><td>≥1620</td><td>≥1620</td><td>≥1620</td><td>≥1630</td><td>≥1620</td><td>≥1650（胶结硅石≥1620）</td><td>≥1650（胶结硅石≥1620）</td><td>≥1650（胶结硅石≥1620）</td></tr>
<tr><td>重烧线变化（1450℃ ×2 h）/%</td><td>0.8</td><td>0.8</td><td>0.8</td><td>0.4（3 h）</td><td>0.5（3 h）</td><td>0.2</td><td>0.2</td><td>$^{+0.2}_{0}$</td></tr>
<tr><td rowspan="2">显气孔率/%</td><td>炉底、炉壁砖</td><td>≤23（炉壁≤24）</td><td>≤23（炉壁≤24）</td><td>≤22（炉壁≤23）</td><td>≤18（炉壁）</td><td>≤22（炉壁≤23）</td><td>≤22</td><td>≤22</td><td>≤22（手工≤23）</td></tr>
<tr><td>其他</td><td>≤25</td><td>≤25</td><td>≤25</td><td></td><td>≤25</td><td>≤24</td><td>≤24</td><td>≤24</td></tr>
<tr><td rowspan="2">常温耐压强度/MPa</td><td>炉底、炉壁</td><td>≥22</td><td>≥22</td><td>≥22</td><td>≥40</td><td>≥25</td><td>≥29.4</td><td>≥29.4</td><td>≥30</td></tr>
<tr><td>其他</td><td>≥17.5</td><td>≥17.5</td><td>≥17.5</td><td></td><td>≥17.5</td><td>≥19.6</td><td>≥19.6</td><td>≥25</td></tr>
<tr><td rowspan="2">真密度/$g \cdot cm^{-3}$</td><td>炉底、炉壁</td><td rowspan="2">2.37，三个试样中允许一个≤2.38</td><td rowspan="2">2.37①</td><td rowspan="2">2.37②</td><td rowspan="2">2.35，大于15 kg砖2.36</td><td>2.36</td><td rowspan="2">2.35</td><td rowspan="2">2.35</td><td>2.34</td></tr>
<tr><td>其他</td><td>2.37③</td><td>2.35</td></tr>
<tr><td colspan="2">热膨胀率（1000℃）/%</td><td></td><td></td><td></td><td colspan="3">由制造厂提供数据</td><td>由制造厂提供数据</td><td>炉底、炉壁≤1.28，其他≤1.30</td></tr>
</table>

注：残余石英含量和加热永久线变化，在上述标准中均未明确提供。

① 大于15 kg砖允许≤2.38 g/cm^3；② 平均≤2.37 g/cm^3，三个试样允许一个为2.38 g/cm^3。大于15 kg砖，三个试样允许一个为2.39 g/cm^3（斜道2.38 g/cm^3），平均≤2.38 g/cm^3（斜道2.37 g/cm^3）；③ 大于15 kg砖2.38 g/cm^3。

C 国内外部分硅砖质量指标

近些年来,国外和国内硅砖的部分质量情况见表 3-1-45。

表 3-1-45 国外硅砖质量部分指标与国内硅砖质量部分指标

项目		SiO_2 含量/%	耐火度/℃	荷重软化开始温度/℃	重烧线变化(1450℃×2 h)/%	显气孔率/%	常温耐压强度/MPa	真密度/g·cm^{-3}	体积密度/g·cm^{-3}	备注
英国	标准	95.2				23.2	34.0	假 2.32	1.78	
	致密	95.2				17.3	51.0	假 2.31	1.89	
德国	标准	94~95		1640~1650		22~24.5	28~45	2.33~2.35	1.75~1.80	1995 年 2 月版
	致密	95				18	>40	2.32	1.87	
日本	标准	94.5				22	35	2.33	1.79	
	致密	94.5				19	45	2.33	1.85	
美国	标准	94.5				25~30	14~28	2.31~2.34	1.60~1.67	
	致密	95.3				23~27	21~25	2.31~2.34	1.67~1.76	
宝钢一期		95.8	1690	1650		21.9	50.9~71.0	2.31~2.32	1.76~1.87	日本供货
武钢 7 号焦炉(第二个 6 m 炉)		95.11	1690~1710	1640~1650	1.223	19.45	61.86	2.32		西小坪厂,1996 年
武钢新 3 号炉		95.06		1672	0	20.9	52.35	2.322	18.3	西小坪厂,2002 年,实物抽检
山东二耐		95.48	1710	1675	+0.09	20~21	46.4~55.4	2.32		
宝钢二期	炉壁	95.82	1710	1680		19	37.6	2.33		洛耐厂,1988 年
	其他	95.46	1710	1680		20	43.8	2.33		出厂检查
马钢焦炉	炉壁	95.34	1710	1680	0.05	21	42	2.33		洛耐厂,1992 年
	平均	95.38	1710	1680	0.09	21	39.7	2.34		

D 硅砖质量与焦炉炉体伸长和炼焦耗热量的影响

以武钢三座 6 m 焦炉为例说明硅砖质量对焦炉炉体伸长、炼焦耗热量的影响,见表 3-1-46。

表 3-1-46 硅砖质量对焦炉炉体伸长、炼焦耗热量的影响

项目	8 号炉		7 号炉	新 3 号炉
	炉壁砖	其他砖		
硅砖原料	结晶硅石	胶结硅石	胶结硅石	胶结硅石
SiO_2 含量/%	94.62	95.63	96.3	95.06
耐火度/℃	1690~1730	1690~1730	1690~1710	
0.2 Pa 荷重软化开始温度/℃	>1650	>1650	1654	1672
显气孔率/%	17~24	19.07	18.78	20.9
常温耐压强度/MPa	20.1~61.1	44.51	61.23	52.35
真密度/g·cm^{-3}	2.34	2.32	2.32	2.31

续表 3-1-46

项　目	8 号炉		7 号炉	新 3 号炉
	炉壁砖	其他砖		
重烧线变化(1450℃ ×2 h)/%	0.15	0.11	0.02	0
线膨胀率(1000℃)/%	1.269	1.267	1.22	1.177
鳞石英含量/%			60 ~80	70 ~80
残存石英含量/%			≤1.1	≤1.1
体积密度/g · cm^{-3}				18.3
烘炉结束炉体伸长量/mm	一线 227.3； 二线 195.8； 三线 154.8		一线 213.6； 二线 190.5； 三线 157.5	一线 209 二线 210.2 三线 149.8
开工后一年炉体伸长量/mm	一线 48.0； 二线 33.5； 三线 14.8		一线 18.7； 二线 28.4； 三线 -1.8	一线 11.2； 二线 7.9； 三线 7.9
开工后一年内 7% 湿煤耗热量/kJ · kg^{-1}	2415		2347	2303

有关专家建议硅砖订货时应注意：

(1) 岩相组成尽可能接近宝钢一期焦炉用的硅砖指标：

鳞石英含量　　75% ~80%
方石英含量　　15% ~20%
残存石英含量　　小于 0.5%

(2) 真密度为 2.32 g/cm^3。

(3) 尺寸公差为 ±1 mm(正负比例各占 50%),外形规整。

(4) 要注意焦炉硅砖的线膨胀率,生产硅砖时,为了使石英转化,配料中加入矿化剂(低熔点物质),硅砖烧成时随温度升高而产生液相,以利于石英向鳞石英的转化,液相出现的早晚多少都影响石英向鳞石英的转化率和硅砖线膨胀率的波动。优质硅砖由于矿化剂控制严格,1300℃硅砖线膨胀率有所下降是正常的。若生产硅砖时为追求某些指标而加入矿化剂控制不严或过量,则 1300℃硅砖线膨胀率就会呈现明显下降的线膨胀曲线,如图 3-1-87 ~ 图 3-1-90 所示。

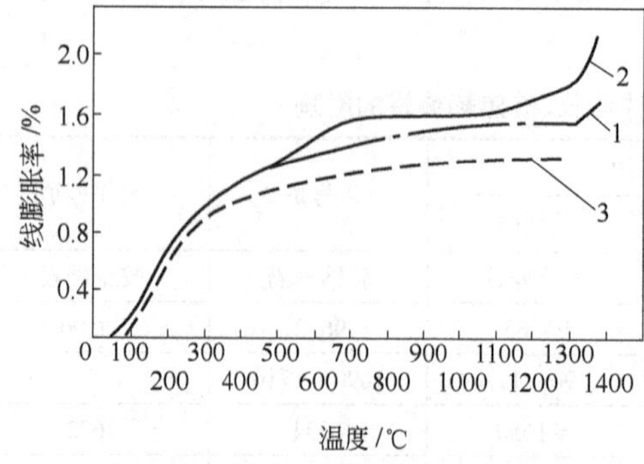

图 3-1-87　山西硅砖线膨胀曲线

1—真密度为 2.34 g/cm^3 硅砖线膨胀曲线；
2—真密度为 2.42 g/cm^3 硅砖线膨胀曲线;3—真密度为 2.32 g/cm^3 硅砖线膨胀曲线(焦化公司新 3 号焦炉)

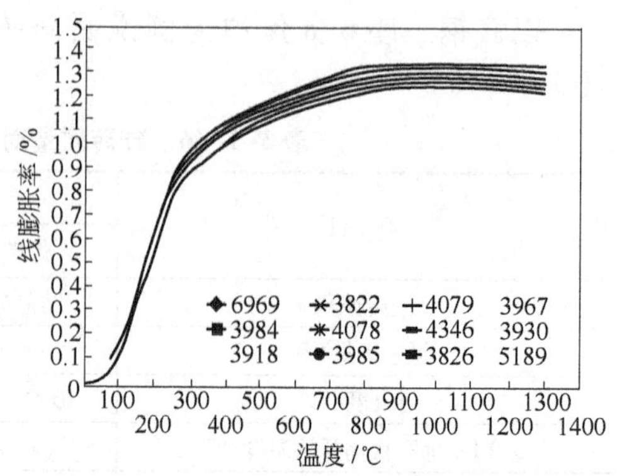

图 3-1-88　洛耐硅砖

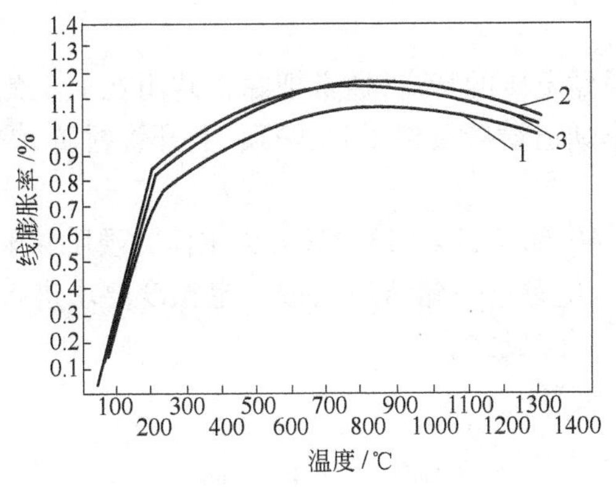

图 3-1-89　9 号焦炉线膨胀曲线

1—蓄热室硅砖；2—斜道硅砖；3—燃烧室、炉顶硅砖

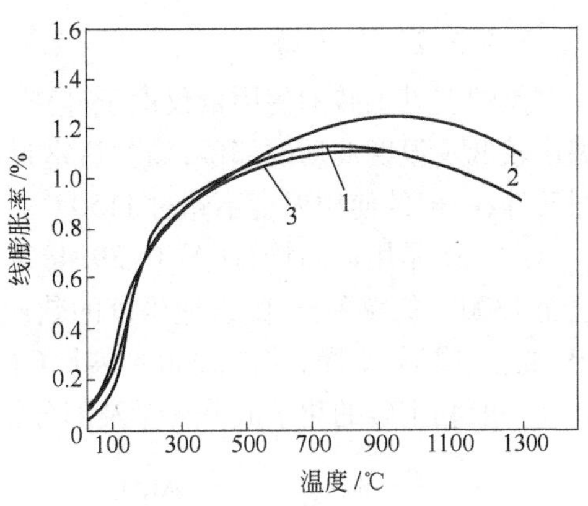

图 3-1-90　10 号焦炉线膨胀曲线

1—蓄热室硅砖；2—斜道硅砖；3—燃烧室硅砖

焦炉硅砖线膨胀率最大值一般出现在 1000℃左右。在 700～900℃之间出现最大线膨胀率且在 1300℃左右出现负膨胀“蠕变”是非正常状态。

（5）硅砖的原料——硅石的分类与特性见表 3-1-47，最好选用易鳞石英化的硅石，如五台山胶结硅石。这种硅石特点是作为矿化剂的氧化铁均匀地分布在硅石中，形成所谓“赤白硅石”，在烧成过程中易于鳞石英化，这种硅石可与著名的德国芬德林硅石相媲美。

表 3-1-47　制砖硅石的分类与特性

工艺分类	结晶硅石				胶结硅石			
岩石分类	脉石英	重晶质石英岩	变质石英岩	石英砂	赤白硅石（复合硅石）	燧石质硅石	玉髓质硅石	砂岩
外观	白色透明	灰白、浅灰色	灰白、黄褐色、青灰色	大多为黄褐色	赤白、青白色	赤、青、黄白色	黄褐色	淡灰、淡褐色
组织	分浆沉淀，显晶质石英，晶粒很大	通常由砂岩质硅岩变质，石英粒再结晶而成，晶粒较小	石英岩的石英晶粒受地壳压力而产生扭曲	晶粒较大	以玉髓为基质，其中含有脉石英晶粒	通常由海底堆积液、硅质胶体变质而成，为非晶质、隐晶质或微晶质石英	由隐晶质玉髓组成	以胶结石英为基质的砂岩
夹杂物	质地纯净，有的夹杂有红色或黄褐色水锈	质纯，有的含有黏土、云母等杂质	含杂质较多，钙皮较多，黏附在原料表面	纯度不定	质地较纯、有的含有氧化铁、石灰石、绿泥石	多含有氧化铁，不良质的多含有绿泥石	含杂质较多	品位大都较差，含黏土多
转化性能	难转化	中速转化	易转化		易转化	易转化		不易转化
抗渣性	优	良	尚良	较差	良	不良	尚良	尚良
制造硅质砖的适应性	制造中废品率高	可制各种硅砖	可制一般硅砖	大多用作捣打料	可制造各等硅砖，特别适于做复杂型焦炉砖	适于制造较低湿度用的硅砖	制造一般硅砖	制造一般硅砖
原料实例	吉林江密峰	辽宁石门、河南铁门	内蒙都拉哈拉硅石	广东珠海	山西五台		武汉葛店	山东、广西、四川、江西

（6）硅砖的烧成工艺，多年的经验证明焦炉硅砖采用倒焰炉烧成为好，它便于控制保温时间，可使结晶转化完全。

3.1.5.2　黏土砖

焦炉上黏土砖的使用量仅次于硅砖。根据黏土砖的特点,通常把黏土砖用在大型焦炉温度较低及温度波动的部位,如蓄热室封墙、小烟道衬砖及格子砖、炉顶、上升管衬砖、炉门衬砖等,一般的使用温度不超过1150℃。

黏土砖是用以高岭石(Al_2O_3 39.48%,SiO_2 46.60%,H_2O 13.92%)为主体的硬质黏土煅烧至1300℃的熟黏土,配以适当量的软质黏土(生黏土—黏结剂),按一定粒度要求进行粉碎、混合、成形、干燥,并在1300～1400℃的温度下烧成的。

一般黏土砖的化学成分含量及部分物理性质为:

SiO_2	Al_2O_3	Fe_2O_3	CaO	MgO
50%～65%	35%～46%	1.5%～2%	0.2%～0.4%	0.2%～0.3%

真密度/$g \cdot cm^{-3}$	体积密度/$g \cdot cm^{-3}$	线膨胀系数(200～1000℃)
2.54～2.62	2.1～2.2	4.5×10^{-6}～6×10^{-6}

A　黏土砖基本特性

(1) 黏土砖的耐火度为1690～1730℃,与硅砖的耐火度差不多。其荷重软化温度比耐火度低得多(约低300℃左右),软化开始点与终了变形点相差比较大,约150～300℃。所以黏土砖不能用于温度较高的区域。黏土砖耐火度与荷重软化温度相差大的原因是:黏土砖体中有大批无晶形物质存在,它们的蠕动范围较大,在尚未达到荷重软化温度前就发生形变。

(2) 黏土砖的热导率随温度的升高而增大,它的热导率一般比硅砖小15%～20%,故用黏土砖砌筑的焦炉,加热速度较慢,限制了产量的提高。

(3) 黏土砖从常温升至1100℃时,体积随温度升高而均匀膨胀,膨胀曲线近似一条直线,它在0～1000℃的范围内的总膨胀量较硅砖约小50%,故热稳定性较好(为10～20次),约为硅砖的10倍,因此,黏土砖焦炉烘炉期较短。

(4) 黏土砖继续加热超过1200℃时,其中低熔点物质逐渐熔化,变形的莫来石熔解后再结晶为有规则的莫来石。黏土砖由于颗粒受表面张力的作用而互相靠得紧,从而产生体积收缩,称为残余收缩,这是黏土砖的一个严重缺点,它会导致砌体产生裂纹或把灰缝拉开,发生窜漏。焦炉用黏土砖的残余收缩值一般小于0.5%。

(5) 黏土砖是弱酸性耐火制品,能抵抗酸性渣蚀,对碱性渣蚀和焦炉煤气侵蚀(甲烷与CO侵蚀黏土砖)的抵抗力较差。

焦炉用黏土砖现行标准为YB/T 5106—1993中N－4牌号,详见附录2。

正在修改、审批中的焦炉用黏土砖和半硅砖标准见表3-1-48～表3-1-50。

表3-1-48　焦炉用黏土砖及半硅砖理化指标

项　　目	规　定　值	
	JNZ－35	BGZ－65
SiO_2 含量/%		≥65
Al_2O_3 含量/%	32～42	
K_2O+Na_2O 含量/%	≤1.0	≤0.8

续表 3-1-48

项目	规定值	
	JNZ-35	BGZ-65
显气孔率/%	≤24	≤24
常温耐压强度/MPa	≥25	≥25
0.2 MPa 荷重软化温度($T_{0.6}$)/℃	≥1350	≥1350
加热永久性线变化(1350℃×2 h)/%	+0.2,-0.4	+0.2,-0.2
耐火度/℃	≥1680	≥1680

表 3-1-49 砖的尺寸允许偏差及外观

项目		规定值
尺寸允许偏差/mm	尺寸≤150	+1,-2
	尺寸 151~300	±2
	尺寸>300	±1%
扭曲/mm	长度≤300	≤1.0
	长度>300	≤2.0
缺角长度($a+b+c$)/mm		≤40
缺棱长度($e+f+g$)/mm		≤60
裂纹长度/mm	宽度≤0.10	不限制
	宽度 0.11~0.25	≤70
	宽度>0.26~0.50	≤40
	宽度>0.50	不准有
相对边差厚度/mm		≤1
缺棱、缺角个数		≤3

表 3-1-50 砖的熔洞和铁斑点

砖面	熔洞			铁斑点	
	直径/mm	深度/mm	每 100 cm² 砖面上①允许的熔洞数	直径/mm	每 100 cm² 砖面上①允许数
接触煤和煤气的面	>3~5 >5~8	≤3	3 1	>5~10	3
其他面	>5~7 >7~10		3 1	>5~15	3

① 折合成正方形后的面积。

B 近 20 年来焦炉用黏土砖使用情况

近 20 年来焦炉蓄热室黏土质格子砖出现了严重膨胀变形、粘连、孔洞堵塞等现象,影响焦炉生产,引起了焦炉工作者对此问题的高度重视。

焦炉用黏土砖在使用过程中被腐蚀的实例:1978~1985 年期间,武钢焦化厂 5 座 65 孔焦炉大修改造中都可看到蓄热室顶部 3~4 层格子砖出现膨胀变形、粘连、孔洞堵塞等现象,此种情况集中在 7 号、9 号、10 号、20 号、21 号、22 号立火道处,也是在生产操作中掉入煤灰最多的地方，可能是掉入的煤灰经斜道落到格子砖顶面造成的熔渣腐蚀；焦炉使用高炉煤气加热10年左右，蓄热室阻力逐年增加，经扒开检查，发现顶上3～4层格子砖孔壁有膨胀变形扭曲，严重的格子砖孔堵塞并有黏结。这些现象在武钢、鞍钢、马钢均有发现。

这种腐蚀的原因可能是多方面的，如黏土砖中杂质过多，杂质成分中 R_2O 的危害最大，见表3-1-51。

表3-1-51　$Al_2O_3-SiO_2$ 系统杂质氧化物的影响

氧化物	固相线温度/℃	温度/℃	含1%杂质时的液相量/%
K_2O	985	935	10.5
		1000	10.6
		1100	11.7
		1200	13.3
		1300	17.5
		1400	23.3
		1500	43.5
FeO	1073	1210	3.1
		1300	3.6
		1400	4.3
		1500	9.5
Na_2O	782	1050	13.0
		1100	13.9
		1200	17.2
		1300	23.9
		1400	33.3
		1500	55.6
CaO	1170	1345	10.2
		1400	13.2
		1500	31.2
Fe_2O_3	1150	1380	2.4
		1400	2.7
		1500	5.9
MgO	1350	1440	10.6
		1500	27.8
TiO_2	1490	1490	8.1
		1500	9.1

即使其数量很低（<1%），也能使制品在1000℃左右生成共熔液相，明显地降低制品的耐火性和高温结构强度。在使用过程中，含碱成分的熔渣或含碱的气体均对硅酸铝质制品有严重的熔蚀作用。从表3-1-51中可以看出，共熔液相生成温度愈低，液相生成量就愈多，且随温度升高，增长速度也愈快，杂质成分的熔剂作用也愈强，因而对制品耐火性能的影响也愈大。焦炉大修改造中看到，与7号、9号、10号、20号、21号、22号立火道相对应的蓄热室顶部3～4层格子砖出现膨胀变形、粘连、孔洞堵塞等现象，这些地方是在生产操作中掉入煤灰最多的地方。可能是煤灰中碱性氧化物在1000℃左右生成共熔液，与煤灰中的 Al_2O_3、SiO_2 生成熔渣，堵塞格子砖的孔洞，这种共熔液也熔蚀格子砖壁，形成共熔物使格子砖壁发生膨胀变形等现象。煤灰的成分基本上与焦炭灰分相同，几个厂的焦炭灰分情况见表3-1-52，从中可以了解煤灰对处于高温下的黏土质格子砖的熔蚀作用和堵塞现象。

表 3-1-52 几个钢厂焦炭的灰分 (%)

钢 厂	SiO_2	Al_2O_3	Fe_2O_3	CaO	MgO	TiO_2	K_2O	Na_2O
德国鲁尔区	51.0	29.4	8.94	2.30	1.97	1.2	3.55	1.11
日本新日铁	52.6	26.7	6.40	4.69	1.87	1.50	1.30	0.83
中国首钢	46.23	33.89	6.26	3.89	1.50	1.55	0.62	0.60
中国鞍钢	51.17	29.95	6.30	3.10	1.58	1.5	1.10	0.42
中国武钢	44.89	33.88	6.38	5.26	1.22	1.70	0.55	0.45
中国包钢	42.93	33.34	5.63	7.04	1.28	1.66	0.59	0.27
中国太钢	47.04	35.80	4.38	4.99	0.84	1.75	0.36	0.33

焦炉使用高炉煤气加热10年左右，蓄热室阻力逐年增加，发现顶上3～4层格子砖孔壁有膨胀变形扭曲，严重的格子砖孔堵塞并有黏结现象等。其原因是：黏土砖是在微正压氧化气氛中烧成，这是为了使砖坯中的有机物烧掉，以及使铁以高价氧化物（Fe_2O_3）存在。若铁以低价氧化物（FeO）存在，在低温下就会出现黏度较低的熔融液，易引起黏土砖制品在烧成时扭曲变形，降低其耐火度。高炉煤气中CO含量大约为28%左右，是强还原剂。格子砖表层中的Fe_2O_3在强还原剂的作用下，被还原成FeO：

$$Fe_2O_3 + CO \longrightarrow 2FeO + CO_2$$

同时伴随着体积变化和在低温下（>1073℃）出现黏度较低、数量较多的熔融液，见表3-1-51。由于在蓄热室中还原气氛和氧化气氛是交替进行着，所以，Fe_2O_3的还原作用进行得较慢，不像在黏土砖焦炉的炭化室中那么快。同时，也存在高炉煤气中灰尘和煤灰熔渣的熔蚀。

黏土格子砖在焦炉生产过程中受到煤渣和高炉煤气中CO、粉尘等腐蚀。许多专家认为，造成这些弊病是由于我国现行黏土砖质量标准中缺少化学成分的规定，如GB 4415—1984和YB/T 5106—1993。应该制定焦炉用黏土砖技术标准，规定Al_2O_3和（$K_2O + Na_2O$）的控制含量。要提高黏土砖的质量，首先要从原料开始抓起。武钢、鞍钢、马钢出问题格子砖的化学成分组成表明（见表3-1-53），格子砖的材质不是黏土砖，而是三等高铝砖，而且杂质含量很高。

表 3-1-53 几个厂新旧格子砖化学成分对比 (%)

厂家	砖样	Al_2O_3	Fe_2O_3	MgO	CaO	TiO_2	Na_2O	K_2O	备 注
武钢	1号	52～57	2.45	0.41	1.71	2.95	0.285	1.71	蓄热室扒出旧砖
	2号		1.56	0.05	0.91	3.25	0.231	1.271	
	3号		1.52	0.20	0.71	3.07	0.155	0.67	未用过新砖
鞍钢	1号	52	2.47	1.08	1.22		0.225	1.82	蓄热室扒出旧砖
马钢	旧砖	64～68	2.24～2.62		0.63～0.98		0.11～0.18	1.36～1.88	蓄热室扒出旧砖
	新砖	64～50	2.44		0.78		0.17	1.64	未用过新砖
宝钢一期焦炉		27.8～36.88	2.26	0.225	0.23	1.05	0.23	1.0	日本供砖

根据国内现有的制造业的能力，完全有可能制造出优质格子砖，武钢新3号炉和兖州7.63 m焦炉用的黏土质格子砖就是最好的例子，见表3-1-54和表3-1-55。

表 3-1-54 新 3 号焦炉黏土质砖订货质量指标与实物质量指标对比

品 种	指 标		Al_2O_3 含量/%	Fe_2O_3 含量/%	MgO、CaO、Na_2O、K_2O 含量之和/%	耐火度/℃	0.2 MPa 荷重开始温度/℃
黏土质砖	订货指标		≤42		≤3	1710~1730	
	实物指标	河南济源	40.65		MgO:0.34;CaO:0.88;Na_2O:0.17;K_2O:0.87	1710	1302
		山东二耐	40.71		MgO:0.05;CaO:0.48;Na_2O:0.11;K_2O:0.40		
黏土质花格砖	订货指标		30~35	≤2.5	≤1.8	≥1690	
	实物指标	河南济源	31.8	1.81	MgO:0.5;CaO:0.54;Na_2O:0.12;K_2O:0.29	1690	
		山东二耐	35	2.04	MgO:0.06;CaO:0.63;Na_2O:0.14;K_2O:0.45	1730	

注:黏土质花格砖 MgO、CaO 各不大于 0.4%,Na_2O、K_2O 各不大于 0.5% 也为合格。

表 3-1-55 兖州 7.63 m 焦炉用黏土砖与半硅砖订货与实物质量指标

项 目		7.63 m 焦炉德国黏土砖标准		7.63 m 焦炉黏土砖实物指标		7.63 m 焦炉德国半硅砖标准		7.63 m 焦炉半硅砖实物指标		
		KA40	AW	KA40	AW	E70	E65	E70	E65	
化学组分	Al_2O_3/%	≥40	30~36	40.52	35.46					
	SiO_2/%					≥70	≥65	70.1	66.25	66.90
	Fe_2O_3/%	≤2.0	≤2.5	2.54	1.18					
显气孔率/%		≤24	≤22	21.8	23.7	≤23	≤22	20.7	16.7	14.9
常温耐压强度(KDF)/MPa		≥30	≥20	45	25	≥25	≥35	23	37	51
荷重软化点(DFB)开始温度/℃		≥1400	≥1350	1363	1354	≥1350	≥1320	1396	1313	1322
耐火度/℃		≥1720	≥1640	1790	1670	≥1580		1610	1580	
体积密度/$t\cdot m^{-3}$		≥2.00	≥2.00	2.13	2.01	≥2.0	≥2.0	2.09	2.13	2.18
重烧线变化(1300℃×4 h)/%			≤0.4		+0.1 -0.1 +0.1					

3.1.5.3 高铝砖

高铝砖是 Al_2O_3 含量在 48% 以上的耐火制品,用高铝矾土作原料,成形并干燥后在 1500℃烧成。其耐火度和荷重软化温度均高于黏土砖。它的抗渣及耐磨性较好,线膨胀曲线近似一条直线。在相同温度下,膨胀率比黏土砖大。它的体积密度为 2.3~2.75 t/m^3,这种砖抗热震性好于硅砖,热导率高于黏土砖和硅砖,耐腐蚀性优于黏土砖,常用于焦炉炉头部分。焦炉上用高铝砖的理化指标:牌号为 LZ-48,Al_2O_3 含量不小于 48%,耐火度为不低于 1750℃,荷重软化温度 1420℃,显气孔率不大于 22%,常温耐压强度不小于 39.2 MPa。

3.1.5.4 半硅砖

凡 Al_2O_3 含量小于 30%、SiO_2 含量大于 65% 的耐火制品称为半硅砖。它是用石英砂(或石英杂质)和高岭土(或黏土)按一定粒度组成,经混合、成形、干燥后烧成。由于其中含石英较多,性质介于黏土砖和硅砖之间,它的残余膨胀、抗煤气侵蚀、酸性渣蚀及荷重软化温度均比黏土砖高。目前国内焦炉上用得少,国外大容积焦炉常将半硅砖用于蓄热室低温区和蓄热室格子砖等。

目前我国尚无国标，现介绍德国和英国的焦炉用半硅砖性能，见表3-1-56和表3-1-57。德国将半硅砖分为E70和E65两种。

表3-1-56 德国半硅砖的性能（焦炉用石英黏土砖E70、E65）

<table>
<tr><td colspan="3" rowspan="4">性 能</td><td colspan="2">E70</td><td colspan="2">E65</td></tr>
<tr><td>E70-1</td><td>E70-2</td><td>E65-1</td><td>E65-2</td></tr>
<tr><td colspan="4">典型砌筑部位</td></tr>
<tr><td colspan="4">炉顶、小烟道、蓄热室</td></tr>
<tr><td>SiO_2</td><td>%</td><td>μG
σ</td><td colspan="2">≥70
1.5</td><td colspan="2">≥65
1.5</td></tr>
<tr><td>开口气孔率(PO)</td><td>%</td><td>μG
σ</td><td>≤23
1.5</td><td>≤21
1.5</td><td>≤25
1.5</td><td>≤22
1.5</td></tr>
<tr><td>常温耐压强度(KDF)</td><td>N/min</td><td>μG
σ
x_{min}</td><td>≥25
10
15</td><td>≥40
20
20</td><td>≥20
10
15</td><td>≥35
15
20</td></tr>
<tr><td>荷重软化点(DFB)开始温度</td><td>℃</td><td>μG
σ</td><td colspan="2">≥1350
50</td><td>≥1350
20</td><td>≥1320③
20</td></tr>
<tr><td>荷重软化点DE(示差法)T0.5</td><td>℃</td><td>μG
σ</td><td colspan="4">根据制造厂所提指标进行协商</td></tr>
<tr><td>耐火度①</td><td>SK</td><td>μG
σ</td><td colspan="2">≥158(26)④
2(1)④</td><td colspan="2">—</td></tr>
<tr><td rowspan="2">蠕变强度(DFL)②</td><td>Z5-25
%</td><td>μG
σ</td><td colspan="4">≤0.1
0.03</td></tr>
<tr><td>Z25</td><td>μG
σ</td><td colspan="4">≤0.25
0.1</td></tr>
<tr><td>溶酸性(SL)⑤</td><td>%</td><td>μG
σ</td><td colspan="4">≤5
1</td></tr>
<tr><td>热震稳定(TWB)</td><td>急变次数</td><td>x_{min}</td><td colspan="4">根据制造厂数据协商</td></tr>
</table>

注：%为质量分数，开口气孔率以体积分数（%）示出，负荷下的膨胀和蠕变以相对长度变化的绝对值给出。

① 只在用于格子砖时，代替常温耐压强度（KDF）检验；

② 负荷和温度的检验条件视应用情况而规定，升温速度为1 K/min；

③ 用于次要砌体范围时≥1250℃；

④ 根据ISO 1146—1988；

⑤ 对用于焦炉小烟道μG≤2.5%。

表3-1-57 英国焦炉用半硅砖性能

项 目	英 国		项 目	英 国	
SiO_2 含量/%	80.28	79.4	碱性物	0.58	
Al_2O_3 含量/%	13.46	16.4	耐火度/℃	1650	1670
TiO_2 含量/%	0.71	0.64	气孔率/%	28.11	29.5
Fe_2O_3 含量/%	3.43	2.3	体积密度/$g \cdot cm^{-3}$	1.88	1.84
CaO 含量/%	0.80	0.7	荷重软化点(缩4%)/℃	1350~1480	1410~1460
MgO 含量/%	0.76	0.58			

3.1.5.5　缸砖

缸砖用熔点较低的黏土制作，其表面熔融光滑、密度大、机械强度和耐磨度高、防水性好、耐酸性强。通常缸砖含 SiO_2 62%、Al_2O_3 23%、Fe_2O_3 6%，耐火度不低于1580℃，常温耐压强度不小于55 MPa，显气孔率11.5%～14%，吸水率4%～6%，体积密度2.2～2.3 g/cm^3，耐酸度98%。

缸砖通常用于焦炉炉顶表面，也用于熄焦塔内衬和焦台顶面。

炼焦用缸砖目前我国无国标，只有企业标准，如Q/320282PGG002—2005（宜兴市龙峰耐火材料有限公司企业标准）等。该标准的理化指标见表3-1-58。缸砖尺寸允许偏差见表3-1-59。

表3-1-58　缸砖的理化指标

项　目	指　标	
	标　型	异　型
SiO_2 含量/%	≤70	≤70
Al_2O_3 含量/%	≥20	≥20
Fe_2O_3 含量/%	≤7	≤7
常温耐压强度/MPa	≥62	≥60
显气孔率/%	≤15	≤15
体积密度/g·cm^{-3}	2.3	2.2
吸水率/%	6.5	7

表3-1-59　缸砖尺寸允许偏差　（mm）

项　目		指　标
尺寸允许偏差	尺寸≤100	±2
	尺寸101～150	±1 -3
	尺寸151～300	+2 -4
	尺寸301～400	+3 -4
扭　曲	长度≤230	≤2
	长度231～300	≤2.5
	长度300～400	≤3
缺棱缺角	深　度	≤7
熔　洞	直　径	≤7
裂纹长度	宽度≤0.25	不限制
	宽度0.26～0.50	≤80
	宽度0.51～1.00	≤40
	宽度>1	不准有

3.1.5.6 堇青石—莫来石炉门衬砖

堇青石—莫来石炉门衬砖的最大优势是：石墨和焦油不易黏着衬砖表面和渗透入内部，有人做过试验，将试片加热并维持在1000~1200℃，浸入焦油中做焦油渗透试验，其结果如图3-1-91所示，焦油几乎渗不进去，这对预防石墨黏附是有效的。

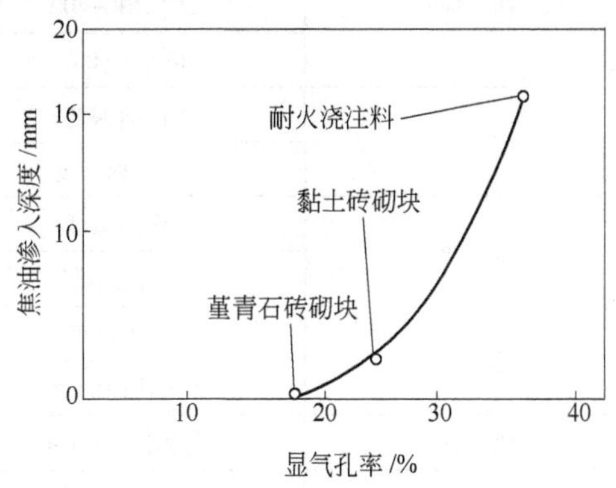

图3-1-91 焦油渗透试验

焦炉用堇青石—莫来石炉门衬砖是用人工合成的堇青石作为结合剂、莫来石作骨料的生产工艺制作。堇青石的化学组成为：MgO 13.7%，Al_2O_3 34.9%，SiO_2 51.4%。人工合成堇青石的原料为：工业氧化铝、黏土、高岭土、滑石、铝矾土、焦宝石等。堇青石具有线膨胀系数较小，热稳定性好和耐高温等特点，莫来石可提高制品荷重软化温度和高温机械强度。原料配比可根据焦炉炉门衬砖的要求而决定，如果抗热震性要求高些，则配方比例应有利于堇青石晶相的生成；如果要求高温强度性能好些，则配方比例应有利于莫来石晶相的生成。通过调整原料比例使堇青石和莫来石晶相所占比例合适，从而可获得不同性能的制品。

堇青石—莫来石炉门衬砖目前我国无国标，只有企业标准，如Q/320282PGG001—2005（宜兴市龙峰耐火材料有限公司企业标准）等。其理化指标及尺寸允许公差见表3-1-60和表3-1-61。

表3-1-60 堇青石—莫来石炉门衬砖的理化指标

项 目		指 标		
		MA-50	MA-45	MA-40
Al_2O_3 含量/%		≥50	≥45	≥40
MgO 含量/%		≥2	≥2.5	≥3
耐火度/℃		≥1650	≥1610	≥1580
重烧线变化/%	1400℃×2 h	≤0.7		
	1350℃×2 h		≤0.7	
	1300℃×2 h			≤0.7
显气孔率/%		≤28		
常温耐压强度/MPa		≥25		
0.20 MPa 荷重软化开始温度/℃		≥1400	≥1350	≥1300
热震稳定性（1100℃，水冷）/次		≥20	≥25	≥30

表3-1-61 堇青石—莫来石炉门衬砖尺寸允许公差 （mm）

项 目		指 标	
		一级	二级
尺寸允许偏差	尺寸≤100	±1.5	±2.5
	尺寸101~400	±2	±2.5
	尺寸>400	由双方协商确定	

续表 3-1-61

项目		指标	
		一级	二级
扭曲	长度≤250	≤1.5	≤2.5
	长度 251 ~ 400	≤2	≤3
	长度 >400	由双方协商确定	
缺棱	工作面深度	≤5	≤7
	非工作面深度	≤8	≤10
缺角	工作面深度	≤5	≤8
	非工作面深度	≤8	≤12
熔洞	工作面深度	≤5	≤8
	非工作面深度	≤8	≤12
渣蚀	厚度小于 1 mm	制品一个面上允许有	制品两个面上允许有
裂纹长度	宽度≤0.25	不限制	不限制
	宽度 0.26 ~ 0.50	25	80
	宽度 0.50 ~ 1.00	不允许	40
	宽度 >1.00	不允许	不允许

注:特殊规格的衬砖按供需双方协议执行。

衬砖的断面层裂应符合下列规定:

(1) 宽度 <0.25 mm,长度不限制;

(2) 宽度 0.26 ~ 0.5 mm,长度一级品小于 15 mm,二级品小于 80 mm;

(3) 宽度 0.51 ~ 1.00 mm,长度一级品不允许,二级品小于 30 mm,但不得多于 3 条。

单重大于 15 kg 和小于 1.5 kg 或难于机械成形的衬砖,其要求由供需双方协商确定。

3.1.5.7　焦炉用隔热保温材料

A　隔热保温材料的分类

隔热材料的分类方法很多,一般可按使用温度、体积密度和制造方法分类。使用最多是按使用温度及体积密度分类。

按使用温度分为三种:

(1) 低温隔热材料。使用温度低于 900℃,如硅藻土、石棉、水渣、矿棉、蛭石、珠珠岩等。

(2) 中温隔热材料。使用温度为 900 ~ 1200℃,如硅藻土砖、轻质黏土砖等。

(3) 高温隔热材料。使用温度高于 1200℃,如高铝质轻质隔热砖、漂珠砖、轻质硅砖等。

B　焦炉常用的隔热保温材料

常见的隔热保温材料及其使用温度范围如图 3-1-92 所示。

a　硅藻土质隔热制品

硅藻土是一种生物成因的硅质沉积岩,主要由古代硅藻遗体组成,其化学成分主要是 SiO_2,还含有少量的 Al_2O_3、Fe_2O_3、CaO、MgO、K_2O、Na_2O、P_2O_5 和有机质。SiO_2 通常占 80% 以上,最高可达 94%。优质硅藻土的 Fe_2O_3 含量一般为 1% ~ 1.5%,Al_2O_3 含量为 3% ~ 6%。

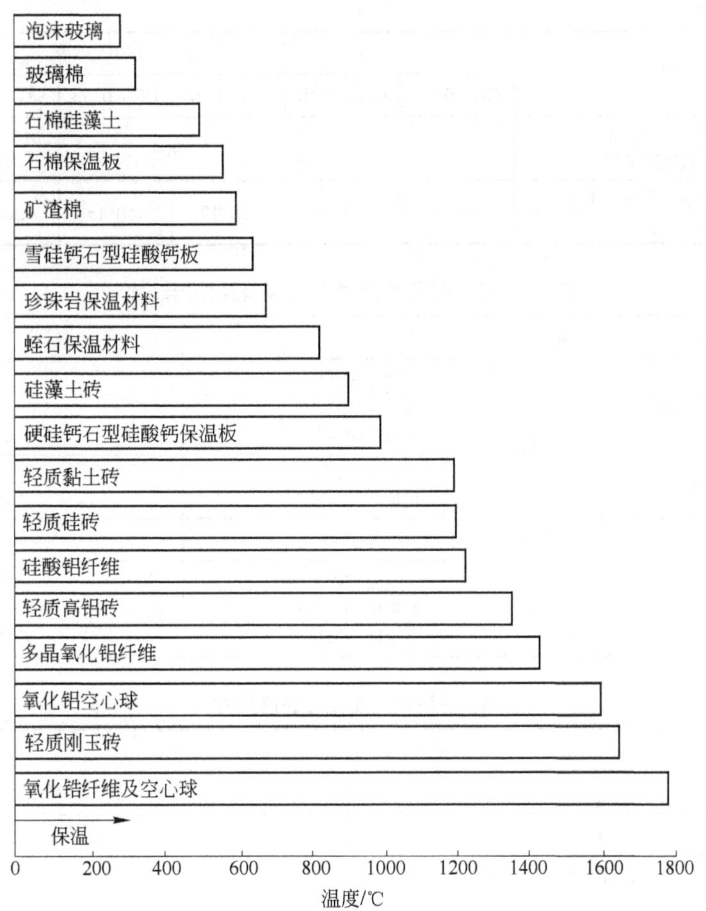

图 3-1-92 各种隔热保温材料的使用温度范围

硅藻土的矿物成分主要是蛋白石及其变种，其次是黏土矿物——水云母、高岭石和矿物碎屑。矿物碎屑有石英、长石、黑云母及有机质等。有机物含量从微量到30%以上。

硅藻土的颜色为白色、灰白色、灰色和浅灰褐色等，有细腻、松散、质轻、多孔、吸水性和渗透性强的物性。

硅藻土中的硅藻有许多不同的形状，如圆盘状、针状、筒状、羽状等。松散密度为0.3～0.5 g/cm^3，莫氏硬度为1～1.5（硅藻骨骼微粒为4.5～5 μm），孔隙率达80%～90%，能吸收其本身重量1.5～4倍的水，是热、电、声的不良导体，熔点为1650～1750℃，化学稳定性高，除溶于氢氟酸以外，不溶于任何强酸，但能溶于强碱溶液中。

硅藻土隔热制品技术要求及制品尺寸允许公差见表3-1-62～表3-1-64。

表 3-1-62 硅藻土隔热制品技术要求（GB3996—83）

项目	指标					
	GG－0.7a	GG－0.7b	GG－0.6	GG－0.5a	GG－0.5b	GG－0.4
体积密度/g·cm^{-3}	≤0.7	≤0.7	≤0.6	≤0.5	≤0.5	≤0.4
常温耐压强度/MPa	≥2.5	≥1.2	≥0.8	≥0.8	≥0.6	≥0.8

续表 3-1-62

项　目	指　标					
	GG-0.7a	GG-0.7b	GG-0.6	GG-0.5a	GG-0.5b	GG-0.4
重烧线变化不大于 2% 保温 8 h 的试验温度/℃	900					
热导率(平均温度 300±10℃) /W·(m·K)$^{-1}$	≤0.2	≤0.21	≤0.17	≤0.15	≤0.16	≤0.13

表 3-1-63　制品的尺寸允许偏差及外形缺陷　　(mm)

项　目		指　标
尺寸允许偏差	尺寸≤100 尺寸 101~200 尺寸 210~300	±2 ±3 ±4
扭　曲	长度≤250 长度 251~300	≤2 ≤3
孔洞直径		≤10
裂纹长度	宽度≤0.5 宽度 0.51~1.0 宽度>1.0	不限制 ≤40 不准有

表 3-1-64　缺角、缺棱尺寸　　(mm)

允许尺寸($a+b+c$)①	
缺　角	缺　棱
≤60	≤70

① a、b、c 分别表示缺角、缺棱的三个尺寸。

主要技术指标见表 3-1-65~表 3-1-68。

表 3-1-65　硅藻土保温砖主要技术指标(A 系列:使用温度 900℃)

牌　号		体积密度 /g·cm^{-3}	常温耐压强度 /MPa	热导率(300℃±10℃) /W·(m·K)$^{-1}$	重烧线变化 (900℃×8 h)/%
国　标	企　标				
GG-0.4		≤0.4	≥0.8	≤0.13	≤2
GG-0.5a		≤0.5	≥0.8	≤0.15	≤2
GG-0.5b		≤0.5	≥0.6	≤0.16	≤2
	SG-5A	≤0.5	≥1.2	≤0.13	≤2
GG-0.6		≤0.6	≥0.8	≤0.17	≤2
	SG-6A	≤0.6	≥1.5	≤0.15	≤2
GG-0.7a		≤0.7	≥2.5	≤0.20	≤2
GG-0.7b		≤0.7	≥1.2	≤0.21	≤2
	SG-7A	≤0.7	≥2.5	≤0.18	≤2
	SG-8A	≤0.8	≥5.0	≤0.26	≤2
	SG-10A	≤1.0	≥8.0	≤0.30	≤2
制造商	嵊州市天成硅藻土保温有限公司				

表3-1-66 硅藻土保温砖主要技术指标(B系列:使用温度1000℃)

牌 号	体积密度/g·cm^{-3}	常温耐压强度/MPa	热导率(300℃±10℃)/W·(m·K)$^{-1}$	重烧线变化(1000℃×8 h)/%
SG-7B	≤0.7	≥2.5	≤0.18	≤2
SG-8B	≤0.8	≥4.5	≤0.23	≤2
SG-9B	≤0.9	≥6.0	≤0.27	≤2
SG-10B	≤1.0	≥8.0	≤0.31	≤2
制造商	嵊州市天成硅藻土保温有限公司			

注:1. 表3-1-65和表3-1-66中产品执行标准GB 3996—83和Q/SK01-91;

2. 规格:标型230 mm×114 mm×65 mm,其他普型、异型、特异型规格可按用户要求承制;

3. 应用范围:适用于冶金、化工、电力、水泥、陶瓷、玻璃等行业的隔热层砌体,例如窑炉、预热器、烘箱等高温部位隔热。

表3-1-67 硅藻土轻质高强度隔热砖主要技术指标(SG系列)

型 号	SG-4	SG-5	SG-6	SG-7	SG-8
体积密度/g·cm^{-3}	<0.4	<0.5	<0.6	<0.7	<0.8
热导率(350℃±10℃)/W·(m·K)$^{-1}$	<0.10	<0.13	<0.15	<0.18	<0.26
常温抗压强度/MPa	≥0.8	≥1.2	≥1.5	≥2.5	≥5
重烧线变化(900℃×8 h)/%	<2	<2	<2	<2	<1.5
制 造 商	嵊州市天成硅藻土保温有限公司				

表3-1-68 硅藻土轻质高强度隔热砖主要技术指标(SA系列)

型 号	SA-3	SA-4	SA-5	SA-6	SA-7	SA-8	SA-1.0
体积密度/g·cm^{-3}	<0.3	<0.4	<0.5	<0.6	<0.7	<0.8	<1.0
热导率(350±10℃)/W·(m·K)$^{-1}$	<0.07	<0.10	<0.13	<0.15	<0.18	<0.22	<0.27
常温抗压强度/MPa	≥1.2	≥1.8	≥2.2	≥2.5	≥4.5	≥6	≥8.7
重烧线变化(900℃×8 h)/%	<2	<2	<2	<2	<2	<1.5	<1.5

注:表3-1-67和表3-1-68中产品经国家建材局耐火材料产品质量监督检验中心检测,其质量符合产品企业标准(Q/SK 01—91)的要求,使用质量优良,反映良好。

b 黏土质隔热耐火砖和高铝质隔热耐火砖

这两种砖结构都均匀,闭口气孔多,隔热性能好,热导率低,强度高。在使用中能保持炉温均衡,可减少散热损失,适用于各种工业窑炉及热工设备上的隔热层、保温层。主要技术指标详见表3-1-69。

表3-1-69 黏土质隔热耐火砖(GB 3995—83)、高铝质隔热耐火砖(GB 3994—83)主要技术指标

牌 号		高 铝 砖					黏 土 砖				
		LG-1.0	LG-0.9	LG-0.8	LG-0.7	LG-0.6	NG-1.3	NG-1.0	NG-0.8	NG-0.7	NG-0.6
化学成分/%	Al_2O_3	≥48					≥33				
	Fe_2O_3	≤2					≤2				
体积密度/g·cm^{-3}		1.0	0.9	0.8	0.7	0.6	1.3	1.0	0.8	0.7	0.6
耐压强度/MPa		≥4.0	≥3.5	≥3.0	≥2.5	≥2.0	≥4.5	≥3.0	≥2.5	≥2.0	1.5
重烧线变化≤2%的实验温度/℃		1400	1400	1400	1350	1350	1400	1350	1250	≥1250	1200
热导率(250℃±25℃)/W·(m·K)$^{-1}$		≤0.50	≤0.45	≤0.35	≤0.35	≤0.30	0.55	0.5	0.35	0.35	0.25

c　漂珠砖

精选优质漂珠，辅以高铝原料、耐火黏土、外加剂，经机压成形、高温烧结而成的高强度轻质漂珠隔热耐火砖，分黏土质(PGN)和高铝质(PGL)两大系列。产品具有强度高、体积密度小、耐火度高、热导率小、保温隔热性能好等特点。使用温度在1400℃以下，可广泛应用于各类工业窑炉的隔热层和热工管道的保温层。制品外观规则、表面平整、尺寸精确，可根据用户需要制成异型和特异型产品。主要技术指标见表3-1-70～表3-1-72。

表3-1-70　高强度轻质漂珠隔热耐火砖技术性能

牌　号	PGN系列					PGL系列			
体积密度/g·cm^{-3}	0.4	0.6	0.8	1.0	1.3	0.6	0.8	1.0	1.3
耐压强度/MPa	1.6	3.0	5.0	7.0	9.0	4.0	6.0	8.0	10.0
热导率(350℃±25℃)/W·(m·K)$^{-1}$	0.17	0.21	0.30	0.35	0.40	0.25	0.30	0.35	0.40
重烧线变化不大于2%的试验温度/℃	1150	1200	1250	1350	1400	1350	1400	1400	1450
制造商	江苏省连云港市节能建材厂等								

表3-1-71　PG系列轻质高强漂珠砖

牌　号		PG-0.4	PG-0.5	PG-0.6	PG-0.8	PG-1.0	PG-1.3
工作温度/℃		1250					
重烧线变化(1250℃×2 h)/%		≤1.0			≤1.5		
热导率/W·(m·K)$^{-1}$	350℃±25℃	0.14	0.15	0.18	0.20	0.30	0.39
	750℃±25℃	0.16	0.19	0.24	0.30	0.34	0.46
	1150℃±25℃	0.20	0.25	0.27	0.37	0.39	0.50
体积密度/t·m^{-3}		≤0.4	≤0.5	≤0.6	≤0.8	≤1.0	≤1.3
常温耐压强度/MPa		≥2.5	≥2.8	≥3.4	≥4.0	≥4.8	≥10.5
制造商		江苏省兴化市保温材料有限公司					

表3-1-72　PZ系列漂珠砖和聚轻砖的理化性能

牌　号	漂珠砖			聚轻砖	
	PZ-0.6	PZ-0.8	PZ-1.0	黏土质	高铝质
Al_2O_3含量/%	≥31	≥35	≥42	≥38	≥48
Fe_2O_3含量/%	≤3	≤3	≤3	≤2	≤2
耐火度/℃	≥1630	≥1650	≥1670	≥1730	≥1790
常温耐压强度/MPa	≥4.5	≥6.0	≥8.5	3.5～7.0	4.5～8.0
重烧线变化(1150℃×2 h)/%	0～0.5	0～0.5	0～0.5	0～0.5	0～0.5
9.81 Pa(1 kg/cm^2)荷重软化开始温度/℃	1190	1220	1250	1280	1350
热导率(平均温度350℃±25℃)/W·(m·K)$^{-1}$	≤0.2	≤0.3	≤0.42	0.2～0.5	0.2～0.5
制造商	江苏省海安县、河北省清河县				

d　膨胀珍珠岩绝热制品

珍珠岩是酸性火山岩浆喷出玻璃质熔岩。它是岩浆喷出地表后，由于温度及压力突然下降，岩浆急剧收缩而形成具有珍珠状裂隙结构的玻璃熔岩。

其主要化学成分含量为：SiO_2 68%～75%，Al_2O_3 9.0%～14%，Na_2O 2.5%～5%，K_2O 1.5%～4.5%，CaO 1%～2%，MgO 0.4%～1%，Fe_2O_3 0.9%～4%。

膨胀珍珠岩绝热制品中膨胀珍珠岩为主要成分，掺加不同种类黏结剂而制成的板、管壳等制品，其使用温度为 -50～900℃，制品按密度分为四类：200 kg/m^3、250 kg/m^3、300 kg/m^3、350 kg/m^3。制品制造标准为 GB/T 10303，技术性能见表 3-1-73。

表 3-1-73　膨胀珍珠岩制品技术性能（一）

项　目	200 kg/m^3		250 kg/m^3		300 kg/m^3		350 kg/m^3	
	优等品	合格品	优等品	合格品	优等品	合格品	优等品	合格品
密度/kg·m^{-3}	≤200		≤250		≤300		≤350	
热导率(25℃±5℃)/W·(m·K)$^{-1}$ (kcal·(m·h·℃)$^{-1}$)	≤0.056 (0.048)	≤0.060 (0.052)	≤0.064 (0.055)	≤0.068 (0.058)	≤0.072 (0.062)	≤0.076 (0.065)	≤0.080 (0.069)	≤0.087 (0.075)
抗压强度/kPa (kg·cm^{-2})	≥392 (4)	≥294 (3)	≥490 (5)	≥392 (4)	≥490 (5)	≥392 (4)	≥490 (5)	≥392 (4)
重量含水率/%	≤2	≤5	≤2	≤5	≤3	≤5	≤4	≤6

如以膨胀珍珠岩为骨料，配合适量的胶结剂，如水玻璃、水泥、磷酸盐等，经过搅拌、成形、干燥、焙烧或养护而成的具有一定形状的产品。这种产品的命名一般是以胶结剂为名。其技术性能见表 3-1-74。

表 3-1-74　膨胀珍珠岩制品技术性能（二）

指 标 性 能	水玻璃珍珠岩制品	水泥珍珠岩制品	磷酸盐珍珠岩制品
体积密度/kg·m^{-3}	≤250	≤400	≤220
常温耐压强度/MPa	>0.6	>1.0	>0.7
热导率/W·(m·℃)$^{-1}$	<0.0697	<0.1278	<0.0523+0.000029 t
使用温度/℃	≤650	≤800	≤1000
残余收缩/%	600℃时<0.5	800℃时<0.13	1000℃烘烤 3 h<0.7
配合比(参考值)	珍珠岩 44%，水玻璃 55%，赤泥 1%(制铝废料)	珍珠岩:425 水泥=(8～10):1(体积比)	珍珠岩 100%，磷酸盐 75%，硫酸铝溶液 25%，纸浆废液 20%

e　膨胀蛭石制品

将膨胀蛭石粉为骨料，配合适量的胶结剂如水泥、水玻璃等制成各种形状的制品。常用制品的主要技术性能见表 3-1-75。

表 3-1-75　膨胀蛭石制品主要技术性能

指 标 名 称	水泥蛭石制品	水玻璃蛭石制品	沥青蛭石制品
体积密度/g·cm^{-3}	0.43～0.5	0.4～0.45	0.3～0.4
允许工作温度/℃	<600	<800	70～90
热导率/W·(m·℃)$^{-1}$	0.093～0.139	0.081～0.105	0.081～0.105
抗压强度/kPa	>245	>490	>196
配合比(参考值)	蛭石为 85%～90%，425 号水泥 10%～15%(体积比)	蛭石为 1，水玻璃为 2，氟硅酸钠为水玻璃用量的 13%	

f　无石棉微孔硅酸钙

它是近几年用于焦炉保护板内侧凹面的填充绝热材料。它的原料是硅质原料，一般采用硅藻土或硅石、石灰等，经搅拌、凝胶化、水热合成，通常在0.81～1.52 MPa的饱和蒸汽(174.5～200℃)中进行，保持恒湿8～24 h成形、烘干等制成的性能优良的绝热材料。它是体积密度小，强度高，导热系数小，耐高温，耐腐蚀的白色隔热材料，施工、加工容易，是新型隔热材料，其技术性能见表3-1-76。

表3-1-76　无石棉微孔硅酸钙材料技术性能

项目性能	嵊县保温材料厂 GB 10699—89	莱州市新型隔热厂		日　本 JISA9510—84	美　国 ASTMC533—88
		HCS－22	HCS－22		
体积密度/kg·m^{-3}	≤220	200	220	≤220	≤240
抗折强度/MPa	≥0.30	≥0.4	≥0.4	≥0.3	≥0.316
抗压强度/MPa	≥0.5				≥0.42
热导率/W·(m·K)$^{-1}$	<0.062	<0.05	<0.056	<0.062	<0.095
使用温度/℃	923	1050	850	923	922
线收缩率(982℃×24 h)/%	≤2.0	≤2.0	≤2.0	≤2.0	<2.5

g　复合硅酸盐保温材料(涂料)

FBC、FBT是各自系列复合保温材料之一。这两种复合保温材料的主要原料是天然含铝镁硅酸盐的纤维状矿物，加入一定量的硅酸盐材料填充如膨胀珍珠岩、超细玻璃棉、硅酸铝纤维等，再加入一定量的黏结剂、添加剂经复合加工配制而成。该产品先后于1992年和1993年推广应用。它们的共同点是施工方便，具有较强的黏结力及可塑性，一般情况下不用铁丝网捆扎，可随意造型。分几次涂抹就可达到厚度要求。对人体无刺激，无毒、无污染。对被保温物体不腐蚀，耐酸、耐碱、耐盐、耐油性能好，还能起到隔音作用。焦炉上主要用于废气交换开闭器和蓄热室封墙外表面。

复合保温材料FBC、FBT两种材料技术性能见表3-1-77。

表3-1-77　复合保温材料FBC、FBT两种材料技术性能

检验项目	FBC(标准)	FBT(标准)	检验项目	FBC(标准)	FBT(标准)
浆体密度/kg·m^{-3}	≤1000	≤1000	最低使用温度/℃	－25	－25(2 h)
干密度/kg·m^{-3}	≤250	≤220	憎水度/%	≥98	≥98
pH值	7～8	7～8	耐酸性(24 h无变化)	HCl(NaCl)无变化	30%盐酸浸泡无变化
稠　度		11～12	耐碱性(24 h)	NaOH无变化	40% NaOH浸泡无变化
黏结力/N	≥1000	≥1000	耐油性(24 h)	变压器油无变化	机油浸泡无变化
抗压强度/MPa	>0.3	>0.4	热导率/W·(m·K)$^{-1}$	≤0.14	≤0.12
最高使用温度/℃	400	800(1 h)			

几种保温涂料的技术性能见表3-1-78。

表3-1-78 几种保温涂料的技术性能

项 目	WJ2-900A保温涂料	CFBT—1993保温涂料	海泡石复合保温涂料	复合硅酸盐保温涂料
浆体密度/kg·m^{-3}	700~850	830~926	780~830	
干燥密度/kg·m^{-3}	150~200	≤200	≤250	170~250
热导率/W·(m·K)$^{-1}$	0.041~0.050	<0.11	0.041~0.048	0.053~0.077
安全使用温度/℃	-40~700	-40~800	-20~600	-40~700
抗压强度/MPa	0.47	0.446	0.3675	
黏结力/N	≥1000	≥1000	≥1000	≥1000
pH值	7~8	7~8	7~8	7~8
线干燥收缩率/%	5	15	15	
浆体收缩率/%	10	15~40	35~40	
可燃性	不燃	不燃	不燃	
耐腐蚀性	耐酸、碱	耐酸、碱	耐酸	耐酸、碱

h 硅酸铝纤维绳

常用硅酸铝纤维绳技术性能见表3-1-79。

表3-1-79 硅酸铝纤维绳技术性能(JC/T 222—1994)

<table>
<tr><th colspan="2">扭绳、圆绳、方绳、松绳</th><th colspan="2">硅酸铝纤维扭绳(SN)</th><th colspan="2">硅酸铝纤维圆绳(SY)</th><th colspan="2">硅酸铝纤维方绳(SF)</th><th colspan="2">硅酸铝纤维松绳(SC)</th></tr>
<tr><th>分级代号</th><th>烧失量/%</th><th>直径/mm</th><th>密度/g·cm^{-3}</th><th>直径/mm</th><th>密度/g·cm^{-3}</th><th>边长/mm</th><th>密度/g·cm^{-3}</th><th>直径/mm</th><th>密度/g·cm^{-3}</th></tr>
<tr><td>4A</td><td>≤16</td><td rowspan="6">3.0
5.0
6.0
8.0
10.0
>10.0</td><td rowspan="6">≤10</td><td rowspan="6">6.0,8.0,10.0,
13.0,16.0,19.0,
22.0,25.0,28.0,
32.0,35.0,38.0,
42.0,45.0,50.0</td><td rowspan="6">≤1.0</td><td rowspan="6">4.0,5.0,6.0,
8.0,10.0,13.0,
16.0,19.0,22.0,
25.0,28.0,32.0,
35.0,38.0,42.0,
45.0,50.0</td><td rowspan="6">≥0.8</td><td rowspan="2">13.0,16.0,
19.0</td><td rowspan="2">≤0.55</td></tr>
<tr><td>3A</td><td>16.1~19</td></tr>
<tr><td>2A</td><td>19.1~24</td><td rowspan="2">22.0,25.0,
32.0</td><td rowspan="2">≤0.45</td></tr>
<tr><td>A</td><td>24.1~28</td></tr>
<tr><td>B</td><td>28.1~32</td><td rowspan="2">38.0,45.0,
50.0</td><td rowspan="2">≤0.35</td></tr>
<tr><td>S</td><td>32.1~35</td></tr>
</table>

注:标记示例:直径10 mm,长度1000 mm,A级硅酸铝纤维圆绳标记为:硅酸铝纤维圆绳SY-A10×1000JC/T222—1994。

i 陶瓷纤维布(带、绳、线等)

它是以陶瓷纤维为主要原料,采用玻璃纤维或耐热钢丝作为增强材料,将陶瓷纤维纺成纱线,采用不同的纺织工艺和设备,编织成布、带、绳等陶瓷纤维纺织品。可用于各种工业窑炉及烟道的隔热与密封。其产品技术性能见表3-1-80。

表3-1-80 陶瓷纤维布(带、绳、线等)技术性能

项 目	不锈钢丝增强陶瓷纤维	玻璃长丝增强陶瓷纤维
最高工作温度/℃	1050	650
熔点/℃	1760	1760
密度/kg·m^{-3}	350~600	350~600
热导率(ASTM C201,平均800℃)/W·(m·K)$^{-1}$	0.17	0.17

续表 3-1-80

项　目		不锈钢丝增强陶瓷纤维	玻璃长丝增强陶瓷纤维
烧失/%		5～10	5～10
化学成分	Al_2O_3	46.6	46.6
	$Al_2O_3+SiO_2$	99.4	99.4
产品标准规格	陶瓷纤维布	宽度:1000～1500;厚度:2,2.5,3,5,6	
	陶瓷纤维带	宽度:10～150,厚度:2,2.5,3,5,6,8,10	
	陶瓷纤维扭绳	直径:3,4,5,6,8,10,12,14,15,16,18,20,25,30,35,40	
	陶瓷纤维圆绳	直径:5,6,8,10,12,14,15,16,18,20,25,30,35,40,45,50	
	陶瓷纤维方绳	5×5,6×6,8×8,10×10,12×12,14×14,15×15,16×16,18×18,20×20,25×25,30×30,35×35,40×40,45×45,50×50	
	陶瓷纤维套管	直径:10,12,14,15,16,18,20,25	
	陶瓷纤维纱线	*TEX*①:330,420,525,630,700,830,1000,2000,2500	

① 表示纱线细度的单位的代号(特克斯),$TEX=\frac{G}{L}\times1000$,式中,$G$为纱的质量,g;$L$为纱的长度,m。

3.1.5.8　焦炉用耐火泥料

焦炉用耐火泥基本要求:在常温下以水和其他溶剂调和后应具有良好的黏结性和可填塞能力,以利砌筑;干燥后应有较小收缩性,以防砖缝干固时开裂;在使用温度下能发生烧结,以增加砌体的强度和严密性;为了砌筑方便,应有一定的保水能力,使砌筑时有较好的柔和性。

砌筑焦炉用耐火泥分为硅火泥和黏土火泥。硅火泥分高温(>1500℃)、中温(1350～1500℃)和低温(1000～1350℃)三种。中温硅火泥用于砌筑焦炉斜道区的中、上部和燃烧室;低温硅火泥用于砌筑蓄热室中部到斜道区下部区间。蓄热室下部则采用加8%～10%水玻璃的低温硅火泥砌筑,以降低火泥的烧结温度。黏土火泥用于砌筑黏土砖,砌筑焦炉顶面砖时,应在黏土火泥中加硅酸盐水泥和石英砂。

A　硅火泥

它是应用硅石、废硅砖和结合黏土配制成的。目前使用的硅质耐火泥浆技术性能(YB 384—1991)见表 3-1-81。

表 3-1-81　焦炉用硅质耐火泥浆技术性能(YB 384—1991)

项　目	指　标	
	JGN-92	JGN-85
耐火度,耐火锥号(WZ)	167	158
冷态抗折黏结强度/MPa 110℃干燥后 1400℃×3 h 烧后	 ≥1.0 ≥3.0	 ≥1.0 ≥3.0
黏结时间/min	1～2	1～2
粒度组成/% +1 mm -0.074 mm	 ≤3 ≥50	 ≤3 ≥50
化学成分/% SiO_2	 ≥92	 ≥85
0.2 MPa 荷重软化开始温度/℃	≥1500	≥1420

在硅质泥浆中配入部分硅砖粉,不但可以减小泥浆的线膨胀,而且能大大地改善泥浆与硅砖之间在高温下的黏结性能。硅砖粉对泥浆物理性能的影响见表 3-1-82。结合黏土可以调整泥浆的稳定性、烧结强度、化学成分、耐火性能和掂泥性。其使用量一般为 3% 左右,详见表 3-1-84。化学黏结剂可以调整泥浆的黏结时间、黏结力和烧结性能。为了改善硅火泥砌筑性能(可柔性)和烧结性能(剪切黏结强度),前者主要有糊精、膨润土粉料、羧甲基纤维素等,配加量 1% ~3%,后者有硼砂($Na_2B_4O_7 \cdot 10H_2O$)、氟硅酸钠、磷酸盐、碳酸钠和亚硫酸纸浆废液等。这些添加剂呈碱性,使 SiO_2 不易沉淀,水解后产生 NaOH,出现玻璃相,既改善泥浆结合力,又促进石英转化为鳞石英,配加量 0.5% ~1%。

表 3-1-82 硅砖粉对泥浆物理性能的影响①

序号		$L-S_0$	$L-S_{15}$	$L-S_{35}$	$L-S_{65}$	$L-S_{75}$
硅砖粉配入量/%		0	15	35	65	75
剪切强度/MPa	105℃ ×12 h	0.421	0.431	0.402	0.265	0.234
	1350℃ ×1 h	脱开	脱开	0.111	0.98	0.137
抗折强度/MPa	105℃ ×12 h	1.813	1.597	1.392	1.235	1.578
	1400℃ ×3 h(冷态)	脱开	脱开	4.371	4.302	3.881

① 各配方均外加 1% 添加剂、0.5% 的烧结剂。

化学黏结剂虽然在泥浆中仅占 1% 左右,但它对泥浆的性能和施工性能有重要的影响,见表 3-1-83 和表 3-1-84。

表 3-1-83 黏土结合剂对泥浆性能的影响①

序号	黏土结合剂用量/%	线变化/%		1400℃ ×1 h 烧后强度/MPa		化学成分/%
		干燥后	1400℃ ×1 h 烧后	抗折强度	耐压强度	SiO_2
$L-N_3$	3	-0.95	0.14	9.408	41.16	94.09
$L-N_5$	5	-1.10	0.47	5.978	26.852	93.13
$L-N_7$	7	-1.35	0.16	8.036	33.32	92.21

① 各配方加入外加剂 $MEB-D_S$ 为 1%,加 $L-N_3$ 烧结剂 0.4%,硅粉 65%。

表 3-1-84 外加剂与硅质泥浆性能影响

序号	外加剂用量/%		黏结时间/s	抗折强度/MPa		耐火度/℃
	$MEB-D_5$	$MESH-N_1$		110℃ ×12 h	1400℃ ×4 h	
L-121	0.4		101	0.586	有裂纹	1710
L-122	0.6		118	1.588	有裂纹	1710
L-151	0.9		149	2.058	2.548	1710
L-152	0.9	0.2	161	2.254	3.479	>1690
L-153	0.9	0.4	131	2.352	4.998	1690

硅质泥浆的颗粒组成对调节泥浆的施工性能、烧结性能具有重要的意义,见表 3-1-85 和表 3-1-86。

表 3-1-85　颗粒组成与泥浆性能的关系(一)

序　号	颗粒组成/%			抗折强度/MPa		耐火度/℃	荷重软化点/℃
	1 ~ 0.6 mm	0.6 ~ 0.15 mm	<0.076 mm	110℃ ×12 h	1400℃ ×4 h(冷态)		
$L-S_{451}$	5	20	50	0.911	1.578	1710	1640
$L-S_{652}$	3	16	67	1.646	4.243	1710	1640

表 3-1-86　颗粒组成与泥浆性能的关系(二)

序　号	颗粒组成/%		线变化率/%		1350℃ ×1 h 烧后强度/MPa	
	0.5 ~ 0.2 mm	<0.076 mm	干燥后	1350℃烧后	抗折强度	耐压强度
$L-S_{111}$	20	50	-1.08	+0.50	6.664	28.224
$L-S_{112}$	17	62	-1.15	+0.46	7.938	48.216
$L-S_{113}$	10	70	-1.35	+0.45	7.154	32.83

由表 3-1-86 可知,泥浆中小于 0.076 mm 的粉料为 62% 时,泥料坯体的抗折强度和抗压强度最大。当增加或减少小于 0.076 mm 的粉料时,泥浆的抗折和耐压强度均下降。泥浆中的粉料增多,干燥线收缩率变大,而烧后线膨胀率无较大差别。

目前国内最大的焦炉用硅火泥供货商是湖南省醴陵市硅火泥厂。该地具有得天独厚的高硅土:SiO_2 98.61%,Al_2O_3 0.42%,Fe_2O_3 0.24%,耐火度 >1750℃。该厂按冶标生产的硅火泥质量见表 3-1-87。

表 3-1-87　醴陵市硅火泥厂 JGN-85、JGN-92 硅火泥质量标准

牌号	SiO_2 含量/%	Fe_2O_3 含量/%	Al_2O_3 含量/%	耐火度/℃	荷重软化温度/℃	110℃抗折强度/MPa	1400℃ ×3 h 强度/MPa	粒　度	黏结时间/s	含水量/%	标准
JGN-92	≥92	≤1.5		1670	≥1500	≥1	≥3	1 mm <1%;≤0.074 mm≥65%	60 ~ 90	<6	冶标
JGN-92	≥92.5	≤1.3	≤2.6	1690	≥1550	1.5	3.4	1 mm <1%;≤0.074 mm≥65%	60 ~ 90	<3	厂标
JGN-85	≥85	≤1.5		1580	≥1420	≥1	≥3	1 mm <1%;≤0.074 mm≥65%	60 ~ 90	<6	冶标
JGN-85	≥90	≤1.3	≤3.0	1650	≥1500	1.5	3.4	1 mm <1%;≤0.074 mm≥65%	60 ~ 90	<3	厂标

该厂的原料加工和成品配制如下:

(1) 原料加工:

1) 硅质熟原料$\xrightarrow{\text{化学分析}}$烘干→一级破碎→球磨→筛分$\xrightarrow{\text{化学分析}}$半成品库。颗粒要求:≤1 mm 不大于 1%,0.5 ~ 1 mm 为 20% ~ 22%,0.5 ~ 0.074 mm 为 23% ~ 25%,≤0.074 mm 大于 50%。

2) 生料高硅土→精矿$\xrightarrow{\text{化学分析}}$烘干→二级粉碎→筛分$\xrightarrow{\text{化学分析}}$半成品库。颗粒要求:≤1 mm 为 100%,0.5 ~ 1 mm 为 20% ~ 23%,0.5 ~ 0.074 mm 为 22% ~ 25%,≤0.074 mm 大于 50%。

3) 改性黏土$\xrightarrow{\text{化学分析}}$烘干→球磨→筛分$\xrightarrow{\text{化学分析}}$半成品库。颗粒要求:0.5 ~ 0.074 mm 为 20% ~ 25%,≤0.074 mm 不小于 80%。

(2) 成品配制:

熟料半成品 40% ↘
高硅土粉 56% → 入搅拌机搅拌 → 包装 → 成品库。
改性黏土 3% ↗

外加剂按 1% ~1.3% 单独配制,每小袋装 1 kg。

国外某些硅质泥浆的质量指标见表 3-1-88 ~ 表 3-1-90。

表 3-1-88 日本泥浆的理化性能

项目	MA-S30D(宝钢一期用)		MA-S30S	
	标准	实测	标准	实测
黏结时间/s	60~120	121	60~120	107
耐火度/℃	≥1670	1670~1770	≥1670	1690~1710
荷重软化温度 $T_{0.6}$/℃	≥1500	1560	≥1500	1500
剪切黏结强度/MPa				
105℃×12 h	≥0.20	0.27	≥0.20	0.26
1400℃×1 h(热态)	≥0.05		≥0.50	
1350℃×1 h(热态)		0.11		0.12
颗粒组成最大粒径/%	1	(≥1)微量	1	(≥1)微量
1~0.6 mm		3.9		1.1
<0.074 mm	≥50		≥50	
<0.076 mm		67		70.8
化学成分/%				
SiO_2	≥90	93.2	≥85	93.38
Fe_2O_3	≤1.5	1.07	≤2	1.56
Al_2O_3		1.52		1.57

表 3-1-89 焦炉用硅质耐火泥的理化性能

项目		德国		日本品川	日本黑崎	前苏联
		KS-94	KS-91	CS-90D	SMACI	MLL-92
化学组成/%	SiO_2	≥94	≥91	92	92-94	≥92
	$Al_2O_3+TiO_2$	≤5.5	≤7.5			
	Fe_2O_3			1.5		
	Al_2O_3				≤4	2.5~4
稠度/%	水比干料入度	≥35,根据双方协议		黏结时间,缝厚 4 mm 30~159 s		
颗粒组成/%	1~2 mm	≤2		无		≤3
	1~0.063 mm	根据双方协议				
	<0.063 mm	根据双方协议				
	<0.74 mm			≥45	≥50	
	<0.09 mm					45~65
常温黏结抗折强度 R/MPa	110℃干燥后	≥0.1		0.98	≥1.5	(B_s=2.5~3.3 (1300℃))①
	1100℃×5 h	≥0.7				
	1400℃×3 h			2.96	≥90	
耐火度/℃				≥1670		
火压蠕变 t=25 h/%		≥0.3				
工作可达温度/℃						1550

① B_s 为冷态黏结剪切强度。

表 3-1-90　KS 系列硅质耐火泥浆

项　　目		KS - 94	KS - 91
化学成分/%	SiO_2	≥94	≥91
	Al_2O_3 + TiO_2	≤1.95	≤1.95
	Fe_2O_3	≤0.7	≤0.9
	Al_2O_3		
颗粒组成/%	1 ~ 2 mm	≤2	≤2
	0.074 ~ 1 mm	根据双方协议	
	< 0.074 mm	根据双方协议	
稠度/%	水比干粉入度	≥35,根据双方协议	
冷态抗折黏结强度/MPa	110℃ ×24 h 干燥后	≥0.1	≥0.1
	1100℃ ×5 h 烧后	≥0.7	≥0.7
耐火度/℃		根据双方技术协议	
火压蠕变 t = 25 h/%		≥ -0.3	≥ -0.3
工作可达温度/℃		根据双方协议	
燃烧后永久性线膨胀率		-3.10 ~ -4.0	-3.10 ~ -4.0
加热线变化(1000℃ ×4 h)		+0.0	+0.0
体积密度(110℃ ×24 h)/g · cm^{-3}		1.63	1.60
黏结时间/s		80 ~ 120	80 ~ 120
用　途		德国 7.63 m 焦炉	

注:执行标准 DIN1089 德国标准,参照 YB 384—1991 标准。

B　黏土火泥

一般用 60% ~ 80% 的熟黏土粉和 20% ~ 40% 的生黏土粉配制而成。其颗粒组成 ≤2 mm 的占 100%,≤1.0 mm 的不小于 97%,≤0.125 mm 的不小于 25%。黏土火泥中 Al_2O_3 含量为 35% ~48%,SiO_2 含量≤60%,耐火度应大于 1650℃。火泥愈细,火泥与砖之间的抗剪强度愈低。黏土火泥中,生黏土(又称结合火泥)是黏结剂,它可以提高火泥的可塑性,降低透气率。但其收缩性大,易产生裂纹。生黏土含量增多,将导致火泥的收缩性增加及抗剪强度下降,通常生黏土加入量不超过 22% 为佳。黏土火泥中的熟料可以增加火泥的强度,它的收缩性小,不易产生裂纹,但也不宜多加,否则泥料透气率高、黏结性小。现行的黏土质耐火泥浆标准为 GB/T 14982—1994,见表 3-1-91。黏土火泥一般用于大型焦炉的炉顶、蓄热室封墙等部位的砌筑。

表 3-1-91　黏土质耐火泥浆理化指标(GB/T 14982—1994)

项　　目		指　　标				
		NN - 30	NN - 38	NN - 42	NN - 45A	NN - 45B
耐火度/℃		≥1630	≥1690	≥1710	≥1730	≥1730
Al_2O_3 含量/%		≥30	≥38	≥42	≥45	≥45
冷态抗折黏结强度/MPa	110℃ 干燥后	≥1.0	≥1.0	≥1.0	≥1.0	≥2.0
	1200℃ ×3 h 烧后	≥3.0	≥3.0	≥3.0	≥3.0	≥6.0
0.2 MPa 荷重软化温度/℃						≥1200

湖南省醴陵市耐火泥厂按 GB/T 14982—1994 生产的黏土质耐火泥浆技术指标见表 3-1-92 和表 3-1-93。

表 3-1-92　NN 系列、KC-W 系列黏土质耐火泥浆

项　目		NN-38	NN-40	NN-42	KC-W
耐火度/℃		1690	1710	1710	根据双方技术协议
颗粒组成/%	1~2 mm	<1.0 mm 100	<1.0 mm 100	<1.0 mm 100	≤2
	+0.5 mm	≤3	≤3	≤3	根据双方技术协议
	<0.074 mm	≥70	≥70	≥70	根据双方技术协议
化学成分/%	Al_2O_3	≥38	≥40	≥42	根据双方技术协议
	Fe_2O_3	≤1.0	≤1.0	≤1.0	
冷态抗折黏结强度/MPa	110℃×24 h	≥1.0	≥1.0	≥1.0	≥0.7
	1200℃×3 h	≥3.0	≥3.0	≥3.0	≥0.8
烧后线变化/%		-1.7	-1.7	-1.7	-0.7
燃烧后永久性膨胀/%					-2.6~-5.0
体积密度(110℃×24 h)/g·cm^{-3}		1.70	1.70	1.70	1.60
材料/t·cm^{-3}		1.70	1.70	1.70	1.60
黏结时间/s		60~120	60~120	60~120	60~120
用　途		焦炉	焦炉	高炉	德国 7.63 m 焦炉

注：执行标准为 DIN1089 德国标准和 GB/T 14982—1994 标准。

表 3-1-93　NN-38 黏土质耐火泥浆国标与厂标比较

指标项目	耐火度/℃	冷态抗折强度/MPa		线变化率(1200℃×3 h 烧后)/%	Al_2O_3 含量/%	颗粒组成/%		黏结时间/min
		110℃干燥后	1400℃×3 h 烧后			<0.074 mm	>0.5 mm	
国标	1690	1.0	3.0	+1~-3	≥38	50	≤2	1~3
厂标	1710	1.4	3.5	+0.5~-1.8	≥40	≥65	≤2	1~3

日本焦炉用黏土火泥质量情况见表 3-1-94。

表 3-1-94　日本焦炉用黏土质火泥

成分与组成		蓄热室墙和炉顶
化学成分/%	SiO_2	75.9
	Al_2O_3	18.9
	Fe_2O_3	1.4
	Na_2O	0.8
粒度组成/%	0.84~0.25 mm	32.0
	0.25~0.074 mm	31.0
	<0.074 mm	37.0
耐火度/℃		1580
抗折强度/MPa	干燥后	0.9
	800℃×2 h	1.4
	1000℃×2 h	1.6
	1200℃×2 h	3.1
干燥收缩率/%		-2.0

注：摘自日本 1973 年出版的《新型窑炉及其耐火材料》。

3.2　焦炉工艺设备

3.2.1　炉门、炉门框和保护板

3.2.1.1　炉门

焦炉炉门安装在焦炉炭化室两端炉口。炉门分为机侧炉门和焦侧炉门两种。机侧炉门上部有小炉门,用于平煤杆伸入炭化室平煤。

炉门一般由炉门本体、砖槽、刀边、横栓和衬砖等部件构成(见图3-2-1)。炉门本体是炉门的主体,炉门上所有零部件和衬砖都由它来承重,一般由铸铁件制成,可以用中等标号的灰铸铁或蠕墨铸铁(如RuT340),它具有耐热、机械强度大、耐冲击和热变形小等特点;砖槽由铸铁件制成,一般上下分成数段,固定在炉门本体上,内衬黏土砖类衬砖,起隔热作用;刀边是钢结构制作的密封件,它紧密固定在炉门本体上,与炉门框密封面相配合,阻止炭化室内煤气外逸;横栓是固定炉门的重要零件,也是向炉门施加压力、促使刀边密封的杆件。

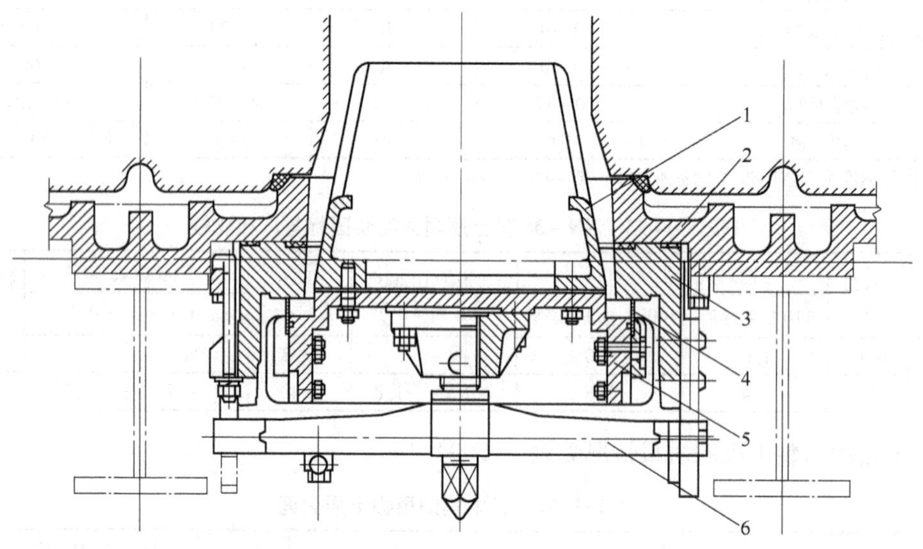

图3-2-1　敲打刀边炉门

1—砖槽;2—保护板;3—炉门框;4—刀边;5—炉门本体;6—横栓

炉门常按刀边密封形式分为敲打刀边炉门(敲打刀边结构见图3-2-2)、压架式刀边炉门和弹性刀边炉门。敲打刀边炉门和压架式刀边炉门是刚性刀边炉门。随着焦炉的大型化、炭化室的加高、环保要求的提高,刚性刀边炉门不能满足时代要求。弹性刀边炉门不断发展、更新,越来越完善。我国20世纪70年代末引进的用于6 m焦炉的悬挂空冷式、弹簧刀边、弹簧门栓的新型炉门是一种完善的新颖炉门(见图3-2-3)。所谓悬挂式,即将炉门悬挂在炉门框的固定导轨上,这样炉门的复位性好(炉门每次摘挂后,均回到原位),炉门刀边的严密性好。所谓空冷式,即在炉门本体和砖槽之间有空气层,较冷的炉门本体和较热的砖槽之间采用"燕尾槽"连接(见图3-2-4),这样可使两者沿高向相对滑动,可以避免因炉门本体外侧与砖槽里侧较大的温度差而产生炉门整体较大的高向挠曲,因而可以最大限度避免刀边顶部和底部脱离炉门框的密封面,从而保证了炉门的严密性。采用弹簧门栓和弹簧刀边,可以使刀边压力稳定、均匀和可控,弹簧门栓的弹簧工作压力 210 ~ 230 kN,弹簧刀边工作压力 10 ~ 12 N/mm。弹簧刀边材质一般采用不锈钢。

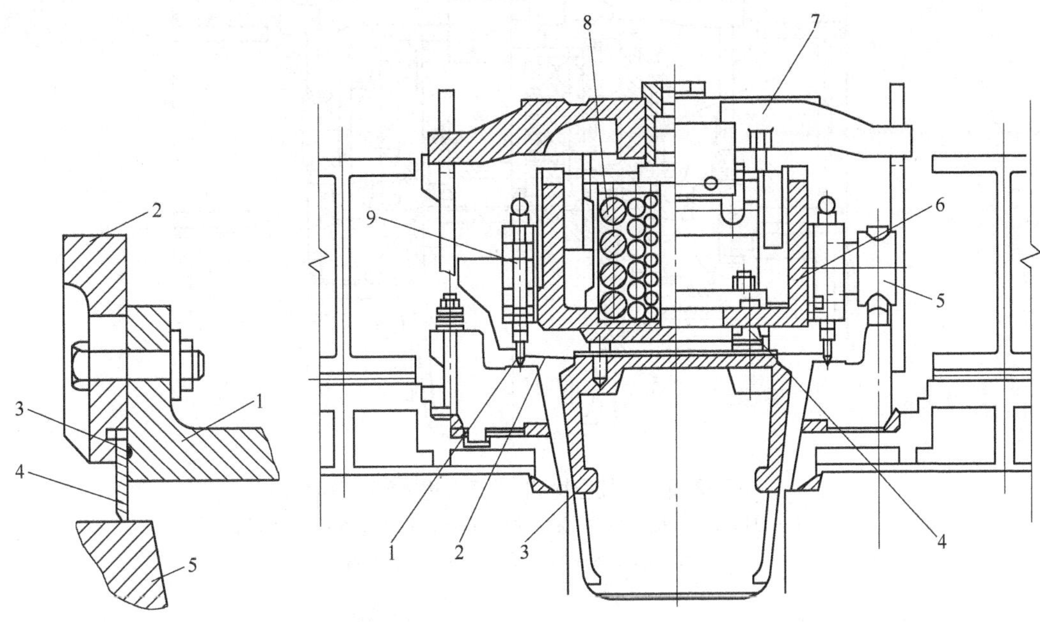

图 3-2-2 敲打刀边结构

1—炉门本体;2—固定卡子;3—石棉绳;4—刀边;5—炉门框

图 3-2-3 悬挂空冷式、弹簧刀边、弹簧门栓炉门

1—刀边;2—腹板;3—砖槽;4—滑块;5—导辊;6—炉门本体;7—门栓;8—门栓弹簧;9—压刀边弹簧

进入 2000 年以后,人们对这种悬挂空冷式、弹簧门栓和弹簧刀边炉门进行了改进或完善,即在原有的炉门本体和砖槽之间的“燕尾槽”连接方式基础上,将滑块改造成调整螺钉(见图 3-2-5),使炉门本体和砖槽之间在原来的沿高向自由滑动的基础上,当炉门本体因冷热温差产生高向挠曲时,可调整炉门上下的调整螺钉减少炉门本体的挠曲(见图 3-2-6),这样可进一步提高炉门的严密性。

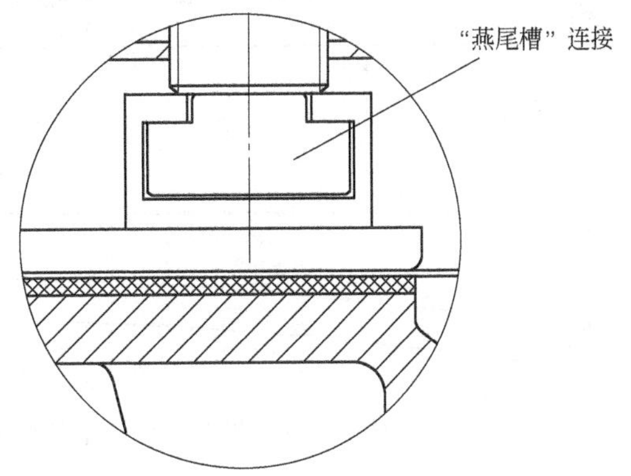

图 3-2-4 空冷炉门本体与砖槽间的“燕尾槽”连接

3.2.1.2 炉门框

炉门框用螺栓紧固在保护板上,形成一个强固的密封框。炉门框工作环境恶劣,忍受着高温和还原性腐蚀介质(荒煤气)侵蚀,间歇经受启闭炉门的机械力的冲击。工作中常发生上下挠曲和侧向弯曲变形,以至影响炉门刀边密封和顺利推焦。炉门框结构简单,其上有炉门挂钩和悬挂炉门的导轨。传统的炉门框断面呈 L 形,现代的炉门框断面呈箱形。L 形断面炉门框的内外两面温差大,断面内的温差应力大,易于变形。箱形大断面的现代炉门框能经受得住启闭炉门的机械冲击力,同时断面内的温差应力小。炉门框的材质一般宜用中等标号的灰铸铁或蠕墨铸铁(如 RuT340)。

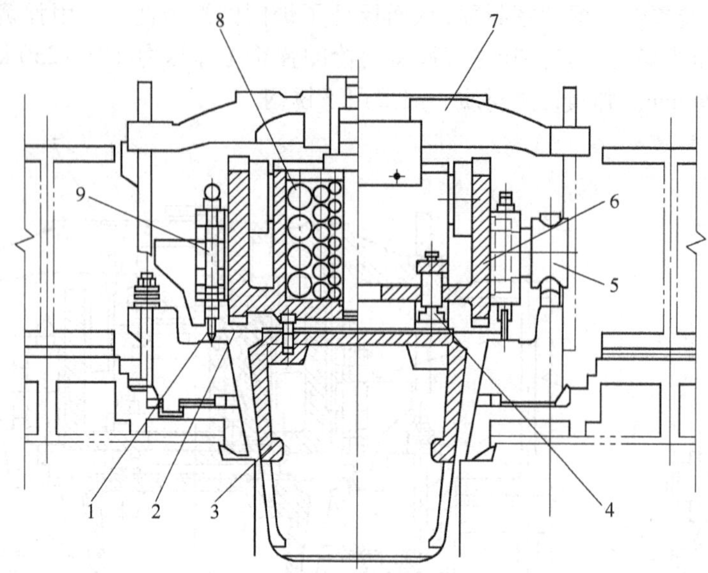

图 3-2-5　悬挂空冷式、弹簧刀边、弹簧门栓炉门

1—刀边；2—腹板；3—砖槽；4—调整螺钉；5—导辊；6—炉门本体；7—门栓；8—门栓弹簧；9—压刀边弹簧

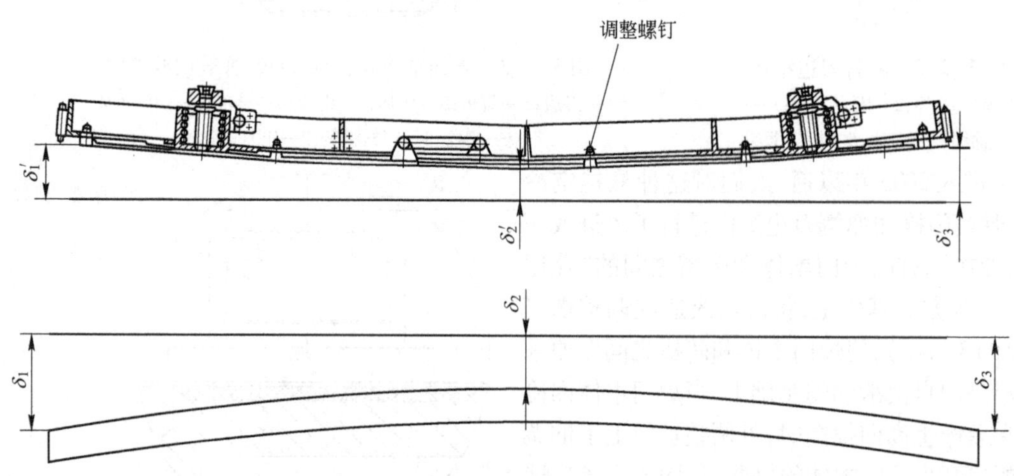

图 3-2-6　调整炉门上下的调整螺钉减少炉门本体挠曲示意图

3.2.1.3　保护板

保护板是紧扣在燃烧室炉头上的重要护炉铁件。它的作用：一是保护燃烧室炉头砌体；二是传递来自炉柱的压力，给燃烧室砌体施加预压力，以保护燃烧室炉墙在烘炉和生产过程中不被破坏。保护板的工作环境比炉门框更恶劣，不但忍受着高温和还原性腐蚀介质（荒煤气）侵蚀，而且在启闭炉门时，急冷急热的温差变化程度远大于炉门框和炉门。在生产过程中常发生横向断裂和铸铁因高温脱碳而造成剥蚀现象。保护板又是最终受力件，炉门、衬砖和炉门框的重量最终都作用在它身上。保护板是一个重达数吨的大型铸件，在目前的铸造技术和原料质量条件下，宜用中等标号的灰铸铁或蠕墨铸铁（如 RuT340）。过去的经验指出：高标号灰铸铁、耐热铸铁和球墨铸铁等效果均差。

3.2.2 炉柱、拉条和弹簧

焦炉在炼焦生产过程中，因煤被加热分解产生膨胀压力，作用在燃烧室炉墙上，使燃烧室两侧炉墙内产生横向附加弯曲应力，在近侧炉墙内产生附加压应力，而远侧炉墙内产生附加拉应力。由于炉墙是耐火砖砌体，它承受拉应力的能力很低，这种拉应力易于使炉墙开裂损坏。为了消除炉墙内附加拉应力，需要在炉墙两端预先施加相当大的压力，在炉墙内产生附加压应力（护炉压力），以此来抵消煤膨胀压力在炉墙内产生的拉应力。同样在推焦时，由于推焦杆头压缩焦饼，对炉墙也产生挤压力。

护炉压力决定了炉柱、横拉条、大小弹簧结构尺寸，最主要因素是燃烧室炉墙所需保护力的大小。事实上，影响燃烧室炉墙砌体稳定性的因素有很多，如燃烧室炉墙结构、耐火砖的物理性质、热工、工艺和操作因素等，而破坏焦炉正常操作和造成砌体过早损坏的主要原因之一是：炼焦用的煤料，当它们结焦时对燃烧室炉墙产生膨胀压力。该膨胀压力除了使燃烧室炉墙产生高向弯曲应力外，还会使燃烧室炉墙产生沿机焦侧水平方向的弯曲应力。前苏联的 M. Г. Скдяр 等在《焦炉加热墙砌体的稳定性》一文中提出了以正交各向异性板形式的燃烧室炉墙模型，并运用该模型推导出燃烧室炉墙内机焦侧水平方向不产生拉应力所需要的最小护炉压力近似计算公式为：

$$N_y^* = \frac{6qH^3h(h-h_w)(0.029+0.035H/l)}{a_1+a_2}\times\left[\frac{a_1}{h^3-h_w^3}+\frac{a_2}{h^3+(h_w-a_2/6)^3}\right] \tag{3-2-1}$$

式中 N_y^* ——护炉铁件需对燃烧室炉墙施加的最小保护力，kN；

q ——煤料结焦过程对燃烧室炉墙施加的膨胀压力，kPa；

H ——炭化室总高，m；

h ——燃烧室炉墙宽度，m；

h_w ——立火道宽度，m；

l ——炭化室总长，m；

a_1 ——立火道横隔墙之间的距离，m；

a_2 ——立火道厚度，m。

式 3-2-1 涉及燃烧室炉墙的结构尺寸，现给出示意如图 3-2-7 所示。

式 3-2-1 表明，最小保护力与炭化室高度的立方成正比，也就是说该力随炭化室高度的增加而激烈增加，因此，在设计大型焦炉时不能简单地按线性关系确定该保护力以及相关护炉铁件结构尺寸。根据式 3-2-1 和焦炉的相关数据就可以计算出护炉铁件需对燃烧室炉墙施加的最小保护力。根据该力和相关工艺设计要求就可以确定横拉条、大小弹簧和炉柱等的结构尺寸。按理论探讨蓄热室的单墙、主墙在炼焦过程中不会产生弯曲应力，所以不需要像对燃烧室炉墙那样施加预压力。公式推导者按式 3-2-1 计算前苏联焦炉燃烧室炉墙必需的护炉压力见表 3-2-1。

该文作者指出，现行的燃烧室的稳定性和强度计算方法需要彻底修改，尤其对高炭化室焦炉，现行大型焦炉的护炉压力不足。推荐新建的 7 m 焦炉燃烧室宽度为 1090 mm，炉顶厚度为 1500 mm，燃烧室炉墙护炉压力为 210 ~ 220 kN。以后新建的炭化室宽度 480 mm、高度 7 m 焦炉采用了这些数据。前苏联在建设 51 m^3 焦炉的基本技术决策中决定：炉柱全高设 7 线护炉压力，燃烧室区设 5 线，总护炉压力不小于 220 kN，蓄热室区设 3 线，炉柱全高总护炉压力不小于 250 kN。德国前 Still 公司在计算 7. 63 m 焦炉炉柱强度时采用的经验数据为：燃烧室区高向护炉压力为 43 kN/m，斜道区护炉压力为 10 kN/m²。

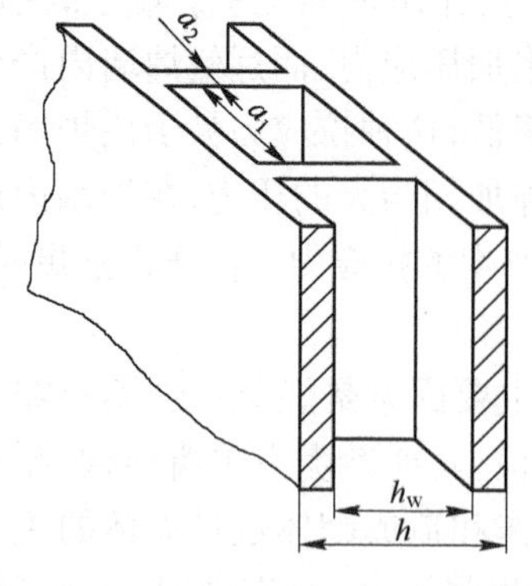

图 3-2-7　燃烧室炉墙

表 3-2-1　前苏联焦炉燃烧室炉墙必需的护炉压力

炭化室高度/m	计算必需的护炉压力/kN	实际的护炉压力/kN
4. 3	69	85
5. 0	90	85
5. 5	123	85
6. 0	152	85
7. 0	217	105

3. 2. 2. 1　炉柱

炉柱的作用是将上下横拉条的压力通过保护板传给燃烧室炉墙，对燃烧室炉墙机焦侧方向施加预压力（护炉压力）。传统焦炉的炉柱一般采用工字钢制成，如炭化室高 4. 3 m 焦炉（58 型）的炉柱用 36 号双工字钢制作。20 世纪 80 年代后，大多数焦炉都采用 H 型钢制作炉柱，如 6 m、7 m、7. 63 m 等焦炉。由于国内轧制的 H 型钢规格不多，因而很多焦炉采用焊接 H 型钢。如 6 m 焦炉的炉柱用焊接 H 型钢 422 × 315 × 32/32 来代替轧制 H 型钢 422 × 315 × 25/32。H 型钢与双工字钢相比，在重量相同的情况下，前者的强度和刚度均较后者大。焦炉炉柱的材质一般选择 Q235B。

3. 2. 2. 2　横拉条

横拉条包括上部、下部横拉条。下部横拉条一般由圆钢在其一端加工螺纹制作而成。上部横拉条一般由 2 根圆钢组成，安装在焦炉炉顶的拉条沟内。传统的下喷式焦炉下部横拉条一般一侧只有 1 根，安装在焦炉基础“牛腿”埋管处，即下部横拉条一般为机焦侧各 1 根，而侧喷式焦炉的下部横拉条一般穿过焦炉基础底部（埋管），由 2 个整根圆钢组成下部横拉条，也有下喷式焦炉采用侧喷式焦炉设计形式的下部横拉条，如 7. 63 m 焦炉。

由于上部横拉条安装位置紧靠炉顶装煤孔和上升管孔处，易受高温烘烤和从炭化室逸出的荒煤气的作用而被腐蚀和发生蠕变。因此，为保护上部横拉条，一般在上述部位增加保护套，该保护套有两种形式，一般采用铸铁槽形保护套，也有采用钢套管形式的，钢套管还有分段和整根两种形式。采用铸铁槽形保护套，其优点是在对上部横拉条的相应部位进行保护的同时，还可以随时监视上部横拉条因腐蚀和蠕变而直径变细的情况，以便采取必要的预防和处理措施。而采用钢套管的形式就不方便进行这种监视，整根钢套管的形式根本就不能进行监视，一旦发生拉条断裂现象，将会发生较为严重的后果。

各种焦炉纵横拉条材质见表 3-2-2。

3. 2. 2. 3　纵拉条

纵拉条的作用是拉住抵抗墙，使抵抗墙在不向外倾斜的条件下，克服焦炉纵向膨胀产生的推力，以保证炉体设计预留的滑动缝被压缩，确保炉体在纵向的顺利膨胀。

表 3-2-2 焦炉纵横拉条材质

项 目	4.3 m 焦炉	6 m 焦炉	7 m 焦炉	7.63 m 焦炉
纵拉条	Q235 - A	Q235 - A	Q235 - B	Q345 - D
上部横拉条	Q235 - A	Q345 - B	Q345 - B	24CrMo5V
下部横拉条	Q235 - A	Q235 - A	Q345 - B	Q345 - D

纵拉条安装在炉顶,国内设计一般暴露在炉顶表面,不加任何盖板。有些国外设计将纵拉条放在炉顶表层砖内,处于横拉条的下方(如 7.63 m 焦炉),由于其埋入炉内易受炉体高温烧烤,不便于管理和维护。纵拉条的数量视焦炉大小而定,一般大中型焦炉设置 5 ~7 根,纵拉条布置时应与炉顶装煤孔、看火孔、上升管及装煤车轨道等错开。

纵拉条受力情况:纵拉条受力与炭化室高度、炉顶厚度、斜道区和炉顶区膨胀缝、滑动缝等设计情况密切相关。上述设计决定了炉体对抵抗墙产生推力的大小。焦炉抵抗墙是两个直立的混凝土的桁架结构,它的底部深埋在基础里,是直立的悬臂构件。中部和顶部承受炉体斜道区和炉顶区的推力,顶部就靠纵拉条拉紧,夹紧炉体,平衡部分炉体对抵抗墙的推力,维持抵抗墙的直立状态。纵拉条拉力不足,会造成抵抗墙向外倾斜,炉端炭化室也会跟着向外倾斜,严重时造成推焦和启闭炉门困难、炉体局部开裂损坏等现象。

纵拉条两端应设弹簧,维持稳定的压力,以免因炉温变化、天气变化和其他原因等导致纵拉条伸长和收缩,使炉体失去保护或纵拉条断裂。两端弹簧预留的压缩量应大于可能原因(纵拉条温度升高)导致纵拉条的伸长量,维持纵拉条在起作用状态。

为了便于调节纵拉条的拉力,纵拉条穿越抵抗墙时与炉顶面的夹角应尽可能小。

3.2.2.4 弹簧的设置

A 大弹簧

上部横拉条、下部横拉条用的弹簧,通常叫大弹簧。它安装在拉条端部螺母和炉柱之间,其用途是保证炉柱通过保护板传给炉体的力稳定和可调。弹簧形式为螺旋压缩弹簧,弹簧吨位由护炉压力确定。当吨位小时,采用每根拉条端部穿一个大弹簧,如 4.3 m 焦炉。如吨位大时,采用组合弹簧,每根拉条端部穿一个弹簧组,如 6 m 焦炉。弹簧外表面应加防烧保护套,以防被烧烤,使弹簧表面脱碳造成失效。

上部横拉条的大弹簧的设置有两种方式:一种是仅在机侧设,焦侧不设;另一种是在机焦侧均设。第一种方式的优点是节省一半弹簧,且可节省焦侧的空间,避免弹簧与拦焦机碰撞,此种设置方式的前提是横拉条在拉条沟内可以自由窜动,比如采用全套管等措施,否则,一般很难做到自由窜动。而第二种方式的优、缺点与第一种方式正好相反。因此在焦侧顶部空间允许的条件下,尽可能采用第二种方式。

B 小弹簧

炉柱与保护板之间的加压弹簧,通常叫小弹簧。在生产过程中,炉柱的压力通过小弹簧稳定地传到保护板上,实施一定的护炉压力。按照炉墙受力的情况,在保护板上合理分配小弹簧的力是至关重要的。查阅有关资料知道:德国专家计算炭化室高 7 m 的焦炉,沿保护板高向分布 7 个受力点,共计 245 kN,上下两端各为 35 kN,中间点为 55 kN,其余为 30 kN;而 7.63 m 焦炉沿保护板高向均匀分布 8 个受力点,共计 352 kN,上下两端各为 50.4 kN,中间点均为 21 kN,受力点间距为 1.13 m。炉柱向保护板施加的力全部通过小弹簧施加,即施加的力是弹性力，在过去的焦炉铁件管理规程中常强调保护板上下两端刚性力（即炉柱与保护板直接接触）的作用，看来对 6 m 以上的大型焦炉不合适，刚性力无法测量和调节，且很不稳定，施加的力一般都集中在两端部，分布不均匀，也与炉墙需要的保护力不相适应，势必造成保护板受力不均匀，容易造成保护板横向断裂。

C 纵拉条用弹簧

由于纵拉条用弹簧吨位较大，一般采用几个弹簧并联组合在一起。弹簧吨位与炭化室高度、炉体膨胀缝和滑动缝的设置有关（即与斜道区、炉顶区的推力大小有关）。国内弹簧结构形式一般采用螺旋压缩弹簧，纵拉条在炼焦生产过程中由于种种原因发生伸长现象，所以纵拉条用弹簧的总压缩量应大于纵拉条可能发生的伸长量，尤其是大炉组捣固焦炉，以防到焦炉后期边炭化室送煤困难。

D 弹簧材质

国内传统用的弹簧钢如 60Si2Mn、55Si2Mn、60Si2MnA 等，这种钢高温回火后有良好的综合力学性能，可用于制造螺旋弹簧，其高温性能可耐小于 250℃，温度再高有表面脱碳现象，降低弹簧刚度。国外常用 50CrVA，它具有较高的综合力学性能，良好的冲击韧性，回火后强度高，高温性能稳定，淬透性很高，适用于制造大截面（直径≥50 mm）的高应力或耐热温度小于 350℃ 的螺旋弹簧。

3.2.3 加热煤气管道和交换传动装置

3.2.3.1 加热煤气管道

加热煤气管道用于向焦炉供给加热用煤气。根据用户的气源情况，焦炉有单热式和复热式之分。单热式焦炉有单烧焦炉煤气的（此种单热式焦炉居多）和单烧高炉煤气的；复热式焦炉即既能烧焦炉煤气又能烧贫煤气（一般是高炉煤气与焦炉煤气的混合气）。因此加热煤气管道就包括焦炉煤气管道、高炉煤气管道和混合煤气管道。

焦炉加热所需的热量和入炉煤气的热值、温度及操作压力决定了煤气管道管径的大小。为了合理确定加热煤气管道的管径，一般情况下供焦炉加热的煤气流速（按标准状态并考虑紧张操作系数后）和压力都应符合表 3-2-3 的要求。

表 3-2-3 煤气流速和煤气压力

煤气管道	焦炉煤气		高炉煤气		混合煤气
	流速/$m \cdot s^{-1}$	压力/kPa	流速/$m \cdot s^{-1}$	压力/kPa	流速/$m \cdot s^{-1}$
通至两座炉前的煤气导入管	≤20	≥3.5			
每座炉前的煤气管	≤15		≤15	≥4.0	≤15
沿焦炉纵向的煤气分配管	≤12	1.0～1.5	≤12	0.5～1.2	
进入炉体的煤气支管	≤12		≤12		

加热煤气管道的配置和走向除了受周围相关设备和建（构）筑物制约外，主要取决于焦炉炉型和高炉煤气的交换设备。我国大中型焦炉一般采用双联火道、废气循环、焦炉煤气下喷和贫煤气侧入的复热式焦炉，其他形式的焦炉应用得很少。下面仅介绍双联火道、废气循环、焦炉煤气下喷和贫煤气侧入的复热式焦炉的加热煤气管道配置情况。

煤气管道配置分为两部分，即炉间台引入部分和地下室部分。

A 典型复热式焦炉的炉间台引入部分煤气管道配置

典型复热式焦炉的炉间台引入部分煤气管道配置如图3-2-8所示。

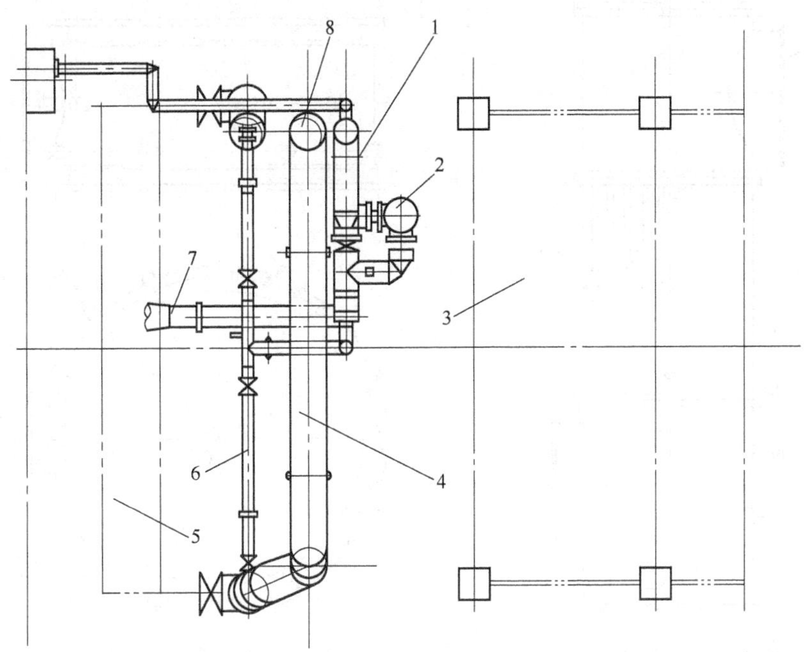

图3-2-8 复热式焦炉炉间台部分煤气管道配置

1—焦炉煤气引入管;2—预热器;3—煤塔;4—高炉煤气主管;5—抵抗墙;
6—混合煤气管;7—焦炉煤气主管;8—高炉煤气引入管

焦炉煤气管道一般从机侧架空引入,一般炭化室高6 m及以上的焦炉,一座焦炉一个引入管;炭化室高6 m以下(如4.3 m)的焦炉,有两座焦炉合用一个引入管和一个焦炉一个引入管两种形式,其形式的选择取决于焦炉规模的大小。高炉煤气管道的引入既有从焦侧引入的,也有从机侧引入的。从机侧引入的焦炉煤气管道和高炉煤气管道需要横跨推焦车轨道,一般均设桥架。

为了测量煤气流量,一般在煤气引入管上设流量孔板(或流量计)。流量孔板一般布置在水平管段上。焦炉煤气流量孔板一般设在预热器前。为了准确计量,孔板前(按煤气流向)应留出8~10倍管径长的直管段,孔板后应留出3~5倍管径长的直管段,随着控制水平和精度要求越来越高,孔板前后的直管段长度要求更长。由于炉间台机焦侧方向尺寸的限制,炉间台引入管水平管段长度往往满足不了这种要求,因此有的焦炉把流量孔板(或流量计)设在外线管道上。

为了防止焦炉煤气中的萘等杂质沉积堵塞管道,一般在焦炉煤气管道引入管上设有预热器(见图3-2-9)。预热器一般安装在间台一层上。预热器前后的煤气管之间设有连通管,以备预热器检修时用。

为了稳定外来焦炉煤气压力,通常在流量孔板之前设煤气自动调节蝶形翻板。调节焦炉煤气供入量的调节蝶形翻板设在预热器之后。

混合煤气管道上同样设有流量孔板和调节蝶形翻板。为了使两种煤气混合良好,还设有混合器(见图3-2-10)。

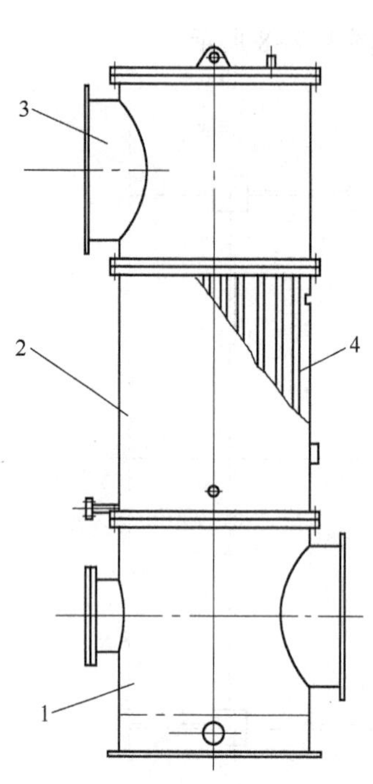

图 3-2-9　预热器

1—下段;2—加热段;3—上段;4—列管

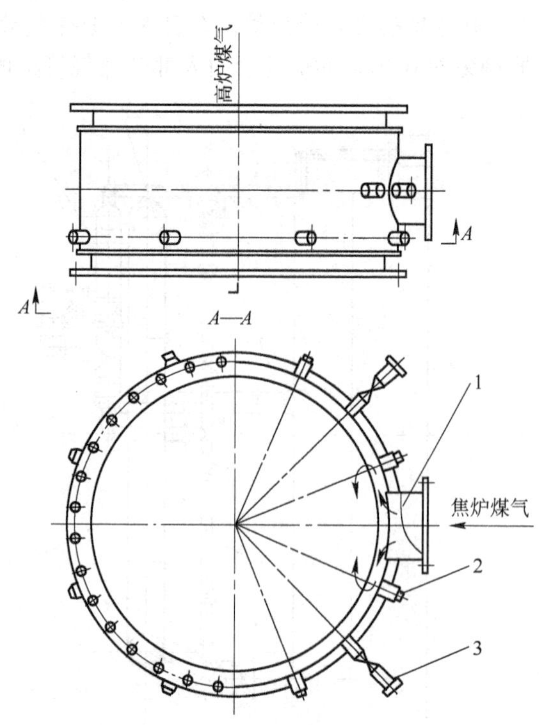

图 3-2-10　焦炉煤气和高炉煤气混合器

1—焦炉煤气进入口;2—清扫用管接头;3—蒸汽清扫头

预热器和混合器一般布置在焦炉间台一层,但随着焦炉大型化,加热煤气管道及相关设备尺寸越来越大,焦炉间台空间有限,布置预热器和混合器也就越来越困难,因此,炭化室高 7 m 焦炉、7.63 m 焦炉均将预热器和混合器以单元站点的方式设在外线区域(见图 3-2-11 和图 3-2-12)。

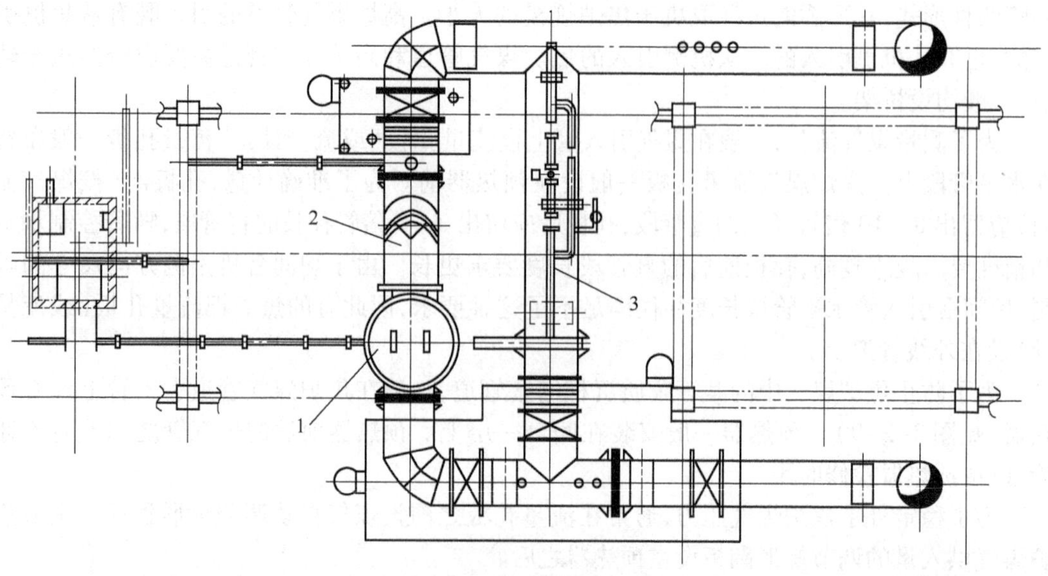

图 3-2-11　煤气预热站

1—预热器;2—焦炉煤气管道;3—蒸汽管道

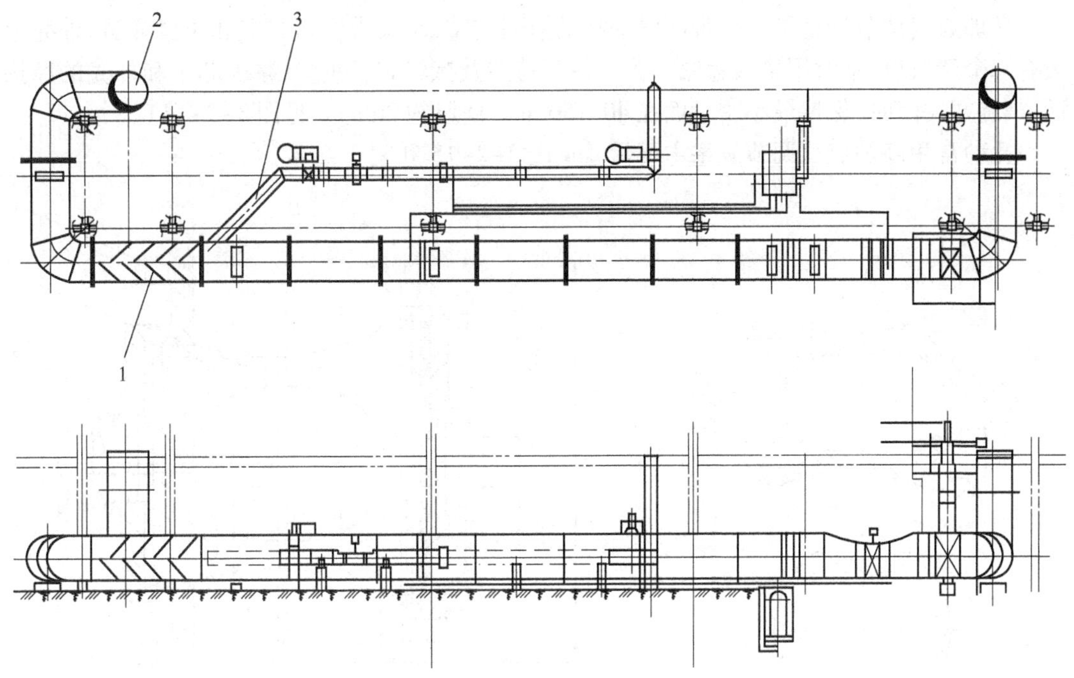

图 3-2-12 煤气掺混站

1—静态掺混器;2—高炉煤气管道;3—焦炉煤气管道

B 焦炉煤气下喷和贫煤气侧入的复热式焦炉的地下室部分煤气管道配置

焦炉煤气下喷和贫煤气侧入的复热式焦炉的地下室部分煤气管道配置如图 3-2-13 所示。

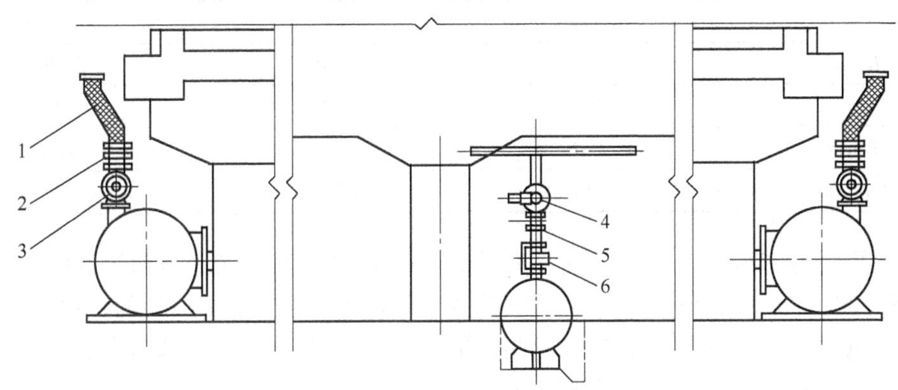

图 3-2-13 复热式焦炉的地下室煤气管道配置图

1—连接弯管;2—高炉煤气孔板盒;3—高炉煤气调节旋塞;4—焦炉煤气交换旋塞;5—焦炉煤气孔板盒;6—焦炉煤气调节旋塞

a 高炉煤气管道

主管一般设在地下室机焦两侧。按照高炉煤气流向,在分配支管上依次设有调节旋塞、孔板盒、交换旋塞(高炉煤气通过废气交换开闭器的煤气砣交换的不设交换旋塞)和连接弯管等。

高炉煤气调节旋塞是一个带润滑油杯的直通旋塞，小头带有密封盖和拉紧弹簧，外壳上设有一个清灰口，平时用堵板盖紧。为了便于铸造及减轻芯子重量，减少芯子和外壳的摩擦面，当旋塞关闭时，保持最小密封面在 40～50 mm，壁厚约 20 mm（见图 3-2-14）。

几种常用高炉煤气调节旋塞主要尺寸见图 3-2-15 和表 3-2-4。

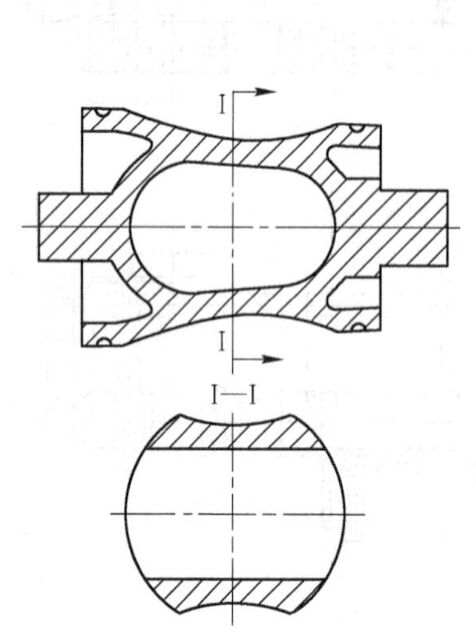

图 3-2-14　高炉煤气调节旋塞芯

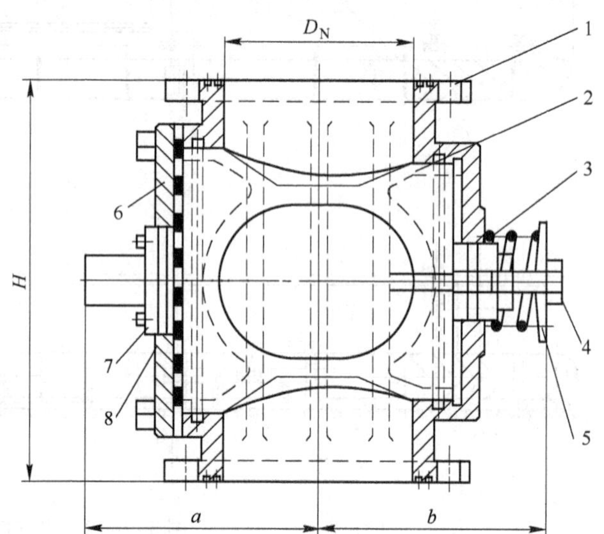

图 3-2-15　高炉煤气调节旋塞

1—外壳；2—芯子；3—弹簧；4—螺栓；5—小盖；6—端盖；7—指针；8—密封圈

表 3-2-4　高炉煤气调节旋塞主要尺寸及质量表

规　格	D_N200	D_N180	D_N150
H/mm	450	350	350
a/mm	242	202	200
b/mm	257	251.5	136
质量/kg	154	116	74

高炉煤气交换旋塞是一个带润滑油杯的直通旋塞，小头具有密封盖和拉紧弹簧，大头也需加上密封盖。根据旋塞的安装位置和交换扳杆运动方向，旋塞芯上的纵向油沟分为 A 型和 B 型两种，旋塞外壳和芯子上的横向油沟需错开。高炉煤气交换旋塞国内使用较少（只有采用上下盘式废气交换开闭器时使用）。

国内大多数焦化厂均采用复合变位性能良好的（有一定弹性变形）的连接弯管，可以方便安装和调整，其使用效果良好。

b　焦炉煤气管道

主管一般设在地下室中偏机侧。按照焦炉煤气流向，在分配支管上依次设有调节旋塞、孔板盒、交换旋塞和连接管与横管相连接。

焦炉煤气调节旋塞是一个带润滑油杯的直通旋塞，旋塞芯靠小端弹簧抑或螺母加以扣紧。常用的几种焦炉煤气调节旋塞见图 3-2-16 和表 3-2-5。

表 3-2-5 焦炉煤气调节旋塞主要尺寸及质量表

规　格	D_N100	D_N80	D_N70
H/mm	290	290	240
L/mm	360	310	265
a/mm	190	155	130
质量/kg	42.5	28.64	17

焦炉煤气交换旋塞是一个带润滑油杯的三通旋塞。旋塞芯靠小端弹簧加以扣紧；芯子和外壳上的纵向油沟因安装位置和交换扳杆方向不同而不同，通常分为 A 型 和 B 型（见图 3-2-17）。这种交换旋塞可以实现在切断煤气的同时导入除碳空气。常用的几种焦炉煤气交换旋塞见图 3-2-18 和表 3-2-6。

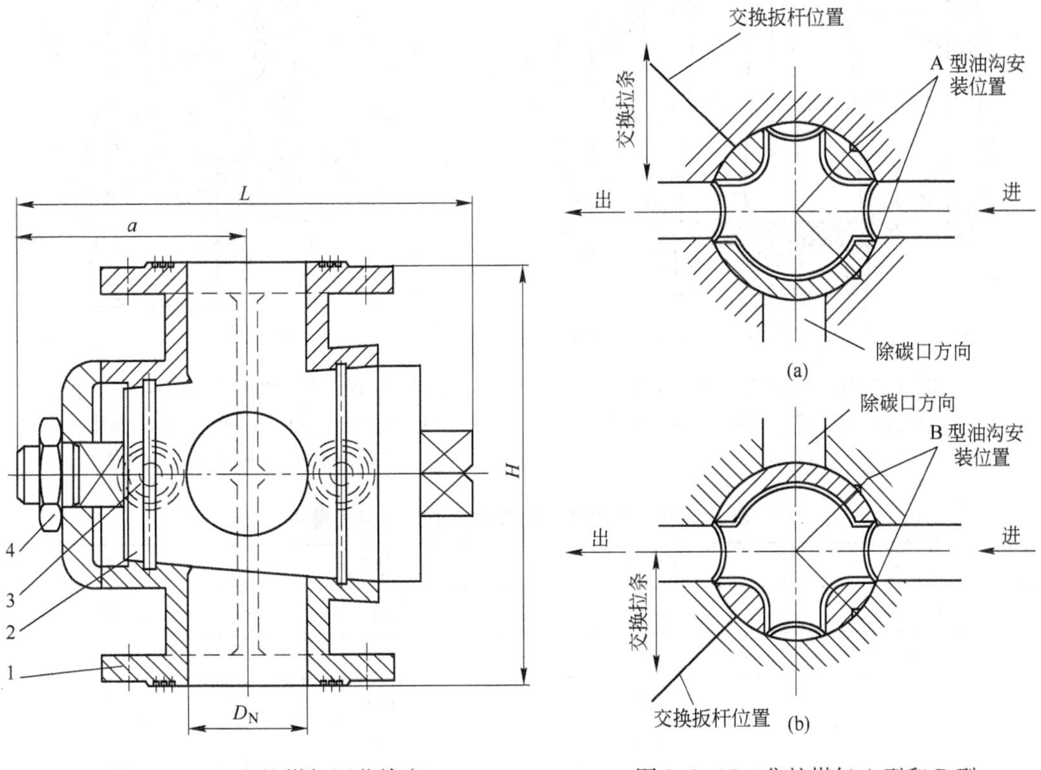

图 3-2-16 焦炉煤气调节旋塞

1—外壳；2—芯子；3—油杯；4—螺母

图 3-2-17 焦炉煤气 A 型和 B 型交换旋塞示意图

表 3-2-6 焦炉煤气交换旋塞主要尺寸及质量表

规　格	D_N100	D_N80	D_N70
H/mm	350	290	280
L/mm	141	141	123
a/mm	135	126	151
b/mm	237	237	219
芯子质量/kg	19	11.3	5.4
质量/kg	49	38	25.5

为了方便孔板的更换，一般均设焦炉煤气和高炉煤气孔板盒。几种常用的孔板盒主要尺寸见图3-2-19和表3-2-7。

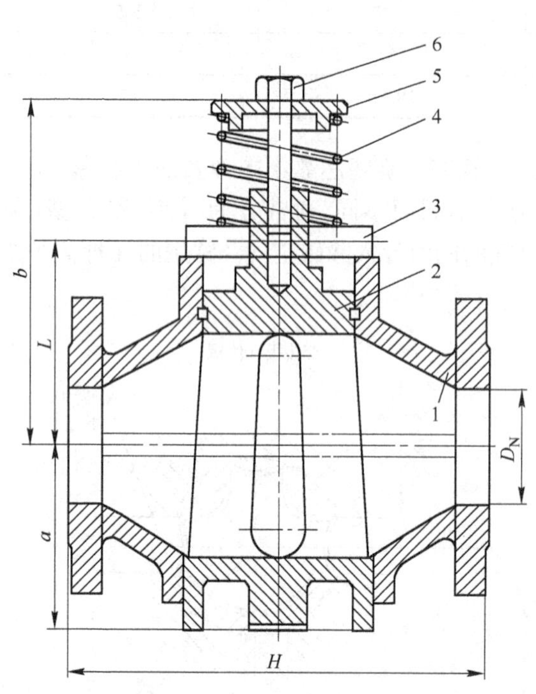

图3-2-18　焦炉煤气交换旋塞

1—外壳；2—芯子；3—交换扳杆；4—弹簧；5—小盖；6—螺栓

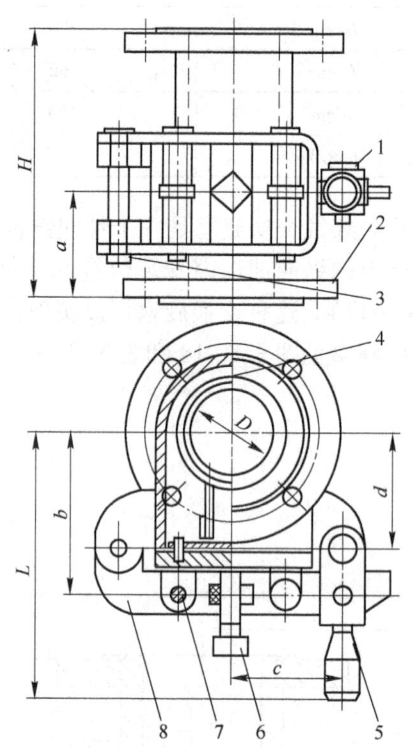

图3-2-19　焦炉煤气和高炉煤气孔板盒

1—螺栓；2—盒体；3—开口销；4—弹簧夹；5—手柄；6—顶丝；7—销；8—杠杆

表3-2-7　焦炉煤气孔板盒主要尺寸及质量表

规　格	D_N100	D_N80	D_N70
H/mm	250	250	250
L/mm	303	293	239
a/mm	100	100	125
b/mm	157	147	142
c/mm	115	105	100
d/mm	115	105	100
质量/kg	29	23.1	19.6

焦炉煤气横管必须适应焦炉加热煤气的要求。对于双联下喷的焦炉，每个燃烧室有两排横管，分别供给单、双数火道煤气，同时横管还分为A型、B型两种（见图3-2-20），以满足单数燃烧室的单数立火道是上升管流时双数燃烧室的单数立火道是下降气流。

焦炉煤气横管通过调节装置（内有小孔板或喷嘴）、下喷管和焦炉基础顶板埋管与焦炉的砖煤气道相连（见图3-2-21）。

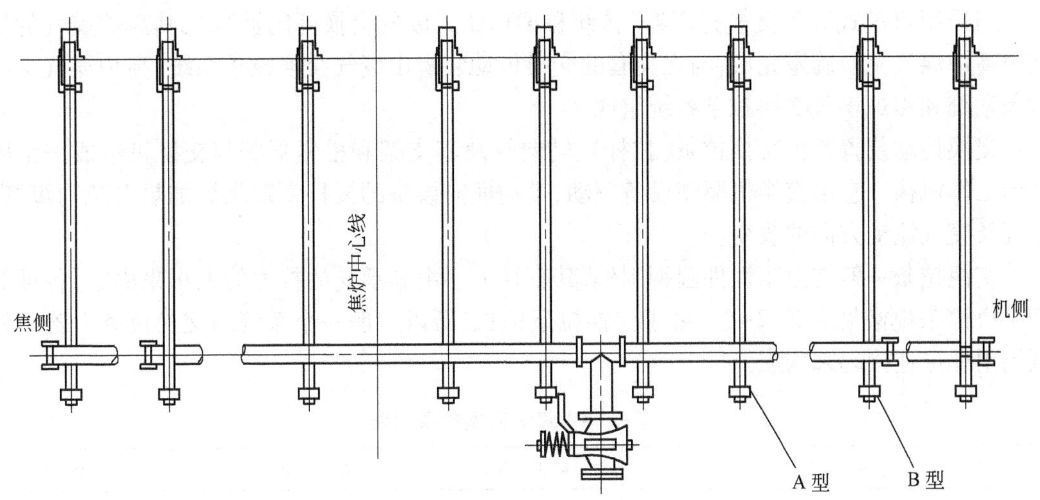

图 3-2-20 焦炉煤气横管

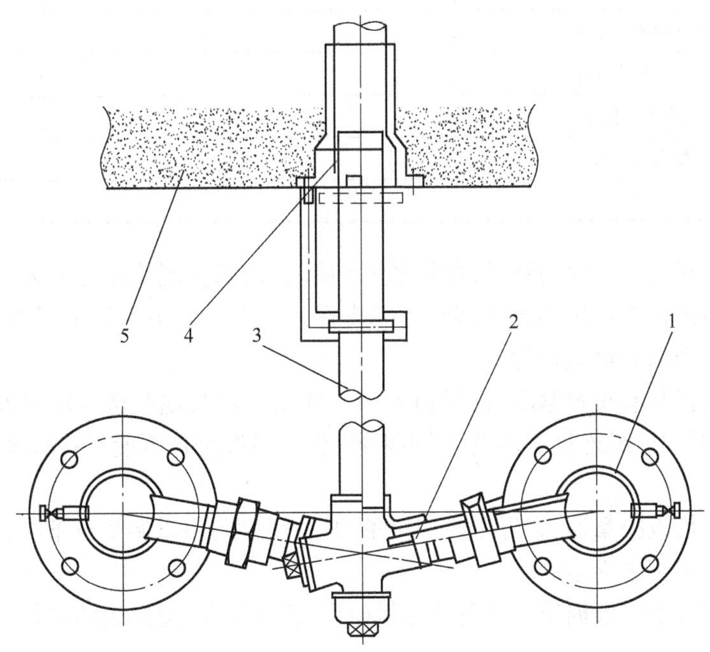

图 3-2-21 焦炉煤气下喷管及相关部分

1—横管;2—焦炉煤气调节装置;3—下喷管;4—基础顶板埋管;5—焦炉基础顶板

3.2.3.2 交换传动装置(焦炉煤气下喷和贫煤气侧入的复热式焦炉)

交换传动装置包括交换机和交换传动机构。它们用来改变焦炉加热系统内煤气、空气及废气流动方向,其中交换机在第 3.3 节介绍,下述的交换传动装置就是交换传动机构。

根据采用废气交换开闭器形式的不同,配置的交换传动装置也不同。

当采用杠杆式废气交换开闭器,其高炉煤气换向由废气交换开闭器的煤气砣来实现,与之配套的交换传动装置由废气交换拉条系统和焦炉煤气交换拉条系统组成。

当采用双盘式废气交换开闭器(传统称 OTTO 式废气交换开闭器)时,其高炉煤气的换向由高炉煤气交换旋塞完成,与之配套的交换传动装置由废气交换拉条系统、高炉煤气交换拉条系统和焦炉煤气交换拉条系统组成。

交换传动装置是由交换拉条(拉杆)、转向轮及其支架和松紧器等与交换机组成一个闭环的工作机构。它由交换机驱动设备驱动,带动换向设备的扳杆实现焦炉加热系统内煤气、空气及废气流动方向的改变。

交换拉条一般均由刚性件圆钢制作,其直径大小由其承受的拉力的大小来决定,各种炉型交换拉条规格见表 3-2-8。由于交换拉条很长,所以一般一个系统的交换拉条由若干根圆钢用螺母连接起来构成。

表 3-2-8　焦炉交换拉条规格

项　目	4.3 m 焦炉	6 m 焦炉	7.63 m 焦炉
焦炉煤气拉条	圆钢 ϕ25 mm	圆钢 ϕ25 mm	
废气拉条	圆钢 ϕ25 mm	圆钢 ϕ25 mm	
焦炉煤气交换旋塞拉条			50 mm × 10 mm
高炉煤气交换旋塞拉条			50 mm × 10 mm
废气砣及大风门拉条			130 mm × 20 mm
大风门配重砣拉条			70 mm × 10 mm
小风门拉条			70 mm × 20 mm

每根拉条的拐弯处一般用链条(配链轮)连接起来,以实现拉条传动方向的改变和闭环的形成。链轮由固定在抵抗墙上的链轮支架支撑。链轮一般为套筒滚子链轮,链条为套筒滚子链。链条支架为碳钢结构件。

采用链条连接具有布置紧凑、行程损失小等优点,因此,现在这种连接方式已被广泛采用,而曾经采用的钢丝绳连接因调整、更换频繁、行程损失大和布置不够紧凑等,现在已基本被淘汰。

每根拉条上均设松紧器,它可以改变拉条的松紧程度,用以调整拉条行程。松紧器的数量是由焦炉孔数多少来确定的。

拉条的行程大小应根据换向设备的行程而定,正常情况:交换机油缸行程 > 拉条行程 > 换向设备的行程。

3.2.4　焦炉集气系统

焦炉集气系统主要工艺设备有上升管、桥管、集气管和高低压氨水喷嘴等。

3.2.4.1　上升管

上升管是安装在焦炉炉顶、用以导出炭化室内荒煤气的焦炉工艺设备。上升管分为上升管底座和上升管筒体两部分。上升管底座一般采用普通铸铁,其下部与焦炉炉顶上升管孔承插连接,上部以法兰形式与上升管筒体连接。上升管筒体一般采用厚约 10 mm 的钢板卷制焊接成圆筒状。上升管内衬耐火材料,一是为了防止高温荒煤气直接与钢板接触,发生焦油冷凝,再裂解,最终形成焦油渣生成石墨,日久堵塞上升管;二是为了防止约 600 ~ 700℃

的高温荒煤气直接与钢板接触，使上升管壁温度升高，甚至烧红，管壁承重能力下降，发生变形倒塌；三是如不衬砖，上升管外壁温度很高，会造成炉顶面空间温度过高，严重恶化操作环境。为了进一步降低上升管向炉顶环境空间的散热，一般还在上升管外设遮热罩。遮热罩一般用1.6 mm厚的钢板制成，如图3-2-22所示。

3.2.4.2　桥管

桥管包括桥管本体、水封阀阀体和水封盖（见图3-2-23）。

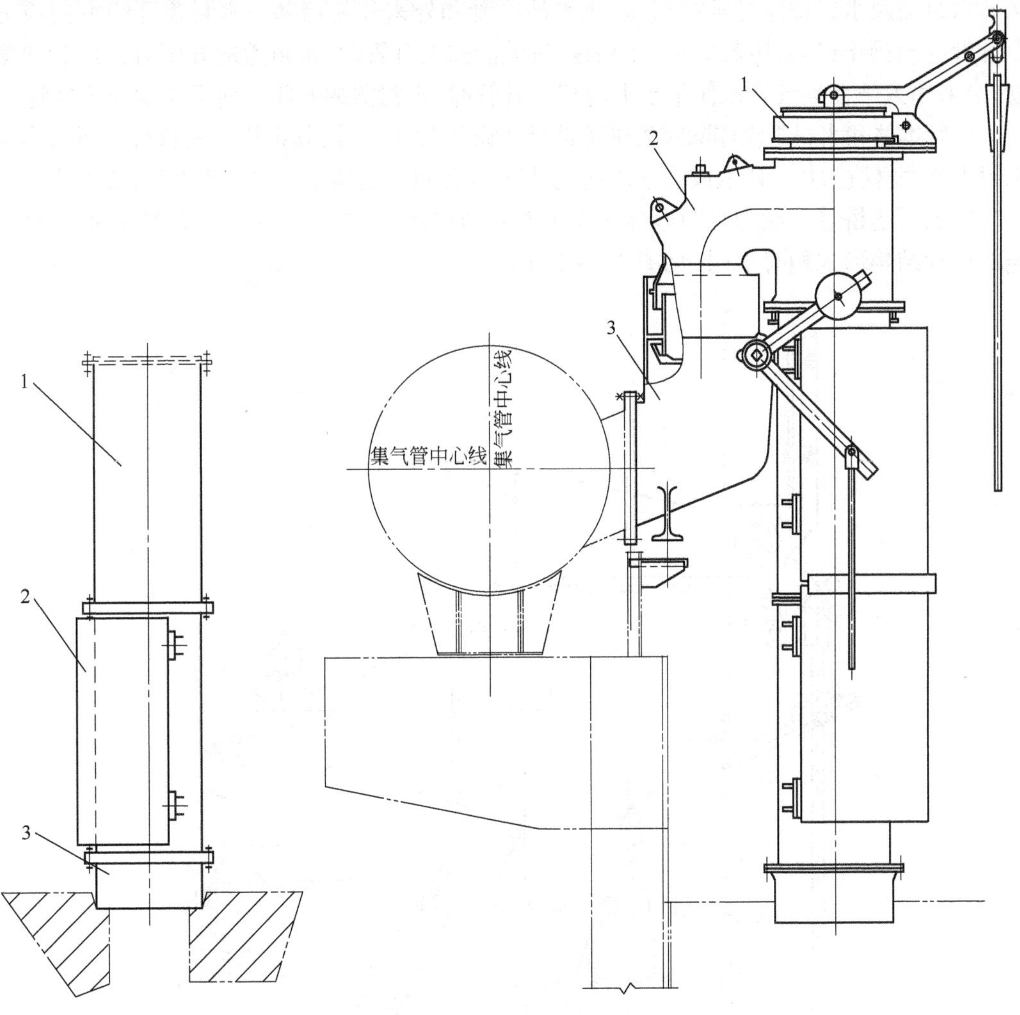

图3-2-22　上升管及其遮热罩
1—上升管筒体；2—上升管遮热罩；3—上升管底座

图3-2-23　圆形集气管与桥管
1—水封盖；2—桥管本体；3—水封阀阀体

桥管本体上部与水封盖连接，一般采用法兰连接；下部与上升管管体法兰连接；侧面与水封阀阀体连接。近几年来都采用水封式承插结构连接，既可以适应炉体高向和水平方向的热膨胀从而方便调整，又可以保证密封的严密性。桥管本体上部设有高低压氨水喷嘴和清扫孔等。

水封阀阀体一般有两种结构形式：一种是与圆形集气管侧面短管相连接的形式；另一种是与U形集气管顶部相连接的形式。水封阀阀体内部设有水封阀盘，当上升管水封盖打开时（炭化室出焦或清扫上升管等），水封阀阀盘关闭，从桥管上部氨水喷嘴喷下的氨水沿翻板四周溢流，形成水封，其高度约 40 mm，以阻止集气管内的荒煤气反流入桥管内。水封阀阀盘启闭杠杆上设有配重，可以保持阀盘的启闭位置。

水封盖安装在桥管上部，可以按照需要开启和关闭。当水封盖处于关闭状态时，通过水封密封，可以阻止荒煤气逸出污染大气，水封高度约 40 mm。水封盖的水封用水一般采用满流供水或平衡水槽补充水等办法，维持水封盖装置中水封槽的水位。水封用水为普通工业水。水封盖及水封槽应经常清扫，防止焦油冷凝和外来焦粉堵塞。水封盖开闭方向应方便上升管清扫操作：当采用装炉车上的清扫机械清扫上升管时，水封盖的开闭方向应朝向集气管；当采用人站在集气管操作平台上清扫上升管时，水封盖的开闭方向不应朝向集气管。

桥管本体和水封阀阀体除阀盘轴等部件为碳钢加工件外，其余均为铸铁件。桥管本体和水封阀外壳材质为灰口铸铁或蠕墨铸铁，水封阀阀盘材质为铸钢。水封盖为普通碳钢结构件。

以上所述桥管一般为与圆形集气管相连的结构形式，与 6 m 和 7 m 焦炉 U 形集气管相连的桥管结构形式稍有不同（见图 3-2-24）。

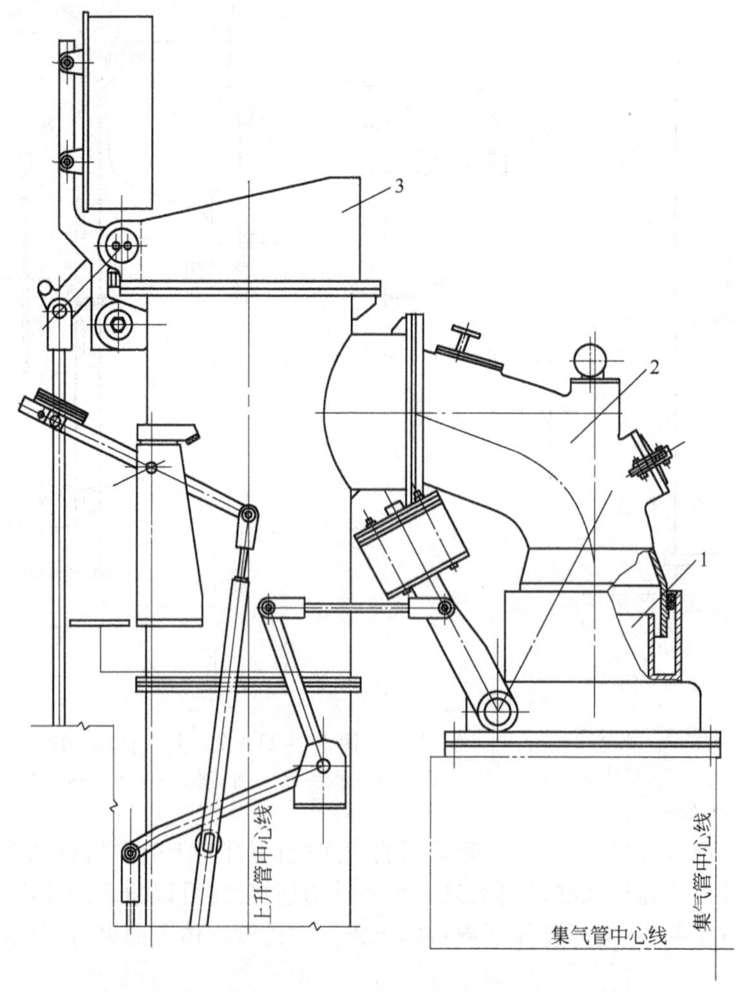

图 3-2-24　与 U 形集气管相连的桥管结构形式

1—水封阀体；2—桥管本体；3—水封盖

3.2.4.3 集气管

集气管是汇集从各炭化室导出的荒煤气的焦炉工艺设备。集气管是由钢板卷制焊接而成的管道，它安装在由炉柱支撑的许多托架上，与水封阀阀体相连。

集气管有单双之分，一般单集气管是设在机侧（国外的6 m捣固焦炉将单集气管放在焦侧），双集气管则机、焦侧均设集气管。双集气管有利于装煤，能将炭化室内的荒煤气快速导出，双集气管的缺点是：炉顶面空间操作温度较高；由于机、焦侧集气管内煤气压力不平衡，在结焦末期，机、焦侧集气管内的煤气有"倒流"的现象（煤气从压力高的一侧集气管反流入水封阀、桥管、上升管、炭化室，再进入另一侧的上升管、水封阀、桥管、集气管）；设备增加1倍，维修工作量大。现代焦炉都配置了较完善的无烟装煤设备，如：装煤车一般设置机械给料装置，采用顺序装煤；高压氨水喷射抽吸装煤烟尘；设置地面站装煤除尘系统。它们配合在一起能很好地解决装煤烟尘治理问题，因此，现代焦炉一般都采用单气管。

集气管的断面有圆形和U形（或梨形）之分。圆形集气管对应的桥管阀体安装在集气管的侧面，具有能降低上升管高度、降低炉顶操作环境温度和便于人工清扫上升管等优点。U形集气管对应的桥管阀体安装在集气管的上部，经过气体阻力小，上升管较高，炉顶操作环境温度也高，但缩小了上升管中心与集气管中心之间的距离。与圆形集气管相比，当集气管半径相同时，U形集气管的断面要大于圆形集气管的断面。

集气管断面大小与炭化室孔数和每个炭化室单位时间内发生的煤气量有关，确定断面时应做集气管的阻力计算，集气管内最大气体流动阻力不大于20 Pa，这样可以减少炉端炭化室炉门刀边等不严密处的冒烟。为了减少集气管内气体流动阻力和炭化室炉门刀边处的煤气压力，目前大型焦炉每25～30孔炭化室配置一个集气管和吸煤气管。

集气管的压力控制，传统的控制观念是保证在整个炼焦周期内所有炭化室处于正压操作状态，防止负压操作。其控制值：在冂形管（或吸煤气管）处，集气管压力值为炭化室底部至集气管中心高度的相当气体温度的浮力再加上5 Pa。压力控制措施：当集气系统设置冂形管时，在冂形管上设置手动和自动调节蝶阀（调节翻板）；当集气系统不设置冂形管时（如宝钢焦化厂焦炉），则在吸煤气管上设置半圆形的自动调节翻板。单集气管（圆形）系统配置如图3-2-25所示。

近年来从德国引进的7.63 m焦炉采用了一种叫做prowen系统的集气系统压力调节装置。它通过调节安装在桥管阀体内杯状水封装置的水封高度控制单个炭化室的压力，以实现各个炭化室在整个结焦过程中的压力稳定。而整个集气管内处于负压状态，约－300 Pa，当装煤时，杯状水封装置的水封水放空，桥管与集气管直接相通，此时桥管以－300 Pa的吸力抽吸炭化室中的装炉煤气。随着装煤时间的推移、炭化室内煤气压力的减小，逐步调节杯状水封装置的水封高度，降低桥管内的吸力，随着结焦时间的延长，桥管内吸力减小并逐步转变为正压，以保持炭化室底部在整个炼焦周期内始终处于正压状态。由于这个装置较为复杂，其使用效果尚需进一步考察和验证。

3.2.4.4 氨水喷洒装置

氨水喷洒装置包括低压氨水喷洒、高压氨水喷射抽吸装置和高压氨水清扫装置。

(1) 低压氨水喷洒用于喷洒来自上升管的热煤气（荒煤气），使其从600～650℃冷却到100℃以下，同时使其中一部分焦油和氨水冷凝下来。喷洒氨水的压力一般要求不小于

25 kPa。喷嘴采用高低压合一的喷嘴，如图 3-2-26 所示。低压氨水喷嘴直径与喷水量的关系见表 3-2-9。

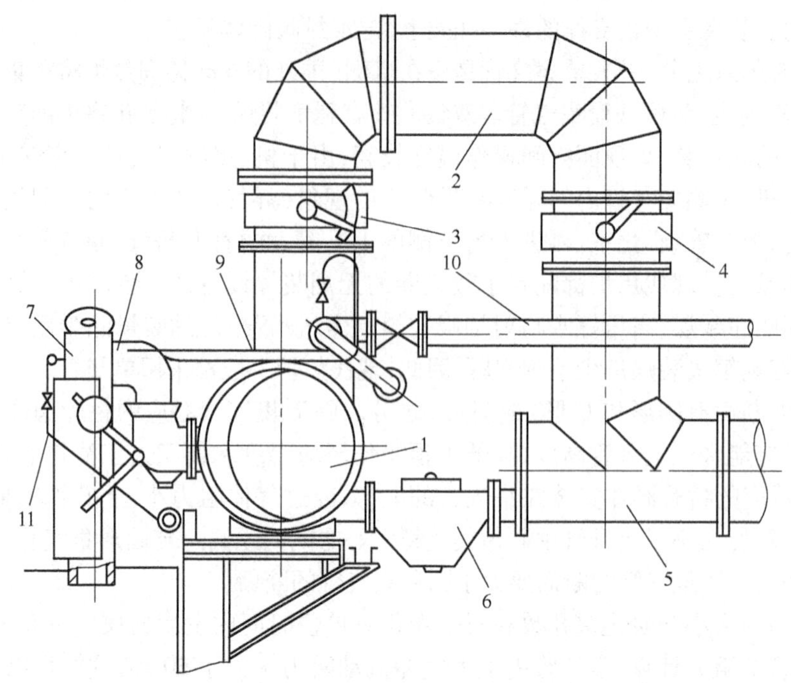

图 3-2-25　圆形单集气管配置图

1—集气管；2—吸气弯管；3—手动调节翻板；4—自动调节翻板；5—吸气管；6—焦油盒；7—上升管；8—桥管及阀体；9—集气管操作台；10—氨水管；11—蒸汽管

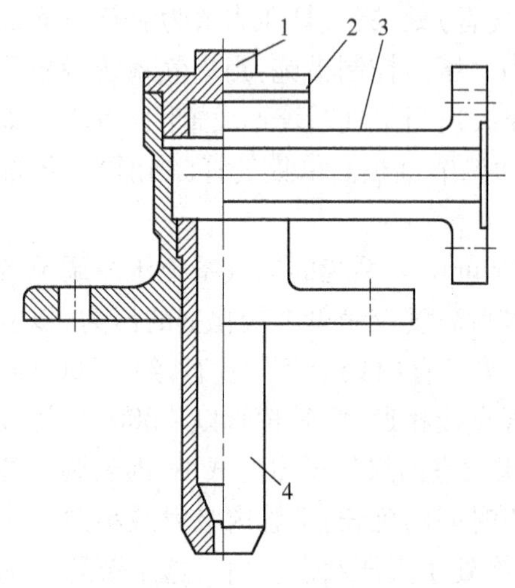

图 3-2-26　高低压氨水喷嘴

1—塞子；2—衬垫；3—喷嘴座；4—喷嘴

表 3-2-9　氨水喷嘴流量

喷嘴直径 /mm	喷嘴压力 /kPa	计算流量 /$m^3 \cdot h^{-1}$	实测流量 /$m^3 \cdot h^{-1}$	流量系数
7	156.8	2.5	2.4	0.96
8	156.8	3.18	2.99	0.94
8	196.0	3.56	3.27	0.91
8	215.6	3.73	3.47	0.93
8	1568	10.08	9.3	0.92
10	147.0	4.83	3.88	0.80
10	215.6	5.85	4.64	0.79
10	1568	15.79	12.6	0.80
12	147.0	6.97	5.5	0.79
12	215.6	8.45	6.68	0.79
12	1568	22.7	17.9	0.79

（2）高压氨水喷射抽吸装置是用于抽吸装煤烟尘。如果压力调试合适可在上升管根部产生 300 Pa 吸力，某厂试验数据见表 3-2-10，当用 3 MPa 高压氨水喷射抽吸装煤烟尘时情况如图 3-2-27 所示。

表 3-2-10 高压氨水喷射压力与炉顶空间吸力的关系

喷射介质压力/MPa		炉顶空间吸力/Pa		装煤时情况	备 注
		机 侧	焦 侧		
高压氨水	1.4	-350	-350	少量冒烟	
	2.7	-800	-700	基本不冒烟	
	3.0	-800	-750	基本不冒烟	122 号
		-1000	-1050		132 号
		-900	-900		142 号
		-900	-900		152 号
蒸 汽	0.5	-200	-200	冒 烟	

注:装煤孔盖盖上后 1 min 测量吸力。

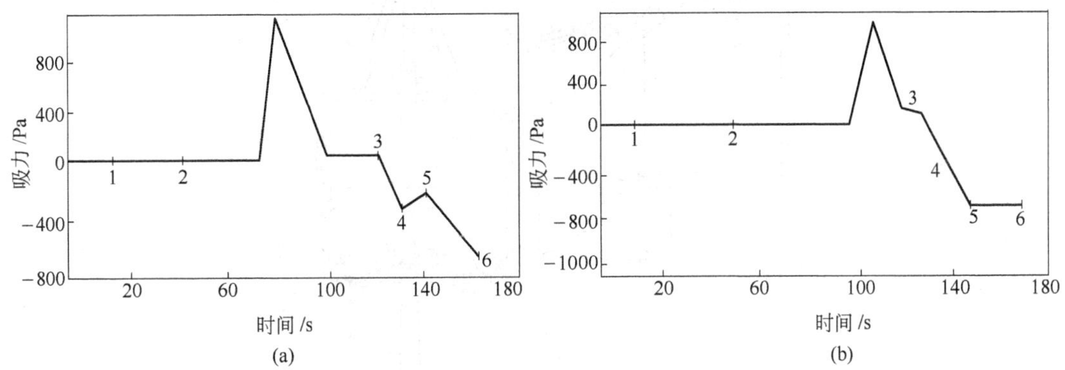

图 3-2-27 用高压氨水喷射时装煤过程中炭化室内的吸力状况

(a) 147 号炭化室机侧;(b) 147 号炭化室焦侧

1—装煤开始;2—平煤开始;3—装完煤;4—盖装煤孔盖;5—平完煤;6—关闭高压氨水

根据国内多厂的经验:高压氨水的使用压力不能太高,过高的压力会造成荒煤气夹带煤粉太多,使焦油质量下降,焦油渣增多,一般认为 2.2 ~ 2.7 MPa 比较合适。过去 20 多年的经验证明:完全依靠高压氨水喷射抽吸装煤烟尘和装煤车的顺序装煤来解决装煤冒烟问题是困难的。最现实可靠的措施是高压氨水喷射抽吸装煤烟尘和装煤车配合地面除尘站净化装煤烟尘。高压氨水泵一般采用多级离心泵配用变频电机,这样配置后,在高压氨水喷射时能维持压力稳定。

3.2.5 废气交换开闭器

废气交换开闭器是控制焦炉加热用空气量、导入贫煤气和排出废气并实现这些气流方向转换的焦炉工艺设备。它通过小烟道连接管(或两叉部)与焦炉小烟道连接,通过烟道弯管与分烟道连接,并有连接管与高炉煤气连接弯管相连接。

废气交接开闭器主要有两种形式:一种是上下盘式废气交换开闭器(俗称 OTTO 式);另一种是杠杆传动砣式废气交换开闭器。

采用上下盘式废气交换开闭器时,废气拉条通过链条和提杆直接提起废气盘。它主要由筒体、砣盘、两叉部和烟道连接管(含调节翻板)构成(见图 3-2-28)。两叉部分别与空气蓄热室小烟道和煤气蓄热室小烟道相连,两叉部上部有2个风门,分别与空气蓄热室小烟道和煤气蓄热室小烟道相通。风门启闭由废气拉条的小链带动。当风门落下,筒体内上砣盘和下砣盘全部提起时,蓄热室内的废气导入分烟道。废气量由调节翻板进行调节。当焦炉用焦炉煤气加热时,2个风门均与废气拉条的小链相连,并按交换程序动作一起启闭2个风门。当对应的蓄热室为上升气流时,2个砣盘全部落下,两叉部2个风门都打开,由此进入加热用空气。空气量可以通过改变风门入口断面积来调节。当用混合煤气加热时,只打开两叉部中一个叉上的风门进空气,将有贫煤气连接管的一个叉上的风门锁紧。贫煤气通过贫煤气连接管、两叉部进入煤气蓄热室小烟道。当采用这种废气交换开闭器时,其混合煤气的交换必须通过混合煤气交换拉条带动混合煤气交换旋塞来实现。

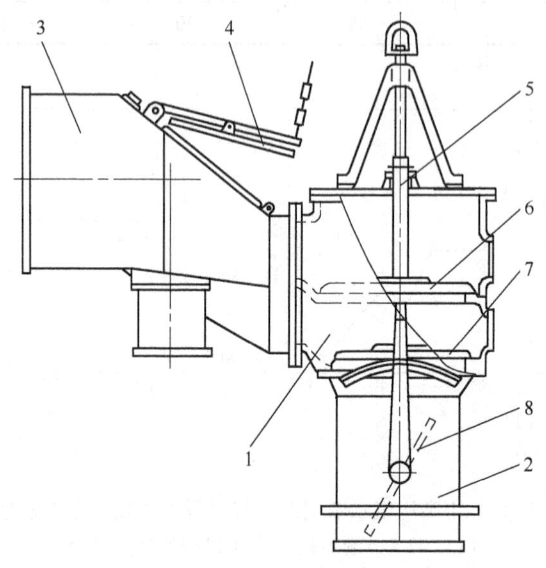

图3-2-28　双盘式废气交换开闭器

1—筒体;2—烟道连接管;3—两叉部;4—风门;5—砣杆;6—上砣盘;7—下砣盘;8—调节翻板

杠杆传动砣式废气交换开闭器有煤气、空气、废气交换开闭器和空气、废气交换开闭器两种。煤气、空气、废气交换开闭器主要由壳体、传动机构、废气砣、煤气砣、空气门盖和废气阀体构成(见图3-2-29)。

用混合煤气加热时,解除与煤气蓄热室相通的空气门盖的杠杆连接,并严密锁紧空气门盖,将煤气砣提杆与传动杠杆相连。借助传动机构落下废气砣,即时打开空气蓄热室的空气门盖,空气进入空气蓄热室的小烟道,提起煤气砣,贫煤气经单叉导入煤气蓄热室小烟道,焦炉的加热系统转入上升气流。下一个交换时,落下煤气砣,关闭空气门盖,提起废气砣,此时废气导入分烟道,焦炉的加热系统转入下降气流。用焦炉煤气加热时,煤气砣与传动杠杆脱开,和煤气蓄热室相通的空气门盖与传动杠杆连接。借助传动机构打开2个空气门盖,即时落下废气砣,空气同时进入煤气和空气蓄热室的小烟道,焦炉的加热系统转入上升气流;下一个交换时,落下空气门盖,提起废气砣,废气导入分烟道,焦炉的加热系统转入下降气流。这种废气交换开闭器的煤气砣能够代替煤气交换旋塞起到启闭混合煤气的作用,而且混合煤气的交换借助杠杆传动机构即可实现,可省去混合煤气交换传动拉条。空气、废气交换开闭器不设煤气砣和煤气砣筒体,其作用与煤气、空气、废气交换开闭器用焦炉煤气加热时相同。国内现已将煤气、空气、废气交换开闭器和空气、废气交换开闭器合二而一，用一套四连杆传动机构实现上述几种气流的换向，使得这种废气交换开闭器的结构更加紧凑。

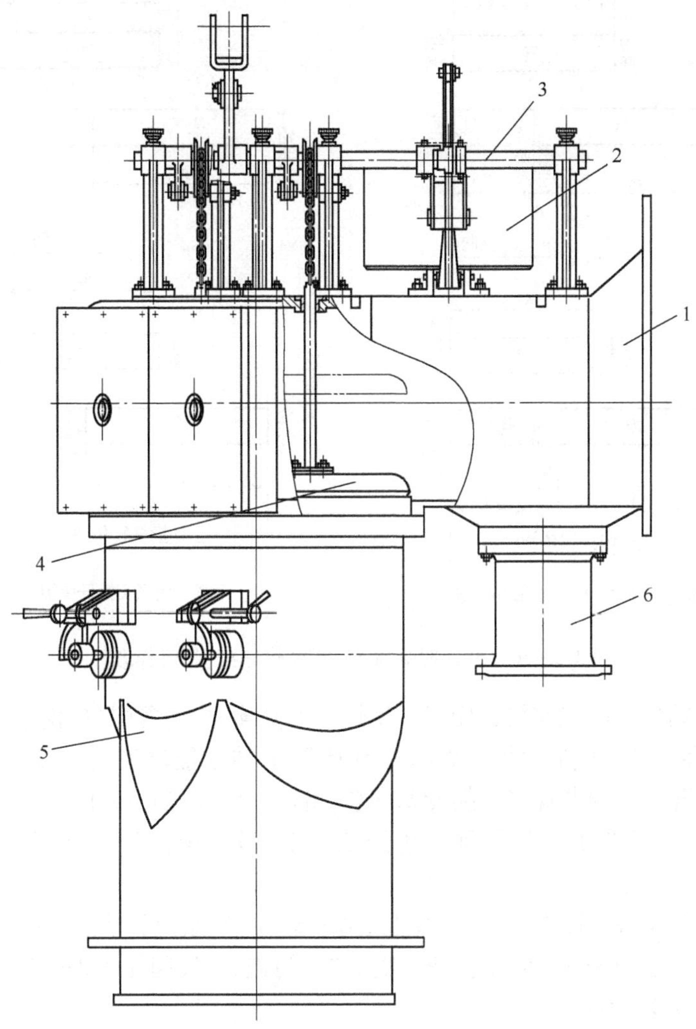

图 3-2-29　杠杆传动砣式煤气、空气和废气交换开闭器
1—壳体；2—空气门盖；3—传动机构；4—废气砣；5—废气阀体；6—煤气砣

如前所述，杠杆传动砣式废气交换开闭器与上下盘式废气交换开闭器相比较具有如下特点：

（1）用高炉煤气砣代替高炉煤气交换旋塞。

（2）通过杠杆、轴卡和扇形轮等来提起高炉煤气砣，省去了高炉煤气交换传动拉条。这样交换时，煤气砣、废气砣和空气门的工作必须严格按照先落下废气砣、提起空气门盖、后提起煤气砣和先落下煤气砣、后关严进风门、再提起废气砣的顺序进行，并且在 2 个砣一起一落之间要有适当的间隔时间。这种废气交换开闭器在交换时煤气砣、废气砣、空气门盖的动作顺序如图 3-2-30 所示。由此可见，它是以较为复杂的杠杆、轴卡和扇形轮的巧妙配合来精确地实现上述要求，换来了较为简便的交换传动系统。

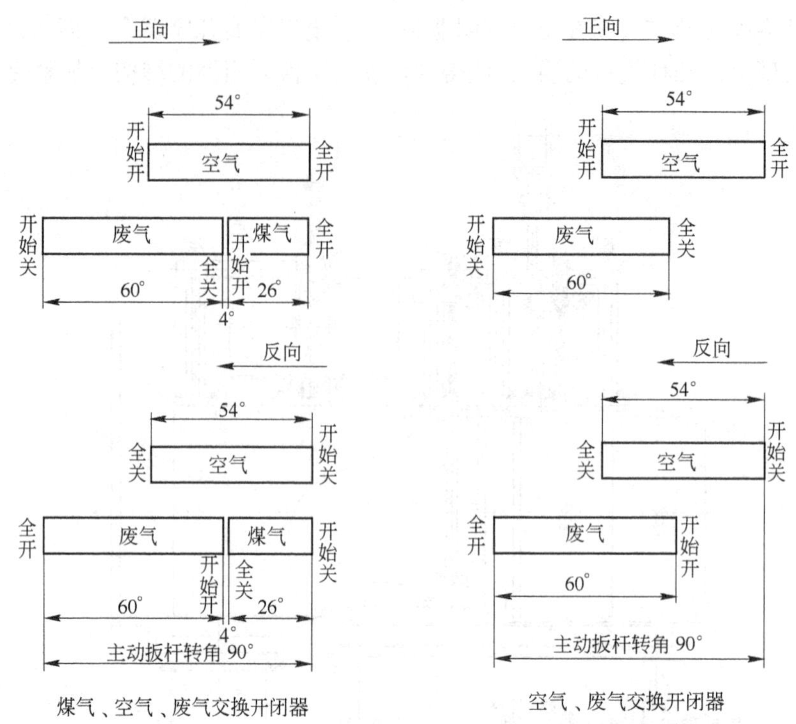

图 3-2-30　交换时煤气砣、废气砣、空气门工作顺序

(3) 杠杆传动砣式废气交换开闭器采用煤气砣交换,启闭贫煤气,由于煤气砣的严密性较差,可能有较多的贫煤气通过煤气砣漏失到烟道内,造成能源浪费和 CO 污染大气。而上下盘式废气交换开闭器与贫煤气交换旋塞配合,贫煤气的泄漏量较小,但如果贫煤气交换旋塞清洗不及时,将有不少的贫煤气漏入焦炉地下室,污染操作环境,也有可能形成爆炸性气体。

上下盘式废气交换开闭器的筒体、砣盘、两叉部、调节翻板和烟道连接管以及杠杆传动砣式废气交换开闭器的壳体、废气砣、煤气砣、空气门盖、废气阀体和外壳等主要零部件的材质均采用灰口铸铁 HT200。

3.2.6　熄焦设施

所谓熄焦就是将赤热焦炭冷却到便于运输和储存温度的焦炉操作过程。熄焦分为湿法熄焦和干法熄焦。湿法熄焦是用水作熄焦介质的熄焦方法。湿法熄焦又分为常规湿法熄焦和新型湿法熄焦两大类,后者是在前者的基础上进行适当的改进、完善和提高而形成的熄焦方法。比较成熟的新型湿法熄焦是从美国引进的低水分熄焦技术和从德国引进的稳定熄焦技术。湿法熄焦从供水方式上又分为直接熄焦和间接熄焦两种,直接熄焦的熄焦水由水泵直接送到熄焦塔内的熄焦水喷洒管道,借助水泵压头进行喷洒熄焦(国内多采用这种熄焦方法),间接熄焦的熄焦水则由水泵先送到熄焦塔旁的高位水槽,依靠高位水槽与喷洒管间的位差进行喷洒熄焦。两者相比,间接熄焦所用水泵不受熄焦时间的限制,能力可以小一点,但需增设高位水槽和自动控制的快速开闭器。上述的两种新型湿法熄焦均采用间接熄焦。本节所述熄焦设施为上述的湿法熄焦设施。

3.2.6.1 常规湿法熄焦

常规湿法熄焦设施一般由熄焦塔及喷洒管、泵房、粉焦沉淀池及粉焦抓斗等组成。为了防止熄焦蒸汽裹携大量粉尘从熄焦塔顶逸散后污染环境,现在的湿法熄焦一般还设有熄焦除尘设施。常规湿法熄焦设施其平面布置如图 3-2-31 所示,构筑物及主要设备规格见表 3-2-11。

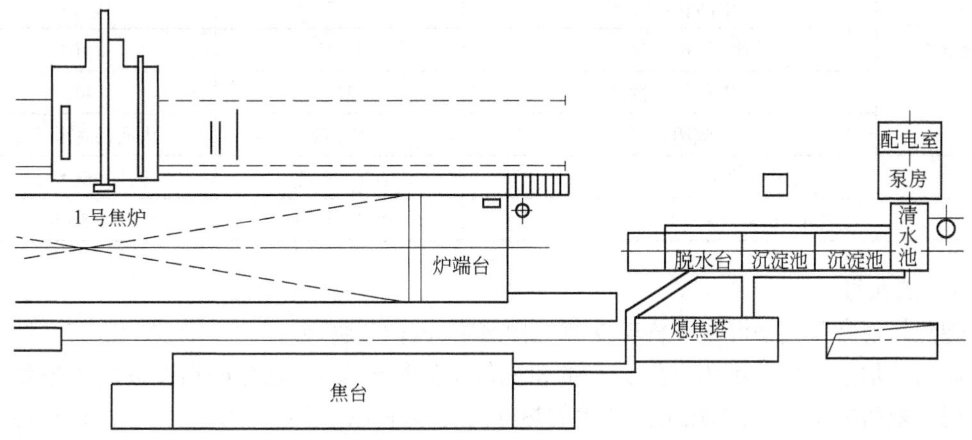

图 3-2-31 常规湿法熄焦设施平面布置图

表 3-2-11 焦炉熄焦设施构筑物及主要设备规格

名 称			4.3 m 焦炉	6 m 焦炉
水泵及电动机	水泵型号		14SH-19	12SH-13
	水泵流量/$m^3 \cdot h^{-1}$		1260	792
	水泵扬程/m		26	32.2
	电动机型号		Y315M1-4	Y315S-4
	电动机功率/kW		132	110
	数 量	操 作	1	1
		备 用	1	1
泵 房	泵房面积/m^2		45	51.1
	室内地坪标高/m		-4.3	-4.68
	泵前吸入管直径/m		0.377	0.325
	泵后出口管直径/m		0.325	0.273
	向熄焦塔供水管直径/m		0.426	0.63
沉淀池	格 数		2	3
	每个容积(长×宽×高)/m^3		10×5.5×4.8	10×5.5×5.5
	池底标高/m		-4.5	-5.2
清水池	容积(长×宽×高)/m^3		5×5.5×4.8	10×5.5×5.5
	池底标高/m		-4.5	-5.2
	吸水头中心标高/m		-3.88	-4.015
粉焦脱水台(长×宽)/m^2			10×5.5	15×5.5

续表 3-2-11

名　称		4.3 m 焦炉	6 m 焦炉
粉焦抓斗	型　号	DZ12	DZ12
	抓斗容积/m³	1.5	1.5
喷洒管	喷洒管数	4	4
	喷洒管直径/m	0.174	0.377
	喷嘴(孔)直径/m	0.025	0.100
	喷嘴(孔)数量	216	40
	喷洒方式	下　喷	大孔径高压下喷
熄焦供水方法		直接(常规)	间接(低水分)
熄焦塔(长×宽×高)/m³		18.7×6×36	10×8×50

A　熄焦塔

熄焦塔通常是钢筋混凝土构架支撑的构筑物，内衬防腐蚀、耐急冷急热的缸砖。熄焦塔的断面尺寸取决于单孔炭化室焦炭产量和熄焦车的外形尺寸，熄焦塔高度取决于熄焦蒸汽通过熄焦塔时的阻力，使熄焦蒸汽产生的热浮力克服除尘栅板阻力后，熄焦蒸汽还有足够的余压从塔顶排出，除尘栅板阻力大，熄焦塔就高。熄焦塔的高度从无除尘装置熄焦塔高25 m发展到7.63 m焦炉，稳定熄焦的熄焦塔最高已达70 m。

B　喷洒管

常规湿法熄焦采用喷洒管进行熄焦，即在熄焦塔内熄焦车的上方设若干排喷洒管道。喷洒管道的喷水方式有上喷式和下喷式两种，目前一般厂采用下喷式。下喷支管(即喷嘴)直径较大，大量的水直接喷在溅板上，向上反溅的水落在熄焦车内红焦上，进行熄焦。上喷式的熄焦方式中所用的上喷支管(即喷嘴)直径较小，大量的上喷水直接落在熄焦车内红焦上，进行熄焦。因其喷孔小，粉焦与熄焦水中带的杂质易堵塞喷孔，所以这种熄焦方式现不再采用。

常规湿法熄焦的不足之处：常规湿法熄焦的喷洒方式在单位时间内喷出水量少，在熄焦初期喷下的水大部分用于熄焦车中顶层焦炭熄焦和蒸发，中下层焦炭基本上得不到熄焦水，因水少且水流不均匀造成熄焦时间延长，其结果或者中下层焦炭未熄灭而出现红焦，上部焦炭因熄焦时间长而含水量大，或者中下层焦炭熄灭，上部焦炭因熄焦时间过长而含水量过大。

C　除尘装置

除尘装置设在熄焦塔的顶部。目前常见的除尘装置是采用木板格栅组成的折流板结构(见图3-2-32)。这些折流板用于导出蒸汽和捕集粉尘，以烟尘颗粒为内核的冷凝液滴在通过捕尘格栅缝隙时，被碰撞而沉积在格栅上，或者冷凝成液滴汇入喷洒水中，回到熄焦水沉淀池。

稳定熄焦采用聚丙烯格栅式的折流板结构(见图3-2-33)。这些格栅像挡板一样布置成锯齿状。稳定熄焦为了进一步提高除尘效果，除设置双层捕尘格栅(熄焦塔的中上部和顶部各设一层)外，还在下层捕尘格栅的下部设置一套水雾捕集装置(不锈钢喷水管道)，用于冷却裹携粉尘等污染物的熄焦蒸汽，降低粉尘逸散速度使之初步分离，再配合上述的双层捕尘格栅，可以大幅度地降低粉尘的排放量，即每吨焦炭散发的粉尘量可控制在小于10～15 g。

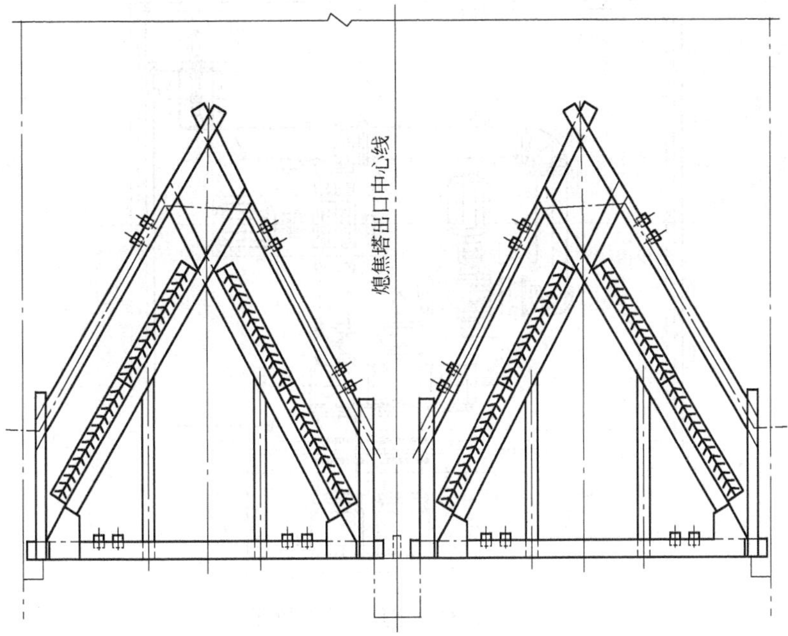

图 3-2-32 木板格栅组成的折流板结构

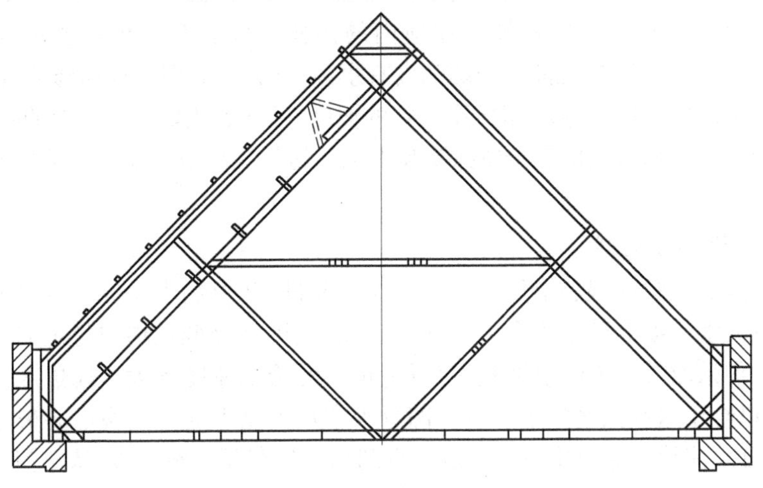

图 3-2-33 聚丙烯格栅式的析流板结构

D 熄焦泵房

典型的熄焦泵房布置如图 3-2-34 所示。泵房的大小是根据所选泵(包括电机)的数量及其布置情况而确定的。水泵和泵房内管道的布置按照方便设备维修操作的原则进行布置。为了防止停泵时发生“水锤冲击”现象,避免冲击破坏水泵等设备,在泵后的熄焦管道上设有二道止回阀。为了防止块焦等杂物被吸入,泵前吸入管前端设有吸水头。常规湿法熄焦一般采取直接熄焦,根据熄焦用循环水量和扬程来选择水泵。熄焦用循环水量是按 2 m^3/t 干煤,熄焦时间为 90 ~ 120 s 确定的,水泵的扬程是按照克服系统阻力并在出水口有 1.5 kPa 压头确定的。

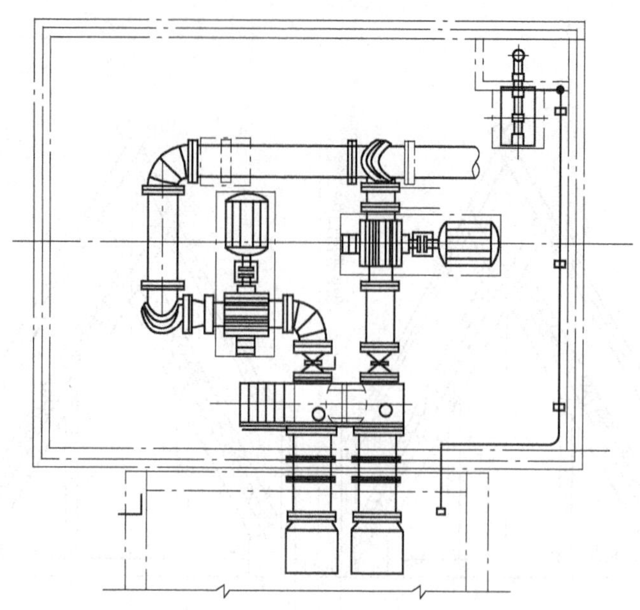

图 3-2-34　熄焦泵房布置图

E　粉焦沉淀池及粉焦抓斗

熄焦后的水经过沉淀池将粉焦沉淀下来，澄清后的水继续循环使用。沉淀池的大小和数量取决于熄焦循环水量和粉焦抓斗在池内的操作。普通 6 m 焦炉熄焦沉淀池为 3 个(15 m×5.5 m/个)。一般在沉淀池的两侧设有水沟，以方便分别清理和修补沉淀池，为了避免大量粉尘在水沟中沉淀，一般水沟要设 1% 的坡度，因此熄焦塔至沉淀池的距离越近越好。国内的粉焦起运一般均采用电动单轨抓斗起重机。粉焦沉淀池的端部一般应有粉焦脱水台和粉焦装车台。

3.2.6.2　低水分熄焦

低水分熄焦是对常规湿法熄焦的喷洒管加以改进，其熄焦水在设定压力下经过特殊排列的水喷嘴以大水流喷射到熄焦车内的红焦表面，获得水分低且均匀稳定的焦炭的熄焦过程。低水分熄焦采取大水流喷射熄焦，使得熄焦水的给水速度远大于熄焦水被吸入焦块和蒸发的速度，以至于这些大量的水只有一部分水在从上至下通过焦炭层时被吸收并激烈汽化，其余大部分水流快速通过中下层焦炭一直到达熄焦车厢倾斜底板，从车门上预先开好的许多孔洞中流出，以避免熄焦水在车内积聚淹没及浸透焦炭，造成焦炭水分过多。车内各层，尤其是车厢底部赤热红焦与熄焦水接触汽化瞬时产生的大量水蒸气，凭借其巨大推动力从下至上触及并冷却焦炭。有着巨大推动力的水蒸气迫使车厢内的焦炭处于“沸腾”状态，这保证了车厢内的焦炭得到均匀冷却，其水分可通过控制熄焦时间达到低而均匀的目标。低水分熄焦的喷洒管和产生柱状大水流的喷嘴(见图 3-2-35)均用不锈钢制造。低水分熄焦与一点定位熄焦车相配合，其使用效果更好。

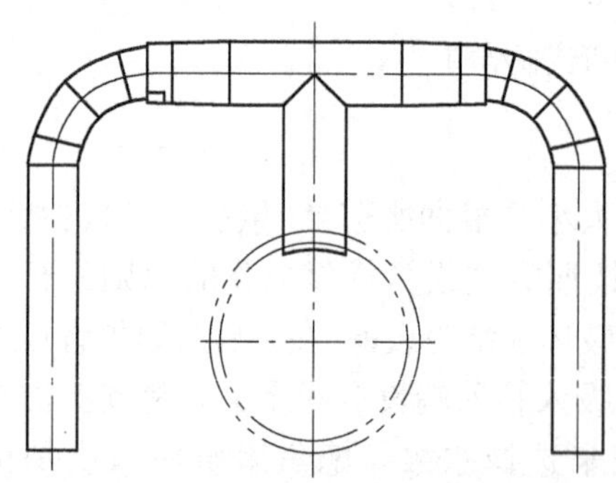

图 3-2-35　低水分熄焦用喷嘴

低水分熄焦已在国内得到广泛的普及和推广。

由于其熄焦工艺不尽相同,其水泵的选择也有所不同。由于新型低水分湿法熄焦是采取大水流快速产生蒸汽熄焦,因此,其循环水量比常规湿法熄焦要大,一般按 3 m^3/t 干煤,熄焦时间(比常规湿法熄焦要短)为 70 ~ 90 s,一般采用间接熄焦即设置高置槽的方式,因此,水泵的选择是按照在一个熄焦间隔时间内水泵能向高置槽送入熄 3 ~4 炉焦炭的水量的原则来确定的,水泵的扬程按高置槽的高度进行确定,而高置槽的高度,对于低水分熄焦,高置槽的出水口距喷洒管出水口的高度差不小于 6 m。

其他设施与常规湿法熄焦相同。

3.2.6.3 稳定熄焦

稳定熄焦技术是对常规湿法熄焦技术的改进和完善。目前,我国仅在引进的 7.63 m 焦炉上采用稳定熄焦(基本套用德国原凯泽斯图尔三厂湿法熄焦设计)。稳定熄焦与低水分熄焦都采用定点接焦和间接熄焦(高置槽)方式。稳定熄焦洒水方式独特,有顶部熄焦和底部熄焦(特制的熄焦车底部夹层的若干出水口喷水熄焦)(见图 3-2-36)。

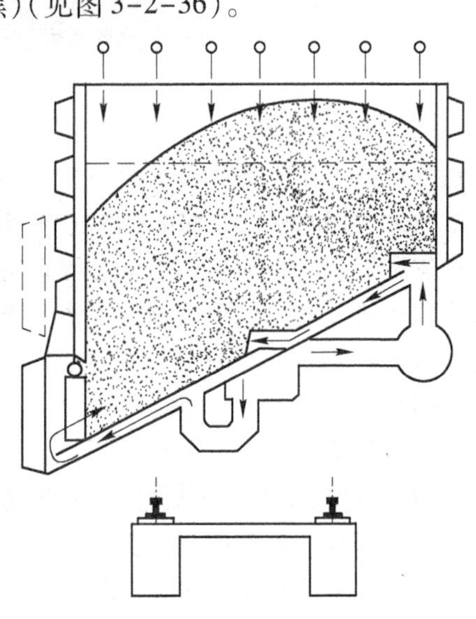

图 3-2-36 稳定法熄焦示意图

稳定熄焦将顶部和底部喷水结合在一起,约有 1/3 熄焦水,在整个熄焦过程中通过熄焦车上方安置的喷嘴喷向红焦。来自熄焦水箱底部的熄焦水以 50 ~60 L/s 的流速经注水管从熄焦车底部倒流入车内,稳定熄焦速度是传统湿法熄焦速度的 2 倍以上。稳定熄焦方式依靠高压力大水流瞬时产生大量水蒸气,通过蒸汽的强烈搅动,焦炭不但被熄灭还受到强烈搅动,使较大颗粒焦炭按结构裂纹开裂。焦炭在熄焦过程中得到稳定化处理,粒度得到稳定,焦炭的机械强度提高,同时焦炭的水分低而均匀,由此得名"稳定熄焦(CSQ)"。稳定熄焦在熄焦中发生的化学反应的生成物量也有变化,由于很高的熄焦速度导致焦炭温度很快降低且缩短了生成水煤气和 H_2S 的反应时间,因此化学反应的生成物量减少。又因快速熄焦从而减少了炽热细微粉尘的生成。

稳定熄焦在熄焦除尘方面也与众不同(熄焦塔示意见图 3-2-37)。稳定熄焦的熄焦塔中设置了具有最佳除尘状态的双层折流板,可以有效地增强降尘效果;还在 40 m 高度处设置了熄焦水雾喷洒系统(即顶部熄焦),将一部分大水滴和大颗粒粉尘捕集下来。为了避免折流板捕集下来的粉尘沉积在折流板上,造成堵塞流通断面,系统还在熄焦过程中对折流板进行冲洗。并在熄焦车上方安装了集气漏斗罩,它防止熄焦过程中将大量空气吸入熄焦塔,降低熄焦蒸汽中粉尘浓度和熄焦蒸汽的温度,降低热浮力,减慢上升气流速度,从而降低除尘效率;集气漏斗罩还能防止熄焦蒸汽倒流扩散到熄焦塔外。

第一套完整的稳定熄焦系统已在德国施威尔根焦化厂投产,它代表了投资低、环保水平高的湿法熄焦工艺。据说德国厂商保证:具有二级除尘装置的稳定熄焦的熄焦塔排放量测量值是 10 g/t 焦。而根据欧共体调查研究及按有关文件的规定,采用先进技术时,湿法熄焦的熄焦塔粉尘排放量应低于 25 g/t 焦。德国空气卫生技术指导手册 (TALUFT)规定:湿法

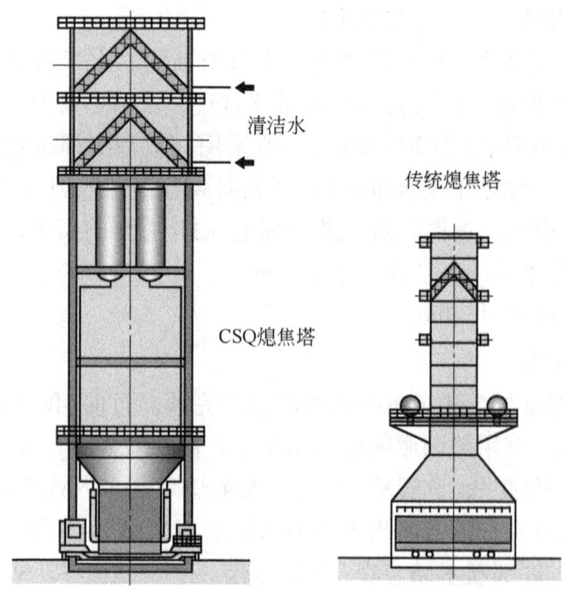

图 3-2-37　CSQ 熄焦塔示意

熄焦的熄焦塔粉尘排放量为 50 g/t 焦。《2001 年中国钢铁年会论文集(上卷)》中 Thyssenkrupp Steel 的 Jurger. A. Philipp 的文章“稳定湿法熄焦(CSQ)的应用和发展”中宣称:“从焦化厂推焦到炼铁厂高炉装焦的全过程来看,干熄焦的粉尘排放量要比湿法熄焦粉尘排放量高。且干熄焦排放的粉尘平均颗粒直径小于 10 μm,而湿法熄焦熄焦塔中排放粉尘中小于 10 μm 的量占 3% ~10% 。CO 量的排放:干熄焦的排放量为 700 g/t 焦,一座试验用的 CSQ 熄焦塔测得的响应值为 150 g/t 焦。”

以生产焦炭 264.5 万 t/a(干)计,两种熄焦方法的经济性比较:

(1) 投资:干熄焦 3 亿马克;稳定熄焦 1 亿马克。

(2) 熄焦运行费用:每吨焦炭干熄费用 23 马克;每吨焦炭稳定熄焦费用 8 马克。

(3) 综合比较见表 3-2-12。

表 3-2-12　干法熄焦与 CSQ 法熄焦综合比较

项　目		焦炭干法熄焦	焦炭湿法熄焦 CSQ 法	CSQ 法与干法熄焦相比①
排放②	总粉尘量	19.9②③	18.6②③	=
	细粉, <10 μm	5.5③④	<1③④	+
	SO_2	72②③	40②③	+
	CO	480③④	150③④	+
设备安全		要求特殊设计并在操作上采取措施	没有特殊要求	+
安全技术风险		高	没　有	+
设备利用率		不　足	高	+
维修率		很　高	少	+
维修后的生产期		短	长	+
启动和停机过程		需长时间准备	只需短时间准备	+

续表 3-2-12

项　目	焦炭干法熄焦	焦炭湿法熄焦 CSQ 法	CSQ 法与干法熄焦相比①
余热利用	成本/利润分析说明:不经济	不可能	无数据评估
维修费用	很　高	合　理	+
运行费用	很　高	合　理	+

① 符号代表: + 表示 CSQ 法较好, = 表示两者差不多;

② 排放数据只能应用于指定界限之内,根据 20010306 DMT 的专家意见,其范围包括热焦推出到焦炭处理的运送过程;

③ 单位为 g/t(焦);

④ 根据 DMT 的专家意见,数据只指冷却装备。

为保护环境,欧洲协会委员会曾在其利用最好技术的文件中明确指出:在欧盟内干法熄焦装备不能满足经济的运行要求。熄焦生态学数据的改善不能通过干法熄焦来达到。据了解,费用高的原因在于发电。

文章说:稳定熄焦是常规湿法熄焦的发展方向。特别对于炭化室容积在 50 ~ 100 m^3、炭化室单孔产焦量在 40 ~ 70 t/孔的大焦炉更为适用。

7.63 m 焦炉的稳定熄焦沉淀池和粉焦起运与国内的通常方式不同,其粉焦的捞出是采用粉焦刮板机(见图 3-2-38)。它自动沿沉淀池长向做往复运动,将粉焦刮到脱水台上。适应这种粉焦捞出设备的要求,沉淀池采用长条整体形状,而不像国内通常采用分格方式。

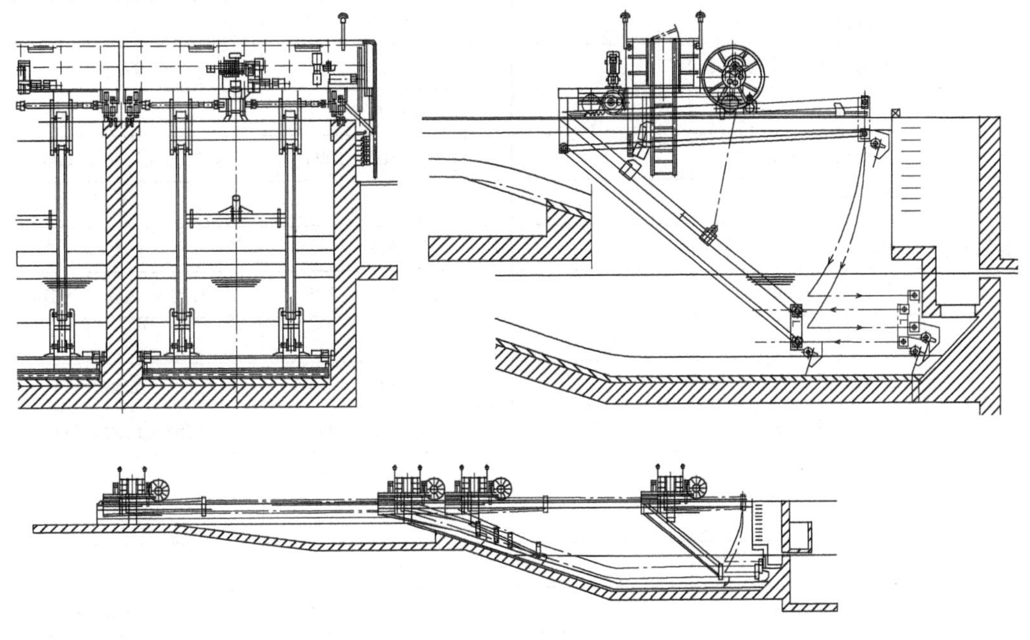

图 3-2-38　粉焦刮板机

3.2.7　辅助设施

焦炉辅助设施主要包括炉门修理站、余煤单斗提升机、悬臂起重机、推焦杆和平煤杆存放站、煤塔电子秤、煤塔放煤装置、震煤装置、喷浆机、焦炉机械滑触线架和各车轨道等。

3.2.7.1 炉门修理站

炉门修理站数量和设置位置取决于焦炉孔数和焦炉平面布置。目前,国内炉门修理站的形式大致有三种,即国内常见的6 m以下的焦炉采用的、6 m焦炉采用的和从德国引进的7.63 m焦炉采用的这样三种形式。这几种炉门修理站的技术性能见表3-2-13和表3-2-14。

表3-2-13　几种焦炉炉门修理站的技术性能

名称			4.3 m焦炉	6 m焦炉
卷扬机	数量		1	2
	电动机	型号	YZ160M2	YZ160L-6
		功率/kW	8.5	13
		转速/r·min^{-1}	943	936
	制动器型号		TJ2-200	TJ2-300/200
	涡轮减速器型号(速比)		(40)	BW4527-17×11(187)
	齿轮传动	速比	4	2.458
		模数/mm	8	14
	卷筒	直径/mm	354	500
	钢丝绳直径/mm		15.5	20
	卷扬速度/m·min^{-1}		6.48	3.2
	卷扬拉力(计算近似值)/kN		31.5	97.5
	质量/kg		1175	1972
	外形尺寸/mm		1700×1305×1000	2200×1330×1000
起落架	数量		1	1
	单重/kg		1677	2959
	外形尺寸/mm		1340×2730×5385	3150×2300×10616
固定架	数量		2	2
	单重/kg		1344	6238
	外形尺寸/mm		960×2100×5660	1265×1290×8370
	可装炉门数量		4	4
调节架	数量			2
	单重/kg			2733
	外形尺寸/mm			1265×1290×8370
	可装炉门数量			2
拉紧装置	数量		1	
	质量/kg		1328.5	
	钢丝绳直径/mm		7.7	
一套炉门修理站质量/kg			11401	37000

表 3-2-14 几种焦炉炉门修理站的技术性能

名 称			6 m 焦炉和 7.63 m 焦炉
炉门起落装置	转速/r · min^{-1}		3.9
	针摆减速机 XWDY15 - 8175 - 21	电机功率/kW	15
		电机转速/r · min^{-1}	1500
		减速机速比	21
	减速机	型 号	DCYK315 - 18 - Ⅰ
		速 比	18
		行程开关	LX19 - 212(B)
炉门旋转装置	转速/r · min^{-1}		0.41
	针摆减速机 XWDY0.75 - 8130 - 71	电机功率/kW	0.75
		电机转速/r · min^{-1}	1500
		减速机速比	71
	减速机	型 号	DCYK250 - 50 - Ⅱ
		速 比	50

A 6 m 以下的焦炉(如 80 型焦炉等)采用的炉门修理站

炉门修理站一般布置在炉端台或炉间台,一套炉门修理站有如下设备:双筒卷扬机 1 套,机、焦侧回转式起落架各 1 个,机、焦侧固定架各 2 个,拉紧装置和锁紧装置等部分(见图 3-2-39)。

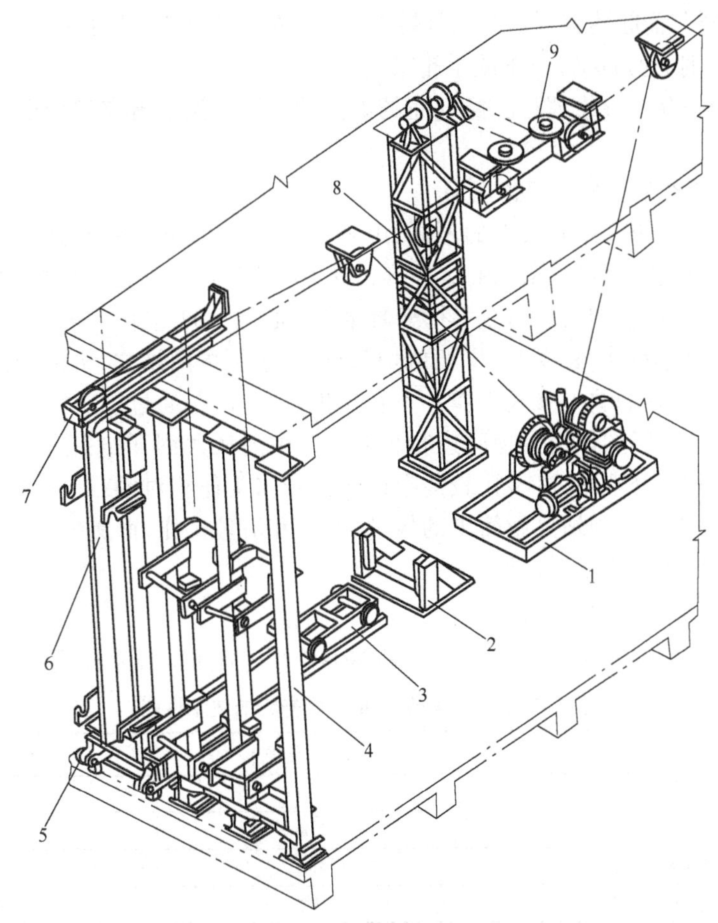

图 3-2-39 双卷筒炉门修理站(焦侧)示意图

1—双筒卷扬机;2—弹簧支架;3—小车;4—固定架;5—回转座;6—起落架;7—上部框架及锁紧装置;8—拉紧装置;9—导向滑轮

双筒卷扬机，可用一套驱动装置通过离合器分别驱动左右2个卷筒。机侧和焦侧炉门回转式起落架的作用：当它直立时可以带着炉门180°回转，以便检查炉门刀边、衬砖和刀边压架、横铁等；根据修理需要，它又可以在拉紧装置和锁紧装置等协同动作下起落，选择适当的工作面水平躺倒，以便修理；起落架依靠其下部的回转座实现带炉门的翻转（炉门衬砖朝里或朝外）；起落架还可以回转座为轴心将起落架放倒。在利用双筒卷扬机的情况下，机、焦侧回转式起落架应布置在同一条中心线上，但当炭化室长度较小或炭化室高度较大时，一般不采用此种布置方法。当大型焦炉的炉门又高又重时，若采用本方式实行起落有如下缺点：拉紧装置的配重可能不好配置；由于回转式起落架重量大，会在起落过程中发生摇晃和旋转，安全无保障；由于同时受炉门尺寸大和炉顶层平台梁高度的限制很难布置得下。

B　6 m焦炉采用的炉门修理站

它包括单筒卷扬机、起落架、固定架、调节架等部分。

6 m焦炉之所以采用单筒卷扬机，是因为6 m焦炉的炉门高度比较高，如机焦侧"对头"放置炉门其机焦侧方向的长向尺寸不够，因此采用机焦侧错开设置起落架，并分别由各自的单筒卷扬机驱动。

6 m焦炉的炉门修理起落架的"起"和"落"不是绕固定支点回转，而是沿着类似"滑梯"式的固定轨道滑行，而起落架及炉门的翻转不是在"站立"状态实现，而是在炉门修理起落架处于"平卧"状态时，通过翻转小车或手轮来实现。

固定架是用来存放待修理和已修理完的炉门的。调节架上备有炉门框，用来调节炉门刀边的严密性。

C　7.63 m焦炉采用的炉门修理站

它和国内的炉门修理站有很大的不同，山东兖矿从德国的凯泽斯图尔焦化厂引进二手设备，原拆原建，这是我国最早采用的这种形式的炉门修理站。这种炉门修理站的炉门起落架机焦侧连为一体，机焦侧的炉门在平行于炭化室中心线方向是在一条中心线上，但不能同时起落，两者是"此起彼伏"的关系，即机侧炉门放倒、焦侧炉门站立，机侧炉门站立、焦侧炉门放倒，而且比较复杂的炉门修理工作并不在这里进行，而是通过预留的孔洞，将放倒的炉门送到端台一层的专门的炉门修理间进行维修。而国内从太钢开始引进的7.63 m焦炉仅在端台二层设置炉门修理站，对于比较复杂的炉门维修工作相对困难一些。按欧洲焦化厂的习惯，焦炉上的炉门修理站只做简单的修理、调整和清理工作，而更换零部件等复杂而大量的工作是在专门工厂或场地进行。

3.2.7.2　余煤单斗提升机

余煤单斗提升机如图3-2-40所示，几种焦炉单斗提升机的技术性能见表3-2-15。

表3-2-15　几种焦炉单斗提升机的技术性能

名　　称	4.3 m焦炉	6 m焦炉
单斗小车容积/m^3	1.0	1.0
上部煤斗容积/m^3	7.4	8.5
下部煤斗容积/m^3	4.0	5.0
卷扬机牵引力/kN	30	30
卷扬速度/$m \cdot s^{-1}$	0.58	0.58
提升高度/m	31.00	31.00

续表 3-2-15

名　　称		4.3 m 焦炉	6 m 焦炉
电动机	型　号	YZ200L－8	YZ200L－8
	功率/kW	18.5	18.5
	转速/r·min^{-1}	697	697
	工作制度	25%	25%
设备总重/kg		11790	13057

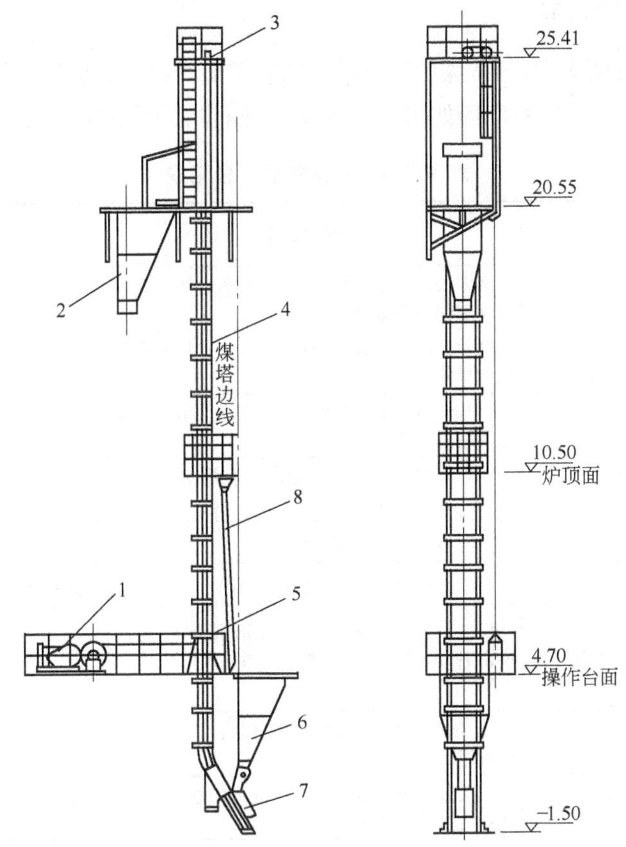

图 3-2-40　余煤单斗提升机

1—卷扬机；2—上部煤斗；3—上部导向滑轮；4—轨道导架；5—下部滑轮；6—下部煤斗；7—单斗小车；8—漏料管

余煤单斗提升机用于将推焦机平煤时带出的余煤提升到煤塔侧面的上部煤斗中，以便再回到装煤车的煤斗内，装入炭化室。余煤单斗提升机一般布置在焦炉机侧炉间台靠近煤塔处。余煤单斗提升机由上部煤斗、下部煤斗、单斗小车、卷扬机构、轨道导架和上下部滑轮架等组成。下部煤斗容积一般可装入 4～7 炉的最大余煤量，下部煤斗能够实现自动操作。上部煤斗容积比下部煤斗容积稍大。为了防止上部煤斗装煤过满，设置料位指示器控制。上部煤斗放煤闸门标高与煤塔放煤闸门标高一致，放煤闸门中心线与装煤车机侧煤斗中心线相近，以便将上部煤斗的煤装入装煤车。上部煤斗操作平台与煤塔楼梯相连接。煤斗的倾角一般会大于65°,可以保证顺利下煤,避免悬料。卷扬装置在间台二层,可以方便维修。为了保证单斗小车安全操作,顶部设有双限位开关控制。

当推焦机的平煤系统设有可靠的余煤回送装置后,可以不设余煤单斗提升机(例如宝钢焦化厂)。

辅助设施较多,一般多采用通用设备,无专业特殊性,因篇幅所限恕不多述。

3.3　焦炉机械

3.3.1　焦炉机械类别

焦炉机械主要分两大类:顶装煤焦炉机械和侧装煤焦炉机械,其所含设备的功能及配套关系见表3-3-1。顶装焦炉机械断面如图3-3-1所示,侧装焦炉机械断面如图3-3-2所示。

表3-3-1　焦炉机械设备组成

类别	设备名称		主要功能	配套关系
顶装煤焦炉机械	装煤车		将煤塔的煤定量切入煤斗内,然后按计划装入规定的炭化室内	
	推焦机		打开炉门将已成熟的焦炭推出,并将装煤车装入炭化室的煤推平	
	拦焦机		打开炉门接上导焦槽,将推焦机推出的焦炭导入熄焦车内	
	熄焦车		将导出的焦炭接入车厢内牵至熄焦塔下熄焦,控水后放到晾焦台上	只适用湿熄
	电机车		专门牵引熄焦车和焦罐车	干湿两用
	焦罐车		用于干熄焦,将红焦接入焦罐内	适用于干熄焦
侧装煤焦炉机械	推焦装煤合体	装煤推焦机	机上设有捣固煤槽,车在煤塔下受煤,捣固成饼后,运至待装煤的炭化室前,开门推焦后将煤饼装入炭化室	
		拦焦机	打开炉门接上导焦槽,将推焦机推出的焦炭导入熄焦车内	
		消烟车、燃烧导烟车	收集装煤过程从炉顶孔洞逸出的烟尘,经过燃烧洗淋后由风机排放	燃烧式导烟车与地面除尘站配套
		熄焦车	将导出的焦炭接入车厢内牵至熄焦塔下熄焦,控水后放到晾焦台上	
		电机车	专门牵引熄焦车和焦罐车	
		捣固机	设在煤塔两侧面,专门用于捣固煤饼	有多锤固定式6~8锤移动式、多锤微移动式、多锤固定式
	装煤推焦分体	装煤机	运行于机侧,机上设有捣固煤槽及装煤附属机构,在煤塔下装煤捣固煤饼后,运至推空的炭化室前装入煤饼	
		推焦开门机	专门用来开门和推焦,与装煤车配合装煤,以缩短操作时间	
		消烟车、燃烧导烟车	收集装煤过程从炉顶孔洞逸出的烟尘,经过燃烧洗淋后由风机排放	
		熄焦车	将导出的焦炭接入车厢内牵至熄焦塔下熄焦,控水后放到晾焦台上	

续表 3-3-1

类别	设备名称		主要功能	配套关系
侧装煤焦炉机械	装煤推焦分体	电机车	专门牵引熄焦车和焦罐车	
		捣固机	设在煤塔两侧面，专门用于捣固煤饼	
	装煤推焦捣固一体	捣固装煤推焦机	车上设有料仓，煤料可以来自煤塔或输送机随机送煤，一面捣固，一面进行推焦等操作	国内 6.25 m 捣固焦炉
		消烟车、燃烧导烟车	收集装煤过程从炉顶孔洞逸出的烟尘，经过燃烧洗淋后由风机排放	
		熄焦车	将导出的焦炭接入车厢内牵至熄焦塔下熄焦，控水后放到晾焦台上	
		电机车	专门牵引熄焦车和焦罐车	

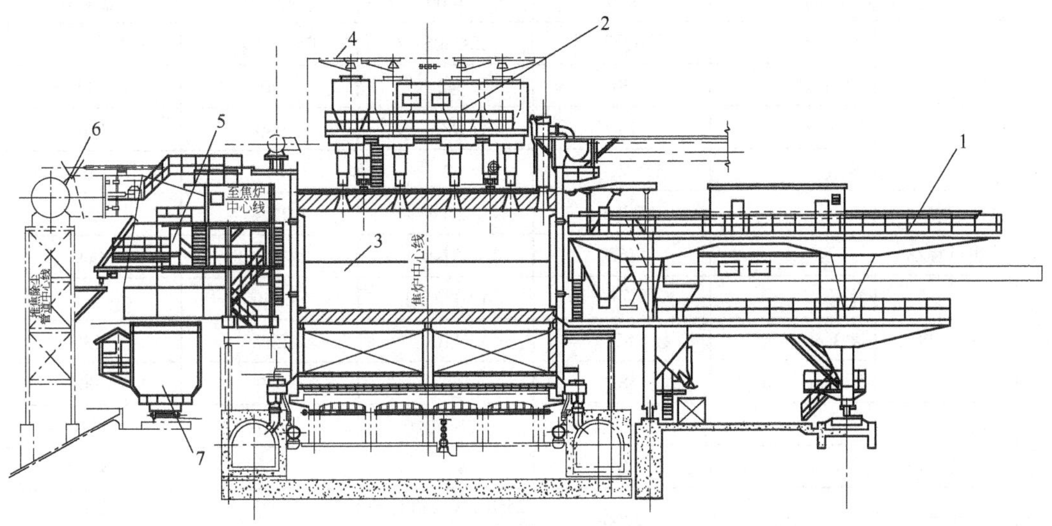

图 3-3-1 顶装焦炉机械断面图

1—推焦机；2—装煤车；3—焦炉；4—煤塔；5—拦焦机；6—集尘干管；7—熄焦车

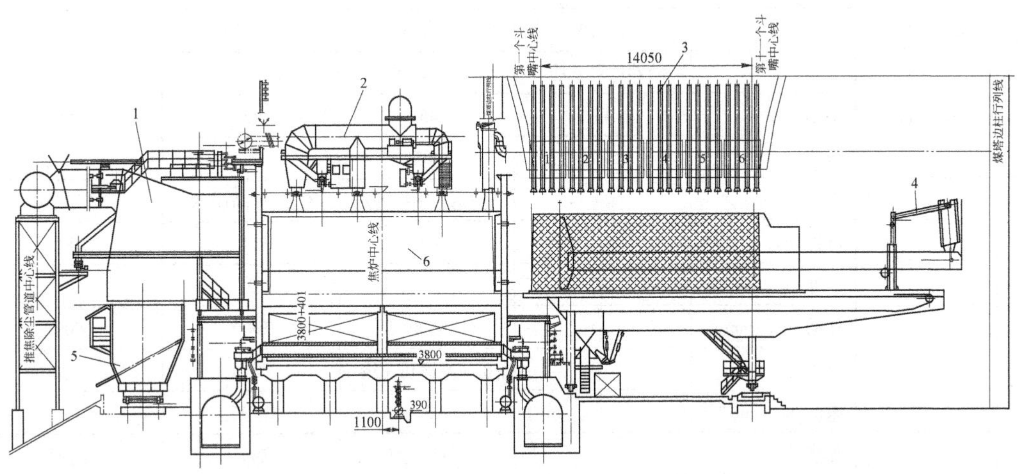

图 3-3-2 侧装焦炉机械断面图

1—拦焦机；2—炉顶消烟车；3—捣固机；4—推焦机；5—熄焦车；6—焦炉

3.3.2　顶装煤推焦机

3.3.2.1　技术性能(见表3-3-2)

表3-3-2　顶装煤推焦机技术性能

名　称			4.3 m 焦炉机械	6 m 焦炉机械	7 m 焦炉机械	7.63 m 焦炉机械
推焦量/t			13	21	28.9	45
走行轨道中心距/mm			8686	12000	14000	15000
轨　型			QU-100	QU-100	QU-100	QU-120
走行速度/m·min^{-1}			80	10~60	60	90
走行车轮直径/mm			800	1000	ϕ1000	ϕ1000
走行电动机		型号	YZR$_2$52-8	YZB280S-6	YTSZ200L$_2$-6	YTSZ200L$_1$-4
走行电动机		功率/kW	30	45	30	30
走行电动机		转速/r·min^{-1}	730	980	980	1465
走行电动机		数量	2	2	4	6
推焦装置	推焦速度/m·min^{-1}		27.4	27.4	27.4	28
推焦装置	推焦行程/mm		18680	25740	约27175	30090
推焦装置	电　机	型号	YZR$_2$71-10	YZR355L1	YZR400L	
推焦装置	电　机	功率/kW	80	110	200	435
推焦装置	电　机	转速/r·min^{-1}	582	582	589	1000
取门装置	传动形式		液压油缸	液压油缸	油压	油压
取门装置	台车移动速度/m·min^{-1}		8	4~8	4~8	4~8
取门装置	台车移动行程/mm		2200	2550+S轨道转动90°	2585 S道	2865 S道
平煤装置	形式		钢丝绳辊筒牵引式	钢丝绳辊筒牵引式	钢丝绳辊筒牵引式	钢丝绳辊筒牵引式
平煤装置	平煤速度/m·min^{-1}		82.5	60	60	60
平煤装置	平煤行程/mm		15110	16650	约18000	约21290
平煤装置	电动机	型号	YZR$_2$62-10	YZR250M$_2$		
平煤装置	电动机	功率/kW	45	45	45	75
平煤装置	电动机	转速/r·min^{-1}	577	965		
炉门清扫	清扫方式			螺杆铣刀+刮刀	铣刀+高压水	刮刀方式
炉门清扫	移动台车	行程/mm		900	900	1000
炉门清扫	移动台车	速度/m·min^{-1}		5	6	6
炉门清扫	侧部清扫	移动行程/mm		5800	7000	600
炉门清扫	侧部清扫	驱动方式		电机+减速机+链轮	变频	油缸
炉门清扫	侧部清扫	速度/m·min^{-1}		5	1~12	
炉门清扫	清扫元件	砖槽		螺杆铣刀	铣刀	刮刀
炉门清扫	清扫元件	刀边		刮刀	高压水	刮刀
炉门清扫	清扫元件	铣刀旋转		油马达	油马达	无

续表 3-3-2

名称			4.3 m 焦炉机械	6 m 焦炉机械	7 m 焦炉机械	7.63 m 焦炉机械
炉门清扫	下部清扫	砖槽清扫元件		螺杆铣刀	铣刀	刮刀
		刀边清扫元件		刮刀	高压水	刮刀
		元件移动方式		油缸	油缸	油缸
		行程/mm		440	620	300
		速度/m · min^{-1}		1	1	暂无
		元件旋转驱动		油马达	油马达	刮刀
炉框清扫	清扫方式			弹簧刮板式	弹簧刮板式	弹簧刮板式
	台车移动行程(速度)/mm(m · min^{-1})			2150(8)	暂无	3100(6)
	清扫刮刀行程(速度)/mm(m · min^{-1})			450(8)	暂无	650(6)
	驱动方式			油缸	油压	油压
头尾焦处理装置	收集形式			环链式刮板机	环链式刮板机	斗式油缸驱动
	电动机	功率/kW		2.2×3 条		
		转速/r · min^{-1}		1500		
	输送能力			3 条/10 t · h^{-1}		约 0.5 m^3/次
炉台清扫装置	形式			塔载移动真空吸尘		
	风机功率/kW			45		
	风量/m^3 · min^{-1}			100		
	风压/kPa			13		
	过滤面积/m^2			72		
气路系统	空压机型号			2v 6/8	暂无	CAF110-10
	电机功率×台数/kW			40×2	110	110
	风压/MPa			0.7	1.2	1.2
液压系统	流量/L · min^{-1}			194		
	压力/MPa			6.3	10	10
	功率×台数			30×2	暂无	30×2
装机容量/kW				450	约 850	约 1200
设备外形尺寸(长×宽×高)/mm				33490×18850×14066	暂无	39660×18925×18500
设备重量/t						约 660

3.3.2.2 主要机构的工作原理及结构特征

A 走行装置

a 形式及机构组成

推焦机走行装置与其他焦炉机械的走行装置一样，主要由电动机、联轴节、制动器、减速机车轮组组成。电动机通过减速机带动车轮，使整机沿焦炉移动，进行各种操作。

根据设备自重大小，基础对轮压的要求通常走行轮一般做成双轮平衡车，或成组叠加成多轮组。

b　走行传动形式及其特点

走行传动装置可分为集中传动及单独传动两种。所谓集中传动，即两条轨道的车轮由一套传动机构通过横轴连接。而单独传动则是传动机构只承担一条轨道的车轮传动。如图 3-3-3 所示。

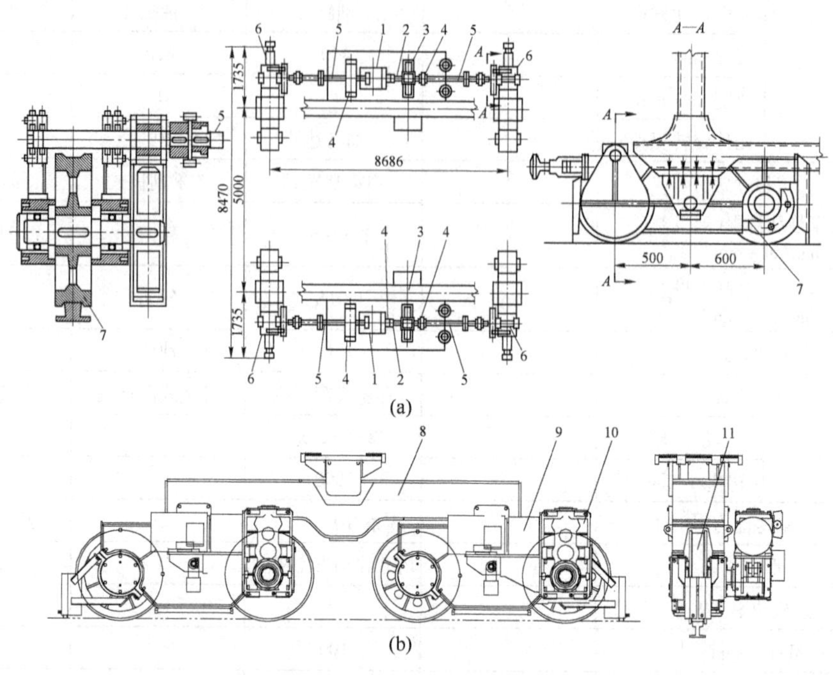

图 3-3-3　走行驱动机构

(a) 走行集中传动；(b) 走行单独驱动

1—电机；2—联轴节；3—减速机；4—制动器；5—传动轴；6—走行平衡车；7—车轮；8—平衡梁；9—平衡车；10—传动装置；11—车轮

集中传动电动机、减速等数量少，结构相对简单，同步性能好，两边轨道车轮转速相等。它的缺点是：传动两轨道间的横轴，对于轨距大的推焦机而言不仅重量大，而且占用推焦机下部空间，服务于焦炉的运输车辆无法通行，给头尾焦的处理带来困难，故现代的推焦机钢结构为龙门式，走行装置采用单独传动。

单独传动维护相对简单。最典型的单独传动减速机套装在车轮轴上，拆卸非常方便。

c　变频调速

近年来，走行传动普遍采用变频调速，调速范围大，易对位，节能。另外，由于启制动平稳，设备的损坏率也大为降低。因而广为采用。

B　推焦装置

推焦装置如图 3-3-4 所示。

a　传动原理

推焦传动通常由电动机经减速机带动推焦主动齿轮，驱动支承在辊轮上的推焦杆的齿条，使推焦杆往复运动。

b　结构特点

(1) 推焦杆工作条件非常恶劣，一般每 8 ~ 10 min 推焦一次，在温度高达 1000 ~ 1100℃

的炭化室内通过，连续推焦，杆前部表面温度可达300～350℃，骤热骤冷变形较大，设计上要考虑这些因素。用户在使用中，特别在冬季要注意停车位置，尽量使杆处于避风处。作为备品车，较长时间不用时，可将车停至端台，将推焦杆滑履伸出支持在试验台上，以缩小悬臂减少推焦杆变形。推焦杆两侧所设防护罩损坏时应及时修复。

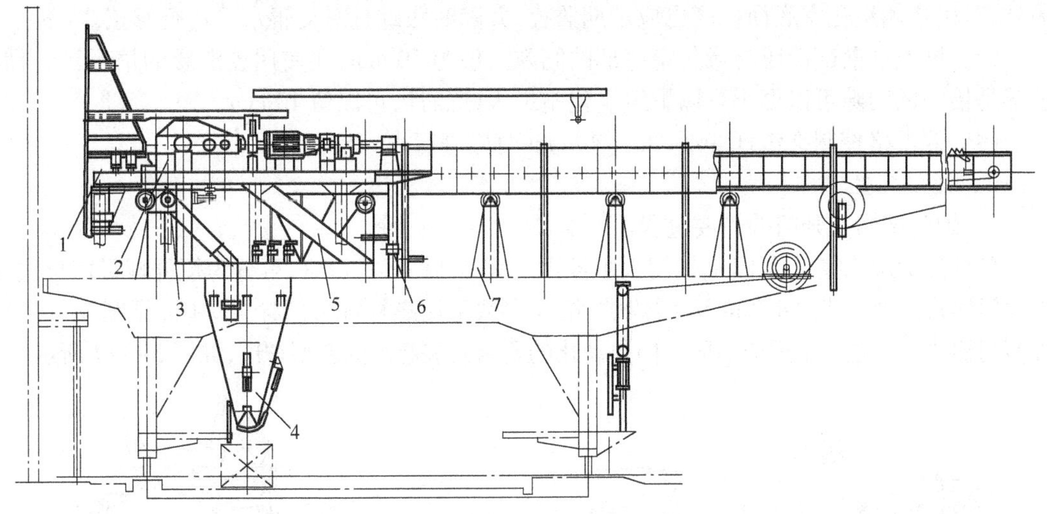

图3-3-4 推焦装置

1—推焦头；2—传动装置；3—前支辊；4—焦粉储斗；5—支架；6—手动装置；7—后支辊

(2) 推焦杆是推焦机的重要部件，出现问题直接影响生产，其本身造价也高，设计上除确保杆断面能够满足刚度、强度外，还应设有多级安全连锁装置。操作者应通过阅读说明书充分了解并正确使用。

(3) 通过推焦速度的调整实现无冲击推焦。推焦速度调整多用于涡流制动器。推焦时，推焦杆头快速接近焦饼，然后慢慢贴上压缩焦饼，快速将焦饼推出，再减速、停止，最后快速退回。无冲击推焦过程如图3-3-5所示。

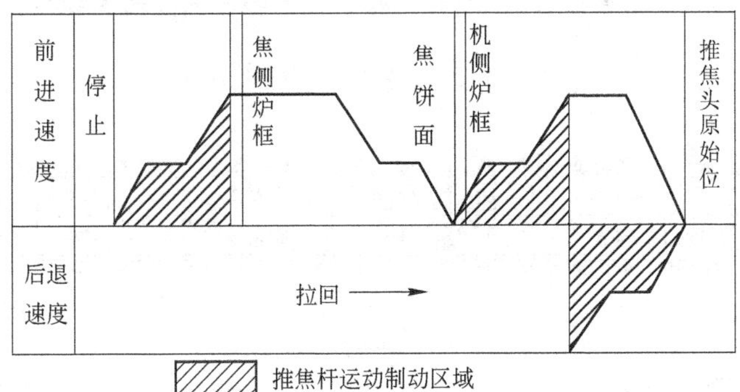

图3-3-5 无冲击推焦过程

采用无冲击推焦的主要优点，在于推焦开始时减少推焦杆头对焦饼的冲击力，达到减轻焦饼破损，从而减少推焦造成的炭化室侧压力，提高焦炉寿命的效果。

c 防止推焦杆振动的几项措施

(1) 要保持推焦主动齿轮与推焦杆齿条啮合正常间隙，一般侧隙为3～4 mm，使啮合处于良好状态，把啮合过程产生的振动降低到最低程度。

（2）推焦杆下支辊一定要水平，这种水平是推焦杆支座辊与推焦机轨道的综合水平，并与炭化室底面相平行的水平。根据我国焦炉现场情况，有的工厂推焦机后轨为砂石基础，经常需要调整，但调整时不可高过前轨。即便是水泥基础，沉陷也在所难免，应定期进行调整。另外，对机焦侧炭化室底面标高也应定期监控，并随时跟踪且对支辊水平进行修正。

（3）推焦杆前部滑履与炭化室底部的间隙一般为 30 mm，在使用铰滑履的情况下，滑履前部是抬头的间隙可以更小。以炉组炭化室最大标高计，可以留 10 mm。

（4）要严格控制推焦杆变形，大于 40 mm 时应进行火焰校正。

C　开门装置

a　炉门结构及开门的简要过程

各种焦炉炭化室尺寸不同，炉门大小各异。就其结构形式而言，可分为螺杆螺母门栓式和弹簧门栓式两种。我国 4.3 m 58 型焦炉，绝大多数采用螺杆螺母门栓式炉门（见图 3-3-6）。弹簧门栓式炉门是为了适应启闭炉门自动化的要求发展起来的新型炉门，如图 3-3-7 所示。

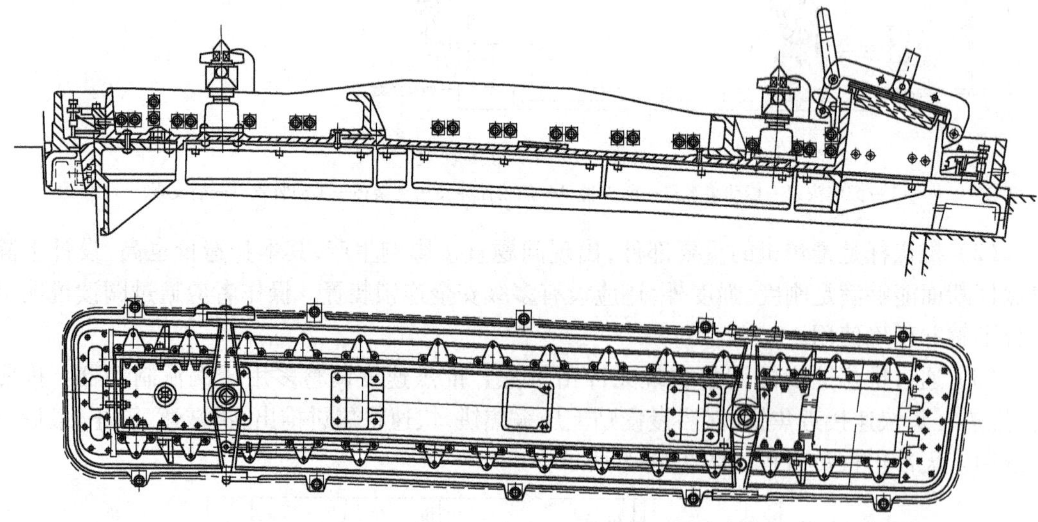

图 3-3-6　螺杆螺母门栓式炉门

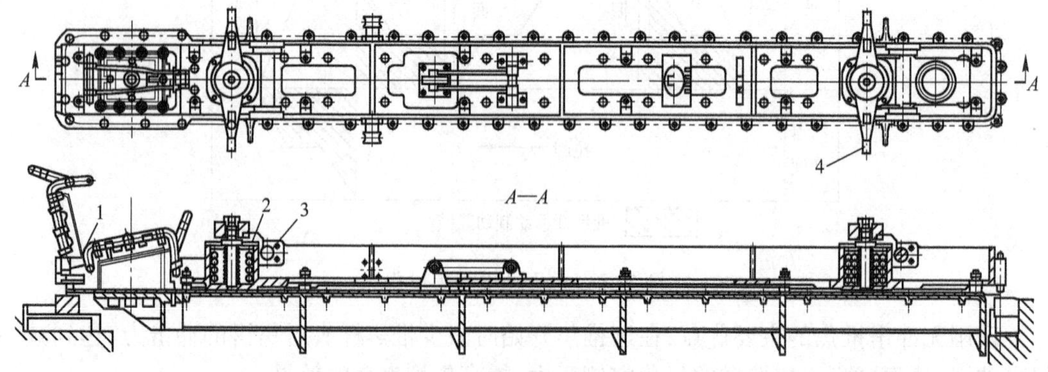

图 3-3-7　弹簧门栓式炉门

1—刀边；2—门栓弹簧；3—横轴；4—门栓

b 弹簧门栓式炉门的特点

(1) 由于采用弹簧压紧炉门,故取门机能方便地压缩一行程,将炉门打开,易于实现自动化。

(2) 炉门本体与耐火砖槽之间通过腹板隔开,形成一个空气冷却层,故本体温度低、变形小。

(3) 炉门刀边采用镍铜钛不锈钢材质,耐热性好。

(4) 采用弹簧性腹板式刀边,即刀边连接在弹性腹板上,可以较大地适应炉框镜面的变形以确保密封。

c 炉门启闭的工作原理

两种形式的炉门都是通过其上的门栓将炉门挂在炉框挂钩上,而炉框紧压在保护板上,炉门刀边紧贴在炉框镜面(密封面)上,保持着对炭化室的密封。

取门机是启闭炉门的主要执行者。启门时,螺杆螺母门栓式炉门首先要转动螺杆使门栓离开挂钩压紧面,门栓转一角度后就可提取炉门。弹簧门栓式炉门,因为炉门是通过弹簧门栓固定在炉框挂钩上,故在取门时首先要钩住炉门上的挂轴,然后压缩门栓,使刀边离开炉框镜面,门栓离开炉框挂钩压紧面,即可将炉门取出。

d 一次对位开门装置的组成及结构特点

(1) 机构组成。一次对位开门装置的典型结构如图3-3-8所示。一次对位开门装置由取门机(开门头)移动架、S形轨道、回转拉杆机构、上下轴承等主要部分组成。取门机通过

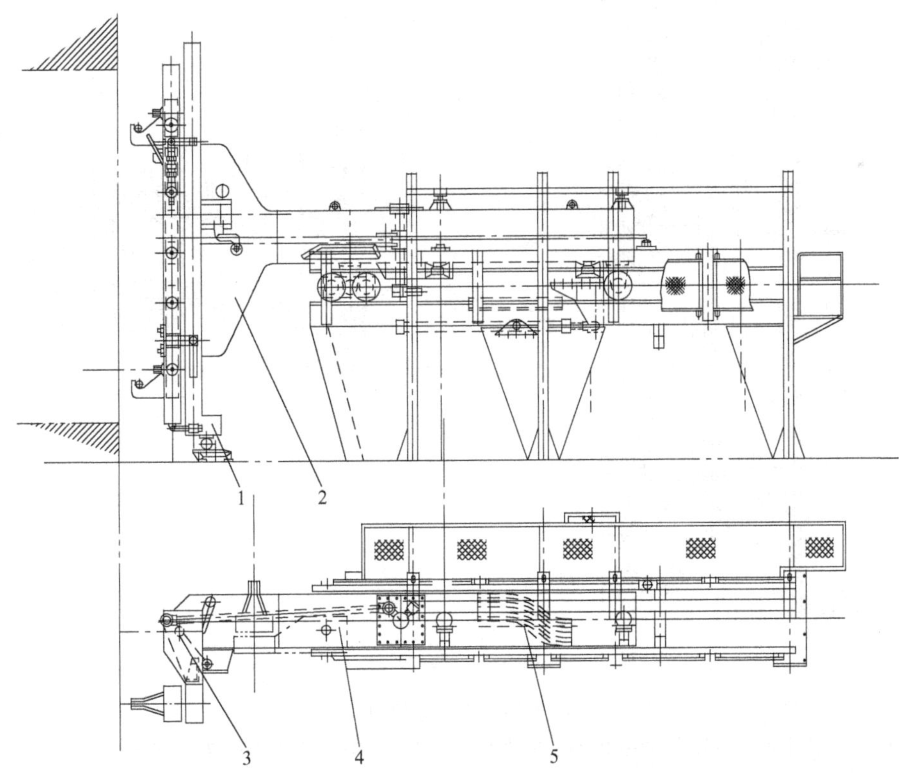

图3-3-8 一次对位开门装置

1—取门机;2—移动架;3—上下轴承;4—回转拉杆;5—S形轨道

上下轴承连接在移动架上。通常处于非工作位置启炉门时，移动架前移的同时通过固定在移动架下部的S形轨道驱动回转拉杆机构使取门机转动90°；处于炉前工作位置时，由取门机将炉门打开。

（2）一次对位开门机的结构特点。启门时炉门被固定在取门机上，不论炉门向何方向倾斜，均能确保炉门原位置放回，这对焦炉操作极为有利。行程开关不按固定行程控制，而按位置控制。如移门前极限，由炉框挂钩正面碰限位输出到位信号，避免了焦炉长度膨胀不一致而打不开炉门的情况，因此取门机能实现自动连续可靠地操作。取门机如图3-3-9所示。

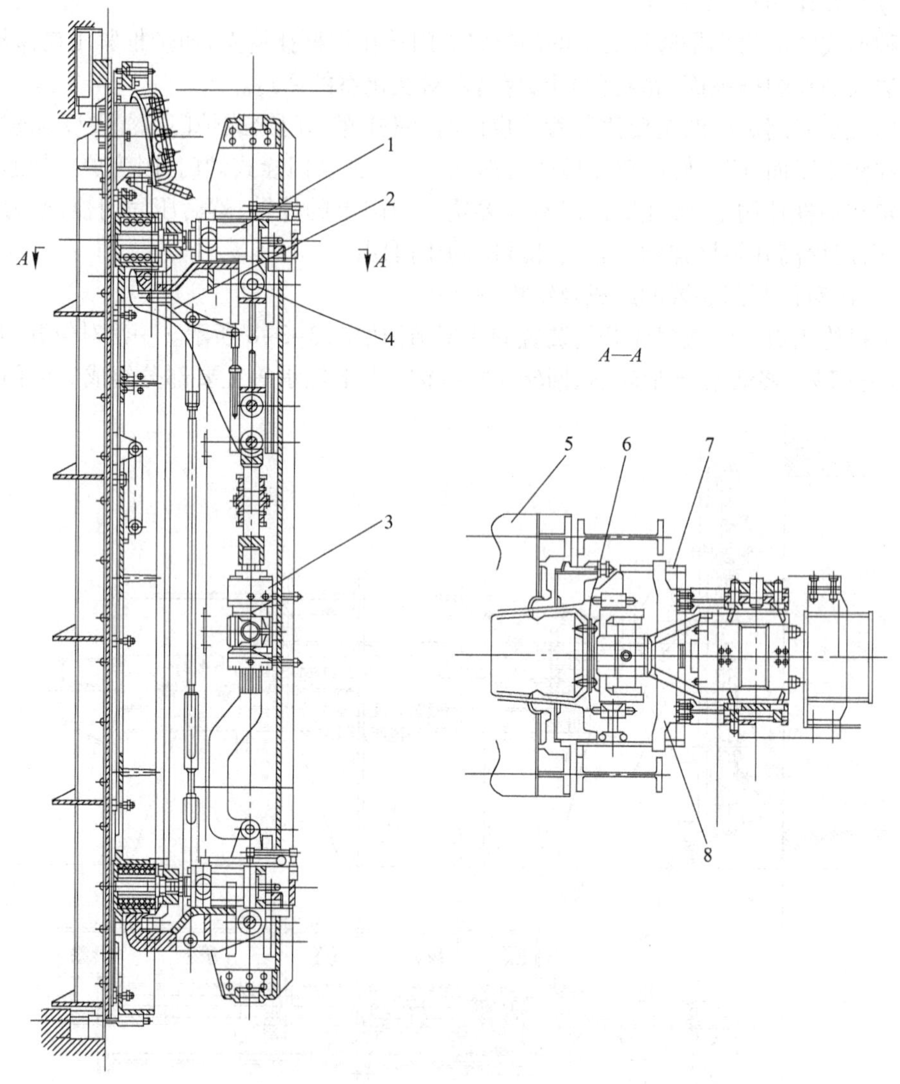

图3-3-9　取门机

1—压门栓油缸；2—提门钩；3—提门缸；4—炉门挂钩；5—炉框；6—炉门刀边；7—炉框挂钩；8—门栓

1）提门油缸由3个电磁换向阀控制分别实现空行程提门，定行程提门，将炉门提至与清扫炉门相匹配的高度。并能做到过程记忆，装炉门时，原位放回。

2）在压弹簧门栓的过程中，移动架驱动油缸后腔处于浮动状态（即接通油箱），避免了开门装置压门栓时承受过大的反推力。

3）取门机下设有支承辊，在提门前进入专用轨道，把提门力直接传到钢结构主体上。

4）整个启闭炉门过程都是在自动程序控制下进行的，节省了操作时间，减轻了司机负担，消除了误操作的因素。近年来焦炉机械的控制水平不断提高，开始推广采用数码油缸来实现带记忆自动操作，使控制进一步简化。

D 平煤装置

a 平煤的目的和要求

平煤操作的主要目的是拉平装煤时在炭化室装煤孔下边形成煤峰，并使炉顶气流畅通。平煤杆通常采用钢绳传动，将平煤杆从机侧小炉门伸入炭化室顶部空间往复运动，通过平煤杆隔板把煤峰拉平。

平煤要与炉顶装煤车配合操作，装煤量达到80%之后方可平煤。如过早平煤，平煤杆进入炉内无煤作为支承会损坏平煤杆。

由于环保标准日渐提高，平煤时小炉门应该密封，力争煤气不外逸，要求平煤时间尽量缩短。为此装煤车大多采用机械给料，通过科学合理的装炉，力图使炭化室内的煤线水平上升，煤峰尽可能小。德国夏尔克（Schalke）公司通过改进装煤孔的设计，严格控制给料，能达到装煤期间不平煤，装完煤后平煤杆往返一次即可完成平煤操作，效果极佳。

平煤过程拉出的余煤有两种处理办法：一种是暂存在车上设置的余煤斗内，定时放入煤塔附近专用单斗提升机料斗内，再送进煤塔，这种办法增加了操作时间，对程序操作极为不利；另一种是设置余煤回炉装置，在平煤的同时将余煤送入炉内。

b 平煤装置的结构特点

图3-3-10是我国传统典型的平煤装置。图3-3-11是我国20世纪80年代后吸收国外经验发展的带有余煤回炉机构的平煤装置。

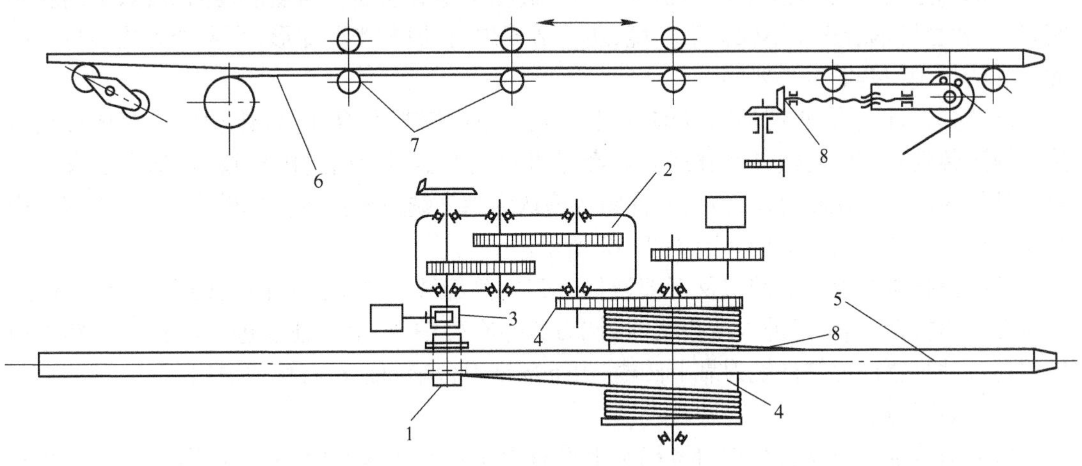

图3-3-10 我国传统典型平煤装置

1—电机；2—减速机；3—制动器；4—平煤滚筒；5—平煤杆；6—钢丝绳；7—滑轮；8—钢丝绳拉紧装置

(1) 平煤梁及其支架采用龙门式整体钢架好，结构紧凑，平台宽阔。平煤传动机构设置在下部平台的结构梁上，可避免平煤滑轮与钢丝绳滚筒间的作用力传到底架造成振动。

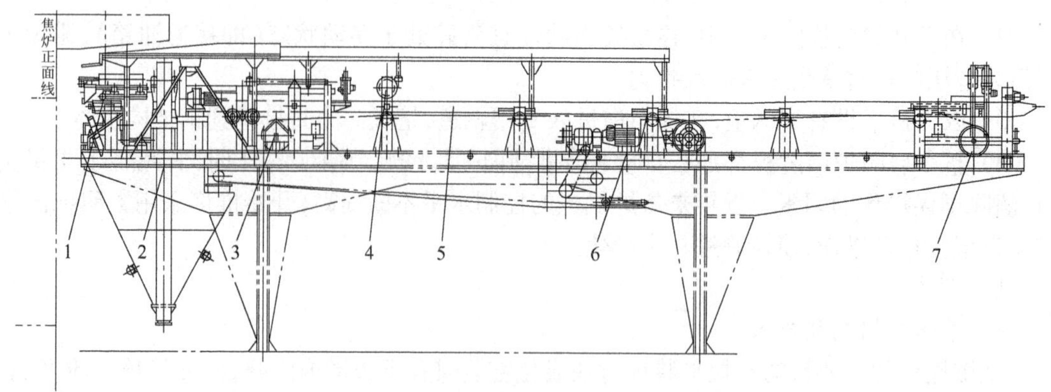

图 3-3-11　带有余煤回炉机构的平煤装置

1—开闭小炉门装置（横开式）；2—埋刮板提升机；3—前滑轮；4—平煤杆上压辊；5—平煤杆；6—传动装置；7—后滑轮

（2）在对应平煤杆前位尾端下支辊的上方设有压辊。为平衡平煤杆最大悬臂时的重量，最前端的下支辊应为双连支辊。支辊标高的调整采用导框吊挂式结构，调整修理更加方便。

（3）平煤杆前后移动的传动滑轮设有拉紧钢绳机构，钢绳传动使用一段时间后钢绳就会拉长（特别是新换的钢绳），造成传动不稳，因此设有拉紧钢绳机构。

c　平煤杆移动机构的安全措施

平煤杆前后移动行程由主令控制器控制，主令失灵限位可进行二次保护。若再失灵由非常限位进行第三次保护。假若这些电气保护都失灵，则由设在行程两端的机械限位进行四次保护，以避免平煤杆冲出发生事故。

E　清扫炉门装置

a　炉门清扫的必要性及清扫方式

在炼焦过程中，炭化室炉门的密封刀边和砖槽会黏着焦油。当焦油逐渐沉积，炉门就不密封了，就会冒烟着火。不仅污染环境，还会造成炉门、炉框严重变形，使生产无法维持。因此经常清扫炉门是非常必要的。

从清扫元件上讲，炉门清扫机构有刷子、刮刀、螺旋铣刀、高压水，传动形式有环形轨道滚轮封闭传动式和链轮链条悬挂式等。经过多年生产实践及引进国外技术，基本上肯定了链轮悬挂传动方式比较合适，清扫元件则普遍认为螺杆铣刀清扫砖槽比较合适，刀边清扫用高压水最佳。炉门清扫机构如图 3-3-12 所示。

炉门清扫机头设侧部铣刀及下部清扫铣刀。侧部铣刀体吊挂在两侧的链条上，两侧螺杆铣刀可以摆动，当炉门进入清扫机时，铣刀紧靠在砖槽上，上下往复进行清扫。下部清扫铣刀通过油缸驱动使螺杆铣刀靠上砖槽，由下部铣刀台车油缸左右移动清扫。

b　结构特点

（1）对位准确可靠。在炉门清扫头上设有上下左右 4 块导向板，与炉门相关 4 个凸块相对应。在清扫头抱住炉门时，通过导向板使清扫头摆动完全与炉门平行吻合，清扫元件处于正确位置。

（2）清扫元件螺杆铣刀刚性强，由液压马达带动具有强有力的切削能力，能在旋转方向和轴向形成切削，且不粘焦油。

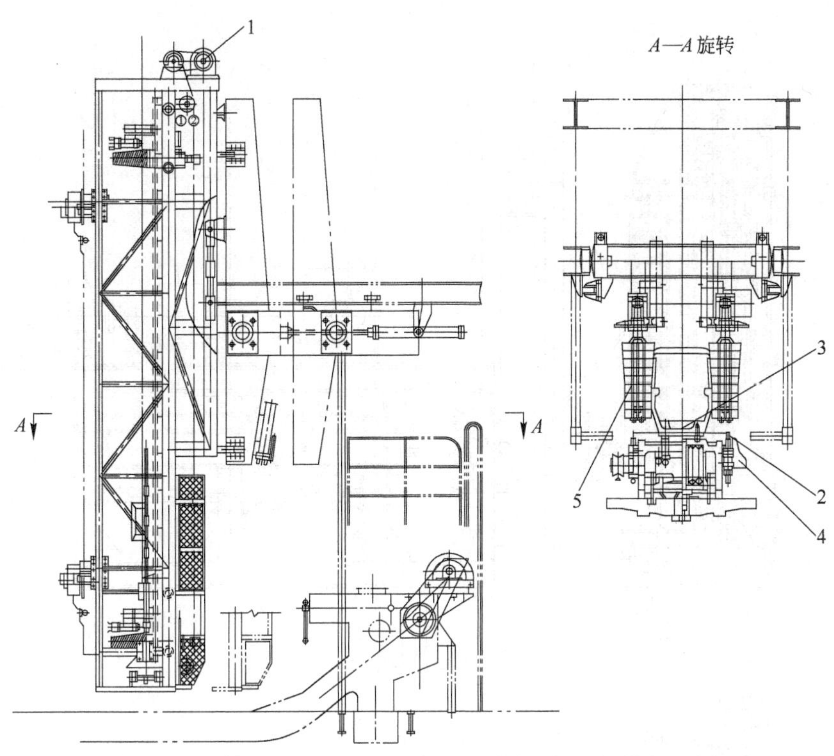

图 3-3-12 炉门清扫装置
1—传动装置;2—刀边;3—砖槽;4—刀边刮刀;5—螺杆铣刀

(3) 炉门从炭化室摘下时,已按焦炉的倾斜角度固定在开门机上,并按炉门清扫机高度的要求提升在匹配的位置上,完全消除焦炉变形造成的影响。

(4) 目前我国所用炉门清扫机的刀边清扫多为刮刀,如果使用不当易损坏刀边,在现有炉门清扫机上增加一套高压水系统,将清扫刀边的刮刀改为高压水喷嘴,是一套比较理想的炉门清扫机,值得推广。

F 清扫炉框装置

a 清扫炉框的方式

炉门及炭化室衔接的部位是炉框,要保持炉门不冒烟,就要保持炉框的清洁,即对炉框镜面(炉门刀边密封面)以及与炉门砖槽相关的炉框内侧面进行清扫。

清扫炉框镜面及炉框内侧面一般采用刮刀。图 3-3-13 所示为炉框清扫装置,主要由台车、清扫头、清扫头吊挂平衡装置、保护对位装置等组成。清扫头主要由弹簧清扫刮刀、导向辊、清扫元件往复移动驱动油缸组成。

清扫炉框时,清扫台车前移 2150 mm,清扫头在炉前回转 90°进入炭化室。它进入炭化室时,通过十字头吊杆可以摆动清扫头,使刮刀正确就位,然后开动往复油缸,进行清扫。

b 设备结构特点

(1) 具有对炉框变形的适应性,通过定位装置可使清扫头按炉框实际位置摆动。

(2) 清扫头回转 90°采用 S 形轨道简单可靠。清框机到达清扫位置后,清扫头下的辊轮就会支撑在专用轨道上,平衡清扫力,清扫状态稳定。

(3) 镜面刮刀与侧面刮刀是联动的,侧面刮刀是经镜面刮刀压缩行程通过杠杆摆动到

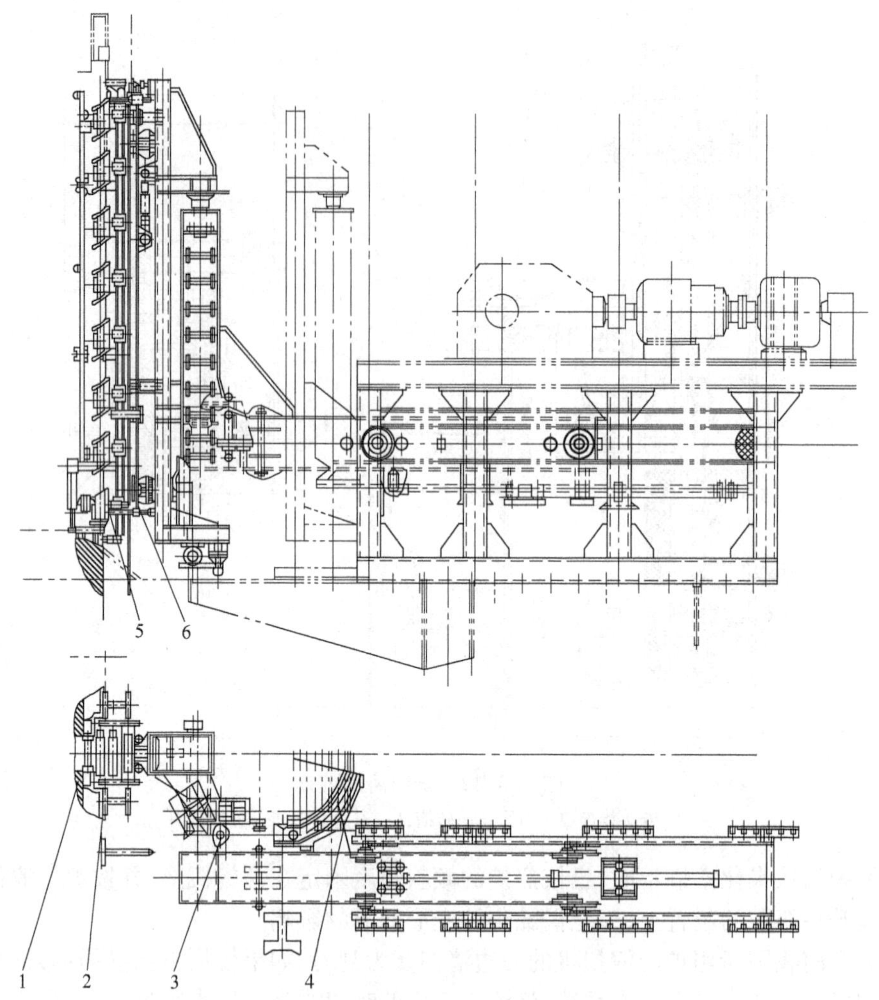

图 3-3-13　炉框清扫装置

1—保护板;2—定位装置;3—导向辊;4—S 形轨道;5—侧面刮刀;6—镜面刮刀

达清扫位置的。虽然结构简单,但镜面受力过大易变形。侧面刮刀有时达不到预定位置,所以近年来多用镜、侧刮刀分开结构。

G　头尾焦收集装置

a　头尾焦收集的必要性、收集方式及工作原理

处理头尾焦工作艰苦而繁重,没有机械化以前,人工用铁锹清理推焦散落的焦炭。

我国头尾焦处理通常采用环链式刮板机,推焦机通过 3 条刮板机接力地将头尾焦刮至主体钢结构下的收集斗内,如图 3-3-14 所示。

b　设备结构特点

(1) 炉前刮板机接受掉入的红焦温度较高,炉前操作工应及时加水,熄灭红焦,避免冒烟。刮板机底部磨损严重,采用铸石等衬垫,以提高其寿命。

(2) 炉前刮板机入焦口设有隔离大块焦的钢板网,其目的在于不让大于 200 mm 的焦块进入刮板机。

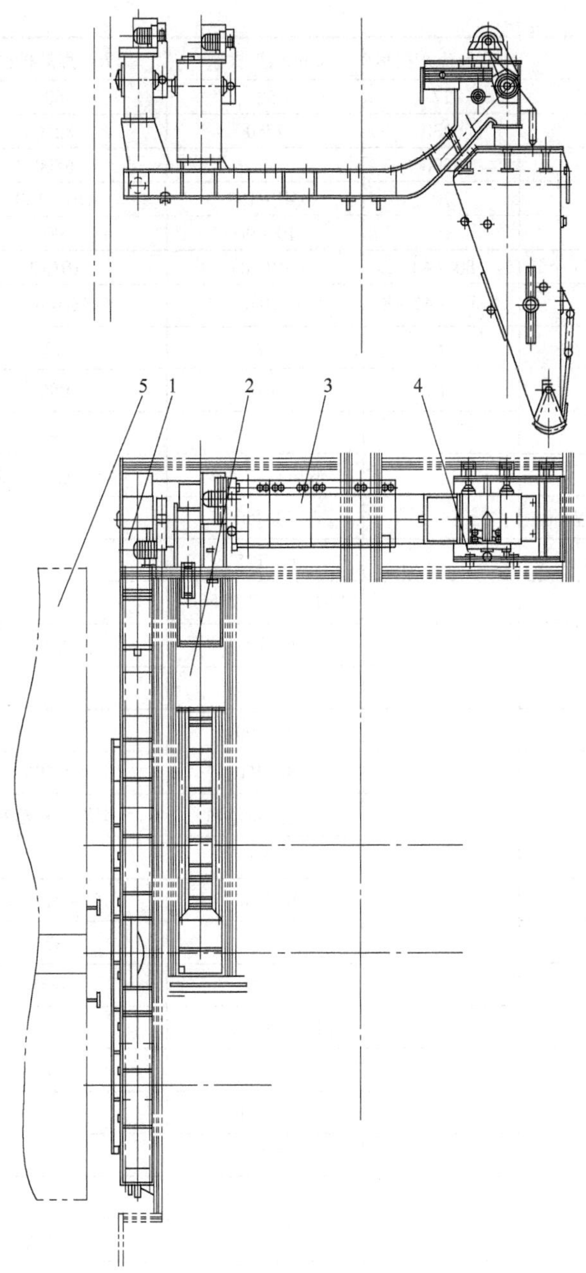

图 3-3-14 头尾焦收集装置

1—炉前刮板机;2—炉门清扫装置底部清扫机;3—物料综合刮板机;4—料斗;5—焦炉

3.3.3 顶装煤装煤车

3.3.3.1 技术性能(见表 3-3-3)

表 3-3-3 顶装煤装煤车技术性能

名 称	4.3 m 焦炉机械	6 m 焦炉机械	7 m 焦炉机械	7.63 m 焦炉机械
煤斗数量/个	3	4	4	4

续表 3-3-3

名　称		4.3 m 焦炉机械	6 m 焦炉机械	7 m 焦炉机械	7.63 m 焦炉机械
煤斗总容积/m^3		27	52	60	80
轨道中心距/mm		6230	7780	8270	9000
车轮轴距/mm		3500		6500	6880
轨型		70	QU-100	QU-100	QU-120
走行速度/$m \cdot min^{-1}$		96	10~90	90	120
走行车轮直径(数量)/mm/(个)		800(4)	630(10)	710(12)	1000(16)
走行电动机	型号	YZR_2-42-8	$YZB250M_1-6$	$YTSZ200L_1-6$	YTSZ160L-4
	功率/kW	16	37	22	15
	转速/$r \cdot min^{-1}$	718	980	980	1465
	数量/台	2	2	4	8
揭盖	驱动方式		液压缸搓动式	液压缸搓动式	液压缸驱动
	揭盖台车油缸直径/行程/mm		80/450		80/1100
	搓盖油缸直径/行程/mm		63/125		电机旋转搓动
	电磁铁型号/吸力		$LKD_1-220/2156N$		进口,750 W
导套传动方式			油缸驱动	油缸驱动	液压缸驱动
内套油缸直径/行程/mm			80/360		80/40
外导油缸直径/行程/mm			63/160		80/800
闸板油缸直径/行程/mm			80/450	50/295	63/400
给料装置	方式		螺旋定量给料	螺旋定量给料	液压缸驱动
	给料时间/s		150		60
	电机　型号		YZR225M-4	二合一减速电机	60
	电机　功率/kW		37	37	37
	电机　转速		1450	1400	1400
炉顶清扫	形式		塔载移动真空吸尘		
	风机功率/kW		37	37	
	全压/Pa		12000		
	风量/$m^3 \cdot h^{-1}$		2400		
	除尘布袋过滤面积/m^2		35		
气路系统	空压机		VF 6/8	螺杆式	GA11-10FF
	电机功率×台数/kW		18.5×2	15	11
	风压/kPa		800	800	800
	流量/$m^3 \cdot h^{-1}$		6	2	1.52
液压系统	流量/$L \cdot min^{-1}$		97	150	180
	压力/MPa		7	7	10
	电机功率×台数/kW		22×2	30×2	30×2
	装机容量/kW		290	470	420
	外形尺寸(长×宽×高)/mm		15624×12600×7550	16450×13200×7600	16400×15650×8850

3.3.3.2 主要机构的工作原理及结构特征

A 装煤装置

a 功能、传动原理、给料形式

装煤装置是装煤车主要功能设备。目前常用的给料形式为螺旋给料，它由煤斗、螺旋给料器、减速机、电机等组成。如图3-3-15所示。

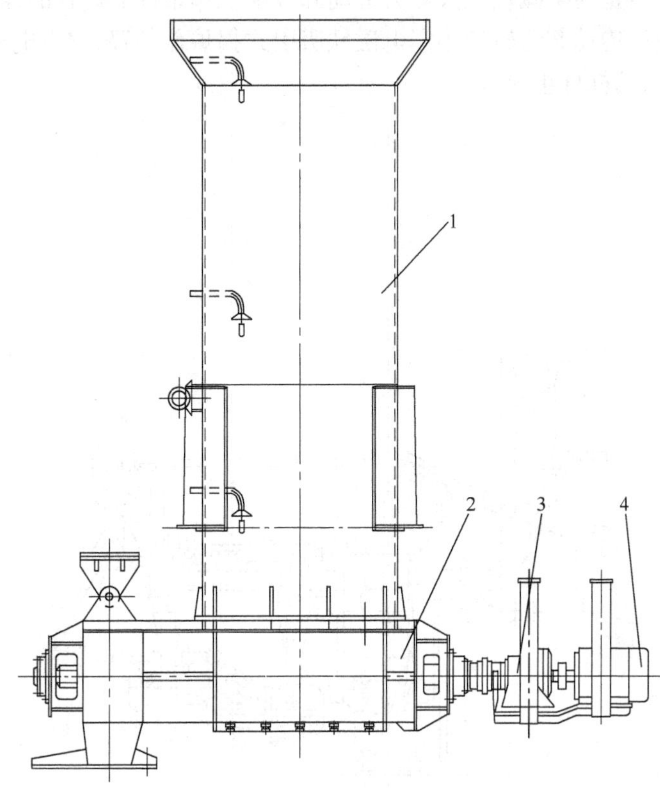

图3-3-15 螺旋给料装置

1—煤斗；2—螺旋给料器；3—减速机；4—变频电机

b 结构特点

（1）螺旋采用变频电机进行调速，实现可控给料。虽然每个装煤孔所承担的装煤量不同，但可以通过给料转速调节使其装煤料位同时水平上升，实现各装煤孔同时装煤，并保持炉顶煤气通道畅通，使装煤时间缩到最短，达到无烟装煤。

（2）螺旋由不锈钢制造，螺距沿出料方向逐步加大，使给出的料愈来愈松。出料口与螺旋中心有一偏心，可以减少物料与导套外壁碰触力，避免煤湿时粘连造成堵煤。

（3）螺旋给料由于给料可控，每个煤斗下了多少料根据数码管可以做出判断，平煤信号也可及时发出。

c 操作注意事项

（1）受煤的时间距装煤时间不能太长，如果因故不能及时装煤，应采取相应措施，必要时把煤卸掉，重新受煤再装煤。

（2）下煤导套要定期清理，特别是雨季和煤水分大时。

（3）当装入煤的水分大于10%时，螺旋给煤转数要相应降低，否则会造成堵塞。

（4）出现个别炭化室煤料未装满要进行补料时，要有容积量概念，不能盲目进行，否则也易堵塞。

B　揭炉盖装置

a　传动形式和机构组成

揭炉盖装置主要是为了减轻工人体力劳动和改善工作条件而设置的，图3-3-16所示为我国常用的一种液压传动S形轨道小车电磁铁吸引式揭炉盖装置，它由电磁铁吸头、小车、S形轨道、油缸及其摆动杠杆组成。

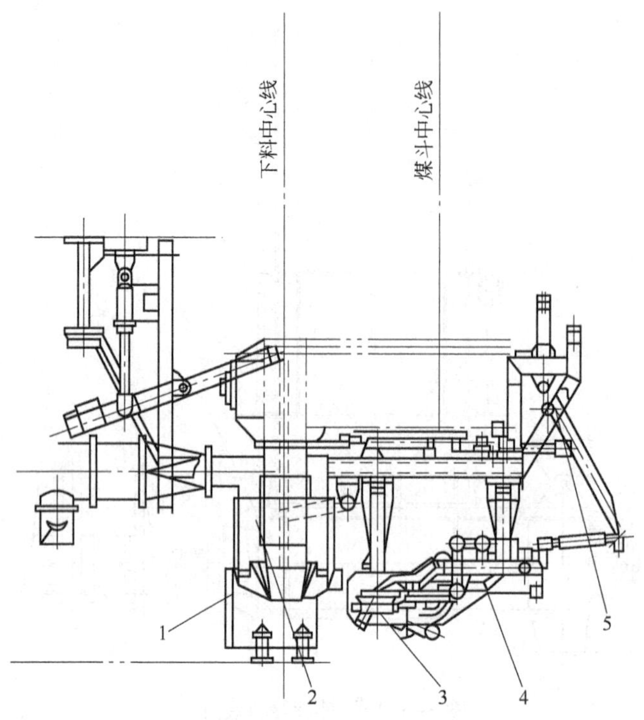

图3-3-16　揭炉盖装置

1—外导套；2—固定导套；3—装煤炉盖；4—S形导套；5—揭盖机移动油缸

b　结构特点

（1）S形轨道由螺栓吊挂在钢结构上，空间三个方向均可调整，以保持轨道正确位置。

（2）揭炉盖小车内套小台车，其上安有搓动炉盖装置，由油缸带动可以破黏，防止揭盖时影响座圈的稳固。小台车可以游动，以适应吸头与炉盖不同心的转动。有些单位因不存在盖与座之间的黏着问题，将搓动取消不用，这也是可行的。

C　炉顶清扫装置

a　主要功能、清扫形式、工作原理

炉顶清扫主要用于清扫装煤过程散落在炉顶的余煤。由于总体布置的关系，在5—2顺序出炉时，本装置只能清扫上一炉散落的余煤。清扫形式采用真空吸引型。如图3-3-17所示。炉顶清扫主要由吸头（含机焦两侧）、机焦侧吸引交替闸板阀、软管、履带架、吸头移动机构、风机、布袋除尘器、刮板机等部分组成。

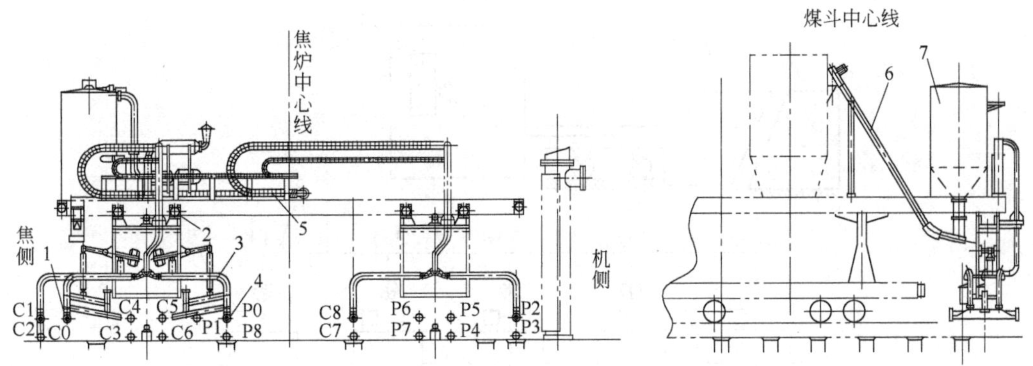

图 3-3-17 炉顶清扫装置

1—焦侧吸头;2—吸头移动机构;3—软管;4—机侧吸头;5—履带架;6—焦粉刮板机;7—布袋除尘器

吸头沿垂直轨道方向由吸头移动机构带动可以往复移动,风机工作时,焦侧吸嘴先向焦侧移动并放下(此时机侧吸嘴关闭),并向机侧移动,当焦侧吸嘴接近钢轨时再提起,避开钢轨后落下,继续向机侧移动至 C7(见图 3-3-17),此时焦侧吸嘴上提,机侧吸嘴下放,开始工作。其两吸嘴交替进行,吸入的煤粉经管道进入布袋,煤粉经过滤后的尾气由风机排出。

b 结构特点及使用注意事项

(1) 吸头上的两个吸嘴交替进行工作,不能同时进行工作,因此吸力大,运行可靠。

(2) 吸头上交替闸阀,一定要保持在吸嘴下落时闸板全面敞开,吸嘴上提时绝对关闭。

(3) 吸嘴上的唇板磨损后会影响吸力,应及时更换,使唇板与两端头的支承轮表面持有 3 ~ 7 mm 间隙。

(4) 炉顶清扫机雨天不得使用,以防面袋堵塞。

(5) 要经常检查布袋状况、清灰情况,发现堵塞或破碎应清洗或更换。

D 集尘装置

a 设置集尘装置的目的、形式

设置集尘装置的目的在于收集炭化室装煤过程中外逸的烟尘。由各导套收集的烟尘,经管道抽吸到设在焦炉上的集尘干管,经布袋净化后排放。装煤车无烟装煤集尘装置如图 3-3-18 所示。

b 结构特点

(1) 导套分三层,内层为固定导套,中层导套下落后插入炉口,确保煤料不外撒,外导套在装煤前首先落到炉顶。在揭盖侧设有缺口,揭盖机从缺口伸入取下炉盖,然后落下中层导套。由于外套与中层套之间环形空间与除尘管道相通,可保持装煤过程及装卸盖时不冒烟。

(2) 在各装煤孔导烟管上设有空气掺混口及流量调节阀,使冷空气渗入量能达到烟气不着火。通过调节各孔烟气的流量,使各孔流量合适。

(3) 导套对炉口变形具有较大的适应能力,在停位误差 ±25 mm 的范围内,中层导套均可插入炉口,外导套与炉顶的间隙可以用来调节掺混用进风量。掺混用总风量由此间隙及掺混阀综合调节。

(4) 在各孔烟气汇合处设有安全阀,在地面除尘站事故状态下可以放散。

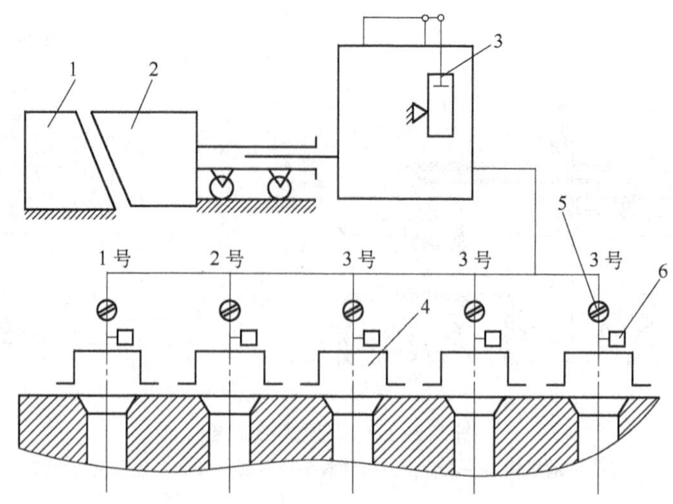

图 3-3-18　装煤车无烟装煤集尘装置

1—焦炉集尘干管；2—烟气接口；3—事故开盖油缸；4—导套；5—流量调节阀；6—渗风口

c　欧洲装煤车无烟装煤的特点

上述集尘法是烟冒出来收集的办法，而欧洲装煤车(如夏尔克公司的设计)是设法不让装炉烟尘冒出来。这种方法设备相应减少，投资降低。其方法有以下几种：

(1) U 形管导烟法，即将装煤的炭化室的烟用 U 形管导入相邻结焦末期的炭化室内，对侧装煤焦炉非常方便。

(2) 高压氨水无烟装煤，英国 JMH 公司设计，要求装煤孔座和盖之间保持清洁，导套下部与座之间保持 196 ~ 245 Pa(20 ~ 25 mmH_2O)的密封度。高压氨水能在上升管根部形成 196 Pa(20 mm H_2O)的负压，可实现无烟装煤。

(3) 夏尔克可控装煤法，即利用设在集气系统内的 PROven 装置自动调节桥管内的吸力，装煤时，桥管内吸力达到最大值，用来抽吸炭化室内的装煤烟尘，并通过车上可控装煤措施使炭化室内煤线维持水平上升，从而保持炭化室顶部空间畅通，实现无烟装煤。7.63 m 焦炉机械就采用这种除尘方式。

3.3.4　拦焦机

3.3.4.1　技术性能(见表 3-3-4)

表 3-3-4　拦焦机技术性能

名　　称			4.3 m 焦炉机械	6 m 焦炉机械	7 m 焦炉机械	7.63 m 焦炉机械
走行装置	轨道中心距/mm		1600	2700	9010	9300
	轨型		P50	QU - 100	QU - 100	QU - 120
	走行速度/m · min^{-1}		88	3 ~ 60	约 60	最大 90
	走行车轮直径/数量/mm		ϕ600/4	ϕ700/10	ϕ710/14	ϕ1000/16
	电动机	型号	YZR_2 - 42 - 8	YZB250M_1 - 6	YTSZ200L_1 - 6	YTSZ160L - 4
		功率/kW	16	37	22	15
		转速/r · min^{-1}	955	970	980	1465

续表 3-3-4

名称			4.3 m 焦炉机械	6 m 焦炉机械	7 m 焦炉机械	7.63 m 焦炉机械
导焦装置		导焦栅宽度/mm	550	550	570	700
		前后移动行程/mm	500	2600		3580
		移动速度:快/慢/$\text{m}\cdot\text{min}^{-1}$	3.4	6/3		
		移动油缸直径×行程/mm		ϕ125×570		ϕ125×3700
取门装置		台车移动+头旋转		1150 mm+90°		3100 mm+90°
		速度(移/转)/$\text{m}\cdot\text{min}^{-1}$		4.5/2.5		
		传动方式		油缸		
		提门油缸直径×行程/mm		ϕ224×350		ϕ160×200
		移门油缸直径×行程/mm		ϕ125×1250		ϕ140×3100
炉门清扫装置		清扫方式		螺杆铣刀+刮刀		刮刀
	移动台车	行程/mm		900		移动台车:油缸驱动 ϕ80×750
		速度/$\text{m}\cdot\text{min}^{-1}$		5		
	侧部清扫	移动行程/mm		5800		侧面刮刀:油缸带动上下刮刀油缸 ϕ100×650
		驱动方式		电机+减速机+链轮		
		驱动速度/$\text{m}\cdot\text{min}^{-1}$		5		
	清扫元件	砖槽		螺杆铣刀		上部刮刀与侧部刮刀一起由油缸带动
		刀边		刮 刀		
		铣刀驱动		油马达		
	下部清扫	清扫元件		刮 刀		下部刮刀移动 ϕ50×410
		元件移动方式		油 缸		
		行程		440		刮刀夹紧油缸 ϕ50×50
		速度		1		
		元件回转		油马达		
炉框清扫		清扫方式		弹簧刮板式		刮板式
		台车移动行程×速度/mm		1250×4.5		3075
		清扫刮刀行程×速度/mm		450×4.5		650
		驱动方式		油缸		油缸
头尾焦处理装置		收集形式		环链式刮板机		焦斗
	电动机	功率/kW		2.2×4 条		倾翻式
		转速/$\text{r}\cdot\text{min}^{-1}$		1500		移动油缸 ϕ100×600
		运送能力/$\text{t}\cdot\text{h}^{-1}$		7		移动油缸 ϕ50×300
炉台清扫装置		形式		搭载移动真空吸尘		
		风机功率/kW		45		
		风量/$\text{m}^3\cdot\text{min}^{-1}$		100		
		风压/kPa		13		
		过滤面积/m^2		72		

续表 3-3-4

名　称		4.3 m 焦炉机械	6 m 焦炉机械	7 m 焦炉机械	7.63 m 焦炉机械
气路系统	空压机型号		3W-0.9/7		ATLAS copco 7.5 kW
	电机功率/kW		7.5		
	风压/MPa		0.7		0.8
液压系统	流量/$L \cdot min^{-1}$				
	压力/MPa		6.3		10
	功率×台数/kW		30×2		
装机容量/kW			230		1050
设备外形尺寸(长×宽×高)/mm			21200×14242×10946		20000×18725×20935
设备质量/t			230		

3.3.4.2　主要机构的工作原理及结构特征

拦焦机主要功能是打开焦侧炉门，对上导焦栅，将炭化室的红焦导入熄焦车(或焦罐车)内。由走行装置、清扫炉门装置、清扫炉框装置、头尾焦装置、开门装置、导焦装置、集尘装置等7个主要部分组成。前4个部分与推焦机大同小异，不再赘述。

A　开门装置

拦焦机开门装置如图3-3-19所示。

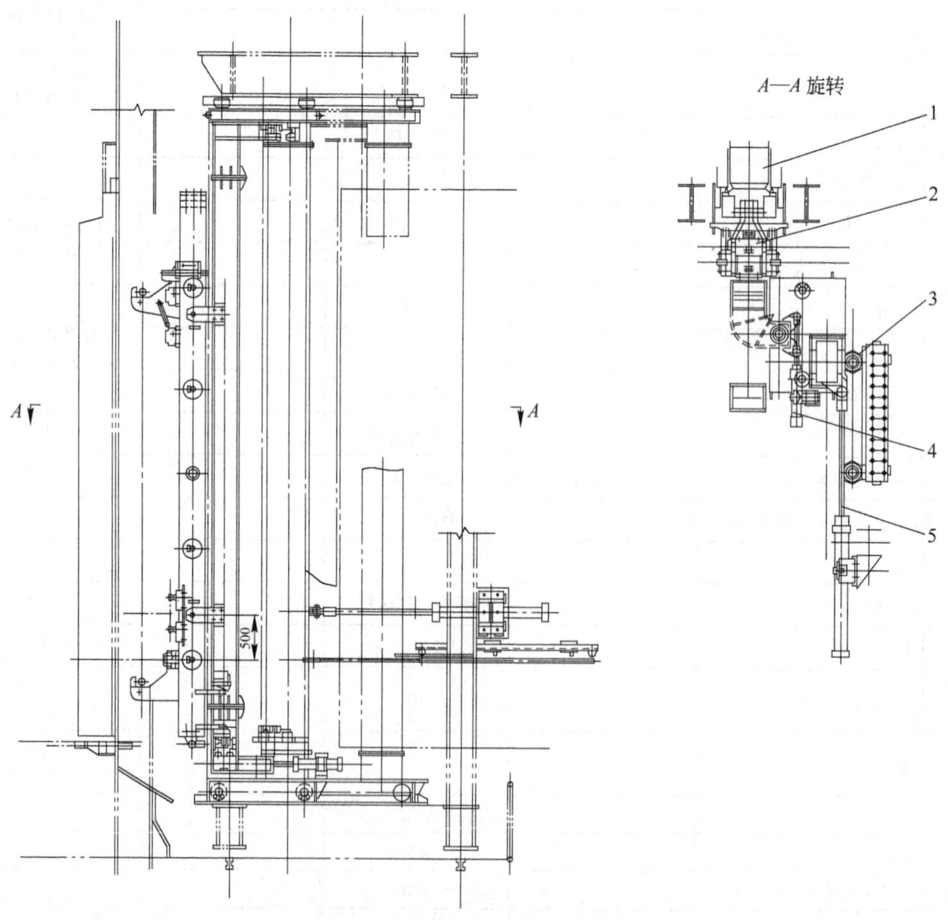

图3-3-19　拦焦机开门装置

1—开门；2—开门头；3—同步齿轮；4—开门头回转油缸；5—台车移动油缸

a 开门机构组成

开门装置主要由台车、开门头、同步齿轮、台车油缸、开门头回转油缸组成。

b 主要工作过程

开门头与炭化室同心，而台车中心偏离炭化室中心 625 mm，台车上下支辊同步齿轮与钢结构相连，开门头则通过上下轴承联结在台车上。开门时，台车前移 1250 mm，开门头随之前进，通过压门栓、提门、取下炉门(原理同机侧)，接着台车退回原位，再由开门头回转油缸驱动将炉门转 90°。炉门清扫机向前抱住炉门进行清扫，完后退回。关门顺序按反方向进行。

c 结构特点

(1) 为一点对位，开门机是偏置的，以避开导焦栅以及回转后的炉门。为了实现台车走行的铅垂稳定运行，台车上设有同步轴，通过轴上两个齿轮与联结在钢结构的齿条啮合。

(2) 开门头为套装结构，门钩上下移动由油缸驱动，分别由 3 个电磁阀操作，具有带记忆的功能，能适应焦炉的变形，能准确地打开炉门并原样放回关好。

(3) 此种一次对位开门装置布置方法较 S 道进退开门台车行程小，重心朝前，但增加了开门头的回转油缸，综合考虑，还是具有一定的优越性的。近年来在拦焦机在轨距较小的前提下采用内台车式，即通过内套台车进行导焦开门对位操作，这是一种合理的方案。

B 导焦装置

导焦装置如图 3-3-20 所示。

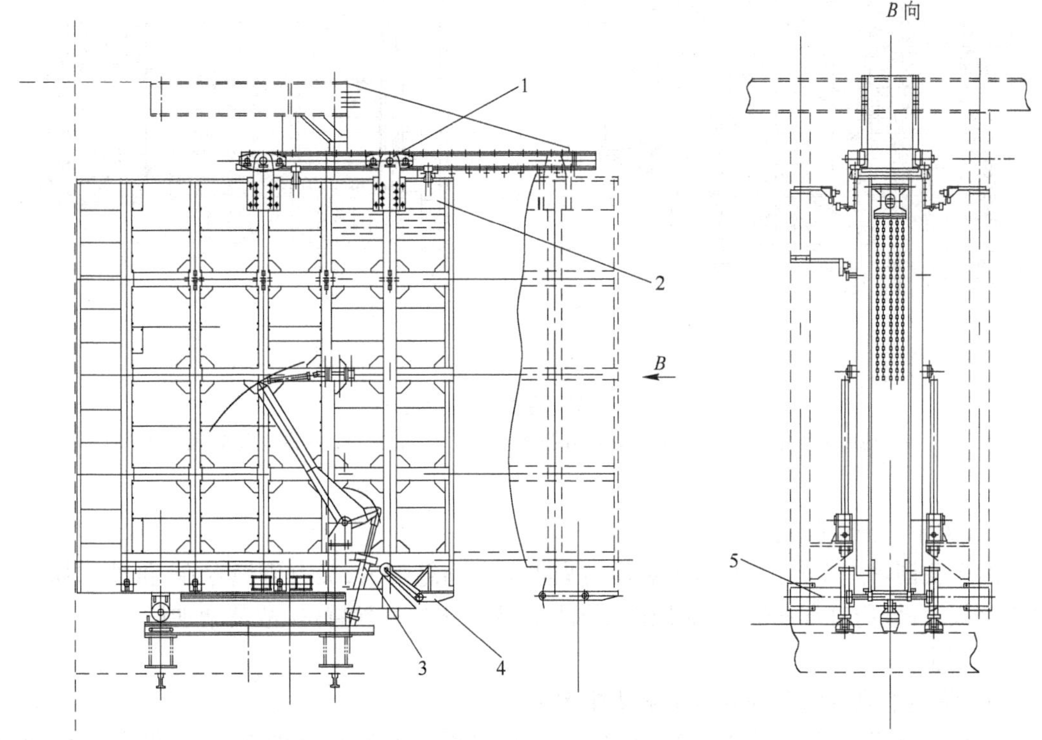

图 3-3-20 导焦装置

1—吊辊；2—导焦栅；3—导焦移动油缸；4—防余焦掉落机构；5—锁闭装置

a　导焦装置的组成

导焦装置由导焦槽、吊辊、支辊、导焦槽移动油缸、锁闭装置、后部防余焦掉出装置等组成。导焦槽平时处于开门机后部，导焦时由油缸驱动移向炉前，靠上炉框并锁闭。推焦完了，锁闭松开，导焦槽退回原位。

b　结构特点及注意事项

(1) 导焦槽分上下两层，以利于膨胀和炭化室底部标高的调整。

(2) 导焦槽壁板采用栅条拼块式结构，冷热变形较小。

(3) 导焦槽设有防余焦掉落机构，通过凸轮摆动杠杆，在导焦槽退回时自动翘起槽后部端板。在使用时，应经常注意槽下部衬板螺栓的松动与否及衬板的完整性，避免发生事故。

C　集尘装置

集尘装置包括集尘罩、与集尘干管的接口、开关集尘干管闸板以及防炉头烟装置。将发生烟尘收集起来，导入集尘干管，最后由地面除尘站处理。拦焦机集尘装置如图 3-3-21 所示。

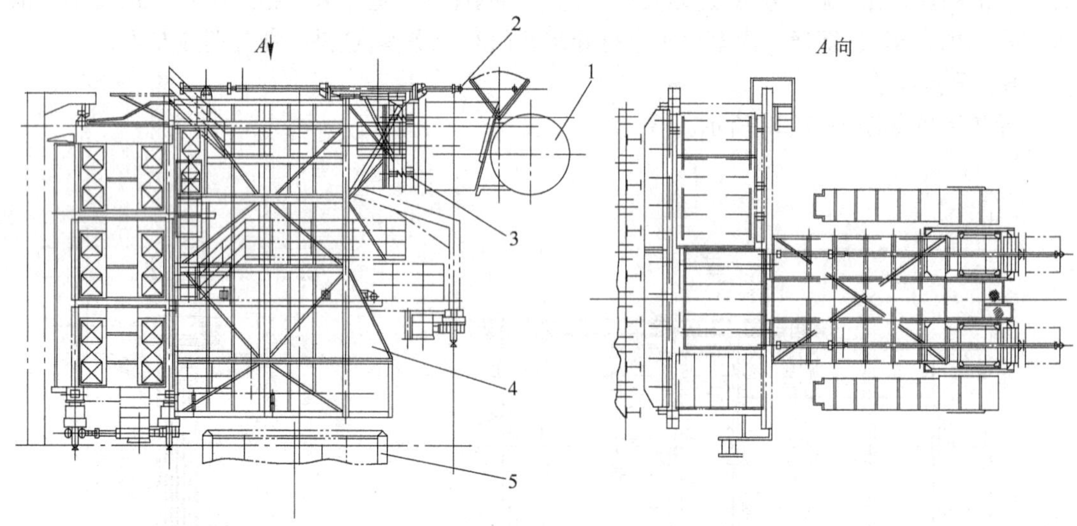

图 3-3-21　拦焦机集尘装置

1—地面除尘站集尘干管；2—接口阀启闭机构；3—与干管的接口；4—集尘罩；5—熄焦车

a　关于炉头烟收集问题

对于我国常用 6 m 焦炉，由于炉体与集尘罩之间缝隙大，又有侧缝存在，虽然增加了上部挡烟板，冒烟仍时有发生，依靠地面站风机的吸力无法消除冒烟，故需增加风机，专门处理这部分烟尘。

b　集尘罩设置的合理与否影响集尘效果

目前焦侧除尘在移动接焦时，集尘罩长度应覆盖熄焦车长的 2/3，但仍有少量烟逸出。近年来我国开发的低水分熄焦采用定点接焦，罩子小，密封好，效果良好，应该推广。

3.3.5 电机车与熄焦车

3.3.5.1 技术性能(见表3-3-5和表3-3-6)

表3-3-5 电机车技术性能

名称		4.3 m焦炉机械	6 m焦炉机械	7 m焦炉机械	7.63 m焦炉机械
轨型		50	QU100		QU120
轨距/mm		1435	2000		4000
最大走行速度/m·min^{-1}		190	190	200	240
最低走行速度/m·min^{-1}		19	10		
牵引重量/t			230	433	290
走行电动机	型号	YZR63-10	YZB280M-6	YTSZ280M-4	YTSZ280S2-4
	功率/kW	60	75	110	90
	转速/r·min^{-1}	577	980	1465	1465
	数量/台	2	2	4	4
空压机	型号		LGFD-22-003C		
	流量/m^3·min^{-1}		3		
	压力/MPa		1		
制动汽缸(直径×行程)/mm		203×305	254×305		
设备外形尺寸(长×宽×高)/mm		7130×3610×5230	10050×6500×5730		

表3-3-6 熄焦车技术性能

名称		4.3 m焦炉机械	6 m焦炉机械	7 m焦炉机械	7.63 m焦炉机械
载重量/t		13	21	28	45
车厢有效长度/mm		13100	7750		6500
车厢底倾角/(°)		28	28	28	27
轨距/mm		1435	2000	2000	4000
车门打开度/mm		650	650	700	约970
轴距/mm			5500	5500	17000
开门汽(油)缸外径×行程		350×440	450×330	450×400	125×400(油缸)
汽缸工作压力		0.4~0.6		0.4~0.6	
液压系统	压力/MPa				10
	流量/L·min^{-1}				170
	功率/kW				30
车钩与轨面距离/mm		1040		1050	
设备外形尺寸(长×宽×高)/mm		16425×4220×4650	1220×6130×5730	13000×6410×6150	26820×8100×7600

3.3.5.2 主要机构的工作原理及结构特征

A 设备功能

熄焦车(或者焦罐车)专门用来盛接从焦炉炭化室推出的赤热焦炭,并由电机车牵引至熄焦塔下,将焦熄灭(干熄焦情况下将焦罐牵至干熄站),将熄灭的焦炭放至焦台由运焦皮带送出。如图3-3-22和图3-3-23所示。

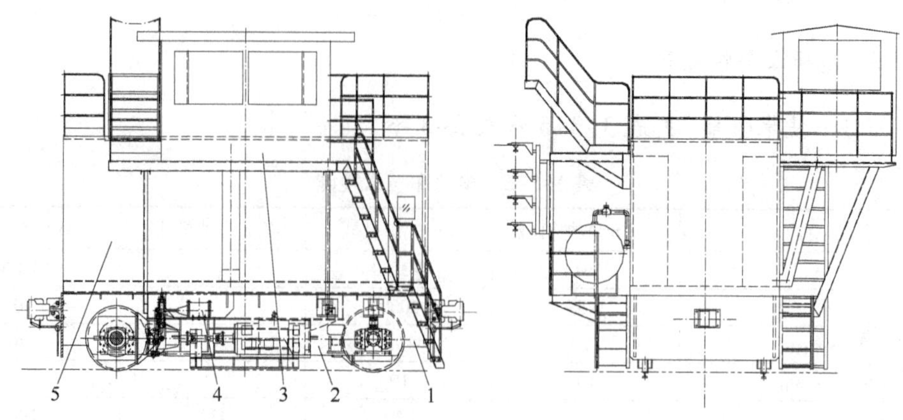

图 3-3-22　电机车

1—车架;2—走行传动;3—司机室;4—制动系统;5—机器室

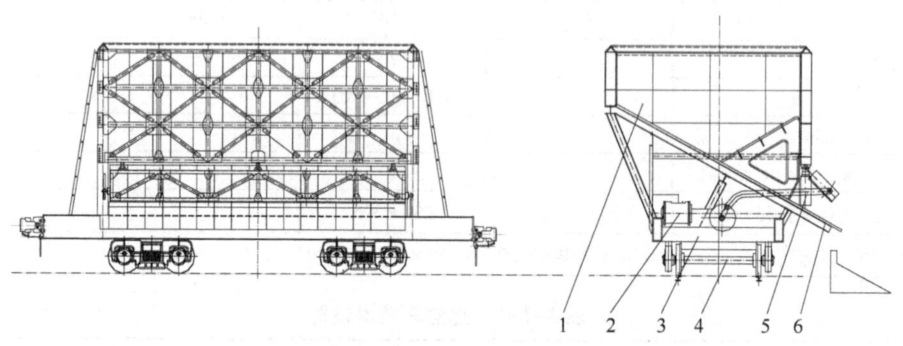

图 3-3-23　熄焦车

1—车厢;2—开门机构;3—车架;4—转向架;5—车门;6—耐热板

B　结构特点

(1) 对于熄焦车,近年来配合低水分熄焦,定点接焦,车厢变短,效果良好,但熄焦车最大的困惑是腐蚀问题。车厢采用一般碳素结构钢寿命太短,现在有些用户要求把车厢材质改为不锈钢(1Cr18H9Ti),不失为一种较好的选择。

(2) 电机车近年来结构有很大改进,性能也有很大提高。用于干湿两用的电机车一般采用变频调速,有四挡速度,对位平稳可靠,减速机可以放在车轮中间,但检修困难,而减速传动挂在车轮外端,检修方便,普遍受到用户欢迎。

3.3.6　侧装煤推焦机

3.3.6.1　技术性能(见表 3-3-7)

表 3-3-7　侧装煤推焦机技术性能

名　　称		3.8 m 焦炉机械	4.3 m 焦炉机械	5.5 m 焦炉机械
走行装置	传动方式	集中传动	分别传动	分别传动
	轨道中心距/mm	8030	10000	12000
	轨　型	QU100	QU120	QU120
	走行速度/m · min^{-1}	77	6.2 ~ 62	7.5 ~ 75

续表 3-3-7

名称			3.8 m 焦炉机械	4.3 m 焦炉机械	5.5 m 焦炉机械
走行装置	走行电动机	型 号	YZR264 - 10		
		功率/kW	65	30 × 4	22 × 6
		转速/r · min^{-1}	577		
推焦装置	推焦量/t		11.5	17.25	30
	最大推焦力/kN		300	450	800
	推焦	速度/m · min^{-1}	20	27	27
		行程/mm	16800	18860	25740
		总长/mm	21568	24200	30755
	走行电动机	型号/mm	YZR64 - 10	YZR355M - 10	YZR400L - 10
		功率/kW	65	90	160
		转速/r · min^{-1}	577	589	582
装煤装置	装煤板	总长/mm	15425		20380
		行程/mm	13765	15700	15210
		速度/m · min^{-1}	13.6	1.6 ~ 16	1.6 ~ 16
	煤槽	长度/mm	11860	13250	15210
		宽度/mm	400	450	500
		高度/mm	3645	4150	5370
	电动机	型号/mm	YZR64 - 10	YZR355L1 - 10	
		功率/kW	65	110	250
		转速/r · min^{-1}	577	582	1465
开门装置	开门台车	移门油缸(缸径 × 行程)/mm		ϕ125 × 2100	ϕ140 × 2700
		速度/m · min^{-1}	9	8	8
		行程/mm	2200		2550
	提门机	提门形式	螺轮丝杆	油缸提升	油缸提升
		提门速度/m · min^{-1}	0.28	2	2
		提门油缸(缸径 × 行程)/mm		ϕ125 × 150	ϕ224 × 350
炉门清扫	清扫方式			螺杆铣刀 + 刮刀	螺杆铣刀 + 刮刀
	移动台车	行程/mm		900	1000
		速度/m · min^{-1}		5	5
	侧部清扫	移动行程/mm		5800	5800
		驱动方式		电机 + 减速机 + 链轮	电机 + 减速机 + 链轮
		速 度		5	5
	清扫元件	砖 槽		螺杆铣刀	螺杆铣刀
		刀 边		刮刀	刮刀
		铣刀旋转		油马达	油马达

续表 3-3-7

名　称			3.8 m 焦炉机械	4.3 m 焦炉机械	5.5 m 焦炉机械
炉门清扫	下部清扫	砖槽清扫元件		螺杆铣刀	螺杆铣刀
		刀边清扫元件		刮刀	刮刀
		元件移动		油缸	油缸
		行程/mm		440	500
		速度/m · min^{-1}		1	1
		元件旋转驱动		油马达	油马达
炉框清扫	清扫方式			弹簧刮板式	弹簧刮板式
	台车移动行程(速度)/mm(m · min^{-1})			2150/8	2150/8
	清扫刮刀行程(速度)/mm(m · min^{-1})			450/8	450/8
	驱动方式			油缸	油缸
头尾焦处理装置	收集形式			环链式刮板机	环链式刮板机
	电动机	功率/kW		2.2 ×3 条	2.2 ×3 条
		转速/r · min^{-1}		1500	1500
	输送能力/t · h^{-1}			10	10
气路系统	空压机型号		vF 2/8	无	LGFD－185－002C
	电机功率×台数/kW		17 ×2		18.5 ×2
	风压/MPa		0.7		0.7
液压系统	流量/L · min^{-1}		无	200	
	压力/MPa			6	
	功率×台数/kW			30 ×2	
装机容量/kW			178.2	350	
设备外形尺寸(长×宽×高)/mm			18648 ×10185 ×6760	22914 ×13200 ×9925	

3.3.6.2　主要机构的工作原理及结构特征

A　主要功能及其机构组成

侧装煤推焦机与顶装煤推焦机不同之处在于主平台无平煤机构，而增设了捣固装煤装置。煤塔设在机侧，通过设在煤塔上的捣固机和给料机将煤连续放入装煤装置的煤槽内，并同时进行捣固，制成煤饼后，整车移至待装煤的炭化室前，推焦后将煤饼从机侧装入炭化室内。装煤推焦机主要由装煤装置、推焦装置、清门清框、头尾焦处理、余煤处理等装置等组成，如图 3-3-24 所示。

B　装煤装置

a　机构组成

装煤装置是装煤推焦机的主要机构，是整个设备使用好坏的关键。它主要包括煤槽、煤槽支持桁架、托煤底板、托煤底板传动、前挡板、后挡板和煤槽开闭机构等，如图 3-3-25 所示。

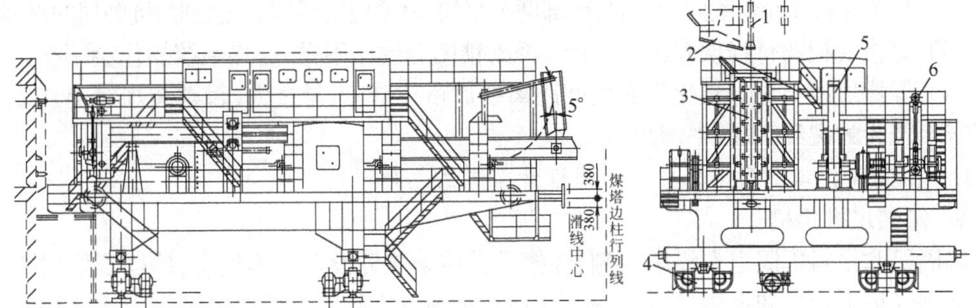

图 3-3-24 装煤推焦机

1—捣固锤杆;2—给料机;3—装煤装置;4—走行装置;5—推焦装置;6—开门装置

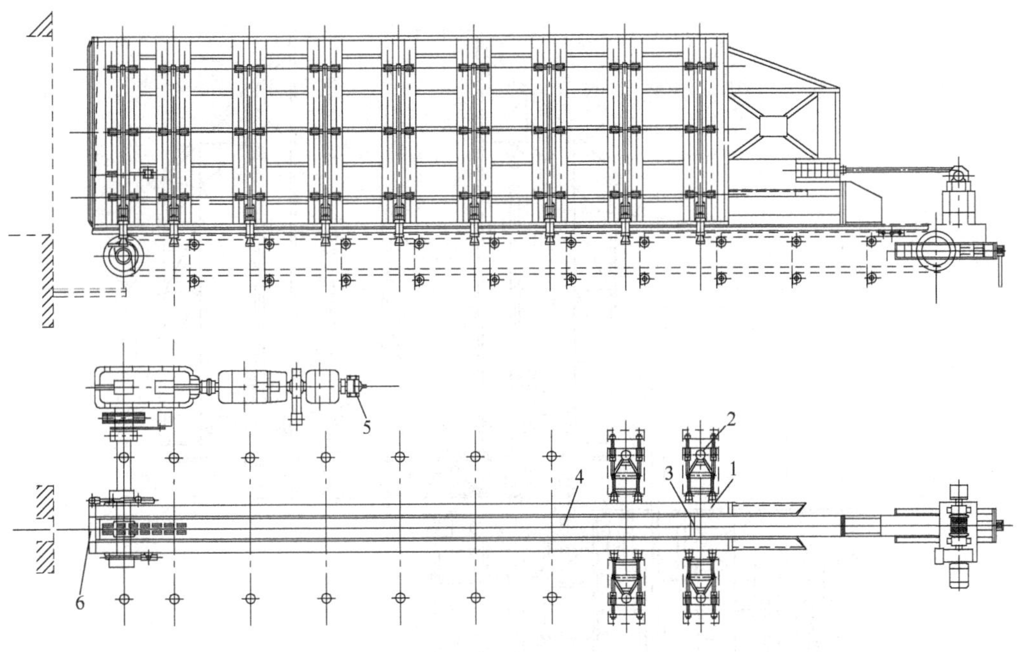

图 3-3-25 装煤装置

1—煤槽壁;2—煤槽开闭杠杆;3—后挡板;4—托煤底板;5—传动装置;6—前挡板

b 装煤过程

煤槽是捣固煤饼的地方,它由左右煤槽壁、前挡板、后挡板围成一个煤饼尺寸封闭槽,煤槽壁通过开闭机构与桁架相连。在捣固煤饼时,开闭机构杠杆处于水平死点位置,将煤壁的膨胀力传到桁架。在装煤时,开闭杠杆系统驱动,使煤槽壁向左右两侧移动 30 mm,与煤饼脱开,接着打开前挡板,驱动煤槽底板及后挡板,将煤饼推进炭化室。当煤饼到位后,锁死后挡板,拖出煤槽底板,待煤槽底板移到位后,解除后挡板锁闭,用卷扬机将后挡板拖到原位,装煤过程结束。

c 装煤装置结构特点及操作注意事项

(1) 为确保捣固煤饼的密实度,不出现搭腰、掉头,捣固装煤壁板桁架、煤槽底板与下部装煤槽均必须具有足够的刚度,在捣固过程中变形应控制在一定范围内,一般不超过 0.1%。

（2）煤槽底板在炭化室内运行时，前部磨损很快，材质应选用抗耐热变形、抗磨损的材料。

（3）煤槽底板的行程误差为 ±5 mm，否则锁闭会动作不灵，送煤系统操作会不畅。

（4）煤槽底板与焦炉炭化室底之间距离要严格控制，不易过大，否则装煤时会造成煤饼前部产生较大的裂纹，事故率增加。

C　侧装煤推焦机因工艺方法不同设计布置的几种形式

a　侧装煤推焦机

捣固机和给料机固定在煤塔两侧，煤槽及其传动装置设在推焦机上，捣固煤饼时推焦机必须回到煤塔下接煤和捣固，占用了操作时间，这种形式的装煤推焦机因车上无捣固设备而重量轻，投资省，每出一炉焦的操作时间约为 15 min 左右，顶装焦炉的操作时间约为 8.5 ~ 10 min，因而生产效率较低。侧装煤推焦机在煤塔的位置如图 3-3-26 所示。

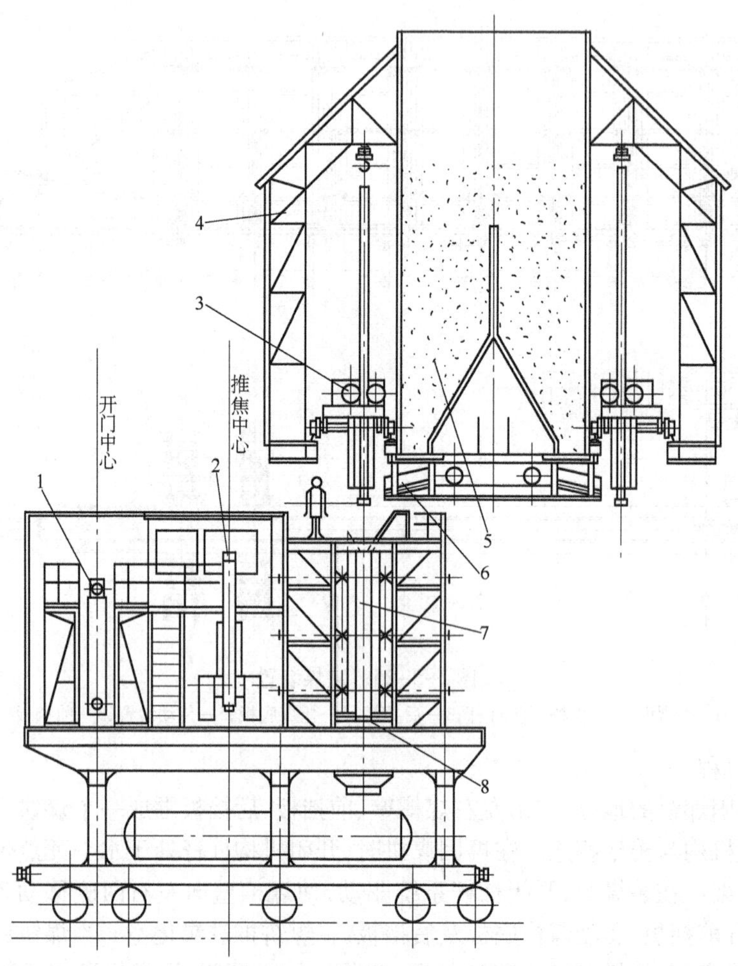

图 3-3-26　侧装煤推焦机在煤塔的位置

1—开门装置；2—推焦机；3—捣固机；4—捣固机室；5—煤塔；6—给料机构；7—捣固煤箱；8—装煤底板

b　推焦装煤分体型（侧装煤车 + 推焦机）

针对侧装煤推焦机的缺点，将 1 台装煤推焦机改为 1 台装煤车和 1 台推焦机，这样捣固煤饼由装煤车承担，推焦工作由推焦机承担，可连续工作，使捣固与推焦开门动作同时进行，可以大大提高工作效率,但2台车的质量大于1台装煤推焦机,投资有所增加。

以上两种形式在我国普遍采用,工艺和技术都是很成熟的。

c 捣固在车上进行的全功能合体车(捣固装煤推焦机)

全功能合体车捣固、装煤、开门、推焦操作均在一台车上进行。车上自带一个可容纳3~4个煤饼的用煤量的煤仓。车上煤仓的供煤方式有随车皮带运输机自动送入合体车煤仓和合体车回到煤塔下取煤两种方式。每炉操作时间约10 min,与顶装煤焦炉的操作时间相当。

全功能合体车煤仓高,体积大,质量重达1350 t(6 m捣固焦炉),运转能耗大,备用困难,投资费用高,限制了它的发展。全功能合体车如图3-3-27所示。

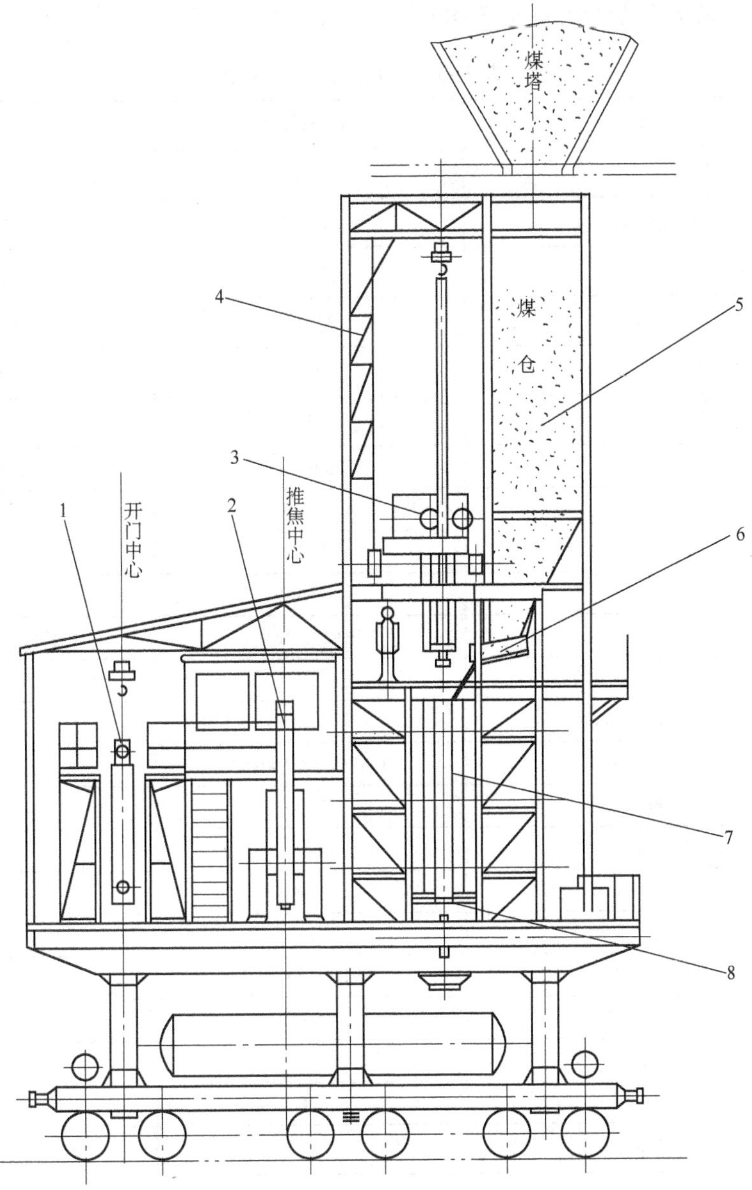

图3-3-27 全功能合体车

1—开门装置;2—推焦装置;3—捣固机;4—捣固机室;5—煤仓;6—摇动给料装置;7—捣固煤箱;8—装煤底板

D 防止装煤过程烟尘的逸出

装煤过程由于机侧炉门是不关闭的，冒烟严重，污染环境，必须采取治理措施。目前我国在炉顶增设的消烟除尘车有一定的作用，但达不到环保要求。为此，在装煤推焦机上采取密封措施，机侧增加密封框，就可以避免大量装炉煤气从机侧炉口逸出，又防止因消烟车吸力过大而抽进大量冷空气，损坏炉头砖。这样可使炉顶消烟车风机的风量大大减少，从而减少动力消耗，提高除尘效率。

3.3.7 捣固机

3.3.7.1 技术性能（见表 3-3-8）

表 3-3-8 捣固机技术性能

名　称		弹性补偿式	定压自动补偿式
轨　型		P43	P43
轨道中心距/mm		2000	2000
捣固锤质量/kg		约 400	约 400
捣固锤行程/mm		约 400	约 400
捣固频率/次 · min^{-1}		69	69
单元（组）锤数/个		3	3
捣固电机	型　号	Y200L2 -6	Y200L2 -6
	功率/kW	22	22
	转速/r · min^{-1}	970	970
走行速度/m · s^{-1}		165	165
走行电机	型　号	YJRE132M2 -6	YJRE132M2 -6
	功率/kW	3.3	3.3
	转速/r · min^{-1}	925	925
停锤电液推杆	型　号	XDGZ1750/160/50	
	推力/N	17500	17500
	推速/mm · s^{-1}	50	50
	行程/mm	140	140
	功率/kW	1.5	1.5
安全挡电液推杆	型　号	WDT1150/40	
	推力/N	1500	1500
	推速/mm · s^{-1}	38	
	行程/mm	40	
整机电机总功率/kW		55	55
捣固一个煤饼的时间/min		6（21 锤）	6（21 锤）
外形尺寸（长×宽×高）/mm		5120×2260×9150	

3.3.7.2 主要机构的工作原理及结构特征

A 捣固机的构成

捣固机由机架、走行装置、捣固传动装置、传动凸轮、停锤装置、锤杆等部分组成，如图3-3-28所示。

B 工作原理及其工作过程

首先将停锤机构凸轮松开，锤杆落下，接着进行捣固，两凸轮旋转，夹锤杆提升400~450 mm，当凸轮部转过，锤杆自重落下，对煤槽内的煤进行捣固。凸轮转速为69~72 r/min，每3锤（或4锤、6锤）为一个单元，三对凸轮的相位差为120°，当捣固煤饼高度达到要求后，停锤机构凸轮夹住锤杆，因夹锤凸轮回转轴上的联轴节设有空挡位，而传动凸轮旋转锤杆上提时，将夹紧凸轮转一空挡角度，但锤杆下落时又使夹紧凸轮反转夹住锤杆，这样，锤杆在捣固过程就会步进式提高到上位，完成一个煤饼的捣固操作。

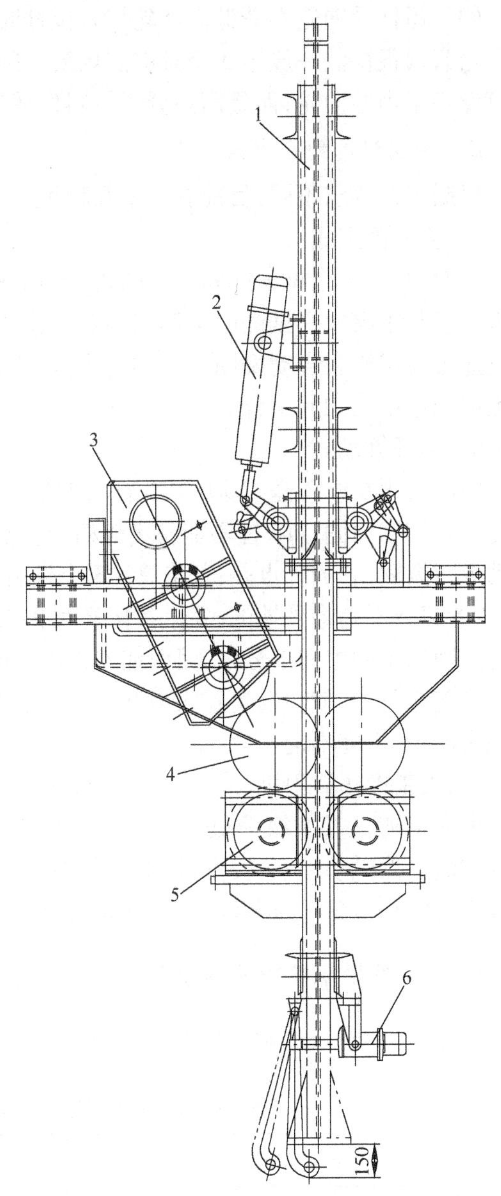

图3-3-28 捣固机

1—锤杆；2—停锤电液推杆；3—减速机；4—齿轮；5—夹锤凸轮；6—安全电液推杆

C 结构特征及操作注意事项

（1）捣固机工作繁重，为了提高传动效率，锤杆与凸轮相接触的部位设有摩擦带，因其有较大的摩擦系数，可以减少凸轮对锤杆的正压力。摩擦带及其黏结工艺近几年来在我国有很大发展，质优的摩擦带其寿命已达8个月~1年。

（2）凸轮夹紧力的保持与调整是捣固机的核心问题。捣固锤重，冲击力大，故摩擦带磨损快，如何始终保持凸轮对锤杆一定的正压力是一个非常困难的事，国内目前有下列几种做法：

1）弹性补偿法。将凸轮做成弹性的，凸轮内部设有橡胶弹簧，所产生的弹性力在摩擦带正常磨损的寿命周期厚度变化范围内，产生的正压力均能提起锤杆和保持行程。目前随着摩擦带的减薄，橡胶弹簧压缩量的减小，要求力变化不大。国内配套橡胶弹簧不仅满足不了这个特性曲线要求，而且疲劳寿命非常低。为了弥补这些缺陷，把弹性轮中心距做成可调的，凸轮半径改成不同数值组合的。虽然有改善，但橡胶弹簧的寿命仍然较低。

2）配重定压偏心自动补偿式。这种补偿法随着摩擦带磨损而减薄，凸轮在重锤作用下可以向锤杆方向摆，维持正压力始终不变。它不像橡胶弹簧随着摩擦带减薄，力不断减小。它的缺点是：凸轮夹锤切入时冲击大，设备维护量大。随着焦炉大型化，捣固锤重的增加，限制了它的使用。

（3）锤杆导向轮寿命低。凸轮切入锤杆时加速度非常高，加上锤杆上下往复运动频繁，导向轮磨损很快。一般用3个月就需更换。国内很多单位在进行试验，以寻找合适的材料。进口设备不用导向轮，而是用高分子材料做成导向板。

D　捣固机的组合方式

根据工艺要求不同，目前有如下几种组合方式。

a　多锤固定式

一般由3～4个捣固锤和一套凸轮传动机构组成一个单元捣固小车。6～7个单元捣固小车连接起来组成一排锤（3×7=21锤），沿煤槽长度摆开，构成固定式多锤连续捣固系统。实行连续薄层给料自动捣固。它的优点是：自动化程度高，效率高。应该推广使用，国外大多数捣固系统均如此组合。

b　多锤微动式

国内有用6组3锤（3×6=18锤）组成一套捣固系统的，通过油缸带动18锤，在煤槽内往复左右移动捣固。18锤不能布满煤槽，有意留一段距离，通过油缸带动18锤。自动往复移动进行捣固，它的优点是：如有2～3个锤杆因事故而不能落下时，不会影响整个捣固工作，位置只要不是最外端的，发生故障还可继续进行捣固。缺点是：煤槽两边两端部煤饼得到的捣固功不如中间部分多，因而在推送煤饼时容易发生掉头现象；一旦有事故锤杆掉进煤中不能随车行走，就会发生重大事故。正常往复移动情况下，中间捣固的次数多，而两端捣固的次数少，密度不匀。

c　人工操作捣固机

由人工随机操作捣固机，边手动放料边移动，边捣固。每台捣固机的锤数为2～6锤。这种方法虽然机动性强，投资低，但工作劳动强度大，效率低，煤饼堆密度很不均匀，捣固一个煤饼时间长达20 min，目前一般不采用此法。

3.3.8　侧装煤焦炉消烟除尘车

3.3.8.1　技术性能（见表3-3-9）

表3-3-9　侧装炉顶消烟除尘车（导烟车）技术性能

<table>
<tr><th colspan="3">名　称</th><th>4.3 m消烟除尘车</th><th>5.5 m燃烧式导烟车</th></tr>
<tr><td rowspan="7">走行装置</td><td colspan="2">轨　型</td><td>P50</td><td></td></tr>
<tr><td colspan="2">轨距/mm</td><td>5835</td><td></td></tr>
<tr><td colspan="2">走行速度/m · min^{-1}</td><td>60</td><td></td></tr>
<tr><td rowspan="3">电动机</td><td>型　号</td><td>YZB18L－6</td><td>YZB18L－6</td></tr>
<tr><td>功率/kW</td><td>2×15</td><td></td></tr>
<tr><td>转速/r · min^{-1}</td><td>926</td><td></td></tr>
<tr><td colspan="2">走行轮（数量×直径）/mm</td><td>8×ϕ630</td><td></td></tr>
</table>

续表 3-3-9

名称			4.3 m 消烟除尘车	5.5 m 燃烧式导烟车
导套装置	提升驱动		电液推杆	电液推杆
	导套上下移动行程		250	
燃烧室	有效容积/m^3		29.96	
	最大流程/m		15.43	
除尘装置	除尘风机	全压/Pa	12109	
		风量/$m^3 \cdot h^{-1}$	53011	
	电机	功率/kW	250	
		转速/$r \cdot min^{-1}$	1450	
水动系统	水泵	型号	65Z×25-50	
		流量/$m^3 \cdot h^{-1}$	30	
		扬程/m	47	
	电机	功率/kW	7.5	
		转速/$r \cdot min^{-1}$	2900	
揭盖装置	驱动方式			液压缸搓动式
	揭盖台车油缸直径/行程/mm			80/450
	揭盖油缸直径/行程/mm			63/125
	电磁铁型号/吸力			LKD4-220/2156N
设备外形尺寸(长×宽×高)/mm			9994×10650×8650	
设备电机总功率/kW			320	
设备质量/t			78	

3.3.8.2 工作原理及其特点

A 消烟除尘车的功能及工作原理

在推送煤饼进入炭化室过程中，由于煤饼受热和散落煤的激烈燃烧和气化等原因，产生大量的烟尘，从炉顶除尘孔和机侧炉口窜入大气中，形成严重的污染。为此，必须在炉顶设置消烟除尘车，通过风机收集逸散的烟尘，并经过洗淋后排放。湿法消烟除尘车系统原理如图 3-3-29 所示。

B 消烟车目前状况及存在问题

(1) 炉顶湿法消烟除尘车渐趋淘汰，其原因是：经洗涤排放尾气达不到排放标准；洗涤废水和废气中含有硫等腐蚀性物质，对设备腐蚀严重；废水中含有腐蚀性介质、焦油、煤尘等处理困难，易于造成二次污染；由于燃烧不完全，产生的焦油状物质黏着在风机叶片和管道内清理困难；除尘车吸入口抽进大量空气和装炉煤气，造成强烈燃烧，高温将炉口黏土砖烧坏，致使炉口周围砌体下陷等。

(2) 干法消烟除尘车和地面除尘站配套。随着我国环境保护法规严格执行，捣固焦炉的装煤烟尘治理达标是必不可少的环保指标。目前看来，干法消烟除尘车和地面除尘站配

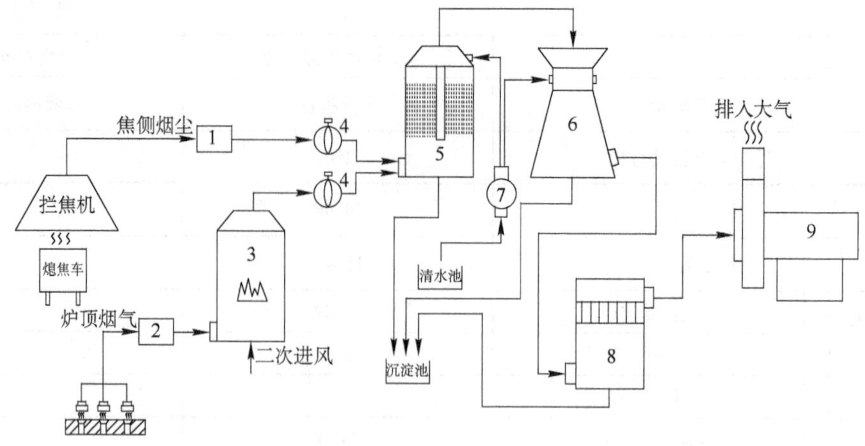

图 3-3-29　消烟除尘车系统原理图

1—焦侧烟尘收集器；2—炉顶烟气收集器；3—燃烧室；4—蝶阀；5—冷却器；6—文丘里；7—水泵；8—水汽分离器；9—大风机

套是较好的办法。此法与顶装煤焦炉的装煤除尘相似，不同的是两者的装炉煤气的成分和量不太一样，捣固焦炉的装煤是开着炉门装煤，煤饼与炉墙之间缝隙较大，所以产生的装炉煤气和煤尘的量大大超过顶装煤焦炉，其成分也比顶装煤焦炉复杂，有煤初次裂解煤气、水汽、煤尘以及由于进入空气，发生不完全燃烧的产物。所以捣固焦炉的装煤烟尘治理不能完全套用顶装煤焦炉的装煤烟尘治理设备。

（3）捣固焦炉的装煤烟尘治理只靠炉顶消烟除尘车无法消除机侧炉门口冒烟，必须采取机侧炉门口密封措施，这样适当加大消烟除尘车的吸力，既可防止炉口冒烟，又可减少冷空气抽入炉内，增大消烟除尘车的负担和损坏炉头砖。如在机侧炉门口密封装置的上方增加一个吸尘罩，在中部增设一对吸头，这样除尘效果更佳。

3.3.9　焦炉机械的电气控制

3.3.9.1　主要技术性能（见表 3-3-10）

表 3-3-10　焦炉机械电控主要技术性能

名　称	4.3 m 焦炉机械	6 m 焦炉机械	7 m 焦炉机械	7.63 m 焦炉机械
电源供电	滑线供电，AC380 V，50 Hz	滑线供电，AC380 V，50 Hz	滑线供电，　AC660 V，50 Hz	滑线供电，AC660 V，50 Hz；电缆卷筒供电，AC10 kV，50 Hz
控　制	PLC 控制系统	PLC 控制系统及网络控制系统（工业以太网系统和总线系统）	PLC 控制系统及网络控制系统（工业以太网系统和总线系统）	PLC 控制系统及网络控制系统（工业以太网系统和总线系统）
传动调速	电机转子串电阻加涡流调速	变频调速或电机转子串电阻加涡流调速	变频调速或电机转子串电阻加涡流调速	变频调速

续表 3-3-10

名　称	4.3 m 焦炉机械	6 m 焦炉机械	7 m 焦炉机械	7.63 m 焦炉机械
炉号识别自动对位及通信连锁系统	无	(1) 每个炭化室前设有编码牌,在移动车辆上设有光电识别装置来识别编码牌对应的炉号,然后控制变频器驱动电机自动走行对位;采用无线通信进行数据传送和连锁; (2) 通过安装在移动车辆上的天线箱与铺设在焦炉炉体上的编码电缆之间的电磁耦合来检测移动车辆的位置,然后控制变频器驱动电机自动走行对位;编码电缆实现数据的传送和连锁	(1) 每个炭化室前设有编码牌,在移动车辆上设有光电识别装置来识别编码牌对应的炉号,然后控制变频器驱动电机自动走行对位;采用无线通信进行数据传送和连锁; (2) 通过安装在移动车辆上的天线箱与铺设在焦炉炉体上的编码电缆之间的电磁耦合来检测移动车辆的位置,然后控制变频器驱动电机自动走行对位;编码电缆实现数据的传送和连锁	每个炭化室前设有编码牌,在移动车辆上设有光电识别装置来识别编码牌对应的炉号,然后控制变频器驱动电机自动走行对位;采用无线通信和光缆相结合进行数据传送和连锁

3.3.9.2 基本控制原则

随着电气控制技术的不断发展,焦炉机械的电气控制技术也在不断提高,从最早的继电器逻辑控制到 PLC(programmable logic controller,即可编程控制器)控制,到现在提升为网络控制系统。调速系统从原来的电机转子串电阻加涡流调速到变频调速 VVVF,到现在提升到矢量闭环变频调速。从原来的无网络控制系统提升为网络控制系统,网络控制系统包括工业以太网、现场总线、HMI(human machine interface,即人机界面)、PLC、交换机(switch)等挂在以太网上,PLC、变频器、编码器等挂在现场总线上。整个系统具有接线简单、功能强大的特点,实现电气元器件在上位机上的完全监视和控制。

3.3.9.3 典型控制系统

焦炉机械典型控制系统分为两大类。一类是传统 PLC 控制系统,按钮、触点、检测元件等的信号进 PLC 输入模块,通过 PLC 输出模块控制指示灯、继电器、电磁阀等执行机构。采用传统操作台,操作台上布满按钮和指示灯、仪表等,通过操作台上的电气元器件来操作和监视设备的运行,被监视的电气元器件的数量受操作台大小的限制,不能监视所有电气元器件的状态。另一类是采用网络控制系统,通过 PLC 来采集各种信号(包括电气元器件、检测元件、变频器等),通过总线系统传递到 HMI,通过 HMI 来操作和监视设备的运行,实现电气元器件的完全监视和控制,并且具有故障报警查询和实时数据、历史数据查询等功能,是未来电气控制发展的方向。

3.3.9.4 焦炉机械设备的通信和连锁

以前传统的通信和连锁是采用人工喊话,载频连锁、γ 射线、载波电话等方式,容易受天气、环境的影响,这些方式具有易受干扰不可靠的缺点,易造成事故。随着电气技术的不断发展,现在普遍采用的通信和连锁有两种方式:

一种是采用无线通信和光缆通信相结合的方式,彻底解决了移动车辆之间的通信连锁问题,通过无线通信和光缆通信相结合,将移动车辆的位置信号及工作信号等传递到地面中控室,实现了数据共享,便于生产管理人员及时掌握生产状况,采取有效措施指挥生产。将生产计划从地面中控室传递到移动车辆上,在移动车辆上和地面中控室可以随时了解其他移动车辆上当前的运行状态,实现了整个系统的可靠性、先进性。

另一种是采用编码电缆,通过安装在移动车辆上的天线箱与铺设在焦炉炉体上的编码电缆之间的电磁耦合进行数据通信,移动车辆上的车载站将移动车辆的位置信号及工作信号等送到 PLC,按通信协议编成一个数据帧,然后送到调制解调器(MODEM)进行信号调制和放大,最后通过编码电缆发射出去。地面中控室的地面站接收到移动车辆上的车载站的信号后,送到调制解调器进行解调,还原出原始的数据用于显示和控制。地面中控室的地面站将作业计划等信号也通过编码电缆传递到移动车辆上,用于显示和控制。

3.3.9.5　焦炉机械设备的炉号识别及自动对位系统

A　炉号识别

一种是每个炭化室前设有编码牌,在移动车辆上设有光电识别装置来识别编码牌对应的炉号,编码盘根据具体工艺,采用 8 ~ 12 位编码,用自然码或格雷码,加上起始位、校验位、停止位等辅助位,使系统无论在移动中还是在对位后都能准确无误识别炉号编码,完成 128 个或 256 个炉位的编码,每个炉位对应唯一编码。

另一种是采用编码电缆,通过安装在移动车辆上的天线箱与铺设在焦炉炉体上的编码电缆之间的电磁耦合来检测移动车辆的位置,编码电缆为多对电缆以一定规律交叉扭绞而成,利用各对地址线接收到的信号的相位和基准线接收到的信号的相位相比较,以同相为“0”、反相为“1”进行组合而得到地址信息。

B　自动对位

在炉号识别的基础上,应用矢量闭环控制变频传动,配以高精度的光电编码器来检测行程并计算相对位置。软件中采用动态算法,根据目标位置自动调整速度,保证定位精度,实现给定炉号后自动到达目标位置并准确对位。控制程序还具有误差修正功能,可在作业中自动记录并纠正偏差。

3.3.9.6　电气元件的选择

电气元件的选择以可靠和合理为原则。电气元件分为柜台箱内元件和外部元件两大类:柜台箱内元件包括按钮、指示灯、仪表、断路器、接触器、中间继电器等元器件;外部元件包括电机、检测元件、电缆等。设计选型以设计规范为标准,要充分考虑电压、电流、功率、尺寸、温度、湿度、海拔等因素。

3.3.10　焦炉机械的液压系统

3.3.10.1　焦炉机械液压系统的主要技术性能(见表 3-3-11)

表 3-3-11　焦炉机械液压系统的主要技术性能

项　目	6 m 焦炉机械			7 m 焦炉机械			7.63 m 焦炉机械		
	推焦机	拦焦机	装煤车	推焦机	拦焦机	装煤车	推焦机	拦焦机	装煤车
系统压力/MPa	7	7	7	10	10	10	10	10	10
系统流量/$L \cdot min^{-1}$	196	207	157	194	196	134	180	180	180
液压介质	HM-46	水系乙二醇-46	水系乙二醇-46	HM-46	水系乙二醇-46	水系乙二醇-46	氧酸酯	氧酸酯	氧酸酯
油泵排量/$mL \cdot r^{-1}$	200	212	212	200	200	136	180	180	180

续表 3-3-11

项目		6 m焦炉机械			7 m焦炉机械			7.63 m焦炉机械		
		推焦机	拦焦机	装煤车	推焦机	拦焦机	装煤车	推焦机	拦焦机	装煤车
最高压力/MPa		17.5	16	16	17.5	16	16	31.5	31.5	31.5
油泵电机	转速/r·min^{-1}	980	980	980	980	980	980	980	980	980
	功率/kW	30	30	30	45	45	22	30	30	30
	电压/V	380	380	380	用户定	用户定	用户定	用户定	用户定	用户定
油箱容积/L		1700	1200	2000	1500	1500	1500	1200	1200	1200
油冷却器/kW		1.1	1.1	1.1	1.1	1.1	1.1	3	3	3

3.3.10.2 液压系统的特点及其使用注意事项

(1) 整个系统管路为磷化酸洗、循环冲洗过，并达到清洁度的标准。因此要保持管路的清洁，在检修拆卸管路时切勿将杂物混入。在系统投入运行的初期，要增加检查的频率，并且1~2个月要更换一次滤芯。

(2) 如遇到寒冷天气，油温低于10℃时，各运转部位会不灵活，润滑条件差。因此要注意不能立即投入运行，应先启动电加热器对系统进行加热。启动时先转10 s，停10 s，然后运转20 s，停20 s。反复进行，直至泵内各部件充分润滑，再连续运转。

(3) 日常检修发现泄漏及时处理，要注意油位、油温、压力变化，随时处理可能出现的问题。

(4) 在现场必须更换液压部件或分解部件时，应参照部件使用说明书和结构图进行，液压元件属精密元件，一定要注意防止污染，未搞清机理的情况下，切不可大拆大卸，以免引起大量外泄漏和系统恶性事故发生。

(5) 变更本站各种调节阀的设定值时，不仅对调节阀本身，而且对其他相关元件带来影响，应慎重进行，尤其是系统压力与安全压力的设定值不得随便调整或更改，否则会出现系统瞬时发热等情况，从而影响整个系统正常使用。

3.3.11 出焦操作中的特殊处理

3.3.11.1 作业过程突然停电

生产过程中突然停电对生产和设备是个严重的威胁，除7.63 m焦炉机械设有柴油机发电系统，在短时备用电源自动接通外，其余焦炉设备均无备用电源装置。

A 正在推焦时突然停电

(1) 顶装推焦机设有柴油机驱动油泵装备时，立刻切断原主电源开关；启动柴油机（平时每周启动一次，保持柴油机良好的运行状态）；切断原泵供油，转事故油泵供油；拨动离合器将推焦传动转为液压马达驱动状态；将剩余焦炭通过液压马达推出，并关上炉门等待供电恢复；将推焦杆尽量原地伸出，在推焦头下部用千斤顶上，以防头部下挠。

(2) 拦焦机、熄焦车：手工或者柴油机仅退出推焦杆，但导焦栅内、熄焦车厢尚有红焦，应将红焦用消防车供水熄灭，熄焦车也可用风包内的压缩空气开门放出红焦再熄灭。

B　顶装煤焦炉正在平煤时突然停电

推焦机：

(1)设有驱动油泵柴油机时，按照“推焦突然停电处理法”做供油准备；拨动离合器将平煤传动转为液压马达驱动；将平煤杆抽出炉外，并关上小炉门等待供电恢复。

(2) 无事故油泵时，将平煤电机制动器打开；将手动齿轮合上；人工摇出平煤杆或者用手动葫芦将平煤杆拉出。

C　顶装煤车正在装煤时突然停电

在突然停电时，“UPS”即不间断电源立即接通，液压蓄能器进入工作状态。

(1) 装煤闸板关死；

(2) 关上装煤孔盖；

(3) 提起导套等待供电恢复。

D　侧装煤焦炉正在送煤时突然停电

手动摇出煤饼非常困难，时间长。用柴油机驱动将煤饼退出。

(1) 启动柴油机(平时每周启动一次，保持柴油机良好的运行状态)；

(2) 将原传动制动器打开；

(3) 手动减速机齿轮合上；

(4) 柴油机离合器合上，退出煤饼，等待电源恢复。

3.3.11.2　电源发生故障时

电源发生故障时要立刻停车。

(1) 对进行维护或修理工作的设备零件首先进行放电，先用二极电压检测器检查零件是否真的没有电，然后接地并短路，与相邻带电设备隔离并使用绝缘工具。检修人员应经过培训，合格并获得相应资格的人员。

(2) 若带电工作要保证有第二人在场，出现紧急情况时他可关掉紧急开关断开电源。

(3) 检修时应用红白相间安全链将工作区域围成警戒区，并设警告标志。

3.3.11.3　发生难推焦时

产生的主要原因是：

(1) 配煤工艺不当，焦饼收缩太小；

(2) 焦炭未成熟，焦饼与炉墙未完全脱离或焦炭“过火”，焦饼破碎；

(3) 炉墙变形或焦侧炉框变窄。

处理办法：只能扒焦，在推焦头上临时焊上一个撮子，将红焦一撮一撮地撮出炭化室，剩余不多时可用推焦机推出。

3.3.11.4　捣固焦炉装煤过程中发生煤饼掉头及倒塌现象

产生的主要原因是：

(1) 捣固煤饼强度不够，捣固煤水分、粒度等工艺参数不合适；

(2) 操作因素，如车辆对位不正等；

(3) 综合因素，如托煤板(煤槽底板)距炭化室底部间距过大等。

处理办法：

(1) 严格工艺设备操作规范，特别要解决好焦炉设备工艺尺寸配合和装入煤性能参数；

(2) 若发生掉头,后部分煤饼无法推进炭化室时,只能扒倒装不进去的煤饼,少装煤。

3.3.11.5 作业中机械发生严重故障

作业的司机和维修人员应认真阅读设备的操作使用说明书中有关安全、故障处理的有关章节,认真处理。

A 平煤杆前部撞弯时

(1) 平煤杆前部碰撞不甚严重时,可以通过火焰校正来处理,也可以用局部切割焊补的办法处理;

(2) 当平煤杆严重撞弯并在炉内无法用机械退出时,则可用手提式起重链将平煤杆拉出,更换前部严重变形段。

B 平煤过程钢绳拉断时

(1) 平煤钢绳拉断时应全长更换;

(2) 正常使用钢丝绳应定期润滑,变细超过原直径10%应报废。

C 装煤螺旋堵死,无法给煤时

分析产生主要原因是:

(1) 螺旋按规定的转速定量给料,如果煤水分增大到12%时导套落煤能力降低,但仍按低水分速度给料;

(2) 炭化室内煤峰堵塞而下料不畅,平煤不及时。

处理办法:由人工清理导套至螺旋出料口中堵塞的煤料,然后慢速启动螺旋将原停留在螺旋内的煤排出即可。

D 侧装煤送煤中传动链条拉断时

(1) 送煤过程中链条受力较大,特别是在抽底板时,出现链板或销轴断裂时,将损坏的链板卸掉换上新链板涂上油,将送料作业完成;

(2) 对损坏的链板进行分析,找出损坏的原因,全面检查所有链条,无意外后涂油投入运行。

3.3.12 机、电、液维护与易损件

3.3.12.1 焦炉机械的润滑方法和类别

润滑对提高设备使用寿命至关重要。焦炉机械润滑方法大致有如下几种:

(1) 油池飞溅法,用于封闭式减速机;

(2) 滴油润滑,用于开式齿轮;

(3) 手动干油泵,用于区域多点集中润滑;

(4) 涂抹润滑脂,用于滚动轴承、开式齿轮等;

(5) 油杯、油嘴,用于人工加油点;

(6) 固体润滑,用于转动不大于360°的铰点;

(7) 电动干油集中润滑系统:

1) 单线递进式,适于要求高的自动润滑系统;

2) 双线终端式,适于要求高的自动润滑系统。

3.3.12.2 选用电动润滑特别要注意的问题

(1) 型式的选择:

单线递进式电动干油润滑系统可连续供油，分配器不需换向阀，分配器有故障可发出讯号或警报，可及时修理。它的工作润滑点为递进式给油，不论何时都是一个点在工作，系统简单可靠，安装方便，节约材料，便于集中管理。当某点打油不通时，全系统停工报警。此时应立即找出故障点予以排除，系统即可恢复工作。

双线式电动干油润滑系统设换向阀，泵交替为双路供油。当给油路末端压力达到5 MPa时立即换向，循环交替进行工作。当某组分油器给油口不通时，油泵仍能继续工作，其他的分路照样可通。整个系统材料消耗较单线多。

上述两种系统都比较适合给油点较多的场合，它们各有优缺点，广泛用于焦炉机械上。用户可酌情选择。

（2）采用电动润滑必须建立专门的维护队伍，维护人员从设备安装阶段介入。首先了解各种元件的结构和系统的工作原理。在安装时要仔细跟踪，确保管路的清洁，直到最终试车的成功。

（3）电动集中润滑的好坏主要决定于润滑元件的质量、管路清洁度、操作维护的好坏。从长远看，采用电动集中润滑虽然投资高点，但可节约人力，设备运行良好，这种综合收益是值得的。

3.3.12.3　典型部件的维护与检查

维护人员应按照说明书的要求认真执行维护检修规程，下列一些重点项目应特别注意：

（1）每天要检查推焦杆变形，有无裂纹，与头联结处的垫板有无滑出现象，检查滑履磨损状况，必要时进行更换。

（2）推焦杆、平煤杆、开门台车等下部支辊磨损情况，轴承运转要定期检查，看是否处于良好状态。

（3）推焦杆齿条及其传动齿轮要经常检查，传动齿轮变尖时要及时更换。

（4）检查螺旋给料器磨损情况，叶片有无变形和卡阻（特别是起始和终了段）。

（5）推焦机开门机S形轨道润滑情况。

（6）每天应检查平煤杆头部变形情况，防止平煤撞小炉门。

（7）每班应向捣固装煤推焦机的装煤主传动链轮滑动轴承注油，并检查是否注入规定部位。

（8）经常检查拦焦机导焦栅底部耐磨板的磨损情况，并防止导焦栅底高出炭化室底面。

（9）定时检查耐热板是否有裂纹，如有砸碎的应及时更换。

（10）所有减速机要定期检查有无不正常的噪声，轴承温度是否过高，发现问题及时卸开更换或修理。

（11）每班检查走行轴承是否异常，定期检查车轮磨损情况，磨损量大于直径2%～4%时应更换。

（12）对于电控系统：

1）PLC、HMI、交换器请按用户手册要求维护保养。

2）对主回路引入装置要经常检查接线部绝缘部有无过热而恶化变色。

3）电磁接触器日常检查是否有异常声音，开断动作是否正常，接触是否良好。

4）检查仪表指示是否偏离机械零位，PLC、CPU有无警报提示。

(13) 对于液压系统:

1) 管路元件是否有泄漏现象,发现后及时处理。

2) 液位是否在正常范围内。

3) 运转过程中油浸是否在正常范围内,油温过高会使介质黏度降低,密封性降低,导致内外泄漏量增加,介质加速变质,使其失去性能。

4) 经常检查工作介质的污染度,发现污染严重时应及时更换。

5) 要经常检查滤油器,保持2周检查一次,发现问题及时清洗或更换滤芯。

3.3.12.4 焦炉机械主要备件和易损件(见表3-3-12和表3-3-13)

表3-3-12 焦炉机械主要备件

序 号	名 称	数量或单位	所 在 部 位	备 注
1	导 套	1个	装煤车	
2	螺旋给料器	1个	装煤车	
3	推焦杆	1个	推焦机	
4	平煤杆	1个	推焦机	
5	走行平衡车	3个	推焦机、装煤车、拦焦机	每台车各1台
6	炉门炉框清扫刀具		推焦机、拦焦机	
7	导焦栅		拦焦机	
8	走行减速机	台	推焦机、装煤车、拦焦机、电机车	每种车备1台
9	开门汽缸		熄焦车	
10	耐热板	1套	熄焦车	不同尺寸组合
11	滚动轴承	台	各车走行轮用	不同规格备1
12	走行传动电机		各车走行用	
13	平煤传动电机			
14	推焦传动电机			
15	装煤传动电机		侧装煤机械	
16	变频器	套	各车	不同规格备1
17	CPU(不间断电压)	套	各车	不同规格备1
18	HMI(人机界面)	1个	操作台	
19	限位开关	套	各车	不同型号备1
20	接近开关	个	各车	不同型号备1
21	电磁换向阀	3个		
22	流量控制阀	2个		
23	可控单向阀	2个		
24	油 泵	台	各车液压系统各1	

表 3-3-13 焦炉机械主要易损件

序号	名称	数量	所在部位
1	各种规格的接头		液压系统配管
2	各种规格的软管接头		液压系统配管
3	各种规格的 O 形密封环		液压系统配管
4	各种规格的滑动轴承套		液压系统配管
5	按钮		操作台上和控制箱
6	指示灯		操作台上和控制箱
7	中间继电器		柜内
8	接触器		柜内
9	电源模块		柜内
10	PLC 输入模块		柜内
11	PLC 输出模块		柜内
12	限位开关	5	柜外
13	滑履下部底板		推焦机
14	平煤杆前段		推焦机
15	炉顶清扫吸口唇板		推焦机
16	熄焦车耐磨板		推焦机
17	导焦栅底部底板		推焦机
18	电液换向阀电磁铁		各车液压系统

参考文献

[1] 姚昭章,郑明东．炼焦学(第 3 版)[M]．北京:冶金工业出版社,2008.

[2] 严希明．焦炉科技进步与展望[M]．北京:冶金工业出版社,2005.

[3] 随淑茹译．41.6 m^3 复热式炼焦炉箅子砖的性能[J]．国外炼焦化学,1993(6):344 ~ 349.

[4] 随淑茹译．苏联下喷式焦炉结构的发展[J]．国外炼焦化学,1993(5):272 ~ 277.

[5] 赵年福译．国立焦化工业设计院在提高焦化厂生态安全方面的基本设想[J]．国外炼焦化学,1993(6):369 ~ 377.

[6] 高兴锁译．宽炭化室炼焦技术的现状及其对焦炭质量的影响[J]．国外炼焦化学,1992(1):21 ~ 26.

[7] 芦树忠译．西德普罗斯佩尔焦化厂第三座宽炭化室焦炉的设计和开工[J]．国外炼焦化学,1991(2):10 ~ 17.

[8] 贾辉章译．普罗斯佩尔焦化厂 600 mm 宽炭化室焦炉的操作经验[J]．国外炼焦化学,1992(6):343 ~ 351.

[9] 侯庆能译．凯泽斯图尔新焦化厂开工投产和首批生产结果[J]．国外炼焦化学,1996(3):150 ~ 155.

[10] 王杰译．凯泽斯图尔新焦化厂的加热系统及其操作情况[J]．燃料与化工,1997(3):174 ~ 178.

[11] 高兴锁译．巨型炼焦反应器的进展情况报告[J]．国外炼焦化学,1996(5):287 ~ 292.

[12] 郑文华,蔡承祐．巨型炼焦反应器[J]．燃料与化工,1997(3):125 ~ 132.

[13] 何静译．巨型炼焦反应器炼焦[J]．国外炼焦化学,1994(1):14 ~ 20.

[14] 陈世读译．巨型炼焦反应器和两种产品的炼焦工艺[J]．国外炼焦化学,1999(5):269～273.

[15] 齐向红,等译．21 世纪炼焦新技术的开发[J]．燃料与化工,2005(6):54～58.

[16] 徐庆斌译．降低焦炉 NO_x 的燃烧结构的开发[J]．燃料与化工,2006(5):60～65.

[17] 郑全伟译．宽炭化室大容积焦炉—拓宽原料的途径[J]．国外炼焦化学,1996(2):72～77.

[18] 伊修洋译．焦炉炉宽与焦炭质量之关系[J]．国外炼焦化学,1990(4):40～45.

[19] 崔平,钱湛芬,等．变宽焦炉焦炭性质的研究[J]．燃料与化工,1999 (4).

[20] 何林朴译．稳定法熄焦(CSQ)的应用和发展[C]//中国金属学会．2001 中国钢铁年会论文集(上卷)．北京:冶金工业出版社,2001:126～128.

[21] 《焦化设计参考资料》编写组．焦化设计参考资料(上册)[M]．北京:冶金工业出版社,1980.

[22] 须贺及下川．日本富士型 6 m 焦炉[J]．马凯译．国外炼焦化学,1976(1):31～42.

[23] Dietmch Wagener. 大容积高效焦炉的特性[J]．俞振亚译．炼焦化学,1974(7):43.

[24] 崔秀文译．关于炭化室容积 51 m^3 炼焦炉的基本技术决策[J]．国外炼焦化学,1989(2):344～349.

[25] 450、600 和 700 mm 宽炭化室的炼焦炉产量、焦炭质量和炉组操作条件之比较[J]．国外炼焦化学．

[26] 赵琦译．焦炉加热墙砌体的稳定性[J]．国外炼焦化学,1987(5):20～28.

[27] 张家埭译．炭化室宽度对炼焦的影响[J]．国外炼焦化学,1984(1):23～27.

[28] 杨厚斌,何永吉．焦炉斜道开口度的计算[J]．燃料与化工,1987(5).

[29] 何学森．下调焦炉结构的设计[J]．燃料与化工,1986(1).

4 焦炉砌筑、安装与烘炉开工

4.1 焦炉砌筑

焦炉是结构比较复杂的工业炉，建造一座焦炉的费用颇高。生产实践证明，焦炉砌筑质量的好坏直接影响焦炉的使用寿命。如果施工质量好，投产后能严格按照焦炉技术管理规程的要求进行管理，并做到精心操作，精心维护，其使用寿命可达 25 年，甚至 30 年。以前，曾出现过由于焦炉基建质量较差而影响焦炉炉体寿命的实例，在这方面是有教训的。例如，有的焦炉提前衰老大修，有的焦炉生产不到 2 年便拆除了。因此，为了使焦炉的使用寿命达到设计要求，确保其砌筑质量是至关重要的。

尽管焦炉炉型不同，但其砌筑程序基本一致，仅在一些细节上略有不同。本书以大型焦炉为主，遵循工作顺序阐述焦炉砌筑的工艺要求和施工方法，中小型焦炉可参考进行。现就焦炉砌筑的准备、砌砖和收尾三个阶段进行叙述。

4.1.1 砌筑前的准备

焦炉砌筑前的准备工作涉及许多方面，为及时解决施工中出现的问题，不延误工期，保证施工质量，必须做好充分的准备。应切实做好施工组织设计，包括施工平面布置、施工进度、劳动组织与施工方法等。为确保砌筑质量，应建立质量验收机构。

4.1.1.1 *对砌筑大棚和耐火材料的验收与储存的要求*

A *砌筑大棚*

不论在什么季节，焦炉砌筑均应在大棚中进行。随着焦炉建设工作的发展和施工机械化程度的提高，砌筑大棚由过去的简易木结构发展成为可拆卸安装的金属结构。大棚的作用在于防止砌体被雨雪、灰尘损害，防止夏季施工时因灰浆快干而造成灰缝裂纹。冬季施工时在大棚内可加装采暖设备，使棚内任意点的温度均在 5℃以上，若施工时棚内温度在 0℃以下，则可能发生以下三种情况：

(1) 砌砖时泥浆很快冻结变硬，难以使砌体保持平直。

(2) 泥浆内的水分在冻结时会发生膨胀，体积增大，使灰缝厚度增加，气孔率增高，降低砌体的耐压强度，从而导致焦炉砌体质量下降。

(3) 当解冻或烘炉时，冻结的泥浆要溶化，部分泥浆可能从灰缝中流出，砌体会产生不均匀下沉，发生倾斜。

大棚长、宽、高的选择：合适长度是指把大棚的端壁延伸到抵抗墙的外沿，并把抵抗墙作为构成端壁的一部分；合适的宽度指能满足在棚内进行操作台和废气设备的安装；大棚的棚顶与炉顶面间应有足够的空间，以便在工作棚内进行立火道清扫，若在大棚内进行荒煤气导出系统设备安装时，则应按设备的高度来确定大棚的有效高度。

大棚内应有足够且均匀的照明。一般 1 m^2 的照明功率是 20 W，同时要避免雨雪天漏水，并应设置消防设备。

B 耐火材料的验收

耐火材料出厂前，耐火材料生产厂家应按国家标准和焦化厂的特殊要求对耐火材料的理化性能进行抽样检查，施工单位应对耐火砖的外形和尺寸逐块进行检查。实践证明，为了使经检查合格的耐火砖能够满足砌筑要求，必须按尺寸公差分类搭配使用，才能满足砌体质量的要求，另外，这样还可以减少砖的加工量。

耐火砖在焦炉砌体中的部位基本有以下三种情况：

(1) 砖在砌体中的位置不允许改变，即不能进行搭配使用，如斜道区的砖大部分属于这种情况。这类砖不进行检查分类，仅对那些在预砌中发现的影响砌砖质量的某些砖进行外形尺寸抽查，抽查方法是在砖垛上按其数量的多少抽查 100～500 块。经抽查若发现外形公差大小不均，足以影响砌体质量时，就必须对该砖号的砖进行普遍检查和单独分类。

(2) 砖在砌体中的位置允许有一定的变化，能进行搭配使用，如蓄热室主墙砖和炭化室墙面砖大部分属于这种情况。这类砖可按主尺逐块进行检查分类。

(3) 砖在砌体中的位置允许变化，只需保持上下层间有一定的错缝尺寸(>40 mm)，如蓄热室单墙砖就是属于这种情况。这类砖不进行检查分类，但要保证砌筑时的灰缝能符合设计规定。

耐火砖检查与分类时应注意下面几个问题：

(1) 按主尺方向进行检查和分类。主尺是一个砖中比较重要的尺寸，就是平行于炭化室中心线方向的尺寸，也是按大小公差可以搭配的尺寸。一般分类按表 4-1-1 进行。

表 4-1-1 验砖的一般分类表

误差范围/mm	公差名称
> +3	特大(加工)
+2～+3	大公差(大)
-1～+1	合格(中)
-3～-2	小公差(小)
< -3	特小

检查时应先校对测量工具，测量方法和量取尺寸的地点应统一规定，以便测得准确的误差数值。

(2) 副尺的关注。副尺是除主尺外比较重要的尺寸，一般副尺按技术条件检查，不作为分垛依据。用于炭化室、蓄热室砌砖的高度尺寸，应逐块检查，一般以 ±2 mm 为合格品，超出此范围的砖，根据砖量的多少，可考虑配层或加工使用。

(3) 某些副尺大公差砖的处置。例如，斜道区域的 3～8 层有膨胀缝处的宽度尺寸属于这种情况，若宽度尺寸是大公差，则必须加工后才能使用。应根据预砌砖情况检查副尺。

(4) 差别砖编号。燃烧室的长方形隔墙砖，由于炭化室锥度的要求，其长度从机侧到焦侧逐渐变小，但尺寸相差不大，不容易识别，应将这些砖重新编号，醒目地写在砖面上，以便于识别。

C 耐火材料的储存

经检验的砖应分类入库，砖库可分为两类：一类是盖有墙壁的仓库，用来堆放硅砖和硅藻砖等；另一类为露天放置场，用来堆放黏土砖等。选择砖库位置时应考虑运输条件，砖库应集中，不要分散，以便于管理。

砖库地面应坚实，以防下陷，砖库四周要设置排水沟，以便排除积水。

若砖库宽度过大，则容易增加运距，增加劳动强度，降低劳动生产率；若砖库宽度过小，则面积利用系数太小。根据经验砖库宽度最好为 17～20 m。砖库高度取决于砖堆的堆放高度，在堆放硅砖的砖库中，房架的下弦至少应保持为 3.2～3.5 m。

焦炉砖库面积通常按全炉储备量考虑，例如 JN60 型 50 孔焦炉按 1 m^2 砖库面积定额放置 2.5～3 t 砖，其他类型焦炉的砖库面积可根据其砖量多少来推算。

黏土砖可露天堆放，但应有防雨措施，避免雨雪直接浸淋，影响砌筑质量。若用雨刚淋过的黏土砖砌炉，则会因砖中含水达到饱和，灰缝中的水分不能很快被吸收，从而导致砌体发生严重变形，造成返工重砌。

火泥库要严防风雨，以免吹走细粒火泥而降低砌筑性能，同时防止混入泥沙降低耐火度或受潮结块。

4.1.1.2　焦炉预砌

因为焦炉砖型复杂、砖量多，所以为保证焦炉的砌筑质量，避免返工，在蓄热室、斜道、炭化室的有代表性的砖层和炉顶的复杂部位，必须在施工前进行预砌筑。

A　预砌筑着重解决的几个问题

(1) 设计是否合理。

(2) 各砖型制作是否符合设计要求，提供大小公差搭配依据及确定耐火砖的加工量。

(3) 熟悉结构特点及施工方法。

(4) 检查各种耐火泥的砌筑性能。

(5) 检查各部调节装置的稳定性和更换的可能性。

(6) 检验各种耐火泥料的性能。

(7) 预砌中若发现设计制造错误，则在正式砌炉前确定紧急补救措施。

B　预砌时耐火泥料的使用

预砌筑所用的耐火泥料最好能与正式砌炉时所用的耐火泥料相同，以便于检验耐火泥料的各种操作性能。下面叙述的是正式砌炉时耐火泥料的使用方法，预砌和正式砌炉都是按一样的办法处理。在有些情况下，为了加快预砌速度和节省某些火泥添加剂，也可使用与正式砌炉不同的耐火泥料。

为了便于预砌砌体的拆除，不使用气硬性灰浆。

砌筑焦炉时，所使用的泥浆由搅拌站供应。

泥浆的稀稠度对焦炉的砌筑质量和砌砖操作都会有影响。当泥浆稀时，砌砖的立缝易空，卧缝易出现花脸缝，往往灰缝偏小，造成砌体标高偏低；而泥浆稠时，会给砌砖操作带来困难，灰缝往往偏大，造成砌体标高偏高。这两种情况都会出现灰缝不饱满和不均匀的现象。

一般用水灰比来控制泥浆的稠度，每吨耐火泥约加水 370 kg。当耐火泥的细颗粒多时，用水少，反之则用水多。因此，应根据具体情况来确定比较合适的水灰比。调制耐火泥用的水应是清洁的，氯离子含量不应超过 300 g/m^3，决不允许使用含有较多杂质的脏水，以免影响耐火泥的物理化学性质。冬季施工时，调制泥浆的水要加热到 80℃左右，以保证在进行砌砖操作时温度维持在 0℃以上。在换用耐火泥浆品种时，调制泥浆的工具，如搅拌机、泥浆槽和输送泥浆的相关工具都应清洗干净，避免不同品种的耐火泥浆混在一起，特别是在需供应多种耐火泥浆时，这一点要格外注意，以免造成其成分不准确而降低使用效果。

砌筑焦炉的泥浆应与各部位砖的耐火度、化学成分相适应。焦炉硅砖部位使用的泥浆如下：

(1) 蓄热室全部、炉顶盖顶部位使用低温硅火泥。

(2) 斜道全部、燃烧室全部、燃烧室炉头高铝砖部位使用中温硅火泥。

(3) 焦炉各部位黏土砖、漂珠砖、隔热砖使用黏土火泥。

(4) 小烟道衬砖、焦炉基础顶板红砖、隔热砖、炉顶轨道基础黏土砖使用的泥浆成分：黏土火泥 80%，425 号硅酸盐水泥 20%。

(5) 蓄热室封墙表面勾缝用泥浆成分：低温硅火泥外加 1% ~2% 的水玻璃(Na_2O 的质量分数为 10% ~14%)。

(6) 炉顶表面砌砖、炉头后砌部分及炉端墙正面甩茬部分黏土砖使用的泥浆成分：黏土火泥 50%，425 号硅酸盐水泥 30%，精细河砂 20%。

上述有关火泥的叙述是针对正式砌炉而言的，后面不再重述。

C 焦炉预砌部位及预砌施工

焦炉预砌部位，原则上应包括所有异型砖构成的砌体及重要部位的标准砖砌体，预砌施工可以发现存在于砌体中的、足以影响施工的全部技术问题。各个预砌部分的范围可根据下述方法选择：从垂直方向来看，焦炉的各个砌砖区如小烟道、蓄热室、斜道、立火道及炉顶等部分都有着显著的结构变化，因此，每一砌砖区都需进行预砌，但每一区中结构相同的砖层不需逐层砌筑，仅需预砌 2 ~3 层具有代表性的砖层即可。例如立火道部分，在很高的一段砌体中，在预砌时可选择一层偶数层和奇数层进行预砌，即可代表全部砌体的结构情况，而斜道部分则因各层结构不同，全部砖层均需进行预砌。从炉室水平方向来看，若机焦两侧互相对称，则可由一侧预砌至对称中心线处即可；若由一侧到另一侧结构完全相同（如炉顶部分看火孔及立火道墙等），则可由炉头各向中心砌筑 4 ~5 个立火道深度，即可代表全部砌体。如按炉组纵向看，则预砌范围的宽度应按加热系统的循环方法来决定。加热系统有以 1 个炭化室中心间距为循环结构分段的（如 JN60 型焦炉的全部），有以 2 个炭化室中心间距为循环结构分段的（如过顶焦炉的加热系统等）。各循环段的砖型相同，排列相同，而预砌部分的宽度至少应包括一个循环段的宽度。

由于预砌部分的累积高度很大，一般都分 2 ~3 段来砌筑，因此，在预砌一个新的区域之前，必须同时砌筑下面一区的最上一层，以便检查各砌砖区间砖层的接合情况。

下面以双联火道下喷式焦炉为例介绍预砌分段情况。

第一段：小烟道和蓄热室区（见图 4-1-1）。

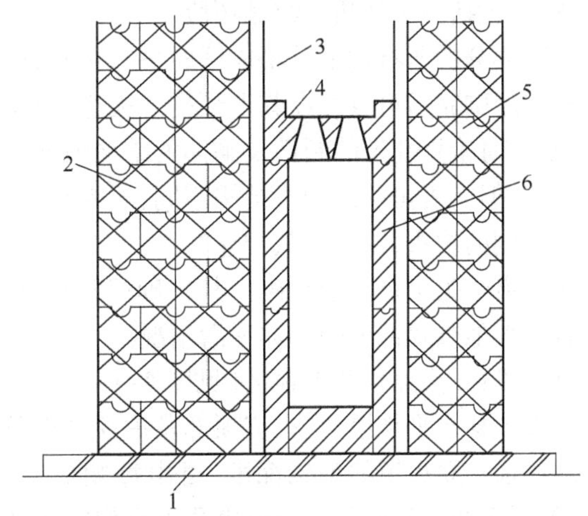

图 4-1-1 小烟道和蓄热室区预砌砖层

1—预砌用基础层；2—蓄热室主墙；3—蓄热室；4—箅子砖；5—蓄热室单墙；6—小烟道衬砖

在小烟道部分应预砌全部衬砖、炉箅砖。因此需将硅砖墙全部砌好，以便在其中砌衬砖与炉箅砖。预砌深度:因机焦两侧互相对称,可自炉头处砌至4～5个立火道深度即可,但一般为了能更细致地检查炉箅砖孔径及格子砖的排列,都从炉头处砌至中心隔墙。预砌宽度:因各个小烟道结构相同,砌筑一个小烟道即可。

对于蓄热室墙,一般预砌2～3层即可,并在其中预砌两层格子砖。

第二段:斜道和立火道区(见图4-1-2)。

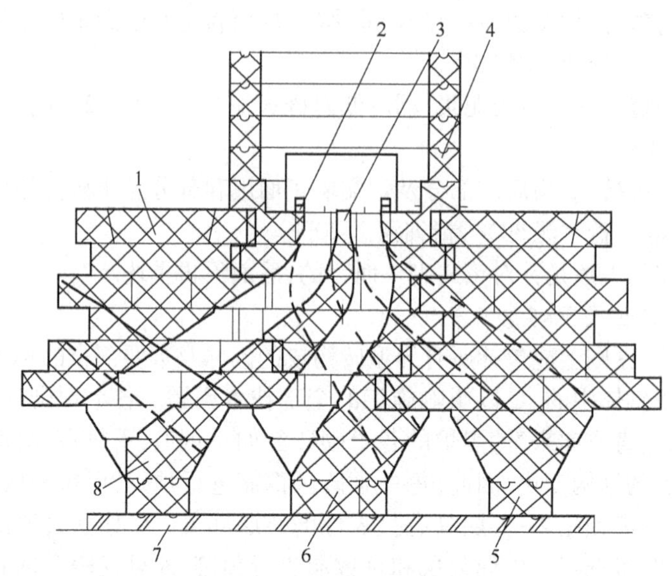

图4-1-2　斜道和立火道区预砌砖层

1—斜道第八层;2—调节砖;3—鼻梁砖;4—燃烧室砌体;5—蓄热室单墙最上一层;6—蓄热室主墙最上一层;7—预砌用基础层;8—斜道第一层

本段包括蓄热室墙的最后一层,斜道区全部砖层及立火道区的底部废气循环孔段。预砌深度:应到对称中心线处,如无对称中心线,可自炉头正面起砌4～5个立火道深度即可。预砌宽度:包括一个加热系统循环段。

斜道部分的所有调节砖都应同时进行预砌,以检查其安设平稳度和更换的可能性。

斜道区砌完后可直接在其上预砌立火道。其砌筑层应包括立火道底部循环孔的全部砖层,以便同时检查孔道的断面及砌体的结构情况。立火道墙的砌筑深度:可由炉头砌入4～5个立火道,但因机焦两侧炉头结构不同,故需在斜道的两个立火道宽度上并列预砌一个焦侧及一个机侧的炉头,以及与其相连的4～5个立火道深度的炉墙。

立火道炉头也可单独预砌。其预砌层数可达8～10层,以便在较高的层中能详细地检查炉肩及其他重要部分的砌体平滑情况。

第三段:立火道顶和炉顶区(见图4-1-3)。

本段包括水平烟道、立火道顶部及炉顶的重要部位。立火道顶部应砌2个墙,以便在其上预砌炉顶。立火道的预砌深度:可由每侧炉头砌入4～5个立火道。炉顶部分的预砌深度:应包括1个上升管和1个装煤孔以及相应深度的看火孔墙。

预砌时应做临时基础,并将其夯实,然后铺砖找平,以免砌体变形,影响预砌效果。应在带盖的场地或屋内进行预砌,不得在露天地面上进行预砌。

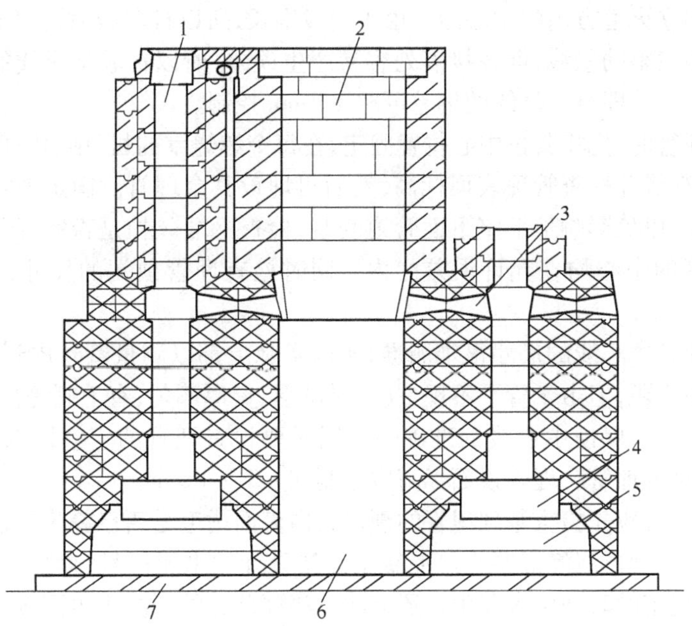

图 4-1-3 立火道顶和炉顶区预砌砖层

1—看火孔;2—装煤孔;3—烘炉干燥孔;4—跨越孔;
5—立火道;6—炭化室;7—预砌用基础层

预砌工作应由施工部门指定专人负责,应找熟练的筑炉工进行预砌,应有技术检查部门和设计单位的代表检查,并进行技术鉴定。

与正式砌炉一样,预砌放线时必须设置直立标杆和水平标板,不能用其他方法代替,使用的灰浆必须与正式砌砖时一致。预砌时如缺个别砖号,可用类似砖号或切砖代替。预砌结束后,所用砖全部回收入库。

施工单位负责将预砌结果(包括各部位的相关尺寸、各砖段发生的问题以及对存在问题的处理意见)制成图表,及时组织有关单位(设计、生产、检查等)商定最终的处理办法。

4.1.1.3 焦炉基础埋管及砌筑铺砖层

焦炉混凝土基础经验收合格后方可埋设基础埋管(下喷管与下调管)及砌筑铺砖层。

A 埋设基础埋管(下喷管与下调管)

焦炉下喷管与炉体砖煤气道相连,煤气由此通入炉内。下调管是用来从地下室调节箅子砖可调孔开度的埋管。由于中心距及垂直度要求严格,所以这两种基础埋管的中心位置必须达到设计要求。

埋设基础埋管有两种方法:一种是先埋设基础埋管后浇灌混凝土;另一种是先浇灌混凝土后埋设基础埋管。这两种方法各有优点,但后一种方法优点更多,且误差小,故多按后一种方法进行施工。具体施工步骤如下:

首先在焦炉基础平台上按纵横方向打墨线,标出全炉各基础埋管的中心坐标点,按此坐标埋设基础埋管。因此,墨线本身的准确性十分重要,要进行仔细检查。用经过校正的钢卷尺,先测量总尺寸,即测量边燃烧室基础埋管中心线距焦炉横中心线间的尺寸,边立火道基础埋管中心线距焦炉纵中心线间的尺寸,经验证后,再用 2m 长钢卷尺检查燃烧室方向基础埋管的中心距和立火道方向的中心距。由于墨线很长，所以打墨线时可分成几段进行，然后逐段连接成一根完整的墨线，但在接点处容易产生误差，所以在验证墨线的准确性时，只检查墨线接点处的尺寸即可。墨线的偏差可按 ±1 mm 控制。

埋设基础埋管时，先将其按中心位置固定，在每个燃烧室的机、中、焦埋设 3 根标准基础埋管，拉上标高准线并检查管顶表面标高，然后再埋设其余埋管。固定埋管时，要避免垂直度超出允许误差，以免影响地下室下面管道安装，检查下端丝扣是否完好，要求伸出基础平台顶面任一埋管的中心均在允许误差之内。同时检查埋管顶端的尺寸，使其在允许误差之内。

因为基础埋管中心线的尺寸很难测准，所以实际上都以测量管外皮到相应的管外皮间的尺寸来控制中心距，但由于管子不规整（呈椭圆形，壁厚不匀，有毛刺等），故需正逆向重复测量，消除系统误差，保证中心线的准确性。同时要检查埋管的完整性以及是否有其他缺陷，应剔除不合格的埋管。埋管顶面标高应控制在 -5 ~ +0 mm。

浇灌混凝土前，应先检查基础埋管的预留孔内表面凿毛是否已露出新表面，并用水清洗干净，除净杂物，然后再浇灌混凝土。混凝土需按设计的水泥标号、骨料进行配制。浇灌好混凝土后，要按规定的时间浇水养生。还应注意浇灌部分的混凝土表面应与基础平台平齐。

要特别注意的是，埋管的中心距与冷态炉体立火道的中心距是不同的。因为要适应炉体膨胀以后砖煤气道位置的变化，所以下喷管的中心距大于冷态炉体立火道的中心距，其随着蓄热室砖种的不同而不同。如立火道的中心距为 480 mm，蓄热室砖质为硅砖时，下喷管的中心距是 480 +4 =484 mm；蓄热室砖质为黏土砖时，下喷管的中心距是 480 +2 =482 mm。下部调节焦炉的下调管中心距也与下喷管的中心距一样，应放大 4 mm。它们的允许误差都是 ±3 mm，具体质量要求如下：

（1）焦炉横向埋管中心距为 ±3 mm。

（2）焦炉纵向埋管中心距为 ±3 mm。

（3）边燃烧室埋管中心线与焦炉横中心线的总公差为 ±3 mm。

（4）边立火道埋管中心线与焦炉纵中心线的总公差为 ±3 mm。

B　焦炉基础平台抹面与砌筑铺砖层

当焦炉钢筋混凝土基础平台表面影响铺砖层砌筑时，可进行抹面。在抹水泥砂浆前，应先将基础平台表面打毛，并用水仔细清洗。水泥砂浆的比例为水泥: 砂 =1:2。水泥砂浆抹好后，测量基础平台表面的标高是否符合设计要求，若超差较多或有明显的敲打哑音时需打掉重抹，使之牢固、平坦、均匀。

抵抗墙与焦炉顶板铺砖层间的膨胀缝，一般是不规整的，控制最窄处的宽度与设计尺寸相同即可。在砌完顶板铺砖层后，膨胀缝应清扫干净，并采取措施保护起来。膨胀缝中先塞好草绳或马粪纸，然后用 1B 层的硅砖（上层将要砌筑的砖）将膨胀缝盖住，以免上部砌砖时灰浆掉入膨胀缝内。应按施工图在焦炉基础顶板上铺砌铺砖层。铺砖层顶表面标高公差为 ±5 mm，表面应平坦均匀，在 1 m 距离内铺砖层顶表面的标高差不超过 5 mm，以保证滑动面的质量。

4.1.1.4　焦炉的几何尺寸放线，设置横列标板、直立标杆、中心线、正面线及注意事项

焦炉是一种比较复杂的工业炉，炉体本身以及与其他设备、机械间的相关尺寸比较严格，因此，各部位、各炉孔的线性尺寸应控制在规定范围内，否则将影响工程质量，造成很大浪费。

A 焦炉的永久性标桩与基准点

在焦炉破土动工前，由施工单位在焦炉四侧埋设永久性标桩及基准点。它在施工、生产以及改建工程中使用，对标桩和基准点要严加保护。控制焦炉整体尺寸的永久性标桩和基准点的布置如图4-1-4所示。

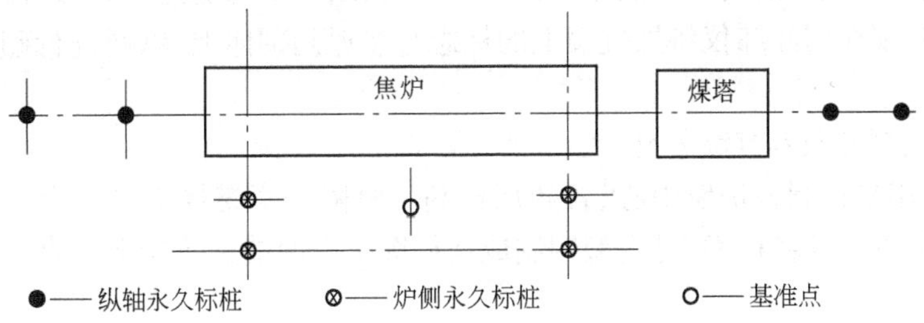

图4-1-4 永久性标桩和基准点布置图

埋设永久性控制点应充分考虑到对测设点有影响的环境条件，如土质坚实情况、是否经常有重载车辆行驶等。在寒冷地区还应考虑到冬季的冻土线，一般应将标桩埋设在冻土线下0.5m处，以免冻结与解冻时标桩准确度受到影响。

焦炉的纵轴中心线是焦炉炉组位置的主要控制线。在焦炉的抵抗墙、煤塔或炉端台外的场地上埋设永久性标桩。边炉永久性标桩为焦炉两端炭化室中心线，用以控制焦炉的整个长度，同纵轴中心线严格垂直。用两端炭化室中心线控制焦炉整个长度。

基准点用来控制炉体各部位的水平标高，一般在炉组的一侧埋设一个或每侧埋设一个，还可在煤塔处埋设一个备用基准点。

B 埋设卡钉

永久性标桩和基准点都埋设在砌砖大棚外。为砌砖方便，将永久性标桩和基准点引到抵抗墙和基础顶板上，并埋设一定数量的卡钉。在卡钉上刻中心点，以供砌砖时拉纵轴中心线及与其平行的两侧正面线时用。焦炉几何尺寸控制设施布置如图4-1-5所示。

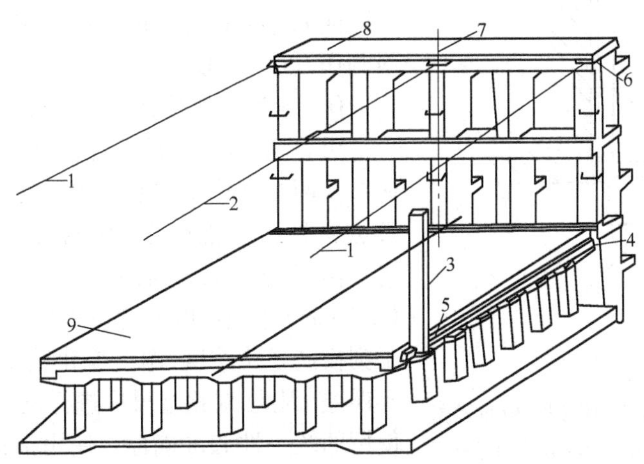

图4-1-5 焦炉几何尺寸控制设施布置图

1—焦炉正面线；2—焦炉纵轴中心线；3—直立标杆；4—横列标板；5—木螺丝；6—拉线卡钉；7—中心卡钉；8—抵抗墙；9—焦炉顶板

分上、中、下设置卡钉，根据砌砖高度分别使用。使用时即以1.5 mm左右的铁丝悬挂在卡钉上的刻点，并以线锤引至砌砖地点即可，所有埋设在抵抗墙上的卡钉都应在浇灌抵抗墙时埋入，并焊在抵抗墙的钢筋上，而外露部分应与抵抗墙表面平齐，否则应在使用完毕时割除，以免突出部分砌入隔热墙砌体内，影响其受热膨胀滑动。

在使用上述挂铁丝的砌筑方法进行具体操作时，线锤不易稳定，妨碍运砖、运灰，所以现在采用的不多，现在用经纬仪将抵抗墙上的标志直接返到砌体上，以便进行砌筑质量检查和施工。

C　设置横列标板和直立标杆

直立标杆用来控制各炉墙中心、各砖层标高。每隔一个燃烧室安一个。直立标杆应垂直不倾斜，为使直立标杆稳固，可用型钢制成连杆固定在两端抵抗墙上。直立标杆用卡钉固定在连杆上。

在砌筑过程中直立标杆要安装两次，第一次安装在焦炉基础顶板上，供斜道以下各层使用；第二次安装在燃烧室保护板（或炉门框）的座砖面上，供燃烧室以上各部分使用。在直立标杆上放出中心线与砖层线，每次放线高度应控制在1200 mm左右。用经纬仪将边燃烧室中心及中间燃烧室中心引入到直立标杆上，其余中心线用50 m钢盘尺一次施测完成（避免了累计误差），钢尺拉力控制为100 N。在施工过程中每隔2～3天复查一次。

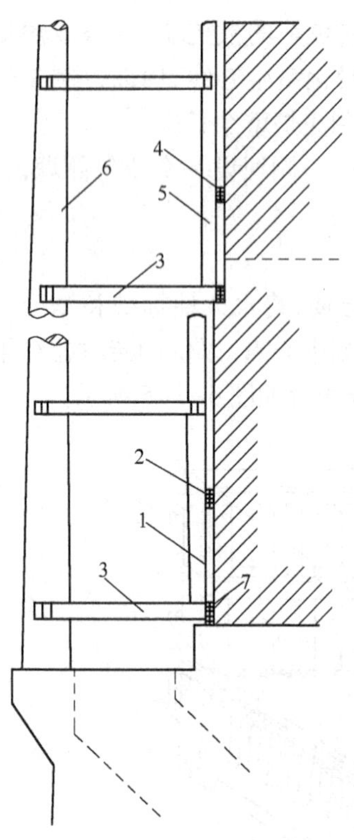

图4-1-6　直立标杆和横列标板布置图

1—第一层直列标杆；2—第一层横列标板；3—支撑方木；4—第二层横列标板；5—第二层直列标杆；6—脚手架或大棚支柱；7—型钢制成的连杆

将抵抗墙上各主要砌砖区的标高点移至直立标杆上，然后刻画出各砖层高度。

横列标板用固定卡固定在直立标杆上。横列标板控制各炉墙中心和边界。将有关尺寸刻画在横列标板上。每砌一层横列标板往上移一层，确认横列标板与直立标杆上中心线、砖层线对准后方能拉线砌筑。

直立标杆与横列标板布置如图4-1-6所示。

横列标板和直立标杆应采用伸缩性小的干燥材料制作，以免变形。

D　使用钢盘尺放线的注意事项

焦炉几何尺寸放线是指用经纬仪将纵中心线、正面线及两端炭化室中心线均设在相应的拉线卡钉上及焦炉平台上，然后使用钢盘尺测量几根轴线间的距离。由于各轴线间的距离较长，而允许误差（±1 mm）很小，焦炉建设期限又长，一般从破土动工到投产要跨季度，温度变化较大，又因钢盘尺本身有误差，因此，对钢盘尺应进行校正，以保证各工序间使用的统一性和准确性。使用钢盘尺时要考虑下列问题：

(1) 拉力。在测量时应将钢盘尺拉紧，用弹簧秤测量拉力，保证测量时拉力一致。一般使用拉力为

100 N 左右。

(2) 使用尺的校正系数。钢盘尺本身是有误差的,其误差可由当地计量单位检查,此误差称为使用尺的校正系数。对一个钢盘尺来说,此系数一经确定后便是一个常数,可以永久使用。

(3) 温度校正。用钢盘尺测量时应测定工作现场的温度,加以校正,计算公式为:

$$l_n = l_1 + \Delta l \frac{l_1}{l_0} - \alpha \cdot l_1(t-20) \tag{4-1-1}$$

式中 l_n——使用尺应读数;

l_0——同标准尺比较应得数;

l_1——待测数;

Δl——校正系数;

t——工作现场实测温度;

α——膨胀系数,取 $11.6\times10^{-6}℃^{-1}$。

在整个焦炉施工过程中,宜使用同一个钢盘尺,此时只进行温度校正即可。若更换用尺,则需考虑使用尺校正系数。

4.1.1.5 *砌筑安全规程*

为确保焦炉砌筑过程中施工安全,必须对施工人员进行安全生产教育。

(1) 所有参加施工的人员均需进行必要的安全教育,劳动保护品穿戴齐全后才能进入工地。

(2) 禁止非工作人员在砌体上行走,操作人员在行走时不得蹬踩不稳定砖及已砌的悬空砖,以防摔伤。不得蹬踩用纸片等掩盖的地点,防止因下面是空的而失足。

(3) 不得靠近吊车挂钩的作业地点(如吊砖板及吊灰桶)。在有坡度的跳板上,不得在扛砖工人后面走,走跳板时要防止滑下摔伤。

(4) 不要在较高的砖垛下休息和通行,如是工作需要,则需事先检查,以防塌砖,产生危险。

(5) 倾倒泥浆时应防止泥浆飞溅入眼。

(6) 在设备安装与焦炉砌筑同时进行时,不允许以起重机等机械的链条和松悬的绳套为依靠,以防坠落。不准在起重作业区内行走。在砌体上面一般不宜进行电气焊作业,严防铁屑掉入砌体内。

(7) 工地上所有的电气设备均由电工负责维护,其他人不得乱动。

(8) 在工作和行走时应防止触及破露电线,严禁用金属和潮湿的物体去触击电灯和动力电线。

(9) 用安全灯检查隐蔽工程时,应事先进行电线检查。

(10) 禁止脚踏电焊箱地线。

(11) 夜晚工作时或操作人员在黑暗地区工作时,应通知周围人员并报告工长。

(12) 所有工作人员只能在指定的安全地方休息。

(13) 严禁上炉时携带易燃品,以防火灾。

(14) 工作人员应知道消防水管、灭火器的位置,并应会使用。

(15) 如果发生火灾,灭火水龙头不准对着砌体喷射,只能对着四周喷射。

4.1.1.6　焦炉砌筑阶段工作计划的编制

焦炉砌筑阶段工作内容很多,为使焦炉砌筑工作有条不紊地进行,并砌筑出符合标准的优质焦炉,应编制焦炉砌筑阶段工作计划。各种焦炉工作计划基本相似,其主要工作项目可参照表4-1-2。

表4-1-2　焦炉砌筑阶段工作计划表

次序	项　目	具体内容	备　注
一	准备工作	(1) 编制砌砖质量检查要点; (2) 准备砌砖检查用工具、材料、记录表格、文具等; (3) 建立砌砖检查人员组织; (4) 对砌砖人员进行培训; (5) 耐火材料检查; (6) 委托测定耐火砖热膨胀曲线(烘炉用); (7) 搭设砌砖大棚; (8) 检查耐火泥浆库和砖库; (9) 设泥浆搅拌站和砖加工场; (10) 炉体预砌筑; (11) 对参与砌炉的有关人员进行安全教育	
二	砌砖部分工作	(1) 烟道的砌筑; (2) 焦炉基础顶板抹面; (3) 焦炉几何尺寸放线、设置横列标板、直立标杆、中心线、正面线; (4) 焦炉基础顶板红砖的砌筑(包括对拉条沟的检查); (5) 铺设炉底滑动层; (6) 小烟道砌筑; (7) 下部调节焦炉可调箅子砖调节砖的安设; (8) 蓄热室砌筑; (9) 测量蓄热室墙顶标高,斜道口放线,对蓄热室进行全面测量; (10) 斜道砌筑; (11) 清扫斜道口; (12) 炭化室底标高的测量; (13) 炭化室砌筑; (14) 燃烧室封顶前清扫立火道,取出杂物; (15) 炭化室封顶前进行全面测量; (16) 炉顶砌筑,并检查标高; (17) 清扫炉体; (18) 蓄热室二次勾缝; (19) 装格子砖(不分格蓄热室); (20) 调节砖和烧嘴砖的排列与安装; (21) 蓄热室封墙砌筑; (22) 炭化室二次勾缝; (23) 炉头正面抹灰; (24) 砌炉体的埋设铁件; (25) 砌烘炉火床、炭化室封墙、烘炉小炉及烘烟囱、分烟道的小炉等; (26) 炉门衬砖砌筑; (27) 砌筑上升管、桥管衬砖; (28) 炉体正面塞密封绳; (29) 清扫抵抗墙膨胀缝并塞密封绳	
三	焦炉砌筑记录	(1) 基础平台与抵抗墙: 1) 基础平台标高与平直度; 2) 抵抗墙的垂直度与平直度。 (2) 小烟道部分: 1) 小烟道的洞宽与洞高; 2) 小烟道口净高与净宽;	

续表 4-1-2

次序	项　目	具体内容	备　注
		3）炉头与正面线的偏差；	
		4）箅子砖孔的偏差；	对于圆锥形箅子砖孔，只记录上孔的尺寸
		5）可调箅子砖孔断面尺寸。	蓄热室分格下调焦炉
		（3）蓄热室部分：	
		1）蓄热室墙面垂直度与平直度；	
		2）蓄热室封顶前的绝对标高和相邻墙的标高差；	
		3）蓄热室炉头正面垂直度与平直度；	
		4）蓄热室炉头与正面线的偏差。	
		（4）斜道部分：	
		1）斜道断面尺寸；	
		2）炭化室底标高；	
		3）相邻炭化室底的标高差；	
三	焦炉砌筑记录	4）炉头及炉肩与正面线偏差；	
		5）炭化室长与宽；	
		6）砖煤气道中心距；	下喷式焦炉
		7）水平砖煤气道的标高。	水平砖煤气道焦炉
		（5）炭化室部分：	
		1）炭化室洞宽；	
		2）炭化室墙垂直度与平直度；	
		3）炭化室封顶前的绝对标高与相邻墙的标高差；	
		4）废气循环孔和跨越孔的宽与高；	
		5）炉肩的垂直度与平直度；	
		6）炉肩与正面线的偏差。	
		（6）炉顶部分：炉顶面标高。	
		（7）炭化室墙面的状态、缺陷检查记录。	
		（8）烘炉前立火道清洁状况检查。	
		（9）焦炉砌筑总结	

4.1.1.7 砌炉检查工具

砌炉检查工具见表 4-1-3。

表 4-1-3　砌炉检查工具

编　号	名　称	规　格	单　位	数　量
1	钢板尺	150 mm	个	16
2	钢板尺	300 mm	个	10
3	长水平尺	500～600 mm	个	2
4	线锤	1 kg	个	4
5	钢盘尺	50 m	个	1
6	钢卷尺	3 m	个	16
7	白线绳	ϕ1.5 mm	kg	1
8	手电筒	三节	个	20
9	手电筒灯泡		盒	20
10	干电池	1 号	盒	50
11	木靠尺	80 mm×80 mm×2000 mm	根	6
12	测洞宽活动尺		个	6
13	塞　尺		把	16
14	透斜道口链子		个	2
15	安全帽		顶	16
16	工作服、手套、肥皂		套	16

4.1.2　砌筑工程

当焦炉砌筑的准备工作结束和耐火砖到货70%后(蓄热室部位用的耐火砖应全部到货),即可开始炉体砌筑。如果只有少量的耐火砖到货就开始砌砖,则很难保证选砖、加工等工作,而且在这样的条件下确定的搭配方案和预砌结果,代表性不强,不能满足砌砖的需要。

炉体砌筑包括小烟道、蓄热室、斜道、炭化室和炉顶5个砌筑区。这5个砌筑区有相同的砌筑质量标准。

4.1.2.1　砌筑质量标准

A　砌体的砖缝

在各种工业窑炉中,砖缝是耐火砌体损坏的起源点,这是由于在生产操作温度下,耐火泥不能均匀良好地烧结,即使烧结,其强度也较低,因而成为砌体中的薄弱环节。而施工中造成的空缝或空隙又大大地降低了砌体的强度。要保证砌体严密性,除采用各种异型砖外,还要保证砖缝严密。因此,砖缝质量是衡量焦炉砌砖质量的主要指标之一。

砖缝的宽度取决于生产操作要求及施工的可能性。根据实践经验,砖缝应为3~6 mm,这样在施工中易使砖缝达到饱满与严密,同时也能满足炼焦生产的要求。

B　砌体的膨胀缝

焦炉烘炉升温后,砌体产生膨胀,纵向膨胀量依靠膨胀缝吸收。

膨胀缝宽度尺寸必须严格保证,如果膨胀缝过窄,升温后将造成砌体扭曲甚至碎裂等;膨胀缝过宽,升温后产生余留缝隙而影响砌体严密性。在砌筑时膨胀缝内壁应光滑平整,为有效利用膨胀缝,在砌筑时应使用膨胀缝样板。膨胀缝样板采用刨光的木板,其宽度应比膨胀缝设计宽度小1 mm,其高度比砖层高度小20 mm,长度约为600 mm。本层砖砌筑完毕,经清扫后填入可燃性填料,如马粪纸、聚苯乙烯泡沫塑料等,当烘炉升温达高温后填料被烧掉。对于5 mm左右的膨胀缝,在砌筑时直接将马粪纸放入膨胀缝位置,作为填料。砌筑时还可采用白铁皮挡泥板防止泥浆进入膨胀缝内。

C　砖缝的精整(勾缝)

砌体砖缝的严密性是衡量砌砖质量的一个主要指标。砌炉过程中筑炉工难以做到每条砖缝的各个部位都十分饱满,特别是墙表面的砖缝,不能做到完全平滑,为提高砌炉质量和工作效率,在筑炉工砌砖的同时,筑炉工的助手用勾缝溜子对每条砖缝压光压实,使其具有较高强度。

D　砌体标高差

检查砌体标高是否准确达到设计要求;检查是否严格遵守直立标杆和准线;检查砌体水平砖缝控制如何。

对于某些特定部位,其相邻墙间的标高差要求较严,如蓄热室顶部、炭化室顶部等相邻墙间的标高差不得超过3 mm。检查砌体标高的方法是用水平仪在每道墙上按规程布设若干个测点进行测量。

E　砌体的平直度和垂直度

砌体的平直度是指在一定面积上砌体表面平直或凹凸程度。一般用2~2.5 m靠尺沿砌体表面来检查,以砌体表面与靠尺间的空隙作为砌体的平直度误差。垂直度是指在一定高度的砌体垂直面上垂直方向的误差程度。

墙面的垂直度与平直度是衡量砌体质量的主要指标之一,特别是在炭化室墙面上应进行严格控制。

F 各个孔道的尺寸

焦炉砌体各个孔道的位置和宽度的准确性也是衡量砌砖质量的主要指标之一。准确的孔道尺寸是焦炉正常生产所必需的。为保证孔道砌筑质量,除砌筑时加以注意外,对相关耐火砖的尺寸也应严格检查。

4.1.2.2 炉底滑动层铺设

小烟道是焦炉的下部砌体,它砌筑在焦炉基础顶板铺砖层上。由于铺砖层与小烟道砌体的温度和材质的线膨胀系数都不同,升温后在其之间产生相对滑动,为减小摩擦力使滑动良好而不损坏上下砌体,所以设置滑动层。滑动层的材料有砂质和钢板两种。

A 砂质滑动层

要采用石英砂(0 ~2 mm)或精选河砂(0 ~2 mm)。若用河砂,则需要用水洗一次,将其中含有的污泥冲掉。在铺设时,应随砌随铺,砂层要均匀平坦,厚度约 5 mm。在砂层与砌砖之间要铺放一层石油沥青油毡纸,在油毡上铺泥浆,然后砌小烟道第一层砖。

B 钢板滑动层

钢板厚度以 0.35 mm 左右为宜,钢板过厚,会因其具有较强的弹性而不易铺平,致使上部砌体砌不平。钢板过薄,则易锈蚀。铺设钢板滑动层时,其压缝方向不得与炉体的膨胀方向相反。钢板与钢板之间的压缝宽度应在 20 ~40 mm 之间。在清扫钢板上的废灰时,应严格顺着炉体的滑动方向进行,以免将废灰扫到钢板下面而影响平整性。

为使钢板不受到平台底板混凝土中蒸发的水分和钢板上砌砖灰浆中水分的侵蚀,应在钢板上下两面抹防锈油(一般可用废黄干油)。上面抹油后再铺一层沥青油毡纸,然后再砌筑。沾有油污的泥浆严禁使用。抹油、铺纸应与砌砖同时进行,并在油毡纸上打灰砌砖。

4.1.2.3 小烟道的砌筑

砌筑小烟道墙以前,应在横列标板燃烧室墙中心位置上安设中心线木螺丝,并画上各墙的宽度边线,在直立标杆上画出各砖层的标高线(即砖层线)。悬挂纵中心线及两侧正面线会妨碍上砖及吊运泥浆工作,故一般用经纬仪将这 3 条线用墨线打在铺底红砖上,所有标板标杆上的画线及纵中心线和正面线的放线经复查合格后,方可开始砌砖,公差为 ±1 mm。

小烟道第一层砖坐落在滑动层上,容易出现炉头中心移位、炉头外移、洞宽偏小、墙宽偏大、立缝不饱满、卧缝大小不匀等现象,故应格外注意检查,以免贻误整个炉体的砌筑。为防止炉头在滑动层上移动,炉头应一次砌完几层砖(一般应在 4 层以上),并向墙内做阶梯形砌筑,砌砖及上砖时严防碰撞炉头。在接班工作开始前,应按正面线及中心线仔细检查炉头的位置是否移动,并对相关问题立即进行处理。

在砌筑最初的几层砖时,应两人平行操作,这样,两人分别在墙的两侧同时用力,可确保灰缝饱满和砌体不变位。使用塞尺检查砖缝的饱满程度和大小时,不能用力过大,以免使砖变位。

在砌筑单主墙时要注意墙面平直度,墙面凸出,甚至个别砖角凸出时,都将给砌衬砖和保持小烟道宽度带来困难。

因为衬砖只有两层,所以在砌衬砖时顶面易高低不平,从而使箅子砖下部的砖缝大小不匀,故砌筑时应在墙上画出衬砖标高线,应经常用靠尺检查衬砖间的平整度和绝对高度。应从炉中心向炉头砌衬砖,炉头衬砖与正面线间的距离应为正公差,严禁负公差,以免使单叉(两叉)与炉体间的膨胀缝小于设计值。

衬砖与单主墙之间铺马粪纸,衬砖与马粪纸之间不打灰浆,在砌衬砖时用白铁皮挡泥板防止灰浆与马粪纸接触,避免小烟道洞宽变小。

砌衬砖后,小烟道的洞宽容易变小,可临时用木杆支撑,到砌筑箅子砖时拿掉。砌完衬砖后,清扫小烟道底及墙面,然后在小烟道底铺 10 ~ 15 mm 厚的干净锯末,然后砌箅子砖。箅子砖是按小烟道内气流分配的需要而排列的,若出现混号,会影响小烟道内气流的合理分布。砌筑时为避免混号,先将其按设计砖号排列在主墙上,以便检查,并在墙上画出砖的砌筑位置,避免砌至小烟道口时砌不下或留下过大的砖缝。

砌箅子砖时应由中心隔墙处向两侧砌。箅子砖的垂直砖缝虽不承受载荷,但也应填饱满,以免串漏或影响气体流量的分布。砌筑时应用工具将砖底面水平缝中挤出的灰浆随时清扫干净,否则砌筑完后无法清扫。箅子砖脚台要求平直,平直度为 5 mm,相邻砖的错台不大于 2 mm,这样可以保证格子砖放得平稳不倾斜。在小烟道衬砖、箅子砖与蓄热室墙间放入 5 mm 厚的皱纹马粪纸,也可以用两张 2 mm 厚的平板马粪纸代替。如果膨胀缝小,可采用箅子砖膨胀面加工的方法处理。为了防止泥浆等掉入膨胀缝内,在膨胀缝的顶面,应塞以草绳进行保护。

小烟道部分使用的泥浆有两种,蓄热室的主墙与单墙的硅砖部分用硅质耐火泥浆,而黏土质衬砖与箅子砖则用气硬性黏土泥浆。

焦炉用硅质泥浆必须达到规定的指标,见表 4-1-4。

表 4-1-4　焦炉用硅质泥浆指标

项　目		指　标	
		JGN-92	JGN-85
耐火度/℃		≥1670	≥1580
0.2 MPa 荷重软化温度 $T_{0.6}$①/℃		≥1500	≥1420
SiO_2 含量/%		≥92	≥85
黏结时间/min		1 ~ 2	
冷态抗折黏结强度/MPa	110℃干燥后	≥1.0	
	1400℃烧后	≥3.0	
粒度组成/%	>1.0 mm	≤3.0	
	<0.074 mm	50.0	

① $T_{0.6}$表示收缩为 0.6% 时的温度。

气硬性泥浆:4 份黏土火泥,1 份 425 号硅酸盐水泥(质量比)。气硬性泥浆在常温下会很快凝固,并且具有强度,因此,在使用时应经常搅拌,搅拌好的泥浆不能放置半天以上,否则会因硬结而降低黏结度,从而导致强度降低,不能使用。砌筑时应分清灰槽,不能错用两种泥浆。

中心隔墙易出现膨胀缝偏小的现象,一般可采用加工砖的方法处理。膨胀缝宽度为 8^{+2}_{-1} mm,清扫完后应用皱纹马粪纸塞上。两膨胀缝之间的滑动缝极易被忘记处理,应格外注意检查。

小烟道承插口，在纵向易出现标高不一致的情况，而影响单叉（两叉）的安装，故应在纵向各孔之间拉一准线，保持各承插口的标高差在 ±5 mm 之内。

小烟道部分砌筑结束后，在箅子砖上铺一层草垫子或沥青油毡纸，然后放上保护板，再继续向上砌筑。

4.1.2.4 蓄热室的砌筑

蓄热室是废气和空气或贫煤气进行热交换的地方。温度约为 1300℃ 的废气流经蓄热室时，其大部分热量被格子砖吸收，间隔 20 min 或 30 min 换向，进入的冷空气或贫煤气被预热。在焦炉的生产过程中，蓄热室内就是这样不断地进行热交换的。为了保证蓄热室有效地工作，砌筑蓄热室时要做到灰缝严密，防止各个蓄热室间串漏，降低换热效果，破坏加热制度。同时应保持规定的蓄热室宽度，墙面要横平竖直，以确保顺利地装入格子砖。

蓄热室墙面积大，平直度和垂直度容易出现不合格的情况，洞宽易偏小，从而影响格子砖的安装，故在砌砖时需经常检查。但是砌筑蓄热室单墙砖时如果采用标准砖或 Z 形砖，由于砖本身公差和砌筑公差的影响，砖又处于两个墙面，垂直度和平直度不易保证，故不宜强调以绝对宽（即设计规定的宽度）作为检查标准。

由于同一道墙有数人同时砌筑，极易出现合拢砖处的砖缝忽大忽小，此时不能用拉缝或打一块砖挤缝法来进行调整。应将该段扒掉重砌，按上下砖缝错缝规律画线控制。应用挤浆法砌筑，一般能保证灰缝饱满。但要注意那些与砌筑方向平行的砖缝，因用挤浆法达不到砖缝饱满的目的，极易产生空缝，应采取两面打泥浆的方法并加强勾缝工作。与蓄热室主墙或单墙墙面平行的直立缝（如墙皮砖部）容易产生花脸缝，若从上部勾缝，又容易影响墙面平直度，所以应采取两面打灰进行砌筑。

砌筑煤气管砖时立缝通常不易饱满，应加强勾缝。主墙结构复杂，又分隔异向气流，因此应特别注意检查其严密性。隐蔽缝要加强勾缝。砌上层砖前一定要勾完下一层砖缝，否则不允许往上砌砖。

为控制煤气管砖的位置和间距，要用钢卷尺定位，确认其间距合格后才能砌筑。每隔 1 ~2 层煤气管砖，用横列标板核查管砖的位置或用已校正过的钢卷尺检查各煤气管砖的位置。当发现煤气管砖歪斜而中心距缩短，使管砖中间砌不下去时，不应用木槌敲打校正管砖，而应将管砖拆下重砌，否则会破坏管砖部位的严密性，造成焦炉生产时漏失煤气，发生爆鸣。煤气管砖的水平砖缝是隐蔽砖缝，砌筑时往往不易控制，一般易偏厚，使煤气管砖超出设计标高，当误差较大时，砌至立火道底时无法砌灯头砖。因此，在砌筑时应在机焦两侧炉头直立标杆上画出每层煤气管砖的砖层线，并应按砖层标高在两侧炉头间拉准线进行砌筑。当墙面砖标高控制良好时，也可用保持每层煤气管砖与墙面砖高度差的方法来控制管砖的标高。总之，在砌筑时要严格保持煤气管砖的设计标高。同时，每砌一层必须清扫煤气孔，清扫时先用 ϕ40 mm 的圆木棒在煤气孔中透捣，将水平砖缝中挤出的灰浆全部透到地下室，再用带毛刷子清扫，以保持煤气管内壁清洁光滑。砌完后用木板将煤气道口盖好，不使废物掉入孔道中。

蓄热室墙顶部的标高与设计标高之间的误差不准超过 ±4 mm，各相邻蓄热室墙顶标高差不准超过 3 mm，砌筑各墙时应注意配合施工，经常检查各墙标高及标高差，以保证蓄热室顶层砖的砖缝尺寸和标高，确保斜道砌筑平稳，避免水平方向产生太大误差。为达到这项质量指标,每层砖要与直立标杆上的砖层线严格保持一致,并随时用水平仪进行检测,以便砌砖过程中及时调整标高。

砌蓄热室墙时使用低温硅火泥。

蓄热室砌筑结束后,应对蓄热室墙的垂直度、平直度等进行最后一次检查,合格后开始砌筑斜道。蓄热室封墙在格子砖安放完毕后砌筑。

分格蓄热室焦炉的蓄热室墙及封墙、格子砖应分段交替砌筑。

4.1.2.5　斜道的砌筑

斜道砌体将全炉连成整体,蓄热室借助斜道与燃烧室连通。斜道区段里分布着几千个斜道孔和砖煤气道,它们既要供应煤气、空气,又要排出废气。因此,斜道是焦炉中砖型最多、结构最复杂的部位,也是焦炉生产中十分重要的区域。砌筑时要精心施工,保证质量。

砌筑前应将焦炉纵中心线精确地画在蓄热室墙面上,然后用画线标杆以纵中心线为基准引出各斜道的位置,精确地在墙上画线,其画线允许公差为 ±1 mm。

由于斜道区砖型复杂,砖号繁多,在砌筑时先由上砖工按照设计图纸,将各个型号的异型砖放置在应砌筑的位置上,筑炉工按放置的砖号进行砌筑。

砌筑斜道时应先砌主墙,因为其具有较多孔道。应从焦炉中心向两侧砌。

在蓄热室封顶前的斜道部位,砖面积较大,卧缝易出现花脸和大小不匀的现象。用塞尺检查横向缝与悬空缝时不能用力,以免使砖移位或将缝中的泥浆捅掉。

在蓄热室封顶后的斜道部位,砖型复杂,不能都使用挤浆法砌筑,多数采用两面打灰浆插砖法砌筑,因而会产生较多的空缝,如在十字缝、丁字缝、斜道内壁的侧立缝、悬空缝、膨胀缝面的侧立缝等处,所以要用塞尺逐缝逐层地检查灰缝的饱满程度,并需勾缝填充。

斜道空缝的特点是砖缝上半部分密实,下半部分空,用塞尺检查时不易塞下去。可用塞尺将密实部分轻轻划破再往下塞,塞的过程中如果感觉阻力一样,表示灰缝是饱满的;如果到某部位后,感觉阻力突然下降,就表示有空缝,应进行填缝,严重时应重砌。

炭化室铺底砖面积较大,断面为楔形,卧缝易出现花脸缝,与两侧条砖间容易出现错台,要随时发现问题随时处理。

砌筑斜道时应逐层清扫勾缝,经检查合格后,方可砌筑上一层。

膨胀缝是斜道区砌筑的关键部位之一,砌筑时应保证膨胀缝宽度正确,缝壁平整光滑,因此必须使用膨胀缝样板。样板长度以 700 ~ 800 mm 较为适宜,其高度应比砖层的高度低 20 mm,以便放入样板后仍能使用靠尺来检查墙面标高。

在填充膨胀缝前必须清扫干净,先用 ϕ6 mm 的铁钩子将缝内泥浆钩出,再用压缩空气将残存泥浆吹净。压缩空气压力不能过大,一般出口压力应保持在 0.2 MPa 左右,以不将砖缝吹空为原则。

清扫完毕后在膨胀缝的断续处或两侧端头用马粪纸堵好,即可在膨胀缝内填入填料。

膨胀缝的填料可以采用数层皱纹马粪纸,顶面也用该纸封严。另外,膨胀缝的填料还可采用厚薄均匀的聚苯乙烯泡沫塑料。炉体正面外露的膨胀缝表面填塞耐火纤维绳,深度为 15 ~ 20 mm。

炉体其他部位膨胀缝的填料也如上所述,以后不再叙述。

当砌体在加热产生膨胀时,上下两层膨胀缝之间的一段水平砖缝将产生相向移动,如图 4-1-7 所示,因此在这段砖缝内应垫入一层滑动缝纸,使砖缝的灰浆不与砖黏结,以便于膨胀时滑动。

滑动缝纸的一侧应跨过下层的膨胀缝，一般跨过 5 ~ 10 mm，以防在砌砖时灰浆挤入膨胀缝中。而另一侧则最多伸至与上层膨胀缝边平齐，以免在清扫上层膨胀缝时将膨胀缝纸钩出，影响滑动缝质量。铺设滑动缝所用的纸应满足两点要求：纸张的韧性好，受潮湿后仍具有一定韧性；不能太厚，一般不应超过 1 mm。

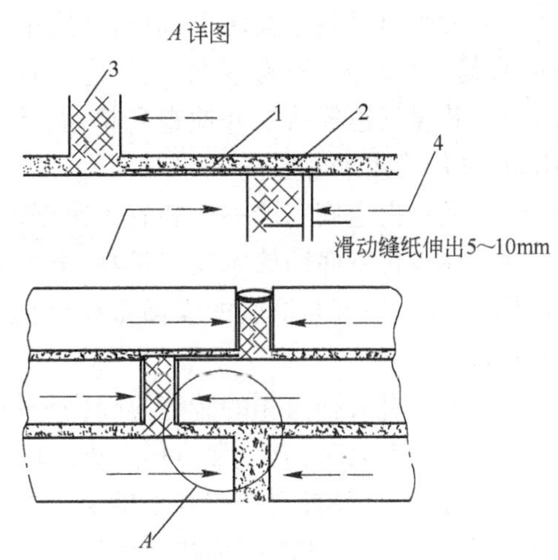

图 4-1-7 滑动缝的铺设方法

1—滑动缝纸；2—耐火泥浆；3—膨胀缝内填料；4—膨胀时砖的伸缩方向

斜道部分大都由单重较大的异型砖构成，而在砌筑时水平砖缝又较难控制，因而每砌一层应用水平仪测焦炉中心标高，两侧用直立标杆的砖层线进行检查，此外到第 6 层时应增测点，并用 1 m 靠尺检查墙面平整度，以保证炭化室底平整。

砌筑各孔洞时，应确保其设计位置和断面尺寸准确，为此在检查各斜道孔时，需使用能包含 5 个以上斜道孔的木杆，并在木杆上标出斜道孔中心距，进行检测。不能用 1 ~ 2 m 的木尺或钢尺，因为它只能检测各孔间相对中心距，不能检查各孔是否在设计位置，若干次测量后将产生较大的累积误差。在斜道砌筑中当遇到由 2 块砖构成斜道孔时，可用砖缝宽度来调整斜道孔宽度，但应注意上下孔径公差，以保证斜道内壁光滑。有的斜道孔由 1 块砖构成，这种耐火砖除在订货时要提出一定技术条件外，在砖入库后要严格检查和挑选，若 1 块砖上具有 2 个以上的孔道，则除检查孔道断面面积外，还应检查中心距、扭曲度等对各孔上下层衔接的有关尺寸。

斜道口易出现错台情况，错台尺寸不允许超过 2 mm，若超公差，则应拆掉重砌。如果单块砖的公差大，可采用选砖法处理。为确保斜道断面尺寸，要经常用尺或标板检查。

砌斜道部分时应使用硅质耐火泥浆，炉头部分的高铝砖也使用同种泥浆。

斜道砌完后，对斜道口与砖煤气道必须进行彻底清扫，以保证畅通，并按规定进行测量和记录。

4.1.2.6 炭化室的砌筑

炭化室区域是焦炉的重要部分，由炭化室和燃烧室组成。焦炉生产时，将煤料装进炭化室，燃烧室里的煤气燃烧产生的热量供给炭化室，使煤料在高温下干馏而生成焦炭，同时得到煤气和化学产品。炭化室区域砌筑质量的好坏对产品质量和炉体寿命有直接影响。砌筑炭化室时灰缝必须均匀并且饱满，以免燃烧室和炭化室的气体互相串漏，使炉体和产品被烧损。炭化室墙面应横平竖直，以保证顺利推焦。为使护炉铁件安装顺利，延长炉体寿命，其外形几何尺寸应符合设计要求。

炭化室底标高和平直度经检查合格后才能进行炭化室砌筑。

砌筑前还应按正面线和第 2 层标板上的中心线，将炭化室墙面位置画在炭化室底层砖表面上，砌筑时依此墨线找正砖的下角位置。

燃烧室下部循环孔砌完后，应立即做以下工作，然后才能砌筑上部砖层：

（1）彻底清扫斜道及砖煤气道，并用手电筒等照明工具逐个进行检查，尤其是斜道的上顶面，容易残留灰浆，不易察觉，应注意检查，达到清洁畅通。

（2）砖煤气道经清扫并检查合格后，才可砌灯头砖，用塑料袋逐个套在灯头砖外，封住其出口，并用橡皮筋箍紧。

（3）在立火道底塞严一个装有干净锯末或刨花的编织袋，然后盖上立火道活动保护板。

（4）在炭化室底铺放木制保护板，其应伸出机焦侧炭化室底外边缘 50 mm。炭化室墙面应保持平整，炉墙与炉底的表面不得产生与推焦方向逆向的错台。非逆向错台尺寸不得大于 1 mm。

立火道和看火孔内侧的砖缝应随砌随勾缝，最多不超过 400 mm 就应勾一次缝。

砌筑燃烧室墙时，应经常清扫立火道墙上的灰浆，在立火道顶部封顶前要彻底清扫立火道壁，并取出底部装有刨花或锯末的编织袋以及活动保护板和砖等杂物。必须在确认立火道内已清扫干净后，才能继续往上砌筑。

燃烧室炉头砖面积较大，卧缝易出现花脸缝，可以在砖面上洒少许水或用稀灰浆进行砌筑。另外炉头部位有一条直缝，与内部砌体不咬合，因此容易出现炉头外倾，在砌筑时应经常检查炉头状态，也可以每隔 4 ~ 5 层在直缝部砖面上铺少许麻篦，然后再铺灰浆砌筑。严禁在炉头上行走。

炉头砖外形比较复杂，且由多面组成，成品砖中往往有扭曲和外形尺寸超差现象，各面都达到砌筑要求是很困难的，通常是以炭化面和炉肩为主严格保证质量，其他面相对而言是次要的，可稍放宽标准。

炭化室墙面是炉体中最大的墙面，其垂直度和平直度容易出现问题。经常容易出现问题的部位是两侧炉头部位、跳板返跳部位和燃烧室盖顶部位等。对这些部位应加强检查，一旦发现问题，要立即纠正，不应迟疑，以免造成返工。

差别砖部位容易产生灰缝超差，可采用串号法进行处理，串下的大号砖去进行加工。如果差别砖立缝太小，则炭化室墙面平直度和垂直度均不易得到保证。在砌筑中多半先砌墙皮砖、丁字砖，后砌差别砖，并对差别砖两端立缝认真勾缝，这样既可保证墙面平直度，又能保证砌体严密性。

容易出现不饱满部位是两侧炉头的立缝、炉中立缝、差别砖的端头立缝、砖沟和燃烧室盖顶砖砖缝等，应注意检查，发现问题时要及时处理。

炭化室盖顶砖的重量和面积均较大，立缝极易产生花脸缝，一定要采用二次勾缝填充方法进行处理。应逐块仔细检查盖顶砖有无横向裂纹，发现横向裂纹时必须剔除。

砌筑炉端墙时应先砌筑硅砖部分，并应悬挂准线。在 30 mm 膨胀缝内事先放一根钢丝绳，以备清扫膨胀缝。为保证膨胀缝宽度，需用样板砌筑。其垂直通道也要使用样板，以保证通道的几何尺寸。

由于端墙正面外表砖层是在烘炉结束后砌筑，因此在砌筑端墙时应注意按设计留出砖茬。

4.1.2.7　炉顶的砌筑

炉顶部位砌筑的特点是单元多，结构复杂，施工难度大。因此，必须认真编排施工顺序，制作必要的施工器具和样板等，以保证施工质量。

该砌筑段大致包括6个工序:(1)炭化室盖顶砌砖;(2)看火孔砌砖;(3)装煤孔及上升管孔砌砖;(4)砌填心砖;(5)炉顶表面层砌砖;(6)立火道清扫。

在砌盖顶砖前,先在燃烧室顶面墙上沿墙的长度方向按设计尺寸画出装煤孔和上升管孔的中心线和边线,经检查后才能砌筑炭化室盖顶砖。砌筑盖顶砖前必须再次进行仔细检查,不允许有横向裂纹。盖顶砖事先应按长度分类,使同一炭化室盖顶砖的长度尽量一致,以保证膨胀缝均匀。膨胀缝砌筑方法和质量要求与斜道区相同。由于炭化室具有斜度,因此滑动缝宽度不一致,为保持滑动缝质量,将滑动缝纸宽度分为3~4种,并事先加工完毕。其放置方法与斜道相似。

上盖顶砖时,应根据砌砖位置将工作面朝上放置,以便砌砖前再次检查工作面上是否有裂纹,并检验砖缝与膨胀缝。为保持砖缝宽度,在每列砖上可反砌1~2块。反砌砖缝尺寸应为2~3 mm,以提高砖缝的机械强度。盖顶砖砖缝为楔形缝,砌完后必须进行二次填塞,确保饱满。

砌看火孔墙时,在墙面上画出各看火孔的中心位置。先在机焦侧和中心各砌一个看火孔,从底部一直砌到顶层的下一层,其为一个砌砖段。砌筑时应严格检查砖层标高、看火孔的中心距和垂直情况。看火孔的内壁错台尺寸不得大于2 mm。根据砌完的看火孔挂线砌其余的看火孔。

看火孔墙所使用的滑动缝纸应在施工前加工完毕,砌筑时应在没有滑动缝纸的砖缝内调整砖的宽度,使滑动缝砌得平直,砖缝宽度一致。

砌看火孔砖时要防止砖和泥浆杂物掉入立火道内,内部砖缝应随砌随勾。在铺放水平砖缝的灰浆时,应按砖缝的厚度适当铺放,避免过多的灰浆挤入看火孔中。内壁砖缝应在砌砖时逐层勾填饱满。

砌筑看火孔座砖时,应事先按设计镶砌看火孔铁座,然后砌筑。看火孔内勾缝并清扫完毕后,将铁盖盖严,防止杂物掉入。

砌完看火孔墙后即可镶砌铁件(最好事先在炉下与砖镶成一个整体),并将铁盖盖严,防止杂物掉入。

装煤孔及上升管孔应作为一个整体一次砌完,砌筑时应注意检查相关中心尺寸,允许误差为±3 mm,每个孔砌完后一定要将砖缝勾严。为了保持装煤孔的砌体具有较好的耐磨强度,应将砌体工作面的垂直砖缝尽量砌小些,一般应为2~3 mm。

装煤车轨道基础黏土砖要根据设计尺寸放线砌筑,不能偏斜,按焦炉纵向拉线检查。

炭化室顶部填心砖应按挤浆法进行砌筑,以保证砖缝灰浆饱满。

炉顶拉条沟要求平直,拉条沟宽度允许误差为±1 mm,拉条沟中心线允许误差为±3 mm。炉顶表面要求平整,允许误差为7 mm。炉顶标高用经纬仪测量,允许误差为±6 mm。

4.1.3 结尾工程

4.1.3.1 炉体的清扫

在炉顶砌完后即进行看火孔、立火道、砖煤气道、斜道、蓄热室及小烟道的清扫。将附着在墙壁上的灰浆刮下,并用压缩空气吹扫,直到无灰块为止。吹扫时的照明灯应为36 V的安全电源,压缩空气压力约为0.07~0.1 MPa。

清扫立火道的风压不能太大,以免将砖缝中的灰浆吹掉,但在灰浆较多处风压可适当大些。为避免灰尘从废气循环孔中上移,应在一组双联火道内同时进行吹扫。检查立火道的清扫效果时,不宜将灯放在立火道的中部,应将灯放进斜道口内,借助灰颗粒的阴影进行检查,这样较容易发现灰尘。

为确保斜道畅通无阻,通常将灯泡或手电筒等逐一放入斜道口内,由另一人在蓄热室内进行检查。检查斜道时要特别注意斜道的上壁,悬挂在其上的灰浆必须清除掉。同时斜道部位滑动纸上的灰浆也必须清除掉。

将蓄热室内壁的灰浆刮净,并修补好空缝。在箅子砖保护板上的废灰清扫干净后取出保护板,用压缩空气从中心隔墙处开始向下吹扫,然后将小烟道内的灰除净,应从里向外彻底吹扫干净。

对于炉端墙 30 mm 膨胀缝,借助事先放入的钢丝绳由上往下进行清扫,将膨胀缝中的灰浆碎块等杂物扫入底部的洞内,然后将洞中的灰清除或用压缩空气吹扫干净。

4.1.3.2　装格子砖

装格子砖的质量要求:(1)格子砖上下层砖孔对齐;(2)保持格子砖孔清洁;(3)砖层铺设平稳;(4)保持必要的膨胀缝。

不分格蓄热室的格子砖可在炉顶区全部砌筑完毕后进行安放。安放前进行蓄热室墙二次勾缝和清扫。

安放时,先在蓄热室墙上画出控制格子砖安放的内外边线,按设计要求将第一层铺设好,然后自中心隔墙开始向外进行阶梯形铺设,装格子砖时上下层砖孔应对齐,并把膨胀缝留足,若发现格子砖不稳定,则可用马粪纸垫平,也可在格子砖和墙面间打入木楔固定。经检查合格后砌筑蓄热室封墙。

分格蓄热室焦炉的蓄热室墙与格子砖应分段交替砌筑,可分 2 ~ 3 段进行。在砌每段格子砖前,应先砌该段的封墙及小格墙,并进行墙面勾缝和吸尘清扫,在砌放格子砖时应防止泥浆掉入下段格子砖内,上下层格子砖砖孔应对齐。每段格子砖砌完经检查合格后,立即盖上保护板,保护板应牢固、严密,并贴靠周边墙面,防止泥浆掉入格子砖。

4.1.3.3　蓄热室封墙砌筑

根据蓄热室结构与宽度的不同,蓄热室封墙有两种砌筑方法。

A　分格蓄热室及窄蓄热室

分格蓄热室封墙一般与蓄热室墙和隔墙同时分段砌筑,每格清扫干净后装格子砖。窄蓄热室由于宽度较小(300 mm 以下),也采取蓄热室墙与格子砖段交替砌筑的方法进行砌筑,等砌完全部蓄热室墙并装完格子砖后盖上保护板,砌斜道区。当全炉砌完并清扫干净后再从两侧抽出保护板,最后开始砌筑封墙。

B　宽蓄热室

一般宽度在 300 mm 以上的蓄热室,在格子砖全部装放完毕后再砌筑蓄热室封墙。要求在砌完每层封墙后将挤出的泥浆刮净,要求泥浆饱满,内封墙按设计留有膨胀缝。

4.1.3.4　炭化室二次勾缝

在施工过程中,部分灰缝的完整性会遭到破坏,影响焦炉的严密性,所以要进行二次勾缝。进行二次勾缝后应达到表面光滑平整,砖缝坚实,勾缝所使用的灰浆与砌砖灰浆相同,为使勾缝的新灰浆与原砌砖的灰浆能紧密结合,应先用水润湿砖缝(润湿范围为砖缝及少量的砖边上，尽量不让硅砖大面积受湿)，然后再勾填灰浆，勾缝后砖缝表面与炭化室墙面应平齐，不得凸起或凹进。

4.1.3.5 火床、炭化室封墙与烘炉小炉砌筑

在火床底砖之下的炭化室底面上铺放一层10 mm厚的石英砂。火床两侧衬墙与炭化室墙面间的缝隙按设计放置硅酸铝纤维毡，火床两侧衬墙按设计要求打缩口泥浆或干砌，但应严密，以免造成炭化室墙面局部过热。

炭化室封墙的膨胀缝要大于10 mm，以免使封墙难扒。封墙正面应比炉肩凹入7~10 mm，以便于扒封墙前密封炉肩缝。封墙气流孔的尺寸要符合设计，以保证烘炉温度的均匀性。

烘炉小炉的进风口要求一致，挡火墙要求一样高，小炉与炉颈间的滑动缝要求严密。小炉表面要抹10 mm面层，炭化室封墙表面要刷黏土灰浆。

4.1.3.6 砌筑炉门衬砖

在生产中需要定时地将炉门摘下与装上，在此过程中炉门衬砖不可避免地要受到震动，因此要求炉门衬砖砌得坚固耐震，砌体表面要平直，线性尺寸要满足设计要求。

砌筑时在两侧悬挂准线，并随时用木靠尺找平。炉门槽铁的厚度不合格时，可加工衬砖肩部，但外露表面严禁加工，以免加工后因黏土砖经受不住煤气侵蚀而加速炉门衬砖损坏。在炉门衬砖顶部应留足够的膨胀缝。砌炉门使用的灰浆成分为硅酸盐水泥30%，黏土火泥70%。

4.1.3.7 上升管、桥管衬砖的砌筑

砌筑衬砖时应从底部的一端开始，砖与砖间打灰浆，砖与管体之间留5 mm膨胀缝，不打灰浆，衬以皱纹马粪纸。在砌筑环形衬砖顶部时，如果高度误差超标，则可在上部的第二环切除一段。当衬砖弧形尺寸误差超标而影响膨胀缝时，可加工带沟槽的一面，不允许加工砖舌。砌上升管衬砖时，应尽量靠近炉体，减少搬运的距离和次数，砌完后，砖缝未干透前，尽量避免搬运，以免衬砖松动脱落。

砌筑桥管衬砖时，应使桥管侧卧或倒置，氨水喷入口和煤气排出口位置应准确，不要影响流通断面。砌完后立即上好托砖板，以免砖滑脱。

4.1.3.8 分烟道及总烟道砌筑

分烟道、总烟道衬砖的砌筑有两种方法：一种是先砌衬砖后浇灌钢筋混凝土；另一种是先浇灌钢筋混凝土后砌衬砖。对于这两种施工方法，均应采用挤浆法，确保砖缝泥浆饱满。砌筑时按设计要求安排膨胀缝、沉降缝，不得忽略。

烟道的膨胀珍珠岩断热层砖必须逐块砌筑，不许填充。

分烟道、总烟道几何尺寸必须得到保证，烟道断面高度和宽度的允许误差为±10 mm，拱和拱顶的跨度允许误差为±10 mm，以保证烟道弯管插入时不能超出衬砖内表面。

分烟道中的烟道弯管中心距的允许误差为±5 mm。

4.1.3.9 炉体正面膨胀缝精整

所有露在外部的正面膨胀缝应用耐火纤维绳堵严，以防止烘炉时向炉内漏入冷空气，影响炉温度，塞入时表面应平直，不得凹进或凸出。烘炉后期取出耐火纤维绳，重新用沾有灰浆的耐火纤维绳填严，并在表面抹灰浆。

4.1.3.10　砌炉体埋置铁件

焦炉埋置铁件有：装煤口座、看火孔座、蓄热室测温孔等。焦炉埋置铁件应与砌体严密接合，既要保证生产时不漏气，又要保证使用长久。

A　装煤口座的埋设

当炉顶砌体砌筑结束后，就可进行装煤口铁件的埋设。埋设时，先将装煤口座底面清扫干净，然后抹一层黏土火泥，并缠上散股耐火纤维绳，在绳上再抹一层黏土火泥，最后将装煤口座砌好。耐火纤维绳的作用是使装煤口砌体与装煤口座之间的黏土火泥均匀分布，从而保证其严密性。

装煤口座应与焦炉顶表面平齐，不能高出炉顶表面 10 mm 以上。

B　看火孔座的埋设

看火孔座的埋设方法与装煤口座基本相同，只是应注意看火孔座内径的尺寸要便于调节砖的放入和提出。看火孔盖和座配合要严密，其上应涂黄干油防锈。安装看火孔座时，只把座外表面清理干净，然后缠上耐火纤维绳（ϕ2 ~ 3 mm），抹上黏土火泥灰浆，再安入座砖内，看火孔座安装后应高出炉顶面 0 ~ 3 mm。施工时先将看火孔座埋设在砖座内，然后共同砌筑在立火道内。

C　蓄热室测温孔的埋设

在埋设前，先用 0.05 mm 塞尺检查测温孔盖及座间的严密性，并在加工面上涂黄干油防锈。在埋设时先将粘有黏土灰浆的耐火纤维绳缠在铁座上，然后抹上黏土灰浆，将其塞入预留孔中，最后将外面抹严。

4.1.3.11　各部位砌筑质量标准

焦炉砌筑的允许误差见表 4-1-5。

表 4-1-5　焦炉砌筑的允许误差

项　目	误差名称	允许误差/mm
放线	测量误差： (1) 主轴线、正面线和边炭化室（燃烧室）中心线的测量； (2) 标板和标杆上的画线尺寸； (3) 主要部位标高控制点的测量	 ±1 ±1 ±1
砖缝、膨胀缝	(1) 一般砖缝； (2) 炭化室墙面砖缝； (3) 一般膨胀缝； (4) 炉端墙的宽膨胀缝	+2，-1 +1 +2，-1 +4
蓄热室区	(1) 线尺寸误差： 1) 小烟道的宽度及小烟道承插口的宽度和高度； 2) 蓄热室宽度； 3) 蓄热室炉头脱离正面线； 4) 蓄热室中心距； 5) 垂直砖煤气道中心线的间距以及与焦炉纵中心线的间距。 (2) 标高误差： 1) 基础平台滑动面相邻测点间（间距 1 ~ 1.5 m）的标高差； 2) 基础平台红砖砌体顶面间（间距 1 ~ 1.5 m）的标高差； 3) 小烟道底机焦侧入口标高； 4) 蓄热室墙顶面标高； 5) 相邻蓄热室墙顶面的标高差。	 ±4 ±4 ±3 ±3 ±3 ±5 ±5 ±5 ±4 3

续表4-1-5

项　目	误差名称	允许误差/mm
蓄热室区	(3) 垂直误差： 1) 蓄热室墙； 2) 蓄热室墙炉头正面。 (4) 表面平整误差(用2 m的靠尺在所有方向进行检查,靠尺与砌体之间的间隙)： 1) 箅子砖上的格子砖砖座面； 2) 蓄热室墙； 3) 蓄热室炉头正面	 5 5 5 5 5
斜道区	(1) 线尺寸误差： 1)炉内煤气道中心距； 2) 斜道炉头脱离正面线 ； 3) 斜道口的宽度和长度； 4) 斜道口最小断面上的调节砖方向的尺寸； 5) 相邻斜道口的中心距； 6) 保护板座砖面到炭化室底的距离。 (2) 标高误差： 1) 斜烟道在蓄热室顶盖下一层相邻墙顶的标高差； 2) 相邻水平焦炉煤气道砖的砖座标高差； 3) 相邻炭化室大保护板砖座标高差； 4) 水平砖煤气道砖座标高	 ±3 ±3 ±2 ±1 ±3 +3.0 2 2 2 ±5
炭化室区	(1) 线尺寸误差： 1) 炭化室宽度(不许反斜)； 2) 炭化室墙的炉头肩部脱离正面线； 3) 相邻炭化室中心距及立火道中心距。 (2) 标高误差： 1) 炭化室底； 2) 炭化室墙顶； 3) 相邻炭化室底的标高差； 4) 相邻炭化室墙顶的标高差。 (3) 垂直误差： 1) 炭化室墙高 <5 m, 炭化室墙高 $\geqslant 5$ m； 2) 炭化室炉头肩部： 炭化室墙高 <5 m, 炭化室墙高 $\geqslant 5$ m； 3) 炭化室墙炉头正面抹灰后(或正面砌体)的表面。 (4) 表面平整误差： 1) 炭化室底； 2) 炭化室墙； 3) 炭化室墙炉头肩部。 (5) 炭化室底和炭化室墙的表面错台(不得有逆向错台)	 ±3 ±3 ±3 ±3 ±5 3 4 3 3 3 4 3 3 3 3 1
炉顶区	(1) 线尺寸误差： 1) 看火孔断面尺寸(断面由砌体构成时)； 2) 炭化室机焦侧跨顶砖(及其上部同保护板或炉门框接触的砌体)与炉肩正面差； 3) 沿炭化室长度方向装煤孔、上升管口的中心距； 4) 水平烘炉道断面尺寸； 5) 看火孔中心距； 6) 拉条沟宽度； 7) 纵向拉条沟中心距。	 +2,0 0,-5 ±3 +2,0 ±3 ±1 ±3

续表 4-1-5

项　目	误差名称	允许误差/mm
炉顶区	(2) 标高误差： 炉顶表面。	±6
	(3) 表面平整误差： 炉顶表面	7

4.2　焦炉设备安装

当焦炉砌筑完毕，装煤孔座、看火孔座、烟道弯管埋设结束后才能进行设备安装。安装工作可分为两个阶段。有一些设备在焦炉烘炉中要投入使用，必须在烘炉前安装完毕，如护炉设备、废气导出设备、烘炉加热设备等。有一些设备可以在烘炉后安装，如荒煤气导出系统、交换系统、加热煤气管道系统等。无论在烘炉前安装还是在烘炉后安装，均需在烘炉温度升到650℃左右至开工前对所有安装设备进行调整、固定与密封，然后才能投入生产。

4.2.1　护炉设备安装

4.2.1.1　安装前的准备

A　相关工序的交接

本工序交接是指安装施工单位与筑炉、土建施工单位之间与护炉设备安装有关的工序交接，或者说是与设备安装有关的筑炉、土建质量复查。其主要包括以下内容：

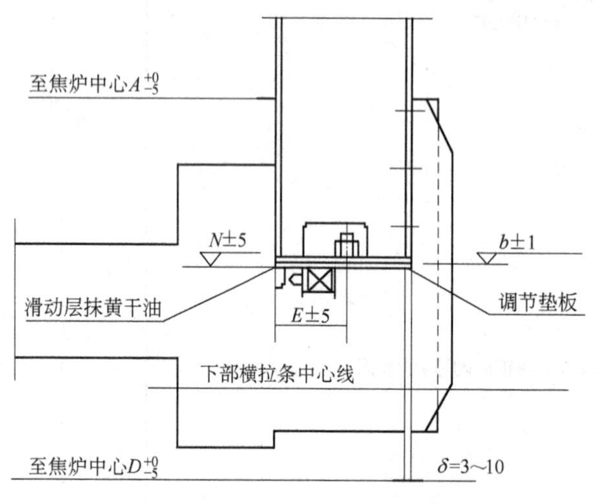

图 4-2-1　焦炉基础顶板外形尺寸检查

(1) 如图 4-2-1 所示，检查焦炉基础顶板边梁至焦炉中心距 A、D，特别是与炉柱背面相对的部位必须检查；检查炉柱地脚螺栓部炉柱安装面的标高 N；检查炉柱地脚螺栓的中心距 E、高度和丝扣完整性；对于超公差部位在安装前必须处理。

炉柱地脚螺栓中心距有偏差时，可采用如图 4-2-2 所示的两种办法处理，即将原混凝土刨去一部分，将原螺栓弯曲，或将螺栓割断后再进行焊接，然后再将刨去的混凝土抹平。

(2) 检查焦炉两端抵抗墙穿纵拉条的孔与砌体纵拉条沟是否相适应，检查孔中心线与炉顶面间夹角。

(3) 测量焦炉砌体各炭化室底部实际标高。

(4) 测量焦炉砌体燃烧室中心距和垂直度。

(5) 测量焦炉砌体燃烧室炉肩的平直度和垂直度。

(6) 测量焦炉砌体燃烧室和斜道第 6 层错台面的平直度与标高。

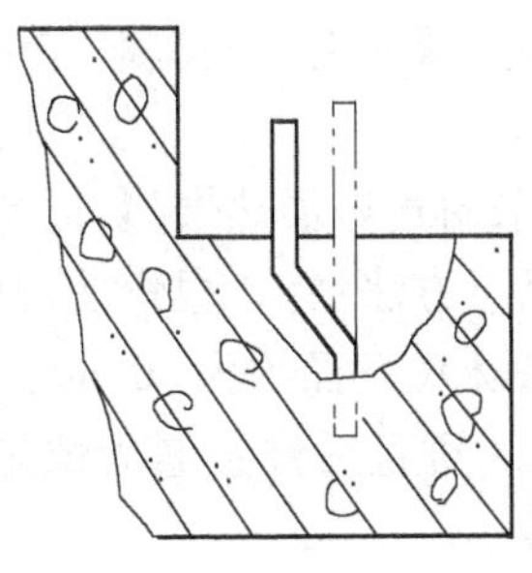
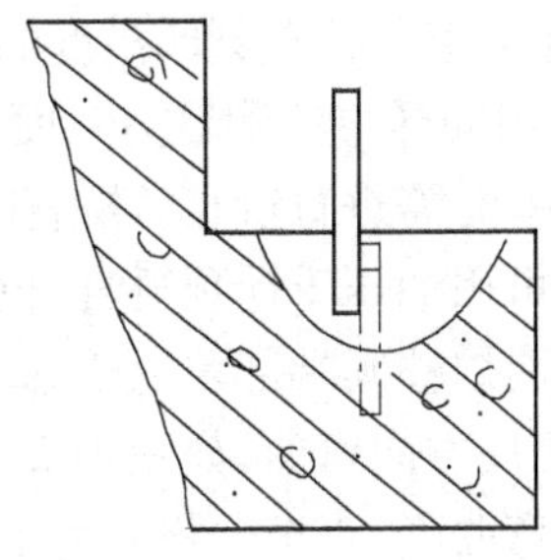

图 4-2-2　地脚螺栓处理

B　单体设备检查

a　炉柱

在吊装炉柱时不允许用一个吊点，以免增加弯曲度，堆放时应垫平放正，支撑点不少于3点，堆放层数不超过3层。

炉柱运到工地后，应分类堆放，编顺序号并逐个检测。检测项目主要包括：

(1) 按标准公差检查炉柱各部分尺寸。测量长度及各规格孔的高度，测量时均应以炉柱底面为基准面。

(2) 检查炉柱各规格孔的尺寸，检查各圆孔和螺栓孔的位置，检查小弹簧底座导向件与炉柱孔眼是否符合等。

(3) 当炉柱由2根型钢构成时，同一根炉柱或同一燃烧室两侧的炉柱应使用规格相同的型钢。

(4) 检查2根型钢并合情况，不准有错台和扭曲现象，与保护板接触面不准有凸台。

(5) 在焊接控制保护板上移的顶丝架时，要注意位置应准确，并用顶丝杆检查丝扣是否完整、灵活。

(6) 测量炉柱的弯曲度。正面与侧面弯曲度不应大于5 mm，考虑到炉柱加负荷后其弯曲度与原始负弯曲度方向相反，所以原始正面负弯曲度可放宽至7 mm。

炉柱弯曲度测量方法如图4-2-3所示。首先把炉柱平放在枕木或轨道上，在侧立面上测量，这样可避免水线和炉柱塌腰而影响测量的准确性。在两端用托盘拉紧水线，测量水线

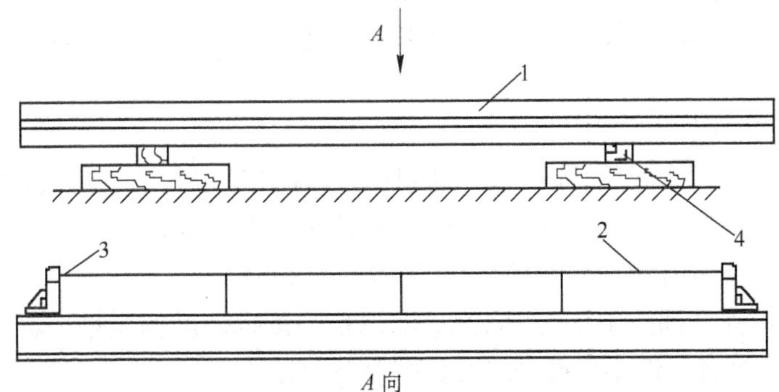

图 4-2-3　炉柱弯曲度测量方法

1—炉柱；2—水线；3—托盘；4—枕木

与炉柱间的距离,此数值与托盘刻印高度的差值即为弯曲度。检测时在中部选 2 ~ 3 个检测点。把炉柱转 90°,用同样方法测量另一面弯曲度。

弯曲度超过公差时需进行矫直。矫直时严禁采用气焊加热煨烤,以免降低炉柱强度,应采用冷态矫直法。可用油压千斤顶矫直,也可用以下方法:将 2 根弯曲炉柱相对平放在枕木上,将凸面朝外,在两炉柱间端部填上垫木。用大螺栓(直径约为 50 mm)在炉柱弯曲部位逐渐拧紧,使炉柱向相反方向弯曲,如图 4-2-4 所示。矫直后停止紧固螺帽,待数小时后松放螺栓。然后再检查弯曲度,直至合格并力求曲度最小。

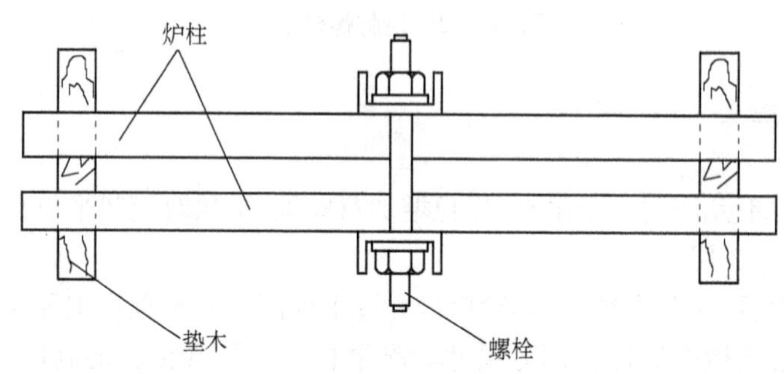

图 4-2-4　炉柱矫直法

炉柱经检查合格后,根据炉柱布置图编制安装号,并将蓄热室小保护板或燃烧室小保护板(若燃烧室为小保护板)按设计位置用 5 mm 的圆钢点焊在炉柱上,但不准将小保护板直接焊在炉柱上。

b　纵、横拉条

(1) 检查横拉条直径、总长度和丝扣长度。横拉条总长公差为 -20 ~ +40 mm,丝扣长度公差为 -10 ~ +20 mm。

(2) 清洗横拉条丝扣并检查螺帽和丝扣的松紧程度,然后在丝扣处涂上干油,扎上草绳,以免安装时碰坏。

(3) 检查横拉条弯曲情况,不允许有“硬弯”的永久变形。凡用弹簧张力能使其伸直的“漫弯”,可不予修理。

(4) 纵拉条是用扁钢焊接而成的,必须清点扁钢及丝杆数量。丝扣完整性的检查方法与横拉条相同。扁钢长度应是炭化室中心距的倍数,以免纵拉条接头在燃烧室顶上。

c　弹簧及其顶压件

对于运到工地的大小弹簧,应先进行外观检查,检查是否光洁、有无疵点、裂纹、折叠、窝孔等缺陷。其承托面应与中心线垂直,否则安装时易产生偏斜。

每个弹簧必须有编号牌以及制造厂出示的压力试验记录。

必要时对每种弹簧抽查 10% 做压力试验,以检验该批产品的质量。若有一件不合格,则应再抽查 20%,若再有一件不合格,则应逐个检测验收。

抽样试验方法:用允许极限负荷连续压缩 3 次,撤负荷后自由高度与原高度相比小于 2 mm 为合格。逐渐加大负荷,测量各负荷下的压下量,应符合表 4-2-1 中的公差要求。

表 4-2-1 不同负荷下的压下量 (mm)

负荷/kN 种类	4.9	9.8	14.7	19.6	24.50	29.4
ϕ22 mm	9.7 ±1	19.5 ±1.9	29.2 ±2.9	39 ±3.9		
ϕ25 mm	6 ±0.6①	12 ±1.2	18 ±1.8	24 ±2.4	30 ±3.0	36 ±3.6
ϕ40 mm		4.2 ±0.4①		8.5 ±0.9		12.7 ±1.3
ϕ45 mm		3.9 ±0.4①				11.6 ±1.2
负荷/kN 种类	**39.2**	**49**	**58.8**	**68.6**	**88.2**	
ϕ22 mm						
ϕ25 mm						
ϕ40 mm	16.9 ±1.7	21.1 ±2.1	25.4 ±2.5	29.6 ±3①		
ϕ45 mm		19.3 ±2		27 ±2.7	34.7 ±3.5	

① 为参考值。

小弹簧顶丝长度与弹簧编组有关，必须测量总长，将公差相同的堆放在一起。同时应检查顶丝是否有测量孔，丝扣是否完整。

对小弹簧底座，应检查 4 个爪的垂直度，并检查底座与炉柱导向孔是否相符，应对号就位。

对经检查确认为合格的总数为用于一座焦炉的弹簧，在安装前进行编组，便于在烘炉及生产过程中对弹簧进行管理。

弹簧编组原则为：

(1) 大弹簧组：将自由高度差为 5 mm 的大小弹簧编在一起，因为其压板凸台高度为 5 mm，所以大小弹簧同时受压。将这部分弹簧组内在常用工作负荷下高度相同的编为一组。

(2) 小弹簧：将工作负荷下的弹簧高度与顶丝长度相加，其总和相同的编为一组。

将弹簧编组表复制一份，以便存档。

d 保护板、炉框

搬运和吊装时要注意不发生变形和损坏，存放时应垫平放正，支撑枕木不少于 3 处。运到工地后，应检查其编号及制造厂随货交付的尺寸公差记录表，并抽检外形尺寸。逐块进行清理，检查有无裂纹及其他缺陷，加工面不准有砂眼、蜂窝，炉框与炉门刀边接触面不准有加工沟痕。检查后在炉框与炉门刀边接触面处抹干油或贴防护油纸。黏结耐火纤维绳的四角处不准有棱角，以免影响耐火纤维绳压紧程度。检查炉框挂炉门的挂钩方向是否与设计相符。

经检查合格的保护板，还需进行保护板背面耐热浇注料的施工，这时在背侧凹槽处焊上铁丝钩或横竖铁丝，然后抹耐热浇注料，抹面应比立筋低 0 ~5 mm，在温度不低于 5℃的条件下养生 24 h。

耐热浇注料的成分(质量分数)为：425 号硅酸盐水泥 15% ~20%；硅藻土砖粉或隔热砖粉 80% ~85%(其中粒度小于 1.2 mm 的占 10% ~15%；粒度为 1.2 ~5 mm 的占 30% ~35%；粒度为 5 ~15 mm 的占 35% ~40%)。

耐火纤维绳的质量对保护板和炉框安装质量影响较大，需按要求进行检验。

4.2.1.2　护炉设备的安装

护炉设备安装的特点是工程量大,质量要求高。因此,选择合理的施工顺序和适宜的安装方法是保证工程进度和质量的关键之一。

保护板有大中小3种结构,其施工顺序不相同,这里以大保护板结构为例。

大保护板结构的护炉设备施工顺序为:用粘胶将耐火纤维绳黏结在保护板的沟槽内—吊装保护板—吊装炉柱—装冂形卡—调整保护板并加压—调整炉柱—安装上、下横拉条和大小弹簧—去除蓄热室小保护板连接点—给弹簧加负荷—拆除冂形卡—将耐火纤维绳黏结在炉框的沟槽内—吊装炉框及安装单眼卡—调整炉框并加压—安装并拧紧丁字螺栓—拆除单眼卡—安装纵拉条。

A　炉柱、保护板、纵(横)拉条、弹簧安装

安装前在炭化室内铺上木板或草垫,避免碰坏炭化室铺底砖。

把耐火纤维绳用粘胶粘在保护板的沟槽内,黏结时需将耐火纤维绳拉直并用木槌打,不许呈松弛状态,特别是在拐角处更要平整,以避免因保护板与炉体压不紧而造成生产过程中漏失荒煤气。在保护板上端耐火纤维绳应留有足够的余量。按预安装时编制的安装编号将保护板由上端垂直吊起,为避免吊运过程中碰撞炉体,应在保护板下部用绳拉住。在炉体正面斜道凸台处垫5 mm厚的耐火纤维毡布,以防止保护板就位时压坏凸台砖面。使保护板下落就位,并用钢绳或链式起重吊临时固定。将炉柱按编号和布置图吊到基础牛腿上,与保护板靠拢。炉柱下部用地脚螺栓固定,戴上螺帽,暂不拧紧,上端临时固定。

在每个炭化室内预先放入4～6根临时拉条。临时拉条结构如图4-2-5所示。在上、中、下部装设冂形卡。用冂形卡安装保护板示意图如图4-2-6所示。为防止拉条碰坏炉墙,在拉条连接处用抹布包扎,并在装煤孔处用麻绳临时吊住拉条,以防止拉条下垂。调整保护板位置,使之符合下列位置:

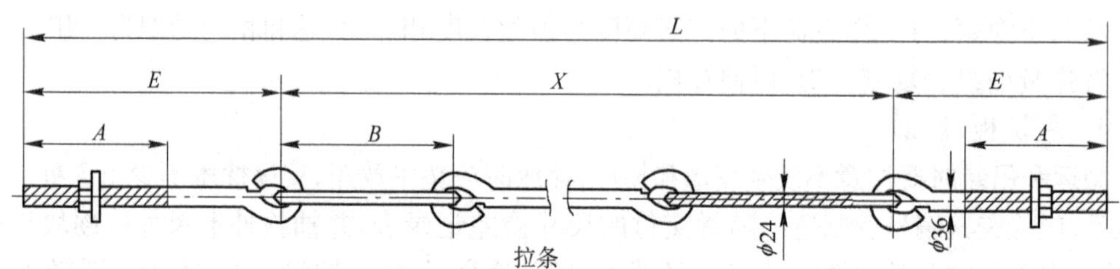

图4-2-5　临时拉条结构图

(A＝400～500 mm;B＝3500～4000 mm;X＝机、焦保护板正面距离;E＝冂形卡高度＋3倍螺母厚度)

(1) 保护板中心线要与燃烧室设计中心线重合,允许误差为±3 mm,垂直度误差为3 mm。

保护板不准突出炭化室墙面($a>0$ mm),尤其是焦侧,以免妨碍推焦,如图4-2-7所示。保护板中心距允许误差为±3 mm。每5个保护板间的中心距允许误差为±3 mm。这是为了满足推焦机一次对位的需要。

(2) 两相邻保护板放磨板处的平面要平齐,公差为2 mm。如果个别保护板公差达不到要求,则可在保护板下加垫板。放磨板处的平面与炭化室底(冷态)间的距离为47～50 mm,即磨板安上后,磨板面距冷态炭化室底面7～10 mm。

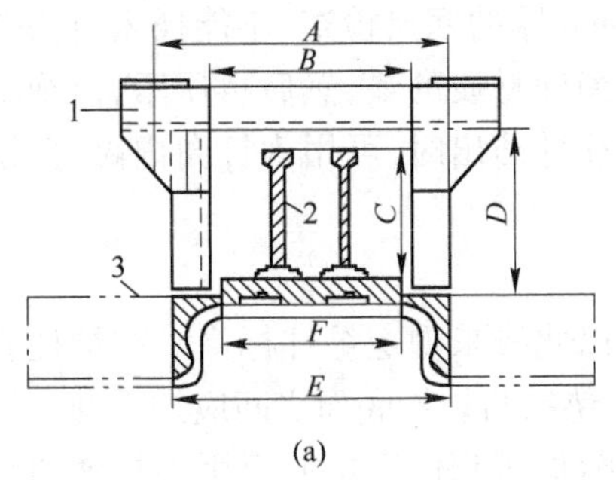

(a)

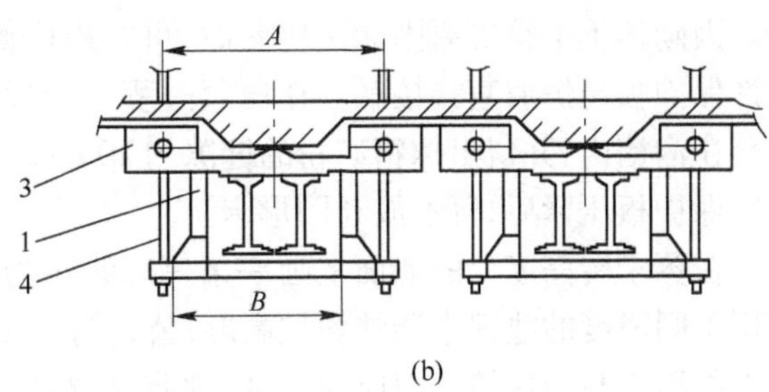

(b)

图4-2-6　用冂形卡安装保护板示意图

(a)冂形卡与保护板位置图；(b)用冂形卡安装保护板图

1—冂形卡；2—炉柱；3—保护板；4—临时拉条

（$A=E+230$(mm)；$B=F+30$(mm)；$D=C+30$(mm)）

对于T形保护板（炭化室高6 m），在距保护板底面225 mm处刻有炭化室底面标高刻线。此刻线对应的标高与炭化室底设计标高之间的差值应控制为±1 mm。保护板中心刻线与燃烧室中心线间允许有±2 mm的偏差，如图4-2-8所示。

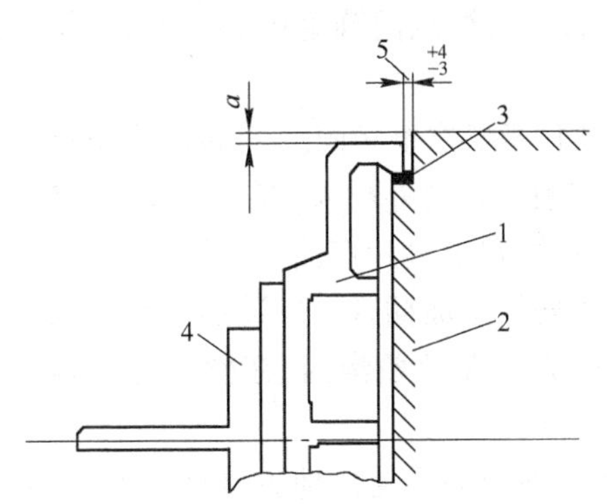

图4-2-7　保护板与炉肩间距

1—保护板；2—燃烧室砌体；3—耐火纤维绳；4—炉柱；5—炉肩缝

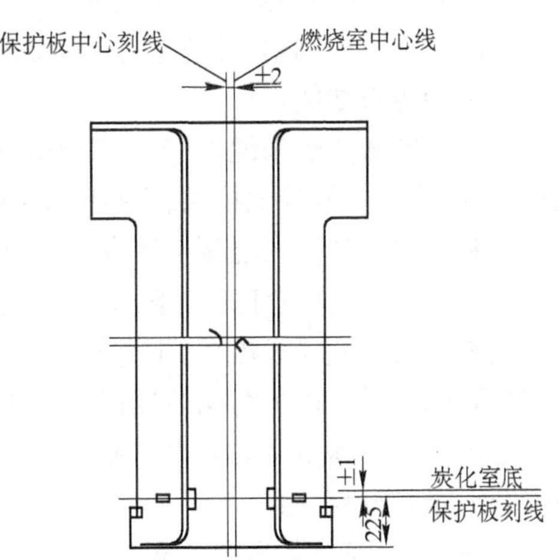

图4-2-8　保护板安装公差图

（3）两个相邻的保护板正面线之差不大于2 mm（与炉框接合的平面），公差为2 mm。相邻两保护板间的间隙不能小于设计要求，避免保护板受热膨胀后相碰。

保护板安装得好坏直接影响到炉框的安装质量，对于炭化室高为6 m的焦炉，其显得尤为重要。因为该炉型为悬挂式炉门，其炉框与保护板之间有十多个定位榫，所以其保护板安装结束后，炉框中心距与标高没有更多的调整余地。因此该炉型的保护板的安装位置必须与预安装时相同。

保护板中心距与标高等调整合格后即可对保护板进行加压——拧紧临时拉条。加压时应同时拧紧上、中、下拉条。如果其中一个冂形卡的拉条拉得过猛，则当再拧紧另一根拉条时，会出现操作困难，甚至压不进去的情况。在逐渐加压的同时，要随时注意保护板与炉肩的间隙，即耐火纤维绳压紧程度，直至保护板与炉肩的间隙达到3～10 mm。个别砖的凹陷处可放宽到 13 mm,但需确保耐火纤维绳压紧。可用 2 mm 厚的塞尺检查,不能插入时为合格。因砌体不平整等原因无法压紧时,可在绳内侧加与绳同材质的垫,然后再压紧,但绝不允许保护板与炉肩直接接触。在压紧过程中,当纤维绳往外凸出时,可用木钎向内敲打,使绳落在沟槽内,并留出抹精矿粉的缝隙约 10 mm。

保护板压紧后,暂不放开⊓形卡。

在箅子砖高度处的墙面上画一条等高线作为准线,以此线来测定炉柱标高。在炉柱底部用不同厚度的垫铁来调整炉柱高度,公差为 ±10 mm。垫铁与炉柱底面之间应抹干油。炉柱下部压板与炉柱接触面应抹干油,地脚螺栓在弹簧负荷加压到位后松放至用手拧紧的状态,并再次调整弹簧负荷。

炉柱中心线与燃烧室设计中心线应对正,误差控制在 ±3 mm 之内,然后安装上、下横拉条和弹簧。

安装上部横拉条时应使两端丝扣长度合乎要求:安装有弹簧的一侧要留有足够的预留量,同侧预留量力求相等,避免参差不齐。横拉条应在拉条沟中心,允许误差为 ±5 mm,并以烘炉后拉条保护套能顺利放入拉条沟内为准。在拉条沟内每隔 3 ~ 5 m 放置一块木垫,以防止横拉条中部塌腰。木垫高度是炉顶面冷热态标高差,也就是说横拉条安装标高与生产时的标高相同,横拉条标高不再因烘炉与生产时炉体高向膨胀而改变。

如现场无整根圆钢,可考虑将两根圆钢焊接起来,但要注意两圆钢中心应对正,焊口位置应在两装煤口之间。

对于下喷式焦炉来说,下部横拉条的安装方法与上部横拉条相同。下部横拉条有两种结构:一种为丁字螺栓式拉条,安装时由地下室经基础预留孔向外插入,要防止碰坏下喷管,必须使螺栓的垫片落在混凝土槽内,避免在烘炉和生产过程中垫片弯曲,使炉体突然失去保护力;另一种为双头螺杆式拉条,安装时应在烟道走廊处从正面插入。安装后将螺母与拉条点焊起来。对于侧喷式焦炉,下部横拉条是在砌砖前先放在拉条沟内,在丝扣部位抹黄干油,并用抹布包好,以免在砌炉过程中碰坏丝扣。

必须按弹簧编组号安装大小弹簧,将弹簧编号牌放在容易看见的地方,以便检查。应做好安装记录,造册存档。

先将上、下横拉条弹簧按要求负荷进行加压,然后加压小弹簧,在加负荷前先将蓄热室小保护板与炉柱点焊处铲掉。

小弹簧冷态加负荷量可参照表 4-2-2。

表 4-2-2　安装时弹簧负荷量

炭化室高度/m	6	5.5 ~ 4.3
炉柱上部大弹簧/kN	2 × 30	2 × 30
炉柱下部大弹簧/kN	70	65
保护板上部小弹簧/kN	15	15
保护板中部小弹簧/kN	25	20
保护板下部小弹簧/kN	15	15
蓄热室保护板小弹簧/kN	15	15
小炉柱小弹簧/kN	10	10
纵拉条弹簧/kN	200	200

当炉柱上端有两根横拉条且只有一组弹簧时注意铁枕要放正。

当横拉条安装好后,即可进行纵拉条安装。在炉顶处现场焊接纵拉条,先将检查好的大螺栓穿在抵抗墙内,按图4-2-9装上弹簧、螺帽,把纵拉条的扁钢平放在炉顶上,各接口对正,不得偏斜,纵拉条中心与砖沟中心间的不平行度不大于10 mm,平直度、弯曲度均不超过10 mm。纵拉条各焊口处的焊缝高度一致、均匀,连接板不准在燃烧室顶上。在焊接时用砖垫起连接板(见图4-2-10),以防焊接后连接板因收缩而凹下,两端翘起。中间各段焊接完后,安上烘炉托架,提起纵拉条并与两端大螺栓连接,如图4-2-11所示。纵拉条托起高度为炉顶面热态与冷态标高差,烘炉结束后纵拉条落至炉顶面。最后对弹簧加规定的负荷。对于靠近炉头的烘炉托架,因为地处炉头边缘,所以应在炉顶设置临时支架支撑,但临时支架不应受炉体膨胀的影响。

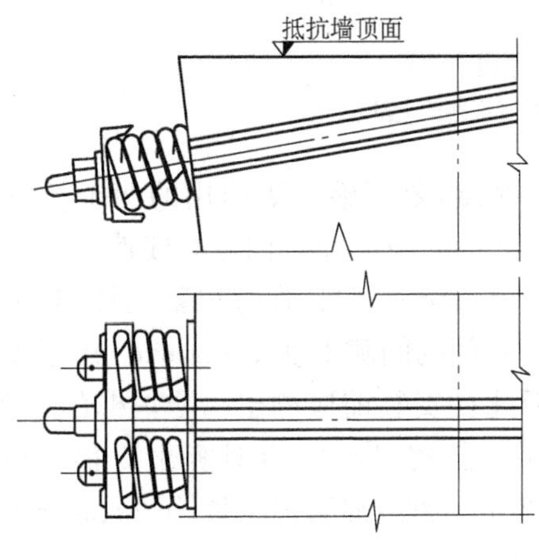

图4-2-9 纵拉条端部示意图

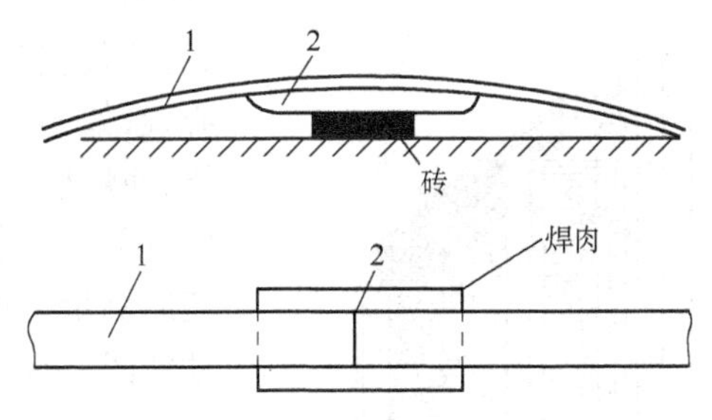

图4-2-10 用砖垫起焊接段

1—纵拉条;2—连接板

B 炉框、磨板的安装

炉柱安装结束后,将⊓形卡拆除,临时拉条仍留在炭化室内。将炉框按安装号逐个运到焦炉两侧,用枕木垫平或用挂钩朝下放在平板车上,不准用炉框挂钩作支撑点,以免挂钩碰坏、折弯。然后用黏结剂将耐火纤维绳粘在炉框的沟槽内。黏结时将绳拉直,不能松弛,在四角拐弯处,应随着其圆角黏结,绳接头处切成坡口对接。

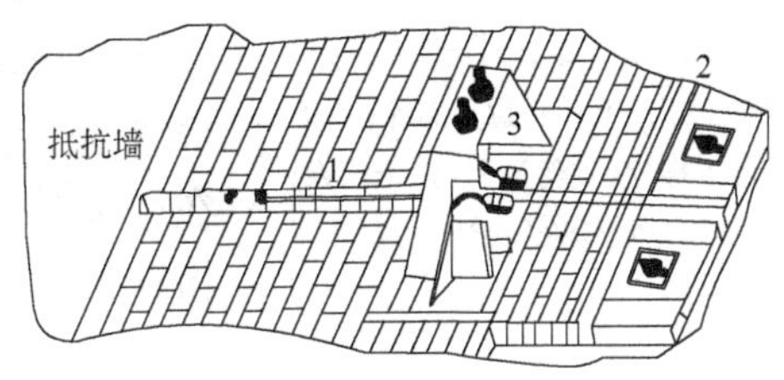

图4-2-11 纵拉条托架

1—纵拉条;2—横拉条;3—托架

同一炭化室机焦两侧同时吊装,吊装时要防止碰撞砌体。为防止炉框变窄,在炉框中部加顶紧器,如图4-2-12所示。将炉框定位销孔与保护板定位销对准,先用4个丁字螺栓将炉框与保护板相连,但不准拧紧螺栓,更不能用丁字螺栓拉紧炉框并加压,因为这样不易将密封绳压紧,而且易将保护板的丁字螺栓槽孔壁拉坏。

安装所用的临时拉紧工具如图4-2-13所示。用链式起重机调整炉框标高和中心线,公差均为±3 mm,炉框内缘不允许突出保护板之外,尤其在紧固过程中更应注意这一点。对于

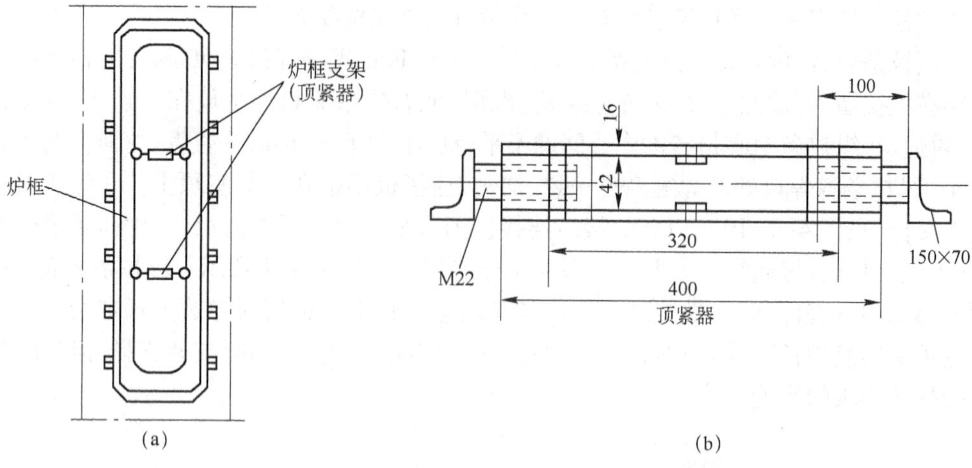

图 4-2-12　顶紧器

(a) 顶紧器的安装图;(b) 顶紧器放大图

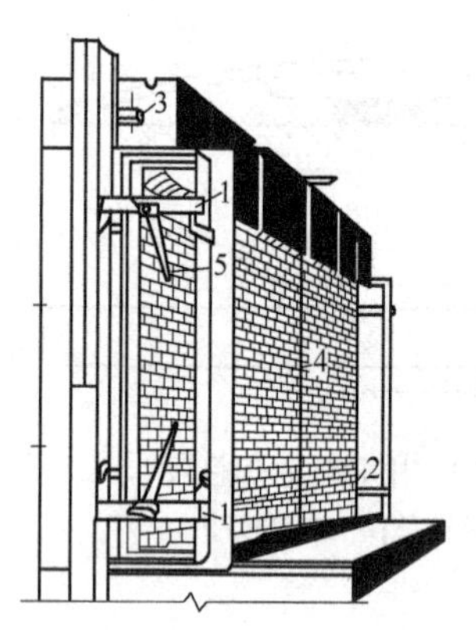

图 4-2-13　单眼卡子及拉条

1—拉炉框用的梁;2—拉紧螺栓(拉条);3—压下螺栓(顶丝);4—拉条吊索;5—螺帽板子

悬挂式炉门的炉框,还要调整托炉门用的两个托辊面标高,其公差为 ±0.5 mm,应防止炉门中心线偏离炭化室中心线,如图 4-2-14 所示。拧紧临时拉紧工具,对炉框加压,使炉框与保护板间的间隙 C 为 0 ~ 3 mm。由于安装后 C 值无法测量,因此在安装前应测出每个炉框的 B 值,安装后测量 A 值,利用公式 $C = A - B$ 计算出 C 值。相关尺寸如图 4-2-15 所示。密封绳必须压紧,用 2 mm 塞尺进行检查,若松动,则需更换。

炉框位置调整好并压紧后,将钩形螺栓上下左右交叉拧紧,使其受力均匀,然后拆除临时拉紧器。

对于炭化室高为 6 m 的焦炉,炉框与保护板间的间隙应先达到预安装时的尺寸,绳松紧程度可暂不考虑,待紧固丁字螺栓后,夯塞第二层密封绳时再均匀塞紧。在夯塞时要防止打坏密封绳,为此只准用木钎子,不准用铁器。

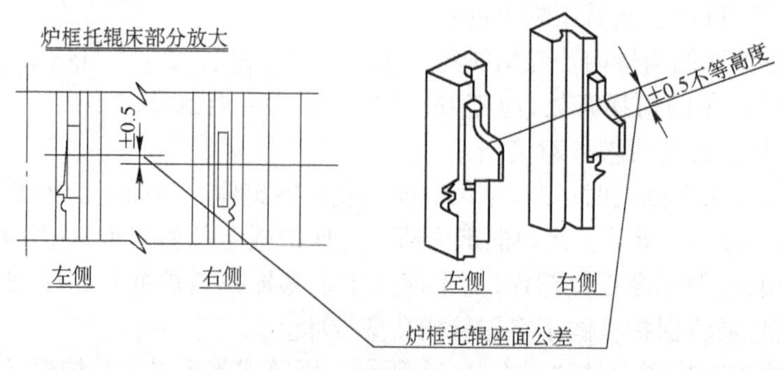

图 4-2-14　炉框托辊面公差

安装磨板时,磨板螺帽不应高出磨板面,磨板顶面应低于炭化室底面(冷态)7 mm 以上,最后在磨板周围塞以耐火纤维绳。

对于炭化室高为 6 m 的焦炉,先安门槛,塞好耐火纤维绳后再吊装磨板,磨板面低于炭化室底 1 mm。安装时不能有挤卡现象,以免在烘炉结束后提升和清扫磨板时有困难。

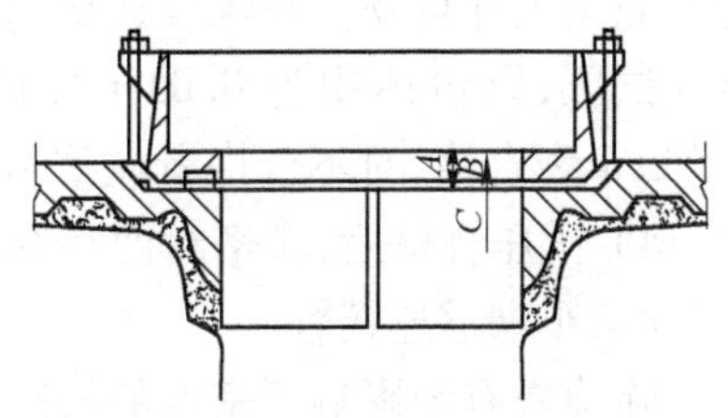

图 4-2-15 检查炉框密封绳压紧程度示意图

4.2.2 废气系统设备安装

4.2.2.1 安装前的准备

A 前工序质量复查

安装前应检查或复验与本系统安装有关的前工序施工质量,凡超差或不合格的均要处理,以便安装顺利进行。例如,检查两侧烟道弯管中心线及顶面标高的偏差;检查小烟道衬砖与焦炉正面线间的距离、小烟道出口高宽尺寸;检查总烟道、分烟道安装翻板处净空尺寸及烟道底面标高和埋设螺栓的位置及丝扣是否完整。

B 设备单体检查

a 烟道翻板

设备到现场后,应清点零部件数量,并进行清洗,轴承上要加润滑油。检查翻板是否有蜂窝和裂纹。经检查合格后再进行组装。在主轴顶部打上与翻板面平行的永久刻印,作为翻板开关标记。组装好的翻板存放时应垫平。

b 交换开闭器

在搬运和吊装时不要使交换开闭器变形和损坏,应按型号存放,要垫平放正,不准叠放,并清点数量,然后对每个交换开闭器进行外观检查和严密性试验。

(1) 外观检查:

1) 检查每个交换开闭器的编号,检查制造厂随货交付的尺寸检验记录表是否齐全。

2) 检查交换开闭器各部位是否损坏,是否有影响严密性的缺陷,如在铸件加工表面和非加工表面上有砂眼等缺陷,可以用焊补后再加工的方法来修理。

3) 检查废气砣和砣杆最大提升高度、空气口最大开度、扳把旋转角度等是否与设计图纸相符。砣杆或扳把在运行中应平稳,不得有歪斜、卡住等现象。废气砣和煤气砣自由落下时密封面上的偏心公差不应大于 5 mm。

4) 翻板应传动灵活,无卡住现象,翻板与轴应固定牢靠,翻板开度应与刻度盘开关指示相符。

(2) 严密性试验。外观检查后,进行严密性试验。

1) 对于风门密封面用 0.05 mm 塞尺沿空气口的四周检查,塞不进为合格,对不合格者应重新研磨。因为在四角和靠销轴处容易出现不严密的情况,所以研磨时应对号研磨,并在销轴配上后检查严密性。

2) 对于废气砣密封面,用机械油清洗,然后擦净,废气砣自由落下,不准人为挪动,更不能在砣面上加重物。在废气砣周围做临时围堰并充水,水面与密封面间的距离不小于 40 mm, 5 min 后不渗漏为合格,对不合格者应重新研磨。

3) 对于煤气砣密封面,用机械油清洗后擦干净,煤气砣自由落下,不准人为挪动,更不能在砣面上加重物。在煤气连接管的法兰上安装堵板，堵板上设有一个进气接管。用压缩空气试压，风包体积为 0.03 m^3，风压为 4.5 kPa，5 min 后进行温度校正，表压降不大于 1.5 kPa 为合格，对不合格者应重新研磨。

4）试压合格后，在密封面和有相对运动的配合面上涂黄干油防锈。

c　小烟道连接管

除检查有无影响严密性的缺陷外，还应测量外形几何尺寸及与交换开闭器连接的螺孔数和位置。

对小烟道连接管应清点不同型号的数量，分型号堆放。

4.2.2.2　废气设备的安装

A　总烟道、分烟道调节翻板的安装

烟道翻板是调节烟道吸力的。翻板上部设有滚动轴承和止推轴承，轴承固定在槽钢架上。一般是在地面将翻板组装好后，由顶盖处留下的孔放入烟道。安放前必须仔细检查螺栓是否连接牢固，有无防松螺帽，防止被废气加热后翻板在连接处发生松动。埋在烟道地基中的导向托架及止推轴承必须坚固，确保翻板正常工作。安装翻板时应保证垂直，允许公差为 0.1%，在止推轴承盖上用水平尺或吊线锤检查。当不垂直时在轴承座下部加垫。应保证调节翻板两侧及下部间隙公差为 ±10 mm。翻板开关角度与刻度盘指示应相符。安装顶部盖板时要密封好。翻板安装合格后，再在下部底座螺栓处浇灌混凝土固定。翻板安装完毕后，要检查转动是否灵活，为此要旋转几整圈，在加上很小外力后，翻板应能很容易地绕本身的轴转动。

分烟道翻板应与自动调节的执行机构配合安装，合格后卸掉连杆，做烘炉时手动操作用。

B　交换开闭器及小烟道连接管的安装

单体检查合格后，严格按照设计布置图分型号进行安装，绝不能有差错，安装中应控制以下几个尺寸。

（1）交换开闭器在焦炉纵向应位于同一条线上，即交换开闭器与焦炉中心线间的距离应保持一致，误差在 ±3 mm 以内。检查连接管与小烟道衬砖间的距离，不准小于设计尺寸，如图 4-2-16 中的 A 值所示。要注意交换开闭器与烟道连接弯管承插处的四周力求有均匀间隙，以便塞耐火纤维绳密封。

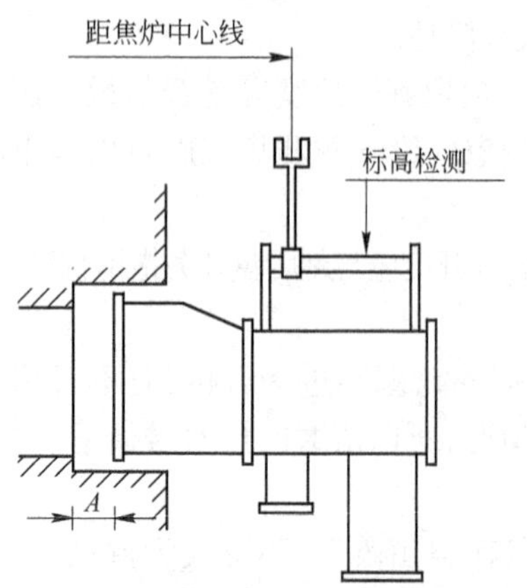

图 4-2-16　交换开闭器安装质量检测示意图

控制上述尺寸的目的在于：1）使交换开闭器与交换拉杆能正确连接并进行正常交换。当安装偏差过大时，在交换过程中发生扳把别劲现象，容易造成交换拉杆等设备损坏，甚至发生交换开闭器摆动等现象。2）当连接管与衬砖间的距离过小时，在烘炉或生产过程中会因炉体膨胀而将交换开闭器顶出或将衬砖挤坏。

检测方法：在安装前复查小烟道口衬砖正面线，确定衬砖与连接管间的间隙在合理范围内后才能安装，安装时可同时用带钩的铁棍测量连接管与衬砖间的间隙是否合乎要求。中心距与标高检测示意图如图 4-2-16 所示。

（2）标高控制：可通过调节废气筒底部3个顶丝或在交换开闭器与烟道弯管间加垫铁的方法来控制标高，公差为±5 mm。同时要注意连接管与小烟道口间的上下间隙要均匀，以便塞密封绳。对于杠杆传动式交换开闭器，可测定传动轴上部标高；对于链条传动式交换开闭器，可测定阀体法兰面的标高。

（3）交换开闭器间距偏差应控制在±5 mm内，总间距偏差应在±5 mm内，同时注意连接管与小烟道两侧间的间隙要均匀，当上述两值发生矛盾时，应保证小烟道间隙。

（4）交换开闭器水平度可用废气筒下部的3个顶丝或用垫铁进行调节。水平度应控制在0.1%以内。可对进风口加工面或废气砣下的加工面进行检测。

安装后应在废气筒与烟道弯管间、小烟道与连接管间用密封绳临时塞严，但不得塞得太深，暂不用泥料密封，因为烘炉过程中炉体要膨胀，所以密封工作在烘炉热态工程中完成。对于炭化室高为6 m的焦炉（JN60型），先安装小烟道套管，后安装交换开闭器。

安装完毕后，需做提砣试验，砣杆应无卡住现象，试验时按生产时的情况用主导拉杆扳动每个交换开闭器（不能用手提砣杆）。检查煤气砣、废气砣的提升高度，允许误差为±5 mm。煤气砣和废气砣下落后与阀座中心的偏差分别不大于5 mm和4 mm。内层砣密封面的尺寸不得少于3 mm。在提砣高度合适的情况下，主动扳杆转角偏差为±1°，扇形轮的转角偏差为2°～4°。

完成上述安装调试后，应从分烟道内进行以下检查：废气筒下的垫板是否凸出和垫平；密封绳是否严密；翻板位置与指示是否一致。最后将烟道内杂物清扫干净。

4.2.3　加热煤气管道和烘炉管道安装

4.2.3.1　单体设备检查

加热煤气管道系统附件较多，安装精度与严密性要求较高，对各种附件应逐个检查，试压合格后方能安装使用。

A　孔板盒

逐个进行外观检查，无明显缺陷后进行严密性试验。关闭孔板盒，拧紧顶丝，孔板盒上法兰处安堵板，孔板盒下法兰处安带进气支管的堵板，用压缩空气试验，风包体积为0.03 m^3，风压为20 kPa，时间为30 min，进行温度校正后的压降不大于0.5 kPa为合格，若不合格，则进行修理，并重新试压。

B　旋塞

对调节旋塞和交换旋塞逐个进行外观检查，检查油沟、油眼是否清洁畅通，阀体有无裂纹，密封面与法兰面有无气孔，全开及全关时刻印是否对正，公差为1 mm，全开时阀芯孔的侧边错台尺寸不大于1 mm，底部错台尺寸不大于3 mm。外观检查合格后，将密封面上的油脂清洗干净，抹N46机油（50号机油），进行严密性试验，试验时不准敲打旋塞芯子，旋塞芯子松紧程度要适当，以在生产时一个人用交换扳把能转动为宜。

调节旋塞应在2种位置进行试验：

（1）全开位置。旋塞上法兰处安堵板，旋塞下法兰处安带支管接头的堵板。

（2）全关位置。旋塞下法兰处安带支管接头的堵板。

交换旋塞应在3种位置进行试验：

（1）全开位置。旋塞上法兰处安堵板，旋塞下法兰处安带支管接头的堵板。

(2) 全关位置。旋塞下法兰处安带支管接头的堵板。

(3) 45°角位置。旋塞下法兰处安带支管接头的堵板。

进行严密性试验时,要用压缩空气试压,风包体积为 0.03 m^3,风压为 20 kPa,时间为 30 min,进行温度校正后的压降不大于 0.5 kPa 为合格。

试压合格后,旋塞芯子要抹黄干油,用纸将两端法兰和除炭孔封严,以防掉入灰尘,影响严密性。应分型号存放。

C 蝶阀

轴承充满润滑油脂,转动灵活,翻板四周间隙均匀,在轴端面上打与翻板方向一致的记号。

D 闸阀

需两面试压,清洗闸板面油脂,抹 N46 机油,并将中间丝堵打开。试压条件是用压缩空气试压,风包体积不大于阀体容积的 3 倍,风压为 30 kPa,1 h 内的泄漏率不大于 3% 为合格,若不合格,则解体检查,并重新试验。

$$漏气率 = \left(1 - \frac{p_1 T_1}{p_2 T_2}\right) \times 100\% \tag{4-2-1}$$

式中 p_1——试验开始时管道内气体的绝对压力,Pa;

p_2——试验结束时管道内气体的绝对压力,Pa;

T_1——试验开始时管道内气体的绝对温度,K;

T_2——试验结束时管道内气体的绝对温度,K。

试压合格后在阀柄上涂黄干油,并将闸阀全开全关一次,以检查是否别劲,丝杆有无缺陷。在丝杆处压盖填料,拧上丝堵,在闸板上涂干油。

E 水封槽

检查水封高度是否与图纸相符,各种连接管的数量和位置是否正确。将水封槽内装满水,一昼夜后不渗漏为合格。

F 放散防爆阀

放散防爆阀在安装前需进行严密性试验,用压缩空气试压,风包体积为 0.03 m^3,风压为 1500 Pa,5 min 后压降不大于 50 Pa 为合格。

G 预热器

在生产使用中管内通煤气,管外通蒸汽,用来预热煤气。检查时只试验管外部分,通入压力为 0.9 MPa 的水,胀管的胀口部位和预热器壁焊缝不准有漏水或渗水现象。若渗漏,则焊缝要重焊,胀口要重胀。检查各附属管件是否与图纸相符。煤气出入口应呈 90°角。

4.2.3.2 加热煤气管道的安装

除一些设备与管道连接外,加热系统安装主要是指管系的铺设及管道上附件的焊接。加热系统管系包括主管、支管、横管、立管等,附件包括测压管、取样管、清扫管等。

A 主管

对于主管,可分段进入地下室再进行焊接,找正后再与室外管道连接。应以焦炉纵中心线为标准来检查管道中心线,其要平行于焦炉中心线。检查管道标高时每隔 3 m 检查一点,公差为 +5.0 mm,焦炉煤气管道有 0.5% 的坡度(高炉煤气管道无坡度),可用主管下托架的安装缝进行调整。管道只能向一侧倾斜,中间不能有凹下处,以免积垢存水。

管道找平找正焊接后，用煤油找漏，合格后先拆除临时固定管道用的拉筋、楔子等，然后在管道上开孔焊接支管及附件管段，包括蒸汽管、取样管、测压管、放散管、计器管和冷凝液排放管等。各管段焊接后均应在焊缝处做煤油渗透试验。

安装流量孔板时，应注意方向性，切忌反装，否则会使计量不准，检查在孔板前是否有冷凝液排放管。

安装蝶阀前应再次检查主轴外端刻印是否与翻板方向一致，检查翻板转动是否灵活。

B 支管

焦炉煤气管系连接横管和主管；贫煤管系连接交换开闭器和主管；焦炉煤气管系在支管段上有调节旋塞、交换旋塞、孔板盒等。

可采用以下两种方法施工：较多采用的一种是先在主管上按图开孔，焊接带法兰管段，然后安装交换旋塞等，最后与横管相连；另一种是先从横管三通管段安装孔板盒、旋塞等，最后根据具体位置在主管上开孔焊接支管。

若采用第一种方法，在主管上开孔焊接带法兰管段时，则所有的法兰面应在同一水平面上，标高公差为 ±3 mm，法兰面水平度应不大于1%。各支管法兰中心线与设计中心线的公差为 ±3 mm。各支管法兰中心线间距的公差为 ±3 mm。支管法兰若为非转动法兰，则法兰螺栓孔位置应正确，保证交换旋塞芯轴线垂直于焦炉中心面，以使交换传动装置正常运行。不论哪种施工方法，这一点都是非常重要的。交换旋塞上部的支管法兰也按上述要求施工。

交换旋塞分 A 型和 B 型两种，应严格按图施工，绝不能有差错。为确保无误，在安装后应再检查一次。

支管插入主管深度应不大于 3 mm，以免影响煤气分配量精度。

在通常情况下支管焊接是在烘炉后期，炉体膨胀基本结束后进行。如果因工期紧，此工作也可以提前到烘炉前进行，但考虑到烘炉后焦炉基础顶板受热膨胀，特别是炭化室孔数较多，所以在焦炉两端应各有 5 ~6 个支管暂不与横管焊接，在烘炉后期再进行焊接。

贫煤气管道支管只能在交换开闭器固定以后连接。

C 横管和下喷管

横管一般由 4 根带法兰的管段连接。与单号燃烧室相连的横管，其安装位置与双号燃烧室相连的横管是不同的，应按设计图纸施工。横管连接处不能弯曲，各管段中心线应在一条直线上。

连接下喷管和横管时，应按焦炉顶板预埋管实际位置吊线，在横管上开孔，连接管插入横管的深度小于 3 mm。横管与下喷管的焊接是在烘炉后期进行的，也可在烘炉前进行，但考虑到烘炉后基础顶板膨胀会造成管体错位和别劲等情况，在焦炉机焦侧两端各留 3 个下喷管暂不焊接，待烘炉后期再焊。

下喷管的各管段丝扣连接处不能涂铅油，以免装卸困难。

D 管道试压

管道试压是指耐压性试验和严密性试验。

a 主管本体耐压性试验

当煤气主管（包括焦炉煤气、贫煤气）上各种接头均已焊好，且经煤油试漏合格后，对管道进行全面检查，清除灰尘及杂物，最后堵盲板，将管道封闭。

试压部位指调节旋塞之前主管，在煤气支管与调节旋塞之间应安装盲板，对不能承受试验压力的部分应隔断,如焦炉煤气防爆口、贫煤气放散防爆阀、水封槽、仪表接头及放散管等。对于贫煤气掺混焦炉煤气的混合煤气管道,应与焦炉煤气主管同时试压,在混合煤气管道与煤气混合器接口处安装盲板。

试压标准:通以压力为65 kPa 的压缩空气,试压2 h,每小时平均泄漏率不大于1%为合格。泄漏率计算公式为:

$$A = \frac{1}{t}\left(1 - \frac{p_2 T_1}{p_1 T_2}\right) \times 100\% \tag{4-2-2}$$

式中　A——每小时平均泄漏率,%;

p_1,p_2——分别为试压初、试压末管道内气体绝对压力,Pa;

T_1,T_2——分别为试压初、试压末管道内气体绝对温度,K;

t——试验时间,h。

b　管道总体严密性试验

主管本体耐压试验合格,支管安装完毕后,即可进行管道总体严密性试验,试压部位包括调节旋塞、交换旋塞、孔板盒等。

试压步骤与标准:将支管法兰与调节旋塞之间的盲板移到交换旋塞出口法兰处,没有交换旋塞的,移到孔板盒出口法兰处。

(1)旋塞应抹N46机油,旋塞芯松紧程度应适当,油杯孔用干油堵住。

(2)分三种情况试压:第一种情况,调节旋塞开,交换旋塞按生产方向关;第二种情况,调节旋塞关,交换旋塞按生产方向开;第三种情况,调节旋塞按与第一种状态相向的方向开,交换旋塞按生产方向开。

(3)用压缩空气试压,焦炉煤气管道风压为10 kPa,贫煤气管道风压为20 kPa,按上述三种情况进行试压,各试压30 min,压降均不大于10%为合格。压降计算公式为:

$$\Delta p = \frac{A_1 - A}{A_1} \times 100\% \tag{4-2-3}$$

式中　Δp——压降,%;

A_1——试验开始时管道内气体压力,Pa;

A——试验结束时管道内气体经温度校正后的压力,Pa。

$$A = (A_2 + 101325)\,T_1/T_2 - 101325 \tag{4-2-4}$$

式中　T_1,T_2——分别为试压始、末管道内气体的绝对温度,K;

A_2——试验结束时管道内气体压力,Pa。

4.2.3.3　烘炉管道安装

烘炉管道有气体燃料烘炉管道和液体燃料烘炉管道(包括助燃用压缩空气管道)两种。

烘炉分带炉门烘炉和不带炉门烘炉两种。当焦炉两侧操作平台施工完毕,砌完炭化室封墙(带炉门烘炉时炉门安装完毕)和烘炉小炉后,即可安装气体燃料烘炉管道。当采用先固体燃料后液体燃料烘炉时,液体燃料管道的主管应在砌烘炉小炉前安装。

烘炉管道施工顺序为炉间台总管—两侧主管—进入烘炉小炉的支管—各种附件(包括测压管、清扫管、取样管、冷凝管、放散管等)。

A　气体燃料烘炉管道

气体燃料烘炉管道安装要求和检验标准与加热煤气管道相同。在施工时应注意以下几点：

（1）焦炉两侧主管下的托架与平台不能固定，而应做滑动处理，以免烘炉过程中两侧平台外移将管道拉裂。

（2）进入各烘炉小炉的支管，插入深度应一致并符合设计要求。

（3）各种附件（包括测压管、取样管、清扫管、放散管、防爆管、冷凝管等）应齐全。

（4）因烘炉管道是临时性的，冷凝液排放也属临时处理，所以要检查排放管与水封槽连接情况，以保证安全。

（5）各支管上节流小孔板的排列应符合设计要求。

B　液体燃料烘炉管道的安装

安装液体燃料烘炉管道和助燃用压缩空气管道时，除按一般工艺管道要求外，还应注意以下几点：

（1）喷嘴是较精密部件，所以在安装前应仔细清洗，以防烘炉期间杂物堵塞喷嘴。

（2）对于油管和风管，除在安装时要保证其严密外，还应逐根清洗，去除管内杂物，以免堵塞喷嘴。

（3）喷嘴距烘炉小炉的距离应与设计图纸一致。

（4）安装管线与高置槽时，应注意不得妨碍焦炉操作车辆的试车。

（5）管道安装后进行总体试压，水压为 0.8 MPa，若试压 30 min 不渗漏，则为合格。

4.2.4　交换系统设备安装

4.2.4.1　液压传动交换机安装与试运转

A　液压传动交换机安装要求

（1）清洗油箱和管道并装油，启动油泵，当油缸升压为 65×10^5 Pa 时，各阀动作灵活，各处不渗漏，无异常噪声。

（2）油缸安装后，其中心线与焦炉角轮轮缘中心线间的偏差不得大于 6 mm。

（3）油缸两端行程余量要与中心对称，端部连接轴上的轴承在限位装置中运转灵活、平稳，无卡紧现象。

（4）配合电气人员测定交换时间，检查流量控制阀灵敏度和时间继电器的可靠性。

B　液压传动交换机试运转

（1）初次启动油泵时应多启动几次，以防油泵吸空。空转 2 h 左右并升压至 60×10^5 Pa，用溢流阀调节工作压力进行换向操作。每 10 min 动作一次，运转 2 h，油管不得有脉冲现象和异常噪声。电动换向前，可用“停电用滑阀换向套”顶住电液换向阀顶端旋钮。利用手摇泵进行手动换向。

（2）检查电气控制系统配线，人工调整限位开关，并确定废气交换行程和煤气交换行程。

（3）检查并调整油缸活塞行程，使之符合设计要求，试运转合格后，将交换传动装置与油缸连上试运转。

（4）当煤气压力处于低压报警时，交换机停止交换，煤气交换旋塞处于全关状态。

4.2.4.2　交换传动装置安装要求与调试

交换传动装置安装包括焦炉煤气传动装置、高炉煤气传动装置、废气传动装置三部分的安装。采用砣式机构进行高炉煤气交换的，是指通过废气传动拉杆带动交换开闭器杠杆进行交换，不设有单独高炉煤气传动装置，目前焦炉多采用此种形式。

A　交换传动装置安装要求

在安装交换传动装置时最主要的是保持拉杆中心线和中心标高与交换机油缸位置，中心线公差为 ±3 mm，标高公差为 ±5 mm，保持交换拉杆(板)的托轮(辊)转向链(绳)轮中心线位置(公差为 ±3 mm)、标高(公差为 ±5 mm)以及轮(辊)的水平度或铅垂度(0.1%)。轮(辊)应转动灵活，油杯充满润滑脂。在安装轮架时，应注意轮槽中心在一条线上，轮架在试装后要检查其位置，合格后才能予以固定，以免造成托轮或转向链轮与拉杆或拉链产生别劲现象。

拉杆上的滑块在扳把上的长口中应滑动灵活，不允许有卡住和磨损现象。

安装交换旋塞扳把时，应对照加热系统图检查旋塞开关位置是否正确，绝不能搞错。扳把安装结束后应逐个检查焦炉煤气旋塞芯子的状态，因为旋塞芯子是三通的，所以单从除炭孔进行检查不能得知其他两通的状态。因此应在除炭孔位置用手电筒检查两通的状态，并且检查旋塞芯子的顶端开关刻印是否对正，以确保旋塞芯子位置正确。

扳把方孔与旋塞方头应配合良好，可以有 0.5 mm 左右的间隙，以适应扳把在交换过程中摆动的需要。

连接交换开闭器主动扳把时，应参照加热系统图和交换开闭器动作示意图检查扳把方向和扇形轮(与废气砣、煤气砣相连)，检查空气门传动杠杆状态。

对于链条式交换开闭器的拉板横托架，其连接螺栓暂不拧紧，待转为正常加热重新调整后再拧紧，其拉链滑轮应按实际情况进行安装。对废气砣杆，应保证砣杆起落垂直度，砣杆上下运行自由，无别劲现象。

B　交换传动装置调试

交换传动装置各零部件安装好后，应调整各交换拉条的行程，以靠近油缸一端的行程为准。调整拉杆上的松紧器，使煤气拉条行程偏差在 ±10 mm 以内，废气拉条行程偏差在 ±15 mm 以内，直到反复测量时交换行程不变为止。

调试工作分两步进行，首先是手动交换调试，合格后进行电动交换调试，经两昼夜连续运行无异常情况后为合格。调试时应注意以下几点：

(1) 各交换拉杆的行程不变。

(2) 交换过程中拉杆运行平稳，无跳动现象。

(3) 各连接点和滑动点无别劲和磨损现象。

(4) 检查交换旋塞在交换过程中是否开正和关正，当开与关的要求不能同时满足时，应保证全开状态正确。

(5) 在煤气砣、废气砣拉杆顶部链条处进行调整，使其提升高度达到设计值，公差为 ±5 mm。当砣落下时其链条能放松 0.5～1 环，以保证砣落严。

(6) 当手动交换调试合格后，进行电动交换调试，按上述要求进行检查，当确认无故障时，按生产状态连续运转两昼夜。

4.2.5 集气系统设备安装

4.2.5.1 单体检查

A 集气管

集气管由钢板焊接而成,所有焊缝均需用煤油试漏。集气管上的清扫孔、窥视孔等部位的法兰在焊接过程中容易变形,应检查盖与孔间配合是否严密。应检查槽形集气管顶面与阀体连接的法兰面的水平度,圆形集气管的阀体连接管长度应一致,法兰面垂直度偏差不大于3 mm,法兰间隙允许误差为 ±3 mm,其法兰螺栓孔位置应与水封阀法兰螺栓孔位置一致,否则会使阀体倾斜。托架与集气管应吻合。

B 上升管和桥管

将上升管和桥管内外表面清理干净,并检查是否破损。

C 水封阀

阀体加工密封面和铸造面不得有裂缝、砂眼、杂质及其他影响密封性的缺陷,否则应焊补修整。用注水法检查水封高度,其应满足设计要求,水封颈口上部边缘必须平整。水封阀扳把与轴套间的间隙应不小于0.5 mm,扳把应活动自如,阀盘的张开程度必须符合设计要求。水封阀关闭时,不得发生自动开启的现象;水封阀开启时,不得发生自动关闭的现象。

D 焦油盒

对本体应试水检查是否漏,检查有无砂眼,检查水封高度是否满足设计要求。

E 放散水封阀

阀盘开关灵活,无别劲现象,水封高度应满足设计要求。

F 调节翻板

翻板四周间隙均匀,转动灵活,轴端面打印记号与翻板方向一致。

4.2.5.2 集气系统设备安装

集气系统应在炉柱安装完毕后进行安装,有些焦炉因筑炉大棚净空高度不够,可推迟到拆大棚之后安装。

A 集气管的安装

集气管一般分段吊装,只有炭化室孔数少的小型焦炉采用整体吊装。当集气管主段运到工地后需进行整体装配,并将每节管段编上装配顺序号,此工作也可由制造厂完成。

段与段之间的焊接应从炉中心开始,焦炉中间炭化室中心线与集气管相应阀体中心线应对正,这样可减少连接阀体法兰中心与炭化室中心偏移程度。焊接各管段时要注意,相邻管段纵向焊缝错开的角度不小于80°,两个管段对接时不应相对偏移。所有焊缝均需用煤油做严密性试验,在冬季试验时应注意防止白粉冻结。对不合格的焊缝,应铲除后重焊。

安装集气管前先在管道支架上画出中心线,测出标高。该中心线可由上升管底座中心线导出。

其标高应以设计尺寸为准,可在托架下增垫钢板进行调整。垫板与托架应焊接,托架与牛腿的接触面应抹干油。

集气管安装后各段中心线应是一条直线,集气管中心线与上升管底座中心线间距离的允许误差为 ±3 mm,集气管标高允许误差为 ±5 mm,不允许出现反斜现象,与阀体连接的法兰中心标高允许误差为 ±3 mm。圆形集气管阀体法兰面垂直度允许误差为 3 mm,槽形集气管阀体法兰面水平度允许误差为 3 mm。

集气管上清扫孔盖与链条应拴住。

在集气管安装过程中应采取防止滚翻的临时性措施,待调整合格后,再拆除防止管道滚动的临时性措施并按图纸将防滚的三角挡铁焊牢。

待集气管安装好后进行检查,合格后对管内进行清扫,然后再堵两端堵板。

B　水封阀体的安装

安装前先将阀体底座槽钢架安装好,安装时将阀体与底座垫平,以保证安全,以前曾发生过安装水封阀体后因没有底座而造成集气管偏心滚翻伤人的事故。阀体与集气管连接口处用涂铅油的耐火纤维绳作填料,以保证严密性。水封翻板保持水平,调节配重盘,使翻板关闭自如,不得出现自动关闭或自动打开的现象。

C　桥管和上升管的安装

一般采取桥管和上升管组装后整体吊装的方法,为此先在桥管与上升管之间堵以厚度为 6 mm 的可捣除盲板,同样在上升管底座与上升管之间垫以 6 mm 厚的可捣除盲板。吊装时应注意不使衬砖松动,不碰坏炉体。安装时检查上升管垂直度,允许误差为 3 mm;上升管中心线与焦炉中心线间的偏差应在 ±3 mm 内;两个上升管间距及每 5 个上升管间距偏差均不准大于 3 mm。

对于有坡度的集气管,分不同高度按图纸要求安装上升管。

上升管根部与砖体间的间隙用耐火纤维绳塞紧。待烘炉温度达到 650℃ 时再次检查垂直度与中心距,经检查合格后用 50% 低温硅火泥和 50% 精矿粉外加 1% 水玻璃调制泥浆密封。在桥管与阀体之间用挂有稀泥浆(用 60% 低温硅火泥和 40% 精矿粉外加 8% 水玻璃调制成)的耐火纤维绳塞紧,再灌以 10 ~ 15 mm 厚的沥青。

D　放散阀和放散管的安装

集气管找平找正后即可安装放散阀和放散管。放散阀水平度公差为 3 mm,阀盘开关应灵活,无别劲现象。调整配重盘,使翻板开闭自如,不得有自动开闭现象。放散管应安装牢固,垂直度允许误差为 5 mm。

E　焦油盒的安装

经单体检查合格的焦油盒,在安装时要注意接口应严密,待烘炉至 650℃ 后与吸气管连接。焦油盒水平度允许误差为 5 mm。

F　横贯管与集气管操作台

对横贯管上所有的焊缝均应做煤油渗漏试验。安装时应保证坡度,不得反斜,直立管段的铅垂度允许误差为 5 mm。供膨胀用的伸缩套管只能在炉温升到 650℃ 以后连接,其操作台应在伸缩套处断开,与伸缩套管同时焊接。对于上升管上面的横贯管,应在其下部焊制遮热板。

手动和自动调节翻板安装后应转动灵活,无别劲现象,检查轴顶开关刻印是否准确,自动调节翻板出轴方向应与执行机构相适应。

集气管与上升管安装就位后,可焊制操作台的构架,其平台板应在各种辅助管道安装后才能铺设,其中影响烘炉时炉体膨胀的操作台暂不焊接,待炉温达到 650℃ 后才能焊接。

4.2.6　工艺管道安装

焦炉上的氨水管道、工业水管道、蒸汽管道、压缩空气管道等,习惯上称为工艺管道。安装时,工艺管道应符合设计走向,在施工图中有确定位置的,应按图安装;施工图中无确定位置的,应沿建筑物铺设,做到横平竖直,固定牢固。阀门应离操作台面1~1.2 m。各工艺管道常规安装方法在此不详述,下面仅叙述与炼焦生产有关的特殊要求。

4.2.6.1 氨水管道安装

从炭化室来的荒煤气,其温度超过700℃,在桥管和集气管内采用氨水喷洒,使荒煤气温度迅速下降到80~90℃。荒煤气冷却效果与氨水雾化程度有关,而雾化程度又取决于喷嘴的结构和角度以及循环氨水的清洁度和氨水压力等。在安装时对管道严密性、喷嘴的安装角度、喷洒状态等要十分注意,在试生产时进行检查验收。

A 安装前的准备

(1) 对旋塞与开闭器进行水压(0.6 MPa)试验,30 min后不漏为合格。所有氨水管道都不能使用带铜套的开闭器,因为氨水与铜会起化学反应,侵蚀开闭器。

(2) 所用管道应用水冲洗,不能有泥沙等杂物。

B 管道的安装

可以先铺设氨水主管和与氨水喷嘴相连的支管,烘炉时炉体要膨胀,桥管、集气管会产生位移,所以主管与外部氨水管、支管与喷嘴暂不连接。在安装中应注意以下几点:

(1) 氨水小支管的清扫管段不能插入太深,一般不超过2 mm。

(2) 氨水小支管拐弯处应圆滑,不可有直棱角。

(3) 焊接切口要整齐、清洁,焊口应均匀,最好用气焊焊接。

(4) 氨水主管与工业水管接头处的逆止阀方向应正确,即只能让工业水流向氨水管道,不能让氨水流向工业水管。

C 管道试压与试生产

待烘炉温度达到650℃后方可将氨水主管与外部管道、支管与喷嘴相连,然后进行管道总体试压与调试。

氨水管道总体试压标准为0.6 MPa(水压),30 min后不漏为合格。

经试压合格后,拆除试压用盲板,集气管、焦油盒与吸气管已接通,吸气管上盲板(或阀门)下的氨水旁通管已接通,可进行喷洒试验,试验时使管道水压不低于0.1~0.2 MPa,逐个打开阀门,经检查合格后再关闭,以免水压下降,回水量过大。检查喷嘴连接处是否漏水。喷洒角度一般不小于49°。检查雾化状态(不能出现水柱和水滴),不允许水雾喷入上升管内,如有此情况,则主要是由桥管上部安设氨水喷嘴的法兰盘加工不平所造成的,可用加垫的方法解决。

试验合格后,不再停水,连续运转直至开工。应注意焦油盒处是否溢水。

D 高压氨水管道的安装

高压氨水用于消除装煤烟尘,高压氨水管道的安装方法与循环氨水管道相同,但试压标准不同。不论是管道上高压球阀、截止阀的单体试压,还是管道总体试压,其试压标准都是4 MPa (水压),30 min后不漏为合格。

为保证管道系统内部清洁,在试压合格后投产前对管路内部应用水冲洗或用蒸汽、空气吹洗。用水冲洗时,水流速度不得小于1~1.5 m/s,直到管内排出清水为止。用压缩空气吹洗时,管内风速不得小于20 m/s,当吹出的气流中无铁锈、脏物和油污时则认为合格。

E　氨水回流管的安装

采用双集气管的焦炉设有氨水回流管，在结构上分为架空式或地沟式。架空式氨水回流管与吸煤气管相接，在连接处设有一个水封，以隔断空气，不让空气混入荒煤气中。地沟式氨水回流管在地沟段本身就是一个 U 形水封。

安装前应将管内清洗干净，各个阀门也应清洗干净，开关灵活。在炉温达到 650℃以后才进行氨水回流管与焦侧集气管焦油盒的连接。

氨水回流管试压标准为 0.2 MPa（水压），30 min 后不渗漏为合格。

为了不让焦油渣等沉积堵塞管道，安装时要保证管道坡度，不允许出现局部凹下的现象，坡度允许误差为 0.1%。

4.2.6.2　蒸汽管道安装

蒸汽主要用于清扫煤气管线、停换煤气时的气体置换，还用于煤气预热器和保温设备加热。

A　安装前的准备

（1）安装前将管道吹扫干净，在施工过程中应妥善保管和维护各种管件与阀门等，不得弄脏和损坏。

（2）对所有阀门逐个进行 1 MPa 水压试漏，10 min 后不漏为合格。

B　管道安装

主管与支管接头间用气焊焊接。集气管操作台上各种相应管道的连接必须在炉温为 650℃以后进行。在安装管道时要注意使开闭器操作方便。

蒸汽管道安装后进行总体试压（水压 1 MPa），10 min 后不渗漏为合格。

通蒸汽后分配缸阀门不能泄漏。

试压合格后用水清洗管道，水流速度不小于 1 m/s。若用蒸汽吹扫，则应进行预热并检查各管架情况，清扫后应排净蒸汽冷凝水。

蒸汽管道安装好后要进行管道保温工作。

4.2.6.3　压缩空气管道安装

压缩空气主要用于清扫设备和管道、吹扫机焦侧操作台等。

A　安装前的准备

（1）所用管道应吹扫干净。

（2）所用附件、设备、阀门等，在施工过程中应妥善保管和维护，不得弄脏和损坏。

B　管道的安装

（1）集气管操作台上相应管道的连接，需在炉温达到 650℃以后进行。

（2）管道安装后进行总体试压（水压 0.8 MPa），30 min 后不渗漏为合格。

（3）试压合格后用压缩空气吹扫管道，风速不小于 20 m/s，确保将管道内水汽吹净。

4.2.6.4　工业水管道安装

工业水管道与集气管操作台上相应管道的连接，需在炉温达到 650℃以后进行。安装后进行总体试压（水压 0.6 MPa），30 min 后不渗漏为合格，试压后用水清洗管道，水流速度不小于 1 m/s。北方地区的室外工业水管道需保温防冻。

上升管水封盖上水管与排水管需在炉温达到650℃以后进行连接,连接各上升管水封盖的排水槽(或排水管)时应注意坡度,做通水试验时不准有溢流和干槽现象。

4.3 焦炉烘炉与开工

烘炉是指将焦炉由常温升温到转入正常加热(或装煤)时的温度的操作过程。烘炉时需配置烘炉设施,所需热量由燃料燃烧供给。烘炉前要制定烘炉升温计划,建立烘炉机构,在严密的科学管理下使焦炉炉温按计划升到期望值,并保持焦炉砌体的严密性,使焦炉完好地过渡到生产状态。烘炉的初期(燃烧室温度在100℃以前)是排出砌体内水分的阶段,称为干燥期。干燥期过后是升温期,达到正常加热(或装煤)的温度时烘炉才算结束。

在烘炉过程中砌体各部分应遵循一定的升温曲线升温,应使砌体在一定的水平负荷下升温,避免升温过程中损坏焦炉砌体,破坏砌体的严密性。

如图4-3-1所示,烘炉时加热气体的流向为:烘炉小炉(或炉门)→炭化室→烘炉孔→立火道→斜道→蓄热室→小烟道→烟道→烟囱,最后排入大气。

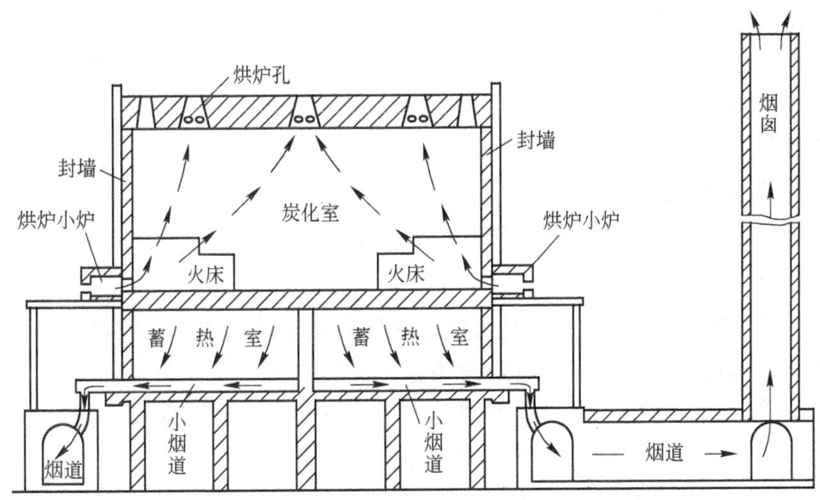

图4-3-1 加热气体的流向

4.3.1 烘炉前必须完成的工程项目

4.3.1.1 烟囱和烟道

(1) 烟囱全部施工完毕,烘烟囱设施已安装完毕。

(2) 烟道勾缝完毕,沉降缝和膨胀缝清扫干净,测温管、测压管埋设完毕,烟道与外界间的连接孔已封闭。

(3) 总烟道翻板施工完毕,通往另一座焦炉的总烟道翻板或闸板关闭,并将周边缝隙密封好。

(4) 分烟道翻板安装完毕,翻板开关操作时转动应灵活,并打好开关标记。

(5) 烟道排水设施完备。

4.3.1.2　炉体砌砖的清扫

（1）炉体清扫、检查完毕。

（2）调节砖安放完毕，并留有记录。

（3）炉端墙 30 mm 的膨胀缝清扫完毕，将正面开口部用干耐火纤维绳填塞密封，塞入深度 50 mm。

（4）炉体正面膨胀缝用干耐火纤维绳填塞，塞入深度 20 mm。

（5）干燥孔检查、清扫完毕。

（6）确认上升管内的上下部已装设耐火纤维板。

（7）装煤孔盖周围用灰浆密封。

（8）小烟道承插部位临时用干耐火纤维绳填塞密封。

（9）带炉门烘炉时，安装炉门前用专用泥料抹炉肩缝。

4.3.1.3　安装工程

（1）护炉铁件全部安装完毕，带炉门烘炉时，将炉门安装完毕后，调整刀边保持炉门严密性；不带炉门烘炉时，拆除封墙火床后才能安装炉门。

（2）交换开闭器安装完毕。

（3）机焦侧操作台在炭化室点火前 10 天施工完毕，操作区的炉区和端间台区必须留有滑动用缝隙，拦焦机轨道已安装就位。

（4）测线架安装完毕。

（5）抵抗墙顶面上的中心卡钉安装完毕。

（6）抵抗墙顶面与端间台间的缝隙部已安装盖板。

4.3.1.4　烘炉临时工程

（1）烘炉煤气管道安装完毕，小孔板准备完毕或油烘炉设施施工完毕。

（2）机侧和焦侧的烘炉小炉、火床、封墙施工完毕。

（3）烘炉管道试压合格，测压管、取样管、蒸汽吹扫管、冷凝液排放管安装齐全。

（4）机侧和焦侧防风雨棚在焦炉大棚拆除前已搭设完毕。

（5）防火设施完备，照明符合要求。

（6）炉顶临时小烟囱施工完毕。

（7）机侧和焦侧上部临时测量走台安装完毕。

（8）保护板、炉框上部防雨层在拆除大棚前施工完毕。

4.3.2　烘炉用燃料

烘炉可采用煤、焦炭等固体燃料，也可采用各种燃油等液体燃料，但最好采用各种煤气、液化石油气、天然气等气体燃料。在实际使用时，可采用全固体、全液体、全气体燃料烘炉，不同燃料可搭配使用，可以采用固—液方式、气—液方式等不同的烘炉方式。

采用煤气、油和煤 3 种不同燃料烘炉时热量消耗量比约为煤气∶油∶煤 = 1∶1.3∶2.5，即采用气体燃料时热量消耗量最低。

不同温度阶段燃料消耗量不同，采用固体燃料烘炉时各温度区间的燃料消耗比例见表 4-3-1。

表 4-3-1 采用固体燃料烘炉时的燃料消耗比例

<table>
<tr><th>燃烧室温度/℃</th><th colspan="2">该温度区间内燃料消耗比例/%</th></tr>
<tr><td>0 ~ 100</td><td>4.6</td><td rowspan="4">27</td></tr>
<tr><td>100 ~ 150</td><td>4.6</td></tr>
<tr><td>150 ~ 250</td><td>11.4</td></tr>
<tr><td>250 ~ 300</td><td>6.4</td></tr>
<tr><td>300 ~ 500</td><td>18.0</td><td rowspan="4">73</td></tr>
<tr><td>500 ~ 700</td><td>27.0</td></tr>
<tr><td>700 ~ 900</td><td>14.0</td></tr>
<tr><td>900 ~ 950</td><td>14.0</td></tr>
</table>

采用气体燃料烘炉时不同温度区间的燃料消耗比例见表 4-3-2。

表 4-3-2 采用气体燃料烘炉时的燃料消耗比例

燃烧室温度/℃	该温度区间内燃料消耗比例/%
0 ~ 100	4.5
100 ~ 150	5.3
150 ~ 250	17.4
250 ~ 300	12.7
300 ~ 500	27.3
500 ~ 750	32.8

烘炉燃料热值应稳定，对于气体燃料和液体燃料，要求便于管道输送，不堵塞管道和管件并能连续燃烧；对于固体燃料，要求灰分低（低于10%），灰分熔点高（高于1400℃）。最好选择高挥发分、低黏结性的煤烘炉，尤其是内部炉灶更需要高质量块煤。在用固体燃料烘炉的干燥期和升温的初期，最好采用焦炭，因为焦炭的灰分低，升温稳定，易于燃烧管理，可减轻环境污染，其最大的优点是有利于砌体水分的排出。

对烘炉煤的要求为：煤种类为长焰煤；灰分小于 10%；灰分熔点大于 1400℃；挥发分在 30% 以上；块度在 50 mm 以上，转入内部炉灶时块度要大于 80 mm。

对焦炭块度要求为：25 ~ 40 mm。

对气体燃料的要求为：

（1）如果是焦炉煤气，应是净化合格的焦炉煤气，焦油含量小于 50 mg/m^3，温度不高于 35℃。

（2）如果是高炉煤气或其他低热值煤气，热值应在 3300 kJ/m^3 以上，含尘量小于 15 mg/m^3，温度不高于 35℃。

（3）如果是石油液化气或其他高热值煤气，应经气化和掺混为热值 18800 ~ 21000 kJ/m^3 的混合燃气，温度为常温。

当煤气的质量较差时，如含尘、焦油、萘等杂质较多时，会给烘炉造成困难或造成温度波动等，应予以注意。

对液体燃料的要求见表 4-3-3。

表 4-3-3　烘炉柴油质量要求

项　目	0 号柴油	-10 号柴油
反　应	中性	中性
蒸出 90% 的蒸馏温度	355℃以下	350℃以下
凝　点	0℃以下	-10℃以下
10% 残油的炭残留量	0.4% 以下	0.3% 以下
十六烷值	50% 以上	50% 以上
运动黏度(20℃,101325 Pa)/$mm^2 \cdot s^{-1}$	3.0 ~ 8.0	3.0 ~ 8.0
含硫量	1.0% 以下	1.0% 以下
低发热值	约 41800 kJ/kg	约 41800 kJ/kg
密度(20℃,101325 Pa)	0.85 kg/L	0.85 kg/L

4.3.3　烘炉设施

加热气体流向如图 4-3-1 所示。保证气体产生和流通正常的主要设施如下。

4.3.3.1　烘炉小炉

在每个炭化室外部砌筑烘炉小炉,燃料在小炉内燃烧产生的热废气进入炭化室。在使用气体燃料和液体燃料时,也可以在炉门下部留有烘炉孔,直接使燃料在炭化室内燃烧,即采用带炉门烘炉而不采用烘炉小炉。

4.3.3.2　封墙及火床

在采用带炉门烘炉时,不需再砌筑炭化室封墙,采用炭化室小炉烘炉时,因为没有安装炉门,所以在炭化室端部砌筑临时封墙。为避免在烘炉时炭化室下部墙面及炭化室底局部过热或直接接触火焰,在炭化室两端砌有火床。采用全固体燃料烘炉时,在烘炉后半期用火床作内部炉灶。在投产前拆除封墙及火床。

采用不同燃料时的烘炉小炉、火床、封墙结构如图 4-3-2 ~ 图 4-3-4 所示。

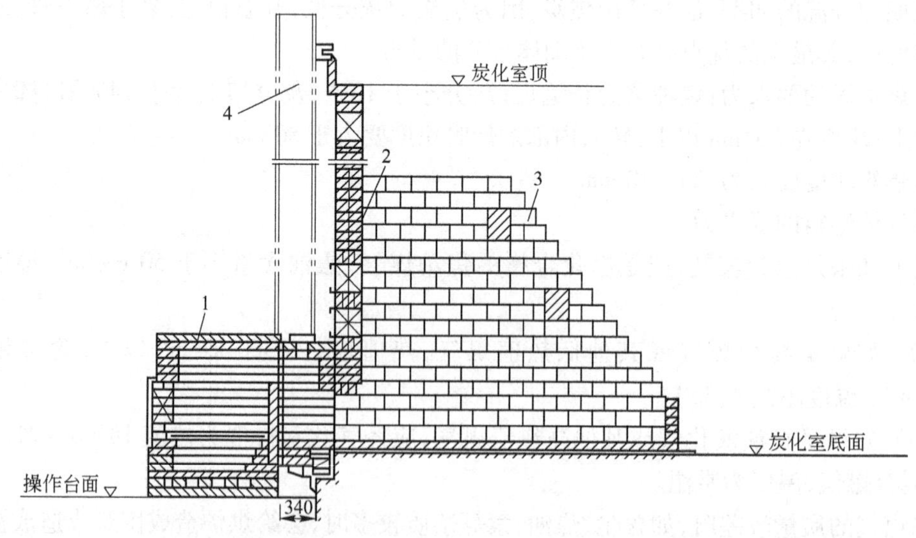

图 4-3-2　采用固体燃料时的烘炉小炉、火床、封墙结构

1—烘炉小炉;2—封墙;3—火床;4—炉柱

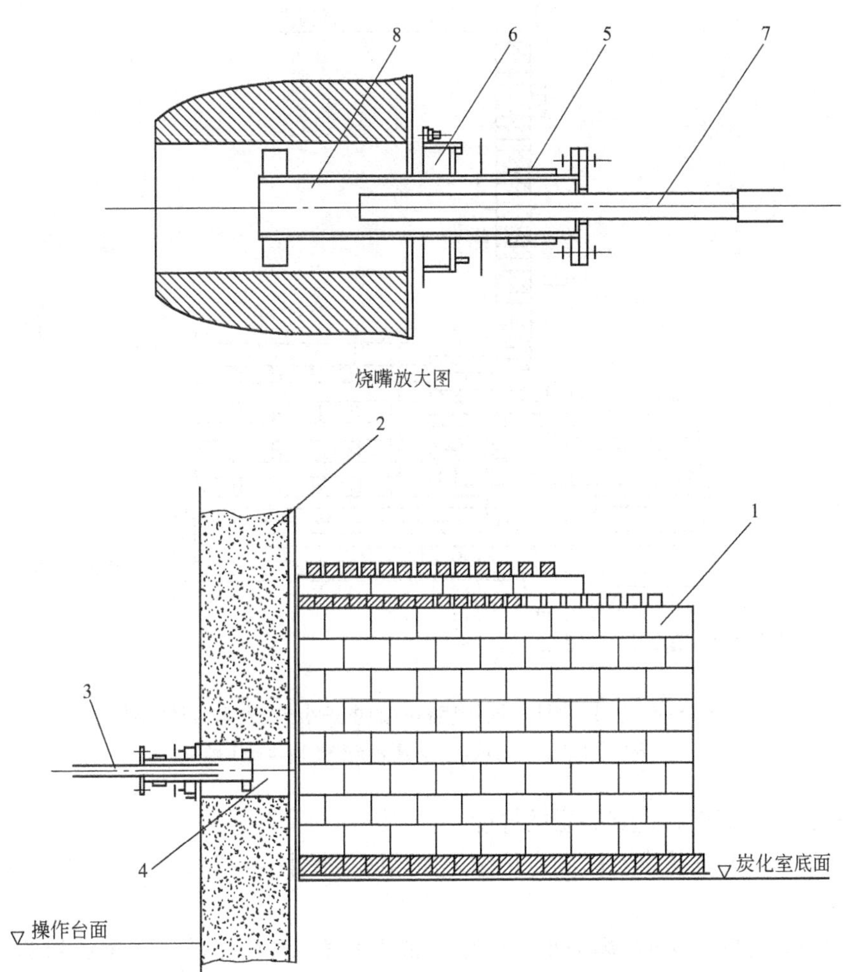

图 4-3-3　采用煤气烘炉火床烧嘴示意图

1—火床；2—炉门衬砖；3—烧嘴；4—炉门烘炉孔；5— 一次风门；
6—二次风门；7—烧嘴内管；8—烧嘴外管

采用液体燃料和气体燃料烘炉时可以不砌封墙和外部小炉，采用带炉门烘炉，这样可以减少开工时扒封墙和外部小炉及上炉门的工作量，并且在烘炉过程中已经调整了几次炉门刀边的严密性，所以减少了开工初期调整炉门的工作量。

采用带炉门烘炉时取消了外部小炉，因此必须将烧嘴的燃烧点移向炉内。为了避免炭化室内产生局部高温（特别是在烘炉初期的低温阶段），在设计火床结构时应考虑使气流向炭化室各部均匀释放，防止局部高温现象的出现。

采用带炉门烘炉时必须采用炉门上设计有烘炉孔的特制炉门，烘炉结束后将烘炉孔堵死。目前采用带炉门烘炉时尚没有采用固体燃料的先例。

采用不同燃料时外部小炉和火床的结构差别很大。

采用固体燃料时的烘炉小炉膛的加热面积较大，这样才能保证利用外部小炉将炉体加热到 450～500℃。采用固体燃料烘炉时火床较长，内部仅有衬砖，改为内部加热后便于在火

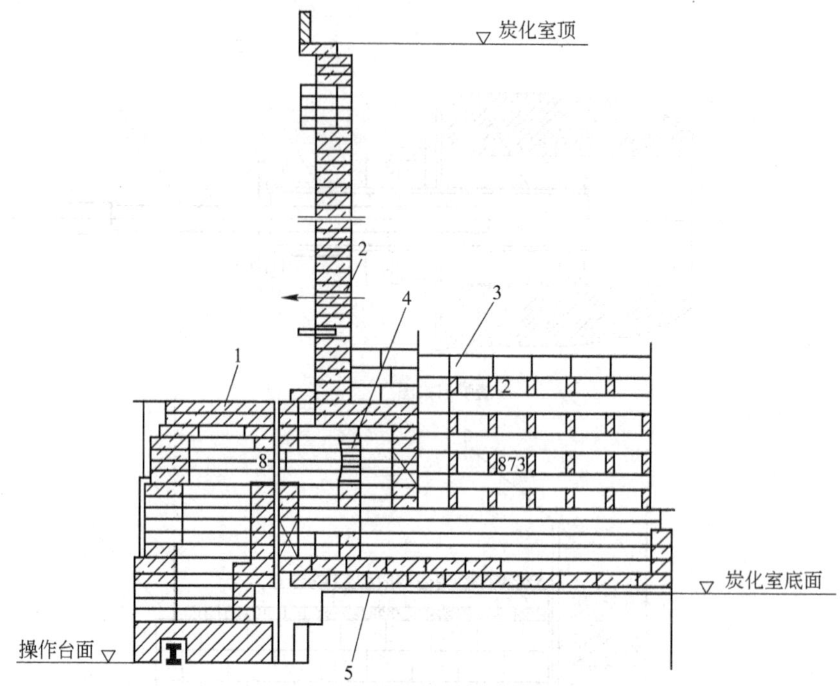

图 4-3-4　采用固体—液体燃料时的烘炉小炉、火床、封墙结构
1—烘炉小炉；2—封墙；3—火床；4—格子砖；5—干砌砖

床内添加燃料并保证烘炉达到装煤的温度。

采用液体燃料和气体燃料时的烘炉小炉加热面积较小，火床较短，火床内也可用砖干砌成花洞。

在采用液体燃料烘炉时，烘炉小炉灶膛中部可放置一块格子砖。在烘炉初期，喷嘴喷出的雾化油在格子砖中燃烧，被烧红的格子砖起到保持炉膛温度和再点火的作用。在燃烧室平均温度达300℃以后，炉膛的温度较高，随着油量的增加，格子砖外的小炉膛已不能满足雾化油完全燃烧的需要，这时可将格子砖除掉，把前后炉膛连在一起，增加炉膛面积，使油充分燃烧。当燃烧室温度升到600℃以上时，升温迅速，应进一步扩大炉膛面积，将炉灶后墙上的干砌砖扒掉，使炉膛面积扩大。

4.3.3.3　气体燃料和液体燃料供给设施

在使用气体燃料或液体燃料烘炉时要配备相应的管道、燃烧器、节流装置、计量装置、控制系统等，采用液体燃料时还应设储槽和助燃空气输送设备等。

采用气体燃料时燃烧器比较简单，选用适当管径的直钢管即可。采用焦炉煤气等高热值气体燃料时，燃烧器上必须带有一次进风口，用一次进风量的比例调节煤气的燃烧状态，达到完全燃烧。当气体燃料的发热值很低时，如采用高炉煤气，在燃烧器端部要安装防灭火烧嘴，解决低温阶段易灭火的问题。防灭火烧嘴的结构如图 4-3-5 所示。

防灭火烧嘴的作用是在内部填料被加热到赤热状态时将燃烧的火焰分成许多燃烧点，当一部分火焰熄灭时可借助其他燃烧点将煤气点燃。但这种烧嘴形成的阻力很大，并可能影响炉温的均匀性，遇有这种情况时可调整烧嘴内部固体颗粒的数量和颗粒的大小，当炉温

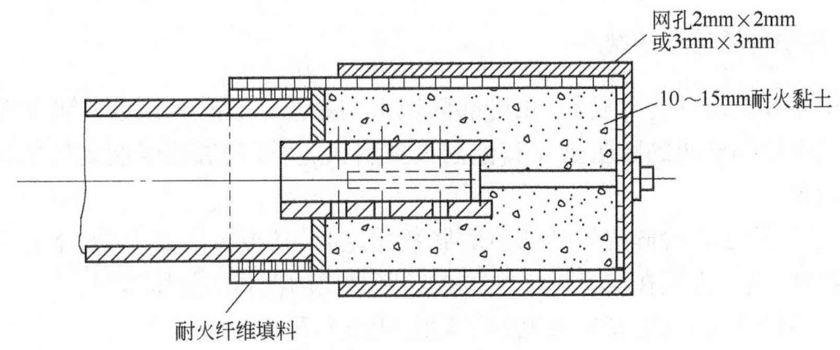

图 4-3-5　防灭火烧嘴

升到 160℃以上时，可拆除防灭火烧嘴，并调整煤气压力，使拆除前后的煤气量不变。

采用液体燃料烘炉时必须采用雾化喷嘴，常用的雾化喷嘴如图 4-3-6 所示。

雾化喷嘴的结构应合理，其加工精度高，只有经试验合格的喷嘴才能在炉上使用。

4.3.3.4　烟囱及烘烟道设施

应根据实际条件和燃料采用相应的设施。如果仅采用烘烟囱即可以达到所需的分烟道吸力，就不必进行烘烟道。

4.3.3.5　烘炉测温测压仪表设施

烘炉测压设施为 U 形压力计和斜形压力计。

在烘炉过程中温度的测量和控制是十分重要的。传统的测温方法是在烘炉前期采用玻璃温度计测量，在测温中期（温度为 400℃后）采用热电偶测量，当温度为 800℃时采用光学高温计或红外测温仪测量。在 20 世纪末开始采用焦炉烘炉温度自动检测系统，大大提高了烘炉温度的控制精度。由中冶焦耐工程技术有限公司热工站开发的烘炉温度自动检测系统由计算机系统、热电偶信号采集器和热电偶等设备构成，它具有采集周期短、准确度高和智能化等优点。该系统具有如下功能：

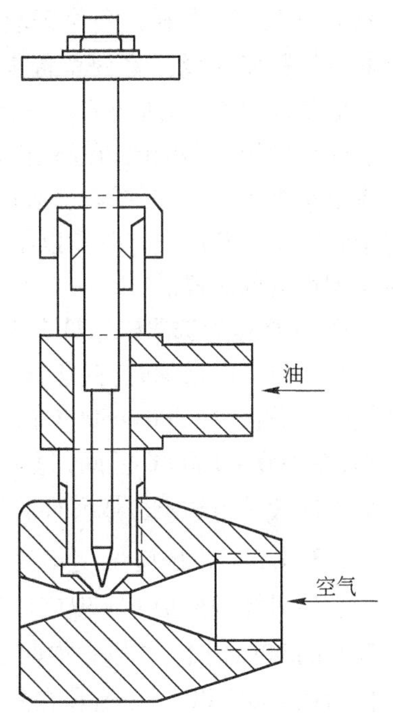

图 4-3-6　雾化喷嘴

（1）热电偶测温点温度自动采集功能（每 5 min 为 1 个采集周期）；

（2）热电偶测温点故障及温度波动自动报警功能；

（3）炉温变化趋势分析功能；

（4）炉温均匀性分析功能；

（5）炉长、炉柱弯曲度、弹簧负荷、烟道吸力、看火孔压力、废气分析、烘炉燃料等人工测量数据的手工录入、计算功能；

（6）班报、日报、综合记录、升温曲线、膨胀曲线、弹簧负荷计算、铁件记录表等各类数据的打印功能。

4.3.4　烘炉升温计划的制定

焦炉炉体主要是由硅砖砌成的，在局部区域采用黏土砖、断热砖、红砖及其他耐火材料砌筑。由于烘炉期间硅砖的膨胀量比其他耐火材料大，所以升温曲线制定的依据是所用硅砖的热膨胀性质。

有些情况下，除了检验硅砖砖样的热膨胀数据之外，还要选取黏土砖、半硅砖的砖样化验其热膨胀数据，这是为了在实际烘炉中检查这些材质的砌体的膨胀情况。

在制定升温计划时，选定管理火道的平均温度作为升温的控制值。

4.3.4.1　选取硅砖砖样测定热膨胀数据

烘炉升温曲线是依据焦炉用硅砖代表砖样的热膨胀数据制定的。砖样选自焦炉现场，从燃烧室、斜道和蓄热室3个区段中选取砖样。选取时，选择对焦炉横向膨胀和高向膨胀影响较大(用量多)的砖。每个区段内选3～4种砖，每种砖选2块，组成2套砖样，1套砖样用于制定热膨胀曲线，1套保留备查。

值得注意的是，所选的砖一定要与烘炉测温段相对应。例如，在燃烧室部位，要取炭化室墙面砖中用量多的砖；在斜道部位，不同层的重复砖号较少，要选取每层中用量较多的砖，最少取4种砖，在不同层数上取；在蓄热室部位，重复砖号多，取主墙、单墙代表砖即可，应取箅子砖之上的砖层。有时需以小烟道区为下部主控测温区，例如分格蓄热室焦炉，此时应选取小烟道区的砖样。

JN60型焦炉选取砖号见表4-3-4。

表4-3-4　JN60型焦炉选取砖号

部　位	砖　号
燃烧室	3818、3826、3822
斜道	3918、3959、3934、3930
蓄热室	4018、4079、5193

测量热膨胀数据时，在常温至300℃区间，每25℃测量一个数据；在300～500℃区间，每50℃测量一个数据；在500～1000℃区间，每100℃测量一个数据。在焦炉硅砖备齐后就应取砖样测量热膨胀数据。

4.3.4.2　各区间温度比例的选取

烘炉时控制焦炉上下温度比例是很重要的。因此，蓄热室温度在烘炉初期要达到燃烧室温度的90%以上，在烘炉末期要达到燃烧室温度的80%～85%。小烟道温度在烘炉末期应控制在450℃以下，以避免在焦炉转入正常加热状态后在小烟道区域产生过多的裂缝，造成混凝土基础温度过高。

因为焦炉炉型、燃料、烘炉方式等不同，所以在具体烘炉时对各区域计划温度可适当调整。

烘炉期间各区域计划温度见表4-3-5。

表4-3-5　烘炉期间各区域计划温度　　(℃)

序　号	燃烧室	蓄热室	箅子砖
1	常温～100	常温～90	常温～78
2	100～125	90～115	78～100
3	125～150	115～140	100～122
4	150～175	140～161	122～140
5	175～200	161～185	140～155

续表4-3-5

序号	燃烧室	蓄热室	箅子砖
6	200~225	185~205	155~175
7	225~250	205~225	175~190
8	250~300	225~270	190~230
9	300~400	270~355	230~290
10	400~500	355~436	290~330
11	500~600	436~522	330~370
12	600~700	522~610	370~400
13	700~800	610~695	400~430
14	800~900	695~780	430~460
15	900~1000	780~865	460~480

表4-3-5中所示各区域的温度中,燃烧室温度是在立火道处测定的,它代表燃烧室区的温度;蓄热室温度是在蓄热室顶部测温孔处测定的,它代表斜道区的温度;箅子砖温度是在蓄热室下部测温孔处测定的,它代表蓄热室区的温度。

4.3.4.3 确定干燥期和最大日膨胀率

干燥期是排出砌体内水分的阶段。在排出水分时,对灰缝有影响,水分排出太快,可能破坏灰缝的完整性。另外若升温太快,虽然上部砌体的水分排出较快,但由于上下温差过大会造成水分在下部凝结,由此而影响砌体的严密性。所以应根据砌体含水情况确定干燥期,一般以8~12天为宜。确定干燥期时,还应考虑炉型、烘炉时的天气状态(雨季等)、地区以及炉体砌筑后的风干时间等。

在升温期间将焦炉温度过渡到生产时的温度。随着焦炉温度的升高,硅砖本身及各砌体间会产生热应力,如果控制不当,热应力就会破坏砌体。根据多年的烘炉经验,最大日膨胀率为0.035%~0.05%是安全的。这样,烘炉天数一般为60~80天。

4.3.4.4 烘炉天数的计算与确定

干燥期和最大日膨胀率确定后,即可计算烘炉天数。烘炉天数除了与砖样化验数值有关外,还与采取的烘炉方式、热态工程量等有关。

根据砖样的膨胀率(见表4-3-6~表4-3-9)和推荐的最大日膨胀率0.035%进行计算,得到烘炉天数(见表4-3-10)。由此可编制烘炉升温计划表(见表4-3-11),绘出烘炉升温曲线(见图4-3-7)。

表4-3-6 焦炉硅砖线膨胀率数据 (%)

温度/℃ \ 砖号	5700	3626	3624	5634	118	1754	2467	2463	2465	140
75	0.093	0.092	0.093	0.094	0.092	0.112	0.092	0.093	0.113	0.113
100	0.148	0.127	0.149	0.149	0.147	0.167	0.147	0.149	0.149	0.168
125	0.221	0.2	0.203	0.223	0.22	0.239	0.22	0.222	0.242	0.231
150	0.356	0.333	0.338	0.359	0.353	0.373	0.334	0.357	0.397	0.350

续表 4-3-6

温度/℃ \ 砖号	5700	3626	3624	5634	118	1754	2467	2463	2465	140
175	0.464	0.441	0.447	0.488	0.481	0.5	0.461	0.486	0.526	0.494
200	0.573	0.549	0.557	0.618	0.588	0.627	0.589	0.595	0.635	0.590
225	0.686	0.661	0.67	0.711	0.7	0.759	0.701	0.708	0.728	0.693
250	0.8	0.833	0.805	0.827	0.834	0.892	0.815	0.803	0.843	0.798
275	0.889	0.902	0.895	0.876	0.902	0.961	0.883	0.893	0.913	0.912
300	0.958	0.971	0.965	0.946	0.971	1.029	0.952	0.942	0.962	0.991
350	1.038	1.069	1.044	1.006	1.049	1.108	1.05	1.021	1.042	1.031
400	1.097	1.108	1.084	1.066	1.089	1.167	1.089	1.101	1.101	1.072
500	1.186	1.216	1.193	1.175	1.197	1.255	1.197	1.19	1.21	1.223
550	1.206	1.236	1.213	1.195	1.216	1.275	1.237	1.23	1.23	1.255
600	1.225	1.275	1.233	1.215	1.255	1.294	1.256	1.25	1.25	1.263
700	1.279	1.328	1.287	1.249	1.289	1.327	1.309	1.283	1.284	1.302
800	1.275	1.343	1.303	1.265	1.304	1.343	1.325	1.279	1.3	1.312
900	1.285	1.353	1.293	1.255	1.295	1.333	1.315	1.289	1.29	1.313
1000	1.285	1.353	1.293	1.255	1.295	1.333	1.315	1.269	1.29	1.303

注：表中 5700、3626、3624、5634 为燃烧室砖号；118、1754、140 为斜道砖号；2476、2463、2465 为蓄热室砖号。

表 4-3-7　燃烧室砖样在计划温度下的膨胀率　(%)

序 号	计划温度/℃	5700		3626		3624		5634	
		间隔	累计	间隔	累计	间隔	累计	间隔	累计
1	常温～100	0.148	0.148	0.127	0.127	0.149	0.149	0.149	0.149
2	100～125	0.073	0.221	0.073	0.2	0.054	0.203	0.074	0.223
3	125～150	0.135	0.356	0.133	0.333	0.135	0.338	0.136	0.359
4	150～175	0.108	0.464	0.108	0.441	0.109	0.447	0.129	0.488
5	175～200	0.109	0.573	0.108	0.549	0.11	0.557	0.13	0.618
6	200～225	0.113	0.686	0.112	0.661	0.113	0.67	0.093	0.711
7	225～250	0.114	0.8	0.172	0.833	0.135	0.805	0.116	0.827
8	250～300	0.158	0.958	0.138	0.971	0.16	0.965	0.119	0.946
9	300～400	0.139	1.097	0.137	1.108	0.119	1.084	0.12	1.066
10	400～500	0.089	1.186	0.108	1.216	0.109	1.193	0.109	1.175
11	500～600	0.039	1.225	0.059	1.275	0.04	1.233	0.04	1.215
12	600～700	0.054	1.279	0.053	1.328	0.054	1.287	0.034	1.249
13	700～800	-0.004	1.275	0.015	1.343	0.016	1.303	0.016	1.265

表 4-3-8　斜道区砖样在计划温度下的膨胀率　（%）

序　号	计划温度/℃	118		1754		140	
		间隔	累计	间隔	累计	间隔	累计
1	常温～90	0.122	0.122	0.142	0.142	0.146	0.146
2	90～115	0.065	0.187	0.065	0.207	0.06	0.206
3	115～140	0.113	0.3	0.112	0.319	0.096	0.302
4	140～161	0.113	0.413	0.114	0.433	0.111	0.413
5	161～185	0.108	0.521	0.117	0.55	0.119	0.532
6	185～205	0.087	0.608	0.107	0.657	0.079	0.611
7	205～225	0.09	0.698	0.1	0.757	0.082	0.693
8	225～270	0.186	0.884	0.195	0.952	0.196	0.889
9	270～355	0.165	1.049	0.166	1.118	0.146	1.035
10	355～436	0.08	1.129	0.079	1.197	0.091	1.126
11	436～522	0.078	1.207	0.068	1.265	0.111	1.237
12	522～610	0.048	1.255	0.029	1.294	0.03	1.267
13	610～695	0.03	1.285	0.03	1.324	0.035	1.302

表 4-3-9　蓄热室砖样在计划温度下的膨胀率　（%）

序　号	计划温度/℃	2467		2463		2465	
		间隔	累计	间隔	累计	间隔	累计
1	常温～78	0.102	0.02	0.103	0.103	0.113	0.113
2	78～100	0.04	0.142	0.05	0.153	0.04	0.153
3	100～122	0.065	0.207	0.056	0.209	0.076	0.229
4	122～140	0.083	0.29	0.093	0.302	0.103	0.332
5	140～155	0.074	0.364	0.085	0.387	0.095	0.427
6	155～175	0.1	0.464	0.1	0.487	0.1	0.527
7	175～190	0.077	0.541	0.069	0.556	0.069	0.596
8	190～230	0.18	0.721	0.172	0.728	0.152	0.748
9	230～290	0.202	0.923	0.195	0.923	0.195	0.943
10	290～330	0.089	1.012	0.069	0.992	0.069	1.012
11	330～370	0.058	1.07	0.059	1.051	0.05	1.062
12	370～400	0.02	1.09	0.05	1.101	0.04	1.102
13	400～430	0.049	1.139	0.04	1.141	0.049	1.151

表 4-3-10　烘炉天数计算与确定

序号	各区间计划温度/℃			最大间隔膨胀率/%			三区域最大间隔膨胀率/%	计算天数/d	采用天数/d	累计天数/d
	燃烧室	斜道区	蓄热室	燃烧室	斜道区	蓄热室				
1	常温~100	常温~90	常温~78	0.15	0.15	0.11	0.15	4.3	9	9
2	100~125	90~115	78~100	0.07	0.06	0.05	0.07	2.0	4	13
3	125~150	115~140	100~122	0.14	0.11	0.08	0.14	4.0	4	17
4	150~175	140~161	122~140	0.13	0.11	0.1	0.13	3.7	4	21
5	175~200	161~185	140~155	0.13	0.12	0.1	0.13	3.7	4	25
6	200~225	185~205	155~175	0.11	0.11	0.1	0.11	3.1	4	29
7	225~250	205~225	175~190	0.17	0.1	0.08	0.17	4.9	5	34
8	250~300	225~270	190~230	0.16	0.2	0.18	0.2	5.7	6	40
9	300~400	270~355	230~290	0.14	0.17	0.2	0.2	5.7	6	46
10	400~500	355~436	290~330	0.11	0.09	0.09	0.11	3.1	4	50
11	500~600	436~522	330~370	0.06	0.11	0.06	0.11	3.1	4	54
12	600~700	522~610	370~400	0.05	0.05	0.05	0.05	1.4	3	57
13	700~800	610~695	400~430	0.02	0.04	0.05	0.05	1.4	3	60

表 4-3-11　烘炉升温计划表

天数/d	温度/℃	日升温/℃	天数/d	温度/℃	日升温/℃	天数/d	温度/℃	日升温/℃
1	28	9	21	175	6	41	315	12
2	37	9	22	181	6	42	330	15
3	46	9	23	187	6	43	348	18
4	55	9	24	193	6	44	366	18
5	64	9	25	199	6	45	384	18
6	73	9	26	205	6	46	402	18
7	82	9	27	211	6	47	426	24
8	91	9	28	217	6	48	450	24
9	100	9	29	223	6	49	474	24
10	109	9	30	228	5	50	498	24
11	115	6	31	233	5	51	522	24
12	121	6	32	238	5	52	546	24
13	127	6	33	244	6	53	576	30
14	133	6	34	250	6	54	606	30
15	139	6	35	258	8	55	639	33
16	145	6	36	266	8	56	672	33
17	151	6	37	274	8	57	705	33
18	157	6	38	282	8	58	738	33
19	163	6	39	291	9	59	771	33
20	169	6	40	303	12	60	800	29

注:800℃时转为正常加热,此前拆除自动测温设备。

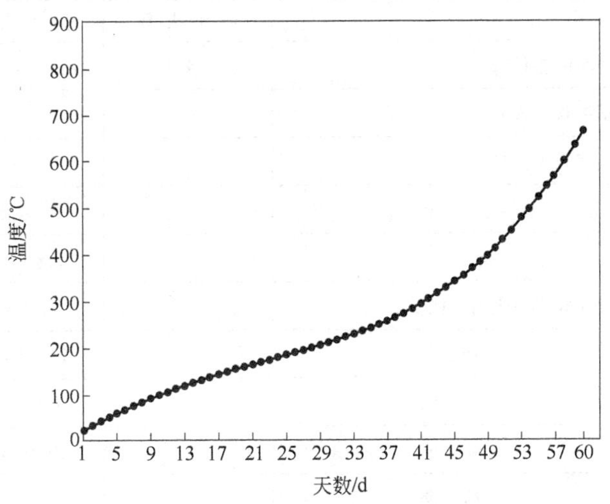

图 4-3-7 烘炉计划升温曲线

4.3.5 烘炉前的准备工作

4.3.5.1 烘炉人员组织

A 气体燃料烘炉人员

气体燃料烘炉人员组织见表 4-3-12。

表 4-3-12 气体燃料烘炉人员组织表

岗 位	白班人数	倒班人数	合 计
烘炉负责人(车间主任兼)	1		1
铁件组(包括组长 1 人)	6		6
热修组(包括组长 1 人)	5		5
烘炉值班负责人		1 ×4 =4	4
炉顶测温工		3 ×4 =12	12
蓄热室测温工(兼烟道吸力测调)		3 ×4 =12	12
烧火工(机侧、焦侧各 1 人)		2 ×4 =8	8
煤气压力调节工		1 ×4 =4	4
管钳工(更换孔板时)			
总计			52

烘炉时若有机械、电气方面工作,则从车间临时调用工人即可。采用烘炉温度自动检测系统时,炉顶测温工、蓄热室测温工总共为 3 人。

B 固体燃料烘炉人员

固体燃料烘炉人员组织见表 4-3-13。

表 4-3-13　固体燃料烘炉人员组织表(42 孔焦炉)

岗　位		白班人数	倒班人数	合　计
烘炉负责人(车间主任兼)		1		1
铁件组(包括组长 1 人)		6		6
热修组(包括组长 1 人)		5		5
烘炉值班负责人			1×4=4	4
炉顶测温工			3×4=12	12
蓄热室测温工(兼烟道吸力测调)			3×4=12	12
烧火工(包括组长 2 人)	初　期		24×4=96	96
	后　期		44×4=176	176
运煤运灰工(包括组长 1 人)	初　期		10×4=40	40
	后　期		30×4=120	120
总计人数	初　期			176
	后　期			336

C　固体—液体燃料烘炉人员

固体—液体燃料烘炉人员组织见表 4-3-14。

表 4-3-14　固体—液体燃料烘炉人员组织表(42 孔焦炉)

岗　位		白班人数	倒班人数	合　计
烘炉负责人(车间主任兼)		1		1
铁件组(包括组长 1 人)		6		6
热修组(包括组长 1 人)		5		5
烘炉值班负责人			1×4=4	4
炉顶测温工			3×4=12	12
蓄热室测温工(兼烟道吸力测调)			3×4=12	12
烧火工(固体)(包括组长 2 人)			24×4=96	96
运煤运灰工(固体)			10×4=40	40
液体烘炉烧火工			4×4=16	16
液体烘炉管钳工		2		2
总计人数	初期固体烘炉			176
	后期液体烘炉			58

4.3.5.2　烘炉用工具器具表

烘炉用工具器具见表 4-3-15。

表 4-3-15 烘炉用工具器具表(50 孔焦炉)

序号	名称及型号	规 格	单位	数量	说 明
1	热电偶(K)	2.5 m	支	230	JN60 型焦炉
2	热电偶(K)	1.5 m	支	60	
3	补偿导线(K)		m	500	
4	便携式数字温度显示仪(K)		台	4	
5	热电偶座		个	230	
6	玻璃温度计	500℃	支	100	小烟道
7	玻璃温度计塞子		个	30	
8	炉顶测压管		个	2	
9	U 形压力计	±5000 Pa	个	8	
10	斜形压力计	±250 Pa	台	2	
11	乳胶管	ϕ8 mm	盒	1	接斜形压力计
12	纯胶管		m	60	测压用
13	耐火纤维绳	散 股	kg	约 200	密封用
14	光学高温计		台	2	或红外测温仪
15	奥氏分析仪		台	1	废气分析
16	石英管	ϕ20 mm, $L=2$ m	支	2	或用不锈钢管(ϕ8 ~ 10 mm 代替)
17	管钳子	24″	把	2	
18	活扳手	18″	把	2	
19	活扳手	12″	把	2	
20	活扳手	10″	把	2	
21	螺丝刀	8″(一字)	把	4	
22	钢锯架		把	2	
23	钢锯条		盒	1	
24	接线夹子		个	20	
25	调上部大弹簧用扳子		把	2	按横拉条螺母制作
26	钢卷尺	$L=3$ m	把	5	
27	钢卷尺	$L=50$ m	把	1	
28	钢板尺	1 m	把	2	
29	钢板尺	0.5 m	把	2	
30	钢板尺	300 mm	把	2	
31	水平尺		把	1	
32	线锤	1.5 ~ 2 kg	个	2	
33	线	尼龙或棉	m		线锤用
34	手锤		把	2	
35	钢丝	ϕ0.8 ~ 1.2 mm	kg	25	测炉长等
36	松紧器		个	16	挂线用

续表 4-3-15

序号	名称及型号	规　格	单位	数量	说　明
37	角钢	50 mm × 50 mm，L = 8.5 m	根	1	或用槽钢木方代替
38	手电筒	3 节	个	15	
39	铁丝	0.5 ~ 1 mm	kg	20	
40	计算器		个	4	测温、统计铁件用
41	支砣木棒	150 mm × 25 mm × 25 mm	个	208	
42	双联球取样器	橡胶	个	8	废气取样
43	球胆	足、排球胆	个	20	废气取样
44	铅油	白			编号、标记
45	铅油	红			标记
46	爆发试验筒	0.5 mm 镀锌板制	个	2	
47	砂布	80 号、100 号	张	30	
48	火钩		个	10	
49	干湿球温度计		个	2	
50	玻璃温度计	100℃	只	10	
51	薄铁板 δ = 0.5 mm	与风门尺寸一致	块	208	盖进风口用
52	刷子		把	5	封墙、小炉刷浆用
53	托盘	150 mm	只	2	测垂直度用
54	大锤	8 lb(1 lb = 0.454 kg)	把	2	
55	调下拉条用扳子	六角孔	把	3	按下拉条螺母加工
56	调顶丝用扳子		把	4	按顶丝加工
57	硬皮本		本	10	记录各种烘炉测量结果
58	瓦工用大铲		把	5	
59	瓦工用镘子		把	5	
60	瓦工用刨斧		把	5	
61	水桶		只	2	
62	除灰铲	铁锹大、中、小号	把	15 × 3	固体燃料烘炉用
63	炉钩	ϕ14	把	15	固体燃料烘炉用
64	胶带输送机		台	2	采用固体燃料烘炉时运煤及灰渣
65	手推车		台	8	固体燃料烘炉用

4.3.5.3　烘炉点火前的准备工作

（1）对燃烧室、炭化室、蓄热室进行编号。

（2）画出炉长、炉高、弹簧等测点标记。

（3）画出炉端 30 mm 膨胀缝测点标记。

（4）画出机焦侧作业台支柱测点标记。

（5）画出抵抗墙倾斜测点标记。

(6) 画出炉柱和保护板间隙测点标记等。

(7) 将弹簧负荷调至预定数值。

(8) 测线架挂线标记全部画好。

(9) 完成炉长、炉柱弯曲度冷态测量工作。

(10) 完成炉高冷态测量和其他冷态测量工作。

(11) 压炉框(保护板)顶丝高度全炉应一致,即间隙为10mm。

(12) 工具器具及烘炉用表格全部准备齐全。

(13) 将炉柱地脚螺栓放松至用手可拧紧的状态。

(14) 与炉体膨胀有关的金属构件、管道等均应断开(烘炉膨胀结束后再连接好)。

(15) 编制弹簧负荷与高度对照表。

(16) 核准纵、横拉条提起高度(按设计),将纵拉条负荷调整到规定值。

(17) 核准横拉条可调丝扣长度。

(18) 做好各滑动点标记。

(19) 熟练掌握工具及仪表使用方法。

(20) 烘炉人员全部到位,安全教育合格。

(21) 操作培训及事先操作演练合格。

(22) 用已准备好的木棒支起交换开闭器的废气砣。

(23) 将废气小翻板全部开到中间位置,标出开关的标记。

(24) 进风口盖板已安装完毕。

(25) 测温及测压仪表安装完毕,烘炉温度自动检测系统安装并调试完毕。

4.3.6 烘炉点火及燃烧管理

严格的烘炉燃烧管理是稳定升温的可靠保证,在烘炉点火时和烘炉初期,烘炉操作人员对烘炉燃烧的规律尚没有全部掌握,一些重要因素容易被忽视。必须制定严格的燃烧管理程序,这是达到烘炉预期目的的重要条件。以下以JN60型焦炉烘炉为例叙述。

在烘炉的准备工作全部完成后,才能点火烘炉。

4.3.6.1 点火前的原始状态

A 废气系统的原始状态

(1) 总烟道翻板、分烟道翻板处于全关闭状态,要求再次检查翻板的开关标记及翻板转动的灵活性。测温仪表和测压仪表已安装好并处于工作状态。

(2) 废气砣处于关闭状态,在小烟道进风口处已安装了挡板,风门盖处于关闭状态。

(3) 支废气砣用的木棒、铁丝及工具准备完毕。

(4) 交换开闭器小翻板可以全部开到中间位置,也可以每9~10个一组调成一致状态并固定,靠总烟道一侧的一组开到中间位置,以后每组较前一组加开一格。

B 加热系统原始状态

(1) 气体燃料烘炉时,应安装好流量孔板和节流孔板。炭化室点火前,将煤气送至炉前管道并放散,等爆发试验合格后再关闭放散管,准备点火。

(2) 将所有小炉一次进风口和二次进风口打开,开度一致。

(3) 用固体燃料烘炉时,初期为满足燃料少的需要,将烘炉小炉的炉箅子用红砖遮盖一部分,以减小燃烧强度。点火前在小炉内加劈柴和块煤。

(4) 用液体燃料烘炉时,燃料和助燃空气的总开闭器及机、焦侧开闭器均处于全关状态,各阀门要求开关灵活。

4.3.6.2　烘烟囱及烟道

烘烟囱的目的是将烟囱烘干并产生一定的吸力,以作为炭化室点火烘炉初期气体流动的动力。用固体燃料烘烟囱时,可在炭化室点火前5~8天点火;用气体燃料烘烟囱时,可在炭化室点火前3~5天点火。

用固体燃料烘烟囱时,在烟囱根部砌小炉,可参照炭化室小炉结构并适当放大。由于烟囱吸力的影响,小炉燃烧旺盛,可将排渣口和进风口尽量关小。

用气体燃料烘烟囱时,不必砌烘小炉,可将煤气(焦炉煤气)管直接插入烟囱的烘炉孔点燃。

另外,也可以采用液体燃料烘烟囱。

为了使烟道适当升温并干燥,可在烟囱点火后1~2天烘分烟道。仅靠烘烟囱即能满足烘炉吸力时,可不烘分烟道。点燃分烟道小炉前,将总烟道、分烟道翻板打开。一般可在停止烘烟囱前停止烘烟道。

炭化室小炉全部点火后,当烟囱吸力较高,靠炭化室小炉的燃烧便可维持足够的烟囱吸力时,就应停止烘烟囱,此时燃烧室温度可达70~80℃。烘烟囱设施可在烘炉末期拆除。

4.3.6.3　炭化室小炉点火

当分烟囱吸力达70~80 Pa时,将废气砣全部用准备好的木棒支起,高度要一致。

废气砣支起后,分烟道吸力急剧下降,应立即进行炭化室小炉点火。为适应低温阶段的升温要求,首先只使半数的小炉点火,即使机、焦侧的一侧单数小炉点火,另一侧双数小炉点火,并根据升温情况决定是否再点燃其余的小炉。一般情况下,当炉温达到70~80℃时即可点燃另一半小炉。

另一半小炉点火后即可将四角炉端墙小炉点燃,以使炉端墙硅砖与炉端燃烧室同步膨胀。

炉端墙小炉的气体直接由炉顶临时小烟囱排出。应密切注意炉端墙小炉的燃烧情况,防止其火焰过大造成温度超升,一般其温度应略低于炉端燃烧室的温度。

4.3.6.4　采用各种燃料烘炉的操作要点

A　采用固体燃料烘炉的操作要点

用于烘炉的固体燃料主要是焦炭和块煤,焦炭一般在烘炉的初期采用。焦炭燃烧时产生的水分少,有利于砌体内水分的排出。烘炉用煤要求灰分低,挥发分高,煤的块度要大,特别是烘炉后期用于内部炉灶的煤必须是大块煤,块度最好在80 mm以上。

采用全固体燃料烘炉时,在低温阶段用外部小炉加热,在高温阶段用内部炉灶加热。由于燃烧容积的限制,外部小炉一般在加热到450~500℃后就无法再继续升温了,此时即应拆除外部小炉,改用内部炉灶加热。外部小炉的加热不应提前结束,应在温度不能再上升时拆除,使炭化室墙面的温度达到450℃以上,以防止转入内部炉灶加热时使墙面损坏。

(1) 必须定时、定量加料,定时排渣,保持燃烧状态的稳定。应根据燃煤的质量来掌握排渣的次数,如果煤的质量好,则排渣次数可少些;如果煤的质量较差,则必须增加排渣次数。要掌握炉内燃烧状态,防止炉内结渣,影响燃烧。尽量不要搅动炉内的主火焰,防止火焰旺盛而使温度波动。

(2) 更换为内部炉灶加热时要迅速,避免大量冷空气长时间进入炉内而使温度下降。

(3) 更换为内部炉灶加热时,应先加大两旁小炉的火焰,引燃该号内部炉灶并且燃烧稳定后才能扒该炉号的外部小炉。

(4) 全部更换为内部炉灶烘炉后,应及时进行测温,以便调整炉灶的火焰状态。

(5) 向内部炉灶添加燃料时不要碰坏火床的衬砖,防止衬砖倒塌。

(6) 用煤烘炉时,由于煤的挥发分高,往往燃烧不完全,易使干燥孔堵塞,应对其进行定期检查、清扫和吹风。

(7) 火床内的燃料应集中在炉头部位,因为这样容易进行处理,使其燃烧旺盛。随着炉温的升高,燃料堆应逐步向火床内延伸。

(8) 燃料堆透气性较差,应及时疏通,防止结渣,使其燃烧旺盛。值班负责人应及时巡检,使每个小炉的火焰大小保持一致。

(9) 废气小翻板不得关闭,开度保持一定,只有值班负责人才能在特殊情况下调节开度。

(10) 对燃烧管理的各项工作应留有记录。操作人员发现各种不正常现象时,应及时报告值班负责人处理。当遇到小炉倒塌及炉箅子严重弯曲等情况时应及时处理。

(11) 清出的灰渣应及时外运,不准在炉前及小炉间堆放。

(12) 采用固体燃料烘炉时,不要在固体燃料中掺混燃油或沥青等其他燃料,防止烘炉孔堵塞或燃烧状态混乱。

B 采用气体燃料烘炉的操作要点

烘炉用的气体燃料,其气源、热值和温度应稳定,粉尘及焦油等杂质含量应少。

与采用固体燃料和液体燃料相比,采用气体燃料烘炉具有很多优点:管理方便,操作人员少;易于控制,升温准确性高,烘炉质量高;烘炉末期升温容易;可提前改为正常加热,使开工操作简单易行等。因此,在有条件的情况下,应优先选择气体燃料烘炉。

烘炉时常用的气体燃料有焦炉煤气、高炉煤气、发生炉煤气、液化石油气等。采用各种煤气时的烘炉方法基本相同。下面以采用焦炉煤气烘炉为例叙述其操作要点。

(1) 在烘炉煤气总管上要安装压力计和温度计,以测量烘炉煤气总管的压力和温度。

(2) 在机、焦侧煤气支管上安装流量孔板和压力计,以测量机、焦侧的煤气消耗量和煤气压力。煤气支管的吹扫管(气体置换用)、取样管、冷凝液排放管要安装齐全,煤气支管末端装泄爆管及放散管。

(3) 在每个炭化室的小支管上要安装节流小孔板及阀门。小孔板采用 $\delta = 0.5$ mm 的镀锌铁板制作,孔径要准确,加工精度为 ±0.1mm。JN60 型焦炉采用 5 种孔径的小孔板:5 mm、7 mm、10 mm、14 mm、20 mm。另外准备少量孔径与上述不同的小孔板,以便辅助使用。

(4) 每种小孔板都有一定的节流范围,一般当机、焦侧煤气压力达到 2000 Pa 左右时,再增加煤气压力时煤气流量的增加已不显著,这时就应更换孔径大一级的小孔板,并相应调整煤气压力,使更换前后的煤气流量不变。调整时可参考公式:

$$\frac{p_1}{p_2}=\frac{D_2^4}{D_1^4} \tag{4-3-1}$$

式中　p_1,p_2——分别为更换小孔板前、后的煤气压力；

D_1,D_2——分别为更换前、后的小孔板孔径。

如果机、焦侧装有流量孔板，则应在保证更换前后流量不变的基础上来决定更换后的压力。

(5) 烘炉煤气管道在试压合格并验收后才能使用。

(6) 在向管道送煤气前，应用蒸汽（或氮气）置换空气，然后再向管道送煤气，在末端放散，爆发试验合格后才能点火烘炉。

(7) 在小炉灶点火时应先向烧嘴前端引入火源，然后再开启阀门给煤气。点火时可用火把或电子点火器。

(8) 发现烧嘴灭火时应先关阀门，然后再按上述方法点火。

(9) 烘炉过程中机焦侧煤气主管压力一般应保持 500 Pa 以上，不能低于 300 Pa。

(10) 进风口开度应保持一致，应按点火前规定确定废气小翻板开度，并经常检查。

C　采用液体燃料烘炉的操作要点

a　点火操作

(1) 将脱水合格的燃油送入炉顶油槽，采用重油时要用间接蒸汽加热到 85～90℃，准备进行烘炉小炉灶膛点火。

(2) 关闭所有油支管和风支管上的小阀门。

(3) 向供油主管道内通蒸汽吹扫，并再次检查有无堵漏现象。

(4) 向油管的套管或伴随管内送蒸汽，加热油管。

(5) 将喷嘴转向炉膛外，打开油支管阀门，检查燃烧喷嘴是否畅通，针阀是否好用，确认好用后将喷嘴转回原位，关上阀门。将有问题的阀门和喷嘴修好。

(6) 在烘炉小炉上部炉膛内，先立放一块蓄热室格子砖，在烘炉小炉内添小块木柴作为点火引燃物。

(7) 启动空压机或开启风支管阀门，使机焦侧风主管压力达约 0.05 MPa。

(8) 开动输油泵，向炉顶油槽或稳压油槽供油。

(9) 关闭吹扫油管的蒸汽，打开支管末端的冷凝液排放管，放冷凝液及蒸汽。

(10) 缓慢打开油支管阀门，给油支管缓慢供油，当冷凝液排放管有大量油排出时，关闭冷凝液排放管。

(11) 用火把点燃炉膛中的引燃物，当引燃物燃烧正旺时，开始点燃喷嘴：先打开雾化风管阀门，使油喷出前的风压约为 300～400 Pa，然后打开油阀门，正常燃烧，不灭火，然后根据炉温控制油量和雾化风管阀门的开度。

(12) 点火时，机、焦侧的炭化室各点燃一半，即若机侧先点单数号炭化室时，则焦侧点双数号炭化室。使每个炭化室只有一半的小炉燃烧，不使烘炉升温过快。另一半小炉的点火应根据升温情况而定。

(13) 雾化空气可以助燃，从风门也可以进入空气，应通过控制风门大小（喷嘴四周）来控制燃烧空气量的多少。此外，空气还可从炉膛上部进入，调节上部开口大小可调节废气量，进而调节烘炉温度。

(14) 暂时不点火的小炉各开口应全部封死。

（15）开始点火时，风压不要过大，防止温度过高，但要以不滴油为原则。

（16）在喷嘴前可用硅酸铝板遮挡，防止喷嘴因烘烤过热而影响正常工作。

b　喷嘴的正常操作

（1）按升温要求调节油量时，可利用调节油主管压力、油支管阀门开度以及喷嘴针阀的开度调节油量。由于烘炉时油量较小，所以主要利用喷嘴本身阀调节油量。在一般情况下应使油支管阀门开度保持不变。喷嘴具有一定的自调作用，也就是说在提高或降低雾化风压时，油量也会同时自动增减一些，所以，在油量调节幅度不大时，不用调节喷嘴上的针阀，只要适当调节雾化风压即可。

（2）在雾化空气的调节时，对不同的油量有一个雾化较好的风压区间。在油量较少时，这个区间很小，需要认真调节。随着油量的增加，这个区间逐渐扩大。根据这一特点，在实际烘炉操作中，一般在烘炉初期，风压以喷嘴不滴油、炉灶不灭火时为宜；在烘炉中、后期，一般以喷嘴不滴油时的最低风压再适当提高一些为宜。

雾化用空气量，在烘炉初期约为油理论燃烧时所用空气量的25%～30%，在中后期约为油理论燃烧时所用空气量的10%～15%。

（3）燃烧空气量的调节：油燃烧时用的空气是由炉灶口进入炉膛的，它的流动动力是炉膛内的吸力和喷嘴在炉灶口处喷射造成的吸力。因此，可通过调节分烟道吸力、喷嘴喷射时造成的负压来调节燃烧空气量。因用油烘炉时炉灶口必须用隔热板挡严，所以不可能用改变炉灶口断面的方法来调节燃烧空气量。

（4）炉体上、中、下各部温度比例可通过改变分烟道吸力和改变炉膛下部的进风口断面积进行调节。

（5）机、焦两侧小炉管理人员与测温人员应密切配合，掌握每个炉灶相应燃烧室的温度变化，并且及时进行调节，以便按要求升温。

（6）根据废气分析结果，通过观察烟囱顶部排烟情况，判断炉灶的燃烧是否完全。

（7）炉灶内的温度要适当控制。在烘炉初期的低温阶段，炉膛温度一般偏低，容易产生灭火或燃烧不完全等现象。这时应采取一切措施提高炉膛温度，保持炉膛温度在油的燃点以上，并且越高越好，使燃烧能继续进行下去。

保持炉膛温度的主要措施是：严格控制一次空气量，将上部二次进风口堵死，尽量缩小炉膛，在炉膛内放入有效的蓄热媒介（利用一块蓄热室格子砖将前、后炉灶分开的同时，格子砖也就成了蓄热媒介）。

在烘炉中、后期，炉膛温度往往会过高，这样不但散热多，恶化操作环境，同时容易使炭化室炉头局部过热，这时可以利用下述方法进行调节：扩大炉膛（打掉炉膛内的格子砖，扒掉炉灶后墙上的3层干砌砖）、打开上部二次进风口、加大分烟道吸力。

（8）随着烘炉升温耗油量的增加，风主管的压力需不断提高，如果采用低温开始的全油烘炉，烘炉初期风压约为0.05 MPa，烘炉末期约为0.1 MPa。

D　用油烘炉的特殊操作及事故处理

a　事故停火及停火操作

当发生停电或停蒸汽事故不能供油或不能供风时，当风油管发生故障时，如果停火时间较长，需关闭油主管阀门，若油易产生凝固，需将油放净。关闭风油主管及支管阀门后，用挡板挡住喷嘴前的风口，关闭其他进风口（如小炉的二次进风口）并密封。关闭分烟道翻板，必要时要落下废气砣。

b　容易出现的几种异常现象及原因

油烘炉时容易出现灭火、燃烧不完全、喷嘴漏油、炉膛内结焦、燃烧火焰忽大忽小（喘气）、喷嘴突然停油、炉灶向外喷火或倒烟、断续爆鸣、油管或喷嘴堵塞等异常现象，其原因见表4-3-16。

表4-3-16　易出现的异常现象及原因

现　象	原　　因
灭火	（1）炉膛太大，温度过低，油不能燃烧； （2）油量太小或油含水过多（油量在2 kg/h以下）； （3）炉膛吸力太大，炉灶口自由断面过大，冷空气进入太多； （4）喷嘴堵塞； （5）雾化风压过大
燃烧不完全	（1）炉膛太小或温度太低； （2）油量过大； （3）雾化风压过小； （4）一次空气量过小； （5）分烟道吸力不足
喷嘴滴油	（1）喷嘴加工或安装质量不佳； （2）油量过大或雾化风压过低
炉膛内结焦	（1）炉膛温度太低，喷入的油不能完全燃烧，黏附在炉墙上结焦； （2）嘴雾化不好，油滴过大，油在炉膛内没有充分燃烧； （3）油量过大或炉膛太小（处理办法：使炉内保持必要的燃烧温度，在不同的烘炉阶段，用针阀适当地调整油量并适当调节空气量）
燃烧火焰喘气	（1）受炉膛辐射热影响，管内或喷嘴内的油汽化； （2）炉膛内温度高而油量小； （3）雾化风压过大
喷嘴突然停油	（1）油泵停转； （2）油管堵塞； （3）针阀堵塞； （4）喷嘴过热产生油蒸气，其压力将油顶住； （5）喷嘴内结焦
小炉向外喷火、倒焰、断续爆鸣	（1）先给油，后送风； （2）油量过大，超过炉膛最大负荷； （3）雾化风压过大或过小； （4）炉膛内温度过低且没有引燃物； （5）炉膛内格子砖距喷嘴太近； （6）在灭火的情况下仍向炉内喷油（容易形成爆炸气体）； （7）炭化室烘炉孔堵塞； （8）分烟道吸力太小，废气排出速度太慢； （9）刮风影响； （10）风管内进油
油管或喷嘴堵塞	（1）油温度过低； （2）停止操作时间过长造成冷凝； （3）保温层脱落或支管部无保温层造成冷却； （4）保温套管积水，加热不良； （5）喷嘴结焦； （6）油中杂质堵塞喷嘴

4.3.7　烘炉升温及护炉设备的管理

在烘炉期间要按升温曲线控制炉温，要使护炉铁件对炉体各部位合理施加负荷，要及时对炉体表面、烘炉小炉进行热修维护。

4.3.7.1　温度监测项目

焦炉烘炉期间，为了使炉体各部位的温度按预定曲线均匀上升，防止砌体产生裂缝而破坏砌体的严密性，应对各测温点进行严格的升温管理。

烘炉期间各温度监测项目见表4-3-17。

表4-3-17　烘炉期间各温度监测项目表(50孔JN60型焦炉)

序号	监测项目	工　具	监 测 点	监测位置	监测频度	说　明
1	管理火道温度	热电偶及数字显示温度仪	1号、2号、6号、11号、16号、21号、26号、31号、36号、41号、46号、50号、51号燃烧室的1号、3号、8号、13号、20号、25号、30号、32号立火道	距炉顶面2.5 m	每4 h测一次	用作升温控制
2	直行温度	热电偶及数字显示温度仪	全炉第8、第25火道	距炉顶面2.5 m	每8 h测1次	检查控制全炉温度的均匀性
3	横排温度	热电偶及数字显示温度仪	21号燃烧室的所有立火道	距炉顶面2.5 m	每50℃测1次(白班测)，当炉温为500℃时停测	检查横排温度的分布
4	蓄热室顶部温度	热电偶及数字显示温度仪	1号、2号、6号、11号、16号、21号、26号、31号、36号、41号、46号、51号、52号蓄热室的机、焦两侧	距斜道正面1.5 m(蓄热室测温孔)	每4 h测1次	检查焦炉高向温度分布
5	箅子砖温度	热电偶及数字显示温度仪	1号、2号、6号、11号、16号、21号、26号、31号、36号、41号、46号、51号、52号蓄热室的机、焦两侧	距测温孔砖正面1.5 m	每4 h测1次	检查焦炉高向温度分布
6	小烟道温度	500℃玻璃温度计	1号、2号、6号、11号、16号、21号、26号、31号、36号、41号、46号、51号、52号蓄热室的机、焦两侧	小烟道出口中心	每4 h测1次	检查焦炉高向温度分布
7	总分烟道温度	热电偶及数字显示温度仪	总分烟道	约在烟道中心	每4 h测1次	检查焦炉温度分布
8	抵抗墙温度	热电偶及数字显示温度仪	抵抗墙顶部测温孔	距炉顶面1.5 m	每4 h测1次	检查温度分布情况
9	大气温度	干湿球温度计	炉顶机、焦侧不受炉温影响及太阳辐射的部位		每4 h测1次	

注：当采用自动测温系统时，表中序号1～5、7、8项的温度每5 min显示一次。

采用烘炉温度自动检测系统时,每 5 min 采集并显示一次管理火道温度、直行温度、横排温度、蓄热室温度和箅子砖温度,提高了升温合格率。

当管理火道温度达到 800℃时停止测量管理火道温度、蓄热室温度和箅子砖温度,并改用光学高温计或红外测温仪测量直行温度。

4.3.7.2　各项温度的控制

烘炉期间,按管理火道平均温度控制温度的上升。不允许有温度突然下降的现象发生,也不应有剧烈升温现象,以免硅砖由于膨胀不均而产生裂纹。在硅砖晶型转化温度附近更应注意这一点。

烘炉温度考核表见表 4-3-18。

表 4-3-18　烘炉温度考核表

温度范围/℃	允许误差/℃	说　明
0 ~ 250	±1	考核的合格率大于 80% 为合格,大于 90% 为优秀
250 ~ 400	±2	
400 ~ 600	±3	
600 以上	±5	

在升温过程中,如果上班超升,则本班应少升相应的度数;如果上班的升值已超过本班计划值,则应进行保温。升温过程中原则上不允许降温。第二次测温值作为本班温度的考核值。

烘炉温度受下列因素影响:

(1) 分烟道吸力大小;

(2) 进风口开度大小;

(3) 小孔板清洁情况(气体烘炉时);

(4) 废气翻板开度变化;

(5) 废气砣提起高度;

(6) 燃料数量及质量;

(7) 各部位严密性;

(8) 风向、气温等;

(9) 测温仪表的准确性;

(10) 人为因素。

烘炉时应注意,加减燃料后经过 10 ~ 15 min 后炉温才能反映出来,调节时应予以注意。

在按计划控制管理火道温度的基础上,要控制直行温度使其保持均匀,还要控制蓄热室、箅子砖、小烟道各部温度,使其符合表 4-3-5 中各区域之间的温度比例。

4.3.7.3　各项压力的控制

烘炉期间压力监测项目见表 4-3-19。

表 4-3-19 烘炉期间压力监测项目表(50 孔 JN60 型焦炉)

监测项目	所用仪表	监测地点	监测次数	说明
看火孔压力	斜形压力计	全炉每个燃烧室的 7 号、26 号立火道	每个白班测一次	横排测温点可不测看火孔压力
总烟道、分烟道吸力	U 形压力计	总烟道、分烟道测压点	每小时记录一次	保持规定值
煤气压力(气体燃烧烘炉)	U 形压力计	机、焦侧测点	每小时记录一次	保持规定值
废气分析	奥氏分析仪	6 号、11 号、16 号、21 号、26 号、31 号、36 号燃烧室的 7 号、26 号立火道	白班一次,每次一个燃烧室,循环测定	

看火孔压力约在 180℃时转为正压。采用固体燃料时尽量创造条件使看火孔压力提前转为正压,防止冷空气漏入炉内而降低炉温。采用高炉煤气烘炉时可保持稍低的看火孔压力,防止有毒气体逸出。

烘炉期间应使分烟道吸力保持稳定,以便保证炉体高向温度分布比例。

采用气体燃料烘炉时,应保持稳定的煤气压力,以保证稳定的燃料供给。

4.3.7.4 空气系数的监测

通过采样分析废气监测空气系数。使用 2.5 m 长的石英管或不锈钢管从炉顶看火孔处进行采样,然后用奥氏分析仪分析成分。采用气体燃料烘炉时,按式 4-3-2 计算空气系数。

$$\alpha = 1 + K\frac{\varphi_{O_2} - 0.5\varphi_{CO}}{\varphi_{CO_2} + \varphi_{CO}} \tag{4-3-2}$$

$$K = V_{CO_2}/V_{O_2,理} \tag{4-3-3}$$

式中 V_{CO_2}——1 m^3 煤气完全燃烧所生成的 CO_2 体积;

$V_{O_2,理}$——1 m^3 煤气完全燃烧理论上所需的 O_2 量;

$\varphi_{O_2}, \varphi_{CO}, \varphi_{CO_2}$——分别为废气中 O_2、CO、CO_2 的体积分数;

α——空气系数。

固体、液体燃料烘炉时,空气系数按式 4-3-4 计算。

$$\alpha = \frac{1}{1 - 3.76\frac{\varphi_{O_2} - 0.5\varphi_{CO}}{\varphi_{N_2}}} \tag{4-3-4}$$

式中 $\varphi_{O_2}, \varphi_{CO}, \varphi_{N_2}$——分别为废气中 O_2、CO、N_2 的体积分数。

烘炉阶段不同,空气系数也应不同,以保证烘炉温度合理分布。不同烘炉阶段的空气系数值见表 4-3-20。

表 4-3-20 中的数值供烘炉时参考,实际烘炉时可根据炉温情况灵活掌握。

表 4-3-20 不同烘炉阶段的空气系数值

温度区间/℃	约 50	50 ~ 100	100 ~ 200	200 ~ 300	300 ~ 500	500 ~ 700	700 以上
空气系数	>40	30 ~ 40	15 ~ 30	10 ~ 15	5 ~ 10	3 ~ 5	2 ~ 3

4.3.7.5 护炉设备及炉体膨胀管理

烘炉期间,护炉设备及炉体膨胀监测项目见表 4-3-21。在烘炉点火前完成各项目的冷态测量工作。

表 4-3-21　烘炉期间护炉设备及炉体膨胀监测项目表

监测项目	监测位置	监测时间及频度	说　明
炉柱弯曲度测量	每个炉柱距炭化室底约 700 mm 处(炉门下横铁处)	炉温 700℃以下，每周测 3 次，逢周一、周三、周五测量，炉温达到 700℃后酌减	用三线法测定
炉长测量(炉体膨胀)	上横铁，下横铁，箅子砖	炉温 700℃以下，每周测 3 次，逢周一、周三、周五测量，炉温达到 700℃后酌减	用三线法测定
大弹簧负荷测量(上下横拉条负荷)	测点应固定，按标记测量	每天测量一次，并调到规定负荷	测量用临时走台拆除后减少测量次数
纵拉条弹簧负荷测量	测点应固定，按标记测量	每周测量一次	
小弹簧负荷	测点应固定，按标记测量	每 50℃测定一次	
顶丝调节及保护板上移检查	保护板底部缝隙	顶丝与保护板连接后每天调整一次	
纵拉条托架松放		每 100℃测调一次	
机焦侧走台支柱垂直度及滑动情况检查	支柱相对滑动点标记处	每 100℃测定一次	滑动良好时可不测垂直度
抵抗墙垂直度测量	抵抗墙外侧测点固定并标记	每 100℃测定一次	使用托盘及线锤
抵抗墙顶部外移测量		每 100℃测定一次	
炉端墙膨胀缝变化测量	炉端墙 30 mm 膨胀缝上下取两点，测点固定并标记	每 100℃测定一次	
炉高测量	炉顶看火孔座砖(机、中、焦)	每 100℃测定一次	按 1、2、6、11、16、…燃烧室取测点
基础沉降测量	地下室	每 100℃测定一次	
炭化室底热态标高测量	机、焦侧磨板面	烘炉末期测定一次	全部炭化室
炉柱下部滑动检查	滑动点标记处	每 50℃检查一次	
小烟道连接管滑动情况检查	每个连接管	每 50℃检查一次	
炉柱与保护板间隙检查		每 100℃检查一次	

A　护炉设备对炉体施加的负荷

在烘炉期间，由于升温和硅砖晶型转化，砌体会沿炉长方向(炭化室长度方向)、炉高方向、炉组纵长方向产生膨胀。如果膨胀产生严重不均匀性，则将破坏砌体的严密性，给焦炉生产带来困难并将影响焦炉的使用寿命，所以烘炉升温的稳定性和炉温分布的均匀性是非常重要的。另外，由于炉高方向的温度是按一定比例分布的，砌体在护炉设备合理施压下才能使各层界面正常滑动，才能构成墙的整体性，防止产生裂缝。

护炉设备对炉体横向施加的负荷，在烘炉末期应达到正常生产时的负荷，即 JN60 型焦炉沿高向为 20～25 kN/m，在烘炉初期可稍小些，即可按下限控制负荷。

各弹簧负荷控制值见表 4-3-22。

表 4-3-22 烘炉期间各弹簧负荷控制值(JN60 型焦炉)

燃烧室温度/℃	上部大弹簧负荷/kN	下部大弹簧负荷/kN	小弹簧负荷/kN	小炉柱弹簧负荷/kN	纵拉条弹簧负荷/kN
<300	90	80	各线均为 10×2	每个 10	每个拉条 240
300~500	100	85			
500~700	110	95			
>700	130	110			

B 炉体膨胀量及炉柱弯曲度测量

在焦炉抵抗墙机、焦侧上、中、下部设计有测线架。在每个测线架标高处分别挂钢丝线,每侧 3 根钢丝线,每根钢丝线距焦炉纵中心线约 8500 mm。

测量每根钢丝线与焦炉正面间的距离,将其与冷态值比较后即得膨胀量。

测量炉柱弯曲度时,可测量每根钢丝线与炉柱正面间的距离,用三线法计算炉柱弯曲度(见图 4-3-8),计算公式为:

$$A = a - c + (b - a)\ e/E \tag{4-3-5}$$

式中 A——炉柱弯曲度,mm;

a——上部钢丝线与炉柱正面间的距离,mm;

b——下部钢丝线与炉柱正面间的距离,mm;

c——中部钢丝线与炉柱正面间的距离,mm;

e——上部钢丝线与中部钢丝线间的距离,mm;

E——上部钢丝线与下部钢丝线间的距离,mm。

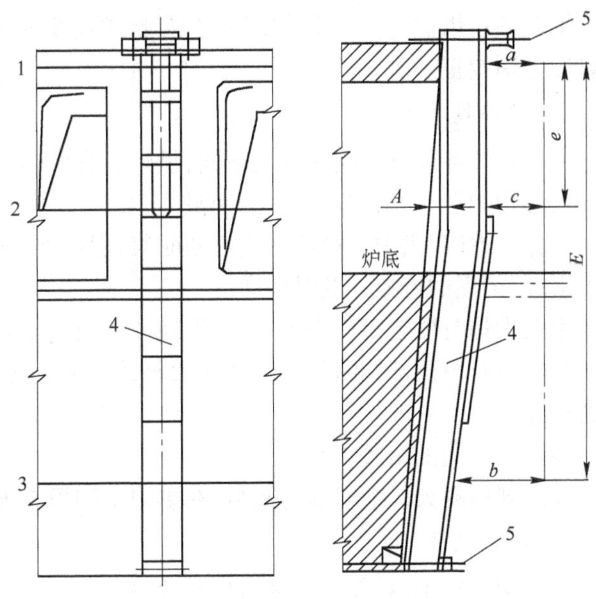

图 4-3-8 用三线法测量炉柱弯曲度

1~3—测量钢丝;4—炉柱;5—拉条

C 保护板(炉框)的管理

由于炉体向上膨胀,保护板在炉头砖摩擦力的作用下上升,使保护板与座砖间的缝隙加大并带动炉框和磨板上升,使炭化室底的上涨与磨板的上升失去同步性,容易造成磨板顶面标高超标,影响推焦操作。因此,在烘炉过程中要不断监视保护板与座砖间的缝隙,采取调节压保护板顶丝的办法,防止保护板与座砖间的缝隙加大,保持原安装缝隙。

在烘炉点火前,压保护板顶丝与保护板顶面间保持 10 mm 的缝隙,随着烘炉升温缝隙逐步缩小,当两者接触后每天要松动一次顶丝并使之与保护板顶面保持接触(手拧紧状态)。发现保护板与座砖间的缝隙超标后,压紧上部顶丝,缝隙恢复正常后再正常调节顶丝。

JN60型焦炉的护炉设备对炉体横向施加的负荷，除了小弹簧的弹性力之外，燃烧室保护板上下端尚有刚性力存在，烘炉期间应保持炉柱与保护板上下端处于贴靠状态。

带炉门烘炉时，烘炉期间应几次调整炉门刀边及炉框与保护板间的连接螺栓，保持炉门的严密性。

D　纵拉条和抵抗墙的管理

在烘炉过程中，每根纵拉条的大弹簧负荷应保持为240 kN，防止抵抗墙外倾。随着炉体沿高向膨胀，逐步调整托架的高度，使拉紧负荷稳定，当炉温约为700℃时拆除托架，使纵拉条就位。

纵拉条的负荷调整，应保证抵抗墙的垂直情况，即在烘炉末期应使抵抗墙顶部的外移量与点火烘炉前比较在 -5 ~ +10 mm 之间。纵拉条的负荷可保持在弹簧的允许负荷之内。

抵抗墙在烘炉过程中受热膨胀，会影响炉体膨胀量的测量，应在炉温为300℃、600℃及装煤后分别校正一次。

E　热修维护工作

由于炉体各部分温度和材质不同，烘炉过程中会产生不同程度的裂缝，这些裂缝吸入冷空气而影响炉温，应采用不同方法密封。

炭化室封墙、烘炉小炉部位应不断刷浆，保持严密性。随时检查炭化室封墙及烘炉小炉有无损坏、倒塌的迹象并及时修缮。

用煤烘炉时要定期检查干燥孔，发现挂灰或堵塞时应及时疏通。

蓄热室及炉顶部位的裂缝应用耐火纤维绳临时密封，在烘炉末期勾缝及灌浆前取出临时密封绳。

装煤口盖周围用灰浆密封。

单叉部用耐火纤维绳临时密封，在烘炉末期填充编织耐火纤维绳。

F　烘炉记录

在烘炉过程中，对各种测量结果都要进行记录，以便于分析，指导其后的烘炉操作。必须认真填写各种记录，以备查阅，烘炉结束后装订存档。

(1) 每班要认真填写或打印管理火道温度、直行温度、横排温度、蓄热室温度、箅子砖温度、小烟道温度、抵抗墙温度、总分烟道温度、大气温度、废气分析结果及其他加热制度的记录表，每班一张，每天结束或推迟一个班后上交。

(2) 交接班日志要认真填写，保存备查。

(3) 铁件组应记录炉体膨胀量、炉柱弯曲度及铁件测量量，记录本应装订成册并保存，作为以后铁件管理工作的原始记录。

上述记录都应长期存档，要求纸质良好。

(4) 填写或打印班报、日报。

(5) 烘炉综合记录是将每天的考核温度、压力及铁件记录综合于一张表中，便于烘炉管理人员分析各种考核指标的发展趋势及偏差，便于更好地管理，以保证烘炉质量。

烘炉综合记录给以后同类炉型烘炉提供了借鉴依据，有利于烘炉技术的不断提高。以下提供几座焦炉的烘炉综合记录（见表4-3-23和表4-3-24），供读者参考。

表 4-3-23 某厂 JN60 型 50 孔焦炉固液方式烘炉综合记录

烘炉天数/d	计划管理火道温度	实际温度/℃					分烟道				炉顶压力/Pa	实际膨胀/mm				钢柱曲度/mm		弹簧负荷(×9.8 kN)				烘炉用煤和油	
		管理火道	蓄顶	箅子砖	小烟道	大气	温度/℃		吸力/Pa			上横铁	下横铁	箅子砖	炉高	机侧	焦侧	上部		下部		累计煤量/t	累计油量/t
							机侧	焦侧	机侧	焦侧								东侧	西侧	机侧	焦侧		
3	47	47.2	40.5	30.2	30.2	27	37.8	40.4	60	70		4.7	32	0.3		14.4	13.4	5	5	8	8		
7	71	71	61.8	46.8	43.6	29	43.4	47.9	90	80	-48.4	12.2	9.4	6		15.2	14.5	5	5	8	8		
11	83	82.8	77.2	63.7			56.2	63.8	110	120	-59.2	17.9	15.4	1653				5	5	8	8	70	
15	98	98.2	88.4	72.1	67.7	31	62	77.2	116	113	-63.6	22.2	19.9	15.5	11	13.1	11.6	5	5	8	8		
19	122	121.9	111.8	92.1	84.6	32	76.2	84.4	129	132	-75	44.8	37.5	23.5		14.8	12.7	5	5	8	8		
23	138	138	127.2	106.8	93.6	27	86.2	86.8	110	110	-38.2	65.4	57.6	39.6		16.6	14.4	5	5	8	8		
27	154	153.9	140.7	115.7	97.4	24	86.5	89.5	80	80		76.9	70.5	50.4		17.2	13.6	5	5	8	8		
31	170	170	152.2	128.2		29	95.6	96.1	80	80	-14.2	85.9	80.5	59.3		16.9	14.5	5	5	8	8		
35	189	189.1	168.2	139.4	112.9	26	100.9	102.4	80	80		98.3	91.6	68.6		17.2	13.8	5	5	8	8		
39	211	211	185.7	160.3	125.3	25	114	111.7	90	90	-18.4	110.8	104.5	79.6	70	16.6	14.2	5	5	8	8	330	
43	235	234.9	204.6	177.7	148.4	27	132.2	128.6	100	100		126.4	120	93.2		17.1	14.2	5	5	8	8		
17	263	263.2	224.9	196.9	156	28	141.2	138	100	100		135.2	132.5	106		17.2	14.8	5	5	8	8		
51	297	297.1	250.1	213.4	161.4	27	148.1	143.6	100	100		141.4	142.6	116.1		16.1	14.7	5	5	8	8	612	
55	337	336.9	276.6	236.6	172.5	25	160.2	148.8	100	100		146.9	149.2	123.6	89	16	15.2	6	6	8	8		
58	374	374.3	303.7	257.9	188.8	22	174.1	157.5	100	100		154.2	155.5	129.5		15.6	14.2	6	6	8	8	1360	
63	474	474.2	386.5	272.1	176.3	21		148.7	90	90	7.7	165.4	166.8	137.3		14.8	13.5	6	6	8	8		17
67	599	599.4	472.4	313.2	182.6	17	163.1	149.2	80	80	26.4	178.5	178.1	145.4	113	15.1	13.3	6.3	6.3	8.5	8.5		235
72	769	768.4	641.3	387.4	210	15	175.2	179.7	80	80								6.3	6.3	8.5	8.5		
77	950	958	730.2	430.7	244.1	16	177.2	178.1	80	80		183.2	182.4	153.5	127	15.5	14.7	6.5	6.5	11	11		630

表 4-3-24　某厂 JN60 型 50 孔焦炉用焦炉煤气烘炉综合记录

烘炉天数/d	立火道计划温度/℃	实际温度/℃					分烟道				炉顶压力/Pa	实际膨胀/mm				钢柱曲度/mm		弹簧负荷(×9.8 kN)				烘炉用煤气		
		立火道	蓄热室顶	箅子砖	小烟道	大气	温度/℃		吸力/Pa			上横铁	下横铁	箅子砖	炉高	机侧	焦侧	上部		下部		压力/Pa		流量/$m^3 \cdot h^{-1}$
							机侧	焦侧	机侧	焦侧								东侧	西侧	机侧	焦侧	机侧	焦侧	
4	46	46.4	32.1	15.5			3.5	20								9.4	7.7	5	5	9	9			
9	77	76.9	65	34.2	27.5	7	19.7	20.9	100	100		17.4	17.9	9.2		10.4	8.9	5	5	9	9	1240	1250	249
13	101	101	87.5	54.9	42.1	14	40.9	26	100	100	-68.5	24.3	25.9	14.9	14	11.3	8.8	5	5	9	9	2735	2740	548
17	125	125.4	112.3	76.1	63.1	16	45.5	52.8	100	100	-45.1	43	41.2	20.2		11.1	7.1	5	5	9	9	585	595	477
20	137	136.9	125.6	88.2	72.2	23	58.2	58.2	100	100	-53	54.8	54.5	29.3		11	8.6	5	5	9	9	395	430	405
24	153	153	136.7	97.1	79.5	17	58	72.3	100	100	46.3	65.1	68.9	39.6		10.8	8.9	5	5	9	9	650	473	466
27	165	164.7	151.1	99.2	82.9	11	69	64.6	100	100	-39.1	72.4	79.8	47.3		11.1	9.8	5	5	9	9	571	615	478
31	182	181.9	164.9	109	90.4	11	74.4	69.8	100	100	-34.9	83.8	93.6	57.2		10.9	10	5	5	9	9	738	700	530
34	197	197	178.4	117.4	90.7	13	79.1	66.9	90	90		91.5	101.9	64.2	52	11.2	9.2	5	5	9	9	529	684	484
41	238	238	212.1	141.2	105.3	10	91.8	90.6	90	90		112.2	123.8	79.3		9.6	7.4	5	5	9	9	890	820	585
45	264	265.9	232.4	153.1	117.7	15	100	91.4	90	90		124.8	135.5	88		10	6.6	5	5	9	9	735	730	535
48	285	285.1	249	168	126.1	24	110.9	96.8	90	90		129.9	142.2	96.9		9.1	6.5	5	5	9	9	947	1020	637
52	323	323	282.7	179	129.9	16	115.8	105.5	90	90	-2.5	136	154.3	107.8	80	9.5	7.3	6	6	10	10	1530	1480	849
56	371	369.3	317.3	199.4	142.6	19	121.5	112.5	90	90	14.5	143.6	163.5	118		9.1	6.8	6	6	10	10	2025	2185	1093
60	437	437.6	360.8	227.4	155.8	19	137.4	112.9	90	90		152.1	171.7	126.2		8.4	7.4	6	6	10	10	807	657	1351
64	533	533.9	447.4	270	179	22	147.1	141.4	90	90		163.5	182.2	135.7		9.5	7.6	6.5	6.5	11	11	780	806	1406
67	609	609.4	506.9	308.6	188.2	23	159.4	149.7	90	90		169.9	188.9	144.5	103	8.6	7.9	6.5	6.5	11	11	1635	1620	2162
69	661	659.4	549.8	336.8	202.7	26	171.3	158.2	90	90		176.2	193.8	150.6		8.2	7.3	6.5	6.5	11	11	2390	2455	2883
72	743	745	633	382	220	22	196	181	80	80		186	195	155		8.2	7.9	6.5	6.5	11	11	2400	1700	2345
74	800	801	640	410	230	24	194	191	80	80		181	197	160	131	8.3	7.8	6.5	6.5	11	11	2200	2100	2730

4.3.8 焦炉热态工程

热态工程是指那些必须在烘炉后期炉体膨胀基本结束后才能进行的工程(少数项目除外)。大部分要在开工前完成,少部分可在开工后进行。热态工程的工期紧,工程量大,对焦炉质量和使用寿命影响较大。实施热态工程时不得漏项,不得走过场,应认真仔细,保质保量。

4.3.8.1 热态工程项目

热态工程项目表见表4-3-25。

表4-3-25 热态工程项目表

序号	项目	执行时间(燃烧室温度)	说明
1	炉顶裂缝密封		用耐火纤维绳密封
2	临时大棚拆除	200~250℃	雨季可延迟
3	保护板顶面铺防水层	拆除大棚前	
4	交换开闭器调整	500℃	
5	小烟道承插部密封	600℃后	取出临时密封耐火纤维绳,重新填塞并勾缝
6	斜道正面膨胀缝填塞及灰缝精整	600℃	膨胀缝用耐火纤维绳蘸浆填塞
7	30 mm 膨胀缝填塞	600℃	将缝中耐火纤维绳塞紧
8	蓄热室封墙勾缝精整	750℃	封墙保温层施工前
9	交换开闭器与烟道连接口填耐火纤维绳密封	600℃	交换开闭器调整后
10	砖煤气道灌浆	600℃	可根据实际情况至生产后
11	桥管承插部密封	650℃	耐火纤维绳、灰浆
12	吸气管、焦油盒连接	650℃	
13	煤气、废气系统润滑点加油	600℃	试车前
14	集气管操作台梯子连接	650℃	
15	割去压保护板顶丝	650℃	砌小炉头前
16	氨水支管连接(上升管周围)	650℃	
17	蒸汽管、工业水管、压缩空气管连接(上升管周围)	650℃	
18	交换系统试运转	550℃	
19	装煤车轨道安装调整	650℃	700℃时轨道固定
20	装煤车摩电线架、摩电线安装调整	650℃	
21	炉顶安全栏杆固定	650℃	
22	装煤车轨道与端台部接轨	700℃	
23	拦焦机轨道与端台部接轨	700℃	留基础茬部补浇混凝土
24	煤气小支管(立管)法兰紧固	750℃	
25	集气管托架与炉柱间螺栓固定	750℃	

续表 4-3-25

序号	项　目	执行时间（燃烧室温度）	说　明
26	横拉条下放就位	750℃	监测弹簧负荷并调整
27	拆除煤气烘炉设施	改为正常加热后	
28	拆除测调临时走台	800℃	
29	补抹炉肩缝和磨板灌浆	扒火床同时	带炉门烘炉时，抹炉肩缝在安装炉门前进行，扒火床时进行补抹炉肩缝和磨板灌浆
30	拧紧保护板与炉框连接螺栓	800℃	均匀拧紧
31	保护板底部缝填塞	保护板灌浆前	
32	保护板上部接头缝耐火纤维绳塞紧	保护板灌浆前	
33	保护板灌浆	700℃	分段灌浆
34	炉顶吹扫及裂缝填塞物清除		炉顶灌浆前
35	小炉头重砌及灌浆	750℃	保护板灌浆后及炉顶正面缝精整及填塞耐火纤维绳后进行
36	炉顶灌浆	800℃	包括拉条沟
37	炉顶面精整	炉顶灌浆后	
38	拉条沟隔热及盖砖砌筑	750℃	分段进行，配合弹簧测调
39	操作台排水管固定	850℃	
40	小炉头挡板安装	900℃	小炉头重砌后
41	炉门刀边调整	装煤前	
42	炉门修理站试运	800℃	
43	熄焦车轨道调整、固定	扒火床前完成	
44	各车摩电线架、安全挡等调整	800℃	与各车试运配合进行
45	煤塔秤调试	800℃	
46	交换机、交换传动系统负荷试运	700℃	
47	交换开闭器保温	改正常加热后	或开工后
48	炉端墙正面留茬部砌筑	改正常加热后	或开工后
49	炉端墙顶部砌筑面重砌	改正常加热后	
50	砌底脚砖或安装淌焦板	扒火床前	

4.3.8.2　保护板（炉框）灌浆与炉肩缝密封

保护板（炉框）灌浆好坏对焦炉寿命有很大影响，生产时保护板（炉框）和炉体间的衔接处主要依靠泥浆密封。采用小保护板的焦炉，若灌浆质量不好，会发生烧坏炉柱和炉框的事故，使焦炉寿命缩短，生产能力不能正常发挥。

灌浆前必须完成下列工作：

（1）磨板标高经检查合格。

（2）炉框与保护板间的连接螺栓全部调整完毕。

（3）保护板上部接头处及保护板下部与砌体凸台间的缝隙密封结束。

(4) 炉肩缝隙全部密封好。

(5) 清除燃烧室顶部临时砌筑的小炉头或防水层。

为保证炉头砌体的温度不急剧降低,避免灰浆漏失,一般分 2 ~3 次浇灌,间隔时间为 1.5 ~2 h。

灌浆时应打开相邻的燃烧室炉头看火孔盖,观察泥浆是否漏入立火道内,一旦漏入,立即停止灌浆,待泥浆固化后再继续进行。

灌浆使用泥料组成为:1000 kg 低温硅火泥外加 16 kg 水玻璃(Na_2O 含量为 10% ~14%),密度在 1.7 ~1.8 g/cm^3 之间。

当使用砌炉时的废火泥时,必须筛除杂物。

密封保护板与炉肩间缝隙用的材料成分为:低温硅火泥 60%,精矿粉 40%,外加 12% ~16% 的水玻璃。

4.3.8.3 填埋纵、横拉条

进行横拉条隔热和填埋时,首先将拉条沟内用吸尘器或压缩空气吸净或吹扫干净,并用稀泥浆对拉条沟内裂缝进行灌浆,拆去支拉条的木块,然后再用断热砖粉进行隔热并砌盖砖。

由于填充拉条沟隔热材料后使横拉条温度急剧上升,横拉条膨胀,弹簧负荷急剧下降,压紧弹簧的工作比较紧张,因此一般分 3 段进行填埋。先填焦侧(装煤车轨道外侧),沿焦炉纵向进行埋设,然后埋装煤车轨道之间的拉条沟,最后填机侧的拉条沟。可在填埋的同时砌拉条沟上部盖砖。

烘炉后期炭化室正压很大,炉顶拉开裂缝较多,为避免烧坏拉条,在装煤孔和上升管孔处的拉条沟暂不填埋,等焦炉装煤后再填埋。

在填埋拉条的过程中,铁件组人员应积极配合并及时进行测量与调节,一般在拧紧弹簧时,先将弹簧拧得紧一些,留有膨胀余地,弹簧停止变形后,一般在第二天进行最终调整,将弹簧负荷调到规定的范围内。

放置和填埋纵拉条时,应先拆除纵拉条调节器,使纵拉条全部落入拉条沟内,调整纵拉条弹簧负荷,使其比规定值大 20 kN,然后用黏土浇注料将拉条沟抹平。第二天将弹簧负荷调整到规定值。

4.3.8.4 砖煤气道灌浆

对于下喷式焦炉,砖煤气道灌浆是焦炉改为正常加热前(用焦炉煤气加热)必须进行施工的热态工程项目。砖煤气道底是滑动层,在砌砖时管砖之间的灰浆难以饱满;烘炉过程中炉体膨胀,使管砖容易拉开裂缝(尤其是边火道),这些都会造成砖煤气道串漏。为消除串漏现象,在开工前对砖煤气道必须进行灌浆。

砖煤气道灌浆一般采用压力灌浆法或溢流灌浆法。

压力灌浆是指用压缩空气将泥浆压入砖煤气道内,堵塞砖煤气道内的空缝与裂缝。为防止泥浆喷入立火道内,应根据泥浆密度和喷入高度来控制压缩空气的压力。泥浆喷入后保持 0.5 ~1 min,将泥浆放空,然后用钎子清扫砖煤气道,将挂在砖壁上的泥浆清扫干净。

溢流灌浆法是一种在灌浆管上部侧面开孔的灌浆方法。插入深度根据需要而定。泥浆

从管内进入,从顶部的侧孔排出。

采用以上两种灌浆方法时应先在炉外进行试验,掌握方法后,再到炉内进行灌浆,灌浆结束后为防止冷空气进入炉内,应尽快将煤气支管与横管接上。

灌浆泥料成分为:黏土火泥60%,硅火泥40%。泥浆密度约为1.7 g/cm^3。

4.3.8.5　其他部位的密封及其使用的密封材料

(1) 小烟道与两叉部(单叉部)连接口的密封。用蘸水玻璃泥浆的散股耐火纤维绳逐步塞紧,一直塞到距表面15~25mm为止,然后用泥浆抹平。耐火纤维绳蘸的泥浆成分是:精矿粉40%,低温硅火泥60%,外加5%的水玻璃。涂抹灰浆的成分是:低温硅水泥80%,黏土火泥20%,外加水玻璃15%及适量耐火纤维。

(2) 废气筒与烟道埋管接口密封,使用的密封材料的成分是:黏土火泥80%,水泥砂浆20%。

(3) 上升管底座密封。使用的密封材料的成分是:低温硅火泥50%,精矿粉50%,外加1%的水玻璃。

(4) 桥管连接口密封。使用的密封材料的成分是:低温硅火泥60%,精矿粉40%,外加8%的水玻璃灰浆。表面灌以深约10~15 mm的沥青。

4.3.9　焦炉改为正常加热

焦炉烘炉的目的是使砌体由冷态过渡到正常加热状态。由于条件不同,改为正常加热的时间有所不同。采用气体燃料烘炉时,一般是升温到改为正常加热的温度时即改为正常加热,然后装煤;采用固体燃料或液体燃料烘炉并且没有另外的燃气源时,先烘炉至装煤温度进行装煤,待产生的煤气回炉后再改为正常加热。不论用什么燃料烘炉,当具备先改为正常加热的条件时,应优先选择先改为正常加热。

改为正常加热的最低温度,应根据使用的气体燃料而定,在该温度下送入的煤气应保证能够燃烧。

4.3.9.1　改为正常加热的准备工作

A　人员组织

改为正常加热时的组织应提前组建,对人员应进行培训,使之能熟练操作。

人员组织见表4-3-26。

表4-3-26　焦炉改为正常加热的人员组织表

岗　位	人数	职　责	说　明
指挥	1	指挥改正常加热的全部工作	
副指挥	1	协助指挥工作	
看煤气压力表	2	看机焦侧煤气压力	低于500 Pa报告
看烟道压力表	2	看机焦侧分烟道吸力	低于50 Pa报告
放散管	2	开关放散管	
废气系统	4	取挡板、落废气砣、开旋塞	机、焦各2人
爆发试验	2		
联络员	2	炉顶与地下室	

续表 4-3-26

岗 位	人 数	职 责	说 明
交换机	1	岗位操作	
抢修	4	送煤气过程出现问题的处理	电工、钳工各 2 人
燃烧检查	2 或 3	立火道燃料检查引火等	
消防人员			炉前待命
医务及服务			炉前待命

B 工具器具

改为正常加热时所需的工具器具见表 4-3-27。

表 4-3-27 改为正常加热时所需的工具器具表

名 称	数 量	说 明
爆发试验筒	2 只	$\delta = 0.5$ mm 的镀锌铁板制成, $\phi = 80$ mm, $L = 400$ mm, 带端盖及排气阀
开旋塞扳手	2 把	按旋塞方头加工或采用活扳手
钢丝钳子	2 把	
U 形压力计	5 只	$L = 1000$ mm
火柴	10 包	
对讲机	2 对	地下室与炉顶、炉侧联系

4.3.9.2 改为正常加热前交换系统试运转

(1) 交换系统安装完毕并验收合格。

(2) 交换机无负荷运转 4 h 以上,验收合格。

(3) 废气砣的支撑木棒长度改为 80 mm,已用铁丝固定。

(4) 砣杆(废气砣杆、煤气砣杆)已用细砂布磨光。

(5) 交换开闭器进风口挡板保持完整。

(6) 交换系统带负荷运转,运转时安排专人检查并记录如下内容:

1) 行程符合设计(焦炉煤气、贫煤气及废气);

2) 风门盖开度一致,没有卡砣现象;

3) 检查交换程序的准确性(关煤气、交换废气、开煤气的时间准确);

4) 检查交换旋塞开关的准确性;

5) 连续带负荷运转 48 h 以上无故障。

4.3.9.3 改为正常加热前的原始状态

A 加热系统

(1) 加热煤气管道及附属设施全部验收合格,并在改为正常加热前重新检查管道总体严密性。

(2) 直行孔板已安装完毕并留有记录。

(3) 横排煤气节流装置(孔板或喷嘴)已安装完毕并留有记录。

(4) 再次确认煤气主管上附件无误,送煤气前将仪表导管与仪表间阀门关闭。

(5) 相关水封槽应注满水,水封槽与煤气管道之间的排液管阀门全部关闭。

(6) 放散管盲板已拆除,放散管阀门开关灵活。

(7) 加热煤气设备与尚不开工的部分已用盲板隔断。

(8) 加热煤气管的蝶阀与执行机构断开,处于全开状态。

(9) 加热煤气管道引出的其他煤气支管的阀门全部关闭(或安装盲板)。

(10) 煤气管道上临时测压用的 U 形压力计已安装好并注水。

(11) 相关预热器暂不启用,进出预热器的阀门应关闭,旁通管阀门应开启。

(12) 在煤气管上写好相应编号。

B　交换系统

(1) 置于手动交换状态。

(2) 调节旋塞全部关闭。

C　废气系统

(1) 在空气口上安装控制风量的小铁板,并将小铁板用挡板重新盖严。

(2) 废气小翻板已按规定的开度固定完毕。

(3) 分烟道翻板与执行机构脱开,向炉内送煤气前按规定调好烟道吸力。

(4) 分烟道上临时测吸力的 U 形压力计已安装好并注水。

4.3.9.4　改为正常加热的操作

改为正常加热的操作步骤是先向煤气主管送煤气,然后向炉内送煤气。

A　向煤气主管送煤气

向煤气主管送煤气的步骤为:

(1) 煤气主管道总体试压合格。

(2) 对煤主管进行蒸汽(或氮气)吹扫。

(3) 再次检查泄漏点并处理。

(4) 水封槽注水并溢流,冷凝液排出管阀门处于关闭状态。

(5) 向煤气主管送煤气并在末端放散。

(6) 做爆发试验,达到 3 次合格。

(7) 主管压力达 2000 ~ 3000 Pa。

(8) 准备向炉内送煤气。

B　向炉内送煤气

向炉内送煤气的步骤为:

(1) 爆发试验合格,压力达 2000 ~ 3000 Pa。

(2) 风门上已安装规定尺寸的小铁板。

(3) 将分烟道吸力调到规定数值。

(4) 关闭烘炉煤气(采用气体燃料烘炉时)。

(5) 逐组开上升号风门(取掉风门挡板),落废气砣,开旋塞。

(6) 第一交换状态各组的煤气全部送完后加热 30 ~ 40 min。

(7) 进行第二交换状态各组的送煤气操作。

(8) 全部送完煤气后,打开冷凝液排出管阀门。

每一组送煤气的步骤为：

(1) 拆除机、焦侧上升号风门挡板及支砣木棒(一组)。

(2) 打开本组上升号调节旋塞，开度为1/2～2/3。

(3) 检查上升号立火道燃烧情况(一组)，立火道全部燃烧后，通知地下室送煤气人员(当个别上升号立火道不燃烧时，投入一盒火柴引燃；当所有上升号立火道不燃烧时，关闭调节旋塞并处理，进行下一组送煤气工作)。

(4) 给每一组送煤气时，若煤气压力低于500 Pa，则停止送煤气。

(5) 送煤气时，逐步关闭放散管。

(6) 两个交换状态各组煤气全部送完后，根据情况将调节旋塞全开。

C 送煤气分组

42孔焦炉采用焦炉煤气改为正常加热时，送煤气分组见表4-3-28。

表4-3-28 送煤气分组表(42孔焦炉采用焦炉煤气改为正常加热)

组别	需关闭旋塞的炭化室号(采用固体燃料烘炉时无此项)	取进风口挡板，落废气砣(蓄热室号)	打开调节旋塞(开度1/2～2/3)(燃烧室号)[①]	检查燃烧情况(燃烧室号)
1	1～3	1、3	1-1 2-1 3-1	1～3
2	4～7	5、7	4-1 5-1 6-1 7-1	4～7
3	8～11	9、11	8-1 9-1 10-1 11-1	8～11
4	12～15	13、15	12-1 13-1 14-1 15-1	12～15
5	16～19	17、19	16-1 17-1 18-1 19-1	16～19
6	20～23	21、23	20-1 21-1 22-1 23-1	20～23
7	24～27	25、27	24-1 25-1 26-1 27-1	24～27
8	28～31	29、31	28-1 29-1 30-1 31-1	28～31

续表 4-3-28

组　别	需关闭旋塞的炭化室号（采用固体燃料烘炉时无此项）	取进风口挡板，落废气砣（蓄热室号）	打开调节旋塞（开度 1/2～2/3）（燃烧室号）①	检查燃烧情况（燃烧室号）
9	32～35	33、35	32-1 33-1 34-1 35-1	32～35
10	36～39	37、39	36-1 37-1 38-1 39-1	36～39
11	40～42	41、43	40-1 41-1 42-1 43-1	41～43

① 下列数值“-”前的数字为燃烧室号，“-”后的数字表示第一种交换状态的旋塞。

表 4-3-28 为第一交换状态，第二交换状态的情况与此表类似，但是取进风口挡板落废气砣时的蓄热室号是双数号，打开调节旋塞的燃烧室号尾数为 2 号，改正常加热时哪一个交换在先均可。

在使用贫煤气改为正常加热时，送煤气分组表中的操作内容是不同的，见表 4-3-29。

表 4-3-29　送煤气分组表（采用贫煤气改为正常加热）

组　别	需关闭旋塞的炭化室号（采用固体燃料烘炉时无此项）	取进风口挡板（蓄热室号）	落废气砣（蓄热室号）	打开机、焦侧调节旋塞（蓄热室号）	检查燃烧情况（燃料室号）
1	1～3	1(空)、3(空)	1(煤、空)、3(煤、空)	1、3	1～3
2	4～7	5(空)、7(空)	5(煤、空)、7(煤、空)	5、7	4～7
3	8～11	9(空)、11(空)	9(煤、空)、11(煤、空)	9、11	8～11
4	12～15	13(空)、15(空)	13(煤、空)、15(煤、空)	13、15	12～15
5	16～19	17(空)、19(空)	17(煤、空)、19(煤、空)	17、19	16～19
6	20～23	21(空)、23(空)	21(煤、空)、23(煤、空)	21、23	20～23
7	24～27	25(空)、27(空)	25(煤、空)、27(煤、空)	25、27	24～27
8	28～31	29(空)、31(空)	29(煤、空)、31(煤、空)	29、31	28～31
9	32～35	33(空)、35(空)	33(煤、空)、35(煤、空)	33、35	32～35
10	36～39	37(空)、39(空)	37(煤、空)、39(煤、空)	37、39	36～39
11	40～42	41(空)、43(空)	41(煤、空)、43(煤、空)	41、43	40～43

4.3.10　焦炉开工

焦炉是一种结构非常复杂的工业炉，它的开工投产过程也非常复杂。焦炉开工的涉及面很广，备煤、炼焦、煤气净化等各个工序都必须经过试运转再达到投产状态。开工中扒封墙火床、装煤、改为正常加热等操作时间非常紧迫，特别是采用固体燃料烘炉时尤其如此。

因为烘炉时采用的燃料不同,所以开工顺序也不同。采用气体燃料烘炉时的开工顺序一般为:改为正常加热→扒封墙及火床→装煤→初步调温。采用固体燃料或液体燃料烘炉时的开工顺序为:扒封墙及火床→装煤→改为正常加热→初步调温。采用带炉门烘炉时,没有扒封墙这道工序,仅仅是扒火床。

改为正常加热的内容在前面已经叙述了,这里不再详述。以下以采用固体燃料烘炉时的开工顺序为主进行叙述,而把采用气体燃料烘炉时的开工特点穿插在里面。焦炉灶型繁多,炼焦系统的差别也很大,本书基本上以 JN60 型焦炉为主叙述,对其他炉型仅叙述与 JN60 型焦炉开工不同的内容。

4.3.10.1 焦炉开工前必须具备的条件

(1) 焦炉灶温达 950℃以上。

(2) 焦炉附属设备安装完毕并验收合格,达到投产条件。

(3) 焦炉移动设备单体试运转完毕。

(4) 熄焦系统、运焦系统试运转完毕。

(5) 焦炉开工用水管、电器、蒸汽管、压缩空气管等处于工作状态。

(6) 氨水系统循环正常,氨水喷洒正常。

(7) 岗位工人具备上岗条件。

(8) 开工组织与人员已落实。

(9) 抢修、救护、安全保卫等组织完善。

(10) 开工临时设施及工具器具已准备齐全。

(11) 采用砌封墙烘炉时,炉门衬砖等部件安装完毕,采用的吊运炉门的方法能保证炉门及时上炉。

(12) 备煤系统试运转完毕,配煤试验完毕。

(13) 煤塔煤料已达到足够数量。

(14) 焦炉热态工程项目已完成,保证装煤生产时相应部位的严密性。

(15) 全炉炭化室底热态标高已测量完毕。

(16) 推焦机、拦焦机等设备调试合格。

(17) 在装煤前进行各车联动试运转,合格后才能装煤。

(18) 鼓风冷凝系统、煤气净化系统及环保系统具备开工条件。

(19) 焦炉开工方案经充分讨论后被批准。

(20) 暂不工作的煤气管道和设备与开工部分的管道和设备相连接的部位,均应用盲板隔断,不得采用关闭阀门的方法来代替加盲板。

4.3.10.2 试运转

焦炉开工相关设备的试运转,包括单体设备的试运转和相关设备的联动试运转。只有在单体设备试运转合格的基础上才能进行联动试运转。需要在热态下试运转的设备,不能在冷态下试运转。

A 交换机和交换系统的试运转

交换机和交换系统的试运转应在改为正常加热前全部完成(详见第 4.3.9.2 节)。

B 焦炉移动设备试运转

焦炉移动设备包括推焦机(或装煤推焦机)、装煤车、拦焦机、熄焦车(或焦罐车)、炉顶集尘车等。这些设备都必须在开工前试运转完毕。

a　推焦机（或装煤推焦机）、拦焦机

采用固体燃料烘炉时，在拆除外部炉灶后即可进行推焦机和拦焦机负荷试车。若采用气体燃料烘炉，除走行机构需在改为正常加热后进行试运转外，其他机构也应提前试运转。

走行机构：沿轨道连续运行5次以上，直至合格为止。检查运行和刹车的灵敏性，检查推焦机与炉体间的距离，并调整安全挡的位置，检查摩电线与滑块间的滑触情况。

空压机：空压机试运转时间应不少于48 h。

启门机构：在炉门修理站炉门架上进行试验，检查取放炉门操作和各装置操作是否正常。

推焦杆：在推焦杆修理站设置的假炭化室底进行推焦操作试验。推焦杆的牙板与牙轮要咬合正确，不能咬偏；推焦杆运行要平稳，推焦杆运行的中心线要准确；行程距离要符合设计；电闸和极限开关的灵敏性和准确性要好。推焦杆的标高与炭化室底烘炉末期热态标高相匹配，即在推焦过程中推焦杆头底面比炭化室底高20～25 mm，为此需保证推焦杆滑架（靴子）底面比推焦杆头底面低同样的距离。由于推焦杆在推焦过程中向下弯曲，所以在进入炭化室前滑架底面应比炭化室底面高30～50 mm。

平煤装置：在固定炉门架的炉门上试验开关小炉门的机构，调整好为止。在平煤杆更换站对平煤杆进行试验，检查其中心线的偏差及平稳性，检查极限开关的灵敏性和行程的准确性。

导焦装置：检查导焦栅的行程、底板标高和磨板的相关位置。

b　装煤车及装煤系统

试验前将所有轨道和摩电线调整好，将煤塔内清扫干净，煤塔漏嘴手动操作要合格，装煤车各单元经试验后调整合格。

走行机构：沿轨道来回运行5次以上，直至合格为止，检查运行情况及滑线情况并调整，检查压缩空气系统操作情况。检查滑块与摩电线间的滑触情况时，应使煤车带煤料负荷。

装煤机构：进行煤塔取煤漏嘴的开闭试验，检查极限开关的灵敏性。进行煤斗闸套放下、上提试验，检查与炉体相关的位置。进行煤斗闸板开闭试验和震煤器震煤试验。进行圆盘或螺旋给料装置试验。进行电磁或机械启炉盖机构的调试等。

煤塔秤：调试后使其称量准确。

c　湿法熄焦车及干熄焦装置

走行机构：沿轨道往返运行5次以上，检查运行的平稳性，检查有无啃道现象，检查摩电线与滑块间的滑触情况，检查电闸的灵敏性。

机构：检查放焦闸门开闭的灵活性及极限开关的准确性。

干熄焦焦罐：进行焦罐底放焦闸门的开闭试验、焦罐车的牵引运行试验和焦罐的横移试验，反复进行焦罐的提升→平移→降落→放焦（向干熄槽内装焦）→提升→平移→降落等操作，直至调试合格时为止。

d　捣固焦炉捣固站试运转

絮煤板试验：在假炭化室底进行絮煤板无负荷试验，检查中心线、标高以及平稳性等。

捣固机：进行捣固锤走行及捣固操作试验，进行一定粒度及水分的煤料的实际捣固试验。在假炭化室底捣固煤饼试装，测量参数。

e 炉顶消烟车

对炉顶消烟车应进行试运转和调试。

C 炉门修理站试运转

各炉门架在移动设备试运转时已同时试用，若有问题，则应及时处理。

卷扬机单体试运转：反复进行炉门起吊翻转等各种动作，直至合格为止。

D 湿熄焦系统预生产

(1) 在喷水前检查熄焦塔内的喷洒管和喷水孔，全部畅通为合格。

(2) 熄焦塔本体、喷洒管、泵房、粉焦池及抓斗全部验收合格。

(3) 上水管安装好并通水，向池内注满水。

(4) 水泵、电机及附属件全部验收合格。

(5) 下水管要畅通。

(6) 在冬季投产时，临时加热用蒸汽管在水池注水前应接通并供汽。泵房采暖设施安装完毕。

(7) 进行湿熄焦系统预生产，经调试后使喷洒正常，累计试喷时间不少于 2 h。

E 干熄焦系统预生产

(1) 干熄焦系统验收合格。

(2) 进行焦罐底放焦闸门的开闭试验。

(3) 进行牵引运行试验和横移操作试验。

(4) 反复进行焦罐提升→平移→降落→装焦→提升→平移→降落等操作，直至调试合格为止。

(5) 干熄炉升温至 800℃。

F 集气系统预生产

集气系统预生产包括集气管通气试漏，蒸汽管送汽，清水管送水，氨水管送氨水，氨水喷洒试验，上升管水封盖送水、排水等。一般应在焦炉装煤前 1 ~2 天全部试验完。

(1) 吸气管试压合格，对集气管、吸气管做最后检查后将人孔封闭，将清扫孔盖盖严，全面检查对接口等部件。

(2) 吸气管蝶阀开关灵活，全开、全关位置标记清楚。仪器室内仪表设备全部安装调试完毕。

(3) 桥管翻板开关、放散管翻板开关应灵活。

(4) 氨水管试压合格，氨水喷嘴状态正常，氨水压力表正常，各阀门开关灵活。

(5) 氨水泵房带负荷试运转合格。

(6) 蒸汽管试压合格，保温层施工完毕，压力表和冷凝液排放管等部件安装完毕。

(7) 全面检查清水系统，试压合格。

(8) 全面检查各管路中盲板的分布，应抽出的要抽出。

(9) 向蒸汽管内送蒸汽时，慢慢开启阀门，将压力逐渐加大至设计压力。检查管路严密性，检查管路是否堵塞，尤其应注意的是：打开冷凝液排放管阀门，检查冷凝液系统是否畅通。在冬季应注意防冻问题。

(10) 氨水管试送氨水：逐渐开大氨水总阀门，检查是否有泄漏的地方，对泄漏点进行处理。检查氨水的压力是否达到设计要求。当要投产的焦炉与已投产的焦炉合用一台氨水泵时,还应检查是否影响已投产焦炉的氨水压力。

(11) 氨水送上后,在氨水压力(0.1～0.15 MPa)下检查每个氨水喷嘴的喷洒情况。喷洒面应均匀,氨水不得喷入上升管内,如果喷向上升管,则多因桥管上部安装氨水喷嘴的法兰面加工不平所致,可更换或加垫解决。

(12) 氨水送上后,应不断循环直至开工。因事故修理而不得不停止输送氨水时,最好连续通入清水,尤其是在冬季,这样可避免冻坏管道或管件。若停止输送氨水时间过长,则过多的清水会流至氨水澄清槽,这样是不太好的,这时应停止输送清水,将管道放空。

(13) 向清水管内通水,检查泄漏点并及时处理。

(14) 向上升管水封盖送水,在开工前 1～2 天调试完毕。

G 仪表

焦炉仪表及模拟量采样设备全部安装好并验收合格,完成仪表调试工作。

H 其他

除上述以外,还有其他一些设备,如集尘系统、余煤提升和起重设备等均应进行试运转。厂内的通信设施要正常。

I 移动设备联动试运转

移动设备联动试运转应在扒火床后装煤前进行。选择两端部和中部炭化室进行联动试运转。应按正常生产时规定操作设备。

在联动试运转之前各设备必须进行单体试运转,必须在假炭化室底反复试推推焦杆。假炭化室底标高必须与炭化室底热态标高一致。捣固焦炉絮煤板也必须在假炭化室底试推。

联动试运转顺序为:

(1) 摘机、焦侧炉门。

(2) 对上导焦槽。

(3) 在熄焦车(或焦罐车)驶至导焦槽下接焦位置后发通信联络信号。

(4) 接到信号后进行推焦,推焦时若炭化室底有碎砖等杂物,可在推焦杆头上包润湿的草袋子将杂物推出炭化室内。

(5) 在推焦时,熄焦车进行接焦移动,接完红焦后驶至熄焦塔,洒水熄焦、沥水,焦台放焦(如果采用干熄焦,则接完红焦后,焦罐车移至横移位置,接下来进行横移→提升→平移→下降→装焦等一系列动作)。

(6) 熄焦车接完红焦后,推焦杆退回,拦焦机导焦栅退回原位,并关机焦侧炉门,发装煤信号装煤。

(7) 装煤车(空车)驶至装煤炉号装煤,操作动作完成后驶回煤塔。如果是捣固装煤,则在焦侧炉门关闭后在机侧试推不带煤饼的絮煤板。

(8) 在装煤炉号炭化室中推焦机进行启闭小炉门试验,平煤杆伸到炭化室门口即退回,不伸入炭化室内(在修理站已进行平煤杆操作试验)。

捣固装煤时,絮煤板退回后,关机侧炉门。

至此,联动试运转完毕,试运转时若发现问题,应立即组织抢修,抢修后重新试运转。

4.3.10.3 扒封墙及火床

A 焦炉开工人员组织

焦炉开工人员组织见表4-3-30。

表4-3-30 焦炉开工人员组织表

岗 位	人 数	职 责
开工总指挥	1人	指挥开工全部工作
副总指挥	2人	协助总指挥工作
扒封墙指挥	2人	机、焦侧各1人
堵烘炉孔	每班7人,共21人	三班倒
各车司机	按定员	各车运行
扒封墙组	每班32人(机侧16人、焦侧16人),三班共96人	三班倒扒封墙火床(运砖除外)
炉墙检查组	每班4人,共12人	检查炉墙情况并记录
抢修组	包括电工、气焊工、管工、钳工等	
综合组		包括行政、保卫、医疗、消防、生活、安全、材料供应运输等

B 开工用工具器具

开工用工具器具见表4-3-31。

表4-3-31 JN60型焦炉开工用工具器具表

名 称	规 格	数 量	说 明
铁钩子	ϕ20 mm×3500 mm	20	扒火床用
两齿钩子	ϕ20 mm×3500 mm	20	扒火床用
钢板耙	ϕ20 mm×3500 mm	8	扒火床用
火铲	中方铣	20	扒火床用
大锤	8 lb(1 lb=0.454 kg)	4	
撬棍		4	
有机面罩		20	
多层布手套	(防热、耐磨)	200	
防尘帽		按定员	
口罩		按定员	
隔热手套		50	
防热工作服		10	
常用劳保品		按定员	衣服、鞋
其他劳保品		若干	
铁刷子	ϕ20 mm×3500 mm	4	刷干燥孔,提前试用
长把抹子	ϕ20 mm×3000 mm	6	干燥孔抹灰
堵干燥孔工具	ϕ20 mm×3000 mm ϕ20 mm×3500 mm	4	提前试用

续表 4-3-31

名　称	规　格	数　量	说　明
打上升管盲板工具	下部焊圆盘 ϕ200 mm 圆钢, δ = 10 mm	2	
打装煤孔盖工具	ϕ20 mm 圆钢, L = 1.5 m 钩子	2	用生产工具
火钩	ϕ8 mm 圆钢制成	10	用生产工具
假炉门		2	铁板、角钢、硅酸铝纤维制,可分段悬挂
铁楔子	最厚端 20 mm	10	挤紧封墙用
对讲机		2 对	
半导体扩音器		2	

C　扒封墙及火床顺序

当先改为正常加热后装煤时,扒封墙及火床的顺序比较简单,只要操作方便即可,做到不同时扒同一炭化室机、焦两侧的封墙即可。堵干燥孔的操作比较简单,中部干燥孔可以集中堵完,堵机、焦两侧边部的干燥孔可与扒封墙同时进行。

当先装煤后改为正常加热时,扒封墙及火床的顺序与上述不同,是分批进行。下面主要叙述先装煤后改为正常加热时的扒封墙顺序。

当炉温达到950℃以上时,扒封墙及火床。扒封墙的准备工作包括:组织人员、备齐工具器具、安装临时设施。

扒封墙时,在焦侧可利用熄焦车运砖,并在其上搭设操作平台,以便操作时用,焦侧扒出的砖由熄焦车运走,放在焦侧空场熄火;在机侧利用推焦机平台,当宽度不够时可适当接宽,扒出的砖利用临时溜槽放至推焦机的轨道地坪,熄火后运出。注意:不得将赤热的砖堆放在钢轨上。

堵机侧的干燥孔时,利用推焦机上平台;堵焦侧干燥孔时,可在拦焦机上搭设平台。

要扒的第一批封墙的炉号如下(以42孔焦炉为例):

3　5　8　13　15　18　23　25　28　33　35　38　41

扒第一批封墙时,操作顺序可以这样安排:焦、机侧错开操作即可,一侧从小号开始,而另一侧应从大号开始,顺次扒封墙及火床。

第二批封墙是在改为正常加热后扒的。这一批为余下的炉号。扒封墙火床时不准同时扒一个炭化室的机、焦侧封墙,以免因对流影响使炭化室急剧降温,所以扒第二批封墙时应该机、焦侧错开扒。

D　扒封墙及火床的操作步骤及注意事项

(1) 在砌封墙烘炉的情况下,推焦机和拦焦机的启门机构带好炉门,驶至各自的扒封炉号前。

(2) 扒封墙的炭化室停止加热(采用液体燃料烘炉时卸掉油支管及喷嘴,用铁板覆盖保护油主管,防止操作时砸坏油主管)。

(3) 先扒掉封墙顶部的一部分,堵边部干燥孔,并同时从炉顶装煤口处堵中部干燥孔。在封墙中部加铁楔子。

(4) 先扒封墙下半部及火床,然后打掉铁楔子,扒掉余下的封墙。

(5) 耙出炭化室底余灰及碎砖,检查炉墙并做好记录。

(6) 上炉门,调整刀边。

如果是带炉门烘炉,则没有扒封墙的过程(炉门已装在炉上,不吊装炉门),使烘炉熄火后摘下炉门即可扒火床。这里增加了堵炉门烘炉孔的环节。带炉门烘炉时,减少了扒封墙和吊装炉门环节,大大加快了操作速度。

因为扒封墙及火床是高温高强度作业,要求速度快、质量好,所以组织一定要完善,准备要充分,人力要有富余,并要做好安全防护工作。

注意事项如下:

(1) 扒封墙时应连续进行,不得中断。由于是高温高强度作业,因此要轮换作业。

(2) 在扒封墙前将烘炉孔塞子砖堵好(堵边部烘炉孔时分别利用推焦机、拦焦机搭设的平台操作),用蘸有5%水玻璃的硅火泥浆的塞子砖堵干燥孔,外部凹入5~10 mm的部分用泥浆抹平,不准凸出墙面。塞子砖应先试堵,发现问题及时解决。

(3) 准备好吊装炉门的工具及人员,制定好吊装方案,保证炉门及时装上。

(4) 准备好隔热假炉门,以备敞开炉门时间过长时代替炉门用,假炉门可分段搭挂,可用于遮挡封墙上部的开口。

(5) 准备好推焦机轨道保护板、消火水管等器材,在熄焦车上搭接操作平台及安全栏杆。

(6) 扒封墙及火床的组织工作必须严密,劳动保护品要穿戴齐全,尽量缩短每一炉的操作时间,扒一炉的时间不应超过40 min。

(7) 扒完一个炉后,必须等炉门装好,而且在炉门架上放好新炉门时,才允许扒下一个炉的封墙。炉门装好后需检查其严密程度。

(8) 为了防止散失过多的热量和便于扒除,先扒下部封墙及火床,上部封墙用铁楔子楔牢,起阻挡热辐射的作用。

(9) 下部封墙扒完后,不要将砖全部扒出,炉口部留部分砖垫底,扒上部封墙时应防止砸坏炉底及墙面。

(10) 扒除火床的过程中,也要注意不要损伤墙面及炭化室底,因为一旦出现问题就难以弥补。

(11) 扒封墙及火床时,扔放到机、焦侧的赤热砖应及时运走,扔到钢轨上的砖应及时清掉。

(12) 配备安全检查人员,注意安全教育,防止人身和设备事故发生。

4.3.10.4 装煤及向鼓冷系统送煤气

A 装煤

第一批13个炭化室封墙扒完后,进行联动试运转,分别在3号、23号、41号炭化室内进行,合格后准备装煤。装煤顺序为:41号→3号→8号→13号→18号→23号→28号→33号→38号。其余已扒完封墙的5号、15号、25号、35号炭化室为备用装煤号,可在改为正常加热后按5号→15号→25号→35号的顺序装煤。

装煤前应具备如下条件:

(1) 已向上升管水封盖送水,操作正常。

(2) 桥管喷洒正常,水封阀工作可靠。

（3）吸气管翻板的开关标记已做好。吸气管手动翻板关闭，自动翻板呈全开并脱离自动调节状态。

（4）气液分离器放散管阀门打开。

（5）如是第一座焦炉开工，氨水循环系统应用水预热，即用蒸汽将水加热至50～60℃进行循环。

（6）集气管两端蒸汽吹扫管在装煤前1h打开，吹扫集气管，打开吸气管翻板，在气液分离器处放散蒸汽。

（7）集气管两端已安装U形压力计，并有专人监测装煤后集气管压力。

（8）装煤号炭化室上升管盲板在每炉装煤前用专用工具打掉。

（9）所有上升管水封阀均应处于关闭状态，翻板把用铁丝固定，防止误操作。上升管工在装煤时要监视全部上升管翻板，防止未装煤号炭化室翻板被其他人员误操作。

（10）集气管上的放散管水封翻板关闭，事先已做好开关标记。

B　装煤操作及接通集气管

装煤车驶入装煤号炭化室，上升管工用工具捣掉上升管盲板，上升管盖处于开启状态。

按前述装煤顺序装9个炭化室，第一炉即41号炉装完后在上升管处放散煤气，第二炉即3号炉装完后在上升管处放散煤气片刻后，将41号炉、3号炉的荒煤气同时导入集气管，在集气管的放散管处放散片刻后即关闭放散管，将荒煤气送向吸气管，注意检查吸气管翻板开启状况。

集气管接通后，其后每装1炉炭化室与集气管接通，将煤气送向鼓冷系统。其间在气液分离器处先放散并做爆发试验，合格后继续将煤气送向鼓冷系统。

在进入鼓风机的荒煤气经爆发试验合格，并且集气管压力达到200 Pa后，即可启动鼓风机。鼓风机启动后，集气管压力可保持为60～100 Pa。

在接通集气管和改为正常加热期间，要停止炉区一切动火作业。焦炉四周设保卫人员和安全人员进行监视，无关人员不得进入开工现场。消防车、救护车就位，医务人员、抢修人员在炉前待命。各岗位人员未经允许不得离开岗位。后勤部门必须保证开工人员的饮食及住宿等生活条件。

鼓风机启动后，将煤气送回焦炉即可改为正常加热。应注意，上述内容基本上是针对先装煤后改为正常加热而叙述的。在先改为正常加热的情况下，是在改为正常加热后集中扒封墙及火床的，全炉封墙及火床扒完后，可完全按正常的推焦顺序进行装煤。先改为正常加热的开工操作方法这里不再叙述。

焦炉改为正常加热的操作步骤已在第4.3.9节叙述，这里不再重述。

焦炉改为正常加热后，按上述顺序进行余下炉室（第二批）的扒封墙和装煤操作，每炉扒完后即进行装煤，全炉全部装完为止。

装煤及接通集气管向鼓冷系统送煤气人员组织见表4-3-32。

表4-3-32　装煤及接通集气管向鼓冷系统送煤气人员组织表

岗　位	人　数	职　责
指挥	1人	指挥装煤及接通集气管
副指挥	1人	协助指挥工作

续表 4-3-32

岗 位	人 数	职 责
上升管工	2 人	打上升管盲板,操作上升管
炉顶临时工	2 人	集气管压力表监视,进行爆发试验及其他
炉门调节工	4 人	机、焦侧各 2 人,调节炉门
检修	4 人	
测温	2 人	
热修	2 人	
服务		安全、保卫、医疗、材料、后勤

4.3.10.5 焦炉首次出焦及炉温初步调整

A 结焦时间及推焦顺序

焦炉刚开工时可能有较多故障,所以结焦时间宜长一些,便于故障维修,周转时间可安排为 26 ~ 30 h。如果是新建焦化厂的第一座焦炉投产,则应考虑工人的熟练程度较差等因素,不宜安排较短的周转时间。如果是老厂再建或大修重建,工人操作熟练,焦炉安装质量较高并经充分试运转,则没有必要安排太长的周转时间。

炭化室平均宽度为 450 mm 的焦炉,周转时间和标准温度的安排可参照表 4-3-33。

表 4-3-33 周转时间和标准温度的安排(炭化室平均宽度为 450 mm 的焦炉)

周转时间/h	标准温度/℃	
	机 侧	焦 侧
26	1125	1175
24	1155	1205
22	1195	1245
20	1225	1275
19	1250	1300
18	1275	1325

由于基本按 5—2 顺序装煤,所以从首次出焦开始就按 5—2 顺序推焦,其顺序为:

41 3 8 13 18 23 28 33 38

5 10 15 20 25 30 35 40

2 7 12 17 22 27 32 37 42

4 9 14 19 24 29 34 39

1 6 11 16 21 26 31 36

由于周转时间较长,所以每炉的出炉间隔应适当加长,做到均匀装煤,使每小时产生的煤气量均匀。应合理安排检修时间,一般检修时每次不宜超过 3h,可分段检修。

B 炉温初步调整

在装煤后应组织人员检查各火道煤气串漏情况,并及时处理问题。检查火焰燃烧情况,检查有无高低温炉号和短路情况等。在开工初期由于炉温尚未调节,因此空气系数可稍大些,以保证各立火道都能完全燃烧。

焦炉开工后,要根据操作情况逐步缩短结焦时间。

由于结焦时间不断缩短,因此风门开度和烟道吸力调节可能不及时,所以在保证完全燃烧的情况下,看火孔压力允许稍有波动,在结焦时间稳定后再将风门开度和看火孔压力调整到准确值。

由于开工初期操作不稳定,易发生故障,因此一定要注意炉温情况,防止出现高低温炉号,特别是发生事故停止出焦时,一定要注意炉温并及时调整,防止高温事故的发生。

即使在刚刚投产时,每炉也要装满煤(不应缺角),平好煤。

4.3.11　焦炉烘炉开工安全技术

烘炉开工操作是焦炉投产前复杂而紧张的工作,在烘炉开工过程中,除了应该严格执行技术操作规定外,还应该严格执行安全操作规定。

(1) 焦炉炉顶和机、焦两侧操作台的工作人员禁止随意往下抛扔砖块、铁器、工具等物品。

(2) 当上面进行吊装作业时,工人不准在下面行走。

(3) 参加施工及烘炉开工的所有人员必须穿戴好劳动保护用品。

(4) 烘炉时清出的灰渣不能堆放在炉柱附近,也不能扔到操作台下面,而应运到指定地点并熄火。

(5) 打开看火孔盖时,应站在上风侧,防止热气流烧伤面部。

(6) 用热电偶测温时,要经常检查套管丝扣的松紧度,防止其掉入立火道内。

(7) 烘炉点火之前,应做煤气爆发试验,合格后方能往炉内送煤气点火。

(8) 机、焦两侧煤气管道压力小于500 Pa时,应关小各炉灶的小支管旋塞。当采取这一措施后,煤气压力继续下降时,可以停止加热。

(9) 每次点火前应先准备好火把,预先将火把点燃,放在煤气出口前方,然后再打开煤气旋塞。

(10) 应该准备一定数量的防毒面具,各级烘炉人员应懂得防毒面具的使用方法并能熟练地进行操作。

(11) 操作人员若有头痛、恶心等中毒症状时,应立即到空气新鲜处,必要时应到医院进行诊治。

(12) 根据工作特点和岗位情况,制定安全技术规程。

(13) 在煤气区域工作时应严格执行煤气作业安全规定。

(14) 油管要与高压电线、易燃易爆的管线、高温地点保持一定的距离。

(15) 预热油时温度不能过高,一般不超过90℃,要严防沸腾现象的发生。

(16) 油槽储油不能太满,储油槽应接地良好,一般要求接地电阻不大于5～10Ω。

(17) 冬季要注意管线、阀门的防冻防凝工作,当发生冻凝现象时,禁止用明火处理,只能采用蒸汽或其他安全措施处理。

(18) 在燃油设备上和管线上要进行明火作业时,要严格执行动火手续,并同时采取相应的安全措施,如用蒸汽吹扫、用冷水冲洗、通风处理、用防火物覆盖等。在确认无燃烧爆炸的危险后方可动火,动火时必须有专人看护。

(19) 向管道及向炉内送煤气时必须严格执行送煤气规定,不得擅自更改规定。

(20) 煤气区域严禁烟火,操作时禁止用铁器在煤气设备上敲打,动火时需经批准。

(21) 煤气交换时需有指示铃,交换前 2 min 鸣铃。

(22) 利用手摇泵进行交换操作时,必须切断电源。

(23) 送煤气人员必须熟悉煤气性质、防毒知识及中毒救护办法。

(24) 煤气水封必须处于正常工作状态,必须有 2 人以上进入煤气区,不准单人进入。

(25) 煤气放散时,禁止放入室内(如地下室、烟道走廊)及易燃区域。

(26) 地下室管道要保持严密性,空气中 CO 含量不得超过 0.03 g/m^3。

参考文献

[1] 郑文华,于振东,等. 焦炉砌筑安装与开工[M]. 沈阳:辽宁科学技术出版社,2004.

[2] 《焦炉基建与开工》编写组. 焦炉基建与开工[M]. 北京:冶金工业出版社,1972.

5 焦炉生产操作

5.1 装煤

5.1.1 煤塔储煤

煤塔是用作储存入炉煤料，以保证焦炉稳定生产。煤塔按其断面形状可分为方形与圆形两种。无论何种煤塔均由上部布料装置、槽身、放煤嘴及震煤装置等部分构成。地处北方的焦化厂，天气寒冷时，煤料会在放煤嘴部位冻结，影响放煤，为此还应有加热防冻设备。

为了保证焦炉连续生产，煤塔的容积应与焦炉生产能力相适应，煤塔的设计容量一般应保证焦炉有 16 h 的用量。20 世纪 80 年代以前所建的旧式煤塔四周易积存煤料，尤其是方形煤塔的角部更易挂料，影响煤塔容积有效利用。当煤塔装满煤料后，停止供煤，靠自流和震煤装置能从下部放出的煤量称有效容量，它往往少于设计容量。有效容量与煤塔下部漏斗的倾角、漏斗斗壁光滑程度、震煤装置及效果、水分和放煤制度有关。在较好的情况下，有效容积只有设计容积的 60% ~70%，也就是说将有 30% ~40% 的配合煤储在煤塔内，这一部分煤储存时间过长就会产生煤氧化变质，不可再装入炭化室内，因为煤质变化不但造成焦炭质量恶化，甚至会出现推焦困难，损坏炉体。所以在规程中规定每半年对煤塔要进行一次彻底清扫，而且清扫出的陈煤不准装入炭化室内。在清扫时为了不影响生产，可采取分格清扫。清扫工作不但费工、劳动条件差，而且还带有一定危险。为了改变此状态，20 世纪 80 年代之后所建的煤塔将斗嘴部分改成双曲线结构，煤塔内壁衬以瓷砖。这样基本上消除了积煤死角和棚料，且加快放煤速度，所以不再强调定期清扫，其清扫周期可根据生产需要来确定。

5.1.2 从煤塔取煤

全炉炭化室的装煤顺序与推焦顺序是一致的，按推焦顺序表进行，这里不加叙述。

装煤车在煤塔下取煤时，必须按照车间规定的顺序进行。同一排放煤嘴不准连续放几次煤。每装完一个炭化室后，应按规定从另一排放煤嘴取煤。如果不规定取煤顺序，只从某一排放煤嘴连续取煤，必造成这排煤被放空，当配合煤再次送入煤塔时，易形成煤料偏析，颗粒分布不均匀，会使有的炭化室内装入粒度较大的煤，有的炭化室装入粒度较小的煤，影响焦炭质量。此外，当取煤不按顺序进行时，煤塔中将形成有一部分为新送入的煤，而另一部分是陈煤甚至是发生煤质变化的煤，这更不允许。此外，不按顺序取煤，在煤塔内易形成棚料。为此，煤车取煤时，除按规定顺序取煤外，还应保持煤塔中煤层经常维持在约 2/3 处。

为使装煤车取煤顺利，煤塔放煤时，应将放煤闸门完全打开，加快放煤速度，以防煤塔发生棚料。

装煤车在接煤前后应进行称量，以便正确计量装入炭化室内实际煤量，以保证每个炭化室装煤量准确。

5.1.3 装煤与平煤

装平煤操作虽不是一项复杂的技术问题，但操作好坏确实影响着焦炉生产管理和产品质量的稳定。

5.1.3.1 装煤及平煤原则

A 装满煤

装满煤就是合理利用炭化室有效容积。

装煤不满，炉顶空间就会增大，空间温度升高，不仅降低焦炉生产能力和化学产品质量，而且炉室内石墨增加，严重时会造成推焦困难。

当然装煤也不能太满，它会使炉顶空间过小，影响煤气流速，使炭化室内煤气压力增大，而且顶部会产生焦炭加热不足。所以应在保证每炉最高装煤量和获得优质焦炭及化学产品的原则下确定平煤杆高度。

要装满煤必然在平煤时带出一部分余煤，这也是装满煤的标志。但是也不易带出过多的余煤，这样会带来平煤操作时间延长等其他问题。每炉余煤量应控制在 100 kg 以内。

带出的余煤因受炭化室高温影响，部分煤质已发生变化。所以这部分煤只准由单斗提升机回送至炉顶余煤槽中，并将它逐次放在煤车煤斗上部。近期投产的炭化室高 6 m 焦炉，在推焦机上设有余煤回送装置，推焦后将余煤送入炭化室。生产实践证明，因送入余煤量不多又只送入炭化室端部，对生产尚无影响。

B 装煤均匀

装煤是否均匀是影响加热制度和焦饼成熟的重要因素。因为对于每个炭化室的供热量是一样的，如果各炭化室的装煤量不均匀，就会使焦炭的最终成熟度不一致，炉温均匀性受到破坏，甚至出现高温事故，为此要搞好各炉装煤量的计量。

考虑到不同炉型炭化室容积相差较大，所以在考核装煤量均匀程度时，以每孔炭化室装煤量不超过规定装煤量的 ±1% 为合格。

装煤均匀，不仅指各炉室装煤量均匀，也包括每孔炉顶面煤料必须拉平，不能有缺角、塌腰、堵装煤孔等不正常现象。

装入炭化室的煤料不同部位的堆密度是不同的，尤其是重力装煤的情况下更是如此，它与装煤孔数量、孔径、平煤杆结构与下垂程度以及煤料细度、水分等因素有关。一般在装煤孔下部、机侧上部，煤料堆密度较大。采用螺旋给料和圆盘给料时，炭化室内煤料堆密度均匀性有所改善。

C 少冒烟

装煤时冒出荒煤气不仅影响化工产品产率，更严重的是污染环境，影响工人身体健康。所以不仅要研究装平煤操作及缩短装煤时间，减少装煤过程中的冒烟现象；而且在平煤完毕后要立即盖好装煤孔盖，并用调有煤粉的稀泥浆密封盖与座之间的缝，并进行压缝，防止冒烟。

装煤过程中要正确使用高压氨水消烟法。其消烟原理是：借助于高压氨水喷射力在炭化室内产生负压，把荒煤气吸入集气管内，减少煤气外泄。高压氨水在喷射过程中容易将煤尘和空气(通过装煤孔及小炉门吸入)带入集气管中,使焦油中含尘量和游离碳增加,甚至发生焦油乳化,造成焦油与氨水分离困难,影响化工产品质量及焦油深加工。因此,在使用高压氨水喷射或蒸汽喷射时应控制适当压力,配合顺序装煤,装煤时严密装煤孔及小炉门的间隙,并在装煤结束后立即关闭高压氨水,以减少喷射时间,减轻喷射高压氨水带来的副作用。

5.1.3.2 装煤及平煤操作

往炭化室装平煤操作大致可分三个阶段:

第一阶段从装煤开始到平煤杆进入炉内,该阶段延续时间约 60 s。这个阶段内操作关键是选用合理的装煤顺序,因为它将影响整个装煤过程的好坏。

第二阶段自平煤开始到煤斗内煤料卸完止,一般不应超过 120 s,它与煤斗下煤速度与平煤操作有关。该阶段是装煤最重要阶段,它将决定是否能符合装煤原则。为此装煤车司机和炉盖工要注意各煤斗下煤情况,及时启动振煤装置和关闭闸板。

第三阶段自煤斗卸完煤至平煤结束,该阶段不应超过 60 s。这个阶段要平整煤料,保证荒煤气在炉顶空间能自由畅通。不准在平煤结束后再将炉顶余煤扫入炭化室内,以防堵塞炉顶空间。

装煤顺序是装煤操作重要环节,但它往往受装煤孔数量、荒煤气导出方式、煤斗结构、下煤速度、各煤斗容积比以及操作习惯等因素影响,因此各厂各炉操作有所不同。现就 3 个或 4 个装煤孔的焦炉装煤顺序简述如下。

对于 3 个装煤孔的焦炉,采用双曲线煤斗,其放煤顺序一般有两种:

(1) 先放机侧煤斗,当下完后立即关闭闸板,盖上炉盖;同时打开焦侧煤斗闸板,待放完后,立即关闭闸板,盖上炉盖;同时打开中间煤斗放煤,并打开小炉门进行平煤,直至平煤完毕。此装煤顺序缺点是操作时间较长,需 180 ~ 220 s;焦侧容易缺角。其优点是装煤过程冒烟少。如果将 3 个煤斗容积比改成机侧 35%、中间 25%、焦侧 40%,其装平煤时间可缩短 20 ~ 25 s,而且焦侧能装满煤,不易缺角。

(2) 先装两侧煤斗,待下煤至约 2/3 时,打开中间煤斗闸板放煤。当两侧煤斗放空煤后进行平煤,直至装煤结束。采用此种顺序操作,装煤时间短,焦侧能装满煤,不易缺角,而且冒烟少。但操作麻烦,为了准确实施此装煤顺序,应采用程序控制代替人工操作。

对于 4 个装煤孔焦炉,采用双曲线煤斗(各煤斗容积基本相等),推荐以下装煤顺序:先装 3 号煤斗(焦侧中间煤斗),5 s 后关闭闸门;同时打开 1 号和 4 号煤斗(即机侧、焦侧两侧煤斗);待 5 ~ 10 s 后,再打开 2 号和 3 号煤斗(机侧中间和焦侧中间煤斗)放煤。待两侧煤斗装完煤或煤斗内停止下煤时,就进行平煤,此时装煤过程就进入第二阶段。当中间两煤斗放煤结束,煤车离开,装煤进入第三阶段。直到把炉内煤料完全平好和保证炉顶空间沿炭化室全长畅通为止。

此装煤顺序优点:装煤和平煤快,约 160 s,比各煤煤斗同时放煤快约 20 s,而且装煤满,不缺角;冒烟时间短,烟量也少,平均冒烟时间约 35 s,如果装煤和平煤操作配合适当,冒烟时间只有 12 s,而其他装煤顺序冒烟时间长达 65 ~ 75 s。但此装煤顺序较烦琐,需要采用程序控制来代替人工操作才行。3 号煤斗先放煤的目的是,因为 4 个煤斗容积相同,如两侧煤斗先放煤容易造成焦侧缺角,装煤不满,因此,3 号煤斗先放 5 s,以弥补 4 号煤斗容积相对偏少的不足。

装煤顺序的选择应以先两侧后中间,力求装满煤,平好煤,不缺角、少冒烟为原则。

5.1.3.3 平煤杆的调整

平煤杆的状态直接影响炭化室最终煤料装入状态和装煤的操作时间，所以经常调整并保持平煤杆的良好状态是非常重要的。

调整平煤杆的托辊和平衡辊的标高，使平煤杆外伸至焦侧，在自身重力作用下产生150~200 mm 自由下垂是较合适的，因为它在炭化室内能依靠煤料得到平衡。当平煤杆在炭化室内往返运动时，随着煤料的升高，平煤杆也升高，将煤料沿炭化室全长扒平，避免煤料过于压实。

试验站调整平煤杆时，平煤杆托辊的标高不应与小炉门的标高相同，因这样难以检验平煤杆的正确状态，也无需顾虑因托辊标高低于小炉门会造成平煤杆在试验过程中的弯曲。当平煤杆在试验站调整后，还应通过在炭化室内带煤料操作，根据实际情况再做适当调整，直至达到理想状态。

调整好的平煤杆在操作过程中会逐步产生偏差而影响操作效果，需及时发现，及时调整。平煤杆产生偏差后对平煤操作会产生下述两种不好的效果：

(1) 平煤杆进入炭化室后，沿炭化室顶向前伸直至焦侧，但不产生下垂现象。这样的平煤效果并不好，且延长平煤时间，平煤杆不得不长趟运行，带出余煤过多，而且容易在装煤孔之间形成煤料凹腰或焦侧装煤孔堵塞。

(2) 平煤杆进入炭化室后，下垂过大，插入煤料较深而将煤料压实，这样也拖延平煤时间，并带出大量余煤，影响焦炭质量，甚至造成推焦困难。

上述两种平煤杆在炉内的状态虽不相同，但在装煤过程中造成的效果却相似。

5.2 推焦

推焦就是把成熟的焦炭推出炭化室的操作。焦炭成熟后，炭化室中的焦饼产生一定收缩才能保证顺利推焦。一般认为煤在炭化室内高温干馏，焦饼中心温度达到950~1050℃时焦炭即成熟；焦饼中心温度达不到上述温度时，则焦炭夹生，焦饼收缩不好；若焦饼中心温度过高，焦炭易碎，不但影响焦炭质量，还可影响正常推焦。另外，因焦炉结构、入炉煤性质及焦炭用途不同，对焦饼成熟温度也有不同的要求。

推焦与装煤一样，应按规定的图表和一定的顺序进行，这样才能稳定加热制度，提高产品质量，合理地使用机械设备和延长炉体寿命。

5.2.1 推焦计划的制定

5.2.1.1 几种“时间”概念

A 周转时间

周转时间是一个炭化室2次推焦相距的时间，即包括煤的干馏时间和推焦装煤等操作时间。对全炉来说，周转时间也是全部炭化室都进行1次推焦所需的时间。

周转时间一般是由生产任务来确定的，但还应考虑焦炉砖的材质、炭化室宽度、炉体及设备状况、操作管理水平以及焦炭质量等因素，综合确定合理的周转时间。

在确定周转时间时，应留有一定的余地，以确保生产任务的完成。焦炉在生产过程中周转时间应保持稳定，不应频繁变动。当实际周转时间短于设计周转时间时称为强化生产。

在炉体完全良好的状态下，强化生产最多只能比设计周转时间少 1 h。

B　操作时间

操作时间指某一炭化室从推焦、平煤、关上小炉门再至下一炉号开始摘门所需的时间，即相邻两个炭化室推焦的间隔时间。

每炉操作时间一般为 10 ~ 12 min，缩短操作时间有利于炉体保护和减轻环境污染，但必须以完成各项操作为前提。操作时间应根据操作工水平和几个车辆综合操作情况而定，并以工作最紧张的车辆作为确定操作时间的依据。一般熄焦车操作 1 炉要 5 ~ 6 min，推焦机要 10 ~ 11 min，装煤车和拦焦机操作时间均少于推焦机。因此，对于共用 1 套车辆的 2 × 42 孔、2 × 36 孔焦炉组，每炉操作时间应以推焦机能否在规定时间内操作完为准。而 2 × 65 孔、2 × 50 孔焦炉组，除共用 1 台熄焦车操作外，其他车辆都是每炉配置 1 台，故操作时间应以熄焦车能否在规定时间内操作完为准。从操作时间的意义可以看出，在操作时间中，开始推焦以前的时间和开始平煤以后的时间已纳入结焦时间范围内。

C　检修时间

检修时间为全炉所有炭化室都不出炉的间歇时间。实际上是将周转时间分为总操作时间和检修时间，即

$$周转时间 = 每孔操作时间 \times 孔数 + 检修时间$$

检修时间用于车间清扫和设备维修，以保证机械设备正常运转和焦炉正常生产。检修时间以 2 ~ 3 h 为宜，过短不利于维修和更换备品备件，起不到检修的作用；过长会造成荒煤气发生量不均衡。所以在确定检修时间时应考虑设备状态及检修能力。

当周转时间较短时，一个周转时间内安排一次检修；若周转时间较长，为均衡出炉，有利于炉温稳定，可在一个周转时间内安排若干次检修。

D　结焦时间

煤在炭化室内高温干馏的时间，一般规定为从平煤杆进入炭化室到推焦杆开始推焦的时间间隔。

5.2.1.2　推焦顺序与循环推焦图表

正常生产的焦炉，每孔炭化室都应按一定周转时间进行煤的干馏炼焦和出炉操作。由于焦炉机械只能逐孔推焦、装煤，所以必须制定一定的推焦、装煤顺序，使整座焦炉有秩序地进行操作。为此就要编制推焦顺序表。

编制推焦顺序表的原则有：

（1）全炉每个炭化室都应保持规定的干馏时间；

（2）推焦时相邻炭化室处于结焦中期，以免推焦时造成炉墙损坏，在装煤后两边燃烧室对新装煤料均匀加热；

（3）焦炉移动机械行程较短，节省运转时间和节能；

（4）保持移动机械有一定的检修时间；

（5）煤气沿集气管长向均匀排出。

根据上述原则，目前采用的推焦顺序有如下几种：

（1）9—2 顺序（符合上述各原则），它是我国普遍采用的顺序；

（2）5—2 顺序（符合上述各原则），现已被广泛采用，机械行程较 9—2 顺序为短，更适用于 5 炉距“一点定位”新型推焦机；

(3) 2—1 顺序(基本符合上述各原则),在国外采用较多。

以2×42孔焦炉为例,上述三种推焦顺序的实际编排如下(表中数字为炭化室号,9—2顺序不编带有0号的炭化室):

9—2 顺序

1　11　21　31　41　51　61　71　81　91
3　13　23　33　43　53　63　73　83　93
5　15　25　35　45　55　65　75　85
7　17　27　37　47　57　67　77　87
9　19　29　39　49　59　69　79　89
2　12　22　32　42　52　62　72　82　92
4　14　24　34　44　54　64　74　84
6　16　26　36　46　56　66　76　86
8　18　28　38　48　58　68　78　88

5—2 顺序

1　6　11　16　……　71　76　81
3　8　13　18　……　73　78　83
5　10　15　20　……　70　75　80
2　7　12　17　……　72　77　82
4　9　14　19　……　74　79　84

2—1 顺序

1　3　5　…　39　41　43　45　…　79　81　83
2　4　6　…　40　42　44　46　…　80　82　84

循环推焦图表是按月编排的,其中规定焦炉每天每班的操作时间、出炉数和检修时间。例如:周转时间为18 h的2×42孔焦炉,每炉操作时间10 min,其检修时间为4 h,每次检修时间为2h,则分两段检修,其循环推焦图表见表5-2-1。

表5-2-1　循环推焦图表

日期	时间/h	出炉数			
	1 3 5 7 9 11 13 15 17 19 21 23 0 2 4 6 8 10 12 14 16 18 20 22 24	夜班	白班	中班	合计
1,4,…,28	———　———　———	42	42	36	120
2,5,…,29	—　———　———　——	36	36	36	108
3,6,…,30	——　———　———	36	36	36	108

注:表中"—"表示出炉操作时间。

从表5-2-1可以看出,每经过一定时间,出炉与检修时间重复一次。重复一次的时间称为一个大循环时间。一个大循环时间内的每个周转时间称为一个小循环时间。表中每72 h(一个大循环内)包括了4个小循环,每个小循环18 h可用下列不定议程来表示:

$$大循环天数(y) \times 24 = 大循环中包括的小循环数(x) \times 周转时间$$

式中,x,y必须是正整数。上例中$x=4$,$y=3$,即一个大循环需3昼夜,在3昼夜中包含了4个小循环。

在没有较长时间延迟推焦和结焦时间变动不大的情况下，推焦图表应保持不变。

5.2.1.3　班推焦计划的编制

三班推焦操作应严格执行班推焦计划。每班推焦计划应符合推焦图表，并考虑前一班执行推焦计划的情况。在编制推焦计划时，应保证周转时间与结焦时间之差不大于 15 min；需烧空炉时，周转时间与结焦时间之差不大于 25 min。

班推焦计划由负责热工的车间主任制定或核准，值班主任负责组织实施。

在没有延迟推焦和不改变生产计划时，每班的推焦计划应与循环推焦图表相一致，这样，编排时就很简单。但遇有延迟推焦、生产计划调整及特殊炉号处理等情况发生时，就需将这些特殊因素考虑在内进行仔细编排。

A　正常情况下推焦计划的编制

例如 2 ×42 孔焦炉，周转时间 18 h，操作时间 10 min，检修时间 4 h，分两段进行。如某日零点第二段检修完毕，开始出炉，当班为甲班，5—2 顺序推焦，开始推 1 号炭化室，甲班推焦计划表形式见表 5-2-2。

表 5-2-2　甲班推焦计划表

炉　号	推焦时间	炉　号	推焦时间
1	0:00	28	40
6	10	33	50
11	20	38	4:00
16	30	43	10
21	40	48	20
26	50	53	30
31	1:00	58	40
36	10	63	50
41	20	68	5:00
46	30	73	10
51	40	78	20
56	50	83	30
61	2:00	5	40
66	10	10	50
71	20	15	6:00
76	30	20	10
81	40	25	20
3	50	30	30
8	3:00	35	40
13	10	40	50
18	20	（检修）	7:00 ~ 8:00
23	30		

B　乱签炉号的处理

因各种原因产生一个或几个延迟推焦的炉号时，就造成所谓“乱签”。这时在编排计划

时,就应逐步“顺签”,尽量在较短的时间内恢复正常。恢复正常的办法有:

一是向前提,即每次出炉时,将乱签的炉号向前提1~2炉,以求逐渐达到其在顺序中的原来位置。这种方法不损失炉数,但调整慢。

二是向后丢,即在该炉号出炉时不出,使其向后丢,逐渐调整至原来位置。这样调整快,但损失炉数。一般延迟10炉以上,可采取向后丢炉的办法调整,但延长的结焦时间不应超过规定结焦时间的1/4。应注意防止高温事故。

C 结焦时间变动及事故状态下推焦计划的编制

采用循环推焦的优点是每天或每班都有检修时间。这样既不改变结焦时间,又不影响生产任务的完成,还可以减少设备事故的发生。

如果因某种原因而发生事故时,也可采用循环图表法,使结焦时间改变到最低程度。

事故后的推焦计划与事故持续时间和检修时间有关。现将事故时间分两种情况进行讨论:(1)事故持续时间小于一段检修时间;(2)事故持续时间大于一段检修时间。

第一种情况,事故持续时间小于检修时间时,因事故影响的炉数应用撵炉的办法解决,尽快追回丢失的炉数。

在撵炉时,一般规定1 h内只能多出2炉,否则影响出炉操作质量,甚至易发生机械设备及生产操作事故。

第二种情况,因事故持续时间较长,可以采取缩短操作时间和利用检修时间推焦的办法,追回一定的产量;如事故时间太长,则该丢炉时必须丢炉。

5.2.2 推焦操作

5.2.2.1 推焦一般注意事项

(1) 每次推焦打开炉门时间按推焦计划不允许提前或落后超过5 min,摘门后均应清扫炉门、炉门框、磨板和小炉门上的焦油和沉积炭等脏物。

(2) 在推焦机(装煤推焦机)、拦焦机之间应有信号装置;推焦杆与推焦机走行应有机械连锁。

推焦机司机只有确实得到拦焦机和熄焦车做好接焦准备的信号后,才能推焦。推焦时,首先推焦杆轻贴焦饼正面,开始时推焦速度要慢,以免把焦饼撞碎和损坏炉墙。

(3) 推焦机司机要认真记录推焦时间、装煤时间和推焦最大电流。

(4) 关闭炉门后,严禁炉门及小炉门冒烟着火。发现冒烟着火,立即消灭。

(5) 炭化室摘开炉门的敞开时间不应超过7 min。炭化室炉头受装煤、推焦影响而剥蚀较快,摘开炉门时间越长,冷空气侵蚀时间越长,炉头砖剥蚀就越严重。炉头焦炭遇空气燃烧使焦炭灰分增加。热修补炉时也不宜超过20 min。

(6) 焦饼推出到装煤开始的空炉时间不宜超过8 min,烧空炉时也不宜超过15 min。烧空炉时间过长,炭化室温度过高,对装煤操作不利。墙缝中石墨被烧掉,不利于炭化室墙严密。个别情况需要延长时应由车间负责人批准。

(7) 禁止推生焦和相邻炭化室空炉时推焦。焦饼在炭化室里成熟后,焦饼与炭化室墙之间产生一条收缩缝,出焦才能顺利。如果焦饼生,收缩小,炭化室墙和焦炭之间没有缝隙,容易产生难推。难推不仅对推焦机械有损害,而且也是炉墙变形的主要原因。发生难推时,要重新对上炉门,查找原因,检查立火道温度,打开装煤孔盖检查焦饼收缩情况,确认焦饼成熟后再推焦。

推焦时,要求相邻炭化室处于结焦中期。结焦中期的炭化室的煤正处于半焦状态,半焦的焦炭和炭化室墙无间隙,这样才能保证炭化室不至于因推焦力的作用而变形损坏。相反,如果空炉无焦炭,在推焦力作用下,容易使炉墙变形损坏。炭化室一旦变形,就容易再次产生难推焦,使炭化室墙变形恶性循环,加剧损坏。因此,相邻炭化室空炉时绝对禁止推焦。

(8) 严禁用变形的推焦杆或变形的杆头推焦。推焦杆平直、无弯曲变形才能保证推焦顺畅。但是推焦杆长年在高温下使用,特别是在推焦过程中突然停电或发生机械事故时,会造成推焦杆在高温下烘烤,使推焦杆扭曲、变形。用变形推焦杆推焦阻力大,推焦运行不稳定甚至跳动,容易造成难推。推焦杆头在行走过程中有可能刮碰炭化室墙,造成炉墙破损和变形。因此,车间一定备有推焦杆和杆头的备品,变形的推焦杆或杆头一定及时更换。

5.2.2.2　建立清除“石墨”制度

焦炉投产后在生产过程中,炭化室墙不断生长“石墨”。“石墨”生长速度与配煤种类、结焦时间长短有直接关系,车间应根据具体情况建立清除炭化室“石墨”的规章制度。

A　烧空炉清扫“石墨”

烧空炉就是炭化室推完焦以后,关上炉门不装煤,装煤口盖和上升管盖开启,让冷空气进入炭化室烧“石墨”。烧空炉时间与生长“石墨”程度有关,一般烧 1 ~ 2 炉的操作时间。经过几次烧空炉后的“石墨”和墙之间有一定缝隙,“石墨”本身变得酥脆,然后人工敲打,“石墨”就可以清除。

B　压缩空气吹扫“石墨”

推焦机的推焦杆头上安装压缩空气管,当出焦时用压缩空气吹烧炭化室顶“石墨”,吹烧一段时间后,再用人工敲打,除掉“石墨”,保持炭化室顶清洁。

5.2.2.3　推焦电流监视

推焦杆刚启动时,焦炭首先被压缩,推焦阻力达最大值,此时指示的电流为推焦最大电流。焦饼移动后,阻力逐渐降低,推焦杆前进速度可逐渐加快,快终了时又放慢。整个推焦过程中,推焦阻力是变化的,它的大小反映在推焦电流上。为此,推焦时要注意推焦电流的变化。推焦电流过大,表现为焦饼移动困难或根本推不动,即所谓焦饼难推。出现焦饼难推而强制推焦,易造成炉墙损坏变形。

推焦电流因不同焦炉、不同炉体状况及不同推焦机而不同,应根据具体情况,规定焦炉的最大推焦电流,防止强制推焦损坏炉墙。推焦机司机要准确记录推焦电流。随着焦炉的衰老,推焦电流也随着增大,因此,把握推焦电流的变化,就等于在某种程度上掌握了炉墙的损坏情况,为焦炉管理提供了一定依据。

另外,炉墙的“石墨”情况也影响推焦电流的大小,推焦电流的变化也给监视炉墙“石墨”情况提供了信息。

个别炉号温度不正常,如低温或高温发生时,也造成推焦电流升高,推焦电流也给调温提供有用的信息。

推焦机司机不仅准确记录每个炭化室的推焦时间(即推焦杆头接触焦饼的开始时间)、装煤时间(即平煤杆伸入小炉门的开始时间),还要准确记录推焦最大电流,及时发现不正常现象,以便及早采取措施,避免发生事故。

5.2.2.4 难推焦的处理

焦炉在生产过程中,有时发生困难推焦事故。焦炉推焦时,推焦电流超过规定的最大电流时称为难推焦。焦饼一次推不动再推第二次时,称为二次焦事故。其原因很多,如加热制度不合理、炉墙石墨沉积过厚、炉墙变形、平煤不良、原料煤的收缩值过小以及推焦杆变形等。焦饼难推原因及防止措施见表5-2-3。

表5-2-3 焦饼难推原因及防止措施

难推原因		推焦症状	影响程度	焦炭特性	防止与解决措施
配煤不良	配煤中缺乏足够数量的收缩性煤	难推或堵塞	大量炉室	焦炭正常	变更煤种或配煤比有较大变动时需做配煤试验
	配入大量不黏结性煤	难推	大量炉室	焦饼失掉完整性	变更煤种或配煤比有较大变动时需做配煤试验
	装入已氧化了的煤	难推或堵塞	大量炉室	焦饼失掉完整性,易碎	加强煤场管理
	个别来源煤的质量不稳定	难推或堵塞	个别或部分炉室	焦炭质量不均匀	加强煤场管理和煤质化验
	配煤比破坏	难推	个别或部分炉室	焦炭碎或焦块大	加强对入炉煤的质量检验
	煤粒度不良或煤塔中煤粒分层	难推	个别或部分炉室	焦炭质量不均匀	向煤塔送煤和给煤车装煤应按规定进行
	装入煤水分增高	难推	大量或个别炉室	焦炭正常	加强对入炉煤的质量检验
装平煤不良	平煤不良堵塞装煤孔	堵塞	个别炉室	焦炭正常	严格执行操作规程,严禁平煤后将余煤扫入炉内
	未考虑炉室变形而装煤过多	难推或堵塞	个别炉室	焦炭正常	定期检查炉室,加强维修
	炭化室机侧装煤不满	难推或堵塞	个别炉室	焦炭正常	严禁装煤不满
加热不良	全炉温度偏低	难推或堵塞	个别炉室	焦炭不成熟及易碎	经常观察推出焦饼
	横排温度不均	难推或堵塞	大量炉室	焦炭质量不均	经常观察推出焦饼
	破坏推焦计划,提前推焦	难推	大量或个别炉室	焦炭不成熟及易碎	遵循推焦图表
	压力制度破坏,炭化室漏入空气	难推	个别炉室	局部过热,焦炭易碎	确定合理压力制度
炉墙变形	炭化室墙有病变	难推或堵塞	个别炉室	焦炭正常	对病号炉应建立专门装煤制度
	炉头或炉框变窄(特别是焦侧)	难推或堵塞	个别炉室	焦炭正常	注意推焦电流变化,用人工清扫夹焦

如遇到难推焦炉号时,严禁不查明原因就连续推焦;查明原因并处理后,在值班负责人在场并获得准许的情况下方可进行二次推焦;三次以上推焦时,必须有车间负责人在场并获得准许的情况下方可推焦。

困难推焦有一个从量变到质变的过程,如果在量变阶段及时发现问题,采取措施,消除隐患,就可避免困难推焦。例如,炉墙"石墨"的增长由少到多,相应地,推焦电流也会由小到大。当发现"石墨"生长较快、推焦电流变大时,可以除掉"石墨"。如果因炉温低造成难推焦,应关上炉门,延长时间,成熟后再推。如果温度过高、焦炭过火引起难推,就应扒除炉头部分焦饼,直至见到焦饼收缩缝和一段垂直焦饼后,才能再次推焦。

二次焦对炉体损害比较大,是导致炉体变形的主要原因。某一炭化室炉墙变形,三班都要从推焦、装煤、加热方面给以特殊管理。这样可以减少困难推焦,否则二次焦会不断发生,并造成相邻炭化室墙的损坏,甚至向全炉蔓延,加速全炉的损坏。

5.2.2.5　病号炉的装煤和推焦

焦炉在生产过程中,由于装煤、摘门、推焦等反复不断的操作而引起温度激变、机械力冲击与化学腐蚀作用,使炉体各部位逐渐发生变化,炉墙产生裂缝、剥蚀、错台、变形、掉砖甚至倒塌。炭化室墙面变形,推焦阻力增加,导致推焦困难。因炉墙变形经常推二次焦的炉号,称之为病号炉。一座焦炉中有了病号炉,就要对病号炉采取措施,尽量减少二次焦发生,防止炭化室墙进一步恶化。防止的措施有:

(1) 少装煤。根据病号炉炭化室墙变形的部位、变形程度,在变形部位适当少装煤,周转时间可同其他正常炉一样。少装煤的优点是病号炉按正常顺序推焦,不乱签。缺点是损失焦炭产量。这种方法一般在炭化室墙变形不太严重的炉号上采取。

(2) 适当提高病号炉两边立火道温度。将炉墙变形的炭化室两边立火道温度提高,保证病号炉焦炭提前成熟,有一定闷炉时间,焦炭收缩好,以便顺利推焦。但改变温度给调火工和三班煤气工带来许多不便,一般不宜采用。

(3) 延长病号炉结焦时间。若炭化室墙变形严重,只少装煤也解决不了推二次焦的问题时,还可以在少装煤的同时延长病号炉的结焦时间。这样在排推焦计划时,病号炉另排,不能在正常顺序中。病号炉最好按其周转时间单独排出循环图表,将每天病号炉的推焦时间写在记事板上,防止漏排、漏推而发生高温事故。

5.2.2.6　推焦操作的考核

考核推焦情况的指标是推焦系数,即推焦计划系数 K_1、推焦执行系数 K_2 和推焦总系数 K_3。

K_1 是考核计划表中的计划结焦时间与循环图表中规定的结焦时间的偏离情况,按式5-2-1计算:

$$K_1 = (M - A)/M \tag{5-2-1}$$

式中　M——班计划推焦炉数;

A——计划与规定结焦时间相差 ±5 min 以上的炉数。

K_2 是推焦执行系数,用以评定班推焦计划实际执行的情况,按式5-2-2计算:

$$K_2 = (N - B)/N \tag{5-2-2}$$

式中　N——班实际推焦炉数;

B——超过计划推焦时间 ±5 min 的炉数。

推焦总系数 K_3 是用以评价焦化厂或炼焦车间在遵守规定的结焦时间方面的管理水平,代表焦炉操作的总情况,即:

$$K_3 = K_1 K_2 \tag{5-2-3}$$

5.2.2.7　头尾焦处理

打开炉门时有炉头焦塌落,推焦时会带出尾焦,大多数的焦化厂都将头尾焦扔入炭化室内重新炼焦。由于头尾焦在空气中时间长，燃烧使本身灰分增加，不但对焦炭质量有影响，还损失一定量的焦炭，因此，头尾焦不应扔入炭化室内。目前国内 6 m 以上大容积焦炉，在推焦机和拦焦机上都带有头尾焦处理装置。

5.3 熄焦

目前国内湿法熄焦有：常规湿法熄焦、低水分熄焦以及稳定熄焦，详见本书第 3.2.6 节所述。

5.3.1 常规湿法熄焦操作

5.3.1.1 接焦准备

检查设备运转情况和控制系统情况；熄焦车的放焦闸门应紧闭；启闭放焦闸门的压缩空气压力应不小于 0.4 MPa；应持有当班推焦计划表。

5.3.1.2 接焦与熄焦

按计划表对准炉号，移动接焦时，熄焦车厢边缘超出导焦槽中心 1～1.5 m。

与推焦机的信号确认后，见红焦方可移车，接焦时行车速度与推焦速度相适应，尽可能使焦炭在车内分布均匀，防止红焦落地（定点接焦时，只要熄焦车中心对准导焦槽中心，无需移车）。

接焦完毕后，熄焦车应快速开向熄焦塔，进塔前应减速，同时开启熄焦水泵与熄焦计时器，进行喷水熄焦，熄焦过程中应动车 2～3 次，每次距离 1～1.5 m，做到均匀熄焦。

喷水时间 90～120 s，喷水量约 2 m^3/t 干煤；熄焦后的焦炭水分控制在 3%～5%，并防止将大量红焦带到焦台上。

5.3.1.3 卸焦

完成熄焦后的熄焦车，应在熄焦塔外侧控水 1 min 左右，防止将大量的水带到焦台上。

按顺序将焦炭卸到焦台上，应做到小开门、慢行走均匀卸焦，车厢内不留剩焦。

关紧放焦门，鸣笛，瞭望，开车准备接下一炉焦。

5.3.1.4 安全与维修

（1）电机车启动走行之前必须鸣笛，瞭望；

（2）在接焦过程中，如遇到拦焦机突然发生故障，如拦焦机机身倾斜和对位错误等、电机车停电和放焦门自动打开等事故时，应立即按连锁，停止推焦，并发信号进行联系事故处理；

（3）在熄焦车走行过程中，放焦门自动打开，大量红焦落地时，应立即驶离火区，设法用附近水管人工熄焦；

（4）在寒冷地区的冬季，禁止熄焦车停放在熄焦塔下，寒冷季节根据情况及时给压缩空气风包放水，防止结冰，影响操作；

（5）电机车给出推焦信号后，在推焦前不得移动熄焦车，司机也不能随意脱离岗位；

（6）按规定及时打水清扫熄焦塔内的除尘装置；

（7）经常注意熄焦沉淀池中水位高低，及时调节补充水和清理池中粉焦；

（8）当有备用熄焦水泵时，应经常轮流使用；

(9) 定时检查喷洒管的喷水情况,如有堵塞及时清理。

5.3.2　低水分熄焦

低水分熄焦技术是对常规湿法熄焦技术的改进和完善。一般都采用定点接焦,只要操作得当,可以保证熄焦车内的焦炭堆积形状基本不变。因此,熄焦塔内喷洒管的喷嘴排列要与熄焦车内焦炭的堆积形状相适应。熄焦时,采取高压力、大水流快速熄焦方法,以保证均匀快速的熄焦和熄后焦炭的水分低且均匀。低水分熄焦技术采用高置槽间接熄焦方式,其熄焦水的启闭由电动或气动的控制阀门来控制。

5.3.2.1　接焦准备

检查设备运转情况和控制系统情况;熄焦车的放焦闸门应紧闭;启闭放焦闸门的压缩空气压力应不小于0.4 MPa;应持有当班推焦计划表。

5.3.2.2　接焦与熄焦

按计划表对准炉号,使熄焦车中心对准导焦槽中心,接焦时无需移车。

接焦完毕后,熄焦车快速开到熄焦塔下,确认高置槽水位满足熄焦条件(一般用红绿灯指示,绿灯指示可以进入熄焦塔内熄焦,红灯指示不可以进入熄焦塔内熄焦)并准确对位后,由熄焦车司机操纵或自动启动熄焦控制阀门进行熄焦 。熄焦过程中无需移车。为了避免熄焦初期大量水蒸气使熄焦车内表面焦炭向车外迸溅,熄焦过程分前后两段进行,前段为小水流,后段为大水流,这样,在大水流熄焦前设置一段小水流熄焦,可使熄焦车内表面焦炭变成“盖在车厢内焦炭上的一层被”,小水流大致是大水流量的1/3 左右。各段时间长短和水流量的具体大小可以根据现场实际熄焦情况任意调节。

熄焦洒水及耗水情况为:

洒水时间	70 ~ 90 s
小水流	10 ~ 20 s
大水流	60 ~ 70 s
熄焦喷洒水量	3 m^3/t 干煤

低水分熄焦的喷洒水量比常规湿法熄焦高50%左右,但熄焦水的消耗量两者相差无几。由于低水分熄焦熄后焦炭水分比常规湿法熄焦低几个百分点,所以,低水分熄焦的熄焦水消耗量还会略低一点。

由于低水分熄焦时产生大量水蒸气,熄焦车内焦炭处于“沸腾”状态,焦炭相互之间摩擦碰撞,飞溅出来的焦块和焦末较多,因此,沉积在回水沟和沉淀池中的焦块和焦末也就较多,其量要超过常规湿法熄焦的量,要注意及时清扫这些焦块和焦末,以免熄焦后回水溢出。

5.3.2.3　卸焦

由于熄焦车是定点接焦,车内焦炭层较厚,放焦时焦炭冲力大,有可能焦炭冲出焦台,故放焦时应小开门,控制焦炭的流量,移车速度要与焦炭流量相配合。

其余的操作管理与安全可参照第5.3.1节。

5.3.3　稳定熄焦

稳定熄焦技术是对常规湿法熄焦技术的改进和完善。目前,我国仅在引进的7.63 m焦炉上采用稳定熄焦(基本套用德国原凯泽斯图尔三厂湿法熄焦设计)。稳定熄焦与低水分熄焦都采用定点接焦和间接熄焦(高置槽)方式。但稳定熄焦洒水方式独特,有顶部熄焦和底部熄焦(特制的熄焦车底部夹层中设有若干个熄焦喷水口),如图 5-3-1 所示。

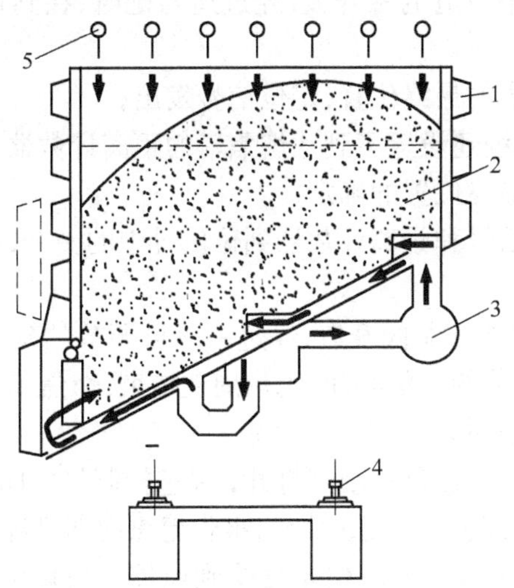

图 5-3-1 稳定法熄焦示意图

1—熄焦车体;2—焦炭;3—下部喷水系统;4—轨道;5—上部喷水系统

稳定熄焦依靠高压力、大水流熄焦,瞬时产生大量水蒸气,通过蒸汽的强烈搅动,焦炭不但被熄灭还受到强烈搅动,使较大颗粒焦炭按结构裂纹开裂。焦炭经稳定熄焦后,焦炭粒度得到稳定,水分低而均匀,由此得名"稳定熄焦(CSQ)"。

稳定熄焦在熄焦除尘方面也与众不同,设置了具有最佳除尘状态的双层折流板,可以有效地增强降尘效果;还在 40 m 高度处设置了熄焦水雾喷洒系统(即顶部熄焦),将一部分大水滴和大颗粒粉尘捕集下来。为了避免折流板捕集下来的粉尘,沉积在折流板上造成堵塞流通断面,系统还在熄焦过程中对折流板进行冲洗。

5.3.3.1 接焦操作

稳定熄焦车一般采用计算机监控的自动操作或半自动操作,设备的每个停止位置和工作位置的所有过程都显示在控制室的监视器上。由于自动操作全部由计算机控制系统完成,对司机的操作要求相对简单,其任务只是随时监视熄焦车和其他车辆及周围环境有无异常,如发现异常将系统切换到半自动或更低档次的操作状态,进行相应的紧急操作。因此,这里讲的接焦操作对应的是半自动操作。稳定熄焦车按照熄焦计划到达预定位置,自动识别炉号。熄焦车厢中心对准待推焦的炭化室中心,以保证焦炭尽可能居中堆积。每次接焦时,两中心的对位精度要高且稳定,这样可使熄焦车底部的出水孔排列位置与车内焦堆位置相对固定,可获得良好的熄焦效果。

5.3.3.2 熄焦操作

熄焦前,应满足如下条件:

(1) 2 台熄焦水泵,至少有 1 台准备运行,并转换到自动方式;

(2) 2 个熄焦水槽的水位指示仪均显示水位达到满水位状态;

(3) 1 个顶部熄焦控制阀和 2 个底部熄焦控制阀准备运行,并设置为自动方式;

(4) 冲洗折流板的控制阀准备运行,并设置为自动方式。

接焦完毕后,熄焦车自动开往熄焦塔,按下列步骤进行熄焦:

(1) 熄焦车首先经过第一道电磁开关,经过适当延时,在到达定位信号发出点之前,折流板冲洗控制阀开启;

(2) 熄焦车到达熄焦塔的最终位置,定位信号发出;

(3) 为了安全起见,系统还设置了到达熄焦塔的距离计数器,它和焦炉工作机协调 PLC 完成熄焦车到达熄焦塔的最终位置的确定;

(4) 如果接收到定位信号和距离计数器到位信号中的一个,则启动熄焦周期,同时关闭折流板冲洗控制阀;

(5)首先顶部熄焦的熄焦控制阀开启,经过一段可调节的延时时间,底部熄焦的熄焦控制阀也开启,经过一段可调节的熄焦时间,熄焦周期结束,熄焦车立即离开熄焦塔;

(6) 上述 4 个熄焦控制阀关闭;

(7) 控制熄焦水槽水位的红色控制灯打开, 绿色控制灯关闭;

(8) 给焦炉工作机的协调 PLC 发送信号,报告熄焦周期已经完成。

在熄焦过程中,2 个熄焦水槽的水位始终受到监控。熄焦水槽加水后其水位处于满水位,则控制熄焦水槽水位的绿色控制灯打开,红色控制灯关闭,允许熄焦车进入,开始实施下一个熄焦周期。否则,控制熄焦水槽水位的红色控制灯打开, 绿色控制灯关闭,不能实施下一个熄焦周期。

为了保持熄焦水槽干净, 当熄焦车离开熄焦塔后, 冲洗阀在可调节时间期限内打开并完成冲洗熄焦水槽的工作。通过冲洗使各种固体物进入排水槽。

熄焦洒水及耗水情况为:

顶部熄焦洒水时间	10 s(开度 75%)
底部熄焦洒水时间	第一次 18 s(开度 50%)
	第二次 26 s(开度 100%)
熄焦水蒸发消耗量	0.4 m^3/t 干煤

5.3.3.3　熄焦除尘操作

稳定熄焦过程是自动完成的,因此其熄焦操作和熄焦除尘操作(包括折流板的冲洗)是融为一体自动完成的。但是,还需人工定期检查折流板的冲洗情况,如发现折流板有堵塞情况,应及时调节折流板冲洗控制阀的控制开度,直至消除折流板堵塞现象。

国内某厂 7.63 m 焦炉的情况:熄焦塔高 48 m,熄焦塔排放口为 14 × 14 m^2,单层除尘装置,熄焦塔散发粉尘量约 89.4 g/t 焦,熄焦塔除尘装置每 4 炉清洗一次,实际清洗效果欠佳。清洗喷嘴结构和折流板材质(聚丙烯)也需改进。

5.3.3.4　卸焦

由于稳定熄焦一般都用于大容积焦炉,单炉产焦量大,又采用了定点接焦,所以车内焦层很厚,放焦时焦炭冲力很大,故采用特殊结构的焦台,实行单炉定点放焦。

5.4　焦炉安全生产

炼焦车间应建立健全的车间安全体系,这样才能保证炼焦车间的正常生产和人身、设备的安全。

车间安全体系应包括安全责任制、安全组织机构、安全教育制度、安全检查制度、岗位安全规程、设备安全规程、安全消防设施、污染监视设施、应急抢救及通风机制等。

炼焦车间安全体系的日常工作应在车间一般安全技术规则和煤气安全技术规则中落实。

5.4.1 炼焦车间一般安全规则

(1) 各种机械和机构的所有运动部分应有保护罩。

(2) 炼焦炉的移动机构应装上自动信号和快速制动闸。行程有限制的各个机构应装上极限切断器。

(3) 在炉顶和操作平台上设炼焦炉操作人员用的吹风装置或风扇。

(4) 炼焦炉的所有平台应装有安全栏杆;炼焦机械轨道的末端设有安全挡。

(5) 焦炉煤气管道的末端设有软金属制的盲板和安全网,并应引出操作走廊之外;高炉煤气管道的末端设置通到外面的安全阀。

(6) 焦炉开工、焦炉停送煤气、焦炉更换加热煤气、焦炉维修等都应遵照详细的安全细则。

(7) 烟道翻板应装置限制器。

(8) 必须预备在氨水停止供应情况下能供上工业水来喷洒集气主管。

(9) 为吹扫煤气管道和集气主管,必要时需将蒸汽送入管道。蒸汽线路应保持完好,有正常气源。

5.4.2 煤气使用安全规则

炼焦车间在安全方面的特殊性是煤气的使用安全问题,这是因为煤气易燃、易爆、有毒,必须有严格的控制制度才能保证使用安全。

5.4.2.1 煤气防爆

煤气的操作压力应不低于500 Pa,目的是防止因供气量突然降低造成负压形成爆炸性混合气体而发生爆炸。

为防止煤气低压引起爆炸,加热煤气管道应设有低压报警系统,并在低压报警后采用停止加热等措施,防止事故发生。但是操作压力过高也不可取,这样易发生泄漏,特别是采用贫煤气加热时,泄漏的一氧化碳能造成人的慢性或急性中毒。贫煤气的操作压力最好控制在1000 Pa以下。

为防止管路爆炸造成设备严重损坏和人身伤亡,加热管道必须设有泄爆装置。

由于煤气的易燃性,有泄漏发生或带煤气作业时应避免火种出现,如敲击火花、电火花、明火等。在地下室等煤气区动火时需经批准,并检查证明安全时方能动火。

管道停煤气后再重新向管道送煤气时,必须经化验或经爆发试验合格后才能送入炉内燃烧。

5.4.2.2 防止煤气中毒

各种煤气都是窒息性的或含有毒成分的,如高炉煤气、发生炉煤气含有大量的一氧化碳有毒成分，所以禁止用口鼻吸入各种煤气。带煤气作业时必须戴防毒面具。

采用贫煤气加热时，煤气区可能有一氧化碳泄漏，所以应设一氧化碳报警系统。空气中一氧化碳控制标准为小于 30 mg/m³，操作环境的一氧化碳要符合卫生标准，否则将引起中毒。有时需进入煤气设备内部检修，人进入前，一定要取样分析氧和一氧化碳含量，根据含量控制进入操作时间，并对含量不断监视。其标准见表 5-4-1。只有氧含量接近对比环境中的氧含量时才能进入。

表 5-4-1 一氧化碳含量与可在设备内的操作时间

一氧化碳含量/mg·m^{-3}	设备内的操作时间	说　明
<30	可长时间操作	
30～50	操作时间小于 1 h	戴面具
50～100	操作时间小于 0.5 h	戴面具
100～200	操作时间小于 15～20 min（每次操作时间间隔 2 h 以上）	戴面具
>200	不准入内操作	

由于煤气泄漏，有毒气体、窒息性气体的含量较高，焦炉地下室应设置通风换气设备。进入操作时，先通风换气，以保证操作环境空气的新鲜。

对贫煤气加热所用的煤气设备必须严格检查。因为贫煤气经过煤气管道、煤气配件及焦炉砌体的不严密处漏出，易使操作人员中毒。在空气中如有 0.20% 的一氧化碳，人就会失去知觉；如有 0.40% 的一氧化碳，人就会立刻死亡。

用贫煤气加热时，煤气蓄热室任何部位的吸力必须大于 5 Pa，防止产生正压使贫煤气泄漏。

一氧化碳是一种无色、无臭、无味的气体。它具有非常强的毒性，当通过肺进入血液后，与血红蛋白结合而生成碳氧血红蛋白，使血液的输氧作用发生障碍，以致造成急性缺氧症。一旦发生中毒事故，抢救要点如下：

（1）将中毒者救出危险区，转移到空气新鲜的地方。只要中毒者仍在呼吸，一接触新鲜空气，人体生物化学性的修复作用就立即开始。

（2）如果中毒轻微，出现头痛、恶心、呕吐症状的，可直接送医务部门急救。

（3）对于中毒较重，出现失去知觉、口吐白沫等症状的，应尽量避免搬动、颠簸以及使中毒者消耗体力的动作，应立即通知煤气防护站和医务部门到现场急救，并采取以下措施：

1）使之躺平，把腿垫高，使血液回流；

2）松开衣领腰带，使之呼吸通畅，掏出口内的假牙、食物等，以防阻塞呼吸；

3）适当保暖，以防受凉；

4）使中毒者吸氧气。

（4）对于停止呼吸的，立即进行口对口人工呼吸。抢救者要避免吸入中毒者呼出的气体。

5.4.2.3 煤气设施的安全措施与检修

（1）煤气设备在停止使用时间较长而保压又有困难时，应可靠地切断煤气来源，并将内部煤气吹净。

(2) 吹扫和置换煤气设施内部的煤气,应用蒸汽、氮气或煤气为置换介质。吹扫或引气过程中,严禁在煤气设施上拴拉电焊线,煤气设施周围 40 m 内严禁有火源。

(3) 煤气设施内部气体置换是否达到预定要求,应按预定目的,根据含氧量分析或爆发试验确定。

(4) 往焦炉内送煤气时,炉内燃烧系统应具有一定负压,送煤气程序必须是先给火源后给煤气,严禁先给煤气后给火源。

(5) 送煤气时不着火或者着火后又熄灭,应立即关闭煤气阀门,查清原因后,再按规定程序重新点火。

(6) 煤气设施停煤气检修时必须可靠地切断煤气来源并将内部煤气吹净。长期检修或停用的煤气设施必须打开人孔、放散管等,保持设施内部的自然通风。

(7) 进入煤气设备内工作时,应取空气样做一氧化碳和氧含量分析。根据一氧化碳含量与可在设备内的操作时间进行工作。氧含量必须接近对比环境的氧含量。

(8) 进入煤气设备内部工作时,安全分析取样时间不得早于进入前 30 min。检修工作中,每 2 h 必须重新分析。工作中断后恢复工作前 30 min 也要重新分析。取样要有代表性,防止死角。当煤气密度大于空气时,取中、下部各一气样;煤气密度小于空气时,取中、上部各一气样。

(9) 经一氧化碳含量分析后,允许进入煤气设备内作业时,应采取防护措施,并设专职监护人。

(10) 在运行中的煤气设备上动火,其设备内煤气必须保持正压。

(11) 在停产的煤气设备上动火,需将煤气设备内可燃物清扫干净或通上蒸汽,确认在动火过程中不形成爆炸性混合气体。

(12) 进入煤气设备内部工作时,所用照明电压和灯具必须符合安全规定。

参考文献

[1] 于振东,蔡承祐. 焦炉生产技术[M]. 沈阳:辽宁科学技术出版社,2003.

[2] 《焦炉调火》编写组. 焦炉调火[M]. 北京:冶金工业出版社,1978.

6 焦炉热工

6.1 焦炉内气体流动与煤气燃烧

6.1.1 焦炉内气体流动

6.1.1.1 流体流动的类型与焦炉内气体流动的特点

A 柏努利方程式

根据能量守恒定律,对单位质量流体流动的机械能进行衡算,可得式 6-1-1:

$$gz_1 + \frac{w_1^2}{2} + \frac{p_1}{\rho} + W_e = gz_2 + \frac{w_2^2}{2} + \frac{p_2}{\rho} + \sum h_f \tag{6-1-1}$$

式中 gz——位能,J/kg;

g——重力加速度,m/s^2;

$\frac{w^2}{2}$——动能,J/kg;

$\frac{p}{\rho}$——静压能,J/kg;

W_e——向系统加入外功,J/kg;

$\sum h_f$——能量损失,J/kg;

下标 1、2——分别为始末两截面处的数值。

假定流体流动时,没有能量损失,即 $\sum h_f = 0$,并且又没有向系统加入外功,$W_e = 0$,则式 6-1-1 可简化为

$$gz_1 + \frac{w_1^2}{2} + \frac{p_1}{\rho} = gz_2 + \frac{w_2^2}{2} + \frac{p_2}{\rho} \tag{6-1-2}$$

柏努利方程式常用下述两种形式描述。

(1) 将式 6-1-1 各项除以重力加速度 g,并令 $H_e = W_e/g$,$H_f = \sum h_f/g$,则以压头形式表示的柏努利方程式为

$$z_1 + \frac{w_1^2}{2g} + \frac{p_1}{\rho g} + H_e = z_2 + \frac{w_2^2}{2g} + \frac{p_2}{\rho g} + H_f \tag{6-1-3}$$

式中 z——位压头,m;

$\frac{w^2}{2g}$——动压头,m;

$\frac{p}{\rho g}$——静压头,m;

H_e——输送设备对流体所提供的有效压头,m;

H_f——压头损失，m。

（2）将式6-1-1中各项乘以流体密度ρ，即得以压力形式表示的柏努利方程式

$$z_1\rho g + \frac{w_1^2}{2}\rho + p_1 + \rho W_e = z_2\rho g + \frac{w_2^2}{2}\rho + p_2 + \rho \sum H_f \quad (6-1-4)$$

式中　$z\rho g$——位压力，Pa；

$\frac{w_2^2}{2}\rho$——动压力，Pa；

p——静压力，Pa；

$\rho \sum H_f = \Delta p$——压力降，Pa；

ρW_e——外力使系统增加的压力，Pa。

B　流体流动的类型

流体的流动有两种明显不同的流动类型：滞流（层流）和湍流（紊流）。流体做滞流流动时，其质点始终沿着与管轴平行的方向做有规则运动，质点之间互不混合；流体做湍流流动时，流体质点除了沿管轴方向向前流动外，各质点的运动速度在大小和方向上随时发生变化，于是质点间彼此碰撞并互相混合。由于质点碰撞而产生的附加阻力比由黏性所产生的阻力大得多，因此碰撞将使流体前进阻力急剧加大。

研究证明：流体的流速w、流体流经管道的直径d、流体的密度ρ及黏度μ组成的复合数群$dw\rho/\mu$是判别流体流动类型的一个准则，这个数群称为雷诺准数，以符号Re表示。

实验结果表明，当$Re \leqslant 2000$时，为滞流；$Re \geqslant 4000$时，为湍流；$2000 < Re < 4000$时，为过渡流，可能是滞流，也可能是湍流，与外部条件有关。

C　阻力与阻力系数

流体流动时，由于流体具有黏性，因此，在流体与管壁之间、流体与流体之间产生摩擦力，阻碍流体的流动，这就是流体阻力。

流体阻力可分成直管阻力与局部阻力两类。直管阻力是流体流经一定管径的直管时，由于摩擦而产生的阻力。局部阻力是流体在流动中，由于管道的某些局部障碍，例如改变流动方向、断面变化、在各种管件里流动等产生的阻力。柏努利方程中的$\sum h_f$项是指所研究系统的总阻力损失，包括直管阻力和局部阻力。

a　直管阻力

计算直管阻力的一般公式为：

$$\Delta p_{直} = K_{直}\frac{\rho w^2}{2} = \lambda \frac{L}{d}\frac{\rho w^2}{2} \quad (6-1-5)$$

式中　$K_{直}$——$K_{直} = \lambda \frac{L}{d}$，直管阻力系数；

L——直管长度，m；

d——管道的直径（对非圆形管道，即为当量直径d_e），m；

λ——摩擦系数。

（1）层流时的λ为：

$$\lambda = 64/Re \quad (6-1-6)$$

式6-1-6适于圆形管道。对于非圆形管道，在计算阻力时采用当量直径d_e，即

$$\Delta p = \lambda \frac{L}{d_e} \frac{\rho w^2}{2} \tag{6-1-7}$$

$$d_e = \frac{4 \times 通道截面积}{浸润周边长} \tag{6-1-8}$$

非圆形管道时，λ 按式 6-1-9 计算

$$\lambda = \frac{B}{Re} \tag{6-1-9}$$

对于正方形通道：$B=57$；对于长方形通道：当长∶宽＝2∶1 时，$B=62$；当长∶宽＝4∶1 时，$B=73$。

（2）湍流时的 λ。流体转入湍流区后，初期

$$\lambda = \frac{A}{Re^n} \tag{6-1-10}$$

对于光滑金属管道：$A=0.32$，$n=0.25$；对于表面粗糙金属管道：$A=0.129$，$n=0.2$；对于砌砖通道：$A=0.175$，$n=0.12$。

当湍流程度进一步加剧，Re 数达到某一数值后，此时 λ 与 Re 无关，阻力与流速的平方成正比，称阻力平方区。工业上为简化计算，对于粗糙管道，如砖砌烟道取 $\lambda=0.05\sim0.06$；长期使用并有涂层的金属管道取 $\lambda=0.045$。

（3）在流量变化通道，如分烟道、煤气分配管道、小烟道和横砖煤气道等，通道中各截面的流量是变化的，阻力系数为

$$K = \frac{1}{3}\lambda L/d \tag{6-1-11}$$

计算阻力时，流速取汇合或分配前通道中的最大流速。

b　局部阻力

流体湍流流动时，局部阻力系数有两种算法：

（1）当量长度法。此法是将流体流过局部部位所产生的局部阻力折合成相当于同直径的管道时所产生的阻力，此时总阻力为：

$$\Delta p = \lambda \frac{L + L_e}{d} \frac{\rho w^2}{2} \tag{6-1-12}$$

L_e 值由实验确定。

（2）阻力系数法。计算式为：

$$\Delta p_{局} = K \frac{\rho w^2}{2} \tag{6-1-13}$$

式中　K——局部阻力系数，一般由实验求得。

几种经常遇到的局部阻力系数，见表 6-1-1。

表 6-1-1　几种常见的局部阻力系数表

阻力名称	简　图	计算速度	阻力系数 K
进入通道 流出通道	w	w	(1) 边缘尖锐时 $K=0.5$（进入） (2) 边缘作圆时 $K=0.25$（进入） (3) $K=1.0$（流出）

续表 6-1-1

<table>
<tr><th>阻力名称</th><th>简　图</th><th>计算速度</th><th>阻力系数 K</th></tr>
<tr><td>突然扩大
突然缩小</td><td> 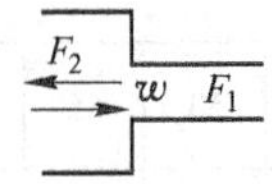</td><td>w</td><td>(1) 突然扩大 $K=(1-F_1/F_2)^2$
(2) 突然缩小 $K=0.5(1-F_1^2/F_2^2)$</td></tr>
<tr><td>圆锥形
扩散孔</td><td> 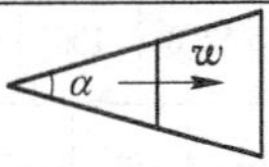</td><td>$w_{平均}$</td><td><table><tr><td>$\alpha/(°)$</td><td>7</td><td>10 ~ 15</td><td>20 ~ 30</td><td>35 ~ 40</td></tr><tr><td>K</td><td>0.2</td><td>0.5</td><td>0.6 ~ 0.7</td><td>0.8 ~ 0.9</td></tr></table></td></tr>
<tr><td>圆锥形
收缩孔</td><td></td><td>$w_{平均}$</td><td>$\alpha=13°$时，$K=0.09$
α 较大时，$K=0.12\sim0.5$</td></tr>
<tr><td rowspan="3">90°
急转弯</td><td rowspan="3"></td><td>$w_1=$
$w_2=w$</td><td>$F_1=F_2$，圆形断面烟道，$K=1.5$
$F_1=F_2$，方形断面烟道，$K=2.0$</td></tr>
<tr><td>w_1</td><td>$\left.\begin{matrix}w_1>w_2\\F_2>F_1\end{matrix}\right\}$ $F_2/F_1=2$ 时，$K=4.0$</td></tr>
<tr><td>w_2</td><td>$w_1<w_2$，$F_2/F_1=0.5$ 时，$K=1.28$
$F_1>F_2$，有缝隙烟道 $K=2.0$</td></tr>
<tr><td>90°圆
折转弯</td><td></td><td>w</td><td>$K=1.0$</td></tr>
<tr><td>90°
肘管</td><td></td><td>w</td><td><table><tr><td>r/d</td><td>1.0</td><td>1.5</td><td>2.5</td><td>5.0</td></tr><tr><td>K</td><td>0.35</td><td>0.15</td><td>0.10</td><td>0</td></tr></table></td></tr>
<tr><td>不同角度
的肘管</td><td></td><td>w</td><td><table><tr><td>$\alpha/(°)$</td><td>90</td><td>120</td><td>135</td><td>150</td></tr><tr><td>K</td><td>1.0</td><td>0.55</td><td>0.25</td><td>0.20</td></tr></table></td></tr>
<tr><td>一定角度
下的烟道
转折</td><td></td><td>w</td><td><table><tr><td>$\alpha/(°)$</td><td>5</td><td>10</td><td>15</td><td>22.5</td><td>30</td><td>45</td><td>60</td><td>90</td></tr><tr><td>光滑表面 K</td><td>0.016</td><td>0.034</td><td>0.042</td><td>0.066</td><td>0.130</td><td>0.230</td><td>0.471</td><td>1.0</td></tr><tr><td>粗糙表面 K</td><td>0.027</td><td>0.044</td><td>0.062</td><td>0.104</td><td>0.165</td><td>0.320</td><td>0.689</td><td>1.265</td></tr></table></td></tr>
<tr><td>圆形闸板</td><td></td><td>闸板
前速
度</td><td><table><tr><td>x/d</td><td>1/8</td><td>1/4</td><td>3/8</td><td>1/2</td><td>5/8</td><td>3/4</td><td>7/8</td></tr><tr><td>断面开启程度</td><td>0.95</td><td>0.86</td><td>0.74</td><td>0.61</td><td>0.47</td><td>0.32</td><td>0.16</td></tr><tr><td>K</td><td>0.07</td><td>0.26</td><td>0.81</td><td>2.10</td><td>5.52</td><td>17.0</td><td>97.8</td></tr></table><table><tr><td rowspan="2">开闭器全开</td><td>d/mm</td><td>60 ~ 80</td><td>100</td><td>200 ~ 250</td><td>300</td></tr><tr><td>K</td><td>0.10</td><td>0.09</td><td>0.08</td><td>0.07</td></tr></table></td></tr>
<tr><td>方形闸板</td><td></td><td>闸板
前速
度</td><td><table><tr><td>F_1/F_2</td><td>0.9</td><td>0.8</td><td>0.7</td><td>0.6</td><td>0.5</td><td>0.4</td><td>0.3</td><td>0.2</td><td>0.1</td></tr><tr><td>K</td><td>0.09</td><td>0.39</td><td>0.95</td><td>2.08</td><td>4.02</td><td>8.12</td><td>17.8</td><td>44.5</td><td>193.0</td></tr></table>或 $K=\left(\frac{F_2}{0.65F_1}-1\right)^2$</td></tr>
</table>

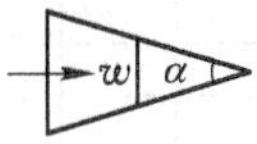

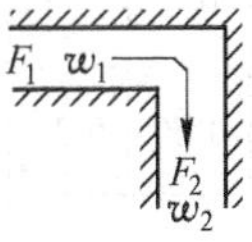

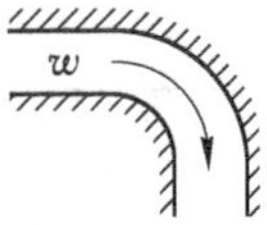

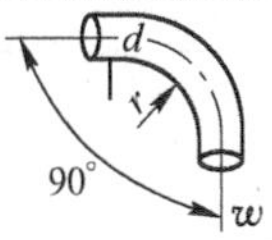

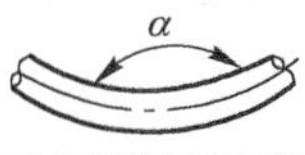

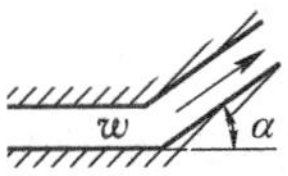

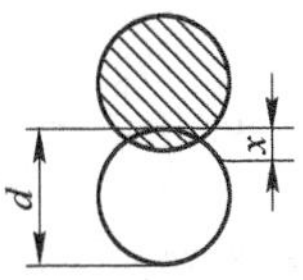

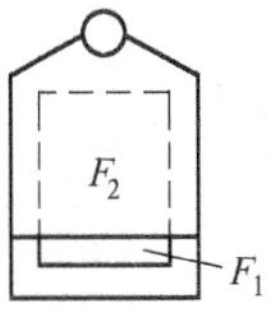

续表 6-1-1

阻力名称	简　图	计算速度	阻力系数 K											
旋塞		旋塞前速度	$\alpha/(°)$	5	10	20	30	40	45	50	55	60	65	
			K	0.05	0.29	1.56	5.47	17.3	31.2	52.6	106	206	486	
蝶形翻板		翻板前速度	$\alpha/(°)$	5	10	20	30	35	40	45	50	55	60	65
			K	0.24	0.52	1.54	3.91	6.22	10.8	18.7	32.6	118	256	751
孔板		管中流速 w	F_1/F_2	0.1	0.2	0.3	0.4	0.5	0.6	0.7	0.8	0.9	0.95	
			K	238	50	18.4	8.4	4.33	1.74	0.66	0.21	0.036	0.008	
三通管		w	急折　$K=2.3$ 圆角　$K=2.0$											
		w	急折　$K=3.0$ 圆角　$K=1.5$											
		w	主要方向　$K_1=1.0$ 分支方向　$K_2=1.5$											

D　焦炉内气体流动的特点

在没有向系统加入外功即 $W_e=0$ 的情况下，式 6-1-1 变为

$$z_1\rho g+\frac{w_1^2}{2}\rho+p_1=z_2\rho g+\frac{w_2^2}{2}\rho+p_2+\sum\Delta p \tag{6-1-14}$$

焦炉内煤气、空气和废气的流动规律基本上符合式 6-1-14，在应用时要考虑下述特点。

(1) 流经焦炉加热系统各区段的不是同一种气体，气体的温度也有较大变化，因此要分区段运用柏努利方程式（如分为蓄热室、斜道和立火道等区段）。

(2) 炉内加热系统压力变化较小，各区段温度变化均匀，故流动过程中气体密度 ρ 的变化应是均匀的，因此可用平均温度下的气体密度 ρ_{1-2} 代替 ρ，即 $\rho_{1-2}=\rho_0\dfrac{T_0}{T_{1-2}}=\dfrac{2\rho_1\rho_2}{\rho_1+\rho_2}$，称为调和平均密度，其中 $T_{1-2}=\dfrac{1}{2}(T_1+T_2)$，$\rho_1$、$\rho_2$ 分别为截面 1,2 处的气体密度，为便于焦炉上应用，式 6-1-14 可写为

$$z_1\rho_{1-2}g+\frac{w_1^2}{2}\rho_{1-2}+p_1=z_2\rho_{1-2}g+\frac{w_2^2}{2}\rho_{1-2}+p_2+\sum\Delta p \tag{6-1-15}$$

为简化计算，通常用 $\rho_{1-2}=\dfrac{\rho_1+\rho_2}{2}$ 代替调和平均密度。

(3) 焦炉加热系统不仅是气体流动通道，而且起气流分配作用；此外，集气管、加热煤气

管道和烟道等均有分配或汇合气流的作用；在这些通道中气流压力和动量的变化很大，因此要考虑变量气流的流动特点。

（4）在式6-1-15中，$z\rho_{1-2}g$、$\frac{w_1^2}{2}\rho_{1-2}$、$p_1$ 分别为位压力、动压力和静压力，三者之和即为总压，因此，由式6-1-15可得

$$总压差=阻力 \qquad (6-1-16)$$

按这一原理，焦炉调节时为改变流量可以采用两种手段，即通过改变煤气、废气的静压来改变系统的总压差，或通过改变调节装置的开度（局部阻力系数）来改变系统阻力。

6.1.1.2 柏努利方程式在焦炉上的应用

A 浮力

焦炉内的热气体与炉外空气存在着密度差，因而产生使热气体向上流动的力，这个力称为浮力。

浮力产生原理（见图6-1-1）：假如在密闭通道内，有一股被密度为 ρ_k 的冷空气包围的、静止的、密度为 ρ_i 的热气柱，因热气柱上、下的位能不同使得热气柱底部的绝对压力比顶部的绝对压力大。

即

$$p_1-p_2=h_{1-2}\rho_i g \qquad (6-1-17)$$

对于热气柱外的冷空气有：

$$p_1'-p_2'=h_{1-2}\rho_k g \qquad (6-1-18)$$

式6-1-18减去式6-1-17得：

$$(p_2-p_2')-(p_1-p_1')=h_{1-2}g(\rho_k-\rho_i) \qquad (6-1-19)$$

式中 p_2-p_2'，p_1-p_1'——分别为热气柱顶部和底部的相对压力，并以 a_2 和 a_1 表示。

如将热气柱顶部与冷空气接通时，则两者压力相等，即 $p_2=p_2'$，式6-1-19变为

$$-a_1=h_{1-2}g(\rho_k-\rho_i) \qquad (6-1-20)$$

由于 $\rho_k>\rho_i$，热气柱底部将具有 $h_{1-2}g(\rho_k-\rho_i)$ 的负压。若将热气柱底部与大气接通，冷空气就会被吸入通道内，同时热气柱上升。热气柱上升的力称做浮力，数值为 $h_{1-2}g(\rho_k-\rho_i)$。

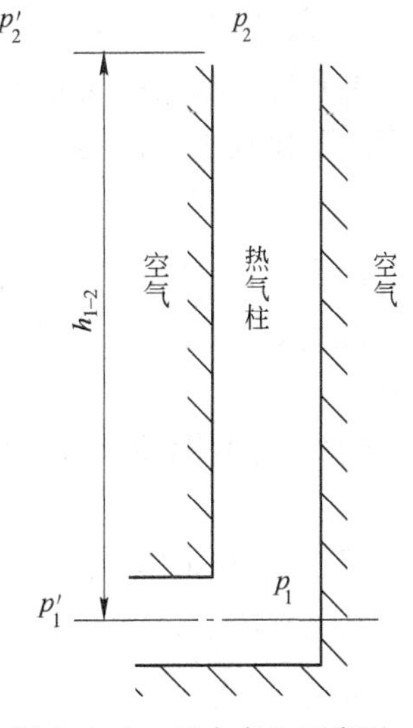

图6-1-1 浮力产生示意图

B 上升与下降气流公式

焦炉内对于气体流量不变的通道，动压力的变化可忽略不计。

上升气流时：

$$a_2=a_1+h_{1-2}g(\rho_k-\rho_{1-2})-\sum{}_{1-2}\Delta p \qquad (6-1-21)$$

下降气流时：

$$a_2=a_1-h_{1-2}g(\rho_k-\rho_{1-2})-\sum{}_{1-2}\Delta p \qquad (6-1-22)$$

由式6-1-21和式6-1-22可以看到：在上升气流时，当阻力大于浮力时，末点处压力小于始点处压力；当阻力小于浮力时，末点处压力大于始点处压力。如上升气流蓄热室格子砖堵塞，阻力增加，当其阻力大于浮力时，出现蓄热室顶部的吸力大于蓄热室底部的吸力。在

下降气流时,末点压力始终小于始点处的压力,或末点处的吸力总是大于始点处的吸力,这两点的压力差就是该段的浮力与阻力和。

由于热浮力的方向总是向上的,因此上升气流热浮力是推动力,下降气流热浮力是阻力。在水平方向流动时, $a_2 = a_1 - \sum_{1-2}\Delta p$。

例1: 下降气流蓄热室顶部和底部的压力差为41 Pa,若浮力为25 Pa,问蓄热室阻力是多少?

解: 将已知数据代入式6-1-23得

$$41 - 25 - \sum_{1-2}\Delta p = 0$$

$$\sum_{1-2}\Delta p = 16\ \text{Pa}$$

C　循序上升与下降气流公式

当气体在既有上升气流又有下降气流的通道内流动时,从始点到终点的全部阻力总是使终点压力减小的。上升时浮力使终点压力增加,下降时浮力使终点压力减小,其公式为:

$$a_2 = a_1 + \sum h_{上}\, g(\rho_k - \rho_i) - \sum h_{下}\, g(\rho_k - \rho_i) - \sum \Delta p \qquad (6-1-23)$$

式中　$\sum h_{上}\, g(\rho_k - \rho_i)$——气流两个断面之间各上升气流段浮力总和;

$\sum h_{下}\, g(\rho_k - \rho_i)$——气流两个断面之间各下降气流段浮力总和。

上升气流蓄热室顶部至下降气流蓄热室顶部的气体流动,因上升与下降高度相等,且气体密度变化较小,所以上升与下降的浮力差可以不计,由式6-1-23得:

$$a_1 - a_2 = \sum \Delta p \qquad (6-1-24)$$

这就是说,上升与下降蓄热室顶部的压力差等于气流所经路程中所产生的阻力。严格地说式6-1-24是近似的,因为其浮力差实际上不等于零,但在实际应用中已足够准确。

例2: 冬夏两季大气压发生变化,试分析这种变化对焦炉集气管压力、蓄热室顶部吸力的影响。

解: (1) 讨论集气管压力,按式6-1-21,列出炭化室底部到集气管间的上升气流方程式:

冬季: $a_2' = a_1' + hg(\rho_k' - \rho_{1-2}') - \sum_{1-2}\Delta p'$

夏季: $a_2 = a_1 + hg(\rho_k - \rho_{1-2}) - \sum_{1-2}\Delta p$

其中 $\sum_{1-2}\Delta p' = \sum_{1-2}\Delta p, \rho_{1-2}' = \rho_{1-2}$

且要求炭化室底部压力相等, $a_1' = a_1$,将上述两式相减得

$$a_2' - a_2 = hg(\rho_k' - \rho_k)$$

因为 $\rho_k' > \rho_k$,所以 $a_2' - a_2 > 0$。即冬季集气管压力应保持比夏季高一些,差值为 $hg(\rho_k' - \rho_k)$。

(2) 讨论上升气流蓄热室顶部吸力,列出蓄热室顶部到看火孔间的气流方程式如下:

冬季: $a_2' = a_1' + hg(\rho_k' - \rho_{1-2}') - \sum_{1-2}\Delta p'$

夏季: $a_2 = a_1 + hg(\rho_k - \rho_{1-2}) - \sum_{1-2}\Delta p$

其中 $\sum_{1-2}\Delta p' = \sum_{1-2}\Delta p, \rho_{1-2}' = \rho_{1-2}$

要求看火孔压力保持相同,$a_2'=a_2$。将上述两式相减得

$$a_1'-a_1=hg(\rho_k'-\rho_k)$$

因为$\rho_k'>\rho_k$,所以$a_1'-a_1>0$。即上升气流蓄热室顶部压力夏季比冬季高,也就是说,夏季的蓄热室顶部吸力低于冬季的蓄热室顶部吸力。

(3) 讨论下降气流蓄热室顶部吸力,按式6-1-22 列出从看火孔到蓄热室顶部的下降气流公式:

冬季:$a_2' = a_1' - hg(\rho_k' - \rho_{1-2}') - \sum_{1-2}\Delta p'$

夏季:$a_2 = a_1 - hg(\rho_k - \rho_{1-2}) - \sum_{1-2}\Delta p$

其中 $\sum_{1-2}\Delta p' = \sum_{1-2}\Delta p$,$\rho_{1-2}' = \rho_{1-2}$

要求看火孔压力保持相同,$a_1'=a_1$。上述两式相减得

$$a_2'-a_2=hg(\rho_k'-\rho_k)$$

因为$\rho_k'>\rho_k$,所以$a_2'-a_2>0$。即下降气流蓄热室顶部吸力冬季比夏季高。

D 阻力、压力差与气体流量的关系

用阻力公式计算焦炉加热系统阻力值比较烦琐,且因阻力系数取值的误差和其他因素影响,计算结果常与实测值有偏差。因此,焦炉加热调节中,常用阻力、压力差与流量的对比关系,由原测量值换算为调节后的需要值,并据此进行加热调节。

a 阻力、气体流量的关系

焦炉生产条件改变前后,加热系统某段的阻力分别为

$$\Delta p = K\frac{w_0^2\rho_0}{2}\cdot\frac{T}{T_0} \tag{6-1-25}$$

$$\Delta p' = K'\frac{w_0'^2\rho_0'}{2}\cdot\frac{T'}{T_0} \tag{6-1-26}$$

两式相除得:

$$\frac{\Delta p'}{\Delta p}=\frac{K'w_0'^2\rho_0'T'}{Kw_0^2\rho_0T}=\frac{K'V_0'^2\rho_0'T'}{KV_0^2\rho_0T}=\frac{K'}{K}\left(\frac{q'B'C'}{qBC}\right)^2\left(\frac{\tau}{\tau'}\right)^2\frac{\rho_0'}{\rho_0}\frac{T'}{T} \tag{6-1-27}$$

式中 $\Delta p',\Delta p$——同一通道区段条件改变前后的阻力,Pa;

K',K——同一通道区段条件改变前后的阻力系数;

V',V——同一通道区段条件改变前后的气体流量,m^3/h;

ρ_0',ρ_0——同一通道区段条件改变前后的气体密度,kg/m^3;

T',T——同一通道区段条件改变前后的绝对温度,K;

q',q——同一通道区段条件改变前后的炼焦耗热量,kJ/kg;

B',B——同一通道区段条件改变前后的炭化室装煤量,t;

C',C——同一通道区段条件改变前后每提供1000 kJ 热量所需气体量,m^3;

w_0',w_0——同一通道区段条件改变前后的气流速度,m/s;

τ',τ——同一通道区段条件改变前后的结焦时间,h。

对于某一区段有

$$\frac{\sum_{\text{区段}}\Delta p'}{\sum_{\text{区段}}\Delta p}=\frac{\Delta p'}{\Delta p} \tag{6-1-28}$$

C 值在煤气、空气和废气区段分别为：

$$C_{煤}=\frac{1000}{Q};C_{空}=\frac{1000}{Q}\alpha L_{理};C_{废}=\frac{1000}{Q}V_{f}$$

式中　Q——加热煤气(干)低位发热量，kJ/m^3；

α——空气系数；

$L_{理}$——1 m^{3}煤气燃烧所需理论空气量，m^3；

V_f——1 m^{3}煤气燃烧所生成的废气量，m^3。

b　压力差与流量的关系

对整个加热系统由式 6-1-23 知

$$\sum\Delta p=a_{始}-a_{终}+\sum h_{上}g(\rho_k-\rho_i)-\sum h_{下}g(\rho_k-\rho_i)$$

若所选定的区段间上升与下降气流浮力差为零，即

$$\sum h_{上}g(\rho_k-\rho_i)-\sum h_{下}g(\rho_k-\rho_i)=0$$

则

$$\sum\Delta p=a_{始}-a_{终} \tag{6-1-29}$$

式 6-1-29 适用于异向气流蓄热室顶部之间，也适用于机、焦侧高炉煤气管道至废气盘的通道。此式用于进风口至分烟道整个加热系统时，只能得到近似结果，因为下降段总浮力大于上升段总浮力，且各蓄热室的堵漏情况和阻力系数等差异较大。

结合式 6-1-27 和式 6-1-29，对同一通道，在两种生产条件下，当符合式 6-1-29 的规定，并设 $K=K'$，$T=T'$时，则可得出

$$\frac{\sum\Delta p'}{\sum\Delta p}=\frac{a'_{始}-a'_{终}}{a_{始}-a_{终}}=\left(\frac{V'_0}{V_0}\right)^2 \tag{6-1-30}$$

该式表明在一定条件下，阻力或压力差是流量的指标。

例 3：某 JN 型焦炉用高炉煤气加热时，上升气流煤气斜道阻力为 24.0 Pa，若改用焦炉煤气，该斜道阻力为多大？

解：由于同一斜道几何尺寸完全相同，故 $K=K'$，则

$$\frac{\sum\Delta p_{煤}}{\sum\Delta p_{空}}=\left(\frac{q'B'C'}{qBC}\right)^2\left(\frac{\tau}{\tau'}\right)^2\frac{\rho'_0}{\rho_0}\cdot\frac{T'}{T}$$

因为 $\tau=\tau'$，$T=T'$，$B=B'$，耗热量分别为 $q'=3050$ kJ/kg，$q=2275$ kJ/kg，高炉煤气发热量为 3900 kJ/m^3，则 $C'=1000/3900$ m^3；如焦炉煤气发热量为 17900 kJ/m^3，则

$$C=\frac{1000}{17900}\times\frac{L_{实}}{2}=\frac{1000}{17900}\times\frac{5.55}{2}$$

式中　$L_{实}$——燃烧 1 m^{3}焦炉煤气所需实际空气量，当 $\alpha=1.25$ 时，$L_{实}=5.55$ m^3；

2——燃烧焦炉煤气所需空气量由两个斜道供给，故通过一个斜道的空气量为二分之一。

在 0℃下，湿空气 $\rho_0=1.28$ kg/m^3，高炉煤气 $\rho'_0=1.275$ kg/m^3，将上述各值代入并计算得：

$$\sum\Delta p_{空}=7.16\text{ Pa}$$

6.1.1.3　动量原理在焦炉上的应用

A　焦炉废气循环

a　废气循环的意义和原理

煤气和空气在上升立火道内燃烧产生废气，经跨越孔流入下降立火道，这时有部分废气经循环孔被抽吸入上升立火道中，这种燃烧法称做废气循环。采用废气循环，可以稀释煤气和降低氧的浓度，从而减慢燃烧速度，提高气流速度，拉长火焰。废气循环有利于焦饼上下加热均匀，从而收到改善焦炭质量、缩短结焦时间、增加产量并降低炼焦耗热量的效果。

形成废气循环的推动力：

(1) 在循环孔两侧上升气流与下降气流之间产生的剩余喷射力；

(2) 因上升气流温度比下降气流温度高，在上升火道与下降火道间产生的热浮力差。

b　废气循环基本方程式

动量原理指出："稳定流动时，作用于流体某一区域上的外力在某一坐标轴方向上的总和等于在此区域两端单位时间内流过的流体在该方向上的动量变化。"根据这一原理及循序上升和下降气流方程式可得到双联火道废气循环的基本方程式

$$\frac{V_{0煤}^2}{F_火 \cdot F_{煤斜(煤嘴)}} \cdot \frac{\rho_{0煤} \cdot T_{煤斜}}{273} + \frac{V_{0空}^2}{F_火 \cdot F_{空斜}} \cdot \frac{\rho_{0空} \cdot T_{空斜}}{273} - \frac{V_{0废}^2(1+x)^2}{F_火^2} \cdot \frac{\rho_{0废} \cdot T_{上废}}{273} + Hg(\rho_{下废} - \rho_{上废}) = (p_H - p_B) + \sum_{1-H}\Delta p \tag{6-1-31}$$

式中　$V_{0煤}, V_{0空}, V_{0废}$——煤气、空气、废气流量，m^3/s；

ρ_0——气体密度，kg/m^3；

$F_火, F_{煤斜(煤嘴)}, F_{空斜}$——火道、高炉煤气斜道（烧焦炉煤气时为烧嘴）、空气斜道截面积，m^2；

$T_{煤斜}, T_{空斜}, T_{上废}$——斜道（或烧嘴）出口处煤气、空气和上升气流火道废气绝对温度，K；

H——火道高度；

$\rho_{下废}, \rho_{上废}$——下降和上升气流火道中废气密度，kg/m^3；

x——$x = V_环/V_废$，废气循环量占燃烧产生废气量的比例，%。

式6-1-31左边1～4项分别为煤气喷射力（$\Delta h_煤$）、空气喷射力（$\Delta h_空$）、火道中废气的剩余喷射力（$\Delta h_废$）和上升与下降火道的浮力差（$\Delta h_浮$），右边（$p_H - p_B$）为循环孔阻力、$\sum_{1-H}\Delta p$ 为跨越孔和火道的阻力，将其合并为总阻力 $\sum_总 \Delta p$，则式6-1-31可写成：

$$\Delta h_煤 + \Delta h_空 - \Delta h_废 + \Delta h_浮 = \sum_总 \Delta p \tag{6-1-32}$$

由于式6-1-32的推导中没有考虑循环废气与火道中废气的汇合阻力，也没有考虑喷射力的利用率，因此计算的废气循环量大于实际。试验表明，喷射力利用系数取0.75时，所得结果与实际比较一致，即式6-1-32改成

$$0.75(\Delta h_煤 + \Delta h_空 - \Delta h_废) + \Delta h_浮 = \sum_总 \Delta p \tag{6-1-33}$$

实际上废气循环量还取决于烧嘴、斜道和循环孔的位置，但在理论公式中难以计入。

c　废气循环和防止短路的讨论

关于废气循环和短路的防止讨论如下：

(1) 废气循环推动力。在一般情况下，浮力差大于有效喷射力。但当减小烧嘴直径和斜道口断面时喷射力将增加；当气体预热温度降低，或交换时间缩短时，浮力差将减小。用

高炉煤气贫化焦炉煤气，不仅降低可燃物浓度使燃烧速度减慢，还增加煤气喷射力使废气循环量增加，从而拉长火焰。

(2) 废气循环的阻力。跨越孔阻力起主要作用(火道摩擦阻力甚微)。在一定推动力下，阻力增加时，废气循环量将减少。

(3) 废气循环量的自动调节作用。流量变化时，喷射力和阻力均改变，浮力差则可视为不受流量影响。因此用高炉煤气加热时，因煤气、废气流量增加，喷射力和阻力均增加，浮力差的作用相对减少，故废气循环量减少，正好适应了高炉煤气火焰较长的特点。反之，用焦炉煤气加热时，浮力差的作用大于喷射力，导致废气循环量自动增加，使火焰拉长，有助于改善高向加热的均匀性。当流量一定、高向加热均匀性变差时，上升和下降火道的温度差增加，浮力差增大，使废气循环量自动增加，从而改善高向加热均匀性。

(4) 短路。所谓短路就是上升气流煤气和空气不经过立火道燃烧而由循环孔被直接抽入下降气流斜道中燃烧。这将损坏炉体，应予防止。短路的主要原因是喷射力与浮力差之和小于循环的阻力。通常在以下情况下容易发生短路：1)换向时；2)结焦时间过长或保温期间；3)火道中有杂物使阻力增大；4)装煤初期如有大量荒煤气经炉墙漏入火道；5)看火孔为负压且未被盖严。

d　废气循环量的测定

在下降气流立火道上部通入一定量惰性气体(一般用 CO_2)，根据通入前和通入后上升与下降气流中 CO_2 量的变化，可以计算出废气循环比。

假定废气循环比为 x，根据废气中增加的 CO_2 量应等于循环废气带入量则有如下平衡方程式

$$(1+x)(\varphi_{CO_2,后升}-\varphi_{CO_2,前升})=x(\varphi_{CO_2,后降}-\varphi_{CO_2,前降})$$

$$x=(\varphi_{CO_2,后升}-\varphi_{CO_2,前升})/[(\varphi_{CO_2,后降}-\varphi_{CO_2,前降})-(\varphi_{CO_2,后升}-\varphi_{CO_2,前升})] \quad (6-1-34)$$

式中 $\varphi_{CO_2,前升}$——通入 CO_2 前上升气流中 CO_2 的体积分数，%；

$\varphi_{CO_2,前降}$——通入 CO_2 前下降气流中 CO_2 的体积分数，%；

$\varphi_{CO_2,后升}$——通入 CO_2 后上升气流中 CO_2 的体积分数，%；

$\varphi_{CO_2,后降}$——通入 CO_2 后下降气流中 CO_2 的体积分数，%。

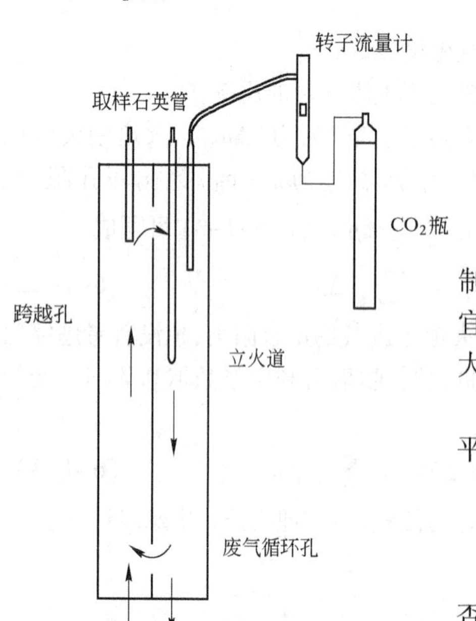

图6-1-2　废气循环量测定装置示意图

注意事项：

(1) 通入 CO_2 量应稳定，一般用转子流量计控制，而且量应适中，一般为燃烧废气量的2%～4%为宜。通入量过小会使分析误差变得太大，通入量过大会明显破坏原来的平衡。

(2) 为减少误差一般取2～4个平行样分析，取平均值计算。

(3) 通入 CO_2 的入口应在跨越孔中部为宜。

(4) 下降气流取样点应在 CO_2 入口点以下2 m多。

(5) 在生产焦炉上测量时应选在焦炉检修时间，否则石英管太长而无法操作。

(6) CO_2 通入管、取样管均应是石英管。测量装置如图6-1-2所示。

B 变量气流方程式及其应用

焦炉内的变量气流有分配通道中的变量气流和集合通道中的变量气流两种。

加热煤气主管、横管、炉内横砖煤气道、小烟道、分烟道、水平烟道和集气管等通道中气体的流动均属变量气流。它与恒量气流的流动规律的主要区别是存在气体流量变化所引起的动量变化。

a 变量气流基本方程式

对于分配通道(见图6-1-3)变量气流,其公式为:

$$p_x = p_H + \frac{\rho V_H^2}{2F^2}\left\{2[1-(1-x)^2] - \frac{\lambda L}{3D}[1-(1-x)^3]\right\} \tag{6-1-35}$$

式中 p_x——水平通道长向某处气体静压力,Pa;

p_H——水平通道入口处气体静压力,Pa;

V_H——水平通道入口处气体流量,m^3/s;

F——通道截面积,m^2;

ρ——气体密度,kg/m^3;

L——通道长度,m;

D——通道水力直径,m;

λ——摩擦系数;

x——通道入口处至 x 点的相对距离。

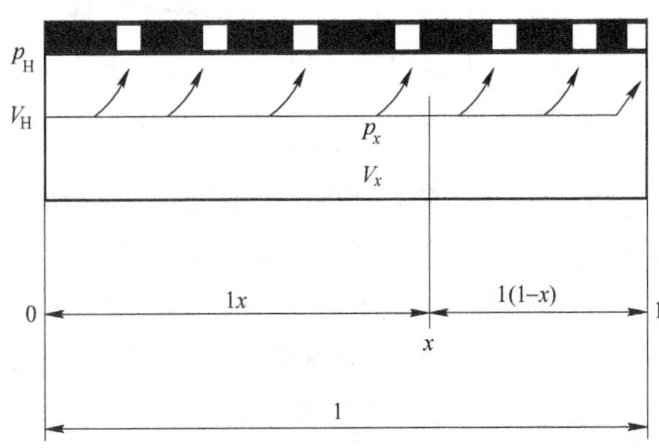

图6-1-3 均匀变量气流示意图

对于集合通道变量气流,其公式为

$$p'_x = p_K + \frac{\rho V_K^2}{2F^2}\left\{2[1-(1-x)^2] + \frac{\lambda L}{3D}[1-(1-x)^3]\right\} \tag{6-1-36}$$

式中 p'_x——水平通道长向某处静压力,Pa;

p_K——水平通道出口处的静压力,Pa;

V_K——水平通道出口气体的流量,m^3/s。

式6-1-35和式6-1-36在推导中以单向气流为出发点,并做了下述假设:

(1) 气流系单向流动,实际上属三维流动。

(2) 仅考虑摩擦阻力,实际上由于气流平行性的破坏,还存在复杂的局部阻力。

(3) 温度取为定值,实际上,变量气流通道中,有时气体温度也随 x 变化。

b 小烟道内的静压分布和蓄热室长向气流的均匀分布

小烟道内,一般

$$2[1-(1-x)^2] > \frac{\lambda L}{3D}[1-(1-x)^3]$$

因此,从式 6-1-35 和式 6-1-36 可知,沿小烟道全长的静压力,无论是分配通道的上升气流还是集合通道的下降气流,都是小烟道外侧静压力小,内侧静压力大,即 $p_x > p_H$、$p'_x > p_K$。而箅子砖孔上部气流的静压力 p(或 p')则是相同的。因此,箅子砖上、下的静压差沿蓄热室长向分布如图 6-1-4 所示,即:上升气流时,$\Delta p_2 > \Delta p_1$,会造成内侧流量大;下降气流时,$\Delta p'_2 > \Delta p'_1$,会造成外侧流量大。

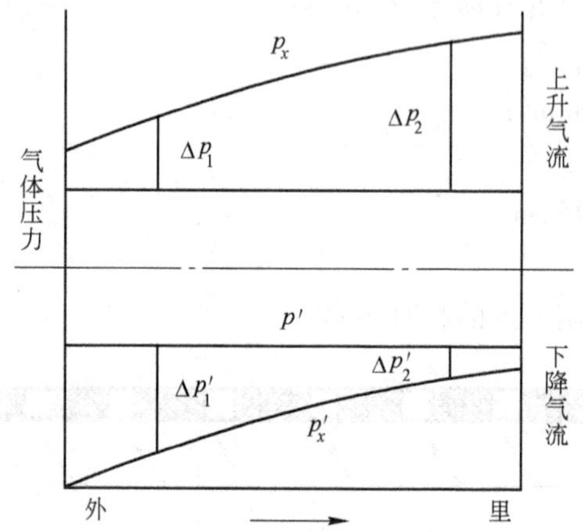

图 6-1-4 箅子砖上、下静压差沿蓄热室长向分布

因外侧散热量大,蓄热室内侧温度高于外侧,因此内侧浮力较大,更促使上升气流时内侧流量加大,下降气流时外侧流量加大。这种压力分布,还导致了蓄热室内气流的对角线流动。上升气流时,气流从内侧下部向外侧上部流动;下降气流时,气流从内侧上部向外侧下部流动。结果造成了蓄热室内气流的不均匀分布,使蓄热室内格子砖的传热面积不能充分利用。为了改善气流分布,对不同炉型可采取如下措施:

(1) 采用扩散型箅子砖孔。在外侧配置内径下大上小的收缩型箅子砖,内侧配置内径下小上大的扩散型箅子砖。这种排列方式,由于阻力系数不同,既能适应上升气流,也可满足下降气流的压力分布,从而使气体流量分布均匀。

(2) 增加小烟道断面,降低小烟道内气流速度,使小烟道内外静压差减小。

(3) 采用分格蓄热室,煤气和空气全下喷。

(4) 采用单向小烟道,或将小烟道分成水平格。

(5) 采用截面变化的小烟道,减少其内外静压差。

c 二分式焦炉的气流分布规律

二分式焦炉最基本的特点是具有上部水平烟道,上升气流时在水平烟道中汇流,下降时向各火道分流,如图 6-1-5 所示。

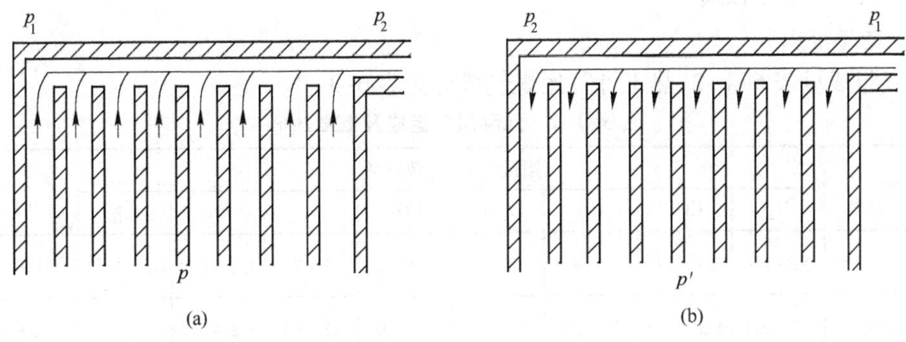

图 6-1-5 汇流与分流流动图

(a) 气体在集合烟道中汇流；(b) 气体在集合烟道中分流

(1) 气体在水平集合烟道中汇流。按式 6-1-36 导出 $x=1$，$w_1=0$ 时，水平集合烟道始端与末端的静压力 p_1 与 p_2 的关系为

$$p_1 = p_2 + \rho w_2^2 + \frac{\lambda}{3} \cdot \frac{L}{D} \cdot \frac{\rho w_2^2}{2} \tag{6-1-37}$$

显然 $p_1 > p_2$，差值为 $\rho w_2^2 + \frac{\lambda}{3} \cdot \frac{L}{D} \cdot \frac{\rho w_2^2}{2}$。采用增加水平烟道断面积的措施，可以降低 w_2，减少两端的静压差。

蓄热室顶部沿长向的静压力 p 分布基本一致，故 $p - p_2 > p - p_1$，在斜道口开度一致时，则气流上升时中部空气量大于炉端空气量。为使气流沿长向均匀分布，斜道口开度应从炉端部向中部逐渐减小。

(2) 气体在水平集合烟道中分流。按式 6-1-35 导出 $w_2 = 0$ 时，水平烟道始末端的静压力的关系为

$$p_2 = p_1 + \left(2 - \frac{\lambda}{3} \cdot \frac{L}{D}\right)\frac{\rho w_1^2}{2} \tag{6-1-38}$$

可分三种情况：

$$2 - \frac{\lambda L}{3D} = 0, p_2 = p_1$$

$$2 - \frac{\lambda L}{3D} > 0, p_2 > p_1$$

$$2 - \frac{\lambda L}{3D} < 0, p_2 < p_1$$

对我国的中、小型两分式焦炉，因为 L 较短，D 较大，故 $p_2 > p_1$，即下降气流侧炉端的静压力略大于炉子中部。因下降蓄热室顶部沿长向静压分布 p' 仍相等，则 $p_2 - p' > p_1 - p'$，故造成炉头废气量大于炉中部。但斜道口设计已按上升气流要求配置，因而加剧了废气分布的不均匀性，这是二分式焦炉最主要的缺点之一。这一缺点可采用水平烟道变径或立火道顶部设滑动调节砖等办法克服。

6.1.2 煤气性质与燃烧

焦炉加热所使用的煤气，通常有焦炉煤气和高炉煤气，此外还有发生炉煤气。

6.1.2.1　煤气性质

A　煤气组成

煤气组成见表6-1-2，热工计算用煤气成分见表6-1-3。

表6-1-2　几种煤气组成及低发热值

名称		组成(体积分数)/%								低发热值 /kJ·m^{-3}
		H_2	CH_4	CO	C_mH_n	CO_2	N_2	O_2	其他	
焦炉煤气		55～60	23～27	5～8	2～4	1.5～3	3～7	0.3～0.8	H_2S,HCN	17000～19000
高炉煤气		1.5～3.0	0.2～0.5	23～27		15～19	55～60	0.2～0.4	灰	3200～3800
发生炉煤气	空气煤气	0.5～0.9		32～33		0.5～1.5	64～66		灰	4200～4300
	水煤气	50～55		36～38		6.0～7.5	1～5	0.2～0.3	H_2S	10300～10500
	混合煤气	14～18	0.6～2.0	25～30		4.0～6.5	48～53	0.2～0.3	H_2S,灰	5300～6500

表6-1-3　热工计算用煤气组成

名称		组成(体积分数)/%						
		H_2	CH_4	CO	C_mH_n	CO_2	N_2	O_2
焦炉煤气		59.5	25.5	6.0	2.2	2.4	4.0	0.4
高炉煤气	大型	1.5	0.2	26.8		13.9	57.2	0.4
	中型	2.7	0.2	28.0		11.0	57.8	0.3

B　煤气发热值

煤气发热值是指单位体积的煤气完全燃烧所放出的热量(kJ/m^3)。发热值有高、低之分，燃烧产物中水蒸气冷凝呈0℃液态水时的发热值称高发热值；燃烧产物中水蒸气呈气态时的发热值称低发热值。在热工设备中，因燃烧后废气温度较高，水蒸气不可能冷凝，所以有实际意义的是低发热值。各种燃料的发热值可用仪器直接测得，煤气的发热值可由组成按加和性计算，即

$$Q_{DW}=108.4\varphi_{H_2}+358.4\varphi_{CH_4}+127.3\varphi_{CO}+711.8\varphi_{C_mH_n}+\cdots \tag{6-1-39}$$

C　煤气密度

单位体积煤气的质量称为煤气密度(kg/m^3)，也可按加和法计算，即标准状态下

$$\rho_0=(44\varphi_{CO_2}+28\varphi_{CO}+16\varphi_{CH_4}+32\varphi_{O_2}+32.6\varphi_{C_mH_n}+28\varphi_{N_2}+2\varphi_{H_2})/(22.4\times100) \tag{6-1-40}$$

按表6-1-3的组成，可计算出焦炉煤气、高炉煤气(大型)、高炉煤气(中型)的密度分别为0.451 kg/m^3、1.331 kg/m^{3}和1.297 kg/m^3。

D　煤气的加热特性

a　焦炉煤气

焦炉煤气可燃成分含量大，发热值高，理论燃烧温度达1800～2000℃，着火温度是600～650℃，由于H_2占1/2以上，故燃烧速度快、火焰短，煤气和废气的密度低，分别约为0.454 kg/m^{3}和1.21 kg/m^3($\alpha=1.25$)；因CH_4占1/4以上，而且含有C_mH_n，故火焰光亮、辐射能力强。此外，用焦炉煤气加热时，加热系统阻力小，炼焦耗热量低，增减煤气流量时，焦炉

燃烧室温度变化比较灵敏。焦炉煤气在回收车间净化不好时，煤气中萘、焦油较多，容易堵塞管道和管件，煤气中氨化物、氰化物和硫化物对管道和设备腐蚀严重。

b 高炉煤气

高炉煤气不可燃成分约占70%，发热值低，理论燃烧温度低，为1400～1500℃，着火温度大于700℃。煤气中可燃成分主要是CO，且不到30%，故燃烧速度慢、火焰长，高向加热均匀，可适当降低燃烧室温度。用高炉煤气加热时，由于废气和煤气密度较高，分别约为1.4 kg/m^3(α=1.25)和1.3 kg/m^3，废气量也多，故耗热量高，加热系统阻力大，约为焦炉煤气加热时的2倍以上。使用高炉煤气时，必须经蓄热室预热至1000℃以上，才能满足燃烧室温度的要求，故要求炉体严密，以防煤气在燃烧室以下部位燃烧。由于高炉煤气中含CO多，毒性大，故要求管道和设备严密，并使交换开闭器、小烟道和蓄热室部位在上升气流时也要保持负压。

6.1.2.2 煤气燃烧

煤气的燃烧是指煤气中的可燃成分和空气中的氧在足够的温度下所发生的剧烈氧化反应。燃烧需要有三个条件，即可燃成分、氧和一定的温度，缺少一个条件也不会引起燃烧。

A 燃烧方式

根据煤气和空气的混合情况，煤气燃烧有两种方式，即动力燃烧和扩散燃烧。动力燃烧是煤气和空气在进入燃烧室前先均匀混合，然后再着火燃烧的方法，其燃烧速度取决于化学动力学因素(化学反应速度)，也叫做无焰燃烧。扩散燃烧是煤气和空气分别送入燃烧室后，依靠对流扩散和分子扩散作用，边混合、边燃烧的方法，其燃烧速度取决于可燃物分子和空气分子相互接触的物理过程，这种方法也叫做有焰燃烧。焦炉立火道内煤气的燃烧属于扩散燃烧。

B 燃烧极限

对于可燃气体与空气或氧所组成的混合物，只有可燃气体在一定含量范围内和在着火温度下才能进行稳定的燃烧，这种极限含量称为燃烧极限。当低于下限或高于上限含量时，均不能着火燃烧。可燃气体的燃烧极限随混合物的温度和压力增加而加宽，同时可燃气体与氧的混合物比与空气的混合物燃烧极限要宽得多。表6-1-4列举了某些可燃气体在常压下的燃烧极限。

表6-1-4 空气与可燃气体混合物在常压下的燃烧极限

可燃气体	H_2	CO	CH_4	C_2H_6	C_6H_6	焦炉煤气	高炉煤气	发生炉煤气
燃烧极限(体积分数)/%	9.5～65.2	15.6～70.9	6.3～11.9	4.0～14.0	1.41～6.75	6.0～30.0	46.0～68.0	20.7～73.7

C 着火温度

可燃混合气体在适当的温度、压力下靠本身化学反应自发着火的最低温度称做着火温度，它与可燃混合气体的成分、燃烧系统压力、燃烧室结构等有关，可由实验测定。几种可燃气体的着火温度见表6-1-5(因实验方法不同，各资料所列数据有差异)。

表6-1-5 几种可燃气体在标准状况下的着火温度

名 称	H_2	CO	CH_4	C_2H_4	C_6H_6	焦炉煤气	高炉煤气	发生炉煤气
着火温度/℃	580～590	644～658	650～670	542～547	740	600～650	>700	640～680

D　煤气爆炸

爆炸就其本质而言，与燃烧基本一致，不同点在于：燃烧是稳定的连锁反应，在必要的含量极限条件下，主要依靠温度的提高，使反应加速；而爆炸是不稳定的连锁反应，在必要的含量极限条件下，主要依靠压力的提高，使活性分子含量急剧提高，而加速反应。可燃气体的爆炸极限介于燃烧极限之间。

焦炉煤气、氢气和苯蒸气的操作下限很低，故管道、管件、设备不严时，漏入空气中，遇到火源就容易着火爆炸。相反，高炉煤气、发生炉煤气、氢气和一氧化碳爆炸上限较高，当管道、设备不严并出现负压时，容易吸入空气形成爆炸性可燃混合物。此外，当管道内煤气低压或流量过低时，也易产生回火爆炸。对于这些，均应采取适当措施，预防事故发生。

6.1.2.3　燃烧计算

以煤气燃烧时的化学反应为基础，通过物料平衡和热量平衡计算燃烧所需空气量、生成的废气量及燃烧所能达到的温度，为了使燃烧完全，必须有一定的空气过剩量。

A　空气系数

为了保证燃料完全燃烧，实际供给的空气量必须多于理论所需空气量，两者之比称做空气系数 α。

$$\alpha=\frac{\text{实际空气量}(L_{\text{实}})}{\text{理论空气量}(L_{\text{理}})} \tag{6-1-41}$$

α 的选择对焦炉加热十分重要，α 不足，煤气燃烧不完全，可燃成分随废气排出；α 过大，废气量大，废气带走的热量也增多，故 α 不足和过大均会增加煤气耗量。同时 α 值还对高向加热均匀性也有影响，一般在烧焦炉煤气时，$\alpha=1.20\sim1.25$；烧高炉煤气时，$\alpha=1.15\sim1.20$。

α 值通过废气分析，可计算如下：

$$\alpha=1+K\frac{\varphi_{O_2}-0.5\varphi_{CO}}{\varphi_{CO_2}+\varphi_{CO}} \tag{6-1-42}$$

式中　$\varphi_{O_2},\varphi_{CO},\varphi_{CO_2}$——干废气中各成分体积分数，%。

$$K=V_{CO_2}/V_{O_2\text{理}} \tag{6-1-43}$$

式中　V_{CO_2}——1 m^3煤气完全燃烧时，按理论计算所生成的 CO_2 体积，m^3；

$V_{O_2\text{理}}$——燃烧 1 m^3煤气理论上需要的氧气量，m^3。

K 值是随煤气组成而改变的，一般焦炉煤气 $K=0.43$，高炉煤气 $K=2.5$，如果煤气成分波动较大时，应按煤气成分重新计算 K 值。

B　空气需要量和废气生成量的计算

a　空气量的计算

1 m^3干煤气燃烧所需理论氧量 $V_{O_2\text{理}}$按式 6-1-44 计算

$$V_{O_2\text{理}}=0.01(0.5\varphi_{H_2}+0.5\varphi_{CO}+2\varphi_{CH_4}+3\varphi_{C_2H_4}+7.5\varphi_{C_6H_6}-\varphi_{O_2}) \tag{6-1-44}$$

式中　$\varphi_{H_2},\varphi_{CO},\varphi_{CH_4},\varphi_{C_2H_4},\varphi_{C_6H_6},\varphi_{O_2}$——分别为煤气中该成分的体积分数，%。

理论空气量 $L_{\text{理}}$为

$$L_{\text{理}}=\frac{100}{21}V_{O_2\text{理}} \tag{6-1-45}$$

实际干空气量 $L_{实(干)}$ 为

$$L_{实(干)} = \alpha L_{理} \tag{6-1-46}$$

实际湿空气量 $L_{实(湿)}$ 为

$$L_{实(湿)} = L_{实(干)}[1 + V_{(H_2O)空}] \tag{6-1-47}$$

式中 $V_{(H_2O)空}$——以 1 m^3 干空气为基准计算的含水汽量,m^3。

b 废气量和废气组成的计算

1 m^3 干煤气完全燃烧时,废气中仅含 CO_2、H_2O、N_2 和过剩空气带入的 O_2,故废气中各成分的体积为

$$V_{CO_2} = 0.01(\varphi_{CO_2} + \varphi_{CO} + \varphi_{CH_4} + 2\varphi_{C_2H_4} + 6\varphi_{C_6H_6}) \tag{6-1-48}$$

$$V_{H_2O} = 0.01[\varphi_{H_2} + 2\varphi_{CH_4} + 2\varphi_{C_2H_4} + 3\varphi_{C_6H_6} + V_{(H_2O)煤} + L_{实(干)}V_{(H_2O)空}] \tag{6-1-49}$$

$$V_{N_2} = 0.01\varphi_{N_2} + 0.79L_{实(干)} \tag{6-1-50}$$

$$V_{O_2} = 0.21L_{实(干)} - V_{O_2理} \tag{6-1-51}$$

式中 $V_{(H_2O)煤}$——1 m^3 煤气所含水汽量。

故 1 m^3 煤气燃烧生成废气量为

$$V = V_{CO_2} + V_{H_2O} + V_{N_2} + V_{O_2} \tag{6-1-52}$$

废气中各组分的体积除以废气量,即得废气组成。

C 燃烧物料衡算

根据煤气中各可燃成分与氧的化学反应式可以计算煤气完全燃烧时需要的理论空气量和燃烧产物量,再按空气系数可得到实际空气量和废气组成。上述燃烧物料衡算可列出相应的燃烧计算表(见表 6-1-6)。

表 6-1-6 燃烧计算表(以 100 m^3 干煤气为计算基准)

组成	含量(体积分数)/%	反应式	理论耗氧量		V_{CO_2}	V_{H_2O}	V_{N_2}	V_{O_2}	V
			m^3/m^3 煤气	m^3					
CO_2	2.40				2.40				
O_2	0.40			-0.40					
CO	6.00	$CO + \frac{1}{2}O_2 = CO_2$	0.5	3.0	6.00				
CH_4	25.50	$CH_4 + 2O_2 = CO_2 + 2H_2O$	2	51	25.50	51.0			
C_mH_n	2.20×0.8	$C_2H_4 + 3O_2 = 2CO_2 + 2H_2O$	3	5.28	3.52	3.52			
	×0.2	$C_6H_6 + 7.5O_2 = 6CO_2 + 3H_2O$	7.5	3.30	2.64	1.32			
H_2	59.50	$H_2 + \frac{1}{2}O_2 = H_2O$	0.5	29.75		59.50			
N_2	4.00						4.0		
H_2O						2.35			
煤气燃烧所需理论氧量和燃烧产物量/m^3				91.93	40.06	117.69	4.0		

续表 6-1-6

组成	含量(体积分数)/%	反应式	理论耗氧量		V_{CO_2}	V_{H_2O}	V_{N_2}	V_{O_2}	V
			m^3/m^3 煤气	m^3					
实际空气量(干)和带入的水汽、氧、氮/m^3		$L_{实(干)}=\alpha L_{理}=\alpha V_{O理}\frac{100}{21}$		$1.25\times 91.93\times\frac{100}{21}=547.3$			$547.3\times 0.0235\times 0.6=7.72$	$547.3\times 0.79=432.37$	$547.3\times 0.21-91.93=23.0$
废气中各成分量/m^3					40.06	125.41	436.37	23.0	624.84
废气组成(体积分数)/%					6.41	20.06	69.85	3.68	100.0

注:$\varphi_{C_mH_n}$以80% $\varphi_{C_2H_4}$和20% $\varphi_{C_6H_6}$计算,煤气饱和温度为20℃,入炉空气温度为20℃,相对湿度为0.6,空气系数$\alpha=1.25$。

D　燃烧温度——燃烧的热平衡

燃料燃烧时产生的热量用于加热燃烧产物(废气),使其达到的温度称做燃料的燃烧温度,该温度的高低取决于燃料的组成、空气系数、气体燃料和空气的预热程度及热量向周围介质传递的情况等多种因素。

a　实际燃烧温度

煤气燃烧时产生的热量,除掉废气中CO_2和H_2O部分离解所吸收的热量和传给周围介质的热量后,其余部分用来使废气升高温度,此时的温度称做实际燃烧温度。按1 m^3煤气燃烧时的热平衡可得式6-1-53:

$$t_{实}=\frac{Q_{低}+Q_{煤}+Q_{空}-Q_{效}-Q_{损}-Q_{CO}-Q_{分}}{Vc_{废}} \tag{6-1-53}$$

式中　$Q_{低}$,$Q_{煤}$——煤气低发热量及物理热(显热),kJ/m^3;

$Q_{空}$——空气的物理热,kJ/m^3;

$Q_{效}$——传给炉墙的热量,kJ/m^3;

$Q_{损}$——通过炉墙散失于周围空气的热量,kJ/m^3;

Q_{CO}——煤气不完全燃烧的热损失,kJ/m^3;

$Q_{分}$——废气中CO_2、H_2O部分离解时所消耗的热量,kJ/m^3;

V——燃烧1 m^3煤气所产生的废气量,m^3;

$c_{废}$——废气在$t_{废}$时的比热容,kJ/(m^3·℃)。

实际燃烧温度为炉内实际废气温度,它不仅与燃料性质有关,还与燃烧条件、炉体结构、材质、煤料性质、结焦过程等因素有关,因此很难从理论上精确计算。

b　理论燃烧温度

为比较燃料在燃烧温度方面的特征,假设:

(1) 煤气完全燃烧,即$Q_{CO}=0$;

(2) 废气不向周围介质传热,即$Q_{效}=Q_{损}=0$,这种条件下煤气燃烧使废气达到的温度称做理论燃烧温度$t_{理}$。

$$t_{理} = \frac{Q_{低} + Q_{煤} + Q_{空} - Q_{分}}{Vc_{废}} \tag{6-1-54}$$

由式6-1-54可知，$t_{理}$仅与燃料性质和燃烧条件有关，因此它是燃料燃烧的重要特征指标之一，可用计算方法求得。

c 热值燃烧温度

若式6-1-54中$Q_{分}$也为零，即所有的热量全部用于提高废气温度，则此时废气所达到的温度称做热值燃烧温度$t_{热}$。

$$t_{热} = \frac{Q_{低} + Q_{煤} + Q_{空}}{Vc_{废}} \tag{6-1-55}$$

$t_{理}$、$t_{热}$实际上是达不到的。一般$t_{热}$比$t_{理}$高200～300℃，$t_{理}$比$t_{实}$高250～400℃。从式6-1-53～式6-1-54得知，在相当的$Q_{煤}$、$Q_{空}$条件下，$Q_{低}$越小，V越大，燃烧温度就越低，因此，用高炉煤气加热时，若煤气不预热，就难以达到焦炉所需的燃烧温度。

6.2 温度与压力制度的确定与测量

为使焦炉达到稳产、优质、低耗、长寿的目的，要求各炭化室的焦饼在规定的结焦时间内沿长向和高向均匀成熟。为保证焦炭均匀成熟，同时最大限度地提高焦炭和化学产品的收率，提高焦炉的热效率，必须制定并严格执行焦炉加热制度。焦炉加热制度包括温度制度、压力制度与煤气流量和空气量的供给等。

温度制度指直行温度、横排温度、炉头温度、蓄热室顶部温度、小烟道温度、炉顶空间温度等。压力制度指炭化室底部压力、看火孔压力、蓄热室顶部压力和分烟道吸力等。

6.2.1 温度制度及压力制度确定

6.2.1.1 温度制度的确定

A 标准温度与直行温度

焦炉燃烧室的火道数量较多，为了均匀加热和便于检查、控制，每个燃烧室的机、焦侧各选择一个火道作为测温火道，其温度分别代表机、焦两侧温度，这两个火道称为测温火道或标准火道，生产中测量的测温火道或标准火道温度称为直行温度。

标准火道一般选机侧中部或焦侧中部火道，选择时应考虑单、双数火道均能测到，但要避开装煤车轨道和纵拉条。

标准温度是指机、焦侧测温火道平均温度的控制值，是在规定结焦时间内保证焦饼成熟的主要温度指标。

在确定焦炉的标准温度时，虽然可以用有关公式进行计算，但因为运算比较复杂而且与实际有较大的出入，所以一般参考已生产的同类型焦炉的生产实践资料来确定，最后根据焦炉实际测量的焦饼中心温度进行校正。

各种类型焦炉的标准温度可参考表6-2-1。

标准温度除与炉型有关外，还与配煤水分、加热煤气种类等有关。当配煤水分（高于6%时）每增加1%时，标准温度应增加5～7℃。

在同一结焦时间内火道温度每改变10℃，焦饼中心温度相应改变25～30℃。在任何结焦时间下，对于硅砖焦炉，确定的标准温度应保证焦炉各立火道的温度不超过1450℃。因为燃烧室的最高温度点在距立火道底 1 m 处左右，而且比立火道底温度高 100～150℃。同时考虑到炉温波动、测量仪器仪表的误差等因素，因此立火道底部温度应控制在比硅砖荷重软化温度(1650℃)低 150～200℃，即不超过 1450℃才是安全的。对于黏土砖焦炉，虽然其耐火度与硅砖差不多，但因荷重软化温度比硅砖低得多，而且当炉温较高时炭化室墙面易产生卷边、翘角等现象而损坏炉体，因此，在生产实践中直行平均温度不宜超过 1100℃。

表 6-2-1　各种类型焦炉的标准温度

炉　型	炭化室平均宽度/mm	结焦时间/h	标准温度/℃		锥度/mm	测温火道号数	加热煤气种类
			机侧	焦侧			
JNX60－87(蓄热室分格)	450	18	1295	1355	60	8,25	焦炉煤气
JNX70－2	450	19	1250	1300	50	8,27	焦炉煤气
JN60－83	450	18	1295	1355	60	8,25	焦炉煤气
5.5 m 大容积	450	18	1290	1355	70	8,25	焦炉煤气
JN43－80	450	18	1300	1350	50	7,22	焦炉煤气
58 型(450 mm)	450	18	1300	1350	50	7,22	焦炉煤气
58 型(407 mm)	407	16	1290	1340	50	7,22	焦炉煤气

燃烧室温度在结焦周期内和交换间隔时间内，总是有规律地变化着。在结焦周期内，其他条件不变，燃烧室温度随着相邻两个炭化室所处结焦过程不同而有所差别。火道温度始终随着装煤、结焦、出焦而由高到低、由低到高地变化着。其最高温度与最低温度的差值及其出现的时间间隔与焦炉炉型、结焦时间、入炉煤水分、推焦顺序、检修时间的长短等因素有关。结焦时间越长，燃烧室温度随装煤和推焦的变化越平缓，但波动幅度变大，直行温度均匀性和稳定性将会变坏。

考虑到结焦过程对火道温度的影响，应以各火道的昼夜平均温度计算的均匀系数来考核直行温度的均匀性。

在交换间隔时间内，下降气流火道温度在交换初期迅速下降，然后逐渐减慢。这是因为原上升气流的火道温度在交换前达到最高温度，此时立火道与炭化室墙面的温差最大，传热很快，另外，在交换初期从上升侧过来的废气温度较低，因此这时下降气流的温度下降较快。随着废气温度的逐渐升高和向炭化室传热速度减慢，燃烧室温度下降速度逐渐减小。

影响下降气流火道温度下降值的因素有结焦时间、空气系数、除碳空气量、配合煤水分以及相邻炭化室所处结焦过程等。因此，当焦炉的结焦时间、加热制度以及季节改变时应重新测量火道温度的下降值。

B　横排温度

同一燃烧室的各火道温度，称为横排温度。

炭化室宽度由机侧到焦侧逐渐增加，装煤量也逐渐增加，为保证焦饼沿炭化室长向同时成熟，每个燃烧室各火道温度应当由机侧向焦侧逐渐增高。要求从机侧第 2 火道至焦侧第 2 火道的温度应均匀上升。

因炭化室锥度不同，机、焦侧温度差也不同，生产中以机、焦侧测温火道的温度差来控制横排温度。表 6-2-2 是在生产实践中总结的机、焦侧温度差与炭化室锥度间的关系。

表 6-2-2　炭化室锥度与机、焦侧温度差间的关系

炭化室锥度/mm	机、焦侧标准温度差/℃
20	15～20
30	25～30
40	30～40
50	40～50
60	50～60
70	55～65

很显然标准火道的选择，装、平煤方法，机、焦侧火焰高度等因素对机、焦侧温度差均有影响。焦炉合适的机、焦侧温度差需要测量焦饼中心温度来进行校正。

C　边火道温度

从焦炉加热和砌体完整性来看，边火道处于最不利的位置。往往由于供热不足、提前摘炉门、封墙不严密和晾炉等原因造成边火道温度过低，使炉头部位的焦炭不能按时成熟，而且容易造成推焦困难，进而引起装煤后炭化室炉头部位墙面温度降到硅砖晶形转化点以下，逐渐造成砌体破坏，因此要保持合理的边火道温度值。一般要求边火道温度在正常结焦时间下最低不低于1100℃，最好不低于标准火道温度100℃。

D　蓄热室温度

为防止蓄热室温度过高将格子砖烧熔，应严格控制蓄热室温度。对于硅砖蓄热室，其顶部温度应控制在1320℃以下，对于黏土砖蓄热室，其顶部温度应控制在1250℃以下。

除黏土砖蓄热室焦炉外，在一般情况下蓄热室的高温事故不容易发生，只有以下情况出现时，才可能发生蓄热室高温事故：当炭化室墙窜漏，在燃烧室不能完全燃烧的荒煤气被抽到蓄热室内燃烧；立火道内煤气燃烧不完全带到蓄热室燃烧；砖煤气道煤气漏入蓄热室内燃烧以及废气循环发生短路等。当结焦时间过短或过长、炉体衰老时蓄热室高温事故发生的频率较高，因此，在生产过程中应加强对蓄热室温度和炉体窜漏情况的检查和处理，避免出现蓄热室高温事故。

蓄热室温度在正常情况下与焦炉炉型、结焦时间、空气系数和除碳空气量等因素有关。双联火道焦炉蓄热室顶部温度为立火道温度的87%～90%，大约差150℃。两分式焦炉因废气路程较长，同时不受上升气流传热的影响，所以废气温度较低，蓄热室顶部温度相应较低，一般为立火道温度的82%～85%，大约差200℃。

E　小烟道温度

小烟道温度即废气排出温度，它决定于蓄热室格子砖形式、蓄热面积、炉体状态和调火操作情况等。JNX60－87型焦炉由于蓄热室分格，消除了因小烟道压力分布不均而导致的气体在蓄热室内呈对角线流动的现象，提高了格子砖的换热效率，使小烟道里外温度分布均匀，可降低废气排出温度30～50℃。

当其他条件相同时，小烟道温度随着结焦时间缩短而提高。为了避免焦炉基础顶板和交换开闭器过热以及提高焦炉热效率，应合理控制小烟道温度。焦炉煤气加热时小烟道温度不应超过450℃，高炉煤气加热时小烟道温度不应超过400℃，分烟道温度不得超过350℃。同时，为了保持烟囱应有的吸力，小烟道温度不应低于250℃。

F　炉顶空间温度

炉顶空间温度是指炭化室顶部空间荒煤气温度。炉顶空间温度应控制在800℃±30℃，最高不超过850℃。炉顶空间温度与炉体结构、装煤、平煤、调火操作以及配煤比等因素有关，它对炼焦化学产品的产率和质量以及炉顶沉积炭生长等有直接影响。

G　焦饼中心温度

焦饼中心温度是衡量焦炭是否成熟的指标。一般生产中焦饼中心温度达到1000℃±50℃时焦炭已成熟。在部分焦化厂因配煤或炼铁有特殊要求时，焦饼中心最终温度可根据实际需要确定。焦饼中心温度的均匀性是考核焦炉结构与加热制度完善程度的重要方面，因此，焦饼各点温度应尽量一致。

H　冷却温度

冷却温度是指下降气流立火道温度在换向间隔时间内的下降值。其主要目的是将交换后不同时间测定的立火道温度换算为交换后20 s的温度，以便比较全炉温度的均匀性和稳定性，防止立火道温度超出焦炉生产允许的1450℃，避免发生高温事故。

6.2.1.2　压力制度的确定

为了保证焦炉正常加热并延长焦炉使用寿命，必须制定正确的压力制度，以确保整个结焦时间内煤气只能由炭化室流向加热系统，而且炭化室不吸入冷空气。

A　确定压力制度的基本原则

焦炉的炭化室和燃烧室仅一墙之隔，由于炭化室墙砖缝的存在，当集气管压力过小时，只能在结焦前半期内气体由炭化室漏入燃烧系统内；而在结焦末期燃烧系统废气将漏入炭化室内，当炭化室出现负压时，空气可能由外部吸入炭化室。在这种情况下，当结焦初期荒煤气通过灼热的炉墙分解产生沉积炭，逐渐沉积在砖缝中，将砖缝和裂缝堵塞。在结焦末期燃烧系统中废气（其中含部分剩余氧气）通过砖缝等进入炭化室，将砖缝中的沉积炭烧掉，因此在整个结焦周期中，炭化室墙始终是不严密的。由于空气漏入炭化室，使得部分焦炭燃烧，这不但增加了焦炭灰分，而且焦炭燃烧后产生的灰分在高温下对炉墙砖有侵蚀作用，造成炉体损坏。另外，漏入炭化室的冷空气会造成部分荒煤气燃烧，使化学产品产量减少、煤气发热值降低，还会使焦油中游离炭增加。此外，在炭化室严密状态不好时，结焦初期总有大量荒煤气漏入燃烧系统，从而影响焦炉正常的调火工作。如果控制炭化室内的压力始终保持荒煤气由炭化室流向燃烧室，就能避免烧掉存留在炭化室墙砖缝和裂缝中的沉积炭，而保持炉体的严密性，避免了上述恶果。但炭化室内压力也不应保持太高，过高会使荒煤气从炉门及其他不严密处漏入大气，既引起炉门冒烟着火烧坏护炉设备，又恶化操作环境。

在确定焦炉生产压力制度时，应遵循以下基本原则：

（1）炭化室底部压力在任何情况下（包括正常操作、改变结焦时间、延迟推焦、停止加热等）均应大于相邻同标高的燃烧系统压力和大气压力。

（2）在同一结焦时间内，燃烧系统高度方向压力的分布应保持稳定。

B　各项压力的确定

a　集气管压力

集气管内各点压力是各不相同的，长度为70 m左右的集气管，从两端到中部（即吸气管附近）两者相差约80 Pa。这样边炭化室底部压力比吸气管下的炭化室底部压力大，其压差与集气管的压差即吸气管正下方的炭化室底部压力结焦末期在全炉各炭化室中为最小。

炭化室内气体的压力在结焦周期内的变化是很大的。靠近炭化室墙处煤料在装煤后约半小时温度升到400～500℃，形成胶质层，阻碍着气体的溢出，此时其压力最高可达到几百帕，甚至超过1 kPa。当墙面附近煤层形成半焦后，压力迅速下降，直至出焦压力基本不变。

集气管压力是根据吸气管正下方炭化室底部压力在结焦末期不低于5 Pa来确定的。在未测炭化室底部压力前，集气管的压力可用式6-2-1近似计算：

$$p_{集}=5+12H \qquad (6\text{-}2\text{-}1)$$

式中　$p_{集}$——集气管压力，Pa

H——从炭化室底部到集气管测压点的高度，m；

12——当荒煤气平均温度800℃时，每米高度产生的热浮力，Pa。

集气管的压力初步确定后，再根据吸气管正下方炭化室底部压力在推焦前半小时是否达到5 Pa而进行调整。调整时应考虑集气管压力的波动值，必须保证集气管压力最低时吸气管正下方炭化室底部压力在结焦末期不低于5 Pa。

新开工的焦炉集气管压力应比正常生产时高30～50 Pa，便于开工初期炭化室墙砖缝尽快被沉积炭密封，保证炉墙的严密性。生产一周后，经检查炭化室墙无明显窜漏，可以将集气管压力恢复到生产状态。

集气管的压力在冬季和夏季（主要指我国北方两季温差大的地区）应保持不同的数值，两季差值约10～20 Pa。该数值与冬季和夏季的温差、炭化室底部到集气管中心线的距离有关，在冬天集气管压力应大些，夏天可小些。平均温差为35℃时每米高度产生的浮力差约为1.5 Pa。

b　看火孔压力

在生产操作中，以看火孔压力为基准来确定燃烧系统的各点压力是比较方便的。在各种周转时间下看火孔压力均应保持在-5～5 Pa。如果看火孔压力过大，焦炉炉顶散热多，上部横拉条温度升高，同时不便于观察火焰和测量温度，给调火工作带来困难；当看火孔压力过小即负压过大时，大量冷空气将被吸入燃烧系统，造成火焰燃烧不正常。

确定看火孔压力时应考虑以下因素：

(1) 边火道温度。因为边火道温度与压力制度有一定的关系，特别是在焦炉用贫煤气加热时影响较大。当边火道温度在1100℃以下时，可控制看火孔压力稍高些（≥10 Pa），这样蓄热室顶部吸力也有所降低，可减少由封墙漏入的冷空气，使边火道温度提高（主要指JN60型焦炉）。

(2) 炉顶横拉条的温度。如果横拉条平均温度在350～400℃时，可降低看火孔压力，使看火孔保持负压（0～-5 Pa），以降低拉条温度。

对于双联火道的焦炉，同一燃烧室的各同向气流看火孔压力是接近的，只要控制下降气流看火孔压力为零即可。而对于两分式焦炉，由于水平烟道内压力分布不同，看火孔压力在边火道较大，中间火道压力较小，此现象在上升侧更明显。一般保持在下降侧测温火道看火孔压力为零，这样可以保证大部分火道看火孔压力为正压。

c　蓄热室顶部吸力

蓄热室顶部吸力与看火孔压力是相关的。当结焦时间和空气系数一定时，上升气流蓄热室顶部的吸力与看火孔压力的关系式如下：

$$p_{蓄}=p_{看}-H(\rho_{空}-\rho)g+\Delta p \qquad (6\text{-}2\text{-}2)$$

式中　$p_{蓄}$——蓄热室顶部压力,Pa;

$p_{看}$——看火孔压力,Pa;

H——蓄热室顶部至看火孔的距离,m;

$\rho_{空}$——环境温度下空气的密度,kg/m^3;

ρ——蓄热室顶部至看火孔平均温度下炉内气体的密度,kg/m^3;

g——重力加速度,m/s^2;

Δp——蓄热室顶部至看火孔的气体阻力,Pa。

由式6-2-2可以看出,蓄热室顶部至看火孔之间的距离越大,燃烧室和斜道阻力越小,则上升气流蓄热室顶部的吸力就越大。一般情况下大型焦炉蓄热室顶部的吸力大于30 Pa,中、小型焦炉不低于20 Pa。还可以看出,看火孔压力一定,结焦时间延长(即供给焦炉的气量减少)时,燃烧室和斜道的阻力必然减小,上升气流蓄热室顶部的吸力必然增加,特别是贫煤气加热时对炉头温度影响很大。为了避免上述情况发生,在实际操作中宁可使看火孔正压增加,也不改变蓄热室顶部的吸力。

d　分烟道吸力

分烟道吸力的波动会直接影响蓄热室顶部吸力,在交换初期至交换末期,因受蓄热室废气温度变化的影响,蓄热室顶部吸力总是由大到小地变化,为保持蓄热室顶部吸力不变,应控制分烟道吸力大小尽量保持蓄热室顶部吸力的稳定。

6.2.2　各项温度和压力的测量

焦炉各项温度和压力的准确测量是对现行加热制度进行检查的必要手段,同时也为加热制度的调整提供科学依据。

6.2.2.1　各项温度的测量

A　焦饼中心温度的测量

测量焦饼中心温度是为了确定某一结焦时间下合理的标准温度以及检查焦饼沿炭化室长向和高向成熟的均匀情况。焦饼中心温度是焦炭成熟的指标,焦饼各点温度应尽量一致。

焦饼中心温度是从机、焦两侧装煤孔沿炭化室中心垂直插入不同长度的钢管测量的。钢管直径一般为50~60 mm,长度有三种:从炉顶面至距炭化室底600 mm,从炉顶面至距焦线下600 mm以及这两点的中间。所用钢管要直,表面要求光滑,钢管缩口处焊成密实尖端,不能漏气。

测量时选择加热正常的炉号,打开上升管盖,在装煤孔处测量煤线,然后换上特制带孔的装煤孔盖,将准备好的钢管插入其中,要求所有的钢管均垂直地位于炭化室中心线上,发现插偏的应重新插管。

通常,推焦前4 h开始测量,每小时测量一次,至推焦前2 h每半小时测量一次,推焦前30 min测量最后一次。最后一次测量的机、焦侧中部两点温度的平均值即为焦饼中心温度,计算出机、焦侧焦饼上下温度差值。

在最后一次测量焦饼中心温度的同时测量与被测炭化室相邻的两燃烧室的横排温度,并记录当时的加热制度。拔出焦饼管后测量焦线。焦炭推出后测炭化室墙面温度。

在正常生产条件下,焦饼中心温度每季度测量一次。当更换加热煤气,改变结焦时间,配煤比变动较大,需要调整标准火道温度及机、焦侧温差时,应测量焦饼中心温度。测量焦饼中心温度可用热电偶和光学高温计。

B 炭化室墙面温度的测量

炭化室墙面温度一般与焦饼中心温度同时测量，间接观察燃烧室上下温度分布情况。

推焦后关好机、焦侧炉门，打开上升管盖，用高温计测量与焦饼中心温度测点相同高度的炭化室墙面温度。测量时，除测温的装煤孔盖打开外其他炉盖均应关好。

C 冷却温度的测量

冷却温度必须在焦炉正常操作、加热制度稳定的条件下测量。在测量过程中，不得改变加热煤气流量、烟道吸力、进风口开度以及提前或延迟推焦等。

测量冷却温度，在采用9—2或2—1推焦顺序时，应选择相连的8~10个加热正常的燃烧室；在采用5—2推焦顺序时，应选择相连的4~6个加热正常的燃烧室。因为与这些燃烧室相邻的炭化室分别处于不同的结焦阶段，测出的冷却温度平均值具有代表性。

测量分机、焦侧进行，换向后20 s开始，以后每分钟测量一次，直至下次换向（或换向前2~3 min）为止。按同一测量时间计算机、焦侧温度平均值，换向后每分钟的平均温度与换向后20 s时平均温度的差值即为该时间的温度下降量。以换向时间和温度下降量为坐标，分别绘出机、焦侧冷却曲线。按直行温度的测量顺序和速度将全炉划分几段，并按各段测温时间由冷却曲线查出对应的冷却温度校正值。

当更换加热煤气种类、结焦时间或加热制度改变较大时，应重新测量冷却温度下降值。结焦时间稳定时每年检查不少于两次。

D 直行温度的测量

测量直行温度是为了检查焦炉沿纵长方向各燃烧室温度的均匀性和全炉温度的稳定性。

直行温度的测温火道一般选在机、焦两侧的中部，同时还应考虑到单双数火道均能测到，避开装煤车轨道和纵拉条等因素。

测温位置在下降气流立火道底部喷嘴和鼻梁砖之间的三角区。在换向后5 min（或10 min）开始测量，一般从焦侧交换机端开始测量，由机侧返回，在两个交换时间内测完全炉直行温度。测温顺序应固定不变，测量速度应均匀。

直行温度每4 h按规定时间测量一次，每次将测量结果按机、焦侧在交换后不同时间测量的温度分别加相应的冷却温度校正值，换算成交换后20 s的温度值，分别计算机、焦侧的全炉平均温度。

将一昼夜所测得的各燃烧室机、焦侧的温度分别计算平均值，求出各机、焦侧测温火道与昼夜平均温度的差值，如果中间某火道该差值大于20℃即为不合格火道，边炉大于30℃的为不合格火道。

直行温度的均匀性和稳定性，采用均匀系数和安定系数来考核。均匀系数$K_{均}$表示焦炉沿纵长方向各燃烧室昼夜平均温度的均匀性。

$$K_{均} = [(M - A_{机}) + (M - A_{焦})]/(2M) \tag{6-2-3}$$

式中 M——焦炉燃烧室个数（检修炉和缓冲炉除外），个；

$A_{机}$——机侧不合格火道数，个；

$A_{焦}$——焦侧不合格火道数，个。

安定系数$K_{安}$表示焦炉直行温度的稳定性。

$$K_{安} = [2N - (B_{机} + B_{焦})]/(2N);\qquad(6\text{-}2\text{-}4)$$

式中　N——昼夜测温次数,次;

$B_{机}$——机侧平均温度与标准温度相差 ±7℃以上次数,次;

$B_{焦}$——焦侧平均温度与标准温度相差 ±7℃以上次数,次。

E　横排温度的测量

测量横排温度是为了检查沿燃烧室长向温度分布的合理性。由于同一燃烧室相邻火道测量的时间相差极短,而且只需了解燃烧室各火道温度的相对均匀性,因此不必考虑校正值。

为了避免交换后温度下降对测温的影响,每次按一定顺序进行测量。单号燃烧室从机侧开始测温,双号燃烧室从焦侧开始测温。所有测量同时在交换后 5 min 开始,每次测 4 ~6 排,6 ~9 min 测完。

为评定横排温度的好坏,将所测温度绘成横排温度曲线,并以机、焦侧标准温度差为斜率在其间引直线,该直线称为标准线。偏离标准线 20℃以上的火道数为最少,将此线延长到横排温度系数考核范围,可绘出 10 排平均温度曲线或全炉横排平均温度曲线。边燃烧室、缓冲燃烧室及半缓冲燃烧室不计入 10 排或全炉横排温度考核范围。对单个燃烧室而言,实测火道温度与标准线之差超过 20℃以上者为不合格火道。对 10 排平均温度曲线,实测火道温度与标准线之差超过 10℃以上者为不合格火道。对全炉平均温度曲线,实测火道温度与标准线之差超过 7℃以上者为不合格火道。

燃烧室的横排温度均匀性用横排系数 $K_{横}$ 来考核。

$$K_{横} = (M - N)/M\qquad(6\text{-}2\text{-}5)$$

式中　M——考核火道数,个;

N——不合格火道数,个。

每个燃烧室横排温度曲线是调节各燃烧室横排温度的依据。10 排平均温度和全炉平均温度横排曲线可用来分析斜道调节砖及煤气喷嘴(或烧嘴)的排列是否合理,蓄热室顶部吸力是否合适。

全炉横排温度的测量,每季度应不少于一次,焦炉煤气加热时,测量次数应酌情增加。

F　边火道温度的测量

边火道温度在交换 5 min 后开始测量,由交换机室端焦侧开始,从机侧返回,每次测量顺序保持一致。测量完毕后,分别计算机、焦侧的边火道平均温度(边炉除外)。因为边火道受外界影响较大,所以在计算边火道温度均匀系数时,以每个边火道温度与平均温度差大于 50℃为不合格,边炉不计系数。边火道温度均匀系数用 $K_{边}$ 表示。

$$K_{边} = (M - N)/M\qquad(6\text{-}2\text{-}6)$$

式中　M——测温火道数,个;

N——不合格火道数,个。

边火道温度至少每半月测量一次。

G　蓄热室顶部温度的测量

蓄热室顶部温度的测量是为了检查蓄热室温度是否正常,并及时发现蓄热室有无局部高温、漏火、下火等现象。

蓄热室顶部温度测点一般选在蓄热室温度最高处。当用焦炉煤气加热时,测量上升气流蓄热室，交换后立即测量，因为此时蓄热室温度最高；当用高炉煤气加热时，测量下降气流蓄热室，在交换前5～10 min开始测量。

分别计算机、焦侧的平均温度（端部蓄热室除外），并找出最高和最低温度。一般情况下，蓄热室顶部温度每月测量一次，在标准温度接近极限温度或蓄热室下火、炉体衰老等情况下，应酌情增加测量次数。对黏土砖蓄热室焦炉，测量次数也应适当增加。

H　小烟道温度的测量

小烟道温度反映了蓄热室的热交换情况和下降气流废气量的分配。通过测量小烟道温度还可以发现因炉体不严密而引起的漏火、下火等情况。

小烟道温度的测点在下降气流交换开闭器测温孔处。在用焦炉煤气加热时，测量前将500℃水银温度计插入上升气流交换开闭器测温孔（温度计插入深度为小烟道全高的3/5，全炉一致），在下降气流转为上升气流交换前5～10 min开始读数。为减少测量误差，按先读数后拔温度计顺序操作。在用高炉煤气加热时，插拔温度计均应在下降气流时进行。

小烟道温度一般每季度测量一次。

I　炉顶空间温度的测量

炉顶空间温度指炭化室顶部空间的荒煤气温度。炉顶空间温度宜控制在800℃±30℃，最高不应超过850℃。炉顶空间温度与炉体结构、装煤、平煤、调火操作及配煤比等因素有关，它对煤气的化学产品产率和质量以及炉顶沉积炭的生长有直接影响。

在正常结焦时间下，炉顶空间温度用热电偶在结焦2/3时间测量。将热电偶插在靠近集气管侧的装煤孔或炉顶预留孔中的炭化室中心线上，插入深度在炭化室顶与煤线之间。

6.2.2.2　各项压力的测量

A　炭化室底部压力的测量

炭化室底部压力是确定集气管压力的依据，在任何操作条件下，结焦末期炭化室底部压力应高于大气压力。

炭化室底部压力的测量是在机、焦侧吸气管正下方炭化室炉门上的测压孔进行的。测压管一般采用长1 m，直径约13 mm的不锈钢管，插入部分管端距炉门衬砖表面约20 mm。为保证钢管不被焦炭堵塞，插入部分管端用硅酸铝纤维绳塞住，外露端与测压力装置连接，要求钢管与炉门连接处保持严密。测量在推焦前30 min进行。测量时，上升管蒸汽或高压氨水系统关闭，上升管盖关严；当集气管采用分段管理时，应将关闭的桥管翻板打开。测量前用金属钎子将测压管通好。当测得结果小于（或大于）5 Pa时，应将集气管压力提高（或降低），使炭化室底部压力保持在5 Pa以内，此时得集气管压力即为该结焦时间下应保持的集气管压力。

B　看火孔压力的测量

燃烧系统的压力主要根据看火孔压力来确定。

看火孔压力于交换后5 min在上升气流测温火道测量。测量点在看火孔盖下150～200 mm处。将测量胶管的一端与斜形微压计的正端相连，另一端与插入立火道的金属管相连。测量时注意防止装煤孔盖与看火孔盖烫坏胶皮管。

C　蓄热室顶部吸力的测量

蓄热室顶部吸力是调火必须进行的重要工作之一。由于燃烧系统内压力在换向间隔时间内是变化的，但各蓄热室顶部吸力随结焦时间的变化大致相同。为了便于比较，在测量全炉蓄热室顶部吸力时，先测量标准蓄热室吸力，然后测量其他各蓄热室与标准蓄热室的相对吸力差值。

标准蓄热室在机、焦侧各选择相邻的两个，要求与其对应的燃烧室温度正常，燃烧系统阻力正常，而且不应有漏火、下火等异常现象。同时为了测量方便，标准蓄热室一般选择在一座焦炉炉组的中部，但最好避开吸气管正下方。

测量前先检查加热制度是否正常，并将风门开度、废气砣提升高度调整到一致。将斜形微压计置放在标准蓄热室附近并调好零点，检查测压管是否漏气、是否畅通。首先调节标准蓄热室顶部吸力达到要求，使得在两个交换间隔时间内的标准蓄热室上升和下降气流吸力相同。每次测量标准蓄热室吸力距交换后的时间应相同，一般交换后 3 min 开始测量。将斜形微压计的负端接标准蓄热室的测压孔，正端接需测量的蓄热室测压孔，斜型微压计的读数即为各蓄热室与标准蓄热室的顶部吸力差，由此可以计算出各蓄热室顶部吸力。测量后记录当时的加热制度、标准蓄热室顶部吸力以及各蓄热室与标准蓄热室的吸力差。在测量过程中，焦炉的加热制度必须稳定，与标准蓄热室相关的炭化室不要处于推焦或初装煤阶段。遇大风或暴雨天气时，一般不进行蓄热室顶部吸力的测量。

D　蓄热室阻力的测量

测量蓄热室阻力是为了检查格子砖的堵塞情况。

用斜形微压计直接测量上升或下降气流每个蓄热室的小烟道与蓄热室顶之间的压力差。交换后 3 min 从炉端开始逐个测量。测量时将斜形微压计的正端与蓄热室顶部相连，负端与小烟道测压孔相连，读压差。

为了得到可以比较的数据，在每次测量调节两种气流下蓄热室顶部吸力与上次测量时相同，或不改变蓄热室顶部吸力而实测结果换算后进行比较。每次测量后均需记录当时的加热制度。将测量结果分别计算每侧上升与下降气流蓄热室上、下压力差的平均值(空气和煤气蓄热室分别计算)。异向气流蓄热室上、下压力差的差值等于蓄热室阻力之和。

E　五点压力的测量

由于测量燃烧系统五点压力是为了检查焦炉燃烧系统实际压力分布和各部阻力情况，因此应选择在燃烧室温度正常、相邻炭化室处于结焦中期、燃烧系统各部位调节装置完善、炉体严密的燃烧系统内进行测量。

测量时，在蓄热室走廊用两台斜形微压计分别测上升气流和下降气流蓄热室顶部压力，在炉顶用一台斜形微压计测量与所测蓄热室相连的燃烧室测温火道的看火孔压力。交换后 5 min，3 台表同时读数，接着测煤气蓄热室与空气蓄热室压差，蓄热室顶与小烟道测温孔处的压差以及异向气流看火孔压差，隔 1 min 再重测一次，共测 3 次。换向后再按上述方法进行测量。

测量完毕换算出各点压力，绘制五点压力曲线，并记录当时的加热制度。

F　横管压力的测量

当横管压力变化较大时，表示供热煤气量发生变化，因此测量横管压力可作为调整直行温度的参考。

用 U 形压力计直接在横管测压处测量，当测量全部横管压力时，考虑到煤气压力所产生的误差，可在中部选一个炉温较正常的横管为标准，测量其他各横管与“标准横管”的压差。然后再换算为各排横管的压力。

6.2.3 废气分析

废气分析是通过对焦炉加热煤气燃烧产生的废气中CO_2、O_2、CO含量的测定来计算燃烧的空气系数，从而达到对燃烧情况的检查的目的。分析的结果定量地反映了煤气与空气的配合情况。

废气分析常用仪器分别介绍如下。

6.2.3.1 奥式分析仪

废气分析的取样地点有：立火道取样在上升气流跨越孔中心附近，小烟道取样在下降气流小烟道出口处中心附近。取样操作在换向后5 min开始，取样工具为双连球及球胆。取样时应先将取样设备中的空气排出，并用废气充分清洗球胆。取样管用石英管，但由于石英管易碎，也可用不锈钢管代替。

废气分析的仪器目前多采用奥式分析仪，它由带刻度的100 mL计量管、3个U形吸收瓶及水位瓶所组成。计量管与吸收瓶用细玻璃管相连，每个吸收瓶上端装有直通旋塞，分别可与计量管相通或切断。水位瓶与计量管用胶皮软管相连。以升降水位瓶使废气吸入或排出计量管。

吸收瓶中分别装入吸收液。按分析次序在第一瓶内装氢氧化钾或氢氧化钠溶液，用以吸收二氧化碳气。其溶液配比按KOH和H_2O的质量比为1∶2配制。第二瓶内装焦性没食子酸的碱溶液以吸收氧气，其溶液配比为将5 g焦性没食子酸，溶于15 mL水中，再与32 mL水溶入48 g KOH的碱溶液混合，为避免吸收空气中的氧，此两种溶液可在吸收瓶内混合。第三瓶内装氯化亚铜的盐酸溶液，用以吸收一氧化碳。此溶液配制为将35 g氯化亚铜加65 g铜片，然后注入200 mL20%的盐酸，经过振荡放置一昼夜后用120 mL水稀释。

分析时，先检查仪器是否严密，接着在计量管内准确地量取100 mL废气。然后打开第一吸收瓶（吸收CO_2）上的旋塞，反复升降水位瓶使废气压入和抽出气瓶，直至废气中二氧化碳被吸收完全（两次读出剩余废气体积不变）。其废气体积减少部分即为二氧化碳在废气中所占体积分数。以同样的操作步骤接着吸收氧气和一氧化碳。

因为焦性没食子酸碱溶液除能吸收氧外，还能吸收二氧化碳，氯化亚铜溶液除能吸收一氧化碳外，还能吸收氧气，所以顺序不能颠倒。前一种吸收不完全不但影响本身含量，而且还影响其他气体组成测量的准确性。三种气体（CO_2，O_2，CO）吸收完毕所剩余的废气体积，可视为氮气的体积分数。

除此废气分析的方法外，目前还有快速分析仪，如CO_2检测分析仪、O_2检测分析仪、CO检测分析仪以及磁氧分析仪和气相色谱等废气分析仪器，取样也大多采用真空泵。

空气系数α可按式6-2-7计算：

$$\alpha = 1 + K\,(\varphi_{O_2} - 0.5\varphi_{CO})/(\varphi_{CO_2} + \varphi_{CO}) \tag{6-2-7}$$

式中 K——1 m^3煤气理论燃烧所产生的CO_2体积与需氧量之比；

φ_{CO_2}，φ_{CO}，φ_{O_2}——废气中各成分所占的体积分数。

6.2.3.2 便携式燃烧分析仪

A 结构

便携式燃烧分析仪主要由组成如图6-2-1所示，采样探头如图6-2-2所示。

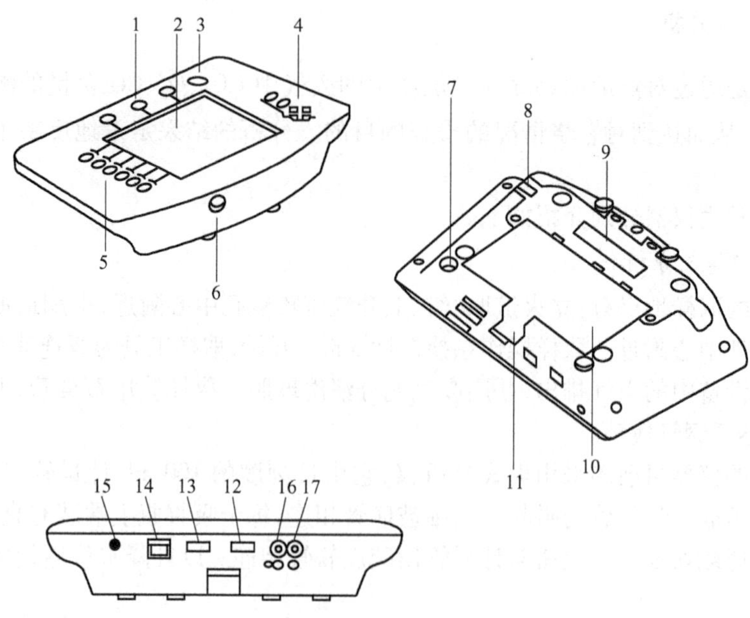

图6-2-1　便携式燃烧分析仪

1—标签按钮;2—LCD 显示屏;3—开 - 关按钮;4—控制按钮;5—图标按钮;6—CO 导流阀;7—磁体;8—排气口;9—传感器盖;10—电池盖;11—电池盖接头片;12—烟道气体热电偶探头端口;13—燃烧供气热电偶端口;14—RS232 串口;15—电源连接;16—通风采样口;17—气体采样口

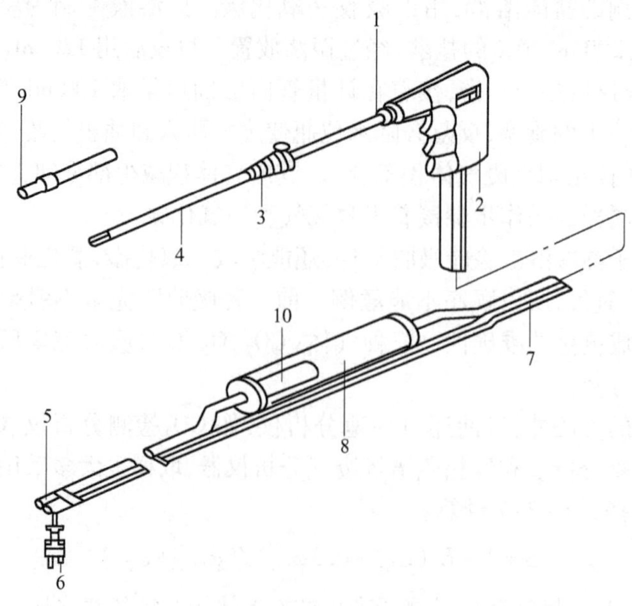

图6-2-2　采样探头

1—采样管固定附件;2—探头柄;3—定位环;4—SS 采样管;5—采样和通风连接器;6—热电偶连接器;7—Tri - Plex 管道;8—集液器;9—SS 过滤器排气探头采样端;10—塑料过滤器

B　技术参数

便携式燃烧分析仪主要技术参数见表6-2-3。

表 6-2-3 便携式燃烧分析仪主要技术参数

项 目	氧气/%	一氧化碳/%	二氧化硫/%	燃烧温度/℃	气体压力/Pa
量 程	0～25	0～0.5	0～0.4	0～1000	±750
分辨率	0.1	1×10^{-4}	1×10^{-4}	1	2.5

6.2.4 温度压力测量的常用仪器

6.2.4.1 U形压力计

U形压力计是测量压力与压力差的最简单仪器。在U形压力计中可以装水、水银或酒精，所测压力等于液面高位差与液体密度的乘积。

$$p = h\rho g \tag{6-2-8}$$

式中 p——压力，Pa；

h——液面位差，m；

ρ——液体密度，kg/m^3；

g——重力加速度，m/s^2。

U形压力计的优点是构造简单，使用方便。但测量误差大，每次测量均需读取两个液面的位置。

6.2.4.2 斜形微压计

斜形微压计用来测量微小的压力。它主要由宽广容器与带刻度的玻璃斜管组成。由于宽广容器的截面比玻璃管的截面大得多(一级为40～50倍)，因此在宽广容器中液面的改变是极小的，可以不考虑它的变化，只读出斜管液面位置即可。

斜形微压计的斜管之所以能起放大作用，是因为高度为h的较小的液柱用斜管中的较大的长度来表示，这样就能清楚地读出微小的压力。斜形微压计的灵敏度与斜管的倾角有关，夹角越小，压力计越灵敏。但是当角度小于15°后，就很难确定正确的读数。常用斜形微压计有倾斜角固定和可变动的两种。

工作液体的密度在每台表的铭牌上都有标明。实际使用液体与铭牌上不符合时，则需要进行换算，其公式为：

$$p = p_1\rho_1/\rho \tag{6-2-9}$$

式中 p——实际压力，Pa；

p_1——表上所读的压力，Pa；

ρ_1——仪表铭牌上所标的液体相对密度；

ρ——实际使用液体的相对密度。

微压计在使用前，首先调整水平，然后驱尽液体内的气泡——从正压端缓缓吹气，使斜管上液面逐渐上升到近于顶端处，停止吹气，当液面回到原处后，再吹气反复数次即可。接着调至零点或确定零点并记录，就可进行测量。测量正压时，测压管和宽广容器相连；测量负压时，与斜管相连；测压差时，把较高的压力与宽广容器相连，而把较低的压力和斜管相通。也可根据需要进行连接。

6.2.4.3 热电偶

热电偶测温的原理是基于两种不同成分的导体(金属)两端接合成回路时，由于其两端温度不同,则在回路中产生热电势,它的大小与温度有关。

热电偶由两根不同材质的导线组成,一端互相焊接,形成工作端(热端),另一端与显示仪表相连接(冷端)。各种热电偶的外形虽不相同,但主要是由热电极、绝缘套管、保护管和接线盒所组成。

常用热电偶有以下三种:

(1) 铂铑—铂。长期受热时最高能测温度为1300℃,短时间能测1600℃,但成本高,电势小。

(2) 镍铬—镍铝(镍硅)。长期受热时最高能测温度为900℃,短期能测1250℃,其电势大,机械强度好,但质硬脆、易氧化。

(3) 镍铬—考铜。长期受热时最高能测温度为600℃,短期能测800℃,其优缺点与镍铬—镍铝相同。

热电偶测温时,常与显示仪表同时使用,显示仪表常为电位差计或数字式温度显示仪,使用数字式温度显示仪时,应注意与热电偶型号一致。

热电偶的总电势随着冷端温度升高而减小,因此在测量时需要对热电偶的冷端温度进行补正,其方法有下列几种:

(1) 冷端恒温法。将冷端引入恒温箱内,如恒温箱为0℃,则无须加补偿值,此法多在实验室内使用。

(2) 冷端温度补偿器。不同种类的热电偶可选用不同的补偿器。使用数字式温度显示仪时,请注意该表是否具备冷端温度自动补偿。

(3) 冷端温度计算补正法。当冷端温度变化不大时,可用玻璃温度计直接测量冷端温度,然后加入仪表上所读出的温度。

(4) 补偿导线法。由于冷端温度变化较大或其他原因常常需要将冷端延伸,这样增长了热电偶,使成本增加。而选用成本较低的、电阻小、在100℃以内其热电势与热电偶的电势接近的导线来代替热电偶,将冷端延至合适的位置,代用的导线称为补偿导线,该方法即为补偿导线法。

6.2.4.4　光学高温计

光学高温计是非接触测量的高温仪表,当被测量的温度高于热电偶所能测量的范围以及热电偶不适宜或不可能安装时,用光学高温计进行测量就显得更为方便。它是焦炉调火不可缺少的测量工具。

光学高温计主要由目镜、物镜、灯泡、电阻和电源等部分所组成。调节目镜的位置,使测量人员能清晰地看到灯丝。调节物镜的位置能使被测物体清晰地成像在灯丝平面上。电阻是改变通过灯泡的电流而改变灯丝的亮度的。

光学高温计的测量是改变高温计内电阻,使灯丝的亮度与被测物体相同,此时灯丝轮廓刚刚隐没,则指针所指出的温度即为被测物体的温度。

光学高温计在使用前,先将仪表指针调至零位,然后调节目镜与物镜使被测物体均清晰可见。使用时应均匀改变电阻,使用完毕后把指针调回零点。当长期不用时,应取出电池。

6.2.4.5　红外测温仪

红外测温仪使用简便、测温准确、测温速度快、可远距离测温,适用于测量各种物体的表面温度,测温量程范围大。在焦炉上可以用来测定各部表面温度,并有专用测定立火道温度的红外测温仪。CIT 手持式焦炉红外测温仪即是专门用于测定焦炉立火道温度的仪表,其测温范围为600~1600℃,测温精度为1%,响应时间为80 ms,可存储1000 组数据,数据自动记存。红外测温仪的性能优于光学高温计。

红外测温仪用于焦炉测温时,还可结合焦炉炉温计算机管理系统,将现场采集的各类温度进行计算机管理,方便查询和输出各种测温报表及绘制横排温度曲线,统计如炉温的均匀性、稳定性等各种温度参数及提示温度变化趋势等。

红外测温仪使用后应存放于干燥环境中。按规定周期进行校准。使用时应擦去镜头上的灰尘,根据提示及时更换电池。测定小物体时,根据目标的大小选择测温距离 L,使距离系数 L/D 小于250(D 为测温目标直径)。测定不同表面时,选择相应的发射率 ε。在强光下测量时应采取遮光,避免强光直射被测目标的干扰。

6.3 焦炉热工调节

6.3.1 用焦炉煤气加热时炉温的调节

焦炉调温主要目的是生产质量良好的焦炭及化学产品,降低耗热量,延长炉体寿命。其内容包括:全炉总供热量调节,各燃烧室供热调节,各火道供热调节及焦炉特殊生产条件下特殊调温。

焦炉调温随着加热煤气种类和炉体结构上的不同在具体操作指标和方法上存在一定差异,但基本要求与原理是相同的。

6.3.1.1 总供热量的调节

A 总煤气量的供给

a 煤气消耗量的确定

加热煤气用量可按式6-3-1 计算,它主要用于新焦炉投产时预计加热煤气消耗量;当结焦时间确定后,其中装煤量可按炭化室容积计算,其耗热量和煤气低热值可参照焦炉结构,操作系统相似的焦炉实际生产数值可按式6-3-1 计算。在生产中由于配煤水分、装煤量、煤气温度和热值等因素变化,需要适时地予以调整。

$$V_0 = q_s N Q_{DW} \tau B \times 1000 \qquad (6-3-1)$$

式中 V_0——标准状态下煤气流量,m^3/h;

q_s——湿煤耗热量,kJ/kg;

N——焦炉炭化室孔数;

Q_{DW}——煤气低位发热量,kJ/m^3;

τ——结焦时间,h;

B——平均每孔装湿煤量,t。

加热煤气流量多用孔板流量计进行计量,当工作状态下煤气温度、压力、密度与孔板设计所选用参数一致时,在流量表上的显示值即为标准流量;如不一致时在流量表上的显示值为工作状态流量,即所谓表流量。

两者关系如式6-3-2:

$$V_0 = V_1 K_p K_T \qquad (6-3-2)$$

式中 V_0——加热煤气的标准流量，m^3/h；

V_1——工作状态下流量显示流量，m^3/h；

K_p——压力校正系数；

K_T——温度校正系数。

$$K_p=\sqrt{\frac{p'}{p_0}} \tag{6-3-3}$$

式中 p_0——设计孔板时所选用煤气的绝对压力，Pa；

p'——工作状态下煤气绝对压力，Pa。

$$K_T=\sqrt{\frac{(\rho_0+f)(0.804+f)T}{(\rho_0'+f')(0.804+f')T'}} \tag{6-3-4}$$

式中 ρ_0——孔板设计所选用标准状态下的煤气密度，kg/m^3；

ρ_0'——标准状态下实际加热的煤气密度，kg/m^3；

T——设计孔板时所选用煤气的绝对温度，K；

T'——工作状态下煤气的绝对温度，K；

f——设计孔板时所选用 T 温度下煤气中水蒸气含量，kg/m^3；

f'——工作状态下煤气中水蒸气含量，kg/m^3。

b 机、焦侧流量的分配

当加热煤气是从机、焦侧用两根管道分别供给时，即需要确定机、焦侧煤气流量的分配。

机焦侧的煤气流量应根据两侧需要热量的不同来分配。两侧需要的热量主要决定于两侧的装煤和耗热量，两侧的装煤量在炭化室高度和两侧的长度相同的情况下，仅与炭化室两侧的宽度有关。根据经验与计算，两侧耗热量比等于两侧炭化室平均宽度比的1.8次方。

在实际生产操作中，还应根据机、焦侧温度和焦炭成熟的实际情况来调整机、焦侧流量的分配，以保证机、焦侧焦炭同时成熟。

c 煤气主管压力与流量、孔板的关系

焦炉用加热煤气，是靠一定的管道压力来输送的。进入燃烧室的煤气是用安装在分管上的孔板来控制的，那么煤气主管至炉内两点间的压力差就等于孔板阻力与入炉煤气管（分管、横管、支管、立管等）阻力之和。而炉内压力相对较小，可不予考虑，煤气主管压力等于孔板阻力加入炉煤气管阻力。

煤气主管压力一般应维持在700～1500 Pa。保持较高的压力有以下优点：

（1）可以提高流量调整的灵敏性和准确性。

（2）当煤气不足或当煤气突然低压时，能有较充裕的时间来检查原因或停止加热等，避免煤气压力迅速降低到危险极限以下。

但如果压力过高，则会增加管道系统漏气的机会。如果总管压力低于500 Pa，表示煤气来源有问题，管道压力有可能降至负压而造成回火爆炸。因此管道压力过高或过低对操作都是不利的，应当选择孔径合适的孔板使煤气主管压力符合要求。

因为入炉煤气管的断面是不变的，当煤气喷嘴不变时，煤气主管压力、孔板断面和流量有一定关系，当孔板断面固定以后，煤气主管压力和流量就有一定的关系，可以用压力来控制流量。

煤气主管压力、流量和孔板的关系可以从以下两方面来说明：

（1）当孔板直径、煤气温度不变时，主管压力和流量的平方成正比：

$$\frac{p_1}{p_2}=\frac{V_1^2}{V_2^2} \tag{6-3-5}$$

式中　V_1,V_2——分别为调节前后两种情况下的煤气流量，m^3/h；

p_1,p_2——煤气流量在 V_1、V_2 时的煤气主管压力，Pa。

如煤气流量为 10000 m^3/h，主管压力为 1200 Pa，求流量为 9800 m^3/h 时的主管压力。设此时孔板断面不变：

$$p_2=p_1\left(\frac{V_2}{V_1}\right)^2=1200\left(\frac{9800}{10000}\right)^2=1152(\text{Pa})$$

（2）当流量不变时，孔板越小，则主管压力越大；或当主管压力不变时，孔板越小，则流量越小，用式 6-3-6 表示；

$$p_{主}=\Delta p_{孔}+\Delta p_{分} \tag{6-3-6}$$

式中　$p_{主}$——煤气主管压力，Pa；

$\Delta p_{孔}$——孔板阻力，Pa；

$\Delta p_{分}$——分管阻力，Pa。

而

$$\Delta p_{孔}=K\frac{\omega_0^2}{2}\rho_0\left(1+\frac{t}{273}\right) \tag{6-3-7}$$

代入式 6-3-6：

$$p_{主}=K\frac{\omega_0^2}{2}\rho_0\left(1+\frac{t}{273}\right)+\Delta p_{分} \tag{6-3-8}$$

式中　K——阻力系数，可查表 6-1-1 得到；

ω_0——煤气在分管中流速，m/s；

ρ_0——煤气在标准状态下的密度，kg/m^3；

t——煤气温度，℃。

对侧喷式或两分式焦炉，当机、焦两侧的入炉煤气管的形状、尺寸和安装位置完全一致时，两侧的孔板直径也一样，则有式 6-3-9：

$$\frac{p_{机}}{p_{焦}}=\left(\frac{V_{机}}{V_{焦}}\right)^2 \tag{6-3-9}$$

但是在实际生产中，因为机、焦两侧的入炉煤气管状况不能完全一致，所以上述关系很难达到。因此每个焦炉应按各自的实际情况来校正两侧压力的数值。

总之，无论是下喷式或侧喷式焦炉，因为管道阻力常有变化，所以在调节的时候，以控制流量数值为主，以压力为辅，是比较直接和方便的。但是有时由于流量表不准或其他原因，也可以控制压力为主。无论以控制哪个为主，都应当注意流量、压力和阻力三者的关系。当以控制流量为主时，应当注意孔板直径有较大的变化或有关闭旋塞的炉号，因为阻力发生了变化，而压力由调节机自动保持固定，这时流量就发生了变化，就应按变化后的流量数字来控制。当控制压力为主时就应当注意：

（1）在相同的压力下，当管道和孔板的断面不同时，就有不同的流量。

（2）在不同的压力值情况下，改变相同的压力数量不代表改变相同的流量数量。

例 1：65 孔焦炉的周转时间为 16 h，焦炉煤气用量为 10000 m^3/h，煤气主管压力为

1000 Pa,孔板直径为 40 mm,分管直径为 50 mm,煤气温度为 30℃,标准状态下密度为 0.46 kg/m^3,求(1)当煤气流量不变,孔板直径换为 35mm 时,煤气主管压力应为多少?(2)当煤气主管压力不变,流量减至 8000 m^3/h 时孔板直径应改变为多少?

解:(1)65 孔焦炉有 66 个燃烧室,设两个边燃烧室供应的煤气量为中部的 75%,则分管流量为:

$$Q_{分} = V/(64 + 2 \times 0.75) = 10000/65.5 = 153(\text{m}^3/\text{h})$$

则分管流速为:

$$\omega = V/\left(\frac{\pi}{4}D^2 \times 3600\right) = 153/\left[\frac{\pi}{4} \times (0.05)^2 \times 3600\right] = 21.7(\text{m/s})$$

孔板与分管的断面面积之比为:

$$f/F = d^2/D^2 = (0.04)^2/(0.05)^2 = 0.64$$

查得阻力系数 $K = 1.31$,则孔板阻力为:

$$\Delta p_{孔} = K\frac{\omega_0^2}{2}\rho_0\left(1 + \frac{t}{273}\right) = 1.31 \times \frac{(21.7)^2}{2} \times 0.46 \times \frac{303}{273} = 157(\text{Pa})$$

故分管阻力为:

$$\Delta p_{分} = \Delta p_{主} - \Delta p_{孔} = 1000 - 157 = 843(\text{Pa})$$

如将孔板直径更换为 $d' = 35$ mm,则孔板与分管的断面积比为:

$$f'/F = 0.035^2/0.05^2 = 0.49$$

查得阻力系数 $K' = 4.74$,在流量相同的情况下有:

$$\Delta p'_{孔} = \Delta p_{孔}\, K'/K = 157 \times 4.74/1.31 = 568(\text{Pa})$$

因为流量不变,故分管阻力不变,则更换孔板后主管压力为:

$$\Delta p'_{主} = \Delta p_{分} + \Delta P'_{孔} = 843 + 568 = 1411(\text{Pa})$$

(2) 煤气流量变为 8000 m^3/h 后,分管压力变为

$$\Delta p'_{分} = \Delta p_{分}(V'/V)^2 = 843 \times (8000/10000)^2 = 540(\text{Pa})$$

如主管压力保持不变,则孔板阻力为:

$$\Delta p'_{孔} = 1000 - 540 = 460(\text{Pa})$$

分管中流速为:

$$\omega'_0 = (8000/65.5)/\left(\frac{\pi}{4} \times 0.05^2 \times 3600\right) = 17.3(\text{m/s})$$

$$\Delta p'_{孔} = K''\frac{\omega_0^2}{2}\rho_0\left(1 + \frac{t}{273}\right) = K''\frac{(17.3)^2}{2} \times 0.46 \times \frac{303}{273} = 76.4K''$$

$$K'' = \frac{\Delta p'_{孔}}{76.4} = \frac{460}{76.4} = 6.0$$

由 $K'' = 6.0$,查得孔板与分管断面积之比为 0.46。则孔板直径为:

$$d = \sqrt{f/F}D = \sqrt{0.46} \times 0.05 = 0.034(\text{m}) = 34(\text{mm})$$

B　总空气量的供给

焦炉加热所需要的空气是依靠烟囱吸力从废气开闭器进风口抽入的,燃烧后产生的废气分别经机、焦侧分烟道从烟囱排出。因此机、焦侧的空气量要用机、焦侧废气开闭器进风口和分烟道吸力来控制。进风口面积和吸力的大小根据空气系统和看火孔压力的要求来确

定，并随结焦时间的长短或煤气流量的多少而改变。

a 分烟道吸力的确定

分烟道吸力等于从进风口到分烟道翻板前整个燃烧系统的阻力与上升及下降气流浮力差之和。用公式表示为：

$$\alpha_{分} = \sum \Delta p + \sum h_{下} - \sum h_{上} \quad (6-3-10)$$

式中 $\alpha_{分}$——分烟道吸力，Pa；

$\sum \Delta p$——进风口至分烟道翻板前阻力和，Pa；

$\sum h_{下}$——跨越孔至分烟道翻板前浮力和，Pa；

$\sum h_{上}$——进风口至跨越孔浮力和，Pa。

在不同的条件下，分烟道吸力的调节和计算介绍如下：

(1) 煤气量改变较小时，分烟道吸力的调节。在炉内调节装置和进风口开度均不变的条件下，即加热系统的阻力系数不变时，其阻力和流量的平方成正比。当上升与下降气流的浮力差较小时，可近似地认为分烟道吸力与流量平方成正比。

(2) 改变空气系数时，分烟道吸力的调节。当空气系数 α 改变时，每立方米煤气所需要的空气量及所产生的废气量均有变化，空气量的变化与空气系数的变化成正比，而空气量变化的比例与废气量变化的比例是接近的，废气密度变化较小，因此可以近似地认为，分烟道吸力与空气系数的平方成正比。

(3) 煤气流量变化幅度较大时，分烟道吸力的计算。在结焦时间改变或其他原因使煤气流量有较大幅度的变化时，为了保持看火孔压力在 -5 ~ +5 Pa 范围内，并使空气系数保持不变，进风门的开度需要改变。这时在废气开闭器调节翻板位置不变的前提下，分烟道吸力可用以下方法估算：当看火孔压力为零时，在炉内燃烧系统中，上升气流从进风口到炉顶看火孔的阻力用上升气流的浮力来克服，即：

上升气流阻力 = 上升气流浮力

上升气流阻力变化用进风口开度来调节，下降气流从炉顶看火孔到分烟道翻板前的阻力和浮力用分烟道吸力来克服，则分烟道吸力等于下降气流阻力加下降气流浮力。

假设炉内温度的变化所引起的浮力变化相对很小，可以忽略。根据计算和经验，从废气开闭器测压点到炉顶看火孔浮力(Pa)约为 $9H$(H 为高度，m)，从废气开闭器测压点到分烟道测压点的浮力值为 $5H$，对于某座炉子来讲，可视为不变的常数。而下降气流阻力和流量的平方成正比。

当结焦时间、加热煤气种类、大气温度变化时，加热系统的流量和压力分布将发生改变。为保持合理的加热制度必须同时调整进风口开度和分烟道吸力。

b 进风口开度确定

不同情况下，进风口开度的确定介绍如下：

(1) 不改变分烟道吸力而仅改变进风口开度，实际上不会使空气系数不变。

(2) 流量改变后，风门开度不变，只改变烟道吸力，此时炉内压力分布改变，空气系数不变。

例 2：某焦炉结焦时间为 16 h，分烟道吸力为 230 Pa，现将结焦时间延长 1 h，流量减少了 6%，若风门开度不变，废气盘翻板开度不变，烟道吸力变为多少？

解：设下降气流段的浮力比上升气流段大 $\Delta H = 23$ Pa，即

$$\alpha_{烟道} = \sum \Delta p + \Delta H$$

结焦时间 16 h 条件下，加热系统阻力

$$\sum \Delta p = 230 - 23 = 207(\text{Pa})$$

当流量减少了 6%，则加热系统的阻力降低为原来的 $0.94^2 = 0.88$ 倍。

即此时阻力为

$$\sum \Delta p = 207 \times 0.88 = 182(\text{Pa})$$

因此烟道吸力应改为

$$182 + 23 = 205(\text{Pa})。$$

（3）保持进风门阻力不变，流量改变后，为保持看火孔压力不变，风门开度与烟道吸力应做适当调整。

例 3：按例 2 的条件，若原风门开度达 200 mm，当流量减少 6% 后，风门与烟道吸力同时做相应改变，设空气通过废气盘的阻力为 50 Pa，保持该阻力不变，风门与烟道吸力各为多少？

解：风门开度为 $200 \times 0.94 = 188(\text{mm})$，由于进风口阻力不变，因此流量减少后上升气流小烟道至分烟道翻板前的阻力降低为原来的 0.88 倍。

上升气流小烟道至分烟道原来的阻力为：

$$207 - 50 = 157(\text{Pa})$$

降低后的阻力为：

$$157 \times 0.88 = 138(\text{Pa})$$

则分烟道吸力为

$$138 + 23 + 50 = 211(\text{Pa})$$

气量改变后加热系统浮力变化较少，可忽略不计，而上升气流阻力发生变化，故此时看火孔压力变大，若仍保持看火孔压力为零，风门开度与烟道吸力应做适当调整。

（4）流量改变，保持看火孔压力空气系数不变。风门与烟道吸力应适当调整。

例 4：按例 3 的条件，当流量减少 6% 后，保持空气系数与看火孔压力不变，风门与烟道吸力如何调节？

解：从废气盘测压点到炉顶面高度为 8.8 m，上升气流段浮力为 $8.8 \times 9 = 79.2(\text{Pa})$，当看火孔压力为零时，上升气流的浮力等于上升气流炉内阻力加进风口阻力。

气量改变后炉内阻力为

$$0.88 \times (79.2 - 50) = 25.7(\text{Pa})$$

为保持看火孔压力不变，进风口阻力应增加到

$$79.2 - 25.7 = 53.5(\text{Pa})$$

进风口应改小。若进风口改变后阻力系数不变，进风口开度应调到

$$200 \times 0.94 \times \sqrt{50/53.5} = 181(\text{mm})$$

此时分烟道吸力为

$$138 + 53.5 + 23 = 215(\text{Pa})$$

（5）气量及空气系数不变，只改变看火孔压力时应改变风门开度。

例 5：按例 4 的条件，将看火孔压力由零改为 −5 Pa 时风门开度为多少？

解：因气体量不变情况下，使整个加热系统的吸力增加 5 Pa，则分烟道吸力应调到

$$215+5=220(\mathrm{Pa})$$

废气盘处吸力由 53.5 Pa 增加到

$$53.5+5=58.5(\mathrm{Pa})$$

进风口开度应改为：

$$181\sqrt{53.5/58.5}=173(\mathrm{mm})$$

（6）大气温度变化较大时，进风口开度与分烟道吸力调节。由于大气温度变化而使空气密度发生变化，从而引起炉内浮力和实际温度下的空气体积改变，造成经进风口入炉空气量和加热系统压力分布发生变化，为保持空气量、空气系数和看火孔压力不变，需同时调节进风口开度和分烟道吸力。

例 6：按例 5 的条件，当大气温度由 35℃降至 0℃，仍保持原来空气量、空气系数及看火孔压力，其进风口与分烟道吸力应如何调节？

解：当大气温度由 35℃降至 0℃时，炉内温度不变，废气盘至看火孔浮力增加值为：

$$8.8\times1.28\times273\times\left(\frac{1}{273}-\frac{1}{273+35}\right)\times9.8=12.5(\mathrm{Pa})$$

式中 1.28——湿空气（0℃）的密度，kg/m^3。

为保持看火孔压力不变，可用增加进风口阻力来抵消浮力增加，为此进风口阻力应为

$$58.5+12.5=71(\mathrm{Pa})$$

由阻力计算公式可知，为保持进风量不变，视进风口阻力系数近似不变，故冬季进风口开度应为

$$L=\sqrt{\frac{58.8}{71}\times\frac{273}{308}}\times173=126(\mathrm{mm})$$

废气盘至分烟道测压点由于高度差较小，浮力变化可以不计，则冬季分烟道吸力改为：

$$220+12.5=233(\mathrm{Pa})$$

C 全炉温度稳定性的调节

全炉温度用机、焦侧测温火道平均温度来代表，它的稳定性用安定系数来评定，全炉总供热的调节应当使机、焦侧测温火道平均温度符合所规定的标准温度并保持稳定。

影响炉温稳定性的因素很多，如装煤量和配煤水分、大气温度和风向、煤气温度和热值、检修时间、暴雨、大雪等。

a 装炉煤水分的影响

在生产的焦炉上，为保持生产能力和能耗的稳定，力求每炉装煤量稳定，在技术管理规程中规定每炉装煤量偏差小于1%。在正常结焦时间下，如果保持装入的干煤量不变，配煤水分每增减1%，炉温要升降 5～7℃，相当于干煤耗热量增减 60 kJ/kg 左右，则供焦炉加热的煤气量相应要增减 2.5%左右才可以保持焦饼的成熟度不变，如果装炉煤水分改变了，加热的调节跟不上去，就会使炉温产生波动。

b 大气温度和风向影响

风向和气温的改变对炉温稳定性的影响是比较容易观察到的。由于大气的密度发生变化，炉内的浮力就产生变化，使炉内燃烧系统吸力和空气系数变化。如迎风侧的蓄热室走廊气温低，空气密度大，而且风的速度大，因此在进风口开度和分烟道吸力不变的情况下，进炉

的空气量增多,燃烧系统吸力变小,看火孔压力增大。而在背风侧则相反。这样就引起了机、焦侧炉温的波动。在冬季和夏季也有着同样的影响。这时进风口开度和分烟道吸力应做适当调整。

c 检修期的影响

焦炉在检修时间的初、中期,由于全炉中处于结焦末期的炭化室数减少,引起直行平均温度的下降。其下降的幅度与检修期的长短有关,检修时间越长,下降幅度越大。一般检修时间为2 h,其下降量达5 ~8℃。

有些焦炉为保持在检修期内测定的直行温度符合规定的标准温度,在检修前增加流量,检修后再把多增加的流量减掉。这样做固然可以使温度达到标准,但不利于加热制度的稳定。因为在检修期每个燃烧室的温度仍在随相邻炭化室所处的结焦过程有规律地变化,而并不是供热量有问题,所以说因检修期引起温度下降而增加流量是不合适的。

在调节全炉温度的时候,应做到:

(1) 要有一个合适的加热制度,并要经常保持。要准确掌握引起炉温波动的因素及各项因素引起炉温波动的幅度,并采取相应的调节措施,达到炉温稳定的目的。

要做到经常检查燃烧情况,使供应的煤气能在合适的空气系数下燃烧。增减煤气量要与分烟道吸力、进风口开度配合适当。应当指出,根据计算所确定的加热制度的各项数值是近似的,实际上各项因素的变化比较复杂,因此必须根据实际情况加以校正。

(2) 要保持加热制度的稳定,调节不能过于频繁,且幅度不能过大。

(3) 要注意炉温变化趋势。焦炉煤气中含有大量的氢气和甲烷,氢气在燃烧中产生大量的水蒸气,甲烷在燃烧中析出游离碳,这两种物质在高温下均具有较强的辐射力。因而,增减加热用焦炉煤气量时,炉温反应较快,一般当炉温处于稳定状态,改变流量4h左右,就可明显看出炉温的反应。当炉温处于上升或下降趋势而且幅度较大时,要减少或增加流量来改变炉温的变化趋势,其时间也要长一些。所以处理炉温时增减煤气使用量必须及时分析具体情况,准确调节。避免调节幅度过大和过于频繁而引起炉温的波动。

6.3.1.2 各燃烧室的供热

焦炉在总供热稳定的基础上,要求对每个燃烧室(边炉除外)供给相同的热量,才能保证各燃烧室的温度达到均匀一致。各燃烧室机焦侧温度用机焦侧测温火道温度来代表,简称直行温度。

A 各燃烧室煤气量均匀性的调节

供给每个燃烧室的煤气量主要用安装在煤气分管上的孔板来控制,各燃烧室煤气量的均匀分配也就依靠孔板直径沿焦炉长向合适的排列来实现。

孔板必须要造成足够的阻力才能精确地调节各燃烧室的煤气量,根据计算和实践表明,孔板断面如果大于分管断面的70%,则阻力过小,对煤气量的控制的精确性显著降低。因此孔板断面应小于分管断面的70%为宜。

孔板直径的平均值取决于煤气的使用量和所规定的主管压力。孔板直径的排列取决于煤气主管从始端至末端的压力分布。用焦炉煤气加热时,在正常情况下始端和末端的压力是接近一致的,孔板直径排列也可一致。但对边部燃烧室来说,由于其煤气量是中部燃烧室的70% ~75%,故其孔板直径大约是中部燃烧室的85%左右。

下喷式焦炉在使用焦炉煤气加热时,因为孔板后面还有入炉煤气管道和装在支管上的喷嘴,所以当孔板断面为分管断面的50%以上时,这套管路的阻力比孔板阻力大。因此,只有在入炉管路阻力相同的情况下,孔板直径的均匀排列才能使煤气分配量相同,这时全炉横管压力应是均匀一致的。但在生产条件下影响因素是比较多的,常见有以下几种:

(1) 交换旋塞没有开正。产生这种问题一般有两种原因:一种是个别号旋塞开关位置没有及时检查调整,或是旋塞的扳把固定不牢,日久滑动错位;另一种是煤气交换拉杆行程改变,这种情况发生在单双号立火道(即两个交换期间)煤气量供应不一致的时候。

(2) 孔板安装不正或不清洁。安装孔板时,应使孔板的中心和管道的中心相重合,否则其阻力系数是不同的。另外,孔板不清洁的影响也是较大的。例如在主管压力为1000 Pa下操作时,孔板直径每改变1 mm,可影响炉温20~25℃左右。

(3) 孔板前后管道及旋塞的堵塞。这种影响是由于焦炉多年生产,煤气中带有脏物沉积而造成的。还有一些焦炉由于煤气净化不好,煤气中含有大量焦油和萘等杂质,在短期内(几个月)就会将管道堵塞,这种原因对煤气量的供给影响极大。

(4) 各燃烧室立火道的喷嘴的平均直径应一致。如果喷嘴直径相差较多,或喷嘴挂焦油、萘等,也会影响煤气量在各燃烧室的均匀分布。

(5) 当砖煤气道漏气或挂结石墨时应堵漏或透通。

鉴于上述诸多情况,在调节的时候,不要轻易更换孔板,而应当首先检查并消除这些因素的影响。当个别燃烧室温度低,煤气量不足时,可用横管压力和孔板直径来配合检查管路中阻力不正常处。为避免孔板排列混乱,只有当这些因素短时间内不能消除时,可暂用更换孔板解决煤气量的问题。

B 各燃烧室空气量均匀性的调节

各燃烧室空气量用蓄热室顶部吸力来控制。蓄热室顶部上升和下降气流的吸力差代表着一定的气体量。在各燃烧室的斜道口调节砖排列一致的条件下,各蓄热室顶部上升和下降气流吸力差相等,则进入各燃烧室的空气量相等。在实际操作中是分别将上升和下降气流吸力调节均匀,吸力差也就基本是接近的。调节手段主要是废气开闭器进风口和调节翻板的开度。

a 废气开闭器进风口开度与调节翻板的排列

同侧的进风口开度除焦炉两端的第一、二个废气开闭器以外均应保持一致。边蓄热室的进风口开度约为中部蓄热室的35%。焦炉两端的第二个蓄热室的进风口开度约为中部的85%。

各废气开闭器调节翻板开度沿焦炉长向应是不一致的。由于两侧分烟道内随气流方向各点阻力与动压力逐渐增加,故靠近烟囱端吸力总大于始端吸力,因此废气开闭器调节翻板开度也应随着离烟囱的距离的远近而开大或关小。但分烟道内两端吸力差实际上并不大。为使翻板有足够的调节余地,在开工时应将中部的废气开闭器调节翻板处于中间开度。通过两端边蓄热室的废气量约为中部蓄热室的35%,因此边废气开闭器翻板开度相应减少。

当结焦时间大幅度延长时,废气排出量大为减少,因此废气开闭器翻板开度可根据需要相应地减小。

b 蓄热室顶部吸力的调节

焦炉煤气加热时,调节蓄热室顶部吸力也就是使空气量和废气量均匀分配到蓄热室的。

影响蓄热室顶部吸力的因素,除了进风口和调节翻板开度以外,还有很多。常见的有;

下降气流时，废气砣提起高度减少或进风门盖不严，都会使下降气流吸力减少；上升气流时，进风门开度减小或废气砣落不严，都会使上升气流吸力增加，废气开闭器两叉接头和蓄热室封墙漏气、炭化室荒煤气往燃烧室串漏都会使吸力减少；蓄热室格子砖或斜道堵塞会使阻力增加等。由于吸力变化，炉温也随之变化，因此在调火的日常工作中必须消除这些因素，并经常保持正常。在测调吸力的时候，尤其应加强检查，当个别吸力有变化时，不应轻易变动进风口和翻板开度，应首先检查原因，消除不正常因素，避免调节装置混乱。测量吸力的重要意义之一就是要检查这些不正常的因素，另外各燃烧室相邻炭化室所处的炭化时间对吸力也有影响。例如刚装煤的炭化室压力较大，窜漏的可能性就较大，在测调吸力时也应考虑这个因素。

调节吸力的步骤一般可分两步进行：对新开工的焦炉第一步可先用废气开闭器翻板调下降气流，使各蓄热室下降气流吸力与标准相差在 ±3 Pa 以内。在各进风口开度一致和其他条件都正常的情况下，当下降气流吸力调到标准时上升气流吸力也能基本均匀。第二步是调节上升气流吸力，使各蓄热室上升气流吸力与标准之差在 ±2 Pa 之内。在调节的时候，应首先测量全部蓄热室的上升和下降气流的吸力，并在立火道或废气盘取废气样做分析或检查燃烧情况，然后根据吸力、空气系数、看火孔压力、温度和设备情况综合分析后采取调节方案。在调节某个蓄热室吸力时应考虑到对相邻两个到四个蓄热室的吸力的影响。

如果各蓄热室吸力普遍比标准偏正或偏负，可调整标准蓄热室的吸力，避免大量地变动调节翻板的位置。

焦炉炉龄较老时，由于阻力和窜漏情况增加而且不均匀，蓄热室顶部吸力不易保持均匀。例如当个别蓄热室阻力增大时，同样的进风口开度就不能得到同样的上升气流吸力，这时需要调整进风口；当个别斜道阻力增大时，同样的吸力差就不能得到同样的空气量，这时需增大上升和下降气流吸力差。因此，对阻力增大和窜漏较严重的炉号应规定特殊的压力制度。

c　蓄热室顶吸力与几个因素的关系

蓄热室顶吸力与几个因素关系介绍如下：

(1) 吸力差与空气系数的关系。蓄热室顶部上升与下降气流吸力差近似地与空气系数的平方成正比。利用这个关系，可以计算改变空气系数后的吸力差值。

(2) 吸力差与周转时间的关系。当周转时间改变时，蓄热室顶部上升与下降气流吸力差应随之改变。周转时间与煤气流量成反比，吸力差与周转时间的平方成反比，此关系忽略了耗热量因素，因此只适用于结焦时间改变较少的情况。

当保持看火孔压力不变时，上升气流吸力随周转时间的变化很少。因此在正常周转时间内可使上升气流吸力固定不变，只改变下降气流吸力。

(3) 大气温度对蓄热室顶部吸力的影响。在实际操作中，往往遇到大气温度变化较大时，如白天和夜晚、冬天与夏天蓄热室顶部吸力与空气系数会发生变化。

当大气温度升高较多时，若不改变进风门开度，且保持上升气流蓄热室顶吸力不变，则空气系数（煤气量不变）和下降气流蓄热室顶部吸力下降较多，情况会发生变化；当烟道吸力与进风门开度均不变，虽然空气系数改变不大，但上升与下降气流蓄热室顶部的吸力却增加较多，使横排温度发生改变。因此在大气温度发生较大变化时，需要改变废气开闭器进风门开度和烟道吸力以保持上升气流蓄热室顶部吸力与空气系数不变。

例7：冬天，在蓄热室走廊温度为5℃，上升气流蓄热室顶部吸力为50 Pa，下降气流蓄热室顶部吸力为70 Pa，烟道吸力为190 Pa，空气系数为1.25，当夏天蓄热室走廊温度为40℃时，分析炉内空气量及吸力的变化。

解：分两种情况讨论：

(1) 进风门开度不变及上升气流蓄热室顶部吸力不变时蓄热室顶部吸力等于进风口至蓄热室顶部的阻力减去蓄热室浮力，进风口到蓄热室顶部距离假设为2.5 m，上升气流蓄热室中空气平均温度取600℃，则冬季蓄热室内浮力为：

$$2.5\times\left(\frac{1.28\times273}{278}-\frac{1.28\times273}{873}\right)\times10=21(\text{Pa})$$

上升气流蓄热室阻力取6 Pa，取废气盘进风口阻力为

$$50-6+21=65(\text{Pa})$$

夏天蓄热室内浮力为：

$$2.5\times\left(\frac{1.28\times273}{313}-\frac{1.28\times273}{873}\right)\times10=18(\text{Pa})$$

冬天与夏天如果以同样多的空气量通过进风门，则气流所产生阻力与绝对温度成正比。因而夏天进风门所产生阻力为：

$$65\times\frac{273+40}{273+5}=73(\text{Pa})$$

此时上升气流蓄热室顶部吸力应为

$$73+6-18=61(\text{Pa})$$

如保持上升气流蓄热室顶部吸力仍为50 Pa，则空气量就会减少。此时，废气盘阻力将为

$$50+18-6=62(\text{Pa})$$

因而空气量将减少，为原来的

$$\sqrt{\frac{62}{73}}=0.921\text{ 倍}$$

空气系数将变为

$$0.921\times1.25=1.15$$

上升与下降气流蓄热室顶部的压力差将等于

$$0.921^2\times(70-50)=17(\text{Pa})$$

下降气流蓄热室顶部吸力变为

$$50+17=67(\text{Pa})$$

(2) 风门开度和烟道吸力保持不变，烟道中动压头取10 Pa，废气盘到烟道测压点的距离等于2.8 m，废气温度为300℃，则该段浮力

冬天时：$2.8\times\left(\frac{1.28\times273}{278}-1.222\times\frac{273}{573}\right)\times10=19(\text{Pa})$

夏天时：$2.8\times\left(\frac{1.28\times273}{313}-1.222\times\frac{273}{573}\right)\times10=15(\text{Pa})$

加热系统总阻力：

冬天为：$190-10-19=161(\text{Pa})$

夏天为：190 - 10 - 15 = 165(Pa)

夏天与冬天以同样空气量通过进风口，则阻力差为

$$73 - 65 = 8(\text{Pa})$$

因此夏天加热系统总阻力应该是

$$161 + 8 = 169(\text{Pa})$$

这样空气量减少 $\sqrt{165/169} = 0.985$，空气系数变为

$$1.25 \times 0.985 = 1.23$$

进风门阻力为 $73 \times \dfrac{165}{169} = 70.8(\text{Pa})$

上升气流蓄热室顶部吸力为 70.8 + 6 - 18 = 58.8(Pa)

下降气流蓄热室顶部吸力为 $58.8 + 0.985^{-2} \times 20 = 78.2(\text{Pa})$

从上述两种情况计算可看出：当大气温度升高较多时，若不改变进风门开度，且保持上升气流蓄热室顶部吸力不变，则空气系数（煤气量不变）和下降气流蓄热室顶部吸力下降较多，燃烧情况会发生变化；当烟道吸力与进风门开度均不变，虽然空气系数改变不大，但上升与下降气流蓄热室顶部的吸力却增加较多，使横排温度发生改变。因此在大气温度发生较大变化时，需要改变废气盘进风门开度和烟道吸力以保持上升气流蓄热室顶部吸力与空气系数不变。

C　直行温度均匀性的调节

通过对焦炉长向各燃烧室煤气量和空气量均匀性的调节，炉温的均匀性必将有明显的好转。但在生产过程中，还会有很多其他因素影响炉温的均匀性，如周转时间的长短、推焦均匀性、各部位的窜漏等。在调火工作中必须经常掌握这些情况，并采取适当的措施。

a　周转时间的影响

在供热不变情况下，炉温随着相邻炉室结焦状态发生规律性变化，中间部位燃烧室在一个周期内会出现三个高峰和两个低谷，其差值为30～40℃。用现有的方法测量直行温度，客观上使直行温度在同一时间是不能一致的，而且周转时间越长，温度差别越大，即在不做任何调整的条件下，均匀系数随周转时间的延长而降低，这不是由于供热不均匀引起的。因此在调节燃烧室温度的时候，不能只看一、二次的测量结果，而应当看两三天的平均温度，确实有偏高或偏低的趋势（一般和直行平均温度相差15℃以上时）才进行调节。

b　推焦和装煤的影响

推焦如果不均匀或周转时间不稳定，使各炭化室结焦时间不一致；装入煤量或水分不均匀，使各炭化室吸热不一致等，都会造成直行温度的均匀性降低。如果温度过高、过低确实是这个因素造成的，可根据具体情况做暂时性调节或不做调节，避免调节手段和供热的混乱。

c　荒煤气窜漏的影响

焦炉使用后期容易产生炉头部位的墙面裂缝，从炭化室往燃烧室窜漏煤气。当窜漏量少时，在燃烧室就烧掉了，使温度局部升高：如果大量窜漏，使火道不能完全燃烧而冒黑烟，严重时造成炉温下降，对炉温的均匀性影响很坏。当发现大量荒煤气窜漏时，可打开看火孔盖，把漏进的荒煤气放走，使火道有较好的燃烧条件，提高炉墙上部温度，使炉墙砖缝及早被石墨封死，减少荒煤气的窜漏机会。

在调节直行温度的时候,由于对直行温度的主观和客观影响因素是多方面的。因此必须做好细致的调查研究,针对原因去进行处理。一般从以下几个方面去找原因:

(1) 要检查整个燃烧室(或一侧)的温度,确定是整个燃烧室还是仅仅测温火道或其附近几个火道有问题。如果是整个燃烧室有问题,就不应当仅仅调节测温火道。

(2) 要检查单双号火道的温度,确定是哪一排横管或蓄热室有问题,因为单双号火道煤气和空气是由不同的横管和蓄热室供给的,而单双号火道温度又互相影响。

(3) 要检查相邻号燃烧室。因为本号和邻号的空气是由同一蓄热室供给的,所以往往互相有影响。

(4) 要检查燃烧情况。确定是煤气量还是空气量供给有问题。如果是煤气量的供给有问题,应当检查煤气系统,如果是空气量的供给有问题,应检查空气系统。处理时,首先应尽可能消除加热设备和炉体的缺陷,以免调节和控制手段混乱。但有的原因不易检查,有的不容易消除或在短期内不能消除。例如砖煤气道窜漏、管道内挂焦油、炭化室窜漏等。因此在必要时,个别炉室也可以用改变孔板直径、进风口开度和改变蓄热室吸力的办法来调节,以使其温度能及早达到标准,然后再消除影响温度正常的根本原因。

6.3.1.3 燃烧室各火道的供热

横排温度的调节是焦炉调火的主要项目之一。横排温度的好坏不仅直接影响焦饼能否均匀成熟,而且关系到焦炉生产能力的发挥和炼焦耗热量能否降低。

根据横排温度从机侧第3火道至焦侧第3火道的供热应当是逐渐增加,两侧炉头一对火道由于散热损失较大,应当供给较多的热量。

A 各火道煤气量和空气量分布

下喷式焦炉各火道煤气量是靠安装在煤气支管上的喷嘴来控制的。这种炉外调节方法比侧喷式焦炉在炉内用烧嘴调节方法,既方便又准确,是下喷式焦炉的最大优点。喷嘴直径的排列是从机侧第3火道至焦侧第3火道递增的,相邻火道的喷嘴直径差一般在0.1 mm左右。炉头火道的喷嘴,考虑到焦炉结焦时间稍延长,因炉头的热负荷相对增大,为留有适当余地,可稍增大一些,一般为11.5~13.0 mm。

B 横排温度的调节

新开工焦炉按设计的喷嘴和斜道口开度排列,一般不能得到较好的横排曲线,其主要原因是刚开工焦炉易出现漏气,需要逐步消除。如炭化室往燃烧室漏荒煤气,可采用提高集气管压力,使荒煤气在墙缝中裂解成石墨,从而起到密封作用。对于砖煤气道的漏气应采用在地下室喷浆的办法进行堵漏。对于蓄热室封墙不严的应重新抹补。在大量的漏气消除后,有一个稳定的加热制度,才能进行横排温度的调节。一般可按初调和细调两步进行。

a 横排温度的初步调节

焦炉在投产后的短期内,结焦时间还未正常,炭化室漏气的情况仍在继续,加热制度处于不稳定状态,此时按轻重缓急对横排温度进行初步调节,其工作内容主要是调整加热设备。调均蓄热室顶部吸力,处理个别高温点和低温点,避免烧坏炉体,稳定加热制度,保持正常的焦炭成熟条件。

高温点的出现一般是由喷嘴不严、从丝口漏气或直径偏大、炭化室局部窜漏荒煤气等造成的,应采取相应措施进行处理。但对炭化室的窜漏除加强监督外,可酌情换小喷嘴,待炭化室挂结石墨后,再恢复正常。

低温点的出现一般是由喷嘴孔径偏小、砖煤气道漏气或堵塞、空气量不足等原因造成的。可相应采取如换大喷嘴、透掉石墨、往砖煤气道喷浆、透斜道等办法解决。

出现锯齿形横排温度曲线可能是单双号调节旋塞开关不正或堵塞和两交换行程不一致所造成的。

炉头温度偏低多半是蓄热室封墙、小烟道两叉部等处不严密，漏入冷空气所致。

b　横排温度的细调

细调的目的是使燃烧室在焦饼均匀成熟和合理的加热制度条件下，以最少的煤气和空气量，达到符合要求的机、焦侧温差和理想的横排温度系数，此工作通常是在初调工作完成以后、结焦时间和加热制度稳定、加热设备运转正常、蓄热室顶部吸力通过调节已处于比较均匀的条件下，选择一个试调区（5～10排）进行细调。从试调中找出合适的加热制度，校对喷嘴和调节砖的排列，摸清调温规律，把全炉调温中遇到的问题拿到试调区进行观察，从中找出解决办法。把试调中摸出的规律性的东西拿到全炉去推广。这样做工作量较少，便于管理，总结经验快，有利于指导全炉调温工作的进行。现介绍横排温度试调中的一些作法和注意事项：

（1）稳定加热制度和准确配置调节装置。一般来说横排温度稳定与否与加热制度的稳定程度有一定关系。在横排温度的试调期规定的周转时间、配煤质量、加热煤气种类、标准温度、集气管压力、上升气流的蓄热室顶部吸力和空气系数均应保持稳定，从而使横排温度的分布处于一个稳定状态。

调节装置的配置如孔板、喷嘴（或小孔板）、进风口开度、斜道口调节砖等应尽可能符合设计要求，完善而准确，并留有详细记录。

在具备上述条件后，应测定试调区的横排温度，并分别在废气开闭器处（即小烟道出口处）或看火孔取样做废气分析、检查各燃烧室和各火道煤气的燃烧情况，调整各蓄热室顶部吸力，保持各燃烧室空气量接近一致。

（2）调节燃烧系统的吸力分布。在既定的调节砖排列的基础上保持沿燃烧室长向空气量分布均匀。

调节燃烧系统吸力分布常用的方式是：当看火孔呈负压、燃烧室全排的空气系数显小、中部火道空气系数大于炉头部位火道时增大废气开闭器进风口开度，同时稍增大下降气流吸力，这样由于空气动压头减少使炉头部位进空气量增加，相应地也增加了中部火道的空气量。当看火孔压力呈正压时，α 值显小，则需要增加吸力（视情况决定是否需加大进风口开度）。当看火孔呈负压、整个燃烧室的空气系数显大、中部火道的空气系数大于边部火道的空气系数时减小下降气流吸力。若减小吸力后，看火孔转为正压，但火道的空气系数仍然显大，应采取同时减小吸力和进风口开度的办法配合起来进行调节。

在上述的调节过程中，应当特别注意上升气流蓄热室顶部吸力在调节前后的变化。当看火孔压力调到规定标准，沿燃烧室长向里外火道空气量分布合适的情况下，上升气流蓄热室顶部的吸力就是以后加热制度应保持的数值。这时的上升与下降气流的蓄热室顶部吸力差就是以后在相同操作条件下应保持的吸力差，从而保持炉温的稳定。

在上述吸力的测量与调节的过程中，做火道煤气燃烧情况的检查时，应在看火孔取样做废气分析及观察火焰，以此作为调节的依据。

（3）喷嘴和调节砖排列的校正。在燃烧系统压力分布的调节基本稳定以后，燃烧室的空气系数可基本达到均匀。但如果横排温度仍然不够好,说明喷嘴或调节砖排列存在一定问题时,一般先调整喷嘴的排列,每更换一次以后,应测量横排温度和空气系数,在温度变化反应完全稳定以后,再进行下一次的调整。

在对喷嘴和调节砖的调整过程中,要注意观察和分析存在的问题,如果是个别问题,应进行个别处理,如果是全炉性的,要坚持按先试验后向全炉推广的方法来进行调节,严防把喷嘴和调节砖搞混乱影响后来的调节工作。喷嘴和调节砖改变后均应留有改变后的详细记录。

c 煤气温度对横排温度的影响

煤气温度对横排温度的影响表现在:由于季节的改变,当地下室的气温变化较大时,影响到焦炉煤气横管始端与末端的煤气温度,使横管始端与末端煤气密度发生改变。故在不同的季节、在喷嘴排列一定的条件下,机、焦侧的温度差是不一致的,因此在横排温度的调节过程中随季节的不同应注意到这种影响。

C 煤气燃烧的检查

煤气燃烧情况的检查有两种,一种是取废气样做分析,另一种是观察火焰。为了调节准确,在进行细调时,必须取样分析空气系数,以此作为检查的主要手段。但是火道的数量较多,目前一般的分析仪分析较慢。在需要及时地了解燃烧情况时,单靠取样分析是不能满足要求的,还必须用观察火焰的方法来检查。

用焦炉煤气加热时,正常的火焰是稻黄色的。当空气系数大时,火焰发白,短而不稳,火道底部温度偏高。当空气系数小时,火焰发暗,燃烧不完全时冒黑烟。当空气和煤气都多时,火焰相对较大,火道温度高,当煤气和空气都少时则相反。

观察火焰的时候,还要同时注意看火孔的压力。如果是5 Pa左右时,可感到热气流稍往上冒,但不喷脸。如果喷脸或稍打开看火孔盖时有气流声响,说明正压过大。如果是负压,可看到火道内的火焰不稳定。负压大时,看火孔周围的煤粉被抽到火道内。

观察火焰时还应注意:看火孔正、负压过大时,打开看火孔盖后在较大程度上改变了火道内的气流状况,因而改变了燃烧火焰的原来面貌,使观察不准确。例如当正压过大时,打开看火孔盖后,从看火孔流出的气体较多,增加了火道内的吸力,使空气系数增加,当负压过大时则相反。因此在检查燃烧情况时须将这个因素考虑在内。

在横排温度和空气系数调节均匀以后,可以用测温火道的燃烧情况来代表一个燃烧室,每天至少检查一次。在烧焦炉煤气时,尤其是在煤气净化不好的时候,支管喷嘴等容易堵塞,应当对全炉火道进行定期巡回检查,加强监督及时调节,以保证横排温度经常处于良好状态。

6.3.2 高炉煤气加热时的调节

由于高炉煤气和焦炉煤气的成分和发热量不同,因此用高炉煤气加热时在调节上与用焦炉煤气加热时既有共同之处,又有不同的特点。

6.3.2.1 高炉煤气加热的特点

高炉煤气加热有如下特点:

(1) 高炉煤气需要预热。同体积的高炉煤气的发热量较焦炉煤气低得多,一般为3300 ~4200 kJ/m^3。热值低的高炉煤气是不容易燃烧的。为了提高燃烧的热效应,除了空气需要预热外，高炉煤气也必须预热。因此使用高炉煤气加热时，燃烧系统上升气流的蓄热室中，有一半用来预热空气，另一半用来预热煤气。煤气与空气一样，经过斜道进入燃烧室立火道进行燃烧。

(2) 燃烧系统的阻力大。用高炉煤气加热时，耗热量高(一般比焦炉煤气高15%左右)，产生的废气多，且密度大，因而阻力也较大。而上升气流虽然供入的空气量较少，但由于上升气流仅一半蓄热室通过空气，因此上升气流空气系统的阻力仍比焦炉煤气加热时要大。

(3) 高炉煤气燃烧火焰较长。高炉煤气中的惰性气体约占60%以上。因而火焰较长，焦饼上下加热的均匀性较好。由于通过蓄热室预热的气体量多，因此蓄热室、小烟道和分烟道的废气温度都较低。小烟道废气出口温度一般比使用焦炉煤气加热时低40～60℃。

(4) 高炉煤气毒性大。高炉煤气中CO的含量一般为25%～30%，为了防止空气中CO含量超标，必须保持煤气设备严密。高炉煤气设备在安装时应严格按规定达到试压标准，如果闲置较长时间再重新使用前，必须再次进行打压试漏，确认管道、设备严密后才能改用高炉煤气加热。日常操作中，还应对交换旋塞定期清洗加油，对水封也应定期检查，保持满流状态，蓄热室封墙，小烟道与连接管处的检查和严密工作应经常进行。

高炉煤气进入交换开闭器后即处于负压状态。一旦发现该处出现正压，应立即查明原因并组织人力及时处理，确保高炉煤气进入交换开闭器后处于负压状态。

(5) 高炉煤气含尘量大。焦炉所用的高炉煤气含尘量要求最大不超过15 mg/m^3。近年来由于高压炉顶和洗涤工艺的改善，高炉煤气含尘量可降到5 mg/m^{3}以下，但长期使用高炉煤气后，煤气中的灰尘也会在煤气通道中沉积下来，使阻力增加，影响加热的正常调节，因而需要采取清扫措施。

另外，高炉煤气是经过水洗涤的，它含有饱和水蒸气。煤气温度越高，水分就越多，会使煤气的热值降低。从计算可知，煤气温度由20℃升高到40℃时，要保持所供热量不变，煤气的表流量约增加12%。因此要求高炉煤气的温度不应超过35℃。当煤气温度发生一定变化时，交换机工应立即调整加热煤气的表流量，以保证供给焦炉的总热量的稳定。

6.3.2.2 炉温的调节

用高炉煤气加热时，炉温的调节原则、计算方法及调节步骤与用焦炉煤气加热时基本相同。以下着重叙述与其不同之处。

全炉煤气量与空气量的调节主要包括以下几个方面：

(1) 煤气消耗量的确定。由于高炉煤气的发热量为焦炉煤气的20%～25%，高炉煤气加热时的炼焦耗热量要比焦炉煤气加热时高10%～20%，因此在相同结焦时间下所需的加热煤气流量约为焦炉煤气的5.2倍。对于JN60型焦炉，两种煤气加热焦饼高向温差较少，故可采用相同的标准火道温度。再根据焦饼中心温度来调整标准温度与煤气流量。高炉煤气加热时，由于废气量增加，废气带走的热量占总耗热量的比例增大，焦侧的热效率相对机侧要降低得更多些；另外，焦侧上升和下降气流吸力差相对比机侧大，使封墙漏气的机会也更多。因此，焦侧和机侧耗热量的比值要比用焦炉煤气时大。根据经验，用高炉煤气加热时，焦、机侧煤气消耗量的比为1.12～1.16。

(2) 分烟道吸力与进风口的开度的确定。1 m^{3}高炉煤气燃烧后产生的废气约1.7 m^3，1 m^3 焦炉煤气燃烧后产生废气约6 m^3。因此在同一结焦时间下用高炉煤气加热所产生的废气量为用焦炉煤气加热时的 1.5 倍左右。如高炉煤气的废气密度为 1.37 kg/m^3,焦炉煤气的废气密度为 1.21 kg/m^3。则在同一结焦时间下,用高炉煤气加热时的废气阻力约为使用焦炉煤气加热时的 2.55 倍。因此改用高炉煤气加热时所需要的烟道吸力也就相应增大。

在实际操作中,可以认为蓄热室顶部至看火孔每米浮力可取 10 Pa,小烟道至蓄热室顶浮力每米可取 8.5 Pa,分烟道至小烟道浮力每米可取 5 Pa。高炉煤气加热时的吸力也可以根据生产经验取焦炉煤气加热时的分烟道吸力的 1.8 倍。

燃烧高炉煤气需要的空气量较少,因为高炉煤气中可燃气体的成分较少,只有 30% 左右。1 m^3焦炉煤气燃烧时需要湿空气量为 5.5 m^3,1 m^3高炉煤气燃烧时仅需要湿空气量为 0.9 m^3左右。因此在同一结焦时间内,用高炉煤气加热所需要的总空气量是焦炉煤气加热的 0.85 倍。

根据计算和生产经验,用高炉煤气加热时,进风门的开度约为焦炉煤气加热时的两个进风门总开度的 90% 或 100%。用高炉煤气加热时立火道 α 值保持 1.2 左右,小烟道的 α 值保持为 1.25 ~ 1.30。

从焦炉煤气加热改用高炉煤气加热时,开始可暂用上述数值来制定加热制度。但是在更换煤气后的调节过程中,往往废气开闭器调节翻板的开度是有变化的。一般用焦炉煤气加热时翻板的开度较小,在换用高炉煤气时需要将翻板开大些以减小其阻力,使废气开闭器翻板处在调节较灵敏的位置。因此最后应根据看火孔压力和空气系数的数值来调整进风口开度和分烟道吸力。

(3) 流量的调节。用高炉煤气加热时,炉温的变化比较缓慢,每调节一次流量,大约在 4 ~6 h 后才会比较明显地反映出温度的变化。因此煤气总量和分烟道吸力的调节幅度每次不宜太大,次数也不宜太频繁,以避免温度波动过大。如果炉温变化过大(超过 10℃),煤气量也过多地超过范围,就应当认真地分析原因,检查焦炭成熟情况,避免由于仪表不准而导致错误供热,使焦炭过生或过热造成推焦困难。

在上述流量的波动范围内,可不改变进风口开度。但如果改变结焦时间或流量的变化超过上述范围的时候,应适当改变进风口开度,以使看火孔压力和空气系数达到规定的数值。

(4) 混合煤气的使用。对用于加热焦炉的高炉煤气热值有一定的要求,这取决于高炉的技术操作状况。热值低的煤气对焦炉加热会带来不利的因素,如煤气需要量增加、耗热量增高、热效率降低,这样会使加热设备系统和炉内燃烧系统阻力增大,甚至会造成煤气设备能力和烟囱吸力不足,迫使结焦时间延长,降低焦炉的生产能力,因此要设法提高煤气的热值。为此可采取向高炉煤气中混入焦炉煤气的措施。

用混合煤气加热和用高炉煤气加热的调节方法基本上是相同的。用混合煤气加热时,主要是控制焦炉煤气混入量,混合量占总量的比例简称混合比。混合比有体积混合比和热量混合比。体积混合比是指焦炉煤气混入体积占总体积的比例。热量混合比是指焦炉煤气混入热量占总热量的比例。在生产中,一般控制体积混合比。在正常结焦时间并且斜道口调节砖不变的情况下,体积混合比为 3% ~7%,混合后的热值约为 4200 kg/m^3,比较合适。如果混合比增高,对加热会造成下述几种情况:

1) 混合比增加时,煤气总流量会相对减少,使煤气蓄热室顶部上升气流负压增加,导致煤气和空气蓄热室顶部压力差减小。当空气蓄热室压力大于煤气蓄热室压力时,空气容易漏到煤气蓄热室里燃烧。因此，当增加混合比时，不应使空气蓄热室压力大于煤气蓄热室压力。如果必须较大地增加混合比时，可以开大空气斜道口的开度，以平衡空气和煤气蓄热室的压力。

2）混合比增加后，煤气量和废气量要减少，使煤气管道系统和炉内燃烧系统的阻力减小。因此，可以利用增加混合比的办法来解决管道能力和烟囱吸力不足的问题，从而提高焦炉的生产能力。

3）增加混合比可使煤气燃烧火焰缩短。因此在选择混合比时，应确保一定的焦饼上下加热均匀性。当上部焦饼温度高于下部时，可以适当增加混合比，以降低上部的温度。

由于混合比变化时会对横排温度有一定的影响，并且不同混合比的煤气所需要的空气量和产生的废气量不同、造成的燃烧系统的阻力也不同，因而所需要的吸力也不同。根据经验和计算，当混合比增加1%时，分烟道吸力需减少5 Pa左右，即混合比改变时，整个加热制度也要相应改变。为使炉温稳定，加热制度不应频繁变化，为此要求混合比固定在一定的范围内。

在正常的调节中，煤气量调节的幅度不大。若按比例来调节两种煤气量，如混合比为4%，当改变混合煤气量500 m^3/h，则需改变高炉煤气量480 m^3/h 和改变焦炉煤气量20 m^3/h。但目前流量计的刻度不能精密到50 m^3/h 以下，因此在调节流量时，是在一定的混合比范围内，固定一种煤气量，调节另一种煤气量。一般采用固定焦炉煤气量，调节高炉煤气量，这样炉温比较稳定。如固定高炉煤气量，调节焦炉煤气量，则压力制度较稳定。

当焦炉煤气压力低于高炉煤气压力时，就会产生倒流。例如焦炉煤气的输送发生故障造成管道低压而且时间又较长时，就应当及时关闭混合煤气管道上的开闭器，避免高炉煤气倒流过多。当高炉煤气低压时间过长时，焦炉煤气可能大量混入高炉煤气管道，因此也应当关闭混合煤气管道上的开闭器。否则当高炉煤气管道充满大量焦炉煤气时，容易造成燃烧不完全或发生爆炸事故。

为防止由于高炉煤气灰尘堵塞造成阻力过大和混合不均匀，应对混合器的内部定期进行清扫，以保持其清洁通畅。

6.3.2.3　各燃烧室的供热

A　各燃烧室煤气量和空气量的控制

用高炉煤气加热和用焦炉煤气加热一样，进入每个燃烧室的煤气量用分管孔板来调节；空气量用废气开闭器上的进风口和调节翻板来调节。它们的不同之处是高炉煤气经过蓄热室预热，因此和空气一样，进入每个燃烧室的煤气量也是用蓄热室顶部吸力来检查的。对于各燃烧室煤气量和空气量的控制主要有以下两点：

（1）控制蓄热室顶部上升和下降气流之间的压力差。上升气流平均压力和下降气流平均压力的压差和气体流量的平方成正比。气体流量的多少和周转时间的长短有关。在周转时间和耗热量变化不大，其他条件也基本不变的情况下，可以认为压力差和周转时间的平方成反比。

上升气流煤气蓄热室顶部与空气蓄热室顶部压力差等于煤气和空气斜道的阻力差。高炉煤气的密度与空气的密度相差很小，在计算中可以近似看作相等。而阻力之比等于气量平方之比，因此空气斜道与煤气斜道阻力之比的平方根就是空气与煤气的分配比。

上升气流煤气、空气蓄热室顶部压差既表示上升气流煤气、空气斜道的阻力差，又代表着煤气与空气的分配比，它与下列因素有关：

1）空气系数α值。α值越大表示同样1 m^3煤气完全燃烧所用的空气就越多，那么煤气、空气蓄热室之间的压差就越小，当煤气的热值在4000～4400 kJ/m^3时，若α值为1.25，煤气、空气蓄热室的压差基本为零，也就是所谓等压操作。

2）煤气热值。煤气的热值越高，说明煤气中可燃成分越多，1 m^3煤气完全燃烧时所需要的空气量也就越多，煤气、空气蓄热室的压差就越小。当煤气热值达到4200 kJ/m^3左右时，若立火道α值为1.2，此时煤气、空气蓄热室的压差也为零。若煤气热值进一步升高，如用发生炉煤气加热，在煤气斜道口与空气斜道口的调节砖排列一样时若要立火道α值保持1.2，上升空气蓄热室的压力将大于上升煤气蓄热室的压力，这样上升空气蓄热室中的空气将漏到煤气蓄热室中，造成炉头煤气质量变差，炉头温度降低。为避免上述现象的发生，在用发生炉煤气加热时，煤气斜道口的开度与空气斜道口的开度之比定为1∶1.3。

3）结焦时间。假如不考虑由于结焦时间的变化而引起的炼焦耗热量的变化时，立火道的α值保持不变，上升气流煤气、空气蓄热室顶部的压力差与结焦时间的平方成反比。

（2）下降气流煤气和空气蓄热室顶部的吸力差代表着废气在两个蓄热室中的分配比。下降气流煤气和空气蓄热室顶部的吸力差同上升气流煤气和空气蓄热室顶部的吸力差一样，也是阻力差。一般情况下煤气量比空气量多，而单位体积的高炉煤气和空气的吸热能力相近，因此对于煤气蓄热室需要给予较多的热量，即要进入较多的废气。

由于下降气流斜道的阻力约为上升气流斜道阻力的80%，因此为了保持与上升气流煤气、空气的分配比例一致，应使下降气流煤气与空气蓄热室顶部吸力差比上升气流小，约为其80%，一般约差1 Pa。而且应该是下降气流煤气蓄热室顶部的吸力比空气的大。

因为下降气流煤气与空气蓄热室顶部的吸力差与上升气流的情况类似，所以影响上升气流煤气、空气蓄热室顶部吸力差的因素同样也影响下降气流的压差，而且关系不变。

废气在两个蓄热室中的分配是否合适，可以用下降气流小烟道出口处的废气温度来检查。在没有下火的情况下，两个小烟道出口废气温度相差在20℃以内时，说明废气量分配合适。如果相差较大，对于JN43型和JN60型焦炉可以用小烟道翻板开度来调节。调节时应注意立火道α值的情况，若α值稍小，可适当开大温度低的小烟道翻板；若α值稍大，可适当关小温度高的小烟道翻板；α合理，可同时适当关小温度高的小烟道翻板和开大温度低的小烟道翻板。

总之，在调节中应以保证立火道燃烧正常、温度均匀和稳定为最终目的，不能顾此失彼。

B 直行温度均匀性的调节

用高炉煤气加热时，直行温度均匀性的调节主要是调节蓄热室顶部吸力。把各蓄热室的不同气流的吸力逐个调节均匀，就可以使供给各蓄热室的煤气或空气达到全炉均匀一致，从而达到炉温均匀的目的。调节蓄热室顶部吸力还可准确而有效地用蓄热室顶部吸力差来计算和控制空气系数。

调节煤气蓄热室上升气流吸力，主要是控制分管孔板的大小；调节空气蓄热室上升气流吸力，主要是控制进风口开度和小烟道翻板；调节下降气流蓄热室吸力，主要是控制废气开闭器调节翻板的开度。它们相互之间有一定的影响。在正常情况下，为了便于管理，一般保持全炉进风口开度一致，当调节单个空气蓄热室上升气流吸力时，是用相邻下降气流废气开闭器调节翻板来调节。主要包括以下两方面：

（1）高炉煤气孔板直径的排列。高炉煤气孔板直径的排列是根据煤气主管两端的压力差而定。由于高炉煤气主管管径较粗，按管道布置的特点，始端的压力一般小于末端的压力。因此，始端分管的孔板直径应加大，而末端的要减小。

在正常情况下，当孔板直径为分管直径的75%左右时，孔板的阻力约占分管阻力的70%，当煤气主管末端压力比始端压力大4%时，为了使进入各燃烧室的煤气量相同，则末端的孔板阻力应增加$(0.04/0.7)\times100\%=6\%$。当流量一定，孔板直径变化不大。

管道压力的变化程度与管道的直径和长度以及管路的布置情况有关，因此每座焦炉应根据各自的特点，测出管道的压力变化情况，按压力的不同来适当安排孔板直径的排列。

由于边燃烧室的温度波动较大，在确定其孔板直径时，应给予一定的调节余地。一般边煤气分管的孔板直径为中部的63%～68%，靠边第二个分管的孔板直径为中部的95%～96%。

（2）蓄热室顶部吸力均匀性的调节。在焦炉状态良好的情况下，通常各燃烧室的加热设备和各废气开闭器进风口均保持一致，当孔板排列准确时，可使蓄热室顶部吸力保持一致，从而达到全炉空气系数和温度均匀。但随着焦炉炉龄的增长，各部位的阻力增加，窜漏现象更加严重。尤其在用高炉煤气加热时，高炉煤气灰尘会在旋塞、孔板、小烟道、箅子砖和格子砖等处积存，荒煤气窜漏所带的游离碳也会在格子砖等处沉积，使这些部位的阻力增加，各部阻力的增加是不均匀的。另外，小烟道、蓄热室、蓄热室墙、斜道、炭化室墙等处的裂缝以及废气开闭器和小烟道接头处不严，造成气体窜漏。这些都会破坏正常的吸力制度，严重时各废气开闭器进风口开度和各分管孔板直径不能保持一致，给调温造成很多困难。因此必须做好焦炉炉体和加热设备的日常检查、调整和清扫、严密等维护工作，这是调好吸力和炉温的基础。吸力的测量和调节方法介绍如下：

1）吸力测量方法的分析。多数用高炉煤气加热的焦炉，在测量吸力时，以标准煤气蓄热室（或空气蓄热室）顶部吸力为标准，测其与其他煤气和空气蓄热室的压差，上升气流对上升气流，下降气流对下降气流。这种吸力测量方法测得的与上升气流空气蓄热室的压差值不仅包括了煤气与空气蓄热室的差值，还包括了地下室煤气主管压力的波动对煤气和空气蓄热室的不同影响，还由于地下室加热煤气主管压力的波动是不规则的，因此压差值波动也大。所以，用这种测量方法测出的上升气流煤气、空气蓄热室顶部压力差与标准压力差相等时并不能说明两燃烧室的α值相近，这是因为地下室主管压力的波动对煤气和空气蓄热室顶部的吸力影响是不同的。

无论控制煤气蓄热室顶部吸力不变，还是控制分烟道吸力不变，加热煤气主管压力的波动对煤气和空气蓄热室顶部吸力的影响是不同的。在这种情况下，如果以煤气蓄热室为标准去测空气蓄热室的压力，势必读数不稳，且不同时刻所测得的结果也不同，还会带来假象。若分别以煤气空气蓄热室为标准去测煤气和空气蓄热室的压差，即煤气对煤气、空气对空气，不仅读数稳定、误差小，而且测得的数直观，调节方便。它的道理很简单，空气系统之间的吸力波动是相同的，可使其对蓄热室顶部吸力的影响减少到最低程度。

2）吸力的调节方法。前面叙述了地下室加热煤气主管压力的波动对上升气流煤气、空气蓄热室的影响。调节吸力时还应弄清楚分烟道吸力的波动对上升气流煤气和空气蓄热室的影响。由于分烟道吸力的波动，也会改变上升气流煤气蓄热室顶部吸力，但这种吸力变化（包括改变小烟道翻板开度而引起的吸力变化）对煤气的供给量的影响很小，可以看作不变。

无论是风门开度变化，还是小烟道翻板的开度变化以及分烟道的吸力改变，都会引起上升气流煤气蓄热室顶部吸力的相应变化，这种变化对加热煤气流量的供给影响很小，可以看作不变。因此，只有通过更换孔板（单个煤气蓄热室）、改变地下室加热煤气主管的压力（对一侧煤气蓄热室）的办法才能改变煤气的供给量。

目前有的焦炉在用高炉煤气加热时，只测量和调节下降气流蓄热室顶部的吸力，这种做法存在的问题上面已做了分析。另外煤气与空气的分配比对调温的影响也应引起注意。例如，某燃烧室的温度偏低时，用加大孔板来增加煤气量，结果温度不仅没有升高，反而下降了。产生此种现象的主要原因在于原来该燃烧室的温度低是空气量不足而燃烧不好造成的，增加煤气后只会使空气量更显不足，因而导致燃烧室的温度反而下降。有时还会发生与上述现象相反的情况。例如，某燃烧室连续几天温度偏高，将煤气孔板孔径减少 1 mm 后，燃烧室的温度反而进一步升高。这是因为原来温度稍高是由于煤气量和空气量都偏多，减少煤气量后，使空气量显得多而造成立火道中的 α 值增大，从而导致立火道下部温度升高。

总之，吸力测量与调节的方法不正确会带来一些异常现象，而且使各燃烧室内的 α 值相差较大、吸力不稳定，并经常发生重复调节。因此，为了保证能正常出焦，只好提高炉温，从而增加了焦炉的炼焦能耗。

显然，为了使蓄热室的吸力比较稳定，使各燃烧室内燃烧情况比较均匀，进而降低炼焦能耗，必须采用正确的测量方法。测量吸力前，首先选好标准号，测量与标准号的相对值。测下降气流蓄热室的吸力时，以煤气或空气蓄热室作标准，去测与其他煤气和空气蓄热室的相对值。测上升气流蓄热室顶部的吸力时，测煤气时应以煤气蓄热室作标准，测空气时应以空气蓄热室为标准去测相应蓄热室的相对值。

吸力测完后要做相应的分析，然后再进行调节。首先应分析吸力不符合（焦炉技术管理规程）要求的蓄热室，看其上升、下降间压差是否正常再进行调节。然后分析压力正常的炉号，对其中上升值偏大（或偏小）而下降值偏小（或偏大）的上升、下降压差不正常的炉号进行调节。

进行调节时要检查与它们有关的燃烧室的温度近几天来有无变化或变化的趋势，结合上升气流煤气、空气蓄热室压差分析，即要查明问题是出在煤气还是空气，然后再针对问题进行调节。在调节吸力前应当消除设备上的缺陷。用高炉煤气加热时，调节吸力较用焦炉煤气加热时复杂，这主要是由于高炉煤气也通过蓄热室预热，改变一个蓄热室的煤气量和改变空气量一样，将影响两个燃烧室的燃烧和温度，而气体量在这两个燃烧室的分配又受相邻两个燃烧系统上升和下降气流吸力差的影响（主要是下降气流）。另外，煤气和空气蓄热室的吸力又互相影响。这样，调节一个蓄热室的吸力往往会引起一连串的变化，因此调节时应当全面照顾。

6.3.2.4 各火道的供热

A 各火道煤气量和空气量的分配

用高炉煤气加热焦炉时，每个燃烧室的煤气量和空气量都是通过斜道分配到各个立火道去的。它们的分配量是靠斜道口的调节砖厚度的合理排列来完成的。因为煤气和空气是从机、焦侧分别供给的，所以调节砖的厚度（或斜道口开度）是根据两侧的气体在蓄热室中的流动状况和分配量来决定的。

调节砖的排列除根据计算以外，还要按各炉的具体情况来调整，最终应使横排温度合适，各火道的空气系数均匀。当调节砖的排列确定以后，横排温度曲线的形状与气体量、吸力以及结焦时间有关。若调节砖排列改变，会使斜道阻力发生变化，因而使蓄热室顶部吸力也产生变化。除边燃烧室外其他各燃烧室调节砖的排列应当一致，以使蓄热室吸力均匀。

B　蓄热室顶部吸力的稳定

如前所述，在调节砖排列固定的情况下，蓄热室顶部上升气流吸力的变化对横排温度有一定的影响。当用高炉煤气加热时，因为各火道煤气量也是通过斜道口开度来分配的，所以稳定上升气流吸力对稳定横排温度有更重要的意义。

当调节砖排列和蓄热室吸力制度确定后，在正常的结焦时间范围内，在任何情况下，煤气蓄热室顶部上升气流吸力应当保持稳定。如吸力增大，则横排头部温度下降；吸力减小则相反。

当由于客观条件变化使蓄热室顶部上升气流吸力产生变化并与规定数值相差 ±2 Pa 时，应查明原因进行调节，使吸力和空气系数都保持原来的数值。常见有以下几种情况：

（1）当结焦时间、装入煤水分有较大变化，使煤气量改变较多时，应调节分烟道吸力，同时改变进风口开度。例如煤气量增加时，应加大分烟道吸力和进风口，使煤气蓄热室顶部上升气流吸力和空气系数保持不变。若仅用增加分烟道吸力来保持上升气流吸力不变，则空气系数会减小。

（2）当焦炉供热量不变而煤气温度有较大变化，使得煤气表流量有较大改变时，不应改变进风口开度只改变分烟道吸力，否则会使空气系数产生变化。

（3）当大气温度有较大变化时，应改变进风口开度，同时改变分烟道吸力。例如大气温度升高时，应开大进风口，同时减小分烟道吸力，如只减小分烟道吸力，则空气系数会减小。

当保持蓄热室顶部吸力不变时，往往看火孔压力会产生一定的变化。例如当煤气量减少时，看火孔压力变大；大气温度升高时，看火孔压力变小。当看火孔压力的变化不致使操作产生很大困难时，通常应以保持蓄热室上升气流吸力稳定为主。

C　横排温度的调节

焦炉在改用高炉煤气加热开始调节时，首先要将全炉各燃烧室的调节砖排列一致，然后在总的加热制度基本固定的条件下，将蓄热室吸力初步调整好，使直行温度基本达到均匀。具备这样的条件后，选择相邻的 4 ~ 5 个燃烧室来调节横排温度，采用的调节手段主要是拨调节砖来改变其排列。调节时，在 5 ~ 20 mm 范围内可拨调节砖。同时，不仅要注意温度，还要考虑空气系数。这样在测量横排温度的同一个加热制度下于每个立火道取废气样进行分析。根据温度和空气系数的测量分析结果来确定改变调节砖的尺寸。

在调节时应当注意下列事项：

（1）当空气系数不均匀时，不要同时改变煤气和空气调节砖的排列，也不要在不同的燃烧室采用不同的调法，以免调节手段混乱。

（2）调节砖尺寸要准确。调节幅度一般在 20 mm 以内，若调节幅度较大时，应更换调节砖。在更换前应将调节砖预热，以免炸裂掉入斜道中。

（3）要注意单双号火道的互相影响，因为单双号火道是由不同蓄热室供给的，有时调节某个火道，也会使相邻火道温度产生变化。

（4）注意蓄热室顶部吸力的变化，必要时也可用蓄热室顶部吸力来配合调节。

横排温度经过几次反复测量和调节，最后确定调节砖的排列，然后将全炉调节砖进行调整。全炉调节砖调好后,重新测量和确定蓄热室顶部吸力的数值。

炉体状况较好的焦炉,全炉调节砖经排列好后,其横排温度和空气系数可达到均匀一致,在一般情况下不应当轻易变动。但炉龄较长的焦炉,由于以下原因,横排温度的调节产生一定的困难。

(1) 蓄热室阻力增大甚至堵塞。一般是由于高炉煤气灰尘或荒煤气窜漏带来的游离碳积存在格子砖中造成蓄热室阻力增大。这些灰尘在各个蓄热室之间或一个蓄热室中的分布是不均匀的,这就影响了气体的均匀分配。因此必须设法清除灰尘,一般采用压缩空气吹扫。吹扫时若风压不足或吹扫不均匀及逆气流吹,会造成格子砖吹扫不净或一部分格子砖的积灰吹到另一部分格子砖积存下来,吹风在下降气流的蓄热室中顺气流吹就比较有效。在蓄热室中部设有清扫孔的焦炉,可以更有效地清扫灰尘。

当积存的灰尘太多、清除不净或局部阻力过大,严重影响温度而使其无法调节时,可以考虑采取更换格子砖的措施。但更换格子砖会带来一定的副作用,如炉温快速降低使砌体产生裂纹,特别是在蓄热室头部和斜道,这将增加窜漏的可能性。另外若某一个蓄热室换了新的格子砖,气体流动畅通了,而当相邻蓄热室阻力仍比较大时,就产生了新的不平衡,吸力制度仍然不均衡,使单双号燃烧室、单双号火道的调节产生困难。

在蓄热室阻力问题不能解决或暂时不能解决而温度又很不均匀的时候,必要时可考虑改变调节砖排列以克服阻力不均,使温度和燃烧均匀。这时燃烧系统的吸力也需要做适当改变。

有时蓄热室的局部堵塞是由于高温、漏荒煤气下火等将格子砖烧熔造成的,有时是由于立火道中掉入砖块或落入其他脏物从斜道落入蓄热室中造成的,这时应当清除这些脏物,或局部更换格子砖来解决。

(2) 蓄热室或斜道窜漏。由于煤气蓄热室压力大于空气蓄热室,当有裂缝时,大多数情况是煤气漏到空气里燃烧,使该部位的立火道空气不足,温度降低。如果是在蓄热室顶部或斜道内部燃烧,则斜道的温度高于燃烧室温度,形成“白眼”。出现一个“白眼”往往会影响3~5个火道的温度。

窜漏一般可用喷补的办法解决,它的副作用是泥浆有可能流到格子砖上,将格子砖局部堵塞。如果是蓄热室墙窜漏严重,可将部分格子砖取出进行抹补勾缝。如果窜漏不能用喷补的办法解决,必要时可考虑改变吸力制度。例如当煤气漏入空气中,可增加空气的压力。具体的做法是将进风口加大,或同时加厚空气斜道口调节砖。若煤气量过多,煤气蓄热室压力过大,就应减少煤气流量。这样可使窜漏情况得到改善。

有时窜漏是由于吸力制度不合适造成的,若采取大量的只减少一种气体量的办法来降温,使两个蓄热室的压力差过分增大,稍有小缝就会引起窜漏。如果这种不合适的吸力制度次数增多,会使窜漏加重。因此必须保持正确的吸力制度,避免窜漏现象继续恶化。

在调节横墙温度时,少量调节砖的变动对吸力的影响不大。当必须用调节砖进行较大幅度的调节时,会使吸力制度改变。若少量燃烧室需这样做,可将其规定一个特定的吸力制度。但若较多的燃烧室这样做,则会引起全炉吸力制度和调节手段的混乱,使调温工作发生困难,甚至被迫换用焦炉煤气。

因此,在焦炉热工操作中必须十分注意加强对炉体的维护,保持炉体的严密,对气体通道经常清扫,注意不将脏物掉入看火孔里;加热设备要保持清洁,调整一致;燃烧系统和炭化室系统的温度和压力制度必须保持正常。这是调好横排温度的最基本的条件。

6.3.2.5 燃烧情况的检查

由于高炉煤气加热时燃烧的火焰是蓝色透明的,很难通过观察火焰来准确地掌握燃烧情况。因此以分析废气空气系数作为检查燃烧情况的主要手段。

废气分析取样的地点和数量:在横排温度和空气系数调节均匀后,可在测量火道取样用以代表一个燃烧室,也可以在下降气流废气开闭器处取样。一般废气开闭器处的空气系数比立火道的约大0.1~0.15。标准蓄热室的废气开闭器或与其相连的测温火道的空气系数应每天分析一次。其他燃烧室可按每个焦炉的具体需要来分析。

用高炉煤气加热,观察火焰时,主要是看火焰的位置。由于多数情况是煤气量比空气量多,因此正常火焰不是在正中间而是偏向空气斜道口。当用混合煤气时,火焰的位置随混合比的大小而有所不同,混合比越大,越偏向煤气斜道口。若火焰过多地偏向空气斜道口,则说明空气少或煤气多;若偏向煤气斜道口则相反。当温度低时,蓝色火焰看得比较清楚些,温度越高越不明显。这时可从两个斜道口的深浅来判断,哪个斜道口的颜色较深就是气体量较多;也可从火道中混浊程度来判断,正常是清亮不混,越是混浊,煤气量越多。当煤气量过多时,从看火孔处冒出蓝火苗。

每天对标准火道的燃烧情况进行检查,必要时对机中、焦中和边火道检查,在生产不正常时,或对个别不正常的炉号,应加强观察。在检查燃烧情况时,应同时注意有无"白眼"、调节砖位置是否正常、斜道口是否清洁、有没有窜漏以及其他特殊情况等。

6.3.3 焦炉边界加热和高向加热

6.3.3.1 焦炉边界加热

A 边火道温度

a 边火道温度低的原因

边火道温度低的原因有以下几点:

(1) 炉头热损失大。由热平衡测定结果可知,焦炉侧面的热损失(操作平台以上部分)占总供热量的5%左右(若按煤气燃烧热计则为5.5%左右)。焦炉侧面热损失随着结焦时间的延长而增大,这就造成了炉头一对火道热量供需的不平衡,导致边火道温度偏低。

(2) 炉头一对火道浮力差的影响。在正常结焦时间下,炉头一对火道具有一定的温度差,使其浮力差为1~2 Pa,特别是用贫煤气加热,有利于炉头第2火道加热而不利于炉头第1火道加热。此浮力差的值随着炭化室的增高和结焦时间的延长而增大。当结焦时间延长时,不仅浮力差增大,还由于气量的减少而使斜道阻力大幅度下降。浮力差所影响的气量比也随之增大。因此,结焦时间越长,越不利于边火道加热。

(3) 蓄热室封墙严密性的影响。当蓄热室封墙不严密而使用高炉煤气加热时,由于焦炉燃烧系统除看火孔外均为负压,在加热过程中不可避免地会有一部分冷空气漏入。漏入蓄热室的冷空气,无论在上升或下降气流都会使蓄热室头部冷却,降低了上升气流空气的预热温度。当上升气流煤气蓄热室漏入空气时,它会在蓄热室内与煤气混合燃烧产生废气,有的甚至烧到斜道,这就是习惯上称做的"白眼"。这样进入边火道中的煤气就掺有部分废气,使煤气的发热值降低。由于进入边火道的煤气发热值低和空气预热温度的降低,往往因此导致边火道温度降低。随着结焦时间的延长和炭化室的增高，而看火孔压力要保持 0 ~ 5 Pa，导致蓄热室顶部的吸力增大，漏入的冷空气也相应增加，使炉头部分的煤气质量进一步变坏，边火道温度会更低。高原地区的焦炉用贫煤气加热时，由于上升气流阻力增大而浮力变小，使上升气流蓄热室顶部吸力变小，因此漏入的冷空气量相应地减少，故边火道温度一般也较高；但是当结焦时间较短而煤气的热值又低时，蓄热室顶部出现正压，这也是值得注意的。

另外，当焦炉使用贫煤气加热时，小烟道连接管承插部的严密性对边火道温度也有一定的影响。

b 提高边火道温度的方法

提高边火道温度的方法有以下几点：

（1）补充加热。用高炉煤气加热时，为提高边火道温度，可用焦炉煤气对边火道进行补充加热。在机、焦侧各铺设两排 DN70 的钢管，一排与单数燃烧室的边火道相连，一排与双数燃烧室的边火道相连，向砖煤气道送焦炉煤气进行补充加热。但在连接时应注意与立管的夹角越小越好，尽可能使补充加热的煤气向立管上方喷出，避免煤气反弹而进入横排管。实践证明连接好的焦炉煤气基本不进入横排管，连接不好时将可能进入其他火道。它的缺点是要进行交换，需要消耗一部分焦炉煤气。此法调节比较方便、效果好，能满足生产要求。

（2）间断加热。当结焦时间为 24 h，仍可采用 18 h 的煤气流量、分烟道吸力、煤气主管的压力和孔板，一个交换中有 1/3 的时间不送煤气中心交换，这种方法由于斜道阻力未减小，前面所述的第 1、第 2 火道浮力差作用不会增大，上升气流蓄热室顶部的吸力不会变大，漏入的冷空气也不会增多。因此可使边火道温度下降得较少，此方法国内外都采用过，有一定的效果。

（3）焦炉设计的改进。从设计角度考虑，为提高边火道温度可以从以下三方面着手：

1）改进炉头一对火道斜道口调节砖的排列。当下喷式焦炉用焦炉煤气加热时，由于火道有足够的空气量，又可以单独调节边火道的煤气量，因此边火道温度就有保证。但是，当用贫煤气加热时，要想单独调节边火道的煤气量就相当困难。

因此，设计时应充分考虑炉头第 1、第 2 火道所需热量的差别及漏入冷空气的影响。在计算炉头一对斜道口平均开度时，焦炉侧面热损失应取 5%（以前取 4% ~4.5%）。过去认为第 1 火道热负荷大而第 2 火道小，因此设计的第 1 火道的斜道口开度大于第 2 火道的斜道口开度。这样，当第 1 火道上升时，因下降斜道口的阻力增大，限制了第 1 火道的进气量，也就是说进入第 1 火道的气量不能按该火道的出口断面进行考虑。反之，当第 2 火道上升时，因下降斜道口的阻力小，进气量会增多，这是不可取的。为了保证炉头一对火道之间互相不发生影响，应将煤气口和空气口的平均开度保持一致。考虑到所需热量的不同，第 1 火道煤气口开度应大于空气口，而第 2 火道的空气口应大于煤气口。煤气口与空气口的开度之比随着加热煤气种类、炭化室高度的不同而不同。

2）合理确定斜道阻力。炉内阻力主要取决于斜道阻力。斜道阻力小，炉内阻力就小，这样既可降低烟囱的高度，又可以减少异向气流之间的漏失量，但它使气量的调节不灵敏。若斜道阻力过大则气量调节太灵敏，会由于施工和砖的制造误差带来横排温度分布的不合理，为了调整阻力，给安放调节砖的工作带来更大的困难，因此，斜道阻力的大小应选取适当。

3）改进蓄热室封墙结构。二十世纪八九十年代设计和投产的焦炉，蓄热室封墙结构均改为从里至外一层黏土砖、一层断热砖外加隔热罩。无疑，这种结构对改善蓄热室走廊的劳动环境有较好的作用，而且当隔热罩压靠较好、侧面耐火纤维绳挤得较紧时，封墙的严密程度应是很好的。但由于隔热罩是靠横杆固定在炉柱上的，当炉柱变形后，它就会随之离开封墙面，而断热砖与黏土砖的缝隙是比较多的，特别是黏土砖的中上部，某厂在拆除断热砖时发现，黏土砖最上部的集中缝达 20 ~ 30 mm，同时在下面还有几条 3 ~ 10 mm 的小缝。因平时外面有隔热罩，所以很难发现。而且只有拆除隔热罩后才能进行密封施工，所以非常麻烦，生产中往往被忽视，从而造成边火道加热情况很差（边火道温度降到 800℃左右）。

为了做到既要改善工人操作环境，又便于维护管理。可将蓄热室封墙结构改为从里到外硅砖、断热砖、黏土砖三层砖体结构组成，在黏土砖外面再贴一层 20 ~ 30 mm 硅酸铝纤维毡。采用这种结构后，当封墙表面严密性被破坏而漏气时容易发现和维护。

在生产管理和焦炉调温操作上应注意以下两点：

第一加强生产管理。为保证焦炉边火道的加热，在生产管理和操作方面应注意焦炉表面的严密性。蓄热室封墙、斜道正面、两叉部的严密对于炉头加热是至关重要的。在更换贫煤气加热前一定要对上述部位做一次全面认真的检查，发现缺陷一定要在换煤气前处理好。生产时若发现边火道温度低，尤其是发现边火道煤气斜道口“白眼”时，要检查与它有关的上升煤气蓄热室的吸力是否变大并及时调整，若温度仍低，则应检查上述部位的严密性并进行相应处理。

第二压力制度。以往习惯上将看火孔保持正压，一般为 0 ~ 5 Pa。而实际上看火孔压力稍负些，即为 0 ~ －5 Pa，这对降低拉条温度，防止拉条被腐蚀和烧坏是有好处的。但是前面谈到看火孔负压就要增加蓄热室的负压，蓄热室封墙漏入的冷空气就会增多，对炉头加热是十分不利的。因此对边火道温度较低的焦炉（贫煤气加热）的看火孔压力可保持适当正压，而且还应稍大一些，一般可保持在 10 ~ 12 Pa 范围内。

当焦炉用贫煤气加热而要延长结焦时间时，可保持蓄热室顶部吸力不变，而使看火孔正压。当正压大到影响测温和燃烧检查时，可在测温或检查时适当增加吸力，待测温或检查完后，再恢复原吸力。

B　炉头焦饼的高向加热

炉头焦饼上部和下部与炭化室中部焦饼的成熟情况有所不同。假如中部焦饼高向加热是均匀的，那么炉头火道对应的焦饼，特别是正面部分将是上部先熟，下部后熟。两者相差一般达 2 ~ 3 h。这主要是打开炉门时炉门衬砖、焦炉侧面等处对流热损失均是下部损失多所造成的。考虑到当结焦时间有较大延长时，由于斜道出口喷吸力大大减小而第 1 与第 2 火道的温差能超过 100℃，故当第 1 火道上升气流时易出现“短路”现象。因此，机、焦侧炉头第 2 与第 3 火道增设一个循环孔，既可以解决炉头一对火道焦饼上下加热的均匀性，又可以减少第 1、第 2 火道的温度差。

C　炭化室顶部的加热

焦炉焦饼顶部的加热是一个复杂的过程，其热源除由两侧炉墙供应外，主要是由炭化室顶部空间辐射到煤料上去。装煤初期，顶部煤料因大量吸收炭化室顶部辐射热而迅速软化形成黏性胶质层，这时由煤料中所产生的水汽和煤气必须克服胶质层的阻力进入炉顶空间。当煤料上部没有压实的情况下，就会促使煤层上部生成海绵焦。海绵焦产生的数量与软化和固化的温度差有关，因此适当控制炉顶空间温度可以减少海绵焦的生成量。

影响炉顶空间温度的主要因素有：炉顶空间的高度、上部煤料的堆密度、焦炉的加热水平、加热煤气种类和结焦时间等。

焦炉炉顶空间的高度对炉顶空间温度有决定意义的影响。空间高度越大，炉墙间空间和炉顶辐射传热的面积就越大，辐射出的热量也越多。正常装煤情况下，焦侧的炉顶空间高度应为200 mm左右，机侧应为250 mm左右。为了达到上述装煤高度，除要求有正确的装煤和平煤方法外，还应将平煤杆适当减薄并加宽。

在平煤杆上添加压煤"小船"来增加焦炉的装煤量在一定程度上是合适的，并且还可以降低炉顶空间温度。当顶部的煤料过于压实，煤料堆密度增加，炼焦所需的热量增加将使这部分煤料延缓成熟。这将意味着提高炼焦的结焦温度，增加煤气耗用量或延长结焦时间；同时降低了冶金焦的产率或产量。

燃烧室顶至炭化室顶的距离愈小，炉顶空间温度愈高，焦饼顶部成熟较早且最终温度较高。燃烧室的位置一般在焦线下200～400 mm较好。

贫煤气加热时，炉顶空间温度比焦炉煤气加热时高。燃烧火焰长短的调节主要考虑使其达到焦饼高向加热均匀，其次空间温度也应合适。

炉顶空间温度也受结焦时间的影响，结焦时间短时，炉顶空间温度较高。在整个结焦过程中，炉顶空间温度的变化是：在装煤后很快达到600℃左右，一直到1/2结焦周期左右有升温趋势但不明显，此后至2/3结焦周期升温才较明显，稍后由于煤气发生量迅速减少，炉顶空间温度较迅速地升高，至结焦末期又较缓慢地上升。

D　炭化室底部的加热

焦饼底部的加热，其热源除来自炉墙外，还有一部分来自炭化室底。因此，新设计的焦炉将炭化室墙底砖加厚或将燃烧室底高出炭化室底一层砖。这不但加强了炉墙的结构强度，同时也避免了靠炭化室底的焦饼过早成熟和产生较小的焦块而增加推焦阻力。

焦饼底部的加热程度还与焦炉下部煤料的堆密度、装入煤料的水分和燃烧火焰的长短有关。当下部煤料的堆密度较大、装入煤料水分较高和燃烧火焰较长时，焦饼底部加热较差。影响下部煤料的堆密度的因素主要是煤料的粒度和装煤时下煤速度。当煤料的粒度较大和装煤速度较快时，炭化室下部煤料的堆密度较大。调节燃烧火焰的长度时，应主要考虑高向加热的均匀。

把炉头尾焦扔入炉内将使这一部分焦饼过熟、粒度小和组织松散，这会增加推焦阻力。通常机侧炉头尾焦量较多，如将其全部扔回炉内影响很大。此外把炉头焦扔入炉内会使炉墙损坏较为严重。

E　炉端燃烧室的加热

炉端燃烧室在靠抵抗墙一侧有散热损失，但没有炼焦的热负荷，其供热量在大型焦炉一般为中部燃烧室供热量的70%～75%，因而炉端燃烧室调节砖的厚度较中部的厚一些，即其斜道口的开口度应小一些。在以往的焦炉设计中，均在中部调节砖厚度的基础上再加一块30 mm厚的调节砖（炉头一对火道不加）。

焦炉用焦炉煤气加热时，端部燃烧室沿横排各立火道供应的热量的比值与中部燃烧室的比值是有差别的，前者焦、机侧煤气分配量之比略小于后者。这是因为边燃烧室由焦、机侧抵抗墙散失热量的比值要小于焦、机侧炼焦所需煤气量分配的比值。实践表明，前者约为后者的1/2。

端部燃烧室靠机、焦侧炉头4个立火道的煤气喷嘴孔径，特别是炉头第一火道的煤气喷嘴孔径要比中部燃烧室相应立火道的煤气喷嘴孔径大一些，因为端部燃烧室的这些火道除了靠炉头有较大的散热外，靠抵抗墙侧也有较大的散热。

F　炉端炭化室的焦饼高向加热

炉端炭化室与中间炭化室由于它们所处的位置不同，使焦饼在高向加热上造成某些差异。边部燃烧室一边是炭化室而另一边则是抵抗墙，它所需要的热量仅为中间燃烧室热量的70%～75%。立火道断面尺寸与中间燃烧室火道一样，所以边部燃烧室火道的气流速度低，这样对边部炭化室焦饼下部的加热有利；另外由于边部燃烧室向抵抗墙一面的传热小于靠炭化室那面的传热，而抵抗墙散热下部高于上部，热辐射作用对边部炭化室上部焦饼加热有利。而对于有废气循环的焦炉，由于废气循环的自动调节作用，即气流速度低、火焰短，而废气循环比增加，使火焰拉长，从而抵消一部分。

6.3.3.2　焦炉高向加热

焦饼沿焦炉高向加热不均匀会使焦炭粒度均匀性和耐磨性降低、耗热量增加及增加焦炉操作困难，如因焦饼加热落后部分收缩不好而增加推焦阻力等。现在设计投产的焦炉，炭化室越来越高。因此，研究影响焦炉高向加热的各种因素，不同炭化室高度如何选择合理的高向加热参数，是炼焦工作者的重要课题之一。

A　影响高向加热的因素

影响焦炉高向加热的因素主要是煤气燃烧的速度、气流的速度和炉墙的传热等。其中煤气燃烧的速度起着主要的作用。

a　煤气燃烧的速度

火焰的长短与煤气燃烧速度有关。燃烧速度愈慢，火焰愈长，反之则较短。煤气在立火道中的燃烧速度取决于它的燃烧时间，时间越短，则速度越快。加热煤气与空气在立火道中燃烧过程所耗用的时间是参加燃烧的各成分加热到发火点、可燃成分与氧会合和完成燃烧反应所需时间的总和。

在立火道温度很高的条件下，煤气和空气在进入立火道前，即在蓄热室内已被加热到发火点。从发火点开始到完成燃烧反应所耗用的时间只是几百分之一秒。因此，煤气在燃烧过程中所耗用的全部时间实际上就是煤气和空气混合所需的那一段时间。

b　气流速度

立火道内气体流动性质与燃烧状态，从理论上分析是较复杂的，但在生产实践中都能体会到：焦侧火焰往往长于机侧，在较短的结焦周期下操作其火焰较长，废气循环可以拉长火焰等。具体介绍如下：

(1) 焦侧立火道断面比机侧小，而气体流量却较多，因此焦侧立火道内气体速度大，火焰也就较长。反映在焦饼中心温度上也是如此。

立火道上下的温度差，机侧均比焦侧大，一般相差25～30℃。焦饼上下的温度差，机侧也大于焦侧，其差值可达20～60℃。均说明焦侧的火焰较长，而机侧的火焰较短。

(2) 当周转时间缩短时，单位时间内供入的气体量增加，使气流速度增加，从而拉长了火焰，改变了焦饼上下加热状况。当然，周转时间的改变因炉温改变传热状态也将发生改变，它同样也影响高向加热。

(3) 往立火道引入惰性气体,除了可燃与助燃气体的浓度降低,使其燃烧速度减慢外,也因气体流动速度增加等原因使其火焰拉长。

往立火道引入惰性气体就是将双联立火道下降气流火道中的废气经循环孔引入上升气流立火道,称为废气循环,我们习惯上所讲的"废气循环量"是指循环到上升火道的气体量与下降火道通过斜道排出废气量之比。严格来讲应称为废气循环比。废气循环的原理,可简要地用以下三点来解释。

1) 空气和煤气由斜道口和灯头喷出,形成了喷射力,对上升气流火道底部产生抽力,使下降气流的废气被吸进来。因喷出口断面不变,气体流量越大,气体预热温度越高时,喷射力越大。

2) 上升气流的温度较下降气流的温度高些,因而产生浮力差使上升气流有抽吸下降气流的作用。双联的两火道间的温度差越大,浮力差越大,抽吸力增加。

3) 浮力差与喷射力就是产生废气循环的推动力。由于此推动力使下降气流中一部分废气被吸入到上升气流火道中,从而增加了气体通过立火道、跨越孔和循环孔等处的阻力,达到推动力与阻力的平衡。即:

$$K \times (\text{煤气喷射力} + \text{空气喷射力} + \text{浮力差}) = \text{立火道摩擦阻力} + \text{跨越孔阻力} + \text{循环孔阻力} \tag{6-3-11}$$

式中 K——两种喷射力和浮力差的综合利用系数。

关于废气循环各部的阻力,根据水压计算可知,在现行设计的循环孔和跨越孔尺寸条件下,跨越孔阻力是主要阻力,它占三个阻力总和的70% ~80%,而循环孔的阻力仅占10%左右。因此,在现行的条件下用改变循环孔的断面或者改成双面循环的方法来增加废气循环比的作用是很小的。即使将循环孔的阻力减小到趋于零,废气循环比也仅能增加5%左右。要使燃烧室各对立火道有不同的废气循环比只有采用不同的跨越孔尺寸才能做到。

在正常情况下,废气循环是稳定的,一般不会出现短路现象(即火焰直接从循环孔进入下降火道的现象),只有当推动力与总阻力不平衡时才会出现。例如:

1) 看火孔负压时易发生短路现象。这是因为打开看火孔盖时,外界的空气被吸入立火道,增加了立火道(包括跨越孔)和下降斜道的阻力,从而减少了出口喷射力而增加短路的可能性。另外,因燃烧室负压大,当炉体严密性差时,大量外界气体或荒煤气漏入立火道也增加了短路的可能性。

2) 刚交换时易发生短路现象。因为刚交换气体尚未燃烧,此时下降气流火道温度高于上升气流火道温度,浮力差为负值。

3) 焦炉的火道愈高,立火道上升、下降气流间静压差愈大,废气循环比增加。但在换向初期,由于浮力差为负值,较易短路。

4) 炉头火道较易发生短路。因为炉头火道斜道出口断面大,所以喷射力小;另外,炉头火道温度较第2火道温度低60 ~100℃,在刚换向后时浮力差负值较大。

5) 结焦时间延长时易发生短路。当结焦时间延长或在保温期间(包括烘炉改正常加热至开工前),由于加热的气量少、喷射力小,特别是炉头刚交换时浮力差负值比较大,故极易短路。

避免短路的方法有:

1) 加大空气供应量以增加出口喷射力。

2）增大看火孔压力，这样降低了燃烧系统负压，减少了漏入立火道的气体量。

废气循环比的大小与加热煤气种类、炭化室高度、结焦时间和灯头高度等因素有关。在生产焦炉上要进行测量是件既烦琐而又困难的工作，我国焦化工作者在炭化室高 6 m 和 8 m 的单孔试验炉上进行了测定。

用焦炉煤气加热时的循环比比用高炉煤气加热时的大，灯头越高循环比越小，结焦时间越长循环比越大，炭化室越高循环比越大等，充分说明废气循环对焦炉高向加热有很好的自动调节作用。

c　炉墙传热

加热煤气在立火道内燃烧所产生的热量经过炭化室墙才能传给煤料，因此，炉墙的传热与焦饼的高向加热有密切的关系。炉墙砖的厚薄、立火道隔墙的形状、加热水平高低以及分段加热等对焦饼高向加热的均匀性都有影响。

在国外一些焦炉设计中采用增加炭化室下部砖厚度或使立火道隔墙砖沿高向逐渐变化和改变其形状来改善焦饼上部加热，有的采取分段甚至多段加热来改善焦饼高向加热的均匀性。这些方法对改善焦饼高向加热均匀性效果是好的，但使砌筑焦炉的砖型增多和结构复杂化，故未能得到普遍推广。

d　煤气、空气和废气出口在立火道底部的排列

目前，我国生产和设计兴建的双联火道废气循环下喷式焦炉（包括蓄热室分格、下部调节箅子砖孔断面的焦炉）不论其炭化室高低，由于斜道区和蓄热室结构要求，其立火道底部的循环孔、斜道口和灯头的相对配置如图 6-3-1 所示。

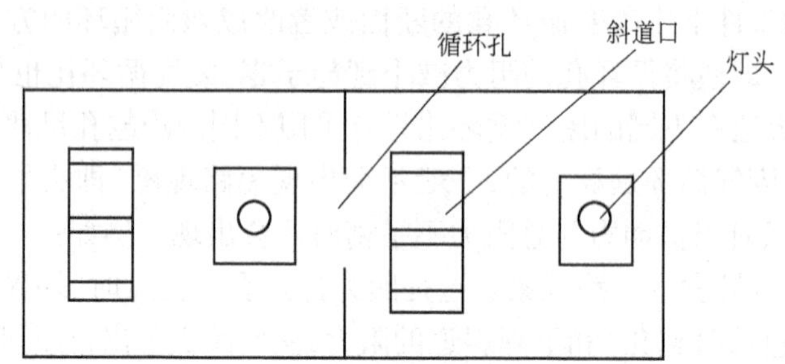

图 6-3-1　循环孔、斜道口和灯头的相对配置

在图 6-3-1 这种循环孔、斜道口和灯头相对配置合理的前提下，当灯头的高度低于循环孔高度的一半时，废气循环量对立火道火焰燃烧的影响与其加热煤气种类有关。当用焦炉煤气加热时，焦炉煤气中可燃成分高，燃烧速度快，但循环孔循环过来的废气将从灯头喷出的焦炉煤气（从斜道口喷出的空气）吹向空气（或煤气）一侧，有利于加快空气与煤气的混合，从而使煤气的燃烧火焰变短。当用贫煤气加热时，循环的废气吹向斜道口的中间（鼻梁砖上方）使煤气和空气“分开”，有利于使煤气在立火道内燃烧的火焰拉长。贫煤气的可燃成分低，气体的扩散速度小，燃烧火焰长。由于循环废气的影响，使燃烧火焰拉得更长。这样就造成焦炉用不同煤气加热时，焦饼高向加热有较明显的差别，并且随着炭化室高度的增加、废气循环量的增加，上述差别也越来越大。

B　装煤孔和装煤孔之间部位焦饼的高向加热

国内现有大型焦炉的炉体设计中，在炭化室焦饼高向加热参数的选取上，除炉头一对火道外，仅考虑了由于机、焦侧不同的火道中气流速度的变化对焦饼高向加热的影响，将跨越

孔和循环孔断面沿燃烧室长向做了适当的改变。

实践证明,重力装煤时,装煤孔处与装煤孔之间部位焦饼中心温度上下温差的差值较大。也就是说,在跨越孔和循环孔等高向加热参数一致的条件下,对炭化室装煤孔处与装煤孔之间部位焦饼高向加热均匀性的效果是不一致的。

上述现象的产生可由以下原因所造成:

(1) 重力装煤时炭化室的装煤孔之间由于受先装入煤产生的荒煤气上升的影响,使后装入煤(炭化室上部)受到悬浮力的作用而变得松散,炭化室越高此种现象就越严重。而装煤孔处由于装入煤直接落下的重力作用和平煤的压实,受上升荒煤气悬浮力的影响就要小些。

(2) 由于装入煤在炭化室的偏析作用,在装煤孔之间大颗粒煤较多,颗粒间的空隙也较大;而在装煤孔处,装入煤颗粒大小比较均匀,煤料空隙可由小颗粒煤填充。这样就造成在炭化室上部,装煤孔处装入煤的堆密度较大,炭化室越高,这种差别也越大。此外,据国外资料记载,在结焦时间和燃烧室温度相同的条件下,当装入煤的堆积密度改变 65 kg/m^{3}时,影响焦饼中心温度约60℃。由此可见,装入煤堆积密度的变化对焦饼中心温度的影响是比较明显的。

为使装煤孔与装煤孔之间部位焦饼高向加热均匀性尽量一致,对于炭化室高 4.3 m 焦炉装煤孔之间部位对应的立火道(炉头除外)的跨越孔断面应减小 10%,加热用煤气量减少 2%;而对于炭化室高 6 m 和 8 m 的焦炉,跨越孔断面应减少 15% 和 20%,加热用煤气量相应减少3% 和 4%。当然也可以不改变跨越孔断面而改变鼻梁砖的高度或宽度和灯头的高度。

C 焦炉煤气加热时改善高向加热的方法

焦炉煤气加热时改善高向加热有以下几个方法:

(1) 焦炉煤气贫化。因高炉煤气中惰性成分含量较多,当焦炉煤气中掺入部分高炉煤气后使加热煤气的可燃成分浓度降低,燃烧速度变慢,火焰拉长;还因煤气用量增多,煤气在炉头处的出口速度增大,增加了废气循环比。

使用混合煤气后,由于煤气中 CO 含量增加及地下室主管与横排管的压力过高,应注意防止在地下室工作的人员煤气中毒。当混合比达 10% 以上,地下室需采取定期通风,确保工作人员的安全。

另外,高炉煤气中含有一定量的灰尘,它与焦炉煤气中的焦油一起沉积在管壁和管件上,会破坏正常加热,从而缩短了清扫管件的周期。

(2) 缩小煤气喷嘴直径。横砖煤气道喷嘴直径的选择应使高向加热均匀及燃烧室各火道煤气量正确分配。一般喷嘴平均直径与砖煤气道直径之比为 0.55 ~0.65。

当喷嘴平均直径变小时,气流出口速度加大,煤气喷射力加大,废气循环量增加,可使焦饼上部加热得到改善。国内外都做过类似的试验,而且效果也是较明显的。但是喷嘴的直径不宜过小,否则会因煤气出口阻力过大而使砖煤气道压力过高而引起煤气窜漏,影响正常加热。同时因喷嘴直径小,其孔径四周沉积的石墨对煤气量影响较敏感,影响炉温的稳定。

(3) 加高煤气出口位置。灯头加高后,燃烧点向上移,同时避免了循环废气将煤气吹向空气侧,或将空气吸向煤气侧,从而对上部加热有利。

D 高炉煤气加热时改善高向加热的方法

高炉煤气加热时改善高向加热的方法有:

(1) 确定合适的高炉煤气和空气出口的距离和其出口夹角。煤气和空气出口之间的距离即鼻梁砖的宽度。鼻梁砖越宽,可燃气体与助燃气体分子越难碰撞,燃烧越慢,火焰越长;

反之则短。

煤气和空气出口夹角与鼻梁砖宽度、形状和斜道口调节砖安放的情况有关。夹角越大，可燃气体与助燃气体分子汇合点越低，燃烧就越快，火焰就短；当夹角大于90°时，即煤气和空气出口向相反方向运动，这相当于增加了出口之间距离，则难于燃烧，火焰就长。

（2）改变鼻梁砖高度。鼻梁砖高度的改变同样可以改变气流出口的夹角，同时，出口可以改变开始着火点的位置。

（3）贫煤气的富化。高炉煤气中掺入部分焦炉煤气来加热焦炉已为设计所广泛采用，多数厂已进行了长期操作。焦炉煤气掺入高炉煤气有富化其可燃成分浓度、提高扩散系数和降低气体流速的作用，因而使煤气和空气的混合加快，燃烧火焰缩短。同时，可以减小上升气流煤气和空气蓄热室顶之间的压力差，也可以减小上升与下降气流蓄热室之间的压力差，这样则可以减少蓄热室单、主墙的漏气率。当混合煤气的低发热值在4000～4300 kJ/m^{3}时，上升气流煤气和空气蓄热室可以等压操作，这样上升的煤气量和空气量则相当，而煤气和空气小烟道的废气温度也相近，可提高焦炉的热效率。贫煤气富化多数是为了减小加热系统内的阻力和提高烟囱吸力、稳定加热煤气的发热值等。

E　使用贫或富煤气时均有影响的改善高向加热的方法

使用贫或富煤气时均有影响的改善高向加热的方法有：

（1）确定合适的空气系数。空气系数的大小反映了上升火道内氧浓度的高低。氧浓度越高，燃烧越快，火焰越短；反之则火焰长。但是，空气系数大，废气量就多，废气带走的热量也多；空气系数过小时，由于燃烧不完全，也会增加热损失。在废气循环的焦炉能确保完全燃烧的空气系数为：焦炉煤气加热时为1.25左右，高炉煤气加热时为1.20左右。

（2）改变结焦时间。结焦时间改变，加热用的煤气和空气也要随着改变。结焦时间短，气流速度大，有利于拉长火焰；但是，结焦时间短，废气循环比要减少，有利于下部加热。但两者作用综合的效果还是对上部加热有利。

（3）确定换向时间的长短。交换间隔时间长短影响焦饼高向加热均匀性的原因主要是：刚交换时原下降气流蓄热室变为上升气流，此时它的温度最高，预热后的煤气或空气的温度也最高，所以它燃烧的温度最高；而立火道则是刚从下降变为上升，它此时的温度是最低的，即燃烧的火焰和气体与立火道下部温差最大，大量的热量传给了下部。随着交换后时间的延长，火焰燃烧的温度逐渐地降低；而立火道下部由于被加热温度逐步升高，两者的温差逐渐减小，传给下部的热量也逐渐减小，而传给上部的热量是逐渐地增加。因此，交换间隔时间的延长，对焦饼上部加热有利。

虽然在换向周期内煤气和空气预热的温度是在逐渐地下降，但立火道内实际气流温度还是逐渐地上升的。实际温度之所以上升是因为换向后炉墙的温度逐渐升高了，气体向炉墙辐射传递的热量逐渐减少的缘故。

6.3.4　火落管理法的应用

“火落管理”实际上是焦饼成熟的判定。“火落”一词来源于日本，日本采用“标准火落时间”法进行焦炉加热管理。这种方法与我国传统的方法不同，我国传统的焦炉加热管理方法是“标准温度”法。我国只有宝钢焦炉采用以“目标火落时间”为主的加热管理方法。在我国大多数焦化厂虽然不用“火落”一词，但判定焦饼成熟的操作是必不可少的，“标准温度”的制定和修正都是建立在焦饼成熟判定的基础上的，“火落管理”对我国焦炉加热管理有借鉴作用。

宝钢采用的是“火落管理”的热工管理工艺，它不依赖“标准温度”，它对焦炉加热的热工管理是以“目标火落时间”为主的。“火落”是炼焦生产过程中客观存在的一种现象，它是焦饼基本成熟的标志。利用配合煤在炭化室干馏过程中的某些固有特征，可以判定出火落现象发生的时刻，这个时刻称为“火落时刻”，自装煤时刻至火落时刻所经过的时间就是“火落时间”。当焦炉的结焦时间确定以后，就必须确定焦炉加热的“目标火落时间”，它是焦炉热工管理的基础。自火落时刻至推焦时刻所经过的时间称为“置时间”，焦饼在置时间阶段，焦炉的加热制度保持不变，主要是让焦饼各点的受热进一步均匀化，并使焦饼中心温度逐步升高至成焦的终了温度。火落时间与置时间的关系如图6-3-2所示。

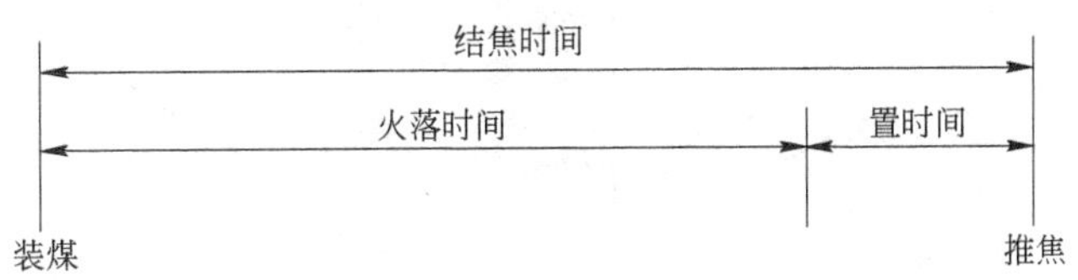

图6-3-2　火落时间与置时间

6.3.4.1　火落现象的特征与判定方法

受热量供需平衡的影响，“火落时间”在干馏过程中是个可变点，热量供给偏大时，火落现象的发生会早些。“火落管理”的热工管理工艺，其关键是控制结焦过程中发生“火落”的时刻。使实际的“火落时间”与“目标火落时间”的偏差在规定的范围之内，使炼焦效果达到焦饼完全成熟并且所消耗的热量最低。因此，首先要解决什么是“火落现象”，以及如何准确地判定“火落时刻”的问题。

A　火落现象的特征

入炉煤在干馏的后期会出现一种我们定义为“火落”的现象。当以下特征出现的时候，就可判定该炭化室的焦饼“火落”了。

(1) 焦饼各点的温度比较一致，均达到900～950℃左右，如图6-3-3所示。

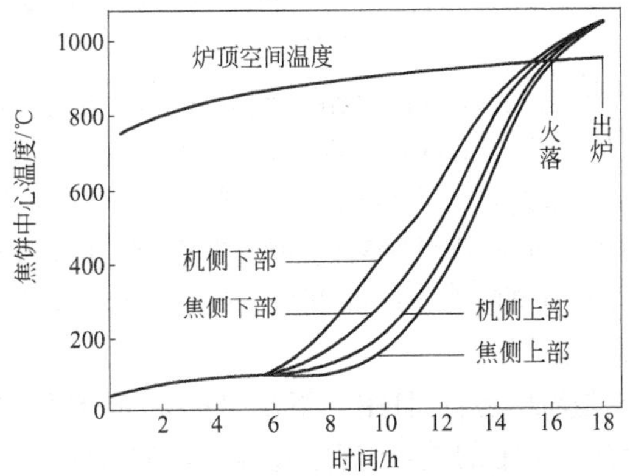

图6-3-3　结焦时间与焦饼中心温度

（2）荒煤气的颜色由黄色变为蓝白色。

（3）荒煤气燃烧后的火焰呈透明的稻黄色。

（4）荒煤气的组分中 CH_4 急剧减少，H_2 迅速增加，如图 6-3-4 所示。

（5）荒煤气的热值明显降低，（见图 6-3-4）。

（6）荒煤气温度在火落前一定的时间明显地上升后急剧下降，如图 6-3-5 所示。

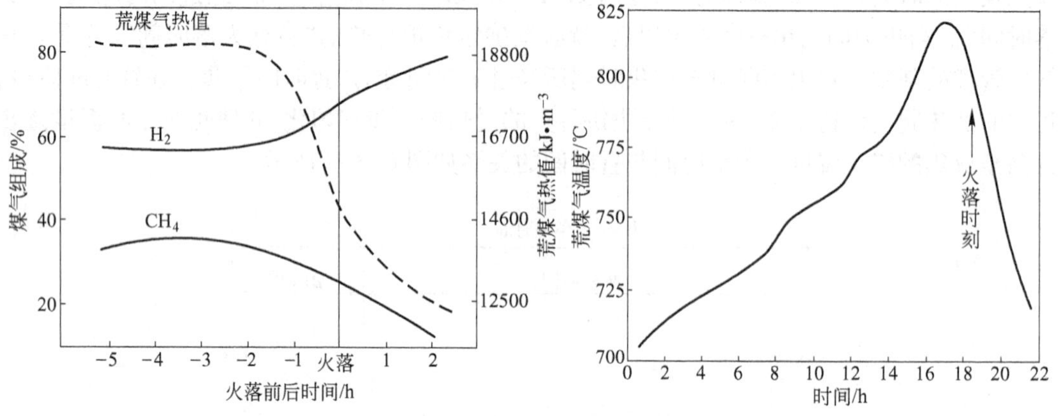

图 6-3-4　荒煤气的组分和热值　　图 6-3-5　结焦时间与荒煤气温度

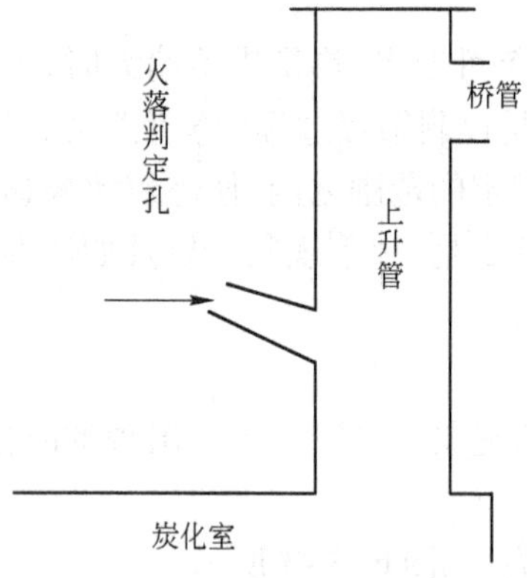

图 6-3-6　火落判定孔位置

B　火落的判定方法

利用上述火落现象的 6 个特征中的任何一个均可对火落进行判定。目前应用较方便、较成熟的是第 2、第 3 和第 6 个特征。

（1）根据荒煤气的颜色判定火落。在各炭化室荒煤气导出系统的同一部位（如上升管的竖管，如图 6-3-6 所示）预留一个带盖的火落判定孔。进行火落判定时，揭盖逸出少量的荒煤气，背光用肉眼观察荒煤气颜色的变化。火落前，荒煤气的颜色是由浓浓的黄色逐渐变淡的；火落后，荒煤气的颜色是蓝白色的。我们将荒煤气的颜色由黄色转变成蓝白色的一瞬间定为"火落时刻"。

火落判定的具体操作方法是：在目标火落时刻的前 1 h，通过火落判定孔进行第一次判定，若此时距实际火落时刻尚差 30 min 以上时，荒煤气的颜色应呈浓浓的黄色，在此条件下，暂时还无法预测其实际的火落时刻。在目标火落时刻的前 30 min 进行第二次判定，若距实际火落时刻在 30 min 以内时，根据荒煤气颜色的浓淡可以初步预测到火落时刻。第三次判定一般在初步预测到的火落时刻的前 10 min 进行，这一次就可以较精确（以 5 min 为计量单位）地确定实际的火落时刻了。

这种判定方法的优点是简单易行，且用人不多（每 200 孔炭化室每班 1 人）。对于判定结果，各判定人员之间会存在一定的差异，通常每隔一定的时间，要召集各判定人员校对一次判定结果，一般要求相互间的误差小于 10 min。

（2）根据荒煤气燃烧的火焰判定火落。在夜间及无法看清荒煤气的颜色时，也可以将上升管内的荒煤气引燃，透过火落判定孔观察荒煤气燃烧时的火焰颜色，火焰转为透明的稻黄色的时刻即是“火落时刻”。

(3) 根据荒煤气的温度判定火落。在炭化室荒煤气导出设备的某一部位（如上升管竖管或桥管的中心）设置一支热电偶，用于测量荒煤气的温度。荒煤气的温度在每个结焦周期都会出现如图6-3-5所示的有规律的变化，利用热电偶可以检测出荒煤气温度出现最高点的时刻；火落现象出现在荒煤气温度达到最高点之后，利用观察荒煤气的颜色等方法可以确定实际的火落时刻。荒煤气温度达到最高点的时刻与火落时刻有线性关系，根据它们的相关关系，在以后的生产应用中，就可以利用荒煤气温度达到最高点的时刻推算出实际的火落时刻。

这里所讲的荒煤气温度是指荒煤气离开炭化室以后至被氨水冷却之前的温度。火落前出现荒煤气温度急剧下降的现象，主要是因为荒煤气的发生量急剧减少，即传热介质急剧减少所致。

6.3.4.2 火落管理的主要控制指标及其意义

A 火落管理的主要控制指标

用“火落时间”可以定量地表达焦饼的成熟度，火落管理是直接以产品质量为对象的管理方法。焦炉加热的热工管理的主要目标是：调控好焦炉的结焦速率，努力做到每一炉焦都能在预定的“目标火落时间”火落。对火落后的焦饼仍照常继续进行加热，再经过一段不低于技术要求的“置时间”（也称“焖炉时间”）才可以推焦，这样就能够确保从炭化室推出来的每一炉焦炭都是合格的。

焦饼在置时间阶段除了继续进行干馏外，更重要的是各个部分进行受热均匀化，这个阶段对提高焦炭质量是很有作用的。因此，为了保证焦炭质量，必须规定不同的结焦时间所对应的置时间。

火落管理可以逐炉地、直接地控制干馏的结果，因此它可以极大地简化对干馏过程的管理。火落管理的主要控制指标见表6-3-1。

表6-3-1 火落管理的主要控制指标

项 目	指标名称	控制值
火 落	火落时间	目标值 ±10 min
	班火落 R	≤60 min
炉 温	火落温度	目标值 ±10℃
	横排温度梯度	约70℃
	C－E	80～120℃
	C－F	90～130℃
	日间 R	≤7℃
	列间 R	≤30℃

B 火落管理主要控制指标的意义

火落管理几个主要的控制指标的意义介绍如下：

(1) 火落时间：班内发生火落的各炭化室的平均火落时间。是焦炉加热的主要控制指标。

（2）班火落时间 R：在班内发生火落的各炭化室中，最长的火落时间与最短的火落时间的差值。用于检查沿焦炉长向各炭化室结焦速率的均匀性。

（3）火落温度：焦炉加热的辅助指标。

（4）横排温度梯度：炉头各去除一对火道后，机侧与焦侧温度的差值。用于确定横排温度的标准线，以检查燃烧室温度横向分布的合理性。

（5）$C-E$：C 是指火落温度，E 是指焦侧边火道温度，$C-E$ 即为焦侧边火道温度与火落温度的差值。

（6）$C-F$：C 是指火落温度，F 是指机侧边火道温度，$C-F$ 即为机侧边火道温度与火落温度的差值。

（7）日间炉温 R：相邻两日火落温度的差值。用于检查全炉温度的安定性。

（8）列间炉温 R：同一签号各燃烧室的平均温度中，最高与最低温度的差值。用于检查沿焦炉长向炉温的均匀性。

6.3.4.3 "火落温度"的测量

火落管理的热工工艺是以"火落时间"为主要的控制指标的。但是，为了检查全炉炉温分布的合理性以及立火道的状态，日常还辅以测量"火落温度"。

A 如何选定"火落温度"的测量对象

燃烧室的温度会随与其相邻的炭化室的结焦状态而发生规律性的变化。在一座焦炉的一个周转时间内，边燃烧室的温度会出现两个波峰和一个波谷；其他燃烧室的温度则会出现三个波峰和两个波谷，通常称之为"W 曲线"，如图 6-3-7 所示。

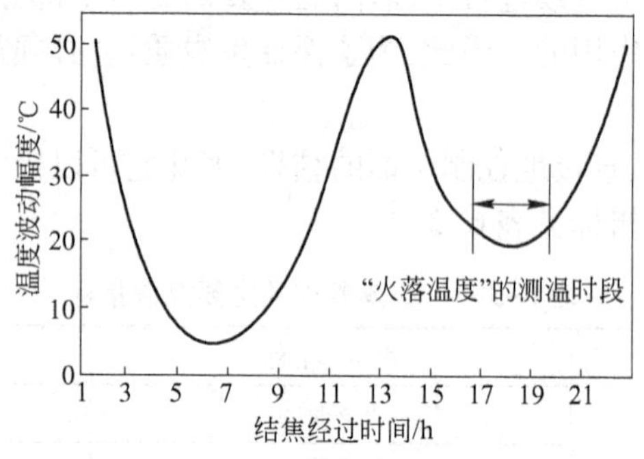

图 6-3-7　结焦周期内燃烧室温度变化

宝钢采用 5—2 推焦顺序组织生产，推焦设备一次定位。每座焦炉有 50 个炭化室，51 个燃烧室，每两座焦炉为一个炉组。炭化室的编号为 1 ~ 50 号，51 ~ 100 号；燃烧室的编号为 1 ~ 50、50A 号，51 ~ 100、100A 号。炭化室小号侧的燃烧室，其编号与炭化室相同，称之为同号燃烧室。

宝钢焦炉每趟签共 10 炉。当某一签号的最末一炉处于火落时刻前后 30 min 以内，并且该一签号内有 6 炉或 6 炉以上已经火落时，那么这一签号的同号燃烧室就具备了测量"火落温度"的先决条件。

B 如何测量"火落温度"

测温的路线从大号边燃烧室的焦侧开始，至小号边燃烧室结束。考虑到边燃烧室的温度变化比较大，为了加强对边燃烧室的检查，不论是测哪一签号，每次都要附带测量边燃烧室的温度。于交换后 5 min 开始，测量下降气流的立火道温度，每次只测量一个交换。

火落温度的测量频度为每炉每天 1 次。以 3 号签为例，测温的路线如图 6-3-8 所示。

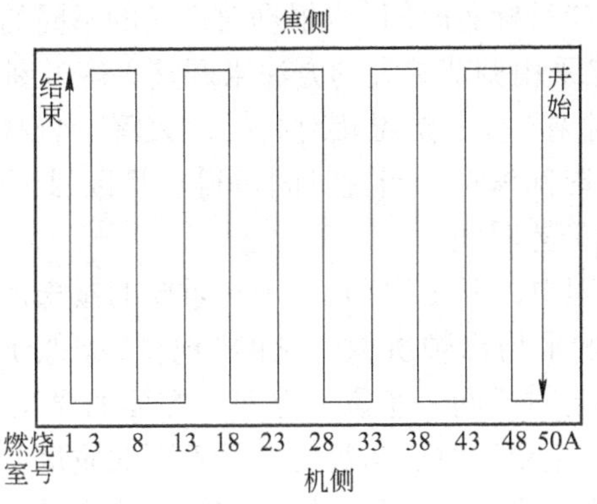

图 6-3-8 火落温度测量路线示意图

C “火落温度”数据的处理和应用

测量“火落温度”时，参照图 6-3-7 可以看出，燃烧室的温度正处于第二个波谷的中部，这一时间段立火道的相对温度是比较稳定的；同时，在同一周转时间的前提下，每次测量“火落温度”时，炭化室内的焦饼正处于已经火落或即将火落的同一阶段，这一时间段立火道的温度也比较一致。因此，“火落温度”具有良好的可比性。

采用上述方法测得的温度数据，除去机、焦侧炉头各一对火道和边燃烧室的全部火道，其余火道的平均值即为“火落温度”。火落温度的目标值是根据操作经验而定的。测温时不加校正值。

测量火落温度时，与边燃烧室相邻的炭化室不一定处于已经火落或即将火落的阶段，因此，可根据测温时该炭化室的结焦经过时间，参照已标定过的温度曲线，推算出该燃烧室相当于火落时的火落温度，该温度就具有可比性了。

根据火落温度，也可以绘制单排、10 排及全炉的横排温度曲线，用以检查炉温横向分布的合理性。

$C-E$ 和 $C-F$ 这两个指标主要是用于控制边火道温度的，它既强调边火道温度的均匀性，同时还强调控制边火道温度与全炉温度的差值，有利于克服对边火道温度的调节时只求均匀性而忽视绝对值的弊端。

火落温度综合了直行温度、横排温度和边火道温度的功能，其代表性广于直行温度，其稳定性优于横排温度，其科学性高于炉头温度。

6.3.4.4 如何确定“目标火落时间”

A 确定“目标火落时间”的方法

在结焦周期中，火落时刻是个可调控的变量，它与装入煤的性状、炉温的高低等因素有关。从图 6-3-2 可以看出，当结焦时间一定时，置时间就等于结焦时间减去火落时间。置时间的长短，主要是由对焦炭质量的要求所决定的，因此，在确定“目标火落时间”之前，首先必须确定“目标置时间”。

B 确定“目标置时间”的原则

置时间的长短会不同程度地影响焦炭的质量指标，一般地讲，适当地延长置时间，对改善焦炭的挥发分、热反应性、强度等质量指标都有作用。延长置时间后，会提高焦饼的终了温度和炉顶空间温度，炼焦耗热量会有所上升。此外，置时间偏长还会影响荒煤气的品质、焦炭的块度等。因此，确定“目标置时间”应根据对产品的不同的质量要求而确定。

在生产应用中，通常是采用调节炉温的方法来调整火落时刻，努力保证“置时间”不小于目标值，以求预定的推焦时刻不变。炉温相对高时，“火落”出现得早，置时间偏长；炉温相对低时，“火落”出现得晚，置时间偏短。当置时间短得不足以保证焦炭质量时，就必须采取推迟出焦（乱签）的方式来保证置时间。

在火落管理的热工管理中，“开工率”是一个很重要的概念，它表达的是焦炉生产负荷的强度，即每孔炭化室 24 h 的平均出炉次数。它的“地位”类似于炉温管理的热工管理中的“周转时间”。置时间的确定对于同一座焦炉有两个方面的含义，第一是确定同一开工率条件下的不同的“置时间”，它主要取决于满足对产品不同的质量要求；第二是确定不同的开工率所对应的不同的“目标置时间”。开工率低（周转时间长）时，“目标置时间”长；开工率高（周转时间短）时，“目标置时间”短，但最短也不应短于 1.5 h。“目标置时间”是建立在第一部分基础上的管理用标准，有了“目标置时间”，根据图 6-3-2 所示，“目标火落时间”也就可以确定了。

6.3.4.5　“火落管理”热工工艺的几个特点

A　将“火落时间”作为焦炉加热的主要控制指标

“目标火落时间”和“标准温度”都是通过对加热煤气流量的调节来控制的，但二者之间有着质的区别。火落时间可以直观地定量地衡量焦饼的成熟度，它是对干馏的结果进行管理；而标准温度是对干馏的条件进行管理。

将火落时间作为焦炉加热的主要控制指标，它能在炼焦生产的过程中，及时满足装入煤性状、加热条件等变化的需要，保证所生产的焦炭是符合要求的。

B　有助于实现焦炉加热控制的自动化

实现焦炉加热控制的自动化必须解决以下几个主要问题：

（1）对煤气燃烧状况的控制；

（2）对燃烧系统压力的控制；

（3）对焦饼成熟度的控制。

对火焰燃烧状况的控制可以通过改变煤气量或空气量，稳定废气中的含氧量来实现；在入炉煤气计量的情况下，有的焦炉采用了强制送风的办法，对入炉的空气也可以计量，如此就可以实现自动调节空气、煤气的比例。对燃烧系统压力的控制可通过对少量代表火道的看火孔压力的检测而决定烟道吸力来实现。对焦饼成熟度的控制就十分困难，因为沿用炉温管理的传统工艺，温度的测点必须多，否则就缺乏代表性；在高温的火道中，要进行长期连续的温度测定，从硬件设备方面来说难度极大。而采用火落管理工艺，就可避开测温难题而直接控制焦饼的成熟度。应用在生产中的具体做法是：在每个炭化室荒煤气导出设备的同一部位设置 1 支热电偶，将热电偶的信号经处理后输入计算机。通过对比试验，预先确定荒煤气温度出现最高温度点的时刻与实际火落时刻的关系式，据此计算机就可以给出每个炭化室的实际火落时间，并以此控制各燃烧室乃至全炉的煤气流量。

C　在推焦前发现干馏过程中的异常现象

为了确保焦炭质量，在干馏的过程中预先发现异常现象，及早采取预防措施是很有意义的。在干馏过程中，凡有影响焦饼按时正常成熟的因素存在，都可通过火落判定，在推焦前得以反映。如多装煤、少装煤、煤水分偏高或偏低等，均可以从火落时间的变化上得到反映。从炉口倒入余煤、上升管倒灌氨水等对火落的影响也很明显。测温也能发现干馏过程中的一些异常现象，但它不容易及时发现一些不经常测温部位结焦异常的现象。

D　其他

在火落管理的热工管理中，还有一些相关的概念。

（1）开工率。在宝钢，开工率是表达焦炉生产负荷的最基本的指标，开工率的计算方法如式 6-3-12 所示。

$$\text{开工率}=\frac{24\ \text{h 焦炉炉组的出炉数}}{\text{焦炉炉组设置的孔数}}\times 100\% \qquad (6\text{-}3\text{-}12)$$

如由 2 座 50 孔的焦炉组成的炉组，每昼夜的出炉数为 120 炉，焦炉的开工率就是 120%。

开工率与周转时间（h）的关系如式 6-3-13 所示：

$$\text{周转时间}=\frac{24}{\text{开工率}} \qquad (6\text{-}3\text{-}13)$$

如当焦炉的开工率为 120% 时，它的周转时间就是 20 h。

火落管理中的开工率，其“地位”与炉温管理中的周转时间相类似，但是开工率所指的对象是一个炉组，而周转时间所指的对象是一个炭化室。开工率与加热煤气流量间近似成正比的关系，在生产中可以方便地加以应用。如某焦炉的开工率为 105%，加热所使用的焦炉煤气流量为 10000 m^3/h。根据开工率与煤气流量成正比的关系，当焦炉的开工率提高至 110% 时，经计算，焦炉加热所使用的焦炉煤气的流量大约应增加到 10500 m^3/h。

（2）分段出炉的出炉计划。宝钢采用了分段出炉的方式编排出炉计划，编制这种出炉计划首先要根据开工率求出每天（24 h）的出炉数，然后将每天的出炉数均匀地分成若干段，均分不尽的尾数应按出炉顺序固定在某一段。段的大小以每段的操作时间约为 1.5～2 h 为宜。宝钢以每 10 炉为一段，每段的操作时间为 1.5 h。用这种方法编制的出炉计划，两个出炉操作段之间的时间可以供操作人员休息或用餐，也可以供设备检修人员对设备进行维护保养。

以 100 孔的焦炉炉组，开工率为 120% 为例，分段出炉的出炉计划可参照表 6-3-2 的方式进行编排。

表 6-3-2　开工率为 120% 的分段出炉计划

时间	0	1	2	3	4	5	6	7	8	9	10	11	12	13	14	15	16	17	18	19	20	21	22	23
签号 时间	A1		B1		A4		B4		A2		B2		A5		B5		A3		B3		A1		B1	
签号 时间	A4		B4		A2		B2		A5		B5		A3		B3		A1		B1		A4		B4	
签号 时间	A2		B2		A5		B5		A3		B3		A1		B1		A4		B4		A2		B2	

注：表中A1表示1、6、11、16、21、26、31、36、41、46，余类推。

6.3.4.6 焦炉的压力制度

"火落管理"的热工管理工艺是一种"重结果,轻过程"的热工工艺。它虽然遵循焦炉温度制度、压力制度的基本原则,但对加热过程的调节和控制的精度要求并不高,通过前面的介绍,可以看出它对温度制度的控制方式是如此,以下介绍它对压力制度的控制也是如此。

A 看火孔压力的管理

看火孔压力日常控制的目标值为45 Pa ± 5 Pa。这是基于蓄热室分格、蓄热室顶部吸力无法测量的焦炉结构,将控制值提高后,即使各燃烧室、各立火道看火孔压力的均匀性差些,但是也能保证所有的看火孔压力为正压。

看火孔压力的测量方法是:与测量火落温度同步进行,每炉每天测量1次,每次测量3个燃烧室的各3个立火道,这3个燃烧室处于焦炉的两端部和中部,3个立火道处于所选燃烧室的机、焦侧炉头部和中部。

焦炉加热所使用的空气与煤气的比例主要是宏观控制全炉的比例。宝钢一期焦炉采用了强制通风的形式,入炉的空气量是自动调节的,它可以根据设定的空气与煤气的比值,自动跟踪煤气的即时流量进入燃烧系统。空气系数的合理与否,由设在烟道内的O_2含量分析仪反馈在线分析的结果。

B 集气管压力的管理

集气管压力日常控制的目标值为70 Pa。对于炭化室高度为6 m的焦炉,该控制值严重偏低,但是,集气管采用较低的控制值,能有效地减少荒煤气向大气的泄漏,有利于环境保护。为了保证炭化室在结焦过程中始终处于正压,增加了对桥管翻板的管理,当炭化室内的焦饼"火落"后,就将与该炭化室相连的桥管翻板的开度关小,至出焦后装煤前再将桥管翻板恢复到全开。

6.4 焦炉热工评价

焦炉是一种大型的复杂的加热炉。如对焦炉的热工操作的好坏进行评价,除检查分析焦炉温压制度的合理性外,很重要的一项综合指标是供给焦炉加热热量的利用效率。生产中常以炼焦耗热量作为评定指标。但要全面分析焦炉的热量利用率和节能的可能性,就必须对焦炉进行热平衡测定与计算,并由此得出炼焦炉的热效率。

6.4.1 焦炉热效率与耗热量

6.4.1.1 焦炉热效率

焦炉的热效率是衡量焦炉能量利用的技术水平和经济性的一项综合指标。分析焦炉的热效率对进一步改进生产工艺、提高焦炉的热工操作水平、改善生产技术管理和降低产品能耗具有重要意义。

按照国家对设备热效率计算通则(国家标准GB 2588—81)的规定,设备对全部热量的利用效率只有一种"热效率"的表示形式。因此,焦炉的热效率为有效热量与供给的全部热量的百分比,其计算公式为:

$$\eta = \frac{Q_{YX}}{Q_{GG}} \times 100\% \tag{6-4-1}$$

或

$$\eta = \left(1 - \frac{Q_{SS}}{Q_{GG}}\right) \times 100\% \qquad (6-4-2)$$

式中　η——热效率,%;

Q_{YX}——有效热量,kJ/t;

Q_{GG}——供给的热量,kJ/t;

Q_{SS}——损失的热量,kJ/t。

有效热量是指达到工艺要求时,炼焦产品所吸收的热量。供给的热量是指外界供给焦炉的热量,但不包括物料带入的显热。损失的热量是指供给的热量中未被利用的部分。因此焦炉的热效率 η 也可按式 6-4-3 进行计算:

$$\eta = \frac{Q_1' + Q_2' + Q_3' + Q_4' + Q_5' + Q_6' - (Q_5 + Q_6)}{\sum Q - (Q_5 + Q_6)} \times 100\% \qquad (6-4-3)$$

式中　$\sum Q$——供给焦炉的总热量,kJ;

Q_5, Q_6——分别为干煤和入炉煤中水分带入的显热,kJ;

$Q_1' \sim Q_6'$——分别为焦炭、焦油、粗苯、氨、净煤气和水汽带走的热量,kJ。

为了便于比较各种工业窑炉利用热量的效率,必须按国家标准规定计算焦炉的热效率。焦炉在正常生产的情况下,其热效率一般在 70% ~75% 。

焦炉热效率不仅能说明焦炉热效率利用的程度,而且能显示出热量分布的情况,为焦炉节能提供依据。但也应看到,焦炉热效率需要通过热平衡的计算得出,而热平衡本身又需要做大量的较复杂的测量、统计和计算工作。

6.4.1.2　炼焦耗热量

焦炉的炼焦耗热量是指 1 kg 入炉煤炼成焦炭需要供给焦炉的热量,单位是 kJ/kg。一般大型焦炉在正常结焦时间的情况下,当入炉煤水分为 7% 时,用焦炉煤气加热的湿煤耗热量一般为 2090 ~2510 kJ/kg;而用高炉煤气加热时湿煤的耗热量则一般是 2510 ~2720 kJ/kg。

炼焦耗热量指标除了作为用来加热焦炉的煤气消耗量的计算依据以外,其实际数值在技术经济上还是评定焦炉结构完善、热工操作和管理水平好坏以及决定炼焦消耗定额的一项主要指标。其数值的大小与入炉煤料及其组成、加热煤气的性质与质量等因素有关。

由于应用的方面不同,采用的计算基准各异。炼焦耗热量计算方法及其含义有多种,在生产上主要有以下四种形式:

(1) 湿煤耗热量。它是指入炉的 1 kg 湿煤炼成焦炭实际消耗的热量,用 q^f 表示,单位为 kJ/kg,按式 6-4-4 计算:

$$q^f = \frac{V_1 Q_{DW}^g}{G} \qquad (6-4-4)$$

式中　V_1——标准状况下煤气的消耗量,m^3/h;

Q_{DW}^g——煤气(干)的低发热值,kJ/m^3;

G——焦炉装入的实际湿煤量,kg/h。

在计算中,上述各项所取数值的时间应是一致的。当焦炉操作条件一定时,湿煤耗热量随入炉煤水分的变化而改变。由于各焦炉装入煤水分不同,因此湿煤耗热量相互之间缺乏可比性,其数值的大小也不能真实地反映出焦炉热工操作的水平。

（2）相当干煤耗热量。它是以 1 kg 干煤为基准计算的炼焦实际消耗的热量（包括入炉煤水分的加热和蒸发所消耗的热量），用 q^g 表示，单位为 kJ/kg，按式 6-4-5 计算：

$$q^g = \frac{V_1 Q_{DW}^g}{G^g} \tag{6-4-5}$$

式中　G^g——焦炉装入的实际干煤量，kg/h。

q^g 与 q^f 的关系如下：

$$q^g = \frac{q^f}{100 - W} \times 100 \tag{6-4-6}$$

式中　W——焦炉装入的湿煤水分含量，%。

从计算式可以看出，当入炉煤水分改变时，相当干煤的耗热量也随着发生变化。但是在生产中炼焦的经济核算指标都是以干煤为计算基准的，因此有关的经济指标也常用当量干煤耗热量进行计算。

（3）绝对干煤耗热量。它是指装入的 1 kg 干煤炼成焦炭所消耗的热量，但不包括装入的湿煤中水分蒸发和加热所需的热量，用 q^{jf} 表示，单位为 kJ/kg，按式 6-4-7 计算：

$$q^{jf} = \frac{q^f - 50W}{100 - W} \times 100 \tag{6-4-7}$$

式中　50——1 kg 湿煤中 1% 水分所消耗的热量，kJ/kg。

数值 50 的来源如下：装入的湿煤水分在炼焦过程中将变成水蒸气与荒煤气一起离开焦炉。故：

1 kg 水带走的热量 = 2491 + 2 × 600 = 3691 kJ/kg

式中　2491——0℃时 1 kg 水的蒸发潜热，kJ/kg；

2——水汽在 0 ~ 600℃范围的平均比热容，kJ/(kg · ℃)；

600——在结焦期间荒煤气离开炭化室的平均温度，℃。

当焦炉的热效率为 73% 时，在炼焦过程中，1 kg 水所消耗的热量应为：3691/0.73 = 5056(kJ)，则 1% 水分消耗热量为：5056/100 ≈ 50(kJ)。

应当指出，数值 50 与实际是有差异的，它取决于炼焦过程中荒煤气离开炭化室的温度和焦炉的热效率，而这些数值对各种焦炉是不同的，即使对同一座焦炉，随着生产条件的改变也是变化的，因此它只是一个近似值。

（4）相当耗热量。相当耗热量（q_h）即换算为含水量为 7% 的湿煤的耗热量。为统一计算基准，便于比较，将实际湿煤耗热量换算为水分含量相同的湿煤的耗热量。按现行规定，我国采用 7% 的水分作为换算基准。

在入炉煤水分每增加 1% 时，相当于湿煤中 1% 的干煤量为 1% 水分所取代。当煤的水分为 7% ~ 10% 时，1 kg 入炉煤的水分每增减 1%，耗热量的变化值用焦炉煤气加热时可取 29.31 kJ，用高炉煤气加热时则取 33.49 kJ。因此换算某水分的湿煤耗热量为相当耗热量时可用式 6-4-8 和式 6-4-9 计算：

当用焦炉煤气加热时：

$$q_h = q^f - 29.31(W - 7) \tag{6-4-8}$$

当用高煤煤气加热时：

$$q_h = q^f - 33.49(W - 7) \tag{6-4-9}$$

显然,换算所得的水分含量为7%的湿煤耗热量与同一水分的实际湿煤耗热量是不尽相同的,它随实际水分与换热水分差值的增加而增大。但是,由于已换算为同一含水量,其数值相互之间具有一定的比较基础,因而相当耗热量应用较普遍。

用炼焦耗热量作为焦炉热工评价指标,虽没有热效率那样全面,而且随着炉体老化、炭化室荒煤气漏气量增加,耗热量指标与实际情况不符,但是对节约加热煤气、降低能耗还是有意义的,而且计算方法简单,因此各厂仍将它作为焦炉热工的考核指标。

焦炉热工综合指标除上述两项外,有的炼焦制气厂还采用剩余煤气占煤气发生量的比例来表示(当焦炉用贫煤气加热时,则要换算成热量的百分比)。该指标的缺点是没有考虑入炉煤的性质与加热制度的影响。

6.4.2 焦炉热平衡

6.4.2.1 焦炉热平衡计算基准

焦炉热平衡计算基准有以下几点:

(1) 热平衡以焦炉本体为测定体系,如图6-4-1所示。

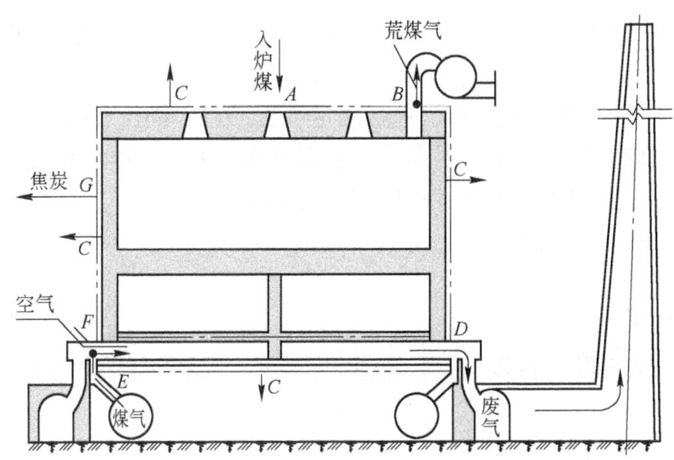

图6-4-1 焦炉物料及热量收支系统图

A—入炉煤热量测量点;*B*—净煤气和化工产品带出热量测量点;*C*—表面散热损失测量点;*D*—废气带出热量测量点;*E*—加热煤气测量点;*F*—燃烧用空气测量点;*G*—焦炭带出热量测量点

(2) 热平衡计算中温度与压力分别以0℃与101325 Pa为基准。

(3) 燃料的发热量按低(位)发热量计算。

(4) 应在7天内完成全部测量项目。

(5) 为简化计算,以1 t入炉煤为基准,即kg/t,kJ/t。

(6) 炼焦常用的基准有分析基X^{f}(%)、湿基X^{s}(%)、干基X^{g}(%)和可燃基X^{r}(%)等。不同基准的数据,可根据需要按式6-4-10~式6-4-13进行换算:

湿基变为干基

$$X^{g}=X^{s}\frac{100}{100-W} \tag{6-4-10}$$

式中 W——湿物料中的水分含量。

分析基变为干基
$$X^{g}=X^{f}\frac{100}{100-W^{f}} \tag{6-4-11}$$

式中　W^{f}——分析物料中的内在水分含量。

干基变为可燃干基
$$X^{r}=X^{g}\frac{100}{100-A^{g}} \tag{6-4-12}$$

式中　A^{g}——干物料中的灰分含量。

湿基变为可燃基
$$X^{r}=X^{s}\frac{100}{100-W-A^{s}} \tag{6-4-13}$$

式中　A^{s}——湿物料中的灰分含量。

6.4.2.2　热平衡测定

A　测定的准备

测定的准备工作有以下几点：

（1）测定人员应熟悉炉体结构、设备状况和操作情况等。

（2）测定期间要求结焦时间、加热煤气流量、温度、压力制度、配煤比及煤料水分等保持稳定。

（3）测定工具、仪表及计量设备准备齐全，并校验或检修合格（包括焦炉原有的工具、仪表及计量设备）。

（4）根据具体情况制定测定方案，包括测定项目、方法、部位、次数及仪器装置等。

（5）测定工作应由焦炉热工人员负责，温度、流量、化验等项目均应由专业人员负责进行。必要时应对参加测定工作人员进行培训及安全教育。

（6）各种记录表格准备齐全。

B　测定步骤

测定步骤有以下几点：

（1）按测定方案对焦炉温度、压力、流量、装煤量、产品产率及物料成分化验等基本参数进行测定。

（2）对所测数据进行分析和整理。

（3）将所整理的数据做出物料平衡。

（4）以物料平衡为依据进行热平衡计算，做出热平衡。

（5）计算焦炉热效率及其他技术经济指标。

（6）测定人员对测定与计算结果进行分析讨论，写出测定报告，提出节能措施。

C　测定内容

a　入炉煤

关于入炉煤主要测定以下几点：

（1）炭化室装煤量。当煤塔下设有地磅或其他计量设备时，可直接测定装入每孔炭化室的煤量。无地磅时，模拟生产情况用磅秤测量煤车装煤量，作为炭化室装煤量。应测 2～3 孔炭化室。

平、装煤带出的余煤量，应抽测一个签号炭化室，并计算其平均值。装煤量与余煤量的差值为每孔炭化室一次实际装煤量。

（2）入炉煤的分析。分三班在装煤车上采取煤样，每班取样一次，每次 1 kg，作为入炉煤分析用煤料。

入炉煤的挥发分、灰分分析，按 GB/T 212—2001《煤的工业分析方法》进行。入炉煤的碳、氢、氧、氮的元素分析，按 GB/T 476—2001《煤的元素分析方法》进行。入炉煤的水分分析，按 GB/T 15334—1994 进行。

(3) 入炉煤温度。入炉煤温度在装煤车内直接测定，测定次数、时间与取煤样同时进行。

b 炼焦主要产品

确认生产计量准确及操作制度稳定时，其产品产率可取生产统计值(按月或季度平均值)，其化合水的产率用差额法计算。但对个别产品产率需进行实测抽查。

对于生产计量设备不齐全者，根据具体情况进行实测。当实测确有困难时，可按经验公式估算。具体如下：

(1) 焦炭：

1) 全焦量。由现场计量装置读取各炭化室的全焦量；无计量设施时，用磅秤称量法抽测 2 ~ 3 孔炭化室的全焦量。

2) 全焦率。每孔炭化室平均全焦量与平均装煤量(减去每孔余煤量)的比值即是全焦率。

3) 焦炭工业分析。试样在筛分前取得，并按下列标准进行分析：固定碳：GB/T 2001—1991《冶金焦炭固定碳的测定方法》；挥发分：GB/T 2001—1991《冶金焦炭挥发分的测定方法》；灰分：GB/T 2001—1991《冶金焦炭灰分的测定方法》；水分：GB/T 2001—1991《冶金焦炭水分的测定方法》。

(2) 焦油、粗苯、氨。在测定期间内计量焦油、粗苯、氨的产量。由各产品的产量与相应装煤量的比值求得各产品的产率。

(3) 净煤气：

1) 煤气流量。由洗苯塔后装置的流量计测得每小时流量。

2) 净煤气产率。由每小时煤气流量与每小时装煤量的比值求得。

c 焦饼中心温度

每座焦炉需测 3 ~ 5 孔炭化室，按金属学会标准 CSM/T_1—2008 附录 B. 1 进行测量。

d 荒煤气

荒煤气的测量有以下两点：

(1) 荒煤气出口温度。在上升管根部用热电偶测量。双集气管焦炉在机、焦侧分别测量；抽测 3 ~ 5 孔炭化室；从装煤到出焦的整个结焦周期内，每隔 1 h 记录一次温度。

(2) 漏入加热系统的荒煤气量按 6. 4. 3. 1 节的方法测定。

e 加热煤气

加热煤气主要测量以下几点：

(1) 流量。加热煤气流量由工厂现有的测量孔板通过二次仪表直接读取后换算为标准状态下流量。

(2) 温度和压力。在测定流量的同时，记录加热煤气的温度、压力。当有煤气预热器时，还应测定进入焦炉前的煤气温度。

(3) 组成。对加热煤气(贫、富或混合煤气)，在地下室煤气管道取样孔上取样做成分全分析；用贫煤气加热的焦炉（包括使用混合煤气），还要在洗苯塔后取焦炉煤气样做全分析。

f　烟气

烟气的测量有两点：

（1）温度。烟气温度用水银温度计在两侧交换开闭器小烟道连接管处测量，测点数为1/2的蓄热室数，在交换前5 min开始读数。

（2）组成。在测定烟气温度的同时，取烟气样做组成分析。

g　炉体各部位表面温度

炉体各部位表面测度的测量有以下几点：

（1）每座焦炉选测1～2个签号炭化室（燃烧室）。

（2）炉体表面温度可用红外测温仪测定。

（3）表面温度的测点：

1）炉顶部位：装煤孔盖与座、看火孔盖与座、炭化室顶砖、燃烧室顶砖、炉端墙、抵抗墙等，每个炭化室（燃烧室）均按机、焦、中抽测三点；

2）机、焦两侧部位：炉门、炉门框、保护板、小炉头砌体、炉端墙、抵抗墙等均按上、中、下抽测三点；

3）蓄热室部位：主墙、封墙、炉柱、炉端墙、抵抗墙等各抽测两点；

4）基础顶板（有地下室焦炉）：机、中、焦侧各抽测1～2个签号炭化室。

h　炉体四周大气及室内环境参数

大气温度、环境温度、风速应与炉体表面温度测量同时进行。在测定期测量三次。具体如下：

（1）用气压计测定大气压力。

（2）在熄焦车、推焦机轨道外侧及焦炉两端测定大气温度与湿度。

（3）测定两侧蓄热室走廊及地下室空气温度和相对湿度，各抽测三点。

（4）用风速表测定炉顶及机、焦两侧的风速。

6.4.2.3　物料平衡计算

物料平衡是热平衡的基础，其准确与否直接影响热平衡的准确性。

测定期间集气管压力应保证结焦过程中炭化室内为正压，避免炭化室吸入空气，影响物料平衡精度。

A　物料收入各项计算

物料收入主要包括以下几项：

（1）干煤量 G_m（kg/t）：

$$G_m = 1000 \times \frac{100 - W}{100} \tag{6-4-14}$$

式中　W——入炉煤的含水量，%。

（2）入炉煤所带入水量 G_s（kg/t）：

$$G_s = 1000 \times \frac{W}{100} \tag{6-4-15}$$

（3）收入物料量总量 $\sum G$（kg/t）：

$$\sum G = G_m + G_s = 1000$$

B　物料支出各项计算

物料支出主要包括以下几项：

（1）全焦量 G_J（kg/t）：

$$G_J = 1000\frac{K_J^y}{100} = 1000 \times \frac{100 - W}{100} \times \frac{K_J^g}{100} \tag{6-4-16}$$

式中　K_J^y, K_J^g——入炉煤应用基和干基全焦率，%。

当实测有困难时，可用下列经验式计算：

$$K_J^g = (103.19 - 0.75V^g - 0.0067t_J) \tag{6-4-17}$$

式中　V^g——入炉煤干基挥发分，%；

t_J——焦饼平均温度，℃。

（2）焦油量 G_{JY}（kg/t）：

$$G_{JY} = 1000\frac{K_J^y}{100} = 1000 \times \frac{100 - W - A^y}{100} \times \frac{K_{Jy}^r}{100} \tag{6-4-18}$$

式中　A^y——入炉煤应用基灰分，%

K_J^y, K_{Jy}^r——入炉煤应用基和可燃基焦油产率，%。

当实测有困难时，可用下列经验式求得：

V^r为20%～30%时：

$$K_{Jy}^r = -18.36 + 1.53V^r - 0.026(V^r)^2 \tag{6-4-19}$$

式中　V^r——入炉煤可燃基挥发分，%。

V^r为30%～34%时，K_{Jy}^r可取4.2%～4.5%。

（3）粗苯量 G_B（kg/t）：

$$G_B = 1000\frac{K_B^y}{100} = 1000 \times \frac{100 - W - A^y}{100} \times \frac{K_B^r}{100} \tag{6-4-20}$$

式中　K_B^y, K_B^r——入炉煤应用基和可燃基粗苯产率，%。

当实测有困难时，可用下列经验式求得：

$$K_B^r = -1.61 + 0.144V^r - 0.0016(V^r)^2 \tag{6-4-21}$$

（4）氨量 G_A（kg/t）：

$$G_A = 1000\frac{K_A^y}{100} = 1000 \times \frac{100 - W}{100} \times \frac{K_A^g}{100} \tag{6-4-22}$$

式中　K_A^y, K_A^g——入炉煤应用基和干基氨产率，%。

当实测有困难时，可用下列经验式求得：

$$K_A^g = \frac{17}{14}bN^g \tag{6-4-23}$$

式中　b——煤中总氮量转入氨中的转化系数，可取0.12～0.16；

N^g——入炉煤干基氮含量，%；

17——氨相对分子质量；

14——氮相对原子质量。

（5）净煤气量 G_{mq}（kg/t）：

$$G_{mq}=1000\frac{K_{mq}^{y}}{100}=1000\times\frac{100-W}{100}\times\frac{K_{mq}^{g}}{100} \tag{6-4-24}$$

式中　K_{mq}^{y},K_{mq}^{g}——入炉煤应用基和干基净煤气产率,%。

当实测有困难时,按碳平衡式求得:

$$K_{mq}^{g}=185.2\frac{nC_{m}^{g}-(C_{J}^{g}+G_{JY}^{g}+G_{B}^{g})}{\varphi_{CO_2}+\varphi_{CO}+\varphi_{CH_4}+2.35\varphi_{C_mH_n}}\gamma_{omq} \tag{6-4-25}$$

式中　n——入炉煤损耗系数,可取 0.98 ~ 1.00;

C_{m}^{g}——100 kg 入炉干煤所含碳量,由煤的元素分析求得,kg;

C_{J}^{g}——100 kg 干煤炼成焦炭中的含碳量,由全焦率与焦炭中固定碳含量求得,kg;

C_{JY}^{g}——100 kg 干煤所得焦油中含碳量(一般可取 86%),kg;

C_{B}^{g}——100 kg 煤所得苯中含碳量,一般苯的含碳量可取 91.2%,kg;

γ_{omq}——标准状态下净煤气密度,kg/m^3;

CO_2,CO,CH_4…——分别为净焦炉煤气中相应组成的体积分数,%。

$$r_{omq}=\frac{44\varphi_{CO_2}+28\varphi_{CO}+16\varphi_{CH_4}+2\varphi_{H_2}+32\varphi_{O_2}+32.6\varphi_{C_mH_n}+28\varphi_{N_2}}{22.4\times100} \tag{6-4-26}$$

$$C_{JY}^{g}=86\frac{K_{JY}^{s}}{100} \tag{6-4-27}$$

$$C_{B}^{g}=91.2\frac{K_{B}^{g}}{100} \tag{6-4-28}$$

(6) 化合水量 G_{SX}(kg/t):

$$G_{SX}=1000\times\frac{100-W}{100}K_{SX}^{g} \tag{6-4-29}$$

式中　K_{SX}^{g}——干基化合水产率,%,可按下列经验式求得:

$$K_{SX}^{g}=\frac{18}{16}aO_{m}^{g} \tag{6-4-30}$$

式中　a——煤中总氧量转变成化合水的转化系数,一般可取 0.3 ~0.5;

O_{m}^{g}——入炉煤干基含氧量,%;

18——水相对分子质量;

16——氧相对原子质量。

(7) 差值 ΔG。物料平衡差值 ΔG(kg/t)为收入物料总量 $\sum G$(kg/t) 与上述各项已测算支出物料总量 $\sum G'$ (kg/t)之差。

$$\Delta G=\sum G-(G_J+G_{JY}+G_B+G_A+G_{mq}+G_{SX}) \tag{6-4-31}$$

$$\sum G'=G_J+G_{JY}+G_B+G_A+G_{mq}+G_{SX}+\Delta G=1000 \tag{6-4-32}$$

差值不应大于 1%,否则应对物料平衡的收入和支出各项做进一步检验。

C　物料平衡表

将物料平衡计算结果填入表 6-4-1 中。

表 6-4-1 物料平衡表

收入					支出				
符号	项目	数值 /kg·t⁻¹	占湿煤 /%	占干煤 /%	符号	项目	数值 /kg·t⁻¹	占湿煤 /%	占干煤 /%
G_m	干煤				G_J	全焦			
G_s	入炉煤带入水				G_{JY}	焦油			
					G_B	粗苯			
					G_A	氨			
					G_{mq}	净煤气			
					G_s	入炉煤带入水			
					G_{SX}	化合水			
					ΔG	差值			
$\sum G$	合计	1000	100.0		$\sum G'$	合计	1000	100.0	

6.4.2.4 热平衡计算

A 热量收入各项计算

热量收入有以下几项：

（1）加热煤气燃烧的化学热量 Q_1（kJ/t）：

$$Q_1 = Q_{DW}^s \cdot V_{OJ} \tag{6-4-33}$$

式中 Q_{DW}^s——湿煤气的低（位）发热量，kJ/m³；

V_{OJ}——每吨湿煤所需加热煤气量，m³/t。

1）湿煤气的低（位）发热量：

$$Q_{DW}^s = 126.4\varphi_{CO^s} + 108.8\varphi_{H_2^s} + 358.8\varphi_{CH_4^s} + 682\varphi_{C_mH_n^s} + \cdots \tag{6-4-34}$$

式中 $\varphi_{CO^s}, \varphi_{H_2^s}, \varphi_{CH_4^s}, \varphi_{C_mH_n^s}, \cdots$——干煤气中各成分的体积分数，%。

2）每吨湿煤所需的加热煤气量：

$$V_{OJ} = \frac{V_1}{G} \tag{6-4-35}$$

式中 V_1——每小时的加热煤气标准流量，m³/h；

G——全炉每小时平均装煤量，t/h。

3）加热煤气标准流量。如果实际操作条件和设计孔板确定的条件一致时，仪表上的读数为标准流量，否则按式 6-4-36 修正（对同一压差）：

$$B = V_t \sqrt{\frac{(\rho_0 + f)(0.804 + f)T'}{(\rho_0 + f')(0.804 + f')T}} \cdot \sqrt{\frac{p'}{p}} \tag{6-4-36}$$

因 f, f' 分别由 T、T' 决定，因此令

$$\sqrt{\frac{(\rho_0 + f)(0.804 + f)T'}{(\rho_0 + f')(0.804 + f')T}} = K_T; \sqrt{\frac{p'}{p}} = K_p$$

则式 6-4-36 可写成：

$$B = V_t K_T K_P \tag{6-4-37}$$

式中　B——加热煤气标准状态下的流量，m^3/h；

V_t——流量计仪表读取加热煤气流量，m^3/h；

ρ_0——标准状态下的煤气密度，kg/m^3；

p,p'——设计孔板与实际操作条件下的煤气绝对压力，Pa；

T,T'——设计孔板与实际操作条件的煤气绝对温度，K；

f,f'——T 与 T' 温度下煤气中水汽含量，kg/m^3。

4）全炉每小时平均装煤量 G(t/h)：

$$G = NG'/\tau \tag{6-4-38}$$

式中　G'——每孔炭化室装煤量，t；

N——每座焦炉炭化室孔数；

τ——结焦周期，h。

（2）加热煤气带入的显热量 Q_2(kJ/t)：

$$Q_2 = V_{0J} c_{mq} t_{mq} + V_{0J} \varphi_{H_2O^g} c_{sq} t_{mq} \tag{6-4-39}$$

式中　t_{mq}——加热煤气的温度，℃；

c_{mq}——加热煤气在 $0 \sim t_{mq}$ 间的平均比热容，kJ/(m^3 · ℃)；

$\varphi_{H_2O^g}$——加热煤气中水的体积分数；

c_{sq}——$0 \sim t_{mq}$ 温度内水分的平均比热容，kJ/(m^3 · ℃)。

$$c_{mq} = 0.01(c_{CO}\varphi_{CO^g} + c_{CO_2}\varphi_{CO_2^g} + c_{H_2O}\varphi_{H_2O^g} + \cdots) \tag{6-4-40}$$

式中　$c_{CO}, c_{CO_2}, c_{H_2O}$——加热煤气相应组成在 $0 \sim t_{mq}$ 间的平均比热容，kJ/(m^3 · ℃)。

（3）漏入荒煤气的燃烧热量 Q_3(kJ/t)：

$$Q_3 = Q_{Jq}\Phi/G \tag{6-4-41}$$

式中　Q_{Jq}——净煤气的低(位)发热量，kJ/m^3；

Φ——每小时由炭化室漏入加热系统的荒煤气量，m^3/h。

（4）加热煤气与漏入荒煤气所需助燃空气的显热量 Q_4(kJ/t)：

$$Q_4 = \left(V_{0J}L_1 + \frac{\Phi}{G}L_{1h}\right)c_{kq}t_{kq} \tag{6-4-42}$$

式中　t_{kq}——蓄热室走廊空气平均温度，℃。

c_{kq}——空气在 $0 \sim t_{kq}$ 间的平均比热容，kJ/(m^3 · ℃)；

L_1, L_{1h}——每立方米加热煤气及净煤气的实际空气需要量，均按式 6-4-43 计算：

$$L_1 = \alpha L_o^g(1 + 0.00124 g_g) \tag{6-4-43}$$

式中　g_g——干空气的含水量，g/m^3；

L_o^g——燃烧每立方米煤气的理论干空气量，m^3/m^3；

α——小烟道处烟气的空气系数。

$$L_o^g = \frac{4.762}{100}\left[0.5\varphi_{H_2^s} + 0.5\varphi_{CO^s} + 2\varphi_{CH_4^s} + \left(m + \frac{n}{4}\right)\varphi_{C_mH_n^s} + 1.5\varphi_{H_2S^s} - \varphi_{O_2^s}\right] \tag{6-4-44}$$

$$\alpha = 1 + K\frac{\varphi_{O_2'} - 0.5\varphi_{CO'}}{\varphi_{CO_2'} - \varphi_{CO'}} \tag{6-4-45}$$

$$K = V_{CO_2}/L_{O_2} \tag{6-4-46}$$

式中 V_{CO_2}——每立方米加热煤气完全燃烧后所产生的CO_2量，m^3/m^3；

L_{O_2}——每立方米加热煤气完全燃烧时所需理论氧量，m^3/m^3。

$$V_{CO_2} = \frac{1}{100}[\varphi_{CO^g} + \varphi_{CO_2^g} + \varphi_{CH_4^g} + m\varphi_{C_mH_n^g}] \tag{6-4-47}$$

式中 $\varphi_{CO^g}, \varphi_{CO_2^g}, \varphi_{CH_4^g}\cdots$——干煤气各成分的体积分数，%。

$$L_{O_2} = \frac{1}{100}\left(0.5\varphi_{CO^g} + 0.5\varphi_{H_2^g} + 2\varphi_{CH_4^g} + \left(m + \frac{n}{4}\right)\varphi_{C_mH_n^g} - \varphi_{O_2^g}\right) \tag{6-4-48}$$

（5）干煤带入显热量 Q_5（kJ/t）：

$$Q_5 = G_m c_m t_m \tag{6-4-49}$$

式中 c_m——干煤在 $0\sim t_m$ 间的平均比热容，kJ/(kg·℃)；

t_m——入炉煤的温度，℃。

当入炉煤温度在10℃以下时，c_m可取1.05 kJ/(kg·℃)；当入炉煤温度在10~40℃时，c_m可取1.26 kJ/(kg·℃)。

（6）入炉煤中水分带入的显热量 Q_6（kJ/t）：

$$Q_6 = G_S c_S t_m \tag{6-4-50}$$

式中 c_S——水在 $0\sim t_m$ 间的平均比热容，kJ/(kg·℃)。

（7）收入热量总和 $\sum Q$（kJ/t）：

$$\sum Q = Q_1 + Q_2 + \cdots + Q_6 \tag{6-4-51}$$

B 热支出项目计算

热支出有以下几项：

（1）焦炭带出的热量 Q'_1（kJ/t）：

$$Q'_1 = G_J c_J t_J \tag{6-4-52}$$

式中 t_J——焦饼平均温度，℃；

c_J——焦炭在 $0\sim t_J$ 间的平均比热容，kJ/(kg·℃)。

$$c_J = c_{AJ} \times \frac{A_J^g}{100} + c_C \times \frac{C_J^g}{100} + c_V \times \frac{V_J^g}{100\gamma_J} \tag{6-4-53}$$

式中 A_J^g, C_J^g, V_J^g——干基中灰分、固定碳和挥发分的含量，%

c_{AJ}, c_C——焦炭灰分和固定碳在 $0\sim t_J$ 间的平均比热容，kJ/(kg·℃)；

c_V——挥发分在 $0\sim t_J$ 间的体积平均比热容，按焦炉煤气平均比热容计算，kJ/(m^3·℃)；

γ_J——焦炭中挥发分的密度，可按焦炉煤气密度计算，kJ/m^3。

为简化焦炭比热容 c_S 计算，可取经验数1.506 kJ/(kg·℃)，它与计算值将偏离0.6%左右。

（2）焦油带出热量 Q'_2（kg/t）：

$$Q'_2 = G_{JY}(418.68 + c_{JY}t_{1h}) \tag{6-4-54}$$

式中 c_{JY}——焦油气在 $0\sim t_{1h}$ 间的平均比热容，kJ/(kg·℃)，$C_{JY} = 1.277 + 1.641 \times 10^{-3} t_{1h}$；

t_{1h}——结焦周期前半期的荒煤气平均温度，℃。

(3) 粗苯带出热量 Q'_3(kg/t)：

$$Q'_3 = G_B(431 + c_{Bq}t_{1h}) \tag{6-4-55}$$

式中　c_{Bq}——粗苯气在 0 ~ t_{1h}间的平均比热容，kJ/(kg · ℃)。

$$c_{Bq} = 1.026 + 1.285 \times 10^{-3}t_{1h}$$

(4) 氨带出热量 Q'_4(kJ/t)：

$$Q'_4 = G_A c_A t_h \tag{6-4-56}$$

式中　c_A——氨在 0 ~ t_h间的平均比热容，kJ/(kg · ℃)，c_A值可查有关资料或按 $c_A = 2.072 + 0.775 \times 10^{-3}t_h$计算；

t_h——结焦周期内荒煤气平均温度，$t_h = \frac{2}{3}t_{1h} + \frac{1}{3}t_{2h}$，℃；

t_{2h}——结焦周期后半期荒煤气平均温度，℃。

(5) 净煤气带出热量 Q'_5(kJ/t)。当净煤气量为实测所得，其带出热量按式 6-4-57 计算：

$$Q'_5 = \frac{G_{nq}}{\gamma_{omq}}\left(\frac{2}{3}c_{1h} \cdot t_{1h} + \frac{1}{3}c_{2h} \cdot t_{2h}\right) \tag{6-4-57}$$

式中　c_{1h}，c_{2h}——分别为 0 ~ t_{1h}℃及 0 ~ t_{2h}℃温度下净煤气平均比热容，kJ/(m^3 · ℃)。

当净煤气量为计算所得，其带出热量按式 6-4-58 计算：

$$Q'_5 = \left(\frac{G_{mq}}{\gamma_{omq}} - \frac{\phi}{G}\right)\left(\frac{2}{3}c_{1h} \cdot t_{1h} + \frac{1}{3}c_{2h} \cdot t_{2h}\right) \tag{6-4-58}$$

式中　ϕ——每小时全炉荒煤气漏失量，m^3/h。

(6) 水汽带出热量 Q'_6：

$$Q'_6 = Q_{6-1} + Q_{6-2} + Q_{6-3} \tag{6-4-59}$$

$$Q_{6-1} = G_S(2500.8 + c_{sq} \cdot t_{1h}) \tag{6-4-60}$$

$$Q_{6-2} = (0.25G_s + 1.25G_{SX})[c'_{sq}(t_{1h} - 450) - 2093] \tag{6-4-61}$$

$$Q_{6-3} = 6594 \times 0.25(G_s + G_{SX}) \tag{6-4-62}$$

$$c'_{sq} = \frac{t_{1h}c_{sq} - 450c''_{sq}}{t_{1h} - 450} \tag{6-4-63}$$

式中　Q_{6-1}——入炉带入水分所消耗的热量，kJ/t；

Q_{6-2}——化合水在生成过程所消耗与其带出的热量，kJ/t；

Q_{6-3}——水汽与焦炭反应所消耗的热量，kJ/t；

c_{sq}——在 0 ~ t_{1h}℃时水汽平均比热容，kJ/(kg · ℃)；

c'_{sq}——在 450 ~ t_{1h}℃时水汽平均比热容，kJ/(kg · ℃)；

c''_{sq}——在 0 ~ 450℃时水汽平均比热容，kJ/(kg · ℃)。

(7) 烟气带出热量 Q'_7(kJ/t)：

$$Q'_7 = \left(V_{OJ} + \frac{\phi}{G}\right)bV_n^s c_{Jf}t_f \tag{6-4-64}$$

式中　V_{OJ}——每吨入炉煤所需湿加热煤气的标准流量，m^3/t；

V_n^s——单位煤气完全燃烧时的实际湿烟气量，m^3/m^3；

b——不完全燃烧时的烟气量修改系数；

t_f——烟气平均温度，℃；

c_{Jf}——从 0 ~ t_f℃间烟气的平均比热容,kJ/(m^3 · ℃)。

当 $\alpha \geqslant 1$ 时:

$$b = \frac{100}{100 - 0.5\varphi_{CO^{g'}} - 0.5\varphi_{H_2^{g'}}} \tag{6-4-65}$$

当 $\alpha < 1$ 时:

$$b = \frac{100}{100 + 1.88\varphi_{CO^{g'}} + 1.88\varphi_{H_2^{g'}} + 9.52\varphi_{CH_4^{g'}} - 4.762\varphi_{O_2^{g'}}} \tag{6-4-66}$$

1) 实际湿烟气量 V_n^s(m^3/m^3):

$$V_n^s = V_0 + [\alpha(1 + g_K) - 1] \cdot L_0^g \tag{6-4-67}$$

$$V_0 = 0.01[\varphi_{CO^s} + 3\varphi_{CH_4^s} + \left(m + \frac{n}{2}\right)\varphi_{C_mH_n^s} + \varphi_{CO_2^s} + \varphi_{H_2^s} + 2\varphi_{H_2S^s} + \varphi_{N_2^s} + \varphi_{H_2O^s}] + 0.79L_0^g \tag{6-4-68}$$

式中 V_0——每立方米加热煤气(包括漏入的荒煤气)燃烧所产生的实际烟气量,m^3/h;

α——空气系数;

g_K——每立方米干空气的含水量,g/m^3;

L_0^g——理论干空气量,m^3/m^3;

$\varphi_{CO^s}, \varphi_{CH_4^s}, \cdots$——加热煤气或净煤气湿成分的体积分数,%。

2) 烟气平均比热容(kJ/(m^3 · ℃)):

$$c_{Jf} = \frac{\sum Z^{s\prime} \cdot c_z'}{100} \tag{6-4-69}$$

式中 c_z'——烟气中任意湿成分在 0 ~ t_7'℃间的平均比热容,kJ/(m^3 · ℃);

$Z^{s\prime}$——烟气中任意湿成分的体积分数,%。

$$Z^{s\prime} = Z^{g\prime}\frac{100 - \varphi_{H_2O^{s\prime}}}{100} \tag{6-4-70}$$

式中 $\varphi_{H_2O^{s\prime}}$——烟气中水分的体积分数,%。

$$\varphi_{H_2O^{s\prime}} = \frac{0.01\left(2\varphi_{CH_4^s} + \varphi_{H_2^s} + \frac{n}{2}\varphi_{C_mH_n^s} + \varphi_{H_2S^s} + \varphi_{H_2O^s}\right) + 0.00124g_k\alpha L_0^g}{V_n^s} \tag{6-4-71}$$

(8) 化学不完全燃烧损失的热量 Q_8'(kJ/t):

$$Q_8' = \left(V_{OJ}^s + \frac{\phi}{G}\right)bV_n^s(126.4\varphi_{CO^s} + 108.8\varphi_{H_2^{s\prime}} + 358.8\varphi_{CH_4^{s\prime}} + \cdots) \tag{6-4-72}$$

(9) 炉体表面总散热量 Q_9'(kJ/t):

$$Q_9' = q_{1s} + q_{2s} + q_{3s} \tag{6-4-73}$$

式中 q_{1s}——炉体表面散热量,kJ/t;

q_{2s}——炉基传入地下的热量,$q_{2s} = 0.1q_{1s}$,kJ/t;

q_{3s}——打开炉门时散热量,$q_{3s} = (0.07 - 0.1)q_{1s}$,kJ/t;

$$q_{1s} = (\alpha_f + \alpha_a)F(t_b - t_e)\frac{\tau}{G} \tag{6-4-74}$$

式中 α_f——辐射传热系数,kJ/(m^2 · h · ℃);

α_a——对流给热系数,kJ/(m^2·h·℃);

F——每孔炭化室炉体各部位散热面积,m^2;

t_b, t_e——炉体表面及环境温度,℃。

其中

$$\alpha_f = \frac{19.38\left[\left(\frac{T_b}{100}\right)^4 - \left(\frac{T_e}{100}\right)^4\right]}{t_b - t_e} \quad (6\text{-}4\text{-}75)$$

式中　T_b, T_e——炉体表面及环境绝对温度,K。

对于 α_a,无风时:

$$\alpha_a = A(t_b - t_e)^{\frac{1}{4}} \quad (6\text{-}4\text{-}76)$$

式中　A——散热表面所处位置的校正系数,散热面向上时 $A = 11.72$,向下时 $A = 6.28$,垂直时 $A = 9.21$。

风速为 $W \leqslant 5$ m/s 时:

$$\alpha_a = 22.2 + 15.1W \quad (6\text{-}4\text{-}77)$$

风速为 $W > 5$ m/s 时:

$$\alpha_a = 27.69W^{0.78} \quad (6\text{-}4\text{-}78)$$

(10) 差值 ΔQ(kJ/t):

热平衡各项收入热量总和 $\sum Q$ 与已测支出各项热量总和之差即差值。

$$\Delta Q = \sum Q - (Q'_1 + Q'_2 + \cdots + Q'_9) \quad (6\text{-}4\text{-}79)$$

差值包括未测出的热量及误差。热平衡允许相对差值为 ±5%,即

$$\left| \frac{\Delta Q}{\sum Q} \times 100 \right| \leqslant 5$$

(11) 支出热量总和 $\sum Q'$(kJ/t):

$$\sum Q' = Q'_1 + Q'_2 + \cdots + Q'_9 \quad (6\text{-}4\text{-}80)$$

C　热平衡表

热平衡收入和支出热量计算结果见表 6-4-2。

表 6-4-2　热平衡表

收入				支出			
符号	项目	数值		符号	项目	数值	
		kJ/t	%			kJ/t	%
Q_1	加热煤气燃烧的化学热量			Q'_1	焦炭带出的热量		
Q_2	加热煤气带入的显热量			Q'_2	焦油带出的热量		
Q_3	漏入荒煤气的燃烧热量			Q'_3	粗苯带出的热量		
Q_4	加热煤气与漏入荒煤气所需助燃空气			Q'_4	氨带出的热量		
Q_5	干煤带入显热量			Q'_5	净煤气带出的热量		
Q_6	入炉煤中水分带入显热量			Q'_6	水汽带出的热量		
				Q'_7	烟气带出的热量		
				Q'_8	化学不完全燃烧损失的热量		
				Q'_9	炉体表面总散热量		
				ΔQ	差值		
$\sum Q$	合计			$\sum Q'$	合计		

6.4.3　焦炉各部位漏气率测定

焦炉各部位漏气率的大小不仅直接反映出焦炉生产的压力制度是否合理、操作是否正常，而且也是判断焦炉炉体衰老程度的重要指标之一。

全炉漏气率是热平衡工作中必须测量的项目之一。在一般情况下漏入加热系统的煤气燃烧热量占供入炼焦炉热量的5% ~10%，并随着炉体的衰老而增加。其他部位漏气率的测定可以帮助分析热量消耗不合理的原因，因此准确地测定焦炉各部位漏气率是一项不可忽视的工作。

6.4.3.1　炭化室漏气率的测定

炭化室荒煤气漏失量是指每小时通过炭化室墙漏入加热系统的荒煤气量。炭化室漏气率是指每小时荒煤气的漏失量占炭化室内荒煤气发生量的百分数，其大小与炭化室墙的裂纹和石墨密封状态以及集气管压力高低等有关。由于加热煤气种类不同，漏气率的测定与计算方法也不相同。

A　用焦炉煤气加热时全炉炭化室漏气率的测定

a　测定步骤

有以下几个步骤：

(1) 测定操作状态下加热煤气流量、温度、压力、组成和大气压力，并计算加热煤气的标准流量。

(2) 测定荒煤气成分，或用加热煤气成分代替。

(3) 在操作条件下于总烟道的翻板前三分之一的高度处，取废气样分析其成分。

(4) 计算总烟道废气的空气系数。

(5) 在蓄热室走廊取空气样，分析其二氧化碳含量。

(6) 停止加热5 min后，在总烟道原取样处取气体样，分析其二氧化碳含量。

b　计算公式

假定正常加热时与停止加热后，进入炉内的空气量不变，并考虑到正常加热时进入炉内的空气量包括了燃烧加热煤气量和漏入加热系统的荒煤气所需要的空气量，则可建立如下二氧化碳平衡式。

$$L_0^g\alpha(V_0+\varphi)[\varphi_{(CO_2)1}-\varphi_{(CO_2)2}]=\varphi V_{(CO_2)_3} \tag{6-4-81}$$

整理后可得出每小时炭化室的荒煤气漏入加热系统的漏失量

$$\varphi=\frac{V_0\alpha L_0^g[\varphi_{(CO_2)_1}-\varphi_{(CO_2)_2}]}{V_{(CO_2)_3}-[\varphi_{(CO_2)_1}-\varphi_{(CO_2)_2}]L_0^g\alpha} \tag{6-4-82}$$

式中　φ——每小时的荒煤气的漏失量，m^3/h；

L_0^g——燃烧每立方米混合煤气(加热煤气与漏入加热系统的荒煤气)所需理论干空气量，m^3；

V_0——加热煤气标准流量，m^3/h；

α——总烟道处废气的空气系数；

$\varphi_{(CO_2)1}$——停止加热后干废气中二氧化碳的体积分数，%；

$\varphi_{(CO_2)_2}$——蓄热室走廊空气中二氧化碳的体积分数，%；

$V_{(CO_2)_3}$——每立方米荒煤气(或焦炉煤气)燃烧后生成二氧化碳的体积，m^3。

则漏气率按式 6-4-83 计算

$$\varphi' = \varphi / V_h \times 100\% \tag{6-4-83}$$

式中 φ'——炭化室漏气率，%；

V_h——全炉每小时荒煤气量，m^3/h。

B 用高炉煤气加热时全炉炭化室漏气率测定

a 测量方法

测量方法有以下几点：

(1) 测定操作状态下加热煤气流量、温度、压力、煤气组成和大气压力，并计算出加热煤气的标准流量。

(2) 取焦炉煤气样分析全组成，以代替漏入加热系统的荒煤气组成。

(3) 在正常加热情况下，在总烟道或分烟道翻板前将取样管插入烟道内上部的 1/3 处，取三个废气样，分析其组成。

b 计算公式

在煤气理论燃烧（空气系数 $\alpha = 1$）的情况下，干废气中二氧化碳的含量应当等于炭化室漏入加热系统的荒煤气和加热煤气燃烧后生成的二氧化碳量总和。由此可建立下列碳的平衡式：

$$\varphi_{(CO_2)_2}(\varphi_f + V_n^g) = \varphi_{(CO_2)_3}\varphi_f + \varphi_{(CO_2)_1}V_n^g \tag{6-4-84}$$

将式 6-4-84 整理后得炭化室漏入加热系统的荒煤气所产生的干废气量为

$$\varphi_f = \frac{V_n^g[\varphi_{(CO_2)_1} - \varphi_{(CO_2)_2}]}{\varphi_{(CO_2)_2} - \varphi_{(CO_2)_3}} \tag{6-4-85}$$

式中 φ_f——炭化室每小时漏入加热系统的荒煤气理论燃烧后生成的干废气量，m^3/h；

V_n^g——加热煤气理论燃烧后每小时生成的干废气量，m^3/h；

$\varphi_{(CO_2)_1}$——加热煤气理论燃烧后所生成的废气中二氧化碳体积分数，%；

$\varphi_{(CO_2)_2}$——加热煤气和炭化室漏入加热系统的荒气理论燃烧后生成的混合干废气量中二氧化碳体积分数，%；

$\varphi_{(CO_2)_3}$——炭化室漏入加热系统的荒煤气理论燃烧后生成的干废气中二氧化碳体积分数，%。

炭化室漏入加热系统的荒煤气量可按式 6-4-86 计算

$$\varphi = \frac{\varphi_f}{V_{n1}^g} \tag{6-4-86}$$

式中 φ——炭化室每小时漏入加热系统的荒煤气量，m^3/h；

V_{n1}^g——每立方米漏入加热系统的干荒煤气理论燃烧后生成的干废气量，m^3。

加热煤气与炭化室漏入加热系统的荒煤气理论燃烧时所生成的干废气中二氧化碳含量 $\varphi_{(CO_2)_2}$ 可由正常加热的废气分析结果进行换算。例如，取样分析所得的废气组成（%）如下：

$$\varphi_{CO_2} = 24.46\%;\varphi_{O_2} = 3.07\%;\varphi_{CO} = 0.3\%;\varphi_{N_2} = 72.17\%$$

理论燃烧时，废气组成中不应有氧和一氧化碳的存在，因此在上述组成中二氧化碳量变为：$\varphi_{CO_2} = 24.46\% + 0.3\% = 24.76\%$；当 CO 转为 CO_2 时需消耗 0.5CO 体积的氧，即应扣除的剩余氧量为：$\varphi_{O_2} = 3.07\% - 0.5 \times 0.3\% = 2.92\%$；在扣除氧量的同时，应按空气的组成扣

除相应的氮量,即上述组成的氮量变为

$$\varphi_{N_2}=72.17\%-\frac{79}{21}\times 2.92\%=61.19\%$$

因此理论燃烧时废气组成应为

$$\varphi_{CO_2}=\frac{24.76\%}{24.76\%+61.19\%}=28.81\%$$

$$\varphi_{N_2}=71.19\%$$

其他各项也均可用加热煤气及漏入加热系统荒煤气的燃烧计算求得。以上算式在理论推导上无疑是正确的,但由于高炉煤气与混合煤气(高炉煤气和炭化室漏入加热系统的荒煤气)理论燃烧后所生成的二氧化碳量相差较小,因此分析误差往往对全炉炭化室漏气率的计算产生较大的影响。为避免此缺点,在下述碳平衡的基础上可导出另一个计算式

$$(V_0V_{n2}^{g}+\varphi V_{n3}^{g})\varphi V_{(CO_2)_1}=V_0V_{(CO_2)_4}+\varphi V_{(CO_2)_3}+[L_0^{g}\alpha V_0+L_{01}^{g}\alpha\varphi]\varphi_{(CO_2)_2}$$

$$\varphi=\frac{V_0[V_{(CO_2)_4}+L_0^{g}\alpha\varphi_{(CO_2)_2}-V_{n2}^{g}\varphi_{(CO_2)_1}]}{V_{n3}^{g}\varphi_{(CO_2)_1}-V_{(CO_2)_3}-L_{01}^{g}\alpha\varphi_{(CO_2)_2}} \tag{6-4-87}$$

式中 φ——每小时炭化室漏入加热系统的荒煤气量,m^3/h;

V_{n2}^{g}——每立方米加热煤气在总烟道 α 值下燃烧所生成的干废气量,m^3;

V_{n3}^{g}——每立方米荒煤气在总烟道 α 值下燃烧所生成的干废气量,m^3;

V_0——加热煤气在标准状态下的流量,m^3/h;

α——总烟道处的空气系数;

L_0^{g}——每立方米加热煤气理论燃烧时所需干空气量,m^3;

L_{01}^{g}——每立方米荒煤气理论燃烧时所需干空气量,m^3;

$\varphi_{(CO_2)_1}$——总烟道废气中二氧化碳体积分数,%;

$\varphi_{(CO_2)_2}$——蓄热室走廊空气中二氧化碳体积分数,%;

$V_{(CO_2)_3}$——每立方米荒煤气燃烧后所生成的二氧化碳的体积,m^3;

$V_{(CO_2)_4}$——每立方米加热煤气燃烧后所生成的二氧化碳体积,m^3。

如不考虑空气中二氧化碳含量,可将式 6-4-87 简化为

$$\varphi=\frac{V_0[\varphi_{(CO_2)_4}-V_{n2}^{g}\varphi_{(CO_2)_1}]}{V_{n3}^{g}\varphi_{(CO_2)_1}-\varphi_{(CO_2)_3}} \tag{6-4-88}$$

在式 6-4-87 和式 6-4-88 中空气系数的计算仅考虑加热煤气组成,因此会引入一定误差,然而其影响程度远比分析误差小,所以当漏气量较少时,选用这两个式子将比式 6-4-86 更为准确些。

6.4.3.2 蓄热室漏气率的测定

蓄热室漏气率包括主墙、封墙和单墙的漏气率。

A 蓄热室主墙漏气率

蓄热室主墙漏气率是指上升气流蓄热室的空气或煤气通过蓄热室主墙漏入到下降气流蓄热室废气中的气量占上升气流供入燃烧室的空气或煤气量的百分比。它是检查蓄热室主墙严密性的一个很重要的指标。据有关资料介绍,此值若大于 9% 时,焦炉就无法操作,也就是说上升的煤气或空气通过主墙大量漏入下降的蓄热室而无法保证燃烧室的正常加热。

蓄热室主墙漏气率是根据立火道顶与小烟道出口处废气中空气系数的差别,或下降气流煤气与空气小烟道出口处废气中空气系数的差别来计算的。

蓄热室主墙漏气率的测量,考虑了下列前提条件:

(1) 蓄热室封墙严密不漏气。为此在测定前应对蓄热室封墙认真勾缝,以尽量减少此处的漏气。

(2) 蓄热室两侧的主墙漏气率相等。

(3) 下降气流煤气与空气蓄热室所通过的废气量相等。

由于加热煤气种类不同,在计算上也有差异。

a　用焦炉煤气加热时

取样测定燃烧室各立火道顶与相对应号的小烟道出口处废气的空气系数。漏气率的计算公式为

$$\varphi_{xz} = \frac{\alpha_c - \alpha_L}{\alpha_L} \times 100\% \tag{6-4-89}$$

式中　φ_{xz}——蓄热室主墙的漏气率,%;

α_L——立火道顶处废气的空气系数的平均值;

α_c——煤气和空气小烟道出口处废气的空气系数平均值。

进行此项测定时,应注意以下两个问题:

(1) 当考核焦炉蓄热室漏气状态时,所测定的蓄热室压力制度应合理,炭化室状态正常。一般每侧应选 5 ~ 10 个蓄热室,并算其平均值。

(2) 立火道顶的废气的空气系数 α_L 的计算,一般是分析每侧各个火道的空气系数,并考虑到边火道及其相邻火道所进入气体量较多,故将边火道的空气系数乘以 1.3,其相邻火道的空气系数乘以 1.1,其他各火道的空气系数乘以 1.0,然后用加权法算平均值。但在近似计算中,仅选每侧与标准火道成对的两个火道的空气系数的平均值作为该侧各火道的空气系数的平均值。

b　用高炉煤气加热时

焦炉用高炉煤气加热与用焦炉煤气加热比较,对于一个加热系统,上升的空气和加热煤气分别只由一个蓄热室供给,而下降的废气又分配(按均匀分配考虑)到两个蓄热室。上升气流蓄热室中的空气或煤气通过主墙只漏入到一个蓄热室的废气中,因此通过主墙漏入的气体对废气中空气系数的影响是加倍的(因一个蓄热室只通过一半废气),另外,通过主墙漏入空气使下降气流相应蓄热室中的空气系数增大,漏入煤气则使空气系数变小,若两者的漏入量相等则影响相同。故煤气和空气小烟道出口处废气空气系数平均值就是立火道的空气系数值,而二者之差除以 4 后(因煤气漏入使废气的空气系数变小,空气漏入使废气的空气系数变大,对整个系统的废气而言,其值均需加大一倍,故应除以 4),即为漏入的煤气和空气对下降气流废气空气系数值的真正影响。因此,焦炉用高炉煤气加热时,其蓄热室主墙的漏气率可用式 6-4-90 计算:

$$\varphi_{xz} = \frac{(\alpha_m - \alpha_k)/4}{(\alpha_m + \alpha_k)/2} \times 100\% \tag{6-4-90}$$

式中　α_m,α_k——分别为煤气和空气小烟道出口处废气的空气系数。

如果蓄热室按煤气,煤气;空气,空气;……顺序排列,则式 6-4-90 应改为

$$\varphi_{xz} = \frac{(\alpha_k - \alpha_m)/4}{(\alpha_m + \alpha_k)/2} \times 100\% \tag{6-4-91}$$

B 蓄热室封墙的漏气率

测定蓄热室封墙的漏气率时应在封墙勾缝严密前后测定小烟道出口处废气的空气系数。

漏气率计算公式如下

$$\varphi_{xf} = \frac{\alpha' - \alpha}{\alpha} \times 100\% \tag{6-4-92}$$

式中 φ_{xf}——蓄热室封墙的漏气率,%;

α'——封墙勾缝严密前小烟道出口处废气的空气系数;

α——封墙勾缝严密后小烟道出口处废气的空气系数。

C 蓄热室单墙漏气率

只有当焦炉用高炉煤气加热时,才有对蓄热室单墙进行漏气率测定的必要。它表示上升气流煤气蓄热室通过单墙漏入到空气蓄热室的煤气量占煤气蓄热室供入燃烧室煤气总量的百分比。

蓄热室单墙两侧虽是同向气流(煤气和空气),但由于煤气和空气斜道的几何形状基本上是一样的,而在正常情况下每立方米高炉煤气燃烧需要的空气量仅为0.8~0.9 m^3,故煤气蓄热室的顶部压力大于空气蓄热室的顶部压力。因压力差的存在,煤气蓄热室中少量煤气通过单墙不严密处漏入空气蓄热室。

在上述条件下上升气流空气蓄热室的气体中可建立下述碳的平衡式

$$[\varphi_{(CO_2)_2} - \varphi_{(CO_2)_1}]\ L = V_{CO_2}\varphi' \tag{6-4-93}$$

式中 φ'——煤气蓄热室的漏气率(即每立方米高炉煤通过单墙的漏失量),%;

V_{CO_2}——每立方米干高炉煤气燃烧后生成的二氧化碳的体积,m^3;

$\varphi_{(CO_2)_2}$——上升气流空气蓄热室顶部气体中二氧化碳体积分数,%;

$\varphi_{(CO_2)_1}$——蓄热室走廊空气中二氧化碳体积分数,%;

L——每立方米干高炉煤气燃烧所需的空气量,m^3。

整理上式可得

$$\varphi' = L[\varphi_{(CO_2)_2} - \varphi_{(CO_2)_1}]/V_{CO_2} \times 100\% \tag{6-4-94}$$

式中的 L 值可用两种办法求得:

(1) 根据立火道的空气系数和煤气组成进行计算。此方法由于炭化室荒煤气漏入加热系统以及煤气设备漏气等原因,其结果误差较大。

(2) 由于高炉煤气和空气的预热温度和密度可视为相同,因而上升空气斜道的阻力与上升煤气斜道阻力比的均方根就是通过斜道的空气量与煤气量的比。例如:上升气流煤气蓄热室顶压为-33 Pa,上升气流空气蓄热室顶压为-39 Pa,下降气流煤气蓄热室顶压为-82 Pa,下降气流煤气蓄热室顶压为-82 Pa。

从上升气流蓄热室顶至下降气流蓄热室顶的总阻力为

$$\frac{82+82}{2} - \frac{39+33}{2} = 46(\text{Pa})$$

在一般情况下,上升气流斜道阻力与下降气流斜道阻力加立火道阻力近似相等。因此

上升气流煤气斜道阻力为

$$\frac{46}{2}-\frac{39-33}{2}=26(\mathrm{Pa})$$

上升气流空气斜道阻力为

$$\frac{46}{2}-\frac{39-33}{2}=20(\mathrm{Pa})$$

故上升气流空气量与煤气量的比应为

$$\sqrt{20/26}=0.877$$

6.4.3.3　交换开闭器煤气砣漏气率的测定

当采用煤气砣交换加热用高炉煤气时，在生产过程中，砣的密封面由于腐蚀和逐渐堆积高炉灰，使其严密性降低，造成高炉煤气的漏失。此种现象随着炉龄增长而加剧。煤气砣的漏气率就是从砣不严密处漏入到废气中的高炉煤气量占供入焦炉加热用总煤气量的百分数。

煤气砣漏气率可以根据测定小烟道出口处与交换开闭器处废气中一氧化碳含量的变化来计算，而不宜采用二氧化碳的改变量来计算。因为高炉煤气中二氧化碳含量与废气中二氧化碳含量相差不大，故用此计算易造成较大误差。

煤气砣漏气率 Φ_{mg} 计算方法如下：假定每立方米干混合煤气（加热煤气与漏入荒煤气）在小烟道出口处的空气系数下，生成的干废气量为 V_f^g，小烟道出口处干废气中一氧化碳的体积分数为 $\varphi_{(CO)_1}$，交换开闭器处干废气中一氧化碳的体积分数为 $\varphi_{(CO)_2}$，经煤气砣不严密处漏入废气中的干高炉煤气量为 Φ_{mg}，干高炉煤气中一氧化碳的体积分数为 $\varphi_{(CO)_3}$，则可建立下列平衡方程式

$$V_f^g[\varphi_{(CO)_2}-\varphi_{(CO)_1}]=\Phi_{mg}\varphi_{(CO)_3}$$

整理后得

$$\varphi_{mg}=\frac{V_f^g[\varphi_{(CO)_2}-\varphi_{(CO)_1}]\times100\%}{\varphi_{(CO)_3}}\tag{6-4-95}$$

式6-4-95未考虑漏入的高炉煤气使废气量发生的变化。因煤气漏失率一般约为1%，其影响仅为0.6%左右，故可以不考虑。

如果测量一侧或全炉煤气砣的漏失率，取样地点应分别改为分烟道或总烟道，但计算方法同上。

6.4.4　焦炉热平衡计算实例

6.4.4.1　原始数据

用焦炉煤气加热其原始数据分别列于表6-4-3～表6-4-9。不同温度下水蒸气在煤气中的分压及含量见表6-4-10。

表6-4-3　焦炉设计尺寸

炉型	每孔炭化室装干煤量/t	炭化室平均宽度/mm	炭化室有效长度/mm	炭化室有效高度/mm	一座焦炉炭化室孔数
JN43	17.9	450	13280	4000	42

表 6-4-4 加热煤气、净煤气有关参数

加热煤气						洗苯塔后净煤气					
工作状态			孔板设计参数			工作状态			孔板设计参数		
流量 /$m^3 \cdot h^{-1}$	压力 /Pa	温度 /℃	压力 /Pa	温度 /℃	密度 /$kg \cdot m^{-3}$	流量 /$m^3 \cdot h^{-1}$	压力 /Pa	温度 /℃	压力 /Pa	温度 /℃	密度 /$kg \cdot m^{-3}$
5792	5107	31.2	5000	25	0.47	13098	6785	31	10000	25	0.48

表 6-4-5 加热煤气的组成

组 成	CO_2	O_2	CO	CH_4	C_mH_n	H_2	N_2
体积分数/%	3.37	1.07	8.17	21.23	3.07	58.13	4.96

表 6-4-6 大气参数及有关的温度

大气参数			入炉煤温度 /℃	焦饼中心温度 /℃	小烟道出口废气温度/℃	蓄热室走廊温度 /℃	荒煤气温度/℃		
压力 /Pa	温度 /℃	相对湿度 /%					前半个结焦周期	后半个结焦周期	加权平均
101325	24	40	22	1052	321	32.5	747	807	767

表 6-4-7 小烟道及总烟道废气组成

部 位	小烟道出口处		总 烟 道	
组 成	CO_2	O_2	CO_2	O_2
正常加热时的含量/%	6.78	6.83	5.8	9.6
停止加热时的含量/%			0.7	18.4

表 6-4-8 入炉煤与焦炭的工业分析和元素分析

项 目	工业分析/%				元素分析/%				
	水	干基灰分	挥发分（干基）	挥发分（可燃基）	碳	氢	氧	氮	硫
符 号	W	A^g	V^g	V^r	φ_{C^g}	φ_{H^g}	φ_{O^g}	φ_{N^g}	$\varphi_{S_q^g}$
入炉煤	10.7	10.49	28.8	32.17	78.25	5.19	3.81	1.32	0.94
焦 炭		13.62	0.44	0.51	84.52	0.36	0.07	0.76	0.67

表 6-4-9 产品产率、装煤量及结焦时间

项目	焦油产率 K_{JY}^g/%	粗苯产率 K_B^g/%	每孔炭化室一次装湿煤量/t	单孔产干焦量/t	结焦时间/h
数值	3.71	1.1	20.735	13.961	21.30

注：1. 焦油、粗苯产率为生产统计数据；

2. 全焦率 $K_J^g = \dfrac{13.961 \times 100}{(100 - 10.7) \times 20.735} = 75.4\%$。

表 6-4-10 不同温度下水蒸气在煤气中的分压及含量（饱和状态）

温度/℃	水蒸气分压/Pa	煤气中水蒸气含量/$kg \cdot m^{-3}$	标准状态下 1 m^3煤气所含水蒸气量			
			干煤气		湿煤气	
			kg/m^3	m^3/m^3	kg/m^3	m^3/m^3
0	611	0.00480	0.00480	0.0060	0.00480	0.0060
1	653	0.00520	0.00520	0.0065	0.00520	0.0065
2	707	0.00560	0.00560	0.0070	0.00560	0.0070

续表 6-4-10

温度/℃	水蒸气分压/Pa	煤气中水蒸气含量/kg · m⁻³	标准状态下 1 m³煤气所含水蒸气量			
			干煤气		湿煤气	
			kg/m³	m³/m³	kg/m³	m³/m³
3	760	0.00600	0.00610	0.0076	0.00610	0.0076
4	813	0.00640	0.00660	0.0082	0.00650	0.0081
5	867	0.00679	0.00700	0.0087	0.00690	0.0086
6	933	0.00730	0.00750	0.0093	0.00740	0.0092
7	1000	0.00780	0.00810	0.0101	0.00800	0.0100
8	1067	0.00830	0.00860	0.0107	0.00850	0.0106
9	1147	0.00880	0.00920	0.0114	0.00910	0.0113
10	1227	0.00940	0.00980	0.0122	0.00970	0.0121
11	1307	0.01000	0.01050	0.0131	0.01040	0.0129
12	1400	0.01070	0.01130	0.0141	0.01110	0.0138
13	1493	0.01140	0.01210	0.0150	0.01190	0.0148
14	1600	0.01210	0.01290	0.0160	0.01270	0.0158
15	1707	0.01280	0.01370	0.0170	0.01350	0.0168
16	1813	0.01360	0.01470	0.0183	0.01440	0.0179
17	1933	0.01450	0.01570	0.0196	0.01540	0.0192
18	2067	0.01540	0.01670	0.0208	0.01640	0.0204
19	2200	0.001630	0.01790	0.0223	0.01750	0.0218
20	2333	0.01730	0.01890	0.0235	0.01850	0.0230
21	2493	0.01830	0.02030	0.0252	0.01980	0.0246
22	2640	0.01940	0.02150	0.0267	0.02090	0.0260
23	2813	0.02060	0.02290	0.0284	0.02230	0.0277
24	2986	0.02180	0.02440	0.0303	0.02370	0.0294
25	3173	0.02300	0.02600	0.0323	0.02520	0.0313
26	3360	0.02440	0.02760	0.0343	0.02660	0.0331
27	3560	0.02580	0.02930	0.0364	0.02820	0.0351
28	3773	0.02720	0.03110	0.0386	0.02990	0.0372
29	4000	0.02870	0.03300	0.0410	0.03170	0.0392
30	4240	0.03030	0.03510	0.0436	0.03360	0.0418
31	4493	0.03200	0.03730	0.0464	0.03560	0.0433
32	4760	0.03400	0.03960	0.0492	0.03770	0.0469
33	5026	0.03500	0.04190	0.0520	0.03990	0.0496
34	5320	0.03700	0.04450	0.0553	0.04220	0.0525
35	5626	0.03900	0.04730	0.0587	0.04460	0.0555
36	5946	0.04100	0.05010	0.0623	0.04710	0.0585
37	6280	0.04400	0.05310	0.0660	0.04980	0.0619
38	6626	0.04600	0.05630	0.0700	0.05260	0.0655
39	6986	0.04800	0.05950	0.0740	0.05540	0.0689
40	7373	0.05100	0.06310	0.0785	0.05850	0.0726
41	7506	0.05300	0.06680	0.0830	0.06160	0.0766
42	8199	0.05600	0.07080	0.0880	0.06500	0.0808
43	8639	0.05900	0.07490	0.0931	0.06860	0.0854
44	9173	0.06200	0.07930	0.0938	0.07220	0.0898
45	9586	0.06500	0.08400	0.1043	0.07600	0.0945

6.4.4.2 原始数据处理计算

A 净煤气标准流量的换算

孔板设计参数：$p=10000\ \mathrm{Pa}, t=25℃, \gamma_0=0.48\ \mathrm{kg/m^3}$。

实际工作参数：$p=6785\ \mathrm{Pa}, t'=31℃, V_T=13098\ \mathrm{m^3/h}$。

煤气密度（具体参数见表6-4-6）：

$$\gamma_0'=\frac{3.37\times44+8.17\times28+1.07\times32+58.13\times2}{22.4\times100}+\frac{4.96\times28+21.23\times16+32.6\times3.07}{22.4\times100}$$

$$=0.494(\mathrm{kg/m^3})$$

查表6-4-10得：$t_0=25℃$时，$f_0=0.026\ \mathrm{kg/m^3}$；$t'=31℃$时，$f_0'=0.0373\ \mathrm{kg/m^3}$，则：

$$V_0=V_T\sqrt{\frac{(0.48+0.026)(0.804+0.026)\times298}{(0.494+0.0373)(0.804+0.0373)\times304}}\times\sqrt{\frac{101325+6785}{101325+10000}}$$

$$=12400(\mathrm{m^3/h})$$

B 加热煤气标准流量换算

孔板设计参数：$t=5000\ \mathrm{Pa}, t_0=25℃, \gamma_0=0.47\ \mathrm{kg/m^3}$

实际工作参数：$t'=5107\ \mathrm{Pa}, t'=31.2℃, \gamma=0.494\ \mathrm{kJ/m^3}$。

查表6-4-11得：$t=25$时，$f=0.026\ \mathrm{kg/m^3}$；$t=31.2℃$时，$f=0.378\ \mathrm{kg/m^3}$，$V_r=6000\ \mathrm{m^3/h}$，则：

$$V_1=6000\sqrt{\frac{(0.47+0.026)(0.804+0.026)\times298}{(0.494+0.0378)(0.804+0.0378)\times304.2}}\times\sqrt{\frac{101325+5107}{101325+5000}}$$

$$=5700(\mathrm{m^3/h})$$

C 燃烧计算

以100 $\mathrm{m^3}$干焦炉煤气为单位，进行的燃烧计算的结果列于表6-4-11。

表6-4-11 干焦炉煤气的燃烧计算

成 分	组成/%	理论需氧量/$\mathrm{m^3}$		废气组成/$\mathrm{m^3}$				
				V_{CO_2}	V_{H_2O}	V_{N_2}	V_{O_2}	$\sum V$
CO_2	3.37			3.370				
C_mH_n	3.07	10.592		7.215	6.754			
CO	8.17	4.085		8.170				
O_2	1.07	-1.070						
H_2	58.13	29.065			58.130			
N_2	4.96					4.96		
CH_4	21.23	42.460		21.230	42.460			
总和	100	85.132		39.985	107.344	4.96		
$\alpha=1$ 时需理论干空气405.39 $\mathrm{m^3}$	空气带入的氮量与水分/$\mathrm{m^3}$				4.824	320.26		
	湿废气	体积/$\mathrm{m^3}$		39.985	112.168	325.22		477.373
		体积分数/%		8.380	23.50	68.120		
	干废气	体积/$\mathrm{m^3}$		39.985		325.22		365.205
		体积分数/%		10.950		89.05		

续表 6-4-11

成　分	组成/%	理论需氧量/m³		废气组成/m³				
				V_{CO_2}	V_{H_2O}	V_{N_2}	V_{O_2}	$\sum V$
$\alpha=1.47$ 时需干空气 405.39 m³		空气带入的氮量与水分/m³			7.09	470.78	40.01	
		湿废气	体积/m³	39.985	114.434	475.74	40.01	670.169
			体积分数/%	5.960	17.080	70.99	5.97	
		干废气	体积/m³	39.985		475.74	40.01	555.735
			体积分数/%	7.190		85.61	7.20	

D　空气系数的计算

$$K=V_{CO_2}/L_{O_2}=39.985/85.132=0.47$$

小烟道处：

$$\alpha=1+K\frac{\varphi_{O_2}-\varphi_{CO}}{\varphi_{CO_2}+\varphi_{CO}}=1+0.47\times\frac{6.83-0}{6.78+0}=1.47$$

总烟道处：

$$\alpha=1+K\frac{\varphi_{O_2}-\varphi_{CO}}{\varphi_{CO_2}+\varphi_{CO}}=1+0.47\times\frac{9.6}{5.8}=1.78$$

E　漏入燃烧系统的荒煤气量

$$I=\frac{V_1\alpha L_0^g\varphi_{(CO_2)_1}}{\varphi_{(CO_2)_3}-\varphi_{(CO_2)_1}\alpha L_0^g}=\frac{5700\times1.78\times4.054\times0.7\%}{0.4-0.7\%\times1.78\times4.054}=824(\mathrm{m^3/h})$$

F　空气中的水分含量

空气中相对湿度 $\varphi=40\%$；大气温度 $t=24℃$时，饱和水分压为 2986 Pa。

$$g^k=\frac{P_\omega\varphi}{P-P_\omega\varphi}=\frac{2986\times0.4}{101325-2986\times0.4}=0.0119(\mathrm{m^3/m^3})$$

6.4.4.3　物料平衡计算

下面以 1000 kg 入炉煤为计算单位，对有关参数进行计算。各数据均采用生产统计数字。

A　物料收入：

物料收入包括以下几项：

（1）干煤量 G_m：

$$G_m=1000\times\frac{100-W}{100}=1000\times\frac{100-10.7}{100}=893(\mathrm{kg/t})$$

（2）入炉煤水量 G_s

$$G_S=1000\times\frac{W}{100}=1000\times\frac{10.7}{100}=107(\mathrm{kg/t})$$

B　物料支出

物料支出包括以下几项：

（1）全焦量 G_J：

$$G_J=100\times\frac{100-W}{100}K_{JY}^g=1000\times\frac{100-10.7}{100}\times75.4\%$$

$$=673.32(\text{kg/t})$$

（2）无水焦油量 G_{JY}：

$$G_{JY}=1000\times\frac{100-W}{100}K_{JY}^{g}=1000\times\frac{100-10.7}{100}\times3.71\%$$

$$=33.13(\text{kg/t})$$

（3）粗苯量 G_B：

$$G_B=1000\times\frac{100-W}{100}K_B^{g}=1000\times\frac{100-10.7}{100}\times1.1\%$$

$$=9.82(\text{kg/t})$$

（4）氨量 G_A：

$$K_A^{g}=\frac{17}{14}bN=0.145\times1.32\%\times\frac{17}{14}=0.232\%$$

式中　b——煤中氮转化为氨的转化系数，取0.145。

$$G_A=1000\times\frac{100-W}{100}K_A^{g}=1000\times\frac{100-10.7}{100}\times0.232\%$$

$$=2.1(\text{kg/t})$$

（5）净煤气量 G_{mq}。全炉平均每小时装煤量 G：

$$G=NG'/Z=42\times20.735/21.3=40.89(\text{t/h})$$

$$G_{mq}=\frac{V_1\gamma}{G}=\frac{12400\times0.494}{40.89}=149.81(\text{kg/t})$$

（6）化合水量 G_{SX}。化合水产率按煤中氧转化为化合水的经验式进行计算，转化系数 b 取0.45。

$$K_{SX}^{g}=\frac{18}{16}\alpha O_m^{g}=0.45\times3.81\%\times\frac{18}{16}=1.93\%$$

$$G_{SX}=1000\times\frac{100-W}{100}K_{SX}^{g}=1000\times\frac{1000-10.7}{100}\times1.98\%=17.23(\text{kg/t})$$

根据以上计算，列出的物料平衡表示于表6-4-12。

表6-4-12　物料平衡表

收　入			支　出			
项　目	数值/kg·t^{-1}	占湿煤/%	项　目	数值/kg·t^{-1}	占湿煤/%	占干煤/%
干煤 G_m	893	89.3	全焦 G_J	673.32	67.332	75.40
入炉煤带入水 G_S	107	10.7	焦油 G_{JY}	33.13	3.313	3.71
			粗苯 G_B	9.92	0.992	1.10
			氨 G_A	2.10	0.21	0.24
			净煤气 G_{mq}	149.81	14.981	16.78
			化合水 G_{SX}	17.23	1.723	1.93
			入炉煤带入水 G_S	107.00	10.70	
			差值 ΔG	7.49	0.749	0.84
合计 $\sum G$	1000	100	合计 $\sum G'$	1000	100	100

6.4.4.4　热量平衡计算

A　热量收入计算

热量收入包括以下几项：

（1）加热煤气燃烧热 Q_1。加热煤气低（位）发热量：

$Q_{DW}=0.01\times(3.07\times68216+8.17\times12644+58.13\times10802+21.23\times35831)=17013(kJ/m^3)$

每吨入炉煤所需加热煤气量 V_{OJ}：

$$V_{OJ}=5700/40.89=139.4(m^3/h)$$

加热煤气燃烧热：

$$Q_1=Q_{DW}V_{OJ}=17013\times139.4=2371612(kJ/t)$$

（2）加热煤气显热 Q_2。当 $t=31.2℃$ 时，煤气中各组分比热容（$kJ/(m^3\cdot℃)$）为：$c_{CO_2}=1.6337$；$c_{CO}=1.3000$；$c_{C_mH_n}=2.06611$；$c_{O_2}=1.3096$；$c_{H_2O}=1.4976$；$\varphi_{H_2O^g}=0.047\%$；$c_{CH_4}=1.5780$；$c_{H_2}=1.2812$　$c_{N_2}=1.295$。

$$\begin{aligned}c_{mq}&=0.01(c_{CO_2}\varphi_{CO_2}+c_{C_mH_n}\varphi_{C_mH_n}+c_{CO}\varphi_{CO}+\\&\quad c_{O_2}\varphi_{O_2}+c_{H_2}\varphi_{H_2}+c_{N_2}\varphi_{N_2}+c_{CH_4}\varphi_{CH_4})\\&=0.01\times(3.37\times1.6337+3.07\times2.0641+8.17\times1.3000+\\&\quad 1.07\times1.3096+58.13\times1.2812+4.96\times1.2950+\\&\quad 21.23\times1.5780)=1.3826(kJ/(m^3\cdot℃))\end{aligned}$$

$$\begin{aligned}Q_2&=V_{OJ}(c_{mq}t_{mq}+c_{H_2O}\varphi_{H_2O^g}t_{mq})\\&=139.4\times(1.3826\times31.2+1.4976\times0.047\times31.2)\\&=6319(kJ/t)\end{aligned}$$

（3）漏入的荒煤气燃烧热 Q_3：

$$Q_3=Q_{DW}\varphi/G=17013\times\frac{824}{40.89}=342832(kJ/t)$$

（4）空气带入显热 Q_4：当 $t=35.5℃$ 时，$c_{kq}=1.2983\ kJ/(m^3\cdot℃)$，$c_{H_2O}=1.4980\ kJ/(m^3\cdot℃)$：

$$\begin{aligned}Q_4&=(V_{OJ}+\varphi/G)L^g(C_{kq}t_{kq}+g_kc_{H_2O}t_{kq})\\&=\left(139.4+\frac{824}{40.89}\right)\times5.959\times35.5\times(1.2983+0.0119\times1.4980)=44422(kJ/t)\end{aligned}$$

（5）入炉干煤带入热量 Q_5：

$$\begin{aligned}c_m&=\left(1-\frac{A^g}{100}\right)\times1.0886+0.7118\times\frac{A^g}{100}\\&=\left(1-\frac{10.49}{100}\right)\times1.0886+0.7118\times\frac{10.49}{100}=1.0492(kJ/(kg\cdot℃))\end{aligned}$$

$$Q_5=G_mc_mt_m=893\times1.0492\times22=20613(kJ/t)$$

（6）入炉煤水分带入热量 Q_6：

$$Q_6=G_Sc_St_m=107\times4.1868\times22=9856(kJ/t)$$

B　热量支出计算

热量支出包括以下几项：

（1）焦炭带走热量 Q_1'：

焦炭比热容 c_J：

$t=1052$℃时，$c_{AJ}=1.0704$ kJ/(kg · ℃)；$c_c=1.5186$ kJ/(kg · ℃)；$c_V=1.8326$ kJ/(kg · ℃)。

$$\begin{aligned} c_J &= c_{AJ}\frac{A_J^g}{100}+c_c\frac{c_J^g}{100}+c_V\frac{V_J^g}{100\gamma} \\ &= 1.0701\times\frac{13.62}{100}+1.5186\times\frac{84.52}{100}+1.8326\times\frac{0.42}{100\times 0.494} \\ &= 1.4448(\text{kJ/(kg · ℃)}) \end{aligned}$$

$$Q_1'=G_Jc_Jt_J=673.32\times 1.4448\times 1052=1023399(\text{kJ/t})$$

（2）焦油带走的热量 Q_2'：

$$\begin{aligned} C_{JY} &= 1.2770+1.6412\times 10^{-3}t_{1h} \\ &= 1.2770+1.6412\times 10^{-3}\times 747 \\ &= 2.5029(\text{kJ/(kg · ℃)}) \end{aligned}$$

$$\begin{aligned} Q_2' &= G_{JY}(418.68+c_{JY}t_{1h}) \\ &= 33.13\times(418.68+2.5029\times 747)=75813(\text{kJ/t}) \end{aligned}$$

（3）粗苯带走的热量 Q_3'：

$$c_{Bq}=1.0258+1.2853\times 10^{-3}t_{1h}=1.0258+1.2853\times 10^{-3}\times 747=1.9858(\text{kJ/(kg · ℃)})$$

$$\begin{aligned} Q'_3 &= G_B(431+c_{Bq}t_{1h})=9.82\times(431+1.9859\times 747) \\ &= 18800(\text{kJ/t}) \end{aligned}$$

（4）氨带走的热量 Q_4'：

$$t_h=\frac{2}{3}t_{1h}+\frac{1}{3}t_{1h}=\frac{2}{3}\times 747+\frac{1}{3}\times 807=767(℃)$$

$$c_A=2.7000\ \text{kJ/(kg · ℃)}$$

$$Q'_4=G_Ac_At_h=2.1\times 2.7000\times 767=4348(\text{kJ/t})$$

（5）净煤气带走热量 Q_5'：

净煤气的平均比热容 c_{mq}：

$t=747$℃时，各组成比热容（kg/(m³ · ℃)）分别为：$c_{CO_2}=2.1085$；$c_{C_mH_n}=3.5563$；$c_{CO}=1.3787$；$c_{O_2}=1.4415$；$c_{H_2}=1.3142$；$c_{N_2}=1.3599$；$c_{CH_4}=2.4334$。

$$\begin{aligned} c_{mq1} = 0.01\times(&3.37\times 2.1085+3.07\times 3.5563+8.17\times 1.3787+1.07\times 1.4415+ \\ &58.13\times 1.3142+4.69\times 1.3599+21.23\times 2.4334)=1.6526(\text{kJ/(m}^3\text{ · ℃)}) \end{aligned}$$

$t=807$℃时，各组分的比热容（kJ/(m³ · ℃)）为：$c_{CO_2}=2.1336$；$c_{C_mH_n}=3.6480$；$c_{CO}=1.3871$；$c_{O_2}=1.4507$；$c_{H_2O}=1.3172$；$c_{N_2}=1.3678$；$c_{H_2}=2.5029$。

$$\begin{aligned} c_{mq_2} &= 0.01\times(3.37\times 2.1336+3.07\times 3.6480+8.17\times 1.3871+1.07\times 1.4507+ \\ &\quad 58.13\times 1.3172+4.69\times 1.3678+21.23\times 2.5029) \\ &= 1.6776(\text{kJ/(m}^3\text{ · ℃)}) \end{aligned}$$

净煤气带走的热量：

$$Q_5'=\frac{G_{mq}^g}{\gamma}\left(\frac{2}{3}c_{1h}t_{2h}+\frac{1}{3}c_{2h}t_{1h}\right)=\frac{149.81}{0.494}\times\left(\frac{2}{3}\times 1.6526\times 747+\frac{1}{3}\times 1.6776\times 807\right)=386419(\text{kJ/t})$$

（6）水分所消耗的热量 Q'_6：

各温度段的平均比热容：

0 ~ 747℃时：$c_{Sq} = 2.0582$ kJ/(kg · ℃)

0 ~ 450℃时：$c''_{Sq} = 1.9628$ kJ/(kg · ℃)

$$c_{Sq}' = \frac{747 \times 2.0582 - 450 \times 1.9628}{747 - 450} = 2.2027(\text{kJ/(kg} \cdot ℃))$$

水分各项消耗热量：

$Q'_{6-1} = G_S(2500.8 + C_{sq}t_{1h}) = 107 \times (2500.8 + 2.0582 \times 747) = 432095(\text{kJ/t})$

$Q'_{6-2} = (0.25G_S + 1.25G_{SX})[c'_{Sq}(t_{1h} - 450) - 2093]$

$\quad = (0.25 \times 107 + 1.25 \times 17.23) \times [2.2027 \times (747 - 450) - 2093] = -69476(\text{kJ/t})$

$Q'_{6-3} = 6954 \times 0.25(G_S + G_{SX})$

$\quad = 6954 \times 0.25 \times (107 + 17.23) = 204793(\text{kJ/t})$

$Q'_6 = Q'_{6-1} + Q'_{6-2} + Q'_{6-3}$

$\quad = 432095 - 69476 + 204793 = 567412(\text{kJ/t})$

（7）废气带走的热量 Q'_7；

废气组成：$\varphi_{H_2O} = 17.08\%$；$\varphi_{CO_2} = 5.96\%$；$\varphi_{O_2} = 5.97\%$；$\varphi_{N_2} = 70.99\%$。

废气的平均比热容 c_{fq}：

$t = 321$℃时，废气中各组分的比热容(kg/(m³ · ℃))为：$c_{CO_2} = 1.8769$；$c_{H_2O} = 1.5474$；$c_{O_2} = 1.3607$；$c_{N_2} = 1.3088$。

$c_{fq} = 0.01 \times (1.8769 \times 5.96 + 1.3607 \times 5.97 + 70.99 \times 1.3088 + 1.5474 \times 17.08) = 1.3865(\text{kJ/(m}^3 \cdot ℃))$

废气带走的热量：

$$Q'_7 = (V_{OJ} + \varphi/G)V_n^s C_{fq}t_f + V_{OJ}\varphi_{H_2O_k^g}c_{H_2O}t_f = \left(139.4 + \frac{824}{40.89}\right) \times 6.702 \times 1.3865 \times 321 + 139.4 \times 0.047 \times 1.5474 \times 321 = 47917(\text{kJ/t})$$

（8）表面散热 Q'_S(kJ/t)：

$$Q'_S = (\alpha_f + \alpha_a)F(t_b - t_e)\frac{\tau}{G}$$

辐射传热系数 α_f(kJ/(m² · h · ℃))按下式计算：

$$\alpha_f = \frac{19.38\left[\left(\frac{T_b}{100}\right)^4 - \left(\frac{T_e}{100}\right)^4\right]}{t_b - t_e}$$

对流给热系统按不同情况分别计算：

无风时 $\alpha_a = A\sqrt[4]{t_b - t_e}$

散热面水平向上时 $A' = 11.72$

散热面水平向下时 $A' = 6.28$

散热面垂直地面时 $A' = 9.21$

风速 $W_f \leqslant 5$ m/s 时：

$$\alpha_a = 22.2 + 15.1W'_f$$

表面散热的详细计算结果示于表 6-4-13。

表 6-4-13 炉体表面散热计算结果

区域	编号	部位	面积/m^2	物体温度/℃	环境温度/℃	风速/$m \cdot s^{-1}$	对流给热系数/$kJ \cdot (m^2 \cdot h \cdot ℃)^{-1}$	辐射传热系数/$kJ \cdot (m^2 \cdot h \cdot ℃)^{-1}$	总给热系数/$kJ \cdot (m^2 \cdot h \cdot ℃)^{-1}$	散热量/$kJ \cdot t^{-1}$	占总散热比例/%	各区散热比例/%
炉顶	1	装煤口盖	0.589	232	24	3.4	73.44	74.32	147.76	18102	5.42	32
	2	装煤口座	0.203	220	24	3.4	73.44	50.74	124.18	5079	1.52	
	3	看火孔盖	0.371	180	24	3.4	73.44	42.66	116.10	6904	2.07	
	4	看火孔座	0.156	187	24	3.4	73.44	44.00	117.44	3069	0.90	
	5	炭化室顶砖	5.529	56	24	3.4	73.44	23.82	97.26	17681	5.29	
	6	燃烧室顶砖	9.355	82	24	3.4	73.44	27.09	100.53	56045	16.78	
机侧	7	小炉头	0.58	86	24	2	52.34	27.59	79.93	2952	0.88	28.80
	8	炉柱	5.565	76	24	2	52.34	26.29	78.63	23379	7.0	
	9	炉门	5.68	93	24	2	52.34	28.55	80.89	32573	9.75	
	10	炉门框	4.81	114	24	2	52.34	31.57	83.91	37321	11.17	
焦侧	11	小炉头	0.58	57	24	2.5	59.87	23.95	83.82	1650	0.49	23.40
	12	炉柱	5.565	59	24	2.5	59.87	24.20	84.07	16827	5.04	
	13	炉门	5.65	83	24	2.5	59.87	27.21	87.08	29990	8.98	
	14	炉门框	4.81	92	24	2.5	59.87	28.43	88.30	29676	8.80	

续表 6-4-13

区域		编号	部位	面积/m^2	物体温度/℃	环境温度/℃	风速/$m \cdot s^{-1}$	对流给热系数/kJ·$(m^2 \cdot h \cdot ℃)^{-1}$	辐射传热系数/kJ·$(m^2 \cdot h \cdot ℃)^{-1}$	总给热系数/kJ·$(m^2 \cdot h \cdot ℃)^{-1}$	散热量/kJ·t^{-1}	占总散热比例/%	各区散热比例/%
蓄热室	机侧	15	炉柱	3.604	68	43	0	20.60	27.51	48.11	4455	1.33	2.61
		16	隔热罩	2.25	66	43	0	20.18	27.26	47.44	2512	0.75	
	焦侧	17	炉柱	3.604	35	28	0	14.99	21.90	36.89	955	0.29	
		18	隔热罩	2.25	37	28	0	15.95	22.11	38.06	791	0.24	
炉端		19	炉端墙	0.93	53	24	3.4	21.39	23.49	44.88	1243	0.37	2.28
		20	抵抗墙	3.45	50	24	3.4	20.93	23.15	44.08	4061	1.22	
		21	蓄热室部位	1.5	60	28	0	21.90	24.79	46.69	2303	0.69	
其他		22	基础顶板	16.09	53	34	0	13.10	24.62	37.72	11849	3.55	3.55
		23	打开炉门时产生的散热									7.36	7.36
合计								333998					100

根据以上计算,列出的热平衡表见表 6-4-14。

表 6-4-14　热平衡表

收入			支出		
项目	数值		项目	数值	
	kJ/t	%		kJ/t	%
加热煤气燃烧热 Q_1	2371612	84.83	焦炭带出热量 Q_1'	1023399	36.60
加热煤气带入显热 Q_2	6319	0.23	焦油带出热量 Q_2'	75813	2.71
漏入荒煤气燃烧热 Q_3	342832	12.26	粗苯带出热量 Q_3'	18800	0.67

续表 6-4-14

收入			支出		
项目	数值		项目	数值	
	kJ/t	%		kJ/t	%
助燃空气显热 Q_4	44422	1.59	氨带出热量 Q'_4	4348	0.16
干煤带入显热 Q_5	20613	0.74	净煤气带出热量 Q'_5	386419	13.94
入炉煤中水分显热 Q_6	9856	0.35	水分带走的热量 Q'_6	567412	20.30
			废气带走热量 Q'_7	479171	17.14
			炉体表面总散热量 Q'_8	333998	11.95
			差值 ΔQ	993706	-3.47
合计	2795654	100	合计	2795654	100

6.4.4.5 焦炉的热效率和炼焦耗热量计算

A 热效率

$$\eta_t = \frac{Q'_1 + Q'_2 + Q'_3 + Q'_4 + Q'_5 + Q'_6 - (Q_5 + Q_6)}{\sum Q - (Q_5 + Q_6)}$$

$$= \frac{1023399 + 75813 + 18800 + 4348 + 386419 + 567412 - (20613 + 9856)}{2795654 - (20613 + 9856)} \times 100\% = 73.98\%$$

B 炼焦耗热量

炼焦耗热量有以下两方面：

（1）湿煤耗热量：

$$q^t = Q_{DW}V_{OJ}/1000 = 17013 \times 139.4/1000 = 2372(\text{kJ/kg})$$

换算成7%水分的相当湿煤耗热量：

$$q_h = q^f - 29.31 \times (W - 7) = 2372 - 29.31 \times (10.7 - 7) = 2264(\text{kJ/kg})$$

（2）相当干煤耗热量：

$$q^g = Q_{DW}V_{OJ}/G_m = 17013 \times 139.4/893 = 2656(\text{kJ/kg})$$

计算包括荒煤气漏入燃烧室的炼焦湿煤耗热量：

$$\begin{aligned} q^f &= Q_{DW}(V_{OJ} + \varphi/G)/1000 \\ &= 17013 \times (139.4 + 824/40.89)/1000 \\ &= 2714(\text{kJ/kg}) \end{aligned}$$

6.4.5 影响热平衡准确性的因素及节能途径分析

焦炉热平衡是在物料平衡的基础上，根据测定和统计的有关参数进行计算，得出供给的热量在焦炉内的热量分配情况。可以分析焦炉热量分配的合理性，研究降低炼焦耗热量和回收炼焦产品余热的方法。

6.4.5.1 影响热平衡准确性的因素

在一定的条件下，热平衡结果的真实性主要取决于有关测定和统计数值的代表性和准确性，尤其是在现有生产的一些焦炉计量仪表和设备不够健全或运转不正常的情况下，这个问题更需予以应有的重视。在一般情况下影响热平衡结果的因素主要有以下几个方面：

(1) 焦炉生产的稳定性。从理论上讲,热平衡所需测定和统计项目的数值应该是同一时间测量、称量和取样分析所得的结果。但因炼焦工艺的特点和测量项目的烦琐等原因,在实践中要做到这一点是困难的,整个测量工作要延续几天才能完成。这就要求在热平衡测定期间,保证焦炉生产操作和热工制度等的稳定,使其前后测定和统计的数值具有一定的代表性。因为生产操作和热工制度的变化必然影响供给的物料和热量的数值和它们在各收、支项的分配比例,使前后测定项目的数值缺乏连续性和代表性。

(2) 测量数值的准确性。为保证热平衡结果的准确性和可比性,在热平衡测定中,有关测量项目必须按有关规程规定的方法、程序与要求制作工具和进行测定,以保证热平衡结果的准确性。

(3) 统计数值的合理性。在热平衡工作中,有一部分数据是通过有关计量仪表设备的记录结果统计的,因此计量仪表设备的稳定和反映准确是保证统计数值正确的基本条件,由此有关计量仪表设备必须事前进行检查校正,尤其是对入炉煤和加热煤气的计量。目前我国有一些焦炉没有称量入炉煤的称量设备,流量表的准确性也较差,为此必须采取其他措施做出较为准确的测量。至于统计的方法与时间范围等,则需按热平衡规定要求进行,以保证统计数值合理和准确。

(4) 公式运用的正确性。在按要求测量和统计有关项目的数值后,按步骤运用正确的公式进行有关的计算则是保证热平衡结果准确的关键。公式的正确运用,首先在于公式的选择。在一般条件下,必须按照中国金属学会标准 CSM/T_1—2008 中的步骤和规定进行。

6.4.5.2　焦炉节能途径分析

炼焦车间的能耗占焦化工序能耗的70% ~80%,而炼焦车间能耗中加热能耗占80% ~90%,用电能耗约占8%,水、蒸汽、压缩空气约占2% ~4%。因此降低炼焦车间的能耗,主要是降低炼焦耗热量。

A　影响炼焦耗热量的因素及节能分析

影响炼焦耗热量的因素及其节能分析有以下几点:

(1) 焦饼中心温度。从炭化室推出的赤热焦炭所带走的热量是焦炉热量支出中最大的部分。它的大小主要决定于焦饼中心温度的高低和均匀程度。

目前多数焦化厂焦饼中心温度控制在1070℃,如果能降至1000℃,则耗热量可降约105 kJ/kg。要降低焦饼中心温度就要选择合适的标准火道温度,并使炉温均匀稳定、焦饼均匀成熟和正点推焦等。

(2) 炉顶空间温度。在生产条件相同时,炉顶空间的温度主要决定于炉体加热水平的高低和焦饼高向加热的均匀程度。在生产中,改变炭化室煤的装满程度和炼焦煤的收缩度也可使炉顶空间温度产生一定的变化。因此在保证焦饼高向加热均匀和化学产品要求的前提下,应降低焦饼上部温度、减少荒煤气在炉顶空间的停留时间、降低炉顶空间温度,从而减少荒煤气从炭化室带走的热量。

(3) 配合煤性质。在相同结焦时间和加热制度下,当配合煤中气煤从10%增至30%时,炼焦耗热量将增加54 kJ/kg,生产实践证明当配合煤的可燃基挥发分为22% ~24%时耗热量为最少。

入炉煤的堆密度从0.6 g/cm^{3}增加到0.9 g/cm^{3}时耗热量减少2.4%。

(4) 配合煤水分。减少配合煤的水分能降低炼焦耗热量。配合煤水分每变化1%,1 kg

煤的炼焦耗热量相应增减 60 ~ 80 kJ。另外,配合煤水分的变化不仅对炼焦耗热量影响较大,而且还影响焦炉加热制度的稳定和入炉煤堆密度的改变。当配合煤水分波动频繁时,为保证正常生产,势必要采用较高的标准温度,这就会进一步增加炼焦耗热量。

要降低配合煤水分可采取加强煤场管理,搞好储煤场的排水设施。对于多雨的南方,采用室内储煤槽以及增设煤干燥设备和煤调湿装置均能较好地达到降低和稳定配合煤的水分,能大大节约能源、增加产品产量和稳定焦炉操作。

(5) 加热煤气的种类。在一般情况下,焦炉用高炉煤气加热时,其耗热量比用焦炉煤气加热多 12% ~15% 。这主要是因为用高炉煤气加热时废气量多,带走的热量增加(约 5%)。加热用高炉煤气时,不严密处的漏失,从蓄热室封墙不严密处漏入空气与煤气燃烧以及煤气不完全燃烧等造成的热损失也会增加。

从炼焦耗热量上看,焦炉用焦炉煤气加热消耗的热量要少一些。但因焦炉煤气是优质的用途较广的气体燃料,故对复热式焦炉,如条件可能,应尽量用高炉煤气加热。这对能源的合理利用、环境保护、节能和社会、经济效益等都是合理的。

(6) 加热煤气的燃烧制度。加热煤气的燃烧制度是否合理对炼焦耗热量的影响是比较大的。而影响燃烧制度的主要指标是选择合适的空气系数并保持其均匀稳定,以避免废气中物理和化学热的损失。

若空气系数过低或不均匀稳定,在一般情况下如果废气中含有 1% 的一氧化碳,按高炉煤气低热值 3950 kJ/m^3、空气系数为 1. 25 计算,则相当于 5. 8% 的加热用高炉煤气的热量没有被利用而损失掉。当空气系数过大时,在正常条件下如废气中的含氧量改变 1%(相当于空气系数增加约 0. 13),则因废气体积增加而相当于约 1% 的加热用高炉煤气的热量损失掉。

焦炉各火道的空气系数由于种种原因是不容易均匀的。其差值大小随焦炉设计、施工和操作水平而异,一般为 0. 1 左右,最大的相差有时可达 0. 2 ~0. 3。即使同一火道,在正常操作情况下,空气系数也随着换向初期到末期而逐渐变小。

在正常生产情况下,立火道空气系数应为 1. 1 ~1. 2;有废气循环的焦炉,空气系数应为 1. 15 ~1. 25。

(7) 废气带走的热量。降低从小烟道排出的废气温度、减少废气带走的热损失,可以提高焦炉热效率和降低炼焦耗热量。在一般条件下,小烟道出口的废气温度升高 25℃时,焦炉热效率约降低 1% ,1 kg 煤的炼焦耗热量增加 25 ~30 kJ。

炉体严密、蓄热室单位换热面积加大、气体在蓄热室格子砖中分配均匀合理、换向周期长短适中以及焦炉压力制度合理、稳定等,都有利于降低废气温度。其中最有效的办法是增加蓄热室的换热面积,如采用薄壁格子砖后,单位换热量的蓄热面积增加了 27% ,废气温度可降低约 50℃ ,1 kg 煤的炼焦耗热量降低约 60 kJ。

废气温度不能无限制地降低,因为废气中的酸性物质,其中主要是 SO_2 或 SO_3 在温度较低的条件下,可能形成硫酸和亚硫酸,从而腐蚀焦炉小烟道、烟道和烟囱的砌体及有关设备。此外废气具有一定的温度,使烟囱产生吸力、维持焦炉生产,其本身就是低热量的有效利用。所以一般认为,小烟道出口处废气温度应不低于 250℃ 。

(8) 计量仪表和设备的完整与准确。由于各方面的原因,现有一些焦炉的计量仪表和设备不够完整,不少焦炉连称量入炉煤的地磅也未设置。即使有此设备,在其完好率、准确性及维护等方面也还需做一些工作。不然没有这些较准确的计量手段，日常生产中反映出来的耗热量等数值也就容易失去其真实性，而可能造成不必要的热量损失。如每孔焦炉的入炉煤量在16 t时允许波动±300 kg，而每个燃烧室的供热却是一致的，这样最多装煤量与最少装煤量的耗热量相差约3.75%。加热煤气流量表的误差或波动对炼焦耗热量的影响就更直观了。

(9) 炉体状态的好坏。炉体状态的好坏对炼焦耗热量及热效率的高低有直接影响。蓄热室漏气率的增加将使加热煤气量增加、炼焦耗热量提高。炭化室墙漏气率加大、荒煤气在立火道燃烧可能使炼焦耗热量有所减少，但是荒煤气漏失量与荒煤气发生量有关，在结焦前半期煤气发生量大，漏失量也大，在加热系统中势必燃烧不完全，部分可燃物随废气离开焦炉而造成总能源的损失。因此加强炉体的热修维护、使炉体保持完好状态、减少炉体的窜漏，对保证热平衡结果的准确和节省能源等均是一件很有意义的工作。

B　节省能耗，回收余热

节约能耗，回收余热有以下几点措施：

(1) 减少炉体表面散热。焦炉表面散失热量占供入焦炉热量的百分比与炉型的大小和结焦时间的长短等有关。其中单位面积散热量最多的是装煤孔盖、座和看火孔盖、座等。在正常情况下，其散失热量主要取决于在焦炉设计中所采取的隔热措施和有关部位的炉体结构。但在现有生产焦炉上，也可根据具体条件，采取一些措施，以减少炉体表面的散热损失：

1) 加强蓄热室封墙的隔热与严密性。现有生产焦炉蓄热室封墙大部分没有隔热罩装置。从有些厂的试验结果看，在封墙上贴上一层适当厚度的高硅氧纤维，封墙表面温度降低20~30℃，不但可减少封墙表面的散热损失、改善操作环境，还可提高炉头火道温度，其效果是比较明显的。

蓄热室封墙黏土砖的膨胀率及其温度均低于硅砖主墙，烘炉后往往产生裂缝；在生产过程中常因测温测压对测压孔产生振动，以及换向期间该部位温度变化，容易产生裂缝造成冷空气漏气加热系统，然后以热废气方式排放，增加废气带走热量，特别是煤气蓄热室封墙漏入空气，将加热炉头煤气烧焯，结果使炉头温度明显下降。因此对蓄热室封墙应及时勾缝封严。

2) 采用隔热结构的装煤孔盖。现有装煤孔盖表面温度一般达300~400℃，不但造成大量散热损失，还使炉顶操作条件恶化。现在设计的隔热材料夹层结构装煤孔盖可使其表面温度降低100~150℃，这样不但可减少炉顶热辐射、改善劳动条件，还可减少散热损失(每千克入炉煤约15 kJ)。

(2) 自动调温。在现有焦炉生产中，加热煤气是按体积流量供入的，但因煤气的成分、湿度和温度等经常变化，使煤气的热值产生波动。如鞍钢高炉煤气低热值的波动范围为3600~4400 kJ/m^3，焦炉煤气为9240~19300 kJ/m^3；首钢高炉煤气低热值则为2850~3990 kJ/m^3。这样在控制加热煤气体积流量的情况下，实际上单位时间供入焦炉加热的总热量是变化的。而采用热值指数自动调节装置，则可保持单位时间供入焦炉加热的总热量的稳定。燃烧用空气量的自动调节装置是在供给焦炉加热的总热量不变的条件下，保持分烟道废气中空气系数的稳定，以达到立火道煤气的合理燃烧和减少废气带走的热损失。

采用这套装置，一般条件下，对用混合煤气和高炉煤气加热的焦炉可降低炼焦耗热量约80~120 kJ/kg(湿煤)。对于用焦炉煤气加热的焦炉，其节能效果稍差一些，当单独使用煤气热值指数自动调节装置时,因其空气系数不能稳定,节能效果约为 60 ~ 80 kJ/kg(湿煤)。应该指出,在只用高炉煤气加热时,若煤气的低热值波动大和湿度大时,要保持单位时间供给的总热量稳定,就会使供给的高炉煤气流量产生较大的波动,容易破坏焦炉压力制度或需人工进行频繁的调节,特别是大气温度高和入炉煤的水分大时,可能因烟囱吸力的限制而使焦炉的生产能力得不到应有的发挥。

(3) 采用汽化冷却的上升管回收荒煤气带走的热量。离开炭化室的荒煤气温度高达 700 ~ 800℃。现有生产的大部分焦炉为减少上升管的对外散热、改善炉顶操作环境,在上升管外壁处设置隔热罩。国内现正逐渐推广的上升管汽化冷却装置,每吨焦可发生 0.1 ~ 0.12 t 约 0.5 MPa 压力的饱和蒸汽,相当于 1 kg 入炉煤回收余热约 270 kJ,荒煤气温度可由 750℃左右降至约 450℃,上升管外表温度可降至 50℃左右。这对回收炼焦产品余热、减少冷却氨水用量、改善炉顶操作环境都有较好的效果,但也增加了维修工作。

(4) 回收焦炭显热。为了回收温度约为 1000℃的焦炭带走的显热,干法熄焦是目前一种非常有效、非常成功的方法,它可回收焦炭带走热量的 85% ~ 90%,生产 1 t 焦炭,焦炉可产生过热温度约 300℃、1.4 MPa 压力的动力蒸汽 0.4 ~ 0.5 t,相当于 1 kg 入炉煤回收余热 95 kJ 以上。与现有水熄焦比较,干法熄焦还可提高焦炭质量和消除熄焦水汽与粉尘对环境的污染。但是因其投资较大、设备制造较复杂等原因,除部分有条件的厂外,近期内广泛推广干法熄焦还有一定困难。

除上述介绍的以外,在降低炼焦能耗、回收炼焦产品余热上还有其他一些措施,据国外有关资料介绍,使用计算机控制焦炉加热、焦炉程序加热以及装入煤的深度干燥和煤的预热等均有一定的节能效果,但在目前情况和现有生产焦炉条件下,这些措施在工艺和技术等方面均存在一定的困难,还有待于进一步试验研究。

6.5 焦炉特殊操作

6.5.1 焦炉强化生产

焦炉在短于设计结焦时间下进行的生产称为强化生产。不同炉型焦炉的设计结焦时间见 3.1 节。

焦炉强化生产与正常结焦时间下的生产相比,需要在更高的炉温下及更频繁的设备操作下进行生产,因此必须增加管理和维护工作的频度,才能保证操作顺利进行、防止事故的发生。实践表明,在炉体状况允许的前提下,充分调动人员的积极性、坚持科学态度、保持较高的设备完好率、加强三班操作和热工管理、加强热修维护和铁件管理、充分注意入炉煤的质量和焦炭运输环节的情况下,焦炉在短期强化生产是可能的。

焦炉强化生产除带来上述操作上的问题之外,还应注意到由于结焦时间的缩短带来焦炭质量的恶化。因此 1992 年颁发的《焦炉技术管理规程》规定:焦炉强化生产时"缩短周转时间也不得超过 1 h"。一般是在非常情况下才能采用强化生产,如解决短期间内的焦炭不足,解决烘炉期间的煤气平衡等。

实践经验证明,焦炉强化生产后往往容易出现空气供入不足、蓄热室出现下火严重、升温困难、焦饼成熟不均匀伴有生焦、炭化室墙面石墨增长较快、容易出现难推焦、上升管出现堵塞使荒煤气排出不畅等。因此,必须采取严格的管理制度和温压制度。

6.5.1.1　结焦时间

焦炉的结焦时间应根据炉体、设备状况以及生产管理水平等具体条件而定,没有再强化生产的余地时则不能盲目强化。对大中型焦炉来说,炭化室宽 450 mm 的焦炉最短不能短于 17 h,炭化室宽 407 mm 的焦炉最短不能短于 15 h,即在设计结焦时间的基础上最多只能再缩短 1 h。

6.5.1.2　温度管理

强化生产时,重要的管理措施是制定合理的温度制度。由于在控制与调节方面往往出现困难、炉温的合理分布出现恶化,因此,必须增加炉温的检查频度、防止出现高温事故或出现某些火道加热不足。

炭化室宽 450 mm 和 407 mm 的大型焦炉进行强化生产时,标准温度可参照表 6-5-1。

表 6-5-1　强化生产时标准温度

炭化室宽/mm	结焦时间/h	标准温度/℃	
		机　侧	焦　侧
450	17	1290 ~ 1310	1340 ~ 1360
407	15	1280 ~ 1300	1330 ~ 1350

《焦炉技术管理规程》规定:硅砖焦炉在换向后 20 s 时,立火道测温点的温度最高不能超过 1450℃,硅砖蓄热室顶部的温度不得超过 1320℃,如果是黏土砖蓄热室,蓄热室顶部温度不得超过 1250℃。

当焦炉遇有延迟推焦或因燃烧不完全或炉体窜漏而下火时,要特别加强监督工作并及时处理出现的高、低温问题。高温或低温故障都能引起推焦困难,尤其应杜绝高温事故,防止因高温而烧垮焦炉。处理高温事故后,往往又易出现低温事故,因此温度监督是至关重要的,保持正常的炉温是顺利强化生产的关键。

在强化生产时,标准温度达 1330 ~ 1360℃,由于测温误差,焦炉操作带来的温度波动等使误差总和约为 130 ~ 150℃,这样使实际炉温的高峰值容易超过 1450℃。在这样的温度下,会使焦炉的损坏加剧,因为在此高温下,加速 SiO_2 转化为气态 SiO 的化学反应,在超过 1470℃的情况下,促成硅砖中的 α - 鳞石英向 α - 方石英转化。由于焦炉的立火道数量很多,燃烧的均匀性如果受到破坏、温度进一步升高,达 1620℃超过了硅火泥和硅砖的荷重软化温度时,焦炉砌体将遭到不可挽回的破坏。所以强化生产必须在严格的科学管理下进行,即使如此,也是短期应急办法,不应该长期强化操作。

6.5.1.3　压力制度

A　烟道吸力

结焦时间缩短后,单位时间供热增加了,燃烧系统的阻力增加了,因此要增加烟道吸力。如果缩短结焦时间 1 h,在焦炉煤气加热的情况下,吸力应增加 10 ~ 20 Pa;用高炉煤气加热时,应增加 20 ~ 30 Pa。但在初调之后,还应进一步确定准确的吸力值,即应视燃烧情况及废气分析情况而确定。

当遇有烟道吸力不足时,一般从以下两方面采取措施:

(1) 减少整个燃烧系统的阻力。如将风门、废气小翻板、总分烟道翻板尽量开大以减少附加阻力；使用高炉煤气时可增加掺混焦炉煤气的比例，甚至改用焦炉煤气加热，清扫蓄热室及有关部位，必要时减小调节砖厚度等。

(2) 增加烟囱的吸力。一般使用抽风机强制抽风。

B 集气管压力监督

强化生产后，单位时间内荒煤气发生量增加，上升管、桥管及集气管阻力增加，炭化室内部平均压力也相应增加。应稳定集气管压力，防止因集气管压力失调而造成大量冒烟或着火现象。

6.5.1.4 加强三班操作

A 加强上升管清扫工作

由于炉温的提高，上升管、桥管等处石墨增长快而且坚硬，容易出现堵塞情况，使荒煤气排出的阻力增加、炭化室内部压力升高。因此，当上升管、桥管不及时清扫时会出现炉门冒烟增加甚至出现着火情况，而当炉体不严时下火现象增加。如果采取降低集气管压力的办法，空气将吸入炭化室使部分焦炭燃烧，这样不仅增加了焦炭灰分，而且会因煤气、焦油的不完全燃烧形成大量游离碳使集气系统更易堵塞，造成恶性循环。因而当强化生产时，应组织力量清扫上升管、桥管等处，保持荒煤气排出畅通。

B 加强推焦装煤操作

强化生产后，推焦装煤次数增加，应严格按计划操作，加强炉门、炉框的清扫工作，保持炉门的严密性。装煤要满，不得出现缺角现象，避免因此而引起高温事故。平煤要达到畅通，防上堵塞而引起煤气排出不畅或引起难推焦。

炉温提高后，炉墙石墨增加很快，焦块较碎，使平均推焦电流增加，炉墙所受挤压负荷增加，这对炉墙是具有破坏作用的。如果有炭化室墙面状况不良或炉温不均等情况时，容易出现推焦困难。因此，必须严格监督推焦电流的变化，避免强制推焦。

有些情况下，虽然没有发生难推焦，但推焦电流过高，达 300 A 以上时，预示将发生难推，这时应及时检查并采取相应措施。如果全炉平均推焦电流上升，并比正常生产高 50 A 左右时，预示将出现大量难推情况，如果这是由于炉墙挂结石墨的原因而造成的，就应消除石墨。

C 及时监督炉墙石墨生成情况

在强化生产阶段，由于炉温提高，炉墙石墨生成迅速，这样往往容易造成推焦困难。因此，当炉墙石墨增厚影响推焦时，就应及时清除。清除石墨的方法除采用压缩空气吹烧外，还可采用刮刀清除石墨、烧空炉法除石墨和人工清除石墨等方法。

炉顶部分的石墨用刮刀清除。即在推焦杆头上部装置刮刀，在出焦过程中将炉顶部石墨刮除。在用此方法时，每次刮除的石墨不能太厚，刮刀的安装角度应合适，刮刀应安在推焦杆头上两角，将炭化室顶石墨刮出两道槽，然后刮中部石墨，否则易将炉顶砖拱起，刮刀应定期更换。

当平均推焦电流比正常值高 30 A 以下时，采用烧空炉除石墨方法是有效的。当平均推焦电流比正常值高 30 ~ 50 A 时，单用烧空炉的方法效果较小，应先用烧空炉的方法削弱石墨与炉墙的黏结力，然后由装煤孔或焦炉机、焦两侧用钎子将石墨铲除。

烧空炉除石墨的方法是在推完焦后关闭两侧炉门并打开上升管盖，使空气从中部或远离上升管侧的装煤孔经炉内向上升管流通灼烧炉墙石墨，推迟一炉或两炉的操作时间再装煤。根据石墨生成速度，采用烧单炉、烧双炉甚至三炉等几种方法。烧单炉的时间约为 10 ~ 15 min，烧双炉约 25 min，视需要来酌定。

烧石墨的周期，根据石墨生长程度而定，例如每月烧 5 天或 10 天等，一直到平均推焦电流达到正常为止。

6.5.2 延长结焦时间和停产保温

由于自然灾害或其他客观原因，焦炉在一定阶段内不能维持正常生产时，采用延长结焦时间的办法维持低负荷生产。有时也采用停产保温的办法在一定阶段内完全不生产。多炉组时，也有采用部分炉组延长结焦时间，部分炉组停产保温。

6.5.2.1 延长结焦时间

一般大型焦炉，例如炭化室宽 450 mm、407 mm 的焦炉的结焦时间在 22 h 以上的情况下进行低负荷生产，称为延长结焦时间状态下生产。炉温维持在 1200℃左右，以便保证装煤后炉头砖的温度不致降到硅砖的晶形转化点以下，避免炉头砖受损坏。

延长结焦时间状态生产的主要特点是：焦炭成熟后仍在炭化室中停留一段时间然后出焦，结焦时间愈长，成熟后焖炉的时间愈长。在一个周转时间内，20 ~ 22 h 前是成熟过程，而 20 ~ 22 h 以后是焖炉过程。

A 最长结焦时间

所谓最长结焦时间是指在没有外界加热气源供入的情况下可以达到的最长的结焦时间。如果另外有气源供入，结焦时间延长的幅度可以不受限制。

在延长结焦时间的状态下，为了维持焦炉本身的最低温度界限，这就限定了加热煤气的最低用量，再低就无法维持焦炉的最低温度界限，这时的结焦时间就是限定的最长结焦时间。

按计算，大型焦炉的生产能力低至设计能力的 10% 时，焦炉发生的煤气量可以满足最低温度界限时的加热需要。但是，由于炭化室墙面石墨已被烧掉，荒煤气漏失量增加，从安全考虑，大型焦炉以不低于设计生产能力的 15% 为宜，中型焦炉以不低于 20% 为宜，小型焦炉以不低于 25% 为宜。因此，最长结焦时间大型焦炉约为 100 h，中型焦炉约为 80 h，小型焦炉约为 50 h。国内实际情况是，个别大型焦炉低负荷生产时曾达到设计能力的 15%，一般都在 25% 以上，即结焦时间在 70 h 以下。

B 炉温管理

结焦时间延长，炭化室宽 450 mm 的焦炉在 22 ~ 25 h 间每延长 1 h，标准温度降低 10 ~ 15℃，结焦时间延长到 25 h 以上，炉温基本不变，这时标准温度控制在 1200℃左右，一般不低于 1150℃。

标准温度降低以后，由于炭化室硅砖积蓄的热量减少和供热强度降低，以及结焦时间的后期焖炉的影响而使直行温度的波动幅度增大，给炉温的管理带来困难，应结合炭化周期内温度变化规律分析出现的温度差，不应盲目调节煤气量的供给。

结焦时间延长后，给横排温度的分布带来很大的影响。结焦时间在 22 ~ 25 h 时，横排温度曲线的走向逐渐出现变形；结焦时间在 30 h 左右时，边火道温度急剧下降，横排曲线变成“馒头”形状。这种情况的产生是由于下述原因造成的：炉体表面散热的多少取决于炉内平均温度值。由于焦饼的最终成熟温度与结焦时间的长短没有依赖关系，因此在延长结焦时间的情况下，其炉内平均温度值与正常结焦时间下虽然稍有差别，但不是成正比变化的。这种因素造成了炉表散热比例的增大。

炉表散热主要靠边火道煤气量和空气量的供应，由于边火道煤气量和空气量的供应（一般为30% ~40%的气量）是按正常结焦时间设计的，另外，由于上下部炉头裂缝的增加和蓄热室部位的散热等都给边火道的加热带来不利因素。因此，随着结焦时间的延长，造成边火道温度不断降低，从而破坏了横排温度的正常分布，横排温度的变形程度取决于边火道温度的下降幅度。

在调整横排温度时，主要应增加边火道的气量供应以补充增加的散热损失。一般情况下，应保持边火道温度不低于950℃。因此要采取相应的措施，保证边火道温度值，达到焦饼基本均匀成熟：

（1）增加边火道煤气量和空气量的方法。用焦炉煤气加热时，下喷式焦炉结焦时间短于24 h，可采用增加边火道喷嘴直径的方法增加煤气量，但结焦时间再延长时就不显著了，应采取减小中部喷嘴直径的办法增加边火道煤气量。如果是处在结焦时间频繁变动和很快可以恢复正常结焦时间时，一般采用在中部火道喷嘴中加铁丝的办法以提高边火道温度。

边火道煤气量增加后，为了保证正常燃烧，可适当提高空气系数，这时中部火道的空气系数宁可偏大些。这样也有利于防止小烟道温度的降低。

侧入式焦炉提高边火道温度的办法可在横砖煤气道中加砖孔板，如在2~3、26~27火道之间加砖孔板，砖孔板直径为砖煤气道直径的30%左右。

用高炉煤气加热时，为了提高边火道温度可采取在小烟道中加砖挡的方法。但这种方法的缺点是安放困难并且对下降气流有不好的影响。还可采用降低上升气流蓄热室顶部吸力的方法，可将吸力降低5~10 Pa，这样可增加边部几个火道的气量，从而提高边火道温度，这时看火孔的压力也相应提高5~10 Pa。

采用高炉煤气加热时，边火道补充焦炉煤气的方法提高边火道温度的效果更明显。空气系数的控制可以大一些，达到各火道都能完全燃烧。

（2）炉头裂缝喷补及蓄热室部位的密封。结焦时间延长后，炉头墙面由于温度降低及石墨的减少造成荒煤气漏失增加，使边火道煤气燃烧状态恶化，因此要采用喷补的方法密封炉墙，减少荒煤气漏失，改善边火道的燃烧状态，提高边火道温度。

由于蓄热室部位、斜道正面、小烟道承插部等处的不严密，也给边火道的加热状况造成恶化，这些部位的密封工作对改善边火道的加热是十分必要的，特别是高炉煤气加热时尤其如此。

（3）煤气压力的控制。由于结焦时间的延长，加热煤气量减少，因此煤气压力必然降低，为了维持正常的煤气压力（600~800 Pa）必须更换为小孔径的节流孔板。也可以采取间断加热的方法维持较高的煤气压力。

当结焦时间很长而煤气量很少时，可采用签号管理的方法，即向成焦阶段的炉号供应足够的煤气，而对焖炉阶段的炉号少供煤气。但这种方法在管理上是很复杂的，应当做好识别标记和操作管理记录，掌握住动态变化等，避免造成高温和低温。

（4）集气管压力及温度监控。结焦时间延长以后，由于发生的煤气量少和出炉的间隔时间长而使集气管压力降低并有较大的波动。为了减小集气管压力的波动，有效地保持集气管压力，可调节鼓风冷凝系统大循环管的煤气循环量，并加强集气管与鼓风机之间的操作联系。

集气管温度应保持 80 ~ 100℃，控制氨水压力来保持温度的稳定。为了维持不太低的氨水压力以保证桥管中氨水的喷洒状态，在集气管温度低时，可部分或全部关闭集气管的氨喷洒。

（5）推焦计划的制定。延长结焦时间情况下，出炉次数减少，如果按原来的检修次数安排推焦，势必造成检修时间太长，煤气发生量不均匀。因此，必须重新安排检修次数，编排符合延长结焦时间状况下的推焦计划。其编排原则是：

1）每炉操作时间不宜太长，以免炉门敞开时间过长而损坏炉体；

2）均匀出炉，使煤气发生量均匀，稳定集气管压力。

6.5.2.2　停产保温

焦炉延长结焦时间到一定限度，例如大型焦炉当产量减少到设计产量的15%时，已不能再延长，只能采取完全停止焦炭和煤气生产的停产保温方法。这时，由于自身无煤气生成，必须由外界供给保温所需的加热煤气。

在停产保温阶段，保护炉体的关键在于一方面控制一定的炉温保持硅砖在晶形转化点以上，防止砌体产生大的收缩；另一方面要严密焦炉各处漏缝，以免空气窜入炉体内部降低炉温和使局部砌体破坏。

停产保温的方法有带焦炭保温和空炉保温两种。两种方法在工艺管理上基本一致。当保温时间只有几天时，炉门状态良好，则可考虑带焦炭保温。这样，炭化室石墨不易被烧掉，有利于保持焦炉的严密性。若停产时间较长，多采用空炉保温，这样可避免空气漏入炭化室使焦炭燃烧而造成炉墙结渣。

为了使焦炉经历停产保温后不对炉体构成损坏，不影响重新投产后焦炉的正常操作和使用寿命，应对停产保温工作正确管理。

A　荒煤气系统管理

a　吸气管堵盲板

对停产保温的焦炉，出于安全考虑，一般采取在吸气弯管上堵盲板。使焦炉荒煤气系统与鼓风机间隔断。

停产保温时，装完最后一炉煤，随着焦炭的成熟煤气发生量逐步减少，而达到一定时间后，即使采取一些措施（如关阀、加大循环量、集气管充压）仍然无法维持集气管正常压力时，就是堵吸气管盲板的最晚时间。通常在最晚时间以前就堵盲板。此后发生的荒煤气可放散到大气中。最后一炉装完 1 ~ 2 天后焦炭就会全部成熟，将上升管翻板关闭用铁丝锁住，并用蒸汽吹扫集气管中的残余煤气。为避免水封失灵要定期检查和活动翻板。

如果是带焦保温时，炉内已成熟的焦炭保留在炉内，如果空炉保温时，将炉内已成熟的焦炭按 2 - 1 顺序推出。为避免推坏炉墙，当两侧空炉时，一定确认焦炭已完全成熟并与炉墙离缝后才能推。

堵盲板时一般要停风机，集气管要维持正压 20 ~ 30 Pa，以免形成爆炸气体。

b　减小氨水喷洒量

保温期间维持最低限度的氨水喷洒量，达到集气管中的焦油液不凝固就可以。因此，通常将集气管上的氨水喷洒全部关闭，并减少桥管喷洒的氨水量，保证满流密封即可，有时可采取定期喷洒的办法。

为了保证氨水闭路循环，在吸气管盲板处应设置交通管以便排出氨水。

c 集气管压力的管理

随着结焦时间的延长，继续增加大循环管的煤气循环量，维持集气管的正常压力。鼓风机停止，吸气管盲板装设后，由于煤气发生量逐步减少，集气管的压力逐渐降低，可采用蒸汽或惰性气体充压。

空炉保温时，煤气发生全部完毕后将全炉焦炭推出，关闭所有桥管翻板，这时停止集气管充压。带焦保温时，虽然桥管翻板关闭后切断了炭化室与集气管联系，但往往水封有失效的情况，为安全考虑，一直要进行集气管充压，以保持一定的炭化室压力，防止因炭化室底部负压较大吸入空气使焦炭燃烧造成炉体损坏。

B 炉温管理

在保温阶段仍需供给煤气加热，以便保持一定炉温。但是炉温可以低于延长结焦时间时的温度，其要求是煤气进入立火道内立即燃烧。一般边火道温度以不低于850℃为宜。

横排温度的控制方法和延长结焦时间情况下基本相同。不同点是边火道要供入更多的煤气量以便提高边火道温度。

下喷式焦炉为提高边火道温度可将中部喷嘴（或小孔板）减小至原面积的10%左右，并根据情况补加铁丝。贫煤气加热的情况下，为提高边火道温度，在有条件的情况下，可采用边火道补充焦炉煤气加热。

C 炉体密封工作

在停产保温阶段，焦炉的温度比正常生产时低很多。由于炉温降低而使炉体收缩，因而在炉体表面和内部产生裂缝，破坏炉体的严密性。这些裂缝在恢复生产后易造成严重窜漏甚至造成局部高温而烧坏炉体。因此，在停产保温期间，应对炉体表面裂缝经常进行密封工作，防止冷空气进入炉体内部。

需要密封的部位及密封方法是：炉框和炉门刀边部采用喷浆的方法密封，上升管根部及桥管承插部位、装煤孔盖及座部位、小炉头部位、斜道正面及蓄热室封墙等部位可采用黏土火泥勾缝，小烟道承插部位采用耐火纤维绳黏土灰填塞等。

在恢复生产时，要对每个炭化室炉头墙面进行喷浆和抹补维修，消除因停产保温形成的裂缝。

D 护炉铁件管理

由于保温使炉顶温度增高（如某厂带焦保温时，炉顶空间温度曾达1200℃），因此要将装煤孔和上升管部位的拉条沟扒开，使拉条散热、防止上部大弹簧负荷降低。另外，上部大弹簧负荷应比正常生产约大5～10 kN，每周对负荷进行监测一次，保持负荷均匀。

6.5.3 焦炉停止加热和重新供热

6.5.3.1 焦炉停止加热

当遇有鼓风机停止运转、煤气总管压力低于500 Pa、换向系统发生故障、废气翻板拆断、煤气管道破裂或煤气爆炸等发生，焦炉无法继续加热时，焦炉应停止加热。这时要做好如下工作：

（1）交换机工把交换机运行到交换旋塞（或煤气砣）完全关闭的状态，但要照常进行废气交换。

(2) 关闭所有调节旋塞。

(3) 停止加热期间,停止出焦。

(4) 按煤气工长指示降低分烟道吸力,但上升气流蓄热室顶部吸力可比原来大约10 Pa。如果停止加热时间很长,可减小风门开度,只留5 mm缝隙,挡上除炭口。

(5) 如果停止加热与鼓风机操作无关,则煤气管道应处于一定的压力,为避免压力过高,可将支管阀门关小,并用放散管调节保持适当的压力。

如果鼓风机停止运转,同时焦炉停止加热,则需打开集气管上的放散管,还可根据需要打开新装煤号的上升管放散,以保持集气管的压力只比正常值大20 ~40 Pa,根据集气管压力逐步降低再关闭放散。氨水喷洒正常进行。

6.5.3.2 焦炉重新供热

如果焦炉重新供热与鼓风机是否启动无关时,即加热煤气管道保持正常的煤气压力时,即可直接把煤气供入炉内恢复加热。不管是使用焦炉煤气加热还是贫煤气加热,都可直接把煤气送入炉内。

应当指出,过去的规程曾规定:停止加热后,把高炉煤气送入含有大量空气的蓄热室有爆炸的危险,应首先用焦炉煤气加热,然后换为高炉煤气。但是,日常生产中用贫煤气加热时,把贫煤气送入"含有大量空气的蓄热室"是不可避免的,即每次交换都是把煤气送入"含有大量空气的蓄热室"。实际取样化验表明:在交换过程中,煤气关闭后3 ~5 s开始取下降气流废气样,到废气交换完毕为止,所取废气样中含空气60% ~85%。这是由于交换过程中煤气关闭后,流通系统阻力减小使小烟道吸力增加,空气进入量增加到约为原来的1.5倍,在废气交换结束后足以使下降气流通过大量空气。在这种情况下不产生爆炸的原因是由于流通通道中煤气空气混合面较小且被燃烧生成的废气隔离,不形成爆炸气体,因此不发生爆炸。当重新供热时,在贫煤气加热的情况下,也不必采用再换为富煤气加热,单热式焦炉也不必先送入少量贫煤气的这种做法。

下面讨论使用回炉煤气加热时重新供热的详细步骤:

(1) 启动鼓风机。鼓风机的启动应具备一定的集气管压力,一般应达200 Pa以上。如果鼓风机停止时间较短,荒煤气系统至鼓风机仍充满合格煤气,集气管压力满足要求即可启动鼓风机。如果鼓风机停止时间较长,荒煤气系统不具备充满合格煤气的条件,需重新推焦装煤并将煤气导入集气管、吸气管直至鼓风机,并做爆发试验合格,集气管压力达上述值后才能启动鼓风机。重新推焦装煤前应检查桥管氨水喷洒状况,确认正常喷洒后才能推焦装煤。

启动鼓风机必须经值班煤气负责人批准。如果鼓风机启动后放散管仍未关闭,应随着从炉内抽吸的煤气量增加逐步关闭放散管,保持集气管压力不低于正常生产时数值,如压力过低,应通知鼓风机进行调整。

(2) 煤气管道的吹扫。如果停止鼓风机的时间较短,回炉煤气管道一直保持500 Pa以上的压力,可不进行管道吹扫,鼓风机启动后在支管压力升至足够时,即可将煤气送入炉内。如果在鼓风机启动时回炉煤气管道已降至微小的正压,则可在鼓风机启动后在支管末端进行放散一段时间,并做爆发试验合格后再将煤气送入炉内。

鼓风机停止时间较长,回炉煤气管道压力已降至常压时,应进行管道气体置换:

1) 吹扫前,检查调节旋塞是否关闭,水封注满水,并打开放散管。

2）用蒸汽或惰性气体吹扫全部回炉煤气管道，并在支管末端放散。采用蒸汽吹扫时，通蒸汽时间不宜过长，在放散管出现蒸汽后即可停止蒸汽吹扫，进行煤气置换蒸汽。

3）在放散管前取煤气样做爆发试验，直至合格。爆发试验筒应提前准备好，在远离气源的地方点燃试样，不准在地下室、交换机室和烟道走廊进行。

（3）向炉内送煤气。上述爆发试验合格后，即可将煤气送入炉内。在将煤气送入燃烧室前，重新恢复进风口开度和分烟道吸力。由于本次是恢复加热，即可用交换机一次向炉内送入。也可以逐组人工向炉内送气，一般当炉温较低时采用，因这样便于处理不着火的火道。送煤气时，根据煤气压力的变化逐步关闭放散管。

炉组改为正常加热时，注意下列事项：

1）不得同时恢复其他炉组加热。

2）其他炉组不得进行煤气交换（有焦炉群的例外）。

3）吹扫管道时和向炉内送煤气时，不得在该炉组推焦。

4）地下室和煤气管道附近不得有明火、不得焊接切割操作，氧气、燃气罐应移出炉区。

5）不得在炉组四周进行修理工作。

（4）炉组监测。在全炉供入煤气后，调整好各旋塞开度。煤气压力或流量自动调节、烟道吸力自动调节恢复运行。

炉温的检查、监测次数应比正常生产时增多，防止异常温度出现。待炉温稳定后，按正常测温。其后，逐步调整取得合适的风门开度、看火孔压力、空气系数及分烟道吸力。

6.5.4 焦炉更换加热煤气

复热式焦炉在多数情况下先经历焦炉煤气加热，因此本节所述的是由焦炉煤气加热更换为贫煤气的过程。相反的过程，即由贫煤气更换为焦炉煤气时的操作方法与此类似，这里不加叙述。

6.5.4.1 准备工作

对贫煤气的质量、煤气设备及更换后的参数要求等叙述如下：

（1）贫煤气的含尘量应低于 15 mg/m^3，含尘量过高时容易堵塞煤气设备及蓄热室格子砖等。

（2）高炉煤气发热值约为 3350～4200 kJ/m^3，如热值过低时可混入高热值煤气。发生炉煤气一般热值较高，约 4500～5500 kJ/m^3，能够满足焦炉加热需要。

（3）贫煤气温度应低于 35℃。

（4）贫煤气应有稳定的气源，保证焦炉不间断加热。

（5）改为贫煤气加热前应对贫煤气设备进行试压、试漏，试压时记录初压、初温及末压、末温。试压标准见第 4.2.3.2 节。试压未包括部位应进行试漏，并旋塞之上的立管等。

（6）交换传动系统负荷试运转，并检查如下问题：

1）检查煤气的交换状态与废气的交换状态是否匹配。

2）交换旋塞开启和关闭的准确性和煤气砣提起高度的准确性。

3）废气砣杆提起高度、空气盖开启的角度是否符合设计。

4）搬杆、拉条的运行情况及煤气、废气行程的准确性。

5）旋塞关闭时间、中间停歇时间及旋塞开启时间的准确性。

上述试运合格后，还需连续运转 48 h，合格后才能正式使用。

（7）煤气流量、风门开度、烟道吸力的确定。假定焦炉煤气、高炉煤气、发生炉煤气的低发热值分别为 17890 kJ/m^3、3740 kJ/m^3、4500 kJ/m^3，并根据实例的煤气成分计算得表 6-5-2，可供实用时参考。

表 6-5-2　三种不同煤气加热时参数比较

有关参数	焦炉煤气	高炉煤气	发生炉煤气
低发热值/kJ · m^{-3}	17890	3740	4300
耗热量比	1	1.15	1.10
煤气流量比	1	5.5	4.4
相同热量的煤气所产生的湿废气量的比	1	1.55	1.35
相同热量的煤气燃烧所需湿空气量的比	1	0.9	0.9
风门开度比	1(两个进风口之和)	0.9 ~ 1	0.9 ~ 1
下降气流阻力比	1	2.4	1.8
下降气流浮力值/Pa	70 ~ 80	60 ~ 70	60 ~ 70

分烟道吸力估计值如式 6-5-1：

$$a_2 = (a_1 - h_1)K + h_2 \qquad (6\text{-}5\text{-}1)$$

式中　a_1——焦炉煤气加热时分烟道吸力，Pa；

a_2——贫煤气加热时分烟道吸力，Pa；

h_1——焦炉煤气加热时下降气流浮力，Pa；

h_2——贫煤气加热时下降气流的浮力，Pa；

K——两种煤气加热时下降气流的阻力比。

（8）标准温度的确定。由于目前所设计的焦炉，如 80 型和 6 m 大容积焦炉高向加热的改善，使富煤气和贫煤气加热时焦饼上下均匀性相差不大，可采用贫、富煤气相同的标准温度。20 世纪 60 年代以前设计的大型焦炉，改为贫煤气加热时，标准温度可降低约 10℃。

（9）分配支管的孔板全炉基本一致，边燃烧室孔板直径约为中部的 60%。除边燃烧室外，始端 3 ~ 5 个燃烧室孔板孔径比中部稍大 1 ~ 2 mm，末端 3 ~ 5 个燃烧室稍小 1 ~ 2 mm。

（10）选择分配支管孔板的断面，使支管压力在 600 ~ 800 Pa 范围内。不同炉型的孔板孔径参考值见表 6-5-3。

表 6-5-3　大型焦炉贫煤气加热时分配支管孔板孔径　（mm）

周转时间/h	高炉煤气加热						发生炉煤气加热					
	4.3 m(450)		4.3 m(407)		6 m(450)		4.3 m(450)		4.3 m(407)		6 m(450)	
	机	焦	机	焦	机	焦	机	焦	机	焦	机	焦
16			90 ~ 95	95 ~ 100					85 ~ 90	90 ~ 95		
18	90 ~ 95	95 ~ 100	85 ~ 90	90 ~ 95	115 ~ 120	120 ~ 125	85 ~ 90	90 ~ 95	80 ~ 85	85 ~ 90	105 ~ 110	110 ~ 115
20	85 ~ 90	90 ~ 95	80 ~ 85	85 ~ 90	110 ~ 115	115 ~ 120	80 ~ 85	85 ~ 90	75 ~ 80	80 ~ 85	100 ~ 105	105 ~ 110
22	80 ~ 85	85 ~ 90	75 ~ 80	80 ~ 85	105 ~ 110	110 ~ 115	75 ~ 80	80 ~ 85	75 ~ 75	75 ~ 80	95 ~ 100	100 ~ 105
24	75 ~ 80	80 ~ 85	70 ~ 75	75 ~ 80	100 ~ 105	105 ~ 110	70 ~ 75	75 ~ 80	65 ~ 70	70 ~ 75	90 ~ 95	95 ~ 100

（11）更换贫煤气加热前，焦炉处于回炉煤气加热状态。贫煤气调节旋塞处于全闭状态。机、焦侧贫煤气主管煤气爆发试验合格，主管末端已安装量程为 1×10^4 Pa U 形压力计，且压力大于 1500 Pa。机、焦侧贫煤气调节蝶阀处于手动状态。各水封已注满水，保持满流。每个分配支管孔板已安装完毕。

废气系统密封风门的挡板已准备完毕，连接废气盘或煤气砣的部件、工具已准备完毕。

参加换煤气人员事先经培训和预演习，做到心中有数。

6.5.4.2 换煤气操作

当换煤气准备工作完成后，即可进行换煤气工作。采用交换机一次全炉送煤气时操作步骤如下：

（1）送贫煤气前最后一个交换完毕后，将交换机改为贫煤气手动交换状态。

（2）将下降气流煤气小烟道风门杠杆（或小链）断开，把风门小铁板取出放上挡板，把风门盖用固定螺栓拧紧。如带有煤气砣，将其与扇形轮连接。

（3）将下降气流空气小烟道风门小铁板调至用贫煤气加热的状态。

（4）将焦炉煤气下降号调节旋塞关闭。将焦炉煤气主管末端与定压水封切断。

（5）将下降气流贫煤气调节旋塞全部打开 1/2 开度。上升气流调节旋塞处于全关状态。

（6）将分烟道吸力调到用贫煤气加热时所需的数值。

上述工作完成后，将焦炉煤气调节旋塞全部关闭，停止焦炉煤气加热。用手动交换进行贫煤气加热交换，密切注视主管压力。如压力低于规定值，立即联系增压。观察立火道燃烧情况，燃烧正常后，将调节旋塞逐个开正，主管压力仍应不低于规定压力。

第一个交换送煤气完毕后，过 20 ~ 30 min 进行第二个交换的送煤气工作，步骤同第一个交换。两个交换送煤气完毕后，可将仪表及自动调节机构投入运行，交换机投入自动交换。

上述是采用交换机一次向全炉送煤气的方法。也可以采取手动逐个（或逐组）向燃烧室送煤气。这时不要事先开启调节旋塞，而是在交换后，逐个或逐组把煤气送入上升气流蓄热室。这时可逐个检查燃烧室燃烧情况，便于处理。一般第一次使用贫煤气加热时多采用这种方法。

送煤气结束后，应进行初步调温，再进行蓄热室顶部吸力均匀性的调节。

6.5.5 焦炉降温冷炉

6.5.5.1 降温前的准备工作

A 降温计划的制订

降温计划是指降温冷炉过程中温度的下降与所经天数的详细排布。与烘炉过程类似，也选取某些测温点的平均温度作为降温的代表温度。根据硅砖的热膨胀性质，即根据各温度区间硅砖膨胀率的大小来安排降温时间。根据多座焦炉的实际降温冷炉经验，对于 JN43 型焦炉推荐如下的降温度计划，见表 6-5-4。

B 测温点的选取

以 JN43 型焦炉降温冷炉为例，选取如下测温点，见表 6-5-5。

表 6-5-4　焦炉降温冷却炉计划表(JN43 型焦炉)

降温区间/℃	推荐天数/d
1000 ~ 800	5
800 ~ 600	7
600 ~ 400	7
400 ~ 200	8
200 ~ 100	5
100 ~ 常温	5

表 6-5-5　冷炉测温项目表

项　目	所用仪表	插入深度	测温频度	说　明
代表火道温度	热电偶(K)①(800℃后)	2.3 m	1 次/4 h	作为计划温度的目标
直行温度	热电偶(K)①(800℃后)	2.3 m	1 次/8 h	检查炉温的均匀性
横排温度	热电偶(K)①(800℃后)	2.3 m	1 次/24 h	检查横排温度分布
蓄热室温度	热电偶(K)①(800℃后)	1.5 m	1 次/4 h	检查高向温度分布
箅子砖温度	热电偶(K)①(800℃后)	1.5 m	1 次/4 h	检查高向温度分布
小烟道温度	500℃玻璃温度计	150 mm	1 次/4 h	
分烟道温度	热电偶	2.3 m	1 次/4 h	
大气温度	100℃玻璃温度计		1 次/4 h	

① K 表示 K 型。

C　护炉设备负荷的确定

随着炉体的收缩,炉柱上下部大弹簧的负荷自然下降,因此必须周期性紧固弹簧,使炉体的收缩是在一定的有效负荷下进行的。每次紧固之前的弹簧负荷不应小于生产时的正常负荷,使炉体在降温的过程中处于较大的负荷作用之下。根据不同温度区间炉体的收缩情况,安排每天紧固上下部大弹簧的次数。各小弹簧也保持正常生产时的负荷。

D　收缩滑动部位障碍物的处理

收缩滑动部位障碍物的处理有以下几点:

(1) 对炉体、焦炉基础、护炉设备的收缩滑动部位的障碍物做解除处理,并做出滑动标记。

(2) 在抵抗墙顶部做出收缩移动量的测定标记(机、中、焦)。

(3) 对机、焦侧操作台梁与炉柱、抵抗墙托架、操作台支柱之间滑动情况打出测量标记。

(4) 打出集气管托架与炉柱间滑动情况的测量标记。

(5) 打出炉柱下部与基础间滑动情况的测量标记。

(6) 清理焦炉基础与端(间)台之间滑动部位并打出滑动测量标记。

(7) 对上升管周围部位氨水管、蒸汽管、水管等构成收缩障碍部位做断开处理。

(8) 对装煤车轨道、拦焦机轨道构成收缩障碍部位做断开处理。

(9) 对各栏杆构成收缩障碍部位做断开处理。

(10) 拆除小炉头部砌体。

(11) 炉顶部机、焦侧中部根据现场情况做纵向开沟处理。

E 炉体密封工作

炉体密封工作主要有以下几点：

(1) 装煤孔盖与座间的泥浆密封。

(2) 机、焦侧正面的膨胀缝及其他缝隙密封。

(3) 小烟道承插部密封。

(4) 防雨棚的搭建。确定防雨棚的高度、宽度时应考虑恢复生产时焦炉升温及设备安装维护等的需要。应在炉温降至400℃以前完成防雨棚的搭建。

6.5.5.2 炉温管理(以JN43型焦炉为例)

由于降温方法主要是自然冷却，已没有燃料量的控制，因此控制的手段仅为如下几点：

(1) 流通风量的控制，如分烟道吸力的控制、看火孔开启或关闭、废气砣提起高度的变化、废气小翻板的控制等。

(2) 密封性的控制，密封情况得到改善后降温的均匀性也得以改善。

温度的监测点可参照表4-3-16。测温方法可采用人工测量或如同烘炉测温一样采用自动测温系统。

6.5.5.3 护炉设备的管理

降温期间护炉设备测量项目与频度列于表6-5-6。

表6-5-6 冷炉期间护炉铁件与炉长监测项目

序号	监测项目	监测位置	测量频度
1	炉长测量	上横铁、下横铁、箅子砖	每两天测一次
2	炉柱曲度	上横铁、下横铁、箅子砖	每两天测一次
3	大弹簧负荷		每天测调一次或根据情况而增加次数
4	小弹簧负荷		每4天测一次
5	纵拉条弹簧负荷		每100℃测一次
6	炉高	看火孔座砖(机、中、焦)1,2,6,11,16,21,26,31,36,42,43燃烧室取测点	每100℃测一次
7	机、焦侧平台移动与支柱垂直度	平台两端与抵抗墙之间	每100℃测一次
8	抵抗墙垂直度	抵抗墙外侧	每100℃测一次
9	抵抗墙顶部与炉端(间)台的间隙	顶部机中焦做标记	每100℃测一次
10	保护板止推螺栓	每个保护板顶部	每天检查一次
11	炉柱下部滑动检查		每4天测一次
12	小烟道连接管移动测量	每5个测一点	每4天测一次
13	各滑动检查	所有滑动点	每天观察

6.5.5.4 冷炉后的防护工作

为将冷炉后的焦炉重新恢复生产，必须认真做好各项防护工作：

(1) 降温结束后拆除测温、测压设施，对全部看火孔、测温孔铁件的密封面涂干油防腐。

（2）对焦炉各部位进行密封和修理。

（3）对建有焦炉大棚的，将焦炉大棚全部密封，保持大棚的严密。对仅建有炉顶防雨棚或防水层的，还要建炉侧防雨棚并进行各部密封排水和防雨。

（4）对设备要加油、防腐，须通电、运转的要安排定期进行。

（5）做好安全防火工作，易燃易爆物品不准在炉区放置。

（6）对加热煤气和荒煤气设备要彻底清扫、清洗、做好干燥及防腐。

6.6　焦炉炉体与设备维护

6.6.1　焦炉诊断

焦炉是复杂的昂贵的热工窑炉，为延长焦炉使用年限，必须定期诊断。焦炉自投产到停炉，必然存在损坏、衰老的发展过程。通过诊断意在抑制事故性损坏，延缓自然衰老速度，达到稳产、优质、低耗、长寿。

6.6.1.1　诊断目的

诊断的目的有以下几点：

（1）摸清炼焦生产中存在的问题和成功经验。

（2）估定焦炉在近期（2～3 年）可以达到的生产能力，拟定加强焦炉管理和维护措施。

（3）预测焦炉剩余炉龄，提出长期维护意见，为有计划进行焦炉大修提供意见或根据。

（4）其他特定的需要。

6.6.1.2　诊断时应测项目

焦炉诊断所需测定或搜集的项目与内容，因诊断的目的不同而有所差异。一般应包括以下几个方面：

（1）焦炉简历：

1）记录炉型、孔数、炭化室主要尺寸、投产日期（重砌年代），基建与生产过程中的大事记及其处理经过。

2）记录开工以来结焦时间和配煤比变动情况。

（2）测量与记录诊断期间的结焦时间、各部位温度与压力、各项系数、耗热量、推焦电流、历年来“难推焦”次数（发生日期、炭化室号及原因等）。

（3）检查炉体状况：

1）炭化室墙面检查。除对重点炉室进行重点观察外，一般炉室抽查 1～2 个串号，记录以下病变：裂缝——每侧墙面裂缝条数、宽度及长度；剥蚀——部位、面积和深度；结渣——部位和面积；变形——部位和程度；炉顶砖断裂、炉底砖磨损及其他破损情况；墙面挂结石墨情况。

2）普查立火道内是否有杂物、堵塞、破损、烧熔、漏火等。

3）普查蓄热室（上升、下降气流）内有无漏火、下火，格子砖清洁及烧熔情况（必要时测定阻力），根据需要检查单、主墙裂缝。

4）普查小烟道（上升、下降气流）内有无漏火、下火。

5）测定全炉上横铁、下横铁、蓄热室顶（斜道区）及箅子砖部位的炉体伸长量。记录开工以来逐次所测炉体伸长量，必要时测定炉幅及抵抗墙垂直偏斜量。

6）测量全炉荒煤气漏气率，必要时抽查蓄热室主、单墙漏气率。

（4）护炉设备状态：

1）普测炉柱弯曲度。

2）抽测部分横拉条的温度及腐蚀拉细情况，记录曾更换或补强拉条情况。

3）检查纵拉条是否完整及起作用如何，测量弹簧负荷。

4）普测大、小弹簧负荷，检查是否有无压靠和失效弹簧，必要时抽测部分弹簧做负荷试验。

5）检查炉门框、保护板是否有变形、断裂等情况。记录曾更换的数量、炉号、日期。

6）检查炉门是否完整，有无冒烟、着火及炉门修理站的工作情况。

（5）煤气与废气设备：

1）检查加热煤气设备的调节设施是否完整、方便、严密等。

2）检查荒煤气设备包括上升管、桥管、阀体、集气管等是否有位移和损坏。

3）计量仪表是否完备、开工率、准确性等。

4）废气盘、烟道翻板有否损坏，调节设施是否完整方便。

（6）各机车、各车间生产系统主要情况：

1）了解四大机车完好率及其他主要设备、备件情况。

2）了解备煤、回收、运焦系统生产概况。

（7）搜集技术革新及其他与生产有关情况。

6.6.1.3　焦炉损坏症状与原因

A　炉体伸长量

炉体伸长量是焦炉衰老的主要指标，它包括正常伸长量和不正常伸长量：

（1）正常伸长量是指烘炉及生产过程中砌体的热膨胀量和晶形转化所产生的膨胀量之和，其总值约为设计炉长的2.2%。它对炉体基本上没有破坏性，砌体能保持原来的完整性、严密性及结构强度。

（2）不正常伸长量是指炉体损伤带来的附加伸长量，它将导致砌体松弛，漏气率增加。

（3）焦炉投产两年后，年伸长率一般不应超过0.035%，当超过0.05%时应检查原因。

产生炉体伸长的主要原因有以下几点：

（1）烘炉时砖体热膨胀及砖体发生晶型转化，真密度变化所产生体积膨胀。

（2）装煤初期墙面裂缝收缩后被分解的石墨填充，当结焦末期，炉温升高，砌体膨胀，此时裂缝间隙已被石墨填充，砌体只能向两端延伸，这样周而复始，炉体逐渐伸长。

（3）墙面裂缝产生使炉体伸长。

（4）频繁更换加热煤气种类，因不同加热煤气燃烧速度不同，火焰长短不同，造成炉体上下温度波动，加速炉体伸长。

（5）护炉设备损坏，如炉柱曲度过大、横拉条变细断裂、弹簧失去弹性等，从而削弱对炉体的保护作用。

B　漏气率

关于漏气率有以下几点：

（1）漏气率不仅直观反映炉体严密及衰老程度，也是衡量焦炉加热制度是否合理的标志。漏气率分炭化室荒煤气漏气率及蓄热室单、主墙漏气率。

（2）炭化室荒煤气漏气率不大于3%时，可以认为砌体是严密的；当漏气率为4%～7%时，砌体有轻微漏气；当漏气率大于7%时，砌体严密性较差。

（3）蓄热室漏气率不大于4%时，可以认为蓄热室隔墙是严密的；当漏气率为5%～8%时，隔墙有轻微漏气；当漏气率大于8%时，说明蓄热室隔墙漏气严重。

C　机械力对炉体损坏

机械力对炉体的损坏主要有以下几点：

（1）机械力对炉体损坏症状有墙面变形、位移、倾斜、磨损、沟痕、裂缝和剥蚀等。

（2）机械力主要来自于正常推焦操作、难推焦、设备状态不良等。

（3）正常推焦时机侧焦饼头部向墙面的侧压力。

（4）难推焦将给炉体带来严重损坏，所以在诊断时要统计难推焦的次数。产生难推焦的原因大致有以下几种：

1）入炉煤变质或煤种不清，它将造成大面积难推。

2）平、装煤操作不当：装煤过满，平煤后又补装煤或扫入炉顶余煤，造成装煤后堵塞，增加推焦阻力；装煤不满特别是机侧明显缺角时，使推焦杆达不到所需推力。

3）加热制度不正常或不执行正常推焦计划造成焦炭过熟或过生。

4）日常热修工作不及时，当墙面已出现变形、剥蚀、麻面时将造成推焦阻力增加。当剥蚀深度已超过煤料收缩值时，将会加速炉体损坏。

5）墙面石墨过多，特别是局部区域挂结较厚石墨，这在推焦过程中将导致炉墙砖裂缝或变形。

（5）设备处于不良工作状态，造成炉体损坏：

1）使用弯曲推焦杆或平煤杆将会造成墙面沟痕、变形等缺陷。

2）推焦车失修、轨面不平、焦炉不均匀下沉等均会加速墙面磨损与变形。

D　温度急剧波动引起墙面裂缝与剥蚀

主要原因有：

（1）由于出焦、装煤使墙面温度急剧变化，造成炉头部位裂缝与剥蚀。

（2）机侧小炉门部位因小炉门处散热大、温度波动大，易造成该部位剥蚀。

（3）炉头砖与保护板接触处，因金属散热快、炉头砖温度波动大，该部位极易产生剥蚀。

E　炭化室负压操作或向炉内扔尾焦造成墙面结渣及烧熔

炭化室负压操作，在结焦末期空气吸入炭化室，使焦炭燃烧产生局部高温，同时灰分与硅砖结合导致墙面结渣（麻面）、剥蚀及烧熔。

负压操作加上装煤不满和氨水喷洒不足极易造成荒煤气导出管堵塞，甚至被迫停产，这样给炉体将带来更大损伤。

F　加热系统高温事故造成烧熔、结渣、堵塞等

这类事故多是突发的，其原因有：

（1）临时延长或缩短结焦时间，而加热煤气量与吸力调节不当或没有调整，又不及时测量炉温或检查燃烧情况。

（2）开工后未及时进行炉温调整，而快速缩短结焦时间，当炉温不均加之炉体窜漏，极易出现高、低温号而损坏炉体。

（3）炉体老化后，由于墙面、隔墙、砖煤气道等部位的裂缝、位移等造成煤气窜漏而出现

高温号烧坏炉体。

(4) 不按规律组织生产如强化生产造成空气量不足,斜道下火;延长结焦时间墙面石墨烧掉,漏气加剧等均能烧坏斜道、格子砖,甚至发生炭化室墙面下沉等。

(5) 加热系统高温事故还有一些偶然因素,如烧嘴、喷嘴遗漏或误放;加热煤气调节设备失灵加之煤气压力波动等均能造成高温事故。

G 护炉设备

护炉设备的作用是对炉体产生保护性压力,紧固砌体,使砌体具有一定的结构强度和严密性,而砌体损坏往往是以护炉设备的损坏为突破口,当护炉设备对砌体的挤压力不足时,焦炉砌体的完整性及严密性将受到损伤。砌体一旦有了垂直裂缝,裂缝只会扩大,不可能重新闭合,即具有不可逆转的特性。正因为如此护炉设备加热焦炉砌体的保护性压力是不准许中断的。关于护炉设备主要有以下几点:

(1) 炉柱是保护炉体的主要设备。保护板给炉体压力来自于炉柱,炉柱将保护性压力分配到沿焦炉高向的各个区域中。具体如下:

1) 为使炉柱对砌体保护性压力有效运行,必须使炉柱内应力保持在弹性范围内,即曲度不能过大。如果内应力超出其弹性范围,必然产生残余变形,从而削弱或消除了给炉体的保护力。在这种情况下将导致焦炉砌体松散,因此在生产时炉柱曲度不宜超过 30 mm。当曲度达到 50 mm 时,其内应力已超过弹性极限,炉柱钢体结构已受到损害,需要进行处理,当暂不能处理时也应严密监视。

2) 炉柱曲度不是越小越好,因为曲度除炉柱强度有关外,还与上下弹簧的负荷相关,当上部压力过小,曲度变小,造成炉体上部伸长量加大。

3) 炉柱曲度年增加量不应超过 2 mm,如大于此值,表示炉柱受到过意外损伤;如曲度小,说明炉柱给炉体保护性压力在减小,均应查明原因予以纠正。

(2) 纵拉条是用来拉紧抵抗墙的,只有在安装弹簧后,才能发挥应有的作用。但要注意以下两点:

1) 每根纵拉条负荷对于炭化室高不小于 5 m 的焦炉应保持在 20 ~ 24 kN 之间,炭化室高小于 5 m 的焦炉保持在 18 ~ 20 kN 为宜,在生产过程中不允许降低拉力。

2) 实践证明当纵拉条拆除后,抵抗墙将每年向外倾斜 2 ~ 3 mm,从而导致边炭化室倾斜。

(3) 横拉条是拉紧炉柱,而给炉体以保护性压力。上部拉条工作环境恶劣,容易腐蚀和拉细,造成保护炉体的力量减弱甚至消失,而使炉体遭到损坏。拉条损坏的主要原因有:

1) 焦炉废气及荒煤气中硫化物对拉条表面金属的锈蚀,一般锈蚀深度达 3 ~ 5 mm 时,将降低拉条强度 15% ~25%。当拉条直径小于原始直径的 75% 时应补强,小于 65% 时应更换。

2) 拉条因长期受热而使其钢材内的结晶变化(渗碳),使钢材的强度降低。

拉条拉细烧断的主要部位有:

1) 上升管根及装煤孔等处易形成裂缝,造成煤气窜漏烧坏拉条。

2) 因炉顶余煤堆积在装煤孔旁边而燃烧,使拉条温度升高,造成拉条变细。

(4) 弹簧压缩量表示着护炉设备对炉体的保护力:

1) 弹簧给炉体总压力对于炭化室高小于 5.5 m 的焦炉按每米高 15 ~ 20 kN,炭化室高

6 m的焦炉按每米高 20 ~ 25 kN,炭化室高 7 m 的焦炉按每米高 25 ~ 35 kN 较为合适。

2）生产过程中炉体上下部位都要膨胀,下部弹簧也应随着炉体膨胀而松放,否则使炉柱曲度增加,或则因上部弹簧松放过大使上部砌体膨胀过快。

3）弹簧使用 7 ~ 8 年后会产生一定的残余变形,如果仅产生小于 5 mm 的残余变形,对炉体还不会带来多大危害。当弹簧负荷始终偏大,而螺母松放量也偏大时,说明该弹簧已产生残余变形,需进行检查,当完全失去弹性,只起到垫块作用时应当更换,否则给炉体带来极大危害。

4）小弹簧要定期调整压力,使炉体均匀地受到保护力并使炉柱具有较合适的曲度。

(5) 炉框或保护板只有轻微变形而不影响推焦又不冒烟着火,或有细裂痕而不冒荒煤气可不进行更换。

6.6.2 焦炉炉体日常维修

焦炉在生产过程中由于多种因素的影响,砌体各部位都在发生变化,当出现的凹凸、剥蚀、裂缝、熔融、掉砖、错台与局部堵塞等情况时,需要及时清扫、灌浆、喷涂、勾缝、抹补、焊补等方法消除缺陷并防止它蔓延,此操作称为焦炉炉体的日常维修。

6.6.2.1 焦炉热修用喷涂、抹补泥料

焦炉日常维修中常用喷补,各部位喷补的泥料配比见表 6-6-1。

表 6-6-1 焦炉热修喷涂、抹补各部位用泥料的配比

部位	项目	黏土火泥	低温硅火泥	黏土熟料	硅藻土粉	精矿粉	石英砂	沥青	水泥	耐火纤维绒	外加水玻璃	外加磷酸	备注
炉顶	砌小炉头	100											用浸透水玻璃—黏土火泥稀浆的耐火纤维绳填塞保护板与砌体间隙,其上部用 50% 精矿粉、50% 黏土火泥、外加 15% 水玻璃抹补
炉顶	砌装煤口座砖	100											有些厂用 40% 黏土火泥、50% 的 $\phi30$ 黏土砖块、10% 的 600 号水泥,外加磷酸调制后浇注,效果良好
炉顶	密封炉顶表面	100											有的厂外加水玻璃 10%、矾土水泥 20%、粗石英砂 20%,抹补后较坚实,但再修补时难拆除

续表 6-6-1

部位	项目	黏土火泥	低温硅火泥	黏土熟料	硅藻土粉	精矿粉	石英砂	沥青	水泥	耐火纤维绒	外加水玻璃	外加磷酸	备注
炉顶	砌看火眼座砖	100											
	镶看火眼铁圈	50				50					15		
	砌上升管衬、座砖	100											有的厂还外加8%水玻璃及10%矾土水泥
	抹上升管根部	50				50					10		鞍钢化工总厂利用黏土质可塑料抹补，效果良好
	密封桥管接头					45~50	20~30	30~40					在此料的下面必须用浸水玻璃稀浆的耐火纤维绳塞严
	填拉条沟				100								
	砌装煤口圈	50				50					15		
炭化室	抹补炭化室墙	50		50								30	
	喷涂炭化室墙	100										50	
	砌炭化室底脚砖	100											有的厂外加水玻璃10%，抹后较坚实，再修时难拆除
	砌炉底砖	100											
	砌炉门衬砖	100											部分厂还掺入20%~30%矾土水泥，效果更好
	砌砖抵抗墙	100											

续表 6-6-1

部位	项目	黏土火泥	低温硅火泥	黏土熟料	硅藻土粉	精矿粉	石英砂	沥青	水泥	耐火纤维绒	外加水玻璃	外加磷酸	备注
炭化室	抹炉柱缝及炉肩	50				50					10		
	保护板灌浆	100											
蓄热室	喷涂斜道	50	50										
	喷砖煤气道		100										严禁掺水玻璃。为防止起皮现象，有的厂掺40%的1 mm黏土熟料
	喷小烟道	100									15		
	砌蓄热室封墙	100											
	蓄热室封墙勾缝	90								10	15		鞍钢化工总厂用黏土质可塑料抹面，效果好，裂纹少
	清扫孔、立管根抹补	80							20		10		
	废气盘保温	35			40				25				
	废气盘单叉接缝抹补	90								10	10		
	蓄热室单、主墙勾缝	50		50								30	

6.6.2.2　砌体裂缝、凹面的常规处理方法

对裂缝、凹面等缺陷修补的方法通常有湿式喷涂、灌浆、抹补、勾缝、干式喷涂、焊补和喷

吹粉等。

A 湿式喷涂、灌浆、抹补、勾缝法

这四种方法可以归纳为两种，喷涂与灌浆法实际为一种，而抹补与勾缝法也基本类似。

湿式喷涂的用途较广，不论大、小缝隙及凹面均可使用。它既能喷涂赤热的炉墙又能喷涂温度较低的炉顶、蓄热室等地区，并且可以采用较细的泥料，从而加速喷料与炉衬受喷面的扩散连接与化学作用。它的灵活性强、回弹量少，并且能够实现较高的雾散及分层薄喷这个热态喷涂的原则。其缺点是：泥浆含水量较多（占总量的20% ~40%），不仅使泥料孔隙增多、质地疏松，而且在它与炉墙接触的部位，由于水分的蒸发而影响泥料与墙面的黏结力，因此挂料时间较短，特别是它将使砌体过冷而龟裂，导致挖补期的提前到来，从而缩短炉体寿命。湿式喷涂用喷浆机进行操作，一般使用的风压为0.25 MPa。喷涂时，喷嘴距墙面为200 ~250 mm，并与墙面呈30° ~45°角，出料力求均匀，落在墙上缺陷处的喷料不应太厚，一般每层浆要小于7 mm，喷完一层，待它赤红后再喷第二层，直至喷料比墙面约厚2 ~4 mm为止。

抹补时，先铲掉炉墙缺陷处的石墨并用风吹扫干净后，喷涂一层3 ~5 mm 厚的泥浆，接着用支点肘的大铲进行抹补。抹时应根据缺陷的形状、方位、大小铲出相应数量与形状的泥料，将泥料按在墙面上几秒钟后，再沿墙面平行的方向滑动泥铲。每次抹在墙面上的泥料不宜太厚，以免泥料因重力作用而脱落。抹毕，应用铲子铲平。

B 干式喷涂

它实际为半干法，与湿式喷涂的不同点是：干料与磷酸（或水玻璃）事先不进行混合，在喷枪里各走各的管道，然后在喷嘴出口前混合、喷出。由于用此法喷出的泥料（与磷酸或水玻璃混合后）含水量较少，仅占总量的11% ~14%，不但对砌体的破坏性较小，而且气孔少、耐磨和挂料时间较长。但是，其用具较复杂、笨重，而且干料与磷酸（或水玻璃）在喷出前的配合比不易控制，致使喷出的泥料干湿不均，有时甚至仅有干料喷出或仅有液体喷出的现象，不仅影响喷涂质量而且干料损耗量大，不经济。此外，由于干料与磷酸或水玻璃在喷嘴处接触时间很短，它们之间的反应不充分，并且这种方法不能喷成均匀的薄层，因此都会影响挂料时间。

有的利用磷酸铵作胶凝剂进行干式喷涂。由于磷酸铵具有快速凝固性，为了防止混合后的喷料于喷出前在管内凝固，在喷枪前端设有混合喷嘴，使喷补料在混合后立即喷出。离开喷枪混合器后的喷出管的长度约50 ~300 mm，溶液和耐火粉料自开始相遇到喷出管末端的距离约75 ~350 mm，磷酸铵水溶液流进混合器的管子与混合器轴线成30° ~60°角，刚性管最少为3 m 长，运送粉料到喷嘴的空气压力为0.35 ~0.7 MPa，粉料由一个储料斗用风送到刚性管中，储料斗料面上的空气压力为70 ~200 kPa，磷酸铵溶液进入喷嘴的压力为0.2 ~0.4 MPa。

日本利用新 M 式干式喷泥机（见图6-6-1）进行喷涂，其流程为粉料从加料口8 装入，风从储气罐10 引出，经减压阀3、空气孔21 喷出，进入料罐6 内搅拌粉料，另一部分经阀16 自端头喷出，把粉料自罐底抽出。抽出的粉料量不仅可以用夹阀4 控制，而且可以通过减压阀3 用料罐6 中的压力来调节。风由储气罐10 进入液罐7，把黏结剂压出，经阀17 进入喷枪的溶液管18。粉料由料罐底部喷嘴1 喷出后，进入喷枪料管19，在喷枪头部的混合器中与黏结剂相遇后喷出。这种喷浆机构造简单，出料较匀，本身不存在转动部件，便于维护。

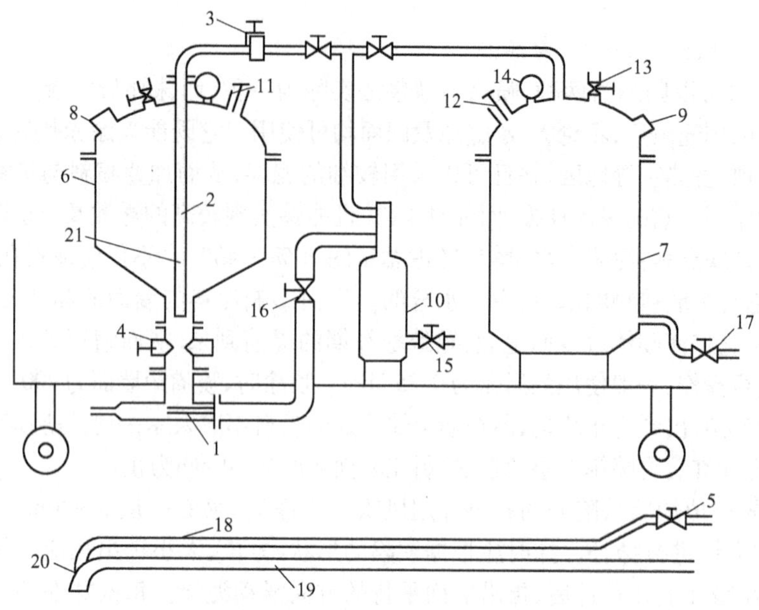

图 6-6-1 新 M 式干式喷浆机

1—喷嘴;2—空气管;3—减压阀;4—夹阀;5—液量调节阀;6—料罐;7—液罐;8—加料口;9—加水口;10—储气罐;11,12—安全阀;13—放气孔;14—压力表;15—空气阀;16—关闭阀;17—溶液关闭阀;18—溶液管;19—料管;20—混合管;21—空气孔

C 焊补法

焊补法是一种新兴的补炉法,它利用火焰将同时喷出的粉料与砌体进行熔融接合,从而起到弥补砌体缺陷的作用。其优点是:焊接处强度高,耐磨性好,故循环检修的周期长;由于它不带水分,故没有湿式喷涂、抹补那种损坏炉墙的情况。但是,它的操作用具多,准备工作与操作步骤烦琐,而且容易出故障;其喷枪构造复杂,操作技术不如湿式抹补易于掌握;特别是焊补速度比抹补低得多,故难于实现跟签补炉。此外,它的应用范围不如湿式喷涂、抹补法广,目前仅适用于炭化室等高温地区的修补,对小烟道等低温区焊补较困难,在高温区也较适用于炉头裂缝、凹面、小洞穴及内部凹陷的修理。

焊补法的工艺流程如图 6-6-2 所示。氧气由氧气瓶 4,在 0.3 MPa 的压力下进入焊枪 1 与由可燃气瓶 5 出来的乙炔(或石油液化气,或丙烷,或焦炉煤气)在焊枪里的混合器中混合,经焊枪本体由喷嘴喷出燃烧。焊料被氧气从料罐 3 中抽出送入焊枪 1,在喷嘴喷出后与火焰相遇,从而熔融于墙面裂缝或凹面处。为防止焊枪在高温下操作时过热,一般在焊枪外面包一层冷却水管 2,通进冷水降温。

焊补法的主要工具是:

(1) 焊枪。它主要由喷头、混合器和枪体组成。枪体内部为料管与燃气管,外部为冷却水套,有的枪体内还设有回火防止阀装置。人工操作的焊枪,枪体长度通常为 2.5 ~5 m,太长将使操作困难。焊枪性能见表 6-6-2。

粉末耐火材料性能:含 $SiO_2$65% ~70%,含 Al_2O_3 18% ~20%,熔点约 1500℃,粒度小于 0.2 mm。

(2) 料罐。料罐如图 6-6-3 所示。它利用氧气喷射的形式把焊料引入喷枪。焊料喷出量可由氧气压力及喷嘴与焊料输出管入口的间距调节。料罐的喇叭口边缘与罐锥底壁之间距离对出料的均匀性影响很大，保持此间距为 20 mm 为宜。

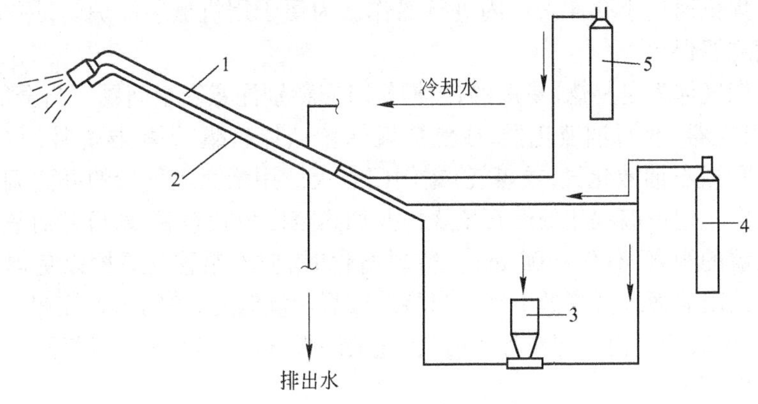

图 6-6-2 焊补系统示意图

1—焊枪；2—冷却水管；3—料罐；4—氧气瓶；5—可燃气瓶

表 6-6-2 焊枪性能

项　目	乙 炔 气	液 化 气
焊枪能力/kg·h^{-1}	约 20	约 20
燃气用量/m^3·h^{-1}	约 5	约 6
燃气压力/kPa	约 100	约 60
氧气用量/m^3·h^{-1}	约 7	约 10
氧气压力/Pa	约 300	约 500

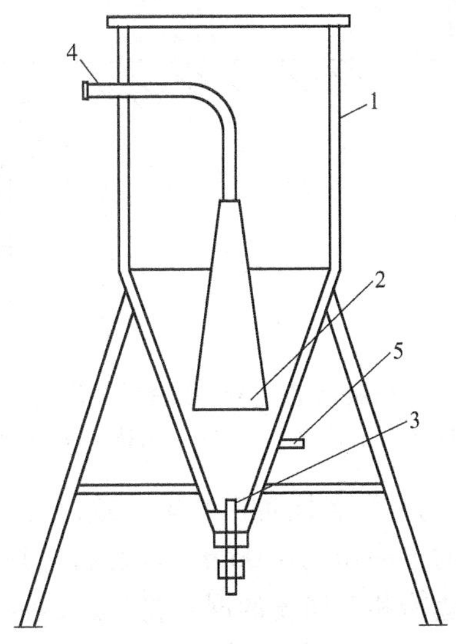

图 6-6-3 一种焊补用料罐

1—罐体；2—喇叭筒；3—氧气喷嘴；4—出料管；5—风力振动管

(3) 焊补用炉门。它是把生产用的旧炉门砌体及槽铁拆除后，在炉门本体的正面从上至下连续割成若干个200 mm×200 mm的方孔，每个孔的正面设置带折页的小门一个。焊补时，打开小门，焊枪通过小孔伸入炉内进行操作。为便于用机械装卸炉门，原有的炉门横铁与吊门用钩槽应予保留。

焊补用可燃气体都是易燃、易爆的，故操作时应特别注意安全问题。当全部焊补用具如氧气瓶、乙炔发生器(或石油液化器，或焦炉煤气管)、焊料罐、焊枪与焊补用炉门都准备好后，可打开乙炔(或石油液化气，或煤气)罐阀门点火。用增大氧气量的办法调整火焰，使它达到最高的温度。把炉墙缺陷处的石墨烧掉并加热至白炽状态后，即可开启氧气旋塞送料，要保持焊枪与墙的距离为60～100 mm。待料熔化时，应不断移动焊枪以免焊肉流淌，并且注意防止焊肉凸出墙面或者高低不平。当裂缝被焊肉填满后，关闭送料旋钮，用火焰继续烧一下焊面，使焊肉表面光滑。焊毕停火时，应先关闭燃气阀，然后再关氧气阀。

D　粉末喷吹法

这个方法适用于焦炉状态较好、墙面裂缝较小的炭化室墙面的修理。对较大裂缝或孔洞的墙面，事先必须用湿式抹补与喷涂法将它堵严后，再用此法修补其余小缝。

某公司将1000～1500 m^3/h的风机与装煤口相连(见图6-6-4)，并在管道上装压力计，把掺有硅石的玻璃粉用0.8 kPa的压力吹入。35 min后，待压力升至1.1 kPa时停风，再加热85 min，使粉末在墙缝中烧结，接着再吹第二次，吹时压力应由1.1 kPa增大至1.5 kPa，为了增加密封效果，在喷吹时，可增加加热系统的负压，待墙面密封后，再恢复至原有压力。

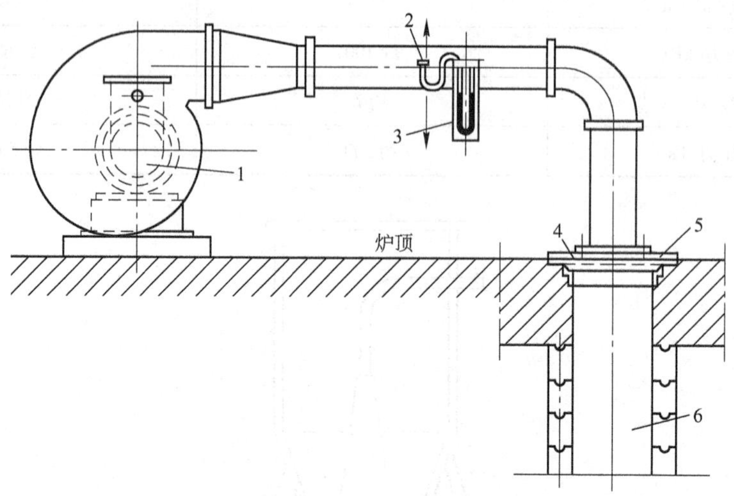

图6-6-4　往炭化室喷吹干粉密封炭化室墙的设备

1—鼓风机送入干粉的进口；2—压力计连接管；3—压力计；4—钢板盖；5—检查孔；6—炭化室

喷吹粉末密封炉墙的原理与方法各国各厂基本一致，只在原料与操作参数上各有差异。例如，波兰某厂用不掺水玻璃的干细粉(ϕ0.06 mm)吹入，当炉内压力增至2～2.5 kPa时停止；比利时某厂是用氧气把陶瓷粉和金属粉的混合物吹入；前苏联克雷夫罗日厂系用H－67硅质火泥通过每平方厘米为4000个筛眼后(剩余物约42%)，加熔剂氯化钠(或硫酸钠，或碳酸钠)，在0.15～0.20 MPa(1.5～2.0atm)下喷吹20 min，喷粉量大约为100 kg，炭化室内的压力可提高到1.5～2 kPa。

6.6.2.3　炉顶部位的维修

A　更换装煤口座砖与铁圈

装煤口座砖或铁圈断裂导致经常冒烟着火时应进行更换。更换时，在结焦末期关闭桥管翻板，切断炭化室与集气管的通路，再打开上升管盖、装煤口盖各一个，从装煤口伸入喷枪对其下部各处裂缝、凹面进行喷涂。然后用撬棍取下装煤口圈与座砖，清除残留的石墨、焦油、灰渣。铺匀用水调制的黏土灰浆，在灰浆上面安置新炉口座砖。座砖的上表面应比相邻炉顶表面低 10 ~ 15 mm。在座砖槽内铺匀黏土灰浆，把新铁圈置于座砖槽里面，铁圈与座砖要靠紧，圈与砖的表面应该平齐，其中心应和全炉相应装煤口中心连线与炭化室轴线的交点相吻合。并用较稀的黏土灰浆灌入四周缝内，盖好装煤口和上升管盖，同时打开翻板。

B　更换看火孔座砖

座砖破碎或铁圈断裂都应随时更换。为防止更换时杂物落入火道里，采用铁制接灰盒接渣（见图 6-6-5）。然后用撬棍拆除坏的看火孔座砖及相邻的枕头砖，消除砖块与灰渣。再沿看火孔的周边均匀铺黏稠的黏土火泥，然后用大砖夹子（见图 6-6-6）夹起新看火孔座砖平稳地落在黏土火泥上。新看火孔座砖的中心应与本身看火孔中心相重合，其高度与相邻看火孔砖一致。接着砌筑相邻的枕头砖，并用稀黏土火泥灌入看火孔座砖、枕头砖的四周缝隙内。对新砌在上升管与装煤口附近的看火孔座砖，需先在拉条沟内填塞保温材料，然后再灌浆，以免烧坏拉条。接着取出盛满碎渣的接灰盒，用浸满水玻璃—黏土灰浆的耐火纤维绳把看火孔铁圈四周缠紧并置于座砖内，铁圈的上部表面应比看火孔座砖表面高 0 ~ 10 mm。

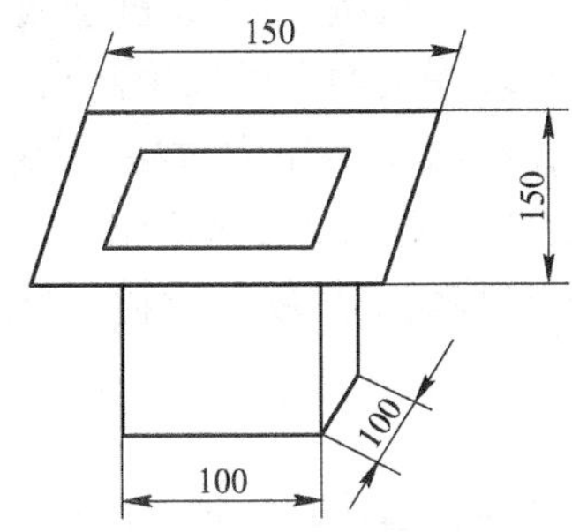

图 6-6-5　看火孔接灰盒

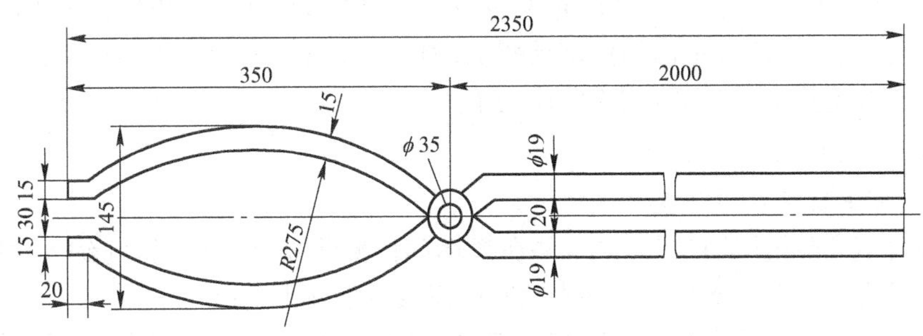

图 6-6-6　大砖夹子

C　抹补看火孔

修理时，于结焦末期打开上升管盖，同时关闭桥管翻板。接着往看火孔内放入用 1 mm

厚钢板制成的杯子，杯子的上部焊有两根具有90°弯的钢棍，用它挂在看火孔座砖上（见图6-6-7）接渣。然后用长把抹子或喷泥机进行修补，补完后取出杯子，盖上看火孔盖及上升管盖，并打开桥管翻板。

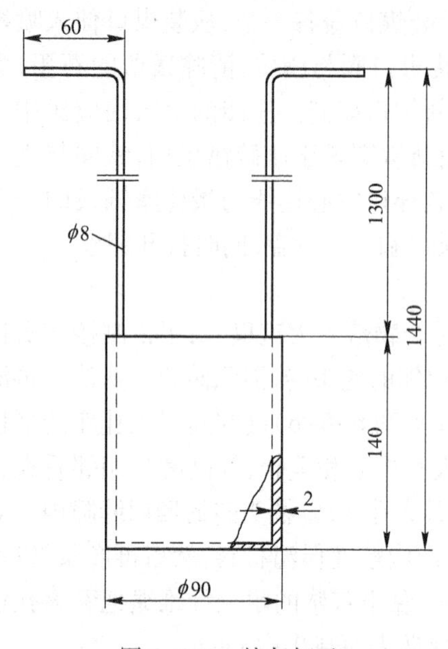

图6-6-7　接灰杯子

D　修理小炉头

先拆除小炉头砌体，抠尽保护板或炉门框上部与内部砌体间的耐火纤维绳与石墨。用浸透水玻璃—黏土火泥稀浆的耐火纤维绳填满间隙内并捣实，在其上部用50%的精矿粉、50%的黏土火泥外加15%的水玻璃拌匀的填料覆盖、抹平。接着对内部保留砌体的砖缝用较干的水玻璃—黏土火泥勾严密，然后仍用黏土砖和黏土火泥砌筑。砌筑时，沿炉柱两侧边缘各留一道垂直缝隙，便于以后再翻修。新砌小炉头正面应与炉柱背面平齐，顶部表面应比相邻炉顶表面低5 mm。

E　清扫斜道、火道

a　机械法

清扫前必须检查工具是否有断裂的情况，以免铁制工具部分脱落并掉进火道内。对斜道内的砖块灰渣，可用铁链子或铁刮刀伸进斜道内，沿斜道长向上下来回清扫。火道与斜道内的砖块等杂物也可以用砖夹子（见图6-6-6）取出，或利用铁钎子把砖块打碎后取出。用钎子打砖时不得用力过猛，以免把斜道捅坏。打碎的砖块如果从炉顶取不出来，可捅到格子砖上，打开蓄热室封墙取出。

对于能被击碎的泥块、砖块及未烧熔的煤粉等杂物，也可以用0.3～0.4 MPa压缩空气，用吸尘器从火道顶部抽出。

b　煤气法

当火道被炭化室漏过来的煤粉堵塞得比较严重，并且这些煤粉已经形成焦炭时，除了依靠钎子凿碎和用吸尘器抽出的办法外，还可以同时兼用煤气法清除。由直径为12 mm的内管通入0.3～0.4 MPa的空气，由直径为31～37 mm的外管引入焦炉煤气。烧嘴距堵塞的焦炭约100 mm左右，这样，火道内的焦炭被燃烧，剩下的灰分被熔融后沿斜道淌进蓄热室格子砖上，然后，扒开蓄热室封墙更换堵塞的格子砖。

6.6.2.4　炭化室底部维修

A　炭化室底部喷浆与灌浆

先将炭化室底砖用压缩空气清扫，并在损坏部位薄薄喷涂一层泥浆（约3～4 mm厚），前一层干燥后再喷涂下一层。以后各次喷补的泥浆层厚度为5～6 mm。

炭化室底各种缺陷是用移动小车装设的喷枪喷补。喷枪的全长应缠上耐火纤维绳（见图6-6-8）。喷补炭化室时，如遇有深坑应当用专门的浆桶灌浆找平。在炭化室深处的损坏部位则用移动小车把浆桶送到炭化室进行灌浆（见图6-6-9）。灌浆时，泥浆要流得很均匀，使浆层薄厚一致。炭化室底喷浆或灌浆后，应烧空炉20～40 min。

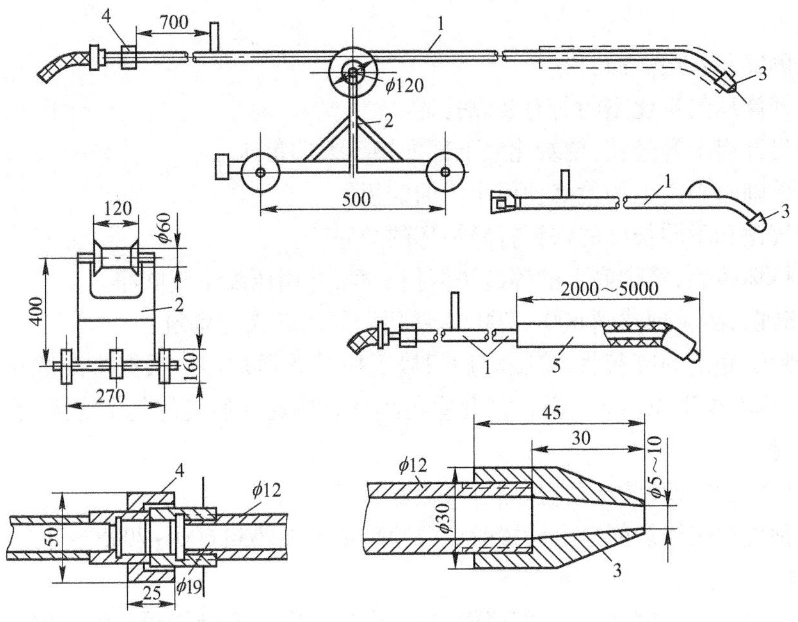

图 6-6-8 喷补炭化室底缺陷用的装在小车上的喷枪

1—喷枪;2—移动小车;3—喷嘴;4—管接手;5—耐火纤维绳

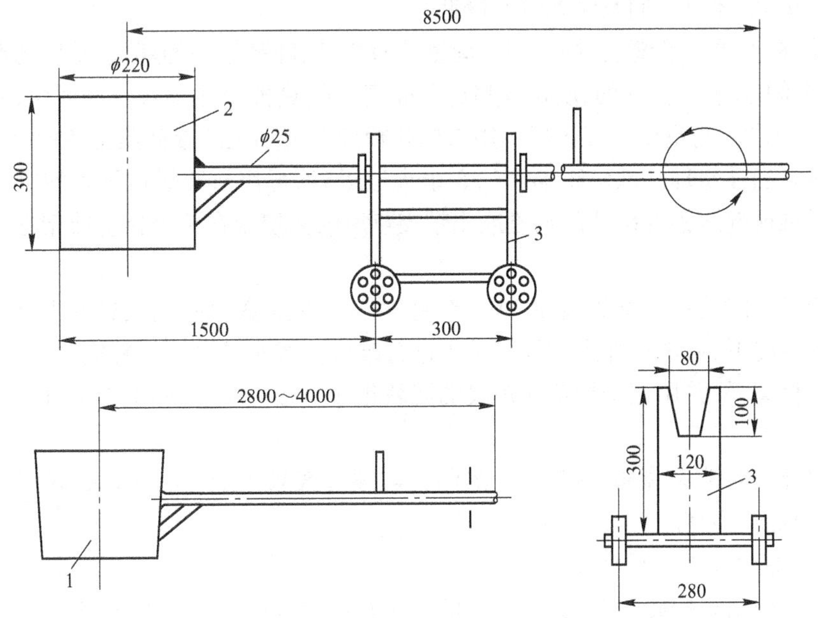

图 6-6-9 灌炭化室底缺陷用的浆桶

1—灌炭化室边部炉底用的小桶,容积 3～10 L;2—灌炭化室中间炉底用的小桶;3—小桶用的小车

B 更换炭化室底砖

以更换焦侧炉底砖为例,其操作步骤如下:

(1) 为了更换炉底砖,在推焦后,将焦侧炉门放到固定架上,并换上临时炉门或带小门

的专用隔热板。

(2) 机侧安装普通炉门。

(3) 打开修理的炭化室的所有装煤孔盖。

(4) 适当开启上升管盖,使炭化室下部保持不大的负压。

(5) 取下临时炉门上的检修预留小门的盖板。

(6) 用气锤和不同长度的铁钎打碎损坏的炉底砖。

(7) 除掉坏砖后,将炉底上的碎砖块清扫干净,并用压缩空气吹净。

(8) 砌砖前,砖应预热到600~700℃,并用调好的硅火泥砌筑。

(9) 清除炉底上的废灰浆,将临时炉门摘下换上普通炉门。根据换砖量及炭化室冷却程度,空炉加热不少于40 min。此时炭化室与集气管接通并使荒煤气倒灌入炭化室内,以便再次用石墨封闭。

(10) 打开上升管和装煤孔盖,进行炭化室装煤。

炉底砖预先在焦侧炉间台上设置的专门预热炉内加热到600~700℃。

C　炭化室墙面裂缝、凹面的修补

炭化室墙面,特别是炉头部位的墙面,在生产过程中由于受机械和温度应力不断地作用而逐渐损坏,由于湿法喷涂对硅砖墙面具有一定的损坏作用,故新建的焦炉在开工的5年或7年内不宜采用这种方法修补。只有当这些破面或裂纹进一步发展后,为了防止气体窜漏和缺陷继续扩大,才对它们及时地进行修补。

修补前,应对这些裂缝、剥蚀处进行周密的检查,以确定修理的部位、范围与数量。一般说来,修理时间超过10 min的,应设置超过2 m高的隔热板挡住焦炭或相邻墙面;修理时间超过1 h的,应沿炭化室全高在炉门口用长柄托板砌一道黏土砖或硅藻土砖挡墙或推入一块活挡板隔热。当被修理的缺陷距端部约5个火道远时,可用从装煤口置入的钢吊梯托住缠有高硅氧纤维或硅酸铝纤维毡的喷枪或用带支点肘的大铲架在钢吊梯上或架在钢架上进行抹补。

对于装煤口附近炭化室的墙面凹陷、裂缝与孔洞,应在关闭炉门及打开上升管同时关闭桥管翻板的情况下,从炉口伸入喷枪与铲子进行维修。每次喷涂或抹补完毕时,应用铲子铲平或用砂轮机磨平,并用耙子把落在炉底的泥料耙净。接着关上炉门,空炉干燥1 h后再进行装煤。

由于焊补法对消除端部1~2火道的凹面与裂缝效果比干、湿式喷涂与抹补好,因此如条件允许,用焊补为宜。

D　炭化室墙面孔洞的修理

炭化室墙面出现掉砖与孔洞时,由于损坏的面积较小(约1~2块砖的面积),修理时间较短,可按以下两种方法处理:

(1) 砌入法。推焦后,待空炉两侧燃烧室温度降至600℃左右时,打开一个炉门和一个装煤口盖,操作者身着铝箔衣、防热服等,迅速进入炉内量出洞穴尺寸,按尺寸加工预热好的砖,在砖上打灰后,再进入炉内把砖砌入洞内。接着勾缝、关上炉门,然后升温、投产。

(2) 焊补法。在焊补前,用长柄托板把加工好并且已预热的砖块推进洞内,然后按照前述的焊补操作程序进行焊补。

E 修补底脚砖

炭化室底脚砖不严密将导致大气中的冷空气漏进斜道内,使端火道温度下降,不但造成炉头砌体破裂,而且使焦炭难以成熟,应该及时处理。

当底脚砖外部有缝隙时,可用水玻璃调制的黏土火泥在其正面进行勾缝。当底脚砖内部有缝时,必须用撬棍把底脚砖全部扒除,直至露出斜道正面后,用水玻璃—黏土火泥对所有裂缝(包括空灰缝)勾严,接着用水调制的黏土火泥稀浆将底脚砖砌好。

6.6.2.5 蓄热室部位的维修

A 蓄热室封墙的维修

检查封墙严密性最常用的方法是用火苗试漏。处理封墙的缝隙一般都是采用勾缝的方式,即先抠净缝内、外的旧泥块,然后用水玻璃调制的黏土火泥混入10%的耐火纤维绒做成的泥膏压进缝内,其中耐火纤维绒具有防止泥料干缩开裂的作用。对细小的裂纹一般采用水玻璃调制的黏土火泥稀浆刷涂。实践证明,利用可塑料对封墙进行捣制,裂纹少、强度好。

封墙产生大面积变形或内衬与外表面脱离时应拆除重砌。拆除工作应迅速,避免蓄热室内部砌体降温太多。封墙拆完后,应利用薄保温板或高硅氧纤维缝合毡等遮住格子砖正面,防止冷空气侵入。如果格子砖顶部有砖块等杂物,则用可拆卸的多节单钩或吸尘器除去。然后取出薄保温板或高硅氧纤维缝合毡,接着砌筑封墙。砌时要求灰浆饱满,里封墙必须经二次勾缝后再砌外封墙,里外封墙应相互咬合砌筑。具有隔热罩的蓄热室一般是把罩四周的缝隙里的耐火纤维绳与泥块抠出重新进行密封,单、主墙端部有裂纹(缝)或隔热罩内部砌体松动不严时,则需要拆除隔热罩进行修理或密封。

B 喷补小烟道

当焦炉用焦炉煤气加热时,不论喷补煤气或空气蓄热室都可以在上升气流进行,因为上升气流小烟道温度较低、气流清洁,便于观察喷补操作情况。用高炉煤气加热时,喷补空气小烟道仍可在上升气流进行,但喷补煤气小烟道则应在下降气流进行,以防煤气中毒。

喷补操作是在刚交换后进行的,先由交换机工切断电源,依不同的炉型可从废气盘盖板或从测压孔、清扫孔处喷入用水玻璃调制的黏土火泥稀浆,风压保持在0.15~0.2 MPa之间,喷涂时要注意防止把泥浆喷到箅子砖及格子砖上。

对需要抹补的,可在先喷一层稀浆后,用铲子将配有黏土火泥及黏土熟料各50%,外加10%水玻璃调制的泥料,或用15%的硫酸铝以清水稀释为相对密度为1.3的溶液代替水玻璃调制上述配比的泥料抹补。

C 砖煤气道修理

检查砖煤气道一般是在炉顶打开下降气流看火孔盖观察,当发现砖煤气道口(灯头或烧嘴)截面积较小或不呈圆形时,说明石墨在砖煤气道口堵塞;如它与相邻上升气流灯头(或烧嘴)同时冒红火苗,说明煤气从上升气流砖煤气道往下降气流砖煤气道窜漏;当上升气流灯头(或烧嘴)不着火或火焰显著短小时,说明砖煤气道可能被石墨(或杂物)堵塞或者有裂缝存在;若在蓄热室封墙用玻璃片盖住打开的测温孔或清扫孔观察,发现从主墙(砖煤气道墙)向外冒红火苗,说明此处有裂缝;打开下降气流立砖煤气道后堵(或横砖煤气道堵)用玻璃片紧贴管口观察,若发现有红火苗,说明砖煤气道窜漏。

消除砖煤气道堵塞一般是采用疏通的方法,但被石墨堵塞的还应该从密封砖煤气道的裂缝着手解决。消除砖煤气道煤气窜漏多采用喷涂和抹补。

喷涂法是修理下喷式砖煤气道裂缝的主要方法。它所用的泥料一般为黏土火泥，有的厂则使用50%的低温硅火泥与50%的黏土火泥混匀后的泥浆。为了防止泥浆喷进砖煤气道内干后收缩产生的起皮现象，上述两种泥浆配方均宜掺入占总量40%而粒度为1 mm的黏土熟料。配制时，将干料用1 mm孔筛筛选，通常，按1份体积的干料兑入2份同体积的清水搅拌均匀。对较宽的裂缝，泥浆宜稠些，可适当减少加水量，反之，泥浆宜稀些，而需要增加加水量。

在喷补操作前，应和交换机工联系好，于每次交换前通知操作者暂停工作，以免发生事故。接着拆卸下降气流的煤气立管端部丝堵，用直径为10 mm、长为6 m左右的钢棍与多节钎子、铲子伸入砖煤气道内将石墨或杂物捅掉。若砖煤气道被石墨堵死时，可打开立管丝堵，利用自然通风烧灼和钎子清扫相结合的方法解决，必要时也可以通压缩空气烧掉，待管内杂物全部清除干净后就可以进行灌浆。灌浆一般先用布堵塞小横管或其间的煤气喷嘴（或孔板），接着在立管上用麻布从上往下缠几圈，把胶皮管套在缠布的立管上，这样做可以避免在喷浆时胶皮管从立管上往下滑落，在胶皮管的另一端与喷浆机相连接。

打开喷浆机有关旋塞，用压缩空气把黏土火泥稀浆压进砖煤气道内，同时打开有关看火孔盖及蓄热室顶部测温孔盖观察，如发现泥浆漏到其他砖煤气道或蓄热室内，或者喷浆机所使用的风压不能保持在恒定的数值而不断下降时（说明浆液由裂缝漏出），应适当增加泥浆的稠度并且对该砖煤气道分多次喷涂。喷浆的风压要依泥浆的稠度与喷涂的高度而定，一般泥浆稠度大或者缺陷的位置较高，风压应大些，反之则小些，对于4 m高的炭化室而言，风压通常保持在50 ~ 100 kPa之间。要严格禁止把泥浆喷进火道内。

喷浆完毕，经检查确认不再发生窜漏现象后，取出堵塞小横管或喷嘴的布块，卸下胶皮管和缠在立管上的麻布条，用多节钎子伸入砖煤气道内上、下往复清扫，待确认畅通无阻后，拧紧立管端部丝堵。

D　喷补斜道

斜道区产生裂缝使得煤气斜道与空气斜道之间、端部斜道与外界大气以及斜道与砖煤气道之间的气体互相窜漏。通常空气斜道内漏进煤气或煤气斜道内漏进空气都能在各自的斜道内燃烧而形成“白眼”，它将减少进入火道内的煤气量，导致温度下降。由于斜道的缺陷和横砖煤气道的缺陷一样都难以修理，故在喷涂时应特别慎重。

喷涂前，应把高炉煤气更换为焦炉煤气加热，由于上升气流比较清晰，通常在上升气流进行，如焦炉煤气加热设备不齐全或者不存在这种加热设备，则只能关闭高炉煤气加减旋塞进行。首先，拆除测压孔砖，用蓄热室格子砖盖板盖住喷补区的格子砖，把喷枪（或抹子）对着斜道缺陷喷涂（或抹补）。喷（或抹）完毕后，取出格子砖盖板，砌好测压孔砖并恢复生产状态。

E　蓄热室格子砖清扫

吹扫前，应先将用高炉煤气加热改为用焦炉煤气加热，然后把直径为12 mm的单节长管或带活接头的多节短管通过蓄热室封墙不同高度的清扫孔伸进蓄热室内，管的后端用橡胶管与风源连接，前端上部开一个直径为3 ~ 4 mm的小孔，压缩空气经过小孔进入炉内吹扫格子砖。通常在上升气流时，从下面清扫孔向上吹；下降气流时，从上面清扫孔或测温孔向下吹。对仅有高炉煤气加热的焦炉在吹扫煤气蓄热室时，必须暂时停止往蓄热室供应煤气，从下面向上吹扫，否则只允许在下降气流时从上向下吹扫。操作时，风管端部的小孔应对正上

(或下)面的格子砖往复前后移动,不许对着单、主墙吹扫,以免将灰缝吹空。当上(或下)面随风管移动的相应位置有灰尘飞扬,说明此处格子砖畅通。待继续吹到看不见灰尘飞扬时抽出风管,恢复正常生产状态。如果某些部位始终未见到吹起灰尘,说明此处格子砖有堵塞的可能,需要打开封墙清扫更换格子砖。

在蓄热室封墙砌体和隔热罩上,没有吹扫用预留孔的,必要时应卸掉隔热罩,并在第7~8层砖标高处耐火砖及断热砖拆除高100~150 mm,通过形成的孔洞进行补充吹扫。吹扫后,孔洞用砖堵死,安装和严密隔热罩。蓄热室顶层异形格子砖的清扫采用外径18 mm的吹扫管。该管分三节,用管接头连接组合,管端焊死。在前段的管段侧面钻6个直径5 mm的孔。吹扫管通过蓄热室测温孔插入,进行吹扫。

6.6.3 燃烧室翻修

燃烧室损坏首先从端火道开始,逐渐向内部火道蔓延。当火道(尤其外表面)产生剥蚀、凹陷、错台、变形、裂缝、穿孔甚至倒塌,而用一般喷涂、抹补、熔焊与矫直等方法不能修理时,应对立火道进行挖补或翻修,即对损坏部位拆除重砌。

立火道在热态下拆除重砌实际上并不是在真正的热态下修理,而是通常所说的局部冷修。

6.6.3.1 炉头火道挖补

在装煤初期打开预修侧炉门,扒除焦炭至修理部分全部露出为止。紧靠余留焦炭,用黏土砖(或硅藻土砖)干砌挡墙,挡墙外表面抹一层黏土火泥稀浆。也可采用活挡墙,活挡墙两侧应用浸透黏土火泥浆液的耐火纤维绳塞严。挡墙或活挡墙的外面再覆盖一层高硅氧纤维毡或硅酸铝纤维毡。修炉期间挡墙外的火道应停止加热。接着打碎并拆除预修火道第1~3层墙皮砖,掏尽火道及斜道内的杂物,用铁板或砖块盖住火道底部,防止拆除时落下的砖块砸坏鼻梁砖或掉进斜道里。然后从墙面缺陷的上部用手锤逐层、逐块往下拆除,禁止用大锤猛击砌体,以防损坏保留部位。拆完后,清扫落入火道底部的砖块和火泥。由于保留砌体与新砌墙的结合处不易加固,为防止损坏保留砌体,一般在挖补时不进行抠茬。

由于砌筑过程中可能会往火道内掉进杂物,在砌筑开始时,把第一层墙皮砖砌成“活砖”。砌“活砖”时,不要将砖舌割除,而是将砖沟面的一侧割除,这样可以保证“活砖”不致在推焦时被推到燃烧室里面去。凡所砌的新砖表面应与旧墙面平齐,严禁出现反错台,以免造成推焦困难。当砌至顶部与旧砌体相接处,切去最上面一层新砖的水平砖沟的一侧后打灰砌入,并留出适当的水平膨胀缝(挖补的高度低于1 m者可不留),新砌砖在水平方向的长度超过1 m时也应逐层留出适当的垂直膨胀缝。接着抽出“活砖”,取出斜道上的铁板与上面的杂物,把“活砖”打灰正式砌入。用较干的磷酸泥把大于5 mm的缝隙勾严,小缝则用喷浆法密实。然后拆除邻墙保温装置与格子砖盖板,合上炉门利用邻墙传递的热量升温。被挖补的火道温度达到700℃以上方可送入焦炉(或高炉)煤气。为了防止新砌体因升温过快而劈裂,在拆除邻墙保护装置时,不能拆除挡墙(或活炉门),它应在新墙温度恢复正常后,于推焦前半小时撤出,最后推焦、装煤。

硅质炉墙挖补的关键问题之一是膨胀缝预留得是否适当。为了解决新旧砖高向膨胀差值需预留水平膨胀缝的问题,在顶部集中膨胀缝里填塞相应厚度的木板或硅酸铝、高硅氧纤维,这些东西都富有弹性,有利于砌体膨胀。随着炉温的升高木板会炭化以至烧掉,其空隙为砌体胀满，硅酸铝或高硅氧等纤维在1000℃下不会烧掉，它将通过渗进的石墨和炉墙连接成一体，故其膨胀缝应比每米0.3%稍大些。

为了解决新旧砌体在水平方向的膨胀差异而设立的垂直膨胀缝，随各直立灰缝的密实度的不同而各异，在直立灰缝都十分密实的情况下，可按新砌体长度0.3%左右预留膨胀缝。不过，热修的操作环境恶劣，砌体的直立灰缝多不密实，故膨胀缝应依具体情况适当留出。垂直膨胀缝的位置通常预留在新旧砌体的结合处，用相应宽度的黄板纸填塞。若用硅酸铝或高硅氧纤维等材料充塞，则膨胀缝也应在原基础上适当加宽。

6.6.3.2　多火道或整个燃烧室翻修

翻修前先确定翻修工程量，准备足够数量的耐火材料及其他材料，列出详细工作项目、施工顺序和进度表。

翻修程序如下：

(1) 缓冲炉与半缓冲炉设置可参照图6-6-10。空炉炭化室内设置挡墙，并将上升管设金属堵板，以切断炭化室与集气管联通，停止加热待修的燃烧室，而修理号相邻的燃烧室需加热。

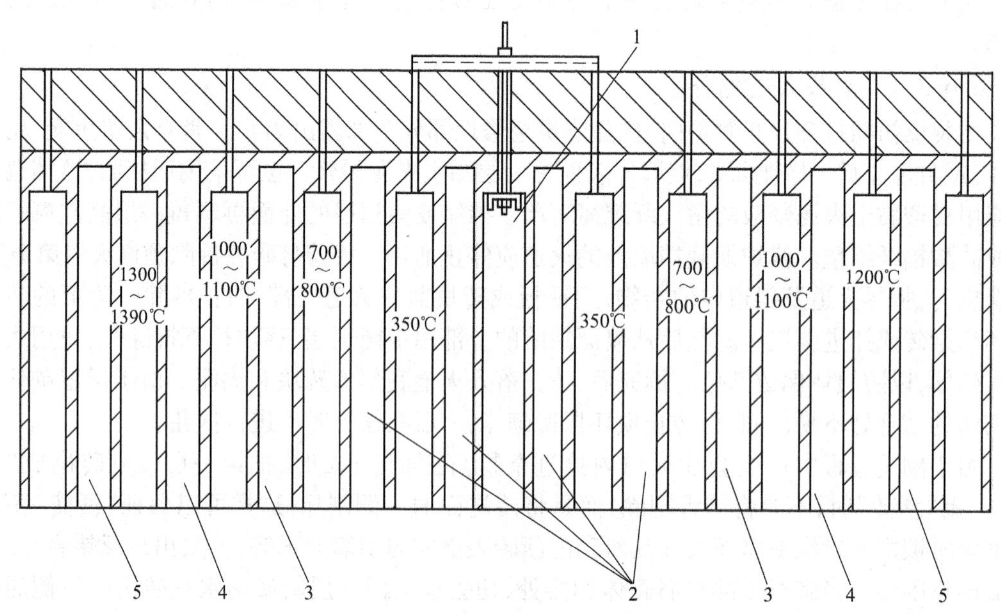

图6-6-10　单个或多个燃烧室多火道低温保温翻修温度分布图

1—翻修燃烧室；2—空炉；3—焖炉；4—缓冲炉；5—正常生产炉

(2) 加固煤车轨道。当预修的火道接近或超过煤车轨道时，为了保护轨道下面的砌体不因冷缩后受煤车的重力影响而发生错位，一般采用大型工字钢及垫板对预修侧的煤车轨道进行加固，如图6-6-11所示。

(3) 温度管理。推空炉时即开始降温，并且焖炉号也在此时装最后一次煤。按表6-6-3规定的速度分别降至图6-6-10所示的温度后，就不再下降而处于保温状态。唯有预修火道在安置好挡墙后(整个燃烧室翻修不设挡墙)开始停止供应煤气，并从700～900℃起继续降温，直至接近常温为止。

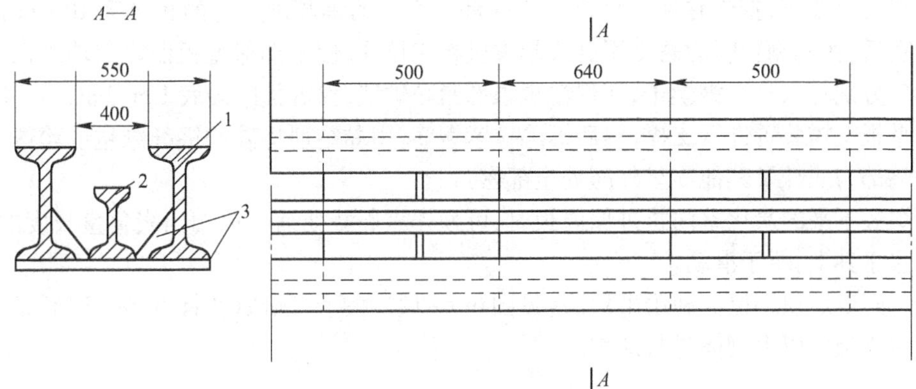

图 6-6-11 装煤车轨道加固图

1—大型工字钢;2—煤车轨道;3—钢板

表 6-6-3 翻修火道时各火道降温速度

温度范围/℃	降温速度/℃ · d^{-1}	降温天数/d
1350 ~ 950	200	2
950 ~ 700	125	2
700 ~ 500	100	2
500 ~ 300	50	4

(4) 铁件管理。在降温前应挑开拉条沟盖砖,清除沟内杂物及保温材料,使拉条能自由串动,并且拆除小炉头,断开炉体与操作平台、炉柱与操作平台的连接点,以免妨碍炉体收缩。在降温期间,大弹簧组与小弹簧均应保持最大吨位促进炉体收缩。

(5) 保留砌体和蓄热室格子砖的保护。对多火道翻修时,需安置挡墙。对整个燃烧室的翻修,由于不存在保留火道,故不需要设置挡墙。

不论翻修多火道或整个燃烧室,都需安置蓄热室盖板,以保护格子砖;也可在相邻墙面保温并密封后进入炉内,于每个预修火道按挖补火道的方法在墙底部打洞,用铁板或砖块盖住斜道口。

(6) 翻修号相邻墙保护。当预修火道停止供应煤气,并在相邻燃烧室火道温度降至350℃后,可采用支撑装置把高硅氧纤维缝合毡从炉端向内逐块固定在紧靠炭化室盖顶砖的邻墙上。并用槽钢把其下端压在紧靠邻墙的炉底上,靠炉头的第一块缝合毡可用高温黏结剂或水玻璃—黏土火泥浆液黏结。挡墙外侧用硅酸铝纤维毡或高硅氧纤维缝合毡及高温黏结剂(或水玻璃—黏土火泥稀浆)覆盖。

整个燃烧室翻修时,当相邻燃烧室温度降至不低于600℃时,打开焦侧炉门,在拦焦机与炉体之间置入一个顶面与炭化室底标高一致的平台,用预装在拦焦机上的滑轮将大保温板吊起,使硅酸铝纤维毡面向邻墙置于平台上。打开机侧炉门并伸入推焦杆,待推焦杆端面伸至焦侧炉肩处,将保温板斜焊在推焦杆头的正面上,即保温板的顶部靠近预修燃烧室,其底部靠近邻墙。接着推焦杆往回拉一段相当于保温板宽度的距离后停下,此时第一块保温板已进入炭化室内。然后将第二块保温板吊起并和第一块保温板焊接,推焦杆再拉回相同的距离,如此依次将全部保温板(8 块)拽进炉内。接着割开推焦杆与第一块保温板的焊口,移去推焦车与火架车，把焊在距炉底高 2. 1 m 和 3. 5 m 的焦侧炉柱上的直径为 10 mm 钢筋穿过炭化室后，在机侧相同的高度用链式起重机将它拉紧，使全部保温板贴靠邻墙表面。再从各装煤口分别打入一个钢楔子，使保温板顶部紧贴炉墙，保温板距炉底 1 m、2 m、3 m、4 m 处，分别用平板支撑装置进行支撑，然后拆除拉紧钢筋，用黏结剂将硅酸铝纤维毡或珍珠岩砖把邻墙的端部与底部及其他零星外露处全部密封。

往炉底不平的炭化室内拉进保温板时，可预先靠邻墙处铺一根相当炭化室长度的槽钢，保温板置于其上，便于滑动。

(7) 固定炉顶部位。利用吊顶法（见图 6-6-12）和侧支顶法（见图 6-6-13）相结合的方式把火道盖顶砖以上砌体进行加固。

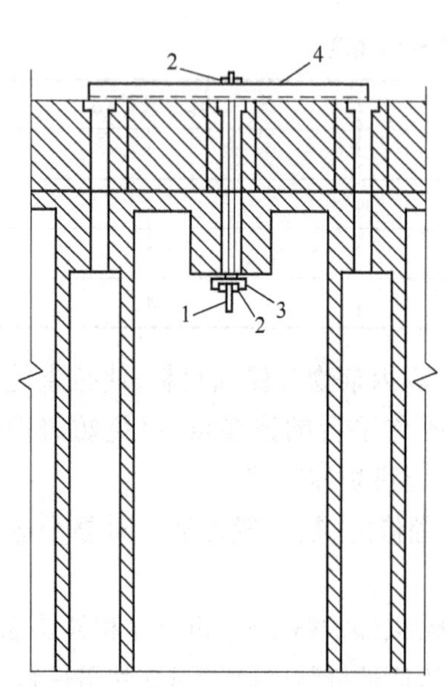

图 6-6-12　翻修火道吊顶示意图

1—双头螺栓；2—螺帽；3—10 号槽钢；4—14 号槽钢

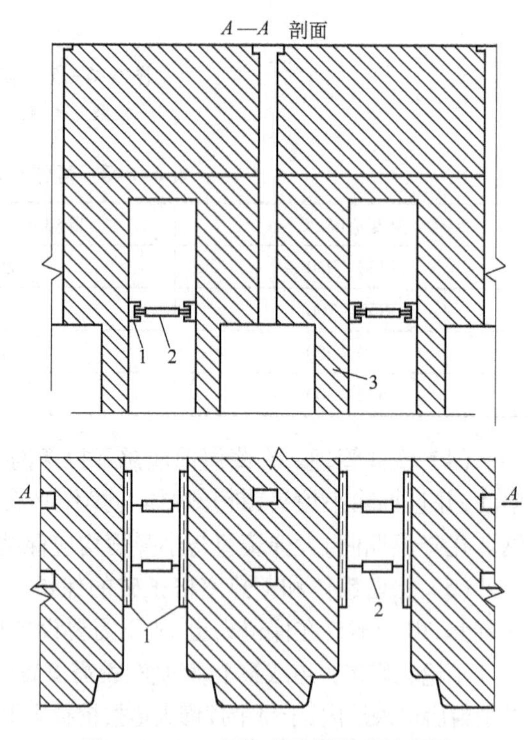

图 6-6-13　翻修火道侧支顶示意图

1—8 号槽钢；2—平板支撑器；3—翻修火道

(8) 拆除、砌筑与保温。拆除、抠茬、砌筑与拆除炉顶加固等均与端火道不揭顶翻修相同。多火道翻修的关键问题之一是挡墙内部附近砌体因温度下降太多而形成大裂缝，可以逐块取下靠邻墙的挡墙砖，待用较干的磷酸泥将缝勾严后，再把挡墙恢复原样。

保温毡拆除，可人工进行。整个燃烧室翻修时邻墙大保温板的拆除是把推焦杆伸至机侧炉肩并与端部保温板焊牢，接着拽回一节保温板，割开焊口，同时合焦侧炉门。再拽，再割，直至将全部保温板拽出后，合上机侧炉门。升温的步骤、升温过程中的工作及恢复正常生产的程序与多个燃烧室多火道翻修的方法相同。

6. 6. 3. 3　揭顶翻修火道

A　准备阶段

准备阶段包括以下几个工作：

（1）确定翻修范围，编制施工方案。

（2）预砌。预砌是检查砖号是否齐全及砖的加工量。

（3）空炉、焖炉、缓冲炉的安排。按照图 6-6-10 所示，除在全部预修燃烧室之间都设置空炉外，在两个边预修燃烧室的外侧依次各设置 1 个空炉，1 个焖炉和 2 个缓冲炉。其中第一缓冲炉的结焦时间为 48 h，第二缓冲炉的结焦时间为 24 h。焖炉通常是在推空炉的同时装煤并在整个修炉期内不出焦。

（4）煤车轨道的加固。煤车轨道加固如图 6-6-11 所示。

（5）更换为焦炉煤气加热。

（6）防雨措施。可因地制宜设置防雨措施。

B　降温阶段

降温阶段主要有以下几个工作：

（1）推空炉与温度管理。推空炉按推焦相邻两侧尽可能是空炉或满炉原则进行。推空后开始降温，在 2 ~ 3 天内将空炉两侧燃烧室温度降至 700 ~ 900℃。缓冲炉两侧按图 6-6-10控制。接着往各空炉内分别推入一个活挡墙或从装煤口用成捆的硅藻土砖各干砌一个挡墙，将修理区与保留部位隔开。然后停止供应预修火道的煤气，继续降温。

（2）蓄热室格子砖的保护。当相邻燃烧室和保留火道的温度都降至 700 ~ 900℃后，拆除蓄热室封墙顶部测压孔座砖，将格子砖盖板置入，覆盖与翻修火道相对应的格子砖，然后按原样砌好测压孔座砖及测压孔。

（3）护炉铁件管理。除按 6. 6. 3. 2 节所述外，当炉温降至 700 ~ 900℃时对修理区护炉铁件进行加固。如图 6-6-14 所示。

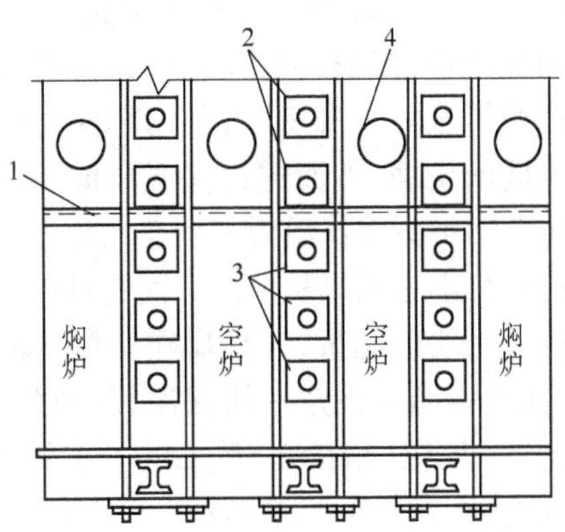

图 6-6-14　揭顶翻修火道护炉铁件加固图

1—加固用槽钢；2—保留火道；3—翻修火道；4—装煤口

（4）与预修号相邻的墙面和保留火道的保护。其保护方法如图 6-6-15 和图 6-6-16 所示。

C　拆除

当内部火道降至 900℃（边火道此时应大于 700℃）时开始拆除。首先拆除各空炉盖顶砖以上砌体。开始拆炉顶时，必须将两个与焖炉相邻的空炉内填进一半高度的废砖。在炭化室盖顶以上砌体全部拆完后，对看火孔部位的相邻砌体用中保温板、支撑装置进行保护。与焖炉相邻的空炉盖顶砖拆除后，应迅速往炉内逐块安置保温板，覆盖两侧邻墙上半部，各

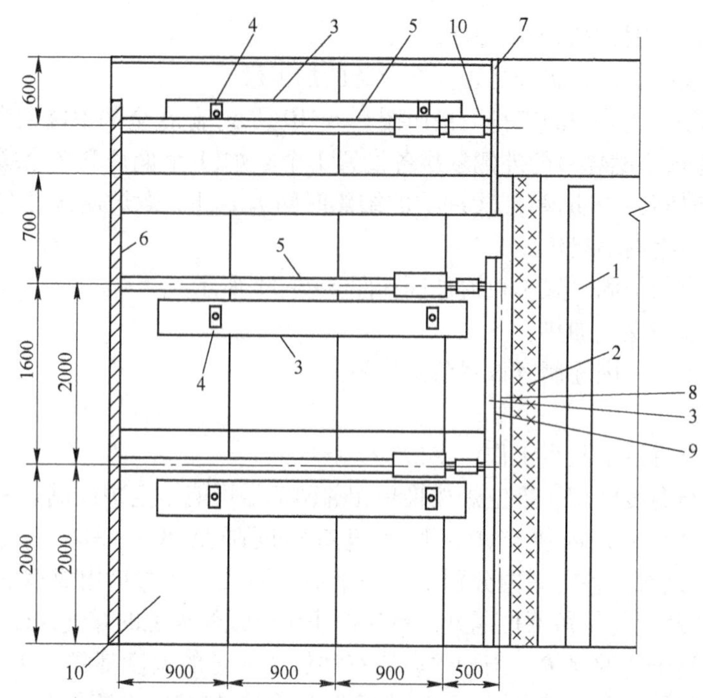

图 6-6-15　揭顶翻修多火道时对保留部位的保护侧视图

1—活挡墙；2—二道挡墙；3—铁跳板；4—纵支撑装置；5—横支撑装置；6—保护板；
7—8 号槽钢；8—保温板；9—最外边保留火道隔墙；10—保温板

保温板均用铁线拴在横拉条上。接着拆除中间各空炉盖顶砖与燃烧室，当各燃烧室拆除 6 ~ 7 层后，用套筒支撑装置将两侧邻墙保温板固定。此时，可打开不具备保温板的空炉炉门，继续拆除各燃烧室，当将它们均拆至一半高度时，利用套筒支撑装置、保温板和平板支撑装置，分别对最外边保留火道隔墙的正面、侧面进行保温与横、纵支撑。接着打开具有保温板的空炉炉门，用硅酸铝纤维毡粘贴炉头及保温板未覆盖的地方，使邻墙上半部都达到严密保温的状态。在拆除下半部砌体时，不是采取从上向下而是从外向里进行，当各燃烧室端部两个火道拆完后，立即从炉门送入两块保温板，各贴靠在两侧邻墙端头下半部，并用支撑装置固定，再向里扒两个火道，再在两邻墙各固定一块保温板，如此依次将邻墙下半部全部覆盖完为止。接着迅速对最外边保留火道隔墙的正、侧面的下半部进行与前述相同的保温与横、纵支撑，用硅酸铝纤维毡覆盖挡墙（或二道挡墙）及邻墙端部等外露部位。

待砌体的拆除、保温与支撑工作妥善完成后，应对砖煤气道、斜道用钎子、吸尘器或撮子进行清扫。

D　砌筑

砌筑包括以下几个工作：

（1）炉头正面位置的确定。每个燃烧室生产时伸长量及降温后收缩值均不一样，因此新炉炉头正面线不能强行统一在一条直线上。通常炉头正面线的缩进值可以按每米缩 0.3% 左右。

（2）火道隔墙砖的位置。由于新砌炉头正面按旧炉头正面缩进一定距离砌筑，故端火道隔墙中心与其下方（斜道最上面一层）的斜道隔墙中心也会缩进一定距离，自此火道愈往里，其上、下隔墙中心相差的距离愈小，最后达到完全重合为止。但是不论什么情况，都要禁止压斜道口和妨碍调节砖、烧嘴的更换与调节。新砌体的直立灰缝已因保留部位（斜道区）的伸长而比设计要求的灰缝宽度大，特别是愈往端火道愈明显。

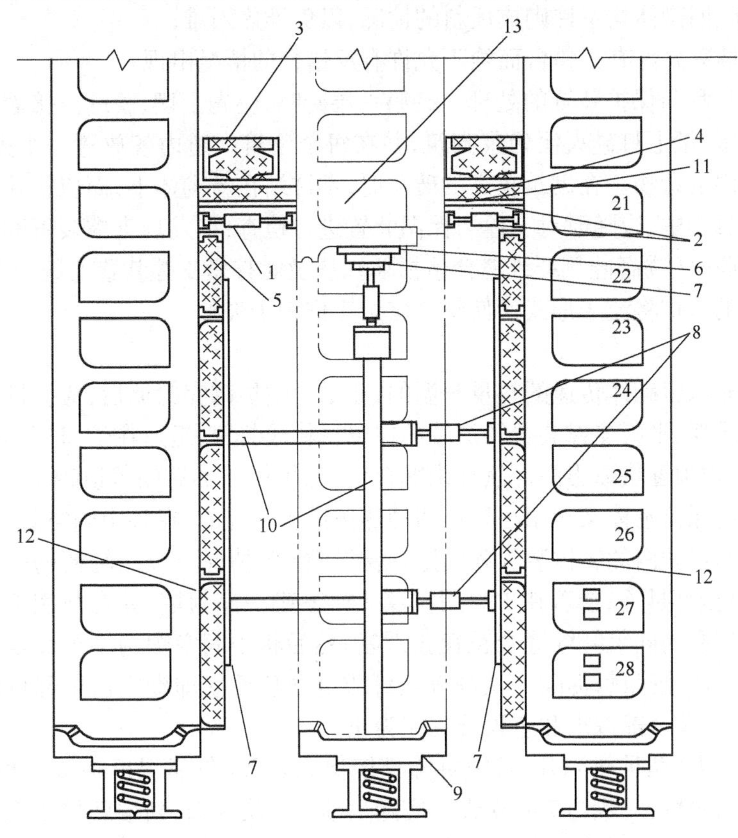

图6-6-16　揭顶多火道翻修炉墙保护俯视图

1—平板支撑器；2—8 号槽钢；3—活挡墙；4—第二道挡墙；5—大保温板；6—保温板；7—铁跳板；8—套筒支撑装置；9—大保护板；10—ϕ100 mm 木杆；11—硅酸铝纤维毡；12—邻墙；13—最外边保留火道

（3）新砌燃烧室的宽度与中心线位置。新砌燃烧室的炉头中心线应与保护板或两相邻炉框的中心线相重合；在和旧砌体相接处，新砌内部火道中心线应与保留火道的中心线相重合。

（4）炉肩正面垂直度的确定。应按立缝为 3 ~ 6 mm 预量出顶部炉头正面砌后的位置与已砌筑的第一层炉头砖正面拉线，确定炉头正面垂直度，砌前将这条线与保护板的间距分段量出后标在保护板上。

（5）卧缝与接茬缝的处理。由于新砖比旧砖低，故每层新砌体卧缝应大于保留的旧砌体，其数值应以新旧砌体能达到咬合砌筑为度，此外，还应要求新砌体同一层砖的卧缝厚度大体一致。由于新墙在接茬处的温度高于炉头，故所砌新墙的每层砖都是自接茬处起愈往炉头愈低，当砌至炭化室最上面一层砖时，炉头部位应比相邻燃烧室炉头相应部位低 45 ~ 50 mm（4 m 高焦炉）。这样，当升温投产后，新旧砌体膨胀完毕时，新砌体与旧砌体的相应部位都会达到大致相同的标高。

（6）炭化室宽度与墙面平直度、垂直度。在砌筑时必须做到以下三点：

1）翻修焦侧多燃烧室多火道时，新砌各炭化室各点的宽度应不小于设计尺寸，翻修机侧多燃烧室多火道时，应恰相反；

2）不论新、旧砌体均不许砌成反斜的情况，以免推焦困难；

3）新、旧墙只允许有正错台而绝不允许有反错台的情况出现。

（7）砌筑过程与保护装置的处理。砌第一层砖时，应先干摆、验缝。接着在下方铺一层油毡纸或黄板纸，纸上打硅火泥稀浆砌筑，并在每个砌筑火道内各放置一个火道盖板，用以承接落入火道内的杂物。在砌筑较高的砖层时，不许站在新砌体上，而应搭跳架站在跳板上砌筑。在砌筑过程中，应随时对支撑与保温装置进行检查，如发现支撑装置和保温板松动或密封的填充物脱落（或高硅氧纤维缝合毡损坏），应及时拧紧支撑装置或进行密封，否则对邻墙及保留火道的保护将流于形式而使整个修炉工作归于失败。

E　升温阶段

凡是仅依靠保留砌体传递的热量升温的，在中间空炉砌完封墙后，应立即拆除与焖炉相邻的空炉内的跳架、平板支撑装置及炉端的保温材料或装置，迅速在炉肩用硅藻土砖各砌一座封墙，接着从炉顶逐块取出高硅氧纤维缝合毡（保护板），然后砌盖顶砖。

对于既利用保留砌体又利用小炉灶两种热源进行升温的，在各中间空炉砌完封墙后，应把与焖炉相邻的空炉内的支撑装置和固定保温装置（此情况下以用轻便的高硅氧纤维缝合毡为宜）的器具全部拆除，接着在炉肩用硅藻土砖各砌一座封墙，并在与焖炉相邻的两个空炉顶部分别用三层高硅氧纤维缝合毡覆盖严密，然后将中间空炉的小炉灶全点火升温。当温度升至600℃时，按照每拆除一块高硅氧纤维缝合毡后立即砌完这个部位的盖顶砖的步骤，将炉内保温装置全部取出和盖顶砖砌完为止。

自小炉灶点火（两种热源升温）或拆除邻墙保温装置（仅靠保留砌体一种热源升温）起至投产止为升温阶段，一般为7～10天。实际从砌第一块砖起，新墙就接受保留砌体传来的热量开始干燥与升温。用一种热源升温的，除在开始拆除邻墙保温装置外，以后用逐步推倒挡墙的办法升温。这种升温法速度极快，不易控制。用两种热源升温的，则可以在600℃以前利用烘炉小孔板控制，升温较稳，质量较好。在升温过程中继续砌炉顶部位，先砌看火眼，后砌装煤口、填大沟。炉顶表面砖应待炉体膨胀基本完毕于投产前砌筑，否则投产后炉顶表面会因下部砌体膨胀不一致而出现凹凸不平的现象。

温度升至700℃时，可往火道内送煤气并进行保护板灌浆、砌小炉头，然后打开机、焦侧炉门推出活挡墙、硅藻土砖砌的挡墙和封墙。

F　投产

当标准火道温度达到1200℃（机侧）、1250℃（焦侧）时，在上升管、翻板恢复正常后，进行推焖炉、装空炉工作。在焖炉与缓冲炉装煤前，应对墙面进行全面喷涂。装煤后第一个循环结焦时间可按24 h安排，以后每个循环缩短1～2 h，直至与生产炉的结焦时间相同为止。最后，拆除煤车轨道加固装置，砌底脚砖，恢复炉柱与平台的连接。

6.6.3.4　多个燃烧室（5个以上）揭顶翻修

一次揭顶翻修燃烧室的数量较多时，由于两侧保留的燃烧室之间的跨度过大，不论加固煤车轨道或是对相邻两侧保留燃烧室进行纵向支撑都比较困难，故可以根据翻修燃烧室所处炉组位置的不同而采用不同的方式进行。当翻修燃烧室处在生产煤车必经路途内，可以分期分批按本书第 6.6.3.3 节揭顶翻修方案进行。若翻修燃烧室紧靠距煤塔最远端的抵抗墙，生产煤车可以不必经过这些炉室的顶部时，不论翻修的燃烧室有多少，都可以一次进行翻修。

多个燃烧室揭顶翻修除以下几点以外，其余各项工作完全和本书第 6.6.3.3 节揭顶翻修相同。

(1) 空炉、焖炉和缓冲炉的安排。如果翻修燃烧室的一侧为抵抗墙，可仅在另一侧设置 3 个焖炉和 2 个缓冲炉，缓冲炉的结焦时间分别为 48 h 和 24 h。为了防止各焖炉、缓冲炉内的石墨烧尽，除在各炉门、炉盖用泥浆密封外，还可以利用水蒸气或荒煤气通入充压。

(2) 加热煤气的处理。如有焦炉煤气设备，先将高炉煤气更换为焦炉煤气加热，再将预修燃烧室停止煤气供应进行降温。如不具备更换为焦炉煤气加热的条件，可按图 6-6-17 进行，首先停止供应与保留燃烧室相邻的预翻修 7 号燃烧室的单(或双)数火道煤气，同时停止供应其他预翻修燃烧室全部火道的煤气，待第 6 号炭化室的墙面温度降至 300℃以下时，暂停供应预翻修 7 号燃烧室的双(或单)数火道煤气。进入第 6 号炭化室内，在预修的 7 号燃烧室的双(或单)数火道下部墙面打洞，用耐火纤维板、火泥堵严斜道口。这样，除最外边保留燃烧室不停火外，预修燃烧室全部停止加热。为了保证利用高炉煤气加热时的端火道温度高于 700℃，可将焦炉煤气由横管引入端火道或用焦炉煤气在蓄热室顶进行补充加热。

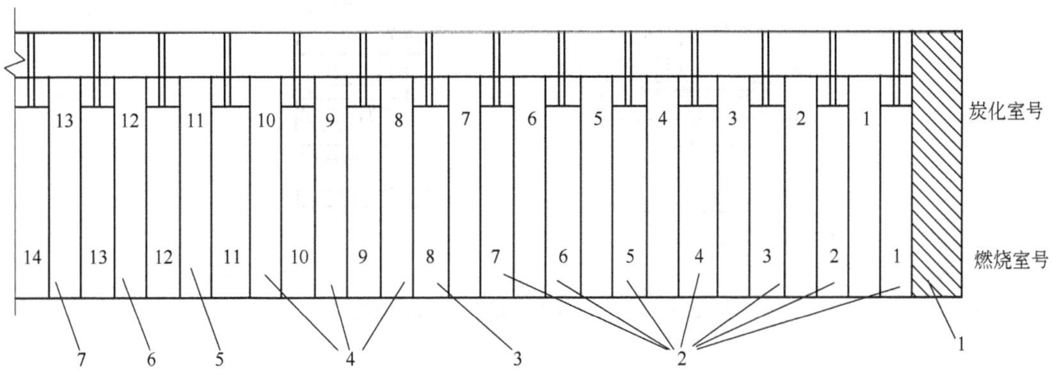

图 6-6-17 多个燃烧室揭顶翻修图

1—抵抗墙；2—翻修燃烧室；3—外部保留砌体；4—焖炉；
5—第一缓冲炉；6—第二缓冲炉；7—正常生产炉

(3) 降温加压方式。为了防止砌体在降温时被拉裂，在降温前断开机、焦侧操作平台与炉柱、蓄热室操作台与炉柱的连接，挑开拉条沟，拆除炭化室底脚砖与小炉头，断开集气管托架与炉柱接点，在斜道区于每两根炉柱间安一根装顶丝的横梁，并在距炭化室底部约 50 mm 处的机、焦侧翻修区的炉柱上各固定一根大型工字钢梁。

在降温过程中除利用上、下各线大、小弹簧对炉体加压外，还利用临时通过某一个炭化室并与机、焦侧横梁相连接的拉条、弹簧对斜道区进行加压(见图 6-6-18 和图 6-6-19)，以减少在这个区内产生的裂缝。

(4) 推空炉。由于推空炉的数量较多，可利用少装煤、延长结焦时间或调整煤气供应量等方法，使预推的各炉焦炭都集中在一段时间内成熟，以便连续推出。接着通蒸汽保持集气管压力为 10～20 Pa，逐个对上升管和集气管堵盲板，然后再把集气管压力恢复正常。

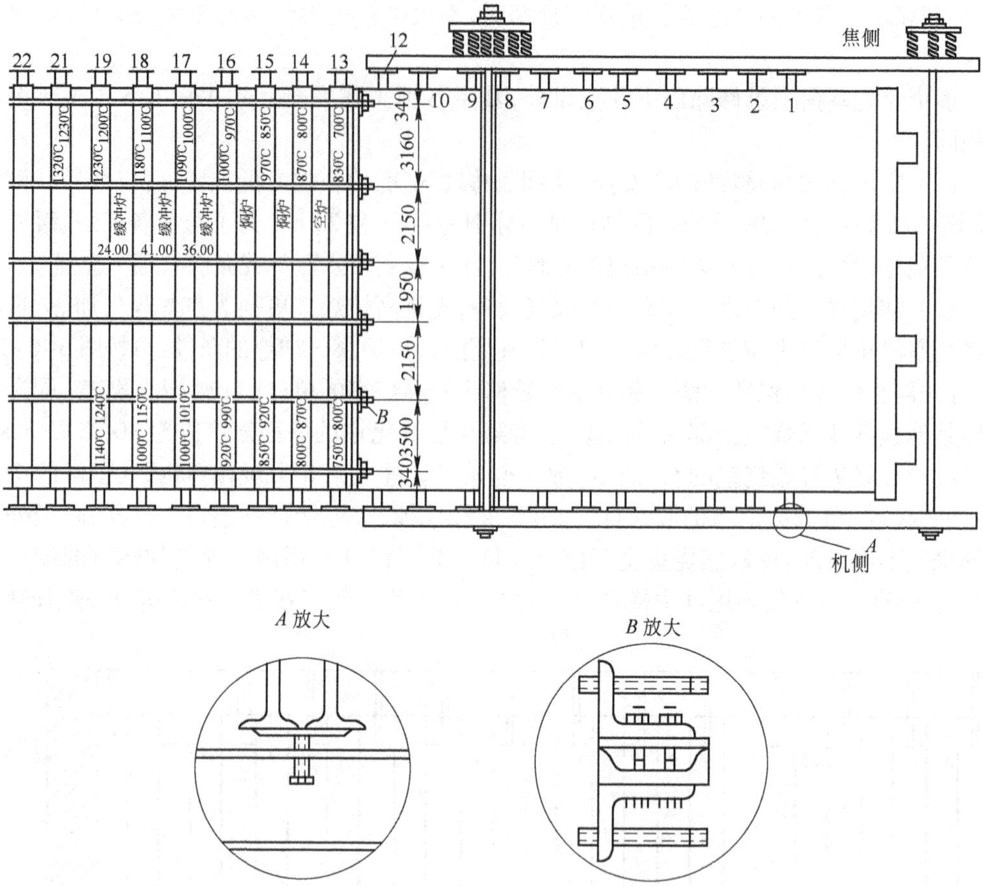

图 6-6-18　多燃烧室揭顶翻修加压装置

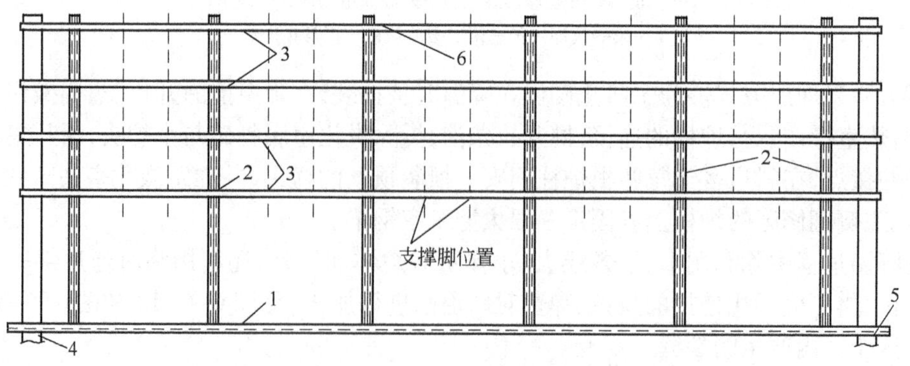

图 6-6-19　多个燃烧室揭顶翻修炉体的加固图

1—底部横梁;2—立柱;3—横梁;4—炉柱;5—纵梁;6—纵拉条

(5) 降温。当推完空炉后即关闭相应煤气旋塞并打开各翻修炭化室的装煤口盖进行降温,为减少炉头与内部砌体降温速度差,不宜打开端火道看火孔盖。

在降温的同时,始终保持各大、小弹簧吨位,斜道区临时安装顶丝也始终拧紧。当火道温度降至400℃时,往翻修区中靠端部的一个炭化室内送入两根拉条,这两根拉条和另一端(抵抗墙外侧)的一根拉条同时固定在机、焦侧炉柱横梁上,利用弹簧组加压,如图6-6-18所示。

(6) 加固炉体。当高硅氧纤维缝合毡或保温板置入炉内,将最外边保留燃烧室墙面全部覆盖后,迅速拆除与最外边保留砌体相邻的预修燃烧室。接着在此炭化室底放置一根22号槽钢作底部横梁1(见图6-6-19),用两根18号槽钢连接而成的6根立柱2垂直插入横梁1的预留孔中,各立柱顶部分别与纵拉条6焊接牢固。在相当炉顶表面、炭化室盖顶砖、火道跨越孔及炭化室高度的一半的地方,各用20号槽钢作横梁3,分别与6根立柱焊接。同时,与这几个高度相应的地方用槽钢作纵梁5,分别把机、焦侧缓冲炉、焖炉的炉柱4和各横梁3焊为一个整体。然后在最外边保留燃烧室按不同高度分别各挂1根支撑槽钢7,在它与横梁3之间约用40个平板支撑器支撑,如图6-6-20所示。

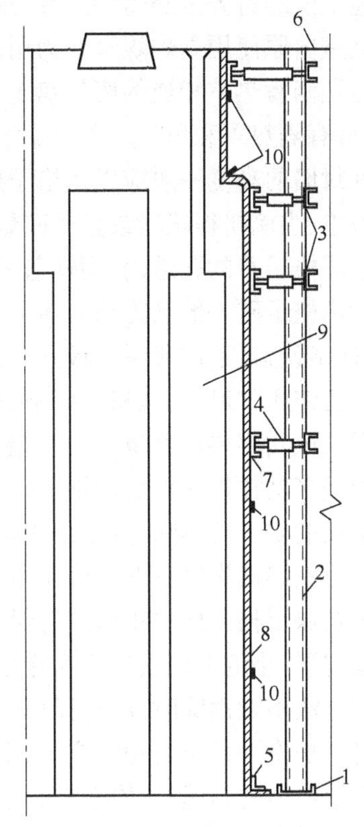

图6-6-20 多个燃烧室揭顶翻修保温图

1—底部横梁;2—立柱;3—横梁;4—平板支撑器;5—角钢;6—纵绷带;7—支撑用槽钢;8—保温毡;9—最外边保留燃烧室;10—8号铁丝

(7) 砌筑。如砌前保护板或炉门框等均更换完毕,则燃烧室中心线应与保护板中心线(或两相邻炉门框的中心线)相重合。若在砌筑后安装护炉铁件,则燃烧室中心线在第一层砖应与多数斜道口对称轴重合。第二层砖以上的各燃烧室中心线应该这样安排:靠近保留燃烧室的翻修号垂直度要考虑与最外边保留燃烧室的侧面垂直度相接近,与抵抗墙相邻的翻修号要使其垂直度接近于零的数值,其间的各燃烧室中心线垂直度呈渐变而介于二者之间。

在全部保护板或炉门框更换(或修理)并向里矫直后,进行砌筑时,炉肩正面垂直度应按1~4个燃烧室揭顶翻修的方法进行。若在砌筑后安装护炉铁件,则与保留燃烧室相邻的翻修号炉肩正面垂直度应参考前者的垂直度确定,否则护炉铁件不好安装。靠抵抗墙近的翻修号,其炉肩正面垂直度可逐渐趋向零值。

6.6.4 蓄热室及炉顶部位翻修

6.6.4.1 蓄热室翻修

生产多年的焦炉蓄热室单、主墙在温度等因素作用下,产生裂缝、熔融、变形,格子砖被高炉灰、砖块及石墨堵塞。当蓄热室内这些缺陷严重破坏加热制度时,就应对蓄热室进行翻修。

A　更换格子砖及蓄热室墙面修补

施工前准备齐全必需的工具、耐火材料，安装好临时用低压灯，把与预修蓄热室相连通的燃烧室由原使用高炉煤气改为用焦炉煤气加热，否则暂时停止供应高炉煤气，用专用铁板覆盖与翻修蓄热室相连的废气盘上表面，以免扒出的废砖卡住交换设备。用撬棍拆除测压孔，对具有隔热罩和单(主)墙小炉柱的蓄热室，在拆除砌体前，应先卸下小炉柱、横梁和隔热罩。拆封墙的高度一般应以扒格子砖的高度为准，当封墙拆完后，用单钩扒除格子砖。若格子砖和单、主墙挤得很紧或格子砖熔为一体时，可用扁铲戳碎取出。为了防止碎砖块等杂物落入下层格子砖的孔道内，用铁盖板铺在格子砖顶部，并随格子砖的逐块取出而逐渐向内部延伸。扒格子砖一般是先从上向下、从外向里逐层、逐块进行。当需要拆除的格子砖全都扒除后，抽出铁盖板，用薄保温板立靠在剩余格子砖的前方，防止冷空气继续侵入内部。接着，从清扫孔伸入吹风管，从格子砖下部往上吹扫，然后再从保留格子砖的顶部往下吹扫。吹时应注意吹风孔不要对着单(或主)墙面，而应正对格子砖孔道由外往里、由里往外反复缓慢移动。如经多次往复吹扫后而格子砖上面始终不见灰尘飞扬，说明格子砖孔依旧被堵死，应继续将堵死的格子砖拆除，直至再用吹风法检验证明畅通为止。

蓄热室墙面裂缝一般单墙比主墙严重，在抹补墙面前先用比蓄热室断面略小的薄保温板贴靠在保留格子砖的正面进行保温，然后用较干的磷酸泥将单、主墙的宽为 5 mm 以上的大裂缝勾严，小缝隙用喷浆机喷涂密封。如果单、主墙端部碎裂严重或变形、裂缝太大而利用上述方法不能消除时，应将损坏的部位拆除，按设计尺寸重新砌筑。

对全炉冷至常温处理的焦炉，由于单、主墙内部和端部都存在不同程度的裂缝(其中部分为冷炉产生的新缝)，故应把蓄热室的格子砖全部扒除，在箅子砖上铺满薄铁板，然后进入蓄热室里，把大于 5 mm 的裂缝用较干的水玻璃—硅火泥勾严。接着拆除盖板，清扫箅子砖，再进入蓄热室里装格子砖。当格子砖全部装完后，先砌里封墙并在其外面刷浆密封缝隙。接着砌外墙，并用水玻璃、耐火纤维绒、黏土火泥混合的较干的泥膏勾缝。

B　蓄热室墙翻修

翻修前，应推空预修蓄热室上面的炭化室，在空炉两侧，各设焖炉 1 ~ 2 个、缓冲炉 2 个。对相关燃烧室进行保温，炉门不准打开。与预修的蓄热室连通的火道全部停止供热。焖炉外侧的燃烧室改为焦炉煤气加热。此外，应对全部空炉、焖炉的炉门、炉盖、看火孔盖等处进行密封，其温度和弹簧负荷的管理与多燃烧室多火道翻修相同。

当翻修蓄热室单墙或主墙的工具、砖块、火泥及低压照明等工作准备好后，拆除蓄热室封墙，接着扒格子砖，直至单(主)墙损坏的部位全露出为止，用薄保温板(或硅酸铝纤维毡等)覆盖在剩余格子砖的前方以维持蓄热室内部温度。在箅子砖或格子砖上铺一层薄铁板后，进入蓄热室内对单(主)墙损坏的部位进行细致检查，凡能用勾缝、喷涂、抹补的办法消除其缺陷的(如微量熔融、下沉或小缝隙等)，就不必拆除重砌，对必须拆除重砌的也尽可能不要任意扩大或缩小修理范围。对一般焦炉而言，如单(主)墙端部和内部都有缺陷，可从端部开始拆除，拆一段后接着立即将这段砌好，如此一段一段地拆砌，直至整个损坏部位翻修完为止。若仅在单墙或主墙内部有缺陷，则不必从端部开始，只要对缺陷翻修即可，接着干砌格子砖。

单墙或主墙的新旧砌体相接处，均不需要预留水平和垂直膨胀缝，在砌至上部与斜道区

(旧砌体)相接时,应敲去砖舌并打满灰砌入。对新砌体的灰缝应随砌随勾,禁止出现空缝。旧砌体的小裂缝可用喷浆法密封,大裂缝可用水玻璃—硅火泥或磷酸—黏土火泥勾严。在砌筑过程中,对砖煤气道应给予足够重视,因为生产多年的焦炉各砖煤气道(主要指立砖煤气道)都产生不同程度的倾斜,故新砌砖煤气道应符合原有斜度,否则新旧砖煤气道在交接处会产生错牙,既减少煤气流通截面,又不利于生产时清扫。

砌完封墙后就可以开始升温。升温通常利用燃烧室与炭化室积蓄的热量传递来实现。它是把修理蓄热室废气盘砣用木棍支起,盖严进风门盖板,并逐步推倒挡墙(活挡墙与墙面有间隙,可暂不推出)。在此期间,应定期测量蓄热室、小烟道、废气盘及其相连通的标准火道与端火道的温度。当火道温度达到700℃以上时,可以逐个送焦炉煤气升温。无焦炉煤气设备而仅能用高炉煤气加热的焦炉,必须待全部火道升至700℃以上才能送煤气。当修理侧有1个以上火道着火后,应该撤除支砣木杆,把废气盘与全炉交换系统相连接进行正常交换。在升温过程中,各线弹簧负荷及恢复生产的步骤、项目均与多燃烧室多火道翻修相同。

C 小烟道修理及更换箅子砖

修理前将对应的炭化室改为焦炉煤气加热。拆除蓄热室封墙,将格子砖扒到需修理的深度,拆除箅子砖及小烟道衬砖,一切工作只能在上升气流蓄热室进行。

修理程序如下:

(1) 用喷补、抹补及灌浆密封小烟道墙及底部的所有裂缝;

(2) 砌筑已扒除的衬砖;

(3) 砌筑预先已检查过箅孔尺寸的箅子砖;

(4) 拆除蓄热室未修墙段上的预装隔热板及遮盖箅子砖钢板;

(5) 砌格子砖,同时砌蓄热室内封墙;

(6) 砌筑结束后严密封墙,过一昼夜再砌外封墙及隔热罩,严密小烟道出口废气连接短管及隔热罩周边。

从拆除蓄热室封墙开始到封闭的整个期间,蓄热室洞口一直用可拆卸的专用钢板遮盖。与修理号蓄热室相连的燃烧室在整个修理期间应正常加热。修理期间要注意距封墙1 m深、距箅子砖1 m高处蓄热室温度不得低于350~400℃,否则修理工作暂停,蓄热室洞口用钢板遮盖。修理结束后,蓄热室恢复正常加热。

6.6.4.2 炉顶部位翻修

A 炭化室盖顶砖以上部位翻修

使预修炭化室及其相邻炭化室都处于结焦末期,按照翻修火道的方法处理加热煤气,并暂停供应预修部位相应火道内的煤气。用撬棍拆除损坏的砌体,在拆看火孔部位时,应利用小铁锹挡住看火孔,防止灰渣落入火道内。当窜漏处全暴露后应立即置入接灰盒封住看火孔,接着用磷酸泥将裂缝抹严。然后按先砌看火孔后砌炭化室顶的顺序将炉顶砌完,恢复生产。

B 炉顶砌体塌陷及炭化室上部墙面熔瘤的处理

若炭化室盖顶砖以上砌体烧熔后,炉顶塌陷,炭化室上部墙面挂瘤,从而导致推焦困难时,需要揭顶修理,其步骤如下:

(1) 准备。按照多个燃烧室多火道揭顶翻修的方法安排空炉、焖炉、缓冲炉,加固煤车轨道,安置挡墙,处理加热煤气、护炉铁件和上升管,设防雨措施,推空炉和降温。然后摘预修侧炉门并砌封墙。

(2) 拆除、砌筑与恢复生产。温度降至700～900℃时,开始拆除炉顶。拆下的废砖除部分回收用于砌大沟外,其余全部扔进预修的空炭化室里。填入炉内的废砖渣既对炉墙有支撑和保温作用,也可以代替铲除墙面熔瘤的脚手架。当拆至炭化室盖顶砖时,应按多个燃烧室多火道揭顶翻修的方法对两侧看火孔砖部位的砌体进行保温与支撑。如炉头的炉顶砌体不拆除,并且拆除量小时,可不必进行支撑。接着拆除炭化室盖顶砖,站在炭化室内的废砖上用大锤、钢钎凿除墙面挂的熔瘤。对于破损轻微的墙面可用磷酸泥抹补或勾缝,破损严重则应进行挖补。拆除时,应注意防止保留砌体损坏及杂物掉进火道内,要尽可能留出茬口。砌筑的硅砖应进行预热,新砌的砖面应与旧墙面平齐,不允许出现反错台,卧缝随旧墙,立缝最小不少于3 mm,膨胀缝应按挖补火道的要求预留。炉墙挖补完后,按多个燃烧室火道揭顶翻修的方法砌炉顶部位,接着扒除废砖,重新砌封墙升温。升温与恢复正常生产的步骤、方法仍与多个燃烧室多火道揭顶翻修相同。

C 炉顶表面全面翻修

当全炉炉顶表面严重凸凹不平,妨碍清扫炉顶工作并导致雨后局部存水而影响炉温稳定时,应对全炉炉顶表面进行翻修。翻修炉顶表面时极易往火道内掉泥块、砖渣,故应采取有效措施,防止杂物落入火道内。

炉顶表面全面翻修的步骤如下:

(1) 准备。根据翻修人员的数量准备撬棍、大砖夹子、高度低于煤车闸套的小灰槽、小铁杯、看火孔接灰盒、大灰槽、火泥搅拌机、轻便铁轨、铁锹、运料车等。

(2) 翻修操作。全炉炉顶表面翻修的项目包括更换装煤口圈与座砖、看火孔圈与座砖、炉顶表面砖,炉顶表面灌浆与勾缝。主要操作有:

1) 炉顶表面标高的确定。生产十余年以上的焦炉,炉顶上升管座砖、装煤口座砖向上鼓出较多,看火孔座砖鼓出次之,炭化室顶部表面砖鼓出最少。炉顶表面最低的地方通常为煤车轨道下面,它一般比混凝土抵抗墙还要低20～50 mm。由于翻修炉顶表面一般不更换上升管,故座砖的标高不能下落。若以此标高作为调整后煤车轨道标高,将会使煤车轨道在砌体段的标高高于混凝土抵抗墙段上的标高。因此,翻修时以混凝土抵抗墙上轨道标高作为全炉调整后的轨道标高比较适宜。

2) 翻修程序。在检修时间内,首先集中力量把两条煤车轨道及其下面的砖块(包括炭化室表面砖、看火孔座砖与枕头砖)拆除重砌和重新安装,重砌的部分砖块表面应抬高到能使煤车轨道与混凝土段轨道标高一致为止。

拆除与砌筑是在不停产、不降温的情况下,从炉组一端开始向另一端进行。在炉顶铺好轻便铁轨后,开始拆除炭化室与燃烧室表面砖,接着依次砌筑燃烧室。同一个燃烧室的全部火道可以分三段分别拉线砌筑,即以两条煤车轨道下面的两块看火孔座砖的表面标高为基准,在其间拉水平线砌筑,并在这两个看火孔座砖表面分别与它最近的端看火孔座砖表面各拉一条线,然后按线砌筑。这两个端看火孔砖表面标高应比煤车轨道下面看火孔砖表面标高低一些,以使炉顶表面有一定坡度,便于雨水流出。待当天拆除的燃烧室全砌完后,根据两个相邻新砌燃烧室的标高砌其间炭化室表面砖。

翻修装煤口圈座砖是在结焦末期进行的,这项工作与其他工作没有联系,可以独立进行。

6.6.5 焦炉中修

焦炉中修主要是对炉体端部火道(包括炉顶端部)拆除重砌,对内部砌体及附属设备只做部分修理。通过中修后的焦炉虽能继续使用,但生产能力将下降5% ~20%。

焦炉中修有热态和冷态(常温)两种方式,可按具体情况进行。

6.6.5.1 全炉停产保温局部翻修

全炉停产保温局部翻修是在全炉推空后,对全部燃烧室机、焦侧多火道进行降温揭顶翻修。这种方法与燃烧室分组进行多火道翻修相比,其优点是:

(1) 施工时无生产车辆的干扰,比较安全;

(2) 不必设置焖炉与缓冲炉,便于管理;

(3) 在翻修炉体的同时可以对机、焦侧护炉铁件、操作平台、荒煤气系统、各车轨道等附属设备进行修理;

(4) 翻修时耗用工时少,故产量损失也较少;

(5) 在翻修时,能把护炉铁件和炉头都调到各自统一的正面线上;

(6) 由于不存在保留的相邻外露墙面,故不需要进行保温与支撑等保护工作,操作简易;

(7) 不存在分组分批翻修时造成的保留火道及相邻墙面因反复升温而损伤的缺点。

其缺点是:

(1) 没有庞大的施工队伍、设备、工具和足够停产检修的条件是不能进行的;

(2) 不适用于全炉各燃烧室损坏的火道数不一致的情况,特别不适用于投产不久的新焦炉因事故而产生的部分火道缺陷的修理,也不适用于不能进行全炉停产检修的焦炉;

(3) 修理的火道数目一般不能超过第一个装煤口,否则放置挡墙比较困难。利用活挡墙虽可以翻修任何火道,但耗费钢材较多,利用率低。

总之,此法的局限性较大,灵活性较差,条件不具备不宜采用。

全炉停产保温局部翻修具体操作过程如下:

(1) 准备阶段。确定翻修项目,包括炉体、护炉设备、荒煤气系统、废气系统、操作平台、各车轨道以及翻修范围,并以此为根据准备材料与设备。同时制定施工计划、技术与安全规定,砌筑分层卡片、升温与投产计划等。此外还应考虑回收、备煤及相邻的生产安排等。

全炉停产保温局部翻修时,可以只修一侧(机或焦),也可以修两侧多火道。修两侧多火道时,不宜同时进行,否则两侧护炉铁件全部拆除后,将会导致保留砌体失去保护作用。

为了使砌体在降温时能很好收缩,降温前应将全部炉柱与操作平台、蓄热室操作台、集气管托架等接点断开,拆除拉条沟盖砖、底脚砖、小炉头等砌体,松开废气盘单(或双、叁)叉与小烟道接点(抠出其中耐火纤维绳后再以草绳塞严),雨季应搭全炉防雨棚。

(2) 降温阶段。首先将结焦时间延至24 h,炉温降至1200℃。接着按照推焦号的两侧必须是空炉或满炉的原则推空炉,当推空的炭化室达到全炉总数三分之二时,暂停推焦,打开放散管,在吸气管堵盲板。接着继续推空炉,当全炉推空后,停止供应氨水并吹扫集气管与吸气管。具体操作有:

1) 安置挡墙。当全炉推空后,应把全炉火道温度都降至700 ~900℃之间,以便从机(焦)侧的装煤口放第一道硅藻土砖挡墙。放这道挡墙的目的是为了在打开机(焦)侧炉门后，可以准确地把第三道挡墙干砌在翻修与保留火道隔墙中心线偏里 160 ~ 180 mm 内。在第二道挡墙外表面抹泥密封后就应立即推倒第一道挡墙，否则会使最外边保留火道温度过低而损坏。由于第一道挡墙利用的时间很短而且不易回收，因此浪费较大。可采用 2 mm 薄铁板制成的折叠挡帘来代替第二道硅藻砖挡墙（从装煤口置入，其上端挂在装煤口边），待第二道挡墙砌完并密封后，从装煤口取出以后再用。其优点是：轻便，放置的时间短，能重复使用。但其隔热效果差，而且它与炉墙间隙较大，当打开炉门砌第二道挡墙时，冷空气将通过此间隙进入，使保留砌体温度急剧下降而损坏。

2）更换加热煤气。将使用高炉煤气加热的更换为焦炉煤气加热。对没有条件更换为焦炉煤气加热的焦炉，在整个拆除期内必须暂停翻修侧高炉煤气的供应。其结果因停止加热时间较长，将导致最外边 4 ~ 5 个保留火道在整个修炉期内不能着火，加剧保留砌体裂缝扩大，给恢复生产后带来困难。

3）护炉铁件和砌体的固定。在整个降温期内，上、下各线大、小弹簧都应保持最大的吨位，在翻修侧的斜道区也应在炉柱间临时增设横铁与顶丝，不断对砌体施压促使其收缩。当保留火道的温度全部降至 700 ~ 900℃ 之间时，为了防止翻修侧炉柱、炉门框、保护板与拉条在砌体拆除后产生位移，应用 36 号工字钢把机（焦）侧的全部炉柱连成一体，并抠除机（焦）侧靠翻修部位的炉顶表面砖，在每个炭化室顶部保留砌体与临时焊接的大型工字钢之间各支一根 10 号槽钢，顶住保留的炉顶砌体，使它不致因拆除翻修的火道而松弛。

挡墙密封后，在每个与翻修火道相邻的保留火道隔墙两侧，从炭化室顶至底分别用 8 号槽钢、平板支撑器进行上、下共 4 道纵支撑。此时，拆除翻修侧的上升管、桥管及阀体。

4）蓄热室格子砖的保护。在翻修侧蓄热室顶部封墙开口时，往里放铁盖板盖住格子砖，接着把封墙按原样砌好。

（3）拆除。先拆炉顶接着拆火道，拆时应防止把保留火道撬变形，并及时在炉顶部位和自炭化室顶部往下 0.7 m、2.3 m 处分别对保留火道最外面隔墙正面进行横支撑，在横支撑与砌体之间均覆盖保温板（或硅酸铝纤维毡）与槽钢。

利用高炉煤气加热的焦炉在清扫、抹补斜道与鼻梁砖、更换调节砖与炉底砖以及抠茬后，用耐火纤维绳等把斜道口堵死。上面用耐火纤维板覆盖，板的四周用稀火泥密封。然后打开翻修棚的高炉煤气旋塞，往各保留火道送煤气保温。由于拆除后的斜道口在敞开的情况下均呈负压（约在 -19.6133 ~ -58.8399 Pa（-2 ~ -6 mmH_2O）之间），故斜道口经过密封后一般不会向外逸出煤气。

用焦炉煤气加热时翻修火道，不必采取上述密封斜道口的措施。

（4）砌筑。全炉停产保温局部翻修时，砌筑的方式有两种：一种是某一侧的炉柱等护炉铁件的情况较好，不需要更换或只有个别的需要更换（机侧多是这种情况），砌筑时应遵循多个燃烧室多个火道热修的砌筑规定；另一种是护炉铁件的缺陷普遍严重而需要全部更换并在砌筑后安装的，按以下要求砌筑：

1）炉头正面线。斜道正面线因各点膨胀不一致而不呈直线状。可在两个端燃烧室之间拉通线使它符合多数斜道正面线，以这条线按翻修火道长度的 0.3% 缩回砌筑。若炉头砖因此而压斜道口，则可以加工砖解决。对砌筑的立缝不够严密的，它将吸收砌体一定的膨胀量，此时应适当减少缩回的数值。

2）燃烧室第一层中心线。以斜道口对称轴为主，参考旧墙接茬位置和两侧炭化室宽度来对全部保留墙面进行喷涂,并逐个拆除炭化室封墙准备装煤。

(5) 护炉铁件及其他附属设备的修理:

1) 上升管、桥管及阀体。当炭化室挡墙砌完后,拆除上升管、桥管及阀体,进行检修或更换。

检修后的阀体翻板部件应完整,开关要灵活,阀体与集气管连接法兰处应重新放置填料,阀盘水封的高度应超过 40 mm。

上升管按设计要求砌完衬砖后与桥管组吊装,安装时在上升管座砖上铺一层耐火纤维板,上升管与桥管间放盲板。

桥管在阀体内的承插深度按设计要求,承插口周围的间隙应均匀并填入耐火纤维绳用钎子扎实,耐火纤维绳表面距阀体口边缘应为 40 mm,用 50% 精矿粉、50% 的石英砂加沥青(也有加水玻璃)和匀填满。

2) 氨水管、蒸汽管、放散管。氨水主、支管及其旋塞、开闭器均需水压试验。安装的管线要平直,喷嘴接头严密,氨水管与清水管相接处的逆止阀方向应正确。氨水支管与桥管连接必须在炉温升到 650℃时进行。

蒸汽管在安装后应用中压蒸汽试漏,放散管的开闭器和翻板在检修后应灵活好使。

3) 护炉铁件。根据情况可全部或部分更换,对于炉柱也可更换半根或全根,不论换炉柱或保护板和炉框都宜分组进行,每组不超过 5 个。带托架的炉柱不应超过 2 个,以防集气管下沉。更换吸气管下面的炉柱时,要防止吸气管下沉。

在更换整根或半根炉柱前,应搭好废气盘保护棚,打掉由拦焦机轨道与炉柱间的混凝土平台,拆除(换半截应松放)下部弹簧组,然后再吊出炉柱。待炉柱吊出后接着吊出保护板。

安装保护板前应测量斜道上表面与炭化室底的高差,然后定出保护板标高,并以此使炉门横铁符合原标高。安装后的保护板不得凸出炭化室墙面,其正面垂直度不大于 5 mm,正面错台不大于 2 mm,炉肩缝应控制在 10 ~ 15 mm 内,其间耐火纤维绳不得压偏。在保护板的上方应焊压架,控制烘炉期间保护板的位置。

如仅换炉柱而不换保护板,在安装炉柱前应清除保护板与炉头间的杂物。安半截炉柱前还应清除下半截炉柱与保护板间的杂物,然后再焊接。仅换炉框可以不动炉柱与保护板,但换保护板时应先拆炉门框,待保护板与炉柱安装并调整好后再安装炉门框。紧固与保护板相连的螺栓或顶丝时,要求上、下对角均衡进行,使保护板与炉门框间隙保持在 10 ~ 13 mm之间。炉门框与保护板在侧面应平齐,不得凸出。拉条可根据损坏部位决定换整根或仅换头部。弹簧更换后其负荷应按规定数值配置。

当机(焦)侧的护炉铁件不需要更换时,可将斜道正面凸出部位铲掉,使炉体正面尽可能统一在一个平面上。接着松放下部大弹簧,清扫保护板与砌体之间的杂物,利用拧紧弹簧的办法把炉柱、保护板和炉门框分段向炉心拉回,使保护板紧靠炉头砌体。

4) 其他附属设备。按设计要求检修或更换各车轨道、电气设备、加热煤气管道、机、焦操作平台等。

6.6.5.2 全炉局部冷修

全炉局部冷修是全炉降至常温后对部分炉体及设备进行修理,与热修相比,其优点是:

(1) 因在常温下修炉,施工环境好,便于操作,故修炉质量容易得到保证。

(2) 炉体翻修的范围较大,凡是损坏严重的炭化室、蓄热室及炉顶部位均可拆除重砌。

对损坏较轻而不需要拆除重砌的部分,外部基本上可以进行勾缝、抹补或挖补,一切附属设备也可以进行修理。

(3) 升降温时间较长,可以按合理的升、降温曲线进行冷炉与升温,因而有利于砌体的保护。

(4) 可以进入炉内确定翻修部位,故便于细致观察,使确定的范围准确,修后遗留的问题较少。

其缺点是:

(1) 升降温时间较长故损失焦炭较多;

(2) 没有庞大的施工队伍及设备、工具和允许较长时间的停产是无法进行的;

(3) 不适用于新焦炉局部事故性损坏的修理;

(4) 在降温过程中,虽然在炭化室底部和各线大、小弹簧处进行加压,但是焦炉不修理部位仍不可避免地会产生裂缝,其中斜道区的裂缝无法修补,它将导致焦炉在恢复生产后在斜道区发生气体窜漏。

全炉局部冷修的具体操作过程如下:

(1) 准备阶段。对全炉各处砌体、铁件、温度、压力及一切附属设备在降温前进行全面的检查、测量,以了解修炉前热态原始状况。制定修炉所需设备、工具、仪器、耐火材料和其他材料的订货计划。制定停炉、降温、拆除与安装护炉铁件及附属设备、修炉、烘炉、开工等各种技术与安全规程。凡已损坏、失效或已拆除的纵拉条、横拉条、各线弹簧等应补齐或更换,炉柱在斜道区应增加横梁与顶丝,促进砌体在降温时收缩。对全部转动与滑动部位应清扫、加油并刻印。制作准备修炉用的工具与加压装置。

(2) 推空炉。推空炉前十余小时即可暂停推焦,用调整加热煤气量或最后一趟签少装2 ~3 t煤,或用延长结焦时间的办法使全炉焦炭集中在一段时间内成熟,以便于白天连续推出。停止装煤后,煤气发生量逐渐减少,应加强对集气管压力的监督与调节,以符合正常的压力制度。如后期压力不足,应往集气管内通蒸汽防止形成负压。

与正在生产的焦炉共用一个鼓风系统的停产焦炉,吸气管在推空前要堵盲板。如焦炉与回收车间同时停产,可先停止鼓风机运转,再堵吸气管盲板,切断焦炉与鼓风机的通道。堵盲板时,要把吸气管压力由负值调节为正值(29.4195 ~ 49.0325 Pa(3 ~ 5 mmH_2O)),以防爆炸或着火。堵完盲板后,停止供应焦侧氨水,逐个堵焦侧上升管盲板。为了加快堵上升管盲板,在前一天卸下法兰盘的全部螺丝,安上两个新螺丝并清扫净法兰盘内的石墨。堵盲板时,必须关闭上升管氨水考克。至于能否同时打开上升管盖,应根据当时是否有利于操作而定。堵完焦侧上升管盲板后,机侧上升管与放散管往空中放散煤气,此时机侧氨水照常喷洒,同时吹扫堵盲板的吸气管及集气管。

推空炉每炉间隔时间不少于8 min为宜,推完一炉后立即堵该炉的上升管盲板,推完全炉后吹扫集气管。

(3) 降温操作。详见本书第6.5.5节的介绍。

(4) 拆除与砌筑。当炉温降至70℃以下,打开全炉机、焦炉门对炭化室进行全面检查,接着根据砌体变形、碎裂、剥蚀、锥度等情况,确定每个燃烧室机、焦两侧需要翻修的火道数,同时还对炉长、炉幅、炉高、蓄热室单(主)墙、格子砖、护炉铁件、操作平台、上升管、抵抗墙垂直度等情况做全面检查。

全炉上升管拆除后，从机、焦侧炉顶往下逐层拆除及抠茬。然后清扫炉底、斜道、砖煤气道，在确认畅通后，用草绳塞严，接着修补炉底、斜道或更换牛舌砖、鼻梁砖及灯头砖等，并对保留的全部炭化墙面用磷酸泥勾严。

全炉冷态砌筑除下面一点不同于热态砌筑外，其余一律按全炉停产保温局部翻修的规定进行。即新砌火道每层卧缝与接茬火道或邻墙（如保留的话）对应的每层卧缝均应同在一个水平线上。当最后一层炉顶表面砖尚未砌筑时，应暂停砌筑，这时拆除机、焦侧全部蓄热室封墙，掏尽全部格子砖。如是下喷式焦炉，应先用喷浆机喷灌砖煤气道，并且对全部单、主墙裂缝也进行喷涂与勾缝，损坏严重的单、主墙，应局部拆除重砌。接着清扫箅子砖，装入格子砖，最后砌蓄热室封墙。

砌抵抗墙的膨胀缝在升温前应用压缩空气吹扫，或利用长钢绳清渣，如果这两个方法不能奏效，则应将硅砖抵抗墙从上向下拆至斜道区。拆除时为防止保留的黏土砖抵抗墙失去依附而倾倒，可沿炭化室高向在盖顶砖以下 1 m、2 m 处分别用跳板、支撑器顶在黏土砖抵抗墙和端燃烧室之间。砌筑时，应从炉组中心分别向两端进行，并用木条或发泡苯乙烯塞进膨胀缝里，后者不用取出，前者则应随砌筑的层数增加而向上移动，最后取出。当砌筑接近两端正面时，应留出半块砖茬口，待升温至 800℃、硅砖膨胀基本完毕后再砌端部表面。

对烟道的损坏部位，可以进烟道内用勾缝、抹补、挖补等办法进行修理。

（5）烘炉、开工。当护炉铁件、操作平台和荒煤气、加热煤气及废气系统都修理并安装完毕，一切烘炉设施都准备齐全之后，开始点火烘炉。烘炉的时间、方法、工具等均与新建焦炉烘炉完全一样。烘炉曲线的制定应根据新、旧砖的线膨胀系数综合考虑。

开工投产的步骤、方法也与新建焦炉开工完全相同。如果由于某种原因而不需要在检修后立即烘炉，可以采取从分烟道加热过冬，其措施是在机、焦侧分烟道与总烟道各自的汇合处（闸板旁）各砌一道挡墙，把两个分烟道与总烟道隔开，打开全部废气盘翻板和机、焦侧第 1、3、26、28 号看火孔盖；并在这些看火孔上面设置防雨装置。此外，在机、焦侧分烟道各砌一个小炉灶，用煤气或煤加热，所产生的废气从分烟道依次进入废气盘，蓄热室、斜道、火道，由打开的看火孔散于大气中。此法的优点是简便，省劳力和燃料。

6.6.6 护炉设备修理

焦炉经长期操作，特别是不贯彻工艺制度和操作规程，护炉设备就要变形或遭到破坏，从而失去保护炉体的作用，这时就需要对其进行修复或更换。

6.6.6.1 更换弹簧

当弹簧失去弹性或断裂时，需要更换。对更换下部拉条弹簧，事先将千斤顶支撑在烟道走廊墙壁的钢筋混凝土基础上（或其他支撑点），顶住炉柱底部，然后松开弹簧进行更换。对于更换上部拉条弹簧，先固定炉柱顶部，其固定办法可参考更换拉条固定炉柱的办法，然后松开弹簧进行更换。对于各线小弹簧更换，不必采取其他措施，可直接进行更换。

6.6.6.2 纵拉条补强

如果纵拉条因过热产生拉长、扭曲和断裂，就破坏了抵抗墙所需拉力，并造成了边炭化室倾斜。修复纵拉条，先将断裂处割成 V 形或斜坡形，并在距拉条断裂处两侧约 1.5 m 处各焊一块 20 mm × 70 mm × 70 mm 的钢块，用钢绳套住两块钢块，并用 100 kN 链式起重机拉紧后进行焊接，如图 6-6-21 所示。对于已拉长纵拉条将多余部分割掉，对扭曲部位要平整。修复后的拉条弹簧要调整到正常负荷。

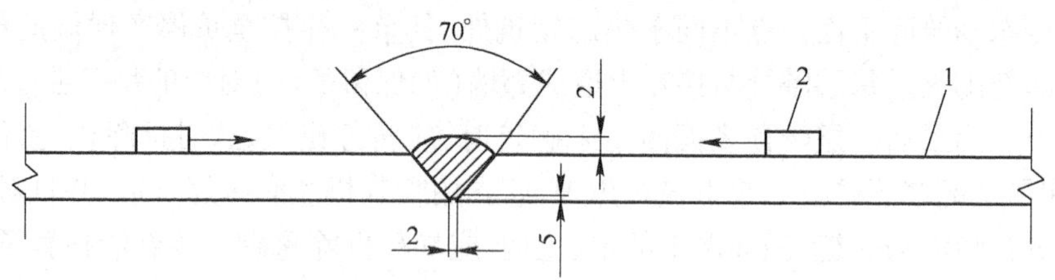

图 6-6-21　纵拉条 V 形对接图
1—纵拉条；2—20 mm × 70 mm × 70 mm 钢板

6.6.6.3　横拉条的补强与更换

正常生产情况下横拉条应处于完好状态，拉条沟应严密，杜绝装煤孔和上升管部位窜漏煤气与热气以及炉顶存煤着火烧坏拉条。当拉条直径已腐蚀至原来的 3/4 时应补强，细至原直径 2/3 时应更换，或拉条螺纹生锈严重、腐蚀剥落，也须及时更换。

拉条补强时不需要拆除就地进行，补强时只在拉条薄弱部位加焊加强筋即可，但修好拉条能妥善地放回拉条沟内。对于拉条腐蚀严重的，则需要更换。更换拉条前先检查新增拉条是否变形，其尺寸是否符合原设计尺寸，检查合格后即可进行更换。更换拉条通常有以下三种方法：

（1）在更换前先将被更换拉条的炉柱固定，否则炉柱向外倾斜，离开炉体造成炉体损坏。固定炉柱可因地制宜，较为方便的可用钢绳分别套住机、焦两侧炉柱顶端，两根绳扣的另一端均与链式起重机相连，然后，拉紧绳扣使炉柱固定（见图 6-6-22）。接着扒开拉条沟盖砖，松放顶部拉条弹簧组，用平煤卷扬机把拉条抽出或分段切割后取出。在清扫干净拉条沟后，用黏土火泥稀浆罐进沟内，直至将缝隙灌满为止。然后安装新拉条，接着砌拉条盖砖，恢复弹簧在生产状态下的负荷，拆除炉柱紧固装置。

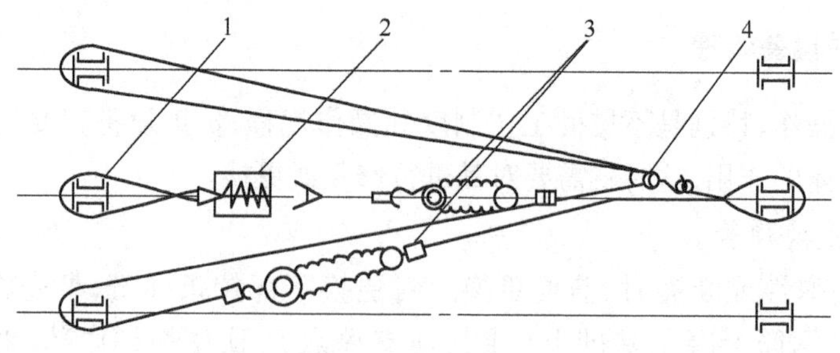

图 6-6-22　炉柱拉紧装置示意图
1—待矫直炉柱；2—弹簧箱；3—链式起重机；4—双滑轮

（2）如图 6-6-23 所示，在推焦车上搭一个长 16 m 的平台，平台上安装一台卷扬机。将预更换的机侧炉柱用丝杠千斤顶 10 和特制的平台顶住，焦侧同号炉柱置于夹具 1 内并用丝杠千斤顶 3 支撑。接着，两侧千斤顶同时加压使炉柱固定，拆卸拉条螺帽、横枕与弹簧，扫净拉条沟内的灰渣。在旧拉条两头套上锥形保护套 11，用钢绳拴住拉条头部，启动卷扬机把拉条拽出并置于平台上。安装新拉条时，在焦侧置一个滑轮，用钢绳拴住焦侧拉条头，经滑轮返回推焦车卷扬机上。当拉条沟内灌浆之后，启动卷扬机把套上保护套的新拉条5送入，接着安置隔热材料，砌盖砖。

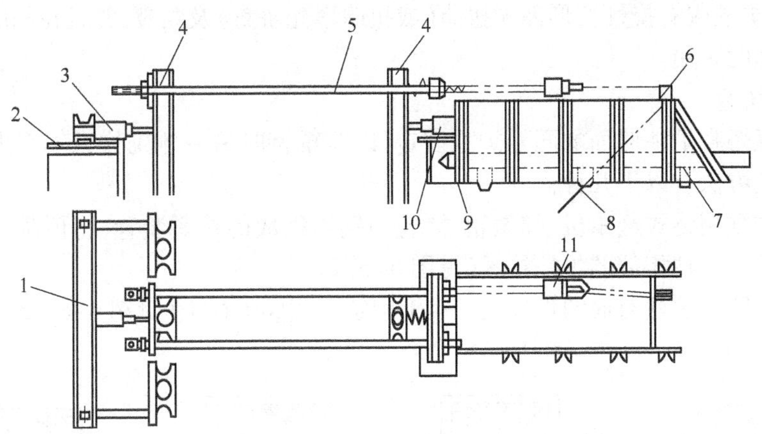

图6-6-23 更换拉条图

1—焦侧夹具；2—导焦栅顶部；3,10—丝杠千斤顶；4—炉柱；5—拉条；6—滑轮；7—平煤杆支架；8—卷扬钢丝绳；9—特制平台支架；11—拉条保护套

(3) 在推焦车上安一台双筒卷扬机，并在炉顶设置两台150 kN的三轮滑子，于平煤杆支座上焊一组拉条支架，支架的最高点应低于吸气管架。用绳扣分别套住机、焦两侧炉柱顶端，绳扣另一端分别与两个150 kN的三轮滑子相连，再用钢绳穿过两个三轮滑子绕在卷扬机转鼓上，接着启动卷扬机拉紧炉柱，拆拉条盖砖，把拉条切成几段后取出，清扫拉条沟与灌浆。将新拉条头套上尖帽，末端装尾座后置于拉条架上。启动卷扬机拉紧另一根钢绳，通过返线滑子拉住横拉条尾座，把拉条送入拉条沟内。然后装好附件与加压装置（见图6-6-24），用千斤顶加压至120 kN为止，拆卸炉柱拉紧设施，最后拆卸加压装置。

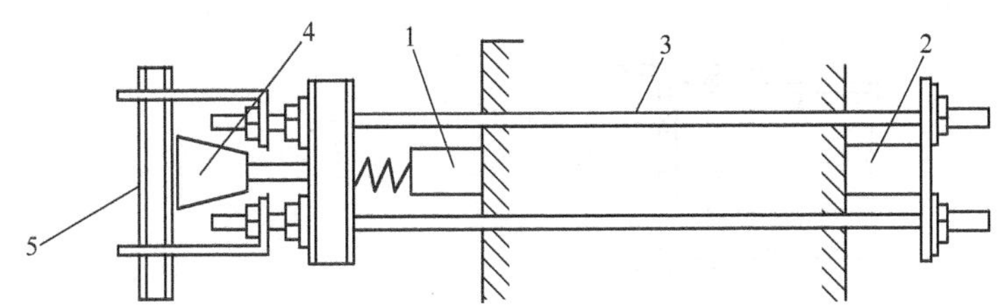

图6-6-24 弹簧加压装置

1—机侧炉柱；2—焦侧炉柱；3—横拉条；4—千斤顶；5—加压装置

上述三种方法中以第一种所用的工具简单，劳动强度大。后两种工具复杂，省劳力，更换的速度快，适用于大批更换拉条。必须指出，不论采用哪种换法，在换完后6 h及24 h，均需对拉条负荷按规定值进行调节，避免拉条因受热伸长而使弹簧吨位下降。

6.6.6.4 炉柱矫直

对弯曲度大于50 mm，或既弯曲又扭曲严重，妨碍拦焦机行走的炉柱，一般采用矫直或更换的方法处理。矫直法分炉上矫直与炉下矫直两种。

A　炉上矫直

炉上矫直是对正在工作的变形炉柱不进行拆卸而是就地矫直。这种方法比较简单、方便,但必须在炉柱仅有挠性变形而无扭曲(或扭曲事先矫直)及断裂,并且在相应的保护板不需要拆下修理时采用。

a　电焊矫直

首先把预矫直炉柱对面的同号炉柱固定,以防矫直时另一侧砌体因不受力而松动。一般固定炉柱的方法有以下几种:

(1) 在炉顶用链式起重机、弹簧箱、滑轮与钢绳组成的拉紧装置,将预矫直炉柱与对面炉柱及与预矫直炉柱相邻的炉柱拉紧(见图6-6-22)。

(2) 将预矫直炉柱对面的炉柱用工字钢固定在相邻炉柱上(见图6-6-25)。

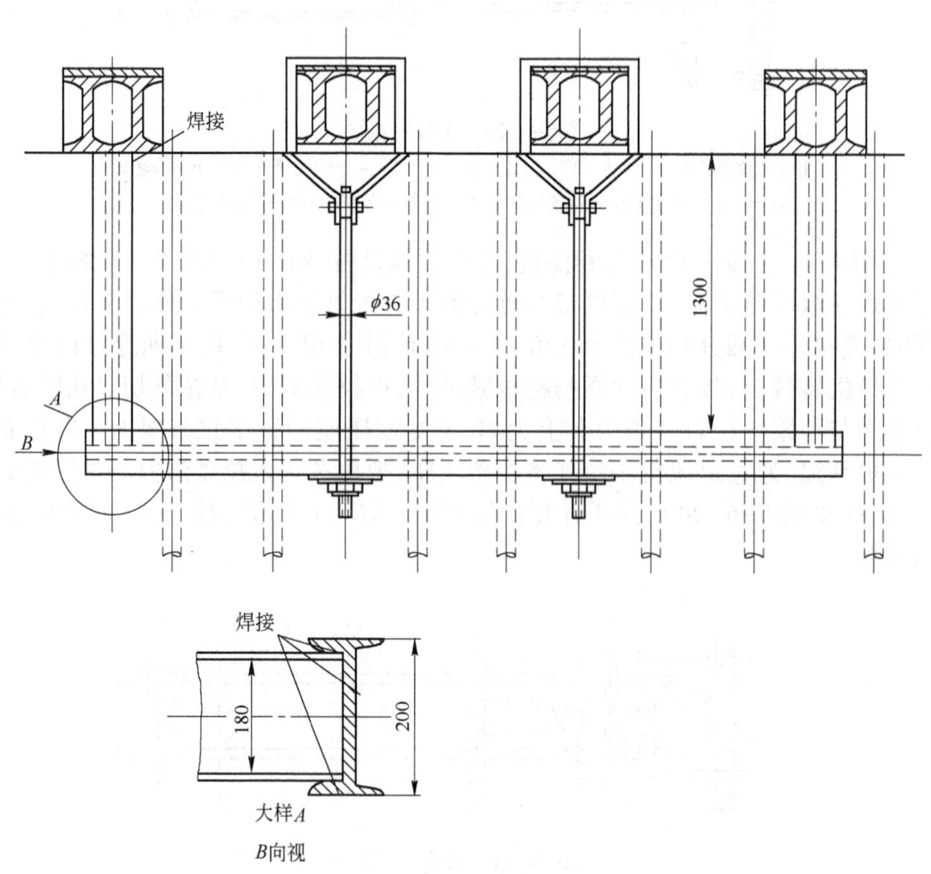

图6-6-25　炉柱固定图

当对面同号炉柱固定好后,把预矫直炉柱的上、下拉条丝扣加油润滑,凿除预矫直炉柱周围的底脚砖和操作平台,使平台与炉柱间形成大于100 mm的空隙,松放预矫直炉柱的各线弹簧,使炉柱处于自由状态。若炉柱承托集气管,则应先拆除托架,除去负荷,然后清扫净蓄热室保护板和砌体间的灰渣和砖块等杂物,在炉柱正面原加强板处,沿高向用电焊枪切割两条平行沟缝。沟缝的长度依曲度大小而定，一般当炉柱曲度为 50 mm 时，它的尺寸约为 25 mm×16 mm×2400 mm。接着用低碳钢焊条把这两条沟缝焊满，借冷缩应力矫直炉柱曲度。随后在炉柱的正面或侧面各焊长度不小于 400 mm 的补强板进行加固，焊时不允许炉柱产生温度变形。最后修复各弹簧原有负荷，拆除对面炉柱加固装置，砌筑和浇灌被矫直炉柱附近的底脚砖与操作平台。这个方法的优点是：工具与操作都较简便，节省工时和钢材，矫直后炉柱不会产生波浪形状。

b 切割加压矫直

用上述的某种方法固定预矫直炉柱对面的同号炉柱后，松放预矫直炉柱上的弹簧，凿除底脚砖与操作平台，清扫蓄热室保护板内的杂物。若燃烧室保护板与砌体之间的灰渣较多，则应摘除炉门框并砌封墙。接着在距操作平台表面 1.7～2.0 m 处（曲度最大）的炉柱正面切割一条 20～30 mm 的水平缝，两侧切成三角形口。使它中间立筋与炉柱中间立缝处于同一竖面上，若不能满足这个要求，则应先将扭曲的立筋矫直或割除。此外，还应防止燃烧室保护板和蓄热室保护板在相接处重叠。接着在距炉柱顶部约 0.5 m处的两侧各切割一个圆孔，并在相应部位的正面中间切割一条宽 25 mm、长 200 mm 的立缝，在距操作平台 150 mm 高处的炉柱两侧各切割一个圆孔，其正面也切一条尺寸与上述相同的立缝。用链式起重机把由两根工字钢组成的加压梁吊至预矫直炉柱处，分别用拉臂插入炉柱上、下立缝中，两端各用销钉把拉臂分别固定在炉柱及加压梁上（见图 6-6-26）。然后用千斤顶加压把炉柱顶直，接着焊两侧切口和补强板，拆除加压梁，继续焊炉柱正面切口和补强板。最后将弹簧负荷、底脚砖、操作平台与炉门等都恢复原状。

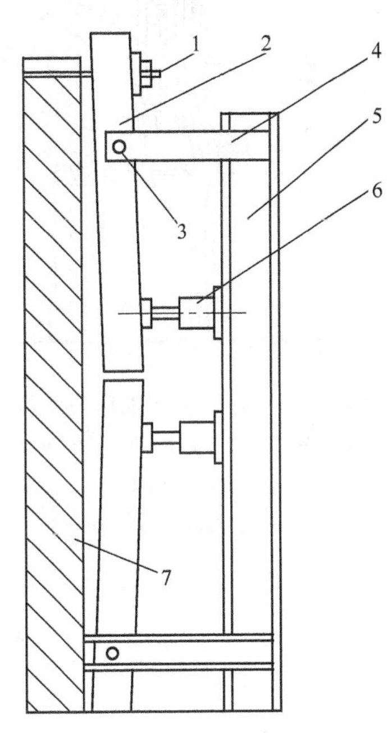

图 6-6-26 炉柱切割加压矫直

1—横拉条；2—炉柱；3—轴锁及开口销；4—支腿；5—工字钢；6—油压千斤顶；7—炉体

当机侧炉柱需要矫直时，可以不用这套加压装置，而只需用推焦杆加压炉柱即可焊接，较为简便。

c 火焰加压矫直

按前述的方法拆（或凿）除预矫直炉柱周围的底脚砖与操作平台，清扫炉柱与保护板之间、蓄热室保护板内侧的杂物，按图 6-6-22 将预矫直炉柱与对面炉柱及预矫直炉柱相邻的炉柱拉紧，松放上部大弹簧组，使它处于自由状态。拆除燃烧室小弹簧，接着用推焦车或火架车将加压梁送至预矫直炉柱处，再用连接钩把梁的上端和下端分别固定在炉柱上，同时，在炉柱曲度最大的地方放置一块垫铁，并于加压梁的上、下部各置一台油压机，共同组成一个加压装置（见图 6-6-27），然后固定压紧炉门框工具（见图 6-6-28）。若在焦侧，还可以用拦焦机回转架上的横梁，借顶丝压紧炉门框（见图 6-6-29），松放炉柱上弹簧、顶丝等的负荷，接着启动油压机压紧炉柱，同时用氧乙炔焰烧烤垫铁处炉柱的两侧，使温度达到 400℃左右再进行加压，并且调整炉顶拉紧装置负荷为 20～50 kN。

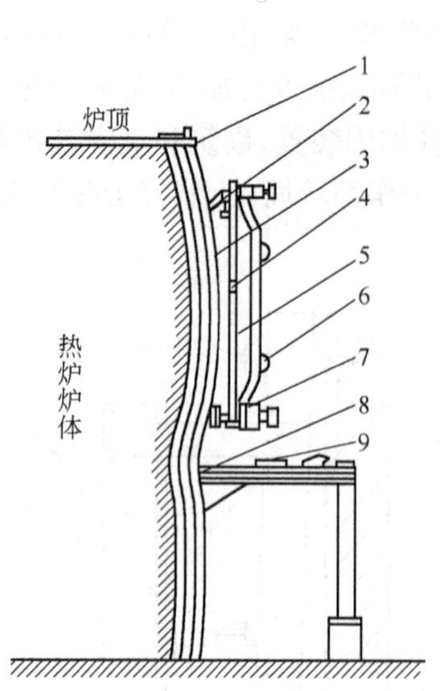

图 6-6-27　炉柱火焰加压矫直示意图

1—炉顶拉紧装置;2—炉柱;3—保护板;4—垫铁;5—加压梁;6—吊装钩;7—千斤顶;8—拦焦机轨道;9—操作台

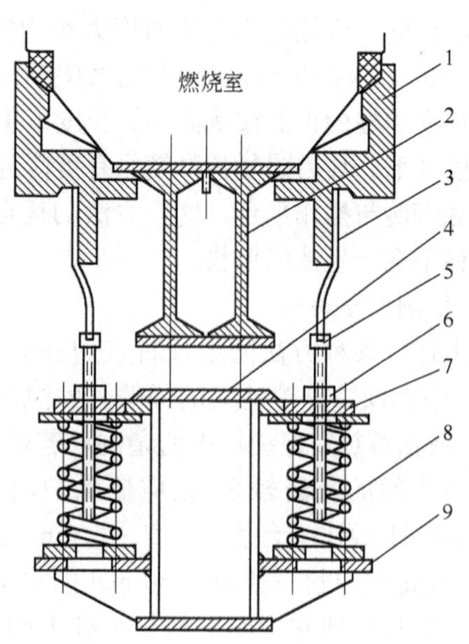

图 6-6-28　压紧炉门框工具

1—炉门框;2—炉柱;3—炉门钩;4—加压梁;5—叉头螺栓;6—螺帽;7—插口垫;8—弹簧;9—弹簧座

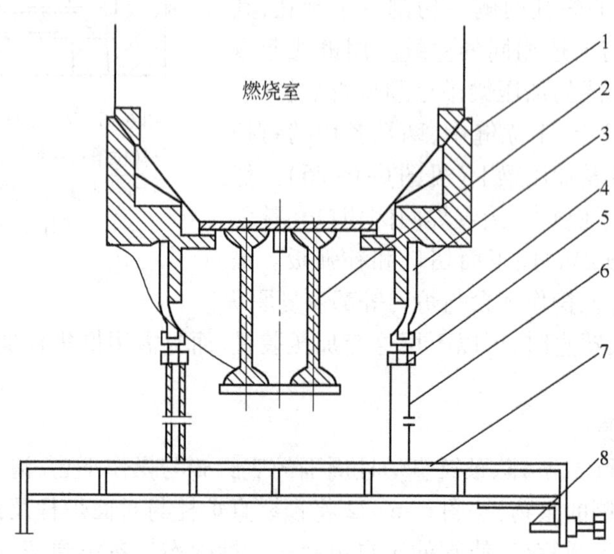

图 6-6-29　拦焦机回转架固定护炉铁件

1—炉门框;2—炉柱;3—炉门钩;4—叉头螺栓;5—螺帽;6—套管;7—横梁;8—拦焦机回转架

待炉柱矫直呈微负弯曲时为止,此时,应用钢板对炉柱正面或侧面进行加固。最后,拧紧炉门框顶丝,拆除压紧炉门框工具及加压梁、炉顶拉紧装置,安装小弹簧并恢复原有负荷。

B　炉下矫直

炉下矫直是把变形的炉柱从焦炉上拆下来,置于平台上进行矫直。

a 冷压矫直

把两根挠性变形的炉柱凸肚相对地叠在一起,两端用螺栓夹住,螺栓的数量与夹持的位置依曲度情况而定。接着用千斤顶对两端加压,同时逐渐拧紧螺栓,直至炉柱两端靠拢为止。若在凸肚与凸肚之间置一块垫板,使炉柱矫成稍负的曲度则更为理想。

b 火焰矫直

把具有挠性变形的炉柱放在平台上(凸面朝上),用氧乙炔焰加热至适当温度,炉柱借自重消除曲度后,再用空气或水冷却。

当炉柱同时在正面和侧面产生挠性变形而且又伴随扭曲变形,在炉上用矫直法难以修复,以及当炉柱与相配用的保护板都变形严重时,通常采用更换的办法保证生产顺利进行。更换的炉柱可以结合炉下矫直法进行修理。

焦炉炉柱损坏比较严重的地方通常是在操作平台以上的部位,故更换半截炉柱就可以基本消除缺陷,这样做比换整根炉柱简便。更换半截炉柱的方法、步骤与使用的工具与在炉上切割加压矫直法几乎完全相同,所不同的是切割炉柱的部位不在曲度最大的地方,而在距操作平台表面200 mm高之处。

在生产条件下更换整根炉柱涉及面广而麻烦,并且需要的时间较长,故一般较少采用。只有当全炉停产时,机、焦侧车辆停止运行,操作平台可以全部拆除的情况下才能进行。全炉停产保温更换整根炉柱是一侧(机或焦侧)换完后再换另一侧,不论是全侧更换或是部分更换,其步骤、方法与更换半截炉柱相同,只是炉柱不需要拦腰进行切割与焊接了。

6.6.6.5 更换炉框

当炉框产生挠性变形及并框而产生冒烟着火或影响出焦时需要对其进行修复,对于产生贯穿断裂时需要更换。

修理炉门框通常是将它取下在炉下进行的。首先于装煤4~6 h摘门,扒除焦炭直至第一火道为止。接着在炉肩砌封墙,拆除炉门框上部小炉头砌体,切割与保护板相连接的螺栓,用假炉门(旧炉门的铸铁槽及衬砖全部拆除后即成)或用提取炉门框用的工具(见图6-6-30)借助取门机把炉门和炉门框一并摘下,或者用链式起重机或坦克吊取下炉框。

安装炉框时先在炉框沿周边用细铁丝把密封用耐火纤维绳绑好,用假炉门或图6-6-30所示工具借助取门机将新门框吊起安装,此时应使保护板上埋入T形螺栓的窝中心与炉框耳孔中心吻合。对于有定位榫的炉框将定位榫削去5 mm,确保炉框与保护板内缘吻合,并且确保炉框水平度与垂直度合适。接着从炉框中部开始向上、下两端逐个依次拧紧螺栓或顶丝。然后扒封墙,推焦,合炉门。

矫直炉门框的方法通常有以下两种。

(1) 冷态矫直:

1) 松紧螺栓法。这种方法适用于在炉上就地矫直,比较简便。矫直是将变形的炉门框上部螺栓放松,中部螺栓拧紧,下部螺栓稍微拧紧,过3~4天后,若未恢复原状,可再重复进行,直至炉门框完全复原为止。通常变形的炉门框只要经过两次调节(7~8天)就可以基本矫直。炉门框经过矫直后,与炉肩缝隙应抹掺精矿粉的磷酸泥,防止窜漏。

2) 支撑法。此法多用于并框的炉门框。它用几个平板支撑器或千斤顶置于炉门框中间1~2处,把炉门框撑至设计要求的间距,半小时后拆除平板支撑器或千斤顶并框变形即可消除。不过,在用千斤顶支撑时,炉门框应侧立于平台上,否则会损坏千斤顶。

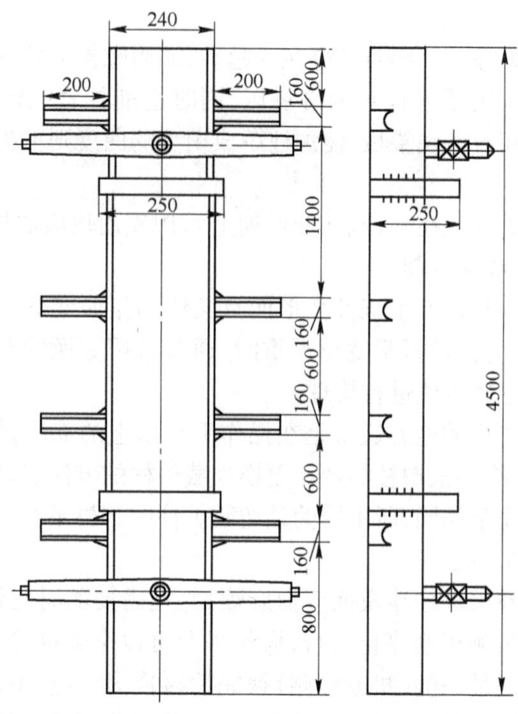

图 6-6-30　提取及安装炉门框用的工具

（2）退火矫直法：

1）并框矫直。并框的炉门框经按上述冷态支撑半小时后，用黏土砖代替平板支撑器或千斤顶继续支撑炉门框，并立即置于窑中以每小时升高 75 ~ 100℃ 的速度进行加热，至 500 ~ 550℃ 恒温 4 ~ 8 h。接着，以每小时下降 30 ~ 50℃ 的速度降温，至 150 ~ 200℃，打开窑门，冷却至常温。

2）挠性变形的矫直。先把两个炉门框凸肚对凸肚重叠在一起，用 1 ~ 3 组夹具把它们夹住。每组夹具由两块各带 4 个直径为 30 mm 圆孔的钢板和 4 个螺栓组成（见图 6-6-31）。

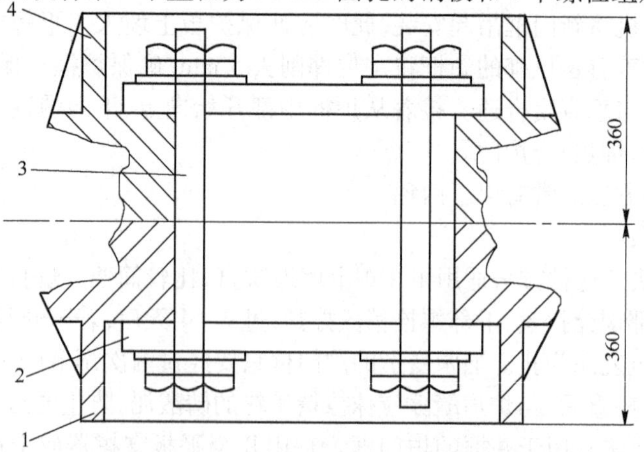

图 6-6-31　矫直炉门框正面弯曲图

1，4—炉门框；2—铁夹板；3—螺栓

然后,边拧紧螺母边用小锤轻轻敲击,直至凸肚消失为止。接着炉门框连同夹具一起送入窑内,以上述升、降温的速度和恒温的时间进行退火。退火的温度不许超过600℃,否则铸铁结构产生石墨化和珠光体球化,使强度下降。此外,冷却速度不宜太快,否则炉门框将硬而脆,不仅机械加工困难,而且它存在的内应力会引起再度变形。

6.6.6.6 更换保护板

当保护板严重变形或断裂而影响炉门框和保护板的密封性能时,应立即更换。首先按照摘除炉门框的方法、步骤把与预更换保护板相邻两侧的炉门框取下,用槽钢把保护板和相邻保护板或炉柱点焊固定,按照上述拆除半截炉柱的方法、步骤把炉柱切断取下。接着拆除固定保护板顶部的槽钢,用链式起重机或坦克吊摘下保护板,或利用提取保护板的工具(见图6-6-32),借助推焦车拦焦机的启门机将保护板取下。接着,清扫炉头正面的石墨、泥块与耐火纤维绳残渣,修补好缺损的砖块。沿新保护板周边用细铁丝把密封用耐火纤维绳固定好,用图6-6-32所示安装保护板的工具或链式起重机把它吊起合在炉头上。保护板上部用螺栓与相邻保护板连接并用与相邻炉点焊的槽钢卡住,下部用千斤顶支撑。接着依照安装半截炉柱及安装炉门框的方法与步骤安装炉柱与炉门框,并恢复弹簧负荷。拆除炉柱上部的槽钢与下部的千斤顶,用耐火纤维绳塞严保护板与保护板之间的上、下接缝,用精矿粉、水玻璃和黏土火泥混匀的物料抹严炉肩与保护板间隙。此时,再用黏土火泥稀浆分多次把保护板与炉头正面间隙灌满,最后拆封墙,合炉门,砌小炉头、底脚砖及操作平台。

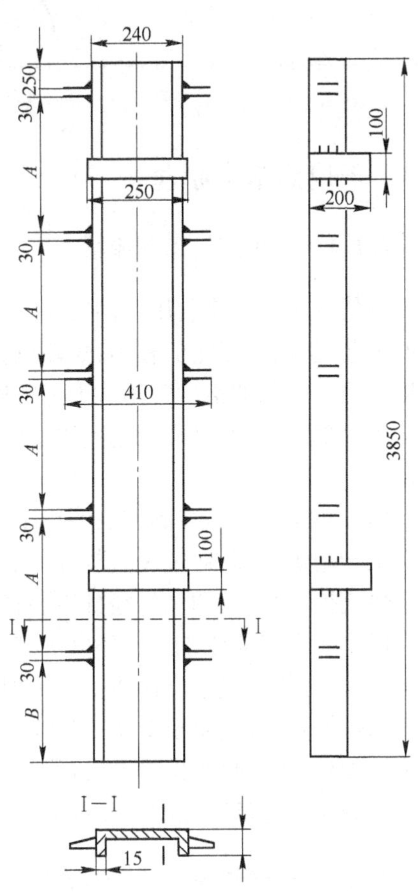

图6-6-32 提取及安装保护板的工具

标准保护板:$A=820$ mm,$B=170$ mm;

非标准保护板:$A=730$ mm,$B=630$ mm

参考文献

[1] 于振东,蔡承祐. 焦炉生产技术[M]. 沈阳:辽宁科学技术出版社,2003.

[2]《焦炉调火》编写组. 焦炉调火[M]. 北京:冶金工业出版社,1978.

[3] 郑国舟,杨厚斌,等. 焦炉的物料平衡与热平衡[M]. 北京:冶金工业出版社,1988.

[4] 章白下,彭降祜,焦炉维修[M]. 北京:冶金工业出版社,1985.

7 干 熄 焦

7.1 干熄焦基本原理

7.1.1 干熄焦的工艺流程

现代的干熄焦是利用惰性气体作为循环气体在干熄炉中与炽热红焦炭换热从而熄灭红焦的工艺过程，其工艺流程是：炽热红焦炭从干熄炉顶部装入，冷却后的焦炭从干熄炉底部排出。冷却红焦的惰性气体从干熄炉底部鼓入。吸收了红焦显热的高温惰性气体从干熄炉冷却室上部排出，并进入干熄焦锅炉中换热，冷的惰性气体再由循环风机鼓入干熄炉内循环使用。

（1）焦炭流程。装满红焦的焦罐车由电机车牵引至提升井架底部。起重机将焦罐提升并送至干熄炉炉顶，通过装入装置将焦炭装入干熄炉内。在干熄炉中，焦炭与惰性气体直接进行热交换，冷却后的焦炭经排出装置卸到带式输送机上，然后送往焦处理系统。

（2）循环气体流程。循环风机将冷却焦炭的惰性气体从干熄炉底部的供气装置鼓入干熄炉内，与红热焦炭逆流换热。自干熄炉排出的高温循环气体经一次除尘器除尘后，进入干熄焦锅炉换热，温度降至160～180℃。由锅炉出来的冷循环气体经二次除尘器除尘后，由循环风机加压，再经热管换热器（或气体冷却器）冷却至130℃左右进入干熄炉循环使用。

干熄焦工艺流程如图7-1-1所示。

7.1.2 干熄炉内循环气体的主要成分及伴随的化学反应

冷却红焦的惰性气体主要成分是氮气、二氧化碳、水蒸气、一氧化碳、氢气、氧气以及微量的甲烷、不饱和碳氢化合物和硫化物等。

循环气体中的氧气流经焦炭层时，发生的主要反应如下。

空气中的氧气与焦炭发生完全燃烧反应：

$$C + O_2 \longrightarrow CO_2,\ \Delta H = +408.2\ \text{MJ} \tag{7-1-1}$$

或发生不完全燃烧反应：

$$2C + O_2 \longrightarrow 2CO,\ \Delta H = +246.1\ \text{kJ/mol} \tag{7-1-2}$$

循环气体中的水蒸气与焦炭发生反应：

$$C + H_2O \longrightarrow CO + H_2,\ \Delta H = -118.6\ \text{MJ} \tag{7-1-3}$$

当水蒸气与红热焦炭接触时的温度不高（低于900℃），则发生如下反应：

$$C + 2H_2O \longrightarrow CO_2 + 2H_2,\ \Delta H = -75.1\ \text{MJ} \tag{7-1-4}$$

闭路循环的惰性气体流经干熄炉和一次除尘器时，其组成将发生变化，主要是由以下几个原因造成的：

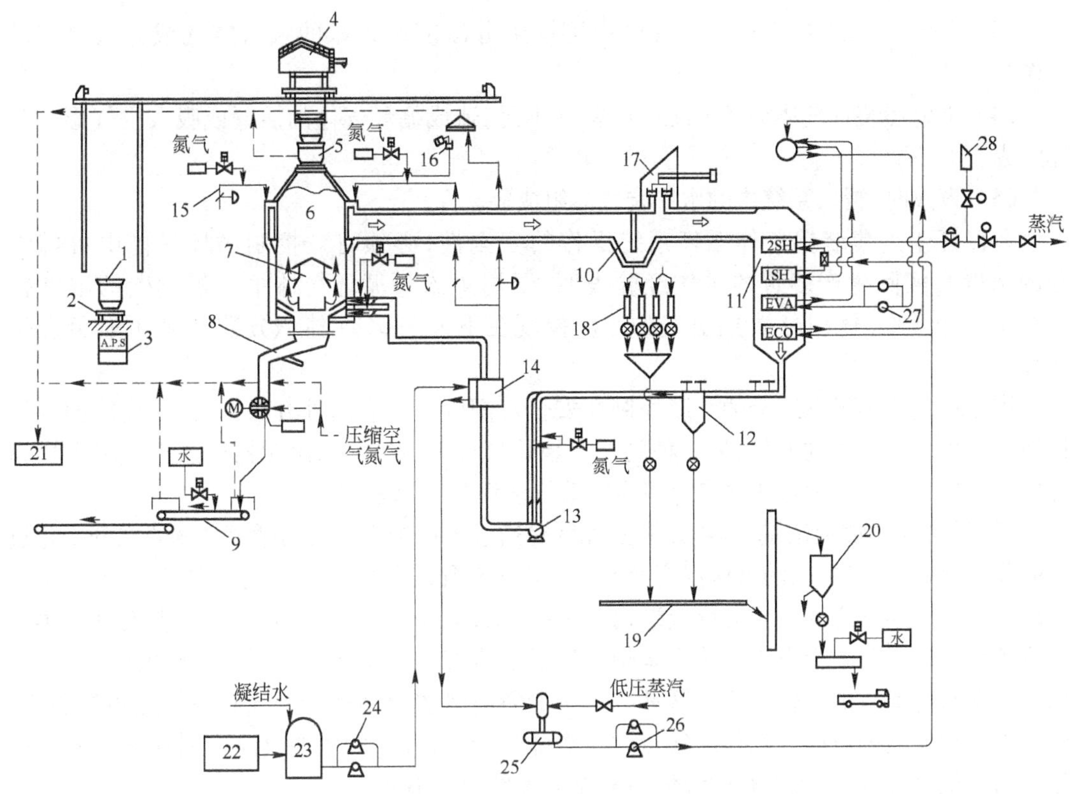

图 7-1-1　干熄焦工艺流程图

1—焦罐；2—运载车；3—对位装置；4—起重机；5—装入装置；6—干熄炉；7—供气装置；8—排出装置；9—运焦带式输送机；10——次除尘器；11—干熄焦锅炉；12—二次除尘器；13—循环风机；14—热管换热器(或气体冷却器)；15—空气导入装置；16—预存室气体放散装置；17——次除尘器放散装置；18—焦粉冷却装置；19—焦粉收集装置；20—焦粉储仓；21—干熄焦环境除尘地面站；22—除盐水站；23—除盐水箱；24—除氧给水泵；25—除氧器；26—锅炉给水泵；27—强制循环泵；28—消音器

(1) 装入干熄炉内红热焦炭将在预存室析出残余挥发分，主要产物是氢气和一氧化碳。其影响因素是从焦炉推出的焦炭的成熟程度和红焦在预存室的驻留时间。一般来说，焦炭析出残余挥发分的量可按 10～20 m^3/t 焦来计算，其主要组成为氢气占约 90%，一氧化碳占约 10%。预存室析出的残余挥发分在穿过焦炭层后进入循环气体中。

(2) 焦炭在干熄炉内冷却的过程中会与循环气体发生化学反应，造成焦炭烧损，红热焦炭在干熄炉内与循环气体逆流换热的同时，还与循环气体发生化学反应。其可能发生的主要反应除了式 7-1-1～式 7-1-4 外，还有：

$$C + CO_2 \rightleftharpoons 2CO,\ \Delta H = -165.6\ \text{MJ} \tag{7-1-5}$$

这个反应是可逆反应，反应的进程取决于干熄炉内反应区的温度和焦炭与二氧化碳接触的时间。当循环气体在干熄焦装置中多次循环时，气体与焦炭的接触时间实际上是无限的。这就促使一氧化碳含量增加。随着干熄炉内反应区温度的提高，二氧化碳含量将减少，一氧化碳的生成将急剧增加，在 900℃时，处于平衡状态的一氧化碳和二氧化碳混合气体中，一氧化碳的含量达 97%。

（3）干熄焦装置为控制循环气体中可燃组分浓度所采取的吸入空气或冲入氮气的操作。

（4）干熄焦装置气体循环系统的严密性不足，造成循环气体的泄漏或吸入空气影响气体组成。

（5）事故时，漏入系统中的水影响气体组成等。

为保证干熄焦装置气体循环系统操作的安全性，必须有效控制循环气体中可燃组分的浓度。实际生产装置的操作经验表明，干熄炉入口循环气体中一氧化碳的浓度控制在不大于6%（体积分数）、氢气的浓度控制在不大于3%（体积分数），就可避免发生爆炸。

将循环气体中可燃组分的浓度控制在安全范围内一般有两种方法：一种是连续向气体循环系统供入一定量的氮气；另一种是在干熄炉环形气道或一次除尘器引入空气将可燃组分燃烧。后一种方法因较为经济且可生产蒸汽多而被广泛采用。

根据《实际燃烧理论基础》中以及前苏联对通过干熄炉冷却段的循环气体的成分变化过程的分析，结合干熄炉内的操作温度及实际生产中对循环气体成分的控制方式，确定在干熄炉冷却段上部和斜道区发生的反应以式7-1-3和式7-1-5为主，且式7-1-3只有在水蒸气含量较大的情况下才会发生。故干熄炉内造成焦炭烧损的主要化学反应是碳的还原反应，而不是碳与游离氧的氧化反应。循环气体中的游离氧主要消耗于氢气和一氧化碳的燃烧，较难于达到焦块的表面。在环形气道和一次除尘器中，发生的主要反应为循环气体中可燃组分的燃烧反应，但反应进行的程度与补充空气量的大小有关。

实际生产中，干熄焦装置循环气体组成的变动取决于干熄焦装置的操作制度和系统的严密性。当干熄焦装置的实际处理能力增大时，干熄炉冷却室内的高温区下移，$C + CO_2 \longrightarrow 2CO$，$\Delta H = -165.6$ MJ 反应区增大，一氧化碳含量较高；当干熄焦装置补充空气较多或系统严密性较差时，漏入的空气会将循环气体中可燃组分或焦炭燃烧。

实际生产的干熄焦装置中，空气和水进入干熄炉和气体循环系统的渠道主要有：系统负压段不严密处吸入空气；装焦时自干熄炉炉口漏入的空气或装入炉盖溅入的水；环形气道或一次除尘器补充进入的空气；进入系统的空气中所含的水；锅炉炉管破裂、干熄炉入口气体冷却器水管的破裂以及粉尘冷却装置损坏漏入系统的水等。

7.1.3　干熄炉内的气体流动及其阻力

在干熄焦装置中气体流动是惰性气体在系统内的闭路循环。干熄焦装置中加压用循环风机的参数取决于惰性气体流量和系统中各设备、管件的流体阻力。惰性气体的流量与被冷却的焦炭量及其温度、冷却室的结构参数有关。选择合理的参数可节省干熄焦装置建设成本及运行费用，干熄炉前后气体循环系统的流体阻力可根据气流速度、气体性质、管件特性以及设备的阻力等来进行计算确定，或采用标定的方法进行确定。

但对干熄炉内气体通过焦炭层的流体阻力不能用上面的方法来确定。因为在干熄炉中，不仅有焦炭和气体的逆向运动，同时还有焦炭与气体之间的热交换过程和某些化学反应过程。鉴于其复杂性，到目前为止，尚没有一种统一的方法来计算干熄炉中的流体阻力。

根据前苏联国立焦化设计院资料，干熄焦装置的实际操作数据是：装有焦炭的干熄炉的阻力为2000～3000 Pa，循环气体在焦炭层中的流动阻力系数为286。按照H. M. 雅瓦良柯夫的公式计算，1 m厚度焦炭层的阻力是：工业试验装置为218 Pa，工业装置为363 Pa。根据各种生产能力的干熄焦装置进行的测试结果，得到了干熄焦工业装置管网的流体总阻力，见表7-1-1。

表7-1-1　干熄焦工业装置管网的流体总阻力

熄焦能力/$t \cdot h^{-1}$	干熄焦装置的总阻力/Pa(mmH_2O)	循环气体用量/$m^3 \cdot h^{-1}$
18	980～1275(100～130)	37000～40000
36	3138～3432(320～350)	62000～64000
54	4903～5688(500～580)	80000～89000

注：循环风机与干熄炉之间无给水预热器。

当循环气体流经1 m厚的焦炭层时，其压力损失Δp(mmH_2O，1 mmH_2O = 9.80665 Pa)可按式7-1-6(H. M. 雅瓦良柯夫)计算：

$$\Delta p = \frac{4\lambda \rho w^2}{d_e \varepsilon \times 2g} \tag{7-1-6}$$

式中　λ——阻力系数，在湍流状态下，$\lambda = \frac{3.8}{Re^{0.2}}$；在层流状态下，$\lambda = \frac{100}{Re}$；

ρ——平均温度下的气体密度，kg/m^3；

w——气流的实际速度，m/s；

d_e——焦炭颗粒之间所形成的气道当量直径，m；

ε——填充系数，取0.4；

g——重力加速度，m/s^2。

式7-1-6中：

$$w = \frac{V_r(t_{cp} + 273)}{273F\varepsilon \times 3600}$$

式中　V_r——循环气体量，m^3/h；

t_{cp}——干熄炉内循环气体平均温度；

F——干熄炉内的断面积，m^2；

ε——填充系数，取0.4。

在一定范围内气道当量直径d_e可用И. Н. 牡兴推荐的С. Э. 卡甘的关系式：

$$d_e = \Psi \frac{\varepsilon}{1 - \varepsilon} d_k$$

式中　Ψ——取决于焦块形状的系数，其值在0.2～0.4之间；

ε——填充系数，取0.4；

d_k——焦块平均直径，取0.04 m。

根据前苏联国立焦化设计院的计算和测定装有焦炭的干熄炉的气体流动阻力资料介绍，按照H. M. 雅瓦良柯夫的公式计算干熄炉的阻力与工业试验装置和工业装置的测定值比较相符，详见表7-1-2。

表 7-1-2　装有焦炭的干熄炉的阻力

数据名称	工业试验装置	工业装置
循环气体量/$m^3 \cdot h^{-1}$	55200	77000
干熄炉内断面/m^2	30	33
干熄炉内循环气体平均温度/℃	410	490
循环气体实际流速 w/$m \cdot s^{-1}$	3.2	4.55
雷诺数 Re	2100	2330
阻力系数 λ	0.826	0.805
计算 1 m 厚焦炭层阻力 Δp/Pa(mmH_2O)	213.78(21.8)	355.98(36.3)
计算干熄炉的阻力 Δp/Pa(mmH_2O)	1495.51(152.5)	2314.37(236)
实际试验数据 Δp/Pa(mmH_2O)	1454.38(148)	2275.14(232)

注：阻力 Δp 是指循环风机后至干熄炉冷却室上部斜道口之前的阻力（且无给水预热器）。

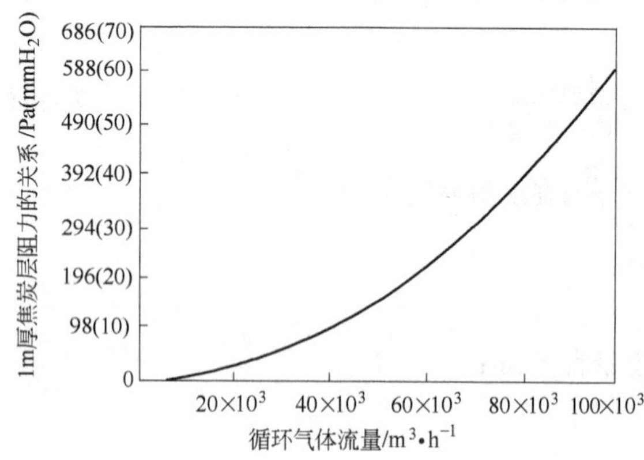

图 7-1-2　循环气体流量与 1 m 厚焦炭层阻力的关系

M. Г. 捷波里特斯基提出的循环气体流量与 1 m 厚焦炭层阻力的关系，如图 7-1-2 所示。

人们更进一步根据均匀粒度颗粒床层压降试验，建立多孔介质流体流动模型来研究、计算流体动力学阻力。流体通过填充床的压降实验早在 20 世纪 30 ~ 40 年代就已经有很多人进行研究，最为人们认同的就是 1952 年 Ergun 由实验确定的流体通过均匀粒度颗粒固定床的压降公式（Ergun 方程），可以表示为：

$$\frac{\Delta p}{L} = -\frac{\mu A(1-\varepsilon)^2}{(\phi_s d_p)^2 \varepsilon^3} u_d - \frac{\rho B(1-\varepsilon)}{(\phi_s d_p)\varepsilon^3} u_d^2 \tag{7-1-7}$$

式中　Δp——床层压降，Pa；

L——床层高度，m；

μ——动力黏性系数；

ϕ_s——形状系数；

d_p——颗粒直径，m；

u_d——“空床”或者“空管”截面平均流速，m/s；

ρ——流体密度，kg/m^3；

A，B——Ergun 常数。

流体通过填充床层的压降和许多因素有关，如“空床”流速 u_d、流体密度 ρ 和动力黏性系数 μ，还有床层直径 D、颗粒直径 d_p、床层填充系数 ε、形状系数 ϕ_s、颗粒表面粗糙度等，床层高度 L 也对床层压降有影响。从流体力学方面讲，流体在床层内流速越大，流体受到固体的阻力也就越大。该阻力的大小受到颗粒直径大小、流体密度、流体黏度等因素影响，宏观表现为流体的动能损失。流体黏性系数的大小又反映了流体内部摩擦造成的动能损失的大小。所以,经过单位高度床层的压降主要取决于四方面的因素:流体流速;流体物性,表现为密度和黏性系数;颗粒填充方式,主要表现为孔隙率;颗粒的大小、形状及表面粗糙度。

Ergun 认为上述方程适用于任何形式的流动。而方程中的两个常数 A 和 B 的数值分别是 150 和 1.75,这是 Ergun 用许多流体如 CO_2、N_2、CH_4、H_2 等通过各种大小的球、沙子及研磨的炭粒进行过 640 次实验确定的。

Ergun 认为流体通过填充床的压降主要取决于动能损失和黏性力导致的能量损失这两部分,单位高度的黏性损失为方程的第一项,动能损失为方程的第二项。许多学者对 Ergun 方程中常数提出质疑,认为 A 和 B 并不是常数,而是与介质的性质有关。A 和 B 为由实验确定的系数,作为实际黏性和惯性效应的模拟系数。

在 Ergun 公式得出的流体通过均匀粒度颗粒固定床的压降公式中,定义:

$$Er = \frac{\Delta p}{\rho u_{\mathrm{d}}^2}, Re = \frac{\rho u_{\mathrm{d}} \phi_{\mathrm{s}} d_{\mathrm{p}}}{\mu}$$

则方程可化为:

$$\frac{\phi_{\mathrm{s}} d_{\mathrm{p}}}{L} \cdot \frac{\varepsilon^3}{1-\varepsilon} \cdot Er = A \frac{1}{\dfrac{Re}{1-\varepsilon}} + B$$

进而方程转化为:

$$f_{\mathrm{v}} = \frac{(\phi_{\mathrm{s}} d_{\mathrm{p}})}{L} \cdot \frac{\varepsilon^3}{1-\varepsilon} \cdot Er \cdot \frac{Re}{1-\varepsilon} = A + B \cdot \frac{Re}{1-\varepsilon} \tag{7-1-8}$$

即:

$$f_{\mathrm{v}} = B \cdot \frac{Re}{1-\varepsilon} + A \tag{7-1-9}$$

根据实验测量的数据拟合作出 $f_{\mathrm{v}} - \dfrac{Re}{1-\varepsilon}$ 的曲线关系,确定 A 和 B 的值。

国内研究成果主要是:由中冶焦耐工程技术有限公司与北京科技大学机械工程学院联合组成的课题组,在国家技术创新项目——“干熄焦引进技术消化吸收‘一条龙’开发和应用”大型科研项目的研究过程中,在 75 t/h 干熄炉的 1∶7 试验装置上按照相似原理进行焦炭层压降模拟试验,如图 7-1-3 所示。

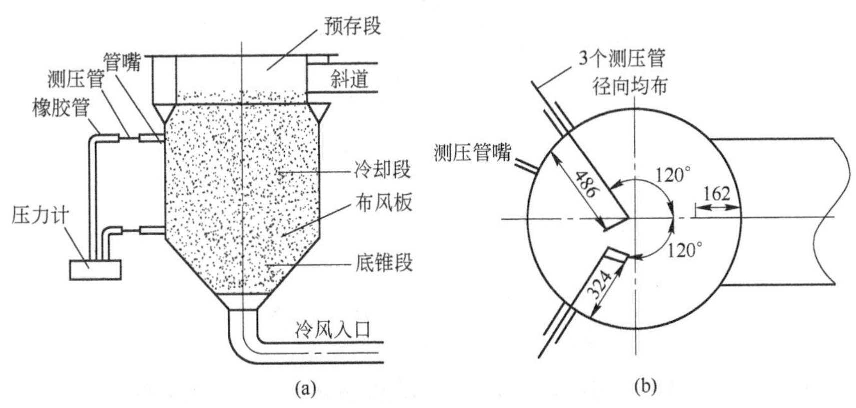

图 7-1-3　压降实验装置

(a) 干熄炉主体断面;(b) 8 个测压孔示意

实验用焦炭的基本数据见表 7-1-3。

表 7-1-3　实验用焦炭的基本数据

焦炭筛分直径/mm	当量直径 d_p/mm	孔隙率 ε/%	进气量变化范围/$m^3 \cdot h^{-1}$
25～35	33.3	49.4	1 347 731
35～45	44.2	50.2	1 615 870
45～55	54.8	50.4	2 019 1 089
55～65	61.4	52.5	2 692 1 449

实验结果：阻力损失随焦炭直径的变化情况如图 7-1-4 所示。

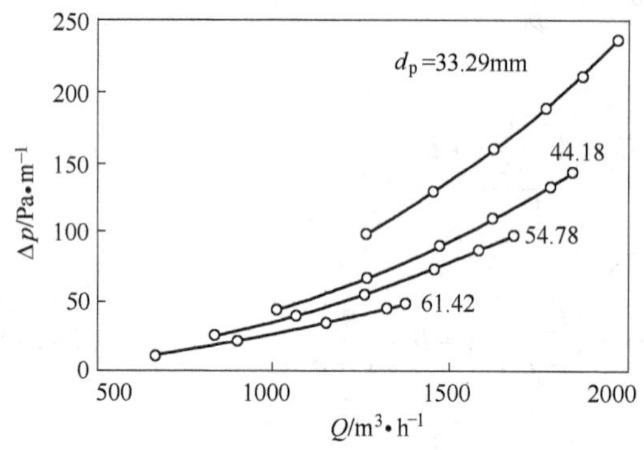

图 7-1-4　阻力损失随焦炭直径的变化

当循环气体一定时，随着焦炭直径增加，阻力损失减少；当焦炭直径一定时，随着循环气体量的增加，阻力损失增加。将实验结果按照 Ergun 方程整理为：

$$f_v = \frac{\phi_s d_p}{L} \cdot \frac{\varepsilon^3}{1-\varepsilon} \cdot Er \cdot \frac{Re}{1-\varepsilon} = A + B \cdot \frac{Re}{1-\varepsilon} \tag{7-1-10}$$

式中，形状因子 ϕ_s 为颗粒偏离球形的程度，且有 $0 < \phi_s \leqslant 1$ 。研究中采用经验方法确定 ϕ_s 值，见表 7-1-4 和图 7-1-5。

表 7-1-4　形状因子 ϕ_s

方　法	由图 7-1-5 查出当 $\varepsilon \approx 0.5$	正方体	长方体(长∶宽∶高)	
			1∶1∶3	1∶2∶3
ϕ_s	0.66	0.817	0.767	0.726

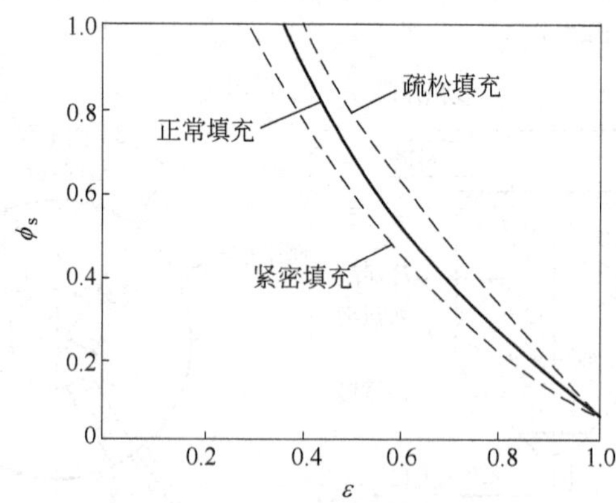

图 7-1-5　随意填充均匀粒度颗粒的固定床 ε 与 ϕ_s 的关系

当形状因子 ϕ_s 为 0.66、0.726、0.767、0.817 四种数据时，对实验数据进行曲线拟合结果如图 7-1-6～图 7-1-9 所示。

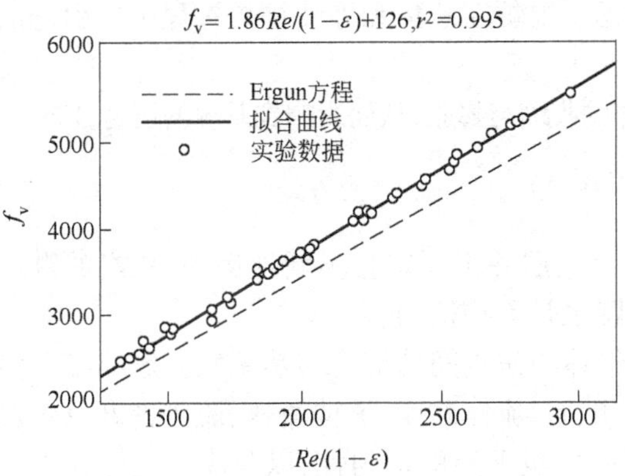

$f_v = 1.86Re/(1-\varepsilon)+126, r^2=0.995$

图 7-1-6 形状因子 ϕ_s = 0.66 时，f_v 与 $Re/(1-\varepsilon)$ 的关系

$f_v = 2.04Re/(1-\varepsilon)+153, r^2=0.995$

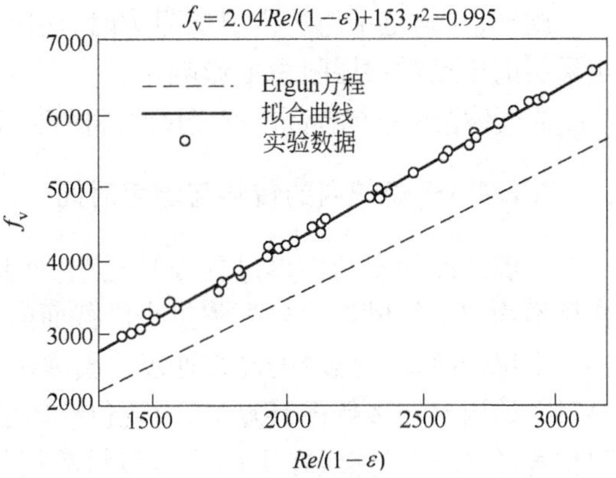

图 7-1-7 形状因子 ϕ_s = 0.726 时，f_v 与 $Re/(1-\varepsilon)$ 的关系

$f_v = 2.16Re/(1-\varepsilon)+170, r^2=0.995$

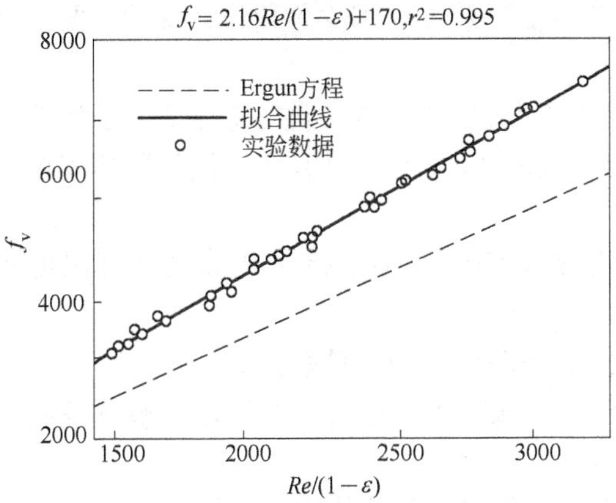

图 7-1-8 形状因子 ϕ_s = 0.767 时，f_v 与 $Re/(1-\varepsilon)$ 的关系

$f_v = 2.30Re/(1-\varepsilon)+193, r^2=0.995$

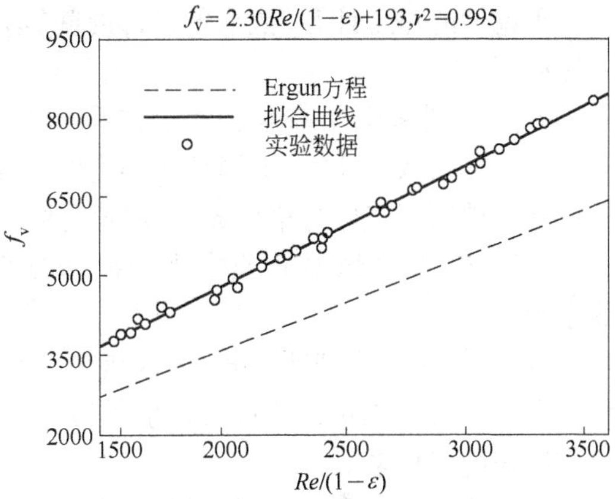

图 7-1-9 形状因子 ϕ_s = 0.817 时，f_v 与 $Re/(1-\varepsilon)$ 的关系

从拟合结果看，A 与 B 随着形状因子 ϕ_s 变化，进一步得出 A 与 B 随着形状因子 ϕ_s 的变化关系如图 7-1-10 和图 7-1-11 所示。

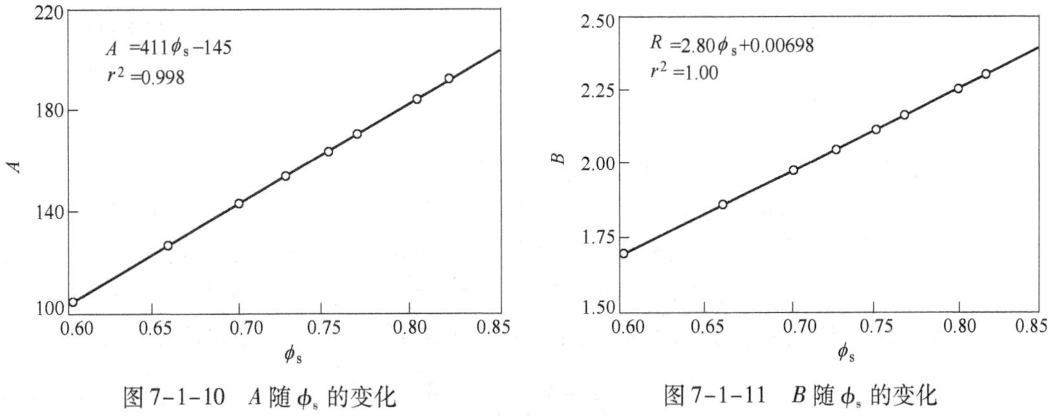

图 7-1-10 A 随 ϕ_s 的变化

图 7-1-11 B 随 ϕ_s 的变化

从实验得出结论：焦炭粒度和形状因子对单位高度焦炭床层的压力损失影响很大；Ergun 方程常数与形状因子 ϕ_s 呈线性关系。

此外,在确定干熄炉内料层阻力时,还应考虑干熄炉在装焦和连续排焦过程中所引起的焦炭层的松动对料层阻力的影响。

当气体循环系统各部温度变化时,将引起气体的收缩与膨胀,从而影响到系统的压力分布。

7.1.4 干熄炉内的传热与熄焦时间

干熄炉冷却室的传热过程极其复杂。因为焦炭层并不固定且不断地运动,焦炭的颗粒直径不均匀。鼓风量的分配和焦炭沿截面的下降也是不均衡的。

干熄炉冷却室焦炭的冷却速度主要取决于气体与焦炭间的综合传热系数。影响综合传热系数的因素较多且极其复杂,主要包括床层孔隙率、流体黏度、流体流速、流体密度及焦炭颗粒直径,还包括焦炭在干熄炉内布料的均匀性、焦炭下降的均匀性,以及冷却气体在干熄炉中分配和上升的均匀性等。但最重要的因素是气体的流速。

7.1.4.1 焦炭冷却时间的计算

干熄炉的热工计算(焦炭的冷却时间)有许多方法。前苏联国立焦化设计院的主要计算方法如下。

方法 1:根据计算单位面积的传热系数的热平衡方程式的公式,确定蓄热室格子砖单位表面的传热系数。此时,干熄炉冷却室中气体与焦炭之间的传热,可看作类似于蓄热室格子砖在冷却周期内气体与格子砖之间的传热。

方法 2:根据恒温介质中平板冷却方程,并采用按照蓄热室格子砖公式计算出的传热系数。

方法 3:按菲洛利斯公式,根据热平衡方程式确定单位体积的传热系数。

方法 4 按对焦炭传热性最终值加以修正的 B. И. 契丹耶夫公式,根据热平衡方程确定单位体积的传热系数。

方法 5:按 B. H. 季莫费耶夫公式,根据热平衡方程确定单位体积的传热系数。

前苏联根据上述不同方法对工业试验装置计算出的焦炭冷却时间分别为:

根据热平衡和蓄热室格子砖公式计算(方法 1)	2.52 h
根据恒温介质中平板冷却曲线和蓄热室格子砖公式计算(方法 2)	2.68 h
根据热平衡和下列公式计算:	
菲洛列斯(方法 3)	0.889 h
契丹耶夫(方法 4)	1.58 h
季莫费耶夫(方法 5)	0.81 h

由上述数据可以看出,用不同方法确定的熄焦所需时间差别较大。

为此,前苏联国立焦化设计院在干熄焦工业试验装置的试验和操作期间,通过对工业试验装置测定,获得了准确的设计数据和实际结果,从而得出了当时最接近实际条件的计算方法。这一计算方法考虑了干熄炉内的逆流传热过程、沿截面鼓风分配量和焦炭下行的不均匀性等实际因素。根据这个方法,对堆积焦炭层的熄焦时间可用以下公式计算:

$$\tau_p = \frac{(c_1 t_1 - c_2 t_2) r_k}{1.1 \Delta t_{cp} \alpha_V} \tag{7-1-11}$$

或

$$\tau_p = \frac{(c_1 t_1 - c_2 t_2) r_k}{1.1 \Delta t_{cp} K_F S_k} \tag{7-1-12}$$

式中 τ_p——理论计算的熄焦时间,h;

t_1——红焦装入时的温度,℃;

t_2——红焦冷却后的温度,℃;

c_1,c_2——分别为 t_1 和 t_2 温度时焦炭的比热容,kJ/(kg·℃);

r_k——焦炭堆密度,kg/m³;

Δt_{cp}——气体与焦炭温度的对数平均温差,℃;

α_V——体积传热系数,W/(m²·K)或 W/(m²·℃);

K_F——总传热系数,W/(m²·K)或 W/(m²·℃);

S_k——焦炭层内自由缝隙的表面积(堆积焦炭的比表面积),m²/m³;

1.1——在移动层内焦炭堆体积的松散系数。

式7-1-11 和式7-1-12 中:

$$\Delta t_{cp}=\frac{(t_1-t_1')-(t_2-t_2')}{2.3\lg\frac{(t_1-t_1')}{(t_2-t_2')}} \tag{7-1-13}$$

式中 t_1——红焦温度,℃;

t_2——红焦排出温度,℃;

t_1'——气体出口温度,℃;

t_2'——气体入口温度,℃。

总传热系数计算《干法熄焦》中公式为:

$$K_F=\frac{1}{\frac{1}{\alpha_F}+\frac{r}{2\lambda_T^{cp}}}$$

$$K_F=\frac{1}{\frac{1}{\alpha_F}+\frac{d}{2\lambda_T^{cp}}}=\frac{1}{\frac{1}{\alpha_F}+\frac{r}{\lambda_T^{cp}}} \tag{7-1-14}$$

式中 d——焦块平均直径,m;

λ_T^{cp}——沿干熄炉高向焦炭平均导热系数,约 0.4 kcal/(m²·h·℃),折合为 0.465 W/(m²·℃);

α_F——焦炭传给气体的总传热系数,$\alpha_F=\alpha_\lambda+\alpha_k$;

α_λ——由焦炭传给气体的辐射传热系数,约等于 2 kcal/(m²·h·℃),折合为 2×1.163=2.326 W/(m²·℃);

α_k——焦炭对气体的对流传热系数,$\alpha_k=\frac{8.3w_0^{0.5}}{d_{cp}^{0.33}}$ kcal/(m²·h·℃),如折合为 W/(m²·℃),则:

$$\alpha_k=\frac{9.65w_0^{0.5}}{d_{cp}^{0.33}} \tag{7-1-15}$$

式中 w_0——焦炭之间缝隙中的气体流速,m/s;

d_{cp}——焦炭层内自由缝隙的水力直径,m。

焦炭之间缝隙中的气体流速 w_0 为:

$$w_0 = \frac{V}{3600FV_{CB}} \tag{7-1-16}$$

式中　V——循环气体的流量,可根据热平衡计算求得,m^3/h;

F——干熄炉内的截面积,m^2;

V_{CB}——焦炭层缝隙的自由体积,m^3/m^3。

$$V_{CB} = 0.0005 \times (15.5a_1 + 11.3a_2 + 9.1a_3 + 7.6a_4 + 6.7a_5 + 6.3a_6) \tag{7-1-17}$$

式中　$a_1, a_2, a_3, a_4, a_5, a_6$——分别为 >80 mm、60 ~ 80 mm、60 ~ 40 mm、40 ~ 25 mm、25 ~ 10 mm、10 ~ 0 mm 级焦炭的质量分数,%。

干熄炉内的截面积 F 为:

$$F = \frac{QV}{3600w} \tag{7-1-18}$$

式中　w——干熄炉内不装焦炭时的气体允许流速,一般取 0.5 ~ 0.9 m/s。

焦炭层内自由缝隙的水力直径 d_{cp} 为:

$$d_{cp} = \frac{4V_{CB}}{S_k} \tag{7-1-19}$$

式 7-1-19 中:

$$S_k = 0.5 \times (6.7a_1 + 8.6a_2 + 12a_3 + 18.5a_4 + 34.3a_5 + 120a_6) \tag{7-1-20}$$

体积传热系数(α_V)的计算为:

$$\frac{1}{\alpha_V} = \frac{1}{\dfrac{1}{\alpha_V^{\infty}} + \dfrac{r^2}{9\lambda_T^{cp}}} \tag{7-1-21}$$

$$\alpha_V^{\infty} = A\frac{w_0^{0.9}T^{0.3}}{d}M \tag{7-1-22}$$

式中　α_V^{∞}——焦块无限大时的传热系数,W/(m² · ℃)或 W/(m² · K);

A——均匀系数,对于焦炭,$A = 160$;

M——焦末含量系数,取 0.5;

w_0——焦炭之间缝隙中的气体流速,m/s;

r——焦块半径,m;

T——焦块表面温度,K。

d——焦块平均直径,

设焦块近似球形,则焦块平均当量体积 V_{cp}^k 为:

$$V_{cp}^k = \frac{\pi d^3}{6}$$

那么:

$$d = \sqrt[3]{\frac{6V_{cp}^k}{\pi}} \tag{7-1-23}$$

式中　V_{cp}^k——块焦体积,m^3。

$$V_{cp}^k = a_{cp}^2 L_{cp} \tag{7-1-24}$$

式中　a_{cp}——焦块的平均宽度,m;

L_{cp}——焦块的平均长度，取宽度 a_{cp} 的 1.2～1.8 倍，当配煤挥发分高时，取高倍数，配煤挥发分低时，取低倍数，m。

$$a_{cp}=a_1y_1+a_2y_2+\cdots+a_ny_n \tag{7-1-25}$$

式中 $a_1, a_2, \cdots, a_n$——每一筛分组成的尺寸，m，如 40～60 mm 级别的平均尺寸为 $\frac{40+60}{2}=50\ \text{mm}=0.05\ \text{m}$；

$y_1, y_2, \cdots, y_n$——每一级别的质量分数，%。

计算实例：按前苏联国立焦化设计院在计算时采用的原始数据：

温度	
红焦	950℃
冷却后焦炭	250℃
进入干熄炉的循环气体	180℃
由干熄炉内排出的循环气体	800℃
干熄炉内面积	
长向	6 m
宽向	5 m
干熄炉内焦炭的堆密度	500 kg/m^3
焦炭筛分组成/mm	质量分数/%
100～80	22.75
80～60	37.58
60～40	29.81
40～25	6.68
25～10	1.46
<10	1.72
惰性气体组成	
CO_2	16%
O_2	2%
N_2	82%
焦炭的比热容	
950℃	1.446 kJ/(kg·℃)(0.346 kcal/(kg·℃))
250℃	1.024 kJ/(kg·℃)(0.245 kcal/(kg·℃))

用前苏联国立焦化设计院得出的最接近实际条件的计算方法进行计算，见式 7-1-12。式 7-1-12 中，t_1 为 950℃；t_2 为 250℃；c_1 为 1.446 kJ/(kg·℃)(0.346 kcal/(kg·℃))；c_2 为 1.024 kJ/(kg·℃)(0.245 kcal/(kg·℃))；r_k 为 500 kg/m^3；K_F 用式 7-1-14 计算；Δt_{cp} 用式 7-1-13 计算。

$$\Delta t_{cp}=\frac{(t_1-t_1')-(t_2-t_2')}{2.3\lg\frac{(t_1-t_1')}{(t_2-t_2')}}=\frac{(950-800)-(250-180)}{2.3\lg\frac{950-800}{250-180}}=105.08(℃)$$

式 7-1-12 中的 K_F 用式 7-1-14 计算。式 7-1-14 中，λ_T^{cp} 为 0.4(kcal/(m·h·℃))，即 0.465 W/(m^2·℃)；$\alpha_F=\alpha_k+\alpha_\lambda$，$\alpha_\lambda$ 约等于 2 kcal/(m^2·h·℃)，即 2×1.163 = 2.326 W/(m^2·℃)；α_k 用式 7-1-15 计算。

式 7-1-15 中的 w_0 用式 7-1-16 计算。式 7-1-16 中，V 为 76000 m^3/h；F 为 $5\times6=30\ m^2$；V_{CB}用式 7-1-17 计算。

$$V_{CB}=0.0005(15.5a_1+11.3a_2+9.1a_3+7.6a_4+6.7a_5+6.3a_6)$$
$$=0.0005(15.5\times22.75+11.3\times37.58+9.1\times29.81+7.6\times6.68+6.7\times1.46+6.3\times1.72)=0.56(m^3/m^3)$$

则式 7-1-16 为：

$$w_0=\frac{V}{3600FV_{CB}}=\frac{76000}{3600\times30\times0.56}=1.256(m/s)$$

式 7-1-15 中的 d_{cp}用式 7-1-19 计算。式 7-1-19 中，S_k 用式 7-1-20 计算。

$$S_k=0.05(6.7a_1+8.6a_2+12a_3+18.5a_4+34.3a_5+120a_6)$$
$$=0.05(6.7\times22.75+8.6\times37.58+12\times29.81+18.5\times6.68+34.3\times1.46+120\times1.72)=60.67\ (m^2/m^3)$$

则式 7-1-19 为：

$$d_{cp}=\frac{4V_{CB}}{S_k}=\frac{4\times0.56}{60.67}=0.037(m)$$

那么，式 7-1-15 为：

$$\alpha_k=\frac{8.3w_0^{0.5}}{d_{cp}^{0.33}}=\frac{8.3\times1.256^{0.5}}{0.037^{0.33}}=27.6\ kcal/(m^2\cdot h\cdot ℃)=32.1\ W/(m^2\cdot ℃)$$

焦块平均直径 d 按式 7-1-23 计算。式 7-1-23 中的 V_{cp}^{k}按式 7-1-24 计算。式 7-1-24 中的 a_{cp}按式 7-1-25 计算：

$$a_{cp}=a_1y_1+a_2y_2+\cdots+a_ny_n$$
$$=0.09\times22.75\%+0.070\times37.58\%+0.050\times29.81\%+0.0325\times6.68\%+0.0175\times1.46\%+0.005\times1.72\%=0.0642(m)$$

设式 7-1-24 中的 L_{cp}为 $1.2a_{cp}$，则式 7-1-24 为：

$$V_{cp}^{k}=a_{cp}^2L_{cp}=1.2a_{cp}^3=1.2\times0.0642^3$$

设焦块近似球形，则根据式 7-1-23：

$$d=\sqrt[3]{\frac{6V_{cp}^{k}}{\pi}}=\sqrt[3]{\frac{1.2\times0.0642^3\times6}{\pi}}=0.0846(m)$$

那么，式 7-1-14 为：

$$K_F=\frac{1}{\frac{1}{\alpha_F}+\frac{d}{2\lambda_T^{cp}}}=\frac{1}{\frac{1}{29.6}+\frac{0.0846}{2\times0.4}}=7.1667$$

则式 7-1-12 为：

$$\tau_p=\frac{(c_1t_1-c_2t_2)r_k}{1.1\Delta t_{cp}K_FS_k}=\frac{(0.346\times950-0.245\times250)\times500}{1.1\times105.08\times7.1667\times60.67}=2.66(h)$$

如果按照《干法熄焦》中计算总传热系数 K_F，则：

$$K_F=\frac{1}{\frac{1}{\alpha_F}+\frac{r}{2\lambda_T^{cp}}}=\frac{1}{\frac{1}{29.6}+\frac{0.0423}{2\times0.4}}=11.54$$

那么，式 7-1-12 为：

$$\tau_p=\frac{(c_1t_1-c_2t_2)r_k}{1.1\Delta t_{cp}K_FS_k}=\frac{(0.346\times950-0.245\times250)\times500}{1.1\times105.08\times11.54\times60.67}=1.65(\mathrm{h})$$

二者相差:2.66 − 1.65 = 1.01(h)。

从现有的实践经验看:干熄焦时间1.65 h不太可能,如果再乘以1.7的系数则为2.8 h,而2.66 h的熄焦时间比较接近实际,由此看来,《干法熄焦》中的公式可能有错,请读者注意识别。

计算实例2:前苏联国立焦化设计院提供焦炭筛分组成如下:

焦炭粒度/mm	粒度平均尺寸/mm	筛分组成/%
100 ~ 80	90	8.3
80 ~ 60	70	21.7
60 ~ 40	50	44.3
40 ~ 25	32.5	22.9
25 ~ 10	17.5	2.3
<10	5	0.5

按照实例1分步计算结果,各项参数为:t_1 为950℃;t_2 为250℃;c_1 为1.446 kJ/(kg·℃)(0.346 kcal/(kg·℃));c_2 为1.024 kJ/(kg·℃)(0.245 kcal/(kg·℃));Δt_{cp} 为105.08℃;r_k 为500 kg/m³;S_k 为66.8185 m²/m³;$L_{cp}=1.2a_{cp}$ 时 d 为0.06945 m,$L_{cp}=1.5a_{cp}$ 时 d 为0.0748 m。根据焦块粒度组成情况,大于60 mm焦块的含量不到30%,所以取 $L_{cp}=1.2a_{cp}$,则 d 为0.06945 m。

K_F 的计算:

(1) $K_F=\dfrac{1}{\dfrac{1}{\alpha_F}+\dfrac{d}{2\lambda_T^{cp}}}=\dfrac{1}{\dfrac{1}{34.14}+\dfrac{0.069}{2\times0.4}}=8.654$;

(2) $K_F=\dfrac{1}{\dfrac{1}{\alpha_F}+\dfrac{r}{2\lambda_T^{cp}}}=\dfrac{1}{\dfrac{1}{34.14}+\dfrac{0.0345}{2\times0.4}}=13.807$。

当 K_F 为8.654时:

$$\tau_p=\frac{(c_1t_1-c_2t_2)r_k}{1.1\Delta t_{cp}K_FS_k}=\frac{(0.346\times950-0.245\times250)\times500}{1.1\times105.08\times8.654\times66.8185}=2.0(\mathrm{h})$$

当 K_F 为13.807时:

$$\tau_p=\frac{(c_1t_1-c_2t_2)r_k}{1.1\Delta t_{cp}K_FS_k}=\frac{(0.346\times950-0.245\times250)\times500}{1.1\times105.08\times13.807\times66.8185}=1.25(\mathrm{h})$$

计算结果讨论:

(1) 理论计算的熄焦时间 τ_p 为1.25 h显然不符合实际情况,也就是说利用《干法熄焦》中的公式进行计算,其结果不符合实际情况,请读者注意识别。

(2) 实例1的计算中,焦块平均直径大(0.091 m),大于60 mm的焦块超过60%,故熄焦时间就要长(2.66 h);实例2的计算中,焦块平均直径小(0.069 m),大于60 mm的焦块含量不到30%,所以熄焦时间就要短(2 h),符合实际情况。

已知焦炭的熄焦时间和干熄炉所需要的生产能力,就可以确定干熄炉冷却室的几何尺寸:

$$V=G\tau/\gamma \tag{7-1-26}$$

式中 V——冷却室容积,m³;

G——干熄炉最大处理能力,t/h;

γ——干熄炉内红焦堆积密度，t/m^3。

7.1.4.2　干熄炉内气固对流换热系数的研究

干熄炉内的传热过程是极其复杂的。为了揭示干熄炉流体流动和传热的规律，需要借鉴多孔介质方面的研究成果。国内外对填充床气固换热方面的研究主要有：

（1）付尔纳斯（Furnas）采用了两种试验方法，第一个试验方法直接确定气流和炉料（以生铁球作为炉料）间的温差，将抽气热电偶不抽气时所测得的温度作为炉料温度。单位体积传热系数按式7-1-27计算：

$$h_v = \frac{Q}{\Delta t_{cp} V_M} \tag{7-1-27}$$

式中　h_v——单位体积传热系数，kJ/(m^3·h·℃)；

Q——单位时间内气流传给铁球的热量，kJ/h；

Δt_{cp}——气流和铁球间的温差，℃；

V_M——炉料的体积，m^3。

第二种试验方法没有把气流和料块表面间温差联系起来，而是利用苏曼的解析解作为解决煤气（或液体）加热固定料层的问题的基础，整理试验数据，可得：

$$h_v = A_F \frac{w^{0.7} T^{0.3}}{d^{0.9}} M \tag{7-1-28}$$

式中　A_F——料块的特性系数；

w——0℃时通过“空床”或者“空管”截面气体的平均流速，m/s；

T——气流平均温度，K；

d——料块直径，m；

M——仅决定于料层孔隙度的系数。

式7-1-28除了冷却焦炭以外，还可以在各种情况下应用，均得到了较满意的结果。

付尔纳斯认为冷却焦炭的情况是个例外。在这种反常情况下：

$$h_v = A_F \frac{w^{0.7} T^{0.3}}{d^{1.3}} M \tag{7-1-29}$$

按照付尔纳斯的意见，系数 M 不取决于料块的形状、表面状况以及其他因素。

付尔纳斯的试验研究是在参数在很大范围内变化的情况下进行的，温度变化范围大到约1100℃、气流速度为0.6～1.8 m/s，采用了直径为4～70 mm的料块。他的研究工作的主要缺点在于没有把内部热阻和外部热阻分开，没有确定料块的筛分组成对传热的影响。

（2）在确定料块层传热系数的试验方法和数据处理方面研究总结如下：

1）菲洛列斯提出了在循环气流条件下冷却焦炭时体积传热系数公式：

$$h_v = 159 \frac{w_0^{0.7} T^{0.3}}{d^{1.3}} 10^{1.65\varepsilon - 3.65\varepsilon^2} \tag{7-1-30}$$

2）Timofeev 提出：

$$Nu_{sf} = 0.61 Re_p^{2/3}$$

$$h_{sf} = 0.61 \frac{k_g (V_g \rho_g)^{2/3}}{\mu_g^{2/3} d_p^{1/3}} \quad (1/Bi > 0.1) \tag{7-1-31}$$

式中，Nu_{sf}为努塞尔数；h_{sf}为面积对流换热系数。此方程是由试验得到的经验公式，气流速度为0.30～0.57 m/s，固体粒径为10～40 mm。在 $200 \leqslant Re_p \leqslant 2000$，这个公式是正确的。

3）Ranz-Marshall 方程：

$$h_{sf} = \frac{k_g}{d_p}\left[2 + 0.6\left(\frac{Re_p}{\varepsilon}\right)^{1/2}(Pr)^{1/3}\right] \tag{7-1-32}$$

4）Furnas 提出的球形颗粒公式：

$$h_v = \frac{14V_g T_g^{0.3}}{d_p^{1.35}} \tag{7-1-33}$$

5）Kitaev 提出：

$$h_{v\infty} = 1.163\frac{AsU_g^{0.9}T_g^{0.3}}{d_p^{0.75}}M \tag{7-1-34}$$

式中，U_g 为标况下气体通过竖炉自由截面的速度，m/s。

（3）由中冶焦耐工程技术有限公司与北京科技大学机械工程学院联合课题组利用75 t/h 干熄炉的1∶7 模拟试验装置，按照相似原理进行试验，并对试验结果进行了处理，得到了实际计算需要的传热系数。

干熄炉内焦炭与冷却气体间的平均体积换热系数可由式7-1-35 计算：

$$h_v = \frac{Q_{ave}}{V_{coke}\mathrm{D}t} \tag{7-1-35}$$

平均体积换热系数与平均表面换热系数的换算公式为：

$$h_v = h_{sf}a_{sf} = h_{sf}\frac{7.5(1-e)}{d_p} \tag{7-1-36}$$

式中 Q_{ave}——焦炭的物理热与冷风带走的热量的算术平均值，W/(m³·K)；

V_{coke}——参与换热的焦炭的体积，V_{coke} = 焦炭质量/焦炭的堆积密度；

a_{sf}——比表面积，m²/m³；

e——孔隙率；

d_p——焦炭的当量直径；

h_{sf}——表面换热系数，W/(m²·K)；

Dt——焦炭与气体的平均温差。

Dt 可采取两种算法，一种是算术平均温差，另一种是对数平均温差：

$$\mathrm{D}t_{对数} = \frac{\mathrm{D}t_{max} - \mathrm{D}t_{min}}{\ln\dfrac{\mathrm{D}t_{max}}{\mathrm{D}t_{min}}} \tag{7-1-37}$$

式中，$\mathrm{D}t_{max}$ 和 $\mathrm{D}t_{min}$ 分别为冷却过程中焦炭与气体的平均温差的最大值和最小值。

从数据分析可以发现：当粒径一定时，平均换热系数随风量的增加而增加；当风量一定时，平均换热系数随粒径的增大而减小。上述规律对冷却段平均换热系数和全炉平均换热系数均适用。另外，冷却段平均体积和表面换热系数均大于全炉的，这是由于把局部温度近似看作整炉平均温度和冷却气流近似看作均匀分布而导致的。

将试验结果整理成准数方程，并与文献中的准数方程进行比较，雷诺数 Re 和努塞尔数 Nu 的定义为：$Re = v_g d_p / n_g$ 及 $Nu = h_{sf} d_p / k_g$，将试验结果拟合成准数关联公式，并得出了试验合理性的结论。

准数关联公式为：

$$Nu=0.065Re^{0.62}\left(\frac{d_p}{D_f}\right)^{-0.8}\left(0.045\ \frac{d_p}{D_f}\quad 0.063,630Re\quad 2060\right) \tag{7-1-38}$$

7.1.4.3　干熄炉内流动及传热的数学模型

A　国外发展现状

a　一维模型

A. I. Grishchenko、O. S. Ereskovskii 和 N. P. Kukhar 等曾对干熄炉内的传热提出一维模型。这种模型只考虑干熄炉高度方向的温度变化，将干熄炉沿高度方向划分为 n 层，每层为单位高度，对第 i 层可列出如下方程：

$$c_{pi}^{f}M_i^{f}(t_{i+1}^{f}-t_i^{f})=c_{pi}^{s}M_i^{s}(t_{i+1}^{s}-t_i^{s})$$

$$c_{pi}^{f}M_i^{f}(t_{i+1}^{f}-t_i^{f})=h_{v,i}(t_i^{s}-t_i^{f}) \tag{7-1-39}$$

式中　c_p——比定压热容，J/(kg · K)；

M——质量流量，kg/(m^2 · s)；

h_v——气体对固体颗粒的体积对流换热，W/(m^3 · K)；

i——第 i 层；

f——流体；

s——焦炭。

实质上这种模型写成更规范的形式为：

$$\frac{d(\rho_f u_f c_{pf} T_f)}{dx}=\alpha_v(T_s-T_f)$$

$$\frac{d(\rho_s u_s c_{ps} T_s)}{dx}=\alpha_v(T_f-T_s) \tag{7-1-40}$$

式中　c_p——比定压热容，J/(kg · K)；

u——速度，m/s；

f——流体；

s——焦炭。.

b　"柱塞流"模型

新日铁株式会社、日本钢管株式会社等在干熄焦装置大型化过程中对干熄炉内的传热和流动做了大量的基础性研究。N. Sugano 等在研究干熄炉内传热时，将焦炭看成等径球体，将炉子横截面分为 N 个部分，炉内气体流动为"柱塞流"，对每一个球体列出方程：

$$c_{ps}\rho_s\frac{\partial T_s}{\partial t}=\lambda_s\left\{\frac{\partial^2 T_s}{\partial r^2}+\frac{2}{r}\cdot\frac{\partial T_s}{\partial r}\right\}$$

$$\lambda_s\frac{\partial T_s}{\partial r}\bigg|_{r=R}+h_{sf}[T_s|_{r=R}-(T_{f,i}+T_{f,o})/2]=0$$

$$\frac{G_f}{N}(c_{pf,o}T_{f,o}-c_{pf,i}T_{f,i})=4\pi R^2 h_{sf}[T_s|_{r=R}-(T_{f,i}+T_{f,o})/2] \tag{7-1-41}$$

式中　G_f——循环气体质量流率，kg/s；

λ_s——焦炭导热系数，W/(m · K)；

T_s，T_f——焦炭和气体的温度，K；

c_p——比定压热容,J/(kg·K);

h_{sf}——气体对固体颗粒的对流换热系数,W/(m^2·K);

N——CDQ 本体断面焦炭球体的个数,个;

i——进口;

o——出口。

在循环气体供入量、气体和焦炭入炉温度已知时,可以计算出气体和焦炭的出口温度,但这种模型对流体流动的考虑过于简单。

c 二维 Ergun 方程模型

干熄炉运行中最重要的问题,是在满足干熄炉焦炭处理能力的条件下尽可能降低吨焦/气料比,使其达到最佳值。显然,传统的经验关联式无法确定这些最佳值。新日铁的 K. Yuta 等成功地将固定床的研究成果应用到干熄炉的大型化设计和运行中,对干熄炉内的气体流动采用二维 Ergun 方程模拟,并采用集总参数法分别对气体和固体建立传热方程,其中固体的速度采用实验测量值。方程如下:

$$\begin{cases} \nabla \cdot v_f = 0 \\ -\nabla \cdot p = \dfrac{\mu}{K} v_f + \dfrac{F}{\sqrt{K}} |v_f| v_f \\ \nabla \cdot (c_{pf}\rho_f v_f T_f) + h_{sf} a_{sf}(T_f - T_s) = 0 \\ \nabla \cdot (c_{ps}\rho_s v_s T_s) - h_{sf} a_{sf}(T_f - T_s) = 0 \end{cases} \tag{7-1-42}$$

式中 ρ_f,ρ_s——分别为气体、固体的密度,kg/m^3;

μ——气体动力黏度,Pa·s;

T_f,T_s——分别为气体、固体的温度,K;

c_{pf},c_{ps}——分别为气体、固体的比定压热容,J/(kg·K);

K——渗透率,m^2;

F——惯性项系数;

v_f——渗流速度,m/s;

v_s——固体颗粒下降速度,m/s;

p——气体压力,Pa;

h_{sf}——气体、固体颗粒间的对流换热系数,W/(m^2·K);

a_{sf}——填充床的比表面积,m^2/m^3;

f——流体;

s——固体。

式 7-1-42 中,虽然动量方程采用了仅考虑惯性效应的 Ergun 方程,传热模型采用较简单的集总参数模型,但是这比“柱塞流”更能反映炉内的流动特性和流场对温度场的影响。此模型对日本能消化吸收前苏联的干熄焦技术并将其大型化起到决定性的作用。

B 国内研究成果

近年来,国内外传热学界对多孔介质的质量、动量及能量的传递展开了广泛的研究。特别是非 Darcy 流流动模型和非局域热平衡的模型的发展,以及近年来传热学界对惯性效应、界面效应、壁面效应、热弥散效应的研究和讨论,使人们对多孔介质流动和传热的机理的认识更加深入。现在广泛应用的流动模型是 Darcy-Brinkman-Forchheimer 模型，它在 Ergun 公式的基础上考虑了界面效应。广泛应用的传热模型是考虑热弥散效应非局域热平衡模型。根据非 Darcy 流模型和非局域热平衡模型，可以建立描述干熄炉内传热和流体流动的数学模型。

中冶焦耐工程技术有限公司与北京科技大学机械工程学院联合课题组对国外关于干熄炉内焦炭流动、气体流动以及焦炭与气体间换热规律的数学模型进行研究，发现无论是采用早期的“柱塞流”模型，还是采用现在的比较简单的集总参数模型来描述传热，以及运用仅考虑惯性效应的基于 Ergun 方程的计算模型来描述物料运动，都不能非常准确、深入地揭示干熄炉内焦炭和气体的流动和传热的特性。

干熄炉内流体流动与传热的过程可描述为：惰性气体在风机的作用下，分别从中心风帽和周边风环鼓入，自下而上流动；炽热焦炭从炉顶加入，自上而下运动。在循环气体和焦炭的逆流运动中进行热交换，完成熄焦过程，最后气体从斜道口排出，焦炭从炉底排出。这个过程从本质上讲是气体在焦炭颗粒组成的移动床内的渗流传热过程。

为了研究问题的方便，并突出该过程的物理本质，可将实际的复杂过程简化，将干熄炉抽象为二维的轴对称模型，如图 7-1-12 所示。

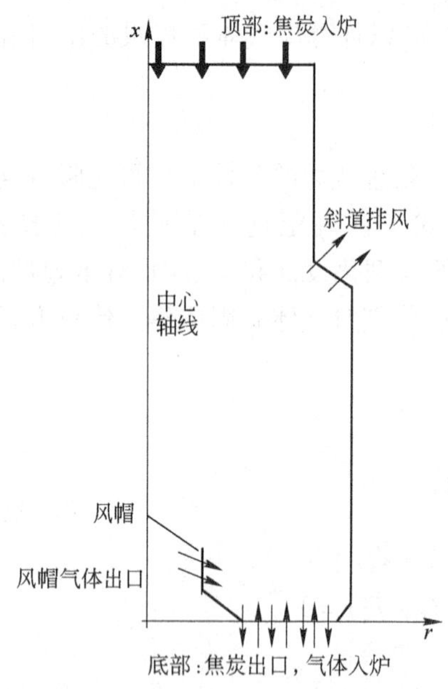

图 7-1-12　干熄炉物理模型

根据上述物理模型，基于 Darcy-Brinkman-Forchheimer 模型的流体运动控制方程如下。

连续方程：

$$\frac{\partial(\rho_f u_f)}{\partial x}+\frac{1}{r}\cdot\frac{\partial(\rho_f r v_f)}{\partial r}=0 \tag{7-1-43}$$

动量方程：

$$\frac{\partial(\rho_f u_f u_f/\varepsilon)}{\partial x}+\frac{1}{r}\cdot\frac{\partial(\rho_f r v_f u_f/\varepsilon)}{\partial r}=-\frac{\partial(\varepsilon p)}{\partial x}+\varepsilon\rho_f g+\left[\frac{1}{r}\cdot\frac{\partial}{\partial r}\left(r\mu_f\frac{\partial u_f}{\partial r}\right)+\frac{\partial}{\partial x}\left(\mu_f\frac{\partial u_f}{\partial x}\right)\right]-\left[\frac{\mu_f\varepsilon}{K}(u_f-u_s)+\frac{\rho_f F\varepsilon}{\sqrt{K}}\sqrt{(u_f-u_s)^2+(v_f-v_s)^2}(u_f-u_s)\right]$$

$$\frac{\partial(\rho_f u_f v_f/\varepsilon)}{\partial x}+\frac{1}{r}\cdot\frac{\partial(\rho_f r v_f v_f/\varepsilon)}{\partial r}=-\frac{\partial(\varepsilon p)}{\partial r}+\left[\frac{1}{r}\cdot\frac{\partial}{\partial r}\left(r\mu_f\frac{\partial v_f}{\partial r}\right)+\frac{\partial}{\partial x}\left(\mu_f\frac{\partial v_f}{\partial x}\right)\right]-\left[\frac{\mu_f\varepsilon}{K}(v_f-v_s)+\frac{\rho_f F\varepsilon}{\sqrt{K}}\sqrt{(u_f-u_s)^2+(v_f-v_s)^2}(v_f-v_s)\right] \tag{7-1-44}$$

基于两相模型（非局域热平衡）的能量方程如下。

考虑焦炭内部导热、气体导热及热弥散的能量方程：

$$\frac{\partial(\rho_f c_{pf} u_f T_f)}{\partial x}+\frac{1}{r}\cdot\frac{\partial(\rho_f c_{pf} r v_f T_f)}{\partial r}=\left\{\frac{1}{r}\cdot\frac{\partial}{\partial r}\left(r\lambda_f\varepsilon\frac{\partial T_f}{\partial r}\right)+\frac{\partial}{\partial x}\left[(\lambda_t+\lambda_f)\varepsilon\frac{\partial T_f}{\partial x}\right]\right\}+h_v(T_s-T_f)$$

$$\frac{\partial(\rho_s c_{ps} u_s T_s)}{\partial x} + \frac{1}{r} \cdot \frac{\partial(\rho_s c_{ps} r v_s T_s)}{\partial r} = \left\{ \frac{1}{r} \cdot \frac{\partial}{\partial r}\left[r\lambda_s (1-\varepsilon) \frac{\partial T_s}{\partial r} \right] + \frac{\partial}{\partial x}\left[\lambda_s (1-\varepsilon) \frac{\partial T_s}{\partial x} \right] \right\} + h_v (T_f - T_s) \tag{7-1-45}$$

忽略焦炭内部导热、气体导热及热弥散的能量方程：

$$\frac{\partial(\rho_f c_{pf} u_f T_f)}{\partial x} + \frac{1}{r} \cdot \frac{\partial(\rho_f c_{pf} r v_f T_f)}{\partial r} = h_v (T_s - T_f)$$

$$\frac{\partial(\rho_s c_{ps} u_s T_s)}{\partial x} + \frac{1}{r} \cdot \frac{\partial(\rho_s c_{ps} r v_s T_s)}{\partial r} = h_v (T_f - T_s) \tag{7-1-46}$$

等压情况下理想气体状态方程：

$$\rho_f T_f = \text{常数}$$

式中：

$$\lambda_t = D_t Pe_m L \lambda_f \frac{|v_f|}{u_m}$$

$$h_v = h_{sf} a_{sf}$$

$$F = \frac{B}{\sqrt{A}\,\varepsilon^{3/2}}$$

$$K = \frac{d_p^2 \varepsilon^3}{A(1-\varepsilon)}$$

式中 r——焦炭颗粒半径，m；

ρ_f——气体密度，kg/m^3；

u_f, v_f——气体在 x 方向（高度）、r 方向（半径）的容积平均流速分量，m/s；

u_s——焦炭的下降速度，m/s；

p——流体压力，Pa；

v_s——焦炭在 r 方向（半径）的平均流速分量，m/s；

ρ_s——焦炭密度，kg/m^3；

T_f, T_s——分别为气体和焦炭的温度，K；

c_{pf}, c_{ps}——分别为气体和焦炭的比定压热容，J/(kg · K)；

λ_f, λ_s——分别为气体和焦炭的导热系数，W/(m · K)；

λ_t——热弥散导热系数，W/(m · K)；

h_{sf}——气体对焦炭的对流换热系数，W/(m^2 · K)；

μ_f——气体动力黏度，Pa · s；

ε——孔隙率；

K——渗透系数，m^2；

h_v——容积对流换热系数，W/(m^3 · K)；

D_t——焦炭与气体的平均温度，K；

Pe_m——贝柯莱数；

L——料柱高度，m；

u_m——平均速度，m/s；

a_{sf}——比表面积；m^2/m^3；

F——惯性系数；

d_p——焦炭颗粒直径，m；

g——重力加速度，为 $-9.8\ m/s^2$；

A, B——Ergun 常数，$A = 150$，$B = 1.75$。

利用上述模型对 140 t/h 干熄焦装置干熄炉内工艺过程进行数值模拟的结果如图 7-1-13 所示，从左至右分别表示干熄炉内气流速度、气体压力、气体温度和焦炭温度在干熄炉高向和径向的分布情况。

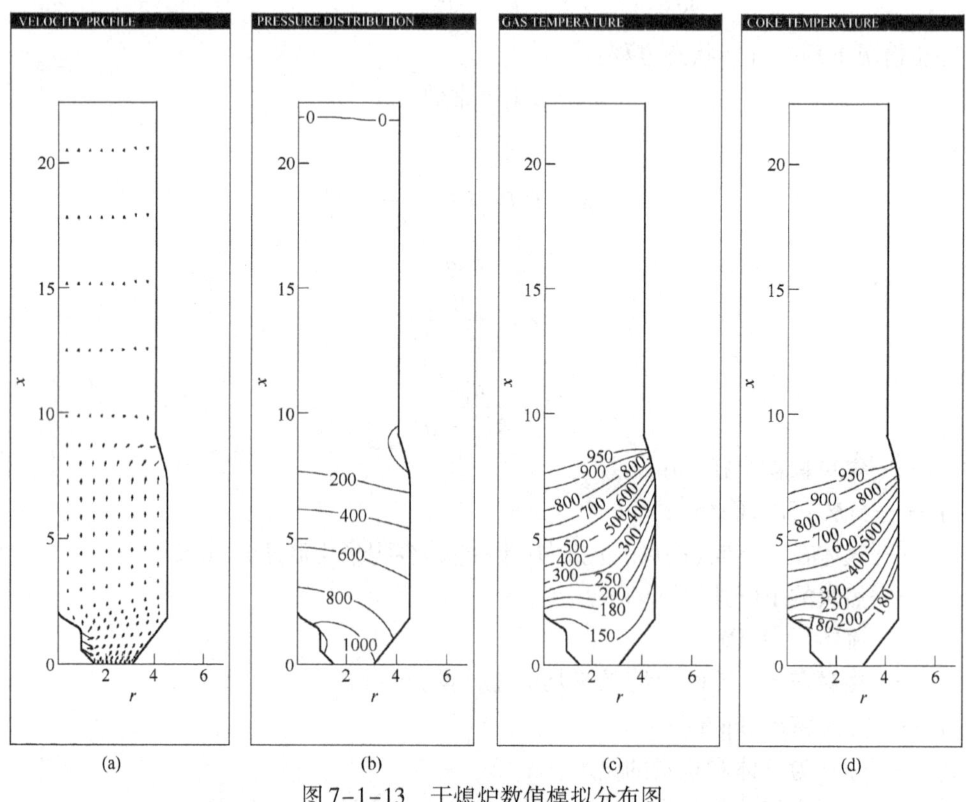

图 7-1-13　干熄炉数值模拟分布图

（a）气流速度；（b）气体压力；（c）气体温度；（d）焦炭温度

7.1.5　干熄焦装置物料平衡与热量平衡

利用干熄炉系统的热量平衡，可用来计算干熄炉冷却段每小时的处理能力或决定冷却所需的循环气体量；利用干熄焦系统和锅炉系统的热平衡计算，可以计算出干熄焦装置的蒸汽产量以及整个装置的热量有效利用系数。

进行热平衡计算前，必须首先进行物料平衡的计算，所有衡算均按干熄炉和干熄焦锅炉两个系统分别进行。干熄炉系统物料衡算包括干熄炉、气体循环系统及干熄焦烟尘治理系统，干熄炉系统热量衡算仅包括干熄炉及一次除尘器。

7.1.5.1　干熄炉系统的物料平衡

干熄炉系统的物料平衡项目表见表 7-1-5。

表 7-1-5　干熄炉系统的物料平衡项目表　(kg/h)

入方			出方		
序号	项　目	代号	序号	项　目	代号
1	干熄炉的红焦质量	$G_{hj,i}$	1	干熄炉出口排出冷焦质量	$G_{lj,o}$
2	干熄炉冷循环气体的质量	$G_{g,i}$	2	锅炉入口循环气体质量	$G_{g,o}$
3	随冷循环气体进入干熄炉的焦粉质量	$G_{jf,g,i}$	3	干熄炉一次及二次除尘器焦粉储仓收集的焦粉质量	$G_{jf,o}$
4	干熄炉系统的空气质量	$G_{kq,i}$	4	系统损失的循环气体的质量	$G_{fs,g,o}$
5	通过旁通管进入干熄炉系统的冷循环气体质量	$G_{pt,i}$	5	干熄焦环境除尘地面站收集的焦粉质量(包含系统放散而损失的循环气体的焦粉质量)	$G_{jf,dmz,o}$
6	随旁通管冷循环气体进入干熄炉系统的焦粉质量	$G_{jf,pt,i}$	6	焦炭(焦粉)发生化学反应而损失的焦炭量	$G_{fy,o}$
				红焦析出残余挥发分而损失的焦炭量	$G_{hff,o}$
	总　和			总　和	

A　进入方

进入方各项说明如下：

(1) 进入干熄炉的红焦质量 $G_{hj,i}$。可根据焦炉标定数据或利用标定期间焦炉生产统计数据(如干基装煤量及全焦产率等)计算的焦炉红焦产量作为进入干熄炉的红焦质量。

(2) 进入干熄炉冷循环气体的质量 $G_{g,i}$。可通过式 7-1-47 计算：

$$G_{g,i} = V_{g,i}\rho_g \tag{7-1-47}$$

式中　$V_{g,i}$——进入干熄炉冷循环气体流量(标态),m³/h；

ρ_g——进入干熄炉冷循环气体在标准状态下的密度,kg/m³。

该密度可按冷循环气体组成加权平均求得：

$$\rho_g = X_{CO_2}\rho_{CO_2} + X_{O_2}\rho_{O_2} + X_{CO}\rho_{CO} + X_{H_2}\rho_{H_2} + X_{CH_4}\rho_{CH_4} + X_{N_2}\rho_{N_2} + X_{H_2O}\rho_{H_2O} \tag{7-1-48}$$

式中　$X_{CO_2},X_{O_2},X_{CO},X_{H_2},X_{CH_4},X_{N_2},X_{H_2O}$——分别为 CO_2、O_2、CO、H_2、CH_4、N_2 和 H_2O 所占的体积分数；

$\rho_{CO_2},\rho_{O_2},\rho_{CO},\rho_{H_2},\rho_{CH_4},\rho_{N_2},\rho_{H_2O}$——分别为 CO_2、O_2、CO、H_2、CH_4、N_2 和 H_2O 在标准状态下的密度,kg/m³。

式 7-1-47 中：

$$V_{g,i} = V_g - V_{fs,g} - V_{pt,g} \tag{7-1-49}$$

式中　V_g——循环风机入口管路循环气体流量(标态),m³/h；

$V_{fs,g}$——风机后放散管放散的循环气体流量(标态),m³/h；

$V_{pt,g}$——干熄炉环形气道旁通管的循环气体流量(标态),m³/h。

(3) 随冷循环气体进入干熄炉的焦粉质量 $G_{jf,g,i}$为：

$$G_{jf,g,i} = V_{g,i}m_{jf,g}/1000 \tag{7-1-50}$$

式中　$m_{jf,g}$——进入干熄炉冷循环气体中焦粉浓度(标态),g/m³。

(4) 进入干熄炉系统的空气质量 $G_{kq,i}$。在气体循环系统严密性良好的生产状况下,可忽略负压段吸入的空气质量,则进入干熄炉系统的空气质量可按式 7-1-51 计算：

$$G_{kq,i}=V_{kq,i}\rho_{kq} \tag{7-1-51}$$

式中 $V_{kq,i}$——通过空气吸入管进入干熄炉环形气道或通过强制鼓风装置鼓入干熄炉系统（含干熄炉及一次除尘器）的空气的体积（标态），m^3/h。

ρ_{kq}——进入干熄炉的空气在标态下的密度，kg/m^3。

进入干熄炉系统的空气量 $V_{kq,i}$ 可根据干熄焦装置对可燃组分的控制方式、干熄焦装置的计算焦炭烧损率和红焦析出的残余挥发分量计算求得。

$$V_{kq,i}=V_{fykq,i}+V_{hffkq,i} \tag{7-1-52}$$

式中 $V_{fykq,i}$——焦炭或焦粉发生化学反应（燃烧）所需空气量，m^3；

$V_{hffkq,i}$——燃烧红焦析出残余挥发分所需空气量，m^3。

$$V_{fykq,i}=1000\times22.414G_{hj,i}\times\frac{\varphi_j}{100}\times\left(1-\frac{A_d}{100}\right)/(0.21\times12) \tag{7-1-53}$$

式中 $G_{hj,i}$——装入干熄炉红焦量，t/h；

φ_j——因发生化学反应而损失的焦炭量与装入红焦量的比值，俗称焦炭烧损率，%；

A_d——装入红焦干基灰分，%；

0.21——空气中氧气含量。

$$V_{hffkq,i}=0.5G_{hj,i}V_{hff}/0.21 \tag{7-1-54}$$

式中 V_{hff}——吨焦析出残余挥发分体积（标态），一般为 10～20 m^3/t；

0.5——每完全燃烧 1 m^3 残余挥发分（按 H_2 和 CO 计算）所需氧气量，m^3。

若系统负压段严密性不足，可通过测定锅炉入口及风机入口循环气体中的氧气含量来估算空气的漏入量，并对式 7-1-51 中 $V_{kq,i}$ 进行校正。

（5）通过旁通管进入干熄炉系统的冷循环气体质量 $G_{pt,i}$ 为：

$$G_{pt,i}=V_{pt,g}\rho_g \tag{7-1-55}$$

（6）随旁通管冷循环气体进入干熄炉系统的焦粉质量 $G_{jf,pt,i}$ 为：

$$G_{jf,pt,i}=V_{pt,g}m_{jf,g}/1000 \tag{7-1-56}$$

B 排出方

排出方中各项说明如下：

（1）干熄炉出口排出冷焦质量 $G_{lj,o}$。可利用排出装置下运焦带式输送机上的电子秤测得标定期间生产数据。

（2）锅炉入口循环气体质量 $G_{g,o}$ 为：

$$G_{g,o}=V_g\rho_g \tag{7-1-57}$$

系统严密性较好时，从锅炉入口至热管换热器出口循环气体管路中各点气体质量及气体成分应保持不变，故锅炉入口循环气体质量可采用风机入口循环气体管路上设置的流量计测得的数据进行温度换算得到。

（3）干熄焦一次及二次除尘器焦粉储仓收集的焦粉质量 $G_{jf,o}$。干熄炉出口高温循环气体带出的焦粉除少量被导入的空气燃烧外，大部分被一次及二次除尘器收集，剩余部分在系统中循环。一次及二次除尘器收集的焦粉最终被送至焦粉储仓，根据标定期间该焦粉储藏收集的焦粉量或利用生产数据可得到一次及二次除尘器收集的焦粉量。

（4）系统损失的循环气体的质量 $G_{fs,g}$。系统严密性较好时，系统损失的循环气体主要包括放散和环境除尘系统的抽吸，且放散包括预存室放散、一次除尘器顶部放散及风机出口循环气体管路上所设调节预存室压力的常用放散这几项。鉴于正常生产时前两者处于水封常闭状态,所以系统损失的循环气体主要以风机后常用放散为主。该项可通过标定或利用闭路循环系统的气体平衡来求得。

(5) 干熄焦环境除尘地面站收集的焦粉质量 $G_{jf,dmz}$。因干熄焦装置的装焦、排焦、预存室放散及风机后放散等处产生的烟尘均进入干熄焦环境除尘地面站,进行除尘后放散,故干熄焦环境除尘地面站收集的焦粉已包含系统放散而损失的循环气体所夹带的焦粉质量。根据标定期间地面站焦粉储藏收集的焦粉量或利用生产数据可得到干熄焦环境除尘地面站收集的焦粉质量。

(6) 焦炭(含焦粉)发生化学反应以及红焦析出残余挥发分而损失的焦炭量。干熄炉内的焦炭损失主要是由两个原因造成的:一是装入干熄炉内红热焦炭在预存室析出残余挥发分而损失,二是焦炭在干熄炉内冷却的过程中与循环气体发生化学反应造成焦炭损失。

实际生产的干熄焦装置的焦炭烧损率与装入焦炭的成熟程度、气体循环系统的严密性以及系统为控制循环气体可燃组分浓度而采取的操作制度有关。一般来说,焦炭析出的残余挥发分的主要产物是 H_2 和 CO,其大小可按 10～20 m^3/t 焦来计算,其主要组成为 H_2 占约 90%,CO 占约 10%。红热焦炭在干熄炉内与循环气体逆流换热的同时,还与循环气体发生化学反应,从而造成焦炭损失。

干熄炉焦炭烧损率的准确数值可通过对干熄焦装置进行标定和物料、热量衡算求得,也可根据干熄炉进、出口循环气体中碳含量的差值求得。

7.1.5.2　干熄焦锅炉的物料平衡

干熄焦锅炉的物料平衡项目表详见表 7-1-6。

表 7-1-6　干熄焦锅炉的物料平衡项目表　(kg/h)

入方			出方		
序号	项　目	代号	序号	项　目	代号
1	锅炉入口循环气体带入焦粉质量	$G_{jf,g,o}$	1	锅炉出口循环气体带出焦粉质量	$G_{jf,g,o}$
2	锅炉给水质量	$G_{glgs,i}$	2	锅炉主蒸汽产量	$G_{zzq,o}$
3	锅炉减温水质量	$G_{jws,i}$	3	锅炉排污水质量	$G_{pw,o}$
4	锅炉入口循环气体质量	$G_{g,o}$	4	锅炉出口循环气体质量	$G_{g,o}$
	总　和			总　和	

A　进入方

进入方各项目说明如下:

(1) 锅炉入口循环气体带入焦粉质量 $G_{jf,g,o}$ 可按式 7-1-58 计算:

$$G_{jf,g,o} = V_g m_{jf,gl,g} \tag{7-1-58}$$

式中　$m_{jf,gl,g}$——锅炉入口循环气体中焦粉浓度(标态),g/m^3,该数值可直接在锅炉后循环气体管路上标定测定;

V_g——锅炉入口循环气体流量(标态),m^3/h。

(2) 锅炉给水质量 $G_{glgs,i}$ 可按式 7-1-59 计算:

$$\sum G_{gl,i} = V_{glgs}\rho_{glgs} \tag{7-1-59}$$

式中　V_{glgs}——锅炉给水体积流量，m^3/h；

ρ_{glgs}——锅炉给水密度，t/m^3。

(3) 锅炉减温水质量 $G_{jws,i}$ (t/h) 利用标定数据或生产统计数据。

B　排出方

排出方中各项目说明如下：

(1) 锅炉主蒸汽产量 $G_{zzq,o}$ (t/h) 利用标定数据或生产统计数据。

(2) 锅炉排污水质量 $G_{pw,i}$ (t/h) 可按式 7-1-60 计算：

$$G_{pw,o} = Dm_{pw} \tag{7-1-60}$$

式中　D——干熄焦锅炉额定蒸发量，t/h；

m_{pw}——干熄焦锅炉排污率。

(3) 锅炉出口循环气体带出焦粉质量 $G_{jf,g,o}$。该数量近似于锅炉入口循环气体带入焦粉质量，可按式 7-1-61 计算：

$$G_{jf,g,o} = V_g m_{jf,gl,g} \tag{7-1-61}$$

式中　$m_{jf,gl,g}$——锅炉入口循环气体中焦粉浓度（标态），g/m^3，该数值可直接在锅炉后循环气体管路上标定测定；

V_g——锅炉入口循环气体流量（标态），m^3/h。

7.1.5.3　干熄炉的热量平衡

干熄炉的热量平衡项目表详见表 7-1-7。

表 7-1-7　干熄炉的热量平衡项目表　(kJ/h)

入方			出方		
序号	项　目	代号	序号	项　目	代号
1	红焦带入干熄炉的热量	$Q_{hj,i}$	1	排出冷焦所带出的热量	$Q_{hj,o}$
2	进入干熄炉冷循环气体带入的热量	$Q_{g,i}$	2	高温循环气体带出（进入干熄焦锅炉）的热量	$Q_{g,o}$
3	随冷循环气体进入干熄炉的焦粉带入的热量	$Q_{jf,g,i}$	3	随高温循环气体中焦粉带出（进入干熄焦锅炉）的热量	$Q_{jf,g,o}$
4	进入干熄炉系统的空气带入的热量	$Q_{kq,i}$	4	系统损失的循环气体所带出的热量	$Q_{fs,g}$
5	通过旁通管进入干熄炉系统的冷循环气体带入的热量	$Q_{pt,i}$	5	干熄焦系统（含环境除尘地面站）排出焦粉所带出的热量	$Q_{jf,dmz}$
6	随旁通管冷循环气体进入干熄炉系统的焦粉质量	$Q_{jf,pt,i}$	6	系统表面散热所损失的热量	$Q_{sr,o}$
7	焦炭在干熄炉内烧损（燃烧）产生的热量	Q_{jss}			
8	干熄炉内红焦析出残余挥发分燃烧产生的热量	Q_{hff}			

A　进入方

进入方各项目说明如下：

(1) 进入干熄炉的红焦热量 $Q_{hj,i}$ 为：

$$Q_{hj,i} = G_{hj,i}C_{hj,i}t_{hj,i} \tag{7-1-62}$$

式中 $G_{hj,i}$——进入干熄炉的红焦质量，kg/h；

$t_{hj,i}$——装入红焦的温度，℃；

$C_{hj,i}$——装入红焦的平均比热容，kJ/(kg · ℃)，可查焦炭平均比热容与灰分和温度的关系表7-1-8。

表 7-1-8 焦炭平均比热容与灰分和温度的关系 (kJ/kg · ℃)

温度/℃	焦炭灰分				
	8.0%	10.0%	12.0%	14.0%	16.0%
0	0.7410	0.7401	0.7397	0.7376	0.7351
100	0.8815	0.8815	0.8815	0.8780	0.8780
200	1.0020	1.0020	0.9983	0.9957	0.9924
300	1.0987	1.0953	1.0920	1.0844	1.0769
400	1.1777	1.1715	1.1677	1.1606	1.1535
500	0.9602	1.2497	1.2430	1.2342	1.2275
600	1.3100	1.3037	1.2974	1.2869	1.2803
700	1.3794	1.3656	1.3556	1.3451	1.3388
800	1.4288	1.4204	1.4129	1.3987	1.3907
900	1.4819	1.4723	1.4623	1.4526	1.4384
1000	1.5351	1.5254	1.5158	1.5024	1.4882
1100	1.5752	1.5744	1.5610	1.5476	1.5380

注：表中焦炭挥发分均按 $V_d = 1.2\%$。

装入红焦的温度可采用对焦罐中红焦进行实际测量或利用焦炉生产中焦饼中心温度的数据来代替。

(2) 进入干熄炉冷循环气体带入的热量 $Q_{g,i}$ 为：

$$Q_{g,i} = V_{g,i}c_{g,i}t_{g,i}\rho_{g,i} \tag{7-1-63}$$

式中 $c_{g,i}$——进入干熄炉冷循环气体的平均比热容，kJ/(kg · ℃)；

$t_{g,i}$——进入干熄炉冷循环气体的温度，℃；

$\rho_{g,i}$——进入干熄炉冷循环气体的密度，kg/m^3。

循环气体的平均比热容取决于循环气体的组分和温度。在标准状态下，气体混合物的比热容为单种组分含量与单种组分比热容乘积之和：

$$c_g = X_{CO_2}c_{CO_2} + X_{O_2}c_{O_2} + X_{CO}c_{CO} + X_{H_2}c_{H_2} + X_{CH_4}c_{CH_4} + X_{N_2}c_{N_2} + X_{H_2O}c_{H_2O} \tag{7-1-64}$$

式中 $X_{CO_2}, X_{O_2}, X_{CO}, X_{H_2}, X_{CH_4}, X_{N_2}, X_{H_2O}$——分别为 CO_2、O_2、CO、H_2、CH_4、N_2 和 H_2O 所占的体积分数；

$c_{CO_2}, c_{O_2}, c_{CO}, c_{H_2}, c_{CH_4}, c_{N_2}, c_{H_2O}$——分别为 CO_2、O_2、CO、H_2、CH_4、N_2 和 H_2O 的比热容。

循环气体中每种组分的比热容见表7-1-9。

表 7-1-9　常压下气体的平均比热容

温度/℃	CO_2/kJ·(m³·℃)⁻¹	O_2/kJ·(m³·℃)⁻¹	CO/kJ·(m³·℃)⁻¹	H_2/kJ·(m³·℃)⁻¹	CH_4/kJ·(m³·℃)⁻¹	N_2/kJ·(m³·℃)⁻¹	H_2O/kJ·(m³·℃)⁻¹	空气/kJ·(m³·℃)⁻¹
0	1.5987	1.3049	1.2970	1.2761	1.5480	1.2936	1.4932	1.3179
100	1.6991	1.3167	1.3012	1.2886	1.6401	1.2949	1.5041	1.3233
200	1.7861	1.3342	1.5100	1.2970	1.7556	1.3137	1.5213	1.3309
300	1.8614	1.3510	1.5197	1.2970	1.8828	1.3058	1.5413	1.3413
400	1.9284	1.3765	1.3263	1.3012	2.0125	1.3141	1.5643	1.3535
500	1.9874	1.3970	1.3430	1.3054	2.1380	1.3267	1.5886	1.3673
600	2.0397	1.4158	1.3556	1.3054	2.2593	1.3392	1.6137	1.3819
700	2.0869	1.4334	1.3723	1.3095	2.3765	1.3526	1.6401	1.3966
800	2.1296	1.4489	1.3849	1.3137	2.4936	1.3660	1.6669	1.4104
900	2.1677	1.4635	1.3974	1.3221	2.6024	1.3786	1.6945	1.4238
1000	2.2020	1.4765	1.4100	1.3263	2.6986	1.3907	1.7217	1.4363
1100	2.2334	1.4882	1.4225	1.3346	2.7739	1.4861	1.7489	1.4489
1200	2.2622	1.4995	1.4392	1.3472	2.8493	1.4133	1.7756	1.4602
密度/kg·m⁻³	1.963	1.428	1.250	0.090	0.716	1.250	0.804	1.292

(3) 随冷循环气体进入干熄炉的焦粉带入的热量 $Q_{jf,g,i}$ 为：

$$Q_{jf,g,i} = G_{jf,g,i} c_{jf,g,i} t_{jf,g,i} \tag{7-1-65}$$

式中　$c_{jf,g,i}$——进入干熄炉循环气体中所含焦粉的比热容，kJ/(kg·℃)；

$t_{jf,g,i}$——进入干熄炉循环气体中所含焦粉的温度，℃，一般可用进入干熄炉冷循环气体温度 $t_{g,i}$ 来代替。

(4) 进入干熄炉系统的空气带入的热量 $Q_{kq,i}$ 为：

$$Q_{kq,i} = V_{kq,i} c_{kq,i} t_{kq,i} \tag{7-1-66}$$

式中　$V_{kq,i}$——进入干熄炉系统的空气体积，kg/h，按物料平衡选取；

$c_{kq,i}$——进入干熄炉系统空气的比热容，kJ/(kg·℃)；

$t_{kq,i}$——进入干熄炉系统空气的温度，℃。

(5) 通过旁通管进入干熄炉系统的冷循环气体带入的热量 $Q_{pt,i}$ 为：

$$Q_{pt,i} = V_{pt,i} c_{g,i} t_{g,i} \rho_{g,i} \tag{7-1-67}$$

(6) 随旁通管冷循环气体进入干熄炉系统的焦粉热量 $Q_{jf,pt,i}$ 为：

$$Q_{jf,pt,i} = G_{jf,pt,i} c_{jf,i} t_{g,i} \tag{7-1-68}$$

(7) 焦炭在干熄炉内燃烧产生的热量 Q_{jss} 为：

$$Q_{jss} = 1000 G_{hj,i} \times \frac{\varphi_j}{100} \times \left(1 - \frac{A_d}{100}\right) \times \frac{Q_C}{12} \tag{7-1-69}$$

式中　Q_C——碳的燃烧热，kJ/mol。

(8) 干熄炉内红焦析出残余挥发分燃烧产生的热量 Q_{hff} 为：

$$Q_{hff} = 1000 G_{hj,i} V_{hff} (X_{H_2} Q_{H_2} + X_{CO} Q_{CO}) / 22.414 \tag{7-1-70}$$

式中　V_{hff}——红焦析出的残余挥发分，m³/kg；

X_{H_2}——红焦析出残余挥发分中氢气的体积分数,一般为90%;

Q_{H_2}——氢气的燃烧热,kJ/mol;

X_{CO}——红焦析出残余挥发分中一氧化碳的体积分数,一般为10%;

Q_{CO}——一氧化碳的燃烧热,kJ/mol。

B　排出方

排出方各项目说明如下:

(1) 排出冷焦所带出的热量 $Q_{lj,o}$ 为:

$$Q_{lj,o} = G_{lj,o}c_{lj,o}t_{lj,o} \tag{7-1-71}$$

式中　$C_{lj,o}$——排出冷焦的平均比热容,kJ/(kg·℃);

$t_{lj,o}$——排出冷焦的温度,℃,该温度可对排出冷焦进行取样并采用水当量法进行测量获得。

(2) 高温循环气体带出(进入干熄焦锅炉)的热量 $Q_{g,o}$ 为:

$$Q_{g,o} = V_{g,o}c_{g,o}t_{g,o}\rho_{g,o} \tag{7-1-72}$$

式中　$c_{g,o}$——进入干熄焦锅炉高温循环气体的平均比热容,kJ/(kg·℃);

$t_{g,o}$——进入干熄焦锅炉高温循环气体的温度,℃;

$\rho_{g,o}$——进入干熄焦锅炉高温循环气体的密度,kg/m³。

(3) 随高温循环气体中焦粉带出的热量 $Q_{jf,g,o}$ 为:

$$Q_{jf,g,o} = G_{jf,g,o}c_{jf,g,o}t_{g,o} \tag{7-1-73}$$

式中　$c_{jf,g,o}$——进入干熄焦锅炉高温循环气体中焦粉的平均比热容,kJ/(kg·℃)。

(4) 系统损失的循环气体所带出的热量 $Q_{fs,g}$。在系统严密性较好时,系统损失的循环气体以风机后常用放散装置排出的循环气体为主。则系统损失的循环气体所带出的热量可表示为:

$$Q_{fs,g} = V_{fs,g}c_{g,i}t_{g,i}\rho_{g,i} \tag{7-1-74}$$

式中　$V_{fs,g}$——风机后放散装置排出的循环气体的流量, m³/h。

$c_{g,i}$——风机后放散装置排出的循环气体的比热容,kJ/(kg·℃);

$t_{g,i}$——风机后放散装置排出的循环气体的温度,℃;

$\rho_{g,i}$——风机后放散装置排出的循环气体的密度,kg/m³。

(5) 干熄焦系统(含环境除尘地面站)排出焦粉所带出的热量 $Q_{jf,dmz}$。干熄焦系统排出的焦粉包括一次除尘器收集的焦粉、二次除尘器收集的焦粉以及干熄焦环境除尘地面站收集的焦粉。

$$\begin{aligned} Q_{jf,dmz} &= Q_{jf,1dc} + Q_{jf,2dc} + Q_{jf,dmz} \\ &= G_{jf,1dc}c_{jf,1dc}t_{g,o} + G_{jf,2dc}c_{jf,2dc}t_{g,2dc} + G_{jf,dmz}c_{jf,dmz}t_{g,i} \end{aligned} \tag{7-1-75}$$

(6) 系统表面散热所损失的热量 $Q_{sr,o}$。因衡算范围的不同,系统所包含的范围也不同,主要由干熄炉外表面、一次除尘器外表面以及气体循环系统中各管道及设备(除锅炉外)的外表面等组成。下面以干熄炉表面散热为例来说明。

干熄炉表面的散热是以对流和辐射的方式进行的,则干熄炉表面散热包括辐射传热和对流传热两部分。另外,干熄炉表面温度自下而上逐步升高,由分段测量所得,故计算表面散热也应采用分段计算的方法。

$$Q_{sr} = (\alpha_{fs} + \alpha_{dl})(t_{bm} - t_{kq})F \tag{7-1-76}$$

式中　Q_{sr}——表面散热所损失的热量，kJ/h；

α_{fs}——辐射传热系数，kJ/(m²·h·℃)；

α_{dl}——对流传热系数，kJ/(m²·h·℃)；

t_{bm}——表面平均温度，℃；

t_{kq}——环境温度，℃；

F——散热外表面积，m²。

式 7-1-76 中辐射传热系数 α_{fs} 可按式 7-1-77 计算：

$$\alpha_{fs} = \frac{C\left[\left(\frac{T_{bm}}{100}\right)^4 - \left(\frac{T_{kq}}{100}\right)^4\right]}{t_{bm} - t_{kq}} \tag{7-1-77}$$

式中　C——表面材料的辐射系数，kJ/(m²·h·℃)；

T_{bm}——表面平均温度，K；

T_{kq}——环境温度，K。

式 7-1-76 中对流传热系数 α_{dl} 可按式 7-1-78 计算：

$$\alpha_{dl} = 1.43\sqrt[3]{\Delta t} \tag{7-1-78}$$

式中，$\Delta t = t_{bm} - t_{kq}$。

7.2　干熄焦主要工艺设备

干熄焦装置主要由干熄焦本体、干熄焦锅炉及除氧系统、水处理及发电系统、干熄焦烟尘治理系统以及自动控制系统等组成。

干熄焦工艺设备主要由红焦输送设备、红焦装入设备、干熄炉、冷焦排出设备及气体循环设备等组成。

7.2.1　红焦输送设备

红焦输送设备将炭化室中推出的红热焦炭运送至干熄炉顶，并与装入装置相配合，将焦炭装入干熄炉内。

主要设备包括电机车、焦罐车、自动对位装置、起重机、横移牵引装置或移动式提升导轨等。

7.2.1.1　电机车

电机车运行在焦炉焦侧的熄焦车轨道上，用于牵引和操纵焦罐车或湿熄焦车（备用湿法熄焦时）。采用湿法熄焦备用时，应采用干湿两用电机车。该电机车应既能满足干法熄焦的作业要求，又能满足湿法熄焦的作业要求，应具有运行速度快、调速性能好、对位准确且行车安全等特性。当干熄焦装置年修或出现事故时，电机车牵引和操纵备用的湿熄焦车去熄焦塔湿法熄焦。

电机车为两层固定双轴式台车，主要由车体、走行装置、制动装置、气路系统、空调系统及电气系统等组成。

A　车体

车体由司机室、机械室、电气室、台车、平台及走梯、栏杆等组成。其外形如图 7-2-1 所示。在靠近焦炉侧设有两组电源滑触器及压缩空气储气罐。电机车车体应达到低重心、不偏心、等轮压，以实现高速走行，同时应便于各设备的维护与检修。

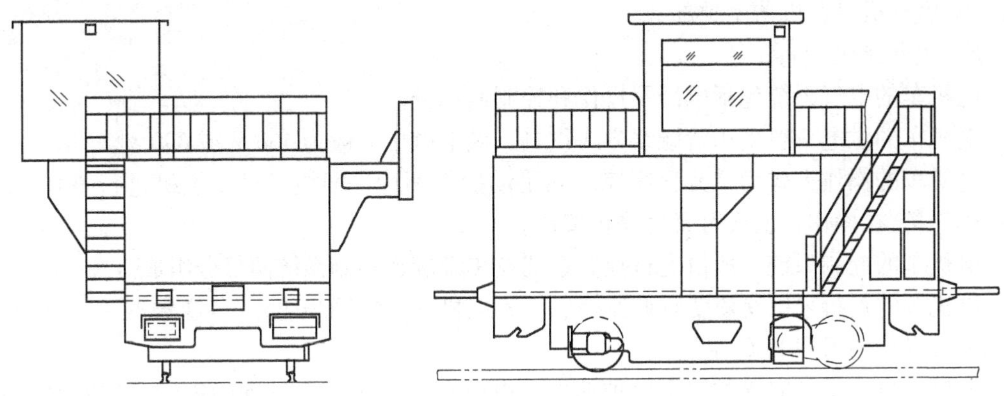

图 7-2-1 电机车外形图

为了让电机车司机能观察到 2 台焦罐车和躲避拦焦机除尘罩，司机室应设在电机车熄焦车轨道偏外侧并具有良好的视野的地方，同时应能安全通过湿熄焦塔和焦侧其他构筑物。

为缩短电机车的操作周期，一般每台电机车牵引 2 台焦罐车。为缩短电机车在干熄站换罐操作所需的时间，一般电机车位于 2 台焦罐车的一端，且位于远离干熄焦装置而靠近焦炉的一侧。

为方便电机车的准确对位，电机车与焦罐车之间以及 2 台焦罐车之间的机械连接采用刚性板钩插销式，气路及电路连接采用室外防水型快速接头。

B 走行装置

走行装置由传动机构、车架、车钩和蝶簧等组成。传动机构一般为 2 套，各自驱动 1 对轮组。车轮与车架的支承为弹性支承，采用组合蝶簧。传动机构驱动装置采用的安装方式主要有抱轴内置悬挂和外置悬挂两种。

电机车走行采用变频调速，手动控制，也可实现单元程序控制的半自动化操作。电机车一般设有左低、左中、左高、停止、右高、右中和右低等 7 个挡位，分别控制电机车的停止和左右方向的高、中、低速运行。常规电机车采用的走行速度为：高速 180 ~ 200 m/min；中速 60 ~ 100 m/min；低速 10 m/min。一般每个挡位的走行速度可在一定范围内选择和预置。

当电机车拖带的备用湿熄焦车为移动接焦时，需增加一挡中低速：20 ~ 25 m/min；当电机车拖带的方形焦罐为微移动接焦时，需增加一挡微速：3.5 ~ 4.5 m/min。

C 制动装置

电机车制动装置包括采用变频器控制的发电制动（或制动电阻能耗制动）以及与电气指令联动的压缩空气盘式制动；焦罐车（或湿熄焦车）采用由电机车气路系统控制的压缩空气闸瓦制动。正常操作时只投入电机车的制动系统，事故状态时按下“走行紧急停止”按钮，同时投入电机车和焦罐车的制动系统。

D 气路系统

气路系统为电机车及焦罐车的制动、备用湿熄焦车的制动和开（关）门以及汽笛等操作提供气源动力。气路系统一般由螺杆式空压机、储气装置、供气管路及附件等组成。

E　空调系统

电机车的空调系统一般由2套风机(可制冷、制热)组成,在操作室和电气室内各设1台室内机,室外机设在机器室顶部。

F　电气系统

电机车的电气系统包括电源及操作和控制两部分。

电机车的供电一般采用滑触线方式供电。供电电压一般为400 V或690 V。

电机车的操作方式为单元程序控制和手动操作两种。司机通过工控机进行操作,工控机双机热备,在操作台上设有紧急停止按钮。

电机车的控制系统一般由走行控制系统及焦罐旋转控制系统两部分组成。

电机车的走行采用交流变频调速控制。各电机等力矩同步驱动,各变频器一对一控制。电机车各操作均采用PLC控制。

电机车自身具备完善的安全保护功能。电机车与推焦杆间设置的连锁,可确保在事故状态时电机车可以控制推焦杆停止推焦;电机车与其他焦炉机械之间,以及电机车与焦炉控制室、干熄焦控制室间,一般通过"炉号自动识别、连锁对位及作业管理控制系统"实现可靠的通信联系以及数据和信息的传输。

对使用旋转焦罐的电机车来说,驱动圆形焦罐旋转的变频控制系统及操作系统均设置在电机车上。

由于焦罐车或湿熄焦车内所有电气设备的供电及操作控制均由电机车来完成,所以电机车端头需设置电气插座,以便于信号的传输与反馈。

现国内各种炉型配套干熄焦用电机车的主要技术规格见表7-2-1和表7-2-2。

表7-2-1　国内几种干熄焦装置红焦输送系统设备主要技术规格

(不含具有横移牵引装置的干熄焦)

序号	炭化室高	4.3 m顶装焦炉		4.3 m捣固焦炉	5.5 m顶装焦炉	6 m顶装焦炉	7 m顶装焦炉	7.63 m焦炉
	炭化室宽	450 mm	500 mm	500 mm	500 mm	450 mm	450 mm	590 mm
1	单孔炭化室产焦量/t	12.5~14.5	14.5~15.5	16~18	19.5~20.5	21~22	26.5~30	43~46
2	电机车	电机车						自驱焦罐车
2.1	轨型	43 kg/m或P50				P50或QU100	QU100	QU120
2.2	轨距/mm	1435				2000	2000	4000
2.3	牵引质量/t	135	150	160	160	210	235	635
2.4	走行速度	高速180~200 m/min,中速60~80 m/min,低速10 m/min						最高200 m/min
2.5	调速方式	早期湿熄焦采用涡流调速,干熄焦采用可控硅整流的直流电机,现均采用交流变频调速						
2.6	对位精度	涡流调速:±200 mm;可控硅整流:±20 mm,交流变频调速:±100 mm(配合APS)						
2.7	接焦方式	定点或微移动	微移动			定　点		
2.8	走行电机(数量×功率)/台×kW	2×55				2×55	2×75	8×45

续表 7-2-1

序号	炭化室高	4.3 m 顶装焦炉		4.3 m 捣固焦炉	5.5 m 顶装焦炉	6 m 顶装焦炉	7 m 顶装焦炉	7.63 m 焦炉
	炭化室宽	450 mm	500 mm	500 mm	500 mm	450 mm	450 mm	590 mm
2.9	供电方式及电压	滑触线供电,380 V					滑触线供电,660 V	
3	焦罐							
3.1	种类	方形焦罐				圆形旋转焦罐	圆形旋转焦罐	
3.2	总容积/m^3	36.5/38.1	48.3	53.2	73	57.7/57	77.3	138.4
3.3	焦罐有效容积/t(焦)	13.5/14.5	15.5	18	20.6	22/21.5	30.5	46~48
3.4	焦罐特征尺寸(圆形内径或方形焦罐的内尺:长×宽)/mm	(5352~5252)×(3152~3082)	6452×3252	6455×3551	5245×4541	ϕ4920/ϕ4820	ϕ5100	ϕ5886
3.5	焦罐总高度/mm	3460	3420	3558	4420	3750/3850	4560	6100
3.6	焦罐质量/t	29.1	32.3	35	32.4	37/35	40.3	81.5
3.7	焦罐旋转部分质量/t					25	28	55
4	运载车							无驱焦罐车
4.1	承载质量/t	45	49	54	54	60/58	73	130
4.2	轴距/mm	1500/9500	1500/10800		1500/9940	1500/8750 或 8650	1630/9180	1720/11400
4.3	旋转速度					最高 9 r/min,实际使用 2~7 r/min		
4.4	旋转电机功率/kW					18.5	30	55
4.5	质量/t	26~27	30	30	29.3	46.5	51.5	94
4.6	外形尺寸(长×宽×高)/mm	12190×2900×4500	13490×2940×4500		12630×2940×5600	11900(11810)×3300×5720(5820)	12400×3500×6350	有驱 18730×7500×7600/无驱 14950×5000×7600
5	自动对位装置							
5.1	需移动车辆质量/t	180	195	205	200	245	270	450 或 840
5.2	对位精度/mm	±10						
5.3	液压缸(数量,直径×行程)/mm	2 个,ϕ100×250						2 个,ϕ160×365 或 ϕ180×365
5.4	工作压力/MPa	14						
5.5	电机(数量×功率)/kW	2×15						2×45(或 55)
6	起重机							
6.1	额定荷重(不含吊具及焦罐盖)/t	46	50	56	55	60	74	132
6.2	操作周期/min	7/7.5/8(最小 6.5)				7/7.5/8	8	9.5
6.3	轨距/mm	12100/12000/13200				12100/12000/13200	15500	16000

续表 7-2-1

序号	炭化室高	4.3 m 顶装焦炉		4.3 m 捣固焦炉	5.5 m 顶装焦炉	6 m 顶装焦炉	7 m 顶装焦炉	7.63 m 焦炉
	炭化室宽	450 mm	500 mm	500 mm	500 mm	450 mm	450 mm	590 mm
6.4	轨型	QU100						QU120
6.5	提升速度(高/中/低)/m · min^{-1}	30/10/4;或 25/10/4;或 20/10/4(一台电机工作:15/10/4;或 12.5/10/4;或 10/4)				30/10/4;或 25/10/4;或 20/10/4	30/10/4(15/10/4)	
6.6	走行速度(高/低)/m · min^{-1}	40/3.5(一台电机工作 20/3.5)				40/3.5(20/3.5)	40/3.5(20/3.5)	
6.7	电源电压/V	380				380	660	660
6.8	提升电机配置(台数×功率)/kW	2×315(或 250,或 200),或 400+75				2×315(或 250 或 200),或 400+75	2×375	4×335
6.9	走行电机配置(台数×功率)/kW	2×37,或 75+7.5				2×37,或 75+7.5	2×37	2×75
6.10	维修用电动葫芦额定荷重/t	3				3/5	5	5

注:起重机的提升速度及提升电机功率的大小因操作周期、提升荷重、提升高度及提升电机的配置方案不同而不同;其走行速度及走行电机功率的大小因操作周期、走行部分质量、走行距离及走行电机的配置方案不同而不同。

表 7-2-2 带横移牵引的干熄焦装置红焦输送系统设备主要技术规格

序号	项 目	HBLH 6 m 焦炉	B 钢一期 6 m 焦炉	宝钢 6 m 焦炉
1	单孔炭化室产焦量/t	21~23		
2	电机车牵引质量/t	250	210	205
3	焦罐	圆形旋转焦罐	方形焦罐	
3.1	总容积/m^3	57.7	82.1	82.1
3.2	焦罐有效容积/t(焦)	22.5	23	23
3.3	焦罐特征尺寸(圆形内径或方形的内尺:长×宽)/mm	ϕ4920	5240×4970	
3.4	焦罐总高度/mm	3750	4762	
3.5	焦罐质量/t	35	40~40.7	
3.6	焦罐旋转部分质量/t	25		
4	运载车			
4.1	承载质量/t	93~95	85~87	
4.2	轴距/mm	1500/8750	1350/8020	1350/8000
4.3	旋转速度	最高 9 r/min 实际 2~7 r/min		
4.4	旋转电机功率/kW	18.5		
4.5	质量/t	34.1	25.2	23.6
4.6	外形尺寸(长×宽×高)/mm	11900×5300×2510	10700×6000×5900	10700×5500×5900
5	横移台车			

续表 7-2-2

序号	项　　目	HBLH 6 m 焦炉	B 钢一期 6 m 焦炉	宝钢 6 m 焦炉
5.1	承载荷重/t	58 ~ 60	60 ~ 62	
5.2	轨距/mm	8600	8020	8000
5.3	轮距/mm	550/2450	800/3000	
5.4	外形尺寸(长×宽×高)/mm	9880×4325×5460	8700×6000×5080	8700×5500×5080
5.5	质量/t	36	22.1	22
6	自动对位装置	有	无	无
	需移动车辆质量/t	300		
7	起重机			
7.1	额定荷重(不含吊具及焦罐盖)/t	58 ~ 60	63 ~ 65	
7.2	操作周期/min	5.5	5	7.27 ~ 8.20
7.3	轨距/mm	12100	12100	11500
7.4	走行距离/m	13.1	13.1	13 ~ 41
7.5	轨型	QU100	QU100	
7.6	提升速度(高/中/低)/m·min^{-1}	30/10/4	35/12/5	30/10/3
7.7	走行速度(高/低)/m·min^{-1}	40/3.5	60/4	60/4
7.8	电源电压/V	380	380	380
7.9	提升电机配置(台数×功率)/kW	2×315	2×315	4×160
7.10	走行电机配置(台数×功率)/kW	2×37	2×75	2×75
7.11	维修用电动葫芦额定荷重/t	3	3	7.5
8	横移牵引装置	钢丝绳式	齿轮齿条式	
8.1	牵引质量/t	95	84	84
8.2	走行行程/mm	14700	14500	14200
8.3	牵引速度(高/中/低)/m·min^{-1}	40/15/5	40/15/5	40/15/5
8.4	横移台车走行轨道轨型	QU100	QU100	73 kg/m
8.5	横移台车走行轨道轨距/mm	8600	8020	8000
8.6	牵引电机(数量×功率)/kW	2×22	2×37	2×22
8.7	牵引小车轨道中心距/mm	2000	1000	1000
8.8	前端电动缸锁定机构(数量,行程,速度,推力)	2 个,500 mm,60 mm/s,19.6 kN	2 个,690 mm,60 mm/s,25 kN	2 个,400 mm,67 mm/s,20 kN
8.9	质量/t	11	26.2	30

7.2.1.2 焦罐车

焦罐车一般由焦罐及运载车组成,其装配如图 7-2-2 所示。当采用横移牵引装置时,焦罐车由焦罐、运载车及横移台车组成。

A 焦罐

焦罐用来装运从炭化室中推出的红焦。焦罐有方形焦罐和圆形旋转焦罐两种结构形式。

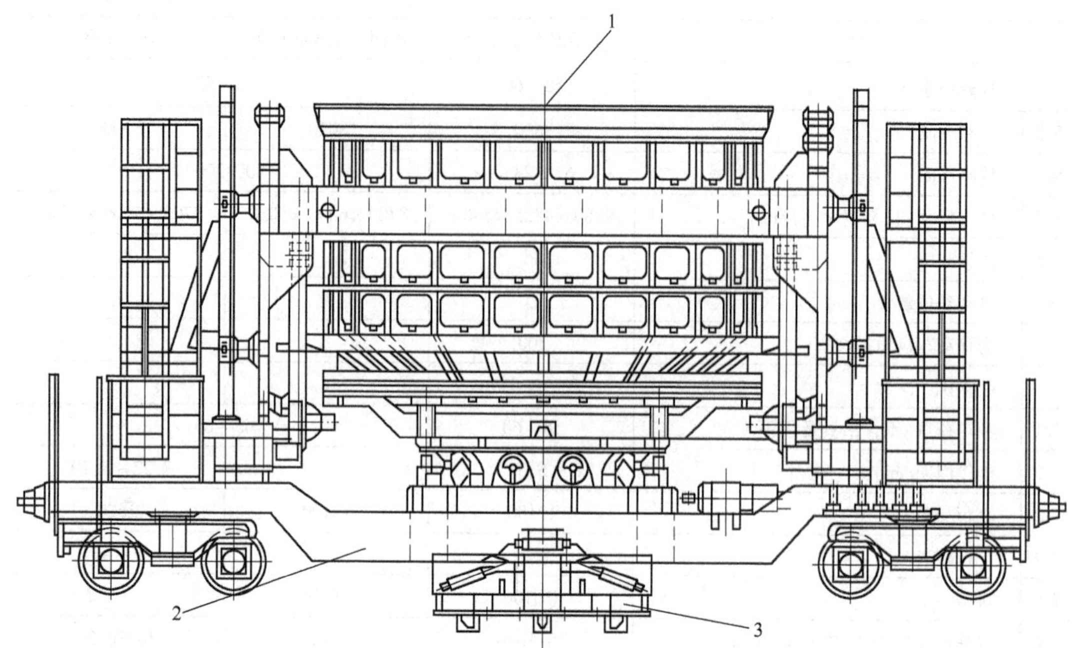

图 7-2-2　圆形旋转焦罐、运载车及自动对位装置装配图
1—圆形旋转焦罐；2—运载车；3—自动对位装置

圆形焦罐接焦时，边接焦边旋转，可减少焦炭在焦罐内的偏析现象，使焦罐内的焦炭粒度分布较为均匀，并可提高焦罐内焦炭的装载系数。使用圆形旋转焦罐，因消除了方形焦罐四角处的应力集中，从而延长了焦罐的使用寿命。

在一般情况下，应尽可能使用圆形旋转焦罐定点接焦。特殊情况下，如旧厂改造等，采用方形焦罐微移动接焦的方式进行操作。微移动接焦的方形焦罐外形如图 7-2-3 所示。

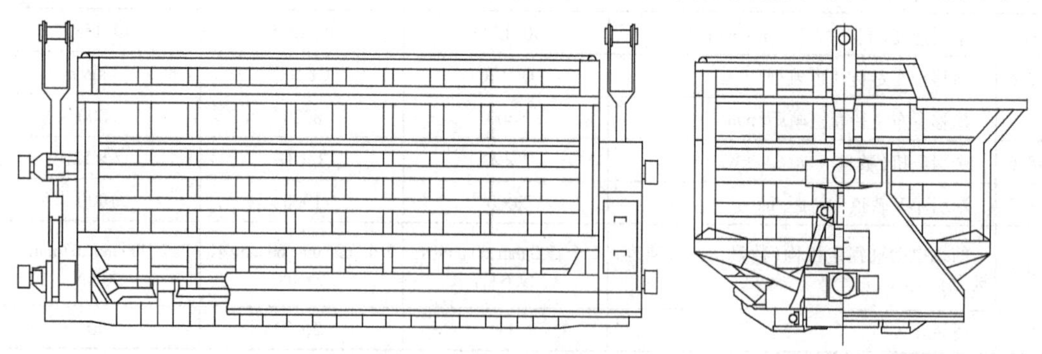

图 7-2-3　方形焦罐外形图

圆形旋转焦罐主要由焦罐体、外框架及摆动的底闸门和吊杆等组成。焦罐体是圆柱形，由型钢及钢板组成框架，内衬陶瓷纤维垫及铸造衬板，与底闸门共同构成装焦容器。焦罐体周围由可升降的移动装置环绕，两侧设有升降导向辊轮和提吊罐体的吊杆。焦罐底部设柔性遮挡罩，以保持焦罐底部与干熄炉顶装入装置紧密贴合，防止装焦时粉尘外逸。底闸门上设有缓冲顶头，以减轻罐体下落过程中对装入装置及运载车的冲击。其结构如图 7-2-4 所示。

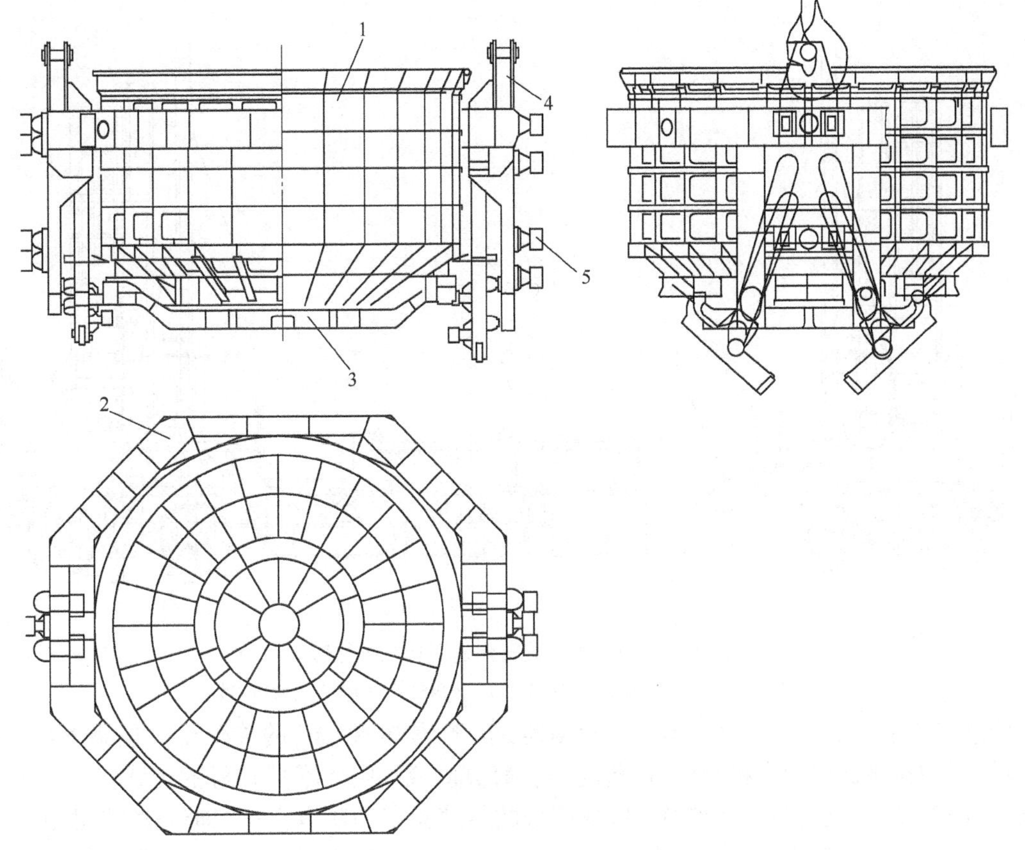

图 7-2-4　圆形旋转焦罐结构图

1—焦罐体；2—外框架；3—底闸门；4—吊杆；5—导向辊轮

焦罐的外框架和罐体框架用性能不低于 Q235-B 的钢材焊制，有效承载量大于 27 t 的焦罐可用 Q255A 的钢材焊制；底闸门用不锈钢板 0Cr19Ni10NbN 焊制。铸造衬板有两种材质，底部闸门上的衬板和靠近闸门的一圈衬板为耐热铸钢 ZG35Cr24Ni7SiN，其余部位为球墨铸铁 QT600-3。在衬板下部和罐体框架之间设陶瓷纤维垫（耐热 1250℃），并用高温黏结剂（耐热 1400℃）粘牢。

现国内各种炉型用焦罐的主要技术规格见表 7-2-1 和表 7-2-2。

B　运载车

运载车主要由车体、车轮组转向架、焦罐导向架、制动器及其制动用气动装置（阀组及管线）和电缆管等部分组成。车体结构形式为带转向架的低矮鞍形架结构。当使用圆形旋转焦罐时，还带有转盘和焦罐旋转传动装置。其走行车轮共 4 组 8 个。转盘上设有 4 个缓冲座，以减轻罐体下落过程中对转盘的冲击。另设 2 个楔形定位凸台，与底闸门底的 2 个半圆形槽配合，以使罐体与凸台精确定位。运载车的制动装置由汽缸驱动，压缩空气由电机车引入。此外，运载车车体上还设有自动对位装置的夹持架及安装传感器用支架。圆形旋转焦罐用运载车外形如图 7-2-5 所示。

运载车上焦罐旋转装置的供电和操作控制由电机车来完成，旋转速度的控制方式为变频调速。焦罐车在干熄站、炉前接焦操作的对位和在干熄站与干熄焦中央控制室的信号传递，采用安装在运载车上和干熄站的焦罐车轨道旁的检测器和传感器来完成。这些检测器

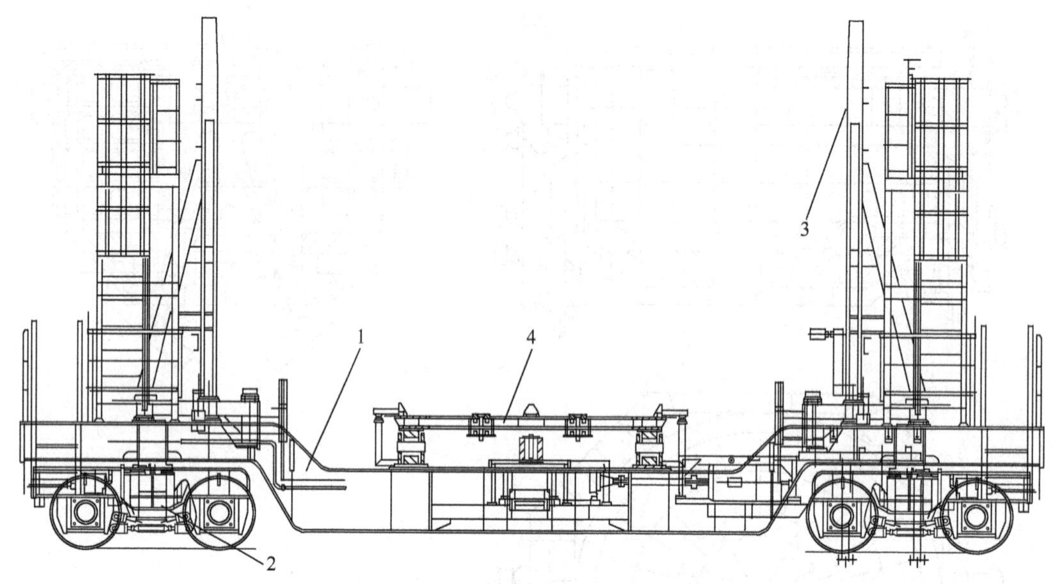

图 7-2-5　圆形旋转焦罐用运载车外形

1—车体；2—车轮组转向架及制动装置；3—焦罐导向架；4—焦罐旋转装置

及传感器通常包括："干熄站对位"用检测器；检测"焦罐有、无"的传感器；"焦罐车与拦焦机对位"用检测器；"起重机动作"即传输"送满焦罐（或接空焦罐）"信号的传感器；"A. P. S. 动作"即传输"自动对位装置动作"指令信号的传感器；"锁闭电机车"即传输"将电机车锁定"指令信号的传感器。对使用旋转焦罐的电机车来说，还需设置"旋转焦罐减速监视"用检测器及"旋转焦罐停止位置检测"用检测器等。

当采用横移牵引装置时，运载车应做相应变化：运载车上不设置焦罐导向架，应在靠近横移牵引装置一侧装设 1 套防倾挡轮以防止横移台车横移过程中车体的偏晃；应在运载车上设置 1 套台车锁紧装置；还应在运载车上还增设横移台车的走行轨道和导向轨道。其外形如图 7-2-6 所示。

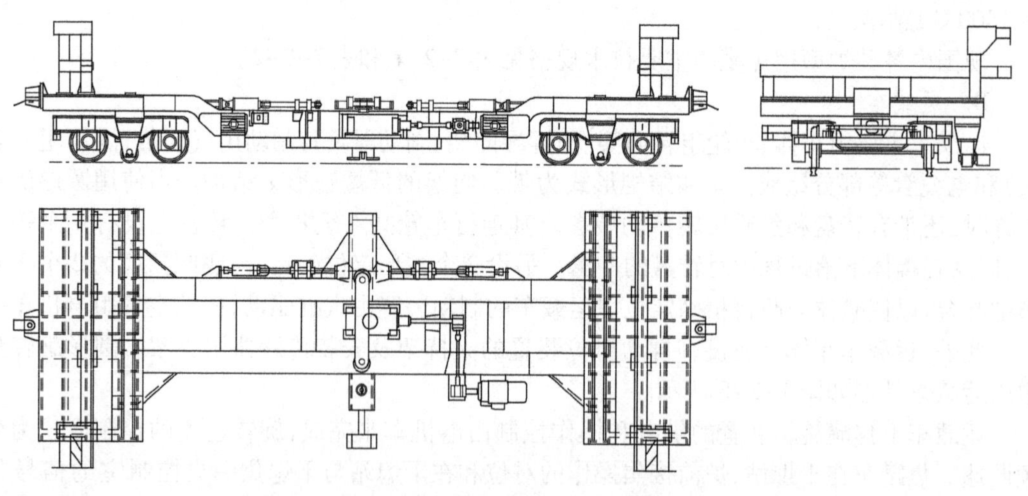

图 7-2-6　带横移运载车外形

当同时采用圆形旋转焦罐和横移牵引装置时，运载车上只设置焦罐旋转用转动杆及其传动装置，不设置旋转用转盘，但应设焦罐旋转用转盘的定位装置，以使焦罐旋转用转动杆精确对位。

现国内各种炉型用运载车的主要技术规格见表 7-2-1 和表 7-2-2。

C 横移台车

横移台车是由横移牵引装置牵引，将焦罐从运载车上横移至提升井架中心的设备。

横移台车主要由车体（含支托焦罐底闸门的弹簧缓冲顶头）、走行轮组、导向轮组、横移牵引装置牵引点、焦罐导向架、传感器支架及缓冲器等组成。其车体形式为带横移走行轮的低矮鞍形架结构，其外形如图 7-2-7 所示。

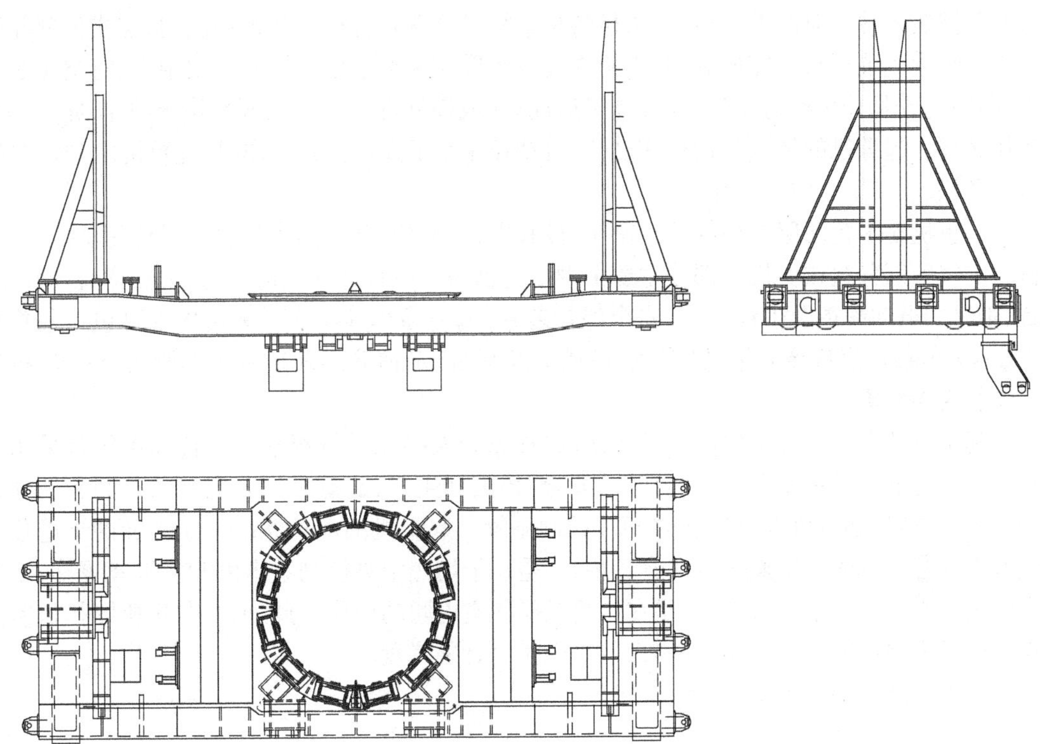

图 7-2-7 横移台车外形图

当同时使用圆形旋转焦罐和横移牵引装置时，横移台车上还设有转台。

现国内投入使用的横移台车的主要技术规格见表 7-2-2。

7.2.1.3 自动对位装置

为确保焦罐车在干熄站的准确对位及操作安全，在干熄站的熄焦车轨道外侧设置了 1 套液压强制驱动的自动对位装置。我国早期采用横移牵引装置的干熄焦装置未使用自动对位装置，主要靠电机车的低速对位达到横移牵引装置所需要的 ±20 mm 的对位精度。现在干熄焦装置在采用自动对位装置后，可将电机车牵引的横移台车对位精度由电机车实现的 ±100 mm 控制到起重机要求的 ±10 mm，以使起重机顺利地在焦罐车导轨、提升井架导轨及起重机导轨中升降。

自动对位装置主要由夹紧装置(含底座)、液压系统(含液压站、液压缸、液压管路及其附件)及电控系统(含检测元件及控制操作柜等)等组成。其结构形式为液压推动式,即由2台相向设置的液压缸同步动作,强制推动焦罐车移位对中。液压系统采用双泵双电机(1开1备,轮换工作)系统,并设置液位计、温度控制器、电加热器及过滤器等。

现国内投入使用的自动对位装置的主要技术规格见表7-2-1。

7.2.1.4 起重机

起重机负责提升和搬运焦罐。起重机按设定的提升和走行速度曲线图在提升井架下顺序完成合拢吊钩、吊起满焦罐、盖上焦罐盖等动作,并将焦罐提升到井架顶部,然后水平走行将装满红焦的焦罐搬运到干熄炉的炉口上方。当设在干熄炉顶部的装入装置将干熄炉炉盖打开并把装入料斗对准炉口后,起重机将焦罐缓慢放下并自动打开焦罐底门,焦炭经料斗装入干熄炉内。装焦动作完成后,起重机提起空焦罐并水平走行至提升井架中心,将空焦罐放下,顺序完成脱开焦罐盖、将空焦罐置于运载车(或横移台车)上、张开吊钩等动作,完成一个工作循环。起重机的特点是运行速度快、自动控制水平高。正常操作时,起重机由PLC与其他设备联动,车上无司机操作。

起重机是1台两层结构的桥式吊车,设有提升、走行、自动操作与自动对位等功能,由机械和电气两部分组成。机械部分主要由钢结构、提升机构、走行机构、吊具及焦罐盖、润滑装置、维修用电动葫芦及手动葫芦、安全保护装置、电缆导车等组成。钢结构主要包括起重机主框架(车架)、焦罐导向架、操作室、机械室及平台、走梯等。其整机工作制为A8级,机构工作制为M8级。

起重机的电气部分主要由传动系统、检测系统及控制系统组成。其传动系统常采用全数字式矢量型变频传动系统。为连续、安全、稳定地生产,起重机设有完善的检测和连锁控制系统。一般,起重机设有独立的PLC控制系统。起重机的电控系统置于地面的干熄焦电气室内。起重机的主要操作方式有三种:一是在干熄焦中央控制室内由PLC联动操作;二是在起重机操作室内手动操作;三是在起重机操作室内联动操作。此外,在起重机的机械室内设有更换钢绳用的操作盘,在操作人员登机时设有乘降盘。

起重机结构如图7-2-8所示。

A 车架

车架由主梁、端梁、减速器梁、卷筒梁及平台、梯子栏杆等组成,车架下部还装有焦罐导向架。车架主要结构件材料为Q345-A。

B 起重机构

起重机构一般由电机、盘式制动器、减速机、卷筒装置、钢丝绳、带有负荷传感器的平衡臂等组成。

提升电机采用变频调速。提升电机的数量及功率的选取依据提升负荷及提升速度等确定,提升速度及走行速度的选取随行程及操作周期的变化而变化。

国内干熄焦装置起重机提升装置的配置有以下三种方案。

方案一:配置1台常用提升电机及1台小的事故提升电机,其中前者功率较大,后者功率较小。正常生产时,使用常用提升电机以高、中、低速运行;当常用提升电机发生故障时,使用事故提升小电机,可以低速运行一个循环。其传动示意图如图7-2-9所示。

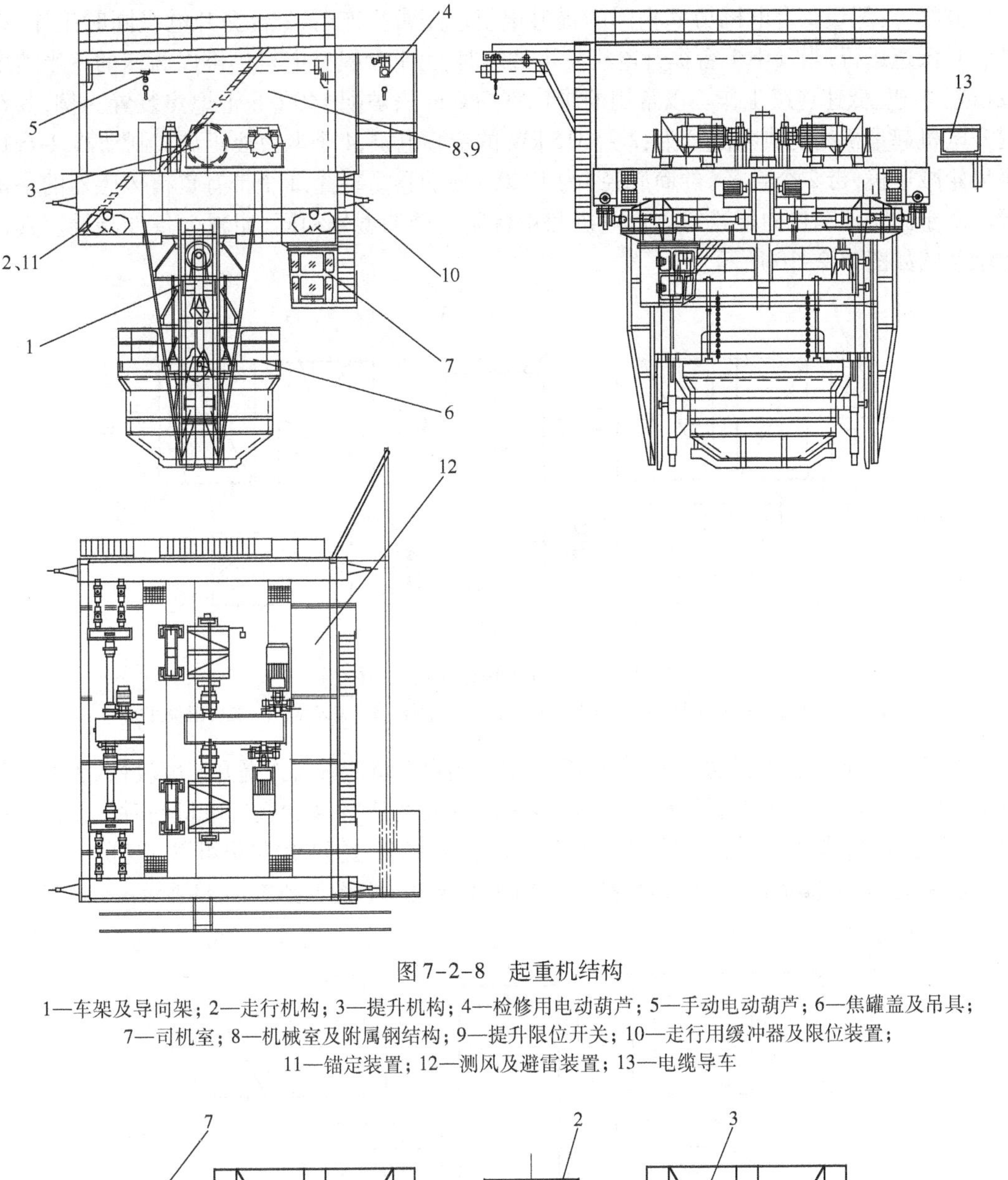

图 7-2-8　起重机结构

1—车架及导向架；2—走行机构；3—提升机构；4—检修用电动葫芦；5—手动电动葫芦；6—焦罐盖及吊具；7—司机室；8—机械室及附属钢结构；9—提升限位开关；10—走行用缓冲器及限位装置；11—锚定装置；12—测风及避雷装置；13—电缆导车

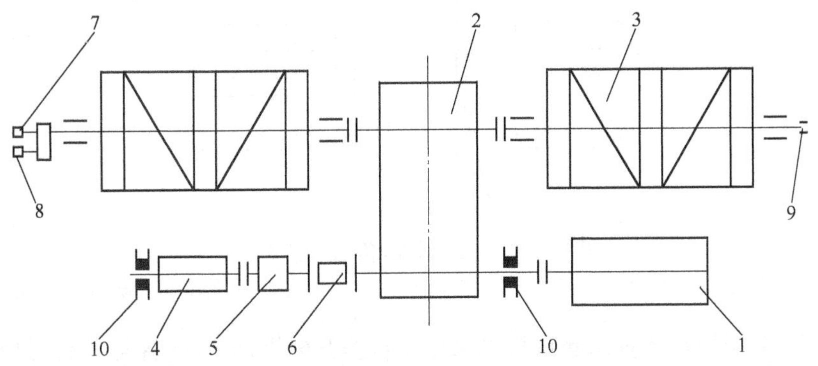

图 7-2-9　提升机构传动示意图(一)

1—常用提升电机；2—减速机；3—卷筒；4—事故提升电机；5—事故提升电机用减速机；6—离合器；7—同步发信器；8—过速开关；9—凸轮限位开关；10—制动器

方案二:配置2台电机功率相同的提升电机。正常生产时,2台提升电机同时工作,以高、中、低速运行;当其中1台提升电机发生故障时,另1台提升电机仍可以高速的一半速度及(或)中速、低速连续工作。以常用的炭化室高6 m焦炉配140 t/h干熄焦装置为例,其双提升电机起重机构的典型配置为:2台315 kW的变频电机,4个电力液压盘式制动器,1台行星齿轮减速机,带2个直径(卷筒底径)为1320 mm的卷筒装置,2个带有负荷传感器的平衡臂。由于此时传动机构配置的2台电机和4台制动器的型号相同,能减少备件品种。其传动示意图如图7-2-10所示。

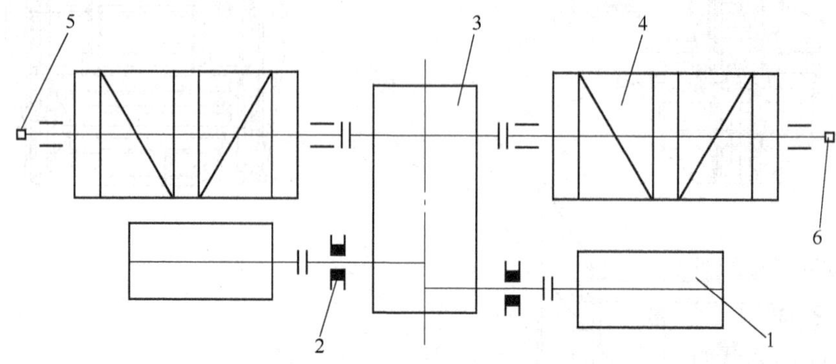

图7-2-10　提升机构传动示意图(二)

1—提升电机;2—制动器;3—行星齿轮减速机;4—卷筒;5—编码器;6—旋转限位开关

方案三:配置4台电机功率相同的提升电机。当提升负荷过大或提升速度较快,要求提升电机总功率过大时,一般需要配置4台提升电机。正常生产时,4台提升电机同时工作,以高、中、低速运行;当其中1台提升电机发生故障时,另一侧的2台提升电机仍可以高速的一半速度及(或)中速、低速连续工作。因其配置方式不同,其传动示意图如图7-2-11所示。

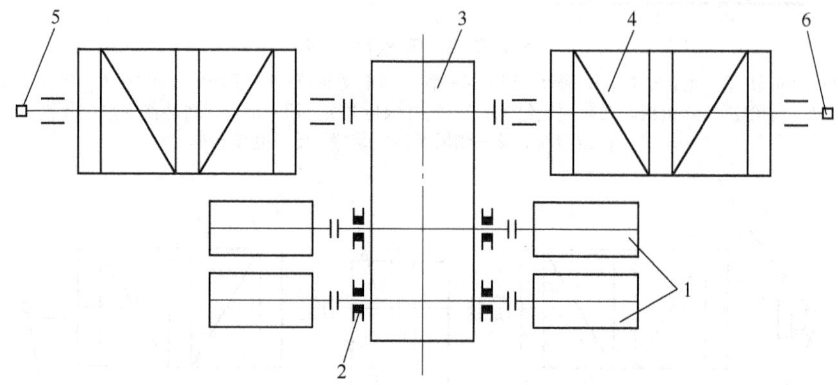

图7-2-11　提升机构传动示意图(三)

1—提升电机;2—制动器;3—行星齿轮减速机;4—卷筒;5—编码器;6—旋转限位开关

宝钢75 t/h干熄焦装置用起重机也采用4台提升电机,但其配置与方案三稍有不同,其传动示意图如图7-2-12所示。这种配置,正常生产时4台电机同时工作,在1台电机出现故障时,其余3台电机仍可按原有的高、中、低速工作。但当一侧的减速机发生故障时,则只能以高速的一半进行工作。

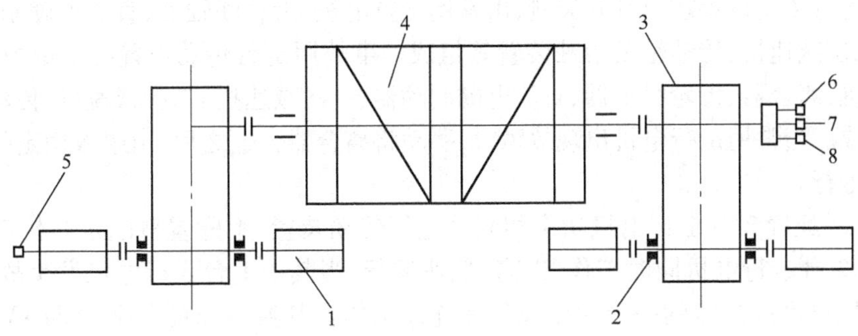

图 7-2-12 提升机构传动示意图(四)

1—提升电机;2—制动器;3—减速机;4—卷筒;5—编码器;6—过速开关;7—防止过卷开关;8—同步发信器

卷筒采用钢板焊接筒体短轴式结构。筒体用钢板材料为 Q345-A。钢丝绳共 4 根,每个卷筒上绕 2 根钢丝绳。钢丝绳一端由 2 个钢丝绳紧固件固定在卷筒端部,另一端采用楔套式接头固定在提升框架的悬臂型均衡器平衡杆上。其缠绕方式可保证当其中 1 根钢丝绳突然断裂时其余钢丝绳仍可支持住吊具,并不发生歪斜。钢丝绳采用优质线接触钢丝绳,其安全系数大于 9。为了延长钢丝绳的使用寿命,钢丝绳上装有涂油器。

C 走行机构

起重机的走行机构由传动机构与车轮装置两部分组成。走行传动机构的配置同提升传动机构一样,有两种配置方案。

方案一:配置 1 套功率较大的常用走行传动和 1 套功率较小的事故走行传动。正常生产时,使用常用走行电机以高、低速走行;当常用走行电机发生故障时,使用小的事故走行电机,可以低速运行。其传动示意图如图 7-2-13 所示。

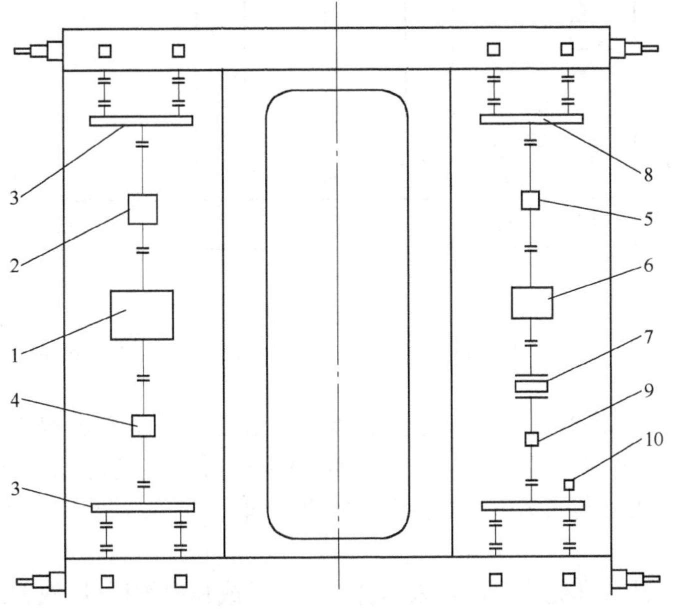

图 7-2-13 走行机构传动示意图(一)

1—常用走行电机用一次减速机;2—常用走行电机;3—常用走行二次减速机;4—常用走行制动器;5—事故走行电机;6—事故走行电机用一次减速机;7—离合器;8—事故走行二次减速机;9—事故走行制动器;10—同步发信器

常用走行传动设置在提升井架侧，由常用走行电机、齿轮联轴器、直流电磁制动器、一次减速机、二次减速机、传动轴及给油装置等组成。事故用走行传动设置在干熄炉侧，由事故用走行电机、离合器、齿轮联轴器、直流电磁制动器、一次减速机、二次减速机、传动轴及给油装置等组成。当常用走行电机出现故障时，手动将离合器合上之后，由事故用走行电机驱动车轮低速走行。

方案二：配置2台走行电机功率相同的走行传动装置，不配置事故走行传动装置。正常生产时，2台走行电机同时工作，以高、低速运行；当其中1台走行电机发生故障时，另1台走行电机仍可以高速的一半速度及低速连续工作。其典型配置为：2台37 kW的变频电机，2台液压推杆制动器共同驱动1台行星减速机，并通过2根浮动轴分别驱动2台卧式分配式减速机，出轴带4根万向联轴器，带动4个主动轮工作。其传动示意图如图7-2-14所示。

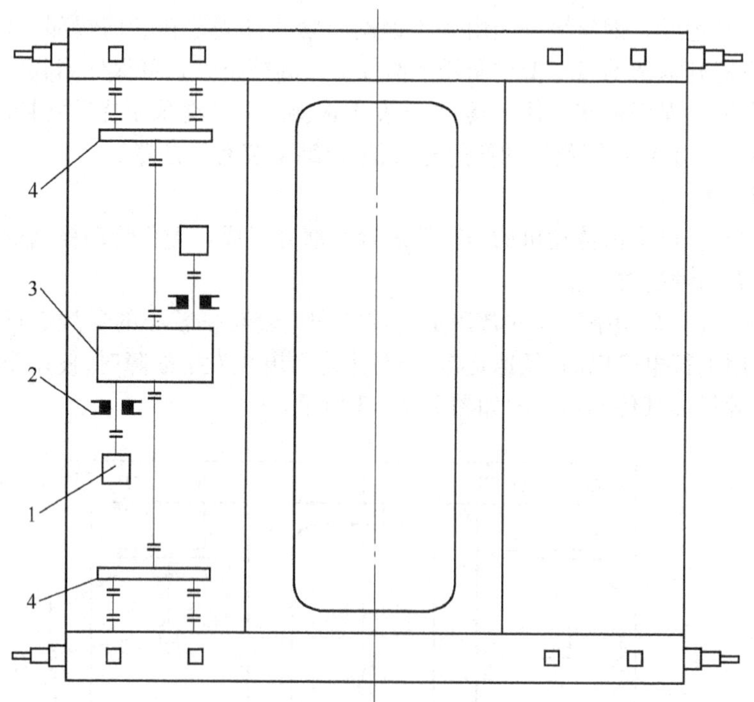

图7-2-14　走行机构传动示意图（二）

1—走行电机；2—制动器；3—走行用一次行星减速机；4—卧式分配式减速机

走行机构的车轮装置由4个车轮组及车轮架组成。每个车轮组有2个车轮。当走行传动采用方案一时，8个车轮中有4个为常用走行时的主动轮，另外4个车轮为事故走行时的主动轮；当走行传动采用方案二时，8个车轮中有4个为主动轮，其余4个为从动轮。

车轮为轴旋转式。车轮中车轮体采用合金铸钢件或弹簧钢锻件，双轮缘，车轮踏面和轮缘内侧面进行索氏体淬火，具有较高耐磨性。车轮上安装有轮缘涂油器。车轮轴采用碳素结构钢锻件。

D 吊具及焦罐盖

吊具及焦罐盖是起重机吊取焦罐的专用装置。其示意图如图 7-2-15 所示。

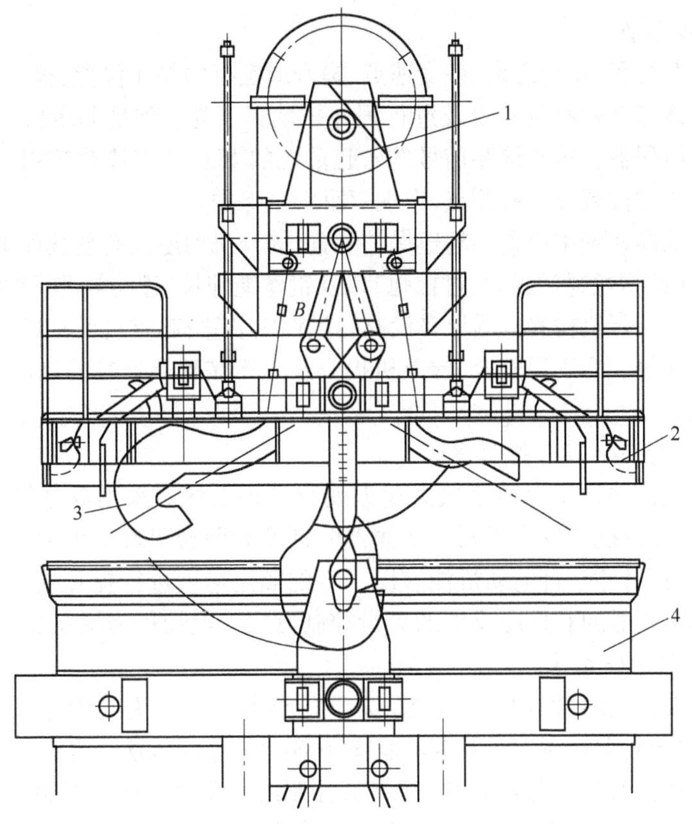

图 7-2-15 吊具和焦罐盖示意图

1—吊具；2—焦罐盖；3—吊具吊钩；4—焦罐

吊具由 2 个自动开闭式板式吊钩、2 个下滑轮组、2 根横梁和导向轮组成。

焦罐盖由框架、耐火材料以及密封部分构成。用来隔绝焦罐内红焦热量和火焰对周围设备的烧烤，同时避免红焦质量及热量的损失。焦罐盖内设隔热层，用不锈钢螺栓固定在焦罐盖上。在焦罐盖上除布置有散热孔以外，还设有安全阀。

E 润滑系统

干熄焦起重机润滑系统的常规配置为：起重机中所有卧式减速机采用油池润滑，所有立式减速机采用油泵电机喷淋润滑。钢丝绳由设置在卷筒处的钢丝绳涂油器定时喷淋润滑。起重机提升机构、走行机构和吊具分别采用电动泵单点润滑。配置 2 台电动润滑泵。1 台放在车上的机械室内，用于提升机构及运行机构的润滑；另 1 台放在吊具支撑平台上，用于吊具的润滑。

F 维修用电动葫芦及手动葫芦

为方便起重机及装入装置中部分设备的维护与检修，在起重机的机械室外部框架上设置 1 台检修用悬吊式电动葫芦。其额定起重量常依据起重机内不可拆卸的最大件的重量进行确定，通常有 3 t 和 5 t 两种。

为方便起重机机械室内各部件的维修与更换，在机械室内也设置了 1 台可在两个方向走行的手动葫芦。该手动葫芦的额定起重量为 3 t，其走行范围可覆盖起重机的提升机构和走行机构。

G　安全保护装置

起重机的提升行程、走行距离、各变速点、提升或走行的停止位置、提升或走行的极限位置等均设有位置或速度检测装置以及过行程保护装置。为了保证起重机各位置的精度，设有独立的测位移编码器。这些检测信号送入起重机的 PLC 参与连锁控制，确保起重机的安全稳定运行。在关键位置设双检测点，实现双重安全保护。

在提升机构的高速轴中设置了超速保护装置，提升机构还设有超载保护装置，对起重机超载、偏载、松绳（即钢丝绳过张力、过松弛）以及钢丝绳伸长、过卷等进行检测并采取相应的保护措施。起重机走行机构和电缆导车设有防风锚定装置；起重机设有风速仪，在风速超过最大工作风速时报警。为确保安全，起重机提升及走行装置高速轴的制动器还具有制动间隙自动补偿功能。

H　起重机的电气传动与控制系统

起重机的电气传动采用全数字式矢量型变频传动系统。采用双电机配置方案的起重机，其提升机构和走行机构各采用两台变频器分别控制两台提升电机和走行电机。当一台电动机发生故障时，另外一台电动机能够以一半的额定速度进行提升或走行。提升和走行电机采用带测速编码器的有速度反馈的矢量控制方式。电动机为鼠笼变频电机，采用强制通风并内置 PTC 热保护元件。

起重机一般设独立的 PLC 控制系统（双 CPU 热备），并设有与干熄焦中央控制室 PLC 系统的接口，以便于起重机在正常及事故状态下各种信息的传送。也有少部分干熄焦装置的起重机未设置独立的 PLC 控制系统，而将其控制纳入干熄焦中央控制室的 PLC 系统，起重机自身具备完善的控制、连锁功能及安全保护功能。

因起重机的操作环境极其恶劣，设置于起重机上的实现自动操作的许多电气设备极易受到腐蚀而损坏，且维修更换较为困难，故将起重机的电气控制设备置于地面干熄焦电气室内。为减少现场电缆施工、连接的工作量，在起重机上设置了 PLC 的远端 I/O 接口，将起重机上所有的控制信号集中采集，通过现场总线与干熄焦中控室的 PLC 系统进行信号传输。

国内干熄焦装置起重机的主要技术规格见表 7-2-1 和表 7-2-2。

7.2.1.5　横移牵引装置

当干熄焦装置的提升井架不能横跨在熄焦车轨道上方直接提升焦罐时，一般采用横移牵引装置。

横移牵引装置是设在干熄焦提升井架与熄焦车轨道之间，用于运送横移台车和焦罐（含红焦）的设备。横移牵引装置有用钢丝绳牵引式和用齿轮齿条牵引式两种形式。

A　钢丝绳式横移牵引装置

钢丝绳式横移牵引装置主要由机械及电气两部分组成。机械部分包括地面部分的卷扬装置（含电机、减速机及卷筒）、托辊装置、润滑装置（手动集中润滑）、前端电动缸操作机构（含电动缸、固定架及转动架）以及移动部分的牵引车（含车体、走行车轮、滑轮、张紧装置及挂钩)等。电气部分主要由供电系统、检测系统及自动控制系统等组成。控制系统由PLC与电子编码组件组成,通过检测限位和编码器实现对现场物位的检测(各变速点设接近开关),然后由PLC产生不同的控制信号,PLC提供与干熄焦控制系统的接口。钢丝绳式横移牵引装置结构如图7-2-16所示。

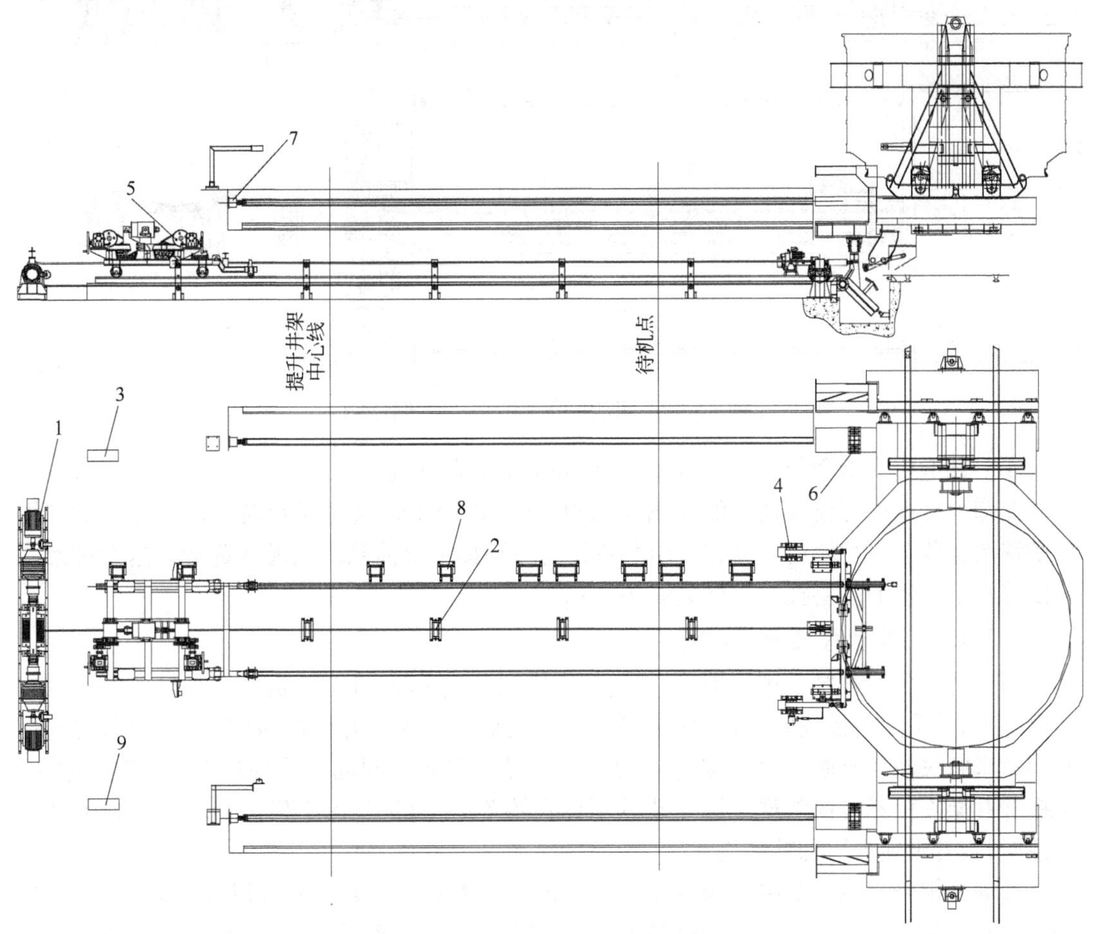

图7-2-16　钢丝绳式横移牵引装置结构

1—卷扬装置;2—托辊装置;3—润滑装置;4—前端电动缸操作机构;5—移动的牵引车;6—防倾翻支座;7—缓冲器;8—检测系统;9—自动控制系统

B　齿轮齿条式横移牵引装置

齿轮齿条式横移牵引装置主要由前端电动缸操作机构、牵引杆及其支撑装置、传动机构、底部导槽及轨道、集中润滑装置及控制设施等部分组成。齿轮齿条式横移牵引装置外形如图7-2-17所示。

前端电动缸操作机构既是牵引横移台车的挂钩及脱钩机构,又是运载车与横移台车锁定的执行机构。同步运转的2台电动缸分别设置在牵引杆前端底部的两侧,当1台故障时仅开动1台能力也足够。

牵引杆是底部有齿条的传动杆。牵引杆的齿条由电机、减速机传动杆的承托齿轮来传动。2组电机、减速机分别配置在传动齿轮的两侧,当1台故障时,仅开动1台也能完成传

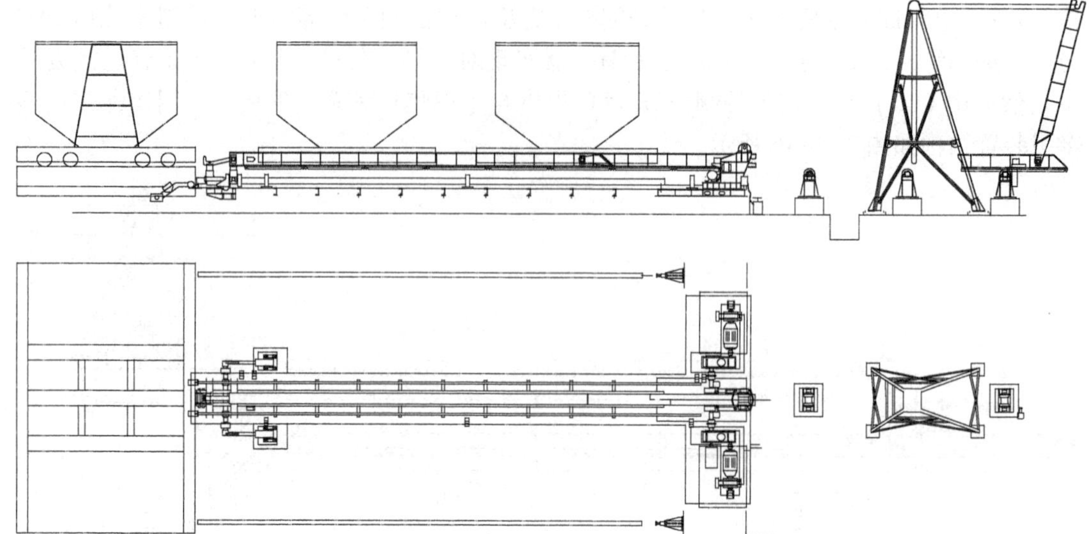

图 7-2-17　齿轮齿条式横移牵引装置外形

动动作。其电机为冶金起重变频专用电机，并带测速发电机。

在牵引杆的底部设置通长的导槽及轨道，导槽在台车牵送时起导向作用。导槽的外侧为横移牵引装置走行轨道。横移牵引装置设置手动集中给油泵以润滑各部分。这两种形式的横移牵引装置的主要技术规格见表 7-2-2。

7.2.1.6　移动式提升导轨

当干熄焦装置布置于焦炉炉组中部，如煤塔间台或大间台区域，提升井架横跨在熄焦车轨道上方，并采用直接提升焦罐，而焦侧拦焦机还要通过提升井架区域时，可使用移动式提升导轨来解决拦焦机通过时与提升井架中焦罐导轨等碰撞问题。这种情况下，焦炉侧的 2 个提升井架立柱不能像常规干熄焦装置那样直接落地，而是支撑于焦炉煤塔间台或大间台的顶层，或者干脆采用悬臂结构。

移动式提升导轨主要由焦罐导轨架（含支撑吊具及焦罐盖的平台以及维修用平台、梯子）、走行装置、上部锁定机构、检测系统、走行轨道及车挡等组成。走行机构采用电机驱动，锁定机构采用电动缸。移动式提升导轨外形如图 7-2-18 所示。因使用频率较小，一般采用现场手动操作的方式。当拦焦机需要通过提升井架区域时，先解除锁定机构，将可移动的提升导轨向干熄焦侧水平移动，使拦焦机顺利通过；待拦焦机通过后，再将移动式提升导轨复位，并加以锁定，以满足焦罐提升的需要。

7.2.2　红焦装入设备

干熄焦装置的红焦装入设备简称装入装置。装入装置安装在干熄炉炉顶的操作平台上，主要由炉盖台车和带布料器的装入料斗台车组成，两个台车连在一起，由一台电动缸驱动。装焦时能自动打开干熄炉水封盖，同时移动带布料器的装入料斗至干熄炉炉口，配合起重机将红焦装入干熄炉内，装完焦后复位。

装入装置的结构形式及结构尺寸主要受驱动方式、焦罐下口尺寸及干熄炉炉口尺寸的影响。其驱动方式有电动缸和液压缸两种。近年来，国内外建设的干熄焦装置中的装入装

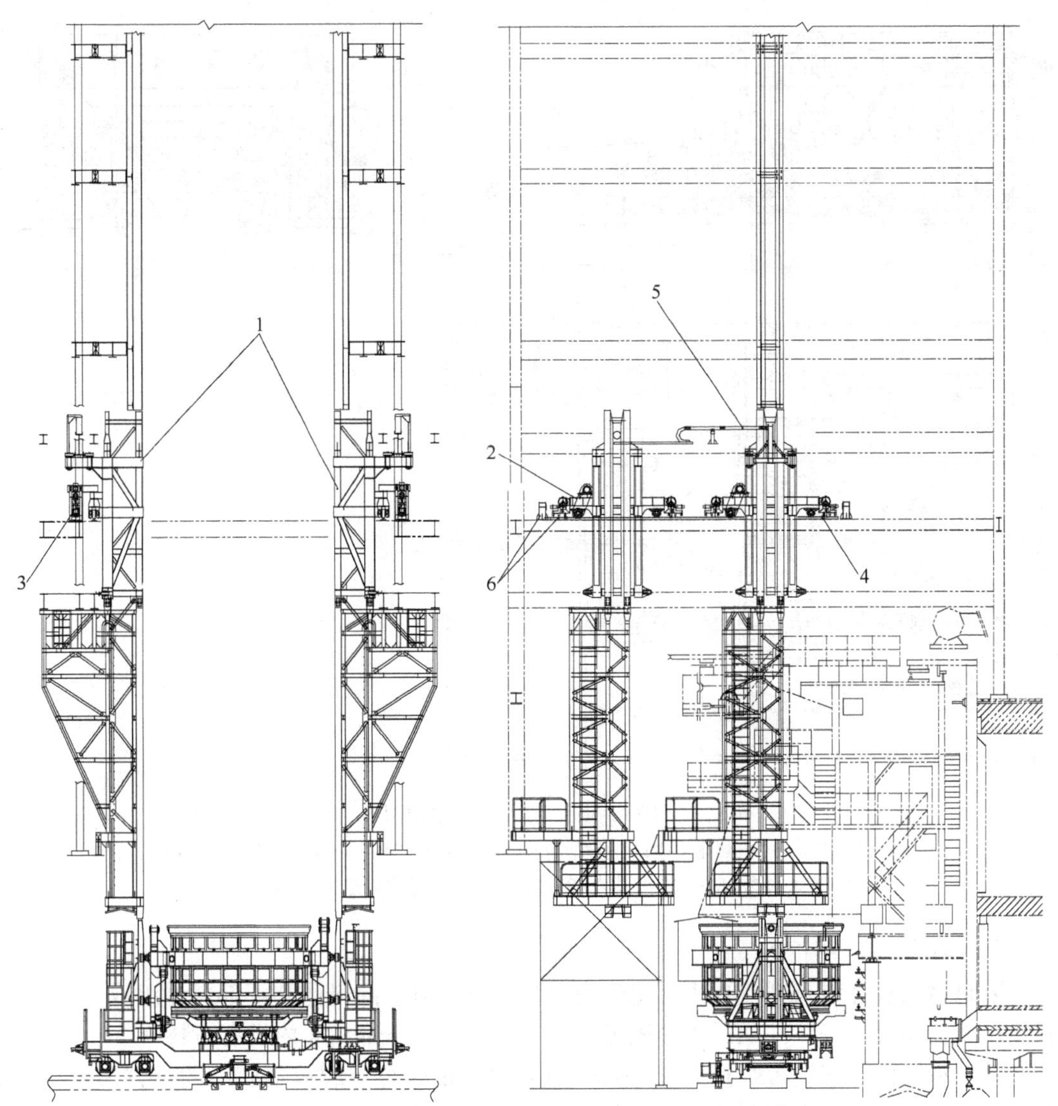

图 7-2-18　移动式提升导轨结构图

1—导轨架；2—走行装置；3—上部锁定机构；4—检测系统；5—电缆支架；6—走行轨道及车挡

置都采用变频调速控制的电动缸驱动。焦罐下口尺寸与焦炉炉型有关，干熄炉炉口尺寸与干熄焦装置的处理能力有关。

装入装置主要由炉盖、装入料斗、台车、传动机构、轨道框架、焦罐支座和导向模板等组成。装入装置具有耐磨、耐高温性好、传动平稳、对位准确等特性。其结构图如图 7-2-19 所示。

7.2.2.1　炉盖

炉盖为内衬耐火浇注料的金属结构件，是由盖体、顶部吊梁和水封裙边组成的。盖体采用普碳钢制作，内部焊有固定耐火浇注料的焊爪；水封裙边采用不锈钢制作。盖体通过吊梁和 2 根吊链固定在 2 个扇形轮上，该扇形轮安装在传动机构的转动轴上。

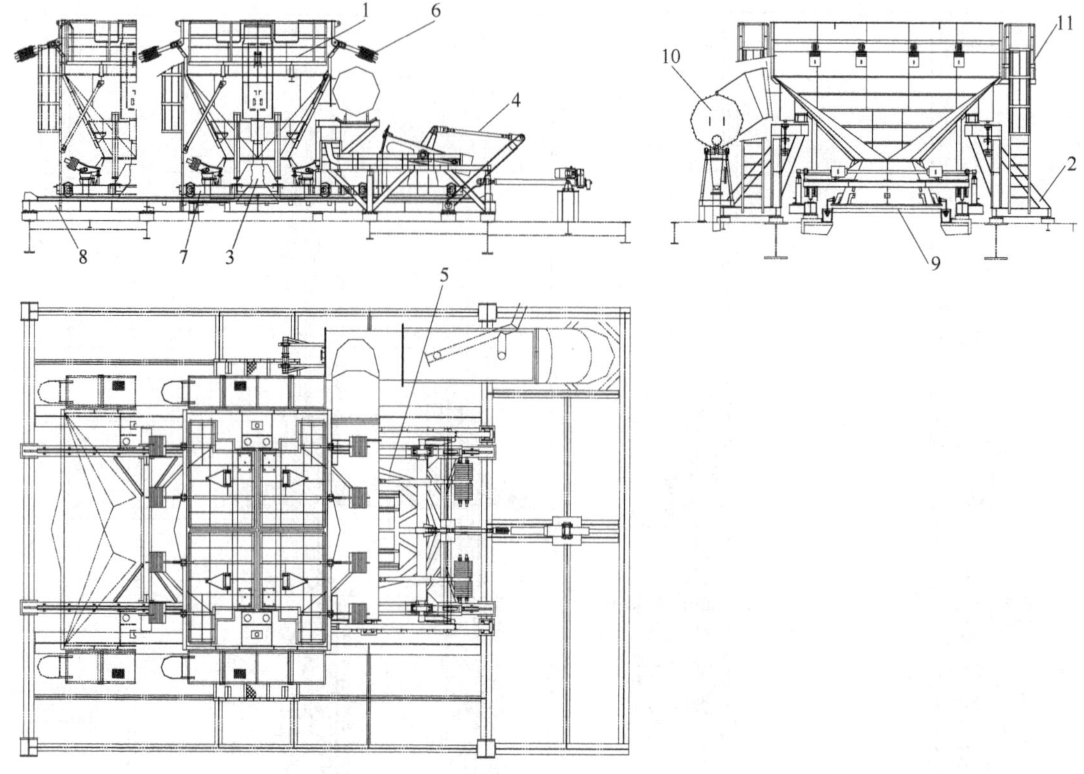

图 7-2-19 装入装置结构图

1—装入料斗；2—焦罐支座；3—钟形布料器；4—传动机构；5—炉盖；6—防尘盖；
7—装入台车；8—轨道及导轨；9—水封罩；10—集尘管道；11—料斗平台

7.2.2.2 装入料斗

装料时焦炭经装入料斗导入干熄炉内。装入料斗由上部料斗和下部料斗组成，上、下部料斗用螺栓连接成一体并通过支座固定在料斗台车上。下部料斗内设有布料器。

上部料斗由普碳钢板焊接而成，为正锥形，顶部是适合焦罐放料底门的长方形口，底部收缩成八角形的口。上部料斗较长边的一侧斜面上设有与集尘管道相接的集尘孔，收集红焦装入时料斗中产生的粉尘。在集尘孔上设有箅子，防止小焦块被吸入集尘管道。料斗口设有防尘盖板。上部料斗的2个短边分别设有安装滑动支座的箱体，每个箱体中安装1套滑动支座，在每套滑动支座的正下方各设置1个固定支座。滑动支座由滑动支座体、导向轨、导向轮、拉簧、焦罐底门打开信号传动导杆和压簧等组成。上部料斗的下半段设有中铬铸铁制作的衬板。

下部料斗为倒锥形。采用普碳钢板焊接制成，上口大，下口小。下部料斗内设有陶瓷纤维板的隔热夹层。在下部料斗底口处还设有不锈钢制作的密封罩。下部料斗内设有中铬铸铁制作的衬板。钟形布料器安装在下部料斗内，它由横梁、吊梁、钟体、分料板和防磨板等组成。

装入料斗中设置的钟形布料器可使焦炭在干熄炉内径向粒度分布均匀，使干熄炉内同一截面上的气流速度均匀，从而提高干熄炉的冷却效率。

试验表明，在未装钟形布料器的干熄炉内，沿周边的气流速度大约为中心气流速度的3

倍,而在装有钟形布料器的干熄炉内,即使在干熄炉的容积不变、半径增大的情况下,仍可保持沿干熄炉径向的气流速度基本均匀。

7.2.2.3　传动机构

传动机构包括电动缸、摇杆、转动轴及扇形轮。电动缸和摇杆固定在炉顶平台上,转动轴和扇形轮固定在台车上。电动缸主要由电动缸本体、变频调速系统、限位开关及电动缸支架等组成。扇形轮通过吊链与炉盖相连,另一侧挂有炉盖平衡配重。在转动轴的两端分别设有1个导向辊轮,该导向辊轮分别被限制在2个L形导向轨道中运动。

7.2.2.4　装入台车、轨道及导轨

装入台车由炉盖台车和料斗台车两部分组成,2个台车用销轴连成一体。每个车上设有4个车轮。装入台车轨道采用轨道压板固定在轨道基础框架上,轨道基础框架用螺栓固定在装入平台上。导轨安装在轨道基础框架两侧。导轨中的导向槽为L形,通过L形槽对驱动装置中转动轴运动的限制,使装入装置按动作顺序完成装入动作。

7.2.2.5　水封罩

水封罩由水封罩本体、密封环、吊挂链、配重和升降机构组成。水封罩本体由不锈钢板焊接而成。水封罩通过4根吊链挂在带有配重的升降机构上。装入时水封罩升降机构的辊轮沿凸轮板上升,抬起配重使水封罩按设定的轨迹落下,插入水封槽。

7.2.2.6　集尘管道

集尘管道由集尘管和台架组成。集尘管是滑动式的两层套管,内层套管的一端固定在料斗台车上,另一端随料斗台车移动,并在外层套管中滑动,抽吸在装入操作时料斗中产生的粉尘。外层套管固定在台架上,并与除尘地面站的集尘管相接。外层套管上设有集灰斗。安装外层套管的台架固定在装入平台上,台架上设有1组托辊,可减少内层套管移动的阻力。

7.2.2.7　给脂装置

给脂装置包含传动机构和装入台车2套给脂系统。传动机构的给脂由1台安装在装入平台上的手动润滑泵集中给脂,负责向集尘管道托辊轴承和安装在装入平台上传动机构中各润滑点给脂。装入台车的给脂由1台安装在台车上的手动润滑泵集中给脂,负责向随台车移动的各润滑点给脂。

装入装置在不装焦时,炉盖覆盖在干熄炉炉口上,炉盖上的水封罩插入水封槽中,可防止干熄炉内的气体、火焰和粉尘逸出,也可防止炉外空气吸入炉内。接到装焦指令后,电动缸开始动作,先是提起炉盖,再驱动整个台车走行,直到走行台车上的装入料斗对准干熄炉炉口为止。最后,装入料斗下料口处的水封罩落入水封槽内,防止装料时干熄炉口的粉尘外逸。在装入装置开始动作打开炉盖时,装入料斗集尘管道上的阀门自动打开。

装入料斗对位结束后,向起重机发出可装入信号,起重机开始放下焦罐,焦罐下降落在料斗的滑动支座上,并继续下降落在固定支座上。此时,焦罐底部的密封裙边与装入料斗上口接触。起重机继续放下焦罐,焦罐底门开始打开,排放焦炭,完成装料的动作。装料的时间和粉尘沉静的时间由延时器决定。

延时器发出装料、粉尘沉静结束指令,起重机开始卷上空焦罐。起重机卷上到位后,装入装置就开始进行与上述相反的动作,移开装入料斗,将炉盖覆盖在干熄炉炉口上,完成一

次装入动作。装入装置关闭炉盖后，装入料斗集尘管道上的阀门自动关闭，停止集尘。整个装置大约 7 ~ 10 min 进行一次工作循环。装入装置动作曲线如图 7-2-20 所示。

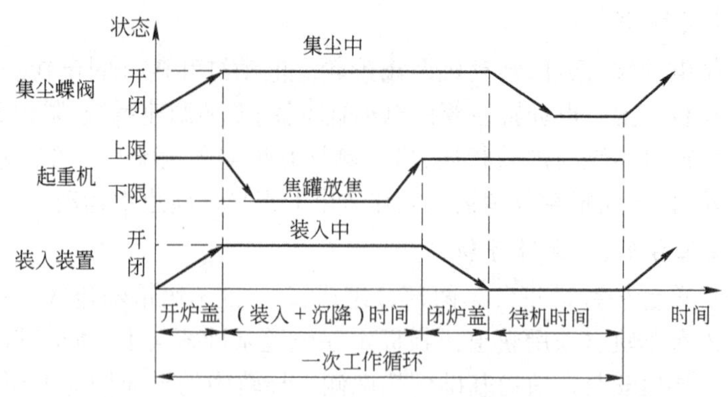

图 7-2-20　装入装置动作曲线图

装入装置设有现场单独手动操作、起重机司机室内手动操作和集中控制室内 PLC 联动操作三种操作方式。

随着焦炉超大型化，单孔炭化室焦炭产量增大，致使焦罐下口尺寸增加；与焦炉大型化配套的干熄焦装置超大型后，干熄炉炉口尺寸也需要增大。这就造成装入装置中装入料斗的重量大幅增加，沿轨道移动部分的重量也大幅增加。为此，必须提高装入装置传动机构中电动缸的能力才能满足快速准确移动的要求。为此，国内外开发的装入料斗分成三部分：固定式上料斗、可移动的中间料斗和下部料斗。其中，上料斗不随装入台车移动，而是通过支撑钢结构固定在装入平台上。因为装入台车只需移动重量较轻的中间料斗及下部料斗而不需移动重量极大的上部料斗，从而大大减轻了需电动缸驱动的移动料斗的重量。

7.2.3　干熄炉及干熄焦砌体

7.2.3.1　干熄炉

干熄炉为干熄焦装置中冷却红焦的核心设备。在干熄炉内，从顶部装入的红热焦炭与从底部鼓入的冷循环气体逆向换热，将焦炭从 1000 ± 50℃冷却至平均 200℃以下。

干熄炉结构按其断面形状可划分为圆形干熄炉和方形干熄炉。方形断面的干熄炉由德国开发成功并建设了几套工业装置，但因其结构复杂、运行效果不理想，并未得到大面积推广。

目前国内外干熄焦装置大多采用圆形断面的干熄炉，圆形截面的干熄炉为竖式槽体，外壳用钢板制作，内衬耐磨耐火材料。干熄炉上部为预存室，中间为斜道区，下部为冷却室。其结构如图 7-2-21 所示。

设置在预存室外的环形气道通过各斜道与冷却室相通，环形气道的出口与一次除尘器的进口相连。预存室内设有料位检测装置，还设有温度、压力测量装置和放散装置；环形气道内设有空气导入装置；冷却室内设有温度、压力测量装置及人孔、烘炉孔等。冷却室下部壳体上设有 2 个进气口，冷却室底部安装有供气装置。

干熄炉预存室的有效容积应根据焦炉中断供焦时间的长短确定。除此之外，一般在上

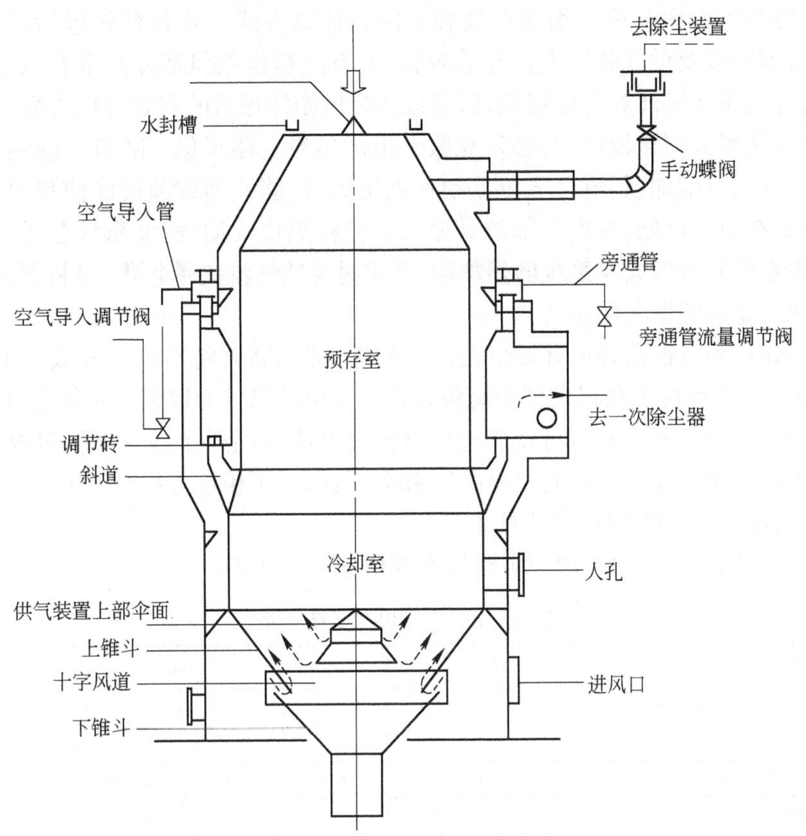

图 7-2-21 干熄炉及附属结构示意图

料位以上留出1炉焦炭的容积,以防本炉装入的焦炭达到上料位时同一时间推出的1炉焦炭无法装入干熄炉。一般预存室的有效容积按能储存焦炉1~1.5 h的产焦量来进行设计。

在冷却室,红焦与循环气体逆流换热。干熄炉冷却室的容积以及冷却风量是影响焦炭冷却效果的基本参数,同时也是影响干熄焦装置建设成本及运行费用的最重要参数。冷却室容积的大小取决于干熄焦装置的最大处理能力、将红焦冷却至规定温度所需要的干熄时间以及焦炭的堆积密度等。而干熄时间主要取决于气体与焦炭间的综合传热系数。在气体与焦炭间综合传热系数的多种影响因素中,最重要的是气体的流速,而气体流过焦炭层的阻力也与循环气体的流速有关。影响综合传热系数及气体压力降的因素较多且极其复杂,主要包括:床层孔隙率、流体黏度、流体流速、流体密度及焦炭颗粒直径;还包括焦炭在干熄炉内布料的均匀性、焦炭下降的均匀性,以及冷却气体在干熄炉中分配的合理性和均匀性、循环气体上升的均匀性以及进入干熄炉冷循环气体的温度等。

为提高干熄炉的冷却性能,现代大型干熄焦装置一般都全部或部分采用了如下技术:采用圆形旋转焦罐和装入布料装置改善干熄炉内布料的均匀性;采用电磁振动给料、分格式旋转密封的连续排焦装置,优化供气装置中风帽的形状、高度、中央风道的布置和调整中央风帽与周边风环的送风比例等技术,实现炉内焦炭的均匀下降和循环气流的均匀上升;在循环风机后设置热管换热器(或气体冷却器)降低入炉循环气体的温度,从而强化干熄炉的冷却效果等。

干熄炉冷却室容积有总容积和有效容积两种计算方式。其总容积包括冷却室直段容积、斜道区总容积以及供气装置上锥斗总容积，而有效容积除包括冷却室直段容积外，斜道区和供气装置上锥斗仅计算有效容积，后者以扣除风帽体积后的有效容积为准。

在干熄焦装置大型化设计中，必须克服斜道区焦炭上浮现象。随着干熄焦装置处理能力的增大，冷却气量增加，斜道口气体流动速度增大，可能达到或超过能使焦块浮动起来的速度。特别是在斜道口处，焦堆上部的高速气流可将焦块吹动，使堆积状态恶化，局部堵塞斜道口，使得系统阻力增大及系统磨损加剧，严重时高速气流夹带碎焦，可将斜道、环形气道等堵塞，造成干熄焦装置无法运转。

日本原 NKK 福山钢铁公司开发出两段式斜道，即在高向将斜道口分成上下两格，俗称“双斜道”技术。这种技术在超大型干熄焦装置中应用效果较为理想。对斜道口气体流速分布的计算表明：采用两段式斜道可使斜道内气流速度降至同样条件下单斜道内气流速度的70%，防止焦炭上浮的最大处理能力提高约 40%，且降低了粗粒焦粉对环形气道的磨损。国内部分项目已经开始应用“双斜道”技术。

国内几种干熄焦装置中干熄炉主要技术规格见表 7-2-3。

表 7-2-3　干熄炉主要技术规格

序号	干熄焦装置处理能力/$t \cdot h^{-1}$	75		125	140		160	190
1	预存室容许中断供焦的最长时间/h	1	1.5	~1.5	~1.5	1	1.5	1.1
2	预存室直径/mm	6060		7640	8040	7700	7800	9500
3	预存室直段高度/mm	6534	9036	8872	8960	7790	10664	7668
4	干熄炉炉口直径/mm	1500	2700	2900	3100	3035	3000	3600
5	冷却室总容积/m^3	304		483	550	596	656	855
6	冷却室直径/mm	6800		8600	9000	9100	9300	11100
7	冷却室直段高度/mm	6153		5358	5515	6100	6138	6030
8	斜道区高度/mm	1186		1768	1846	2000	2286	2300
9	斜道结构形式	单		单	单	双	双	双
10	斜道口数量/个	32		36	30	20	20	24
11	干熄炉砌体总高度/mm	18263	20773	20420	20622	20250	24084	21236

7.2.3.2　干熄焦砌体及其耐火材料

干熄焦砌体属于竖窑式结构，是正压状态的圆桶形直立砌体。炉体自上而下可分为预存室、斜道区和冷却室，如图 7-2-22 所示。

预存室的上部是锥顶。其装焦口因装焦前后温度波动大，且磨损严重，应采用热稳定性极好并抗磨损的砖。中部是桶形结构，下部是环形气道。环形气道是由内墙及环形道外墙组成的两重圆环砌体。内墙既要承受焦炭侧压力、强烈的摩擦以及装入焦炭时的冲击力，又要防止预存室与环形气道的压差窜漏，因而采用带沟舌的高强度砖。

斜道区的砖逐层悬挑，承托上部砌体的荷重，并逐层改变气体流通通道的尺寸。与焦炭换热后的循环气体从各斜道开口进入环形气道，在环形气道汇集后进入一次除尘器。因该区域气流和焦炭尘粒激烈冲刷，砌体容易损坏且损坏后极难更换。因此，对内层砌体用砖的热震性、抗磨损性和抗折强度等要求都很高。

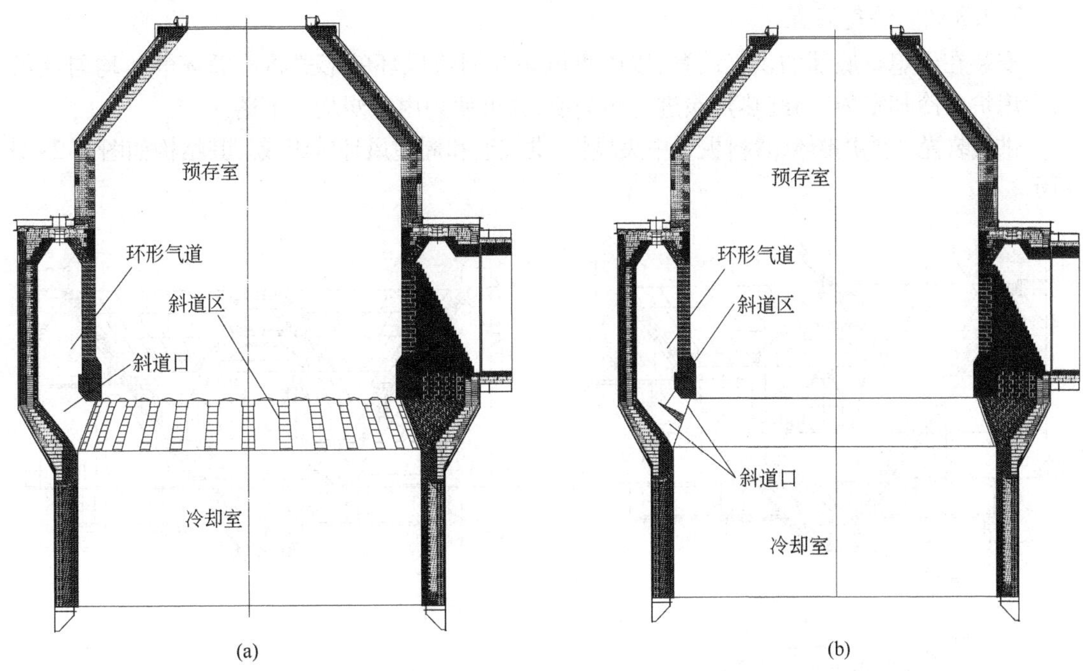

图 7-2-22 干熄炉砌体示意图
（a）单斜道口干熄炉；（b）双斜道口干熄炉

从近年来实际使用效果看，干熄炉斜道区砌体因结构复杂、工况条件恶劣，成为整个干熄焦系统中最容易损坏的地方，对干熄炉使用寿命产生很大的影响。

圆桶形的冷却室虽然结构较简单，但它的内壁要承受焦炭强烈的磨损和较大的侧压力，是最易受损害的部位之一。

一次除尘器槽体体积庞大。槽顶部及挡墙底部均采用砖拱结构，结构简单，强度大。

根据干熄炉及一次除尘器各部位不同的操作环境和结构特点，国内干熄焦砌体用耐火材料一般选用以下几种：干熄炉装焦口、斜道区应选用耐冲刷、耐磨、耐急冷急热性能极好，且抗折强度极大的莫来石—碳化硅砖砌筑；预存室下部直段和一次除尘器拱顶内侧及上拱墙应选用耐冲刷、耐磨、耐急冷急热性能好的 A 级莫来石砖砌筑；冷却室应选用高强耐磨、耐急冷急热性能好的 B 级莫来石砖砌筑；耐火泥浆除应选用与耐火砖的化学组分相近、物理指标满足达到工况要求，还应并具有足够的冷态抗折黏结强度。

干熄炉内各部位所使用的主要耐火材料见表 7-2-4。

表 7-2-4 干熄炉内各部位所使用的主要耐火材料

部位		内墙	中墙	外墙	备注
干熄炉	预存室顶锥段	BN 黏土砖		QB 隔热砖	浇注料和耐火纤维毡
	预存室直段	AN 黏土砖	BN 黏土砖	QB 隔热砖	
	预存室环形气道	A 级莫来石	BN 黏土砖	QB 隔热砖	
	斜道区	莫来石—碳化硅砖	BN 黏土砖	QB 隔热砖	
	冷却室直段	B 级莫来石	BN 黏土砖	QB 隔热砖	纤维毡
一次除尘器	拱顶	A 级莫来石		QB 隔热砖	
	其余	AN 黏土砖		QB 隔热砖	

7.2.3.3　供气装置

安装在干熄炉底部的供气装置，以中央风帽和周边风环的形式将冷循环气体均匀地供入干熄炉的冷却室内，与红热焦炭进行热交换，并可使炉内焦炭均匀下落。

供气装置主要由锥体(含衬板)、中央风帽、供气道和周边风环等组成。其结构如图7-2-23所示。

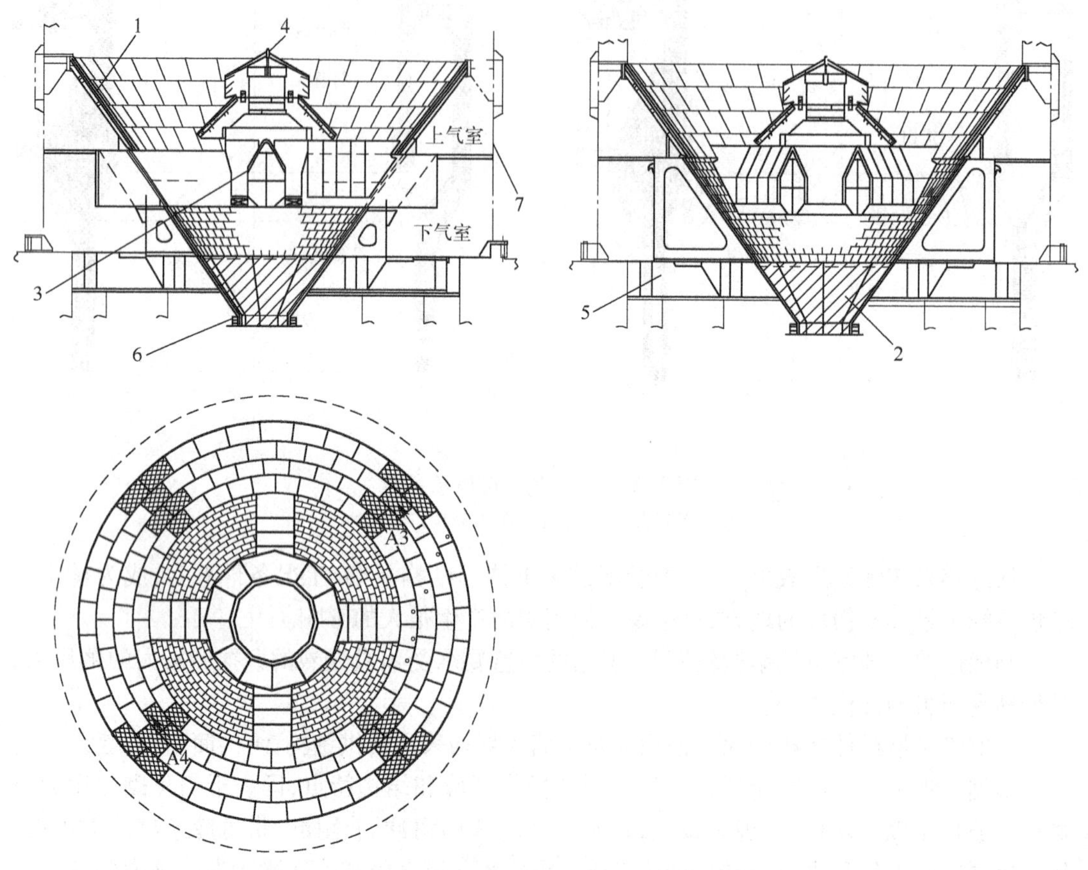

图7-2-23　供气装置结构图

1—上锥斗及其衬板；2—下锥斗及其衬板；3—十字风道及其衬板；4—中央风帽；5—下部台架；6—调节挡棒；7—干熄炉壳体

由锥体与干熄炉外壳组成的气体分配室被分成完全隔绝的上下两层，上层以周边风环的形式向锥斗的中部供风，下层向伸入炉内的水平十字风道供风。上下层气体流量的分配是由设置在干熄炉入口循环气体管路上的手动调节蝶阀来实现的。为了减少焦炭流动时对锥斗壁的磨损，依据不同部位焦炭的温度和焦炭流速，由上至下，锥斗壁分别衬以铸铁板、铸石板和耐磨铸铁板等。铸铁板采用沉头螺栓的形式固定在锥斗壁上。

中央风帽为伞形结构，由3层顶锥和下部大锥两部分组成。循环气体由伞檐下鼓入炉内与焦炭换热。与焦炭相接触的伞面铸铁板是用螺栓固定在下部钢结构架上。

风帽底下的中央进风道是由贯穿锥体的2条凸形十字气道组成。与锥体外围的下层气室相通的2条十字供气道在干熄炉中心汇集后，垂直向上给中央风帽供风。由于跨度大，受热作用力及焦炭的冲击力影响,水平气道需具有一定的支撑刚度,且外部覆以易于更换的鞍形铸铁板。周边风环设置在锥体的中部,靠近上层气体分配室的底部,是由上下两段锥体的套插檐形成的。

在供气装置底部直段的全圆周方向上设置挡棒装置,可调节周向焦炭的下落速度,使其均匀冷却。

锥斗外形尺寸较大,需解体运输、现场组装,安装时锥斗与干熄炉壳体间留有热膨胀间隙。

7.2.4 冷焦排出设备

干熄焦装置冷焦排出设备由排出装置及运焦带式输送机组成。

7.2.4.1 排出装置

排出装置位于干熄炉的底部,将干熄炉下部已冷却的焦炭连续密闭地排出。

排出装置由平板闸门、电磁振动给料器、补偿器、中间连接溜槽、旋转密封阀和排焦溜槽等设备组成的。排出装置的装配图如图7-2-24所示。

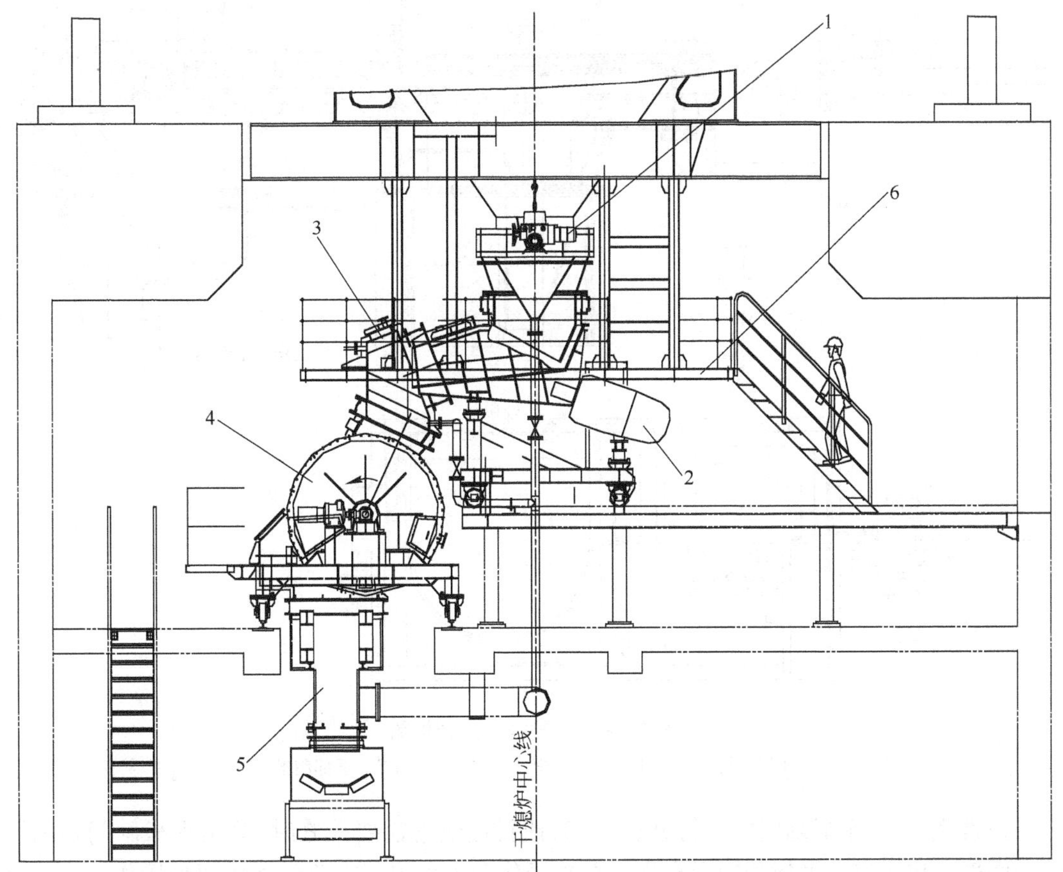

图7-2-24 排出装置装配图

1—平板闸门;2—电磁振动给料器;3—中间连接溜槽;4—旋转密封阀;5—排焦溜槽;6—平板闸门操作平台

干熄焦装置大型化后，排焦装置主要由电磁振动给料器和旋转密封阀组成，可以实现定量、连续、密封排焦，完全克服了过去间歇式排焦所带来的干熄炉操作压力不稳定的问题。这种连续排焦装置还具有结构简单、易于操作和维护、故障率低、高度降低等特点。

经干熄炉冷却后的焦炭由电磁振动给料器定量排出，送入旋转密封阀，通过旋转密封阀的旋转，在干熄炉内循环气体不向炉外泄漏的情况下，把焦炭连续地排出。连续定量排出的焦炭通过排焦溜槽送到带式输送机上输出。排出装置设有集尘管道，排焦时粉尘不外逸。为保障排出装置的正常工作，还设有空气、氮气管路。

A　平板闸门

平板闸门主要由闸门壳体、闸板、衬板、电动驱动装置、中部溜槽、下部溜槽以及灰斗排灰管等组成。平板闸门的结构如图 7-2-25 所示。电动驱动装置带有行程限位和过力矩保护装置，还设有手摇柄。平板闸门的内部通道衬有衬板，衬板材质为耐磨高铬铸铁。安装时平板闸门中各法兰、检修孔的密封面，紧固衬板用的螺栓、密封垫等需涂密封胶，以防止惰性气体外泄。

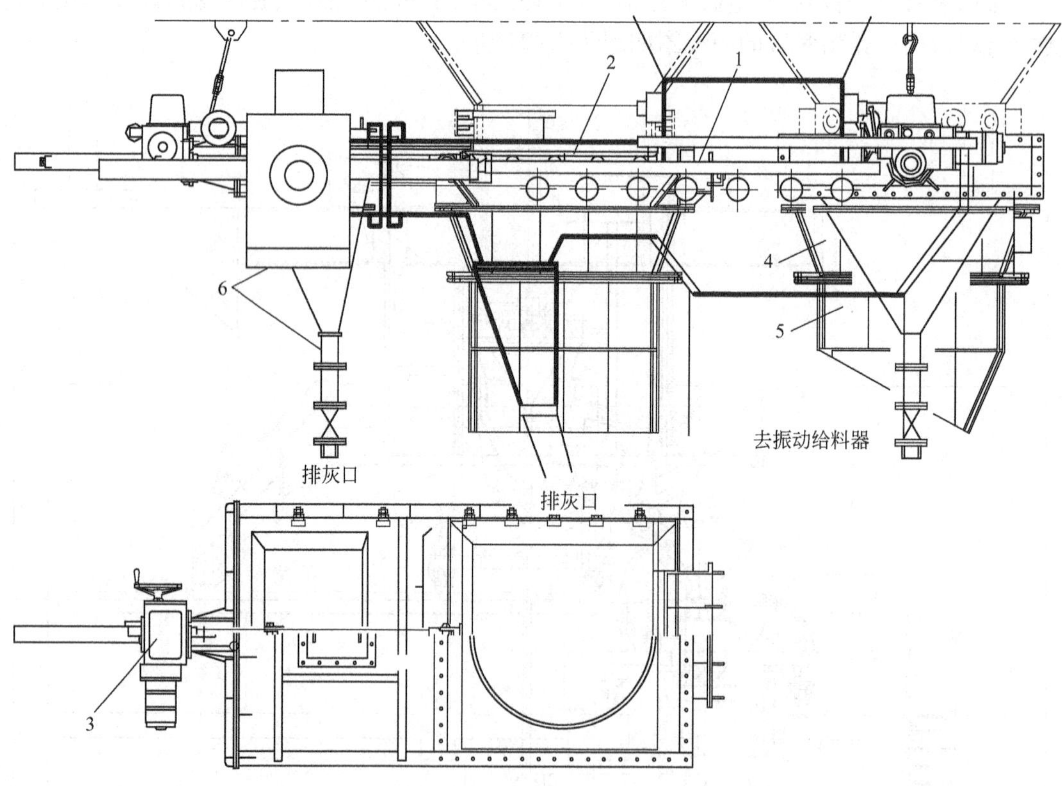

图 7-2-25　平板闸门结构图

1—闸门壳体；2—闸门及衬板；3—电动驱动装置；4—中部溜槽；5—下部溜槽；6—灰斗及排灰管

正常生产时，平板闸门完全打开；在年修或排出装置需要检修时，关闭平板闸门切断干熄炉底部的焦炭流。平板闸门设有现场单独操作和中央控制室单独操作两种操作方式。停电时，将驱动装置的转换开关由电动位置打到手动位置，可采用人工手摇操作打开或关闭闸门。

现国内几种干熄焦装置用平板闸门的主要技术规格见表 7-2-5。

表 7-2-5　国内几种干熄焦装置用排出装置主要技术规格

<table>
<tr><th>序号</th><th colspan="2">干熄焦装置处理能力/$t\cdot h^{-1}$</th><th>75</th><th>125</th><th>140</th><th>160</th><th>190</th></tr>
<tr><td rowspan="3">1</td><td rowspan="3">平板闸门</td><td>与干熄炉连接口直径/mm</td><td>ϕ1190(或ϕ1066/1166)</td><td colspan="2">ϕ1190(或ϕ1166)</td><td colspan="2">ϕ1190</td></tr>
<tr><td>闸板行程/mm</td><td>1190(或 1100/1130)</td><td colspan="2">1190(或 1130)</td><td colspan="2">1190</td></tr>
<tr><td>阀门驱动装置</td><td colspan="3">型号 SMC-2(或 SMC-1);功率 3(或 2.2) kW;允许推力 333(或 245) kN</td><td colspan="2">型号 SMC-2;功率 3 kW;允许推力 333 kN</td></tr>
<tr><td rowspan="5">2</td><td rowspan="5">电磁振动给料器</td><td>形式</td><td colspan="5">电磁振动给料器</td></tr>
<tr><td>排焦能力/$t\cdot h^{-1}$</td><td>20 ~ 85</td><td>90:30 ~ 100;
125:30 ~ 140</td><td>140:35 ~ 155;
150:35 ~ 165</td><td>160:40 ~ 175
180:40 ~ 190</td><td>40 ~ 190</td></tr>
<tr><td>功率/kV·A</td><td colspan="5">16 ~ 17.6</td></tr>
<tr><td>台车轨型及轨距</td><td colspan="5">轨型 30 kg/m,轨距 1144 mm</td></tr>
<tr><td>输入输出信号</td><td colspan="5">DC 4 ~ 20 mA</td></tr>
<tr><td rowspan="8">3</td><td rowspan="8">旋转密封阀</td><td>形式</td><td colspan="5">多格式旋转密封给料器</td></tr>
<tr><td>转筒尺寸(直径×宽)/mm</td><td>ϕ1800 × 1400</td><td colspan="4">ϕ2000 × 1340</td></tr>
<tr><td>叶片数量/枚</td><td colspan="5">12</td></tr>
<tr><td>转子转速/$r\cdot min^{-1}$</td><td colspan="5">2 ~ 7(或 5.3)</td></tr>
<tr><td>驱动电机功率/kW</td><td colspan="5">3.7 或 5.5</td></tr>
<tr><td>台车轨型及轨距</td><td colspan="5">轨型 30 kg/m,轨距 3000 mm 或 2750 mm</td></tr>
<tr><td>自动给脂装置</td><td colspan="5">形式:电动给脂泵;电机功率:0.1 或 0.2 kW;排出压力:20 MPa;排出量:30 mL/min 或 37 mL/min</td></tr>
<tr><td colspan="0" style="display:none"></td></tr>
<tr><td rowspan="2">4</td><td rowspan="2">排焦溜槽</td><td>形式</td><td colspan="5">单溜槽或双岔溜槽</td></tr>
<tr><td>双岔溜槽用驱动装置</td><td colspan="5">电动缸,功率:0.75 kW;推力:2000 N;速度:25 mm/s;行程:最大行程 700 mm</td></tr>
</table>

B　电磁振动给料器

电磁振动给料器分带外壳和不带外壳两种结构形式。

电磁振动给料器主要由料槽、电磁振动体、减振器、控制器、台车及入口、出口补偿器等组成。料槽向下倾斜,内侧衬有不锈钢衬板和高铬铸铁衬板。料槽外围设有密封罩,通过入口、出口的补偿器与上、下设备连接。电磁振动体向上倾斜,通过连接板与料槽相连。电磁振动体内设有振幅检测器。减振器采用四点弹簧支撑在台车上。为方便安装与检修,该振动给料器不设外壳,安装在一台可移动的台车上,检修时沿铺设的轨道推出。电磁振动给料器的结构如图 7-2-26 所示。

控制器安装在干熄焦中控室内,控制器的输入输出信号均为 DC 4 ~ 20 mA。在中控室内通过改变励磁电流的大小来改变振动给料器的振幅,调整焦炭的排出量。电磁振动给料器设有现场单独操作和中控室内 PLC 联动操作两种操作方式。

现国内几种干熄焦装置用电磁振动给料器的主要技术规格详见表 7-2-5。

C　旋转密封阀

旋转密封阀安装在电磁振动给料器的下游,把振动给料器定量排出的焦炭在密闭状态

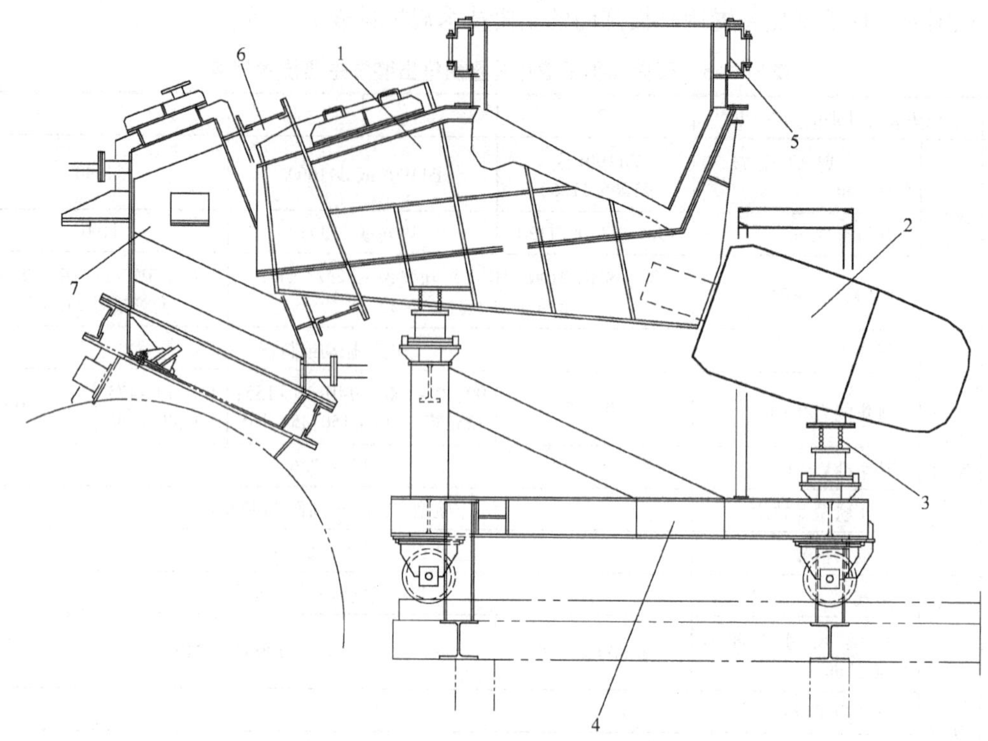

图 7-2-26　电磁振动给料器及中间连接溜槽结构图

1—料槽及衬板；2—电磁振动体；3—减震器；4—振动给料器台车；5—入口补偿器；6—出口补偿器；7—中间连接溜槽

下连续地排出。

旋转密封阀是一种带有密封性能的多格式旋转给料器，主要由阀体、驱动装置、移动台车、入口补偿器、出口补偿器、自动润滑装置等部分组成。旋转密封阀阀体固定在一台可移动的台车上，需要检修时，沿地面铺设的轨道推出外运检修。为了方便安装与检修，在旋转密封阀的上、下端设置了补偿器。旋转密封阀结构如图 7-2-27 所示。此外，在旋转密封阀与振动给料器之间还设有一个中间连接溜槽。

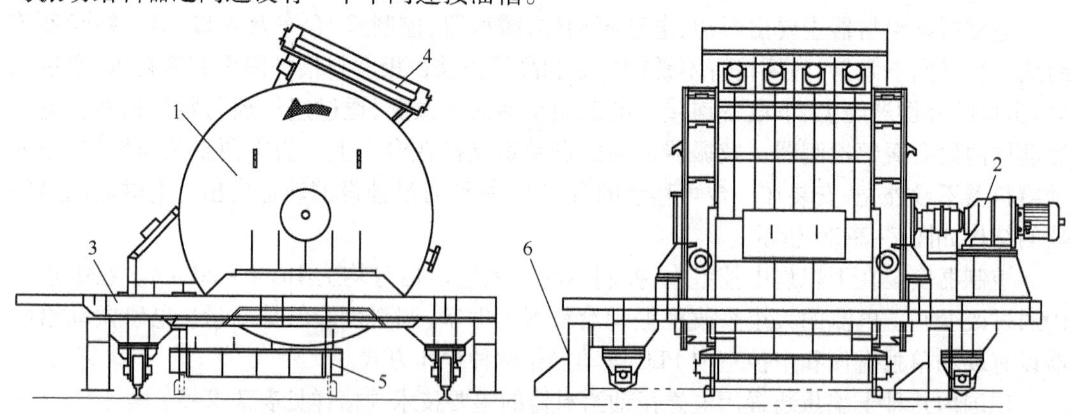

图 7-2-27　旋转密封阀结构

1—阀体；2—驱动装置；3—移动台车；4—入口补偿器；5—出口补偿器；6—止挡器

旋转密封阀阀体包括外壳体及壳体内衬板、两端密封腔、与主轴组成一体焊接式结构的转子、转子两侧面的密封装置、转子受料格中的耐磨衬板以及带有法兰的轴承座等。为了提高旋转密封阀的密封性能,有效地控制排焦时循环气体的外泄量,除阀体转子两侧面具有良好的密封性外,还要严格控制转子头部耐磨板与壳体内衬板之间的间隙在 2 mm 左右。同时,在旋转密封阀的两端密封腔内通入空气或氮气密封。为提高旋转密封阀的耐磨性,在旋转密封阀外壳体内侧、转子的顶部、转子受料格内表面均设有不同种类的耐磨衬板。旋转密封阀的入口处设有耐磨衬板,出口处设有内衬耐磨衬板的排料溜槽,为提高衬板的耐磨性,在排料溜槽中还设有“积窝”。

电机通过减速机联轴器驱动旋转密封阀的转子按规定的方向转动。正常操作时转子单向(正向)旋转,转子中的受料格在旋转密封阀的入口处接受焦炭,并按逆时针方向旋转至旋转密封阀的出口将焦炭排出。但在处理卡料事故时,现场操作盘上设有反向旋转功能(点动操作)。

自动给脂装置是旋转密封阀的附属设备,负责向旋转密封阀的轴承及两侧密封腔的各润滑点定时、定量地加注润滑脂,主要由给脂泵、换向阀、油箱和控制器等组成。自动给脂装置设有现场手动操作和中央自动操作两种操作方式。自动给脂装置与旋转密封阀同时启动,在旋转密封阀工作过程中,每隔一定时间自动启动一次。在安全保护方面设有过负荷、油位低下、给脂超时等报警信号。此外给脂间隔时间可人工按需要设定。

旋转密封阀有三种操作方式:一是现场手动操作;二是集中控制室内手动操作;三是集中控制室内 PLC 联动操作。设备调试和维护时采用现场手动操作方式,正常生产时采用集中控制室内 PLC 联动操作方式。

现国内几种干熄焦装置用旋转密封阀的主要技术规格详见表 7-2-5。

D 排焦溜槽

排焦溜槽是将旋转密封阀排出的焦炭送至带式输送机的设备。排焦溜槽有双叉溜槽和单叉溜槽两种形式。当干熄焦装置下配置 2 条带式输送机时,应采用双叉溜槽,通过双岔溜槽中挡板的切换,可将焦炭排放到指定的带式输送机上。

双岔溜槽是由溜槽本体、切换挡板、衬板、集尘接口以及落料调整板等组成。双岔溜槽结构示意图如图 7-2-28 所示。

切换挡板由电动缸驱动,挡板的切换一定要在焦炭停止排出的状态下进行,否则在切换挡板与止动块之间会咬入焦炭,损坏挡板。落料调整板可在带式输送机的宽度方向上移动位置,其作用是改变带式输送机上焦炭堆积山形峰的位置,使焦炭堆积的山形峰与胶带输送机的中心保持一致。

现国内几种干熄焦装置用排焦溜槽的主要技术规格详见表 7-2-2。

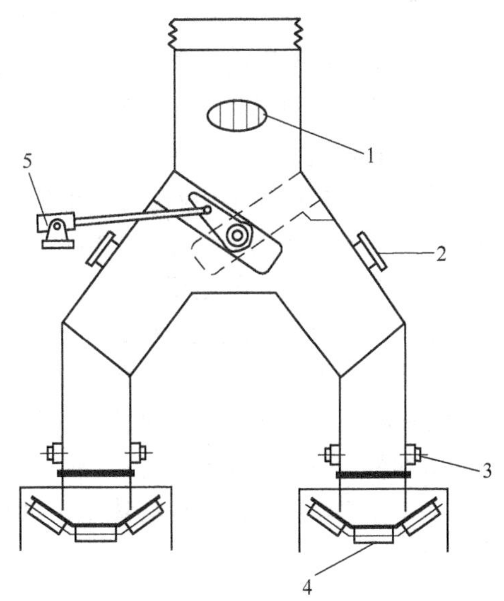

图 7-2-28 双叉溜槽结构示意图
1—观察孔;2—人孔;3—落料调整板;
4—运焦带式输送机;5—电动缸

E　空、氮气管路

正常生产时，旋转密封阀的两端密封腔需要通入空气（或氮气）进行密封。一般情况下，密封用空气（或氮气）由工厂供给的压缩空气（或氮气）减压后获得，如果工厂供给的压缩空气事故时中断供应，可改用氮气来代替；反之亦然。为此，在空气、氮气管道中设有切换用三通球阀。当干熄焦循环气体中可燃组分浓度超过安全范围时，还需对排出装置补充氮气，稀释系统内循环气体，防止可能产生的爆炸。当振动给料器设置外壳时，或者工厂无法确保连续供应压缩空气或氮气时，一般在空气、氮气管道中设置单独的吹扫风机（1 开 1 备），向排出装置供应冷却及密封用空气。

排出装置设有三种操作方式：一是现场手动操作；二是集中控制室内手动操作；三是集中控制室内 PLC 连动操作。设备调试和维护时采用现场手动操作方式，正常生产时采用集中控制室内 PLC 连动操作方式。排出装置自动运转程序如图 7-2-29 所示。

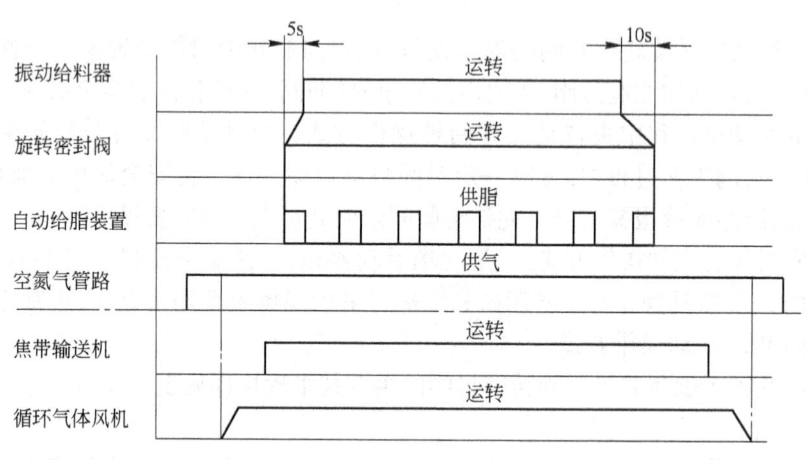

图 7-2-29　排出装置自动运转程序

7.2.4.2　运焦带式输送机

运焦带式输送机是将干熄焦装置冷却后的焦炭送往焦处理工段的设备。

运焦带式输送机设有电子皮带秤。电子皮带秤对焦炭进行连续称量，称量值与设定值的偏差值前馈给电磁振动给料器，将排焦量控制在稳定的设定值范围。电子皮带秤测得的焦炭排出量还参与干熄炉预存室的料位运算。

带式输送机中胶带的耐温等级应高于干熄焦装置排出焦炭的温度。此外，为防止事故时红焦温度过高烧坏带式运输机，在带式输送机的落料点后还设有辐射温度计和事故水喷淋系统。当辐射温度计检测到排出的焦炭温度超过设定的排焦温度上上限时，喷水装置启动，喷水降温，以防烧坏胶带。带式输送机的机头、机尾落料点设吸尘点，为安全正常运行还设有胶带纠偏装置及拉绳开关等。

当多个干熄炉处于同一中心线上且共用同一运焦系统时，应设置可互为备用的 2 条带式输送机。

7.2.5　气体循环设备

干熄焦气体循环系统布置在干熄炉中部环形气道出口与干熄炉下部供气装置入口之

间。主要设备有一次除尘器、二次除尘器、循环风机及热管换热器等。此外,在干熄炉与一次除尘器之间以及一次除尘器与干熄焦锅炉之间设有内衬耐火材料的高温补偿器,在循环气体管路的直管段上也设有多个补偿器;在风机入口侧的循环气体管路上设有温度、压力、流量的测量装置以及补充氮气装置、防爆装置;在风机出口侧循环气体管路上设有压力测量、流量调节装置以及补充氮气装置、循环气体成分自动分析仪;在干熄炉入口的循环气体管路上设有带涡轮减速机的手动翻板,以调节供气装置中央风帽和周边风环的送风比例。除上述设备外,气体循环系统还有空气导入系统、剩余气体放散系统、干熄炉旁通管、焦粉冷却装置及焦粉排出系统等。气体循环系统各设备应具有气密性好、耐磨性高、隔热性好、使用寿命长等特点。

7.2.5.1 一次除尘器

一次除尘器安装在干熄炉出口与干熄焦锅炉入口之间,是一个大型重力沉降槽式除尘装置,它可分为无挡墙的一次除尘器和有挡墙的一次除尘器两类。国内建设的大型干熄焦装置,一般均选用除尘效率高的带挡墙的一次除尘器。

一次除尘器主要由钢板制成的壳体、外部金属支撑构架和内部衬隔热性、耐磨性好的耐火材料砌体等组成。一次除尘器的前后通过高温补偿器分别与干熄炉出口和干熄焦锅炉的入口相连。除尘器下部底锥段出口被分隔成漏斗状,并与焦粉冷却装置相连接。一次除尘器上设有检修用人孔、温度测量装置、压力测量装置及放散装置等。一次除尘器及其附属结构的示意图如图 7-2-30 所示。

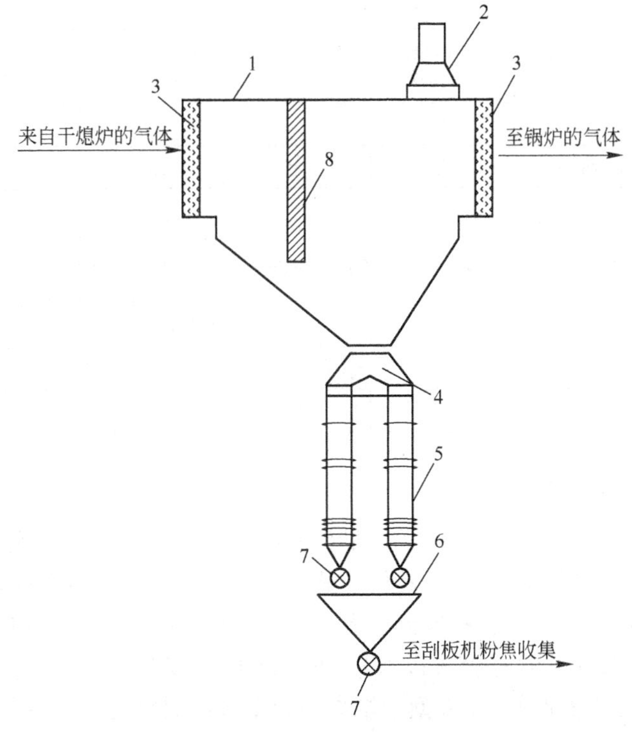

图 7-2-30 一次除尘器及其附属结构示意图

1—一次除尘器;2—一次除尘器放散装置;3—高温补偿器;4—叉形溜槽;5—焦粉冷却装置(水冷套管式);6—焦粉斗;7—电动格式排灰阀;8—一次除尘器挡墙

一次除尘器放散装置可作为气体循环系统事故状态下，特别是系统内氢气含量异常升高时的紧急放散口，也可作为烘炉时的空气吸入口，还可作为锅炉检修时的通风口。

焦粉冷却装置有两种结构形式：一种为水冷套管式；另一种为管壳换热器式。

水冷套管式焦粉冷却装置由 4 根水冷套管组成，通过溜槽与一次除尘器底部出口相连。每根套管内部分为三层：内层和外层筒通循环冷却水，中间层走焦粉，逆流换热。考虑到热膨胀，焦粉冷却套管一般倾斜布置，其下部设有由电机驱动的格式排灰阀、检修用手动插板、焦粉料斗和料位检测装置等组成的焦粉排出装置。也有部分中型干熄焦装置采用上、下 2 个电动球阀中间夹 1 个中间鼓的结构代替格式排灰阀的焦粉排出装置。

管壳换热器式焦粉冷却装置一般由 2 个管壳换热器组成，每个换热器通过补偿器与一次除尘器底部出口相连。每个换热器内设有多个带夹套的小管，管内走焦粉，管外夹套内走冷却水，逆流换热。带夹套的小管之间充以氮气。

国内几种干熄焦装置中一次除尘器主要技术规格见表 7-2-6。

表 7-2-6　国内几种干熄焦装置一次除尘器的主要技术规格

序号	干熄焦装置处理能力/$t \cdot h^{-1}$		75	125	140	160	190
1	工艺参数	最大气量/$m^3 \cdot h^{-1}$	107000 ~ 125000	127800 ~ 177500	198800 ~ 213000	227200	290000
		入口含尘量/$g \cdot m^{-3}$	11 ~ 13	12 ~ 18	12 ~ 18	12 ~ 18	12 ~ 18
		出口含尘量/$g \cdot m^{-3}$	≤8	≤10	≤10	≤10	≤10
2	尺寸	内部流通通道（宽×全高）/mm	5300×2288	5900×3824	6100×4136	6100×4760	7000×4338
		外形尺寸（长×宽×高）/mm	14950×6828×11878	10300×7528×14437	10310×7728×15185	10310×7728×17975	14561×8944×19819
3	结构及材质	挡墙	有	有	有	有	有
		下部底锥段小隔墙	有	无	无	无	无
		下部焦粉冷却装置的结构形式	4 根带三层夹套的冷却套管		4 根带三层夹套的冷却套管或多根套管组成的焦粉冷却装置	4 根带三层夹套的冷却套管	多根套管组成的焦粉冷却装置
		主要材质	外壳及支架：Q235-B；托砖板：0Cr19Ni9 及 0Cr25Ni20				
		质量/t	87	90.6	92.7 ~ 94	98.8	193

7.2.5.2　二次除尘器

二次除尘器安装在干熄焦锅炉之后、循环风机之前的循环气体管路上。用以降低循环气体中焦粉含量，减少对设备的磨损，延长后续设备如循环风机和换热器的使用寿命。

二次除尘器采用单管或多管旋风分离方式，将循环气体中的焦粉含量降至 1 g/m^3 以下（其中焦粉粒度≤0.25 mm 的占 95% 以上）。小型干熄焦装置多采用单管旋风式除尘器，两台对称布置于一次除尘器两侧，而大型干熄焦装置则采用效率更高的多管旋风式除尘器。

单管旋风式除尘器是细高型的，主要由附带进气口的上部圆筒外壳、下部的圆锥体灰斗及中央排气管等组成。外壳及下部锥体由钢板制成，内衬铸石板。基于施工方便及提高二次除尘器严密性的考虑，下部灰斗的铸石衬板采用在内外两层钢板间整体浇注，以提高其内壁的光滑程度，并可避免砌筑铸石板灰浆不耐磨，从而影响除尘器整体严密性。单管旋风二次除尘器的结构，如图7-2-31所示。

多管旋风式二次除尘器主要由多个单体旋风器、单体旋风器的固定板（包括下部旋风子固定板及上部导气管固定板）、除尘器外壳、下部灰斗及附属设备（主要包括防爆装置、入口变径异形管含气流分布板、出口变径异形管、除尘器支撑框架及除尘器本体检修用平台、梯子、栏杆等，还设有人孔、料位检测装置及掏灰孔等）构成。二次除尘器的下部设有焦粉排出装置。多管旋风二次除尘器的结构，如图7-2-32所示。

国内干熄焦装置中二次除尘器所使用的单体旋风器多为具有极高耐磨性的合金铸铁式单体旋风器，它主要由完全独立的三部分——旋风子、导气管及导向器组成，单体质量小，便于安装和更换；各部分间采用楔式固定的组合式装配，易于拆卸，可换性强。单体旋风器中的核心部件——旋风子及导向器，因采用含铬、钼、镍的耐磨合金铸铁制成，其硬度高，耐磨性好，并增加了易损部件的壁厚，故使用寿命长。为了延长二次除尘器整体寿命，还在除尘器入口几排导气管的外壁（或迎风面）、入口气流分布板以及入口变径异形管的顶部弯头以及除尘器的外壳内壁均采取了耐磨措施，以增强其耐磨性。

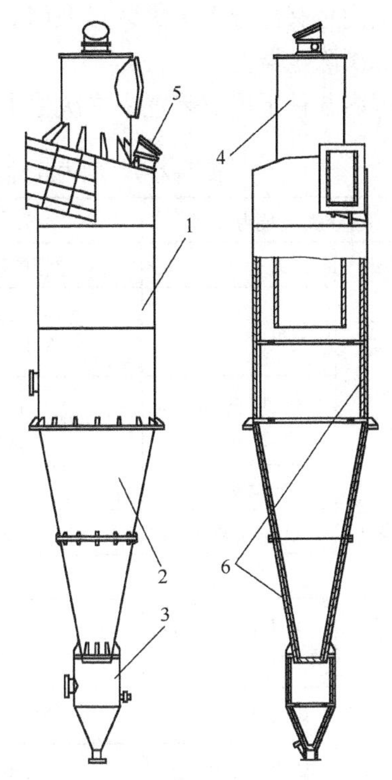

图7-2-31　单管旋风二次除尘器结构图

1—上部圆筒外壳（带进气口）；2—下部锥斗；3—底部灰斗；4—内筒（有排气口的中央排气管）；5—防爆装置；6—铸石板

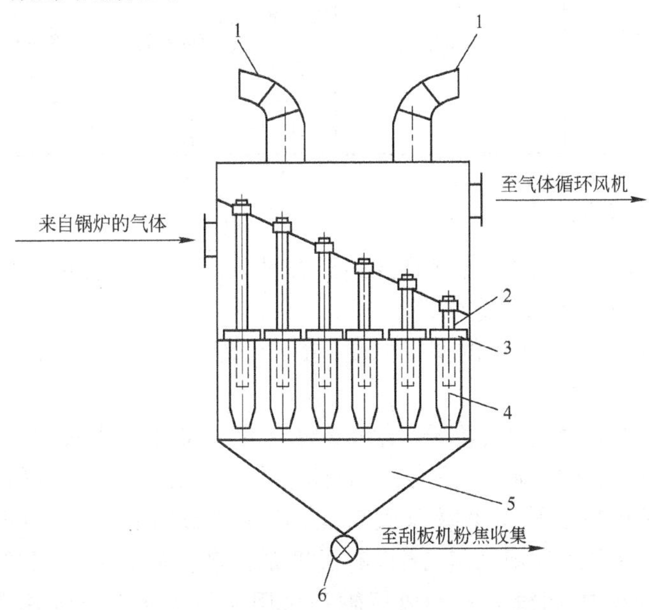

图7-2-32　多管旋风二次除尘器结构示意图

1—防爆装置；2—导气管；3—导向器；4—旋风子；5—储灰斗；6—格式排灰阀

国内也有部分干熄焦装置采用高温烧制陶瓷材料代替耐磨合金铸铁，组成陶瓷式多管旋风二次除尘器。

国内几种干熄焦装置中二次除尘器主要技术规格见表7-2-7。

表7-2-7 国内几种干熄焦装置中二次除尘器的主要技术规格

序号	干熄焦装置能力/$t \cdot h^{-1}$		75		125	140	160	190
1	工艺参数	形式	单管旋风式		轴流式多管旋风除尘器			
		数量	2台(左右型各1台)		1台(单级)			
		处理气量(标况)/$m^3 \cdot h^{-1}$	107000	125000(早期宝钢)	177500	198800	227200	290000
		气体温度/℃	160~180					
		入口含尘量/$g \cdot m^{-3}$	6~8		8~10			
		出口含尘量/$g \cdot m^{-3}$	<1(其中小于0.25 mm的粉尘占95%以上)					
		单体旋风器的数量/个			390	432	480	620
		阻力/Pa	1200~2000		≤1250			
		除尘效率/%	<90		≥92			
2	外形尺寸	长×宽×高/m	ϕ2.843×17.145(上部外径×高)		7.89×5.15×13.075	8.758×5.466×13.075	8.74×6.05×13.35	9.943×6.892×13.8
3	主要部件材质	外壳及灰斗	Q235-B		Q235-B			
		单体旋风器	内衬铸石板		旋风子及导向器:含铬、钼、镍的耐磨合金铸件(或高温陶瓷);导气管:20; 入口导气管保护:第一排V形角钢保护,前三排外表面热喷涂含铬耐磨涂层			
		耐磨内衬			耐磨防腐内衬			

7.2.5.3 循环风机

循环风机安装在二次除尘器与热管换热器之间，循环风机主要由风机本体、电机、调速系统、入口电动挡板及检测系统等组成。

为了节能，以及开工、停炉时的调节方便，循环风机一般采用变频调速或液力耦合器等速度调节装置来调节流量。

风机本体是由外壳及衬板、转子、轴承等组成的。风机壳体采用水平剖分的焊接结构，便于转子及内部衬板的维修与更换。壳体上设有人孔，底部设有排水口。壳体外壁设有隔音材料。风机转子采用单级双吸口式，叶片多采用后弯式，叶片上堆焊耐磨层。风机轴承设有空冷或水冷冷却系统，还设有温度及振动检测元件。风机轴承多采用油池润滑，也有采用油站集中润滑方式。风机轴头采用充氮密封。干熄焦循环风机外形，如图7-2-33所示。

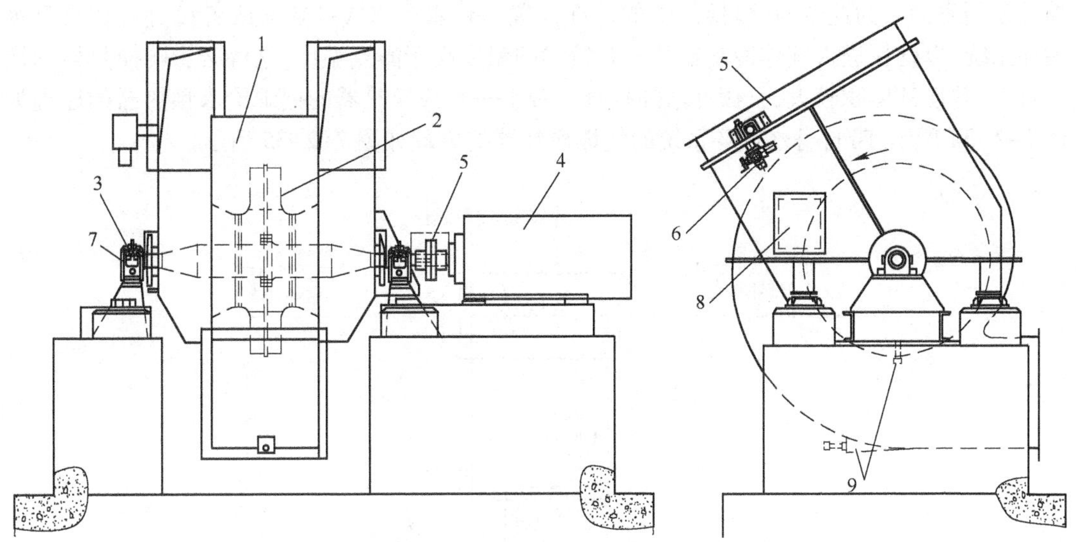

图 7-2-33 干熄焦循环风机外形图

1—风机壳体及衬板；2—转子；3—轴承；4—电机；5—入口电动挡板；6—入口挡板电动执行机构；7—检测系统；8—检查用人孔；9—排水口

国内几种干熄焦装置中循环风机的主要技术规格见表 7-2-8。

表 7-2-8 国内几种干熄焦装置循环风机的主要技术规格

序号	干熄焦装置处理能力/$t \cdot h^{-1}$	75		125	140	160	190
1	形式	双吸双支撑单级离心风机					
2	风机风量/$m^3 \cdot h^{-1}$	107000	125000（早期宝钢）	178000	199000	227200	290000
3	入口气体温度/℃	155 ~ 175				150 ~ 170	
4	风机总升压/Pa	9.7	9	11	11	13.5	14
5	吸入口压力/Pa	-3.6	-3.5	-4.1	-4.1	-4.8	-5.3
6	吐出口压力/Pa	6.1	5.5	6.9	6.9	8.7	8.7
7	风机本体耐热温度/℃	250					
8	风机转速/$r \cdot min^{-1}$	1500	1480	1495	1500	1495	1500
9	风机流量调节方式	变频调速或液力耦合器（流量调节范围 25% ~100%）；风机入口挡板或前导向					
10	调速方式	变频调速或液力耦合器调速					
11	风机用电动机功率/kW	600 ~ 750	780 ~ 990	1250	1400 ~ 1500	1930	2700

注：当干熄焦装置用于大气压较低地区，如攀钢等地，应将风机压头及配套电机功率适当提高。

7.2.5.4 热管换热器

国内外的大型干熄焦装置为强化干熄炉的换热效果，措施之一是用低温的锅炉给水与循环气体进行换热，以降低干熄炉入口的循环气体温度。同时用从循环气体中回收的热量加热锅炉给水，节约除氧器的蒸汽耗量，从而节约整个干熄焦装置的能耗。

以前，锅炉给水与循环气体间的这种换热多采用蛇管间壁式结构的锅炉给水预热器（或气体冷却器）：管内走水，管外为循环气体。因通常锅炉给水的温度较低，在换热管外壁容易结露，循环气体中含有的少量硫化物及氯化物将对换热管形成露点腐蚀，从而大大缩短换热器的使用寿命。为此，需在该换热器的外部设置一台水—水式换热器或者设置一套自身水循环系统，以确保进入气体冷却器的锅炉给水的温度高于露点温度，这势必影响换热器的换热效果，并使其体积较大，且额外增加投资。带水—水式换热器的锅炉给水预热器的原理如图 7-2-34 所示；带自身水循环系统的气体冷却器的原理如图 7-2-35 所示。

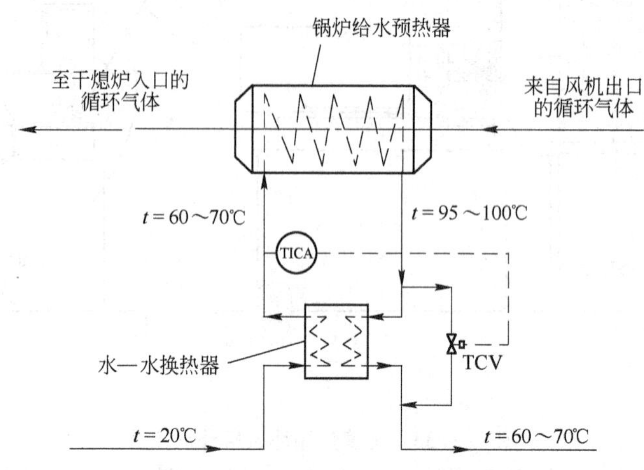

图 7-2-34　锅炉给水预热器原理图

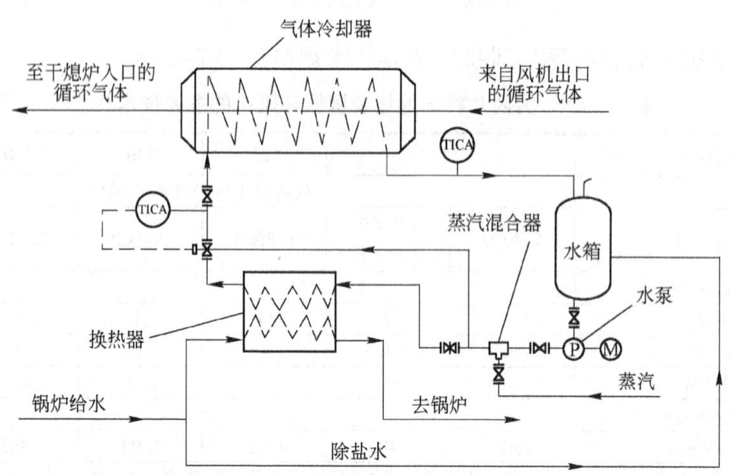

图 7-2-35　气体冷却器原理图

为避免换热器内换热管的外壁发生腐蚀，影响换热器的使用寿命，国内自主开发出应用于干熄焦工艺的高效热管换热器。热管换热器内设有多个热管。热管传热的原理是：热管的一端为蒸发段，置于高温侧——流动的循环气体中；另一端为冷凝段，置于低温侧——流动的锅炉给水中。当热管的蒸发段从循环气体中吸热时，热量经管壁传到管内工质中，工质便迅速汽化、蒸发。再借助压差，使工质蒸汽经热管的中心通道迅速传到冷凝段，在此蒸汽凝缩成液体，释放出潜能，并通过管壁将热量传递给外部的锅炉给水。在重力作用下，液态工质回流到蒸发段。通过这种“蒸发—传输—冷凝”的反复循环，将热量从循环气体中传输至锅炉给水。因为热管的这种特殊结构，使得低温的锅炉给水与高温的循环气体不存在间壁式接触，可完全避免上述露点腐蚀的发生，并可取消气体冷却器外的水—水式换热器或者自身水循环系统,从而提高了换热器的效率,并节省了建设投资。

热管换热器主要由内部热管(多个)、热管套管、外壳及其加强筋、人孔、支座及水侧管路上的管件等组成。热管换热器的结构如图7-2-36所示。

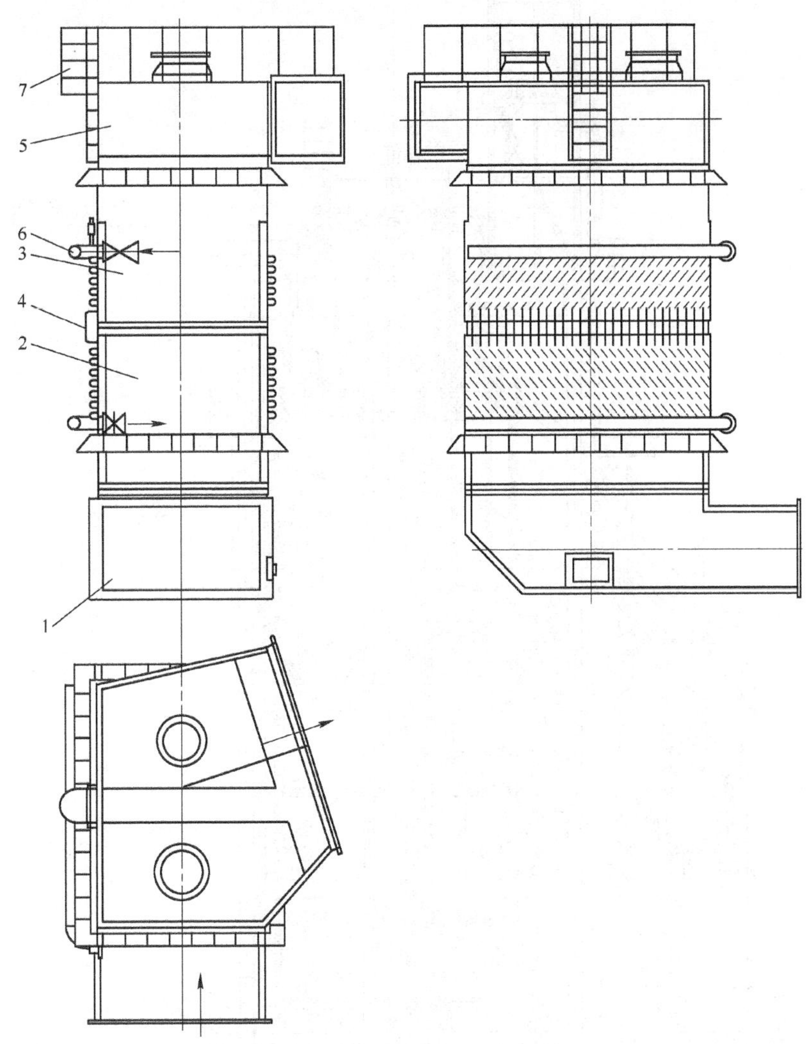

图7-2-36　热管换热器结构图

1—下部进气室;2—换热管箱(一);3—换热管箱(二);4—连接弯管;5—上部排气室;6—水侧管路管件;7—检修用梯子和栏杆

7.2.6　干熄焦锅炉

7.2.6.1　干熄焦锅炉的结构

A　总体结构

国内外在余热利用技术的发展过程中,研制成功了各种形式的余热锅炉,但从总体结构情况分析,基本上可分为两种形式,即多烟道式和直通式。直通式余热锅炉是19世纪70年代才发展起来的,在烟气及烟尘条件特别恶劣的情况下,它有较强的适应性。因此,根据流经干熄焦锅炉的循环气体特点,目前国内外生产的干熄焦锅炉普遍采用上进下出直通式结构形式。图7-2-37为140 t/h干熄焦装置所配置的干熄焦锅炉立面图。

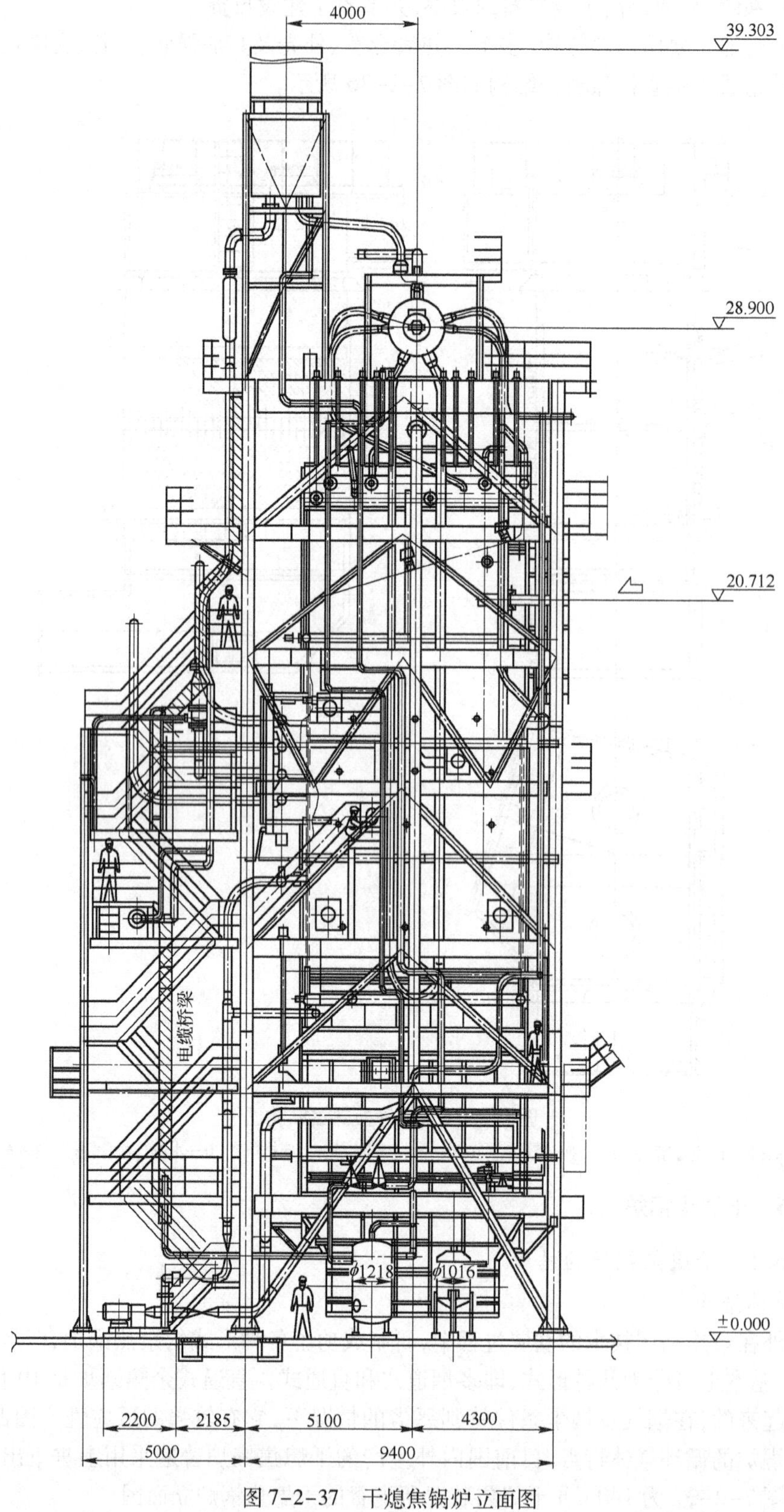

图 7-2-37 干熄焦锅炉立面图

在消化引进国外技术的基础上，目前国内自行生产并在2000年以后投入使用的干熄焦锅炉，其锅炉四壁全部采用膜式水冷壁结构，而锅炉本体的支承形式则分为两种。一种是悬吊式构架形式，锅炉本体支吊在锅炉顶部钢结构的大板梁上，其整体可以自由往下膨胀。循环气体从上部水平引入锅炉，然后垂直向下先后流经二级过热器、一级过热器、光管蒸发器、鳍片蒸发器、省煤器，最后从锅炉底部排出。另一种是支承式构架形式，它是以支承方式来支承锅炉各主要部件的，整体膨胀向上。循环气体流向等同于悬吊式构架形式。

B 结构设计的特殊要求

a 密封性能的要求

要保证干熄焦系统正常安全的运行，必须有效地控制循环气体中可燃成分的浓度。由于干熄焦锅炉完全处于循环气体系统中的负压段运行，很容易漏入空气而导致可燃气体在实际运行中逐步增加，给系统的安全运行带来影响，同时还会造成焦炭的烧损。因此应提高对锅炉密封性的要求，一般要求其漏风系数不超过1%。要达到这一标准，锅炉内外护板处、锅炉穿墙管处及锅炉本体各门、孔处，在其结构设计中均应采取有效的密封措施。实际操作运行过程中也应注意使其处于完好的密封状态。

b 耐磨性能的要求

干熄焦锅炉入口的循环气体含尘浓度一般为8~12 g/m^3，焦尘粒度组成参见表7-2-9。

表7-2-9 焦尘粒度组成

粒度/mm	<0.063	0.063~0.125	0.125~0.25	0.25~0.5	0.5~1.0	1.0~2.83
比例/%	20.22	23.00	33.20	20.50	2.80	0.50

含有上述焦尘粒子的循环气体气流，会对干熄焦锅炉的烟气进口处膜式水冷壁迎风面、二次过热器的上部位、吊顶管束及管束转弯处等部位产生较严重的磨损，因此在锅炉的结构设计中必须采取防磨措施。如用耐高温不锈钢包住水冷壁烟气进口、二次过热器采用超声速喷涂、吊顶管采用夹套管及超声速喷涂、管束弯头采用防磨挡板等措施。

c 锅炉整体设计膨胀的合理性要求

由于组成干熄焦锅炉的大部分主要构件均直接与高温循环气体接触，因此，保证锅炉整体设计膨胀的合理性，不仅是对干熄焦锅炉密封性能要求的重要保证条件，同时，也是防止锅炉各主要构件及与之相连接的管道（如过热器进出口管道、上升管、下降管等）在热态运行时管系应力产生变化，导致爆管等事故发生的关键。

目前，干熄焦锅炉的制造厂根据自身锅炉的结构特点，均采取加装本体膨胀节及管道悬吊装置等措施来解决其膨胀问题。

d 安全阀整定压力的确定

由于焦炭是间歇装入干熄炉预存段的，故会使进入干熄焦锅炉的循环气体参数产生变化，因而会导致干熄焦锅炉出口的蒸汽压力产生波动。因此，适当提高干熄焦锅炉过热器出口的主蒸汽压力，并按此对安全阀的工作压力进行整定，是避免安全阀频繁起跳的重要措施。一般情况下，对中压干熄焦锅炉是以锅炉出口主蒸汽调节阀的阀后压力（实际供气压力）作为基准压力，加0.5 MPa后作为过热器安全阀的整定压力。如中压干熄焦锅炉主蒸汽调节阀的阀后实际供气压力为3.82 MPa，则过热器安全阀的整定压力为4.32 MPa，干熄焦锅炉额定工作压力（过热器出口）则为4.14 MPa。对高压干熄焦锅炉，则直接加0.5 MPa作为调节阀前即干熄焦锅炉的额定工作压力，按此推算安全阀的整定压力。

7.2.6.2　干熄焦锅炉的本体布置方式

我国地域辽阔，南北气候条件相差悬殊，针对不同的地区，对干熄焦锅炉本体应采取不同的布置方式。如在我国南方非严寒地区一般采取全露天或全露天但在炉顶加防雨、防冻小室的布置方式。而在我国北方严寒地区的焦化厂，则采取紧身封闭，即全封闭的布置方式。如鞍钢、本钢焦化厂的干熄焦锅炉就是采取紧身封闭布置方式。对非严寒地区的划定界限为累年最冷月平均温度高于 -10℃的地区。

7.2.6.3　干熄焦锅炉的循环方式

一般余热锅炉的锅水循环方式有自然循环、强制循环和自然循环与强制循环相结合三种循环方式。

根据调查，我国目前已实施的干熄焦项目的干熄焦锅炉普遍采用自然循环与强制循环相结合的循环方式。此种循环方式在干熄焦锅炉的锅筒和蒸发器之间装有强制循环水泵，一部分炉水由下降管经强制循环水泵提高循环回路的压头打入蒸发器，饱和水在蒸发器内加热汽化，汽水混合物在热压和强制循环水泵的压力作用下进入锅筒；另一部分炉水仍由下降管进入膜式水冷壁吸热后在热压的作用下进入锅筒。与自然循环方式相比较，该循环方式具有锅炉汽包容积较小，水冷壁管径小，循环系统质量轻、循环倍率低，水动力安全可靠，启动和停炉速度快，适应能力强，锅炉体积显著减小等明显的优点。采用强制循环与自然循环相结合的方式，干熄焦锅炉循环气体入口标高与一次除尘器出口标高较为一致，易于调整，可保证循环气体流通顺畅，特别适于干熄焦装置的实际应用。其缺点是强制循环水泵需耗电。以 140 t/h 干熄焦装置所配中压干熄焦锅炉为例，其强制循环水泵电机功率为75 kW，使运行成本增加。而且强制循环水泵目前普遍采用进口设备，其价格较为昂贵。

自然循环方式虽有运行节电的明显优点，但由于锅炉结构尺寸相对较大，受工艺布置等方面的条件限制，实施起来困难，故目前国内外采用较少。但随着干熄焦装置的进一步大型化，可考虑此种循环方式的采用。

单一的强制循环方式因耗电大、运行费用高，目前国内外尚无采用此种运行方式的实例。

7.2.6.4　干熄焦锅炉额定蒸汽参数的选择

A　额定蒸汽压力与温度的选择

目前国内外已投产运行的干熄焦装置的干熄焦锅炉所产蒸汽普遍用于供汽轮机发电。基于国产化的原则，干熄焦锅炉的额定蒸汽压力与温度，一般情况下与我国中小电站锅炉的出口参数和为之配套的国产汽轮机进口参数相吻合。我国中小电站锅炉的出口蒸汽参数与汽轮机进口蒸汽参数关系见表 7-2-10。

表 7-2-10　中小电站锅炉蒸汽出口参数与汽轮机进口蒸汽参数表

压力等级	锅炉额定参数		汽轮机额定初参数		汽轮机初参数波动值	
	压力/MPa	温度/℃	压力/MPa	温度/℃	压力/MPa	温度/℃
次中压	2.45	400	2.35	390	2.15～2.55	370～400
中压	3.82	450	3.43	435	3.14～3.63	420～445
次高压	5.29～6.27	450～485	4.9～5.88	435～470	4.6～6.08	420～480
高压	9.81	540	8.83	535	8.34～9.32	525～540

截至2008年8月的统计,我国在建和已投产的干熄焦装置共125套,其中已投产60套。所配套的干熄焦锅炉大多数为中压参数,少数为次高压和高压参数。其原因主要是对应于次高压和高压参数国产化系列,锅炉的产汽量和汽轮机的进汽量均较大,而中小型干熄焦装置配套的干熄焦锅炉相对产汽量较少,当锅炉采用次高压和高压参数时,造成配套设备及附属设备选择困难。同时工程的一次性投资也相对较高。但是,选择的压力等级越高,其经济性就越好。因此,有条件的企业,如当干熄焦锅炉产汽可以送临近的电厂发电,且电厂汽轮机的进汽就是次高压和高压参数时,干熄焦锅炉的压力等级就可以确定为次高压和高压参数。同时相对于较大型的干熄焦项目也可以考虑高参数炉机的采用。总之,应针对具体项目,结合企业自身的情况,近期、远期建设统一规划,并经技术经济比较后确定。

B 干熄焦锅炉额定蒸发量的确定

在干法熄焦惰性循环气体的循环过程中,经一次除尘器进入干熄焦锅炉入口的循环气体温度约900~980℃,其热量被锅炉吸收后,锅炉给水转化为蒸汽,循环气体温度降至约160~180℃,排出锅炉,然后通过二次除尘器、循环风机、热管换热器降至130℃,再次进入干熄炉冷却赤热焦炭,如此周而复始的进行循环。在完成此循环的过程中,人们习惯上以焦汽比衡量锅炉的产汽能力,并认为焦汽比在0.5~0.6 t/t(汽/焦)的范围内产汽量越多越好。而实际上在给定的循环气体参数(气量、温度、成分)和蒸汽参数(温度、压力)条件下,完全可以计算出锅炉的产汽量。若实际操作干熄焦系统漏入空气量过大,焦炭烧损,导致焦汽比上升,显然是不正常的。因此,干熄焦锅炉的蒸发量应经详细计算并验证后,作为工厂管理制定考核条件的依据。干熄焦锅炉蒸发量的具体计算方法和步骤,可按干熄焦工艺系统给定的已知条件或实测条件,参照《余热锅炉设计与运行》等有关资料进行。现将常用的三种不同干熄炉所配干熄焦锅炉蒸发量的计算结果列入表7-2-11,供参考。

表7-2-11 干熄焦锅炉蒸发量表

干熄焦锅炉所产蒸汽的压力和温度值	125 t/h干熄炉所配置的干熄焦锅炉蒸发量/$t \cdot h^{-1}$		140 t/h干熄炉所配置的干熄焦锅炉蒸发量/$t \cdot h^{-1}$	
	正常值	最大值	正常值	最大值
3.82 MPa, 450℃	65	72	73	80
5.29 MPa, 485℃	63	70	72	79
9.81 MPa, 540℃	62	68	70	77

注:表中数值最大值是按吨焦循环气体量为1420 m^3/h(标态)计算的,为正常值的1.1倍。锅炉循环气体入口温度为920℃、出口温度为165℃;锅炉散热率及锅炉排污率均取2%;锅炉给水温度为104℃。

7.2.7 干熄焦锅炉的给水处理

根据干熄焦锅炉蒸汽的参数等级和本体结构特点以及所配汽轮发电机组对蒸汽品质的要求,向干熄焦锅炉提供符合质量标准的给水是保证干熄焦热力系统安全经济运行的重要前提条件。其具体的水汽指标应遵照《火力发电机组及蒸汽动力设备水汽质量》(GB/T 12145—2008)及锅炉制造厂提供的相关标准执行。

7.2.7.1　水汽质量标准

A　蒸汽质量标准

汽包炉的饱和蒸汽和过热蒸汽质量以及直流炉的主蒸汽质量应符合表 7–2–12 的规定。

表 7–2–12　蒸汽质量

过热蒸汽压力/MPa	钠/μg·kg^{-1}		氢电导率(25℃)/μS·cm^{-1}		二氧化硅/μg·kg^{-1}		铁/μg·kg^{-1}		铜/μg·kg^{-1}	
	标准值	期望值	标准值	期望值	标准值	期望值	标准值	期望值	标准值	期望值
3.8～5.8	≤15		≤0.30		≤20		≤20		≤5	
5.9～15.6	≤5	≤2	≤0.15①	≤0.10①	≤20	≤10	≤15	≤10	≤3	≤2
15.7～18.3	≤5	≤2	≤0.15①	≤0.10①	≤20	≤10	≤10	≤5	≤3	≤2
>18.3	≤3	≤2	≤0.15	≤0.10	≤10	≤5	≤5	≤3	≤2	≤1

① 没有凝结水精处理除盐装置的机组，蒸汽的氢电导率标准值不大于 0.30 μS/cm，期望值不大于 0.15 μS/cm。

锅炉启动后，并汽或汽轮机冲转前的蒸汽质量可参照表 7–2–13 的规定控制，并在机组并网后 8 h 内达到表 7–2–12 的标准值。

表 7–2–13　汽轮机冲转前的蒸汽质量

炉　型	锅炉过热蒸汽压力/MPa	氢电导率(25℃)/μS·cm^{-1}	二氧化硅	铁	铜	钠
			μg/kg			
汽包炉	3.8～5.8	≤3.00	≤80	—	—	≤50
	>5.8	≤1.00	≤60	≤50	≤15	≤20
直流炉		≤0.50	≤30	≤50	≤15	≤20

B　锅炉给水质量标准

给水的硬度、溶解氧、铁、铜、钠、二氧化碳的含量和氢电导率应符合表 7–2–14 的规定。

表 7–2–14　锅炉给水质量

炉型	过热蒸汽压力/MPa	氢电导率(25℃)/μS·cm^{-1}		硬度/μmol·L^{-1}	溶解氧	铁		铜		钠		二氧化硅	
					μg/L								
		标准值	期望值		标准值	标准值	期望值	标准值	期望值	标准值	期望值	标准值	期望值
汽包炉	3.8～5.8			≤2.0	≤15	≤50		≤10				应保证蒸汽二氧化硅符合标准	
	5.9～12.6	≤0.30			≤7	≤30		≤5					
	12.7～15.6	≤0.30			≤7	≤20		≤5					
	>15.6	≤0.15①	≤0.10		≤7	≤15	≤10	≤3	≤2			≤20	≤10
直流炉	5.9～18.3	≤0.15	≤0.10		≤7	≤10	≤5	≤3	≤2	≤5	≤2	≤15	≤10
	>18.3	≤0.15	≤0.10		≤7	≤5	≤3	≤2	≤1	≤3	≤2	≤10	≤5

① 没有凝结水精处理除盐装置的机组，给水氢电导率标准值不大于 0.30 μS/cm。

液态排渣炉和原设计为燃油的锅炉，其给水的硬度和铁、铜的含量应符合比其压力高一级锅炉的规定。

锅炉启动时，给水质量应符合表7-2-15的规定，在热启动时2 h内、冷启动时8 h内应达到表7-2-14的标准值。

表7-2-15 锅炉启动时给水质量

炉 型	锅炉过热蒸汽压力/MPa	硬度/μmol·L^{-1}	氢电导率(25℃)/μS·cm^{-1}	铁	溶解氧	二氧化硅
				μg/L		
汽包炉	3.8~5.8	≤10.0		≤150	≤50	
	5.9~12.6	≤5.0		≤100	≤40	
	>12.6	≤5.0	≤1.00	≤75	≤30	≤80
直流炉		≈0	≤0.50	≤50	≤30	≤30

全挥发处理给水的pH值、联氨和总有机碳(TOC)应符合表7-2-16的规定。

表7-2-16 给水的pH值、联氨和TOC标准

炉 型	锅炉过热蒸汽压力/MPa	pH值(25℃)	联氨/μg·L^{-1}	油/μg·L^{-1}
汽包炉	3.8~5.8	8.8~9.3		
	5.9~15.6	8.8~9.3(有铜给水系统)或9.2~9.6①(无铜给水系统)	≤30	≤500②
	>15.6			≤200②
直流炉	>5.9			≤200

① 对于凝汽器管为铜管、其他换热器管均为钢管的机组，给水pH值控制范围为9.1~9.4；

② 必要时监测。

C 减温水质量标准

锅炉蒸汽采用混合减温时，其减温水质量应保证减温后蒸汽中的钠、二氧化硅和金属氧化物的含量符合蒸汽质量标准(见表7-2-12和表7-2-13)的规定。

干熄焦锅炉根据其运行特点，其所产蒸汽普遍采用混合减温方式。同时，其减温水均与锅炉给水采用同一路水质的给水。因此，其给水指标需同时满足锅炉给水和减温水的要求。

在标准的实际执行过程中，对于过热蒸汽压力为3.8~12.6 MPa的干熄焦锅炉，制造厂借鉴国外引进项目对同等压力和使用条件下干熄焦锅炉的给水指标，要求将硬度指标由表7-2-14规定的不大于2.0 μmol/L提高到约0 μmol/L，将电导率指标由表7-2-14规定的无要求提高到不大于0.50 μS/cm，其他指标未改变。目前国内所实施的干熄焦项目大部分按此条件执行。

7.2.7.2 原水水质分析

原水的成分是确定适宜的水处理方案、选择合理的水处理流程、采用适当的化学药剂、进行水处理设备计算和选择的重要基础资料。因此，不论是在设计前作为确定水处理方案的依据，还是作为投产后制定操作制度的依据，均必须取得原水水质的全分析资料。原水水质分析项目见表7-2-17。

表 7-2-17 原水水质分析项目表

项目	符号	单位	数值	项目	符号	单位	数值
温度		℃		重碳酸根	HCO_3^-	mg/L	
色度		度		碳酸根	CO_3^{2-}	mg/L	
pH 值				硝酸根	NO_3^-	mg/L	
透明度		cm		亚硝酸根	NO_2^-	mg/L	
悬浮固形物	XG	mg/L		硫酸根	SO_4^{2-}	mg/L	
总固体(103℃)		mg/L		钙硬度	H_{Ca}	mmol/L	
溶解固形物	RG	mg/L		镁硬度	H_{Mg}	mmol/L	
固体残渣		mg/L		酸度		mmol/L	
灼烧减量	SG	mg/L		甲基橙碱度		mmol/L	
总硬度	H_0	mmol/L		酚酞碱度		mmol/L	
碳酸盐硬度	H_x	mmol/L		铵	NH_4	mg/L	
非碳酸盐硬度	H_y	mmol/L		溶解氧	O_2	mg/L	
负硬度		mmol/L		游离 CO_2	CO_2	mg/L	
余氯	Cl_2	mg/L		亚硫酸根	SO_3^{2-}	mg/L	
钾	K^+	mg/L		磷酸盐		mg/L	
钠	Na^+	mg/L		硫化物	S	mg/L	
钙	Ca^{2+}	mg/L		耗氧量(锰法)		mg/L	
镁	Mg^{2+}	mg/L		油和脂		mg/L	
总铁	TFe	mg/L		二氧化硅	SiO_2	mg/L	
锰	Mn^{2+}	mg/L		电导率		μS/cm	
氯离子	Cl^-	mg/L					

注：1. 分析报告需注明分析结果是如何计算的，如钙的含量需注明以钙离子计还是以 $CaCO_3$ 计；

2. 色度通常采用铂钴标准；透明度需注明测定方法；二氧化硅指过滤水样中全硅含量。

7.2.7.3 水质分析资料的校核计算

A 阳、阴离子体积摩尔浓度总和校核

阳、阴离子体积摩尔浓度总和应相等，即 $\sum C = \sum A$。

$$\sum C = \frac{\rho(K^+)}{39.10} + \frac{\rho(Na^+)}{22.99} + \frac{\rho(Ca^{2+})}{20.04} + \frac{\rho(Mg^{2+})}{12.15} + \frac{\rho(NH_4^+)}{18.08} + \frac{\rho(Fe^{2+})}{27.92} + \frac{\rho(Fe^{3+})}{18.62} + \frac{\rho(Al^{3+})}{8.99} + \frac{\rho(Mn^{2+})}{27.24} + \cdots$$

$$\sum A = \frac{\rho(HCO_3^-)}{61.02} + \frac{\rho(CO_3^{2-})}{30.01} + \frac{\rho(SO_4^{2-})}{48.03} + \frac{\rho(Cl^-)}{35.45} + \frac{\rho(NO_3^-)}{62.01} + \frac{\rho(NO_2^-)}{46.01} + \cdots$$

式中 $\rho(K^+)$，$\rho(Na^+)$，$\rho(HCO_3^-)$，$\rho(CO_3^{2-})$，…——原水中各离子的质量浓度，mg/L；

$\sum C$——原水中阳离子体积摩尔浓度之和，mmol/L；

$\sum A$——原水中阴离子体积摩尔浓度之和，mmol/L；

39.10，22.99，61.02，30.01，…——相应离子的摩尔质量，mg/mmol。

允许误差：

$$\delta = \frac{\sum C - \sum A}{\sum C + \sum A} \times 100\%$$

$|\delta| \leqslant 4\%$ 为分析允许误差。

B 溶解固形物计算值和实测值的校核

$$含盐量 = \sum C_1 + \sum A_1$$

$$R'_{RG} \approx \rho(SiO_2) + \rho(R_2O_3) + \sum C_1 + \sum A_1 - \frac{1}{2}\rho(HCO_3^-)$$

$$\delta = \frac{R_{RG} - R'_{RG}}{\frac{1}{2}(R_{RG} + R'_{RG})} \times 100\%$$

式中 $\sum C_1$——原水中除铁、铝离子外的阳离子含量总和,mg/L;

$\sum A_1$——原水中除 SiO_2 外的阴离子含量总和,mg/L;

R_{RG}——原水中溶解固形物的实测值,mg/L;

R'_{RG}——原水中溶解固形物的计算值,mg/L;

$\rho(SiO_2)$——过滤水样中的总硅含量,mg/L;

$\rho(R_2O_3)$——原水中铁、铝氧化物的含量,mg/L;

$\rho(HCO_3^-)$——原水中 HCO_3^- 的质量浓度,mg/L;

δ——分析误差。

对于含盐量小于 100 mg/L 的水样,允许 $|\delta| \leqslant 20\%$;对于含盐量不小于 100 mg/L 的水样,允许 $|\delta| \leqslant 10\%$。

C pH 值计算值与实测值的校核

对于 pH < 8.3 的水样,可根据水样中的全碱度和游离 CO_2 含量近似计算 pH 值。

当$[HCO_3^-]$和$[CO_2]$含量以 mg/L 计时:

$$pH' = 6.21 + \lg[HCO_3^-] - \lg[CO_2]$$

当$[HCO_3^-]$和$[CO_2]$含量以 mmol/L 计时:

$$pH' = 6.35 + \lg[HCO_3^-] - \lg[CO_2]$$

$$\delta = |pH - pH'|$$

式中 pH——原水中 pH 的实测值;

pH′——原水中 pH 的计算值;

δ——分析误差,允许 $|\delta| \leqslant 0.2\%$;

6.21,6.35——在 25℃水溶液中 H_2CO_3 的一级离解常数的负对数。

7.2.7.4 干熄焦除盐水常用系统及相关设备

根据原水的水质分析情况,可采取不同的除盐水系统,以满足中、高压干熄焦锅炉的给水质量要求。如离子交换除盐、电渗析除盐、反渗透除盐、EDI 除盐等,具体应结合工程的实际情况,经技术、经济比较后确定。但不论何种方式,均应满足所确定的除盐水系统的进水水质要求,常见除盐装置的进水水质要求见表 7-2-18。

表 7-2-18 除盐装置的进水水质要求

项目	离子交换除盐			反渗透			电渗析	
	顺流	逆流	浮床	中空纤维膜	醋酸纤维膜	复合膜	频繁倒电极	普通
水温/℃	5~45			5~35	5~40	5~45	5~40	
pH 值					4~6(运行)	4~11(运行)	<8(运行)	
					3~7(清洗)	2.5~11(清洗)	4~6(酸洗)	

续表 7-2-18

<table>
<tr><th colspan="2" rowspan="2">项　目</th><th colspan="3">离子交换除盐</th><th colspan="3">反　渗　透</th><th colspan="2">电渗析</th></tr>
<tr><th>顺流</th><th>逆流</th><th>浮床</th><th>中空纤维膜</th><th>醋酸纤维膜</th><th>复合膜</th><th>频繁倒电极</th><th>普　通</th></tr>
<tr><td rowspan="2">浊度</td><td>mg/L</td><td><5</td><td><2</td><td><2</td><td rowspan="2"></td><td></td><td></td><td rowspan="2"></td><td rowspan="2"></td></tr>
<tr><td>FTU</td><td></td><td></td><td></td><td><1.0</td><td><1.0</td></tr>
<tr><td colspan="2">污泥密度指数 SDI</td><td></td><td></td><td></td><td><3</td><td><5</td><td><5</td><td><5</td><td><5</td></tr>
<tr><td colspan="2" rowspan="2">游离余氯(Cl_2)/mg · L^{-1}</td><td colspan="3" rowspan="2"><0.1</td><td rowspan="2"><0.1,控制为0</td><td rowspan="2">0.2~1.0,控制为0.3</td><td rowspan="2"><0.1,控制为0.0</td><td colspan="2"><0.3</td></tr>
<tr><td colspan="2">短时清洗可<200</td></tr>
<tr><td colspan="2">铁(Fe)/mg · L^{-1}</td><td colspan="3"><0.3</td><td colspan="3"><0.05</td><td colspan="2"><0.3</td></tr>
<tr><td colspan="2">锰(Mn)/mg · L^{-1}</td><td colspan="3"></td><td colspan="3"></td><td colspan="2"><0.1</td></tr>
<tr><td colspan="2">化学耗氧量($KMnO_4$ 法)/mg · L^{-1}</td><td colspan="3"><2</td><td></td><td><3</td><td><3</td><td colspan="2"><3</td></tr>
</table>

注：1. 工程选用时，反渗透和电渗析的进水水质要求首先应根据厂商提供的设计导则确定；

2. 强碱Ⅱ型树脂、丙烯酸树脂的进水水温应不大于35℃；

3. 污泥密度指数 *SDI* 与污染指数 *FI* 意义相同。

为了满足除盐水系统的进水水质要求，对原水进行必要的预处理是十分重要的。如过滤、除铁、除有机物等。具体也应根据原水的水质分析情况而定。相关设备的种类及选用等方面的资料较多，在此不予详述。

目前国内已实施的干熄焦工程的除盐水站较常采用如下几种方式。

A　强酸强碱一级除盐加混合床离子交换除盐系统

该系统原水首先经过强酸氢型阳离子交换器除去水中的阳离子，再经过二氧化碳脱气塔和强碱型阴离子交换器除去水中的二氧化碳和阴离子，然后流经混合床离子交换器除去水中残余的阴、阳离子产出除盐水。该系统适用于进水含盐量较低、强酸阴离子总量小于1.5 mmol/L、碱度小于0.6 mmol/L、硅酸根含量小于15 mg/L的水质。若原水的强酸阴离子、碱度等不能符合上述要求，而仍采用离子交换除盐系统时，则应视其原水水质的具体指标，考虑采用弱酸强酸强碱加混合床、强酸弱碱强碱加混合床及弱酸强酸弱碱强碱加混合床等不同的二级除盐系统。

各种离子交换除盐系统虽然有抗有机物污染能力较强、运行可靠等优点，但由于存在系统酸碱用量大、运行成本高、设备抗腐蚀性能要求高、含酸碱废水排放量大等缺点，在原水含盐量较高的情况下不易采用。

B　反渗透加混合床除盐系统

这是一种反渗透与离子交换联合组成的除盐系统，该系统扩大了除盐系统对原水水质的适用范围，简化了离子交换系统，提高了系统的出水水质，延长了离子交换设备的运行周期，大大降低了酸碱消耗量，使制水成本得到降低。

国外最早是在1971年开始将反渗透装置在电厂投入工业性运行的，我国则是在20世纪70年代末开始引进并用于电厂水处理。目前随着反渗透技术的发展，该项技术的先进性已被广泛认同，在国内发展态势迅猛，在电力、化工、石油、电子及制药等行业普遍采用。一般情况下认为，在含盐量超过100 mg/L的情况下，原水采用反渗透作为预处理是经济合理的。

采用反渗透加混合床除盐系统时，通常视原水水质情况，采用一级或二级反渗透加混合床，很少采用多级反渗透加混合床。国内已实施干熄焦项目多数采用一级反渗透加混合床。在整个反渗透水处理系统中，除反渗透装置本体设备外，为了保证膜性能的稳定、防止膜表面结垢和水流道的堵塞，还需设置合适的预处理装置及阻垢剂添加装置、反清洗装置等设施。

在反渗透加混合床除盐系统中，其关键设备反渗透装置本体一般由膜组件、RO 本体框架、保安过滤器、高压泵及电气与自动化控制系统组成。通常情况下，均由设备供应商根据用户提供的水质全分析资料遵循 RO 膜元件(组件)的制造商从实践中总结出来的设计导则，并通过技术、经济分析，选择合理的膜类型、确定膜元件(组件)的数量和合理的排组等。目前，大部分反渗透装置设备供应商均采用美国海德能公司(该公司在我国上海设有制造工厂)生产的反渗透膜系列产品。

在反渗透装置的使用过程中，进水水质的好坏直接影响反渗透装置的出水效果。因此，必须保证进水达到规定的指标，同时，对进水的 pH 值、操作压力、温度等进行必要的控制，并定期进行膜清洗。

C 反渗透加 EDI 除盐系统

在反渗透加 EDI 除盐系统中，EDI 装置和混合床的作用是一样的，均是作为对 RO 出水的进一步深度处理。其区别主要在于再生的方法上。EDI 装置由于直流电能的作用，使 H_2O 分解出 H^+ 和 OH^-，使树脂随时处于再生状态，而混合床仍需使用传统的工业酸碱再生，必须设置独立的酸碱再生系统。可以说 EDI 是一种将离子交换技术、离子交换膜技术和离子迁移技术相结合的纯水制造技术。该技术的显著优点是，它从根本上根除了酸碱的使用，使系统的运行及操作更趋简单。但缺点是一次投资较高，同时 EDI 装置进水的硬度及微生物有严格的要求。近几年，此工艺技术也得到较多用户的采用。

7.2.8 发电

将干熄焦锅炉所产蒸汽送至汽轮发电站，通过汽轮发电机组将高品位的蒸汽热能转变为电能和低品位的蒸汽热能，这一能量转换过程具有良好的节能效益，是降低焦化生产成本、提高企业经济效益的有效途径。

7.2.8.1 汽轮发电机组的选择

汽轮发电机组按热力特性可分为背压式、抽汽背压式、抽汽冷凝式和冷凝式等几种。目前国内已投产的干熄焦项目中，除抽汽背压式现暂无采用外，其他几种形式均有采用。

A 背压式汽轮机

背压式汽轮机是将汽轮机的排汽全部直接供给热用户使用，排汽压力可根据用户要求确定。机组的特点是，经济性好，节能效果显著。同时，机组结构简单、造价低、运行可靠。但使用条件受到一定的限制，当干熄焦锅炉所产蒸汽量大于全部热用户的用汽量或热用户用汽量不稳定时，不能采用。我国大型钢铁公司的焦化厂的厂区的低压汽管网大部分与公司整个管网相连通，在此情况下，汽轮机的背压汽在满足焦化用汽的情况下，根据公司整体蒸汽平衡情况，可将剩余蒸汽并入公司低压汽管网供其他工厂使用，此种情况采用背压式汽轮机最为经济合理。

B 抽汽冷凝式汽轮机

抽汽冷凝式汽轮机是从汽轮机的中间级抽出部分蒸汽供工厂的热用户使用。这种机组的特点是，当热用户所需要的热负荷变化时，可通过抽汽口调整其抽汽量，经过汽轮机抽汽点以后的其余蒸汽可继续膨胀发电。机组的突出优点是灵活性大，尤其适用于北方地区焦化厂冬、夏季热负荷变化比较大的情况。同时南方地区焦化厂干熄焦锅炉产汽量大于企业用汽量的情况也特别适用。缺点是经济性比背压机组差，辅机较多，价格相对较贵，系统相对较复杂。该机组在已实施的干熄焦项目中使用较多。

C　冷凝式汽轮机

冷凝式汽轮机是一种单纯用于发电的汽轮机。该机组运行时，由于大量的热量在冷凝器中被循环冷却水带走，因此其经济性较差，仅在蒸汽过剩且本地区供电不足或电价过高的焦化厂采用。

从热能利用角度出发，以上几种汽轮机应首先选用背压式汽轮机，其次为抽汽冷凝式汽轮机、冷凝式汽轮机。具体应根据工厂的热负荷情况，并经技术、经济比较后确定。

7.2.8.2　汽轮发电机组的效率

设计工况下的汽轮发电机组的各种效率可以从制造厂提供的资料中获取。通常在中小热电站的实际应用中，抽汽冷凝式汽轮机和冷凝式汽轮机都带有给水的回热系统，背压式和抽汽背压式汽轮机一般均不带回热系统。在实际应用中，干熄焦项目的热力系统除氧器用加热蒸汽，为保证在汽轮机故障和检修时锅炉仍能正常运行，均采用外部蒸汽加热。除氧器之前的给水均利用循环气体余热，采用热管换热器加热，不采用低压加热器加热。为了保证锅炉出口循环气体的温度条件，进入锅炉的除氧后给水温度一般均为104℃，故不设高压加热器。因此，干熄焦常用汽轮发电机组各种效率均按无回热系统计算。

A　汽轮机的相对内效率 η_{xn}

汽轮机的相对内效率表示汽轮机的有效焓降与等熵焓降（绝热焓降）之比。

$$\eta_{xn} = \frac{h_0 - h_n}{h_0 - h_{nl}}$$

式中　h_0——汽轮机进汽初焓，kJ/kg；

h_n——汽轮机实际排汽焓，kJ/kg；

h_{nl}——汽轮机理想过程（等熵过程）的终焓，kJ/kg。

B　机械效率 η_j

汽轮机的机械效率表示考虑机械损失后汽轮机联轴器端的输出功率（有效功率）N_{yx}与汽轮机内功率 N_{nb}之比。

$$\eta_j = \frac{N_{yx}}{N_{nb}}$$

汽轮机的内功率（kW）为：

$$N_{nb} = \frac{D_0(h_0 - h_n)}{3600} = \frac{D_0(h_0 - h_{nl})\eta_{xn}}{3600}$$

式中　D_0——汽轮机的进汽量，kg/h。

C　发电机效率 η_d

发电机效率表示考虑发电机的电磁、机械和鼓风损失后，发电机输出的电功率 N_d 与汽轮机输出功率 N_{yx}之比。

$$\eta_d = \frac{N_d}{N_{yx}}$$

D 汽轮发电机组的绝对电效率 η_{jd}

汽轮发电机组的绝对电效率表示发电机输出的电功率与汽轮机进汽在锅炉中的总吸热量之比。

(1) 背压式汽轮发电机组：

$$\eta_{jd}=\frac{3600N_d}{D_0(h_0-h_b)}$$

式中 D_0——汽轮机的进汽量，kg/h；

h_0——汽轮机的进汽初焓，kJ/kg；

h_b——汽轮机的背压汽焓，kJ/kg。

(2) 抽汽式汽轮发电机组：

$$\eta_{jd}=\frac{3600N_d}{\sum_{i=1}^{n}D_i\Delta h_i+D_n(h_0-h_{gs})}$$

式中 D_n——汽轮机的排汽量，kg/h；

h_{gs}——锅炉给水焓，kJ/kg；

D_i——各级抽汽或排汽的蒸汽流量，kg/h；

Δh_i——各级抽汽或排汽的有效焓降，kJ/kg；

n——汽轮机通流部分按抽汽划分的段数。

背压式汽轮发电机组和抽汽式汽轮发电机组的绝对电效率的计算，假定汽轮机组的排汽或抽汽的全部蒸汽均加以利用。

(3) 凝汽式汽轮发电机组：

$$\eta_{jd}=\frac{3600N_d}{D_0(h_0-h_{gs})}$$

7.2.8.3 汽轮发电机组热经济性指标

A 热耗率 q

机组每生产1 kW·h电所需要的热量(kJ/(kW·h))可表示为：

$$q=\frac{Q_0}{N_d}=\frac{3600}{\eta_{jd}}$$

式中 Q_0——汽轮机组进汽在锅炉中的总吸热量，kJ/kg。

B 汽耗率 d

机组每生产1 kW·h电所需要的蒸汽量(kg/(kW·h))可表示为：

$$d=\frac{D_0}{N_d}$$

对背压式汽轮机组：

$$d=\frac{q}{h_0-h_b}$$

对抽汽式汽轮机组和凝汽式汽轮机组：

$$d=\frac{q}{h_0-h_{gs}}$$

背压式、抽汽背压式和抽汽式汽轮发电机组的汽耗率和热耗率数值与机组的形式、容量、初终参数等有关，可以从有关的产品资料中查取。凝汽式汽轮发电机组的汽耗率和热耗率的一般数值可参见表 7-2-19。

表 7-2-19 凝汽式汽轮发电机组热经济指标

额定功率/kW	汽耗率 d/kg·(kW·h)$^{-1}$	热耗率 q/kJ·(kW·h)$^{-1}$
750～6000	>4.9	>12980
12000～25000	4.7～4.1	12140～10890

7.2.8.4 汽轮机的变工况

A 汽轮机的工况

汽轮机均是根据给定的蒸汽量(或功率)、蒸汽初压、初温、背压和转速等设计的。当汽轮机在设计参数下运行时，其运行工况称为设计工况。由于汽轮机在设计工况下运行具有较高的效率，因此设计工况又称为经济工况。汽轮机组的额定工况是指汽轮机能长期(数千小时)地安全运行而不引起机械性损伤和经济性急剧降低的工况。一般情况下，额定功率大于或等于经济功率。在实际运行中，特别是在干熄焦热力系统的实际运行中，由于受干熄焦锅炉产汽条件等各个方面原因的限制，汽轮机很难做到在设计工况下运行，这种偏离设计工况的工况称为汽轮机的变工况。汽轮机在变工况下运行时，效率和热经济性将降低。为了指导运行，要进行变工况计算，以求得工况变动后汽轮机的主要热力参数以及热经济性指标(如汽耗率、热耗率等)，确定汽轮机在新工况下能安全承载的功率。

B 汽轮机进汽的调节方式

现在常用的调节方式有三种：喷嘴调节、节流调节、旁通调节。以前两种为主。

(1) 喷嘴调节。喷嘴调节的汽轮机有多组调节阀，它的第一级为部分进汽，并配置若干个单独喷嘴组。调节阀组和喷嘴组数目相等，每组调节阀只控制一个喷嘴组的进汽。依次开启(或关闭)调节阀，即可改变工作喷嘴组的面积，控制进入汽轮机的蒸汽流量，实现负荷的变化。喷嘴调节是目前中小型汽轮机组常用的进汽调节方式。

(2) 节流调节。节流调节汽轮机是利用调节阀对蒸汽的节流作用，控制进入汽轮机的蒸汽流量。调节阀的开度取决于汽轮机的负荷，最大功率时，阀门全开，蒸汽流量达最大值，蒸汽在阀门中的节流损失为最小。负荷减小时，调节阀关小，蒸汽在调节阀内节流，降低蒸汽压力后进入汽轮机。

C 变工况时的各种修正系数

a 部分负荷汽耗率修正

$$d_b = Kd$$

式中 d_b——部分负荷汽耗率，kg/(kW·h)；

d——额定负荷汽耗率，kg/(kW·h)；

K——修正系数，见表 7-2-20。

表 7-2-20 部分负荷汽耗率修正系数 *K* 值

调节方式	负荷率/%				
	0	25	50	75	100
节流调节	∞	1.25	1.07	1.015	1.0
喷嘴调节	∞	1.105	1.010	0.995	1.0

b 空载时汽耗量修正

$$D_k = \mu_k D$$

式中 D_k——汽轮机空载时的汽耗量，kg/h；

D——汽轮机额定负荷时的汽耗量，kg/h；

μ_k——汽轮机有效功率的空载汽耗系数，近似计算时可采用下列数值：喷嘴调节时，$\mu_k = 0.06$；节流调节时，$\mu_k = 0.12$。

c 初参数变化对汽耗量的修正

$$D' = D_0 \frac{p'}{p_0}\sqrt{\frac{T_0}{T'}}$$

式中 p_0——汽轮机额定进汽压力，MPa；

T_0——汽轮机额定进汽温度，K；

D_0——汽轮机额定负荷时的汽耗量，kg/h；

p'——汽轮机实际进汽压力，MPa；

T'——汽轮机实际进汽温度，K；

D'——汽轮机实际负荷时的汽耗量，kg/h。

一般也可按表 7-2-21 查取。

表 7-2-21 汽轮机初参数变化对汽耗率的修正

汽轮机形式	进汽初参数与额定参数之差	汽耗率变化率/%
中压与高压	气温每降低 7℃	+1
	气温每升高 8～9℃	-1
中压(喷嘴调节)	气压每降低 5%	+1
	气压每升高 5%	-0.6
高压(喷嘴调节)	气压每变化 ±1%	∓0.7

d 终参数变化对汽耗量的修正

(1) 凝汽器内真空度的影响。当凝汽器内的真空度改变 1% 时，汽轮机汽耗量变化率的平均值可按表 7-2-22 修正。

表 7-2-22 凝汽器内真空度变化对汽耗率的修正 (%)

汽轮机负荷率	凝汽器真空度变化率	汽轮机汽耗量变化率	汽轮机负荷率	凝汽器真空度变化率	汽轮机汽耗量变化率
100	真空提高 +1	-1.15	60	真空提高 +1	-1.8
	真空恶化 -1	+1.4		真空恶化 -1	+1.5
80	真空提高 +1	-1.25	40	真空提高 +1	-2.5
	真空恶化 -1	+1.5		真空恶化 -1	+2.5

(2) 冷却水温度的影响。当冷却水温度改变 ±5℃ 时，汽轮机汽耗量相应增减率见表 7-2-23。

表 7-2-23　冷却水温度变化 ±5℃时对汽耗率的修正　(%)

汽轮机负荷率	汽轮机汽耗量变化率	汽轮机负荷率	汽轮机汽耗量变化率
100	±1.2	60	±2.0
80	±1.5	40	±2.5

D　汽轮机的热力特性曲线

汽轮机的变工况一般采用汽轮机制造厂提供的热力特性曲线进行计算。制造厂提供的热力特性曲线一般包括汽轮机的工况图和功率修正曲线图，是根据计算和实验结果绘制而成的。汽轮机的工况图是表示汽轮发电机组的功率与汽耗量之间的关系曲线，也称为汽轮机的汽耗特性。不同形式的汽轮机和不同调节方式的汽轮机其工况图是有差别的，它是按一定的典型系统和额定参数（或实验条件）绘制的，在实际使用中，若汽轮机的运行条件不同，则要按各种条件对工况图进行修正。汽轮机制造厂一般都提供初、终参数变化，抽汽压力变化，背压变化，冷却水温变化和真空度变化等对功率的修正曲线，以利于用户进行变工况计算时使用。

7.3　干熄焦操作与维护

7.3.1　熄焦系统的常规操作

干熄焦的常规操作，是指干熄焦装置在正常生产运行的状态下，日常所应进行的操作。其要求是在维护好设备的基础上，通过对系统内各点温度、压力、流量、液位和气体成分等的调节与控制，完成装焦、排焦，锅炉给水、蒸汽产出，气体循环、环境净化等工艺过程，按计划完成预定的熄焦任务。

7.3.1.1　干熄焦运行计划的确定

干熄焦是炼焦生产过程中的一种熄焦方式，其运行计划应满足炼焦生产的需要。在生产正常运行时，可根据焦炉的出炉计划来确定干熄焦的排焦量（干熄焦装置的熄焦能力）。当焦炉或干熄焦因故障而不能正常运行时，应综合考虑二者所能实现的最合适的产能，以确定干熄焦的排焦方式和排焦量。

排焦量的设定是根据单位时间计划装入干熄炉的红焦量来确定。干熄焦的排焦量应力求均匀，以稳定干熄焦的工况条件。利用干熄炉的预存段，在一定范围内调节干熄炉的料位，即便是红焦装入不很均匀，但也要能保证排焦量的连续与稳定。排焦量确定以后，据此可设定冷却红焦所需的循环气体量。连续、稳定地排焦，是整个干熄焦系统温度、压力等工艺参数稳定的重要条件，它对干熄焦锅炉的稳定运行也起着至关重要的作用。

7.3.1.2　常规操作的原则与方法

干熄焦正常生产时，应以稳定的排焦量连续运行。一定的排焦量原则上应匹配一定的循环冷却气体量，以便将锅炉入口温度控制在最小的波动范围内，锅炉入口温度的急剧变化，易使干熄炉和一次除尘器耐火材料受损，并且还会对锅炉炉管造成不良影响。

由于干熄焦系统的工艺和设备比较复杂，且内部及外部的影响因素较多，因此运行状况出现波动是不可避免的。当这些波动导致锅炉入口温度可能超出控制范围或已经超出控制范围时，应及时采取应对措施，修正部分操作条件。在正常生产中，任何一次对干熄焦系统的操作条件改变时，都要尽可能在现有操作条件稳定的情况下进行，并且密切关注操作条件改变前后各有关参数的变化，在改变操作条件时，应逐项且留有余地地进行，在调节效果没有得到确认的情况下，一般不要连续地采取同一调节手段，同时，还应密切关注干熄焦的整体运行状态。

当干熄焦的设备发生故障时，应到现场进行检查，确认故障的原因后再进行处理。故障排除后应对该设备进行试车，确认问题得到解决后方可投入运行。在干熄焦现场采取的任何一项操作或调整，都应事先得到中控室的操作人员的确认。

干熄焦正常生产时，一般不准超过工艺及设备参数规定的限值运行设备。

7.3.1.3 焦炭物流系统的操作

在熄焦过程中，红焦由装入装置从干熄炉炉口装入，通过预存段停留后，在干熄炉冷却段与循环气体进行热交换后红焦被熄，焦炭温度降到200℃或250℃以下。冷却的焦炭从干熄炉底部由排焦装置连续排出，经运焦胶带输送机运出。

干熄焦的装焦及排焦操作主要有现场手动、中央手动和自动三种方式，部分关键设备还设计有"强制"操作方式，即手摇（转）驱动装置等。通常以"自动"运转的方式进行作业。装入与排出系统的各设备在中控室计算机上都设有独立的操作画面，可方便地进行中央操作与监控。

A 红焦装入系统的操作

焦化厂炼焦车间干熄焦装置所用的提升机（吊车），有的厂安装在电机车轨道上方，有的厂则安装在电机车轨道外侧，两者的操作稍有不同。提升机安装在电机车轨道上方时，电机车拖带焦罐车直接行驶到提升机井架（吊塔）下，提升机就可直接从焦罐车上将焦罐提起（或将焦罐放落在焦罐车上）；提升机安装在电机车轨道外侧时，在提升机井架（吊塔）下方增设一套横移牵引装置，由它来完成焦罐在电机车轨道与提升机井架（吊塔）间的移动。

a 提升机直接从焦罐车上将焦罐提升（或落下）的操作

（1）手动操作。在干熄焦开工初期、提升机及装入装置检修、计算机自动程序出现故障等情况下，应采用手动操作。

手动操作提升机及装入装置时，首先应将提升机及装入装置选择开关选择为手动状态，确认其手动操作的所有条件满足。当接满红焦的焦罐车在提升机井架下对准位置后，手动将APS夹紧对位，在提升机现场操作室手动操作将焦罐提升到规定高度，再向干熄炉顶走行，靠人工对位停止，确认装入装置已打开炉盖并将装入溜槽对准炉口，手动操作提升机，将焦罐落在装入装置的装入溜槽上。焦罐底闸门靠重力作用自行打开，开始往干熄炉内装入红焦。装焦完毕按相反方向操作提升机及装入装置，将空焦罐落在焦罐车上。

（2）自动操作。提升机及装入装置的整个运行过程在中控室的计算机画面上都有显示，每次自动操作的指令都由电机车发出。

自动操作时，提升机、装入装置及APS的选择开关都应选择为自动状态。当电机车开到提升机井架下时，首先将空焦罐车对准停车位，在电机车上发出空焦罐落下的指令；APS自动夹紧焦罐车实行对位，停在待机位的空焦罐自动落在空焦罐车上，APS自动打开；再次走行电机车，将装有红焦的焦罐车对准停车位，电机车发出满罐提升的指令，APS自动夹紧，提升机自动将装有红焦的焦罐提起；当红焦罐上升到待机位时，APS自动打开，此时，电机车可以牵引焦罐车去接下一炉红焦。当提升机上升到规定高度后自动往干熄炉顶走行，在走行的过程中,装入装置自动打开炉盖并将装入溜槽置于炉口上,当提升机自动走行到规定位置停止后,自动落到装焦装置溜槽上,完成装焦作业。装完焦后提升机及装入装置自动按相反方向运行,直到空焦罐下落到待机位自动停止,等待电机车下一次发出操作指令。

提升机、装入装置自动操作时,所有动作全部由计算机程序控制,所有的位置检测全部由极限信号控制。因此计算机程序的严密性和极限装置的可靠性必须得到充分的保证。

b 有横移牵引装置的操作

(1) 手动操作。在干熄焦开工初期、提升机和装入装置检修、计算机自动程序出现故障、某些定位和限位出现异常的情况下,应采用手动操作的方式进行红焦装入作业。

手动操作横移牵引装置、提升机及装入装置时,先将所需运行的设备或装置的操作选择开关选为手动状态,并确认手动操作所需的条件已满足。

在牵引、吊车及装入装置现场进行手动操作,将满焦罐送入吊塔,由吊车将满焦罐提升,走行到干熄炉炉顶;装入装置同时打开炉盖,将装入溜槽对准炉口,吊车下降,将红焦装入干熄炉。然后再按相反的动作顺序,将焦罐送回焦罐车。

横移牵引、吊车及装入装置的手动速度有多挡,动作位置检测由限位装置等控制。

手动操作前,一定要确认并密切关注各运转设备的位置及其变化。

(2) 自动操作。自动操作时,牵引装置、吊车、装入装置等的选择开关都应选择为自动状态。

牵引、吊车及装入装置的整个运行过程,在中控室的计算机画面上均有显示。初次启动是在中控室计算机画面上完成的,以后每次自牵引、提升至装入的操作过程都由控制系统控制自动进行,每次自动操作的指令从电机车发出。

当电机车将焦罐车拖到横移牵引装置位置时,先将空焦罐车对准停车位,在电机车上发出空焦罐"复"(将空焦罐推到焦罐车上)的指令;横移牵引挂钩抬起,停在待机位的空焦罐自动推出到空焦罐车上后,牵引挂钩放下,完成接出空焦罐的动作;电机车再次走行,将装有红焦罐的焦罐车对准停车位,电机车发出红焦罐"往"(将红焦罐从焦罐车上牵引出来)的指令,牵引钩抬起,将红焦罐拉到吊塔下由吊车提升焦罐,当红焦罐引入并提升到待机位时,牵引钩放下,送入满焦罐的动作完成。此时电机车可以拖带着焦罐车去接下一炉红焦。

当红焦罐被吊车提升到上限位置时,自动移动至干熄炉上方,在移动的过程中装入装置自动打开炉盖,同时装入溜槽对准炉口,吊车到炉顶位置后自动停止并下降,将焦罐坐落在装入溜槽上,完成装焦动作。卸完红焦的焦罐,自动地按上述动作相反的方向运行到待机位置,等待电机车下一次发出操作指令。

c 料位

与红焦装入系统密切相关的料位计有两个:预存段焦炭上限料位和上上限料位。当干熄炉预存段焦炭料位达到上限高度时,提示操作人员只能往干熄炉内再装1炉焦炭;当干熄炉预存段焦炭料位达到上上限高度时,系统的连锁装置立即控制吊车停止往干熄炉内装入焦炭。此时若吊车处于自动运转状态,将停留在吊塔位置等待至上上限料位信号消除。干熄焦在生产运行时,应根据焦炉出炉情况控制好干熄炉内焦炭的料位,保证红焦能够及时装入,冷焦能连续地排出。为了保证料位计的准确性,必须定期对干熄炉内焦炭的实际料位进行校正。

B 冷焦排出系统的操作

冷焦排出系统包括振动给料器、旋转密封阀、切换溜槽、自动给脂润滑装置、吹赶风机和检修用滑动闸门等。根据干熄焦连续排焦的特点,与干熄焦排焦装置相连的运焦皮带机一般配置2列，互为备用。

a 自动操作

冷焦排出系统选择自动运转方式时，应先将运焦、排焦系统各装置选择到自动状态。先启动运焦系统，向计算机发出运焦系统自动启动的指令后，运焦皮带机按先远端后近端的顺序依次启动。启动排焦系统时，应先将切换溜槽切换到运转的皮带机一侧，再发出排焦系统自动启动的指令。排焦系统的旋转密封阀、振动给料器将依次自动启动，然后再根据所需排焦量，相应设定振动给料器的振幅进行排焦。

连锁装置可保证冷焦排出系统的正常运行。当旋转密封阀因故停止运转时，振动给料器立即自动停机；当干熄炉预存段焦炭料位达到下限或循环风机因故障停机时，排焦系统立即自动停止排焦。

b 手动操作

除干熄炉底部滑动闸门仅为手动操作外，排焦系统的其他装置都设有手动、自动转换开关。正常生产时，滑动闸门处于常开状态，只是在检修或停炉时才根据需要将滑动闸门关闭。冷焦排出系统选择手动运转方式时，应先将运焦、排焦系统各装置选择到手动状态。待运焦系统的皮带机启动后，再依次启动排焦系统。先将切换溜槽切换到已运行的皮带一侧，再启动旋转密封阀、振动给料器。然后根据所需排焦量，相应设定振动给料器的振幅进行排焦。

c 附属设备

自动给脂润滑装置、吹赶风机等是排焦系统的附属设备。要保证自动给脂润滑装置正常运行，才能确保旋转密封阀正常运行；吹赶风机提供的风源，用于振动给料器线圈的冷却和旋转密封阀轴承的密封，是不可间断的。在干熄焦生产和检修时还要特别注意，启动循环风机之前，必须先启动吹赶风机；循环风机停止运行后，吹赶风机还应继续运行6 h以上，以保护振动给料器。当吹赶风机因故障停机时，应立即切换成备用压缩空气源或氮气。

C 排焦温度的监测

排焦温度的高低和排焦温度的均匀性，是衡量干熄焦装置运行水平的重要内容之一。从干熄炉排出的焦炭的平均温度应达到设计要求，以尽可能多地回收红焦显热，保证运焦系统的安全；同时还要求排出的焦炭的温度分布要均匀，否则会导致循环风量增大，增加循环风机的负荷，对气体循环系统的温度和压力等工艺参数造成影响。

日常操作中的排焦温度是用热电偶和红外测温仪来进行测量的，显示的温度为气体或焦炭表面温度，该温度低于更具代表性的水当量法测定的焦炭平均温度。由于在生产现场不可能采用水当量法对排焦温度连续进行测量，因此应定期进行对排出的焦炭水当量温度与热电偶或红外测温仪测量温度差值的校验，并用校验值对热电偶或红外线测温仪进行实时测量值的修正。

干熄炉内熄焦的过程是一个热交换的过程，根据干熄炉冷却段上部及下部圆周方向温度的分布情况，可大致判断排焦温度的均匀性。若圆周方向温度分布较为一致，则可判断排焦温度基本均匀；若温度分布相差较大，则需查明原因进行处理。

干熄炉内红焦与惰性气体的换热效果与二者的接触面、接触时间有关，沿干熄炉圆周同心截面，气流分布均匀和焦炭下降速度均匀是换热均匀的条件。因此，要关注影响换热均匀性的因素，如装入装置安装的料钟磨损造成的布料功能下降、冷却室锥段安装的调节棒的排列或调节是否合理、中央风帽严重变形或磨损、斜道出口不畅引起炉内惰性气体分布发生变化等。掌握干熄炉冷却室圆周方向的温度分布及其变化趋势，出现异常及时查明原因并进行处理，以保证排焦温度沿圆周方向的均匀性。

为防止红焦烧皮带机的情况发生，当红外测温仪测得焦炭表面温度达到设定上限值时，溜槽出口附近皮带机上方的喷水冷却装置会自动启动，向皮带机上的焦炭进行喷水冷却。

在排焦装置的周围设置有火灾报警系统，对该部位的火警情况进行监测。因为在排焦的过程中，不可避免地会有少量的循环气体外泄，当氢气和一氧化碳的浓度聚积到一定程度时，就有发生燃烧的可能性；此外，排焦温度过高时排出的焦炭与空气接触后，也有自燃的可能性。

D　干熄炉焦炭料位的控制

a　料位控制的要求

在正常生产中，干熄炉的冷却室始终充满焦炭，干熄炉焦炭料位的变化仅仅发生在预存段。

干熄焦正常生产中，所设定的排焦量应与装焦量相适应，原则上应保持排焦量的相对稳定，尽量避免停止排焦的情况发生，以降低对后续工序工艺参数的影响。装焦及排焦装置与焦炭的料位有相应的连锁关系，以保证干熄炉内焦炭的料位处于安全范围。

如果预存段焦炭的料位低于下限高度，干熄炉的斜道口就无焦炭阻挡，此时循环气体正常的压力、温度等参数就会遭到破坏，且容易发生焦炭被吹起而堵塞斜道等异常情况。因此当焦炭达到下料位时，系统的连锁装置会自动停止排焦。如果预存段焦炭的料位达到上上限高度，系统的连锁装置会自动停止装焦，否则就会造成焦炭溢出干熄炉等事故。预存段内焦炭上限至下限料位间的高度，就是干熄炉内焦炭料位的安全高度。在生产过程中，料位控制的目标就是确保焦炭料位处于安全高度的范围内。

b　预存段料位的控制

干熄炉的预存段是调节焦炭储量的地方，合理地控制预存段的料位，可以保证冷却段处理量的稳定，有利于气体循环、锅炉、排出等系统的稳定。

当焦炉至干熄焦装入系统出现突发故障时，为减小对干熄焦系统的影响，可采取适当减小排焦量的操作方式，这样可以避免或缩短干熄炉停止排焦的时间；当焦炉至干熄焦装入系统安排有计划检修时，在适当减小排焦量的基础上，还可预先采取加快装焦速度提高料位的措施。在排焦或运焦系统进行计划检修前，为减小对焦炉生产的影响，可预先加快排焦速度，降低预存段焦炭料位后再停止排焦。

c　预存段料位的校正

不同的干熄焦装置其预存段料位的设置有不同的形式，下面以 140 t/h 的干熄焦为例加以叙述。

预存段的料位检测一般采用模拟显示、实测校正的方式。干熄炉预存段中焦炭料位的增加是根据装入焦炭的炉数，按理论值进行累加的。由于每炉焦炭的重量并不完全一致，其误差随着装入炉数的增加而变化。干熄炉预存段焦炭料位的降低是根据运焦皮带电子秤计量后递减得来的。由于皮带电子秤称量的误差，焦炭料位递减的误差也会随着排焦时间的延长而变化。因此，必须每隔一段时间对干熄炉预存段焦炭的真实料位进行校正，以消除模拟料位与真实料位间的误差。

预存段上上限料位 L_1 和 L_1'，计算机给出的模拟料位。出现该料位的报警，装入系统被连锁而停止装焦，吊车停在吊塔位置等候报警条件的解除。

预存段上限料位 L_2，计算机给出的模拟料位。出现该料位的预警，是提示操作人员预存段只剩下装1炉焦炭的容量了。

预存段下限料位 L_3，计算机给出的模拟料位。出现该料位的预警，是提示操作人员应立即停止排焦，否则打开装入装置时会从装焦漏斗吸入大量的空气，使锅炉入口气体温度和压力等发生较大变化；还有可能造成干熄炉斜道口焦炭浮起，对干熄焦气体循环系统、锅炉系统等将造成严重影响。自动操作方式时，计算机会直接停止排焦装置的运转。

预存段焦炭强制校正用料位 L_4，是γ射线实测料位计，设置在干熄炉预存段中间位置。当干熄炉预存段焦炭实际高度刚刚低于该γ射线式料位计的检测高度时，计算机会自动地将模拟的焦炭料位强制修正为真实的料位。

有的干熄炉预存段料位只设上下两个γ射线料位计，此时操作略有变化。

7.3.1.4 气体循环系统的操作

干熄焦气体循环系统包括循环风机、循环风机入口挡板、干熄炉入口挡板、循环气体除尘净化装置（一次除尘器、二次除尘器）、环形烟道空气导入阀、预存段压力调节阀、旁通流量调节阀、紧急放散阀和循环气体流量计等设备。系统运行正常与否，会直接影响干熄炉的排焦温度、锅炉入口气体温度和锅炉蒸汽发生量等，并因此而影响干熄焦其他系统运行的稳定。

A 气体循环系统压力与温度的管理

干熄焦在正常生产中，气体循环系统的压力和温度都有一定的规律可循，其控制范围必须符合干熄焦工艺设计的要求。

a 压力管理

(1) 预存段压力 p_1。打开干熄炉顶部的炉盖装入红焦时，为了不使装焦漏斗处冒出烟尘，可以用预存段的压力来控制。对预存段压力控制的方法有大气等压法和负压法两种。大气等压法的控制目标值为0 Pa；负压法的控制目标值为0～－50 Pa（有的厂为0～－100 Pa）。现一般多采用负压法，因为负压法有利于防止装焦时大量的循环气体和烟尘从干熄炉炉口逸出。但预存段压力也不宜控制得太低，否则当炉盖打开时，会吸入大量的空气，使焦炭烧损后造成锅炉入口温度陡升。预存段压力是通过风机出口预存段压力调节阀来调节的，可自动调节，也可手动调节。

(2) 锅炉入口压力 p_6。如果斜道口发生了焦炭浮起等现象，受其影响，锅炉入口的压力要比正常操作时的压力更偏于负压。以140 t/h干熄焦为例，一般偏低约500 Pa以上。因此从锅炉入口压力的变化趋势，可以判断干熄炉斜道口焦炭浮起是否严重。

(3) 压差管理。在排焦量与循环风量相对稳定的状态下，气体循环系统任何两点之间的压差也应保持相对稳定。若气体循环系统任何两点之间的压差发生了变化，往往是该两点间的物流出现异常的反映。压力变化可能出现的异常现象见表7-3-1。

表7-3-1 压力变化可能出现的异常现象

压力测量区间	压差变化	可能出现异常的部位	可能出现的异常现象
锅炉入口与锅炉出口	增 大	锅 炉	小块焦和焦粉堆积堵塞
锅炉出口与风机入口	增 大	二次除尘器及其管道内部	焦粉堆积堵塞
	减 小	二次除尘器	内套筒泄漏
给水预热器入口与出口	增 大	给水预热器	焦粉堆积堵塞或给水预热器漏水
干熄炉入口与锅炉入口	减 小	冷却段	焦炭有挂料现象

b　温度管理

系统的工况出现变化时，系统的温度也会出现相应的变化。

（1）排焦温度和锅炉入口温度的控制。排焦温度和锅炉入口温度是干熄焦生产中两个重要的控制参数，且两者有密切的关系。排焦温度和锅炉入口温度的调节方法有多种，各种调节方法对温度的影响见表7-3-2。

表7-3-2　各种调节方法对温度的影响

调节方法		调节结果	
条　件	措　施	排焦温度	锅炉入口温度
将排焦量控制在一定的范围内	增加循环风量	下　降	下　降
	减少循环风量	上　升	上　升
将循环风量控制在一定的范围内	增加排焦量	上　升	上　升
	减少排焦量	下　降	下　降
改变环形烟道部位的空气导入量	增加空气导入量	无明显变化	上　升
	减少空气导入量	无明显变化	下　降
改变旁通风量	增加旁通风量	上　升	下　降
	减少旁通风量	下　降	上　升

进行调节时，应注意气体循环系统内部的压力平衡也会随之发生变化。

（2）干熄炉入口温度的控制。设有给水预热器的干熄焦系统，干熄炉入口气体温度应控制在115℃以上（一般为130℃左右）来进行操作。如果干熄炉入口气体温度过低，循环气体中的水分以及腐蚀性成分（如SO_x）就会结露，加速金属部件的腐蚀；而干熄炉入口气体温度过高，就会造成排焦温度升高，导致循环气体量的增加。在干熄焦正常生产中，主要是通过给水预热器来调节干熄炉的入口气体温度。

给水预热器入口水温高，则干熄炉入口气体温度上升；给水预热器入口水温低，则干熄炉入口气体温度下降。给水预热器入口水温一般应控制在60～90℃。

B　循环风机的操作

循环风机有手动控制和自动控制两种操作方式。正常生产时采用自动方式，在中控室计算机画面上进行操作；手动控制方式一般仅在调试及检修等特殊情况下使用。根据干熄焦的工艺特点，系统设计了循环风机自动运行的连锁条件，以保护循环风机以及干熄焦锅炉。循环风机的运行连锁条件见表7-3-3。

表7-3-3　循环风机的运行连锁条件

部　位	故　障	循环风机的动作
锅炉强制循环泵	停机或锅炉循环水量低于下限	自动停机
锅炉给水泵	停　机	自动停机
汽包液位	上上限或下下限（上、下极限位）	自动停机
主蒸汽温度	上上限	自动停机
循环风机轴承温度	上上限	自动停机
循环风机轴承振动	上　限	自动停机

续表 7-3-3

部　位	故　障	循环风机的动作
循环风机液力耦合器	油压低或油温高	自动停机
风机电机线圈温度	上上限	自动停机
风机电机轴承温度	上上限	自动停机
风机电机变频器	异　常	自动停机
紧急停止信号	出　现	自动停机

干熄焦的循环风机分为调速和非调速两大类。

调速型循环风机可分为变频调速型和液力耦合器调速型。调速型循环风机主要是通过改变循环风机的转速来调节循环风量的，虽然它也可以用循环风机的入口挡板来进行调节，但调节的精度差，一般不采用。

非调速型循环风机只能通过风机入口挡板开度或旁通阀开度来调节风量。

调速循环风机启动前，应确认循环风机的运行连锁条件得到了满足，同时还要全关闭循环风机的入口挡板。循环风机启动后，慢慢地将入口挡板打开，直至全开，然后通过调节循环风机的转速来调节循环风量。

调节循环风量时的原则是，尽量在系统运行比较稳定时进行。每次调节的幅度不要太大，以 140 t/h 干熄焦为例，以不超过 3000 m^3/h 为宜。调节后应注意有关参数的变化，在变化没有显现前，不要急于连续采取调节措施。增加循环风量时，应注意防止干熄炉斜道口焦炭浮起的问题。

循环风机因故障停机时，应迅速向循环风机前后循环气体通道、干熄炉底部充入氮气，以确保气体循环系统处于充满惰性气体的环境中。同时还要用炉顶放散阀调控干熄炉预存段的压力，防止因循环气体中氢气和一氧化碳等可燃成分浓度过高而发生爆炸。循环风机因故障停机时，应立即停止排焦，在原因未查清前，不可盲目开机。

C　循环气体除尘设备的操作

气体循环系统中，循环气体在进入锅炉前和进入循环风机前，分别要经过一次除尘器和二次除尘器。

一次除尘器采用重力沉降的方式将循环气体中的粗颗粒焦粉分离出来，以降低焦粉颗粒对锅炉炉管的冲刷。分离出来的焦粉沉积在一次除尘器的底部，经三重水冷却套管降温后排出。水冷却套管的下部是排灰阀，排灰（焦粉）阀有单个格式阀（单阀）和双重电动阀（双阀）两种结构形式，均可采用手动或自动两种操作方式进行排灰。单阀在自动操作状态下的动作，是根据三重水冷却套管内焦粉堆积高度的料位来控制的；双阀在自动操作状态下的动作，是按设定的时间定时交替启闭的。一次除尘器底部焦粉应及时外排，否则料位堆积太高，沉积下来的焦粉仍有可能被循环气体带入锅炉，对炉管造成损害。三重水冷却套管内应保持长流水，并且要避免管间泄漏，以保证焦粉得到冷却并且干燥。

二次除尘器采用单管或多管旋风除尘的结构方式，它将循环气体中的细颗粒焦粉分离出来，以减轻对循环风机叶轮和壳体的冲刷磨损。二次除尘器靠离心力可将出锅炉的循环气体中粒度不小于 0.25 mm 的焦粉除去 95% 以上，经过循环风机的循环，气体含尘量一般可降至 1 g/m^3 以下。二次除尘器排焦粉操作有手动和自动两种方式。单管式除尘器在自动操作状态下的动作：当高料位报警出现后，球阀自动启动将料位排低。多管式除尘器在自动操作状态下的动作：当灰斗内焦粉料位达到上限时，灰斗排灰阀自动打开，至灰斗内焦粉排到下限料位时停止。

D 其他操作

在正常生产运行中，干熄焦循环气体的流向与流量是通过系统内的阀门组合来进行调节的。以140 t/h干熄焦为例，循环风机入口挡板常开，炉顶放散阀、紧急放散阀、预存段压力调节阀旁通阀常闭，炉顶放散管调节阀、环形烟道空气导入阀、预存段压力调节阀、旁通流量调节阀为常用调节阀。常用调节阀可在中控室的计算机画面上进行操作，也可在现场手动操作。

装焦时吸入的空气加上环形烟道中导入的空气，致使循环气体的流量逐渐增加，造成预存段的压力升高。为保证系统内气体流量的平衡，可通过调节炉顶放散管调节阀的开度来将多余的气体进行放散。预存段压力调节阀还设计有手动旁通阀，一般处于关闭的状态，可在检修或其他特殊情况下使用。

调节环形气道空气导入阀的开度，可改变环形气道的空气导入量。当循环气体中氢气、一氧化碳等可燃成分的浓度升高时，可通过中控室计算机画面来增大空气导入阀的开度，向系统适当地增加空气导入量，使可燃成分燃烧而降低其含量。但导入空气量不宜过大，因为可燃成分燃烧后产生的额外的热量会导致锅炉入口温度上升，同时过剩的空气还会烧损焦炭。当锅炉入口温度低于氢气、一氧化碳等可燃成分的着火点时，就不可导入空气，因为此时导入的空气易和循环气体中可燃成分形成爆炸性气体，因此应打开气体循环系统各个氮气吹入阀，用氮气进行稀释。若循环气体中可燃成分浓度持续升高，为避免发生爆炸，应暂停装入红焦，降低循环风量，或用预存段压力调节阀调高预存段压力至正压，再打开炉顶放散阀释放部分气体。

当锅炉入口温度上升趋势太快或者锅炉入口温度超过设计的最高允许值时，为避免损坏耐火材料及锅炉，应采取措施对锅炉入口温度进行控制。最基本的方法是减少排焦量和增加循环风量。但在比较紧迫的情况下，可以通过调节循环气体旁通流量调节阀，直接将循环风机出口的低温循环气体导入干熄炉出口侧的环形气道，快速降低锅炉入口温度。

烘炉期间以及发生锅炉炉管破损等异常情况时，可打开一次除尘器上部的紧急放散阀，以辅助升温或防止循环气体中可燃成分浓度急剧升高而产生爆炸。

从理论上讲，中央风道与周边环形风道保持1∶1.5的供气比例冷却效果最好。由于中央风道的供气阻力较大，在实际生产时，中央风道和周边环形风道入口挡板的开度比例可按接近于相等的开度进行控制，其目的是保证分布于干熄炉冷却段中心与周边的焦炭得到均匀的冷却。

7.3.2 余热锅炉系统的常规操作

7.3.2.1 锅炉系统的操作原则与方法

锅炉系统一般包括锅炉给水、锅炉汽水循环和蒸汽外送三部分。

锅炉系统是整个干熄焦工艺操作比较复杂的系统。锅炉系统既可采用手动操作，也可采用自动操作。手动操作主要在干熄焦开炉与停炉、自动控制不稳定等情况下采用；干熄焦生产运行正常时，锅炉系统一般采用自动操作方式运行。

中控室计算机画面可显示锅炉系统所有参与控制的压力、温度、流量及液位等重要参数。通过中控室计算机画面,可进行锅炉给水、汽水循环、蒸汽输出或放散等全部操作。通常需调节的参数主要有:除盐水箱的液位、除氧器的液位和压力、汽包的液位、过热器蒸汽的温度和压力等。

通常采用的调节方式有:通过液位调节阀,可对除盐水箱的液位进行调节;通过水—水换热器入口流量调节阀和除氧器底部的溢流阀,可对除氧器的液位进行调节;通过给水预热器入口温度调节阀和除氧循环泵出口电动阀,可对给水预热器的入口水温进行调节;通过调节除氧器压力调节阀,可对除氧器的压力和温度进行调节;通过三冲量流量调节阀,可对锅炉的给水流量进行调节;通过锅炉给水泵出口电动阀的旁通阀,可对锅炉给水压力进行调节;通过减温水流量调节阀,可对减温水的流量进行调节;通过调整减温水的流量,可对主蒸汽温度进行串级调节;通过主蒸汽压力调节阀,可对锅炉主蒸汽的压力进行调节。

在中央操作盘,还可对锅炉给水泵出口旁路电动阀、主蒸汽切断阀、主蒸汽放散阀、连排电动阀和定排电动阀等阀门进行操作。

7.3.2.2 锅炉用水与所产蒸汽质量的控制

锅炉用水应保证锅炉运行的安全和蒸汽的质量,必须使用严格除盐的纯水,并且纯水还必须进行除氧处理。炉水含盐率高,易使锅炉炉管结垢,影响传热,并且还会使炉管焊缝渗碱而脆化破损;炉水中的盐还会使锅炉所产蒸汽含盐,造成发电汽轮机的叶片受腐蚀和结垢。而炉水中所含的氧,会对炉管产生氧腐蚀。

对纯水除氧的方式有两种:热力除氧和化学除氧。热力除氧是采用专门的除氧器,将纯水加热至104℃,析出其中的溶解氧;化学除氧是在纯水中添加化学药品(如联氨),经化学反应除去其中的溶解氧。由于联氨对人体具有一定的危害,若干熄焦锅炉所产蒸汽有用于民用设施的话,则不应选择化学除氧的方式。锅炉给水水质指标应参照国际标准制定,参见表7-3-4。

表7-3-4 锅炉给水水质指标

项目	pH值(25℃)	硬度($CaCO_3$)	碱度/%	氯离子/%	可溶SiO_2/%	电导率/μS·cm^{-1}	油脂	溶解氧/%	全铁/%	联氨/%
指标值	8.5~9.2	微量	1.0×10^{-4}	1.0×10^{-4}	0.1×10^{-4}	≤10	微量	$<0.015\times10^{-4}$	$<0.05\times10^{-4}$	0.01×10^{-4}~0.03×10^{-4}

汽包内的水由于蒸发而浓缩,水中杂质的浓度则逐渐增加,造成锅炉炉管结垢且越来越严重。为清除此类杂质,可按1 t水添加0.5 g阻垢剂的标准投入Na_3PO_4。Na_3PO_4与钙盐及镁盐反应生成松软的水渣,以排污的方式排出锅炉。

锅炉排污有连续排污和定期排污两种方式。排污量一般为锅炉给水量的1%~2%,可根据炉水的化验结果进行调节。锅炉炉水水质指标可参见表7-3-5。

表7-3-5 锅炉炉水水质指标

项目	pH值(25℃)	电导率/μS·cm^{-1}	磷酸离子/%	亚硫酸离子/%	P碱度($CaCO_3$)/%	M碱度($CaCO_3$)/%	全固形物/%	SiO_2/%
指标值	9.2~10.8	500	0.001~0.003	0.001~0.002	<0.007	<0.01	<0.05	<0.004

锅炉所产蒸汽质量的高低除取决于炉水的含盐率外，还取决于饱和蒸汽的带水率。为减少出汽包的饱和蒸汽的带水率，在锅炉汽包内部的左右导汽箱设置有旋风分离器，顶部蒸汽出口设置有分离挡板以除去水滴。在操作方面，应稳定锅炉的生产负荷，防止汽包产生虚假水位。因为当锅炉负荷突然增大或减小时，会引起锅炉汽包压力变化，使得炉水体积急剧膨胀或收缩而在锅炉汽包内形成虚假水位。当锅炉汽包的实际水位过高时，就会造成饱和蒸汽大量带水，从而影响锅炉所产蒸汽的质量，对锅炉及发电设备造成危害。

7.3.2.3　锅炉给水系统操作

锅炉给水系统由除盐水箱、除氧器给水泵、水—水换热器、给水预热器、除氧器、除氧循环泵、锅炉给水泵以及除氧器液位调节阀、除氧器压力调节阀、给水预热器入口温度调节阀、锅炉给水泵出口旁通电动阀、水位三冲量流量调节阀等设备组成。

A　除氧给水泵

除氧给水泵设计有2台或2台以上，1台备用。备用的除氧给水泵应处于热备用的状态，泵的出口、入口阀门全开。除氧给水泵既可在现场手动操作，也可在中控室计算机画面上中央自动操作。在自动操作状态下，当运行水泵的电机因故障停机时，备用水泵能自动启动投入运行。人工切换水泵时，应先开启备用泵，待其运转正常后再停另一台泵。除氧给水泵运行时必须保证除盐水箱水位不低于最低下限值。除氧给水泵出口流量由除氧器设定的水位自动调节。

B　除氧循环泵

除氧循环泵可采用现场手动和中央自动两种操作方式。除氧循环泵的流量由其出口电动阀的开度来控制，电动阀的开度根据给水预热器入口的水温进行调节。

C　锅炉给水泵

锅炉给水泵设计有2台或2台以上，1台备用。备用的锅炉给水泵应处于热备用的状态，泵的出口、入口阀门全开。锅炉给水泵可采用现场手动和中央自动两种操作方式。每台锅炉给水泵设计有最小流量阀，对锅炉给水泵起保护作用。锅炉给水泵出口流量根据蒸汽发生量、锅炉给水量和液位三者之间的连锁关系（即“三冲量”）来自动调节。在自动状态下，当锅炉给水压力达到下限设定值时，另一台备用泵自动启动投入运行。待系统给水压力恢复正常后，原先工作的1台锅炉给水泵自动停止运行。

锅炉给水流量力求均衡，调节要平稳。如果锅炉给水量的增减幅度过大，有以下弊端：会引起锅炉省煤器炉管温度的大幅度变化，使炉管发生变形；会影响汽包的液位，造成主蒸汽压力与温度的大幅度波动；对于使用锅炉给水作为减温水的锅炉，对主蒸汽的温度影响更大；对于强制循环锅炉，易造成给水汽化而导致强制循环泵不能正常运行，锅炉炉水循环失常。

D　除氧器

除氧器属于压力容器。运行时，压力表、温度计、液位计及安全阀等构件必须完好。除氧器的水温目标值为104℃，可根据锅炉的用水量，通过调节蒸汽压力来进行控制。除氧器的入口水温应控制在85℃以下。除氧器的水位、蒸汽压力既可手动调节，也可自动控制。重新启动除氧器时，升温的速度不能太快，以每小时不超过10℃为宜。

E　给水预热器

给水预热器入口水温应不低于60℃，出口水温大于115℃（一般为130℃左右）。给水预热器出口、入口的水温,可通过除氧循环泵流量来控制,在此温度范围内,当给水预热器出入口水温相差小于40℃时,关闭除氧循环泵出口电动阀,停止除氧循环泵运行。在干熄焦开工初期或检修后重新运行时,由于换热效果不好,要注意提高给水预热器入口水温。在某些特殊情况下,锅炉给水可不经过给水预热器,但要注意此时干熄焦应低负荷生产。

7.3.2.4 锅炉汽水循环系统的操作

锅炉汽水循环系统主要包括锅炉本体及其附件。锅炉本体由汽包、膜式水冷壁、一次过热器、二次过热器、鳍片蒸发器、光管蒸发器和省煤器等设备构成;锅炉附件主要包括强制循环泵、安全阀、定期排污膨胀器、连续排污膨胀器及取样冷却器等设备。

A 锅炉汽包

锅炉汽包的水位应控制在中心线以下100 mm的位置,汽包水位的控制采用三冲量进行自动调节。当锅炉汽包水位设定后,汽包水位与锅炉给水量、蒸汽发生量三者连锁调节。在锅炉升温升压或降温降压的过程中,当锅炉负荷较小时,汽包水位可采用单冲量进行调节,即设定汽包水位来控制锅炉给水量。

汽包的水位是锅炉运行的重要控制参数,锅炉汽包的液位计必须正确、可靠,液位计损坏的锅炉是不允许继续运行的。液位计用以指示锅炉汽包内水位的高低。汽包水位过高易造成饱和蒸汽带水,造成过热器和汽轮机的损坏;水位过低会造成锅炉缺水,造成锅炉炉管的损坏,严重时还可能引起锅炉爆炸。

锅炉汽包设计有2个安全阀,当锅炉汽包压力出现高于规定值的异常情况时,安全阀会自动起跳放散,释放压力以保护锅炉。安全阀的校验维护,必须严格地按照有关规定进行。

B 锅炉强制循环泵

每台锅炉设计有2台强制循环泵,1开1备。备用强制循环泵处于热备用状态,水泵出口、入口阀门处于正常运行的开度。2台强制循环泵的冷却水阀门都应打开,并且冷却水量应符合要求。锅炉强制循环泵可采用现场手动和中央自动两种操作方式,在自动运行状态下,当工作泵的冷却水流量低于下下限值时,强制循环泵停机,备用泵自动启动运行。此时若备用泵也出现冷却水流量低于下下限值的现象时,则2台强制循环泵都不能运行。

C 锅炉排污

为保持锅炉汽水系统内部清洁,避免炉水发生汽水共沸及蒸汽质量变坏,必须对锅炉系统进行排污。连续排污量根据炉水化验指标来调节排污电动阀的开度。定期排污每班1次,排污前应做好联系。排污时,应注意监视给水压力和汽包水位的变化,并维持水位正常。排污后,应进行全面检查,确认各排污阀门关严。在排污过程中,如锅炉发生事故,应立即停止排污(汽包水位过高和汽水共沸除外)。

D 锅炉汽水取样

先打开给水、炉水和蒸汽取样器的冷却水入口、出口阀门,确认冷却水畅流后,方可打开锅炉给水、炉水和蒸汽的一次取样阀进行取样。取样时,锅炉给水、炉水和蒸汽取样器应保持长流状态,且水样流速应稳定。

7.3.2.5 蒸汽输出系统的操作

蒸汽输出系统主要由二次过热器出口压力调节阀、主蒸汽放散阀、主蒸汽切断阀、分汽缸、输出蒸汽压力调节阀以及暖管放散阀、主消声器、管道消声器和喷淋减温器等设备组成。

A　二次过热器出口压力调节阀

锅炉产生的蒸汽压力及汽包压力都由二次过热器出口压力调节阀来控制，可采用手动和自动两种方式操作该压力调节阀。手动操作是直接改变2SH（二次过热器）出口压力调节阀的开度来进行调节蒸汽压力；自动操作则是根据设定的压力，由2SH出口压力调节阀自动地进行调节。二次过热器出口管道设计有安全阀，以防止二次过热器因压力过高而损坏。

B　主蒸汽切断阀和放散阀

通常主蒸汽切断阀是根据发电机组的要求而打开或关闭的。但是，当出现干熄焦紧急停止运行、主蒸汽温度过高或过低、汽包液位过高或过低等特殊情况时，主蒸汽切断阀会自动关闭，同时主蒸汽放散阀自动打开，以防止锅炉因压力急剧升高而受损。

C　输出蒸汽压力调节阀

输出蒸汽压力调节阀可采用手动和自动两种方式进行操作，以调整输出蒸汽的压力符合后续工序对蒸汽压力的要求。手动操作是直接改变输出蒸汽压力调节阀的开度来进行调节；自动操作则是根据设定的压力，由输出蒸汽压力调节阀自动地进行调节。

D　主蒸汽温度的调节

主蒸汽温度串级调节，是通过改变减温水的流量来实现对主蒸汽温度的控制。主蒸汽温度的调节有手动和自动两种操作方式，手动操作是通过改变减温水流量调节阀的开度而调整减温水的流量来实现的；自动操作则是设定主蒸汽的温度，由减温水流量调节阀自动进行调节。主蒸汽温度对减温水的增减有反映滞后的现象，因此应采用手动方式进行调节，先稳定减温器出口温度，再根据出口蒸汽的温度调节减温水量，待蒸汽温度达到设定要求并基本稳定后，方可将减温水流量调节阀投入自动运行。

7.3.3　日常现场巡检的要点

干熄焦系统保持连续稳定的运行状态，这既是系统内保持各温度、压力等参数稳定的需要，更是保证焦炉稳定生产的需要。干熄焦系统的设备具有数量多、自动化程度高且连续运行等特点，因此设备的正常运行是保证干熄焦系统连续稳定运行的基础条件。干熄焦设备的特点，决定了对其除精心操作使用外，还应加强对设备的巡检维护，掌握设备的运行状态，把握设备的缺陷规律及其变化趋势，及时采取有效的维护、维修措施。

现场巡检可分为定期巡检和非定期巡检等形式。定期巡检应科学地设计巡检要点、巡检路线、巡检周期；非定期巡检则是结合计算机显示的系统状态，对出现了异常或可能出现异常的设备重点进行现场检查确认。对现场设备的巡检应有针对性，以线串点，以点带面，其要点如下。

7.3.3.1　装入、排出系统的巡检要点

检查并确认横移牵引、吊车和装入等装置运行是否正常；移动设备启动是否平稳，停位是否准确；电机有无异音及异常振动；抱闸、动力缸、油泵等设备的动作是否正常；各机械传动部位有无松动、开裂等现象；各阀门的开闭状态或开度、水封槽水位等是否符合工艺要求等。

对吊车钢丝绳要重点检查。当钢丝绳出现以下情况之一时，应停止吊车的作业，并安排更换钢丝绳。

（1）钢丝绳的钢丝断裂数达到10%以上；

（2）钢丝绳因磨损、拉伸，直径比原始直径减少7%以上；

(3) 钢丝绳有鼓包等明显变形现象。

检查吹赶风机、振动给料器、旋转密封阀和电动给脂泵等设备的运转情况,确认振动、温度、压力和密封等状况是否良好。在排焦部位进行巡检时,需携带一氧化碳和氧气检测仪,确认没有危险后再进入。

7.3.3.2 气体循环系统的巡检要点

检查并确认循环风机的运转声音、振动等情况是否正常;油位、冷却水流量、轴封氮气的压力等是否正常;循环风机入口挡板的开度和中央显示是否一致;循环系统各充氮气阀的开闭位置是否正常;空气导入阀、旁路风量阀、炉顶放散阀、紧急放散阀、预存段压力调节阀等的位置或动作状态是否正常。

检查一次除尘器和二次除尘器的排灰阀、链式刮板机和斗式提升机的运转状态是否正常,确认料位显示是否正确。

检查循环系统有无泄漏;确认气体分析仪的数据是否正确等。

7.3.3.3 锅炉系统的巡检要点

A 锅炉本体

检查强制循环泵电机电流、振动是否正常。确认油温、冷却水流量、进出口压力等是否正常。

检查锅炉汽包液位、压力是否正常,确认现场指示与中控室显示是否相符。

检查所有的气动阀、电动阀的动作、开度是否正常,确认现场指示与中控室显示是否相符。

确认所有部位疏水阀、放空阀无泄漏,并按规定进行排放。

检查连排和定排的排污情况,并根据水质分析结果调整排污次数和流量。

检查安全阀有无泄漏。

检查并确认锅炉系统内外管线有无泄漏的现象。

B 锅炉给水系统

检查并确认除盐水箱的液位等是否正常。

检查除氧器压力、温度、水位是否正常。

对运转的锅炉给水泵、除氧器给水泵、除氧器循环泵、加药泵、仪表空压机和取样装置等设备进行检查,确认其进出口压力、流量、温度、电流和液位等是否正常。

7.3.3.4 除盐水站的巡检要点

对采用离子交换法的除盐水站,除按工艺要求生产除盐水外,还要检查酸、碱和氨等原料的储量。检查各过滤器、除铁器、阳离子交换器、阴离子交换器和混合离子交换器进出口压力及流量是否正常。

检查各离子交换器在线监测水质指标是否合格。一旦发现水质指标超标,应立即倒换合格的离子交换器,并对失效的离子交换器进行再生操作,直到其水质合格为止。

检查各水泵运转声音和电机电流是否正常。检查各部位进出口水管和开闭器有无漏水的现象。检查除二氧化碳器工作是否正常。确认过滤后水箱、中间水箱和除盐水箱液位是否正常,并确认现场指示与中控室显示是否相符。

7.3.4 干熄焦特殊操作

所谓干熄焦特殊操作,是相对于一般操作而言的,是指干熄焦非正常生产情况下的操作以及对干熄焦工艺及设备故障的处理。

7.3.4.1　干熄炉斜道口焦炭浮起

当循环风量过大，循环气体流经干熄炉冷却段从斜道口进入环形烟道时，会吹起斜道口一部分焦炭，即出现所谓干熄炉斜道口焦炭浮起现象，如图7-3-1所示。

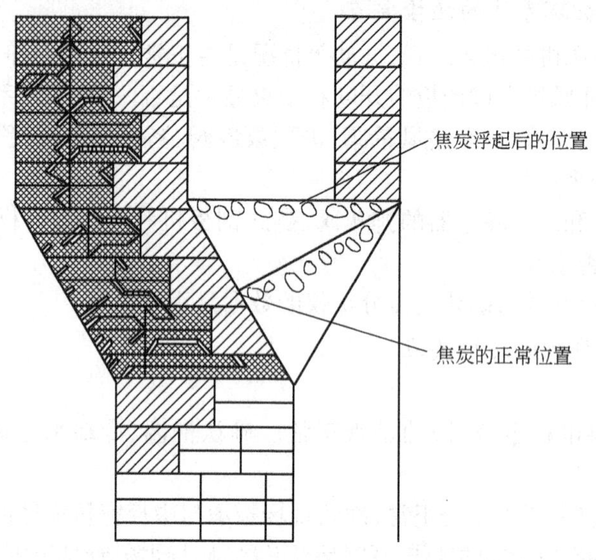

图7-3-1　干熄炉斜道口焦炭浮起示意图

当干熄炉斜道口焦炭浮起时，斜道口阻力会变大，循环风量会减少，锅炉入口温度以及排焦温度都会升高。如果未能及时发现并进行处理，而进一步增加循环风量，则会加剧焦炭进一步浮起，影响整个气体循环系统的压力和温度的平衡。

当出现下列情况时，可初步判断发生了干熄炉斜道口焦炭浮起的现象：锅炉入口循环气体压力比正常生产时的压力低500～1000 Pa（如140 t/h干熄焦）；循环风机转速不变而循环风量大幅度下降；排焦温度、锅炉入口温度上升，速率变大；一次除尘器下部的水冷套管格式排灰阀不能正常排灰等。

一旦确认发生了斜道口焦炭浮起现象，应停止向干熄炉装入红焦，减少循环风量，并连续排焦以降低干熄炉焦炭的料位，但要注意控制好排焦温度。必要时可在斜道口上部观察孔用铁杆往下捅，使斜道口浮起的焦炭下降，但要保证铁杆绝对不能掉入斜道。

7.3.4.2　红焦从干熄炉炉口中溢出

正常情况下，干熄炉预存段焦炭料位与提升机存在连锁关系。当焦炭料位达到上上限时，干熄炉内不能再装焦。自动状态下，提升机在上升到提升井架上限位置时会自动停止不动，直到干熄炉预存段焦炭上上限料位信号清除。但当此时如果上上限时料位连锁不起作用，提升机未收到中控室计算机发出的停止装焦指令，或当预存段焦炭料位长时间保持在高料位，没有进行校正时，上上限料位计均会发生故障而不起作用，造成红焦溢出干熄炉口。

当提升机或装入装置极限装置发生故障时，装入装置并没有对准干熄炉口，或者提升机并没有正对准装焦漏斗，而中控室计算机仍然会根据收到的装入装置与提升机停止位的极限信号向提升机发出下一步动作指令，会发生红焦装偏、溢出装入装置装焦漏斗的现象。

在干熄焦正常装焦时，装满红焦的焦罐落在装入装置的装焦漏斗上应停留 25 s。有时计算机程序出现故障，造成装焦时间过短，焦罐内红焦没有放空时就提起焦罐，此时红焦还在继续下落，当装入装置往关闭的方向移动时，会将一部分红焦刮到干熄炉口以外。

一旦发现红焦溢出干熄炉的现象，装入装置不能往关闭方向动作时，应立即停止干熄焦的装焦操作，迅速通知焦炉停止往另一个焦罐推入红焦，通知电机车停止作业。在排焦温度允许的范围内，适当增加排焦量，尽快降低干熄炉内焦炭的料位。但要注意此时的操作是在干熄炉炉盖打开的情况下进行的，要充分注意气体循环系统各部位的压力和温度的变化，采取相应的调节措施。为了避免溢出的红焦对装入装置以及周围的设备造成损坏，需要对红焦洒水进行冷却，然后将装入装置周围冷却的焦炭清理干净，特别要注意不要将水洒进干熄炉内。

7.3.4.3 干熄焦锅炉炉管破损

当炉管破损后，漏出的水或汽随循环气体进入干熄炉，与红焦发生水煤气反应，造成循环气体中氢气和一氧化碳含量急剧上升。

炉管的破损可从以下几种现象来判断：循环气体中氢气含量突然急剧升高；锅炉蒸汽发生量明显下降或锅炉给水流量明显上升；预存段压力调节放散管的出口有明显的蒸汽冒出；锅炉底部、循环风机底部有明显的积水现象；气体循环系统内阻力明显变大，系统内各点压差发生明显变化，循环风量明显降低。

锅炉炉管破损后，在气体循环系统内会存在大量蒸汽，造成气体循环系统阻力大幅度增加，可适当打开干熄炉炉顶放散阀进行控制。当炉管破损造成锅炉底部积水时，应打开锅炉底部排水口阀门进行排水。对锅炉进行全方位的检查处理，如果检查确认锅炉炉管破损部位在集箱处，此时可以不将干熄炉内红焦完全熄灭，只是将锅炉入口温度降到 300℃ 以下，停止循环风机运转，将炉水排空，在锅炉外部对破损的炉管进行焊补。

如果判断锅炉炉管破损发生在锅炉内部，必须进入锅炉内做进一步的检查和处理，此时则应将干熄炉内红焦完全熄灭，打开锅炉各人孔处检查漏点。如要进入锅炉内检查确认炉管损坏部位，必须降低锅炉压力，检测确认锅炉内部一氧化碳及氧气的浓度对人体没有危害，并采取可靠的安全措施后再进行。

7.3.4.4 干熄焦保温保压操作

当干熄焦因红焦装入设备发生故障，在短时间内不能装焦时，或因冷焦排出设备发生故障而无法排焦时，应对干熄焦装置进行保温保压操作。干熄焦锅炉的保温保压是指尽量维持干熄炉的温度和锅炉锅筒(汽包)的压力，或者尽量延缓干熄炉温度及锅筒(汽包)压力下降的速度。

当干熄焦系统停止排焦时，由于干熄炉冷却段内与循环气体进行热交换的焦炭的热量逐渐减少，则锅炉入口温度下降较快，主蒸汽流量及压力下降也较快。如果在短时间内不能恢复排焦，应通知干熄焦发电机停止发电或通知蒸汽用户进行倒汽作业。待发电机停止运行或蒸汽用户采取相应措施后关闭主蒸汽切断阀，开始进行锅炉的保温保压特殊操作。

在干熄焦系统的保温保压过程中，当锅炉主蒸汽温度低于 420℃ 时，应关闭减温水流量调节阀及手动阀，并将一次过热器及二次过热器疏水阀微开，防止过热器内进水。

当锅炉入口温度低于 600℃ 时，根据实际情况可停止循环风机的运行，并往气体循环系统内冲入氮气，以控制循环气体中氢气、一氧化碳等可燃成分的浓度。尤其要将干熄炉底部的氮气充入阀打开，以防止冷却段的焦炭慢慢燃烧。

根据蒸汽发生量的情况，当蒸汽发生量较小或当循环风机停止运行后，可将锅炉锅筒液位控制在150～200 mm；停止对锅炉给水，关闭锅炉连排及定排的电动阀和手动阀；根据情况关小或全关主蒸汽放散阀，尽量延缓锅炉锅筒压力下降的速度。如果锅炉锅筒液位下降到下限值，应对锅炉进行间歇性补水。

7.3.4.5　干熄焦系统全面停电的操作

必须确保气体循环系统各氮气吹入阀打开。此时，循环风机停止运转，气体循环系统内残存有氢气、一氧化碳等可燃成分；气体循环系统各部位的温度相差较大，气体循环系统内产生的热浮力造成系统下部被抽成负压。当循环系统不够严密时会吸入大量的空气，特别是在干熄炉内吸入的空气与红焦反应又生成更多的一氧化碳；当气体循环系统内氢气、一氧化碳等可燃成分与吸入的空气中氧气所形成混合物的浓度达到爆炸极限时，会发生爆炸。因此，必须确保导入空气流量调节阀及时关闭，并确保及时向循环系统内充入氮气，以稀释循环气体中的氢气、一氧化碳等可燃成分。

全面停电时，按计算机设计的控制程序，有些阀门应保持停电前的开关状态，主要是为了让气体循环系统及锅炉蒸汽系统的压力有一个缓冲过程，不至于发生急剧变化。此时，中控室计算机UPS备用电源自动启动，计算机操作画面上还能观察到各点压力变化的情况。操作人员应迅速根据现场的实际情况，以保证人员及设备的安全为前提条件，手动对各阀门的开关状态进行调节。

迅速检查原因，及时送上备用电源。若备用电源也送不上且焦罐内有红焦，则应启动单独事故应急电源，采用手动方式将焦罐内红焦装入干熄炉。

7.3.5　干熄焦装置的年修

干熄焦装置原则上每年要进行一次检修，年修的时间长短以检修内容的多少而定，通常为20～25天。为了尽量缩短检修时间，必须制定严格的检修计划（包括材料、备品备件、施工队伍的提前准备）。

年修期间要对干熄炉、锅炉系统进行彻底的检查处理。年修工作要在冷炉的情况下进行，干熄炉预存段温度必须从1000℃左右降至约50℃以下，锅炉锅筒压力也要降为0。待年修工作完毕后再对干熄炉进行升温，对锅炉进行升温、升压，逐步恢复干熄焦的生产。

7.3.5.1　干熄焦装置的年修内容

A　干熄焦年修的总体策划

第一步是项目的确定：确定年修中必须实施的重点检查项目，并形成基本的检查框架。同时根据一年来干熄焦设备的运行状况以及发现的缺陷和不足提出进一步的检查、检修项目和改进措施。

第二步是项目实施的条件和保障要求的确定：做好年修的技术保障和备件材料保障，制订干熄焦年修的备件、材料计划，制定各检修项目的技术标准、技术资料、施工方案等。

第三步是确定各检修项目之间的关系和先后次序并制定干熄焦年修计划书（见表7-3-6），然后提出工程控制节点表（见表7-3-7），这样就能很清楚地反映网络进度图的关键工序和节点要求，可增加年修施工项目控制的操作弹性和项目之间协调配合的有序性。

表 7-3-6 干熄焦年修计划书(节选)

部位	项目	检修内容	材料备件	辅助资源	1	2	3	4	5	6	7	8	9	10	11	12	13	14	15	16	17	18	19	20
排焦装置	振动给料器	衬板磨损检查更换、弹簧检查	弹簧测绘制作备品1套				←						工艺上具备检修条件									→		
	旋转密封阀	旋转密封阀更换,新旋转密封阀安装试转	减速机已国产化,制作备品1套已测绘	吊车架工			① ←				④		工艺上具备检修条件	③								→		
		旋转减速机换油,轴承箱检查、换油	减速机已国产化,备品2套已测绘				←						工艺上具备检修条件									→		
		转子衬板磨损检查																						
	双岔溜槽	衬板磨损检查更换					←				④		工艺上具备检修条件									→		
		溜槽下部下料口改进																						
		翻板底部检查																						
		电动推杆电器扩容					←						工艺上具备检修条件									→		
	平板闸门	平板闸门改造,安装电液推杆,闸门检查改进						←			④		工艺上具备检修条件									→		
	自动给脂系统	检查各供油点畅通、无漏点				←							工艺上具备检修条件										→	
	吹扫风机	更换	风机			←							工艺上具备检修条件										→	

表 7-3-7 干熄焦年修节点表

时间第( )天	节点编号	节点说明	备注
3	①	干熄炉已排焦到指定料位,停止排焦	
6	②	循环气体系统具备进入条件	
10	③	干熄炉焦炭排空	可视检修内容排空作业的进程
7	④	新旋转密封阀试排焦	新旋转密封阀带荷载试车
4	⑤	除尘系统具备进入条件	
4	⑥	锅炉水系统停止运转	锅炉检查方案
9	⑦	提升机、减速机可以运转	提升机、减速机解体检修及钢绳更换,吊具解体检查方案
13	⑧	提升机可以运转	

B 干熄焦的主要年修项目

a 干熄焦耐火材料的检修

干熄焦耐火材料的检修包括干熄炉冷却段和预存段耐火材料磨损状况的检查、干熄炉炉口砖的检查、干熄炉斜道及环形烟道耐火材料磨损情况的检查、干熄炉各测温孔磨损情况及测温用热电偶插入深度的检查、一次除尘器进口及出口高温补偿器(膨胀节)耐火材料的检查、一次除尘器耐火砖砌体及下部锥斗耐火浇注料的检查和一次除尘器挡墙的检查等,以及对上述部位耐火材料的缺陷进行必要的更换、勾缝和修补。

从武钢、马钢干熄焦的年修中发现,干熄炉本体烟道支柱耐火材料不同程度的损坏,主要表现在支柱砖立缝拉开 3 ~ 15 cm,部分砖脱落、断裂。干熄炉砌体属于竖窑式结构,整个干熄炉外表被铁壳包围,内层采用不同的耐火砖砌筑而成。对环形烟道、斜道的修复,需要搭建特殊的作业平台。可采用悬吊检修、局部更换支柱砖的方法。更换前将焦炭排到斜道根部,在焦炭层上铺上铁板,用顶撑支起烟道上部平拱,钢绳从炉顶吊住平拱,上下一起保证上部耐火材料不下陷,然后逐个拆除更换,示意图如图 7-3-2 所示。

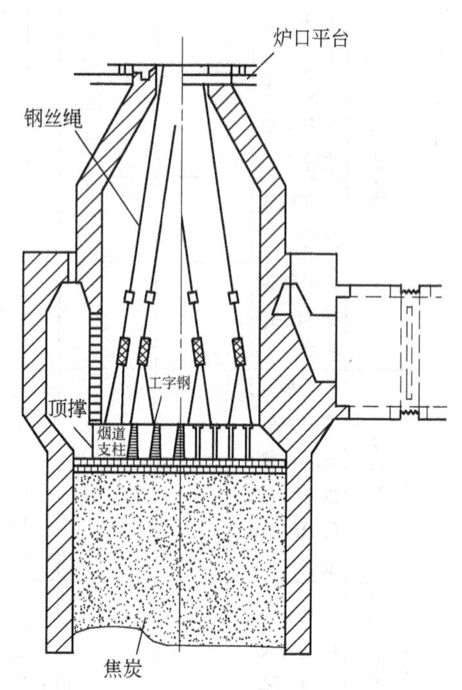

图 7-3-2 悬吊局部更换支柱砖示意图

b 锅炉水系统的检修

锅炉水系统的检修包括除盐水站和除氧水站的检查和处理,锅炉供水系统沿线各种泵类如锅炉给水泵、除氧器给水泵等的检查和处理,锅炉汽水循环系统设备如锅炉本体、强制循环泵、安全阀、定期排污膨胀器、连续排污膨胀器以及取样冷却器等的检查和处理,蒸汽外送系统沿线各气动调节阀以及电动阀的检查和维护等。

由于干熄焦锅炉属于强检性设备,每年必须由专业部门对其进行全面的检修。

c 红焦装入系统的检修

红焦装入系统的检修包括电机车及焦罐车(含运载车、焦罐台车、焦罐)、APS定位装置、提升机和装入装置等设备的检查和处理,以及提升机钢丝绳和吊具、焦罐磨板和焦罐盖等的更换(根据各设备的使用情况或周期使用寿命而定)。另外还包括整个红焦装入系统电器配线和极限保护装置的检查和处理。

d 冷焦排出系统的检修

冷焦排出系统的检修包括平板闸门、振动给料器、旋转密封阀、给脂系统、自动吹扫系统和双岔溜槽内部衬板的检查和处理,以及根据实际情况对运焦皮带进行更换。

e 气体循环系统的检修

气体循环系统的检修包括循环风机、循环风机入口挡板、干熄炉入口挡板、循环气体中焦粉净化装置、环形烟道空气导入阀、预存段压力调节阀、旁通流量调节阀、紧急放散阀、炉顶放散阀、循环气体流量计和气体分析仪等设备的检查和处理。

f 除尘系统的检修

除尘系统的检修包括格式排灰阀、灰斗、刮板输送机、斗式提升机、布袋除尘器、管式冷却器、螺旋排灰器、加湿搅拌机和集尘风机及其附属管道等设备的检查和处理。

g 仪表系统的检修

仪表系统的检修包括对压力表、温度计、流量计、液位计、水质分析仪等仪表进行校验及维护。

7.3.5.2 干熄炉的降温操作

干熄炉的整个降温期间是以干熄炉预存段温度为主管理温度,在全部的降温操作过程中,要使预存段温度从1000℃降至约50℃以下。

在降温操作期间,根据干熄炉内焦炭及其温度分布的特点,以及循环气体在干熄炉内的流向,可以适当降低干熄炉内焦炭的料位,调整炉内气流的分布。并且对锅炉采取低温纯水进行套水作业,使干熄炉内的焦炭加快冷却速度,减少干熄炉预存段温度从1000℃降至50℃所需的时间。整个降温过程可分为3个阶段采取不同的方法进行操作。

A 第一个降温阶段:预存段从1000℃降到450℃

降温操作开始时,应将干熄炉内的焦炭排到斜道口下沿以下1 m左右,并将干熄炉系统的空气导入阀及所有斜道观察孔中栓全部关闭。由于干熄炉内仍然留有一定数量的红焦,为防止循环气体中的氢气、一氧化碳等可燃成分浓度上升,要向气体循环系统内导入大量的氮气。这样既可以降低循环气体中氢气、一氧化碳等可燃成分的浓度,也可加速干熄炉内红焦熄灭和冷却的速度。

在降温初期要采用大风量持续运行的方法,通过改变循环风量、氮气充入量及间断排焦来控制降温速度。用大风量运行的目的是加速循环气体与红焦之间的对流传热,将干熄炉内红焦的热量更快地传递给锅炉的各受热面,加快红焦的冷却,干熄炉预存段降温梯度应控制在18℃/h(或20℃/h)左右。降温的控制对象以预存段温度(T_5)为准,每半小时测量记录一次,当出现偏差时,要及时进行调整。预存段压力控制在100~150 Pa。

随着干熄炉降温操作的进行,循环气体温度降低,传递给锅炉的热量随之逐渐减少,锅炉锅筒的压力也逐步下降。当锅筒(汽包)压力低于除氧器给水泵出口压力时,就可以进行套水作业,即不经过锅炉给水泵,直接由除氧器给水泵给锅炉上水。这样可以降低锅炉系统的温度，从而降低进入干熄炉的循环气体的温度，使循环气体更好地吸收干熄炉内焦炭的热量，加速其冷却。

干熄炉预存段的温度从1000℃降到450℃大约需要30～35 h。从国内外大型干熄焦的降温操作的实践看，该降温阶段宜长不宜短，不可少于30 h，这样对干熄炉内的耐火材料砌体有一定的保护作用，可避免温度骤降而导致的砌体开裂。

B　第二个降温阶段：预存段从450℃降到250℃

当干熄炉预存段的温度降到450℃时，干熄炉内的焦炭已熄灭，基本不会发生再次燃烧的可能。此时可停止向气体循环系统内充入氮气，而是采用导入空气的方法进一步对焦炭进行冷却。在导入空气进行冷却降温操作的1 h之内，必须严密注意冷却段及预存段温度的变化，以防止干熄炉内的焦炭再次燃烧。一旦发生焦炭再次燃烧的现象，应立即停止导入空气，迅速打开各氮气充入阀往气体循环系统充入氮气，并保持循环风机的运行。直到将干熄炉内红焦完全熄灭后再关闭各氮气充入阀，转为导入空气对干熄炉内的焦炭进行冷却。为防止在拆除中央风道及周边风道人孔门的过程中产生危险，此时循环风机应停止运转，待风道上的人孔门拆除后循环风机再运行。

从450℃到250℃的降温过程中，在干熄焦系统上应采取如下措施：负压系统上的人孔门全部关闭；装入炉盖全开；预存段压力调节阀全开；炉顶放散阀全开；继续采用大风量进行冷却，其目的是为了增加空气导入量和气体放散量，便于干熄炉内的耐火材料进一步冷却；锅炉继续进纯水进行冷却。

干熄炉预存段温度从450℃降到250℃约需20～25 h。

C　第三个降温阶段：预存段从250℃降到50℃

干熄炉预存段温度在第三个降温阶段，温度的下降速度会变得缓慢，这是因为干熄炉预存段温度从250℃降到50℃这一阶段在整个降温过程中，导入空气的温度与干熄炉内的温度的温差较小。此阶段在干熄焦系统上应采取以下措施：装入炉盖全开；一次除尘器上部的紧急放散阀全开；锅炉系统的人孔门全开；二次除尘器人孔门、检查孔全开；中央风道、周边风道人孔门全开；炉顶放散阀全开；预存段压力调节阀全开；预存段压力设定为10 Pa左右；继续采用大风量运转。

预存段温度从250℃降到50℃左右大约需要30～35 h。

在降温全过程中要力求做到全系统均衡降温，即干熄炉入口气体温度T_2、冷却室上下部温度T_3和T_4、预存段温度T_5、锅炉入口温度T_6同步降温，以减少因温差过大而对耐火材料砌体造成损坏。

当预存段温度降到50℃左右时，可开始进行年修作业。

7.3.5.3　干熄焦年修后的升温

干熄焦年修后，可采用先温风干燥再装红焦烘炉的升温方式来代替干熄焦建成开工时的先温风干燥再煤气烘炉的升温方式。这样可使干熄炉预存段从常温升高到800℃左右的时间大大缩短，而且可以节约大量煤气烘炉所消耗的焦炉煤气。

A　温风干燥阶段

在升温作业开始之前先往干熄炉内装入冷焦，尽可能用干熄焦生产的冷焦，以降低冷焦所含的水分，缩短烘炉时间。冷焦的料位一定要在预存段下料位与上料位之间，将干熄炉四周的斜道入口全部盖住，其主要目的是保护干熄炉斜道区的耐火材料，尤其不至于因高温红焦装入时温度急剧上升而损坏。

温风干燥期间,温度管理应以干熄炉入口温度 T_2 为主要控制对象,严格按干熄炉升温曲线进行操作。温风干燥过程中,实际温度与计划温度的偏差应控制在 ±10℃之内。若升温偏差太大,可用增、减循环风量及增、减低压蒸汽量的方法进行调节,以避免损坏干熄炉内耐火材料。

在开始升温作业后,应对逐步启动的设备进行全面的检查,特别是对年修期间检修或更换过的设备,加强巡回检查,确认其运行正常。

B 装红焦烘炉阶段

温风干燥后,红焦装入之前应对整个循环系统的气体进行置换,充入氮气,进行氮气扫线作业,扫线时间为 2 h 左右。确认循环气体氧气含量在 5% 以下,才能往干熄炉内装入红焦。

装红焦烘炉阶段的温度管理,应以锅炉入口温度 T_6 作为装红焦升温的控制对象,预存段及冷却段温度为辅助控制对象。锅炉的升温、升压应严格按升温、升压曲线进行。

红焦装入的原则是1 h 装一罐红焦。红焦装入后不要使锅炉入口温度急剧上升,以免锅炉锅筒的压力和液位发生太大的波动,以及对锅炉炉管及锅炉入口耐火材料造成危害。

红焦装入后锅炉入口温度开始上升,此时循环风量可适当增加。一般情况下每次红焦投入时锅炉入口温度上升的幅度应控制在 25 ~30℃左右。锅炉锅筒升温升压过程中,要注意锅炉各部位疏水及排污的管理。当锅炉主蒸汽温度达到 420℃时,应启动减温水调节阀。

排焦作业必须在红焦装入 1 h 后再进行,开始时的排焦量要小,以后视升温情况逐步加大排焦量。在排焦时要对排焦情况进行检查,以防止干熄炉悬料。尤其是采用连续排焦装置的干熄焦,当发生悬料时应立即进行处理。

装红焦烘炉的升温速度可以通过排焦量、循环风量以及空气导入量的增减来控制,其中应以排焦量、循环风量的调节为主要控制手段。锅炉入口温度在 650℃以下时,应往气体循环系统内充入氮气,来控制循环气体中氢气、一氧化碳等可燃成分的浓度。当锅炉入口温度达到 650℃时,可往环形气道内导入空气,以降低循环气体中氢气、一氧化碳等可燃成分的浓度,以免发生爆炸。将干熄炉从常温逐渐升至 800℃左右,方可转入正常的生产运行。

7.4 干熄焦技术的控制系统

干熄焦装置庞大,工艺复杂,技术难度大,安全系数要求特高,必须与计算机控制技术相结合,实现红焦的自动装入、惰性气体的自动循环、冷焦的自动排出、锅炉给水的自动调节等。干熄焦各子系统要自动、准确、无误的控制,以实现干熄炉内红焦与循环气体之间的最大热交换,这是干熄焦工艺自动控制的核心。对于现代大型干熄焦装置,运行正常与否,很大程度上依赖于控制系统。

7.4.1 干熄焦自动控制 EI 系统的功能

EI 中的"E"是指 Electricity,"I"是指 Instrument,即电气仪表系统,泛指"三电一体化"控制系统。

现场控制单元由控制器组成,包括基本控制器、多功能控制器及可编程序控制器(即PLC)等,根据需要对它们进行配置与组态。EI 集成控制系统属过程管理级,现场控制单元由多功能控制器和 PLC 组成，预留网关接口，可与管理主级主机相接。

干熄炉本体的计算机控制系统，由 Control Logix 5555 PLC 控制器和 Process Logix 系统共同组成。Process Logix 安装在系统服务器和 3 个操作员工作站上，用于对干熄焦系统的工艺进行操作、控制、数据处理与记录，并将 HMI 操作画面上的控制指令通过 Control Net 网络传送给 Control Logix PLC。工程师工作站同时安装了 Control Logix 和 Process Logix，完成对 PLC 系统的编程、监控和工艺操作控制。为确保干熄焦控制系统的可靠性，PLC 采用冗余 CPU、冗余电源和冗余通信网络设计。系统分为主站及远程站，主站下设 8 个分站，整个系统采用 Control Net 和 Ether Net 网络通信。

干熄炉除盐水计算机系统选用 DCS 系统。Process Logix 装在服务器和操作员工作站上，用于对干熄焦除盐水系统的工艺进行操作、控制、数据处理与记录，并将 HMI 操作画面上的控制指令通过 Control Net 网络传送给 DCS。除盐水系统 DCS 采用冗余 CPU、冗余电源和冗余通信网络设计。系统分为主站及远程站，主站下设 1 个分站，系统采用 Control Net 和 Ether Net 网络通信。

干熄炉汽轮发电机计算机系统选用 DCS 系统，DCS 系统是 Process Logix。Process Logix 装在服务器和操作员工作站上，用于对干熄焦汽轮发电机系统的工艺进行操作、控制、数据处理与记录，并将 HMI 操作画面上的控制指令通过 Control Net 网络传送给 DCS。汽轮发电机系统 DCS 采用冗余通信网络设计。系统分为主站及远程站，主站下设 1 个分站，系统采用 Control Net 和 Ether Net 网络通信。

整个干熄焦的计算机控制系统可分为 15 个子系统：焦罐车、APS 系统；提升、走行系统；装入系统；预存段料位控制系统；排焦系统；运焦及称量系统；除尘系统；焦粉排出回收系统；气体循环系统；锅炉控制及保安系统；供水系统；汽轮发电机系统；能源介质辅助系统；生产报表管理系统和控制过程报警、诊断系统。

7.4.2　自动控制过程及其连锁程序

7.4.2.1　装焦系统的控制

装焦控制系统由焦罐车、APS、提升机、走行装置、装入装置、除尘风机等子系统共同完成。提升机变频装置在 PLC 的控制下将红焦罐按预定的速度曲线完成挂钩、焦罐离床和焦罐盖离床等一系列加减速动作，将红焦罐提升到井架的顶部并准确定位。从焦炉推出的红焦由装在电机车上的旋转焦罐接受，旋转焦罐由变频器控制，在接焦过程中旋转焦罐恒速旋转，红焦均匀地落入焦罐，再由电机车牵引到提升机井架下，由 PLC 完成定位、锁闸、接空焦罐、解锁、移位、再锁闸和向提升机发出提升红焦罐指令等一系列动作。提升机变频装置在 PLC 的控制下将红焦罐按预定的速度曲线完成挂钩、焦罐离床、焦罐盖离床等一系列加减速动作，将红焦罐提升到卷上塔的顶部并准确定位。走行变频装置在 PLC 的控制下再将红焦罐按预定的速度曲线控制（见图 7-4-1），将红焦罐运送到干熄炉的顶部并再次准确定位。在红焦罐向干熄炉顶部移动的同时，在计算机的控制下装入装置将干熄炉盖自动打开，同时，炉顶的除尘阀门自动打开，除尘风机的变频装置也自动将旋转速度提升到规定负荷，防止粉尘外逸。待干熄炉盖完全打开后，提升机在 PLC 的控制下再将红焦罐按预定的速度曲线落放在干熄炉顶部。焦罐到位后，其底门自动打开，向干熄炉内装入红焦。装料完毕后，干熄炉盖、炉顶除尘阀门关闭，除尘风机将速度减到预定值。提升机、走行装置再按预定的速度曲线将空焦罐回送到焦罐待机位置,从而完成一个装焦过程的循环。

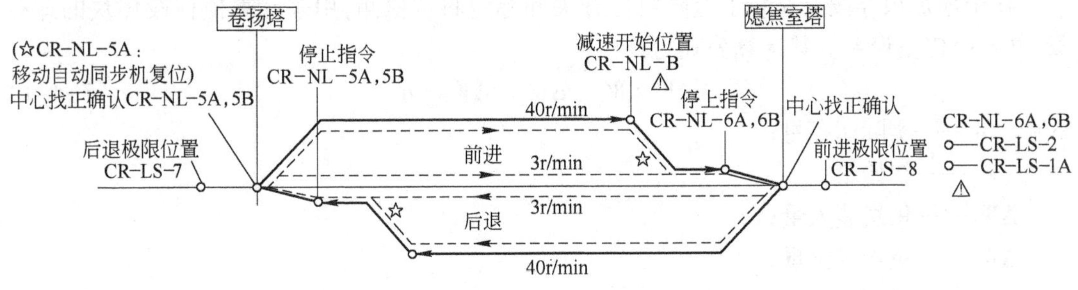

图 7-4-1 提升机走行速度控制曲线图

提升机的卷上、卷下以及走行控制,由现场设备上安装的传感器检测其移动的距离,同时发给对应的变频装置和计算机,经过计算机的计算后,再向对应的变频装置发出一系列加减速和定位的指令。

由于提升、走行控制系统的重要性,另设一套现场手动控制系统,其指令由操作人员控制,装置的卷上、卷下、走行的时序动作仍由计算机控制。

7.4.2.2 排焦、运焦及称量系统的控制

装在干熄炉内的红焦(约1000℃左右)通过低温惰性气体的循环吹扫冷却到200℃以下,由计算机根据操作人员在HMI上设定的排焦量和称重反馈量形成闭环,自动控制振动给料器的振幅值,从而达到控制排焦量的目的。

由于振动给料器和旋转密封阀长期工作在恶劣的高温环境中,所以在软件的设计中,要确保以上设备的润滑和冷却,并在HMI上能实时监控其运行状态。

软件设计根据切换溜槽对皮带运输系统的选择,控制走行小车依据料仓料位的检测信号自动选择料仓进行装焦,并控制皮带机系统的逆流启动和顺流停车。软件还能根据系统所选择的皮带机和料仓,自动控制除尘装置的启停。而焦炭温度检测装置则要控制喷淋水阀的开闭,防止排出焦炭温度过高损坏皮带机。

7.4.2.3 供水及锅炉系统的控制

汽包水位是影响锅炉安全运行的非常关键因素。锅炉汽包给水量不应剧烈波动,如果给水调节不好,频繁的给水波动将冲击省煤器管道,降低锅炉寿命。

通过计算机的PID数学模型运算严格控制除盐水箱和除氧水箱的水位。两套互为备用故障自投的锅炉给水泵和锅炉循环泵配合给水调节阀、过热防止阀。根据锅炉给水流量和压力检测装置,通过计算机的连锁运算控制,确保锅炉用水量的稳定供给和互备水泵的交替工作。

锅炉锅筒液位控制分单冲量控制和三冲量控制,单冲量控制是通过PID调节锅炉给水流量,达到控制锅筒液位稳定的目的;三冲量控制是通过PID串级调节,控制锅炉给水流量、锅筒水位和主蒸汽流量3个主要的被控参数,达到控制锅筒液位稳定的目的。在锅炉投入运行的初期阶段和保温阶段,选择单冲量调节控制锅筒液位。在锅炉以额定负荷的75%以上运行时,投入三冲量调节。

总之,给水控制系统的任务就是保证给水流量适应于锅炉蒸发量的要求,维持汽包水位在合适的范围内,以保证干熄焦装置的安全运行。

7.4.2.4　预存段料位的控制

在干熄炉预存段上安装了上限料位开关和标定料位检测,用来计算预存段焦炭的库存量,并及时修正误差。其计算公式为:

$$W = W_1 + \Delta W_2 - \Delta W_3 \pm a \tag{7-4-1}$$

式中　W——实际库存量;

W_1——初始量;

ΔW_2——焦炭装入量;

ΔW_3——焦炭排出量;

a——校正值。

计算机系统根据投焦的次数自动计算固定的焦炭重量,并在设定的时间段内提示操作人员进行料位标定,即加快或放慢排焦的节奏,迫使红焦经过 γ 射线时将料位强制校正于设定的料位值。同时对每次投焦的固定焦炭重量进行自动修正。在 HMI 上操作人员还可对料位值进行手动补正。

7.4.2.5　除尘和焦粉排出回收系统的控制

变频除尘风机由计算机控制与干熄炉盖和炉顶除尘阀门联动,自动调节除尘风机的旋转速度,确保干熄炉盖口的压力为负压,防止粉尘外逸。炉顶的高温粉尘经过冷却器,炉底出口的粉尘经过除尘器,然后再经过一组滤袋装置收集到粉仓内。计算机则根据粉仓内的料位传感器,自动控制仓壁振动器、排灰格式阀、刮板机、脉冲控制仪、离线阀、螺旋电机和斗式提升机等设备完成一系列的动作,将焦粉排出,同时还要保证粉仓内有一定数量的焦粉,实现循环气体风道的密闭,防止循环气体外逸。

7.4.2.6　气体循环系统的控制

循环气体成分分析与控制是保证干熄焦安全生产的关键,是检测 H_2、O_2、CO 等气体含量的在线分析系统,一旦这些气体含量达到上限值,会立即启动放散装置来补充氮气。调节斜烟道处的空气吸入管,可使可燃气体得以充分燃烧,从而使气体成分维持平衡。

变频循环风机是干熄焦控制系统的核心设备之一。它由操作人员根据干熄炉的工况在 HMI 上设定给定值,由计算机自动完成旋转速度的调节和保安系统的连锁控制。计算机系统还监测循环风机的各项机械振动参数和轴承温度,显示在 HMI 上。

7.4.3　锅炉操作参数的串级控制系统

串级控制系统是一个定值过程自动控制系统,其副回路是一个随动系统。副回路的定值是主调节器的输出,是一个变化量。

在整个干熄焦系统的生产操作控制中,锅炉运行的各项参数尤为重要,故而对锅炉给水、蒸汽发生量实施串级控制。

7.4.3.1　干熄焦锅筒锅炉给水控制系统

A　锅筒锅炉给水控制的任务

锅筒水位是影响锅炉安全运行非常关键的因素。当锅筒水位过高时,锅筒内容纳蒸汽的空间就变小,不利于蒸汽蒸发,并导致蒸汽带水增多,含盐浓度增大,从而加剧在过热器管道内及汽轮机叶片上的结垢,影响传热效率,严重时甚至会损坏汽轮机。当锅筒水位过低时，蒸汽发生量小，因而过热器管道内的蒸汽流量偏小。锅炉的高温烟气量一般保持恒定，不能同步减少，这样就会使过热器管壁过热而爆管。此外，锅筒给水量不应剧烈波动。如果给水调节不好，频繁的给水波动将冲击省煤器管道，降低锅炉寿命。

B　锅筒锅炉给水调节对象的动态特征

锅筒水含有大量蒸汽气泡，而气泡的总体积是随着锅筒内的压力和炉膛热负荷的变化而改变的。如果气泡的总体积发生变化，此时即使锅炉的给水总量没有改变，锅筒水位也会随之变化。与锅筒水位变化有关的主要因素是给水量、锅炉蒸发量和锅炉燃料量。

a　给水流量 W 扰动下的锅筒水位变化动态特性

在锅炉工况稳定的状况下，当给水量 W 发生阶跃扰动时，锅筒水位 H 的响应曲线可以用图 7-4-2 说明。

从物质质量不变观念出发，当加大了给水量，锅筒水位应上升，水位的相应曲线如图 7-4-2 中的 H_1 所示。但实际情况并非如此，这是由于给水温度低于锅筒内的饱和水温度，给水进入锅筒内吸收了饱和水中的一部分热量，使锅筒内的水温有所下降，从而使水面以下的气泡数量减少，气泡占据的空间减少，进入锅炉内的水首先填补因气泡减少而降低的水位。气泡对水位的影响可以利用图中的曲线 H_2 表示。锅筒水位的实际响应曲线是 H_1 和 H_2 的综合 H。从图中可以看出，水位的响应过程有一段迟延时间 τ。给水的过冷度越大，纯迟延时间也越长。

水位在给水扰动下的传递函数可表示为：

$$H(S)/G(S)=\frac{\varepsilon}{s}-\frac{\varepsilon\tau}{1+\tau s} \tag{7-4-2}$$

式中　τ——迟延时间；

ε——给水量改变 1 个单位流量时水位变化的响应速度。

b　蒸汽量 D 扰动下的锅筒水位变化动态特性

如图 7-4-3 所示，当蒸汽耗量突然增多，蒸发量高于给水量，锅筒内物质平衡状态被改变，锅筒水位无自平衡能力，使得水位下降，如图 7-4-3 中的 H_1 所示。另一方面，由于耗汽

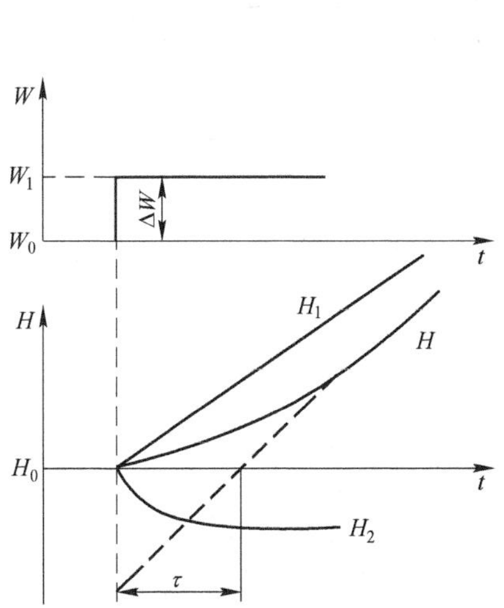

图 7-4-2　锅筒水位 H 的响应曲线

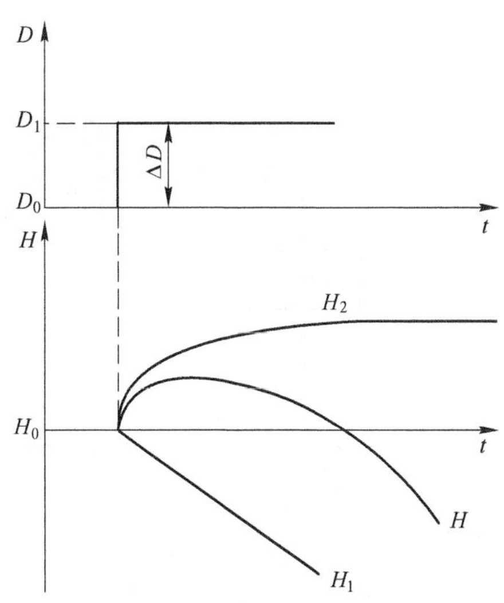

7-4-3　蒸汽量 D 扰动下的锅筒水位变化动态特性图

量的增加，锅筒内的气泡增多，同时由于锅炉的其他工况未变，所以锅筒内压力下降，使水面以下的蒸汽气泡膨胀，气泡占据的空间增大，从而导致锅筒水位上升，如图7-4-3中的H_2所示。蒸汽量阶跃扰动下，锅筒水位H的实际响应曲线是H_1与H_2之和。因此，在蒸汽量D阶跃增加后的一段时间内水位不但不下降，反而明显上升。这种似乎异于常理的现象通常称为"假水位"现象。

因为：$H(t)=H_1(t)+H_2(t)$

所以：传递函数为

$$\frac{H(S)}{D(S)}=\frac{K_2}{1+T_2S}-\frac{\varepsilon}{S} \tag{7-4-3}$$

式中　T_2——H_2的时间常数；

K_2——H_2的放大系数；

ε——H_1的响应速度。

c　燃料量扰动下的锅筒水位动态特性

如图7-4-4所示，当燃料量增加时，锅炉吸收更多的热量，使蒸发的强度增大。由于锅炉管网内气压增高，蒸汽流量增大，这时蒸发量大于给水量，水位应下降。但由于在热负荷增加时蒸发强度的提高使汽水混合物中的气泡容积增加，而且这种现象必然先于蒸发量增加之前发生，从而使锅筒水位先上升，而引起"虚假水位"现象。当蒸发量与燃烧量相适应时，水位便会迅速下降，这种"虚假水位"现象比蒸汽量扰动时要小一些。

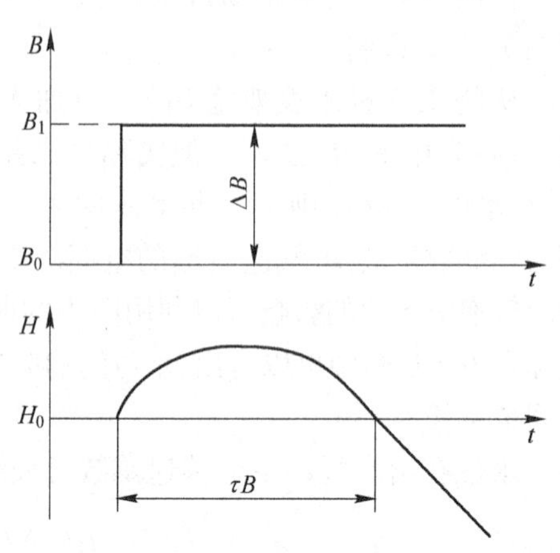

图7-4-4　燃料量B扰动下的气泡水位动态特性图

C　单冲量给水调节系统

图7-4-5为干熄焦中锅筒锅炉单冲量给水调节系统示意图，给水调节器接收的反馈信号为锅筒液位，其控制输出信号送至给水调节阀调节锅筒给水量。

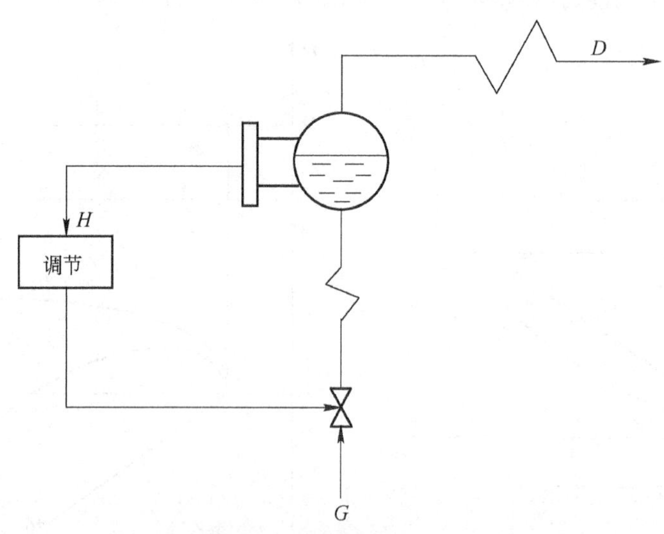

图7-4-5　单冲量给水调节系统图

干熄焦处于非正常工况时，要采用单冲量给水调节系统。例如，在干熄焦开工调试时，干熄炉内红焦较少，即锅炉燃料量不足，产生的蒸汽很少，甚至可以忽略不计，使得锅炉不需连续稳定补水，锅筒内压力很低。在这种非正常生产情况下，需要单冲量给水调节系统解决难题。此外，干熄焦正常生产后，如果蒸汽发生量或给水流量检测系统出现故障，导致三冲量给水调节系统不能正常工作时，也可将单冲量给水系统投入运行，以解燃眉之急。所以在干熄焦工艺中，单冲量给水调节系统确实有存在的必要。在武钢干熄焦项目中，单冲量给水调节系统的控制逊于三冲量给水调节系统，其水位波动范围为 ±40 mm。

D 单级三冲量给水调节系统

a 系统组成及静态特性

由于干熄焦锅炉给水流量、蒸汽量及燃料量的动态特征的特殊性，决定了采用单冲量反馈调节给水系统不能满足工艺对控制水位的要求。所以干熄焦锅炉在工况正常的情况下，宜采用三冲量给水自动调节系统。

图 7-4-6 为常用的单级三冲量给水调节系统。主调节器输入端共接受 4 个信号，即锅筒水位 *H*、蒸汽流量 *D*、给水流量 *W* 和锅筒水位给定值 *SP*。由于锅筒水位是被控量，所以水位信号称为主信号。

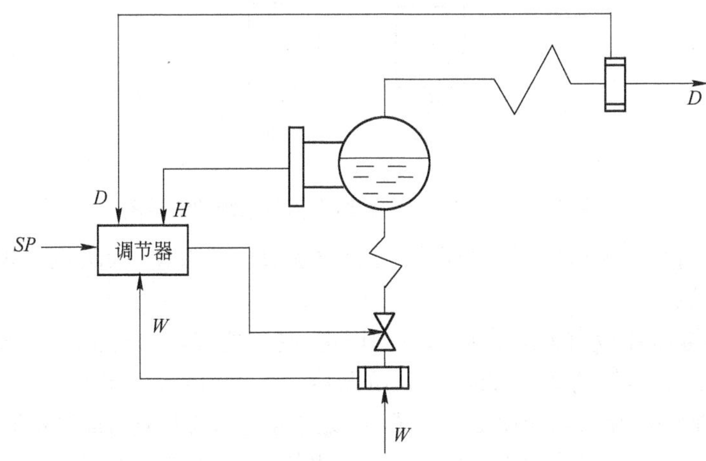

图 7-4-6 单级三冲量给水调节系统图

当蒸汽量 *D* 出现扰动，比如耗量增加时，为保持锅筒水位恒定，应增加给水量 *W*。但知在 *D* 增加时，一段时间内锅筒会出现假高水位现象。如果调节系统仅靠测量出的水位反馈信号控制给水调节阀，就会减少阀门开度，造成给水量 *W* 的下降。这样就更加剧了锅筒内水汽质量的不平衡，根本无法正常生产。为此，在调节系统中引入了蒸汽流量前馈调节环节，当 *D* 出现扰动时，用 *D* 来抑制 *H* 的假水位现象。如果前馈环节设计得好，可以大幅限制假水位现象，甚至将其消除为零。

当水位 *H* 或蒸汽量 *D* 变化时，给水量 *W* 应迅速跟踪上述二量的变化。在这个意义上，*H*、*D* 与 *SP* 一道作为调节器的给定值，而 *W* 是控制系统的反馈信号。当给水量由于自身原因变化时（例如给水压力波动引起给水流量的波动时），调节器也能立即动作调节装置，使给水流量迅速恢复到原来的数值，从而使锅筒水位基本不变。从这个意义上讲，给水流量信号还起着前馈作用。

为了讨论多信号时调节系统的静态特性，首先应确定送入调节器各信号的极性，图 7-4-7 为单级三冲量给水调节系统的信号图。

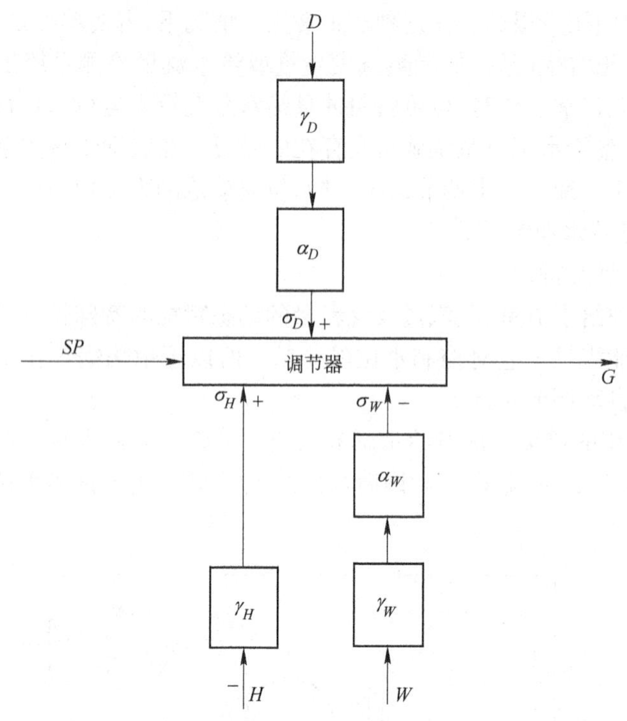

图 7-4-7　单级三冲量给水调节系统的信号图

图中，γ_H、γ_W 和 γ_D 为信号测量变送器的变送系数；α_D 和 α_W 为蒸汽流量信号和给水流量信号的分流系数。

当蒸汽负荷增加时，为了保持锅筒水位的恒定，调节器应增大给水流量，即调节器输出控制信号应与蒸汽流量信号的变化方向相同，所以蒸汽流量信号 σ_D 定为“+”。当锅筒水位 H 增加时，为了维持水位，调节器应使给水量减小；反之水位降低时应增加给水流量，即调节器输出控制信号应与水位信号的变化方向相反。因此水位信号 σ_H 应规定为“-”。但由于锅筒锅炉的水位测量装置本身已具有反号的静特性，所以进入调节器的水位变送器信号 σ_H 应定为“+”；当给水量信号是反馈信号，它是为稳定给水流量而引入调节系统的，所以 σ_W 为“-”。在单级三冲量给水调节系统中，水位、蒸汽流量和给水流量对应的 σ_H、σ_D、σ_W 都送到数字式 PID 调节器中。因而在静态时，这三个输入信号应与水位给定信号 SP 平衡，即：

$$SP=\sigma_D-\sigma_W+\sigma_H \tag{7-4-4}$$

或

$$SP-\sigma_H=\sigma_D-\sigma_W \tag{7-4-5}$$

式 7-4-5 表明，如果使送入调节器的蒸汽流量信号 σ_D 与给水流量信号 σ_W 相等，则在静态时的水位信号 σ_H 就等于给定值 SP，给水调节系统将是无静差的。如果在静态时的水位信号 $\sigma_D\neq\sigma_W$，则锅筒的水位稳定值将不等于给定值，给水调节系统将是有静态偏差的。

b　反馈回路及主回路分析

单级三冲量给水系统的方框图如图 7-4-8 所示，系统由两个闭合的反馈回路及前馈部分组成。

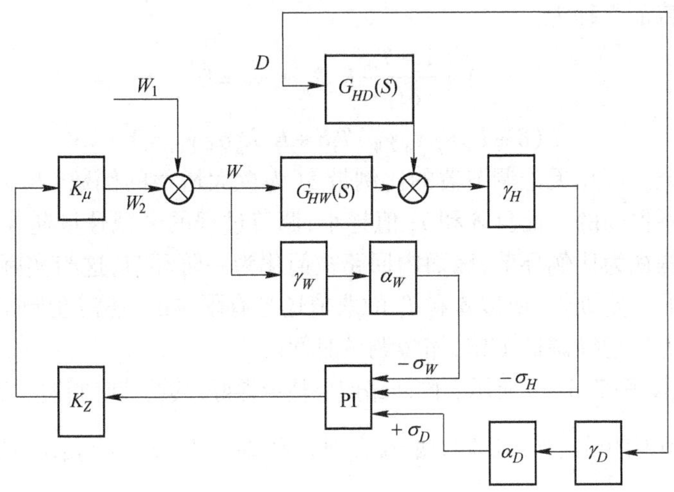

图 7-4-8　单级三冲量给水系统方框图

由 PI 调节器执行机构 K_Z、调节阀 K_μ、给水流量测量装置 γ_W 和分流器 α_W 组成内回路（或称副回路）；由调节对象 $G_{HW}(S)$、水位测量装置 γ_H 和内回路组成外回路（或称主回路）；由蒸汽流量 D 及蒸汽流量测量装置 γ_D、分流系数 α_D 构成前馈调节部分。

因为前馈调节不会影响系统的稳定性，所以对调节系统稳定性的分析应主要着眼于对两个反馈回路的分析。

首先进行反馈回路分析。

单级三冲量给水调节系统具有 2 个闭合的反馈回路，在方框图结构上与串级调节系统有类似的构造，因此可以运用串级系统的分析方法来研究这一系统。根据串级系统的特性，内调节回路的调节时间显著短于外调节回路。当内调节回路工作时，主回路的各参量并未变化，因而可认为主回路是断开的。而在主回路进行调节时，内回路只是主回路的一个快速随动环节。这样，可以把一个双回路系统当作两个相对独立的单回路系统来处理。

内回路方框图如图 7-4-9 所示。

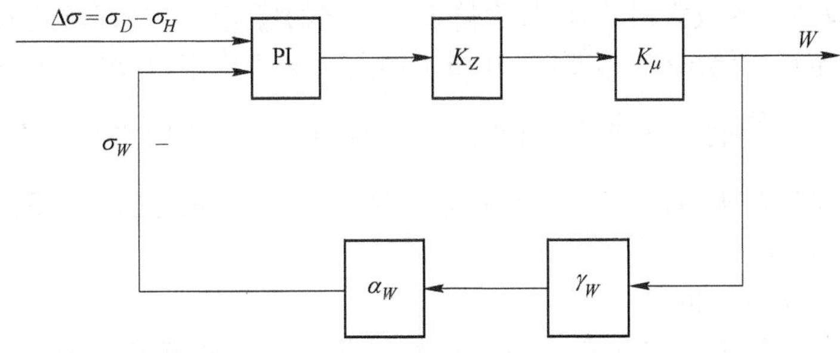

图 7-4-9　内回路方框图

内回路系统闭环传递函数为：

$$\frac{W(S)}{\Delta\sigma(S)}=\frac{\dfrac{1+T_iS}{\delta T_iS}K_ZK_\mu}{1+\dfrac{1+T_iS}{\delta T_iS}K_ZK_\mu\alpha_W\gamma_W}\tag{7-4-6}$$

闭环系统的特征方程为：

$$1+\frac{1+T_iS}{\delta T_iS}K_ZK_\mu\alpha_W\gamma_W=0 \tag{7-4-7}$$

变形后为：

$$(\delta+K_ZK_\mu\alpha_W\gamma_W)T_iS+K_ZK_\mu\alpha_W\gamma_W=0 \tag{7-4-8}$$

它是一阶系统。可见无论调节器的比例带 δ（为放大增益的倒数）和 T_i 取何值，内回路的调节过程都是不振荡的。而且 δ 和 T_i 值越小，调节过程的衰减速度越快。以上分析中将调节阀和执行机构视为比例环节，因而内回路被简化为一阶环节，这与实际不完全相符。实际上 K_Z 和 K_μ 均有一定惯性，所以 δ 和 T_i 的取值还是有限制的，还需在调试中确定。但上述得到的结论可有力地指导调试工作，缩短调试时间。

主回路方框图如图 7-4-10 所示。内回路如果整定得好，其调节时间短。当类似于主给定值的 $\Delta\sigma$ 改变时，调节器能迅速作出反映，使 σ_W 迅速跟踪 $\Delta\sigma$。即 $\Delta\sigma=W\gamma_W\alpha_W$ 或 $\frac{W}{\Delta\sigma}=\frac{1}{\gamma_W\alpha_W}$。

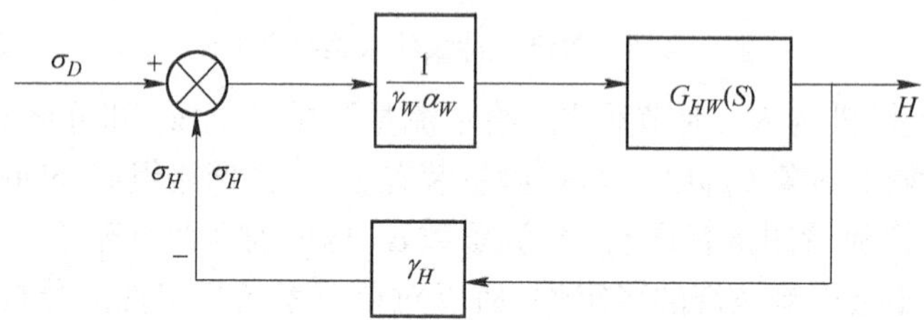

图 7-4-10　主回路方框图

由图 7-4-10 可见，主回路仍是一个单回路系统。其中调节对象传递函数为 $G_{HW}(S)$，内回路的传递函数 $\frac{1}{\gamma_W\alpha_W}$ 相当于主回路调节器的传递函数。它实质是一个纯比例调节器，其比例带为：

$$\delta^*=\gamma_W\alpha_W \tag{7-4-9}$$

由式 7-4-9 可知，增大 α_W 就增大了主回路调节器的比例带，即减小了调节器放大倍数，此举将增加主回路的稳定性。但是对于内回路而言，增大 α_W 会减小内回路调节器等效比例带，即增大调节器的放大倍数，因而会降低内回路的稳定性。所以整定 α_W 必须兼顾内、外两个回路的稳定性。调试时，为使内、外两个回路均保持稳定，在增大 α_W 时，相应地增加调节器的比例带 δ，使 $\frac{\alpha_W}{\delta}$ 的比值不变，当然，这多少牺牲了一点内回路调节的快速性。

由上述分析可以看出，对于单级三冲量给水调节系统，给水流量信号的分流系数 α_W 是很重要的一个参数。

其次进行前馈调节分析。

对于单级三冲量给水调节系统，前面已分析了反馈回路，这样其系统方框图可重新用图 7-4-11 描述。

蒸汽流量前馈环节 γ_D、α_D 处于反馈回路之外，因此它们的特性及取值不会影响调节系统的稳定性，故可以根据蒸汽流量 D 扰动时使水位不发生变化的原则来确定前馈环节的参数，即：

$$\gamma_D\alpha_D(S)\frac{1}{\gamma_W\alpha_W}G_{HW}(S)+G_{HD}(S)=0 \tag{7-4-10}$$

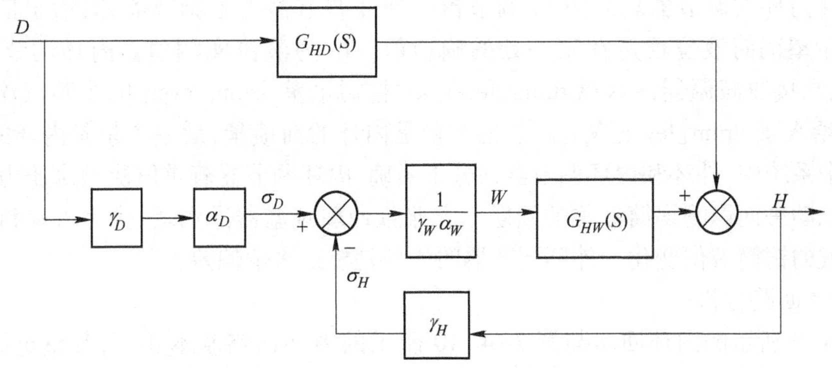

图 7-4-11　单级三冲量给水调节系统方框图

得

$$\alpha_D(S) = -\frac{\gamma_W\alpha_W}{\gamma_D}\cdot\frac{G_{HD}(S)}{G_{HW}(S)} \tag{7-4-11}$$

可见,前馈环节是一个复杂的动态环节,目前在技术上实现式 7-4-10 是困难的。不过由于调节系统中已经有了反馈调节,而且也容许锅筒水位在一定范围内变化,因而蒸汽流量的前馈环节传递函数可以简化成比例环节。实践证明,采取这种手段,在工程上是可行的,效果也较好。

E　干熄焦串级三冲量给水调节系统

由于串级(或称为双环)调节系统具有更好的调节品质,且调节器比例增益及积分增益也易整定,因此在干熄焦项目中,给水调节系统采用的是串级三冲量给水调节系统。

a　干熄焦串级三冲量给水调节系统的组成

串级三冲量给水调节系统的原理结构如图 7-4-12 所示。

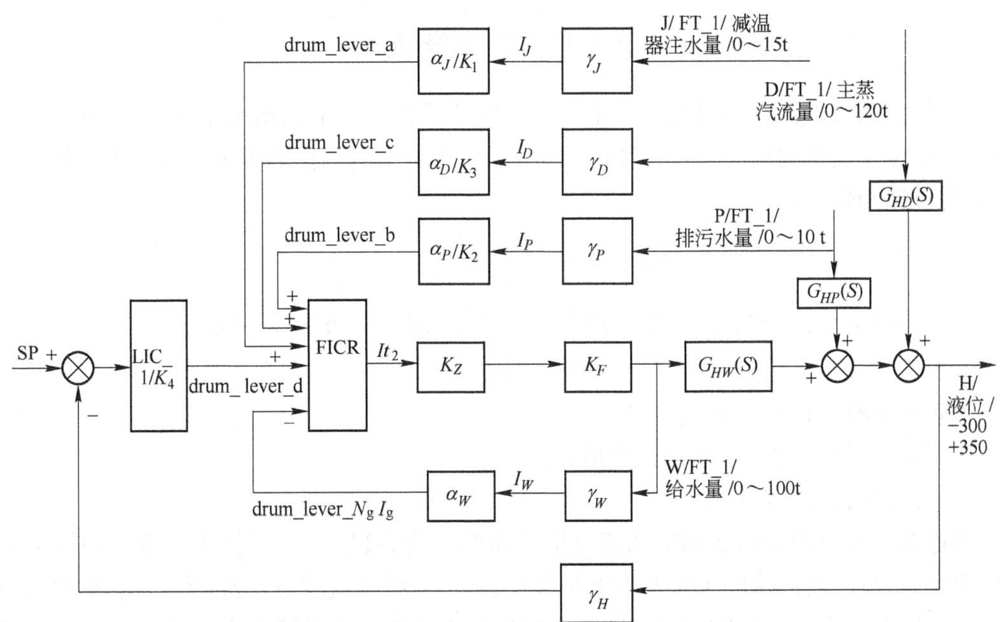

图 7-4-12　串级三冲量给水调节系统的原理结构图

外环和内环的调节器均采用 PI 调节器。外环调节器为主调节器,其给定信号为 SP,是操作者希望锅筒液位稳定在某一处的确切值。I_H 为液位实测值。内环调节器为副调节,其输入端接收减温器注水量 drum_lever_a 、排污水量 drum_lever_b、主蒸汽流量 drum_lever_c 及给水量 drum_lever_N_gI_g。前三个量是内环的前馈量,后一个量是内环的反馈量。

在这个系统中,外环和内环调节器的分工明确,内环调节器着重解决给水压力不稳造成给水流量扰动进而影响锅筒液位的问题。它兼顾处理减温器注水量、排污水量和主蒸汽流量波动造成的锅筒液位变化。外环调节器的任务是校正水位偏差。

b 内环回路分析

图 7-4-9 所示的内环回路与图 7-4-10 所示的内环回路基本相同,其整定原则相似。此外,为使给水流量快速跟踪减温器注水量、排污水量,特别是快速消除主蒸汽流量的波动和回路内扰,内环副调节器的比例增益应显著大于外环主调节器的放大倍数,而积分增益应明显小于主调节的积分增益。经过这样处理,内回路就成为主回路的近似为比例特性的快速随动系统。

c 外环回路分析

由于内环回路的工作频率远高于外环回路的工作频率,分析外环时可将内环回路视为比例环节,主回路等效方框图如图 7-4-13 所示。

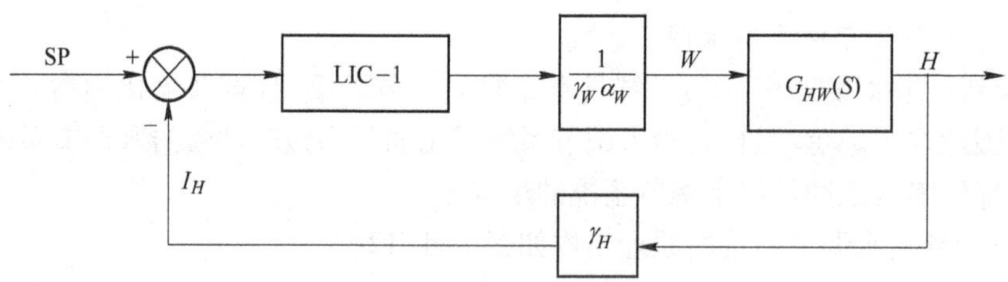

图 7-4-13 主回路等效方框图

这时,主调节器回路可等效为一个单回路调节系统。如果以给水量 W 为调节对象的输入信号,水位变送器输出 I_H 为输出信号,则可以把 LIC-1 与内回路视为一体作为等效主调节器,它的传递函数为:

$$G_{R1}(S) = \frac{1}{\gamma_W\alpha_W}\cdot\frac{1}{\delta_1}\left(1+\frac{1}{T_{i1}S}\right) \tag{7-4-12}$$

可见等效调节器仍然是比例积分调节器,但等效调节器的比例带 δ^* 为:

$$\delta_1^* = \delta_1\gamma_W\alpha_W \tag{7-4-13}$$

等效调节器的积分时间 $T_i^* = T_{i1}$。

主回路 δ_1 和 T_i 的整定通过试验得到。

d 分流系数的整定原则

通过对串级三冲量给水调节系统反馈回路的分析,可以看出它优于单级三冲量给水系统。串级系统外、内回路的工作基本上是各自独立的,给水流量 W、分流系数 α_W 虽然也同时对两个回路的工作产生影响,但它们在系统中的作用都比单回路时小得多。在单级三冲量系统中,外回路的等效调节器比例带 $\delta^* = \gamma_W\alpha_W$,可以通过改变 α_W 来调整,但 α_W 的选择还必须同时兼顾内回路的稳定性；串级三冲量系统的等效调节器的比例带 $\delta_1^* = \delta_1\gamma_W\alpha_W$，可以通过改变 LIC-1 调节器的比例带 δ_1 来调整 δ_1^*，因此调整 δ_1^* 时并不会影响到副回路的工作稳定性，从而做到外、内回路互不影响，即内回路的稳定性由调节 α_W 来保证，主回路的稳定性由改变 δ_1 来保证。

在串级三冲量给水调节系统中，水位偏差由主调节器校正，解决锅炉锅筒“虚假水位”的问题由副调节器完成。如果内回路调节器积分增益整定得非常小，甚至为零，则 α_D 将较少地受到静态特性的约束。为使蒸汽流量信号的前馈调节作用更好地克服“虚假水位”的影响，一般可取蒸汽流量信号略大于给水流量信号，即 drum_lever_c > drum_lever_$N_g I_g$，α_D 系数由此不等式确定。

由于减温器注水量和锅筒排污水量大约是给水流量的 1/10，则 α_J、α_P 也约为 α_D 的 1/10。

7.4.3.2 干熄焦过热蒸汽温度控制系统

A 过热蒸汽温度控制的任务

过热蒸汽温度是干熄焦锅炉安全及经济运行的重要参数，过热蒸汽温度控制就是维持干熄焦锅炉二次过热器出口蒸汽温度尽可能恒定。如果过热蒸汽温度控制不好，致使蒸汽温度偏高，将导致干熄焦锅炉二次过热器、蒸汽管道和汽轮机等设备受损。如果过热蒸汽温度偏低，会引起汽轮机末级蒸汽温度增加，降低汽轮机效率，加快对汽轮机叶片的侵蚀，严重时甚至会影响汽轮机的安全运行。在干熄焦正常生产时，一般要求过热蒸汽温度控制在 420℃，偏差不应超过 ±10℃。

B 过热蒸汽温度控制对象的动态特征

各种锅炉的容量、结构和尺寸不同，影响过热蒸汽温度的因素也较多。但就影响的程度而言，主要有蒸汽流量、减温水和烟气传热量三个方面的扰动。

a 蒸汽扰动下对象的动态特性

当蒸汽流量扰动时，流量的变化使整个过热器管路上各处的蒸汽流动速度同时变化，从而改变过热器的对流放热系数，使过热器各点的蒸汽温度也几乎同时改变。蒸汽量变化对过热器气温的影响如图 7-4-14 所示。可见二次过热器出口气温是随流量 D 的增加而升高的，并有迟延、有惯性和有自平衡能力。迟延时间较小，约为 15 s。

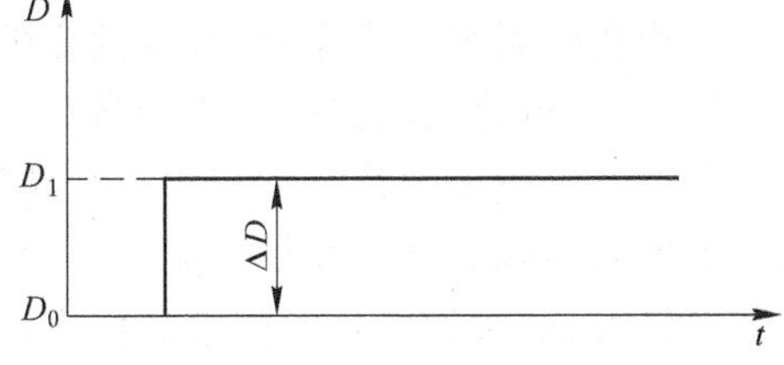

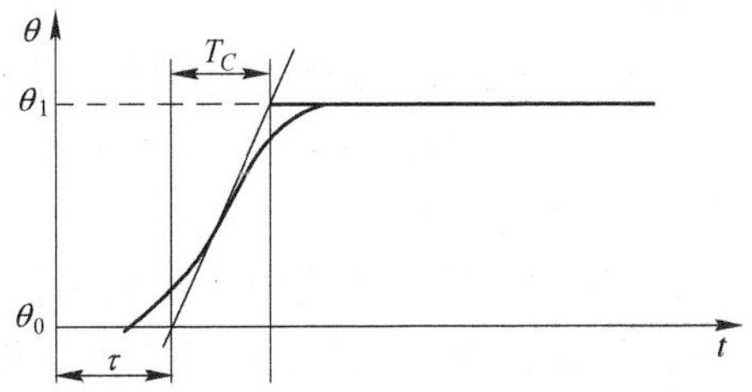

图 7-4-14 蒸汽量变化对过热器气温的影响

b 减温水量扰动下过热蒸汽温度对象的动态特性

减温器减温水的喷水量直接影响二次过热器进口的过热蒸汽温度，从而间接影响二次过热器出口蒸汽温度。由于二次过热器的管路较长，因此减温水扰动时，气温的反应较慢，减温水量变化对二次过热器气温的影响如图 7-4-15 所示。其特点仍是有迟延、有惯性和有自平衡能力。对干熄焦锅炉而言，其迟延时间较大，约为 60 ~ 90 s。

c　烟气扰动下过热蒸汽温度对象的动态特性

烟气传热量扰动引起的原因很多。在干熄焦中，干熄炉单位时间装一炉红焦，每炉红焦温度高达 1050℃左右。干熄炉底部冷却的焦炭虽是连续排出，但排焦速度可人工控制，循环风机转速根据干熄焦工况而调整。尽管引起烟气传热量扰动的原因很多，但对象特征总的特点是有惯性、有自平衡能力。它的特征曲线如图 7-4-16 所示。

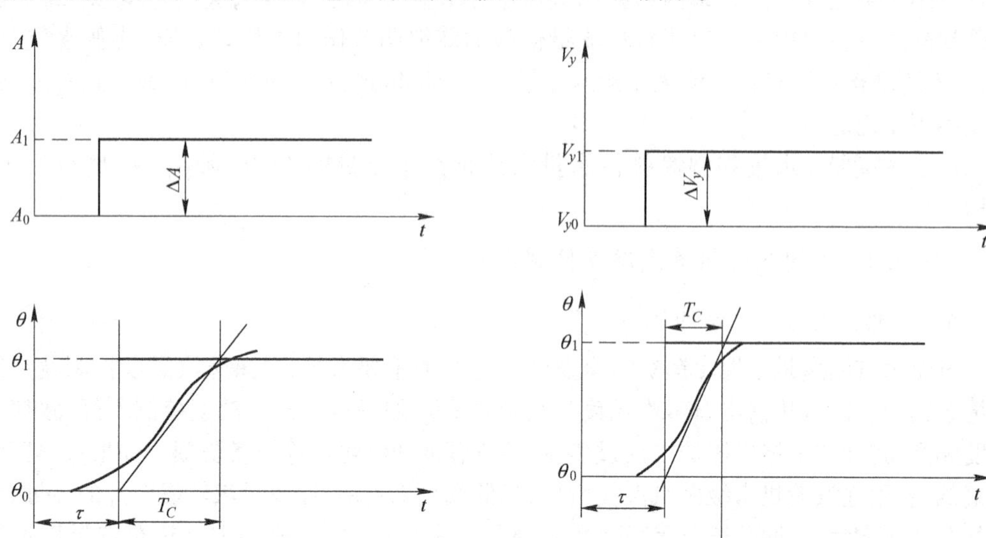

图 7-4-15　减温水量变化对二次过热器气温的影响　　图 7-4-16　烟气流量变化对过热气温的影响

C　串级气温调节系统的典型结构

采用喷水减温方式控制过热蒸汽温度，对干熄焦锅炉的二次过热器安全运行比较有利。尽管在减温水量变化时，气温的跟随反应时间较长，调节特性不理想。但基于安全考虑，仍是目前过热蒸汽温度主流的调节方法。利用自动控制的理论和方法还能较大地克服蒸汽温度反应慢的特点。采用喷水减温时，由于对象调节通道有较大的迟延和惯性，所以采用单回路调节系统往往不能获得较好的调节品质。针对过热气温调节对象调节通道惯性迟延大、被调量信号反馈慢的特点，可从对象的调节通道中找出一个比被调量反应快的中间点，作为调节器的补充反馈信号，以改善对象调节通道的动态特性，提高调节系统的质量。

目前在干熄焦中采用的是过热气温串级调节系统。

图 7-4-17 为过热蒸汽温度串级调节系统方框图。气温调节对象由减温器和过热器组成，减温水流量 W_j 为调节通道的输入信号，二次过热器出口气温 θ_2 为输出信号。为了改善调节品质，系统中采用减温器出口处气温 θ_1 作为辅助调节信号，此信号又称为导前气温信号。当减温器喷水量变化后，导前气温信号 θ_1 的反应比最终控制目标 θ_2 的信号迟延要小很多。由于系统引进了 θ_1 作为副调节量，因而显著提高了系统动态特性。

D　干熄焦过热蒸汽温度控制系统分析

干熄焦主蒸汽温度控制系统方框图如图 7-4-18 所示。

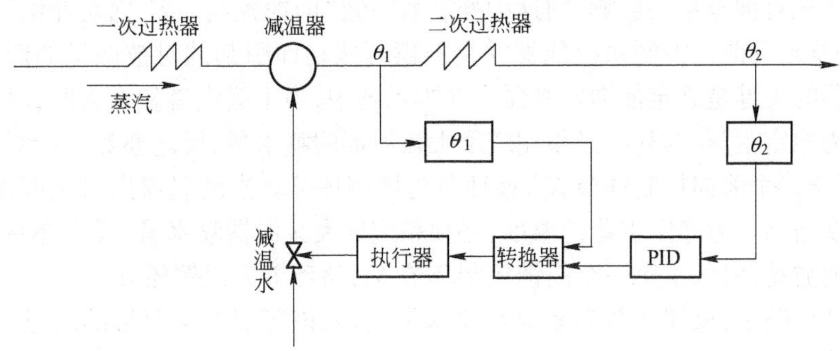

图 7-4-17　过热蒸汽温度串级调节系统方框图

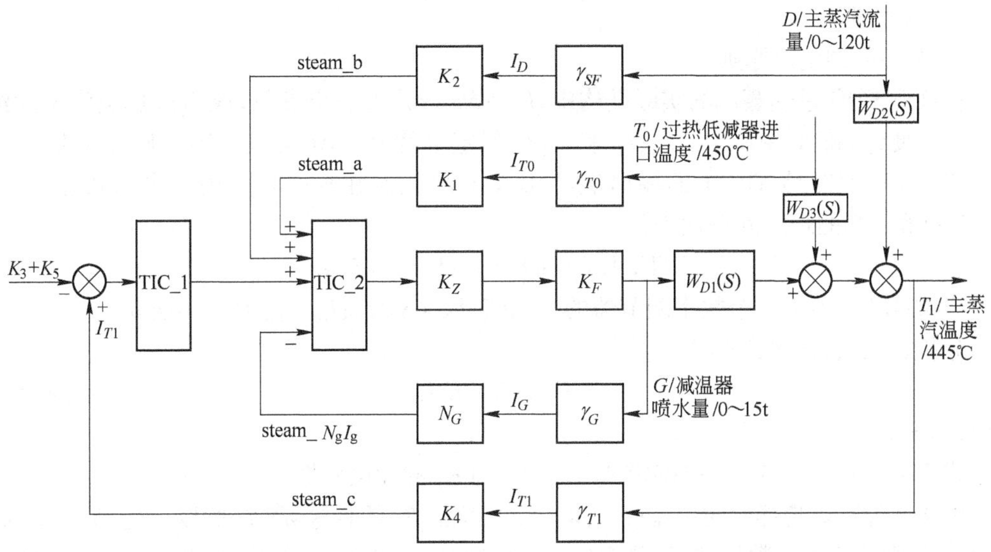

图 7-4-18　干熄焦主蒸汽温度控制系统方框图

图 7-4-18 中，$W_{D1}(S)$ 为减温器喷水量对主蒸汽温度影响的传递函数；$W_{D2}(S)$ 为主蒸汽流量对主蒸汽温度扰动的传递函数；$W_{D3}(S)$ 为减温器出口温度对主蒸汽温度扰动的传递函数；γ_{SF}、γ_{T0}、γ_G、γ_{T1} 分别为主蒸汽流量值、减温器出口温度值、减温器喷水量及主蒸汽温度值的变送器系数；K_3+K_5 为给定主蒸汽温度值；K_1 为抑制减温器出口温度扰动的前馈控制器；K_2 为抑制主蒸汽波动的前馈控制器；K_4 为主蒸汽温度的反馈系数；N_G 为减温器喷水量的反馈系数；K_Z 为执行器；K_F 为减温水调节阀。系统中调节器正反作用开关及入口信号接线极性如图 7-4-18 所示。

该系统有两个闭环调节回路：(1)由 TIC-2 数字调节器、执行器 K_Z、减温水调节阀 K_F、减温器减温水喷水量以及主蒸汽流量和减温器出口温度构成副调节回路；(2)由 TIC-1 数字调节器、副调节回路、二次过热器以及主蒸汽温度构成主调节回路。

主蒸汽流量变化时，会影响主蒸汽温度。当主蒸汽流量扰动时，沿二次过热器路上各处的温度同步变化，且延迟时间短，惯性小。为克服主蒸汽负荷的变化对主蒸汽温度的影响，在副调节回路引入了克服主蒸汽负荷波动的前馈环节。

根据自动控制理论：若系统中的调节器能根据干扰作用的大小和方向对被调介质进行

控制并补偿干扰对被调量的影响，则这种控制就叫做“前馈控制”或“扰动补偿”。理想情况下，针对某种扰动的前馈控制系统能够完全补偿因扰动而引起的对被调量的影响。实现对干扰完全补偿的关键是确定前馈控制器。在本系统中，当主蒸汽流量增大时，将导致主蒸汽温度增高。为稳定主蒸汽温度，必须相应增大减温器的喷水量，反之亦然。针对主蒸汽流量扰动，引入了第二个前馈控制环节 K_2，该环节为比例环节。当减温器出口温度增高时，将导致主蒸汽温度增高。为稳定主蒸汽温度，必须相应增大减温器喷水量，反之亦然。针对减温器出口温度的波动，引入了第一个前馈控制环节 K_1，该环节为比例环节。

在副调节回路中，反馈环节为减温水喷水量，引入该环节的主要目的就是稳定喷水量。在主调节回路反馈环节为主蒸汽温度，其目的是稳定主蒸汽温度。主调节器采用 PI 调节器的最大优点就是能使系统减小甚至消除静差，使得主蒸汽实际温度紧密跟踪给定温度。

E　参数整定

a　K 参数的整定原则

在某座 CDQ 过热蒸汽的实际结构中，K_3+K_5 合并为一个参数，成为过热蒸汽温度给定值。为方便计，将 K_3+K_5、I_D、I_G、I_{T0} 和 I_{T1} 全部定标为 0～10 工程范围。使用 PID 指令的 MAXCV 和 MINCV 将 TIC-1 的输出值（TIC-1. CV）控制在 0～10 之内。实际系统中分析，TIC-2 的输入端的理想静特性为：

$$\text{TIC-1. CV}+K_1I_{T0}+K_2I_{TD}=N_GI_G \tag{7-4-14}$$

式中，TIC-1. CV 为第一个数字调节器的输出值；$I_{T0}=\gamma_{T0}T_0$；$I_D=\gamma_{SF}D$；$I_G=\gamma_GG$。

分析其输入端，也存在

$$K_3+K_5=K_4I_{T1} \tag{7-4-15}$$

式中，$I_{T1}=\gamma_{T1}T_1$。

式 7-4-14、式 7-4-15 是确定 N_G、K_1、K_2 和 K_4 的理论依据。

由于不能精确地描绘出 $W_{D1}(S)$、$W_{D2}(S)$、$W_{D3}(S)$ 的传递函数，所以确定 N_G、K_1、K_2 和 K_4 还需仔细分析调试数据，特别是要留心观察改变 K_1 和 K_2 时系统的响应过程，分清究竟是 T_0 还是 D 对 T_1 的影响更大。

b　过热蒸汽流量信号校正

采用标准节流装置测量液态和气态介质，被测流量与装置输出的差压信号的关系为：

$$D=K\sqrt{\Delta P} \tag{7-4-16}$$

式中　D——介质流量；

ΔP——节流件压差；

K——流量系数。

在干熄焦中，锅炉产生的过热蒸汽流量基本遵循式 7-4-16，但应适当修正。这是因为过热蒸汽流量测量采用标准喷嘴，这种喷嘴是按额定温度、额定压力及额定过热蒸汽密度设计的。当锅炉产生的蒸汽与这三个参数相符时，利用式 7-4-16 可求出蒸汽流量。当锅炉产生的过热蒸汽偏离标准参数时，应采用式 7-4-17 进一步修正：

$$D=K\sqrt{10.2\Delta p\frac{1857P}{\theta+166-5.61p}} \tag{7-4-17}$$

式中　D——过热蒸汽流量；

p——过热蒸汽压力；

θ——过热蒸汽温度；

Δp——节流件压差；

K——流量系数。

只要标准喷嘴生产厂家提供了额定参数 p、θ 及某一 Δp 下对应的流量，就可求出流量系数 K。

c 过热蒸汽温度测量

过热蒸汽温度测量及显示在干熄焦中起着重要作用,如果该温度测量点失效,将导致过热蒸汽温度点失控。如果温度比正常值偏高,过热蒸汽会损坏干熄焦锅炉的二次过热器管道,使其管壁金属强度下降。如果气温偏低,又将影响汽轮机的安全运行。因此,必须对过热蒸汽温度测量高度重视。在干熄焦中设计安装了两套温度测量点,两个同时在 CRT 上显示,在服务器内存储,供操作人员监视干熄焦运行状况。一个温度测量点参与控制,软件设计实现了温度测量点参与控制相互切换的功能。采取上述措施后提高了干熄焦锅炉运行的安全性。

7.4.4 EI 系统的 HMI(入机接口)

打开主机电源,Windows 2000 启动后直接引导系统进入操作控制主画面。系统设置操作员禁止退出系统功能,若要退出系统,需要有管理员权限。

7.4.4.1 干熄焦各画面调用操作方法

单击 Displays,图标弹出各主画面菜单列表和所代表的画面代号,画面代号如图 7-4-19 所示。

301 —
302 CDQ工艺流程画面
303 提升机及装入装置
304 干熄炉
305 预存室料位
306 焦炭排出及焦粉收集
307 锅炉
308 锅炉保安联锁
309 加药装置
310 工辅介质
311 电源监视
312 干熄槽及工辅报警
313 锅炉报警
314 环境除尘地面站
315 环境除尘地面站主要参数监视画面
316 APS油压泵&APS 运转条件/故障表示监视
317 CRANE&装入装置 运转条件/故障表示监视
318 气体循环装置 运转条件/故障表示监视
319 焦炭排出装置及运焦系统运转条件/故障表示监视
320 焦粉收集装置 运转条件/故障表示监视

图 7-4-19 画面代号图

当操作员单击调节阀时,将弹出 PID 调节操作框。调节框上方是相应调节阀中文说明:SP 为设定值;PV 为实际反馈值;OP 为手动设定值;CV 为输出值;MD 为手动/自动选择。SP 和 OP 数值框操作员可以输入数值,输入数值后按回车键确认。

7.4.4.2 画面说明

当鼠标移动到各画面调用按钮时,按钮字体将变为绿色提醒,单击将弹出相应的画面。国内某焦化厂 140 t/h 干熄焦装置的部分工艺流程画面如图 7-4-20 所示。

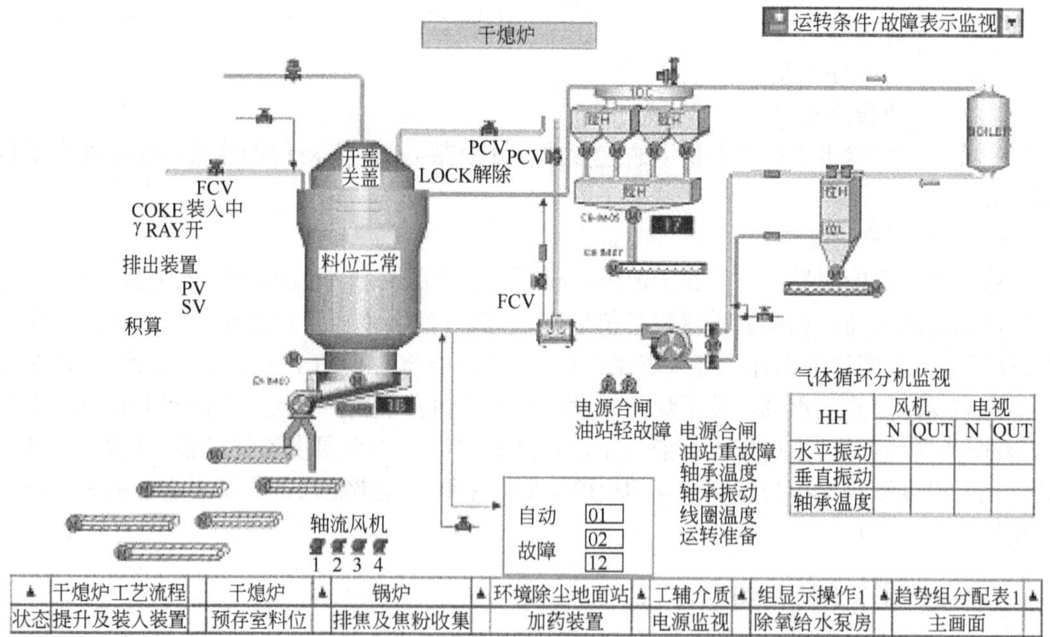

图 7-4-20 干熄炉系统图

当相应设备送上电时：

（1）背景变为绿色；

（2）合闸时为绿色，分闸时为红色；

（3）相应供电线路有电时为红色，没有电时为黑色；

（4）画面中主要设备运转起来时有相应动画效果。

7.4.5 干熄焦的自动定位控制

为确保焦罐车在提升机井架下的准确对位及操作安全，在提升机井架下的熄焦轨道外侧设置了一套液压强制驱动的自动对位装置，主要由液压站及液压缸组成。

APS 装置主要由油泵、油缸、油冷却器、加热器、极限开关、阀类及配管等组成。焦罐台车位置检测器保证焦罐台车对位精度控制在 ±100 mm 内，经 APS 对位装置夹紧对位，精度可达 ±10 mm，满足提升机升降对位要求。可使提升机顺利在焦罐车导轨、提升塔架导轨及提升机导轨中升降，不至于出现因各段导轨错位而使升降卡阻的现象。

7.4.5.1 电机车 APS 自动定位

旋转焦罐接焦结束后，电机车和焦罐台车向提升塔行驶，到达提升塔前，进行粗定位后，发出焦罐提升指令，这时 APS 运行，进行精确定位。焦罐车与 APS 中心点位置的确定是利用活动标尺和固定标尺技术来控制和检测的，最大检测范围为 2 m，测量精度为 1 cm，如焦罐车停在 APS 中心点的 ±100 mm 处时，控制 APS 夹具自动夹紧焦罐车并精确定位至 APS 中心点，保证了焦罐车的精确、可靠对位和稳定运行。

7.4.5.2 提升机走行的定位

在自动运行的模式下，在干熄炉定位和提升塔定位均设定自动找中心定位功能，以提供提升机在自动状态下满足继续运行的条件。当在感应到减速的接近开关后，进入低速移动区域，2 个定位用的接近开关都进入磁场范围时，PLC 发出停止指令，提升机停止走行。

7.4.5.3 提升机卷上卷下定位

在自动运行的模式下，提升机下降的过程中如果遇到钩开感应开关，则停止下降（如有焦罐而未接受到空罐下请求指令，则在待机位处停止）；在提升过程中如遇到走行可感应开关，则停止提升。在干熄炉侧的下降过程中，如果遇到焦罐门开感应开关，则停止下降。

在提升过程中，提升机卷上卷下的速度要进行严格控制，速度曲线如图 7-4-21 和图 7-4-22 所示。

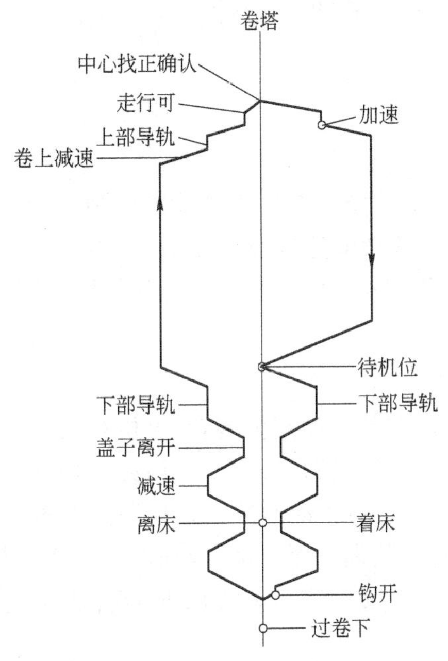

图 7-4-21 提升机卷塔测卷速度控制曲线图

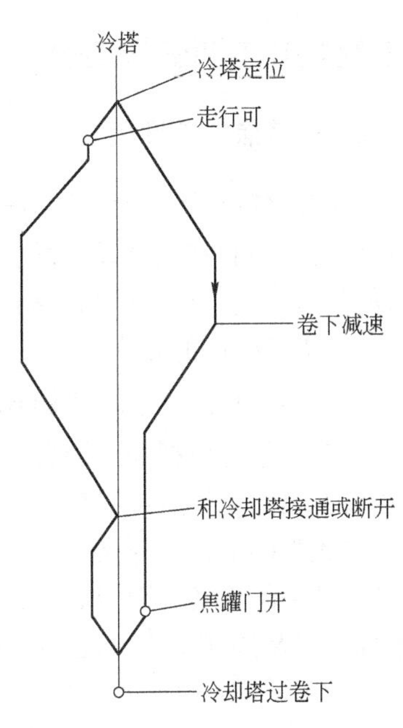

图 7-4-22 提升机冷却塔（干熄炉）测卷速度控制曲线图

待机定位感应开关及钩开定位感应开关的设置，使提升机在有焦罐及无焦罐的情况下均能停在安全高度；另外，走行可感应开关的设置也能使提升机在走行的情况下停在安全高度。

7.4.5.4 装料装置走行的自动定位

装料装置通常与提升机连动运转，装料装置有下述三个运转模式，可以在装料装置操作箱上进行选择。

（1）起重机连动。提升机接近冷却塔定位开始计时，连动装料装置的开闭动作自动进行。提升机运转在自动模式时，能够进行下述动作：提升机自动时，从卷扬塔向冷却塔开始移动时，计时后装料装置开始开动作；焦炭装料完成后，至起重机上限卷扬完成之时，计时后装料装置开始开动作。

（2）单机。装料装置选择手动模式，可以从装料装置现场操作盘盘面选择装料装置手动操作。

（3）选择断开：

在装料装置现场操作盘、装料装置运转模式选择“断开”场合：装料装置运转操作无效，装料装置开闭动作不实行。

装入装置开：接到指令后开始动作，在遇到开减速感应开关后，变为低速，遇到开限位开关后则停止。

装入装置闭：接到指令后开始动作，在遇到闭减速感应开关后，变为低速，遇到闭限位开关后则停止。

在装入装置的顶部加入一个限位开关来监控焦罐门开，然后在提升机的 PLC 中加入对提升机走行的保护连锁，以确保提升机走行时焦罐门处于关闭的状态。

7.5　干熄焦开工调试与烘炉

7.5.1　干熄焦开工调试

开工前的设备调试一般可分系统，按先单体后联动、先空负荷后满负荷的原则进行。调试的主要目的是检验并调整设备的安装、运行状态，使其功能达到设计要求；检验设备在空负荷、满负荷乃至设计规定的超负荷运行的状态是否稳定；确认系统能否达到设计指标的要求，能否满足实际生产的要求。

7.5.1.1　红焦装入系统的调试

干熄焦装入系统包括装入装置、提升机、牵引装置、APS 自动定位装置、电机车及焦罐车等设备及其附属的电气、仪表控制等装置。通过对上述单体设备的调试，能使设备独立地稳定运行。在此基础上，再进行整个红焦装入系统所有设备的联动调试。联动调试的重点是确认各单体设备的启动、停止和运行中的速度转换位置、数据是否精确，制动设备是否可靠、平稳，运行程序及连锁条件能否达到设计要求且安全可靠，整个运行周期能否达到设计要求。

A　装入装置的单机调试

对装入装置调试的目的，主要是检查电动缸运行时的推力及行程是否达到设计要求；检查装入装置与焦罐的对位极限、焦罐底闸门开闭极限、炉盖及滑动罩升降高度、装入漏斗对准炉口、装入装置走行的减速及定位极限是否安全可靠等。

调试的方法有手摇（手动）运行和电动运行。

在手摇运行过程中，要确认各手动杆的力量；确认装焦漏斗防尘罩与水封槽之间的间隙以及在升降时达到设计要求；确认滑动式吸尘管道运行时动作平稳、无卡阻和异常声音。

在现场操作盘上手动操作装入装置进行开、关动作，确认电动缸电机的电流及走行时间、装焦漏斗在干熄炉炉口对中时的停止精度、炉盖及装焦漏斗防尘罩的水封深度和油缸的行程及速度达到设计要求。

当焦罐在装焦漏斗上处于装焦状态时，焦罐密封罩裙边的金属板要进入到装焦漏斗内；焦罐底闸门打开及关闭过程中与装焦漏斗不能相碰撞；焦罐底闸门打开期间，炉顶除尘阀要处于打开状态。

B　提升机单机调试

提升机单机调试的目的主要是调整并确认提升机的垂直导轨、升降电机（包括常用电机和紧急电机)、走行电机(包括常用电机和紧急电机)、升降电机和走行电机的通风机、钢丝绳及吊具等单体设备达到设计要求,各种限位装置可靠;调整并确认提升机在中央自动、中央手动、现场自动、现场手动等各种操作方式下动作正常;调整并确认提升机开停、加减速位置、速度、运行时段等达到设计要求;验证在1台升降或走行电机故障的情况下,其余电机或紧急电机能正常运行;确认提升机空负荷、满负荷及超负荷运行时无异常现象;确认异常现象出现时,提升机的连锁能自动动作等。

a 空负荷调试

在提升机现场操作室手动操作提升机提起空焦罐,进行提升、走行等各步动作。观察并确认提升及走行电机(包括常用电机和紧急电机)电流正常;各极限检测装置正常动作;各接点定位精度达到设计要求;与装入装置配合调试,观察并确认焦罐底闸门的开、关动作到位;检测并确认提升及下降时低速、中速和高速以及走行时低速和高速等各挡速度达到设计要求。

b 带负荷调试

在焦罐内装入与1孔炭化室焦炭质量相等的配重,放置配重时应保证质量分布均匀,进行提升机的提升及走行的带负荷调试。观察并确认电机电流、提升及走行速度、各极限的动作和各接点的定位精度处于正常状态。

c 超负荷调试

提升机带负荷调试完毕,确认没有问题后,超负荷配重的标准为1孔炭化室焦炭质量的1.25倍,其调试的内容与带负荷调试的内容相同。

d 装焦试验

装焦试验前,应预先从干熄炉烘炉(人)孔部位人工装入一定量的焦炭,焦炭的装入量以将底部风帽完全盖住为准。装焦试验时,应确认计算机显示干熄炉内焦炭的累加值与设计值一致,并人工确认干熄炉内焦炭实际上上限料位与电容料位一致,确认焦炭上上限料位与提升机装焦连锁条件达到设计要求。

e 常用极限及超限极限的调试

提升机运行过程中,各部位极限起着非常重要的作用。因此每一个极限都要进行调试,确认各极限达到设计要求并能满足实际生产的需要。

C 横移牵引装置的单机调试

当提升机的提升井架设在电机车轨道外侧时,应设横移牵引装置。它的单机调试:通过闭锁装置的动作试验、牵引走行动做试验、与焦罐车上台车的结合点的调整以及与提升机结合点的调整,确认其运行动作、速度,以及与相关设备的衔接正常,连锁动作安全可靠,各极限装置达到设计要求,并能满足生产需要,还需进行单电机运行调试。

D APS定位装置的单机调试

推力检测:确认APS油缸夹紧的推力达到设计要求。

定位精度检测:确认APS油缸夹紧时能将焦罐车的停车范围从±100 mm强行夹至±10 mm的停车精度。

E 电机车及焦罐车单机调试

a 基础设施调试

对电源系统、电机车控制程序、保护装置、制动装置及电机车与焦炉设备以及干熄焦设备配合尺寸进行检查,确认设备的对位指令以及焦罐的动作指令等控制信号达到设计要求,制动器松弛检测装置等能正常运行并达到设计要求。

b　电机车空负荷及带负荷调试

空负荷调试:确认电机车走行时切换微速、低速、中速以及高速等4挡速度能达到设计要求,并测定各挡速度的平均值,确认电机车的控制装置和驱动装置没有异常发热和破损等现象。

带负荷调试:对运载车(焦罐台车)与拦焦车对位装置的检查,焦罐旋转定位装置的检查,运载车(焦罐台车)在提升井架下的定位范围要达到 ±100 mm,确认 APS 定位装置和旋转焦罐能接受到电机车发出的信号,并根据信号正确动作。同时电机车也能接受到 APS 定位装置和旋转焦罐动作的反馈信号。

F　红焦装入系统的联动调试

红焦装入系统各单体设备调试完毕并且确认单机运行正常后,应对红焦装入系统所有设备进行联动调试,以便确认系统能否满足生产要求。由于红焦装入系统的设备既可在中央操作,也可在现场操作,因此这两种操作方式可组成多种操作模式。联动试车以全自动运转为主,重点确认速度转换、运行周期、连锁等关联各单体设备运行的协调性。调试的项目可包括现场手动调试、现场自动调试、中央手动调试、中央自动调试、自动加手动调试等多种模式。

a　现场手动调试

将装有空焦罐的焦罐车牵引至提升井架下对准停车位置,手动操作将 APS 夹紧,将焦罐车从 ±100 mm 的停车范围强行夹至 ±10 mm 的停车精度。在提升机现场操作室手动操作将焦罐提升到规定高度。然后手动操作提升机向干熄炉顶走行,同时手动操作装入装置,将焦罐落在装入装置的装焦漏斗上,焦罐底闸门靠重力作用自行打开,完成模拟的装焦动作。装焦动作完毕后按反方向操作提升机及装入装置,将空焦罐落在焦罐车上。在调试全过程中,确认各动作平稳、安全可靠,检测极限精度符合设计要求;确认运行速度转换、运行周期、连锁等关联各单体设备运行的协调性。

b　中央自动调试

调试时应全部按干熄焦正常生产时的操作程序来进行,以便确认该运行程序能否满足干熄焦生产工艺的要求。中央自动调试时提升机、装入装置、APS 定位装置、横移牵引装置的选择开关都应选择为自动状态。

中央自动调试时,要确认运行设备的各动作接点能平稳转换;各动作接点自动停止精度达到设计要求;确认各动作接点相关设备之间的累加误差不能超过相关设备配合的允许误差范围;确认焦罐落在装入装置装焦漏斗上的装焦时间不能短于1罐红焦装完所需的时间;确认装入装置自动走行、提升机自动提升与下降以及提升机自动走行的速度符合设计要求,实际速度曲线与设计速度曲线相吻合。提升机自动走行速度曲线示意如图 7-5-1 所示。

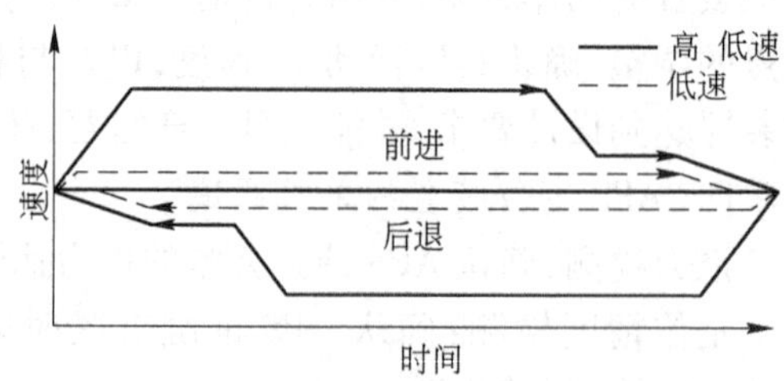

图 7-5-1　提升机自动走行速度曲线示意

7.5.1.2　冷焦排出系统的调试

干熄焦冷焦排出系统包括冷却风机、氮气和压缩空气、检修用滑动闸门、振动给料器、旋转密封阀、排焦溜槽、自动润滑装置、排出皮带机以及称量机等设备。在对系统单体设备进行调试的基础上,实现系统的空负荷和负荷运行。确认各单体设备的安装与运行达到设计要求,系统运行性能稳定、安全可靠。然后进行整个冷焦排出系统的联动调试,并进行排焦试验等。

A 振动给料器的单机调试

确认安装状态,如料槽倾斜角度、开口高度和防震弹簧左右长度差等达到设计要求,确认振幅与线圈电流值的对应关系符合设计要求,检测线圈间隙、温度、风压等符合设计要求。调整并确认振动给料器在任何振幅时距离振动给料器 1 m 处的噪声均低于 85 dB。

B 旋转密封阀的单机调试

手摇操作:正反转动旋转密封阀,确认无异常声音、无阻碍物卡住。

电动操作:启动吹扫风机、自动供油润滑装置和电动操作旋转密封阀,确认其正反动作状态无异常;确认其转动方向、转速及旋转电机电压和电流达到设计要求。

C 排焦双岔溜槽的单机调试

手摇操作:确认切换挡板时无异常声音、无障碍物、开闭位置正常。

现场电动操作:确认动作时无异常声音、无障碍物;确认切换方向与挡板实际运行方向一致;确认挡板切换时能在规定的位置停止;确认单次切换时间达到设计要求;确认驱动电机的电压和电流符合设计要求。

D 检修用平板闸门的调试

现场手摇运行和现场电动运行:反复进行开、闭动作,确认闸门的运行全程无异常声音和卡阻现象,全开、全闭位置达到设计要求,开闭方向与开闭指令相符,单次开闭时间、电机的电压、电流达到设计要求。

E 吹赶风机系统的调试

吹赶风机系统调试的主要目的是检查并调整吹赶风机、电动挡板、三通切换阀、减压阀等设备的动作状况,并使冷却气体达到正常的使用要求。调整氮气和压缩空气减压阀、溢流阀等,在吹赶风机停机或风压低于设定值时,氮气或压缩空气能代替风机正常供气,确保排出能正常进行。

F 自动润滑装置单机调试

确认自动润滑装置的电动给脂泵、电机和油脂分配阀等单体设备达到设计要求,装置运行能满足正常生产的需要。用操作盘现场启动电动给脂泵,确认油量、油压以及油路切换动作正常;确认分配阀动作正常;确认电机运转正常;确认补油电动泵动作正常。

G 冷焦排出系统的联动调试

(1) 空负荷手动调试。先启动运焦皮带,再依次启动排焦系统各机构;先将双岔溜槽切换到已运行的皮带一侧,再依次启动吹扫风机和旋转密封阀,最后启动振动给料器。

(2) 空负荷联动调试。所有设备所处的状态在中控室计算机画面上模拟显示,运焦及排焦系统各机构应选择到自动状态。先启动运焦系统,两系列皮带可以同时运转,以便切换溜槽可以快速切换。启动排焦系统时,先将切换溜槽自动切换到运转的皮带一侧,再发出排焦系统自动启动指令,吹扫风机自动启动,排焦系统按照先启动旋转密封阀再启动振动给料器的顺序自动进行,确认操作画面上的各项参数与现场数据一致。

(3) 排焦试验检查确认冷焦排出系统在负荷状态时能正常运行,并且能正常控制排焦量。测定排焦量、振动给料器振幅和线圈电流值等三项参数,最终要确定三项参数的线性关系并确定最大和最小排焦量及相应的振幅值。140 t/h 干熄焦振动给料器大致数据见表 7-5-1。

表 7-5-1　140 t/h 干熄焦振动给料器调试数据

设定振幅/%	实际振幅/%	排焦量/$t \cdot h^{-1}$
30	31	<10
44	40	32.2
57	50	64.2
61	53	66.8
71	61	72.3
87	73	79.4
90	76	128
100	84	170

在自动操作状态下，各连锁起到保护作用：当任一皮带停止运转时，排焦装置连锁停机，停止排焦作业；当旋转密封阀因故障停止运转时，振动给料器立即停机；当干熄炉预存段焦炭料位达到下限时，排焦系统立即停止排焦；当循环风机因故停机时，排焦系统也会立即停止排焦。上述连锁系统在排焦试验中都必须逐一加以确认。

7.5.1.3　气体循环系统的调试

A　气密性试验

a　临时密封措施的采取

放散管阀门临时加装盲板；干熄炉底部平板闸门关闭，并在闸板与壳体间封上玻璃胶密封；一次除尘器顶部紧急放散口处加临时盲板（紧急放散装置此时尚未安装）；锅炉底部出口部位 2 个防爆门及二次除尘器顶部的 2 个防爆门加重物压住；一次除尘器与二次除尘器底部格式排灰阀前加堵盲板；烘炉（人）孔、环形烟道调节栓应安装堵板，使整个系统密封；干熄炉炉顶水封槽加装临时盖板，倒扣于水封槽中，钢板与水封槽之间用黄泥密封，为防止松动，在其上可放一重物压住。

b　气密性试验

气体循环系统气密性试验方法有检漏法和保压法两种。

（1）检漏法。检漏法是往气体循环系统内鼓入空气，在气体循环系统各设备表面焊缝、法兰面处喷涂肥皂水查漏。最终以设备没有明显的肥皂泡或漏点来判断气密性试验合格。

（2）保压法。保压法是往气体循环系统内鼓入空气，以系统在一定时间内压降能控制在一定范围内来判断气密性试验合格。

保压法采用空压机往系统内鼓入压缩空气。当系统内达到一定压力后，组织人员喷肥皂水检漏，并做好标记，漏点统计达一定程度后，停风并组织人员处理。处理完毕后继续送风检漏，直至漏点处理完毕。然后再往系统内鼓风，当压力达到一定值时，关闭送风阀门，按保压法进行气密性试验。若试验不合格，则需继续试验检漏，对漏点处理后再试验，直至合格为止。气体循环系统气密性试验流程如图 7-5-2 所示。

以 140 t/h 干熄焦为例，循环风机出口压力约 7000 Pa，鼓入空气时，当系统压力达到 7000 Pa 时开始保压，停止向气体循环系统内鼓风。经过 20 min 后，以系统压力不低于 4000 Pa 为合格。气密性试验合格后，利用系统的压力进行防爆阀门的校验、调整，并确认防爆阀门在达到规定压力时能自动动作（起跳）即可。

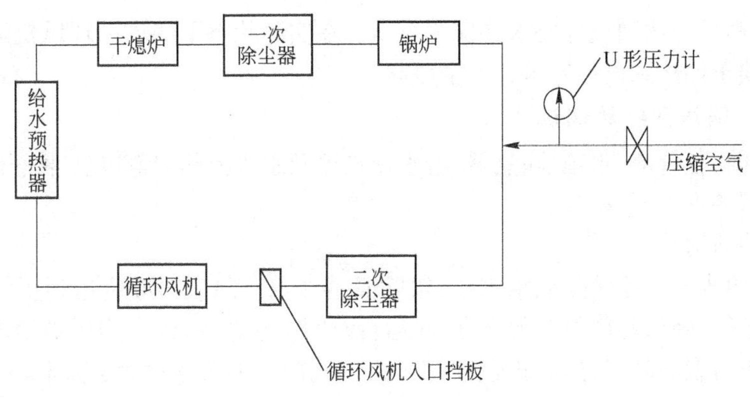

图 7-5-2 气密性试验流程图

B 循环风机的单机调试

(1) 电机单机调试。确认电机运转方向正确，确认运行声音、电机轴承的振动和温度、电机线圈的温度和电流、电压正常。

(2) 循环风机带负荷运行时的调试。关闭循环风机入口挡板，启动循环风机，确认风机运转无异常后，再慢慢微开风机入口挡板，确认其转速、轴承振动、轴承温度、噪声、风道的振动等无异常，再全开入口挡板调整风机转速，测试与之匹配的循环风量。最大循环风量应与最大转速相匹配，确认各测压点压力达到设计要求，确认不同转速下电机的电流和电压正常。

C 液力耦合器调试

循环风机调速用液力耦合器时，要对液力耦合器进行调试，确认冷却水流量、温度、压力正常，确认油位、油温及油压正常，确实轴承振动合格，确认掬杆动作灵活，实际开度与现场指示一致。

D 风机入口及干熄炉入口挡板调试

(1) 风机入口挡板调试。手摇操作和电动运行。确认挡板全开全闭动作到位，实际开度与指针位置一致。电机的电流及挡板开闭时间达到设计要求。

(2) 干熄炉入口挡板调试。手动操作。挡板动作灵活，无异声，每片挡板开度力求一致，其开闭位置与开度指示一致。

E 气体循环系统联动调试

将气体循环系统各设备的动力电源和控制电源接通，干熄炉中央风道及环形风道入口挡板开度均开至50%。各设备手动、自动选择开关选择到自动状态。启动循环风机冷却油泵，打开循环风机轴封氮气阀，将循环风机入口挡板全关。确认上述操作均能顺利进行。

在中控室 EI 系统计算机画面上启动循环风机，慢慢将风机入口挡板全开，调整循环风机的转速。逐步将循环风机的转速调至最大，确认在循环风机转速逐步增大的同时循环风量也逐步增大，直至达到最大的循环风量。

依次调节炉顶放散阀、紧急放散阀、预存段压力调节阀、旁通流量调节阀以及空气导入阀，确认各阀门调节灵活，现场开度与中控室计算机画面显示一致。

在计算机程序上模拟调试循环风机的各个连锁条件与循环风机的关系，确认循环风机运行的各个连锁条件达到设计要求并安全可靠。在实际状态下测试循环风机运行的连锁条件,确认各连锁条件达到设计要求并安全可靠。

7.5.1.4 锅炉系统的调试

设备调试前,各管道、水箱、除氧器、给水预热器及水水换热器等应已冲洗干净。

A 锅炉设备单机调试

a 现场手动调试

(1) 锅炉给水泵。运转除氧给水泵,给除氧器注水。除氧器液位达到正常时启动锅炉给水泵,空载运行,确认各部位有无异常,此运行时间不超过 3 min。当锅炉给水的转速达到正常后,打开压力表的阀门,然后再逐渐打开出口阀门。如流量过大,适当关小出口阀门和开大过热防止阀门进行调节;流量过小,开大出口阀门和开小过热防止阀门进行调节,直到满足泵的设计要求。调试过程中要随时检查除氧器液位在正常范围,确认电机电流、温度、振动无异常和确认泵的轴头无泄漏。

(2) 锅炉给水泵出口电动阀。电动操作全开阀门,确认阀门动作方向正确,确认开度指示达 100%,全闭阀门确认开度指示为 0。

其余各泵与各电动阀均进行现场手动调试。

b 中央自动及连锁调试

(1) 锅炉给水泵(两台泵分为 A 泵、B 泵)。与中控室联系由中控室自动启动 A 泵,然后通过现场操作盘停 A 泵,确认 B 泵应自动启动。由中控室计算机模拟锅炉给水压力下下限,则在 B 泵仍运转时 A 泵应自动启动,此时两台泵均运转;由计算机模拟压力上限,则先运行的 B 泵应停止,A 泵继续运行。

(2) 除氧给水泵(两台泵分为 A 泵、B 泵)。除盐水箱液位正常时,与中控室联系由中控室自动启动 A 泵,此时再与中控室联系由中控室自动启动 B 泵,确认 B 泵应启动不了。通过现场操作盘停 A 泵,确认 B 泵应自动启动。由中控室计算机程序模拟除盐水箱液位下下限,确认 B 泵自动停止。

(3) 锅炉强制循环泵(两台泵分为 A 泵、B 泵)。将两台锅炉强制循环泵手动、自动选择开关选择为自动状态。确认当冷却水流量在下限、汽包液位在下下限、轴承温度在上限时,强制循环泵均应启动不了。汽包液位正常时,与中控室联系由中控室自动启动 A 泵,通过现场操作盘停 A 泵,确认 B 泵应自动启动。关 B 泵冷却水进口阀使其流量达到下下限,确认 B 泵自动停止,A 泵自动启动。送 A 泵冷却水进口阀使其流量达到下下限,确认 A 泵自动停止,B 泵自动启动。

由计算机程序模拟锅炉循环水流量下下限,确认在 B 泵仍运转时 A 泵应自动启动,此时两台泵均运转;继续由计算机程序模拟锅炉循环水流量高于下限,确认先运行的 B 泵应自动停止。由计算机程序模拟汽包液位下下限,确认 A 泵自动停止,B 泵也不启动。

B 锅炉系统联动调试

手动启动锅炉给水泵,汽包液位达正常后,手动启动锅炉强制循环泵,同时锅炉各排污点开始排污,保持汽包正常液位。锅炉循环泵运行半小时后,与除盐水站联系停止送水,停除氧给水泵、锅炉循环泵和锅炉给水泵,关闭锅炉排污。确认上述所有操作均能正常运行,则锅炉系统联动调试结束。

联合试运转中,各设备一般为现场手动操作,自动调节阀一般不启动。随着干熄焦装置的烘炉及开工,锅炉系统逐步进入热负荷状态,各泵及阀可逐步转为中央自动操作,各自动调节系统及连锁关系逐步启动。

7.5.1.5 除尘(集尘)系统的调试

对环境除尘(集尘)系统进行调试,先要单机调试,再现场联动调试,最后中央联动调试。确认除尘(集尘)风机的电流、电压、温度、振动正常;如果风机调速用液力耦合器的要确认液力耦合器的油位、油温、油压、正常以及冷却水流量、温度、压力正常,确认掬杆动作灵活;确认管道系统各点压力正常;调整并确认装入、排出的入口挡板动作正常;调整并确认反洗或脉冲、排出阀门、加湿器等动作正常;调整并确认刮板输送机、斗式提升机运转正常;调整并确认连锁动作正常;确认中控室显示与现场状态一致。

7.5.2 干熄焦烘炉

新建和大修后的干熄焦装置,投产前必须烘炉。烘炉的目的,一是安全地排出干熄焦循环系统内衬耐火砖、浇注料等耐火材料中的水分,二是缓解锅炉等系统因升温所产生的应力,以便使干熄焦装置逐渐达到正常生产时的温度,避免红焦投入后因温度的急剧上升而损坏耐火材料或破坏系统的严密性。

7.5.2.1 烘炉概况

干熄焦装置内部使用的耐火材料主要是黏土砖、莫来石、碳化硅砖等,烘炉的时间仅需2周左右,全过程可分为两个阶段,即温风干燥阶段和煤气烘炉阶段。

在温风干燥阶段,通常采用反供蒸汽入锅炉汽包的方式。汽包里面的水被蒸汽加热后,用泵送入锅炉蒸发器和膜式水冷壁,然后再回到汽包,如此不断地进行循环,以加热锅炉炉管外围的空气(形成温风)和炉墙,所产生的温风经循环风机抽引送入干熄炉和一次除尘器,去干燥砌体,气体的流动途径如图7-5-3所示。

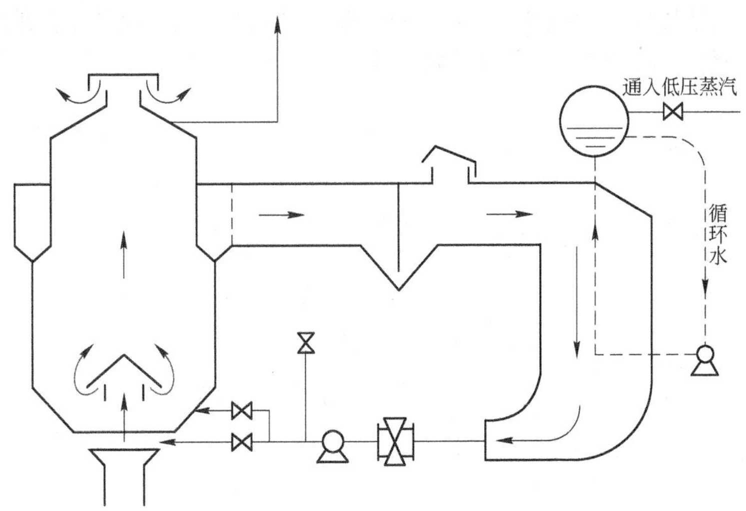

图7-5-3 温风干燥阶段气流示意图

温风干燥结束后,紧接着又通过插入冷却室的燃烧器,使用焦炉煤气来进行燃烧加热,气体的流动途径如图7-5-4所示。此为煤气烘炉升温阶段,将干熄炉的温度升至800℃左右,然后方可装红焦投入生产运行。

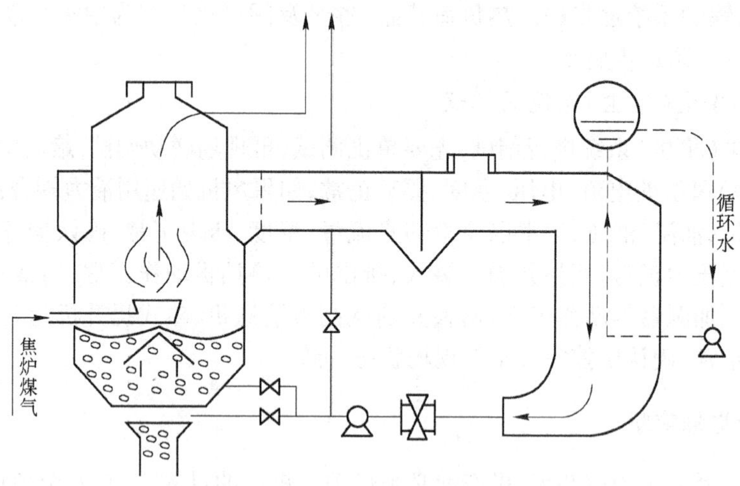

图 7-5-4　煤气烘炉升温阶段气流示意图

如果干熄炉是在没有焦炉煤气供应的条件下进行烘炉，也可采用轻油进行燃烧加热，其升温的控制与焦炉煤气加热时基本相同。

7.5.2.2　烘炉计划

为了达到烘炉目的，干熄焦烘炉过程中的温度和压力控制必须有计划地进行。因此在烘炉之前，应根据系统所用材料的特性、所用设备的特性，编制干熄炉的升温计划和干熄焦锅炉的升温、升压计划。开始烘炉后，应严格地按照制定的计划进行升温、升压操作。

A　烘炉升温曲线的制定

干熄炉的烘炉时间约为 2 周，其中温风干燥阶段约需 5.5 ~ 6 天的时间，将干熄炉的温度由常温升至 120℃，每天升温的速度以不超过 18℃为宜。烘炉升温阶段约需 7.5 ~ 8 天的时间，每天升温的速度以不超过 90℃为宜，将干熄炉的温度升至 800℃，达到投红焦转入正常生产的温度条件。干熄炉烘炉升温计划曲线如图 7-5-5 所示。

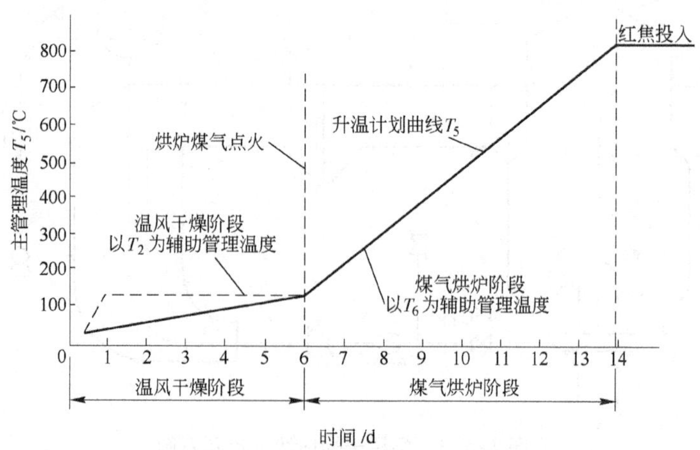

图 7-5-5　干熄炉烘炉升温计划曲线

B　烘炉升压曲线的制定

在烘炉阶段，干熄炉的主要压力控制区域是干熄炉的预存段，因此，可将预存段上部的压力作为干熄焦烘炉压力的主要管理对象，将其控制在 20～40 Pa 的范围内。

由于干熄炉和锅炉是连为一体的，因此，干熄炉的升温应配合满足锅炉升温的要求。锅炉的升温曲线应参照锅炉制造厂提供的有关标准。

7.5.2.3 干燥升温前的准备

A 技术准备

a 温度测点的设置

正常生产时，在干熄炉入口处设有温度测点 T_2，在冷却段的下部设有温度测点 T_3，在冷却段的上部设有温度测点 T_4，在预存段的上部设有温度测点 T_5，在锅炉入口处设有温度测点 T_6 等。在干熄焦的烘炉过程中，可以利用上述温度检测点来进行升温监控。

b 确定温度管理的目标

干熄焦烘炉最主要的温度控制区域是干熄炉的预存段，因此，可将预存段的温度作为干熄焦烘炉升温的主要管理对象，即将 T_5 定为主管理温度。为了满足烘炉各阶段温度管理的需要，还可将 T_8（锅炉汽包水温）、T_2、T_9（冷焦表面温度）、T_6 等设为辅助管理温度。

c 压力测点的设置

正常生产时，在预存段的上部和锅炉汽包等处设有压力测点。在干熄焦的烘炉过程中，可以利用上述压力检测点来进行压力监控。

d 流量管理目标的设定和流量测点的设置

在温风干燥阶段，主要检测锅炉循环水流量、循环风量、低压蒸汽流量等；在煤气烘炉升温阶段，主要检测燃烧器用的煤气流量等。

系统所用的蒸汽量和煤气量，可根据热量平衡的原理，计算出每个阶段所需的总热量，据此总热量再折合成蒸汽流量和煤气流量。但是，计算所得的流量仅可用作参考，实际使用的蒸汽量和煤气量应以满足升温需要为主。

烘炉所需的空气量，可通过烘炉人孔从炉内引出一个压力测点，用炉内的吸力来表达。

e 气体成分的测定

在温风干燥阶段，对循环系统的气体成分不必进行检测。

在煤气烘炉升温阶段，若发生燃烧器熄火等异常情况，重新点火前应检测炉内气体的成分，确认炉内 CO 的含量小于 0.005%，检测的目的是为了防止点火时发生煤气爆炸；在烘炉结束投红焦之前，应检测炉内气体成分，确认炉内 O_2 的含量小于 5%，检测的目的是为了系统的运行安全，防止红焦在炉内燃烧。

对各部位伸缩节也要进行检查与测量。

B 能源介质和设备的检查确认

温风干燥作业开始前，应检查确认烘炉所需的能源介质已经准备就绪。由于干熄焦烘炉的时间较短，因此机、电、仪等设备在开始烘炉之前也应安装完毕。除了需要运行条件进行动态调整的项目外，设备的调整工作也应完成。生产方在对所有设备进行维护的基础上，应确认各设备的性能符合实际生产的要求。

（1）确认保质保量供应能源介质的条件已具备。如焦炉煤气、氮气、压缩空气、低压蒸汽、电、纯水、清循环水、浊循环水、消防水等。

（2）机、电、仪等设备安装、调试完毕。

（3）主要检查确认项目可参见表 7-5-2。

表 7-5-2　干熄焦烘炉前应完成的设备安装、调试项目表

序号	项　目	备　注
1	系统用水泵单体调试	除氧给水泵、锅炉给水泵、锅炉循环泵、加药泵等
2	容器内部检查确认;通水及水压试验	纯水槽、除氧器、排污扩容器、汽包(酸洗后进行)
3	取样装置通水调试	纯水、给水、炉水、饱和蒸汽
4	锅炉水压试验及酸洗作业	作业完成后进行湿保养
5	压力容器安全阀校验	
6	仪表用空压机系统单体、联动调试	
7	各仪表参数设定、调试	
8	预存段压力调节阀调试	
9	各气动、电动、液压调节阀调试	
10	气体分析仪调试	
11	料位计(γ射线)调试	排焦试验时确认
12	电气连锁调试	
13	横移牵引装置单体调试	
14	吊车装置单体调试及荷重试验	
15	装入装置单体调试	
16	装入系统自动运转调试	
17	排出装置空负荷试车	
18	排出装置排焦试验	
19	排出冷却风机单体、联动调试	
20	循环风机系统调试	
21	人孔门关闭	
22	干熄焦系统气密性试验	排焦试验前完成
23	集尘装置单体、联动调试	
24	排灰(焦粉)球阀(或格式阀)单体、自动调试	
25	辅助泵调试	
26	烘炉用焦炉煤气管道试压	
27	装冷焦和冷焦造型	
28	干熄炉冷却室内喷涂浇注料	
29	烘炉用燃烧器安装及燃烧试验	
30	通信联络设备调试	
31	消防报警装置调试	

C　装冷焦和安装燃烧器

为了保护干熄炉炉底的排出装置和鼓风设备等,在烘炉之前应往干熄炉的底部装入冷焦,其数量以完全盖没中央风帽为准。这些冷焦除了有保护炉内设备的作用外,还是支撑煤气燃烧器的骨架。

为了防止烘炉后期靠近燃烧器的冷焦燃烧,冷焦顶部的平面应做造型处理,通常将其顶部中心的垂直断面构成“W”形,然后再将燃烧器通过烘炉人孔置于冷焦中央凸出的顶部。这样,在燃烧器进行燃烧时所形成的高温区的下面,相对应的部位的是一圈圆形的凹槽,因此就不大容易引起冷焦着火燃烧。

燃烧器安装就位后,应进行燃烧试验。烘炉人孔放置燃烧器后的敞开部位应封闭,但应预留燃烧器用的二次进风口。

7.5.2.4 温风干燥作业

A 温风干燥阶段的检测要点

(1) 温度。包括干熄炉预存室温度(主管理温度)、冷却室上部温度、冷却室下部温度、干熄炉进口温度、循环风机入口温度、锅炉入口温度、锅炉出口温度、锅炉炉水温度等。

(2) 压力。包括干熄炉预存室压力(主管理压力)、锅炉汽包压力、加热蒸汽压力等。

(3) 流量。包括循环气体流量、锅炉循环水量等。

B 温风干燥阶段的调整作业要点

(1) 根据气流的需要,调整干熄炉系统和锅炉系统各人孔门的开、闭。

(2) 一次除尘器上部的气体放散阀全开,用以吸入空气。

(3) 装入炉盖开,并固定在距炉圈上方垂直高度约 50 ~ 500 mm 处。

(4) 调整循环风机出口挡板的开度:周边(环形檐缝)进风为 100%;中央(伞形风帽)进风为 20%。

(5) 一次除尘器、二次除尘器的排灰(焦粉)球阀:上阀全开,下阀全闭。

(6) 将循环风机后的预存室压力调节阀设定在“手动”位置。调节该阀,在温风干燥阶段,用于调节系统内循环气体的更新量;在煤气烘炉升温阶段,用于调节空气的吸入量。

(7) 锅炉循环水流量,调整到正常生产时 75% 的水平。

(8) 汽包水位控制在标准水位 −100 mm 处。

(9) 仪表调节阀设定在“手动”。

(10) 锅炉炉水的加药设备投入正常运行。

C 温风干燥阶段的管理要点

在温风干燥时,锅炉起到一个加热器的作用,即往汽包内通入低压蒸汽,通过锅炉循环泵使炉水在蒸发器与汽包之间循环,不断地加热蒸发器管外的空气而形成“温风”。在循环风机的作用下,温风将热量带给干熄炉和一次除尘器。换热后的气体,小部分从常用放散管及装入炉口逸出,大部分进入锅炉进行再循环。系统因外排而损失的气流从一次除尘器上部的气体放散阀导入空气补充。

(1) 管理温度:

1) 以管理温度为目标,根据 T_8、T_2、T_5 的实际温度与目标管理温度的偏差来决定低压蒸汽和空气导入量的增减。

2) 根据各部位冷凝水水量的大小调整空气的导入量。

3) 当管理温度的升温速度较快时,可调整低压蒸汽的通入量,并适当调节风机后的预存室压力调节阀的开度及装入炉盖的开度,适当增加空气导入量。

4) 当锅炉的温度上升,而循环气体的温度不上升时,可考虑空气导入量及锅炉蒸汽排放量的平衡问题。

(2) 汽包液位管理。温风干燥时,往汽包内吹入的低压蒸汽会形成冷凝水,使液位上升。因此,汽包水位应控制得比标准水位偏低 0 ~ −100 mm。液位升降可由定、连排阀门或紧急放散阀来控制。

(3) 系统内压力管理。预存段压力控制在 20 ~ 40 Pa 范围内,可用风机后的预存室压力调节阀或炉盖的开度来进行调节。

(4) 系统冷凝水的管理。定期进行冷凝水的排放工作,加强跟踪风机、干熄炉壳体、锅炉底部、除尘设备的排灰管等部位冷凝水的排放情况。

7.5.2.5　煤气烘炉升温作业

当温风干燥阶段的主管理温度达到120℃时，应转为煤气加热的方式进行升温。在煤气烘炉升温阶段，循环风机的功能是小风量的引风机。在循环风机的作用下，煤气燃烧器燃烧后产生的热废气，小部分将热量带给预存室然后从常用放散管排出；大部分将热量带给一次除尘器、锅炉、二次除尘器。冷却了的废气从循环风机后的放散管经预存室压力调节阀放散。

A　煤气烘炉升温阶段的检测要点

(1) 温度。包括干熄炉预存室温度（主管理温度）、冷却室上部温度、冷却室下部温度、冷焦表面温度、锅炉入口温度、给水预热器进口温度、给水预热器出口温度、锅炉出口温度、过热器出口温度、循环风机入口温度等。

(2) 压力。包括干熄炉预存室压力、锅炉汽包压力等。

(3) 流量。包括循环气体流量、燃烧器用焦炉煤气流量、燃烧器用空气流量（用烘炉人孔门压力表示）、锅炉循环水量、给水流量等。

(4) 分析。包括循环气体成分分析、锅炉纯水水质分析、锅炉给水水质分析、锅炉炉水水质分析等。

B　煤气烘炉作业的要点

(1) 以管理温度为目标，根据 T_5 的实际温度与目标管理温度的偏差来调整焦炉煤气的流量。

(2) 燃烧后的废气从风机后的预存室压力调节阀等处排放。

(3) 为防止煤气熄火，关闭风机出口挡板。

(4) 预存室上部的常用放散阀开度为20%（可根据预存段压力进行调整）。

(5) 严格控制风机入口温度小于200℃。

(6) 在煤气烘炉的初期，仍需适当保持低压蒸汽的导入量，以保证锅炉等系统温度的稳定。

(7) 对循环气体的成分进行分析。

(8) 在煤气烘炉的后期要防止冷焦燃烧。

C　温度管理

(1) 仍以 T_5 为主管理温度，T_6、T_9 为辅助管理温度。

(2) 锅炉入口温度应小于800℃。

(3) 循环风机入口应小于200℃。

(4) 锅炉升温速度应控制在50℃/h 以内。

D　压力管理

(1) 预存段压力控制在20～40 Pa；

(2) 在煤气烘炉升温阶段的前期，要控制锅炉的温度和压力缓慢地上升；在煤气烘炉升温阶段的后期，锅炉升温升压的速度可以加快，当锅炉压力达到正常生产时2/3 的水平时（在整个烘炉期间，锅炉汽包的压力始终应不大于正常生产时2/3 的水平），应保持在这一水平至蒸汽管道吹扫。蒸汽管道吹扫结束后，锅炉压力升至正常工作压力。

E　锅炉管理

(1) 水位控制由给水调节阀及排污阀来调节，使汽包液位保持在标准水位 -100 mm。

(2) 锅炉循环水量由正常生产时2/3 的水平调整到正常生产的水平。

(3) 锅炉水质管理,在日常管理的基准上,加强对循环水的检测和排污。

(4) 当二次过热器的温度接近于正常生产操作的指标值时,减温器应投入运行。

(5) 随着锅炉压力的升高,应分阶段对锅炉系统进行热紧固。

7.5.2.6 红焦装入

当主管理温度达到800℃时,烘炉结束。

A 红焦装入前的准备工作

(1) 燃烧器熄火:

1) 关闭煤气阀门,停止燃烧器燃烧;

2) 用氮气或蒸汽吹扫煤气管道及燃烧器;

3) 循环风机停止运转。

(2) 燃烧器拆除:

1) 常用放散阀开20% ~10%;周边进风开50%,中央进风开50%;

2) 循环风机入口挡板全闭;

3) 烘炉用人孔门压力维持在 -20 ~ -30 Pa;

4) 将燃烧器从干熄炉内取出。

(3) 烘炉用人孔门砌砖:

1) 为防 T_5 温度急剧下降,砌砖应迅速进行,同时还要避免汽包压力急剧下降。

2) 当第一层砖砌筑完毕,将循环风机入口挡板打开,以最小的风量运转。风机运转后,应往干熄炉内充氮气。当砌砖全部完毕,将人孔门盖板封妥,且系统内氧气浓度小于5%后,干熄焦装置具备了投红焦的条件。

B 红焦投入与系统调整

(1) 红焦投入前系统各阀门的调整:

1) 集尘罩插板阀打开;

2) 常用放散阀全开;

3) 空气导入阀全关,吹入氮气;

4) 锅炉系统调节阀处于"手动"(投入红焦后,调节稳定时切成"自动")。

(2) 红焦投入时的系统调整:

1) 投入红焦的速度放慢,投1罐红焦以10 min左右为宜,1 h投1炉;

2) 红焦投入时,循环风量应适当减小,关注蒸汽的温度和压力,以防止锅炉负荷的急剧波动;

3) 红焦投入后,循环风量可逐渐增加,当 T_3 温度开始下降时,循环风量可慢慢减少;

4) 随着红焦投入量增加,汽包压力不大于正常生产时2/3的水平;

5) 投入红焦的料位达到常用料位时,可以点动的方式开始排焦,排焦量以小于10 t/h为宜;

6) 当 T_6 温度上升平稳后方可根据炉温逐步增加排焦量;

7) 根据生产的要求,逐渐将 T_6 温度升至正常生产的范围。

(3) 蒸汽并网作业:

1) 当所有工况全部正常后,可进行安全阀的校验工作;

2) 蒸汽管道吹扫;

3) 检查蒸汽品质合格;

4) 锅炉压力升至正常生产时的控制值;

5）进行蒸汽并网作业。

干熄炉投红焦后，应对系统进行全面的检查和调整。

7.6　干熄焦环境保护与除尘

7.6.1　干熄焦对环境产生污染的主要污染源

（1）红焦的运送。焦炉出焦时，赤热的红焦从炭化室推出后，在落入焦罐车的过程中发生破裂，与空气接触后产生不完全燃烧，产生的高温烟气及焦尘随热气流上升并散发到大气中，其烟尘量大，可严重污染环境，被称为“黑龙”污染。

另外，在红焦的运送过程中，焦炭及其挥发分与空气中的氧气接触燃烧，产生大量的 CO_2 及浓烟，也会对环境造成污染。

（2）装焦。当提升机运行到装入装置料斗的上方开始装焦时，如果干熄炉预存室的压力不是负压，焦炭装入干熄炉时就会在装入漏斗的上方冒出大量的粉尘。

（3）排焦。从旋转密封阀排出的焦炭经溜槽落入皮带上，由于距离较高及干熄焦焦炭干燥，容易产生大量的粉尘，从而对环境造成污染。

（4）筛运储存。干熄焦焦炭干燥，会在皮带机的落焦点及振动筛、储焦仓等处产生大量的焦粉，形成粉尘污染。

（5）水处理及排污。水处理也会产生一定的污染，除盐水中加入联氨用于辅助除氧，磷酸三钠加入锅炉给水中防止锅炉的炉管结垢，这些药品在锅炉排污时会进入排污井，如果不加以处理会对环境造成很大的污染。

（6）放散气体。干熄焦气体放散点主要有两个，即炉顶放散阀和预存室压力调节阀。其中炉顶放散阀在生产的过程中很少打开，主要是预存室压力调节阀一直处于打开的状态，会产生烟尘及有害气体。

（7）噪声。噪声污染主要是指大型设备在运行过程中产生的噪声，例如循环风机、除尘风机等设备，不经过防噪声处理就直接运行，它的噪声可达到 90 ~ 100 dB。另外，锅炉系统对蒸汽进行放散也会产生很大的噪声污染，主要有主蒸汽放散、安全阀起跳后产生的蒸汽啸叫（100 ~ 118 dB）。

（8）辐射。辐射污染主要是干熄焦的 γ 射线料位计所使用的是 ^{60}Co，对环境有一定的辐射污染。

除上述各种污染外，还存在煤气、硫化氢、氰氧化物等各种有害气体、余热等污染与危害。

7.6.2　干熄焦的环境保护措施

根据干熄焦污染源的不同特点，制定出相应的环保措施。

（1）粉尘污染。使用不同的除尘器对系统进行除尘。为控制干熄焦系统排出的烟尘，在工艺设计上采取以下措施：

1）炉顶装焦口设置了环形水封座，装焦时的升降式密封罩插入水封座形成水封，防止粉尘外溢；装焦漏斗连接活动式除尘管，漏斗内形成负压，将装焦瞬间产生的大量烟尘抽入吸尘管，以减少粉尘的扩散污染。为尽量减少水封盖与装焦漏斗替换过程中的粉尘扩散污染，炉顶压力控制装置在水封盖揭开前调控成负压，并采用联动机构，缩短替换时间，减少炉内气体外逸。

2）排焦装置采用的格式密封阀式连续排焦，气密性好，能够封住排焦时产生的烟尘；同时采用氮气密封，避免了循环气体向外窜漏。

3）此外，在干熄炉装焦口、排焦口、预存室放散口、循环气体放散口等处设烟尘捕集装置，将产生的烟尘、粉尘送入地面除尘系统。

4）在干熄焦地面除尘站设置一套高效脉冲袋式除尘器，除尘效率达99.5%以上。烟尘净化后，经高度为24 m的排气烟囱排放，排放口粉尘浓度可达到低于30 mg/m^3（国家二级标准要求粉尘浓度不高于50 mg/m^3），粉尘最大排放速率为4.3 kg/h，均符合大气污染物综合排放标准。

5）惰性气体经一次除尘器（1DC）后进入锅炉回收余热，再经二次除尘器（2DC）后循环使用；主要扬尘处设置洒水抑尘装置；焦炭运输通廊采取封闭管理。因此干熄焦系统排放的污染物总量约为35.4 t/a（处理能力为100 t/h的干熄焦装置）。

（2）水污染。对废水进行回收处理。为防止水体污染，对生产过程中不可避免排出的废水采取相应的治理措施，尽可能提高水的重复利用率，减少污水的外排量；生产废水排放量约0.8 t/h，生活污水平均排放量为0.2/h，将其混合后排入生产生活排水管网；汽轮发电站凝结水回收作为锅炉用水；除尘地面站回水利用余压返回冷却塔，经循环水泵加压后循环使用。

（3）噪声污染：

1）声源治理。在满足工艺设计的前提下，在设备选型上采用低噪声产品，在气动性噪声设备上设置相应的消声装置。在除尘风机出口、锅炉安全阀放散管、汽轮机暖管放散口装设消声器，在排焦装置、除尘风机及管道、循环风机及管道、汽轮机发电机励磁机等处采取隔声措施，要确保现场的噪声在50 dB以下。

2）减振与隔振。机械设备产生的噪声不仅能以空气为媒介向外传播，还能直接激发固体构件震动，以弹性的形式在基础、地板、墙壁、管道中传播，并在传播中内外辐射噪声。为防止震动产生的噪声污染，采取了相应的减振措施，如除尘风机、循环风机强震设备与管道间采取柔性连接方式，以减少振动产生的噪声。

3）其他防治措施。在平面设计中，要充分考虑地形、声源方向性及噪声强弱，利用建筑物、绿化植树等对噪声的屏蔽、吸纳作用，进行合理布局，以此降低噪声影响作用。

干熄焦采取防治措施后，各高噪声设备产生的噪声得到控制，均达到管理标准。

（4）辐射。在γ射线的外部制作一个铅盒，将γ射线装置放置在铅盒内，进一步降低γ射线的辐射。检修人员检修γ射线时，一定要穿抗辐射服装，以此来减少对人体的辐射。

（5）提高绿化水平，保护环境。绿化有利于防止污染，保护环境。在干熄焦周围遍植树木花草，提高绿化水平，能够净化空气，调节气温，减弱噪声，提高环境自净能力。突出表现在保护大气中氧气与二氧化碳的平衡，吸收有毒有害气体，滞留吸附粉尘，净化水质，监测环境，有利人体健康。

7.6.3　干熄焦除尘

7.6.3.1　工艺流程

A　干熄焦环境污染的主要污染源

干熄焦在生产过程中会产生大量的颗粒污染物（主要是焦粉），为了减少扬尘以及符合大气污染物的排放标准,必须对含尘气体进行净化处理。干熄焦环境除尘用于控制并收集干熄焦在装焦过程、排焦过程、焦炭转运过程中散发的大量焦粉尘粒以及干熄炉顶常用放散口、干熄炉预存段压力调节放散口等处散发的焦粉尘粒。

B　干熄焦环境除尘原理

干熄焦环境除尘站的工作原理是:利用除尘风机产生吸力,在管式冷却器内对高温烟气进行冷却,利用百叶式预除尘器将整个排焦系统的低温烟气进行预除尘,上述两种烟气在脉冲布袋除尘器内汇合,对粉尘进行过滤后向大气排放,在排放废气中含尘量一般要求不超过 50 mg/m^3,符合国家标准《大气污染物排放标准》(GB 16297—1996)中二级标准的要求。

C　环境除尘工艺流程

环境除尘工艺是将含尘烟气净化并对粉尘进行回收的过程,其流程可以分为以下三个系统。

(1) 含尘烟气流程。含尘烟气主要分为高温和低温烟气两种。高温烟气主要来源于干熄炉顶装焦系统以及部分分散点;低温烟气主要来自于排焦部位、炉前焦库以及运焦系统各运转站,如图 7-6-1 所示。在干熄焦进行装焦时,炉顶集尘管道上的集尘电动阀自动打开,连锁除尘风机液力耦合器调速执行器,提高风机转速,增加风量,炉顶约 95% 的含尘烟气被吸收,减少污染大气;在炉前焦库的各个仓分别安装有电动控制阀,依靠程序进行连锁控制其工作,不仅节约了运行成本,又保证了除尘效率。

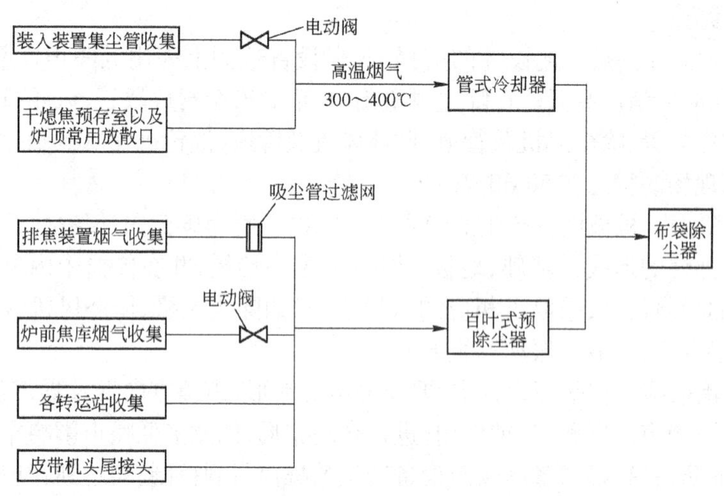

图 7-6-1　集尘系统示意图

(2) 环境除尘站工艺流程。环境除尘站通过除尘风机产生的吸力推动整个系统的气体流动,将干熄炉顶部装焦处、干熄炉顶部预存室放散口、惰性气体循环风机后放散口产生的高温且含易燃易爆气体成分及火星的烟气导入管式冷却器进行冷却,将干熄炉底部排焦处及焦炭在转运站转运过程中产生的含高浓度焦粉尘烟气导入百叶式除尘器进行粗分离处理,然后将此温度低于 110℃ 的烟气汇合(含尘浓度约为 30 g/m^3),一并进入布袋除尘器净化。除尘器采用离线脉冲清灰方式,滤料采用防静电材质。由脉冲袋式除尘器净化后的气体经风机排至大气,净化后气体的粉尘排放浓度低于现行国家排放标准。脉冲布袋式除尘器、高温烟气预处理装置(管式冷却器)、百叶式除尘器收集的粉尘及布袋除尘收集的粉尘,由刮板输送机送入粉尘储仓,再经加湿搅拌机加湿后,采用专用自卸式汽车定期外运,如图 7-6-2 和图 7-6-3 所示。

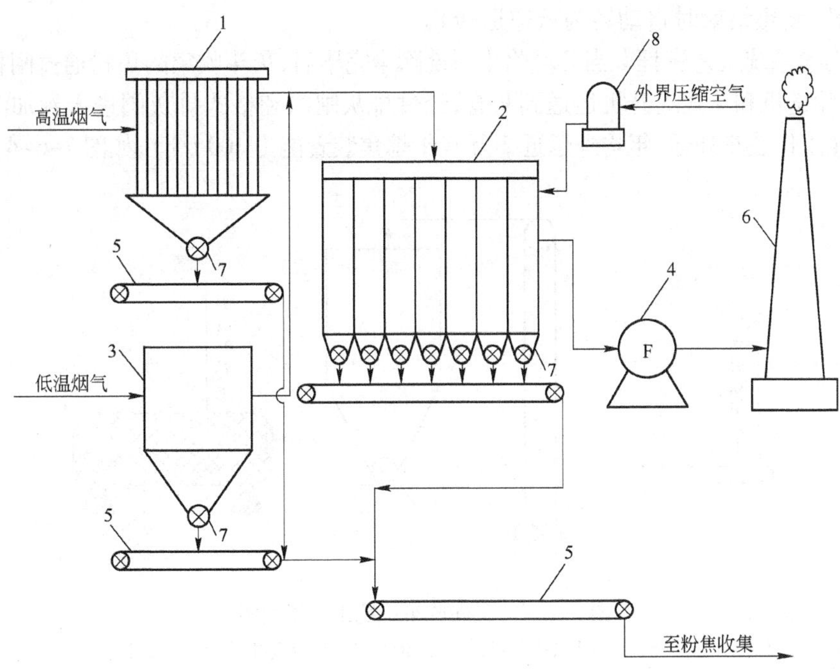

图7-6-2　环境除尘站工艺流程图

1—管式冷却器；2—脉冲布袋除尘器；3—百叶式预除尘器；4—除尘风机；5—刮板机；6—烟囱；7—格式排灰阀；8—压缩空气储罐

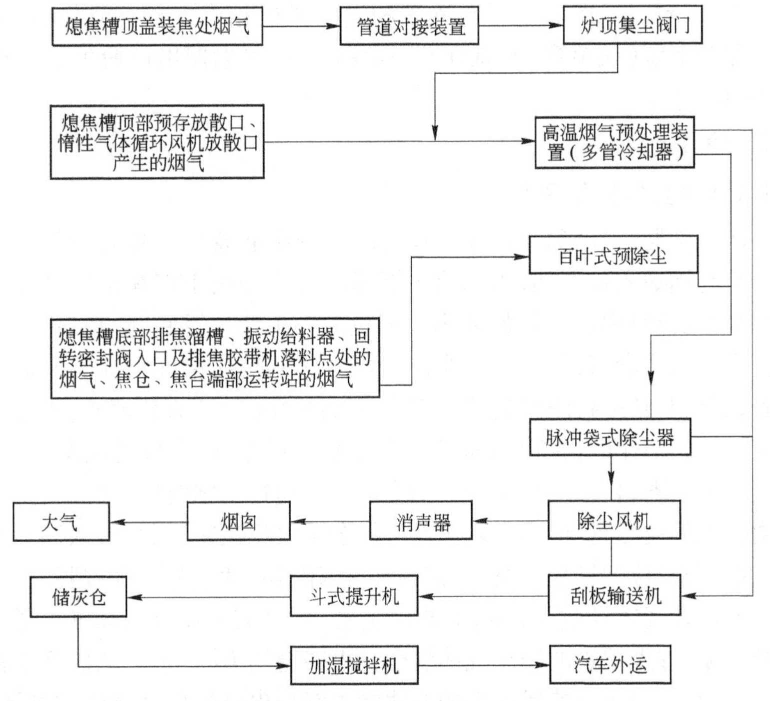

图7-6-3　环境除尘工艺流程图

由于装焦是间歇性的，对相应吸气罩的风管道上设置了电动阀门，并与相应工艺设备连锁，在其不装焦时关闭阀门。为节约能源风机，设液力耦合器进行风量调节（装焦时自动转为高速运转,装焦结束时自动转为低速运转)。

(3) 粉尘系统工艺流程。当环境除尘系统除尘完毕后,灰斗收集的焦粉通过闸板、排灰格式阀、刮板输送机和斗式提升机运送到灰仓,经过排灰闸门和格式排灰阀进入到加湿搅拌机,经振动绞龙工作装车外运,年均外运近 2 万 t(干熄焦装置能力 100 t/h),如图 7-6-4 所示。

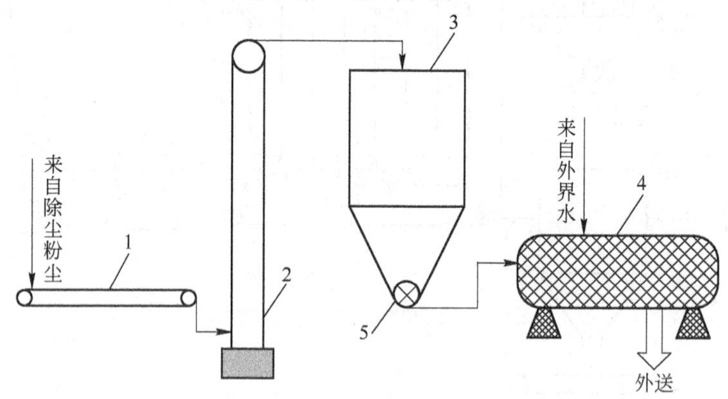

图 7-6-4　焦粉收集系统工艺流程图

1—刮板运输机；2—斗式提升机；3—焦粉仓；4—加湿搅拌机；5—格式排灰阀

D　循环气体除尘流程

循环气体除尘包括一次除尘器和二次除尘器。一次除尘器通过高温膨胀节与锅炉和干熄炉相连,采用重力沉降的原理进行除尘,一次除尘器进口粉尘浓度为 12 ~ 14 g/m^3,出口粉尘浓度不大于 10 g/m^3。二次除尘器与锅炉和循环风机相连,与循环风机连接分为两条气道。二次除尘器为多管(或单管)旋风分离除尘器,二次除尘器出口粉尘浓度不大于1 g/m^3,如图 7-6-5 所示。

7.6.3.2　操作要点

A　循环气体除尘的操作要点

干熄焦一次除尘器、二次除尘器在气体循环系统中起着除去粉尘的作用。一次除尘器位于干熄炉出口与锅炉入口之间,采用重力沉降的方式除去干熄炉出口循环气体中粗颗粒焦粉,以降低焦粉颗粒对锅炉炉管的冲刷。沉积在一次除尘器底部的焦粉通过水冷套管排出。之所以要设计水冷套管,是因为一次除尘器收集的焦粉温度很高。为防止高温焦粉排出时损坏设备,必须对其进行降温处理。水冷套管内必须保证有长流水,水冷套管下部设格式排灰阀排灰。手动操作时,在现场通过与中控室联系进行;在自动状态下,当水冷套管内焦粉堆积高度达到上限料位时,格式排灰阀自动启动运转一定时间,排出一部分焦粉。如果一次除尘器内部粗颗粒焦粉堆积太多,循环气体会再次将焦粉吹起,带入锅炉对炉管造成冲刷,所以一次除尘器料位的管理及格式排灰阀的操作对后续工艺十分重要。

出干熄炉的循环气体经过一次除尘器除尘后,可以除去循环气体从干熄炉带出的 1/3 以上的粗颗粒焦粉,进入锅炉的循环气体含尘量可降至约 10 g/m^3。二次除尘器位于锅炉出口与循环风机之间,采用多管旋风除尘的方式除去锅炉出口循环气体中的细颗粒焦粉,以降低焦粉对循环风机叶轮的冲刷。二次除尘器灰斗设有上限及下限料位检测仪,灰斗底部设有格式排灰阀,可采用手动和自动两种方式排灰。手动操作在现场通过与中控室联系进行;

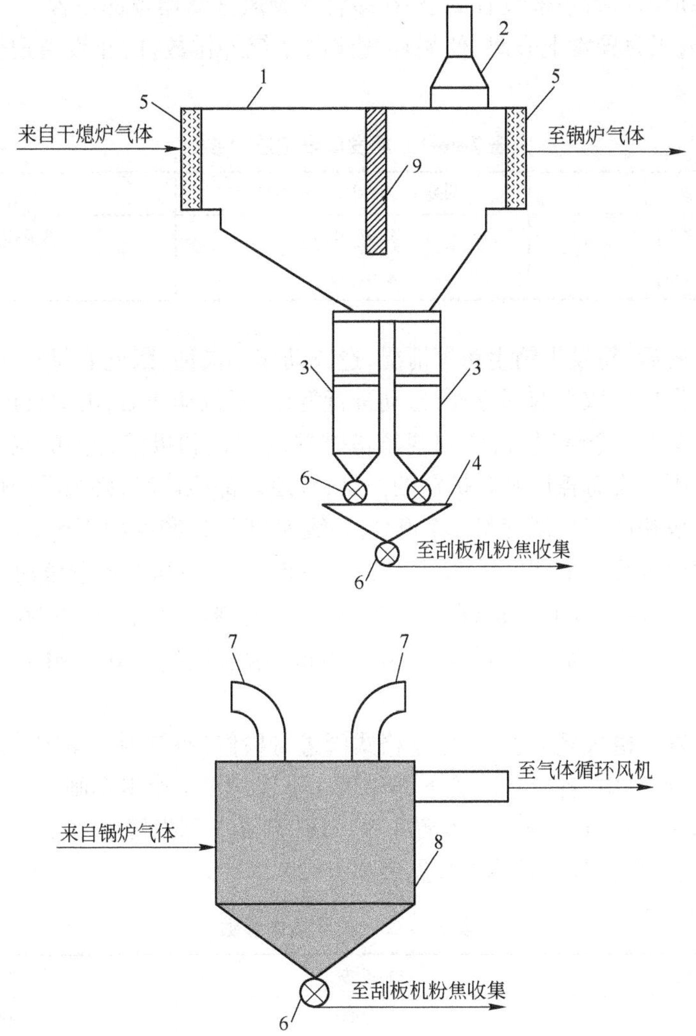

图 7-6-5 循环气体除尘流程图

1—1DC；2—紧急气体放散口；3—水冷却套管(4 个)；4—灰斗；5—高温膨胀节；
6—格式排灰阀；7—防爆口；8—2DC；9—重力除尘挡板

在自动状态下，当二次除尘器灰斗内焦粉料位达到上限时，灰斗格式排灰阀打开，开始排灰，当灰斗内焦粉排到下限料位时，格式排灰阀关闭，停止排灰。

二次除尘器靠离心力将出锅炉的循环气体中不小于 0.25 mm 的焦粉除去 95% 以上，经过循环风机的循环气体含尘量可降至 1 g/m^3 以下。

一次除尘器、二次除尘器收集排出的焦粉经刮板机、斗式提升机等设备送往焦粉储槽，经加湿搅拌后外排运走。

1DC 采用重力沉降方式除尘，气体温度约 960℃，气体流量约 199000 m^3/h，入口含尘量约 13 g/m^3，捕集灰尘量 0.89 t/h，灰尘密度约 0.6 t/m^3。

二次除尘器为多管(或单管)旋风分离除尘器(2DC)，气体温度约 170℃，气体流量约 199000 m^3/h，入口含尘量约 10 g/m^3，捕集灰尘量 1.7 t/h，灰尘密度约 0.8 t/m^3。

爆发口在锅炉出口管道部设置2个,在多管式旋风分离器顶部设置2个,共有4个。设置目的:当系统内压力异常上升时,使循环气体向系统外排放,防止设备遭受破坏。设定压力参见表7-6-1。

表7-6-1 爆发口设定压力参数

状 态	设定压力/kPa(mmH_2O)	备 注
通常操作时	3.9(400)	砝码块数自定
泄漏试验时	4.9(500)	

使用一定时间后,易发生销生锈等情况,造成动作不灵活,因此要每年年修,还需定期进行修理检查。爆发口采取平衡锤方式,自动进行复位,复位动作后,由中央控制盘确认“爆发口闭”。如没有“闭”指令情况时,应到现场检查并确认盖和极限开关的状态。不稳定时避开接近爆发口周围。设有盖以及防护罩的吊具,管道内部检修时,必须敞开爆发口后进行。

1DC排出的焦粉冷却后温度最高250℃,一般为200℃,密度约0.6 t/m^3,堆积角约36°;2DC排出的焦粉温度最高200℃,一般为170℃,密度约0.8 t/m^3,堆积角约34°。

焦粉冷却管处理量约0.2 t/h(约0.33 m^3/h),焦粉入口温度约960℃,焦粉密度约0.6 t/m^3,给水温度30℃,给水流量合计300 L/min,耐水压最大0.5 MPa,冷却有效长度约3.5 m。

滑动闸门设置在格式阀的上部,便于格式阀进行检修(拆卸时为全闭状态),还可调节流入格式阀的焦粉量。1DC各个水冷管下部和灰斗下部均设1个滑动闸门。

格式排灰阀在1DC水冷管下部设置4个,1DC灰斗下部设置1个,2DC灰斗下部设置1个,灰斗排灰设置1个。灰斗具体参数见表7-6-2。

表7-6-2 灰斗具体参数

项 目	1DC灰斗	2DC灰斗
直径/mm	2900	4800
高度/mm	1925	9500
储存物	焦 粉	焦 粉
数量/个	1	1
有效容量/m^3	约1.6	约110

1DC捕捉到的焦粉进行水冷却后,将它储存在1DC下部灰斗里。由于1DC在正常生产中捕捉到的焦粉具有900℃以上的高温,所以,为了保护设备不会过热导致损坏,要对焦粉排出管进行冷却。焦粉的排出是根据Y形灰斗的料位计的信号通过格式阀运转来实现的。焦粉冷却系统的1系统和2系统分别独立运转,通过中央操作室自动运转或使用现场操作盘进行单独运转。

1DC捕捉到的焦粉和2DC捕捉到的焦粉经由刮板输送机以及斗式提升机储存到灰斗里。

根据安装在1DC灰斗上的料位计料位信号开始排出一次焦粉,这一次焦粉的排出时间是通过程序内部定时;2DC是根据安装在多管式旋风除尘器下部灰斗上的料位计的料位

(H)信号开始排出二次焦粉,若得到料位计的料位(L)信号后,就会自动停止排粉,或者按程序内部定时排粉。焦粉搬运系统通过中央操作室进行自动运转和使用现场操作盘进行单独运转。当1DC焦粉排出格式阀的运转指令和2DC焦粉排出格式阀的运转指令同时出现时,1DC焦粉排出优先,然后才进行2DC焦粉排出的运转。

焦粉排出系统主要是为了把储存在灰斗内的焦粉装载到运灰卡车上。为了让装载运输焦粉时不会到处飞扬焦粉,使用加湿混料机对焦粉加水混合后排到卡车上,通过安装在灰斗上的料位计的料位信号让操作人员得知焦粉已满,准备运灰卡车,运出焦粉。放灰一般在现场操作。

排灰管下部灰仓里设置了温度计,在中央操作室能够指示温度,日常点检时按真正的实际温度为大致目标进行点检、组织生产。

排灰管的排灰温度可以因下述原因而进行调整:

(1) 1DC气体温度;

(2) 焦粉发生量;

(3) 焦粉排出重;

(4) 焦粉堆密度;

(5) 焦粉的落灰分布;

(6) 大气温度;

(7) 冷却水量和水温;

(8) 其他。

为了吸收内管和外管的热膨胀差,1DC排灰管下部是由压盖填料组成的水封结构。热状态下,由于内管、外管移动,有时会发生漏水。一旦发生漏水,请采取以下措施:对螺栓进行补拧;调整密封压盖压板的接触状态;涂密封液体。

为了排除空气,灰仓上设置了滤布式弯管接头,这是用来捕捉上升到灰仓上部的含尘气体中的粉尘的,以排出干净的气体。日常点检时,要检查盖板下部等位置是否会漏焦灰。为了防止滤布堵塞,最好从外部一个月敲打一次(轻轻地拍打),特别是如果从灰仓外围设备的法兰、检修孔等处泄漏焦灰的话,要拆下盖板检查滤布的堵塞情况。

关于循环气体除尘装置检修、维护保养的重点项目有:一次除尘器外部月检,有否发生铁皮异常超热现象。年检时,检查一次除尘器内部烟道入口部灰尘堆积状况,耐火材料损伤状况,接缝损耗状况,高温用伸缩管浇注材料损耗状况,砖膨胀部情况。对高温用伸缩管检查:螺栓有否松懈(年检);波纹管以及法兰盘有否超热现象以及异常变形(日检)。

水冷管的特点是两系统都是相同材质,所以管理备品备件比较容易,可以只调换内筒或者只调换外筒。冷却水的调整和确认可以在一个地方进行。

水管阀的操作方法按以下进行:给水排气阀排出给水管内空气,通常是全闭状态;外筒给水阀给排灰管供水,为了防止最初给水时卷入空气,应该慢慢地打开阀门,用小流量灌满水;内筒给水阀全开;外筒排水阀(上、下)在水冷管被拆下的状态下、全部排出外筒内的水时要使用。

B 环境除尘操作要点

环境除尘系统用于控制并捕集干法熄焦生产过程及焦炭在炉前焦库、转运站的储存转运过程中散发出的大量焦粉尘。合理的操作可以延长设备的使用寿命，降低设备的检修率，从而保证正常的生产。

a　技术操作标准

要做到干熄焦除尘效率达99%以上。要保证除尘系统各处严密无漏洞，既不因向里漏风而降低除尘吸力，也不因向外泄漏而造成扬尘，提高除尘效果，完成装焦、排焦时烟尘的捕集，保证除尘净化效果，确保除尘达标排放。各处仪器仪表正常显示，真正地反映系统运行情况。要及时清灰卸灰，以保证除尘风机正常运行，不能出现因灰多而造成系统阻力增大或影响风机正常运行。按时做好巡视和记录，记录要及时、准确、整洁、字迹清楚、工整。除尘管道畅通无阻塞，吸尘罩、管道、各阀门完好，灵活无漏风。随时检查各室布袋破损情况和烟囱冒烟情况，发现布袋破损或烟囱冒烟及时上报解决，不因检查不到或更换布袋不及时造成冒烟事故。灰斗下灰位（从卸灰阀上口法兰算起）不低于50 mm，上灰位必须低于进风管下沿100～150 mm。除尘器总阻力值及各室阻力值应控制在1500 Pa以下（最高不超过2000 Pa）。卸灰装车过程中不发生二次扬尘，地面无撒灰。

b　职责分工

除尘操作工负责组织完成除尘工作任务；消除事故隐患，杜绝事故发生，发生事故时，及时通知调度室和检修人员进行调整处理；负责开停机及联系工作；负责设备检修后的检查验收。

除尘巡检工负责操作工作，开停机操作时现场观察，按时进行巡检；设备运行时，对各仪表显示按时检查，做好记录；检查灰仓、除尘器灰斗存灰情况，联系卸灰，灰仓卸灰时现场操作。

c　操作要点

操作前的准备工作：操作员必须持有操作牌，无操作牌不许操作；开机前先检查除尘器，其安全设备必须齐全有效；检查岗位吸尘点、密封门、盖板是否盖严；按设备巡回检查表规定的内容及标准要求认真检查；检查事故开关是否置于零位；检查风机、手动盘车、进风调节阀是否关闭；与变电所联系空投试车。

技术操作方法：接到生产开机指令后，要先开启除尘设备，待除尘设备运转正常后，通知皮带机等开机；接到停止指令后，要先停生产设备，待生产设备完全停止后再停除尘设备；除尘管道网控制的有关生产岗位，根据生产要求随时调整各吸风点、管道阀门，打开所需的吸风点阀门，关闭其余不吸风的阀门。

更换布袋操作：确认好更换布袋仓室后，首先关闭该仓室进风口挡板，再关闭该离线阀，打开仓室气体排空阀，将气体排空，再开启仓室顶盖；更换完毕，仓室密封后，先开离线阀，再开进风挡板，恢复操作。

除尘系统日常点检及维护：除尘系统设备多，运转周期长，必须注意日常点检工作，及时掌握设备运行情况，加强维护力度，提高设备利用率，维护生产稳定。

日常点检与维护内容有：

（1）除尘器本体有无变形损坏，除尘器盖板是否严密、走样，平台是否安全可靠，照明是否完好，电器操作箱是否完好关严；压缩空气系统有无漏气、积水，定时排放储气罐积水。

（2）检查脉冲控制仪、电磁阀是否正常工作，有无脉冲膜片损坏情况。

（3）定期观察排灰口灰尘及除尘器阻力，判定有无掉袋损坏；检查仓壁振动器振动效率。

(4) 输灰系统刮板机、斗式提升机、储灰仓、加湿机、格式阀有无堵塞和泄漏,电机、减速机润滑和运转是否平稳。

(5) 除尘风机、液力耦合器、电机输出信号是否与中央一致,油温、油压、水压、水量是否正常。

(6) 各吸尘口是否通畅,各种电动阀门信号是否准确。

技术操作定额及质量指标:除尘器净化效率99%;净化后废气排放浓度指标符合国家二级标准,不大于50 mg/m^3;转子应在自身最高工作转速下进行机械运转试验,在轴承温度稳定后连续试运行,时间不小于20 min,轴承箱有效振动速度不大于5 mm/s,有效振动速度大于6.3 mm/s时报警,大于7.1 mm/s时停机,轴承温度不低于60℃时报警,不低于80℃时停机;轴承冷却水压力不超过0.4 MPa,冷却水量为30 m^3/h,冷却水应根据季节不同和轴承温度高低进行调整;风机基础的固有频率应在0.75n~1.25n、1.75n~2.25n、2.75n~3.25n以外,其中,n为风机工作转速;除尘机外壳温度小于65℃;风机入口温度小于120℃。

防止技术操作事故的有关规定:及时检查、更换破损的布袋,避免发生污染事故;按规定检查灰斗内灰位,避免堵塞进风管道;发生灰仓下灰不畅通应先将手动插板阀关到适当位置,防止处理后卸灰过猛造成二次扬灰。

开停机操作规定及方法:接到开机指令后,开启除尘风机,待风机运转正常后,打开风机进风阀门;开启反吹清灰控制仪数码显示,根据灰量大小调整喷吹时间和脉冲间隔;检查数码显示和脉冲阀工作是否正常,喷吹是否有力,脉冲阀若不能动作或动作不够则无声或声音小,布袋破损或脱落则声音大;检查烟囱是否冒烟;灰量较小时应继续运行刮板,以防灰尘堆积,应检查灰斗灰量是否堵塞进风管道;接到停机指令后,先关闭风机阀门后停止风机;关闭离线阀和脉冲控制仪。

粉尘储存仓现场手动卸灰操作:将加湿机控制箱内操作打到"手动";输灰汽车到后,记录到车时间、车号、吨位;汽车车斗对准加湿机下料口。开机顺序:先开加湿机,再开灰仓卸灰格式阀电机;按下加湿机开机按钮,指示灯亮,记录卸灰开始时间;加湿机运行正常后,按下灰仓卸灰格式阀电机开机按钮;待灰仓内料流进入加湿机后,打开加湿机加水阀门并调节其大小,使灰成团,湿度合适,不发生二次扬尘,不排湿泥。灰仓排灰停机操作:汽车将装满时,先停格式阀电机,再停加水阀门,待加湿机内无料时,停加湿机;通知司机将汽车开走;记录卸灰结束时间。

停风喷吹现场手动操作:将停风喷吹现场操作箱内操作打至"手动";首先搬动x停风(x为数字)确认红灯亮后,按下对应的"喷吹"按钮,确认绿灯亮,过15 s后再按一下"喷吹"按钮,确认红灯亮将x停风开启;顺序操作其余停风喷吹。

控制室操作:确认电源、润滑、水、压缩空气系统正常方可试车;启动风机,确认无误后开启进风调节阀;检查风机运转情况,如发现异常情况,停机检查处理;开启反吹清灰机构;放灰时,先开加湿用水,保证无二次扬尘,无湿泥;卸灰时,先启动刮板机,再打开卸灰阀(停机顺序:关闭调节阀→停风机→停止反吹)。

C　注意事项

干熄焦除尘系统的技术安全规程应充分考虑到这种烟气净化系统在操作、管理和维修等各方面工作对设备寿命、人身安全的直接影响，制定在日常生产运行中必须遵守的规章制度。

（1）生产管理人员和操作人员需对全系统的设备性能、作用以及操作规程等充分了解，掌握操作要领，这样才能进行操作并根据生产实际的需要对设备和控制程序等进行调整和修改，不是本岗位人员不得操作。

（2）除尘系统控制程序、设备运行时间和动作次数等如果需要调整，需充分掌握干熄焦工艺实际情况和烟气净化系统的风量和压力等变化情况，经主管操作人员主持会议和有关技术人员讨论研究后，将调整方案上报领导批准后方可进行程序等修改工作。不允许个人随意修改程序和改变控制条件，以免造成设备损坏，发生安全事故。

（3）脉冲除尘器顶部盖板作为开启后检查和更换滤袋之用，但关闭不严密将导致降低烟气捕集率。所以在检查、检修工作中应特别注意盖板密封圈状态，看有无破损断条、胶条老化等问题，如密封不良要及时更换垫圈。关闭时要紧固四角螺栓，保证不漏风和绝对不吸进雨水。

盖板的开启和放置一定要位置正确，防止踏翻跌落造成伤人事故。

（4）除尘风机组是除尘系统的心脏，对风机、耦合器、电动机及所配置的仪表要天天检查并做好记录。

除尘风机和液力耦合器的冷却用水供水压力和水量要时刻监视，防止断水时仪表动作不灵造成设备损坏事故。

（5）观察刮板输送机运料状态时，可打开刮板机外壳上观察孔查看，不允许用铁棒类物品伸入刮板机内观察刮板输料情况，防止卡住链条造成事故。

（6）检修格式排尘阀时要将灰斗出口插板阀关死，防止跑灰污染空气。

（7）除尘风机液力耦合器和电动机工作时温度升高，产生热膨胀使中心高增加，在除尘风机组安装时，安装单位要考虑除尘风机组中心线液力耦合器、电动机、除尘风机部分的留高问题（风机厂应给出留高的尺寸）。在日后生产运行中、设备大修、重新安装设备时也应考虑这一留高问题，可使限制风机组长期安全运行。

（8）液力耦合器一般使用6号液力传动油或20号汽轮机油，绝对不能使用混合油，加油需清洁，油量要充满耦合器规定的最高位置，并充满油路和油冷却器。在使用过程中，应定期检查耦合器油箱里的油位，在任何情况下，油位不准超过“最高油位”，也不准低于“最低油位”。

经过一定时间后要取油化验各种指标，在达不到指标或油已发黄、有乳状时要立即更换油，以防止事故发生，损坏设备。

（9）定时检查除尘器离线阀的供气压力，气路是否畅通，二位五通电磁阀的换向情况和阀门开启、关闭状态。精心对阀门进行检查和维护，避免开启和关闭不到位造成除尘系统风量混乱、降低吸气点捕集率、恶化操作环境并对设备造成损害。

（10）除尘系统最高处有避雷装置，定期检查电阻值，以保障安全。

（11）在有危害的场所设置安全标志及事故照明设施，以防止坠落事故发生。

（12）检查保护除尘设备设置的防静电接地装置，防止静电火花而引起的火灾。

（13）除尘工艺采用高度自动化控制，应遵守操作规程和注意事项，防止误操作损坏设备和造成人身伤害。

7.7 干熄焦安全技术

7.7.1 干熄焦安全特点

7.7.1.1 火灾、爆炸危险性

干熄焦系统及焦处理系统是有可能产生粉尘爆炸的危险场所。可能引起火灾或爆炸的危险物质有焦尘、一氧化碳（CO）、氢气（H_2）、氧气（O_2）、氨（NH_3）、氮氧化物（主要成分NO_2）、润滑油、变压器油等。

焦尘即炭的粉末（本质为元素碳），属可燃物，相对原子质量为12.01，引燃温度为430℃，云状粉尘的引燃温度大于750℃。可与空气形成爆炸性混合物，爆炸下限为37～50 g/m^3。

CO、H_2、O_2 等可燃性气体在干熄炉及处理系统可能引起燃烧、爆炸；NH_3 易燃、具有腐蚀性，与空气混合会形成爆炸性混合物；O_2 为助燃气体，与易燃物形成爆炸性混合物；NO_2 为不燃、腐蚀性气体，但可助燃，具有强氧化性；锅炉会因氢脆发生炉管破裂；汽机的润滑油及变压器油高温会引起火灾。

7.7.1.2 电气危害

干熄焦工程有供配电、发电和用电设施。供配电、发电设施包括干熄焦综合电气室、汽轮机发电站等；用电设施包括提升机、循环风机、余热锅炉的循环水泵、振动筛、除尘器等。当触电保护、漏电保护、短路保护、过载保护、绝缘、电气隔离、屏护、电气安全距离不能保证时，照明、消防、疏散用电及应急用电不可靠时，生产环境粉尘浓度较大时，人员误操作设备时，均可能导致人员触电或电气系统的安全事故。生产设施防雷措施不完善时，也会造成雷击事故。

7.7.1.3 机械危害

干熄焦工程中使用的机械设备很多，其运动部件有可能对人员造成各种类型的机械伤害事故，如夹击、碰撞、剪切、卷入与绞碾、割刺等。机械伤害事故的发生往往是作业区域内的安全距离不足、设备的防护措施不规范、规章制度不健全、管理不严、违章指挥、违章操作等引起的。

7.7.1.4 粉尘、噪声、高处坠落、高温危害等

A 粉尘

生产性粉尘是煤、焦、化、干熄焦生产中职业卫生的主要危害因素，从高温焦炭的装入到排出、输送及除尘都会产生粉尘。粉尘主要是通过呼吸道侵入人体，侵害部位主要是呼吸系统，常见症状有咳嗽、胸痛、气短等。长期吸入粉尘后，能引起肺部组织发生纤维化病变，并逐渐硬化，失去正常的呼吸功能，严重的可造成尘肺病。

B 噪声

生产性噪声是指生产过程中产生对人体有伤害的声音。噪声令人烦躁、讨厌，影响操作人员的情绪，会造成工作效率下降，操作人员反应迟钝、差错率上升，从而引发误操作和工伤事故。长期暴露在强噪声环境中或接受瞬时特强噪声，可引起心慌、血压升高、失眠、易疲劳、食欲不振、肌肉无力等，严重时会造成永久性听力损失。对心血管系统的影响主要表现为心慌、血压升高、心跳加速、心律不齐，并影响脂肪代谢，使胆固醇增高，冠心病发病率增多。噪声对操作人员谈话干扰见表7-7-1。

表 7-7-1　噪声对交谈时清晰度的影响

A 声级/dB	普通交谈距离/m	大声交谈距离/m	交谈质量
45	7	14	很满意
50	4	8	满意
60	1.25	2.5	较差
70	0.4	0.8	差
80	0.13	0.25	交谈困难
85	0.07	0.14	无法交谈

干熄焦工程中的排焦装置、各类风机与管道、汽轮机、发电机等设备，在运行过程中都会产生较强的噪声。

C　高处坠落

干熄焦工程存在高处作业的场所主要在干熄炉、余热锅炉、除尘地面站、筛焦楼、汽轮发电站等处。如：干熄炉的提升高度约 40 m，提升机将焦罐从地面提起至 40 m 平台，此过程发生人与物的高处坠落的危险性很大，因此必须采取可靠的防范措施来避免高处坠落造成人员的伤害与物的损坏。

D　高温

高温使人的体温调节失去平衡，代谢出现紊乱，消化及神经系统受到影响，主要表现为作业人员注意力不能集中，动作协调性及准确性差，极易引发事故。

干熄焦装置生产中，焦炭温度为 950 ~ 1050℃，经过一次除尘器的循环气体温度为 900 ~ 980℃，排出的焦炭约为 205℃，也存在高温；锅炉送往汽机及汽轮发电站过程中使用的蒸汽温度为 450℃。因此，需要对这些高温设备设施（包括管道）采取保温隔热措施，以减少作业人员在这些区域进行设备巡检、维修及清扫等时受高温辐射及烫伤危害。

E　中毒与窒息

焦炭中散发的 CO、SO_2、H_2S 等有害气体能引起作业人员中毒；生产中使用的氮气聚集在密闭空间，能引起作业人员窒息。有关危险物质存在的部位是干熄炉、焦罐、排焦装置吹扫用氮气、锅炉系统充氮、加氨系统。

F　腐蚀

水处理工段使用的硫酸（H_2SO_4）、氢氧化钠（$NaOH$）和氨水（NH_3）具有很强的腐蚀性，这些物质对作业人员和设备设施均有危害。干熄炉内部也存在少量烟气腐蚀。有关危险物质存在的部位是水处理系统（酸、碱、氨）、干熄炉系统内（烟气腐蚀）。

G　自然危害因素

自然危害因素包括地震、暑热、雷击、洪水、台风等。这些因素的危害性各异，其危害程度不尽相同。自然危害是自然形成的，基本上是不可避免的。但可以对其采取相应的防范措施，以减轻对人员的伤害和设备设施的损坏。干熄焦工程涉及的危险有害因素及存在部位见表 7-7-2。

表 7-7-2 干熄焦工程涉及的危险有害因素及存在部位

序 号	危险有害因素	存 在 部 位
1	火灾与爆炸	焦罐、干熄炉、余热锅炉、除尘系统、加氨装置、汽机的润滑油、变压器的变压器油、压力容器、压力管道
2	电 气	汽轮机、发电机、变压器及各类用电设备
3	机 械	电机车、提升机、焦罐车、胶带运输机、各类泵、电机
4	粉 尘	装焦、卸焦、胶带运输机、除尘设施、筛焦楼、汽车运输
5	噪 声	提升机、循环风机、干熄焦锅炉、汽轮机、发电机、泵类等
6	高处坠落	干熄炉、余热锅炉、汽轮发电及附属设施高处
7	高 温	焦罐车、干熄炉、一次除尘器、余热锅炉、提升机、汽轮发电机及高处的附属设施
8	中毒与窒息	干熄炉、焦罐、排焦装置吹扫用氮气、锅炉系统吹氮、加氨系统
9	腐 蚀	水处理系统(酸、碱、氨)、干熄炉系统内(烟气腐蚀)
10	自然因素	地形、雨水、洪水、地震、暑热、寒冷、台风

7.7.2 干熄焦安全控制措施

7.7.2.1 防火、防爆、防毒安全控制措施及对策

(1) 工程设计单位从设计方面考虑,主要包括干熄焦装置、余热锅炉系统、除尘系统、汽轮机发电、干熄焦运焦系统和除盐水站,应该选择有国家建设部颁发的资质的设计院,同时考虑有业绩支持。

(2) 通过培训、教育,使相关人员对干熄焦系统使用的危险化学品的物理特性、化学特性、毒性、火灾、爆炸危险性的认识比较清楚。

(3) 确保在生产场所使用危险物质不达到临界量,不构成重大危险源。

(4) 工艺平面布置各设施的位置应符合平面图的规范要求,对于老企业改造增效的干熄焦系统要充分考虑地下的动力电源、供水管线,并在总图上明示。

(5) 火灾、爆炸危险性较大的部位要划分为独立区域。

(6) 由于干熄焦系统为敞开式建筑物,各生产系统之间要有一定的安全距离,危险的工艺设备应设置在建筑物外面的露天场所。

(7) 露天设备、设施及建、构筑物应有可靠的防雷保护措施。

(8) 供配电的电源线路采用双回路高压供电。

(9) 消防设施配有消火栓、移动式灭火器和火灾自动报警装置等。

(10) 消防通道要符合标准要求。

(11) 硫酸、氢氧化钠、氨、水乙二醇、变压器油、柴油等危险物料设有专库储存,汽轮机油有专用油罐。

(12) 进出危险物料储存区的安全通道保持通畅。

(13) 主要危险物料按《建筑设计防火规范》,视其危险性进行分类(汽轮机油属乙类火灾危险品)。

（14）物料入库要有入库登记。油、化学品等危险物料确认有安全标签。

（15）重要工艺设备、仪表检测、维修管理措施应由专业人员负责维护、管理、检修。

（16）具有火灾爆炸危险的生产装置应设有安全阀、泄爆门（膜、孔）等保护措施。

（17）工艺设备的防泄漏措施主要要注意到设施选材和维修，并采取密闭措施，设有温度、压力、液位检测设施。

（18）当控制失控时，通过DCS系统自动控制、连锁来保证设备安全。

（19）工艺装置和管道均做防静电接地。

（20）重要设备与仪表的应急动力电源采用两路动力电源。

（21）易燃易爆有毒物料在输送和使用过程中，采取相应的安全措施、管道密闭输送；除尘采用连续排灰，布袋用防静电滤料，除尘系统设防静电接地装置，除尘器设安全泄爆装置，应设循环气体的可燃性气体检测仪表。

（22）输送危险物料的管线穿（跨）越道路时的安全措施确保可靠。

（23）个体的防护措施包括：配有耐酸碱橡胶手套、防护服、防毒面具等个体防护用品，配置、管理、使用保证规范。

（24）车间、控制室等现场配有电话和灭火器材，重要设备周围设置消防水龙头，设有事故照明，以斜梯、电梯作为疏散通道。在除盐水站设有水冲洗设备，在控制室有防毒面具等急救、防护器材。

（25）危险场所、通道等在必要处设禁行、禁火等安全警告、指示标志。

（26）储罐、管线、阀门、消防设备等要按色标规定执行。

（27）管道物质的流向有标记。

（28）阀门开关方向有标记。

（29）生产区域地沟设有盖板或防护栏杆。

（30）旋转密封阀处具备氮气、压缩空气两路气源，方便切换。

7.7.2.2 干熄炉装置安全措施

（1）在焦罐盖上方开有孔洞，补充空气，使可燃气燃烧，从而防止爆炸性气体聚集。

（2）干熄炉加入氮气和在环形气道内加入空气，使可燃成分安全燃烧，从而防止爆炸性气体聚集。

（3）一次除尘、锅炉出口、二次除尘及循环气体管道上分别设有放散装置和泄爆膜（门）等防爆装置。

（4）干熄焦排焦装置为地面半敞开式，地下装置要保持通风良好，增设排风扇，排焦装置安装有一氧化碳检测探头，报警仪设在中控室。

（5）排焦装置处设循环气体成分自动分析仪，对一氧化碳、氢和氧含量进行分析记录，对一氧化碳、氢气浓度分别按照6%、3%作为控制指标。

（6）射线源安装在平台下方约2 m处，设有明显标志，禁止人员停留；物料实现计算机控制料位。

（7）防粉尘爆炸的除尘设施主要有一次除尘器、二次除尘器和地面除尘站等各类除尘设施，并在主要设施和管道上设有泄爆口。

（8）干熄炉最高处设置风向仪和风速仪，当风速高并达到一定值时，干熄焦停止装焦生产，提升机不能作业。

(9) 设备、设施应有可靠的防雷防静电接地。

(10) 设备有可靠的机械式、光电式、电磁式限位装置来保护。

(11) 提升用钢丝绳定期检验与更换,并定期自检。

(12) 运焦胶带机设拉线急停开关。

(13) 运焦胶带机为耐高温胶带,在皮带头部设有远红外探测器,当监测到温度达到或超过上限时,自动洒水装置进行洒水。

(14) 干熄焦工程设有防爆电气设备等各种安全措施,降低和防止生产过程中产生爆炸的危险程度。

(15) 干熄焦装置中控室采取电视监控系统,位置包括:提升机导向架下部,APS 对位装置处,提升机左右吊钩,提升机的待机位,提升机走行平台处,装入装置上部平台,锅炉汽包水位表处,运焦皮带机头部。

7.7.2.3 锅炉安全措施

(1) 余热锅炉系统有水位、温度、流量及压力等参数的检测装置、控制装置、报警装置或安全连锁装置,用来对生产过程进行检测、监控并实现安全连锁,建有计算机控制系统网络。

(2) 设有除盐水站,用来保证锅炉用水符合用水标准。

(3) 除氧应达到设计指标,保证锅炉长期安全使用。

7.7.2.4 汽轮机安全措施

(1) 汽轮发电车间内有高体油箱和本体油箱罐,室外地下设有事故油箱,在现场配置有消防器材,用来防火防爆。

(2) 本体油箱通向事故油箱,高位油箱与事故油箱不通,要保证事故油箱总存储量。

(3) 汽机房采取自然通风,控制室设空调设备,用来保证通风效果。

(4) 汽轮机、发电机设有危急保护、紧急停机按钮、轴向位移保护、轴瓦保护、油温保护等。

7.7.2.5 除盐水站及加氨间安全措施

(1) 酸碱罐的安装位置布局要合理,酸碱槽围堰要隔离好,二层的罐体要设有防外溢的围堰,并要设置外溢收容器,加氨间不可堆放大量杂物。

(2) 酸碱罐的罐体等涂刷防腐涂料,地平应为水泥地面。

7.7.2.6 防急性中毒、窒息安全措施

干熄焦工程存在急性中毒和窒息的场所危险性较大,主要是提升机电机室和排焦皮带机头部两处。在排焦皮带机头部设有可燃气体报警仪,增加排风扇,确保气体流通,同时考虑到防止人员窒息,所以设有电视监控。

7.7.2.7 防止粉尘爆炸安全措施

干熄焦的焦尘是粉尘爆炸的物质,焦尘可与空气形成爆炸性混合物。在一次除尘器、锅炉和二次除尘器、循环系统内及集尘系统内可形成爆炸性混合物,为防止爆炸,安装有循环气体补充氮气的装置,还设有放散口和泄爆装置,除尘器的布袋等滤材采用防静电材质,并对设施进行可靠接地,这些措施可以降低爆炸危险性,又能减少爆炸后对设备设施的破坏程度。

尽管在产生粉尘的场所设有除尘设备,但仍存在一些粉尘泄漏,粉尘会对作业人员健康

构成危害。

7.7.2.8　防噪声安全防护措施

干熄焦工程除尘器系统的外壳及前后管道均设置隔声装置、循环风机外壳及前后管道均设置隔声材料，排焦装置的电磁振动给料器等也应装有隔声材料，确保噪声在国家控制范围之内。

7.7.2.9　高低温作业安全防护措施

干熄焦工程主要工艺生产过程是在高温环境下进行的，因此高温环境的存在对作业人员有一定的影响。如夏季易高温中暑，高温设施会引起人身烫伤等；在水处理系统及锅炉用水方面应注意冬季的防寒防冻，减少设备损坏和经济损失。

7.7.2.10　强制检测设备

强制检测设备设施包括安全阀、压力表、可燃和有毒气体泄漏检测报警仪、变送器及其他强制检测设备，应定期校验。部分关键设备运送相关专职部门，应按规定定期校验，每年强检一次。

（1）安全阀。干熄焦工程在锅炉汽包、除氧器、主蒸汽管道等处安装有安全阀。

（2）压力表。干熄焦工程在有压力的设备上安装有压力表。

（3）可燃、有毒气体泄漏检测报警仪及变送器。干熄焦工程在排焦装置附近设有固定式可燃有害气体报警探头，检测一氧化碳浓度；在锅炉排污流量、锅炉出口主蒸汽压力、循环气体流量、主蒸汽切断阀后压力、锅炉汽包蒸汽压力、锅炉主给水流量、锅炉给水压力等处设有智能压力变送器。

（4）气体分析仪。它是检测循环气体成分的重要设备，应定期安排校验，确保检验参数准确。

（5）锅炉、提升机、电梯、汽轮机等也应每年校验一次，校验人员应该具备资质。

7.7.2.11　电气安全

（1）干熄焦系统应采用双回路高压供电，提升机为双 CPU 热备，PLC、DCS 系统应配置 UPS 不间断电源，以保证重要设备、系统可靠安全运行。

（2）防雷系统。干熄焦工程主厂房是金属构筑物，其顶部金属均可作为防雷接闪器，构筑物的支柱均可作为防雷引下线，支柱基础中的钢筋可作为防雷接地体，烟囱和厂房的防雷接电电阻值均小于 0.4 Ω，应符合国家规定要求。

（3）中控室采用防静电地板，确保系统安全。

（4）电器控制系统。由于干熄焦是全自动控制，系统的各种连锁关系必须正确可靠。

（5）考虑到设备的检修，关键设备必须具备单动、车上自动、全自动，自身的连锁也必须完善，关键泵应建立互投。

（6）控制室、电器室、过渡电缆接头室应安装烟雾报警器。

7.8　干熄焦的焦炭质量

通过工业性生产测定和试验室的检测分析，世界各国公认干熄过程对冶金焦炭质量的提高有明显的效果，主要体现在焦炭的冷热强度、显微强度、平均粒度、焦炭的结构、焦炭的光学组织以及焦炭的催化指数等方面，一致认为焦炭质量提高的主要原因是焦炭的缓慢冷却及其机械稳定性的改善。国内目前的生产数据表明,对于干熄焦炭冷强度来说,M_{40}一般提高3% ~6% ,M_{10}改善0.3% ~0.7% 。

7.8.1 干熄炉内焦炭质量改善的机理

湿熄焦时红焦急剧冷却,在焦炭内部结构中会产生很大的热应力,形成网状密布裂纹,导致气孔率增加,因此其转鼓强度较低,且容易碎裂成小块。干熄焦时,焦炭在装入干熄炉预存室以及在干熄炉内向下移动的过程中,温度趋于均匀,因而,使可能存在的生焦成熟。干熄焦过程中焦炭缓慢冷却,降低了内部热应力,网状裂纹减少,气孔率低,因而其转鼓强度提高,真密度也增大。在向下运行过程中,焦块之间的相互摩擦和碰撞使强度最低的大焦块破碎,裂纹提前开裂,强度较低的焦块提前脱落,焦块的棱角提前磨蚀,所有这些都使焦炭的强度指标得到改善,焦块也均匀化。结果使块度在80 mm以上的大块焦明显减少,块度为80 ~60 mm的焦块也减少,而块度为25 ~60 mm的中块焦相应增多,焦炭块度的均匀性提高了,对于高炉操作有利。前苏联对干熄焦与湿熄焦焦炭质量做过另外的对比试验,将结焦时间缩短1 h后的焦炭进行干熄,其焦炭质量比按原结焦时间而进行湿熄的焦炭质量还要略好一些。

7.8.2 干熄焦焦炭机械强度与热强度的改善

干熄焦技术发展成熟的前苏联及日本的干熄焦与湿熄焦焦炭质量的对比试验结果见表7-8-1和表7-8-2。

表7-8-1 前苏联两种熄焦方法焦炭质量对比

质量指标	转鼓强度/%		筛分组成/%					平均块度/mm	反应性/mL·(g·s)$^{-1}$	真密度/g·cm^{-3}
	M_{40}	M_{10}	>80 mm	80 ~ 60 mm	60 ~ 40 mm	40 ~ 25 mm	<25 mm			
湿法熄焦	73.6	7.6	11.8	36	41.1	8.7	2.4	53.4	0.629	1.897
干法熄焦	79.3	7.3	8.5	34.9	44.8	9.5	2.3	52.8	0.541	1.908

表7-8-2 日本两种熄焦方法焦炭质量对比

热转鼓 TI^{1400} 指标	湿熄焦/%	干熄焦/%
焦炭块度>50 mm	4.18	9.47
焦炭块度>25 mm	57.67	62.12
焦炭块度>12.5 mm	67.38	67.92
焦炭块度>6 mm	68.73	68.77

国内采用干熄焦技术的厂家,其焦炭质量均有不同程度的提高。为了研究干熄焦与湿熄焦之间的差别,M厂煤焦化公司近两年在相同配比、相同炉型等外界条件下进行了干、湿焦对比,见表7-8-3和表7-8-4。

表7-8-3 干、湿焦平均粒级对比

筛分/mm	≥80	<80 ~ ≥60	<60 ~ ≥40	<40 ~ ≥25	焦 末
干熄焦/%	5.08	16.91	52.23	23.23	2.55
湿熄焦 /%	6.68	19.78	48.82	21.48	3.25

表7-8-4 同一配比、同一炉型下的干熄焦与湿熄焦配煤及焦炭质量

项目		装炉煤				焦炭性质								筛分/mm				
		M_t/%	A_d/%	V_{daf}/%	$S_{t,d}$/%	M_t/%	M_{40}/%	M_{10}/%	CRI/%	CSR/%	A_d/%	V_{daf}/%	$S_{t,d}$/%	≥80	<80~≥60	<60~≥40	<40~≥25	焦末
1	干	10.8	9.28	29.61	0.81	0.1	89.2	5.2	20.5	72.5	12.59	1	0.57	5	17.9	53.9	21.1	2.1
	湿	10.4	9.55	28.85	0.84	4.8	85.4	5.8	22.3	69.5	12.43	1.4	0.7	5	23.1	47.9	21.7	2.3
	差值	0.4	-0.27	0.76	-0.03	-4.7	3.8	-0.6	-1.8	3	0.16	-0.4	-0.13	0	-5.2	6	-0.6	-0.2
2	干	10.5	9.78	28.1	0.82	0.2	89.8	5	19.9	72.4	12.56	1.2	0.73	4.1	13	55.9	24.1	2.9
	湿	10.5	9.45	28.69	0.68	4.25	85.5	5.8	21.2	71.35	12.48	1.3	0.66	3.5	13.5	53	27.5	2.6
	差值	0	0.33	-0.59	0.14	-4.05	4.3	-0.8	-1.3	1.05	0.08	-0.1	0.07	0.6	-0.5	2.9	-3.4	0.3
3	干	10.4	9.53	28.38	0.7	0.1	89.8	5.2	20.6	72.8	12.94	1.2	0.64	6.1	18.8	51.7	20.6	2.8
	湿	10.2	9.26	28.65	0.65	3.5	86.2	5.6	21.3	71.8	12.71	1.2	0.78	8.6	21.1	45.3	21.3	3.7
	差值	0.2	0.27	-0.27	0.05	-3.4	3.6	-0.4	-0.7	1	0.23	0	-0.14	-2.5	-2.3	6.4	-0.7	-0.9
4	干	10.43	9.59	28.75	0.92	0.1	89.53	5.2	22.1	71.93	12.53	1.1	0.79	4.53	15.77	50.93	26.17	2.6
	湿	10.5	9.71	28.85	0.67	4.1	86.2	5.8	22.1	71.9	12.25	1.2	0.63	5	19.1	50.1	22	3.8
	差值	-0.07	-0.12	-0.1	0.25	-4	3.33	-0.6	0	0.03	0.28	-0.1	0.16	-0.47	-3.33	0.83	4.17	-1.2
5	干	10.8	9.17	29.7	0.88	0.1	89.6	5.2	19.1	73.6	12.59	1.2	0.67	5.7	19.7	49.9	22.2	2.5
	湿	10.5	9.23	29.52	0.84	3.9	86.4	6	18.8	72.7	12.36	1.12	0.69	12.4	28.4	46.4	10.1	2.7
	差值	0.3	-0.06	0.18	0.04	-3.8	3.2	-0.8	0.3	0.9	0.23	0.08	-0.02	-6.7	-8.7	3.5	12.1	-0.2
6	干	10.4	9.21	30.06	0.82	0.2	89.53	4.93	20.67	72.07	12.22	1.07	0.71	5.07	16.27	51.07	25.23	2.37
	湿	10.7	9.52	28.8	0.79	3.7	86.2	6	22.7	71.3	12.31	1	0.71	5.6	13.5	50.2	26.3	4.4
	差值	-0.3	-0.31	1.26	0.03	-3.5	3.33	-1.07	-2.03	0.77	-0.09	0.07	0	-0.53	2.77	0.87	-1.07	-2.03

从最终数据上看,水分降低3.91,M_{40}提高3.59,M_{10}降低0.71,反应性降低0.92,反应后强度提高1.18,大于80 mm粒级降低1.60,平均粒级、灰分、硫分变化不大。根据相关单位的研究来看,干熄焦对焦炭的相关指标的改善还与该指标本身高低有关,例如M_{40}、CSR越高,改善越不明显,粒级也一样。

武汉科技大学曾对某焦化企业的140 t/h干熄焦装置的焦炭与湿熄焦炭的质量进行了全面系统的对比分析,结果如表7-8-5和图7-8-1所示。

表7-8-5 焦炭的强度分析

焦炭样号	熄焦方式	M_{40}/%	M_{10}/%	CRI/%	CSR/%	MSI/%
1	干	84.6	6.6	28.47	62.15	75.96
	湿	79.6	7.0	29.69	54.44	75.95
2	干	82.0	5.8	33.63	50.90	69.57
	湿	79.2	6.8	36.47	48.35	71.04
3	干	83.6	6.6	29.21	60.82	75.87
	湿	79.9	6.9	31.54	57.87	74.32
4	干	82.8	6.0	27.13	62.90	75.72
	湿	78.0	7.4	31.12	61.71	74.15
5	干	83.6	6.2	24.18	67.86	78.58
	湿	79.0	7.6	30.69	53.52	76.08
平 均	干	83.3	6.2	28.52	60.93	75.14
	湿	79.1	7.1	31.90	55.17	74.31

由表7-8-5中的数据和图7-8-1可知:干法熄焦焦炭的冷态机械强度得到了明显的改善。其中,抗碎强度M_{40}平均提高了约4.2%,耐磨强度M_{10}改善了0.9%。这与国内外生产冶金焦的厂家运用干法熄焦工艺所得的结果基本一致。

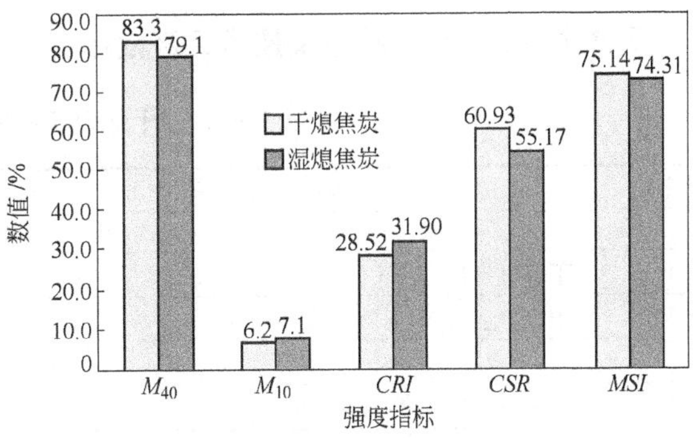

图7-8-1 焦炭的强度分析

干法熄焦焦炭热性能的反应性(CRI)平均降低了3.38%,反应后强度(CSR)平均提高了5.76%。焦炭的反应性CRI要受到三个因素的控制。近年来的研究结果表明,焦炭的反应性CRI主要取决于焦炭的光学显微组织和孔径分布。焦炭的光学显微组织主要取决于炼焦煤的岩相组成和炼焦温度,干法熄焦焦炭与湿法熄焦焦炭的炼焦煤相同,炼焦温度也相同,只是在干法熄焦过程中,预存室的焖炉作用使干法熄焦焦炭成熟得更加均匀。焦炭的反应性CRI主要由多孔结构所控制,湿法熄焦焦炭的微裂纹发达,比表面积和气孔率都较大,导致湿法熄焦焦炭的反应性CRI大,反应后强度CSR低。

干熄焦炭进行筛分试验的基础上,进行了焦样的算术平均粒度d_s、当量平均粒度d_t和粒度均匀系数K的计算,其粒度分析见表7-8-6。

表7-8-6 焦炭的粒度分析

熄焦方式	筛分组成/%						算术平均直径/mm	当量平均直径/mm	粒度均匀系数
	>80 mm	80~60 mm	60~40 mm	40~25 mm	25~10 mm	<10 mm			
干	9.01	25.83	50.43	13.99	0.54	0.20	56.85	53.96	3.32
湿	35.40	53.34	10.57	0.19	0.07	0.43	78.08	86.42	1.80

7.8.3 干法熄焦焦炭的显微强度

干法熄焦焦炭的显微强度 *MSI* 平均提高了 0.83%。焦炭的显微强度 *MSI* 主要用来表征焦炭的气孔壁强度，也就是焦炭气孔壁（焦质）抵抗磨损的能力，是焦炭力学性质的主要指标之一。干法熄焦焦炭与湿法熄焦焦炭的炼焦煤料相同，炼焦温度相同，其显微强度 *MSI* 有如此差异的原因主要在于，在干法熄焦过程中，焦炭在预存室的停留有焖炉作用，使焦炭的缩聚更加充分，各向异性程度有所提高，所以，干法熄焦焦炭的显微强度 *MSI* 比湿法熄焦焦炭的要大。

干法熄焦焦炭的灰分 A_d、硫分 $S_{t,d}$、灰成分及灰成分催化指数 *MCI*、光学组织指数 *OTI*、视密度 ρ_A、总气孔率 P_t 等基本不变，与湿法熄焦焦炭的差值均在实验误差之内。

干法熄焦焦炭的挥发分 V_d 稍有降低，真密度 ρ 和显微强度 *MSI* 稍有提高。

干法熄焦焦炭的算术平均粒度 d_s 和 d_t 大幅度降低，分别由 78.08 mm 降到 56.85 mm 和由 86.42 mm 降到 53.96 mm，粒度均匀系数 K 大幅度提高，由 1.80 提高到 3.32。

干法熄焦焦炭的机械强度大幅度提高，抗碎强度 M_{40} 提高 4.2%，耐磨强度 M_{10} 改善 0.9%。

干法熄焦焦炭的热性质得到明显改善，反应性降低 3.38%，反应后强度提高 5.76%。

7.9 干熄焦工程主要技术经济指标

7.9.1 干熄焦工程主要技术经济指标（见表 7-9-1）

表 7-9-1 干熄焦工程主要技术经济指标

序号	项 目	指 标	备 注
	1 规模		
1.1	干熄全焦量/万 t · a^{-1}	110	
1.2	干熄焦装置/t · h^{-1}	1 × 140	
	2 产品产量		
2.1	蒸汽（p = 5.4 MPa，τ = 450℃）/t · a^{-1}	587520	
	3 动力消耗		
3.1	生产用水/m^3 · h^{-1}	410	
3.2	循环冷却水/t · h^{-1}	115	
3.3	除盐水/t · h^{-1}	54.5	
3.4	年耗电量/kW · h · a^{-1}	16662 × 10^3	
3.5	蒸汽/t · a^{-1}	54651	
3.6	氮气（干熄焦用）/m^3 · min^{-1}	6.57	
3.7	焦炉煤气/m^3 · a^{-1}	129 × 10^3	
3.8	压缩空气/m^3 · min^{-1}	8.41	
3.9	净化用压缩空气（仪表用）/m^3 · min^{-1}	11.33	
3.10	净化用压缩空气（除尘用）/m^3 · min^{-1}	6	
3.11	焦炭烧损/t · a^{-1}	9721	
	4 其他		
4.1	工程用地面积/m^2	13300	
4.2	固定资产投资/万元	18700	

7.9.2 节能效果

干熄焦装置是能源回收装置，回收红热焦炭的显热，并利用回收的显热生产蒸汽，蒸汽可发电或并入总汽网。生产过程中所消耗的能源及耗能工质有焦炭烧损、水、电、蒸汽、氮气等。能耗计算所消耗的能源和耗能工质折标准煤为23996 t标准煤，产出的能源折标准煤为70502 t标准煤，回收能源为46506 t标准煤，吨焦回收能源（以标准煤计）为42 kg/t（焦），干熄焦工程能耗估算见表7-9-2。

表7-9-2 干熄焦工程能耗估算（配套2×55孔6 m焦炉）

序号	项目名称	折标系数	实物量	折标准煤/t
1 投入				23996
1.1	焦炭（烧损）	0.971 t/t	9721	9439
1.2	生产用水	0.11 $t/10^3\ m^3$	3513	386
1.3	电	0.404 $t/10^3$ kW·h	16662	6731
1.4	蒸汽	0.12 t/t	54651	6558
1.5	焦炉煤气	0.611 $t/10^3\ m^3$	129	79
1.6	压缩空气	0.036 t/m^3	4420.296	159
1.7	氮气	0.047 $t/10^3\ m^3$	9108.648	428
1.8	软水	0.486 $t/10^3\ m^3$	444.72	216
2 产出				70502
2.1	蒸汽	0.12 t/t	585720	70502
3 干熄焦回收能源		t		46506
4 吨焦回收能源（以标准煤计）		kg/t		42

投入物、产出物等能源及耗能工质的折算（折标准煤）系数为：

焦炉煤气	0.611 $t/10^3 m^3$
电	0.404 $t/10^3$ (kW·h)
生产用水	0.11 $t/10^3 m^3$
蒸汽	0.12 t/t
软水	0.486 kg/m^3
压缩空气	0.036 kg/m^3
氮气	0.047 kg/m^3

参考文献

[1] 李哲浩，虞继舜．干法熄焦[M]．何中虹译．北京：冶金工业出版社，1981.
[2] 李哲浩．炼焦新技术[M]．北京：冶金工业出版社，1988.
[3] 潘立慧，魏松波．干熄焦技术[M]．北京：冶金工业出版社，2005.
[4] 王英波，刘华飞．对干熄炉内压降的研究[J]．燃料与化工，2003(5)：236.
[5] 北京有色冶金设计研究总院．余热锅炉设计与运行[M]．北京：冶金工业出版社，1982.
[6] GB/T 12145—1999：火力发电机组及蒸汽动力设备水汽质量[S].
[7] 化工部热工设计技术中心站．热能工程设计手册[M]．北京：化学工业出版社，1998.
[8] 《小型热电站实用设计手册》编写组．小型热电站实用设计手册[M]．北京：水利电力出版社，1989.

8 煤气净化

8.1 煤气净化技术综述

8.1.1 荒煤气

8.1.1.1 荒煤气的生成

煤在高温干馏的过程中，经历了从湿煤→干煤→塑性状态煤→半焦→焦炭的变化，此间以气态形式析出的热解产物称为荒煤气。依干馏温度和气态产物的析出途径不同，热解过程可分为一次热解和二次热解两个阶段。一次热解一般指温度在550℃前，煤塑性状态结束并开始进入半焦的阶段；二次热解指由半焦至最终成焦的阶段。一次热解产物主要是湿煤的外在水分、煤的热解水和热解气体（主要是CH_4、H_2、CO、CO_2、NH_3等）以及“一次焦油”（相对分子质量较大的各种焦油组分）。在塑性状态层，大量产生的一次热解产物，其少部分（约占10%～25%）经煤层上升到炉顶空间外；大部分（约占90%～75%）经半焦层、焦炭层、焦饼与炉墙间隙到达炉顶空间，这部分气体受高温作用进一步发生裂解、脱氢、缩合、脱烷基等二次热解反应，生成二次热解产物（主要是“一次焦油”的分解产物、苯类、H_2、HCN、H_2S等）。上述热解产物构成的荒煤气由炉顶空间（约700℃）经上升管、桥管进入集气管，被喷洒的循环氨水冷却并使大部分焦油（约占60%～70%）冷凝，然后被吸送到煤气净化车间进行净化处理并同时回收化工产品。

8.1.1.2 荒煤气的组成及其影响因素

从上述荒煤气生成的过程可见，荒煤气的组成十分复杂，但按大类划分，可归纳为三部分：水汽、干煤气和杂质。

A 水汽

水汽的含量一般以露点来衡量。

离开碳化室的荒煤气其水汽含量取决于装炉煤水分带入量及热解水（也称化合水）生成量，这些水分将决定煤气净化系统的剩余氨水量。装炉煤水分一般在10%左右，当备煤采用煤调湿工艺时，装炉煤水分可控制在6%以内。热解水的生成量主要取决于煤料含氧量，一般为干煤量的2%～4%。

进入焦炉集气管的荒煤气被喷洒的循环氨水急骤冷却，同时大量循环氨水蒸发，使离开集气管的荒煤气被冷却到90℃左右，露点上升到80℃左右。在前述条件一定的情况下，其露点的高低主要取决于循环氨水喷洒状态（温度、流量、喷洒的均匀性等）。

B 干煤气

干煤气是焦炉煤气的主要组成部分，主要包含H_2、CH_4、CO、N_2、CO_2、C_mH_n、O_2等气体，其中主要成分是H_2和CH_4。H_2主要来自二次热解，其含量随炭化温度的升高而增加；CH_4

主要来自一次热解，部分来自二次热解，但温度过高(如超过900℃)将会造成CH_4裂解。

干煤气的组成及产率取决于装炉煤质量(如水分、挥发分等)及炼焦操作条件(如碳化温度、炉顶空间温度及气体在炉顶停留时间等)，其中最主要的因素是装炉煤挥发分的含量。干煤气的一般组成见表8-1-1。干煤气产率与装炉煤挥发分的关系参见表8-1-7。

表8-1-1 干煤气的组成(体积分数) (%)

名称	H_2	CH_4	CO	N_2	CO_2	C_mH_n	O_2
组成	55～60	25～30	5～7	2.5～3.5	2～3	2～3	0.3～0.5

注：1. CH_4同系物中的C_2H_6及C_3H_8约占2%；
2. C_mH_n中以C_2H_4为主(约占80%)。

C 杂质

在荒煤气中，除水汽、干煤气以外的物质称为杂质，其成分十分复杂，其中主要包括焦油、粗苯、萘、氨、硫化氢、氰化氢等化合物及粉尘固体物。这些杂质的含量(产率)也与装炉煤质量和炼焦操作条件等因素有关，其关系大致如下。

a 焦油

焦油是组成极其复杂的高分子化合物。如上所述，在干馏过程中，焦油的生成经历了复杂的热解过程，即使在装炉煤质量相同的情况下，其组成及产率也因炼焦操作条件的不同而有较大的差异。在常规高温炼焦条件下，焦油产率随装炉煤挥发分的增加而提高，其关系参见表8-1-7。荒煤气经集气管喷洒后大部分焦油(约占总量的60%～70%)转入液相，其余仍以气态存在，其在荒煤气中的量见表8-1-2。

表8-1-2 离开集气管的荒煤气中杂质含量

杂质	焦油	粗苯	萘	硫化氢	氨	氰化氢
含量/$g \cdot m^{-3}$	35～45	30～40	5～7	2～15	6～10	1～2.5

注：表中单位体积是指荒煤气中的干煤气标准体积。

b 粗苯

粗苯包括苯及其同系物甲苯、二甲苯等。粗苯中的主要成分是苯，其组成与炼焦操作条件有关，当炉顶空间温度为700～800℃，粗苯中的苯含量随温度的升高而增加，而甲苯和二甲苯的含量随温度的升高而降低。粗苯产率随装炉煤挥发分的增加而提高，其关系参见表8-1-7。其在荒煤气中的量见表8-1-2。

c 萘

萘是粗焦油的组分之一，其在煤气中的含量取决于焦油的含量。荒煤气经集气管喷洒后，大部分萘转入液相焦油中，其余仍以气态存在，其在荒煤气中的量参见表8-1-2。

d 硫化氢

硫化氢的含量主要取决于装炉煤的全硫含量(无机硫和有机硫)。煤在干馏过程中，约有15%～35%的硫转入到荒煤气中，其中95%以上以H_2S的形式存在，其余为有机硫。根据生产实际统计，对于中等挥发分的煤炼焦，荒煤气中H_2S的含量与装炉煤全硫含量的关系见表8-1-3。

表 8-1-3　H_2S 的含量与装炉煤全硫含量 $S_{t,d}$ 的关系

$S_{t,d}$/%	0.2～0.4	0.4～0.5	0.5～0.6	0.6～0.7	0.7～0.8	0.8～0.9	0.9～1.0	1.0～1.1
H_2S 含量/$g \cdot m^{-3}$	1～2.5	2.5～4.5	4.5～5.5	5.5～6.5	6.5～8	8～9	9～11	11～13

注：表中单位体积是指荒煤气中的干煤气标准体积。

e　氨

氨含量取决于装炉煤的氮含量及炼焦条件（主要是炉顶空间温度）。根据生产统计，装炉煤（干煤）含氮量一般为 1%～2%，大部分为 1%～1.5%。在焦炉正常操作条件下，中等挥发分的煤炼焦，荒煤气中 NH_3 的含量一般为 5～8 g/m^3。生产实践表明，当炉顶空间温度过高（超过 800℃）时，出现 NH_3 的裂解，荒煤气中 NH_3 的含量相应降低，特别加之炉顶空间过高（未装满煤），NH_3 含量将显著降低。NH_3 在荒煤气中的含量见表 8-1-2。

f　氰化氢

氰化氢含量同样与装炉煤的氮含量有关。根据生产统计，在焦炉正常操作条件下，中等挥发分的煤炼焦，荒煤气中 HCN 的含量一般为 1～2.5 g/m^3，大部分在 2 g/m^3 以内。

g　粉尘

由于装煤等操作，大量粉尘（主要是煤尘）将进入荒煤气中，其量与炼焦操作条件密切相关。这些粉尘的大部分在集气管随循环氨水喷洒转入焦油渣中，少部分细粉尘将随煤气进入煤气净化装置的各个部分。当焦炉采用高压氨水喷射无烟装煤操作时，焦油渣产率约为 0.2%～0.4%（干煤），焦油渣中的干渣约占 30%～40%。

8.1.2　净煤气

8.1.2.1　对净煤气质量的一般要求

以脱除水分和杂质为主要目的，经过煤气净化系统的一系列装置对荒煤气进行净化，得到净煤气。煤气净化深度主要取决于不同用户的要求和环保、资源综合利用等法规的要求，一般如下。

A　煤气露点

水汽含量仍以露点衡量，因煤气净化通常在较低的温度下进行，净煤气的露点一般在 30℃以下，可满足煤气输送的一般要求。对于长距离输送，特别在寒冷地区，往往需要对煤气进行脱湿处理（如城市煤气），把净煤气露点降低到 5℃以下。

B　杂质含量

a　焦油

煤气中，焦油以雾状存在，不仅用户对净煤气中的焦油雾含量有要求，而且煤气净化系统本身为保证过程顺行也有严格要求，一般在脱硫、脱氨前煤气中的焦油雾就已经被脱到 20 mg/m^3 以下，并可满足一般工业用户的要求。对于燃气轮机用气或合成用气，则有更高的要求。

b　粗苯

煤气作为燃料，其中的苯不会影响净煤气的质量，反而可以提高热值，但苯作为宝贵的资源，应予以回收。经脱苯后，净煤气含苯量一般在 4 g/m^3 以下。

c　萘

萘的析出是造成煤气系统堵塞的重要原因，为保证净化过程顺行，一般在脱硫、脱氨前

煤气中的萘就已经被脱到500 mg/m³ 以下,并可满足一般工业用户的要求。对于长距离输送,特别在寒冷地区,往往需要对煤气进行深度脱萘处理(如城市煤气),把净煤气的萘含量降低到50 mg/m³ 以下。

d 硫化氢

煤气燃烧时,煤气中的 H_2S 生成 SO_2,随烟气排放将造成大气污染。各国的环保法规对于工业作为燃料的煤气,一般要求煤气中 H_2S 的含量控制在0.5 g/m³ 以下(德国为0.8 g/m³ 以下)。中国2008 年的《焦化行业准入条件》已将这一数值严格到0.25 g/m³ 以下。

e 氨

煤气作为燃料,当氨含量较高时,能够加速催化生成胶质物,从而堵塞烧嘴。当用于工业燃料时,一般要求氨被脱至0.3 g/m³ 以下。当用于民用燃料时,一般要求氨被脱至0.05 g/m³ 以下。

f 氰化氢

煤气燃烧时,煤气中的HCN 生成 NO_x,但由于其含量较低,一般不会造成明显的影响,因此目前对于HCN 的脱除各国标准均无明确的要求。由于现有各种脱硫方法在脱除 H_2S 的同时均能脱除部分HCN,故净化后的煤气HCN 含量一般在1 g/m³ 以下,大部分在0.5 g/m³ 以下。

8.1.2.2 工业用煤气质量指标

不同的工业用户对煤气质量的要求差别较大,各国也有不同的标准或通用指标,作为燃料,日本钢铁厂自用的焦炉煤气标准见表8-1-4。

表8-1-4 日本钢铁厂自用的焦炉煤气标准

项目	氨/g·m⁻³	苯/g·m⁻³		萘/g·m⁻³		硫化氢/g·m⁻³	全硫/g·m⁻³	氰化氢/g·m⁻³	焦油雾/g·m⁻³	水 分
		夏	冬	夏	冬					
指标	0.2~0.3	4~6	≤4	≤0.5	≤0.2	0.5~1.0	≤1.5	≤2.0	≤0.05	常温饱和

我国工业用(主要是作为燃料用)煤气的质量目前尚无统一的国家标准,但个别单项指标(如硫化氢含量)有准入条件约束,一般见表8-1-5。

表8-1-5 中国工业用焦炉煤气常规指标

项目	氨/g·m⁻³	苯/g·m⁻³	萘/g·m⁻³	硫化氢/g·m⁻³	氰化氢/g·m⁻³	焦油/g·m⁻³	水 分
指标	≤0.1	≤4.0	≤0.5	≤0.25	≤0.5	≤0.05	常温饱和

注:表中单位体积是指荒煤气中的干煤气标准体积。

8.1.2.3 民用煤气质量指标

作为民用煤气的主要质量指标是煤气中 H_2S 的含量,各国要求都比较严格,其限值举例为:

国 别	前苏联	日本	德国	美国	英国	瑞典	捷克	中国
H_2S/mg·m⁻³	20	50	20	35	10	10	10	20

我国焦炉煤气作为民用燃料时,煤气中各种杂质的含量按国家标准GB/T 13612—2006《人工煤气》中的一类气控制,见表8-1-6。

表 8-1-6 人工煤气（GB/T 13612—2006）

<table>
<tr><td rowspan="2">项 目</td><td rowspan="2">氨
/mg · m⁻³</td><td rowspan="2">焦油和灰尘
/mg · m⁻³</td><td colspan="2">萘/mg · m⁻³</td><td rowspan="2">硫化氢
/mg · m⁻³</td><td rowspan="2">CO(体积分数)/%</td><td rowspan="2">O_2(体积分数)/ %</td><td rowspan="2">低热值
/MJ · m⁻³</td></tr>
<tr><td>夏</td><td>冬</td></tr>
<tr><td>一类气</td><td rowspan="2"><50</td><td rowspan="2"><10</td><td rowspan="2">$<100\times10^2/p$</td><td rowspan="2">$<50\times10^2/p$</td><td rowspan="2"><20</td><td rowspan="2"><10</td><td><2</td><td>>14</td></tr>
<tr><td>二类气</td><td><1</td><td>>10</td></tr>
</table>

注：表中 p 为管网输气点绝对压力，当 $p<202.65$ kPa 时，压力因素可允许不参加计算。

8.1.3 化工产品的回收

8.1.3.1 产品品种

除净煤气、焦油、粗苯（或轻苯）外，所回收的其他化工产品品种依所采用的煤气净化工艺不同而异。半直接法或间接法氨回收可以生产硫铵，也可以生产无水氨；氨分解法可以回收低热值尾气；氧化法脱硫及废液处理可以回收熔融硫及副反应盐类（硫氰酸盐、硫代硫酸盐），或硫铵母液，或浓硫酸；吸收法脱硫可以回收高纯度硫黄或硫酸，详见本书第 8.1.5 节。

8.1.3.2 产品产率

A 干煤气、焦油及粗苯

如前所述，各种化工产品的产率取决于装炉煤质量及炼焦条件，波动范围较大。根据生产统计、配煤试验及基于全焦率的物料平衡，在常规炼焦条件下，干煤气、焦油、粗苯产率与装炉煤挥发分的关系可参见表 8-1-7。

表 8-1-7 干煤气、焦油、粗苯产率与装炉煤挥发分的关系

干燥基 V_d/%	22	24	26	28	30
干燥无灰基 V_{daf}/%	24.44	26.67	28.89	31.11	33.33
干煤气产率/$m^3 \cdot t^{-1}$	285 ~ 295	300 ~ 310	315 ~ 325	335 ~ 345	355 ~ 365
焦油产率（干煤）/%	3.0 ~ 3.2	3.3 ~ 3.5	3.6 ~ 3.8	4.0 ~ 4.4	4.6 ~ 4.8
粗苯产率（干煤）/%	0.8 ~ 0.85	0.85 ~ 0.90	0.95 ~ 1.0	1.0 ~ 1.1	1.1 ~ 1.2

注：煤的灰分按 10%（干煤）计。

B 氨或硫铵

根据生产统计，氨的产率一般为 0.2% ~0.3%，大部分在 0.25% 以内，与此相应的硫铵产率为 0.75% ~1.15%，大部分在 1% 以内。但当脱硫采用以氨为碱源氧化法脱硫且以焚烧法废液制酸时，氨的收率将降低 30% 左右，而当采用以氨为碱源氧化法脱硫且以湿式氧化法废液制酸时，氨的收率将增加 10% 左右。

C 硫黄或硫酸

如表 8-1-2 所示，由于荒煤气中 H_2S 的含量依装炉煤硫含量不同而有很大的差异，因此对 H_2S 的加工产品很难给出一个通常的数值，只能根据不同厂的具体情况确定。一般熔融法硫黄收率较低，而克劳斯法硫黄或硫酸的收率较高。

8.1.4 煤气净化设施的构成

8.1.4.1 煤气净化设施的功能

煤气净化设施应具备的功能是：

(1) 煤气冷却和排送。抽吸焦炉集气管的荒煤气,使其冷却到一定温度并初步净化后压送至下一工序;分离焦油氨水,制取合格的焦油和供集气管喷洒的循环氨水以及剩余氨水。这些功能由冷凝鼓风装置完成。

(2) 脱除煤气中的硫。采用碱性吸收剂洗涤脱除煤气中的 H_2S(同时脱除部分 HCN),使煤气含硫符合各类用户和国家环保标准的要求,同时以产品硫黄或硫酸等形式回收硫资源。这些功能由煤气中间冷却装置、吸收装置、再生或解吸装置、硫及废液处理装置或酸气加工装置等完成。

(3) 脱除煤气中的氨。采用水洗、硫酸或磷铵溶液洗涤吸收等方法脱除煤气中的 NH_3,使煤气含氨符合各类用户和国家环保标准的要求;同时以产品硫铵、无水氨等形式回收氨,或采用氨分解的方法回收低热值尾气。这些功能分别由水洗氨—蒸氨装置、半直接法或间接法硫铵装置、冷法或热法无水氨装置、脱酸蒸氨装置、氨分解装置等完成。

(4) 脱除煤气中的苯。采用洗油洗涤脱除煤气中的苯,并经蒸馏以产品粗苯或轻苯加以回收,所用吸收剂一般为焦油洗油。这一功能由终冷洗苯装置和粗苯蒸馏装置完成。

(5) 煤气最终净化。在上述基础上,采用干法脱硫、轻柴油洗萘、加压冷冻等方法对煤气中的硫、萘、水分进一步脱除,以满足民用或特殊用户的更高要求。这些功能分别由精脱硫、精脱萘和脱湿装置完成。

8.1.4.2 装置的组成和种类

A 冷凝鼓风装置

冷凝鼓风装置由以下几部分组成。

(1) 煤气初步冷却。依煤气与冷却介质接触方式不同分为直接式初冷和间接式初冷。按设备结构不同,直接式初冷可分为填料式和空喷式;间接式初冷可分为立管式和横管式。按冷却介质不同又可分为一段冷却、两段冷却或三段冷却。目前多采用两段冷却的横管初冷工艺。把煤气冷却到较低的温度(22℃),同时在段间喷洒冷凝液,使初冷后的煤气含萘不大于 $0.5\ g/m^3$,可以免除后续专门的洗萘工序,从而简化工艺流程。个别厂也有采用间冷和直冷组合的工艺,即一段采用间冷,二段采用直冷。该组合虽然设备较多,但对煤气的初步净化效果较好。为充分利用荒煤气的余热,可在初冷器煤气入口处增设余热水段换热(即三段冷却),以制备供采暖或其他工艺用途的余热水。

(2) 焦油氨水分离。一般采用两级分离或三级分离。两级分离即氨水—焦油—焦油渣分离及焦油二次除渣分离。三级分离即在两级分离基础上,采用超速离心机对焦油进一步脱水、除渣。目前有三种典型的焦油氨水两级分离系统:一是由机械化氨水澄清槽和焦油分离器组成的分离系统;二是由刮渣槽和静止分离大槽组成的分离系统;三是由机械化氨水澄清槽和焦油压力脱水器组成的分离系统。为进一步降低剩余氨水中固体悬浮物和焦油的含量,还设有剩余氨水气浮或过滤装置。

(3) 焦油捕集。夹带于煤气中的焦油雾需采用静电捕集的方法才能清除。电捕焦油器的位置可设在鼓风机前,也可设在机后。为减轻电捕的负荷,当电捕焦油器设于机前时,在电捕前还可设置机械式捕焦油器;当电捕焦油器设于机后时,在机前也可设置机械式捕焦油器。

(4) 煤气输送。煤气鼓风机一般采用离心式风机。为节能,主要采用两种调速方式,一是液力耦合器调速,二是变频调速。还有一种节能方式是在风机入口增加导流(导向)装置,通过改变流体与叶片的角度,保持鼓风机运行在性能曲线的高效区域。

B　煤气中间冷却装置

煤气中间冷却(简称中冷)的任务是降低煤气经鼓风机压缩而造成的升温(离心式风机的温升一般在15~30℃),使煤气温度满足下一工序的要求。在初冷后煤气集合温度较高(30~35℃)的工艺中,煤气中间冷却同时带有油洗萘的功能。中冷器结构一般为空喷式或填料式。

C　脱硫装置

煤气脱硫从大类上划分可分为湿法脱硫和干法脱硫。湿法脱硫一般包含吸收与再生两部分,各种脱硫方法的吸收部分大致相同,而再生部分有较大差异。因此,湿法脱硫依再生方法不同,可分为氧化法脱硫和吸收法脱硫。此外,从使用的碱性吸收剂类型来划分,又可分为氨法脱硫(以煤气中的氨为碱源)和钠(钾)法脱硫(以外加 Na_2CO_3 或 KOH 为碱源)。氧化法脱硫是以含氨或含 Na_2CO_3 的水溶液吸收煤气中的 H_2S,然后在催化剂的作用下用空气把 HS^- 氧化成硫加以回收。氧化法一般因副反应而产生含硫氰酸盐和硫代硫酸盐的废液,需要加以处理。吸收法脱硫是以含氨或含 Na_2CO_3(或 K_2CO_3)水溶液吸收煤气中的 H_2S,然后采用加热解吸的方法把 H_2S 解吸加以回收并进一步加工处理。吸收法脱硫一般不产生废液或产生很少量的废液。目前国内采用的湿法脱硫主要有以下几种方法:

(1) HPF法脱硫装置。该法属于以煤气中的氨为碱源的氧化法脱硫,过程采用以醌、钴、铁构成的复合催化剂。从溶液中分离出的悬浮硫以熔融硫的形式回收,废液回兑配煤处理或制酸。该装置在煤气净化系统的位置有两种,既可设在鼓风机前的负压侧,也可设在鼓风机后的正压侧。

(2) FRC法脱硫装置。该法属于以煤气中的氨为碱源的氧化法脱硫,过程采用苦味酸为催化剂。从溶液中分离出的悬浮硫兑入废液中制成硫浆,送入焚烧炉焚烧,采用干接触法制取浓硫酸。

(3) T-H法脱硫装置。该法属于以煤气中的氨为碱源的氧化法脱硫,过程采用1.4萘醌二磺酸钠为催化剂。该法控制操作条件,过程不出或少出悬浮硫,全部硫以废液的形式送入湿式氧化装置,在高温(约270℃)高压(约7.5 MPa)下氧化成含有硫酸的硫铵母液。此法仅适用于本厂生产硫铵的流程。

(4) ADA法脱硫装置。该法曾是我国城市煤气厂应用最早、最多的方法。它属于以 Na_2CO_3 为碱源的氧化法脱硫,过程采用1.4蒽醌二磺酸钠为催化剂。从溶液中分离出的悬浮硫以熔融硫的形式回收。采用真空蒸发、结晶的方法对废液加以处理,以回收副反应盐类(硫氰酸钠和硫代硫酸钠)。原使用ADA法脱硫的各厂,其催化剂目前大多改用栲胶或PDS类(双核或多核酞菁钴类),但装置及工艺流程未变。

(5) 氨水法脱硫装置。该法属于以煤气中的氨为碱源的吸收法脱硫。因在脱硫的过程中同时脱除氨,故也称氨硫(AS)联合洗涤。氨水法脱硫装置由洗涤装置和脱酸蒸氨装置组成。由洗涤装置来的含氨脱硫富液经脱酸蒸氨装置处理,得到的含氨贫液送回洗涤装置;得到的氨气、酸气(或氨酸气)送往下一工序进一步加工,氨制取硫铵或分解;硫化氢制取硫酸或硫黄。此法依洗涤塔所在位置不同(机前或机后),分为全负压流程和正压流程。

(6) SULFIBAN法脱硫装置。该法属于以乙醇胺溶液为吸收剂的吸收法脱硫。在吸收塔洗涤 H_2S 所得到的富液送解吸装置中处理,得到的贫液回送洗涤;得到的富 H_2S 气送干接触法硫酸装置生产浓硫酸。该装置一般设在洗苯装置之后。

(7) 真空碳酸盐法脱硫装置。该法属于以 Na_2CO_3(或 K_2CO_3)溶液为吸收剂的吸收法脱硫。在吸收塔洗涤 H_2S 所得到的富液送真空解吸装置中处理,得到的贫液回送洗涤;得到的富 H_2S 气送克劳斯装置生产硫黄或采用湿接触法生产硫酸;所产生的少量废液送还原热解装置或废水装置处理。该装置一般设在洗苯装置之后。

D 硫酸装置

硫酸装置为脱硫的附属装置,其原料为氧化法的脱硫废液或吸收法的 H_2S 气。依生产硫酸的浓度不同而有如下两种方法:

(1) 湿接触法硫酸装置。原料为 H_2S 气,产品硫酸的浓度为78%(或95%)。其工艺为 H_2S 气经焚烧生成含水的 SO_2 湿气,该湿气不经干燥而直接进行 SO_3 气相催化转换,所以叫湿接触法。转换后的过程气可以采用吸收法生产78%的硫酸,也可采用冷凝法生产95%的浓硫酸。该法流程短,投资低,产品一般用于本厂硫铵生产。

(2) 干接触法硫酸装置。原料为 H_2S 气或脱硫废液,产品硫酸的浓度为98%(或95%)。其工艺为 H_2S 气或脱硫废液经焚烧生成含水的 SO_2 湿气,该湿气经脱水、干燥后才进行 SO_3 气相催化转换,所以称为干接触法。该法流程长,投资高,但产品浓度高,便于销售。

E 克劳斯法硫黄装置

克劳斯法是以 H_2S 气为原料,经焚烧、气相催化转换而制取高纯度硫黄的方法。为提高收率,一般采取二级或三级转换反应。反应后的尾气经简单洗涤处理后仍返回煤气系统。当原料气含氨、含氰时,可能造成过程气生成铵盐而堵塞设备和管道,因此必须在焚烧前或焚烧同时,于催化剂的作用下,把 NH_3 和 HCN 分别分解和水解,这是焦化行业采用克劳斯法的特殊之处。

F 硫铵装置

按硫铵装置在煤气净化系统中所处位置和采用的设备不同,主要有以下几种装置:

(1) 半直接法硫铵装置。依所采用的设备不同,又分为喷淋饱和器装置和无饱和器装置(或称酸洗法硫铵)。在喷淋饱和器装置中,煤气经喷淋饱和器上段被喷洒的循环母液吸收除氨后,含氨可降至0.1 g/m^3 以下,然后送往下一工序。吸收了氨的母液流至喷淋饱和器下部进行沉降分级结晶,抽取底部较大颗粒的结晶送往离心分离、干燥、包装。该法与传统的半直接法鼓泡式饱和器相比,煤气阻力大大下降(不大于2000 Pa),目前已基本取代了鼓泡式饱和器。在无饱和器装置中,煤气经多段空喷的洗涤塔被喷洒的循环母液吸收除氨后,含氨可降至0.1 g/m^3 以下,然后送往下一工序。吸收了氨的母液送往真空蒸发、结晶,母液被浓缩,并生成大颗粒结晶送往离心分离、干燥、包装。该法的主要特点是可以制取大颗粒硫铵。

(2) 间接法硫铵装置。该法采用鼓泡式饱和器,从氨气或含氨酸气中回收氨生产硫铵的方法,所以称为间接法。该法因饱和器材质高,故投资高,但硫铵的质量较好。

G 无水氨装置

按无水氨装置在煤气净化系统中所处位置不同,主要有以下几种装置:

(1) 冷法无水氨装置。该法所处位置相当于半直接法硫铵的位置。煤气经多段空喷的洗涤塔被喷洒的磷铵贫液吸收除氨后,煤气含氨可降至0.1 g/m^3 以下,然后送往下一工序。

吸收了氨的磷铵富液经气浮除油，送解吸、精馏装置制取高纯度无水氨(99.99%)。解吸、精馏在较高的温度下操作，产品为液态氨。精馏废水送剩余氨水蒸氨进一步处理。

(2) 热法无水氨装置。该法所处位置相当于间接法硫铵的位置。氨气或含氨酸气经多段空喷的洗涤塔被喷洒的磷铵贫液吸收除氨后，送往下一工序。吸收了氨的磷铵富液送解吸、精馏装置制取高纯度无水氨(99.99%)。

H　水洗氨—蒸氨装置

当采用间接法回收硫铵或氨分解时，煤气中的氨先在洗氨塔中用蒸氨废水洗涤脱除，塔后煤气含氨可降至0.1 g/m^3 以下。水洗氨—蒸氨装置由水洗氨装置和蒸氨装置两个装置组成。洗氨得到富氨水送往蒸氨。由蒸氨塔顶排出的氨气经分缩后送往间接法饱和器或氨分解装置。

I　剩余氨水蒸氨装置

当采用半直接法回收硫铵或无水氨的煤气净化工艺时，由冷凝鼓风装置分离的剩余氨水要单独进行蒸氨处理，其主要目的是制取合格的废水送酚氰废水处理站，同时回收氨。不同的煤气净化流程，氨气注入煤气系统的位置也不同，可以是初冷前、中间冷却前或硫铵前，也可以冷凝成浓氨水兑入脱硫液中。

J　煤气最终冷却装置

因洗氨洗苯装置要求在较低的温度下进行，故当煤气温度较高时(如机后、氧化法脱硫后或硫铵后)，要进行最终冷却。按冷却方式不同，有两类终冷装置：

(1) 直接式终冷装置。采用空喷式或填料式直冷塔，密闭循环喷洒冷却水，直接冷却煤气，再用塔外冷却器从循环喷洒水中取走热量。循环冷却水需少量排污，排污量等于终冷冷凝液量。在水洗氨或正压氨硫联合洗涤法脱硫的工艺中，可在第一个塔下设终冷段。

(2) 间接式终冷装置。采用横管式间冷器对煤气进行间接冷却。当入口煤气温度较高时(如煤气来自饱和器)，终冷器可采用两段分别由循环冷却水和低温水冷却。为防止堵塞，循环喷洒冷凝液对终冷器管间清洗。循环冷凝液需少量排污，排污量等于终冷冷凝液量。

K　洗苯装置

目前多采用焦油洗油洗苯，其工艺为：终冷后的煤气进入洗苯塔，在此用脱苯后的贫油洗涤吸收煤气中的苯，得到富油送往脱苯装置。洗苯塔有两类，一是填料式，二是空喷式，目前多采用前者。煤气经洗苯后，苯含量可降低到4 g/m^3 及以下，萘含量依脱苯塔结构不同可降低到0.1 ~0.3 g/m^3。

L　粗苯蒸馏装置

由洗苯来的富油经换热、管式炉加热，在脱苯塔中进行汽提蒸馏，得到粗苯或轻苯作为产品加以回收。按产品及脱苯塔结构不同，主要有如下三种装置：

(1) 单塔粗苯装置。该装置用一台30层或50层塔板(或等板高填料)的脱苯塔制取粗苯。塔顶采用粗苯回流，精馏段设有分离水的断塔板和萘侧线。采用50层塔板的脱苯塔主要目的是制取低萘贫油，以降低洗苯塔后煤气的萘含量。

(2) 单塔轻苯装置。该装置用一台55层(或等板高填料)的脱苯塔制取轻苯。塔顶采用轻苯回流，精馏段设有分离水的断塔板和精重苯侧线以及萘侧线。鉴于精重苯侧线以及萘侧线的量很少，为尽可能实现连续抽取，保持操作稳定，故本装置仅适用于规模较大的厂。

(3) 两塔轻苯装置。该装置用一台30层(或等板高填料)的脱苯塔和一台30层(或等板高填料)的两苯塔生产轻苯。脱苯塔顶采用粗苯回流,得到粗苯中间产品,再送两苯塔精馏制取产品轻苯。该装置投资较高,但易于操作。

M　干法脱硫装置

干法脱硫装置采用高活性氧化剂制成的脱硫剂直接氧化煤气中的 H_2S 而析出硫,并沉积在脱硫剂表面,然后定期更换脱硫剂。由于干法脱硫装置占地面积大且更换脱硫剂麻烦,故该装置一般用于湿法脱硫后,作为第二级脱硫,以满足特殊用户(如民用)的要求。按设备结构不同,干法脱硫装置可分为干箱式和干塔式,前者占地面积太大,目前已基本不用。

N　轻柴油洗萘装置

为满足对民用煤气长距离输送的要求,按国家标准,要求在冬季必须把煤气含萘降到50 mg/m^3 以下,当洗苯塔后达不到这一指标时,需要进一步脱萘。洗萘装置有两类,一是以焦油洗油或蒽油洗萘,二是以轻柴油洗萘。前者流程复杂(类似脱苯),但因有再生装置而操作费用低;后者流程简单,但操作费用较高。

O　脱湿装置

为防止煤气在长距离输送中冷凝析水(特别是北方地区),给操作带来麻烦,可在出厂前增设脱湿装置。脱湿装置一般设在煤气压送机后,在压力下操作。根据地区大气温度不同,采用氨压缩机制冷,把煤气冷却到5℃或更低的温度而脱湿。复杂的脱湿装置还含有洗涤塔,在脱湿的同时用低萘贫油进一步脱苯、脱萘。

8.1.5　现有煤气净化设施的各种组合

8.1.5.1　硫铵流程

(1) 正压 HPF 脱硫—喷淋饱和器硫铵—熔硫及废液掺煤流程:

```
荒煤气→横管初冷→电捕→风机→中冷→HPF脱硫→喷淋饱和器→终冷→洗苯→净煤气
                        ↑        ↓          ↓              ↓
              剩余氨水蒸氨  熔硫及废液掺煤   硫铵           粗苯蒸馏→粗苯
```

(2) 负压 HPF 脱硫—喷淋饱和器硫铵—熔硫及废液掺煤流程:

```
荒煤气→横管初冷→电捕→HPF脱硫→风机→喷淋饱和器→终冷→洗苯→净煤气
    ↑             ↓                    ↓               ↓
剩余氨水蒸氨   熔硫及废液掺煤           硫铵          粗苯蒸馏→粗苯
```

(3) ADA 脱硫—饱和器硫铵—废液提盐流程:

```
荒煤气→横管初冷→风机→电捕→饱和器→终冷洗萘→洗苯→ADA脱硫→净煤气
                        ↑    ↓             ↓        ↓
              剩余氨水蒸氨  硫铵     粗苯←粗苯蒸馏   熔硫及废液提盐
```

(4) 真空碳酸盐脱硫—喷淋饱和器硫铵—95%硫酸流程:

```
荒煤气→横管初冷→电捕→风机→喷淋饱和器→终冷→洗苯→真空碳酸盐脱硫→净煤气
                        ↑    ↓              ↓        ↓
              剩余氨水蒸氨  硫铵      粗苯蒸馏→轻苯  硫酸装置→硫酸
```

(5) FRC 脱硫—酸洗法硫铵—98%硫酸流程:

```
荒煤气→横管初冷→风机→电捕→中冷→FRC脱硫→酸洗→终冷→洗苯→净煤气
                        ↑       ↓       ↓          ↓
              剩余氨水蒸氨  制酸装置   硫铵     粗苯蒸馏→轻苯
                                ↓
                             98%硫酸
```

(6) T-H 法脱硫—酸洗法硫铵—废液制硫铵母液流程：

荒煤气→间直冷→风机→电捕→中冷→T-H脱硫→酸洗→终冷→洗苯→净煤气
↑ ↓ ↓ ↓
剩余氨水蒸氨 废液制硫铵母液 硫铵 粗苯蒸馏→粗苯

(7) 全负压 AS 法脱硫—间接法饱和器硫铵—78% 硫酸流程：

荒煤气→横管初冷→电捕→AS洗涤→洗苯→风机→净煤气
↓ ↓
制酸装置←饱和器←脱酸蒸氨 粗苯蒸馏→轻苯
↓ ↓
78%硫酸 硫铵

(8) 正压 AS 法脱硫—间接法饱和器硫铵流程—78% 硫酸流程：

荒煤气→横管初冷→电捕→风机→终冷→AS洗涤→洗苯→净煤气
↓ ↓
制酸装置←饱和器←脱酸蒸氨 粗苯蒸馏→粗苯
↓ ↓
78%硫酸 硫铵

(9) 正压 AS 法脱硫—间接法饱和器硫铵流程—克劳斯硫黄流程：

荒煤气→横管初冷→电捕→风机→终冷→AS洗涤→洗苯→净煤气
↓ ↓
克劳斯装置←饱和器←脱酸蒸氨 粗苯蒸馏→粗苯
↓ ↓
硫黄 硫铵

8.1.5.2　无水氨流程

(1) SULFIBAN 法脱硫—冷 PHOSAM 无水氨—98% 硫酸流程：

荒煤气→横管初冷→风机→电捕→中间冷却→磷铵吸收→终冷→洗苯→脱硫→净煤气
↑ ↓ ↓ ↓
剩余氨水蒸氨 无水氨精馏 粗苯蒸馏 解吸
↓ ↓ ↓
无水氨 粗苯 制酸装置→98%硫酸

(2) FRC 法脱硫—冷 PHOSAM 无水氨—98% 硫酸流程：

荒煤气→间直冷→风机→电捕→中间冷却→脱硫→磷铵吸收→终冷→洗苯→净煤气
↑ ↓ ↓ ↓
剩余氨水蒸氨 制酸装置 无水氨精馏 粗苯蒸馏
↓ ↓ ↓
98%硫酸 无水氨 粗苯

(3) AS 法脱硫—热 PHOSAM 无水氨—98% 硫酸流程：

荒煤气→横管初冷→电捕→风机→终冷→AS洗涤→洗苯→净煤气
↓ ↓
脱酸蒸氨 粗苯蒸馏→粗苯
↓
98%硫酸←制酸装置←磷铵吸收→无水氨精馏→无水氨

8.1.5.3　氨分解流程

(1) 正压 HPF 法脱硫—水洗氨氨分解—熔硫及废液掺煤流程：

荒煤气→横管初冷→电捕→风机→预终冷→HPF脱硫→终冷水洗氨→洗苯→净煤气
↓ ↓ ↓
熔硫及废液掺煤 蒸氨 粗苯蒸馏→粗苯
↓
氨分解

(2) 全负压 AS 法脱硫—氨分解—克劳斯硫黄流程:

荒煤气→横管初冷→电捕→AS洗涤→洗苯→风机→净煤气
↓ ↓
脱酸蒸氨 粗苯蒸馏→轻苯
↓ ↓
氨分解 硫回收→硫黄

(3) 正压 AS 法脱硫—氨分解—克劳斯硫黄流程:

荒煤气→横管初冷→电捕→风机→终冷→AS洗涤→洗苯→净煤气
↓ ↓
脱酸蒸氨 粗苯蒸馏→轻苯
↓ ↓
氨分解 硫回收→硫黄

(4) 正压 AS 法脱硫—克劳斯硫黄(含氨分解)流程:

荒煤气→横管初冷→电捕→风机→终冷AS洗涤→洗苯→净煤气
↓ ↓
脱酸蒸氨 粗苯蒸馏→轻苯
↓
硫回收(含氨分解)→硫黄

8.2 煤气初步冷却

煤气初步冷却是煤气净化的基础,其操作运行好坏不仅对煤气净化后序单元操作有影响,而且对化工产品加工及焦炉操作也有影响。

在炼焦过程中,从焦炉炭化室经上升管逸出的荒煤气(也称为粗煤气)温度为650~750℃,首先经桥管进入集气管,被喷洒的循环氨水冷却到80~85℃,然后经初冷器将煤气温度降至21~22℃。在此,荒煤气中所含的大部分水汽、焦油、萘及固体微粒(主要是煤尘)被分离出来,部分硫化氢和氰化氢等腐蚀性介质也溶于冷凝液中,从而可减少煤气净化设备及管道的堵塞和腐蚀,并使煤气得到初步净化。荒煤气初步冷却分为集气管冷却和初冷器冷却。

8.2.1 荒煤气在集气管内的冷却

8.2.1.1 荒煤气在集气管内的冷却机理

荒煤气在桥管和集气管内的冷却,是用表压约为200 kPa的循环氨水通过喷头强烈喷洒进行的(见图8-2-1)。当细雾状的氨水与煤气充分接触时,由于煤气温度很高而湿度又很低,所以氨水大量蒸发,快速进行着传热和传质过程。

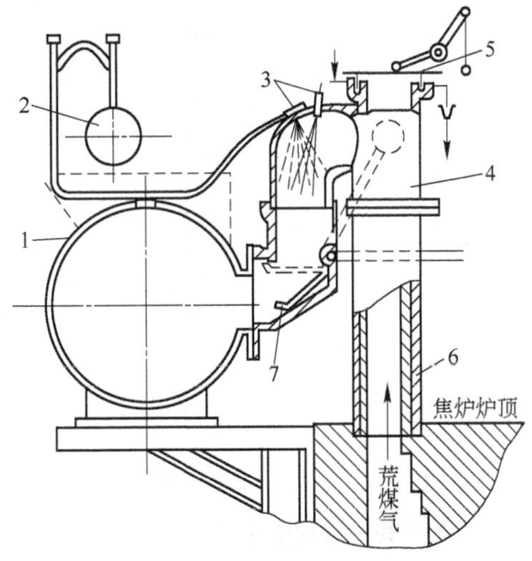

图8-2-1 上升管、桥管和集气管

1—集气管;2—氨水管;3—氨水喷嘴;4—桥管;5—上升管盖;6—上升管;7—水封阀翻板

传质过程的推动力是循环氨水液面上水蒸气压与煤气中水蒸气分压之差。因循环氨水液面上平衡水汽压力大于煤气中水汽分压,氨水部分蒸发,同时煤气温度急剧降低,放出大量显热,以供给氨水蒸发所需潜热。

煤气在集气管冷却时所放出的热量中约有

75% ~80%用于蒸发氨水,10% ~15%使氨水升温,而集气管的散热损失约占10%。

通过上述冷却过程,煤气温度由650~750℃降至80~ 85℃。因此氨水温度不能太低,否则因氨水蒸发较少,使煤气冷却效果较差。当喷洒状况较好时,离开集气管的煤气温度略高于其露点,实际生产中,煤气温度可冷却至高于露点1~3℃。

煤气在集气管中冷却时,煤气中所含60%左右的焦油气也冷凝下来。这里冷凝下来的焦油是沸点较高的焦油组分,而沸点较低的焦油组分将在初冷器中冷凝下来。除焦油冷凝外,在集气管内还分离出从炭化室随煤气带出来的煤尘微粒和焦炭微粒,被焦油粘在一起成为焦油渣,生成的焦油渣为干煤的0.01% ~0.02%。目前,国内各焦化厂采用高压氨水喷射技术实现焦炉无烟装煤,焦油渣量增加,约为干煤的0.2% ~0.4%。

8.2.1.2 煤气露点与煤气中水蒸气含量的关系

在集气管,煤气的冷却及所达到的露点同下列因素有关:煤料的水分、进集气管前煤气的温度、循环氨水量和进出口温度以及氨水喷洒效果等,其中以煤料的水分影响最大。在一般生产条件下,煤料水分每降低1%,露点温度可降低0.6~0.7℃。煤料中水分(化合水及配煤水分)一般约占干煤质量的10%。当备煤采用煤调湿工艺时,装炉煤水分可控制在6%以内。

由于煤气在集气管的冷却主要是靠氨水的蒸发,所以当氨水喷洒的雾化程度较好、循环氨水的温度较高、氨水蒸发量较大时,就能使煤气冷却较好。为保证氨水蒸发的推动力,循环氨水温度应高于入集气管煤气露点5~10℃。当装入煤总水分为8% ~11%时,相应煤气露点为65~70℃,可采用75~78℃的循环氨水喷洒煤气。煤气在集气管虽然已显著冷却,但离开集气管的煤气仍未被水汽所饱和,煤气中水蒸气含量与煤气露点的关系如图8-2-2所示。

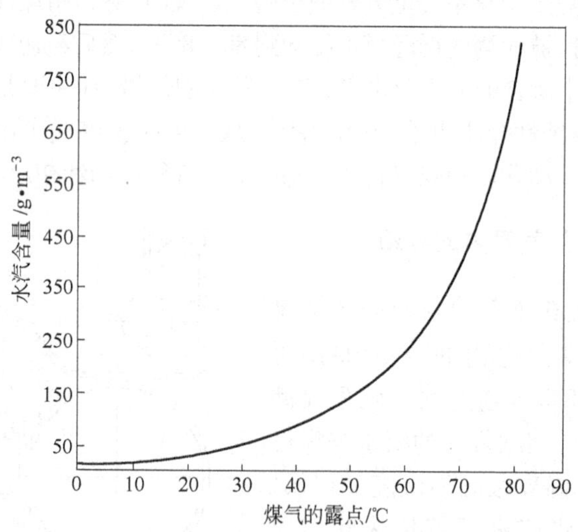

图8-2-2 煤气中水汽含量与煤气露点的关系

8.2.1.3 集气管主要操作制度

集气管前煤气温度	650~750℃
离开集气管煤气温度	80~85℃
循环氨水温度	75~78℃
离开集气管氨水温度	77~80℃

煤气露点	78～83℃
循环氨水压力	>0.2 MPa

集气管在正常操作过程中不用冷水喷洒。因为冷水不易蒸发，冷却效果不好，且带入的矿物杂质会增加沥青灰分。此外由于水温很低，集气管底部剧烈冷却，冷凝的焦油黏度大，易使集气管堵塞。

8.2.2　煤气在初冷器内的冷却

煤气由集气管沿吸煤气主管流向煤气初步冷却器（简称初冷器）。煤气在初冷器前的温度依然很高，且含有大量焦油气和水汽。煤气通过初冷器进一步冷却到21～22℃，同时将余下的40%左右的焦油气和水汽冷凝下来。依煤气冷却方式不同，分为间接式初冷和直接式初冷以及两者组合的间—直冷。在间接式初冷中，依设备结构不同，又可分为横管式初冷和立管式初冷。横管间接初冷按冷却介质不同又可分为两段冷却和三段冷却。立管式初冷器水流速小，传热效率低，煤气中萘的净化不好，因此立管式初冷器在国内外已很少使用。

8.2.2.1　横管两段间冷工艺

A　工艺流程

横管两段间冷工艺是采用横管式两段初冷器分别用循环水和低温制冷水间接冷却煤气。在初冷过程中，煤气向下与冷却介质逆流和错流流动，煤气在被冷却的同时，冷凝析出水、焦油和萘。在换热管的冷却表面上结晶的萘，可被冷凝的焦油不断溶解，从而使煤气得到初步净化。为了进一步洗涤煤气夹带的固体颗粒和提高溶萘效果，在两段管际空间喷洒焦油或焦油氨水混合物。经过横管式两段初冷器冷却，煤气中水汽、焦油和萘大部分都冷凝下来，形成冷凝液，煤气中一部分氨、硫化氢和氰化氢等溶解于冷凝液中。初冷后，煤气含萘一般约为0.5～1 g/m^3，焦油雾为2～5 g/m^3。

横管两段间冷按两段之间是否设有断塔盘分为带有断塔盘横管两段间冷工艺和无断塔盘横管两段间冷工艺。

a　带有断塔盘横管两段间冷工艺

工艺流程如图8-2-3所示。

来自焦炉80～82℃的煤气，沿吸煤气管道经气液分离器分离后，进入横管式两段初冷器顶部。上段用循环水（一般为32℃）冷却，下段用16℃低温水冷却。煤气冷却至21～22℃后，由横管式两段初冷器下部排出进入电捕焦油器。在电捕焦油器内，通过高压电场作用，除去煤气中夹带的焦油雾和尘粒，再由鼓风机压送后序装置。

为保证横管式两段初冷器冷却效果，在其顶部用热氨水不定期冲洗，以清除管壁上的焦油、萘等杂质。

在横管式两段初冷器上段、下段设有喷洒装置，通过连续地喷洒冷凝液，清除沉积在换热管管壁上的焦油、萘，并使煤气中夹带的灰尘沉积下来。

横管式两段初冷器上段排出的冷凝液经水封槽流入上段冷凝液槽，用泵将其送横管式两段初冷器上段循环喷洒，多余部分送到吸煤气管道或尾气冷却器；下段排出的冷凝液经水封槽流入下段冷凝液槽，加入一定量的焦油、氨水后，用泵将其送入横管式两段初冷器下段循环喷洒，多余部分流入上段冷凝液槽。

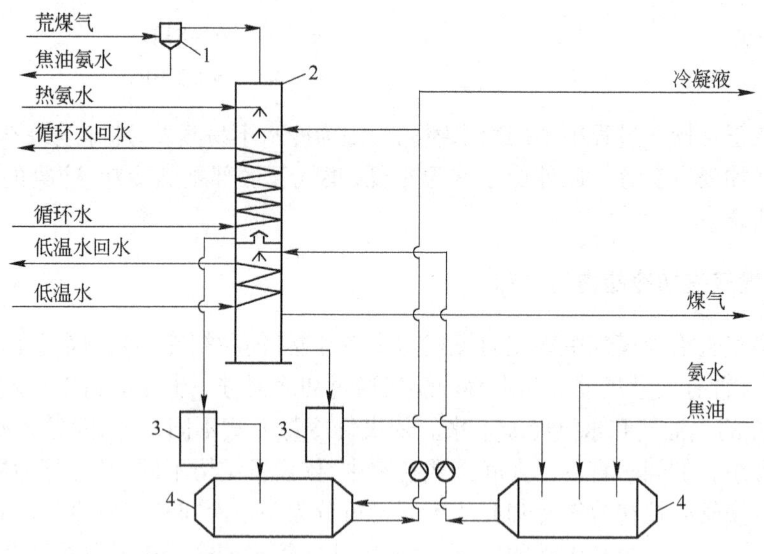

图 8-2-3　带有断塔盘横管两段间冷工艺流程

1—气液分离器；2—横管式间接冷却器；3—水封槽；4—冷凝液槽

b　无断塔盘横管两段间冷工艺

工艺流程如图 8-2-4 所示。

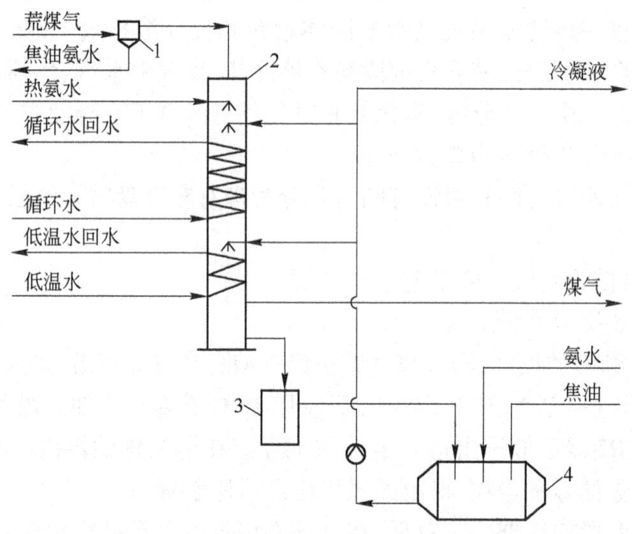

图 8-2-4　无断塔盘横管两段间冷工艺流程

1—气液分离器；2—横管式间接冷却器；3—水封槽；4—冷凝液槽

工艺流程与上述带有断塔盘横管两段间冷工艺基本相同，只是上段循环水段与下段低温水段之间没有断塔盘，上段煤气冷凝液流至下段。

c　两种工艺的比较

带有断塔盘横管两段间冷工艺的特点是循环水段和低温水段的喷洒液和冷凝液各成系统。上段利用循环水将煤气冷却到40℃左右，冷凝液从断塔盘上方引出，不进入低温水段，这样可以节约下段低温水用量。目前国内各大焦化厂一般皆采用该冷却工艺。由于煤气中的焦油大部分在循环水段冷凝，而萘则在55℃以下才从煤气中析出，为了清除沉积在低温水段换热管管壁上的萘，需要在低温水段喷洒液中补充焦油，喷洒液中焦油含量一般控制在38%～50%。为了提高循环喷洒液质量，需要对喷洒液进行更新，更新量一般约为喷洒液量的5%～10%，有的厂达到20%。

无断塔盘横管两段间冷工艺，其循环水段的冷凝液进入低温水段，可以继续冲洗下段换热管管壁，但下段低温水用量比带有断塔盘横管两段间冷工艺的用量要多，相应能耗要高一些。但工艺流程简单。（带有断塔盘的两段间冷工艺）

B　主要操作制度

循环水段后煤气温度	37～40℃
离开初冷器煤气温度	21～22℃
初冷器前煤气压力（表）	−1～−2 kPa
初冷器阻力	<1.5 kPa
循环水段喷洒液含焦油	>8%
低温水段喷洒液含焦油	>38%
初冷后煤气中焦油含量	2～5 g/m^3（标态）

C　操作要点

（1）严格控制初冷器后煤气集合温度。煤气经初冷后温度降低，体积变小，煤气中绝大部分焦油气和大部分水蒸气、萘都被冷凝下来，尤其是焦油和萘的脱除，使煤气得到初步净化，保证了后序煤气净化设备能够顺利运行。以往初冷采用立管式初冷器冷却，初冷后煤气集合温度一般控制在25～35℃，煤气中含萘约为1.1～2.9 g/m^3（标态），大大超过该温度下的饱和含萘量，因此在水洗氨（或硫铵）之前需要有除萘装置。20世纪80年代后，为了降低初冷后煤气含萘量，以防止后续装置的堵塞，特别是在采用氨水脱硫或水洗氨的煤气净化系统中，为了提高脱硫效率或洗氨效率，初冷工艺一般采用横管式间冷工艺或间—直冷工艺，初冷后煤气集合温度一般控制在21～22℃，煤气含萘可降到0.4～0.5 g/m^3（标态），脱萘效果可以保证后序煤气净化设备的操作。为了严格控制初冷器后煤气集合温度，应保证低温冷却水的稳定供给。

（2）控制初冷器的阻力。横管初冷器在冷却煤气时，在冷却管管壁上沉积有萘、焦油、粉尘等。初冷器阻力增加意味着煤气通道变窄，萘、焦油、粉尘等沉积较为严重，使初冷器换热效率下降，初冷器煤气出口温度升高。正常生产时，横管初冷器阻力应小于1.5 kPa。当阻力大于1.5 kPa时，需要对横管初冷器进行清扫。横管初冷器的清扫可以采用以下几种方法：

1）采用热氨水或蒸汽清扫。蒸汽清扫会使酚水量增加，同时污染大气，因此实际生产经常采用热氨水清扫的方法。

2）减少冷却水量，提高煤气温度。将煤气入口阀门完全打开，出口阀门保留一定开度，同时将低温水完全放空，并减少循环水量，使沉积在换热管管壁上的萘、焦油溶解。

3）增加上、下段喷洒液中焦油含量，溶解沉积在换热管管壁上的萘、焦油等。

（3）控制冷却水的硬度。为避免冷却水管管内结垢，循环冷却水补充水的水质需进行处理，保证循环水的硬度不高于10°dH（1°dH = 17.85 mg/L（$CaCO_3$））。

D　主要设备

横管式间接冷却器的构造及性能如图8-2-5所示。

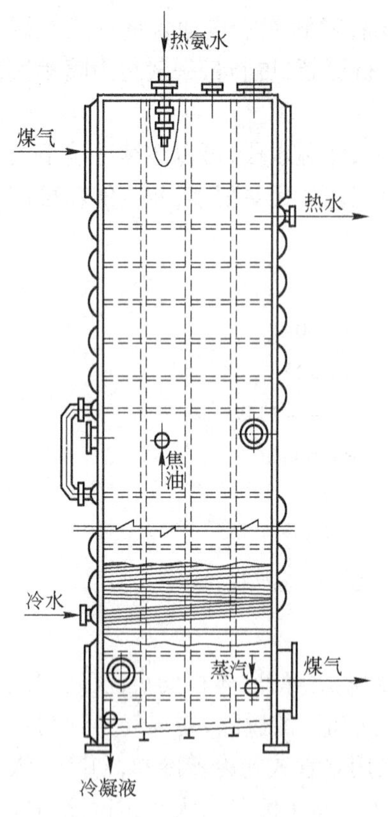

图8-2-5　横管式间接冷却器

横管式间接冷却器具有直立长方体形的外壳，冷却水管略带倾斜地（一般与水平面方向成1°~3°）横向配置，以各个管束固定在冷却器的两侧管板上，并由两侧管板外若干个管箱连接起来，构成冷却水通道，可分为两段或三段供水。两段供水是供低温水和循环水，三段供水则供低温水和循环水、余热水。冷却器的平壁用加强筋和用管子做的内部锚定拉杆从外面和里面加固。冷却器的底部做成倾斜状，使冷凝液顺利流出。

由于冷却器的外形尺寸与质量不能整体发货与运输，所以将设备沿高向分解成可供运输的部件，再到施工现场进行装配。为了吊装冷却器段，在每段的外边棱上考虑有吊耳。为了清除冷却管表面上沉积的焦油渣和萘，在各段上部设置喷洒装置，连续喷洒焦油氨水混合液。

冷却器冷却管用$\phi54\times3$的钢管，管径较细且采用小管束，因而水的流速可达0.5~0.7 m/s。又由于冷却水管在冷却器断面上水平密集布设，使与之成错流的煤气产生强烈湍动，从而提高了传热效率，并能实现均匀冷却。

随着煤气净化处理能力的增大，国内大型横管冷却器的冷却面积已达9000 m^2。

因横管冷却器水管的清扫较为困难，因此对水质有较高的要求，要求使用经过处理的冷却水。

8.2.2.2　横管三段间冷工艺

横管三段间冷与横管两段间冷基本相同，横管三段间冷的冷却介质分别采用余热水、循环水和低温制冷水。余热水（或其他工艺介质，如脱硫循环液）温度及用量可根据用户要求而定，一般热水进口温度为55~65℃，出口温度为65~75℃。在余热水段由于煤气温度高，冷却时，煤气中大量水蒸气被冷凝下来，且没有萘的析出，因此余热水段不需要焦油氨水混合液的喷洒，只是在循环水段和低温水段才需循环液喷洒。横管三段间冷与横管两段间冷相比，冷却相同的煤气流量需要更大的初冷器换热面积，因此设备重量增加，一次性投资加大。但由于回收了煤气的热能，减少了循环水用量，从节能、节水角度是十分经济的，因此如有条件应尽量回收利用这部分余热，工艺流程如图8-2-6所示。主要操作制度、操作要点及设备结构与横管两段间冷工艺类似。

8.2.2.3　间—直冷工艺

自集气管来的温度为80~82℃的荒煤气几乎为水汽所饱和，水蒸气热焓占煤气总热焓的94%，因此煤气在高温阶段冷却所放出的热量绝大部分为水蒸气冷凝热，给热系数大，传

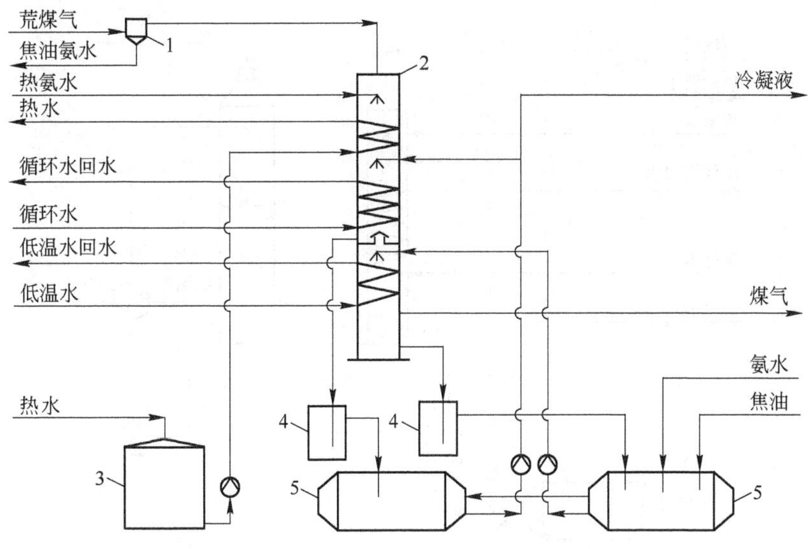

图 8-2-6　横管三段间冷工艺(带断塔盘)流程
1—气液分离器;2—横管式间接冷却器;3—余热水槽;4—水封槽;5—冷凝液槽

热效率高。同时在温度较高时(高于 55℃),萘不会从煤气中析出造成设备堵塞,所以煤气在高温阶段冷却宜采用间接冷却。而在低温冷却阶段,由于煤气中水汽含量已大为减少,给热系数明显降低,同时萘的凝结也易于造成堵塞,所以,此阶段宜采用冷却效率较高、不易堵塞且能适当净化煤气的直接冷却。

间冷、直冷结合的初冷工艺,吸收了间冷和直冷的优点,使荒煤气中夹带的焦油、萘以及固体颗粒得到最大限度的净化。但直冷需要外冷却器冷却循环水,因此动力消耗增加,占地面积增大。

A　工艺流程

间—直冷工艺流程如图 8-2-7 所示。

由集气管来的 80 ~ 82℃ 的煤气经气液分离器分离出焦油、氨水后,进入横管式间接冷却器,用循环水冷却至 40℃ 左右,再进入直冷空喷塔冷却到 22 ~ 25℃。在直冷空喷塔内,煤气由下向上流动,与分两段喷淋下来的氨水、焦油混合液密切接触而得到冷却。聚集在塔底的喷洒液及冷凝液一小部分通过泵外排至焦油氨水分离系统,而大部分经螺旋板冷却器冷却(温度一般比煤气出口温度低 2 ~ 4℃)送回至直冷空喷塔上、中两段喷洒。

直冷塔内喷洒用的洗涤液在冷却煤气同时,还会吸收氨、硫化氢及萘等,并逐渐被萘饱和,为了提高直冷塔除萘、除尘效果,需要对循环喷洒液进行更新,同时外加一部分循环氨水和焦油。

B　主要操作制度

横管式间接冷却器后煤气温度	约 40℃
直冷塔后煤气温度	22 ~ 25℃
初冷器前煤气压力(表)	-1 ~ -2 kPa
横管式间接冷却器阻力	<1.0 kPa
直冷空喷塔阻力	<0.5 kPa
间—直冷后煤气中焦油含量	1 ~ 3 g/m^3(标态)

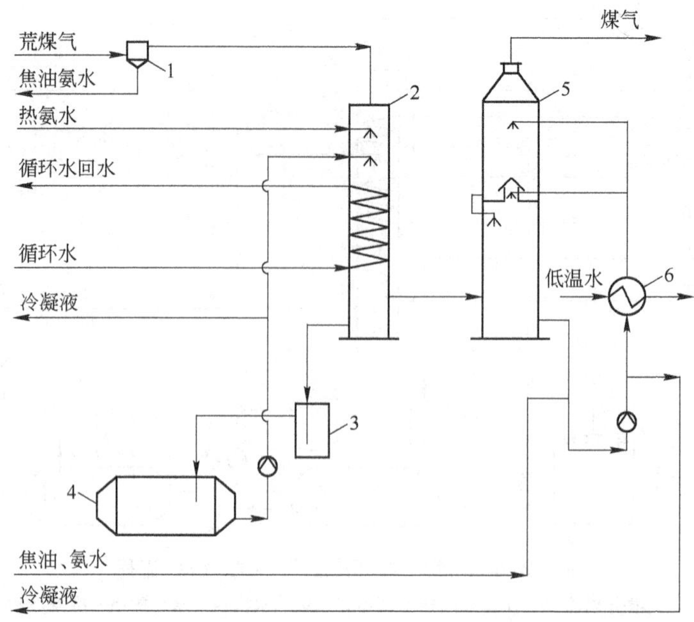

图 8-2-7　间—直冷工艺流程

1—气液分离器;2—横管式间接冷却器;3—水封槽;4—冷凝液槽;5—直冷塔;6—冷却器

C　操作要点

横管间冷的操作要点参见本书第 8.2.2.1 节 C。

直冷的操作要点主要为:

(1) 提高喷洒效果。空喷塔的冷却效果主要取决于喷嘴喷洒液滴的粒度及在全塔截面上分布的均匀性,所以选择适宜尺寸的喷嘴以及确定喷嘴喷洒角度十分重要。为防止喷嘴堵塞,可定时通入蒸汽清扫。

(2) 加强循环液冷却器的清扫。在循环液闭路循环系统中,采用螺旋板冷却器来冷却循环洗涤液,可以减轻由于萘和其他固体颗粒的沉积而造成的堵塞。但洗涤液一经冷却,一部分萘便析出并和焦油沉积在换热面上,因而冷却器仍需经常清扫。

D　主要设备结构

横管间冷器的结构及性能参见本书第 8.2.2.1 节 D。

用于煤气初冷的直接式冷却塔有填料塔、金属隔板塔和空喷塔等多种形式。目前使用较多的是空喷塔,如图 8-2-8 所示。

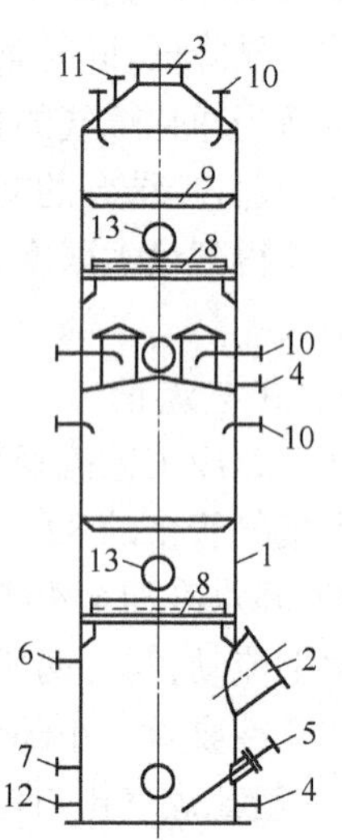

图 8-2-8　空喷塔

1—塔体;2—煤气入口;3—煤气出口;4—循环液出口;5—焦油氨水出口;6—蒸汽入口;7—蒸汽清扫口;8—气流分布栅板;9—集液环;10—喷嘴;11—放散口;12—放空口;13—人孔

空喷塔是由钢板焊制的中空直立塔,在塔的顶段和中段设有喷嘴,喷洒循环氨水,雾化形成的细小液滴在重力作用下于塔内降落,与上升的煤气密切接触。这不但冷却了煤气,使煤气出口温度冷却到接近于冷却氨水入口温度(温差为 2 ~ 4℃),而且有洗涤焦油、萘、氨和硫化氢等效果。由于喷洒液中含有焦油,因此可将煤气中的萘洗到低于煤气出口温度下的饱和萘浓度。

8.3 焦油氨水分离

8.3.1 焦油氨水两级分离

随荒煤气进入煤气净化系统的焦油氨水混合液经气液分离器自流到焦油氨水分离装置,此外从横管初冷器、电捕焦油器、煤气鼓风机等煤气设备中冷凝下来的焦油氨水混合液,也被送往焦油氨水分离装置。根据粗悬浮液的沉降原理把焦油、氨水与焦油渣分离。分离后的循环氨水送往焦炉集气管循环喷洒;分离所得焦油送往焦油加工厂(或车间),其质量指标见表8-3-1;分离出的焦油渣送往备煤车间,填加到炼焦配煤中;过程产生的剩余氨水经进一步处理送往下步工序。

表8-3-1 煤焦油的质量标准(YB/T 5075—1993)

指标名称	1号指标	2号指标
密度ρ_{20}/g·cm^{-3}	1.15~1.21	1.13~1.22
甲苯不溶物(无水基)含量/%	3.5~7.0	≤9
灰分含量/%	≤0.13	≤0.13
水分含量/%	≤4.0	≤4.0
恩氏黏度(E_{80})	≤4	≤4.2
萘含量(无水基)/%	≥7.0	≥7.0

根据对焦油质量的不同要求,焦油氨水分离一般采用两级分离或三级分离。两级分离即一级分离后的焦油再次沉降脱水除渣或一级除渣(粗渣)分离后再进行焦油氨水分离;三级分离即二级分离后的焦油再经离心超级分离脱水除渣。焦油氨水两级分离工艺国内目前采用的有三种:机械化氨水澄清槽及焦油分离槽两级分离工艺;焦油渣分离箱及焦油氨水分离槽两级分离工艺;机械化氨水澄清槽及焦油压力脱水器两级分离工艺。

高温炼焦产生的煤焦油是由多种有机物质组成的复杂混合物,其中含沥青50%以上。煤焦油质量因配煤组成、焦炉炉型及炼焦工艺条件不同而异,目前各大中型焦化厂采用4.3 m、5.5 m、6 m、7 m、7.63 m大容积焦炉进行高温炼焦,得到的副产品焦油的密度、甲苯不溶物含量、灰分含量、黏度、萘含量都能满足YB/T 5075—1993质量指标。但是煤焦油中水分含量、焦油渣的含量却因采用分离工艺不同而有所区别。

8.3.1.1 机械化氨水澄清槽及焦油分离槽两级分离

A 工艺流程

氨水、焦油和焦油渣的混合物首先在机械化氨水澄清槽内进行沉淀分离,分离后上部的氨水自流入循环氨水中间槽,再由循环氨水泵送至焦炉集气管喷洒冷却煤气;下部焦油通过自动界面控制器或手动方式自流入焦油分离器进行二级分离;底部焦油渣由刮板机刮出,从排渣口排入焦油渣小车定期送备煤车间。

在焦油分离器再次分出焦油渣和少量氨水,用泵将焦油分离器内的焦油抽送至焦油槽,焦油在保温的储槽内进一步脱水至合格后外送。工艺流程如图8-3-1所示。

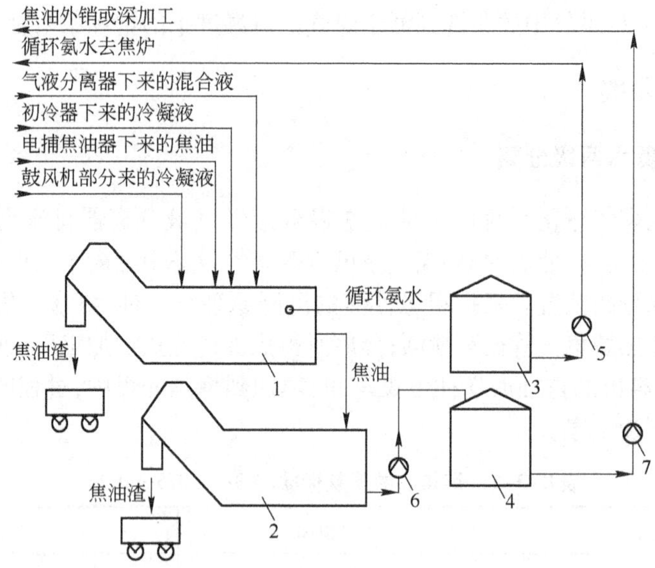

图 8-3-1　机械化氨水澄清槽及焦油分离器两级分离工艺流程

1—机械化氨水澄清槽;2—焦油分离器;3—循环氨水中间槽;4—焦油槽;5—循环氨水泵;6—焦油中间泵;7—焦油泵

B　主要操作指标及操作制度

(1) 主要操作指标:

送焦炉循环氨水中焦油含量	约 0.5 g/L
外送焦油含水量	约 4%

(2) 主要操作制度:

机械化氨水澄清槽内温度	75~80℃
焦油分离器内温度	80~90℃
焦油、氨水混合液停留时间	约 30 min
机械化氨水澄清槽焦油层厚	1.3~1.5 m
机械化氨水澄清槽刮板链子工作速度	1.5~3.5 m/h

C　操作要点

(1) 机械化氨水澄清槽焦油、氨水界面的控制十分重要,界面过低,将降低焦油的停留时间,使焦油含渣量增加;界面过高,将造成循环氨水停留时间缩短,使供焦炉的循环氨水含焦油、含渣量增加,易堵塞喷头。

(2) 焦油渣量的多少、粒度的大小,取决于焦炉操作。为使槽底沉积的焦油渣及时、有效地排出,并尽可能减少夹带的焦油量,应根据排渣情况及时调整刮板链子工作速度。

D　主要设备

a　机械化氨水澄清槽

本设备是一个不规则的长方形断面的钢制容器,有一套刮板机、电动机和减速机组成的传动装置。本体及各部件材质均为 Q235-A。设备结构如图 8-3-2 所示。

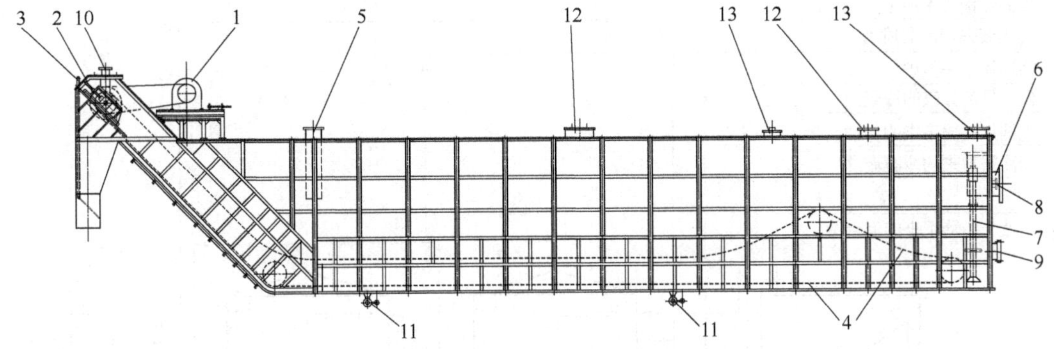

图 8-3-2 机械化氨水澄清槽结构简图

1—减速机;2—刮板链输送机;3—调节开闭装置;4—刮板链;5—焦油氨水入口;6—氨水满流口;7—焦油液位控制装置;8,9—焦油出口;10—放散口;11—蒸汽入口;12—人孔;13—检查孔

b 焦油分离器

本体及各部件材质均为 Q235 - A。焦油分离器分离的氨水可连续排放,操作简便。设备结构如图 8-3-3 所示。

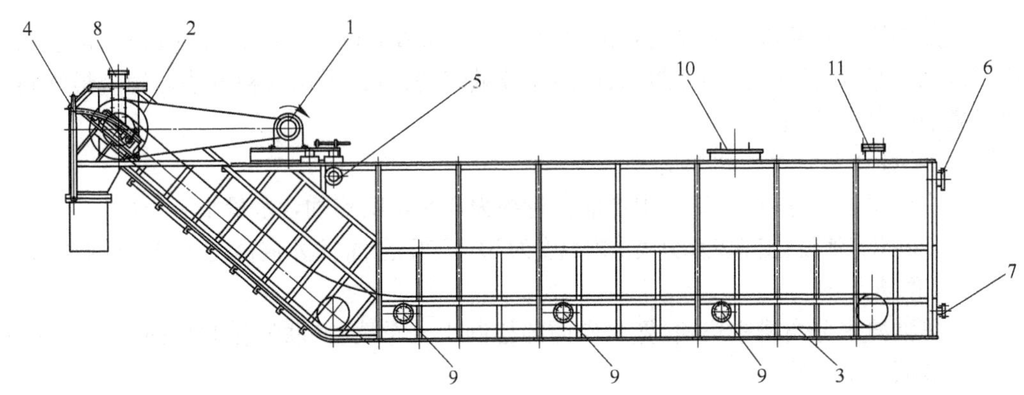

图 8-3-3 焦油分离器结构简图

1—减速机;2—刮板链输送机;3—刮板链;4—调节开闭装置;5—焦油入口;6—氨水满流口;7—焦油出口;8—放散口;9—加热器;10—人孔;11—检查口

8.3.1.2 焦油渣分离箱及焦油氨水分离槽两级分离

A 工艺流程

由气液分离器分离下来的焦油、氨水混合液进入焦油渣分离箱。分离箱出口处设有能够转动自洗的筛鼓,以阻止凝结成块和颗粒状的焦油渣流到焦油氨水分离器内。焦油渣靠自身重力沉积于分离箱底部,在此被刮板机刮出,渣子收集在小车内,定期送备煤处理。而通过转鼓的氨水、焦油混合物,进入两台并联(或串联)操作的焦油氨水分离槽分离。氨水从上部溢流到下部氨水中间槽内,再由循环氨水泵送至焦炉集气管喷洒冷却煤气。焦油氨水分离槽下部的焦油通过溢流瓶自流入焦油中间槽,用焦油泵送油库。焦油氨水分离槽底部的焦油渣用焦油渣泵送焦油渣分离箱。将大颗粒焦油渣在此分离出来。当焦油氨水分离槽串联操作时,第二台专门用于来自第一台焦油和乳化物的二次分离,但此时氨水澄清的时间将缩短。工艺流程如图 8-3-4 所示。

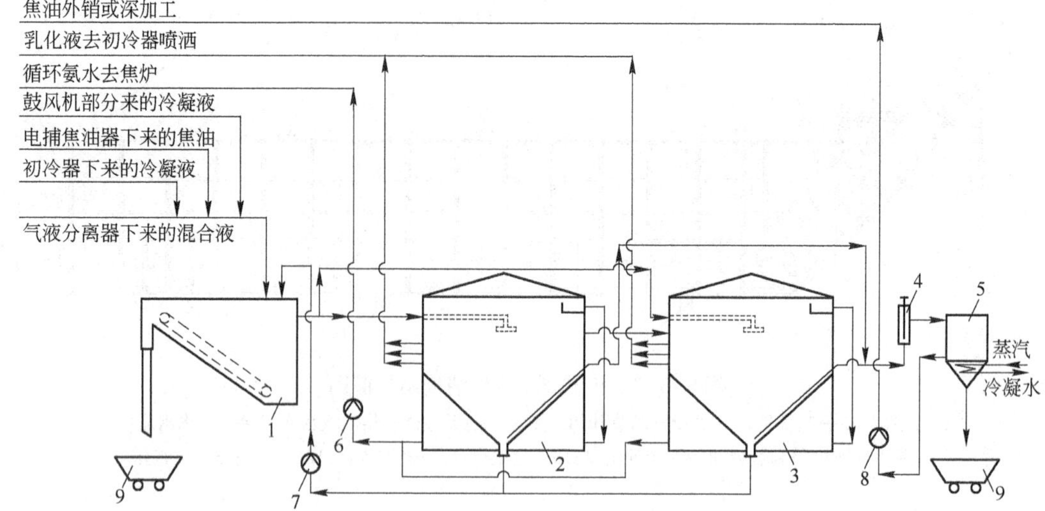

图 8-3-4 沉降除渣、静置分离工艺流程图

1—焦油渣分离箱;2,3—焦油氨水分离槽;4—溢流瓶;5—焦油中间槽;
6—循环氨水泵;7—焦油渣泵;8—焦油泵;9—焦油渣车

上述焦油渣分离箱底部分离的粗渣也可送入焦油渣破碎泵,将大块渣破碎后再送回分离箱内,从而取消刮板机,使箱体封闭,以防止放散气的污染,采用这种方法焦油渣最终将通过超级离心机分离脱除。

B 主要操作指标及操作制度

(1) 主要操作指标:循环氨水中焦油含量约为 0.5 g/L;焦油含水量小于 4%。

(2) 主要操作制度:焦油氨水分离槽内温度为 70 ~ 75℃;焦油、氨水混合液停留时间约 40 min。

C 操作要点

(1) 焦油氨水分离槽中焦油、氨水界面的控制十分重要,并联操作时界面应高一些,串联操作时界面可低一些。

(2) 槽底排渣系统(泵、阀门、管道)必须保持通畅,经常检查、通透,避免槽底淤积堵塞。

D 主要设备

a 焦油渣分离箱

焦油渣分离箱设计有抽屉式刮渣装置和自动清洗式滤渣筒,具有除渣效率高、结构简单、检修方便等优点。其本体及各部件材质为 Q235 - A。其结构类似于机械化氨水澄清槽,只是容积小得多。

b 焦油氨水分离槽

焦油氨水分离槽为内锥外圆柱双层结构,将油水分离槽、循环氨水槽和焦油脱水槽合为一体,利用循环氨水的热量来保持焦油脱水温度。其本体及各部件材质为 Q235 - A。结构如图 8-3-5 所示。

8.3.1.3 机械化氨水澄清槽及焦油压力脱水器两级分离

A 工艺流程

由气液分离器分离下来的焦油、氨水进入机械化氨水澄清槽,分离后的循环氨水流入循环氨水中间槽,再由循环氨水泵送至焦炉集气管喷洒冷却煤气。焦油渣靠自身重力沉积底

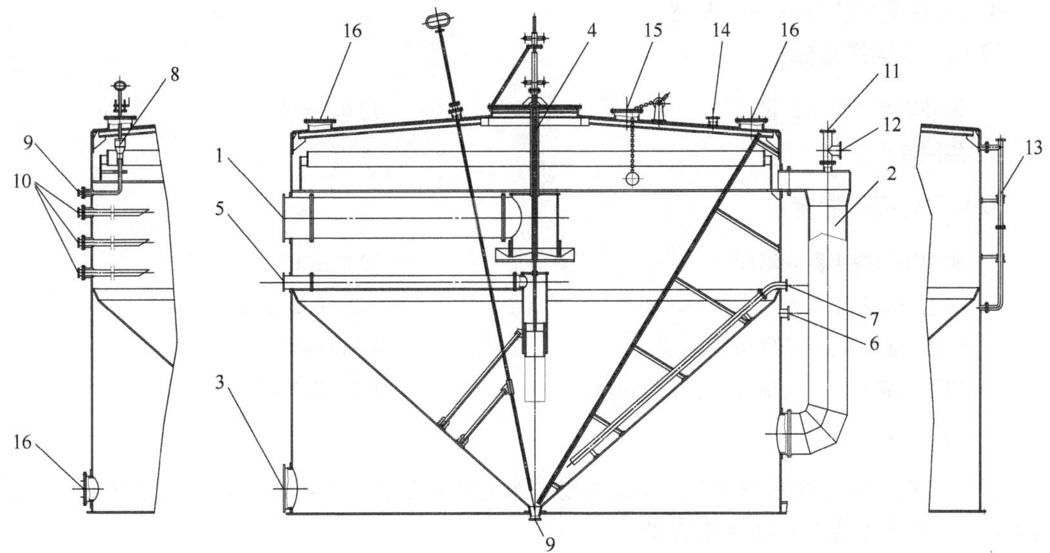

图 8-3-5　焦油氨水分离槽结构简图

1—焦油氨水入口；2—上下部氨水连通装置；3—氨水出口；4—调节装置；5—焦油出口；6—剩余氨水出口；7—焦油出口；8—轻焦油调节装置；9—轻焦油出口；10—乳浊液出口；11，14—放散口；12—满流口；13—上下部排气装置；15—密封球接口；16—人孔

部，在此被刮板机刮出，渣子收集在小车内，定期送备煤。用含水焦油泵从焦油层抽出焦油送至焦油压力脱水器进一步分离，脱水后的焦油送油库。焦油压力脱水器内氨水经满流槽回到机械化氨水澄清槽，焦油渣定期排入机械化氨水澄清槽。该流程焦油压力脱水器中焦油氨水温度控制在 80℃ ±10℃，根据设置在初冷器顶部的满流槽的静压，保持压力焦油分离器的压力约 0.2 MPa。工艺流程如图 8-3-6 所示。

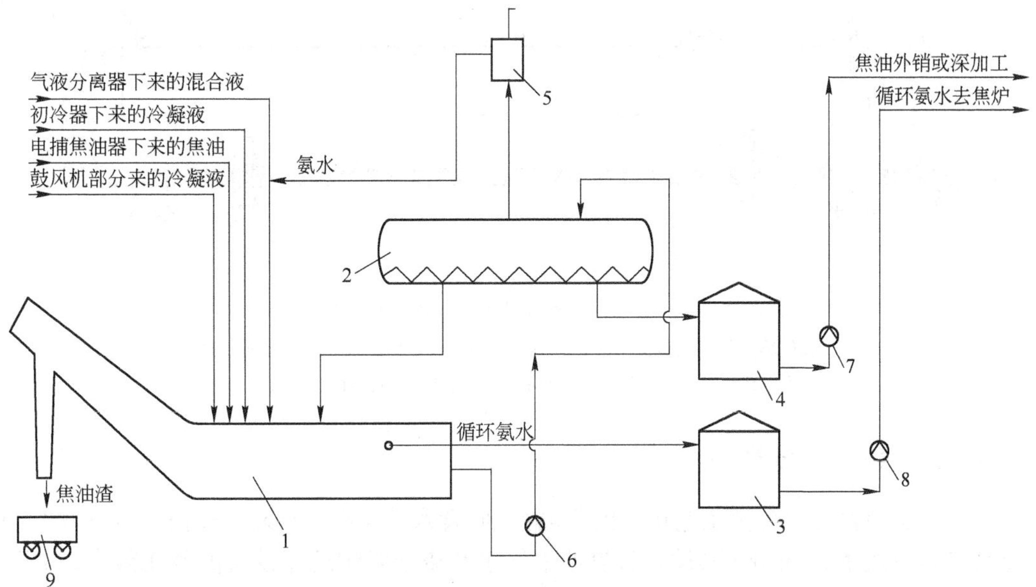

图 8-3-6　机械化氨水澄清槽及焦油压力脱水器两级分离工艺流程图

1—机械化氨水澄清槽；2—焦油压力脱水器；3—循环氨水槽；4—焦油槽；5—满流槽；6—含水焦油泵；7—焦油泵；8—循环氨水泵；9—焦油渣车

B 主要操作指标及操作制度

(1) 主要操作指标：

循环氨水中焦油含量	约 0.5 g/L
焦油含水量	<3%

(2) 主要操作制度：

焦油压力脱水器内温度	80℃ ±10℃
焦油压力脱水器内压力	0.2 ~ 0.3 MPa
焦油、氨水混合液停留时间	约 25 min
机械化氨水澄清槽刮板链子工作速度	1.2 ~ 2.2 m/h

C 操作要点

(1) 因焦油压力脱水效率较高，机械化氨水澄清槽焦油、氨水的界面可控制在较低的液位操作，以尽可能减少循环氨水含油。

(2) 应根据排渣情况及时调整刮板链子工作速度。

(3) 应保持满流槽前后管路系统通畅，防止堵塞，特别是寒冷地区，应十分注意。

D 主要设备

a 机械化氨水澄清槽

槽体断面一般做成圆形，其余结构及材质参见本书第 8.3.1.1 节 D。

b 焦油压力脱水器

焦油压力脱水器本体材质为 Q235 - A，结构如图 8-3-7 所示。焦油压力脱水器的压力由设置在初冷器顶部满流槽保证，因此压力波动小。

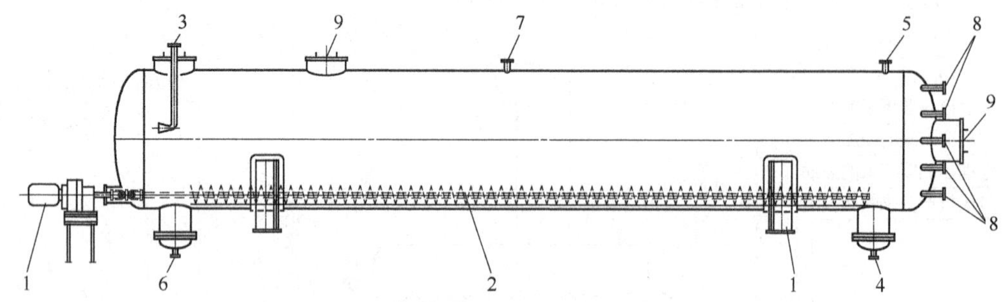

图 8-3-7 焦油压力脱水器结构简图

1—螺旋输送机驱动装置；2—螺旋输送机；3—含水焦油入口；4—焦油出口；5—氨水出口；6—焦油渣出口；7—放散口；8—取样口；9—人孔

8.3.2 焦油离心分离

上述三种焦油氨水分离工艺得到的产品焦油，含水约 4%。如果是外销，焦油中的水和渣增加了运输成本，如果本厂深加工，焦油中的水和渣会影响后序设备的利用效率，为了尽量降低焦油中水和渣的含量，对焦油进行三级分离是目前大多数焦化厂采用的焦油氨水分离工艺，第三级主要设备是超级离心机。它的工作原理是：在离心力的作用下连续使一相固体和两相液体分离。排料中，其固体（焦油渣）通过离心力排出，轻相液体（氨水）通过重力排出，重相液体（焦油）通过可调的叶轮排出。

8.3.2.1 工艺流程

焦油泵送来的焦油进入超级离心机，在高速运转叶轮离心力的作用下，焦油渣从固体口排出，进焦油渣小车，定期送往煤场。靠重力排出的氨水进地下槽再用泵送回机械化氨水澄清槽（或焦油氨水分离槽）。可调叶轮排出的焦油自流入焦油槽经泵送油库。工艺流程如图8-3-8所示。

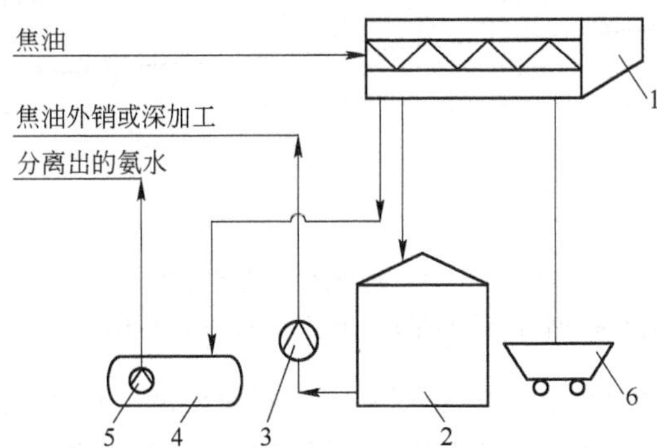

图 8-3-8 超级离心机三级分离焦油工艺流程图

1—超级离心机；2—焦油槽；3—焦油泵；4—地下槽；5—地下槽液下泵；6—焦油渣车

8.3.2.2 主要操作指标

分离后焦油中含固率（100 μm 以上颗粒）	≤0.3%
分离后焦油含水量	≤2%
超级离心机的主要参数	
转鼓转速	2500～4000 r/min
差动转速	1～20 r/min
分离因数	3500
主轴运转时噪声	80～82 dB

8.3.2.3 操作要点

进入离心机的焦油质量（含水量、含渣量及渣的粒度分布、黏度等）取决于炼焦操作及前两级焦油氨水分离的工艺与操作，各厂出入较大，不能简单地按离心机的铭牌处理能力进行操作，而应根据产品质量情况及时调整相关操作参数。

8.3.2.4 主要设备

超级离心机：主要由机壳、转筒、螺旋、主轴、机架等部件及配套电机组成，主要材质为不锈钢，结构如图8-3-9所示。

8.3.3 剩余氨水除焦油

剩余氨水靠静置除油后，一般仍含有少量轻质焦油（约0.5 g/L）。在蒸氨过程中剩余氨水中的焦油沉积在蒸氨塔的塔盘及换热设备中，结果使换热设备堵塞和蒸馏效率降低，导致频繁拆洗换热器和蒸氨塔，既影响正常操作，又提高了年维修费用和劳动强度。因此，降

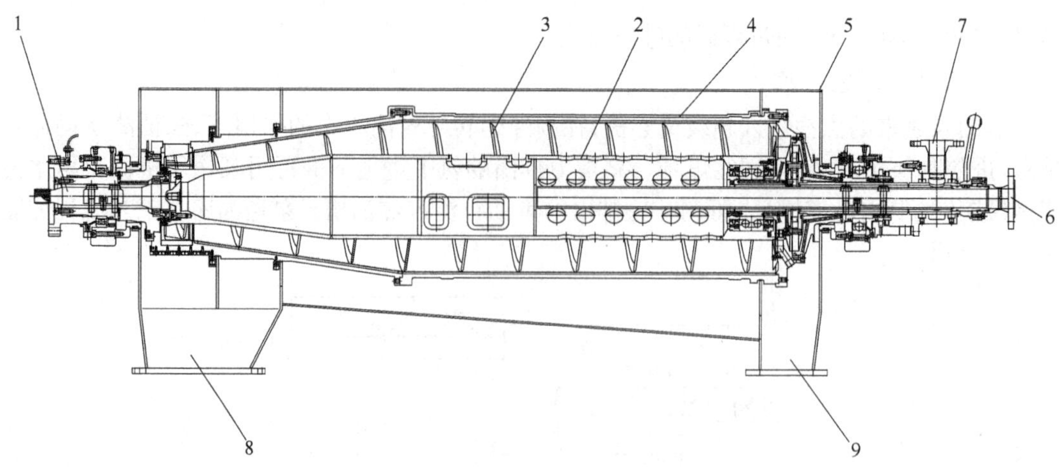

图 8-3-9　超级离心机结构简图

1—主轴;2—转筒;3—螺旋;4—外壳;5—机架;6—焦油入口;7—焦油出口;8—焦油渣出口;9—氨水出口

低剩余氨水中的焦油含量是提高蒸氨效率和稳定蒸氨生产的根本保证之一。为了降低剩余氨水中焦油含量,目前采用的方式有两种:一是过滤;二是气浮除油。个别情况下,采用溶剂萃取。

8.3.3.1　剩余氨水过滤

剩余氨水过滤原理是利用过滤器内填装物不规则的空隙,阻止悬浮物颗粒和焦油液滴的通过,剩余氨水被净化。

A　工艺流程

剩余氨水泵送来的氨水,串联通过 2 台过滤器后去蒸氨。当过滤器的阻力超过正常范围时,采用蒸氨废水对过滤器内填装物反方向冲洗。在过滤器内被阻挡下的悬浮物颗粒和焦油液滴随蒸氨废水回到污水槽经泵送回冷凝液系统重新分离。工艺流程如图 8-3-10 所示。

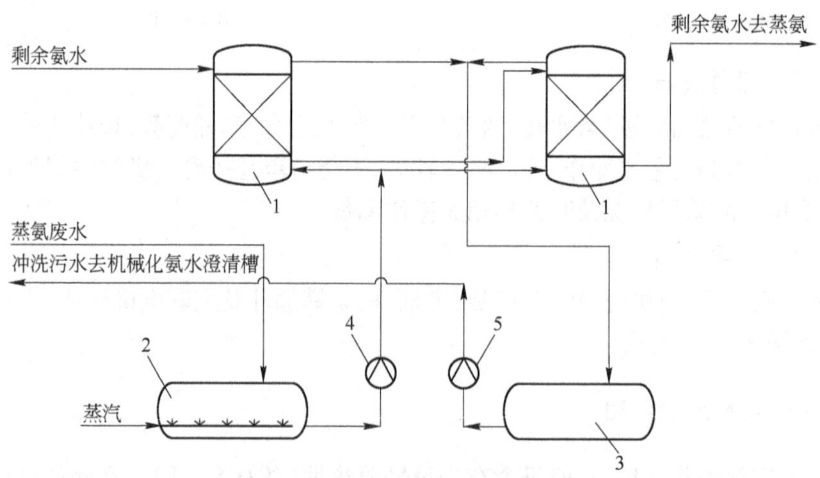

图 8-3-10　剩余氨水过滤工艺流程图

1—过滤器;2—冲洗水槽;3—污水槽;4—冲洗水泵;5—污水泵

B 主要操作指标及操作制度

(1) 主要操作指标:

净化前剩余氨水含焦油	约 0.5 g/L
净化前剩余氨水含悬浮物	≤0.3 g/L
净化后剩余氨水含焦油	≤0.25 g/L
净化后剩余氨水含悬浮物	≤0.05 g/L

(2) 主要操作制度:

过滤器正常阻力	<0.1 MPa
冲洗水温	60~70℃
清洗周期	约 24 h
每次清洗时间	约 25 min

C 操作要点

必须严格定期清洗制度,才能保证过滤效率。过滤器正常操作阻力约 0.1 MPa,一般当阻力上升到 0.3 MPa 时开始清洗,清洗周期及每次清洗时间应根据各厂的实际情况确定。

D 主要设备

过滤器:过滤器材质为 Q235-A,内部过滤体可根据生产经验确定为砂石或其他。图 8-3-11 为石英砂过滤器,其内分 3 层填充不同粒度的石英砂。

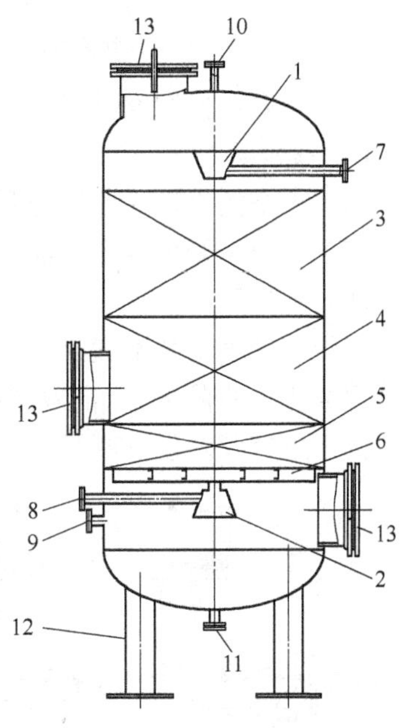

图 8-3-11 砂滤器结构简图

1—上分配盘;2—下分配盘;3—0.5~1.5 mm 石英砂;4—1~2 mm 石英砂;5—3~8 mm 石英砂;6—填料支撑;7—剩余氨水入口;8—剩余氨水出口;9—蒸汽入口;10—放散口;11—放空口;12—支座;13—人孔

8.3.3.2 剩余氨水气浮除油

它的工作原理是:设备内气体上浮时,气泡表面将携带焦油液滴或煤粉颗粒,气泡上升到液面上时,气泡破灭,焦油液滴或煤粉颗粒浮于液体表面,通过刮板装置刮出,剩余氨水被净化。

A 工艺流程

剩余氨水泵送来的氨水从上部进入气浮除油器,经搅拌机吸入空气的气浮作用,使悬浮物和焦油成沫状上浮到液面,被刮板机刮入焦油槽,与沉积在气浮器底部的焦油一起用泵送往机械化氨水澄清槽(或焦油氨水分离器)。分离后的剩余氨水经储槽用泵送往蒸氨(或洗氨)。工艺流程如图 8-3-12 所示。

B 主要操作指标及操作制度

(1) 主要操作指标:

净化前剩余氨水含焦油	约 0.5 g/L
净化前剩余氨水含悬浮物	≤0.3 g/L
净化后剩余氨水含焦油	≤0.05 g/L
净化后剩余氨水含悬浮物	≤0.05 g/L

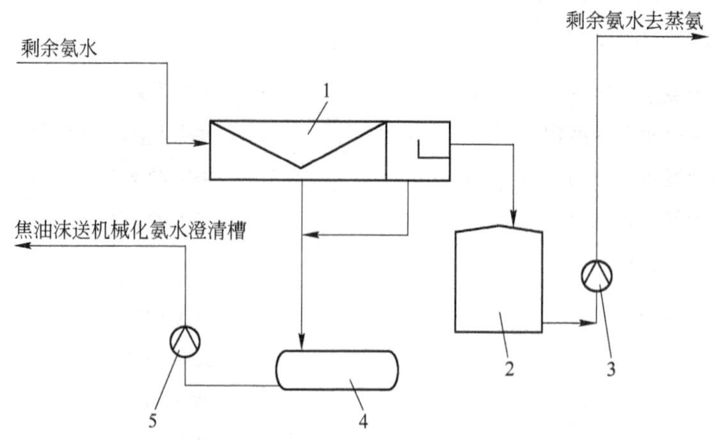

图 8-3-12　剩余氨水气浮除油工艺流程图

1—气浮除油器；2—剩余氨水槽；3—剩余氨水泵；4—焦油沫槽；5—焦油沫泵

（2）主要操作制度：搅拌机转速为 380～400 r/min。

C　操作要点

（1）严格控制进除油器的剩余氨水量，保持除油器内液位高度。

（2）可根据剩余氨水含油量调节电机转速，以达到节能的目的。

D　主要设备

气浮除油器是利用气浮原理将剩余氨水中与之密度相近的油滴及固体煤粉颗粒悬浮到液体表面进一步除去，除油效率高，运行安全可靠。气浮除油器主体材质为 Q235 - A，刮板材质为丁腈橡胶外包聚四氟乙烯。结构如图 8-3-13 所示。

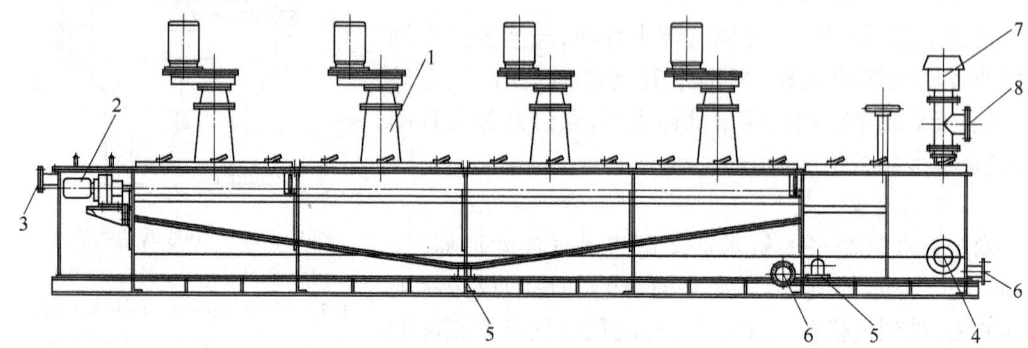

图 8-3-13　气浮除油器结构简图

1—搅拌机；2—刮板机；3—剩余氨水入口；4—剩余氨水出口；5—焦油出口；6—放空口；7—呼吸阀；8—放散口

8.4　煤气中焦油雾的分离及煤气排送

8.4.1　煤气中焦油雾的分离

8.4.1.1　煤气中焦油雾的含量及分离方法

焦炉煤气经过集气管、气液分离器和初冷器后，分离掉煤气中的大部分焦油，但仍然有一部分焦油以焦油雾的形式悬浮在煤气中。这部分焦油雾如果不经过进一步的清除,必将对后续的工序带来非常大的影响。

清除焦油雾通常有机械分离和静电分离两种方法。机械式捕焦油是利用机械分离的方法将煤气中的焦油雾分离、除去。机械式捕焦油器的形式有旋风除尘式、冲击式和洗涤式等,但效率都不高,难以满足煤气净化指标的要求,现基本都已被淘汰。个别情况下,仅用于电捕前的初级捕焦油雾。目前焦化行业中普遍采用净化效率高的电捕焦油器脱除煤气中的焦油雾。

电捕焦油器的位置可设在鼓风机前,也可设在鼓风机后。当位于机前时,由于进入鼓风机的煤气含焦油量很低,因此不会造成随煤气升温使焦油中萘的挥发所导致的煤气含萘增加,但电捕焦油器的负荷大一些。当位于机后时,由于高转速鼓风机的分离作用,可使煤气中焦油雾的含量显著降低,从而降低了电捕焦油器的负荷,但由于进入鼓风机的煤气含焦油量较高,因此造成随煤气升温焦油中萘会挥发,从而导致煤气含萘增加。

8.4.1.2　电捕焦油器的工作原理

电捕焦油器是通过使煤气中的焦油雾带电后沉积于沉淀极板,然后沿沉淀极板自流而下加以收集,从而使煤气得到净化。

其工作原理为:气体分子通过由阴极线(又称电晕极)和阳极板(又称沉淀极)所形成的电位差很高的电场时,会发生电离,产生正、负离子。在阴极线附近,电场强度集中,离子以较大速度运动,发生碰撞电离;距阴极线较远处电场强度小,分子的离子化程度低,绝缘电阻不会在整个电场击穿,只在阴极线附近发生局部火花放电,这种现象称为电晕现象。电捕焦油器正是利用电晕现象,使焦油雾附着在带负电的负离子上,由于负离子运动速度比正离子快,其迅速向沉淀极移动。在电晕线附近,正负电荷有中和作用,因此带正电的焦油雾很少附着于电晕极上。绝大部分焦油雾滴均在沉淀极沉淀下来,而煤气离子则重新转变为煤气分子,从电捕焦油器顶部分离出来。

8.4.1.3　电捕焦油器的结构及供电设备

电捕焦油器基本上是由本体和供电装置两大部分组成。按沉淀极的不同形式可分为同心圆式、管式及蜂窝式。

同心圆式电捕焦油器的沉淀极由钢板卷制的若干层同心的圆筒组成,各层圆筒之间均匀垂挂多根钢丝制作的电晕极。其结构如图 8-4-1 所示。

管式及蜂窝式电捕焦油器的沉淀极是由多根圆钢管或蜂窝管组成,每根管的中心设置一根电晕极。其结构分别如图 8-4-2 和图 8-4-3 所示。

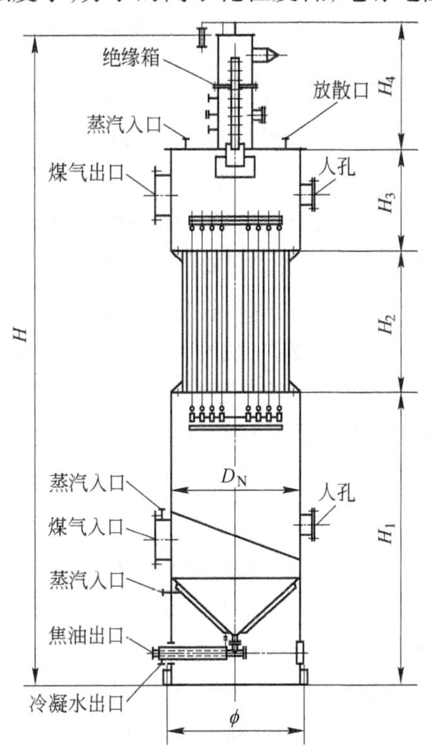

图 8-4-1　同心圆式电捕焦油器

以上三种结构形式的电捕焦油器依其捕焦油效率排列为:蜂窝式最高,管式次之,同心圆式较差。同心圆式目前基本上不被采用,焦化行

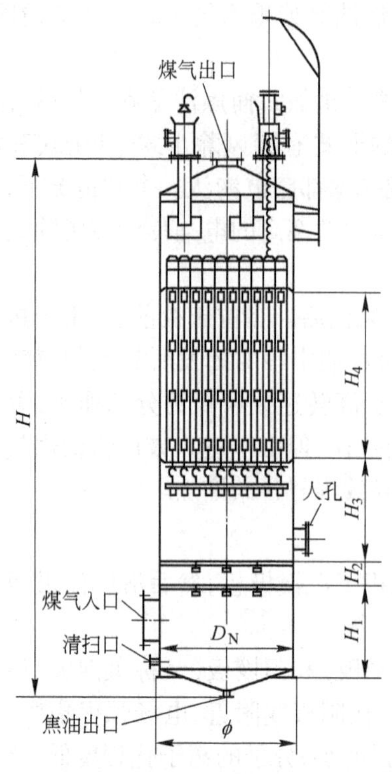

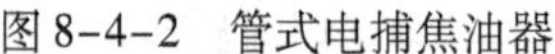

图 8-4-2　管式电捕焦油器

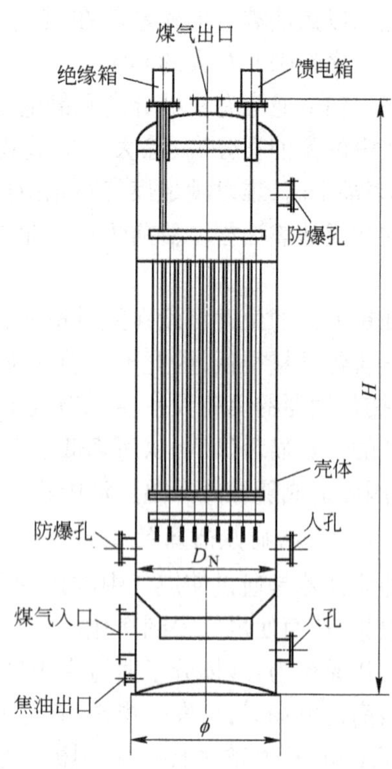

图 8-4-3　蜂窝式电捕焦油器

业现在应用比较多的电捕焦油器是管式和蜂窝式电捕焦油器，蜂窝式电捕焦油器正以其独特的优势在逐渐取代管式电捕焦油器。现以蜂窝式电捕焦油器为例介绍其主要构造。

A　气体分布板

电捕焦油器进口处的煤体流速一般为 10 ~ 15 m/s，而在电捕焦油器内部则只有 0.5 ~ 2 m/s。若不采取必要的分布措施，煤气在电捕焦油器内会很不均匀，中心部分流速将大大超过设计指标，煤气在电捕焦油器内的停留时间大大缩短，同时会使电晕极产生晃动，引起供电电压的波动，从而使除焦油效率降低。

气体分布板一般分两层，靠近工作室的第二层分布板的开孔率比第一层小，即第二层分布板的阻力系数比第一层大。分布板的开孔率因煤气的速度而异，对煤气在电捕焦油器内的速度为 1 m/s 时的开孔率在 50% 较为合理，这样就能使电捕焦油器内的煤气分布均匀。

B　电晕极

电捕焦油器的电晕极也称放电极、阴极等。电晕极必须要有良好的放电功能、一定的机械强度及能耐一定的温度和煤气中一些介质的腐蚀。电晕极线越细或有尖端，越能降低临界电压，有利于电晕放电。电晕极的形式主要有：

（1）圆线，一般用直径为 1.5 ~ 2.5 mm 的铬镍合金钢丝制造。

（2）芒刺线，极线采用 Q235 钢，直径 5 ~ 7 mm，刺尖用直径 4 mm 铬镍合金钢丝制造。

（3）棱形线，材质采用 Q235 钢，具有较好的放电功能，但制作比较麻烦。

（4）绞线，一般采用 3 根直径为 0.8 mm 的铬镍合金钢丝铰绕而成，放电功能要比圆线好一些，但制作比较麻烦，造价较高。

电晕极一般采用垂线式，上吊架吊挂电晕极与下吊架共同调整电晕极在沉淀极的中心位置，下部悬挂重锤。

C 沉淀极

电捕焦油器的沉淀极也称为除尘极、阳极等，较理想的沉淀极要求沉淀极的面积最大，电晕极和沉淀极之间的电力线分布沿极线方向要均匀，在操作温度下沉淀极板（管）不发生变形。电捕焦油器的沉淀极为正六角蜂窝式结构，蜂窝式电捕沉淀极极间距不等，一般按同极间距内切圆分为 ϕ150 mm、ϕ200 mm、ϕ250 mm，长度为 3000 ~ 5500 mm。

D 电晕极悬挂装置（绝缘箱、馈电箱）

悬挂装置一方面承受电晕极的荷重，另一方面起着电晕极与顶板的绝缘作用。电晕极吊杆穿过顶板通过石英套管、瓷管使之与顶板绝缘。

绝缘瓷瓶的材质有瓷质和石英质，瓷质瓶制造容易，价格便宜，适用于工作温度低于100℃的工况。当温度高于 100℃时，绝缘性能急剧下降。当温度高于 100℃时，可用石英质绝缘瓶。

E 上吊架

上吊架是用以支撑电晕极的质量并调节电晕极在沉淀极中的中心位置，其要求具有一定的刚性，且不宜变形。一般采用碳钢角钢和扁钢组合而成，也有采用不锈钢的，如宝钢一期工程。

F 下吊架

下吊架是用以调节电晕极在沉淀极中的中心位置，其要求具有一定的刚性，且不宜变形。一般采用碳钢角钢和扁钢组合而成。

G 壳体

电捕焦油器的外壳为圆筒形，底部成锥形或向上鼓起的球形，以便于焦油的排出，为改善焦油的流动性，可在壳体底部设蒸汽夹套。

H 供电设备

电捕焦油器的供电特点是：直流电源，高电压，小电流；电压波形要有明显的峰值和最低值。供电设备选择适当与否直接影响着电捕焦油器的主要性能。供电设备的类型主要有硒整流器、高压硅整流器及恒流源。恒流源装置是近十几年发展起来的供电设备，其以运行可靠性高、能有效克服电晕电流闭塞现象、节能效果好、结构简单、调整安装方便、体积小、重量轻等优点，基本取代了其他的供电设备。

8.4.1.4 电捕焦油器的操作

A 操作制度及指标

入口煤气温度	
当位于机前时	20 ~ 25℃
当位于机后时	35 ~ 45℃
阻力	≤0.5 kPa
入口煤气焦油含量	
当位于机前时	2 ~ 5 g/m^3
当位于机后时	≤0.5 g/m^3

出口煤气焦油含量	≤0.02 g/m³
工作电压	25000～40000 V

B　操作要点

(1) 保持绝缘装置清洁。绝缘装置上集尘会降低绝缘性能,造成绝缘装置的击穿和电压升不上去,从而影响除焦油效率,所以保持绝缘装置的清洁是十分重要的。目前主要采取充氮气的方法对绝缘装置进行保护。

(2) 防止绝缘装置内凝结水。为保证绝缘装置不致因周围温度过低而在其表面出现冷凝物(水),使绝缘装置出现爬电(短路)现象,致使绝缘性能遭到破坏,甚至导致绝缘瓶的炸裂,通常采用加热的方式使绝缘装置内的温度高于煤气露点20～30℃。加热方式有:在绝缘装置内插入电加热器、在绝缘装置内设置蒸汽加热盘管、向绝缘装置内通入经预热的气体、在绝缘装置外缠绕可自控温度的电加热带,或以上几种方式的组合。

(3) 定期清洗。随煤气中所含杂质在电晕极及沉淀极上的不断沉积,将引起放电次数增加,从而影响正常操作并导致效率降低。因此,需对电捕焦油器采用热循环氨水定期清洗,清洗周期视放电次数增加的情况而定,一般以每分钟不超过8次为宜。

C　电捕焦油器的安全措施

由于电捕焦油器采用的是高压供电设施,介质又为易燃易爆的焦炉煤气,因此采取必要的安全防护措施,确保电捕焦油器的正常安全运行是十分重要的。主要的安全措施有:

(1) 自动报警及连锁控制。煤气中氧含量大于1%时,自动报警;煤气中氧含量大于2%、绝缘箱温度低于设定温度时,自动切断电源。

(2) 泄爆阀。电捕焦油器设置在风机后时,应在电捕焦油器上设置泄爆阀,泄爆阀面积一般不小于煤气进口最小端面积;电捕焦油器设置在风机前时,可不设泄爆阀。

8.4.2　煤气排送

8.4.2.1　煤气风机的分类及技术特性

A　煤气风机的功能及分类

煤气风机是焦化厂输送煤气的重要设备,其功能是将焦炉产生的荒煤气从集气管吸出,经一系列煤气净化设备净化后,排送至用户。煤气风机在净化系统中的位置根据工艺需要可设置在初冷后、电捕后、脱硫后或整个净化系统后。

煤气风机的分类,依结构不同分为离心式和容积式。一般多采用处理负荷较大的离心式煤气风机,容积式煤气风机仅用于处理煤气量少的场合。

煤气风机一般采用电动机驱动,称之为电动煤气风机;也可采用蒸汽透平机驱动,称之为汽动煤气风机。

B　煤气风机的结构及技术特性

a　离心式煤气风机

离心式煤气风机结构如图8-4-4所示。

离心式煤气风机由机壳和在机壳内高速旋转的转子组成。转子上有1个至数个工作叶轮,工作叶轮由2个平行的圆盘构成,圆盘之间用固定叶片连接。

煤气由风机吸入管进入转子的第一个工作叶轮中心,在离心力的作用下被甩到叶轮与

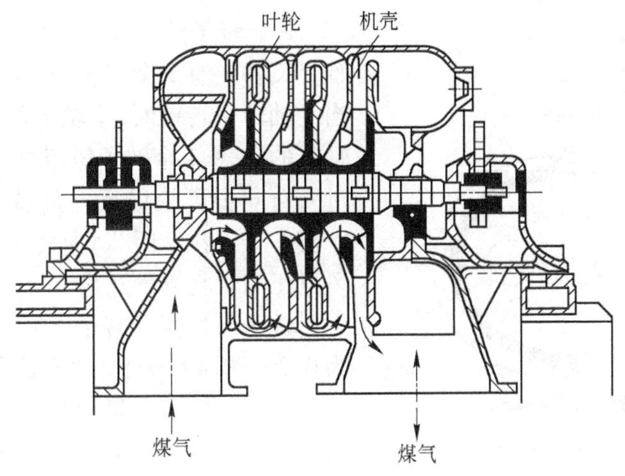

图 8-4-4　离心式煤气风机示意图

壳体之间的环形空隙中，中心处产生减压，煤气被不断地吸入。离开叶轮时煤气运动速度很高，当进入环形空隙时，其动压头一部分转变为静压头，煤气的运动速度减小，并沿机壳上的固定叶片进入第二个叶轮，产生与第一叶轮相同的作用，重复上述过程。如此，煤气依次进入各个工作叶轮，其静压头逐渐增大，从最后一个叶轮边缘排出机外，沿风机压出管送出。

煤气的排出压力是在转子的各个叶轮作用下，并经过压头转换被提高的。转子旋转的速度愈大，煤气的密度愈大，离心力愈大，煤气沿工作叶轮运动的速度也愈大，离开工作叶轮后的静压头就愈高，煤气的排出压力愈大。转子上工作叶轮数的增加也同样会提高煤气排出的压力。

离心式煤气风机按输送煤气量大小分为 150 m^3/min、300 m^3/min、750 m^3/min、1250 m^3/min 等多种规格，产生的总压头为 20～35 kPa。

离心式煤气风机在一定转速下煤气的输送量（Q）与其总压头（H）之间的关系（即 $Q-H$ 特性曲线）如图 8-4-5 所示。

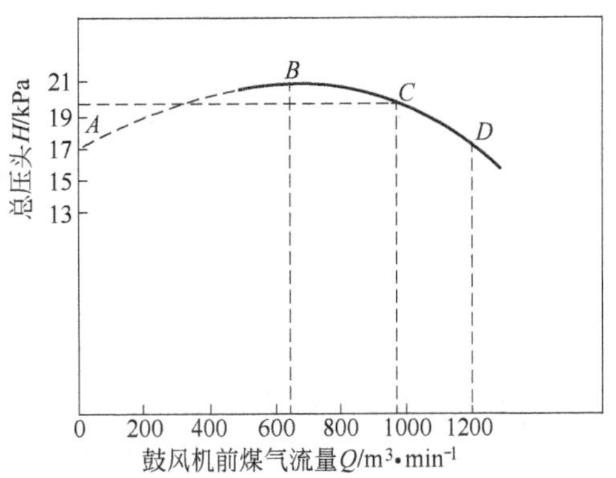

图 8-4-5　转速不变时离心式煤气风机的 $Q-H$ 特性曲线图

由图 8-4-5 可见，曲线有一最高点 B（最高压力），在 B 点的右侧，风机所产生的总压头随着煤气输送量的增加而降低，在 B 点的左侧随着煤气输送量的减少而降低。相应于 B 点压力的输送量为临界输送量。当煤气输送量大于临界输送量，即 B 点右侧的特性曲线部分，是风机运行稳定的工作范围；当煤气输送量小于临界输送量，即在 B 点左侧的特性曲线部分，运行时将出现风机工作上的不均衡，会发生振动，这种现象称为“飞动”。

b　罗茨式煤气风机

罗茨式煤气风机结构如图 8-4-6 所示。

罗茨式煤气风机由机壳和机壳内由 2 个“8”字形并将机壳分成 2 个工作室的转子组成。

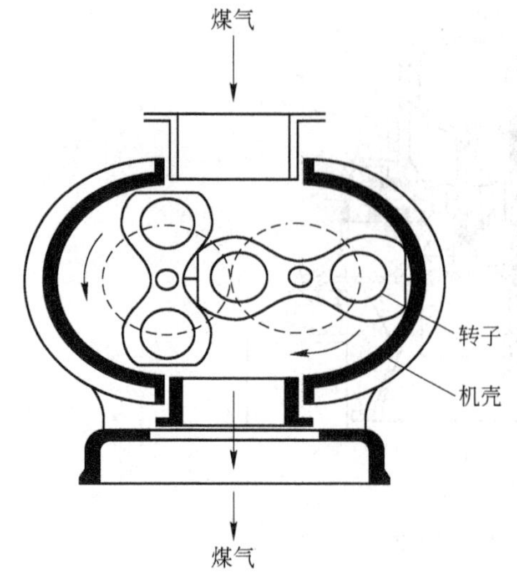

图 8-4-6 罗茨式煤气风机

2 个转子装在 2 个互相平行的轴上，这 2 个轴上又各装有 1 个互相咬合的、同样大小的齿轮。当主轴转子转动时，主轴上的齿轮又带动另一个轴上的齿轮，2 个转子做相对运动，即 2 个转子通过一对同步齿轮做反向旋转。煤气由风机吸入管被一个工作室吸入，由转子带入另一工作室沿风机压出管将煤气送出。

转子与机壳及转子之间存在微小间隙，一般为 0.25 ~ 0.40 mm，它决定着风机机械效率。

为减轻转子质量，大型罗茨式煤气风机转子采用空心结构。随着转子的中心距及长度的不同，其煤气输送量和所产生的压头可以在很大范围内变动。

罗茨式煤气风机输送煤气量大小为 28 ~ 300 m^3/min，产生的总压头为 20 ~ 35 kPa。

罗茨式煤气风机在一定转速下煤气的输送量 Q 与其静压升 Δp 之间及静压升 Δp 与轴功率 N 的关系可见图 8-4-7 所示的罗茨式煤气风机 $Q-\Delta p$ 及 $N-\Delta p$ 特性曲线。

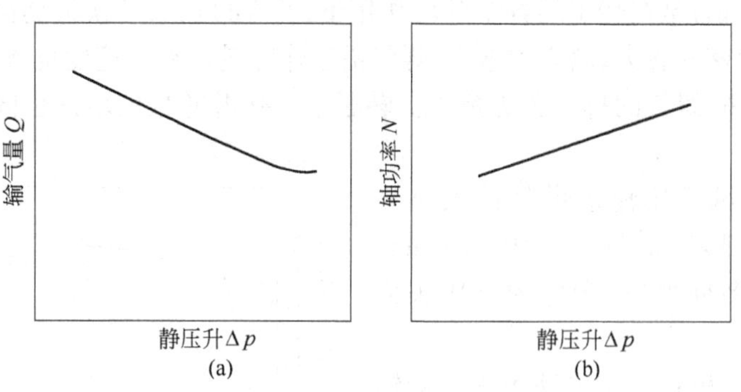

图 8-4-7 罗茨风机特性曲线图

(a) $Q-\Delta p$；(b) $N-\Delta p$

在理论上，当原动机功率和转速一定时，对同一台风机来讲，其煤气输送量与静压升无关。因为 2 个“8”字形转子间所形成的煤气室空间一定，在一定时间内输送的煤气量也是一定的。

在实际运行过程中，由于转子与机壳及转子之间间隙的存在，以及随着静压升的增大，煤气从压出侧漏进吸入侧，在间隙处煤气泄漏量增多，致使煤气输送量随静压升的增大而下降，所需轴功率也随之增大，风机的效率降低。另外，因为机体内部煤气泄漏量大而使煤气温升增高，风机机身发热。

罗茨式煤气风机需用小循环管调解煤气量，并在压出管路上安装安全阀，以保证安全运转。

C 煤气风机能力的选择

煤气风机的能力应根据煤气输送量及所需总压头来确定。煤气输送量为吸入状态下的湿煤气实际体积。总压头为煤气系统的阻力与煤气送往用户所需的边界压力之和，根据煤气净化工艺的不同，一般为 20 ~ 35 kPa。

根据入口标准煤气量及其温压状态确定煤气的实际体积流量时，应考虑到当地大气压力、炼焦紧张操作及其他不稳定因素。

离心式煤气风机的轴功率可按绝热压缩过程所耗的功率来计算：

$$N = 1.313 \times 10^{-3} p_1 Q \left[\left(\frac{p_2}{p_1} \right)^{\frac{K-1}{K}} - 1 \right] \tag{8-4-1}$$

式中 N——煤气风机轴功率，kW；

Q——煤气的实际体积流量，m^3/h；

p_1——煤气风机吸入口的绝对压力，kPa；

p_2——煤气风机出口的绝对压力，kPa；

K——气体的比定压热容 c_p 和比定容热容 c_V 的比值，对于炼焦煤气 $K=1.37$。

式 8-4-1 也可写为：

$$N = 1.313 \times 10^{-3} p_1 Q \left[\left(\frac{p_2}{p_1} \right)^{0.27} - 1 \right] \tag{8-4-2}$$

离心式煤气风机所需的原动机功率应大于式 8-4-2 计算所得的轴功率数值。以电动机驱动时，其功率应比轴功率增加 20% ~30%；以蒸汽透平机驱动时，其功率应比轴功率增加 15%。

由式 8-4-1 和式 8-4-2 可知，煤气风机轴功率主要取决于煤气实际体积，应保证初冷器后的煤气温度不得过高，以防止因温度高和煤气中水汽含量大而使煤气实际体积增大，造成煤气风机所需轴功率的增加。

在离心式煤气风机内，因煤气被压缩而产生热量，此热量绝大部分被煤气吸收，只有一小部分热量传给煤气风机外壳并散失出去。因此，离心式煤气风机内煤气的压缩过程可以近似地认为是绝热过程，煤气风机的出口煤气温度可按式 8-4-3 计算：

$$T_2 = T_1 \left(\frac{p_2}{p_1} \right)^{\frac{K-1}{K}} \tag{8-4-3}$$

式中 T_1——煤气风机入口煤气的绝对温度，K；

T_2——煤气风机出口煤气的绝对温度，K。

将炼焦煤气的 $K=1.37$ 代入式 8-4-3 中，式 8-4-3 可简化为：

$$T_2 = T_1 \left(\frac{p_2}{p_1} \right)^{0.27} \tag{8-4-4}$$

实际上由于通过煤气风机外壳损失一部分热量，用式 8-4-4 计算出的煤气风机出口煤气温度要比实际值略高些。一般煤气经离心式煤气风机压缩后的温升约 20℃左右。

D 煤气风机机组的组成

煤气风机机组一般由煤气风机、变速器、原动机及附属的润滑系统、仪表控制系统等组成。

煤气风机本体由定子、转子、底座、轴衬、密封等组成；原动机一般采用电动机，也可采用蒸汽透平机；变速器是传动动力并以恒定的传动比满足煤气风机工作转速的传动装置；润滑系统是为煤气风机、增速器、原动机轴承提供润滑油的装置，包括油箱、油泵、油冷却器、油过滤器、高位油箱等；为保证煤气风机连续、安全、稳定运行，必须对煤气风机轴承温度、润滑系统润滑油主管压力、煤气风机轴位移等仪表项目进行监控，设置仪表控制系统是十分必要的。一般的仪表控制系统主要要求见表 8-4-1。

表 8-4-1　仪表控制系统主要要求

被测参数	测量要求						备注
	煤气风机操作室			中控室			
	显示	报警	连锁	显示	报警	连锁	
煤气风机转速	√	√		√			与煤气压力自动调节
煤气风机轴承温度	√	H	HH	√			与电机连锁
增速器轴承温度	√	H	HH	√			与电机连锁
电机轴承温度	√	H	HH	√			与电机连锁
电机定子温度	√	H	HH	√			与电机连锁
润滑系统润滑油主管压力	√	L	LL	√			与电机连锁
润滑系统润滑油主管温度	√	H		√			
煤气风机轴振动	√	H	HH	√			与电机连锁
煤气风机轴位移	√	H	HH	√			与电机连锁
油箱液位	√	H L		√			

注：1. 煤气风机由电动机驱动；
2. 煤气风机机组仪表项目信号分别引进中控室和煤气风机操作室，并主要在煤气风机操作室进行操作；
3. 表中√表示有，H 表示上限，HH 表示上上限，L 表示下限，LL 表示下下限。

8.4.2.2　离心式煤气风机的调节方式及技术特性

为适应煤气流量的变化，并保持焦炉集气管内煤气压力的稳定（其波动范围为 ±10 Pa），应根据煤气风机特性曲线对煤气风机进行必要的调节，使煤气风机处于稳定工作区，以满足正常生产的要求。

对离心式煤气风机，在其特性曲线稳定的工作范围内可采用下列的调节方式。

A　固定转速的调节

当煤气风机转子转速一定时，有以下四种调节方式。

a　进口调节

用煤气风机进口煤气管上的阀门进行调节。当进口煤气管上的阀门关小时，煤气的通路减小，此时发生气体的节流，因而煤气风机的特性曲线也随之改变。

由图 8-4-8 可见，当进口煤气管上的阀门开度变小时，经过节流之后，煤气风机的不稳定工作范围随着变小，煤气风机的输出量及总压头均相应减小。

采用进口调节方式操作简单，但因节流时部分能量损失掉而使煤气风机前吸力增大，导致空气容易吸入，不够安全；此外，煤气风机前吸力大，压缩比 p_2/p_1 也同样变大，则煤气风机的功率消耗及煤气的温升将增大。

b　出口调节

用煤气风机出口煤气管上的阀门进行调节。此调节方式操作简单，可使煤气风机前吸力不致过大，但煤气风机出口煤气压力增大，会造成机体振动和轴密封不严，从而发生煤气

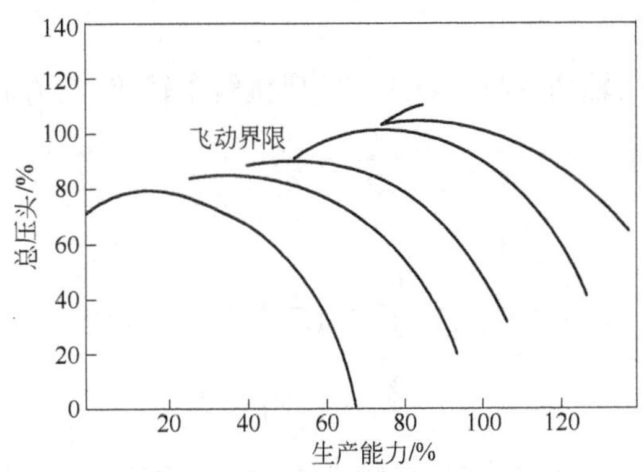

图 8-4-8　进口煤气管上的阀门调节时离心式煤气风机的特性曲线图

渗漏，以及煤气风机的功率消耗及煤气的温升增大。

c　交通管调节

相对煤气风机能力，煤气流量较小时，可采用“小循环管”方式调节，如图 8-4-9 所示，即煤气风机一部分出口煤气直接返回入口煤气管上，此交通管称之为“小循环管”。通过调节交通管上阀门开度，可以保证煤气风机稳定运行。此种调节方式操作简单，但煤气风机的能量有一部分消耗在循环煤气上，且因有部分已被加热升温的煤气返回煤气风机并经再次压缩，煤气温升会更高，仅适用于少量煤气循环。

相对煤气风机能力，煤气流量过小时，可采用“大循环管”方式调节，如图 8-4-10 所示，即煤气风机一部分出口煤气返回初冷器前煤气管上，此交通管称之为“大循环管”。此调节方式可解决煤气温升过高的问题，但同样要增加煤气风机能量的消耗，同时会增加初冷器的负荷及冷却水的用量。根据生产经验，当煤气量为煤气风机额定能力的 1/4 ~ 1/3 时，就需采用“大循环管”调节方式。

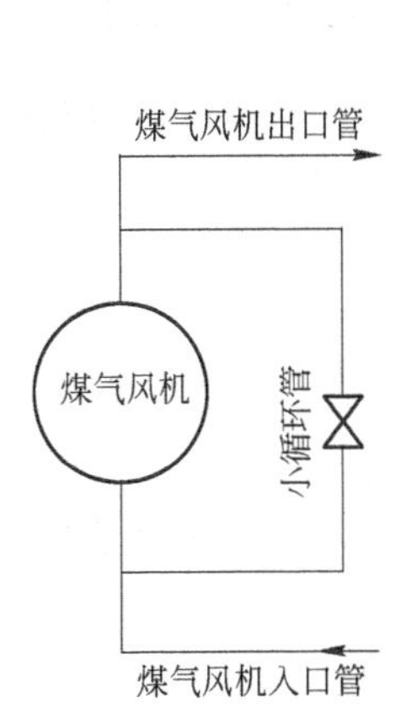

图 8-4-9　煤气“小循环管”调节

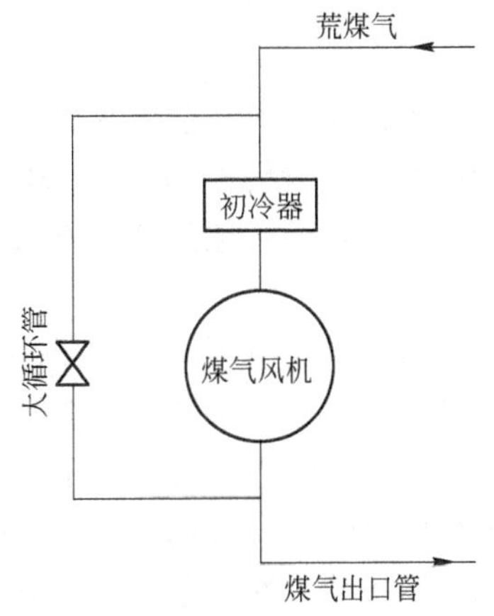

图 8-4-10　煤气“大循环管”调节

d　前导向调节

前导向调节装置由若干个前导向叶片通过机械连杆相连，组成如同照相机快门般并置于煤气风机进口侧，通过调节叶片角度来改变煤气风机煤气输送量，其作用与进口调节方法相同。

B 改变转速的调节

煤气输送量、总压头、轴功率与离心式煤气风机转子转速(n)存在下列关系:

煤气输送量:
$$\frac{Q}{Q_1}=\frac{n}{n_1} \tag{8-4-5}$$

总压头:
$$\frac{H}{H_1}=\left(\frac{n}{n_1}\right)^2 \tag{8-4-6}$$

轴功率:
$$\frac{N}{N_1}=\left(\frac{n}{n_1}\right)^3 \tag{8-4-7}$$

由式8-4-5~式8-4-7可知,当煤气风机转子转速改变时,其煤气输送量、总压头、轴功率也相应变化。

图8-4-11为在额定转速的50%~125%离心式煤气风机的$Q-H$特性曲线图。由图可知,随着转速的提高,可以在保持较高的压头下加大煤气输送量;随着转速的降低,可缩小煤气风机的不稳定工作区范围,即在很小的输气量下也不易产生“飞动”现象。

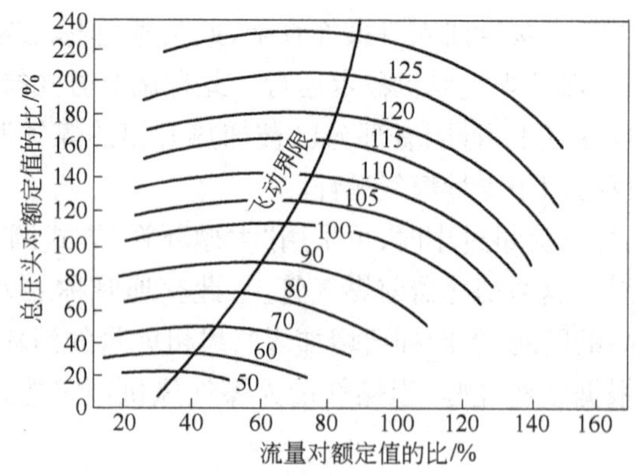

图8-4-11 转速改变时离心式煤气风机的$Q-H$特性曲线图

煤气风机允许的最大转速值为额定转速,转子转速在一定范围内会出现风机工作不均衡,发生振动现象,该转速为临界转速。

改变煤气风机转子转速的常用方法有以下三种。

a 液力耦合器

液力耦合器是以液体为工作介质来传递功率的传动装置,通过改变耦合器工作腔内液体的充满度可实现在输入轴转速不变时输出轴转速的改变。

煤气风机转子与液力耦合器输出轴相连,在煤气风机原动机转速不变时,通过液力耦合器来改变煤气风机转子的转速,从而实现煤气风机的调节。

液力耦合器属耗能性调速方法,调速范围窄、控制精度差、延迟性较明显、存在机械损耗和转差损耗、效率低,但一次性投资小,操作费用低。

b 变频调速电机

当煤气风机原动机为电动机时,通过改变电动机转速,即采用变频调速电机来改变煤气风机转子的转速,可实现煤气风机的调节。

采用调速电机方法,不仅能够实现软启动,而且调速范围宽、调速均匀,节能明显,效率高。但电动机的变频调速装置一次性投资大,操作费用高。

c 蒸汽透平机

当煤气风机原动机为蒸汽透平机时,通过改变进入蒸汽透平机的蒸汽量,从而改变蒸汽透平机的转速来改变煤气风机转子的转速,可实现煤气风机的调节。

采用蒸汽透平机方法调速均匀,调速范围宽,能耗低,效率高。当蒸汽充足时,应优先选用蒸汽透平机为煤气风机的原动机。

8.4.2.3 煤气风机的操作

A 正常操作要点

a 日常操作

为保证煤气风机运转正常,应做好以下主要日常操作:

(1) 经常检查煤气风机运转声响、振动、轴承温度等情况,发现问题及时处理。

(2) 认真检查油站的工作情况,包括油温、油压、油位等。

(3) 检查润滑点和高位油箱的回油情况。

(4) 保证油冷却器冷却水进水水压低于油压,防止油水窜漏,避免油乳化。

(5) 定期化验分析润滑油油质,及时更换新油。

(6) 保证煤气风机排液管排液畅通,每班清扫一次排液管。

(7) 保证备用煤气风机随时处于良好状态,每周启动一次运行 1 h 润滑油系统,并每班进行盘车。

(8) 按要求及时准确地填写原始操作记录。

b 开机操作

(1) 确定煤气风机机组的设备、管道、电力和仪表系统等具备开机条件。

(2) 启动润滑油泵,润滑油系统投入运行,确认润滑点和高位油箱的回油及油冷却器冷却水满足要求。

(3) 利用煤气风机排液管的清扫蒸汽对煤气风机进行暖机,机体温度不宜超过 70℃。

(4) 打开煤气风机煤气出口管上的放散管阀门和排液管的蒸汽清扫阀门,对煤气风机机体的空气进行蒸汽置换,试验合格后关闭放散管阀门和蒸汽清扫阀门。

(5) 稍开煤气风机煤气入口阀门,关闭煤气风机前后排液管阀门。

(6) 手动启动煤气风机后,逐渐打开煤气风机煤气出口阀门,同时提高煤气风机转速,当接近煤气风机临界转速时,迅速增速越过临界转速区,使煤气风机在临界转速区外运行。

(7) 调节煤气风机转速或煤气进出口及煤气循环管阀门,使初冷器前煤气吸力符合要求。

(8) 当煤气风机运行正常后,打开煤气风机前后排液管阀门。

(9) 检查煤气风机运转声响、振动、轴承温度和润滑油温、油压,确认合格后,煤气风机转入正常生产。

c 停机操作

(1) 确认煤气风机具备停机条件。

(2) 逐渐降低煤气风机转速,当接近煤气风机临界转速时,迅速减速越过临界转速区。

(3) 慢关煤气风机煤气出口阀门,当煤气风机关机后,关闭煤气风机煤气入口阀门。

(4) 煤气风机停机 30 min 后停润滑油泵。

(5) 关闭油冷却器冷却水进出口阀门。

(6) 打开煤气风机排液管的蒸汽清扫阀门,对煤气风机本体和排液管进行清扫,合格后关闭蒸汽清扫阀门和排液管阀门。

d 换机操作

(1) 确认煤气风机具备换机条件。

(2) 稍开备用煤气风机煤气入口阀门。

(3) 按煤气风机开机操作步骤启动备用煤气风机,在打开备用煤气风机煤气出口阀门的同时同步同量关闭停用煤气风机煤气出口阀门;逐渐提高备用煤气风机转速的同时,逐渐降低停用煤气风机的转速。在换机过程中,应迅速增速和迅速减速越过煤气风机临界转速区,并保持初冷器前煤气吸力稳定。

(4) 关闭停用煤气风机煤气入口阀门,按煤气风机停机步骤操作停用煤气风机。

B 特殊操作要点

a 主动停机

当煤气风机处于下列情况之一时,可主动紧急停机,并立即启动备用煤气风机。

(1) 煤气风机本体有明显的金属撞击声或强烈振动。

(2) 煤气风机机前吸力突然增大,无法调节。

(3) 煤气风机煤气进出口阀门间大量吸入空气或排出煤气。

b 连锁停机

当煤气风机轴振动、轴承温度和润滑油系统油温、油压等超过煤气风机保护设定值,而自动连锁停机时,应立即按煤气风机开机操作步骤启动备用煤气风机,并检查停机原因。

c 停电

(1) 当发生停电时,应立即切断电源。

(2) 立即关闭煤气风机煤气进出口阀门。

(3) 检查停电原因,并尽快恢复供电。

d 停汽

当煤气风机采用蒸汽透平机时:

(1) 当发生停汽时,应立即切断蒸汽透平机入口蒸汽阀门。

(2) 立即关闭煤气风机煤气进出口阀门。

(3) 检查停汽原因,并尽快恢复蒸汽供应。

e 停水

(1) 当油冷却器发生停循环水时,应立即切换为工业水或低温水。

(2) 检查停水原因,并尽快恢复供水。

f 着火

(1) 煤气风机前煤气系统设备、管道如发现着火时,应立即停机,通蒸汽灭火。

(2) 煤气风机后煤气系统设备、管道着火时,严禁停机,应立即降低机后压力(一般保持正压 1 kPa)后通蒸汽灭火。

C 事故原因分析及处理

煤气风机发生的一些常见事故现象、事故产生的可能原因及事故处理的一般方法见表 8-4-2。

表 8-4-2 事故现象、事故产生的可能原因及事故处理方法

事故现象	事故产生的可能原因	事故的一般处理方法
轴位移大	推力轴承坏	停车检查推力块,必要时更换推力块
轴承振动大	润滑油油温过低	检查油冷却器冷却水量和水温
	风机负荷变化,机体内有焦油等杂质	调整煤气负荷;疏通排液管
	风机轴瓦损坏	停机检修,换轴瓦
	风机、电机水平度或中心度被损坏	停机调整水平和中心度
	转子失去动平衡	停机做转子动平衡处理
轴承温度高	润滑油油量小	按油系统故障处理,严重时停车处理
	润滑油变质	根据化验结果分析,可更换润滑油
	润滑油油温高	检查油冷却器和冷却水量及水温
	止推轴承负荷大	停车检查平衡密封,必要时更换平衡密封
润滑油油压降低	主油泵故障,滤油网堵塞,油管泄漏	根据情况酌情处理,严重时可停机检修
风机吸入侧或排出侧发生脉冲	排液管堵塞,煤气管道积存冷凝液	疏通排液管

8.5 煤气脱硫

8.5.1 HPF 法脱硫

8.5.1.1 吸收与再生

A 反应机理

该工艺是以氨为碱源、HPF 为催化剂(醌、钴、铁复合型)的氧化脱硫脱氰工艺。用 HPF 催化剂脱硫脱氰是一种液相催化氧化反应,与其他催化剂相比,它不仅对吸收过程而且对再生过程均有催化作用(吸收过程为全过程的控制步骤)。因此 HPF 具有活性高、流动性好等明显优势(从而减缓了设备和管道的堵塞)。

整个反应过程分为:

(1) 吸收反应:

$$NH_3(g) + H_2O \rightleftharpoons NH_4^+ + OH^- \rightleftharpoons NH_3 \cdot H_2O \tag{8-5-1}$$

$$H_2S(g) \rightleftharpoons H_2S(l) \rightleftharpoons HS^- + H^+ \tag{8-5-2}$$

$$HCN(g) \rightleftharpoons HCN(l) \rightleftharpoons H^+ + CN^- \tag{8-5-3}$$

$$H_2O + CO_2(g) \rightleftharpoons HCO_3^- + H^+ \tag{8-5-4}$$

$$NH_4OH + H_2S \rightleftharpoons NH_4HS + H_2O \tag{8-5-5}$$

$$NH_4OH + NH_4HS \rightleftharpoons (NH_4)_2S + H_2O \tag{8-5-6}$$

$$NH_4OH + HCN \rightleftharpoons NH_4CN + H_2O \tag{8-5-7}$$

$$NH_4OH + CO_2 \rightleftharpoons NH_4HCO_3 \tag{8-5-8}$$

$$NH_4OH + NH_4HCO_3 \rightleftharpoons (NH_4)_2CO_3 + H_2O \tag{8-5-9}$$

(2) 催化多硫化反应:

$$NH_4OH + NH_4HS + (x-1)S \xrightleftharpoons{HPF} (NH_4)_2S_x + H_2O \tag{8-5-10}$$

$$2NH_4HS + (NH_4)_2CO_3 + 2(x-1)S \xrightleftharpoons{HPF} 2(NH_4)_2S_x + CO_2 + H_2O \quad (8\text{-}5\text{-}11)$$

$$NH_4HS + NH_4HCO_3 + (x-1)S \xrightleftharpoons{HPF} (NH_4)_2S_x + CO_2 + H_2O \quad (8\text{-}5\text{-}12)$$

$$NH_4CN + (NH_4)_2S_x \xrightleftharpoons{HPF} NH_4CNS + (NH_4)_2S_{x-1} \quad (8\text{-}5\text{-}13)$$

$$(NH_4)_2S_{x-1} + S \rightleftharpoons (NH_4)_2S_x \quad (8\text{-}5\text{-}14)$$

（3）催化再生反应：

$$NH_4HS + 1/2O_2 \xrightleftharpoons{HPF} S\downarrow + NH_4OH \quad (8\text{-}5\text{-}15)$$

$$(NH_4)_2S + 1/2O_2 + H_2O \xrightleftharpoons{HPF} S\downarrow + 2NH_4OH \quad (8\text{-}5\text{-}16)$$

$$(NH_4)_2S_x + 1/2O_2 + H_2O \xrightleftharpoons{HPF} S_x\downarrow + 2NH_4OH \quad (8\text{-}5\text{-}17)$$

$$NH_4CNS \xrightleftharpoons{HPF} H_2N\text{—}\overset{\overset{\displaystyle S}{\|}}{C}\text{—}NH_2 \xrightleftharpoons{HPF} H_2N\text{—}\overset{\overset{\displaystyle HS}{\|}}{C}\text{=}NH \quad (8\text{-}5\text{-}18)$$

$$H_2N\text{—}\overset{\overset{\displaystyle S}{\|}}{C}\text{—}NH_2 + 1/2O_2 \xrightleftharpoons{HPF} NH_2\text{—}\overset{\overset{\displaystyle O}{\|}}{C}\text{—}NH_2 + S\downarrow \quad (8\text{-}5\text{-}19)$$

$$NH_2\text{—}\overset{\overset{\displaystyle O}{\|}}{C}\text{—}NH_2 + 2H_2O \rightleftharpoons (NH_4)_2CO_3 \xrightleftharpoons{H_2O} 2NH_4OH + CO_2 \quad (8\text{-}5\text{-}20)$$

（4）副反应：

$$2NH_4HS + 2O_2 \rightleftharpoons (NH_4)_2S_2O_3 + H_2O \quad (8\text{-}5\text{-}21)$$

$$2(NH_4)_2S_2O_3 + O_2 \rightleftharpoons 2(NH_4)_2SO_4 + 2S\downarrow \quad (8\text{-}5\text{-}22)$$

$$(NH_4)_2S_x + NH_4CN \rightleftharpoons NH_4CNS + (NH_4)_2S_{x-1} \quad (8\text{-}5\text{-}23)$$

B　工艺与操作

a　工艺流程

根据 HPF 脱硫装置所在煤气净化系统中的位置不同，可分为正压 HPF 脱硫流程（脱硫装置位于煤气鼓风机后）和负压 HPF 脱硫流程（脱硫装置位于煤气鼓风机前），目前主要采用正压流程。

在正压流程中，鼓风机后的煤气首先进入预冷塔，与塔顶喷淋的循环喷洒液逆向接触，煤气被冷却至30℃后进入脱硫塔；循环液从塔下部用泵抽出送至循环液冷却器，用制冷水将其冷却至28℃后进入塔顶循环喷洒。循环喷洒液采取用氨水部分更新的方式，多余的循环液返回冷凝鼓风工段处理。

为提高脱硫系统的氨硫比，提高吸收效率，剩余氨水蒸氨的氨气可兑入预冷塔前的煤气中（或将氨气冷凝成浓氨水直接兑入脱硫液中）。

预冷后的煤气进入脱硫塔，与塔顶喷淋下来的脱硫贫液逆流接触以吸收煤气中的硫化氢和氰化氢（同时吸收煤气中的氨，以补充脱硫液中的碱源）。脱硫后煤气再进入下一装置。

脱硫富液从塔底自流至反应槽，然后用脱硫液泵送入再生塔，同时自再生塔底部通入压缩空气，使脱硫富液在塔内得以氧化再生。再生后的脱硫贫液从塔顶经液位调节器自流回脱硫塔循环使用。

浮于再生塔顶部的硫黄泡沫，利用位差自流入泡沫槽，硫泡沫再经浓缩后装入熔硫釜，经加热脱水、熔融，制取硫黄产品；或由泡沫泵送入自动板框压滤机压滤，得到的硫膏粗制产品装袋外销。压滤机排出的滤液返回到反应槽。为避免脱硫液盐类积累影响脱硫效果，需定期从系统中将脱硫废液排入脱硫液地下放空槽中，由液下泵送往备煤工段煤塔前转运站，由废液添加装置兑入炼焦煤中，或采用本书第5.5.1.3节中介绍的其他方法处理。

正压HPF脱硫工艺一般流程如图8-5-1所示。

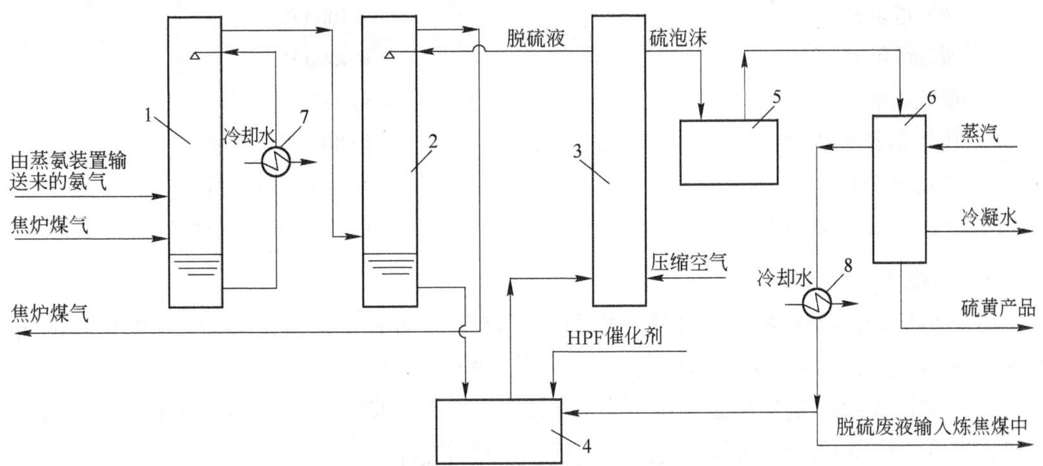

图8-5-1 正压HPF脱硫工艺一般流程

1—预冷塔；2—脱硫塔；3—再生塔；4—反应槽；5—泡沫槽；6—熔硫釜；7—预冷循环液冷却器；8—清液冷却器

在负压流程中，脱硫塔设置于煤气鼓风机之前，并取消预冷塔，使HPF脱硫装置的煤气系统处于负压状态，其工艺流程示意为：

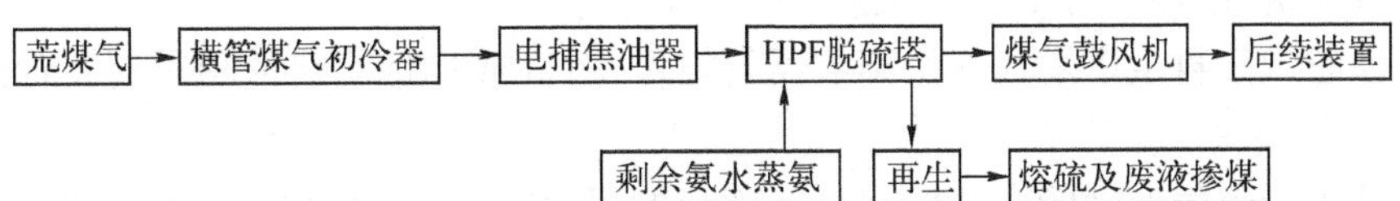

HPF脱硫装置采用负压吸收，具有煤气温度制度合理、节省水电等能源介质消耗、降低装置投资等特点，但应在初冷加强对煤气的净化效果（如采用间直冷工艺），以保证熔硫操作及硫黄的质量。

b 工艺特点

（1）以煤气中自身含有的氨为碱源，故本装置应设置在煤气脱氨之前，不需另加脱硫用碱；

（2）由于是氧化脱硫脱氰工艺，所以与一般的吸收法相比，HPF脱硫脱氰工艺效率高，一般在98%左右（但HCN的脱除率相对要低一些，约在80%左右）；

（3）由于HPF法脱硫脱氰工艺的脱硫液中铵盐积累速度缓慢，脱硫脱氰废液量较少，因此HPF脱硫脱氰废液的处理简单，可直接混入炼焦用煤中，在炭化室里进行高温热解，无须单独建废液处理装置；

（4）HPF法脱硫脱氰工艺具有效率高、占地省、操作简单、运行费用低等特点；

（5）HPF脱硫脱氰工艺设置在终冷和洗苯之前，尽可能地脱除了焦炉煤气中的HCN、H_2S，这不仅减缓了对终冷和粗苯生产装置的腐蚀，延长了装置的使用寿命，而且使终冷水含氰量大大降低，同时简化了终冷水的处理方式。

c　操作制度及主要指标

预冷塔后煤气温度	约30℃
进预冷塔循环液温度	约28℃
进脱硫塔脱硫液温度	约35℃
预冷塔阻力	≤1000 Pa
脱硫塔阻力	≤1500 Pa
脱硫效率	约98%
HCN 的脱除率	约80%
催化剂消耗量	约3.0 kg/t(硫黄)
废液生成量(浓缩前)	14～20 kg/km^3(煤气)

d　操作要点

(1) 必须确保冷凝鼓风工段的初冷器和电捕焦油器的正常操作，最大限度地将煤气中的焦油和萘去除，否则会引起催化剂中毒，严重影响脱硫效率；

(2) 应保证预冷塔的稳定操作，预冷塔煤气出口温度应视煤气入口氨硫比的变化情况，一般控制在25～30℃，煤气温度过高会造成脱硫效率急剧下降；

(3) 脱硫液中悬浮硫应控制在1～1.5 g/L，否则会造成脱硫塔阻力加大，另外应保证脱硫液中$(NH_4)_2S_2O_3$和NH_4CNS总含量不大于300 g/L，否则会严重影响脱硫效率；

(4) 应保证再生塔空气强度为100～120 m^3/(m^2·h)，否则会造成循环液中悬浮硫增高，影响脱硫塔正常运行，再生空气压力不稳定也会引起同样的问题，建议为再生塔单独设置压缩空气风机，以保证再生塔正常运行；

(5) 注意观察再生塔塔顶液位调节器的操作，过高或过低均会影响脱硫装置的操作与运行；

(6) 装置的煤气处理能力一般是已经确定的，强化操作一般不大于1.1的紧张操作系数，超出此范围将严重影响整个装置的正常运行。

e　装置及设备维护

鉴于主要设备的内防腐多采用普通碳钢加重防腐衬里材质，因此装置及设备维护的重点是按如下要点提高防腐衬里的质量。

(1) 衬里的涂装方案：底涂1道，干膜厚度50 μm；中涂1道，干膜厚度30 μm；云铁1道，干膜厚度50 μm；面涂2道，干膜厚度100 μm。总计干膜厚度230 μm。

(2) 喷砂除锈按照《涂装前钢材表面锈蚀等级和除锈等级》(GB 8923—88)标准施工并验收，达到Sa2.5级。

(3) 涂料的涂刷按照《色漆和清漆漆膜的划格试验》(GB/T 9286—1998)标准施工并验收。

(4) 涂料应在85%以下的湿度进行涂刷，严禁在雨雾天施工。

(5) 涂膜厚度用测厚仪检测。

C　主要设备

a　脱硫塔

设备结构示意如图 8-5-2 所示,其主要特点为:

(1) 多段填料设置,每两段填料之间设有再分布器,提高了传质效率;

(2) 塔顶脱硫循环液入口设有多个喷淋器,提高了脱硫液喷淋均匀度;

(3) 煤气入口处设置气流分布器,以提高煤气气流上升的均匀度;

(4) 煤气出口设有捕雾器,减少了煤气夹带脱硫液,也就降低了脱硫液及催化剂的损失;

(5) 由于脱硫循环液本身具有一定的腐蚀性,所以脱硫塔材质一般选用具有一定抗腐蚀性的材料制作。一般有:普通碳钢 + 玻璃钢衬里、普通碳钢 + 重防腐衬里、普通碳钢 + 喷铝衬里以及 304 不锈钢材料等。玻璃钢衬里由于对施工条件要求苛刻,经常发生脱落现象,一般不被采用;喷铝衬里和 304 不锈钢的材料费和施工费用较高,使装置和设备投资加大,一般很少采用。目前被广泛采用的是普通碳钢 + 重防腐衬里。

b 再生塔

设备结构示意如图 8-5-3 所示,其主要特点为:

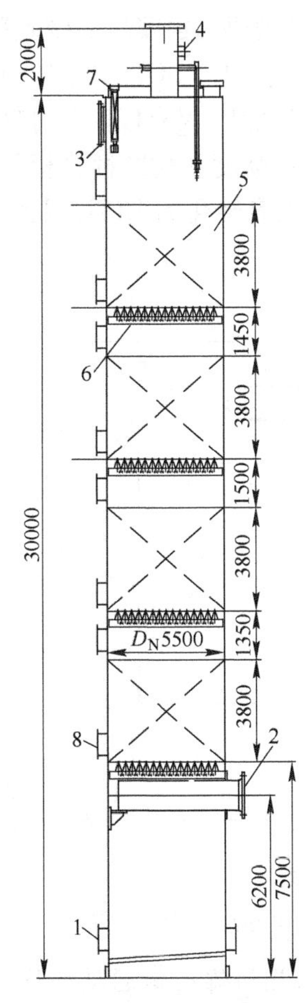

图 8-5-2 脱硫塔

—脱硫液出口;2—煤气入口;3—煤气出口;4—脱硫液入口;5—填料;6—填料支撑;7—捕雾器;8—人孔

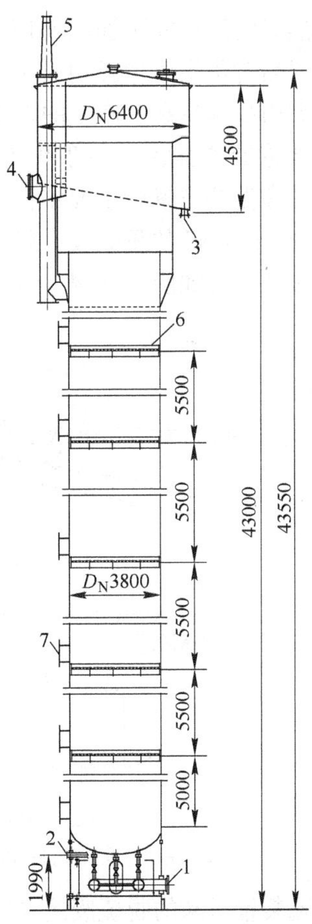

图 8-5-3 再生塔

1— 脱硫液入口;2—再生空气入口;3—硫泡沫出口;4—脱硫液出口;5—液位调节器口;6—筛板装置;7—人孔

(1) 设有空气预混喷嘴,提高了再生效率;

(2) 塔内设置气流分布器,避免气流跑偏,提高煤气气流上升的均匀度;

(3) 设备材质的选用原则与脱硫塔相同。

8.5.1.2　硫黄处理

目前常用的有如下几种硫黄加工处理方法:

(1) 用熔硫釜生产硫黄产品,参见图8-5-1;

(2) 用板框压滤脱水生产生硫产品;

(3) 与脱硫废液一起经浓缩后进入燃烧炉焚烧,使全部硫都燃烧生成SO_2,然后生产硫酸产品。

8.5.1.3　废液处理

目前常用的有如下几种废液处理方法。

A　兑入炼焦用煤

由于HPF脱硫反应过程的特殊性,决定了装置在运行时脱硫脱氰循环液中盐类积累速度缓慢,脱硫脱氰废液量较其他氧化脱硫工艺要少,因此HPF脱硫脱氰废液的处理可以采用回兑炼焦煤的简单办法加以处理。根据国内外有关研究表明:含铵盐的脱硫脱氰废液混入炼焦用煤后对焦炭质量影响极小,其盐类($(NH_4)_2S_2O_3$、$(NH_4)_2SO_4$、NH_4CNS)中的硫、在焦炉炭化室内高温热裂解产生的H_2S绝大部分转入焦炉煤气中,仅有极少部分转入焦炭中,因此焦炭含硫量增加很少,一般仅为0.03%~0.05%,焦炭强度和耐磨性指标无明显变化。而NH_4CNS高温热裂解后主要转化为N_2、NH_3和CO_2,并没有转化为HCN,因此对脱硫脱氰装置操作中NH_4CNS的积累没有影响。

废液添加装置如图8-5-4所示。

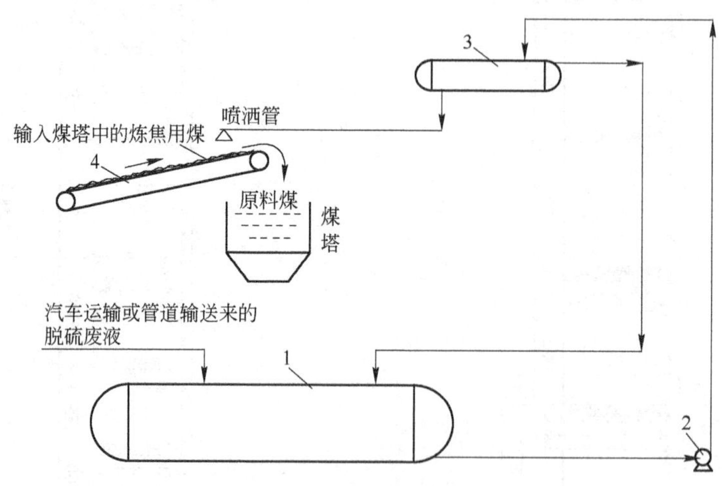

图8-5-4　废液添加工艺流程

1—脱硫废液储槽;2—脱硫废液输送泵;3—脱硫废液中间槽;4—运煤皮带

由脱硫装置送来的脱硫废液在脱硫废液储槽中储存,当运煤皮带启动向煤塔送煤的过程中,启动脱硫废液输送泵,均匀地向煤中掺入脱硫废液,直至添加完毕为止。

B　提取盐类

采用类似于ADA脱硫废液提盐的工艺(详见本书第8.5.2.2节),将HPF脱硫废液经蒸发浓缩、过滤、结晶及离心分离等处理后可分别得到$(NH_4)_2S_2O_3$和NH_4CNS产品,外销。由于该产品市场容量有限,目前只有个别厂采用。

C 制取硫酸

采用该工艺的条件之一是不需提取硫黄产品,而是将其与废液一起经过浓缩后进入燃烧炉焚烧,使全部硫都燃烧生成SO_2,然后采用干接触法或湿接触法制取浓硫酸。前者类似于FRC脱硫的废液处理方法(参见本书第8.5.4.1节),采用干燥吸收法制取浓硫酸,流程长、占地多、操作复杂;后者采用冷凝法制取浓硫酸,流程短、占地少、易于操作,但此项技术目前正在开发中。

8.5.2 ADA法脱硫

ADA法脱硫也称蒽醌法脱硫,属于氧化法脱硫,所用催化剂ADA是蒽醌二磺酸(anthraguinone disulphonic acid)。该法开发于20世纪50年代,60年代得到发展。后经改进在脱硫液中增加了助剂,H_2S的化学反应活性提高,脱硫效率达99.5%以上;副反应$Na_2S_2O_3$的生成基本得到控制;脱硫液稳定无毒;对操作条件的适应性强。改进后的方法称作改良ADA法。该法在我国曾被广泛采用,但因其废液处理困难,因此进一步推广受到限制。目前国内不少厂采用的所谓PDS法、OMC法、栲胶法等脱硫方法,均是在原有ADA脱硫装置上改用不同的催化剂而已。

8.5.2.1 原料与产品

A 原料

焦炉煤气	
H_2S	$4\sim12\ g/m^3$
HCN	$1\sim2\ g/m^3$
Na_2CO_3	
总碱量(以Na_2CO_3计)	≥99.0%
氯化物(以NaCl计)	≤0.80%
水不溶物	≤0.10%
ADA	
含量	≥80%
水分	≤5%
水不溶物	≤3%
$NaKC_4H_4O_6$	
含量	≥99.0%
$NaVO_3$	
含量	≥80%
水分	≤5%
水不溶物	≤3%

B 产品

焦炉煤气

H_2S	0.02 g/m^3
HCN	0.05 g/m^3
硫黄	
含量	≥98%
粗制硫代硫酸钠	
含量	≥50%
粗制硫氰酸钠	
硫代硫酸钠含量	≤2.5%
Cl^-含量	≤0.1%

8.5.2.2　基本原理

ADA 法的脱硫液是在稀碳酸钠溶液中添加等比例的 2,6 - 蒽醌二磺酸和 2,7 - 蒽醌二磺酸的钠盐溶液配制而成的。该法反应速度慢，脱硫效率低，副产物多。为了改进操作，在上述溶液中添加了酒石酸钾钠（$NaKC_4H_4O_6$）和偏钒酸钠（$NaVO_3$）助剂，即为改良 ADA 法。

A　脱硫反应

煤气中的 H_2S 和 HCN 被碱液吸收：

$$Na_2CO_3 + H_2S \longrightarrow NaHCO_3 + NaHS \quad (8\text{-}5\text{-}24)$$

$$Na_2CO_3 + 2HCN \longrightarrow 2\,NaCN + H_2O + CO_2 \quad (8\text{-}5\text{-}25)$$

偏钒酸钠与硫氢化钠反应，生成焦钒酸钠并析出元素硫：

$$4NaVO_3 + 2NaHS + H_2O \longrightarrow Na_2V_4O_9 + 4NaOH + 2S\downarrow \quad (8\text{-}5\text{-}26)$$

此反应进行得很快，硫化氢转变为硫的数量随着钒酸盐在溶液中含量的增加而增加。

焦钒酸钠在碱性脱硫液中被氧化态的 ADA 氧化再生为偏钒酸钠：

$$Na_2V_4O_9 + 2\ \underset{O}{\overset{O}{NaSO_3\text{—}\bigcirc\!\bigcirc\!\bigcirc\text{—}SO_3Na}} + 2NaOH + H_2O \longrightarrow 4NaVO_3 + 2\ \underset{OH}{\overset{OH}{NaSO_3\text{—}\bigcirc\!\bigcirc\!\bigcirc\text{—}SO_3Na}} \quad (8\text{-}5\text{-}27)$$

B　再生反应

还原态的 ADA 被氧化为氧化态的 ADA：

$$\underset{OH}{\overset{OH}{NaSO_3\text{—}\bigcirc\!\bigcirc\!\bigcirc\text{—}SO_3Na}} + O_2 \longrightarrow \underset{O}{\overset{O}{NaSO_3\text{—}\bigcirc\!\bigcirc\!\bigcirc\text{—}SO_3Na}} + H_2O_2 \quad (8\text{-}5\text{-}28)$$

H_2O_2 可将 V^{4+} 氧化成 V^{5+}：

$$HV_2O_5^- + H_2O_2 + OH^- \longrightarrow 2HVO_4^{2-} + 2H^+ \quad (8\text{-}5\text{-}29)$$

H_2O_2 可与 HS^- 反应析出元素硫：

$$H_2O_2 + HS^- \longrightarrow H_2O + OH^- + S \quad (8\text{-}5\text{-}30)$$

C　副反应

焦炉煤气含体积浓度 1% ~3% 的 CO_2

$$Na_2CO_3 + CO_2 + H_2O \longrightarrow 2NaHCO_3 \qquad (8-5-31)$$

焦炉煤气含体积浓度0.3% ~0.7%的 O_2 和再生溶解的 O_2

$$2NaHS + 2O_2 \longrightarrow Na_2S_2O_3 + H_2O \qquad (8-5-32)$$

$$NaCN + S \longrightarrow NaCNS \qquad (8-5-33)$$

$$NaHCO_3 + NaOH \longrightarrow Na_2CO_3 + H_2O \qquad (8-5-34)$$

8.5.2.3 工艺与操作

A 工艺流程

回收苯族烃后的煤气进入脱硫塔的下部,与从塔顶喷洒的脱硫液逆流接触,脱除硫化氢和氰化氢后的煤气,从塔顶出来经液沫分离器分离液沫后送至下一工序。脱硫液从塔底经液封槽流入循环槽,再用泵经加热器控制温度后送入再生塔下部,与送入的压缩空气并流上升。脱硫液被空气氧化再生后,经液位调节器自流入脱硫塔循环使用。

为防止脱硫塔内析出的硫泡沫在循环槽内积累,在循环槽的顶部和底部设有溶液喷头,喷射自循环泵出口引出的脱硫液,以打碎硫泡沫,使之随溶液同时进入循环泵。在循环槽中积累的硫泡沫也可以放入收集槽,由此用压缩空气压入硫泡沫槽。

大量的硫泡沫是在再生塔中生成的,析出的硫黄附着在空气泡上,随空气升至塔顶扩大部分,利用位差自流至硫泡沫槽内。硫泡沫槽内温度控制在65 ~70℃,在机械搅拌下澄清分层,清液经放液器返回循环槽,硫泡沫放至真空过滤机进行过滤,成为硫膏。滤液经真空除沫器后也返回循环槽。

硫膏于熔硫釜内用蒸汽间接加热至130℃以上,使硫熔融并与硫渣分离。熔融硫经冷却后得到固体硫黄产品。从熔硫釜排出的硫渣送至煤场,配入炼焦煤中。

在碱液槽配制好的10%的碱液,用碱液泵送至高位槽,间歇或连续地加入循环槽或事故槽内,以补充消耗。当需补充偏钒酸钠溶液时,也由碱液泵送往溶液循环系统。

在溶液循环过程中,当硫氰酸钠及硫代硫酸钠积累到一定程度时,会导致脱硫效率下降,需抽取部分溶液去提取这些盐类。

吸收与再生部分的工艺流程如图8-5-5所示。

当脱硫液中硫氰酸钠含量增至150 g/L以上时,即从放液器抽出部分溶液去提取粗制大苏打(硫代硫酸钠)和硫氰酸钠。

需处理的溶液自大苏打原料高位槽进入真空蒸发器,在66 ~74 kPa真空度下用蒸汽加热浓缩,待蒸发结束后,90 ~95℃的料液由蒸发器放至真空过滤器,并在不小于40 kPa的真空度下热过滤除去 Na_2CO_3 等杂质。滤渣在滤渣溶解槽中用脱硫液溶解后予以回收。滤液放入结晶槽用夹套冷冻水冷却至5℃左右,加入同质晶种使其结晶。结晶浆液经离心分离即得粗制大苏打产品。

经离心分离脱除 $Na_2S_2O_3$ 后的滤液(或 $NaCNS/Na_2S_2O_3 > 5$ 的脱硫清液)经中间槽用压缩空气压入NaCNS高位槽,由此放入真空蒸发器用蒸汽加热浓缩。蒸发结束后,料液放至真空过滤器,在此进一步滤除 Na_2CO_3 等杂质。滤渣同样在渣溶解槽内溶解后回脱硫循环槽。滤液流入结晶槽冷却至20 ~25℃时,加入同质晶种使其结晶,然后经离心分离获得粗制NaCNS产品。

为保证粗制NaCNS的质量,在脱硫清液中 $NaCNS/Na_2S_2O_3$ 的比值小于5时,必须先行提取 $Na_2S_2O_3$。

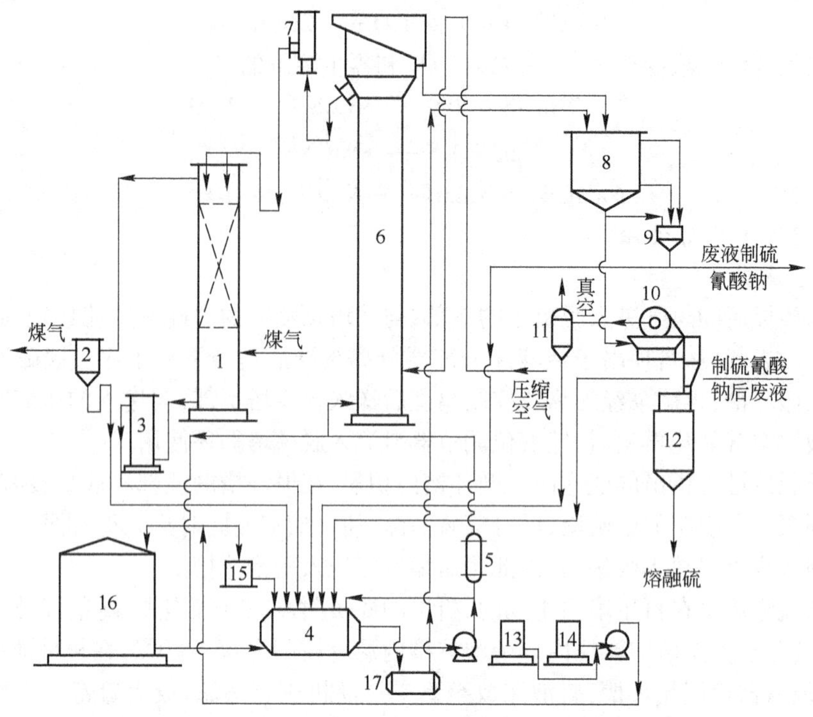

图 8-5-5　ADA 法脱硫部分工艺流程图

1—脱硫塔;2—液沫分离器;3—液封槽;4—循环槽;5—加热器;6—再生塔;7—液位调节器;8—硫泡沫槽;9—放液器;10—真空过滤机;11—真空除沫器;12—熔硫釜;13—含 ADA 碱液槽;14—偏钒酸钠溶液槽;15—吸收液高位槽;16—事故槽;17—泡沫收集槽

真空蒸发器蒸发出的蒸汽经冷凝冷却器用冷却水冷却后,气液混合物自流至冷凝液收集槽,未冷凝的气体经真空泵抽出排入大气,冷凝液送回脱硫系统。

废液提盐部分的工艺流程如图 8-5-6 所示。

B　工艺特点

(1) 脱硫脱氰效率高,脱硫后净煤气可以达到城市煤气标准。

(2) 对操作条件的适应性强,对硫化氢含量不同的煤气适应性大,对操作温度和压力的适应范围广。

(3) 产品硫黄纯度较高。

(4) 硫代硫酸钠和硫氰酸钠产品销售不畅,脱硫废液处理困难,因此进一步推广受到限制。

C　操作指标

出脱硫塔煤气

H_2S	0.02 g/m^3
HCN	0.05 g/m^3

原料消耗

Na_2CO_3	0.5 kg/kg(硫)
ADA	0.003 kg/kg(硫)

$NaVO_3$	0.0015 kg/kg(硫)
$NaKC_4H_4O_6$	0.0006 kg/kg(硫)

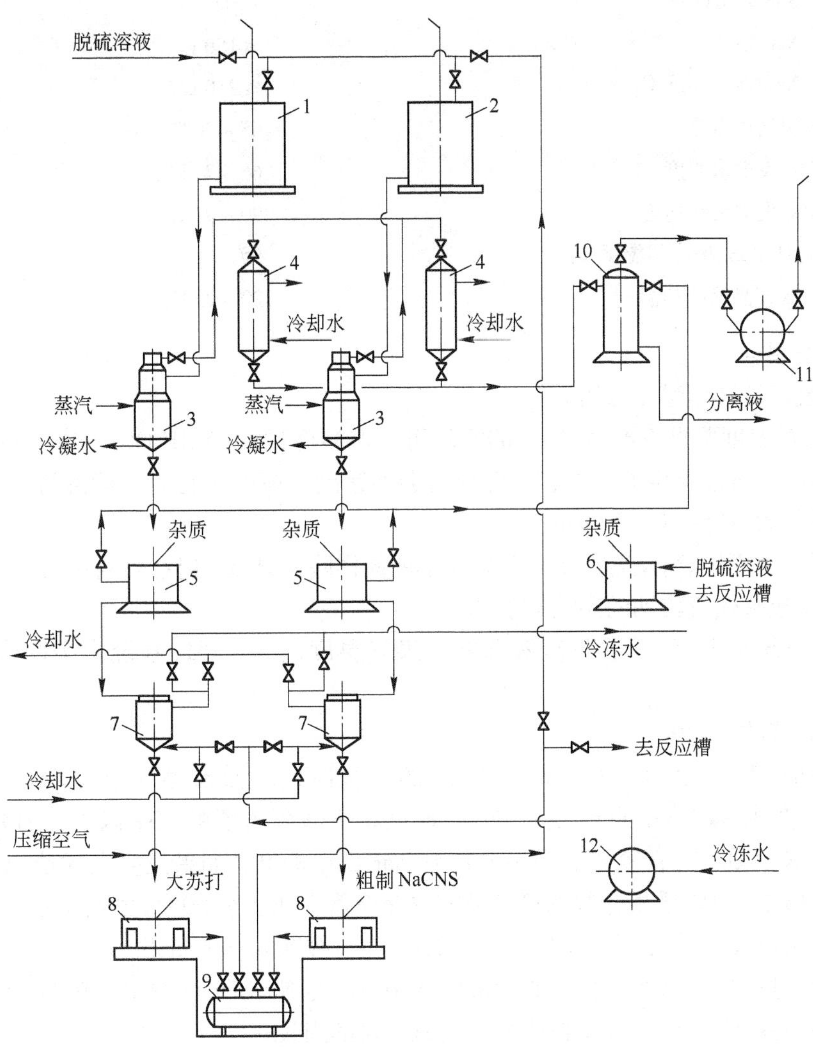

图8-5-6 ADA法提盐部分工艺流程图

1—大苏打原料高位槽;2—硫氰酸钠原料高位槽;3—真空蒸发器;4—冷凝冷却器;5—真空过滤器;6—滤渣溶解槽;7—结晶槽;8—离心机;9—中间槽;10—冷凝液收集槽;11—真空泵;12—冷冻水泵

D 主要操作制度

入脱硫塔煤气温度	30~40℃
脱硫塔煤气阻力	≤1500 Pa
入脱硫塔脱硫液	
温度	35~45℃
总碱度	0.36~0.5 mol/L
Na_2CO_3	0.06~0.1 mol/L
$NaHCO_3$	0.3~0.4 mol/L

ADA	2～5 g/L
$NaVO_3$	1～2 g/L
$NaKC_4H_4O_6$	1 g/L
NaCNS	≤150 g/L
$NaCNS + Na_2S_2O_3$	≤250 g/L
硫泡沫槽内温度	65～70℃
真空蒸发器真空度	66～74 kPa
真空蒸发器最终温度	90～95℃
$Na_2S_2O_3$ 结晶槽冷却温度	5℃
NaCNS 结晶槽冷却温度	20～25℃

E　操作要点

a　脱硫塔的操作温度与压力

ADA 法对温度要求不严格，15～60℃均可。但温度过低，$NaHCO_3$、$NaVO_3$ 和 ADA 易沉淀，硫黄颗粒小，溶液再生效果差；温度过高，会加速副反应的进行。一般维持在 30～45℃，此时硫黄颗粒大，达到 20～50 μm。

该法对压力不敏感，从常压到 0.7 MPa 都能同样除去 H_2S。但在较高压力下气体中氧分压增大，使生成硫代硫酸钠的副反应加速。

为维持系统水平衡，一般脱硫液温度比煤气温度高 3～5℃，系统多余的水会被煤气带走。

b　脱硫液的 pH 值

脱硫液的 pH 值由 Na_2CO_3 和 $NaHCO_3$ 的含量决定。如果煤气中的 CO_2 含量高，则 Na_2CO_3 将转变成 $NaHCO_3$，此时脱硫液的 pH 值将下降到需要的水平以下。另外，$NaHCO_3$ 的溶解度比 Na_2CO_3 小，在脱硫液中不允许有 $NaHCO_3$ 析出。如果发生上述情况，脱硫液必须脱碳。脱碳是将 1% 质量分数的循环液在热交换器中加热至 90℃，由填料塔上部进入，热空气或蒸汽由塔底部通入，$NaHCO_3$ 就会释放出 CO_2，被吹入气流带走。

一般根据焦炉煤气 CO_2 含量，脱硫液中 $NaHCO_3$ 与 Na_2CO_3 的摩尔比在 1:(4～5)，无需脱碳，由脱硫塔吸收的 CO_2 等于再生鼓空气氧化时的损失。

脱硫液的 pH 值维持在 8.5～9.1 之间。pH 小于 8.5，反应速度慢；pH 值太大，副反应加剧，并使碱耗增大。

c　$NaVO_3$、ADA 及 $NaKC_4H_4O_6$ 的用量

$NaVO_3$ 在脱硫过程中起到两个作用：一是能在瞬间将 HS^- 氧化成元素 S，这样可将 $Na_2S_2O_3$ 的生成控制在最低限度；二是在反应过程中使 5 价钒还原成 4 价钒，使氧化速度加快，溶液中的硫容量提高，循环量降低，循环槽容积可以缩小，同时也降低了动力消耗。用量可根据反应式计算，其物质的量是 NaHS 的 2 倍。

ADA 的作用是将 4 价钒氧化成 5 价钒，其氧化速度随溶液中 ADA 浓度的增加而加快。脱硫液中 ADA 下限含量由氧化速度决定，上限含量由溶解度决定，一般控制在偏钒酸钠摩尔浓度的 1.5 倍左右为宜。

$NaKC_4H_4O_6$ 是一种螯合剂，具有强的络合能力，与金属离子能形成溶于水的具有环状结

构的络合物,从而防止了当脱硫液吸收的 H_2S 超过 $NaVO_3$ 能够氧化的量时,钒以钒—氧—硫化合的黑色络合物形式沉淀,造成堵塞,影响正常生产。

d 再生时间和鼓风强度

脱硫液在再生塔内停留时间一般为 25 ~ 30 min,鼓风强度为 80 ~ 110 $m^3/(m^2 \cdot h)$,以使还原态的 ADA 充分氧化为氧化态的 ADA,并使生成的游离硫浮选出来。脱硫液的过度氧化会增加副反应产物的含量。脱硫液在循环槽内的停留时间一般为 8 ~ 10 min,以使硫氢化钠与偏钒酸钠充分反应析出游离硫。否则硫氢化钠被带到再生塔,将被鼓入的空气氧化生成硫代硫酸钠。

e 脱硫液硫容量与脱硫塔液气比

脱硫液硫容量(H_2S)一般为 0.20 ~ 0.25 kg/m^3,脱硫塔液气比一般大于 0.016,这两项参数密切相关,都用于确定脱硫液循环量。一般首先根据脱硫液硫容量确定脱硫液循环量,再根据脱硫塔液气比确认是否合适。如果脱硫液循环量过小,脱硫液中的偏钒酸钠和氧化态的 ADA 不足以将脱硫塔中生成的硫氢化钠氧化成硫黄,硫氢化钠被带到再生塔,将被鼓入的空气氧化生成硫代硫酸钠。如果脱硫液循环量过大,设备投资和动力消耗将增大。

f 脱硫液中硫氰酸钠和硫代硫酸钠的含量

硫氰酸钠和硫代硫酸钠等盐含量的升高,会降低 ADA 在脱硫液中的溶解度,使溶解度小的 2,6 - ADA 首先从母液中析出而黏附在硫黄粒子上,这不但损失了 ADA,还降低了硫黄的质量。

硫氰酸钠和硫代硫酸钠等盐含量的升高,会使脱硫反应速率降低,使脱硫操作恶化。

一般控制硫氰酸钠含量小于 150 g/L,硫氰酸钠和硫代硫酸钠含量的总合小于 250 g/L。

g 提取硫氰酸钠的脱硫液中硫氰酸钠和硫代硫酸钠的含量比

提取硫氰酸钠的脱硫液中硫氰酸钠和硫代硫酸钠的含量比小于 5 时,硫氰酸钠产品中硫代硫酸钠的含量将显著升高。为保证粗制硫氰酸钠的质量,在此比值小于 5 时,必须先行提取硫代硫酸钠,只有当此比值大于 5 时,才能提取硫氰酸钠。

F 工艺改进

a 用喷射再生槽代替再生塔

脱硫后进入循环槽的脱硫液用泵送入喷射再生槽,再生用空气经喷射器由脱硫液吸入。再生后的脱硫液经液位调节器去脱硫液中间槽,再用泵送脱硫液加热器加热后返回脱硫塔。再生槽顶扩大部分的硫泡沫溢流至硫泡沫中间槽,经硫泡沫泵送至硫泡沫槽进行加热澄清。

此工艺一般用于煤气量较小且 H_2S 含量较低的情况。

b 取消了真空过滤机

将硫泡沫槽澄清分层后的硫泡沫直接放入熔硫釜,满釜后加热升温至 90 ~ 95℃,分出的清液由熔硫釜顶部排尽后,再继续向釜内加料,满釜后升温、排出清液,反复操作直至硫膏几乎满釜时停止加料,将硫膏加热升温至 135℃左右,使之成为熔融硫。

c 连续熔硫釜代替普通间歇熔硫釜

普通间歇熔硫釜的加料、排出清液和放硫都是周期性间歇操作,操作麻烦、操作条件恶劣且污染环境。连续熔硫釜连续加料、连续排出清液,可以连续小量放出硫黄,也可以间歇放出硫黄。

将硫泡沫槽中的硫泡沫用泵连续送入连续熔硫釜顶部,硫泡沫被排出的清液加热后进入釜中部，硫泡沫澄清分层，硫黄颗粒沉降至釜底部，清液被刚送入釜顶部的硫泡沫冷却后由釜顶部排出，釜底部的硫黄颗粒被釜内的蒸汽盘管和釜外壁的蒸汽加套加热熔化成为熔融硫。

G 常见故障与处理(见表8-5-1)

表8-5-1 事故及产生原因、处理措施

事 故	可能产生的原因	处理措施
煤气系统阻力过大	雾沫分离器堵塞	清洗雾沫分离器
	脱硫塔填料堵塞	关闭煤气入口阀门和再生空气入口阀门，脱硫液泵继续运转，并向脱硫塔通入蒸汽，清洗脱硫塔填料；当堵塞严重时，需停塔卸出清理或更换
循环槽液位过高或溢槽	脱硫液泵电路故障停止运行	开启备用脱硫液泵
	装置停电导致脱硫液泵停止运行	关闭再生塔脱硫液入口阀门，防止再生塔内脱硫液倒流回循环槽
循环槽溢槽液位过低	煤气压力突然降低	降低脱硫液循环量并向系统补充水
	再生塔空气量突然降低	降低脱硫液循环量并逐步增大再生塔空气量至正常值
再生塔至硫泡沫槽泡沫量过大	液位调节器液位高度过高	降低液位调节器高度
	再生塔空气量过大	降低再生塔空气量
	脱硫液循环量过大	降低脱硫液循环量
再生塔至硫泡沫槽泡沫量过小	液位调节器液位高度过低	提高液位调节器高度
	再生塔空气量过小	提高再生塔空气量
	脱硫液循环量过小	提高脱硫液循环量
	至硫泡沫槽硫泡沫管堵塞	降低再生塔液位，检修硫泡沫管
再生塔外溢脱硫液	至硫泡沫槽硫泡沫管堵塞	降低再生塔液位，检修硫泡沫管
	至脱硫塔脱硫液管堵塞	停车处理
再生塔空气量过小	空气压力过低	提高空气压力
	空压机故障	开启备用空压机
	空气管积水	排出空气管的积水

8.5.2.4 主要设备

A 脱硫塔

脱硫塔是吸收煤气中 H_2S 和 HCN 的设备，脱硫塔有填料塔、空喷和板式塔等形式。常用的是填料塔，它由圆筒形塔体和堆放在塔内对传质起关键作用的填料等组成，常用填料有木格栅、轻瓷和塑料花环填料等。塔体用碳钢制成，内壁涂重防腐涂料，内件一般为不锈钢。脱硫塔的结构如图8-5-7所示。

B 再生塔

再生塔是用空气氧化和再生脱硫脱氰溶液的设备，大多为圆柱形空塔。顶部扩大段为环形硫泡沫槽；中段至塔底装有3～5块筛板，底部设预混喷嘴，以使脱硫液和空气充分均匀混合。塔体用碳钢制成，内壁涂重防腐涂料，内件一般为不锈钢。

过去液位调节器一般外挂在再生塔顶部，随着设备大型化，液位调节器外挂所产生的偏心力更大，现在一般将液位调节器设在再生塔内部。

再生塔的结构如图 8-5-8 所示。

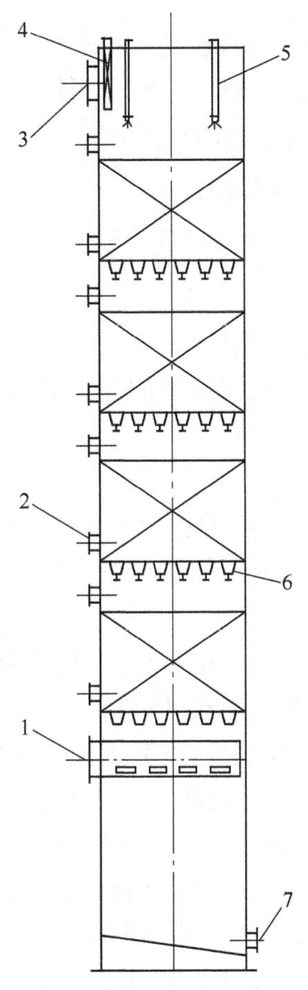

图 8-5-7 脱硫塔

1—煤气入口；2—人孔；3—煤气出口；4—捕雾器；5—脱硫液入口；6—填料支撑及液体再分布器；7—脱硫液出口

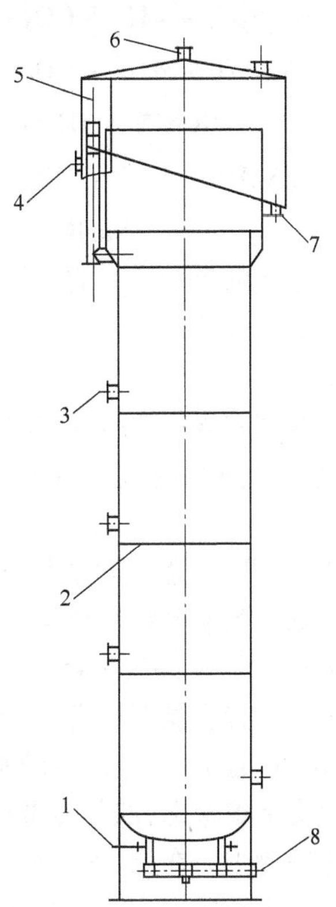

图 8-5-8 再生塔

1—压缩空气入口；2—筛板；3—人孔；4—脱硫液出口；5—液位调节器；6—废气出口；7—硫泡沫出口；8—脱硫液入口

8.5.2.5 还原热解法处理 ADA 废液

在 ADA 法的脱硫过程中，同时会产生一些不可逆的副反应，特别是在有氰化氢存在时，会生成不能再生且可溶于脱硫液的硫氰酸钠和硫代硫酸钠等化合物积聚在循环液中，当这些固定盐在循环液中积累到一定程度时，会导致脱硫效率下降，影响正常操作。为保证脱硫液中固定盐含量不超过允许限度，必须从系统中排出一部分脱硫溶液，这部分脱硫溶液称之为脱硫废液。

脱硫废液的处理一般采用提盐方式，即把硫氰酸钠及硫代硫酸钠从脱硫废液中提取出来作为产品出售。由于硫氰酸钠及硫代硫酸钠的市场销量有限，因此造成产品销售不畅，故很多厂的废液提盐部分已停用，直接将脱硫废液送至酚氰废水处理站，但导致处理后废水中总氰超标。

脱硫废液的处理也可采用还原分解方式，即把脱硫废液送入还原分解炉中，使硫氰酸钠及硫代硫酸钠在高温和强还原条件下分解为 Na_2CO_3、H_2S、CO_2、N_2、H_2，经分解和冷却后的再生溶液送回脱硫系统循环使用，含有酸性气体的废气经冷却后送入脱硫塔前的煤气中。

A　基本原理

当 ADA 脱硫废液在还原气氛中分解时，发生如下的基本反应：

$$2NaSCN + 5H_2O \longrightarrow Na_2CO_3 + 2H_2S + CO_2 + N_2 + 3H_2 \quad (8-5-35)$$

$$Na_2S_2O_3 + 4H_2 + CO_2 \longrightarrow Na_2CO_3 + 2H_2S + 2H_2O \quad (8-5-36)$$

$$Na_2SO_4 + 4H_2 + CO_2 \longrightarrow Na_2CO_3 + H_2S + 3H_2O \quad (8-5-37)$$

$$2NaCN + 5H_2O \longrightarrow Na_2CO_3 + CO_2 + N_2 + 5H_2 \quad (8-5-38)$$

$$2NaHS + H_2O + CO_2 \longrightarrow Na_2CO_3 + 2H_2S \quad (8-5-39)$$

$$2NaHCO_3 \longrightarrow Na_2CO_3 + CO_2 + H_2O \quad (8-5-40)$$

上述反应生成的 Na_2CO_3 可用作脱硫工序的碱源，脱硫废液中的 Na_2SO_4 是一种分解率很低的惰性盐类。

B　工艺流程

通常脱硫废液中含有 70% ~80% 的水分，为了减少燃料消耗，应尽量降低进入焚烧炉内废液的含水量，但受废液雾化要求的限制，废液一般浓缩至固体物含量（质量分数）为 40% ~45%。

将废液送至 60℃、绝对压力为 13.3 ~26.0 kPa 的蒸发器中。在此，用来自于淬冷槽的分解后气体为热源浓缩废液。蒸发器里汽化的水分进入冷凝器，所得到的冷凝液向下流入排液槽。固体物含量为 40% ~45%（质量分数）的浓缩废液通过喷嘴送入焚烧炉内。

焚烧炉上部设置有能释放高热量的燃烧器，此燃烧器的功能是产生热还原气体。浓缩废液被蒸汽雾化进入炉内，废液中的水分被蒸发，其盐类在还原气氛中分解。

分解后盐类呈熔融态，部分夹带在分解后的热气体中，其余部分沿耐火材料炉壁流至位于炉下面的淬冷槽中。在此，气体被快速冷却，而汇集在液体中的盐类被溶解。分解后的热气体沿降液管注入液体中，并通过降液管与堰之间的环形部分上升，从而直接与水接触。在此过程中，热气体的冷却和盐类的回收同时进行。

该系统能快速冷却热气体，并在水中汇集和溶解盐类。气体被冷却至与液体相同的温度。用泵使淬冷槽内的液体在淬冷槽和降液管之间循环，这样，在降液管的内表面始终存在着下降膜。此外，本过程可以避免因盐类沉积和炽热盐类与水蒸气爆炸反应而引起的堵塞。淬冷槽中回收的溶液送至脱硫塔底部，返回到脱硫系统中。

来自淬冷槽的分解气体中含有许多硫化氢，必须进一步处理。其首先与真空蒸发系统的循环液换热，再经文丘里洗涤器冷却至 40 ~50℃，然后送至脱硫塔中脱除硫化氢。

工艺流程如图 8-5-9 所示。

C　主要设备

还原热解法废液处理装置的主要设备是焚烧炉。

a　焚烧炉类型

焚烧炉是还原热分解法的关键设备，其形式为卧式圆柱形或立式圆柱形。目前国内的脱硫废液还原分解装置的焚烧炉为立式圆柱形。

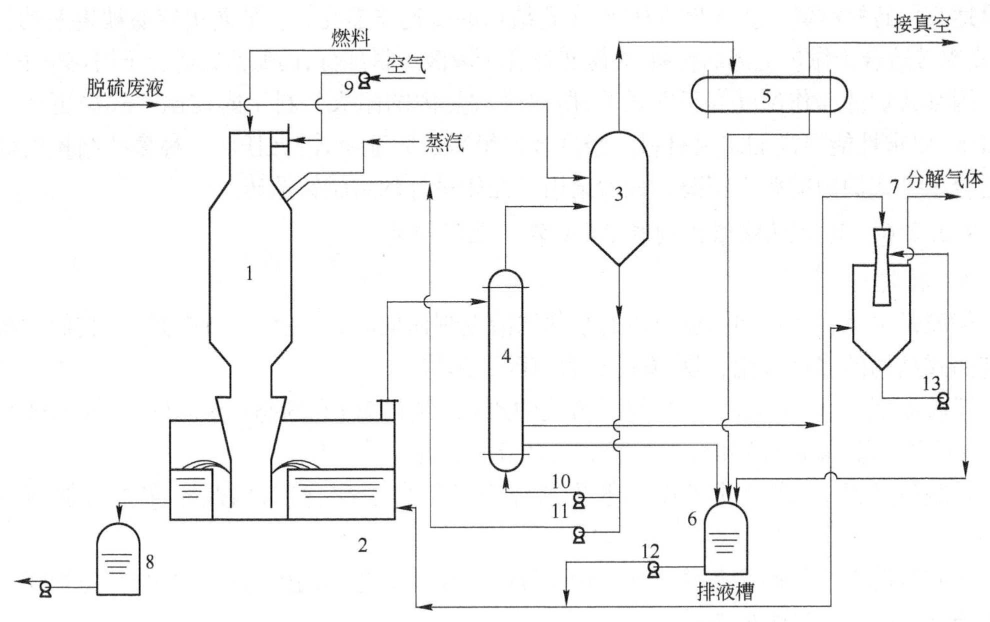

图 8-5-9 还原热分解法处理脱硫废液工艺流程图

1—焚烧炉；2—淬冷槽；3—蒸发器；4—换热器；5—冷凝器；6—排液槽；7—文丘里洗涤器；8—回收碱液槽；9—空气风机；10—蒸发循环泵；11—浓缩废液泵；12—排液泵；13—循环泵

采用卧式焚烧炉时，炉的一端设置有立式发生器，气体燃料和空气从发生器顶部进入，生成的热还原气体从切线方向进入炉内。浓缩后的浆状废液不加任何雾化剂，从切线方向喷入炉内。因水分蒸发，被快速干燥，变成熔融盐类，呈涡流状直接与热还原气体接触。炉内有带堰的熔融盐池，以保持熔融盐有一定的滞留时间。熔融盐在熔融盐池中分解成化学产品。分解后的盐类从熔融盐池经降液管溢流至淬冷槽中。

用卧式焚烧炉还原分解废液时，因还原气体不能充分与被分解的盐类接触，所以需要较长的滞留时间和较高的操作温度。

采用立式焚烧炉时，浓缩后废液被蒸汽雾化并进入炉内，借助于喷嘴与热还原气体混合，因此，欲分解的盐类与热还原气体充分接触，可缩短滞留时间和降低操作温度。立式焚烧炉结构如图 8-5-10 所示。

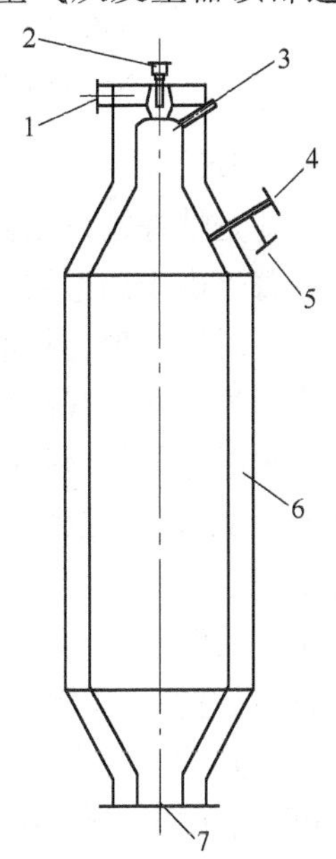

图 8-5-10 立式焚烧炉

1—空气入口；2—煤气入口；3—点火器接口；4—废液入口；5—雾化蒸汽入口；6—耐火材料；7—废气出口

b 焚烧炉用耐火材料

焚烧炉所用的耐火材料至关重要。选择耐火材料的原则是以最少的维修量达到最长的操作时间。炉内某些部位经常与具有强腐蚀性的钠盐接触，因此熔融盐特性对耐火材料的选择起很大作用。

废液中的熔融钠盐与一些耐火材料反应，生成低熔点的共熔体，从而耗损了耐火材料。废液进料部位的炉衬，长期暴露在高温和化学反应最剧烈的环境下，容易发生结构断裂而损坏。为此，进行了大量试验，以选择最适宜的砖衬材料。从试验中发现：多孔结构的砖比非多孔结构的砖更容易被熔融钠盐侵蚀；高铝砖适合于做炉上部的衬料，熔融砖适合于废液进料部分，而低铝砖适合于用在炉下部。

因卧式炉的操作温度高于立式炉，所以卧式炉内的耐火材料暴露在比立式炉更严峻的气氛中，要求性能更高的耐火材料。经过多次坩埚试验证明，没有任何一种多孔结构的熔融砖适合于卧式炉内的恶劣情况。最后选用了性能最好的熔融铸造砖。

8.5.2.6 其他脱硫催化剂在 ADA 装置上的应用

A 栲胶

栲胶是由植物的杆、叶、皮及果的水萃取液熬制而成的，其主要成分是丹宁，它们大都是具有酚式结构的多羟基化合物，有的还含有醌式结构。

脱硫原理与 ADA 工艺相同，利用栲胶的醌态（氧化态）和酚态（还原态）的互相转化代替 ADA 的醌态（氧化态）和酚态（还原态）的互相转化。

在脱硫过程中，栲胶除了作为催化剂外还是钒离子配合剂，因此不需要另加酒石酸钾钠。

栲胶脱硫工艺的操作条件，除脱硫液组成与 ADA 工艺不同外，其他均相同，焦炉煤气栲胶脱硫工艺的脱硫液组成为：

总碱度	0.4 mol/L
栲胶	1.8 g/L
$NaVO_3$	1.5 g/L
NaCNS	≤150 g/L
$NaCNS + Na_2S_2O_3$	≤250 g/L

B PDS

PDS 是酞菁钴系化合物，最初的 PDS 主要是双核酞菁钴六磺酸铵，现在的 PDS 主要是双核酞菁钴砜十磺酸铵。

PDS 脱硫原理与其他液相催化氧化法基本相同，利用 PDS 携带的氧将硫化氢及有机硫氧化为单质硫及硫代硫酸盐，并将氰化氢转化为硫氰酸盐。

PDS 脱硫与其他脱硫的主要差别是 PDS 脱硫能将部分氰化氢最终转化为氨，减少硫氰酸盐的生成量，脱硫废液量少。PDS 携带的氧可在硫化氢吸收的同时进行氧化，因此不需要设置反应槽。

生产实践表明，单独使用 PDS 的脱硫效果并不好，特别是副产盐类在脱硫液中的增加极为明显，只有在一定量的 ADA 存在下，PDS 的催化效果才会更好，副产盐类才会比其他脱硫工艺显著降低。

PDS 易中毒，煤气中的焦油、萘及洗苯后煤气夹带的洗油等都易导致 PDS 中毒，因此，进 PDS 脱硫装置前的煤气应进行除油。

PDS 脱硫工艺的操作条件，除脱硫液组成与 ADA 工艺不同外，其他均相同，焦炉煤气 PDS 脱硫工艺的脱硫液组成为：

Na_2CO_3	4 ~6 g/L
PDS	0.0003% ~0.0005%

ADA	0.5 ~ 0.7 g/L
$NaVO_3$	0.4 ~ 0.6 g/L
NaCNS	≤150 g/L
$NaCNS + Na_2S_2O_3$	≤250 g/L

8.5.3 氨水法脱硫

氨水法脱硫是以煤气中的氨为碱源，以含氨水溶液为洗涤介质，采用氨硫联合洗涤（吸收）工艺脱除煤气中的硫化氢。该法由洗涤装置和脱酸蒸氨装置组成了吸收和解吸的工艺主体，并使氨和硫化氢的洗涤和汽提解吸装置紧密结合在一起。在洗涤装置中，硫化氢洗涤塔配置在洗氨塔之前，以水洗氨得到的富氨水和由脱酸蒸氨装置返回含氨较高的脱酸贫液（以满足脱硫所要求的氨硫比）来脱除煤气中的硫化氢，形成含氨和硫化氢的富液，送往脱酸蒸氨装置。在脱酸蒸氨装置中，富液通过脱酸蒸氨装置解吸得到的脱酸贫液和汽提水（蒸氨废水的一部分）送回洗涤装置循环脱硫脱氨使用。解吸得到的气体中所含的硫化氢用于制取硫黄或硫酸；所含的氨可以在还原气氛中分解并回收低热值尾气，也可以用于制取硫铵或无水氨。制取硫铵或无水氨的技术详见本书第 8.6 节。

在洗氨塔里设置了碱洗段，脱酸蒸氨装置内分解剩余氨水中固定铵盐所需的氢氧化钠碱液首先在此用于脱硫，然后再送至脱酸蒸氨装置使用，进一步提高了脱硫效率。

由于氨水中硫化氢的离解及其与氨的反应都是可逆反应，即使在较低的温度下硫化氢的气液平衡分压仍较高，考虑到氨水法脱硫的运行成本和所回收产品的生产规模，荒煤气中硫化氢含量在 4.5 ~ 6.5 g/m^3、氨含量在 6 ~ 8 g/m^3 的条件下比较适宜采用此方法。氨硫联合洗涤后煤气中的硫化氢含量一般为 0.2 ~ 0.6 g/m^3（取决于荒煤气中硫化氢含量、系统的氨硫比等操作条件）、氨含量小于 0.1 g/m^3（均为洗氨塔后测定）。

由于氨水法脱硫要求在较低的温度条件下进行氨和硫化氢的洗涤，故硫化氢洗涤塔、洗氨塔（以及洗苯塔）一般设置在煤气风机前，以保持煤气温度的合理梯度，实现恒温吸收并节能。这种配置称为全负压氨硫联合洗涤煤气净化流程（简称全负压流程）。特殊情况下，如煤气净化系统配置负压鼓风机有困难时，硫化氢洗涤塔、洗氨塔（以及洗苯塔）也可置于煤气风机后，但必须在硫化氢洗涤前增加终冷，这种配置称为正压氨硫联合洗涤煤气净化流程（简称正压流程）。

8.5.3.1 氨和硫化氢的洗涤

A 反应机理

水洗氨：
$$NH_3 + H_2O \longrightarrow NH_4OH \quad (8\text{-}5\text{-}41)$$

脱硫：
$$H_2S + NH_4OH \longrightarrow NH_4HS + H_2O \quad (8\text{-}5\text{-}42)$$

脱氰：
$$HCN + NH_4OH \longrightarrow NH_4CN + H_2O \quad (8\text{-}5\text{-}43)$$

副反应：
$$CO_2 + NH_4OH \longrightarrow (NH_4)_2CO_3 + H_2O \quad (8\text{-}5\text{-}44)$$

以上反应是可逆的且均为放热反应。为了维持较低的煤气洗涤温度，必须用冷却水对氨和硫化氢洗涤用水进行冷却，以保证较高的脱氨和脱硫效率。

碱洗段：
$$H_2S + NaOH \longrightarrow Na_2S + H_2O \quad (8\text{-}5\text{-}45)$$

$$HCN + NaOH \longrightarrow NaCN + H_2O \quad (8\text{-}5\text{-}46)$$

$$CO_2 + NaOH \longrightarrow Na_2CO_3 + H_2O \tag{8-5-47}$$

碱洗段里的反应也是放热的，但因氢氧化钠的用量是依据剩余氨水中固定铵含量来确定的，且配置在硫化氢洗涤塔之后，总的酸性成分脱除量并不高，放出的热量较小，工业生产上可不必再用冷却水降温，以节省运行费用。一般分解 1 kg 固定铵需耗用 2.35 ~ 2.5 kg 的氢氧化钠(100%)。

B　工艺与操作

a　工艺流程

典型的全负压流程如图 8-5-11 所示。

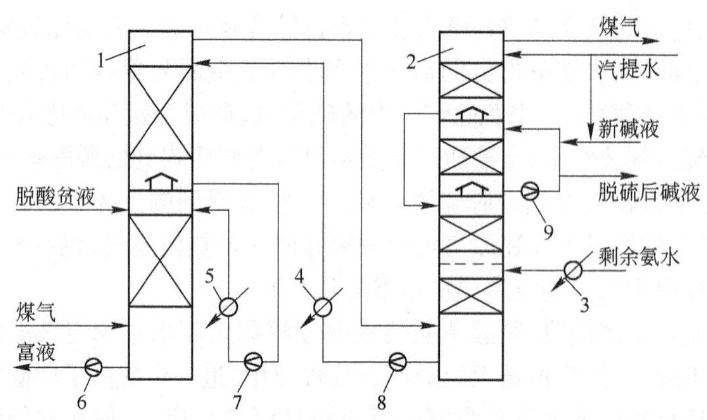

图 8-5-11　典型的全负压工艺流程图

1—硫化氢洗涤塔；2—洗氨塔；3—剩余氨水冷却器；4—半富氨水冷却器；5—富氨水冷却器；6—富液泵；7—富氨水泵；8—半富氨水泵；9—碱液循环泵

由冷凝装置电捕焦油器来的煤气，首先进入硫化氢洗涤塔，用两部分氨水来洗涤煤气中的硫化氢，一部分是由上段来的经冷却的富氨水，另一部分是脱酸蒸氨装置来的脱酸贫液。含氨和硫化氢的富液(简称富液)由硫化氢洗涤塔下部排出，流入富液槽，然后送至脱酸蒸氨装置。洗氨塔排出的半富氨水经冷却后送入硫化氢洗涤塔的上段，以洗涤煤气中的氨和硫化氢。煤气由硫化氢洗涤塔顶排出，进入洗氨塔。

洗氨塔由洗氨段和碱洗段组成。为了最大限度的脱除煤气中的硫化氢，在洗氨塔里设置了碱洗段，煤气进入碱洗段被氢氧化钠碱液洗涤脱硫，从碱液循环泵后接出部分循环碱液送蒸氨装置分解固定铵盐。加入系统的碱液用蒸氨废水稀释，防止因循环碱液中的碳酸钠浓度增高析出结晶而引起堵塞问题。在塔中部喷洒由冷凝鼓风装置送来的剩余氨水(如剩余氨水含游离氨高则送至脱硫塔上段)以洗涤煤气中的氨。在塔顶部喷洒由脱酸蒸氨装置送来的汽提水，以最终洗涤煤气中的氨，由洗氨塔顶排出的煤气送至洗苯装置。

典型的正压流程如图 8-5-12 所示。

由冷凝鼓风装置鼓风机来的煤气，首先进入硫化氢洗涤塔下部终冷段，用循环终冷水喷洒冷却。为避免循环终冷水中杂质的积累，连续补充少量剩余氨水，同时排出少部分循环终冷水至冷凝鼓风装置的氨水澄清槽。循环终冷水需设外冷却器以取走其所吸收的热量。经过终冷后的煤气进入硫化氢洗涤塔的中段(脱硫段)和上段(洗氨段)，其后续工艺与全负压流程相同。

b 工艺特点

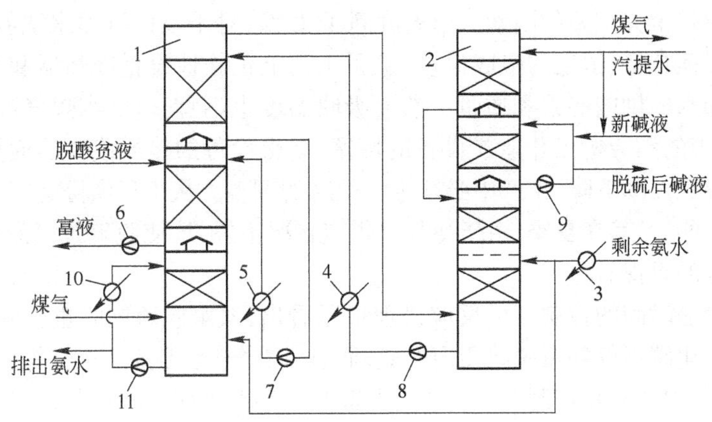

图 8-5-12 典型的正压工艺流程图

1—硫化氢洗涤塔;2—洗氨塔;3—剩余氨水冷却器;4—半富氨水冷却器;5—富氨水冷却器;6—富液泵;7—富氨水泵;8—半富氨水泵;9—碱液循环泵;10—终冷水冷却器;11—终冷循环泵

(1) 仅以水为洗涤介质、煤气中氨为碱源的吸收法脱硫,不产生脱硫废液;

(2) 洗氨塔、硫化氢洗涤塔主要材质为碳钢,设备投资省;

(3) 用汽提水洗氨,不使用软水;剩余氨水也被用于洗氨和脱硫,可降低生产运行费用;

(4) 在洗氨塔内设碱洗段,脱酸蒸氨装置分解剩余氨水中固定铵盐所需的氢氧化钠碱液首先在此用于脱硫,提高了脱硫效率,使碱液得到充分利用。

c 操作制度(见表 8-5-2)

表 8-5-2 氨水脱硫洗涤操作制度

项 目	全负压流程	正压流程
硫化氢洗涤塔入口煤气温度/℃	22	40~50
硫化氢洗涤塔终冷段后煤气温度/℃	无终冷	22
硫化氢洗涤塔出口煤气温度/℃	约 23	约 23
洗氨塔出口煤气温度/℃	约 25	约 25
进硫化氢洗涤塔上段半富氨水温度/℃	22	22
进硫化氢洗涤塔中段富氨水温度/℃	22	22
进硫化氢洗涤塔中段脱酸贫液温度/℃	22	22
进洗氨塔上段汽提水温度/℃	22	22
进洗氨塔中部剩余氨水温度/℃	22	22
进终冷段的终冷循环水温度/℃	约 20	约 20
硫化氢洗涤塔正常阻力/Pa	<1800	<1800
洗氨塔正常阻力/Pa	<1500	<1500
碱洗段循环碱液中碳酸钠(Na_2CO_3)含量(质量分数)/%	<5	<5

注:上述操作制度基于初冷器出口煤气温度为 21℃,对应煤气中的萘含量一般为 400 mg/m^3,不允许大于500 mg/m^3;电捕焦油器后煤气中焦油含量不大于 20 mg/m^3。

d 操作要点及分析

(1) 吸收温度的控制。吸收温度升高会使脱硫脱氨效率下降,一些厂的生产实践显示,脱硫的操作温度比设计温度升高 2℃时，脱硫效率将下降约 4%，这对原本脱硫效率不是很高的氨水法脱硫是至关重要的因素。当温度高于 28℃，对于仅以汽提水洗氨的效果也将难以保证。为了保证合格、恒定的吸收温度，除了工艺上正确地设置冷却器和必要的备品外，还必须保障冷却水的供应能力和质量。然而吸收温度也不宜过低，当煤气温度低于其萘露点温度时，煤气中的萘会析出并造成设备的堵塞，使得设备的传质或传热面积大大降低，从而也导致脱硫脱氨效率下降，生产中必须进行及时的调整。从工厂实际运行情况看，吸收温度高的状况多一些，尤其在夏季，由于冷却水供应状况不好，致使脱硫脱氨效率显著下降，因此必须给予充分的重视。

（2）气液接触时间的控制。由反应机理可以看出，氨水脱硫同时也脱除煤气中的二氧化碳。脱除二氧化碳不仅耗费脱硫要用的氨，而且其在解吸（脱酸蒸氨）等后序系统里会引起一系列的问题，因此必须控制二氧化碳的脱除量。实践证明，减少煤气与氨水的接触时间能有效地控制二氧化碳的脱除量，但为了保证脱硫效果，气液接触时间也不能太短，在足够的传质面积情况下，通常控制在 5 s 以内。实际生产时在煤气量处于半负荷或更低的状况时必须调整脱硫用氨水（包括脱酸贫液和富氨水）进入硫化氢洗涤塔脱硫段的位置，以减少气液接触时间，控制二氧化碳的脱除量，使后序系统能正常运行。

正压流程有一个全负压流程没有的问题，就是终冷段的洗氨及脱二氧化碳问题。煤气在终冷段是被氨水循环直接冷却的，虽然氨水含氨较高，但仍有一定的煤气脱氨效率，另外考虑到生产运行成本，只能对氨水进行小量的更新和补充，相当于大部分氨水始终与煤气接触，脱二氧化碳远远高于脱硫效率。某厂测定数据显示，终冷段脱氨效率约 28%、脱二氧化碳效率约 9%、脱硫效率仅 3%，虽然被洗下的氨会通过各种途径又回到煤气脱硫系统中，但其中能用于脱硫的游离氨减少了，势必造成脱硫效率下降，目前这个问题没有得到很好地解决。

（3）氨硫比的控制。氨硫比通常是指脱硫脱氨后的富液里游离氨和硫化氢的重量比。正常情况下，氨硫比约为 3.5 时便可以达到较好的脱硫效果。实际上由于诸多因素的影响，往往达不到预期的效果，其中影响最大的是脱酸贫液的质量。由于煤气自身的氨硫比远远达不到氨水脱硫的要求，所以必须靠脱酸蒸氨装置向脱硫系统补充氨，即通过返回含氨较高的脱酸贫液来实现补氨。因此脱酸贫液中游离氨、硫化氢及二氧化碳含量多少对脱硫效果有较大影响。贫液中的硫化氢及二氧化碳将使得相应的一部分氨不可能再用于脱硫，且硫化氢含量高的脱酸贫液在脱硫时因硫化氢的平衡蒸气压也高，导致脱硫效果下降。

（4）剩余氨水注入氨水脱硫系统位置的调整。剩余氨水用于洗氨和脱硫，也是调节氨硫比的一个手段，其进入洗氨段的位置在生产上要予以关注，即该部位煤气中氨和硫化氢分压应大于其液相相应组分的蒸气压，以确保对煤气的脱硫脱氨有足够的吸收（传质）推动力。因此注入位置与剩余氨水组成有关。该组成除与冷凝装置操作制度有关外，还与其他装置的操作制度有关，当脱酸蒸氨气相产物中硫化氢和氨采用氨分解和硫回收工艺处理时，其尾气回兑荒煤气会影响剩余氨水的组成。实际生产中，在各装置都投产运行后，应及时对剩余氨水和相应洗氨段上的洗涤水的组成进行分析，以确定是否要调整剩余氨水进入洗氨段的位置（通常至少有 2 个进入位置）。这个工作宜不定期地进行，尤其是在氨分解和硫回收装置较长时间处于运行状况不佳的时候。

生产实践显示，氨分解和硫回收尾气回兑荒煤气后使得剩余氨水中的固定铵含量显著增加,酸性组分也有所增加,这对于剩余氨水参与脱硫过程是不利的,一般在剩余氨水中硫化氢含量达到0.8 g/L(或更高)的时候,宜将其不经过冷却直接送入脱酸蒸氨装置处理,此时应视氨硫洗涤效果适当调整汽提水和脱酸贫液流量。这种处理办法从综合能耗来看也是可行的,因为约75℃的剩余氨水进入洗氨段之前需要被冷却至较低的温度,而在脱酸蒸氨装置又要被加热解吸。

e 装置及设备维护

维护工作是围绕着保证脱硫脱氨指标来进行的,洗涤装置本身无法改变脱酸贫液、汽提水和剩余氨水的组成,重点是温度制度的控制,这包括煤气和洗涤液两方面。绝不允许煤气温度低于其萘露点温度,一般至少高1℃,否则煤气中的萘会析出并造成设备的堵塞,必须确保各冷却器按照温度控制要求正常地工作。

由于焦炉高压氨水喷射无烟装煤操作使得进入洗涤装置的煤气常常夹带煤粉,加之剩余氨水带入的焦油极易造成本装置设备如冷却器和洗涤塔堵塞,因此主要维护工作就是定期清理堵塞。建立一套冷却器定期轮换清洗制度是十分必要的,不能等到堵塞严重时才进行清洗,否则不仅影响脱硫脱氨指标,还将使冷却器的清洗工作变得非常困难。清洗工作不仅针对洗涤液侧,冷却水侧同样重要,因冷却水水质不好导致堵塞和腐蚀从而引发一系列问题的也时有发生。洗涤塔的清洗在其没有备品的情况下对整个煤气净化车间正常操作的冲击是非常大的,必须进行统筹安排。另外在设备清洗之后还可以对设备的腐蚀情况有比较清晰的感官认识,以有助于安排设备维修和备品备件采购或制造计划。

C 主要设备

本装置主要设备为硫化氢洗涤塔和氨洗涤塔,结构简图如图8-5-13和图8-5-14所示。

8.5.3.2 氨和硫化氢的解吸(脱酸蒸氨)

氨和硫化氢的解吸是在脱酸蒸氨装置里进行的,这是一个常压汽提解吸工艺过程,解吸所需的热量由直接蒸汽提供。脱酸蒸氨装置的主要任务:一是将洗涤装置从煤气中吸收的氨和硫化氢等酸性气体从洗涤液中解吸出来,以氨气和酸气或其混合气形式送至下一工序进行处理;二是为洗涤装置的脱硫脱氨提供合格的洗涤液(脱酸贫液和汽提水);三是将系统多余的水(一般为剩余氨水加上一部分直接蒸汽量)按要求进行汽提蒸氨后送酚氰废水处理站进行深度净化,此部分水通常称为蒸氨废水。由于对蒸氨废水中全氨(固定铵与游离氨之和)的含量有严格要求,故必须对剩余氨水中的固定铵盐进行分解,使其成为可解吸的铵盐。

A 反应机理

固定铵盐的分解一(用洗涤装置碱洗段来的脱硫后碱液对NH_4Cl进行分解为例):

$$NH_4Cl + Na_2S \longrightarrow NaCl + (NH_4)_2S \tag{8-5-48}$$

$$NH_4Cl + NaCN \longrightarrow NaCl + NH_4CN \tag{8-5-49}$$

$$NH_4Cl + Na_2CO_3 \longrightarrow NaCl + (NH_4)_2CO_3 \tag{8-5-50}$$

固定铵盐的分解二(用氢氧化钠碱液对NH_4Cl进行分解为例):

$$NH_4Cl + NaOH \longrightarrow NaCl + NH_4OH \tag{8-5-51}$$

脱酸蒸氨(氨和硫化氢等酸性气体的解吸):

$$NH_4HS \longrightarrow H_2S + NH_3 \tag{8-5-52}$$

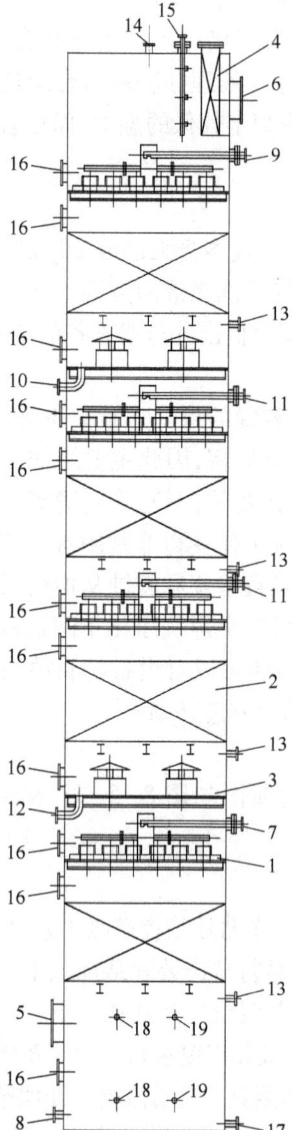

图 8-5-13　硫化氢洗涤塔

1—气液再分布板;2—填料;3—断液盘;4—捕雾器;5—煤气入口;6—煤气出口;7—终冷水入口;8—终冷水出口;9—氨水入口;10—氨水出口;11—贫液入口;12—富液出口;13—蒸汽吹扫口;14—放散口;15—捕雾器清洗液入口;16—人孔;17—放空口;18—液位控制接口;19—液位计接口

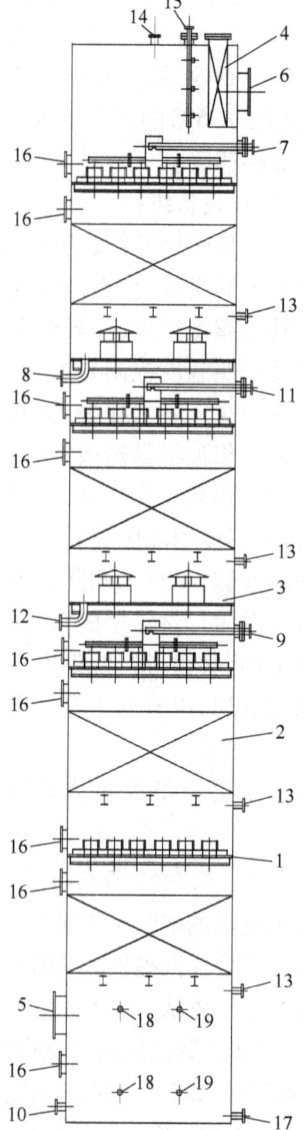

图 8-5-14　氨洗涤塔

1—气液再分布板;2—填料;3—断液盘;4—捕雾器;5—煤气入口;6—煤气出口;7,9—洗氨水入口;8,10—氨水出口; 11—循环碱液入口;12—碱液出口;13—蒸汽吹扫口;14—放散口;15—捕雾器清洗液入口;16—人孔;17—放空口;18—液位控制接口;19—液位计接口

$$NH_4CN \longrightarrow HCN + NH_3 \tag{8-5-53}$$

$$(NH_4)_2CO_3 \longrightarrow CO_2 + NH_3 \tag{8-5-54}$$

$$(NH_4)_2S \longrightarrow H_2S + NH_3 \tag{8-5-55}$$

$$NH_4OH \longrightarrow NH_3 + H_2O \tag{8-5-56}$$

B 工艺与操作

a 工艺流程

(1) 第一种典型的脱酸蒸氨工艺——氨气和酸气分开的工艺。

该工艺分别从氨蒸馏塔和脱酸塔顶解吸出氨气和酸气，并分别送往氨分解和克劳斯法硫回收装置，其工艺流程如图 8-5-15 所示。

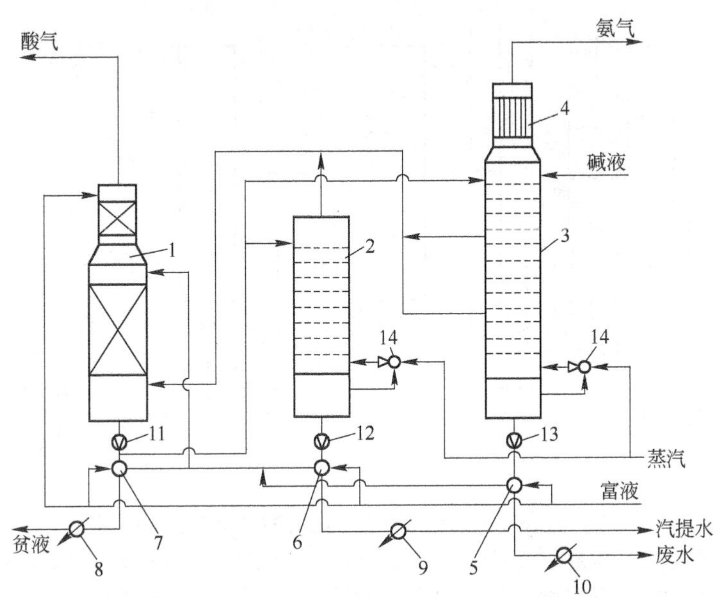

图 8-5-15 氨气和酸气分开的脱酸蒸氨工艺流程图

1—脱酸塔；2—挥发氨蒸馏塔；3—固定铵蒸馏塔；4—分缩器；5—废水/富液换热器；6—汽提水/富液换热器；7—贫液/富液换热器；8—贫液冷却器；9—汽提水冷却器；10—废水冷却器；11—贫液泵；12—汽提水泵；13—废水泵；14—蒸汽喷射器

由洗涤装置来的富液，约 2/3 的量分别与热的贫液、蒸氨废水、汽提水换热后，送入脱酸塔中部，用挥发氨蒸馏塔顶部及固定铵蒸馏塔侧线来的氨气作为热源进行水蒸气蒸馏；约 1/3的冷富液直接进入脱酸塔顶部，用来冷凝冷却酸气并控制塔顶温度。含硫化氢、二氧化碳、氰化氢及少量氨的酸气从脱酸塔顶部逸出，送入克劳斯法硫回收装置。

脱酸塔底部的热贫液用贫液泵抽出，一部分与富液换热并冷却后送洗涤装置的脱硫塔；其余的进行蒸氨处理。该部分热贫液分别从固定铵蒸馏塔和挥发氨蒸馏塔顶部送入，塔底用直接蒸汽蒸吹。由固定铵蒸馏塔顶部产出的氨气进往氨分解炉，由固定铵蒸馏塔侧线及挥发氨蒸馏塔顶部产出的氨气进入脱酸塔作为热源。

固定铵蒸馏塔底部的蒸氨废水和挥发氨蒸馏塔底部的汽提水分别用蒸氨废水泵和汽提水泵抽出，与富液换热后，汽提水经冷却送洗涤装置，蒸氨废水经冷却后送酚氰废水处理站处理。

由洗涤装置碱洗段送来的脱硫后碱液进入固定铵蒸馏塔上部塔盘，用于分解由剩余氨水所带来的固定铵盐。

(2) 第二种典型的脱酸蒸氨工艺——氨气和酸气合一的工艺。

该工艺只从脱酸塔顶产出氨和硫化氢的混合气(氨酸气)，然后陆续送往硫铵或无水氨装置回收其中的氨,再送往硫酸装置或克劳斯法硫回收装置处理其中的硫化氢制取硫酸或硫黄;也可直接送往带氨分解的克劳斯法硫回收装置,在制取硫黄的同时将氨酸气中的氨分解。其工艺流程如图 8-5-16 所示。

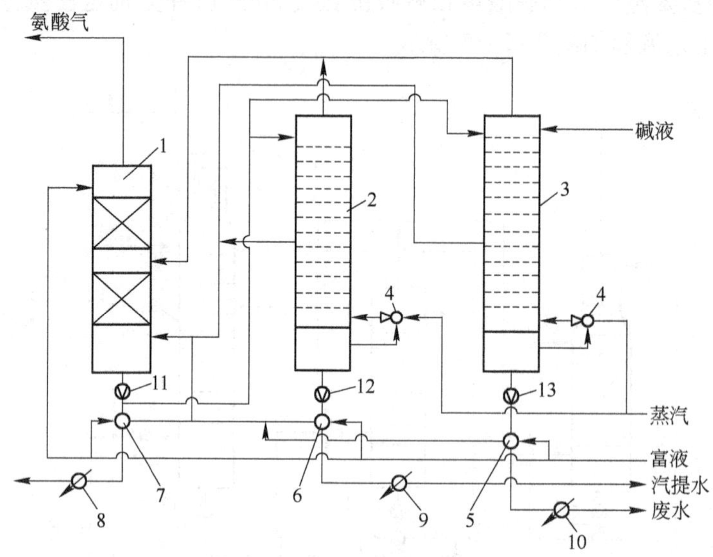

图 8-5-16　氨气和酸气合一的脱酸蒸氨工艺流程图

1—脱酸塔;2—挥发氨蒸馏塔;3—固定铵蒸馏塔;4—蒸汽喷射器;5—废水/富液换热器;6—汽提水/富液换热器;7—贫液/富液换热器;8—贫液冷却器;9—汽提水冷却器;10—废水冷却器;11—贫液泵;12—汽提水泵;13—废水泵

由洗涤装置来的富液,经与蒸氨废水、热的贫液换热后,送入脱酸塔顶部,用氨蒸馏塔顶部及侧线来的氨气作为热源进行水蒸气蒸馏,含硫化氢、氨、二氧化碳、氰化氢的氨酸气从脱酸塔顶部逸出,送入后续装置。

脱酸塔底部的热贫液用贫液泵抽出,一部分与富液换热并冷却后送洗涤装置的脱硫塔;其余的送入氨蒸馏塔顶部,塔底用直接蒸汽蒸吹。氨蒸馏塔底部的蒸氨废水经与富液换热并冷却后,一部分送往洗涤装置,其余送酚氰废水处理站处理。

由洗涤装置碱洗段送来的脱硫后碱液进入固定铵蒸馏塔上部塔盘,用于分解由剩余氨水所带来的固定铵盐。

b　工艺特点

上述两种不同的脱酸蒸氨工艺分别适用于后续不同的氨和硫化氢回收处理工艺,其共同的特点是:

(1) 脱酸塔以氨蒸馏塔的氨气为热源,不仅节能,而且可得到富集氨的脱酸贫液,有利于煤气中硫化氢的脱除;

(2) 用于蒸氨的蒸汽先经蒸汽喷射器闪蒸塔底废水后再进蒸氨塔,既节能,又降低了废水含氨。

c　操作制度

(1) 氨气和酸气分开的工艺:

脱酸塔顶部温度	约 70℃

脱酸塔底部温度	约98℃
固定铵蒸馏塔顶部温度	约98℃
固定铵蒸馏塔底部温度	约115℃
挥发氨蒸馏塔顶部温度	约96℃
挥发氨蒸馏塔底部温度	约110℃
氨分缩器后氨气温度	约85℃
汽提水中游离氨含量	<100 mg/L
蒸氨废水中全氨含量	<200 mg/L

(2) 氨气和酸气合一的工艺:

脱酸塔顶部温度	约88℃
脱酸塔底部温度	约100℃
氨蒸馏塔顶部温度	约102℃
氨蒸馏塔底部温度	约110℃
蒸氨废水中全氨含量	<200 mg/L

d 操作要点及分析

脱酸蒸氨装置既要为洗涤装置煤气脱硫脱氨提供合格的吸收介质,又要为氨和硫化氢的加工处理以及酚氰废水处理站提供合格的原料,因此本装置的操作要同时满足三个方面的质量要求,即贫液、氨酸气、废水。

(1) 关于贫液:脱酸贫液中游离氨的量是保证氨水法脱硫所需氨量的重要组成部分,如洗涤装置所述,脱酸贫液中游离氨、硫化氢及二氧化碳含量多少对煤气脱硫效果有较大影响;由于脱酸工艺只是一个常压汽提解吸过程,若使脱酸贫液达到高游离氨、低硫化氢及二氧化碳含量是比较困难的。实际生产中为了能保持连续稳定的运行,要寻找一个既满足脱硫要求又易于实现连续稳定控制的脱酸贫液指标,从大多数厂实际运行情况看,脱酸贫液中游离氨含量约18 g/L、硫化氢约2 g/L是比较适宜的,特别是硫化氢,一般不应大于2.5 g/L。有的厂采取了提高脱酸贫液流量,适当降低对其所含游离氨的要求(如贫液游离氨含量约14 g/L),从而得到含硫化氢更低的贫液用于脱硫,这样即使脱硫的温度稍高一些(如24℃),也可取得较好的效果,但贫、富液系统(包括脱酸塔等设备)处理负荷要加大。

(2) 关于氨酸气:为减轻后续装置的处理负荷,一般对氨气、酸气或氨酸气要求尽可能高的集中度和浓度,但浓度的提高(即相应降低塔顶温度)可能导致贫液和废水不合格或能耗增加,因此各厂应根据自己的实际情况,权衡建立一个合理的温度制度,并实现稳定操作,上述操作制度仅供参考。需要特别强调的是,当采用湿接触法制取78%的硫酸时,酸气的浓度应稳定且不能过稀,否则将造成硫酸设备的严重腐蚀。

(3) 关于废水:虽然汽提水和蒸氨废水的质量可通过调节蒸汽用量而直接进行控制,但从节能的角度出发应尽可能地降低蒸汽用量,这也将依赖于上述合理的操作制度。此外,保持蒸汽喷射器的稳定运行,对于节能和降低废水含氨也起重要作用。

e 装置及设备维护

本装置运行中遇到的主要问题是堵塞和腐蚀问题,虽然富液中只含有少量的焦油和悬浮物,但在脱酸蒸氨过程中仍会产生沥青质物质,不断地累计起来会造成设备及管道的堵塞;另外由于剩余氨水中有可能混入一些硬度高的废水,蒸馏时会在设备内结垢并逐渐积累,造成蒸馏效率下降。为此应定时从蒸氨塔底排出沥青,并定期对塔和换热设备进行清理,不能等到堵塞严重时才进行处理,这将严重影响产出介质的质量指标。解决腐蚀问题的关键一是材料的选择,二是正确的焊接工艺,而且这两者在实践中都证明是成功的,材料还应是在市场上易于得到的,以满足日后维修之需。

C　主要设备

本装置主要设备为脱酸塔和蒸氨塔,结构如图 8-5-17 ~ 图 8-5-19 所示。

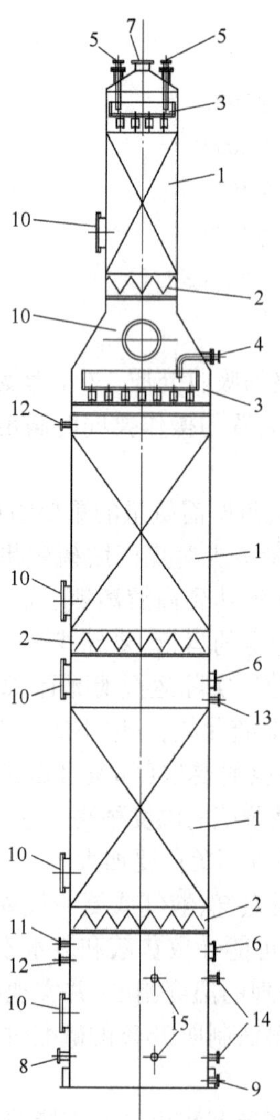

图 8-5-17　脱酸塔结构图

1—填料;2—支撑;3—液体分配盘;4—富液入口;5—冷富液入口;6—蒸汽入口;7—酸气出口;8—贫液出口;9—放空口;10—人孔;11—安全阀接口;12—测压口;13—测温口;14—液位控制接口;15—液位计接口

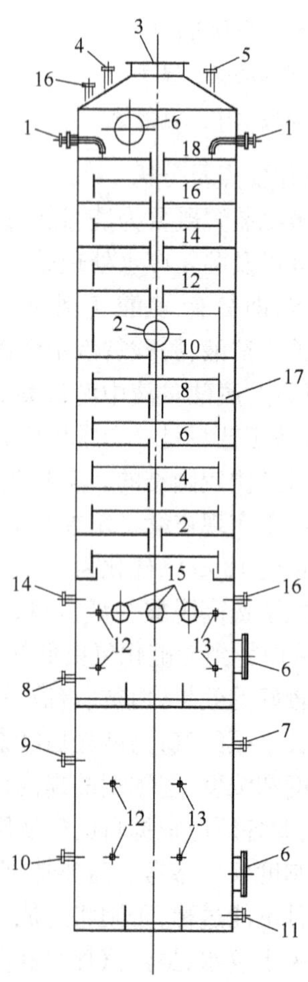

图 8-5-18　挥发氨蒸馏塔结构图

1—贫液入口;2,3—氨气出口;4—放散口;5,14—测压口;6—人孔;7—蒸汽出口;8,10—汽提水出口;9—汽提水入口;11—焦油排出口;12—液位控制接口;13—液位计接口;15—蒸汽入口;16—测温口;17—泡罩塔盘

8.5.3.3 氨分解和硫回收

氨分解和硫回收是氨水法脱硫通常的配套装置。氨分解是将氨气(或氨酸气)在催化剂的作用下,于还原气氛中把氨分解为氮气和氢气;硫回收是采用克劳斯法将酸气(或氨酸气)中的硫化氢部分燃烧并进一步在催化剂的作用下转化成硫黄。一般氨分解和硫回收配置在一起,并简称氨分解硫回收装置。

A 反应机理

氨分解:

$$NH_3 \longrightarrow N_2 + H_2 \qquad (8-5-57)$$

$$HCN + H_2O \longrightarrow CO + N_2 + H_2 \qquad (8-5-58)$$

式8-5-57和式8-5-58均为吸热反应。

克劳斯法硫回收:

$$H_2S + O_2 \longrightarrow SO_2 + H_2O \qquad (8-5-59)$$

$$H_2S + SO_2 \longrightarrow S_2 + H_2O \qquad (8-5-60)$$

式8-5-59和式8-5-60均为放热反应。

B 工艺与操作

a 工艺流程

一般氨分解和硫回收工艺是与前述脱酸蒸氨氨气和酸气分开的工艺(参见本书第8.5.3.2节B)相对应的,即氨气和酸气分别在氨分解炉和克劳斯炉中进行焚烧处理,其工艺流程如图8-5-20所示。也有与前述脱酸蒸氨氨气和酸气合一的工艺(参见本书第8.5.3.2节B)相对应的,即氨酸气在带有氨分解功能的克劳斯炉中进行焚烧处理,其工艺流程与上述克劳斯系统类似。

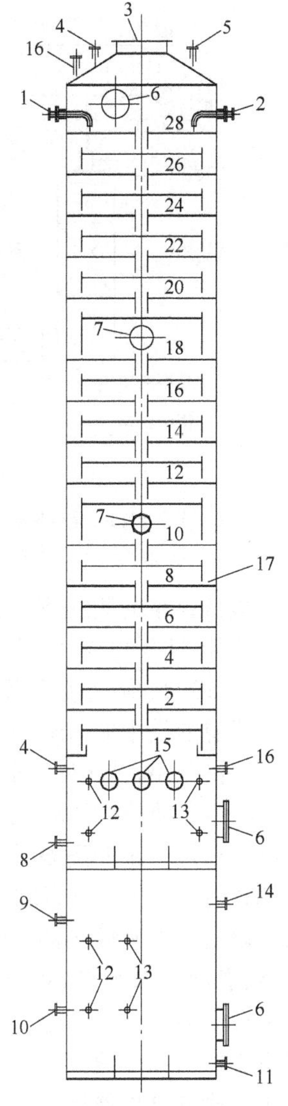

图8-5-19 固定铵蒸馏塔结构图

1—贫液入口;2—碱液入口;3—氨气出口;4—放散口;5—测压口;6—人孔;7,14—蒸汽出口;8,10—废水出口;9—废水入口;11—焦油排出口;12—液位控制接口;13—液位计接口;15—蒸汽入口;16—测温口;17—泡罩塔盘

由脱酸蒸氨装置来的氨气送入氨分解炉,在催化剂和高温作用下,氨气中的氮化物进行还原分解,生成 N_2、H_2 和 CO。

因反应均为吸热反应,为维持炉内高温,必须向炉内通入煤气和空气,使其燃烧放出热量,并通过控制煤气量来调节炉温。煤气经煤气增压机后进入炉内,煤气燃烧需要的空气经空气鼓风机、空气预热器预热后送入炉内。分解后产生的高温尾气,经废热锅炉回收热量;由废热锅炉出来的尾气经锅炉给水预热器冷却后进入过程气冷却器,用氨水进行喷洒冷却,然后进入气液分离器前的吸煤气管道。

废热锅炉所需软水由外部送来,首先进入锅炉供水处理槽,槽内通入直接蒸汽加热,进行蒸吹脱氧,经处理后的软水用泵抽出,送到锅炉给水预热器,用氨分解尾气加热后进入废热锅炉。

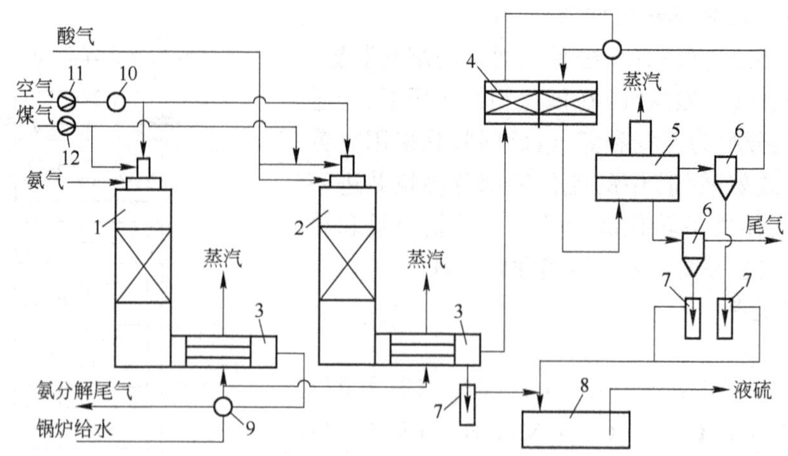

图 8-5-20　氨分解硫回收工艺流程图

1—氨分解炉；2—克劳斯炉；3—废热锅炉；4—反应器；5—硫冷凝器；6—硫分离器；7—硫封槽；8—液硫槽；9—锅炉给水预热器；10—空气预热器；11—空气风机；12—煤气加压机

由脱酸蒸氨来的酸气或氨酸气，经压力调节后进入克劳斯炉。其中 1/3 进入克劳斯炉上部的燃烧器，H_2S 与空气燃烧生成 SO_2；其余 2/3 直接进入克劳斯炉，H_2S 与燃烧器来的混合气体中的 SO_2 反应，生成元素硫。

酸气或氨酸气中的 NH_3 和 HCN 在炉中高温及催化剂的作用下如氨分解炉里的反应一样，被分解为 H_2、N_2 和 CO。酸气中的烃类化合物也能完全分解或燃烧。炉中高温主要依靠 H_2S 燃烧放热来维持，当酸气中 H_2S 含量较低时，尚需补充少量煤气。

由克劳斯炉排出的高温过程气经废热锅炉冷却，冷凝出部分液硫。由废热锅炉排出的过程气仍含有 H_2S 与 SO_2，使其进入装有催化剂的两段串联的克劳斯反应器，克劳斯一段反应器与二段之间设有换热器，利用一段出口过程气加热二段入口过程气，使之达到二段最佳反应温度，有助于 H_2S 与 SO_2 的反应趋于完全，换热后的一段出口过程气及二段出口过程气分别经硫冷凝器及分离器分离出液硫，液硫经硫封槽汇入液硫储槽储存，定期用泵抽出送至硫结片机生产出固体硫黄，装袋外销。

由第二段的分离器排出的过程气称为克劳斯尾气，进入过程气冷却器，用氨水进行喷洒冷却，冷却后进入气液分离器前的吸煤气管道。克劳斯尾气、氨分解尾气与荒煤气混合后一起进入煤气初冷器。

废热锅炉及硫冷凝器所需锅炉软水由锅炉供水处理槽供给，硫冷凝器吸收的过程气热量所产生的较低压力的蒸汽，可供锅炉供水处理槽加热及脱氧使用；克劳斯炉所需空气和煤气分别由空气鼓风机和煤气增压机提供。

氨分解炉与克劳斯炉装有火焰监视器，并设有安全关闭机构，当出现氨气或酸气、空气流量太小，煤气、空气压力过低或锅炉液位过低等不正常状态时，氨分解炉与克劳斯炉将自动关闭。

b　工艺特点

（1）采用还原气氛催化分解氨的工艺流程，氨气中的氮化物的分解率可达 99%，分解后的尾气返回煤气系统，不污染大气。

（2）硫回收采用 H_2S 部分燃烧法与两段转化的克劳斯工艺流程，H_2S 的转化率较高，所得产品硫黄的纯度高达99.5%以上。产生的克劳斯尾气返回吸煤气管道,不污染大气。

(3) 本工艺设置废热锅炉及换热器,最大限度地利用过程气的余热,节省了能源,提高了整个装置的热效率。

(4)本工艺可使氨气和酸气中的NH_3、HCN、烃类化合物较充分地分解或燃烧,避免了铵盐和积碳对催化剂的影响。

c 主要技术操作指标

氨分解率	99%
H_2S转化率	96%
氨分解炉温度	1100~1200℃
克劳斯炉温度	1100~1200℃
克劳斯一段反应器入口过程气温度	约240℃
克劳斯二段反应器入口过程气温度	约220℃
二段硫冷凝器出口尾气温度	约135℃
氨分解炉压力	约20 kPa
克劳斯炉压力	约20 kPa

d 操作要点及分析

(1) 氨分解:该工艺的操作关键是保证正常的分解温度,低了会导致氨分解率下降,温度高了将导致催化剂活性组分的流失、粉化且造成废热锅炉堵塞以及尾气中氮氧化物升高。独立的氨分解系统还要关注尾气中氢的含量,应在还原的气氛下进行氨分解以保证氨气中所含的硫化氢不被燃烧成二氧化硫。

(2) 克劳斯法硫回收:该工艺的操作要点一是要保证克劳斯炉、反应器和硫冷凝器等设备的正常温度,二是要保证比较准确的空气加入量。其目的就是要得到较高的液态硫黄收率,尽量减少尾气中气态硫和二氧化硫含量,以避免后续系统的堵塞和腐蚀问题;尾气中硫化氢与二氧化硫的比值受很多因素影响,但一般不宜低于2.5。

e 装置及设备维护

维护工作是围绕着保证装置的连续稳定运行来进行的。本装置遇到的主要问题是堵塞和超温引起的设备损坏,由于系统中的催化剂在使用过程中会逐渐老化并产生粉状物,加上有硫黄的存在,不断地累计起来会造成设备及管道的堵塞,造成系统阻力太大无法使尾气返回吸煤气系统而不得不临时停产检修。另外由于超温引起设备部件、催化剂和仪表损坏,生产不能按照规定的指标运行,导致氨分解率和H_2S转化率大幅下降。针对这些问题应定期进行检修,生产顺行后每年也应进行一次维护,必要时需对催化剂重新筛选装填。关键仪表的备品备件必须充足,以保证较高的系统正常开工率,而不是处于凑合的生产状态。

C 主要设备

本装置主要设备为氨分解炉(克劳斯炉)、废热锅炉、反应器及硫冷凝器,结构简图分别如图8-5-21~图8-5-24所示。

8.5.3.4 H_2S酸气湿法催化氧化制造硫酸

当焦炉煤气采用吸收法脱硫时,富液经解吸再生后,产生的含有H_2S的酸性气体通常可以采取湿法催化氧化制造浓度为78%或98%的硫酸。

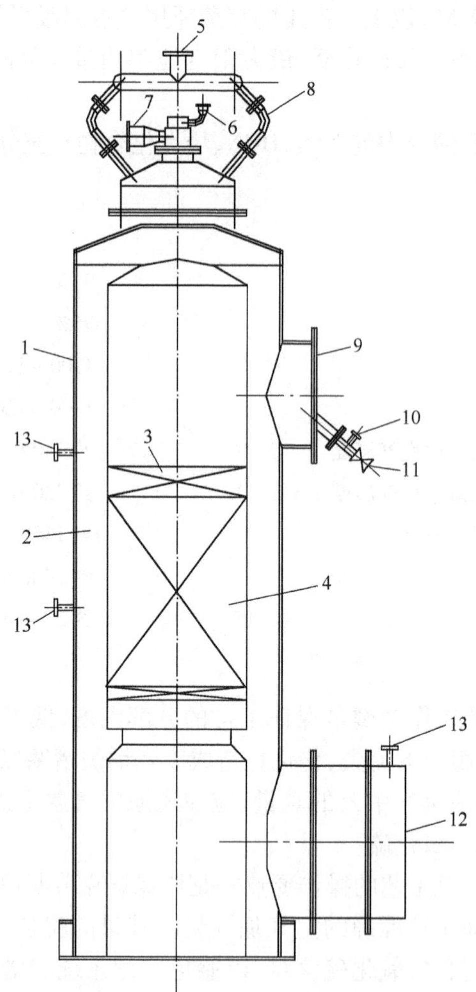

图 8-5-21 克劳斯炉/氨分解炉结构图

1—壳体;2—耐火砖衬里;3—惰性球;4—催化剂层;5—H_2S/NH_3 气入口;6—煤气入口;7—空气入口;8—导入管;9—人孔;10—空气吹扫口;11—窥视镜口;12—过程气出口;13—测温口

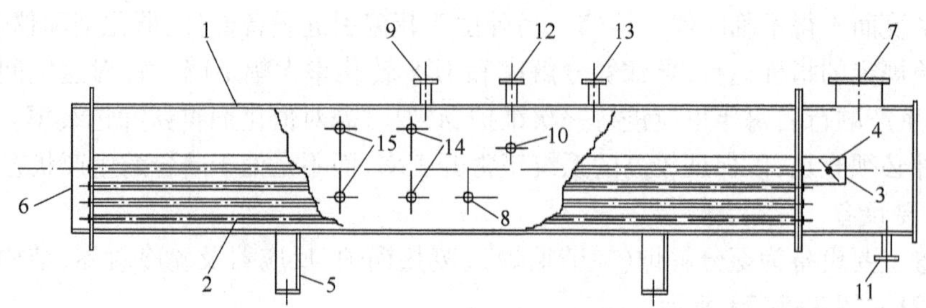

图 8-5-22 废热锅炉结构图

1—壳体;2—炉管;3—中央管;4—调节翻板;5—支座;6—过程气入口;7—过程气出口;8—软水入口;9—蒸汽出口;10—排污口;11—液硫出口;12—安全阀接口;13—压力控制接口;14—液位控制接口;15—液位计接口

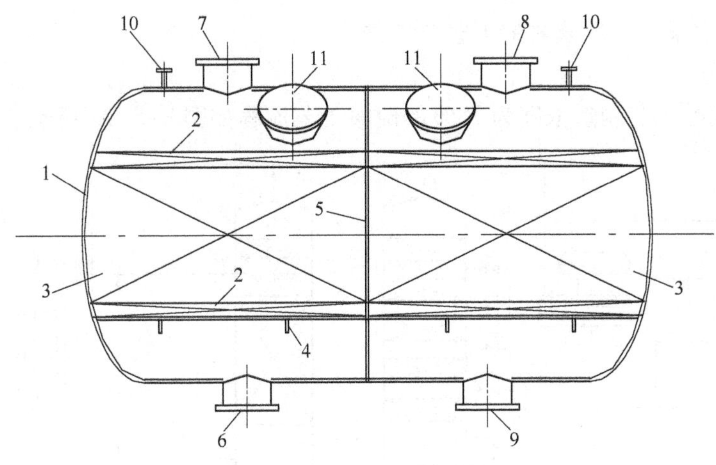

图 8-5-23 克劳斯反应器结构图

1—壳体;2—惰性球;3—催化剂层;4—支撑;5—隔板;6,8—过程气入口;
7,9—过程气出口;10—测温口;11—人孔

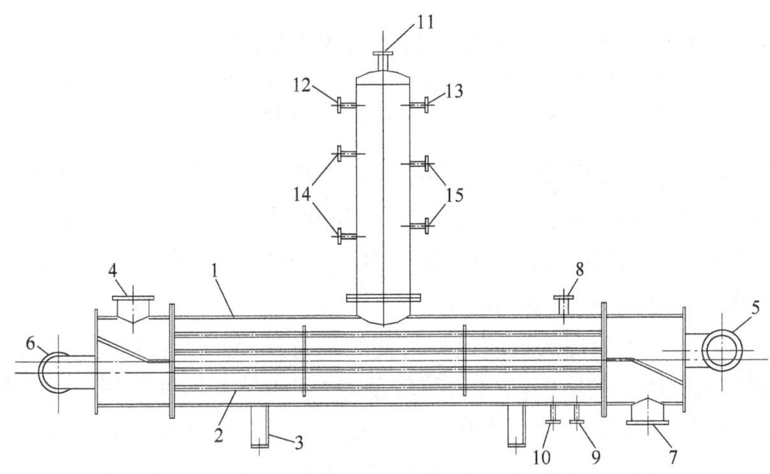

图 8-5-24 硫冷凝器结构图

1—壳体;2—换热管;3—支座;4,6—过程气入口;5,7—过程气出口;8—软水入口;9—排污口;10—测温口;
11—蒸汽出口;12—安全阀接口;13—压力控制接口;14—液位控制接口;15—液面计接口

有关硫酸的理化性质参见本书第 8.6.1.1 节

A 反应原理

燃烧 H_2S 酸气,得湿 SO_2 炉气;在钒催化剂的作用下,采用湿法催化氧化,SO_2 被氧化成 SO_3;对 SO_3 酸气进行吸收或冷凝,制得浓度为 78% 或 98% 的硫酸。主要反应为:

焚烧反应: $$H_2S + 3/2O_2 \longrightarrow SO_2 + H_2O, \Delta H = +518\ \text{kJ/mol} \quad (8-5-61)$$

转化反应: $$SO_2 + 1/2O_2 \longrightarrow SO_3, \Delta H = +99\ \text{kJ/mol} \quad (8-5-62)$$

吸收反应: $$SO_3 + H_2O(l) \longrightarrow H_2SO_4(l), \Delta H = +134\ \text{kJ/mol} \quad (8-5-63)$$

$$SO_3 + H_2O(g) \longrightarrow H_2SO_4(g), \Delta H = +101\ \text{kJ/mol} \quad (8-5-64)$$

冷凝反应: $$H_2SO_4(g) + 0.17H_2O(g) \longrightarrow H_2SO_4(l), \Delta H = +69\ \text{kJ/mol} \quad (8-5-65)$$

B　湿法催化氧化制取硫酸的工艺与操作

a　工艺流程

采用吸收成酸工艺制造浓度为78%的硫酸工艺流程如图8-5-25所示。

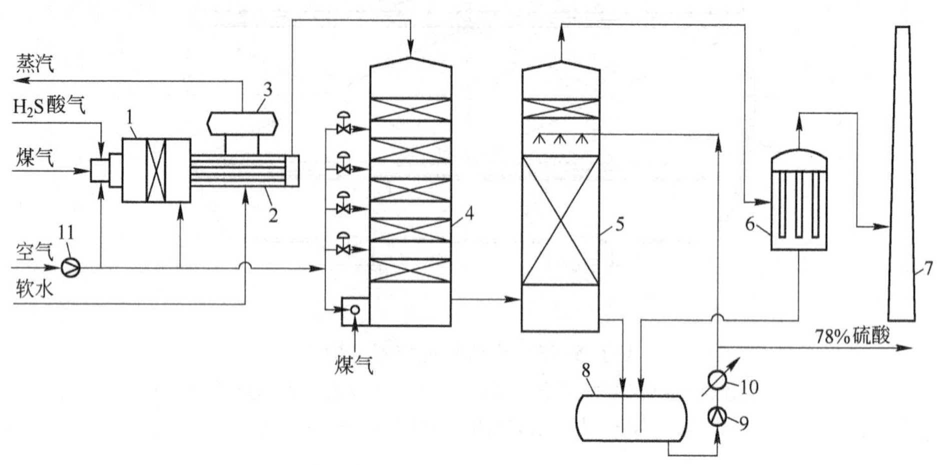

图8-5-25　湿法催化氧化制造浓度为78%的硫酸的工艺流程

1—焚烧炉；2—废热锅炉；3—汽包；4—转化器；5—吸收塔；6—酸雾过滤器；
7—烟囱；8—酸中间槽；9—循环酸泵；10—酸冷却器；11—空气鼓风机

来自间接法硫铵饱和器或脱硫解吸塔的含有 H_2S 的酸性气体，首先被送至硫酸装置焚烧炉主烧嘴。在焚烧炉主烧嘴处，按化学反应计量比，与空气鼓风机送来的空气充分混合后，在1000～1050℃的温度下进行焚烧。酸气中的 H_2S 完全燃烧，转化为 SO_2；HCN及少量 NH_3、烃类等组分转化为 N_2、CO_2 和 H_2O。

正常操作时，H_2S 燃烧放出的反应热即可使炉内达到燃烧所需的反应温度，不需额外补加辅助燃气；当进入焚烧炉的原料酸气负荷较低时，需额外补加辅助燃气，以维持焚烧炉内所需的燃烧反应温度。通常，焦化厂采用净化后的焦炉煤气作为辅助燃气助燃，由专用煤气风机加压后，送入燃烧炉；也可采取向焚烧炉内喷入部分纯度较高的液体硫黄，使其完全燃烧，生成 SO_2，以改善炉内燃烧热不足或产品硫酸浓度较低的状况。

从焚烧炉出来的高温过程气，经废热锅炉回收热量后，温度由1000～1050℃降至420～450℃，回收的热量由废热锅炉产生4～6 MPa的蒸汽。

从废热锅炉出来的过程气进入转化器。在钒催化剂的作用下，过程气中的 SO_2 被 O_2 湿法催化氧化为 SO_3。

转化器催化剂各床层间通入空气鼓风机送来的冷空气，以带出反应热，控制床层反应温度，并补充反应所需的 O_2。

从转化器出来的含有 SO_3 的过程气进入吸收塔，用浓度约为78%的硫酸对其进行喷洒、冷却、吸收；其中的 SO_3 与水结合，生成浓度约为78%的硫酸。

吸收塔底部流出的硫酸经酸中间槽进入循环酸泵；再由循环酸泵送至酸冷却器，用冷却水将其冷却至约40℃后送回吸收塔内，对 SO_3 酸气进行循环喷洒吸收。产品硫酸由循环酸泵出口引出，送往成品酸储槽。吸收塔顶部排出的约50～60℃的尾气，经酸雾过滤器除去酸雾后，由烟囱排入大气。

当外排尾气中 SO_x 含量较高时，由酸雾过滤器排出的尾气也可先经尾气除害塔，用氨水或氢氧化钠碱液对其中的 SO_x 吸收脱除后，再经烟囱排入大气。

b 工艺特点

（1）原料酸气为不含有害杂质的洁净气体，过程气在转化前不需净化；

（2）采用湿法催化氧化工艺，SO_2 过程气在转化前不需脱水，产品为浓度78%的硫酸；

（3）采用空气激冷工艺对转化器层间反应热进行冷却，不需换热设备；

（4）无废水或废物外排，清洁生产；

（5）流程短，布局简单，投资及运行费用低，操作、维护容易；

（6）为一转一吸流程，当催化剂效率下降，SO_2 转化率降低时，尾气中 SO_2 排放浓度会升高。

c 主要操作制度

产品硫酸浓度	75%～78%
外排尾气指标	
SO_2 浓度	≤0.08%（体积分数）
NO_x 浓度	≤250 mg/m³
SO_3 酸雾浓度	≤50 mg/m³
焚烧炉内温度	1000～1050℃
废热锅炉出口过程气温度	420～450℃
转化器出口过程气温度	400～410℃
吸收塔出口尾气温度	50～60℃
吸收塔循环酸入口温度	40～50℃
吸收塔循环酸出口温度	70～80℃
废热锅炉产蒸汽压力	4.0 MPa

d 工艺操作要点

（1）应根据进入焚烧炉的酸气流量比值调节进入焚烧炉主烧嘴的空气流量，并使焚烧炉前室温度达到1000℃，后室温度达到1050℃。低温将导致燃烧不完全，产生硫黄；高温将导致成品酸中 NO_x 含量增高。焚烧炉后过程气中 O_2 的浓度保持在6%～8%（体积分数）；

（2）当进入焚烧炉的原料酸气负荷较低时，应向炉内补充辅助燃气助燃，以维持炉内酸气燃烧所需的反应温度，保证酸气完全燃烧；

（3）当过程气中水汽含量较高时，应注意硫酸浓度的变化。当硫酸浓度小于70%时，应采取适当措施，尽量降低原料酸气中水分含量或向成品酸中兑入一定量93%或98%的浓硫酸，以防止稀酸产生，腐蚀设备及管道；

（4）当外排尾气中酸雾含量较高时，应及时对酸雾过滤器的滤芯进行检查，发现损坏或失效应及时维修或更换；

（5）为保证 SO_2 具有较高的转化率，应使催化剂保持较高的活性，当发现催化剂活性下降，SO_2 转化率降低时，应及时对催化剂进行筛分或更换；

（6）每年进行一次停产检修。检修期间，应对设备、仪表及管线等进行逐一检查。对腐蚀或损坏部分应进行维修或更换；对粉化的催化剂应进行筛分或更换。

e　主要设备结构及材质

焚烧炉:焚烧炉结构如图 8-5-26 所示。焚烧炉为卧式结构。壳体材质采用 20G;内部衬约 400 mm 厚的耐火砖。炉内由花墙隔成前、后两室,以便于控制酸气完全燃烧且不导致大量 NO_x 生成;同时,花墙也起到均布气流和火焰的作用,使燃烧更充分。炉头设有燃烧器,通过燃烧器接管与炉体相连。燃烧器设有燃烧主烧嘴和点火烧嘴。原料酸气、燃烧用空气及助燃煤气均通过接管接至燃烧器上的主烧嘴,按比例混合后,进入炉内燃烧。通常,燃烧器设有自动点火烧嘴和火焰监测系统。点火烧嘴开车时使用;正常操作时作为长明灯,以保证焚烧炉燃烧安全。焚烧炉炉头设有点火孔,供开工手动点火时使用。炉头端盖及炉体侧部均设有视孔,供正常操作观测炉内燃烧情况使用。焚烧炉烟气出口与废热锅炉相连。焚烧后的烟气通过烟气出口进入废热锅炉。

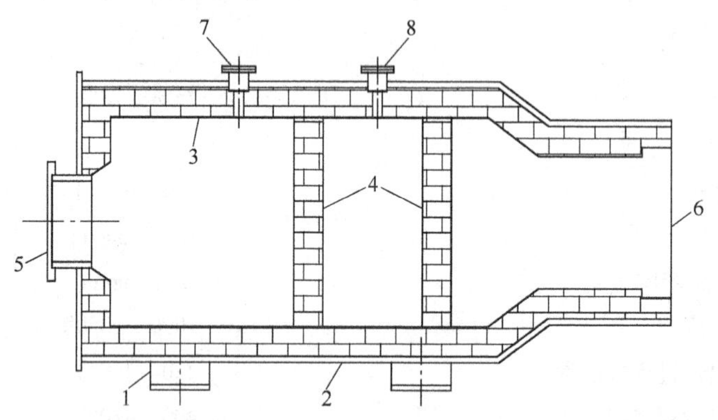

图 8-5-26　焚烧炉结构图

1—鞍座;2—炉壳;3—耐火砖;4—花墙;5—燃烧器接口;6—烟气出口;7—前室测温口;8—后室测温口

焚烧炉通常设有一套独立又兼容于整套装置 DCS 的 PLC 自动控制系统,对装置的安全稳定运行提供有效保证。

其他设备:废热锅炉为火管式锅炉,过程气走管程,水走壳程;吸收塔为瓷环填料塔,内壁衬铅及耐酸砖;酸冷却器以前多采用铅管喷淋式换热器,换热效率低,占地大,目前多采用材质为哈氏特镍合金 C 制成的板式换热器;酸雾过滤器为整体玻璃钢或内衬玻璃钢壳体,内部装有玻璃纤维滤芯,用于捕集酸雾。

C　其他制酸工艺

除上述吸收成酸制取 78% 的硫酸工艺外,还有一种冷凝成酸制造浓度为 98% 的硫酸工艺,流程如图 8-5-27 所示。该工艺的焚烧和转化部分与上述流程类似,其主要差别是:采用冷凝法将转化后的过程气冷凝,制取 98% 的浓硫酸。其主要设备冷凝器如图 8-5-28 所示。

8.5.4　其他脱硫方法

8.5.4.1　FRC 法脱硫

FRC 法脱硫是由弗玛克斯(Fumaks)法脱硫、罗达克斯(Rhodacs)法脱氰和昆帕克斯(Compacs)法制酸三部分组成的,简称 FRC 法。该法用氨水作脱硫剂,苦味酸作催化剂进行煤气的脱硫脱氰,脱硫废液和硫黄用于制酸。

A　原料与产品

a　原料

焦炉煤气

H_2S	$4\sim6\ g/m^3$
HCN	$1\sim2\ g/m^3$

苦味酸

外观	黄色粒状结晶
干品凝固点	≥120℃
干品游离酸含量(以 H_2SO_4 计)	≤0.05%
水分含量	≥30%

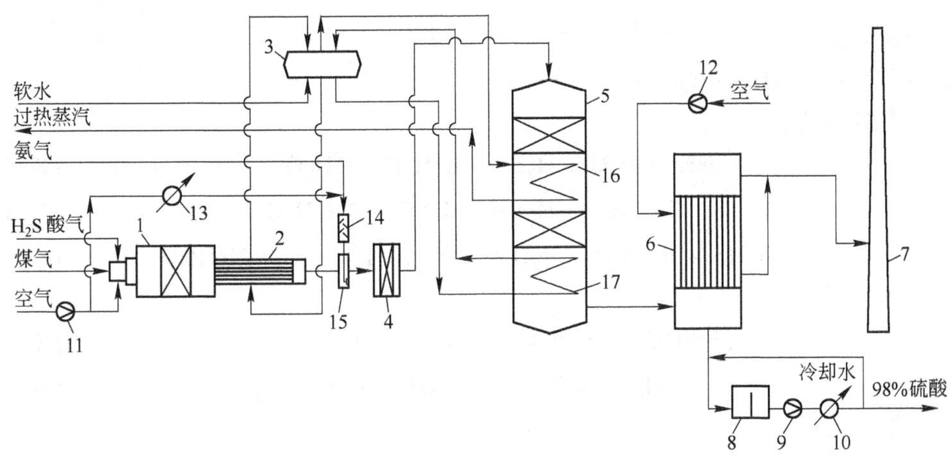

图 8-5-27 湿法催化氧化制造浓度为98%的硫酸的工艺流程

—焚烧炉;2—废热锅炉;3—汽包;4—NO_x分解器;5—转化器;6—酸气冷凝冷却器;7—烟囱;8—酸中间槽;9—酸泵;10—酸冷却器;11—燃烧空气鼓风机;12—冷却空气鼓风机;13—空气电加热器;14—混合器;15—氨喷射器;16—床间换热器;17—过程气冷却器

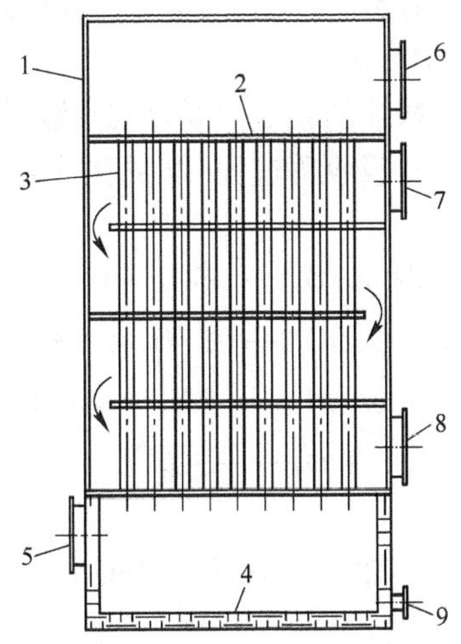

图 8-5-28 酸气冷凝器结构图

1—壳体;2—管板;3—玻璃管;4—耐酸砖;5—酸气入口;6—尾气出口;7—冷空气入口;8—热空气出口;9—硫酸出口

b　产品

焦炉煤气

H_2S	0. 2 g/m³
HCN	0. 10 g/m³

硫酸

浓度	98 %
强热残分	≤0. 05%
铁	≤0. 03%

B　基本原理

a　脱硫脱氰过程的化学反应

脱硫反应:

$$NH_3 \cdot H_2O + H_2S \longrightarrow NH_4HS + H_2O \quad (8\text{-}5\text{-}66)$$

$$R \cdot NO_2 + H_2S \longrightarrow RNO + S + H_2O \quad (8\text{-}5\text{-}67)$$

$$NH_4HS + R \cdot NO + H_2O \longrightarrow NH_4OH + S\downarrow + RNHOH \quad (8\text{-}5\text{-}68)$$

再生反应:

$$RNHOH + 0.5O_2 \longrightarrow RNO + H_2O \quad (8\text{-}5\text{-}69)$$

$$2NH_4HS + 2O_2 \longrightarrow (NH_4)_2S_2O_3 + H_2O \quad (8\text{-}5\text{-}70)$$

脱氰反应:

$$NH_3 \cdot H_2O + HCN \longrightarrow NH_4CN + H_2O \quad (8\text{-}5\text{-}71)$$

$$2NH_3 \cdot H_2O + H_2S + xS \longrightarrow (NH_4)_2S_{x+1} + 2H_2O \quad (8\text{-}5\text{-}72)$$

$$(NH_4)_2S_{x+1} + NH_4CN \longrightarrow NH_4SCN + (NH_4)_2S_x \quad (8\text{-}5\text{-}73)$$

$$(NH_4)_2S_x + S \longrightarrow (NH_4)_2S_{x+1} \quad (8\text{-}5\text{-}74)$$

分子式中的 x 值为 1 ~4。x 值越高,反应性越好,硫氰酸铵的生成反应可很快地完成。

b　废液制取硫酸过程的化学反应

由离心机分离出来的硫黄与浓缩的脱硫液混合成浆液后,送昆帕克斯装置中进行焚烧,再经炉气净化与冷却、转化、干燥及吸收等过程,以制取质量浓度为98%的浓硫酸。

燃烧反应:

$$NH_4SCN + 3O_2 \longrightarrow SO_2 + CO_2 + 2H_2O + N_2 \quad (8\text{-}5\text{-}75)$$

$$(NH_4)_2S_2O_3 + 2.5O_2 \longrightarrow 2SO_2 + 4H_2O + N_2 \quad (8\text{-}5\text{-}76)$$

$$4NH_3 + 3O_2 \longrightarrow 2N_2 + 6H_2O \quad (8\text{-}5\text{-}77)$$

$$S + O_2 \longrightarrow SO_2 \quad (8\text{-}5\text{-}78)$$

催化转化反应:

$$2SO_2 + O_2 \longrightarrow 2SO_3 \quad (8\text{-}5\text{-}79)$$

吸收反应:

$$SO_3 + H_2O \longrightarrow H_2SO_4 \quad (8\text{-}5\text{-}80)$$

C　工艺与操作

a　工艺流程

工艺流程如图8-5-29所示。上一工序来的煤气进入脱硫塔下部，与塔顶喷洒的脱硫液逆流接触，进行吸收反应。脱除了H_2S和HCN的煤气由塔顶排出，送至下一工序。塔底的脱硫液用泵送至再生塔底部的预混合喷嘴，与空气压缩机送来的空气混合后，进入再生塔内进行再生反应。再生后的脱硫液经过塔内的气泡分离器，分离出气泡后用泵经冷却器送入脱硫塔循环使用。

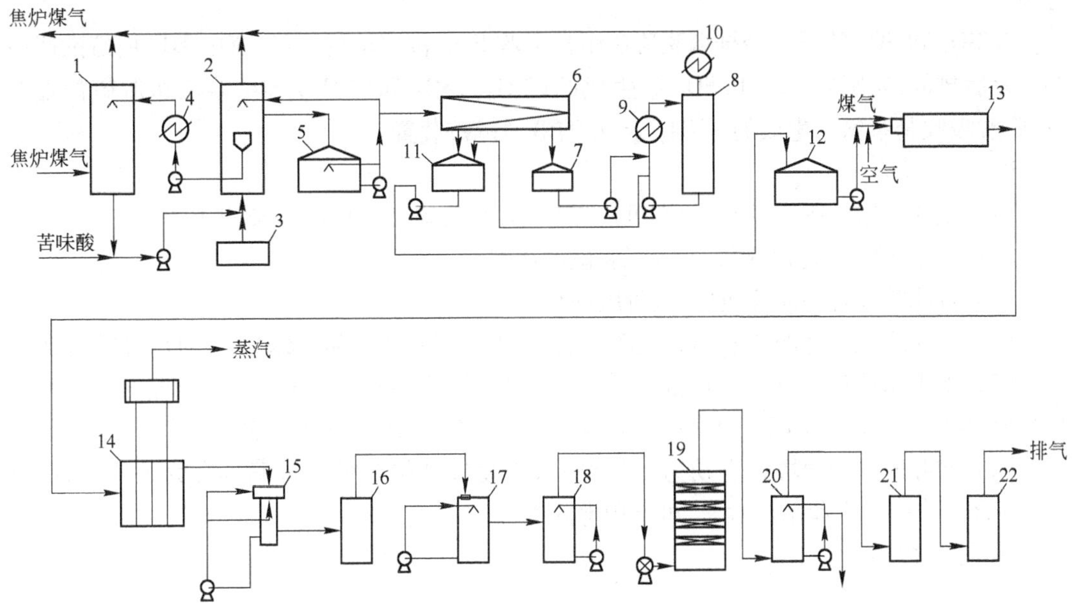

图8-5-29 FRC法脱硫工艺流程图

1—脱硫塔；2—再生塔；3—空气压缩机；4—冷却器；5—缓冲槽；6—离心机；7—滤液槽；8—浓缩塔；9—加热器；10—冷凝冷却器；11—浆液槽；12—燃烧液槽；13—燃烧炉；14—废热锅炉；15—增湿塔；16—冷却塔；17—洗净塔；18—干燥塔；19—转化塔；20—吸收塔；21—排烟脱硫塔；22—氨中和塔

再生塔内生成的硫黄被塔底部吹入的空气气泡挟带，浮上液面形成泡沫层。含硫的泡沫流入缓冲槽，大部分用泵送入再生塔顶消泡，小部分送往离心机分离出硫黄。离心机排出的滤液，大部分回入缓冲槽，小部分送至浓缩塔进行浓缩。浓缩后的浓缩液和离心机分离出的硫黄混合后送去制硫酸，浓缩塔顶的气体经冷凝冷却后送至初冷前吸煤气管道。由再生塔顶排出的再生尾气送入脱硫塔后煤气管道。

从燃烧液槽抽出的硫浆液经空气雾化后，送入燃烧炉进行喷雾燃烧，浆液燃烧生成SO_2气。因浆液含水较多，必须用焦炉煤气作助燃剂。燃烧炉分两段燃烧，燃烧温度控制在1100～1200℃。燃烧炉出口的SO_2混合气体先流经废热锅炉，使温度降至约400℃，同时产生压力为3 MPa的蒸汽，可用于燃烧空气的加热和浆液的预热。

出废热锅炉的约400℃的SO_2混合气体，先经增湿塔用循环液喷洒除尘增湿降温至70～80℃，然后进入冷却塔和洗净塔，分别用循环水和低温水冷却至约30℃，以尽量除去混合气体中的灰尘和水分，增湿塔和洗净塔设有动力波洗涤器，强化气液接触使小雾滴集合为大雾滴，降低SO_2混合气体的灰尘和水分含量，一般控制灰尘不大于1 mg/m^3、水分不大于0.0005%。于此过程中产生浓度约为4.6%的稀硫酸，用于尾气洗涤吸收尾气中的剩余氨。

除去酸雾后的 SO_2 混合气体送入干燥塔，用40～50℃的浓硫酸循环吸收气体中的水分，同时得到浓度95%的硫酸。经干燥后的 SO_2 混合气体，由鼓风机加压后，经过热交换器进入转化塔。转化塔内分段填装 V_2O_5 催化剂，在400～500℃条件下，使 SO_2 气转化为 SO_3 气。转化后的 SO_3 混合气经热交换器冷却入吸收塔。吸收塔用浓硫酸循环吸收 SO_3 气从而获得质量浓度为98%的硫酸产品。循环液吸收温度约60℃，吸收时产生的热量由循环酸冷却器除去。

含 SO_2 和 SO_3 的尾气经排烟脱硫塔用氨吸收 SO_2 和 SO_3 后，再经氨中和塔用硫酸吸收剩余氨后排放，氨吸收 SO_2 和 SO_3 后生成的 $(NH_4)_2SO_3$ 和 $(NH_4)_2SO_4$ 溶液送脱硫浓缩装置，硫酸吸收剩余氨后生成的 $(NH_4)_2SO_4$ 溶液送硫铵装置。

b 工艺特点

(1) 脱硫脱氰效率高，脱硫效率可达99%以上，脱氰效率可达92%以上。

(2) 以煤气中的氨为碱源，节省了脱硫的原料。

(3) 苦味酸氧化还原反应快，且价廉易得。

(4) 脱硫脱氰产生的废液燃烧生产硫酸，既得到了硫酸产品，又避免了对环境的污染。

(5) 由于循环液和空气经预混喷嘴进入再生塔，再生空气用量少，仅为理论空气量的1.3倍，因此含氨的再生尾气可直接配入脱硫塔的煤气管道中，不产生公害。

(6) 增湿塔和洗净塔设有动力波洗涤器，强化气液接触使小雾滴集合为大雾滴，降低 SO_2 混合气体的灰尘和水分含量，可不用电除雾器。

c 操作指标

出脱硫塔煤气	
H_2S	0.2 g/m³
HCN	0.10 g/m³
产品硫酸浓度	98%
原料消耗，苦味酸	10 g/kg(硫)

d 操作制度

入脱硫塔煤气温度	32～35℃
脱硫塔煤气阻力	≤1000 Pa
入脱硫塔脱硫液	
温度	35～36℃
游离氨	≥4 g/L
游离硫	≤1.7 g/L
苦味酸	0.1%
NH_4CNS	≤200 g/L
$(NH_4)_2S_2O_3$	≤200 g/L

e 操作要点

(1) 脱硫塔的操作温度。确定脱硫塔的操作温度既要考虑脱硫液对 H_2S、HCN 和 NH_3 的吸收有利，又要考虑对液相中各组分的反应有利。影响此温度的因素有煤气入塔温度、再生塔空气温度和液相化学反应热。煤气入塔温度一般控制在35℃以内，为控制系统的水平衡，脱硫液的温度一般控制比煤气入塔温度高 2 ~ 3℃。

（2）脱硫液的游离氨含量。脱 H_2S 和 HCN 的第一反应就是和 NH_3 作用，所以游离氨含量越高，脱硫脱氰效果越好。可将剩余氨水蒸氨得到的氨气部分冷凝成浓氨水，兑入脱硫液中，一般控制游离氨含量大于 4 g/L。脱硫液的游离氨含量取决于煤气的含氨量和操作温度，其中煤气中的氨又取决于煤的性质和焦炉的操作条件，在上述操作温度下一般无法大幅度提高脱硫液的游离氨含量。

（3）脱硫液的苦味酸含量。苦味酸含量高可提高反应速度，提高硫黄生成量，提高脱硫液的硫容量，从而降低脱硫液循环量，降低电耗，但苦味酸含量过高将导致生成过量的硫黄，改变制酸废液的组成，影响制酸装置的生产。一般控制 30% 的 H_2S 转化为硫黄，相应脱硫液中的苦味酸含量为 0.1%。

苦味酸在氧化还原过程中少部分三硝基变成三胺基而完全失去活性，反应为：

OH: O_2N, NO_2, NO_2 $\xrightarrow{H_2S}$ OH: O_2N, NO, NO_2 $\xrightarrow{H_2S}$ OH: O_2N, NHOH, NO_2 $\xrightarrow{H_2S}$

OH: O_2N, NH_2, NO_2 …… $\xrightarrow{H_2S}$ OH: H_2N, NH_2, NH_2

在实际操作中，为补偿失去活性的苦味酸，需向系统补充苦味酸，补充量（即消耗量）为 10 ~ 20 g/kg（H_2S）。

（4）液气比。液气比主要取决于净化前后煤气中 H_2S 含量，净化前煤气中 H_2S 含量越高，要求的液气比越大；净化后煤气中 H_2S 含量越低，要求的液气比越大。液气比越大，越有利于 H_2S 和 HCN 的吸收，根据实际生产经验，液气比一般为 20 ~ 30 L/m^3。液气比过大，对脱硫脱氰效果影响不明显，反而使电能消耗过大。

（5）再生空气量。空气的作用主要是提供氧化所需的氧气，由于采用离心机分离硫黄，不再需要用空气浮选硫泡沫，因此，采用预混喷嘴后再生空气量可大大降低，一般空气过剩系数为 1.6 ~ 1.7。

（6）燃烧炉空气量。燃烧炉分两段燃烧，一段控制空气过剩系数 α 为 0.9 ~ 1.0（处于还原气氛），全炉控制 α 为 1.2 ~ 1.4。两段燃烧的目的是尽可能降低燃烧后 NO_x 和 SO_3 的生成。NO_x 在吸收塔内产生硝酸，影响产品质量，一般控制生成 SO_3 的硫不大于硫总量的 5%。

（7）废热锅炉后炉气温度及自产蒸汽压力。由于在燃烧炉中生成了少量 SO_3，当炉气在废热锅炉冷却至 SO_3 的露点时，SO_3 和炉气中的水就会以硫酸形式在炉管上冷凝下来，对废热锅炉造成严重腐蚀，燃烧炉后炉气中硫酸的露点约为 180 ~ 230℃，一般控制废热锅炉自产蒸汽压力为 3 MPa，相对应水的温度为 234℃，这样可确保炉气不会被冷却至 230℃ 以下，一般控制废热锅炉后炉气温度约为 400℃。

(8) 炉气冷却器后炉气温度。燃烧炉后炉气中含有灰尘和大量多余的水,灰尘会导致 SO_2 转化催化剂失效,多余的水会导致生产不出来浓硫酸,所以必须通过冷却炉气脱除灰尘和多余的水。炉气冷却器后炉气温度取决于浓硫酸水平衡,一般控制炉气冷却器后炉气温度约为30℃。

(9) SO_2 的转化温度。SO_2 转化为 SO_3 的反应为放热反应,温度低,SO_2 转化为 SO_3 的平衡常数大(0.1 MPa 压力下各温度对应的转化平衡常数分别为:400℃,0.99;500℃,0.93;600℃,0.73),有利于 SO_2 转化为 SO_3,但转化速度慢(各温度对应的转化速度常数分别为:400℃,2.83;500℃,28.44;600℃,149.06),为保证 SO_2 的转化率和转化速度都比较高,一般 SO_2 的转化温度控制在400～500℃。

(10) 硫酸产品浓度。硫酸产品浓度也就是 SO_3 的吸收酸浓度,吸收酸浓度为98.3%时,可以使气相中 SO_3 的吸收达到最完全的程度,浓度过高或过低均不适宜。吸收酸浓度低于98.3%时,酸液面上 SO_3 的平衡分压较低,但随着酸浓度的降低,水蒸气分压却逐渐增大。从酸液表面蒸发并扩散到气相中的水分子与 SO_3 分子相遇,形成硫酸蒸气,并冷凝生成细小的硫酸液滴即酸雾,酸雾很难完全分离,通常随尾气带走排入大气。吸收酸浓度越低,酸雾形成量越大。吸收酸浓度高于98.3%时,酸液面上水蒸气分压接近于零,但 SO_3 的平衡分压较高,气相中的 SO_3 不能完全吸收,使排出尾气中的 SO_3 含量增大,尾气排入大气后也形成酸雾。

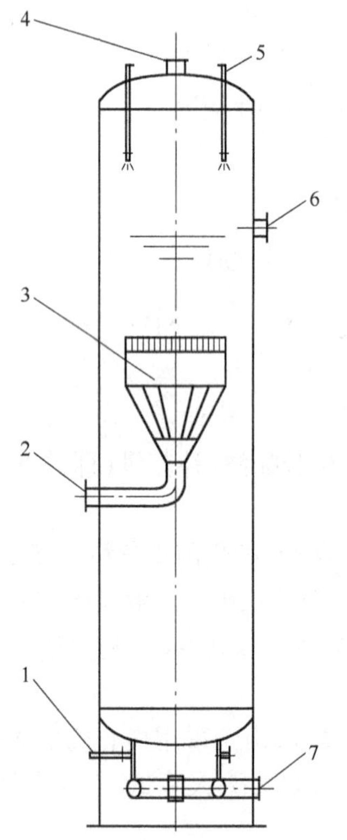

图8-5-30　再生塔
1—压缩空气入口;2—脱硫液出口;
3—泡沫分离器;4—废气出口;
5—消泡液入口;6—硫泡沫出口;
7—脱硫液入口

(11) 吸收酸温度。吸收酸温度越低,吸收率越高,但吸收酸温度过低,在吸收过程中不可避免地会出现局部温度低于硫酸露点温度,导致酸雾产生。一般控制吸收酸温度为60～75℃。

D　主要设备

a　脱硫塔

脱硫塔为填料塔,填料为聚丙烯填料。塔体为不锈钢或碳钢内衬玻璃钢,以防腐蚀。脱硫塔结构与ADA脱硫塔相同。

b　再生塔

再生塔为圆柱形空塔,内设泡沫分离器以使脱硫液和空气分离,底部设有脱硫液和空气的预混喷嘴,以使脱硫液和空气充分接触,顶部设硫泡沫溢流管和脱硫液喷洒管以消除泡沫。塔体为不锈钢或碳钢内衬玻璃钢,以防腐蚀。再生塔结构如图8-5-30所示。

8.5.4.2　真空碳酸盐法脱硫

真空碳酸盐法脱硫是利用碳酸盐溶液吸收焦炉煤气中的 H_2S 和 HCN。根据碳酸盐的种类,又分为真空碳酸钠脱硫工艺和真空碳酸钾脱硫工艺。两者的主要差别是:由于碳酸钾的溶解度高于碳酸钠,即真空碳酸钾脱硫工艺脱硫液的碱度大于真空碳酸钠脱硫工艺,因此真空碳酸钾脱硫工艺的脱硫效率略高于真空碳酸钠脱硫工艺，真空碳酸钠脱硫工艺煤气出口 H_2S 含量可达到 0.5 g/m^3，而真空碳酸钾脱硫工艺煤气出口 H_2S 含量可达到 0.2 g/m^3。为进一步降低煤气出口 H_2S 含量，真空碳酸钠脱硫工艺和真空碳酸钾脱硫工艺都应设置碱洗段，利用分解剩余氨水中固定铵所需的 NaOH 溶液，进一步吸收煤气中 H_2S，一般经碱洗段后煤气中 H_2S 含量可降低 0.1～0.2 g/m^3。

A　原料与产品

a　原料

焦炉煤气	
H_2S	约 5 g/m^3
HCN	约 1.5 g/m^3

b　产品

焦炉煤气	
H_2S	≤0.2 g/m^3
HCN	约 0.2 g/m^3
酸气	
H_2S 含量	≥50%（体积分数）

B　基本原理

本法使用碳酸盐溶液吸收焦炉煤气中的 H_2S 和 HCN，再经解吸得到含 H_2S 和 HCN 的酸气。以碳酸钾为例，吸收、解吸过程的基本化学反应如下。

吸收反应：

$$K_2CO_3 + H_2S \longrightarrow KHCO_3 + KHS \tag{8-5-81}$$

$$K_2CO_3 + HCN \longrightarrow KCN + KHCO_3 \tag{8-5-82}$$

$$K_2CO_3 + CO_2 + H_2O \longrightarrow 2KHCO_3 \tag{8-5-83}$$

解吸反应：

$$KHS + KHCO_3 \longrightarrow K_2CO_3 + H_2S \tag{8-5-84}$$

$$KCN + KHCO_3 \longrightarrow K_2CO_3 + HCN \tag{8-5-85}$$

$$2KHCO_3 \longrightarrow K_2CO_3 + CO_2 + H_2O \tag{8-5-86}$$

副反应：

$$2KHS + 2O_2 \longrightarrow K_2S_2O_3 + H_2O \tag{8-5-87}$$

$$K_2CO_3 + H_2S + 0.5O_2 + HCN \longrightarrow KSCN + KHCO_3 + H_2O \tag{8-5-88}$$

C　工艺与操作

a　工艺流程

工艺流程如图 8-5-31 所示。

焦炉煤气从脱硫塔（吸收塔）下部进入，自下而上与碳酸钾溶液（贫液）逆流接触，煤气中的 H_2S 和 HCN 等酸性气体被吸收后，煤气自脱硫塔顶部出来再经除去夹带的液滴后送至下一工序。

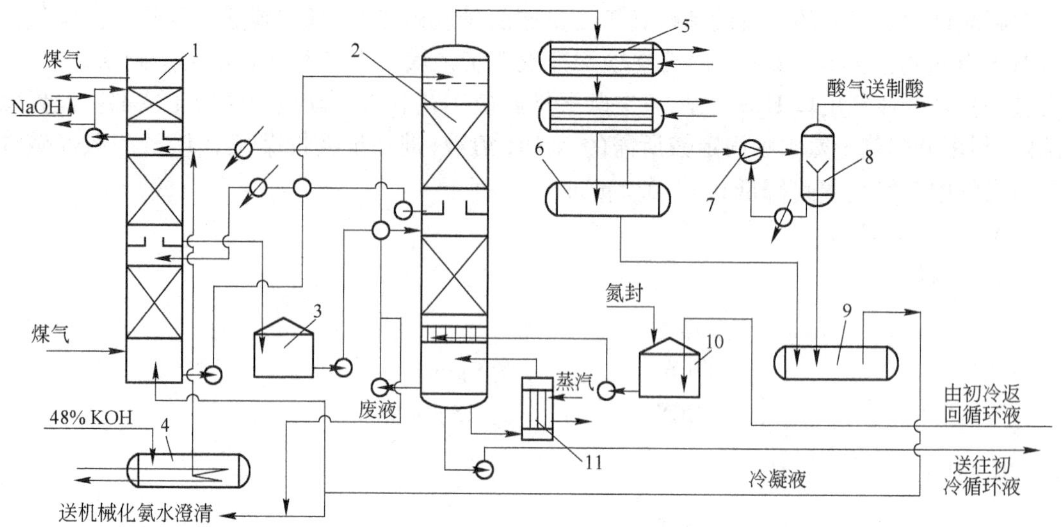

图 8-5-31　真空碳酸盐法脱硫工艺流程图

1—脱硫塔；2—再生塔；3—富液槽；4—碱液槽；5—冷凝冷却器；6—冷凝液槽；7—真空泵；8—分离槽；9—收集槽；10—循环液槽；11—加热器

脱硫塔底部吸收了酸性气体的富液与来自再生塔的热贫液换热后，送至再生塔（解吸塔）顶部进行再生。再生塔在真空下运行，富液与再生塔底上升的水蒸气逆流接触，使酸性气体从富液中解吸出来。再生塔所需的热源取自荒煤气的余热，具体做法是将再生塔底循环液直接送往初冷器上段与荒煤气换热，或者是间接与初冷制备的余热水换热，前者不仅可以节省庞大的换热设备，而且对余热的利用率高。再生后的贫液经贫富液换热和冷却器冷却后进入吸收塔顶部循环使用。从再生塔顶逸出的酸性气体，经冷凝冷却并除水后，由真空泵抽送并加压后送往克劳斯装置或湿接触法制酸装置，用于制造硫黄或硫酸。

为提高脱硫效率，脱硫塔和解吸塔均采用分段操作，具体如图 8-5-31 所示。

吸收液在循环使用过程中因氧的存在还会生成 KCNS 和 $K_2S_2O_3$，为保证脱硫效率，必须外排少量废液。此部分废液送入机械化氨水澄清槽，随剩余氨水处理，不外排。

b　工艺特点

（1）产品酸气纯度高，可用于生产质量高的硫酸或硫黄。

（2）富液再生采用真空解吸法，操作温度低，副反应速度慢，废液量少，碱耗低。此外对设备材质的要求低，投资省。

（3）利用荒煤气余热作为吸收液再生热源，装置的能耗低。

c　操作指标

出脱硫塔煤气

H_2S 含量	0.2 g/m^3
HCN 含量	0.2 g/m^3

产品酸气

H_2S	≥50%（体积分数）

d 操作制度

脱硫塔入口煤气温度	27～30℃
脱硫塔入口贫液温度	28～30℃
再生塔顶酸气温度	55℃
真空泵前酸气温度	25℃
再生塔顶压力(绝对压力)	18 kPa
真空泵出口压力(表压)	30 kPa

e 操作要点

(1) 脱硫塔的操作温度。脱硫塔的操作温度不宜过低,否则易出现盐类结晶堵塞设备,并且不利于 H_2S 的吸收;温度过高,会加速副反应的进行,废液量增大。一般维持在 30℃左右。

(2) 脱硫贫液的 K_2CO_3 及 KHS 含量。脱硫贫液的 K_2CO_3 含量主要由脱硫塔的操作温度决定。在防止出现 K_2CO_3 和 $KHCO_3$ 结晶的前提下,应尽可能提高脱硫液的 K_2CO_3 含量,以利于 H_2S 的吸收,一般脱硫贫液的 K_2CO_3 含量宜维持在 50 g/L 以上。

脱硫贫液的 KHS 含量决定脱硫塔后煤气中 H_2S 含量,脱硫贫液的 KHS 含量越低,脱硫塔后煤气中 H_2S 含量越低。脱硫贫液的 KHS 含量主要取决于再生蒸气量。再生塔底闪蒸气量越大,脱硫贫液的 KHS 含量越低。

(3) 再生塔的操作温度。再生塔在真空和低温状态下操作,以降低副反应的速度,并可利用余热,降低能耗。此温度越低,副反应速度越慢,越有利于余热的利用,但要求的再生塔真空度越大,真空泵的动力消耗越大。一般再生塔底脱硫液温度控制在 55～60℃。

f 常见故障与处理

(1) 酸气冷凝器、真空泵等设备堵塞。

原因:进脱硫塔的煤气含萘较高,煤气中萘被脱硫液洗下来,在再生塔中萘被加热汽化进入酸气中,在酸气冷凝器等设备中又冷凝下来,随冷凝水进入冷凝水管道,由于冷凝水管道较细,萘较容易附着在管壁上造成堵塞。

解决办法:降低贫油含萘,加强对洗苯塔后煤气夹带油的捕集,从而降低进脱硫塔的煤气含萘、含油,减少进入酸气中的萘量。

(2) 真空泵后酸气中油含量高。

原因:真空泵为活塞式,活塞的润滑油进入酸气中。

解决办法:尽量不采用活塞式真空泵,改用水环式真空泵。

D 主要设备

a 脱硫塔

脱硫塔一般为填料塔,塔体为碳钢,填料为聚丙烯鲍尔环填料。脱硫塔结构基本同 ADA 脱硫塔。

b 再生塔

再生塔一般为填料塔,塔体为碳钢,填料为聚丙烯鲍尔环填料。塔顶液体喷淋采用再分布槽式,以降低酸气夹带液体量。塔底设蒸发槽,使再沸后的脱硫液部分蒸发。由于塔底温度较高,为防止腐蚀,塔底内壁涂防腐涂料。再生塔结构如图 8-5-32 所示。

8.5.4.3 T－H法脱硫

T－H法脱硫包括塔卡哈克斯法(Takahax)脱硫和希罗哈克斯(Hirohax)法废液湿式氧化处理两部分。

塔卡哈克斯法脱硫是利用1,4－萘醌－2－磺酸钠作触媒脱除煤气中的H_2S和HCN。此法开发初期使用碳酸钠或氢氧化钠为碱源，在20世纪70年代开始用焦炉煤气中的氨作碱源。

希罗哈克斯法废液湿式氧化处理是将以氨作碱源的塔卡哈克斯法产生的废液在高温高压下全部氧化为硫酸铵溶液。只有以氨作碱源的塔卡哈克斯工艺才能与希罗哈克斯法废液湿式氧化处理工艺相配套。

A 原料与产品

a 原料

焦炉煤气

H_2S	4～6 g/m³
HCN	1～2 g/m³

b 产品

焦炉煤气

H_2S	0.2 g/m³
HCN	0.15 g/m³

希罗哈克斯法反应液

NH_4SCN	<0.5 g/L
$(NH_4)_2SO_4$	300～400 g/L
H_2SO_4	2%～3%

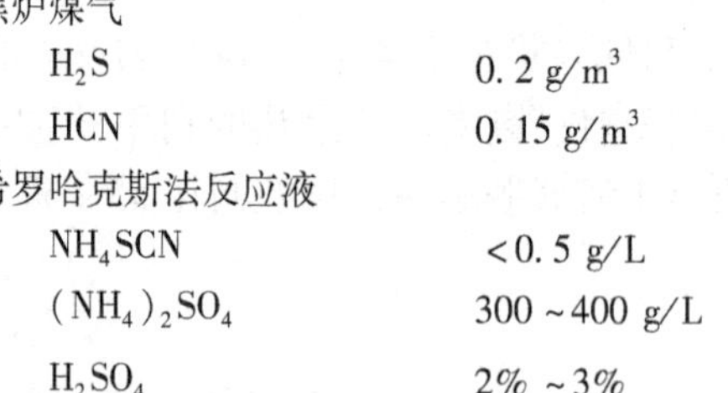

图8-5-32 再生塔

1—贫液出口；2—富液入口；3—酸气出口；4—再分布器；5—填料支撑；6—蒸发槽；7—再沸循环液入口；8—再沸循环液出口

B 基本原理

a 塔卡哈克斯法脱硫脱氰原理

本法使用的脱硫液为含有1,4－萘醌－2－磺酸钠的碱性溶液，碱源为焦炉煤气中的氨。萘醌磺酸钠在吸收液中呈离子状态存在，由于吸收液中NH_4^+占绝大多数，而Na^+极少，因而在脱硫液中的存在状态是1,4－萘醌－2－磺酸铵。

(1) 吸收反应：

$$NH_4OH + H_2S \longrightarrow NH_4HS + H_2O \tag{8-5-89}$$

$$NH_4OH + HCN \longrightarrow NH_4CN + H_2O \tag{8-5-90}$$

(2) 氧化反应：

$$(x+1)NH_4HS + x\,[\text{O},\ SO_3NH_4,\ \text{O}] + (x-1)H_2O \longrightarrow (NH_4)_2S_{x+1} + x\,[\text{OH},\ SO_3NH_4,\ \text{OH}] + (x-1)NH_4OH \tag{8-5-91}$$

(3) 触媒氧化再生反应：

$$\text{(OH, }SO_3NH_4\text{, OH)} + O_2 \longrightarrow \text{(O, }SO_3NH_4\text{, O)} + H_2O_2 \tag{8-5-92}$$

(4) 生成盐的副反应:

$$NH_4CN + (NH_4)_2S_{x+1} \longrightarrow (NH_4)_2S_x + NH_4SCN \tag{8-5-93}$$

$$2(NH_4)_2S_{x+1} + 2H_2O_2 + 2NH_4OH \longrightarrow 2(NH_4)_2S_x + (NH_4)_2S_2O_3 + 3H_2O \tag{8-5-94}$$

$$NH_4HS + 2O_2 + NH_4OH \longrightarrow (NH_4)_2SO_4 + H_2O \tag{8-5-95}$$

(5) 硫的生成反应及多硫化反应:

$$(NH_4)_2S_{x+1} \longrightarrow (NH_4)_2S_x + S\uparrow \tag{8-5-96}$$

$$NH_4HS + (NH_4)_2S_x + H_2O_2 \longrightarrow (NH_4)_2S_{x+1} + NH_4OH + H_2O \tag{8-5-97}$$

b 希罗哈克斯湿式氧化原理

在脱硫脱氰溶液不断吸收煤气中的氨和酸性气体的过程中,溶液中的盐含量增加,黏度变大,影响脱硫脱氰的效率。因此,必须抽出部分溶液在希罗哈克斯装置内进行湿式氧化处理。湿式氧化的反应条件:反应塔顶部温度为 270 ~ 273℃,反应压力为 7.5 MPa。在有充足氧存在下,发生如下氧化反应:

$$NH_4SCN + 2O_2 + 2H_2O \longrightarrow (NH_4)_2SO_4 + CO_2,\ \Delta H = +945.4\ \text{kJ/mol} \tag{8-5-98}$$

$$(NH_4)_2S_2O_3 + 2O_2 + H_2O \longrightarrow (NH_4)_2SO_4 + H_2SO_4,\ \Delta H = +894.7\ \text{kJ/mol} \tag{8-5-99}$$

$$S + 1.5O_2 + H_2O \longrightarrow H_2SO_4,\ \Delta H = +601.6\ \text{J/mol} \tag{8-5-100}$$

上述反应均为放热反应,所以在达到稳定操作后,不需要外界提供热量。系统中的蒸汽加热器仅在开工时使用。

C 工艺与操作

a 工艺流程

(1) 塔卡哈克斯脱硫工艺流程如图 8-5-33 所示。

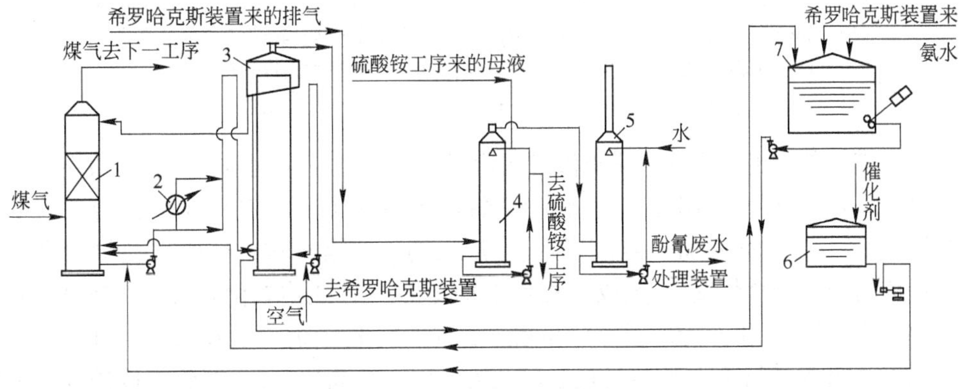

图 8-5-33 塔卡哈克斯脱硫工艺流程图

1—脱硫塔;2—冷却器;3—再生塔;4—第一洗净塔;5—第二洗净塔;6—催化剂槽;7—吸收液槽

自上一工序来的煤气进入脱硫塔底部,煤气与从塔顶喷洒的吸收液逆流接触,煤气中的

H_2S 和 HCN 即被吸收，出塔煤气送往下一工序。

脱硫塔底的溶液用泵抽出，一部分经冷却器冷却，另一部分不经过冷却器，然后混合一起进入再生塔底部，在此用压缩空气进行氧化再生反应。从再生塔上部出来的溶液绝大部分进入吸收塔循环使用，小部分去希罗哈克斯装置进行湿式氧化处理。

再生塔顶排出的气体含有大量的游离氨，为防止大气污染和回收气体中的氨，将此气体引入第一洗净塔，用硫酸铵工序来的不饱和母液洗涤吸收，吸氨后的母液再送回硫酸铵工序。自第一洗净塔排出的废气再引入第二洗净塔，用水喷洒除去酸雾后，排入大气。塔底排出的水大部分循环使用，小部分排至酚氰废水处理装置。

（2）希罗哈克斯工艺流程如图 8-5-34 所示。

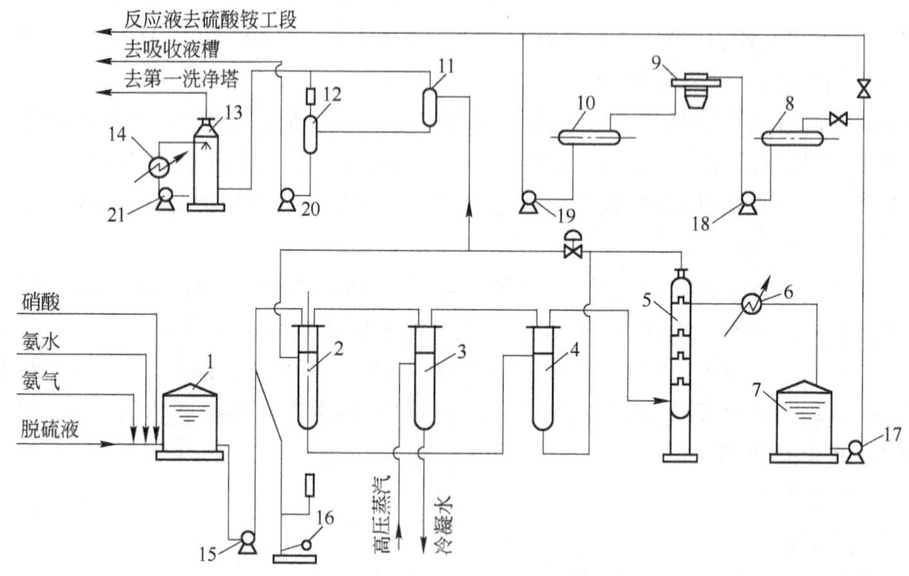

图 8-5-34　希罗哈克斯工艺流程图

1—原料槽；2—换热器 A；3—加热器；4—换热器 B；5—反应塔；6—氧化液冷却器；7—氧化液槽；8—浆液槽；9—超级离心机；10—滤液槽；11—第一气液分离器；12—第二气液分离器；13—冷却洗涤塔；14—冷却器；15—原料泵；16—空气压缩机；17—氧化液泵；18—浆液泵；19—滤液泵；20—凝缩水泵；21—冷却水泵

自再生塔上部排出的小部分脱硫液进入原料槽，在此加入氨水或液氨，用做中和剂。为了防止腐蚀，再加入缓蚀剂硝酸。配制好的原料液经泵加压后与压缩空气混合进入换热器 A 和换热器 B（开工时进入加热器，用蒸汽加热），与反应塔顶排出的废气换热后进入反应塔。在反应塔内进行氧化反应，生成硫酸和硫酸铵混合液（或称氧化液），经气液分离后由反应塔顶部排出，再经氧化液冷却器冷却和减压后进入氧化液槽。反应塔顶排出的废气，一部分经换热器 A 和换热器 B 与原料换热后进入第一气液分离器，另一部分直接进入第一气液分离器，分离掉液体后，气体进入冷却洗涤塔。分离液进入第二气液分离器，气体也进入冷却洗涤塔，在此用冷却水直接洗净冷却，除去酸雾等杂质后，送往塔卡哈克斯装置的第一洗净塔。分离液送往塔卡哈克斯装置的吸收液槽。

反应液中含有黑色颗粒状物，对硫酸铵质量有一定影响。为此设置了炭粒分离装置。

从反应液槽底部抽出部分反应液送入浆液槽，搅拌均匀后用泵送入超级离心机，进行脱渣分离。分离残渣送去配煤，滤液送硫酸铵工段作为生产硫铵的原料。

b 工艺特点

(1) 本工艺为湿式氧化工艺，H_2S、HCN 脱除效率高。

(2) 利用焦炉煤气中的 NH_3 为碱源，吸收焦炉煤气中的 H_2S、HCN，不需要外加碱源。

(3) 在脱硫循环液中，由于控制了元素硫的生成量，取消了硫泡沫处理工序，流程简化，利于操作。

(4) 废液经过湿式氧化处理，最终得到 $(NH_4)_2SO_4$ 和 H_2SO_4 溶液，作为生产硫铵的原料，无二次污染。

(5) 循环吸收液量比一般脱硫法大，希罗哈克斯法属高温中压工艺，因此能耗较高。

c 操作指标

出脱硫液煤气	
H_2S	0.2 g/m^3
HCN	0.15 g/m^3
氧化液产品	
NH_4SCN	<0.5 g/L
$(NH_4)_2SO_4$	300 ~ 400 g/L
H_2SO_4	2% ~ 3%

d 操作制度

煤气入脱硫塔温度	35 ~ 36℃
脱硫液温度	35 ~ 40℃
脱硫液	
游离氨	10 g/L
1,4 - 萘醌 - 2 - 磺酸铵	0.3 ~ 0.45 mol/L
再生空气强度	80 ~ 120 m^3/(m^2 · h)
反应塔顶温度	270 ~ 272℃
反应塔顶压力	7.36 MPa
送反应塔原料液	
NH_4SCN	38 ~ 42 g/L
NH_3	10 ~ 16 g/L
SCN^- : $S_2O_3^{2-}$: SO_4^{2-} : S^0	1.0∶1.6∶0.39∶0.01
反应塔塔顶排气含氧	4% ~ 6%

e 操作要点

(1) 脱硫塔的操作温度。确定脱硫塔的操作温度既要考虑脱硫液对 H_2S、HCN 和 NH_3 的气体吸收有利，又要考虑对液相中各组分的反应有利。影响此温度的因素有煤气入塔温度、再生塔空气温度和液相化学反应热。煤气入塔温度一般控制在 35 ~ 37℃，为控制系统的水平衡，脱硫液的温度一般控制比煤气入塔温度高 2 ~ 3℃。

(2) 脱硫液的游离氨含量。脱 H_2S 和 HCN 的第一反应就是和 NH_3 作用，所以游离氨含量越高，脱硫脱氰效果越好。但煤气中的氨取决于煤的性质和焦炉的操作条件，无法大幅度提高。生产中可将剩余氨水蒸氨得到的氨气部分冷凝成浓氨水，兑入脱硫液中，一般控制游离氨含量大于 10 g/L。有条件时，可从系统外加氨源，如液氨，这样脱硫液中挥发氨含量可达 14 g/L 以上，脱硫脱氰效果很好。

（3）液气比。液气比主要取决于净化前煤气中 H_2S 含量，净化前煤气中 H_2S 含量越高，要求的液气比越大。液气比越大，越有利于 H_2S 和 HCN 的吸收。根据实际生产经验，液气比一般为 30 ~ 35 L/m^3。液气比过大，对脱硫脱氰效果影响不明显，反而使电能消耗过大。由于本工艺控制硫黄的生成，脱硫液的硫容量较低，因此液气比较大。

（4）再生空气量和萘醌磺酸盐量。空气的作用主要是将萘氢醌磺酸盐氧化成萘醌磺酸盐，空气量大，氧化得完全，对脱硫脱氰非常有利。但过大将使电能消耗增加和溶液中氨损失增加，若萘醌磺酸铵浓度也高，有可能出现悬浮硫大量析出，易造成脱硫塔堵塞和破坏进反应塔原料液组成的均匀性。一般再生空气强度控制在 80 ~ 120 $m^3/(m^2 \cdot h)$，脱硫液中萘醌磺酸铵含量控制在 0.001% ~ 0.003%。

（5）反应塔的原料液组成。进入反应塔的原料液中有 SCN^-、$S_2O_3^{2-}$、SO_4^{2-} 和 S^0，其中 SCN^- 最难分解，它分解得完全与否直接影响硫酸铵质量。实践证明，当氧化液中 SCN^- 的含量大于 0.5 g/L 时，硫酸铵带红色，所以原料液中组分首先要考虑 SCN^- 的浓度。通过研究与实践，考虑了反应塔的热平衡、硫酸铵饱和度、水平衡及氨平衡等因素，可确定出稳定操作区。在稳定操作区，SCN^- 浓度控制在 32 g/L 左右，并将各种组成的摩尔量按比例固定下来，即 SCN^- : $S_2O_3^{2-}$: SO_4^{2-} : S^0 = 1.0 : 1.6 : 0.39 : 0.01，原料液组成按此规定的原因为：

1）原料液中各组分反应热不同，维持热平衡的组分主要是 SCN^- 和 $S_2O_3^{2-}$。特别是 $S_2O_3^{2-}$ 在较低的温度 160℃ 下便可反应，所以在开工初期具有帮助反应塔温度上升和维持塔温稳定的作用。

2）原料液中各种硫化物含量不同，氧化反应生成的硫酸量也不同。出塔氧化液中游离酸质量浓度要求在 2.5% ~ 3%，否则将导致设备腐蚀严重。

3）原料液中的主要成分属于水溶性的盐，但当含量超过规定范围时，易出现饱和而产生结晶，从而破坏了原料液的均匀性，甚至造成设备堵塞。

另外原料液中游离氨的含量控制在 10 g/L 以上，以使氧化液保持最低限度的酸度。若不足，可用浓氨水或液氨补充。

（6）反应塔的温度、压力及空气量。进反应塔的原料液中 SCN^- 最难分解，反应塔塔顶温度大于 265℃ 时，分解率急剧上升，温度达到 272℃ 时，SCN^- 的分解率达 99.5%，在氧化液中的含量小于 0.3 g/L。实践证明，反应塔顶部温度控制在 270 ~ 272℃ 较适宜，要防止超过 273℃。

反应塔的压力大小影响反应液中溶解氧的含量，同时也就影响 $S_2O_3^{2-}$ 和 SCN^- 的氧化分解率，另外对反应塔的水平衡也有影响。实践证明，反应塔的操作压力在 7.36 MPa 比较适宜。

供给反应塔空气量的多少直接影响反应塔的操作。若空气量过多，除造成动力消耗大外，还将导致带出系统水分多，反应液容易有结晶析出。反之，不利于 SCN^- 和 $S_2O_3^{2-}$ 氧化成 SO_4^{2-}。操作中以尾气含氧量控制，一般在 4% ~ 6%，它是反映进塔空气量是否合适的一个重要参数。

f　节能改造

（1）应充分利用反应塔排出的废气余热：将反应塔排出的废气经换热后再送入废热锅炉，产生的低压蒸汽用于蒸氨等用户。

（2）充分利用反应塔排出的废气压力：反应塔排出的废气经换热和废热锅炉后，压力仍然很高,高压废气可送小型发电机组,发出的电供工段的转动设备使用。

D 主要设备

a 脱硫塔

脱硫塔为填料塔,填料为聚丙烯填料。塔体为不锈钢或碳钢内衬玻璃钢,以防腐蚀。脱硫塔结构与 ADA 脱硫塔相同。

b 再生塔

再生塔为圆柱形空塔。中段至塔底装有 3 ~5 块筛板,以使脱硫液和空气均匀分布;底部设有空气分配盘,以使压缩空气在塔截面上均匀分布。塔体为不锈钢或碳钢内衬玻璃钢,以防腐蚀。再生塔结构如图 8-5-35 所示。

c 反应塔

反应塔为气泡塔,塔内设 3 层塔板,使气体和液体更充分混合接触,塔上部设 S 形气液分离器,圆筒部分是由 1 层内衬钛板和 3 层压力容器钢板构成的。反应塔结构如图 8-5-36 所示。

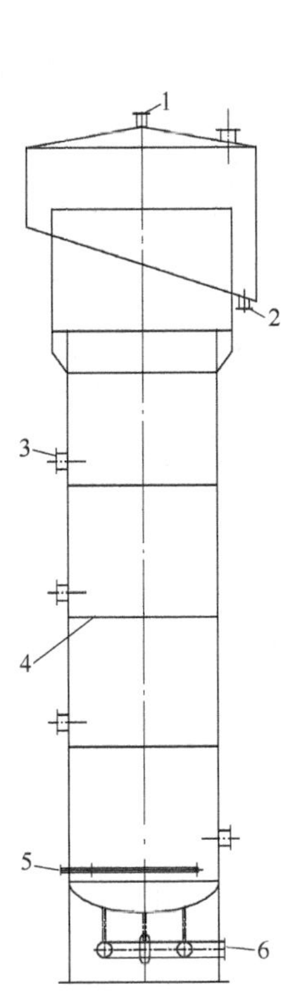

图 8-5-35 再生塔

1—再生废气出口;2—脱硫液出口;3—人孔;4—筛板;5—压缩空气入口;6—脱硫液入口

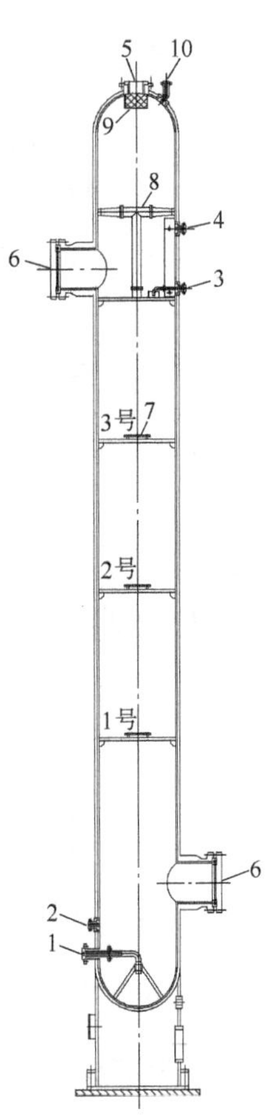

图 8-5-36 反应塔

1—原料液入口;2—温度计接管;3—氧化液出口;4—液位计接口;5—气体出口;6—人孔;7—塔盘上人孔;8—气液分离器;9—捕雾网;10—安全阀、压力计接口

8.5.4.4　SULFIBAN 法脱硫

SULFIBAN(索尔菲班)法脱硫是使用弱碱性的单乙醇胺水溶液作吸收剂,直接吸收焦炉煤气中的 H_2S 和 HCN,因此 SULFIBAN 法也叫做单乙醇胺法。本工艺在 20 世纪 70 年代应用于焦炉煤气的脱硫。

A　原料与产品

a　原料

焦炉煤气	
H_2S	4 ~ 6 g/m³
HCN	1 ~ 2 g/m³
单乙醇胺	
纯度	≥98%

b　产品

焦炉煤气	
H_2S	≤0.2 g/m³
HCN	≤0.15 g/m³
酸气	
H_2S	≥19%
HCN	约 7.6%

B　基本原理

(1) 脱 H_2S 和 HCN 的反应:

$$2\begin{array}{l}CH_2\text{—}OH\\ |\\ CH_2\text{—}NH_2\end{array} + H_2S \longrightarrow \left(\begin{array}{l}CH_2\text{—}OH\\ |\\ CH_2\text{—}NH_3\end{array}\right)_2 S \tag{8-5-101}$$

$$\begin{array}{l}CH_2\text{—}OH\\ |\\ CH_2\text{—}NH_2\end{array} + HCN \longrightarrow \begin{array}{l}CH_2\text{—}OH\\ |\\ CH_2\text{—}NH_3CN\end{array} \tag{8-5-102}$$

$$\begin{array}{l}CH_2\text{—}OH\\ |\\ CH_2\text{—}NH_2\end{array} + HCN + 1/2O_2 + H_2S \longrightarrow \begin{array}{l}CH_2\text{—}OH\\ |\\ CH_2\text{—}NH_3CNS\end{array} + H_2O \tag{8-5-103}$$

(2) 脱有机硫的反应:

$$\begin{array}{l}CH_2\text{—}OH\\ |\\ CH_2\text{—}NH_2\end{array} + COS \longrightarrow \begin{array}{ccc}CH_2 & & CH_2\\ | & & |\\ O & & NH\\ & \diagdown\ \diagup & \\ & C & \\ & \| & \\ & O & \end{array} + H_2S \tag{8-5-104}$$

$$\begin{array}{l} \begin{array}{c} CH_2-CH_2 \\ | \quad\quad | \\ O \quad\quad NH \\ \backslash \quad / \\ C \\ \| \\ O \end{array} + HOCH_2CH_2NH_2 \longrightarrow \begin{array}{c} CH_2-CH_2 \\ | \quad\quad | \\ HN \quad\quad N-CH_2-CH_2OH \\ \backslash \quad / \\ C \\ \| \\ O \end{array} + H_2O \\ \qquad\qquad\qquad\qquad\qquad \downarrow \\ HO-CH_2-CH_2-NH-CH_2-CH_2-NH_2+CO_2 \end{array} \tag{8-5-105}$$

$$2RNH_2 + CS_2 \longrightarrow RNCSSH_2 \cdot H_2NR \tag{8-5-106}$$

脱有机硫的反应是不可逆的。

(3) 生成硫代硫酸胺的反应：

$$RNH_2 + 2H_2S + 2O_2 \longrightarrow (RNH_2)_2S_2O_3 + H_2O \tag{8-5-107}$$

(4) 在解吸塔内的反应：

$$\left(\begin{array}{l} CH_2-OH \\ | \\ CH_2-NH_3 \end{array}\right)_2 S \longrightarrow 2\begin{array}{l} CH_2-OH \\ | \\ CH_2-NH_2 \end{array} + H_2S \tag{8-5-108}$$

$$\begin{array}{l} CH_2-OH \\ | \\ CH_2-NH_3CN \end{array} \longrightarrow \begin{array}{l} CH_2-OH \\ | \\ CH_2-NH_2 \end{array} + HCN \tag{8-5-109}$$

C 工艺与操作

a 工艺流程

工艺流程如图 8-5-37 所示。

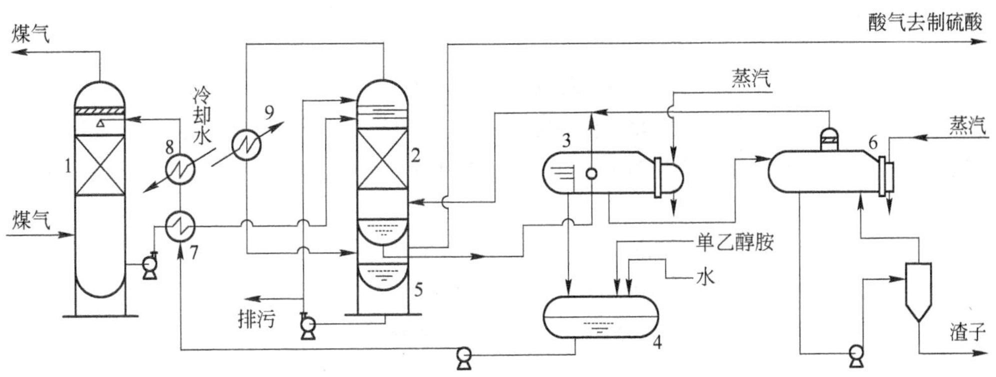

图 8-5-37 SULFIBAN 法脱硫工艺流程图

1—脱硫塔；2—解吸塔；3—重沸器；4—调整槽；5—气液分离槽；6—乙醇胺回收槽；
7—贫富液换热器；8—贫液冷却器；9—冷凝器

回收粗苯后的焦炉煤气进入脱硫塔底部，与上部喷洒的单乙醇胺溶液逆流接触，脱除 H_2S 和 HCN 后的煤气由塔顶排出。脱硫塔底的富液用泵经热交换器送入解吸塔上部，与来自重沸器的蒸汽逆流接触，脱出酸性气体而成为贫液。贫液由塔底流入重沸器，在此用蒸汽间接加热，产生的气体进入解吸塔，液体流至调整槽，再用泵送入热交换器，与富液热交换后经贫液冷却器返回脱硫塔顶循环使用。

酸性气体和解吸用蒸汽一起从解吸塔顶排出，经冷凝器进入解吸塔底的气液分离槽，气液分离后酸性气体作为本装置的产品,用于制取硫黄或硫酸。为了维持水平衡和防止乙醇胺损失,冷凝液的大部分送至解吸塔作为回流,其余送至焦油氨水分离装置。

为了除去乙醇胺与煤气中有机硫等组分的副反应生成物和维持溶液的纯度,从重沸器抽出1%~3%的贫液送入乙醇胺回收槽,在此用蒸气间接加热贫液,产生的乙醇胺蒸气进入解吸塔下部,渣子经分离后配入炼焦煤中。

为补充单乙醇胺的损耗,新单乙醇胺经稀释后送至调整槽。为防止单乙醇胺溶液起泡和对设备腐蚀,在循环液中还加入了消泡剂和防蚀剂。

b　工艺特点

(1) 单乙醇胺吸收 H_2S 和 HCN 能力强,H_2S、HCN 脱除效率高,同时还能脱除有机硫。

(2) 产品酸气纯度高,可用于生产质量高的硫酸或硫黄。

(3) 工艺流程简单,特殊材料用量少,基建投资较低。

(4) 蒸气耗量大,单乙醇胺消耗多,操作费用高。

(5) 煤气中苯易使单乙醇胺溶液起泡,使系统恶化,因此本工艺应放置在煤气脱苯后。

c　操作指标

出脱硫液煤气	
H_2S	0.2 g/m^3
HCN	0.15 g/m^3
产品酸气	
H_2S	≥19%

d 操作制度

入脱硫塔煤气温度	27~30℃
入脱硫塔贫液温度	35~40℃
脱硫塔阻力	2000 Pa
富液	
H_2S	0.42%
HCN	0.16%
解吸塔底温度	117~119℃

e　操作要点

(1) 脱硫塔的操作温度。单乙醇胺溶液对 H_2S、HCN 的吸收反应是放热反应,脱硫塔的操作温度低有利于 H_2S、HCN 的吸收。煤气入塔温度一般控制在27~30℃,为防止煤气中的萘析出,使单乙醇胺溶液劣化和发泡,进脱硫塔的脱硫液温度一般控制比煤气入塔温度高5~7℃。

(2) 液气比。液气比主要取决于净化前煤气中 H_2S 含量,净化前煤气中 H_2S 含量越高,要求的液气比越大。液气比越大,越有利于 H_2S 和 HCN 的吸收,但会增加解吸蒸汽量及循环动力的消耗;液气比小,气液接触不充分,不利于 H_2S 和 HCN 的吸收。根据实际生产经验,液气比一般为1.4~1.7 L/m^3。

(3) 单乙醇胺溶液浓度。单乙醇胺溶液浓度高有利于 H_2S、HCN 的吸收,但也会吸收过

多的 CO_2，一般煤气中 CO_2 含量不大于 2%，单乙醇胺溶液浓度控制在约 15%。当煤气中 CO_2 含量达到 2.6% ~3.2% 时，为减少溶液对 CO_2 的吸收，单乙醇胺溶液浓度应降低至 12% ~14%。

(4) 解吸温度。解吸温度高有利于 H_2S、HCN 和 CO_2 的解吸，但解吸过度，贫液中 CO_2 的含量太低，在吸收过程中会吸收过多的 CO_2，这将使产品酸气中 CO_2 含量增高，不利于酸气处理装置的操作。过高的解吸温度还会加剧单乙醇胺溶液的劣化和降解。理想的解吸温度为 117 ~119℃。

f 常见故障与处理

实际操作中最常见的问题是单乙醇胺溶液的劣化和发泡。

原因：焦炉煤气中的有机硫、HCN 等杂质与单乙醇胺能生成多种不能再生的副反应产物，在溶液中积聚到一定程度，将导致单乙醇胺溶液的劣化和发泡；另外，当系统中进入油类、铁锈等杂质时，也会导致单乙醇胺溶液的发泡。

解决办法：加强再生器的操作，及时将系统生成的副反应产物排出；另外，在投产前一定要对管道和设备彻底清洗和除锈。

D 主要设备

a 脱硫塔

脱硫塔为填料塔，填料为双层超鞍形聚丙烯填料，塔体为碳钢。脱硫塔的结构与 ADA 脱硫塔相同。

b 解吸塔

解吸塔主要是填料塔，塔上部设 4 层浮阀塔板，填料为双层超鞍形陶瓷填料，塔体为碳钢。解吸塔的结构如图 8-5-38 所示。

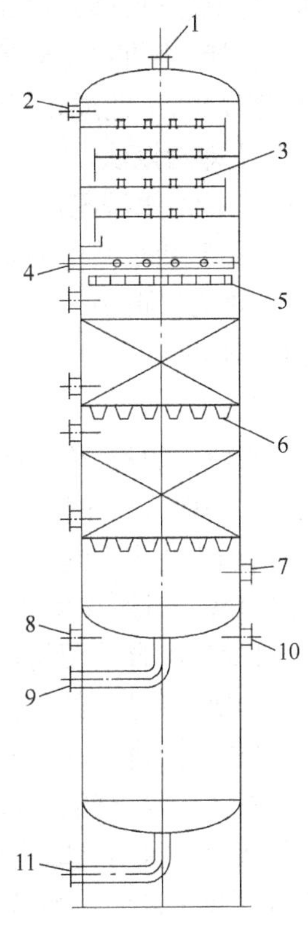

图 8-5-38 解吸塔

1—酸气出口；2—回流液入口；3—浮阀；4—富液入口；5—液体再分布器；6—填料支撑；7—乙醇胺蒸气入口；8—酸气及冷凝液入口；9—贫液出口；10—酸气出口；11—脱硫液出口

8.6 煤气脱氨

8.6.1 硫酸吸收法生产硫铵

采用硫酸吸收法脱出煤气中的氨生产硫铵的工艺有“直接法”、“半直接法”及“间接法”三种。

“直接法”是指将焦炉来的荒煤气经初冷器冷却到 60 ~70℃ 后进入饱和器，用硫酸吸收煤气中的氨生产硫铵的工艺。“直接法”工艺饱和器设于鼓风机前。在初冷阶段生成的氨水冷凝液恰好全部用于补充到循环氨水中，没有剩余氨水生成。煤气脱氨在饱和器中直接完成，故称为“直接法”。尽管“直接法”可省却剩余氨水蒸氨工序，使煤气脱氨流程简化，但由于初冷操作温度过高,导致煤气中含有大量水汽及焦油、萘等杂质无法脱除,使饱和器操作条件恶化,硫铵产品质量低劣。因此,该法早已被“半直接法”工艺所取代。

“半直接法”是指将焦炉来的荒煤气经初冷器冷却到35℃以下,再由鼓风机经电捕(有时电捕设于鼓风机前)送入饱和器或酸洗塔,用硫酸吸收煤气中的氨生产硫铵的工艺。该法初冷操作温度低,有剩余氨水生成。煤气中的一部分氨溶于剩余氨水中,需另设剩余氨水蒸氨工序将其中的氨蒸出,送入饱和器或酸洗塔生产硫铵,故称为“半直接法”。“半直接法”硫铵生产工艺包括“半直接饱和器法”和“半直接无饱和器法”(酸洗法)两种。其中“半直接饱和器法”操作简单,工艺成熟,是硫酸吸收法脱氨,生产硫铵最常采用的方法,通常所说的“饱和器法硫铵”即指该法。

“间接法”是指对水洗氨后形成的富氨水或富液进行蒸馏,蒸出的氨气或含有酸气的氨气进入饱和器,用硫酸对其中的氨进行吸收生产硫铵的工艺。由于不是对煤气中的氨进行直接吸收,因此称为“间接法”。

8.6.1.1　原料及产品

A　原料及性质

采用硫酸吸收法脱氨、生产硫铵的工艺所用的原料为硫酸。

现代焦化厂一般采用浓度为98%(或93%)的硫酸作为原料。为防止结冻,冬季通常使用浓度为93%的硫酸,其他季节可使用浓度为98%的硫酸。采用湿式接触法制得的浓度为75%~78%的硫酸也可用作生产硫铵的原料。

此外,也可少量配合使用精苯车间浓度为40%左右的再生酸。由于精苯车间的再生酸对钢材有强烈的腐蚀作用,其中含有的焦油酸和磺酸在硫铵结晶过程中会严重污染产品,因此,使用前应对再生酸进行净化处理,且应与新硫酸混匀使用。

硫酸是强酸之一,具有酸的通性。但浓硫酸有其特殊的性质。物理性质方面,有相对密度大、沸点高、液面上水蒸气的平衡分压极低等特性;化学性质方面,有氧化、脱水和磺化的特性。浓度为75%~98%的硫酸常见的物理性质见表8-6-1,其他物理、化学性质及有关数据可查阅相关手册及文献。

表8-6-1　75%~98%硫酸的物理性质

H_2SO_4 浓度(质量分数)/%	密度(20℃)/$kg·m^{-3}$	凝固点/℃	沸点/℃	黏度(20℃)/kPa·s	H_2SO_4 浓度(质量分数)/%	密度(20℃)/$kg·m^{-3}$	凝固点/℃	沸点/℃	黏度(20℃)/kPa·s
75	1669.2	-41.0	179	13.9	87	1795.1	+4.1	239.0	
76	1681.0	-28.1	182.7		88	1802.2	+0.5	245.5	23.5
77	1693.0	-19.4	186.2		89	1808.7	-4.3	255.1	23.3
78	1704.3	-13.6	190.1		90	1814.4	-10.2	258.9	23.1
79	1715.8	-3.2	194.1		91	1819.5	-17.3	266.9	23.0
80	1727.0	-3.0	200.2	23.2	92	1824.0	-25.6	274.7	23.05
81	1738.3	+1.5	205.2		93	1827.9	-35.0	282.6	23.1
82	1749.1	+4.8	210.4	23.6	94	1831.2	-30.8	291.4	23.2
83	1759.4	+7.0	215.7		95	1833.7	-21.8	301.3	23.4
84	1769.3	+8.0	221.3	23.7	96	1835.5	-13.6	311.5	23.9
85	1778.6	+7.9	227.1	23.7	97	1836.3	-6.3	322.0	24.8
86	1787.2	+6.6	233.0	23.6	98	1836.5	+0.1	322.4	25.8

B 产品及性质

纯态硫铵为无色长菱形晶体。焦化厂生产的硫铵多呈菱形、正方形或长方形的晶体,也有呈针状或粉末状的晶体。颜色因有时混有少量杂质而略显灰色、绿色、蓝色或浅黄色。

硫铵晶体的密度为1769 kg/m^3。含一定水分的硫铵晶体的堆积密度随结晶颗粒的大小而波动于780~830 kg/m^{3}之间。

硫铵易溶于水,其溶解度随温度变化不大。不同温度下硫铵在水中的溶解度及饱和溶液液面上的蒸气压见表8-6-2。

表8-6-2 不同温度下硫铵的溶解度及饱和溶液液面上的蒸气压

温度/℃	硫铵在水中的溶解度/g·kg^{-1}	硫铵在饱和溶液中的含量		饱和溶液液面上的蒸气压/kPa
		g/kg	g/L	
10	736.5	424.1	526	1.014
20	763.0	432.7	540	1.916
30	789.5	441.2	551	3.443
40	816.0	449.3	563	5.946
50	842.5	457.3	575	9.874
60	869.0	465.0	587	15.832
70	895.5	472.4	598	24.593
80	922.0	479.7	610	37.100
90	948.5	486.8	621	54.535
100	975.0	493.7	631	78.164

硫铵的水溶液呈弱酸性。质量分数为1%的硫铵的水溶液的pH值为5.7。

硫铵溶于水时要吸收热量,其溶解热为62.7 kJ/kg;结晶热为-82.35 kJ/kg。

硫铵在235℃分解。在空气中硫铵晶体容易吸收空气中的水分而结块,在空气湿度大、结晶颗粒小和含水量高时尤甚。潮湿的硫铵对钢铁、水泥、麻袋等有腐蚀性。

硫铵晶体颗粒的大小随所采用的硫铵生产工艺不同差异较大。半直接无饱和器法(酸洗法)生产出的硫铵结晶颗粒较大,其线性尺寸大约在0.5~2.5 mm;半直接喷淋饱和器法及间接饱和器法生产的硫铵结晶颗粒次之,其线性尺寸大约在0.5~1.5 mm;半直接鼓泡式饱和器法生产出的硫铵结晶颗粒较小,结晶多为针状、片状或粉末状,其线性尺寸平均不超过0.5 mm。

焦化厂生产的硫铵主要用于农业,用作化肥或生产复合肥。由于硫铵为强酸弱碱盐,具有一定的酸性,如果农田长期施用,硫铵中的硫酸根离子易与土壤中的钙、镁等离子生成硫酸盐残留于土壤中,使土壤逐渐变得酸化,甚至板结,因此硫铵适于施用中性或碱性土壤中。硫铵的质量标准应符合表8-6-3要求。

表8-6-3 硫铵的质量标准(GB 535—1995)

项 目	指 标		
	优等品	一等品	合格品
外 观	白色结晶,无可见机械杂质	无可见机械杂质	无可见机械杂质
氮(N)含量(以干基计)/%	≥21.0	≥21.0	≥20.5

续表 8-6-3

项　目	指　标		
	优等品	一等品	合格品
水分(H_2O)含量/%	≤0.2	≤0.3	≤1.0
游离酸(H_2SO_4)含量/%	≤0.03	≤0.05	≤0.20
铁(Fe)含量/%	≤0.007		
砷(As)含量/%	≤0.00005		
重金属(以Pb计)含量/%	≤0.005		
水不溶物含量/%	≤0.01		

注:硫铵作农业用时可不检验铁、砷、重金属和水不溶物含量等指标。

8.6.1.2 反应原理

A 硫酸吸收反应原理

适量的稀硫酸和煤气中的氨进行中和反应,生成硫铵,其化学反应方程式为:

$$2NH_3 + H_2SO_4 \longrightarrow (NH_4)_2SO_4 \quad \Delta H = -195.206\ \text{kJ/mol} \qquad (8-6-1)$$

当过量的硫酸和氨作用时,则生成酸式盐硫酸氢铵,其化学反应方程式为:

$$NH_3 + H_2SO_4 \longrightarrow NH_4HSO_4 \quad \Delta H = -165\ \text{kJ/mol} \qquad (8-6-2)$$

随溶液被氨饱和程度的增大,酸式盐硫酸氢铵又可转变为中性盐硫铵,其化学反应方程式为:

$$NH_4HSO_4 + NH_3 \longrightarrow (NH_4)_2SO_4 \qquad (8-6-3)$$

以上反应均为放热反应过程。

稀硫酸吸收氨后的溶液中同时存在着中性盐硫铵和酸式盐硫酸氢铵,两者的比例取决于溶液的酸度。当酸度为1%~2%时,主要生成中性盐硫铵。

由于酸式盐硫酸氢铵比中性盐硫铵易溶于水或稀硫酸,因此当溶液中盐类的溶解度达到极限时,在酸度不大的情况下,从溶液中析出的首先是硫铵结晶。

图8-6-1为60℃时硫铵在不同浓度的硫酸溶液中的溶解度及液面上蒸气压曲线图。在酸度小于19%(图中b点)时,所析出的固体结晶为硫铵;当酸度大于19%而小于34%(图中bc段)时,所析出的固体结晶为硫铵和硫酸氢铵两种盐的混合物;当酸度大于34%(图中c点)时,得到的固体结晶则全部为硫酸氢铵。

在饱和器或酸洗塔内,硫酸吸收煤气中的氨后所形成的硫铵溶液称为硫铵母液。半直接饱和器法硫铵母液规格大致为:

密度	1275~1300 kg/m^3
酸度	4%~6%(质量分数)
NH_3 含量	150~180 g/L
$(NH_4)_2SO_4$ 含量	40%~46%(质量分数)
NH_4HSO_4 含量	10%~15%(质量分数)

母液密度与酸度的关系如图8-6-2所示。

B 硫铵结晶生成原理

硫酸吸收煤气中的氨后形成硫铵母液。在一定温度及酸度条件下,当母液中溶解的硫铵达到饱和后,便开始析出硫铵结晶,形成固态硫铵晶体。

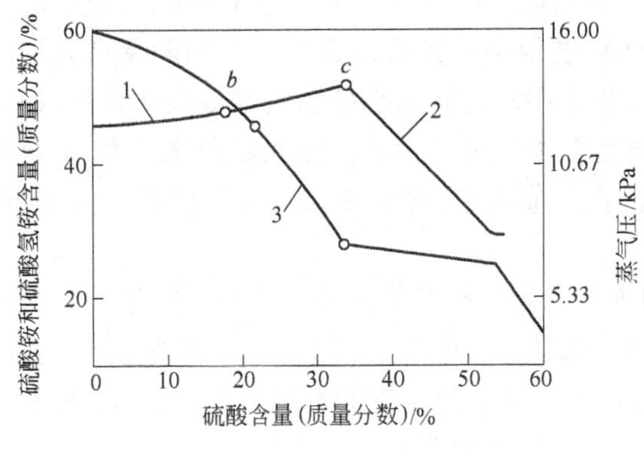

图 8-6-1 60℃时硫铵在不同浓度的硫酸溶液中的溶解度及液面上蒸气压

1—硫铵;2—硫酸氢铵;3—蒸气压

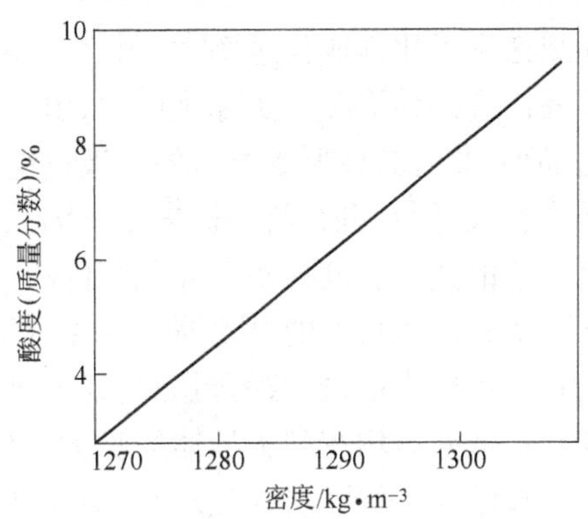

图 8-6-2 硫铵母液密度与酸度的关系

母液中的硫铵形成晶体需经过两个阶段:第一阶段是微小晶体即晶核的形成;第二阶段是晶核或小晶体的长大。通常,晶核的形成和晶体的长大是同时进行的。在一定结晶条件下,若晶核的形成速率大于晶体的成长速率,则当硫铵母液中固、液相达到平衡时,得到的硫铵晶体的粒度则较小;反之,得到的硫铵晶体的粒度则较大。因此,如能在工艺上对晶核形成速率及晶体成长速率分别加以控制,使晶核的形成速率小于晶体的成长速率,便可获得较大颗粒的硫铵晶体。

母液中硫铵的过饱和度是硫铵晶核生成及晶体成长的推动力。当硫铵母液中硫铵的过饱和度较低时,硫铵晶核的形成及晶体的成长这两个过程进行得均较慢,晶核的形成速率相对更慢一些,故形成的硫铵晶体的颗粒较大。当硫铵母液中硫铵的过饱和度较高时,硫铵晶核的形成及晶体的成长这两个过程进行得均较快,晶核的形成速率相对更快一些,故形成的硫铵晶体的颗粒较小。因此,为了得到较大颗粒的硫铵晶体,应对硫铵母液中硫铵的过饱和度加以控制,使其在较小的适宜范围内。图 8-6-3 表示了硫铵结晶在溶液中自发形成与溶液温度、浓度之间的关系。

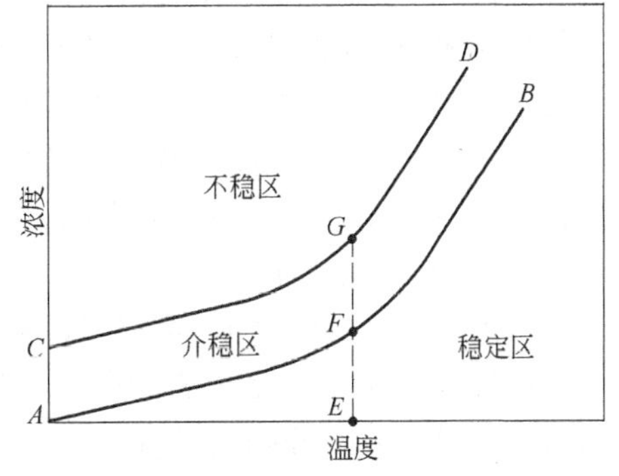

图 8-6-3 溶液温度、浓度和结晶过程的关系

(*AB* 为溶解度曲线;*CD* 为超溶解度曲线)

由图 8-6-3 可见,*AB* 溶解度曲线与 *CD* 超溶解度曲线大致平行。在 *AB* 曲线的右下侧,因溶液未达到饱和,在此区域内不会有硫铵晶核形成,称之为稳定区或不饱和区。*AB* 与 *CD* 间称为介稳区,在此区域内晶核不能自发形成。在 *CD* 线的左上侧为不稳区,此区域内能形成大量晶核。在结晶过程中母液温度可认为是不变的。如母液中硫铵原浓度为 *E*,由于连续进行的吸收中和反应,母液中硫酸铵不断增多,其浓度逐渐增至 *F*,硫铵达到饱和。此时,理论上可以形成结晶,但实际还缺乏必要的过饱和度而无晶核形成。当母液浓度提高到介稳区时,溶液虽已处于过饱和状态,但在无晶种的条件下,仍形不

成晶核。只有当母液浓度提高到 G 点时，才有大量晶核形成。在上述过程中，母液中晶核的生成速率远比其成长速率大，因而所得晶体粒度很小。在硫铵系统开工初期及在大加酸后容易出现此种情况。实际生产中，由于硫铵母液中总是有细小结晶或微量杂质存在，即存在着晶种，此时晶核形成所需的溶液过饱和度远较无晶种时为低。因此在介稳区内，主要是晶体在长大，同时也有新晶核生成。为控制晶核生成速率，得到颗粒较大的硫铵晶体，应将硫铵母液的过饱和度控制在介稳区内。

硫铵晶体长大的过程属于硫铵分子由液相向固相扩散的过程。其长大的推动力由溶液的过饱和度决定，扩散的阻力主要来自晶体表面的液膜阻力。因此，增大溶液的过饱和度和减小扩散阻力均有利于晶体的长大。但饱和度过高会使晶核的形成速率过大，不利于形成大颗粒结晶，因此应将溶液的过饱和度控制在较小的范围（介稳区）内。

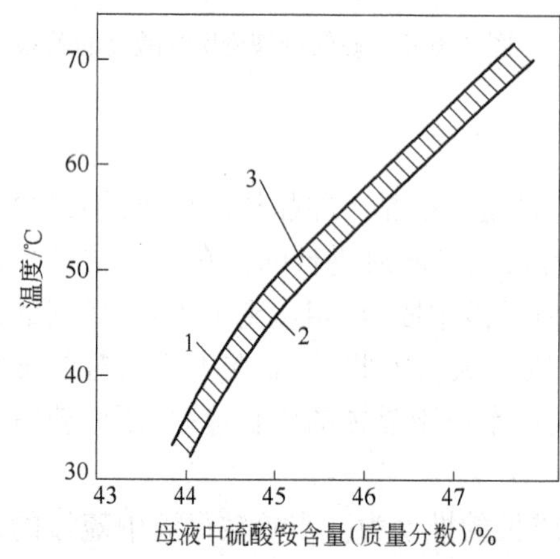

图 8-6-4 酸度 5% 的硫铵溶液过饱和度

1—饱和线；2—过饱和线；3—结晶成长区

正常操作条件下，母液内硫铵结晶的介稳区很小。对酸度为 5% 的硫铵溶液的过饱和度在搅拌情况下所得的实验数据如图 8-6-4 所示。

由图 8-6-4 可见，母液的结晶温度比其饱和温度平均降低 3.4℃。在温度 30 ~70℃的范围内，温度每变化 1℃时硫铵的溶解度约变化 0.09%。所以，溶液的过饱和度即为 0.09% ×3.4 = 0.306%。由此可见，母液内结晶的生成区域即介稳区是很小的。在控制介稳区很小的情况下，当母液中结晶的生成速率与吸收反应生成的硫铵量相平衡时，晶核的生成量最少，即可得到较大的结晶颗粒。此外，在生产操作中通常采用母液加热消除微晶工艺，消除母液中形成的过量晶核或微晶，对母液中生成的晶核的数量进行控制，以获得较大颗粒的硫铵晶体。

C 影响硫铵结晶的因素及其控制

影响硫铵结晶的因素较多，主要有母液的酸度、温度、浓度、搅拌、停留时间及杂质等。

a 母液酸度对硫铵结晶的影响

母液酸度对硫铵结晶过程的影响表现在：一方面，随着母液酸度的提高，结晶颗粒的平均粒度下降，晶形也从多面颗粒转变为有胶结趋势的细长六角棱柱形，甚至成针状，这是因为当其他条件不变时，硫铵母液的介稳区随着酸度的增加而减小，不能保持必须的过饱和度所致；另一方面，随着母液酸度的提高，母液的黏度增大，硫铵分子的扩散阻力也随之增大，结晶速率降低，影响晶体的正常生长。

但母液酸度也不宜过低，否则将影响氨的吸收效率，同时也易造成结晶系统堵塞。特别是当母液搅拌不充分或酸度发生波动时，可能在母液中出现局部中性区甚至碱性区，从而导致母液中的铁、铝离子形成氢氧化铁及氢氧化铝等沉淀，进而生成亚铁氰化物，使晶体着色并阻碍晶体成长。实际生产中，综合考虑母液酸度对吸收及结晶过程的影响，一般将母液酸度控制在 2% ~6% 的范围内。

b 母液温度对硫铵结晶的影响

母液温度对硫铵结晶的影响主要体现在：随着硫铵母液温度的升高，将使母液内硫铵的介稳区维持在较高的浓度范围内，使结晶的成长速率显著加快，有利于获得大颗粒结晶及形成较好的晶形。同时，由于晶体成长速度较快，可把溶液的过饱和度控制在较小的范围内，从而减少了大量晶核的出现。此外，母液温度升高，黏度降低，液相扩散阻力减小，硫铵分子向晶体表面的扩散速率增大，使结晶的成长速率显著加快。但母液温度也不宜控制过高。温度控制过高，容易因温度波动而造成较高的过饱和度，从而形成大量晶核，得不到较理想的硫铵晶体。实际生产中，母液操作温度需依据系统的水平衡及温度对结晶过程的影响综合考虑而确定。

c 母液浓度对硫铵结晶的影响

在一定酸度及温度条件下，硫铵母液浓度过高（超出介稳区）会导致大量晶核生成，使晶核形成速率大于晶体生长速率，不利于获得较大粒度的硫铵晶体；浓度过低，母液达不到所需的过饱和度，晶核形成及晶体成长缺乏必要的推动力，结晶的动力学过程进行缓慢，结晶不易形成。因此，母液浓度控制过高或过低均不利于硫铵结晶。为了获得较理想的结晶效果，应将硫铵母液的浓度控制在介稳区内并保持稳定。

d 母液搅拌对硫铵结晶的影响

对母液进行充分搅拌可有效克服硫铵分子由液相向固相扩散过程中的液膜阻力，有利于晶体的成长。同时，搅拌还可以使母液的酸度、浓度及温度均匀，并使硫铵结晶在溶液中呈悬浮状态，有利于硫铵分子向晶体表面的扩散及延长晶体在母液中的成长时间。在实际生产中，良好、平稳的搅拌不仅有利于获得大颗粒的硫铵结晶，而且还能有效防止结晶系统设备及管道的堵塞。通常采用循环母液搅拌方式，也可采用空气搅拌及机械搅拌等方式。

e 结晶时间对硫铵结晶的影响

硫铵晶体在母液内的结晶时间长，有利于硫铵分子向晶体表面的扩散及晶体在母液中的成长，生成的晶体粒度较大；反之则较小。因此，为获得较大粒度的硫铵结晶，在设计及生产中应注意控制硫铵晶体在结晶器内有足够长的结晶时间。

f 母液中晶比对硫铵结晶的影响

悬浮于母液中的硫铵结晶的体积对母液和结晶的总体积的比，称为晶比。晶比的大小对硫铵晶体的粒度、母液中氨饱和量和氨损失量都有直接影响。母液中晶比过大，使母液搅拌阻力增大，容易造成不良搅拌；同时，晶比过大还会使结晶间的机械摩擦机会增多，大颗粒结晶容易破裂成小颗粒结晶。此外，晶比过大还容易造成饱和器等结晶系统设备及管道发生堵塞。但晶比也不宜控制过小，否则将不利于结晶的长大。

g 母液中杂质对硫铵结晶的影响

硫铵母液中含有的杂质可分为两类：一类是可溶性杂质；另一类是不可溶性杂质。杂质的种类及数量主要取决于煤气净化及硫铵生产的工艺流程。此外，原料质量、设备腐蚀及操作状况等因素也会影响母液中的杂质含量。

可溶性杂质主要有铁、铝、铜、铅、锑、砷等各种盐类，其主要来自原料硫酸、工业用水及设备腐蚀。可溶性杂质的离子吸附在硫铵结晶的表面，遮盖了结晶表面的活性区域，使结晶生长缓慢，晶形发生改变。可溶性杂质中的金属离子对硫铵晶体成长的速率影响较大，其中 Fe^{3+} 的影响最大，即使母液中含有少量 Fe^{3+}，也会使结晶成长的速率显著下降。当母液中含有 Al^{3+} 及 Fe^{3+} 时，则生成细长片状晶体，这种晶体强度较低，在生产过程中会被大量破碎，导制成品硫铵粒度变小。

不可溶性杂质主要有从煤气中带入的焦油雾、煤粉及生产吡啶时吡啶中和器生成的铁氰铬盐泥渣等。这些杂质既阻碍结晶生长,又使晶体着色,影响产品质量。其中,煤气中带入的焦油雾对硫铵质量的影响较大。焦油雾进入系统后,同母液作用,形成酸焦油,存在于母液中,不仅对硫铵的色泽影响较大,而且有时会与母液形成稳定的乳浊液,附着在晶体表面,阻止晶体的成长。

母液中杂质的存在降低了晶体成长的速率,容易导致在单位时间内晶体体积总增长量小于同一时间内反应生成的硫铵量,从而引起母液的过饱和度增大,在溶液中形成大量针状晶核,无法生成大颗粒结晶。为减少母液中杂质对硫铵结晶的影响,应从生产工艺流程、原料、设备材质选择及操作等多方面采取有力措施,减少进入母液中的杂质。

8.6.1.3　半直接饱和器法硫铵生产工艺

半直接饱和器法硫铵生产工艺按使用的饱和器的结构形式不同,分为浸没式(也称鼓泡式)饱和器法及喷淋式饱和器法两种。

A　浸没式饱和器法硫铵生产工艺

浸没式饱和器法硫铵生产工艺应用年代较早,从20世纪30年代以前就开始使用。我国焦化厂从20世纪50年代至90年代广泛采用此法用于硫铵生产。

浸没式饱和器法硫铵生产工艺煤气系统阻力大,鼓风机能耗高,硫铵结晶颗粒小,现已基本被喷淋式饱和器法所取代。

a　工艺流程

浸没式饱和器法硫铵生产工艺流程如图8-6-5所示。

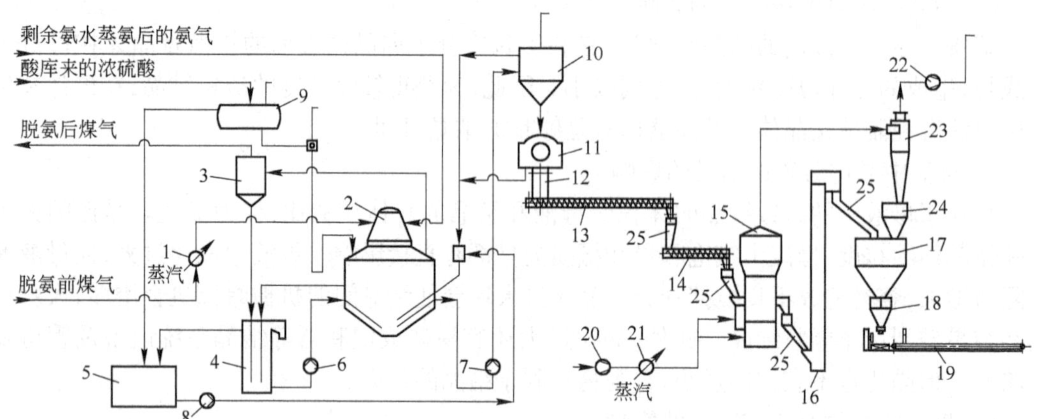

图8-6-5　浸没式饱和器法硫铵生产工艺流程图

1—煤气预热器;2—浸没式饱和器;3—除酸器;4—满流槽;5—母液储槽;6—循环泵;7—结晶泵;8—母液泵;9—硫酸高置槽;10—结晶槽;11—离心机;12—溜槽;13—第一螺旋输送机;14—第二螺旋输送机;15—沸腾干燥器;16—斗式提升机;17—硫铵储斗;18—硫铵包装机;19—带式输送机;20—送风机;21—热风器;22—尾气引风机;23—旋风分离器;24—细粒硫铵储斗;25—溜槽

由煤气鼓风机送出的煤气经电捕焦油器除去焦油雾后进入煤气预热器,经预热器预热后进入饱和器。在饱和器内,煤气经泡沸伞穿过母液层鼓泡而出,煤气中的氨被硫酸吸收,生成硫铵。煤气出饱和器后进入除酸器,除去煤气中夹带的酸雾液滴后,被送往后续装置。

在不生产吡啶时,剩余氨水蒸氨后产生的氨气,便直接进入饱和器;当生产吡啶时,则通入回收吡啶装置的中和器。

饱和器侧部设有满流口,以保持器内液面恒定,形成稳定液封。从饱和器满流口溢出的母液通过插入液封槽内的满流管流入满流槽,再用循环泵连续抽送至饱和器底部的喷射器,对饱和器内母液不断进行循环搅动,以改善结晶过程。

饱和器母液中不断有硫铵结晶生成,并沉积于饱和器底部。用结晶泵将硫铵浆液抽送至结晶槽,然后排放到离心机内进行离心分离,滤除母液,并用热水洗涤结晶。离心分离出的母液与结晶槽满流出的母液一同自流回饱和器。

从离心机分离出的硫铵结晶,经溜槽及螺旋输送机送至沸腾干燥器,用热空气干燥后送入硫铵储斗,然后称量、包装,送入成品库。

沸腾干燥器使用的热空气由送风机经热风器加热后送入。从沸腾干燥器排出的干燥尾气经旋风分离器捕集出夹带的细粒硫铵结晶后,由尾气引风机抽出,排入大气。

满流槽液面上漂浮的酸焦油由人工捞出送配煤,或引至酸焦油处理装置处理后回收。

往饱和器内补充的硫酸,首先由酸碱库送至硫酸高置槽,再经流量控制,自流入饱和器。

为消除器壁沉积结晶,防止设备及管道堵塞,浸没式饱和器需定期进行减饱和操作。减饱和操作时,进行中加酸或大加酸,并用热水对饱和器进行充分冲洗。减饱和操作形成的多余母液经满流槽流至母液储槽暂时储存,再由母液泵在两次减饱和操作之间将母液逐渐回送至饱和器以做补充。此外,母液储槽还可供饱和器停工检修时储存饱和器内的母液之用。

b 主要操作制度

饱和器后煤气含氨量	≤ 0.03g/m³
连续离心机后硫铵含水量	≤ 2%
沸腾干燥器后硫铵含水量	≤ 0.1%
预热器前煤气温度	45 ~ 50℃
预热器后煤气温度	60 ~ 70℃
饱和器后煤气温度	55 ~ 65℃
饱和器内母液温度	50 ~ 55℃
饱和器机组阻力	6 ~ 7 kPa
正常操作饱和器母液酸度	4% ~ 6%
中加酸时饱和器母液酸度	12% ~ 14%
大加酸时饱和器母液酸度	18% ~ 22%
母液中晶比	20% ~ 60%

c 主要设备结构及材质

浸没式饱和器的结构如图 8-6-6 所示。

该饱和器是用钢板焊制成的具有顶盖和锥底的圆筒形设备,中间为中央煤气管,中央煤气管下端安装有煤气分配伞,习称煤气泡沸伞。沿分配伞圆周焊有一定数量的弯成一定弧度的导向叶片,构成多个弧形通道,使煤气均匀分布并呈泡沸状穿过母液,同时增大了气液接触面积。导向叶片有左旋和右旋两种导流形式,应根据使回流母液在饱和器内有较长的

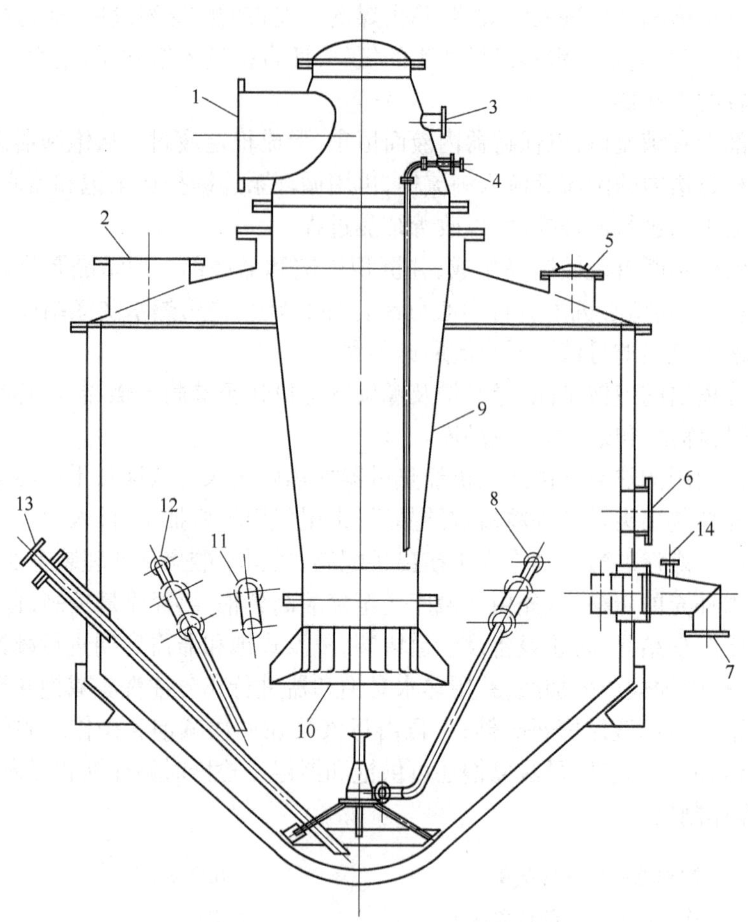

图 8-6-6　浸没式饱和器结构图

1—煤气入口;2—煤气出口下筒体;3—氨气入口;4—硫酸入口;5,6—人孔;
7—母液满流口;8—搅拌母液入口;9—中央管;10—煤气分配伞;11—备用口;
12—回流母液入口;13—结晶抽出口;14—温水清洗口

流动路线来选用。

浸没式饱和器筒体及锥底部分通常采用碳钢内衬耐酸砖制作,也有应用内衬玻璃钢制作的。顶盖及中央煤气管均需衬铅或酚醛树脂玻璃钢。泡沸伞可用硬铅(85% 铅和 15% 锑合金)浇铸,也可用铬、镍、钼、钛超低碳不锈耐酸钢制作。

B　喷淋式饱和器法硫铵生产工艺

喷淋式饱和器于 20 世纪 80 年代末从法国引入我国。之后,通过对其结构及操作工艺的不断探究、总结及改进,现已在我国焦化行业硫铵装置生产中得到广泛应用。

同浸没式饱和器法硫铵生产工艺相比,喷淋式饱和器法硫铵生产工艺具有煤气系统阻力小,鼓风机能耗低,硫铵结晶颗粒大,质量好等优点。目前我国新建及改扩建焦化厂大多数采用此法将氨从煤气中脱除,生产硫酸铵。

a　工艺流程

喷淋式饱和器法硫铵生产工艺流程如图 8-6-7 所示。

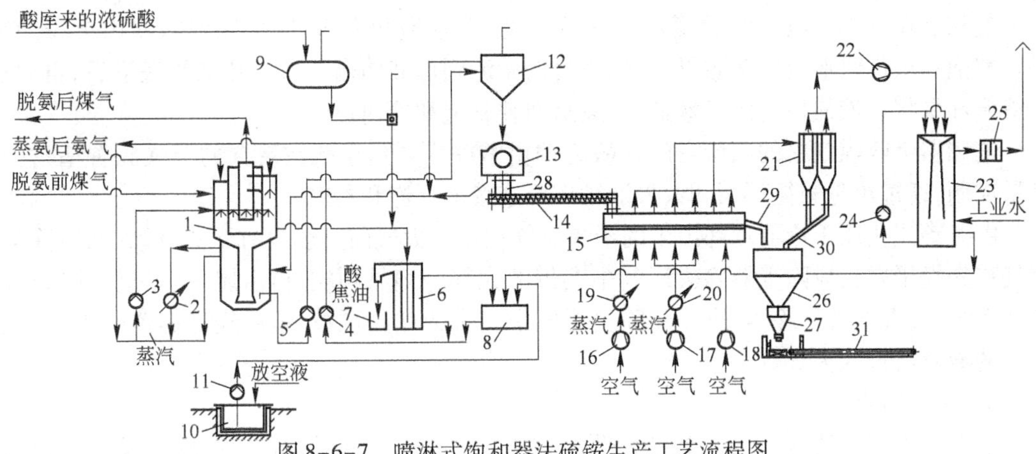

图 8-6-7 喷淋式饱和器法硫铵生产工艺流程图

1—喷淋式饱和器;2—母液加热器;3—大母液循环泵;4—小母液循环泵;5—结晶泵;6—满流槽;7—酸焦油槽;8—母液槽;9—硫酸高置槽;10—母液放空槽;11—放空液泵;12—结晶槽;13—离心机;14—螺旋输送机;15—振动流化床干燥器;16,17—热风机;18—冷风机;19,20—热风器;21—旋风除尘器;22—尾气引风机;23—尾气洗涤塔;24—尾气洗涤塔泵;25—除雾器;26—硫铵储斗;27—包装机;28~30—溜槽;31—带式输送机

从鼓风机或脱硫装置来的煤气进入喷淋式饱和器前室,然后向下,进入两侧的环形吸收室。在吸收室内,用含游离酸为2%~3%的硫铵母液对煤气进行喷洒,母液与煤气逆流接触,煤气中的氨被母液中的硫酸吸收,生成硫酸铵。

从两侧环形吸收室出来的煤气,在饱和器后室汇合成一股,用小母液循环泵送出的含游离酸为5%~6%的硫铵母液对其进行二次喷洒,以进一步吸收煤气中残余的氨。经二次喷洒脱氨后的煤气,在喷淋式饱和器上部沿切线方向进入中央旋风除酸器,捕集出煤气中夹带的酸雾液滴后,经中央管从顶部离开饱和器。喷淋式饱和器后煤气含氨一般可达到0.03~0.05 g/m^3。

当选择煤气预热器对饱和器母液温度进行控制时,煤气在进入饱和器前应先经煤气预热器预热。

上段吸收氨后的硫铵母液经中央降液管流至饱和器下段的结晶室内,并对下段硫铵母液及结晶进行充分搅拌,使晶体长大并引起晶粒分级。晶核或小晶粒通过饱和介质向上运动;大颗粒结晶向下降落并沉积在结晶室的底部。从结晶室上部流出的含有少量结晶的硫铵母液经大母液循环泵送至饱和器上段两侧的喷洒箱内,对煤气进行连续循环喷洒。

为保持饱和器系统母液操作的水平衡及控制晶核或微晶的生成速率,设有母液加热器。从结晶槽上部引出一定数量的硫铵母液,经母液加热器加热升温后,再经大母液循环泵重新送回饱和器内。

当饱和器下段结晶室内硫铵母液中晶比达到25%~40%(体积分数)时,用结晶泵将硫铵浆液抽送至室内结晶槽。从结晶槽排出的浆液,经离心机离心分离后,滤液返回饱和器内;硫铵晶体经溜槽排放到螺旋输送机,再由螺旋输送机送至振动流化床干燥器内,经干燥、冷却后进入硫铵储斗。从储斗排出的成品硫铵经称量、包装后,送入成品仓库外销。

从饱和器满流口溢出的硫铵母液,经液封槽满流至满流槽,再用小母液循环泵抽出,连续送至饱和器的后室进行二次循环喷洒,以进一步脱出煤气中的氨。满流槽内母液表面形成的酸焦油排至酸焦油槽,定期送煤场,兑入配煤。

饱和器在操作一段时间后用热水进行冲洗，即减饱和操作，以彻底消除器内沉积的结晶。减饱和操作时形成的多余母液，经满流槽满流到母液储槽。减饱和操作完毕后，再用小母液循环泵将母液储槽内的母液抽出，逐渐回补到饱和器内。

饱和器吸收煤气中的氨所需的硫酸定期由酸碱库泵送至硫铵装置的硫酸高置槽，再经流量控制，通过小母液循环泵和大母液循环泵连续加至饱和器内。

由振动流化床干燥器顶部出来的干燥尾气在排入大气前一般设有干式、湿式两级除尘。尾气首先经干式旋风除尘器除去尾气中夹带的大部分细晶颗粒，再由尾气引风机抽送至尾气洗净塔，经湿式洗涤除尘，进一步除去尾气中夹带的微晶颗粒，最后经捕雾器除去尾气中夹带的液滴后排入大气。

b　工艺特点

喷淋式饱和器法硫铵生产工艺集吸收、除雾、结晶于一体，具有流程简捷，操作方便，煤气系统阻力小等显著优点。此外，同浸没式饱和器法相比，喷淋式饱和器法采用的母液循环量大，母液搅动充分，并设有母液加热系统，可以消除母液中多余的微晶及晶核，因而生产出的硫铵结晶颗粒大，质量好。但由于吸收及结晶操作在同一设备内完成，操作条件不能分别控制，对结晶操作仍有一定影响。

喷淋式饱和器法生产出的硫铵结晶颗粒的线性尺寸大致是：大于0.6 mm的占50%以上；大于0.2 mm的占95%以上，比浸没式饱和器法生产出的硫铵结晶颗粒大，但仍没有无饱和器法生产出的硫铵结晶颗粒大。

c　操作要点

（1）母液循环量。母液循环是喷淋式饱和器法硫铵生产工艺中的关键性操作，不仅关系到煤气中氨的吸收，也关系到母液中硫铵的结晶质量。一方面，由于喷淋式饱和器为空喷结构，为保证吸氨过程进行得比较充分，需采用较大的母液循环量；另一方面，喷淋式饱和器结晶过程采用母液循环搅拌方式，为得到大颗粒结晶，需要较大的母液循环量对结晶槽内的母液进行大量循环搅动，以促使结晶颗粒长大。因此，在实际生产中，当母液循环操作出现问题，母液循环量达不到工艺设计要求时，不仅会影响煤气中氨的吸收效率，使饱和器后煤气中氨含量超标，同时也会影响结晶槽内硫铵的结晶效果，使硫铵结晶颗粒变小，严重时还会造成饱和器堵塞，影响正常生产。

（2）母液温度。饱和器母液温度影响系统的蒸发、结晶及腐蚀。母液温度的确定应根据系统的水平衡、对结晶操作的影响以及设备材质的腐蚀情况综合加以考虑。其中，饱和器系统的水平衡是确定母液操作温度的主要依据。

饱和器内母液液面上水蒸气压与煤气中水蒸气分压相平衡时的母液温度为最低母液温度。由于水分蒸发需要有蒸发推动力，还由于煤气在饱和器内停留时间短，气、液相内水蒸气不可能达到平衡，因此饱和器内母液适宜操作温度应比最低温度高。一般母液液面上水蒸气压应比煤气中水蒸气分压大1.3～1.5倍，此值称为偏离平衡系数，与此相应的温度即为保持饱和器系统水平衡的母液操作适宜温度。

母液面上的水蒸气压取决于母液的酸度、浓度和温度等因素。提高母液的酸度和母液中硫铵的浓度以及降低母液的温度时，均会使母液面上的水蒸气压降低；反之，则使水蒸气压升高。图8-6-8所示是酸度为4%和酸度为8%的硫铵母液温度与母液面上水蒸气压的关系曲线。

饱和器煤气中的水蒸气分压取决于进入饱和器的煤气、硫酸及离心机洗水等带入饱和器内的水量。带入的水量越多，则煤气中的水蒸气分压越大，饱和器内母液的最低操作温度也就越高。上述带入的水量中，以煤气带入的水汽量影响最大。此水汽量主要取决于进入饱和器的煤气露点温度。为降低饱和器内母液操作温度，应尽量降低进入饱和器的煤气露点温度，同时尽量减少各处带入饱和器的水量。

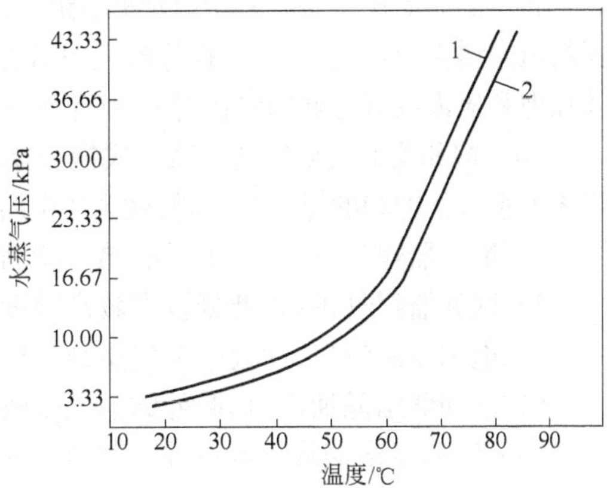

图 8-6-8 母液温度与母液面上水蒸气压的关系
1—母液酸度 4%；2—母液酸度 8%

由于温度过高或过低都不利于晶体的成长，因此，在保证饱和器系统操作水平衡的前提下，也应考虑母液温度对结晶过程的影响，选择有利于结晶的母液操作适宜温度。生产实践表明：将母液温度控制在 50 ~ 55℃，并使其保持稳定和均匀，对生产大颗粒硫铵结晶最为适宜。

喷淋式饱和器系统设备及管道全部采用超低碳奥氏体不锈钢制作，母液温度过高会加速设备腐蚀。一般在控制系统母液酸度不超过 10% 的条件下，其操作温度不应超过 70℃。

（3）母液加热或煤气预热温度。如上所述，从饱和器系统操作水平衡及结晶工艺操作两方面，均需对饱和器母液温度进行调节、控制。在实际生产中，饱和器母液温度主要通过母液加热器或煤气预热器，用低压蒸汽间接加热的方式加以控制。

采用母液加热器的优点在于不仅能对母液温度进行调节、控制，以保持系统的水平衡；同时，还可起到控制晶核数量、消除微晶的作用，有利于结晶成长，产生大颗粒结晶。但由于母液加热器在较高温度下操作，容易发生腐蚀损坏，因此，对设备材质、制作及操作要求均较高。

母液加热器后母液温度或煤气预热器后煤气温度，应按所需母液操作温度，通过饱和器系统热量衡算加以确定。通常，当采用母液加热器操作时，其母液出口温度不应超过 70℃；采用煤气预热器操作时，出口煤气温度一般控制在 60 ~ 70℃。

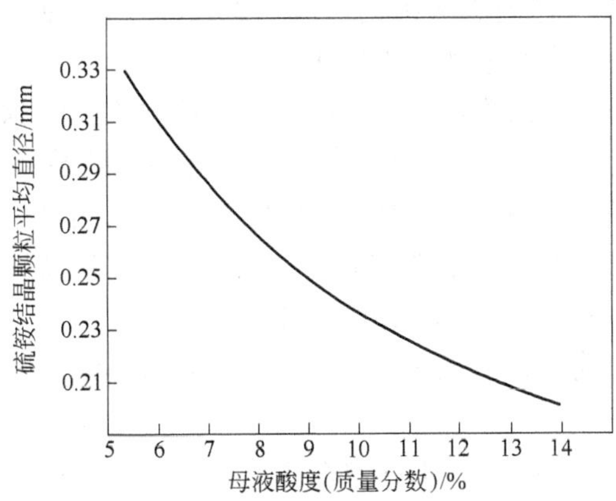

图 8-6-9 母液酸度对结晶颗粒大小的影响

（4）母液酸度及加酸制度。喷淋式饱和器内母液酸度通常保持在 2% ~3%。为有利于结晶成长，获得大颗粒结晶并防止不锈钢设备和管道腐蚀加剧，喷淋式饱和器应采取连续加酸制度，并将母液酸度保持在稳定的范围内。图 8-6-9 为硫铵母液酸度对硫铵结晶颗粒大小的影响的关系曲线。

正常操作时，新鲜硫酸连续加至满流槽入口或一部分加至大母液循环泵入口，以保证小母液循环泵出口母液酸度保持在 5% ~ 6%。饱和器内母液酸度不宜低于 2% ~3%，否则容易产生泡沫，使操作条件恶化。

（5）晶比的控制。喷淋式饱和器母液中晶比一般控制在上限 35% ~40%，下限 4%。在正常操作时，当母液中晶比达到 25% 时，即可启动结晶泵，抽取结晶母液，直到母液中晶比降至 4% 时，停止抽取。母液中晶比控制过高，会导致结晶管道及结晶泵的堵塞，从而导致饱和器的堵塞和填满。晶比过高，还会导致满流槽的堵塞，从而使饱和器内液面上涨，使煤气通过饱和器的阻力增大，有时会比正常操作时阻力增大 800 ~ 1000 Pa。但晶比也不宜控制过低，否则，晶体在饱和器内没有足够的停留时间，将不利于结晶的长大，生成的硫铵颗粒较小。

（6）饱和器的定期冲洗。喷淋式饱和器在生产过程中可能会有一些结晶沉积在器壁上。当未被水蒸气饱和的煤气通过时，就会产生结块，需要定期用热水清洗。主要清洗点有：

1）饱和器煤气进口，此处设有热水喷洒装置；

2）饱和器煤气出口，此处设有较高酸度的母液喷洒装置及热水喷洒装置；

3）饱和器满流口，此处较易发生结晶堵塞，造成饱和器内液面上涨，设有热水冲洗；

4）饱和器结晶抽出口，此处结晶浓度较高，容易发生结晶堵塞，设有热水冲洗。

（7）饱和器定期减饱和操作。喷淋式饱和器在操作一段时间后，应定期进行减饱和操作。所谓减饱和操作就是用热水对饱和器进行冲洗，将饱和器内母液稀释，使其由饱和状态变成不饱和状态，以彻底消除器内沉积的结晶，防止饱和器系统设备及管道堵塞。

在操作状态下，喷淋式饱和器的减饱和操作可采用两种方式进行：一种为深度加酸方式，即先将母液酸度升至 10% 左右，再向器内加入热水，对饱和器进行冲洗，冲洗过程一直进行到器内母液酸度达到正常操作时的酸度为止；另一种方式为边加水冲洗，边向器内补入相应数量的硫酸，以保持器内正常母液酸度。采用第一种方式时，应注意加酸速度及酸度的控制，以免造成饱和器内母液温度及酸度过高，加剧设备腐蚀。减饱和操作过程中形成的多余母液通过满溜槽流入母液储槽。

喷淋式饱和器一般可连续操作 5 ~ 7 天后进行一次减饱和操作；也可根据实际操作情况，决定进行减饱和操作的周期或频度。在饱和器系统阻力许可的条件下，应尽量延长饱和器的操作周期，减少进行大加酸减饱和操作的频度。频繁地进行减饱和操作，不仅会使母液结晶生长的正常操作条件遭到破坏，不利于产生大颗粒结晶，而且也容易使系统设备和管道腐蚀加快。

（8）结晶槽的操作。结晶槽中保持一定的结晶层厚度对保证硫铵质量及离心机的操作极为重要。结晶层厚度控制过小，将使放入离心机的料浆结晶浓度不稳定，导致硫铵水分及游离酸含量增高；结晶层厚度过大，大量结晶将被从槽内满流出的母液带走，容易造成饱和器系统设备及管道堵塞。一般将结晶层的厚度控制在结晶槽高度的 1/3 以上。

（9）离心分离及水洗。离心分离和水洗效果对硫铵的游离酸含量和水分含量影响很大。这就要求放入离心机的料浆流量和结晶浓度保持稳定，否则转鼓内料层很难均匀，影响分离效果。

提高离心机的洗水温度可提高离心分离效果。同时，使用热水洗涤能更好地从结晶表面洗去油类杂质，并能防止离心机筛网被细小油珠堵塞。有条件时，宜将洗水温度保持在 70℃ 以上。图 8-6-10 所示为离心机洗水温度对硫铵游离酸含量的影响。

在生产条件下所做试验结果表明，离心机的洗水量对硫铵质量有显著影响，其结果如图 8-6-11所示。

当洗水量在 12% 以下时，硫铵游离酸含量随洗水量的增加而直线下降，之后，则下降缓慢。当洗水量增至 22% 以上时，离心机后硫铵水分急剧增加。因此，离心机的洗水量应不大于硫铵质量的 12% 。

采用连续离心机时，其推料次数不宜太多或太少。推料次数多，物料在离心机内停留时间短，硫铵水分及游离酸含量会增高；推料次数过少，则不仅降低离心机的生产能力，还会使滤饼的密实度过高而不利于离心操作。

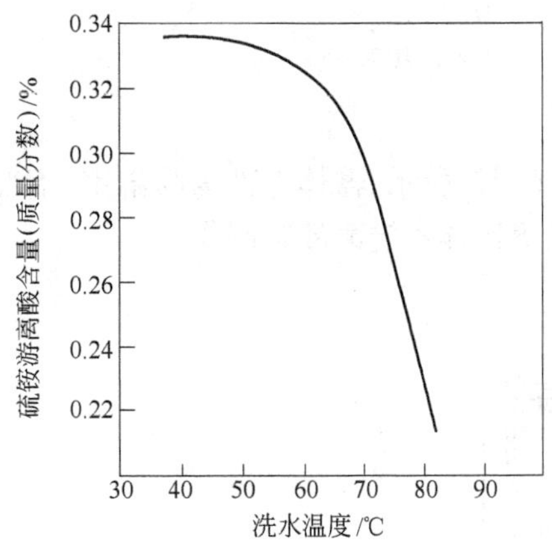

图 8-6-10 离心机洗水温度对硫铵游离酸含量的影响

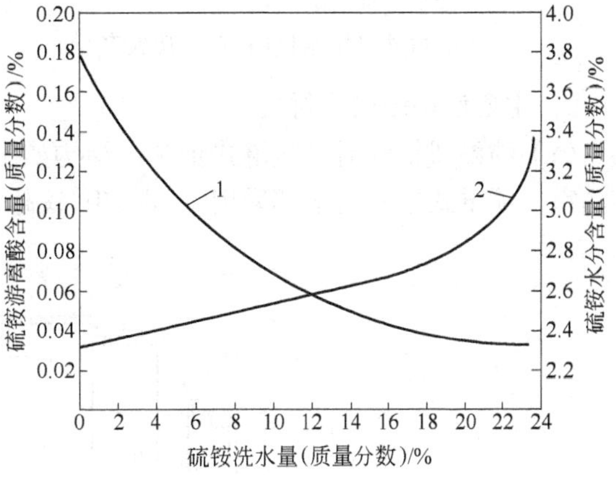

图 8-6-11 离心机洗水量对硫铵质量的影响
1—游离酸;2—水分

(10) 振动流化床干燥器的操作。在振动流化床干燥器开始启动前,应先开启冷、热给风机及尾气引风机,待冷、热给风机及尾气引风机运行正常后再启动振动流化床干燥器,开始进料。

为使振动流化床干燥器操作性能良好,应保证进入器内的被干燥的硫铵物料均匀、稳定,水分含量达到指标要求。

正常操作时,应通过视镜对器内进行观察,保证由振动流化床干燥器下部冷、热风室吹出的干燥风使干燥室床面上的物料处于良好的流态化状态,并使干燥器内保持微负压状态。当干燥室床面上物料流态化不佳或出现正压状态时(此时在进料口处可见有硫铵晶体被吹出),应及时调整冷、热风机及尾气引风机的操作,使冷、热风机送入干燥室的风量同尾气引风机抽出的风量相互匹配,以达到上述正常操作状态要求。

当尾气引风系统阻力较大时,可能发生引风管路被硫铵粉尘堵塞,应进行清理。

此外,应定期清除由床面漏入冷、热风室的硫铵结晶,以免增大床体负荷及送风系统阻力,影响操作性能。

d 主要操作制度

饱和器后煤气含氨	0.03 ~ 0.05 g/m^3
离心机后硫铵含水	≤ 2%
干燥器后硫铵含水	≤ 0.2%
饱和器进出口煤气阻力	1.5 ~ 2 kPa
饱和器母液操作温度	50 ~ 55℃
母液加热器后母液温度	60 ~ 68℃
饱和器正常操作母液酸度	2% ~ 3%
饱和器后室喷洒母液酸度	5% ~ 6%
母液中晶比	4% ~ 40%(体积分数)
干燥器热风进口温度	130 ~ 140℃
干燥器热风出口温度	60 ~ 70℃
干燥器后物料温度	55 ~ 65℃
干燥器热风进口压力	≥ 5 kPa

干燥器进料口处风压	0
离心机洗涤用水量(相对于硫铵产量)	8% ~10%

e 主要设备结构及材质

(1) 喷淋式饱和器。喷淋式饱和器结构如图 8-6-12 所示,器体上部为喷淋室,下部为结晶室。喷淋式饱和器全部采用铬、镍、钼、钛超低碳奥氏体不锈耐酸钢制作。

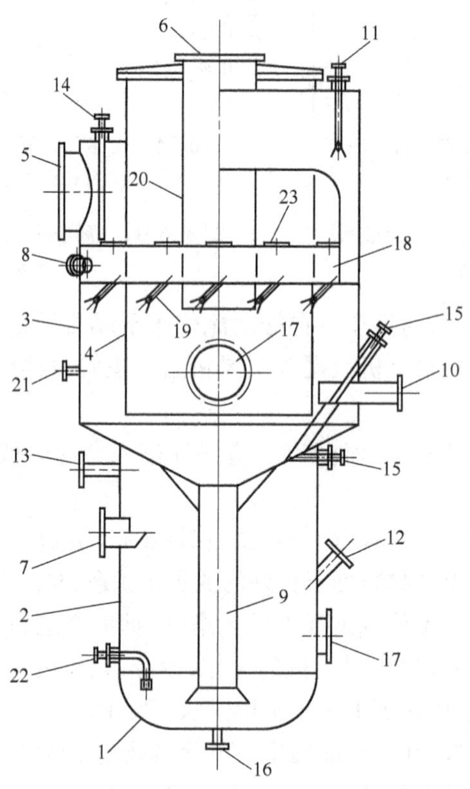

图 8-6-12 喷淋式饱和器结构图

1—封头;2—下筒体;3—外筒体;4—内筒体;5—煤气入口;6—煤气出口;7—循环母液出口;8—循环母液入口;9—降液管;10—母液满流口;11—母液喷洒管;12—回流母液入口;13—母液出口;14—温水喷淋管;15—温水清洗管;16—放空口;17—人孔;18—喷洒箱;19—喷头;20—中央管;21—温水清洗管;22—结晶抽出口;23—盖板

上部喷淋室由本体和外套筒组成。煤气从饱和器上部前室进入本体,然后向下进入两侧本体与外套筒间形成的环形喷淋室。每侧喷淋室内设有多个带有一定倾角的喷头,以保证喷出的硫铵母液与煤气充分逆流接触。从喷淋室出来的煤气在饱和器后室汇合成一股,经后室母液喷洒后,在顶部沿切线方向进入内筒体与中央管间形成的旋风式除酸器,脱除酸雾液滴后进入中央管,经顶部煤气出口出饱和器。喷淋室的下部为结晶室,与喷淋室以降液管相连通。喷淋室喷洒后的母液通过降液管流入结晶室,再从结晶室底部向上返流至母液出口,完成其循环和搅拌过程。结晶室底部形成的晶体通过结晶抽出口由泵抽出。

在饱和器中部设有母液满流管,以保持器内液面操作稳定。为防止饱和器堵塞,在饱和器前、后室和满流口等处设有温水喷洒及清洗设施。

喷淋式饱和器的上述结构决定煤气通道阻力小,结晶搅拌充分,易于晶体成长且有自然分级作用。

(2) 硫铵离心机。焦化厂通常采用卧式活塞推料、连续自动操作离心机来分离硫铵母液中的结晶,其结构如图 8-6-13 所示。

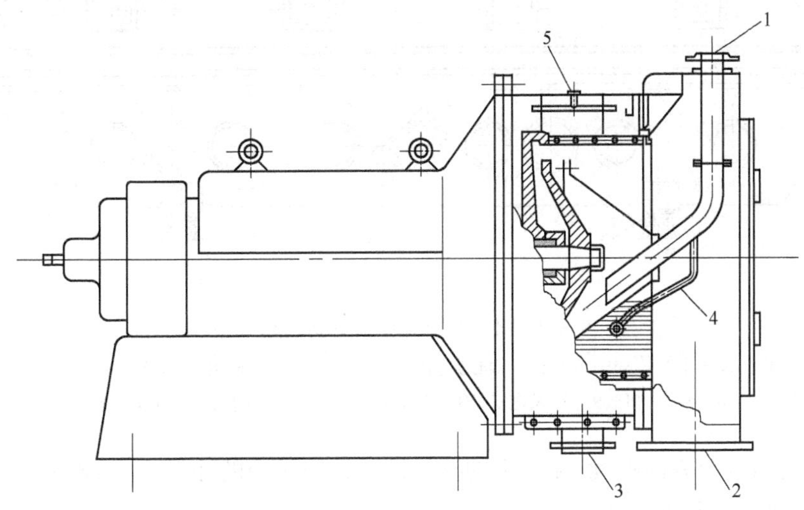

图 8-6-13 单级卧式活塞推料离心机结构图

1—浆液入口;2—结晶出口;3—滤液出口;4,5—温水清洗口

活塞式推料离心机适用于固相颗粒不小于 0.25 mm、固相含量不小于 30% 的结晶状或纤维状物料的悬浮液。卧式活塞推料、连续自动操作离心机有单级和双级两种。目前,国内焦化厂较多采用单级卧式活塞推料、连续自动操作离心机。

硫铵离心机与硫铵浆液接触的部件均采用铬、镍、钼、钛超低碳不锈耐酸钢制作。

常用的单级卧式活塞推料离心机在转鼓上留有许多孔眼,内装有长缝筛网固定在电动机带动的主轴上。硫铵料浆经加料管进入布料圆锥,布料圆锥和转鼓同时旋转,使料浆均匀分布在筛网上,在离心力的作用下,母液经筛网入滤液收集室,在筛网上则形成硫铵结晶滤饼。滤饼被推料器推到转鼓边缘时,用温水通过洗水管对晶体滤饼加以洗涤,以除去颗粒间残留的母液及游离酸等杂质。洗净晶体由推料器经离心机出口推出机外,进入溜槽。洗水和滤液一起返回饱和器。筛网是用不锈钢棒条编成的,是离心机的主要极易损部件。

(3) 振动式流化床干燥器。硫铵振动流化床干燥器结构如图 8-6-14 所示。

振动式流化床干燥器是用不锈钢板焊制的近似长方形的箱体,由上箱体、床面、下箱体及两侧的偏心振动电机构成。箱体及床面均采用铬、镍、钼、钛不锈耐酸钢制作。

上箱体为湿硫铵进行流态化干燥所需的干燥室,两侧设有可以打开的视镜,供观察器内操作状态使用;顶部设有干燥后热风引出口。

下箱体由冷、热风室组成。由振动流化床冷、热风机送来的冷、热风分别从侧面的进风口进入到下箱体的冷、热风室。

上、下箱体之间是振动流化床的床面,上面开有筛孔。湿硫铵由干燥室的进料口处加入到振动流化床的床面上。冷、热风分别从下箱体的冷、热风室经床面上的筛孔向上吹出,使物料形成流化状态,硫铵晶体与热风充分接触,达到除湿、干燥目的;同时,振动电机带动下

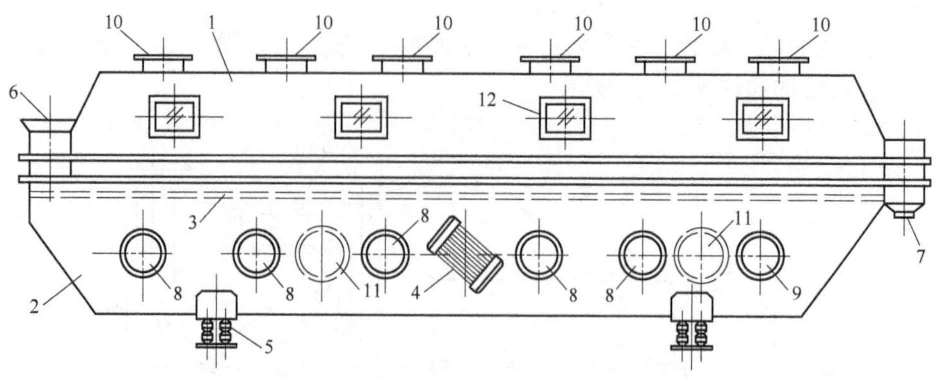

图 8-6-14　振动流化床干燥器结构图

1—上箱体;2—下箱体;3—床面;4—偏心振动电机;5—减震底座;6—湿硫铵入口;7—硫铵出口;8—热风进口;9—冷风进口;10—干燥空气出口;11—人孔;12—可开视镜

箱体及床面向出料口方向振动,床面上的硫铵结晶在激振力的作用下,向出料口方向跳跃前进,最后经溜槽进入硫铵储斗。

8.6.1.4　半直接无饱和器法硫铵生产工艺

半直接无饱和器法硫铵生产工艺,也称为酸洗塔法硫铵生产工艺。

A　工艺流程

无饱和器法硫铵生产工艺流程如图 8-6-15 所示。从鼓风机或脱硫装置来的煤气进入酸

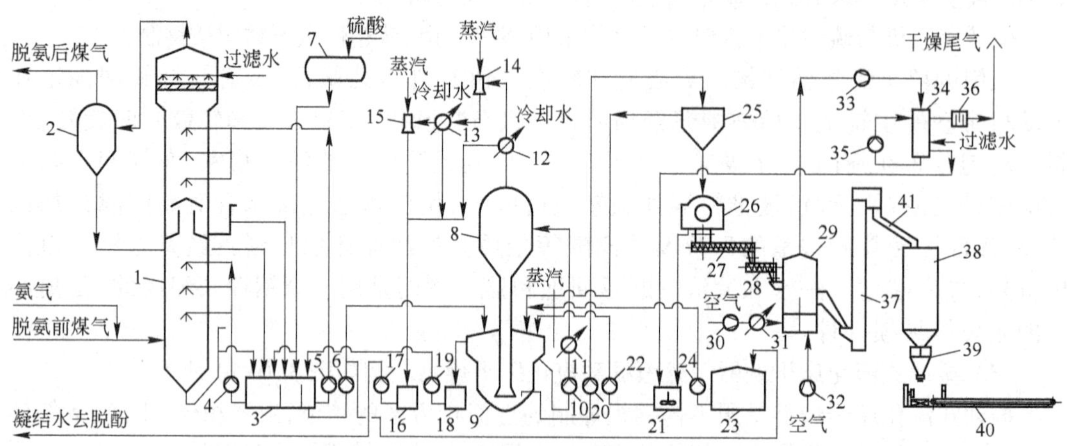

图 8-6-15　无饱和器法硫铵生产工艺流程图

1—酸洗塔;2—旋风除酸器;3—母液循环槽;4—下段循环母液泵;5—上段循环母液泵;6—蒸发器供料泵;7—硫酸高位槽;8—真空蒸发器;9—结晶槽;10—结晶槽循环母液泵;11—母液加热器;12—第一冷凝器;13—第二冷凝器;14—第一蒸汽喷射器;15—第二蒸汽喷射器;16—凝结水槽;17—凝结水泵;18—溢流槽;19—溢流泵;20—浆液泵;21—滤液槽;22—滤液泵;23—母液储槽;24—母液输送泵;25—供料槽;26—离心机;27—第一螺旋输送机;28—第二螺旋输送机;29—干燥冷却器;30—热风机;31—热风炉;32—冷风机;33—尾气排风机;34—净洗塔;35—净洗塔泵;36—雾沫分离器;37—斗式提升机;38—硫铵储斗;39—硫铵包装机;40—带式输送机;41—溜槽

洗塔,分别用含游离酸2.5%～3%硫铵母液,分上、下两段对煤气进行循环喷洒;煤气自下而上,与硫铵母液逆流接触,煤气中的氨被母液中的硫酸吸收,生成硫酸铵。从酸洗塔出来的煤气,经除酸器除去夹带的酸雾液滴后,去后续装置。酸洗塔后煤气含氨低于0.1 g/m^3。

当不采用氨法脱硫时,剩余氨水蒸氨后的氨气可直接进入酸洗塔;也可在塔前同煤气混合后进入酸洗塔。

酸洗塔上、下两段之间设有断液盘,使上、下段喷洒母液形成独自的循环系统。从酸洗塔上、下段出来的喷洒后的硫铵母液,经液封管,靠重力自流进入母液循环槽;再分别经上、下段母液循环泵,将上、下段循环母液送回塔内喷洒。也可将酸洗塔上、下两段分别设计成两个单塔,进行串联操作脱氨。当其中一塔出现故障或检修时,仍可利用另一塔进行强化操作,使煤气脱氨得以连续进行,此时塔后煤气含氨会高于正常指标。

吸收过程所需新鲜硫酸通过计量泵或高位槽经母液循环槽加入系统;所需水分加至母液循环槽或直接加至酸洗塔内。控制系统补水量,使酸洗塔吸收氨后形成不饱和硫铵母液,并将母液中硫酸铵的浓度保持在42%左右。

定期通过母液循环槽顶部设置的酸焦油捞出口,将漂浮于循环母液面上的酸焦油人工捞出,兑入炼焦配煤。

连续用蒸发器供料泵从母液循环槽内将浓度约为40%的不饱和硫铵母液抽出,送往真空蒸发结晶系统的结晶槽内。实际操作中,为防止滤液槽发生堵塞,可先将蒸发器供料泵送出的不饱和硫铵母液送往滤液槽,与滤液混合后,再用滤液泵送往结晶槽。

通常也采取将蒸发器供料泵从母液循环槽内抽出的硫铵母液,首先送至母液储槽,再由母液泵抽出,送往滤液槽或蒸发结晶系统的结晶槽。这样操作的目的,是使送入真空蒸发器的硫铵母液浓度保持稳定,并通过母液在母液储槽内的静置分离,进一步脱出硫铵母液中含有的焦油等杂质,以保证真空蒸发结晶系统操作的稳定和产品硫铵的质量。

真空蒸发器结晶槽内的硫铵母液由结晶槽循环泵抽出,送经母液加热器加热后,进入真空蒸发器。母液因真空蒸发而浓缩。浓缩后的过饱和溶液,经中心管自流至结晶槽底部。含有小颗粒结晶的母液,在结晶槽中部由循环泵抽出,大量循环,使结晶长大。几乎不含结晶的母液,在结晶槽上部溢流至溢流槽,再用溢流泵抽出,送回氨吸收系统的母液循环槽。大颗粒结晶沉积在槽底,用浆液泵抽出,送往结晶供给槽。

蒸发器的真空是由两级蒸气喷射器造成的。蒸汽喷射器用0.7 MPa的中压蒸汽进行喷射。从蒸发器顶部出来的气体经第一凝缩器与第二凝缩器冷凝后,和蒸汽冷凝液一起送往凝结水槽,再用凝结水泵送往酚氰废水站处理。

含有大颗粒结晶的硫铵母液在供给槽内进行沉降分离,上部几乎不含结晶的母液溢流回结晶槽,底部含有50%结晶的母液进入连续离心机进行离心分离,滤液经滤液槽返回结晶槽。从连续离心机分离出的硫铵结晶经螺旋输送机送入干燥冷却器,用热风炉送出的热风使之干燥,再用冷风进行冷却。干燥冷却后的硫铵经斗式提升机送往制品储槽。干燥冷却器顶部排出的废气经排气洗净塔、雾沫分离器后,进入尾气排风机,由尾气排风机送入大气。

成品硫铵在制品储槽内暂时储存后,可经集合输送机送往全自动称量包装机,经自动计量、包装、堆包,然后由叉车送成品库储存。

B 工艺特点

无饱和器法硫铵生产工艺中,氨的吸收和硫酸铵的结晶分别在各自独立的系统中进行,因而,操作条件可以分别控制。在氨的吸收系统,采用空喷式酸洗塔作为氨的吸收设备,用含有游离酸的不饱和硫铵母液作为吸收液,因而煤气系统阻力小,鼓风机能耗低,设备及管道不易发生堵塞,可长期连续运转;在硫铵结晶系统,采用真空蒸发结晶工艺及大流量母液循环搅拌和控制晶核形成工艺,并使结晶有充分的成长时间,因而可以获得高品质、大颗粒硫铵结晶,结晶颗粒直径平均在 1.0 mm 以上。

无饱和器法硫铵生产工艺的缺点是工艺流程长,占地、投资及运行费用相对较高。

C　主要操作制度(按煤气采用氨法脱硫)

饱和器后煤气含氨	≤ 0.1 g/m³
离心机后硫铵含水	≤ 2%
干燥器后硫铵含水	≤ 0.1%
酸洗塔煤气进口温度	38℃
进口煤气露点温度	38℃
酸洗塔煤气出口温度	44℃
酸洗塔循环母液酸度	2.5% ~3%
循环母液中硫铵浓度	42.5% ~43.5%
酸洗塔循环母液密度	1.25 g/cm³
酸洗塔阻力	≤ 1 kPa
真空蒸发器气相温度	48℃
真空蒸发器真空度	87 ~90 kPa
结晶槽操作温度	48 ~54℃
母液加热器出口母液温度	56.5℃
结晶槽循环母液酸度	5%
结晶槽下部浆液含结晶	30%(体积分数)
供料槽下部浆液含结晶	50%(体积分数)
干燥器热风进口温度	约 160℃
干燥器废气出口温度	约 70℃
干燥器后物料温度	≤ 60℃
干燥器热风进口压力	≥ 4.5 kPa
干燥器冷风进口压力	≥ 4.5 kPa
干燥器废气出口压力	0 或微负压

D　主要设备结构及材质

a　酸洗塔

酸洗塔全部采用铬、镍、钼、钛超低碳不锈耐酸钢制作,不设备品,可以长期连续稳定操作。酸洗塔结构如图 8-6-16 所示。

塔内采用上、下两段空喷结构,按不同高度,在上、下段分层布置若干单个喷头。此外在煤气入口处也设有喷头。硫铵母液通过喷头喷出,与煤气逆流接触,吸收煤气中的氨。上、下空喷段之间设有断液盘,吸收氨后的硫铵母液分别由断液盘及塔底引出,流入母液循环槽。在酸洗塔顶部设有丝网捕雾层,以捕集出塔前煤气中夹带的液滴。

为防止硫铵结晶在塔内局部析出,造成堵塞,在捕雾层上、下及断液盘升气管处设有多个清洗喷嘴,以保证操作时捕雾层及升气管各处都能得到清洗;其他塔内壁局部易堵处也设有清洗水管。捕雾层处清洗水管为连续操作,一方面可以保证捕雾层稳定操作;另一方面起到对系统补水,保证硫铵母液在水分蒸发的状态下始终处于不饱和状态。清洗管接有清洗水及低压蒸汽,可配制成热水使用。

b 真空蒸发结晶器

真空蒸发结晶器由上部的真空蒸发器和下部的结晶槽两部分组成,全部采用铬、镍、钼、钛超低碳不锈耐酸钢制作,其结构如图 8-6-17 所示。

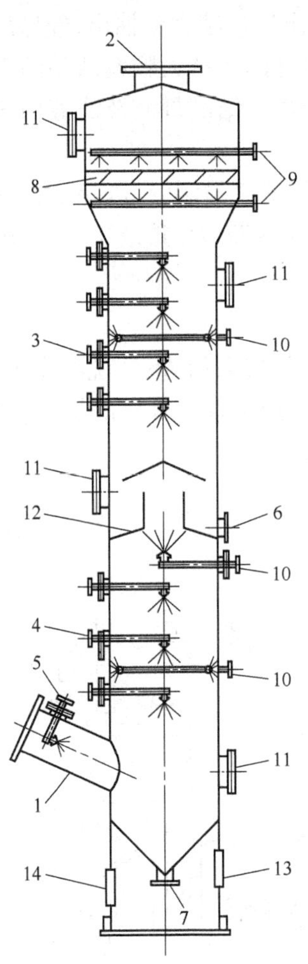

图 8-6-16 酸洗塔结构图

1—煤气入口;2—煤气出口;3—上段母液喷洒管;4—下段母液喷洒管;5—煤气入口母液喷洒管;6—上段母液引出口;7—下段母液引出口;8—捕雾层;9—捕雾层喷洒清洗管;10—塔壁喷洒清洗管;11—人孔;12—断液盘;13—下段母液管引出孔;14—裙座人孔

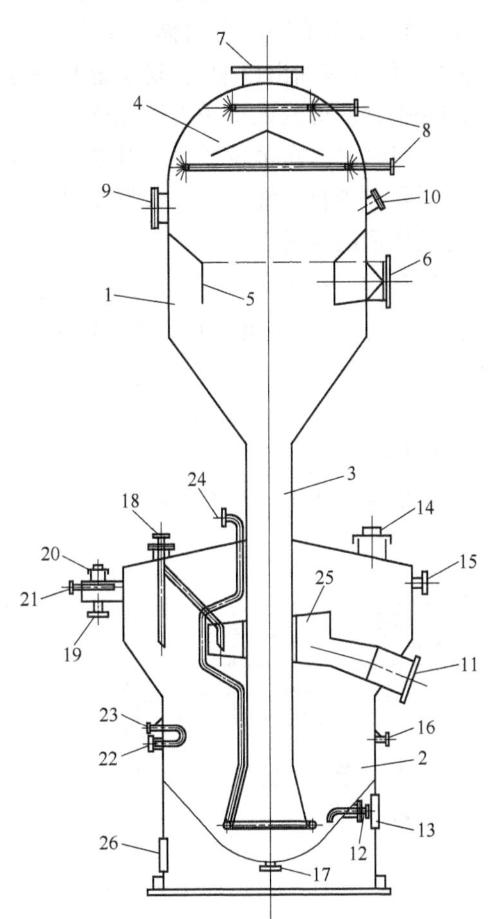

图 8-6-17 真空蒸发结晶器结构图

1—真空蒸发器;2—结晶槽;3—中心降液管;4—气液分离器;5—布液器;6—循环母液入口;7—气体出口;8—热水清扫口;9,14—人孔;10—视镜;11—循环母液出口;12—结晶抽出口;13—接管引出孔;15—满流口;16—温度计接口;17—放空口;18—滤液及母液入口;19—溢流口;20—检查口;21,23—热水清扫口;22—密度计接口;24—蒸汽入口;25—中央集液盘;26—裙座人孔

真空蒸发器由中间筒体、顶部半球形封头及底部锥体三部分组成。顶部半球形封头内设有气液分离器;中间筒体内设有布液器。结晶母液从真空蒸发器中部的母液入口沿切线方向进入蒸发器,并沿器壁旋转向下,形成一定蒸发面积,在约 80 ~ 90 kPa 的真空度下进行

蒸发,母液中的大量水分被迅速蒸出。蒸出的水汽经中部空间上升到顶部空间,经气液分离器分离出气相中夹带的液滴后,从器顶逸出。真空蒸发器所需的真空度,由器外两级蒸汽喷射器用 0.7 MPa 的中压蒸汽喷射造成。

真空蒸发器下部为结晶槽。蒸发器和结晶槽之间以中心沉降管相连通。经蒸发浓缩后的过饱和结晶母液,沿中心沉降管沉降到结晶槽底部。小结晶穿过饱和母液向上,逐步长大;大结晶则沉降下来,沉积在槽底。结晶槽上部几乎不含结晶的母液,经溢流口溢流入溢流槽。中部含有小颗粒结晶的母液,由母液循环泵经母液抽出口连续大量抽出,经母液加热器加热后,送回上部真空蒸发器循环蒸发。沉积在结晶槽底部的含有大颗粒结晶的硫铵浆液,由浆液泵经浆液抽出口抽出,送结晶供料槽,进行离心分离。结晶母液及滤液槽送出的母液从结晶槽顶部母液入口送入结晶槽。

真空蒸发结晶器在蒸发器顶部及结晶器溢流口等处设有清洗喷洒管,以保证正常操作和停产时对器壁进行冲洗。真空蒸发结晶器每月连续操作 26 ~ 27 天,其余 3 ~ 4 天用于对系统进行彻底清洗及维护操作。

8.6.1.5　间接饱和器法硫铵生产工艺

目前,我国焦化厂采用的间接法硫铵生产工艺主要是指:煤气采用 AS 法洗涤净化,洗涤后富液经脱酸蒸氨,解吸出的含有氨的酸性气体进入饱和器,用硫酸对其中的氨进行吸收,生成硫酸铵,脱氨后的含有硫化氢的酸气去制酸或生产硫黄。

A　工艺流程

间接法硫铵生产工艺流程如图 8-6-18 所示。

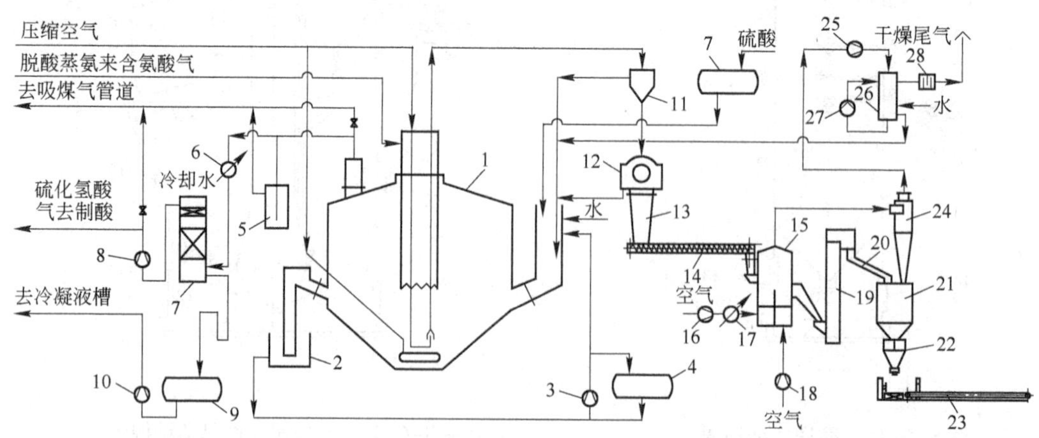

图 8-6-18　间接法硫铵生产工艺流程图

1—浸没式饱和器;2—循环母液槽;3—循环母液泵;4—剩余母液槽;5—液封槽;6—酸气冷却器;7—气液分离器;8—酸气风机;9—冷凝液槽;10—冷凝液泵;11—稠化器;12—连续离心机;13—溜槽;14—螺旋输送机;15—干燥冷却器;16—热风机;17—热风器;18—冷风机;19—斗式提升机;20—溜槽;21—硫铵储斗;22—称量包装机;23—皮带输送机;24—旋风分离器;25—尾气排风机;26—排气洗净塔;27—洗净塔泵;28—雾沫分离器

从脱酸蒸氨装置脱酸塔来的含有氨气的 85 ~ 90℃ 酸性气体,经中央导管进入饱和器底部的母液中,酸气中的氨与母液中的硫酸反应生成硫酸铵。

脱氨后的酸性气体从饱和器顶排出,经酸气冷却器冷却至65~75℃,再经气液分离器分离出夹带的酸雾液滴后,由酸气风机送往硫酸装置。

采用压缩空气对饱和器内母液进行搅拌,使饱和器底析出的硫铵结晶呈悬浮状态,以利于结晶成长。压缩空气用量以满足系统的水平衡为准。随着硫铵不断生成,结晶积累到一定程度,每班集中一段时间用压缩空气将器底结晶提升到稠化器,再放入离心机进行分离。离心机分离出的滤液与稠化器的满流液一起经回流槽返回饱和器;分离出的结晶经螺旋输送机送入沸腾干燥炉用热风干燥。干燥后的硫铵经斗式提升机存入硫铵储斗,再经自动包装机称量、包装,由内燃叉车送硫铵仓库储存。

沸腾干燥炉用热风由送风机经煤气加热器供给;炉顶排出热风经旋风分离器、尾气洗净塔及雾沫分离器净化后,由排气风机排入大气。硫铵储斗及包装系统的排气由脉冲除尘装置净化处理。

硫铵生产所耗硫酸由硫酸装置(生产浓度为78%的硫酸)送入硫铵装置的硫酸高置槽,然后经回流槽连续注入饱和器内。所需硫酸的不足部分由厂外购入(浓度为98%或93%),经硫酸装置的中间储槽送入本装置的另一硫酸高置槽。

饱和器内结晶的不断积累以及饱和器机组的定期清洗所形成的溢流母液,经母液循环槽、循环泵,存于剩余母液槽。在非溢流的情况下,再由循环泵补回饱和器。

B 主要工艺特点

原料气为煤气脱氨后富氨水或富液解吸产生的氨气或含氨酸气;氨的吸收及硫酸铵的结晶均在饱和器中进行,无单独的结晶槽;饱和器水平衡的控制、母液搅拌及结晶提料全部采用压缩空气完成,不设置加热器及相应的泵类;吸收及结晶在较高的温度下进行,硫铵结晶颗粒大,质量好;操作条件下介质的腐蚀性较强,饱和器需采用专用超低碳奥氏体不锈耐酸钢制作;主要设备均设有备品。

C 主要操作制度

离心机后硫铵含水	≤ 2%
干燥器后硫铵含水	≤ 0.1%
硫铵游离酸含量	≤0.05%
硫铵粒度(0.5 mm 以下)	≤20%
进饱和器酸气温度	85~90℃
出饱和器酸气温度	87~93℃
酸气冷却器后酸气温度	65~75℃
饱和器正常操作酸度	1%~4%
加酸清洗时母液酸度	10%~12%
饱和器阻力	约10 kPa
饱和器提料母液晶比	≥ 60%
提料用压缩空气压力	≥ 0.4 MPa
搅拌用压缩空气压力	≥ 0.2 MPa
干燥器热风进口温度	约160℃
干燥器后物料温度	≤ 60℃

干燥器热风进口压力	≥ 2 kPa
干燥器尾气出口压力	0 或微负压

D　主要设备结构及材质

间接法硫铵饱和器：间接法硫铵饱和器的结构如图 8-6-19 所示。饱和器结构为浸没式，全部采用材质为 1.4465 的超低碳奥氏体不锈耐酸钢制作，不需内衬，可在较高操作温度（90～95℃）下长期耐稀酸腐蚀，实际使用效果较好。

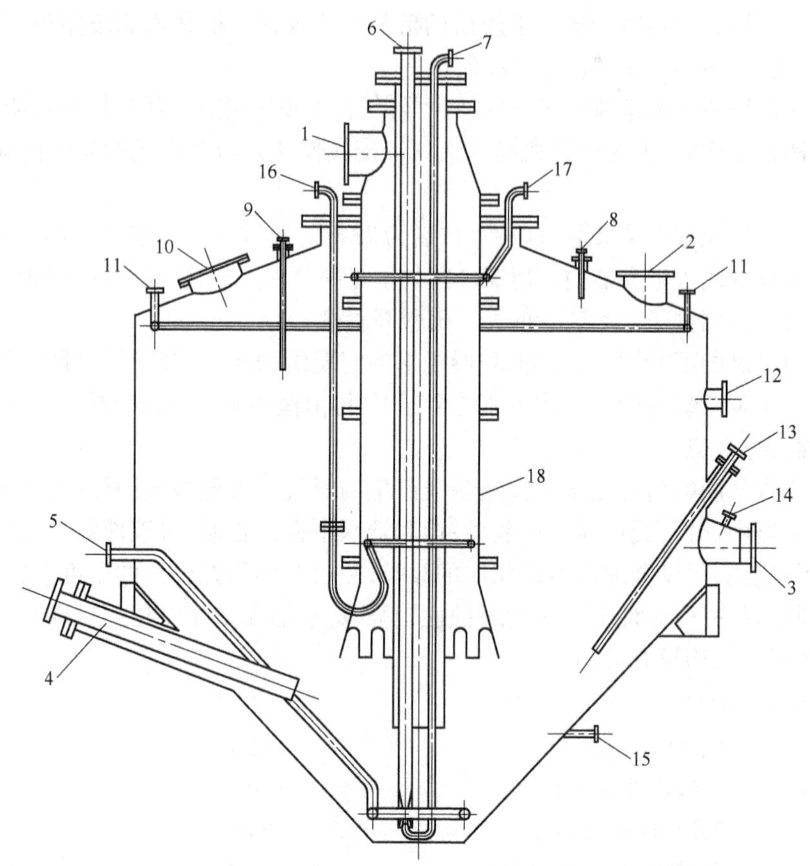

图 8-6-19　间接法硫铵饱和器结构图

1—含氨酸气入口；2—酸气出口；3—母液溢流口；4—母液回流口；5—搅拌压缩空气入口；6—结晶压出口；7—提料压缩空气入口；8，9—硫酸入口；10—人孔；11，14，16，17—热水清洗口；12—蒸汽入口；13—母液入口；15—温度检测口；18—中央管

1.4465 为德国不锈钢材料牌号，对应钢号为 G－X2CrNiMoN25 25，其主要成分（质量分数/%）为：

C	Si	Mn	S	P	Cr	Ni	Mo	N
≤0.03	≤1.00	≤2.00	≤0.030	≤0.045	24.00～26.00	22.00～25.00	2.00～2.50	0.08～0.16

1.4465 是德国用在饱和器中的一种特殊钢种，因饱和器母液中含 H_2SO_4、Cl^-，构成晶间腐蚀、点蚀和缝隙腐蚀的环境，而该牌号的不锈钢同其他超低碳奥氏体不锈耐酸钢相比，除

Cr、Ni 含量提高外,还含有 N,故具有较好的抗局部腐蚀能力。

8.6.2 剩余氨水蒸氨

8.6.2.1 剩余氨水及其组成

剩余氨水在国外某些文献和资料中也称为“煤水”,其数量主要是由炼焦煤表面含水(约占装炉干煤的 10%)和炼焦煤在炼焦过程中产生的化合水(约占装炉干煤的 2%)所组成。

除上述炼焦过程中产生的剩余氨水外,焦化厂剩余氨水蒸氨装置所处理的剩余氨水通常还包括粗苯装置分离水、焦油装置分离水以及煤气终冷装置煤气冷凝水等酚水。

剩余氨水组成主要与焦炉操作制度、煤气初冷形式、初冷后煤气温度以及初冷冷凝液的分离方法等有关。目前,煤气初冷工艺中,普遍采用初冷冷凝液同焦炉集气管循环氨水混合分离的工艺。剩余氨水的一般组成范围见表 8-6-4。

表 8-6-4 剩余氨水一般组成范围

初冷工艺	初冷后煤气温度/℃	组成/g·L^{-1}						
		全 NH_3	挥发 NH_3	CO_2	H_2S	HCN	酚	吡啶
煤气间接初冷或间直冷混合冷却	20~21	2~5	2~3	1.5~2.5	0.5~2.5	0.1~0.2	1~2	0.2~0.4

除上述成分外,剩余氨水中还含有少量的轻质焦油、萘及固体悬浮物等杂质。杂质含量的多少主要取决于焦炉装煤工艺和操作以及初冷焦油氨水分离工艺和操作。

8.6.2.2 工艺与操作

A 工艺流程

剩余氨水蒸氨工艺流程如图 8-6-20 所示。

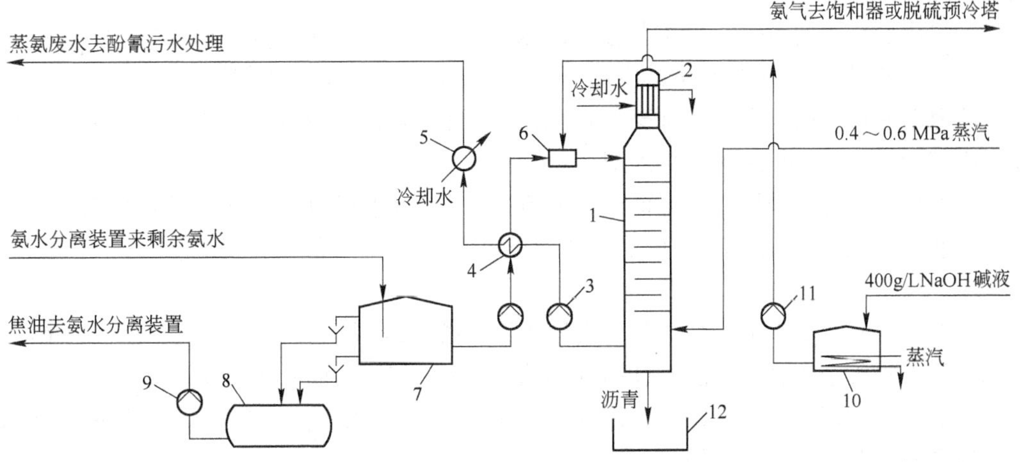

图 8-6-20 剩余氨水蒸氨工艺流程

1—蒸氨塔;2—氨分缩器;3—蒸氨废水泵;4—废水换热器;5—废水冷却器;6—管道混合器;7—原料氨水储槽;8—分离油槽;9—分离油泵;10—碱液槽;11—碱计量泵;12—沥青坑

通常，进入剩余氨水蒸氨装置的原料氨水一般应先经焦油氨水分离装置的气浮除焦油器，将氨水中的大部分焦油除去，然后进入剩余氨水蒸氨装置原料氨水储槽，经静置分离，进一步除去氨水中含有的轻、重焦油等杂质。

为将氨水中含有的轻质焦油等乳化物和固体悬浮物等杂质有效除去，可向原料氨水储槽中加入凝乳剂或凝聚剂，以使氨水中的焦油乳化物和悬浮物等杂质发生凝聚作用，以便于同氨水分离。

原料氨水储槽内顶部和底部分离出的轻、重质焦油排入分离油槽，再用泵送往焦油氨水分离装置焦油氨水分离槽。

静置分离后，澄清的原料氨水由原料氨水泵从储槽内抽出，经流量控制调节器送入原料氨水/废水换热器，与塔底出来的蒸氨废水换热。换热后的原料氨水温度约为 96～98℃，从塔顶进入蒸氨塔蒸氨。蒸氨塔底通入 0.4～0.6 MPa 的低压直接蒸汽，作为蒸氨的热源，将氨水中的游离氨蒸出。

为分解原料氨水中所含的氯化铵等固定铵盐，用碱计量泵将 400 g/L 的 NaOH 碱液连续加入到进塔原料氨水管线内，通过管道混合器与原料氨水混合后进入塔内，对固定铵盐进行分解，其反应式为：

$$NH_4Cl + NaOH \longrightarrow NaCl + NH_4OH \qquad (8\text{-}6\text{-}4)$$

固定铵盐分解为游离氨后，被塔内直接蒸汽蒸出。

控制蒸氨塔顶温度为 102～103℃，蒸出的氨气经塔顶分缩器分凝至 98℃后，得到浓度约 12% 的氨气。分缩器产生的冷凝液作为回流液，直接流回塔内。

当采用氨法脱硫时，分缩器后氨气去脱硫装置预冷塔，以增加脱硫煤气中的氨硫比；也可将其大部冷凝为浓氨水，兑入脱硫反应槽，以增加脱硫液中的氨硫比，提高脱硫效率。

当不采用氨法脱硫时，分缩器后的氨气进入硫铵装置饱和器，其中的 NH_3 被硫铵母液中的硫酸所吸收，生成硫酸铵；氨气中的其他组分，H_2S、HCN 和 CO_2 等进入煤气中，其中 H_2S 及 HCN 随煤气在后续脱硫装置中被脱除。

蒸氨塔底产生的 105～108℃的蒸氨废水，由蒸氨废水泵抽出，经与原料氨水换热后，进入废水冷却器，用循环冷却水将其冷却至 40℃后，送酚氰污水处理装置。

蒸氨塔底产生的沥青定期排至沥青坑，以防换热器和冷却器发生堵塞。排至沥青坑的沥青冷却后，人工捞出，送煤厂兑入配煤。

蒸氨所需热源除采用上述直接蒸汽的方法外，也可采用间接蒸汽、导热油、煤气等方法加热塔底循环液，因此需要增加塔底循环液加热设备，但可降低蒸氨废水量。

B　主要工艺特点

（1）原料氨水蒸氨前经静置分离或加药除油措施，以进一步脱出氨水中含有的焦油、萘及固体悬浮物等杂质，以保证蒸氨塔和换热器长期高效稳定运行，不发生堵塞。

（2）采取加碱分解固定铵盐工艺，可大大降低蒸氨废水中全氨含量，为后续酚氰污水处理创造了有利条件，环保效果好。

（3）采用螺旋板换热器，将原料氨水同废水换热至接近沸点进料，有效降低了蒸氨直接蒸汽耗量，节省能源；同时，由于螺旋板换热器在操作过程中具有自冲洗作用，可有效防止生产过程中换热器类发生的堵塞。

C 操作要点

(1) 要充分注意进塔原料氨水中焦油杂质含量的变化,保证氨水蒸氨前在原料储槽中有足够长的静置分离时间,以将轻、重质焦油等杂质从原料氨水中分离出去,防止蒸氨塔、换热器等设备发生堵塞;注意蒸氨塔、换热器等设备阻力的变化。

(2) 控制好塔顶及分缩器后氨气温度,首先保证塔底废水含氨合格;其次保证氨气浓度。此外,应使进塔蒸汽量及塔底压力保持稳定。

8.6.2.3 工艺生产主要操作指标及操作制度

蒸氨塔底废水全氨含量	<200 mg/L
蒸氨塔废水游离氨含量	<50 mg/L
蒸氨塔顶氨气温度	102 ~ 103℃
蒸氨塔低废水温度	105 ~ 108℃
分缩器后氨气温度	98℃
氨水换热器后氨水温度	95 ~ 98℃
废水冷却器后废水温度	40℃
蒸氨塔顶操作压力	10 ~ 20 kPa
蒸氨塔底操作压力	20 ~ 35 kPa
蒸氨直接蒸汽压力	0.4 ~ 0.6 MPa

8.6.2.4 主要设备结构及材质

A 氨水蒸馏塔

氨水蒸馏塔是剩余氨水蒸氨装置中的主要设备,目前使用较多的主要有泡罩式塔板氨水蒸馏塔和浮阀式塔板氨水蒸馏塔两种。

泡罩式塔板氨水蒸馏塔由于使用历史较长,积累的设计及操作实践经验比较丰富,因而在生产中仍然较多采用。浮阀式塔板氨水蒸馏塔具有操作弹性大、板效高、结构简单等特点,近年来在生产中也逐渐开始采用。

泡罩式塔板氨水蒸馏塔的结构如图 8-6-21 所示,主要由塔体、塔盘组成。塔盘包括塔板、泡罩、溢流堰板和降液管。塔盘的结构形式有条形泡罩塔盘和圆形泡罩塔盘两种。

泡罩式塔板氨水蒸馏塔的塔体可以采用铸铁或超低碳奥氏体不锈钢 00Cr17Ni14Mo2Ti 或 SUS316L 制作。塔盘可按上、下两部分分别采用不同的材质,下部腐蚀性介质浓度较低的部分采用铸铁或不锈钢制作;上部腐蚀性气体浓度较高的部分采用钛材 TA2 制作。

浮阀式塔板氨水蒸馏塔通常采用超低碳奥氏体不锈钢和钛材制作。

B 氨分缩器

如图 8-6-21 所示,氨分缩器为管壳式结构,通常安装于氨水蒸馏塔顶,与蒸氨塔成一体结构。氨气走管程,循环冷却水走壳程。

由于氨分缩器接触的 NH_3、H_2S、HCN 等腐蚀性气体的浓度较高,且在较高的温度下操作,因此,介质的腐蚀性最强,通常应选用钛材制作。

C 原料氨水换热器

为提高换热效率,减少蒸氨直接蒸汽用量并防止换热器堵塞,原料氨水换热器应采用卧式螺旋板换热器;结构为可拆式;材质采用奥氏体不锈钢 0Cr19Ni9、SUS304、304。

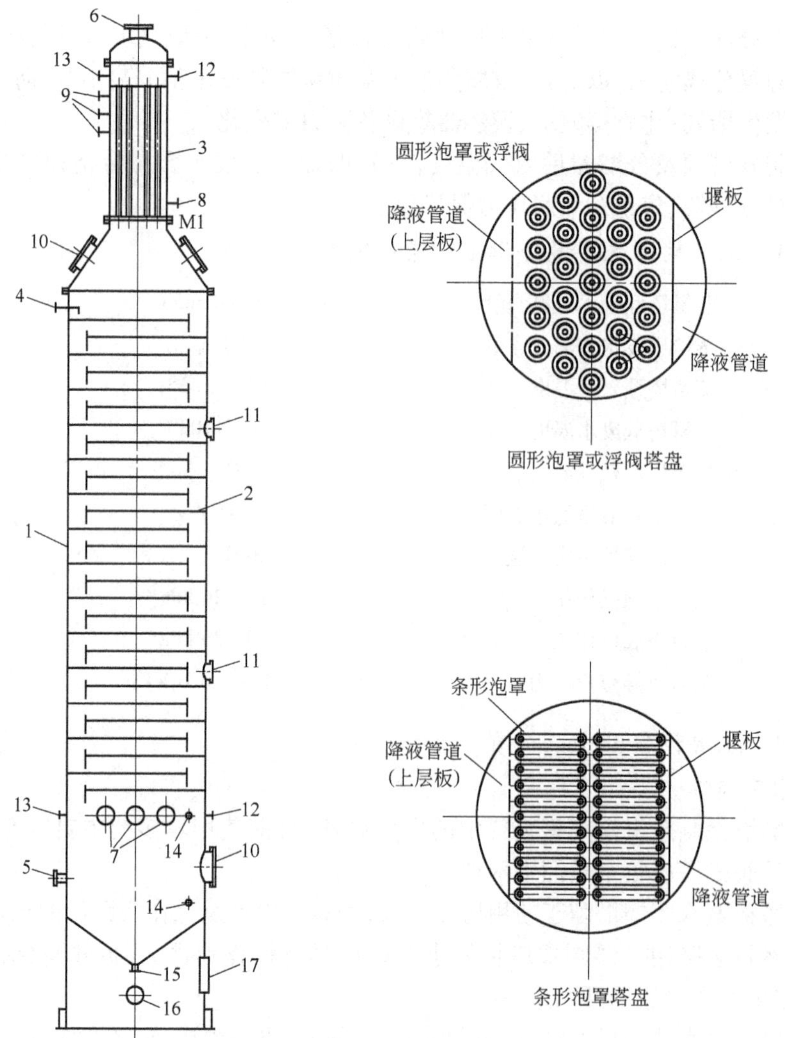

图 8-6-21　氨水蒸馏塔结构图

1—塔体；2—塔盘；3—氨分缩器；4—原料氨水进口；5—废水出口；6—氨气出口；7—蒸汽进口；8—冷却水进口；9—冷却水出口；10—人孔；11—检查孔；12—温度检测口；13—压力检测口；14—液位检测口；15—沥青排出口；16—管道排出口；17—裙座人孔

8.6.3　磷铵吸收法生产无水氨

磷铵吸收法生产无水氨工艺，是用磷铵溶液从原料气体中选择性吸收氨，吸氨的磷铵富液解吸得到氨气，氨气冷凝成氨水，精馏后得到高纯度无水氨产品。

因氨吸收塔在煤气净化系统所处位置不同，该工艺分为冷法无水氨和热法无水氨。

8.6.3.1　冷法无水氨

冷法无水氨工艺中，氨吸收塔设置在煤气系统，磷铵溶液直接与煤气接触，吸收其中的氨，原料煤气温度为 35～50℃，故称为“冷法”。

A 原料及产品

a 原料

煤气
- 杂质含量
  - NH_3 6 ~ 10 g/m³
  - BTX 30 ~ 40 g/m³
  - 焦油 < 20 mg/m³
- 温度 35 ~ 50℃
- 压力 12 ~ 20 kPa

磷酸（“炉法”生产的工业级磷酸）
- 浓度 75%（质量分数）
- 色度 30
- 杂质含量
  - Cl < 0.0005%
  - SO_4 < 0.0050%
  - Fe < 0.0020%
  - As < 0.0080%
  - Pb < 0.0010%

NaOH 溶液
- 浓度 32.5%（质量分数）
- 杂质含量
  - NaCl < 0.0050%
  - Fe_2O_3 < 0.0005%

b 产品

煤气
- 杂质含量
  - NH_3 0.08 ~ 0.1 g/m³

无水氨
- 纯度 99.8%
- 颜色 无色
- 杂质含量
  - 油 微量
  - CO_2 微量
  - H_2S 微量
  - Cl^- 微量
  - 羰基 微量
  - 不凝物 微量

B　工艺过程基本原理

磷铵溶液吸收煤气中的氨实质上是磷酸吸收氨。磷酸为三元酸，其水溶液含有三级电离的一价、二价、三价磷酸根离子，与氨作用能生成磷酸一铵 $NH_4H_2PO_4$、磷酸二铵 $(NH_4)_2HPO_4$、磷酸铵 $(NH_4)_3PO_4$。这三种物质均为白色晶体，可溶于水。磷酸一铵十分稳定，在130℃以上才能分解；磷酸二铵较不稳定，达到70℃时即开始分解放出氨而变成磷酸一铵；磷酸铵很不稳定，常温下即可分解。因此磷铵溶液中主要含有磷酸一铵和磷酸二铵。

磷铵吸收法生产无水氨工艺，利用了磷酸一铵和磷酸二铵之间的转化，通过低温吸收和高温解吸，实现对原料气中氨的吸收和回收，其反应过程为：

$$NH_4H_2PO_4 + NH_3 \rightleftharpoons (NH_4)_2HPO_4 \tag{8-6-5}$$

反应为放热反应，反应热为83.68～104.60 kJ/mol（即20～25 kcal/mol）NH_3。由于吸收过程为化学反应过程，故反应温度对吸收效率影响较小。

磷酸吸收具有选择性，在吸收煤气中氨的同时，对原料气体中的酸性组分（H_2S、HCN、CO_2）只是痕量吸收，因此在整个工艺过程中，无需再经化学净制，即可得到高纯度的无水氨产品。

C　工艺与操作

a　工艺流程

磷铵吸收法生产无水氨包括吸收、解吸、精馏三个主要工序，即用磷铵溶液吸收煤气中的氨、吸收氨的富液解吸和解吸所得氨水的精馏，如图8-6-22所示。

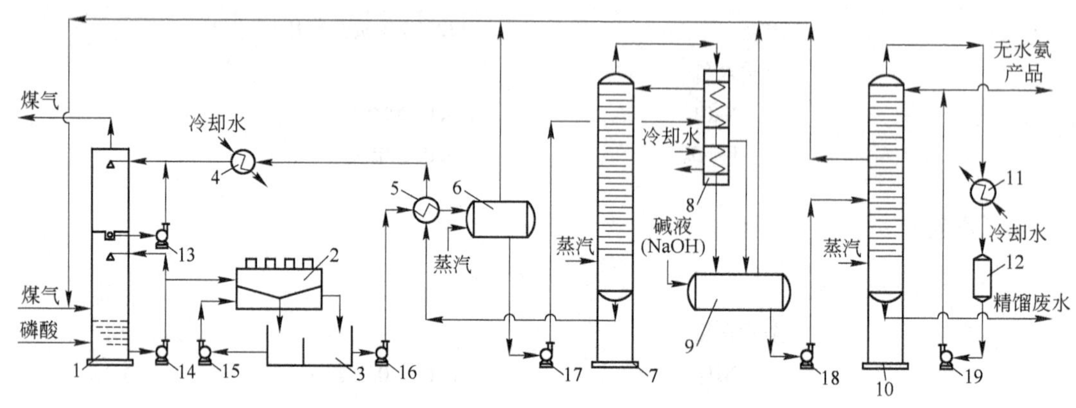

图8-6-22　磷铵吸收法生产无水氨工艺流程

1—氨吸收塔；2—除焦油器；3—焦油/溶液槽；4—贫液冷却器；5—贫富液换热器；6—接触器；7—解吸塔；8—解吸塔冷凝冷却器；9—供料槽；10—精馏塔；11—精馏塔冷凝器；12—回流罐；13—吸收塔上段循环泵；14—吸收塔下段循环泵；15—富液回送泵；16—富液升压泵；17—解吸塔给料泵；18—精馏塔给料泵；19—精馏塔回流和产品泵

焦炉煤气进入氨吸收塔，与塔顶喷洒的磷铵贫液逆流接触。吸收塔为二段或三段空喷塔，每段单独循环喷洒，设置循环泵以保证一定的喷淋密度。塔顶喷洒的贫液中 NH_3 与 H_3PO_4 的摩尔比为1.2～1.3，塔底得到的富液 NH_3 与 H_3PO_4 的摩尔比为1.7～1.8，连续抽出一定量的富液去解吸系统。氨吸收塔后煤气含氨0.08～0.1 g/m³。

含氨富液在解吸之前，先要经过预处理，脱除焦油和酸性组分（H_2S、HCN、CO_2），以防止后序设备堵塞和腐蚀。富液用泵送入除焦油器中，利用泡沫气浮除去溶液中的焦油和萘等杂质，洁净的富液靠重力流入溶液槽，焦油和萘等杂质流入焦油槽，定期送去配煤系统。除焦油后的富液用泵送贫富液换热器，与热贫液换热后达到一定温度，进入接触器。富液在接触器中闪蒸，脱除其中的酸性组分，酸性气体返回氨吸收塔前煤气管道。

脱除酸性气体的富液用泵加压送至解吸系统，在进解吸塔之前，富液在解吸塔冷凝冷却器中与热氨气换热升温。解吸塔在 1.3 MPa 压力下操作，塔底通入 1.6 MPa 的直接蒸汽，富液中的氨被解吸出来。脱氨后的贫液经贫富液换热器与富液换热而初步冷却，再经贫液冷却器用循环水进一步冷却至所需温度，返回到氨吸收塔循环使用。解吸塔顶逸出的氨气经冷凝冷却，形成浓氨水（质量分数为 15% ~20%）流入供料槽。在供料槽中，加入一定量的 NaOH 溶液，与残留在浓氨水中的酸性组分生成相对稳定的钠盐，以避免精馏塔腐蚀和确保产品质量。

供料槽中的浓氨水用泵送入精馏塔，精馏塔在 1.5 MPa 压力下操作，塔底通入 1.6 MPa 的直接蒸汽将氨水汽提和精馏。塔底排出的精馏废水可送往剩余氨水蒸氨工序进一步处理。塔顶得到的氨气经精馏塔冷凝器冷凝为液态无水氨，流入回流罐。回流罐中的无水氨，用泵将一部分送往无水氨储罐，作为产品储存；一部分送回精馏塔顶作回流，以保证得到合格的无水氨产品。在精馏塔精馏段设置侧线，排出烃类等油性物质，侧线气流返回氨吸收塔前煤气管道。

为保证整个生产过程的顺利进行，需设置必要的酸碱辅助系统。尽管工艺本身不需溶液排污，但由于泄漏、溢流等原因，需定期补充磷酸。

b 主要操作制度

贫液中 NH_3 与 H_3PO_4 的摩尔比	1.2 ~ 1.3
富液中 NH_3 与 H_3PO_4 的摩尔比	1.7 ~ 1.8
贫液 pH 值	4.5 ~ 5
富液 pH 值	6.5 ~ 7
氨吸收塔操作温度	35 ~ 50℃
接触器操作温度	110 ~ 125℃
解吸塔顶温度	185 ~ 190℃
解吸塔底温度	195 ~ 198℃
精馏塔顶温度	37 ~ 40℃
精馏塔第 30 板温度	37 ~ 40℃
精馏塔第 24 板温度	65 ± 20℃
精馏塔底温度	195 ~ 201℃
氨吸收塔阻力	1.5 ~ 2.5 kPa
解吸塔顶压力	1.25 ~ 1.35 MPa
精馏塔顶压力	1.4 ~ 1.6 MPa

c 操作要点

（1）氨的吸收。氨的吸收是由化学平衡关系控制的，即温度、压力和溶液中 NH_3 与

H_3PO_4 的摩尔比。相对而言,温度和压力对氨的吸收影响较小,而影响较大的主要有两个因素:1)进入氨吸收塔的贫液量;2)贫液中 NH_3 与 H_3PO_4 的摩尔比。

在一定吸收温度下,氨的吸收主要取决于磷铵溶液液面上氨的分压,即取决于溶液中磷酸二铵的含量。所以,控制溶液中铵盐总量、一铵和二铵的质量比(一般以 NH_3 与 H_3PO_4 的摩尔比表示)是十分重要的。而贫液中 NH_3 与 H_3PO_4 的摩尔比取决于解吸工序的操作效率,因此在吸收工序,主要控制进入氨吸收塔的贫液量。通常,贫液中 NH_4 与 H_3PO_4 的摩尔比为 1.2～1.3 时,吸收塔底得到的富液中 NH_3 与 H_3PO_4 的摩尔比为 1.7～1.8。如果溶液量减少,装置的运行成本降低,经济性好,但富液摩尔比将升高,当超过 1.8 时,吸收过程吸收的酸性组分将增多,使装置的腐蚀程度加剧。

生产中除对贫富液组成按规定频度进行化学分析外,还可对溶液进行简单的密度和 pH 值测定,以便及时调整操作。

图 8-6-23 所示为溶液密度与溶液组分的关系,其关系式为:

$$D = 0.975 + 0.00675X - 0.0004T$$

式中　D——溶液密度,g/cm^3;

X——溶液中铵盐总量($NH_3 + H_3PO_4$)(质量分数),%;

T——溶液温度,℃。

图 8-6-24 所示为溶液 pH 值与溶液组分和酸度的关系。

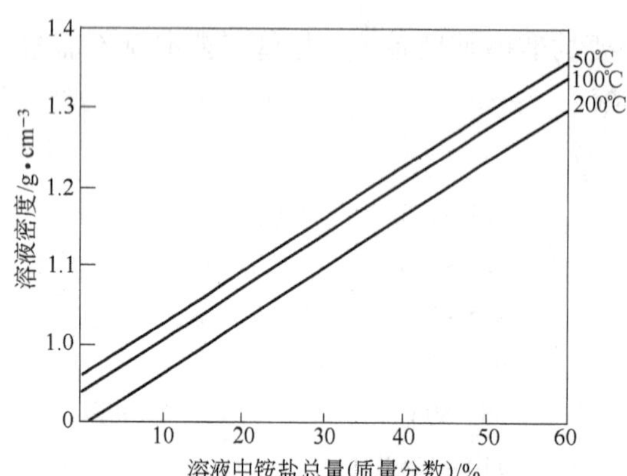

图 8-6-23　溶液密度与溶液组分的关系

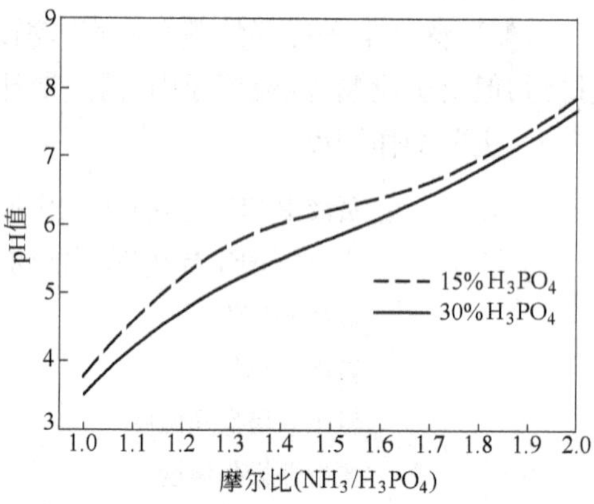

图 8-6-24　溶液 pH 值与溶液组分和酸度的关系

以下给出一组数据,为某厂无水氨装置的贫富液性质和组成,供参考。

	贫液	富液
NH_3/H_3PO_4 摩尔比	1.2	1.75
溶液组成(质量分数)/%		
NH_3	6.2	9.5
H_3PO_4	30	31.4
pH 值	4.75	6.6
结晶点/℃	25	<25
相对密度	1.20	1.233

（2）系统水平衡。控制系统的水平衡，即控制吸收和解吸工序的水平衡，目的在于控制溶液中 H_3PO_4 的浓度。溶液中的 H_3PO_4 浓度对溶液的结晶点和密度有影响。H_3PO_4 浓度低，溶液密度下降，影响除焦油器的正常工作；反之，溶液结晶点升高，易引起结晶堵塞，如图 8-6-25 所示，当贫液中 H_3PO_4 浓度达到35%（质量分数）时，结晶点将升高至40℃左右。因此，正常操作中控制系统的水平衡，使溶液中 H_3PO_4 的浓度控制在约 30%（质量分数），基本保持恒定，在此条件下，溶液相对密度为 1.2 ~ 1.3，结晶点小于 25℃。

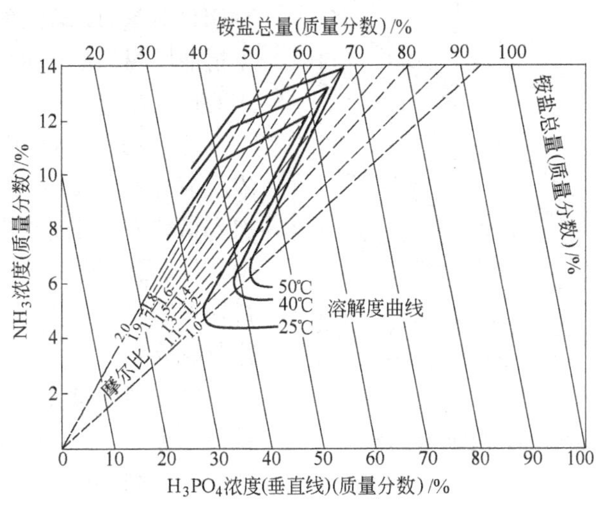

图 8-6-25 溶解度与溶液组成的关系

生产中，通过观察氨吸收塔记录的液位，可以看出水含量的变化。液位的上升表明溶液中水含量的增多，即 H_3PO_4 的浓度在下降。进入系统的水主要有：进入氨吸收塔的煤气带水、解吸塔直接蒸汽冷凝水、接触器直接蒸汽吹扫时的冷凝水、泵机械密封水；而离开系统的水有：离开氨吸收塔的煤气带水、解吸塔产生的氨气带水。一般进入系统的水量是一定的，难以调节，因此控制水平衡的手段是调节带出系统的水量。

离开氨吸收塔的煤气中水汽含量可以通过改变进入吸收塔的贫液温度进行初步的控制。氨吸收塔上部温度越高，煤气中水汽含量也越高，但这样的操作，会使煤气中氨的含量略有增加。对水平衡的进一步控制是改变进入解吸塔的富液温度，提高富液温度，会使更多的水随氨气一同离开系统，但这种控制，往往会受到换热器和给料泵能力的限制。因此，进入吸收塔的贫液温度和进入解吸塔的富液温度是控制水平衡的两个关键点，生产中需结合具体情况，两种措施综合控制。

（3）解吸操作。解吸工序的功能是脱除富液中的氨，它是整个无水氨工艺承上启下的重要环节，其关键在于解吸塔的稳定操作。

解吸塔底产生低摩尔比（NH_3/H_3PO_4）的贫液，它是保证氨吸收效率的关键；塔顶产生一定浓度的氨气，给精馏工序提供稳定的进料。

解吸操作的控制变量主要是解吸塔直接蒸汽用量。当富液流量增加时，蒸汽用量随之增加。另外，保持解吸压力相对稳定也很重要。压力过低，解吸效率降低，直接蒸汽用量增加;压力过高,易造成设备腐蚀程度加剧。

(4) 酸性组分的脱除。富液中的酸性组分(H_2S、HCN、CO_2)大部分在接触器中脱除,应控制富液被加热的温度(沸点),以保证在接触器中产生足够的气体,使酸性组分从溶液中分离出去。当接触器中产生的气体量偏小时,应提高富液温度;异常情况下(如贫富液换热器停工),接触器中需通入直接蒸汽,确保足够的酸性气体逸出。

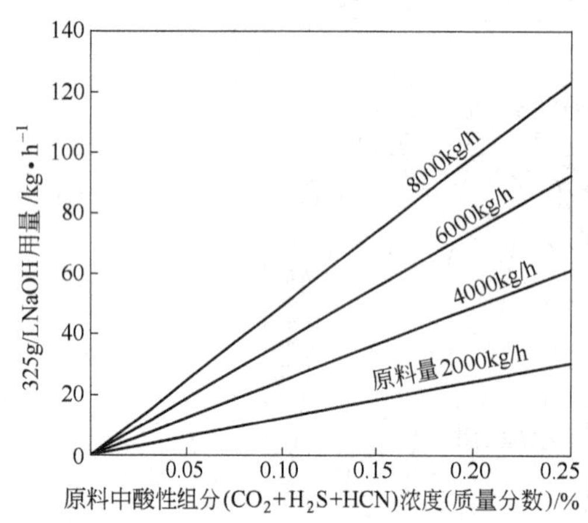

图 8-6-26　碱液加入的理论流量

残余的酸性组分随氨气冷凝进入氨水系统,控制进入供料槽的碱液(325 g/L NaOH)流量,以确保无水氨产品质量和避免精馏塔腐蚀。图 8-6-26 所示为碱液加入的理论流量。

过剩的碱(NaOH)进入精馏废水,其浓度应控制在 0.5 ~ 10 g/L。应调整碱液加入量,使精馏废水中游离 NaOH 含量最少,以减缓精馏塔的腐蚀。若在精馏塔进料处安装腐蚀探测仪,可以对腐蚀状况进行及时检测。

(5) 精馏操作。精馏塔的操作压力通常为 1.4 ~ 1.6 MPa,通过无水氨的冷凝温度加以控制;其上限受直接蒸汽压力和给料泵能力的制约,下限取决于冷凝器的出水温度。表 8-6-5 为氨冷凝温度与精馏塔的操作压力之间的关系。生产中可通过调节冷凝器的出水温度对精馏塔的操作压力进行控制。

表 8-6-5　氨冷凝温度与精馏塔的操作压力之间的关系

温度/℃	30	31	32	33	34	35	36	37
绝对压力/MPa	1.166	1.201	1.237	1.273	1.311	1.349	1.388	1.428
温度/℃	38	39	40	41	42	43	44	45
绝对压力/MPa	1.469	1.511	1.553	1.597	1.641	1.687	1.733	1.780

在正常生产条件下,精馏塔顶至第 30 层塔板之间,几乎都是纯氨,因此,观察第 30 层塔板的温度,应与塔顶温度接近。在第 24 层塔板附近,是精馏塔中最高温度变化区域,氨的平衡浓度波动也较大。该区域的温度称敏感温度,此温度的变化,实际上体现了精馏系统的氨量是否平衡,如果无水氨产量减少,温度将降低。相对其他操作单元,在开工初期,需花费较多时间,认真校正此温度的最佳设定值,对于长期稳定的生产是十分必要的。

精馏塔底与第 6 层塔板温度差应大于 6℃,此温差是由塔底直接蒸汽量决定的。增加蒸汽量可以降低精馏废水的含氨量,但为了维持操作稳定,最好不要改变蒸汽流量,除非无水氨产量发生很大变化。

D　主要设备

a　氨吸收塔

氨吸收塔为二段或三段空喷塔,主要材质为超低碳不锈钢,结构如图 8-6-27 所示。

塔下部设煤气入口，顶部设煤气出口，上部设有捕雾层。每个吸收段上部装有多个喷嘴的环状喷洒装置，吸收段间用带有升气管的断塔盘分开，断塔盘上装有溢流管和集液槽。吸收液经喷嘴均匀地喷入塔内，吸收煤气中的氨后，落入断塔盘的集液槽中。大部分吸收液在本吸收段内循环，多余的吸收液流入下吸收段，吸收煤气中的氨后，由出口排出。

b 解吸塔

解吸塔为板式精馏塔，主要材质为超低碳不锈钢，结构如图 8-6-28 所示。

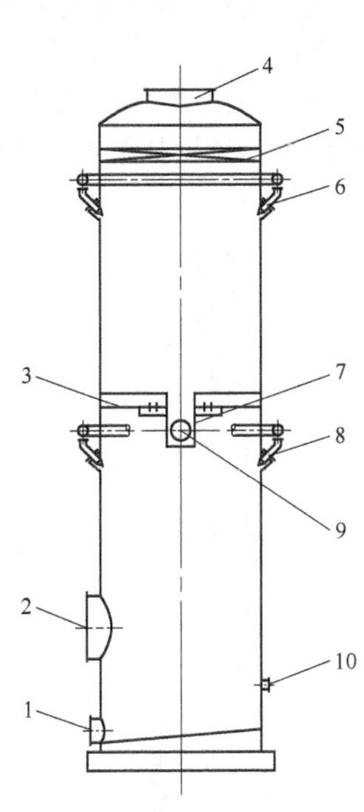

图 8-6-27 氨吸收塔

1—吸收液出口；2—煤气入口；3—断塔盘；4—煤气出口；5—捕雾层；6—吸收液入口；7—溢流管和集液槽；8—吸收液入口；9—吸收液出口；10—磷酸入口

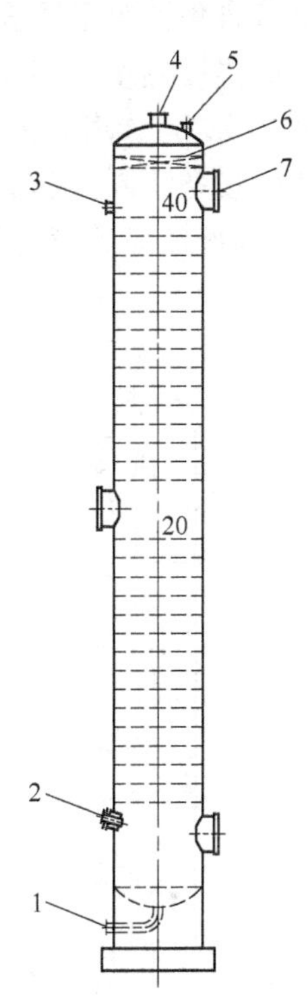

图 8-6-28 解吸塔

1—贫液出口；2—蒸汽入口；3—富液入口；4—氨气出口；5—安全阀接口；6—捕雾层；7—人孔

塔板为浮阀塔板，也有采用泡罩塔板的。上部设有捕雾层。磷铵富液自塔顶进入，磷铵贫液从塔底流出。塔底部有直接蒸汽入口，顶部有氨气出口。

c 精馏塔

精馏塔为板式精馏塔，主要材质为超低碳不锈钢，结构如图 8-6-29 所示。

塔板为穿流式大孔筛板，也有采用泡罩塔板的。浓氨水自塔中部进入。塔顶部有氨气出口、液氨回流口，塔底部有直接蒸汽入口、废水出口，在中部设有油侧线引出口。一般在氨水进料处还设有腐蚀仪监测口，以监测塔体腐蚀情况。

8.6.3.2 热法无水氨

热法无水氨工艺中，氨吸收塔设置在脱酸蒸氨装置后，处理来自脱酸塔的含氨酸性气体,脱除氨的酸性气体送去生产硫酸或克劳斯装置生产硫黄。

在氨吸收塔内,含氨酸性气体与磷铵溶液逆流接触,吸收其中的氨,酸性气体温度一般为 85 ~ 95℃,故称为"热法"。除吸收部分外,该法解吸和精馏部分的工艺与操作、主要设备等与"冷法"完全相同。与冷法无水氨工艺相比,吸收部分的主要差别是:

(1) 生产原料不同。热法无水氨处理的是含氨酸性气体,组成(体积分数)为:H_2S 4% ~ 9%;CO_2 8% ~ 10%;NH_3 15% ~ 20%;HCN 0.8% ~ 1.2%;H_2O 60% ~ 72%;

因氨酸气含焦油等杂质少,"热法"系统可不开甚至不设除焦油器及其附属设备。

(2) 吸收温度制度不同。热法无水氨吸收部分的温度制度为:入塔氨酸气 95 ~ 98℃;出塔酸气 100 ~ 102℃;入塔贫液 88 ~ 90℃;出塔富液 100 ~ 102℃。

(3) 吸收设备不同。热法无水氨的吸收塔为板式和空喷式的复合塔,上部贫液洗涤段为筛板式,下部循环喷洒段为空喷式。主要材质为超低碳不锈钢,结构如图 8-6-30 所示。

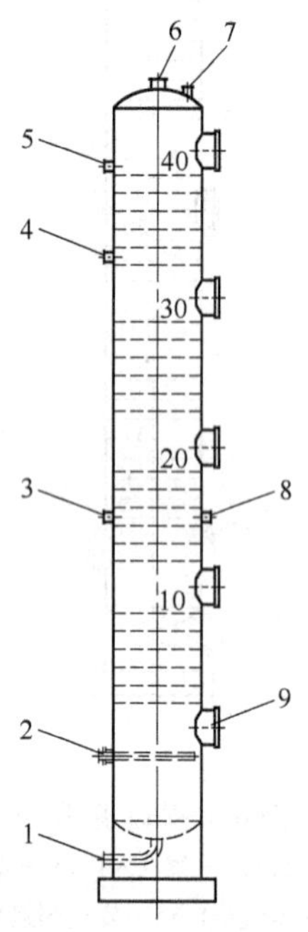

图 8-6-29　精馏塔

1—废水出口;2—蒸汽入口;3—氨水入口;
4—油侧线口;5—液氨回流口;6—氨气出口;
7—安全阀接口;8—腐蚀监测口;9—人孔

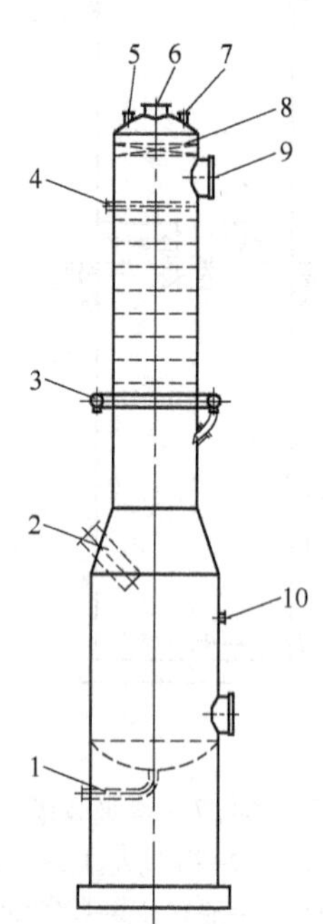

图 8-6-30　氨吸收塔

1—吸收液出口;2—氨酸气入口;3—吸收液入口;4—贫液入口;
5—放散口;6—酸气出口;7—安全阀接口;
8—捕雾层;9—人孔;10—磷酸入口

塔下部设氨酸气入口,顶部设酸气出口,气体自下而上流过吸收塔,经过上部设置的捕雾层后,从顶部离开。贫液经分配管进入塔内,自上而下流经筛板,进入下部空喷段。空喷段上部装有多个喷嘴的环状喷洒装置,循环溶液经喷嘴均匀地喷入塔内,吸收氨的循环溶液,由底部出口排出。

8.6.4　水洗氨—氨分解

水洗氨—氨分解工艺,是用水吸收煤气中的氨,含氨富氨水蒸馏得到氨气,氨气再进行分解,得到的尾气兑入煤气系统。

该工艺分为氨的洗涤、蒸氨和氨分解两个单元。

8.6.4.1 氨的洗涤

在洗氨塔中,用水循环洗涤煤气中的氨。洗氨塔通常设在煤气鼓风机后,若设置在煤气脱硫塔前,温度为35~50℃;若设置在脱硫塔后,则温度为30~35℃。

A 生产原料及产品

a 生产原料

煤气(脱硫前)	
杂质含量	
NH_3	6~10g/m^3
H_2S	2~15 g/m^3
HCN	1~2.5 g/m^3
BTX	30~40 g/m^3
焦油	<20 mg/m^3
温度	30~50℃
压力	12~20 kPa
蒸氨废水	
杂质含量	
游离 NH_3	<0.01%

b 产品

煤气	
杂质含量	
NH_3	<0.1 g/m^3

B 工艺过程基本原理

氨的洗涤是用水作吸收剂,吸收煤气中的氨。用水吸收煤气中的氨,其主要工艺过程是氨在水中的溶解过程,发生反应:

$$NH_3 + H_2O = NH_4^+ + OH^- \tag{8-6-6}$$

由于溶液中的氨大部分以分子状态存在,仅有少量的 NH_4^+ 和 OH^- 离子,故溶液呈弱碱性。因此,可以认为物理吸收在水洗氨过程中起主导作用,吸收所能达到的程度取决于操作条件下气液两相界面上的平衡关系,吸收过程的推动力是氨在煤气中的分压与氨水液面上的氨蒸气压之差。即:

$$\Delta p = p_{氨} - p^* \tag{8-6-7}$$

煤气中氨的分压由道尔顿气体分压定律求得:

$$p_{氨} = p y_{氨} \tag{8-6-8}$$

氨水液面上氨的蒸气压由亨利定律求得:

$$p^* = Ex \tag{8-6-9}$$

式中 Δp——吸收过程推动力;

$p_{氨}$——煤气中氨的分压；

p——煤气的总压；

$y_{氨}$——煤气中氨含量(体积分数)；

p^*——氨水液面上氨的蒸气压；

E——亨利常数；

x——氨水中氨的浓度(摩尔分数)。

显然，当 $\Delta p = p_{氨} - p^* > 0$ 时，即煤气中氨的分压大于氨水液面上氨的蒸气压时，氨才会被水吸收。Δp 越大，吸收过程进行得越快。若 $\Delta p = 0$，即处于气液两相的平衡状态，也就是吸收所能达到的极限状态。

亨利常数随着温度的升高而增大，对于一定的 p^*，温度升高，将降低氨水中氨的浓度。见表 8-6-6，氨在水中的溶解度随着温度的升高而大大降低。

表 8-6-6　氨在水中的溶解度与温度的关系

温度/℃	溶解度 /kg·kg^{-1}	温度/℃	溶解度 /kg·kg^{-1}	温度/℃	溶解度 /kg·kg^{-1}	温度/℃	溶解度 /kg·kg^{-1}
0	0.875	16	0.582	32	0.382	48	0.244
2	0.875	18	0.554	34	0.362	50	0.229
4	0.792	20	0.526	36	0.343	52	0.214
6	0.751	22	0.499	38	0.324	54	0.200
8	0.713	24	0.474	40	0.307	56	0.186
10	0.670	26	0.449	42	0.290		
12	0.645	28	0.426	44	0.275		
14	0.612	30	0.403	46	0.259		

注：溶解度为每千克水中溶解的氨量。大气压 $p = 0.098$ MPa。

由表 8-6-7 还可看出，当氨水中氨的浓度一定时，随着温度的升高，将使液面上氨的蒸气压增大，因而使吸收推动力变小，吸收速率降低。

表 8-6-7　氨在水溶液液面上的蒸气压　(kPa(mmHg))

温度/℃	氨的质量分数/%												
	2	3	4	5	6	7	8	10	12	14	16	18	20
0	0.93 (7)	1.07 (8)	1.33 (10)	1.67 (12.5)	2.00 (15)	2.40 (18)	2.87 (21.5)	3.93 (29.5)	5.13 (38.5)	6.47 (48.5)	7.87 (59)	11.53 (86.5)	14.13 (106)
5	1.07 (8)	1.33 (10)	1.67 (12.5)	2.13 (16)	2.53 (19)	3.07 (23)	3.67 (27.5)	4.93 (37)	6.33 (47.5)	8.00 (60)	10.00 (75)	14.67 (110)	18.67 (140)
10	1.33 (10)	1.67 (12.5)	2.13 (16)	2.73 (20.5)	3.33 (25)	4.00 (30)	4.07 (30.5)	6.40 (48)	8.27 (62)	10.33 (77.5)	12.93 (97)	18.93 (142)	23.46 (176)
15	1.60 (12)	2.07 (15.5)	2.80 (21)	3.47 (26)	4.33 (32.5)	5.20 (39)	6.07 (45.5)	8.13 (61)	10.80 (81)	13.33 (100)	16.53 (124)	24.40 (183)	29.06 (218)
20	2.00 (15)	2.67 (20)	3.53 (26.5)	4.47 (33.5)	5.47 (41)	6.60 (49.5)	7.80 (58.5)	10.40 (78)	13.73 (103)	17.07 (128)	20.80 (156)	30.53 (229)	36.00 (270)
25	2.60 (19.5)	3.47 (26)	4.53 (34)	5.67 (42.5)	6.87 (51.5)	8.53 (64)	10.00 (75)	13.20 (99)	17.47 (131)	21.46 (161)	26.00 (195)	37.73 (283)	
30	3.27 (24.5)	4.40 (33)	5.67 (42.5)	7.07 (53)	8.93 (67)	10.80 (81)	12.67 (95)	16.53 (124)	21.60 (162)	26.67 (200)	32.80 (246)	47.46 (356)	

续表 8-6-7

温度/℃	氨的质量分数/%											
	2	3	4	5	6	7	8	10	12	14	16	18	20
40	4.13 (31)	5.33 (40)	8.67 (65)	11.07 (83)	13.73 (103)	16.53 (124)	19.47 (146)	25.73 (193)	32.53 (244)	40.26 (302)	49.06 (368)	77.73 (583)	
50	6.13 (46)	9.33 (70)	12.67 (95)	16.27 (122)	20.13 (151)	24.13 (181)	28.67 (215)	37.86 (284)	48.00 (360)	58.67 (440)	73.33 (550)	106.66 (800)	

因此,进洗氨塔的煤气温度和水的温度应尽可能低一些。在较低的吸收温度下,可使氨尽可能多地被洗涤下来。

因氨水溶液呈弱碱性,所以在水洗氨的同时,煤气中的 H_2S、HCN、CO_2 等组分也被部分吸收。

C 工艺与操作

a 工艺流程

煤气经过鼓风机后或氨法脱硫后进入洗氨塔,用水吸收其中的氨;同时,煤气中的 H_2S、HCN、CO_2 等组分也被部分吸收。工艺流程如图 8-6-31 所示。

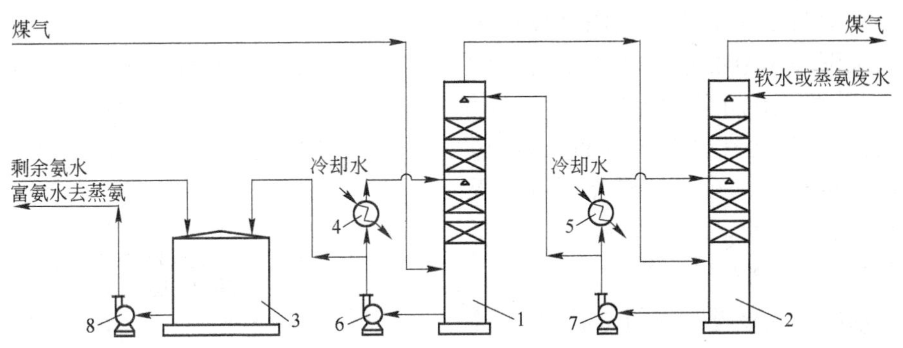

图 8-6-31 水洗氨工艺流程

1—1 号洗氨塔;2—2 号洗氨塔;3—富氨水槽;4—终冷段氨水冷却器;5—洗氨段氨水冷却器;6—1 号洗氨塔循环泵;7—2 号洗氨塔循环泵;8—富氨水泵

煤气从底部进入洗氨塔,与塔顶喷洒的洗涤水逆向接触,进行氨的吸收。由于氨的吸收为放热反应,为了保持洗氨的等温状态,要设置洗涤水冷却器。在洗氨塔下部,通常设有冷却段,以保证洗氨在最佳的吸收温度下进行。

进入洗氨塔的软水或蒸氨废水也应预先冷却至所需温度。

离开洗氨塔的富氨水含有洗涤下来的全部氨,以及被部分吸收下来的 H_2S、HCN、CO_2 等,送到蒸氨单元处理。

从冷凝鼓风装置来的剩余氨水也进入富氨水槽,与富氨水一并送到蒸氨单元处理。

b 操作制度

进入洗氨塔煤气温度	30~50℃
洗氨塔洗氨段操作温度	25~28℃

洗涤水进洗氨塔温度	25～28℃
软水或蒸氨废水进洗氨塔温度	25～28℃
洗氨塔阻力	0.5～1.0 kPa
蒸氨废水含 NH_3	<0.01%

c　操作要点

为防止洗氨过程中萘的析出，1 号洗氨塔下段煤气出口温度及整个洗氨过程的煤气温度应比初冷后煤气温度高 2～3℃，但不宜超过 28℃，否则应相应调整初冷的操作制度。

操作中应密切监视洗氨塔及换热器阻力的变化，发现堵塞应及时采用热氨水清洗，必要时采用蒸汽清扫。

D　主要设备结构

洗氨塔：为多段填料塔，主要材质为碳钢，如图 8-6-32 所示。

塔下部设煤气入口，上部设煤气出口，煤气出口处设有捕雾装置。洗涤水经塔顶分布器或喷嘴均匀地喷入塔内，吸收煤气中的氨后，在塔底汇集，由出口排出。

在填料段间，通常设置再分布装置，保证下层填料的充分润湿。填料类型有钢板网、聚丙烯花环、不锈钢波纹板等。

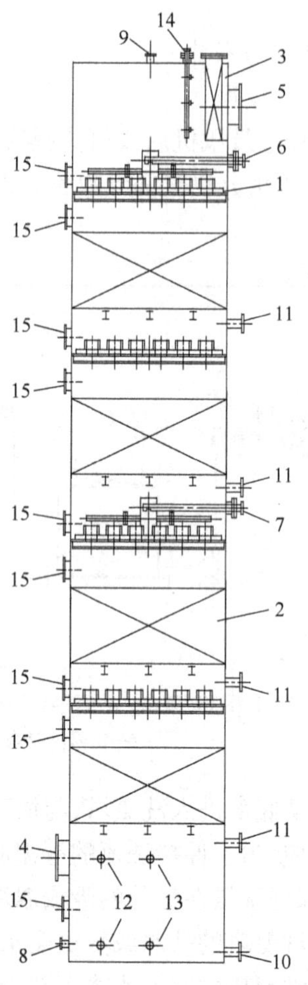

图 8-6-32　洗氨塔

1—气液再分布板；2—填料；3—捕雾器；4—煤气入口；5—煤气出口；6—废水入口；7—氨水入口；8—富氨水出口；9—放散口；10—放空口；11—蒸汽吹扫口；12—液位控制接口；13—液位计接口；14—捕雾器清洗液入口；15—人孔

8.6.4.2　蒸氨及氨分解

采用水洗氨脱除煤气中的氨后，产生的富吸收液即富氨水可经蒸氨操作，对其中的氨进行汽提解吸，使富吸收液得到再生；解吸出的氨在不进行回收的情况下，可经氨分解炉还原分解，生成氢气和氮气。

A　生产原料及产品

a　生产原料

原料氨水（富氨水与剩余氨水的混合物）

组成

NH_3	6～8 g/L
H_2S	1～2 g/L
CO_2	4～6 g/L
HCN	约 1 g/L

除上述成分外，富氨水中通常还含有少量的焦油、萘及固体悬浮物等杂质。

净煤气(氨分解用燃料气)	
NaOH 碱液	
浓度	40%(质量分数)
杂质含量	
NaCl	<0.0050%
Fe_2O_3	<0.0005%
氨分解催化剂	镍基催化剂

b 产品

氨分解尾气	2500~2900 kJ/m^3
蒸汽	0.8~1.0 MPa

B 反应机理

富氨水在蒸氨塔内的汽提解吸反应:

$$NH_3H_2O \longrightarrow NH_3 + H_2O \tag{8-6-10}$$

剩余氨水中固定铵盐的分解反应:

$$NH_4Cl + NaOH \longrightarrow NaCl + NH_4OH \tag{8-6-11}$$

氨焚烧炉内的还原分解反应:

$$NH_3 \longrightarrow N_2 + H_2 \tag{8-6-12}$$

$$HCN + H_2O \longrightarrow N_2 + H_2 + CO \tag{8-6-13}$$

上述反应均为吸热反应。

C 工艺与操作

a 工艺流程

蒸氨及氨分解工艺流程如图8-6-33所示。

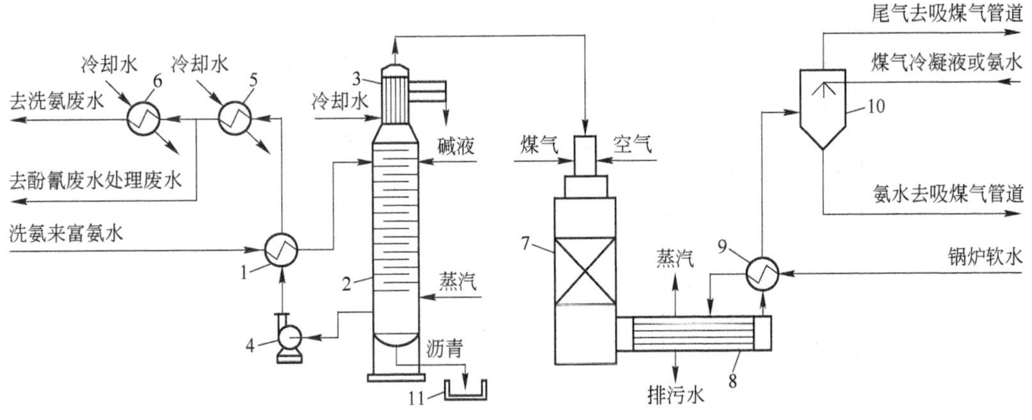

图8-6-33 蒸氨及氨分解工艺流程

1—富氨水/废水换热器;2—蒸氨塔;3—氨气分凝器;4—蒸氨废水泵;5—废水一段冷却器;6—废水二段冷却器;7—氨分解炉;8—废热锅炉;9—锅炉供水预热器;10—尾气冷却器;11—沥青排放槽

洗氨后的富氨水经除油后(通常可采用富氨水静置分离或砂石过滤等措施对富氨水中的焦油进行脱除)被送至富氨水/废水换热器,与废水泵送出的蒸氨废水进行换热。换热后的富氨水从塔顶进入蒸氨塔;塔底通入直接蒸汽作为热源,对富氨水进行蒸馏。从蒸氨塔顶部连续加入氢氧化钠碱液,以分解富氨水中的 NH_4Cl 等固定铵盐。

富氨水经汽提解吸后,塔底出来的蒸氨废水经与入塔富氨水换热后,被送至废水一段冷却器,用冷却水将其冷却至40℃后,一部分被送至废水二段冷却器,进一步冷却至25~28℃后送洗氨单元洗氨塔循环洗氨;其余部分被送往酚氰废水处理站处理。蒸氨塔底排出的沥青冷却后送煤场兑入配煤。

蒸氨塔顶解吸出的氨气经分凝器凝缩后,得到含氨35%~45%(体积分数)的氨气,然后被送入氨分解炉,在1100℃的温度下进行还原分解,生成氢气和氮气;氨分解尾气经废热锅炉回收余热及尾气冷却器冷却至约80℃后,送气液分离器前吸煤气管道。有关氨分解工艺详见本书第8.5.3.3节。

b　工艺特点

(1) 蒸氨采取连续加碱分解固定铵工艺,大大降低了蒸氨废水中全氨含量,为后续酚氰废水处理环保达标创造了有利条件;

(2) 氨分解采用还原气氛催化分解氨的工艺,氨气中的氮化物的分解率可达99%,分解后的尾气返回煤气系统,不污染大气;

(3) 可使氨气中的 NH_3、HCN、烃类化合物较充分地分解或燃烧,避免了铵盐和积碳对催化剂的影响;

(4) 设有废热锅炉及换热器,最大限度地利用过程气的余热,节省了能源,提高了整个装置的热效率。

c　操作制度

蒸氨废水游离氨含量	<100 mg/L
蒸氨废水全氨含量	<200 mg/L
氨分解炉氨分解率	>99%
蒸氨塔顶部温度	100~102℃
蒸氨塔底部温度	105~108℃
分凝器后氨气温度	85~90℃
一段冷却器后废水温度	40℃
二段冷却器后废水温度	25~28℃
氨分解炉操作温度	1100~1200℃
尾气冷却器后尾气温度	80~82℃
蒸氨塔顶操作压力	10~25 kPa
蒸氨塔底操作压力	20~35 kPa
蒸氨直接蒸气压力	0.4~0.6 MPa
氨分解炉操作压力	约20 kPa

d　操作要点

(1) 控制好塔顶及分缩器后氨气温度,首先保证塔底废水含氨合格;其次保证氨气浓度。此外,应使进塔蒸汽量及塔底压力保持稳定。

(2) 要充分重视洗氨后富氨水的除焦油操作及蒸氨过程中塔底的排沥青操作,防止焦油、沥青等杂质堵塞塔盘、换热器,使蒸氨效率降低。

(3) 当换热器、蒸氨塔等设备阻力增大时,应及时进行更换、清洗。

D 主要设备结构及材质

a 蒸氨主要设备结构及材质

蒸氨部分主要设备结构及材质参见本书第 8.6.2.4 节。

b 氨分解主要设备结构及材质

氨分解部分主要设备结构及材质参见本书第 8.5.3.3 节。

8.7 煤气脱苯

煤气脱苯一般位于煤气净化系统的最后部位,但当采用以钠或钾为碱源的脱硫工艺时,其多位于脱硫装置之前。煤气脱苯通常包括终冷和洗苯两个装置。

8.7.1 煤气终冷

为了保证粗苯一定的收率,洗苯一般在不超过30℃的温度下进行。在半直接法硫铵流程和冷法无水氨流程中,饱和器后和磷铵吸收塔后的煤气温度分别在 55 ~ 60℃ 和 40 ~ 45℃,因此,煤气脱苯前需进行最终冷却。但在氨分解流程中(如正压水洗氨或正压氨水脱硫工艺),终冷需在洗氨前完成,此时终冷装置常以终冷段的形式设在洗氨塔或氨水脱硫塔下部。

煤气在终冷过程中,将发生水汽冷凝并伴有萘的析出。冷凝液量主要取决于入口煤气露点,而萘的析出量则主要取决于初冷后煤气温度和初冷所采用的工艺,以及净化系统是否采用带有洗萘段的中间冷却工艺。

20 世纪 80 年代以前,我国煤气净化工艺中,煤气初冷一般采用立管式冷却器,其冷却和净化效率较低,煤气初冷后的温度一般在 30℃以上,相应的含萘露点约在 35℃左右,这就要求煤气终冷带有洗萘装置。萘在煤气中的饱和浓度见表 8-7-1。

表 8-7-1 萘在煤气中的饱和浓度

温度/℃	15	20	25	30	35	40	45	50
浓度/$g \cdot m^{-3}$	0.25	0.38	0.56	0.9	1.14	2.10	3.34	5.18

带有洗萘装置的煤气终冷工艺主要有:煤气终冷—机械除萘;终冷—焦油洗萘;终冷—轻焦油洗萘以及终冷—油洗萘。

煤气终冷—机械除萘工艺:该法是在隔板式终冷塔内,煤气被终冷循环水喷洒冷却并同时脱除萘。含萘终冷水经机械化刮萘槽将水中悬浮的萘刮除后,送往凉水架冷却。由于该装置位于脱硫装置前,故此法不仅造成大气污染,而且因大量排污造成水体污染,现已不采用。

终冷—焦油洗萘工艺:该法是在隔板式终冷塔内,煤气被终冷循环水喷洒冷却并同时脱除萘。含萘终冷水经焦油洗萘器用热焦油将水中悬浮的萘溶解脱除后,送往凉水架冷却。该法与煤气终冷—机械除萘工艺存在同样的问题,现已不采用。

终冷—轻焦油洗萘工艺:该法是在横管冷却器内,煤气被低温水间接冷却的同时由循环喷洒的轻质焦油吸收除萘。含水、含萘的轻质焦油部分排污至机械化氨水澄清槽,并等量补充初冷单独分离的轻质焦油。由于这一工艺的除萘功能已在目前初冷的低温冷却段解决,故基本不再采用。

终冷—油洗萘工艺:该工艺有两种形式,一是水—油—水法,该法在煤气进行两段终冷之间加入一个洗萘塔(段),用洗苯富油洗萘,工艺类似于中间煤气冷却;二是冷法油洗萘,该法是在由横管冷却器和塔板组成的终冷油洗萘塔内,煤气被低温水间接冷却后由洗苯贫油吸收除萘。含水、含萘富油经油水分离后兑入洗苯富油。后者由于存在难于分离的乳化物,现已不采用。

20世纪80年代以后,我国焦化工业技术发展较快,大量节能和环保技术在焦化工业中得以应用,用高效横管式煤气初冷器取代立管式煤气初冷器就是其中的代表之一。煤气在横管初冷器中,经循环水和低温水两段冷却后温度可降低到21～22℃,同时由于在段间喷洒冷凝液,可使煤气含萘降至0.5 g/m³ 以下,可以保证煤气净化系统的顺行。因此基本不再要求终冷的除萘功能,大大简化了终冷工艺。即使在某些初冷后煤气温度较高的工艺中,由于有煤气中间冷却除萘,也不会导致终冷的复杂化。

在现代焦化生产工艺中,煤气终冷工艺主要包括间接式终冷和直接式终冷两种方式。

8.7.1.1　间接式终冷

间接式终冷主要是采用横管式间冷器对煤气进行间接冷却。当煤气净化工艺采用饱和器法生产硫铵时,进入终冷装置的煤气温度较高,一般在50～55℃,终冷器一般采用两段,分别由循环水和低温水冷却。为了防止终冷器堵塞,采用循环喷洒冷凝液对终冷器管间进行清洗,循环冷凝液需要少量排污,排污量等于终冷过程中煤气冷凝液量。

A　工艺与操作

a　工艺流程

典型的间接式终冷工艺流程如图8-7-1所示。

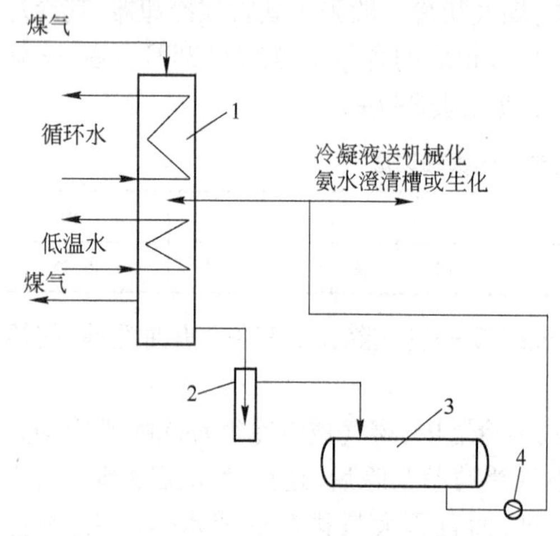

图8-7-1　间接式终冷工艺流程图

1—终冷器;2—液封槽;3—冷凝液槽;4—冷凝液泵

来自煤气净化车间前序工段的焦炉煤气,从顶部进入终冷器,煤气沿间冷器壳程(管间)向下流动,从终冷器底部出口排出,进入洗苯塔。终冷器采用循环水和低温水两段冷却,循环水和低温水在间冷器内管内流动,带走煤气的热量。

为了防止萘等在终冷器内析出、集聚而堵塞设备,终冷器内采用循环喷洒含有焦油的冷凝液进行管间清洗,终冷器内冷凝液经过液封槽排入冷凝液槽,冷凝液槽内的冷凝液用泵送入终冷器,一部分排污送入机械化氨水澄清槽内进行分离处理,排污量等于终冷过程中煤气冷凝液量。

部分工厂为了节省低温水用量,在终冷器内循环水冷却段和低温水冷却段间用断塔盘隔开,使循环水冷却段内煤气冷凝液不再进入低温水冷却段,但由于进入终冷装置的煤气温度不高(一般露点不超过55℃),循环段的煤气冷凝液量较少,因此节水很有限,大部分工厂终冷器不采用断塔盘。

当终冷器入口煤气温度较低时(如氨回收采用无饱和器生产硫铵或采用磷铵吸收法生产无水氨时,终冷器入口煤气温度一般不超过45℃),终冷器可只采用低温水一段冷却。

b 工艺特点

(1) 采用高效横管间接冷却器,与直接式终冷相比,动力消耗低,但设备吨位较大;

(2) 在终冷器内采用循环喷洒冷凝液,有效地防止设备堵塞和除萘。

c 操作制度

进终冷器煤气温度	45~55℃(因煤气净化流程不同而异)
出终冷器煤气温度	25~27℃
进终冷器循环水温度	≤32℃
进终冷器低温水温度	≤20℃(可利用低温水的二次水)
终冷塔阻力	≤1500Pa
喷洒用冷凝液中焦油含量	5%~10%

d 操作要点

关于终冷后煤气温度的控制:终冷的主要功能是保证出口煤气温度符合洗苯要求,为此可以通过调整低温水量来保证煤气出口温度,但在实际操作中,还应兼顾初冷后煤气温度的波动。为防止萘的析出,必须控制终冷后煤气温度高于初冷后煤气温度(至少应高 2℃)。即使在这种情况下也应连续或间歇喷洒含有焦油的冷凝液,以防萘等杂质在终冷器管间的析出和聚集造成堵塞而导致阻力增加。为此,操作中应密切监测终冷器阻力的变化。

B 主要设备

本装置主要设备为终冷器,结构简图如图 8-7-2 所示。

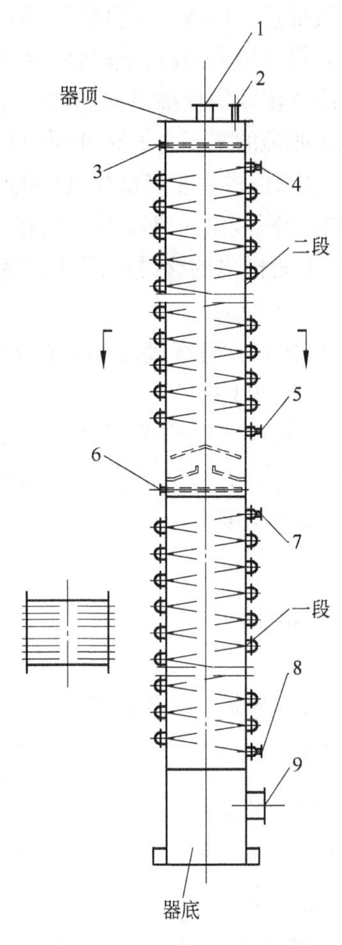

图 8-7-2 横管间接终冷器

1—煤气入口;2—放散口;3—氨水喷洒口;4—循环水出口;5—循环水进口;6—喷洒液进口;7—低温水出口;8—低温水入口;9—煤气出口

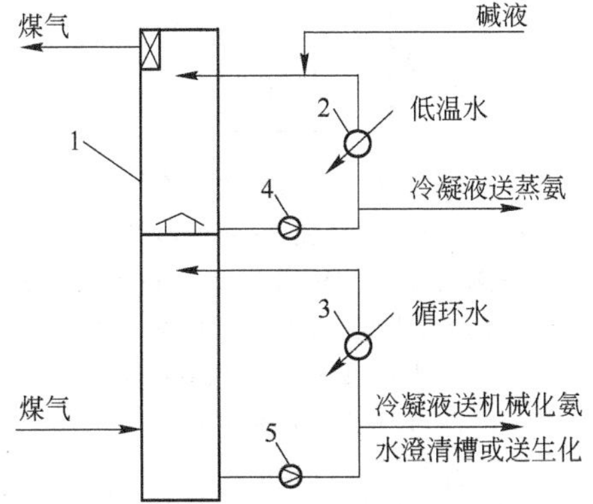

图 8-7-3 直接式终冷工艺流程图

1—终冷塔(空塔或填料塔);2—上段终冷液冷却器;3—下段终冷液冷却器;4—上段终冷液循环泵;5—下段终冷液循环泵

8.7.1.2 直接式终冷

直接式终冷是指煤气在直冷塔内被循环喷洒的终冷水直接冷却,再用塔外的换热器从终冷水中取走热量。循环终冷水需要少量排污,排污量等于终冷冷凝液量。终冷塔一般采用空喷塔或填料塔。直接式终冷多用于硫铵流程中。

A 工艺与操作

a 工艺流程

典型的直接式终冷工艺流程如图 8-7-3 所示。

来自煤气净化车间前序工段的焦炉煤气从

终冷塔底部进入设备，与塔顶喷洒的终冷水逆向接触，煤气从终冷塔塔顶经捕雾层排出，进入洗苯塔。终冷塔分两段，下段终冷水由塔底抽出，经循环水冷却器冷却后，送入下段顶部喷洒；上段终冷水由断塔板抽出，经低温水冷却器冷却后，送入上段顶部喷洒。部分采用以氨为碱源的氧化法脱硫的工厂为了充分利用分解剩余氨水中固定铵所需的碱液，将此部分碱液加入上段循环液中，以进一步降低煤气中的 H_2S 含量。两段循环终冷水需要排污，排污量相当于煤气中冷却的冷凝液量。终冷塔下段排污的冷凝液送煤气净化车间机械化氨水澄清槽或污水处理装置，上段排出的含碱冷凝液送蒸氨装置。

b　工艺特点

(1) 由于采用直接冷却，终冷水与煤气直接接触，冷却效果好；

(2) 终冷塔外冷却器采用高效板式换热器，与间接式终冷相比，设备总吨位较低，但动力消耗较高。

c　操作制度

进终冷塔煤气温度	50～55℃
出终冷塔煤气温度	25～27℃
终冷塔阻力	≤1000Pa
下段终冷水冷却器入口循环水温度	≤32℃
上段终冷水冷却器入口低温水温度	≤20℃（可利用低温水的二次水）
下段终冷水入塔温度	35～37℃
上段终冷水入塔温度	24～26℃

d　操作要点

关于终冷后煤气温度的控制原则与间接式终冷器相同，但在防止堵塞及清理对策上有其特殊性，即终冷器填料定期进行蒸汽吹扫和清洗是解决问题的关键，也有的工厂采用洗油对设备进行清洗。同时，终冷塔的喷头需要定期清洗和维护，保证喷头的有效工作十分关键，当喷头出现问题时（主要是堵塞和腐蚀），往往出现喷洒不均匀或喷洒液短路现象，从而出现煤气终冷温度很高、循环喷洒泵出口压力偏高的情况。

B　主要设备

填料式终冷塔结构简图如图 8－7－4 所示。空塔式终冷塔结构类似于空喷式洗苯塔，可参见洗苯塔结构简图即图 8－7－8。

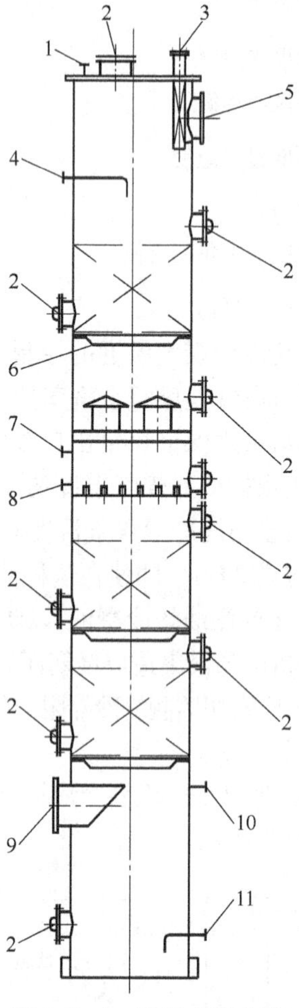

图 8－7－4　填料式终冷塔

1—放散口；2—人孔；3—捕雾器清扫口；4—上段喷洒液入口；5—煤气出口；6—填料支撑；7—上段喷洒液出口；8—下段喷洒液入口；9—煤气入口；10—蒸汽清扫口；11—下段喷洒液出口

8.7.2　洗苯

从煤气中回收粗苯所用的吸收剂应有良好的吸收能力、大的吸收容量和小的相对分子质量，以便在相等的吸收浓度条件下具有较小的分子浓度，以降低在溶液上苯的蒸气压，增大吸收推动力。焦化厂一般采用焦油洗油，其规格见表 8-7-2。

表 8-7-2 焦油洗油规格

项目		指标
密度(20℃)/g · cm^{-3}		1.03～1.06
馏程(大气压 101325 Pa)(体积分数)/%	230℃前馏出量	≤3.0
	300℃前馏出量	≥90.0
酚含量(体积分数)/%		≤0.5
萘含量(质量分数)/%		≤15
水分含量/%		≤1.0
黏度(E_{50})		≤1.5
15℃结晶物		无

焦油洗油沸点范围为 230～300℃，主要成分为 α－甲基萘、β－甲基萘和工业苊等，具有良好的粗苯吸收能力，饱和吸收量可达 2.0%～2.5%。

吸收粗苯也可采用石油洗油(即直馏轻柴油)，与焦油洗油相比，使用轻柴油耗量低、油水分离效果好、洗油稳定性较高，同时轻柴油对萘的吸收能力很强。缺点是吸收苯的能力较低，富油含苯量为 1.2%～1.5%，贫油含苯量为 0.2%～0.4%，同时在洗苯与脱苯过程中生成难溶的油渣，容易堵塞换热设备。

洗苯装置的主要设备是洗苯塔，一般情况分填料塔和空喷塔两种形式，其中填料塔应用比较广泛。

关于洗苯塔后煤气含苯的控制指标，国内外研究公认的经济性指标为 3～5 g/m^3。

8.7.2.1 填料塔洗苯

A 工艺与操作

a 工艺流程

填料塔洗苯工艺流程如图 8-7-5 所示。

终冷后的煤气从塔底进入洗苯塔，洗苯塔塔顶喷洒来自粗苯蒸馏装置贫油，煤气与贫油在塔内逆向接触。贫油吸收了粗苯后成为富油，流入塔底富油槽，富油经泵送入粗苯蒸馏装置，进行加工制取产品粗苯或轻苯。

洗苯塔顶设置捕雾器或填料捕雾层，以捕集煤气夹带的油滴，减少洗油损失。填料洗苯塔一般设计为 1 台，有特殊要求的生产厂设计 2 台。

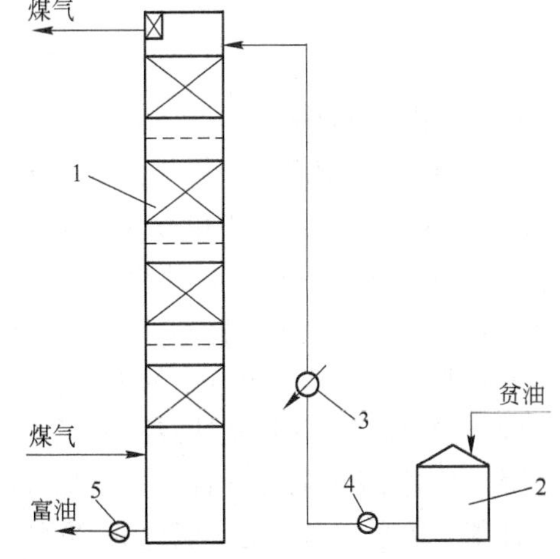

图 8-7-5 填料塔洗苯工艺流程图
1—洗苯塔；2—贫油槽；3—贫油冷却器；4—贫油泵；5—富油泵

b 工艺特点

(1) 由于高效填料的开发与应用，目

前各厂均使用各种类型的填料洗苯塔，其与多段空喷塔相比，投资省、能耗低；

(2) 填料洗苯塔每层填料的下面均设有气液再分布装置，气液接触和混合均匀，进一步提高了传质效率。

c 操作制度

进洗苯塔煤气温度	25～27℃
出洗苯塔煤气温度	26～28℃
进洗苯塔贫油温度	27～30℃
进洗苯塔贫油含苯量	0.2%～0.4%
洗苯塔阻力	≤1500 Pa
洗苯塔后煤气含苯	≤4 g/m^3
循环油的质量	
蒸馏试验：270℃前	≥60%
300℃前	≥85%

d 操作要点及分析

用洗油吸收煤气中的苯是典型的物理吸收过程，其传质过程可由下述方程表示：

$$G = KA\Delta p \tag{8-7-1}$$

式中 G——粗苯吸收量，kg/h；

K——传质系数，kg/(m^2 · Pa · h)；

Δp——吸收推动力，对数平均压力差，Pa；

A——吸收表面积，m^2。

$$\Delta p = \frac{\Delta p_1 - \Delta p_2}{\ln(\Delta p_1/\Delta p_2)} \tag{8-7-2}$$

式中 Δp_1——洗苯塔入口煤气粗苯分压与富油液面上粗苯蒸气压之差；

Δp_2——洗苯塔出口煤气粗苯分压与贫油液面上粗苯蒸气压之差。

粗苯回收率可表示为：

$$\eta = 1 - \frac{a_2}{a_1} \tag{8-7-3}$$

式中 η——粗苯回收率；

a_1——洗苯塔前煤气中粗苯含量，g/m^3；

a_2——洗苯塔后煤气中粗苯含量，g/m^3。

基于式8-7-1～式8-7-3的相关理论，在洗油种类、洗油循环量以及吸收塔的结构(填料种类、填料面积、再分布装置等)已经确定的情况下，影响洗苯效率的因素及操作要点为：

(1) 吸收温度。洗苯过程中的吸收温度指气液接触面的平均温度，其取决于煤气温度、洗油温度。吸收温度高时，洗油液面上粗苯蒸气压随之增高，吸收推动力减小，从而使粗苯回收率降低，即洗苯塔后煤气含苯量增加；反之，降低吸收温度，可提高粗苯回收率，降低塔后煤气含苯。但吸收温度也不能过低，当温度低于10～15℃，洗油黏度明显增加，吸收效果反而不好。不同温度下苯在富、贫油与煤气中的平衡关系分别如图8-7-6和图8-7-7所示。实际生产中，吸收温度取决于入口煤气的露点，为防止水蒸气冷凝，贫油入塔的温度要比煤气入塔温度高2～3℃，北方地区冬季宜高3～5℃。

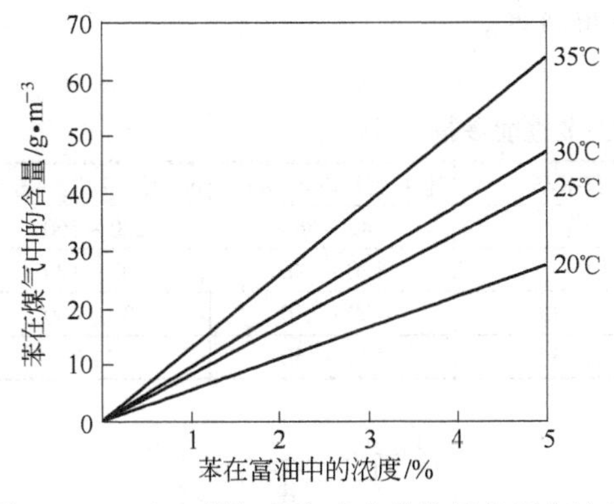

图 8-7-6 入口煤气和富油中苯族烃的平衡浓度

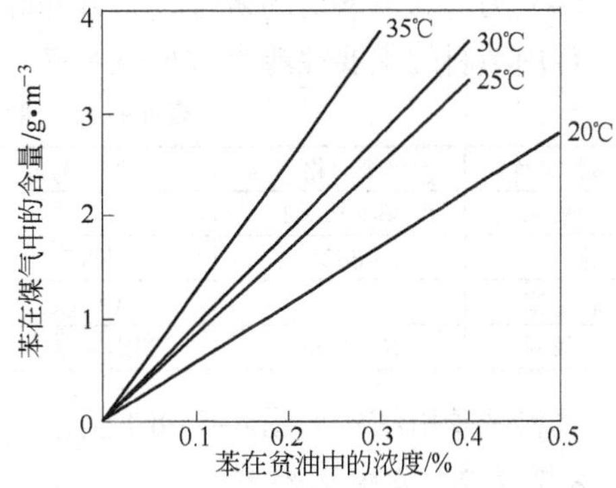

图 8-7-7 出口煤气和贫油中苯族烃的平衡浓度

(2) 循环洗油质量及洗油消耗。洗油在洗苯和脱苯的循环过程中，由于受煤气中粉尘及有害杂质的污染，反复加热、冷却过程的聚合反应，洗油质量将恶化，不仅吸收性能降低，而且造成吸收塔填料堵塞。为此，在粗苯蒸馏系统应通过再生排渣的方式，不断对循环洗油进行更新。研究表明，洗油中的甲基萘和二甲基萘馏分是对苯吸收能力最强的组分。因此一些厂除规定循环油 300℃前馏出不低于85%外，还规定 270℃前馏出不低于60%。为保持循环洗油稳定的质量，新洗油消耗一般在 100 kg/t(粗苯)左右。

(3) 贫油含苯量。贫油含苯量是决定塔后煤气含苯量的主要因素之一，贫油含苯量越高，塔后煤气含苯量越高，吸收效率降低。不同温度下贫油含苯量与洗苯塔后煤气含苯量的关系参见图 8-7-7。贫油含苯量取决于粗苯蒸馏装置的生产工艺、脱苯塔结构及操作，国内工厂一般贫油含苯量控制在 0.2% ~0.4%。

影响洗苯效率的其他因素，如洗油循环量、填料面积等，根据所选用填料的种类和性质，一般在设计中已经给定，生产调整的余地不大，并非操作要点。

e 装置及设备维护

填料洗苯塔的主要故障是堵塞，因此在操作中应密切关注洗苯塔阻力的变化，一般情况下填料塔阻力小于 1500 Pa，正常操作应该在 1000 Pa 左右，如果设备阻力增加，就应进行清洗。清洗的方法应首先采用热循环油，当经过若干周期的热油清洗效果不大时，才改用低压蒸汽吹扫的办法。

每班检查洗苯塔后煤气含苯情况，在分析贫油含苯量、洗涤温度、煤气和贫油温度、贫油质量等因素的同时，判断洗苯塔内的气液接触情况，判断或检查喷头的工作状况，是否存在堵塞或腐蚀，形成定期清洗和检查喷头的制度，喷头损坏要及时更换。

在设备检修时，检查设备本体和填料的使用状况和堵塞、腐蚀情况，及时更换损坏的填料。检查液体再分布装置的使用情况，修理或更换损坏的分布装置。

B 主要设备

填料洗苯塔所采用的填料种类较多，主要有钢板网填料、聚丙烯花环填料、轻瓷填料、金属网波纹板填料等。

洗苯塔填料的选择原则为：

(1) 阻力小，不易堵塞；

(2) 比表面积要大，亲水性小，重量轻，强度大；

(3) 填料耐热温度应适应蒸汽清扫；

（4）为提高填料塔的效率，填料段间应设再分布装置。

常用填料的主要性能参数见表8-7-3。

表8-7-3 常用填料的主要性能参数

填料名称	规　格	型　号	孔隙率/%	比表面积/$m^2\cdot m^{-3}$	堆积质量/$kg\cdot m^{-3}$
钢板网	43×15×2			42～56	220～260
花　环	ϕ73	KXT	89	120～140	102～120
轻　瓷		XA，Qc	66～79	100～130	330～400
波纹板	H=24 mm	TKB-125Y	98.5	125～150	117

填料洗苯塔结构如图8-7-8所示。

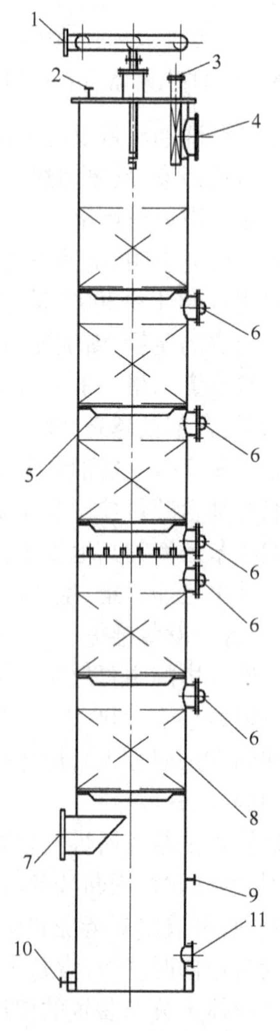

图8-7-8 填料洗苯塔

1—洗油入口；2—放散口；3—捕雾器；4—煤气出口；5—填料支撑；6—人孔；7—煤气入口；8—花环填料；9—蒸汽清扫口；10—放空口；11—富油出口

8.7.2.2 空喷塔洗苯

A 工艺与操作

a 工艺流程

空喷塔洗苯的工艺流程图如图8-7-9所示。

空喷塔洗苯工艺的代表是宝钢焦化一期洗苯装置，洗苯前是硫铵装置。来自硫铵工段的煤气经煤气终冷后从塔底进入洗苯塔，洗苯塔塔顶喷洒来自粗苯蒸馏装置贫油，煤气与贫油在塔内逆向接触。贫油吸收了粗苯后成为富油，流入塔底富油槽，富油经泵送入粗苯蒸馏装置，进行加工制取产品粗苯或轻苯。空喷洗苯塔一般设有3台，串联操作，每台塔内设有3个断塔盘，每段的喷洒洗油用泵进行循环。

最后一个洗苯塔的塔顶设置捕雾器或填料捕雾层，以捕集煤气夹带的油滴，减少洗油损失。

b 工艺特点

（1）塔内结构简单，但与填料塔相比，设备数量多，投资大，能耗高；

（2）与填料洗苯塔相比，气液接触和混合均匀性一般。

c 操作参数

进洗苯塔煤气温度	25～27℃
出洗苯塔煤气温度	26～28℃
进洗苯塔贫油温度	27～30℃
进洗苯塔贫油含苯量	0.2%～0.4%
洗苯塔阻力	≤1500 Pa/台
洗苯塔后煤气含苯	≤2 g/m^3（3个塔）
循环油的质量	
蒸馏试验：270℃前	≥60%
300℃前	≥85%

d 操作要点

洗苯的传质过程和原理与填料塔洗苯相同，吸收温度、贫油含苯量、洗油循环量、循环

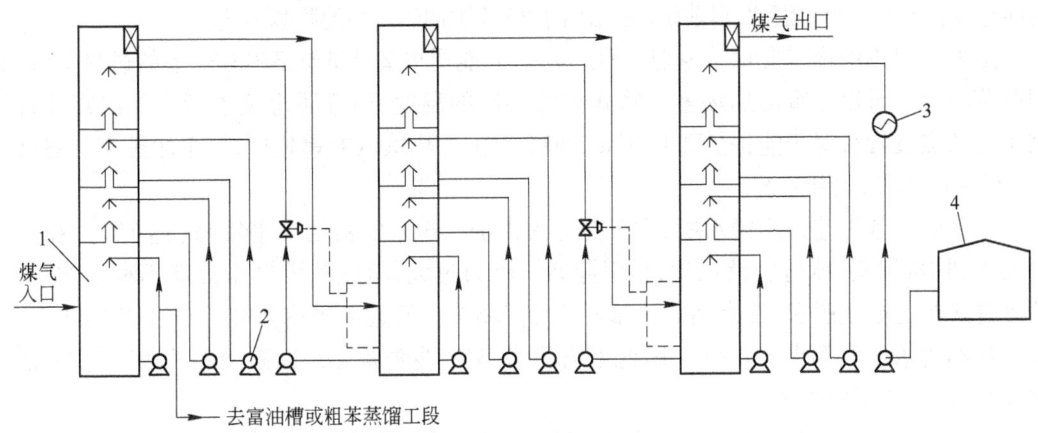

图 8-7-9 空喷塔洗苯工艺流程图

1—洗苯塔；2—循环泵；3—贫油冷却器；4—贫油槽

洗油质量等因素是影响洗苯效率的关键，生产操作时需密切关注并不断总结符合生产实际的指标。由于空喷塔洗苯装置中洗苯塔的数量较多，运转的泵类设备较多，控制各塔及塔内各段的循环洗油喷洒量是保证生产运行的关键。

每班检查洗苯塔后煤气含苯情况，在分析贫油含苯量、洗涤温度、煤气和贫油温度、贫油质量、各段洗油循环量等因素的同时，判断洗苯塔内的气液接触情况，形成定期清洗和检查洗苯塔的制度，防止洗苯塔堵塞。

如果洗苯塔阻力增大，可能发生堵塞情况。如果设备阻力增加，就应进行清洗。清洗的方法应首先采用热循环油，当经过若干周期的热油清洗效果不大时，再改用低压蒸汽吹扫的办法。

B 主要设备

空喷式洗苯塔结构简图如图 8-7-10 所示。

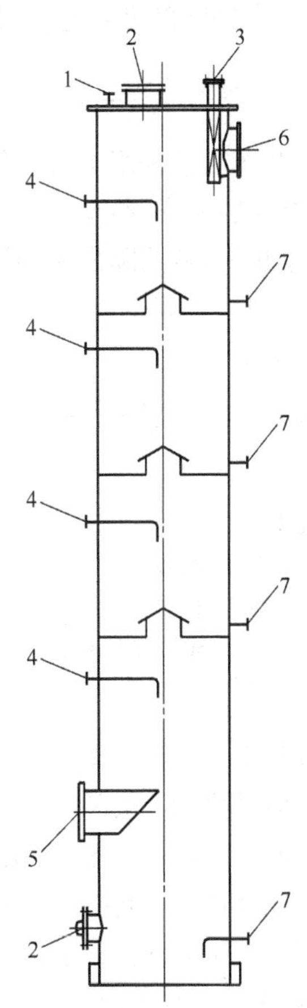

图 8-7-10 空喷式洗苯塔

1—放散口；2—人孔；3—捕雾器清扫口；4—喷洒液入口；5—煤气入口；6—煤气出口；7—喷洒液出口

8.8 粗苯蒸馏

粗苯蒸馏也就是对洗苯富油进行脱苯，按其加热方式分为蒸汽加热富油的脱苯法和管式炉加热富油的脱苯法。前者是利用列管式换热器用蒸汽间接加热富油，后者是利用管式炉燃烧煤气间接加热富油。由于各厂蒸汽压力一般为 0.4 ~ 0.6 MPa，用蒸汽加热后富油温度一般为 135 ~ 145℃，而利用管式炉加热富油时，富油温度一般为 180 ~ 190℃。

由于管式炉法富油预热温度高，与蒸汽法相比具有以下优点：脱苯程度高，贫油中苯质量含量可达 0.2% 左右，粗苯回收率高；直接蒸汽耗量低，每生产 1 t 180℃前粗苯为 1 ~ 1.5 t，仅为蒸汽加热富油脱苯蒸汽耗量的 1/3；产生的污水量少；蒸馏和冷凝冷却设备的尺寸小。因此,目前国内广泛采用管式炉加热富油的脱苯工艺。

随着干熄焦的推广应用,一些厂蒸汽过剩,并能提供2.0 MPa、350℃以上的过热蒸汽,利用此蒸汽完全可以把富油加热至与管式炉法相同的温度,而且还避免了管式炉法富油管易结焦的缺点,因此,对于能提供2.0 MPa、350℃以上过热蒸汽的焦化厂,可采用蒸汽加热富油至180~190℃的脱苯工艺。

以前的脱苯工艺采用脱水塔,主要是考虑由洗苯送来的富油含水较高(达1%),在管式炉加热到180℃后,水分突然汽化,易引起系统阻力过大,给脱苯塔操作带来不利影响,故富油进管式炉前必须脱水,使富油含水量不大于0.5%。但近年国内焦化厂的生产实践表明,洗苯富油含水一般都小于0.4%,因此不需脱水,只有少数焦化厂因采用油洗萘工艺,富油含水较高,还保留了脱水塔。

以前的脱苯工艺采用脱苯塔配分凝器流程,由于其能耗高、操作复杂,近20年已不采用带分凝器的流程,改为冷回流的流程。现在采用的脱苯工艺按脱苯塔的结构和产品品种不同,一般分为单塔粗苯工艺、单塔轻苯工艺和双塔轻苯工艺。

8.8.1　单塔粗苯工艺

单塔粗苯工艺采用1台脱苯塔生产粗苯产品,大部分工厂采用30层脱苯塔,个别的工厂采用50层脱苯塔,两者的主要差别是50层(提馏段30层,精馏段20层)脱苯塔可使贫油含苯、含萘更低,从而降低净煤气中苯和萘的含量。

8.8.1.1　原料与产品

A　原料

洗油规格参见表8-7-2。

B　产品

粗苯:

密度(20℃)	0.871~0.900 g/mL
馏程(标准大气压下)	
180℃前馏出量(体积分数)	≥93%
水分	室温下(18~25℃)目测无可见的不溶解的水

8.8.1.2　基本原理

富油脱苯采用一般的蒸馏方法,欲达到要求的脱苯程度,需将洗油加热到250~300℃。为了降低脱苯蒸馏的温度,多采用水蒸气蒸馏法。

当加热液体混合物时,只要各组分的蒸汽分压之和达到系统总压,液体即行沸腾。故向脱苯蒸馏系统中通入直接水蒸气,可使蒸馏温度降低,当塔内总压一定时,气相中水蒸气分压越高,即可在越低的温度下将粗苯较完全地从洗油中蒸出来。因此,直接蒸汽用量对于脱苯蒸馏操作有重要的影响。

如蒸出G_b(kg)粗苯所耗直接蒸汽G_s(kg),在蒸汽混合物中粗苯和水蒸气的分压各为P_b和P_s,则根据道尔顿分压定律可得:

$$G_s = \frac{18G_b p_s}{p_b M_b} \tag{8-8-1}$$

如塔内总压为 p,洗油蒸汽分压 p_m,则水蒸气的分压为:$p_s = p - p_b - p_m$。

假定在具有 n 块塔板的脱苯塔内,每块塔板上均有 $1/n$ 的粗苯被蒸出,并沿脱苯塔全高蒸汽压力是均匀变化的。当进入脱苯塔的直接蒸汽温度和洗油温度相等时,每蒸出 1 t 180℃前的粗苯,每块塔板上的蒸汽耗量 G_i 为:

$$G_i = \frac{[p - (p_b + p_m)] \times 18}{p_b M_b n} \tag{8-8-2}$$

式中 p, p_b, p_m——分别为在指定塔板上的气相混合物总压、粗苯蒸气和洗油蒸气的分压;

M_b——粗苯平均相对分子质量。

则整个脱苯塔的蒸汽耗量 G 为:

$$G = \frac{18}{M_b n} \times \sum \frac{p - (p_b + p_m)}{p_b} \tag{8-8-3}$$

脱苯蒸馏过程中通入的直接蒸汽为过热蒸汽,以防止水蒸气冷凝而进入塔底的贫油中。当入脱苯塔的直接蒸汽温度高于洗油温度时,直接蒸汽用量将随其过热程度而成比例地减少,则式 8-8-3 可变为:

$$G = \frac{18 T_m}{M_b n T_s} \times \sum \frac{p - (p_b + p_m)}{p_b} \tag{8-8-4}$$

式中 T_m, T_s——分别为洗油及过热蒸汽的绝对温度,K;

p, p_b, p_m——分别为在指定塔板上的气相混合物总压、粗苯蒸汽和洗油蒸气的分压;

M_b——粗苯平均相对分子质量;

n——脱苯塔的塔板数。

8.8.1.3 工艺与操作

A 工艺流程

工艺流程如图 8-8-1 所示。

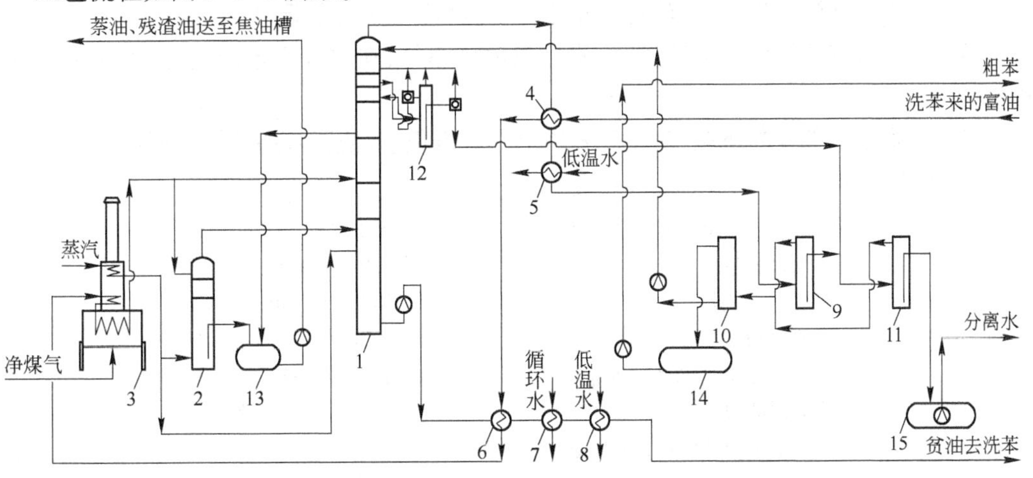

图 8-8-1 单塔粗苯工艺流程图

1—脱苯塔;2—再生器;3—管式炉;4—油气换热器;5—冷凝冷却器;6—贫富油换热器;7—贫油一段冷却器;8—贫油二段冷却器;9—油水分离器;10—回流槽;11—控制分离器;12—脱苯塔油水分离器;13—残渣油槽;14—粗苯中间槽;15—水放空槽

来自洗苯工序的富油首先进入油气换热器，与脱苯塔顶来的油气和水汽混合物换热后升温至约70℃，然后进入贫富油换热器被脱苯塔底排出的热贫油加热到150～160℃，再进入管式炉用煤气加热至180～190℃后进入脱苯塔。

脱苯塔顶逸出的90～93℃的油气和水汽混合物进入油气换热器与富油换热后，进入冷凝冷却器用低温水冷凝冷却，冷凝液进入油水分离器。经油水分离器分离出水后的粗苯流入回流槽，部分粗苯送至脱苯塔顶作为回流，其余作为产品自流至粗苯中间槽。

脱苯塔底部排出的热贫油用热贫油泵送至贫富油换热器与富油换热后，再经贫油一段冷却器和贫油二段冷却器分别用循环水和低温水冷却后去洗苯工序循环使用。

脱苯塔用的直接蒸汽是经管式炉加热至约400℃后经由再生器引入的，以首先利用此直接蒸汽蒸吹需再生的循环洗油。

为了保持循环洗油质量，将循环油量的1%～1.5%由热贫油泵出口引入再生器进行再生，在此用蒸汽直接蒸吹，其中大部分洗油被蒸发并随直接蒸汽进入脱苯塔底部。残留于再生器底部的残渣油，靠设备内部的压力间歇或连续地排至残渣油槽，再用泵送至焦油槽中。

为降低贫油含萘，在脱苯塔精馏段切取萘油，萘油排至残渣油槽。

为防止脱苯塔上部塔板积水，从脱苯塔上部断塔板引出液体至油水分离器，分出水后的液体返回脱苯塔内下一层塔板。

为了降低分离水含油量，粗苯油水分离器分离出的水和脱苯塔油水分离器分离出的水引至控制分离器，分离出的粗苯自流至回流槽，分离出的水自流至水放空槽，再用泵送至冷凝鼓风工段的氨水系统。

B　工艺特点

(1) 采用单塔生产粗苯工艺，工艺流程简单，容易操作；

(2) 采用热贫油泵压送热贫油与富油换热，与热贫油自流相比，不但可使脱苯塔的标高降低，而且工艺系统随之简化，还增大了贫富油换热器的传热系数；

(3) 采用热贫油再生，与富油再生相比，贫油含苯和含萘量低；

(4) 在脱苯塔精馏段切取萘油，可降低贫油含萘量，在煤气洗苯的同时，也起到了洗萘的作用；

(5) 脱苯塔上部设断塔板，防止脱苯塔上部塔板积水，使脱苯塔的操作更稳定。

C　操作指标

粗苯质量(180℃前的馏出量)	≥93%
贫油含苯量	0.2%～0.4%
直接蒸汽耗量	≤1.5 t/t(粗苯)
萘油含萘量	≥30%
再生洗油量占循环洗油量	1%～1.5%
洗油消耗量	≤100 kg/t(粗苯)
残渣油中300℃前的馏出量	25%～30%

D　操作制度

管式加热炉后富油温度	180～190℃
入再生器过热蒸汽温度	约400℃
脱苯塔顶部温度	90～93℃

脱苯塔底部贫油温度	180~185℃
冷凝冷却器后粗苯温度	20~30℃
二段贫油冷却器后贫油温度	27~29℃
脱苯塔底部压力	约0.03 MPa
再生器底部压力	约0.035 MPa

E 操作要点

a 直接蒸汽耗量

(1) 进脱苯塔富油温度与直接蒸汽耗量的关系：当贫油含苯量一定时，直接蒸汽耗量随进脱苯塔富油温度的升高而减少，当进脱苯塔富油温度由140℃提高到180℃时，直接蒸汽耗量可降低1/2以上。

(2) 直接蒸汽温度与蒸汽耗量的关系：提高直接蒸汽过热温度，可降低直接蒸汽耗量。因此，将低压蒸汽(0.4 MPa)在管式炉对流段过热到350~400℃，不但可减少直接蒸汽耗量，而且能改善再生器的操作，保证再生器残渣油合格。

(3) 富油含苯量与直接蒸汽耗量的关系：当富油中粗苯含量高时，在一定的预热温度下，由于粗苯的蒸气分压 p_b 较大，则可减少直接蒸汽耗量。

(4) 贫油含苯量与直接蒸汽耗量的关系：在同一富油预热温度下，欲使贫油含苯量降低，直接蒸汽耗量将显著增加。

(5) 脱苯塔内总压与直接蒸汽耗量的关系：当其他条件不变时，蒸汽耗量将随着塔内总压的提高而增加。否则，要达到要求的脱苯程度，塔内操作温度必须提高。

在正常操作情况下，贫富油中粗苯含量及脱苯塔内的总压基本是稳定的。所以，富油预热温度及直接蒸汽温度是影响直接蒸汽耗量的主要因素。

b 粗苯产品质量

粗苯质量中最重要的指标是：180℃前馏出量不小于93%。影响此指标的主要因素是脱苯塔顶部温度。

脱苯塔顶部温度越高，从脱苯塔顶蒸出的重质组分越多，粗苯产品的180℃前馏出量越低，粗苯产品越不容易合格；反之，脱苯塔顶部温度越低，从脱苯塔顶蒸出的重质组分越少，粗苯产品的180℃前馏出量越高，粗苯产品越容易合格。但是，脱苯塔顶部温度越低，脱苯塔需要的回流比越大，操作费用越高。因此，在实际操作中应在能满足粗苯产品合格的前提下，尽可能提高脱苯塔顶部温度，降低回流比，以降低操作费用。

一般控制脱苯塔顶部温度为90~93℃。

c 贫油含苯量

欲使贫油含苯量降低，直接蒸汽耗量将显著增加，因此，在实际操作中贫油含苯量不宜过低，以满足洗苯后净煤气含苯合格为基准。

一般控制贫油含苯量为0.2%~0.4%。

d 萘油含萘量

萘油采出量越大，萘油含萘量越低，随萘油带走的洗油组分越多，洗油消耗量越大，因此，萘油含萘量不宜过低。萘油采出位置也影响萘油含萘量。

一般控制萘油含萘量≥30%。

e 贫富油换热器后富油温度

贫富油换热器后富油温度越高，用管式炉加热富油所需的热量越小，耗费的加热煤气量越小，并且贫富油换热器后贫油温度越低，贫油冷却所需的冷却水量越小。因此，应尽可能提高贫富油换热器后富油温度。

一般控制贫富油换热器后富油温度为150～160℃。

f　贫油一段冷却器后贫油温度

贫油一段冷却器后贫油温度越低，在贫油二段冷却器用低温水冷却所需的热量越小，低温水耗量越小，由于低温水比循环水价格高很多，因此，操作费用越低。

一般控制贫油一段冷却器后贫油温度不超过40℃。

F　工艺及节能改造

（1）管式炉顶部增设空气预热器，利用管式炉排出废气余热加热管式炉燃烧所需的空气，以降低管式炉的煤气耗量。

（2）将油气与富油换热改为用循环水冷却油气，以降低在冷凝冷却器中用低温水冷却所需的热量，从而节省低温水。相应地，富油改为直接与贫油换热至150～160℃。

（3）将脱苯塔顶的油水分离器设在脱苯塔内，从而简化工艺流程。

（4）粗苯分离水不直接送至冷凝鼓风工段的氨水系统，先作为更新水送至终冷或中冷系统，以减轻终冷或中冷系统的腐蚀。

G　常见故障与处理

a　热贫油泵联轴器易损坏

原因：热贫油泵的结构一般是泵底部支撑在泵底座上，在泵出厂前，泵与电机中心已调至相同标高，由于热贫油泵工作温度较高，泵体热膨胀较大，导致工作温度下泵中心标高高于电机中心标高，即泵与电机不同轴，因此，热贫油泵联轴器易损坏。

解决办法：在冷态安装时预先调高电机中心标高，使工作温度下泵与电机中心标高相同；或热贫油泵采用中心支撑结构，并且支撑有冷却措施，以避免泵在工作温度下中心标高升高。

b　管式炉炉管结焦

原因：洗油加热不均匀，局部温度过高，洗油焦化所致。

解决办法：可采用蒸汽空气烧焦法处理，即先向炉管内通入蒸汽，将残余洗油清扫干净，再向管式炉烧嘴通入煤气，加热炉管内的蒸汽，当炉管出口蒸汽温度达到400～500℃时，开始向炉管内通入空气烧焦，燃烧产物及未燃烧的焦粉被气流带走，从而达到清除炉管内结焦的目的。烧焦过程中必须严格控制烧焦温度，防止烧坏炉管。

c　萘油侧线量不易控制

原因：萘油侧线量很小，阀门开度很难调至正好。

解决办法：萘油侧线阀门后加限流孔板，萘油侧线阀门全开，利用限流孔板的孔径控制萘油侧线量，限流孔板的孔径根据各厂实际情况试验确定。

8.8.1.4　主要设备

A　管式炉

管式加热炉的炉型有几十种，按其结构形式分为箱式炉、立式炉和圆筒炉；按燃料燃烧的方式可分为有焰炉和无焰炉。

我国焦化厂脱苯蒸馏用的管式加热炉均为有焰燃烧的圆筒炉。圆筒炉由圆筒体的辐射室、长方体的对流室和烟囱三大部分组成。外壳由钢板制成，内衬耐火砖，炉管为不锈钢或碳钢。

辐射管沿圆筒体的炉墙内壁周围垂直排列。火嘴设在炉底中央、火焰向上喷射，与炉管平行，且与沿圆周排列的各炉管等距离，因此沿圆周方向各炉管的热强度是均匀的。

沿炉管的长度方向，热强度的分布是不均匀的，可在辐射室上部设一个由高铬镍合金钢制成的辐射锥，它的再辐射作用可使炉管上部的热强度提高，从而使炉管沿长度方向的受热比较均匀。

对流室置于辐射室之上，对流室换热管水平排放。其中紧靠辐射段的几排管用于加热蒸汽至约400℃，其余各排管用于富油的初步加热。

蒸汽也可以直接进入辐射段，加热到约400℃后去脱苯塔。

富油一般分两程或四程进入对流段，然后再进入辐射段，加热到180～190℃后去脱苯塔。

炉底设有几个煤气燃烧器，每个燃烧器有多个喷嘴，煤气从喷嘴喷入，同时吸入所需要的空气。

由于垂直式炉管的管式炉在管弯头处易堵塞和泄漏，并且阻力大，近几年开始采用螺旋式炉管的管式炉，即油管沿圆筒体的炉墙内壁圆周方向螺旋式排列，由于油在管内流动方向是逐渐改变的，避免了垂直式炉管管式炉的缺点。螺旋式炉管管式炉的蒸汽加热设在对流室。

管式炉的结构如图8-8-2所示。

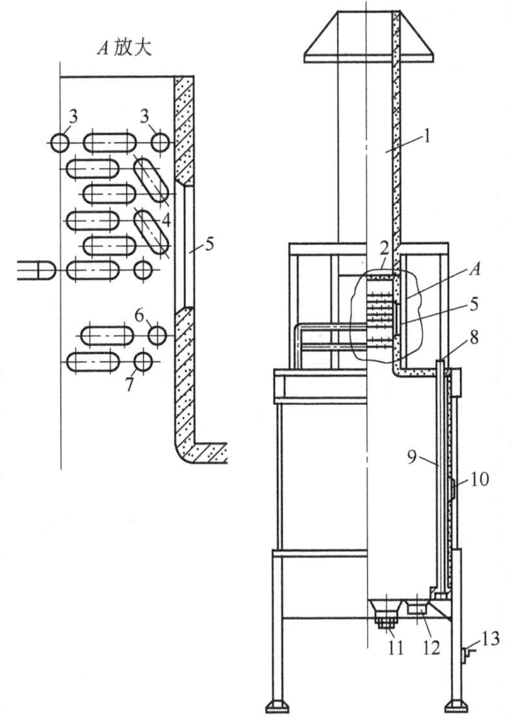

图8-8-2　管式炉

1—烟囱；2—对流室顶盖；3—对流室富油入口；4—对流室炉管；5—清扫门；6—饱和蒸汽入口；7—过热蒸汽出口；8—辐射段富油出口；9—辐射段炉管；10—看火门；11—火嘴；12—人孔；13—调节闸板的手摇鼓轮

B　脱苯塔

脱苯塔属于蒸馏塔，多采用泡罩塔，塔盘泡罩为条形或圆形，其材质一般采用铸铁或不锈钢。一般采用30层塔板，提馏段14层塔板，精馏段16层塔板，在第24～28层塔板切取萘油，在第29层塔板引出油水混合物，分离出水的油返回第28层塔板。

由于铸铁塔不便于检修、制造周期长并且价格并不便宜，因此，近几年大部分脱苯塔已采用不锈钢塔，这也给采用新型高效塔盘创造了条件，垂直筛板、导向喷射塔板等新型高效塔板已应用于脱苯塔中，使用效果良好。

脱苯塔的结构如图 8-8-3 所示。

C　再生器

再生器多采用 5 层筛板塔，材质为碳钢。再生洗油送至最上层板塔，直接蒸汽送至再生器底部。由于再生洗油量很小，筛板上几乎没有洗油，气液传质效果差。再生器的结构如图 8-8-4 所示。

近几年已开始采用蒸汽喷射混合器式再生器，它利用蒸汽喷射器将洗油吸入并与蒸汽充分混合接触，使洗油中轻质组分汽化，再经旋风分离器分离出未汽化的残渣。

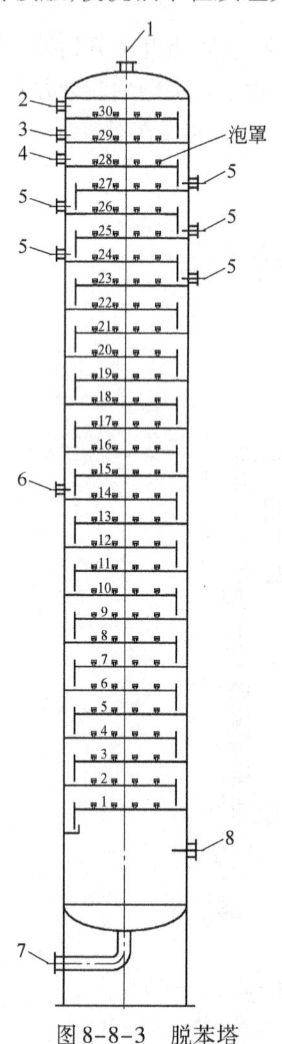

图 8-8-3　脱苯塔

1—苯气出口；2—回流液入口；3—油水出口；4—油入口；5—萘油出口；6—富油入口；7—贫油出口；8—蒸汽入口

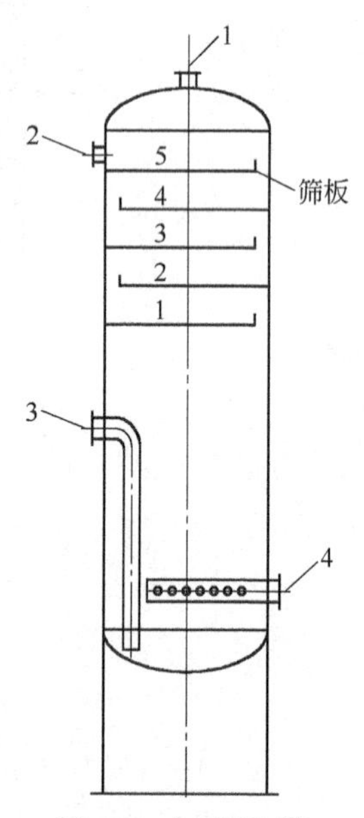

图 8-8-4　再生器

1—蒸汽出口；2—富油入口；3—残渣出口；4—蒸汽入口

8.8.2　单塔轻苯工艺

此工艺与单塔粗苯工艺基本相同，区别是脱苯塔塔盘数增多了，相当于把两苯塔置于脱苯塔顶部，两塔合并为一个塔。脱苯塔顶部出轻苯蒸气，精重苯从脱苯塔精馏段侧线采出，生产轻苯和精重苯两种产品。

8.8.2.1 原料与产品

A 原料

洗油，参见本书第8.8.1.1节。

B 产品

轻苯

密度(20℃)	0.870～0.880 g/mL
馏程(标准大气压下)	
馏出96%(体积分数)的温度	≤150℃
水分	室温下(18～25℃)目测无可见的不溶解的水

精重苯

密度(20℃)	0.870～0.880 g/mL
馏程(标准大气压下)	
初馏点	≥150℃
200℃前馏出量(质量分数)	≥50%
水分	≤0.5%

8.8.2.2 基本原理

过程基本原理同本书第8.8.1.2节。

8.8.2.3 工艺与操作

A 工艺流程

工艺流程如图8-8-5所示。

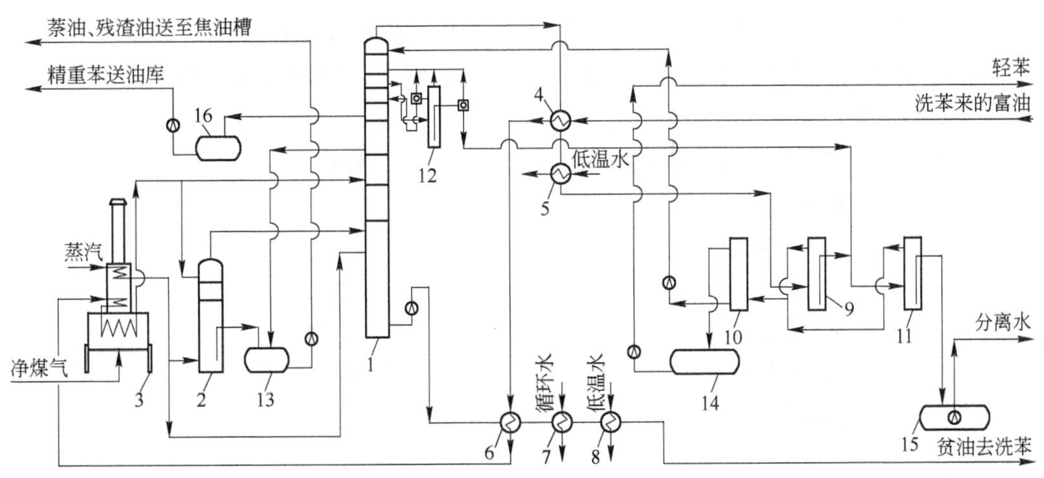

图8-8-5 单塔轻苯工艺流程图

1—脱苯塔；2—再生器；3—管式炉；4—油气换热器；5—冷凝冷却器；6—贫富油换热器；7—贫油一段冷却器；8—贫油二段冷却器；9—油水分离器；10—回流槽；11—控制分离器；12—脱苯塔油水分离器；13—残渣油槽；14—轻苯中间槽；15—水放空槽；16—精重苯槽

来自洗苯工序的富油首先进入油气换热器，与脱苯塔顶来的油气和水汽混合物换热后升温至约70℃，然后进入贫富油换热器被脱苯塔底排出的热贫油加热到150～160℃，再进入管式炉用煤气加热至180～190℃后进入脱苯塔。

脱苯塔顶逸出的78～80℃的油气和水汽混合物进入油气换热器与富油换热后，进入冷凝冷却器用低温水冷凝冷却，冷凝液进入油水分离器。经油水分离器分离出水后的轻苯流入回流槽，部分轻苯送至脱苯塔顶作为回流，其余作为产品自流至轻苯中间槽。

精重苯从脱苯塔侧线引出，自流入精重苯槽。

脱苯塔底部排出的热贫油用热贫油泵送至贫富油换热器与富油换热后，再经贫油一段冷却器和贫油二段冷却器分别用循环水和低温水冷却后去洗苯工序循环使用。

脱苯塔用的直接蒸汽是经管式炉加热至约400℃后经由再生器引入的，以首先利用此直接蒸汽蒸吹需再生的循环洗油。

为了保持循环洗油质量，将循环油量的1%～1.5%由热贫油泵出口引入再生器进行再生，在此用蒸汽直接蒸吹，其中大部分洗油被蒸发并随直接蒸汽进入脱苯塔底部。残留于再生器底部的残渣油，靠设备内部的压力间歇或连续地排至残渣油槽，再用泵送至焦油槽中。

为防止脱苯塔上部塔板积水，从脱苯塔上部断塔板引出液体至油水分离器，分出水后的液体返回脱苯塔内下一层塔板。

为了降低分离水含油量，轻苯油水分离器分离出的水和脱苯塔油水分离器分离出的水引至控制分离器，分离出的轻苯自流至回流槽，分离出的水自流至水放空槽，再用泵送至冷凝鼓风工段的氨水系统。

为降低贫油含萘，在脱苯塔精馏段切取萘油，萘油排至残渣油槽。由于脱苯塔精馏段塔板较多，各层塔板上液相组分比较单一，切取的萘油含萘量较高，萘油采出量较大，因此，贫油含萘较低，一般为2%～4%。相应地，因贫油含萘低，又可进一步降低洗苯塔后煤气含萘量，一般为0.15～0.2 g/m^3。

B　工艺特点

(1) 采用单塔生产轻苯工艺，既简化了工艺流程，又降低了能耗。

(2) 贫油含萘量低，用洗油洗苯同时起到洗萘作用，可进一步降低洗苯塔后煤气含萘量。

C　操作指标

轻苯质量(馏出96%的温度)	≤150℃
精重苯质量	
初馏点	≥150℃
200℃前馏出量	≥50%
贫油含苯量	0.2%～0.4%
贫油含萘量	2%～4%
直接蒸汽耗量	≤1.5 t/t(粗苯)
萘油含萘量	≥50%
再生洗油量占循环洗油量	1%～1.5%
洗油消耗量	≤100 kg/t(粗苯)
残渣油中300℃前的馏出量	25%～30%

D　操作制度

管式加热炉后富油温度	180～190℃
入再生器过热蒸汽温度	约400℃
脱苯塔顶部温度	78～80℃
脱苯塔底部贫油温度	180～185℃
冷凝冷却器后轻苯温度	20～30℃
二段贫油冷却器后贫油温度	27～29℃
脱苯塔底部压力	约0.045 MPa
再生器底部压力	约0.05 MPa

E　操作要点

a　直接蒸汽耗量

同本书第8.8.1.3节E。

b　轻苯产品质量

轻苯质量中最重要的指标是:馏出96%的温度不大于150℃。影响此指标的主要因素是脱苯塔顶部温度。

脱苯塔顶部温度越高,从脱苯塔顶蒸出的重质组分越多,轻苯产品的馏出96%对应温度越高,轻苯产品越不容易合格;反之,脱苯塔顶部温度越低,从脱苯塔顶蒸出的重质组分越少,轻苯产品的馏出96%对应温度越低,轻苯产品越容易合格。但是,脱苯塔顶部温度越低,脱苯塔需要的回流比越大,操作费用越高。因此,在实际操作中应在能满足轻苯产品合格的前提下,尽可能提高脱苯塔顶部温度,降低回流比,以降低操作费用。

一般控制脱苯塔顶部温度为78～80℃。

c　贫油含苯量

同8.8.1.3节。

d　萘油含萘量

萘油采出量越大,萘油含萘量越低,随萘油带走的洗油组分越多,洗油消耗量越大,因此,萘油含萘量不宜过低。萘油采出位置也影响萘油含萘量。

一般控制萘油含萘量不小于50%。

e　贫富油换热器后富油温度

同本书第8.8.1.3节E。

f　贫油一段冷却器后贫油温度

同本书第8.8.1.3节E。

g　精重苯质量

精重苯质量的主要指标是:初馏点不小于150℃和200℃前馏出量不小于50%。影响这两项指标的主要因素是精重苯侧线采出位置和采出量。

精重苯侧线采出位置越靠近塔顶,采出的精重苯中轻质组分越多,初馏点越低、200℃前馏出量越大,即初馏点不小于150℃的指标越不容易合格、200℃前馏出量不小于50%的指标越容易合格。因此,应根据各厂实际情况调节精重苯侧线采出位置。

精重苯侧线采出量越大,精重苯组分在采出量占的比例越低,精重苯质量越不容易合格。一般控制精重苯侧线采出量为轻苯产量的 3% ~4% 。

h　贫油含萘量

贫油含萘量越低,洗苯塔后净煤气含萘量越低,越有利于净煤气的利用。贫油含萘量主要受萘油采出量影响,萘油采出量越大,贫油含萘量越低,洗油消耗量越大。因此,应综合考虑贫油含萘量和洗油消耗量来确定萘油采出量,以保证在洗油消耗量合理的前提下,降低贫油含萘量。

一般控制贫油含萘量为 2% ~4% 。

F　工艺及节能改造

同本书第 8. 8. 1. 3 节 F。

G　常见故障与处理

同本书第 8. 8. 1. 3 节 G。

8. 8. 2. 4　主要设备

A　管式炉

同本书第 8. 8. 1. 4 节 A。

B　脱苯塔

脱苯塔属于蒸馏塔,多采用不锈钢圆形泡罩塔。一般采用 55 层塔盘,精馏段 39 层,提馏段 16 层,在第 35 ~43 层塔板切取精重苯,在第 25 ~33 层塔板切取萘油,在第 51 层塔板引出油水混合物,分离出水的油返回第 50 层塔板。近几年垂直筛板、导向喷射塔板等新型高效塔板已应用于脱苯塔中,使用效果良好。脱苯塔的结构如图 8-8-6 所示。

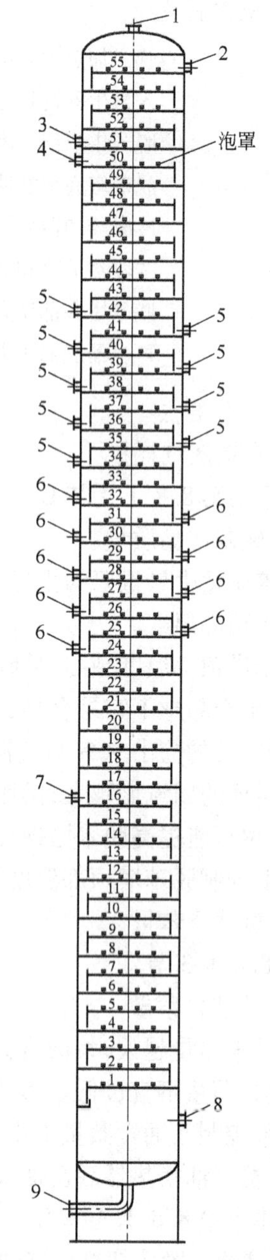

图 8-8-6　脱苯塔

1—苯气出口;2—回流液入口;3—油水出口;4—油入口;5—精重苯出口;6—萘油出口;7—富油入口;8—蒸汽入口;9—贫油出口

C　再生器

同本书第 8. 8. 1. 4 节 C。

8. 8. 3　双塔轻苯工艺

此工艺是在单塔粗苯工艺基础上增加 1 台两苯塔,单塔粗苯工艺生产的粗苯作为两苯塔的原料,经两苯塔分馏得到轻苯和精重苯两种产品。

8. 8. 3. 1　原料与产品

A　原料

洗油,参见本书第 8. 8. 1. 1 节。

B　产品

轻苯、精重苯,参见本书第 8. 8. 2. 1 节。

8.8.3.2 基本原理

同本书第8.8.1.2节。

8.8.3.3 工艺与操作

A 工艺流程

工艺流程如图8-8-7所示。

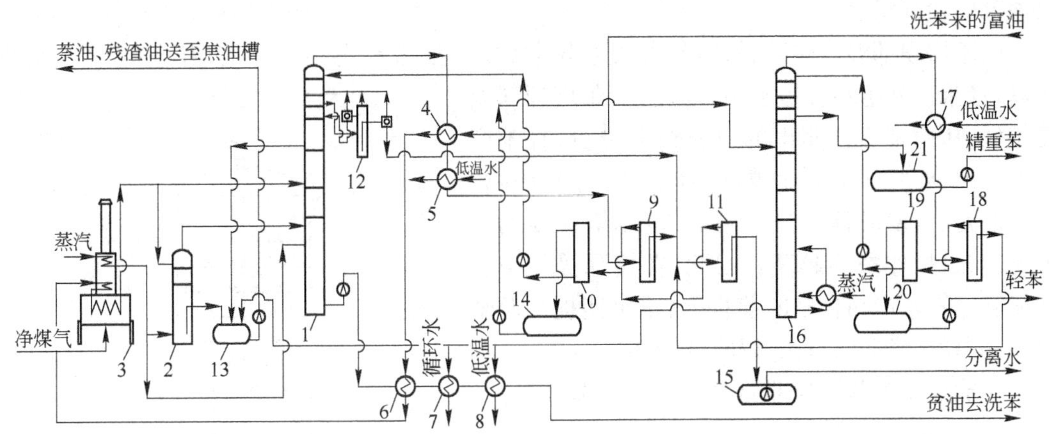

图8-8-7 双塔轻苯工艺流程图

1—脱苯塔;2—再生器;3—管式炉;4—油气换热器;5—冷凝冷却器;6—贫富油换热器;7—贫油一段冷却器;8—贫油二段冷却器;9—油水分离器;10—回流槽;11—控制分离器;12—脱苯塔油水分离器;13—残渣油槽;14—粗苯中间槽;15—水放空槽;16—两苯塔;17—轻苯冷凝冷却器;18—轻苯油水分离器;19—轻苯回流槽;20—轻苯中间槽;21—精重苯槽

单塔粗苯工艺(工艺流程参见本书第8.8.1.3节)生产的粗苯,部分送至脱苯塔顶作回流,其余粗苯用作两苯塔的原料。粗苯经两苯塔分馏,塔顶逸出的轻苯蒸气经冷凝冷却及油水分离后进入轻苯回流槽,部分轻苯送至两苯塔顶作回流,其余作为产品采出。精重苯从两苯塔提馏段侧线采出,两苯塔底残液为萘溶剂油。两苯塔塔底设外循环式加热器供给热量。

B 工艺特点

(1) 双塔生产轻苯采用液体连料工艺,操作比较稳定。

(2) 工艺流程较复杂,能耗较高。

C 操作指标

轻苯质量(馏出96%的温度)	≤150℃
精重苯质量	
初馏点	≥150℃
200℃前馏出量	≥50%
两苯塔间接蒸汽耗量	≤0.7 t/t(粗苯)

D 操作制度

两苯塔顶部温度	73~78℃

两苯塔底部温度	150 ~ 155℃
两苯塔底部压力	约 0.03 MPa

E　过程控制及操作要点

a　轻苯产品质量

轻苯质量中最重要的指标是:馏出 96% 的温度不大于 150℃。影响此指标的主要因素是两苯塔顶部温度。

两苯塔顶部温度越高,从两苯塔顶蒸出的重质组分越多,轻苯产品的馏出 96% 对应温度越高,轻苯产品越不容易合格;反之,两苯塔顶部温度越低,从两苯塔顶蒸出的重质组分越少,轻苯产品的馏出 96% 对应温度越低,轻苯产品越容易合格。但是,两苯塔顶部温度越低,两苯塔需要的回流比越大,操作费用越高。因此,在实际操作中应在能满足轻苯产品合格的前提下,尽可能提高两苯塔顶部温度,降低回流比,以降低操作费用。

一般控制脱苯塔顶部温度为 73 ~ 78℃。

b　精重苯质量

精重苯质量的主要指标是:初馏点不小于 150℃和 200℃前馏出量不小于 50%。影响这两项指标的主要因素是精重苯侧线采出位置和采出量。

精重苯侧线采出位置越靠近塔顶,采出的精重苯中轻质组分越多,初馏点越低、200℃前馏出量越大,即初馏点不小于 150℃的指标越不容易合格、200℃前馏出量不小于 50% 的指标越容易合格。因此,应根据各厂实际情况调节精重苯侧线采出位置。

精重苯侧线采出量越大,精重苯组分在采出量占的比例越低,精重苯质量越不容易合格。一般控制精重苯侧线采出量为轻苯产量的 3% ~ 4%。

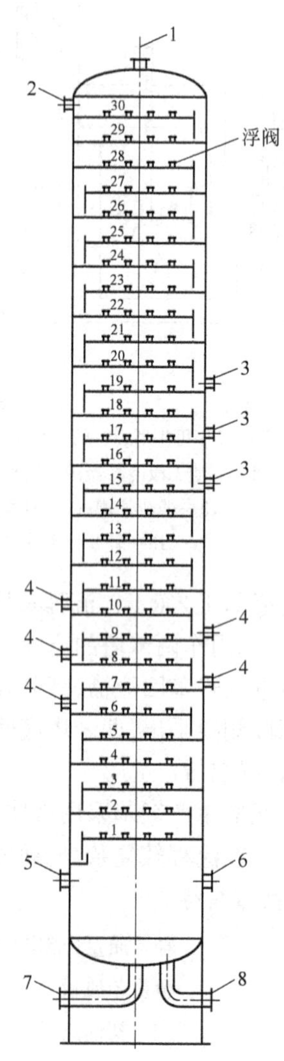

图 8-8-8　两苯塔

1—苯气出口;2—回流液入口;3—粗苯入口;4—精重苯出口;5—直接蒸汽入口;6—自再沸器来的蒸汽入口;7—萘溶剂油出口;8—至再沸器的液体出口

F　工艺及节能改造

同本书第 8.8.1.3 节 F。

G　常见故障与处理

同本书第 8.8.1.3 节 G。

8.8.3.4　主要设备

两苯塔:两苯塔属于蒸馏塔,一般采用碳钢浮阀塔。设有 30 层塔盘,进料盘在第 15 ~ 19 层,精重苯引出侧线在第 7 ~ 11 层,塔底部外设蒸汽再沸器。设备结构如图 8-8-8 所示。

8.9 煤气最终净化

8.9.1 煤气精脱萘

煤气精脱萘一般采用溶剂吸收法脱除煤气中的萘,溶剂一般为轻柴油或低萘焦油洗油。事实上用低萘焦油洗油精脱萘,只有与洗苯、脱苯相结合才可能实现,因此不在此论述,本节只介绍以轻柴油为吸收剂的精脱萘。

焦炉煤气精脱萘装置一般位于洗苯后、精脱硫之前。

洗苯后的焦炉煤气含萘量与初冷温度、终冷温度和循环洗油量、洗苯洗油含萘量有关,一般在 300 ~ 500 mg/m³。

精脱萘后的煤气含萘量与用户的要求有关,当作为城市煤气时,城市煤气管网铺设于地下冻土层以下,最低温度可达到0℃。为使萘不沉积在地下管道内,要求冬季煤气中的萘露点必须在0℃以下。民用人工煤气的国家标准规定,冬、夏季煤气含萘量分别不应超过 $50 \times 10^2/p$ mg/m³、$100 \times 10^2/p$ mg/m³(p 为输配管网输气点,绝对压力,单位为 kPa)。

8.9.1.1 原料与产品

轻柴油洗萘采用直馏 -10 号轻柴油,其对萘的溶解度虽然不如焦油洗油,但由于新鲜的轻柴油不含萘,故可使煤气出口含萘量降到很低,萘在 -10 号轻柴油和煤气中的平衡关系如图 8-9-1 所示。

-10 号轻柴油的质量指标按 GB 252—2000《轻柴油质量指标》。

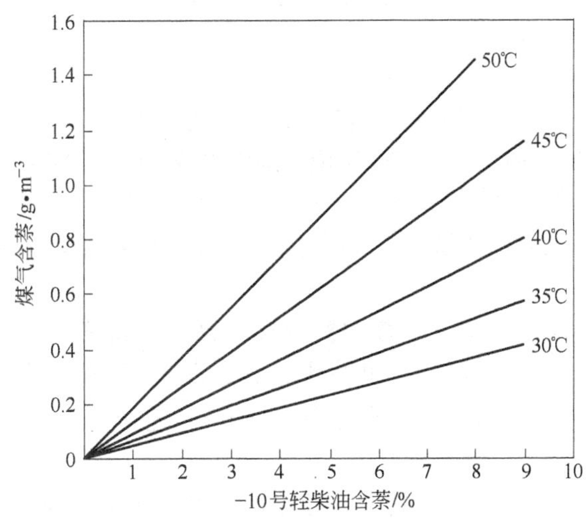

图 8-9-1 萘在 -10 号轻柴油与煤气中的平衡关系

8.9.1.2 工艺与操作

A 工艺流程

轻柴油洗萘工艺流程如图 8-9-2 所示。

煤气从洗萘塔底部进入,先与从塔中段送入的含萘小于4%的循环轻柴油逆流接触,萘被喷淋的轻柴油吸收,煤气继续进入塔上段。含萘轻柴油自流进入塔下部储槽,经循环泵返

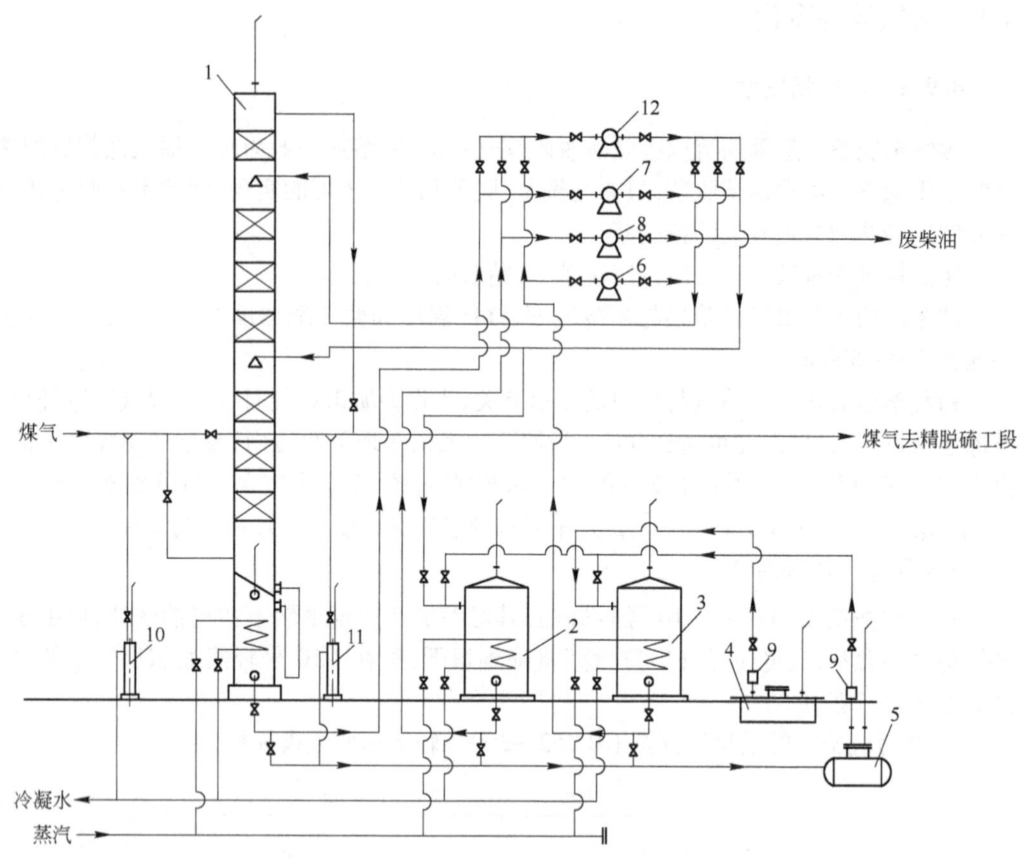

图 8-9-2　轻柴油洗萘工艺流程图

1—洗萘塔;2—废柴油槽;3—新柴油储槽;4—新柴油接受槽;5—放空槽;6—新柴油泵;
7,12—循环柴油泵及备用泵;8—废柴油泵;9—液下泵;10,11—煤气水封槽

回塔中部循环使用。当循环油含萘超过4%时,用泵打入废柴油槽,定期用含萘柴油泵抽出,装车外运。

新鲜的不含萘的轻柴油由新柴油接收槽经液下泵压入新柴油储槽,用新柴油泵抽出送至洗萘塔顶定时定量喷洒以润湿填料,出洗萘塔中部的煤气在填料表面与新轻柴油接触后,其中的萘被吸收,脱除萘后的煤气经捕雾层由塔顶排出,送往下一工序。

B　工艺特点

采用两段喷洒脱除煤气中的萘,其中上段定时定量喷洒轻柴油,下段循环喷洒轻柴油。脱萘效果好,轻柴油的消耗低。

C　操作制度

进洗萘塔煤气温度	25～27℃
进洗萘塔循环油及新柴油温度	28～30℃
洗萘塔阻力	< 1 kPa
进工段煤气含萘	300～500 mg/m^3
净化后煤气含萘量	< $100\times10^2/p$ mg/m^3(夏季);< $50\times10^2/p$ mg/m^3(冬季)

D 操作要点

(1) 为避免煤气中的水分凝结到洗萘油中,使柴油乳化,要求进塔油温应高于煤气温度3℃。洗萘油槽设有间接蒸汽加热器来保持油温。

(2) 外排柴油的最大含萘量应小于与进口煤气含萘相平衡的柴油含萘量,一般取4%。

(3) 每班2次分析循环柴油含萘、含水,确定何时更新循环油,每班一次分析洗萘塔后煤气含萘,监测脱萘效果;每周一次分析进塔煤气含萘。

(4) 监测洗萘塔前后煤气压差,压差增大超过1 kPa时说明塔内出现了堵塞,需采用热油清洗或蒸汽吹扫填料。

(5) 洗萘塔上段新柴油间歇喷洒的间隔时间和喷洒时间的确定原则是:既要省油,又要保证洗萘效率(即保证上段填料始终处于润湿状态),一般的喷洒制度为每20 min喷15 s。

8.9.1.3 主要设备

洗萘塔为碳钢外壳的常压填料塔,常用填料为整砌的轻瓷填料,根据总填料高度分成几段,每段高度约3 m,塔底下部为柴油储槽,与塔体一起制造。洗萘塔分上下两段洗萘,塔顶设置捕雾层,以减少出塔煤气夹带轻柴油的损失。洗萘塔结构如图8-9-3所示。

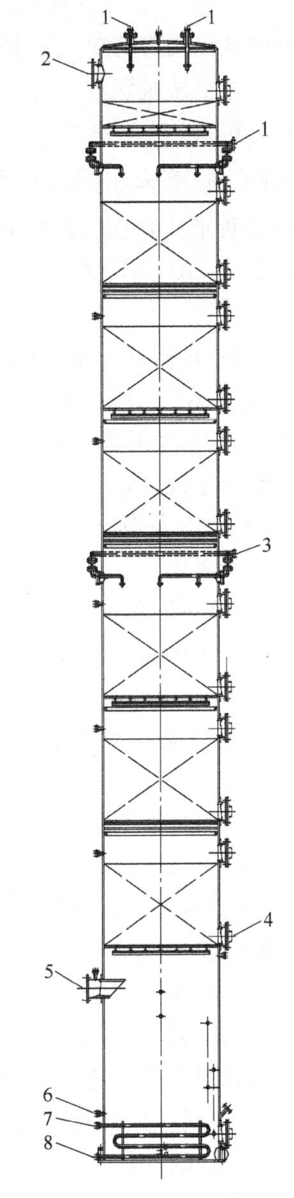

图8-9-3 轻柴油洗萘塔

1—新柴油入口;2—煤气出口;3—循环柴油入口;4—人孔;5—煤气入口;6—循环柴油出口;7—加热蒸汽入口;8—蒸汽冷凝水出口

8.9.2 精脱硫

精脱硫一般采用干法脱硫。干法脱硫的工艺简单,除脱除硫化氢外,还能脱除氰化氢、氮氧化物及焦油雾等杂质。当要求煤气净化程度较高或煤气处理量较小时常采用此法。但此法存在设备笨重、换脱硫剂时劳动强度大、废脱硫剂的处理困难等问题。

常压干法脱硫依采用脱硫剂不同可分为氧化铁法、活性炭法等;依采用设备结构不同又可分为干塔脱硫、干箱脱硫等。活性炭法脱硫精度较高,成本也较高,常用于合成氨原料气初脱硫;氧化铁脱硫剂来源容易,成本低,脱硫程度满足作为工业和民用燃料的要求,在焦化行业中采用的较多。本节主要介绍氧化铁法脱硫。

干法脱硫的位置应处于煤气净化流程的末端,进干法脱硫的煤气已经经过冷却、除焦油、湿法脱硫(一级脱硫)、脱氨等,干法脱硫位于精脱萘后、脱湿之前。通常不是所有的焦炉煤气都经过干法脱硫，干法脱硫装置的规模是根据用户对脱硫程度的要求确定的，供应城市煤气用户或轧钢用户的煤气需要经过干法脱硫，用于焦炉加热、锅炉燃烧发电等用途的煤气则不需要经过干法脱硫。

8.9.2.1 原料及产品

氧化铁法脱硫采用的脱硫剂主要成分是氧化铁，氧化铁以 αFe_2O_3、βFe_2O_3、γFe_2O_3、δFe_2O_3 等多种形式存在。其中 βFe_2O_3 只能在酸性状态下存在，不能作为脱硫剂。用作脱硫剂的主要是 αFe_2O_3、γFe_2O_3 等成分。国内常用的可在工业上使用的氧化铁脱硫剂有以下几种：

(1) 天然沉积矿。指沼铁矿与纤铁矿的氧化物，俗称"黄土"，其主要成分是 $\alpha Fe_2O_3 \cdot H_2O$、$\gamma Fe_2O_3 \cdot H_2O$。脱硫用矿物应呈颗粒状，粒径 1 ~ 2 mm 的应占总数的 85% 以上。将天然沉积矿物与木屑（疏松剂）和熟石灰按比例混合后，即成为脱硫剂。其配比（质量分数）为：天然沉积矿物 95%、木屑 4% ~4.5%、熟石灰 1% ~0.5%。装填时含水分 30% 左右。

(2) 人工氧化铁。人工氧化铁一般来自机床切削加工工序切削下来的碎屑，经加工成为颗粒直径 0.6 ~2.4 mm 的铁屑，与木屑按质量比 1∶1 混合，洒水充分翻晒氧化，生成水合态氧化铁。三氧化二铁与水合态氧化铁含量之比大于 1.5 为氧化合格，加入 0.5% 熟石灰，即成脱硫剂。

(3) 颜料厂、硫酸厂的下脚铁泥。铁泥与木屑按质量比 1∶1 混合，人工氧化后也可作为脱硫剂。

(4) 硫铁矿灰成形脱硫剂。硫铁矿二氧化碳炉焙烧时获得的硫铁矿灰，其主要成分为 FeO 及 γFe_2O_3，经成形后可作为脱硫剂。

(5) 炼钢转炉赤泥。转炉炼钢时生成的赤泥约含 60% ~70% 的氧化铁，其主要成分为 $\gamma Fe_2O_3 \cdot H_2O$ 和 γFe_2O_3。

以上各种脱硫剂可在生产现场配制，也可在制造厂按一定配比制造成形脱硫剂。配制时为保持一定的碱度，需加入一定量的熟石灰，控制 pH 值在 8 ~9。

上述脱硫剂的堆密度一般为 0.5 ~0.8 t/m^3，饱和硫容量 20% ~40%（质量分数）。在脱硫过程中，由于反应生成的元素硫不断沉积在脱硫剂上，且因焦油雾、煤气胶、萘等杂质会使脱硫剂结块，造成脱硫剂床层阻力上升，脱硫效率逐渐下降。因此需要定期再生和更换脱硫剂。通常采用塔外再生的方法，即将脱硫剂取出，放在晒场上充分氧化再生。当废脱硫剂含硫量高于 30% 时，可送往硫酸厂作为制硫酸的原料。

8.9.2.2 过程机理

含有硫化氢的煤气通过脱硫剂时，硫化氢与脱硫剂中的活性氧化铁反应生成硫化铁和硫化亚铁。含有这种硫化铁和硫化亚铁的脱硫剂与氧气接触，当有水分存在时，铁的硫化物又转化为氧化铁及单体硫，从而脱硫剂得到再生，并可继续使用，循环多次直到氧化铁表面大部分被硫或其他杂质覆盖而失去活性为止。因为煤气中含有少量的氧，在脱硫反应的同时也发生一部分再生反应，由于煤气中氧含量不足，大部分脱硫剂仍需要停产鼓入空气再生。

脱硫主反应：

吸收

$$2Fe(OH)_3 + 3H_2S \longrightarrow Fe_2S_3 + 6H_2O \tag{8-9-1}$$

$$2Fe(OH)_3 + H_2S \longrightarrow 2Fe(OH)_2 + S + 2H_2O \tag{8-9-2}$$

$$Fe(OH)_2 + H_2S \longrightarrow FeS + 2H_2O \tag{8-9-3}$$

再生

$$2Fe_2S_3 + 3O_2 + 6H_2O \longrightarrow 4Fe(OH)_3 + 6S \tag{8-9-4}$$

$$4FeS + 3O_2 + 6H_2O \longrightarrow 4Fe(OH)_3 + 4S \tag{8-9-5}$$

8.9.2.3　工艺与操作

目前国内常用的干法脱硫方法有箱式和塔式两种,两种方法的区别在于采用的设备形式不同。在此着重介绍塔式干法脱硫(或称为干塔脱硫)。

A　工艺流程

煤气从装有脱硫剂的脱硫塔下部进入,侧面排出。根据煤气处理量和煤气含硫量确定脱硫塔的数量,由于需要定期停塔更换脱硫剂,因此塔数不会少于2台。多台脱硫塔可以并联也可以串联操作,煤气流向可以由前向后、由后向前或依次向后轮换操作,以使新更换脱硫剂的塔处在最后,取得最好的脱硫效果。

干塔脱硫可以连续再生,用空气压缩机向塔内连续供入一定量的空气,保持进箱煤气中的氧含量为1%～1.1%,使箱内硫化铁得到一定程度的再生。冬季气温低时需向塔内通入适量的蒸汽,保持适当的反应温度和湿度,以保证脱硫效果。

为保证干法脱硫的效率,应有计划地定期换下失效的脱硫剂,装入新的或再生后的脱硫剂。装入新脱硫剂的塔一般切换至脱硫塔组的末尾,即煤气出口处。

为保证装置的正常运行并了解装置的运行状况,在煤气进、出口总管及脱硫塔每一层催化剂处设温度测量仪表,每个脱硫塔进出口设压力检测仪表。此外,为了脱硫剂的连续再生和工艺系统的安全可靠运行,还设置了煤气中氧含量连续分析及其与空气鼓风机之间的控制连锁;脱硫塔温度指示及其与空气鼓风机之间的控制连锁。

工艺流程如图8-9-4所示。

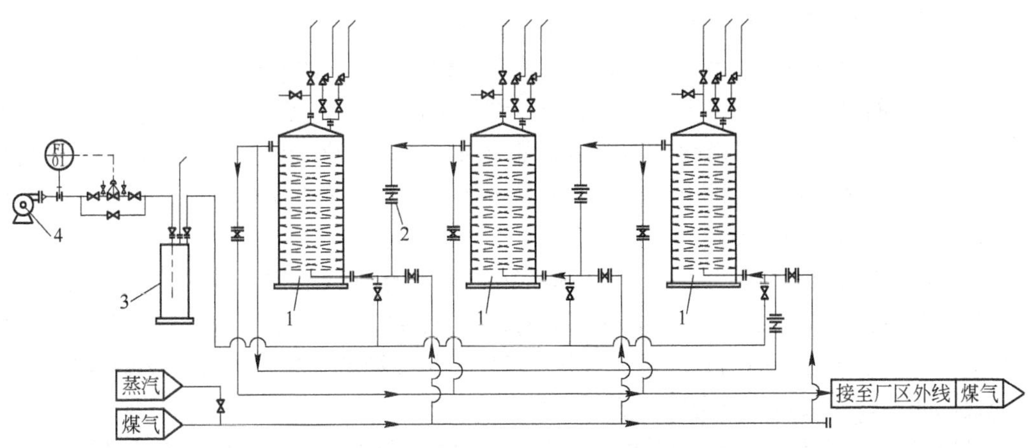

图8-9-4　干塔脱硫工艺流程图

1—干式脱硫塔;2—组合式煤气阀;3—水封槽;4—鼓风机

B 工艺特点

(1) 脱硫塔采用七筐式，占地面积小、工艺简单、操作方便。

(2) 采用汽车吊装卸脱硫剂，从而减轻了劳动强度，改善了操作环境。

C 操作制度

入塔煤气温度	28～32℃
脱硫剂水分	25%～35%
单个脱硫塔的阻力	≤1.47 kPa（150 mmH$_2$O）
脱硫剂碱度	pH 值为 8～9
煤气通过脱硫塔的气速	7～11 mm/s
煤气在脱硫塔内的停留时间	80～130 s（根据脱硫剂的性能和煤气的含硫量来确定停留时间）
每层脱硫剂厚度	400～500 mm
脱硫后煤气含 H_2S	≤20 mg/m^3

D 操作要点

操作中应特别注意温度控制，如果操作温度过高，将使氧化速度大大加快，相对降低了硫化速度。此外，$Fe_2S_3 \cdot H_2O$ 在40℃以上将失去其所携带的水分，而成为不带水的 Fe_2S_3，在氧化时将产生硫酸盐，而使干塔逐渐成为酸性，不能吸收酸性的 H_2S。反之，当操作温度过低，则将大大降低硫化速度，脱硫效果变差，煤气中的水分也将因干塔温度过低而冷凝下来，造成脱硫剂过湿现象。

水分在干塔中能保持硫化氢与氧化铁的接触时间，并可以溶解部分盐类，防止其包在氧化铁表面影响脱硫反应的进行。水分小于10%会影响脱硫操作，应往煤气中喷入水或水蒸气。

煤气中的氧含量大于0.4%时，可使塔内硫化铁再生，一般以1.0%～1.1%为宜，氧含量过高则将加快对设备的腐蚀和形成煤气胶。

焦油和萘等杂质在干塔中的沉积会造成脱硫剂表面被杂质覆盖而使催化剂失效，煤气中焦油、萘的脱除程度直接影响运行和脱硫剂寿命。

若煤气中含有适量的氨（110 mg/m^3），有利于保持催化剂的 pH 值，脱硫效率高。

该装置的煤气总管和每个脱硫塔的出口都设有取样口，定期取样检测脱硫塔入口和出口的硫化氢含量。当出口硫化氢不合格或某个塔进出口硫化氢含量没有变化时，则应再生或更换新脱硫剂。脱硫塔进出口压差增大是更换脱硫剂的另一个信号，压差达到1.47 kPa（150 mmH$_2$O）时需更换脱硫剂。

卸脱硫剂或脱硫剂塔内再生之前要向脱硫塔内缓慢通入蒸汽和空气，增加脱硫剂的含水量，并使脱硫剂得到部分再生，根据脱硫剂床层的温度和出口的气体温度控制通入空气的量，到进出口温度相等时为止。避免打开脱硫塔时因脱硫剂与空气大面积接触发生剧烈再生反应，再生反应大量放热会使脱硫剂自燃。

寒冷地区的脱硫剂更换应有计划地避开冬季进行，以免脱硫剂中的水分冻结造成装入困难。

E 故障与处理

卸脱硫剂和脱硫剂塔内再生过程中可能发生脱硫剂自燃，此时可利用脱硫塔附近设置的消火栓扑灭。

8.9.2.4　主要设备

A　七筐式脱硫塔

脱硫塔塔体材质为碳钢，内设装载脱硫剂的7组料筐，每组料筐分上下两层，每层装填脱硫剂高度为450 mm，脱硫剂用玻璃钢网支撑。卸脱硫剂时先将脱硫塔的顶盖卸下，再用汽车吊将料筐整体吊出，在塔外空地上将废脱硫剂卸下，装入新脱硫剂，然后装回塔中。煤气从中心管进塔，由下而上自然分配到7个料筐的中间，穿过上下催化剂层汇集到塔外壁与料筐间的通道，然后由开在塔外壁上的煤气出口排出塔外。

碳钢脱硫塔如图8-9-5所示。

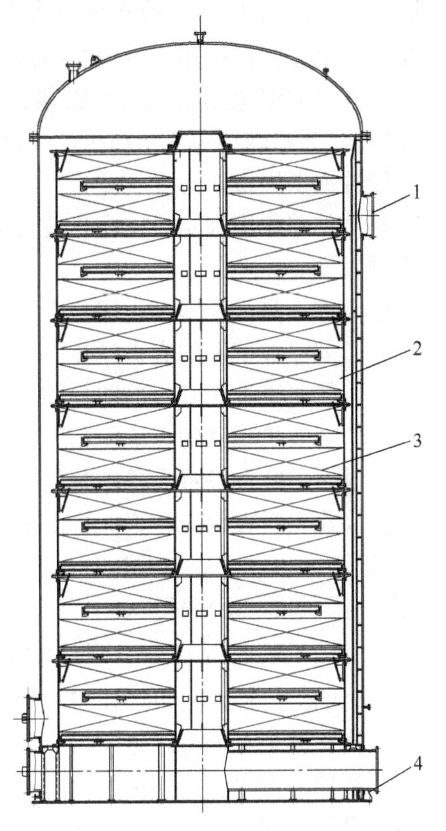

图8-9-5　碳钢脱硫塔

1—煤气出口；2—脱硫剂筐；3—脱硫剂；4—煤气入口

B　组合式煤气阀门

组合式煤气阀门用于控制煤气的流向或停某个脱硫塔，材质为碳钢，由金属硬密封蝶阀、扇形盲板、波纹补偿器三部分组成。按工业企业煤气安全规程，单个蝶阀不能作为可靠的切断装置，因此增加了扇形盲板；但因脱硫塔管道布置很紧，扇形盲板开启困难，故增加了波纹补偿器。

C　其他

如前所述（参见本书第8.9.2节），干法脱硫也可使用干箱，脱硫剂分层装在方形干箱内。一般干箱高1.8～1.85 m，内装3～4层脱硫剂，每层厚0.4～0.5 m，上下留有气流空间。干箱的横截面积按煤气空速0.8～1.2 mm/s计算。老式干箱用铸铁板拼装，板厚16～19 mm，拼接用的法兰边需加厚1.6～3.2 mm。现在干箱多采用普通钢板焊接，厚度8 mm，侧板焊加强筋加强，以防弯曲变形；为防止底板拱起，底板四周用地脚螺栓固定在混凝土基础上；箱盖制成拱形，防止受压变形。以四箱串联为例，阻力通常不超过3.9 kPa。为卸脱硫剂方便，脱硫箱常建在混凝土框架平台上，脱硫剂从箱底下卸出；箱上设有门形吊，用于开启箱盖。

8.10　煤气净化安全生产

煤气净化车间是焦化厂的核心车间之一，担负着煤气的输送、净化及化工产品回收等任务。其所处理、使用和生产的物质多为易燃、易爆、有毒物质，其所处环境多为火灾及爆炸危险区域，因此煤气净化车间的安全生产是保证焦化厂生产稳定的关键之一。为了全面提高焦化厂的安全管理水平，保证人身和财产安全，提高劳动生产效率，消除生产过程中的各种潜在危害和职业危害，为操作人员创造符合生产要求和舒适的劳动条件，各焦化厂均应该制定车间或岗位的安全生产规程，积极采取有效措施以控制危险及预防事故，并对各种重大情况做出应急预案。

8.10.1　煤气净化车间的安全管理

8.10.1.1　操作人员的资格与要求

煤气净化车间的操作人员必须经过专业技术培训和安全技术培训，做到“三懂、四会”，“三懂”指懂生产原理、懂工艺流程、懂设备结构；“四会”指会操作、会维护保养、会排除故障和处理事故、会正确使用消防和防护器材，并经过三级安全教育，经过考试合格，取得安全作业证方能独立上岗操作。

有条件的单位应该实行安全作业证制度，对岗位操作人员进行相关的安全培训和岗位培训后颁发安全作业证。

岗位操作人员必须满足下述安全需求（但不限于下述条件）：

（1）了解作业范围的有毒气体的物理和化学性质。

（2）了解有毒有害气体的防护知识。

（3）学会防护用具的正确使用方法。

（4）学习危险源及重大危险源的应急预案，参与应急预案的事故演习。

（5）操作人员在生产中必须严格执行岗位操作法、工艺操作安全技术规程、岗位责任制、交接班制、设备维护保养制、安全生产责任制、巡回检查制等各项规章制度。严禁违章作业，不准超温、超压、超指标运行。

8.10.1.2　安全管理的一般规定与要求

（1）对职工进行安全生产技术和劳动纪律教育，经考试合格后持证上岗。

（2）建立健全对压力管道及阀门、压力容器和重要电机的安全技术专业检查制度。

（3）严禁携带火种进入场区，每次动火前必须办理“动火许可证”。

（4）设备检修要填写检修卡，应有断液、断电和断气的安全措施。

（5）煤气管道动火要制订方案并经主管部门批准。

（6）车间内严禁吸烟，严禁用明火取暖。

（7）各种工艺设备、机电设备、开关、仪表及阀门等，按顺序统一编号，以防误操作。设备名称、位号等用油漆写于设备的醒目部位。管道以油漆标明流向，反丝阀门应指示旋向。

（8）压力容器内部有压力时，不得对其主要元件进行修理、敲打、锤击或紧固工作。对设计要求热紧固的螺栓，按设计的具体要求处理。

（9）加强仪表的维修与校验，必须保证岗位上的所有仪表齐全好用。

（10）为防止突然停电、停水、停气（汽）而造成事故，各岗位均应有紧急停车处理的具体措施。

（11）生产装置的安全附件及安全罩、防护栏杆等一切安全防护装置，必须完好可靠，严禁擅自拆除、移动或停用。

（12）生产现场的地坑、阴井、地沟、吊装孔、预留孔、盖板及安全围栏等，必须安全可靠，不得随意揭开、移动或拆除。如因工作需要而移动，必须采取临时安全措施，工作完毕立即恢复原状。

（13）高空操作的阀门等必须有操作台及安全栏杆。生产现场夜间要有充足的照明。

(14) 凡有各种酸、碱等强腐蚀性、强刺激性物料的岗位,应设有事故处理的水源和其他防护器材,输送强腐蚀性和高压介质的管道要在法兰连接处增加保护罩。

8.10.1.3 事故预防与控制

(1) 降低潜在危险因素的数值:如在作业环境中存在有毒气体,可安装通风设施,降低有毒气体的浓度,使之达到允许值以下,就不会影响人身安全和健康。

(2) 设置自动报警及安全连锁:如当检测仪表显示出工艺参数接近危险值时,自动报警装置进行声、光报警;达到危险值时,安全连锁装置就会自动关闭系统,使之安全停车。

(3) 隔离操作或远距离操作:如对放射性、辐射和噪声等的防护,可以通过提高自动化生产程度,设置隔离屏障,使操作人员处于安全范围内。

(4) 采取泄压泄爆措施:如在压力容器上安装安全阀或爆破膜。

(5) 封闭有害物:将有毒有害、易燃易爆物质封闭在容器、管道内,使其不与空气、火源和人体接触。

8.10.1.4 事故应急处理

A 危险源目标的确定

根据生产、储存、工艺使用化学危险品的种类、危险性质以及可能发生事故的危害,确定危险源目标。一般情况下煤气净化车间的危险源依次为:焦炉煤气、NH_3 气、H_2S 气体、苯气、煤焦油、粗苯、硫黄、液碱、氨水等。

B 成立应急指挥系统

各生产厂、车间均必须建立应急指挥系统,发生事故要及时报告及处理,重大事故向上级主管部门报告。

C 突发事故报告程序和时间要求

发生一般突发事故或严重突发事故,操作人员应在 5 min 或 15 min 内报告厂调度室,调度室按调度汇报制度向总经理和上级部门报告,并做好记录。

D 事故发生后应采取的处理措施

根据工艺规程、操作规程的技术要求,采取不同的紧急处理措施。

a 焦炉煤气泄漏

(1) 岗位一旦发生煤气泄漏,在岗操作人员首先要利用便携式一氧化碳报警仪查找泄漏点。如果浓度超过规定值时,必须立即撤出现场,戴好空气呼吸器后再进入现场。

(2) 在确定泄漏点后,按安全操作规程立即关闭相应的阀门,防止煤气大量泄漏。

(3) 在处理煤气泄漏过程中,要注意个人保护,在有风的情况下,尽量站在上风头。如有头昏、恶心时,要立即退出现场,到空气新鲜的地方休息。严重者立即送医院治疗。

(4) 发生煤气泄漏时,做好戒严工作,严禁明火。

b 焦炉煤气发生火灾

(1) 机前煤气管道着火,立即停鼓风机,同时通知调度室及总调。机后煤气管道设施着火,严禁停车。正压煤气管道若直径小于 100 mm,可用阀门切断法或用管口堵死法灭火,不小于 100 mm 的管道通蒸汽或氮气灭火。

(2) 若发生较大的火灾事故,及时报公司应急救援指挥部、联络外部 119 报警台,并做出妥善处理。

c　焦炉煤气中毒

如发现中毒,应立即脱离现场,到空气新鲜处休息。若患者严重,应立即报厂应急救援指挥部做妥善处理。

d　粗苯(轻苯)火灾

粗苯(轻苯)发生火灾,主要采用泡沫灭火并配合干粉、二氧化碳等移动式消防器材进行补救。

若发生较大的火灾事故,应及时报公司应急救援指挥部、联络外部 119 报警台,做出妥善处理。

e　苯中毒

在可能发生中毒的地方,如感到头疼等不适,应立即脱离现场,到空气新鲜处休息。若患者停止呼吸应进行人工呼吸,并立即就医。

8.10.2　煤气净化车间的安全技术

8.10.2.1　煤气净化车间主要危害物及其特征

A　焦炉煤气

焦炉煤气具燃爆性,燃爆极限为 4.72% ~37.59%(体积分数),自燃点为 560℃。焦炉煤气的主要有毒成分为 CO,其在焦炉煤气中的含量约 5% ~7%(体积分数),人体吸入 CO 后会造成缺氧中毒。车间空气中 CO 的最高允许浓度为 30 mg/m^3。

B　酸气

酸气主要成分为 H_2S。H_2S 具燃爆性,燃爆极限为 4.3% ~45%(体积分数),自燃点为 260℃。H_2S 在酸气中的含量约 30% ~70%。H_2S 对人体神经有强烈刺激作用,并造成眼角膜、呼吸道黏膜损害。车间空气中 H_2S 的最高允许浓度为 10 mg/m^3。

C　氨气及氨汽

氨气及氨汽的主要成分为 NH_3。NH_3 具燃爆性,燃爆极限为 15% ~28%(体积分数),自燃点为 630℃。NH_3 在氨气中的含量一般大于 99%(体积分数);在氨汽中的含量在 10% ~70%(体积分数)。NH_3 对人体呼吸道黏膜有刺激作用并会造成灼伤,吸入高浓度时,可引起急性化学性水肿。车间空气中 NH_3 的最高允许浓度为 30 mg/m^3。

D　苯类

苯类包括粗苯、轻苯等,其主要成分为苯。苯蒸气具燃爆性,燃爆极限为 1.2% ~8.0%(体积分数),自燃点为 555℃。苯在粗苯中的含量一般大于 90%。苯主要造成人体神经系统及血液(造血机能)损害。车间空气中苯的最高允许浓度为 40 mg/m^3。

E　硫黄

硫黄属易燃固体,其云状粉尘(平均粒径 30 ~50 μm)具燃爆性,燃爆下限为 2.3 g/m^3,粉尘自燃点为 235℃。

8.10.2.2　煤气净化车间爆炸和火灾危险环境等级的划分

煤气净化车间各装置(区域)大部分属于爆炸和火灾危险场所,其生产类别、危险等级、释放源见表 8-10-1。

表 8-10-1 煤气净化车间爆炸和火灾危险场所等级的划分

装置或场所	生产类别	危险等级	释放源	备 注
煤气鼓风机室	甲	1 区	煤 气	
冷凝泵房	乙	21 区	焦油可燃物	
初冷及电捕		2 区	煤 气	室 外
预(中)冷塔、脱硫塔		2 区	煤 气	室 外
氨苯洗涤塔、终冷塔		2 区	煤 气	室 外
氨苯洗涤泵房	甲	2 区	苯、氨	
硫铵饱和器		2 区	煤 气	室 外
脱苯塔、两苯塔、再生器		2 区	苯	室 外
粗苯产品泵房	甲	1 区	苯	
粗苯储槽		2 区	苯	室 外
脱酸塔、蒸氨塔		2 区	氨	室 外
脱酸蒸氨泵房	乙	2 区	氨	
硫黄冷却、结片、包装等部位及硫黄仓库	乙	11 区	硫黄粉尘	
溶剂脱酚的萃取塔		2 区	苯	室 外
溶剂脱酚的溶剂泵房	甲	1 区	苯	
精脱萘塔		2 区	煤 气	室 外
干式脱硫塔		2 区	煤 气	室 外
无水氨吸收塔		2 区	煤气或氨气	室 外
无水氨解吸塔、精馏塔		2 区	氨	室 外

8.10.2.3 生产安全技术规则

焦化安全技术规范主要有三个国家标准:即《焦化安全规程》、《工业企业煤气安全规程》、《城镇燃气设计规范》。这些规范除主要给出了设计必须遵守的规定外,同时还明确了生产操作中的一些安全技术规则。关于设计的内容详见各有关规范,涉及煤气净化安全操作的技术规则主要为:

(1) 储槽、塔器及其他设备的外壳应有设备编号、名称及规格等醒目的标志。

(2) 停产不用的塔器、容器、管线等应清扫干净,并应打开放散管和隔断对外连接;报废不用的,扫干净后应立即拆除。

(3) 压力容器及压力管道的设计、制造、施工、使用和管理必须符合现行的《压力容器安全技术监察规程》及《压力管道安全管理与监察规定》的规定。

(4) 管式炉点火前,必须确保炉内无爆炸性气体。

(5) 管式炉出现下列情况之一,应立即停止煤气供应:

1) 煤气主管压力降到 500 Pa 以下,或主管压力波动危及安全加热;

2) 炉内火焰突然熄灭;

3) 烟筒(道)吸力下降,不能保证安全加热;

4) 炉管漏油。

(6) 输送易凝、可燃液体的管道及阀门均应保温,不应使用明火烘烤。

（7）阀门应有开、关旋转方向和开、关程度的指示，旋塞应有明显的开、关方向标志。

（8）禁止用管道上的调节配件代替隔断阀门，禁止以关阀门代替堵盲板。

（9）盲板和其垫圈的手柄应有明显区别。

（10）清扫鼓风机前煤气管道时，同一时间内只准打开一个塞堵。

（11）从满流槽捞酸焦油时，禁止站在满流槽上。

（12）检修操作温度不低于物料自燃点的密闭设备，不得在停止生产后立即打开大盖或人孔盖。用蒸汽清扫可能积存有硫化物的塔器后，必须冷却到常温方可开启；打开塔底人孔之前，必须关闭塔顶油气管和放散管。

（13）停用的脱硫箱拔去安全防爆塞后，当天不得打开脱硫剂排出孔。废脱硫剂应在当天运到安全场所妥善处理。未经严格清洗和测定，严禁在脱硫箱内动火。熔硫釜排放硫膏时，其周围严禁明火。

（14）易燃、易爆或高温明火场所的作业人员禁止穿着化纤服装。在易燃、易爆场所，禁止使用易产生火花的工具。禁止使用轻油、洗油、苯类等易散发可燃蒸气的液体或有毒液体擦洗设备、用具、衣物及地面。

（15）使用浓酸和装卸浓酸的地点应设防酸灼伤的冲洗龙头。

（16）焦炉煤气设备和管道拆开之前，应用蒸汽、氮气或烟气进行吹扫和置换；拆开后应用水润湿并清除可燃渣。

（17）检修由鼓风机负压系统保持负压的设备时，必须预先把通向鼓风机的管线堵上盲板。

参考文献

[1] 徐一．炼焦与煤气精制[M]．北京：冶金工业出版社，1985.
[2] 肖瑞华，等．煤化学产品工艺学[M]．北京：冶金工业出版社，2003.
[3] 於良荣，等．宝钢FRC脱硫脱氰装置的技术经济评价[J]．燃料与化工，2001(6)：305.
[4] 朱长光，等．宝钢FRC法煤气脱硫装置的特点[J]．燃料与化工，2000(1)：22.
[5] 於良荣．宝钢SULFIBAN法脱硫装置的操作情况[J]．燃料与化工，1992(5)：252.

9 粗苯精制

9.1 原料及产品

粗苯精制的原料为煤气净化车间送来的粗苯或轻苯，以及焦油蒸馏送来的焦油轻油。

9.1.1 粗/轻苯

9.1.1.1 性质和质量

粗/轻苯是有芳香气味、不溶于水的黄色透明液体。其质量符合国家标准 YB/T 5022—1993(参见本书第 8.8 节)，一般物理性质见表 9-1-1。

表 9-1-1 粗/轻苯的一般物理性质

序号	项目	粗苯	轻苯
1	闪点/℃	-12	-11
2	引燃温度/℃	>500	>500
3	苯蒸气与空气形成爆炸性混合物 爆炸上限(体积分数)/% 爆炸下限(体积分数)/%	 7.5 1.4	 7.1 1.3
4	毒性危害分级	高度	高度
5	生产的火灾危险性分类	甲	甲

9.1.1.2 粗/轻苯组成

粗/轻苯中约含 90% 以上的苯、甲苯、二甲苯和三甲苯等芳香烃，此外还含有不饱和化合物、饱和烃、硫化物、吡啶类、酚类等杂质以及洗油的低沸点组分。粗苯一般组成见表 9-1-2。

表 9-1-2 粗苯主要组分含量(质量分数) (%)

组分	含量	组分	含量
苯	55~80	古马隆	0.6~1.0
甲苯	12~22	茚	1.5~2.5
二甲苯	2~6	硫化氢	0.1~0.2
三甲苯	1~2	二硫化碳	0.3~1.5
乙基苯	0.5~1	噻吩	0.2~1.0
丙基苯	0.03~0.05	甲基噻吩	0.1~0.2
乙基甲苯	0.08~0.10	吡啶及其同系物	0.1~0.5
戊烯	0.5~0.8	苯酚及其同系物	0.1~0.6
环戊二烯	0.5~1.0	萘	0.5~2.0
C_6~C_8 直链烯烃	约 0.6	脂肪烃 C_6~C_8	0.5~1.0
苯乙烯	0.5~1.0		

粗苯中不饱和化合物含量约为5%～12%，此含量主要取决于焦炉炭化室温度。温度愈高，不饱和化合物的含量就愈低。该类物质在空气中易氧化聚合，这不仅使粗苯变质，还会堵塞设备管道。因此，隔绝空气储存粗苯是必要的（如氮封等）。不饱和化合物在粗苯馏分中的分布不均匀，主要集中在低于79℃的馏分和高于140℃的馏分中。粗苯的蒸馏曲线及各馏分中不饱和化合物的分布如图9-1-1所示。

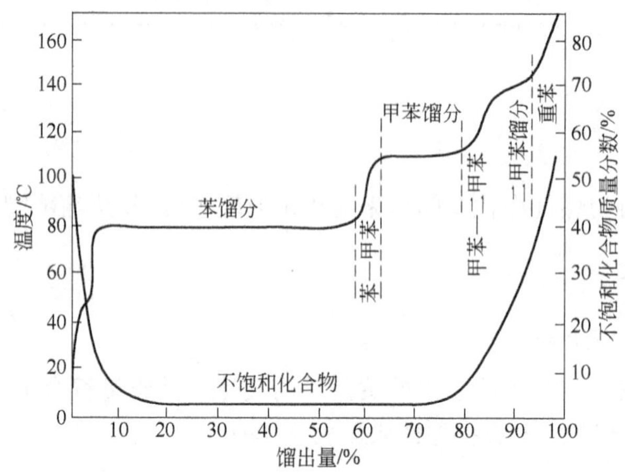

图9-1-1　粗苯蒸馏温度曲线和各馏分中不饱和化合物的分布

粗苯中硫化物的含量约为0.6%～2.0%，其中主要是二硫化碳、噻吩及其同系物。在刚产出的粗苯中含有含量约0.2%的硫化氢，它在粗苯储存过程中，逐渐被氧化成单体硫。此外还有硫醇等，但其含量一般不超过总硫化物质量的0.1%。二硫化碳可作为有用产品加以提取，其他硫化物在粗苯精制过程中作为有害杂质脱除。

粗苯中还含有吡啶碱类和酚类，因含量甚少，不作为产品提取。

粗苯中饱和烃的含量约为0.6%～2.0%，轻苯一般含有0.2%～0.8%的饱和烃，其中主要是环已烷和庚烷，都能与苯形成共沸混合物。粗苯的高沸点馏分中饱和烃的含量较高，如二甲苯馏分可达3%～5%。

轻苯是精馏粗苯的产品。粗苯中98%以上的苯、甲苯和二甲苯通过蒸馏都转移到轻苯中，故其性质与粗苯非常相似，质量指标见YB/T 5022—1993。此外，粗苯中大部分硫化物（CS_2、噻吩等）和近50%的不饱和化合物（环戊二烯等）也都转移到轻苯中。

焦油轻油组成与粗苯相近，一般都混入粗苯一起加工。焦油轻油主要组成实例见表9-1-3。

表9-1-3　焦油轻油组成实例

厂　名	含量（质量分数）/%				
	苯	甲　苯	二甲苯	乙基苯	三甲苯
鞍钢化工总厂	35.9	24.4	13.9	4.6	3.4
武钢焦化厂	38.0	25.8	23.0		

9.1.2　苯类产品性质质量和用途

9.1.2.1　苯、甲苯和二甲苯的一般物理性质

苯、甲苯和二甲苯是无色透明液态芳香烃，不溶于水。其蒸气与空气混合能形成爆炸性

混合物，属甲类可燃液体。有毒，其毒性危害程度(按国家标准 GB 5044—85)为极度危害。苯、甲苯和二甲苯的一般物理性质见表 9-1-4。

表 9-1-4 苯类产品的一般物理性质

苯类产品	纯 苯	甲 苯	二 甲 苯			
			混合①	邻位	间位	对位
闪点/℃	-11.0	4.44	25	30	25.0	25.0
爆炸下限(体积分数)/%	1.3	1.27	1.0	1.1	1.1	1.1
爆炸上限(体积分数)/%	7.1	7.0	6.0	6.4	7.0	7.0
结晶(熔)点/℃	5.51	-95.0		-25.2	-47.9	13.3
密度(20℃)/g·mL^{-1}	0.879	0.866		0.880	0.864	0.86
沸点/℃	80.1	110.4		144.4	139.0	138.4

注：表中数据是根据通常使用的数据并与相应的资料对照过后确定的。

① 是《煤化学产品工艺学》中给出的数据。

9.1.2.2 酸洗精制产出的苯、甲苯、二甲苯及溶剂油质量

我国制定的焦化苯(GB/T 2283—1993)、焦化甲苯(GB/T 2284—1993)、焦化二甲苯(GB/T 2285—1993)等质量标准，是根据国情针对酸洗法粗苯精制的苯类产品制定的。其焦化苯、甲苯、二甲苯的质量及实例分别见表 9-1-5 ~ 表 9-1-7。

表 9-1-5 焦化苯的质量标准及实例

指标名称	GB/T 2283—1993				实例①	
	特级	一级	二级	三级	硝化用苯	纯苯
外 观	透明液体②				透明	透明
密度(20℃)/g·cm^{-3}	0.876 ~ 0.880	0.876 ~ 0.880	0.875 ~ 0.880	0.874 ~ 0.880	0.876 ~ 0.880	0.875 ~ 0.880
馏程(大气压 101325 Pa，包括 80.1℃)/℃	≥0.7	≥0.8	≥0.9	≥1.0		
初馏点/℃					≤79.6	≤79.5
馏出 95% 温度范围/℃					≤0.6	≤0.8
干点/℃					≤80.5	≤80.6
酸洗比色(按标准比色液)，不深于	0.15	0.20	0.30	0.40	0.2	0.3
溴价/g·(100 mL)$^{-1}$	≤0.06	≤0.15	≤0.30	≤0.40		
结晶点/℃	>5.20	>5.00	>4.90			
二硫化碳/g·(100 mL)$^{-1}$	≤0.005	≤0.006				
噻吩/g·(100 mL)$^{-1}$	≤0.04	≤0.05				
中性试验	中性	中性	中性	中性		
水 分	无③	无③	无③	无③	无	无
铜片腐蚀试验，不深于	1 号④					
蒸发残留量/mg·mL^{-1}						无痕迹

① 为鞍钢化工总厂的数据；② 室温(18 ~ 25℃)下为透明液体，为不深于 1000 mL 水中含有 0.003 g 重铬酸钾的溶液颜色；③ 室温(18 ~ 25℃)下目测无可见不溶解水；④ 轻度变色。

表 9–1–6　焦化甲苯质量标准及实例

指标名称	GB/T 2284—1993			实例[①]
	特级	一级	二级	纯甲苯
外　观	透明液体[②]			透明
密度(20℃)/g·cm^{-3}	0.863～0.868	0.861～0.868	0.860～0.870	0.862～0.868
馏程(含110.6℃)/℃	≤0.7	≤0.9	≤2.0	
初馏点/℃				>109.8
馏出95%温度范围/℃				≤0.8
干点/℃				≤111.9
酸洗比色(按标准比色液),不深于	0.15	0.20	0.3	0.3
溴价/g·(100 mL)$^{-1}$	≤0.1	≤0.2	≤0.3	≤0.3
中性试验	中性	中性	中性	中性
水　分	无[③]	无[③]	无[③]	无
铜片腐蚀试验,不深于	1号[④]			
挥发分				无痕

① 为鞍钢化工总厂的数据;②室温(18～25℃)下为透明液体,为不深于1000 mL水中含有0.003 g重铬酸钾的溶液颜色;③ 室温(18～25℃)下目测无可见不溶解水;④ 轻度变色。

表 9–1–7　焦化二甲苯质量标准及实例

指标名称	GB/T 2285—1993			实例[①]		
	3℃	5℃	10℃	3℃	5℃	10℃
外　观	透明液体[②]			透明	透明	透明
密度(20℃)/g·cm^{-3}	0.857～0.866	0.856～0.866	0.840～0.870	0.856～0.870	0.857～0.866	0.840～0.870
馏程(大气压101325 Pa)						
初馏点/℃	≤137.5	≤136.5	≤135	>137.2	>136.5	>135
终(干)点/℃	≤140.5	≤141.5	≤145.0	≤140.5	≤141.5	≤145
酸洗比色(按标准比色液),不深于	0.6	2.0	4.0	<0.7	<0.2	<5.0
水　分	无[③]	无[③]	无[③]	无	无	无
中性试验	中性	中性	中性			
铜片腐蚀试验,不深于	2号[④](即中等变色)					

① 为鞍钢化工总厂的数据;② 室温(18～25℃)下为透明液体,为不深于1000 mL水中含有0.003 g(5℃、10℃二甲苯为0.3 g)重铬酸钾的溶液颜色;③ 室温(18～25℃)下目测无可见不溶解水;④ 轻度变色。

粗苯精制在145～180℃范围内馏出的混合产品称为溶剂油。溶剂油中各组分的含量大致为:二甲苯25%～40%;脂肪烃和环烷烃8%～15%;丙苯和异丙苯10%～15%;均三甲苯10%～15%;偏三甲苯12%～20%;乙基甲苯20%～25%。溶剂油主要用作油漆和颜料工业中的溶剂。溶剂油经分离所得二甲苯同分异构体及三甲苯同分异构体可分别用于生产树脂、染料和药物。溶剂油质量参考规格见表9–1–8。

表 9-1-8 溶剂油质量参考规格

指标名称	(日)JIS K 2483—1959			中国
	1号	2号	3号	
外观	无色乃至黄色液体	无色乃至黄色液体	黄色乃至淡褐色液体	淡黄色透明液体
密度(20℃)/g·cm^{-3}				0.845～0.910
相对密度(15℃)	0.850～0.880	0.850～0.920	0.850～0.950	
蒸馏试验(大气压 101325 Pa)				
初馏点/℃	>120	>120	>140	>135
200℃前馏出量(体积分数)/%	>90①	>90②	>90	>95
干点/℃	< 180	< 200	< 220	
反应	中性	中性	中性	中性
比色(不暗于标准比色液)	12号			
铜板腐蚀试验	灰色			
水分				无③
不挥发物/g·(100 mL)$^{-1}$	≤0.01			
嗅味	不残留异臭	不残留异臭	不残留异臭	

①为 160℃馏出量;②为 180℃馏出量;③室温(18～25℃)下目测无可见不溶解水。

9.1.2.3 加氢精制产出的苯、甲苯、二甲苯质量

我国焦化厂现有的粗/轻苯加氢精制都是从20世纪80年代后引进的工艺技术。宝钢一期工程是 LITOL 法加氢,只生产纯苯特号,其质量指标是宝钢 Q/BQB 002—1994 标准;石家庄焦化厂和宝钢三期工程是莫菲兰法加氢生产苯、甲苯、二甲苯,其质量指标两厂各不相同。现以宝钢三期工程苯加氢设备合同的保证值为例,苯加氢精制苯类产品质量指标见表 9-1-9。

表 9-1-9 苯加氢精制苯类产品质量指标

项目	莫菲兰法				LITOL 法
	纯苯	硝化甲苯①	纯甲苯	二甲苯	纯苯特号
密度(20℃)/g·cm^{-3}	0.875～0.881	0.865～0.870	0.864～0.868	0.856～0.866	0.878～0.881
结晶点(最小)/℃	5.50				5.45②
酸洗比色(最大)/g·(100 mL)$^{-1}$	0.05③	2③	0.15③	0.20③	0.20④
苯含量(质量分数,最小)/%	99.95				
苯/C_8、芳烃含量/mg·kg^{-1}		500	500		
甲苯含量(质量分数,最大)/%		98.75	99.9		
非芳烃含量(质量分数,最大)/%		1.2		4.0	
非芳烃含量/mg·kg^{-1}			500		
蒸馏范围/℃		1.0⑤	1.0⑤		
初馏点/℃				136.5	
终点/℃				141.5	

续表 9-1-9

项　　目	莫菲兰法				LITOL 法
	纯苯	硝化甲苯①	纯甲苯	二甲苯	纯苯特号
噻吩含量(最小)/mg · kg^{-1}	1	1⑥	1⑥		1⑥
水分(20℃)		无	无	无	无
透明度,悬浮物		透明,无	透明,无	透明,无	透明,无
颜色(Pt-Co),APHA,最大		20 号	20 号	20 号	
中性试验		中性	中性	中性	中性
蒸发残留量(最大)/mg · $(100\ mL)^{-1}$	5	5	5		5

注:本表指标采用宝钢化工总厂的厂标。

① 硝化甲苯又是生产纯甲苯的原料;② 是宝钢企业标准 Q/BQB 002—1994 的规定值,LITOL 法的保证值是 5.50℃以上;③ 100 mL 水中 0.05 g、2 g、0.15 g 和 0.20 g $K_2Cr_2O_7$ 的水溶液颜色;④ 不深于标准比色液;⑤ 在大气压力 101325 Pa 下,包括 110.6℃;⑥ 为全硫含量。

9.1.2.4　纯苯中的杂质及结晶点

加氢精制所得的纯苯中,或多或少地含有能与苯形成固溶体的噻吩、甲苯和主要由甲基环戊烷、环已烷、甲基环已烷、正庚烷所组成的饱和烃等微量的杂质,这会使纯苯的结晶点降低,故结晶点是苯质量的关键指标。

苯中的杂质每增加 1%(摩尔分数),结晶温度会降低 0.657℃。

苯中甲苯的含量将使蒸馏试验的干点温度有明显的提高,同时结晶点降低。列表为:

甲苯含量(质量分数)/%	0	0.03	0.05	0.08	0.10	0.15
干点/℃	80.15	80.19	80.25	80.40	80.50	80.70
结晶点/℃	5.50	5.48	5.45	5.42	5.40	5.33

目前,国内供给化学工业合成用的纯苯结晶点不应低于 5.40℃。

9.1.2.5　苯、甲苯、二甲苯的应用

苯、甲苯和二甲苯都是基础有机化工原料,其应用情况如图 9-1-2 所示。

由于苯及其同系物具有特好的辛烷值(大于 100),可掺入汽油。如制备成超级内燃机燃料,具有非常好的抗震性(不用添加抗震剂)。混二甲苯中的邻二甲苯和对二甲苯是工业上广泛应用的产品,但其在煤系二甲苯异构物混合体中含量不多,含量多的是间二甲苯。

9.1.2.6　焦化苯的发展前景

A　苯的重要位置和发展趋势

有机合成工业的主要原料是石油气、石油系液体产品、天然气以及煤焦化工业的化学产品。应当指出的是,在化学产品深加工的情况下,炭化 1 t 煤可以获得约 200 kg 有机合成用的中间产品。焦化工业对国家化学工业的发展起着重要作用。

由于苯产量不断增长,在大量的有机化学产品中,苯位居第二位,仅次于乙烯。

苯及其同系物的发展趋势如下:

(1) 为满足有机化工生产环乙烷及合成酚对苯的高质量要求,应采用苯加氢工艺净化制取焦化苯。

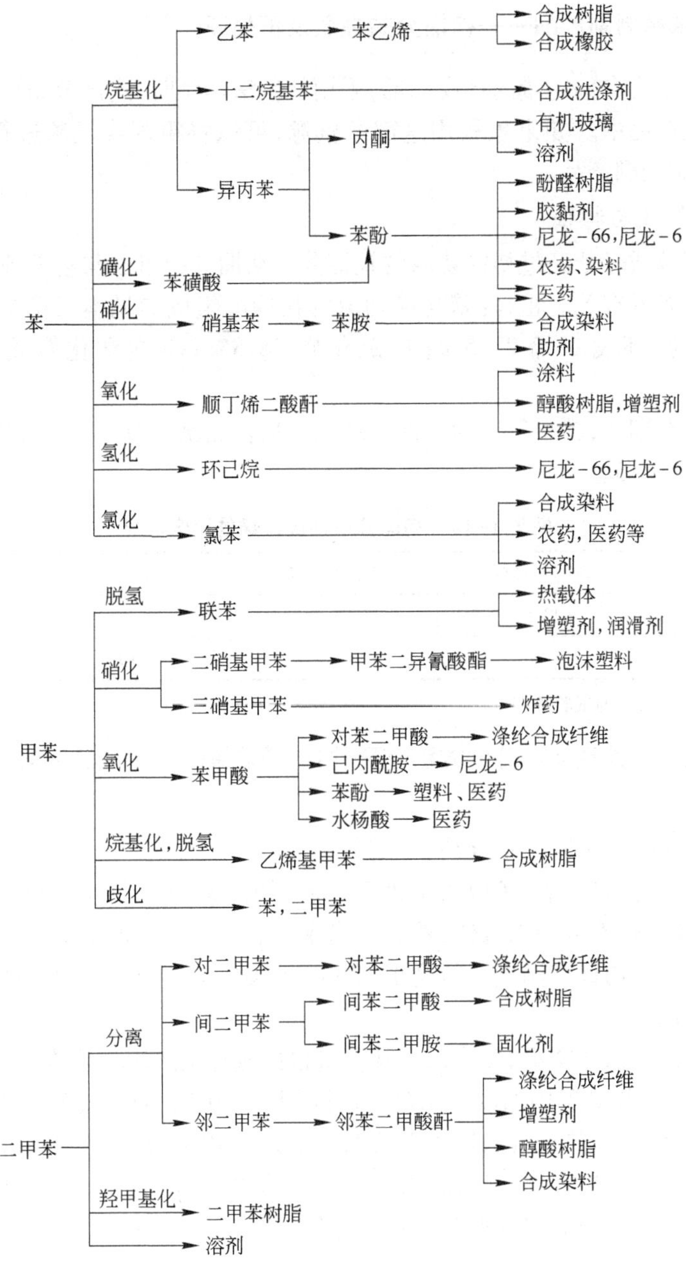

图 9-1-2 主要苯类产品的应用

(2) 粗(轻)苯集中加工,增大设备生产能力。

B 应优先考虑的焦化苯深加工路线

(1) 由于苯酚下游产品双酚 A 以及聚碳树脂的需求增速很快,应以苯为主要原料,采用先进的异丙苯法联产苯酚/丙酮。双酚 A 是该法最理想的下游产品。

(2) 尼龙纤维是仅次于聚酯的重要有机合成纤维。以苯为原料用世界上广泛采用的环乙酮—羟胺法制取已内酰胺,是合成尼龙纤维原料的最佳工艺路线。

9.1.3 粗苯精制副产品——初馏分的性质及再处理

粗苯或轻苯中含有一定量的环戊二烯，采用加氢法精制时，这部分组成最后转化成环戊烯而进入非芳烃产品中。如果想利用这部分资源，可以将粗苯或轻苯进行初馏，提取初馏分，作为粗苯精制的副产品。

9.1.3.1 组成与特性

初馏分是粗苯或轻苯经过初馏切取的轻馏分。初馏分的组成与粗苯或轻苯原料性质及其精制工艺操作条件有关。粗、轻苯初馏切取的初馏分组成参见本书第9.2.2节。新鲜初馏分组成实例为：环戊二烯 27.5%；二硫化碳 38.8%；不饱和化合物 25.8%；苯和烷烃7.9%。

初馏分在储存期间，其中所含的一部分环戊二烯自然聚合成为二聚环戊二烯（二聚体），聚合情况见表9-1-10。

表9-1-10 初馏分中环戊二烯的聚合情况

组分含量	新鲜初馏分	储放10 d后	储放20 d后	储放28 d后
环戊二烯/%	27.5	11.4	7	6.6
二聚环戊二烯/%		15.9	19	20.1

注：此表是鞍钢化工总厂的试验数据。

目前我国焦化厂处理初馏分的方法有两种：一是热聚合法生产二聚环戊二烯；二是全汽化法混入煤气中。

9.1.3.2 热聚合法生产二聚环戊二烯

被加工的初馏分含环戊二烯应大于20%，需采用热聚合法进行加工。在间歇式常压蒸馏釜内，先将环戊二烯聚合为二聚体，然后蒸出戊烯、二硫化碳和苯馏分等，沸点为170℃的二聚体留在釜内。釜内最终温度不得高于120℃，否则二聚体又会解聚为单体，并会由于突然解聚而引起爆沸。

二聚体产品的产量冬季高、夏季低。其质量根据氯丹生产用户要求，成品中二聚体含量大于60%即可，但如提高釜内温度，二聚体含量可大于90%。如需生产高纯度的二聚体，可用减压蒸馏法。此外，用热聚合法还可以切取含量大于70%的工业二硫化碳。

用热聚合法生产二聚环戊二烯流程简单，操作方便，并可提高三苯回收率，二聚体储存运输也比初馏分安全。该装置宜单独布置。操作制度见表9-1-11。

表9-1-11 初馏分热聚合操作制度

阶段	釜内油温/℃	釜压/MPa	间接蒸气压力/MPa
热聚合	60～80	0.02～0.03	0.01～0.1
切取前馏分	80	0.04	<0.6
切取苯馏分	80～120	0.04	<0.7
釜内二聚体	120		

原上海焦化厂生产二聚环戊二烯的工艺流程如图9-1-3所示。

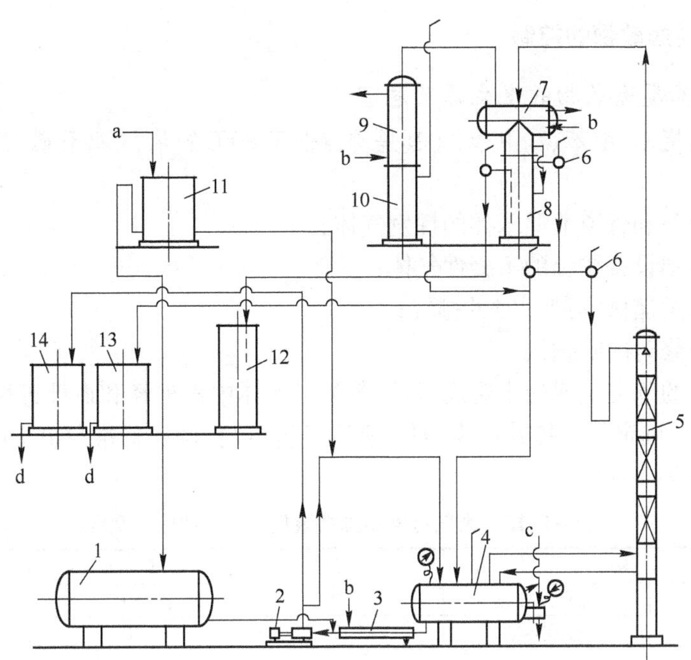

图 9-1-3 二聚环戊二烯生产工艺流程

a—初馏分；b—冷却水；c—水蒸气；d—产品装桶

1—原料槽；2—气泵；3—冷却套管；4—聚合釜；5—蒸馏塔；6—视镜；7—冷凝器；8—油水分离器；9—尾气冷凝器；10—气液分离器；11—高位槽；12—控制分离器；13—前馏分槽；14—二聚体槽

9.1.4 粗苯精制产品产率

9.1.4.1 高温加氢——LITOL 法加氢精制

轻苯加氢过程中，脱烷基制取一种苯(纯苯特号)的产率一般都大于 100%(对轻苯中的苯)，以宝钢一期工程为例，对原料中苯的产率可达 113% 或更高。

9.1.4.2 低温加氢——K-K 法加氢精制

A 产品产率的定义

$$产率=\frac{最终产品量}{原料中所含组分的量}$$

B 实例

莫菲兰法加氢产品产率举例见表 9-1-12。

表 9-1-12 莫菲兰法加氢产品产率(质量分数) (%)

产品名称	石家庄焦化厂	宝钢三期工程
纯 苯	99.9(最小)	98.9
硝化甲苯	99.9(最小)	99.3①
纯甲苯	99.9(最小)②	98.9
二甲苯③	99.9(最小)	105.0

① 中间产品再萃取蒸馏一次精制出的纯甲苯(产率 98.9%)；② 以硝化甲苯的一半为原料生产的纯甲苯；③ 二甲苯中包括乙苯。

9.1.5　苯类逸散物的控制

9.1.5.1　苯类逸散物的发生源及危害

苯类逸散物指苯、甲苯、二甲苯，尤其是沸点低于80℃的苯、二硫化碳等低沸点物质。其发生源是：

（1）输送设备和管道泄漏苯类的挥发气体；

（2）冷凝冷却设备排出的不凝性气体；

（3）各种苯类储槽“呼吸”时的排气；

（4）停工检修时的吹扫汽。

逸散大气中的苯类造成的主要危害是：苯类对人体中枢神经和血液毒性极强，是国家标准（GB 5044—85）确定的人体致癌物，属于极度危害毒物，国家标准（GB 16297—1996）规定的排放限值见表9-1-13。

表9-1-13　大气污染物排放限值（GB 16297—1996）

污染物		苯	甲苯	二甲苯
最高允许排放浓度 /mg · m^{-3}	现有污染源	17	60	90
	新污染源	12	40	70

另外，苯属甲类易燃液体，是易燃易爆危险性的释放源。

9.1.5.2　目前有效的控制措施

（1）对泵类等转动设备采用效果好的带有石墨质等密封环的机械密封，或采用屏蔽泵等无泄漏泵；

（2）储槽设供其“呼吸”用的呼吸阀（又称大气阀），或采用浮顶罐；

（3）设备储槽放散管的含苯排气应经过苯捕集器排放，或经压力平衡管等系统返回煤气鼓风机的吸煤气管道；

（4）苯加氢装置排出的含苯气体、不凝气体可混入加热炉煤气中烧掉。安全阀的排气一般送往火炬塔烧掉，或送往吸煤气管道。

9.1.6　生产安全

9.1.6.1　粗苯精制防火防爆及安全规定

A　油库防火间距

（1）苯类是甲类易燃液体，其油槽区（库）防火间距应符合国家标准《建筑设计防火规范》（GB J16—87）和《石油化工企业设计防火规范》的有关规定。

（2）甲、乙、丙类液体储罐（区）或堆场与明火或散发火花的地点的防火间距不应小于表9-1-14的规定。

表9-1-14　液体储罐（区）或堆场与明火防火间距

项目		与明火或散发火花地点的距离/m
地上甲、乙类液体固定顶储罐（区）或堆场	1 m^3 ≤ V < 50 m^3 或卧式罐	25
	50 m^3 ≤ V < 200 m^3	25
	200 m^3 ≤ V < 500 m^3	25
	500 m^3 ≤ V < 1000 m^3	30
	1000 m^3 ≤ V < 5000 m^3	35

续表 9-1-14

项　目		与明火或散发火花地点的距离/m
地上浮顶及丙类可燃液体固定顶罐(区)或堆场	5 $m^3 \leqslant V < 250\ m^3$ 或卧式罐	15
	250 $m^3 \leqslant V < 500\ m^3$	15
	500 $m^3 \leqslant V < 1000\ m^3$	20
	1000 $m^3 \leqslant V < 5000\ m^3$	25
	5000 $m^3 \leqslant V < 25000\ m^3$	30

注:摘自《钢铁冶金企业设计防火规范》(GB 50414—2007)。

B　防静电灾害

(1) 粗苯精制的建筑物及生产装置必须采取防止直接或感应雷击的措施;

(2) 苯类管道、设备、到厂区作业的油槽车、装卸台及相关铁轨等必须静电接地;

(3) 苯储槽内应有插入的苯导管;

(4) 监测系统的接地电阻一般情况下应小于 100 Ω。

C　安全规定

《钢铁冶金企业设计防火规范》(GB 50414—2007)中与粗苯精制有关的安全规定如下:

(1) 工艺装置、泵类及槽罐等宜露天布置,或布置在敞开、半敞开的建(构)筑物内;

(2) 甲、乙类火灾危险生产场所的设备和管道应采用不燃或难燃的保温材料保温,同时应有防止可燃液体渗入保温层的措施;

(3) 进入甲类液体槽罐区内作业的机车宜采用安全型内燃机车,如采用普通蒸汽机车,必须采取相应的安全措施;

(4) 储存甲、乙类液体的固定顶式储槽,其槽顶排气口与呼吸阀或放散管之间应设置阻火器;

(5) 露天布置的苯类储槽宜设淋水冷却装置或隔热设施;

(6) 初馏分储槽应布置在油槽(库)区的边缘,其四周应设防火堤,堤内地面及堤脚应做防水层;

(7) 对于易燃易爆及有毒的化验室宜设机械通风装置。

9.1.6.2　粗苯精制危险区域划分

粗苯精制爆炸性气体环境及火灾危险环境的区域划分按国家标准(GB 50058—1992)《爆炸和火灾危险环境电力装置设计规范》。

9.1.6.3　粗苯精制生产、使用的毒物

职业性接触毒物危害程度分级依据国家标准(GB 5044—85)。粗苯精制涉及毒物对人的伤害见表 9-1-15。

表 9-1-15　粗苯精制生产、使用的毒物

级　别	危害程度	毒物名称	中毒程度①	主要病症举例①
1 级	极度	苯	慢性	再生不良性贫血、白血病
2 级	高度	一氧化碳	急性、慢性	神经系统障碍
2 级	高度	硫化氢		
3 级	中度	甲苯	慢性	强烈刺激皮肤、黏膜、中枢神经
3 级	中度	二甲苯	慢性	强烈刺激皮肤、黏膜、中枢神经
3 级	中度	硫酸	局部急、慢性	灼伤、失明

续表 9-1-15

级　别	危害程度	毒物名称	中毒程度①	主要病症举例①
3 级	中度	苯乙烯		
4 级	轻度	氢氧化钠	局部急性	灼伤、视力下降或失明

① 依据为“宝钢化学药剂使用与管理操作规程”（日本提供）。

9.2 粗苯精制发展趋势

9.2.1 酸洗法粗苯精制曾是粗苯精制方法之一

酸洗法粗苯精制是轻苯经浓硫酸洗涤除去杂质，再经精馏得到苯类产品的过程。该法投资少、设备简单、试剂（硫酸）便宜易得，20 世纪 80 年代前曾是我国唯一一种粗苯净化方法。但由于该法净化效果差，制取的苯产品含硫（噻吩）较高（200 ~400 mg/kg），含有相当多的非芳烃（结晶点 4.9 ~5.2℃）等，满足不了基本有机合成的要求，工艺过程中产生的酸焦油等“三废”严重污染环境，苯族烃损失大，因此，近些年我国产业政策明令淘汰此工艺。如 2008 年 12 月，国家工业与信息化部公布 2008 年修订的《焦化行业准入条件》中就提出“已有的酸洗法粗（轻）苯精制装置应逐步淘汰”。

9.2.2 粗苯加氢精制是世界普遍采用的精制工艺

轻苯加氢精制是 1924 年联邦德国巴登苯胺苏打公司研究成功的，从 1950 年开始，在格尔森实现工业生产，到 1960 年联邦德国已经全部实现加氢精制轻苯。此期间，日本已有 60% 的粗苯采用加氢精制。其他国家如英国、美国、比利时、澳大利亚、捷克斯洛伐克、西班牙和南非也相继采用。

20 世纪 80 年代以来，就苯加氢向我国进行技术报价的外商有日本东洋工程公司（TEC）、法国斯佩西姆公司（SP）、瑞士恩科公司（ENCO）、德国克虏伯 · 考伯斯公司及日本新日化公司。

各公司提供的加氢精制技术概况见表 9-2-1。

表 9-2-1　苯加氢外商报价情况

加　氢						加氢油精制			
报价公司	原料	加氢方法	描述	技术拥有	氢源	精制工艺	萃取溶剂	苯产品	技术拥有
TEC	轻苯	LITOL 法	高温加氢脱烷基	（美）胡德利（HOUDRY）	反应气体 PSA①	简单蒸馏		高纯苯	（美）HOUDRY
SP	轻苯	LITOL 法	高温加氢脱烷基	（美）胡德利（HOUDRY）	反应气体 PSA	简单蒸馏		高纯苯	（美）HOUDRY
ENCO	轻苯		低温加氢	（美）HRI	煤气等 PSA	液—液萃取萃取蒸馏	环丁砜	高纯苯等三种苯	（美）HR1
SP	轻苯		低温加氢	（美）HRI	煤气等 PSA	液—液萃取萃取蒸馏	环丁砜	高纯苯等三种苯	（美）HR1
KK	粗苯	莫菲兰法	低温加氢	（德）BASF/VEBA	焦炉煤气 PSA	萃取蒸馏	N-甲酰吗啉	高纯苯等三种苯	（德）KK
ENCO	轻苯	HAD 法	高温裂解①加氢脱烷基	（美）HR1	反应气体 PSA	简单蒸馏		纯苯	（美）HRI
新日化	粗苯	UOP 法	低温中压加氢	（美）环球石油产品公司	煤气 PSA	液—液萃取萃取蒸馏	环丁砜	高纯苯等三种苯	（美）环球

注：无催化剂加氢。

① 变压吸附制氢。

9.2.3 我国苯加氢发展趋势

我国早在20世纪中期便开始苯加氢工艺技术研究。20世纪70年代,鞍山焦化耐火材料设计院(ACRE)与北焦共同设计建成25000 t/a粗苯中温加氢装置(因故未正式投产运行)。1986年,宝钢引进投产64000 t/a粗苯高温加氢装置(实际是54000 t/a轻苯加氢)。从此,中国结束了焦化粗(轻)苯没有加氢精制的落后状况。2008年12月,国家工业与信息化部公布2008年修订的"焦化行业准入条件"提出"新建的粗(轻)苯精制装置应采用苯加氢等先进生产工艺,单套装置要达到5万t/a及以上"。

9.2.4 粗(轻)苯催化加氢精制的实质及工艺分类

粗(轻)苯催化加氢精制工艺实质上包括:(1)催化加氢净化,除去(粗)轻苯中各种杂质;(2)精馏得到苯类产品。

粗(轻)苯加氢精制工艺由于反应温度的不同有高温加氢、中温加氢和低温加氢三种。由于三种加氢净化工艺不尽相同,加氢油精制也各不相同。

(1)高温加氢反应温度为600~650℃,使用$Cr_2O_3-Al_2O_3$系催化剂。主要进行脱硫、脱氮、脱氧、加氢裂解和脱烷基等反应。裂解和脱烷基所生成的烷烃大多为C_1、C_2及C_4等低分子烷烃,因而在加氢油中沸点接近芳烃的非芳烃含量很少,仅0.4%左右,故采用简单精馏处理加氢油便可得到纯度99.9%的纯苯特号。由于加氢脱烷基,在不改变工艺条件情况下只能生产纯苯,纯苯产品对原料中的苯产率大于100%(约120%)。氢耗高,例如宝钢5.4万t/a轻苯LITOL加氢装置,耗氢量几乎是莫菲兰法的3倍,但可用反应气体制氢。

(2)中温加氢反应温度为500~550℃,使用$Cr_2O_3-MoO_2-Al_2O_3$系催化剂。由于反应温度比高温加氢约低100℃,脱烷基反应和芳烃加氢裂解反应弱,因此与高温加氢相比,苯的产率低,苯残油量多,气体量和气体中低分子烃含量低。在加氢油的精制中,提取苯之后的残油可再精馏提取甲苯等产品。例如原北京炼焦化学厂的2.5万t/a粗苯加氢装置,需外来氢气源。

(3)低温加氢反应温度为350~380℃,使用$CoO-MoO_2-Fe_2O_3$系催化剂。主要进行脱硫、脱氮、脱氧和加氢饱和反应。由于低温加氢反应不够强烈,裂解反应很弱,所以加氢油中含有较多的饱和烃。故需要采用萃取精馏等方法才能获得高纯度芳烃产品。例如石家庄焦化厂5万t/a粗苯莫菲兰法加氢装置,其投资和能源消耗与LITOL法相当,需用外来氢气源(如焦炉煤气)。

9.3 粗(轻)苯加氢机理和基本化学反应

在粗(轻)苯加氢精制过程中,希望发生的正反应是加氢饱和、脱硫、脱氧、脱氮及芳构化反应;不希望发生的副反应是芳烃加氢和缩合反应;根据需要可加以发展或抑制的是加氢裂解和脱烷基反应。

高温(LITOL法)催化加氢主要完成加氢饱和反应、脱硫脱氧和脱氮反应、加氢裂解反应及脱烷基反应。

低温(K-K法)催化加氢主要完成加氢饱和反应、脱硫脱氧和脱氮反应。

概括起来,催化加氢有如下化学反应。

9.3.1　加氢脱硫

加氢脱硫是加氢主要反应之一，有代表性的加氢脱硫反应如下：

$$C_4H_4S\text{（噻吩）} + 4H_2 \longrightarrow C_4H_{10}\text{（丁烷）} + H_2S\text{（硫化氢）}$$

$$CS_2\text{（二硫化碳）} + 4H_2 \longrightarrow CH_4\text{（甲烷）} + 2H_2S\text{（硫化氢）}$$

$$C_4H_9SH\text{（硫醇）} + H_2 \longrightarrow C_4H_{10}\text{（丁烷）} + H_2S\text{（硫化氢）}$$

轻苯中的硫化物主要是噻吩及其同系物，噻吩类总含量约1%，噻吩等有机硫化物氢解的难易程度取决于其分子结构，噻吩比硫醚、CS_2 和硫醇氢解难，其氢解的深度随升高温度而加深。如莫菲兰法是在主反应器完成噻吩氢解反应，LITOL 法在第1 LITOL 反应器完成氢解。

提高压力也是噻吩氢解的一个有效因素。如在压力6 MPa 左右的 LITOL 加氢主反应器，几乎能使噻吩完全氢解，能得到噻吩含量小于0.3 mg/kg 的苯产品。

其他有机硫化物如 CS_2、硫醇等分别在主反应器和预反应器有一定量的氢化分解。低温加氢的 CS_2 主要在预反应器完成。

9.3.2　加氢脱氮和脱氧

$$C_5H_5N\text{（吡啶）} + 5H_2 \longrightarrow CH_3(CH_2)_3CH_3\text{（戊烷）} + NH_3$$

$$C_6H_5OH\text{（酚）} + H_2 \longrightarrow C_6H_6\text{（苯）} + H_2O$$

研究证明，新生成的含氧化合物，特别是氮的氧化物，是聚合过程（催化剂结焦）有效的引发剂。

9.3.3　不饱和烃的脱氢或加氢

在粗（轻）苯中，不饱和烃多以不饱和芳烃、烯烃和环烯形式存在。其中占轻苯含量约2%的苯乙烯及其同系物，其热稳定性差，易进行热聚合反应而生成高分子聚合物，不仅堵塞设备、管道，还会附着在加氢催化剂的表面而减低活性。不饱和烃一般在加氢预反应器通过选择性加氢被脱除，反应式为：

$$C_6H_5 \cdot CH = CH_2\text{（苯乙烯）} + H_2 \longrightarrow C_6H_5 \cdot CH_2CH_3\text{（乙基苯）}$$

同时，在加氢预反应器也伴随着一些脱硫反应，如莫菲兰法就完成 CS_2 的脱除。二烯烃的脱除也是在预反应器完成的（如环戊二烯）。

其他烯烃、环烯烃和不饱和烃类，在加氢主反应器完成脱氢或加氢反应被脱除，举例如下：

$$C_6H_8\text{（环已二烯）} \longrightarrow C_6H_6\text{（苯）} + H_2$$

$$C_6H_{10}\text{（环已烯）} \longrightarrow C_6H_6\text{（苯）} + 2H_2$$

$$C_9H_8\text{（茚）} + H_2 \longrightarrow C_9H_{10}\text{（茚满）}$$

$$CH_3(CH_2)_4CH = CH_2\text{（庚烯）} + H_2 \longrightarrow C_7H_{16}\text{（庚烷）}$$

9.3.4　饱和烃加氢裂解

轻苯中的饱和烃主要是直链烷烃和环烷烃等，这些杂质用普通精馏分离是很困难的。催化加氢裂解是 LITOL 加氢特有的加氢反应，使饱和烃转化为低碳分子的饱和烷烃而被脱

除,脱除比例可通过调节反应温度得到控制。有代表性的反应为:

$$H_3C\underset{|}{\underset{CH_3}{C}}HCH_2\underset{|}{\underset{CH_3}{C}}HCH_3(2,4-二甲基戊烷)+H_2\longrightarrow C_3H_8(丙烷)+C_4H_{10}(丁烷)$$

$$C_6H_{12}(环己烷)+3H_2\longrightarrow 3C_2H_6(乙烷)$$

$$C_6H_{12}(环己烷)+2H_2\longrightarrow 2C_3H_8(丙烷)$$

$$C_7H_{16}(庚烷)+2H_2\longrightarrow C_3H_8(丙烷)+2C_2H_6(乙烷)$$

小于 C_4 的链烷烃加氢也是分步进行,最终多生成 CH_4:

$$C_4\longrightarrow C_3\longrightarrow C_2\longrightarrow CH_4$$

另外,氢裂解反应是第1 LITOL反应器中的主要反应,其尚未反应的非芳香烃类的氢裂解在第2 LITOL反应器中完成。由于这种反应在LITOL加氢的条件下很容易进行,轻苯中非芳香烃化合物几乎全部被裂解分离出去,所以,它是提高苯产品纯度的重要反应。氢气主要消耗在这类反应中,转化1 mol烷烃和环烷烃需要1~5 mol氢气。

加氢裂解又是放热反应,由它造成的温升占第1 LITOL反应器总温升的一半。

9.3.5 环烷烃的脱氢

饱和烃的加氢裂解消耗了相当数量的氢气,但是在一定程度上又可以由LITOL催化剂的脱氢性能得到补偿,大约可有50%的环烷烃由于脱氢而生成芳香烃和氢气,反应式为:

$$C_6H_{12}(环己烷)\longrightarrow C_6H_6(苯)+3H_2$$

$$C_{10}H_{12}(1,2,3,4-四氢化萘)\longrightarrow C_{10}H_8(萘)+2H_2$$

$$C_6H_5CH_2CH_2CH_3(丙苯)+H_2\longrightarrow C_6H_6(苯)+CH_3CH_2CH_3(丙烷)$$

事实上,脱氢反应和加氢是同时发生的。

9.3.6 加氢脱烷基

LITOL加氢催化剂所具有的加氢脱烷基性能可将苯的同系物(烷基苯)转化为苯,其典型化学反应为:

$$C_6H_5R(芳香烃)+H_2\longrightarrow C_6H_6(苯)+RH(链烷烃)$$

式中,R代表烷基。

具体的加氢脱烷基反应为:

$$C_6H_5CH_3(甲苯)+H_2\longrightarrow C_6H_6(苯)+CH_4(甲烷)$$

$$C_6H_4(CH_3)_2(二甲苯)+H_2\longrightarrow C_6H_5CH_3(甲苯)+CH_4(甲烷)$$

在预反应器中由不饱和烃类加氢生成的饱和烃类,在LITOL反应过程中又进一步被脱除烷基而生成苯类。如苯乙烯转化成的乙基苯脱烷基反应为:

$$2C_6H_5CH_2CH_3(乙基苯)+H_2\longrightarrow 2C_6H_6(苯)+2C_2H_6(乙烷)$$

在LITOL反应器中,如果烷基是 C_2 以上的,则加氢脱烷基反应是分步进行的:

$$C_9\longrightarrow C_8\longrightarrow C_7\longrightarrow C_6(苯)$$

在LITOL反应中被加氢饱和的环烯烃类,如茚满加氢脱烷基反应为:

$$C_9H_{10}(茚满)+H_2\longrightarrow C_6H_5(CH_2)_2CH_3(丙苯)$$

加氢脱烷基反应是加氢的主体反应,有一部分是在第1 LITOL反应器中进行,大部分是在第2 LITOL反应器中完成。加氢脱烷基反应是放热反应,也是等摩尔反应。脱烷基的反应程度可通过改变操作条件，也就是改变催化剂层的反应温度和时间的关系而得到调节。

9.3.7　芳香烃的氢化及联苯生成

这些副反应均是催化剂非选择性反应。由于芳香烃轻微程度的氢化反应，使加氢产品中混有微量环烷烃，从而降低了产品的纯度。反应式为：

$$C_6H_6(\text{苯})+3H_2 \longrightarrow C_6H_{12}(\text{环己烷})+2H_2 \longrightarrow 2C_3H_8(\text{丙烷})$$

联苯的生成是加氢过程中苯缩合的结果，是苯损失的原因。其反应式为：

$$2C_6H_6(\text{苯}) \longrightarrow C_6H_5C_6H_5(\text{联苯})+H_2$$

这两类非选择性反应是可逆反应，在一定的条件下就达到平衡，有1%左右的苯由于发生这种反应而损失掉。因此，苯、甲苯和二甲苯总收率不会大于100%，一般在98%～100%范围内，当过程建立起新的循环平衡后，产品就不会再因此而损失。

9.4　加氢用的催化剂

9.4.1　催化剂组成

粗苯加氢用的催化剂由主催化剂、助催化剂和载体组成。

（1）主催化剂要求具有一定破坏C—S键的能力；对双烯键有选择性加氢饱和的能力；能尽量减少脱氢和聚合反应；具有抵抗有机硫化物、硫化氢、有机氮化物、金属钒和镍离子毒性的能力；具有抑制游离碳生成的能力。主催化剂（即活性组分）主要是元素周期表第Ⅷ族和第Ⅵ_B族过渡元素，如铬、钼、钴、镍、钨、铂和钯等。选用钼—镍、镍—钴双金属体系搭配使用，对脱噻吩的硫显示出最大的活性。

（2）助催化剂有金属和金属氧化物之分。常用的钴—钼—铝系催化剂中的钴即为助催化剂，它虽然没有或只有很低的催化作用，但起到提高或控制活性组分催化能力的作用。

（3）载体一般使用经成形、干燥和活化处理后的γ型氧化铝，是活性组分和助催化剂的支撑物和分散剂。载体应该具有足够的机械强度，能承受热冲击，有一定的孔体积和比表面积，能与活性组分生成化合物或固熔体。

9.4.2　LITOL反应催化剂的特性

（1）选择性比热裂解法加氢催化剂高0.5%～1%（摩尔分数），使相对氢耗小。

（2）运转温度低，联苯生成少，苯损失小。

（3）用物理方法与苯分离很困难的噻吩等硫化物，在该催化剂作用下可得到清除，因此，不需用很复杂的精馏就能从加氢油中得到低硫苯。

（4）不易生成酸焦油状物质，对加氢系统污染和堵塞的可能性小。长期运转后，催化剂表面上逐渐产生的结焦物质可通过简单地再生而恢复其活性。再生次数相比较少。

（5）强度高，寿命长，最低可使用5年。

9.4.3　加氢催化剂

典型的轻苯加氢精制用催化剂的性质见表9-4-1。

表 9-4-1 几种轻苯加氢用催化剂的性质

牌 号	M8－30①	M8－10①	—①	M－116②
组 成	MoO_3 15%	MoO_3 13.5%	Cr_2O_3 18%～20%	Cr_2O_3
	γ－Al_2O_3	CoO 5%	Al_2O_3	MoO_3
		γ－Al_2O_3		Na_2O
		(SiO_2 2%)	(碱金属 0.2%)	Al_2O_3
形 状	片状,条状	片状,条状	条状	片状,条状
堆密度/$g \cdot cm^{-3}$	0.7	0.68		
比表面积/$m^2 \cdot g^{-1}$		220	50	200～250
使用温度/℃	300～400	200～400	600～630	500～550

① 联邦德国巴登苯胺苏打厂生产;② 中国科学院山西煤化学研究所研制。

国内加氢净化催化剂应用举例见表 9-4-2。

表 9-4-2 加氢净化催化剂应用

应用的厂家	石家庄焦化厂①		宝钢化工公司②	
研制厂家	德国 BASF		美国 APCL 胡德利	
牌 号	M8－21	M8－12	Houdry	Houdry
充填的反应器	(预)D－101⑤	(主)D－102⑤	(预)R－1101⑤	(主)R－1102－3⑤
催化剂	NiO－$MoO_3$③	CoO－$MoO_3$④	CoO－MoO_3	Cr_2O_3
载体(担体)	Al_2O_3	γ－Al_2O_3	Al_2O_3	Al_2O_3
外形	压制颗粒	压制颗粒	青莲紫小圆柱	灰绿小圆柱
平均堆密度/$g \cdot cm^{-3}$	0.66	0.67	0.529	0.929
内表面积/$m^2 \cdot g^{-1}$	约 200	约 200		
气孔率/$cm^3 \cdot g^{-1}$	约 0.6	约 0.6		
磨损耗率(质量分数)/%	1	1		
使用寿命/a	≥5	≥5	4	5
首次填充量/m^3	4.5	11	1.93	10(R－1102)⑤ 12.02(R－1103)⑤

① 莫菲兰法加氢;② LITOL 法加氢;③ 含量(质量分数):NiO4%;$MoO_3$15%;④ 含量(质量分数):CoO4%,MoO_3 15.5%,以γ－Al_2O_3 为载体灼烧 600℃,失重约 2% 左右;⑤ D－101、D－102、R－1101、R－1102、R－1103 均为设备编号。

9.5 催化加氢用氢气

9.5.1 补充氢的定义

在粗(轻)苯加氢精制中,为保持加氢精制系统内的氢分压(氢平衡),必须不断地补充因发生加氢反应消耗的氢和尾气排放、油品带走而损失的氢,称为加氢补给氢。

9.5.2 对补充氢的质量要求

因补给氢要不断地加入加氢系统中,除对其有温度、压力及流量的要求(不同加氢工艺有不同要求)外,对补给氢的组成要求见表 9-5-1。

表 9-5-1 对补给氢的质量要求

项 目	莫菲兰加氢精制①	LITOL 加氢精制②
H_2(体积分数)/%	≥99.9	99.9
CH_4/$mg \cdot kg^{-1}$	≤1	

续表 9-5-1

项　目	莫菲兰加氢精制①	LITOL 加氢精制②
$N_2/mg \cdot kg^{-1}$	≤1000	
$CO/mg \cdot kg^{-1}$	≤1	≤100③
$CO_2/mg \cdot kg^{-1}$	≤1	
全硫/$mg \cdot kg^{-1}$	≤1	
$O_2/mg \cdot kg^{-1}$	无	
$Cl/mg \cdot kg^{-1}$	无	

① 宝钢化工公司三期工程；② 宝钢化工公司一期工程；③ CO 与 CO_2 之和不超过 100 mg/kg。

9.5.3 不同来源的粗氢组成

过去氢的来源主要是烃类蒸气转化及水的电解。随着工业发展，由氨裂解、甲醇蒸气转化和从各种工业排气中回收的氢也成为重要的氢气来源。不同来源的粗氢组成见表 9-5-2。

表 9-5-2 粗氢组成

序　号	原料氢来源	含氢量(质量分数)/%	所含杂质成分
1	烃类蒸气转化	70～75	CO、CO_2、CH_4、Ar、N_2、H_2O
2	烃类转化①	80～90	CO、CO_2、CH_4、Ar、N_2、H_2O
3	水电解②	98～99.8	O_2、H_2O、N_2
4	氨分解②	75	NH_3、N_2、H_2O
5	甲醇转化②	75	CO_2、CO、N_2、CH_3OH、H_2O
6	氨厂释放气	60～75	CH_4、NH_3、N_2、Ar
7	甲醇厂释放气	60～70	CH_4、CO、CO_2、N_2、CH_3OH
8	排放气③	30～99	CO、CO_2、CH_4、C_2～C_6、H_2O

① 包括 CO 变换；② 适合需要纯氢的中、小用户，就近自产氢；③ 包括乙烯、制氯丁二烯等尾气。

在考虑释放气、工艺排气综合利用时，开展从尾气回收氢，因地制宜地加以利用或作商品氢。这是既合理使用资源，又增加经济效益的有效途径。

9.5.4 粗氢的纯化方法

目前采用的方法有：

(1) 深冷分离法。又称低温法，是传统成熟的工艺，被普遍采用。由于膜分离和 PSA 的快速发展，低温法有被逐渐取代的趋势。

(2) 膜分离法。国外已实现工业化，制氢气能力达几万立方米。以建设周期短、投资和操作费用低、操作简单可靠、50% 弹性能力、进料适应性高、寿命至少 5 年等优点，在工业领域迅速发展。国内尚处于开发应用的初始阶段。

(3) 变压吸附(PSA)分离法。国外已达到 10～11 万 m^3/h 的生产能力。国内已实现中小型装置工业化。以适应性强、经济性好、操作维修简便、可实现全部自动化等一系列优点，推广很快，尤其是分离焦炉煤气中的氢。

(4) 金属氢化物法。

低温法、膜分离法和 PSA 法的定性对比见表 9-5-3。

表 9-5-3 几种纯化方法比较

指 标	低温法	膜分离法	PSA 法
产品氢纯度/%	97.5	92~98①	99.9~99.999
回收率/%	90~96	85~95①	60~86
投 资	大	小	较小
操作费	高	中	低
氢相对成本	1.06	1.09	1.00

① 石油化工厂及炼油厂含氢释放气中回收氢。

9.5.5 加氢反应气体的转化法制氢

加氢反应气体的转化法制氢是以分离的加氢反应气体为原料气，经水蒸气重整和变换，使其中的甲烷和一氧化碳转化为氢气的过程。主要包括原料气预处理、水蒸气重整和一氧化碳转换三个过程，其工艺流程如图 9-5-1 所示。

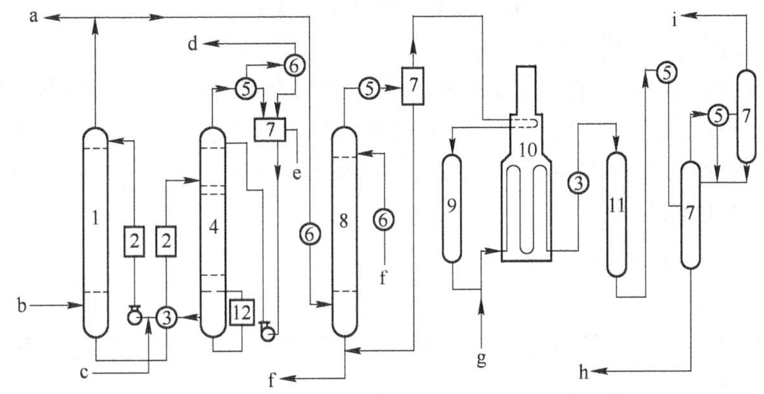

图 9-5-1 转化制氢工艺流程

a—去加氢系统循环气体；b—原料气；c—单乙醇胺；d—硫化氢；e—分离器；f—苯残油；g—过热水蒸气；h—分离水；i—去变压吸附分离系统

1—脱硫塔；2—过滤器；3—换热器；4—解吸塔；5—凝缩器；6—冷却器；7—分离器；8—吸苯塔；9—脱硫反应器；10—改质炉；11—转换反应器；12—重沸器

9.5.5.1 原料气的组成

该原料气是高温加氢的高压分离器分离的反应气体的一小部分（占反应气体总量约 10%），其中 CH_4 约 50%、苯小于 10%、H_2S 小于 1%（见表 9-5-4）。可用水蒸气重整法转换制氢。

表 9-5-4 高温加氢分离的反应气体组成

组 分	化合物	相对分子质量	流量/$kg \cdot h^{-1}$	比例(质量分数)/%
氢	H_2	2.02	1007.5	13.9
C_1	CH_4	16.04	3632.9	49.9
C_2	C_2H_6	30.07	1631.8	22.4
C_3	C_3Hg	44.09	221.8	3.0
C_4	C_4H_{10}	58.12	41.2	0.6
$>C_5$			0.9	
苯	C_6H_6	78.11	676.6	9.3
甲 苯	C_7H_8	92.13	20.5	0.3
氨	NH_3	17.02	7.7	0.1
硫化氢	H_2S	34.06	43.6	0.6
合 计			7284.5	100

9.5.5.2 原料气预处理净化

预处理包括单乙醇胺(MEA)湿法脱硫、苯脱除和氧化锌(ZnO)干塔脱硫三部分。

A 单乙醇胺湿法脱 H_2S 和氧化锌干塔脱 H_2S

原料气中的硫化氢易使重整和转换过程的催化剂中毒,并且腐蚀设备,需先予以脱除。单乙醇胺法是用单乙醇胺作吸收剂,在高压低温条件下吸收原料气中的硫化氢,生成硫化乙醇胺。再在低压高温条件下,使硫化乙醇胺分解为硫化氢和单乙醇胺,吸收剂再生重复使用。其反应式为:

$$H_2S + 2NH_2C_2H_4OH \underset{\text{低压高温}}{\overset{\text{高压低温}}{\rightleftharpoons}} (NH_3C_2H_4OH)_2S$$

然后,再用氧化锌作脱硫剂,在380℃和2.1 MPa条件下,经脱硫反应器(甲苯洗净后,见图9-3-1)进行干法脱 H_2S,这样原料气中 H_2S 含量可降到1 mg/L以下。反应式为:

$$H_2S + ZnO \longrightarrow ZnS + H_2O$$

B 甲苯洗净脱除原料气中的苯

脱硫后的原料气中若含有苯也需脱除。因为苯在加热炉中会受热分解,导致炉管结焦堵塞。脱苯的方法是:用来自轻苯加氢精制过程的加氢油精制系统的苯残油作吸收剂(主要含甲苯),吸收原料气中的苯后,再返回加氢油精制系统(见图9-3-1)。原料气温度为35℃,纯苯残油温度约为44℃。

9.5.5.3 水蒸气重整和变换

A 水蒸气重整

在温度约800℃和2.1 MPa压力下,原料气中的甲烷和水蒸气在装有镍系催化剂的改质炉炉管中发生重整反应,吸热反应(见图9-3-1):

$$CH_4 + H_2O = CO + 3H_2$$

在进入转换反应器前,重整后的混合气的温度必须控制在露点以上,否则冷凝水会破坏转换反应用的催化剂。

B 一氧化碳变换

重整后的气体降温至360℃,在转换反应器中,经Fe-Cr系催化剂催化发生反应(见图9-3-1)为:

$$CO + H_2O = CO_2 + H_2$$

这样,轻苯催化加氢的反应生成气体(尾气)经水蒸气重整和转换反应后,其氢气的含量可以增加两倍多,烷烃、芳烃含量减少85%(见表9-5-5)。再经变压吸附法分离氢装置得到浓度大于99.99%的纯氢。

表9-5-5 轻苯加氢尾气经重整和转换后组成的变化

组　分	重整前/$kg \cdot h^{-1}$	重整前/%	重整后/$kg \cdot h^{-1}$	转换后/$kg \cdot h^{-1}$	转换后/%
H_2	72.4	1.8	219.1	232.8	5.9
C_1	259.1	6.5	61.4	61.4	1.6
C_2	115.1	2.9			
C_3	15.2	0.4			
C_4	2.6	0.07			
苯	0.7				

续表 9-5-5

组　分	重整前/kg·h^{-1}	重整前/%	重整后/kg·h^{-1}	转换后/kg·h^{-1}	转换后/%
甲苯	4.5	0.1			
CO			242.1	52.3	1.3
CO_2			570.9	869.1	21.9
H_2O	3490.5	88.1	2867.2	2745.1	69.3
总量	3960.7	100.0	3960.7	3960.7	100.0

9.5.5.4 改质炉

改质炉是甲烷气体重整制氢的核心设备,炉体共分对流段、屏蔽段和辐射段三部分。在辐射管里装有镍系催化剂,重整反应在这里完成,其热效率为45%。结构如图9-5-2所示。工艺参数见表9-5-6。

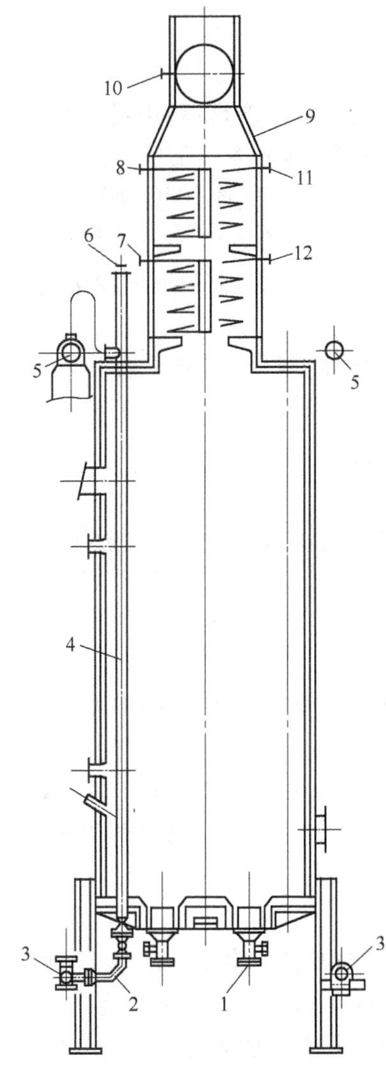

图9-5-2 改质炉

1—燃烧器;2—连接软管;3—分配环管;4—反应炉管;5—集气环管;6—热电偶插口;7—水蒸气入口;8—原料气体入口;9—烟囱;10—烟道翻板;11—原料气体出口;12—过热蒸汽出口

表 9-5-6　改质炉的工艺参数

项　　目		辐　射	屏　蔽	对　流
功　能		重　整	蒸汽过热	气体预热
流　体		反应气+蒸汽	蒸汽	反应气
压降(允许)/MPa		0.039	0.22	0.1
入口状态	温度/℃	400	225	10
	压力/MPa	2.13	2.35	2.25
出口状态	温度/℃	800	415	380
	压力/MPa	2.11	2.14	2.16
燃料低热值/kJ · m^{-3}		12561	12561	12561
燃料密度/kg · m^{-3}		0.77	0.77	0.77

9.5.6　变压吸附法分离氢气

9.5.6.1　基本原理

变压吸附(PSA)分离气体的基本原理是:利用吸附剂对不同气体在吸附量、吸附速度、吸附力等方面的差异,以及吸附剂的吸附容量随压力变化而变化的特性,对混合气体某些组分在压力条件下吸附、降压解析,以实现气体分离及吸附剂再生的目的。变压吸附法分离氢气就是利用上述原理,在吸附床层内从含氢气体中分离出氢气的过程。吸附是放热过程,解吸是吸热过程,但由于吸附剂的用量很少,单位时间内吸附热量可以忽略不计,故变压吸附法分离氢气可视为恒温过程。

很多吸附剂对氢的吸附能力很弱,氢分子体积又最小,因此,在吸附过程中,除氢之外的所有其他气体都能被吸附,唯独氢气几乎不被吸附,从而分离得到含氢 99.9% ~99.9999% 的纯氢。

9.5.6.2　PSA 分离氢工艺

A　工艺过程

变压吸附法分离制氢工艺包括吸附、均压、顺向放压、逆向放压、冲洗、升压和最终升压等环节。以上诸环节按顺序进行并反复循环。得到的氢气大部分作为产品,少量用于并联操作床层的最终充压。

B　确定吸附塔的数量

变压吸附法分离制氢的生产装置有三床式、四床式和多床式(6 ~12 床)。三床式、四床式装置的氢气产量为 55 ~14000 m^3/h。多床式装置的产量在 14000 m^3/h 以上。在选择时,应根据工作压力和处理的原料气量来定。除考虑工艺可靠外,还要兼顾因塔的数量、吸附剂、控制阀数量等造成一次投资的大小。如宝钢的 2000 m^3/h 制氢能力的 PSA 装置,确定为 5 个塔配置: 2 个塔吸附,3 个塔再生。

C　装置特点

变压吸附法分离制氢装置结构简单、能耗低,制取 1 m^3 氢气仅耗电 0.4 kW。而电解水制氢则需耗电 5.5 ~6 kW · h/m^3。这种装置在生产能力为 20% ~100% 范围内都能正常操作,工艺过程也容易实现自动化,且对环境无污染。

9.5.6.3　PSA 吸附剂

不同的含氢原料中,氢气含量、杂质组成和性质都不相同,所以应选择不同的吸附剂。常用的吸附剂有硅胶、活性炭、活性氧化铝和分子筛等。分子筛又分为沸石分子筛(ZMS)和碳分子筛(CMS)两大类。

吸附剂对不同气体的选择吸附特性可以用分离系数 δ 表示:

$$\delta = \frac{K_A + 1}{K_B + 1}$$

式中,K_A 和 K_B 分别为吸附剂对组分 A 和 B 的吸附系数。吸附剂对产品气体和杂质的分离系数不宜小于 2,并要具有良好的选择吸附性和脱附性,还需要有较高的机械强度和抵抗杂质毒化的能力。

9.5.6.4 变压吸附塔

变压吸附分离制氢常采用多种吸附剂分层放置的变压吸附塔(见图 9-5-3),各层吸附剂(图中分别以 A、B、C 表示)的配比由原料气的组成决定。原料气中某种杂质含量多,则相应的吸附剂的充填量就应该适当增加。原料气由塔底进入,经气体分配器在塔体断面上均匀分布,依次上升通过诸层吸附剂,由塔顶部逸出。在吸附剂最顶部放置一层瓷球,以防吸附剂被气体带出。

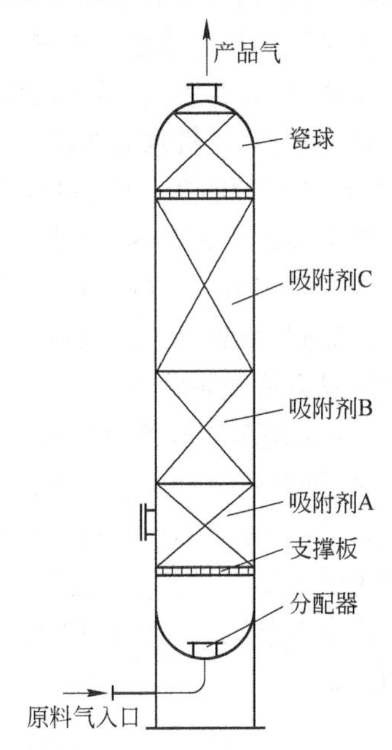

图 9-5-3 变压吸附塔结构示意图

9.5.6.5 焦炉煤气 PSA 制氢

作为 PSA 制氢原料气的焦炉煤气必须是经煤气净化车间除焦油、脱萘、脱硫、脱氰、脱氨和脱苯等回收净化处理的净煤气(参见本书第 8.1.2 节)。焦炉煤气制氢的流程示意图如图 9-5-4 所示。工艺设备要点为:

(1) 净煤气加压和中间冷却。焦化厂送至边界的净煤气压力一般为 0.06 MPa 左右,进入煤气储罐的压力约为 0.02 MPa 左右,这都不能满足 PSA 装置的压力要求(一般要 2MPa 左右)而需加压。煤气加压机必须选用无油压缩机,对相对分子质量较小的气体(如含氢量 56% 左右的焦炉煤气),从经济性出发不宜选用螺杆式压缩机。采用低温冷冻水进行中间冷却,以进一步分离煤气中残留的水和焦油、萘等组分,为预处理工艺创造条件。

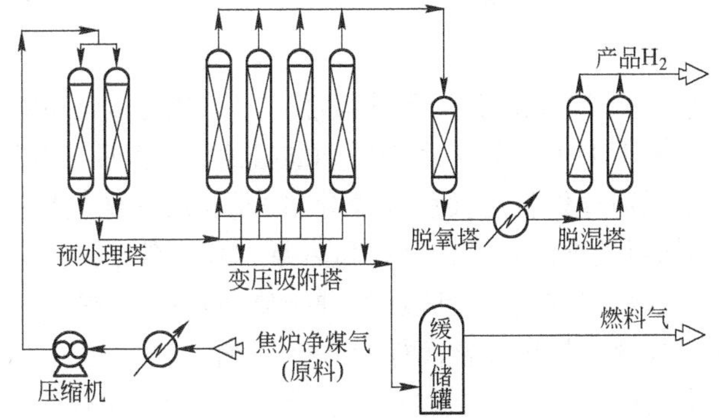

图 9-5-4 焦炉煤气变压吸附法分离氢流程示意图

(2) 净煤气的预处理。净煤气的预处理是 PSA 能正常运转的关键工艺。由于净焦炉煤气中尚含有少量硫化氢、氧、萘、烯烃、焦油雾和苯等杂质,会使 PSA 吸附剂失效,所以必须进行预吸附处理。一般由 2 个预吸附塔和 1 组控制阀组成,2 塔交替作业,1 塔吸附,1 塔再生。再生所需的气源是后续 PSA 逆放和冲洗步骤排出气体的一部分。再生过程产生的含有杂质的气体汇入 PSA 的尾气管道,输出装置界区。

(3) 粗氢气的脱氧、干燥。为确保纯氢的质量(苯加氢的补给氢质量参见表 9-3-5),还需进一步脱除残留的氧。在脱氧塔(器)中,氧通过催化(钯催化剂)与氢生成水而被清除。分离生成水的粗氢再经脱湿吸附塔(器)得到干燥的纯氢。脱湿塔一般设 2 台,1 塔吸附脱湿,1 塔再生交替作业。

9.5.6.6　宝钢焦炉煤气 PSA 制氢装置

宝钢焦炉煤气 PSA 制氢装置的产氢能力为 2000 m^3/h,由煤气压缩和中间冷却、预吸附、变压吸附、脱氧干燥等单元以及自控分检系统组成。

焦化厂生产的净焦炉煤气在煤气净化站经电捕焦油器、干塔脱硫等进行深度净化。压力约 0.02 MPa 的煤气,经无油螺杆喷水冷却的 COG 压缩机的两级加压及由 7℃左右冷冻水的中间冷却后,在气水分离罐中,煤气与残留水及焦油萘等组分再次得到分离。煤气进入由 2 个塔组成的预吸附装置,将剩余的杂质完全除去,从而达到 PSA 装置的工艺要求。

PSA 装置由 5 个各装 4 层吸附剂的吸附塔和 1 组自动控制阀组成,其程序由吸附和再生两个过程组成。吸附过程使不纯物沿着吸附气流方向按照水、碳氢化合物、CO、N_2 等顺序被选择吸附,得到高纯度的粗氢。再生过程经顺放、逆放、冲洗、顺升和均压等步骤使塔内吸附剂恢复到待吸附状态。

5 个吸附塔在程序阀控制下,2 个塔吸附,3 个塔再生,周而复始交替作业。当有 1 个塔故障时,则变更为 1 个塔吸附、3 个塔再生的 4 个塔作业模式,这样,只是吸附和再生周期变化,而产量和质量不受影响。由于预吸附和 PSA 不能脱除煤气中微量的氧,粗氢还得经过脱氧和脱湿干燥。最终,纯氢除制氢装置自用一部分外都压送储存到 2 个球罐。

该制氢装置还设置有在线检测粗氢和纯氢杂质含量的检测系统,以及保证安全运行的自控系统。

9.6　高温(LITOL 法)加氢净化及脱烷基工艺

9.6.1　LITOL 法工艺单元、技术特点及工艺流程

9.6.1.1　单元框图

苯加氢精制的起始原料为粗苯(包括焦油轻油),它首先经过预备蒸馏而得到轻苯,然后将轻苯通过预加氢处理和 LITOL 加氢处理而得到加氢油和加氢反应气体。加氢油经过精制即得到纯苯产品。加氢反应气体首先要脱除硫化氢,脱硫后的加氢反应气体大部分作为循环气体,加热后返回预加氢处理设备作为氢源和热源。另一部分加氢反应气体用甲苯洗净,再经重整和转化,最后经吸附精制,相继脱除各种杂质而被制成 99.9% 以上的纯氢,作为循环气体的补充氢。加氢净化装置单元框图如图 9-6-1 所示。

9.6.1.2　技术特点

LITOL 法加氢净化的主要技术特点为:

(1) 生产高纯度纯苯。其结晶点可达 5.5℃以上(保证值是 5.45℃),纯度为 99.9%。这种纯苯的硫含量极低,全硫含量不超过 1 mg/kg。

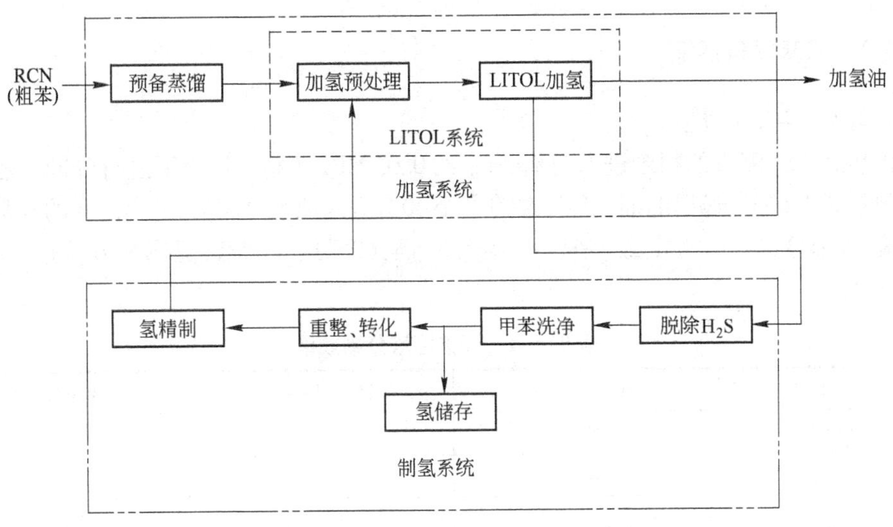

图9-6-1 LITOL加氢精制单元框图

(2) 能用反应气体制成高纯度氢气,做到加氢用氢完全自给,不用外来氢源。

(3) 催化剂在一定操作条件下,能选择性地将甲苯、二甲苯脱烷基,最后制成单一产品即纯苯,其收率(对粗苯原料中的苯量)大于100%(113%~120%)。

(4) 由于催化加氢完成得彻底,与苯沸点相近的组分均随加氢反应而被脱除,因此苯精制不需特殊蒸馏(如萃取蒸馏),而是只用一般的精馏法就可以。

9.6.1.3 工艺流程图

LITOL加氢工艺流程如图9-6-2所示。

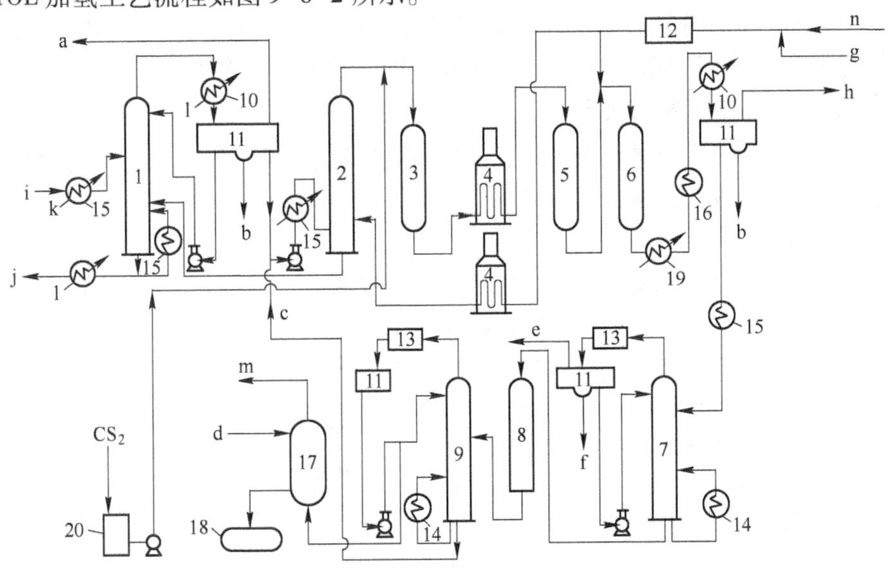

图9-6-2 轻苯高温加氢工艺流程

a—去真空系统;b—分离水;c—苯残油;d—NaOH溶液;e—不凝气体;f—去放空槽;g—循环氢气;h—去脱硫塔;i—粗苯;j—重苯;k—水蒸气;l—冷却水;m—纯苯;n—氢气
1—预蒸馏塔;2—蒸发器;3—预反应器;4—管式加热炉;5—第一反应器;6—第二反应器;7—稳定塔;8—白土塔;9—苯塔;10—冷凝冷却器;11—分离器;12—冷却器;13—凝缩器;14—重沸器;15—预热器;16—热交换器;17—碱洗槽;18—中和槽;19—蒸汽发生器;20—CS_2槽

9.6.2 粗苯预备蒸馏

9.6.2.1 工艺流程

经预热到90~95℃的粗苯进入两苯塔，在约0.03 MPa的绝对压力下进行分馏。塔顶蒸气温度控制不高于60℃，逸出的油气经冷凝冷却至40℃进入油水分离器，分离出水的轻苯小部分作为回流，大部分送入加氢装置。塔底重苯经冷却至60℃送往储槽（见图9-6-2）。分离效果见表9-6-1。

表9-6-1 预蒸馏塔分馏效果

项 目	粗苯（进料）	轻苯（塔顶）	重苯（塔底）
苯乙烯/%	100	93.6	6.4
C_9 高分子化合物/%	100	1.0	99.0
产率/%		84.7	14.8

9.6.2.2 负压操作的目的

（1）将有利于制苯的物质最大限度地集中在轻苯中。以 C_9 为代表的高分子化合物是生产古马隆树脂的原料，但却不利于加氢反应，若过多地进入LITOL加氢系统，会增加催化剂的负荷，引起催化剂表面结焦，加快降低催化剂的活性，缩短使用周期。因此，控制轻苯中高分子化合物的含量是关键环节，一般控制在0.15%以下。

（2）将不利于加氢反应的物质富集于重苯中。一般重苯（预备蒸馏塔塔底油）中，二甲苯含量控制在1.2%以下。

（3）将不饱和烃的热聚合控制到最小的程度。在确保得到高质量轻苯的同时，还应防止聚合物对塔板、重沸器的堵塞，这是确保预备蒸馏顺利进行的重要环节。

9.6.2.3 向系统注入阻聚剂

预备蒸馏系统除了进行减压蒸馏外，还必须在易发生热聚合的部位注入阻聚剂，以达到阻止或缓解系统中生成聚合物的显著效果。

A 阻聚剂的性质

宝钢苯加氢用的阻聚剂是日本进口的淡黄色碱性高分子液体，其性质见表9-6-2。

表9-6-2 阻聚剂的性质

项 目	指 标	项 目	指 标
相对密度（15.5℃）	0.92	流动点/℃	约2
密度/g·cm^{-3}	0.93	27℃黏度/Pa·s	0.0099
闪点（TCC）/℃	64	38℃黏度/Pa·s	0.0074
15.5℃黏度/Pa·s	0.0133		

阻聚剂在易产生聚合物的介质中，能阻止聚合物生成，从而可使热交换设备维持最大的传热效率。阻聚剂热稳定性好，操作温度可在538℃以上。阻聚剂可溶性好，易溶于芳烃或脂肪烃，在搅拌的条件下可分散于水中。阻聚剂无灰分，含氮小于3%，不含卤素和重金属，因此不会影响产品的纯度。

B 阻聚剂的注入

阻聚剂用于加氢工艺中,注入点是:

(1) 粗苯原料泵后和预备蒸馏原料预热器前的管道上。

(2) 蒸发器原料泵后和蒸发器原料预热器前的管道上。注入的阻聚剂最终随蒸发器残渣油排出,返回预备蒸馏塔。

阻聚剂的注入点,一般应选择在距注入对象较远一点的进料管道上,为了使阻聚剂与物料混合得均匀,最好将注入点选在送料泵的吸入管上(现注入点选择在泵压出管上,阻聚剂用定量泵压送)。

阻聚剂使用时,可以不稀释,如稀释的话,稀释水pH值最小为7.5。可用锅炉给水作稀释剂。

阻聚剂使用量一般在10~100 mg/kg范围内效果最佳,使用于高温介质中,其最小用量为25 mg/kg。生产中要根据温度、传热系数和压力等情况来变换注入量,直到效果满意为止。

9.6.2.4 预备蒸馏塔重沸器

为避免设备堵塞,重沸器系统应选择强制循环加热的降膜式竖型列管加热器(设1台备品)。必须满足下列要求:

(1) 加快传热接触面处的流速,以提高传热效率,减少被加热液体与传热面的接触时间。

(2) 在真空条件下,为提高传热系数K值,尽量使被加热液体处于沸腾状态,并保持较低的沸点温度。

根据上述要求,在粗苯预备蒸馏系统采用自然循环、热虹吸式的重沸器工艺是不适宜的。降膜式竖型列管加热器结构如图9-6-3所示。

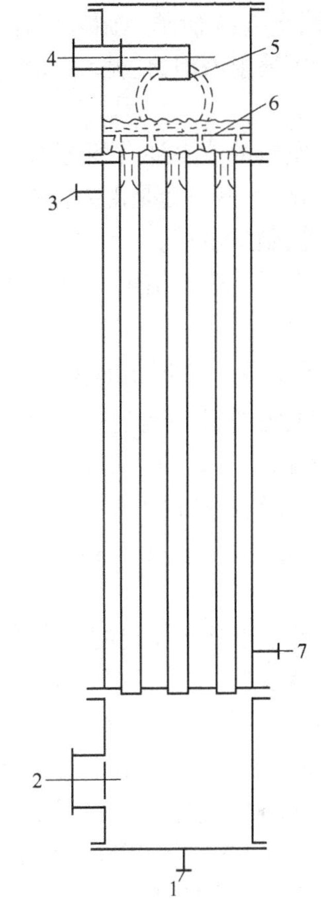

图9-6-3 重沸器结构

1—放空口;2—循环油出口;3—水蒸气入口;4—循环液入口管;5—缓冲板;6—分布板;7—冷凝水出口

9.6.3 轻苯加氢预处理

9.6.3.1 轻苯的加热汽化

轻苯的加热汽化在蒸发器内进行(参见图9-6-2)。

轻苯用高压泵送经预热器预热至120~150℃后进入蒸发器,液位控制在筒体的$\frac{1}{3}\sim\frac{1}{2}$高度。经过净化的、纯度约为80%的循环氢气与补充氢气混合后,约有一半进入管式炉,加热至约400℃后送入蒸发器底部喷雾器。

蒸发器内操作压力为5.8~5.9 MPa,操作温度约为232℃。在此条件下,轻苯在高温氢气保护下被汽化,也减少了热聚合。器底排出的残油量仅为轻苯质量的1%~3%,含聚合物10%以下,含苯类约65%,经筒式过滤器过滤后,返回预蒸馏塔。蒸发残油既可连续排又可以间断方式排出。

9.6.3.2　蒸发器的结构

蒸发器是钢制立式中空圆筒形设备，两端为球形封头，如图9-6-4所示。循环气体进入蒸发器底部并在轻苯液体中喷射鼓泡，使循环气体与轻苯充分接触换热、均匀混合。

蒸发器的液面计有两套系统，一套是玻璃板式液面计现场显示，另一套是由外浮筒式液面调节器得出信号，在仪表控制室显示。

蒸发器一般不结焦，一年检查一次，只需打开人孔进行观察。

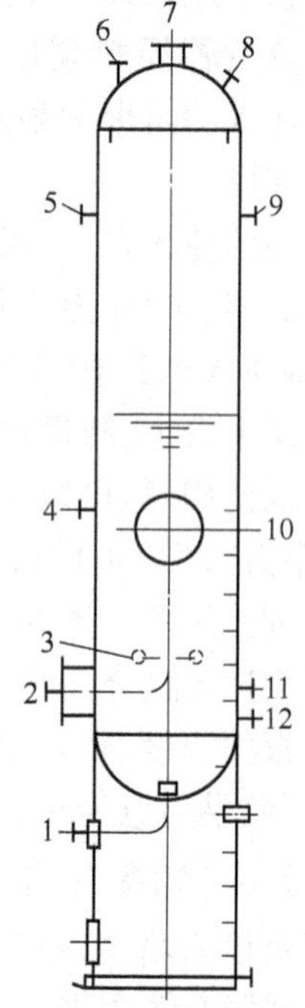

图9-6-4　蒸发器

1—蒸发残渣出口；2—循环气体入口；3—气体分布环管；4，5—液面指示调节器接口；6—安全阀接口；7—氢气—油混合气体出口；8—温度计插口；9，11—液面计接口；10—人孔；12—轻苯入口

9.6.3.3　轻苯预加氢

预加氢的目的是通过催化加氢脱除约占轻苯质量2%的苯乙烯及其同系物。因为这类不饱和化合物热稳定性差，在高温条件下易聚合，这不但能引起设备和管路的堵塞，还会使主反应器催化剂比表面积减少，活性下降。

由蒸发器顶部排出的芳烃蒸气和氢气的混合物进入预反应器，在此进行选择性加氢（参见图9-6-2）。预反应器为立式圆筒形，内填充 ϕ32 mm，$L/D=1.4$ 的圆柱形 $CoO-MoO_3/Al_2O_3$ 催化剂。在催化剂上部和下部均装有 ϕ6～20 mm 的瓷球，以使气源分布均匀。预反应器的操作压力为5.8～5.9 MPa，操作温度为200～250℃，温升不大于25℃。预反应器操作温度随原料油中苯乙烯含量的多少而有所变化。

9.6.3.4　溴价

轻苯加氢预处理的效果，可用加氢预处理前后的加氢物料（如烃苯）中的不饱和烃类的含量评价，分析上用溴价指标表示。

所谓溴价就是对100 g物料所能吸收溴（Br）的克数。通过溴价的变化可以调节预加氢的工艺指标。一般在进出预反应器的物料管上设置取样装置。出预反应器物料溴价控制在5 g/100 g左右。

9.6.3.5　反应器的空间速度

空间速度又称空速（h^{-1}），用以表示反应器内催化剂的体积（m^3）和物料供给体积流量（m^3/h）之间的关系。

$$\text{反应器空速}=\frac{\text{一定条件下单位时间物料的体积流量}}{\text{反应器内催化剂体积}}$$

空速一般用 SV 表示。一定条件是指压力为101325 Pa（1标准大气压），气体温度为0℃，液体温度为15℃的情况。

加氢预反应器内的循环气体和物料的流量是基本稳定的,*SV* 一般变化不大,但空速不能选择得过低,否则会引起烃类在加氢过程中分解加剧。

9.6.4 LITOL法加氢

9.6.4.1 工艺过程

预加氢后的油气经加热炉加热至600~650℃进入第1 LITOL反应器,完成加氢裂解、部分加氢脱烷基和加氢脱硫等反应,从反应器底排出的油气温升约17℃,注入适量的冷氢气(约60℃)急冷后进入第2 LITOL反应器完成加氢脱烷基和部分加氢裂解等尚未完成的加氢反应。由第2LITOL反应器排出的高温油气经蒸汽发生器、重沸器等回收余热,并注水、冷凝冷却后,在高、低压分离器进行分离。加氢油去提取纯苯;含 H_2、低分子烃类的反应生成气体进行脱硫后,约90%作为循环气体返回加氢系统;约10%作为转换制氢的原料气(参见图9-6-2)。

9.6.4.2 注水工艺

轻苯中含有氮化合物,在LITOL加氢过程中,生成了 NH_3,又与原料中的 Cl^- 反应生成 NH_4Cl 等盐类,在低温条件下(200~300℃)析出结晶堵塞换热设备及管道,因此,必须向设备(管道)中注水溶解有害的铵盐。

注入的洗涤水最终流入高压分离器,然后从水分离器排出,送入 H_2S 放散塔凝液槽。

9.6.4.3 H_2/A比

所谓 H_2/A比,是指第2 LITOL反应器出口碳氢化合物的 H_2 含量与芳香烃含量的比值。如果知道了LITOL反应器的碳氢化合物供给量、循环气体量和 H_2 的浓度,就能按照图9-6-5查出 H_2/A比。

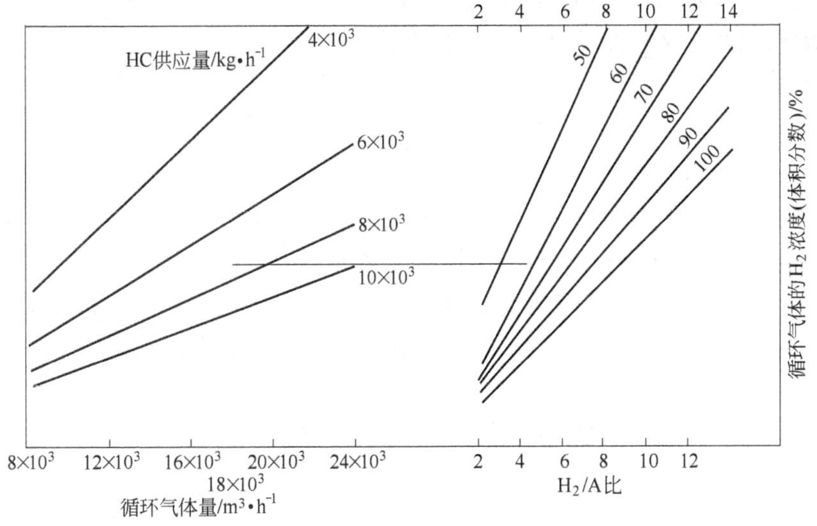

图9-6-5 H_2/A比计算表

H_2/A比的大小直接影响着催化剂活性的老化速度。如 H_2/A比高时,LITOL反应器的催化剂活性降低的速度就慢。但是 H_2/A比不能无限提高,要根据气体压缩机、加热炉能力及经济效果来适当确定。H_2/A比一般为5.1左右。

9.6.4.4　反应热及热斑

(1) 所谓反应热是指物料进行反应过程中，系统吸收或放出的热量。从热力学角度看，在一定压力下，反应生成物全部热量与反应物全部热量之差称为反应热，用 ΔQ 表示。在 1 标准大气压(101325 Pa)和 25℃ 条件下的 ΔQ 称为标准反应热。

(2) 所谓热斑是表示加热炉管或反应器等局部出现的最高温度点。出现热斑可以及早发现设备损坏、催化剂被破坏以及发生副反应等现象，及时处理可确保设备完好运转。

9.6.4.5　LITOL 加氢反应器

加氢反应器是 LITOL 加氢的核心设备，其构造如图 9-6-6 所示，它是两端带有半球形封头的筒体。内衬由隔热层和保护层组成。反应器内依次填充氧化铝球和催化剂。物料进入反应器后，经缓冲器、油气分布筛、催化剂床层到油气排出拦筐后离开。轻苯催化加氢反应是在较高温度和压力下进行的，所以反应器的强度按照压力容器设计。反应器的容积则以单位体积催化剂在单位进间内处理的物料体积(即空间速度)为计算依据。空间速度低时，物料在催化剂床层中的停留时间长，反应率高，但裂解反应也加剧；空间速度高时，物料在催化剂床层中的停留时间短，处理能力大，但反应不彻底。空间速度与催化剂的性能和对加氢生成物的质量要求等因素有关，需要经过试验和生产实践确定。为防止反应器在长期使用中因隔热层损坏引起筒体局部过热而造成事故，需要在反应器外壁涂上示温变色漆。当反应器表面局部出现 300℃ 左右的温度时，变色漆可由蓝色变为白色。

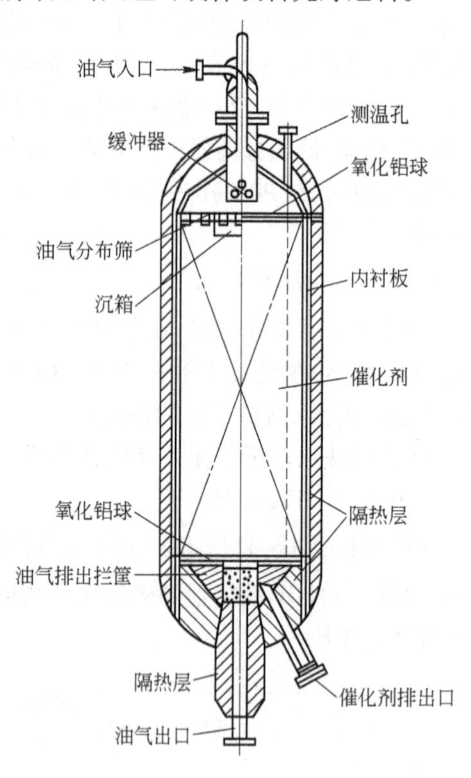

图 9-6-6　LITOL 加氢反应器

9.6.4.6　稳定处理

由高压分离器分离出来的加氢油，在预热器换热升温至 120℃ 后入稳定塔。稳定塔顶压力约为 0.8 MPa，温度为 155 ~ 158℃。用加压蒸馏的方法将在高压分离器中没有闪蒸出去的 H_2、小于 C_4 的烃及少量 H_2S 等组分分离出去，使加氢油得到净化。另外，加压蒸馏可以得到温度高的(179 ~ 182℃)塔底馏出物，以此作为白土精制系统的进料，可使白土活性充分发挥。

稳定塔顶馏出物经冷凝冷却进入分离器，分离出的油作为塔顶回流，未凝气体再经凝缩，分离出苯后外送处理。

9.6.5　LITOL 法加氢催化剂再生

9.6.5.1　催化剂中毒与活性

预加氢反应器和 LITOL 反应器内的催化剂在运转过程中要逐渐积炭、活性下降。当催化剂表面上积炭达 10% ~ 25% 时，加氢反应不能正常进行，为了恢复催化剂的活性，就要定期进行再生。

暂时性中毒：活性下降是暂时性的，经再生后仍然可以使用。

永久性中毒：若催化剂由于中毒而失去了活性，即使进行再生，活性也得不到恢复，此时必须更换。

所谓催化剂的活性，就是指催化剂具有高的催化反应性能。一般来说，反应温度控制得高，催化剂活性就随之增大。

9.6.5.2 催化剂中毒的表征

A 预加氢反应催化剂

预加氢反应催化剂表面积炭，活性下降，会使烯烃加氢饱和反应不完全，结果反映出加氢油的溴价增高。这时，为了维持催化剂正常的活性，就必须逐渐提高预加氢反应温度。但温度不能过高或时间不能过长，一般在再生前（即催化剂的使用末期）其反应温度要比使用初期提高约50℃。因为，如果催化剂在较长的时期内进行高温运转，就可能引起永久性中毒，而且温度越高，永久性中毒的速度就越快，所以，对催化剂的再生应当及时。同时要严格控制正常运转和再生过程中的温度，尽可能避免出现局部过热和热斑。

B LITOL加氢反应催化剂

LITOL反应催化剂表面积炭，活性下降，会导致脱硫、脱烷基效果降低，结果表现出纯苯产品的噻吩含量增高，加氢油中的甲苯、二甲苯含量增加。由于甲苯转化率降低，从苯塔底排出的残油量也就增加，返回加氢原料油中的甲苯、二甲苯量也相应增多。为了维持正常的甲苯转化率，就必须提高LITOL反应温度，这时催化剂使用末期要比初期反应温度提高约20℃左右，带来的问题是更加快暂时中毒的速度。

催化剂积炭的结果增加了催化剂床层的阻力，反应器进出口压降随催化剂的活性降低而逐渐升高，特别在催化剂使用末期，压降增加的速度很快，一般预反应器压降为0.02 MPa，LITOL反应器压降为0.03 MPa，而再生前可能增加到0.1 MPa。

9.6.5.3 LITOL加氢催化剂中毒因素

LITOL反应催化剂虽然具有抵抗毒物侵害的能力，但下述有害物质却是加速中毒的因素：

(1) 原料中水分的存在会引起催化剂暂时中毒。无论是正常运转还是再生过程中，水会加速催化剂的性能恶化。如对加氢脱烷基反应的抑制作用，多是由于加氢原料中带水的缘故。当含水量为1000 mg/kg时，脱烷基反应就会比无水时降低约15%。因此，应当在开始运转前将设备、管道和催化剂中的水尽量通过干燥的方法除净，并做到加氢原料油彻底脱水。

(2) CO和CO_2的存在能和催化剂反应而生成羰基化合物，夺去催化剂中有效组分——铬等金属离子，使其活性降低。又因为CO和CO_2很容易发生析碳反应，析出的碳附着在催化剂表面即构成了结焦的因素。但是，当CO和CO_2浓度在50～100 mg/kg这个低浓度范围，或者出现瞬时浓度超出这个范围时，对催化剂的活性影响不是很大。

(3) 硫(S)与SO_2虽然不算催化剂毒物，但是如果反应系统中含有大量的S和SO_2，会严重腐蚀设备。

(4) 重质烷烃虽不是催化剂毒物，但它在原料中大量存在时，经加氢裂解反应会放出大量的热，使LITOL反应器内温度升高，增加催化剂中毒的可能性。

(5) 铁和其他金属的存在,如少量的 Fe_2O_3,可以增加催化剂的活性,但易使反应物生成碳和煤气类的物质,从而不利于 LITOL 反应。

9.6.5.4　催化剂活性与温度的调节

对于新催化剂或者是再生后的催化剂,由于都有较高的活性,在控制反应温度时,只要能达到预定(或规定)的转化率,就可以设定稍低一点的数值。随着运转时间的延长,催化剂的活性逐渐降低,这时,为了使转化率不变,就必须随之逐渐提高反应温度(在规定的范围内),以延长催化剂的使用寿命和运转周期。这是运转过程中经常采取的调节方法。

LITOL 反应催化剂初期使用时活性较高,这时将反应器出口温度控制在 610℃就可以达到预定的转化率。经一段时间的运转,催化剂活性有所降低,反应器出口的温度就得提高到 625℃。再经过长期的运转,出现了结焦现象,催化剂活性进一步下降,为维持转化率,反应器出口温度最终要提高到 640℃。这个最高温度是反应的上限值,这时如果转化率不能达到设定值,催化剂就必须再生。再生后,催化剂不能再按初期的 610℃运转,应提高到 625℃左右运转。也可以说,催化剂每再生一次,再生后的重新运转温度将比再生前正常运转温度提高一点。这是因为尽管再生使催化剂恢复了活性,但其性能必然会变得差一些。

如果控制的反应温度低于 610℃,尽管这时催化剂活性较高,但环已烷等非芳香烃裂解得不完全,混入苯中的非芳香烃增加,可使苯结晶点下降。

9.6.5.5　催化剂再生工艺

催化剂再生的次数如下:预加氢反应催化剂,一般情况 1 年 3 次;LITOL 反应催化剂,一般情况 1 年 2 次,近半负荷生产 1 年 1 次;综合起来考虑 1 年 3 次。

由于 LITOL 催化剂的再生周期与预加氢催化剂的再生周期相似,所以可考虑两种催化剂同时再生。

再生时,首先减少 LITOL 加氢的进料量(即减少向蒸发器进料),直到停止进料。改质系统在低负荷条件下运转,用其氢气置换除掉 LITOL 系统的油类,并降压降温,最后将气体压缩机循环气体缸的负荷降为零。然后启动排气喷射器将系统抽真空,进行氮气置换。

(1) 预反应器的催化剂再生。LITOL 加氢系统氮气循环完了后,循环气体和 LITOL 加热炉即行点火升温,在预反应器和第 1 LITOL 反应器的催化剂床层分别均匀达到 400℃和 430~450℃后,启动空气压缩机向系统中压送空气,并用气体压缩机进出口交通管上的调节阀调节压力,使空气量逐渐增加,系统压力升到 2.3 MPa。催化剂因烧焦使催化剂床层温度升高,当温度达到 475℃(最大值)后,停止向系统供给空气,直到预反应器出口温度开始下降,这表明再生结束了。

(2) 第 1、第 2 LITOL 反应器的催化剂再生。在预反应器催化剂再生的后期,循环气体中没有消耗完的氧气进入第 1 LITOL 反应器,开始 LITOL 反应催化剂的再生。这时,调节空气用量,控制催化剂床层温度不超过 650℃。第 1 LITOL 反应器催化剂再生结束后,接着,同样进行第 2 LITOL 反应器催化剂的再生。一直到系统中循环气体含氧气量上升到 21%(体积分数)后,再生完结。然后再用氮气置换,置换完毕即转入正常运转。

9.6.5.6　LITOL 预加氢催化剂的预硫化

预反应催化剂无论是首次使用的还是经过空气氧化再生后的,都处于氧化状态。处于氧化状态的预反应催化剂活性非常强,如用于预加氢反应,会快速引起碳水化合物的分解反应,加剧催化剂的结焦倾向,因此,在使用之前必须用硫化剂(即还原剂)将氧化态的催化剂还原为还原态。

硫化工艺过程参见图 9-6-2。将 CS_2 用工业水压入 CS_2 槽,启动 CS_2 注入泵,将 CS_2 注入由蒸发器到预反应器的烃类管道中,随时检测预反应器出口处的 H_2S 含量。自检出时起,注 CS_2 的时间最少再继续 30 min,直到检测出 H_2S 浓度达到 1000 mg/kg 时,硫化结束。硫化工艺条件如下:

硫化时系统压力(高压分离器顶部)	4.5 MPa
预反应器催化剂床层温度	204℃
循环气体中氢气浓度(体积分数)	>50%

9.6.6 LITOL 法加氢首次开工用氢

当首次开工时,需要一定量的氢气供加氢运转。在没有商品氢气的情况下,可用 NH_3 作为制氢原料,在改质系统制成氢气。NH_3 从厂外购买,由汽车槽车卸入氢气柜。其工艺流程如图 9-6-7 所示。

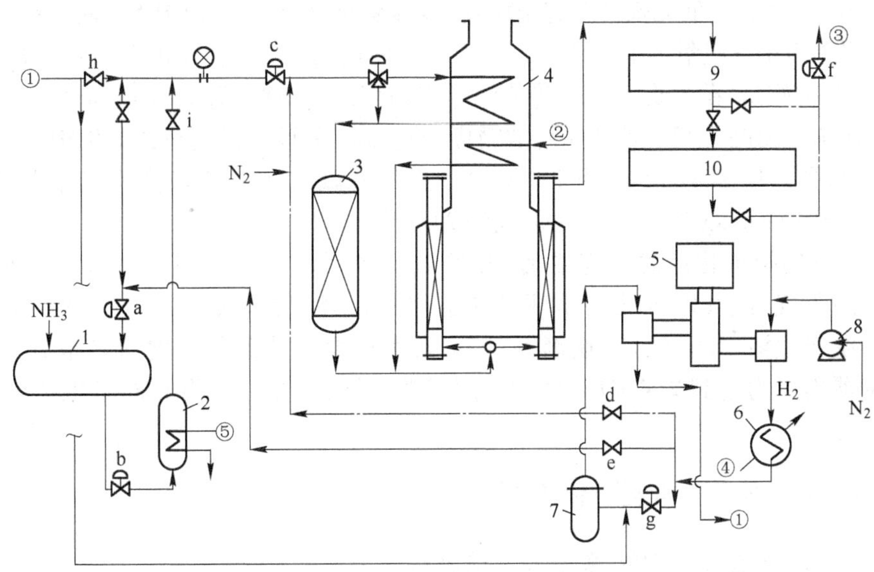

图 9-6-7 用 NH_3 制氢工艺

a ~ h—阀

1—氢气柜;2—NH_3 蒸发器;3—脱硫反应器;4—改质炉;5—气体压缩机;6—补充氢气冷却器;7—气体压缩机分液槽;8—空气压缩机;9—CO 转换系统;10—制氢系统

①—氢烃混合气;②—2.4 MPa 蒸汽;③—至火炬塔;④—清循环冷却水;⑤—0.5 MPa 蒸汽

首次开工,用 NH_3 制氢的过程如下:

(1) 和其他系统一样,先要对改质系统用氮气置换。氮气直接送入由补充氢气冷却器到改质炉的循环管上(如图 9-6-7 中点划线所示),经过氮气置换后,以系统中氧的浓度达到 0.5%(体积分数)为合格。

(2) 启动空气压缩机,将氮气加压到 1 MPa,送入系统进行气密试验。

(3) 启动气体压缩机,用氢气缸将系统内的氮气进行加压循环(如图 9-6-7 中点划线所示)，直到系统压力达到(可能达到的最大值)2.6 MPa。

(4) 当CO转换反应器的催化剂床层温度达到230℃时，开始向改质炉对流段的过热蒸汽管内导入水蒸气。

(5) 开启阀e、a，将改质系统中2.6 MPa压力循环的氮气注入氢气柜，使氢气柜内压力达到2.6 MPa为止。

(6) 开启阀b，使氢气柜中的NH_3在压力下进入NH_3蒸发器，待液面指示值达到50%后，NH_3的流量转为自动调节(LIC)。

(7) 向NH_3蒸发器供给0.5 MPa的蒸汽，进行间接加热，使NH_3逐渐汽化，待蒸发器内压力达到2.4 MPa时，水蒸气的流量转为自动调节(PIC)。

(8) 汽化的NH_3进入改质系统，在改质炉辐射管内于镍系催化剂作用下，完成分解反应。反应条件是：压力为2.6 MPa，温度为800℃。反应式为：

$$2NH_3 \longrightarrow N_2 + 3H_2$$

这种情况下的NH_3分解反应实际上是在水蒸气保护下进行的，如果没有水蒸气，那么氢气很容易与CO转换催化剂的主成分Fe_2O_3发生还原反应，致使催化剂失去活性。

(9) 由于CO转换催化剂中含有杂质硫，很容易与H_2反应生成H_2S。而大量H_2S的存在会导致吸附塔中的吸附剂中毒，所以，对于首次使用的CO转换催化剂必须预先脱硫(又称放硫)。其措施是，在改质系统运转条件不变的情况下，逐渐开大阀c，将NH_3通入量提高。同时逐渐关闭阀d，停止改质系统的循环，并将阀f的设定值提高到1.8 MPa，逐渐提高CO转换反应器入口温度。在达到390℃之后进行脱硫，直到CO转换反应器出口气体中H_2S浓度小于10 mg/kg为合格，所需时间约24 h。

(10) CO转换催化剂脱硫完成后，开始氢精制系统运转，正常之后，开启阀g向加氢系统供给氢气，经气体压缩机循环气体缸加压循环，使系统中压力提高到4.9 MPa。在加氢系统产生液/气态烃后，逐渐开启阀h，用加氢系统的氢烃混合气取代NH_3。当NH_3蒸发器内压力达到2.4 MPa时，关闭由蒸发器到改质炉的阀i，同时也关闭阀a，此后转入正常运转。

9.7 低温(K－K法)加氢净化工艺

9.7.1 K－K法工艺单元、特点及工艺流程

9.7.1.1 概述

K－K法工艺是前联邦德国BASF/VEBA公司开发的苯加氢工艺，后又由克虏伯·考伯斯(简称KK)改进为焦化粗苯加氢工艺，属低温加氢工艺，习惯上将该加氢工艺称为“K－K法加氢精制”。该工艺精制不仅能获得纯苯产品，还可以获得甲苯、二甲苯及溶剂油等。

K－K法加氢净化装置框图如图9-7-1所示。

原料首先经蒸发汽化，然后进行催化加氢净化反应处理，得到加氢油和加氢反应气体，加氢反应气体经加压并补入新鲜氢气后，循环使用。

9.7.1.2 工艺特点

(1) 低温加氢及萃取蒸馏技术已有三十多年的运行经验，技术先进成熟、可靠，产品质量高，纯苯纯度可达到99.9%以上；

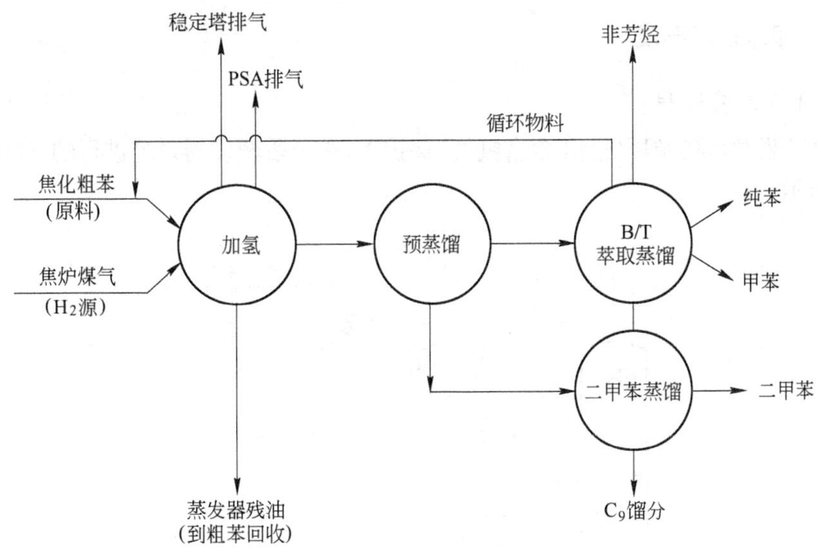

图 9-7-1　K－K 法加氢及莫菲兰萃取蒸馏工艺框图

(2) 采用高活性的催化剂和高选择性的萃取剂进行粗苯精制,可以有效地清除粗苯中的非芳烃、硫化物、氮化物等杂质,是最佳的工艺结合;

(3) 溶剂热稳定性好,在 220℃下连续操作不聚合;

(4) 产品总收率高,纯苯、纯甲苯的收率均为 96.9% 以上;

(5) 装置操作温度、压力低,大部分设备、管道、仪表及备品备件均可立足国内解决;

(6) 装置有很大的灵活性,原料量和原料组成可在较大的范围内变化,原料量最小可为设计能力的 60%,原料可为焦化粗苯,也可以部分加入裂解汽油;

(7) 设计中充分利用工艺生产过程中的余热换热,以降低能耗,提高企业的经济效益。

9.7.1.3　工艺流程图

K－K 法加氢净化工艺流程示意图如图 9-7-2 所示。

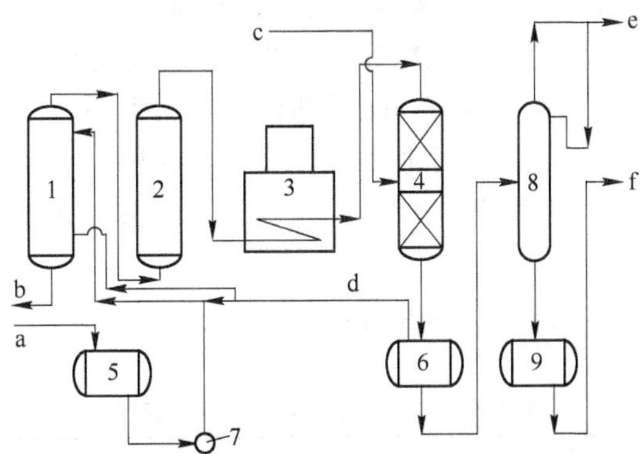

图 9-7-2　K－K 法加氢净化工艺流程示意图

a—焦化粗苯;b—残渣油;c—氢气;d—循环气体;e—含 H_2S 的排气;f—加氢油

1—分段蒸发器;2—预反应器;3—加热炉;4—主反应器;5—粗苯缓冲槽;6—分离器;7—粗苯泵;8—稳定塔;9—加氢油缓冲槽

9.7.2　粗苯多段蒸发

9.7.2.1　工艺过程

粗苯分段蒸发是在循环气体(含富氢气)保护下,在分段蒸发器系统进行的,如图9-7-2和图9-7-3所示。

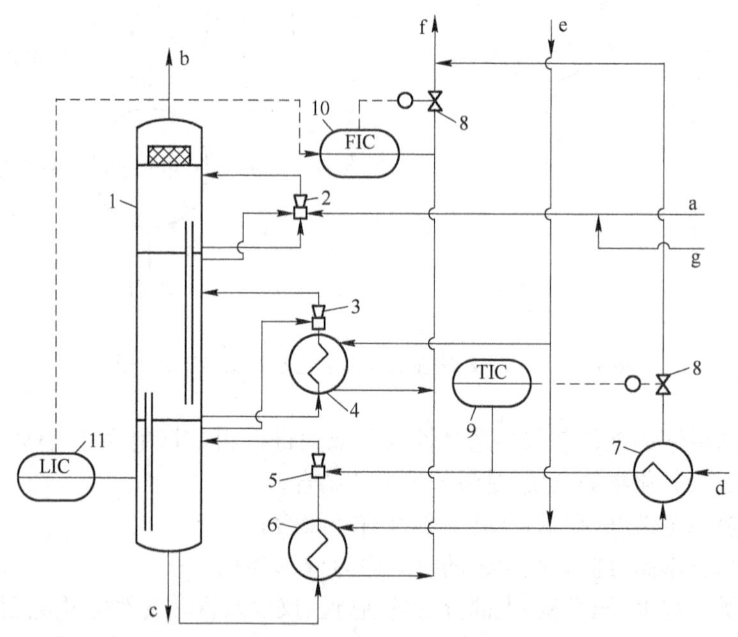

图9-7-3　多段蒸发器工艺

a—经过加压和换热的粗苯(原料);b—去预反应器的轻苯和循环气体混合物;c—蒸发残油;d—换热升温后的循环气体;e—导热油;f—导热回油;g—预热升温的循环气体

1—多段蒸发器;2—喷嘴3;3—喷嘴2;4—第二段重沸器;5—喷嘴1;6—第一段重沸器;7—循环气体预热器;8—调节阀;9—温度指示调节;10—流量指示调节;11—液面指示调节

原料粗苯在过滤器脱除颗粒状的聚合物后储存于缓冲槽,再由粗苯泵加压并与少部分循环气体混合,一起与主反应生成物换热升温后进入多段蒸发器顶部的混合喷嘴3。

大部分循环气体与主反应生成物换热、导热油预热升温后进入多段蒸发器底部的混合喷嘴1。被加热的循环气体也起了向多段蒸发器供热的作用。

多段蒸发系统是由多段蒸发器的二段、一段和重沸器加热液相供热。热源为导热油。

9.7.2.2　主要的操作指标(见表9-7-1)

表9-7-1　分段蒸发系统操作指标

名　称	指　标	名　称	指　标
分段蒸发器顶部温度/℃	200	粗苯进入喷嘴3温度/℃	139~150
分段蒸发器底部温度/℃	210	循环气体进入喷嘴1温度/℃	200~250
分段蒸发器底部压力/MPa	3~3.5		

9.7.2.3 多段蒸发器

多段蒸发器为浮阀塔,主材质为16MnR,分三段蒸发。上部为蒸发三段(又称洗涤段),顶部设捕雾网;中部为蒸发二段;下部为蒸发一段。各段工作过程为:

(1) 蒸发一段的液相是由中部蒸发二段经降液管降到蒸发器底部,经重沸器加热并在混合喷嘴1与循环气体混合发生部分蒸发,形成了强烈的液体循环;但温升很小,有效地降低了发生热聚合的程度。

(2) 蒸发二段的液相是由顶部洗涤段经降液管降下来的,经重沸器加热并在混合喷嘴2与蒸发一段的油气混合而产生蒸发(工作过程同喷嘴1)。

(3) 蒸发三段的液相在混合喷嘴3与蒸发二段的油气以及粗苯混合后,发生最后的蒸发,油气经捕雾除掉,可能引起预反应过程结焦的细小液滴。

9.7.3 加氢

9.7.3.1 加氢工艺流程

加氢工艺流程如图9-7-4所示。

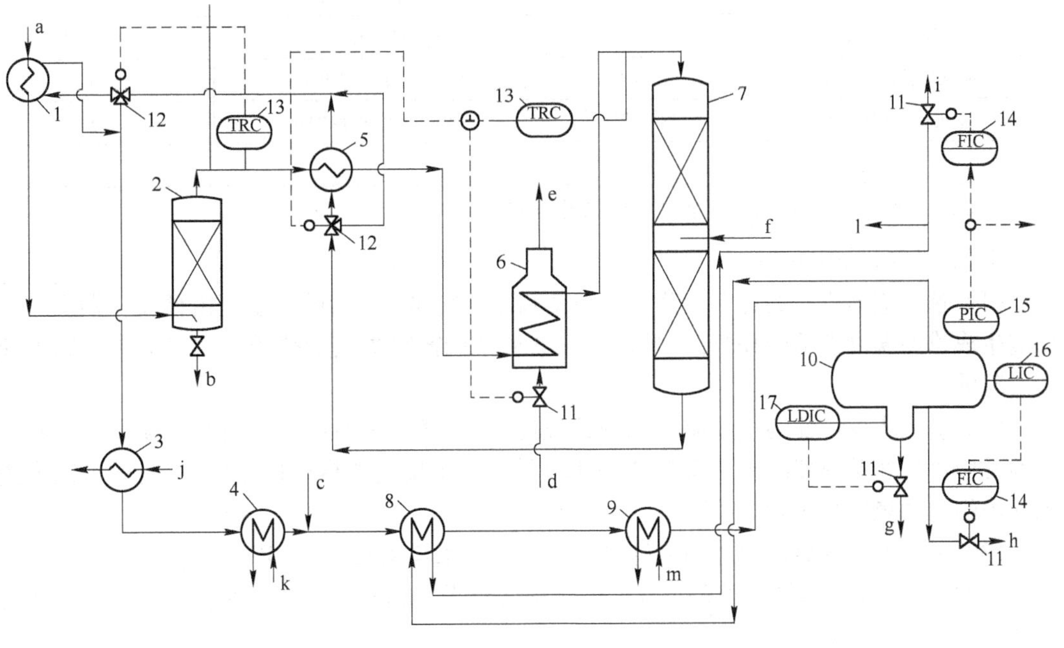

图9-7-4 加氢工艺流程

a—多段蒸发器来的油气;b—高沸点液体;c—注水;d—焦炉煤气;e—烟气;f—补充氢气;g—分离水;h—粗加氢油;i—放散气体;j—去循环气体换热器的循环气体;k—粗苯;l—到压缩机入口的循环气体;m—冷却水

1—油气加热器;2—预反应器;3—循环气体换热器;4—预蒸发器;5—预反应生成物换热器;6—主反应加热炉;7—主反应器;8—排气加热器;9—主反应生成物冷却器;10—分离器;11—调节阀;12—三通调节阀;13—温度记录调节;14—流量指示调节;15—压力指示调节;16—液面指示调节;17—界面指示调节

加氢过程是在预反应器和主反应器中进行的,其工艺过程如下:

(1) 由多段蒸发器顶来的蒸发油气,与主反应生成物换热到预反应需要的温度从预反应器底部进入,并经过催化剂床层向上流动,完成加氢饱和反应后从器顶逸出。

(2) 出预反应器的预反应生成物，经与主反应生成物换热以调整到主反应所需的温度从顶部进入主反应器，通过两层催化剂床层向下流，完成加氢主反应后从底部排出。

(3) 出主反应器的主反应生成物依次与预反应生成物、蒸发油气及循环气体换热，并经预蒸发器、排气加热器及主反应生成物冷却器，被冷却后进入分离器。

(4) 主反应器生成物在与预蒸发器换热而降温后，由定量泵间断地(每周 8h)向其注锅炉给水，以溶解析出的诸如 NH_4Cl 及 NH_4HS 等盐类。

(5) 在反应生成物分离器分离的含氢的循环气体经脱水(雾)、预热，由循环气体压缩机循环至多段蒸发及加氢系统。

(6) 主反应器加热炉是在需要时补充热量用：主反应器开工运转时；主反应器正常运转需要补入的最小热量及催化剂再生时。

9.7.3.2　加氢操作指标及工艺控制

主要的加氢操作指标见表 9-7-2。

表 9-7-2　主要的加氢操作指标

名　称	指　标	名　称	指　标
入预反应器入口温度/℃	180～230	分离器温度/℃	35～50
出预反应器温度/℃	195～245	分离器压力/MPa	2.4～2.9
预反应器压力/MPa	3～4	补充氢压力/MPa	3.5
主反应器温度/℃	280～355	循环气体压力/MPa	3.5
主反应器压力/MPa	3～4		

注：预反应器和主反应器的温度随催化剂的活性变化而改变。

工艺控制参见图 9-7-4。

(1) 预反应器入口的经多段蒸发的轻苯和循环气体混合后的温度是由预反应器出口的反应生成物的温度调节(TRC)的，是通过三通调节阀改变进入加热器的主反应生成物的流量实现的。

(2) 进入主反应器的预反应生成物的温度，是由通过三通调节阀调节主反应生成物进入预反应生成物预热器的流量来调节(TRC)的。当主反应加热炉也运转时，也通过改变进加热炉的焦炉煤气量来调节炉温。

(3) 分离的油水界面通过调节排水包的工艺排水量来实现(LDIC)；加氢油的流量通过分离器的液位(LIC)和加氢油的流量(FIC)串级调节；分离器的压力通过泄压调节阀实现(FIC)。

9.7.3.3　预反应器和主反应器

A　预反应器

器内充填有活性的硫化 Ni－Mo 催化剂。当轻苯及循环气体混合物经过催化剂床层时，双烯、苯乙烯、CS_2 等易聚合的杂质在低温条件下，被加氢饱和而被除去。

在预反应器催化剂底部设置了由格栅及瓷球等组成的分布/分离装置：一方面使上升的油气均匀地分布在催化剂截面上；另一方面分离油气中沉降的聚合物并从器底排出。

Ni－Mo 催化剂是否需要再生，得由预反应器进口温差来判断，当温差约 5℃且出口温度已达到最大值时，表明需进行再生。

B 主反应器

主反应器参见图 9-7-4。器内充填有活性的硫化 Co - Mo 催化剂。当预加氢反应生成物流经催化剂床层时,烯烃发生加氢饱和反应,以噻吩为主的硫化物、氧化物及氮化物被加氢转化为烃类及 H_2S、H_2O 和 NH_3,并最大限度地抑制芳烃的转化。

主反应器的催化剂床层分上下两层,补充氢是由两层之间进入的。其目的是:一方面除掉氢气中的氧,以防止氧气与预反应生成物发生不必要的聚合反应;另一方面起到降低上层因催化反应而增加的温升(急冷),使下层催化反应基本上在设定的温度下完成气相催化加氢反应。

主反应催化剂的活性会随着聚合物及结焦物在其表面上的聚结而下降,此时需提高主反应器入口温度或轻微改变氢分压来平衡。Co - Mo 催化剂的活性还可由加氢油中噻吩含量确定,如果此值超标,则必须增加主反应器的入口温度。

主反应器的反应温度必须按如下原则确定,即尽可能避免如下不希望的反应发生:

(1) 增加芳烃的氢化反应;

(2) 增加结焦的反应。

当主反应器出口温度约 370℃时,催化剂必须再生。

9.7.4 加氢油质量稳定

9.7.4.1 稳定塔系统

稳定塔系统是将分离器的粗加氢油中的溶解气体汽提出去的工艺过程。热能是由塔底用导热油加热的重沸器供给。为了最大限度地只蒸出不凝气体(如 H_2S 等)和减少苯类产品的流失,稳定塔采取加压蒸馏。塔底采出的是净加氢油(BTXS),作为预蒸馏的原料。塔顶的气相经冷凝后在回流槽分离出不凝气体和少量的水后作该塔回流(参见图 9-7-2)。

9.7.4.2 稳定塔

稳定塔为浮阀塔,主材质是 16MnR。

9.7.4.3 稳定塔操作指标

稳定塔操作指标见表 9-7-3。

表 9-7-3 稳定塔操作指标

名 称	指 标
稳定塔底温度/℃	150 ~ 170
稳定塔底压力/MPa	0.5 ~ 0.7
稳定塔顶温度/℃	80 ~ 90
稳定塔顶压力/MPa	0.4 ~ 0.6
解析气体凝缩温度/℃	50 ~ 60

9.8 LITOL 法加氢油的蒸馏精制

苯精制的目的是使加氢净化后的加氢油通过白土塔系、苯蒸馏塔系和产品的碱洗涤处理,得到合格的纯苯(参见图 9-6-2)。

9.8.1　白土吸附处理

经稳定塔处理后的加氢油尚含有一些痕量烯烃、高沸点芳烃及微量 H_2S,通过白土吸附处理可进一步除去这些杂质。

白土塔内充填有以 SiO_2 和 Al_2O_3 为主要成分的活性白土,其真密度为 2.4 g/mL、比表面积为 200 m^2/g、孔隙体积为 280 mL/g。白土塔操作温度为 180℃,操作压力约为0.15 MPa。白土可用水蒸气吹扫进行再生,以恢复其活性。

9.8.2　分馏纯苯

经过白土塔净化后的加氢油,经调节阀减压后温度约为 104℃进入苯塔。苯塔为筛板塔,塔顶压力控制为 0.04 MPa,温度为 92 ~ 95℃。纯苯蒸气由塔顶馏出,经冷凝冷却至约 40℃后入分离器。分离出的液体苯一部分作回流,其余送入碱处理槽,用质量浓度 100 g/L 的 NaOH 溶液去除其中微量的 H_2S 后,苯产品纯度达 99.9%,凝固点大于 5.45℃,全硫小于 1 mg/kg(苯)。分离出的不凝性气体可以作燃料气使用。苯塔底部排出的苯残油返回轻苯储槽,重新进行加氢处理。

9.9　加氢油特殊精制工艺——萃取蒸馏

9.9.1　典型萃取蒸馏的基本工艺过程

以 N－甲酰吗啉(NFM)作萃取溶剂的萃取蒸馏工艺是 20 世纪 60 年代德国克虏伯 · 考伯斯公司开发的,称作莫菲兰(Morphylane)工艺。

技术成熟的莫菲兰工艺是典型的萃取蒸馏,其基本流程如图 9-9-1 所示。

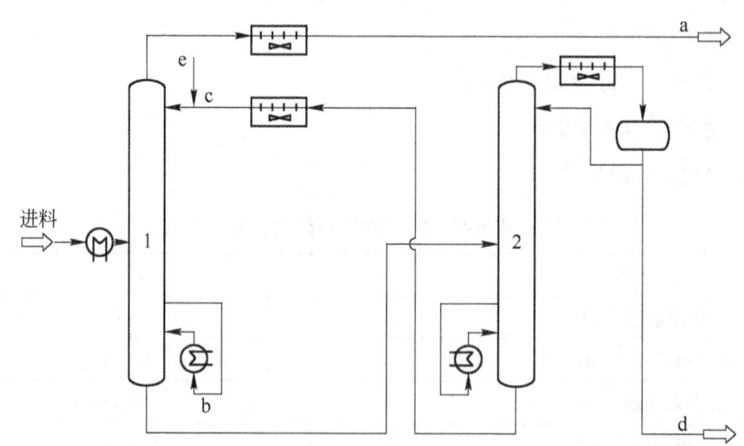

图 9-9-1　莫菲兰(Morphylane)萃取蒸馏

a—经回收溶剂的非芳烃;b—萃取剂 + 芳烃;c—贫萃取剂;d—高纯芳烃;e—补充萃取剂

1—萃取蒸馏塔;2—汽提塔

萃取蒸馏的基本单元是由萃取溶剂循环系统连起来的精馏塔(萃取蒸馏塔)和汽提塔组成的。

萃取蒸馏过程是：原料（芳烃分馏物）从萃取蒸馏塔中部进入；贫萃取溶剂从塔顶喷洒降液到塔底的过程中溶解了芳烃（萃取溶剂＋芳烃），从塔底进入汽提塔；在该塔顶分馏出芳烃，再生后的萃取溶剂（贫萃取溶剂）又从塔底循环到萃取蒸馏塔顶喷洒。其工艺要点有两个：

（1）由于萃取蒸馏塔顶只喷洒贫萃取溶剂，不打提余液（非芳烃）回流，所以塔顶分馏出的非芳烃中只含有微量的溶剂，仅需在塔板数少的溶剂回收塔中回收溶剂，其再蒸馏的能耗在整个复杂工艺过程的热平衡中是可以忽略不计的。

（2）从萃取蒸馏塔底抽出的溶解了几乎全部芳烃的萃取溶剂（溶剂＋芳烃），在操作压力低（约 0.04 MPa）的汽提塔中，经过蒸馏塔底分馏出萃取溶剂，塔顶分馏出的芳烃中残留的溶剂几乎检测不出，所以切取的芳烃无需再净化处理即可分离高纯苯和硝化甲苯。

9.9.2　萃取蒸馏萃取剂的选择及其性能

判定萃取剂的有效、合理可行的方法，是对含有烃类和溶剂的混合物的初沸点进行对比，见表 9-9-1。

表 9-9-1　溶剂存在下烃的沸点差

存在的溶剂		烃类的沸点差 Δt/℃	
溶剂名称	沸点/℃	苯—甲基环己烷	苯—正庚烷
正甲酰吗啉（NFM）	243	26	36
正甲酰吡咯烷酮	206	14	27

从表 9-9-1 可知，苯与非芳烃的 Δt 越大，说明蒸馏分离越容易，证明混入的溶剂（萃取剂）性能好，例如 NFM。此外，还需满足下列条件：

（1）萃取溶剂对芳烃有很大的溶解度，同时也能溶解非芳烃，否则就不适用于芳烃萃取蒸馏。

（2）萃取溶剂的沸点应大大高于芳烃，这样便于汽提芳烃。

（3）与 $C_6 \sim C_9$ 不会产生共沸混合物。

9.9.3　以 N－甲酰吗啉为萃取溶剂的萃取蒸馏工艺特点

以 N－甲酰吗啉为萃取溶剂的萃取蒸馏工艺明显的优点是：

（1）由于 NFM 的闪点与着火点都比较高，不需严格的防火防爆措施。

（2）由于 NFM 沸点高，且它与 $C_6 \sim C_9$ 烃类不会形成共沸混合物，很适合用于萃取蒸馏来精制 C_9 以下的各类芳烃。只需用简单的蒸馏即可将溶剂与芳烃分离。分离的芳烃不含溶剂，也不需要再洗涤便得高纯产品。

（3）由于 NFM 对水及芳烃有完全的可溶性，可以用廉价的水萃取回收非芳烃中残存的溶剂，然后再用芳烃进行反萃取。

（4）由于 NFM 具有弱碱性，与水 1∶1 配制成溶液时 pH 值是 8.6，不会发生对设备的腐蚀。

（5）由于 NFM 热稳定性极好，即使热传递速度达到 76×10^3 kJ/（m^2·h）条件下，也几乎不发生热分解而生成高分子聚合物或缩聚物现象。

(6) 由于NFM有良好的化学稳定性,为提高其选择性,用10%水稀释成溶液时也不发生水解反应,碳钢设备能长期使用。

NFM与烃类混合后的初沸点见表9-9-2,萃取蒸馏工艺参见本书第9.7节图9-7-1。

表9-9-2　N-甲酰吗啉和烃的沸点及混合后的初沸点

项　目		N-甲酰吗啉(NFM)	苯	甲基环己烷	正庚烷
沸点/℃		243	80	101	98
NFM与烃混合后初沸点①/℃	0.1 MPa		136	110	100
	0.3 MPa		203	174	157
混后苯与烃初沸点差(Δt)/℃	0.1 MPa			26	36
	0.3 MPa			29	46

①指的是85%NFM萃取剂与15%烃的混合物的初沸点。

9.9.4　降低萃取蒸馏能耗

图9-9-2表示的是1969～1982年的13年中,KK建成的萃取蒸馏装置,苯产率从93.6%提高至98.4%,1 kg苯的耗热量却节省了近50%(见图9-9-2中*A*曲线),其节能的主要措施是加压预蒸馏与萃取蒸馏的热联合利用。

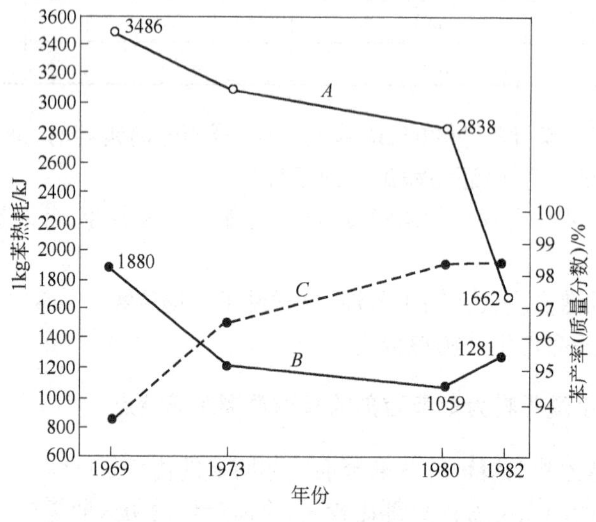

图9-9-2　萃取蒸馏能耗降低

A—预蒸馏与萃取蒸馏热联合能耗;*B*—萃取蒸馏能耗;*C*—苯产率

9.9.5　预蒸馏单元

预蒸馏单元是将净加氢油(BTXS)通过常压蒸馏分割为B/T(苯/甲苯)馏分及XS馏分。B/T馏分用于制取苯、甲苯而进行萃取蒸馏的原料,XS馏分用于制取二甲苯及溶剂油(参见图9-7-2)。塔顶采出B/T馏分用空冷冷凝冷却,塔底由用导热油加热的重沸器供热。预蒸馏塔操作指标见表9-9-3。

表9-9-3　预蒸馏塔操作指标

名　称	指　标
预蒸馏塔顶温度/℃	90~100
预蒸馏塔顶压力/MPa	0.04~0.05
预蒸馏塔底温度/℃	170~180
预蒸馏塔底压力/MPa	0.08~0.09

9.9.6　B/T馏分萃取蒸馏工艺要点

9.9.6.1　概述

通过向混有非芳烃的B/T馏分中添加N-甲酰吗啉萃取溶剂(NFM),以改变物料的蒸气分压,使非芳烃(如链烷烃、环烷烃)从芳烃(B/T)中分离,以达到除去的目的。其萃取蒸馏的基本工艺过程、萃取溶剂的选择与性能以及以NFM为溶剂的萃取蒸馏的特点、能耗等。

B/T馏分蒸馏工艺是由萃取蒸馏塔、溶剂回收塔、汽提塔B/T分馏塔等系统组成,参见图9-7-2及图9-5-4。

9.9.6.2　萃取蒸馏塔系

A　工艺过程

顾名思义,萃取蒸馏塔是由集萃取及蒸馏为一体的构造而形成的特殊设备。B/T馏分(原料)从塔的中部进入,其上部是填有两段金属填料的塔段,NFM从塔顶部注入,在经填料传质并向塔底流动过程中,完成液—液萃取操作过程。同时也冲洗净化经由塔顶排出的、富集全部非芳烃的蒸发气体。下部是装有浮阀塔板的塔段,物料在此完成蒸馏工艺过程,塔底排出的是富集芳烃(B/T)的NFM溶剂油(富溶剂油)。

萃取蒸馏塔所需的热量分别由导热油和汽提塔底热贫溶剂(NFM)加热的重沸器提供。在顶部填料下部还注入调节温度用的未经最终冷却的贫NFM。

B　操作控制

操作控制的目标是:

(1) 确保塔底富集芳烃的NFM中不含非芳烃。

(2) 尽量降低塔顶油气中芳烃及溶剂的含量。

原料温度及NFM添加比例是实现目标的保证:

(1) 为进一步提纯塔顶的蒸发气体,NFM必须按照对原料量的正常比例添加;

(2) 输入系统的总热量必须稳定,不能随着塔底产品量的变化而改变,要确保稳定;

(3) 在塔底热量不变的前提下,NFM或者烃(HC)原料温度的变化将直接影响塔顶蒸发量的变化。故采取了一系列的如入塔NFM的TIC调节等极其精确的热量输入的控制。

9.9.6.3　溶剂回收塔系

从达到萃取蒸馏塔的操作控制目的而言,溶剂回收塔系是萃取蒸馏不可缺少的一个组成部分。其目的是将萃取蒸馏塔顶蒸气中的少量 NFM 从非芳烃中回收下来。

溶剂回收塔顶装有两段不规则填料。萃取塔顶蒸气从填料的下部进入,塔顶回流冲洗上升气体中挟带的 NFM。蒸馏所需的热量由热贫 NFM 加热、强制循环的重沸器供给。强制循环的塔底油经分离器分为轻、重两相,重相含少量 NFM/芳烃,返回到萃取蒸馏塔填料的下部;轻相含非芳烃/芳烃,强制循环至溶剂回收塔底部。

溶剂回收塔的基本特征是在塔底部分,正常操作条件下有相分离现象。

9.9.6.4 汽提塔系

汽提塔上段充填的是规整填料,下段为板式塔段。B/T 馏分与 NFM 混合物从下部进塔,塔顶排出纯净的 B/T 馏分,塔底排出提贫 NFM。汽提塔分别由热油和 B/T 馏分加热的重沸器供热。为防止 NFM 分解要真空操作(约 0.05 MPa)。

汽提塔相当于 B/T 馏分的解吸塔,是轻芳烃组分及重 NFM 组分的蒸馏设备。

汽提塔是塔底无液位控制的装置。塔底液位是由初次装入量确定的,该塔底排出的 NFM 流量等于萃取塔底液位控制的量减去其溶解的芳烃量(B/T)。

塔顶芳烃回流是为了除去该塔填料段上升气流中的 NFM。

9.9.6.5 NFM 萃取剂的再生

再生的目的是通过蒸馏除去含量很少的高沸点分解/聚合物等化学不纯物以及混入 NFM 中的铁锈等固体颗粒的工艺过程。再生在带有热油加热蛇管的溶剂再生槽中进行。从汽提塔底间歇(定量)引出 NFM 进行真空蒸馏。蒸馏温度见表 9-9-4。蒸出的 NFM 等物料回系统,再生槽底残留的残渣装桶送出装置外。

9.9.6.6 B/T 馏分萃取蒸馏系统操作指标

操作指标也包括了热油供热、B/T 分离及二甲苯间歇蒸馏的主要操作指标,见表 9-9-4。

表 9-9-4 B/T 馏分萃取蒸馏系统操作指标

名称	指标	名称	指标
热油炉的热油进口温度/℃	210	溶剂再生槽温度/℃	200
热油炉的热油出口温度/℃	280	B/T 分离塔底温度/℃	128
萃取蒸馏塔底温度/℃	175	B/T 分离塔底压力/MPa	0.06
萃取蒸馏塔顶温度/℃	90	B/T 分离塔顶温度/℃	85
溶剂回收塔底温度/℃	151	B/T 分离塔顶压力/MPa	0.03
溶剂回收塔顶温度/℃	79①	二甲苯蒸馏塔底温度/℃	205
汽提塔底温度/℃	185	二甲苯蒸馏塔底压力/MPa	0.09
汽提塔顶温度/℃	56	二甲苯蒸馏塔顶温度/℃	146
		二甲苯蒸馏塔顶压力/MPa	0.04

① 当生产苯/甲苯时的指标。

9.10 古马隆—茚树脂制造

9.10.1 原料来源及质量要求

高沸点不饱和化合物古马隆、茚及其同系物等是古马隆—茚树脂(简称古马隆)的有效成分，主要存在于沸点为150～210℃的煤焦油及粗苯馏分中，一般以苯精制装置或煤气净化的粗苯蒸馏装置送来的重苯或精重苯（又称重质苯）以及焦油加工馏分洗涤装置送来的脱酚酚油为生产原料。不同沸点范围的馏分中树脂产率及性状见表9-10-1。

表9-10-1 不同馏分中树脂产率及性状

馏分沸点/℃	<160	160～180	180～200	200～220	220～240	240～260
树脂产率/%	4.0	20.3	35.0	12.7	4.2	6.4
性 状	黏 性	硬 质	硬 质	软 质	黏 性	黏 性

从表9-10-1中数据可见，沸点范围为160～200℃的馏分是制取硬质古马隆-茚树脂的适宜原料。重苯和精重苯（参见本书第8.8节）及脱酚酚油质量要求见表9-10-2。

表9-10-2 制取古马隆—茚树脂原料的质量

项 目		指 标			
		一级重苯	二级重苯	精重苯	脱酚酚油
密度(20℃)/g·cm^{-3}				0.930～0.980	0.94～0.97
水分/%		≤0.5	≤0.5	≤0.5	≤2
含萘/%					≤30
馏程(大气压力 101325 Pa)	初馏点/℃	≥150	>150	≥160	150～170
	200℃前馏出量(体积分数)/%	≥50	≥35	≥85	60～80

9.10.2 产品的质量和主要用途

9.10.2.1 古马隆和茚的物理性质（见表9-10-3）

表9-10-3 古马隆及茚的物理性质

项 目	古 马 隆	茚
又 名	苯并呋喃/氧杂茚	
分子式	C_8H_5O	C_9H_8
相对分子质量	118.14	116.25
密度/g·cm^{-3}	1.078①	1.006
沸点/℃	173～174	181～182
熔点/℃	-28.9	-1.8
气 味	芳 香	芳 香
外 观	无色油状液体	无色油状液体
水溶性	不 溶	不 溶
有机物溶性	溶于乙醇、乙醚、苯、溶剂油	溶于吡啶、丙酮、乙酸、CS_2
互 溶		与乙醇、乙醚任何比例
折射率(h)	1.5645	1.5768

①15℃时的密度。

9.10.2.2 古马隆—茚树脂的质量

古马隆—茚树脂制造的主要产品是固、液体古马隆—茚树脂。固体古马隆—茚树脂外观似松香，质硬而脆，不溶于水，能溶于苯、硝基苯、苯胺、醇、醚、酮和溶剂油等有机溶剂，有良好的塑性、防水性、电绝缘性、隔热性和耐磨性。其质量指标（标准号为YB/T 5093—1993）见表9-10-4。古马隆—茚树脂的诸多质量指标中，软化点是最重要的。

表9-10-4　古马隆—茚树脂质量（YB/T 5093—1993）

项目	指标		
	特级	一级	二级
外观颜色（按标准比色液），不深于	3	3	7
软化点（环球法）/℃	80～90	80～90	80～90
酸碱度范围（酸度计法），pH值	5～9	5～9	4～10
水分/%	≤0.3	≤0.3	≤0.4
灰分/%	≤0.15	≤0.5	≤1.0

9.10.2.3 古马隆—茚树脂的品种和用途

发达国家是按软化点划分古马隆—茚树脂的品种，如德国分为24种、美国分为7种，前苏联则按软化点和色泽分为13种。中国则是按其用途划分品种的。

古马隆—茚树脂应用范围很广。大量用于橡胶工业，以改善橡胶的加工性能，提高其抗酸、碱和海水侵蚀的能力；用古马隆—茚树脂配制的黏合剂，可作砂轮的黏合材料；在建筑工业中，古马隆—茚树脂作防潮层；在涂料工业中，用于配制船底漆，不但黏着性好，还可抑制海洋生物附着船底的速度；古马隆—茚树脂还可用作绝缘材料，配制油漆喷涂料和防锈、防腐涂料。

9.10.3 古马隆—茚树脂制造工艺步骤及框图

9.10.3.1 工艺步骤

古马隆—茚树脂生产分间歇工艺和连续工艺两种。一般以硫酸或三氟化硼乙醚络合物为催化剂。由于硫酸具有制品软化点不稳定等缺点，连续工艺一般不采用。但无论采用何种催化剂、何种工艺流程，其生产工艺大致分为如下几个步骤。

（1）原料初馏：得到适宜的古马隆—茚馏分。

（2）古马隆—茚馏分洗涤净化：碱洗脱酚、酸洗脱吡啶、水洗和脱色。

（3）净化古马隆—茚馏分的催化聚合：制取主要含有古马隆—茚树脂的聚合油。

（4）聚合油的中和水洗：脱除残余的催化剂，净化聚合液。

（5）净化聚合油的最终蒸馏：稳定聚合物的软化点，同时回收稀释剂和未聚合油。

（6）树脂固化包装：制取固体古马隆—茚树脂成品。

9.10.3.2 工艺流程框图

典型的古马隆—茚树脂制造工艺流程举例如图9-10-1所示。

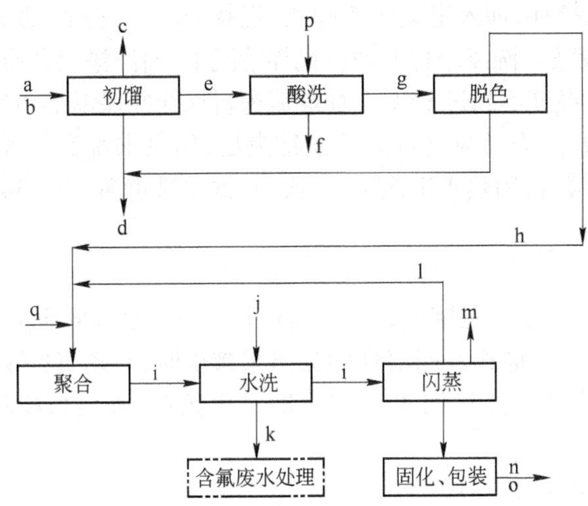

图 9-10-1 古马隆—茚树脂制造工艺流程框图

重苯;b—脱酚酚油;c—初馏分;d—萘油;e—古马隆馏分;f—古马隆重硫酸吡啶;g—酸洗古马隆馏分;—聚合原料油;i—聚合油;j—过滤水;k—含氟废水;i—轻闪蒸油;m—重闪蒸油;n—古马隆树脂 1 号;o—古马隆树脂 2 号;p—40% H_2SO_4;q—三氟化硼(BF_3)

9.10.4 概略的工艺过程

9.10.4.1 间歇生产工艺流程

A 原料初馏

脱酚酚油或重苯首先要在原料槽中静置脱水,装釜前将水放净。原料不同,初馏操作制度也不同。

a 脱酚酚油初馏

脱酚酚油用泵装入初馏釜,加热升温,初馏时间控制在 1.5 ~2 h。首先切取前馏分。当塔顶温度达到 145℃时,开始回流并切取精脱酚酚油(根据产品质量不断调节回流比)。当塔顶温度上升至 195℃,切取的精脱酚酚油的初馏点为 170℃、干点为 205℃时蒸馏结束。釜内残油自然冷却后放入残油槽。前馏分和残油送焦油蒸馏工段。

b 重苯初馏

重苯用泵装入初馏釜,加热升温,初馏时间控制在 1.5 ~2 h。首先切取前馏分。当塔顶温度达到 150℃时,开始回流并切取精重苯(根据产品质量不断调节回流比)。当塔顶温度上升至 195℃,切取的精重苯的初馏点为 180℃、干点为 210℃时,停止切取精重苯。然后控制釜顶温度为 195 ~210℃,切取低萘油,210 ~225℃时切高萘油。蒸馏结束后,釜内残油自然冷却后放入残油槽。前馏分可送往精苯工段;低萘油、高萘油和残油送焦油蒸馏工段分别处理。

B 洗涤聚合(浓 H_2SO_4 作催化剂)

古马隆—茚馏分洗涤净化和催化聚合在同一个洗涤聚合器中进行。首先向洗涤聚合器内加料,当原料为精重苯时,还需加入重苯溶剂油稀释,使其古马隆—茚的含量(质量分数)降到 18% ~25%,相对密度不大于 0.97(20℃)。在搅拌情况下,向洗涤聚合器内加入定量的稀碱液洗涤脱酚,搅拌 20 min,静置 20 min,洗涤液含酚量不大于 0.5% 后,放掉废液。含酚废液排放后，再开动搅拌，加入定量的稀硫酸，搅拌 20 min，静置 20 min，洗涤液含吡啶量不大于 0.5% 后放掉废液。洗涤净化的油在搅拌情况下，向洗涤聚合器内缓慢加入浓硫酸进行聚合反应，控制反应温度不超过 85℃。加酸后进行搅拌并保温半小时，以聚合液密度不再增加或反应温度不再升高为反应终点。反应结束后，用热水洗涤一次，并用稀碱液中和至 pH 值为 8～9，放掉废液，再用热水洗涤 1～2 次，每次水洗静置 20～30 min，放掉废水，聚合油放至储槽。

C 终馏

储槽中的聚合液用泵送入蒸馏釜，加热升温，并向釜内通入低压蒸气直接蒸吹。塔顶采出溶剂油，冷凝冷却后放入储槽。当溶剂油流出量减少时，启动真空泵进行减压蒸馏，蒸出高沸点油。当釜内树脂软化点达到 80℃ 以上时结束蒸馏，并放料冷却成固体古马隆树脂（或进行热包装）。

D 主要技术指标（见表 9-10-5）

表 9-10-5 古马隆—茚树脂间歇生产技术指标

项目		指标	项目		指标
（1）初馏脱酚酚油	前馏分产率/%	8	（2）初馏重苯	釜压/MPa	0.03
	精脱酚酚油产率/%	60		冷却后油的温度/℃	30～40
	塔顶温度/℃	145～195①		直接蒸气压力/MPa	2～4
	回流比	1②	（3）洗涤聚合	脱酚用碱浓度/%	14～15
	釜压/MPa	0.03		脱吡啶用酸浓度/%	40～46
	冷却后油的温度/℃	30～40		用作催化剂硫酸浓度/%	92～93
（2）初馏重苯	前馏分产率/%	4～8		用作催化剂的硫酸量⑤/%	4～5
	精重苯产率/%	40		聚合液密度/g·mL^{-1}	0.98
	塔顶温度（切精重苯）/℃	150～159①	（4）终馏	脱酚溶剂油产率⑥/%	70～78
	塔顶温度（切低萘油）/℃	195～210③		重苯溶剂油产率⑥/%	37～45
	塔顶温度（切高萘油）/℃	210～225③		高沸点油产率⑥/%	6～12
	回流比（切精重苯）	0.3/5④		直接蒸汽压力/MPa	2～4
	回流比（切低萘油）	3		真空度/MPa	≥0.08
	回流比（切高萘油）	0.2		热包装放料温度/℃	140
	萘油产率/%	19			

① 通直接蒸汽时为 95～130℃；② 回流比根据馏出量而变化，后期为 1；③ 通直接蒸汽时不采出；④ 前期为 0.3，后期为 5；⑤ 对精油；⑥ 对聚合液。

9.10.4.2 连续生产工艺流程

A 原料预蒸馏

储存在原料油槽中的脱酚酚油或重苯，由原料泵依次送入古马隆—茚馏分换热器和萘油换热器，分别与古马隆—茚馏分和萘油馏分换热，然后在初馏塔进料加热器用 0.8 MPa 蒸汽加热至 125℃ 后，进入初馏塔。初馏分自塔顶逸出，进入冷凝冷却器，由循环水冷却器冷却至 60℃ 左右，一部分作为塔顶回流，另一部分进一步冷却至 40℃ 左右自流至初馏分接受槽。初馏塔采用以 1.6 MPa 蒸汽加热的重沸器供热。初馏塔为常压操作。

初馏塔底油用泵抽送至古马隆—茚馏分塔,古马隆—茚馏分自塔顶逸出,经古马隆—茚馏分冷凝冷却器冷却至60℃进入古马隆—茚馏分回流槽。其一部分作为塔顶回流送回塔顶,其余部分经与原料换热冷却后送至古马隆—茚馏分中间槽。古马隆—茚馏分塔采用以1.6 MPa蒸汽加热的重沸器供热。古马隆—茚馏分塔底残油(萘油)用泵抽送并与原料换热至100℃后入萘油接受槽。

古马隆—茚馏分塔减压操作。用真空泵自古马隆—茚馏分塔回流槽抽真空,经排气凝缩器、真空捕集器和排气扩大器排入大气。

B 古马隆—茚馏分洗涤

古马隆—茚馏分酸洗采用两段洗涤。在第一酸洗槽内先加入40%硫酸,由酸洗泵打循环,硫酸作为循环管上喷射混合器的主流体,古马隆—茚馏分油作为副流体,依次通过喷射混合器和管道混合器后进入第一酸洗槽分离室,分离后的硫酸继续打循环,直至其浓度降到20%以下时方进行更换。第二酸洗槽与第一酸洗槽的工艺过程相同。

经两段洗涤分离的油由古马隆—茚输送泵送往苛性钠洗净槽。其槽内预先装入100 g/L NaOH,酸洗后的古马隆—茚馏分进入洗净槽底部,穿过碱液层,从槽顶部满流出去,进入水洗槽,进行三级串联水洗。中和槽中的碱液要根据pH值情况决定是否更换。

C 脱色精制

洗涤中和后的古马隆—茚馏分油用泵送入换热器,与塔顶采出的精制聚合原料油换热后进入脱色塔。精制的聚合原料油从塔顶采出,经冷凝冷却后,一部分打回流,其余部分经换热后送聚合原料油槽。塔底重油一部分进入重沸器,由1.6 MPa蒸汽加热后返回塔内为塔供热,其余重油由泵抽出。脱色塔为减压蒸馏。

D 催化聚合(BF_3乙醚络合物作催化剂)

聚合原料油用泵抽送至聚合预热器,由0.8 MPa蒸汽预热至85℃,与三氟化硼乙醚络合物催化剂在管道中混合后,连续送入带冷却水夹套的连续聚合管,控制聚合温度为85℃。在连续聚合管中,聚合反应完成80%后依次流入1号聚合槽和2号聚合槽,维持聚合温度为85℃,继续完成聚合反应。

E 聚合油水洗

反应终了后向聚合油中加入稀释剂,来调整油的密度和黏度。由泵抽送至喷射混合器并与副流体热水(75℃)混合后进入分离水槽澄清分离,聚合油自分离槽顶部自流入聚合油槽,含氟水自分离槽底部流入含氟水pH值调整槽,并加入100 g/L NaOH溶液调整pH值为7,然后流入油水分离槽,分离油送回聚合油泵前,分离水经处理后送往水处理设施。

F 净聚合油减压闪蒸

水洗后的净聚合油在储槽内充分静置脱水后先进入第一闪蒸塔,由0.8MPa蒸汽加热,控制塔顶温度为135℃,然后进入二级分离器完成气液闪蒸,分离的轻闪蒸油气经冷凝冷却后送槽区。分离液再送入第二闪蒸塔,由4.0 MPa蒸汽加热,控制塔顶温度为220℃,然后进入分离器完成气液闪蒸。分离的重闪蒸油气经冷凝冷却后送槽区。分离液即为古马隆—茚液体树脂。

G 结片、包装

第二闪蒸塔分离的古马隆—茚液体树脂连续在钢带结片机上形成1~3 mm的薄层,上面用送风机送冷风冷却,钢带下面通入冷却水冷却,当树脂从钢带机的头部运行到尾部时,树脂即固化成片状固体,从钢带上剥落下来。经刮板运输机和螺旋输送提升机把树脂送到产品储斗,储斗下设称量器和缝袋输送机,包装好的树脂用铲车送往仓库。

H　主要技术操作指标(见表 9-10-6)

表 9-10-6　古马隆—茚树脂连续生产技术指标

设备名称	温度/℃		压力/MPa	
	塔 顶	塔 底	塔 顶	塔 底
初馏塔	130	160		
古茚馏分塔	110	163	0.017	0.031
脱色塔	110	158	0.017	0.027
第一闪蒸塔	71	135		
第二闪蒸塔	135	220		
第一闪蒸塔分离槽			0.027	
第二闪蒸塔分离槽			0.0067	

9.10.5　关键设备

A　间歇生产工艺

(1) 洗涤聚合器为锥底结构立式反应器,碳钢壳体,内衬耐腐蚀层(如衬铅)。器内设机械搅拌器和冷却水盘管,前者确保反应均匀,后者确保反应热量及时排出。

(2) 初馏塔和精馏塔均为填料塔,碳钢材质。

B　连续生产工艺

(1) 蒸馏塔类。初馏塔、古茚馏分塔和脱色塔都是浮阀塔,塔体、塔盘的主要材质为碳钢。

(2) 洗涤槽:

1) 酸洗槽为卧式槽,中间有隔板,材质为高镍合金钢。

2) 水洗槽为锥底立式结构,带有机械搅拌器。

(3) 连续聚合管。聚合管为串联多段套管组,各组管径不同,一段管径最小,五段管径最大,内管材质为哈氏合金,套管为碳钢。

(4) 闪蒸塔。闪蒸塔为立式列管蒸发器,聚合油走管程,加热介质走壳程,碳钢材质。

(5) 钢带制片机。钢带制片机包括机身、风罩、传动滚筒、拉紧滚筒、不锈钢钢带和冷风分配管等。

9.10.6　古马隆—茚树脂软化点的控制

9.10.6.1　树脂软化点对橡胶生产工艺的影响

在我国,由于绝大多数(90%)古马隆—茚树脂用于橡胶工业,所以,其软化点的高低对橡胶制备工艺影响较大,见表 9-10-7。

表 9-10-7　古马隆—茚树脂软化点对橡胶制备的影响

软化点	与生胶混合状况	对橡胶质量影响
过高(>90℃)	树脂硬颗粒呈镶嵌状态	出现夹生现象
过低(<80℃)	树脂混合不均匀	影响弹性和柔软度

9.10.6.2 影响树脂软化点的因素

A 理论上的概念

聚合程度高、聚合温度高时,古马隆—茚树脂软化点容易提高;相反,则容易降低。通常树脂相对分子质量的大小是确定聚合程度的根据,相对分子质量大,反映出的是聚合程度高;相对分子质量小,聚合程度就低。

B 低沸点化合物与低聚合物

(1) 由于低沸点化合物(如酚类、苯乙烯等)含量高,会促使树脂软化点下降。所以,在初馏原料时应尽量切除苯乙烯等物,在碱洗时应尽量脱除酚类。

(2) 聚合程度不均匀(高的很高,低的很低),会影响树脂的软化点。而催化剂的选择会直接影响聚合程度的均匀性。如用三氟化硼作催化剂聚合精重苯所得的聚合液,在蒸馏过程中几乎没有低聚合物馏出,这表明聚合程度较均匀;同样,以浓硫酸作催化剂时,蒸馏聚合液却能切出大量的低聚合物,这表明聚合程度不均匀。

C 高沸点油的影响

高沸点油作为一种溶剂,能溶解古马隆—茚树脂,而这种油含量越多,树脂就越稀薄,其软化点就越低。因此,需采取减压最终蒸馏将高沸点油切除干净。树脂软化点与减压蒸馏时间的关系见表9-10-8。

表9-10-8 树脂软化点与减压蒸馏时间

减压蒸馏时间/min	10	20	30	60	90	100
树脂软化点/℃	65~70	75~78	80	85~88	90~100	98~102

参考文献

[1] GB 50058—1992:爆炸和火灾危险环境电力装置设计规范[S].

[2] GB 5044—1985:职业性接触毒物危险程度分级[S].

[3] 《中国冶金百科全书》总编辑委员会炼焦化工卷编辑委员会. 中国冶金百科全书:炼焦化工[M]. 北京:冶金工业出版社,1992.

[4] H. 泽林斯基,等. 炼焦化工[M]. 赵树昌等译. 鞍山:中国金属学会焦化学会,1993.

[5] 肖瑞华,白金锋. 煤化学产品工艺学(第2版)[M]. 北京:冶金工业出版社,2010.

[6] 巴什莱 Э И,等. 焦化产品回收与加工车间设计手册[M]. 虞继舜等译. 北京:冶金工业出版社,1996.

[7] GB 50016—2006:建筑防火规范[S].

[8] 金网照. 变压吸附工艺在宝钢制氢装置的应用[J]. 燃料与化工,2005,36(4):45.

[9] 戴连成,张树明. 苯加工中精制塔操作方法的探讨[C]. 见:中国金属学会炼焦化学论文选集. 北京:中国金属学会炼焦化学专业委员会,2002.

[10] 曲义年. 当前粗苯精制的方向——加氢精制[C]. 见:炼焦化学论文选集,第九卷(1994-1997). 鞍山:中国金属学会炼焦化学专业委员会,1998:90~96.

[11] 顾伟民,史延茹,董维宏. 变压吸附技术在燃气净化和产品精制中的应用[C]. 见:炼焦化学论文选集,第九卷(1994-1997). 鞍山:中国金属学会炼焦化学专业委员会,1998:82~83.

[12] 熊志华,姚辛茹,黄新维. 焦化厂精苯酸焦油处理技术及应用[C]. 见:炼焦化学论文选集,第九卷(1994-1997). 鞍山:中国金属学会炼焦化学专业委员会,1998:331~333.

10 焦油分离

10.1 煤焦油

煤焦油简称焦油，是煤在干馏和汽化过程中生成的液体产品，是具有刺激性臭味的黑色或黑褐色的黏稠状液体，是生产一系列芳烃、工业油和电极沥青等的原料。

10.1.1 焦油的种类

煤干馏工艺及干馏温度不同得到的煤焦油也不同，见表 10-1-1。

表 10-1-1 煤干馏和汽化得到的焦油

焦 油 名 称	干馏温度/℃	芳构化(芳化度)	含量高的组分	主要用途
低温干馏焦油	450～650	较低	脂肪烃、酚等含氧化合物	动力燃料
低/中温发生炉焦油	600～800	低	酚类(大量)、链烷烃、烯烃	动力燃料
中温立式发生炉焦油	900～1000	高	芳香烃类	提取芳烃
高温炼焦焦油	1000	最高	芳香烃类(最多)	提取芳烃

10.1.2 焦油的形成

煤在焦炉炭化室热分解过程中，发生一系列物理和化学变化，形成气态(煤气)、液态(煤焦油)和固态(半焦或焦炭)产物，如图 10-1-1 所示。

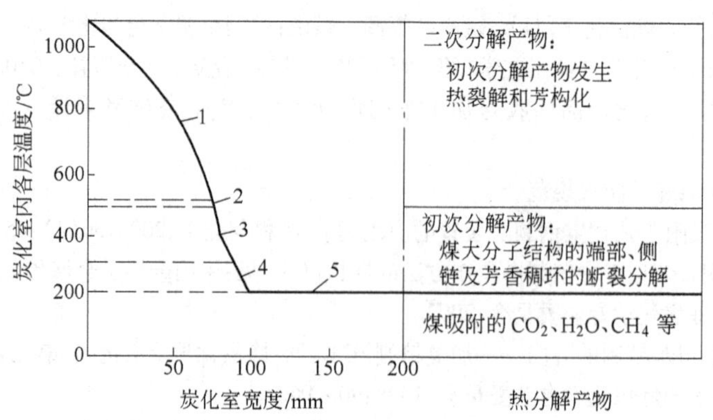

图 10-1-1 炭化室内温度分布与热分解产物

1—焦炭和半焦层；2—炼焦界线层；3—胶质层；4—前胶质层；5—煤层

煤生成焦油过程的第一阶段(常温～300℃)是煤的干燥脱气阶段。当温度低于 105℃时，释放出非结合状态的水分，达到 200℃时完成脱除吸附气体过程，主要析出 CH_4、CO_2 和

N_2;当温度升高到300~600℃时达到第二阶段,以解聚和分解反应为主,发生煤大分子侧链和基团的断裂,得到初次(或一次)分解产物(或称初焦油)。在450℃析出的焦油量最大。初焦油主要含有脂肪族化合物、烷基取代的芳香族化合物和酚类。第三阶段是在600~1000℃条件下,初次分解产物经过炭化室中心煤层及赤热的焦炭层进入炭化室顶部空间。这期间发生了包括热分解、聚合、缩合、歧化和异构化等非常复杂的热化学转化反应,形成二次分解产物,称为高温焦油,主要含有稠环芳香族化合物,在组成上与初焦油差别很大,见表10-1-2。

表10-1-2 初焦油和高温焦油组成

项 目		初 焦 油	高 温 焦 油
产率/%		10.0	3.0
组分的质量分数/%	饱和烃	10.0	
	酚 类	25.0	1.5
	萘	3.0	10.0
	菲和蒽	1.0	6.0
	沥 青	35.0	50.0
化合物种类		几百种	近万种

10.1.3 焦油的物理性质

10.1.3.1 闪点、自燃点和燃烧热

焦油闪点为96~105℃,自燃点为580~630℃,燃烧热为35700~39000 kJ/kg。

根据GB 50016—2006(2006年版)《建筑设计防火规范》生产的火灾危险性分类规定,焦油属于丙类可燃液体。

10.1.3.2 密度(d_t)

焦油的密度是评价焦油质量最主要指标之一。

焦油在20℃的密度为1.10~1.25 g/cm³,通常密度随温度的升高而降低。焦油在20℃以上时的密度(d_t)按式10-1-1确定:

$$d_t = d_{20} - 0.0007(t - 20) \qquad (10\text{-}1\text{-}1)$$

式中 d_{20}——焦油在20℃的密度,g/cm³;

t——实测密度时的温度,℃。

10.1.3.3 黏度

焦油的运动黏度按式10-1-2确定:

$$\lg\lg(100\nu + 0.8) = 13.80 - 5.33\lg T \qquad (10\text{-}1\text{-}2)$$

式中 ν——运动黏度,cm²/s;

T——温度,K。

实际应用多采用恩氏黏度,即在一定温度下,液态焦油从恩氏黏度计中流出200 mL所需的时间(s)与水在20℃时流出200 mL的时间(s)之比值,用E_t表示。一般焦油的恩氏黏度为:

温度/℃	40	80	150
恩氏黏度 E_t	20～30	3～5	1～2

10.1.3.4　质量热容(c_t)

焦油在不同温度时的质量热容(c_t)可按式10-1-3确定：

$$c_t = \frac{1}{d_{15}}(1.419 + 0.00519t) \tag{10-1-3}$$

式中　c_t——质量热容，kJ/(kg·℃)；

d_{15}——焦油在15℃的相对密度；

t——温度，℃。

焦油在不同温度范围的平均质量热容为：

温度范围/℃	20～100	25～137	25～184	25～210
平均质量热容/kJ·(kg·℃)$^{-1}$	1.650	1.729	1.880	2.100

10.1.3.5　蒸发潜热(λ)

焦油的蒸发潜热(λ)可按式10-1-4确定：

$$\lambda = 494.1 - 0.67t \tag{10-1-4}$$

式中　λ——焦油的蒸发潜热，kJ/kg；

t——温度，℃。

10.1.3.6　焓(H)

焦油的质量焓随其组成和温度而变化，一般可从手册查出，也可用馏分产率，即焦油各馏分馏出的累计百分数而得出，通过图10-1-2可查出。

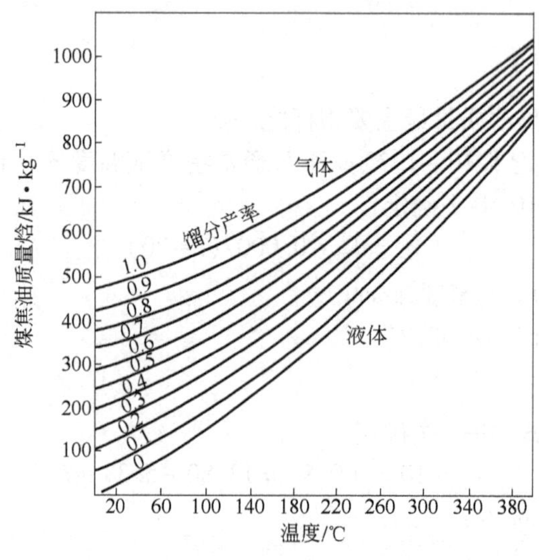

图10-1-2　不同馏分产率时煤焦油焓与温度的关系

10.1.3.7　甲苯不溶物(TI)和喹啉不溶物(QI)

甲苯不溶物是煤焦油中不溶于甲苯的组分，简称TI，是一些相对分子质量大的组分。其性能参见本书第 11.4.1.5 节。

喹啉不溶物是煤焦油中不溶于喹啉的组分，简称 QI，是一些颗粒在 100 ~ 1000 μm 的类似炭粒的组分。其性能参见本书第 11.4.1.5 节和第 10.3.5.2 节。

10.1.4 焦油的化学组成

焦油（高温炼焦焦油）是由多种有机物质组成的高芳香度的碳氢化合物的复杂混合物。其化学组成几乎完全是芳香族化合物，绝大部分为带侧链的多环、稠环化合物和含氧、硫、氮的杂环化合物，并含有少量脂肪烃、环烷烃和不饱和烃，以及煤尘、焦尘和热解碳。

焦油组分总数估计在 1 万种左右。从中已分离并认定的单种化合物约 500 种，占焦油总量的 55%。焦油中含量超过或接近 1% 的化合物仅有 10 种左右，约占焦油总量的 30%。焦油的主要组成见表 10-1-3。

表 10-1-3 焦油的主要组成

化合物名称		在焦油中的质量分数/%	化合物名称		在焦油中的质量分数/%
碳氢化合物	苯	0.12 ~ 0.15	含氮化合物	吡 啶	0.03
	甲 苯	0.18 ~ 0.25		2 - 甲基吡啶	0.02
	二甲苯	0.08 ~ 0.12		喹 啉	0.18 ~ 0.30
	茚	0.25 ~ 0.3		异喹啉	0.1
	苯的高沸点同系物	0.8 ~ 0.9		2 - 甲基喹啉	0.1
				菲 啶	0.1
	四氢化萘	0.2 ~ 0.3		7,8 - 苯并喹啉	0.2
	萘	8 ~ 12		2,3 - 苯并喹啉	0.2
	1 - 甲基萘	0.8 ~ 1.2		吲 哚	0.1 ~ 0.2
	2 - 甲基萘	1.0 ~ 1.8		咔 唑	0.9 ~ 2.0
	联 苯	0.2 ~ 0.4		吖 啶	0.1 ~ 0.6
	二甲基萘	1.0 ~ 1.2	含氧化合物	苯 酚	0.2 ~ 0.5
	苊	1.2 ~ 2.5		邻甲酚	0.2
	芴	1.0 ~ 2.0		间甲酚	0.4
	蒽	0.5 ~ 1.8		对甲酚	0.2
	菲	4 ~ 6		二甲酚	0.3 ~ 0.5
	甲基菲	0.9 ~ 1.1		高级酚	0.75 ~ 0.95
	荧 蒽	1.8 ~ 2.5		苯并呋喃	0.04
	芘	1.2 ~ 2.0		二苯并呋喃	0.5 ~ 1.3
	苯并芴	1.0 ~ 1.1	含硫化合物	硫 茚	0.3 ~ 0.4
	䓛	0.65 ~ 1.0		硫 芴	0.4

焦油的元素分析明细为：

焦油含有的元素	碳	氢	氧	氮	硫	其他元素
元素含量/%	88.8 ~ 91.1	5.6 ~ 6.1	1.6 ~ 3.6	1.0 ~ 1.3	0.4 ~ 0.8	痕量

10.1.5　焦油的质量标准

10.1.5.1　国内煤焦油质量全分析

通常按焦油质量全分析指标划分焦油的等级，煤焦油质量全分析见表 10-1-4。

表 10-1-4　煤焦油质量全分析

指　　标		攀钢焦化厂	梅山焦化厂	鞍钢化工总厂	原北京焦化厂	吉林电石厂
相对密度(20℃)		1.166	1.173	1.165	1.1809	1.18
恩氏黏度(E_{80})		2.22	—	7.34	7.1	—
灰分/%		0.092	0.092	0.067	0.092	0.065
游离碳/%		4.49	4.87	3.7	8.04	6.47
蒸馏试验	0～180℃馏出量(体积分数)/%	0.3	0.67	0.43	0.172	0.177
	180～210℃馏出量(体积分数)/%	0.512	1.59	0.54	4.43	0.147
	210～230℃馏出量(体积分数)/%	15.64	10.58	17.7		15.07
	230～270℃馏出量(体积分数)/%	4.72	9.53	5.27	11.67	5.68
	270～300℃馏出量(体积分数)/%				4.84	
	300～360℃馏出量(体积分数)/%	17.21	18.60	15.47	13.07	17.38
沥青/%			55.52		65.45	
含酚/%		0.942	1.68	2.16	0.508	1.44
含萘/%		9.07	9.70	10.4	10.12	10.76
含吡啶/%		0.49	1.05	1.12	0.67	0.396
含粗蒽/%		5.7	6.89	3.7	0.812①	4.53

① 表示含蒽量。

10.1.5.2　焦油蒸馏用的焦油质量标准

用于蒸馏的焦油质量标准是 YB/T 5075—1993(见表 10-1-5)，其中密度和甲苯不溶物(TI)是评价蒸馏用焦油的最重要的两项指标。

表 10-1-5　煤焦油质量标准

指　标	中国 YB/T5075—1993		前苏联 Ty14－6－171—80①				前苏联 ГОСТ 1462—80②	日本 JISK 2439—83③		
	一级(1号)	二级(2号)	牌号 A		牌号 B			一级	二级	三级
			一级	二级	一级	二级				
密度/g·cm^{-3}	1.15～1.21	1.13～1.22	1.20	1.22	1.22	1.24	<1.22	1.10～1.25	1.10～1.25	1.10～1.30
水分/%	≤4.0	≤4.0	<3.0	<4.0	<3.0	<4.0	<4.0	<1.0	<2.0	<2.0
灰分/%	≤0.13	≤0.13	<0.08	<0.10	<0.08	<0.10	<0.2			
TI/%	3.5～7.0	<9.0	<8.0	<11.0			<9.0	<15	<25	<25
QI/%			<3.0	<4.0						
恩氏黏度(E_{80})	≤4.0	≤4.2				2.5～4.2				

续表 10-1-5

指 标		中国 YB/T5075—1993		前苏联 Ty14-6-171—80①				前苏联 ГОСТ 1462—80②	日本 JISK 2439—83③		
		一级（1号）	二级（2号）	牌号 A		牌号 B			一级	二级	三级
				一级	二级	一级	二级				
含萘量/%		≥7.0	≥7.0				<10.0				
蒸馏试验	230℃前/%								>5	>5	>5
	300℃前/%								>20	>20	>25

① Ty14-6-171—80 是加工利用的煤焦油指标；② ГОСТ 1462—80 是作为成品销售的煤焦油指标；③ JISK 2439—83 中三级是供制造耐火砖用的煤焦油指标。

10.1.5.3 主要国家的煤焦油质量标准

各国结合国情制定的煤焦油质量标准见表 10-1-5。

10.1.6 炼焦对焦油的影响

10.1.6.1 对焦油性质和组成的影响

初焦油的性质与装炉煤的性质有明显的依赖关系，而对高温焦油来说，这种依赖关系基本消失。高温焦油的组成和性质主要取决于炼焦温度和热分解产物在高温下作用的时间。在正常的炼焦全过程中，炉顶空间状态的影响是决定性的。具体是：炉顶空间温度升高，则焦油的密度、TI、QI 均随之增大，焦油中某些主要化合物如萘、菲、荧蒽、芘、蒽、芴、β-甲基萘、二甲基萘及氧芴等含量的变化都遵循着先增加后减少的规律。

10.1.6.2 对焦油产率的影响

炼焦温度和炉顶空间温度影响焦油产率和组成。炼焦温度对焦油产率的影响如图 10-1-3 所示。沥青的产率随炉顶空间温度升高而增大。

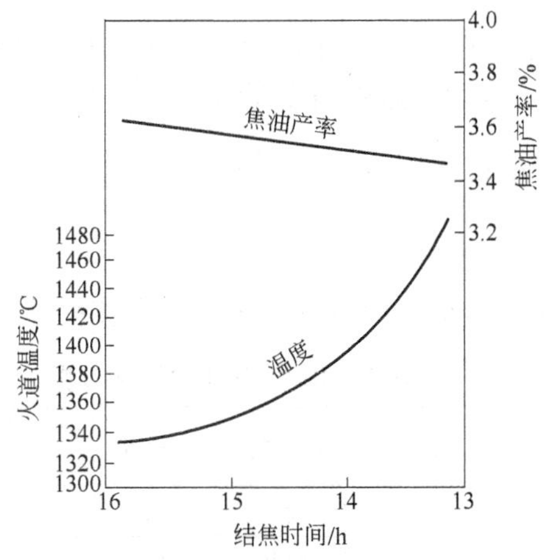

10-1-3 焦油产率与结焦时间的关系（炭化室宽 450 mm）

在正常炼焦条件下，焦油产率取决于装炉煤的挥发分，在配煤挥发分（V）为 20% ~30% 的范围内，焦油的产率（X）由式 10-1-5 计算：

$$X = -18.36 + 1.53V - 0.026V^2 \tag{10-1-5}$$

10.2　焦油蒸馏技术

10.2.1　目前国内的焦油蒸馏

10.2.1.1　焦油蒸馏现状

焦油蒸馏是在工业条件下分割焦油的最基本方法。通常是由一整套加热、蒸发、分馏及冷凝冷却等化工单元操作构成。

从一段汽化与馏分切割的方式分析，国内焦油蒸馏技术并不落后，主要采用国内外通用的精馏法现代管式炉连续蒸馏工艺流程。只是在装置规模、热利用等方面存在一定的差距。国内焦油蒸馏现状见表10-2-1。

表10-2-1　国内焦油蒸馏现状

工　艺	操作方式	操作压力	技术发展趋势	样板装置
焦油蒸馏	间　歇	减压蒸馏	逐步淘汰	≤1.2 t/a 焦油蒸馏
	连　续	常压蒸馏	维持现状	3～15 万 t/a 焦油蒸馏
		常—减压蒸馏	技术方向	≥20 万 t/a 焦油蒸馏
		减压蒸馏	技术方向	≥10 万 t/a 焦油蒸馏

10.2.1.2　焦油蒸馏的发展方向

2004年12月16日国家发改委第76号文件正式公布了《焦化行业准入条件》，明确提出"新建煤焦油单套加工装置规模要达到处理无水焦油10万t/a及以上"。这是一个指导我国炼焦工业发展的法规性文件，指导着中国炼焦行业实现"总量控制、调整结构、节约能(资)源、保护环境、合理布局"的全面、健康的可持续发展，煤焦油集中加工的局面正在形成之中。

目前正在筹建的焦油集中加工项目有内蒙古，山西孝义、长治和吕梁地区以及中日合资的山东杰富意振兴化工有限公司等，规模均在30万t/a左右。

10.2.2　焦油连续蒸馏的操作压力

10.2.2.1　操作压力综合比较

焦油有常压蒸馏、常—减压蒸馏和减压蒸馏等三类工艺流程，其特点综合比较见表10-2-2。

表10-2-2　不同操作压力特点比较

焦油蒸馏操作压力	最终脱水压力	最终加热温度	能　耗	工艺操作	操作费	有害气体泄漏	馏分热聚合程度	投　资
常压	常压	高	高	简单	低	多	高	低
常—减压	常压	低	较低	复杂	高	较少	较低	高
减压	常压	低	低	较复杂	较高	最少	最低	较高

通过比较，焦油常—减压连续蒸馏工艺和焦油减压连续蒸馏工艺是当今焦油加工的发展趋势，应为首选方案。采用减压的目的是降低蒸馏温度，加快蒸馏速度和防止加热系统结

焦,并可提高切取馏分的质量,有利于提高萘的提取率。但由于多了真空工艺操作,流程较复杂。

10.2.2.2 德国吕特格式焦油常—减压连续蒸馏

A 工艺流程

图 10-2-1 是德国 20 万 t/a 焦油常—减压蒸馏工艺流程,是吕特格(Rutgers)公司开发的精细分馏法工艺。

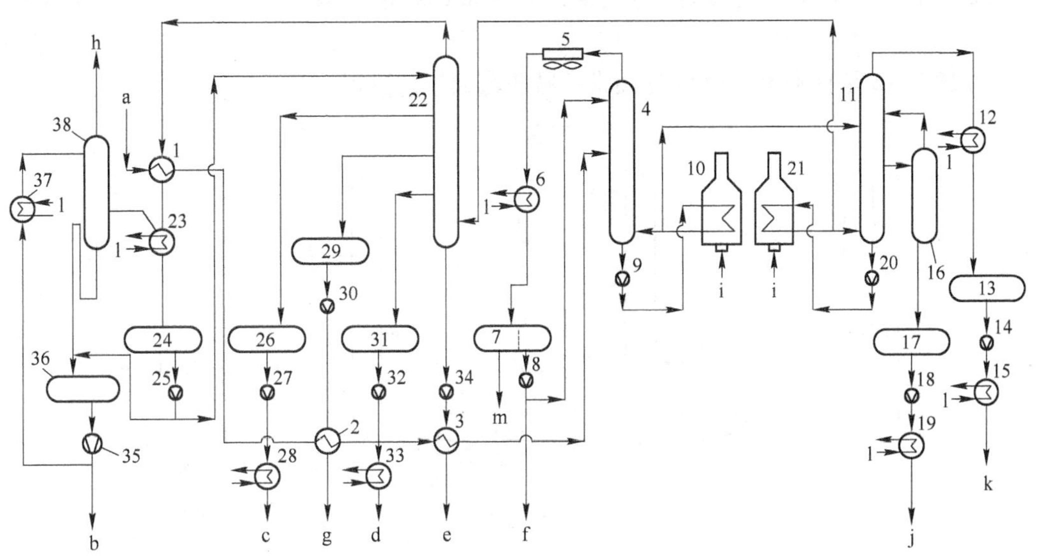

图 10-2-1 吕特格式焦油常—减压连续蒸馏

a—原料焦油;b—甲基萘油;c—洗油;d—二蒽油;e—中温沥青;f—轻油;g—一蒽油;
h—洗净后去真空泵系统的排气;i—煤气;j—萘油;k—酚油;l—冷却水;m—废水;
1—焦油/甲基萘油换热器;2—焦油/一蒽油换热器;3—焦油/沥青换热器;4—脱水塔;5—空冷器;6—脱水塔冷却器;
7—油水分离及回流接受槽;8—轻油泵;9—脱水塔底油泵;10—脱水塔加热炉;11—常压塔;12—常压塔冷凝冷却器;
13—酚油槽;14—酚油泵;15—酚油冷却器;16—侧线塔;17—萘油槽;18—萘油泵;19—萘油冷却器;
20—常压塔焦油泵;21—常压塔加热炉;22—减压蒸馏塔;23—甲基萘油冷却器;24—甲基萘油回流槽;
25—甲基萘油泵;26—洗油槽;27—洗油泵;28—洗油冷却器;29—一蒽油槽;30—一蒽油泵;
31—二蒽油槽;32—二蒽油泵;33—二蒽油冷却器;34—沥青泵;35—甲基萘油泵;
36—甲基萘油槽;37—甲基萘油冷却器;38—排气洗净塔

B 工艺特点

(1) 由于采用的是精细分馏法工艺,切取 7 个馏分油及残留物沥青,适合后续馏分进一步深加工提取基本有机合成的原料。各馏分对无水焦油产率为:轻油馏分 0.5% ~1.0%,酚油馏分 2.0% ~2.5%,萘油馏分 11% ~12%,甲基萘油馏分 2% ~3%,洗油馏分 4% ~5%,一蒽油馏分 14% ~16%,二蒽油馏分 6% ~8%,沥青 54% ~55%。

(2) 常压塔顶切酚油馏分是余热利用最好的切取方案(参见本书第 10.2.4.1 节);甲基萘油从减压塔顶切出,部分作回流,其余经排气洗净塔吸收真空排气的有害物后作为产品;沥青与原料焦油换热节能效果好。

(3) 参考的操作指标见表 10-2-3。

表 10-2-3 吕特格式常—减焦油蒸馏指标

项目	指标	项目	指标
脱水塔顶温度/℃	100~110	减压塔进料温度/℃	360~370
常压塔进料温度/℃	250~260	减压塔顶绝压/kPa	26.6
常压塔顶温度/℃	170~175	焦油预热后温度/℃	120~130
萘油侧线切取温度/℃	200~210		

10.2.2.3 日本JFE(杰富意)式焦油常—减压连续蒸馏

A 工艺流程

图10-2-2是日本30万t/a焦油常—减压蒸馏工艺流程。

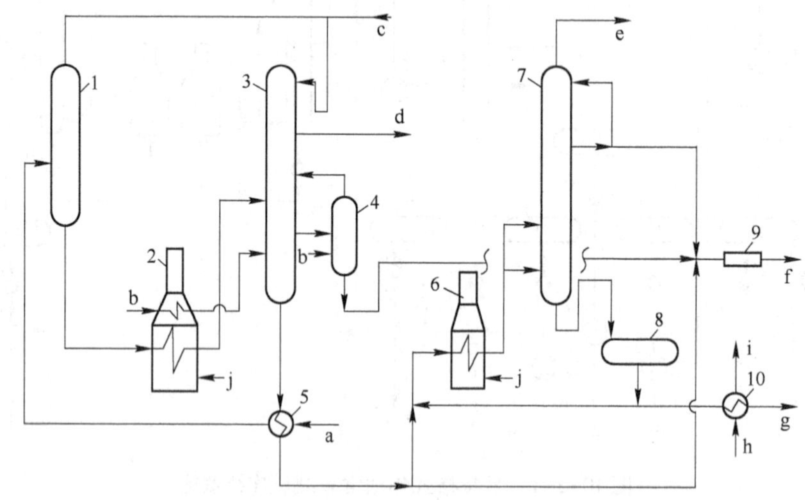

图10-2-2 JFE式焦油常—减压连续蒸馏流程示意图

a—原料焦油;b—水蒸气;c—焦油轻油;d—中油;e—真空排气(去真空泵);f—配制后的优质炭黑油;g—沥青(去冷却成形);h—锅炉给水;i—副产蒸汽;j—焦炉煤气

1—脱水塔;2—常压加热炉;3—常压塔;4—洗油汽提塔;5—换热器;6—减压加热炉;7—减压塔;8—滞留槽;9—混合器;10—蒸汽发生器

B 工艺特点

(1) 由于是简易蒸馏法工艺,常压塔切取中油(酚、萘)馏分后,以生产炭素原料为主要目的,减压塔直接生产沥青。

(2) 常压塔切出的重洗油与塔底部分软沥青及减压塔切出的重油(蒽油和沥青闪蒸油)配制成优质的炭黑原料油(CB油)。

(3) 工艺流程简单,能耗较低,轻油、中油馏分可继续开展深加工。

(4) 最大限度地解决了沥青的出路,沥青产率为19%~35%,优质炭黑油(CB油)为50%~67%。

(5) 一次性建设投资相对较少。

10.2.3 最佳分离方案的确定

10.2.3.1 最佳分离方案确定的原则

最佳分离方案确定的原则主要是易操作、流程短、能耗低和利环保。对于某一焦油蒸馏工艺,要想全部满足这四项原则是很难的。但是必须首先确保产品质量和产量,然后再考虑提高收率、降低能耗和环境保护。一般原则见表 10-2-4。

表 10-2-4 切取馏分方案一般原则

原则的顺序	原 则	达到的效果
1	易操作	目的产品质量和产量稳定,且收率高
2	流程短	用最少的投资,获得最大的生产能力
3	能耗低	最大限度地回收利用热能
4	利环保	消除或最大限度地减少“三废”

10.2.3.2 蒸馏塔的数量

按焦油蒸馏的蒸馏塔个数来分,可分为单塔、双塔和多塔流程,其比较见表 10-2-5。

表 10-2-5 蒸馏塔的数量选取

蒸馏塔数	工艺流程	设备投资	产品质量	过程稳定性	操作控制
单塔流程①	短	少	受些影响	差	不易
双塔流程②	较长	较多	较好	较好	较易
多塔流程③	长	增加	高	好	易

① 英国克拉仑斯焦化厂、法国马列诺焦化厂采用;② 捷克乌尔克斯厂采用;③ 英国贝克顿煤气厂、前联邦德国考伯斯公司和吕特格公司采用。

10.2.3.3 加热蒸发段数

以管式炉的加热蒸发段数来看,可分为一段一次蒸发、两段两次蒸发和多段多次蒸发等三种,其比较见表 10-2-6。

表 10-2-6 管式炉加热蒸发段数

蒸发段数	适用的操作压力	国外典型代表厂
一段一次	常压或减压	英国贝克顿煤气厂
二段二次	常—减压	前联邦德国考伯斯公司
多段多次	减压	前联邦德国吕特格公司

10.2.3.4 馏分分割顺序原则

在焦油蒸馏时,多塔流程各馏分的切割顺序将对设备的尺寸、能量的消耗及产品质量产生很大的影响。最佳的馏分切取方案应按表 10-2-7 的原则综合考虑确定。

表 10-2-7 分割顺序原则

分割依据	做 法	效 果
馏分的挥发度	如挥发度顺序是 a > b > c > d,则分离顺序是 a→b→c→d	各馏分只经一次加热和一次冷凝,节约能量
含量少的轻馏分	首先将其从塔顶除去	节约能量
含量多和重馏分	尽早将其从塔底除去	减小后续设备尺寸,节能
相互难分的馏分	最后分离或从副塔中分离	既节能、减小设备尺寸,又易控制产品质量
减少热化学变化	尽量从系统除去易热聚合物质	防止结焦和堵塞设备

10.2.3.5 最新焦油蒸馏的概念流程

20 世纪 80 年代吕特格公司开发的一段蒸发减压多塔焦油精馏流程，迄今仍然是先进的概念流程，如图 10-2-3 所示。

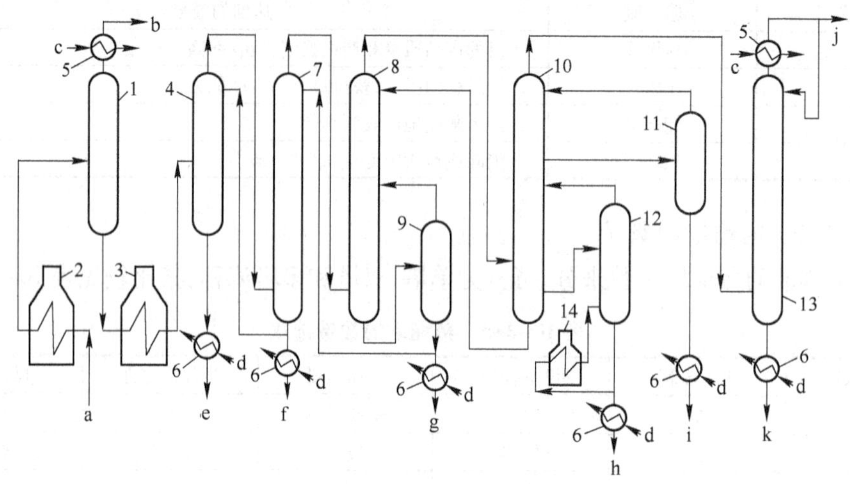

图 10-2-3　焦油蒸馏概念流程

a—原料焦油；b—轻油；c—冷却水；d—冷介质；e—沥青；f—芘油；g—蒽油；h—苊油；i—甲基萘油；j—真空排气（去真空泵）；k—酚油
1—脱水塔；2—脱水加热炉；3—管式加热炉；4—脱沥青塔；5—轻油冷凝器；6—冷却器；7—芘油塔；8—蒽塔；9—蒽油汽提塔；10—洗油塔；11—甲基萘油汽提塔；12—苊油汽提塔；13—萘塔；14—汽提塔加热炉

工艺特点说明如下：

（1）除焦油脱水工艺外，整个系统都是负压操作，最大限度地减少了有害气体的泄漏量；蒸馏速度快，减少了热化学变化，产品质量好，降低了能耗。

（2）由管式加热炉一次加热焦油馏分一次汽化，最大限度地降低了能耗。

（3）工艺系统是由 4 台主蒸馏塔和 3 台汽提副塔组成的多塔流程，过程稳定性好，操作控制容易，产品质量好。

（4）首先从塔顶切除挥发度大的轻油，其次从塔底切出占焦油 50% 以上的沥青，节省了能源、减小了后续设备尺寸，节省了投资。

（5）难以与其相近组分分离的蒽油、苊油及甲基萘油都经过其副塔进一步汽提得到较好的分离。

（6）预计的馏分产率为：轻油 2%，沥青 50%，芘油 5%，蒽油 22%，苊油 3%，甲基萘油 3%，萘油 12%，酚油 3%。

10.2.4 热能合理利用

10.2.4.1 选择节能的工艺单元操作

（1）采用减压或常减压蒸馏方式。宝钢减压焦油蒸馏的一次汽化温度为 340℃，比常压一塔式低 60℃左右，宝钢减压蒸馏的加热炉单位焦油供给的有效热量比常压一塔式少 419 MJ（10 万 t/a 规模）。

(2) 按挥发度大小合理地分离切取馏分。首先切除挥发度大的轻油及含量大的组分——沥青。

(3) 用馏分与原料换热或副产蒸汽,可提高余热利用效果。

10.2.4.2 充分回收二次能源

除了轻油馏分外,焦油切取的其他馏分及沥青的"能级"(有效能焓占输出能焓值的百分数)均在20%左右,沥青的焓值大,能级也高。这就决定了可利用馏分的二次能源。工业上通常做法为:

(1) 当塔底为流动性较好的软沥青(软化点在70℃以下)时,可用热沥青与原料焦油换热。在效果好的情况下,可达到焦油最终脱水的温度(120~130℃),省略掉管式炉加热脱水的工艺过程,如德国吕特格公司的常—减压焦油蒸馏流程。

(2) 将萘油、洗油、蒽油馏分作为热源在蒸汽发生器(又称废热锅炉)生产0.3~0.4 MPa的副产蒸汽,如宝钢减压焦油蒸馏流程。

10.2.5 导热油加热技术的应用

近20年来,日益成熟的导热油加热技术,因其具备较低压力(最安全压力)下可获得高温的优异特性而被广泛地应用于各个领域。

10.2.5.1 导热油加热技术的适用范围及优点

A 适用的温度范围

(1) 采用矿物油型导热油,-40~310℃;

(2) 采用合成油型导热油,-40~400℃(最低可达-73℃)。

B 可采取导热油加热技术的用户

(1) 在同一个工艺过程(或工厂)有多个热支出的;

(2) 需要同一个导热油系统具有加热和冷却两种功能的;

(3) 需要精确控制温度的高温加热的;

(4) 被加热介质对温度较敏感的;

(5) 无人值守的加热和冷却系统。

C 与蒸汽相比较导热油加热的优点

(1) 可以替代由大蒸汽管道、冷凝水排放、闪蒸罐及压力调节等组成的蒸汽供给系统,工程造价低;

(2) 因系统没有水垢结垢堵塞、锈蚀等故障,所以维修工作量相对减少,维护费用低;

(3) 由于没有水质处理系统、没有蒸汽冷凝水排放损失和排污处理等,因此日常操作费用也较低;

(4) 既可供给热量又可拿走余热。热量传递均匀、滞后现象小,运行稳定,操作可靠。

10.2.5.2 导热油加热闭式概念流程

A 卧式膨胀槽、双膨胀管的基本流程(见图10-2-4)

B 由导热油加热基本流程组合的工艺流程

(1) 向操作温度相同或不同的多个用户供热。对操作温度不同的用户应设旁通的温控阀系统,以满足不同温度的要求。

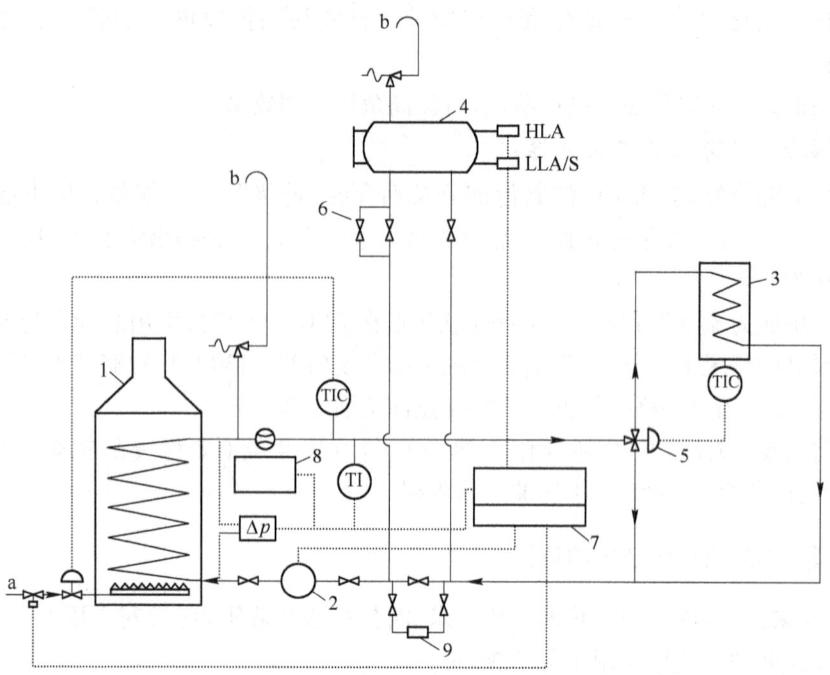

图 10-2-4　导热油加热的基本系统(一个用户)

a—燃料;b—排至安全区

TIC—温度指示控制器;TI—温度指示;HLA—高液位报警;LLA/S—低液位报警/切断;Δp—压力差

1—导热油加热炉;2—泵;3—用户 4—膨胀罐;5—温控阀;6—旁通;7—安全控制系统;8—流量计;9—过滤器

(2) 向操作温度不同的多个用户供给及带走热。同样应设旁通的温控阀来调节温度。

10.2.5.3　推荐的导热油加热系统首次开工程序

本程序适合于新建成的或系统全放空后又重新启动的导热油加热系统。

(1) 检查安全和控制装置,确认仪表等量程的设定值是否符合操作要求。仪表切换到手动操作。

(2) 检查泄漏。

(3) 使用脱湿的压缩空气(或其他措施)吹扫系统中的湿汽,将系统吹干。

(4) 充填导热油。首先打开通往膨胀槽和大气的管道,置换该系统中的空气。将导热油填充至膨胀槽的最低液位。打开所有的阀门,启动主循环泵,观察和调节膨胀槽液位,使达到操作温度时膨胀槽液位达到 70% ~75% 。

(5) 循环 3 ~4 h,排除系统中不凝气,保证系统被充满,导热油(加热炉点火前)在系统中顺畅地循环(一般为 3 ~4 h)。

(6) 加热炉点火,慢慢升温,升温速度约为 35℃/h。升温至操作温度时,热用户切入循环回路。膨胀槽内顶部空间充满保护性气体(如氮气)。

(7) 系统投入运行 24 h 后,对导热油取样化验。

(8) 检查系统的过滤器,发现堵塞及时切换清洗。同时对系统进行巡回检查,发现异常及时处理。

(9) 系统进入正常运转。

10.2.5.4 对导热油的技术要求

导热油是热传导液的俗称(习惯称呼),又称有机导热油,也称有机传热介质。所谓传热介质就是具有热稳定性和化学稳定性的化合物用于间接加热和除热等传热的介质。水和水蒸气就是最普通的传热介质。

A 导热油的分类

导热油分矿物油型和合成油型两大类。

a 矿物油型(工作温度范围 -40 ~ 310℃)

矿物油型是将石油蒸馏切取目的馏分段、经进一步精制及添加功能添加剂调制而成的。其中,精制后的石油馏分是确保产出的导热油是高质量的基础油;功能添加剂和调配工艺是确保导油质量的关键所在。两者缺一不可。

矿物油型导热油按其基础油的主要组分可分为烷烃基、环烷烃基和芳烃基三种,其中芳烃基的导热油使用条件苛刻,对人和环境危害较大,现在很少使用。

b 合成油型(工作温度范围 -40 ~ 400℃)

合成油型是以石油化工产品为原料、经有机合成制造的一种较单一的纯净物质。

其最高使用温度可大于320℃(最高能达400℃)。该种导热油热稳定性好,使用寿命长,可再生,可在液态或气态下使用。其不足是价格贵,目前主要靠进口。

B 热传导液技术要求(SH/T 0677—1999)

热传导液技术要求(SH/T 0677—1999)详见表10-2-8。

表10-2-8 热传导液技术要求(SH/T 0677—1999)

项目	质量指标					试验方法
	L-QB 240	L-QB 280	L-QB 300	L-QC 320	L-QD XXX	
初馏点/℃	≥240	≥280	≥300	≥320		SH/T 0558
闪点(闭口)/℃	≥100					GB/T 261
闪点(开口)/℃	≥160	≥180	≥190	≥200		GB/T 3536
硫含量(质量分数)/%	≤0.2					GB/T 387
氯含量(质量分数)/%	≤0.01					
中和值,KOH/mg · g^{-1}	≤0.2					GB/T 4945
铜片腐蚀(100℃,3 h)/级	≤1					GB/T 5096
水分/mg · kg^{-1}	≤200	≤500				GB/T 11133
倾点/℃	≤ -9					GB/T 3535
密度(20℃)/kg · m^{-3}	报告					GB/T 1884 和 GB/T 1885
灰分(质量分数)/%	报告					GB/T 508
残碳(质量分数)/%	报告					GB/T 268 和 GB/T 17144
馏程/℃	报告					SH/T 0558
运动黏度/$mm^2 \cdot s^{-1}$ 0℃	报告					GB/T 265
运动黏度/$mm^2 \cdot s^{-1}$ 40℃	报告					GB/T 265
运动黏度/$mm^2 \cdot s^{-1}$ 100℃	报告					GB/T 265
自燃点/℃	报告					SH/T 0642
热稳定性(最高使用温度下加热)	720 h			1000 h		SH/T 0680

续表 10-2-8

项　　目	质量指标					试验方法
	L-QB 240	L-QB 280	L-QB 300	L-QC 320	L-QD XXX	
外　观	透明、无悬浮物和沉淀			透明、无悬浮物和沉淀		
变质率(质量分数)/%	≤10			≤10		

注:1. 质量热容、导热系数、蒸气压、允许的薄膜温度等与加热系统设计有关的物性参数不作为本标准必须的技术要求,如果用户有需要,可要求生产商或供应商提供。
2. 当初馏点低于最高使用温度时,热传导液必须在闭式传热系统中使用。
3. 当闪点(开口)低于规定的指标时,热传导液必须在闭式传热系统中使用。
4. 如用户有特殊要求可协商制定协议指标。
5. 所有"报告"项目,由生产者向使用者提供实测数据,以供选择。
6. 热稳定性为保证项目,未经评定的产品需进行测定;新产品定型时需进行测定;产品配方(基础油或添加剂)改变时需重新测定。

10.2.5.5　工业应用实例

A　济钢焦油减压蒸馏的导热油换热系统

该系统是用导热油炉加热,以净焦炉煤气作燃料。导热油炉出口温度(系统的最高温度)为270℃时用于加热;当温度降至230℃时,又作改质沥青(370℃)的冷却剂,此时导热油吸收热量达到247℃,在导热油炉补充加热至270℃。济钢焦油减压蒸馏的导热油加热系统如图10-2-5所示。

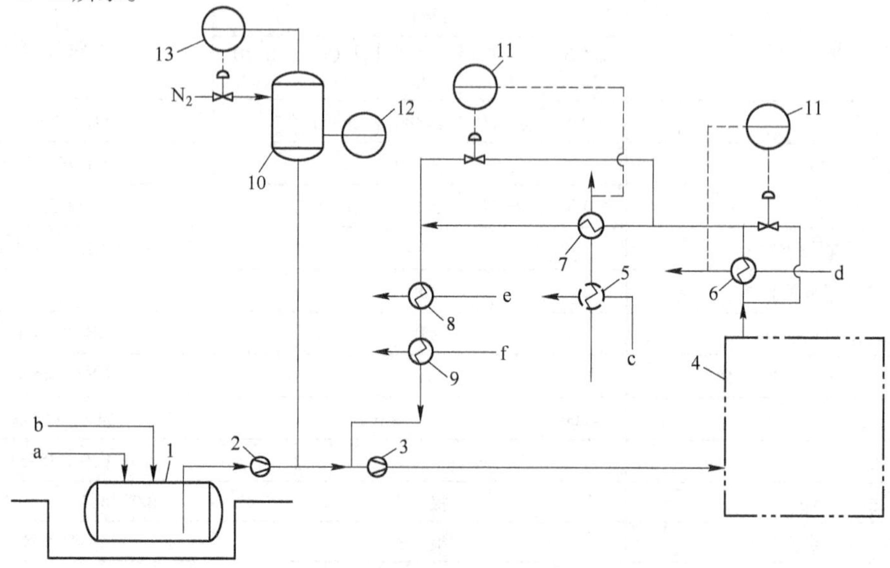

图 10-2-5　济钢焦油减压蒸馏的导热油系统

a—补充导热油;b—导热油炉系统安全阀泄压油气;c—脱水塔底循环焦油;d—含水焦油;e—液体改质沥青;f—闪蒸油气

1—导油槽;2—导热油补充泵;3—导热油循环泵;4—导热油炉系统;5—焦油加热炉节能器;6—脱水塔重沸器;7—焦油预热器;8—改质沥青冷却器;9—闪蒸油冷凝冷却器;10—膨胀槽;11—温度指示调节;12—液位指示报警;13—压力指示调节报警

B 山西焦化厂常—减压焦油蒸馏的导热油系统

该系统是一个加压的导热油回路，以充分回收和利用热量资源。是以约750℃的沥青加热炉烟气为热源，通过节能器使导热油升温至279℃，依次向2、3、4、6、10用户供热后降至135℃。再连续从11、12、13、14冷却设备回收热量后温度提高到250℃，返回节能器。山西焦化厂常—减压焦油蒸馏的导热油加热系统如图10-2-6所示。

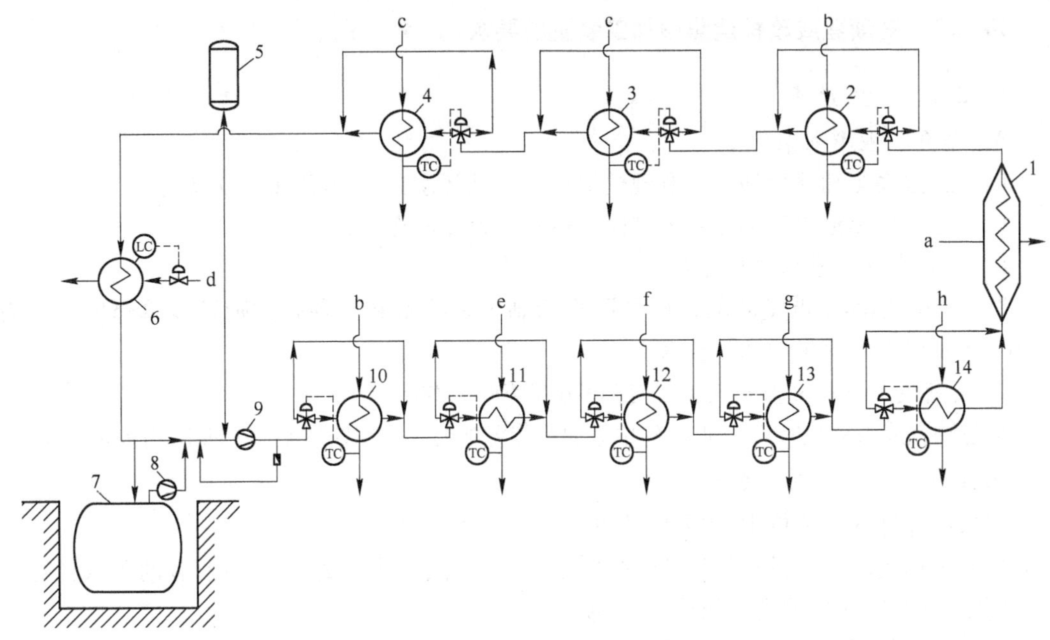

图10-2-6 山西焦化厂焦油蒸馏的导热油系统

a—烟气；b—含水焦油；c—脱水焦油；d—锅炉给水；e—重质油；f—脱沥青油气；g—液体改质沥青；h—油气
1—沥青加热炉节能器；2—脱水焦油预热器；3—脱水加热器；4—降膜式焦油预热器；5—膨胀槽；
6—蒸汽发生器；7—放空槽；8—导热油补给泵；9—循环泵；10—焦油预热器；11—重油冷却器；
12—脱沥青油冷却器；13—沥青冷却器；14—分缩器

10.2.6 新型波纹板填料的应用

波纹板填料属于规整填料类别，国内通称波纹板填料或孔波纹板填料。

10.2.6.1 主要的填料分类及比较(见表10-2-9)

表10-2-9 主要填料分类及比较

填料分类	填料种类	特点	适用范围
颗粒填料	环形	传统，通量大，液体有沟流，再分布性较差	小直径塔
	鞍形	传统，通量小，液体再分布性较好	小直径塔
	金属矩鞍环形	新型，通量大，液体再分布性较好	大直径塔
规整填料	丝网型		
	板波纹型①(板片型)	新型，流通量大，效率高(因其比表面积最大)，压降小(气液不互相阻碍)，无放大效应	大规模生产中

① 目前应用较广的是瑞士苏尔寿(Sulzer)等的波纹板填料。

10.2.6.2 在蒸馏和吸收中的应用

近15年来，在蒸馏和吸收领域中，最突出的变化是新型波纹板规整填料在大直径塔中开始广泛应用。这标志着塔填料、塔内件以及填料塔的综合设计应用技术已进入一个新阶段。

国内镇江焦化厂的焦油蒸馏塔由瓷环填料更换为孔波纹板规整填料后的效果是：

(1) 降低了釜压，缩短了蒸馏时间。

(2) 提高了萘集中度。中油含萘由过去的50%～55%提高到大于60%；工业萘回收率由5.60%提高到6.80%。

10.2.7　对新建或改扩建焦油加工装置的要求

10.2.7.1　生产能力

A　焦化行业准入条件

(1) 新建煤焦油单套加工装置规模要达到处理无水焦油10万t/a及以上。

(2) 已有煤焦油单套加工装置规模要达到5万t/a及以上。

B　全国焦化行业污染防治规划

“十一五”期间重点发展的化产品回收精制工艺技术和设备是鼓励发展单套生产能力20万t/a及以上的煤焦油加工技术。

C　《钢铁工业环境保护设计规定》(GB 50406—2007)

煤焦油宜采用集中加工处理，新建单套加工装置规模宜达到处理无水焦油10万t/a及以上。

10.2.7.2　工艺技术水平

应采用先进的工艺技术，主要应从以下几个方面考虑：

(1) 采用超级离心机对粗焦油进行脱水脱渣，降低焦油中氨水带入量，有助于减轻对设备的腐蚀；同时以净焦油进行蒸馏，改善沥青质量。

(2) 充分利用焦油馏分的余热，可以达到节能减排的目的。

(3) 充分提高焦油一次分离效率，以减少二次加工分离的能量消耗，同样可以达到节能的目的。

(4) 采用导热油加热，可提高热利用率，清洁生产。

(5) 注重节能、环保，采用高效、节能、环保的新型设备。

(6) 提高自动化水平，以达到稳定产品质量、提高产品收率、解放劳动生产力、降低生产成本的目的。

10.2.8　焦油加工中的有害物的处理

10.2.8.1　焦油加工产生的废水

一般在焦化厂内，焦油加工中产生的工艺过程排水含有大量的酚和氨，其水质举例见表10-2-10，在装置内部经油水分离后，送往煤气净化车间与剩余氨水混合，一起处理。

表10-2-10　工艺排水水质

装置名称	水质/mg·L^{-1}						
	总NH_3	酚	CN^-	SCN^-	S_2^-	油	COD
焦油萘蒸馏	5500	3600	300	145	1600	110	15000
酚精制		2600				85	12700
吡啶精制			300			5	600

独立建设的焦油加工厂,焦油加工中产生的工艺过程排水必须经过单独处理后,才能送水处理装置进行生化处理。

10.2.8.2　焦化厂环境中大气的污染

焦化厂环境中大气的污染物主要有苯类、酚类等易挥发性物质及萘等升华的粉尘。中科院山西煤化所对山西某焦化厂半年跟踪检测,认为空气中的3,4-苯并芘及萘的污染情况变化很大,3,4-苯并芘的变化范围是0.07~105.59 μg/m^3,以焦炉区的环境最突出。萘蒸气波动在0.16~14.6 mg/m^{3}之间,以萘蒸馏、精制区最突出。测定时间:苯并芘由1990年6月至1991年2月共9组数据,萘由1990年6月至12月共6组数据。测定结果见表10-2-11。

表10-2-11　焦化厂环境中苯并芘及萘含量

采样地点		1	2	3	4	5	6	7	8	9
焦炉工段空气中苯并芘浓度测定结果 /μg·m^{-3}	南上升管	27.78	12.88	6.56	0.92	1.98	2.21	0.32	0.07	13.93
	北上升管	9.90	0.79	10.33	19.70	0.09	2.51	0.14	0.10	10.58
	推焦车	42.65	4.42	2.16	0.23	0.11	2.39	0.25	0.11	1.12
	加煤车	105.59	105.50	10.86	38.60	3.68	2.51	13.74	18.31	1.99
化产品精制区空气中萘含量测定结果 /mg·m^{-3}	更衣室	0.33	0.49	0.95	2.13	0.47	0.77	0.76		
	办公室	0.16	0.94	0.24	0.38	0.24	0.23	0.44		
	工业萘	1.99	9.37	3.44	14.60	0.75	1.83	1.52		
	精萘	1.98	3.29	1.87	2.24	3.13	4.12	13.60		

从空气中萘含量的测定结果可知:

(1) 工业萘蒸馏及精萘厂区的空气中萘的含量为4 mg/m^{3}左右。

(2) 办公室空气中的萘是装置区域的1/12。

(3) 更衣室因空气不流通,其空气中含萘是办公室的2倍。

焦油加工中,焦油等大型储槽的排气是污染大气的主要污染源之一。为有效治理,可利用相似互溶的物理方法或化学吸收方法等,采用排气洗净塔充分吸收排气中的污染物后,最终的排气高空排放,或送管式炉等焚烧。

10.2.8.3　焦油固态废物及其利用

焦化厂产生的焦油固态废物主要有冷凝鼓风工段及焦油蒸馏车间焦油槽的焦油渣、焦油氨水分离器的焦油渣和粗苯再生器残渣等。焦油固态废物的性质见表10-2-12。

表10-2-12　焦油固态废物的性质

产生的部位	焦油槽的焦油渣	焦油氨水分离的油渣	粗苯再生器残渣
相对密度	1.24~1.38	1.1	1.0
灰分/%	4~10		5~7
游离碳/%	38		
甲苯可溶物/%	36~42		
水分/%	2~14	25~30	
树脂状物			40

目前,国内焦化厂分离出的焦油渣(粒径 >100 μm)基本都配送到炼焦装炉煤中。为解决焦油固态废物直接配入装炉煤时会黏附在送煤皮带和储煤槽壁上的缺点,可将其与煤先混合再炼焦处理,其物料平衡见表 10-2-13。

表 10-2-13　与煤混合的焦油废物炼焦物料平衡

原料混合物中的含量/%		热解产物的产率			炼焦残渣的工业分析		煤气组成/%						煤气的燃烧热/kJ · m^2
焦油废物①	煤	炼焦残渣/%	焦油/%	煤气/cm^3 · g^{-1}	灰分/%	挥发分/%	CO_2	C_mH_n	CO	H_2	CH_4	N_2	
100	0	42.4	31.7	263	8.9	3.65	2.49	0.99	1.74	72.5	6.2	16.08	10282
90	10	43.9	29.1	274	9.5	3.79	9.15	0.815	4.44	52.0	25.2	8.40	15185
65	35	48.1	27.4	293	10.3	4.10	3.72	1.70	3.56	40.7	41.2	9.72	19203
50	50	49.5	26.9	321	11.0	4.80	8.90	2.97	4.45	25.6	51.3	6.78	21612

① 焦油废物是焦油渣、分离油渣和再生残渣的混合物,混合比例为 5:1:1(质量)。

鞍钢化工总厂的焦油渣在 450 ~ 650℃下单独干馏炭化,既可制得焦炭,又可得到焦油。焦油渣的物理化学性质见表 10-2-14。

表 10-2-14　焦油渣物理化学性质

水分/%	灰分/%	挥发分/%	密度/g · cm^{-3}	热值/MJ · kg^{-1}	甲苯不溶物/%	喹啉不溶物/%
10.9	2.60	55.3	1.232	31.86	25.4	27.0

焦油渣炭化产物见表 10-2-15。

表 10-2-15　焦油渣炭化产物

焦炭产率①/%	焦油产率/%	焦油含萘/%
54.7	32.9	13.18

① 这种焦炭较易被活化而制成活性炭。

10.3　焦油蒸馏前的预处理

对于蒸馏用的原料焦油,除要求其组成稳定外,水分、固定铵盐含量也须控制在一定范围。预处理操作有均匀化、脱水、脱盐和脱渣等单元。除了焦油最终脱水外上述工艺过程均在油库内完成。

10.3.1　焦油的储存和均匀化

10.3.1.1　储存焦油

A　接收焦油

接收焦油(原料)工作是焦油蒸馏的很重要的准备工作,一般由送出方——煤气净化单元与接收方——焦油蒸馏单元协同进行。配合接收焦油时,需进行的主要工作是检测焦油的密度和水分。检测工作程序如下:

(1) 在焦油输送泵的压出管上依次取三点试样:

1) 输送泵启动后 10 min 时;

2）输送量达到1/2时；

3）停止输送前10 min时。

（2）在工况温度下测出三点的密度（或相对密度）。

（3）计算出平均温度下的平均密度。平均温度和平均密度的计算公式分别见式10-3-1和式10-3-2：

$$t_{平均}=\frac{t_1+t_2+t_3}{3} \quad (10-3-1)$$

$$d_{平均}=\frac{d_1+d_2+d_3}{3} \quad (10-3-2)$$

（4）将三点样混合为混合样，送化验室测定焦油含水量。

B 焦油储存的技术指标

焦油储存应满足下列要求：

当处理本厂自产焦油时的储存时间/d	15
处理外购焦油时的储存时间/d	20
焦油静置储存的温度/℃	80～90

C 焦油质量均匀化操作管理

焦油质量均匀化操作一般都是在焦油储存、静置脱水过程中通过有计划安排的“倒槽”来完成的（参见本书第10.3.2节）。应遵守下列要求：

（1）当同时处理几个煤气净化车间的焦油时，应按比例（依据测出的密度和含水）混兑于焦油储槽。

（2）当同时处理外购焦油时，外购焦油应另设储槽储存，并与本厂焦油按比例混合均匀再进行焦油蒸馏。当焦油集中加工并以处理外购焦油为主时，按本书第10.3.1.2节处理。

（3）当向焦油中掺入其他油类时，应以不超过焦油量的5%均匀混入，但不应掺入在高温时呈酸性的油类残渣（如酚残渣）。

（4）在脱水均匀化过程中，严禁从正在装入焦油的储槽放水或倒槽。

（5）应设置焦油中间槽或工作槽，以储存均匀化后的焦油，并从此向蒸馏塔供给焦油。

10.3.1.2 接收储存外购焦油

对集中加工焦油20万t/a以上的焦油油库，从合理地预脱水、脱盐、脱渣及焦油质量稳定均匀的角度出发，应做到下列几方面：

（1）设置足够的卸车车位和卸车槽：

1）卸车槽的储能一般为24 h的处理量；

2）接收外购焦油时，每装满一槽，应分检焦油含水、含渣情况；

3）按含水、含渣的高低分级储存、静置，故卸车槽又称外购焦油质量测定槽。

（2）静置分离槽。该槽的储能一般不小于质量测定槽的3倍。分为两组静置分离：

1）含水、含渣较低组，可直接输送到质量均匀化槽；

2）含水、含渣较高组，必须进行离心脱水、脱渣后再去均匀化槽。

（3）质量均匀化槽：

1）储能为20天左右处理量，数量不少于3台，可与静置分离槽共用；

2）根据焦油中 QI（喹啉不溶物）和 TI（甲苯不溶物）的情况分槽储存。

（4）焦油工作槽：

1）储能一般为 24 h 的处理量；

2）质量均匀化后的焦油送到该槽；

3）作为原料去焦油蒸馏塔的焦油，必须从这里抽出。

10.3.2 焦油初步（或预）脱水

10.3.2.1 焦油含水量

焦油中的水分实际上就是稀氨水。原料焦油含水过高，将使蒸馏时热能单耗增多，管式炉一段出口焦油温度偏低，二段出口焦油水分相应增高，同时导致加热系统阻力剧增，影响正常操作，甚至被迫停产。此外，伴随水分带入的腐蚀性介质还将引起设备和管道的腐蚀。焦油含水量、泵后压力和焦油出口温度的关系见表 10-3-1 和表 10-3-2。

表 10-3-1 二段焦油含水量与二段泵后压力的关系

厂　别	管式炉二段焦油出口温度/℃	焦油含水量/%	泵后压力/MPa
1	395	0.2	0.55
	395	0.3	0.55
	395	0.3	0.6
	395	0.4	0.6
	395	0.5	0.84
	395	0.6	0.84
2		<1	0.8
		2	0.10
		4	1.6

表 10-3-2 焦油含水量与一段焦油出口温度的关系

一段焦油入口含水量/%	一段焦油出口温度/℃	二段焦油出口含水量/%	一段焦油入口含水量/%	一段焦油出口温度/℃	二段焦油出口含水量/%
2.3	113	0.5	2.5	124	0.4
2.0	118	0.5	2.9	125	0.3
3.2	120	0.4	2.7	125	0.2
2.5	123	0.4	2.6	125	0.2
2.1	123	0.3			

从表 10-3-2 可知，当原料焦油含水为 2% ~3% 时，在一定温度加热条件下，可以使二段焦油出口含水保持在 0.3% 以下。如果原料焦油水分含量稍高，为了控制二段焦油出口含水，管式炉一段加热温度需相应提高。

根据经验总结和生产实践，在有利于生产操作的前提下，适宜的焦油含水量指标为：用于焦油加工的粗焦油含水≤4%；经预脱水后的（也就是进入管式炉一段的）焦油含水量 2% ~3%；经最终脱水后的（也就是进入管式炉二段的）焦油含水量 0.3% ~0.5%。

10.3.2.2 加热静置脱水

A 工艺过程

广泛采用的初步脱水工艺(又称为常规法)流程如图10-3-1所示,其通常设置3个储槽,第一个接受焦油,第二个加热焦油静置脱水,第三个用于脱水焦油的送出。3个槽按操作顺序,也可用泵连续送往脱水焦油中间槽(焦油工作槽)。脱水焦油中间槽可设于蒸馏工段或油库。静置分离有利于降低焦油中的固定铵盐含量和焦油渣沉积。

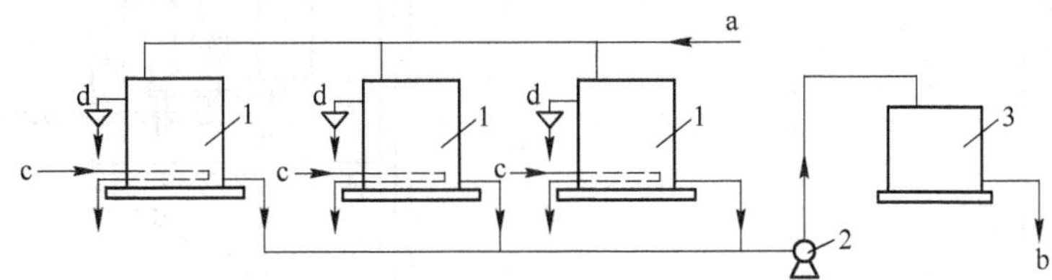

图10-3-1 焦油加热静置初步脱水系统

a—原料焦油;b—初步脱水焦油;c—蒸汽;d—氨水

1—焦油储槽;2—焦油泵;3—焦油中间槽

焦油一般在80~90℃静置分离脱水,温度稍高有利于油水乳浊液分离,过高则由于对流作用易影响分离效果,并增加轻质油的挥发损失。

焦油脱水时间不应少于36 h(由于本法脱水效率低,有时需要10天以上)。焦油质量差对脱水不利,如固定铵盐含量高时,氨水密度增大,或油渣多,游离碳含量高,均易使焦油乳浊,不利于脱水。

B 排水装置

储槽的氨水排放装置有手动和自动排水器两种形式:

(1) 手动装置是由4~6个放水阀、漏斗及收集管组成。根据水层的位置决定开哪个阀放水,放水时要监视,一旦放水完毕立即关闭放水阀。如图10-3-2所示。该设施在国内焦油蒸馏工厂普遍应用。

(2) 自动排水器是由对称的2个浮桶和夹在其间的1个排水的喇叭口组成。喇叭口下端通过一根铰接的、能上下摆动的管道与槽的排水口相连,排水的喇叭口能随液面的变化而升降。当焦油上面的水量较少,水层的高度很小时,喇叭口的上边缘露在水外,此时不能排水。当焦油上面的水量较多、水层较厚时,喇叭口沉入水中,此时焦油上层的水不断地自动排出,直到水量减少,喇叭口的上边缘露出水面为止。排出的水用氨水输送泵送到氨水槽。排水操作是在槽的储量为60%以上、上部水层高度大于500 mm时进行,所以,排水实际上是间歇进行的。自动排水器如图10-3-3所示(该设施已在宝钢运行)。

10.3.2.3 焦油加压脱水

该法近年采用较普遍,尤其是在日本。焦油脱水是在加压脱水槽中进行。压力0.3~1.0 MPa,温度130~135℃,静置30 min分离水和焦油便可分开,下层焦油含水小于0.5%。加压脱水法可破坏乳化水,分离水以液态排出,降低了热耗。加压脱水如图10-3-4所示。

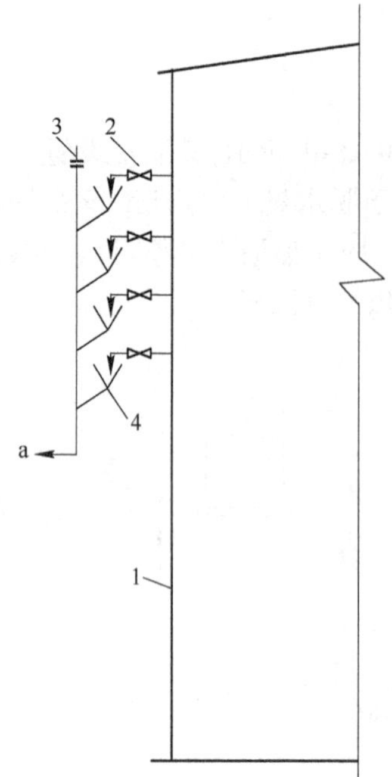

图 10-3-2　焦油储槽手动放水装置

a—氨水

1—焦油储槽;2—放水阀;

3—氨水收集管;4—漏斗

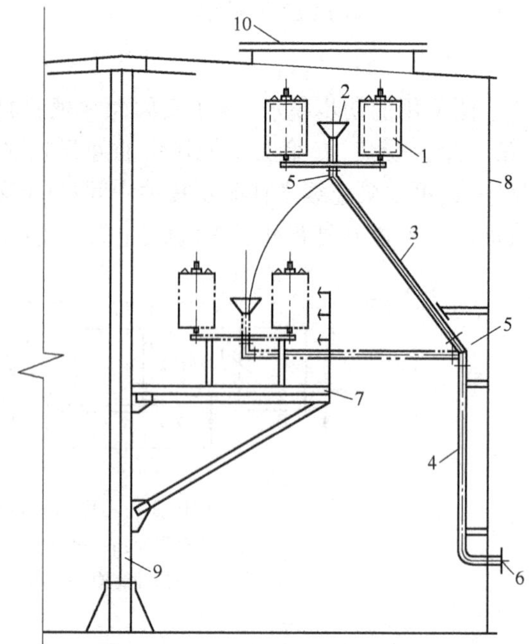

图 10-3-3　焦油工作槽自动排水装置

1—浮桶;2—进水喇叭口;3—旋转管;4—固定管;

5—旋转接头;6—排水接头;7—支撑平台;8—槽体;

9—锥顶槽内支撑构架;10—检修孔

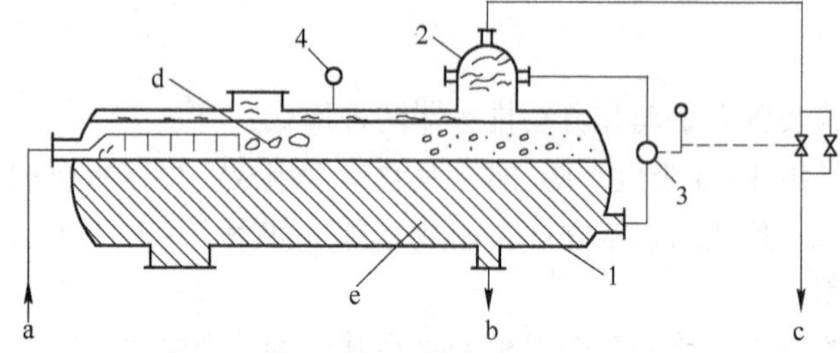

图 10-3-4　焦油加压脱水系统

a—粗焦油;b—脱水焦油;c—分离水;d—乳化层;e—脱水焦油层

1—加压脱水槽;2—集水槽;3—界面调节器;4—压力计

10. 3. 2. 4　机械脱水

机械脱水是用超级离心机进行焦油脱水,一般可脱至2%左右。超级离心机适用于不同密度的液—液分离,或者比重差较小的悬浮液分离。由于是三相卧式离心机,故也可以分离部分焦油渣。机械脱水与加压脱水比较见表 10-3-3。

表 10-3-3　机械脱水与加压脱水比较

项　目	机 械 脱 水	加 压 脱 水
脱水温度/℃	85	135
蒸汽消耗/$t \cdot t^{-1}$(焦油)	约 0. 04	约 0. 1

续表 10-3-3

项　　目	机械脱水	加压脱水
脱水压力/MPa	0.1	0.4
脱后焦油含水/%	≤2	2~3
脱水(渣)效率/%	87~92	

10.3.3 焦油最终脱水

焦油初步脱水只能脱除焦油中较稳定的乳化状水分(水分子分散在焦油中而形成的均相体系),而焦油中的溶解水和化合水必须在焦油蒸馏的脱水系统最终脱除。

目前广泛采用的焦油最终脱水方法在管式炉的对流段及一次蒸发器内进行。焦油在管式炉对流段被加热到120~130℃,然后在一次蒸发器内闪蒸脱水,焦油水分可脱至0.5%。参见图10-4-1和图10-4-2。

此外,英国有用轻油共沸连续脱水的方法,如图10-3-5所示。粗焦油与脱水后经换热和预热的高温焦油混入脱水塔,塔顶用轻油作回流。水与轻油形成共沸混合物由塔顶逸出,经冷凝冷却后入分离器,分出水后的轻油返回至脱水塔。此法焦油水分可脱至0.1%~0.2%。

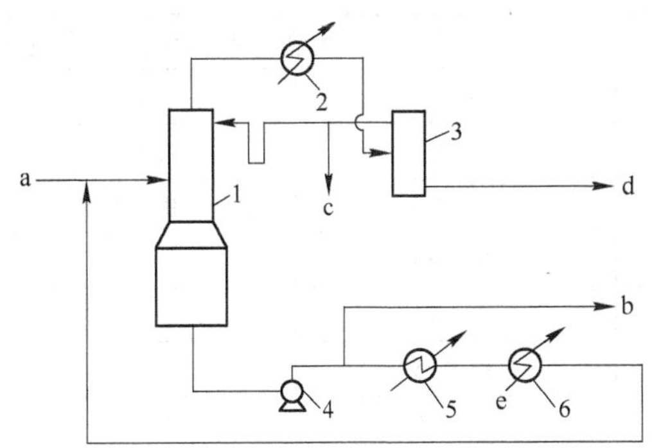

图10-3-5　焦油轻油共沸脱水

a—焦油;b—脱水焦油;c—轻油;d—分离水;e—蒸汽

1—脱水塔;2—冷凝器;3—分离器;4—循环泵;5—沥青/焦油换热器;6—蒸汽加热器

10.3.4 焦油脱盐与防蚀

10.3.4.1 焦油的腐蚀性

焦油在蒸馏过程中的腐蚀性是由氯化铵(NH_4Cl)和硫氰酸铵(NH_4SCN)热分解产物、含硫化合物在分解时形成的硫化氢(H_2S)以及焦油酸性组分(酚类)等的作用而显示出来的。在焦油氨水中的腐蚀性介质绝大多数是无机盐。

10.3.4.2 挥发性铵盐和固定铵盐

在焦油所含的水分(稀氨水)中,氨的少部分以NH_4OH形式存在,而绝大多数是以铵盐的形式存在。铵盐又有挥发性铵盐和固定铵盐之分。

A　挥发性铵盐

在较低的温度（≤125℃）下能分解的铵盐称为挥发性铵盐。例如：碳酸铵（$(NH_4)_2CO_3$）在58℃就能分解为NH_3、CO_2和H_2O；碳酸氢铵（NH_4HCO_3）、硫化铵（$(NH_4)_2S$）等加热后都能进行分解。

习惯上，将这部分铵盐（挥发性铵盐）与NH_4OH一起通称挥发氨。

B　固定铵盐

用最终脱水温度（≤125℃）分解不了而仍滞留在焦油氨水（占0.5%）中的大部分铵盐称为固定铵盐。例如一般占固定铵盐约80%的氯化铵（NH_4Cl）、硫氰酸（化）铵（NH_4SCN）、亚硫酸铵（$(NH_4)_2SO_3$）、硫代硫酸铵（$(NH_4)_2S_2O_3$）以及硫酸铵（$(NH_4)_2SO_4$）等。这些固定铵盐随焦油一起被加热到220～250℃时，就会分解为游离酸（根）和氨，对设备和管道构成腐蚀。

10.3.4.3　脱除铵盐的方法

A　欲脱盐，必先脱水

鉴于铵盐均易溶于水而不易溶于焦油，因此焦油脱水操作显得格外重要。焦油含水量与含固定铵量的关系见表10-3-4。

表10-3-4　焦油含水量与含固定铵盐量的关系

厂　别	含水量/%	含固定铵盐量/g·kg^{-1}（无水焦油）		
		NH_4^+	Cl^-	SCN^-
1	7.2	0.337	0.3211	0.2762
	0.9	0.0365	0.0727	0.0243
2	2.4	0.0486		
	2.3	0.037		
	1.8	0.0295		
	1.5	0.0295		
	1.2	0.029		
	0.9	0.018		

B　初冷冷凝液与集气管循环氨水混合分离

这是降低焦油中固定铵盐的重要措施之一（参见本书第8.3节）。

C　用Na_2CO_3溶液中和

实践证明，采用静置分离等法并不能将焦油含水脱尽，焦油中仍含有一定数量的固定铵盐（一般约为0.03～0.04 g/kg），故在焦油进入管式炉前，需向其中连续加入碳酸钠溶液，与固定铵盐中和，生成稳定的钠盐。二段泵前无水焦油的pH值宜保持在7.5左右。碳酸钠溶液的浓度一般为80～120 g/L，以折合100%的碳酸钠计算，其用量一般为无水焦油量的0.03%～0.05%。实际用量是理论计算值的1.25倍。代表性的反应式为：

$$2NH_4Cl + Na_2CO_3 \longrightarrow 2NH_3 + CO_2 + 2NaCl + H_2O$$

D　氨水洗涤及碱中和焦油宽馏分

这是引进技术，目的是除去馏分中的无机盐，防止其随宽馏分进入蒸馏塔而产生系统腐蚀。

该工艺系统主要包括内带折流筛板的中和塔、氨水槽和氨水输送泵、稀碱泵及控制分离器。使用的工艺辅助介质有洗涤宽馏分用的氨水、中和用的稀碱液(浓度 20 g/L NaOH)及用于洗净宽馏分中盐类的软水。宽馏分与辅助介质逆流接触,宽馏分经过控制分离器自流入储槽,已中和的氨水(轻相)从中和塔顶出来,经分离器回到急冷塔底部。多余的氨水送到界外。

此种宽馏分脱盐的特点是:钠离子很少进入沥青中,有利于确保沥青制品(如改质沥青、硬沥青等)的质量。详见本书第 10.6.3.2 节。

10.3.5 焦油脱杂质净化

10.3.5.1 焦油杂质的来源

焦油杂质从广义上讲是指煤焦油中含有的不能溶解于喹啉溶剂中的组分,习惯称为喹啉不溶物,用"QI"表示。QI 按其生成过程又区分为原生 QI 和次生 QI。

(1) 原生 QI 是在煤炼焦过程中形成的,都存在于煤焦油中。一定的炼焦及煤气净化工艺过程形成的原生 QI 是一定的。

(2) 次生 QI 是在煤焦油蒸馏过程中,由原生 QI 或其他组分热聚合形成的,其与焦油蒸馏工艺和操作有关。

10.3.5.2 QI 的特性

A 原生 QI

原生 QI 是由无机 QI 和有机 QI 构成的。以对武钢焦化厂焦油的原生 QI 结构分析为例:焦油原生 QI 含量为 5.2%,其中有机 QI 在 98% 以上,其 C/H 原子比为 3.15,颗粒形状不规则,其聚集体尺寸大部分小于 5 μm(其中包含许多粒径小于 1 μm 的颗粒)。原生 QI 主要以氧、铁、硫、钠、氯、硅和铝等元素及氧化物形式存在,呈现出由极小碳质微晶构成的无定形乱层结构。

(1) 无机 QI 是煤炼焦过程中带到煤焦油中的煤灰颗粒、耐火砖等粉末、剥蚀的铁屑及铁氧化物粉末等,其量甚少,粒径约 10 μm,多附着或者包含在更大的有机 QI 中,多以胶体状物悬浮于储存的焦油中,难沉降分离。

(2) 有机 QI 主要是煤炼焦过程中,炭热解生成的或者是热解产物经热聚合而形成的大分子芳烃,平均粒径在 0.5 μm 左右。另外,还有少部分焦粉、煤粉,其粒径较大,在 25 μm 以上。

B 次生 QI

次生 QI 的颗粒形状在初始阶段为圆球形,又称为中间相小球体,其粒径在 8 μm 以上。次生 QI 对炭素制品的线膨胀系数(CTE)的影响比原生 QI 要小。

10.3.5.3 脱杂质净化的现实意义

(1) 有效地防止堵塞和磨损焦油蒸馏设备和管道。

(2) 焦油中的原生 QI 通过焦油蒸馏几乎都转移到煤沥青中。煤系针状焦、煤沥青基炭纤维、煤沥青浸渍剂和中间相沥青等的生产制备都需要低喹啉不溶物含量的净化煤沥青原料,因为煤焦油中以原生 QI 为代表的杂质会严重妨碍上述高附加值的优质煤沥青产品的制取。

（3）实验证明：由于煤焦油和煤沥青中所含喹啉不溶物的组成、性质和含量不同，直接从煤焦油中脱除 QI 较从煤沥青中脱除 QI 更经济易行。经净化处理后的煤焦油为开发新型优质煤沥青系列产品提供了可能性。波兰扎布热煤化学加工研究所研制开发的“焦油分馏和电极焦生产工艺”引起世人关注，如图 10-3-6 所示。

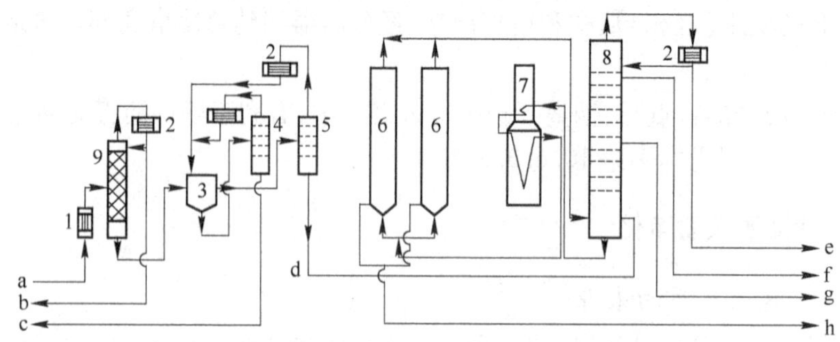

图 10-3-6 焦油分馏和电极焦生产工艺流程

a—焦油；b—轻油；c—含杂质沥青；d—净焦油；e—反应后煤气；f—含酚萘的焦化轻油；g—含蒽的焦化重油；h—电极焦

1—预热器；2—冷凝器；3—萃取器；4，5—溶剂蒸出器；6—焦化塔；7—管式炉；8—分馏塔；9—脱水塔

10.3.5.4 静置沉降分离

静置沉降分离是通过较长时间静置依靠重力沉降来分离煤焦油所含杂质的方法。这也是国内外广泛应用的焦油脱杂质（渣）净化工艺。

A 已经工业化的焦油脱杂质（渣）工艺

由于煤焦油在送往焦油库之前已在煤气初冷工序进行了二段脱渣，含渣一般达到 2.5% ~2.7%。如再经过超级离心机脱渣（通称三段脱渣），此时焦油含粒度大于 100 μm 的焦油渣不大于 0.3%，脱渣效率为 97%。在焦油静置储存期间焦油渣还会在储槽中逐渐沉积，一般需要定期（2 年）清槽，为此，焦油储槽的抽出口应距槽底 500 mm 以上。

B 日本三菱化成和日铁化学的反溶剂法

煤焦油黏度较大，向其中加入“减黏剂”（如二甲苯、轻油、煤油、萘油、酮类等）可降低煤焦油的黏度，提高沉降分离效果。

例如加入 *BMCI*（美国矿务局指数）为 15 ~65 的溶剂（环已烷粗汽油和煤油），使煤焦油中原生 QI 相互凝结，其静置分离后的澄清液中 QI 含量可小于 1%。

10.3.5.5 向焦油添加稀释剂进行离心分离法

添加稀释剂后的离心分离 QI 的效果见表 10-3-5。

表 10-3-5 离心分离焦油中的 QI

序号	焦油温度/℃	QI 含量/%	含灰分/%	转速/$r \cdot min^{-1}$	分离时间/min	添加溶剂	净后 QI 含量/%	脱除率/%
1①	80	2.11	0.12	6000 ~7000	1	不添或少添②	<0.1	95 ~98
2①	80	2.11	0.12	5000 ~7000	1	不添或少添	0.05 ~0.21	③

① 为梅山焦化厂的煤焦油；② 添加的溶剂是脱酚酚油、洗油及其混合物，添加量为焦油与溶剂比为 1:0.2；③ 分离后净焦油产率为 75% ~80%，蒸馏后得沥青软化点 44 ~51.5℃，含 QI 0.67% ~1.41%，灰分含量 0.0064% ~0.108%。

10.3.5.6 溶剂萃取法

目前是焦油(或沥青)脱杂质净化有效的分离技术,以武钢焦化厂的溶剂絮凝法对焦油净化处理为例,见表10-3-6。

表10-3-6 溶剂絮凝法处理焦油

序号	原料焦油		溶剂(萃取剂)		絮凝剂用量占混合液比例/%	表面活性剂添加量	净化后焦油含QI/%	原生QI脱除率/%
	来源	含QI/%	名称	占混合液比例/%				
1	武钢	5.2	芳香族烃	35~45	3.5		0.34	93
2	武钢	5.2	脂肪族烃	20~25	3.5		0.34	93
3	武钢	5.2	酚油	30~35		少量	0.15	97

10.4 焦油常压连续蒸馏

10.4.1 常压连续蒸馏概述

焦油连续蒸馏一般采用常压蒸馏工艺流程,按蒸馏系统采用的精馏塔数的不同可分为一塔式和两塔式;按切取馏分的不同又可分为窄馏分、酚萘洗三混馏分和萘洗两混馏分。

10.4.2 两塔式焦油蒸馏

两塔式焦油蒸馏是焦油连续通过管式炉加热,并在蒽塔和馏分塔中(在常压下)先后分馏成各种馏分的焦油蒸馏工艺。

10.4.2.1 流程图

工艺流程如图10-4-1所示。

10.4.2.2 工艺流程说明

原料焦油用一段焦油泵从焦油储槽抽出,送入管式炉对流段加热后进入一段蒸发器。在此蒸发出的部分轻油和水,经一段轻油冷凝冷却器和油水分离器分离出的一段轻油自流入轻油槽,酚水则流入酚水槽。

一段蒸发器底部的无水焦油经二段焦油泵送入管式炉辐射段加热进入二段蒸发器,其底部排出中温沥青,顶部的油气导入蒽塔。蒽塔底部排出的二蒽油馏分和侧线切取的一蒽油馏分分别冷却后流入各自储槽。塔顶打洗油回流,逸出的馏分蒸气进入馏分塔。

馏分塔顶逸出的轻油馏分经冷凝冷却器、油水分离器,分离的水流入酚水槽,轻油馏分入轻油槽,部分轻油作馏分塔顶回流。馏分塔底切取的洗油馏分,侧线依次切取的酚油、萘油馏分由相应的冷却器冷却后分别流入相应的储槽。

碳酸钠溶液由计量泵定量地送入一段焦油泵吸入管。

蒸馏用的直接蒸汽经管式炉过热后分别送入二段蒸发器、蒽塔及馏分塔塔底。

两塔式焦油蒸馏切取两混馏分的工艺流程基本同图10-4-1。所不同的是油气自蒽塔入馏分塔后，塔底改切苊油馏分，塔顶出轻油，侧线切取酚油、萘洗两混馏分。蒽塔顶部用苊油馏分回流。

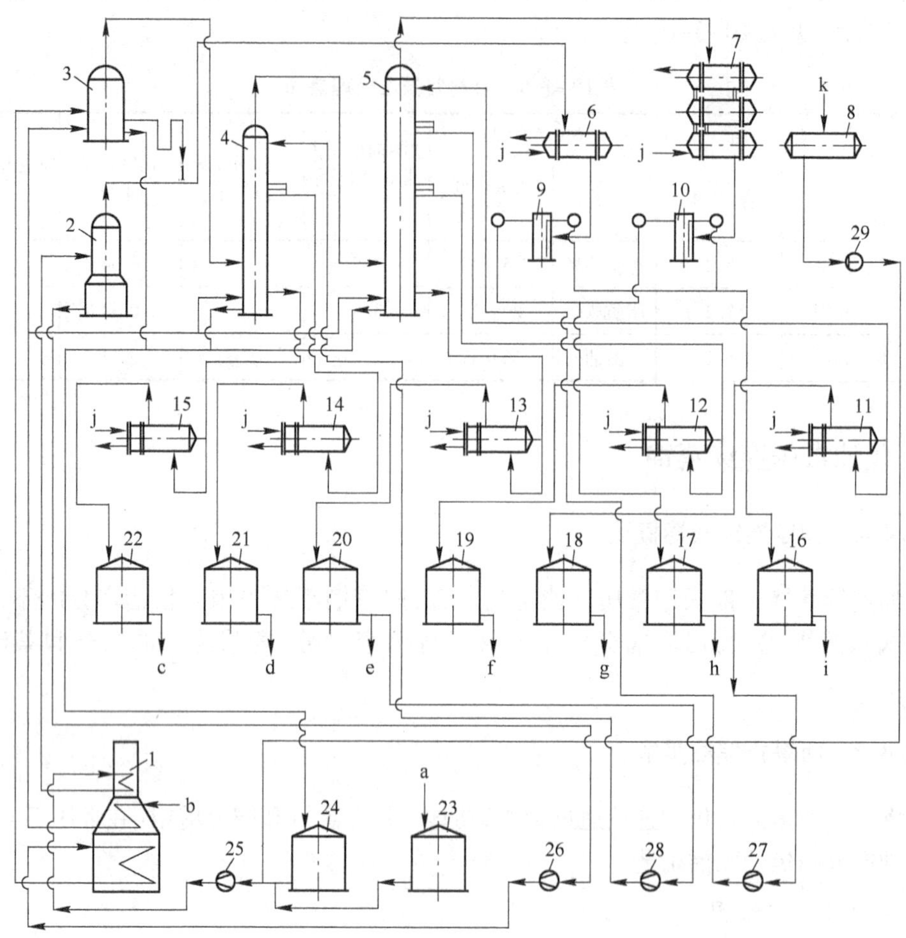

图 10-4-1　两塔式焦油蒸馏工艺流程

a—焦油；b—饱和蒸汽；c—二蒽油；d—一蒽油；e—洗油；f—萘油；g—酚油；
h—轻油；i—酚水；j—冷却水；k—碳酸钠溶液；l—沥青
1—焦油管式炉；2—一段蒸发器；3—二段蒸发器；4—蒽塔；5—馏分塔；6—一段轻油冷凝冷却器；
7—馏分塔轻油冷凝冷却器；8—碳酸钠槽；9—一段轻油油水分离器；10—馏分塔轻油油水分离器；
11—酚油馏分冷却器；12—萘油馏分（或萘洗两混馏分）冷却器；13—洗油馏分（或苊油馏分）冷却器；
14—一蒽油馏分冷却器；15—二蒽油馏分冷却器；16—酚水槽；17—轻油槽；18—酚油馏分槽；
19—萘油馏分（或萘洗两混馏分）槽；20—洗油馏分（或苊油馏分）槽；21—一蒽油馏分槽；
22—二蒽油馏分槽；23—焦油槽；24—开停工槽；25—一段焦油泵；26—二段焦油泵；
27—轻油回流泵；28—洗油（或苊油）回流泵；29—碳酸钠泵

10.4.2.3　馏分产率和质量

两塔式焦油蒸馏得到的产品是各种馏分和中温沥青。当切取窄馏分时有轻油、酚油、萘油、洗油、一蒽油和二蒽油等馏分；当切取两混馏分时有轻油、酚油、萘洗油、苊油、一蒽油和二蒽油等馏分。各馏分对无水焦油产率见表 10-4-1，馏分质量指标见表 10-4-2，中温沥青质量按国家标准，见表 10-4-3。

表 10-4-1　两塔式焦油蒸馏馏分产率

工艺类型	轻油/%	酚油馏分/%	萘油馏分/%	洗油馏分/%	萘洗油馏分/%	苊油馏分/%	一蒽油馏分/%	二蒽油馏分/%	中温沥青/%
窄馏分	0.3～0.6	1.5～2.5	11～12	5～6			19～20	4～6	54～56
两混馏分	0.3～0.6	1.5～2.5			16～17	2～3	17～18	3～5	54～56

表 10-4-2　两塔式焦油蒸馏馏分质量指标

馏分名称	密度(20℃)/g·cm^{-3}	组分含量(质量分数)/%			蒸馏试验(大气压 101.325 kPa)		
		酚	萘	苊	初馏点/℃	干点/℃	馏出量(体积分数)/%
轻　油	≤0.88	<2	<0.15		>80	<170	180℃前:≥90
酚油馏分	0.98～1.0	20～30	<10		>165	<220	200℃前:≥80 230℃前:≥95
萘油馏分	1.01～1.03	<6	70～80		>210		230℃前:≥85 270℃前:≥95
洗油馏分	1.035～1.055	<3	<10		>230		270℃前:>85 300℃前:≥90
萘油馏分	1.028～1.032	3	57～62		≥217	<270	
苊油馏分	1.07～1.09	<1.5	<5	>25	>255		270℃前:<5 300℃前:>80
一蒽油馏分	1.12～1.13	<0.4	<1.5		>270		300℃前:<10 360℃前:50～70
二蒽油馏分	1.15～1.19	<0.2	<1				360℃前:<15

表 10-4-3　中温沥青质量指标(GB/T 2290—1994)

牌　号	软化点/℃	甲苯不溶物含量/%	灰分/%	挥发分/%	水分/%	喹啉不溶物含量/%
1号	80～90	15～25	≤0.3	58～68	≤5.0	≤10
2号	75～95	≤25	≤0.5	55～75	≤5.0	

10.4.2.4　主要操作指标

两塔式焦油蒸馏主要操作指标见表 10-4-4。

表 10-4-4　两塔式焦油蒸馏主要操作指标

项　　目	窄馏分	两混馏分
一段焦油出口温度/℃	120～130	120～130
二段焦油出口温度/℃	400～410	400～410
一段蒸发器顶部温度/℃	105～110	105～110
二段蒸发器顶部温度/℃	370～374	370～374
蒽塔顶部温度/℃	250～265	250～265
馏分塔顶部温度/℃	95～115	95～115
酚油馏分侧线温度/℃	160～170	160～170
萘油馏分侧线温度/℃	198～200	
洗油馏分侧线温度/℃	225～235	

续表 10-4-4

项　　目	窄馏分	两混馏分
萘洗两混馏分侧线温度/℃		196～200
一蒽油馏分侧线温度/℃	280～295	280～295
二蒽油馏分侧线温度/℃	330～355	330～355
冷凝冷却器出口轻油温度/℃	30～35	30～35
冷却器出口酚油馏分温度/℃	50～60	50～60
冷却器出口萘油馏分温度/℃	85～95	
冷却器出口一蒽油、二蒽油馏分温度/℃	85～95	85～95
冷却器出口洗油馏分温度/℃	65～75	
冷却器出口萘洗两混馏分温度/℃		80～95
冷却器出口苊油温度馏分/℃		85～95
管式炉过热蒸汽出口温度/℃	400～450	400～450
管式炉炉膛温度/℃	≤850	≤850
管式炉烟道废气温度/℃	≤400	≤400
一段蒸发器底部压力(表压)/MPa	≤0.03	≤0.03
二段蒸发器、蒽塔、馏分塔底部压力(表压)/MPa	≤0.05	≤0.05
一段焦油泵出口压力(表压)/MPa	0.3～0.6	0.3～0.6
二段焦油泵出口压力(表压)/MPa	0.7～1.0	0.7～1.0
管式炉烟道吸力(表压)/MPa	0.0009～0.0011	0.0009～0.0011

10.4.3　一塔式焦油蒸馏

一塔式焦油蒸馏是焦油连续通过管式炉加热，并在馏分塔中(在常压下)分馏成各种馏分的焦油蒸馏工艺。

10.4.3.1　流程图

一塔式流程与两塔式流程的不同之处是取消了蒽塔，二段蒸发器改由两部分组成，上部为精馏段，下部为蒸发段。切取窄馏分的工艺流程如图 10-4-2 所示，切取三混馏分的工艺流程如图 10-4-3 所示。

10.4.3.2　工艺流程说明

原料焦油于管式炉对流段加热后进入一段蒸发器脱除部分轻油和水。脱水焦油于管式炉辐射段加热后进入二段蒸发器下部进行分馏，中温沥青由其底部采出。二蒽油从精馏段下部侧线切出，经冷却后流入储槽。混合蒸气经一蒽油回流后自塔顶逸出进入馏分塔。

馏分塔顶用轻油打回流，其逸出的轻油馏分蒸气经冷凝冷却、油水分离后流入轻油槽。自塔底采出的一蒽油和由侧线切出的酚油、萘油及洗油等馏分，经相应的冷却器冷却后自流入各自储槽。

一塔式焦油蒸馏切取三混馏分的工艺流程基本上与切取窄馏分的流程相同，仅将酚、萘、洗三种馏分合并为一种馏分切取。

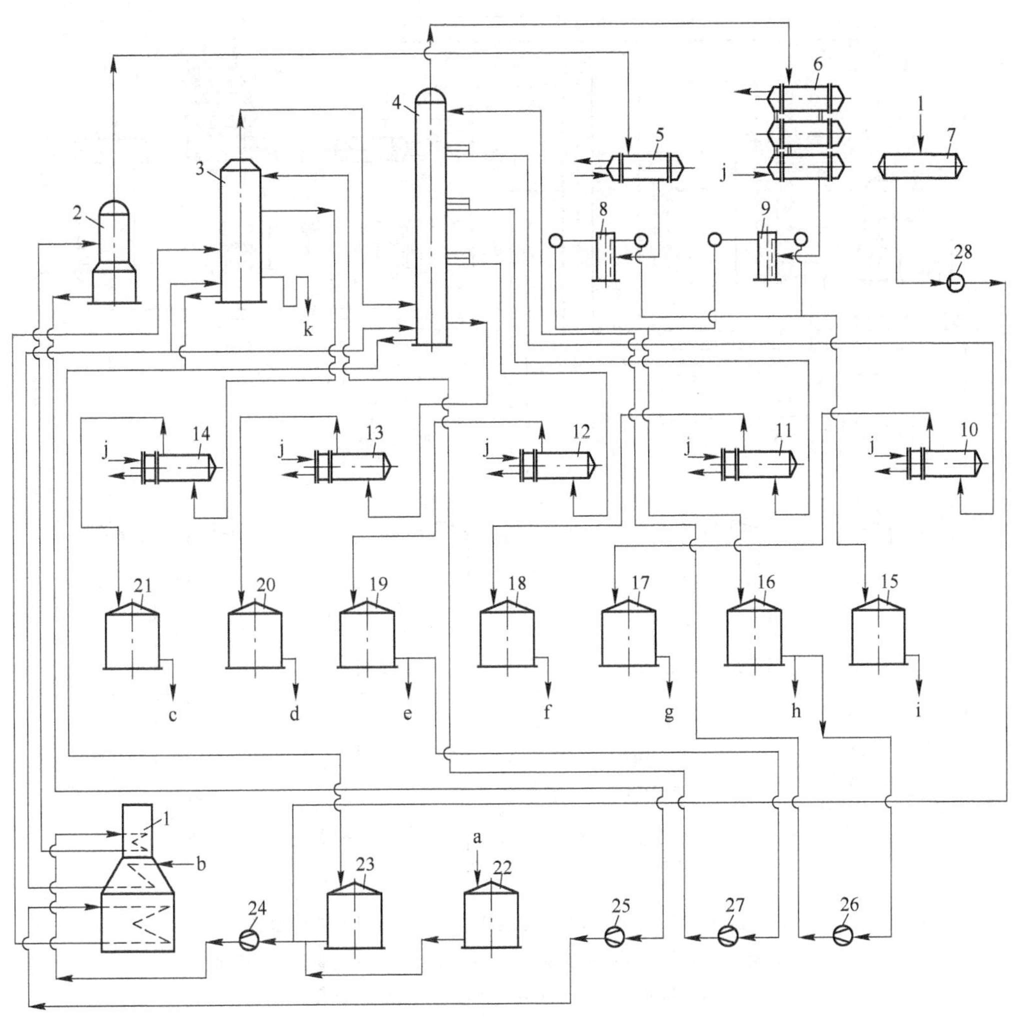

图 10-4-2 一塔式焦油蒸馏工艺流程(切取窄馏分)

a—焦油;b—饱和蒸汽;c—二蒽油;d—一蒽油;e—洗油;f—萘油;g—酚油;h—轻油;
i—酚水;j—冷却水;k—沥青;l—碳酸钠溶液

—焦油管式炉;2—一段蒸发器;3—二段蒸发器;4—馏分塔;5—一段轻油冷凝冷却器;6—馏分塔轻油冷凝冷却器;
7—碳酸钠槽;8—一段轻油油水分离器;9—馏分塔轻油油水分离器;10—酚油馏分冷却器;11—萘油馏分冷却器;
12—洗油馏分冷却器;13—一蒽油馏分冷却器;14—二蒽油馏分冷却器;15—酚水槽;
16—轻油槽;17—酚油馏分槽;18—萘油馏分槽;19—洗油馏分槽;20—一蒽油馏
分槽;21—二蒽油馏分槽;22—焦油槽;23—开停工槽;24—一段焦油泵;
25—二段焦油泵;26—轻油回流泵;27—洗油回流泵;28—碳酸钠泵

10.4.3.3 馏分产率和质量

当切取窄馏分时,一塔式焦油蒸馏工艺得到的馏分有轻油、酚油、萘油、洗油、一蒽油、二蒽油和残留物中温沥青;当切取三混馏分时,一塔式焦油蒸馏工艺得到的馏分有轻油、酚萘洗油、一蒽油、二蒽油和残留物中温沥青。各馏分对无水焦油产率见表 10-4-5,馏分质量指标参见表 10-4-6,中温沥青质量指标参见表 10-4-3。

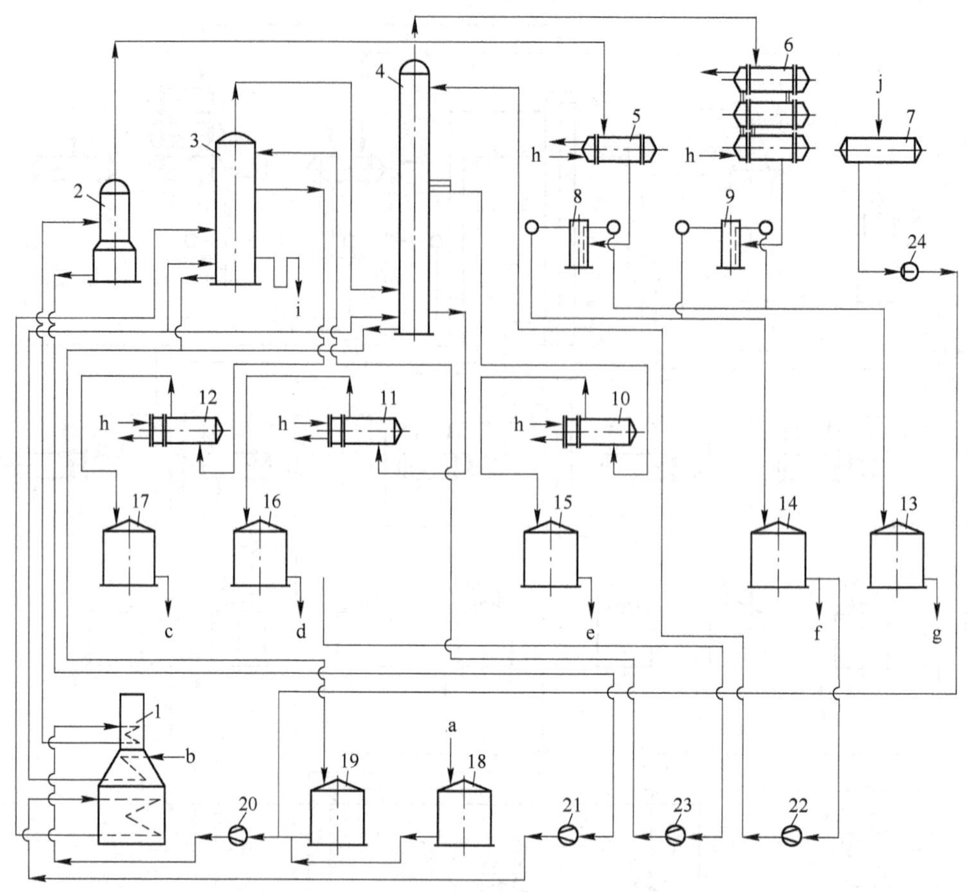

图 10-4-3　一塔式焦油蒸馏工艺流程(切取三混馏分)

a—焦油;b—饱和蒸汽;c—二蒽油;d—一蒽油;e—三混馏分;f—轻油;

g—酚水;h—冷却水;i—沥青;j—碳酸钠溶液

1—焦油管式炉;2—一段蒸发器;3—二段蒸发器;4—馏分塔;5—一段轻油冷凝冷却器;6—馏分塔轻油冷凝冷却器;
7—碳酸钠槽;8—一段轻油油水分离器;9—馏分塔轻油油水分离器;10—混合馏分冷却器;11—蒽油馏分冷却器;
12—二蒽油馏分冷却器;13—酚水槽;14—轻油槽;15—混合馏分槽;16—一蒽油馏分槽;17—二蒽油馏分槽;
18—焦油槽;19—开停工槽;20—一段焦油泵;21—二段焦油泵;
22—轻油回流泵;23—一蒽油回流泵;24—碳酸钠泵

表 10-4-5　一塔式焦油蒸馏馏分产率

工艺类型	轻油/%	酚油馏分/%	萘油馏分/%	洗油馏分/%	酚萘洗油馏分/%	一蒽油馏分/%	二蒽油馏分/%	中温沥青/%
窄馏分	0.3~0.6	1.5~2.5	11~12	5~6		14~16	8~10	54~56
三混馏分	0.3~0.6				18~23	14~18	8~10	54~56

表 10-4-6　一塔式焦油蒸馏馏分质量指标

馏分名称	密度(20℃)/g·cm^{-3}	组分含量(质量分数)/%		蒸馏试验(大气压 101.325 kPa)		
		酚	萘	初馏点/℃	干点/℃	馏出量(体积分数)/%
轻　油	≤0.88	<2	<0.15	>80	<170	180℃前:≥90

续表 10-4-6

馏分名称	密度(20℃)/g·cm^{-3}	组分含量(质量分数)/%		蒸馏试验(大气压 101.325 kPa)		
		酚	萘	初馏点/℃	干点/℃	馏出量(体积分数)/%
酚油馏分	0.98~1.0	20~30	<10	>165	<220	200℃前:≥80 230℃前:≥95
萘油馏分	1.01~1.03	<6	70~80	>210		230℃前:≥85 270℃前:≥95
洗油馏分	1.035~1.055	<3	<10	>230		270℃前:>85 300℃前:≥90
酚萘洗馏分	1.028~1.032	6~8	45~55	>200	<285	
一蒽油馏分①	1.12~1.13	<0.4	<1.5	>270		300℃前:<10 360℃前:50~70
二蒽油馏分	1.15~1.19	<0.2	<1			360℃前:<15

① 一蒽油的组成:含蒽4%~7%,含菲10%~15%,含咔唑5%~8%。

10.4.3.4 主要操作指标

一塔式焦油蒸馏主要操作指标见表10-4-7。

表 10-4-7 一塔式焦油蒸馏主要操作指标

项　目	窄馏分	三混馏分
加热炉一段焦油出口温度/℃	120~130	120~130
加热炉二段焦油出口温度/℃	400~410	400~410
一段蒸发器顶部温度/℃	105~110	105~110
二段蒸发器顶部温度/℃	315~325	315~325
馏分塔顶部温度/℃	95~115	95~115
酚油馏分侧线温度/℃	165~185	
萘油馏分侧线温度/℃	200~215	
洗油馏分侧线温度/℃	225~245	
酚萘洗三混馏分侧线温度/℃		200~220
一蒽油馏分侧线温度/℃	270~290	270~290
二蒽油馏分侧线温度/℃	320~335	320~335
冷凝冷却器出口轻油温度/℃	30~35	30~35
冷却器出口酚油馏分温度/℃	50~60	
冷却器出口萘油馏分温度/℃	85~95	
冷却器出口一蒽油、二蒽油馏分温度/℃	85~95	85~95
冷却器出口洗油馏分温度/℃	65~75	
冷却器出口酚萘洗三混馏分温度/℃		65~75
管式炉过热蒸汽出口温度/℃	400~450	400~450
管式炉炉膛温度/℃	≤850	≤850
管式炉烟道废气温度/℃	≤400	≤400
一段蒸发器底部压力(表压)/MPa	≤0.03	≤0.03
二段蒸发器、馏分塔底部压力(表压)/MPa	≤0.05	≤0.05

续表 10-4-7

项　　目	窄馏分	三混馏分
一段焦油泵出口压力(表压)/MPa	0.3～0.6	0.3～0.6
二段焦油泵出口压力(表压)/MPa	0.7～1.0	0.7～1.0
管式炉烟道吸力(表压)/MPa	0.0009～0.0011	0.0009～0.0011

10.4.4　焦油常压连续蒸馏工艺要点

10.4.4.1　萘集中度

萘集中度是焦油蒸馏得到的含萘馏分中的萘量占无水焦油中总萘量的质量分数(%)。其计算公式为:

$$萘集中度=\frac{萘油(或两混、三混)馏分中萘量}{原料无水焦油中总萘量}\times 100\%$$

一般情况下,原料焦油中总萘量以各种馏分含萘总和计算,沥青含萘忽略不计。

萘集中度是评价焦油蒸馏工艺和操作水平的一个指标。各种流程的情况列举见表 10-4-8 及表 10-4-9。

表 10-4-8　两塔式流程萘集中度

馏分名称	产率/%		馏分含萘/%		馏分中萘量占焦油量比例/%		馏分中萘量占焦油中萘量比例/%	
	窄	两混	窄	两混	窄	两混	窄	两混
轻　油	0.9	0.68						
酚油馏分	2.3	2.54	12.7	6.39	0.292	0.162	3.20	1.41
萘油馏分	10.7	17.3	73.3	63.38	7.84	10.96	87.1	95.5
洗油馏分	6.4		6.5		0.416		4.6	
苊油馏分		3		1.18		0.035		0.31
一蒽油馏分	20.5	16	1.80	1.7	0.369	0.272	4.1	2.37
二蒽油馏分	5.1	3.86	1.50	1.2	0.077	0.046	0.9	0.4
小　计	45.9	43.38			8.99	11.48		

表 10-4-9　一塔式流程萘集中度

馏分名称	产率/%		馏分含萘/%		馏分中萘量占焦油量比例/%		馏分中萘量占焦油中萘量比例/%	
	窄	三混	窄	三混	窄	三混	窄	三混
轻　油	0.28	1.1						
酚油馏分	1.42	23.8	11	49	0.156	11.65	1.52	97.6
萘油馏分	11.82		78		9.24		89.80	
洗油馏分	3.65		7.5		0.275		2.67	
一蒽油馏分	20.3	11.2	3.0	0.7	0.61	0.079	5.94	0.66
二蒽油馏分		9.2		2.1		0.193		1.61
小　计	37.47	45.3			10.281	11.92		

鉴于生产操作中各种因素的影响,产品质量允许有一定范围的波动。在不同的工艺流程中,萘集中度的波动范围为:

酚萘洗三混馏分	90% ~95%
萘洗两混馏分	87% ~92%
萘油馏分(窄馏分)	80% ~85%

在焦油蒸馏操作特别是馏分塔操作中,应尽可能提高萘的集中度,以提高萘的产率。

10.4.4.2 酚集中度

酚类产品按其沸点不同分布在各馏分中,其收率在焦油蒸馏中用酚集中度(%)表示。其计算公式为:

$$\text{酚集中度}=\frac{\text{酚、萘、洗油馏分中酚量}}{\text{原料焦油中酚量}}\times 100\%$$

一般情况下,原料焦油中酚量以各种馏分中的酚量加上轻油分离水中的酚量(一般为5000 ~7000 mg/L,约占焦油中酚量的4% ~5%)计算,沥青含酚忽略不计。

在切取窄馏分、两混或三混馏分的不同流程中,酚集中度举例说明见表10-4-10。

表10-4-10 各种流程酚集中度

馏分名称	产率/%			馏分含酚/%			馏分中酚量占焦油量/%			馏分中酚量占焦油中酚量/%		
	窄	两混	三混	窄	两混	三混	窄	两混	三混	窄	两混	三混
轻 油	0.69	0.22	0.47	5.2	1.07	4.3	0.036	0.0024	0.0202	2.09	0.209	1.49
酚 油	1.96	2.28		34.33	24.6		0.674	0.56		39.0	49.6	
萘 油	12.8			4.3			0.55			31.9		
两 混		16.54			3.0			0.496			44.0	
洗 油	5.94			2.8			0.166			9.65		
三 混			23.36			5.45			1.273			94
苊 油		2.87			1.2			0.0344			3.05	
一蒽油	24.95	15.95	14.17	1.20	0.21	0.23	0.299	0.0327	0.0326	17.35	2.9	2.4
二蒽油		4.1	10.1		0.1	0.302		0.0041	0.0305		0.363	2.25
小 计	46.34	41.96	48.1				1.725	1.130	1.356	99.99	100.12	100.14

由表10-4-10中数据可见,切取两混或三混馏分流程的酚集中度远比切取窄馏分时高。贵重的酚类一般多损失于轻油中,如轻油含酚波动在3% ~5%,则酚损失约占焦油中酚量的1.5% ~2%;而当轻油含酚降至小于1%时,酚损失可相应降至0.5%以下。因此,为了减少贵重酚类的损失,馏分塔顶中温度应适当降低。

10.4.4.3 控制轻油质量

一段轻油(一段蒸发器轻油)与二段轻油(馏分塔轻油)的质量显著不同,举例见表10-4-11。

表 10-4-11　轻油质量实例

类别	实例	密度(20℃)/g·cm^{-3}	水分含量/%	组分含量(质量分数)/%			蒸馏试验(大气压101.325 kPa)		
				酚	萘	吡啶	初馏点/℃	干点/℃	180℃前馏出量(体积分数)/%
一段轻油	1	0.964	0.5	4.3	11.07	1.9	77	258	43.5
	2	0.993		4.3	46	1.5	105	255	25
二段轻油	1	0.88		2.5			88.8	179	
	2	0.89		4.25			88.5	186	94
	3			3.8~5.2	1.85	0.4~3.1	87~96	166~170	97
	4			微量	0		89	120①	
	5			微量	0		86	126①	
	6			1.21	0.128				

① 规定<150℃。

一段轻油质量主要与管式炉对流段加热温度有关。温度越高,质量越差,酚、萘含量增加,含萘最高可达46%,干点增高,密度增大,油水分离器后油易带水。如将一段轻油与馏分塔轻油合并作为回流,又易引起馏分塔温度波动,恶化产品质量,增加酚、萘损失。因此,宜将一段轻油回配入原料焦油槽(或加入一段焦油泵吸入管)重蒸,也可对入洗油回流或一蒽油回流中,以提高二段轻油的质量。

二段轻油的质量指标主要取决于馏分塔塔顶温度,并应根据轻油的去向确定。当轻油送入粗苯时,宜使轻油干点小于170℃;当送入轻苯时,干点宜小于150℃。按这样操作,如轻油产率达不到规定指标时,宜服从质量要求。

10.4.4.4　一次汽化(蒸发)温度

管式炉连续蒸馏过程要求二蒽油以前的全部馏分都在二段蒸发器内一次蒸出,为使馏分产率及沥青质量都符合工艺要求,需合理地确定一次蒸发温度。

一次蒸发温度是焦油气液混合物进入二段蒸发器进行闪蒸、液体和油气达到平衡状态时的温度。这个温度低于管式炉辐射段出口温度,而略高于沥青由二段蒸发器排出的温度。

最适宜的一次蒸发温度应保证从焦油中蒸出最多的酚、萘、苊、芴、蒽及吡啶喹啉类等,并得到软化点不低于80~90℃的中温沥青。显然,当焦油的组成不同或对沥青的软化点要求不同时,最适宜的一次蒸发温度也不同。

焦油的一次蒸发温度可近似地按经验公式10-4-1进行计算:

$$t = 117.62 + 0.0014p + 3.24g_x - 0.000008pg_x \tag{10-4-1}$$

式中　t——一次蒸发温度,℃;

g_x——馏出物的产率,%;

p——二段蒸发器内油气的分压(绝对压力),Pa。

在一定条件下，一次蒸发温度与馏分产率、二段蒸发器底部压力以及直接蒸汽量之间大致有下列变化关系：

参数变化值	一次蒸发温度提高值/℃
馏分产率提高 2%	5～6
器底压力提高 4.9 kPa	3～4
直接蒸汽量由 3.3% 降至 2.3%	11～12
直接蒸汽量由 2.3% 降至 1.3%	15～16
直接蒸汽量由 1.3% 降至 0.3%	21～22

根据目前生产实际情况，一次蒸发温度可保持为 380℃左右。当直接过热蒸汽的通入量不变时，提高一次蒸发温度（即提高管式炉辐射段出口温度），馏分的产率即随之相应的增加，而沥青产率减少，同时沥青的软化点和游离碳含量也随之增加。

焦油馏分产率与一次蒸发温度的关系如图 10-4-4 所示（为一直线关系）。

沥青软化点同焦油加热温度（管式炉辐射段出口温度）之间的关系如图 10-4-5 所示（几乎成直线关系）。

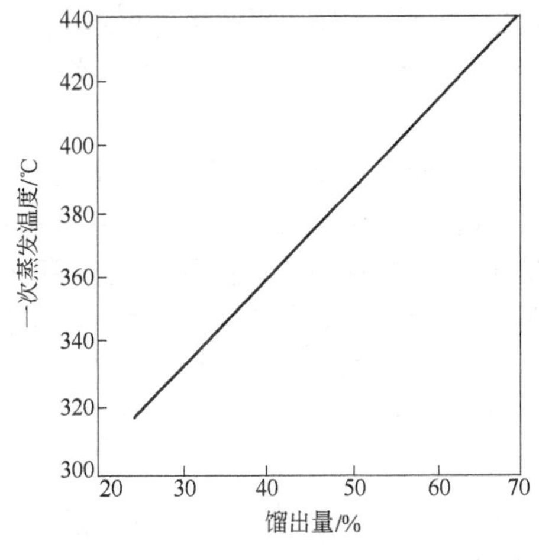

图 10-4-4　焦油馏分产率与一次蒸发温度之间的关系

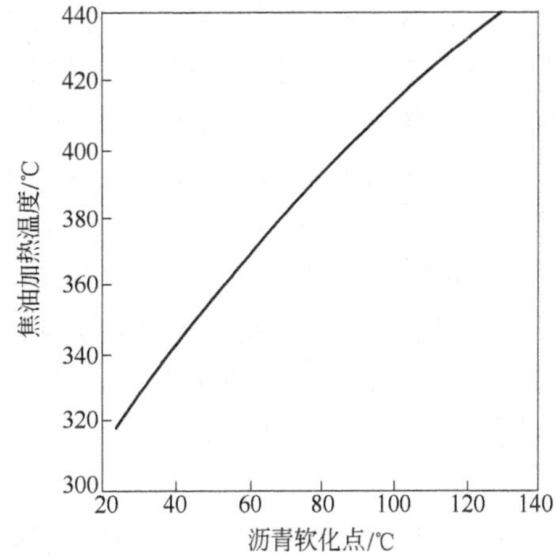

图 10-4-5　沥青软化点与焦油加热温度之间的关系

10.4.4.5　水蒸气蒸馏

水蒸气蒸馏法是一种直接通入水蒸气至液体混合物使其蒸馏的方法。其目的是：

（1）焦油常压蒸馏时通过汽提操作以降低其沸点，这是重要的操作调节手段之一。为了减少酚水量和提高分馏效率，在供热量基本得到满足及塔底产品质量符合要求的条件下，宜尽可能减少直接蒸汽量。

（2）在对沥青软化点、馏分产率等同样要求的前提下，增加汽量可以降低一次蒸发温度。

由于过热蒸汽管道的散热损失而造成进塔温度偏低，所以应加强保温措施，并保证管式炉出口过热蒸汽温度不小于450℃。

根据生产实践,各焦油塔的直接蒸汽用量(按无水焦油计)大致为:

二段蒸发器(计入二段焦油水分0.3%)	≤1.3%
馏分塔	≤1.7%

10.4.4.6　馏分切取制度

为了增加萘、酚回收量,改进洗油质量等,馏分切取制度应结合生产实际情况拟定,一般要求为:

(1) 根据原料焦油组成确定其产率和质量指标,使各主要组分尽量富集于相应的馏分中,以利于进一步加工。

(2) 二蒽油馏分馏程多在360℃之后,其主要组分有荧蒽、芘以及蒽、菲、咔唑等,目前一般作为燃料油使用,以少切取为宜。

(3) 一蒽油馏分馏程多在300~360℃之间,主要组分有蒽、菲、咔唑等,一般作为粗蒽和防腐油的原料。根据结晶、离心操作要求,应提高其360℃之前的馏出量;如从萘的回收角度考虑,又以降低其360℃之前的馏出量为更好。故在两塔式流程中,根据是否切取苊油馏分,一蒽油馏分产率应分别控制在16%~18%和18%~20%左右,含萘控制在1.5%以下。

(4) 苊油馏分主要组分有苊、芴、氧芴等。切取此馏分后,不仅可以改善洗油质量,而且可为进一步提取工业苊、芴、氧芴等提供方便条件。根据原料焦油组成,苊油馏分产率应控制在2%~3%左右,含萘控制在5%以下。

(5) 洗油馏分的馏程不同时,其主要组分也不尽相同。在230~270℃之间,多为甲基萘、二甲基萘、联苯、喹啉等组分,它们的熔点较低,吸苯能力较强;而在270~300℃之间,多属苊、芴、氧芴等组分,它们的熔点高,易于析出沉淀,吸苯能力较差。但这些苊类物质与萘共存时,则可形成共熔物,互相降低熔点,从而减少了结晶的析出。目前从工业萘装置中可切出含萘较低的洗油,因而要求其含苊类物质也应降低。因此,在焦油蒸馏中,大于270℃的高沸点组分应尽可能少切入洗油馏分,为获得优质洗油创造条件。

(6) 切取酚萘洗三混馏分有利于萘集中度的提高,但其产率应控制在合理的范围内(一般为19%~20%左右),以免恶化洗油质量。当切取苊油馏分时,三混馏分干点应控制在270℃以下;不切取苊油馏分时,干点应控制在285℃以下。

(7) 切取萘洗两馏分也有利于提高萘集中度,其产率应控制在16%~17%,并宜切取苊油馏分,以改进洗油质量,有利于进一步综合利用。

10.4.5　焦油常压蒸馏主要设备

10.4.5.1　管式加热炉

焦油蒸馏的管式炉有圆筒式管式炉及方箱管式炉两大类型。圆筒管式炉按辐射段的排管方式可分为立管式和盘管式。方箱式管式炉设备占地面积大,热效率低,能量消耗高,已基本淘汰。在新建的焦油蒸馏装置中多采用圆筒管式炉,两种圆筒管式炉的结构如图10-4-6和图10-4-7所示。

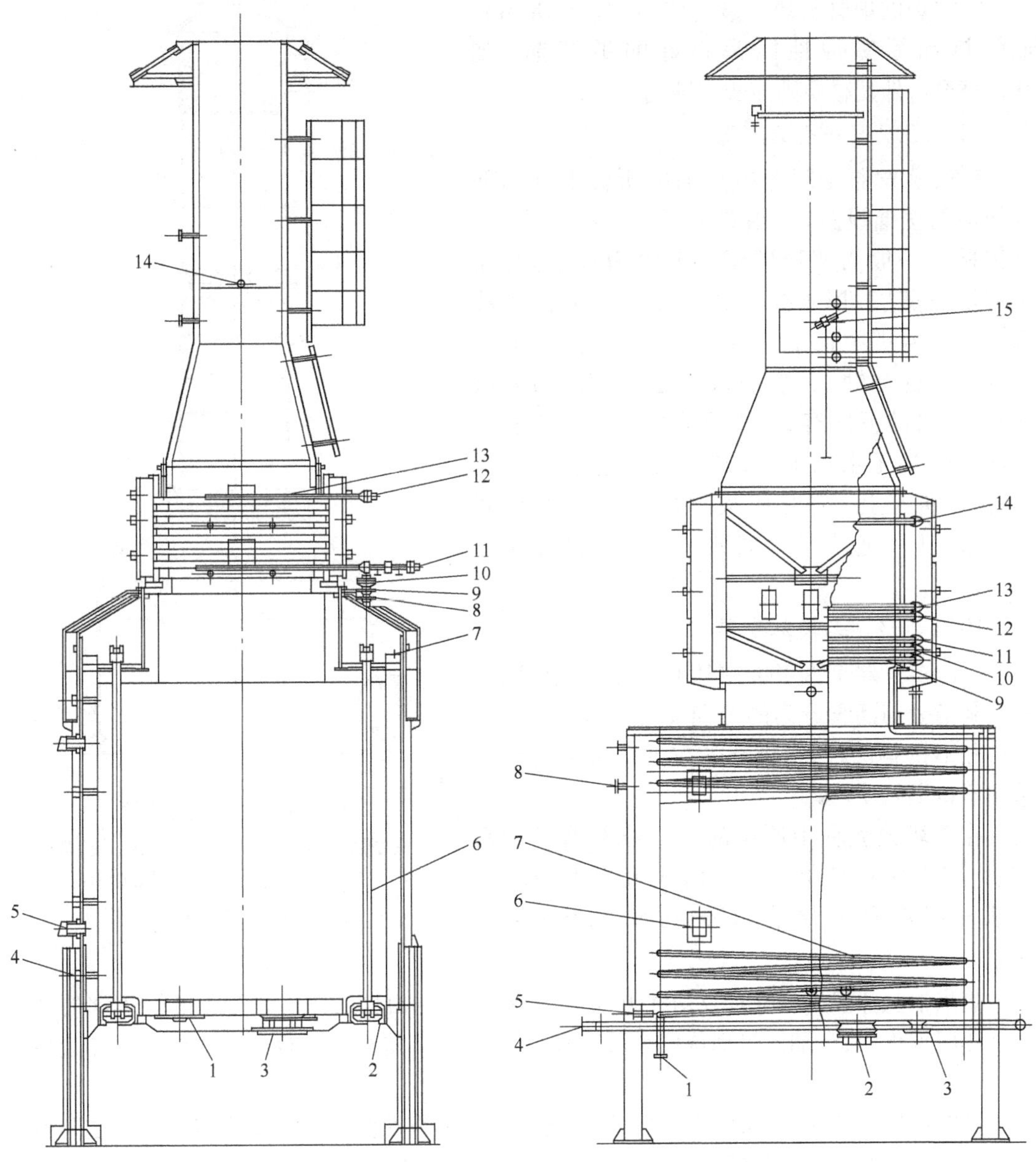

图 10-4-6 圆筒立管式管式炉

1—炉底看火孔;2—灭火蒸汽管;3—煤气燃烧器;4—温度计、压力计接口;5—看火门;6—辐射段炉管;7—灭火蒸汽管;8—过热蒸汽入口、出口;9—辐射段焦油出口;10—辐射段焦油入口;11—对流段焦油出口;12—对流段焦油入口;13—对流段炉管;14—烟囱翻板

图 10-4-7 圆筒盘管式管式炉

1—辐射段焦油出口;2—煤气燃烧器;3—球形看火门;4—煤气入口;5—消火蒸汽管;6—看火门;7—辐射段炉管;8—温度计、压力计接口;9—对流段炉管;10—辐射段焦油入口;11—过热蒸汽出口;12—过热蒸汽入口;13—对流段焦油出口;14—对流段焦油入口;15—烟囱翻板

圆筒管式炉由圆筒形的辐射室、长方形的对流室和烟囱三大部分组成。

管式炉的炉管材质一般为耐热钢(如 Cr_5Mo)或耐热和耐腐蚀性能都很好的不锈钢(如 0Cr19Ni9),外壳材质则为普通碳钢。

10.4.5.2　一段蒸发器

一段蒸发器是闪蒸出焦油中所含水分和部分轻油的蒸馏设备,其结构如图 10-4-8 所示。塔体材质一般为普通碳钢。上段为蒸发段,器顶部设捕雾层,用于捕集逸出油气中夹带的液滴。焦油从塔中部沿切线方向进入,为保护设备内壁不受冲蚀,在焦油入口处有可拆卸的保护板,入口的下部有 2~3 层分配锥。一段蒸发器的下段为无水焦油槽,与上段的连接方式有两种:一种是上下段用隔板隔开;另一种是中间无隔板,上下连通。两种形式均可,后者操作简便。

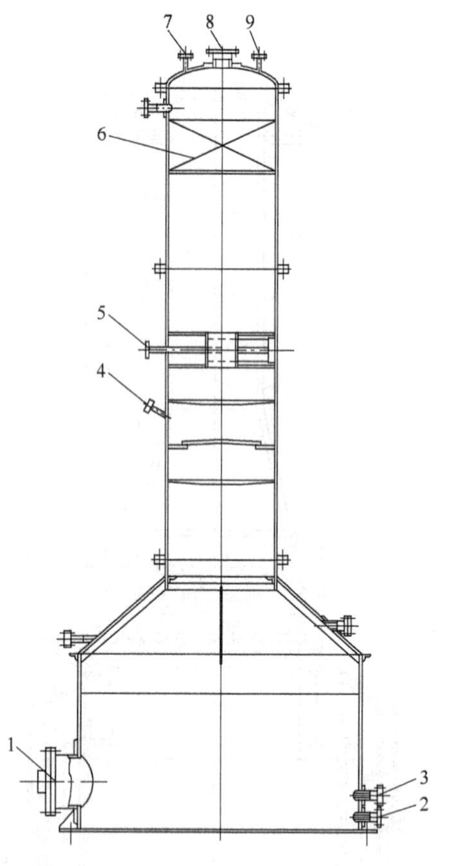

图 10-4-8　一段蒸发器

1—人孔;2—无水焦油出口;3—液位计接口;4—测压口;5—焦油入口;6—钢环填料;7—测温口;8—油气入口;9—测压口

10.4.5.3　二段蒸发器

二段蒸发器是将 400~410℃的无水焦油闪蒸并使其馏分与沥青分离的蒸馏设备。塔体材质有铸铁和不锈钢两种,在新建的焦油蒸馏装置中多采用不锈钢材质。

在两塔式流程中所用的二段蒸发器不带精馏段,结构比较简单。在一塔式流程中用的二段蒸发器带有精馏段,其结构如图 10-4-9 所示。

热焦油从蒸发段的上部以切线方向进入器内,沥青由器底排出。为了减轻焦油的冲击力和热腐蚀作用,在油入口部位设有缓冲板,其下设有 2 层溢流塔板。塔底通入过热直接蒸汽进行蒸吹。

其精馏段设有 4~6 层浮阀塔板,塔顶送入一蒽油作回流。在精馏段与蒸发段之间也设有 2 层溢流塔板,其作用是阻挡上升蒸汽所夹带的焦油液滴。

无精馏段的二段蒸发器中,焦油入口以上有高度大于 4 m 的分离空间,顶部设有捕雾层,馏分蒸汽经捕雾层除去夹带的液滴后,全部从塔顶逸出,器底部排出沥青。

10.4.5.4　馏分塔

馏分塔是焦油蒸馏工艺中切取各种馏分的设备。过去采用灰铸铁制造塔体时,采用泡罩塔板,泡罩有条形、圆形和星形等;现在多采用不锈钢塔体,浮阀塔板。

馏分塔分精馏段和提馏段。在馏分塔底设有直接蒸汽分布器,供通入过热蒸汽用。一塔式切取三混馏分的馏分塔结构如图 10-4-10 所示。

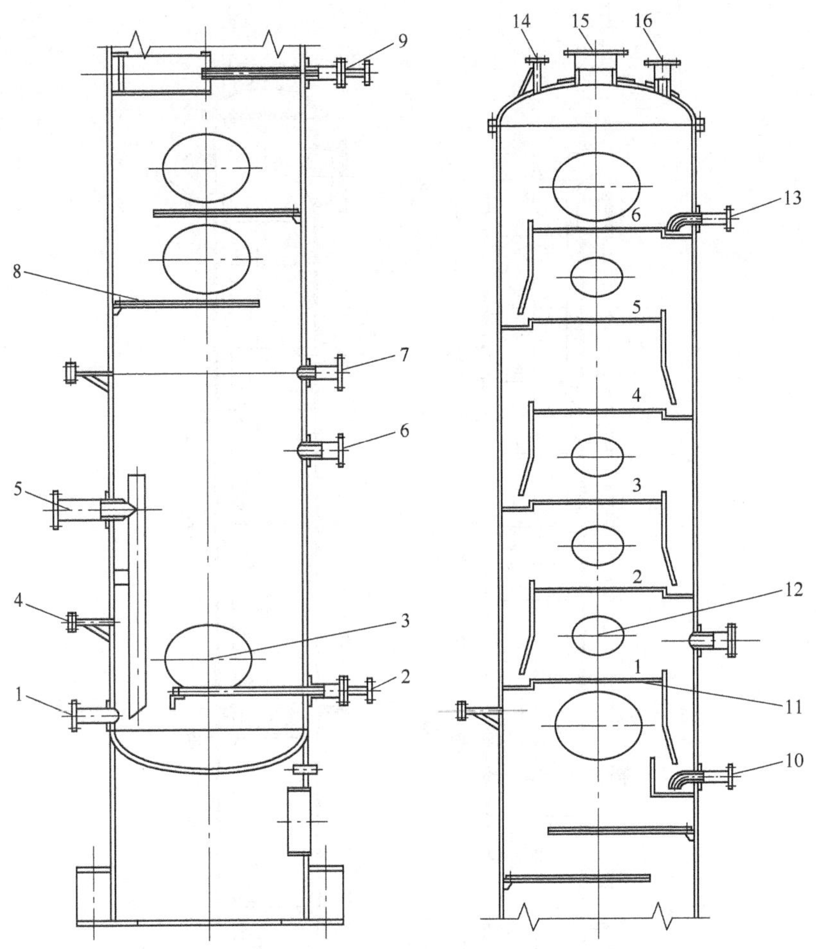

图 10-4-9 二段蒸发器(带精馏段)

1—放空口;2—过热蒸汽入口;3—人孔;4—测温口;5—沥青出口;6—备用口;7—测压口;8—溢流塔板;9—焦油入口;10—二蒽油出口;11—浮阀塔盘;12—手孔;13—回流口;14—测温口;15—油气出口;16—测压口

10.4.6 焦油常压蒸馏主要操作技术

10.4.6.1 开工循环(一塔式切三混馏分)

开工冷循环前应确认原料焦油、回流用轻油和一蒽油(或洗油)已装入相应的储槽,并有足够开工的储量,设备及管道吹扫已经完毕。在此过程中,应察看主要管线有无渗漏,阀门有无滴漏,设备状态是否正常等。

(1) 启动一段焦油泵向管式炉送焦油,待一段蒸发器下部的无水焦油槽有一半储量时,启动二段焦油泵向管式炉二段送焦油,其流量比一段泵少一些(一般少 0.5 ~ 1 m^3/h),可防止将无水焦油槽抽空。

(2) 冷循环路线为:原料焦油槽→一段焦油泵→管式炉一段加热炉管→一段蒸发器→该蒸发器下部的无水焦油槽→二段焦油泵→管式炉二段加热炉管→二段蒸发器→焦油开停工槽。

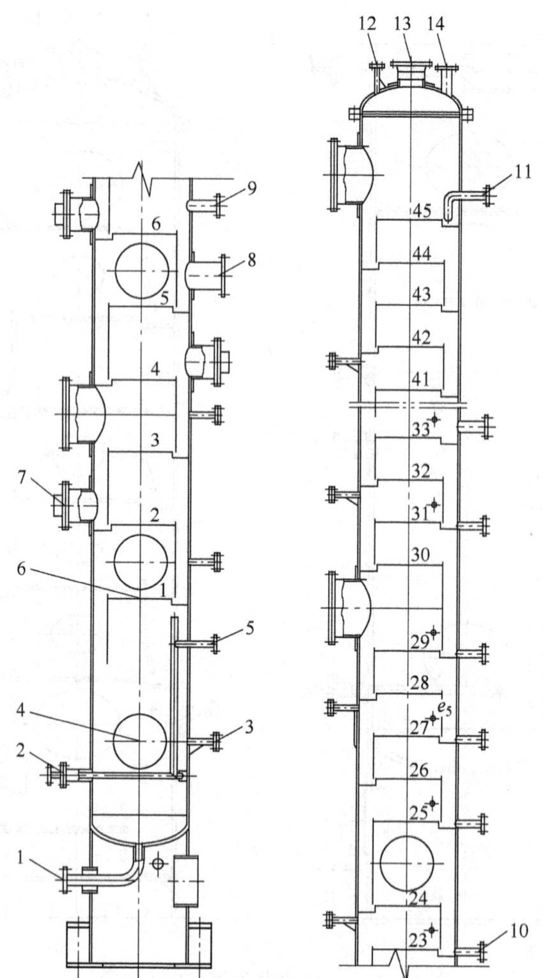

图 10-4-10　馏分塔(一塔式切取三混馏分)

1—放空口;2—蒸汽入口;3—测温口;4—人孔;5—蒽油出口;6—浮阀塔盘;7—手孔;8—馏分气入口;
9—测压口;10—混合分出口(第 23、25、27、29、31 层塔板);11—回流口;
12—测温口;13—轻油汽出口;14—测压口

如果原料组成没有发生变化,开停工槽中的焦油可以倒回原料槽重复循环使用。冷循环(3 ~ 4 h)过程中,设备和管道都工作正常时,即可将管式炉点火,进行热循环。

(3) 管式炉点火进行热循环。管式炉加热运转后,停止过热蒸汽管蒸汽放散。将该蒸汽切换至馏分塔塔底进行预热,直到二段蒸发器切取沥青时止。预热塔的同时以每小时 50 ~ 60℃的升温速度来提高管式炉二段焦油的出口温度,使其升高到正常的操作温度(400 ~ 405℃)。

当管式炉二段加热管出口温度达到 150℃时,向一段焦油泵吸入管添加 Na_2CO_3 溶液,以中和已开始分解的固定铵盐。

在热循环过程中,进一步检查泵、加热管、法兰连接处等在热状态下的运转状态,有渗漏处进行“热紧”一次。

10.4.6.2　加热炉操作

A　烘炉

凡是新建加热炉或炉膛经过大修、翻新、改造的，在开工前都要进行烘炉。烘炉前，炉管内应先通入蒸汽，暖烘 1 ~ 2 d，当炉膛温度升到约 130℃时，即可点燃喷嘴烘炉。烘炉过程中，升温应均匀，升温速度参照图 10-4-11 的烘炉升温曲线进行，但是根据砌筑的工程量及干湿程度可以适当增减恒温时间。

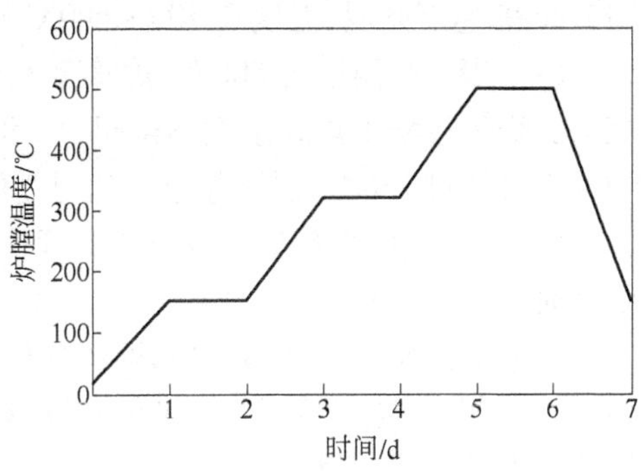

图 10-4-11　烘炉升温曲线

烘炉过程中，炉管出口的蒸汽温度应为：碳钢炉管不超过 350℃，铬钼钢炉管不超过 450℃。要严格控制每个阶段的升温和降温速度，升温时防止超温超压，降温时要做好闷炉，烘炉结束后要认真检查耐火材料有无裂纹、脱落，炉管管架有无变形等。

B　点火

可按自动编制程序点火或手动点火。手动点火顺序为：

(1) 将烟道翻板全开，使吸力达到最大的程度。关闭炉膛外壁的防爆孔、清扫孔及窥视孔。

(2) 打开煤气管与烧嘴连接的末端处的放散管（阀），至煤气爆发试验合格为止。

(3) 打开消火蒸汽管阀门，向炉膛吹扫 10 ~ 15 min 的蒸汽，直至管式炉烟囱冒蒸汽时为止。

(4) 点燃点火棒，先伸入炉膛内烧嘴处，再打开烧嘴煤气管的阀门，依次将烧嘴点燃，由窥视孔观察烧嘴是否已全部点燃，并调节煤气流量，达到火焰均匀。

(5) 启动煤气压力调节系统，确保煤气压力为 3.0 ~ 4.0 kPa。

C　空气—蒸汽烧焦法除焦

焦油管式炉运行一段时间后，由于炉管内结焦而阻力增加。济钢焦化厂经验为：

辐射管内结焦厚度增加/mm	5	10
二段泵泵头压力可达/MPa	1.5	2.0

为维持正常生产操作，必须定期除焦。除焦流程如图 10-4-12 所示。

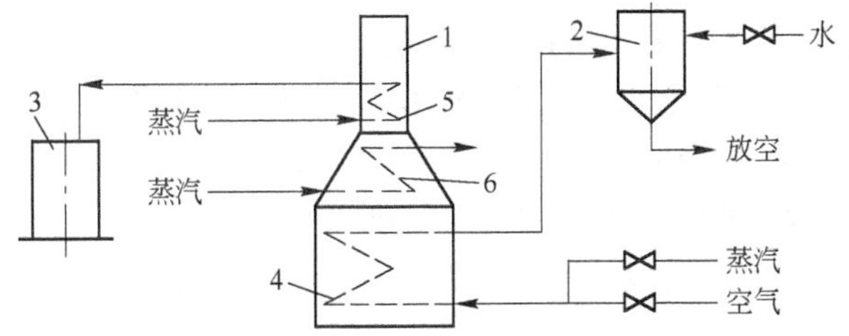

图 10-4-12　空气—蒸汽烧焦流程

1—管式炉；2—三通罐；3—扫汽槽；4—二段炉管；5—一段炉管；6—加热蒸汽炉管

操作方法为：

(1) 检查炉管内的结焦情况，对于立管式管式炉，应将需要烧焦的炉管分组，保证每次烧焦的炉管不多于 3 根。按图接好临时管线。检查蒸汽（表压≥0.6 MPa）、压缩空气（表压≥0.4 MPa）、煤气及水电的供应情况。

（2）将过热蒸汽管通入蒸汽，并通过出口管放散。一段炉管也通入蒸汽，出口至扫汽槽。二段炉管通蒸汽吹扫 20 ~ 30 min，扫净为止。

（3）点火加热，控制好升温速度。当炉管蒸汽出口温度在 150 ~ 400℃ 范围内时，按 60℃/h 的速度升温；温度在 400 ~ 600℃ 范围内时，按 40℃/h 的速度升温。

（4）当炉膛温度为 500℃、炉管蒸汽出口温度为 400℃ 时，开始向炉管内逐渐通入空气烧焦。烧焦过程中炉膛温度不得超过 650℃，碳钢炉管的出口温度不得超过 700℃，铬钼钢炉管不得超过 720℃，温度超过该值时立即减少空气量，以免烧坏炉管。

（5）烧焦后，用石灰水检查从炉管中排出的废气，若无白色沉淀物出现，表明管内焦层已烧完。

（6）烧焦操作全部结束后，逐渐降低炉管温度。当炉膛温度为 630 ~ 450℃ 时，降温速度为 25 ~ 30℃/h；当炉膛温度为 450 ~ 350℃ 时，降温速度为 50℃/h；当炉膛温度降到 350℃ 后，炉子熄火，停止吹蒸汽。

10.4.7　分析检验制度

表 10-4-12 是焦油蒸馏的常规分析检验制度。

表 10-4-12　焦油蒸馏的常规分析检验制度

序　号	物料名称	参考取样点	每班次数	分检项目
1	轻　油	窥镜前	3	含酚、蒸馏试验①
2	酚　油	窥镜前	3	含酚、含萘、蒸馏试验①
3	萘　油	窥镜前	3	含萘
4	洗　油	窥镜前	3	含萘、蒸馏试验①
5	一蒽油	窥镜前	3	含萘、蒸馏试验①②
6	沥　青	油封后	3	软化点
7	原料焦油	泵出口	1	水分③
8	脱水焦油	泵出口	1	水分

① 蒸馏试验每班只做一次；② 含萘每班做一次；③ 当使用不同来源的焦油时，换槽前需做一个焦油全分析。

10.5　焦油减压连续蒸馏

10.5.1　概述

焦油减压连续蒸馏工艺在日本应用得较广泛。20 世纪 80 年代，宝钢一期工程引进的焦油蒸馏装置就是这种工艺流程，属于简易蒸馏。其装置由焦油预脱水、脱水及减压蒸馏组成。脱水焦油经蒸馏分离为轻油、酚油、萘油、洗油（又称重质中油）、蒽油等馏分及软沥青。主要设备有脱水塔、主塔（即馏分塔）、加热炉及热交换器等。

这种减压流程，国内还有宝钢二期和济钢改造的焦油蒸馏装置，其规模均为年处理无水焦油 10 万 t，最高产能 400 t/d。

10.5.2　工艺流程

10.5.2.1　工艺流程图（见图 10-5-1）

10.5.2.2　工艺说明

A　最终脱水

原料焦油用焦油装入泵从焦油工作槽抽出，送入焦油预热器。Na_2CO_3 溶液在焦油装入泵的吸入管上加入，其量由流量计控制每吨焦油添加 500 g Na_2CO_3 溶液。焦油在预热器用 0.784 MPa 蒸汽加热到 110℃，接着又进入软沥青热交换器 A 同软沥青升压泵送出的软沥青进行热交换，被加热到 120～130℃后进入预脱水塔（进塔焦油温度根据焦油含水和轻油质量而定，由预热器蒸汽量调节）。焦油中所含的大部分水分和一些轻油以气态从塔顶逸出，经 1 号轻油冷凝冷却器冷凝到 50℃而流入 1 号轻油分离器。分离的轻油作为脱水塔的回流液使用，分离的水流入 3 号轻油分离器。预脱水塔底部的焦油靠压头自流入脱水塔。

脱水塔由塔底焦油通过强制循环方式，经重沸器被 3.92 MPa 蒸汽加热而循环到塔内进行供热。脱水塔顶温度以回流量调节。塔顶出来的水分及轻油蒸气，经 2 号轻油冷凝冷却器凝缩，并冷却到 50℃，进入 2 号轻油分离器分离轻油和水。这里大部分轻油和 1 号轻油分离器得到的轻油一起作为脱水塔的回流液，剩余的轻油在保持油水分离器内一定液面高度的情况下送至轻油槽。分离的水与 1 号轻油分离器出来的水合流，进入 3 号轻油分离器，使水分中所含的微量油分再次经过分离，在油面较高的时候适当开启阀门将它排放到放空槽。分离的水用氨水输送泵送到氨水槽。

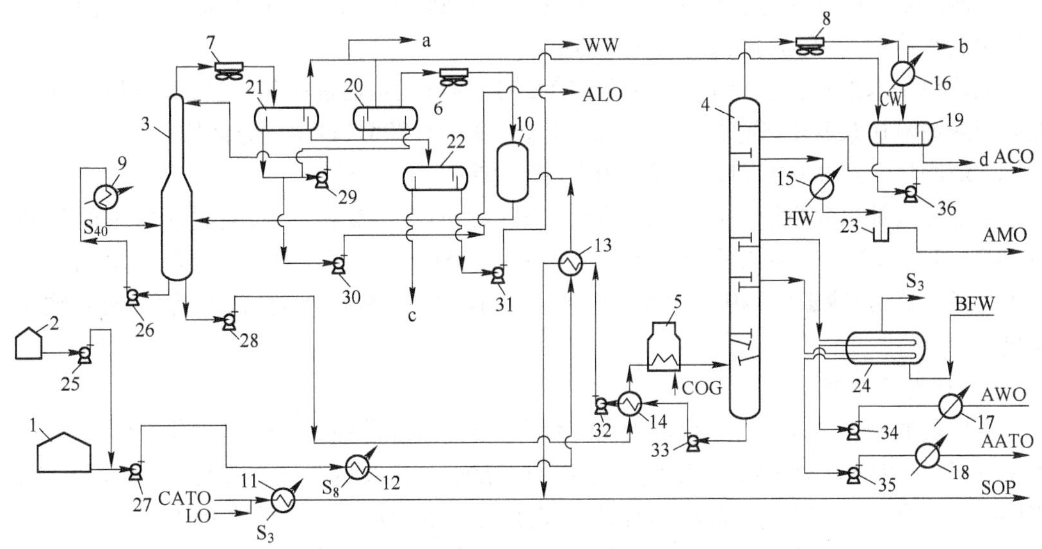

图 10-5-1 减压焦油连续蒸馏工艺流程

a—排气；b—至真空系统排气；c—废油去放空槽；d—酚水

S_3，S_8，S_{40}—0.3 MPa、0.8 MPa、4 MPa 蒸汽；LO—焦油轻油；CATO—脱晶蒽油；COG—焦炉煤气；WW—工艺排水；ALO—轻油；CW—清循环水；HW—温水；ACO—酚油；AMO—萘油；BFW—锅炉给水；AWO—重质中油；AATO—蒽油；SOP—软沥青

1—焦油槽；2—Na_2CO_3 槽；3—脱水塔；4—主塔；5—加热炉；6—1 号轻油冷凝冷却器；7—2 号轻油冷凝冷却器；8—酚油冷凝器；9—脱水塔重沸器；10—预脱水塔；11—CATO 加热器；12—焦油预热器；13—软沥青热交换器 A；14—软沥青热交换器 B；15—萘油冷却器；16—酚油冷却器；17—洗油冷却器；18—蒽油冷却器；19—主塔回流槽；20—1 号轻油分离器；21—2 号轻油分离器；22—3 号轻油分离器；23—萘油液封槽；24—蒸汽发生器；25—Na_2CO_3 装入泵；26—脱水塔循环泵；27—焦油装入泵；28—脱水塔底抽出泵；29—脱水塔回流泵；30—轻油输送泵；31—氨水输送泵；32—软沥青升压泵；33—主塔底抽出泵；34—洗油输送泵；35—蒽油输送泵；36—酚油输送泵（主塔回流泵）

B 减压蒸馏

脱水塔底的焦油以脱水塔底抽出泵抽出，经软沥青热交换器 B 与主塔塔底来的软沥青进行热交换，升温到 240℃进入加热炉。焦油经过加热炉对流管和辐射管被加热到 340℃。加热炉用焦炉煤气作为燃料，煤气流量根据主塔入口焦油的温度进行调节。

经加热炉加热进入主塔的焦油从塔顶馏出酚油，从侧线依次馏出萘油、洗油和蒽油，塔底剩余的是软化点约 65℃的软沥青。主塔蒸馏是减压操作，塔顶部压力控制在0.0133 MPa，由通入真空罐的氮气量来调节。

主塔顶出来的酚油气进入酚油冷凝器，被空气冷却而凝缩（温度约 80℃），然后进入酚油冷却器，用清循环水（CW）进行冷却（温度降到约 40℃）进入主塔回流槽。酚油冷却器内未凝缩的气体引入减压系统。酚油从回流槽用回流泵抽出，大部分作为回流液而送到主塔塔顶，剩余的送入酚油槽。主塔塔顶温度设定为 112℃。主塔回流槽内的分离水间歇地排到酚水槽，与酚蒸馏送来的酚水集中在一起，送到加热炉内焚烧。

从侧线切取的萘油经萘油冷却器用 60 ~ 65℃温水冷却到 80℃后流入萘液封槽，靠压头流入萘油槽。

从侧线切取的洗油通过蒸汽发生器使其温度降到 160℃，再用输送泵升压，经过洗油冷却器用温水冷却到 70℃，送到槽区的洗油槽。

从侧线切取的蒽油（塔内温度约为 270℃）经蒸汽发生器进行热交换，被冷却到 160℃，然后用蒽油输送泵升压，通过蒽油冷却器用温水冷却到 80℃，输送到蒽油槽。

主塔底压力约 0.041 MPa，温度 330℃，排出沥青。

主塔塔底抽出泵将塔底的软沥青抽出，送到软沥青热交换器 B，同脱水塔来的焦油换热，被冷却到 220℃，接着由软沥青升压泵升压，再经换热器 A 与要装入预脱水塔的原料焦油进行换热，又被冷却到 140 ~ 150℃，在管道内与添加油品混合调整软化点后，送入软沥青储槽。

C 软沥青配制

主塔塔底排出的软沥青软化点为 60 ~ 65℃，加入脱晶蒽油（CATO）、焦化轻油（LO）进行配制后，软化点降为 35 ~ 40℃，作为延迟焦化的原料、成形煤的黏结剂以及高炉炮泥的原料。当同时用脱晶蒽油和焦化轻油配制时，先给定焦化轻油为加入油全量的 10%，再根据塔底软沥青抽出量的变化来调整脱晶蒽油的加入量。在软化点的调整中，配合油的种类变化也会引起配合量的改变，这些要由实际经验而决定。

软沥青的物料配比为（生产实例）：

沥　青	78.3%
脱晶蒽油	19.2%
焦化轻油	2.5%

配制好的软沥青质量参见本书第 11.6.2.2 节。

10.5.2.3 馏分产率及质量

馏分产率和质量随配煤组成、焦炉炉型及炼焦工艺条件而异。这里按照宝钢一期焦油蒸馏装置（10 万 t/a）的数据。

A 焦油馏分和沥青的产率及产量(见表10-5-1)

表10-5-1 焦油馏分和沥青产率及产量

馏分名称	产率/%	产量/$t\cdot a^{-1}$	酚含量/%	萘含量/%
轻油(ALO)	0.5	495	3	3
酚油(ACO)	1.8	1786	25	6
萘油(AMO)	13.2	13075	6	57.5
洗油(AWO)	6.4	6339	4	7.5
蒽油(AATO)	16.9	16740		5.5
软沥青(SOP)①	60.9	60324		
共 计	99.7	98756		

注:表中酚含量及萘含量为某一点的参考值。

① 软化点为60~65℃。

B 馏分及沥青质量(参考值)

轻油和洗油质量指标见表10-5-2,酚油、萘油和蒽油质量指标见表10-5-3。

表10-5-2 焦油轻油和洗油质量

指标名称		指 标	
		轻 油	洗 油
密度/$g\cdot cm^{-3}$		0.894~0.926①	1.070~1.076②
含酚/%		2.6~4.4	4.0~5.0
含吡啶/%			5.4~6.0
含萘/%			7~9
蒸馏试验	初馏点/℃	82~89	238~245
	5%(体积分数)/℃	91~100	247
	10%(体积分数)/℃	93~106	253
	71%~81%(体积分数)/℃		280
	73%~92%(体积分数)/℃	170	
	90%(体积分数)/℃	166~205	293
	95%(体积分数)/℃	192~212	300
	干点/℃	203~223	320

① 15℃的密度;② 75℃的密度。

表10-5-3 酚油、萘油和蒽油质量

指 标 名 称	指 标		
	酚 油	萘 油	蒽 油
密度/$g\cdot cm^{-3}$	0.957~0.970①	0.98~0.99②	1.08~1.10③
含酚/%	19~24	6~10	
含吡啶/%	3~5	4~5	

续表 10-5-3

指标名称		指　标		
		酚　油	萘　油	蒽　油
含萘(凝固点法)/%			50～70④	
蒸馏试验	初馏点/℃	86～103	193～204	264～308
	约 170℃(体积分数)/%	43～63		
	约 200℃(体积分数)/%	93～100	0～2	
	约 230℃(体积分数)/%		83～91.5	
	约 315℃(体积分数)/%			23～32
	约 350℃(体积分数)/%			42～82
	约 400℃(体积分数)/%			92～95
	干点/℃	200～214	244～254	

① 15℃的密度；② 74℃的密度；③ 75℃的密度；④ 萘油结晶点为 50～64℃。

C　软沥青的质量

主塔底切取的软沥青软化点(环球法)为 60～65℃；经与脱晶蒽油焦化轻油配制后软化点要求为 35～40℃。

配制前后软沥青软化点实例见表 10-5-4。

表 10-5-4　软沥青质量标定数据

指标名称	配制前(主塔底)					配制后(泵出口)				
	1	2	3	4	5	1	2	3	4	5
密度(20℃)/g·cm^{-3}	1.174	1.126	1.186	1.182	1.189	1.162	1.164	1.172	1.172	1.172
软化点/℃	54.2	65.4	63.2	66.8	67.8	31	38.4	42.4	42.0	43.4
含萘/%	0.39	0.15				0.41	0.48			
350℃馏出/%	7					11				

10.5.2.4　主要操作指标(见表 10-5-5)

表 10-5-5　焦油减压蒸馏操作指标

指标名称	指　标	指标名称	指　标
焦油工作槽温度/℃	60	主塔顶部压力/MPa	0.0133
原料焦油含水分/%	<5	主塔塔顶温度/℃	112
原料焦油含残渣①/%	≤0.3	主塔底温度/℃	330
原料焦油加入碳酸钠浓度/g·L^{-1}	200	主塔底压力/MPa	0.041
进入预脱水塔焦油温度/℃	120～130	萘油侧线温度/℃	160
脱水塔塔底温度/℃	185	洗油侧线温度/℃	210
脱水塔塔顶温度/℃	90～100	蒽油侧线温度/℃	270
焦油加热出炉温度②/℃	340		

① 粒度 100 μm 以上；② 焦油经管式炉的对流段和辐射段加热。

10.5.3 减压连续蒸馏的辅助工艺

10.5.3.1 减压系统及工艺排出焚烧

A 减压系统

图10-5-2主塔的减压操作是靠真空泵来维持的，要保持负压，就必须不断地把装置内的不凝性气体排出。不凝气体从酚油冷却器进入气压冷凝器，用萘蒸馏装置来的C-甲基萘油喷洒洗净后进入真空罐，再由真空泵抽出，经过排气洗净塔再次用C-甲基萘油喷洒洗净，最后经过排气液封罐进入加热炉焚烧。新甲基萘油自本装置槽区用泵连续地装入热井，由泵升压经冷却器冷却到40℃，进入气压冷凝器和排气洗净塔喷洒。喷洒后的洗净油流入热井，循环使用。废循环洗净油定期排出。

B 工艺排气的处理(参见图10-5-2)

焦油蒸馏装置的1~3号轻油分离器、主塔回流槽、热井、洗净油槽、放空油槽及封液槽等的排气，通过主管汇集进入综合排气冷凝器，用循环冷却水冷却，冷凝的液体回到1号轻油分离器，未凝缩气体通过排气液封罐与真空泵排气一起入焦油加热炉焚烧。此外，焦油蒸馏装置所属槽区内油类储槽的排气则由设在该区的排气洗净塔用甲基萘油洗净后排向大气。

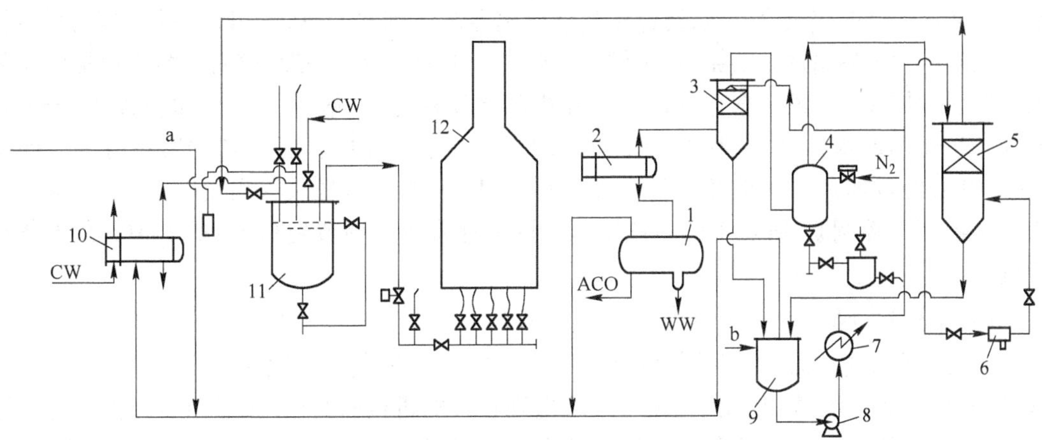

图10-5-2 主塔减压系统及排气处理系统

a—由换热器洗净油槽、液封槽、放空油槽、1~3号轻油分离器来的工艺排气；b—C-甲基萘油

CW—循环冷却水；ACO—酚油；WW—工艺排水；N_2—氮气

1—主塔回流槽；2—酚油冷却器；3—气压冷凝器；4—真空罐；5—排气洗净塔；

6—真空泵；7—甲基萘油冷却器；8—甲基萘油循环泵；9—热井；

10—综合排气冷凝器；11—封液罐；12—加热炉

10.5.3.2 温水循环系统

A 温水循环系统

为防止萘油、洗油和蒽油冷却后温度过低造成凝固而堵塞管道，设置了温水循环系统(见图10-5-3)，温水为经过水处理的蒸汽冷凝液(作为锅炉给水)。首先用温水供给泵将温水升压，分别送入萘油、洗油和蒽油冷却器，温水吸收了馏出油的热量后温度上升，然后进入温水冷却器被冷却后循环使用。温水冷却器的形式是带有风扇的空冷器，循环温水的温度由旁通的温水量进行调节。循环温水的温度设定为65℃。

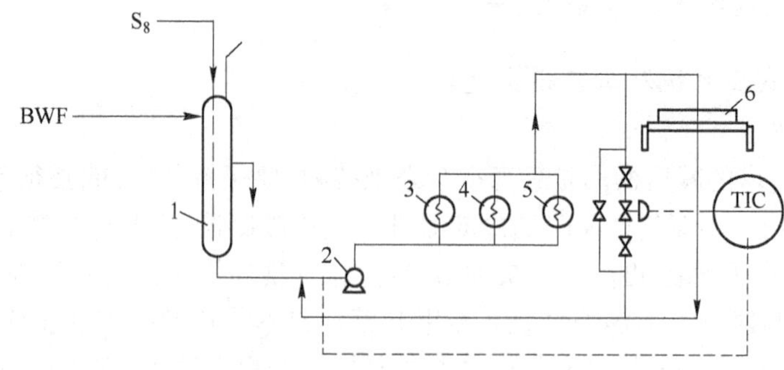

图 10-5-3　温水循环系统

S_8—0.8 MPa 蒸汽；BWF—锅炉给水；TIC—温度指示调节

1—温水槽；2—温水供给泵；3—萘油冷却器；4—洗油冷却器；5—蒽油冷却器；6—温水冷却器

B　副产蒸汽发生系统

为了回收洗油和蒽油馏分的热量，设置了副产蒸汽发生装置。这套装置的供给水是利用焦油蒸馏及粗蒽分离装置产生的蒸汽冷凝液，不够时补充锅炉给水（参见图 10-5-1 中 24）。一般情况下，蒸汽冷凝液装入槽内，然后用泵连续送入脱气器，而来自焦油蒸馏装置脱水塔重沸器产生的蒸汽冷凝液，通过冷凝液分离器减压到 0.3～0.4 MPa，直接进入脱气器。为防止蒸汽发生器腐蚀和结垢，对于供给水要进行添加药液的处理，使用的药液包括脱氧剂和清罐剂。加入的药液量根据蒸汽发生器内的水质决定，一般为 1 kg 供水量加入10 mg药液，即 10 mg/kg（水）。脱气器底部吹入 0.8 MPa 的蒸汽，器内温度为 105℃，器内压力保持 0.02 MPa，经过加药液及脱气处理的供给水，用 BFW 泵连续送入蒸汽发生器（送入量由蒸汽发生器液面控制），所发生的蒸汽用压力调节计将压力调节到 0.3～0.4 MPa 并入蒸汽管网。

10.5.3.3　脱酚酚油循环系统

输送脱水焦油、软沥青等流体的泵采用双机械密封，其封液是脱酚酚油（ACO）。工艺过程是：ACO 送入封液槽，再用封液循环泵输送到各泵的机械密封中，用后经冷却器冷却而返回封液槽循环使用。输送到各泵轴封的封液，其压力要比该泵的吸入管内流体压力高，由系统中封液返回管的阀来控制。

10.5.3.4　沥青换热器的清洗

软沥青热交换器共有三组，分别用于与原料焦油进行换热、与脱水焦油进行换热和作为备用，被替换下的软沥青交换器要迅速进行清洗，以备再次投入使用。洗净液是酚油，用酚油输送泵将其装入洗净油循环槽，一面加温（120～140℃），一面用洗净油循环泵送到要洗净的交换器，然后返回循环槽，直到洗净为止。时间约 12～24 h。洗净液分别在管程和壳程进行循环。

10.5.4　主要设备

10.5.4.1　加热炉（见图 10-5-4）

焦油蒸馏的加热炉为箱型立式炉，操作压力入口为 0.96 MPa，出口为 0.02 MPa，操作温度入口为245℃,出口为340℃。目前,此种类型的管式炉在焦油蒸馏中已很少使用,大都被立式盘管管式炉取代。

10.5.4.2　脱水塔

脱水塔设计压力为0.19 MPa,设计温度为220℃,是一个具有弓形隔板和浮阀塔盘的蒸馏塔,如图10-5-5所示。

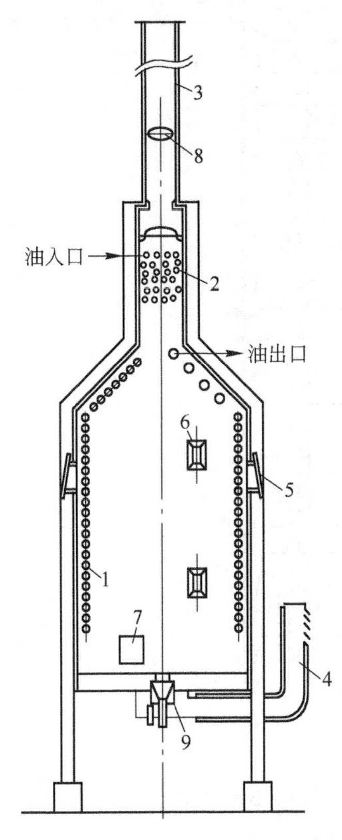

图10-5-4　焦油蒸馏加热炉

1—辐射管;2—对流管;3—烟囱;4—风箱;5—防爆门;6—观察孔;7—人孔;8—烟囱翻板;9—燃烧器

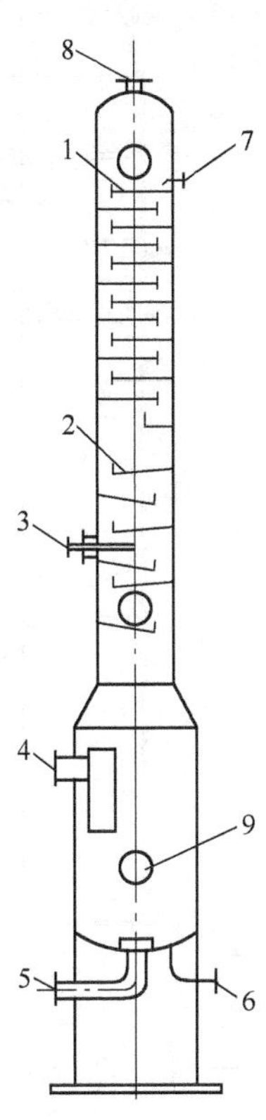

图10-5-5　脱水塔

1—浮阀塔盘;2—隔板;3—进料口;4—来自重沸器的气相入口;5—重沸器泵吸入口;6—脱水焦油出口;7—回流口;8—气相出口;9—人孔

10.5.4.3　主塔

主塔是焦油蒸馏的馏分塔,浮阀塔型,如图10-5-6所示。塔的材质为不锈钢,但根据不同部位的防腐蚀要求,对不锈钢的型号有不同的选择。

10.5.4.4　换热及冷却设备

焦油蒸馏装置的换热设备及冷却设备有空冷器、套管冷却器、釜式换热器和管壳式换热器。管壳式换热器中有固定管板式、内浮头式和U形管式等。U形管式换热器管束容易抽出,壳程易于清扫,且能进行温差补偿,适合于管程、壳程温差较大的情况,用作主塔各馏分的冷却。软沥青换热器结构均为浮头式,该换热器每年清扫2次。壳程先用酚油冲洗,然后将管束抽出,再用10 MPa高压水洗净。

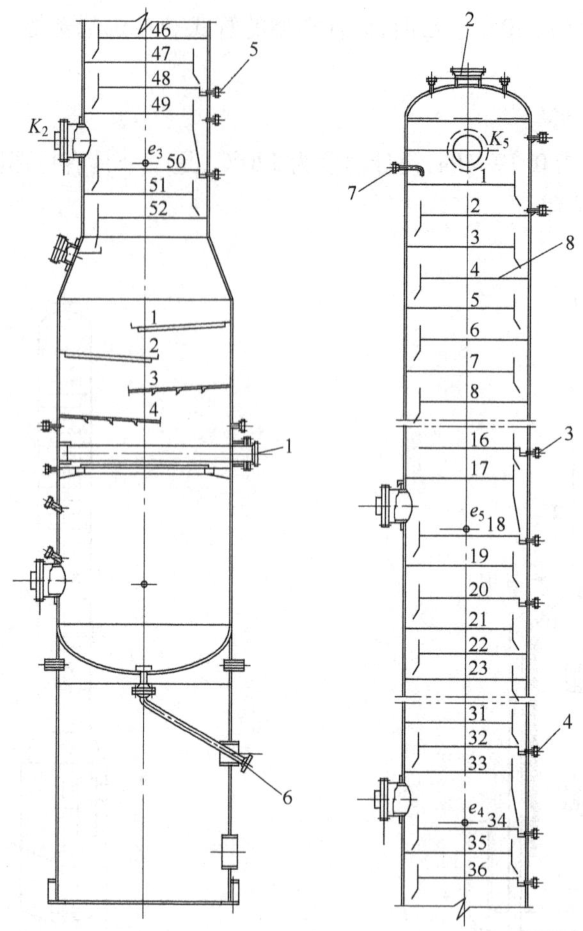

图 10-5-6　主塔

1—进料口;2—酚油气出口;3—萘油出口;4—洗油出口;5—蒽油出口;
6—沥青出口;7—回流口;8—浮阀塔盘

脱水塔重沸器是一台垂直安装的固定管板式换热器,由于焦油黏度比较高,残渣含量多,采用了由上往下流动的方式。从实际经验来看,管内不产生污垢,长时期不需要进行清扫。

10.5.4.5　泵类

焦油蒸馏装置的泵类主要有离心泵(包括自吸式)、屏蔽泵、定量泵和真空泵等。

10.6　焦油常—减压连续蒸馏

焦油常—减压连续蒸馏是指煤焦油连续通过管式炉加热,经脱水塔脱水,并相继在常压馏分塔和减压馏分塔中分馏成轻油、酚油、萘油、洗油、蒽油(一蒽油和二蒽油)以及残留物沥青的工艺过程。

10.6.1　概述

10.6.1.1　国内已建成运转的样板厂

山西焦化股份有限公司(简称山焦)引进法国 IRH 工程公司的技术,建成我国首套 30

万 t/a 煤焦油蒸馏装置,于 2005 年投产,填补我国单机组能力不低于 30 万 t/a 常—减压焦油蒸馏的空白。标志着我国煤焦油加工在工艺技术、装置单机规模、产品品种(级)和自动化装备水平等方面前进了一大步。

该装置的投产运营完全符合 2020 年中国科学和技术发展规划框架,是"焦化行业准入条件"的具体体现,是国内煤焦油加工首个样板。

山焦 30 万 t/a 大型煤焦油加工装置为"改良型煤焦油常—减压蒸馏"。

10.6.1.2 概略的工艺过程

改良型焦油常—减压蒸馏装置的几个工艺过程如图 10-6-1 所示。

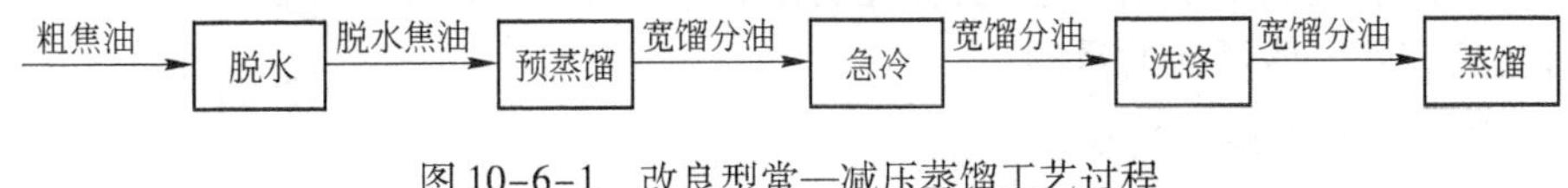

图 10-6-1 改良型常—减压蒸馏工艺过程

10.6.2 改良型焦油常—减压连续蒸馏工艺过程

10.6.2.1 焦油脱水

改良型焦油常—减压蒸馏的焦油最终脱水是在脱水塔内通过共沸蒸馏来完成的。从图 10-6-2 可知,由于水与焦油中的苯及同系物(通称轻油),可形成共沸物,因此,在脱水过程的同时也脱出部分轻油,还往往夹带着部分萘。这是由于焦油中的水含量高于共沸物中的水含量,在苯—水共沸物体系中,当苯的含量偏少时,很难将水分脱除干净,于是在蒸馏的同时,酚甚至萘会随之蒸出而影响轻油质量。本工艺中,将轻油回兑到原料中,可以增加焦油中苯的含量,提高脱水效果。这是该工艺的特点之一。

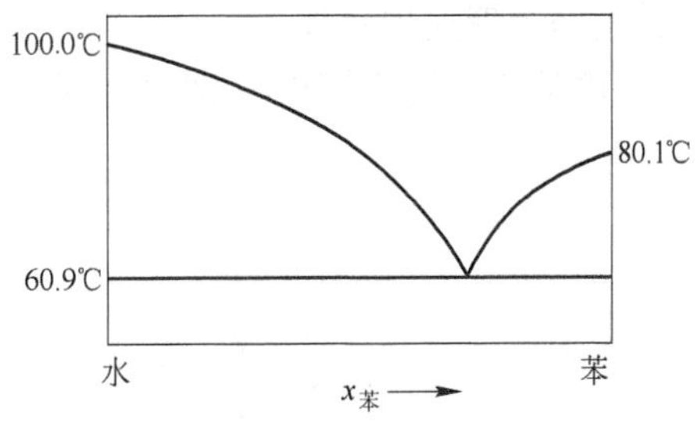

图 10-6-2 苯—水共沸相图

10.6.2.2 预蒸馏

预蒸馏的目的是首先脱除沥青和部分重馏分(油)。即脱水焦油与由管式炉加热后的热沥青混合后,在预蒸馏塔内脱除焦油中的沥青和部分重油馏分。

在确定馏分分割切取的顺序时,首先切除含量占焦油一半以上的沥青是有利的,这完全符合确定焦油加工最佳分离方案的原则,详见本书第 10.2.3.1 节。

10.6.2.3 急冷和宽馏分油洗涤

其目的是将预蒸馏的粗宽馏分蒸气急冷冷却为宽馏分油,再用 20 g/L 的 NaOH 溶液洗涤中和,脱除其中的铵盐。

急冷是用 94℃的氨水向由馏分冷凝冷却器至急冷塔的管道上分四处喷洒,使馏分由 230℃冷却到 105℃,如图 10-6-3 所示。

这种洗涤中和工艺可以避免 NaOH 溶液中的钠离子进入沥青中,有效地确保了沥青的质量。欧洲市场要求沥青中钠离子小于 200 mg/kg,美国、澳大利亚和加拿大则要求小于 300 mg/kg,但是急冷使热量受到损失,能耗很高。

10.6.2.4　已洗宽馏分油的减压蒸馏

已洗宽馏分油经减压蒸馏工艺过程得到酚油、萘油、蒽油和部分重油等各馏分，通过增设的洗油副塔，使洗油馏分得到进一步分馏。

10.6.2.5　采用导热油系统供给和存储热量

整个循环系统串联了10个热交换单元。概括起来是通过导热油循环吸收了重油、沥青闪蒸油、热沥青、初馏塔顶油气及沥青加热炉烟气等的热量，提升导热油的温度，用以预热焦油和发生副产蒸汽，合理安排热量存储和供给，达到有效节能降耗的目的。

10.6.2.6　工艺排气焚烧

装置内的储槽排放气及真空泵排气都含有各种油类及不凝性气体，不能直接排放。

将收集起来的排气送入文氏管喷射混合器作为次流体，主流体是喷洒的洗油，使混合室形成负压，有利于吸引排气。两者经混合、洗涤、吸收等在清洗油槽进行气液分离。分离出的气体经清洗塔捕集，除去气相挟带的液滴后，送沥青管式炉焚烧。

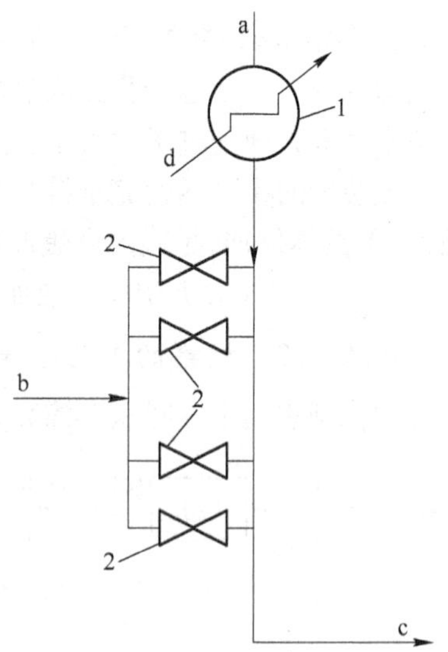

图10-6-3　氨水喷洒急冷

a—粗宽馏分蒸气；b—氨水；
c—进入急冷塔的宽馏分；
d—冷却用的导热油
1—馏分油冷凝冷却器；
2—阀

当洗油变质后定期更换，废洗油返回焦油储槽。工艺排气焚烧装置如图10-6-4所示。

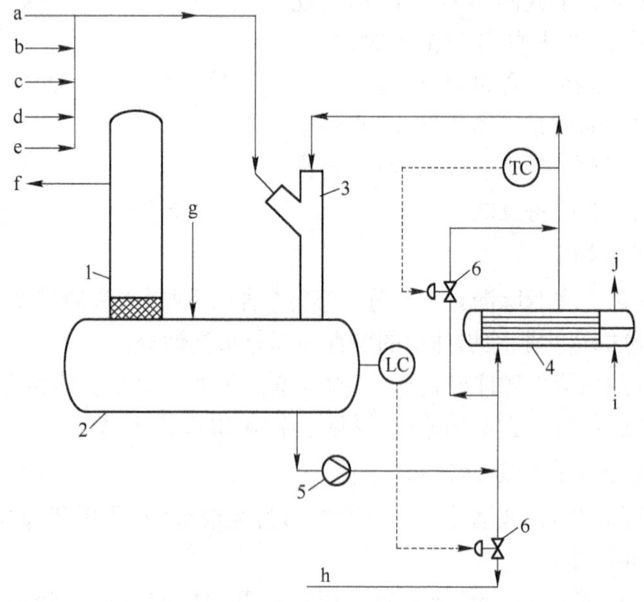

图10-6-4　工艺排气焚烧

a—真空排气；b—氨水槽排气；c—急冷排气；d—轻油油水分离器排气；e—重油槽排气；
f—洗净后的排气；g—洗净油；h—废洗净油；i—清循环冷却水；j—冷却回水
1—清洗塔；2—清洗油槽；3—文氏管喷射器；4—清洗油冷却器；
5—泵；6—调节阀

10.6.3 改良型焦油常—减压连续蒸馏工艺流程

10.6.3.1 工艺流程图

改良型焦油常—减压连续蒸馏工艺流程如图 10-6-5 所示。

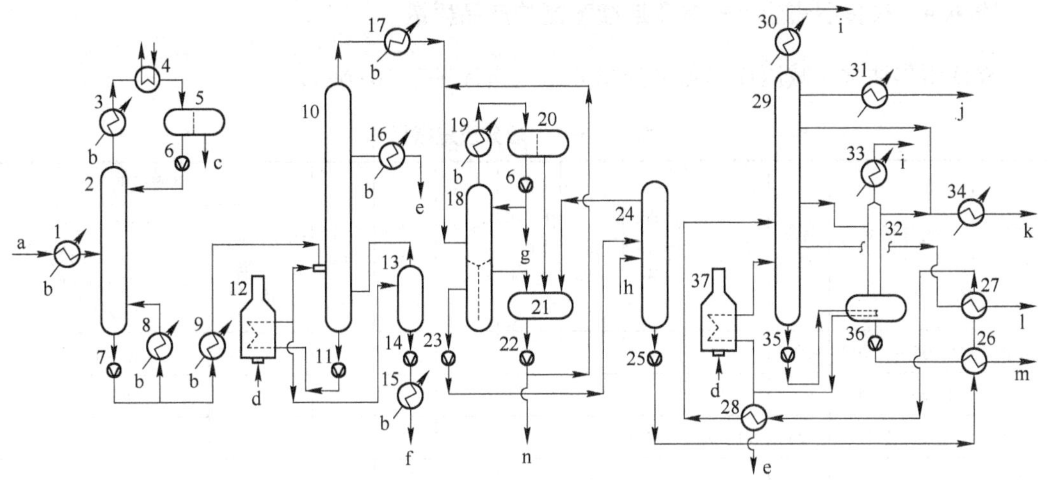

图 10-6-5 改良型焦油常—减压连续蒸馏工艺流程

a—焦油；b—导热油；c—酚水至酚水槽；d—焦炉煤气；e—重油馏分；f—沥青；g—轻油馏分；h—NaOH 溶液；i—真空排气；j—酚油馏分；k—萘油馏分；l—蒽油馏分；m—洗油馏分；n—含酚氨水

1—焦油/导热油换热器；2—脱水塔；3—脱水塔冷凝冷却器；4—脱水塔冷却器；5—油水分离器；6—回流泵；7—脱水焦油泵；8—脱水塔重沸器；9—脱水焦油预热器；10—预蒸馏塔；11—沥青循环泵；12—沥青加热炉；13—沥青塔；14—沥青输送泵；15—沥青/导热油换热器；16—重油馏分/导热油换热器；17—馏分油冷凝冷却器；18—急冷塔；19—冷凝冷却器；20—油水分离器；21—酚水槽；22—含酚氨水泵；23—馏分油泵；24—中和塔；25—馏分油泵；26—馏分油/洗油换热器；27—蒽油/馏分油换热器；28—重油/馏分油换热器；29—馏分塔；30—真空冷凝冷却器；31—酚油冷却器；32—洗油塔；33—真空冷凝冷却器；34—萘油冷却器；35—重油泵；36—洗油泵；37—重油加热炉

10.6.3.2 工艺流程说明

原料焦油经由导热油预热后进入脱水塔。塔顶逸出的轻油与水蒸气经冷凝冷却、油水分离后，轻油作脱水塔回流（多余的补充回原料焦油进行共沸脱水）。塔底油被导热油加热后向脱水塔底供热。

脱水焦油被导热油加热与经管式炉加热的沥青混合后进入预蒸馏塔，塔底采出的沥青除进行热循环供热外，其余进入沥青塔，通过汽提调整软化点后作为产品。侧线采出的重油馏分被导热油冷却后作为产品。塔顶的馏分蒸气被导热油回收部分热量，再被向管道里喷洒的氨水急冷后进入急冷塔。急冷塔顶的二次轻油油气经冷凝冷却、油水分离后，部分轻油作该塔回流，其余为产品。塔底的宽馏分油经油水分离后进入带搅拌装置、内装有稀碱液的洗涤塔，在此进行洗涤中和脱除铵盐。

中和后的宽馏分在馏分塔减压蒸馏。从侧线依次采出酚油及萘油馏分经冷却后作为产品。采出的洗油馏分经洗油塔汽提及采出的蒽油馏分分别经与宽馏分换热后也作为产品。

塔底的重油馏分经洗油塔底和重油加热炉加热后作馏分塔底热源,多余部分冷却后作为产品。

洗油塔切出的萘油与馏分塔萘油侧线合并。真空度是由液环式真空泵机组形成,真空排气经洗净后在管式炉中焚烧。导热油循环系统详见本书第10.2.5.6节。

10.6.4　改良型焦油常—减压连续蒸馏的产品质量

改良型焦油常—减压连续蒸馏的馏分质量指标见表10-6-1。

表10-6-1　馏分质量指标

馏分名称	相对密度(15℃)	含酚/%	含萘/%	硫茚/萘含量/%	α-甲基萘含量/%	β-甲基萘含量/%	含蒽/%	含咔唑/%	含菲/%	蒸馏试验	
										10%(体积分数)馏出温度/℃	10%~90%(体积分数)馏出温度/℃
轻油	0.865~0.900	<0.2									80~170①
酚油	0.96~1.00	>9②	<15								165~220
萘油	0.96~0.98	<1	80~90	3.33							210~230
洗油			<2		6	12					230~300
蒽油	1.04~1.09③		<1				10	6	2.5	300	
重油	1.10④						0.8	0.5	2	330	

① 轻油初馏点74~79℃;180℃前馏出量大于95%(体积分数);② 为苯酚含量,其焦油酸总量为20%~30%;③ 为120℃的蒽油相对密度;④ 为80℃重油相对密度。

沥青质量指标见表10-6-2。

表10-6-2　沥青质量指标

项　目	指　标
软化点/℃	90
喹啉不溶物(QI)/%	0.5~1.25
灰分/%	0.14

10.6.5　改良型焦油常—减压连续蒸馏工艺特点

10.6.5.1　馏分塔液相进料

经洗涤、中和已成液态的宽馏分与蒽油、重油馏分换热后作为馏分塔的进料。通过控制调节,萘油从精段侧线切出,其含萘80%~90%、含酚小于1%,提高了萘收率,萘集中度93%~98%。蒽油从提馏段侧线切出,含蒽量10%,大大超过国内一次汽化常压蒸馏的馏分塔(无提馏段)切出的蒽油质量(一般含蒽3%~7%)。

10.6.5.2　直接生产低萘洗油

国内焦油常压蒸馏切取的洗油馏分含萘一般在7%~10%,有的甚至高达15%。其原因是酚、萘、洗油的10%~90%的馏出温度分别是160~220℃、210~230℃和230~300℃,

难以切割分离。

改良型焦油常—减压蒸馏增设了洗油副塔,馏分塔侧线切出的洗油在该塔中汽提、闪蒸,使洗油含萘降至小于2%,成为低萘洗油。副塔的热源由馏分塔底油供给(见图10-6-3)。可见,焦油蒸馏设置洗油副塔是不可缺少的措施。

10.6.5.3 自动化控制水平高

(1) 管式炉自动点火系统达到了点火安全、快捷、操作简单的要求。

(2) 用侧线处的塔板温度控制侧线的采出量,其质量能得到精确控制。

(3) 采用压力平衡系统控制工艺排气的有序排放(参见本书第10.6.2.6节)。

(4) 实现高温高黏度液体介质的测量和自动控制。

10.6.5.4 焦油馏分塔采用波纹板填料

A 波纹板填料综合性能

波纹板填料属于规整填料,由于其规则的结构,在整个塔截面上形成基本相同的几何通道,在塔体空间内有对称的传质小单元。由于气流和液流穿流填料时互不阻碍,使得压力降可以很低,在相同的通量和压力降下,与其他填料相比可以有更大的比表面积,因此效率较高。由于其结构的对称性,只要塔内件设计合理,可以做到几乎无放大效应。由于波纹板填料有较好的综合性能,在某些方面优于各种塔板,不但越来越受重视,而且有取代板式塔之趋势。

B 在焦油馏分塔的应用

只要在预蒸馏过程除掉沥青等重质组分后即可采用波纹板填料塔进行蒸馏工艺过程。30万t/a焦油蒸馏的馏分塔便采用了波纹板填料蒸馏塔,与宝钢减压蒸馏的主塔(馏分塔)比较为:

项　目	10 t/a 焦油蒸馏主塔	30 万 t/a 焦油蒸馏馏分塔
塔径 D/mm	2000/2800	1800
塔高 H/mm	25000/14200	42618
塔　板	浮阀	波纹板填料
塔板数 n	50	

参考文献

[1] 《中国冶金百科全书》总编辑委员会焦化化工卷编辑委员会.中国冶金百科全书:炼焦化工[M].北京:冶金工业出版社,1992.

[2] 肖瑞华,白金锋.炼焦化学产品工艺学[M].北京:冶金工业出版社,2003.

[3] 肖瑞华.煤焦油化工学[M].北京:冶金工业出版社,2002.

[4] 泽林斯基 H,等.炼焦化工[M].赵树昌等译.鞍山:中国金属学会焦化学会,1993.

[5] 巴什莱 Э И,等.焦化产品回收与加工车间设备手册[M].虞继舜等译.北京:冶金工业出版社,1996.

[6] Michael H Best .焦炉和回收操作对焦油质量的影响[J].燃料与化工,2004(4):50.

[7] 阮湘泉,郭崇涛.国外焦油蒸馏技术评价[J].国外煤气,1989(6):15.

[8] 林宪喜,祝仰勇.导热油加热技术在蒸氨系统中应用[J].燃料与化工,2004(3):28.

[9] 丰恒夫.武钢粗焦油超滤机组效果明显[J].焦化燃气信息,2004(8).

[10]　李超，孙虹，蔡承祐. 我国首套 30 万 t/a 煤焦油蒸馏装置分析[J]. 燃料与化工，2005(4)：33.

[11]　杨春杰，胡成秋. 焦油渣利用的研究[J]，2004，35(4)：39.

[12]　方德巍，邱杰. 中国煤化工的现状和发展前景[J]. 化工进展，1991(5)：31.

[13]　于学初. 焦油圆筒管式加热炉的改进[C]. 见：炼焦化学论文集，第九卷(1994～1997). 鞍山：中国金属学会炼焦化学专业委员会，1998：41～45.

[14]　张振广. 石家庄焦化厂焦油精制的技术改造及技术开发[C]. 见：炼焦化学论文选集，第九卷(1994～1997). 鞍山：中国金属学会炼焦化学专业委员会，1998：310～318.

[15]　焦化行业准入条件[N]. 中国冶金报，2004，12，23.

[16]　薛改凤，林立成，许斌. 煤焦油净化处理国内外发展动态[C]. 见：炼焦化学论文选集，第九卷(1994～1997). 鞍山：中国金属学会炼焦化学专业委员会，1998：318～321.

[17]　杨晓清. 炼焦化工产品回收利用及质量检测(控制)标准[M]. 合肥：安徽文化音像出版社，2004：1337～1357.

[18]　李玉才，陈颖. 管式炉炉管结焦的清除方法[J]. 燃料与化学，1996，27(3)：143～144.

[19]　大庆石油化工总厂. 延迟焦化[M]. 北京：石油化学工业出版社，1997.

[20]　高晋生，张德祥，郁健. 煤焦油加工技术的探讨[C]. 见：2005 年中国煤炭加工与综合利用技术、市场、产业化信息交流会暨发展战略研讨会论文集. 西安：煤化工编辑部，2005：247～252.

[21]　黄建国. 中国煤焦油、苯的加工利用[C]. 见：2005 中国煤炭加工与综合利用技术、市场、产业化信息交流会暨发展战略研讨会论文集. 西安：煤化工编辑部. 2005：253.

11　焦油馏分深加工

11.1　深加工概述

11.1.1　深加工定义及原料

11.1.1.1　定义

焦油馏分深加工是用物理和化学方法处理煤焦油蒸馏所分离的各个馏分，以提取化工产品（原料）、制备各种工业油类，以及将粗产品精制、合成为纯产品的加工工艺。

焦油蒸馏残留物——焦油沥青（又称煤沥青），尽管从概念上不属于焦油馏分的范畴，但因其产率占焦油的50%以上，在工业应用上，尤其是炭素工业有极高的经济价值，因此把沥青加工归纳到焦油馏分深加工之中。

11.1.1.2　用于深加工的基础原料

主要是焦油蒸馏切取的轻油馏分、酚油馏分、萘油馏分、洗油馏分、苊油馏分、一蒽油和二蒽油馏分（俗称蒽油馏分）、萉油馏分（一般包含在沥青中）以及焦油蒸馏残留物——沥青。

11.1.2　深加工主要产品及工艺装置

11.1.2.1　主要产品数量

国内宝钢化工公司、鞍钢化工总厂、攀钢焦化厂以及上海焦化有限公司等出厂产品能达20种以上，全国若算上不同品级产品近80种（1998年统计约75种）。煤焦油加工的主要产品及其用途如图11-1-1所示。

国外煤焦油产品的提取与否是根据市场需求，其特点是品种相对多些，产品品级也多。如德国吕特格公司的焦油产品声称有200多种，但其实属于直接从煤焦油中分离出的也只有60～70种，加上与其他有机产品反应、混合的产品也不过100种。

11.1.2.2　深加工装置

众所周知，煤焦油组成相当复杂。在已分离出来并认定的组分约500种单种化合物中，其含量较高（如萘含量约10%）、用途较广的并在工业生产中得以应用的并不是很多，绝大部分含量是在不大于1%范畴，多为稠环芳烃，是石油化工难以制取的产品。目前，煤化工产品提取装置系列见表11-1-1。

本章仅叙述酚类化合物分离精制、萘产品分离精制和沥青冷却及加工。

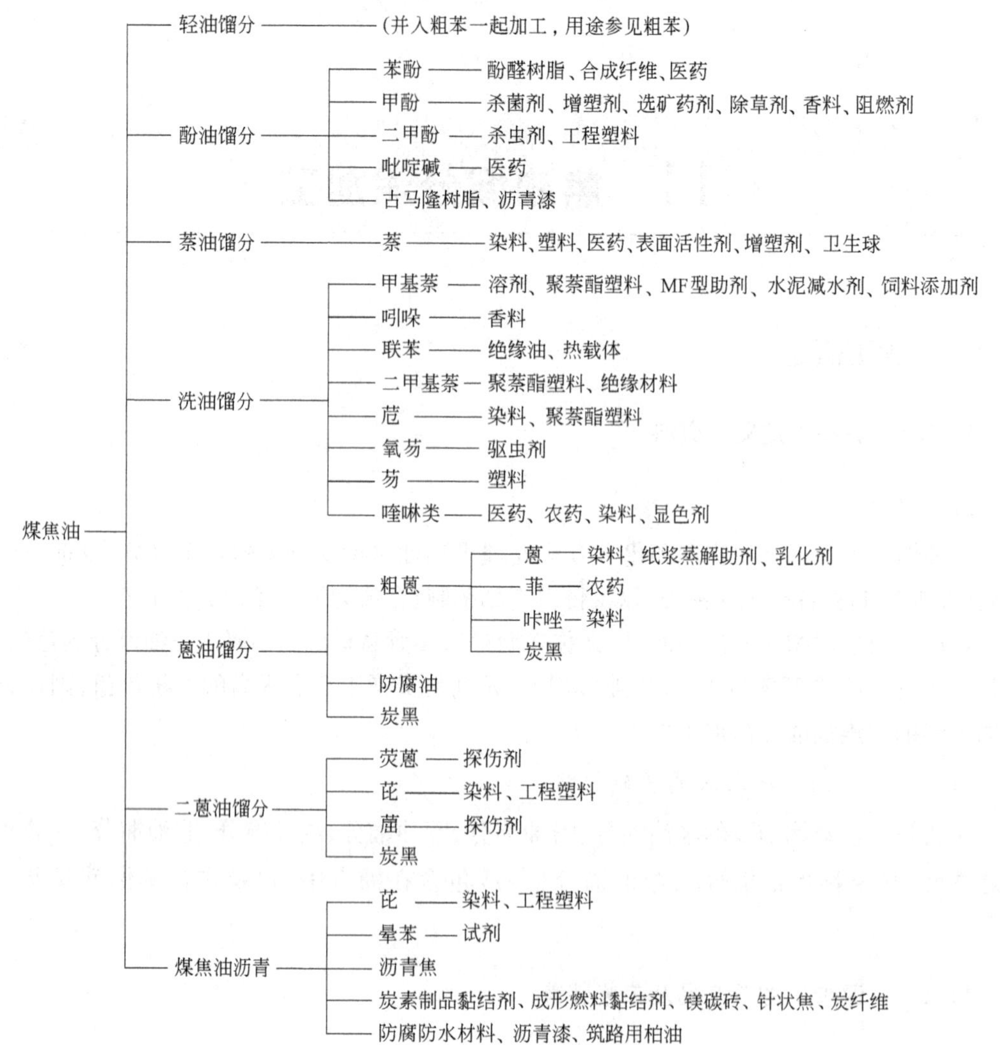

图 11-1-1　煤焦油加工的主要产品及其用途

表 11-1-1　煤化工产品提取装置

产 品 系 列	深 加 工 装 置
(1) 焦油酚类化合物	酚类化合物提取；粗酚精制；酚类同系物分离
(2) 萘产品	工业萘(95 萘)提取；萘精制；邻苯二甲酸酐制取
(3) 洗油类化合物	洗油馏分加工；甲基萘的分离和精制；吲哚的分离和精制；氧芴和芴的分离和精制；联苯的分离和精制；维生素 K_3 制取；苊的制取和精制；苊氧化制取 1,8－萘二甲酸酐
(4) 蒽、菲、咔唑类产品	粗蒽的制取；精蒽和咔唑的制取；蒽氧化制取蒽醌
(5) 焦油盐基化合物	盐基化合物的提取；焦油盐基的精制(吡啶精制)；吡啶同系物的分离和精制；喹啉同系物的分离和精制
(6) 煤焦油沥青	沥青黏结剂制备；沥青延迟焦制备；煤系针状焦制备；沥青混合油品配制
(7) 荧蒽、芘和䓛类产品	荧蒽精制；芘精制；䓛精制
(8) 焦油工业油	油品配制
(9) 小吨位产品	中间试验厂

11.2 粗酚及酚类产品的制取

11.2.1 原料及产品

酚类化合物是带有羟基取代基的芳香烃。焦油酚类化合物是煤热分解产物，是煤焦油加工产品中的酸性物质，煤焦油中含有的酚俗称焦油酸，含量约为煤焦油的1%～3%，主要有苯酚、甲酚、二甲酚、三甲酚和萘酚（少量）等。苯酚、甲酚、二甲酚等低级酚多存在于焦油蒸馏工段切取的酚油馏分、萘油馏分、洗油馏分或其混合馏分以及酚水中，当然，轻油当中也含有一定量的酚，含量为3%～5%，酚损失约占焦油中酚量的1.5%～2%，当轻油含酚降至小于1%时，酚损失可相应降至0.5%以下。酚类都有特殊臭味，有腐蚀性和毒性，暴露在空气中和阳光下色泽会逐渐变深，如苯酚会变成微红色。

11.2.1.1 煤焦油酚的分类及性质

A 分类

（1）粗酚是从煤焦油馏分或含酚废水中提取酚时先得到的酚类混合物的俗称，是进一步分离精制（通称酚精制或精酚）成焦化苯酚、工业酚、邻甲酚、间对甲酚等产品的原料。

（2）煤焦油中各种酚类化合物根据沸点的不同，可分为低级酚和高级酚。低级酚是指苯酚、甲酚和二甲酚；高级酚是指三甲酚、乙基酚、丙基酚、丁基酚、苯二酚、萘酚、菲酚及蒽酚等。高级酚含量低，很难提取分离。

（3）也可按其能否与水共沸并和水蒸气一起挥发而分为挥发酚和不挥发酚。苯酚、甲酚和二甲酚均属挥发酚；二元酚和多元酚属不挥发酚。

B 性质

几种主要低沸点酚的物理性质见表11-2-1和表11-2-2。

表11-2-1 主要低沸点酚的物理性质

酚类名称		苯酚	邻甲酚	间甲酚①	对甲酚②
分子式		C_6H_6O	C_7H_8O	C_7H_8O	C_7H_8O
相对分子质量		64.11	108.14	108.14	108.14
沸点/℃	101.3 kPa	181.8	191.00	202.23，202.8	201.94，202
	13.3 kPa	120.7			
	4.0 kPa	92.78			
	1.3 kPa	70.86			
	0.13 kPa	33.60			
熔点/℃		40.91	30.99	12.22，10.9	34.69，36.5
摩尔分数为1%杂质导致的熔点降低/℃			0.596	0.749	0.915
相对密度	0℃	1.092			
	20℃	1.071			
	25℃		1.035	1.0302	1.054
	50℃	1.050	1.0222	1.0105	1.0116
黏度（50℃）/MPa·s		3.49	3.06	4.17	4.48

续表 11-2-1

酚类名称	苯　酚	邻甲酚	间甲酚①	对甲酚②
折射率 n_D^{50}	1.5372	1.5310	1.5271	1.5269
熔融热/kJ·mol^{-1}	11.44	15.830	10.714	12.715
汽化热/kJ·mol^{-1}	49.76	45.222	47.429	47.581
燃烧热/kJ·mol^{-1}	3056	3696	3706	3701
闪点/℃	79.5	81	86	86
着火点/℃	595	555	555	555
临界温度/℃	421.1	424.4	432.6	431.4
临界压力/MPa	6.31	5.01	4.56	5.15
外　观	无色针状结晶/白色结晶熔块	无色/白色结晶	无色至黄色油状液体	无色菱形结晶
溶解性	溶于水、乙醇、乙醚、氯仿、甘油、CS_2、脂肪油、碱液	溶于乙醇、乙醚、氯仿、热水，微溶于水	溶于乙醇、乙醚、碱液，微溶于水	溶于热水、乙醇、乙醚，微溶于水

① 生产的工业品纯度：上海焦化厂为 80% ~85%，鞍钢化工总厂为 95%；② 生产的工业品纯度：鞍钢化工总厂为大于95%。

表 11-2-2　二甲酚的物理性质

名　称	2,4-二甲酚	2,5-二甲酚	3,4-二甲酚	3,5-二甲酚
分子式	$C_8H_{10}O$			
相对分子质量	122.17			
沸点/℃	210	210	225	219.5
熔点/℃	26	75	65	64
密度/g·cm^{-3}	1.036	1.169	0.983①	0.968②
外　观	白色/无色针状结晶		针状结晶	
溶解性	可溶于乙醇、乙醚，可溶于水		可溶于乙醇、乙醚，微溶于水	

① 相对密度(20℃)为 1.023；② 相对密度(20℃)为 1.016。

C　酚类化合物在水中的溶解温度

焦油酚类化合物与水部分互溶，在荒煤气冷凝过程中，焦油酚类化合物在焦油和氨水之间的分布很大程度上取决于冷凝的工艺条件和氨水生成量。一般约有 13% ~37% 转入氨水中，其余转入焦油中。低沸点酚易溶于水，所以从氨水提取的酚类化合物中低沸点酚占 80% 以上。低沸点酚在水中完全互溶的极限温度和质量分数见表 11-2-3。

表 11-2-3　酚的水溶性

名　称	溶解的极限温度/℃	溶解的极限质量分数/%	名　称	溶解的极限温度/℃	溶解的极限质量分数/%
苯　酚	65.8	36.1	3,5-二甲酚	197.8	35
邻甲酚	164.8	34	2,3-二甲酚	210.1	38
间甲酚	164.7	36	2,4-二甲酚	212.9	34
对甲酚	143.7	34	2,5-二甲酚	218.8	42
3,4-二甲酚	188.7	35	2,6-二甲酚	236.5	45

11.2.1.2 焦油及其馏分中酚的分布

A 焦油中酚类的含量(见表11-2-4)

表11-2-4 焦油中酚类的含量

组分名称		常规值范围/%	含量化验值①/%	
			化一厂	化二厂
苯 酚		0.2~0.5	0.22	0.18
混甲酚	o-甲酚	0.4~0.8	0.085	0.060
	m-(p-)甲酚		0.20	0.15
二甲酚	2,6-二甲酚	0.3~0.5	0.014	0.0093
	2,4-二甲酚 2,5-二甲酚		0.088	0.048
	3,4-二甲酚		0.014	0.0074
	3,5-二甲酚		0.048	0.036
	2,3-二甲酚		0.019	0.011
高沸点酚	2,3,6-三甲酚	0.75~0.95	0.0011	0.0049
	2,4,6-三甲酚		0.0037	0.0023
	2,3,5-三甲酚		0.0091	0.0049
	三甲酚		0.015	0.017

① 山西焦化厂生产实际数据,其酚类含量偏低。

B 焦油馏分中酚类化合物含量(见表11-2-5)

表11-2-5 焦油馏分中酚类化合物含量

组分名称	占馏分中酚类化合物比例/%				
	轻 油	酚 油	萘 油	洗 油	一蒽油
苯 酚	90.3	61.9	5.48	6.24	0.515
邻位甲酚	5.14	14.5	5.46	3.34	0.33
间对甲酚	3.40	23.0	44.20	14.70	2.08
2,6-二甲酚		0.69	1.862	0.33	0.121
2,5-二甲酚 2,4-二甲酚			17.30	4.22	1.417
3,5-二甲酚 2,3-二甲酚			19.70	5.74	2.46
3,4-二甲酚			4.08	2.60	1.73
未知物			1.84	3.60	5.26
3-甲基-5-乙基酚				0.861	4.94
2,3,5-三甲酚				0.694	4.046
α-萘酚				20.0	28.72
β-萘酚				12.41	22.50
其 他				24.32	25.34

C　国内典型焦油蒸馏馏分的含酚量(见表 11-2-6)

表 11-2-6　国内典型焦油蒸馏馏分的酚类含量

厂　名	馏分名称	对无水焦油产率	酚类/%		
			对馏分	对焦油	对焦油中的酚
鞍山化工总厂	轻油	0.422	2.5	0.0105	0.85
	酚油	1.84	23.7	0.435	35.3
	萘油	16.23	2.95	0.478	38.6
	洗油	6.7	2.4	0.161	13
	一蒽油	22	0.64	0.140	11.30
	二蒽油	3.23	0.40	0.0129	1.04
	总计			1.237	100
原北京炼焦化学厂	轻油	0.6	3.42	0.0205	4.66
	酚油	0.662	25	0.156	35.4
	萘油	12	1.66	0.199	45
	洗油	1.24	1.42	0.017	4
	总计①			0.44	
吉林电石厂	轻油	0.42	4	0.017	1.11
	混合分②	23.36	5.46	1.275	83.4
	一蒽油	14.7	0.146	0.215	14.1
	二蒽油	10.1	0.22	0.022	1.43
	总计			1.529	100

① 其他馏分未计入;② 指酚油、萘油、洗油混合馏分。

11.2.1.3　用于脱酚的焦油馏分的质量

用于脱酚的原料是焦油蒸馏切取的轻油、酚油、萘油和洗油馏分,或酚萘洗、萘洗混合馏分,其中轻油多用于洗净粗酚钠,同时脱除适量的酚。工厂生产对其质量要求主要考核含酚量和含萘量,见表 11-2-7。

表 11-2-7　实际生产对脱酚馏分质量要求

馏分名称	组分/%	质量指标		馏分名称	组分/%	质量指标	
		鞍山化工总厂	宝钢化工公司			鞍山化工总厂	宝钢化工公司
轻　油	含　酚		3.0	洗　油	含　酚		4.0
	含　萘		3.0		含　萘		7.5
酚　油	含　酚	≥22.0	25.0	萘洗混合分	含　酚	3.5~5.0	
	含　萘		6.0		含吡啶	2.0~4.0	
萘　油	含　酚		6.0				
	含　萘		57.7				

11.2.1.4　粗酚的质量

粗酚是馏分脱酚的最终产品,又是酚精制的原料。

原料粗酚的来源有两个：一个是焦油馏分脱酚所得的粗酚，称焦油系粗酚；另一个是含酚废水脱酚所得的粗酚，称氨水系粗酚。

粗酚质量对精制操作有一定影响。如水分过大，将延长脱水操作时间，影响脱水釜的能力，增加酚的损失；反应不合格或硫酸钠含量高，将加剧设备的腐蚀，并容易引起酚渣中高沸点物的聚合而黏结釜加热器，降低传热效率，延长蒸馏时间，影响生产能力。因此必须稳定粗酚质量。各厂精制用粗酚所控制的质量标准及举例见表 11-2-8。

表 11-2-8　粗酚质量标准及举例

项　　目		指　　标		
		标准①	鞍山化工总厂	宝钢化工公司
酚及同系物含量②/%		≥83	≥85	79.827
馏程②	初馏点/℃			186.07
	200℃前(体积分数)/%	≥60		
	230℃前(体积分数)/%	≥85		
	干点/℃			222.10
中性油含量/%		≤0.8		
吡啶盐基含量/%		≤0.5		0.08
pH 值		5～6	5～6	
灼烧后残渣量②/%		≤0.4		
水分/%		≤10	≤15	17
密度/$g \cdot cm^{-3}$			1.005～1.006	1.0465
纯　度			纯净	
Na_2SO_4 含量/%			≤0.3	
沥青分/%				3.28

① YB/T 5079—1993；② 按无水计算。

粗酚为苯酚、甲酚、二甲酚等的混合物，因此无固定的物化性质，生产中可参考苯酚的性质。粗酚的主要组分为苯酚、甲酚、二甲酚以及少量的三甲基酚、萘酚和其他高沸点酚。粗酚的酚类组成举例见表 11-2-9。

表 11-2-9　粗酚的酚类组成　（%）

厂　名	组　　分									
	苯　酚	邻位甲酚	对位甲酚 间位甲酚	2,6-二甲酚	2,4-二甲酚 2,5-二甲酚	2,3-二甲酚 3,5-二甲酚	3,4-二甲酚	乙基酚	高沸点酚	沥青
鞍钢化工总厂	37.2～43.2	7.62～10.35	31.9～37.8	0.76～2.54	4.88～6.2	7.27～8.92	0.74～2.45			
首钢焦化厂	36.23～37.11	12.16～12.24	31.98～34.46	0.35～0.40	8.05～8.94	7.30～8.15				
某　厂	57.46	7.45	23.59	0.14	2.15	①	0.36	0.1	0.13	5.17

① 2,3-二甲酚和 3,5-二甲酚含量分别为 0.05% 和 3.4%。

11.2.1.5　酚类产品质量和组成及主要用途

目前，粗酚精制的产品有苯酚、工业酚、邻位甲酚、间对位甲酚、三混甲酚、二甲酚和酚渣油等。

A　苯酚和工业酚

苯酚和工业酚都是苯酚和少量甲酚的混合物，其苯酚的质量标准及举例见表 11-2-10，苯酚的组成举例见表 11-2-11。

表 11-2-10　苯酚的质量标准及举例

指标名称	国家标准（GB 6705—89）		上海杨树浦煤气厂			上海焦化厂、梅山焦化厂、原北京炼焦化学厂	宝钢化工公司
	一级	二级	一级	二级	三级		
外　观	白或略有色晶体		无色针状或白色、微红色			允许呈微红色	白色或淡红色
水分/%	≤0.2	≤0.3	≤0.5	≤0.5	≤0.5	≤0.5	≤0.2
中性油含量/%	≤0.1	≤0.1	≤0.5	≤0.5	≤0.5	≤0.1	透明
结晶点/℃	≥40.0	≥39.7	≥40.4	≥39.7	≥38.5	≥39.25	≥40.0
不挥发物含量/%			≤0.01	≤0.016	≤0.045		
纯　度						≥97	
水中溶解度			1:20	1:20	1:30		

表 11-2-11　苯酚的组成

厂　名	组分/%			备　注
	苯　酚	邻位甲酚	间对甲酚	
首钢焦化厂	97.94～99.57	2.06～0.43		
上海焦化厂、梅山焦化厂、原北京炼焦化学厂	97.32	2.68		一次分析结果
鞍钢化工总厂①	93.11	5.52	1.36	一次分析结果

① 是该厂工业酚的组成。

焦化苯酚的产率约为无水粗酚的 31%，其结晶点（熔点）与其含水有关，如无水时为 40℃，含水 1% 时则为 37℃。主要用于生产酚醛树脂，还可以用作制取环氧树脂、合成纤维、染料、医药、农药、炸药、合成洗涤剂和纺织助剂等有机化工产品的原料。工业酚主要用于制取苯酚，或在某种场合替代焦化苯酚用于有机合成。工业酚质量指标（GB 3709—83）为：结晶点不小于 31.0℃；中性油不大于 0.5%；吡啶盐基不大于 0.3%；水分不大于 1.5%。

B　邻位甲酚

邻位甲酚是粗酚精制得到的产品，其质量标准及举例见表 11-2-12。

表 11-2-12　邻位甲酚质量标准及举例

指标名称	国家标准（GB 2279—89）	宝钢化工公司厂标（Q/BQB 008—1994）	
		一级	特级
邻甲酚含量（干基）/%	≥96		
苯酚含量/%	≤2		
2,6－二甲酚含量/%	≤2		
水分/%	≤0.5		
结晶点/℃		≥30.2	≥29.5
颜　色		白至浅黄色	白至浅黄色
185～192℃馏出（体积分数）/%		≥95	
中性油试验		透　明	

邻位甲酚的组成见表 11-2-13。

表 11-2-13 邻位甲酚的组成

组 分	苯 酚	邻甲酚	间对甲酚
含量/%	0.89~1.2	95.3~96.77	1.69~2.8

邻位甲酚的产率约为无水粗酚的8%。用于制取农药、二甲四氯除草剂、医用消毒剂、防腐剂及鞣革剂等。

C 间对甲酚

间对甲酚是间甲酚和对甲酚混合的一种工业产品,是粗酚精制得到的产品之一。其质量标准及举例见表 11-2-14。

表 11-2-14 间对甲酚质量标准及举例

指标名称	国标(GB 2280—89)	宝钢化工公司厂标(Q/BQB 09—1994)
外 观	无色至褐色透明液体	无色至褐色透明液体
密度(20℃)/$g \cdot cm^{-3}$	1.030~1.040	1.030~1.040
205℃馏出量①/%(容)	≥95	≥95
195℃馏出量①/%(容)		≤3
水分/%	≤0.3	≤0.5
中性油含量/%	≤0.2	
间甲酚含量/%	≥50	≥50
中性油试验		限于微浊程度
H_2S 试验		不深于浅黄色

① 在大气压 101325 Pa 条件下。

间对甲酚的组成见表 11-2-15。

表 11-2-15 间对甲酚的组成

组分	中性油	苯 酚	邻甲酚	对甲酚	间甲酚	2,5-二甲酚 2,4-二甲酚	2,3-二甲酚	3,5-二甲酚
含量/%	0.05	1.66~5.67	5.27~9.90	27.16~31.12	50.77~58.80	3.09~6.66	0~0.24	0~0.14

间对甲酚产率约为无水粗酚的 31.7%,用作生产噻克漆(绝缘漆)、医药消毒剂等的原料,并可从中提取间甲酚。

D 三混甲酚及甲酚 2 号

粗酚精馏时如不提取邻位甲酚,所得的混合甲酚就是三混甲酚,其馏程范围比二混甲酚宽,间位甲酚含量比二混甲酚低。其质量标准见表 11-2-16,组成举例见表 11-2-17。

甲酚 2 号是邻甲酚塔和间甲酚塔的不合格产品经再蒸馏切出的混甲酚。其质量与三混甲酚相近(见表 11-2-16)。

三混甲酚、甲酚 2 号可作为生产绝缘体及消毒剂的原料。

表 11-2-16　三混甲酚及甲酚 2 号参考指标

指标名称		三混甲酚(参考值)		宝钢化工公司厂标
		一级	二级	甲酚 2 号
外　观		无色至棕色透明液体		无色至黄或褐色透明液体
蒸馏试验(脱水试料)①	195℃前馏出量(体积分数)/%	≤3	≤5	
	210℃前馏出量(体积分数)/%	≥96	≥95	
	220℃前馏出量(体积分数)/%			≥95
间甲酚含量		≥41	≥34	
密度(20℃)/g · cm^{-3}		1.03 ~ 1.05		1.026 ~ 1.056
水分/%		≤0.5	≤1.3	≤1
中性油含量/%		≤1.0	≤1.2	限于微浊程度
H_2S 试验				浅黄色

① 大气压为 101325 Pa。

表 11-2-17　三混甲酚的组成　　(%)

厂　名	组　分						
	苯　酚	邻位甲酚	对位甲酚	间位甲酚	2,4 - 二甲酚 2,5 - 二甲酚	2,3 - 二甲酚	3,5 - 二甲酚
原北京炼焦化学厂	5.73 ~ 11.62	7.21 ~ 10.44	18.05 ~ 24.12	37.40 ~ 47.38	7.16 ~ 12.86	3.54 ~ 7.26	1.10 ~ 6.02
鞍钢化工总厂的一次分析结果	4.8	9.54	74.60		10.25		0.696

E　二甲酚

二甲酚是各种二甲酚异构体的混合物,并含有少量的甲酚和高沸点酚。其质量标准及举例见表 11-2-18,组成举例见表 11-2-19。

表 11-2-18　二甲酚质量标准及举例

指标名称		国标(GB 2600—1991)	宝钢化工公司厂标(Q/BQB 011—1994)
外　观		无色至棕色透明液体	淡黄至褐色透明液体
密度(20℃)/g · cm^{-3}		1.01 ~ 1.03	1.01 ~ 1.04
蒸馏试验(大气压 101325 Pa)①	205℃前馏出量(体积分数)/%	≤5	≤5
	220℃前馏出量(体积分数)/%	≥90	
	205 ~ 230℃馏出量(体积分数)/%		≥90
水分/%		≤1.2	≤1
中性油含量/%		≤1.8	微浊程度
H_2S 试验			不深于淡黄色

① 脱水试料。

二甲酚产率约为无水粗酚的 11%,作为提取 3,5 - 二甲酚、3,4 - 二甲酚的原料,并可用作消毒剂、增塑剂及农药等。

表 11-2-19 二甲酚的组成

厂名	组分/%						
	苯酚	邻位甲酚	对位甲酚	间位甲酚	2,4-二甲酚 2,5-二甲酚	3,5-二甲酚	3,4-二甲酚
梅山焦化厂一次分析结果	2.46	4.33		7.82	38.60	46.80	
首钢焦化厂	0.46~1.37	0.41~1.61	17.91~35.34		13.75~20.43	36.87~55.57	
鞍钢化工总厂一次分析结果			7.37		13.1	73.6	4.01

11.2.1.6 用工业酚生产FT型无水结合剂

在生产镁钙碳砖及镁白云石碳砖时,为防止因水化问题产生的砖裂纹,必须使用无水结合剂如FT型无水结合剂。

生产过程和原理是:工业酚(含苯酚86.80%,甲酚12.42%,二甲酚0.30%,水分0.5%)、甲醛(醛含量36%~37%)、溶剂(无水酯类混合物)以盐酸为催化剂经缩聚生成线型结构的热酚醛树脂(聚合度n为4~5)。FT型无水结合剂质量举例见表11-2-20。

表 11-2-20 FT型无水结合剂质量

内含水/%	固体含量/%	黏度(25℃)/Pa·s	游离酚/%	羟基值/$mg\cdot g^{-1}$	残碳/%	外观
0	65.9	27.3	4.3	383.4	39.60	棕
0	66.0	27.3	4.4	367.9	40.22	棕
0	68.5	27.3	5.2	347.4	41.48	棕

使用FT型无水结合剂制成的镁钙碳砖的常温耐压强度可达到40 MPa,远远超过用户要求(25 MPa)。

影响结合剂质量的主要因素是脱水程度和终温。脱水终温为150℃时,酚醛树脂中水分可满足无水结合剂要求,见表11-2-21。

表 11-2-21 脱水终温对树脂含水的影响

真空度/kPa	脱水终温/℃	树脂含水/%
60	104	3.08
60	121	3.04
60	142	0.60
60	150	<0.10

11.2.2 馏分脱酚

11.2.2.1 馏分脱酚的工艺原理

各馏分中所含酚类物质一般采用稀碱(如NaOH)脱除,酚系酸性化合物与稀碱溶液反应生成酚钠盐:

$$Ar-OH+NaOH \rightarrow Ar-ONa+H_2O$$

酚钠盐溶于碱液层中，与油层分离，分别得到酚钠盐和脱酚油。

11.2.2.2　馏分脱酚工艺

馏分脱酚是对焦油蒸馏切取的轻油、酚油、萘油和洗油馏分或者混合馏分，采用12%（质量分数）的 NaOH 溶液提取酚的过程。从操作方式区分，馏分脱酚有间歇和连续两种工艺流程。对于产量较大的馏分一般采用连续脱酚，而产量较小的馏分则采用间歇脱酚工艺。间歇工艺流程自动化水平低，操作周期长，但方便、灵活。连续脱酚工艺又分为泵前混合和对喷式两种流程。

A　间歇脱酚（参见图 11-2-2 中 20）

a　操作制度

酚油馏分一般含酚 20% ~30%，通常采用间歇洗涤方式，需脱酚 3 ~4 遍。若油中含酚大于 3%，宜采用碱性酚钠洗涤脱酚，得中性酚钠。若含酚小于 3%，宜采用新碱洗涤脱酚，得碱性酚钠，代替碱液使用。

使用碱性酚钠和稀碱脱酚的数量和脱酚次数由酚油中的含酚量决定。

b　脱酚程序

（1）将欲脱酚物料（如酚油馏分）装入洗涤器（装料用的时间因设备、工艺而异）；

（2）按洗涤程序加入试剂（如脱酚用的碱液或碱性酚钠）；

（3）进行搅拌 1.5 h；

（4）静置分离 2 ~3 h；

（5）放料（时间根据工艺操作确定）。

c　搅拌方式

搅拌有机械搅拌和压缩空气搅拌两种形式。机械搅拌虽然增加了传动设备的维护工作，但搅拌程度强，物料不易氧化，逸出气体中夹带的雾滴较少。压缩空气搅拌虽然操作简单，但气体带出的雾滴多，污染环境。所以一般采用机械搅拌。

d　间歇洗涤器

间歇洗涤器一般采用锥底结构，采用碳钢外壳，内衬防腐材质。图 11-2-1 所示为间歇洗涤器的一般结构。

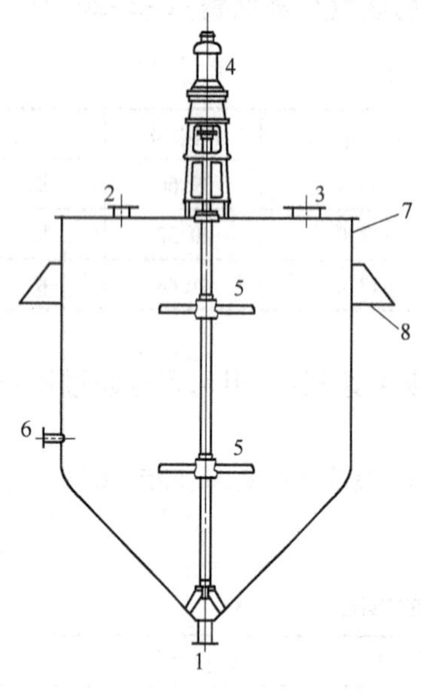

图 11-2-1　间歇洗涤器

1—放料口；2—原料入口；3—碱液入口；4—电机；5—搅拌器；6—温度计插口；7—本体；8—支撑

B　泵前混合连续脱酚

a　萘洗混合分连续脱酚工艺

工艺流程如图 11-2-2 所示（该图也表示了酚油间歇脱酚）。

b　操作制度

萘洗混合馏分连续脱酚操作制度见表 11-2-22，各种馏分脱酚操作温度指标见表 11-2-23。

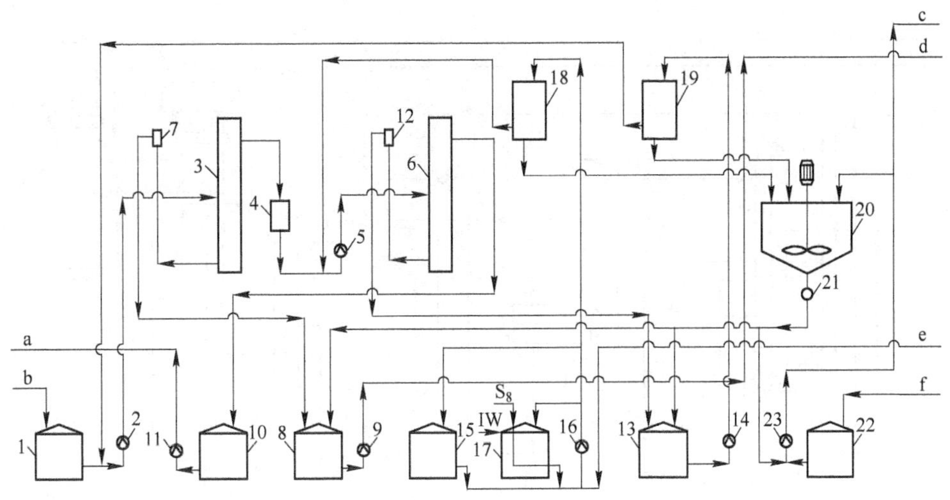

图 11-2-2 萘洗混合分连续脱酚工艺流程

a—已洗混合分至工业萘装置；b—来自焦油蒸馏的萘洗混合分；c—脱酚酚油至油库；d—酚钠去蒸吹釜；
e—浓碱；f—来自焦油及工业萘蒸馏的酚油；
IW—工业水；S_8—0.8 MPa 蒸汽

1—未洗混合分槽；2—一次连洗泵；3—一次连洗分离塔；4—一次脱酚缓冲槽；5—二次连洗泵；6—二次连洗分离塔；
7—液面调节器；8—中性酚钠槽；9—酚钠蒸吹泵；10—已洗混合分槽；11—已洗混合分送出泵；12—液面调节器；
13—碱性酚钠槽；14—碱性酚钠泵；15—浓碱槽；16—碱泵；17—配碱槽；18—碱高位槽；
19—碱性酚钠高位槽；20—间歇洗涤器；21—放料视镜；22—酚油槽；23—间洗泵

表 11-2-22 萘洗混合分连续脱酚[①]操作制度

项　目	指　标	项　目	指　标
萘洗混合分含酚/%	约 3[②]	得到酚钠性质	中　性
连续脱酚遍数/遍	2	第二遍用的试剂	12%（质量分数）NaOH
第一遍用的试剂	碱性酚钠	二次脱酚后馏分油含酚/%	≤0.5
一次脱酚后馏分油含酚/%	2.5～4.0	得到酚钠性质	碱　性

① 也适用酚萘洗混合分连续脱酚；② 酚萘洗混合分含酚 5%～6%。

表 11-2-23 各种馏分的脱酚操作温度指标

操作温度/℃	指　标	操作温度/℃	指　标
酚　油	50～60	萘洗混合分	80～90
萘　油	75～90	酚萘洗混合分	80～85
洗　油	50～60	连洗塔	～85

C 对喷式连续脱酚

a 工艺流程（见图 11-2-3）

b 工艺过程

对喷式萘油连续脱酚的主要设备是 1 号萘油抽提塔和 2 号萘油抽提塔。萘油进行两次连续脱酚。

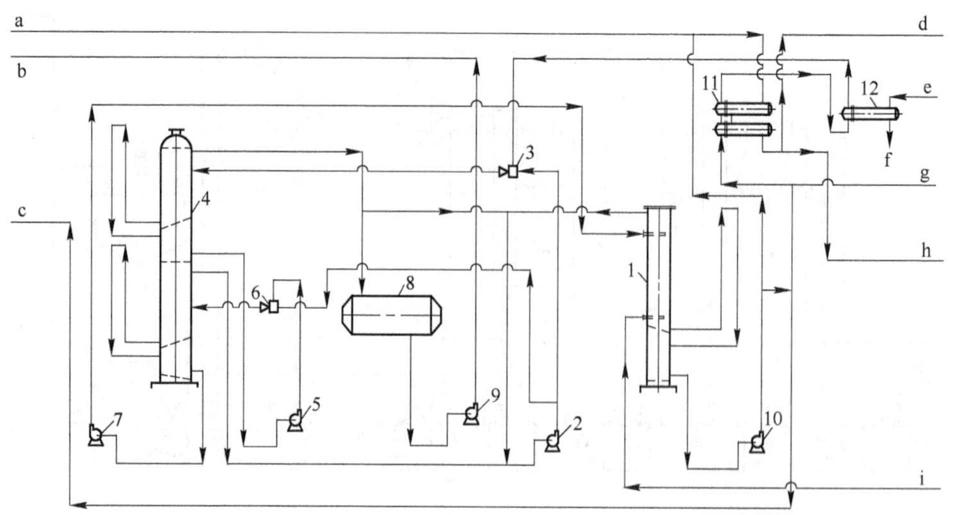

图 11-2-3 萘油连续脱酚工艺流程

a—酚油脱酚来的中性酚钠；b—到萘蒸馏去的脱酚萘油；c—去酚油脱酚的 NaOH；d—去轻油洗净的中性酚钠；e—蒸汽；f—冷凝水；g—NaOH 来自中间槽区；h—去酚钠中间槽的中性酚钠；i—萘油来自中间槽区

1—1 号萘油抽提塔；2—脱酚萘油循环泵；3—1 号喷射混合器；4—2 号萘油抽提塔；5—碱性酚钠抽出泵；6—2 号喷射混合器；7—酚钠抽出泵；8—脱酚萘油中间槽；9—脱酚萘油输送泵；10—中性酚钠抽出泵；11—NaOH 预热器；12—NaOH 加热器

(1) 萘油用泵从萘油槽抽出送入 1 号萘油抽提塔的下部分配盘。塔的上部分配盘则送入由 2 号萘油抽提塔排出的碱性酚钠，萘油和碱性酚钠在塔内对流接触，萘油中所含的酚类与碱反应生成酚钠。脱酚后的萘油从塔的上部流出，由脱酚萘油循环泵送到 2 号萘油抽提塔进行第二次脱酚。1 号萘油抽提塔下层澄清的酚钠经液封管流入塔下接受槽，再用酚钠抽出泵抽出，经与 10%（质量分数）的 NaOH 换热后，送到清洗塔进行轻油洗净。

(2) 2 号萘油抽提塔分为四段，由上至下分为上部澄清器、上部接受小槽、下部澄清器和下部接受小槽四部分。从 1 号萘油抽提塔来的萘油经 2 号喷射混合器与上部接受小槽来的酚盐混合再进入下部澄清器。喷射混合器必须保持一定的萘油流量，因此，由 2 号萘油抽提塔上部澄清器引出的部分萘油循环回萘油循环泵的吸入管。在下部澄清器内，物料根据密度差而分离，从上层排出的脱酚萘油用另一台萘油循环泵经 1 号喷射混合器与稀碱溶液混合，进行中和反应，而后进入上部澄清器。澄清分离后脱酚萘油从顶部溢流入萘油中间槽。上部澄清器底部的碱性酚钠经液封进入上部接受小槽，再由碱性酚钠抽出泵送往 2 号喷射混合器。

脱酚用的稀碱溶液先经预热器，与 1 号萘油抽提塔出来的中性酚盐换热，再经加热器加热至 70～75℃，送入 1 号喷射混合器。

c 操作指标（见表 11-2-24）

表 11-2-24 萘油脱酚操作指标

项 目	指 标	项 目	指 标
产率/%	94.9	萘油脱酚温度/℃	80～85
含酚/%	0.2～0.7	NaOH 溶液的质量分数/%	10～12
含萘/%	61～73	NaOH 温度/℃	70～75
含硫杂茚/%	1.8～3		

D 对喷式酚油连续脱酚

a 工艺流程

酚油脱酚采用一段喷洒塔。稀碱溶液从上部分配盘向下面喷洒，酚油从下部分配盘向上喷出，两物料在塔内进行逆流接触传质。其塔内液体的特征是：界面上侧碱液和生成的酚钠是分散相，自上而下流动，酚油是连续相，自下而上流动；界面下侧生成的酚钠和碱液是连续相，自上而下流动，酚油则是分散相，自下而上流动。脱酚酚油从塔上部溢流入脱酚酚油槽。反应生成的酚钠沉降于底部，经液封管自流入酚钠中间槽，由此用泵送到轻油洗净系统。工艺流程如图 11-2-4 所示。

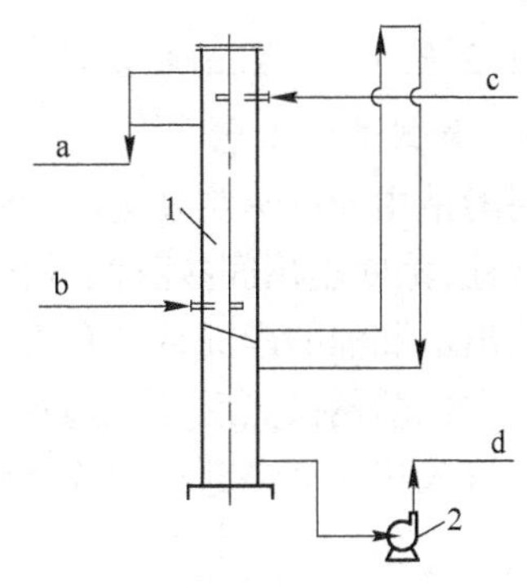

图 11-2-4 酚油连续脱酚工艺流程示意

a—脱酚酚油（进脱酚酚油槽）；b—酚油；c—NaOH 溶液；d—酚钠（去酚钠中间槽）1—酚油抽提塔；2—酚钠抽出泵

b 操作指标

操作指标见表 11-2-25。

表 11-2-25 酚油脱酚操作指标

项 目	脱酚酚油产率/%	含酚/%	含吡啶/%	NaOH 的质量分数/%
指 标	83	0.4 ~ 1.1	4 ~ 6	10

11.2.2.3 脱酚用碱的用量

NaOH 溶液理论量可用式 11-2-1 表示：

$$Q_{\mathrm{N}}=\frac{40Q_{\mathrm{O}}C_{\mathrm{A}}\rho_{\mathrm{A}}}{MW_{\mathrm{A}}\rho_{\mathrm{N}}C_{\mathrm{N}}} \tag{11-2-1}$$

式中 Q_{N}——NaOH 水溶液的流量，m^3/h；

40——NaOH 相对分子质量，kg/mol；

Q_{O}——原料油的流量，m^3/h；

C_{A}——原料油中酚的浓度，%；

ρ_{A}——酚的密度，kg/m^3；

MW_{A}——酚的平均相对分子质量，kg/mol；

ρ_{N}——NaOH 水溶液的密度，kg/m^3；

C_{N}——NaOH 水溶液的质量分数，%。

在实际运转中按理论所需 NaOH 量多供给 10% ~20%。

11.2.3 粗酚钠脱油

粗酚钠中所含的少量中性油和吡啶盐基等不纯物是 CO_2 分解和硫酸分解装置难以除掉的，如果混入粗酚中，将会导致蒸馏产品不合格，因此通过汽提在脱掉水分的同时将中性油、吡啶盐基等不纯物一同脱除。方法有釜式、塔式酚钠脱油及焦油轻油洗净三种。

11.2.3.1　釜式酚钠蒸吹脱油

A　釜式蒸吹工艺

粗酚钠由酚钠蒸吹泵送入酚钠换热器，与蒸吹柱排出的油气换热，然后进入酚钠蒸吹釜的蒸吹柱，蒸吹釜用间接蒸汽进行加热，并且通入直接蒸汽。

吹出水和油的净酚钠经套管冷却器冷却后，流入净酚钠槽。蒸吹柱顶部油气在酚钠换热器与中性酚钠换热后，再用循环水冷却到50℃，进入蒸吹油水分离器，分离水流入酚水槽，中性油流入焦油蒸馏部分的放空槽。如图 11-2-5 所示。

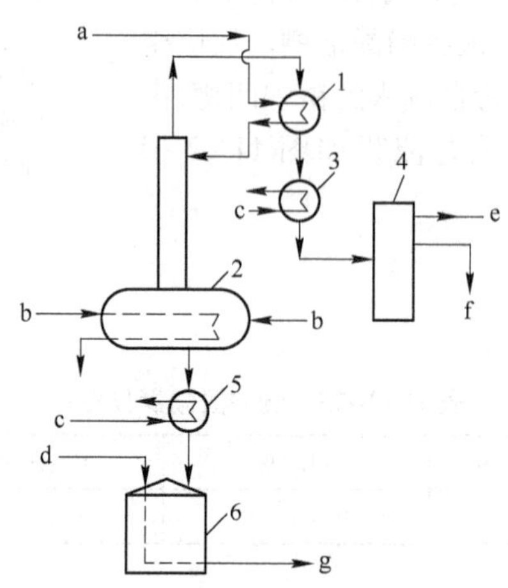

图 11-2-5　酚钠蒸吹流程图

a—酚钠；b—0.8 MPa 蒸汽；c—净循环冷却水；d—压缩空气；e—分离油去焦油蒸馏；f—酚水（去酚水槽）；g—净酚钠

1—酚钠换热器；2—酚钠蒸吹釜；3—蒸吹油冷却器；4—蒸吹油油水分离器；5—酚钠冷却器；6—净酚钠槽

B　酚钠蒸吹操作指标（见表 11-2-26）

表 11-2-26　酚钠蒸吹操作指标

项　目	指　标	项　目	指　标
进蒸吹柱前酚钠温度/℃	90～95	冷却后净酚钠温度/℃	40～50
柱顶油气温度/℃	100～110	柱内工作压力/MPa	≤0.03
釜内或柱底温度/℃	105～110	通入柱内直接蒸汽压力/MPa	0.3～0.5
冷凝冷却器后介质温度/℃	45～50		

C　蒸吹釜和柱（见图 11-2-6）

蒸吹釜一般为卧式釜，蒸吹柱直接坐于釜上，与釜直接相连，碳钢材质，其一般结构形式如图 11-2-6 所示。

11.2.3.2　塔式酚钠蒸吹脱油

A　塔式酚钠脱油工艺

粗酚钠脱油工艺流程如图 11-2-7 所示。

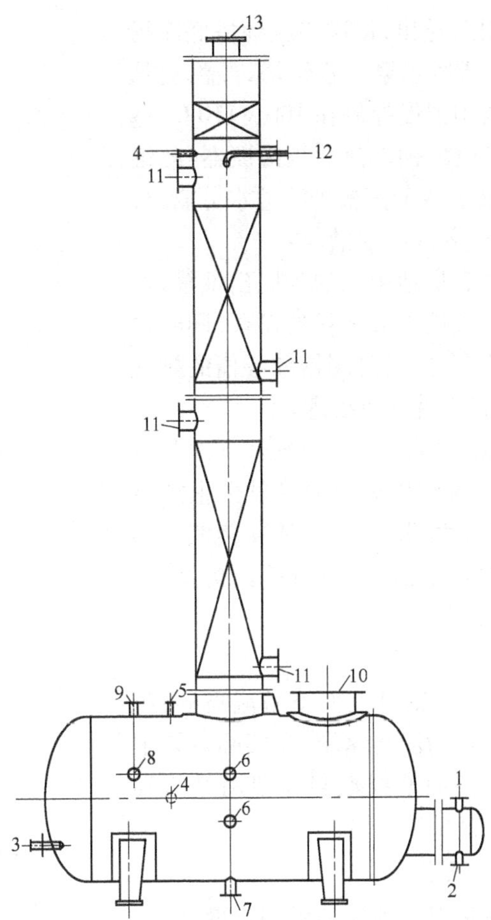

图 11-2-6 酚钠蒸吹釜(柱)

1—水蒸气入口;2—冷凝水出口;3—直接蒸汽入口;4—温度计接口;5—压力计接口;6—液位计接口;7—放空口;8—酚钠出口;9—安全阀接口;10—人孔;11—手孔;12—酚钠入口;13—气体出口

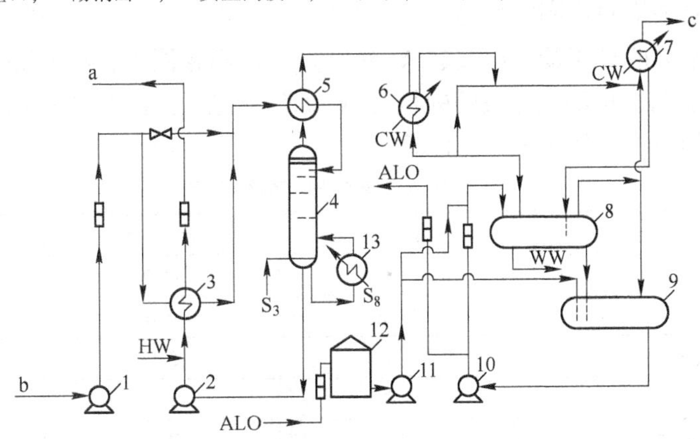

图 11-2-7 粗酚钠脱油工艺流程

a—净酚钠;b—粗酚钠;c—排气

HW—温水;ALO—焦油轻油;S_3— 0.3 MPa 蒸汽;S_8—0.8 MPa 蒸汽;CW—清循环水;WW—工艺排水;

1—粗酚钠泵;2—塔底油泵;3—塔底换热器;4—脱油塔;5—塔顶换热器;6—塔顶冷凝器;7—排气冷却器;8—脱出油分离槽;9—脱出油槽;10—油泵;11—轻油装入泵;12—轻油槽;13—重沸器

在储槽中的粗酚钠用泵送出，依次与脱油塔底净酚钠和塔顶馏出物换热后，从塔顶第一盘进塔，经汽提从塔底得到净酚钠。脱油塔顶温度控制在 100 ~ 110℃，逸出的馏出物（油、水）经与粗酚钠换热后入冷凝器，凝缩为温度 45 ~ 50℃的冷凝液流入分离槽进行油水分离，分离水排往中和水槽，油则进入脱出油槽。

由焦油蒸馏来的轻油定量地由泵送入脱出油槽，然后用泵进行由脱出油槽到脱出油分离槽的循环，同时也排出一部分废油去焦油蒸馏系统，冷凝器和各槽的排气经排气冷却器冷却，送入排气洗净塔处理。

塔底净酚钠与原料粗酚钠换热后，由泵送到净酚钠槽，作为酚钠分解的原料，脱油塔需要的热量由重沸器循环加热塔底油供给，热源为 0.6 ~ 1.0 MPa 蒸汽。同时，从塔底通入一定量的低压蒸汽进行直接汽提，塔底温度控制在 100 ~ 110℃为宜。

B　脱油塔（见图 11-2-8）

脱油塔内装有淋降板，酚钠自上而下溢流喷洒，与塔底上升的油气进行传质。为防止堵塞，在实际运转中要定期清扫脱油塔，其清扫周期根据实际使用经验确定，此外还需定期用温水洗涤。

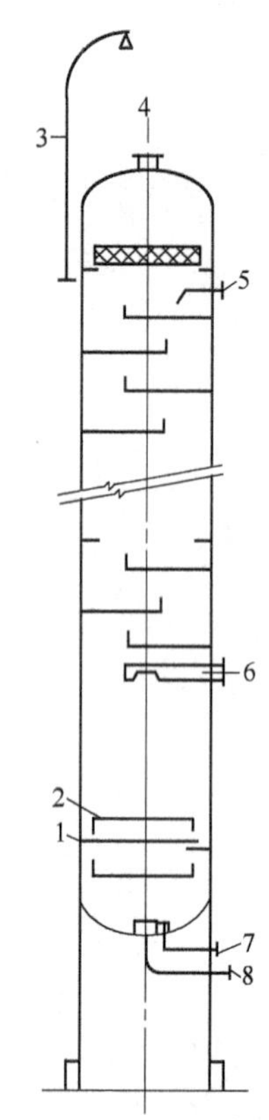

图 11-2-8　脱油塔

1—水蒸气入口；2—挡板；3—吊柱；4—油气出口；5—粗酚钠入口；6—重沸器油气返回口；7—净酚钠抽出口；8—到重沸器的酚钠出口

11.2.3.3　脱油塔的脱水率

稳定脱油塔的脱水率是保证酚钠分解的重要环节。生产经验表明，脱油塔的脱水率与粗酚钠含酚浓度有直接的关系，当含酚浓度一定时，控制净酚钠中酚的浓度就可以达到稳定脱油塔脱水率的目的。

焦油系和氨水系两种粗酚钠比较起来，除酚类含量不相同外，溶剂脱酚来的粗酚钠（称氨水系）含苯酚较多，而焦油馏分脱酚的粗酚钠（称焦油系）含甲酚、二甲酚较多。两种酚钠在均匀混合前后的质量举例见表 11-2-27。

表 11-2-27　混合后粗酚钠质量

项　目		焦油系	氨水系	平　均
酚钠含量（质量分数）/%		21.3	11.7	16.1
折合为酚（质量分数）/%		17.6	9.6	13.2
游离 NaOH（质量分数）/%		1.7	5.0	3.5
Na_2CO_3 含量（质量分数）/%		1.8	1.9	1.8
H_2O 含量（质量分数）/%		74.2	78.4	76.5
中性油含量（质量分数）/%		0.5	2.5	1.6
吡啶类含量（质量分数）/%		0.5	0.5	0.5
平均相对分子质量	酚钠	126.2	120.0	123.6
	酚	104.2	98.0	101.6

由于两种酚钠含酚量有所波动，产量也有变化，且可能混合得不均匀，所以净酚钠含量（含酚）也很难稳定。为此，脱油塔的脱水率可用原料粗酚钠中的钠（Na）成分为依据来进行控制。按表11-2-27所列的粗酚钠组成计算出不同酚钠的全钠成分，列入表11-2-28。脱水率与净酚钠中全钠成分的关系如图11-2-9所示。

表11-2-28　粗酚钠中的钠成分（质量分数）　（%）

物　质	焦油系	氨水系	二者混合
酚钠中含钠	3.88	2.24	3.00
NaOH 中含钠	0.98	2.90	2.01
Na_2CO_3 中含钠	0.78	0.82	0.78
全钠成分	5.64	5.96	5.79

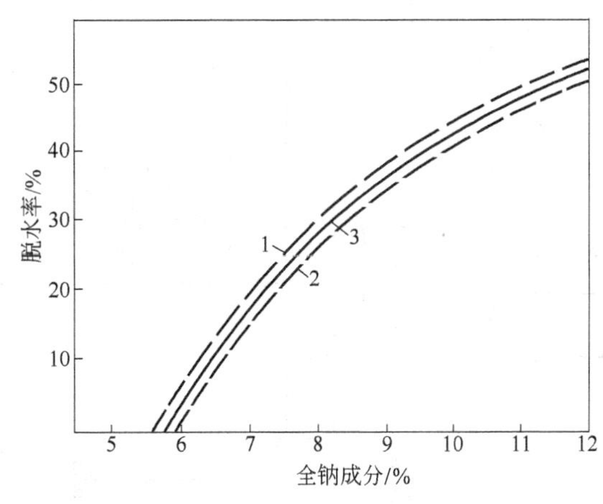

图11-2-9　脱水率与钠成分的关系

1—焦油馏分脱酚的酚钠；2—氨水萃取脱酚的酚钠；3—混合后的酚钠

由图11-2-9可见，净酚钠中全钠成分越高，粗酚钠的脱水率就越高。脱水率由式11-2-2表示：

$$\text{脱水率}=\frac{\text{粗酚钠装入量}-\text{净酚钠提取量}}{\text{粗酚钠的装入量}}\times 100\% \qquad (11\text{-}2\text{-}2)$$

根据一般实践经验，当脱水率超过30%时，脱油塔底重沸器会引起阻塞故障。但是，当粗酚钠含水量较高时，预计脱水率保持35%的程度也不会发生什么故障。按照图11-2-9的关系曲线，当脱水率为29%时，净酚钠全钠成分的适宜点为8.12%，一般取其值为8%～8.2%，因此可控制在8.5%以内。

11.2.3.4　焦油轻油的添加与油水分离

根据生产的经验，因粗酚钠的中性油与水的密度差小，故脱油塔顶脱出物冷凝后的油水很难分离。为增强分离效果，将密度较小的焦油轻油加入脱出油中，可以收到较好的效果。

当脱出油分离槽的分离效果恶化时，除了正常的焦油轻油循环外，还可以直接向脱出油分离槽急速送入新鲜的焦油，以迅速改善油水分离的效果。

11.2.3.5　净酚钠的储存

脱油后的净酚钠储存于净酚钠槽中。根据生产经验,酚类中含有一定数量的噻吩等硫化物,它将和酚类产品共存于酚钠分解、酚蒸馏过程的各阶段,而且最终很难与产品分离,致使酚产品质量受到影响。为了解决这个问题,可以采用向净酚钠中吹入空气的措施,使硫化物被空气氧化,被氧化的硫化物则很容易从酚产品中分离出去。

11.2.3.6　轻油洗净

轻油洗净是利用酚盐洗涤轻油,其目的是:第一,将酚盐溶液本身所夹带的少量中性油经过洗涤而移入轻油中。当然,从轻油塔出来的酚盐也可能因此又夹带轻油,但这种轻质油在脱油操作中易于除去。第二,也可以除去轻油本身所含的酚。其工艺流程如图 11-2-10 所示。

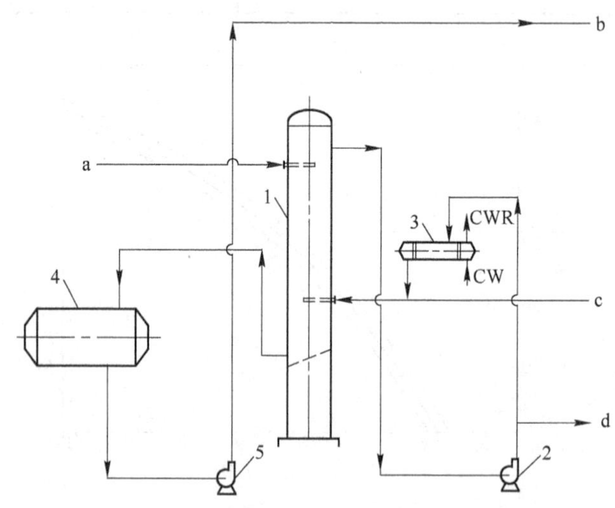

图 11-2-10　轻油洗净工艺流程

a—酚钠;b—粗酚钠到酚钠脱油系统;c—自中间槽来的轻油;d—脱酚轻油到中间槽区;CW—清循环水;CWR—清循环回水

1—轻洗塔;2—脱酚轻油循环泵;3—脱酚轻油冷却器;4—中性酚钠中间槽;5—中性酚钠输出泵

11.2.4　净酚钠分解

酚钠分解一般采用硫酸分解法和二氧化碳分解法以及二氧化碳—硫酸分解法。视处理量不同,硫酸法又分为间歇和连续两种工艺流程。

11.2.4.1　酚盐分解工艺原理

A　主要反应

经过蒸吹除油后,用 H_2SO_4、CO_2 等酸性物中和分解,得到粗酚:

$$2C_6H_5ONa + H_2SO_4 \longrightarrow 2C_6H_5OH + Na_2SO_4$$

$$C_6H_5ONa + CO_2 + H_2O \longrightarrow C_6H_5OH + NaHCO_3$$

$$2C_6H_5ONa + CO_2 + H_2O \longrightarrow 2C_6H_5OH + Na_2CO_3$$

通常脱酚用的碱液及酚钠盐分解用的酸性物见表 11-2-29。

表 11-2-29 碱液及酸性物的消耗

组分及参数	脱酸碱液	酚钠分解用的酸性物质			
	NaOH 溶液	H_2SO_4	高炉煤气	焦炉烟道气	石灰窑气
浓度/%	10 ~ 15	60 ~ 65			
CO_2 含量/%			16 ~ 22	10 ~ 17	30
CO 含量/%			21 ~ 26		
理论用量/kg	0.4①	0.6②			

① 1 kg 粗酚需 100% NaOH；② 1 kg 粗酚需 100% H_2SO_4。

B 副反应

CO_2 分解过程生成的 $NaHCO_3$ 溶液加热到 95℃ 全部转化为 Na_2CO_3：

$$2NaHCO_3 \longrightarrow Na_2CO_3 + CO_2 + H_2O$$

CO_2 分解时产生的 Na_2CO_3 用石灰乳苛化：

$$Na_2CO_3 + CaO + H_2O \longrightarrow CaCO_3 + 2NaOH$$

苛化产品经分离除去 $CaCO_3$ 渣，可回收 NaOH 溶液，再用于脱酚，从而形成 NaOH 的闭路循环。NaOH 的回收率为 75%。

11.2.4.2 硫酸分解

A 间歇式硫酸分解

a 工艺流程

主要设备是分解器。净酚钠由净酚钠泵抽送到分解器，为避免产生磺化反应引起产品损失，分解采用稀硫酸。硫酸自酸高位槽定量加入分解器，同时进行搅拌。酸要缓慢加入，分解过程产生的热量，用间接冷却水移出。分解反应完成后，停止搅拌，静置分离。下层硫酸钠废水放入硫酸钠槽，由硫酸钠泵定时送往油库酚水槽。上层粗酚放入粗酚槽，由粗酚泵送往油库。

自油库送入的硫酸是浓硫酸，需配制成稀盐酸。配酸槽中先加入一定量工业新水，然后，由酸泵缓慢加入浓硫酸。稀释过程产生的热量用间接冷却水移出。稀硫酸由酸泵抽送到酸高位槽待用。

b 操作制度及工艺要点

(1) 分解器内反应温度控制在 80 ~ 100℃。

(2) 分解用酸不宜使用浓硫酸。浓硫酸能与酚类发生磺化反应，磺化物溶于粗酚。且粗酚精制时磺化物分解产生二氧化硫气体，影响产品纯度并腐蚀设备。

(3) 加酸应谨慎徐缓，利用开闭器或孔板调解流量。加酸时产生的反应热用冷却水除去。

(4) 操作周期与消耗为：

项目	酚钠分解操作周期	硫酸耗量(1 kg100% 酚，用 100% 硫酸)
指标	14 ~ 18 h	0.5 ~ 0.7 kg

c 酚钠分解器

酚钠间歇分解的关键设备是酚钠分解器，一般是锥底结构，采用碳钢外壳，内衬防腐材料，如图 11-2-11 所示。

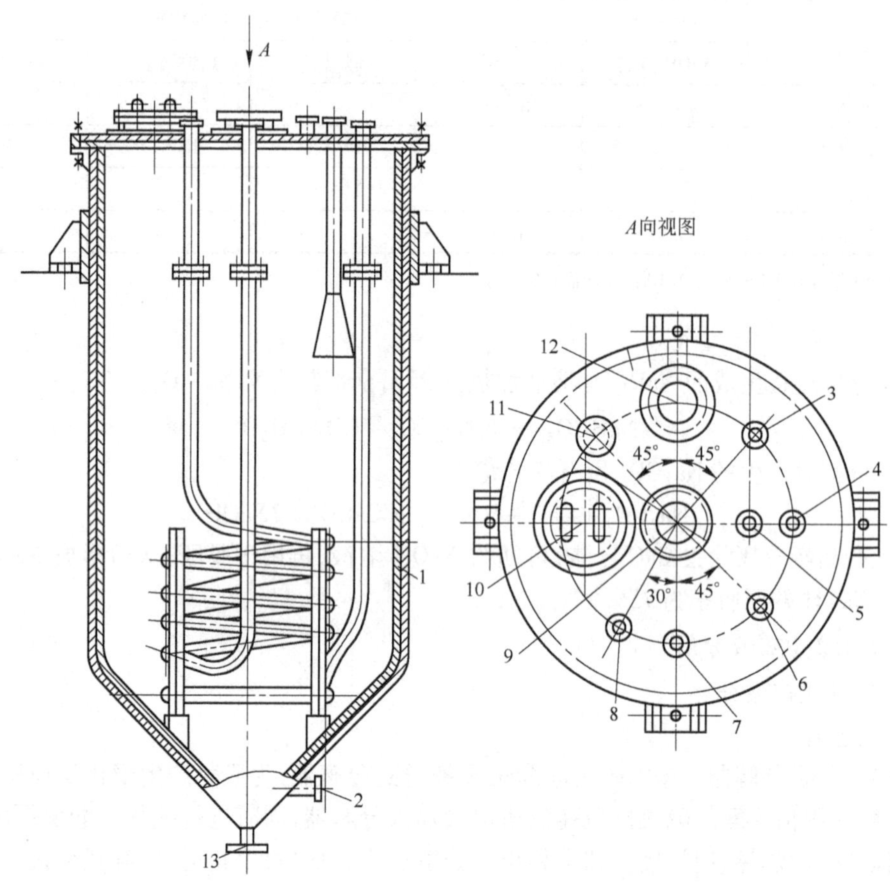

图 11-2-11　酚钠分解器

1—内衬搪铅层；2—仪表接口；3—硫酸入口；4—压缩空气入口；5—电阻温度计接口；6—净酚盐入口；7—冷却水入口；8—冷却水出口；9—放散口；10—人孔；11—手孔；12—抽风口；13—放料口

B　连续式硫酸分解

连续式硫酸分解工艺流程如图 11-2-12 所示。工艺过程参见本书第 11.2.4.3 节 B。

11.2.4.3　二氧化碳—硫酸分解法

在单纯二氧化碳分解工艺过程中，随着被中和的酚钠量逐渐减少，其分解速度也明显降低，如果再继续通入二氧化碳，易生成溶解度小的碳酸氢钠，使管道和设备堵塞。故在二氧化碳分解率达到 92% ~99% 时，改用硫酸分解完成最终反应。

A　用 CO_2 分解

a　CO_2 分解酚钠工艺流程(见图 11-2-13)

b　工艺流程概述

净酚钠由泵送入尾气洗净塔塔顶，与从塔底鼓入的分解反应后的二氧化碳尾气逆向接触，由酚盐中的游离碱回收尾气中含有的酚，与此同时，一部分酚盐也被尾气中二氧化碳分解。洗净后的尾气从塔顶逸出，经尾气冷却器冷却后放散。

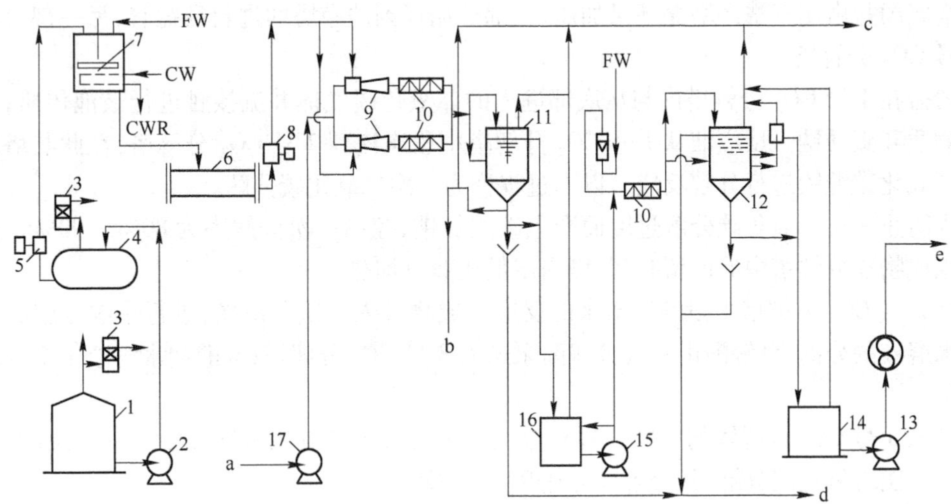

图 11-2-12　用硫酸分解酚钠的工艺流程

a—分解酚；b—去中和水槽的 Na_2CO_3 溶液；c—排气；d—分离水；e—粗酚；

FW—过滤水；CW—冷却水；CWR—冷却回水

1—浓硫酸槽；2—浓硫酸泵；3—脱水器；4—浓硫酸工作槽；5—浓硫酸注入泵；6—稀硫酸槽；7—硫酸稀释槽；8—稀酸注入泵；9—喷射混合器；10—管道混合器；11—1 号分离槽；12—2 号分离槽；13—粗酚泵；14—粗酚工作槽；15—分解酚泵；16—分解酚工作槽；17—粗分解酚泵

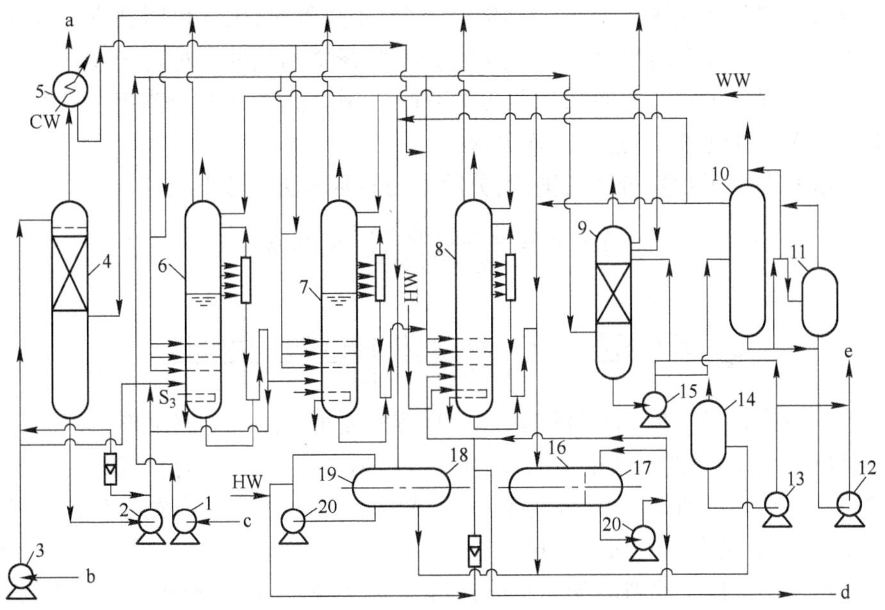

图 11-2-13　用 CO_2 分解酚钠工艺流程

a—放散尾气；b—净酚钠；c—含 CO_2 气体；d—分解酚；e—碳酸盐；

CW—清循环水；HW—温水；S_3—0.3 MPa 蒸汽；WW—工艺排水

1—CO_2 气体鼓风机；2—洗净塔循环泵；3—净酚钠泵；4—尾气洗净塔；5—尾气冷却器；6～8—1 号、2 号、3 号 CO_2 分解塔；9—碳酸盐处理塔；10—碳酸盐静置槽；11，14—1 号、2 号碳酸盐工作槽；12—碳酸盐装入泵；13—碳酸盐泵；15—碳酸盐循环泵；16，17—二次分离槽一、二室；18，19——次分离槽一、二室；20—分解酚泵

塔底酚盐由尾气洗净塔循环泵加压，一部分循环到洗净塔的进料酚盐管，另一部分则送入1号CO_2分解塔。

酚盐在1号CO_2分解塔内与从底部进入的二氧化碳气体并流接触进行鼓泡传质，生成酚类物质和碳酸钠。反应液从1号CO_2分解塔中段满流到2号CO_2分解塔，在此与塔底鼓入的二氧化碳继续进行分解反应。以上过程称为一次二氧化碳分解。

为防止一次二氧化碳分解过度而产生碳酸氢钠，控制一次分解率为80%～90%。控制反应生成物在分解塔中的停留时间，塔内用低压蒸汽加热。

从2号CO_2分解塔中段满流出来的反应生成物排入一次分离槽，进行一次分解酚和碳酸钠水溶液的分离，分解酚由一次分解酚泵送入3号CO_2分解塔；碳酸钠水溶液排至碳酸钠工作槽。

进入3号CO_2分解塔的一次分解酚与从塔底鼓入的二氧化碳继续发生分解反应，该过程称为二次二氧化碳分解，其分解率可达97%～99%。

由于大量碳酸钠和CO_2的存在，3号CO_2分解塔内很容易生成碳酸氢钠而析出结晶，所以在二氧化碳进口管上注入一定量温水，以抑制碳酸氢钠结晶的析出。

反应生成物从3号CO_2分解塔中段满流口排出，流入二次分离槽，分解酚由二次分解酚泵加压后送到粗分解酚槽，作为硫酸分解的原料。碳酸钠也排到碳酸钠工作槽，再由碳酸钠工作泵送到碳酸钠槽中储存。

c　用CO_2分解酚钠的基本要点

(1) 分解用的酸性气体见表11-2-19。采用高炉煤气时，尾气仍回到高炉煤气系统，这样做一是可改善高炉煤气的热值；二是可防止尾气洗净塔因放散而对大气造成污染。

(2) 分解过程。用CO_2分解酚钠分两次进行，一次反应生成物分离出的分解酚，加入分解酚量15%～50%的温水，再进行二次分解。

(3) 分解效率。用CO_2分解酚钠，其分解率的表示方法有如下两种：

$$\text{分解率} = \frac{\text{已分解的酚钠}}{\text{装入的酚钠}} \times 100\% \tag{11-2-3}$$

或

$$\text{分解率} = \frac{\text{反应后的全酚} - \text{反应后未分解的酚钠中的酚}}{\text{反应后的全酚}} \times 100\% \tag{11-2-4}$$

一般分解率达到70%时，分解酚与Na_2CO_3溶液便可分层。分解率再低，分层就不明显了，这时不仅使分解酚中混入大量酚钠，也会因分解酚含水量大，使有机羧酸混入量也增加。一般控制一次分解率达到85%，二次分解率达到97%～99%，根据实践经验，在这种情况下$NaHCO_3$的结晶析出可控制在最低程度。

(4) 原料酚的浓度。原料净酚钠中酚钠量过低时，则分解速度慢，分解时间长，酚类的溶解损失大。但如果酚钠含量过高，则$NaHCO_3$结晶析出量大，就会引起操作困难。通常酚钠质量分数控制在20%～50%范围。

(5) 分解条件。分解压力为常压。分解的适宜温度为50～70℃，CO_2含量一般为15%～25%。

分解酚钠后，高炉煤气中的CO_2含量一般减少。洗净后高炉煤气组成（以体积计）举例为：

CO_2	16.3%
N_2	60.6%
CO	19.8%
H_2	3.3%

分解反应时间是酚钠在塔内的停留时间,一般为 2 ~4 h。反应时间的变更是大幅度变更处理量的手段,因此在每个分解塔中部设有多个反应生成物排出口。

(6) 添加温水。在一次分解后向分解酚中添加温水,对推动分解反应进行、减少有机羧酸混入量、防止结晶析出是有效的。加水量少了达不到效果,太多则使酚的损失增大,一般加水量为分解酚装入量的 15% ~50%。未分解的酚钠浓度与添加温水后的分解率的关系如图 11-2-14 所示。

d 主要设备

CO_2 分解塔是空塔,一般结构形式如图 11-2-15 所示。

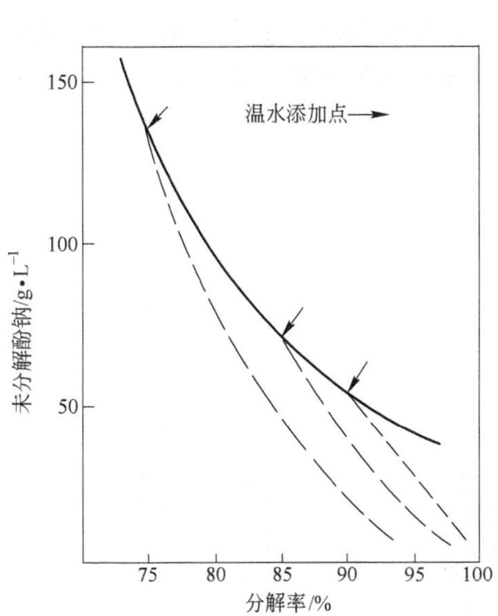

图 11-2-14 添加温水与分解率的关系

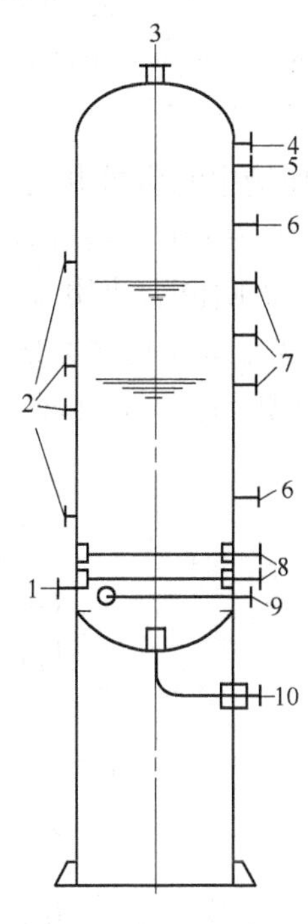

图 11-2-15 CO_2 分解塔

1—酚钠入口;2—液面计接口;3—CO_2 气体出口;4—工艺排水入口;5—排气入口;6—备用口;7—分解酚满流口;8—CO_2 气体入口;9—水蒸气入口和冷凝水出口;10—分解酚出口

分解分离槽为卧式,带有能调节液面的调节管,如图 11-2-16 所示。

B 硫酸分解

a 工艺流程

工艺流程如图 11-2-12 所示。

b 工艺概述

由二氧化碳分解得到的粗分解酚由粗分解酚泵加压,送到 1 号硫酸分解管道混合器,在此与由稀硫酸泵送来的 60% 稀硫酸充分混合,生成酚类物质和硫酸钠。反应后的液体进入

1 号硫酸分解分离槽静置分离，从顶部排出的粗酚自流入硫酸分解工作槽。底部排出的硫酸钠水溶液自流入中和水槽。

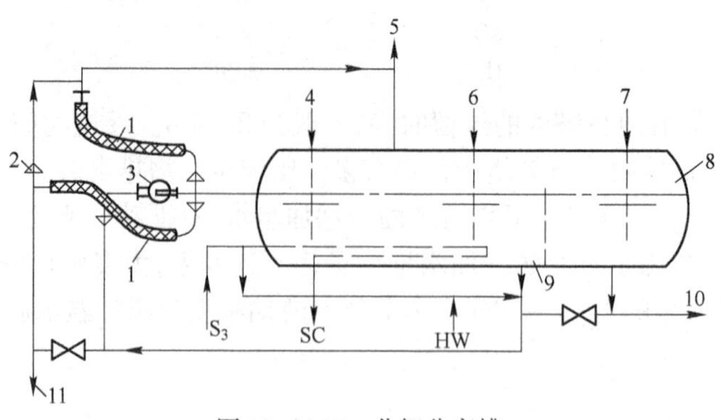

图 11-2-16　分解分离槽

S_3—0.3 MPa 蒸汽；SC—冷凝水；HW—温水

1—软管；2—异径管；3—液面调节管；4—设备冲洗液入口；5—排气管；6—碳酸盐分离的粗分解酚入口；7—粗分解酚返回口；8—二室（粗分解酚室）；9—一室（分离室）；10—粗分解酚出口；11—碳酸盐出口

硫酸分解工作槽中的粗酚由硫酸分解酚泵送入 2 号硫酸分解管道混合器，与工业水混合，以洗掉粗酚中的游离酸。混合后的粗酚进入 2 号硫酸分解分离槽静置分离，水排入排水槽；粗酚自流入粗酚工作槽，再用泵送往粗酚槽。

11.2.4.4　单纯二氧化碳分解法

A　工艺流程图（见图 11-2-17）

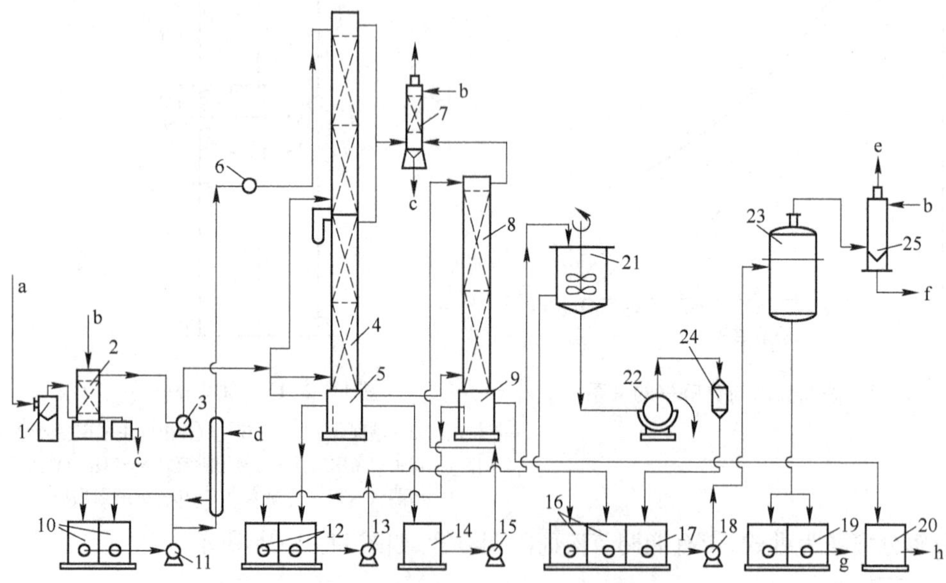

图 11-2-17　烟道废气分解酚钠工艺流程

a—烟道气；b—水；c—废水；d—蒸汽；e—废气；f—酚水；g—碱；h—粗酚

1—除尘器；2—直接冷却塔；3—罗茨鼓风机；4—分解塔；5，9—分离器；6—冲塞式流量计；7—酚液捕集器；8—酸化塔；10—酚钠储槽；11，15—齿轮泵；12—碳酸钠溶液槽；13，18—离心泵；14—粗酚中间槽；16—氢氧化钠溶液槽；17—稀碱槽；19—浓氢氧化钠溶液槽；20—粗酚储槽；21—苛化器；22—真空过滤机；23—蒸发器；24—真空稳压罐；25—冷凝器

B　工艺流程简述

CO_2来自烟道气，如焦炉、伍德炉及石灰窑等的烟道气。

烟道气经除尘后进入直接冷却塔冷却到40℃，再用鼓风机压送到分解塔的上段、下段和酸化塔的下部。

用泵将酚钠溶液经套管加热器和流量计输送至分解塔顶部喷淋。酚钠溶液与上升的烟道气逆流接触，进行第一次分解，然后流入分解塔下段与烟道气逆流接触进行第二次分解，分解效率可达93%～95%。但要控制分解率不能太高，以避免产生不溶解的$NaHCO_3$结晶。生成的粗酚初次产品和碳酸钠溶液在塔底分离器内分离后，流入各自的中间槽。

粗酚初次产品中尚含有一部分未分解的酚钠，为此再用泵将其送到酸化塔内进行第三次分解，分解率可达95%～99%。粗酚和碳酸钠溶液在酸化塔底部的分离器内进行分离。分解塔和酸化塔逸出的废气经酚捕集器捕集后放散。

C　操作指标（见表11-2-30）

表11-2-30　CO_2分解操作指标

项　　目	指　标	项　　目	指　标
烟道废气的CO_2浓度/%	15～20	Na_2CO_3溶液含酚/%	<0.2
净酚钠含酚量/%	15～20	分解塔上段出口气中CO_2浓度/%	5～10
两段分解塔CO_2进口温度/℃	40～50	分解塔下段出口气中CO_2浓度/%	10～14
酸化塔CO_2进口温度/℃	50～60	酸洗塔出口气中CO_2浓度/%	14～15
分解塔净酚钠进口温度/℃	40～50	Na_2CO_3溶液密度/$g\cdot cm^{-3}$	1.14～1.15
酸化塔粗酚进口温度/℃	50～60	溶液中Na_2CO_3含量/%	12～16
分解塔底分离器温度/℃	40～50	溶液中$NaHCO_3$含量/%	0.5～1.0
酸化塔底分离器温度/℃	40～50		

11.2.5　酚蒸馏

酚蒸馏有间歇蒸馏和连续蒸馏两种工艺流程。由于酚类产品的沸点较高，且容易产生热分解，因此无论间歇蒸馏还是连续蒸馏，一般都采取减压操作。

11.2.5.1　减压间歇蒸馏

粗酚减压间歇蒸馏较适用于小规模的酚蒸馏，通常采用三釜两塔的工艺流程，主要产品有苯酚、工业邻位甲酚、二混甲酚（间对甲酚）、二甲酚等。工艺方案如图11-2-18所示。

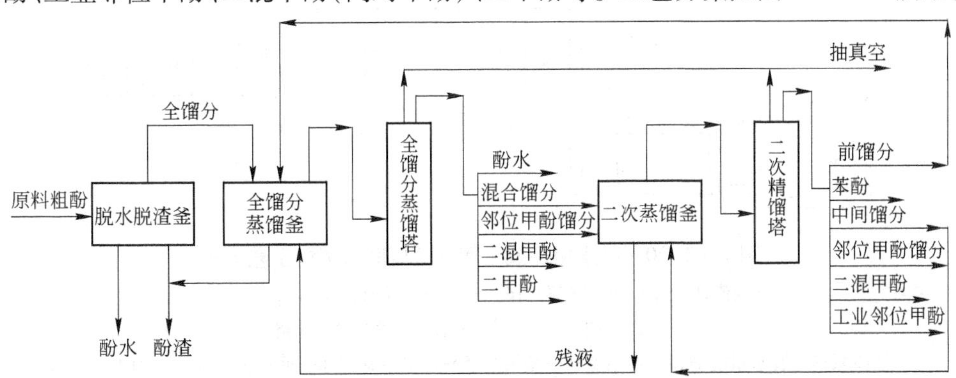

图11-2-18　三釜两塔间歇蒸馏工艺方案

A　粗酚减压间歇脱水脱渣

a　工艺流程(见图 11-2-19)

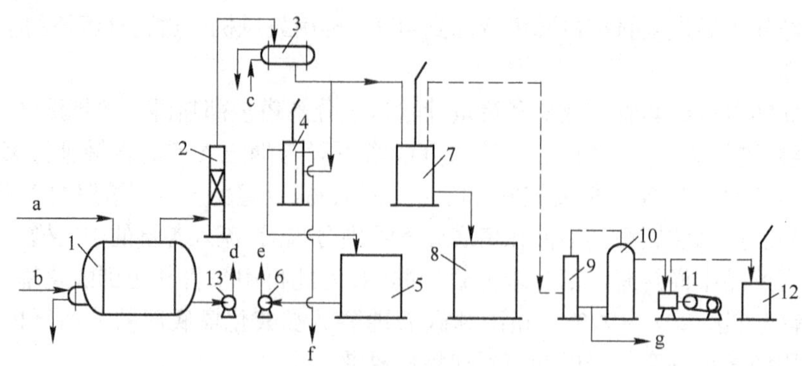

图 11-2-19　粗酚减压间歇脱水脱渣工艺流程

a—粗酚;b—蒸汽;c—冷却水;d—酚渣;e—酚水;f—轻馏分;g—放空

1—脱水釜;2—脱水填料柱;3—冷凝冷却器;4—油水分离器;5—酚水槽;6—酚水泵;7—馏分接受槽;8—全馏分储槽;9—真空捕集器;10—真空罐;11—真空泵;12—真空排气罐;13—酚渣泵

b　脱水脱渣工艺流程概述

由酚盐分解装置来的粗酚储存于粗酚槽,初步脱水后,经粗酚泵装入脱水釜中,以蒸汽或导热油为热源进行间歇蒸馏,常压脱水、减压脱渣。脱水阶段蒸出的酚水和脱渣阶段蒸出的全馏分经脱水冷凝冷却器冷凝冷却后,经油水分离器分别进入酚水槽和全馏分槽。酚水可以用于配碱,或送入水处理系统。脱除的酚渣放到酚渣槽处理。酚渣处理工艺参见 11.2.6.3 节。

B　脱水粗酚或全馏分减压间歇蒸馏

a　工艺流程(见图 11-2-20)

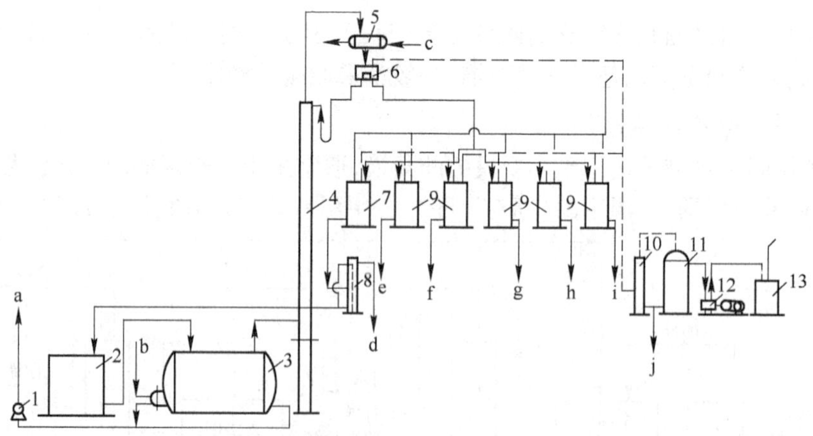

图 11-2-20　脱水粗酚或全馏分减压间歇蒸馏工艺流程

a—残渣;b—蒸汽;c—冷却水;d—酚水;e—轻馏分;f—苯酚/工业酚;g—邻位甲酚;h—二混甲酚;i—二甲酚;j—放空

1—抽渣泵;2—脱水粗酚槽;3—蒸馏釜;4—精馏塔;5—冷凝冷却器;6—回流分配器;7—酚水接受槽;8—油水分离器;9—馏分或产品接受槽;10—真空捕集器;11—真空罐;12—真空泵;13—真空排气罐

b　工艺流程概述

(1) 初馏。脱水粗酚或全馏分从馏分槽通过负压抽吸到初馏釜中,用蒸汽或导热油加热进行间歇减压蒸馏,分别切取酚水、混合馏分、邻甲酚馏分、间对甲酚和二甲酚。切取的馏分经过初馏塔接受槽后,间对甲酚和二甲酚分别流入间对甲酚槽和二甲酚产品槽,作为成品装桶。混合馏分放入混合馏分槽,邻甲酚馏分放入邻甲酚馏分槽,分别作为再蒸馏的原料。酚水流入酚水槽。釜底残液送回脱水釜中,塔顶气体经分缩器冷凝后,不凝性气体进入真空系统。

(2) 混合馏分精馏。混合馏分槽中的混合馏分通过负压抽吸到精馏釜中,用蒸汽或导热油加热进行间歇减压蒸馏,在精馏塔中分别切取轻馏分、苯酚、中间馏分和邻甲酚馏分。切取的馏分经过精馏塔接受槽后,轻馏分放入全馏分槽,中间馏分放入混合馏分槽,邻甲酚馏分放入邻甲酚馏分槽,苯酚放入苯酚产品槽,作为产品装桶。塔顶气体经分缩器冷凝后,不凝性气体进入真空系统。

(3) 邻甲酚馏分精馏。邻甲酚馏分通过负压抽吸到精馏釜中,用蒸汽或导热油加热进行间歇减压蒸馏,分别切取前馏分、中间馏分、工业邻甲酚和间对位甲酚。前馏分和中间馏分分别流入混合馏分槽和邻甲酚馏分槽,间对位甲酚和工业邻甲酚分别放入间对位甲酚产品槽和工业邻甲酚产品槽,作为产品装桶。

C　操作制度

(1) 粗酚脱水脱渣操作制度见表 11-2-31。

表 11-2-31　粗酚脱水脱渣操作制度

馏分名称	操作压力	操作指标		对装釜原料的产率/%
		开　始	终　了	
废酚水	常　压		釜上升管温度达到 150℃	9
全馏分		脱水终了	釜上升管温度达到 170℃	83
残　渣				7
损　失				1

注:装釜原料粗酚含水 12%。

(2) 全馏分蒸馏提取混合馏分、邻位甲酚馏分、二混甲酚和二甲酚的操作制度见表 11-2-32。

表 11-2-32　全馏分提取混合馏分的操作制度

产品或馏分名称	回流比	馏分切换条件		对装釜原料的产率/%	塔顶温度/℃
		开　始	终　了		
废酚水	0		塔顶温度达 120℃	3	60
混合馏分	3	塔顶温度达 120℃	初馏点 182~183℃,干点 190~191℃	45	125
邻甲酚馏分	5	初馏点 182~183℃,干点 190~191℃	初馏点 190~191℃,干点 198~199℃	8	130
二混甲酚	5	初馏点 190~191℃,干点 198~199℃	初馏点 202~203℃,干点 208~209℃	27	140

续表 11-2-32

产品或馏分名称	回流比	馏分切换条件		对装釜原料的产率/%	塔顶温度/℃
		开　始	终　了		
二甲酚	3	初馏点 202～203℃，干点 208～209℃	馏　完	10	150
残　液				6	
损　失				1	

注：真空度 0.088 MPa（相当 660 mmHg）。

（3）混合馏分的二次精馏操作制度见表 11-2-33。

表 11-2-33　混合馏分二次精馏的切换制度

产品或馏分名称	回流比	馏分切换条件		对装釜原料的产率/%	塔顶温度/℃
		开　始	终　了		
轻馏分	3		结晶点 38.7℃	12	120
苯酚	8	结晶点 38.7℃	结晶点上升后又下降到 38.7℃	56	123
中间馏分	5	结晶点下降到 38.7℃	初馏点 182～183℃，干点 190～191℃	8	125
邻甲酚馏分	5	初馏点 182～183℃，干点 190～191℃	初馏点 190～191℃，干点 198～199℃	13	130
残液				10	
损失				1	

注：真空度 0.088 MPa（相当 660 mmHg）。

（4）邻位甲酚馏分二次精馏操作制度见表 11-2-34。

表 11-2-34　邻位甲酚馏分二次精馏操作制度

产品或馏分名称	回流比	馏分切换条件		对装釜原料的产率/%	塔顶温度/℃
		开　始	终　了		
前馏分	8		结晶点上升后又下降到 20℃	20	123
中间馏分Ⅰ	10	结晶点上升后又下降到 20℃	188～192℃间馏出量＞85%，结晶点下降后又上升到 24℃	8	125
工业邻位甲酚	10	188～192℃间馏出量＞85%，结晶点下降后又上升到 24℃	188～192℃间馏出量＜85%，结晶点上升后又下降到 24℃	45	130
中间馏分Ⅱ	10	188～192℃间馏出量＜85%，结晶点上升后又下降到 24℃	初馏点 190～191℃，干点 198～199℃	6	135
二混甲酚	5	初馏点 190～191℃，干点 198～199℃	初馏点 202～203℃，干点 208～209℃	14	140
残　液				6	
损　失				1	

注：1. 中间馏分Ⅰ、Ⅱ均回入邻位甲酚馏分中进行重复蒸馏；

2. 真空度 0.088 MPa（相当 660 mmHg）。

11.2.5.2 连续—间歇酚蒸馏

连续—间歇蒸馏适用于规模较大的酚蒸馏精制，可以使产品质量更好，效率更高。

由于粗酚中含有微量的不纯物，如选用单纯的连续蒸馏，容易出现产品不合格现象。根据生产经验，可以采用连续与间歇蒸馏相结合的工艺流程。即对大宗的馏分和较容易得到的产品采用连续蒸馏分离，连续蒸馏得到的需要进一步分离的馏分，采用间歇蒸馏。这样既可以在有限的设备里提高处理能力，又能加工高品质的产品。

粗酚的连续蒸馏，由脱水塔、1 号 ~4 号连续蒸馏塔及其附属的产品储存、减压、温水循环、排水、冷凝水回收装置组成。

A 粗酚连续脱水

a 工艺流程图（见图 11-2-21）

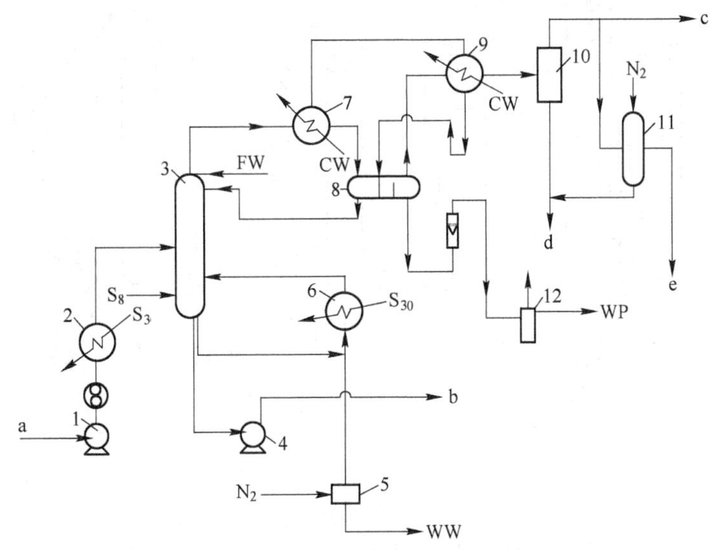

图 11-2-21 连续脱水工艺流程

a—粗酚；b—脱水粗酚（去蒸馏）；c—排气（至预分离槽）；d—酚水（到酚水槽）；e—真空排气（到真空泵）；
S_3，S_8—分别为 0.3、0.8 MPa 蒸汽；FW—过滤水；CW—循环冷却水；
S_{30}—3 MPa 蒸汽；WP—酚水；WW—工艺排水；N_2—氮气
1—粗酚装入泵；2—预热器；3—脱水塔；4—1 号连续蒸馏塔装入泵；5—排液罐；6—重沸器；7—凝缩器；
8—回流槽；9—真空冷凝器；10—分离槽；11—真空槽；12—密封罐

b 工艺流程简述

原料粗酚经预热器加热后进入脱水塔，塔底由重沸器提供蒸馏用的热源。塔顶蒸汽经冷凝冷却器冷却后进入脱水塔回流槽，一部分作为回流进入塔顶第一盘；另一部分经脱水塔密封罐流入酚水槽，再由酚水输送泵定期送出。

塔底脱水粗酚由 1 号连续蒸馏塔装料泵送往 1 号连续蒸馏塔。

脱水系统真空排气经真空冷凝器进一步冷却后，不凝性气体进入真空系统。真空冷凝器中的冷凝液流入回流槽。真空捕集器和真空槽中的液体流入排水集合槽。

c　脱水系统洗净、排放

当一般采用硫酸分解时，所得到的粗酚中难免溶解一定量的 Na_2SO_4，随着脱水过程的进行，Na_2SO_4 结晶会逐渐在塔板上、降液管内壁、塔底及重沸器的列管和底部析出和沉积，严重时引起系统堵塞，传热效果降低，只能停止运转进行清洗。根据生产实践经验，在重沸器循环管底部设一个排液罐，如图 11-2-21 所示。这样，析出的 Na_2SO_4 结晶就会沉积在罐中。另外，可在塔顶接冲洗水管，必要时冲洗塔内的 Na_2SO_4 结晶，使之最后也从排液罐排出。

B　脱水粗酚连续蒸馏

a　工艺流程图（见图 11-2-22）

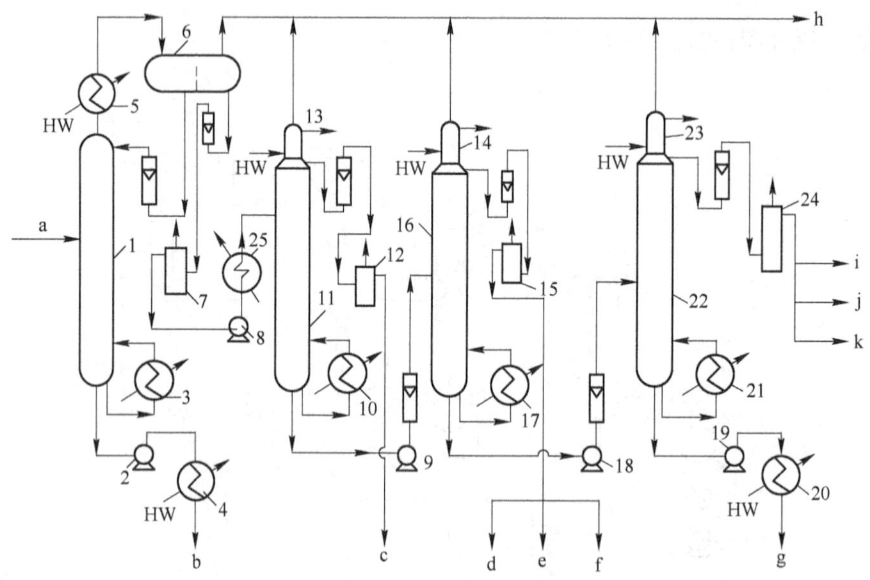

图 11-2-22　脱水粗酚连续蒸馏工艺流程

a—脱水粗酚；b—塔底重组分（BRT）；c—塔顶油（PHA）；d—邻位甲酚中间馏分（PHD-1）；e—去配制二混甲酚（CA）；f—邻位甲酚；g—二甲酚原料（XA）；h—去真空泵系统的排气；i—间位甲酚的中间产品（PH0-2）；j—去配制二混甲酚；k—间位甲酚；HW—温水
1—1 号连续蒸馏塔；2—1 号连续蒸馏塔底泵；3—1 号连续蒸馏塔重沸器；4—1 号连续蒸馏塔底冷却器；5—1 号连续蒸馏塔冷凝冷却器；6—回流槽；7—1 号连续蒸馏塔密封罐；8—2 号塔装料泵；9—3 号塔装料泵；10—2 号塔重沸器；11—2 号塔；12—2 号塔密封罐；13—2 号塔凝缩器；14—3 号塔凝缩器；15—3 号塔密封罐；16—3 号塔；17—3 号塔重沸器；18—4 号塔装料泵；19—4 号塔底泵；20—4 号塔底油冷却器；21—4 号塔重沸器；22—4 号塔；23—4 号塔凝缩器；24—4 号塔密封罐；25—2 号塔预热器

b　工艺流程简述

由脱水塔底来的脱水粗酚进入 1 号连续蒸馏塔中段，在此进行减压蒸馏。塔底由重沸器提供热量。塔顶逸出的苯酚和甲酚蒸气（PHO）经 1 号连续蒸馏塔冷凝冷却器冷却至 50～60℃后，进入 1 号连续蒸馏塔回流槽，一部分作为回流自流入 1 号连续蒸馏塔顶，另一部分流入 1 号连续蒸馏塔密封罐，然后自流入 1 号连续蒸馏塔顶馏分槽，作为 2 号塔原料。

塔底重组分(BTR)用1号连续蒸馏塔底泵抽出,经1号连续蒸馏塔底冷却器冷却至50～60℃后送1号连续蒸馏塔底馏分槽,作为间歇脱渣蒸馏的原料。

1号连续蒸馏塔顶馏分由2号连续蒸馏塔装料泵抽出,经2号连续蒸馏塔预热器加热至60～80℃后送至2号连续蒸馏塔中段进行减压蒸馏。塔底由重沸器循环供热。塔顶油气(PHA)经2号连续蒸馏塔凝缩冷凝后,一部分回流入塔,另一部分经2号连续蒸馏塔密封罐然后送入2号连续蒸馏塔顶馏分槽,作为间歇苯酚馏分蒸馏的原料。

塔底残油用3号连续蒸馏塔装料泵抽出,送至3号连续蒸馏塔中段进行减压蒸馏。

3号、4号连续蒸馏塔系统的工艺过程与2号连续蒸馏塔系统基本相同。各塔顶分别采出邻位甲酚(OC)产品和间位甲酚(MC)产品,分别流入各自的产品槽。当采出产品不合格时OC可排入OPH－1槽,MC可排入OPH－2槽。此外,为配制二混甲酚(CA)产品,还可采出OC和MC至CA产品槽。3号连续蒸馏塔塔底残油作为4号连续蒸馏塔的进料,4号连续蒸馏塔塔底残油经冷却后,送入储槽,作为生产二甲酚的原料。

1号～4号连续蒸馏塔采用真空蒸馏,真空系统用脱水真空系统。

C　连续酚蒸馏主要技术操作指标(见表11-2-35)

表11-2-35　连续酚蒸馏主要技术指标

项目		指标	项目		指标
粗酚连续脱水	粗酚进脱水塔温度/℃	55	脱水粗酚连续蒸馏	2号连续蒸馏塔顶压力/MPa	0.011
	脱水塔顶温度/℃	68		2号连续蒸馏塔底压力/MPa	0.044
	脱水塔底温度/℃	141		2号连续蒸馏塔馏出物冷却温度/℃	50②
	脱水塔顶压力/MPa	0.029		2号连续蒸馏塔底馏分冷却温度/℃	60①
	脱水塔底压力/MPa	0.040		3号连续蒸馏塔顶温度/℃	122
	脱水塔回流液温度/℃	40		3号连续蒸馏塔底温度/℃	167
脱水粗酚连续蒸馏	1号连续蒸馏塔顶温度/℃	124		3号连续蒸馏塔顶压力/MPa	0.011
	1号连续蒸馏塔底温度/℃	178		3号连续蒸馏塔底压力/MPa	0.033
	1号连续蒸馏塔顶压力/MPa	0.011		3号连续蒸馏塔馏出物冷却温度/℃	50②
	1号连续蒸馏塔底压力/MPa	0.023		4号连续蒸馏塔顶温度/℃	135
	1号连续蒸馏塔回流液温度/℃	50		4号连续蒸馏塔底温度/℃	169
	1号连续蒸馏塔底馏分冷却温度/℃	60①		4号连续蒸馏塔顶压力/MPa	0.011
	2号连续蒸馏塔进料温度/℃	60		4号连续蒸馏塔底压力/MPa	0.030
	2号连续蒸馏塔顶温度/℃	115		4号连续蒸馏塔底馏分冷却温度/℃	60①
	2号连续蒸馏塔底温度/℃	170		4号连续蒸馏塔馏出物冷却温度/℃	50②

注:表中压力均为绝对压力。

① 塔底馏分冷却后的温度;② 塔顶馏出物冷却后的温度。

D　馏分间歇蒸馏工艺流向

间歇蒸馏以连续蒸馏的各中间馏分以及间歇蒸馏过程切取的各种中间馏分为原料进行蒸馏,主要设间歇重组分(BTR)脱渣蒸馏、间歇苯酚蒸馏,以及间歇二甲酚蒸馏等。

间歇蒸馏也采用减压蒸馏。具体工艺流向如图11-2-23所示。

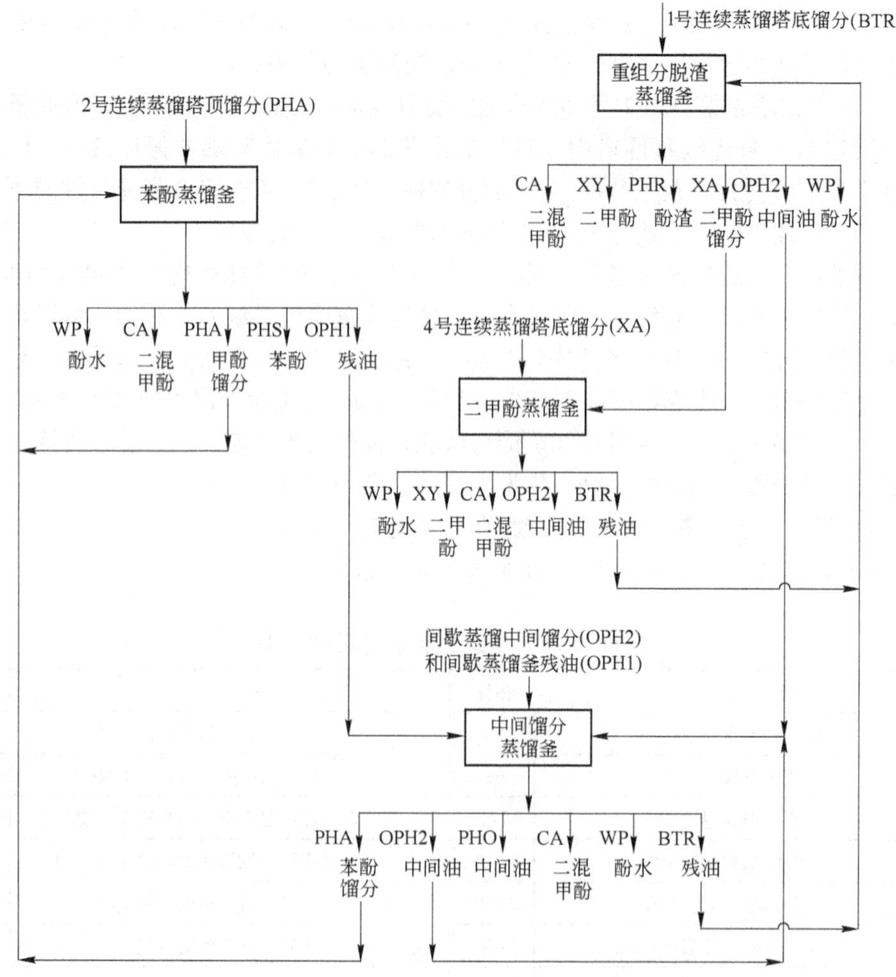

图 11-2-23　酚蒸馏中间馏分工艺流向图

E　间歇重组分(BTR)脱渣蒸馏

a　工艺流程图(见图 11-2-24)

b　工艺概述

间歇重组分(BTR)脱渣蒸馏是以 1 号连续蒸馏塔底残油为原料,生产二甲酚产品、中间馏分及酚渣。用 1 号间歇蒸馏釜装料泵将原料装入间歇重组分脱渣蒸馏釜。釜内设加热器间接加热,蒸发的油气进入蒸馏塔。塔顶压力控制在 0.01 ~ 0.03 MPa(绝对压力),塔顶温度逐渐上升,首先从塔顶馏出的是酚水,经塔顶密封罐和计量槽流入酚水槽。当酚水采净后,塔顶温度继续上升,馏出物在凝缩器中被冷凝冷却,经过一段时间的全回流,然后开始连续采出馏分,采出馏分经塔顶密封罐进入馏出油计量槽,根据取样分析结果将不同的馏分排入相应的储槽中。最初的馏分 OPH - 2 流入中间油馏分槽。若馏出物中对位甲酚含量在 30% 以下,则作为二甲酚原料,送入二甲酚(XA)馏分槽。满足二甲酚产品(XY)质量要求时,排入二甲酚产品槽;满足二混甲酚产品(CA)质量要求时,排入二混甲酚产品槽。

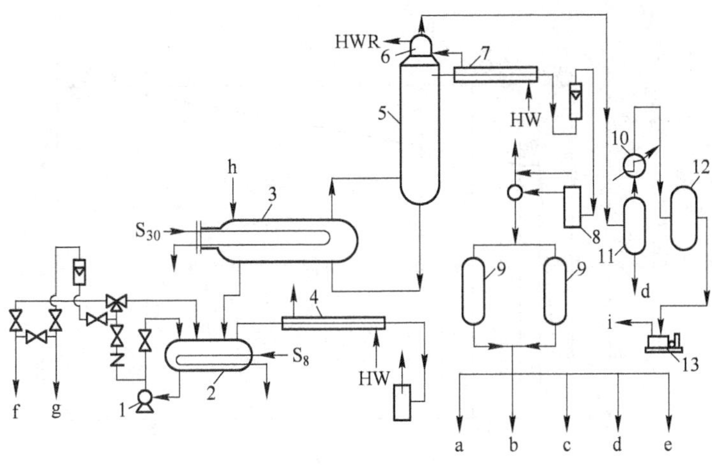

图 11-2-24 重组分(BTR)脱渣间歇蒸馏工艺流程

a—到二甲酚槽;b—二甲酚原料;c—间位甲酚中间产品(PHO-2);d—酚水;
e—到二混甲酚槽;f—脱晶蒽油;g—酚渣;h—1 号间歇蒸馏原料;i—真空排气;
S_8—0.8 MPa 蒸汽;S_{30}—3 MPa 蒸汽;HW—温水;HWR—温水回水
1—沥青输送泵;2—沥青抽出槽;3—1 号间歇蒸馏釜;4,7—套管冷却器;5—1 号间歇蒸馏塔;6—凝缩器;
8—密封槽;9—馏出油计量槽;10—真空排气冷凝器;11—分离槽;12—真空槽;13—真空泵

当釜温达到 180 ~200℃时,停止蒸馏。将釜底的酚渣放出处理,处理方式见 11.2.6.3 节的酚渣处理方式。

c 间歇重组分脱渣蒸馏操作制度举例

(1) 操作制度见表 11-2-36。

表 11-2-36 操作制度举例

项 目	指 标	项 目	指 标
装釜量/t	10	酚水(WP)	1
操作周期/h	65	中间馏分(OPH-2)	5
其中:		二甲酚馏分(XA)	39
准备、装釜/h	5	釜渣	55
加热升温/h	50	馏分平均切取速度/L·h^{-1}	
排釜渣/h	10	OPH-2	110
平均回流比	2	XA	110
切取馏分的产率/%		塔顶第三盘温度/℃	130~160

(2) 蒸馏操作曲线举例如图 11-2-25 所示。

F 间歇苯酚馏分(PHA)蒸馏

间歇苯酚馏分蒸馏以苯酚馏分(PHA)为原料制取苯酚产品(PHS),其工艺过程与间歇重组分脱渣蒸馏类似,只是没有酚渣处理部分。工艺流程参照图 11-2-24。

间歇苯酚馏分蒸馏的产品包括酚水、苯酚馏分(PHA)、苯酚产品(PHS)和残液。

间歇苯酚馏分(PHA)蒸馏操作制度和蒸馏曲线举例分别见表 11-2-37 和图 11-2-26。

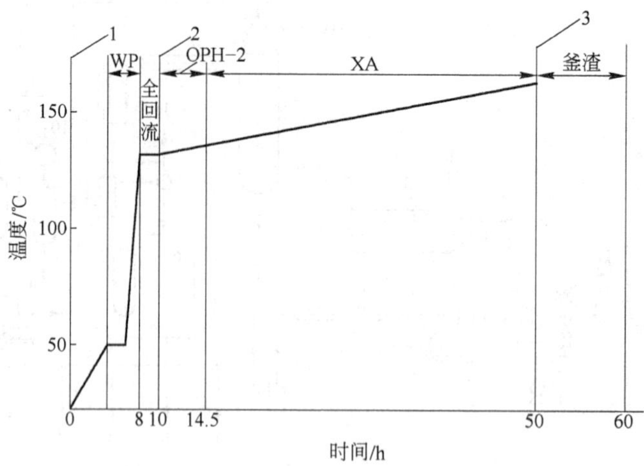

图 11-2-25　间歇重组分脱渣蒸馏曲线

1—开始加热;2—开始馏出;3—加热结束

表 11-2-37　间歇苯酚馏分蒸馏操作制度举例

项　　目	指　标	项　　目	指　标
装釜量/t	15	切取馏分的产率/%	
操作周期/h	475	酚水(WP)	0.3
第一、第二次各次蒸馏时间/h	155	酚馏分(PHA)	8
其中:		苯酚 1 号(PHS-1)	63.5
准备、装釜/h	5	苯酚 2 号(PHS-2)	18.2
加热升温/h	150	残液	10
第三次蒸馏时间/h	165	馏分切取速度/L·h^{-1}	
其中:		PHA	80
准备、装釜/h	5	PHS-1	127
加热升温/h	150	PHS-2	68
排釜渣/h	10	塔顶第三盘温度/℃	120
平均回流比	4~5		

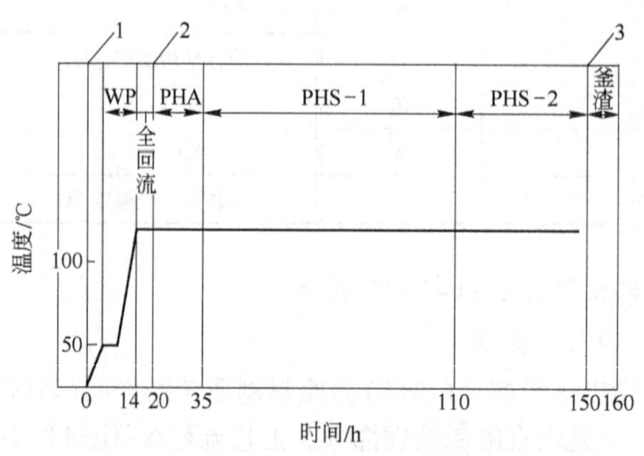

图 11-2-26　间歇 PHA 蒸馏曲线

1—开始加热;2—开始馏出;3—加热结束

G 间歇二甲酚馏分(XA)蒸馏

a 工艺流程

该工艺流程与苯酚馏分(PHA)蒸馏相似,可以参照图11-2-24。

b 工艺概述

二甲酚馏分蒸馏以二甲酚馏分(XA)为原料。用间歇蒸馏釜装料泵抽出XA馏分,送入间歇蒸馏釜。釜内设加热器间接加热,蒸发的油气进入间歇蒸馏塔。塔顶压力控制在0.01~0.03 MPa(绝对压力),塔顶温度逐渐上升,首先从塔顶馏出的是酚水,塔顶密封罐和馏出油计量槽,送入酚水槽。当酚水采净后,塔顶温度继续上升,馏出物在塔顶凝缩器中被冷凝冷却,并进行一段时间的全回流。然后开始连续采出馏分,采出的馏分经塔顶密封罐流入计量槽。根据取样分析结果,将各馏分排入相应的储槽中。当釜温达到180~200℃时停止加热,用蒸馏釜残油泵抽出釜内残油,送至蒸馏釜残油冷却器冷却,当油温冷至50~70℃时送入储槽。

c 二甲酚馏分(XA)间歇蒸馏操作制度举例

(1) XA蒸馏操作制度见表11-2-38。

表11-2-38 二甲酚馏分(XA)蒸馏操作制度举例

项目	指标	项目	指标
装釜量/t	10	切取馏分的产率/%	
操作周期/h	385	酚水(WP)	0.3
第一、第二次各次蒸馏时间/h	125	中间馏分(OPH-2)	29.7
其中:		二甲酚1号(XY-1)	40
准备、装釜/h	5	二甲酚2号(XY-2)	20
加热升温/h	120	残液	10
第三次蒸馏时间/h	135	馏分平均切取速度/L·h^{-1}	
其中:		OPH-2	100
准备、装釜/h	5	XY-1	100
加热升温/h	120	XY-2	67
排釜渣/h	10	塔顶第三盘温度/℃	120~155
平均回流比	3		

(2) XA蒸馏曲线举例如图11-2-27所示。

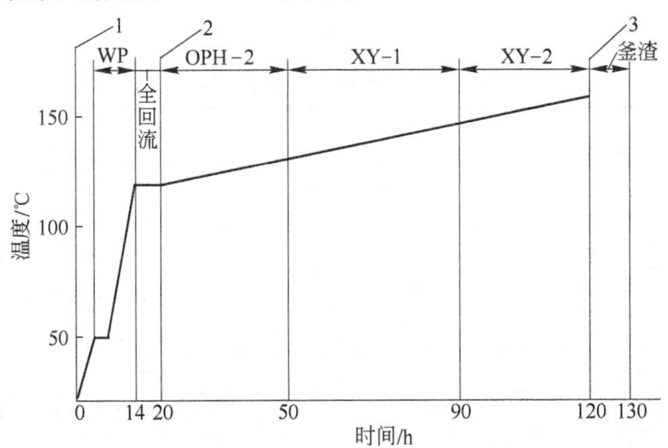

图11-2-27 XA间歇蒸馏曲线

1—开始加热;2—开始馏出;3—加热结束

H 中间馏分(OPH)间歇蒸馏操作制度举例

OPH 是由 OPH－1 和 OPH－2 混合成的中间馏分。

(1) OPH 蒸馏操作制度见表 11-2-39。

表 11-2-39 中间馏分(OPH)蒸馏操作制度举例

项目	指标	项目	指标
装釜量/t	10	甲酚 2 号(CA－2)	79
操作周期/h	100	甲酚 3 号(CA－3)	5
其中:		残液	10
准备、装釜	5	馏分平均切取速度/L·h^{-1}	
加热升温	85	CA－1	110
排釜渣	10	CA－2	145
平均回流比	1.8	CA－3	100
切取馏分的产率/%			
酚水(WP)	0.3	塔顶第三盘温度/℃	115～136
甲酚 1 号(CA－1)	5.7		

(2) OPH 蒸馏操作曲线举例如图 11-2-28 所示。

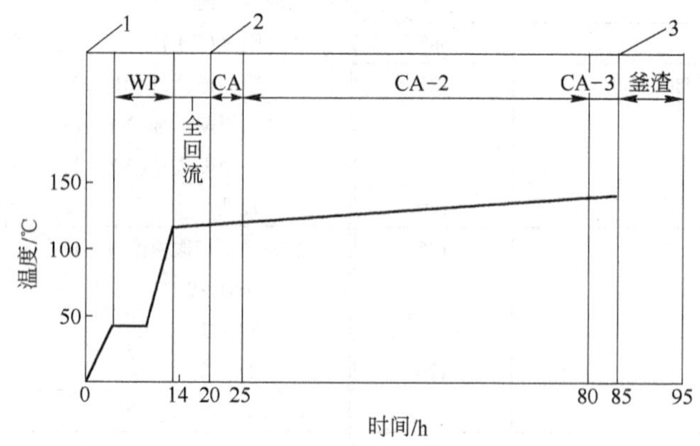

图 11-2-28 OPH 间歇蒸馏曲线

1—开始加热;2—开始馏出;3—加热结束

I 间歇蒸馏主要技术指标(见表 11-2-40)

表 11-2-40 间歇蒸馏主要技术指标

项目	指标	项目	指标
1 号间歇蒸馏塔顶温度/℃	143～150	2 号间歇蒸馏塔顶压力/MPa	0.011
1 号间歇蒸馏塔底温度/℃	165～190	2 号间歇蒸馏塔底压力/MPa	0.022
1 号间歇蒸馏塔顶压力/MPa	0.011	2 号间歇蒸馏塔馏出物冷却温度/℃	50①
1 号间歇蒸馏塔底压力/MPa	0.030	3 号、4 号间歇蒸馏塔顶温度/℃	115
1 号间歇蒸馏塔馏出物冷却温度/℃	60①	3 号、4 号间歇蒸馏塔底温度/℃	141～143
酚渣送出温度/℃	130	3 号、4 号间歇蒸馏塔顶压力/MPa	0.011
2 号间歇蒸馏塔顶温度/℃	136～151	3 号、4 号间歇蒸馏塔底压力/MPa	0.030
2 号间歇蒸馏塔底温度/℃	165～175	3 号、4 号间歇蒸馏塔馏出物冷却温度/℃	50①

注:表中压力均为绝对压力。

① 塔顶馏出物冷却后温度。

J 连续—间歇酚蒸馏主要设备

在酚蒸馏装置中最容易被腐蚀的部位是有水分的地方，如脱水塔顶、凝缩器、回流槽等；另外还有脱水塔、1号连续蒸馏塔底和其重沸器；蒸馏高沸点酚类的间歇重组分脱渣蒸馏釜等也很容易被腐蚀。

对此类设备的材质选择原则是根据使用经验确定，即按腐蚀程度，在不同设备部位分别采用相应型号的不锈钢，实际未受腐蚀的部位采用碳钢。有的部位虽然采用碳钢没有问题，但为防止产品颜色受影响，也采用不锈钢。酚蒸馏塔一般采用浮阀塔或填料塔。负压系统的真空泵可采用液环式真空泵。

11.2.5.3 酚渣的处理

酚渣中含有中性油、树脂状物、游离碳和酚类化合物，其中甲酚、二甲酚及高级酚约占70%。由于酚渣黏稠，遇冷凝固，一般都是在高温条件下用气泵抽出，但不宜处理且烟气很大。目前酚渣的处理方法有两种：一种是干馏法；另一种是配油法。干馏法由于不易操作且操作条件恶劣，没有成熟的经验，目前尚无实际应用。而配油法由于具有操作简单、不需新增设备等优点，目前广泛应用于工程中，其工艺流程参见图11-2-24中2。

先向带有加热器的酚渣槽中放入一定量的蒽油，再排入酚渣，同时用酚渣泵进行循环搅拌，当槽内温度下降到100～160℃时，将酚渣送往油品配制装置。输送时，酚渣槽内要留有一定量的物料，以保证泵的自身循环。排渣结束后，泵又开始自循环，并向槽内加入定量的蒽油，准备下次排渣。泵可以不停止运转，以防管道堵塞。加入蒽油的目的：一是冷却，减少烟气排放；二是增加酚渣的流动性。也可以根据油品配制的需要，用软沥青代替蒽油。

在酚渣槽的放散气出口，设置夹套管，间接冷却后，放散气排入排气洗净塔罐，用洗油循环洗净后排入大气，可以减小异味。

11.2.5.4 回流调节方式

目前，酚蒸馏的回流调节方式有外回流和内回流两种。

A 外回流

这是早期酚蒸馏较广泛采用的回流方式，借助回流分配器来调节回流比。回流分配器主要有两种：

（1）隔板式回流分配器。应用实例，鞍钢化工总厂。

（2）回转套筒式回流分配器。这是多数厂家应用的设备。

由于这两种回流分配器都存在制作、安装、腐蚀等问题，现在已经淘汰。

B 内回流（见图11-2-29）

内回流是在塔顶设置列管式凝缩器，其结构简单，不单独占据安装场所，不用回流管道，压力损失小，而且由于是内回流，塔顶油气管的直径大大缩小，节省设备和材料。

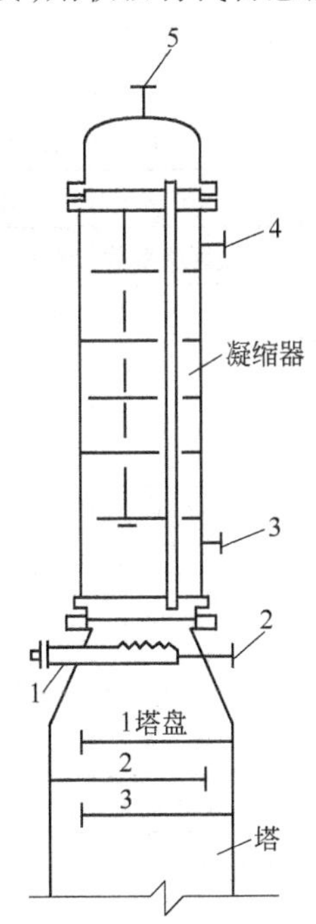

图11-2-29 蒸馏塔与凝缩器组成的内回流结构

1—回流分配盘；2—馏分采取口；3—HW入口；4—HW出口；5—排气口

11.2.5.5　热源和加热方式

酚蒸馏的热源和加热方式有间接蒸汽加热、导热油加热、煤气加热等几种方式。

A　间接蒸汽加热

蒸气压力宜在2.4～3.5 MPa之间。采用蒸汽加热有调节灵活、不易引起釜局部过热而结疤、设备简单、操作安全等优点。为了稳定精馏操作,必须稳定蒸发量。在减压间歇精馏中,如果系统的真空度是稳定的,则釜内真空度将随蒸发量的变化而变化。蒸发量增大则釜内真空度相应减小,蒸发量减小则釜内真空度将相应增大,而蒸发量的大小又与供热量有直接关系。因此,可采用调节蒸汽量来稳定釜内真空度,从而实现蒸发量的自动调节和稳定。

B　导热油加热

近年来,随着导热油制造工艺的发展,各种用作高温热载体的经济型合成导热油不断被开发出来,其良好的热稳定性、抗氧化性和经济性日益受到用户的青睐。目前,应用于酚蒸馏的合成导热油主要有T-50和T-55,两者均用于液相导热油系统。T-50的适用温度为-20～270℃,T-55的适用温度为-25～280℃。表11-2-41列出了T-50导热油的典型特性。

表11-2-41　T-50导热油的典型特性

外　观	清晰、浅黄色液体
组　分	合成烃混合物
水分/ $mg \cdot kg^{-1}$	250
闪点(GB/T 3536)/℃	191
着火点/℃	216
自燃点/℃	356
密度(20℃)(GB/T 1884,GB/T 1885)/ $kg \cdot m^{-3}$	876.4
平均相对分子质量	277
线膨胀系数(200℃)/$℃^{-1}$	0.000971
馏　程	330℃前馏出量不大于10%;450℃前馏出量不大于90%
比热容	20℃时,1.95 kJ/(kg·K); 200℃时,2.56 kJ/(kg·K); 280℃时,2.83 kJ/(kg·K)
导热系数(200℃时)/ $W \cdot (m \cdot K)^{-1}$	0.141
蒸气压(200℃时)/ kPa	5.11
黏度(200℃时)/ mPa·s	0.266
推荐最高主流体温度/℃	280
最高允许使用温度/℃	290
最高允许膜温/℃	320

注:上述数据是基于实验室样品检测所得,具体指标咨询供货商。

C　煤气加热

采用煤气加热可分为两种不同的方式:

(1) 用煤气直接加热蒸馏釜;

(2) 用煤气加热带有盐浴夹套的蒸馏釜。

前一种加热方式容易产生局部过热,从而导致糊釜和结疤现象;后一种方式所使用的熔盐成分均属氧化剂,容易燃烧或爆炸,目前设计均已不再采用。

11.3 工业萘蒸馏

11.3.1 萘

萘是1820年从煤焦油中发现的,直到现在煤焦油仍是萘化合物的主要来源,一般高温煤焦油中萘的含量约为8% ~12%。萘是化学工业10余种基础有机原料之一。

工业上应用的从煤焦油提出的商品萘的品种(级)都是根据纯度划分的,习惯上又常以熔点(结晶点)来体现萘的纯度。如对用于生产苯酐(邻苯二甲酸酐)的工业萘熔点要求77.5 ~79℃,其相对应的纯度为94.95% ~98.40%。

煤焦油萘的主要杂质是与其沸点相近(结晶点为32℃)的硫杂茚(又称硫茚、苯并噻吩)。

11.3.1.1 萘的物理性质

萘在常温下为固体,容易升华成无色片状物或单斜晶体。主要物理性质见表11-3-1。

表11-3-1 萘的主要物理性质

性质		数据	性质		数据
沸点/℃		218	临界温度/℃		478.5
熔点/℃		80.28	临界压力/MPa		4.2
固态密度/g·cm^{-3}		1.145	临界密度/g·cm^{-3}		0.314
液态密度/g·cm^{-3}	85℃	0.9752	介电常数(85℃)		2.54
	100℃	0.9623	溶解度参数δ		9.9
折射率n_D^{85}		1.5898	闪点(闭皿法)/℃		78.89
汽化热(167.7℃)/kJ·mol^{-1}		46.42	自燃点/℃		526.11
熔融热/kJ·mol^{-1}		19.18	爆炸界限(体积分数)/%	上限	5.9
燃烧热/kJ·mol^{-1}		5158.41		下限	0.9
升华热/kJ·mol^{-1}		66.52±1.67			

萘中含有杂质时,其结晶温度下降。萘的结晶温度与纯度的对应关系见表11-3-2。通常用测结晶点的方法即可知道萘的纯度。

表11-3-2 萘的纯度与结晶温度的关系

萘的质量分数/%	结晶温度/℃	萘的质量分数/%	结晶温度/℃
81.00	70.5	87.70	74.0
81.95	71.0	88.70	74.5
82.85	71.5	89.75	75.0
83.80	72.0	90.80	75.5
84.75	72.5	91.80	76.0
85.70	73.0	92.85	76.5
86.70	73.5	93.85	77.0

续表 11-3-2

萘的质量分数/%	结晶温度/℃	萘的质量分数/%	结晶温度/℃
94.95	77.5	98.40	79.0
96.05	78.0	99.30	79.5
97.20	78.5	100	80.3

萘能与一些芳烃、酚类和吡啶碱类等物质形成简单共熔体，即在一定浓度时，体系只具有一个低共熔点。

11.3.1.2　制取工业萘的原料特性

A　已洗含萘馏分的质量指标

制取工业萘的原料为焦油蒸馏切取的并已经过碱洗脱酚后的(已洗)含萘馏分。按照焦油蒸馏流程及其切取制度的不同，已洗含萘馏分可以是萘油馏分、萘洗混合馏分或酚萘洗混合馏分等。其主要质量指标见表 11-3-3，质量实例见表 13-3-4。

表 11-3-3　已洗含萘馏分的主要质量指标

项　目	萘油馏分	萘洗混合馏分	酚萘洗混合馏分	酚萘洗混合馏分
相对密度(20℃)	1.01～1.02	1.028～1.032	1.028～1.032	1.028～1.04
初馏点/℃	>215	>217	>200	>200
干点/℃	<230	<270	270～275	280～290
含酚/%	<0.5	<0.5	<0.5	<0.5
含萘/%	>75	57～67	45～55	45～55
含水/%	<0.5	<0.5	<0.5	<0.5
备　注	焦油蒸馏不切取苊油馏分	焦油蒸馏切取苊油馏分	焦油蒸馏切取苊油馏分	焦油蒸馏不切取苊油馏分

表 11-3-4　已洗含萘馏分的质量实例

项　目			萘油馏分		萘洗混合馏分	酚萘洗混合馏分		
相对密度(20℃)				1.023	1.028	1.051	1.033	1.032
蒸馏试验	初馏点/℃		207.5	216	218	213.4	203.2	207±5
	230℃前/%	218℃前	52.9	80		37.2	48.2	
		218～221℃	28.1					
		221℃后	9.5					
	240℃前/%			94	78.8			
	270℃前/%					82.7	89	
	干点/℃		228.6	242	273.8	297.6	292	280±5
全馏/%			90.5	90.85	97.8	96.8		
含酚/%			0.66			0.51		<0.5
含萘/%			71.1	75.5	63.5	49.25	50.17	48～55
含吡啶/%				2.18				
水分/%				<0.5	<0.5	痕迹	0.31	<0.5
厂　名			梅山焦化厂	北京焦化厂	本钢焦化厂	吉林电石厂	石家庄焦化厂	攀钢焦化厂

B 含萘馏分的组成

含萘馏分是多组分混合物，有酸性、中性和碱性三类组分，每类组分均由多种单一化合物组成，见表 11-3-5 和表 11-3-6。

表 11-3-5 已洗萘洗混合馏分组成

组分		含量/%	组分		含量/%
中性组分	1,3,5-三甲苯	0.0192	碱性组分	2,4,6-三甲基吡啶 2,3-二甲基吡啶等	0.0174
	1,2,4-三甲苯	0.0288		邻-甲苯胺	0.0099
	1,2,3-三甲苯	0.0192		对-甲苯胺	0.0084
	二氢化茚	0.46		间-甲苯胺	0.0258
	四甲苯	0.0192		喹啉	1.355
	茚	0.278		2-甲基喹啉	0.238
	四氢化萘	0.048		异喹啉	0.217
	苯甲腈	0.192		3-甲基喹啉	0.054
	萘	60.5		6-甲基喹啉 7-甲基喹啉	0.224
	硫杂茚	1.305		2,6-二甲基喹啉	0.0773
	β-甲基萘	7.95		4-甲基喹啉	0.082
	α-甲基萘	3.96		2,4-二甲基喹啉	0.0665
	2,6-二甲基萘 2,7-二甲基萘	2.09		小 计	2.392
	联 苯	1.725	酸性组分	苯 酚	0.00071
	1,6-二甲基萘	1.33		邻甲酚	0.0107
	2,3-二甲基萘 1,4-二甲基萘 1,5-二甲基萘	0.336		2,6-二甲酚	0.01935
	1,2-二甲基萘	0.249		间-甲酚 对-甲酚	0.034
	苊	5.73		2,4-二甲酚 2,5-二甲酚	0.253
	苊烯	0.22		2,3-二甲酚	0.062
	氧芴	2.1		3,5-二甲酚	0.1174
	芴	0.565		3,4-二甲酚	0.0416
	小 计	89.124		2,3,5-三甲酚	0.103
碱性组分	2-甲基吡啶	0.00153		α-萘酚	0.0368
	2,6-二甲基吡啶	0.00117		未知物	0.1315
	2-乙基吡啶	0.00048		小 计	0.7174
	2,5-二甲基吡啶 2,4-二甲基吡啶	0.0138			

注：表中列中性、碱性、酸性组分分别占洗萘洗混合馏分总量的 95.86%、2.996%、1.144%。

表 11-3-6　未洗萘洗混合馏分组成

组　分	含量/%	组　分	含量/%
苯　酚	0.87	萘	44.4
邻位甲酚	2.7	β-甲基萘	13.3
间,对-甲酚	3.47	α-甲基萘	6.2
2,4-二甲酚	0.74	联　苯	1.91
1,2,4-三甲酚	0.48	二甲基萘	6.7
2,3-二甲酚 3,5-二甲酚	0.85	苊	9.2
		氧　芴	5.6
2,4-二甲酚 2,5-二甲酚	0.87	芴	2.6
		共　计	98.96

11.3.1.3　产品及中间产品

A　工业萘

工业萘的质量标准见表 11-3-7。

表 11-3-7　工业萘(GB/T 6699—1998)

项　目	技术规格		
	优等品	一等品	二等品
结晶点/℃	≥78.3	≥78.0	≥77.5
不挥发物/%	≤0.04	≤0.06	≤0.06
灰分/%	≤0.01	≤0.01	≤0.02
外　观	白色,允许带微红或微黄粉状、片状结晶		

生产实践证明,用含萘馏分作为原料时,由于洗涤工序不同,工业萘中不饱和物及硫杂茚的含量不同,但工业萘的质量仍然符合部颁标准。使用不酸洗酚萘洗混合馏分作为原料制取工业萘时,吡啶和不饱和物的大部分都转入洗油和酚油中。

部分国家生产的工业萘质量比较见表 11-3-8。

表 11-3-8　工业萘质量比较

指　标	中　国		前苏联		日本	英国	意大利
	一等品	二等品	一级	二级			
结晶点/℃	≥78.0	≥77.5	≥79.0	≥78.8	≥77.5	≥78.5	≥78.8
不挥发物/%	≤0.06	≤0.06	≤0.04	≤0.04	≤0.2	≤0.3	≤0.4
灰分/%	≤0.01	≤0.02	≤0.02	≤0.02		≤0.05	≤0.1
水分/%			≤0.2	≤0.2	≤0.5	≤0.5	≤0.2
硫质量分数/%			≤0.5	≤0.5			
碘量比色			≤9	≤17			

B　酚油

从工业萘初馏塔塔顶切取的酚油质量指标见表 11-3-9,质量实例见表 11-3-10。

表 11-3-9　酚油质量指标

相对密度(20℃)	蒸馏试验				含酚/%	含萘/%	原料名称
	初馏点/℃	200℃前馏出量/%	干点/℃	全馏/%			
<1	183±2	>50	226±4	>95	<7	<25	萘油馏分或萘洗混合馏分
<1	170±2	>85	214±4	>95	<3	<16	酚萘洗混合馏分

表 11-3-10　酚油质量实例

相对密度(20℃)	蒸馏试验				含酚/%	含萘/%	原料名称	厂　名
	初馏点/℃	200℃前馏出量/%	干点/℃	全馏/%				
0.9831	185	54	219	97	6.6	33.0	萘油馏分	北京焦化厂
0.9708	176	73	208	93	3	11.06	萘油馏分	梅山焦化厂
0.9916	182	59.1	225	98.2	5.5	29.03	萘洗混合馏分	本钢焦化厂
0.9675	171	93	207.7	97.2	3.16	2.17	酚萘洗混合馏分	吉林电石厂
0.9760	169	>85			2~3	<5	酚萘洗混合馏分	攀钢焦化厂

注:梅山焦化厂酚油含吡啶 18%。

表 11-3-11 为本钢焦化厂以萘洗混合馏分为原料制取工业萘所获得酚油的组成。

表 11-3-11　酚油组成

组　分		含量/%
中性组分	1,3-二甲苯 1,4-二甲苯	0.665
	1,2-二甲苯 1,4-二甲苯	0.32
	1,3,5-三甲苯	0.584
	1,2,4-三甲苯	0.935
	1,2,3-三甲苯	0.665
	二氢化茚	21.2
	茚	10
	苯甲腈	5.55
	萘	29.7
	硫杂茚	0.23
	小　计	69.849
碱性组分	吡　啶	0.00228
	2-甲基吡啶	0.0447
	2,6-二甲基吡啶	0.064
	2-乙基吡啶	0.0123
	3-甲基吡啶 4-甲基吡啶	0.0615
	2,5-二甲基吡啶	0.127
	2,4-二甲基吡啶	0.53

组　分		含量/%
碱性组分	2,4,6-三甲基吡啶 2,3-二甲基吡啶等	0.64
	2,3,6-三甲基吡啶	0.284
	3,5-二甲基吡啶	0.263
	苯　胺	0.352
	邻-甲苯胺	0.32
	对-甲苯胺	0.294
	间-甲苯胺	1.055
	小　计	4.0498
酸性组分	苯　酚	0.066
	邻-甲酚	0.475
	间-甲酚 对-甲酚	0.975
	2,4-二甲酚	5.3
	3,5-二甲酚	0.482
	3,4-二甲酚	0.302
	2,6-二甲酚	0.57
	2,3-二甲酚	0.512
	小　计	8.682

注:表中列中性、碱性、酸性组分分别占酚油总量的 82.074%、8.774%、9.152%。

C　洗油

在连续精馏制取工业萘的系统中，可从工业萘精馏塔底部侧线或从热油循环泵压出管获得洗油。洗油质量实例见表 11-3-12。

表 11-3-12　洗油质量实例

相对密度(20℃)	蒸馏试验					含酚/%	含萘/%	含苊/%	黏度(E_{25})	15℃结晶物	厂名
	初馏点/℃	270℃前馏出量/%	300℃前馏出量/%	干点/℃	全馏/%						
1.026	240	89①		272	95.0	0.37	8.0			无	北京焦化厂
1.042	238	85.3	>90	281	95.5	0.35	5.5		1.31	无	本钢焦化厂
1.055	251	59.4	>90	305	96.7		1.6	16.6		无	吉林电石厂
1.038~1.045	>235	70~80	>90				<5.0		1.22	无	攀钢焦化厂
1.045	241	76	92.4			0.23	7.29		1.39	无	石家庄焦化厂

注：表中洗油皆自热油循环泵压出管采出。
① 260℃前的馏出量。

洗油质量与工业萘原料的组成有关。例如，本钢焦化厂使用萘洗混合馏分作为原料，在焦油蒸馏时已切出约占焦油 3% 的重组分洗油。吉林电石厂使用酚萘洗混合馏分作为原料，在焦油蒸馏时已切入约占焦油 2% 的轻组分蒽油。北京焦化厂使用萘油馏分作为原料。由于原料不同，本钢焦化厂和吉林电石厂两厂的洗油在密度、270℃前馏出量、干点等方面差异显著。北京焦化厂的洗油中轻组分含量一般比上述两厂洗油中的轻组分要多。

本钢焦化厂从热油循环泵压出管采出的洗油组成分析见表 11-3-13。由表可见，洗油中的 α-甲基萘、β-甲基萘、二甲基萘及其同系物、喹啉、异喹啉等较多。这些组分约占 80%，沸点均低于 270℃，吸苯能力较强，且可与高熔点的组分形成共熔物。

表 11-3-13　洗油组成

组分		含量/%
中性组分	二氢化茚	0.054
	茚	0.027
	苯甲腈	0.081
	萘	7.65
	硫杂茚	0.658
	β-甲基萘	22.15
	α-甲基萘	10.4
	2,6-二甲基萘 2,7-二甲基萘	2.73
	联　苯	4.7
	1,6-二甲基萘	3.39
	2,3-二甲基萘 1,4-二甲基萘 1,5-二甲基萘	1.03
	1,2-二甲基萘	0.63
	苊	17.7
	苊　烯	0.325
	氧芴	6.38
	芴	1.48
	小　计	79.385
碱性组分	邻-甲苯胺	0.0142
	间-甲苯胺	0.0382
	喹　啉	4.1
	2-甲基喹啉	0.718
	异-喹啉	0.658
	3-甲基喹啉	0.167
	6-甲基喹啉 7-甲基喹啉	0.7
	2,6-二甲基喹啉	0.245
	4-甲基喹啉	0.265
	2,4-二甲基喹啉	0.231
	小　计	7.136
酸性组分(14 种)		未定

注：1. 表中列中性、碱性、酸性组分分别占洗油总量的 90.808%、8.881%、0.312%。
2. 表中试样来源于本钢焦化厂。

吉林电石厂洗油从塔底侧线采出，残油定期从热油循环泵压出管排出，则洗油的初馏点有所降低，270℃前馏出量以及洗油中的含萘量等有所提高。

洗油含萘量随工业萘精馏塔切取制度的不同而不同。洗油含萘量过多，萘精制率会降低；洗油含萘量过少，洗油中高熔点的苊、芴、氧芴等组分易于析出结晶（氧芴的熔点为86℃；苊的熔点为95.3℃；芴的熔点为115℃）。

洗油的组成很复杂，不同焦化厂生产的洗油组分组成差别较大。工业生产中洗油的参考质量指标见表11-3-14。

表 11-3-14 洗油参考质量指标

项目		指标
密度(20℃)/g·cm^{-3}		1.03～1.06
馏程(大气压 101325 Pa)	230℃前馏出量(体积分数)/%	≤3.0
	300℃前馏出量(体积分数)/%	≥90.0
酚含量(体积分数)/%		≤0.5
萘含量(质量分数)/%		≤15
水分/%		≤1.0
黏度(E_{50})		≤1.5
15℃结晶物		无

当焦油蒸馏切取苊油馏分时，以已洗萘洗混合馏分为原料，采用连续精馏法制取工业萘获得洗油的质量指标见表11-3-15。

表 11-3-15 洗油质量指标

相对密度(20℃)	蒸馏试验				含酚/%	含萘/%	含水/%	黏度(E_{25})	结晶物
	230℃前馏出量/%	270℃前馏出量/%	300℃前馏出量/%	干点/℃					
1.035～1.05	<3	>85	>90	<300	<0.5	≤5	<1	<2	-5℃无

11.3.2 常压工业萘蒸馏

采用管式炉加热连续蒸馏法制取工业萘(95N)的工艺流程有双炉双塔、单炉双塔和单炉单塔三种。目前普遍采用的是双炉双塔工艺流程，其工艺比较成熟。

11.3.2.1 双炉双塔工艺

A 工艺流程图

双炉双塔工业萘连续蒸馏流程如图11-3-1所示。

B 工艺过程

双炉双塔流程由初馏和精馏两个系统组成，每一系统各主要有1台管式炉和1台蒸馏塔。

a 初馏系统

已洗含萘馏分经与工业萘蒸气换热后进入初馏塔中部，塔顶切取酚油，送回馏分洗涤进行脱酚，塔底萘洗油一部分作为精馏系统的原料，另一部分经管式炉加热后循环回初馏塔底供热。

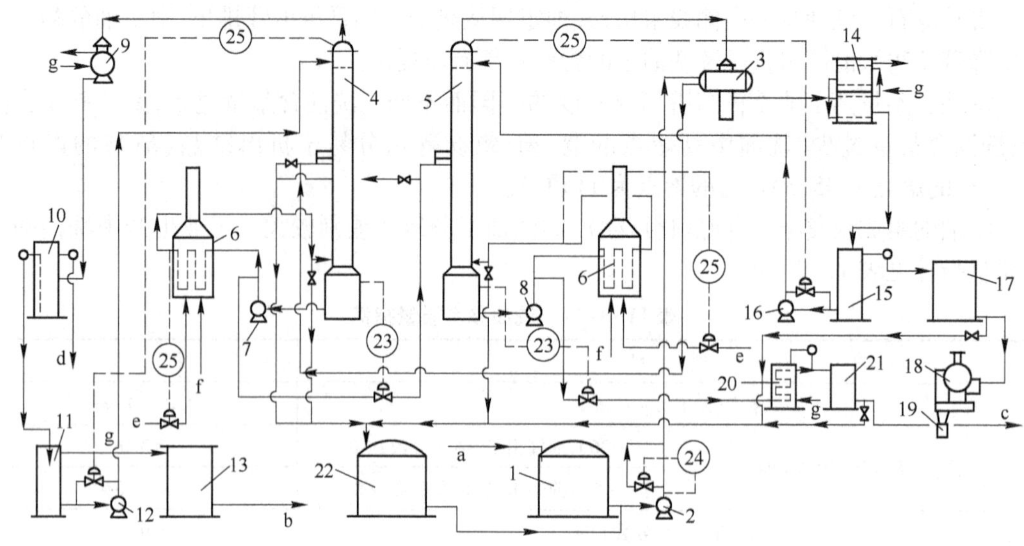

图 11-3-1　双炉双塔工业萘连续蒸馏流程

a—原料(来自洗涤);b—酚油(去洗涤);c—洗油(去油库);d—酚水;e—煤气;f—水蒸气;g—冷却水
1—原料槽;2—原料泵;3—原料与工业萘换热器;4—初馏塔;5—精馏塔;6—管式炉;7—初馏塔热油循环泵;8—精馏塔热油循环泵;9—酚油冷凝冷却器;10—油水分离器;11—酚油回流槽;12—酚油回流泵;13—酚油槽;14—工业萘汽化冷凝冷却器;15—工业萘回流槽;16—工业萘回流泵;17—工业萘储槽;18—转鼓结晶机;19—工业萘装袋自动称量装置;20—洗油冷却器;21—洗油计量槽;22—中间槽;23—液面指示调节报警(LICA);24—流量记录调节(FRC);25—温度记录调节(TRC)

b　精馏系统

精馏塔顶工业萘油气通过与初馏原料换热,经汽化冷却器冷却后得到液体工业萘,塔底切出洗油。

11.3.2.2　单炉双塔工艺

单炉双塔与双炉双塔工艺相似,单炉双塔只有 1 个加热炉,通过炉管的调配同时加热初馏和精馏塔底油循环供热。此法可节省 1 台管式炉,但生产调节需仔细。此工艺流程也比较成熟。

11.3.2.3　单炉单塔工艺

单炉单塔流程是在单炉双塔流程基础上发展起来的新工艺,它具有流程简单,操作简便,技术指标先进等显著优点。因此,目前该流程也日益被广泛采用。

此流程采用 1 台管式炉和 1 台工业萘精馏塔。从塔顶切取酚油,从侧线采出工业萘,从热油循环泵压出管采出洗油。其工艺流程参见图 11-3-1。

已洗含萘馏分用原料泵送往管式炉对流段预热,然后进入工业萘精馏塔。由塔顶逸出的酚油蒸气,经冷凝冷却器冷凝冷却、油水分离器分离后,酚油入回流槽。一部分酚油回流控制塔顶温度,剩余的流入酚油槽,定期送往洗涤工段。

塔底的洗油用热油循环泵送至管式炉辐射段加热,再循环供给精馏塔热量。侧线切取液体工业萘,冷却后送萘储槽。

11.3.2.4 操作制度(见表 11-3-16)

表 11-3-16 双塔及单塔流程操作实例

项目	双塔流程			单塔流程		
	吉林电石厂	本钢焦化厂	北京炼焦化学厂	吉林电石厂	本钢焦化厂	北京炼焦化学厂
原料含萘/%	48 ~ 52	60 ~ 65	>70	48 ~ 52	60 ~ 65	>70
原料储槽温度/℃	68	75 ~ 85	89	65	76	85
原料换热或预热后温度/℃	212	199	203		250 ~ 260	190 ~ 200
初馏管式炉出口温度/℃	269	275	253			
精馏管式炉出口温度/℃	301	289	274	303①	310 ~ 315①	280①
初馏塔顶温度/℃	185	194	188	195②	194 ~ 198②	210 ~ 220②
精馏塔顶温度/℃	221	219	220			
初馏塔底温度/℃	250	248	237			
精馏塔底温度/℃	280	268	258	281③	272 ~ 278③	260 ~ 270③
原料入塔温度/℃				255	230 ~ 240	245 ~ 250
工业萘侧线采出温度/℃				222	219	220 ~ 230
初馏热油循环压力/MPa	<0.6	0.22	0.56			
精馏热油循环泵压力/MPa	<0.6	0.29	0.59	<0.6	0.3	0.75 ~ 0.8

① 管式炉辐射段出口温度;② 蒸馏塔顶温度;③ 蒸馏塔底温度。

11.3.2.5 常压工业萘蒸馏工艺的操作要点

A 原料预热温度的稳定

原料进塔温度应稳定并与进料塔板上的气相温度一致,即沸点进料。因此,原料需预热后入塔。

原料槽的油温宜保持在 90℃以下。过高易使原料泵不上量,而且恶化环境。

B 原料组成、原料处理量和合理采出量的稳定

原料含水量的变化会引起精馏操作紊乱。原料含萘量的变化会引起加热制度和产品采出量的波动。所以,除原料槽应有足够的容积和个数外,还应尽量减少换槽、停泵的次数,以免将扫汽冷凝水带入系统中。操作时原料含水应小于 0.5%。

原料处理量的变化直接影响温度制度、压力制度、塔底液面及产品采出量的改变,因此,应稳定进塔的原料流量。

此外,还应控制酚油采出量以稳定塔顶温度。常用塔底液面和洗油排出量的串级调节来控制洗油采出量,利用塔板温度控制工业萘采出量等措施。

C 塔顶温度和酚油含萘量的控制

塔顶温度和酚油含萘量的指标应以采出合格工业萘为原则来确定。塔顶酚油含萘量随塔顶温度的增高而增多。所以,宜用回流量控制塔顶温度。

D 塔底温度和洗油含萘量的控制

塔底温度和洗油含萘量的指标,应以热油循环量一定时切取质量合格的工业萘为原则来确定。塔底温度升高,洗油含萘量将随之降低。在其他各项操作指标稳定的前提下,应采

用管式炉循环油出口温度和煤气流量串级调节以达到塔底温度的稳定。

E　塔底液面的控制

引起塔底液面波动的因素较多，如原料处理量的变化、产品采出量的变化、热油循环量的波动和管式炉加热温度的变化等。增加原料处理量、减少（或不变）洗油排出量、减少热油循环量或降低管式炉油出口温度均能使塔底油温降低，或使塔底液面上升甚至淹塔。

F　萘精制率

制取工业萘过程中，萘的回收效果以萘的精制率表示：

$$萘精制率=\frac{工业萘中的萘量}{已洗含萘馏分中的萘量}\times 100\%$$

在相同的条件下，根据原料组成不同，确定选用的萘精制率见表 11-3-17。各厂萘精制率实例见表 11-3-18。

表 11-3-17　萘精制率

原料名称	萘油馏分	萘洗混合馏分	酚萘洗混合馏分
萘精制率/%	≥97	96～97	94～95

表 11-3-18　制取工业萘的物料平衡

厂　名	流程名称	原料含萘/%	酚油/%		工业萘/%		洗油/%		萘精制率/%
			产率	含萘	产率	含萘	产率	含萘	
本钢焦化厂	双炉双塔	66.80	2.76	11.73	66.50	96.62	29.92	3.66	96.36
本钢焦化厂	单炉单塔	62.46	1.11	30.07	62.93	96.20	36.27	5.22	96.93
吉林电石厂	单炉双塔	52.10	5.31	3.97	50.74	96.82	43.56	1.98	94.30
吉林电石厂	单炉单塔	52.00	5.30	12.80	50.40	96.00	43.80	6.88	93.00
石家庄焦化厂	单炉单塔	52.91	8.16	8.70	51.45	95.26	42.52	2.97	92.66

影响萘精制率的因素很多，除与原料性质、工艺操作制度、设备结构、仪表装备水平等有关外，还在于化验方法和准确性及操作人员的熟练程度等。

11.3.3　加压工业萘蒸馏

11.3.3.1　工艺流程图

工艺流程如图 11-3-2 所示。

11.3.3.2　工艺过程

（1）加压工业萘蒸馏为单炉双塔流程，即 1 台加热炉，初馏塔、精馏塔（萘塔）各 1 台，其样板厂为宝钢一期化工产品工程引进日本的工艺装置。

（2）原料萘油（含萘馏分油）依次与萘塔底甲基萘油和萘塔顶工业萘油换热后进入初馏塔蒸馏。塔顶切出酚油。塔底萘油一部分作为萘塔原料进入萘塔，另一部分经重沸器与萘塔顶工业萘油气换热后，循环回初馏塔底为塔供热。

（3）萘塔顶切取工业萘。塔底切取甲基萘油，其一部分经冷却后作为产品采出，另一部分经管式炉加热后循环回萘塔底为塔供热。

（4）萘塔塔顶接氮气气源，通过进气或排气压力调节，维持萘塔加压蒸馏。

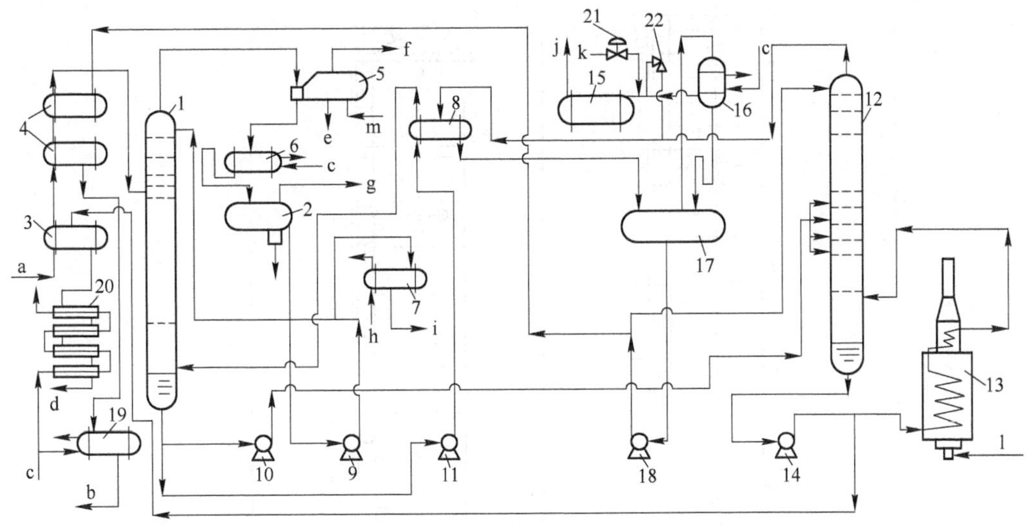

图 11-3-2 加压工业萘蒸馏装置工艺流程

a—原料(萘油/含萘馏分);b—工业萘;c—温水;d—甲基萘油;e—蒸汽冷凝水;f—0.3 MPa 蒸汽;g—至排气冷却器;h—冷却水;i—酚油;j—去排气洗净塔;k—氮气;l—煤气;m—锅炉给水

1—初馏塔;2—初馏塔回流液槽;3—第一换热器;4—第二换热器;5—初馏塔第一凝缩器;6—初馏塔第二凝缩器;7—酚油冷却器;8—重沸器;9—初馏塔回流泵;10—初馏塔底抽出泵;11—初馏塔重沸器循环泵;12—萘塔;13—加热炉;14—萘塔底液抽出泵;15—安全阀喷出汽凝缩器;16—萘塔排气冷却器;17—萘塔回流液槽;18—萘塔回流泵;19—工业萘冷却器;20—甲基萘油冷却器;21—调节阀;22—安全阀

11.3.3.3 辅助工艺

萘塔加压调节系统正常状态下氮气总管保持 0.5 MPa 以上的压力,维持着向萘塔系统加压,当总管压力降到 0.35 MPa 时,氮气压缩机自动启动,将氮气加压,一直恢复到 0.5 MPa 后,压缩机自动停运。

萘塔的压力调节过程是:当塔顶压力大于规定值时,氮气调节阀趋向关闭,外排气体的阀开启。当塔顶压力小于规定值时,外排气体的阀关闭,而氮气调节阀开启,直到塔顶压力恢复到规定值。

11.3.4 工业萘蒸馏的主要设备

11.3.4.1 萘蒸馏塔

A 塔板层数和板间距

根据生产实践经验,萘蒸馏塔一般需要 60 ~ 70 塔盘可满足分离要求;塔板间距一般为 300 ~ 400 mm,主要取决于塔径大小。

B 塔材质和结构

塔内件可选用不锈钢浮阀,塔体可选用碳钢。根据生产实践,经过多年使用后,碳塔板的阀孔普遍扩大 1 mm,阀重减轻 1 g。腐蚀严重的是酚油段,应注意防蚀。工业萘精馏塔如图 11-3-3 所示。

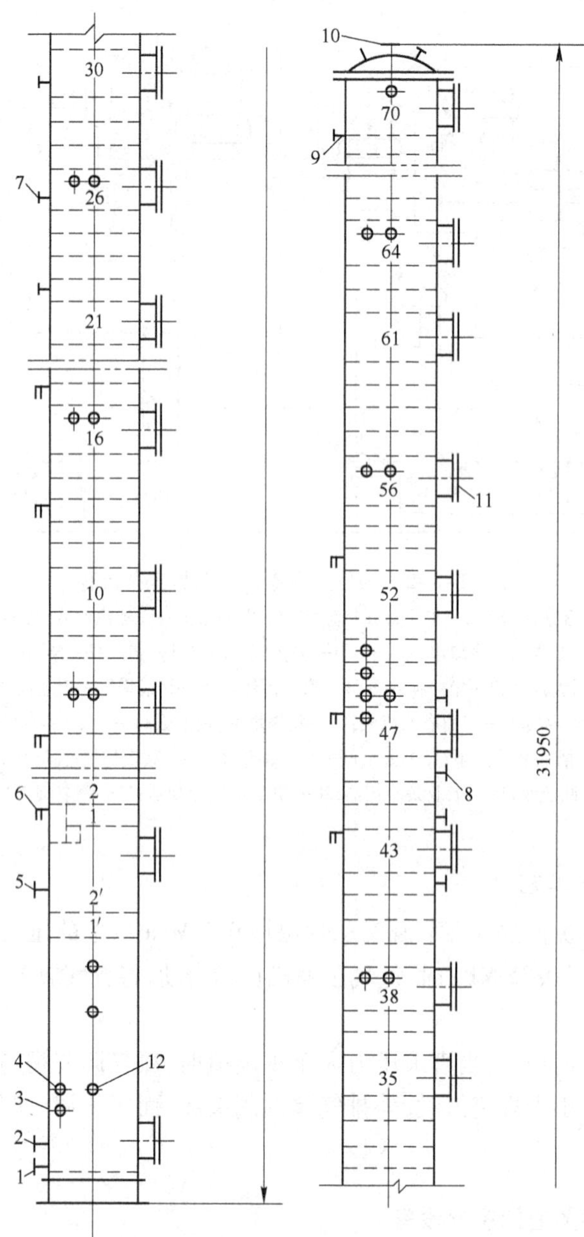

图 11-3-3　工业萘精馏塔

1—油出口；2—蒸汽清扫口；3—水银温度计接管；4—电阻温度计接管；5—循环油入口；6—取样管口；7—进料口；8—工业萘出口；9—回流入口；10—酚油蒸气出口；11—人孔

根据太钢焦化厂的实践经验：在加工含萘低的粗制萘油时，填料塔在生产量较小、回流比较大的工况下，其适应范围较广，不易被高沸点不挥发物堵塞。

11.3.4.2　加热

萘蒸馏的加热炉为圆筒管式炉（见图 11-3-4），油料的入口操作压力为 0.6～0.8 MPa，出口操作压力为 0.2～0.51 MPa，入口操作温度为 260～300℃，出口操作温度为 280～330℃，炉的热效率为 75%～80%。对流段炉管水平安装，辐射段则采用螺旋形管，加热均匀。油在炉管中的流向采取冷油从辐射室底入炉、热油从对流室顶出来的方式，可使油料的加热趋于平缓。炉管最高使用温度为850℃。炉体耐火内衬采用陶瓷纤维等轻型材料，质量轻，容易施工，寿命长，使用效果良好。

11.3.4.3　工业萘汽化冷却器

汽化冷凝冷却器在双塔流程中用于气相工业萘的冷凝冷却，在单塔流程中用于液相工业萘的冷却。其结构举例如图11-3-5所示。图中，上部为水汽冷凝冷却器，下部为工业萘冷凝冷却器。水在下部被加热汽化，水汽在上部被冷凝冷却，构成了水和水汽的闭路循环。

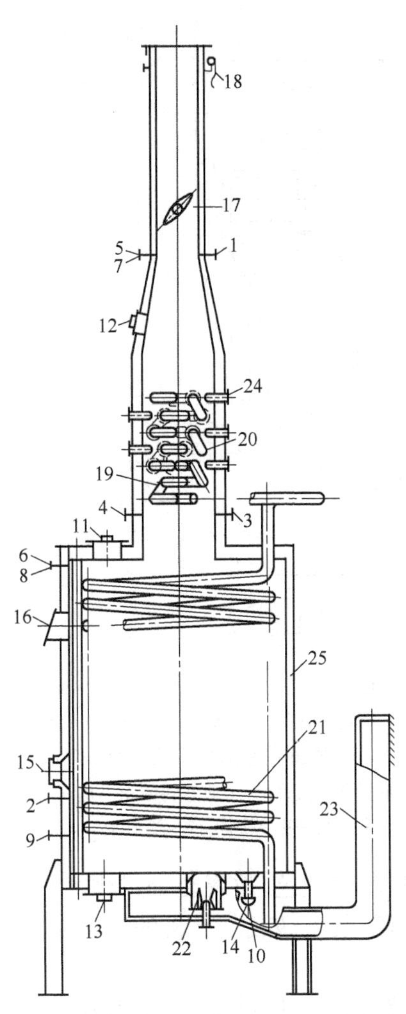

图11-3-4　加压工业萘蒸馏加热炉

1—气体取样口；2～6—温度计接口；7～9—吸力计接口；10—消火蒸汽口；11，12—便门；13—人孔；14—窥视孔；15—观察孔；16—防爆门；17—调节翻板；18—油漆用小车；19—对流段光管；20—对流段翅片管；21—辐射管；22—燃烧器；23—风箱；24—挡板；25—内衬

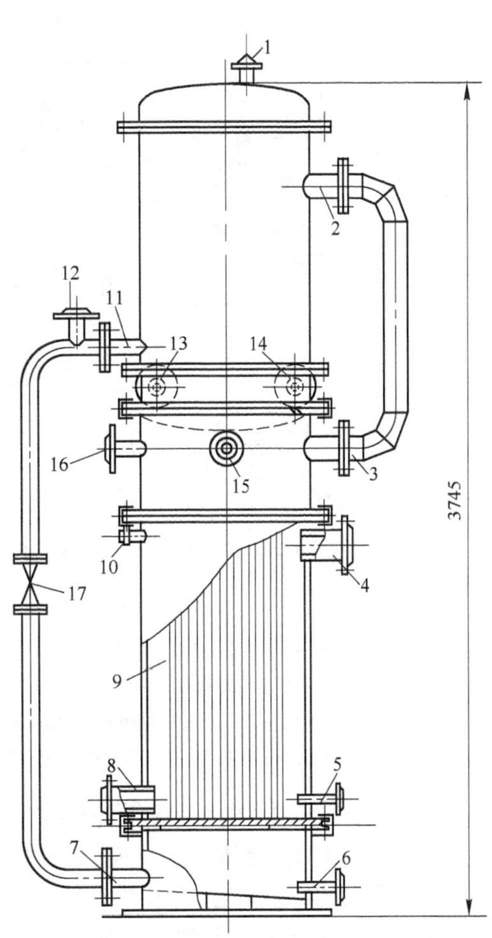

图11-3-5　工业萘汽化冷凝冷却器

1—放气孔；2—水汽入口；3—水汽出口；4—萘蒸气入口；5—蒸汽清扫管；6—放空管；7—循环水入口；8—萘出口；9—无缝钢管；10—放气孔；11—循环水出口；12—放散管；13—冷却水入口；14—冷却水出口；15—补充水管；16—安全阀接管；17—阀门

11.3.5　萘产品的制片包装

萘产品制片包装由萘制片机室、称量包装室和仓库三部分组成。制片的萘产品有工业萘和精萘两种(也可以只加工其中一种)。

11.3.5.1　制片包装工艺

萘制片包装的设置一般因焦油加工的规模和萘产品品种的不同而异,现以规模大于10万 t/a 焦油加工厂生产工业萘和精萘的情况为例。工业萘的和精萘的制片包装工艺如图11-3-6所示。

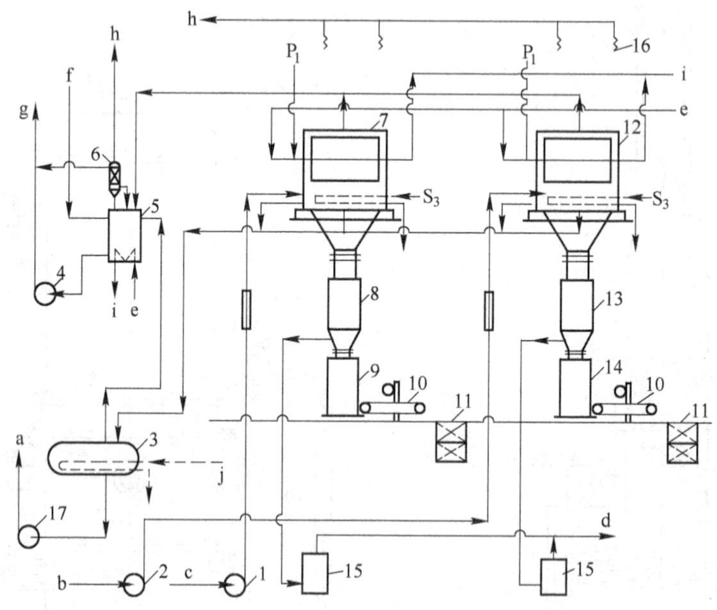

图 11-3-6　萘制片包装工艺

a—废萘;b—工业萘;c—精萘;d—排气;e—冷却水;f—净洗油;g—废洗油;h—含萘气;i—冷却回水;j—0.8 MPa 蒸汽
1—精萘装料泵;2—工业萘装料泵;3—熔化槽;4—洗净油泵;5—洗净油槽;6—洗净塔;7—精萘转鼓结晶机;
8—精萘中间料斗;9—精萘称量包装机;10—缝袋机;11—平板升降机;12—工业萘转鼓结晶机;
13—工业萘中间料斗;14—工业萘称量包装机;15—除尘机;16—吸尘软管;17—输送泵

萘储存于卧式槽中(由于精制萘长期液态储存,易改变颜色,故每台卧式槽容积应小一些,约 24 m^3),制片时,液体萘由泵连续送往转鼓结晶机,装入转鼓结晶机的萘槽中,槽底部有 0.3 MPa 蒸汽的保温夹套,保持萘始终呈熔融状态。

转动的转鼓内通入 33℃清循环水。液体萘在转鼓表面冷却、结晶,被刮刀刮下,顺溜槽落入称量包装机的中间料斗内,然后由称量包装机自动称量。装满萘的纸袋在皮带机上移动,并由缝袋机缝合,然后由人工码在可上下升降的平板升降机上(升降机可控制高度使堆放面与地平面相同,每层5 袋),共码 8 层后升降机升起(最大提升高度 1.5 m),再由 2 t 的防爆电瓶叉车将袋送往仓库堆放。

转鼓结晶机的进料由流量指示报警调节。为安全起见,结晶机的萘槽有满流管。溢流液可排放到熔化槽,再用泵送往原料槽去。转鼓和熔化槽的排气均通入洗净油槽,由此升入槽顶的小填料塔,被喷洒下来的洗净油洗净,尾气(含萘气)则经除尘机除尘后排放。洗净油在洗净油槽内被冷却后循环使用。包装机的接口处设有袋式除尘机除尘，在结晶机室可用移动式除尘机除萘粉尘。

转鼓结晶机用的冷却水是水压约 0.6 MPa 的清循环水。一般制片包装为白班操作，用水量大而集中，可设置清循环水中间槽和循环水泵，自成供水循环系统，以稳定供水。向通入转鼓的冷却水入口管通入压缩空气，提高转鼓的冷却效率。

11.3.5.2　转鼓结晶机

转鼓结晶机又称转鼓制片机，其断面如图 11-3-7 所示。

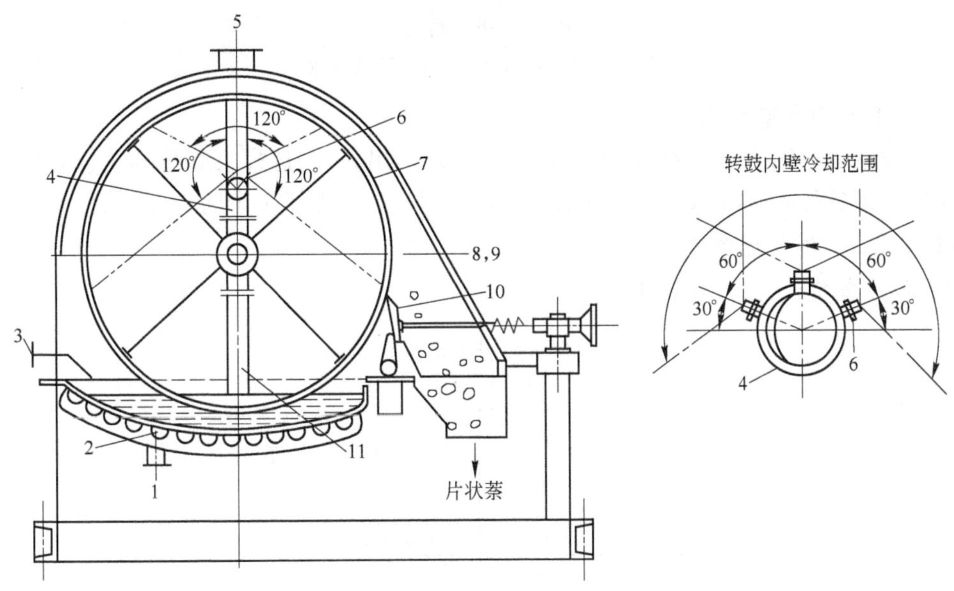

图 11-3-7　转鼓结晶机断面

1—满流口；2—萘槽蒸汽保温夹套；3—液萘入口；4—喷水管；5—排气口；6—喷嘴；7—转鼓；8,9—冷却水进出口；10—刮刀；11—排水管

A　转鼓结晶机操作要点

（1）生产实践表明，控制液萘储槽油温为 80～90℃，并使转鼓下的液萘槽温度不高于 80℃，转鼓浸入液萘的深度为 320 mm 左右时，转鼓结晶机的生产运行正常。

（2）循环冷却水温度确保在 32℃左右。

B　刮刀的调试

转鼓结晶机在运转过程中要经常检查刮刀与鼓面的接触情况。

（1）产品刮刀与鼓面的间隙一般保持在 0.15 mm。如果刮刀与转鼓之间间隙过小或平行度不良，鼓面很容易被刮坏，并有产生火花的可能。因此，要经常用三氯乙烯等溶剂揩擦转鼓表面。

刮削器的刀刃应保持锋利，如果磨钝，一旦刀刃与转鼓表面接触时，就不能形成线接触，而是面接触，这样，不但转鼓表面易受损伤，而且因为摩擦面大会使刀刃损坏，甚至造成超负荷运转而出现故障。刮削器标准使用寿命为：刀刃与转鼓表面接触，摩擦运转 200～400 h；刀刃与转鼓表面有间隙运转 1000～2000 h。

（2）侧刮刀如图 11-3-8 所示。它安装在转鼓两侧，用以刮掉侧面黏结的结晶，这有益于保持转鼓清洁和正常运转。侧刮刀与转鼓侧面的间隙 c：一般驱动侧 c 为 0～1 mm，从动侧 c 为

1 ~ 2 mm。但是，这个间隙与萘槽内流体温度有关，如果改变了温度条件，c 值应当重新调整。

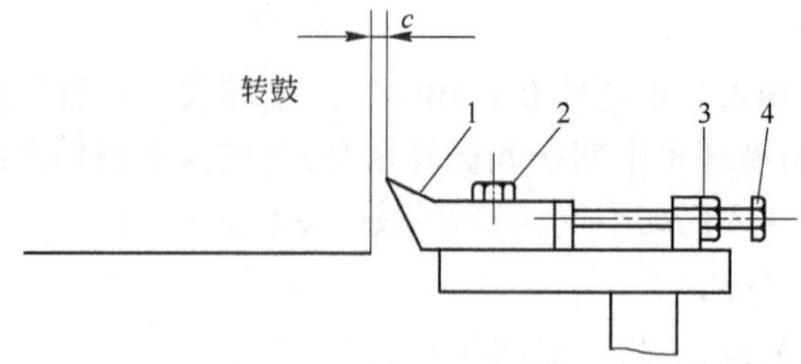

图 11-3-8　侧刮刀

1—侧刮刀刮削器；2 ~ 4—固定压紧螺栓

C　出料口简易破碎机

工业萘含杂质约 5%，在结晶制片时，因不纯易结出大片，这样会影响称量包装操作，特别是在采用称量包装机时，必须将其破碎，故在出料口处设置了 1 个简易破碎机。

11.3.5.3　称量包装机

A　称量包装机机组（见图 11-3-9）

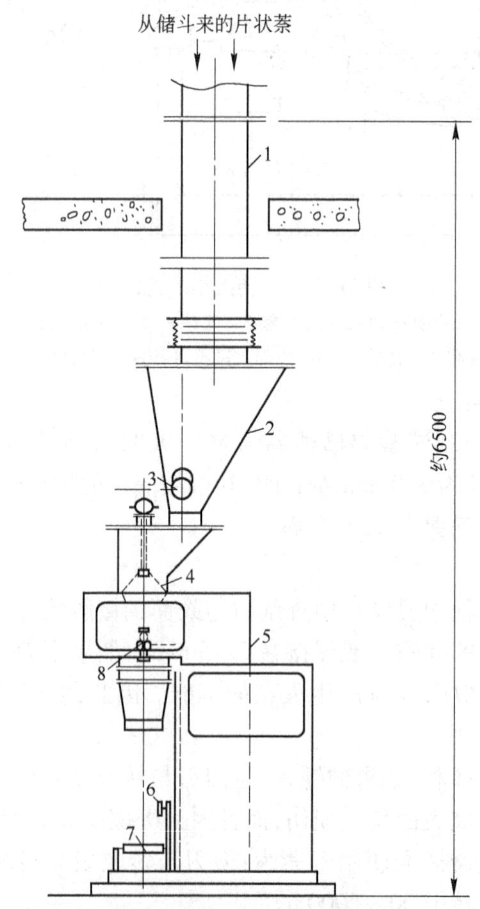

图 11-3-9　称量包装机机组

1—溜槽；2—中间料斗；3—振动给料器；4—立式搅拌器；5—称量包装机；6—缝袋机；7—皮带机；8—转动叶片

B 萘称量包装机组的性能(见表 11-3-19)

表 11-3-19 包装机组力学性能

项目		力学性能	项目		力学性能
自动计量机	计量方式	天秤式袋装计量	缝袋机	能 力	200 袋/h
	给料控制方式	自然流下、两段投入		接缝宽	7~11 mm
	辅助给料方式	机械搅拌		缝制方法	双线链式缝法
	给料阀开闭方式	汽 缸		切 线	自动
				折叠宽度	70 mm
装袋机	填充方式	自然流下	胶带输送机	机 长	1800 mm
	挂袋装置	两点夹钳		带 宽	250 mm
	附属辊动机	长 1000 mm		速 度	10 m/min
盘式升降机	能 力	2 t	辅助料斗容量		0.3 m^3
	提升高度	0~1.5 m			

C 称量包装机的计量原理(见图 11-3-10)

称量包装机装袋时,先打开主阀,由立式搅拌器保障料顺利落入袋中;后打开补给阀,依靠横向安装的转动叶片给料。

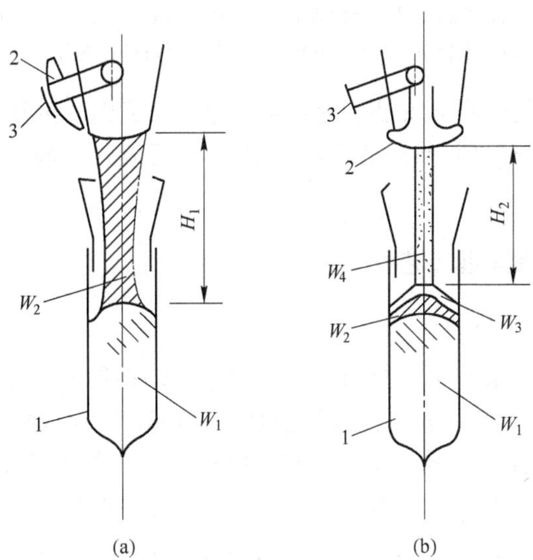

图 11-3-10 计量原理

(a) 表示主投料时;(b) 表示补给投料时

W_1—从主阀打开,秤杆下部限位开关动作,直到主阀又关闭这一段时间内投入的量;W_2—在主阀关闭的瞬间,尚在高度 H_1 空间中没有落入袋的量;W_3—主阀关闭后,从补给阀(主阀中间小孔)打开,开始投料,秤杆上部限位开关动作,直到补给阀又关闭这一段时间内投入的量;W_4—补给阀关闭后,尚在高度 H_2 空间中没有落入袋中的量

1—包装纸袋;2—主阀;3—补给阀

11.3.5.4 升华萘回收

为了回收升华萘并改善操作环境,萘结晶、包装场所应设置升华萘捕集装置,如图 11-3-11 所示。

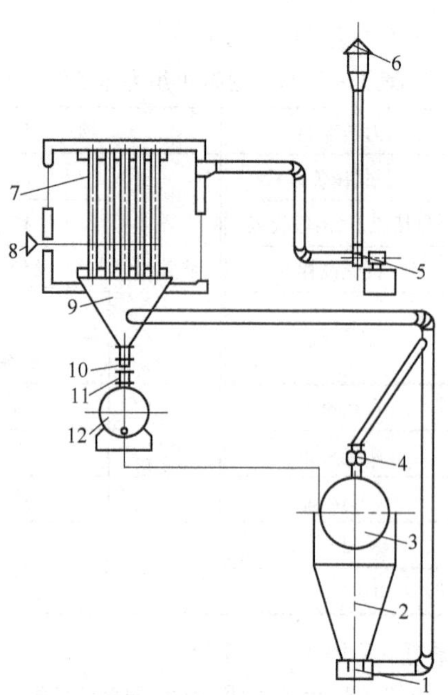

图 11-3-11　升华萘捕集装置

1—吸风罩;2—工业萘储斗;3—转鼓结晶机;4—风调节套;5—离心风机;6—伞形风帽;
7—尼龙布袋;8—布袋振打装置;9—集料斗;10—插板;11—帆布接管;12—熔萘槽

用离心风机将含萘气体吸入安装于密封室的尼龙布袋内。沉积于布袋内的升华萘依靠振打装置定期被击落于料斗内,然后放入熔萘槽,熔化后放入转鼓结晶机。尾气排至室外大气中。

11.3.6　改进工业萘蒸馏工艺

11.3.6.1　强化生产管理

工业萘生产装置按图纸施工并投料运转后,生产管理便成为确保工业萘产品质量的关键要素。马钢焦化厂的工业萘蒸馏为双塔流程,在 1989 年前仅能产出二级品(结晶点≥77.5℃)调整到 1990 年后能产出一级品(结晶点≥78.0℃)的过程中,统计归纳出影响工业萘产品质量的主要因素见表 11-3-20。从表中反映出设备正常维护、管理的重要性。

表 11-3-20　影响工业萘产品质量的主要因素

项　目	影响工时效/h	所占比率/%	累计/%
设备故障①	367	47.4	47.4
操作事故②	225	29.0	76.4
原料不合格③	84	10.8	87.2
其　他	99	12.8	100.0

注:表中数据为 1989 年 6 月至 12 月的生产统计。

① 突出地表现在工艺管道和阀门的破损、串漏及热油泵的故障;

② 表现在规程陈旧,开停工方案不健全;

③ 不合格因素指的是含酚、含水高,含萘波动值大(偏低)。

11.3.6.2 调整工艺操作参数,扩大处理能力

新余钢铁有限责任公司焦化厂的工业萘蒸馏是双炉双塔工艺,原料为酚萘洗三混馏分。通过调整工艺操作参数,使原工业萘蒸馏装置能力增加了27%,而且工业萘和洗油质量双合格。调整措施如下。

A 控制三混馏分干点

通过控制焦油蒸馏的馏分塔顶温度、过热蒸汽通入量和三混馏分的采出量,将三混馏分的干点从270~295℃调整控制为278~288℃。

B 提高精馏管式炉的油出口温度

通过提高管式炉的热负荷,将精馏管式炉的油出口温度由290~305℃提高至300~310℃。

C 效果

(1)由于仅通过一次连续蒸馏就产出了合格产品,省去了洗油复蒸和排渣工序,简化了生产工艺,每月生产周期可缩短6天,年增效约180万元。

(2)提高了工业萘收率。由调整前的平均收率8.7%提高到9.0%。

(3)提高了洗油质量。洗油300℃馏出量由90.2%提高到91.8%。

11.3.6.3 采用浮阀—波纹板填料复合塔生产工业萘

石家庄焦化厂工业萘生产工艺采用双炉双塔流程,以已洗三混馏分为原料。在基本不改变塔高和塔径的情况下,通过将浮阀塔改造为浮阀—波纹板填料复合塔等相应措施,使原配合3万t/a焦油蒸馏能力扩大为配合5万t/a焦油蒸馏的能力,改造前后运行情况见表11-3-21。其措施和借鉴如下:

表11-3-21 改造前后的运行情况

项 目	改造前		改造后		模拟计算	
	初馏塔	精馏塔	初馏塔	精馏塔	初馏塔	精馏塔
塔顶温度/℃	198~205	222~225	190~198	220~221	190~195	219~221
塔底温度/℃	240~255	280~285	240~245	275~280	242~248	265~276
塔底压力/kPa	45~50	45~65	20~30	20~30	30	25~30
取样口含萘/%			75		71~87	
洗油含萘/%		<3		<1		<1
回流量/$m^3 \cdot h^{-1}$	0.75~1.3	1.4~2.0	1.3~2.0	1.6~2.0	1.9~3.5	1.5~2.3
原料量/$t \cdot h^{-1}$	0.4~1.0		0.468~1.875		约1.7	
煤气单耗/$m^3 \cdot t^{-1}$	311.6		215		201~215	
工业萘收率/%	9.35		9.43			
萘精制率/%			96.2		91.2~96.8	

(1)波纹板填料用于工业萘蒸馏没问题。实践验证,在同等条件下,采用波纹板填料的理论板数有较大的增加。

(2)在保证萘精制率和工业萘质量的前提下,尽量降低初馏塔的回流量,能较大地节能。当然,降低塔压和塔底温度也有一定的节能效果。

（3）应用计算机模拟计算，可以指导扩建改造工作，可以确定出合适的洗油侧线位置。

11.3.6.4　降低工业萘不挥发物含量的措施

上海焦化总厂工业萘蒸馏工艺是双塔流程，原料为萘油和洗油二混馏分。但是，产品工业萘95%以上的质量不合格是由不挥发物超标而造成的。工业萘中的不挥发物是原料中不饱和物等在较高的温度下生成的聚合物。采取的主要措施是：

（1）强化碱洗脱酚。在确保二混馏分中含酚量不大于6%、稳定流量（有利于静置分离）及控制脱酚反应温度在80～90℃的前提下，通过两遍连洗和一遍间洗，使已洗二混馏分含酚不大于0.5%，合格率达到98%左右。

（2）建立合理的操作制度。通过减少热油循环量、液体萘储存时间以及降低工业萘含水等操作，取得了较好的效果。见表11-3-22。

表11-3-22　调整操作的效果

项　目	指　标						
热油循环量/$m^3 \cdot h^{-1}$	80	75	65	60	50	45	40
工业萘合格率/%	83	87	93	95	97	93	90
液体萘储存时间/h	8	12	24	36	48		
工业萘不挥发分含量/%	0.046	0.052	0.067	0.074	0.092		
工业萘含水量/$mg \cdot kg^{-1}$	1	2	3	4	5	6	7
工业萘纯度/%	95.23	95.12	94.95	94.72	94.51	94.23	93.74

（3）稳定适宜的塔顶温度。工业萘中不挥发物的含量随塔顶温度提高而增加。确定的最佳操作制度见表11-3-23。

表11-3-23　最佳的操作制度

项　目	指　标	项　目	指　标
两塔循环油量/$m^3 \cdot h^{-1}$	45～50	精馏塔顶温度/℃	218～220
初馏塔底温度/℃	240～250	两塔底气相压力/MPa	<0.06
初馏塔顶温度/℃	185～190	两塔底液相压力/MPa	<0.12
精馏塔底温度/℃	280～285		

11.4　沥青冷却成形及加工

11.4.1　沥青的组成及性质

煤焦油沥青是焦油蒸馏提取馏分后的残留物。煤焦油沥青（简称沥青）常温下为黑色固体，无固定的熔点，呈玻璃相，受热后软化。按其软化点可分为低温沥青、中温沥青、高温沥青。沥青的组成及性质与炼焦煤的性质、炼焦工艺制度、煤焦油蒸馏条件及沥青的生产工艺有关。

11.4.1.1　沥青的元素组成

组成沥青的主要化学元素是碳和氢，还有少量硫、氮、氧等元素，以及极少量的钠、镁等金属元素。碳和氢的组分比例直接影响着沥青的物理性质和化学性能。沥青的含碳量大于90%。表11-4-1给出了几个国家沥青的元素组成。

表 11-4-1 几个国家沥青的元素组成

国 家	软化点/℃	元素的质量分数/%				
		C	H	S	N	O
中 国	90.0	93.27	4.37		1.05	1.31①
	94.5	91.24	4.33		2.09	2.34①
前苏联	79	91.94	4.66	0.82	1.43	1.16
法 国	71	92.50	4.56	0.79	0.79	1.66
美 国	81	93.30	4.20	0.80	0.80	0.90
英 国	88	93.15	4.60	0.80	1.35	0.10
波 兰	71	92.03	4.67	0.46	0.94	1.90

① 表中数据为O+S。

11.4.1.2 沥青的组组成

所谓沥青的组组成是利用溶剂萃取的方法,将沥青组分分成的不同组群,它表征沥青的一般性质。

沥青的组组成的分组取决于萃取用的溶剂性质。采用的溶剂及萃取步骤不同,组组成的分组也不同,如图11-4-1所示。几种沥青的组组成见表11-4-2。

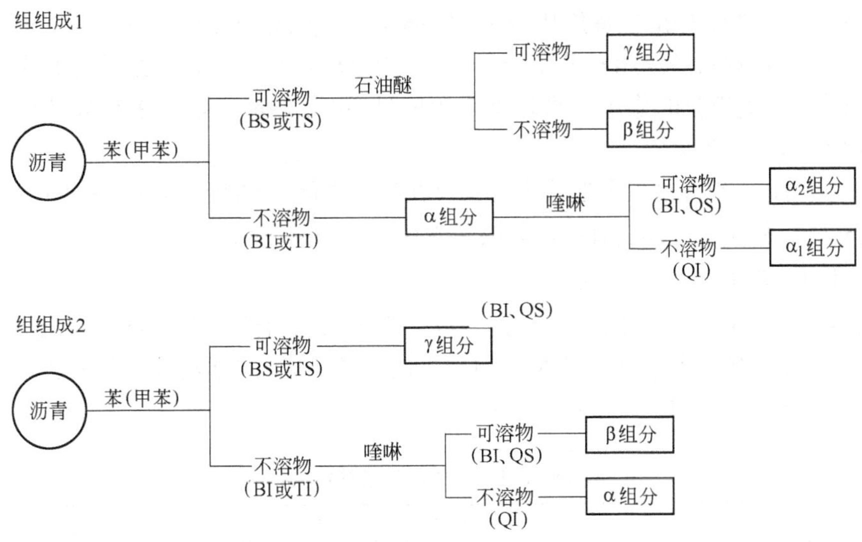

图 11-4-1 沥青的组组成

(1) α组分。α组分是热加工时芳香族化合物的缩聚产物,具有较多芳香环结构,平均相对分子质量较大,约2000左右;是形成石墨晶格的原始物质,决定着制品的残炭率;是一定的机械强度及导电性能的保障。其中α_1组分无黏结性,有利于机械强度;α_2组分决定着黏结性、结焦性和膨胀性。在黏结剂制品中,两者应维持适当的比例,如α_1过多会使塑性恶化。

表 11-4-2 几种沥青的组组成

沥青及组组成		质量分数/%	软化点/℃	苯不溶物/%	挥发分/%	密度/g·cm^{-3}
中温沥青	原　料	100	79	23	65.4	1.27
	α 组分	23	>300	100	17.5	1.38
	β 组分	37	68	3.2	66.7	1.28
	γ 组分	40	流动	0	96.9	1.28
氧化法沥青①	原　料	100	145	48	49.9	1.32
	α 组分	48	>300	100	14.7	1.35
	β 组分	24	98	4.2	55.2	1.28
	γ 组分	28	流动	0	94.5	1.2
蒸馏法沥青②	原　料	100	162	58	39.9	1.35
	α 组分	62	>300	100	12.1	1.38
	β 组分	21	100	4.4	54	1.29
	γ 组分	17	流动	0	1.3	1.2
改质沥青③	原　料	100	115	32	46	1.36
	α 组分	68	>300	100	16	1.4
	β 组分	23	100	4.4	54	1.3
	γ 组分	9	流动	0	1.29	1.21

① 为用空气氧化法制取的沥青；② 为用蒸汽蒸馏法制取的沥青；③ 为用热聚合法制取的改质沥青。

（2）β 组分。β 组分是芳香族化合物的缩聚产物，但缩合芳香环空间排列的规律性较差，侧链基团含量较高，平均相对分子质量较小，约 800 左右。较高的黏结性是黏结剂的有效性质，起稳定相关组分的作用。当热聚合程度过高时，会使过多的 β 组分转化为 α 组分（俗称二次 QI）。

（3）γ 组分。γ 组分是以分散质点形式存在的单体化合物的混合物，平均相对分子质量为 200 左右。有晶体结构，流动性较高，决定着黏结剂的黏度和软化点。

11.4.1.3 沥青的化学组成

煤焦油沥青的化学组成非常复杂，大多数为 3 环以上的芳香族烃类，还有含氧、氮和硫等元素的杂环化合物和少量高分子炭素物质。低分子组成具有结晶性，并形成多种组成的共溶混合物，现已查明的有 70 多种，见表 11-4-3。

表 11-4-3 沥青的质谱分析结果

物质名称	分子式	相对分子质量	C/H	试样中沥青的质量分数/%	
				1	2
茚	C_9H_8	116	1.125	0.1	0.1
萘	$C_{10}H_8$	128	1.25	0.8	0.9
苊、联苯	$C_{12}H_{10}$	154	1.2	1.8	2.2
苊、荧蒽	$C_{12}H_{10}$	152	1.5	1.3	0.8
蒽、菲	$C_{14}H_{10}$	178	1.4	5.5	4.6

续表 11-4-3

物质名称		分子式	相对分子质量	C/H	试样中沥青的质量分数/%	
					1	2
甲基菲、苯基萘		$C_{15}H_{10}$	190	1.5	3.4	2.5
四环芳香剂	迫位凝聚的	$C_{16}H_{10}$	202	1.6	9.6	8.4
	渺位凝聚的	$C_{18}H_{12}$	228	1.5	6.9	5
	甲基、苯基蒽、苯并荧蒽	$C_{18}H_{10}$	226	1.8	2.1	1.3
五环芳香剂	迫位凝聚的	$C_{20}H_{12}$	252	1.667	9.8	8.4
	渺位凝聚的	$C_{21}H_{12}$	264	1.75	2.3	1.8
六环芳香剂	苯并芘	$C_{22}H_{12}$	276	1.833	3.7	3.4
	迫位凝聚的	$C_{24}H_{14}$	302	1.714	1.4	1
	渺位凝聚的	$C_{26}H_{16}$	328	1.625	0.2	0.1
七环芳香剂	晕　苯	$C_{24}H_{12}$	300	2	0.2	0.2
	二苯并芘(g.h.t)	$C_{26}H_{16}$	326	1.857	0.2	0.2
	二苯并芘	$C_{28}H_{16}$	352	1.75	痕量	痕量
杂原子化合物	氮				18.2	12.9
	硫				2.1	1.5
	氧				1.4	1.1
	未蒸发的残渣				29	43.6

注:表中列举的是 3 环以上的化合物。

11.4.1.4 沥青的性质

A 沥青的物理性质

a 黏滞性

黏滞性是沥青材料在外力作用下抵抗发生形变的性能指标(它表示液体沥青在流动时的内部阻力)。各种沥青的黏滞性变化范围很大,主要由沥青的性质和温度而定。

表征沥青黏滞性的指标是黏度,在实际应用中多采用相对黏度来表示,用恩格勒黏度计(又称恩式黏度计)来测定。

不同软化点的沥青黏度与加热温度的关系如图 11-4-2 所示。

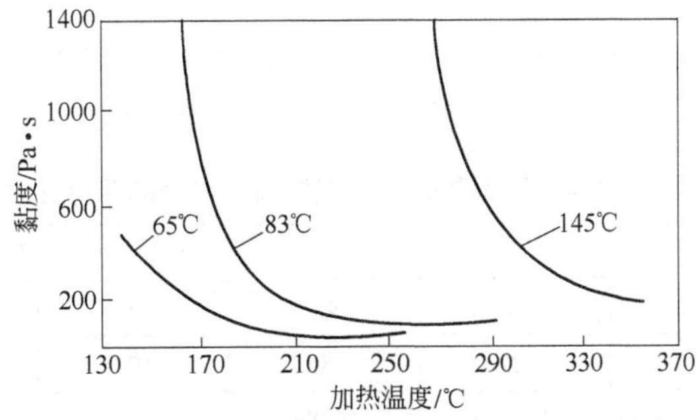

图 11-4-2 不同软化点的沥青黏度与加热温度的关系

65℃,83℃,145℃—沥青软化点

沥青的动力黏度可用式 11-4-1 ~ 式 11-4-6 计算。

在 135 ~ 165℃范围时：

$$\lg\eta_{60} = 92.4414 - 35.63\lg t \tag{11-4-1}$$

$$\lg\eta_{67} = 81.555 - 31.39\lg t \tag{11-4-2}$$

$$\lg\eta_{70} = 93.1906 - 35.813\lg t \tag{11-4-3}$$

在 165 ~ 200℃范围时：

$$\lg\eta_{60} = (1.7966\lg t - 4.7057)^{-1} \times 10^{-3} \tag{11-4-4}$$

$$\lg\eta_{67} = (1.984\lg t - 5.218)^{-1} \times 10^{-3} \tag{11-4-5}$$

$$\lg\eta_{70} = (2.338\lg t - 6.1502)^{-1} \times 10^{-3} \tag{11-4-6}$$

式中　η_{60}，η_{67}，η_{70}——软化点在 60℃、67℃、70℃时沥青的黏度，Pa · s；

t——温度，℃。

b　塑性

沥青可以承受由于外力所产生的应力且在变形情况下不致发生破坏的能力，称为塑性。沥青的塑性较小，并随着软化点增高而减小。沥青的塑性通常是用在稳定化等条件下能够拉成细丝的长度表示，即伸长度（或延伸度）。软化点为 75℃沥青的伸长度在 25℃时为 0.15 cm；在 45℃时为 0.20 cm；在 55℃时为 0.40 cm。

c　表面张力

表面张力是表示液体表面状态特性的量，数量上等于形成单位面积时所消耗的功。沥青表面张力和加热温度之间的关系如图 11-4-3 所示，与密度和黏度之间的关系见表11-4-4。

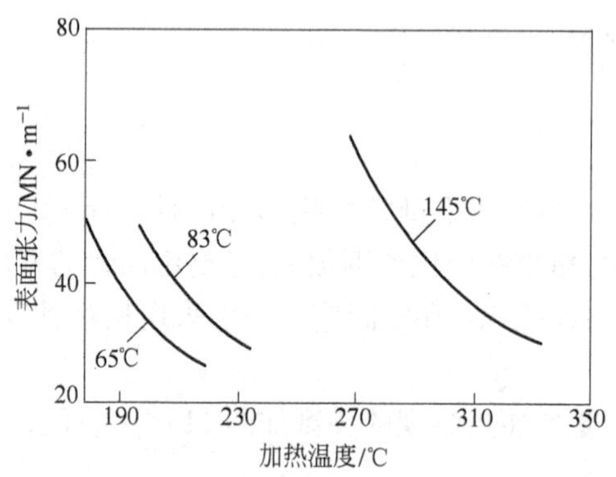

图 11-4-3　不同软化点沥青的表面张力与加热温度的关系

65℃，83℃，145℃—沥青软化点

表 11-4-4　不同软化点和相同表面张力的沥青性质

软化点/℃	性　质	表面张力/MN · m⁻¹				
		49	45	40	35	30
65	温度/℃	182	185	190	197	210
	密度/g · cm⁻³	1.188	1.186	1.183	1.179	1.173
	黏度/MPa · s	115	110	100	95	81

续表 11-4-4

软化点/℃	性　质	表面张力/MN · m^{-1}				
		49	45	40	35	30
83	温度/℃	197	203	210	220	232
	密度/g · cm^{-3}	1.191	1.188	1.184	1.181	1.175
	黏度/MPa · s	160	125	113	100	85
145	温度/℃	290	293	300	318	330
	密度/g · cm^{-3}	1.207	1.206	1.2	1.192	1.186
	黏度/MPa · s	440	400	327	225	175

沥青在开始加热时，表面张力很大，随着加热温度逐渐升高，表面张力下降，并呈线性关系，但在加热温度较低的区间没有线性特征。沥青的表面张力随软化点的增高而增大。由表 11-4-4 的数据对比可见，软化点、密度和黏度不同的沥青，在不同的加热温度下具有相同的表面张力。

d　密度

在相同条件下制取的煤焦油沥青，其密度随软化点增高呈线性规律变化，如图 11-4-4 所示。

不同软化点的沥青密度随加热温度的升高呈线性关系，且彼此平行，如图 11-4-5 所示。

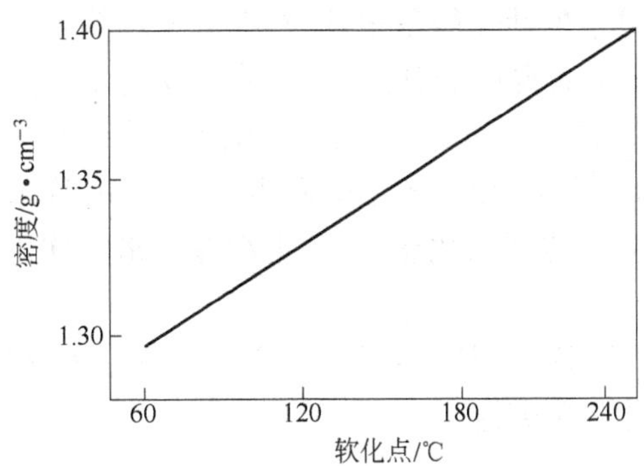

图 11-4-4　沥青密度与软化点的关系

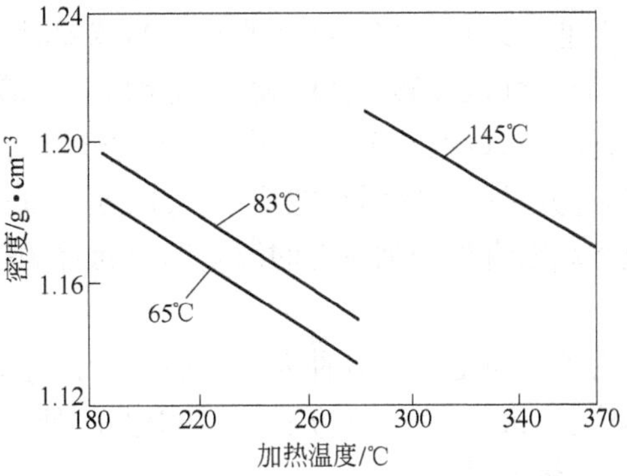

图 11-4-5　不同软化点沥青密度与加热温度的关系
65℃，83℃，145℃—沥青软化点

沥青的密度可按式 11-4-7 ~ 式 11-4-16 计算。

在 140 ~ 240℃范围：

$$d_t^{60} = 1.297 - 0.629 \times 10^{-3} t \tag{11-4-7}$$

$$d_t^{67} = 1.299 - 0.625 \times 10^{-3} t \tag{11-4-8}$$

$$d_t^{70} = 1.296 - 0.688 \times 10^{-3} t \tag{11-4-9}$$

在 240 ~ 310℃范围：

$$d_t^{113} = 1.336 - 0.582 \times 10^{-3} t \tag{11-4-10}$$

$$d_t^{139} = 1.338 - 0.571 \times 10^{-3} t \tag{11-4-11}$$

$$d_t^{145} = 1.306 - 0.442 \times 10^{-3} t \tag{11-4-12}$$

$$d_t^{155} = 1.310 - 0.417 \times 10^{-3} t \quad (11\text{-}4\text{-}13)$$

$$d_t^{165} = 1.317 - 0.417 \times 10^{-3} t \quad (11\text{-}4\text{-}14)$$

式中　d_t^i中的 i——60、67、70、113、139、145、155、165 代表沥青软化点；

t——代表温度。

在 137～210℃范围，软化点为75℃沥青的密度按式 11-4-15 计算：

$$d_t = 1.204 - 0.0006(t - 137) \quad (11\text{-}4\text{-}15)$$

在 250～350℃范围内，高温和中温沥青密度之间的关系按式 11-4-16 计算：

$$d_h^t = d_m^t + 0.001(t_h - t_m) \quad (11\text{-}4\text{-}16)$$

式中　d_h^t,d_m^t——分别为高温和中温沥青的密度，g/cm^3；

t_h,t_m——分别为高温和中温沥青的软化点，℃；

0.001——系数，g/(cm^3 · ℃)。

B　沥青的化学性质

沥青的化学性质主要是由沥青的元素组成、组组成及化学组成来体现的。沥青深加工的品种(如改质沥青、浸渍沥青、针状焦、碳纤维、碳微球等)及质量主要是由沥青的化学性质决定的。

C　沥青的热学性质

a　温度稳定性

沥青是无定形的非结晶高分子化合物。它的力学性质是由分子运动产生的，并且显著地受温度的影响。当温度在非常低的范围时，沥青分子的活化能量很低，整个分子不能自由运动，沥青好像玻璃一样脆硬，通常称为“玻璃态”。随着温度的升高，沥青分子获得了一定的活化能量，以致整个大分子链都可以运动，此时沥青表现出具有塑性。当温度继续升高时，沥青分子获得的活化能量更多，以致可以达到自由运动，使分子之间发生相对滑动，称为黏流态。沥青处于黏流态的温度即为沥青的软化温度(也叫软化点)。沥青没有严格的软化温度。

为了定量地对比各种沥青的温度稳定性，采用了测定沥青软化点的方法，如环球法、梅特勒法、水银法、空气立方法等，其中前两种方法应用较为普遍。

b　热容量

沥青的热容量不大，见表 11-4-5～表 11-4-7。

表 11-4-5　热态沥青的平均比热容

温度/℃	比热容 /kJ · (kg · ℃)$^{-1}$	温度/℃	比热容 /kJ · (kg · ℃)$^{-1}$	温度/℃	比热容 /kJ · (kg · ℃)$^{-1}$	温度/℃	比热容 /kJ · (kg · ℃)$^{-1}$
软化点 65℃		软化点 83℃		软化点 65℃		软化点 83℃	
100～70	1.44	100～90	1.47	260～70	1.85	260～90	1.94
140～70	1.53	140～90	1.6	280～70	1.9	280～90	1.98
160～70	1.6	160～90	1.64	300～70	1.96	300～90	2.02
200～70	1.71	200～90	1.78	320～70	1.99	320～90	2.05
220～70	1.78	220～90	1.83	340～70	2	340～90	2.02
240～70	1.83	240～90	1.88	360～70	2.01	360～90	2.04

表 11-4-6 不同温度热态沥青的比热容

温度/℃	比热容 /kJ·(kg·℃)$^{-1}$	温度/℃	比热容 /kJ·(kg·℃)$^{-1}$	温度/℃	比热容 /kJ·(kg·℃)$^{-1}$
软化点 63℃		软化点 98.3℃		软化点 154.4℃	
88.3	1.358	127.7	1.55	195.0	1.693
111.1	1.492	146	1.571	211.7	1.697
132.2	1.55	167.7	1.693	237.8	1.845
150.6	1.659	196	1.772	256.7	1.894
171.7	1.76	206.7	1.835	277.7	1.957
191.7	1.814	217.2	1.877	294.4	2.045
212.2	1.86	225.5	1.99	317.7	2.011

表 11-4-7 固态沥青的平均比热容

温度/℃	比热容/kJ·(kg·℃)$^{-1}$		
	软化点 65℃	软化点 83℃	软化点 145℃
50～30	1.24	1.26	1.3
60～30	1.36	1.31	1.3
70～30	1.42	1.36	1.32
80～30		1.4	1.33
100～30			1.37
110～30			1.42
130～30			1.45

c 线膨胀系数

沥青的软化点不同，线膨胀系数也各异。一般中温沥青为 0.00055，高温沥青为 0.00047。软化点每升高 1℃，线膨胀系数降低 0.000001。

d 导热系数

沥青是不良导热体，导热系数见表 11-4-8。

表 11-4-8 不同温度下沥青的导热系数

温度/℃	导热系数			温度/℃	导热系数		
	软化点 75℃	软化点 126℃	软化点 150℃		软化点 75℃	软化点 126℃	软化点 150℃
68.8			0.13147	182.2	0.10676		
107.5		0.13942		188.0		0.16747	
110.0	0.09755			202.0			0.16035
132.5	0.09797			255.0		0.17668	
168.0			0.15449	270.0			0.16957
178.0	0.10551						

e 闪点和燃点

沥青的闪点是在标准条件下能使沥青释放出足够的蒸气而形成能发生闪燃的爆炸性气

体混合物的液体最低温度。燃点是沥青在沥青温度超过闪点继续加热时,沥青蒸气和空气的混合物遇到明火能着火并继续燃烧(时间≥5 s)时的最低温度。沥青闪点和燃点的温度通常相差10℃。重质成分愈多的沥青相差愈大,软沥青由于轻质成分较多,闪点和燃点温度相差很小。沥青的闪点随其软化点的升高而增高。中温沥青的闪点为200~250℃,高温沥青的闪点为360~400℃。

11.4.1.5　不同国家的沥青质量指标

A　沥青的质量指标(见表11-4-9)。

表11-4-9　不同国家沥青的质量指标

指标名称	中国(GB/T 2290—1994)					前苏联			日本
	低温沥青		中温沥青		高温沥青	A	B	C	
	1号	2号	1号	2号					
软化点①/℃	35~45	46~75	80~90	75~95	95~120	65~70②	67~73②	85~90②	78~85③
甲苯不溶物含量/%			15~25	≤25		24~28	25~31	≥31	16~27
灰分/%			≤0.3	≤0.5		≤0.3	≤0.3	≤0.3	≤0.3
水分/%			≤5	≤5	≤5				
挥发分/%			58~68	55~75		59~63	58~62	53~57	
喹啉不溶物/%			≤10			≤6	≤8	≤12	1~5

① 环球法;② 水银法;③ 空气立方法。

B　指标说明

(1) 沥青的软化点越高、挥发分越少、黏结性越好、成焦率越高,则其制品的煅烧强度和导电性能就越高。

(2) 甲苯不溶物(TI)或苯不溶物(BI)是沥青中不溶于甲苯或苯的组分。其性能相当于组组成的β组分。该组分有热可塑性,结焦值可达90%~95%,并随TI(或BI)的变化而改变。例如:

BI的质量分数/%	32	35	38	41
相应结焦值/%	65	67	70	71

(3) 喹啉不溶物(QI)是沥青中不溶于喹啉的组分,分为一次(原生)QI和二次(次生)QI,其与炼焦煤种类和性质、焦炉结构和状态、有没有无烟装煤、焦油氨水分离等因素有关。其性能相当于α组分。沥青的结焦值也随QI的变化而变化,例如:

QI的质量分数/%	3	5	10
相应的结焦值/%	46	49	58

(4) β树脂是沥青中不溶于苯/甲苯而溶于喹啉的组分,其值近似于BI/TI与QI之差,性能与β组分相似,具有较好的易石墨化性能,使炭素制品电阻系数小,机械强度高。

(5) 沥青的灰分即为无机QI,性能与α_1组分相当,灰分中的硫和金属元素是炭阳极与CO_2和空气反应的催化剂,增加炭制品在使用过程中的消耗量。另外灰分易形成气孔,增加炭素制品的孔隙率。

11.4.1.6　沥青的主要用途

低温沥青(俗称软沥青)用于建筑、铺路、电极炭素材料和炉衬黏结剂,也可用于制作炭黑和用作燃料。中温沥青用于生产油毡、建筑物防水层、高级沥青漆、改质沥青和沥青焦等产品。沥青经过预处理还可用来制取针状焦和沥青碳纤维等新型炭素材料。高温沥青主要用做各种炭素材料的黏结剂、炉内衬喷补料、定型或不定型耐火材料的理想添加剂。起增碳和粘接作用,减少炭素产品线膨胀系数,并提高抗冲刷和耐高温等性能。

11.4.2　沥青冷却成形

11.4.2.1　工艺过程

沥青冷却成形是降低热流态沥青的温度,使之凝固形成散状物料的工艺。

A　国内常见的工艺

由焦油蒸馏来的中温沥青或改质沥青装置来的改质沥青,在沥青高位槽完成接受沥青、自然冷却和放料过程。沥青放料温度为 150 ~ 180℃,放出的沥青经旋塞阀通过给料器的筛孔进行浇注,使热沥青在链板运输机上被水冷却成条状,出水后在机头部经由溜槽装车,或储存于沥青仓库。

沥青池中的冷却水自成冷却降温循环使用的体系。吸热后的水(含酚约 50 mg/L)由机尾部溢流入沉淀池,经冷却水塔冷却后循环回沥青池内,循环使用。

该工艺的特点是设备和操作简单,新水耗量低。如图 11-4-6 所示。

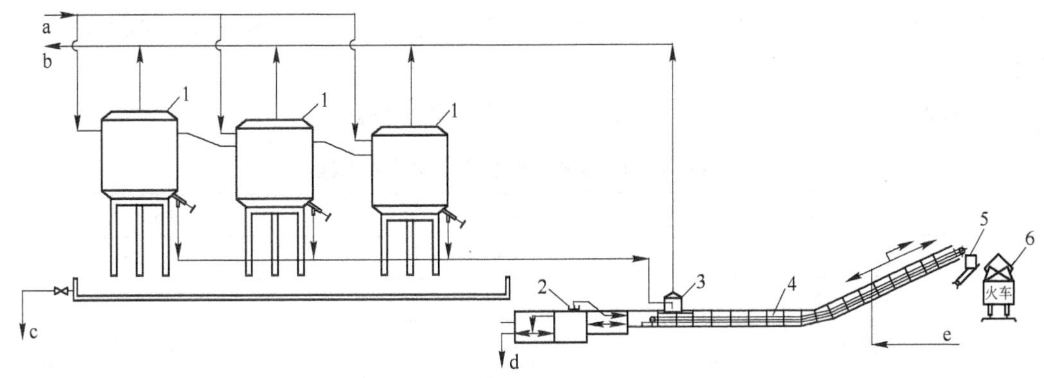

图 11-4-6　国内沥青成形工艺流程图

a—热流态沥青;b—沥青烟去洗净装置;c—含油排水;d—浊循环冷却回水;e—浊循环冷却水(补充水)
1—沥青高位槽;2—沥青池水溢流槽;3—吸风罩及给料器;4—沥青冷却链板运输机;
5—沥青溜槽;6—抓斗桥式吊车

B　法国 BEFS 的沥青冷却造粒工艺

该工艺是我国 2004 年引进的技术,工艺流程图如图 11-4-7 所示。

沥青储槽中的沥青(液位 20% ~80%)降温到 220 ~250℃后由沥青泵抽出,一部分循环回槽内;一部分送到沥青(汽化)冷却器冷却至造粒前的温度。

由泵从 BFW 槽抽出的锅炉给水(BFW)在沥青(汽化)冷却器被汽化后,又在蒸汽冷凝器被循环冷却水冷凝,冷却后流回 BFW 槽。

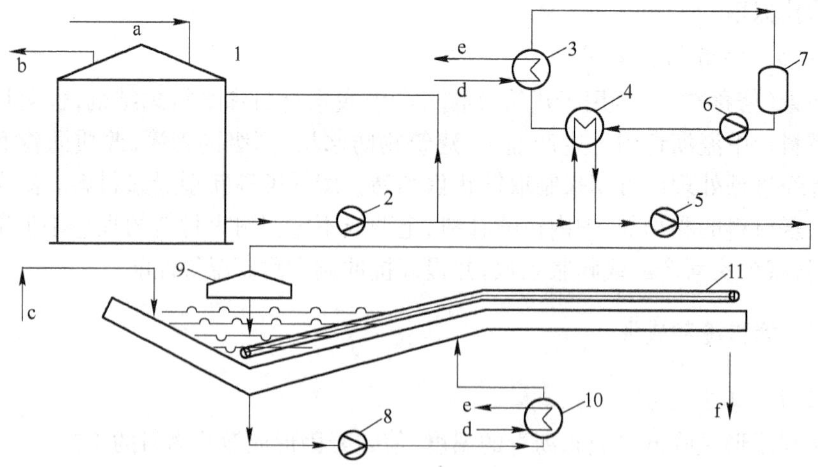

图 11-4-7　法国 BEFS 沥青成形工艺流程图

a—热流态沥青；b—沥青烟去洗净装置；c—补充水；d—冷却水；e—冷却回水；f—固体沥青
1—沥青储槽；2—中温沥青泵；3—蒸汽冷凝器；4—沥青冷却器；5—中温沥青成形泵；6—BFW 泵；
7—BFW 槽；8—浊环水泵；9—沥青成形造粒机；10—浊环水冷却器；11—沥青冷却平板运输机

冷却到某温度（由沥青的软化点确定）的沥青，由沥青成形泵送至埋于水下的沥青成形造粒机，被切割为形状规则的粒状沥青，经沥青平板运输机冷却，直接装车或储存于仓库。

水池中的浊循环水由泵送到浊循环水冷却器冷却后循环使用。

工艺特点：由于水下造粒成形，最大限度地降低沥青烟的产生和污染，粒状沥青外形规整。

11.4.2.2　沥青冷却成形工艺控制指标（见表 11-4-10）

表 11-4-10　沥青冷却成形工艺控制指标

项　目	国内传统工艺	BEFS 工艺
中温沥青来料温度/℃	300 ~ 370	250 ~ 300
中间冷却器后沥青温度/℃	220 ~ 230	
沥青储槽沥青温度/℃		220 ~ 250
中温沥青在高位槽冷却后温度/℃	150 ~ 180	
沥青汽化冷却器冷却后温度/℃		180 ~ 220
沥青槽液位/%		20 ~ 80
蒸汽冷凝器后水温度/℃		80

11.4.2.3　沥青冷却成形的工艺要点

A　国内传统工艺

a　沥青浇注温度

沥青浇注温度，即沥青高位槽自然冷却后的温度，一般为 150 ~ 180℃。若过高，如 200 ~ 220℃，将会出现翻料、溅料和起泡等现象，致使冷却效果不好；若过低，如 100 ~ 120℃，将会出现堵塞管道及分配盘孔眼和结块沉底等现象。

b 沥青高位槽内沥青停留时间

一般根据沥青来料温度确定。直接从二段蒸发器来料时,停留时间应不小于 24 h;经中间沥青冷却器冷却后来的料,停留时间夏天为 12 ~ 14 h 或更长一点,冬天为不小于 8 h。

c 沥青在沥青池内冷却温度

一般根据沥青软化点确定。软化点低则冷却温度要低些。采用 32℃ 循环水冷却时,在夏天应补充新水入池。

d 固体沥青运输

当生产规模大且有固定的用户时(如炭素厂),用铁路运输,但应确保及时供给车皮(辆);附近用户,可用保温汽车槽车输送 200 ~ 220℃ 的液体沥青;300 m 以内的,可通过管道自流输送 350 ~ 370℃ 的热沥青。

e 储存固体沥青的机械化仓库

一般设置跨度 10.5 m、抓斗容积 3 m^3 的电动桥式吊车,以供倒堆和装车。仓库的混凝土地坪上铺设钢轨。沿仓库四周设 2 m 高的挡墙。储存时间一般考虑 3 天。

B 法国 BEFS 工艺

a 造粒温度

造粒温度也就是经沥青汽化冷却器冷却后的沥青温度,一般为 180 ~ 220℃。该造粒前的温度根据软化点调整,以确保沥青的黏度维持在一定的范围内。黏度过小,会使沥青造粒较差,甚至成团;过大会使处理沥青能力显著降低。基于沥青软化点与黏度的关系(参见图 11-4-2),造粒温度应维持在如下温度区间:

$$t = t_s + \Delta t \tag{11-4-17}$$

式中 t——造粒操作温度,℃;

t_s——沥青软化点,℃;

Δt——造粒操作温度与软化点之差,一般控制在 30 ~ 40℃。

b 操作压力

试验证明,操作压力与处理量呈线性关系,即增加操作压力可以相应增加喷嘴的小时处理量。

11.4.2.4 主要设备

A 沥青中间冷却器

沥青中间冷却器是沥青在高位槽自然冷却前的冷却设备。由沥青换热器和水汽冷凝冷却器组成,前者为蛇管式,管内为热沥青,管外进口为 60℃ 的热水,出口为 100℃ 的蒸汽。冷凝冷却器用 32℃ 循环水将 100℃ 蒸汽冷凝冷却为 60℃ 热水,再去换热器作为冷介质,如图 11-4-8 所示。

B 沥青高位槽

一般选用立式,数量应不少于 2 台,并联使用。当有液体沥青用户时,沥青高置槽的台数还应满足液体沥青装车的要求。沥青高位槽结构如图 11-4-9 所示。

C 沥青链板运输机

沥青链板运输机有长条式链板运输机和圆盘式链板运输机两种,工业上多应用前者。如图 11-4-10 所示。

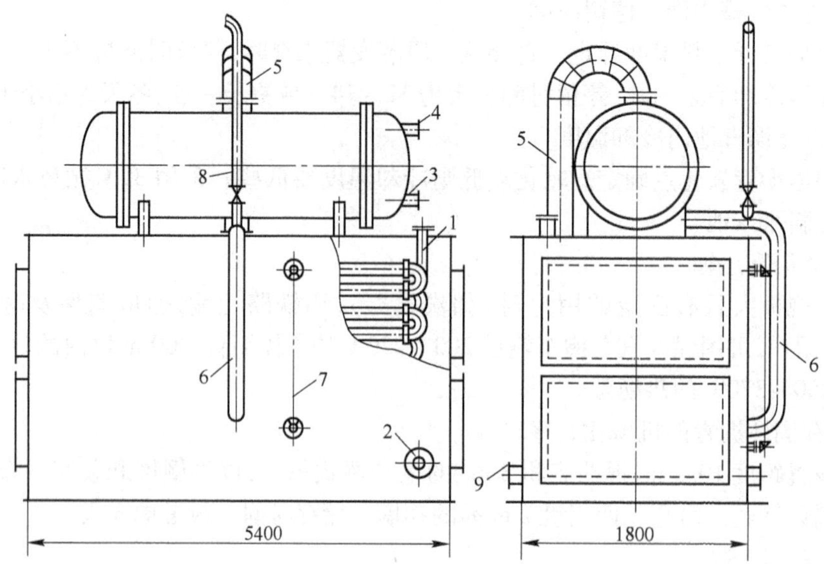

图 11-4-8　沥青中间冷却器

1—沥青入口;2—沥青出口;3—水入口;4—水出口;5—蒸汽管;6—冷凝水管;
7—液面计;8—放气管;9—水放空管

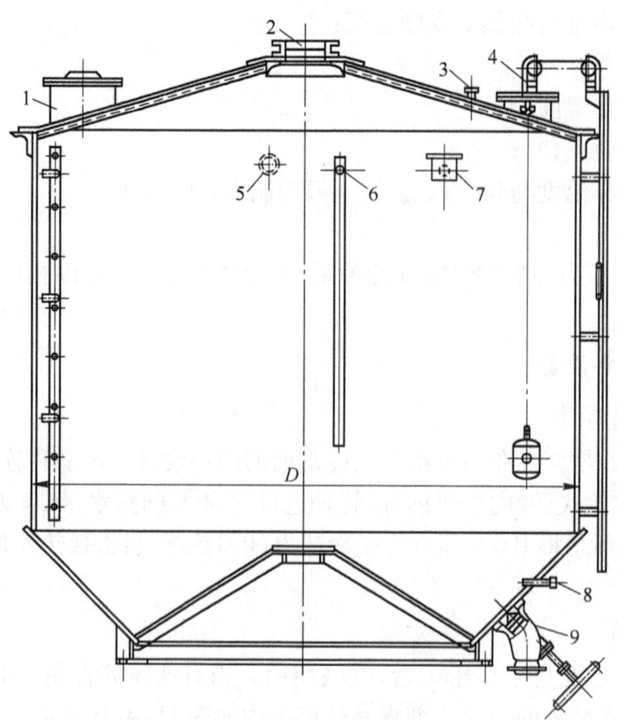

图 11-4-9　沥青高位槽

1—人孔;2—放散口;3—检查孔;4—液面计;5—沥青入口;6—满流入口;
7—满流出口;8—温度计接口;9—沥青出口

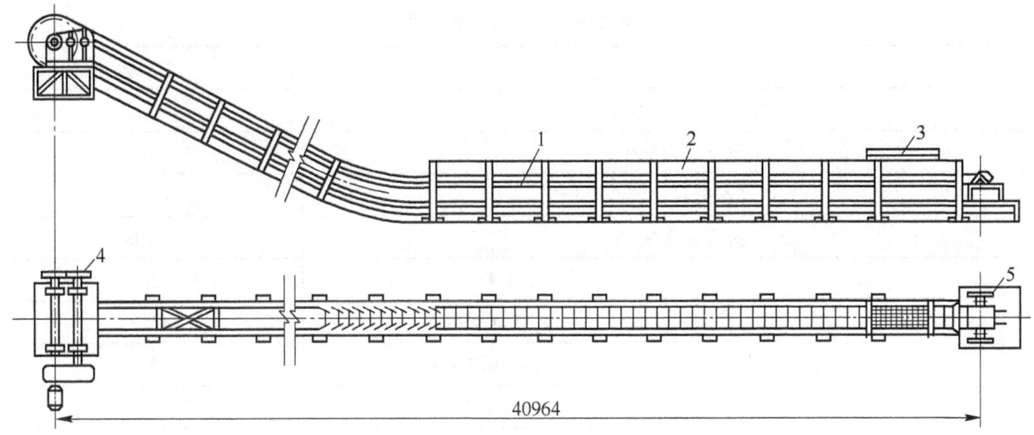

图 11-4-10　长条式沥青冷却链板运输机
1—链板；2—边缘导板；3—给料器；4—传动装置；5—调紧装置

11.4.2.5　沥青空冷造粒

沥青空冷造粒是无锡焦化厂开发研制的工艺装置，已在太湖耐火材料厂生产了十几万吨球状沥青，其示意如图 11-4-11 所示。

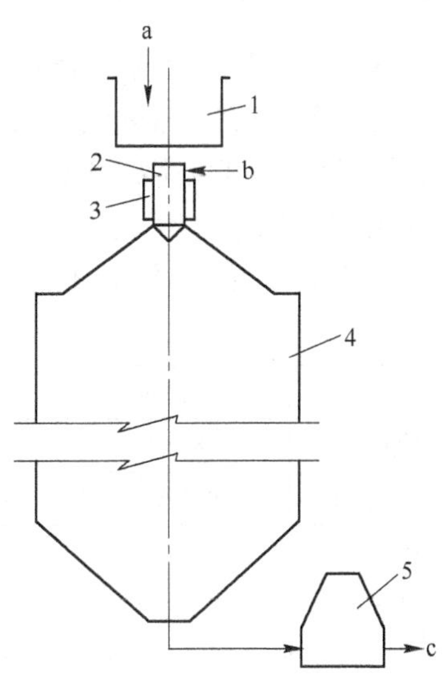

图 11-4-11　球状沥青制造装置示意
a—沥青；b—压缩空气；c—球状沥青
1—熔解釜；2—喷嘴；3—电热圈；
4—冷却塔；5—筛分机

A　工艺叙述

沥青在熔解釜中熔化，温度维持至 220 ~ 230℃，同时电热圈通电 5 min；打开压缩空气阀和喷嘴，沥青被空气雾化成细小颗粒，并在冷却塔内经空气自然冷却，并落到塔底。再由振动筛筛分、分级，即得符合要求的球状沥青产品。沥青烟集中洗净。

B　产品指标（见表 11-4-11）

C　工艺要点

（1）喷嘴：生产能力为 60 kg/h。

（2）沥青的熔化温度：过低时，喷嘴喷出的沥青呈丝状；过高时，不仅会使釜中沥青产生热聚合现象，还会使雾化沥青颗粒冷却不彻底而粘连；最佳温度为 200 ~ 300℃。

（3）电热圈加热功率：最佳功率为 600 W。

（4）空气流量：只有控制空气流量才能确保球状沥青质量，当压缩空气压力在 0.5 ~ 0.6 MPa 时，空气流量宜在 2 ~ 6 m^3/h。

（5）筛分：处理能力 100 kg/h 左右。

（6）球状沥青质量完全满足耐火材料厂生产混料要求，环境得到改善。特别适应高炉出铁沟的浇铸料制造。

（7）目前，这种球状沥青在日本、韩国、新西兰及中国台湾省、中国香港地区需求量大。

表 11-4-11　产品指标

项　目		指　标
软化点(环球法)/℃		121
固定碳含量/%		61
灰分含量/%		0.15
挥发分含量/%		38.85
粒度组成/%	>0.45 mm	13.8
	0.3～0.45 mm	45.8
	0.2～0.3 mm	13.4
	0.15～0.2 mm	12.8
	0.125～0.15 mm	9.6
	<0.125 mm	4.6

11.4.3　改质沥青制造

11.4.3.1　改质沥青的特性及应用

改质沥青(或高质量黏结剂沥青、电极黏结剂沥青以及硬质沥青等)是由煤焦油沥青经热聚合处理后,使其发生高分子组分增多、芳香度提高等组分变化而形成的优质沥青。我国从20世纪70年代开始用这种优质沥青替代制造石墨电极、阳极糊等工业作黏结剂的中温煤沥青。到20世纪末,黏结剂沥青制造厂家已达30多家。综合情况见表11-4-12。

表 11-4-12　有代表性的黏结剂沥青制造厂

制造厂	投产时间	技术来源	工艺方法	规模/$t \cdot a^{-1}$	应用厂家
水钢焦化厂	1981年	贵阳铝镁院	热聚合法	2	贵阳铝厂
鞍钢化工总厂	1983年	(澳)考伯斯公司	闪蒸法	12	国内外铝厂
太钢焦化厂	1982年	该厂开发	热聚合法	2	贵阳铝厂
石家庄焦化厂 宣钢焦化厂	1983年	中冶焦耐自行开发	热聚合法	2	国内市场

A　改质沥青的性能指标

改质沥青的性能指标主要是由市场需求确定的。国家标准YB/T 5194—2003见表11-4-13。水钢焦化厂为贵阳铝厂从日本引进装置生产黏结剂沥青,中日双方协议的黏结剂沥青性能指标见表11-4-14。鞍钢采用澳大利亚考伯斯公司技术生产硬质沥青,其要求的质量指标见表11-4-15。

表 11-4-13　改质沥青国家标准(YB/T 5194—2003)

指　标	一级品	二级品	指　标	一级品	二级品
软化点(环球法)温度/℃	108～114	105～120	结焦值/%	≥56	≥54
甲苯不溶物(抽提法)含量/%	28～32	26～34	灰分/%	≤0.25	≤0.30
喹啉不溶物含量/%	8～12或6～10	6～15	水分/%	≤5	≤5
β树脂含量/%	≥18	≥16			

注:表中含量均指质量分数。

表 11-4-14 贵阳铝厂引进装置所需改质沥青的技术性能

指 标	贵阳铝厂日方要求	协议一级品	协议二级品
软化点(环球法)温度/℃	100 ~ 106	100 ~ 110	100 ~ 115
甲苯不溶物含量/%	35 ~ 37	≥34	≥32
喹啉不溶物含量/%	9 ~ 12	≥8	≥6
β 树脂含量/%	≥23	≥23	≥23
结焦值/%	≥57	≥55	≥54
灰分/%	≤0.3	≤0.3	≤0.3
水分/%	≤5.0	≤5.0	≤5.0

表 11-4-15 鞍钢与澳大利亚考伯斯公司规定的改质沥青性能

指 标	合同值	成品分析	指 标	合同值	成品分析
软化点(环球法)温度/℃	105 ~ 125	112.1 ~ 118.8	苯不溶物含量/%	≥25	27 ~ 31.2
结焦值/%	45 ~ 65	55.0 ~ 56.1	β 树脂含量/%	≥20	20.9 ~ 25.7
喹啉不溶物含量/%	5 ~ 15	5.5 ~ 6.5	水分/%	≤1	痕量
灰分/%	≤0.3	0.16 ~ 0.24			

注:硫、铁、二氧化硅含量及蒸馏实验(360℃)前的馏出物总量简略。

我国主要生产企业的改质沥青性能见表 11-4-16。

表 11-4-16 我国主要生产企业的改质沥青性能

生产厂家	水钢焦化厂	鞍钢化工总厂	石家庄焦化厂	宣钢焦化厂	太钢焦化厂
软化点(环球法)温度/℃	100 ~ 110	105 ~ 125	109 ~ 114	105.4 ~ 107.8	107 ~ 110
甲苯不溶物含量/%	≥32	≥25	34 ~ 36	35.38 ~ 36	35 ~ 37
喹啉不溶物含量/%	≥6	5 ~ 15	12 ~ 14	9.22 ~ 10.54	8 ~ 10
β 树脂含量/%	26 ~ 26.5	≥20	21 ~ 23	25.1 ~ 26.45	25 ~ 27
结焦值/%	≥54	45 ~ 65	58 ~ 59	50.05 ~ 59.87	
灰分/%		≤0.3	0.1 ~ 0.3	0.17 ~ 0.19	≤0.3
水分/%			4 ~ 6		≤5

B 改质沥青的应用

改质沥青主要用作炼铝用的阳极糊、阳极炭块、冶金用人造石墨电极等炭素材料的黏结剂,也用作耐火材料的黏结剂。其用量比例:阳极糊为 26% ~ 31%,阳极块为 15% ~ 16.5%,石墨电极为 25% ~ 30%。

国内石墨电极生产使用黏结剂的发展过程是:20 世纪 70 年代初,吉林炭素厂用硬质沥青作黏结剂制造直径 400 mm 的石墨化电极,提高了电极的体积密度、机械强度和在炼钢中的使用性能;随后上海炭素厂用软化点 85 ~ 95℃(水银法)的高温沥青作黏结剂制造直径 300 mm 的石墨电极,其在减少炭素制品开裂、增碳及炼钢降耗方面显示出较好效果;90 年代中期,山西介休士达炭素有限公司用改质沥青黏结剂制造普通功率的电极,其体积密度达到 1.68 g/cm^3 以上,相当于高功率电极的体积密度,性能大大改善。

用改制沥青生产的阳极糊的特点是：

(1) 完全可以适应 60 kA 侧插铝电解槽生产；

(2) 电阻率为 48 μΩ · m，比中温沥青阳极糊低 8.6%；

(3) 采用改质沥青阳极糊的槽子，其操作带和槽顶空气中所含沥青量比中温沥青槽同一地带的含量低 50%，大大减少对环境的污染。

11.4.3.2　改质沥青工艺

A　以中温沥青为原料的闪蒸法

这是鞍钢化工总厂从澳大利亚引进的技术。该法可在维持原有中温沥青生产系统的基础上采用高度自动遥控技术连续运转，操作方便，效率高，产能大，技术先进。

B　以中温沥青为原料的间歇加压热聚合法

水钢焦化厂采用此工艺为贵铝生产所需的改质沥青。概括的工艺过程是：熔融的中温沥青在密闭釜中，在温度 400℃、压力 0.8 ~ 1.0 MPa 条件下缓慢加热 4 ~ 8 h，制成改质沥青。

C　以中温沥青为原料的连续常压热聚合法

石家庄焦化厂和宣钢焦化厂等均用此法制备改质沥青，是中冶焦耐公司自行开发、设计的工艺，具有操作稳定、工艺简单、能耗低、适应性强（处理能力范围为 1 ~ 35 t/h）的特点。改质沥青产品质量好，是国内广泛采用的工艺。

D　以焦油为原料的常压间歇蒸馏热聚合法

这是太钢焦化厂在焦油常压间歇蒸馏的基础上自行开发的。概略工艺过程是：通过延长终馏时间、提高终馏温度使沥青进行热聚合，用得到的软化点大于 120℃ 的沥青再通过"回配焦油"产生符合一级标准的改质沥青。其不足是："回配"使改质沥青相对分子质量的分布区间增大。

E　以中温沥青为原料的氧化法

镇江贸易股份公司是该法生产的专业厂家。概略工艺过程是：用氧化法通过高温热聚合处理中温沥青来制取改质沥青，再经空冷造粒成为球状沥青（参见本书第 11.4.2.5 节）。其具有固定碳、甲苯不溶物及 β 树脂高而含水很低的特点。软化点（环球法）125 ~ 140℃。

11.4.3.3　热聚合法生产改质沥青工艺基本原理

热聚合法制造改质沥青是近些年来国内发展起来的工艺技术。聚合反应的动力学要比一般分子反应动力学复杂，除反应速度外，还涉及平均聚合度（或者平均相对分子质量）以及相对分子质量分布的问题。聚合过程是分步进行的。以中温煤焦沥青为原料经过热聚合处理，使一部分 β 组分（树脂）转化为 α 组分（树脂）；一部分 γ 组分（树脂）转化为 β 组分（树脂）和 α 组分（树脂）。这些组分的转化是通过对聚合反应温度、压力和时间的控制，使 α 组分、β 组分和 γ 组分得到希望的数量，从而得到软化点为 100 ~ 120℃、β 树脂大于 18%、α 树脂在 6% ~ 15% 的优质沥青。在热聚合反应的同时，煤沥青中杂环化合物也不同程度地脱掉部分氧、硫、氮等分子，改善了沥青的质量。

11.4.3.4　热聚合法工艺流程

热聚合法概括起来有两种工艺流程：一种是釜式加热连续流程；另一种是管式炉加热连续流程。前者国内广泛采用，后者法国 BEFS、德国斯蒂尔—奥托（Still-Otto）、日本新日化等公司均有生产装置。

以中温沥青釜式热聚合生产改质沥青的工艺流程如图 11-4-12 所示。

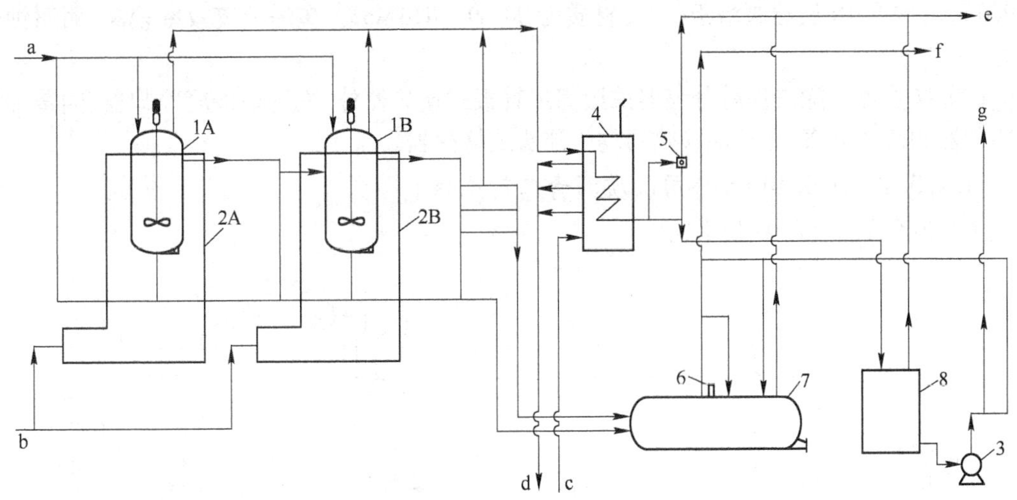

图 11-4-12 中温沥青釜式热聚合生产改质沥青的工艺流程

a—中温沥青;b—焦炉煤气;c—冷却水;d—冷却回水;e—去洗净的沥青烟;f—去高位槽的改质沥青;g—闪蒸油(去油库)

1A,1B—改质沥青反应釜;2A,2B—改质沥青反应釜加热炉;3—闪蒸油泵;4—闪蒸油冷凝冷却器;

5—视镜;6—改质沥青泵;7—改质沥青中间槽;8—闪蒸油槽

中温沥青经两台串联的改质沥青反应釜被加热完成了改质反应,并流入改质沥青中间槽,再由改质沥青泵送往沥青冷却成形单元(高位槽)。反应釜顶逸出的闪蒸油气,经冷凝冷却器冷凝冷却后流入闪蒸油槽,并送往油库。沥青烟集中洗净。

11.4.3.5 工艺特点及控制要点

A 主要特点

(1) 用热聚法生产改质沥青,不需要加其他化学试剂,反应釜中也不需要通入蒸汽和压缩空气,操作简单、可靠。

(2) 改质沥青反应釜内设搅拌装置,使产品质量均匀稳定,不结焦、不堵塞、设备维修量小。

(3) 利用导热油回收改质沥青和闪蒸油的余热,减少了冷却水用量;沥青烟、工艺分离水分别送到沥青成形和馏分洗涤部分集中处理,大大减少了环境污染。

(4) 一般原料中温沥青软化点为 75 ~ 95℃。当软化点小于 75℃时,可在聚合釜后增加汽提塔,通入直接过热蒸汽,提高闪蒸效果。

B 控制要点

反应釜 A 操作温度	360 ~ 380℃
反应釜 B 操作温度	370 ~ 390℃
反应釜操作压力	常压
闪蒸油冷却温度	90℃

11.4.3.6 主要设备

(1) 加热炉及反应釜。直径 D_N 为 2400 mm、容积 V_N 为 20 m^3 的立式釜,釜内设有特殊搅拌装置,釜外用加热炉加热。

(2) 汽提塔(当沥青软化点 <75℃时设置)。塔径 D_N 为 1000/1800 mm,高度 H 为 13900 mm,内有 10 层浮阀塔板,主要材质为 00Cr17Ni14Mo2。该塔分离效率较高,耐腐蚀性能好。

(3) 换热器。除汽提塔分缩器采用固定管板式换热器外,汽提塔冷凝冷却器、闪蒸油冷凝冷却器和改质沥青/导热油换热器均为浮头式换热器。

11.4.3.7　法国 BEFS 公司改质沥青工艺流程

工艺流程如图 11-4-13 所示。

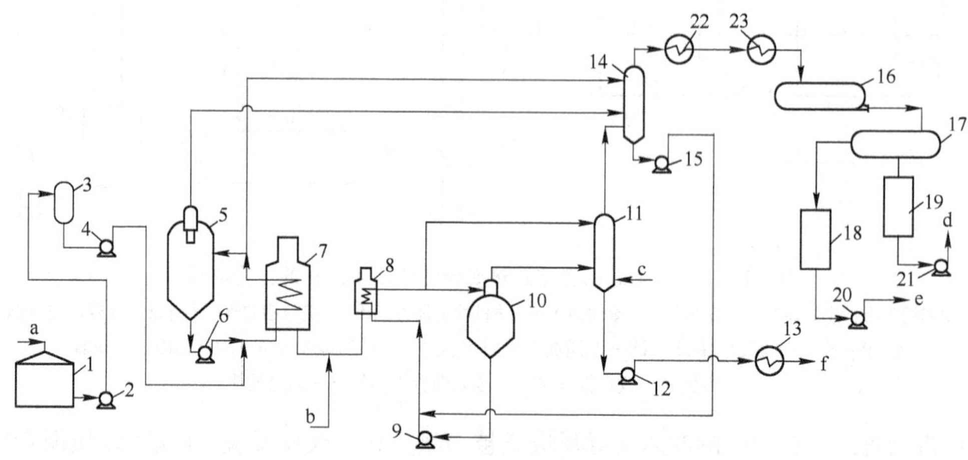

图 11-4-13　法国 BEFS 公司改质沥青工艺流程

a—沥青;b—煤气;c—过热蒸汽;d—废水;e—轻油;f—改质沥青

1—沥青储槽;2—沥青泵;3—沥青缓冲储槽;4—沥青计量泵;5—1 号反应器;6—1 号反应器循环泵;7—1 号反应器加热炉;8—2 号反应器加热炉;9—2 号反应器循环泵;10—2 号反应器;11—2 号沥青汽提塔;12—改质沥青输送泵;13—沥青冷却器;14—1 号沥青汽提塔;15—沥青输送泵;16—第一分离器;17—第二分离器;18—轻油槽;19—废水槽;20—轻油泵;21—废水泵;22—轻油初冷器;23—轻油终冷器

本工艺由聚合反应和蒸汽汽提设施组成,以 60 ~ 70℃软沥青为原料。软沥青通过两次聚合反应,以增加产品的树脂含量;蒸汽汽提是除去油组分,以调节软化点。

主要的操作指标为:

沥青储槽温度	130 ~ 140℃
1 号反应器温度和压力	370 ~ 380℃和 0.4 MPa
2 号反应器温度	400 ~ 410℃

工艺特点是:

(1) 能生产制造出 TI 为 35% ~ 37%、QI 为 9% ~ 12%、软化点为 100 ~ 115℃的高质量黏结剂沥青。

(2) 焚烧沥青烟气,保护环境。

(3) 能耗低,DCS 全自动操作,维护简单。

11.4.4　沥青烟控制

沥青烟控制是对煤焦油沥青生产、加工和使用过程中逸散的烟气进行净化或无害化处理。

沥青烟含多种多环芳烃和杂环化合物。苯并[a]芘(即1,2-苯并芘)等化合物还是致癌物质，其在沥青中含量约为0.11%~0.84%，在沥青烟中含量约为1.3~2.0 mg/m^3。控制净化主要有水洗、油洗吸收、静电捕集、吸附和焚烧等方法，最常用的是油洗吸收，同时把文氏管用于沥青烟洗净工艺技术中，如图11-4-14所示。

沥青烟及工段内各油品槽的排气集中于文氏管的混合室。清洗油泵将洗油作为主流体送入文氏管的喷嘴，在文氏管喉管处产生负压，与沥青烟充分混合。然后，油气在清洗油槽内分离。分离后的气体经排气洗净塔的洗油再次洗涤后排放。洗油定期更换。

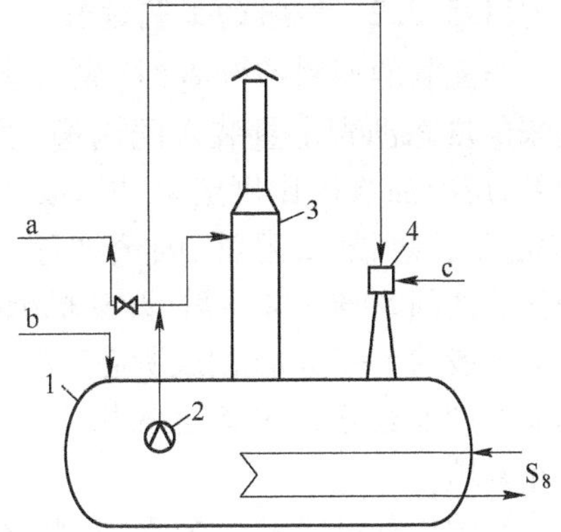

图11-4-14　沥青烟捕集流程示意图

a—废洗油；b—洗油；c—沥青烟

S_8—0.8 MPa蒸汽

1—清洗槽；2—清洗槽液下泵；

3—排气洗净塔；4—文氏管

本装置的优点是：

(1) 文氏管吸力大，处理能力大(100 m^3/min)，1套焦油装置只建1套沥青烟捕集系统即可。

(2) 可洗涤热沥青储放散管、沥青冷却成形、改质沥青、硬质沥青及沥青焦制造过程中的热沥青排气和工艺尾气等。

(3) 操作安全，洗净效果好，减少环境污染。

11.5 油品配制

11.5.1 工业油品概况

煤焦油加工的重要产品之一就是工业油品类。

焦油加工直接副产出的各种油品及沥青往往不一定满足市场要求。油品配制就是将这些油类按一定的比例调配成符合市场需求指标的各种工业油品，如筑路油、炭黑油、燃料油、防腐油、杂酚油等，以满足不断变化的市场要求。其中用量最大的是用以生产炭黑的炭黑油，世界上用焦油炭黑油生产的炭黑占炭黑总产量的25%以上。

随着近几年中国汽车产业和轮胎产业的快速发展，炭黑工业也在飞速成长。在炭黑油需求量不断扩大的同时，也对其品质要求得越来越高，而焦油系炭黑油是最理想的炭黑原料油。

11.5.2 油品配制概述

油品配制的方法一般有间歇搅拌配制法和泵连续混合配制法。

油品配制的主要原料一般有焦油蒸馏产出的一蒽油(包括脱晶蒽油)、二蒽油、软沥青，改质沥青装置产出的闪蒸油，沥青焦装置产出的焦化轻、重油，以及焦油产品深加工装置产出的各种油品(如脱酚酚油)。

油品配制要解决的主要问题是将所要调配的各种原料均匀混合。由于油品配制所用原料一般都是黏度比较大的油品和沥青，而且一般都是多种原料混配，故比较常用的方法是间歇搅拌配制法。

11.5.3 间歇搅拌配制法

11.5.3.1 工艺流程(见图 11-5-1)

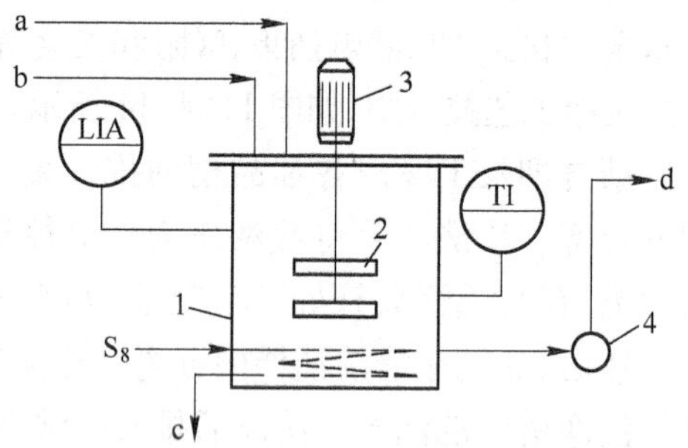

11.5.3.2 概略的工艺过程

当配制的原料有沥青时,先将焦油蒸馏装置来的热态沥青定量装入配制槽,然后再根据需要,用配油泵按比例定量加入要配入的其他油品,如一蒽油、二蒽油、闪蒸油等。当配制槽内液位达到50% ~80%后,开动机械搅拌,搅拌时间一般为1 ~3 h,配制成所需产品。配好后的油品由产品输送泵抽送至各相应的产品储槽,装车外销。

图 11-5-1 间歇搅拌法工艺流程示意图
a—软沥青;b—轻质油;c—冷凝水;d—产品油
S_8—0.8 MPa 蒸汽;TI—温度指示;LIA—液面指示报警
1—配制油槽;2—搅拌器;3—电机;4—产品输送泵

为防止分层或渣子沉降,有些产品储槽还需设置搅拌泵或槽内搅拌器。

11.5.3.3 烟气洗净

油品配制过程中,沥青及各种油品会释放出沥青烟气、C_mH_n、BaP 和酚等有害气体,所以油品配制装置必须设置排气洗净系统。排气洗净系统一般由清洗油槽、排气洗净塔、沥青烟洗净器和清洗油泵组成。来自油库的新洗油储存于清洗油槽内,由清洗油泵将一部分送至排气洗净塔喷洒洗涤;另一部分送至沥青烟洗净器,洗油经过沥青烟洗净器喉管时产生一定负压,将排气抽吸过来与洗油混合,从而达到洗涤净化排气的目的。废洗油定期送往油库焦油槽,并补充新洗油(参见图 11-4-14)。

11.5.3.4 主要操作指标及关键设备

(1) 油品配制操作温度主要根据原料性质来决定。油品黏度大的,操作温度要高一些;黏度低的,温度应低一些。排气洗净油槽操作温度一般为60℃左右。

(2) 配制槽。配制槽是油品配制的关键设备,是带有机械搅拌器的立式常压槽,槽内设加热器和带双层搅拌桨式搅拌器,碳钢材质。

11.5.4 泵连续混合配制法

该法多用于配制大宗油品,如用约 65℃ 的沥青与脱晶蒽油、焦化轻油配制软化点为35℃的软沥青(参见本书第 10.5.2.2 节)。

11.5.5 配制的油品种类

油品配制的原料多种多样,市场要求的产品也各不相同。此外市场也是不断变换的,所以配制的油品种类也在不断变化。常规配制的油品见表 11-5-1 ~ 表 11-5-5。

表 11-5-1 炭黑油(YB/T 5175—93)

项 目	一级品	二级品
密度(20℃)/$g \cdot cm^{-3}$	≥1.07	≥1.04
甲苯不溶物/%	≤0.2	≤0.3

续表 11-5-1

项　目		一级品	二级品
馏　程	210℃前馏出量(体积分数)/%	≤5	
	360℃前馏出量(体积分数)/%	≥60	
水分/%		≤1.0	≤1.5
黏度(E_{50})		≤1.9	≤1.9

表 11-5-2　燃料油

项　目	指　标	项　目	指　标
黏度(E_{50})	≤1.04	硫含量/℃	≤0.8
水分/%	≤2	热值/kJ·kg^{-1}	3.85×10^4
闪点/℃	≥90		

表 11-5-3　筑路油

项　目	指　标	项　目	指　标
黏度(沥青黏度计)C_{50}^{10}/s	10~75	游离碳/%	6~25
软化点(环球法)/℃	60~65	水分/%	0.5

表 11-5-4　软沥青

项　目	指　标	项　目	指　标
相对密度(100℃)	1.16~1.20	蒸馏试验,300℃前馏出量(质量分数)/%	≤10
软化点(环球法)/℃	32~35	康拉丝残炭/%	27~35
黏度(140℃)/MPa·s	10~40		

表 11-5-5　日本关东焦油制品的杂酚油参考规格

名　称	规　格		名　称		规　格	
	1号	2号			1号	2号
相对密度(20℃)	>1.03	>1.03	蒸馏试验	235℃前馏出量(体积分数)/%	<25	
水分(体积分数)/%	<3	<3		235~315℃馏出量(体积分数)/%	<40	
恩氏黏度(°E)(40℃或20℃)	<2.0	<2.5		315℃馏出量(体积分数)/%	>50	>45
苯不溶物/%	<0.5	<1				
焦炭残渣/%	<2		235~315℃馏分相对密度①		>1.02	

注:1. 是提取酚类后的酚油、提取喹啉和萘后的萘油、提取蒽菲咔唑后的蒽油以及煤焦油沥青的混合物;

2. 国外生产的厂家:日本关东焦油制品及英、美、德国、加拿大等。

① 40℃或4℃。

11.6　沥青焦制造

11.6.1　概述

沥青焦又称为无定型沥青焦,是煤焦油沥青炭化后生成的层状结构不明显的固体产物。

与普通焦炭相比，其含碳高，灰分、硫分低，强度较好，是生产人造石墨、电解铝的阳极糊以及石墨电极等炭素制品的骨料。沥青焦的生产有炉室法和延迟焦化法两种工艺。

(1) 炉室法。即以液体高温沥青装入焦炉炭化室进行干馏炭化，焦炭成熟、焖炉、煅烧一定时间后用推焦机推出的工艺。主要缺点是装炉时易引起跑油着火，操作条件恶劣，环境污染严重。现已很少使用。

(2) 延迟焦化法。是软沥青连续经管式炉加热后进入焦化塔（也称焦鼓）成焦的工艺。所谓延迟焦化，就是油料在加热炉中加热到成焦的温度，成焦过程推迟到焦化塔内进行。该工艺在自动化机械化程度、产品质量、废热利用以及环保措施等方面都有较高的水平。几乎完全消除了炉室法的缺点。目前，延迟焦化法在石油沥青和焦化沥青上都有应用。

延迟焦化法沥青焦制造装置由延迟焦化和煅烧两部分组成。制造沥青焦的原料为配制软沥青（SOP）。先以延迟焦化法制成延迟焦，后将延迟焦煅烧成沥青焦产品。

11.6.2　原料、产品及副产品

11.6.2.1　原料——软沥青的制备及储存

焦油蒸馏的馏分塔底沥青冷却至160℃后，与蒽油或脱晶蒽油和由沥青焦工段来的焦化轻油（经过加热油温由60℃升至90℃）按一定比例混合，配制成软化点为35～40℃的软沥青，储存于软沥青槽，如图11-6-1所示。

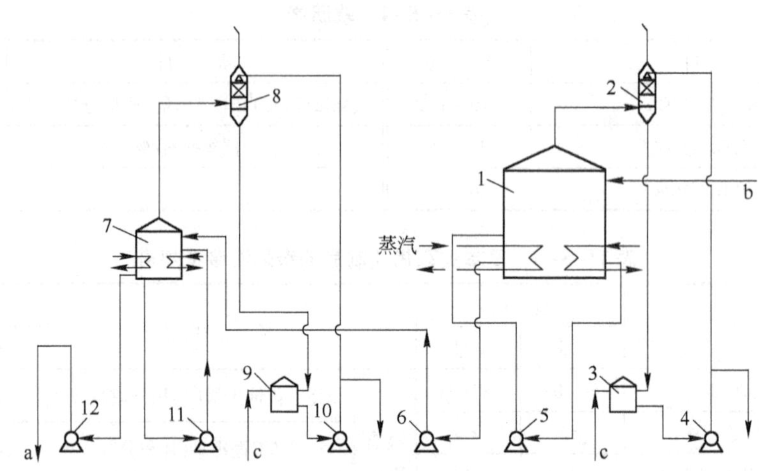

图11-6-1　软沥青储存系统

a—送往延迟焦装置的软沥青；b—由焦油蒸馏来的软沥青；c—C－甲基萘油

1—软沥青储槽；2,8—排气洗净塔；3,9—洗净油槽；4,10—洗净油泵；5,11—沥青搅拌泵；6—软沥青运转泵；7—软沥青运转槽；12—软沥青装料泵

软沥青储槽温度维持在130～150℃，软沥青运转槽温度维持在135～160℃。为防止沥青渣沉积，槽内设循环泵连续搅拌装置或搅拌器。为防止沥青烟扩散，设置排气洗净塔，洗净油是C－甲基萘油（循环使用）。

11.6.2.2　软沥青、延迟焦和沥青焦质量

A　软沥青

配制后的软沥青质量指标见表11-6-1。

表 11-6-1 配制后软沥青质量指标

项 目	指 标	指标平均值
相对密度(100℃)	1.16 ~ 1.20	1.18
软化点(环球法)/℃	35 ~ 40	
康拉丝残炭/%	27 ~ 35	31
黏度(140℃)/Pa · s	0.01 ~ 0.04	0.025
初馏点 ~ 300℃馏出量(质量分数)/%	<10	

B 延迟焦

延迟焦(又称生焦)是延迟焦化的产品,是沥青焦制造的中间产品。对送到回转窑煅烧的延迟焦质量要求及块度分布举例如下:

水分(湿基,以质量分数计)	<10%
挥发分(干基,以质量分数计)	8% ~ 12%
块度	75 mm 以下
块度分布(举例)	>15 mm 占 30.7%
	15 ~ 10 mm 占 11.9%
	10 ~ 5 mm 占 15.5%
	5 ~ 1 mm 占 25.6%
	<1 mm 占 16.3%

其中挥发分是重要指标,延迟焦的挥发分超过 12% 时,在回转窑入口附近易形成贴于窑壁的焦环;低于 8% 时,会导致窑内供热不足,并引起操作故障。

C 沥青焦

沥青焦(又称煅后焦)是沥青焦制造工艺的最终产品,其质量指标见表 11-6-2。

表 11-6-2 沥青焦的质量指标

项 目	指 标	项 目	指 标
全水分/%	<0.5	灰分/%	<0.5
挥发分/%	<0.5	硫分[①]/%	<0.5
真密度(指相对密度)	2.00 ± 0.4		

① 在原料软沥青含硫小于 0.65% 的前提下。

11.6.2.3 焦化轻油和焦化重油质量

焦化轻油和焦化重油是蒸馏过程产生的副产品,其质量控制指标见表 11-6-3,主要组成见表 11-6-4。

表 11-6-3 焦化轻油和焦化重油的质量控制指标

指 标	焦化轻油	焦化重油
相对密度(70℃)	0.98	1.06[①]
流动点/℃	30	60
焦油酸(酚类)/%	11	

续表 11-6-3

指　标		焦化轻油	焦化重油
馏　程	初馏点/℃	182	260
	250℃前馏出量(体积分数)/%	90	0
	280℃前馏出量(体积分数)/%	95	2
	315℃前馏出量(体积分数)/%		32
	350℃前馏出量(体积分数)/%	98	
	360℃前馏出量(体积分数)/%		91
	400℃前馏出量(体积分数)/%		98
干　点		320	380

① 为100℃的密度。

表 11-6-4　焦化轻油和焦化重油主要组成　(%)

组　分	焦化轻油	焦化重油	组　分	焦化轻油	焦化重油
二甲苯,茚	18.8		甲基芴	1.5①	2.1
萘	29.9	2.5	菲、蒽		43.1
甲基萘	23.6	4.1	甲基蒽、甲基菲		10.8
二甲基萘	9.4	0.9	荧　蒽		9.8
苊、三甲基萘	13.0	8.1	芘以上		9.1
芴	3.8	8.9			

① 甲基芴以上为1.5%。

11.6.3　延迟焦化工艺

11.6.3.1　延迟焦化工艺流程

延迟焦化工艺流程如图11-6-2所示。

原料软沥青预热至260~280℃,根据操作需要从塔中部和塔底进入分馏塔。在塔内,软沥青与焦化塔来的高温油气热交换后,与凝缩的循环油混合为混合油,抽出后由加热炉加热至480~520℃,经四通阀装入焦化塔。在焦化塔内完成分解聚合过程,生成延迟焦和高温油气。

11.6.3.2　循环比

所谓循环比,就是分馏塔塔底混合油中的循环油量与新鲜原料软沥青量之比,是延迟焦化的重要工艺参数。混合油就是加热炉进料量,循环油量便是加热炉进料量与新鲜原料软沥青量的质量差。

$$\text{循环比}=\frac{\text{加热炉进料量}-\text{新鲜原料软沥青量}}{\text{新鲜原料软沥青量}}=\frac{\text{循环油量}}{\text{新鲜原料软沥青量}} \tag{11-6-1}$$

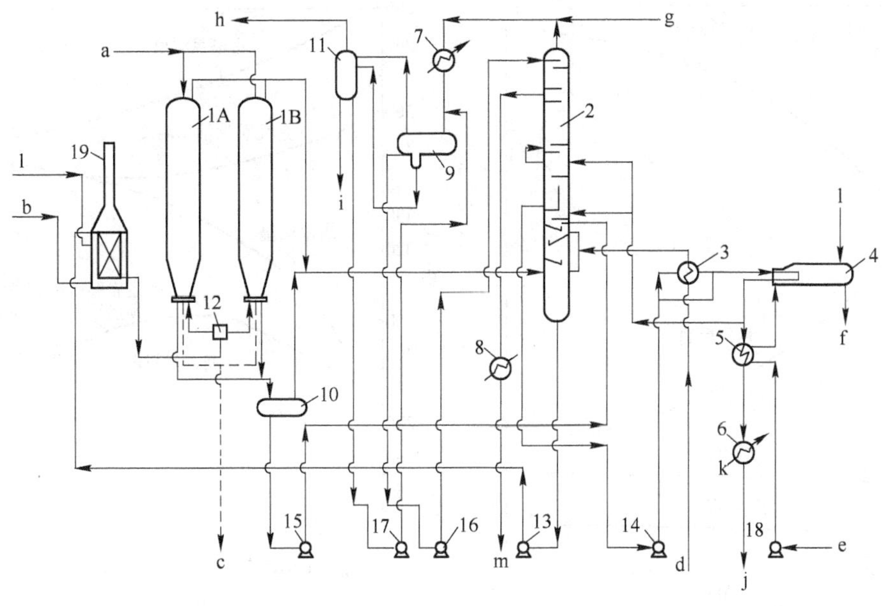

图 11-6-2　延迟焦化工艺流程

a—注入消泡剂；b—加压的煤气；c—延迟焦；d—原料软沥青；e—锅炉给水；f—排污；g—注入防蚀剂；h—焦化废气；i—废水；j—重油；k—冷却水；l—水蒸气；m—轻油

1A，1B—焦化塔；2—分馏塔；3—软沥青预热器；4—蒸汽发生器；5—锅炉给水预热器；6—重油冷却器；7—分馏塔凝缩器；8—轻油冷却器；9—回流槽；10—冷凝液槽；11—废气分离器；12—四通阀；13—加热炉装料泵；14—重油循环泵；15—冷凝液泵；16—回流泵；17—废油排出泵；18—锅炉给水泵；19—加热炉

用循环油进行循环，可提高焦化加热炉内油的蒸发率，防止炉管结焦，还可提高延迟焦的产率，如图 11-6-3 所示。

由图 11-6-3 可以看出，在原料软沥青处理量一定的条件下，当循环比增大（即循环油量增大）时，延迟焦产率增加，焦化重油产率降低，而焦化轻油和气体的产率基本不变。这主要是循环油多次加热而聚合的缘故。循环比的大小依据生产操作情况而定。循环比与分馏塔操作温度的关系如图 11-6-4 所示。循环比与进加热炉混合油质量的关系如图11-6-5所示。

由图 11-6-4 可以看出，循环比增大时，分馏塔塔底油温随循环比的增加而升高。在生产操作中，分馏塔底油温用进塔软沥青的温度调节，即当塔底油温超过给定值时，与软沥青换热的重油将有一部分通过旁通管，使进塔软沥青温度降低。重油旁通量一般为 8% ~10%。

由图 11-6-5 可以看出，当循环比增大到 0.8 以后，混合油中残炭降低很多。加热炉进料油的 400℃前馏出量和焦化重油的 360℃前馏出量均随循环比的增大而增加。

在生产条件下，提高循环比一般是因原料软沥青和延迟焦的供求关系不平衡、焦坑上的吊车出了故障、焦化塔的吹蒸汽或水冷操作不好、延长出焦时间等原因而进行的。例如，要延长焦化塔的装料结焦时间、减少原料软沥青供给量，则必须要实行大循环比操作，以使加热炉进料量维持在正常运转量的60% ~80%以上。

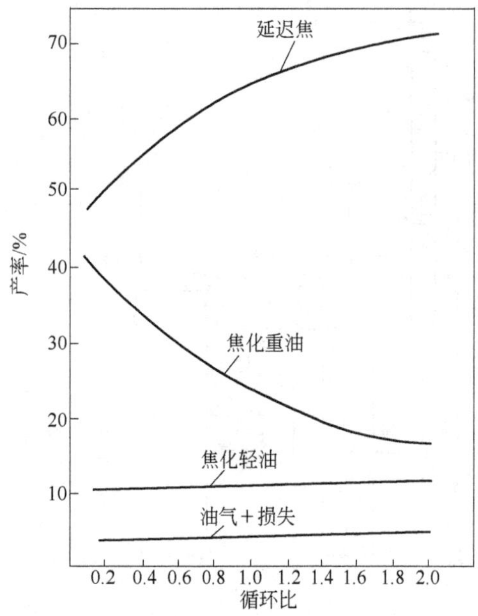

图 11-6-3　循环比与产品产率的关系

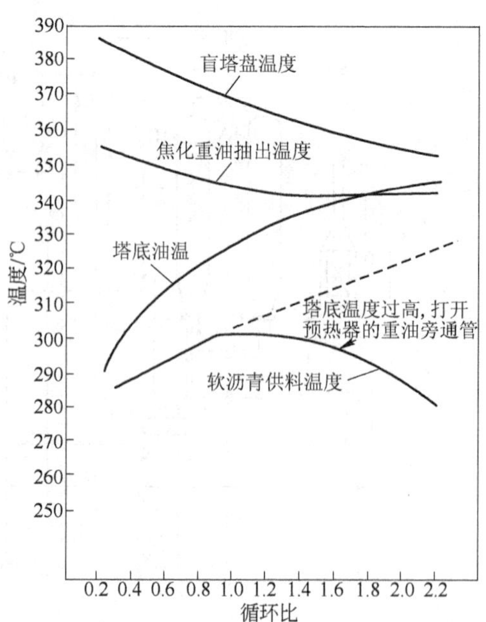

图 11-6-4　循环比与分馏塔操作温度的关系
（加热炉出口油温为 500℃）

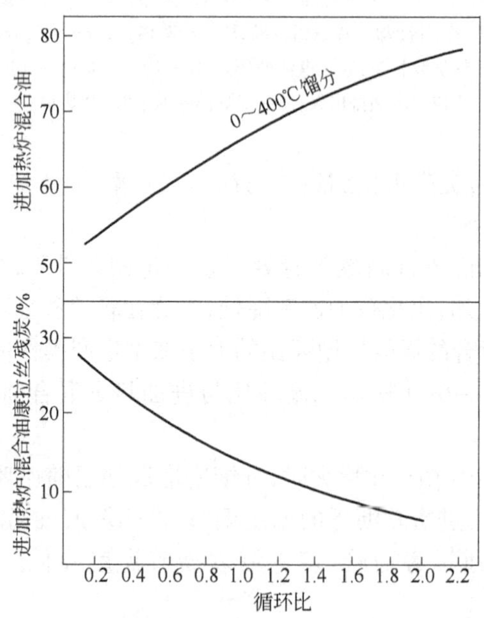

图 11-6-5　循环比与进加热炉混合油质量的关系

循环比一般控制在 0.8～1.2 之间。在生产操作中，无论是增大或减少循环比，均应缓慢进行，急速的变化会使分馏塔塔底及盲塔盘的液面产生波动。

混合油的性质随原料软沥青性质和操作条件而变化，举例数值见表 11-6-5。

表 11-6-5 混合油性质举例

<table>
<tr><th colspan="2">项 目</th><th>数值</th><th colspan="2">项 目</th><th>数值</th></tr>
<tr><td colspan="2">相对密度(70℃)</td><td>1.172</td><td rowspan="4">蒸馏试验(以质量计)</td><td>约315℃/%</td><td>0.5</td></tr>
<tr><td colspan="2">康拉丝残炭/%</td><td>20</td><td>约325℃/%</td><td>7.4</td></tr>
<tr><td colspan="2">甲苯不溶物/%</td><td>6.6</td><td>约360℃/%</td><td>26.4</td></tr>
<tr><td>蒸馏试验(以质量计)</td><td>初馏点/℃</td><td>219</td><td>约400℃/%</td><td>51.9</td></tr>
</table>

11.6.3.3 注汽

混合油在加热炉入口管内流速约 1.2 ~ 1.5 m/s,在临界分解范围内,炉管内表面的油膜易聚合成焦炭。为了避免结焦,向炉管内注高压水蒸气,使混合油以高速湍流状态通过临界分解区域。注汽点应设在此临界分解区之前。蒸汽过于提前注入会使管内阻力损失增大。

加热炉炉管内混合油的压降一般为 1 MPa(相当于约 10 kg/cm^2),最大 1.5 MPa。

11.6.3.4 焦化塔的生产周期

焦化塔为 2 台(A、B),每台装料 24 h 交换一次,48 h 为一个生产周期。每个周期的时间安排为:

(1) 装料及成焦	24 h
(2) 切换	0.5 h
(3) 吹蒸汽	3.0 h
(4) 送水冷却及排水	7 h
(5) 卸去上下法兰盖	0.5 h
(6) 水力出焦	4 h
(7) 安装上下法兰盖	0.5 h
(8) 蒸汽试压	1.5 h
(9) 预热塔体	7 h
合 计	48 h

按照上列时间及顺序,当 A 塔装料 24 h,塔内成焦完毕后,切换四通阀,A 塔停止进料,同时 B 塔开始装料,A 塔相继按(3) ~ (9)顺序操作。B 塔进料和成焦完毕,切换四通阀,使 A 塔重新装料,又开始下一个生产周期。

11.6.4 延迟焦化主要设备结构及过程

11.6.4.1 焦化加热炉

加热炉的形式是水平管立箱式炉。油料是通过对流段至辐射段,炉管上设有 3 个注汽点,使油料从进加热炉到出加热炉一般仅有 15 ~ 20 s 的停留时间。加热炉炉管的定期烧焦采用蒸汽—空气法。

辐射段炉管为不锈钢材质,对流段采用碳钢翅片管。炉管回弯头有两种,即箱式弯头和 U 形弯头。

加热炉配备有低 NO_x 型煤气燃烧器,均匀布置在炉墙的一侧。燃烧用的空气由空气箱导入,以消除噪声。加热炉热效率为 75% ~80%。

11.6.4.2　分馏塔

分馏塔的作用是通过焦化塔来的高温油气和原料软沥青进行换热，将其按沸点的不同分馏焦化重油、焦化轻油及焦化废气。其结构如图 11-6-6 所示。

分馏塔为板式塔，下部几层为淋降板，共有 27 层塔板，除 1 层盲塔盘外，其他均为浮阀塔板。塔底内部装有过滤器，混合油过滤后被泵抽出，可避免出油管堵塞。

分馏塔塔体用复合钢板制造，不同腐蚀程度的部位分别采用不同的材质。

由盲塔盘（第 21 盘）将分馏塔分为上下两部分。上半部分为分馏段，从盲塔板采出焦化重油，打重油中段回流；从塔顶分馏出焦化轻油，打轻油回流。下半部为换热和闪蒸段，装入的软沥青与回流重油换热，并混合成塔底混合油。

11.6.4.3　焦化塔

焦化塔是延迟焦化的关键设备，其作用是在高温下使软沥青进行分解聚合，完成焦化反应，生成延迟焦。塔结构如图 11-6-7 所示。

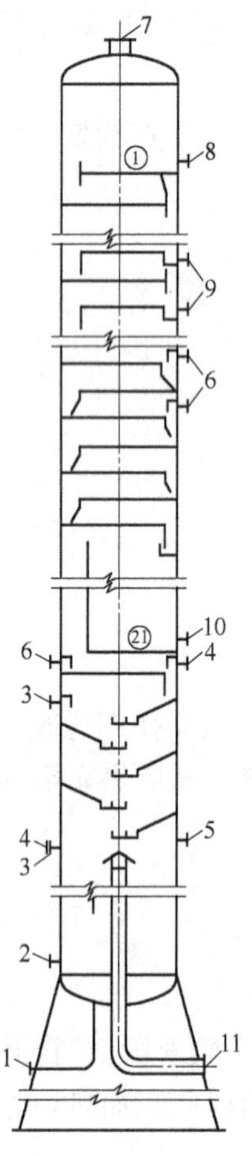

图 11-6-6　分馏塔的结构

1—放空口；2—蒸汽口；3—软沥青入口；4—冷凝液入口；5—油气入口；6—重油回流入口；7—油气出口；8—轻油回流入口；9—焦化轻油出口；10—焦化重油出口；11—混合油出口

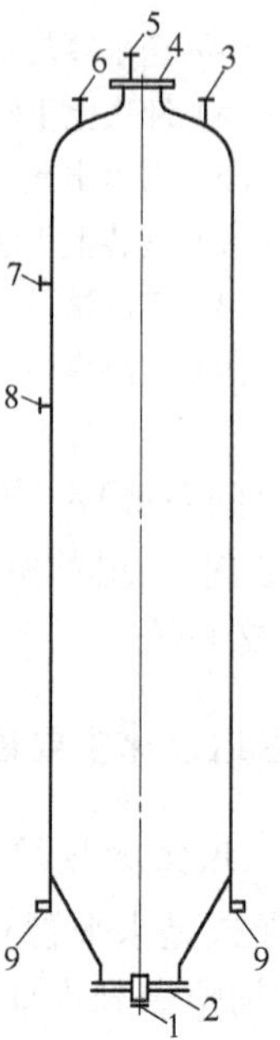

图 11-6-7　焦化塔的结构

1—混合油入口；2—底部大盖；3—油气出口；4—顶部大盖；5—放气口；6—消泡剂入口；7，8—液位计接口；9—裙座

焦化塔实际上是一个空塔反应器,整个塔体由复合钢板制造。

焦化塔的工作特点是周期性的加热和冷却变化,动态和静态交替进行。特别在动态时,无数次的激烈冷热交替变化减弱了塔的强度,降低了允许应力,易使塔体变形或破坏。为此,在筒体、裙座、底盖、接管和地脚螺栓等都采取了适应热胀冷缩的技术措施。

焦化塔设有上、下2个γ-射线液位计。当料位被下部液位计检出时,启动消泡剂泵,注入消泡剂,防止泡沫物料带出塔外,堵塞管道和分馏塔。当料位被上部γ-射线液位计检出时,停止注入消泡剂,开始换塔。

11.6.5 水力出焦及附属工艺设施

11.6.5.1 出焦工艺程序

焦化塔连续进料24 h后,切换四通阀(至另一焦化塔),该塔停止进料,进入水力出焦程序,工艺系统如图11-6-8所示。

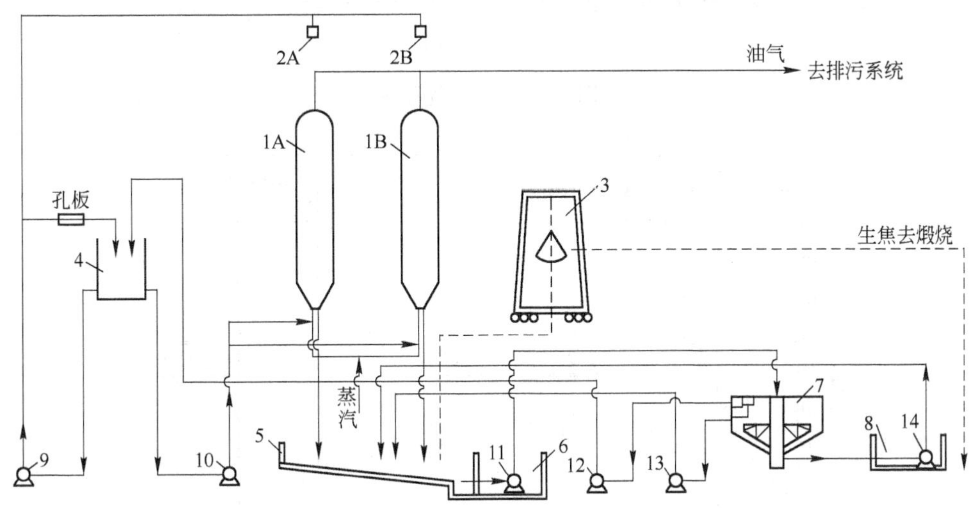

图11-6-8 延迟焦处理工艺系统

1A,1B—焦化塔;2A,2B—出焦装置;3—桥式吊车;4—清水槽;5—焦坑;6—泥浆槽泵坑;7—澄清器;8—泥浆输送泵坑;9—喷射泵;10—冷却水泵;11—泥浆槽泵;12—清水输送泵;13—澄清槽泡沫泵;14—泥浆输送泵

A 吹气

停止进料后,焦化塔内虽绝大部分成焦,但还滞留一部分油,向塔内吹气的目的就是把这部分油吹出,提高延迟焦质量,同时也使塔内温度降低约10~20℃。开始吹气时,吹气量要少,吹出的大量油气和蒸汽一起进入分馏塔。吹气约30 min后,逐步增大蒸汽量,这时吹出的油气则切换入排污塔。吹气程序如图11-6-9所示。

B 用水冷却焦层

停止吹气后,焦化塔内温度约400~420℃,用冷却水泵从塔底部向焦化塔内注水。水冷操作必须缓慢,操作程序如图11-6-10所示。

由图11-6-10可以看出,给水量是随着时间延长而逐步增加的,以避免使塔体产生较大的应力变形。当焦化塔内水面达到焦层之上时,停止供水。待塔内水静置一定时间后,把水排入焦坑。再进行第二次冷却，放水的最终温度为 50～60℃。送水冷却及放水时间共约 7 h。水冷却过程中蒸发的水汽导入排污塔。

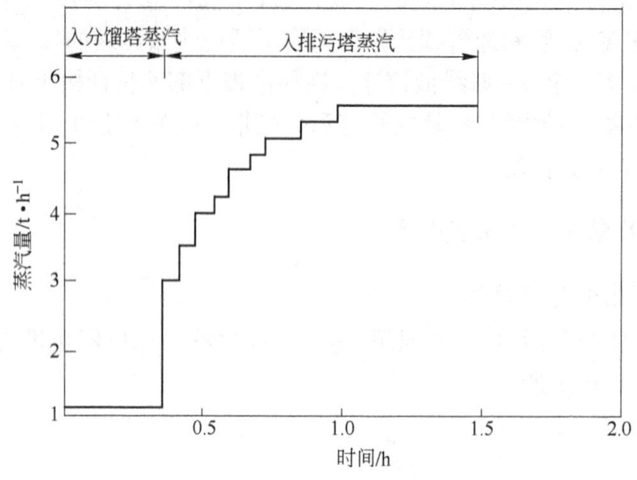

图 11-6-9　吹气程序

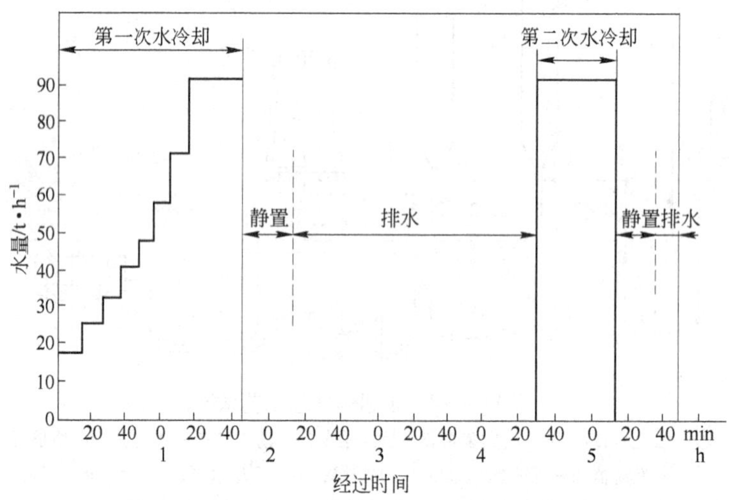

图 11-6-10　水冷操作程序

C　卸顶盖及底盖

水冷却后把焦化塔顶盖和底盖卸下，并用吊车移开。

D　水力出焦

用高压水泵(扬程 14 MPa 以上)通过出焦装置进行水力出焦。水力出焦操作分为钻孔和切割两个步骤。首先用钻孔机具注入高压水，径直向下喷射焦层中心，钻成直径约 1.5 m 的孔。然后再换上切割机具，使高压水沿孔道横向喷射将焦切割破碎。钻孔和切割时机具从上向下移动，焦与水不断地排入焦坑。

在高压水管路上设有特殊的电动切换阀，在高压水旁通路上设有多级减压孔板。当关闭切换阀、安装切割机具时，旁通阀自动打开，高压水由旁通管路经多级减压孔板使压力降至常压循环回清水槽。

水与焦在焦坑内分离，延迟焦用桥式吊车送延迟焦整理系统；含有焦粉的水处理后循环使用。

E 试压

出焦完毕，确认塔内无残焦堆积，安装好塔顶盖和底盖，进行蒸汽试压。开始应缓慢地通入饱和蒸汽，排放出的气体进排污塔。赶净空气后，关闭排气管，继续通蒸汽升压，试验压力维持在0.25～0.3 MPa，试压时间约1.5 h，检查确定无泄漏。试压过程中的蒸汽冷凝水排入冷凝水槽。

F 预热塔体

把还在进料的焦化塔排出的油气通过瓦斯管线从塔顶引入预热的塔内，作为热源，油气温度在430～450℃之间。此时2个焦化塔串压，必须注意不要使正在进料的塔的压力有0.1 MPa以上的变化。当2个塔压力达到平衡时，把试压时未排出的蒸汽冷凝水和油气的冷凝液排到冷凝液接受槽。这时一方面大量向预热塔送汽，一方面向外排冷凝液。在焦化塔初期预热的过程中，冷凝液中水分较多，用泵将其送往排污塔。进入预热中期的冷凝液送往分馏塔（送进分馏塔的量要适当控制）。

11.6.5.2 澄清器

澄清器是处理出焦水的关键设备，由圆锥底的混凝土池、兼做走台用的进料口桁架及刮泥机三部分组成。刮泥机由驱动装置（带有密封式过载报警装置）、中心定位圈、倾斜刮泥臂及撇渣器等部分组成。混有焦粉的水通过进料管从圆池中心流入，固体粒子向器底沉降，澄清水则连续地从圆池四周溢出。同时刮泥机缓慢旋转，将沉淀下来的固体焦粒汇集于器底部中央的出口处排出。漂浮在水面上的焦沫由撇渣机构捞到池内排出。

11.6.5.3 排污系统

排污系统是将焦化塔吹气及水冷等过程中排出的高温油气进行冷却、净化以及油水分离的系统，其工艺流程如图11-6-11所示。

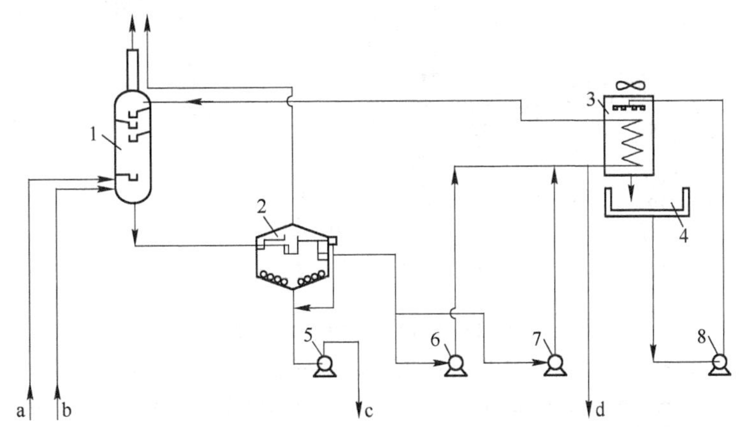

图11-6-11 排污系统工艺流程

a—火炬系统来的分离水；b—焦化塔来的油气；c—废油；d—排水

1—排污塔；2—排污油分离器；3—排污冷却水塔；4—排污冷却水塔池；5—废油泵；

6—排污冷却水泵；7—排污冷却水泵紧急用泵；8—冷却水塔循环冷却水泵

焦化塔排出的高温油气(最高温度可达400℃以上)进入排污塔下部。在入排污塔前的油气管路上有两处注入排污冷却水,使油气开始凝缩(温度降到150℃)。进入排污塔的油气与排污冷却水逆流接触,被冷却净化后排入大气。喷淋水则与冷凝下来的油一同流入排污油分离器,油水温度约80~90℃(最高可达95℃)。在器内,撇油管排出的轻油和器底废油一起泵送到废油槽,澄清后的排污水用泵送往冷却水塔进行冷却,冷却后的排污冷却水循环使用。冷却水塔为密闭管式装置,管外洒冷却水,管内走排污水,顶部设有抽风机。排污水循环系统中多余的污水送往工艺排水槽。

在紧急情况下,焦化塔顶安全阀等泄出的油气也进入排污塔底部。

11.6.6 延迟焦煅烧工艺

延迟焦煅烧工艺是将延迟焦经回转窑高温处理驱走其挥发分和水分,最终制成沥青焦产品。煅烧系统包括延迟焦整理、煅烧、余热回收及成品焦处理等工序。

11.6.6.1 延迟焦整理

主要是将延迟焦进行脱水、破碎、筛分成适于煅烧的块度以及向回转窑连续均匀地定量供料。处理后延迟焦的粒度参见本书第11.6.2.2节。

煅烧的主要目的是:

(1) 驱除生焦中的挥发分,提高含碳量。

(2) 在高温煅烧过程中,生焦在挥发分排出的同时,其中的高分子芳香族碳氢化合物发生复杂的分解与缩聚反应,分子结构发生变化,体积也逐步收缩,从而提高了密度和强度。

(3) 煅烧后,由于挥发含量大大降低,分子结构发生变化,因此提高了焦的导电性。

(4) 脱除生焦中的水分。

11.6.6.2 煅烧工艺过程(见图11-6-12)

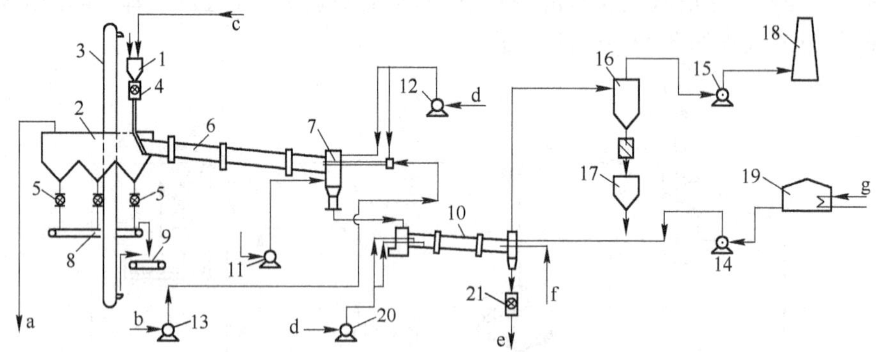

图11-6-12 煅烧工艺流程

a—到焚化炉的废烟气;b—煤气;c—延迟焦;d—大气;e—去成品处理系统的沥青焦;f—过滤水;g—水蒸气
1—装料斗;2—集尘室;3—焦粉提升机;4,5,21—回转阀;6—回转窑;7—燃烧器;8,9—刮板运输机;
10—回转冷却器;11,12—送风机;13—煤气升压机;14—石油沥青泵;15—排风机;
16—排气集尘器;17—焦粉料斗;18—烟囱;19—石油沥青槽;20—冷却水泵

经过粗细料称量和配合后的延迟焦通过回转阀及装窑管连续进入回转窑。回转窑由焦炭进口到出口方向有一定的倾斜率,在窑旋转的同时,窑内焦炭就缓慢地向出口部位移动。

窑内煤气燃烧温度控制在1200～1300℃，燃烧气体向窑的焦炭进口端流动。在焦炭进口处，延迟焦与高温废气（约500～550℃）接触被加热脱水，其后基本除去焦炭中的挥发分。到窑的焦炭出口端，焦炭温度达到1200～1300℃（最高可达1350℃），由出口箱排入回转冷却器。窑的焦炭出口端压力维持在-10～-50 Pa（即约-1～-5 mmH_2O），由集尘室废气出口烟道翻板调节。

供给窑的热源是由煤气升压机送来的焦炉煤气。

11.6.6.3 影响沥青焦质量和产率的因素

控制窑出料温度、窑旋转速度及加热速度等参数是控制沥青焦质量和产率的关键和保证。

（1）煅烧温度的高低与沥青焦质量（真密度）的关系如图11-6-13所示。

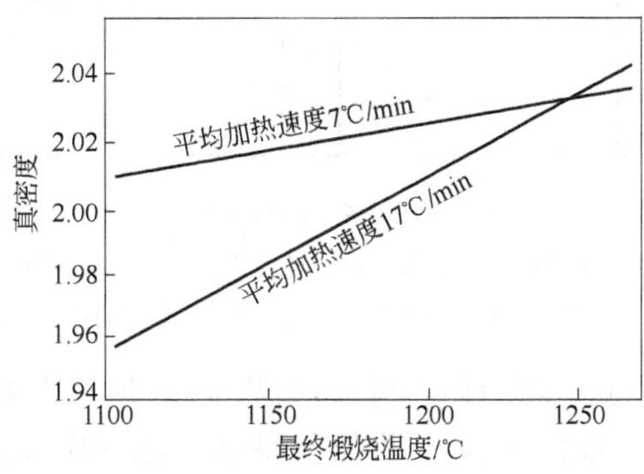

图11-6-13 煅烧温度、平均加热速度与焦炭真密度的关系

从图11-6-13的曲线可以看出，窑旋转快时，焦炭在窑内停留时间短，可提高生产能力。但在煅烧温度一定的情况下，停留时间短，加热速度快，沥青焦的真密度就要受到影响。

（2）窑体旋转的快慢对焦炭在窑内通过的时间（停留时间）和加热速度有决定性的影响，其关系如图11-6-14所示。停留时间是指焦炭从进入窑内到移动至排出口所通过的时间。加热速度是指焦炭在窑内的停留时间除以焦炭出窑温度与焦炭入窑温度（按常温20℃）的温差。窑的转速为1 r/min，则停留时间为84 min。

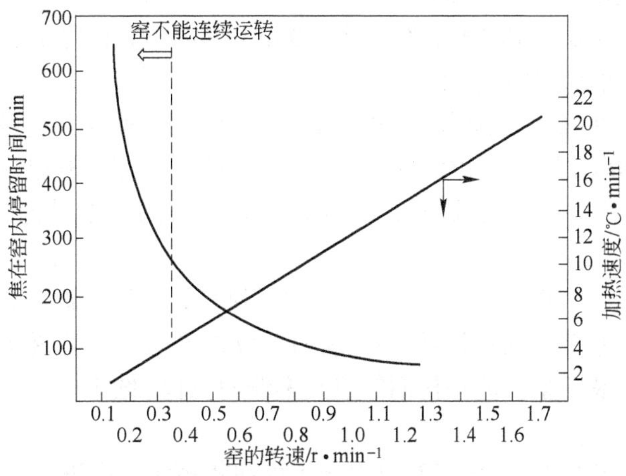

图11-6-14 窑的转速与焦在窑内停留时间及加热速度的关系

11.6.7　回转窑

11.6.7.1　回转窑结构

回转窑是将延迟焦进行高温煅烧成为沥青焦的关键设备，主要由窑体、支撑装置、驱动装置、密封装置及燃烧器等部分组成。回转窑结构如图 11-6-15 所示。

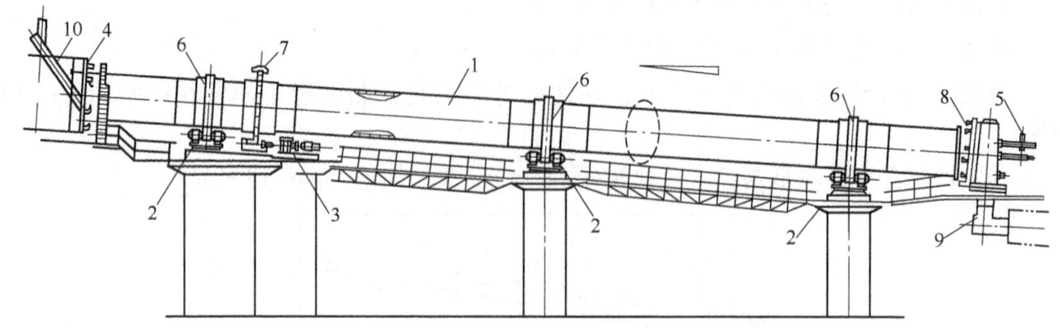

图 11-6-15　回转窑结构

1—窑体；2—支撑托辊；3—驱动装置；4—窑入口气封；5—空气燃烧管；6—轮箍；7—小齿轮及矢圈轮；8—窑出口气封；9—出料口；10—装料管

窑体是钢板焊接结构，耐火材料做内衬（有耐热金属、耐火砖和耐热可塑料）。

支撑装置由支撑辊柱、辊柱轴承、止推辊柱轴承及辊柱座等组成，支承有三组。在窑头（焦入口）附近的第一组做成固定支座，驱动装置也安装在此处。另外两组为游动支座。

密封装置装在回转窑头尾两端的回转部分和静止部分之间，其结构为端面密封。在窑头部的密封装置做成两层圆锥，进行自然空气冷却。在窑尾部的密封装置是用送风机将冷风送入窑体和外筒空间进行强制空气冷却。这种密封结构与国内石油化工生产使用的回转窑相比较有显著的优越性。

11.6.7.2　窑体干燥升温

投产前要进行烘窑，其干燥升温步骤为：

（1）从点火后至窑温达到 200℃为止，用 40 h，以 4 ~ 5℃/h 的速度升温。在此期间，每 2 h 用汽油发动机驱动将窑体旋转 1/4。

（2）在 200 ~ 400℃温度范围内，用 30 h，以 6 ~ 7℃/h 的速度升温，每 2 h 旋转窑体 1/4。

（3）在 400 ~ 600℃温度范围内，用 30 h，以 6 ~ 7℃/h 的速度升温，每 1 h 旋转窑体 1/3。

（4）在 600 ~ 900℃温度范围内，用 30 h，以 10℃/h 的速度升温，每 30 min 旋转窑体 1/3。

（5）窑温达到 700 ~ 800℃时，启动窑尾部的送风机，开始冷却。窑温达 1000℃以上时，可以装入延迟焦。开始装入的焦只是粗料，装料量以每 30 min 间隔逐次增加。增加 3 ~ 4 次后可达到规定的最终装料量。装料初期的填充率偏向低值（约 10%），达到最终装料量后再调节填充量。

窑经过初次开工和生产后，停工和再次开工可在较短时间内进行。降温时速度以 50℃/h 为宜。

11.6.7.3 窑内焦炭通过的时间

当窑的转数在0.8～1.7 r/min范围内时,窑转速与焦炭在窑内停留时间大致为直线关系,筒体(回转窑)内焦炭通过的时间可按实验公式11-6-2计算:

$$t = K\frac{L}{DnQ} \tag{11-6-2}$$

式中 t——焦炭通过时间,min;

L——窑长度,m;

D——窑内径,m;

n——窑旋转速,r/min;

Q——窑倾斜率,%;

K——比例常数,min·r/min·%,可以取为22.19。

焦炭在窑内通过的时间还受焦炭块度(或粒度)和填充率的影响。

11.6.7.4 窑的平均填充率

填充率是窑内实际可允许的焦炭体积与转筒有效体积之比。填充率主要与焦炭性质有关。

当装入回转窑的延迟焦含水为8%,沥青焦产率为84%,延迟焦的相对密度为0.72,沥青焦的相对密度为0.8时,以沥青焦产量为基准计算时的填充率公式为:

$$S = 1.138 \times \frac{P}{n} \tag{11-6-3}$$

若以含水8%的延迟焦装入量计算,则填充率公式为:

$$S = 0.879 \times \frac{F}{n} \tag{11-6-4}$$

式中 S——窑的平均填充率,%;

P——沥青焦产量,t/h;

F——含水8%的延迟焦装入量,t/h;

n——窑旋转速度,r/min。

窑的旋转速度与窑内平均填充率的关系如图11-6-16所示。

从机械强度设计考虑,填充率最高可达17.8%。某厂实际情况是按填充率为10%～14%进行操作。

11.6.7.5 焦环的形成及消除

延迟焦由于粗细块度(或粒度)的不同,在窑内的受热和运动状况也不一样。从热传递来看,细料传递容易,所以比粗料容易燃烧。另一方面,随着窑体旋转,细料沿着窑的底部滑动,而粗料在细料上边直接接触燃烧废气和其产生的热量,同时隔断了细料同热气的接触,因此,细料的热量是靠粗料和转动窑壁传递来的。由于细料的水分和挥发分都比粗料多,且表面积大,一旦受到剧烈的加热,挥发出大量油气,就容易促使在细粗料之间发生凝聚黏结,并附着于窑内壁上而成焦环,即焦的堆积。

容易生成焦环的部位一般是在从装入料溢出堤开始到15 m左右的间距内,其范围取决于生成的时间,大体上是在相对于窑轴方向约1～3 m的宽度范围内。窑内积聚焦环后,就会成为焦和气体流动的障碍,影响燃烧废气出口的抽力,使废气粉尘处理系统的操作产生波动,进而影响窑的处理能力。焦环形成初期常常自行脱落一部分,因此不会产生影响。

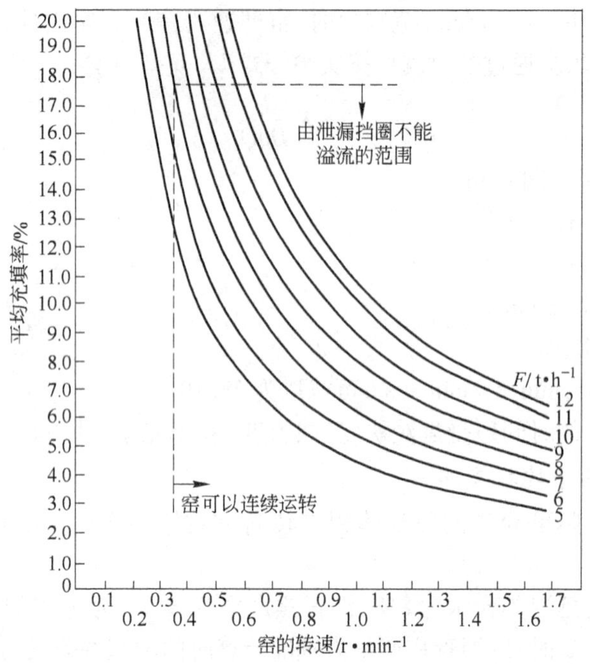

图 11-6-16　窑的旋转速度与窑内平均填充率的关系

升高窑温就能使焦环减少和消除。如果焦环频繁产生,影响生产,可以提高窑的旋转速度或者降低延迟焦的挥发分(一般当挥发分在8%以下时焦环的形成率极低)。

11.6.7.6　*波状流动现象的产生及解决办法*

装入窑内延迟焦的挥发分低于某一限度时,沥青焦的块度(或粒度)也必然发生变化,特别是增多了1 mm以下的微粒焦粉量。由于微粒焦粉增多,并从粗粒之间滑落于窑底。在随窑体转动时,微粒焦粉下滑得较快,且容易飞散,会搅乱窑内焦炭流动的节奏,因而产生所谓波状流动现象。

一旦产生波状流动现象,延迟焦在窑内的停留时间就会缩短,出口燃烧废气中焦粉含量就会增加;同时窑内的温度分布紊乱,使真密度处在不稳定状态,沥青焦质量下降;进入回转冷却器的沥青焦流量也发生了变化,喷洒的冷却水量不易控制。

为了防止产生波状流动现象,必须将延迟焦的挥发分含量稳定在10%左右。此外,处理量、填充率以及粗细料配比都需稳定,装入料的含水应较低,避免强化负荷生产,避免采用高的填充率。

11.6.8　沥青冷却及余热回收

11.6.8.1　*冷却过程*

沥青焦的冷却是在沥青冷却器装置进行的,其工艺参见图 11-6-12 中 10。约 1200℃的沥青焦自回转窑落入以 2 ~6 r/min 转动的回转冷却器,在其内通过的时间约 20min。与此同时,在器内的焦炭入口部、前中部及出口处连续喷洒冷却水,控制出口沥青焦温度为 170 ~190℃,并喷洒石油沥青后去成品处理系统储存。

在回转冷却器沥青焦出口端，排出的约250℃含有大量水蒸气的气体进入多管式排气集尘器。在此捕集下来的粉尘通过翻板阀放入焦粉料斗，储存外运。除尘后的气体经排风机抽送入烟囱。

由回转冷却器排出的气体，含尘量在集尘器前约2.5～2.6 g/m^3（湿基），除尘后约0.5～0.7 g/m^3（湿基）。

11.6.8.2 煅烧废气的除尘和余热回收

A 集尘工艺过程（参见图11-6-12中2）

由回转窑逸出的煅烧废气进入集尘室，利用重力沉降将废气夹带的焦粉分离后由室顶排出，进入焚化炉。焦粉沉淀于集尘室底部，通过回转阀、提升机送入回转窑。

B 余热回收工艺过程（见图11-6-17）

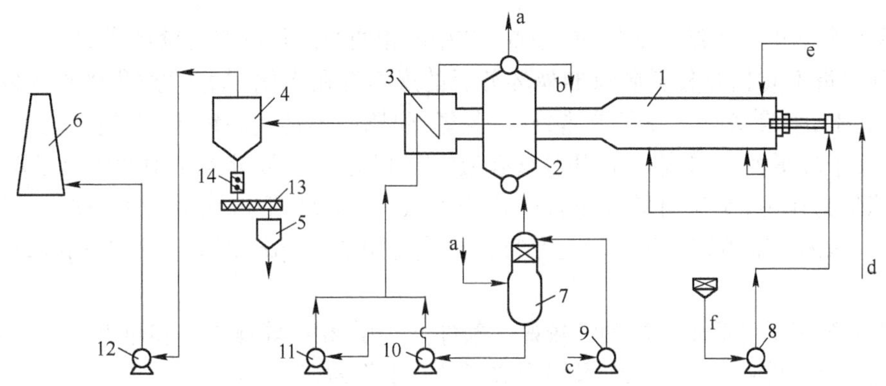

图11-6-17 焚化和废热回收工艺流程

a—水蒸气；b—排污水；c—锅炉给水；d—焦炉煤气；e—由集尘器来的废气；f—空气
1—焚化炉；2—废热锅炉；3—省煤器；4—排气集尘器；5—粉尘料斗；6—烟囱；7—脱气器；
8—送风机；9—脱气器给水泵；10—锅炉给水泵；11—紧急给水泵；
12—排气风机；13—粉尘冷却机；14—挡板阀

从集尘室出来的煅烧废气含有尚未烧掉的挥发分和微量焦粉，在焚化炉内完全燃烧，产生1260℃（最高）的废气。焦炉煤气为该炉的启动燃料。向煤气燃烧器、炉内前半部和炉出口分三路通入空气。

焚化炉出来的高温废气进入自循环双筒型废热锅炉，产生1.6MPa饱和蒸汽，温度降至400～420℃，进入省煤器并与废热锅炉给水换热，温度降至220～250℃，经多管式旋流排气除尘器捕集粉尘后抽送至排气烟囱。除尘器入口废气含尘1.0～1.2 g/m^3，出口含尘200 mg/m^3。

为了防止废热锅炉遭到腐蚀，在锅炉给水泵前管道上注入了氨溶液，以进一步脱除水中的氧。其使用量对锅炉给水量为10～15 mg/kg，一般根据水质情况决定。

焚化炉后的废气组成一般为（体积分数）：H_2O 12%～16%；CO_2 5%～6%；O_2 5%～7%；N_2 70%～75%。

11.7 煤系针状焦概念

11.7.1 概述

针状焦是针状沥青焦的简称，是石墨化程度较高的沥青焦。目前，根据制造使用的原料不同,分为石油系和煤(焦油)系两大类。

煤系针状焦是煤焦油沥青通过预处理、延迟焦化制得延迟沥青焦,其再经高温煅烧制得的层次结构分明、各向异性的沥青焦炭。

其特征是:外观有金属光泽、纹理结构呈流态状(即可见流态状纹理),粉碎后呈针状微粒的石墨。

其主要组成:由炭(C)素组成,含有少量氢、氮、硫和氧。

其特点:化学性能和耐磨性好,电导率高,电阻率和线膨胀系数低以及抗热震性好。

其用途:由于在高温气氛中针状焦的分子结构易进一步继续向石墨化转化,因此是生产制造超高功率(UHP)电极的优质材料。

11.7.2 煤系针状焦的成焦机理

煤系针状焦的石墨结构是经过"液晶"和中间相两个成长过程连续形成的。

含有大量不同相对分子质量的稠环芳烃的煤沥青在炭化(加热)过程中首先发生一系列解聚、熔融,生成基质。分子受热分解、脱氢、脱侧链等再重新缩聚,促使芳烃平面成长,同时,垂直于环平面方向成长了很多重叠层。当相对分子质量大于1000(原子单位)时,因受范德华力作用,便互相平行而有序地排列、逐渐长大、平行层数增多而形成了"液晶"(中间相小球体),随着缩聚深入进行小球体的直径由 2 ~3 μm 逐渐长大到 5 μm,此时称为"半焦"。

在组分缩聚反应适中和流动性较好的条件下,中间相小球体进一步融并,在气相剪切力作用下经过重新排列、发生形变,最终形成了易石墨化的煤系针状焦。

煤沥青在成焦过程中的热转化大致分为四个阶段,见表 11-7-1。

表 11-7-1 煤沥青热化学转化阶段

转化阶段	温度范围/℃	过　程	活化能 $E/kJ \cdot mol^{-1}$
1	200 ~ 400	轻质组分蒸发逸出	42 ~ 71
2	400 ~ 480	激烈裂解,断链速度大	335 ~ 785
3	450 ~ 550	液、固体产物缩聚	105 ~ 250
4	>550	半焦脱氢、脱甲基	0

11.7.3 影响中间相形成的因素

沥青组分转化为中间相的因素是:原始化合物的分子结构;沥青的分子组成;反应能力;喹啉不溶物(QI)的含量以及杂原子含量。后两者是影响中间相形成的关键。

11.7.3.1 喹啉不溶物的影响

喹啉不溶物分一次喹啉不溶物和二次喹啉不溶物两种。

(1) 一次喹啉不溶物绝大部分(约 85% ~ 90%)由灰分与煤焦油中的 1% ~ 2% 小于 40 μm 的颗粒组成。

(2) 二次喹啉不溶物是甲苯不溶物(TI)深度聚合形成的。

(3) 煤系针状焦原料中的喹啉不溶物因易依附在中间相小球体的表面,妨碍中间相的长大和融并。

11.7.3.2 氧、硫、氮杂环化合物的影响

所谓的氧、硫、氮障碍是指含这些元素的杂环化合物混在原料中,会使得形成的液相球体直径小,形成缺陷性的镶嵌结构,妨碍石墨化进程。资料表明,原料中硫不能大于5%,氧不能大于7%。

11.7.3.3 工艺条件的影响

温度、压力和反应时间对中间相形成都有影响,影响最大的是温度和时间,压力次之。温度过高,反应时间短,形成的中间相小而多,反之亦然。但温度不能过低,根据经验,温度不能小于340℃。

11.7.4 沥青组分性质与针状焦生产工艺

11.7.4.1 沥青组分性质

沥青组分的性质及其在热加工中的变化对中间相的形成及生产出合格针状焦起着决定性作用(沥青组分参见本书第11.4.1.2节)。

(1) 苯可溶物(BS)组分。它是易石墨化的组分,是在炭化过程中可以软化、熔融的组分,是经过中间相形成各向异性结构的组分。

(2) 苯不溶物(BI)、喹啉可溶物(QS)组分。单独炭化时不易软化熔融,当与5%的BS混合后,就可使BI和QS组分在炭化初期软化熔融,促进中间相小球体成长和融并。

(3) 喹啉不溶物(QI)组分。单独炭化不易软化熔融,并难以石墨化。它阻碍中间相小球体生长,会使各向异性区域减少,是必须通过预处理除掉的组分。

11.7.4.2 针状焦生产工艺

生产出合格针状焦的关键是原料(沥青)的预处理。由于预处理工艺不同,针状焦工艺命名不尽相同,但其生产工艺过程基本相似,生产工艺框图如图11-7-1所示。各种针状焦生产工艺比较见表11-7-2。

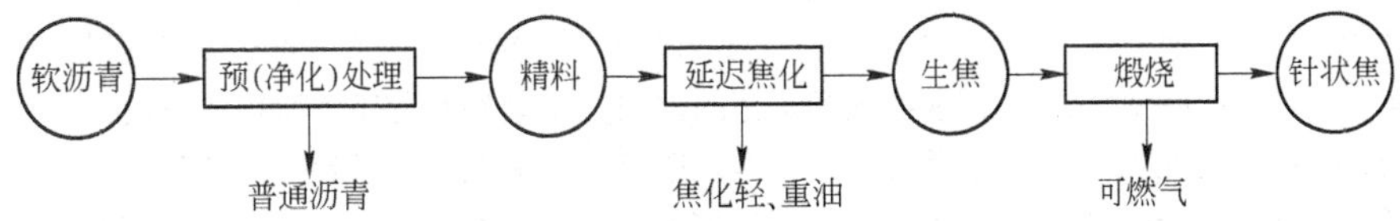

图11-7-1 针状焦生产工艺框图

表11-7-2 针状焦生产工艺比较

工艺方法	原料预处理工艺	工艺复杂程度	精制原料沥青		产品针状焦	
			含QI/%	产率	质量	收率/%
真空蒸馏法	真空闪蒸	简　单	约0	低	高	25
M-L法①	真空闪蒸	复　杂	约0	低	最高	
改质法	真空闪蒸—加压缩聚	较简单	约0	较高	高	适中
溶剂萃取法	芳/烷烃萃取	复　杂	0.1~0.5	高	好	较高
机械离心法	溶剂稀释超离分离	新　型	0.1~0.5	高	好	45.4

① 是日本完善石油株式会社与美国鲁玛斯公司合作研发的。

11.7.5 国内煤系针状焦装置设计和生产技术储备

我国在煤系针状焦的研发方面做了大量工作。

中冶焦耐(ACRE)从建院初就汇集了专门人才从事沥青加工的研发。20 世纪 80 年代,为宝钢引进了我国首套延迟焦化和煅烧装置,生产出合格的煤系沥青焦,并通过消化、生产标定和技术创新全面掌握了沥青焦生产技术。

1985 年,ACRE、鞍山钢铁学院和石家庄焦化厂在中试装置上完成煤系针状焦的研究和技术发明。该工艺是将混合原料沥青经特定的闪蒸塔,在一定温度下进行真空闪蒸,得到闪蒸油,经专用缩聚釜获得生产针状焦的缩聚沥青(又称精料),再经延迟焦化、煅烧成针状焦。工艺特点是产品质量高,收率适中,工艺较简单,投资低。已取得国家专利。

1990~1992 年,ACRE 完成 2 万 t/a 煤系针状焦工艺试验装置工厂设计。1992~1994 年,在鞍山沿海化工完成了施工、开工和生产调试的全过程,从理论到实际获得了珍贵技术资料和丰富的实践经验。

ACRE 有相当的技术能力完成闪蒸工艺的调整;缩聚参数的制定;焦化精料的制备方案;焦化变温曲线的制定及工业装置的调整等。

21 世纪初,ACRE 为宝钢设计了中试装置,并进行了试验。

参考文献

[1] 《中国冶金百科全书》总编辑委员会焦化化工卷编辑委员会. 中国冶金百科全书:炼焦化工[M]. 北京:冶金工业出版社,1992.

[2] 肖瑞华,白金锋. 炼焦化学产品工艺学[M]. 北京:冶金工业出版社,2003.

[3] 肖瑞华,煤焦油化工学[M]. 北京:冶金工业出版社,2002.

[4] 巴什莱 Э И,等. 焦化产品回收与加工车间设计手册[M]. 虞继舜等译. 北京:冶金工业出版社,1996.

[5] 朱利根. 降低工业萘不挥发物含量的措施[J]. 燃料与化工,1992(1).42.

[6] 何庆香,王永贵,程红,等. 硫酸分解酚钠的废气污染防治[J]. 燃料与化工,2004,35(3):38.

[7] 王艳华,周艳君,何君秋,等. FT 型无水结合剂的研制[J]. 燃料与化工,1999,30(2):71.

[8] 程兆源,刘小涌,欧阳水,等. 工业萘蒸馏工艺的改进[J]. 燃料与化工,2004,35(3):37.

[9] 郭治,朱占升,吴九成,等. 工业萘装置的技术改造[J]. 燃料与化工,1995(2):87.

[10] 辛德明. 改质沥青工艺的改进探讨[C]. 见:炼焦化学论文选集,第九卷(1994~1997). 鞍山:中国金属学会炼焦化学专业委员会,1998:141~145.

[11] 卢金寿. 宝钢焦化厂三期化产简介[C]. 见:炼焦化学论文选集,第九卷(1994~1997). 鞍山:中国金属学会炼焦化学专业委员会,1998:302~310.

[12] 方维华译. 含萘原料的精制[J]. 国外炼焦化学,1995(2):118~120.

[13] 刘丹华,高克萱. 煤焦油沥青的深加工技术[C]. 见:炼焦化学论文选集,第九卷(1994~1997). 鞍山:中国金属学会炼焦化学专业委员会,1998:362~365.

[14] 冯勇祥,陆木林,梁若清,等. 国内改质沥青的现状及其发展[J]. 炭素技术,2004.

[15] 谢建明. 煤焦油沥青制取球状沥青的研究[J]. 燃料与化工,1998,32(2):94~95.

[16] Collin G,高晋生. 煤焦油化工的新进展[J]. 燃料与化工,1991,22(5):259.

[17] 冯映桐,余兆祥,沈宝依. 煤焦油净化工艺的研究[J]. 燃料与化工,1992,23(2):99~116.

[18] 罗同仁,高克萱,煤焦油沥青加工工艺与黏结剂的性能[J]. 燃料与化工,2000,31(5):246~250.

12 过程控制及计算机管理

12.1 过程控制

在现代化的工厂中，过程控制包括检测设备、执行机构、控制系统及其应用。过程控制已不仅仅是技术水平的标志，更重要的是它还在很大程度上决定了生产的结果。控制系统的设置决定了生产管理和操作的方式和效率，自动化设备的选择和维护则是自动化系统正确运行的基础，而先进控制的应用则不仅仅是节能或是高效，同时代表了工厂在行业中的地位。

由于基础相对落后，焦化生产自动控制技术的发展成为近 10 年来焦化生产技术中进步最快、最引人注目的领域，集中操作、先进控制、操作管理自动化等都有成功实施的范例，但无论过程控制、生产管理还是企业信息化都远未达到理想的效果，还有巨大的发展空间。

12.1.1 焦化企业过程控制及操作管理

生产过程的操作和控制是由工艺过程的特点、生产管理要求和企业自动化水平决定的。

出于生产稳定和生产安全的考虑，基础控制级应采用分散控制方式。操作方式则决定于系统的配置、操作室设置以及未来的工厂操作和维护的体制。

12.1.1.1 焦化生产过程和操作

焦化企业以焦炭生产装置——焦炉为中心，由煤气及其副产品回收及其加工工艺过程组合而成的装置系列一般包括煤系统、炼焦及熄焦、焦系统、煤气净化、化工产品回收和精制等工艺装置，也包括用煤气作为原料的甲醇装置等。这些工艺过程产品都源于煤的干馏，因此工艺过程（装置）间具有确定的关联性。

工艺生产的组织和操作应以生产过程的相关性来划分。根据焦化工艺装置的相关性，可以将焦化厂划分成以下的操作组：备煤、炼焦和熄焦（含除尘）、筛储焦、煤气净化、相对独立的化工产品回收、公辅设施、焦油精制、苯加氢等相对独立的化工产品精制、以煤气为原料生产甲醇的工艺装置等。

焦化企业可以根据其生产管理和自动化水平的要求设立控制和操作单元，以上操作组可以作为最大控制单元和最小操作单元的参照。就现代控制系统的配置来说，完全可以实现分散控制（体现安全）和集中操作管理（体现管理和自动化水平）的要求。现在，很多大型焦化厂设置了全厂性的中央操作室，从设置上讲，完全可以实现全厂的集中操作和管理。

12.1.1.2 基础控制级的设置及专用控制系统

为实现工艺过程的自动监测和控制，通常根据工艺过程特点选用合适的基于计算机的控制系统，完成工艺过程的数据自动采集和工艺参数的自动控制，这些控制系统一般就近设置在专门的控制室中。

A 控制室或远程站的设置

主要装置（或工段）一般设有控制室，并参照操作组来划分控制区域，根据分散控制的原则和设备管理模式确定各控制室的位置和系统配置要求。辅助（公辅）设施一般按照总图布置和与主体工艺的生产开工相关性设置远程 I/O 站，并与主体控制系统进行系统集成。

设置于控制室和远程站中的数据采集和控制系统完成相应的数据采集、处理、远传和就地控制，也可进行操作，但一般无人值守。

B 控制装置的选择及专用设备的应用

就控制系统配置而言，针对以上操作组，由于工艺过程的差异性，在控制装置的选型上，应根据工艺特点采用合适的控制系统。

备煤系统、筛焦系统、干熄焦系统、除尘系统主要以开关量为主的工段多采用 PLC 系统；焦炉系统、煤气净化系统、焦油加工系统、苯加氢系统、发电系统等以模拟量监控为主的工段多采用 DCS 控制系统。同时焦化企业内有很多专用设备，如四大车、提升机等，其控制装置大多为厂家配套，另外，还有一些专用控制系统（多出于安全考虑），如煤气鼓风机专用控制系统、苯加氢的 ESD 系统、新法熄焦控制系统等。

因此在焦化企业内会存在多个在选型和结构上存在差异的控制装置（虽然主要是 DCS/PLC 系统），尤其是很多焦化企业为改扩建工程，造成企业中包含多种类型的控制设备，其结构复杂、种类多，彼此之间缺少通信联系，形成多个信息孤岛，难以满足生产过程统一控制和管理的需求。

不论采用何种控制装置，控制系统配置都应遵循以下原则：生产主流程工段的控制系统一般采用冗余（或热备）配置的控制系统；其他辅助生产流程工段可采用非冗余的控制系统。

12.1.1.3 操作管理模式及操作室的设置

操作室的设置是由特定工厂的生产管理模式及配套的操作管理模式，同时结合自动化配备水平综合确定的。

操作管理模式有全厂集中操作模式、分区域操作模式和分散操作模式。

（1）全厂集中操作模式。在全厂设置一个集中操作室，所有的生产操作和管理集中在中央操作室内进行，而控制器及 I/O 设备设置在区域的控制室内。这种模式的自动化管理水平最高，管理人员集中，可减少定员，但要求控制系统设备和工艺设备的装备水平高，同时配以系统巡检管理的模式。

（2）分区域操作模式。在全厂分区域设置中央操作室进行分区域集中操作和管理，区域的划分一般为煤焦区域和化工产品区域。有时根据工程实际，煤焦区域分为备煤区域、炼焦区域、干熄焦区域和发电区域等，化工产品区域分为煤气净化区域、焦油加工区域和苯精制区域等。这种模式的自动化管理水平比较高，管理人员相对集中，现场设备管理及时，要求控制系统设备和工艺设备的装备水平比较高，同时进行系统巡检管理的模式。

（3）分散操作模式。按照工段或车间分别设置本地操作室（与控制室合一），操作室之间相对独立。这种模式的自动化管理水平较低，由于控制室设置较多、较分散，生产管理人员多,对控制系统设备和工艺设备的装备水平的要求较低,在一些工程投资有限、工作人员成本不高的工程上有应用。

总的来说,操作越集中,对维护的要求就越严格,对人员素质及管理要求也就越高。另外,充足的备品备件以及高质量的一次元件和执行机构是系统安全可靠运行的必要条件。

12.1.2 炼焦过程先进控制

炼焦过程先进控制主要包括焦炉加热优化控制系统,焦炉集气管综合控制系统,配煤优化控制系统等。

12.1.2.1 焦炉加热计算机优化控制

A 概述

谈到焦炉加热计算机控制系统,大家都会想到新日铁的 ACC 系统、法国索尔莫的 CRAPO 系统、德国 OTTOSTELL 的 ABC 系统、美国凯萨公司的 COHC 系统等很多典型系统,但实际上,这些都是 20 世纪 70 ~ 80 年代国外研发的成果,由于焦化行业在发达国家近年来并没有很大发展,因此,近年来在国内推广较多的国外系统只有德国的 ABC 系统和芬兰劳塔鲁基的焦炉加热系统,国内曾引进的系统还有宝钢二期的美国凯萨公司 COHC 系统,酒钢的德国 ABC 系统等。

20 世纪 90 年代以来,国内的一些公司做了大量的研究和开发工作。如中冶焦耐在 90 年代中期率先在通化钢铁公司 3 号焦炉开发成功了前馈控制系统,并通过了由冶金部组织的成果鉴定,在 90 年代末期,中冶焦耐工程技术有限公司、安徽工业大学又陆续开发了基于实时连续炉温测量的反馈控制系统。近几年来,又有多家单位开发了很多基于计算机的焦炉加热控制系统。

虽然系统很多,但从功能和系统特点来看,基本可以归结为以前馈为主和反馈为主的两类系统。

实施焦炉加热计算机优化控制的效益是综合的。一般情况下,可以节能 2% ~3%;均匀系数和安定系数均有显著提高;由于操作管理和控制的自动化,人为因素得以消除,焦炭质量和焦炉寿命均可提高。

B 前馈型控制系统

图 12-1-1 所示为某焦化厂 3 号焦炉的前馈控制结合温度修正系统的功能框图,其主要功能为:

(1) 炉温自动管理。采用带存储装置的便携式红外高温计测量直行和横墙温度,通过标准接口传送至计算机中,由计算机自动计算 $K_{均}$、$K_{安}$ 等系数,并生成各种温度曲线及报表。根据人工智能和模糊控制原理开发的直行温度控制算法则用来进行加热控制修正或人工调火指导。

(2) 作业自动管理。包括推焦计划自动编制和推焦装煤操作自动管理两个方面内容。只要操作人员将初始数据输入计算机,就可计算出大循环计划表和每天(班)的出炉计划。通过系统中位置识别装置、无线通信装置等对推焦操作自动跟踪,计算机连续记录推焦和装煤的操作过程,自动计算 K_1、K_2、K_3,并打印推焦操作报表,从而达到管理和指导焦炉推焦和装煤操作的目的。

(3) 优化控制功能。控制功能是系统的核心,包括加热系统控制和燃烧系统控制。

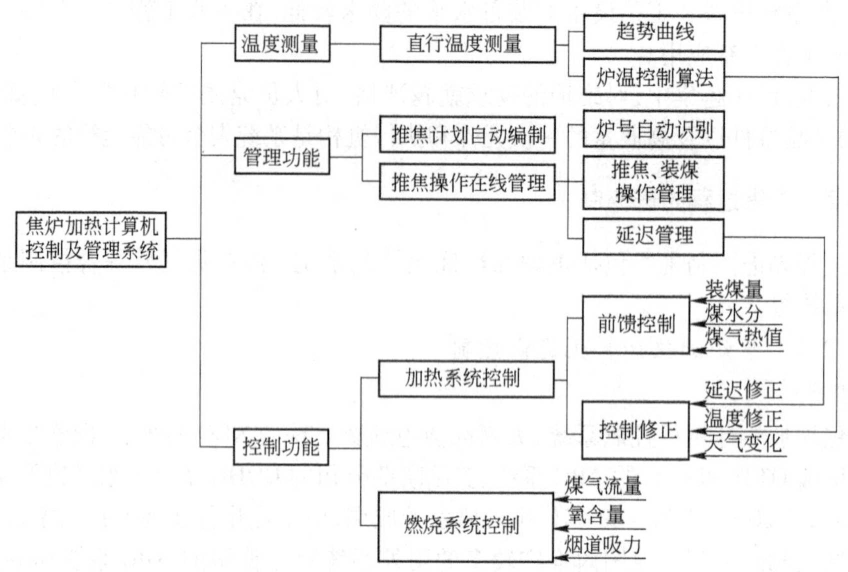

图 12-1-1　前馈控制结合温度修正系统的功能框图

加热系统控制采用前馈控制结合炉温修正的方案，即将影响焦炉加热的主要因素，如加热煤气特性、配合煤的特性和焦炉操作等纳入流量控制模块，以此为基础的控制模式能正确反映焦炉加热需求，具有很强的实用性，而且该模式还能够对焦炉操作的状态做出积极反应，使调火和操作管理相结合。燃烧控制系统采用以加热煤气量作为前馈参数调节烟道吸力的方法，考虑到废气氧含量受诸多因素影响，将其作为吸力调节的修正因素，取得了良好的效果。

C　温度反馈型控制系统

图 12-1-2 所示为某焦化厂采用的以温度反馈控制为主、以火落管理为辅的控制系统功能模式的主要功能。

图 12-1-3 所示为温度反馈型控制系统示意图。

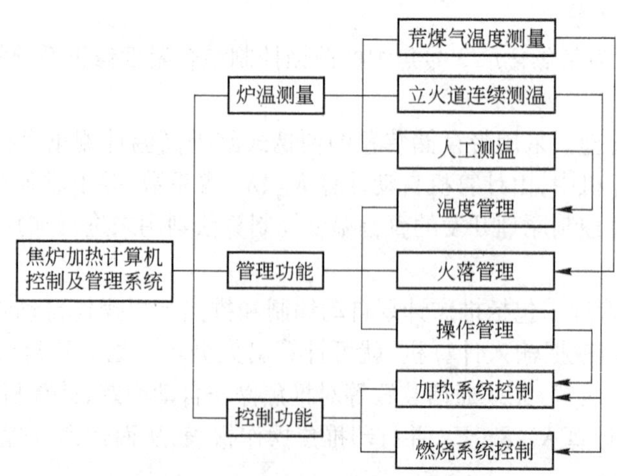

图 12-1-2　系统主要功能简图

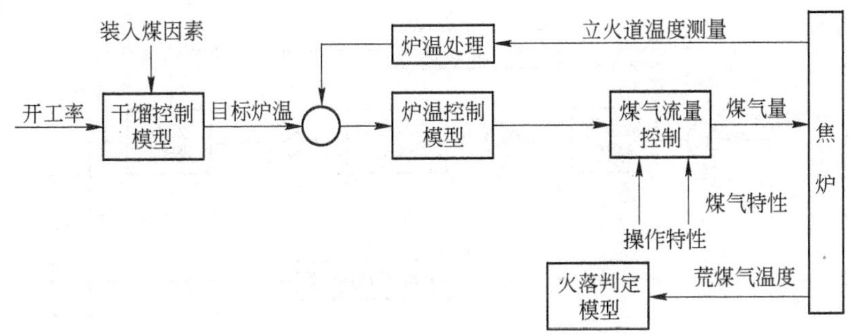

图 12-1-3 温度反馈型控制系统示意图

a 炉温控制功能

通过在精心选定的测温火道上设置特制热电偶连续自动测量火道温度,并充分考虑炼焦用煤和加热煤气特性参数变化,通过调节加热煤气流量,使焦炉的平均炉温符合目标值。为减少电偶数量,对每一燃烧室仅选取一个代表火道进行测温,所测温度除用于焦炉控制外,还将用于温度管理。

焦炉加热控制采用基于立火道温度连续测量的温度反馈控制,其主要功能模块包括:

(1) 基于立火道温度测量的炉温处理模型;

(2) 基于荒煤气温度测量的火落判定模型;

(3) 基于开工率(对应 GCT)及装入煤因素的干馏控制模型;

(4) 炉温控制模型;

(5) 加热煤气流量控制模型。

b 燃烧控制功能

燃烧控制系统设计要满足强制送风和自然送风两种可能。

(1) 强制送风。强制送风情况下,采用空气量和煤气量配比调节,并结合废气含氧量修正的方法,烟道吸力调节则依看火孔压力调整。如图 12-1-4 所示。

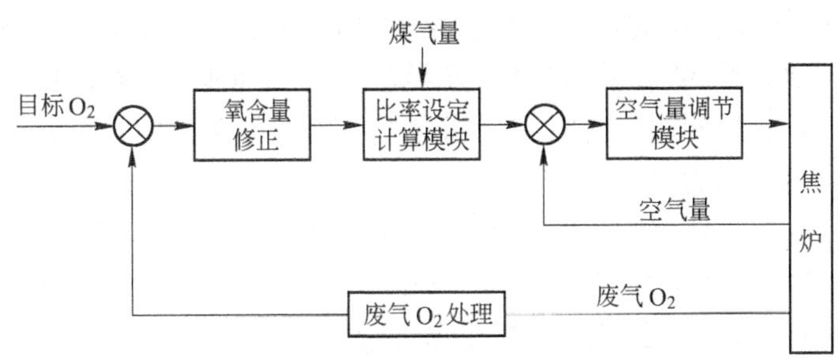

图 12-1-4 强制送风燃烧控制系统

(2) 自然送风。国内焦炉均为自然送风,在此情况下,采用以煤气量作为前馈因素,结合废气含氧量修正的调节烟道吸力的方案。看火孔压力作为吸力调节的限制条件引入控制模块中去。如图 12-1-5 所示。

c 管理功能

管理功能主要包括操作管理、火落管理和温度管理三方面的内容。

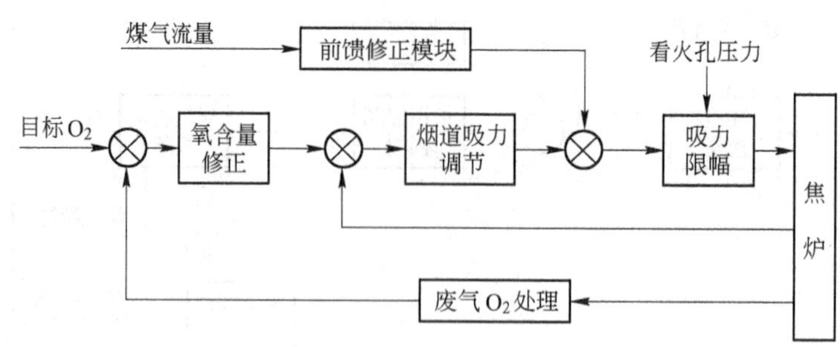

图 12-1-5　自然送风燃烧控制系统

(1) 操作管理。该部分包括推焦计划编制、自动传送和推焦装煤操作的自动管理等功能。

1) 推焦计划自动编制功能可按要求编班、日和若干天的推焦计划,供大车自动连锁、定位和推焦装煤操作使用。

2) 采用无线诱导母线方式精确识别炉号并双向传递信息,配合由矢量控制变频器、变频专用交流电动机等构成的新驱动装置,实现各车辆的一次自动定位及推焦连锁,电机车实现无人操作。

3) 推焦装煤操作自动管理系统通过采集装煤量以及推焦车上传送来的车位信号、推焦信号、平煤信号、推焦电流信号以及摘、关炉门信号,结合推焦计划,对推焦、装煤操作实行自动管理,形成报表和曲线,消除人为因素影响,提高管理水平。

(2) 火落管理。火落管理是宝钢一期引进新日铁焦炉而引入的一项热工管理制度。

基于火落的管理方式与国内通用的炉温管理方式有很大的差别,火落时间可以直观地、定量地衡量焦饼的成熟度,是属于对干馏结果的管理。

火落管理以火落判定为基础,通过在上升管桥管上安装热电偶连续测量荒煤气温度,通过寻找荒煤气温度最高点并采用相应的模型算法来推算出实际火落时刻。

火落管理可用于:

1) 全炉的燃烧管理。在规定的目标火落时间内使焦炭火落是全炉燃烧管理的目标。由于火落时间能反映炉温、装煤量、装煤水分影响,甚至还可以及时发现一些不常测温部位结焦异常的问题,因而,可利用火落时间来指导燃烧状态与条件的调整,使各炭化室平均火落时间达到预定火落时间的目标。

2) 全炉温度分布。通过测量火落温度,掌握全炉温度变化及检查炉温的分布。实际上,对采用温度管理的焦炉来说,由于炉体严密性、导热性等方面存在差异,即使被干馏的物料性状几乎一致,也会给全炉生产焦炭的成熟度带来差异。通过火落温度测量就可以较真实地反映全炉横墙及直行温度变化,从而指导调火。

3) 纵向的燃烧管理。通过控制炭化室间火落时间的差值,实现焦炉的纵向燃烧管理。一般定义班内最长的火落时间与最短的火落时间的差值称为班火落 R。按作业标准要求,R 应小于 60 min,否则就应进行调整。某一炭化室火落时间的调整是通过调整相邻燃烧室的煤气、空气量来实现的。

(3) 温度管理。作为辅助手段,系统将根据自动及人工测温的结果对焦炉直行温度和横墙温度进行自动管理,形成温度曲线及报表。

D 焦炉加热计算机优化控制应用分析

a 两种系统的比较

(1) 以前馈为主的控制系统，由于对影响加热控制的主要因素如装煤量、煤水分、煤气热值等进行前馈补偿，并考虑炉温和操作的影响，具有调整反应速度快，操作方便，易于掌握和投资维护费用低等优点(不需大量昂贵的测温装置)，因而更符合中国国情和焦化行业现状。该系统具有较低的投资、完善的功能和优良的效益。

(2) 温度反馈系统，由于采用直接代表焦炉热状态的相关温度作为被调参数，能很好地克服各种干扰的影响，因而对工况适应性强，但随着大量检测设备的使用，其使用和维护投资较大，且由于技术水平高、软件涉及的模型较复杂，操作维护要求也很高。

(3) 在实际应用中，一般将前馈和反馈结合起来应用较多。

b 实际应用分析

焦炉加热控制系统整体应用是较成功的，尤其是管理方面的功能，如焦炉操作管理、三车连锁、温度管理等，但不论是引进技术还是国内开发技术，优化控制部分功能的应用并不理想，尤其是长期稳定地运行方面。

在实际应用中，应关注以下几方面内容：

(1) 先进的优化控制技术和其操作、管理和维护人员不匹配，他们对优化控制的熟悉和掌握不足。由于国内焦炉生产负荷变化较频繁，优化控制算法需要根据负荷变化及时调整，如果现场人员不具备这种能力，那么控制功能就无法继续实施了。因此，在决定实施优化控制系统时，应同时确定具有相应能力的人员，并确保他们能够参与实施的全过程，全面掌握该控制系统的应用，在开发者不在现场时能够驾驭该系统。

(2) 生产不稳定因素，如配合煤、燃料、操作等因素的变化，会对优化控制产生重大作用。对这些影响，在策略上应将更多重要因素作为前馈或修正参数纳入控制，并能够及时响应。

(3) 检测设备，尤其是重要分析仪表维护跟不上，造成数据失真或发生错误，引起控制失败。在对策上，应该重视检测设备的维护，办法就是重点设备有专人负责，责任明确。

(4) 焦炉加热计算机优化控制技术的提供者应建立更加完善的服务体系，如建立远程监控和服务能力，能够按照现场的要求及时完善或调整控制系统，以实时解决现场的难题或弥补现场人员能力不足的普遍性问题。

12.1.2.2 集气管压力综合控制系统

A 概述

焦炉集气管煤气压力是焦炉压力制度中的重要参数之一，由于集气管压力在正常炼焦生产时有时会波动较大，常给焦炉生产造成严重的影响。过高，则由于荒煤气泄漏，引起炉门等冒烟、冒火，不仅污染环境，浪费能源，有时还会烧坏炉门铁件，影响焦炉寿命；过低，会将空气吸入到炭化室及荒煤气中，因而降低焦炭和荒煤气质量，甚至会引起生产事故。所以，无论是从设计上还是从生产操作管理上，人们都很重视该调节系统的作用，但由于影响因素较多而且较难克服，各调节系统间又存在较复杂的耦合作用，使该调节系统成为焦炉控制的一大技术难题。焦炉集气管压力综合控制系统是一个典型的多输入、多输出系统，采用常规的控制无法达到工艺要求。

现应用在焦炉集气管压力综合控制的方法有很多,分别采用了模式识别、解耦算法、专家系统等,采用这些先进控制算法,对解决多焦炉组的集气管压力控制问题起到了一定的效果,但在应用中都存在一定问题,也不能从根本上解决炭化室压力稳定问题。

在这里,介绍一种基于两个炉组共用一台鼓风机的集气管压力综合控制方案。

B　主要干扰因素和控制要点

a　主要干扰因素

一般认为,引起焦炉集气管压力在正常生产时波动较大的原因主要有:

(1) 炼焦用煤的性质(如煤的挥发分等)、装煤量、焦炉供热量等对荒煤气产量有影响的因素的变化;

(2) 焦炉加热煤气交换;

(3) 焦炉装煤操作;

(4) 各个焦炉集气管压力调节蝶阀、鼓风机前吸力调节蝶阀间的耦合作用;

(5) 调节系统本身调节参数整定的局限性;

(6) 调节蝶阀上、下游局部阻力器件对调节蝶阀实际调节特性曲线的影响;

(7) 其他对焦炉集气管压力有影响的干扰因素。

b　控制要点

根据上述焦炉集气管压力干扰因素的分析,综合控制遵循的基本要点为:

(1) 针对不同的干扰因素对每一炉组集气管压力调节器采用变 PID 参数控制方式;

(2) 当各个焦炉集气管间压力调节存在较强耦合时(如较长时间存在按同一方向变化的偏差时),通过调节鼓风机前的吸力来加以克服;

(3) 对各个调节蝶阀的放大系数进行非线性补偿,使之在某一区间的实际工作特性曲线接近等百分比流量特性;

(4) 监视调节蝶阀的开度,两个焦炉集气管压力调节及鼓风机前吸力调节均考虑蝶阀开度的变化,使调节蝶阀的工作点经常处在线性可调区。

C　控制系统构成

图 12-1-6 所示为两个炉组共用一个鼓风系统的集气管压力综合控制系统构成图,其中,荒煤气总管在鼓风机前的吸力调节在鼓风工段完成。

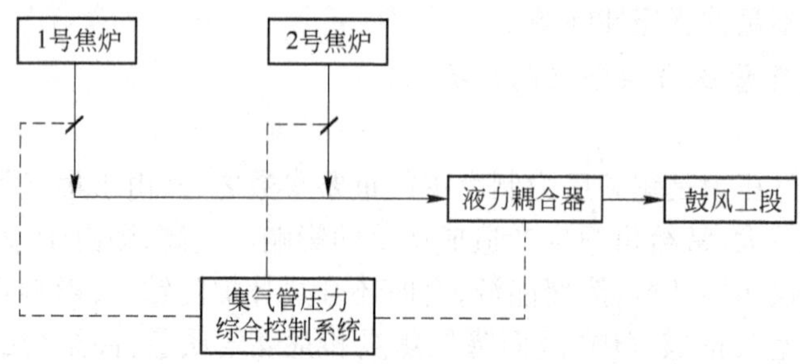

图 12-1-6　集气管压力综合控制系统构成图

综合控制系统功能可以在焦炉 DCS 内实现,也可在鼓冷 DCS 内完成,这样可以充分利用 DCS 的系统资源,不需要再增加新的控制系统。

D 控制系统主要功能

a 单一炉组集气管压力调节

单一炉组集气管压力调节的基本控制要点为:针对不同大小的干扰采用变 PID 参数方式控制。焦炉在不同操作时期对应集气管压力波动有不同的变化规律,采用 PID 参数来控制焦炉集气管压力很难取得较好的控制效果。当集气管压力波动较小时,采用大比例带、较小积分时间常数来控制集气管压力,可以克服干扰并防止震荡;当集气管压力波动较大时,自动采用小比例带、较大积分时间常数来控制集气管压力,能迅速克服干扰,并避免超调。实践证明这种控制方式对焦炉集气管压力调节系统有比较理想的控制效果。

报警处理功能,主要用于焦炉集气管压力测量值的报警处理,也可以结合 DCS 内部功能模块特性在模拟输入处理模块及 PID 模块内完成。

折线处理功能,主要用于克服由于调节阀上下游管道、工艺装置、阀门等引起调节蝶阀工作流量特性曲线畸变而造成的影响。由于调节蝶阀不是在理想条件下工作,对应同一调节增量,在不同开度时的调节效果不一样。所以,要对各个调节蝶阀的放大系数进行非线性补偿,使之在某一区间的实际工作流量特性曲线接近等百分比特性。

对各个焦炉集气管压力的调节采用变 PID 参数控制方式,其比例带和积分时间随偏差变化。

b 鼓风机前吸力调节

当单一炉组炉集气管压力都在较长时间存在按同一方向变化的偏差时,通过调节鼓风机前的吸力来加以克服。这种利用鼓风机前吸力来调节各个集气管压力的方法,可以克服单独调节各个集气管压力时集气管压力调节蝶阀间的耦合作用。需要说明的是,如鼓风机前吸力调节暂无条件,集气管压力调节变 PID 控制也能取得很好的效果。

c 调节蝶阀开度自整定

为使各个调节蝶阀处于动态可调区,需要经常根据两个焦炉集气管压力调节蝶阀的开度指示值来调整鼓风机前吸力调节蝶阀的开度,保证焦炉集气管压力调节蝶阀的开度处在相对线性可调区,使调节器处于较稳定的调节作用区间。对应调节蝶阀有两种开度情况:

(1) 焦炉集气管压力调节蝶阀都处于较小开度时;

(2) 焦炉集气管压力调节蝶阀都处于较大开度时。

前一种情况说明鼓风机前吸力过大,后一种情况说明鼓风机前吸力过小。这两种情况都要调节鼓风机前吸力,否则就会影响焦炉集气管压力调节系统总体控制效果。上述控制作用采用前馈控制方式实现,利用调节鼓风机前吸力方式消除。

12.1.3 焦化生产过程中的重要参数及其检测

12.1.3.1 配合煤水分

配合煤水分是炼焦过程中的重要工艺参数,由于其影响因素较多,范围波动很大(8% ~ 15%),对炼焦耗热量和结焦时间均有较大影响(配合煤水分每增加 1%,炼焦耗热量约增加 30 kJ/kg,结焦时间将增加 10 ~ 15 min),因此,要想实现焦炉的稳定生产,达到节能降耗、提高焦炭质量的目的,尤其是要实现焦炉加热的自动化,配合煤水分的连续在线检测是至关重要的。

这里以一种在焦化中应用较广泛的 OMM-3000C 型配合煤专用水分计为例做简要

介绍。

A　测量原理及特点

水对一些特定波长的红外光表现出强烈的吸收特性，其红外吸收光谱如图 12－1－7 所示。

当用这些特定波长的红外光照射物料时，物料中所含的水就会吸收部分红外光的能量，含水越多吸收也越多，因此可通过测量反射光的减少量来计算物料的水分。

由于物料对红外线的反射率因其不同的吸收特性及杂散特性而异，若仅用水的吸收波长，物料的表面状态、颜色、结构等因素会干扰水分测量；为此采用三波长法，即一个被水强烈吸收的波长（测量波长）和两个被水吸收不太强的波长（参比波长），检测和计算这三个波长反射光的能量之比，即可消除其他因素对水分测量的干扰。

OMM-3000C 配合煤专用水分计的工作原理如图 12-1-8 所示。光源发射的红外光穿过分光盘上的滤光片，经反射镜射向被测物料；分光盘上的不同滤光片只允许某一波长的红外光透过，分光盘在马达的驱动下高速旋转，使测量波长及参比波长的红外光交替射向被测物料；这些红外光有部分被物料吸收，部分反射到凹面聚光镜，被光电传感器接收并转换为电信号，由后续电路处理以计算出物料的水分。

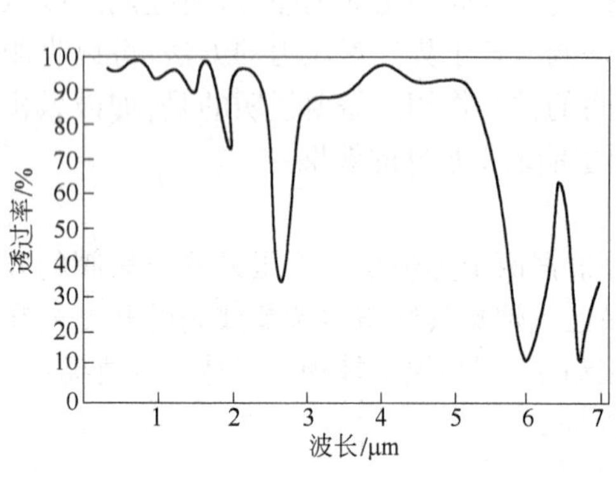

图 12-1-7　水的红外吸收光谱

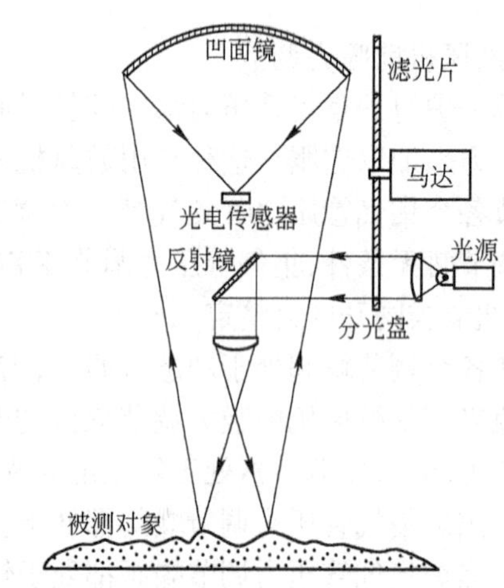

图 12-1-8　OMM-3000C 配合煤专用水分计的工作原理

其特点为：

（1）针对配合煤黑色吸收强、反射弱的特点经多次现场试验，不断创新，开发出独创的煤水分测量技术，解决了煤水分测量难题。

（2）光机电三位一体，内置微处理器，就地校正电器漂移，测量更加精确。

（3）独有的内部冷却结构，根除非净化气源对光学器件的危害，可在恶劣环境下使用。

（4）负载能力高达 750 Ω 的 4 ~ 20 mA 电流输出，可同时串接数显表、记录仪、调节器等，使得系统构成更加灵活。

（5）可采用 PC 机取代二次仪表，随时连接即可进行校验、标定、设定、诊断等操作，操作更加方便。

（6）水分计操作系统软件，全中文界面，无需培训，信息更加直观。

（7）RS485 接口，采用 PC 机时，1 根双绞线可挂接 32 台水分仪，通信距离达 1 km，使多台水分计的集中管理更加方便。

B 应用及维护

OMM-3000C 混合煤专用水分计测量系统的系统构成如图 12-1-9 所示。每一台水分计分别安装在不同的测量地点,独立完成对该测点的水分测量,并直接提供 4 ~ 20 mA 的电流输出,可串接数显表、记录仪、调节器等;可分别与 PC 机或水分计控制器相连接,其所完成的功能是一致的。

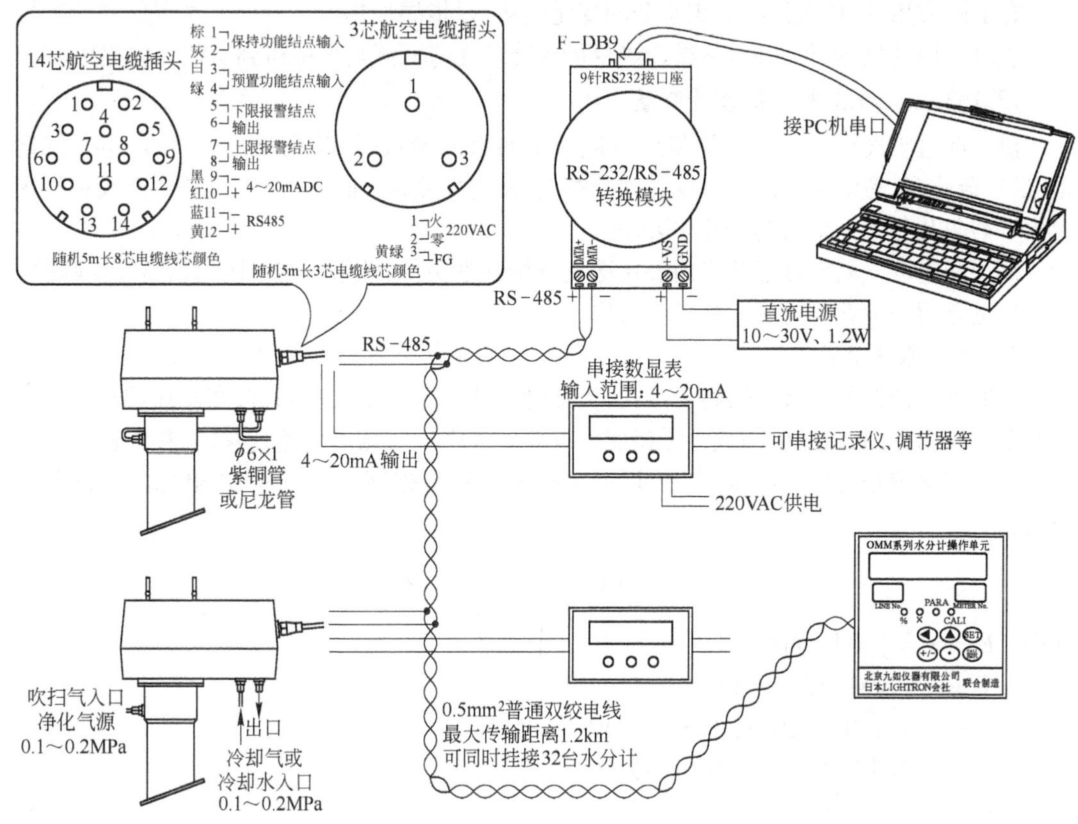

图 12-1-9 OMM-3000C 混合煤专用水分计测量系统构成

多台水分计可同时挂接在一根双绞线上,远传到 RS485/232 转换模块与 PC 机相连,PC 机可在需要时开启,完成对每一台水分计的设定、标定、诊断等操作,所附的中文界面软件还具备记录、图示等多项功能,可使操作更加直观、简捷,极易实现对多台水分计的集中管理;在难以配置 PC 机的场合,也可选配水分计控制器实现上述操作。

OMM-3000C 水分计几乎不需要维护,但为更好地应用,在焦化现场使用时应注意以下事项:

(1) 避免水分计的振动,采取遮光措施。

(2) 在被测料面起伏较大时,建议安装活动刮板。

(3) 当测量和实际水分值偏差较大时,应重新做标定以免影响测量。

(4) 定期检查气源的压力是否正常,气路管线有无泄漏。

(5) 焦化现场粉尘较大,即使在水分计停电时,也不要切断气源,否则易造成水分计玻璃窗口变脏，影响测量效果。

(6) 在必须停气时，请先用塑料袋包住水分计防尘罩，防止粉尘和蒸汽进入其中。如发生玻璃窗口变脏时，请用卫生纸擦拭干净。

(7) 当配煤有较大变化时，为保证检测精度，应对检测曲线进行修正。

水分计具有自诊断功能，通过水分计控制器可完成对水分计的设定、标定、诊断等操作（也可通过 PC 机完成该功能）。可根据不同的错误给出相应的错误代码并排查故障。

在实际应用中，应关注配合煤水分的变化趋势，以指导加热。

值得一提的是，近年来，这种配合煤专用水分计在煤调湿技术中得到了很好的应用。

12.1.3.2 烟道废气氧含量测量

焦炉烟道废气氧含量是评价焦炉燃烧系统的重要参数，但其检测一直很难，主要问题是：烟气杂质多，易堵塞，难清理，仪表维护量大，稳定性差，寿命短，维修不方便（锆头更换困难），一般氧化锆不适应恶劣的焦炉环境。

焦炉烟道废气氧含量通常采用氧化锆氧分析仪来测量，常用的有直插式和抽气式两种。

这里介绍一种新型的氧化锆氧分析仪。

A 测量原理及特点

热的氧化锆材料中含有氧离子空穴，当锆管内外两侧氧浓度不同时，在多孔铂电极的吸附及催化作用下，高浓度侧的氧分子将变为氧离子经空穴向低浓度侧迁移，并在两侧电极间产生一个与氧浓差对应的电压（如图 12-1-10 所示），根据能斯特方程，该电压与氧浓差关系为：

$$E = 0.0496T\lg\frac{\varphi_{大气}}{\varphi_{被测气}} + C \qquad (12\text{-}1\text{-}1)$$

式中 E——锆管电压，mV；

T——锆管绝对温度，K；

$\varphi_{大气}$——大气中氧的体积分数，一般取 20.95%；

$\varphi_{被测气}$——被测气体中氧的体积分数，%；

C——锆管本底电势，mV。

由式 12-1-1 可见，恒定锆管温度 T 并向锆管的一侧通入氧浓度固定不变的参比空气（如大气）时，测量锆管电压 E 即可求出锆管另一侧气体浓度。

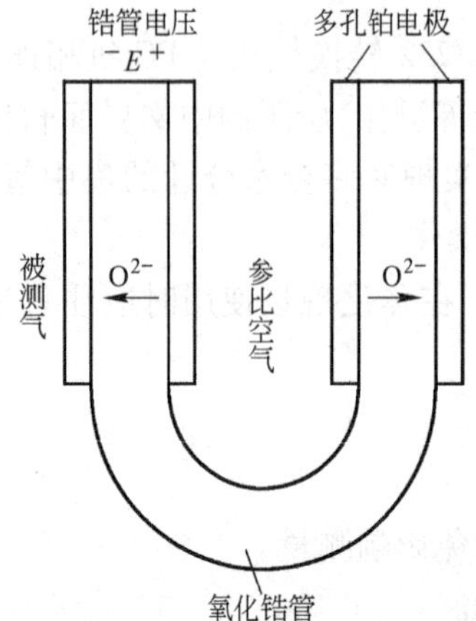

图 12-1-10 氧化锆氧分析仪测量原理

本节介绍的氧化锆氧分析仪采用长 90 mm、直径 7 mm、一端封闭的氧化锆管作为氧传感器，通过取样装置接触被测气，锆管内外两侧涂有多孔铂电极，由内加热器在 TBM 氧变送器的控制下将锆管加热至(735 ±0.2)℃，形成氧浓差电池(如图 12-1-10 所示)。

其特点为：

(1) 防堵塞。专门设计有防堵塞的取样装置，非常适宜我国以煤为主的燃料结构。

(2) 寿命长。锆管的表面涂层使其在 SO_2 等有害气体含量小于 0.03% 时可以连续工作 3 年以上。

(3) 内热式。高技术的陶瓷发热体结合温度铂电阻,以低功耗从锆管内部加热,体积精巧,最大限度地降低了探测器其他部件的温度,使密封更为可靠,探头寿命更加持久。

(4) 高稳定性。智能氧变送器结合内热方式,使锆管的温度控制精度高达 ±0.2℃,大大提高了锆管测氧的稳定性、准确度和测量范围。

(5) 易维护。智能氧变送器可给出丰富的自诊断信息,帮助排除应用中可能遇到的问题,探头的所有部件均易于更换。

B 应用及维护

氧化锆氧分析仪由取样装置、氧化锆探头和氧变送器三部分组成,如图 12-1-11 所示。

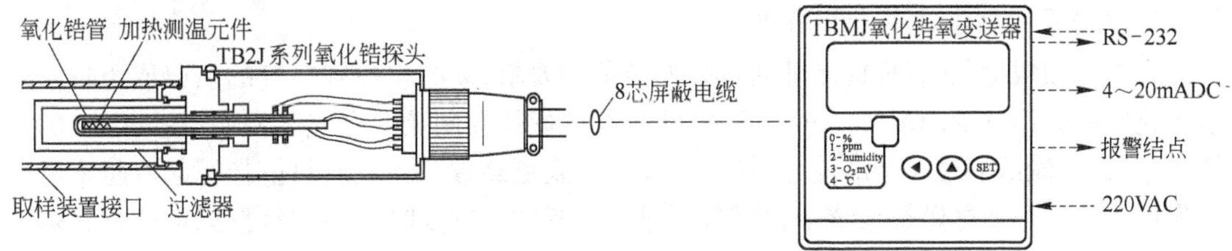

图 12-1-11 氧化锆氧分析仪组成图

其中,新型氧化锆探头与传统氧化锆探头对比性能有较大优势,见表 12-1-1。

表 12-1-1 新型氧化锆探头与传统氧化锆探头的性能对比

性 能	TB2J 新型氧化锆探头	传统氧化锆探头
锆管寿命	长,特殊涂层帮助锆管和铂电极抵御酸性气体及重金属的侵蚀	短,无涂层,易遭酸性气体及重金属的侵蚀,使锆管中毒、电极脱落
发热体	新技术陶瓷材料,寿命长	电炉丝,易断
加热方式	内热式,功耗低,除锆管端部高温外,其余部分温度较低	外热式,由电炉在锆管外部加热,功耗很大,探头整体温度高
密封性能	好,可用耐热橡胶圈可靠密封	差,只能用金属及陶瓷密封,易泄漏
测温方式	四线制铂电阻,高稳定,高精度,无需补偿导线	热电偶,精度差,需要冷端补偿,需用补偿导线
温控精度	高,±0.2℃,测氧范围宽,稳定	低,±5℃,测氧范围窄,不稳定
可维护性	好,探头轻巧,置于烟道外,任一部件均可方便地拆卸、更换	差,探头笨重,置于烟道内,高温变形及螺钉烧结使部件拆卸困难
取样方式	灵活多样,不易堵塞,易清理	单一,易堵,难以清理

TBMJ 氧变送器则采用当今最新 IC 设计的通用型高精度智能化仪表。它采用四线制铂电阻消除导线电阻引起的测温误差,精确测量氧探头中锆管的温度,连续调节加热功率,控制锆管温度稳定在(735 ±0.2)℃;它具有完备的自诊断信息,方便维护工作;通过按键可设定、修改及显示任意参数和量程范围;除提供 4 ~20 mA 标准信号外,还配有 RS232 或 RS485 串行通信接口以及报警结点输出。

氧化锆氧分析仪的维护是十分重要的,维护要点为:

(1) 探头锆管为陶瓷制品,易碎,应轻拿轻放,严禁敲打撞击。锆管高温工作,避免骤冷碎裂。现场安装使用要做防雨罩。

(2) 引射气源压力应尽量小,有样气排出即可,压力过大影响测量,且易损坏探头。

（3）定期清除取样器上的焦垢，及时排放气路上的分水滤气器内过滤出的水分。

（4）如果氧分析仪长时间停用，必须在通电之前先从取样器上旋出探头，拧下探头上的过滤器，检查锆管周围是否有冷凝水，如果有，必须吹干水分。

（5）如果气源长时间停用，在氧分析仪通电之前，必须排空气源以排空管路内冷凝的水分。

（6）氧分析仪要定期（约半年一次或视使用情况而定）标定，用户可就地采购标定用样气。

（7）当有故障发生时，氧变送器有故障自诊断功能，可根据显示故障代码对照处理。

12.1.3.3　燃烧控制和煤气热值

在能源领域里，随着现代工业对环保及节能的要求，监测和控制燃气的热值成为越来越多焦化领域必不可少的环节。对于高炉、焦炉煤气燃烧控制及混合气的控制，提高燃气的燃烧效率，发挥能源的最大经济效益，使生产操作达到更高效、更节能，热值指标起着越来越大的作用。在焦炉加热燃烧系统中，为保证供热量的稳定，应及时调整燃气量以补偿燃气热值的变化，尤其在采用高炉煤气时（热值（标态）波动大，一般为3300～4300 kJ/m^3）更加明显。

这里以焦化行业常用的FLO-CAL热值仪为例做介绍。

A　检测原理及特点

常用的热值测量方法主要有两种方式，即色谱分析式和燃烧式。其中色谱分析式通过测组分计算出热值，缺点是反应时间长、精度较低、价格贵。

在焦化行业中常用燃烧式，通称热值仪，它的实现公式是：

$$H = WI\sqrt{r_g} = K\Delta T\frac{\sqrt{\Delta P_a}}{\sqrt{\Delta P_g}}\sqrt{r_g} \tag{12-1-2}$$

式中　H——被测热值；

WI——华白指数；

K——常数，由标定时确认。与现场环境、温度、大气压力等因素有关；

$\sqrt{\Delta P_a}$——被测气体流量值；

$\sqrt{\Delta P_g}$——助燃空气流量值；

r_g——被测气体相对空气密度；

ΔT——被测气体温度改变值。

热值除了与以上因素有关外，还与煤气中水分多少、助燃是否充分、能否保证充分燃烧有关。所以，热值是个综合指标。

燃烧式热值仪工作原理（见图12-1-12）为：在燃烧之前，过程气和助燃空气均经过严格的控制，助燃空气的流量随着燃气的华白指数或热值的改变而改变，以便使烟气的温度保持不变。华白指数或热值数就是根据该流量的变化计算出来的。其特点为：

（1）具有完整的适应于具体介质的预处理系统；

（2）受环境温度的影响小，对环境的适应能力强；

（3）能够对燃气的热值进行快速和非常精确的测量；

（4）检测高炉煤气等热值低、点火点高的燃气时，热值仪能够保证不熄火；

（5）易于标定，操作方便，维护费用低。

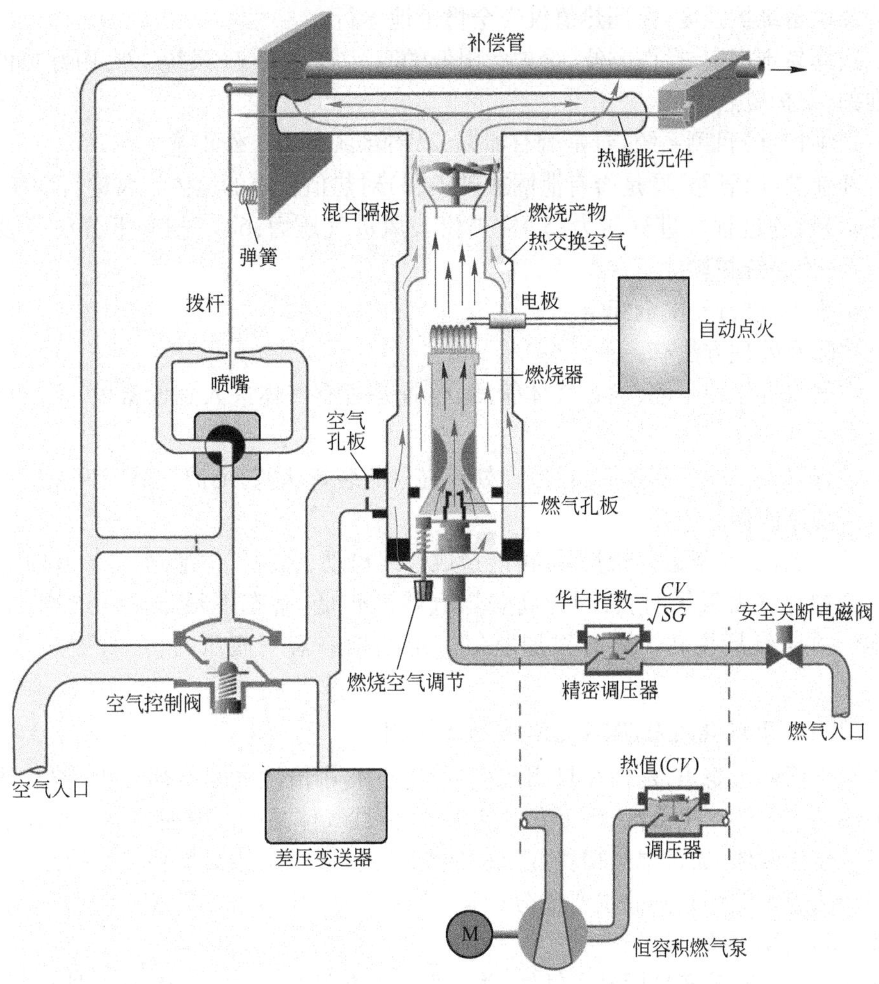

图 12-1-12 热值仪原理图

B 应用及维护

加热用煤气的热值是计算炼焦耗热量的基础,因此,在现代化焦化企业中,如果没有热值自动检测,就不可能实施合理的加热控制。目前,我国焦化行业已经普遍采用了热值仪对高炉、焦炉煤气或混合煤气热值进行监控,该测量值不仅可以用于加热的指导,在实施了焦炉加热计算机自动控制系统的装置中,更能够用于自动计算并自动调节加热量。

在热值仪的应用中,根据需要可以选择热值(kJ/km^3)或华白指数,两者之间关系见式12-1-2。

由于煤气中含有焦油、水分、灰尘和其他杂质,因此,热值仪必须有完善的预处理系统。热值仪应用的好坏很大程度上取决于预处理系统工作的质量。为使该系统能够长期稳定运行,在维护上必须有完善的责任制,有专业人员定期维护和清理,如果等到预处理装置发生堵塞、引起热值仪故障,处理起来就很困难了。

在测量低热值燃气时,建议采用加载辅助燃气加气系统的方式,从根本上解决热值仪熄火问题。

除此之外,采用仪表空气助燃,彻底消除现场环境空气不洁净的影响,也能够减小零部件的损耗及设备维护强度,保证热值仪安全稳定地运行。

除了选择易于标定、操作方便、维护费用低的高品质热值仪(系统)外,用好热值仪的关键在于维护,维护要点如下。

(1) 日维护:1)目测系统,看是否有泄漏;2)看系统是否工作正常。

(2) 月维护:1)管路,看是否有泄漏或破损;2)对热值仪内的恒体积泵进行润滑;3)更换过滤元件;4)检查过程气进气压力;5)检查仪表风进气压力;6)清扫一下分析仪及相关设备;7)进行一次系统校验。

(3) 年维护:进行一次全标定。

常见故障及处理方法有:

(1) 空气煤气压力不够,检查气体管线,检查是否有气体进入到设备里,增压设备是否能达到压力标准。

(2) 过程气不洁净含有杂质,导致预处理内过滤装置堵塞,维护人员应该及时反吹系统及更换或清洗过滤器。

(3) 设备老化,时间运行较长后,可能造成管线松动,出现气体泄漏,应该及时查漏。

(4) 高炉煤气需氢气助燃,因为高炉煤气热值较低,常态下很难正常燃烧,解决此问题最根本的方法就是往高炉煤气里加氢气。定期检查氢气瓶压力,及时更换氢气,防止灭火。

12.1.3.4 干熄焦过程循环气体成分及检测

干法熄焦简称干熄焦,是指在封闭的循环系统中,用惰性气体冷却红焦,被加热的惰性气体经余热锅炉换热产生蒸汽,用于发电和供汽,惰性气体温度下降后再循环使用。循环气体是热能传输的载体,通过熄焦槽将红焦的热能带走,通过余热锅炉将热交换给水,使水变成蒸汽。干法熄焦循环气体的主要成分(体积分数)为: H_2 0 ~ 10%;CO 0 ~ 20%;CO_2 0 ~ 20%;$O_2$0 ~ 5%;N_2平衡。

循环气体中含有较多易燃易爆气体,为了使干熄焦装置高效、稳定、安全地运行,必须对循环气体成分进行在线分析,正常生产时,O_2含量控制在1%以下;CO含量控制在4% ~7%之间;CO_2含量控制在13% ~17%之间,H_2含量控制在1%以下。根据分析结果可以及时发现生产操作和设备运行存在的问题。

一般情况下,如果循环气体中 O_2含量持续偏高,通常说明循环气道负压段有泄露或导入空气阀开度较大;如果循环气体中 H_2和 CO 含量持续偏高,通常说明余热锅炉管可能破裂,发生了水煤气反应($H_2O + C \longrightarrow CO + H_2O$),应先向循环气道中充氮气,间隔一段时间后,在 O_2含量较低情况下适当加大空气导入量,并采取其他相关工艺措施。

因此,循环气体分析仪的可靠运行是干熄焦装置安全生产所必须的。这里以国内干熄焦中应用最多的英国 SERVOMEX 气体分析仪为例做简要介绍。

A 测量原理及特点

干熄焦循环气体分析仪由一组分析仪器完整组合而成,其组成的分析仪器原理及特点如下。

a 氧含量的测量

在循环气体氧含量分析中,一般宜采用磁力机械式的顺磁氧分析仪。磁力机械式的顺磁氧分析仪的测量原理为:如图12-1-13所示,在非均匀磁场中,放置一对内充氮气的小哑铃球，小球外端有电流反馈线圈。两小球的连线中央安置一反光镜片。当非均匀磁场中没有氧分子时，小哑铃球位于非均匀磁场的最强位置，处于平衡状态。当非均匀磁场中有氧分子通过时，由于氧分子具有顺磁效应，氧分子在非均匀磁场中会汇聚在磁场最强部分。正是因为氧分子在磁场中最强处汇聚，使得哑铃球受到氧分压的作用，偏离原来的平衡位置。这种平衡位置的偏离，使得电光源所发出的红外光通过中央反射镜片反射到一对光电池上，光能发生变化。当光电池接受到不同的光强度，产生不同的光电流，该电流通过差动放大器放出后，送到哑铃球的反馈线圈上，该反馈电流产生的磁场与原磁场相反，使得偏离平衡位置的小哑铃球又回到平衡位置。

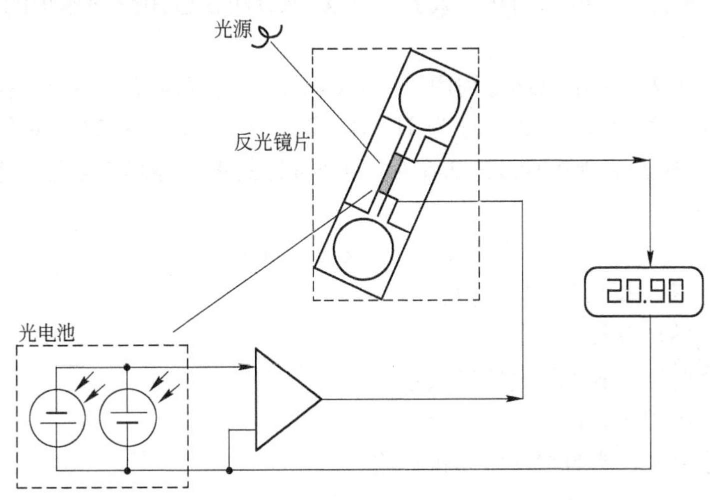

图 12-1-13 磁力机械式的顺磁氧分析仪的测量原理示意图

磁场中氧浓度越高，小哑铃球偏离原平衡位置越远，光电池上产生的差动电流也越大，放大器放大后的反馈电流也越大，即反馈电流的大小正比于磁场中氧气的浓度。

b 一氧化碳/二氧化碳测量

循环气体中一氧化碳/二氧化碳测量一般采用红外式一氧化碳/二氧化碳分析仪，其测量原理如下。

红外线分析仪主要是利用双原子或多原子组成的气体分子能够吸收定波长的红外光能的原理制成的，红外分析仪结构如图 12-1-14 所示。

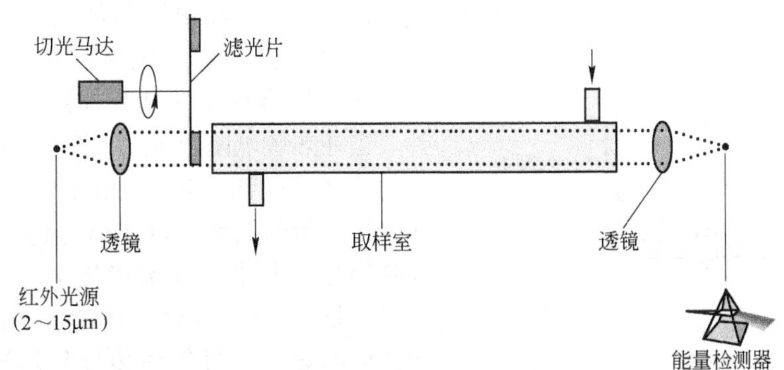

图 12-1-14 红外分析仪结构

红外光源产生红外光，经过切光马达上两个不同的滤光片可以选择不同的被测组分。一个滤光片为参比光的滤光片，光源通过该滤光片后产生一个特定的、单一的波长光束，这个波长的能量不被所测气体及其他背景气体吸收。另一个滤光片为测量滤光片，光源通过该滤光片后产生一个单一的、特定的波长的光束，该光束的能量能够被所测量的气体成分吸收而不被其他的背景气体吸收。切光马达带动这两个滤光片实现测量光束与参比光束的切换，而能量检测器可以连续不断地检测到两个能量，根据其差值大小从而计算出气体组分中所含气体分数。

c　氢含量测量

循环气体中氢含量一般采用热导式氢分析仪，该分析仪应用热导原理测量氢气，同时配置补偿转换计算器。

热导式氢分析仪的工作原理是利用气体的体积分数与气体导热系数有关系这一物理特性。前文提到循环气体中主要组分为 H_2、O_2、CO、CO_2、N_2。0℃时相对导热系数：H_2 为 7.130，O_2、CO、N_2接近 1.000，CO_2为 0.614。循环气体的平均导热系数可以近似地用叠加法来计算，即：

$$\lambda_m = \lambda_1 C_1 + \lambda_2 C_2 + \lambda_3 C_3 + \lambda_4 C_4 + \lambda_5 C_5 \tag{12-1-3}$$

式中　λ_m——循环气体平均导热系数；

λ_1——H_2导热系数；

$\lambda_2 \sim \lambda_5$——分别为其他四种气体导热系数；

C_1——H_2体积分数；

$C_2 \sim C_5$——分别为其他四种气体体积分数。

不妨先假设 $\lambda_2 \sim \lambda_5$近似相等，又 $C_1 + C_2 + C_3 + C_4 + C_5 = 1$，则有：

$$\lambda_m = \lambda_1 C_1 + \lambda_2 C_2 + \lambda_3 C_3 + \lambda_4 C_4 + \lambda_5 C_5 = \lambda_1 C_1 + \lambda_2 (1 - C_1) = \lambda_2 + (\lambda_1 - \lambda_2) C_1 \tag{12-1-4}$$

从式 12-1-4 可以看出，λ_m与 C_1之间有唯一的函数关系，只要测出 λ_m就可求得 C_1。

把多组分混合气体的 λ_m的大小转化为电阻值的变化是通过热导池来完成的。它是热导式气体分析仪的核心部件，如图 12-1-15 所示。由金属制成的圆柱形腔体中，垂直悬挂一根热敏电阻元件，一般为铂丝。电阻元件与金属腔体之间有良好的绝缘体。电阻元件通过两端引线通以电流 I。被测气体从热导池下面入口进入，从上面出口流出，气体流量要恒定且很小。热导池中的热敏元件既是加热元件又是测量元件。当在热敏电阻上通过恒定电流时，电阻丝产生的热量会向四周散发，由于气体流速极小，气体直接带走的热量可以忽略，热量只能通过气体导热换热的方式向气室壁传出。当混合气体中氢气含量增加后，混合气体的 λ_m则会增大，电阻丝产生的热量通过气体传导到热导池壁的热量必然也会增大，电阻丝的平衡温度就会下降，这

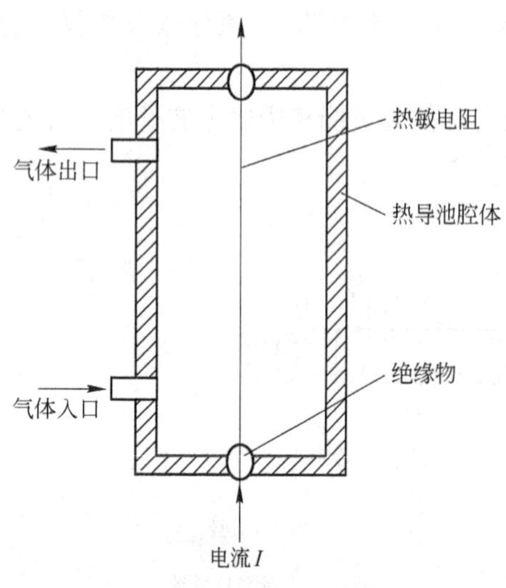

图 12-1-15　热导池结构

就导致电阻丝电阻值减小。因此完全可以通过热丝阻值的大小来测量氢气的含量。

由于CO_2的导热系数与其他三种背景气的导热系数相差较大,假设条件下的计算公式有误差,需对H_2的测量值进行补正,根据实际经验,补正公式为:

$$\varphi(H_2)_{补} = \varphi(H_2)_{测} + 0.125[\varphi(CO_2)_{测} - \varphi(CO_2)_{标}] \tag{12-1-5}$$

式中 $\varphi(H_2)_{补}$——H_2测量值的补正值;

$\varphi(H_2)_{测}$——H_2测量值;

$\varphi(CO_2)_{测}$——CO_2测量值;

$\varphi(CO_2)_{标}$——H_2零点标准气中CO_2的体积分数。

由以上介绍可知,循环气体分析仪并不是简单地由几种气体分析仪器组合而成,而是由内置的计算模块计算补正后输出正确的过程值。

B 应用及维护

通常干熄焦气体分析的采样点设置在循环风机出口(如图 12-1-16 所示)。采样点处循环气体的温度约为 180~260℃,压力约为 5884 Pa(即 600 mmH_2O),粉尘含量约为 1000 mg/m^3。

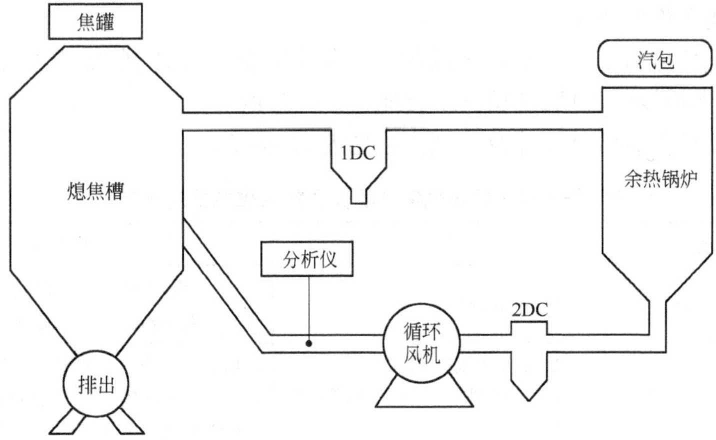

图 12-1-16 循环气体检测位置

根据实际工况,循环气体分析仪能够稳定使用,除了选用合适的分析仪表外,样气预处理装置的设计至关重要。本循环气体分析仪采用英国 SERVOMEX 的氧分析仪、氢分析仪、红外线分析仪,并配以蒸汽引射、水洗水冷、空冷、过滤的样气处理装置,构成完整的干熄焦循环气体分析系统。

虽然随着电子技术的发展和控制装置的革新,出现了许多功能复杂的取样预处理系统,比如带有 PLC 控制、具有水冷、自动温度控制、自动反吹的系统,但从实用的角度来看,追求取样预处理系统功能强及自动化水平高并不总是正确的,因为,复杂的取样系统发生故障的概率也高,而且难于维护和更换。因此,选取处理系统的原则应该是:在能满足仪器正常工作前提下,取样预处理系统越简单越好。这是样气处理系统选型过程中应充分考虑的问题。

在本循环气分析系统中,采用一种全新的样气预处理系统,即以“疏”代“滤”、“加热干燥”代“降温除水”的预处理方法除尘除水,即蒸汽引射和水淋除尘降温方式。在取样点,预处理系统采用蒸汽射流器取代了取样泵,同时取样管采用直径 25.4 mm(1 in)的不锈钢管,无任何过滤器,克服了常规取样方式的取样头易堵塞的缺点。用蒸汽射流取样的优点是采用蒸汽既作为引射动力又与样气混合，运载样气和冲刷取样管线，确保了取样点和取样管线无任何堵塞发生。由于样气为干热气体，蒸汽引射后管段又有保温，样气中的气汽混合样气无液态水产生，且流速加快，可避免该管段的灰尘沉积和堵塞，大大降低了维护量。采用哈氏合金特制的采样探头具有耐高温、抗腐蚀及耐冲刷的特点，有效寿命 5 年以上。当与蒸汽混合的样气进入样气预处理柜内时，先与冷却水混合，冷却水一方面使混合样气中的蒸汽冷凝成水排出，另一方面把样气中的灰尘等固体颗粒洗下由排污排凝管排出。完成气液分离后的干净被测样气经空气冷却器（样气被冷却到 40℃以下）、过滤器进入气体分析仪进行测量。

最为关键的是顺磁氧分析仪器测量室被加热到 60℃，红外分析仪测量室被加热到 80℃，当小于 40℃的被测样气进入测量池时，使得样气中的水泡和水蒸气不会在测量室内冷凝，以保证测量精度。由于 SERVOMEX 分析仪器的测量室采用了加热的方法，确保了测量池内无任何冷凝现象，保护了测量元件不受损坏，进而保证了测量之中的高稳定性和高精度，延长了仪器的使用寿命。通过采用以上介绍的特殊样气处理系统，保证了气体分析系统连续和非常可靠的运行。

和其他带样气预处理系统的分析仪器一样，循环气体分析仪应用的好坏很大程度上取决于预处理系统工作的质量。

用好循环气体分析仪的关键在于维护。必须有完善的责任制，确定专业人员定期维护和清理，发生问题应及时处理，确保分析仪能连续稳定运行。

循环气体分析仪表常见故障及处理方法见表 12-1-2。

表 12-1-2　循环气体分析仪表常见故障及处理方法

序号	故障现象	故障原因	处理方法
1	浮子流量计不稳定	引射蒸汽带水	（1）蒸汽管线要进行保温； （2）对蒸汽进行脱水处理
2	双金属温度计指示高	（1）仪表压缩空气压力低； （2）旋风制冷器的排气调节位置不对	（1）调节空气过滤减压阀的出口压力，夏季应在 490～588 kPa（5～6 kg/ cm^2）； （2）用螺丝刀调节旋风制冷器排气出口的位置
3	氧分析仪、一氧化碳/二氧化碳分析仪、氢分析仪显示值不稳定或不变化	分析仪表的测量元件进水	分析仪表的测量元件进水，很容易导致测量元件损坏。一旦分析仪表的测量元件进水，要及时处理。用仪表压缩空气或氮气，对分析仪表测量元件进行冲洗，否则应更换仪表的测量元件
4	一氧化碳/二氧化碳分析仪显示值不稳定	仪表压缩空气带油、带水	改善仪表压缩空气的质量，进行脱油、脱水处理，或者用氮气替代压缩空气
5	浮子流量计进水	（1）旋风制冷器工作状况不好； （2）11LD 不排水（自动排凝器）	（1）改善旋风制冷器的工作状况； （2）检查 11LD
6	分析仪显示值不正常	校验步骤存在问题	按照正确的校验步骤进行操作
7	氧分析仪显示值不稳定（漂移）	（1）传感器进水； （2）传感器故障	更换传感器（部件号:00325000）
8	氢分析仪显示值出现 R/O	（1）测量值超量程； （2）传感器故障	更换传感器
9	氢分析仪不能正常校验	传感器故障	更换传感器

12.2　焦化企业系统集成和计算机管理

焦化企业的系统集成应充分考虑基础控制、先进控制、调度管理以及上一级管理(MES、ERP)对硬件和软件的要求。

基础控制一般采用成熟可靠的基于计算机的控制系统(DCS/PLC),完成工艺过程的数据自动采集和工艺参数的自动控制。

先进控制和调度管理一般由高性能的计算机来完成。这些计算机作为集成系统中的节点,通过网络获取相关数据,建立数据库,并实施先进控制和调度管理。

先进控制计算机一方面接受基础控制级过程数据,一方面根据控制算法计算出控制参数,并向基础控制系统发出控制指令,同时为生产调度管理计算机提供及时准确的生产数据。

12.2.1　焦化企业生产控制与管理集成系统的结构

就系统功能来说,焦化企业生产控制与管理集成系统结构层次体系一般可以归结为如图 12-2-1 所示。

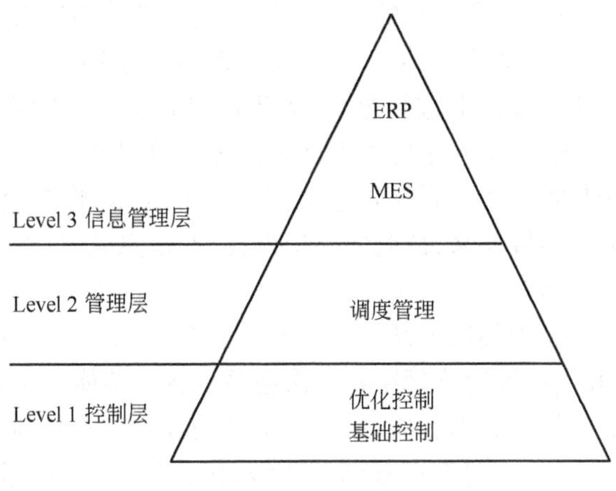

图 12-2-1　系统结构层次

系统结构层次有:

(1) 控制层,包括基础控制及优化控制;

(2) 信息管理层,包括数据信息和管理;

(3) 管理层,包括调度管理;

(4) ERP、MES 层,此层为公司级,一般不在焦化设计范围内。

一个典型的焦化企业生产控制与管理集成系统网络结构图中,基础控制级主要包括如下子系统:堆取料机控制系统、备煤控制系统、煤调湿控制系统、自动配煤控制系统、焦炉控制系统、车辆控制及作业管理系统、干熄焦控制系统、发电控制系统、筛储焦控制系统、煤气净化控制系统、焦炉车辆控制系统、除尘控制系统、酚氰废水控制系统、焦油控制系统、苯加氢控制系统等。

基础控制系统设备主要包括工程师站、操作员站、过程服务器与现场控制单元连接的过程控制站及附属设备。

信息管理层在基础控制和优化控制层各系统的监控站增加设置工业以太网通信接口，通过工业以太网交换机将不同系统连接起来，构成环形的基础控制级工业以太(Ethernet)网络。

基础控制级网络通过网关接口和OPC通信协议，将各控制系统的实时生产数据传送到上层系统中。

调度管理层由数据服务器、核心交换机、网关计算机以及遍布在各车间办公室、化验室、能源计量中心和控制室的管理计算机组成。网络采用交换式快速以太网技术，通信协议采用TCP/IP通信协议。

12.2.2 焦化企业生产控制与管理集成系统的主要功能

随着市场经济和信息技术的飞速发展，焦化企业内外部信息交换已不再局限于通常意义上的对生产现场状态的监视和控制，它需要将现场信息和管理信息结合起来，实现对经营决策、管理、计划、调度、过程优化、故障诊断、现场控制等信息的综合处理。

焦化企业生产控制与管理集成系统就是在这种需求下发展起来的。目前大多数焦化企业中包含多种类型的控制系统或装置，如PLC控制系统、DCS控制系统、设备成套控制系统等，各系统间缺少信息共享和协调一致的手段。随着信息技术的发展，生产自动化领域的产品技术也在不断更新，工业以太网技术在工业控制领域的应用也越来越广泛和成熟，将电力、自动化、计算机等专业在设计上进行整合，为生产过程控制与管理集成系统的进一步开发研制在领导决策、统一策划、研发条件等方面提供了有效保障。

焦化企业生产控制与管理集成系统通过先进的信息技术，将企业内存在的多个控制系统通过网络基础控制网络连接起来，彼此之间协调控制、信息共享，并通过网关接口，向上一级传送数据和接收上级的指令。

焦化企业生产控制及管理集成系统，其系统功能及性能的核心内容就是基础控制及优化控制层、信息管理层和生产调度管理层各层次各系统各自功能的有机集成，它将原来各系统分散的、单一的、孤立的控制管理功能，集成为整体的、层次的、协调有效的控制管理功能。

管理层处于系统的上层，实现贯穿基础控制级、优化控制级、管理计算机各个层次的信息资源的采集、整合和分析，为焦化企业高管层提供决策性应用和信息的综合展示，为下层提供生产计划和产品策略、产品质量和安全环保要求等指令。

12.2.2.1 基础控制及先进控制层

本层包含两部分内容，基础控制级和先进控制级。

A 基础控制级

用于实现现场生产过程的自动控制，同时向先进控制系统及上层系统提供优化、管理所需要的各种原始数据。在基础控制级主要完成如下功能：(1)信号采集及处理；(2)控制功能；(3)监视功能；(4)操作功能；(5)报警功能；(6)报表功能；(7)打印功能；(8)历史数据存储功能；(9)自诊断及容错功能；(10)通信功能。

B 先进控制级

一方面接受基础控制级发出过程数据，一方面根据原料的情况，焦炉的生产能力，优化生产方案、控制参数，向基础控制级发出生产指令，同时为生产调度管理层提供及时准确的生产数据。

炼焦先进控制系统包括焦炉优化控制、配煤优化控制系统等。

焦炉优化控制是在焦炉控制系统的基础上，实现焦炉操作自动化管理、测温系统管理和焦炉加热优化控制，从而提高焦炉的综合管理水平和加热控制水平。其硬件由高性能计算机组成，通过网络与焦炉控制系统和车辆控制系统通信。

配煤优化控制通过对原煤管理数据、焦炭质量数据的分析，用数学模型精确计算出各种煤的配比，优化后得到的配煤比通过网络下达给自动配煤装置，达到配合煤的成本最低原则。焦化企业生产控制与管理集成系统在优化控制级主要完成如下功能。

（1）焦炉加热优化系统：1）手动测温管理；2）操作管理系统（推焦计划自动编排及操作监视）；3）数据采集系统；4）自动测温管理系统；5）火落管理系统；6）前馈控制系统；7）煤水分处理系统；8）反馈控制系统。

（2）炼焦配煤优化系统：1）煤资源管理系统；2）煤场管理系统；3）生产数据库（进煤质量管理、单种煤配合煤焦炭质量指标管理、焦炉生产工艺指标管理、数据模糊检查、自动统计报表）；4）焦炭质量预测系统；5）配煤优化系统；6）自动配煤作业监控系统；7）原料煤采购计划。

12.2.2.2　信息管理层

信息管理层处于生产调度管理层与控制层之间，它是在常规的各基础控制和优化控制网络基础上新构建的基础级工业控制环网，它将各车间、工段、设备所采用的不同的 PLC/DCS 系统及优化控制系统的网络有机地联系在一起，在各系统之间实现信息互联。

12.2.2.3　调度管理层

生产调度管理系统主要完成如下功能：（1）数据采集处理（动态画面数据、历史数据、离线采集数据）；（2）实时动态画面监视；（3）实时电视监视；（4）厂长管理；（5）调度管理；（6）计量管理。

13 环境保护

13.1 烟尘治理

13.1.1 系统基本组成及设备

13.1.1.1 系统基本组成

在焦化生产中,从炼焦用煤的准备到成品焦炭的运出,整个过程的各环节都有不同程度的烟尘产生,若不加以控制和治理,将对焦化生产企业、生产人员以及周边的环境造成严重污染,因此,必须采取有效措施对这些烟尘进行治理。

烟尘治理的最根本、最有效的措施是加强对污染物散发设施的密闭,以减少污染物向周围环境的散发量,在此基础上,利用成熟可靠的烟尘治理系统对散发的污染物进行治理。

一般来说,烟尘治理系统由烟尘捕集单元、烟尘净化单元、通风机组、净化后烟尘排放设施、收集到的粉尘的输送单元及必要的连接管道等部分组成。各部分的相互关系如图13-1-1所示。

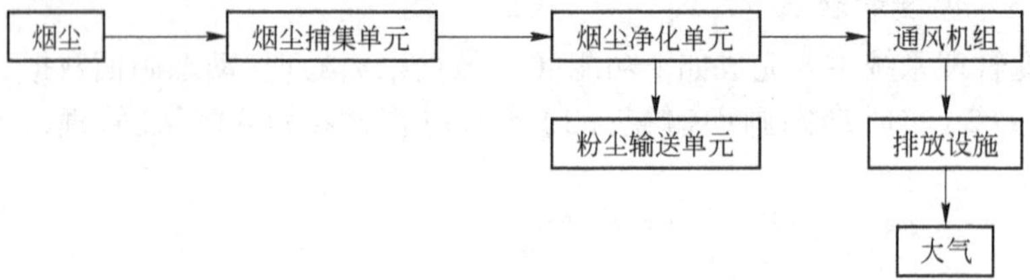

图13-1-1 烟尘治理系统组成示意图

各部分的主要构成及功能分述如下。

A 烟尘捕集单元

该部分用于捕获生产设施将要散发到环境中的烟尘,主要是由各种类型的吸气罩、烟尘传输装置及相应的调节阀门组成。吸气罩有移动式和固定式两种类型,可根据尘源点的位置是否固定来选择相应的形式。按吸气罩的外形还可分为密闭罩、伞形罩、侧吸罩等形式,生产设施不同、生产工艺不同,则吸气罩的形式也将有所不同。吸气罩设置在产尘处,其形状大小根据工艺生产设备情况及扬尘量来确定,大型吸气罩通常与工艺设备做成一体,如装煤车除尘用罩套、出焦除尘的拦焦车上配带的可移动的大型吸气罩。吸气罩的设置是以对工艺设备产尘点尽可能密闭为基础的,若相关的工艺设备不能实现密闭,则吸气罩无法发挥应有的作用。

B 烟尘净化单元

该部分用于对捕获的烟尘进行净化处理,去除或减少烟气中的有害物质(粉尘等),使烟气中的有害物质的浓度低于相关环保法规所规定的有害物排放浓度的限值,主要组成部分是除尘装置,包括各种类型的除尘器及烟气预处理装置。除尘装置类型的选择与烟气中有害物的成分有密切的关系。焦化生产中常用的除尘装置主要有脉冲袋式除尘器、泡沫除尘器及冲击式除尘机组等。

C 通风机组

通风机组是烟尘治理系统的动力源。通过通风机组的运行，在系统内产生动力，克服系统中烟尘捕集单元、烟尘净化单元、排放设施及连接管路的阻力，将捕集到的烟气经过净化后排入大气中。通风机组通常设置于烟尘净化单元后面，烟气的净化在负压状态下进行。通风机组由风机和电机组成，在需要对风机的运行状态进行调节时，在风机与电机之间一般设置调速装置（如液力耦合器、油压离合器等），或采用变频电机调节风机的转速。

通风机用于烟尘治理时常采用离心式，风机的规格及性能的选择应根据烟尘治理系统的实际需要计算确定。

D 排放设施

净化后的烟气在通风机组的作用下，将经过排放设施排放到周围的大气中。排放设施主要由风机出口消声装置、烟囱等部件组成。消声装置安装在通风机的出风口，用于降低风机出口的噪声，烟囱用于将净化后的烟气按有关法规的要求集中高空排放。

E 粉尘输送单元

该部分用于将烟尘净化装置收集下来的粉尘运走，以保障烟尘治理系统正常有序地运行。粉尘输送单元主要由排尘装置（格式排尘阀、气控排尘阀等）、粉尘运输装置（螺旋输送机、埋刮板输送机、斗式提升机、粉尘加湿机、气力输送装置等）组成。

F 其他设施

除上述几个主要部分外，根据烟气的不同，还需要其他一些辅助的装置。如对于高温烟气，需要在除尘装置前加设冷却装置；对于挟带明火颗粒的烟气，在除尘装置前加设阻火分离装置；对于含尘浓度高的烟气，需在除尘装置前加设烟气预处理装置；对于含有黏性粉尘的烟气，需在除尘装置前设置预喷涂装置或其他方式的黏性烟尘吸附净化装置，以降低粉尘的黏结特性，保障系统的正常稳定运行。

总之，烟尘治理系统是由以上各部分组成的一个有机整体，它们之间相互联系、相互影响，任何一个部分出现故障，都会影响整个系统的有效运行。

13.1.1.2 脉冲袋式除尘器

在种类、规格繁多的除尘设备中，过滤式除尘设备所占比例最大，而在众多的过滤式除尘器中，以脉冲袋式除尘器在国内外的应用最为广泛。其特点是清灰效果好，除尘效率高，运行稳定，适应性强。焦化厂除尘常用的脉冲袋式除尘器有低阻文氏管脉冲袋式除尘器和低压长袋脉冲袋式除尘器两种。

A 脉冲除尘器的工作原理

脉冲袋式除尘器利用滤袋对含尘气体进行过滤。滤袋的清灰是利用压缩空气来进行的。脉冲除尘器主体由下箱体（又称灰斗）、中箱体、上箱体三部分组成，喷吹系统安装在上箱体。结构原理如图 13-1-2 所示。除尘时，含尘气体由箱体下部（或中部）进入，经滤袋时粉尘被阻留在滤袋外表面，并附在滤袋上，穿过滤袋壁进入袋内的净气进入上箱体由排气出口排出。当滤袋外表面贴附的粉尘达到一定厚度时，阻力增大，此时，需将贴附的粉尘清理下来，即进行清灰。这时脉冲控制仪发出脉冲信号，使电磁脉冲阀接受信号并开启，气包中的压缩空气在极短时间内经喷吹管的喷孔喷出，并引射大量空气形成高压气团进入滤袋，使滤袋受到由内到外的气流冲击，贴附在滤袋外表面的粉尘被清除并沉落到下部箱体灰斗中，完成清灰后的滤袋可按控制要求再进行过滤。

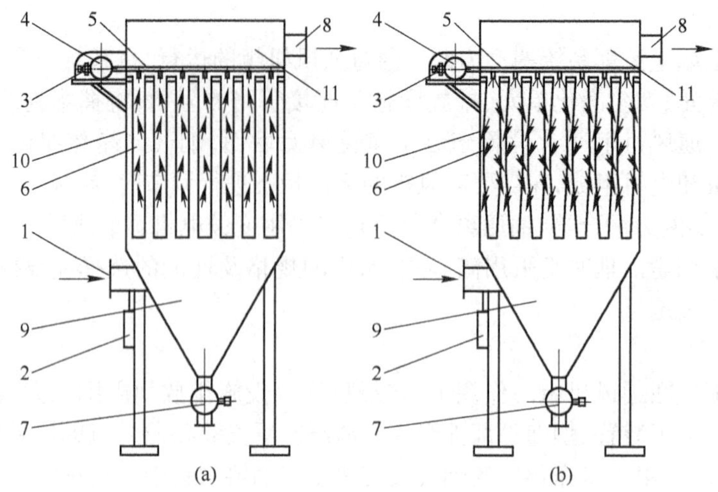

图 13-1-2　脉冲除尘器结构原理

(a) 过滤状态；(b) 清灰状态

1—尘气入口；2—控制仪；3—电磁脉冲阀；4—气包；5—喷吹管；6—滤袋；7—排尘阀；8—净气出口；9—灰斗；10—中箱体；11—上箱体

B　低阻文氏管脉冲袋式除尘器

DZW93 型低阻文氏管脉冲袋式除尘器属小型除尘器，单台处理风量小于 45000 m^3/h。该除尘器具有先进的结构形式和新型的喷吹技术，可使设备具有运行阻力低、净化效率高以及便于操作管理等优点。脉冲阀采用低压喷吹技术，压缩空气压力只需 0.2～0.25 MPa 就既可达到清灰效果，又能降低能源消耗，并使脉冲阀膜片等易损部件延长使用寿命。该除尘器在室内外均可使用，当在室内使用时，除尘器滤袋框架应制作成两段，以方便维护。DZW93 型 144-2000 除尘器外形如图 13-1-3 所示，除尘器运行参数见表 13-1-1。

DZW93型144-2000外形图

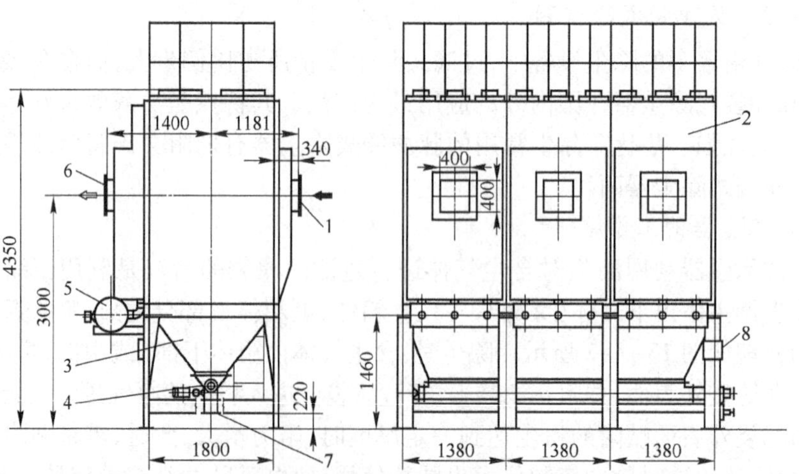

图 13-1-3　脉冲袋式除尘器

1—尘气入口；2—本体；3—灰斗；4—排灰螺旋；5—气包；6—净气出口；7—排灰口；8—脉冲控制仪

表 13-1-1 DZW93 型 32～192 低阻文氏管脉冲除尘器运行参数表

型号规格	滤袋长度/m	袋数/条	仓数/个	过滤面积/m^2	过滤风速/$m \cdot min^{-1}$	处理风量/$m^3 \cdot h^{-1}$	设备阻力/Pa	除尘效率/%	脉冲阀数量/个	排灰电机功率/kW	外形尺寸(宽×长×高)/mm×mm×mm	设备质量/kg
DZW93 型 32-2000	2.0	32	2	32.2	2～3	3864～5796	1000～1500	99.5	2	1.1	2600×1000×4652	2208
DZW93 型 48-2000	2.0	48	3	48.3	2～3	5796～8694	1000～1500	99.5	3	1.1	2600×1500×4350	2460
DZW93 型 48-2600	2.6	48	3	62.7	2～3	7524～11286	1000～1500	99.5	3	1.1	2600×1500×4950	2741
DZW93 型 64-2000	2.0	64	4	64.3	2～3	7716～11574	1000～1500	99.5	4	1.1	2600×2000×4350	3624
DZW93 型 64-2600	2.6	64	4	83.6	2～3	10032～15048	1000～1500	99.5	4	1.1	2600×2000×4950	4045
DZW93 型 96-2000	2.0	96	6	96.5	2～3	11580～17370	1000～1500	99.5	6	1.5	2600×2900×4350	4200
DZW93 型 96-2600	2.6	96	6	125.4	2～3	15048～22572	1000～1500	99.5	6	1.5	2600×2900×4950	4920
DZW93 型 144-2000	2.0	144	9	144.8	2～3	17376～26064	1000～1500	99.5	9	1.5	2600×4300×4350	6900
DZW93 型 144-2600	2.6	144	9	188.2	2～3	22584～33876	1000～1500	99.5	9	1.5	2600×4300×4950	7572
DZW93 型 192-2000	2.0	192	12	193.0	2～3	23160～34740	1000～1500	99.5	12	1.5	2600×5900×4350	8700
DZW93 型 192-2600	2.6	192	12	250.8	2～3	30096～45144	1000～1500	99.5	12	1.5	2600×5900×4950	11200

C 低压长袋脉冲袋式除尘器

低压长袋脉冲袋式除尘器采用单元模块化结构，可根据除尘烟尘量的大小确定单元的数量和规格，设计选用较灵活。滤袋直径一般在 130～160 mm 之间，长度一般为 6 m，根据需要也可加长至 8 m。脉冲喷吹采用顶部喷吹方式，压缩空气压力可采用 0.3～0.6 MPa。该类除尘器体积庞大，常设置于建筑物外。

13.1.1.3 泡沫除尘器

泡沫除尘器是一种结构简单的湿式除尘器，具有防腐性好、操作方便、维修简单、备品备件少、动作可靠等特点，是焦化厂湿熄焦焦处理工艺中的专用除尘设备。除尘器由进气室、筛板、滤水挡板、出气口、泥浆阀和供水系统等六个部分组成。

泡沫除尘器的工作原理是：气流通过筛板孔时，在气流的作用下，筛板上的水被吹动产生一定高度的泡沫层，使得含尘空气与水充分接触而洗掉空气中的粉尘。

泡沫除尘器筒体内风速选用 2～2.5 m/s 为宜，不宜在大风量状态下工作，以免使泡沫飞溅，除尘效率降低。在使用时应适当调整供水量及风机风量，控制泡沫层的高度，使其达到最佳工作状态。PFC-06型泡沫除尘器的外形如图 13-1-4 所示，其运行参数见表 13-1-2。

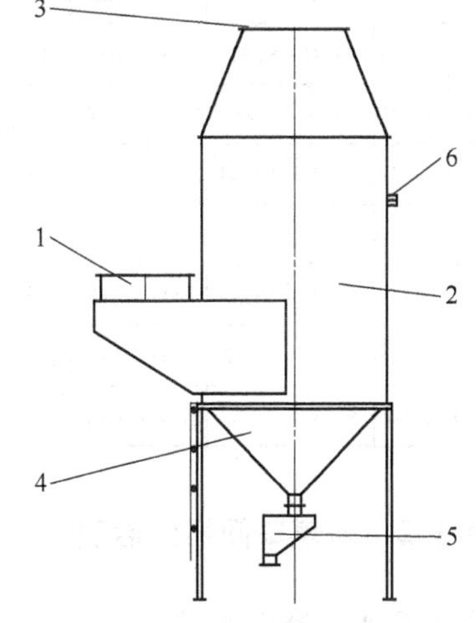

图 13-1-4 PFC-06 型泡沫除尘器的外形
1—尘气入口；2—本体；3—净气出口；4—灰斗；5—泥浆阀；6—供水口

表 13-1-2　泡沫除尘器运行参数表

型　号	处理风量/$m^3 \cdot h^{-1}$	筒体风速/$m \cdot s^{-1}$	设备阻力/Pa	耗水量/$t \cdot h^{-1}$	质量/kg
D1450	11800 ~ 17800	2 ~ 3	667 ~ 785	5.6 ~ 7.0	724
D1350	10300 ~ 15000	2 ~ 3	667 ~ 785	4.8 ~ 5.8	681
D1250	8800 ~ 13000	2 ~ 3	667 ~ 785	4.0 ~ 4.8	634
D1150	7480 ~ 11000	2 ~ 3	667 ~ 785	3.4 ~ 4.0	590
D1050	6230 ~ 9300	2 ~ 3	667 ~ 785	2.8 ~ 3.4	550
D950	5100 ~ 7600	2 ~ 3	667 ~ 785	2.3 ~ 2.8	493
D850	4090 ~ 6100	2 ~ 3	667 ~ 785	1.7 ~ 2.3	437
D750	3180 ~ 4700	2 ~ 3	667 ~ 785	1.4 ~ 1.7	397

13.1.1.4　冲击式除尘机组

冲击式除尘机组由除尘器、通风机和水位自动控制装置等组成。其除尘机理主要是利用粉尘的惯性，令含尘气体以高速与水发生冲撞，部分粉尘直接被水捕获，同时气流将水扬起，增加了粉尘与水的接触面积，在水的作用下大部分粉尘被捕获下来，其除尘效率可达到 97%，入口含尘气体风速为 18 ~ 35 m/s。风量波动范围较大时，效率和阻力仍较稳定。可用于净化温度不高于 300℃ 的无腐蚀性的含尘气体，在经过防腐蚀处理后，也可用于湿法熄焦后焦炭的转运筛分除尘。SCJ/A2 型除尘机组是冲击式除尘机组的一种典型形式。其运行参数见表 13-1-3。

表 13-1-3　SCJ/A2 型除尘机组运行参数表

型　号	风量/$m^3 \cdot h^{-1}$		压力损失/Pa	耗水量/$kg \cdot h^{-1}$			水容积/m^3	4-72-11 型通风机			电动机容量/kW	机组质量/kg
	额定	适应范围		蒸发	溢流	排灰		型号	风量/$m^3 \cdot h^{-1}$	全压/Pa		
SCJ/A2-5	5000	4300 ~ 6000	1000 ~ 1600	17.5	150	425	0.48	4A	4020 ~ 7420	2001 ~ 1314	5.5	791
SCJ/A2-7	7000	6000 ~ 8450	1000 ~ 1600	24.5	210	602	0.66	4.5A	5730 ~ 10580	2530 ~ 1668	7.5	956
SCJ/A2-10	10000	8100 ~ 12000	1000 ~ 1600	35	300	860	1.04	5A	7950 ~ 14720	3178 ~ 2197	15	1196
SCJ/A2-14	14000	12000 ~ 17000	1000 ~ 1600	49	420	1200	1.20	6C	10600 ~ 19600	2727 ~ 1883	15	2426
SCJ/A2-20	20000	17000 ~ 25000	1000 ~ 1600	75	600	1700	1.70	8C	17920 ~ 31000	2472 ~ 1844	22	3277
SCJ/A2-30	30000	25000 ~ 36200	1000 ~ 1600	105	900	2550	2.50	8C	20100 ~ 34800	3120 ~ 2364	30 ~ 37	3954
SCJ/A2-40	40000	35400 ~ 48250	1000 ~ 1600	140	1200	3400	3.40	10C	34800 ~ 50150	2345 ~ 1864	37	4989
SCJ/A2-60	60000	53800 ~ 72500	1000 ~ 1600	210	1800	5100	5.0	12C	53800 ~ 77500	2717 ~ 2148	75	6764

13.1.2　备煤车间烟尘治理

13.1.2.1　粉尘性质

备煤车间一般由受煤装置、储煤场、配煤装置、粉碎装置及各转运设施组成，在这个过程中产生的粉尘的性质、粒度组成及化学成分见表 13-1-4。

表 13-1-4 备煤车间粉尘粒径组成及化学成分

密度/g·cm^{-3}		质量粒径分布/%						化学成分/%			游离 SiO_2 /%
真密度	体积密度	>40 μm	40~30 μm	30~20 μm	20~10 μm	10~5 μm	<5 μm	SiO_2	CaO	MgO	
1.4~1.5	0.4~0.7	42.4	10.8	12	12.2	5.8	16.8	19.66	1.58	0.89	2.2

13.1.2.2 主要产尘点

备煤车间的粉尘主要产生于煤的粉碎、转运的过程。通常情况下,煤的水分含量(质量分数)在8%以上。当煤的水分含量(质量分数)大于8%时,各转运点产生的粉尘微少,一般不会对环境造成污染,而在煤的破碎、粉碎时,由于破粉碎设备的作用产生大量煤尘,对环境影响较大,需要对其设置除尘设施。另外,在制备煤焦样品时,各制样设备也会产生粉尘污染。

13.1.2.3 预粉碎及粉碎除尘

根据备煤车间工艺的流程,煤的粉碎可分为预粉碎和粉碎两个阶段,但其除尘系统的设置是类似的。煤在粉碎时将有大量粉尘产生,粉碎设备(粉碎机)在密闭状态下工作,煤尘在粉碎机离心力作用下通过其进料口和排料口向外逸出。通常在粉碎机的进料口上部的溜槽上、皮带运输机头部下料点处以及粉碎机下面排向皮带运输机的卸料点处设置粉尘吸气罩(见图 13-1-5)。除尘设备采用脉冲袋式除尘器。粉碎机的大小及数量不同,除尘系统的大小和形式也有所区别。图 13-1-6 和图 13-1-7 分别表示两种典型的粉碎机除尘系统。

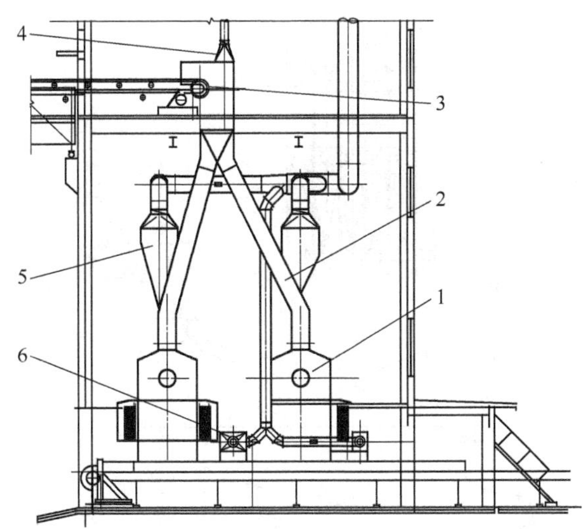

图 13-1-5 粉碎机除尘点设置示意图

1—粉碎机;2—溜槽;3—皮带运输机;4—皮带机头部吸气罩;5—溜槽吸气罩;6—卸料点吸气罩

13.1.2.4 煤焦制样除尘

煤焦制样采用的破碎机、粉碎机及振动筛等设备在使用过程中散发煤焦粉尘,为便于操作,除尘吸气罩与除尘器之间的连接通常采用软管或伸缩式管道,并设置手动调节蝶阀,在不使用时将其关闭,除尘器收集下来的粉尘采用集装袋定期清理。图 13-1-8 为煤焦制样除尘的一种形式。

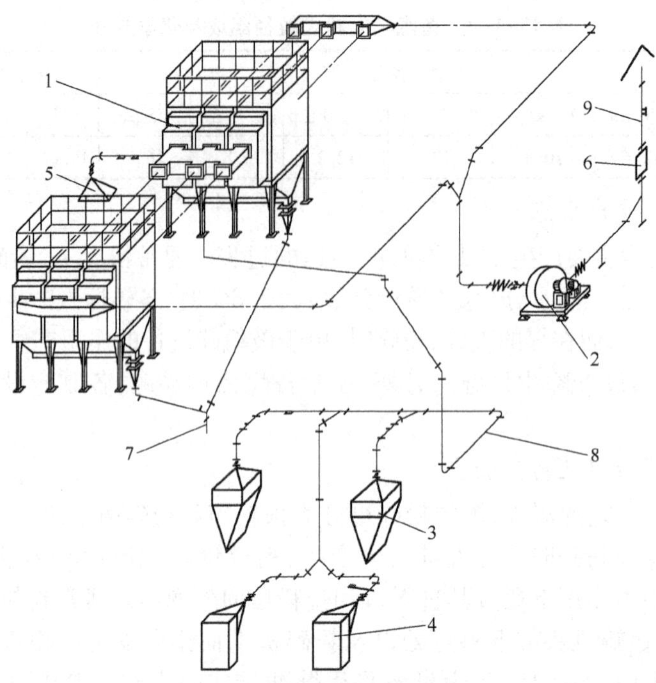

图 13-1-6　粉碎机除尘系统配置图(一)

1—DZW93 型脉冲袋式除尘器;2—风机;3—溜槽吸气罩;4—卸料点吸气罩;5—皮带机头部吸气罩;6—消声器;7—回料管;8—除尘风管;9—排气筒

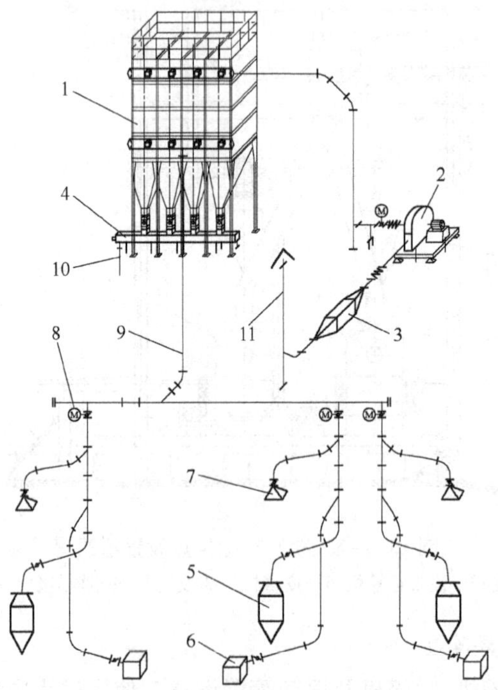

图 13-1-7　粉碎机除尘系统配置图(二)

1—大型脉冲袋式除尘器;2—风机;3—消声器;4—刮板机;5—溜槽吸气罩;6—卸料点吸气罩;7—皮带机头部吸气罩;8—电动阀;9—除尘风管;10—回料管;11—排气筒

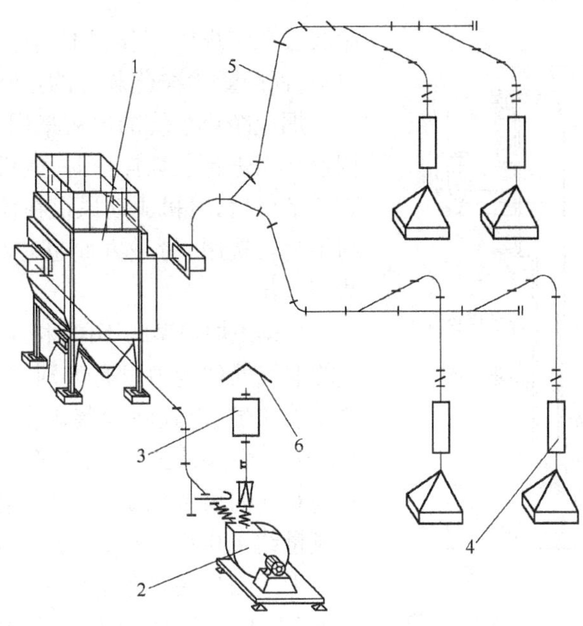

图 13-1-8 煤焦制样除尘系统配置图

1—DZW93 型脉冲袋式除尘器;2—风机;3—消声器;4—升降式排气罩;5—除尘风管;6—排气筒

13.1.3 焦炉装煤烟尘治理

13.1.3.1 烟尘特性

焦炉在装煤操作中,污染物以较大速率排向大气环境,主要污染物有固体悬浮物(TSP)、苯可溶物(BSO)和苯并芘(BaP)等,其中 BaP、BSO 是严重的致癌物质,尤其与肺癌的发病率有直接关系。其主要特点有:

(1) 排放源点多,面广,分散;

(2) 排放方式属连续性、阵发性与偶发性并存;

(3) 污染物种类较多,危害性大;

(4) 烟尘量大,尘源点不固定,含有焦油,粉尘黏度大,温度高且带有明火,处理难度大;

(5) 现场环境差,缺乏测试条件,基础数据的获得难度较大。

13.1.3.2 顶装焦炉装煤烟尘治理系统形式

目前在顶装焦炉装煤除尘方面应用广泛、运行可靠,同时能够实现达标排放的主要系统形式有干式除尘装煤车及干式除尘地面站两种,可有效捕集顶装焦炉装煤生产过程中散发的有毒有害物质。

A 干式除尘装煤车

干式除尘装煤车是装煤车同装煤烟尘干式净化系统的一个有机结合体,具有结构紧凑、净化效率高、操作灵活简便等优点,尤其适用于对现有焦炉的装煤烟尘治理改造。

装煤时由于煤粉与炽热的炭化室内壁接触,在瞬间发生反应,产生大量烟气,烟气夹杂着煤尘从装煤孔处外逸。在排烟机的作用下,烟尘被装煤孔上方的吸气外套罩捕集,通过集合管道进入阻火器。在阻火器内大颗粒粉尘及火星被捕获,其他烟尘进入烟尘净化装置,经过过滤净化后的干净气体外排至大气中,收集下来的粉尘通过输送装置返回煤斗中。预喷

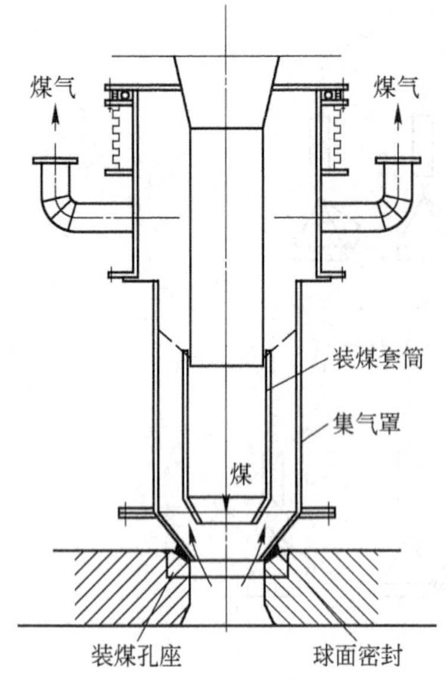

图 13-1-9 干式除尘装煤车用于捕集烟气的吸气罩

涂装置在装煤时工作，用以防止装煤烟尘黏结过滤材料，保障烟尘净化装置的正常工作。

烟尘净化系统的风机采用变极或变频电机进行调速。当进行装煤操作时，电机驱动风机全速运行；装煤结束后，电机驱动风机在低转速运行，一方面节约了运行费用，另一方面也有利于烟尘净化装置的清灰操作。

根据焦炉炉型的不同，相应配备的干式除尘装煤车的烟气处理能力也有区别。对于炭化室高 4.3 m 的顶装焦炉，干式除尘装煤车上的除尘风机风量约 26000 m^3/h，风机用电机功率约 55 kW；而对于炭化室高 6 m 的顶装焦炉，干式除尘装煤车上的除尘风机风量约 47000 m^3/h，风机用电机功率约 90 kW。

干式除尘装煤车上用于捕集烟尘的吸气罩形式如图 13-1-9 所示。图 13-1-10 为干式除尘装煤车的一种典型结构形式。

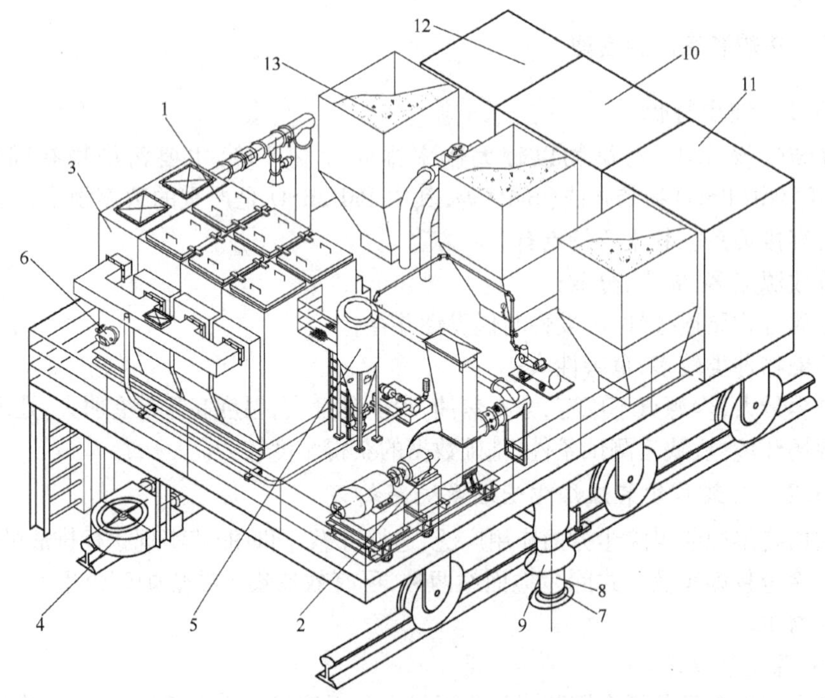

图 13-1-10 干式除尘装煤车结构示意图

1—烟尘净化装置；2—排烟机；3—阻火器；4—输送装置；5—预喷涂装置；6—平衡装置；7—装煤孔座；8—装煤内套筒；9—吸气外套罩；10—控制单元；11—液压单元；12—司机室；13—煤斗

B 干式除尘地面站

干式除尘地面站是将装煤时产生的烟尘收集，并导入设置在地面的烟尘净化系统进行处理的一种除尘形式。该种装煤烟尘治理方式应用最为广泛，它具有烟尘捕集率高、净化效率高、系统安全性好、运行可靠等特点，由于除尘净化系统与装煤车各自独立，方便了除尘系统的维护和检修。

干式除尘地面站系统的规模和能力与焦炉每孔炭化室的一次装煤量有密切的关系，不同的炉型，其所配备的装煤烟尘净化系统也不一样。对于炭化室高为4.3～7.0 m的焦炉，装煤烟尘净化系统的通风机设计风量约为60000～110000 m^3/h，电机功率约180～350 kW。

干式除尘地面站系统主要由烟尘捕集装置、烟尘转换装置、烟尘净化装置、黏性烟尘预处理装置、输灰装置、通风机组以及相关的连接管道组成。

烟尘捕集装置设置在装煤车上，通过设置在装煤孔上方的外导套吸气罩将烟尘收集到烟尘总管中，该部分与装煤车合为一体，烟尘总管设置可与炉顶固定管道对接的液压对接伸缩装置。用于捕集烟尘的外导套吸气罩结构形式如图13-1-11所示。

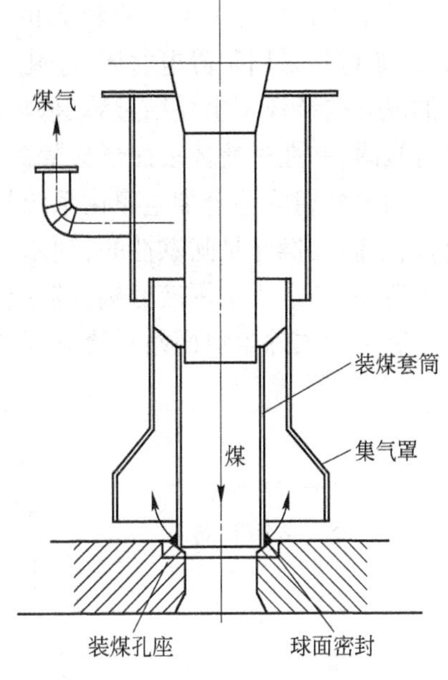

图13-1-11 干式除尘地面站装煤车上用于捕集烟尘的外导套吸气罩结构形式

烟尘转换装置负责将装煤车收集的烟尘导入设置在地面的烟尘净化系统中。常用的烟尘转换装置为装煤除尘专用烟气转换阀，其设置与焦炉的炭化室相对应，具有结构简单、动作可靠、维护维修工作量小等特点，是装煤烟尘治理的专用设备，其常见结构如图13-1-12所示。

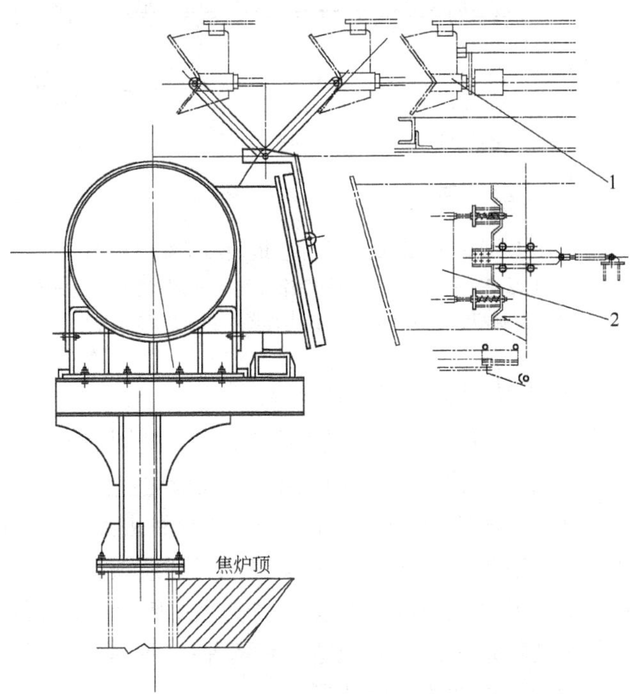

图13-1-12 装煤除尘烟尘转换装置结构示意

1—液压推杆；2—对接套筒

烟尘净化装置负责将收集到的装煤烟尘进行过滤净化。净化装置采用脉冲袋式除尘器,过滤材料采用防静电材质,净化效率高。为了保证净化装置的稳定有效运行,避免含有焦油成分的装煤烟尘黏结过滤材料,系统采用预喷涂技术,利用焦粉等活性强的物质对焦油进行吸附,并在过滤体表面形成隔离层,防止焦油与过滤体的接触。

通风机组为整个烟尘净化系统提供足够的动力。通风机组由风机、电机及调速装置组成,由于装煤操作是间歇性的,利用调速装置将有效地节约电能。调速装置的种类与调速的方式有关,通常可采用液力耦合器或变频电机进行调速。

装煤干式除尘地面站系统流程如图 13-1-13 所示。

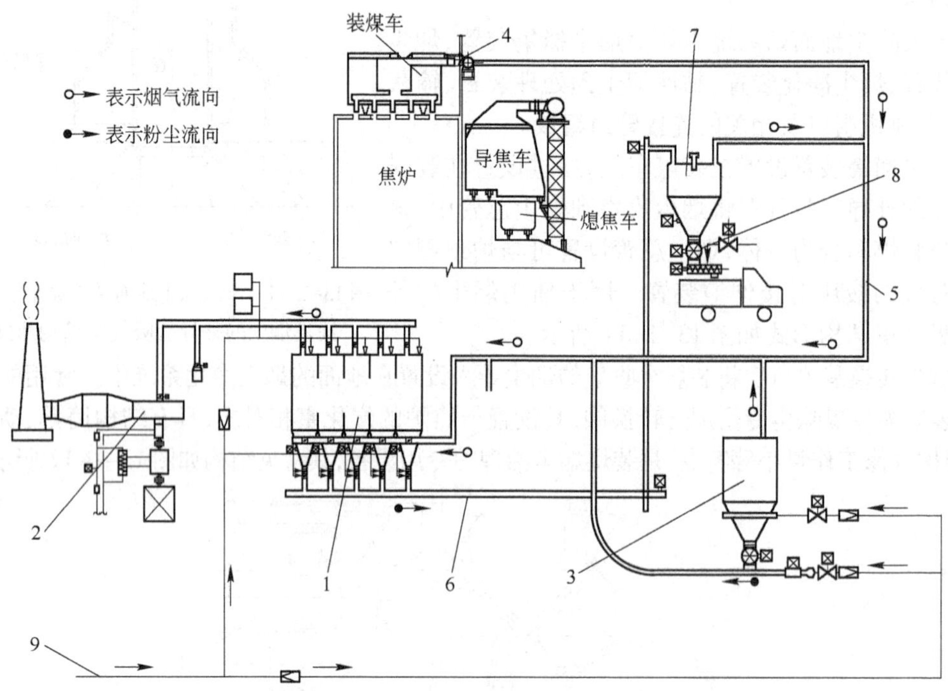

图 13-1-13　装煤干式除尘地面站系统流程图

1—脉冲袋式除尘器;2—通风机组;3—预喷涂装置;4—烟气转换阀;5—连接管道;6—刮板机;7—储灰仓;8—粉尘加湿机;9—压缩空气管

13.1.3.3　捣固焦炉装煤烟尘治理系统形式

捣固焦炉的装煤过程与顶装焦炉的装煤过程区别很大。捣固焦炉装煤前需要将炼焦煤用捣固机捣制成煤饼,然后将煤饼从焦炉炭化室的侧面推入炭化室。由于炼焦煤在被捣制成煤饼的过程中,其中的部分水分通过挤压而从煤中析出浮于煤饼表面,当煤饼进入炽热的炭化室时,这些水分被迅速汽化,使得装煤烟尘中水分的含量明显超过顶装焦炉。这些水分与煤在高温下生成的焦油类物质混合,形成大量的黏性成分,加大了捣固焦炉装煤烟尘的处理难度。

比较成熟的捣固焦炉装煤烟尘治理系统主要有两种:一种是全干式除尘地面站形式;另一种是炉顶导烟与干式除尘地面站相结合的形式。

A　全干式除尘地面站形式

全干式除尘地面站烟尘治理系统,是指将捣固焦炉装煤过程中产生的烟尘全部在焦炉上捕集,并通过烟尘转换装置、连接管道等设施将捕获的烟尘引到干式除尘地面站进行净化处理。这种形式与处理顶装焦炉装煤烟尘的干式除尘地面站系统相似,所不同的是对烟尘中的黏性成分处理所采用的技术和装备不同。

由于捣固焦炉装煤时产生的烟尘量相对顶装焦炉的大,且烟尘中黏性成分含量也相对较高,采用预喷涂技术不能有效地保护袋式除尘装置。因此,在袋式除尘器前设置了烟尘净化吸附冷却装置,利用焦炭对装煤烟尘中的大量黏性成分进行吸附,同时阻断烟尘中挟带的明火颗粒,降低烟尘的温度,以有效地保障袋式除尘装置的正常运行。烟尘净化吸附冷却装置中的吸附材料为焦化厂的成品焦炭,在焦炭对装煤烟尘进行吸附处理后,其基本的物理化学特性没有发生改变,可以重新返回到成品区进行应用,对生产企业没有造成损失,同时也减少了废渣的产生。

经过吸附净化处理的装煤烟尘在风机的作用下通过袋式除尘装置进行最终净化,这个过程与顶装焦炉的装煤烟尘治理系统相同,这里不再赘述。

B 炉顶导烟与干式除尘地面站相结合的形式

相对于将装煤产生的烟尘全部引到干式除尘地面站进行处理的形式,还有另外一种形式,即在捣固焦炉的炉顶设置专用的导烟车,该导烟车设置在装煤操作的炭化室上方。当装煤机械向炭化室内推入煤饼进行装煤操作时,导烟车将该炭化室顶部与附近相邻的处于结焦中末期的炭化室顶部导通,同时开启被导通的炭化室对应的上升管处的高压氨水喷射装置,由高压氨水产生的负压将装煤时产生的大量烟尘抽走,进入焦炉的集气系统。而余下的部分烟尘将通过炭化室机侧敞开的炉门外逸,在该炉门的上方设置烟尘捕集罩,通过导烟车上的执行机构将烟尘捕集罩与干式除尘地面站连接,在通风机的作用下,将捕获的这部分烟尘导入设在地面站内的烟尘净化吸附冷却装置、袋式除尘装置进行处理和净化。

这种形式所配置的干式除尘地面站的规模较小,系统装机功率低,可降低建设投资。但由于装煤时产生的烟尘大量进入煤气系统,会对后续的煤气净化系统造成一定的压力,增加相关设备的故障几率。因此,控制和掌握好导烟用高压氨水的压力和流量大小,合理分配导烟量与干式除尘地面站烟尘处理量之间的比例,是该种形式的烟尘治理系统成败的关键。

13.1.4 焦炉出焦烟尘治理

13.1.4.1 烟尘特性

装入焦炉炭化室的煤经高温干馏炼成焦炭后,赤热的红焦被推焦机按顺序从炭化室推出,焦炭通过导焦栅落入熄焦车车厢内。赤热的焦炭被从炭化室推出后,发生破裂,并在空气中燃烧,红焦在空气中燃烧形成强烈的对流浓烟,同时携带大量焦尘散发到大气中。这些烟尘的产生具有周期性阵发的特点,扬尘的位置不固定,瞬间产生的烟尘量大且温度高,产生烟尘的部位面积大,不能实现密封。

13.1.4.2 干式除尘地面站

针对焦炉出焦烟尘温度高、量大、位置不固定的特点,目前采用的最有效的方式是干式除尘地面站,即利用合理有效的捕集设施将烟尘捕集,然后采用特殊的装置将烟尘导入地面除尘站,利用除尘地面站对烟尘的处理能力大且稳定的特点对捕集的烟尘进行净化处理。烟尘的净化通常采用干式过滤方式,设备为脉冲袋式除尘器。

出焦干式除尘地面站系统主要由烟尘捕集装置、烟尘转换装置、烟尘净化装置、输灰装置、通风机组以及相关的连接管道组成。

烟尘捕集装置设置在拦焦车上，通过设置在拦焦车上方的大型吸气罩将烟尘捕集，该部分与拦焦车合为一体，吸气罩顶部设置可与烟尘转换装置对接的液压对接伸缩装置。

烟尘转换装置负责将拦焦车收集的烟尘导入设置在地面的烟尘净化系统中。常用的烟尘转换装置有出焦除尘专用烟气转换阀组和皮带密封干管两种。两种烟尘转换装置的结构形式分别如图 13-1-14 和图 13-1-15 所示。这两种装置都能有效地实现烟尘导通功能，其中皮带密封干管具有结构简单、无需精确定位等优点，但皮带易出现打滑及老化磨损，一方面增加了维护费用，另一方面将由于漏风量大而影响烟尘控制效果，同时除尘滤袋经常受到雨雪天气的影响，当吸入大量的雨水时易发生堵塞；对于烟气转换阀组而言，其设置与焦炉的炭化室相对应，具有结构简单、动作可靠、维护维修工作量小等特点，是焦炉出焦烟尘治理的理想设备。

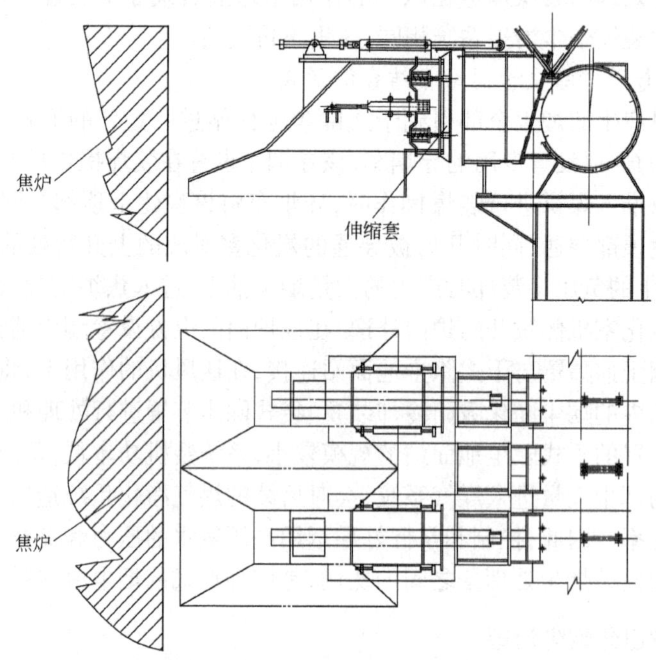

图 13-1-14　出焦除尘烟气转换阀组

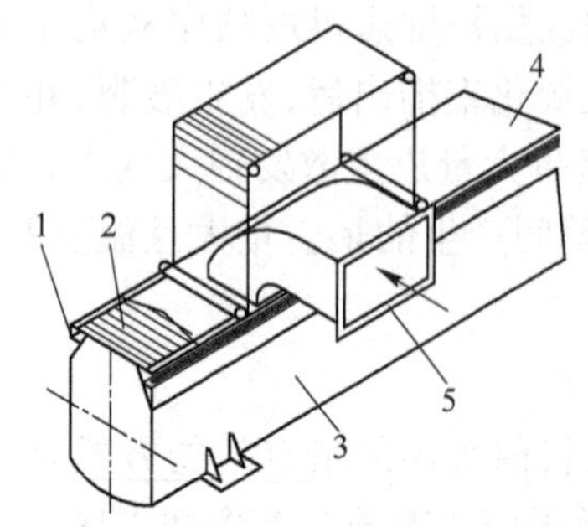

图 13-1-15　出焦除尘密封皮带提升装置及固定干管

1—小车轨道；2—箅子；3—固定干管；4—皮带；5—烟气进口

烟尘净化装置负责将收集到的出焦烟尘进行处理并过滤净化。净化装置采用脉冲袋式除尘器，过滤材料采用防静电材质，净化效率高。为了保证净化装置的稳定有效运行，在净化装置前通常设置烟尘冷却分离阻火装置，用于对高温烟尘进行冷却、粗分离及明火颗粒的阻断。

通风机组为整个烟尘净化系统提供足够的动力。通风机组由风机、电机及调速装置组成，由于出焦生产是间歇性的，利用调速装置将有效地节约电能。调速装置的种类与调速的方式有关，通常可采用液力耦合器或电机变频进行调速。

出焦干式除尘地面站系统流程如图 13-1-16 所示。

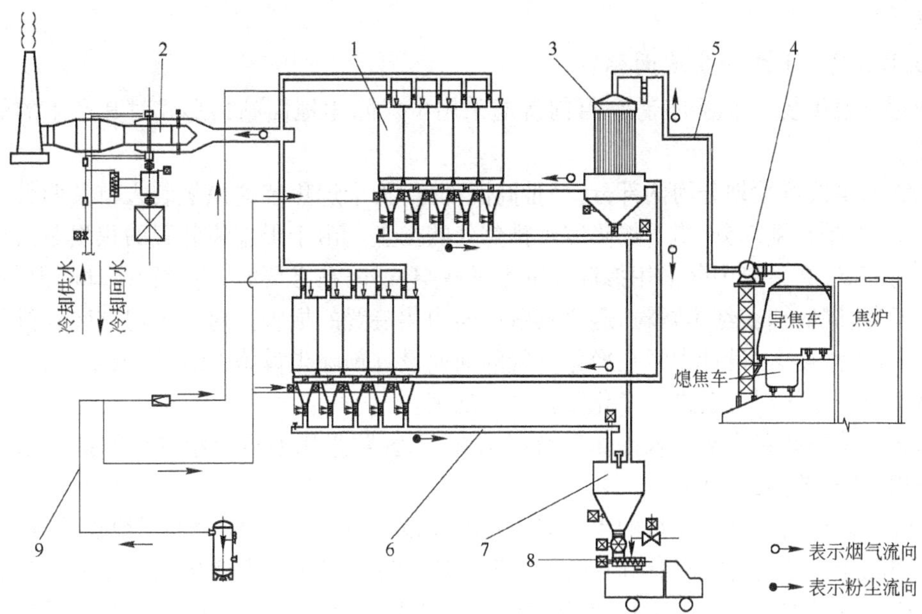

图 13-1-16 出焦干式除尘地面站系统流程图

1—脉冲袋式除尘器;2—通风机组;3—阵发性高温烟尘冷却分离阻火器;4—烟气转换阀;5—连接管道;6—刮板机;7—储灰仓;8—粉尘加湿机;9—压缩空气管

13.1.5 干熄焦烟尘治理

13.1.5.1 烟尘特性

焦炭被从炭化室中推出落入干熄焦焦罐中后,由牵引及提升机构将焦罐运至干熄焦装置的顶部,在将焦炭从焦罐中卸出并装入干熄焦装置的同时,会有大量的烟尘从此处逸出。在焦炭冷却过程中,惰性气体循环风机的放散口会散发一定量的含尘烟气,在事故状态时,干熄焦装置的预存段也会放散出高温含尘烟气。经过冷却后的焦炭在干熄焦装置的下部被排出,焦炭在卸落时将扬起大量粉尘。这些烟尘将严重污染干熄焦装置周围的环境。

A 干熄焦装置的焦炭装入口

在将焦炭向干熄焦装置装入时,部分焦炭发生燃烧,将产生 CO、CO_2、NO_x、SO_x 等高温有害烟气,其中携带大量细碎的红焦颗粒,烟气温度在 600℃以下。这部分烟尘与焦炉熄焦装置的操作制度密切联系,属于阵发性烟尘,只在向干熄焦装置装入焦炭时才产生。

B 循环风机放散口及预存段放散口

正常生产时,循环风机将一部分惰性气体放散掉,放散点位于干熄焦装置的顶部,放散的气体中携带焦尘,温度在 130℃以下,放散烟气量较大。另外,干熄焦装置的预存段在干熄焦装置运行不正常的情况下,将对其进行紧急放散,该部分烟气温度高,约为 1000℃,但烟气量不大。

C 干熄焦装置排焦处

在两岔溜槽处,焦炭沿溜槽下落的过程中会产生扬尘,烟气温度约 100℃。

振动给料机与旋转密封阀间的小连接溜槽处,在正常生产时密闭,在事故检修用冷却风机清扫时,会发生扬尘现象,该部分烟气量较小。

在干熄焦下部运焦皮带的受料点处，会产生大量扬尘，该部分烟尘含尘浓度高，温度在80℃以下。

13.1.5.2　干式除尘地面站

针对干熄焦装置尘源的特点，目前普遍采用干式除尘地面站的形式对其产生的烟尘进行治理。

系统烟尘按特性划分为两部分：一是高温部分，为干熄焦装置焦炭装入口及两处放散产生的烟尘；二是常温部分，指干熄焦装置排焦处的扬尘。由于干熄焦装置的焦炭装入口产生的烟尘温度高，在系统中除采用掺混周围大量冷空气外，在必要时，将设置冷却降温装置，降低烟气温度，同时捕获红焦颗粒，避免其对后面净化装置的损害。对于干熄焦装置排焦处的扬尘，其含尘浓度大，设计中常在净化装置的前面设置预除尘设施，用以降低烟气含尘浓度，然后将两部分尘气混合后进入净化装置进行处理。

由于干熄焦装置焦炭装入操作具有间歇性，系统常采用通风机组的调速措施来降低运行的费用，达到节能的目的。

干熄焦装置的规模与焦炉的生产能力相匹配，对于不同处理能力的干熄焦装置，为其配置的环境除尘系统也有差异，同时实践中可根据不同的情况将干熄焦除尘与焦处理其他部分的除尘合并设置。图13-1-17为独立设置的干熄焦环境除尘系统流程图。图13-1-18为干熄焦综合除尘系统流程图，该系统将干熄焦环境除尘与后续的焦转运站、炉前焦库等除尘一并考虑，减少了系统维护的工作量。图13-1-19为干熄焦与出焦综合除尘系统流程图，它利用干熄焦装焦操作与出焦操作在时间上错开的条件，将两处除尘合并到一个系统中，节约了除尘系统的占地和投资，同时也节约了除尘系统运行的费用。

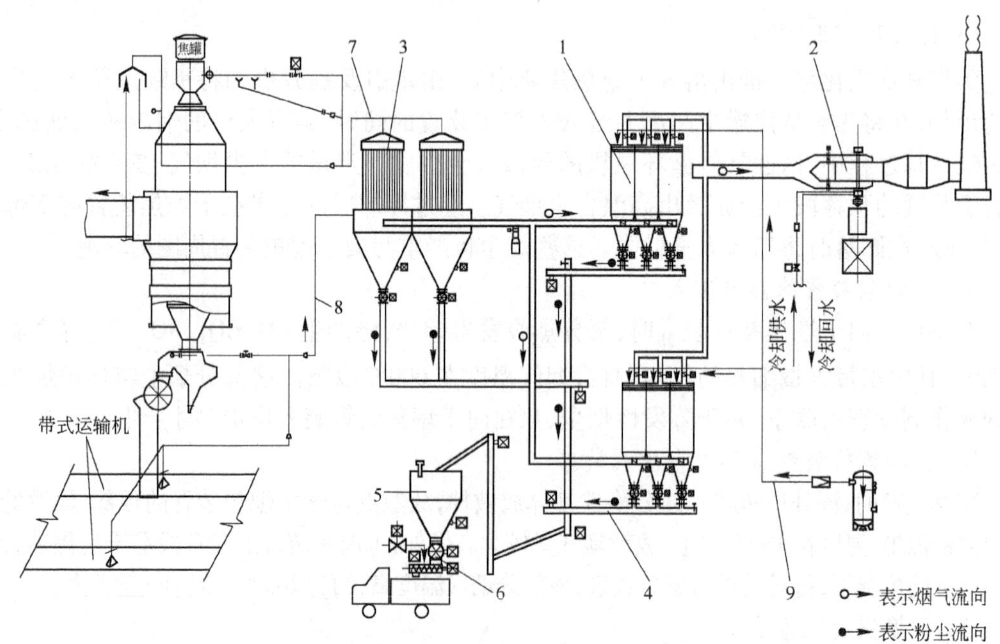

图13-1-17　干熄焦除尘系统流程图

1—脉冲袋式除尘器；2—通风机组；3—烟气预处理装置；4—刮板机；5—储灰仓；6—粉尘加湿机；7—高温烟气管道；8—常温烟气管道；9—压缩空气管

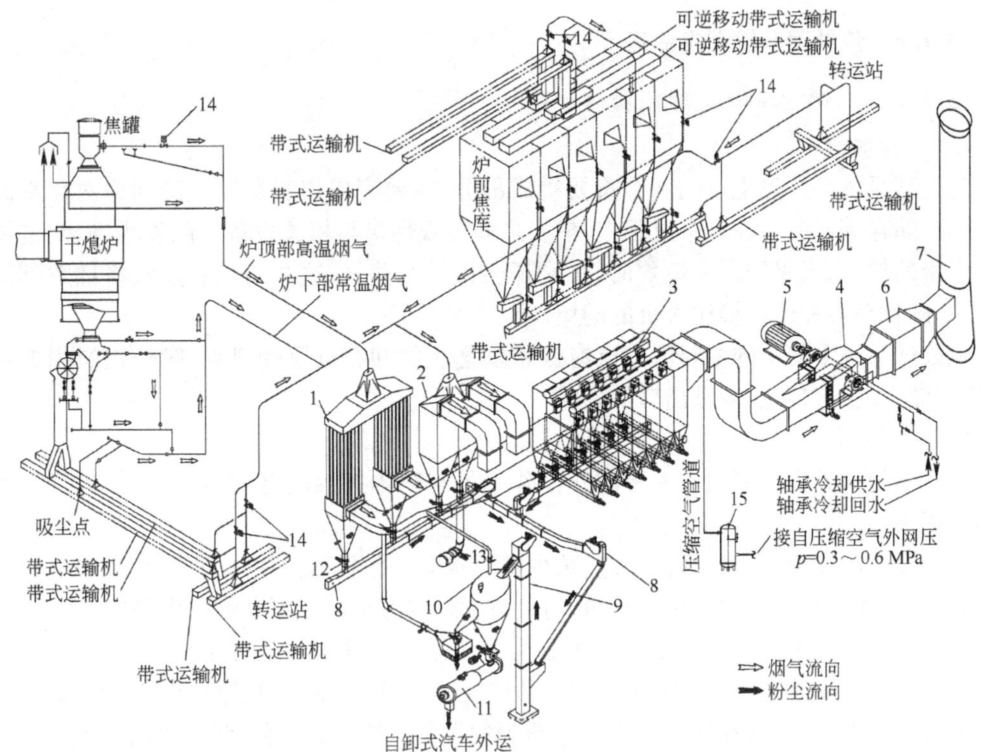

图 13-1-18 干熄焦综合除尘系统流程图

1—烟气冷却器;2—预除尘器;3—脉冲袋式除尘器;4—通风机;5—电机;6—消声器;7—烟囱;8—刮板机;9—斗式提升机;10—粉尘仓;11—加湿机;12—卸灰阀;13—冷风阀;14—电动阀;15—压缩空气储罐

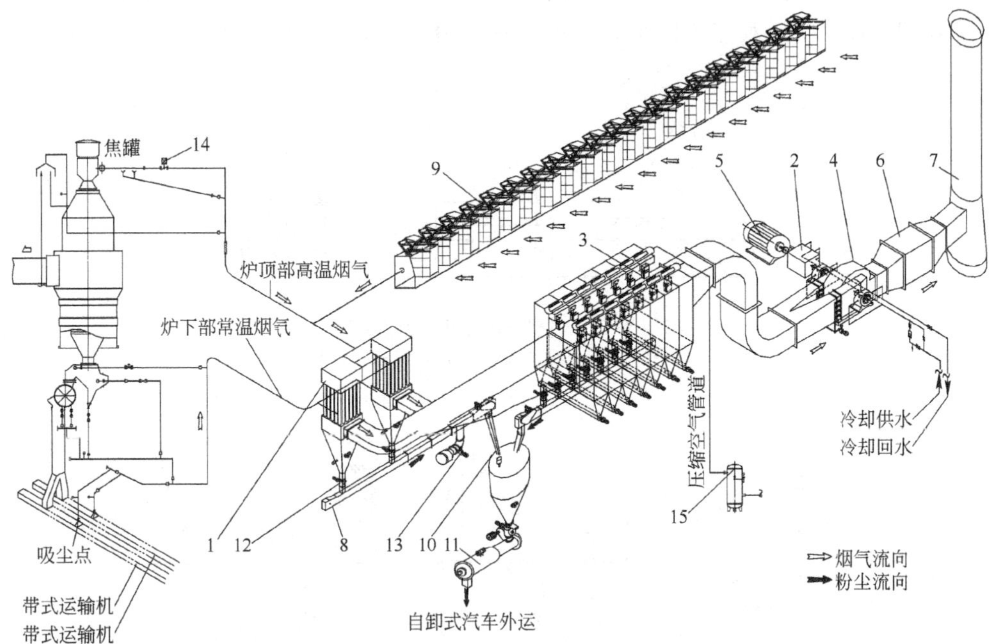

图 13-1-19 干熄焦与出焦综合除尘系统流程图

1—烟气冷却器;2—液力耦合器;3—脉冲袋式除尘器;4—通风机;5—电机 ;6—消声器;7—烟囱;8—刮板机;9—转换阀;10—粉尘仓;11—加湿机;12—卸灰阀 ;13—冷风阀;14—电动阀;15—压缩空气储罐

13.1.6 焦处理系统烟尘治理

13.1.6.1 烟尘特性及密闭措施

A 烟尘特性

焦处理系统是炼焦生产的一个重要组成部分,主要完成焦炭在经过冷却后对焦炭的输送、筛分、储存等任务。在这个过程中,焦炭之间以及焦炭与相关设备之间发生摩擦、碰撞而产生大量的粉尘,当采用湿法熄焦时,焦炭还会携带水蒸气,这些粉尘和蒸气将散发到室内外,严重影响环境和生产操作人员的健康。

焦处理系统中粉尘的主要散发点有胶带输送机的卸料点及受料点、筛分焦炭用的振动筛、焦炭储仓的入口及焦炭排出口等处。

B 密闭措施

将产生粉尘处进行密闭是一种防止操作人员与粉尘接触的有效措施,也是进行烟尘治理的前提条件。

密闭设施的设置应力求严密,尽量减少密闭罩上的孔洞和缝隙,将密闭设施安装在合理的位置,一方面要有效控制粉尘的外逸,另一方面还要考虑尽量不影响操作和检修。

密闭设施根据密闭的范围和程度,可分为局部密闭罩、整体密闭罩和大容积密闭罩三种。局部密闭罩一般设置在产尘设备附近,产尘设备在密闭罩外,主要用于产尘气流速度较小且集中连续扬尘的地点。整体密闭罩可将产生粉尘的设备或地点大部分密闭,密闭罩上设有观察孔,可对设备进行监视,设备传动部分设在密闭罩外,其维修可在罩外进行,这种密闭形式适用于产生气流速度较大的产尘地点。大容积密闭罩可将产尘设备或地点进行全部封闭,设备的维护在罩内进行,主要用于多点产尘、阵发性产尘和产尘气流速度大的设备或地点。

焦处理工段常见的粉尘密闭形式如图 13-1-20 ~ 图 13-1-22 所示。

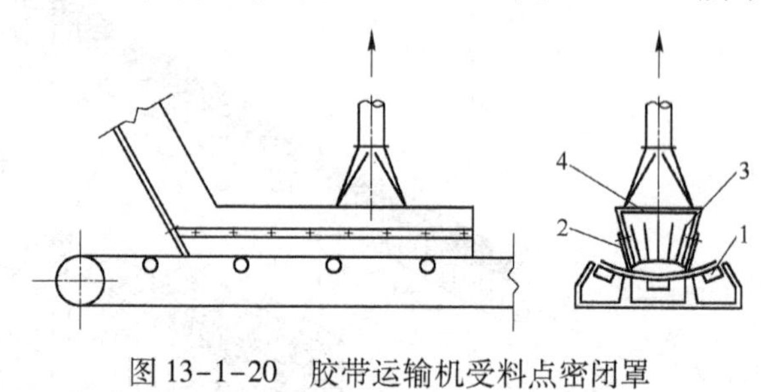

图 13-1-20 胶带运输机受料点密闭罩

1—托辊;2—橡胶板;3—遮尘帘;4—导向槽

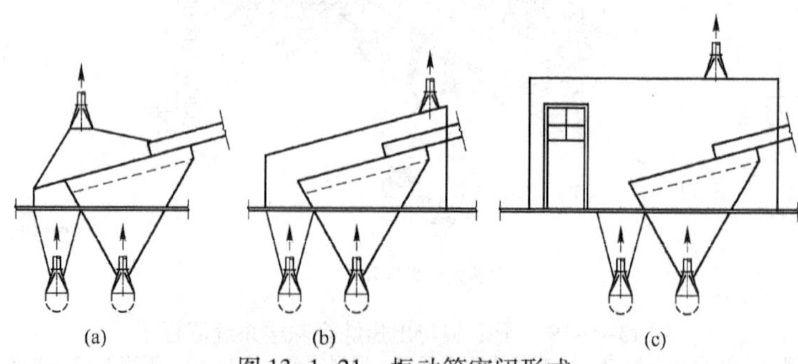

图 13-1-21 振动筛密闭形式

(a) 局部密闭;(b) 整体密闭;(c) 大容积密闭

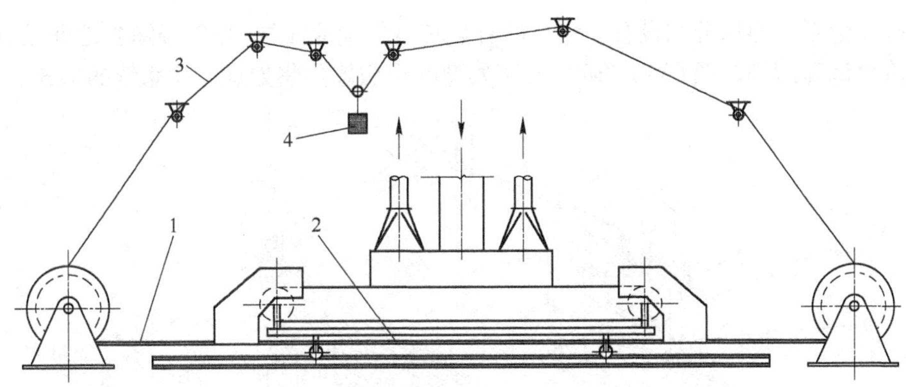

图 13-1-22 移动可逆胶带机卸料料槽口密闭形式

1—密封胶带;2—胶带机下部密封胶带;3—钢绳 ;4—拉紧装置

13.1.6.2 系统形式

A 湿法熄焦工艺焦处理系统除尘

湿法熄焦工艺后的焦处理系统除产生粉尘污染外,还向外散发水蒸气。由于水蒸气的存在,焦炭在熄焦过程中携带的各种酸性气体遇水形成腐蚀性很强的气体,因此在湿法熄焦工艺焦处理系统除尘中一般采用耐腐蚀的除尘设备和管道,如泡沫粉尘除尘器、冲击式除尘器及玻璃钢管道。由于设备处理能力及场地的限制,除尘系统一般设置在扬尘点附近,除尘用水采用经过净化处理的熄焦废水,收集的粉尘通过泥浆阀集中排放到废水处理系统中。

图 13-1-23 是湿法熄焦工艺焦处理系统除尘的一个典型方式。

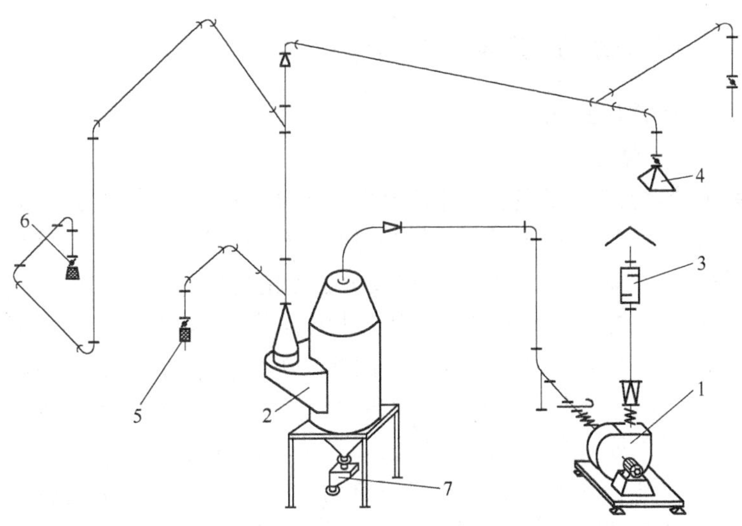

图 13-1-23 湿法熄焦工艺焦处理系统除尘的典型方式

1—通风机组;2—泡沫除尘器;3—消声器;4—吸气罩;5—振动筛除尘接口;6—调节阀门;7—泥浆阀

B 干法熄焦工艺焦处理系统除尘

干法熄焦工艺后的焦处理系统产生的粉尘量大,同湿法熄焦相比,在对产尘点同样密闭条件下,需要更大的抽风量才能有效控制粉尘的散逸,因此,通常采用地面除尘站的方式对粉尘污染进行治理。根据焦处理工艺的布置情况,本着技术可行、投资低、管理维护方便的原则进行除尘系统的划分和设置。常见的有焦转运除尘地面站、筛焦楼除尘地面站、储焦槽或焦库除尘地面站等。图 13-1-24 给出了典型的干法熄焦焦处理除尘系统的形式。

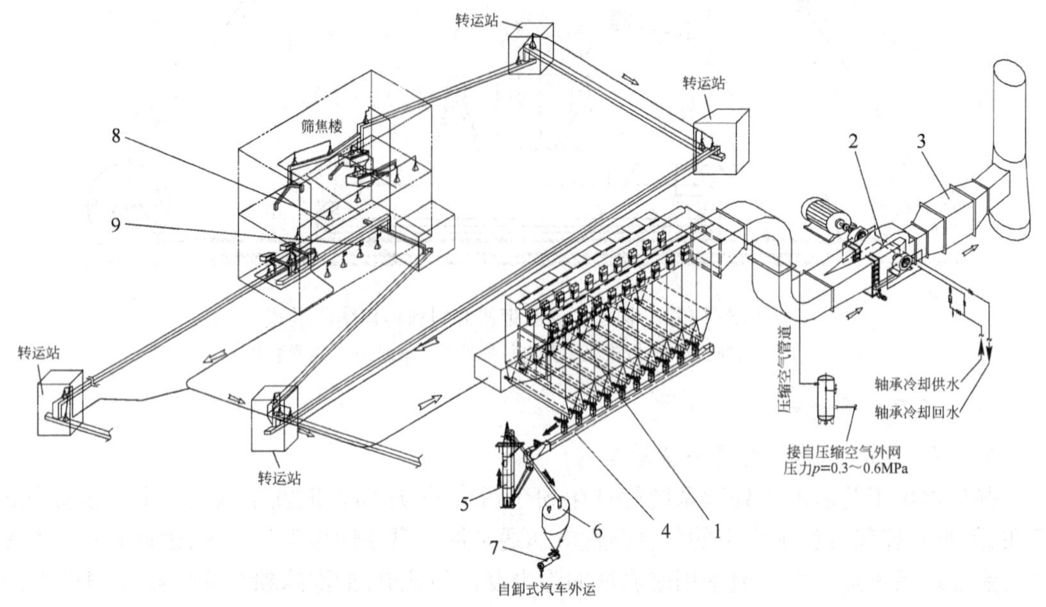

图 13-1-24　干法熄焦焦处理除尘系统

1—脉冲袋式除尘器；2—通风机组；3—消声器；4—刮板机；5—斗式提升机；6—粉尘仓；7—加湿机；8—吸气罩；9—调节蝶阀

13.1.7　烟尘治理系统的生产操作与维护

13.1.7.1　生产操作要点

A　系统的启动与停止

烟尘治理系统的运行与相关的工艺生产操作有十分密切的关系，如备煤、筛焦工段的除尘系统的运行应与相关的转运、筛分、破粉碎设备进行连锁，以使除尘系统在满足环境治理要求的前提下节约运行费用。而对与装煤、出焦以及干熄焦相配套的烟尘治理系统，其操作控制由工艺生产统一安排，同时纳入工艺操作系统中。其中装煤烟尘治理系统的预喷涂系统应保证预喷涂粉料的充足供应，当采用其他方式的黏性烟尘吸附装置时，其供料和排料也应做到及时、顺畅、充足和可靠，以保障系统的正常有效使用。各系统的运行应严格按照系统操作规程的规定进行，在发现设备故障报警时，应及时通知相关人员进行处理排除，以免造成更大的系统故障。烟尘治理系统的运行是通过微机进行自动控制的，因此应事先进行系统中各排尘点风量、系统风机高低转速等运行参数的调整，调整后操作检修人员不得随意进行更改，以免影响系统的正常运行。除在设备进行检修、更换等特殊情况外，不可随意解除连锁。

B　系统的运行调整

除尘器滤袋随着除尘时间加长，滤袋上外表面附着的灰尘会愈来愈多、愈来愈厚，除尘器的阻力会愈来愈大。当阻力大于 1200 Pa 以上时，应当进行喷吹清灰。根据除尘器阻力变化情况（观察除尘器 U 形压力计），调整脉冲控制仪喷吹周期和脉冲宽度，一般周期的调整范围为 1 ~ 20 min，脉冲宽度在 0.1 ~ 0.2 s。当粉尘浓度大，除尘器阻力偏大时，周期时间可调小些;反之,当粉尘浓度小,除尘器阻力较小时,周期时间可调大些。

对于湿式除尘系统,除尘设备对系统用水的参数有较严格的要求,即要求水量充足,水压稳定。当不能满足这个要求时,应及时暂停除尘设备的使用,以免发生堵塞现象,影响系统除尘效果、损坏除尘设备。

压缩空气管道上设有压力表、减压阀,应经常观察阀前、后压力值。一般阀前压力不应低于0.4 MPa,阀后值宜在0.3 ~0.5 MPa。当来自空压站压缩空气压力较低时,应调整减压阀出口压力,使其保持在0.3 MPa以上。

除尘风机入口阀门,在运行中为全开启状态,当停机后,应关闭入口阀门,为下次启动风机做好准备。

除尘管道上的电动蝶阀开关应严格与对应粉碎机连锁,只有当粉碎机工作时,与该点吸尘罩相连的电动蝶阀才可以打开呈工作状态。不工作的电动蝶阀为关闭状态。

13.1.7.2 维护说明及故障处理

在除尘器正常工作状态下,每班观察或记录除尘器阻力不应少于2次。除尘器阻力值不应大于2500 Pa,当调整控制仪仍不能使阻力下降时,应检查压缩空气系统或更换布袋(一般可用1 ~2年)。当除尘器阻力过小(在300 Pa以下)时,说明部分滤袋出现破损、磨漏、掉袋等,应及时更换布袋。

定期观察气动三联件上的油杯、水杯,按上面的油标和水标进行加油和排水,除尘器上配置的油水分离器应定期检查,排污放水。

应经常检查除尘管道上的蝶阀开、闭是否正常,运行时电机有无异常声响,应定期给电动装置添加润滑油。

除尘系统电气控制采用先进的PLC远程控制系统,在机房内的操作屏幕上能动态显示、监控各电动设备的工作状态。当屏幕上出现声光报警信号或异常,应立即报告主管部门,由相关专业人员解释解决处理,必要时应停机处理。

湿式除尘系统采用的泡沫除尘器在水量不足、供水压力不稳的情况下运行容易将筛板堵塞,时间长了将导致除尘器失效。因此,应密切关注供水情况,并经常检查筛板的堵塞情况,发现堵塞应及时清理,以保证除尘设备的完好和有效。

干式除尘地面站中的各类设备应按规定进行定期和日常的检查和维护,对系统发出的各类报警信号及时查明原因并予以排除,以保证系统的安全可靠运行。具体检查检修项目见表13-1-5。

表13-1-5 干式地面除尘站维护检查表

<table>
<tr><th>设备名称</th><th>检查部位</th><th>周期</th><th>检查项目</th><th>检查方法</th><th>标准</th></tr>
<tr><td rowspan="6">地面站除尘设备</td><td>除尘器灰斗</td><td>日</td><td>粉尘有无黏附、膨料不下</td><td>目视</td><td>无黏附、膨料不下现象</td></tr>
<tr><td rowspan="3">气控排尘阀</td><td>日</td><td>整体动作</td><td>目视</td><td>整体动作良好,气缸到位</td></tr>
<tr><td>月</td><td>两端轴承润滑油注入情况</td><td>目视</td><td>轴端有油少量渗出</td></tr>
<tr><td>季</td><td>翻板密封性及磨损</td><td>目视</td><td>如有磨损应更换胶板垫</td></tr>
<tr><td rowspan="2">仓壁振动器</td><td>日</td><td>振动音</td><td>听</td><td>中等振动声响</td></tr>
<tr><td>月</td><td>安装螺栓紧固情况</td><td>用扳手紧固检查</td><td>无松动</td></tr>
</table>

续表 13-1-5

设备名称	检查部位	周期	检查项目	检查方法	标准
地面站除尘设备	插板阀	季	插板动作与密封	用手拉动	动作灵活、无灰尘外逸
	集中给脂系统	日	各设备轴承润滑点	目视	可见润滑油
		周	油泵油箱	目视手动	油箱有油,加油泵可正常供油
	给脂油管	月	油管,管件接头	目视	无漏油,无损坏
	料位计	月	检测探头	目视	端部无灰、转动正常
	压气储气罐	日	积水、漏气	开启放水阀、目测压力表	无水排出,压力稳定,无漏气现象
	压气管道气包	日	积水、漏气	耳听、目视、手动	压力恒定,无漏气,气包内无积水
	脉冲电磁阀	日	膜片有无损坏,喷吹是否正常	耳听、手感	喷吹声"膨"短而清脆,手摸有泄气感
		日	连接螺栓紧固,漏气	目视、耳听、手动	螺栓无松动、掉落,听不到漏气声
	二位五通电磁阀	月	二位五通电磁阀是否正常	目视	进排气正常,气缸动作到位
	减压阀	月	压力是否稳定	目视	压力稳定
	除尘器上盖板	半年	密封	目视、手按压	密封件完整无破损,手按压有弹力,运行无漏气声响
	除尘器花板	半年	与滤袋结合处是否严密	目视、手动	结合紧密,滤袋无损坏
	除尘器滤袋	半年	滤袋损坏情况,滤袋是否有脱落	目视、手拉	无损坏、无裂口,坏袋应更换
	除尘器框架	半年	损坏情况	目视	无断落、扭曲,锈蚀不严重
	入口手动阀	年	阀开、关情况	手动	开、关正常灵活
粉尘输送设备	刮板输送机	月	链条,齿轮减速机	听觉、手感	无异常声响,无振动,温度正常
		月	电动机	仪表检查	电流值正常、声响正常
		月	刮板、拉链磨损情况	目视	打开检查门看,链板无跳动、无堆积
		月	进出口磨损及泄漏情况	目视	无破损、漏灰现象
	斗式提升机	月	电机减速机	仪表检查、目视	电流正常、声响无异常、无温升及振动
		月	传动带运行,料斗缺损	目视	打开检查孔看,传动带无松弛、料斗完好
	储灰仓	月	料位计检测探头	目视	端部无灰、转动正常
		日	仓壁振动器振动音	听	中等振动声响
			仓壁振动器安装螺栓紧固情况	用扳手紧固检查	无松动
	加湿卸灰机	日	电机、螺旋	目视、听觉、仪表检测	无损坏,响声无异常,无振动,电流正常
		日	电机轴承润滑	目视	油充足,不足时应补充油
		日	喷雾状态喷嘴	目视	喷雾均匀,喷嘴无堵塞
		月	螺旋片磨损情况	目视	无严重磨损,变形,损坏
		月	进料格式阀电机	目视、耳听	运行平稳,声响无异常
		月	水管,电磁阀	目视	无漏水,开、关灵活严密不漏
		月	螺旋螺栓紧固情况	目视、手动	无松动
		月	进料格式阀润滑油	目视	有油,无油补充
		年	进料格式阀磨损	目视、尺检	无严重磨损,与外壳间隙小于2 mm

续表 13-1-5

设备名称	检查部位	周期	检查项目	检查方法	标准
预喷涂	预喷涂系统	月	格式下料阀电机	目视、耳听	运转正常无异常声响
		月	转动润滑油	目视	有润滑油,无油补加
		年	格式片磨损密封	目视、尺检	与外壳间距要小于2 mm
		日	料罐内料量	目视	满足日用预喷涂用料
		周	压气管道及电磁阀	目视、听觉	管道无漏气,阀开关灵敏严密
通风机组	入口挡板阀	日	多叶挡板,连杆	目视	开关灵活,连接销轴牢固
		月	电动执行器动作	目视、仪表检查	能按程序要求动作,停止信号无误
	风机检测仪表	日	风机轴承温度计	目视、仪表检查	能指示正常,机旁、中控室显示一致
		日	振动传感器	目视、仪表检查	振动显示正常,机旁与中控室显示一致
	调速液力耦合器及仪表	日	油循环泵及进出油温度、油压力	目视、仪表检查	油泵工作稳定,油温、油压在允许范围内,机旁与中控室显示一致
		日	耦合器转数	目视、仪表检查	转数显示正常,机旁与中控室数据一致
		日	勺管及执行器	目视、手感	调速灵敏;连杆与电机连接牢固可靠
	电动机	日	电机轴承温度	目视、仪表检查	显示正确,机旁与中控室数据一致
		日	电机定子温度	目视、仪表检查	显示无误,机旁与中控室数据一致
	冷却水及流量计量	日	水管阀门,管件	目视、手操作	无滴漏,阀门开关灵活
		日	金属管浮子流量计	目视	流量显示正常输出信号无误
	离心通风机	日	风量压力变化	目视、仪表检查	电流值变化正常,换算压力、流量正确
		季	风机润滑油	目视,定期检修	更换润滑油,充满油
		日	风机电机耦合器基础	目视	螺栓紧固,无松动
		半年	风机入口闸板	目视、手拉伸	进出自如无损坏
		年	风机叶片积尘磨损	目视,定期大修	无积尘,无严重磨损,未变形
除尘管道管件	平衡翻板阀	日	翻板阀整体动作	目视	外观无损坏,动作良好
		半年	翻板密封垫严密	目视、手感	密封良好,如密封垫损坏应更换
		半年	配重砣位置	目视重砣抬起下落位置	翻板抬起高度大,重砣下落翻板能紧压在隔板上,固定重砣螺栓
		半年	缓冲气缸伸出缩进	目视	重砣杆动作均匀,翻板起落无冲击
		年	气缸注油,轴承注油	目视、手动油轮	气缸动作灵活,轴运动省力

续表 13-1-5

设备名称	检查部位	周期	检查项目	检查方法	标准
除尘管道管件	烟气转换阀	月	烟气转换阀整体	目视	开启、关闭正常,密封严密,与车配合正常
		半年	烟气转换阀密封圈	目视	密封严密,损坏应更换
		年	轴套与轴配套转动	目视	轴在轴套中旋转正常自如,无损坏
	电动阀	月	电动运转阀门开关	目视、耳听	运转正常无异常声响,开关严密,输出信号无误

13.2 酚氰废水处理

13.2.1 废水来源及水质

13.2.1.1 废水来源

焦化废水是焦化厂在炼焦、煤气净化及化工产品回收过程中产生的,其组成复杂、有害物浓度高、毒性大且难以处理。

焦化废水的来源主要有三:一是剩余氨水,它是煤干馏及煤气冷却过程中产生的废水,其数量占全部废水量1/2以上;二是煤气净化过程中产生的废水,如煤气终冷水和粗苯分离水等;三是焦油、粗苯等化工产品精制过程中及其他场合(如煤气水封、冲洗地面、清洗油品槽、罐、车等)产生的废水。

煤气净化和化工产品精制过程中,从工艺介质中分离出的各种高浓度工艺废水要与剩余氨水混合,经蒸氨(有的要先经过溶剂脱酚)后以蒸氨废水的形式排出,然后送酚氰废水处理站;焦化厂的其他污水水量大小不一,但这些水中含污染物浓度较低,一般直接送污水处理站预处理系统。

13.2.1.2 废水水质

焦化废水组成复杂而多变,其成分与性质随煤的组成和性质、炭化温度及煤气净化与化工产品精制工艺不同而变化。所含污染物可分为有机物和无机物两大类。无机物一般以铵盐形式存在,如$(NH_4)_2CO_3$、NH_4HCO_3、NH_4CN、$(NH_4)_2SO_4$、NH_4SCN、NH_4Cl等。有机物除酚类化合物外,还包括脂肪族化合物、杂环类化合物和多环芳香烃等。

由于现有焦化厂装备水平不一,蒸氨废水的水质与蒸氨前废水的组成、煤气净化与化工产品精制工艺及生产产品种类等因素有关,如剩余氨水中有无掺入化工产品精制过程中分离水、是否进行溶剂脱酚、氨的回收采用何种工艺以及蒸氨是否脱除固定铵等。因此煤气净化与化工产品精制工艺不同,排入酚氰废水处理站蒸氨废水水质差别较大。几种蒸氨废水的水质情况见表13-2-1。

表 13-2-1 蒸氨废水水质表

序号	项目	剩余氨水		脱酚氨水	蒸氨废水[②]		
		常态范围	常态值		脱酚、脱固定铵	不脱酚、脱固定铵	不脱酚、部分脱固定铵
1	COD/$mg \cdot L^{-1}$	6000~9000	8500	2250~2800	1750~2700	3000~5500	3000~5500
2	酚/$mg \cdot L^{-1}$	1500~2000	1750	80~120	50~100	450~850	450~850

续表 13-2-1

序号	项 目	剩余氨水		脱酚氨水	蒸氨废水②		
		常态范围	常态值		脱酚、脱固定铵	不脱酚、脱固定铵	不脱酚、部分脱固定铵
3	$T\text{-}CN^-/mg\cdot L^{-1}$	20～150①	40	20～150	10～40	10～40	10～40
4	$CN^-/mg\cdot L^{-1}$	10～80①	15	15～100	5～15	5～15	5～15
5	$SCN^-/mg\cdot L^{-1}$	400～600①	450	500～600	300～500	300～500	300～500
6	$NH_3\text{-}N/mg\cdot L^{-1}$	4000～5000	4500	4000～4800	80～270③	80～270③	600～820
7	油/$mg\cdot L^{-1}$	300～600	400	100～200	30～50	30～50	30～50
8	pH 值	9～11	9.8	9～10	9～9.8	9～9.8	8～9.0
9	水温/℃	34～40	34～40	34～40	34～40	34～40	34～40
备 注		混合氨水	过滤后	溶剂脱酚			

① 当煤气脱硫放在煤气终冷之后时，$T\text{-}CN^-$、CN^- 及 SCN^- 的数值应取常态范围的上限值；当原料煤中含硫较高时，SCN^- 的数值也应取常态范围的上限值。

② 取值方式与蒸氨废水量和剩余氨水量的比值有关，一般当比值在 1.5 以下时，取上限值；当比值在 3.0 以上时，取下限值；当比值在 1.5～3.0 时，可用内差法或根据各组成废水水质与水量按加权平均法进行计算；此外，还应按本注①的原则进行调整。

③ 与蒸氨操作条件（温度、pH 值等）有关，一般控制在接近下限为好。

13.2.1.3 主要污染指标

焦化废水中的污染物质主要指化学需氧量（COD）、氨氮、酚、氰化物等。

A 化学需氧量（COD）

化学需氧量（chemical oxygen demand，简称 COD）是指水体中易被强氧化剂氧化的还原性物质所消耗的氧化剂的量，以氧（O_2，mg/L）来表示。根据所应用的氧化剂的种类，在测定 COD 时，可分为高锰酸钾法和重铬酸钾法两种，分别表示为 COD_{Mn} 和 COD_{Cr}。化学需氧量反映了水中受还原性物质污染的程度，水中还原性物质包括有机物、亚硝酸盐、亚铁盐、硫化物。尽管焦化废水化学需氧量（COD）含量千差万别，但其组成成分大致相同，表 13-2-2 为某焦化厂废水污染物主要成分（COD_{Cr}）。

表 13-2-2 某焦化厂废水污染物主要成分（COD_{Cr}）

序号	污染物名称	占总 COD 比例/%	各类别的污染物的名称
1	无机物	27.3	SCN^-、NO_2^-、$S_2O_3^-$、TCN^-、SO_3^{2-}、S^{2-}
2	酚 类	24.6	酚、苯二酚、甲酚、二甲酚、三甲酚
3	吡啶类	2.8	吡啶、甲基吡啶、二甲吡啶、三甲吡啶、乙二甲吡啶等
4	萘 类	8.2	萘、羟基萘、烷代烯烃基萘、二氮杂萘、胺基萘等
5	喹啉类	4.9	喹啉、甲基喹啉、烃基喹啉、异喹啉、喹喔啉等
6	苯 类	9.8	苯及烷基苯、苯乙腈、苯甲腈、氨基苯甲腈、苯二甲酸酚等
7	吲哚及吲唑类	9.8	吲哚、二甲基苯并咪唑、吲唑类、苯并噻唑及取代物
8	酰胺类	4.9	戊内代己内酰胺衍生物
9	茚芴类	4.9	氮杂芴类、二氮茚酮、二苯并呋喃
10	其 他	2.8	二氢芘烯、甲基嘧啶、烷烯烃类
合 计		100	

水中有机污染物种类繁多，化学稳定性差。环境监测中，测定总有机污染物方法有两类：一类是直接测定水中污染物，如总有机碳（TOC）和总有机氮等；另一类是测定可以与有

机物反应的氧化剂的量，间接反映有机污染物含量，如生化需氧量（BOD）、化学需氧量（COD）和总需氧量（TOD）等。四种指标对一些常见污染物的响应见表 13-2-3。

表 13-2-3　四种指标对一些常见污染物的响应

物　质	化学需氧量（COD）	总需氧量（TOD）	生化需氧量（BOD）	总有机碳（TOC）
有机碳	有	有	有	有
芳香族化合物	有	有	有	有
ABS 塑料	有	有	无	有
纤维素	有	有	无	有
氨氮	无	有	有	无
亚硝酸盐	有	有	有	无
碳酸盐	无	无	无	有
二氧化碳	无	无	有	有
亚铁盐	有	有	有	无
硫化物	有	有	有	无
亚硫酸盐	有	有	有	无
氯化物	有	有		无
硫酸盐	无	有	无	无
磷酸盐	无	有	无	无
硝酸盐	无	有	无	无
溶解氧	无	有		无
氰化物	无	有		有

注：摘自《环境监测技术》，中国环境科学出版社，1985 年。

水和废水中所含有机碳的化合物及氧化状态不尽相同。生化需氧量（BOD_5）和化学需氧量（COD）可以测定这些有机碳中一部分可被生化或化学氧化的物质，而总有机碳（TOC）比较直接地表示总有机碳的含量。虽然它们所反映的信息是不同的，但对组成相对稳定的水样来说，它们之间有相关关系，可相互换算，如测定 TOC 可计算 BOD_5、COD，或测定 COD 可用以计算费时较长的 BOD_5 等。这些已被国内外许多研究所证实，某些有机物的氧化率见表 13-2-4。

表 13-2-4　某些有机物的氧化率

有 机 物		总需氧量（TOD）		总有机碳（TOC）		化学需氧量（COD_{Cr}）	生化需氧量（BOD_5）
名称	相对分子质量	理论值	氧化率/%	理论值	氧化率/%	氧化率/%	氧化率/%
葡萄糖	180	1.006	95.8	0.400	102.7	55.7	56
蔗糖	342	1.122	99	0.421	103.7	61.5	59
甲醇	32	1.498	100	0.375	102.1	45.0	68
乙醇	46	2.084	98.5	0.521	99.5	20.6	72
甲酸	46	0.348	97.6	0.261	99.6	20.0	52
醋酸	60	1.066	92.9	0.400	102.5	2.3	85
丙酸	74	1.512	96.7	0.486	104.4	7.7	80

续表 13-2-4

有机物		总需氧量(TOD)		总有机碳(TOC)		化学需氧量(COD_{Cr})	生化需氧量(BOD_5)
苯	78	1.875		0.900		0	0
苯甲酸	122	1.965	96.4	0.688	99.5	3.0	64
苯酚	94	2.380	100.7	0.766	101.1	83.7	61
甲苯	92	3.130		0.913		<1	1
苯胺	93	2.835	96.4	0.774	99.5	67.9	3
甘氨酸	75	1.172	97.7	0.320	102.4	1.1	15
谷氨酸	147	1.250	101.1	0.408	100.1	2.6	58

注：摘自《环境监测技术》，中国环境科学出版社，1985 年。

B　氨氮

a　水体中氮的组成

水中含氮化合物的多少可作为水体受到含氮有机物污染程度的指标。进入水体的氮主要有无机氮和有机氮。无机氮包括氨态氮（简称氨氮）和硝态氮。氨氮包括游离氨态氮（NH_3-N）和铵盐态氮（NH_4^+-N）。

废水中有机氮和氨氮的总量称为总凯氏氮（total kjeldahi nitrogen），常用 TKN 来表示。

水体中氮的组成见表 13-2-5。

表 13-2-5　水体中氮的组成

<table>
<tr><td colspan="5">总　氮</td></tr>
<tr><td>有 机 氮</td><td colspan="4">无 机 氮</td></tr>
<tr><td colspan="3">总凯氏氮</td><td colspan="2"></td></tr>
<tr><td>有 机 氮</td><td colspan="2">氨 态 氮</td><td colspan="2">硝 态 氮</td></tr>
<tr><td rowspan="2">尿素、氨基酸、蛋白质、核酸、尿酸、脂肪酸、有机碱、氨基糖等含氮有机物</td><td>游离氨态氮</td><td>铵盐态氮</td><td>硝酸盐态氮</td><td>亚硝酸盐态氮</td></tr>
<tr><td>NH_3-N</td><td>NH_4^+-N</td><td>NO_3-N</td><td>NO_2-N</td></tr>
</table>

总氮 = 有机氮 + 无机氮

总凯氏氮 = 有机氮 + 氨态氮

b　水体中氮的危害性

（1）造成水体的富营养化。氮和磷是植物和微生物的主要营养性元素，当水体中氮质量浓度大于 0.2 mg/L，磷质量浓度大于 0.02 mg/L 时，水体就会富营养化。

（2）降低水体的观赏价值。通常 1 mg 氨氮氧化成硝态氮需耗 4.57 mg 溶解氧。水体中氨态氮愈多，耗去的溶解氧也愈多，水体的黑臭现象就愈发严重。

（3）危害人类及生物的生存。当水体中 NH_3-N 质量浓度大于 1 mg/L 时，就会使生物血液结合氧的能力下降；当 NH_3-N 质量浓度大于 3 mg/L 时，在 24～96 h 内金鱼等大部分鱼类和水生物就会死亡。人体若饮用了 NO_3-N 质量浓度大于 50 mg/L 或 NO_2-N 质量浓度大于 10 mg/L 的水，则可使人体内正常的血红蛋白氧化成高铁血红蛋白，失去血红蛋白在体内输送氧的能力，出现缺氧的症状，尤其是婴儿。当人体血中高铁血红蛋白大于 70% 时会发生窒息现象。亚硝酸盐若长时间作用于人体可致癌。

(4) 增加水处理成本。水体中含有氨氮,会增加水处理成本,主要表现为:在用氯气杀菌灭藻的过程中,往往会因为氨的存在要增加氯用量。水中氨氮若被硝化菌氧化为硝态氮,会导致水中碱度降低,对设备造成腐蚀。

C 酚

酚是芳香族碳氢化合物的衍生物,按苯环上所含羟基数目的多少可以分为单元酚、二元酚、多元酚;按能否和蒸汽一道挥发,又分为挥发酚和不挥发酚。沸点在230℃以内的单元酚为挥发酚;沸点在230℃以上的为不挥发酚。酚类物质一旦排到水体,危害极大。

(1) 对人体的毒害作用:长期饮用被酚污染的水会引起头晕、贫血以及各种神经系统病症;苯酚及其他低级酚对皮肤会产生过敏性,导致皮肤炎症;酚可通过皮肤、黏膜的接触侵入人体内部,它与细胞原浆中蛋白质接触时,会发生化学反应,形成不溶性蛋白质,从而使细胞失去活性;浓酚液能使蛋白质凝固,稀酚液仅使其变性;酚还能继续向深部渗透,引起深部组织损伤、坏死,直至全身中毒。

(2) 对水体与水生物的危害:水体遭受酚污染后,将产生许多严重恶果,水中含酚0.002～0.015 mg/L(质量浓度)时,加氯消毒就会产生氯酚恶臭,影响作为饮用水的水源;水中含酚0.1～0.2 mg/L(质量浓度)时,鱼肉有酚味,浓度高时会引起鱼类大量死亡,甚至绝迹;还可以大大抑制水体中其他生物的自然生长速度,有时会停止它们的生长。

(3) 对农业的危害:含酚质量浓度50～100 mg/L的废水直接灌溉农田,会使农作物枯死或减产。

D 氰化物

氰化物包括简单氰化物、络合氰化物和有机腈等,除少数稳定的复盐外,氰化物多有剧毒。氰化物进入人体内,与高铁细胞色素氧化酶结合,生成氰化高铁细胞色素氧化酶,从而失去传递氧的作用,会引起组织缺氧窒息,导致死亡。

如前所述,焦化废水中含有大量的有毒有害物质,其中大量的多环芳烃和杂环类化合物,不少被疑为致癌和致突变物质,大量的有机物排入水体后,还将消耗水中的溶解氧,造成水体缺氧,危害水生生物。另外,焦化废水中的NH_3-N对水生生物也有毒害作用,还会引起水体的富营养化问题,高浓度的NH_3-N本身就是一种不稳定的无机物,它在微生物的作用下会被氧化为NO_3^-和NO_2^-,同时消耗水中的溶解氧,生成的NO_2^-则是一种潜在的致癌物质。因此,焦化废水生物脱氮工程越来越引起环保工作者的重视。

13.2.2 废水处理工艺原理

13.2.2.1 废水处理方法的分类及特征

现代废水处理技术,就是采用各种方法将污水中所含有的污染物分离出来,或将其转化为无害和稳定的物质,从而使污水得到净化。按作用原理可分为物理法、化学法和生物法三大类。

物理法是利用物理作用来分离废水中主要呈悬浮状态的污染物质,在处理过程中不改变其化学性质。常见的物理法有沉淀(重力分离)、筛滤(截流)、气浮和反渗透等。

化学法是利用化学反应的作用来分离、回收污水中的污染物,使其转化为无害和稳定的物质。常见的化学法有中和法、氧化还原法、混凝法、电解法等。

某个污水处理单元通常由物理法、化学法共同作用达到处理目的,如混凝沉淀法等,因此称之为物理化学法。

废水生物法处理就是利用微生物的新陈代谢作用,对废水中的污染物质进行转化和稳定,使之无害化的处理方法。从微生物的代谢形式出发,生化处理方法主要可分为好氧处理和厌氧处理两大类型,其中好氧生物处理法包括活性污泥法、生物膜法和稳定塘法。

工业废水中的污染物质是多种多样的,不能设想只用一种处理方法就能把所有污染物质去除殆尽,一种废水往往要采用多种方法组合成的处理工艺,才能达到预期处理效果。传统的废水处理,以去除废水中的固体悬浮物(SS)和有机化合物(BOD)为目的。随着氮、磷污染水体导致富营养化问题的日益突出,越来越多的国家和地区制定了相当严格的污水氮、磷排放标准,氮的考核内容也由单一的氨氮指标发展到总氮的考核指标。自我国出台《污水综合排放标准》(GB 8978—1996)和《钢铁工业水污染物排放标准》(GB 13456—1992)等新标准后,许多焦化行业产生的废水中氨氮指标的达标排放已成为一个亟待解决的问题。尽管人们开发出许多废水脱氮法,但也不外乎三大类,即物理法、化学法和生物法三大类。

物理方法有反渗透法、电渗析法、蒸馏法等;化学方法有空气吹脱法、蒸汽汽提法、离子交换法、折点氯化法、电化学处理法等;生物方法有硝化—反硝化法等。

对于给定的废水,氨氮处理技术的选择主要取决于:(1)水的性质;(2)要求达到的处理效果;(3)经济性。此外,处理后出水的最后处置,也是必须考虑的因素之一。虽然许多方法都能有效地去除氨氮,但目前只有少数几种能真正地应用于工业废水的处理。因为它们必须同时具有应用方便、处理性能稳定、安全可靠、适合于废水水质波动及较为经济等优点。

氨氮处理技术的选择还与废水中氨氮的浓度密切相关。根据氨氮浓度的不同,可以采用不同的氨氮处理技术。用生物法处理废水时,有机碳的相对浓度是应该考虑的重要因素。维持最佳碳氮比例(C∶N)是生物法处理成功与否的关键之一。若该比例过低(碳含量相对较少、氨氮含量相对较高),会导致氨氮处理效果达不到技术要求,此时不宜直接进行生物处理,而是采用物化法或物化—生物联合法达到排放要求较为经济;若该比例过高(碳含量相对较高),则废水中对有机碳的生物处理将不稳定,还需补充适量的氮,使 C∶N 达到 100∶5(质量浓度比)。采用生物脱氮工艺效果较好,能较彻底地脱除废水中的氨氮,并且不会造成二次污染,能耗比物理化学法低,但蒸氨废水中氨氮质量浓度不宜太高,一般不超过 300 mg/L。生物脱氮法工程占地面积相对较大,温度低时,总氮去除效率低。

焦化废水生物处理包括废水预处理、生物处理、后处理、污泥处理、系统检测与控制及分析化验等。其中废水生物处理又有生物脱酚氰处理和生物脱氮处理两种工艺,前者主要以去除废水中的酚、氰及 COD 等污染物质为目的,后者除兼有前者功能外,还要去除废水中的氨氮。近年来,随着环保要求的提高,不管处理后的废水是否它用,焦化废水处理已全部采用生物脱氮处理工艺,以避免污染物转移。

13.2.2.2 活性污泥法基本原理

A 活性污泥法净化过程与机理

活性污泥法净化废水包括两个主要过程:

(1) 微生物的代谢反应。污水中的有机物被微生物代谢,其中一部分合成新的生物细胞,另一部分转化为稳定的有机物。

(2) 活性污泥的物理化学作用。有机物被活性污泥所吸附,经凝聚沉淀后去除。

活性污泥法净化废水机理：经过预处理的废水进入活性污泥反应池(又称曝气池)，与活性污泥混合并进行曝气，污水中的悬浮固体和胶体物质在很短的时间内即被活性污泥所吸附。污水中有机物被微生物利用作为生长繁殖的碳源和能源，代谢转化为生物细胞并氧化成为最终产物(主要是CO_2)。非溶解性的有机物需先转化为溶解性的有机物，然后才被代谢和利用。含活性污泥和废水的混合液最终从反应池内排出，在二次沉淀池内进行固液分离。上层出水即为净化水；分离浓缩后的生物固体返回反应池，使池内始终保持一定浓度的生物固体，用于连续不断地降解污水中的有机污染物。作为基质的有机物被活性污泥微生物群体分解氧化及合成新细胞，从而使污水得到净化。基质的去除伴随着活性污泥量的增长，由于微生物进行连续的合成和增殖，因此产生多余的活性污泥，必须将其排出系统，这部分污泥既可从二次沉淀池排出，也可从反应池排走。

活性污泥常作为二级处理，用于去除水中胶体和溶解状态的有机污染物。

B　焦化废水污染物降解途径

a　氰化物

(1) 氰化物与水中的CO_2作用生成氢化氰气体逸入大气，化学反应式为

$$CN^- + CO_2 + H_2O \longrightarrow HCN\uparrow + HCO_3^- \qquad (13\text{-}2\text{-}1)$$

(2) 氰化物的氧化分解。在微生物的促进作用下，氰化物(包括有机腈)与水中的溶解氧作用生成铵离子和碳酸根，它们氧化过程中的重要中间产物为甲酸。化学反应式为：

$$2CN^- + O_2 \longrightarrow 2CNO^- \qquad (13\text{-}2\text{-}2)$$

$$CNO^- + 2H_2O \longrightarrow NH_4^+ + CO_3^{2-} \qquad (13\text{-}2\text{-}3)$$

b　硫氰化物

在微生物的促进作用下，硫氰化物与水中的溶解氧作用生成铵离子和硫酸根。化学反应式为：

$$SCN^- + 2O_2 + 2H_2O \longrightarrow SO_4^{2-} + NH_4^+ + CO_2 \qquad (13\text{-}2\text{-}4)$$

c　酚类

在微生物的作用下，酚类最终被氧化成二氧化碳和水。氧化过程为：

苯酚→邻苯二酚→中间体→丁二酸→乙酸→二氧化碳和水

d　硫化物

在缺氧的情况下，硫酸盐可以被某些微生物还原，产生硫化氢，进行反硫化作用。许多能分解蛋白质的微生物将有机硫化物分解成简单的硫化合物，在无氧条件下产生硫化氢。

氧化硫化氢的微生物有两类，一类是硫黄细菌；一类是硫化细菌。它们氧化硫化氢的最终产物是硫酸。硫黄细菌氧化硫化氢成硫黄颗粒储存于细胞内，当环境中缺乏硫化氢时，细胞内的硫黄颗粒则继续被氧化而生成硫酸。化学反应式为：

$$2H_2S + O_2 \longrightarrow 2H_2O + S_2 + 能量 \qquad (13\text{-}2\text{-}5)$$

$$S_2 + 3O_2 + 2H_2O \longrightarrow 2H_2SO_4 + 能量 \qquad (13\text{-}2\text{-}6)$$

13.2.2.3　生物脱氮基本原理

废水采用生物脱氮工艺的基本原理是先将有机氮转化为氨氮，然后通过硝化反应将氨氮转化为硝态氮，再通过反硝化反应将硝态氮还原成气态氮从水中逸出，从而达到从废水中去除氨氮的目的。转化过程为：

有机氮→氨氮→硝态氮→气态氮

A 氨化反应

废水中的有机氮化合物在微生物(氨化细菌)的作用下,分解产生氨的过程称脱氨基作用,常称氨化反应。

B 硝化反应

硝化反应是将氨氮转化为硝态氮的过程。它包括两个基本反应步骤:第一步是由亚硝化菌参与的将氨氮转化为亚硝酸盐(NO_2^-)的反应;第二步是由硝化菌参与的将亚硝酸盐转化为硝酸盐(NO_3^-)的反应。这两项反应均需在有氧的条件下进行,常以 CO_3^{2-}、HCO_3^- 和 CO_2 为碳源。硝化反应为:

$$NH_4^+ + 0.5O_2 + 2HCO_3^- \longrightarrow NO_2^- + 2H^+ + H_2O \quad (13-2-7)$$

$$NO_2^- + 1.5O_2 \longrightarrow NO_3^- \quad (13-2-8)$$

通过硝化过程的化学反应计算表明:每去除 1 g NH_4^+-N 约耗去 4.57 g O_2;生成 0.15 g 新细胞;消耗 7.14 g 碱度(以 $CaCO_3$ 计);耗去 0.08 g 无机碳。

硝化细菌和亚硝化细菌都是好氧性自养菌,只有在溶解氧足够条件下才能生长。硝化细菌的世代期长,生长速度慢;而亚硝化细菌世代期短,生长速度快。

C 反硝化反应

反硝化反应是指硝化过程产生的亚硝酸盐或硝酸盐在反硝化细菌的作用下还原成气态氮的过程。反硝化细菌是一类化能异养兼性缺氧型微生物,既可在有氧条件下利用有机物进行好氧增殖,又可在缺氧条件下,利用有机物作为碳源,以 NO_2^- 和 NO_3^- 中的氧作为最终电子受体(N 为电子接受体),将亚硝酸盐和硝酸盐还原成氮气逸出,以达到最终脱氮的目的。反硝化反应为:

$$NO_3^- + 5H^+ \longrightarrow NO_2^- + 2H_2O + OH^- \quad (13-2-9)$$

$$NO_2^- + 3H^+ \longrightarrow 1.5N_2 + H_2O + OH^- \quad (13-2-10)$$

也可以表示为:

$$5C(\text{有机 C}) + 4NO_3^- + 2H_2O \longrightarrow 2N_2 + 4OH^- + 5CO_2 \quad (13-2-11)$$

反硝化反应经历如下过程:

$$NO_3^- \rightarrow NO_2^- \rightarrow NO \rightarrow N_2O \rightarrow N_2 \quad (13-2-12)$$

通过反硝化过程的化学反应计算表明:每还原 1 g NO_3-N,生成 0.45 g 新细胞;产生 3.57 g 碱度(以 $CaCO_3$ 计);消耗 3.7 g COD_{Cr},但实际工程可能远远小于此值。

硝化反应是在延时曝气后期进行的,也就是说,对焦化废水的生物降解,氨氮的降解要比酚、氰和硫氰化物的生物降解速率慢,所以需要足够的曝气时间。实际上,硝化与反硝化是生物脱氮两个有机的组成部分,在一般的生物处理过程中,有些也包括了硝化与反硝化的过程,如生物滤池、生物转盘,因为滤膜结构本身就形成了外层有氧条件下的好氧生物活动和内层厌氧条件下的厌氧生物活动,外层为硝化反应提供了条件,内层为反硝化反应提供了条件。

13.2.3 废水处理工艺及操作

13.2.3.1 废水处理工艺系统

A 传统生物脱氮工艺

传统生物脱氮工艺就是多级活性污泥系统,工艺流程如图 13-2-1 所示。该流程有相当好的 BOD 去除率和脱氮效果。缺点是流程偏长，构筑物较多，基建费用高，需外加碳源，运行费用较高，出水中残留一定量的甲醇，会增加出水 BOD。鉴于传统生物脱氮工艺存在的缺点，人们在生产实践过程中对该工艺进行不断改进和完善，提出了 A/O 生物脱氮工艺。

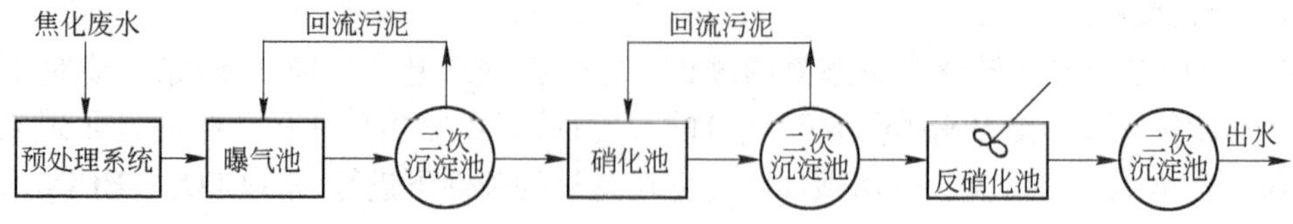

图 13-2-1　传统的三级脱氮工艺流程图

B　A/O(anoxic/oxic，即缺氧/好氧)工艺及其改进型工艺

目前国内常规的焦化废水生物脱氮处理流程均采用 A/O 工艺，它是一种前置反硝化工艺，属于单级活性污泥脱氮工艺，即只有一个污泥回流系统。A/O 工艺的原废水先经过缺氧池，再进到好氧池及二次沉淀池，并设有污泥回流系统及好氧池混合液或二次沉淀池上清液回流系统。近几年来，随着焦化废水生物脱氮研究工作的不断深入，又在 A/O 工艺基础上开发出 A-A/O、A/O-O、A-A/O-O 等脱氮流程。

即使采用同一 A/O 脱氮工艺，根据回流液位置和性质的不同又有内、外循环之分，分别称之为 A/O 内循环脱氮工艺和 A/O 外循环脱氮工艺。

a　A/O 内循环

A/O 内循环工艺特点是二次沉淀池上清液回流至缺氧池；二次沉淀池内的沉积污泥回流至好氧池，工艺流程如图 13-2-2 所示。

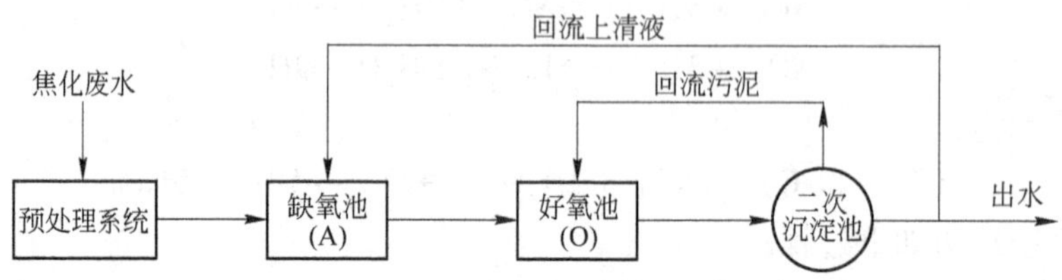

图 13-2-2　A/O 内循环工艺流程图

A/O 内循环工艺已在我国众多钢铁公司的焦化厂、煤气厂得到全面推广，并得到成功应用。A/O 内循环脱氮工艺与传统生物脱氮工艺相比，具有如下优点：

(1) 流程短，省去中间沉淀池，构筑物少，大大节省基建费用，运行费用低，占地面积较小；

(2) 以原水中的含碳有机物和内源代谢产物为碳源，节省投外加碳源的费用并可以获得较高的碳氮比，确保反硝化作用充分进行；

(3) 好氧池设在缺氧池之后，可以进一步去除反硝化残留的有机污染物，确保系统出水水质能够达标排放；

(4) 缺氧池设在好氧池之前，可以减轻好氧池的有机负荷，提高系统 COD 去除率；

(5) 缺氧池内反硝化作用产生的碱度可以补偿好氧池内硝化反应消耗的碱度，从而减少好氧池投碱量；

(6) 由于大量沉淀池的上清液回流至缺氧池，对原水有稀释作用，提高了系统耐冲击负荷的能力，确保生化系统安全稳定运行。

b A/O 外循环

A/O 外循环工艺也被称为 SDN 工艺，特点是好氧池内的混合液回流至缺氧池，缺氧池内设搅拌器；二次沉淀池内的沉积污泥回流至缺氧池和好氧池，该流程与城市污水处理采用 A/O 流程基本一致，但城市污水含氨氮质量浓度一般在 40 mg/L 以下，而焦化废水含氨氮质量浓度一般在 300 mg/L 以下。工艺流程如图 13-2-3 所示。

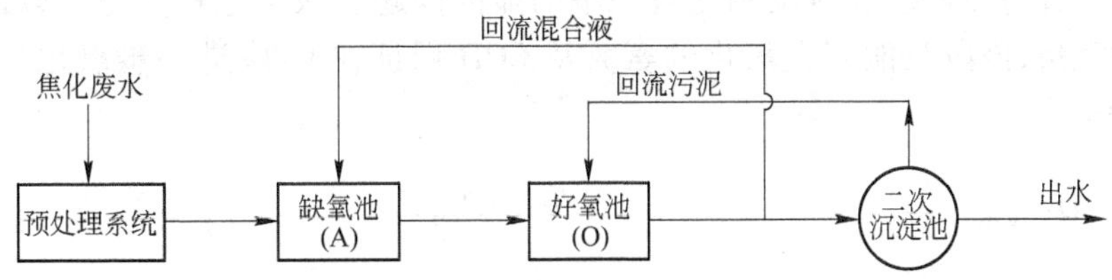

图 13-2-3 A/O 外循环工艺流程图

近几年，A/O 外循环工艺在我国云南、山西等地的几个焦化厂得到工程应用。它与 A/O 内循环脱氮工艺比较，有如下特点：

(1) 缺氧池和好氧池可以是两个独立的构造物，也可以合建在同一个构造物内，使占地面积减少；

(2) 回流混合液不再进入二次沉淀池，可以减少二次沉淀池表面积，节省用地；

(3) 亚硝化菌和硝化菌与反硝化细菌共生于同一水体内，在缺氧段内反硝化细菌发挥作用，亚硝化菌和硝化菌处于受抑制状态；对好氧段而言，亚硝化菌和硝化菌处于工作状态，反硝化细菌不再发挥作用；

(4) 回流混合液与原水直接接触，细菌容易受到高负荷冲击。

c A-A/O 内循环

A-A/O 工艺是 anaerobic/anoxic/oxic 的简称，也叫厌氧—缺氧—好氧工艺，有的也称之为 A^2/O 工艺，它是在 A/O 工艺基础上增设一个厌氧(anaerobic)池，工艺流程如图 13-2-4 所示。

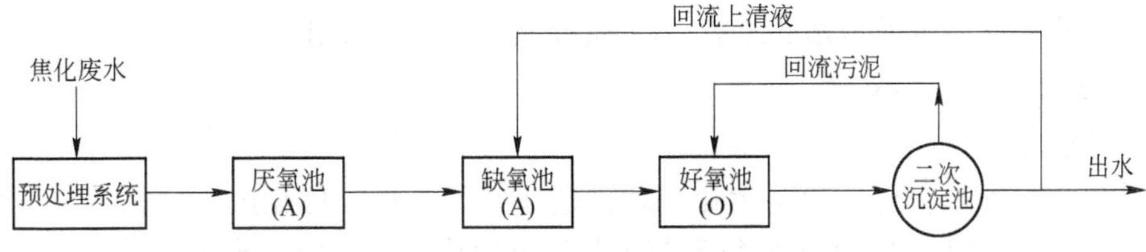

图 13-2-4 A-A/O 内循环工艺流程图

A-A/O 工艺特点如下：

(1)以厌氧作为预处理是本工艺的主要特点，有机物的厌氧分解主要经历两个阶段：酸性发酵和碱性发酵。该工艺厌氧分解控制在酸性发酵阶段，酸性发酵虽未使有机物得到彻底去除，但却改变了其化学结构，使废水的可生化性能得到改善，也就是说厌氧段起着对大分子有机物进行酸化和部分降解的作用，使原难以被好氧微生物所分解的环状有机物如杂环、脂肪环、多环芳香族等化合物开环，生成长链的脂肪酸或低分子有机酸，从而为缺氧池和好氧池提供易生物降解的有机物。

(2) 该系统操作稳定，具有很好的抗冲击能力。

(3) 可以为缺氧池提供有效碳源，降低好氧池的有机负荷。

从理论上讲，厌氧段有以上特点，但在实际生产监测过程中，特点(1)并不十分突出。

d　A/O-O 内循环

之所以由 A/O 工艺流程优化为 A/O O(也可以表示为 A/O_1-O_2)流程，目的就是解决回流水中溶解氧过高导致缺氧池反硝化效果不明显的问题。该工艺特点是可以适当地控制 O_1段的溶解氧量，该段没能完全氧化的氨氮及 COD 保证在 O_2段进一步氧化，工艺流程如图 13-2-5 所示。

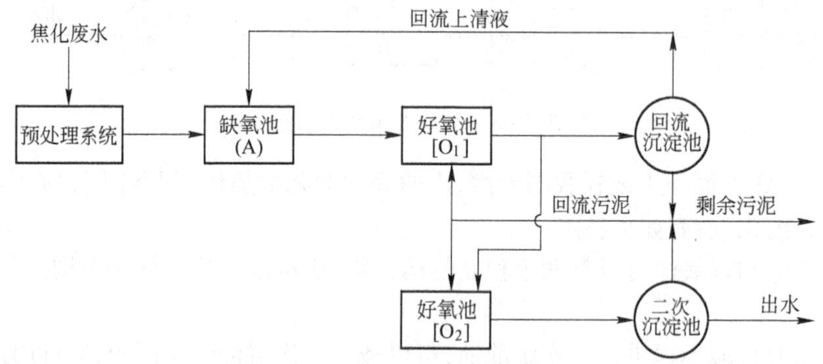

图 13-2-5　A/O-O 内循环工艺流程图

该法的优点如下：

(1) 运行安全、可靠，确保装置出水指标达到国家排放标准的要求，出水指标好于 A/O 内循环，该系统耐冲击性能较强，一旦受冲击，整个系统恢复较快。

(2) 可以适当控制好氧池的 DO(溶解氧)量，使好氧池菌胶团内部存在厌氧的微环境，这时好氧池反应器同时进行硝化和反硝化反应，提高总氮去除率。

该法的缺点是：增加回流沉淀池，占地面积相应增大，基建费用提高，遏制了该工艺大面积使用推广。

对于旧有焦化废水处理站的改造工程，选择该流程比较适用。

13.2.3.2　工艺与操作

A　预处理

焦化废水预处理主要是为其生化处理创造适宜的条件。焦化废水预处理一般由预曝气、除油、浮选、水质均和与水的事故调节等几部分组成。根据蒸氨废水水质情况及可使用的预处理设备及构筑物的形式等，可有多种预处理工艺。图 13-2-6 ~ 图 13-2-8 分别为焦化废水处理常用的三种预处理工艺流程图。

a　除油池

除油是靠油与水的密度差从焦化废水中分离重质油和轻质油。蒸氨废水、终冷排污水、煤气水封排水、地面清洗水和油槽灌冲洗水等，一般都要经过重力除油。

重力除油多使用矩形平流除油池或圆形竖流除油池。除油池除轻油(浮油)设备可使用

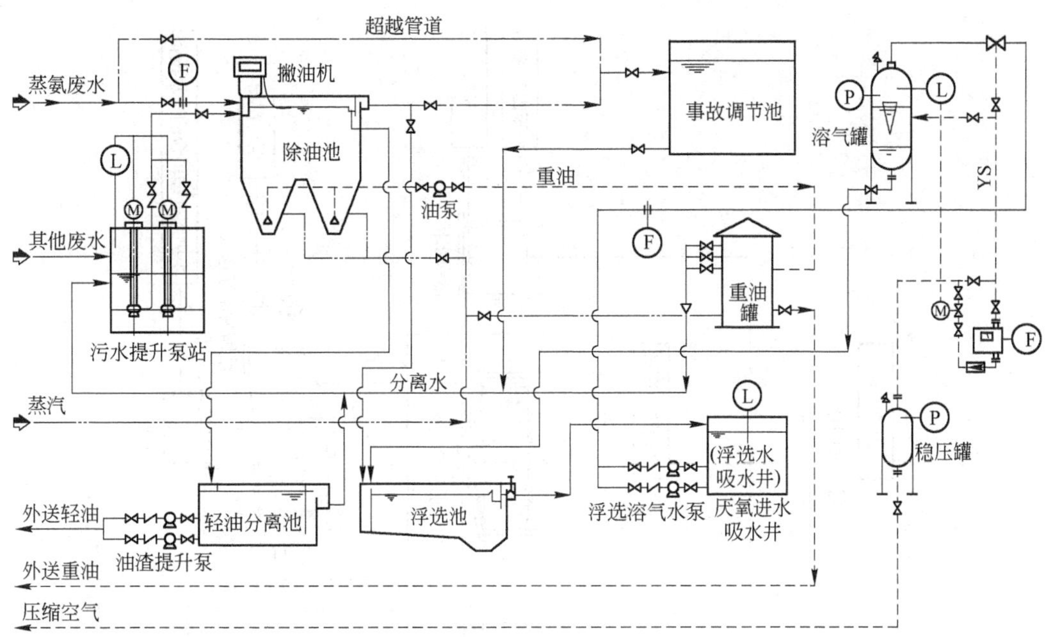

图 13-2-6 预处理工艺流程图之一

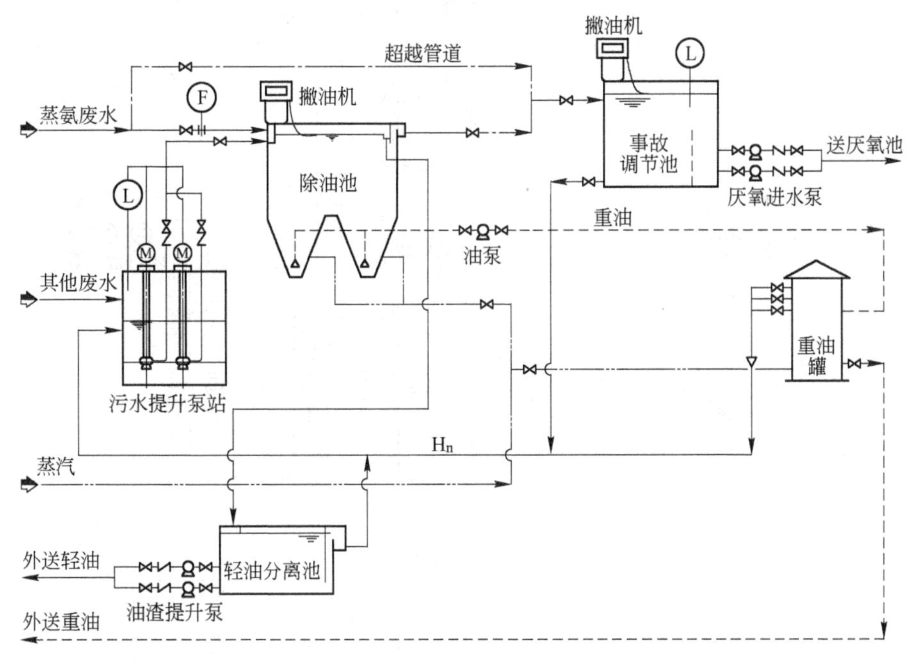

图 13-2-7 预处理工艺流程图之二

刮浮油机、管式或带式撇油机。除油池除重油可用刮重油机和(或)集油斗收集,靠水静压头排出或由抽油泵抽出。尽管可以通过蒸汽加热的方法提高池底部重油的流动性,但它们还是有很强的黏结性,各地现场反馈的实际经验是:靠水静压头排出或由抽油泵抽出很难达到排油目的,一般都是采用定期人工清理。

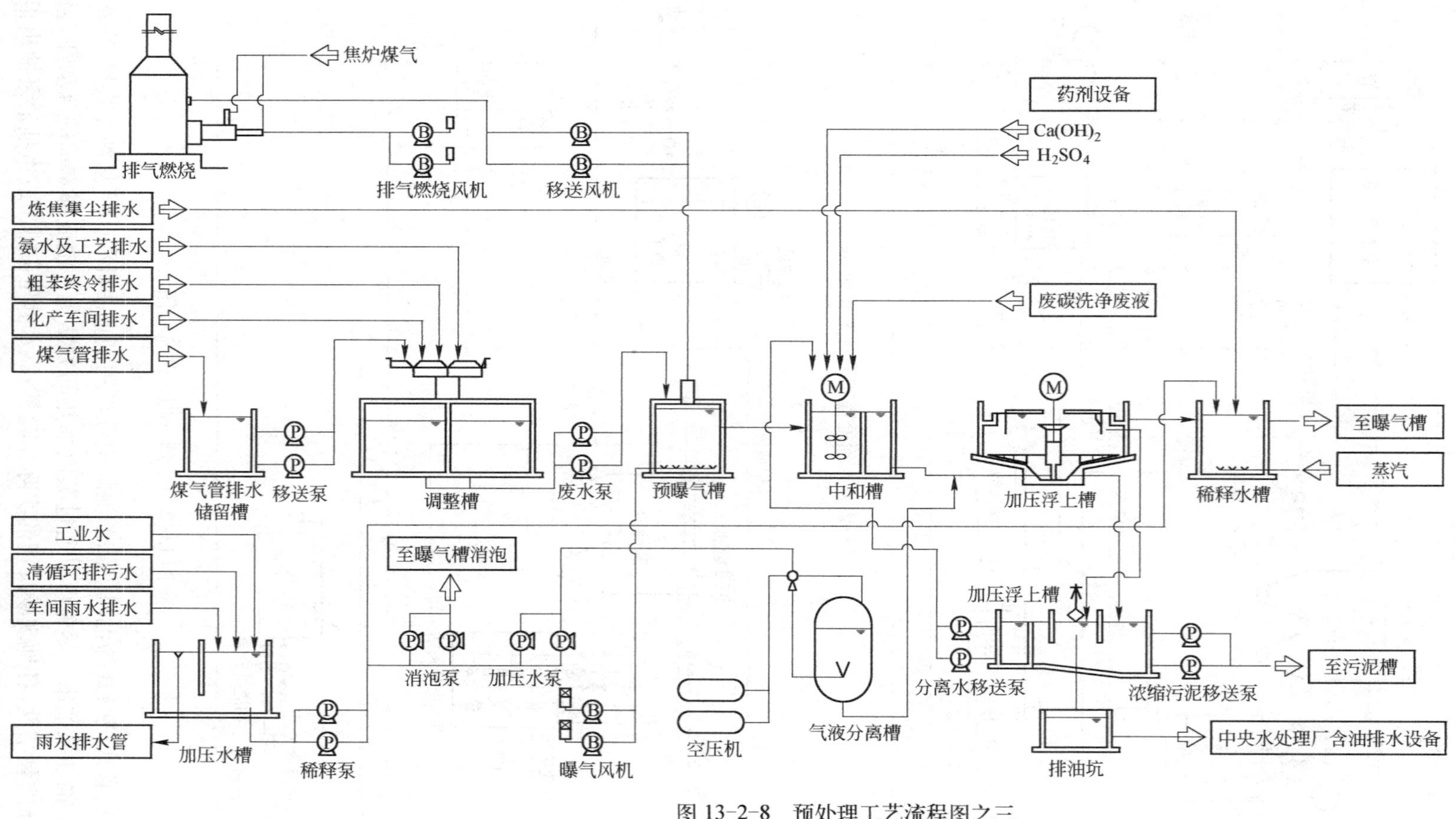

图 13-2-8　预处理工艺流程图之三

分离出的重油和轻油要分别经过进一步油水分离,分离水返回除油池,浓缩后的油要分别储存,定期外运或送动力煤场掺入煤中焚烧。

在除油系统的重油收集槽(斗)、重油储槽(罐)及重油再分离设施内等处,应设有蒸汽加热用蛇形管等,供排油时使用。

除油池主要操作制度如下:

除油池水力停流时间	3 h
缓冲层高度	0.25 ~ 0.5 m
保护高度	0.3 m
重油排油加热温度	≤70℃
圆形除油池中心管流速	≤30 mm/s

b 事故调节池

事故调节池主要用于在焦化废水生物处理过程中,生化过程受到冲击,短期内需要停止进水调整时,储存外来焦化工艺废水。事故调节池不应储存化产工艺本身事故时产生的事故水。

池底沉积的重油 1 ~ 2 年人工清理一次。焦化厂的事故调节池调节时间一般都在 24 ~ 48 h 范围内。

c 均和池

进生化处理的废水往往不只是一种,其各自的水质和水量又是随时间而变化的,有时还要对原废水进行稀释,以给废水生化处理创造良好的条件,因此对除油后废水要进行均和处理。水质均和主要包括废水所含污染物浓度均和、废水的水温调节及废水的 pH 值调整等。自开展生物脱氮工程以来,已经把均和池和厌氧池功能合并,不再单独设置均和池。

B 生物处理

生物处理的主要目的是通过微生物(活性污泥)的生物化学反应来降解焦化废水中的有害物质,降低废水中的 COD 等污染物含量。生化处理的主要设施有厌氧池、缺氧池、好氧池、二沉池、污水污泥回流设施、鼓风机、加药及消泡设施等。由于高浓度的废水对细菌有抑制作用,必须控制进生化系统的污染物浓度,否则会影响系统正常运行,严重时会造成活性污泥系统瘫痪,主要控制指标见表 13-2-6。

表 13-2-6 A/O 工艺处理水质主要控制指标

污染物	挥发酚/mg · L^{-1}	氰化物/mg · L^{-1}	COD_{Cr}/mg · L^{-1}	TKN/mg · L^{-1}	油/mg · L^{-1}	悬浮物/mg · L^{-1}	pH 值
装置进水	≤500	≤10	≤3500	≤200	≤10	≤100	7 ~ 8

a 厌氧池

浮选池出水由泵送至厌氧池,厌氧池起着对大分子有机物进行酸化和部分降解的作用,使原难以被好氧微生物所分解的环状有机物如杂环、脂肪环、多环芳香族等化合物开环,生成长链的脂肪酸或低分子有机酸,从而为缺氧池和好氧池提供易生物降解的有机物。为了使厌氧池作用最佳,不存在短流现象,池底一般设旋转布水器或潜水搅拌机,池水面上均匀设集水槽。为了增加池内的活性污泥浓度,厌氧池内可设填料,用于挂生物膜,生物膜的形成极大地提高了生物体与污水的接触面积,对提高出水水质起到重要作用。

为了满足厌氧池生化反应的需要,在厌氧池内可以采用临时投加磷盐的方法,为微生物提供营养物磷源，运行中应根据实际情况进行操作。

主要操作参数如下：

水力停留时间	8～12 h（高浓度时取上限，低浓度时取下限，一般取 10 h）
磷	约 1 mg/L（采用临时投加磷盐药剂）
pH 值	约 7.5
水温	约 30℃（不得急剧变化）

b　缺氧池

缺氧池是生物脱氮工艺的核心设施之一，一般采用两个并列操作的缺氧池。在此以进水中的有机物作为反硝化的碳源和能源，以回流水中的硝态氮作为反硝化的氧源，在池中组合填料上的生物膜（兼性菌团）作用下进行反硝化脱氮反应，并使废水中的 NH_3-N、COD 等污染物质得以部分去除和降解。为了使缺氧池发挥最佳作用，不存在短流现象，不同的内外工艺采用不同的设备配置。A/O 内循环工艺池底一般设旋转布水器，水呈上向流形式运行，池水面上均匀设集水槽。为了增加池内的活性污泥浓度，缺氧池内设有半软性填料，用于挂生物膜，生物膜的形成极大地提高了生物体与污水的接触面积，对提高反硝化效率起到决定作用。对于 A/O 外循环工艺，是将潜水搅拌器设在池内，池内不设其他的填料，使活性污泥呈悬浮状在池内以推流式在廊道内运行，池一端设集水槽。

影响反硝化稳定运行主要环境条件是有机物（碳源）及其浓度、硝酸盐（NO_3^-）浓度、溶解氧（DO）含量、pH 值、营养物、毒物浓度、温度等。

（1）有机物含量。参与反硝化反应的是兼性异养型细菌，它能利用作为电子供体的有机物（碳源）与作为电子受体的硝酸盐（NO_3^-）之间的反应获得能量，完成菌属的同化异化反应，并将 NO_3^- 转化为 N_2 而脱除。

废水中的 BOD∶TN（总氮）＞（3～5）∶1 时，碳源可以满足微生物群体的要求，无需外加碳源（通常为甲醇）。焦化废水处理采用 A/O 流程，原水与回流水一起进入缺氧池，使得废水的碳氮比值介于 2.5～4 之间，可以满足微生物对碳源的需求。

（2）硝酸盐浓度。反硝化速率对硝酸盐浓度呈零级反应，即硝酸盐浓度对反硝化活性影响极小，硝酸盐浓度只需超过 0.1 mg/L，即对反应速率无影响。即只要回流水中含有硝态氮，就可以进行反硝化的脱氮反应。

（3）溶解氧（DO）。反硝化反应受溶解氧的限制，一般公认缺氧段溶解氧应控制在 0.5 mg/L以下。在生物膜法反硝化系统中，虽然水中有 1 mg/L 左右的氧存在，但生物膜内层仍属缺氧状态，为此溶解氧在 1 mg/L 左右并不影响反硝化的进行。A/O 内循环工艺回流的 3 倍上清液是沉淀池的出水，其溶解氧（DO）浓度均在 1 mg/L 以下，如果考虑 1 倍原水量，溶解氧加权平均值为 0.75 mg/L，这点微量的溶解氧会在短时间内被有机物利用，这和好氧池通过鼓风曝气源源不断维持的溶解氧量有本质区别。A/O 内循环工艺的缺氧池既是生物膜法又是悬浮污泥法，是两者共同完成反硝化脱氮过程的，该工艺无需采用特别手段调节溶解氧量。

（4）温度。温度对反硝化速率的影响似乎比普通废水生物处理的影响更大，反硝化最适宜温度为 20～35℃，温度低于 10℃时，反硝化速率明显降低。低温季节一般通过蒸汽加热方式维持系统温度；高温季节主要由煤气净化工艺控制蒸氨废水温度。

（5）pH 值。反硝化反应适宜的 pH 值为 7.0～8.0，此外 pH 值还影响到反硝化最终产物。当 pH 值超过 7.3 时，最终产物为氮气（N_2）；pH 值低于 7.0 时，最终产物为 N_2O；pH 值高于 8.0 时，最终产物中将出现 NO_2^- 积累。

从反硝化反应中可以看到，与硝化作用相反，反硝化会使碱度增加。增加的碱度是对硝化段耗去碱度补充的一个来源。

由于回流水来自沉淀池的上清液，其 pH 值略低于好氧池混合液 pH 值，而好氧池混合液 pH 值是受严格控制的，因此缺氧池的 pH 值不用特殊调节就可以满足工艺要求。

（6）上清液回流比。回流污水的目的是将硝化后含高浓度硝态氮的上清液或泥水混合液回流到反硝化段进行脱氮，而回流量与系统处理水量之比就是生物脱氮工艺中的回流比，通常以 R 表示，即 $R=Q_{\text{上清液或泥水混合液回流量}}/Q_{\text{系统处理水量}}$。在完全反硝化的情况下，回流比与系统总氮去除率的关系可以表示为 $\eta=R/(1+R)$，从中可以看出：回流比愈小，系统的总氮去除率就愈低；回流比愈大，回流到反硝化段的 NO_T-N 量就愈大，若反硝化的碳源愈充足，系统的总氮去除率就愈高。

一般情况下，回流越大，其脱氮效率越高，但会相应增加动力消耗。尽管由于回流量的增加会使带入反硝化段内的溶解氧量增加，溶解氧的存在影响反硝化效果，但这种影响因素对反硝化的作用时间既短也不十分明显；此状态下影响反硝化的主要原因是反硝化段内的碳氮比，碳氮比的理论值应该不小于 2.86。一般二次沉淀池的出水含 COD≤200 mg/L，BOD 约为 50 mg/L。

尽管反硝化段过程实际碳氮比小于理论值，但在生产实践中，除缺氧池外，好氧池的活性污泥絮凝体内层以及沉淀池内均有反硝化作用发生，这就是实际总氮去除率基本都在 60% 以上的原因。理论和实践证明，回流比采用 2～3 较合理。

（7）营养物。反硝化细菌微生物生长繁殖需要一定比例的营养物质，如有机物、氮、磷及其他微量元素，对于焦化的酚氰废水，缺乏磷元素，为此需投加一定量磷使其满足微生物的需求量。正常情况下，磷元素加在好氧池内，缺氧池内不再专设投加磷盐管道，通过回流沉淀池的上清液或好氧池内的混合液携带的磷来解决微生物需要的营养物磷元素。

（8）毒物浓度。对反硝化有毒害影响，又同反硝化密切相关的因素是 NH_4^+、NO_2^- 以及前面提到的几种因素。

NO_2^- 累计浓度超过 30 mg/L（硝化反应不彻底）时，可抑制反硝化作用。

NH_4^+-N 含量在 500 mg/L（突变值）会抑制反硝化作用。

另外，重金属、H_2S 等无机物质和氰、酚等有机物质，它们对细菌的毒害作用或是破坏细菌细胞某些必要的组织，或是抑制细菌的代谢进程，因此通常采用稀释原水的方法来降低毒物浓度。缺氧池内污泥应保留一定量，并且定期补充新鲜活性污泥，剩余污泥主要靠随水流失来实现排放。

主要操作参数如下：

停留时间	16～20 h（高浓度时取上限，低浓度时取下限，一般取 18 h）
污水回流比	2～3（按好氧池进水量计）
磷	约 1 mg/L（一般回流水中含磷量可以满足此要求）
水温	25～30℃
pH 值	7～8
溶解氧	≤0.5 mg/L
泥龄	50～100 d

c　好氧池

好氧池是生化处理的核心设施之一，缺氧池出水流入好氧池与经污泥泵提升后送回到好氧池的回流污泥充分混合，由微生物降解废水中的有机物。微生物的生物化学反应过程主要是在好氧池中进行的，废水中的氨氮在此被氧化成硝态氮，即硝化过程，酚、氰化物、硫氰化物等污染物被进一步降解。

好氧池的鼓风系统采用先进的曝气设备如微孔曝气器等提高充氧效率。为了延长微孔曝气器的使用寿命，防止铁锈、尘埃堵塞微孔曝气器，鼓风管道一般采用不锈钢材质，鼓风机的进口设有高效空气过滤器。

焦化废水生物处理不同于其他污水，虽然可以根据好氧池体积推算出其污泥负荷，但不能用污泥负荷来确定好氧池体积。这是因为对焦化废水生物处理而言，水力停留时间不同，活性污泥的生物相组成和废水能去除掉的污染物也各不相同。一般来说，去除特定的污染物需要有特定的水力停留时间，否则就不能达到预期的效果。通常好氧池去除酚类的水力停留时间在 8 h 之内，去除氰化物和硫氰化物的水力停留时间应在 16 h 以上，水力停留时间超过 24 h 则有可能开始氨的硝化。当好氧池进水 COD 浓度在 1200 ~ 1800 mg/L 左右，水力停留时间应在 24 ~ 36 h 左右，经过调整其他各种运行参数，才能有效地去除各种污染物，生物处理后出水的 COD 浓度可降到 200 mg/L 以下。

在生物脱氮工艺中，反硝化的反应速度较快，只要能满足进水中碳氮比，可不必特别予以考虑。硝化反应是脱氮的关键，硝化菌对环境条件比较敏感，当条件发生变化时，硝化菌的活性会受到很大影响，甚至会抑制硝化菌的活性。因此必须为好氧池内的活性污泥中的微生物提供一个相对稳定的生活环境。影响操作的主要因素有：

（1）溶解氧（DO）。活性污泥法是在有氧的条件下，利用好氧微生物的代谢活动，将废水中的有机物氧化分解为无机物。因此，溶解氧的高低会直接影响到这类微生物的代谢活性，为了满足好氧微生物对溶解氧的需要，提高处理系统的效率，必须向处理系统供氧。此外充氧时产生的紊流还可使废水与污泥充分混合，并使污泥在到达二沉池以前不会沉淀下来。在溶解氧充足的环境下，活性污泥的活性和抗冲击能力都强。出水中带有的溶解氧排入天然水体后，还具有后处理作用，使残存的有机物继续氧化分解。

由于硝化反应曝气时间长，属延时曝气型，每去除 1 g NH_3-N 约耗去 4.57 g O_2。如果溶解氧不维持一定下限，必然会造成硝化段缺氧，使硝化段不能正常运行。但如果溶解氧过高，除了能耗增加外，还会使絮凝体颗粒打碎，并易使污泥老化。实践表明，好氧池硝化段的溶解氧应维持在 2 ~ 4 mg/L 为宜。

（2）pH 值及碱度。活性污泥微生物的最适宜的 pH 值介于 6.5 ~ 8.5 之间。pH 值降至 4.5 以下时，活性污泥中原生动物将全部消失，大多数微生物的活动受到抑制，优势菌种为真菌，活性污泥絮凝体受到破坏，极易产生污泥膨胀现象。当 pH 值大于 9 后，微生物的代谢速度受到影响，菌胶团会解体，同样会产生污泥膨胀现象。

活性污泥混合液本身对 pH 值变化具有一定的缓冲作用，因为好氧微生物的代谢活动能改变其活动环境的 pH 值。比如说好氧微生物对含氮化合物的作用，由于硝化作用而产生酸，降低了环境的 pH 值；由于脱羧基作用而产生碱性胺，又使环境的 pH 值提高。

前述硝化反应方程式表明，硝化反应生成的氢离子会影响系统的 pH 值，氢离子与 HCO_3^- 反应产生 CO_2。

不同 pH 值水中三种类型碳酸比例见表 13-2-7。

表 13-2-7 不同 pH 值水中三种类型碳酸比例 (%)

pH 值	H_2CO_3	HCO_3^-	CO_3^{2-}	pH 值	H_2CO_3	HCO_3^-	CO_3^{2-}
5.0	95.75	4.25		7.5	6.74	93.12	0.14
5.5	97.70	12.30		8.0	2.46	97.08	0.46
6.0	69.20	30.80		8.5	0.72	97.83	1.45
6.5	41.62	58.37	0.01	9.0	0.17	95.36	4.47
7.0	18.64	81.32	0.04				

通过曝气作用,CO_2基本被排出水体外,如果 NH_4^+ 浓度较低,pH 值变化不大或几乎不改变。对于焦化废水,氨氮在 200 mg/L 左右时,pH 值会明显降低,如果好氧池混合液的 pH 值在 6.5 以下,硝化反应会受到抑制。在 pH 值中性或微碱性的条件下,硝化过程迅速,若 pH 值进一步上升,虽然 NH_4^+ 转化为 NO_2^-、NO_3^- 的过程仍然非常迅速,但是从 $NH_4^+ \leftrightarrow NH_3$ 的平衡关系中得知,NH_3浓度会迅速增加。由于硝化菌对 NH_3极敏感,结果会影响硝化作用速率。从化学方程式推出,每硝化 1 kg 氨氮会失去 7.14 kg 碱度(以 $CaCO_3$计),而使 1 kg 的亚硝酸盐和硝酸盐反硝化,只能产生 3.75 kg 碱度,整个水体在脱氮过程中碱度有近半量被消耗。因此,好氧池内要加入一定量的碱液(Na_2CO_3),一方面是为了维持正常所需 pH 值 7~8,另一方面是为了给硝化菌生长提供碳源。用弱碱性盐 Na_2CO_3 调节 pH 值时,需要量相对较大,工程实际中,Na_2CO_3 通常与 NaOH 联合使用。不同碱性物浓度与 pH 值的关系见表 13-2-8 和表 13-2-9。

表 13-2-8 氢氧化钠浓度与 pH 值的关系

浓度/mg · L^{-1}	0.01	0.02	0.03	0.04	0.05	0.06	0.07	0.08	0.09	0.10	0.15
pH 值	7.5	7.8	8.0	8.1	8.2	8.3	8.35	8.4	8.45	8.5	8.7
浓度/mg · L^{-1}	0.2	0.3	0.4	0.5	0.6	0.7	0.8	0.9	1.0	1.5	2.0
pH 值	8.8	9.0	9.1	9.2	9.3	9.35	9.4	9.45	9.5	9.7	9.8

表 13-2-9 氢氧化钠、碳酸钠、氨浓度与 pH 值的关系

浓度/mg · L^{-1}		2	3	5	10	20	30	40	50
pH 值	氢氧化钠	9.8	10.0	10.3	10.5	10.8	11.0	11.1	11.2
	碳酸钠	9.6	9.8	10.0	10.3	10.6	10.8	10.9	11.0
	氨	8.5	8.65	9.1	9.6	10.1	10.25	10.45	10.47
浓度/mg · L^{-1}		60	70	80	90	100	150	200	300
pH 值	氢氧化钠	11.3	11.37	11.45	11.48	11.5	11.6	11.8	12.0
	碳酸钠	11.05	11.10	11.13	11.18	11.2	11.22	11.3	11.45
	氨	10.48	10.49	10.5	10.50	10.51	10.57	10.65	10.75

(3) 营养物。在活性污泥系统中,由于微生物细胞是由多种化学成分所组成,因此其生长繁殖需要有一定比例的营养物质。污水中除以 BOD 所代表的含碳有机物外,还需要一定比例氮、磷及其他微量元素,对于焦化酚氰污水,就缺乏磷元素,而氮元素过量,所以要补充一定磷元素使其平衡,否则会影响微生物的代谢活动,降低处理效果或诱发污泥膨胀异常情况发生。一般认为,生物对氮、磷需求比例为 BOD: N: P = 100: 5: 1,对焦化废水而言,COD:

BOD = (2 ~ 3):1,因此污水处理过程中要投加一定量的磷盐。

根据选用的磷盐种类及表 13-2-10 折算出所投加磷盐量。

表 13-2-10　磷酸盐含磷量对照表

名　称	分子式	相对分子质量	可溶物/%	含磷量/%	容重/$kg \cdot L^{-1}$	1 kg 纯磷换算成磷酸盐量/kg
磷酸氢二钠	$Na_2HPO_4 \cdot 12H_2O$	358	99	8.6	1.63	11.86
磷酸三钠	$Na_3PO_4 \cdot 12H_2O$	380	99	8.2	1.62	12.44
六偏磷酸钠	$(NaPO_3)_6$	612	99	30.4	2.48	3.36
磷酸氢二钠	Na_2HPO_4(无水)	142	99	21.8	1.1	4.68
磷酸三钠	Na_3PO_4(无水)	164	99	18.9	2.54	5.40
偏磷酸钠	$NaPO_3$	102	99	30.4	2.5	3.36
磷　酸	H_3PO_4(纯度 85%)	98	99	31.6	1.8	3.72

注:常用的磷酸盐为磷酸氢二钠,采用一般的工业水即可配制 5% ~10% 的磷酸盐溶液。

(4) 温度。生产证明,硝化的最佳温度为 30℃左右,控制温度 25 ~ 35℃是比较适宜的。在冬季,温度较低,可以在回流水吸水井用蒸汽加热的办法来提高整个系统的水温,使处理系统控制温度保持相对稳定。

(5) 污泥回流比。为了提高好氧池内的污泥浓度,减少活性污泥在二次沉淀池可能引起污泥膨胀流失现象,因而污泥需要充分回流,污泥回流比一般为 2 ~ 3。保证好氧池内污泥沉降比 SV 在 20% ~35% 范围内,混合液悬浮固体 MLSS 为 2 ~ 4 g/L,回流污泥的沉降比 SV 为 70% ~80% 为宜。

(6) 在线检测仪表。为了达到运行的稳定性和操作的准确性,提高管理水平,通常在好氧池内设有自动检测等在线检测仪表,用来检测溶解氧(DO)、pH 值、温度(T)等,检测数据直接显示在计算机上,可帮助操作人员进行生产管理,以便发现问题,及时解决。在线检测仪表必须定期校对,探头要经常清洗。

主要操作参数如下:

停留时间	32 ~ 40 h(一般取 40 h)
污泥回流比	2 ~ 3(按处理水量计)
出水含磷量	0.5 ~ 1 mg/L
碱(Na_2CO_3)投加量	0.5 ~ 1.2 kg/m^3(按好氧池进水量计)
水温	约 30℃
pH 值	7 ~ 8
溶解氧(DO)	≥2 mg/L
泥龄	大于 50 d

d　二次沉淀池

二次沉淀池的形式有矩形平流式、圆形竖流式和辐流式三种。焦化废水处理中习惯使用竖流式和辐流式圆形沉淀池。

二次沉淀池简称二沉池,是污水处理的重要设施。二沉池是否稳定运行,直接影响出水水质。

二沉池主要是用来分离好氧池出来的泥水混合液。好氧池出水经管道自流进入二沉池中心管,在二沉池中进行泥水分离。二沉池出水经自流管道流到回流水井,多余水流到后混凝沉淀系统的混合反应池。二沉池分离出来的活性污泥经回流污泥泵提升后,大部分作为回流污泥送回好氧池循环使用,剩余部分作为生化过程中产生的剩余污泥,送污泥浓缩池中进行进一步浓缩处理。

主要操作参数如下:

水力停留时间	2~1.5 h
上清液回流比	2~3 倍(与好氧池进水比)
出水堰的溢流负荷	≤1.7 L/s
污泥回流比	2~3(与好氧池进水比)
出水水质 COD	≤200 mg/L
氰化物	≤0.5 mg/L
挥发酚	≤0.5 mg/L
氨氮	≤15 mg/L
悬浮物 SS	≤100 mg/L

C 后处理

后处理是指在生化处理设施之后设置的混凝沉淀及过滤等设施,主要是通过物理化学法进一步降低出水中的悬浮物和 COD_{Cr}。

实际应用中,应根据对处理后水质的要求,确定是采用混凝沉淀处理还是采用混凝沉淀+过滤联合处理方式。一般混凝沉淀对二沉池出水中悬浮物(SS)和 COD 的去除率分别在50%~75%和30%~50%之间,而过滤对混凝沉淀出水中的 SS 和 COD 去除率分别在60%和9%左右。

a 混凝沉淀

混凝沉淀处理包括混合、絮凝反应、混凝沉淀等。所采用的絮凝剂多以无机聚合电解质,如聚合硫酸铁、高效絮凝剂为主,有时要配合少量的高分子助凝剂,如聚丙烯酰胺等。

(1) 混合。混合的目的是要将加入的药剂在废水中快速均匀地扩散开来,因此要求混合必须在强烈的紊流条件下进行,且混合时间要短,不宜进行长时间的搅拌,混合点至絮凝池间的距离要尽可能短,应避免长时间的管道输送。有关技术参数如下:

混合速度梯度 G	500~1000 s^{-1}
混合时间	10~30 s
混合点至絮凝池间连接管(渠)内流速	0.8~1 m/s
连接管内停留时间	约 30 s

混合的方式较多,常用的方法有渠道跌水混合、管式反应器混合、混合池空气搅拌混合、混合池机械搅拌混合及利用水泵叶轮混合等,焦化废水处理一般采用混合池加空气搅拌的混合方式。

(2) 絮凝反应。絮凝的作用是将废水中经加药电中和后的细小微粒(0.001~0.2 μm的胶体和0.2~1000 μm 的悬浮物)凝聚成较大的絮凝体,这就要求在絮凝过程中具备如下两个条件:(1)微粒间具有充分的碰撞机会;(2)形成的絮凝体不再被水力剪切而打碎。因此需要控制絮凝过程中的水流速度和絮凝时间,且应使水流速度逐级降低。

一般絮凝时间 t 应控制在 15~20 min,并控制速度梯度 G 值在 10~200 s^{-1},平均速度梯

度 G 值在 30 ~ 60 s^{-1}，使 Gt 值达到 15000 ~ 65000。生物脱氮处理后废水宜采用较大的 t 值，延时曝气处理后废水应采用较小的 G 值。

絮凝反应池的形式较多，有往复（或回转）式隔板平流反应池、折板（或波纹板）式竖流反应池、锥形涡流反应池、多级旋流反应池和桨板式机械搅拌反应池等。各种絮凝反应池的控制条件是不一样的，但一般都应遵循水流速度递减的原则，隔板反应池反应速度可分为 0.5 m/s、0.4 m/s、0.35 m/s、0.3 m/s、0.25 m/s 和 0.2 m/s 六个等级，机械搅拌反应池的桨板中心线速度可分为 0.5 m/s、0.35 m/s、0.3 m/s 和 0.2 m/s 四个等级。

（3）混凝沉淀。后处理的絮凝沉淀池一般采用圆形竖流或辐流式沉淀池，主要操作参数如下：

水力停留时间	2 ~ 3 h
絮凝污泥产量（占混凝沉淀处理水量的比例）	2% ~ 3%
絮凝污泥含水率	99.5%

b　过滤设施

过滤在污水处理系统中，既可以用于保护二级生物处理为目的的预处理，也可以用于二级处理出水的三级处理或深度处理。在污水深度处理技术中，普遍采用过滤技术，即利用过滤材料分离废水中的杂质。尽量使用粗颗粒、大孔径滤料。过滤设备形式为全自动过滤器或压力过滤器，采用何种形式的过滤器，与占地面积和选择处理工艺有关。焦化废水后处理一般采用双层滤料过滤器，上层为无烟煤，下层为石英砂。

不投加混凝剂直接过滤，可以使滤后水的 SS 值降到 10 mg/L 以下，COD_{Cr} 的去除率可达 10% ~ 25%。

（1）全自动过滤器。全自动过滤器是集过滤与自动清洗于一身的重力式过滤装置，具有操作简单、确保出水悬浮物浓度稳定、运行费用低等特点，当滤床阻力达到设计值时，该种过滤器能自动进行反冲洗，不需要外部水源，冲洗强度可进行调节。过滤器的个数不宜小于两台，且当其中一台反冲洗时，其余过滤器应能通过全部过滤水量，反冲洗排水应送至混凝沉淀系统。技术参数如下：

过滤速度	10 m/h
滤前水悬浮物浓度	≤100 mg/L
滤后水悬浮物浓度	3 ~ 5 mg/L
水反冲洗强度	50 $m^3/(h \cdot m^2)$

（2）压力过滤器。如果过滤器后面还设有其他处理设备，应选用压力过滤器，这样可以节省一组加压水泵。压力过滤器具有过滤速度快、处理水量大、占地面积小等优点。它的缺点是滤料容易被击穿，影响出水指标，因此最好采用串联操作。过滤器反冲洗水泵宜为两台，一开一备；过滤器反冲洗用气，宜借用生化系统气源，当采用自备气源时，鼓风机宜选两台，一开一备。生化系统风机风压一般按 0.05 ~ 0.07 MPa 考虑，应参照生化系统风机风压选择压力过滤器高度。

反冲洗水应采用过滤后水，反冲洗排水应送至混凝沉淀系统，过滤后水及反冲洗水应分别设置调节储水池。压力过滤器技术参数如下：

过滤速度	20 m/h
滤前水悬浮物浓度	≤100 mg/L
滤后水悬浮物浓度	≤10 mg/L

水反冲洗强度	20 $m^3/(h \cdot m^2)$
气反冲洗强度	15 $m^3/(h \cdot m^2)$

D 污泥处理

焦化废水处理过程中产生的污泥由两部分组成，分别为生物处理过程中产生的剩余污泥和混凝沉淀过程中产生的絮凝污泥。二次沉淀池排出的剩余污泥量一般占好氧池处理水量的1%左右，含水率为99% ~99.5%，其主要特性是有机物含量相对较高，颗粒较细，密度较小，不容易脱水。混凝沉淀排出的污泥主要成分为无机污泥，颗粒较粗，密度较大，易于脱水。混凝沉淀排污泥量与所使用的絮凝剂有关，占混凝沉淀处理水量的2% ~3%，含水率约为99.5%。以上两种污泥一般要先经过污泥浓缩池进行浓缩脱水，浓缩后的污泥的含水率在96.5% ~97%之间。

通常浓缩后的污泥配有污泥消化处理系统，污泥消化是利用微生物的代谢作用，使污泥中的有机物质得以分解，从而使污泥实现减量化、稳定化、无害化、资源化。污泥消化稳定可以采用好氧处理工艺，也可以采用厌氧处理工艺。由于焦化废水处理采用延时曝气方法，剩余污泥量较少，因此污泥消化不适用于焦化废水的污泥处理，焦化系统污泥一般有三种去向：(1)送熄焦系统的粉焦沉淀池中；(2)送煤场喷洒在煤中；(3)进一步经过压滤的方式脱水，变为含水率为75% ~80%的泥饼掺入炼焦煤中焚烧。

a 污泥浓缩

污泥浓缩是污泥降低含水率、减少污泥体积的有效方法，主要是减缩污泥的间隙水，它是污泥脱水的初步过程。其运行方式分间歇静沉浓缩和连续动态浓缩两种，当为间歇排泥时采用前者，为连续排泥时采用后者。静沉浓缩又有分层排上清液法和下进上出置换上清液法两种工作方式。

动态浓缩法一般宜采用圆形污泥浓缩池，静沉浓缩法也可以使用矩形浓缩池。焦化工艺废水处理所产生的污泥量一般都不大，故多采用竖流式浓缩池。浓缩池可设置成单系列，其有关主要操作制度如下：

污泥固体负荷	20 ~40 $mg/(m^2 \cdot d)$
污泥浓缩时间	>12 h
中心管内流速	≤30 mm/s

b 污泥脱水

在整个污泥处理系统中，脱水是最重要的减量化手段。污泥脱水一般有自然干化、机械脱水、污泥烘干及污泥焚烧等方法。机械脱水方法有真空过滤法、压滤法、离心法，其中压滤法一般采用板框压滤机和带式过滤机。这几种脱水方法基本原理相同，都是利用过滤介质两侧的压力差作为推动力，使水分强制通过过滤介质，固体颗粒被截留在介质上，从而达到脱水的目的。对于真空过滤法，其压差是通过在过滤介质的一侧造成负压而产生的；对于压滤法，压差产生于过滤介质的一侧；对于离心法，压差是以离心力为推动力的。过滤介质是滤饼的支撑物，因此应选择具有足够机械强度和尽可能小流动阻力的滤布。

焦化废水处理产生的污泥中的固体物质主要是胶质微粒，其与水的亲和力很强，若不做适当的预处理，脱水非常困难。在污泥脱水前进行预处理，使污泥微粒改变物化性质，破坏污泥的胶体结构，减少其与水的亲和力，从而改善其脱水性能，这个过程一般称为污泥的调理或调质。污泥加药调理是经济适用、简单方便的好方法，应用也最为广泛。加药调理法是通过向污泥中投加高分子凝聚剂等，在污泥胶质颗粒表面起化学反应，中和污泥胶质颗粒的电荷，促使污泥微粒凝聚成大的颗粒絮体，同时使水从污泥颗粒中分离出来，以此提高污泥的脱水性能。经过调理后的污泥就可以进入压力脱水机进行脱水。压力脱水机通常包括板框压滤机和带式过滤机。

（1）板框压滤机。板框压滤机工作原理：将具有滤液通路的沟或孔的滤板、滤框平行交替配置，滤布夹在板与框中间，用端板压紧连接在一起。污泥从给料口压入滤框内，压滤后的泥饼堆积在框内，通过滤布的滤液则从排液口排出。它的优点是滤布使用寿命长；污泥可以压得比较干；滤饼厚度均一，方便冲洗滤布；每台压滤机的板框可以根据规模灵活调整，以适应不同的处理规模。其缺点是给料口容易堵塞；剥落滤饼较麻烦。

（2）带式过滤机。带式压滤机工作原理：带式压滤机是由上下两条张紧的滤布夹带着污泥层，从一连串按规律排列的辊压轮中呈S形弯曲经过，靠滤带本身的张紧力形成对污泥层的压榨力和剪切力，把污泥中的毛细水挤压出来，获得含固量较高的泥饼，从而实现污泥脱水。一般的带式压滤机由滤布、辊压筒、滤带张紧系统、滤带调偏系统、滤带冲洗系统及滤带驱动系统组成。滤布材质为单丝聚酯纤维，它具有抗拉强度大、耐曲折、耐酸碱、耐温度变化等特点。滤带常编织成多种纹理结构，不同的纹理结构其透气性能和对污泥颗粒的拦截性能不同。对焦化系统的污泥脱水，通常选用透气性能为3700～2800 L/(m^2·s)和拦截性能好的滤带。滤带张紧系统的主要作用是调节控制滤带的张力，以调节施加到泥层上的压榨力和剪切力，这是运行中的一个重要控制手段。滤带调偏系统的作用是时刻调整滤带的运行方向，确保滤带不偏移。滤带冲洗系统的作用是将挤入滤带中的污泥冲洗掉，保证其正常的过滤性能，一般要求冲洗压力在0.45 MPa左右，连续冲洗效果较好。

13.2.4 废水深度处理及回用

废水的深度处理是指进一步去除常规二级处理所不能去除的污水中杂质的净化过程，其目的是为了实现废水或污水的回收和再利用。

废水或污水经二级处理和深度处理后回用于生产系统或生活杂用水被称为污水的回用。

13.2.4.1 废水深度处理

废水的三级处理有时也可以称为深度处理，但两者又不完全相同。三级处理常用于二级处理之后，以进一步改善水质和达到国家有关排放标准为目的；而深度处理则以废水或污水的回收和再利用为目的，是在一级、二级、甚至三级处理后增加的处理工艺。焦化废水三级处理一般指混凝沉淀、过滤、曝气生物滤池和活性炭吸附等；废水深度处理通常采用膜分离法，常用的膜分离法有电渗析（ED）、微滤（MF）、超滤（UF）、纳滤（NF）、反渗透（RO）等。

A 曝气生物滤池

曝气生物滤池（biological aerated filter，简称BAF）是在生物接触氧化工艺的基础上借鉴给水滤池工艺而开发的一项污水处理新工艺，具有生物膜法和活性污泥的许多特点，其水流方向多采用上向流式，有的也采用下向流式。上向流式用穿孔管池底配水，池顶部为钢筋混凝土滤板及滤头，收集出水和阻挡滤料流失；下向流式采用大阻力配水系统，池底部用穿孔管池集水。基本原理是：在生物滤池中填装了一种新型生物载体（滤料——颗粒状填料），其表面附有活性生物膜，从滤池底部通过专用曝气设备提供溶解氧；污水流经生物载体（滤料）

时，利用生物膜很强的生物吸附能力和降解能力对污水进行快速净化，实现污染物质在同一反应器内去除。同时，污水中的悬浮物及脱落的生物膜不会穿透填料层随水而出，随着填料层污泥的增加，水头损失相应增大，需定期对生物滤池进行反冲洗。

BAF 池内填料是生物膜的载体，同时兼有截流悬浮物质的作用，因此，填料是 BAF 运行好否的关键，直接影响 BAF 的处理效能；同时填料又在 BAF 的处理系统的设备费中占有较大的比重，所以填料一般应有以下特点：(1)质轻，堆积密度小，有足够的机械强度；(2)比表面积大，孔隙率高，属多孔惰性；(3)不含有害人体健康和妨碍工业生产的有害物质，化学性质稳定；(4)形状系数好，吸附能力强。

在其他行业，通常把曝气生物滤池划分为二级生物处理系统。工程实践表明，上向流式曝气生物滤池工艺后面最好配有沉淀池，因为该设备运行过程中很难保证达到连续稳定截流悬浮物及脱落的生物膜之目的，而下向流式的曝气生物滤池出水悬浮物含量相对较少，适用于焦化行业的三级处理。

该工艺具有容积负荷高、水力停留时间短、出水水质好、启动快、运行管理简便、占地面积小、基建投资少、能耗及运行成本低等优点。目前 BAF 工艺作为三级处理已经在焦化废水中得到成功应用，主要作用是保证出水 COD_{Cr} 指标达到≤100 mg/L，满足国家一级排放标准的要求，可以不用考虑脱出氨氮功能。BAF 工艺应用于焦化系统的三级处理运行参数如下：

流速	2.5 m/h
固体负荷能力	4 ~ 7 kg/m^3
水力负荷	3 ~ 5 $m^3/(m^2 \cdot h)$
气水比	0.5 ~ 1
反冲洗水强度	15 ~ 35 $m^3/(m^2 \cdot h)$
反冲洗空气强度	30 ~ 60 $m^3/(m^2 \cdot h)$
反冲洗时间	15 ~ 18 min
反冲洗周期	2 ~ 4 d(与水质有关)

B 活性炭吸附

活性炭可用果壳、木屑、煤粉等在高温下炭化，经过活化而得到。废水处理中，一般以煤质活性炭比较适宜。在所有固体吸附剂中，活性炭具有更大的比表面积和微孔，其总内外比表面积在 500 ~ 1700 m^2/g(干炭)，因此可以从水中吸附大部分的有机物。活性炭特别适用于去除废水中微生物难以降解的或用一般氧化法难以氧化的溶解性有机物以及芳香族化合物，另外还可以除去酚、石油类等引发的臭味和各种染料形成的颜色或有机污染物及铁、锰等形成的色度。活性炭的吸附分为静态和动态两种方式。静态吸附使用较少，主要用于小水量的工业废水处理；动态吸附主要应用在废水处理系统和污水回用深度处理系统的最后一个环节，以保证出水最终达标排放或符合回用水要求。活性炭的吸附法应用受到限制，主要原因是活性炭再生工艺复杂，再生活性炭量相对较少，费用高。如果在废水处理厂附近有活性炭再生厂，选用活性炭吸附法进行废水的深度处理会大大降低运行成本。

一般用于吸附作用活性炭性能及参数：煤质活性炭，圆柱状颗粒，直径 3 ~ 1.5 mm，长度 2 ~ 4 mm，总表面积约 1100 m^2/g，堆密度约 420 g/L，机械强度大于 80%，碘值大于 1000 mg/g，pH 值大于 7。反冲洗强度 8 ~ 13 $L/(s \cdot m^2)$，负荷能力通常为 COD 0.3 ~ 0.8 kg/kg(活性炭)。

近几年来，生物炭法(简称 PACT 法)日益得到环保专家的重视，PACT 法是活性炭的吸附与生物氧化相结合的一种新技术，方法是向好氧池内投加粉末活性炭，目的是用来改善活性污泥的性能和增加好氧池的生物量，同时避免二沉池出现污泥膨胀现象。该生物炭法，粉末活性炭吸附处理 COD 的动态吸附容量可达 100%，投炭量 10 ~ 25 mg/L 就可以保证混合液含炭量达 1000 ~ 2000 mg/L。在焦化废水处理活性污泥事故阶段或开工初期，可以采用生物炭法，如果长时间运行，会增加污泥处理装置的负荷。实际上，污泥中含有活性炭，有利于污泥脱水，可降低泥饼含水率。

C　膜分离法

膜分离法是利用特殊结构的薄膜对废水中的某些成分进行选择性透过的一类方法的总称。水透过膜的过程称为渗透，水中溶质透过膜的过程称为渗析。在废水处理领域，渗析法主要用于酸、碱废水的酸碱回收，但不能对酸碱进行浓缩。电渗析只对电解质的离子起选择性迁移的作用，而对非电解质不起作用，因此，电渗析除用于含盐水的淡化与浓缩外，还可以用于电解质与非电解质的分离。几种膜分离法的对比见表 13-2-11。

表 13-2-11　常见膜分离法的对比

项　目	微滤(MF)	超滤(UF)	纳滤(NF)	反渗透(RO)
孔径/μm	0.02 ~ 1.0	0.005 ~ 0.02	0.002 ~ 0.005	<0.002
膜类型	均　质	非对称	非对称或复合	非对称或复合
膜件型式	中空纤维型、管型、平板型和卷型			
分离目的	去除 SS、高分子物质	脱除大分子	脱除部分离子	水脱盐、溶质浓缩
截流组分	悬浮物、细菌类、微粒子	蛋白质、各类酶、细菌、病毒、乳胶	无机盐、COD、BOD、糖类、氨基酸	无机盐、COD、BOD、糖类、氨基酸
透过组分	水、溶质、溶解物	溶剂、离子、小分子	水、溶剂等	水、溶剂等
分离机理	机械筛分	筛分和表面作用	筛分和表面作用	筛分和表面作用
推动力/MPa	0.1	0.1 ~ 1	1 ~ 3	1 ~ 10

a　微滤

微滤(micro-porous filtration，简称 MF)是一种精密过滤技术，利用孔径为 0.1 ~ 0.5 μm 的滤膜对水进行过滤，微滤是一种低压滤膜，进水压力一般小于 0.2 MPa，过滤精度介于常规过滤和超滤之间，可分离水中直径为 0.03 ~ 15 μm 的组分，能去除水中的颗粒物、悬浮物、浊度、细菌、病毒、藻类等。

微滤进水前都要设置一台 5 μm 的保安过滤器。

b　超滤

超滤(ultra-filtration，简称 UF)是以压力为推动力，利用孔径为 0.01 ~ 0.1μm 的滤膜对水进行过滤的方法，进水压力在 0.5 MPa 以下，过滤精度介于超滤和纳滤之间，可分离水中直径为 0.005 ~ 10 μm、相对分子质量大于 500 的大分子化合物和胶体，能去除水中的胶体、细菌、病毒和部分有机物等。

超滤装置进水前都要设置一台 5 μm 的保安过滤器，如果微滤作为超滤的预处理，可以不考虑保安过滤器。

c　纳滤

纳滤(nanometer-filtration，简称 NF)是以压力为推动力，早期又称松散反渗透(loose RO)，操作压力在 3 MPa 以下，过滤精度介于超滤和反渗透之间。对钙、镁离子具有很高的去除率,能有效地去除水中相对分子质量在200以上、分子大小约1 nm的可溶性组分。

一般微滤或超滤作为纳滤装置预处理设施。

d 反渗透

只透过溶剂而不能透过溶液的膜称为理想半透膜。当把溶剂和溶液(或把两种不同浓度的溶液)分别置于此膜的两侧时,溶剂将自发地穿过半透膜向溶液(或从低浓度溶液向高浓度溶液)侧流过,这种自然现象叫渗透(osmosis)。如果上述过程中溶剂是水,溶质是盐分,当用理想半透膜将它们分隔开时,纯水侧的水会自发地通过半透膜流入盐水侧。纯水侧的水流入盐水侧,盐水侧的液位上升,当上升到一定液位后,水通过膜的净流量等于零,此时该过程达到平衡,与溶液位高度对应的压力称为渗透压(osmostic pressure)。

当在盐水侧加一个大于渗透压的压力时,水的流向就会逆转,此时盐水中的水将流入纯水侧,这种现象就叫反渗透(reverse osmosis,简称RO)。因为和自然渗透的方向相反,因此称为反渗透。

反渗透是以压力为驱动力。反渗透膜是实现反渗透的关键,必须具有很好的分离透过性和物化稳定性。反渗透膜使用的压力很高(1~10 MPa),产水率只有70%左右,因此运行费用较高。

为使反渗透设备正常运行,必须对其进水进行必要的处理,将能够影响膜分离功能的各种有害因素加以消除或减少到最低程度。一般采取的措施是在反渗透前设过滤、活性炭吸附、微滤和超滤等装置。

13.2.4.2 废水回用

污水的回用既可以有效地节约和利用有限和宝贵的淡水资源,又可以减少污水或废水的排放量,减少水环境的污染,还可以缓解城市排水系统超负荷现象,具有明显的社会效益、环境效益和经济效益。针对焦化废水而言,废水回用用途见表13-2-12。

表13-2-12 处理后焦化废水回用用途

处理方法	混凝处理	活性炭吸附	微滤	超滤	纳滤	反渗透
用途	熄焦补充水、钢铁厂冲渣水	循环水的补充水、生活杂用水	浊循环水的补充水、生活杂用水	浊循环水的补充水、生活杂用水	循环水的软化水	补充水、纯水

13.2.5 主要设备

焦化废水处理系统使用的主要工艺设备一般为表面曝气机、潜水推进器(搅拌机)、沉淀池刮泥机、微孔曝气器、过滤器、污泥脱水机(带式脱水机、板框压滤机等)、各类水泵、鼓风机(罗茨鼓风机、离心鼓风机)等。

13.2.5.1 表面曝气机

表面曝气机一般有四种结构形式,分别为泵型(E)高强度表面曝气机、立式倒伞表面曝气机、潜水自吸式曝气机、高速表面曝气机等。

A 高强度表面曝气机

泵型(E)高强度表面曝气机由泵型叶轮、减速器、叶轮升降装置、联轴器、电动机等部件组成。其结构如图13-2-9所示。

该产品动力效率高(O_2 >3 kg/(kW · h)),充氧量高,提升力强,调动水量大,结构简单,传动平稳,噪声低,机械效率高,运转可靠;并且可在额定范围内随意调节叶轮高度,改变叶轮浸没深度,从而调节充氧量。

B　立式倒伞表面曝气机

立式倒伞表面曝气机工作原理:在叶轮叶片转动下,水在叶轮周边甩出水幕,裹进空气。叶轮由下向上呈锥形扩大,使污水上、下循环流动,不断更新接触空气。叶轮底部和叶片背面因水的流动形成负压,吸入空气,故水和空气能进行大面积混合,溶解大量氧气,对污水中的污染物进行生物降解,从而达到快速高效净化污水的效果。

立式倒伞表面曝气机由电动机、联轴器、减速箱总成、倒伞座总成、升降平台、倒伞形叶轮和润滑系统等七部分组成。其结构如图 13-2-10 所示。

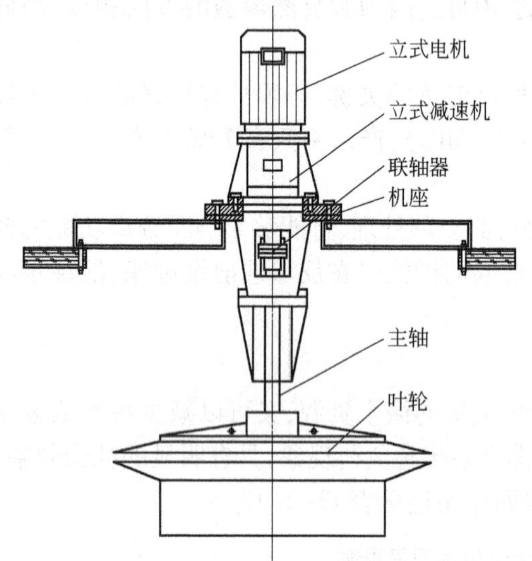

图 13-2-9　高强度表面曝气机

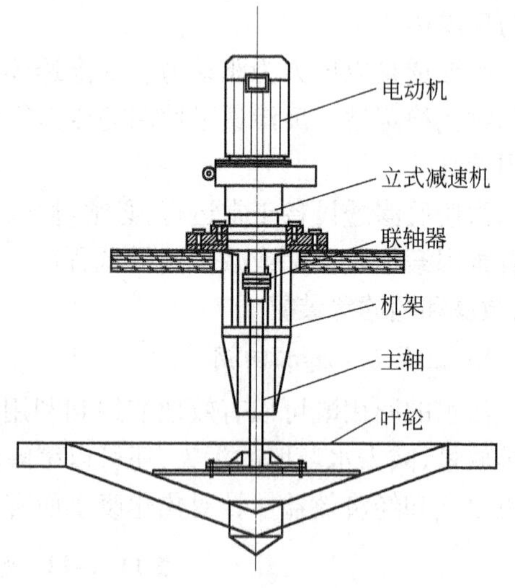

图 13-2-10　立式倒伞表面曝气机

C　潜水自吸式曝气机

潜水自吸式曝气机工作原理:整机浸没在水中,该机叶轮与电机主轴直接连接,由电机带动叶轮旋转,产生离心力,在离心力作用下,使叶轮周围形成负压,从而产生自吸力,通过吸气管从大气中吸入大量的空气,同时污水被叶轮吸入导流槽,此时在导流槽内发生气液冲撞,向污水中喷射大量的超微小气泡,达到气液混合,从输出口喷出的气液混合流产生对流搅拌的效果。由于超微小气泡的产生,引起了高度的氧气移动,从而获得最佳氧热解效率。本机特别适用于 SBR 反应器。

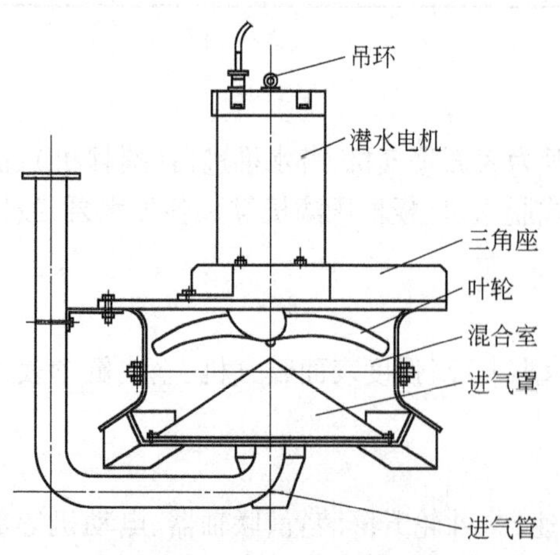

图 13-2-11　潜水自吸式曝气机

本机由潜水电机、叶轮、吸引罩、导流槽座、过滤器等组成一体。其结构如图 13-2-11 所示,整机虽然在水中运转,因配有进水、过载、过热等报警保护装置,故电机工作安全可靠;吸气管设有阀门,可以调整送气量,吸气口装有消音器以减少吸气管产生的噪声;整机浸没在水中运行,无噪声、无泡沫飞溅,并可以加盖,消除臭气,保温性能好,尤其适宜寒冷地区使用。

D 高速表面曝气机

高速表面曝气机工作原理:根据水利机械的设计原理进行设计,叶轮与电机直联,省略了联轴器变速箱等传动装置,提高了传动效率和可靠性,从而获取高速旋转,将液体吸起后高抛,形成水幕。液体在飞行过程中与空气接触而溶氧,同时,被抛液体落下时撞击液面形成波浪,使水中含氧增加。叶轮在池内形成足够强的速度场以防止活性污泥的沉淀,兼备了搅拌功能。

高速表面曝气机由电动机、甩水盘、叶轮、浮筒、导流圆筒及导流锥筒等主要部分组成。其结构如图13-2-12所示。独特的设计结构,使其不用预制设备的安装基础,只要用4根钢丝绳将机体与水池走台上的地脚螺丝固定即可,具有安装简单、运行操作灵活方便、节约基建投资等特点。

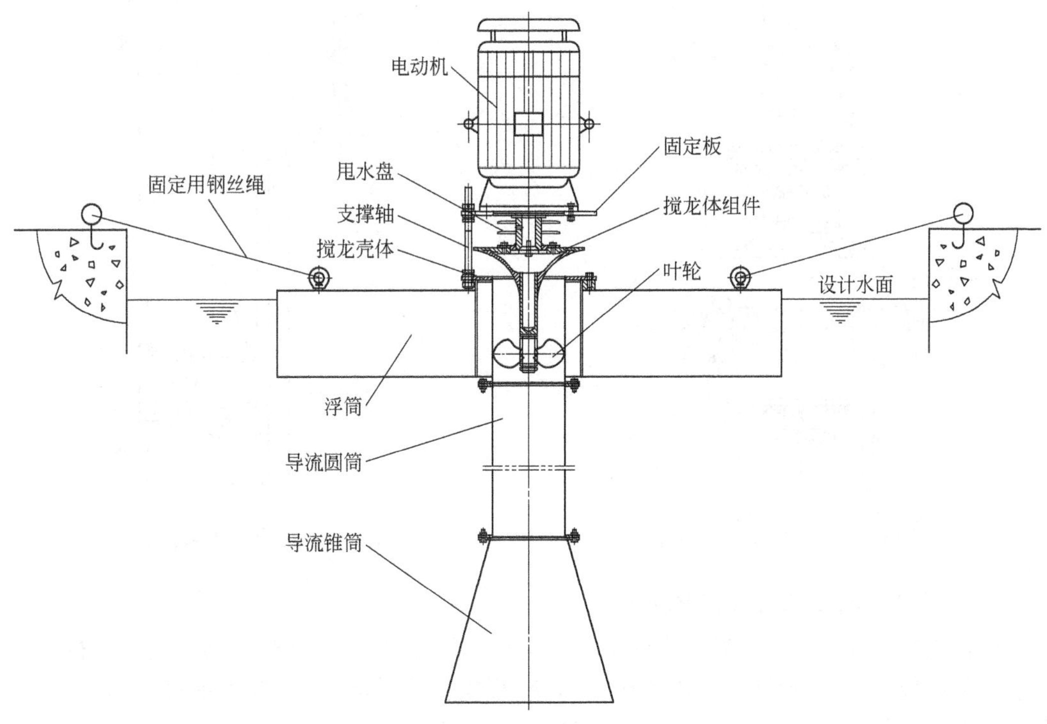

图13-2-12 高速表面曝气机

13.2.5.2 旋转布水装置

旋转布水装置是把污水定点均匀地分配在厌氧、缺氧反应构筑物内,使污水与污泥充分均匀混合、反应,污泥不沉积,这样可有效利用反应器的有效容积,能加速反应构筑物内污泥的产生和生长。

旋转布水装置由电动机、针摆减速机及旋转阀组成。其结构如图13-2-13所示。采用JZT电磁调速电机驱动,利用行星摆线针轮减速机,使阀芯旋转。有压力污水由进水管导入旋转阀芯内,经阀芯配水缝隙进入出水室,最后由出水管将污水送出。由于配水缝隙随着阀芯旋转,因此在某一时间内只有一个出水管将水送至配水点。出水管的配水周期可通过改变电动机的旋转数来实现。

13.2.5.3　潜水推进器(搅拌机)

潜水推进器(搅拌机)是通过水下电机、减速机带动螺旋桨转动,产生大面积的推流作用,有效地增加池内水体的流速,加强搅拌功能,防止污泥沉积。

潜水推进器(搅拌机)由水下电机、减速机、螺旋桨、支架、卷绕提升装置以及控制系统等部分组成。其结构如图 13-2-14 所示。螺旋桨采用铝合金材料制成,质量轻、防腐性能强。整个装置结构紧凑、安装调试简单、维修方便,水下电机有过载、漏水及过热等保护,从而起到保护推流器的作用。

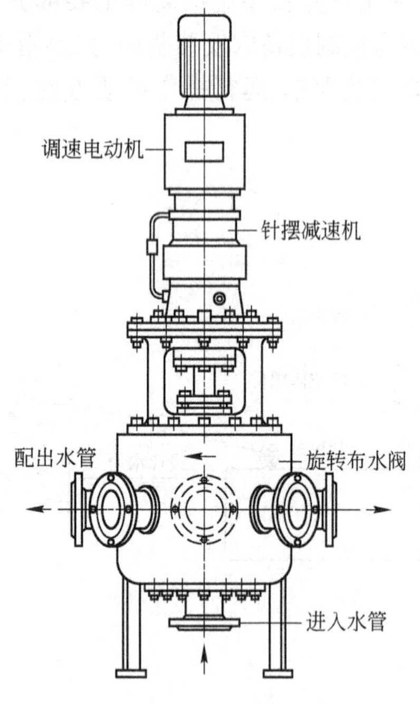

图 13-2-13　旋转布水装置

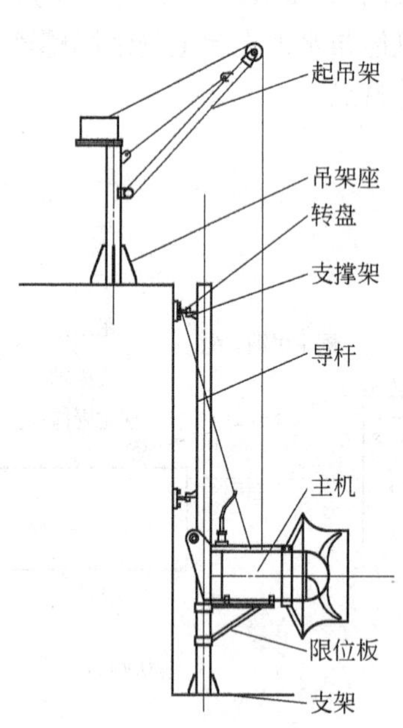

图 13-2-14　潜水推进器(搅拌机)

13.2.5.4　搅拌机或溶药搅拌机

搅拌机或溶药搅拌机是通过水面上立式电机、减速机带动水下螺旋桨或桨板进行快速、缓慢或强烈搅拌,有效地增加池内水体的流速,根据使用功能不同,发挥各自作用。用于混合作用的搅拌机,搅拌速度比较快,一般桨板外缘线速度为 1.5 ~ 3 m/min;用于反应作用的搅拌机,搅拌速度比较慢,一般桨板外缘线速度为 0.5 ~ 0.2 m/min;而用于药剂溶解混合作用的搅拌机,搅拌速度则更快,一般转速为 80 ~ 150 r/min。

搅拌机由电机、减速机、螺旋桨、支架装置以及控制系统等部分组成。其结构如图 13-2-15 所示。螺旋桨采用铝合金或不锈钢材料制成,质量轻、防腐性能强。整个装置具有结构紧凑、维修方便等特点。

13.2.5.5　沉淀池刮泥机

废水处理用沉淀池多为圆形结构,圆形沉淀池刮泥机按结构形式可分为全跨式与半跨式;按驱动形式可分为中心驱动式与周边驱动式。

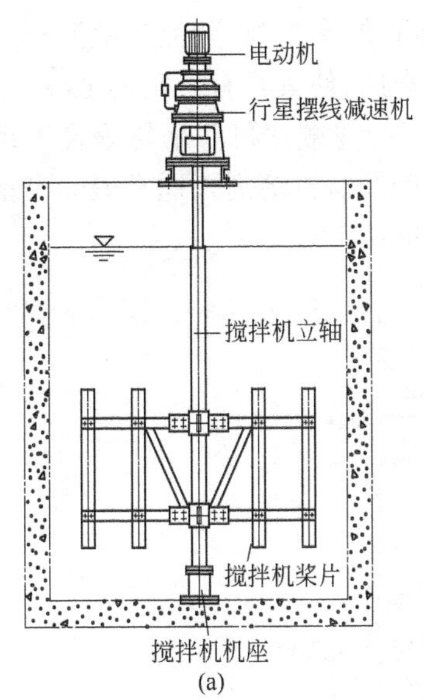

(a)

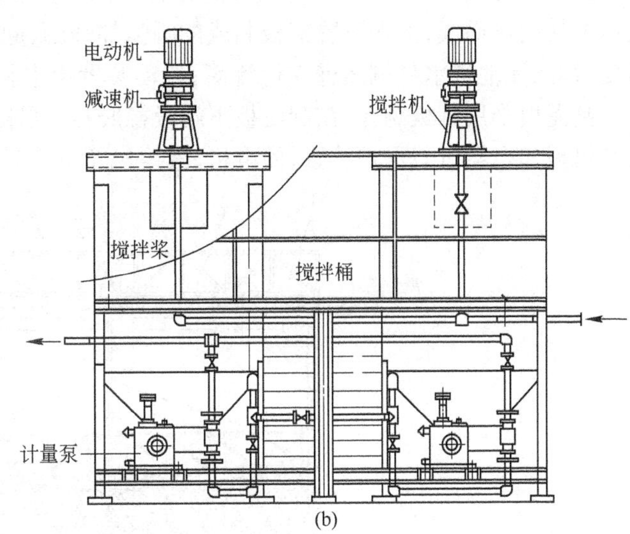

(b)

图 13-2-15　搅拌机

(a)反应搅拌机;(b) 溶药搅拌机

A　全跨式与半跨式

沉淀池刮泥机桥架的一端与中心柱上的旋转支座相接,另一端安装驱动装置和滚轮,桥架做回转运动,在占沉淀池半径的桥架下布置刮泥机,每转一圈刮一次泥,这种形式为半跨式沉淀池刮泥机,也叫周边驱动式刮泥机。适用于直径为 20 ~ 30 m 的中小型沉淀池。

全跨式沉淀池刮泥机有两种驱动形式:一种是桥架的两端固定在沉淀池上,中部安装驱动装置,适用于直径不大于 20 m 的中小型沉淀池;另一种是刮泥机中部与沉淀池中心柱上的旋转支座相接,两端安装驱动装置和滚轮,桥架做回转运动,适用于直径为 20 ~ 60 m 的大中型沉淀池。

B　中心驱动式与周边驱动式

中心驱动沉淀池刮泥机的桥架是固定的,桥架所起的作用是固定中心架位置与安装操作维修用的走台。驱动装置安装中心,电机通过减速机使悬架转动。悬架转动速度非常慢,减速比大,主轴的转矩也大。为了防止因刮板阻力太大引起超扭矩,造成机、电设备损坏,联轴器上都安装有剪断销。刮泥板安装在悬架下部,为了保证刮泥板与池底的距离并增加悬架的支持力,可以采用在刮泥板下安装尼龙支撑轮的措施,双边式刮泥板还可以采取在中心立柱与两侧悬臂架之间对称安装可调节拉杆的措施。

周边驱动沉淀池刮泥机的桥架围绕中心轴转动,驱动装置安装在桥架两端,这种刮泥机的挂板与桥架通过连接支架固定在一起,随桥架绕中心转动,完成刮泥任务。由于周边驱动使刮泥机受力状况改善,其最大回转直径可以提高到 60 m。周边驱动沉淀池刮泥机的滚轮需要在池边的环形轨道上行驶,如果行走滚轮是钢轨,则需要设置环形钢轨;如果行走滚轮是胶轮,则需要一圈水平严整的环形池边。

C　刮泥机构成、特点及工作原理

刮泥机包括传动装置(电机减速机、蜗轮箱)、工作桥(含栏杆、走道板)、传动轴、稳流筒、拉杆、刮臂、大小刮泥板(橡胶板)及控制箱等。其结构如图 13-2-16 所示。主要结构特点:工作桥(全桥)采用工字钢及数根角钢拼装组焊而成,上铺走道板,并在两侧设置栏杆。

每平方米承受负荷大于2000 kg的质量，工作桥具有安全、牢固，外形美观等特点；稳流筒采用钢板材制作而成，上端设置钢板制成的圆弧加强圈，起加强作用，使其具有一定的强度，不易变形，沉淀池进水从侧面进入稳流筒；传动装置由电机、摆线针轮减速机和蜗轮蜗杆等组成。刮泥板采用钢板制作，在刮泥板下端设橡胶板（要求耐酸碱及有机溶剂）；通常成套设备附有机械和电器过载保护装置，使电机、减速机超负荷时不受损伤。

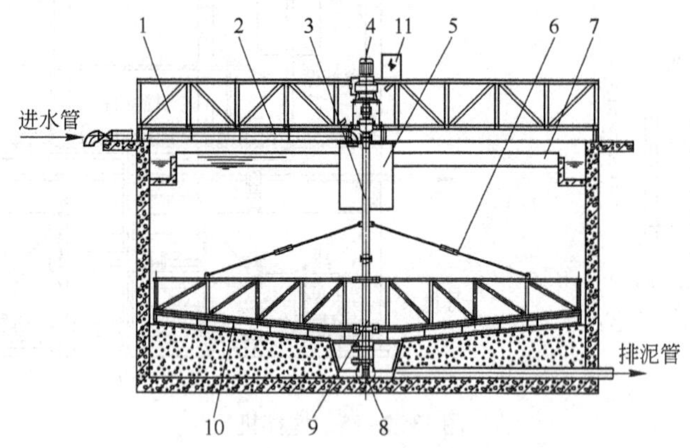

图 13-2-16　沉淀池刮泥机

1—大梁；2—进水管；3—传动轴；4—传动装置；5—稳流筒；6—拉紧装置；7—出水堰板；
8—轴承座；9—小刮板总成；10—刮板及底架；11—电气系统

工作原理：电机（减速机）带动蜗轮蜗杆转动，刮臂随传动轴转动，刮臂上的刮泥板将沉淀污泥由池边逐渐刮至中心集泥坑，在静水压的作用下将污泥排出池外。

13.2.5.6　微孔曝气器

微孔曝气器主要由螺口压盖、曝气膜片、底座、连接器、O形密封圈等主要部件组成，与其配套的部件有空气管道、曝气支管、水平调节器、存水清除管、伸缩节等。其结构如图 13-2-17 所示。

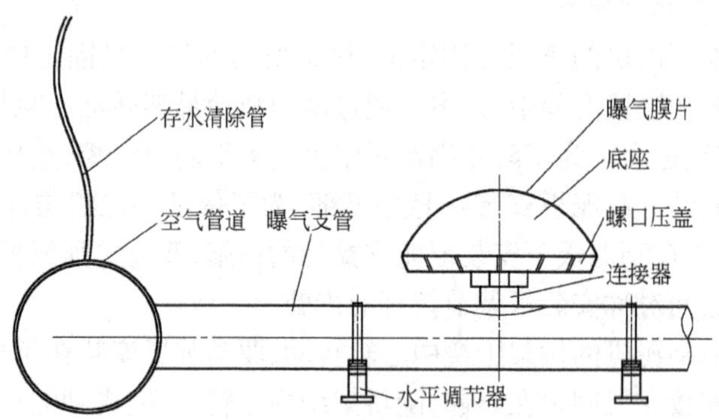

图 13-2-17　微孔曝气器

微孔曝气器主体材料为ABS工程塑料，曝气膜片、O型密封圈为优质合成橡胶三元乙丙胶；曝气器与管件、水平调解器之间连接管道均采用ABS工程塑料；清除存水装置的管道采用铝塑管，排水阀采用不锈钢阀。

微孔曝气器作用是用来增加好氧池废水中的溶解氧，为微生物提供氧并对混合液进行搅拌。该设备具有曝气气泡直径小、气液接触界面大、气泡扩散均匀、不会产生孔眼堵塞、耐腐蚀性强、充氧效率高等特点。

13.2.5.7 过滤器

焦化行业的废水处理一般选用全自动过滤装置，它是用普通钢板卷焊而成的钢质为外壳，内置配水箱、反洗水箱、虹吸管、虹吸辅助器的成套设备，其结构如图 13-2-18 所示。它是集过滤与自动清洗于一体的重力式过滤装置。该设备只要在开工时调节好进水量和反洗水强度，在运行当中不再调节各阀门。它是重力式无阀滤池的更新换代产品，保留了原无阀滤池的优点及主要设计参数，并在结构上做了重大改进，解决了不能在寒冷地区室外运行的问题，具有结构合理、占地面积小、安装快、操作简单、运行费用低等特点。

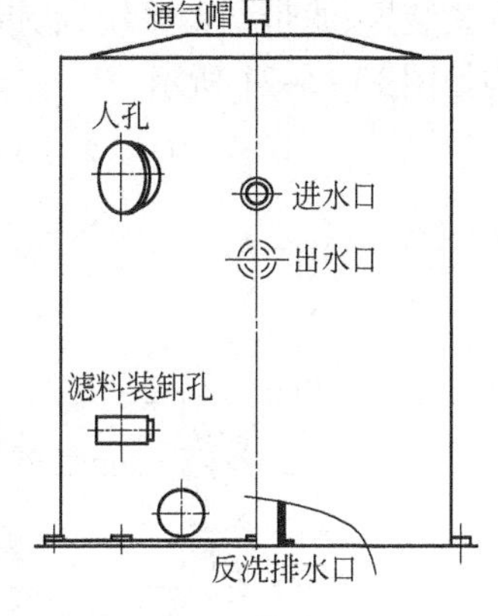

图 13-2-18 过滤器

13.2.5.8 污泥脱水机

A 真空过滤脱水机

真空过滤脱水机是依靠减压（真空泵等设备）与大气压力差作为过滤的动力，优点是操作平稳，可实现自动化操作。其结构如图 13-2-19 所示。

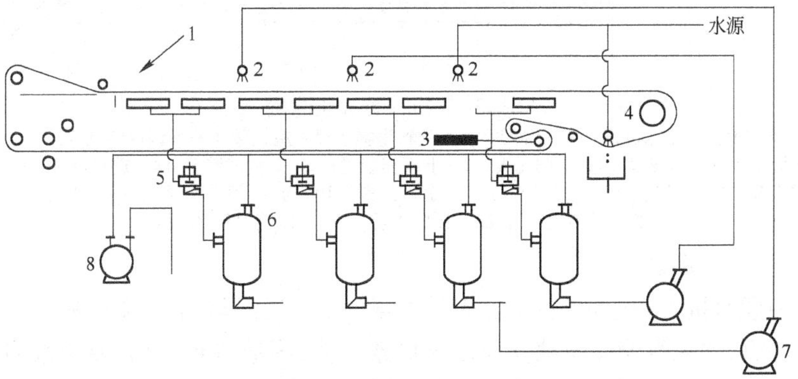

图 13-2-19 真空过滤脱水机

1—加料装置；2—洗涤装置；3—纠偏装置；4—洗布装置；5—切换阀；6—排液分离器；7—返水泵；8—真空泵

B 压滤脱水机

a 板框压滤机

板框压滤机由固定压板、活动压板、传动辊、压紧辊、滤框、滤板、托辊、刮板、滤布、板框压紧电机及减速机等组成。其结构如图 13-2-20 所示。

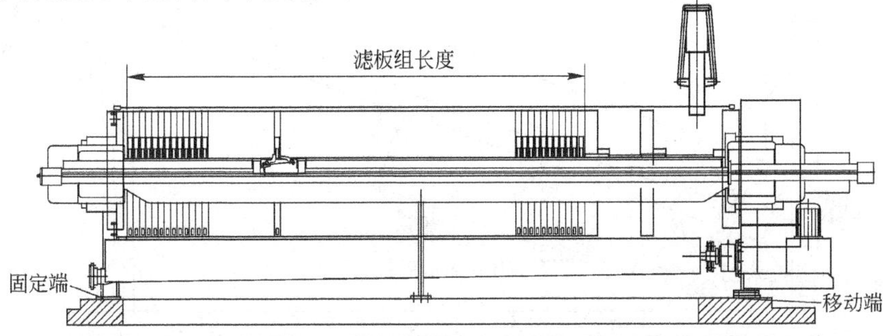

图 13-2-20 板框压滤机

b　带式压滤机

带式压滤机是连续运转的污泥脱水设备，由机架、滤带（上滤带、下滤带）、辊压筒、滤带张紧装置、滤带纠偏系统、滤带驱动系统、传动装置、滤带冲洗装置、刮板、托架等组成。其结构如图 13-2-21 所示。

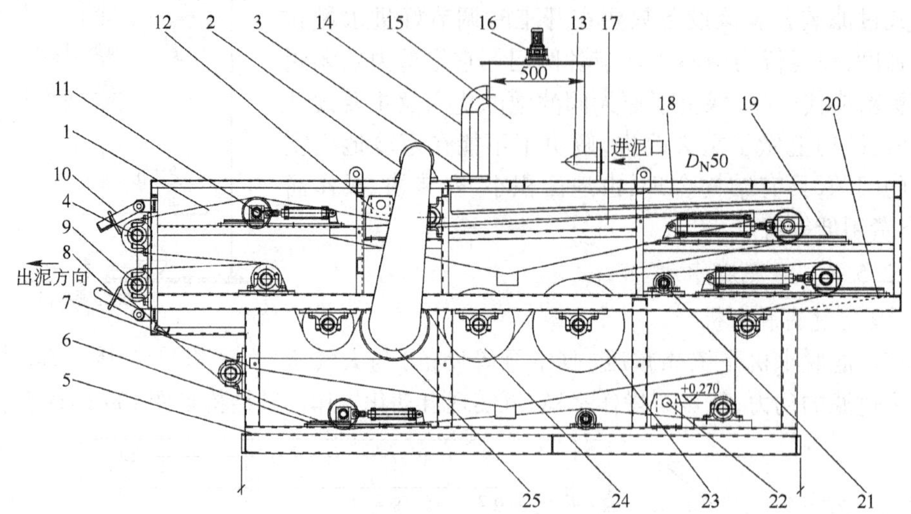

图 13-2-21　带式压滤机

1—压榨滤带；2—主电机；3—污泥分配箱；4—卸料辊轴座；5—主机架；6—下调偏装置；7—下接水盘；8—下刮泥板；9—卸泥辊；10—上刮泥板；11—上调偏装置；12—上清洗装置；13—进料口；14—出泥管；15—聚凝罐；16—搅拌机；17—上接液盘；18—污泥分配箱；19—上、下张紧装置；20—挡水板；21—拖辊；22—下清洗装置；23—预脱水辊；24—压榨辊；25—传动辊

c　螺旋压力脱水机

螺旋压力脱水机工作原理是：将含固量大于 3% 的污泥与污泥调配剂（污泥脱水剂）经管道混合器混合，送入絮凝反应池反应后形成絮凝体，固液得到分离，要脱水的泥浆进入脱水机进行初步过滤，被栅网截流的栅渣经螺旋提升至压榨区，然后进行压榨，直至形成含固率达 20% 的污泥渣，连续经卸料口排出。流经栅网的滤后液外排，为了使栅网不被堵塞，设备带有喷射清洗装置，即使运转过程中清洗，也不影响机械脱水效果。

该设备所有与物料接触部分都采用不锈钢材料制成，一般选用国外整机设备。其结构如图 13-2-22 所示。该设备具有体积小、占地少、能耗低、效率高等特点。

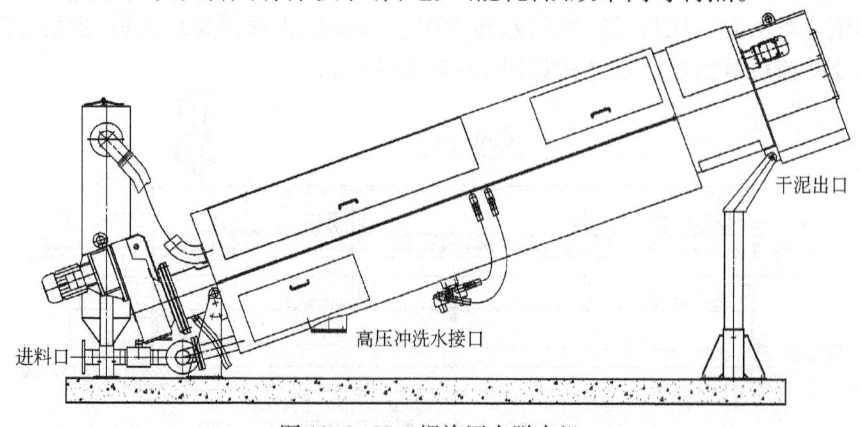

图 13-2-22　螺旋压力脱水机

C 离心脱水机

当泥水旋转角速度达到一定值时,离心加速度比重力加速度大得多,固相和液相很快分层,这就是离心沉降。应用沉降原理进行污泥浓缩或脱水的机械叫离心脱水机。污泥脱水用的卧式(有的也称为卧螺沉降)离心脱水机一般为圆筒圆锥结合型,主要由转筒、带空心转轴的螺旋输送器、变速箱、进料管、物料排放口、机罩及机架等组成。其结构如图 13-2-23 所示。

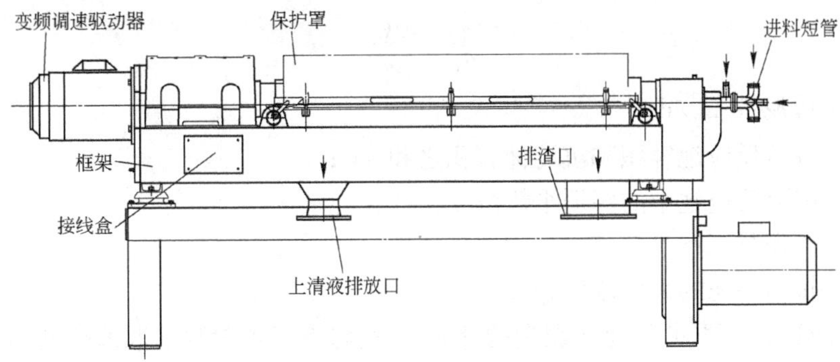

图 13-2-23 离心脱水机

离心脱水机优点是分离液透明度好,混合污泥脱水的含固率在 17% ~24%,与其他类型的机械脱水方式相比,它可以少加或不投加污泥调配剂对污泥进行脱水,从而降低污泥脱水药剂费用。离心脱水特别适用于含油污泥和难以脱水污泥的处理,不适用于处理固液密度差较小的污泥,一般也不用于无机成分较多的污泥脱水处理。

13.2.5.9 鼓风机

焦化废水处理中一般采用鼓风曝气,即选用罗茨鼓风机或离心鼓风机进行鼓风曝气,仅有极少工程选用机械曝气。鼓风机种类很多,但在废水处理中一般采用罗茨鼓风机或离心鼓风机。其结构如图 13-2-24 所示。中、小型规模的废水处理一般选用罗茨鼓风机,而离心鼓风机适用于大、中型废水处理。

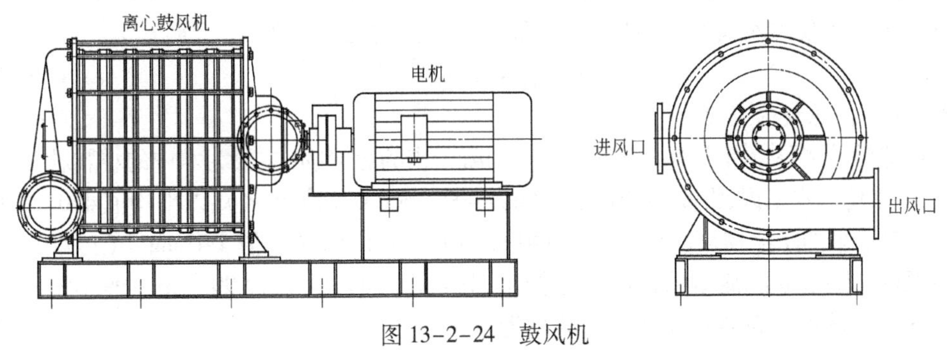

图 13-2-24 鼓风机

13.3 废渣处理

13.3.1 焦化污水剩余污泥的处理

13.3.1.1 焦化污水剩余污泥的来源及产生量

焦化污水剩余污泥来自焦化污水的处理过程,主要包括好氧生物处理工序中沉淀池排放的剩余活性污泥和深度处理工序中的混凝沉淀池排出的混凝污泥。

A　剩余活性污泥量的确定

在好氧生物处理过程中,活性污泥每天都有增长,要保持系统的平衡运转,就必须及时地将多余活性污泥排除。其剩余污泥量通常采用污泥龄来计算确定。

污泥龄即为污泥在好氧生物处理系统中的平均停留时间(以天计),也可以认为是污泥在好氧生物处理系统中全部更新一次所需要的时间(以天计)。其排泥量可采用下列简化式进行计算:

$$q_1 = \frac{VX_a}{\theta X_q} \tag{13-3-1}$$

式中　q_1——排泥量,m^3/d;

V——好氧反应池容积和沉淀池容积之和,m^3;

X_a——好氧反应池中的污泥平均浓度,g/L;

θ——污泥龄,d;

X_q——排出污泥的平均浓度,g/L。

为便于操作和管理,并简化排泥量的计算过程,将上述各参数的取值范围说明如下:

(1) 好氧反应池和沉淀池的总容积 V。由于目前焦化污水的处理工艺大多数都采用生物脱氮处理工艺,按照工艺设计,焦化污水(按原污水处理量计)在好氧生物脱氮反应池中的水力停留时间通常为 36 h,在沉淀池中的实际水力停留时间平均为 12 ~ 14 h(已考虑脱氮回流比的因素),好氧生物处理系统总的水力停留时间约为 48 ~ 50 h,采用 48 h,则好氧反应池和沉淀池总容积之和约为原污水处理量与总的水力停留时间之积,即 $V = 48Q$,式中,Q 为设计原污水处理量,m^3/h。

(2) 好氧反应池污泥平均浓度 X_a。对于生物脱氮处理工艺,通常好氧反应池中的污泥浓度约为 2.5 ~ 3.5 g/L,取平均浓度为 $X_a = 3$g/L。

(3) 污泥龄 θ。根据实践经验,生物脱氮处理工艺的污泥龄 θ 需要 50 ~ 100 d,按 80 d 计。

(4) 排出污泥的平均浓度 X_q。通常排泥是从沉淀池的回流污泥管中排出,其排泥浓度同回流污泥浓度,其与沉淀时间有关,通常 X_q 约为 10 ~ 12 g/L,按 $X_q = 10$ g/L 计。

将上述各参数代入式 13-3-1 中并经简化后得到的污泥量为:

$$q_1 = 0.18Q \tag{13-3-2}$$

B　混凝排泥量的确定

混凝排泥量主要由所投加的混凝剂量和混凝下来的悬浮物(主要为水中的小颗粒污泥量)组成,对于焦化污水来说,混凝剂的投加量约为 400 ~ 500 mg/L(污水),以平均值 450 mg/L(污水)计;混凝下来的悬浮物量通常为 80 ~ 140 mg/L(污水),以平均值 110 mg/L(污水)计。由于这些泥量是随混凝沉淀池的排泥过程排出,其含水率较高,约为 99.2% ~ 99.6%,根据物料计算其排泥量折合为混凝处理水量的量为:

$$q_2 = 0.09Q \tag{13-3-3}$$

式中　q_2——混凝排泥量(含水率约为 99.2% ~ 99.6%),m^3/h;

Q——设计原污水小时处理量,m^3/h。

13.3.1.2　焦化污水剩余污泥的处理方式

A　焦化污泥的处理工艺过程

由于焦化污水剩余污泥的成分较复杂,除主要含有细菌等微生物体外,还含有未经分解的大分子有机物和有害物质,如 BaP、焦油、多环芳烃等物质,若处置不当,则会造成二次污染。目前通用的处理方法是先将剩余污泥置入污泥重力浓缩池中浓缩,使其含水率由 99.2% ~ 99.6% 降低至 98% 左右,设计浓缩时间通常为 24 h。重力浓缩池按间歇式运行,浓缩池数不少于 2 个,且在其不同水深处设置上清液排放管,待污泥在池中达到规定停留时间后,则可按水深高度由池面到池底逐步排放上清液,当池中有一定容积后才能再一次进泥。目前经浓缩后的污泥有两种处理方式,第一种方式是将浓缩污泥经机械脱水后送至煤场掺入炼焦煤中处理;第二种方式是采用污泥喷洒车将浓缩污泥喷洒到储煤场的煤堆上作为煤场覆盖剂处理(该方式通常较适用于气候干燥的北方地区)。焦化污泥的处理工艺过程如图 13-3-1 所示。

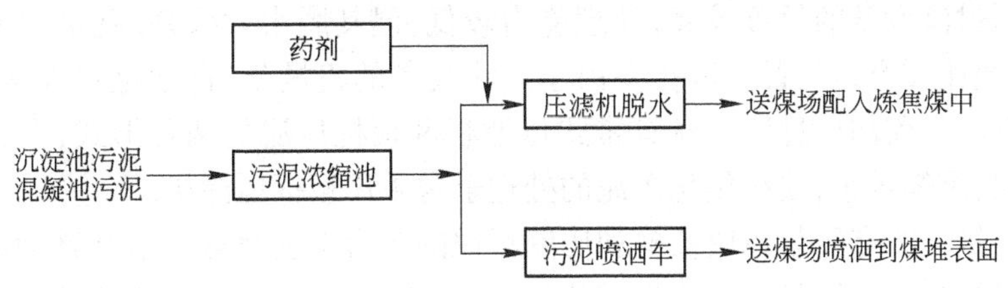

图 13-3-1 焦化污泥的处理工艺过程

B 浓缩污泥的机械脱水处理

a 浓缩污泥的药剂调理

污泥在进行脱水处理前,为了改进其脱水性能,降低过滤时的阻力,提高各种脱水方法的效率,常需要对污泥进行调理。目前常采用的调理方法为药剂调理。

有机污泥尤其是剩余活性污泥,可以认为是一种复杂的不均匀的分散系,可看作是一种胶体物质。投加化学药剂的目的就是破坏胶体结构的稳定性,减少颗粒与水分子的亲和力,通过化学物质结构中分子的架桥作用,使微小颗粒凝聚成大颗粒而成为多孔性结构,改善脱水性能。化学调理中常用助凝剂与凝聚剂,助凝剂本身不起混凝作用,而是起调理污泥的 pH 值作用,改变污泥颗粒结构,破坏胶体的稳定性,提高凝聚剂的凝聚效果,增强絮体强度。

起污泥调理作用的主要是凝聚剂,它分无机与高分子聚合电解质两大类。无机凝聚剂是高价金属盐类,如 $FeCl_3$、$FeSO_4$(绿矾)、$Al_2(SO_4)_3 \cdot 18H_2O$ 等。这类凝聚剂投加到污泥中能离解出阳离子来中和污泥颗粒表面所带的电荷,使之凝聚。高分子聚合电解质又分为两类,一类是有机合成的,如聚丙烯酰胺类;另一类是无机的,如聚合氯化铝等。

在无机凝聚剂中铁盐所形成的絮体比重较大,且要求的投药量较少,其凝聚效果相当于高分子凝聚剂。其缺点是腐蚀性严重,储运均较困难。铝盐所形成的絮体比重较小,要求的投药量较多,但其腐蚀性弱,储运均较方便。通常无机凝聚剂的投加量为污泥干重的 7% ~ 20%,具体量可根据现场试验确定。

最常用的高分子凝聚剂有聚丙烯酰胺和聚合氯化铝。聚丙烯酰胺的投加量约为污泥干重的 1%,聚合氯化铝的投加量约为污泥干重的 3%。对于同一污泥来说,高分子凝聚剂的投加量要比无机凝聚剂的投加量少得多,且投加方法简单,效果好,储运方便,但价格昂贵。由于焦化污水处理的污泥量相对较小,建议采用高分子凝聚剂。

高分子凝聚剂应妥善储存,一般应放在塑料容器内而不是用金属桶直接装运。放置时要求密闭防潮，环境温度不能太高。对低浓度凝胶状的高分子凝聚剂一般应及时使用，避免因长期不用而变质。

高分子凝聚剂溶解时应用清洁的自来水，水温在40℃时可加快其溶解。在配制过程中要缓慢地不断搅拌，但强度不能太大。药剂要随配随用。药剂与污泥的混合方式有管道内混合或泵输送混合。但不管采用哪种混合方式，要注意混合的距离越短越好，混合时间不宜太长，最好是在刚进入脱水机前端加入凝聚剂，使它与污泥立刻混合。

b　浓缩污泥的机械脱水处理

浓缩污泥的机械脱水设备有真空滤机、加压过滤机、离心机等。通常根据污泥性质、污泥量、脱水要求、经济承受能力以及污泥的最终处置方式来选择合适的污泥脱水设备。

尽管加压过滤设备的投资较高，处理能力较低，但其脱水效果好，脱水后的泥饼含水在65%以下，污泥比较容易处置。近年来由于过滤设备的机械化、自动化程度逐渐提高，其使用也日益广泛。目前加压过滤设备有带式压滤机和板框压滤机两种形式，由于板框压滤机操作管理方便，维修量小，故在焦化污泥的处理上常采用板框压滤机。

板框压滤机主要有压紧各块板框和压滤污泥的压力系统及自动松开移动各块板框脱卸泥饼的两个机构组成。压紧各块板框采用液压柱塞或气动液压泵系统进行加压，进泥压滤采用高压污泥泵或压缩空气进行持续压滤脱水。其具体的工作过程是：污泥用高压泵（离心式或柱塞式）或压缩空气压入两块夹板之间并被滤布包住，液体渗出滤布，在夹板间剩下了污泥。当夹板之间被污泥充满后，夹板分开，排出固体泥饼。

板框压滤一般采用间歇操作。每个过滤周期包括加泥、加压过滤、剥离泥饼和清洗滤布等过程，一般需要2～4 h。

板框压滤机的设置台数应不少于2台，过滤压力一般选用0.4～0.5 MPa，滤布一般为经特殊加工的尼龙布，一般可使用2000～2500次（周期）。

过滤能力随污泥的性质、滤饼厚度、过滤压力、过滤时间、滤布种类等多种因素不同而不同，一般应取拟过滤的污泥通过试验机试验确定，在不具备条件时可根据经验选用。对于焦化污水的剩余污泥，过滤能力一般采用干污泥2～10 kg/(m^2·h)。

采用板框压滤机时，必须考虑设置用水或药品清洗滤布的装置。

污泥压滤后需用压缩空气进行泥饼剥离，其所需的空气量按滤室面积考虑，1 m^2需压缩空气量2 m^3/(m^2·min)，压力为0.1～0.3 MPa。

压滤机脱水工艺流程如图13-3-2所示。

C　采用污泥喷洒车将浓缩污泥喷洒到储煤场

a　工作方式

对于浓缩污泥，也可采用污泥喷洒车将其喷洒到储煤场煤堆作覆盖剂的处理方式。采用这种处理方式，可同时降低煤场的风损扬尘。

污泥喷洒车是利用汽车底盘（二类）进行改造而成。它主要由污泥罐体、水（泥）路系统、气控操纵系统、取力系统、传动装置和污泥喷洒等系统组成。该装置动力取自喷洒车原动力。

b　产品特点

污泥喷洒装置动力取自喷洒车原动力，设备结构简单，避免了另配动力装置造成设备体积庞大、操作困难的缺点。

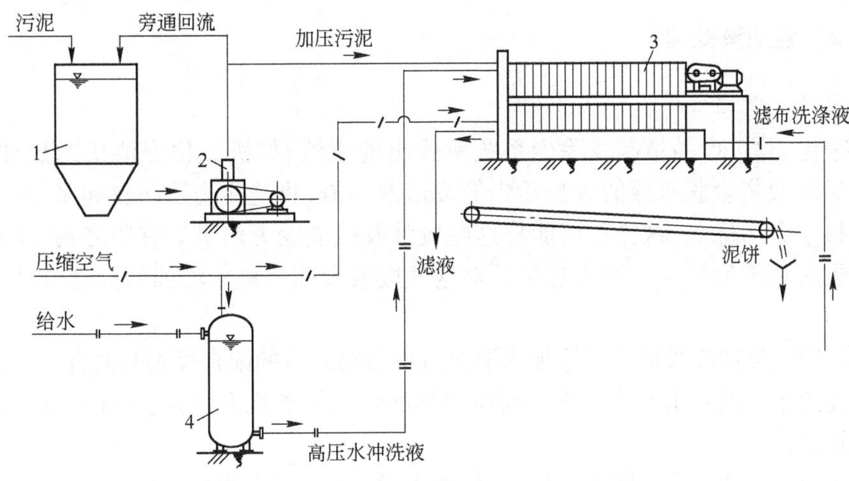

图 13-3-2 压滤机脱水工艺流程

1—污泥浓缩池;2—污泥泵;3—压滤机;4—压力罐

污泥喷洒系统采用自动控制,控制系统设在驾驶室内,便于操作。

在汽车行驶和静止过程中均可实现各种要求的喷洒作业,污泥喷洒覆盖均匀,适合于不同的煤堆形状。

设备结构简单,便于维护。

c 主要结构参数

主要结构如图 13-3-3 所示,主要参数见表 13-3-1。

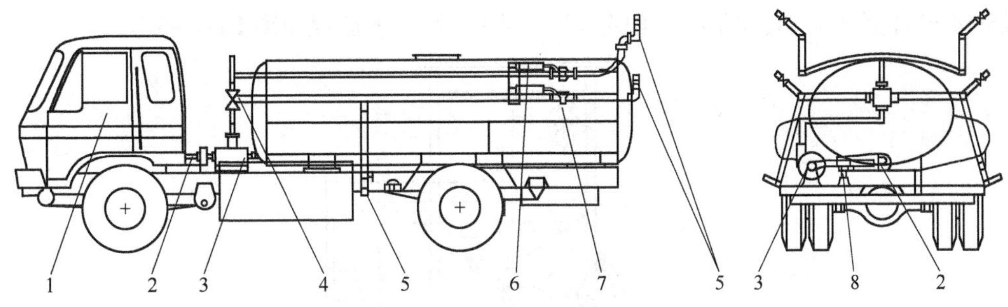

图 13-3-3 污泥喷洒车结构图

1—汽车;2—汽车取力总成;3—污泥泵;4—水(泥)路系统;5—污泥喷嘴;6—气动控制系统;7—污泥罐体总成;8—传动带张紧装置

表 13-3-1 污泥喷洒车主要参数

喷洒扬程/m	提升高度/m	污泥槽容积/m^3	喷射流量/$m^3 \cdot h^{-1}$
约 30	约 4.5	4 ~ 8	约 40

汽车污泥储槽两旁各设两个喷嘴,汽车两侧下方各设一个喷嘴。采用气动阀门控制(压缩气源取自汽车制动汽缸),各喷嘴可同时也可单独喷射。污泥喷洒泵动力取自汽车原动力。

污泥喷洒参数可根据煤场煤堆实际情况以及车型(汽车载重量)等确定。

13.3.2　焦油渣处理

13.3.2.1　概述

煤气净化、化工产品精制及除尘系统所排出的废渣，如机械化澄清槽的焦油渣、精制系统酸焦油以及集尘脱水器的煤焦粉尘等废液及残渣，将这些物质回收起来，经处理添加到炼焦煤料中参与炼焦，这样不仅能将这些废液及残渣变为焦炭等有用之物，又可避免这些有害物质对环境的污染。国内焦化厂对这些废液及残渣机械添加的处理方法主要有以下几种：

（1）直接经焦油渣添加装置添加到混合机中与粉碎后的配合煤充分混合；

（2）直接经焦油渣添加装置添加到粉碎前的带式输送机上，与配合煤一起进入粉碎机粉碎并充分混合；

（3）将粉碎后的配合煤取出一部分，焦油渣添加到这部分煤中，经混合后再送回带式输送机上与粉碎后的配合煤一起送去煤塔；

（4）将粉碎后的配合煤取出一部分，焦油渣添加到这部分煤中，经混合成形后再送回带式输送机上与粉碎后的配合煤一起送去煤塔。

13.3.2.2　焦油渣添加装置

该装置作为环保项目首先在宝钢焦化厂得到应用，取得了较好的环境效益及经济效益，目前在国内一些大型钢铁公司焦化厂中已得到了一定的推广应用，并在原有基础上进行了很多改进。现将宝钢的焦油渣添加装置简述如下。

宝钢焦油渣添加装置包括单斗提升机、焦油渣槽、槽盖开启装置、螺旋输送机、电动管夹阀及热水循环系统等，其设备配置如图13-3-4所示，工艺流程如图13-3-5所示。

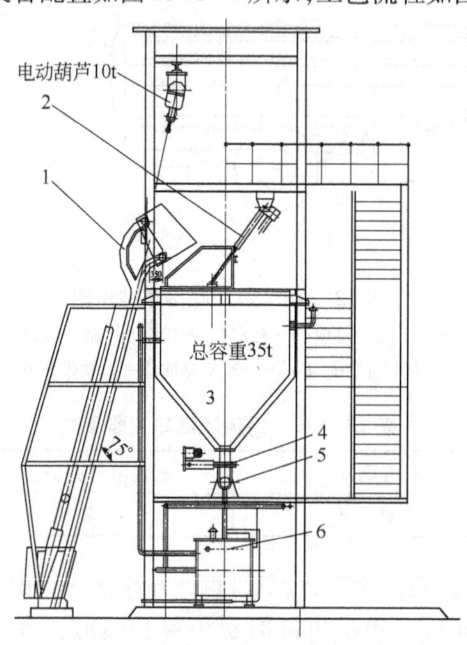

图13-3-4　焦油渣添加装置

1—单斗提升机；2—槽盖开启装置；3—焦油渣槽；4—平板闸门；5—螺旋输送机；6—热水循环系统

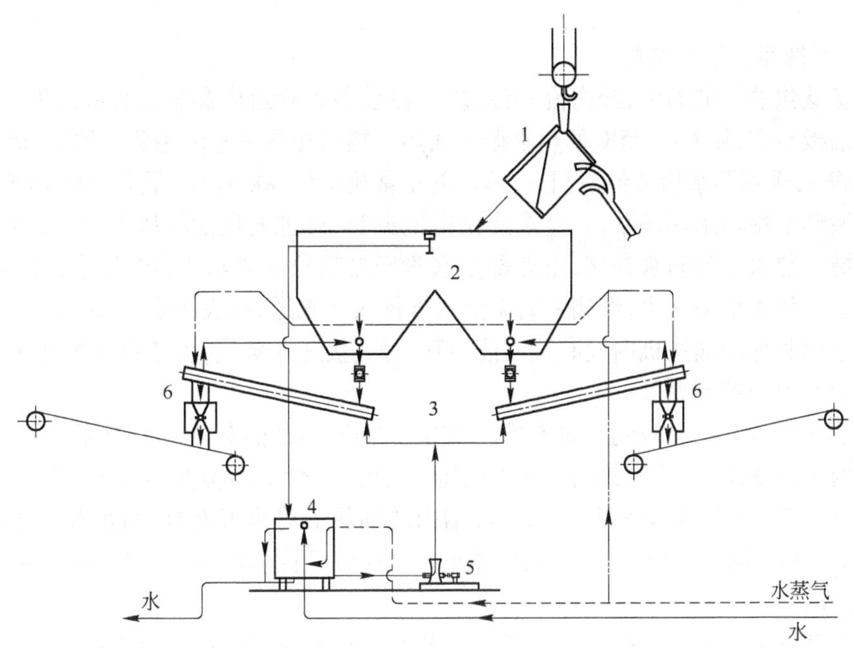

图 13-3-5 焦油渣添加装置工艺流程图

1—单斗提升机;2—焦油渣槽;3—螺旋给料机;4—热水槽;5—循环泵;6—电动夹紧阀

各种废液及残渣采用特制的搬运箱,由专用叉车从各排放点置于平板车上牵引而来,然后经添加装置的单斗提升机卸入焦油渣槽。卸空的搬运箱再由叉车置于平板车上送回各排放点。

A 焦油渣物料流程与控制

装满焦油渣的搬运箱,用叉车运到添加装置后,将其置于单斗提升机的料斗上卡紧,开动电动吊车提升至顶部,同时电动推杆自动开启焦油渣槽盖,将焦油渣卸到焦油渣槽内。卸空的搬运箱返回,槽盖关闭。槽内的焦油渣经电液动水平闸阀流入螺旋输送机,经电动管夹阀,添加到输送配合煤的两条带式输送机的煤料表面,然后送往粉碎机混合。其控制顺序如下。

a 单斗提升机与焦油渣槽盖的连锁控制

(1) 单斗提升机料斗车在下限位置未启动时,槽盖处于封闭状态;

(2) 单斗提升机启动,料斗车带动搬运箱上升时,下限限位开关复位,电动推杆启动,焦油渣槽盖开始打开;

(3) 料斗车上升到顶部上限位置时,焦油渣槽盖已全开,料斗车停止,将焦油渣等倾倒入焦油渣槽中,同时定时器动作,约设定 10 s 后,搬运箱卸空;

(4) 搬运箱卸空后,料斗车带动搬运箱开始下降,当料斗车碰到下限限位开关时,料斗车停止;同时电动推杆将焦油渣槽盖关闭,完成一格循环动作。

b 带式输送机上物料检测器与螺旋输送机、电动管夹阀的连锁控制

(1) 当带式输送机运转并有煤料时,物料检测器动作;

(2) 物料检测器动作后,电流接通,定时器动作,约设定 5 s 后,电磁开闭器打开电动管夹阀;

(3) 电动管夹阀打开后,另一定时器动作,再 5 s 后,电磁开闭器启动螺旋输送机,开始卸出焦油渣;

(4) 当带式输送机停止运转或煤料断流时,物料检测器回位,电动管夹阀关闭,螺旋输

送机停止。

B　热水循环流程与控制

为了降低焦油渣的黏度，提高流动性，防止在设备和管道内黏附，焦油渣槽和螺旋输送机均设有钢板夹套，用 65 ~ 75℃的热水循环加热。热水在热水槽内用蒸汽加热，接点蒸汽压力为 0.5 MPa，送到热水槽及各清扫点，蒸汽的正常流量为 600 kg/h，最大流量 1000 kg/h。

热水循环采用热水循环泵，先经螺旋输送机夹套，再进入焦油渣槽夹套，然后从槽上部返回热水槽。热水槽的新水补充，由外部上水管经自动给水阀给入，当达到设定水位时，自动停止进水。热水槽溢流水，经槽上的溢流水管排入下水道，槽底还设有放空管。

焦油渣槽和螺旋输送机内设有蒸汽清扫管，可直接通入蒸汽，为冬季直接加热和内部清扫用。各处水温的控制如下：

（1）热水槽内水温的控制。热水槽内装有感温管，与加热蒸汽管上的温度调节阀连接，当热水槽内水温变化时，感温管内产生不同压力，使蒸汽管上的温度调节阀动作。水温低于设定温度下限 75℃时，调节阀开启，蒸汽经槽内的加热器将水温升高；当水温高于设定温度上限 85℃时，调节阀自动切断蒸汽，加热停止。这样就可将热水槽内的水温自动控制在75 ~ 85℃的范围内。

（2）循环管道内水温的控制。循环管道内水温要求控制在 65 ~ 75℃的范围内，焦油渣槽夹套上的回水管安装有测温计，它与温度指示调节计连接，当循环水温低于 65℃时，循环泵启动，热水由热水槽经循环泵流入螺旋输送机夹套、焦油渣槽夹套，然后返回热水槽。当循环水温高达 75℃时，循环泵停止运转。这样就可将保温夹套内的水温自动控制在 65 ~ 75℃的范围内。

C　主要设备

a　搬运箱及单斗提升机

为适应不同性质物料的搬运，设计两种不同材质的渣箱，一种用于搬运不含腐蚀性的废渣及水处理系统排出的煤粉及污泥等，材质采用普通碳素钢制作；另一种用于搬运含腐蚀性的废渣、废液，采用不锈钢制作。

单斗提升机由悬挂式电动吊车、钢绳牵引的渣槽车和钢结构走行架组成。电动吊车额定起重量为 7.5 t，渣槽车容重为 5 t，提升高度为 12 m，走行导轨倾角为 75°。

b　焦油渣槽和槽盖开启电动缸

添加装置设有容积 35 m^3 的焦油渣槽，内壁由不锈钢板焊接制作，槽壁为中空夹套，夹套内用角钢加筋交错排列，有利于热水循环流动，外壁用普通钢板焊接制作，并设有保温层。

焦油渣槽盖的开启由电动缸操纵，电动缸的推力为 1000 kg，开启速度为 50 mm/s，限位开关控制其行程。

c　螺旋输送机与给排料阀

排料口下设两台螺旋输送机，机壳为双层夹套，外壁设有保温层。螺旋输送机的螺旋叶片设计为不同螺距，入料段螺距小，出料段螺距大，防止堵塞，另外排料口处设有一段反螺旋。螺旋输送机的规格如下：

螺旋输送机全长	5270 mm
输送能力	5 t/h

螺旋输送机受料口设置手动平板闸门。排料口设置电动夹紧阀，内衬橡胶套，既耐磨损

又可密封，便于控制调节。

d　热水槽和循环泵

热水槽为加热和储放循环热水而设置，槽体容积约为2.5 m^3，设有保温层。循环泵为一般离心泵。

焦油渣添加装置还有一些地方需待完善。如废渣直接添加到输煤的带式输送机上，只加在了煤的表面，不能与煤完全混合，在输送过程中还存在着一些污染情况。现已有厂家在此方面进行了一定的改进，如武钢焦化厂就在此基础上增加了混合成形工艺过程，很好地解决了废渣的二次污染问题。其工艺流程如图13-3-6所示。

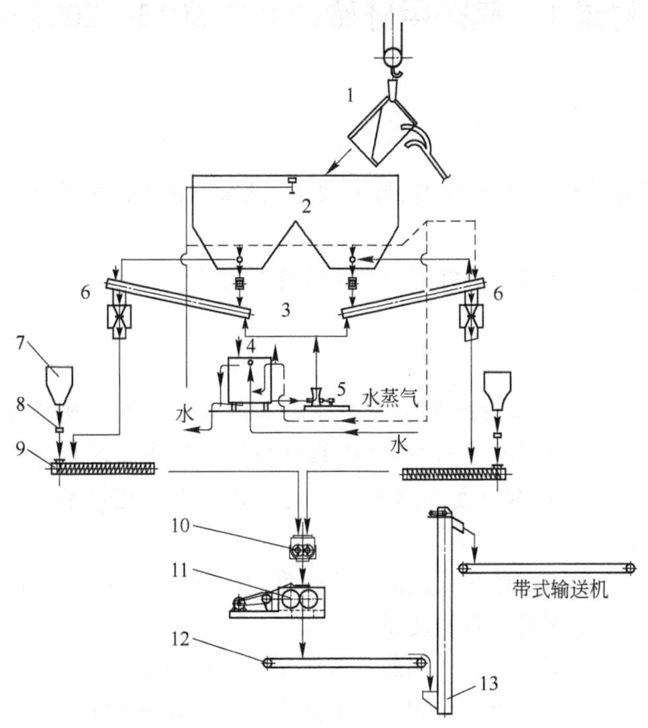

图13-3-6　焦油渣添加及成形工艺流程图

1—单斗提升机；2—焦油渣槽；3—螺旋给料机；4—热水槽；5—循环泵；6—电动加紧阀；7—缓冲槽；8—平板阀门；9—螺旋给料机；10—混合机；11—成形机；12—输送机；13—斗式提升机

参考文献

[1]　冶金工业部建设协调司，中国冶金建设协会．钢铁企业采暖通风设计手册[M]．北京：冶金工业出版社，1996.

[2]　王笏曹．钢铁工业给水排水设计手册[M]．北京：冶金工业出版社，2002.

[3]　周家庆．工业废水处理技术[M]．北京：化学工业出版社，2003.

[4]　金熙，项成林，齐冬子．工业水处理技术问答[M]．北京：化学工业出版社，2003.

[5]　孙锦宜．含氮废水处理技术与应用[M]．北京：化学工业出版社，2003.

附　　录

附录1　焦炉用硅砖（YB/T 5013—2005）

1　范围

本标准规定了焦炉用硅砖的分类、技术要求、试验方法、质量评定程序、标志、包装、运输、储存及质量证明书。

本标准适用于焦炉用硅砖，也可用于炭素煅烧炉用硅砖。

2　规范性引用文件

下列文件中的条款通过本标准的引用而成为本标准的条款。凡是注日期的引用文件，其随后所有的修改单（不包括勘误的内容）或修订版均不适用于本标准。然而，鼓励根据本标准达成协议的各方研究是否可使用这些文件的最新版本。凡是不注日期的引用文件，其最新版本适用于本标准。

GB/T 2997　致密定形耐火制品体积密度、显气孔率和真气孔率试验方法
GB/T 5071　耐火材料真密度试验方法
GB/T 5072.1　致密定形耐火制品　常温耐压强度试验方法　无衬垫仲裁试验
GB/T 5988　致密定形耐火制品　加热永久线变化试验方法
GB/T 6901　硅质耐火材料化学分析方法
GB/T 7320.1　耐火材料热膨胀试验方法　顶杆法
GB/T 7321　定形耐火制品试样制备方法
GB/T 10324　耐火制品的分型定义
GB/T 10325　定型耐火制品抽样验收规则
GB/T 10326　定型耐火制品尺寸、外观及断面的检查方法
GB/T 16546　定形耐火制品包装、标志、运输和储存
YB/T 172　硅砖定量相分析　X 射线衍射法
YB/T 370　耐火制品荷重软化温度试验方法（非示差－升温法）

3　分类和标记

3.1　砖的标记为 JG。

3.2　砖的分型应符合 GB/T 10324 的规定。

4　技术要求

4.1　砖的理化指标应符合表1的规定。

表1　砖的理化指标

项　目	规定值		复验时单值允许偏差
	炉底、炉壁	其　他	
$w(SiO_2)$/%	≥94.5		—
$w(Al_2O_3)$/%	≤1.5		—
$w(Fe_2O_3)$/%	≤1.5		—
$w(CaO)$/%	≤2.5		—
显气孔率/%	≤22	≤24	+1
常温耐压强度/MPa	≥40	≥35	10%
0.2 MPa的荷重软化温度（$T_{0.5}$）/℃	≥1650		-10
真密度/g·cm^{-3}	≤2.33	≤2.34	+0.01
残余石英/%	≤1.0		—
加热永久线变化（1450℃×2 h）/%	0~0.2		—
热膨胀率（1000℃）/%	≤1.28	≤1.30	+0.03
如有必要时，可提供室温~1200℃的热膨胀曲线。			

4.2　砖的尺寸允许偏差应符合表2的规定。

表2　砖的尺寸允许偏差　（mm）

尺　寸	规定值
≤150	+1，-2
151~350	+2，-3
351~550	+3，-4
>550	±5
炉壁砖、蓄热室（各3~5个砖号）的一个主要尺寸	+1，-2
斜烟道出口调节砖的一个主要尺寸	±1

4.3　砖的扭曲应符合表3的规定。

表3　砖的扭曲　（mm）

对角线长度	炭化面	气流面	其他面
≤320	≤0.5	≤1.0	≤1.5
>320	≤1.0	≤1.0	≤长度的0.5%（最大4）

4.4 砖的熔洞应符合表4的规定。

表4 砖的熔洞

砖 面	熔洞直径/mm	深度/mm	平均每100 cm^2 砖面上允许的熔洞数①
炭化面	≤4	≤3	3
其他面	≤8	≤5	4

① 应按每个砖面实际面积进行折算。

4.5 砖的铁斑应符合表5的规定。

4.6 砖的缺棱、缺角长度及个数应符合表6的规定。

4.7 砖的裂纹和断面层裂应符合表7的规定。

表5 砖的铁斑

砖 面	孔直径/mm	平均每100 cm^2 砖面上的允许数①
炭化面	≤6	1
其他面	≤10	2

① 应按每个砖面实际面积进行折算。

表6 砖的缺棱、缺角长度及个数

项 目	规定值	
	炭化面	其他面①
缺棱长度	$e\leqslant15$ mm $f\leqslant6$ mm $g\leqslant10$ mm	$e+f+g\leqslant65$ mm
缺角长度	$a\leqslant10$ mm $b\leqslant8$ mm $c\leqslant15$ mm	$a+b+c\leqslant65$ mm
缺棱、缺角个数	≤2	≤3

① 单重大于15 kg的砖缺角、缺棱长度除炭化面外，其他面允许三边之和不大于70 mm。

表7 裂纹和断面层裂的要求 (mm)

裂纹或层裂宽度	裂纹长度		断面层裂长度
	炭化面	其他面	
≤0.10	不限制		不限制
>0.10~0.25	≤60	≤65	≤60
>0.25~0.50	不准有	≤65，不多于2条	≤30
>0.50	不准有		不准有

注：1. 裂纹长度不允许大于该裂纹所在面与裂纹平行边全长的1/2。

2. 裂纹只允许跨过一条棱，但边宽小于50 mm的面允许跨过两条棱，跨棱裂纹长度不合并计算。

3. 跨顶砖工作面不允许有横向裂纹。

4. 不准有延伸至砖表面的断面层裂。

附录2　黏土质耐火砖(YB/T 5106—1993)

本标准适用于无专门标准规定的黏土质耐火砖。

1　分类、形状及尺寸

1.1　砖按物理指标分为N-1、N-2a、N-2b、N-3a、N-3b、N-4、N-5、N-6八种牌号。

1.2　砖的形状及尺寸应符合GB 2992—82《通用耐火砖形状尺寸》的规定。如标准中没有需方要求的砖型,则按需方图纸生产。

1.3　砖的分型应符合YB 844—75《耐火制品的分型和定义》的规定。

2　技术要求

2.1　砖的物理指标应符合表1的规定。

表1

项　目		指　标							
		N-1	N-2a	N-2b	N-3a	N-3b	N-4	N-5	N-6
耐火度,锥号CN		176	174	174	172	172	170	166	158
2 kgf/cm^2 荷重软化开始温度/℃		≥1400	≥1350		≥1320		≥1300		
重烧线变化/%	1400℃,2 h	+0.1 -0.4	+0.1 -0.5	+0.2 -0.5					
	1350℃,2 h				+0.2 -0.5	+0.2 -0.5	+0.2 -0.5	+0.2 -0.5	
显气孔率/%		≤22	≤24	≤26	≤24	≤26	≤24	≤26	≤28
常温耐压强度/$kgf\cdot cm^{-2}$		≥300	≥250	≥200	≥200	≥150	≥200	≥150	≥150
热震稳定性次数		N-2b,N-3b必须进行此项检验,将实测数据在质量证明书中注明							

2.2　砖的尺寸允许偏差和外形应符合表2的规定。

2.3　焦炉砖尺寸允许偏差应符合表3的规定。

2.4　砖的断面层裂

(1)层裂宽度不大于0.25 mm时,长度不限制。

(2)层裂宽度为0.26~0.50 mm时,长度不大于40 mm。

(3)层裂宽度>0.5 mm时,不准有。

2.5　单重大于15 kg和小于1.5 kg或难以机械成型的砖,其技术要求由供需双方协议确定。

2.6　特殊的技术要求,由供需双方协议确定。

表 2

项　　目			单　位	指　　标
尺寸允许偏差	尺寸≤100		mm	±2
	尺寸 101~150			±2.5
	尺寸 151~300 mm		%	±2
	尺寸 301~400		mm	±6
扭　曲	长度≤230	不大于	mm	2
	长度 231~300			2.5
	长度 301~400			3
缺棱、缺角深度				7
熔洞直径				7
渣蚀厚度≤1				在砖的一个面上允许有
裂纹长度	宽度≤0.25			不限制
	宽度 0.26~0.50			60
	宽度>0.50			不准有

表 3

项　　目		单　位	指　　标
尺寸允许偏差	尺寸≤150	mm	+1 -3
	尺寸 151~300		+2 -4
	尺寸>300 mm	%	±1

冶金工业出版社部分图书推荐

书　名	定价(元)
炼焦新技术	56.00
炼焦化学产品回收技术	59.00
焦化废水无害化处理与回用技术	28.00
干熄焦技术	58.00
焦炉煤气净化操作技术	30.00
煤焦油化工学(第2版)	38.00
炼焦设备检修与维护	32.00
中国冶金企业选购设备指南——焦化和耐材设备	220.00
炼焦化学产品生产技术问答	35.00
炼焦技术问答	38.00
炼焦生产问答	20.00
焦炉科技进步与展望	50.00
炼焦学(第3版)	39.00
炼焦煤性质与高炉焦炭质量	29.00
炼焦工艺学	39.00
焦化厂化产生产问答(第2版)	16.00
煤化学	23.00
煤化学产品工艺学	45.00
煤的综合利用基础知识问答	38.00
袋式除尘技术	125.00
除尘器壳体钢结构设计	50.00
除尘技术手册	78.00
燃气工程	64.00
高炉热风炉操作与煤气知识问答	29.00
炭素材料生产问答	25.00
炭材料生产技术600问	35.00
炭素工艺学	24.80
固体废物污染控制原理与资源化技术	38.00